Zhuangji Shigong Shouce

桩基施工手册

中交第三航务工程局有限公司

徐维钧 主编

人民交通出版社

内 容 提 要

本书系统地介绍了桩基设计计算的基本方法、各种常用的刚性桩和柔性桩的施工技术，以及施工期桩基安全、桩基防腐蚀、桩基的修复和拆除等，反映了我国当前桩基工程的技术水平。同时，本书兼顾国外的先进经验，列举了大量的工程施工和试验方面的实例，是40多位资深专家毕生心血的结晶。

本书共分十二篇，内容包括概论、桩基设计、施工准备与管理、测量定位、沉桩施工技术、灌注桩施工技术、柔性桩施工技术、质量检测和检验评定、桩的载荷试验、桩基防腐蚀、桩基修复加固和桩基拆除以及附录中列示了大量常[illegible]表。全书以施工难度很大的水上桩基工程为切入点，全面、系统、完整地介绍代表当今水平的桩基施工技术。

本书可供建筑、市政、公路、铁路、港口、交通、水利、水电、地矿、冶金、民航等部门从事设计、施工、科研、[illegible]理、监理、监督、试验、检测等工作的技术人员作为工具书参阅，也可供土木工程类院校师生参考。

图书在版编目（CIP）数据

桩基施工手册/徐维钧主编. —北京：人民交通出版社，2007.12

ISBN 978-7-114-06635-1

Ⅰ.桩… Ⅱ.徐… Ⅲ.桩基础-工程施工-技术手册 Ⅳ.TU473.1-62

中国版本图书馆CIP数据核字（2007）第087646号

书　　名：桩基施工手册
著 作 者：中交第三航务工程局有限公司　徐维钧
责任编辑：毛　鹏
出版发行：人民交通出版社
地　　址：(100011)北京市朝阳区安定门外外馆斜街3号
网　　址：http://www.ccpress.com.cn
销售电话：(010)85285656，85285838，85285995
总 经 销：北京中交盛世书刊有限公司
经　　销：各地新华书店
印　　刷：北京鑫正大印刷有限公司
开　　本：880×1230　1/16
印　　张：87.25
字　　数：2508千
版　　次：2007年12月第1版
印　　次：2007年12月第1次印刷
书　　号：ISBN 978-7-114-06635-1
印　　数：0001－4000册
定　　价：185.00元

作 者 简 介

徐维钧　1941 年 6 月生，江苏盐城人，高级工程师，享受国务院特殊津贴。1967 年毕业于华东水利学院(现河海大学)。长期从事施工技术和技术管理工作。曾参加宝钢工程建设，以宝钢三航分指挥部技术负责人、对日本设计联络总代表和施工总代表的身份参与码头工程各阶段的谈判和施工技术管理，并任分指挥部指挥。曾任交通部第三航务工程局第二工程公司经理，交通部第三航务工程局副局长，交通部第一航务工程局局长，中港集团第三航务工程局总工程师，上海东海大桥指挥部技术顾问。参与港口码头、船坞、滑道、桥梁、防波堤，以及金茂大厦等国内外土木工程的施工和技术管理工作。

现为中交集团第三航务工程局有限公司技术顾问、上海市注册咨询专家、中国国际咨询公司咨询专家。作为“海工工程 GPS 远距离打桩定位系统”的第一成果人，获上海市科技进步二等奖。

《桩基施工手册》
编审委员会

序

随着我国经济建设的蓬勃发展，现代建筑对地基基础提出了更高的要求，桩基础在高层建筑、桥梁、港口、工业民用建筑以及海洋工程中占有非常重要的位置，诸多工程都有复杂的、巨大的桩基工程。特别是在海洋工程中，环境状况、使用要求、地质构造、施工条件极为严酷、恶劣和复杂。这些都给桩基工程施工带来极大的挑战。为了总结各类桩基工程施工技术，中交三航局组织了常年奋战在施工第一线的一批总工程师和精于桩基工程施工的资深专家，将他们开发研究的新技术、新工艺以及几十年工程实践经验的积累和诸多事故、教训的磨炼都毫无保留地奉献给读者。同时书中还列举了大量的工程实例和工程事故，这些都是付出一定代价取得的，是非常珍贵的经验和教训，值得借鉴。

桩基的施工期安全往往容易被人们所忽视，但却又是十分重要的问题，书中不仅列出了各种桩基在施工期的安全问题，也提出了解决问题的方法。随着海洋工程的大力发展，桥梁工程、港口工程都将设计使用年限延长至五十年甚至百年以上，这给桩基的耐久性和防腐蚀提出了更高的要求，书中也针对不同桩型作了深入阐述。同时还对桩基的检验、检测、试验、维修、加固乃至拆除等工作进行了全面的总结和提炼，而且还结合国内外桩基工程的新技术、新思路、新工艺进行创新和升华，为施工技术成果的推广、应用、传承、创新提供了一个有效的载体，以满足广大土木工程技术人员和高等院校师生的需要。

我们一直积极推动和支持三航局撰写一本桩基施工手册，感谢他们在人力、物力上大力支持，组织40多位精于桩基工程的专家，历经七年，终成此巨著。

中国工程院院士 [签名]

2007年1月6日于北京

前　言

为总结桩基施工经验、提高桩基施工水平，四十余位长期奋战在桩基施工一线的专家和高级技术人员历经七年之久潜心编写的《桩基施工手册》终于与读者见面了。这本手册是一本全面介绍桩基础施工的大型工具书，凝聚了编者的智慧与经验。

桩基础作为建筑物最常用的基础形式，适用于各类地质条件和环境条件。随着我国改革开放，国民经济持续发展，各类建设层出不穷，桩基工程技术水平也伴随着经济建设而得到了突飞猛进的发展，新桩型、新工艺、新设备等都有不同程度的发展。具有世界水平的超大、超长桩基工程不断涌现，如上海金茂大厦、上海环球金融中心的钢桩基础，上海东海大桥、江苏苏通大桥的钻孔灌注桩基础等，为我国桩基施工水平的提高和跻身世界之林做出了很大的贡献。对这些技术、经验、成果进行总结、提高，并加以推广和应用是一项对企业、国家和社会都十分有益的事。

由于地质条件复杂多变、施工环境条件特殊，桩基施工作为一门专业技术具有技术要求高、施工难度大等特点。因此，众多的工程技术人员迫切需要专门介绍桩基的施工技术、施工方法、施工工艺、施工材料和施工设备等方面的工具书。本书涵盖了常用的刚性桩和柔性桩施工的多项工艺、技术，同时对桩基的设计、试验、检测、维修、拆除等方面也作了详细的介绍。同时列举了大量工程实例供读者参考。需要特别指出的是，本书还就“桩基施工期安全”和“桩基防腐蚀”等内容进行了专题总结和提升，同时还将我们新近开发研究的“海上GPS打桩精确定位系统”等成果进行了介绍。

本书可供建筑、市政、公路、铁路、港口、水利、水电、地矿、冶金、民航等部门的勘察、设计、科研、建设、管理、监理、监督、试验、检测等技术人员和土木工程院校的广大师生参阅。

本书由中交第三航务工程局有限公司负责组织编写，中交第二航务工程局、北京冶金建筑研究总院和东南大学等有关专家参加了编审工作。编审人员全部都是长期奋战在桩基施工一线的专家，都有高级工程师及以上的职称。其中曾在工程局总工程师和工程公司总工程师岗位上工作过的专家达27人，占全部编审人员的63%；总工程师及60岁以上的资深专家达34人，占全部编审人员的80%。他们不仅将桩基施工的全部知识、经验、教训等进行了总结、提升，而且还结合国内外的新技术、新思路进行创新和升华，从而使本书真正代表了我国当前桩基工程施工技术的先进水平。本书是他们数十年工作经验财富的积累和升华，是一本桩基施工技术的重要工具书，值得读者品鉴。

本书编写和审定过程中得到了中交第三航务工程局有限公司及下属各公司、上海港湾设计研究院的大力支持。上海远东桥梁公司苏洪雯、中交三航科研所王成启、陆旭峰、张羿等同志也提供了不少有益的资料。在此，一并表示感谢！

衷心感谢中国工程院刘济舟院士对本书自始至终的关心，亲自写信指导，并在百忙之中欣然为本书作序。感谢各位编审人员精益求精的工作精神和一丝不苟的工作态度。

由于桩基施工技术的发展日新月异，同时也限于编者的水平、时间和精力，书中所包含信息很可能有不全，编写也可能有不妥之处，敬请读者谅解和指正！

二OO七金秋于上海

《桩基施工手册》编审委员会
人 员 分 工

目 录		编 写	审 稿
第一篇	**概论**	徐维钧	
第二篇	**桩基设计**		
第一章	桩基工程设计原则和方法	洪昌庆	朱海涛
第二章	桩垂直承载力	洪昌庆	朱海涛
第三章	水平力作用下桩的计算	洪昌庆	朱海涛
第四章	板桩墙设计	洪昌庆	朱海涛
第五章	桩基设计中的有关问题	朱海涛	徐维钧
第三篇	**施工准备与管理**		
第一章	收集调查相关资料	周　浩	徐维钧
第二章	环境评估和保护	周　浩	徐维钧
第三章	工艺、设备的选择	周　浩	徐维钧
第四章	施工管理	徐维钧	周　浩
第五章	桩基施工期安全	徐维钧	周国然
第六章	施工组织设计	周　浩	徐维钧
第四篇	**测量定位**		
第一章	概述	倪建夏	徐维钧　夏显文
第二章	交会定位法	倪建夏	夏显文　朱海涛
第三章	极坐标定位法	倪建夏	夏显文　朱海涛
第四章	平面扭角的控制方法	倪建夏	夏显文　朱海涛
第五章	桩顶高程的控制及贯入度	倪建夏	夏显文　朱海涛
第六章	打桩偏位的测定	倪建夏	史美鹏　夏显文
第七章	陆上桩基测量定位	倪建夏	夏显文　徐维钧
第八章	GPS 打桩定位系统	夏显文	徐维钧
第五篇	**沉桩施工技术**		
第一章	概述	徐维钧	朱海涛
第二章	桩的制作、运输和储存	程志文　朱　虹　葛存榴	史美鹏　刘鹏飞
第三章	沉桩工程设备	吴诗鉴　苏志民　赵汉民	薛正平　徐维钧

		张素强　阮树国	
第四章	水上沉桩	尹海卿　史美鹏　胡金雄 徐捍卫　张永宝　周　浩	徐维钧　程志文
第五章	陆上沉桩	郑荣平	徐维钧　周　浩
第六章	压桩	李乐铭　周　浩	徐维钧
第七章	水冲沉桩	周　浩	徐维钧
第八章	振动沉(拔)桩	周　浩	徐维钧

第六篇　灌注桩施工技术

第一章	概述	肖培炎　徐维钧	徐维钧
第二章	灌注桩施工准备和基本要求	徐维钧	张耀辉
第三章	反循环钻孔灌注桩	肖培炎	徐维钧
第四章	正循环钻孔灌注桩	肖培炎	徐维钧
第五章	潜水钻孔灌注桩	肖培炎	徐维钧
第六章	人工挖孔灌注桩	肖培炎	徐维钧
第七章	沉管灌注桩	万开仲	朱海涛
第八章	冲孔灌注桩	胡文年	徐维钧
第九章	嵌岩灌注桩	张耀辉	徐维钧
第十章	特种灌注桩	徐维钧	郑荣平
第十一章	特殊条件下的钻孔灌注桩施工	徐维钧	郑荣平
第十二章	灌注桩的后压浆技术	徐维钧	戴国亮
第十三章	灌注桩的事故处理	徐维钧	郑荣平

第七篇　柔性桩施工技术

第一章	概述	叶柏荣	徐维钧
第二章	旋喷桩	王吉望	徐维钧　叶柏荣
第三章	搅拌桩	叶柏荣	徐维钧
第四章	粉喷桩	陶宗禄	叶柏荣
第五章	碎石(砂)桩	叶柏荣	徐维钧
第六章	水上砂桩	尹海卿　徐维钧	叶柏荣
第七章	灰土桩	叶柏荣	徐维钧

第八篇　质量检测和检验评定

第一章	概述	徐维钧	朱光裕
第二章	低应变桩身质量检测	顾伟园	朱光裕
第三章	灌注桩声波透射法检测	顾伟园	朱光裕
第四章	混凝土钻芯法桩身质量检测	翁友发	徐维钧
第五章	桩基工程质量检验评定标准	吴忠仁	徐维钧
第六章	桩基工程质量检验评定	吴忠仁　徐婉宜	徐维钧

第七章　地基处理工程质量检验评定	吴忠仁　徐婉宜	徐维钧

第九篇　桩的载荷试验

第一章　概述	朱光裕	徐维钧
第二章　桩的轴向抗压静载荷试验	朱光裕　李乐铭	徐维钧
第三章　桩的轴向抗拔静载试验	朱光裕	徐维钧
第四章　桩的水平载荷试验	叶万灵	时蓓玲
第五章　桩的自平衡荷载试验	戴国亮	龚维明
第六章　高应变检测	朱光裕	周国然

第十篇　桩基防腐蚀

第一章　概述	史美鹏　朱海涛	徐维钧
第二章　钢筋混凝土桩防腐蚀	史美鹏	徐维钧　吴三余
第三章　钢桩防腐蚀	徐维钧　朱　虹	郑子林　吴三余

第十一篇　桩基修复加固工程和桩基工程拆除

第一章　桩基修复加固工程	刘鹏飞	吕家良
第二章　桩基工程拆除	刘鹏飞	徐维钧

第十二篇　工程常用数据和常用符号	徐婉宜　史美鹏	徐维钧

《桩基施工手册》编审人员单位：

肖培炎：　　中交第二航务工程局有限公司
王吉望：　　北京冶金建筑研究总院
龚维明、戴国亮：东南大学土木工程学院
其余人员：　中交第三航务工程局有限公司

目　　录

第一篇　概　　论

第二篇　桩 基 设 计

第三篇 施工准备与管理

第四篇　测量定位

第五篇　沉桩施工技术

第六篇　灌注桩施工技术

第七篇　柔性桩施工技术

第八篇　质量检测和检验评定

第九篇　桩的载荷试验

第十篇　桩基防腐蚀

第十一篇 桩基修复加固工程和桩基工程拆除

第十二篇 工程常用数据和常用符号

第一篇　概　　论

第一章　桩基在建筑工程中的作用

第一节　桩基的发展史

桩是伴随着建筑工程的产生而产生，伴随着建筑工程的发展而发展的。早在远古时代，人类为了生存而不得不在水边建造房屋，于是在地基比较软弱的地方就用树木作为支撑结构，保证房屋不致倒塌，这就是最早的桩基。我国考古学家于1973年至1978年在浙江省余姚县的河姆渡发掘了新石器时代的文化遗址，出土了大量的木桩遗存，不仅有圆木桩，还有方木桩和木板桩。这充分说明我们的祖先早在6000年至7000年前就已经掌握了多种桩基的使用技术，并将它和房屋建筑紧密地联系在一起。

随着科学技术的发展，特别是材料科学的发展，桩的材质也从单一的木桩发展成混凝土桩、钢桩等，并衍生出多种结构形式，以适应不同的地质条件和不同结构物的需要。近几十年来，由于木材资源不足和承载力较小，满足不了大型建筑工程的需要，木桩只是在木材资源丰富地区的小型工程和临时工程中应用，大部分地区都已不再使用。

混凝土、钢筋混凝土和钢材具有良好的加工性能，可以做成各种截面、各种形状，其强度、刚度、承载力等都能满足设计所提出的各种要求。同时，建筑业的发展又促进了机械设备的发展，沉桩机械和成桩工艺、设备等近几十年来均有了长足的发展，随之而来的施工工艺也得到了很大的发展。这样，在各种不同的地质条件和水文条件下，可以用不同形式的桩作为结构物的基础。另一方面，由于设计计算理论、试验方法、检测技术的不断进步，又促进了新的桩型和新的施工工艺的发展。目前桩基正朝着大型化、高承载力、高质量和柔性化、微型化两极发展，传统的桩基技术也正朝着提高强度、刚度、耐久性和地质适应性等方向发展，相信在未来桩基的发展将更会日臻完善。

第二节　桩基的作用

用桩作为建筑物的深基础，简称桩基，其作用主要是把建筑物的荷载传递到较坚硬的、压缩性小的土层或岩层上。

桩基通过作用于桩侧土层(岩层)的摩阻力和桩尖土层(岩层)端阻力来支承轴向压力和拉力，通过桩侧土层的侧向阻力支承建筑物所承受的侧向风力、波浪力、撞击力、土压力、地震力等水平力。港口工程上用的板桩、基坑的支护桩等，还将直接承受作用在桩上的土压力、水压力、锚杆拉力、水平支撑或斜支撑等水平荷载。

此外，还有抗滑桩，主要用于土体抗滑安全不满足之区域，承受潜在的滑动面上传递来的剪切力。

第二章　桩的分类

第一节　按桩身材料分

根据桩身材料可分为木桩、钢桩、混凝土桩以及其他材料组成的柔性和半柔性桩。

一、木　　桩

因资源紧张，目前只在小型临时工程上偶有使用。

二、钢　　桩

有钢管桩、钢板桩、H型桩等。钢管桩有直缝管和螺纹管。桩径、壁厚可根据设计要求制作，目前较常用的是 ϕ400mm～ϕ1 000mm，特大型工程可用到 ϕ3 000mm 或以上。根据沉桩设备，一般陆上用桩每节在 20m 以下，在现场边沉边接；水上施工可根据设计桩长整根施工，目前长度 90m 以下的桩都可以常规施工。

三、钢　板　桩

钢板桩有多种型号、规格可供选择，必要时还可组拼成箱型以增加刚度主要是用于挡土和挡水建筑物，还可组合成格形钢板桩用于重力式码头。

四、H 型 钢 桩

主要用于工业与民用建筑及临时工程。

五、混 凝 土 桩

混凝土桩主要有预制桩和就地灌注桩两种。预制桩又分工厂预制和现场预制。现场预制多为非预应力桩。工厂预制可根据设计要求制作各种规格的桩型。常用的方桩边长为 400～600mm，当陆上施工时制作成 10～20m 一节，边打边接桩；水上施工时，可满足设计整根桩施打的要求，目前边长 600mm 的断面桩已做到长 60m 左右。近十几年来，国内生产的 C80 先张法预应力混凝土管桩（PHC 桩）也很普遍，其直径为 ϕ400mm、ϕ500mm、ϕ600mm、ϕ700mm、ϕ800mm、ϕ1 000mm、ϕ1 200mm 等，ϕ700mm 及以上的单节长度可达 55m，以适应于海洋环境中第一个接头在土层的嵌固点以下的要求，这样接头的防腐蚀处理就简单许多。此外还有 C60 混凝土的 PC 预应力离心管桩和 PTC 薄壁离心管桩，这两种桩常用于陆上工程。后张法预应力混凝土大直径管桩（雷蒙特桩）在水工建筑中也有较普遍使用，主要为 C60 混凝土的 ϕ1 200mm 和 ϕ1 400mm 桩径的大管桩。桩长可根据设计要求在工厂拼接。

此外，大直径钻埋空心桩在公路桥梁工程上正积极推广，最大桩径已达 6.0m。该桩先按常规方法钻大直径孔到持力层，然后将小于孔径 0.5～1.0m 的预制空心桩节用精轧螺纹钢筋一节节串联后下放至孔底，再施加预应力。最下层的桩节带底板，四周及底部布压浆管，在桩周填 4cm 以下的石子至孔口,压浆后即成桩。

就地灌注桩主要为灌注桩。灌注桩按成孔方式不同可分为钻孔灌注桩、冲孔灌注桩、沉管灌注桩、挖孔灌注桩等,此外还有嵌岩灌注桩,多支盘挤、扩灌注桩,钻埋空心桩,薄壁筒桩等。从桩的结构上看有等截面桩、变截面桩、扩底桩、矩形灌注桩等。

六、组 合 桩

组合桩是利用钢筋混凝土桩和钢桩各自的特性,组成最佳配合形式的组合桩。如利用预应力混凝土管桩的刚度和防腐性能,和利用钢桩的对坚硬土层的贯入性能的有效组合而设计的组合桩,上部为预应力混凝土管桩、下部为钢管桩(或 PHC 管桩与 H 型钢桩)组合成复合型桩。也可将打入桩与灌注桩有机组合,如预制植入嵌岩桩、预制型芯柱嵌岩桩、预制型锚杆嵌岩桩,还可将预制型芯柱嵌岩桩与锚杆嵌岩桩结合而形成组合桩等。

七、柔性、半柔性桩

柔性、半柔性桩主要有水泥搅拌桩、水泥粉喷桩、石灰桩、旋喷桩、树根桩、水泥粉煤灰碎石桩等。这类桩介于刚性桩与散体桩(如碎石桩、砂桩)之间,在一定程度上能传递上部建筑物的荷载,具有桩基工程的基本属性。

八、散 体 桩

散体桩主要有碎石桩、砂桩等具有一定的传递上部荷载的属性,更多是属于地基改良性质,起着置换、挤土和排水固结等作用。

第二节 按桩承载力性状分

1. 摩擦型桩

(1)摩擦桩。在极限承载力状态下,桩顶荷载由桩侧阻力承受。

(2)端承摩擦桩。在极限承载力状态下,桩顶荷载主要由桩侧阻力承受。

2. 端承型桩

(1)端承桩。在极限承载力状态下,桩顶荷载由桩端阻力承受。

(2)摩擦端承桩。在极限承载力状态下,桩顶荷载主要由桩端阻力承受。

第三节 按桩的施工工艺分

预制桩施工有打入桩、静压桩、振动沉桩、水冲桩等。灌注桩有钻孔桩、冲孔桩、挖孔桩、搅拌桩、旋喷桩、爆扩桩、嵌岩桩、锚岩桩、树根桩等。

第四节 按桩端的形状分

预制桩桩端有尖头、平头、空心、实心之分,管桩有开口、闭口、半闭口之分。灌注桩还有夯扩桩、爆扩桩等。

第五节　按截面形式分

桩按截面形式有圆形、方形、矩形、箱形、多边形、圆形加翼桩等，桩身纵向截面有等截面、变截面、竹节型、多支盘、扩底、螺纹状等。

第六节　按挤土情况分

(1)挤土桩。包括各种打入桩、振动桩、静压桩、沉管灌注桩等不排土沉桩工艺所施工的桩，其中H型桩、钢板桩、开口钢管桩等挤土量较少。

(2)非挤土桩。包括钻孔、挖孔、冲抓成孔所施工的灌注桩、中掘法沉桩(预钻孔沉桩)等。

(3)部分挤土桩。包括混凝土管桩、半封闭管桩等。

第七节　按受力状态分

常见的为抗压桩、抗拉桩，此外还有抗弯桩，如板桩、基坑支护桩等，抗剪桩主要为抗滑桩。

第八节　按 用 途 分

桩按用途分有基础桩、围护桩(挡土、挡水)、锚桩、抗滑桩、隔离桩、促沉桩等。

第三章 桩型选择应考虑的因素

桩基作为建筑物常用的一种基础形式有着广阔的应用范围，特别是软土地基大中型建筑工程无不采用桩基结构。作为勘察设计单位，首先要根据工程地质、水文地质、建筑物荷载情况、经济、技术条件等决定是否采用桩基、选择何种基础结构，若采用桩基又采用何种桩型更好。一般来说，特大工程或技术条件复杂的工程在进行工程可行性研究时往往要与有经验的施工方面的专家一起研究，以寻求更加经济、合理的技术方案。

第一节 工程地质和水文地质

工程地质和水文地质是选择基础结构和桩型的重要条件。因此，必须取得足够的资料和数据，同时结合周边地区建筑物基础的调查，分析工程区域是否有地层缺失、断层、孤石、承压水、喀斯特地质、暗河、矿井和沉船、抛石、柴排等地下障碍物。根据水文资料分析潮汐、流速、流向、波浪、最高和最低水位等。此外还应考虑该地区的地震设防等灾害性因素。

第二节 工程结构和使用要求

要考虑各项工程建筑物的等级、使用要求、结构形式、受力特点、结构物的沉降、位移要求、振动(动力基础)因素等。结构物的使用要求如桥墩、码头等要考虑船舶、冰凌等的撞击力，必须要选用能承受水平力和弯矩较大的桩型。如结构物允许适当沉降则可考虑小型的群桩，使其桩、土共同作用，这样较为经济、合理。

第三节 工程环境和周边的制约条件

桩型的选择与周边环境条件有着密切的关系，必须慎重对待。对挤土型桩，因挤土可能影响周边建筑物的位移、沉降，因此在重要建筑物、古旧建筑物、浅基础建筑物以及高灵敏的仪器设备附近，应选用非挤土或部分挤土桩，如中掘法(预钻孔沉桩)钻孔灌注桩、开口钢管桩、H 钢桩等。在地下水位较高的地方进行挖孔桩施工，必须降低地下水位，但应考虑降低地下水位往往引起地面下沉、建筑物不均匀沉降等不利因素。在陡坡上打桩容易引起土坡失稳。在水上施工特别要注意水流、波浪、潮汐等，可采用筑岛法或搭设平台施工，但潜在的安全问题较多，如有条件用专业打桩船打桩则是一条又快又省的捷径。在人口密集区施工，要注意噪声、泥浆等的影响。城市中要注意水管、煤气管、电缆等管线和地下构筑物，上空要注意高压线、管架等。水上施工要注意过往船舶对施工和建筑物安全的影响，同时还应注意水下管线、障碍物及水上架空线等。

第四节 施工设备、场地

选择桩型时要充分考虑施工设备、场地条件，如现场的水、电、进场道路、桥梁的通过能力等。水上作业还要考虑船舶进场通过的桥梁、管、线下的通航净空，航道、施工区域的作业水深、泊稳条件，安全度汛、泄洪、台风等因素。机场附近还要考虑设备限高。

第五节　工程造价和工期

我国的经济还不发达，少花钱办好事仍是我们的基本国策。因此，在技术可行的基础上，经济指标成为桩型选择的首要条件。所谓经济指标，既包含施工期全部的费用，也包括使用期维护保养费用和使用寿命等综合经济指标。

工期也是选择桩型的条件之一。施工期短就意味着工程可早日投产发挥其应有的效益，即投资效益明显，可及早收回资金，这是国家和业主都希望的结果。

第六节　综合比较，择优选用

针对上述各项分析，最终选择何种桩型要在综合分析的基础上择优选用。综合分析的原则一般应遵循以下几点：

(1)将技术上可行的桩型依照技术、质量和施工难易程度排序。

(2)将工程环境和周边条件纳入一起考虑，剔除部分不合适的桩型。

(3)将施工单位的技术水平、设备状况、可能出现的风险及解决办法进行分析、排序。

(4)将造价和工期纳入一并考虑，这样就可以找到一种或两种技术上可行、经济上合理、风险较小的推荐桩型。

当然，是否选择桩基和选择何种桩基还应从宏观和总体上予以考虑。如上海宝山钢铁总厂马迹山港设计两个30万吨级矿石卸船泊位，在平面上大部分为软土覆盖层较厚的地基，还有一部分为完全裸露的岩基，权衡比较再三，为保证今后靠船时码头各分部变形协调一致，在最适合做重力式的裸露岩基上用嵌岩桩做基础。为此，在裸岩上安放大型混凝土沉箱，内充填8m高的砂，以形成人工覆盖层保证ϕ2 800mm的钢管桩沉管后稳定，并在此基础上成功地进行嵌岩桩施工。又如福州华能电厂煤码头、福州河砂码头桩基都是承载力极好的裸露花岗岩，但考虑到闽江泄洪，选择了透空式桩基码头。

相反，比较适合做桩基的地区做成重力式结构的也不少。如深圳妈湾电厂煤码头与赤湾10万吨级集装箱9号泊位一线之隔，地质条件相同，赤湾9号泊位用ϕ1 200mm全直桩预应力混凝土大管桩打入至－32m中风化岩层，而紧连在一起的妈湾电厂煤码头却将－32m以上的土层挖去，做成抛石基床安放沉箱，以保证后方煤堆场整体稳定。再如烟台港、天津港也有用换土或用深层水泥搅拌桩(CDM)加固软基再做重力式结构码头的办法，这样码头的耐久性有所提高。

总之，是否选用桩基和选用何种桩基都要经过全面的经济、技术比较，择其优者用之。

第四章　桩的应用范围

各种桩都有它一定的地质适应性，在同样的地质条件下可能几种桩型均可使用，但在造价、工期、结构、受力等方面又各有千秋。总之，随着工程技术的不断创新和发展，相互间可以渗透和补充，桩的应用范围只是一个相对概念，在实际设计、施工过程中应灵活择优选用。

第一节　钢筋混凝土预制桩

(1)非预应力方桩。一般适用于荷载比较小的工业民用建筑基础工程。

(2)预应力方桩。有空心和实心之分，此桩的应用范围较广，工民建、桥梁、水工建筑物等都可应用。但由于目前方桩断面边长一般在400～600mm，混凝土强度等级为C30～C50，故桩基的极限承载力和打桩拉应力都很难适应于各种土层和承载力比较大的结构物基础。

(3)先张法高强度预应力混凝土管桩(PHC桩)。混凝土强度等级为C80，也有C60(PC桩)可供选择。直径从ϕ400mm～ϕ1200mm有多种规格，一般ϕ600mm以下多为工业民用建筑基础用桩。由于是空心管桩，只有少量挤土，可贯入性较好，承载力较高，因是工业化生产，制作质量较稳定。目前该桩的应用范围有扩大之趋势。上海东方明珠电视塔就是用ϕ600mm的PHC桩。ϕ800mm～ϕ1 200mm桩多用于水工建筑物和重大结构工程。还有C60混凝土的PTC薄壁管桩，一般用于工业民用建筑。

(4)预应力混凝土大直径管桩(雷蒙特桩)。此桩目前常用桩径ϕ1 200mm，还有ϕ1 400mm，都用于水工建筑物中。由于混凝土强度等级为C60，经辊压、振动、离心成型，桩的承载力和截面模量均较大，地质适应性强，可打至风化岩层。它和大直径PHC桩一样有着良好的耐海水腐蚀和抗冻能力，一般可不作防腐处理。因此，这种桩正在大量地代替钢管桩。

(5)混凝土管桩与钢管桩组合而成的组合桩。利用混凝土管桩的耐腐蚀性、经济性，在其下部加一段钢管桩，可以减轻自重，以利于超长桩整根桩施工。目前此种方法运用较多，如上海宝山钢铁总厂三期码头等。也有反向使用，充分利用钢管桩的耐锤击性能和混凝土管桩的经济性、端承力较大的特点。但钢桩在腐蚀环境中仍要作防腐处理。

(6)钢筋混凝土板桩。有预应力和非预应力之分，主要用于挡土、挡水及围护结构中。

第二节　钢　　桩

(1)钢管桩。适用范围最广，可以用于各种桩基工程，包括可以做成围护结构、挡土结构的钢管板桩。但在腐蚀环境中其防腐及今后的维护保养将付出较多的费用，加之钢管桩本身也较贵，使用成本和维护成本均较高，但重大工程都离不开它。如420.5m高、88层的上海金茂大厦就是用ϕ914mm×20mm的钢桩入土82.5m；492m高、101层的上海环球金融中心也是采用ϕ700mm×19mm的钢桩，入土82.5m，选用其他桩型就很难适应。上海宝山钢铁总厂的绝大部分基础都是用ϕ609mm～ϕ1 200mm的钢桩。

(2)钢板桩。适用于挡土、挡水建筑物和临时挡水围堰等工程，有多种规格可供选择，同时还可根据需要组合成箱形、格形钢板桩以适应不同工程的需要。目前，软土地区船坞坞墙绝大部分都用钢板桩，临时挡水围堰、挡土基坑等也常使用。深圳盐田港和广州黄埔港都有用钢板桩组合成 ϕ15m 的格形围堰建造的码头。

(3)H 型钢桩。适用于工业民用建筑基础、基坑支护的套板桩、立柱桩以及 SMW 工法(在水泥搅拌桩中打入混凝土桩或 H 型钢桩)。由于属非挤土桩，贯入能力较强，价格比钢管桩略便宜，故有一定的市场，但因其承载力较低，断面刚度较小，桩长不宜过长，否则横向容易失稳。同时在有地下障碍物的地区不宜采用。

第三节　灌　注　桩

因施工设备比较简单、轻便，在交通不便的山区、农村便于设备调迁，同时价格也较其他桩便宜，从微型桩到巨型桩都可以施工，从软土地基到坚硬岩石都可以成桩，因而适应性非常广泛，用于各种建筑工程。但灌注桩也有自身的弱点：由于清孔不可能彻底，残渣的存在使得其早期沉降较大(即使钻孔取芯中部无沉渣，但沉渣客观上成锅底状分布)；采用泥浆护壁的灌注桩因桩侧有一层泥皮直接影响桩侧摩阻力的发挥，尤其对摩擦桩影响更甚；质量控制、检测和事故处理难度较大。目前在重大工程中经常采用的桩底(或桩侧)压浆工艺不仅解决桩尖成桩的质量问题，而且大大提高了承载力。灌注桩常用于端承桩、端承摩擦桩和摩擦端承桩。

(1)钻孔灌注桩。此桩的适用范围较广，从软土层到岩石层均可，根据排渣方式的不同，又分反循环钻孔灌注桩和正循环钻孔灌注桩。反循环钻孔排渣速度快、成孔效率高，经常被采用。

(2)螺旋钻孔桩。属于干式成孔灌注桩，利用螺旋钻杆将渣带上地表，在地下水位以上施工较为适用。螺旋钻常用的有长螺旋钻和短螺旋钻，前者适用于直径小于 1m 的桩，孔深一般在 30m 以内；后者适用范围略大，但成孔效率比前者低。

(3)冲孔灌注桩。适用土层中含有碎石、孤石、砾石层以及岩基，使用设备较简单，效率不高，排渣较为困难，但因价格便宜，仍是常用方法之一。

(4)挖孔灌注桩。适用于土质较好、地下水位较低的地区。土质较好时，人工直接开挖；土质较差时需加衬砌。常用衬砌材料为砖、混凝土、波纹钢板等。在地下水位以下施工需采用人工降水。由于人工价格便宜，技术性不强，在不少地区采用较为广泛。但安全是一个不容忽视的问题，施工中塌孔、重物打击等事故较多。人工降水还有可能引起邻近建筑物和路面的下沉。浇筑混凝土时，可用串筒直接浇筑。

(5)沉管灌注桩。适用于不含硬夹层的软弱地基，因受拔管力的影响，其管径和桩长一般较小，直径最大至 ϕ700mm，桩长最大为 30m 左右。因此，只适用于中小工业与民用建筑工程。

(6)嵌岩灌注桩。适用于各种基岩，可嵌入中风化或微风化岩，甚至可进入新鲜基岩。一般用钻孔或冲孔成孔。嵌岩方式可直接浇筑混凝土成桩；也可钻孔后植入预制桩再浇混凝土锚固；也可在打入的管桩内钻全断面孔嵌岩(直桩、斜桩均可)然后再浇混凝土锚固；还可在打入的管桩内钻几只小孔用劲性钢筋或钢绞线进行预应力或非预应力锚岩，以增加锚固力和上拔力。

第四节　大直径钻埋空心桩

主要适用于大型桥梁、重要建筑物基础。由于该桩从钻孔桩演变而来，桩身混凝土由工厂预制，质量控制和检验都比较容易。桩底和桩侧都充填石子并压浆，承载能力大。空心结构可大量节约混凝土，减轻了自重，一般桥墩基础可采用独桩、独墩，节省了施工时间和经费。

第五节　薄壁筒桩

主要适用于围堤、小型透空式防波堤、高速公路桥头高填土处理等软土地区。该桩也是经灌注桩演变而来，利用振动锤将带有混凝土桩靴的双层圆形钢模板沉入土中，边振动上拔钢模，边浇筑混凝土(桩内有筋、无筋均可)成桩。也可做成联体桩，用于挡土形成围堤。由于桩体为空心，挤土作用较小，经济性也较好。

第六节　柔　性　桩

柔性桩主要是桩土共同作用组成复合地基以达到传递上部建筑物荷载的目的。主要用于受力较小、对早期沉降要求不高的中小型建筑物。此外，水泥搅拌桩和粉喷桩还有可承受竖向和横向力的作用。在水泥搅拌桩中插打混凝土桩或钢桩，刚柔结合，又有刚性桩的属性。碎石桩、砂桩、灰土桩、复合材料桩等散体桩，既有一定的竖向支撑力，又能起到置换、挤压、排(吸)水作用，与周围的地基土有机结合，既改良地基，又起到了桩的作用。

第五章　桩基工程的展望

桩基工程有近7000年的历史，但在近代随着建筑工程不断发展，建筑物的规模、使用要求、施工区域不断拓展，随之而来的新材料、新结构层出不穷，设计理论、检测、试验方法也不断创新，桩基工程技术有了快速发展。

第一节　桩型的展望

近十几年来，由于工程的多样性、地质的复杂性、工艺设备和工程材料的开创性使得桩型有了前所未有的发展空间，概括起来有如下的发展趋势。

一、向长、大、粗的方向发展

大型工程和特大型工程的不断出现，使得桩基大型化日趋明显。特大型桥梁已使灌孔桩直径达3m以上，如苏通长江大桥主塔采用ϕ2.8m×125m钻孔桩、东海大桥主通航孔基桩ϕ2.5m×110m。桥梁基础桩钻孔直径最大达5.0m，挖孔桩直径达8m。房屋建筑的桩基也向大型化方向发展，上海金茂大厦钢桩采用ϕ914mm×20mm，入土达82.5m；在建的世界第一高度的上海环球金融中心的桩基采用钢桩ϕ700mm×19mm，入土亦达82.5m。用于水工建筑的钢筋混凝土大管桩直径已达ϕ1.2m和ϕ1.4m，钢管桩直径也已达到ϕ3.0m左右。

二、向短、小、细方向发展

对于一些小型的工业民用建筑，其桩基随着桩土共同作用的理论的发展而不断发展。超小型的打入桩、钻孔桩、树根桩都是由此衍生。对于沉降不敏感的建筑，采用微型桩基可以节省很多费用，因此大有市场前景。

三、向地质复杂和难度大的方向发展

对于喀斯特地貌、地下溶沟、溶洞发育地区建设工程的大型桩基已日益增多，如肇庆西江二桥桩基坐落在多层溶沟之上。对于在深厚抛石层上施工桩基，或有孤石存在的地层上施工灌注桩，由于块石大小不一、形状各异，处理就各不相同。再如，在裸露岩石上施工桩基，技术难度更大，如宝钢马迹山矿石中转码头地质极为复杂，30万吨矿石码头大部分为摩擦桩和摩擦端承桩，少数桩位在裸岩上，考虑到一个码头泊位结构刚度的协调一致，只好在裸岩上施工嵌岩桩。

四、向环保型方向发展

对灌注桩来说，护壁泥浆对周边环境可能造成较大的危害，因此必须对泥浆进行处理再循环使用或将泥浆运到专门的弃土场地。采用钢套管工艺，旋挖钻，长、短螺旋取土工艺，人工挖孔桩工艺等，可减少对周边环境的影响。

对于打入桩而言，在人口密集区域，液压锤将逐步替代柴油锤；对于较小的桩，用压桩代替打入桩，都可以减少对环境的影响。

五、向高强度方向发展

随着科技的发展，基桩材料也得到长足的发展，钢筋混凝土桩的强度等级从过去的C30、C40到目前的C60、C80。钢筋和钢绞线的强度等级也在不断提高，2 000MPa的钢绞线都已普遍使用。钢桩的材质强度也有增大的趋势。

六、向异型截面方向发展

为提高桩基承载力，根据土层的不同采用扩底桩、多支盘桩、变截面桩，也有利用地下连续墙设施工的条型桩基等多种异型截面桩。如上海松浦公铁两用桥水中墩采用笔者设计的变截面蝶形钢管桩，即在ϕ1 200mm钢管桩的四周等距离纵向焊有宽度为150mm的4块钢板，这样桩的周长相当于ϕ1 580mm的钢桩以增加含砂土层中侧摩擦力，提高桩的承载力。上海闵浦二桥也采用ϕ900mm钢桩上焊有4块宽度为200mm的钢板的变截面蝶形钢管桩，这样使桩的周长相当于ϕ1 400mm的钢桩，增加了桩侧摩阻力。

七、向预制植桩方向发展

一般方法是利用中掘法沉桩、或利用成孔技术将桩直接插入岩基或硬土层中，然后再灌注水下混凝土(或压浆)，也可先浇筑底部少量混凝土将预制桩直接插入混凝土中。福州华能电厂码头工程即采用植桩方式进行嵌岩桩施工。湖南省路桥公司利用大直径钻机成孔后在岩基上铺石子找平，将ϕ6.0m预制空心桩管节利用预应力钢筋将其一节一节放至桩孔内，再进行张拉，在桩孔与管节之间灌石子并连同底部和侧边进行压浆形成大直径基桩。

八、向复合材料方向发展

对大型桩基由于受力和结构的需要做成复合材料桩基。如深圳盐田港码头工程在打入的钢管桩内钻孔嵌岩，浇筑钢筋混凝土。宝钢三期原料码头，上部考虑防腐需要采用钢筋混凝土大管桩，桩尖部分约10m采用钢桩组成组合桩。此外还有桩身强度和桩顶强度不一样的混凝土桩，桩顶2～4m范围内掺钢纤维或碳纤维以提高耐锤击性能。还有薄壁钢管离心混凝土管桩(TSC桩)，即其外壳用6mm厚的Q345B薄壁钢管，内层为C80混凝土(ϕ400mmTSC桩，壁厚87mm)，桩两端法兰上焊有ϕ10mm锚筋和ϕ5mm@50mm冷拔螺旋钢筋，长度为1m范围，用法兰盘再焊在钢管上，在钢管内浇筑混凝土，经高压蒸养形成TSC桩。上海宝钢1 880mm热轧带钢工程的基础桩即用TSC桩802根，平均桩长达70m。

九、向嵌岩和锚岩方向发展

在岩基埋深较浅的地区，一般桩基都应尽可能地嵌岩，特别是大型工程更是如此。对于承受水平力的桩基或有上拔力的桩基，除嵌岩外还用预应力或非预应力锚杆嵌岩。如厦门嵩屿电厂码头、深圳盐田港二期码头工程的桩基都用预应力锚杆，以抵抗上拔力和水平力。

十、向复合型方向发展

这方面近几年有较大的发展，如持力层很深，先用CDM工法(即深层水泥搅拌桩)加固软弱土层，然后将预制桩打入其中，作为摩擦桩端承桩设计。再如在搅拌桩的基础上打入板桩或型钢以抵抗土压力和水压力(即SMW工法)这样刚中带柔，柔中有刚，各取所长，相得益彰。

此外还有在碎石桩内压水泥浆，以形成刚性桩，还有在基坑支护中将搅拌桩和灌注桩连在一起使用，起到挡土、止水和抗滑作用。

十一、向空心桩方向发展

为节省材料或在同等材料的条件下提高桩的整体刚度和承载力，将桩基设计成空心桩，如空心混凝土方桩、混凝土管桩、空心灌注桩等。

十二、灌注桩向桩底、桩侧压浆方向发展

为提高灌注桩的承载力，减少沉降或增加桩端和桩侧摩阻力，大型灌注桩往往采取桩底压浆工艺，即利用超声波检测管向桩底压浆，以消除桩底沉渣强度低、不密实、早期沉降大的缺陷。压浆后形成类似纺锤型的不规则扩大头，如上海东海大桥、杭州湾大桥和苏通大桥等，效果明显，一般承载力的提高 30%～250%。还有在桩侧设置压浆管以增加桩侧摩阻力。

十三、桩尖形式向多样性方向发展

打入桩的桩尖已从方桩的平头桩、尖头桩的封闭桩尖，向管桩的半封闭、开口桩的多种桩尖形式方向发展，如在半封闭桩尖外加一圈比桩身略大的桩尖以减少沉桩侧摩阻力。

十四、向高耐久性方向发展

国家经济、技术的发展对建(构)筑物的使用寿命提出了更高的要求，交通部水运工程的设计使用年限为 50 年，公路桥梁的设计使用年限为 100 年。如上海东海大桥、浙江杭州湾大桥、江苏苏通大桥等设计使用年限均为 100 年，而香港青马大桥、丹麦大贝尔特桥等设计使用年限均为 120 年。而作为桥梁的基础，在设计使用年限内，桩基是无法更换的，因此，桩基在设计、施工和使用阶段都必须采取多种有效措施，以达到设计使用年限的要求。

第二节　施工设备的展望

由于建筑市场的发育，施工设备制造业竞争激烈，各厂商纷纷开发出市场需求的各种产品以降低工程成本，缩短工期，减轻劳动强度，解决关键技术问题。

一、钻 机 设 备

国内外厂商不断研究和改进钻机能力、液压驱动、破岩方法、出渣能力等，使大直径钻孔桩和嵌岩桩的发展成为可能。另外在减轻劳动强度、提高机械化、自动化水平上做了许多努力，取得了不少成果，为各种地质条件下的灌注桩施工打下了坚实的基础。机械扩孔设备和爆扩桩的工艺不断优化，为提高桩的承载力提供了更好的途径。

二、桩 机 设 备

由于外海及大型工程的需要，桩的直径、长度、质量、垂直度、倾斜度和水平承载力等要求不断地提高，使用范围越来越广，环境条件也越来越恶劣。因此，需要不断地开发和研究大型的打桩机和打桩船，甚至有些地方需要在水上工作平台上打桩。目前桩径 ϕ3.0m 左右的基桩基本上采用起重机(起重船)吊打。中交第三航务工程局水上吊打斜桩在科威特油码头工程中取得了成功，为特殊工况条件下吊打斜桩开辟了一条新的途径。液压打桩锤使进入水中打桩成为可能，减少了长送桩容易引起的偏差。振动锤的功率也越来越大，目前最大激振力已达 5 000kN，同时可以多台联动，为在砂性土中沉(拔)钢桩提供了更大的技术支持。在城市中因为环境条件的限制，无噪声污染的压桩设备也应运而

生,压桩力不断增大,目前已达12 000kN。

三、其他成桩设备

建筑业的不断发展为基础工程的设计、科研、施工提供了广阔的舞台。近几年非刚性桩的成桩设备有了长足的进步。搅拌桩不仅在水上、陆上都可以,而且直桩、斜桩均可以施工,中交集团三航局科研所研制的斜搅拌桩设备为搅拌桩的使用开辟了新的途径:二重管、三重管的高压旋喷、摆喷设备不断完善;粉喷桩设备的自动计量装置使粉喷桩的质量处于严格的受控状态;液压多支盘设备的研制使得多支盘设备施工更加得心应手;桩侧桩底后注浆工艺和设备的研制有效地解决了注浆不匀和承载力离散性较大的问题;水泥搅拌桩施工质量实时监控技术的开发有效地解决了过程控制问题,使得桩的质量有明显的提高。

第三节　检测、检验手段更加科学化

由于电子技术日新月异的发展,计算机技术与其他技术有机结合,使得桩基检测和检验方面也有了突飞猛进的发展。

在打入桩方面,PDA、PID等高低应变测试技术的不断完善,不仅可以分析桩的完整性,而且在承载力测试的精度方面也更加接近静载试验数值。

在灌注桩方面,孔形、孔径、沉渣、混凝土质量检测等都可以用电子仪器测试、超声波检测、钻芯等方法进行过程控制和成桩检测,都收到了良好的效果。目前正在推广用荷载箱测试桩端阻力和桩侧摩阻力,特别在灌注桩上使用显示了某些方面的优势。

非刚性桩的过程控制运用了电子计算机与自动控制技术有机结合的成果,使施工全过程处于受控状态,从而保证了桩的工程质量。

第二篇　桩 基 设 计

第一章　桩基工程设计原则和方法

第一节　桩基设计的基本原则

一、桩基设计的基本要求

任何桩基设计和选型时都必须做到：一要安全，二要合理，三要经济。三者同等重要，相互制约。

桩基设计的安全性要求包括两方面：一是桩基与地基土之间的作用是稳定的；二是桩身结构强度是足够的。前者要求桩基在设计荷载作用下具有足够的承载力，同时保证桩基不产生过量的变位、变形和不均匀变位；后者要求桩基结构内力必须在材料强度允许范围以内。

桩基设计的合理性要求桩的持力层选择、桩的几何尺寸选择和桩的布置尽可能发挥桩基承载能力。设计中按准确的内力计算结果确定桩身材料强度等级和配筋率，无论是整体还是局部，都应既满足构造要求，又不过量配置材料。设计结果是施工可行，又符合建（构）筑物的作用功能。

桩基设计的经济性要求是指桩基设计中通过运用先进技术和手段，充分把握桩基特性，通过多方案比较，寻求最佳设计方案，最大限度地发挥桩基的能力，力求桩基造价最低。

设计人员进行桩基设计时，要弄清并掌握桩基设计和施工应具有下列资料：

①使用要求；

②水文、气象、地形和水深资料；

③工程地质和水文地质资料及地质评价；

④桩的荷载试验或沉桩资料；

⑤有碍沉桩障碍物的探摸资料；

⑥主要施工机具设备资料；

⑦当地相关工程建设概预算定额、主要材料价格等资料。

在施工进场前，特别对于水文、地质较为复杂的工程地点，施工人员应弄清并掌握上述资料。若设计阶段未曾弄清的，应补查清楚，避免因情况复杂、准备不足而发生意外，以利施工的顺利进行。

二、桩基计算的设计原则

国家颁布了《建筑结构设计统一标准》（GB 50068—2002），对建筑结构的可靠度明确规定采用以概率理论为基础的极限状态设计方法分析。

《建筑桩基技术规范》（JGJ 94）规定：建筑桩基设计采用以概率理论为基础的极限状态设计方法，以可靠指标度量桩基的可靠度，采用分项系数表达的极限状态表达式进行计算。

需要指出的是，国家虽然统一规定采用按概率极限状态设计，但各专业、各系统所采用的荷载分项系数、承载力分项系数及可靠度指标取值均有差异，有的差异还相当大，设计、施工人员要弄清具体工程所使用的规范。

桩基极限状态分为两类：

(1)承载能力极限状态。对应于桩基达到最大承载能力或整体失稳，或发生不适于继续承载的变形，计算应采用作用效应的基本组合和地震作用效应的组合。

(2)正常使用极限状态。对应于桩基达到建筑物正常使用所规定的变形限值,或达到耐久性要求的某项限值,验算桩基沉降时应采用荷载的长期效应组合;验算桩基的水平变位、抗裂、裂缝宽度时,根据使用要求和裂缝控制等级分别采用作用效应的短期效应组合,或短期效应组合考虑长期荷载的影响。

根据桩基损坏造成建筑物的破坏后果(危及人身安全、造成经济损失、产生社会影响)的严重性,桩基设计时应根据规范有关规定确定相应的安全等级(表 2.1-1)选用结构重要性系数。

工程安全等级　表 2.1-1

安全等级	破坏后果	工程类型	结构重要性系数
一级	很严重	重要工程	1.10
二级	严重	一般工程	1.00
三级	不严重	次要工程	0.90

第二节　桩基设计计算和验算内容

根据承载能力极限状态和正常使用极限状态设计的要求,桩基需进行下列计算和验算。

1.承载能力计算

所有桩基均应进行承载能力极限状态的计算,计算内容包括:

(1)根据桩基的作用功能和受力特征分别进行桩基的竖向(抗压或抗拉)承载力计算和水平承载力计算;对于某些条件下的群桩基础宜考虑由桩群、土、承台相互作用产生的承载力群桩效应。

(2)对于桩身及承台的强度(受压、受弯、受拉和受扭承载力)应进行计算;对于桩身露出地面或桩侧为可液化土,极限承载力小于 50kPa(或不排水抗剪强度小于 10kPa)的土层中的细长桩尚应进行桩身压屈验算;对混凝土预制桩还要按施工阶段的吊装、运输和锤击作用进行强度验算。

(3)当桩端平面以下存在软弱下卧层时,应验算软弱下卧层的承载力和沉降。

(4)对位于坡地、岸边的桩基应验算土体稳定性。

(5)应验算抗震承载力。

2.变形验算

下列建(构)筑物桩基应进行变形验算:

(1)桩端持力层为软弱土的一、二级建筑物桩基以及桩端持力层为黏性土、粉土或存在软弱下卧层的一级建筑物桩基,应验算沉降;并宜考虑上部结构与基础的共同作用。

(2)受水平荷载较大、对水平变位要求严格的一级建筑物桩基,应验算水平变位;对安全等级为一级以及对变形有限定的建筑基坑支护桩,尚应验算其变形。柔性靠系船簇桩应计算其水平变形是否小于限值。

3.抗裂和裂缝宽度验算

下列建筑物桩基应进行桩身和承台的抗裂和裂缝宽度验算:

根据使用条件不允许混凝土出现裂缝的桩基应进行抗裂验算;对使用上需限制裂缝宽度的桩基,应进行裂缝宽度验算。

4.沉降观测

建于黏性土、粉土上的一级建筑物的桩基及软土地区的一、二级建筑物的桩基,其施工过程及建成后使用期间,必须进行系统的沉降观测直至沉降稳定。

5.软土地区桩基设计原则

软土地区的桩基应按下列原则设计:

(1)软土中的桩基宜选择中、低压缩性的黏性土、粉土、中密和密实的砂类土以及碎石类土作为桩端持力层;对于一级建筑物桩基,不宜采用桩端置于软弱土层上的摩擦桩。

(2)桩周软土因自重固结、场地填土、地面大面积堆载、降低地下水位等原因而产生的沉降大于桩的沉降时,应视具体工程情况考虑桩侧负摩阻对桩基承载力和对桩的影响。

(3)采用挤土桩时应考虑沉桩(管)挤土效应对邻桩、建(构)筑物、道路和地下管线等产生的不利影响。

(4)先沉桩后开挖基坑时,必须考虑基坑开挖顺序、坑边土体侧移对桩的影响。

(5)在高灵敏度厚层淤泥中不宜采用大片密集的沉管灌注桩。

(6)对于需填土的建筑物场地,宜先填土并保证填土的密实度,待填土地面沉降基本稳定后成桩。对于地面有大面积堆载的建(构)筑物,采取预压等处理措施,减少堆载引起的地面沉降。

第三节　桩身结构和连接构造

一、桩身结构设计

桩身结构设计系根据所选用的桩身材料、结构受力特点和施工方法、施工条件来进行。特别要注意各种不同的受力情况都要满足。

二、桩 头 设 计

若是锤击沉桩,则桩头要考虑耐锤击,桩头平面要平,钢筋混凝土桩桩内箍筋在桩头一定范围内要加密。空心方桩桩头 2m 范围内应为实心段,后张法预应力大管桩桩头部还可掺钢纤维。

三、桩 尖 设 计

实心桩桩端要削尖,空心桩桩壁也要削尖,桩端 1m 左右箍筋加密。对打入强风化岩的桩可加桩靴或 H 形桩尖。

四、桩头与承台连接构造设计

桩头与承台连接构造是根据结构设计计算时的假定和要求来定。结构设计计算时的假定有固接(刚性连接)和铰接(柔性连接)之分,桩头与承台连接时桩头伸入承台的长度或者桩内主筋伸入承台长度按有关规定执行。承台内在桩周围要布设分布筋以传递受力。

第二章　桩垂直承载力

第一节　单桩垂直承载力

一、静　载　法

当进行静载荷试桩时，单桩垂直极限承载力设计值应按下式计算：

$$Q_d = Q_k / \gamma_R \tag{2.2-1}$$

式中：Q_d——单桩垂直极限承载力设计值(kN)；

Q_k——单桩垂直极限承载力标准值(kN)。当试桩数量 $n \geqslant 2$，且各桩的极限承载力最大值与最小值之比值小于或等于 1.3 时，应取平均值作为单桩垂直极限承载力标准值；其比值大于 1.3 时，应经分析确定；

γ_R——单桩垂直承载力分项抗力系数，γ_R 取 1.30；当地质情况复杂或永久作用所占比重较大时，γ_R 取 1.40。

二、经验参数法

凡允许不做静载荷试桩的工程，可根据具体情况采用承载力经验参数法或静力触探法等确定单桩垂直极限承载力。本篇只介绍按承载力经验参数法确定单桩垂直极限承载力设计值，静力触探法等可参阅相关资料。

1.《港口工程桩基规范》(JTJ 254—98)

当按承载力经验参数法确定单桩垂直极限承载力设计值时，应按下式计算：

$$Q_d = \frac{1}{\gamma_R}(U \sum q_{fi} l_i + q_R A) \tag{2.2-2}$$

式中：Q_d——单桩垂直极限承载力设计值(kN)；

γ_R——单桩垂直承载力分项系数，γ_R 取 1.45；当地质情况复杂或永久作用所占比重较大时，γ_R 可取 1.55；

U——桩身截面周长(m)；

q_{fi}——单桩第 i 层土的极限侧摩阻力标准值(kPa)，如无当地经验值时，对预制混凝土挤土桩可按表 2.2-1 采用；

l_i——桩身穿过第 i 层土的长度(m)；

q_R——单桩极限桩端阻力标准值(kPa)，如无当地经验值时，对预制混凝土挤土桩可按表 2.2-2 采用；

A——桩身截面面积(m^2)。

预制混凝土挤土桩桩侧极限摩阻力标准值 q_f(kPa) 表 2.2-1

土的名称	土的状态	土层深度（m）												
		0～2	2～4	4～6	6～8	8～10	10～13	13～16	16～19	19～22	22～26	26～30	30～35	35～40
淤泥	$I_L>1.0$ $1.5<e\leqslant2.5$	2～4	4～6	6～8	8～10	10～12	12～14	—	—	—	—	—	—	—
黏土 $I_P>17$	$I_L>1.0$	4～7	7～9	9～11	11～13	13～15	15～17	17～19	—	—	—	—	—	—
	$0.75<I_L\leqslant1.0$	11～14	14～17	17～20	20～23	23～26	26～29	29～32	32～34	34～36	36～38	38～40	40～42	42～44
	$0.50<I_L\leqslant0.75$	20～23	23～26	26～29	29～32	32～35	35～38	38～41	41～44	44～47	47～50	50～53	53～56	56～59
	$0.25<I_L\leqslant0.5$	27～31	31～35	35～39	39～43	43～47	47～51	51～55	55～59	59～63	63～67	67～71	71～75	75～79
	$0<I_L\leqslant0.25$	34～38	38～42	42～46	46～50	50～54	54～58	58～62	62～66	66～70	70～74	74～78	78～82	82～86
粉质黏土 $10<I_P\leqslant17$	$I_L>1.0$	9～11	11～13	13～15	15～17	17～19	19～21	21～23	—	—	—	—	—	—
	$0.75<I_L\leqslant1.0$	20～22	22～24	24～26	26～28	28～30	30～32	32～34	34～36	36～38	38～40	40～42	42～44	44～46
	$0.50<I_L\leqslant0.75$	27～30	30～33	33～36	36～39	39～42	42～45	45～48	48～51	51～54	54～57	57～60	60～63	63～66
	$0.25<I_L\leqslant0.5$	35～39	39～43	43～47	47～51	51～55	55～59	59～63	63～67	67～71	71～75	75～79	79～83	83～87
	$0<I_L\leqslant0.25$	44～49	49～54	54～59	59～64	64～69	69～74	74～79	79～84	84～89	89～94	94～99	99～104	104～109
粉土 $0<I_P\leqslant10$	$0.75<I_L\leqslant1.0$	27～30	30～33	33～36	36～39	39～42	42～45	45～48	48～51	51～54	54～57	57～60	60～63	63～66
	$0.50<I_L\leqslant0.75$	35～39	39～43	43～47	47～51	51～55	55～59	59～63	63～67	67～71	71～75	75～79	79～83	83～87
	$0.25<I_L\leqslant0.5$	44～49	49～54	54～59	59～64	64～69	69～74	74～79	79～84	84～89	89～95	94～99	99～104	104～109
	$0<I_L\leqslant0.25$	54～60	60～66	66～72	72～78	78～84	84～90	90～96	96～102	102～108	108～114	114～120	120～126	126～132
粉砂 细砂	稍密	35～39	39～43	43～47	47～51	51～55	55～59	59～63	63～67	67～71	71～75	75～79	79～83	83～87
	中密	44～49	49～54	54～59	59～64	64～69	69～74	74～79	79～84	84～89	89～94	94～99	99～104	104～109
	密实	54～60	60～66	66～72	73～78	78～84	84～90	90～96	96～102	102～108	108～114	114～120	120～126	126～156
中粗砂	$N>30$	65～70	70～75	75～81	81～90	90～99	99～107	107～115	115～123	123～130	130～137	137～144	144～150	150～156

注：I_P 为土的塑性指数；I_L 为土的液性指数；N 为标准贯入击数；e 为土的天然孔隙比。

表 2.2-2

预制混凝土挤土桩桩端极限阻力标准值 q_R(kPa)

土的名称	土的状态	土层深度(m)						
		5～10	10～15	15～20	20～25	25～30	30～35	35～40
黏土 $I_P>17$	$0.75<I_L\leqslant1.0$	100～300	300～500	500～700	700～900	900～1 100	1 100～1 200	1 200～1 360
	$0.50<I_L\leqslant0.75$	300～500	500～700	700～950	950～1 200	1 200～1 400	1 400～1 500	1 500～1 600
	$0.25<I_L\leqslant0.5$	500～700	700～950	950～1 200	1 200～1 430	1 430～1 650	1 650～1 800	1 800～1 950
	$0<I_L\leqslant0.25$	700～970	970～1 200	1 200～1 500	1 500～1 750	1 750～2 000	2 000～2 200	2 200～2 300
粉质黏土 $10<I_P\leqslant17$	$0.75<I_L\leqslant1.0$	200～500	500～790	790～1 000	1 000～1 200	1 200～1 450	1 450～1 600	1 600～1 750
	$0.50<I_L\leqslant0.75$	400～700	700～1 050	1 050～1 400	1 400～1 750	1 750～2 050	2 050～2 200	2 250～2 400
	$0.25<I_L\leqslant0.5$	600～1 000	1 000～1 400	1 400～1 800	1 800～2 150	2 150～2 400	2 400～2 650	2 650～2 750
	$0<I_L\leqslant0.25$	800～1 300	1 300～1 800	1 800～2 300	2 300～2 650	2 650～3 000	3 000～3 200	3 200～3 350
粉土 $0<I_P\leqslant10$	$0.75<I_L\leqslant1.0$	600～1 000	1 000～1 400	1 400～1 800	1 800～2 150	2 150～2 400	2 400～2 650	2 650～2 750
	$0.50<I_L\leqslant0.75$	800～1 300	1 300～1 800	1 800～2 300	2 300～2 650	2 650～3 000	3 000～3 200	3 200～3 500
	$0.25<I_L\leqslant0.5$	1 000～1 700	1 700～2 300	2 300～2 900	2 900～3 350	3 350～3 750	3 750～4 000	4 000～4 200
	$0<I_L\leqslant0.25$	1 500～2 300	2 300～3 000	3 000～3 600	3 600～4 100	4 100～4 500	4 500～4 800	4 800～5 000
粉砂 细砂	稍密	1 000～1 700	1 700～2 300	2 300～2 900	2 900～3 350	3 350～3 750	3 750～4 000	4 000～4 200
	中密	1 500～2 300	2 300～3 000	3 000～3 600	3 600～4 100	4 100～4 500	4 500～4 800	4 800～5 000
	密实	2 000～3 000	3 000～3 900	3 900～4 750	4 750～5 500	5 500～6 100	6 100～6 600	6 600～7 000
中粗砂	$N>30$	2 400～3 800	3 800～5 200	5 200～6 250	6 250～7 200	7 200～8 000	8 000～8 650	8 650～9 100

2.《建筑桩基技术规范》(JGJ 94)

(1)单桩竖向极限承载力标准值

Q_d 计算公式同式(2.2-2),其中 γ_R、q_f、q_R 的值按表 2.2-3、表 2.2-4 及表 2.2-6 取用。

桩基侧阻、端阻分项抗力系数 r_R 表 2.2-3

桩型与工艺	预制桩钢管桩	大直径灌注桩(清底干净)	泥浆护壁钻(冲)孔灌注桩	干作业法钻孔灌注桩(d≤0.8m)	沉管灌注桩
γ_R	1.60	1.60	1.65	1.70	1.75

极限桩侧摩阻力标准值 q_f(kPa) 表 2.2-4

土 名	土的状态	混凝土预制桩	水下钻(冲)孔桩	沉管灌注桩	干作业钻孔桩
填土		20～28	18～26	15～22	18～26
淤泥		11～17	10～16	9～13	10～16
淤泥质土		20～28	18～26	15～22	18～26
黏性土	$I_L>1$	21～36	20～34	16～28	20～34
	$0.75<I_L\leqslant 1$	36～50	34～48	28～40	34～48
	$0.50<I_L\leqslant 0.75$	50～66	48～64	40～52	48～62
	$0.25<I_L\leqslant 0.50$	66～82	64～78	52～63	62～76
	$0<I_L\leqslant 0.25$	82～91	78～88	63～72	76～86
	$I_L\leqslant 0$	91～101	88～98	72～80	86～96
红黏土	$0.7<\alpha_w\leqslant 1$	13～32	12～30	10～25	12～30
	$0.5<\alpha_w\leqslant 0.7$	32～74	30～70	25～68	30～70
粉土	$e>0.9$	22～44	22～40	16～32	20～40
	$0.75\leqslant e\leqslant 0.9$	42～64	40～60	32～50	40～60
	$e<0.75$	64～85	60～80	50～67	60～80
粉细砂	稍密	22～42	22～40	16～32	20～40
	中密	42～63	40～60	32～50	40～60
	密实	63～85	60～80	50～67	60～80
中砂	中密	54～74	50～72	42～58	50～70
	密实	74～95	72～90	58～75	70～90
粗砂	中密	74～95	74～95	58～75	70～90
	密实	95～116	95～116	75～92	90～110
砾砂	中密、密实	116～138	116～135	92～110	110～130

注:①对于尚未完成自重固结的填土和以生活垃圾为主的杂填土,不计 q_f;

②α_w 为含水比,$\alpha_w=w/w_L$;

③对于预制桩,根据土层埋深,将 q_f 乘以表 2.2-5 所列修正系数 C_d。

预制桩 q_f 的深度修正系数 C_d 表 2.2-5

土层埋深(m)	≤5	10	20	≥30
C_d	0.8	1.0	1.1	1.2

极限桩端阻力标准值 q_R(MPa)　　表 2.2-6

土　名	土的状态	预制桩入土深度(m)				水下钻(冲)孔桩入土深度(m)			
		$h \leqslant 9$	$9<h\leqslant 16$	$16<h\leqslant 30$	$h>30$	5	10	15	$h>30$
黏性土	$0.75\leqslant I_L\leqslant 1$	0.21～0.84	0.63～1.3	1.1～1.7	1.3～1.9	0.1～0.15	0.15～0.25	0.25～0.3	0.3～0.45
	$0.5\leqslant I_L\leqslant 0.75$	0.84～1.7	1.5～2.1	1.9～2.5	2.3～3.2	0.2～0.3	0.35～0.45	0.45～0.55	0.55～0.75
	$0.25\leqslant I_L\leqslant 0.50$	1.5～2.3	2.3～3.0	2.7～3.6	3.6～4.4	0.4～0.5	0.7～0.8	0.8～0.9	0.9～1.0
	$0\leqslant I_L\leqslant 0.25$	2.5～3.8	3.8～5.1	5.1～5.9	5.9～6.8	0.75～0.85	1.0～1.2	1.2～1.4	1.4～1.6
粉土	$0.75<e\leqslant 0.9$	0.84～1.7	1.3～2.1	1.9～2.7	2.5～3.4	0.25～0.35	0.3～0.5	0.45～0.65	0.65～0.85
	$e\leqslant 0.75$	1.5～2.3	2.1～3.0	2.7～3.6	3.6～4.4	0.55～0.8	0.65～0.9	0.75～1.0	0.85～1.0
粉砂	稍密	0.8～1.6	1.5～2.1	1.9～2.5	2.1～3.0	0.2～0.4	0.35～0.5	0.45～0.6	0.6～0.7
	中密、密实	1.4～2.2	2.1～3.0	3.0～3.8	3.8～4.6	0.4～0.5	0.7～0.8	0.8～0.9	0.9～1.1
细砂	中密、密实	2.5～3.8	3.6～4.8	4.4～5.7	5.3～6.5	0.55～0.65	0.9～1.0	1.0～1.2	1.2～1.5
中砂		3.6～5.1	5.1～6.3	6.3～7.2	7.0～8.0	0.85～0.95	1.3～1.4	1.6～1.7	1.7～1.9
粗砂		5.7～7.4	7.4～8.4	8.4～9.5	9.5～10.3	1.4～1.5	2.0～2.2	2.3～2.5	2.3～2.5
砾砂	中密、密实	6.3～10.5				1.5～2.5			
角砾圆砾		7.4～11.6				1.8～2.8			
碎石卵石		8.4～12.7				2.0～3.0			

土名	土的状态	沉管灌注桩入土深度(m)				干作业钻孔桩入土深度(m)		
		5	10	15	>15	5	10	15
黏性土	$0.75\leqslant I_L\leqslant 1$	0.4～0.6	0.6～0.75	0.75～1.0	1.0～1.4	0.2～0.4	0.4～0.7	0.7～0.9
	$0.5\leqslant I_L\leqslant 0.75$	0.67～1.1	1.2～1.5	1.5～1.8	1.8～2.0	0.42～0.63	0.74～0.95	0.95～1.2
	$0.25\leqslant I_L\leqslant 0.50$	1.3～2.2	2.3～2.7	2.7～3.0	3.0～3.5	0.85～1.1	1.5～1.7	1.7～1.9
	$0\leqslant I_L\leqslant 0.25$	2.5～2.9	3.5～3.9	4.0～4.5	4.2～5.0	1.6～1.8	2.2～2.5	2.6～2.8
粉土	$0.75<e\leqslant 0.9$	1.2～1.6	1.6～1.8	1.8～2.1	2.1～2.6	0.6～1.0	1.0～1.4	1.4～1.6
	$e\leqslant 0.75$	1.8～2.2	2.2～2.5	2.5～3.0	3.0～3.5	1.2～1.7	1.4～1.9	1.6～2.1
粉砂	稍密	0.8～1.3	1.3～1.8	1.8～2.0	2.0～2.5	0.5～0.9	1.0～1.4	1.5～1.7
	中密、密实	1.3～1.7	1.8～2.5	2.5～2.8	2.8～3.6	0.85～1.0	1.5～1.7	1.7～1.9
细砂	中密、密实	1.8～2.2	3.0～3.4	3.5～3.9	4.0～4.9	1.2～1.4	1.9～2.1	2.2～2.5
中砂		2.8～3.2	4.4～5.0	5.2～5.5	5.5～7.0	1.8～2.0	2.8～3.0	3.3～3.5
粗砂		4.5～5.0	6.7～7.2	7.7～8.2	8.4～9.0	2.9～3.2	4.2～4.6	4.9～5.2
砾砂	中密、密实	5.0～8.4				3.2～5.3		
角砾圆砾		5.9～9.2				—		
碎石卵石		6.7～10.0				—		

注:①砂土、碎石类土中的 q_R 的取值,要综合考虑土的密实度和桩端进入持力层的深度比 h_b/d,土越密实,h_b/d 越大,取值越高。h_b 为桩端进入持力层的深度,d 为桩径;

②沉管灌注桩系指带预制桩尖的沉管灌注桩。

(2)大直径桩(直径≥ϕ800mm)的单桩竖向极限承载力标准值

大直径桩(直径≥ϕ800mm)的单桩竖向极限承载力标准值,可按下式计算:

$$Q_k=(U\sum\psi_{fi}q_{fi}l_{fi}+\psi_R q_R A_R)/\gamma_R \tag{2.2-3}$$

式中:q_{fi}——桩周第 i 层土的极限侧阻力标准值,按表 2.2-4 采用;对于扩底桩变截面以下不计桩侧阻力;

q_R——桩径为 ϕ800mm 的极限桩端阻力,可采用深层荷载板试验确定,或按表 2.2-6 取值;对

于干作业(清底干净),可按表 2.2-7 取值;

ψ_{fi}、ψ_R——大直径桩侧阻力、端阻力尺寸效应系数,按表 2.2-8 取值。

q_R 值(kPa) 表 2.2-7

土名		状态		
		$0.25<I_L\leqslant0.75$	$0<I_L\leqslant0.25$	$I_L\leqslant0$
黏性土		800~1 800	1 800~2 400	2 400~3 000
粉土		$0.75<e\leqslant0.9$	$e\leqslant0.75$	
		1 000~1 500	1 500~2 000	
砂土、碎石类土		稍密	中密	密实
	粉砂	500~700	800~1 100	1 200~2 000
	细砂	700~1 100	1 200~1 800	2 000~2 500
	中砂	1 000~2 000	2 200~3 200	3 500~5 000
	粗砂	1 200~2 200	2 500~3 500	4 000~5 500
	砾砂	1 400~2 400	2 600~4 000	5 000~7 000
	圆砾、角砾	1 600~3 000	3 200~5 000	6 000~9 000
	卵石、碎石	2 000~3 000	3 300~5 000	7 000~11 000

注:①q_R 取值时,当 $h_b\leqslant d$,取表内低值;当 $d<h_b<4d$,取表内中值;当 $h_b\geqslant4d$,取表内高值(h_b 为桩端进入持力层深度);

②当对沉降要求不严格时,可适当提高 q_R。

大直径桩侧阻力、端阻力尺寸效应系数ψ_{fi}、ψ_R 表 2.2-8

土类	黏性土、粉土	砂土、碎石类土
ψ_{fi}	1	$\left(\frac{0.8}{d}\right)^{1/3}$
ψ_R	$\left(\frac{0.8}{d}\right)^{1/4}$	$\left(\frac{0.8}{d}\right)^{1/3}$

(3)钢管桩的单桩竖向极限承载力标准值

钢管桩的单桩竖向极限承载力标准值,应分别乘以桩侧阻挤土效应系数 λ_f 和桩端闭塞效应系数 λ_R。λ_f 选择参考表 2.2-9。

敞口钢管桩侧阻挤土效应系数 λ_f 表 2.2-9

d(mm)	≤600	700	800	900	1 000
λ_f	1.0	0.93	0.87	0.82	0.77

注:d 为钢管桩外径。

对于带隔板的半敞口钢管桩,以等效直径 $d_e=d/\sqrt{n}$代替,n 为桩截面被分隔的个数。

敞口钢管桩端闭塞效应系数 λ_R,当闭口钢管桩时,$\lambda_R=1.0$;λ_R 取值与桩端进入持力层深度比 h_b/d 有关:当 $h_b/d<5$ 时,$\lambda_R=0.16\frac{h_b}{d}\lambda_f$;当 $h_b/d\geqslant5$ 时,$\lambda_R=0.8\lambda_f$。

3.《公路桥涵地基与基础设计规范》(JTJ 024—85)

(1)摩擦桩单桩轴向受压容许承载力

采用沉桩方法时,摩擦桩单桩轴向受压容许承载力[P]可按下式计算:

$$[P]=\frac{1}{2}(U\sum\alpha_i l_i\tau_i+\alpha A\sigma_R) \tag{2.2-4}$$

式中:[P]——单桩轴向受压容许承载力(kN);

U——桩的周长(m);

l_i——承台底面或局部冲刷线以下各土层厚度(m)；

τ_i——与 l_i 对应的各土层与桩壁的极限摩阻力(kPa)，按表 2.2-10 采用；

σ_R——桩端处土的极限承载力(kPa)，按表 2.2-11 采用；

α_i、α——分别为振动沉桩对各土层桩周摩擦力和桩底承压力的系数，按表 2.2-12 采用，对于锤击法沉桩其值均取为 1.0；

A——桩横截面面积(m^2)。

沉桩桩周土的极限摩阻力 τ_i 值　　表 2.2-10

土　类	状　态	极限摩阻力 τ_i(kPa)
黏性土	$1.5 \geqslant I_L \geqslant 1$	15～30
	$1 > I_L \geqslant 0.75$	30～45
	$0.75 > I_L \geqslant 0.5$	45～60
	$0.5 > I_L \geqslant 0.25$	60～75
	$0.5 > I_L \geqslant 0$	75～85
	$0 > I_L$	85～95
粉细砂	稍密	20～35
	中密	35～65
	密实	65～80
中砂	中密	55～75
	密实	75～90
粗砂	中密	70～90
	密实	90～105

注：表中 I_L 为土的液性指数，是按 76g 平衡锥测定的数值。

沉桩桩端处土的极限承载力值 σ_R(kPa)　　表 2.2-11

土　类	状　态	桩端极限承载力 σ_R(kPa)		
黏性土	$I_L \geqslant 1$	1 000		
	$1 > I_L \geqslant 0.65$	1 600		
	$0.65 > I_L \geqslant 0.35$	2 200		
	$0.35 > I_L$	3 000		
		桩尖进入持力层的相对深度		
		$1 > \frac{h'}{d}$	$4 > \frac{h'}{d} \geqslant 1$	$\frac{h'}{d} \geqslant 4$
粉砂	中密	2 500	3 000	3 500
	密实	5 000	6 000	7 000
细砂	中密	3 000	3 500	4 000
	密实	5 500	6 500	7 500
中粗砂	中密	3 500	4 000	4 500
	密实	6 000	7 000	8 000
圆砾石	中密	4 000	4 500	5 000
	密实	7 000	8 000	9 000

注：表中 h' 为桩尖进入持力层的深度(不包括桩靴)；d 为桩的直径或边长。

系数 α_i、α 值　　表 2.2-12

桩径或边长 d(m)	黏土	亚黏土	亚砂土	砂土
$0.8 \geqslant d$	0.6	0.7	0.9	1.1
$2.0 \geqslant d > 0.8$	0.6	0.7	0.9	1.0
$d > 2.0$	0.5	0.6	0.7	0.9

(2)支承桩单桩轴向受压容许承载力

支承在基岩上或嵌入基岩内的钻(挖)孔桩、沉桩和管柱的单桩轴向受压容许承载力$[P]$,可按下式计算:

$$[P]=(C_1A+C_2Uh)R_a \tag{2.2-5}$$

式中:$[P]$——单桩轴向受压容许承载力(kN);

R_a——天然湿度的岩石单轴极限抗压强度(kPa),试件直径为 7～10cm,试件高度与试件直径相同;

h——桩嵌入基岩深度(m),不包括风化岩;

U——桩嵌入基岩部分的横截面周长(m);

A——桩底横截面面积(m^2);

C_1、C_2——根据清孔情况、岩石破碎程度等因素而定的系数,按表 2.2-13 采用。

系数 C_1、C_2 值　　表 2.2-13

条　件	C_1	C_2
良好的	0.6	0.05
一般的	0.5	0.04
较差的	0.4	0.03

注:①当 $h \leqslant 0.5$m 时,C_1 采用表列数值的 0.75 倍,$C_2=0$;

②对于钻孔桩,系数 C_1、C_2 的值可降低 20%采用。

4.《铁路桥涵地基和基础设计规范》(TB 10002.5—2005)

(1)摩擦桩轴向受压的单桩容许承载力

打入、振动下沉和桩端爆扩桩的单桩容许承载力可按下式计算:

$$[P]=\frac{1}{2}(U\sum a_i f_i l_i+\lambda ARa) \tag{2.2-6}$$

式中:$[P]$——桩的容许承载力(kN);

U——桩身截面周长(m);

l_i——各土层厚度(m);

A——桩底支承面积(m^2);

a_i,a——振动沉桩时各土层桩周摩阻力和桩底承压力影响系数(表 2.2-14),对于打入桩其值为 1.0;

λ——系数,按表 2.2-15 采用。

振动下沉桩系数 a_i,a　　表 2.2-14

桩径或边宽	砂 类 土	粉　土	粉 质 黏 土	黏　土
$d \leqslant 0.8$m	1.1	0.9	0.7	0.6
$0.8 < d \leqslant 2.0$m	1.0	0.9	0.7	0.6
$d > 2.0$m	0.9	0.7	0.6	0.5

系　数 λ　　表 2.2-15

桩端爆扩体处土的种类 / D_p/d	砂类土	黏砂土	粉质黏土 $I_L=0.5$	黏土 $I_L=0.5$
1.0	1.0	1.0	1.0	1.0
1.5	0.95	0.85	0.75	0.70
2.0	0.90	0.80	0.65	0.50
2.5	0.85	0.75	0.50	0.40
3.0	0.80	0.60	0.40	0.30

注：d 为桩身直径；D_p 为爆扩桩的爆扩体直径。

f_i 和 R 分别为桩周土的极限摩阻力（以 kPa 计）和桩尖土的极限承载力（以 kPa 计），可根据土的物理性质查表 2.2-16 和表 2.2-17 确定，或采用静力触探试验测定，此时：

$$f_i=\beta_i\bar{f}_{si}\qquad R=\beta\bar{q}_c$$

桩周土的极限摩擦阻力 f_i（kPa）　　表 2.2-16

土　类	状　态	极限摩擦阻力 f_i
黏性土	$1\leqslant I_L<1.5$	15～30
	$0.75\leqslant I_L<1$	30～45
	$0.5\leqslant I_L<0.75$	45～60
	$0.25\leqslant I_L<0.5$	60～75
	$0\leqslant I_L<0.25$	75～85
	$I_L<0$	85～95
粉土	稍密	20～35
	中密	35～65
	密实	65～80
粉、细砂	稍松	20～35
	稍密、中密	35～65
	密实	65～80
中砂	稍密、中密	55～75
	密实	75～90
粗砂	稍密、中密	70～90
	密实	90～105

式中的 $\bar{f}_{si}$ 为桩侧第 i 层土经静力触探测得的平均侧摩阻力（kPa）。当 $\bar{f}_{si}<5$kPa 时，可采用 5kPa。$\bar{q}_c$ 为桩尖（不包括桩靴）高程以上和以下各 $4d$（d 为桩的直径或边长）范围内静力触探平均端阻力 $\bar{q}_{c1}$ 和 $\bar{q}_{c2}$（均为 kPa 计）的平均值。但当 $\bar{q}_{c1}>\bar{q}_{c2}$ 时，则 $\bar{q}_c$ 取 $\bar{q}_{c2}$ 值。β_i 和 β 分别为侧摩阻和端阻的综合修正系数，其值按下列判别标准选用相应的计算公式。

当桩侧第 i 层土的 $\bar{q}_{ci}>2\,000$kPa，且 $\bar{f}_{si}/\bar{q}_{ci}\leqslant0.014$ 时（式中的 $\bar{f}_{si}$ 和 $\bar{q}_{ci}$ 均以 kPa 计）：

桩尖土的极限承载力 R(kPa)　　表 2.2-17

土类	状态	桩尖极限承载力		
黏性土	$1\leqslant I_L$	1 000		
	$0.65\leqslant I_L<1$	1 600		
	$0.35\leqslant I_L<0.65$	2 200		
	$I_L<0.35$	3 000		
		桩端进入持力层的相对深度		
		$\frac{h'}{d}<1$	$1\leqslant\frac{h'}{d}<4$	$4\leqslant\frac{h'}{d}$
粉土	中密	1 700	2 000	2 300
	密实	2 500	3 000	3 500
粉砂	中密	2 500	3 000	3 500
	密实	5 000	6 000	7 000
细砂	中密	3 000	3 500	4 000
	密实	5 500	6 500	7 500
中、粗砂	中密	3 500	4 000	4 500
	密实	6 000	7 000	8 000
圆砾土	中密	4 000	4 500	5 000
	密实	7 000	8 000	9 000

注：表中 h' 为桩尖进入持力层的深度（不包括桩靴）；d 为桩的直径或边长。

$$\beta_i=5.067(\bar{f}_{si})^{-0.45}$$

当不满足上述 $\bar{q}_{ci}$ 和 $\bar{f}_{si}/\bar{q}_{ci}$ 条件时，则

$$\beta_i=10.045(\bar{f}_{si})^{-0.55}$$

当桩底土的 $\bar{q}_{c2}>2\,000$kPa，且 $\bar{f}_{s2}/\bar{q}_{c2}\leqslant0.014$ 时（式中的 $\bar{q}_{s2}$ 和 $\bar{q}_{c2}$ 均以 kPa 计）：

$$\beta=3.975(\bar{q}_{ci})^{-0.25}$$

当不满足上述 $\bar{q}_{c2}$ 和 $\bar{f}_{s2}/\bar{q}_{c2}$ 条件时，则

$$\beta=12.064(\bar{q}_{ci})^{-0.35}$$

式中 $\bar{q}_{ci}$ 为相应于 $\bar{f}_{si}$ 土层中桩侧触探平均端阻；$\bar{f}_{s2}$ 为相应于 $\bar{q}_{c2}$ 土层中桩底触探平均侧阻。上列综合修正系数计算公式不适用于以城市杂填土为主的短桩。综合修正系数用于黄土地区时，应做试桩校核。

(2)钻（挖）孔灌注桩的容许承载力

$$[P]=\frac{1}{2}U\sum f_i l_i+m_0 A[\sigma] \tag{2.2-7}$$

式中：$[P]$——桩的容许承载力(kN)；

U——桩身截面周长(m)，按成孔桩径计算。通常钻孔桩的成孔桩径按钻头类型分别比设计桩径（即钻头直径）增大下列数值：旋转锥为 30～50mm，冲击锥为 50～100mm，冲抓锥为 100～150mm；

f_i——各土层的极限摩阻力(kPa)，按表 2.2-18 采用；

钻孔灌注桩桩周极限摩阻力 f_i(kPa)　　表 2.2-18

土的名称	土性状态	极限摩阻力
软土		12～22
黏性土	流塑	20～35
	软塑	35～55
	硬塑	55～75
粉土	中密	30～55
	密实	55～70
粉砂、细砂	中密	30～55
	密实	55～70
中砂	中密	45～70
	密实	70～90
粗砂、砾砂	中密	70～90
	密实	90～150
圆砾土、角砾土	中密	90～150
	密实	150～220
碎石土、卵石土	中密	150～220
	密实	220～420

注:①漂石土、块石土极限摩阻力可采用 400～600kPa;

②挖孔灌注桩的极限摩阻力可参照本表采用。

l_i——各土层的厚度(m);

A——桩底支承面积(m^2),按设计桩径计算;

$[\sigma]$——桩底地基土的容许承载力(kPa)。当 $h\leqslant 4d$ 时,$[\sigma]=\sigma_0+k_2\gamma_2(h-3)$;当 $4d<h\leqslant 10d$ 时,$[\sigma]=\sigma_0+k_2\gamma_2(4d-3)+k'_2\gamma_2(h-4d)$;当 $h>10d$ 时,$[\sigma]=\sigma_0+k_2\gamma_2(4d-3)+k'_2\gamma_2(6d)$,其中 d 为桩径或桩的宽度(m);k_2 采用宽度、深度修正系数(表 2.2-19)的数值;k'_2 对黏性土、粉土和黄土为 1.0;对于其他土,k'_2 为表 2.2-19 中的 k_2 值的一半;σ_0、γ_2 和 h 的意义为:

σ_0——地基的基本承载力(kPa);

γ_2——基底以上土的天然重度的平均值(kN/m^3),如持力层在水面以下,且为透水者,水中部分应采用浮重;如为不透水者,不论基底以上水中部分土的透水性质如何,应采用饱和重度;

h——基础底面的埋置深度(m),对于受水流冲刷的墩台,由一般冲刷线算起;不受水流冲刷者,由天然地面算起;位于挖方内,由开挖后地面算起;

宽度、深度修正系数　　表 2.2-19

土的类别 \ 系数	黏性土				粉土	黄土		砂类土								碎石类土			
	Q_4 的冲、洪积土		Q_3 及其以前的冲、洪积土	残积土		新黄土	老黄土	粉砂		细砂		中砂		砾砂、粗砂		碎石、圆砾、角砾		卵石	
	$I_L<0.5$	$I_L\geqslant 0.5$						稍密、中密	密实	稍密、中密	密实	稍密、中密	密实	稍密、中密	密实	稍密、中密	密实	稍密、中密	密实
k_1	0	0	0	0	0	0	0	1	1.2	1.5	2	2	3	3	4	3	4	3	4
k_2	2.5	1.5	2.5	2.5	1.5	1.5	1.5	2	2.5	3	4	4	5.5	5	6	5	6	6	10

注:①节理不发育或较发育的岩石不作宽深修正,节理发育或很发育的岩石,k_1、k_2 可按碎类石土的系数,但对已风化成砂、土状者,则按砂类土、黏性土的系数;

②对稍松状态的砂类土和松散状态的碎石类土,k_1、k_2 值可采用表列稍密、中密值的 50%;

③冻土的 $k_1=0$、$k_2=0$。

m_0——桩底支承力折减系数。钻孔灌注桩桩底支承力折减系数可按表 2.2-20 采用;挖孔灌注桩桩底支承力折减系数可根据具体情况确定,一般可取 $m_0=1.0$。

钻孔灌注桩桩底支承力折减系数 m_0 表 2.2-20

土质及清底情况	m_0		
	$5d<h\leqslant10d$	$10d<h\leqslant25d$	$25d<h\leqslant50d$
土质较好,不易坍塌,清底良好	0.9~0.7	0.7~0.5	0.5~0.4
土质较差,易坍塌,清底稍差	0.7~0.5	0.5~0.4	0.4~0.3
土质差,难以清底	0.5~0.4	0.4~0.3	0.3~0.1

注:h 为地面线或局部冲刷线以下桩长;d 为桩的直径,均以 m 计。

(3)柱桩轴向受压的容许承载力

①支承于岩石层上的打入桩、振动下沉桩(包括管柱)的容许承载力:

$$[P]=CRA \tag{2.2-8}$$

式中:$[P]$——桩的容许承载力(kN);

R——岩石单轴抗压强度(kPa);

C——系数,匀质无裂缝的岩石层采用 $C=0.45$;有严重裂缝的、风化的或易软化的岩石层采用 $C=0.30$;

A——桩底面积(m^2)。

②支承于岩石层上与嵌入岩石层内的钻(挖)孔灌注桩及管桩的容许承载力:

$$[P]=R(C_1A+C_2Uh) \tag{2.2-9}$$

式中:$[P]$——桩及管柱的容许承载力(kN);

U——嵌入岩石层内的桩及管柱的钻孔周长(m);

h——自新鲜岩石面(平均高程)算起的嵌入深度(m);

C_1,C_2——系数,根据岩石层破碎程度和清底情况决定,按表 2.2-21 采用。

其余符号意义同前。

系 数 C_1、C_2 表 2.2-21

岩石层及清底情况	C_1	C_2
良好	0.5	0.04
一般	0.4	0.03
较差	0.3	0.02

注:当 $h\leqslant0.5$ 时,C_1 应乘以 0.7,C_2 采取为 0。

5.上海市《地基基础设计规范》(DBJ 08-11—1999)

按地基土对桩的支承能力确定单桩竖向承载力设计值,可根据土层条件按下式估算:

$$R_d=\frac{R_{sk}}{\gamma_s}+\frac{R_{pk}}{\gamma_p}=\frac{U_p\sum f_{si}l_i}{\gamma_s}+\frac{f_pA_p}{\gamma_p} \tag{2.2-10}$$

式中:U_p——桩身截面周长(m);

f_{si}——桩侧第 i 层土的极限摩阻力标准值(kPa),可区别桩型,根据土的名称、土层埋藏深度及土的性质并结合土的原位测试值按表 2.2-22 选用;

f_p——桩端处土的极限端阻力标准值(kPa),可区别桩型,根据土的名称、土层埋藏深度及土的性质并结合土的原位测试值按表 2.2-22 选用;

l_i——第 i 层土的厚度(m);

A_p——桩端横截面面积(m^2)；

γ_s——总侧摩阻力的分项系数，可按端阻比 ρ_p 由表 2.2-23 查用；

γ_p——桩端阻力的分项系数，可按端阻比 ρ_p 由表 2.2-23 查用；

$$\rho_p=\frac{R_{pk}}{R_{pk}+R_{sk}}$$

R_{pk}——桩端极限阻力标准值(kN)；

R_{sk}——桩侧总极限摩阻力标准值(kN)。

上海地区 f_s、f_p 值(kPa)　　表 2.2-22

土层编号	土层名称	埋藏深度(m)	预制桩		灌注桩	
			f_s(kPa)	f_p(kPa)	f_s(kPa)	f_p(kPa)
②	褐黄色黏性土	0～4	15	—	15	—
	灰色黏质粉土	4～15	20～40	500～1 000	15～30	—
	灰色砂质粉土	4～15	30～50	1 000～2 000	25～40	600～800
	灰色粉砂	4～15	40～60	2 000～3 000	30～45	700～900
③	灰色淤泥质粉质黏土 灰色砂质粉土、粉砂	4～15	15～30	200～500	15～25	150～300
		15～25	30～40	500～1 000	25～35	250～350
		15～23	35～55	1 500～2 500	30～45	800～1 000
		23～32	45～65	2 500～3 500	35～55	1 000～1 200
④	灰色淤泥质黏土	4～15	15～40	200～800	15～30	150～250
		15～35	40～55	800～2 000	30～40	250～550
⑤或⑤$_1$ ⑤$_2$ ⑤$_3$	灰色黏性土	20～35	45～65	1 500～2 500	35～45	350～650
	灰色砂质粉土	20～35	50～70	2 000～3 500	40～50	1 000～1 500
	灰色粉砂	20～35	70～100	4 000～6 000	60～80	1 500～2 000
	灰黑色黏性土	25～40	50～70	1 500～3 000	40～50	450～750
⑥	暗绿、褐黄色黏性土	22～26	60～80	1 500～2 500	50～60	750～1 000
		26～30	80～100	2 000～3 500	60～80	1 000～1 200
⑦$_1$	草黄色砂质粉土、粉砂	30～45	70～100	4 000～6 000	60～80	1 500～2 000
⑦$_2$	灰色粉细砂	35～50	100～120	6 000～8 000	70～90	2 000～3 000
⑧$_1$	灰色粉质黏土夹粉砂	40～55	55～70	2 000～3 000	50～60	1 000～1 500
⑧$_2$	灰色粉质黏土与粉砂互层	50～65	65～80	3 000～4 000	55～70	1 500～2 000
⑨	灰色细、中、粗砂	70～100	110～120	8 000～10 000	80～100	2 500～3 500

注：①预应力桩的桩侧极限摩阻力和桩端阻力可参照预制桩取值；

②表列灌注桩桩侧极限摩阻力和桩端阻力适用于桩径不大于 ϕ850mm 的情况。

分项系数 γ_s、γ_p　　表 2.2-23

ρ_p	0.05	0.10	0.15	0.20	0.25	0.30	0.35	0.40	0.45
γ_s	1.02	1.05	1.08	1.12	1.18	1.24	1.30	1.41	1.50
γ_p	1.64	1.70	1.75	1.79	1.82	1.83	1.80	1.76	1.69

第二节　群桩竖向受压承载力

一、整体破坏的群桩承载力

桩距小于 $3d$（d 为桩径或宽）的群桩如同实体基础那样按太沙基公式计算竖向极限承载力（图 2.2-1）：

$$Q_G = A_0 B_0 q_{pG} + 2(A_0 + B_0) l \tau_s \tag{2.2-11}$$

式中：A_0，B_0——实体基础长、短边的边长；

Q_G——群桩极限承载力；

q_{pG}——实体基础底面上的极限承载力；

l——桩入土深度；

τ_s——实体基础周边面上的抗剪强度平均值，对饱和黏土 $\tau_s = \frac{1}{2} q_u$（q_u 为无侧限抗压强度）。

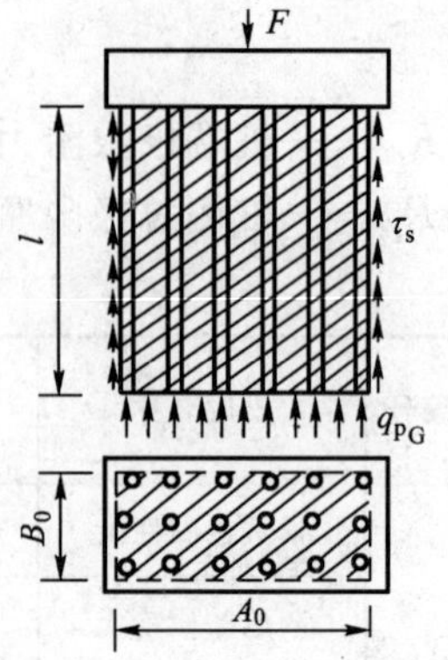

图 2.2-1　群桩承载力计算模式

二、非整体破坏的群桩承载力

高桩承台的基桩如果是桩距大于 $3d$、但小于 $6d$ 的群桩，在工程上广泛应用的简单方法是以各单桩极限承载力之和乘以群桩效率 λ，可按下列公式计算：

$$\lambda = \frac{1}{1+\eta} \tag{2.2-12}$$

$$\eta = 2A_1 \frac{m-1}{m} + 2A_2 \frac{n-1}{n} + 4A_3 \frac{(m-1)(n-1)}{mn} \tag{2.2-13}$$

$$A_1 = \left(\frac{1}{3S_1} - \frac{1}{2l\tan\varphi}\right)d \tag{2.2-14}$$

$$A_2 = \left(\frac{1}{3S_2} - \frac{1}{2l\tan\varphi}\right)d \tag{2.2-15}$$

$$A_3 = \left(\frac{1}{3\sqrt{S_1^2 + S_2^2}} - \frac{1}{2l\tan\varphi}\right)d \tag{2.2-16}$$

式中：λ——群桩折减系数；

n——高桩承台横向每排桩的桩数；

m——高桩承台纵向每排桩的桩数；

l——相邻桩的平均入土深度（m）；

S_1——纵向桩距，当桩距不等时，可取平均值（m）；

S_2——横向桩距，当桩距不等时，可取平均值（m）；

φ——土的固结快剪内摩擦角，对成层土，可取桩入土深度范围内 φ 角的加权平均值（°）；

d——桩径或桩宽（m）。

上列 η、A_1、A_2、A_3 值必须满足大于等于零的条件，如其值小于零，则取零。

第三节　群桩下卧软弱层的承载力

当桩端持力层的厚度有限，且下有软弱土层时，群桩承载力还受到下卧软弱层的承载力的控制。其破坏模式可能为：群桩中单桩的冲剪破坏；群桩整体的冲切破坏，如图 2.2-2 所示。

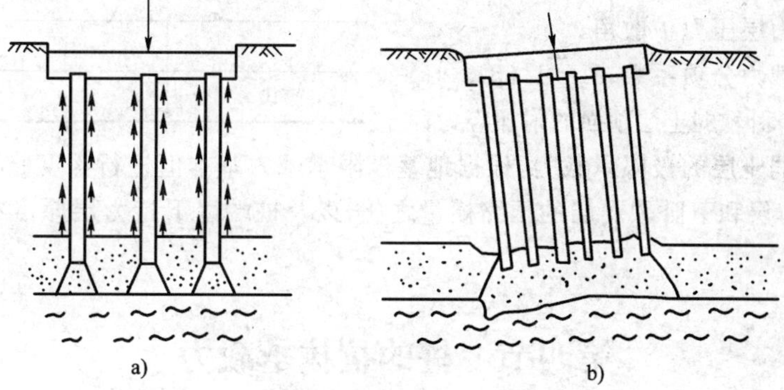

a)　　b)

图 2.2-2　群桩破坏模式

a)基桩单桩冲剪破坏；b)群桩整体冲剪破坏

一、基桩单桩冲剪破坏

群桩中单桩冲剪破坏的极限承载力计算如下：

对高桩台：

$$Q_u = U\sum l_i q_{sui} + A_p q_{pu} \tag{2.2-17}$$

对低桩台：

$$Q_u = U\sum l_i q_{sui} + A_p q_{pu} + \frac{P_{cu}}{N} \tag{2.2-18}$$

式中：q_{sui}——第 i 层的极限承载力；

q_{pu}——考虑下卧软弱层影响的单桩极限桩端阻力；

P_{cu}——承台底总土阻力极限值；

A_p，N——基桩桩端截面积和群桩中桩数。

q_{pu}可由下卧软弱层的极限承载力 q_w 来确定，如下式：

$$q_{pu}A_p + W = q_w A \text{ 或 } q_{pu} = \frac{1}{A_p}(q_w A - W) \tag{2.2-19}$$

式中：W——扩散圆锥体(圆台)土的重力；

A_p，A——分别为桩端面积和扩散圆锥体底面积。

二、群桩整体冲剪破坏

当桩距不大于 $6d$ 时，可假设群桩和桩间土为一实体基础，则作用于桩基承台顶面的竖向荷载与实体基础的自重力之和，扣除实体基础周边面积的极限侧阻力后，压力以一定的扩散角 θ 向下扩散，应满足：

$$\sigma_z + \gamma_i z \leqslant \frac{q_w}{\gamma_q} \tag{2.2-20}$$

$$\sigma_z = \frac{\gamma_0(F+G) - 2(A_0 + B_0)\cdot\sum q_{si} l_i}{(A_0 + 2h_t\tan\theta)(B_0 + 2h_t\tan\theta)} \tag{2.2-21}$$

式中：F——作用于桩基承台顶面的竖向力设计值；

G——实体基础自重力；

γ_0——建筑桩基重要性系数，对于一、二、三级桩基安全等级分别取 $\gamma_0=1.1$、1.0、0.9；对于柱下单桩的一级建筑桩基取 $\gamma_0=1.2$；

A_0、B_0——群桩实体基础长、短边长；

q_{si}——第 i 层土极限侧摩阻力；

l_i——桩周第 i 层土厚度；

h_t——桩端以下持力层的厚度；

θ——桩端持力层压力扩散角；

γ_q——地基承载力分项系数，$\gamma_q=1.65$；

σ_z——作用于下卧软弱土层顶面的附加应力；

q_w——下卧软弱土层的极限承载力，根据地基极限承载力基本值进行深度修正后确定。

应力扩散角 θ　　表 2.2-24

E_{s1}/E_{s2}	$h_t=0.25B_0$	$h_t\geqslant0.50B_0$
1	4°	12°
3	6°	23°
5	10°	25°
10	20°	30°

扩散角 θ 与持力层和下卧软弱层的压缩模量之比，以及桩端以下持力层厚度有关，可按表 2.2-24 确定。

第四节　桩的抗拔承载力

一、等截面桩的极限抗拔力

1. 单桩的极限抗拔力

凡允许不作静载荷拔桩试验的工程，其单桩的极限抗拔力 P_t 可按下式计算：

$$P_t=\xi U\sum f_{ti}l_i+G\cos\alpha \tag{2.2-22}$$

式中：P_t——单桩的极限抗拔力；

ξ——折减系数，对钢筋混凝土打入桩一般取 0.8，入土较浅时，应适当降低；

U——桩身断面周长；

l_i——桩侧各土层的厚度；

α——桩轴线与垂线的夹角(°)；

G——桩的自重，水下部分应计水的浮力；

f_{ti}——抗拔桩各土层单位面积侧阻力。

计算单桩极限抗拔力 P_t 时，尚应验算桩身抗拔强度。

2. 群桩的极限抗拔力

(1)当桩中心距小于 $3d$(d 为桩径或桩宽)，可将群桩最外边各桩所包括的整个块体作为一个深基础，连桩带土上拔而破坏，但应满足下式：

$$\sum T_d\leqslant W+\sum F_d \tag{2.2-23}$$

式中：T_d——作用在各桩上的设计拉力；

W——土体与桩的设计有效重力；

F_d——土体周围边界上的抗剪力。

(2)当桩的中心距小于 $6d$ 并大于或等于 $3d$ 时，宜按群桩的抗拔效率系数进行抗拔力 P_u 计算，如下式：

$$P_u=\eta mnP_t \tag{2.2-24}$$

式中：m，n——桩数；

P_t——单桩的极限抗拔力；

η——群桩抗拔效率系数，对于黏性土，可按下式计算：

$$\eta=0.94+0.056\left(\frac{S}{D}\right)-0.0083\left(\frac{L}{D}\right)-0.01mn$$

式中：S——桩距；

D——桩径或桩宽；

L——自设计地面算起的桩入土深度。

当桩距较大、桩数较少和入土深度较短时，按上式计算出来的 $\eta>1.0$ 时，则取 $\eta=1.0$。

二、扩底桩的抗拔承载力

假定在桩上拔达破坏时，在桩底扩大头以上出现一个直径等于扩大头最大直径的竖直圆柱形破坏土体(图 2.2-3)，据此，桩的极限抗拔承载力计算公式为：

(1)黏性土(不排水状态下)

$$P_u=\pi\ d_B\sum_0^L c_u\ \Delta L+W_s+W_c \tag{2.2-25}$$

(2)砂性土(排水状态下)

$$P_u=\pi\ d_B\sum_0^L K\bar{\sigma}_v\ \tan\bar{\varphi}+W_s+W_c \tag{2.2-26}$$

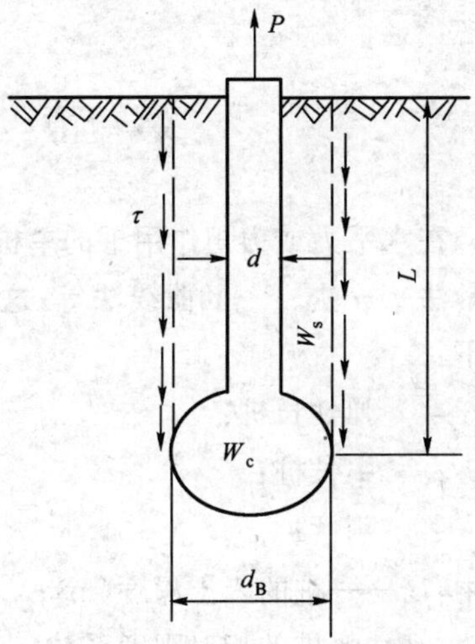

图 2.2-3　圆柱形滑动面法计算模式

式中：W_s——包括在圆柱形滑动体内土的重力；

W_c——有效桩重力；

$\bar{\varphi}$——土的有效内摩擦角；

d_B——扩大头直径；

c_u——黏性土的不排水强度；

K——土的侧压力系数；

$\bar{\sigma}_v$——有效上覆压力；

L——桩长从地面算至扩大头水平投影面积最大的部位高程。

三、嵌岩桩基础抗拔承载力

灌注式嵌岩桩极限抗拔承载力计算公式如下：

$$P_u=0.7\pi Dl\tau_b \tag{2.2-27}$$

式中：P_u——极限抗拔承载力；

D——钻孔直径；

l——嵌岩长度；

τ_b——嵌岩桩侧壁与岩石的黏性强度，其取值：

$$f_c<q_u\text{ 时，}\tau_b\approx0.05f_c$$

$$f_c>q_u\text{ 时，}\tau_b\approx0.05q_u\sim0.2q_u$$

式中：f_c——混凝土抗压强度；

q_u——岩石单轴抗压强度。

第三章　水平力作用下桩的计算

第一节　水平力作用下单桩的极限承载力

在水平力或力矩作用下的单桩，相当于处于半无限体中的弹性地基梁，其计算方法有常数法（张有龄法）、m 法、$P—Y$ 曲线法等，这里只介绍 m 法。当采用 m 法时，弹性长桩、中长桩和刚性桩划分如下：

弹性长桩：　$L_t \geqslant 4T$

中长桩：　$4T > L_t \geqslant 2.5T$

刚性桩：　$L_t < 2.5T$

式中：L_t——桩的入土深度（m）；

T——桩的相对刚度系数（m），按下式决定：

$$T=\sqrt[5]{\frac{E_p I_p}{mb_0}} \tag{2.3-1}$$

式中：E_p——桩材料的弹性模量（kN/m²）；

I_p——桩截面的惯性矩（m⁴）；

b_0——桩的换算宽度（m），$b_0=2d$，d 为桩受力面的桩宽或桩径；

m——桩侧地基土的水平抗力系数随深度增长的比例系数（kN/m⁴），m 值宜通过单桩水平静载试验确定，当无试桩资料时，可按表 2.3-1 采用。

土 的 m 值　　表 2.3-1

序　号	地基土类别	混凝土桩、钢桩	
		m 值（kN/m⁴）	相应单桩在地面处的水平位移（mm）
1	淤泥、淤泥质土	2 000～4 500	10
2	流塑（$I_L>1$）、软塑（$0.75<I_L\leqslant1$）状黏性土，$e>0.9$ 粉土，松散粉细砂、松散填土	4 500～6 000	10
3	可塑（$0.25<I_L\leqslant0.75$）状黏性土，$e=0.7～0.9$ 粉土、稍密或中密填土、稍密细砂	6 000～10 000	10
4	硬塑（$0<I_L\leqslant0.25$）、坚硬（$I_L\leqslant0$）状黏性土，$e<0.7$ 粉土、中密的中粗砂、密实老填土	10 000～22 000	10

注：当水平位移大于表列数值时，m 值应适当降低。

第二节　弹性长桩的桩身变形和弯矩

在水平力和力矩作用下，单桩弹性长桩的桩身变形和弯矩可按下列规定确定。

一、桩顶可自由转动时，桩身变形和弯矩

$$Y=\frac{H_0T^3}{E_pI_p}\cdot A_y+\frac{M_0T^2}{E_pI_p}\cdot B_y \tag{2.3-2}$$

$$M=H_0TA_m+M_0B_m \tag{2.3-3}$$

$$Z_m=\bar{h}T \tag{2.3-4}$$

$$M_{max}=M_0C_2 \text{ 或 } M_{max}=H_0TD_2 \tag{2.3-5}$$

式中：Y——桩身在泥面或泥面以下的变形(m)；

H_0——作用在泥面处的水平荷载(kN)；

T——桩的相对刚度系数(m)；

E_p——桩材料的弹性模量(kN/m²)；

I_p——桩截面的惯性矩(m⁴)；

A_y、B_y、A_m、B_m——分别为变形和弯矩的无量纲系数，由表 2.3-2 查得；

M_0——作用在泥面处的弯矩(kN·m)；

b_0——桩的换算宽度(m)，$b_0=2d$，d 为桩受力面的桩宽或桩径；

Z_m——桩身最大弯矩距泥面深度(m)；

$\bar{h}$——深度换算系数，根据 $C_1=\frac{M_0}{H_0T}$或 $D_1=\frac{H_0T}{M_0}$查表 2.3-2 求得；

M_{max}——桩身最大弯矩(kN·m)；

C_2、D_2——无量纲系数，根据 $\bar{h}=Z_m/T$ 查表 2.3-2 求得。

二、桩顶嵌固而转角为零时，桩身变形和弯矩

$$Y=(A_y-0.93B_y)\frac{H_0T^3}{E_pI_p} \tag{2.3-6}$$

$$M=(A_m-0.93B_m)H_0T \tag{2.3-7}$$

当地基土成层时，m 采用地面以下 $1.8T$ 深度范围内各土层 m 的加权平均值。

设计中应将由水平力(包括土抗力)标准值产生的桩身最大弯矩，乘以综合作用分项系数 1.4 作为最大弯矩设计值。

m 法计算用无量纲系数表　　表 2.3-2

深度换算系数 $\bar{h}=Z_m/T$	A_y	B_y	A_m	B_m	A_φ	B_φ	C_1	D_1	C_2	D_2
0.0	2.541	1.621	0	1	−1.621	−1.751	∞	0	1	∞
0.1	2.279	1.451	0.100	1	−1.616	−1.651	131.252	0.008	1.001	131.318
0.2	2.118	1.291	0.197	0.998	−1.601	−1.551	34.186	0.029	1.004	34.317
0.3	1.959	1.141	0.290	0.994	−1.577	−1.451	15.544	0.064	1.012	15.738
0.4	1.803	1.001	0.377	0.986	−1.543	−1.352	8.781	0.114	1.029	9.037
0.5	1.650	0.870	0.458	0.975	−1.502	−1.254	5.539	0.181	1.057	5.856

续上表

换算深度 $\bar{h}=Z_m/T$	A_y	B_y	A_m	B_m	A_φ	B_φ	C_1	D_1	C_2	D_2
0.6	1.503	0.750	0.529	0.959	−1.452	−1.157	3.710	0.270	1.101	4.138
0.7	1.360	0.639	0.592	0.938	−1.396	−1.062	2.566	0.390	1.169	2.999
0.8	1.224	0.537	0.646	0.913	−1.334	−0.970	1.791	0.558	1.274	2.282
0.9	1.094	0.445	0.689	0.884	−1.267	−0.880	1.238	0.808	1.441	1.784
1.0	0.970	0.361	0.723	0.851	−1.196	−0.793	0.824	1.213	1.728	1.424
1.1	0.854	0.286	0.747	0.814	−1.123	−0.710	0.503	1.988	2.299	1.157
1.2	0.746	0.219	0.762	0.774	−1.047	−0.630	0.246	4.071	3.876	0.952
1.3	0.645	0.160	0.768	0.732	−0.971	−0.555	0.034	29.58	23.438	0.792
1.4	0.552	0.108	0.765	0.687	−0.894	−0.484	−0.145	−6.906	−4.596	0.666
1.6	0.388	0.024	0.737	0.594	−0.743	−0.356	−0.434	−2.305	−1.128	0.480
1.8	0.254	−0.036	0.685	0.499	−0.601	−0.247	−0.665	−1.503	−0.530	0.353
2.0	0.147	−0.076	0.614	0.407	−0.471	−0.156	−0.865	−1.156	−0.304	0.263
3.0	−0.087	−0.095	0.193	0.076	−0.070	+0.063	1.893	−0.528	−0.026	0.049
4.0	−0.108	−0.015	0	0	−0.0003	+0.085	0.045	−22.500	0.011	0

注：本表适用于桩端置于非岩石土中或支立于岩石面上的弹性长桩。

第三节　刚性桩的极限承载力

在水平力作用下，刚性桩（$L_t<2.5T$，即短桩）的极限承载力系按极限地基反力法（极限平衡法）进行计算。

土处于极限状态时地基反力分布形态是事先假定的，根据不同假定，形成许多不同的方法，如恩格尔—物部法、雷斯法、冈部法、斯奈特科法、勃罗姆法等。在这里只介绍勃罗姆法计算公式。

一、黏性土地基

1. 桩顶自由的短桩（$L_t<2.5T$）

极限水平承载力（P_u）为：

$$P_u=9c_uB^2\left\{\sqrt{4\left(\frac{h}{B}\right)+2\left(\frac{L_t}{B}\right)^2+4\left(\frac{h}{B}\right)\times\left(\frac{L_t}{B}\right)+6\left(\frac{h}{B}\right)+4.5}-\left[2\left(\frac{h}{B}\right)+\left(\frac{L_t}{B}\right)+1.5\right]\right\} \tag{2.3-8}$$

最大弯矩（M_{max}）为：

$$M_{max}=P_u(h+1.5B+0.5f) \tag{2.3-9}$$

2. 桩顶转动受到约束的短桩（$L_t<2.5T$）

极限水平承载力（P_u）为：

$$P_u=9c_uB(L_t-1.5B)=9c_uB^2\left(\frac{L_t}{B}-1.5\right) \tag{2.3-10}$$

最大弯矩（M_{max}）为：

$$M_{max}=4.5c_uB^3\left[\left(\frac{L_t}{B}\right)^2-2.25\right] \tag{2.3-11}$$

式中：P_u——极限水平承载力；

M_{max}——桩内最大弯矩；

B——桩径或桩宽；

c_u——土的不排水抗剪强度；

h——水平作用力高出泥面的距离；

L_t——计算桩的入土深度，$(L_t+1.5B)$为桩的实际入土深度。

桩身最大弯矩在土中的深度为 $1.5B+f$，f 按下式计算：

$$f=\frac{P_u}{9c_uB} \tag{2.3-12}$$

二、砂质土地基

1. 桩顶自由的短桩($L_t<2.5T$)

$$P_u=\frac{K_p\gamma BL_t^2}{2(1+\frac{h}{L_t})} \tag{2.3-13}$$

$$f=\frac{2L_t}{\sqrt{3(1+\frac{h}{l})}} \tag{2.3-14}$$

$$M_{max}=P_u\left(h+\frac{0.385L_t}{\sqrt{1+\frac{h}{L_t}}}\right) \tag{2.3-15}$$

式中：γ——土的重度；

K_p——系数，$K_p=\tan^2(45°+\frac{\varphi}{2})$；

L_t——桩的入土深度；

h——水平力作用点高出泥面的距离。

2. 桩顶转动受到约束的短桩($L_t<2.5T$)

$$P_u=\frac{3}{2}K_p\gamma BL_t^2 \tag{2.3-16}$$

$$M_{max}=K_p\gamma BL_t^3 \tag{2.3-17}$$

第四节　港口工程桩式柔性靠船设施设计计算

桩式柔性靠船设施是指在非岩质地基条件下，利用钢桩变形吸能或钢桩与护舷共同变形吸能的靠船设施，使船舶的靠泊动能转化为静推力作用在码头上，或者不让码头承受船舶撞击力。

桩式柔性靠船设施应根据水深、受力情况和地基情况等采用单桩结构或多桩结构。设计中要做到：应对地基适应性充分论证；应根据地基冲刷情况采取必要的护底措施；桩式柔性靠船设施的刚度系数宜控制在 500～2 000kN/m 之间；水平力作用点的位移应有控制，不宜超过 1.5m。

钢管桩应采用同一钢种，宜选用 16Mn、16MnCu、16Mnq 等低合金钢高强度结构钢或高强度细晶焊接结构钢。钢管桩壁厚宜根据桩身弯矩分布情况分段确定，并留有适当的腐蚀裕量。沉桩困难时，桩外径与壁厚之比不宜大于 70。

钢管桩泥面下第一弯矩峰值附近应采取加强措施，并应符合下列规定：

(1)当采取桩壁内侧焊置加强环加强措施时，应采取措施减少焊接对钢管桩的不利影响；

(2)当采取桩内灌注混凝土加强措施时，应考虑基桩局部刚度增大对基桩应力分布变化的影响；

(3)当采取桩内填充钢筋混凝土饼状块体加强措施时，饼状块体直径应略小于钢管桩内径，厚度可取钢管桩内径的1/4～1/5。

钢管桩与上部连接平台的连接宜采用铰接，也可采用固接。当钢管桩与上部连接平台铰接时，应考虑平台对钢桩局部挤压的影响，必要时应采取桩壁内侧焊置加强环等加强措施。

防冲设施可采用钢桁架式结构或由钢桁架和橡胶护舷组成的复合式结构。防冲板的面压标准值应小于船舶侧板的允许面压值，船舶侧板的允许面压值应根据船舶结构确定，当缺乏资料时，对大型油船可取250kPa。

易燃品码头的桩式柔性靠船设施应在钢管桩与上部连接平台之间设置防止火花的垫层，防冲板的贴面应采用防止产生火花的材料。

结构计算应包括桩的承载力、桩的入土深度、变位、吸能量和构件强度等内容。

进行桩的入土深度计算时，外力应采用水平力设计值，分项系数应取1.5，并应符合下列规定：

(1)当采用布卢姆法计算时，桩的入土深度应满足受力平衡的要求，并应满足弹性长桩的要求；

(2)当采用 $P—Y$ 曲线法或 $N—L$ 法计算时，桩的入土深度不应小于1.5倍弯矩零点的深度。当桩顶自由转动时，弯矩零点应取第一弯矩零点；当桩顶无转动时，弯矩零点应取第二弯矩零点。

桩身的内力和变位宜采用 $P—Y$ 曲线法计算。无黏性土地基的桩身内力和变位也可采用布卢姆法或 $N—L$ 法计算。黏性土地基桩身内力和变位，当变位较小时，也可采用 $N—L$ 法计算。

采用复合式防冲设施的桩式柔性靠船设施，护舷和桩基的吸能量应根据桩基和护舷协调作用的原则确定。柔性靠船设施护舷的吸能量可取总吸能量的30%～50%。

桩式柔性靠船设施吸能量不应小于船舶撞击能量。桩式柔性靠船设施吸能量应满足下列公式要求：

$$E_d \leqslant \frac{E_{pk}}{\gamma_p} + \frac{E_{fk}}{\gamma_f} \tag{2.3-18}$$

$$E_d = \gamma_0 \gamma_E E_k \tag{2.3-19}$$

$$E_k = \max\{E_{0k}, E_{w0k}\} \tag{2.3-20}$$

$$E_{pk} = 0.5 \sum P_{ik} Y_{ik} \tag{2.3-21}$$

式中：E_d——船舶撞击能量设计值(kN·m)；

E_{pk}——桩基吸能量标准值(kN·m)；

γ_p——桩基吸能量抗力分项系数，取1.0；

E_{fk}——护舷吸能量标准值(kN·m)；

γ_f——护舷吸能量抗力分项系数，取1.0；

γ_0——结构重要性系数，安全等级为一级时取1.1，二级时取1.0，三级时取0.9；

γ_E——船舶撞击能量分项系数，取1.0；

E_k——船舶撞击能量标准值(kN·m)；

E_{0k}——船舶靠泊撞击能量标准值(kN·m)；

E_{w0k}——系泊船舶在波浪作用下的撞击能量标准值在计算靠船设施的分配值(kN·m)；

P_{ik}——第 i 根桩的水平力标准值(kN·m)；

Y_{ik}——第 i 根桩的水平力标准值作用下作用点处的位移(m)。

桩式柔性靠船设施设计时要注意以下几点：应对由波浪作用引起的基桩疲劳进行分析；当流速较大时，宜通过物理模型试验对水流诱发基桩振动进行验证；当钢桩预留冲刷深度或预留腐蚀厚度时，应对初期情况和使用情况进行分析计算。

第四章　板桩墙设计

第一节　板桩墙的结构特点

板桩墙结构的作用、性质和桩基结构有很大的区别，因为桩基结构虽然在某些场合下承受水平荷载，但其主要是承受竖向荷载并作为建筑物的基础而设置。而板桩墙结构则主要是承受水平土压力的，是作为挡土结构物而成立的，虽然在某些场合下板桩是和桩基混合使用的。当板桩墙结构物用作防波堤时，它是挡浪建筑物，是承受波浪推力的。

板桩墙可按材料、结构功能、结构形式、锚碇结构形式和板桩断面形状进行分类。

一、按材料分类

板桩墙结构大致有下列类型：

(1)钢板桩墙结构；

(2)钢筋混凝土板桩墙结构；

(3)木板桩墙结构；

(4)钢筋混凝土地下墙结构。

二、按结构功能分类

板桩墙结构大致有下列类型：

(1)码头结构物；

(2)船坞结构物；

(3)船闸结构物；

(4)防波堤结构物；

(5)驳岸结构物；

(6)围堰结构物；

(7)临时性挡土结构物。

三、按结构分类

板桩墙结构大致有下列类型：

(1)无锚板桩墙结构；

(2)单锚板桩墙结构；

(3)双锚板桩墙结构；

(4)斜拉桩式板桩墙结构；

(5)高桩承台前板桩墙结构；

(6)高桩承台后板桩墙结构；

(7)双层板桩墙结构；

(8)内外对拉板桩墙结构；

(9)其他形式板桩墙结构。

四、按锚碇结构形式分类

板桩墙结构大致有下列类型：

(1)锚碇墙板桩墙结构；

(2)锚碇板板桩墙结构；

(3)锚碇单桩板桩墙结构；

(4)锚碇叉桩板桩墙结构；

(5)斜拉桩式板桩墙结构；

(6)其他锚碇形式板桩墙结构。

五、按板桩断面形状分类

大致有下列类型：

1)钢筋混凝土板桩有：

(1)矩形板桩；

(2)管柱形板桩；

(3)T 形板桩。

2)钢板桩有(各国有不同的规格)：

(1)板形板桩墙；

(2)Z 形板桩墙；

(3)盆形板桩墙；

(4)箱盒形板桩墙；

(5)组合形板桩墙；

(6)I 字形板桩墙、H 形板桩墙；

(7)格形板桩墙。

第二节　计算水位和作用在板桩墙结构上的外力

一、计 算 水 位

板桩墙设计时所取计算水位一般采用设计高水位、设计低水位和极端低水位，但通常只选取设计低水位或极端低水位进行计算，因为水位越低，主动土压力和剩余水压力会越大，对板桩墙越不利。

在设计作为防波堤用的板桩墙时，设计高水位才是最不利的水位。但是，这不是绝对的，因为锚杆位置对板桩内力计算关系很大。

二、剩余水压力

当板桩墙后回填粗于细砂颗粒的材料，并且板桩墙设置有防止潮水倒灌的排水孔，排水孔后做有倒滤层时，可以不考虑剩余水压力。当板桩墙后回填细颗粒材料，而又无排水孔，剩余水头可采用1/3～1/2平均潮差。

剩余水压力分布图形按《板桩码头设计与施工规范》(JTJ 292—98)取用。如图 2.4-1 所示。

三、波　浪　力

波浪力计算参见《海港水文规范》(JTJ 213—98)。

除了防波堤以外，只有当板桩墙前能够形成反射时，才能产生波吸力对板桩墙产生不利的影响。防波堤也会产生波吸力的作用对板桩墙产生不利影响。

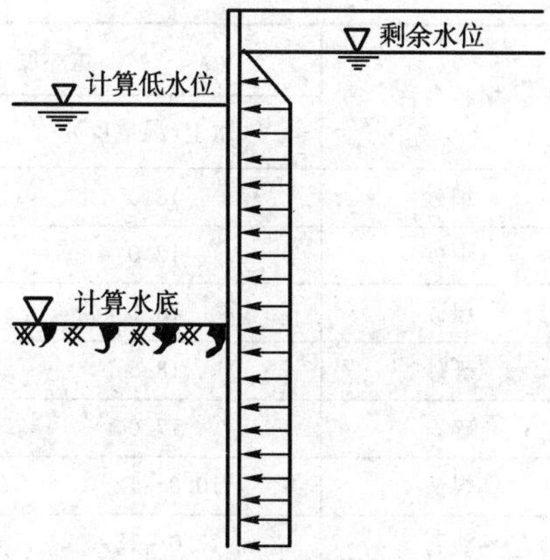

图 2.4-1　剩余水压力图

四、土　压　力

1. 主动土压力

当地面为水平面、墙背面为垂直面时，由土体本身产生的主动土压力水平强度标准值和由码头地面均布荷载作用产生的主动土压力可按下式计算：

$$E_{ax}=(\sum\gamma_i h_i)K_a\cos\delta-2c\frac{\cos\varphi\cos\delta}{1+\sin(\varphi+\delta)} \tag{2.4-1}$$

$$E_{aqx}=qK_a\cos\delta \tag{2.4-2}$$

$$K_a=\frac{\cos^2\varphi}{\left[1+\sqrt{\dfrac{\sin(\varphi+\delta)\sin\varphi}{\cos\delta}}\right]^2\cos\delta} \tag{2.4-3}$$

式中：E_{ax}——由土体本身产生的主动土压力水平强度标准值(kN/m²)，当 $E_{ax}<0$ 时，取 E_{ax} 为零；

γ_i——计算面以上各层土的重度(kN/m³)；

h_i——计算面以上各土层的厚度(m)；

K_a——计算土层土的主动土压力系数；

δ——计算土层土与墙面间的摩擦角(°)；

c——计算土层土的黏聚力(kPa)；

φ——计算土层土的内摩擦角(°)；

E_{aqx}——由地面均布荷载作用产生的主动土压力水平强度标准值(kN/m²)；

q——地面上均布荷载标准值(kN/m²)。

2. 被动土压力

当板桩墙前计算水底面为水平、墙面为垂直时，由土体本身产生的被动土压力水平强度标准值按下式计算：

$$E_{px}=(\sum\gamma_i h_i)K_p\cos\delta+2c\frac{\cos\varphi\cos\delta}{1-\sin(\varphi+\delta)} \tag{2.4-4}$$

$$K_p=\frac{\cos^2\varphi}{\left[1-\sqrt{\dfrac{\sin(\varphi+\delta)\sin\varphi}{\cos\delta}}\right]^2\cos\delta} \tag{2.4-5}$$

式中：E_{px}——被动土压力水平强度标准值(kN/m²)；

K_p——计算土层土的被动土压力系数。

3. 土的重度 γ、内摩擦角 φ 和黏聚力 c

γ、φ 和 c 可根据工程地质钻探土样试验资料确定。无黏性填料的指标可按表 2.4-1 采用，详见《重力式码头设计与施工规范》(JTJ 290—98)。

填料重度 γ 和内摩擦角 φ 的标准值　　表 2.4-1

填料名称	重　度 γ(kN/m³)		内摩擦角 φ(°)	
	水上(湿重度)	水下(浮重度)	水上	水下
细砂	18.0	9.0	30	28
中砂	18.0	9.5	32	32
粗砂	18.0	9.5	35	35
砾砂	18.5	10.0	36	36
碎石	17.0	11.0	38～40	38～40
煤渣	10.0～12.0	4.0～5.0	35～39	35～39
块石	17.0～18.0	10.0～11.0	45	45

注：表中砂类土的数值适用于粒径 d<0.1mm 细颗粒含量不超过 10%的情况。

计算土压力时，土和填料的重度可按以下规定采用：

(1)对于黏性土，剩余水位以下取浮重度；剩余水位与设计高水位之间取饱和重度；设计高水位以上取天然重度；

(2)对于无黏性土，剩余水位以下浮重度；剩余水位以上取天然重度。

4.土与板桩墙面的摩擦角 δ

δ 的采用按如下规定：

(1)计算板桩墙后主动土压力时，δ 取(1/3～1/2)φ；

(2)计算板桩墙前被动土压力时，δ 取(2/3～3/4)φ，当计算的 δ 值大于 20°时，取 20°；

(3)计算板桩墙后被动土压力时，δ 取 $\left(-\frac{2}{3}\right)\varphi$，当计算的 δ 值小于－20°时，取－20°。

5.墙前沿挖泥超深的考虑

计算板桩墙时，应考虑墙前沿挖泥超深的影响，码头前沿挖泥超深一般采用 0.3～0.5m。对于黏性土，应考虑挖泥对它的扰动影响：泥面处土的黏聚力 c 取零；泥面 1m 以下 c 取全值；两者之间按直线过渡。

第三节　板桩墙的设计计算

板桩墙的设计计算，应按《板桩码头设计与施工》(JTJ 292—98)进行，无论土压力、波浪力、荷载引起的土压力和剩余水压力等，均取用标准值进行计算，所得结果为计算结果标准值，则要求：

计算设计值＝计算结果标准值×综合(作用)分项系数≤规范规定的设计值

一、板桩墙结构物的设计计算内容

板桩墙结构物要进行的设计计算内容大致如下：

1.板桩墙“踢脚”稳定计算

2.板桩墙结构计算

(1)按不同的工作状态选用不同的计算图式。

(2)土压力重分布引起的板桩弯矩折减问题。

(3)板桩截面选用。

(4)拉杆拉力及导梁计算。

3.拉杆设计计算

(1)拉力不均匀系数、直径选用和防腐处理。

(2)分段构造长度。

(3)连接头处理。

(4)防止拉杆下沉处理。

4.锚碇体的设计计算

(1)锚碇体浅层滑动稳定验算。

(2)沿抛填棱体底面滑动验算。

(3)深层滑动面稳定验算(Kranz 法)。

(4)锚碇体结构设计计算。

5.板桩墙整体滑动稳定性验算

(1)圆弧滑动面计算法。

(2)特殊滑动面计算法。

二、板桩墙"踢脚"稳定验算

板桩墙埋入土中的最小深度,要满足"踢脚"稳定验算的要求,即主动土压力(包括波浪力、剩余水压力)标准值对锚碇点的踢出力矩和被动土压力标准值对锚碇点的抗踢力矩,要满足下列公式:

$$M_p \geqslant \gamma_d \gamma_G M_A \tag{2.4-6}$$

式中:M_p——被动土压力的标准值对锚碇点的抗踢稳定力矩(kN·m);

M_A——主动土压力的标准值对锚碇点的踢出力矩(kN·m);

γ_d——结构系数,根据地基土质情况分别取值,当土壤内摩擦角 $\varphi \leqslant 17°$ 时,取 $\gamma_d = 1.0$;当 $\varphi \geqslant 17°$ 时,取 $\gamma_d = 1.15$;

γ_G——土压力作用分项系数,取 $\gamma_G = 1.35$。

三、板桩墙的工作状态和计算方法

1.板桩墙设计计算可按不同工作状态采用不同的方法进行计算

(1)悬臂梁工作状态,系指无锚板桩墙,板桩下端入土部分处于完全嵌固状态。

(2)自由支承工作状态、简支梁工作状态,系指单锚板桩墙下端为自由支承工作状态,就像板桩墙是垂直方向的自由支承梁(简支梁),上支点是锚碇点,下支点可以是计算水底,也可以是被动土压力合力点。适用于板桩墙前土质较硬,或者板桩墙本身刚度较大的情况(每延米刚度 $n > 0.06$)。

(3)弹性嵌固工作状态,系指单锚或双锚板桩墙下端部分完全弹性嵌固在土中,一般适用于柔性板桩墙(钢板桩和木板桩)或者每延米刚度 $n \leqslant 0.06$ 的钢筋混凝土板桩墙。

(4)介乎(2)和(3)之间的工作状态。

2.按照板桩墙不同工作状态的计算方法

(1)悬臂工作状态。按悬臂梁进行计算,可用解析法或图解法,或图解—解析法。

(2)自由支承工作状态。按自由支承梁、假想梁进行计算,可以用解析法或图解法,或图解分析法;也可以将板桩墙看作竖向的弹性地基梁,从而采用竖向弹性地基梁法进行计算。

(3)弹性嵌固工作状态。按支承点无位移的单锚或双锚板桩墙下端部分或完全弹性嵌固在土中的情况,可用弹性线法(图解分析法)或竖向弹性地基梁法进行计算。

3.板桩墙计算方法和计算图式

(1)弹性线法的计算图式如图 2.4-2,按拉杆锚碇点的位移和板桩墙在底端 E_p 作用的线变位都等于零来计算。考虑墙后土压力重分布和拉杆锚碇点位移会使板桩墙跨中弯矩减小的影响,计算的跨中最大弯矩应乘以折减系数 ξ,取 ξ 为 0.7~0.8。当此法得出的板桩墙入土深度小于按式(2.4-6)算出的入土深度时，应取后者作为板桩墙的入土深度。

(2)竖向弹性地基梁法计算时，板桩墙的入土深度应按式(2.4-6)确定。板桩墙内力和变位可采用杆系有限元法求解，其计算图式见图2.4-3。入土段墙后的主动土压力宜考虑由计算水底以上超载(地面荷载加土的重力)产生的部分。

此法可考虑拉杆锚碇点的位移。锚碇点的位移由拉杆受力变形和锚碇结构位移两部分组成。

当考虑拉杆锚碇点位移时，计算弯矩不折减；不考虑拉杆锚碇点位移时，计算弯矩应按前述规定折减。

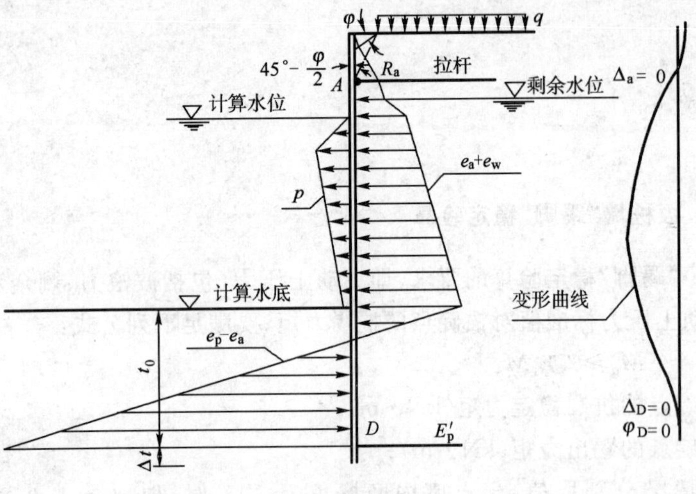

图2.4-2 弹性线法计算图式

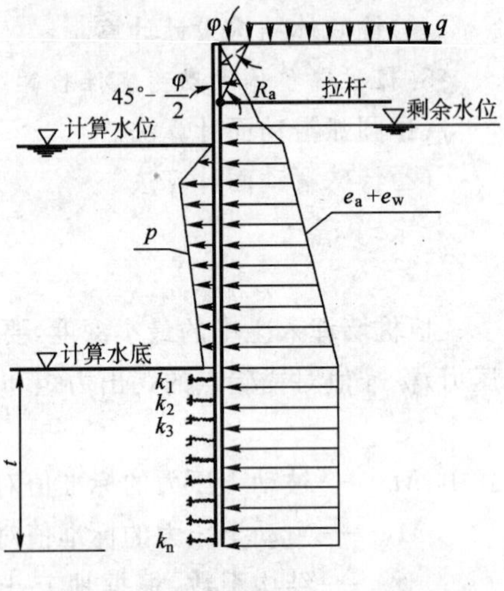

图2.4-3 竖向弹性地基梁法计算图式

采用弹性地基梁法计算时，板桩墙内力和变位可采用杆系有限元法求解。弹性杆的弹性系数K由水平地基反力系数乘以间距确定。水平地基反力系数，根据地基土的性质和设计经验，可采用m法或其他方法。按m法时，水平地基反力系数按下式计算：

$$K=mz \tag{2.4-7}$$

式中：K——水平地基反力系数(kN/m^3)；

m——水平地基反力系数随深度增大的比例系数(kN/m^4)，见表2.4-2；

z——计算点距计算水底的深度(m)。

比例系数 m 表2.4-2

地基土质情况	m值(kN/m^4)
$I_L \geqslant 1$的黏性土，淤泥	1 000～2 000
$1>I_L \geqslant 0.5$的黏性土，粉砂	2 000～4 000
$0.5>I_L \geqslant 0$的黏性土，中、细砂	4 000～6 000
$I_L<0$的黏性土，粗砂	6 000～10 000
砾石，砾砂、碎石、卵石	10 000～20 000

注：板桩墙在计算水底处的水平变位大于10mm时，取表中较小值。

(3)采用自由支承法计算，板桩墙的入土深度应按式(2.4-6)确定，板桩墙内力的计算图式见图2.4-4。假定在最小入土深度t_{min}范围内板桩墙前全部出现极限被动土压力，t_{min}由力和力矩的平衡求得。按此图式计算的板桩墙弯矩不折减。

(4)无锚板桩墙计算。无锚板桩墙的入土深度可按式(2.4-6)条规定确定。其入土段和内力计算水底处的位移可采用竖向弹性地基梁法计算，其计算图式见图(2.4-5)，计算的弯矩可不折减。

板桩墙的计算，可用解析法或图解解析法进行。解析方法只有在墙后地基和填土具有单一均质性质，而填土地面没有荷载或沿地面均匀分布的最简单的情形，才是简捷合理的。否则，解析方法的计算工作十分繁琐，因此，通常采用图解—解析计算方法，即所谓弹性线法比较简便。

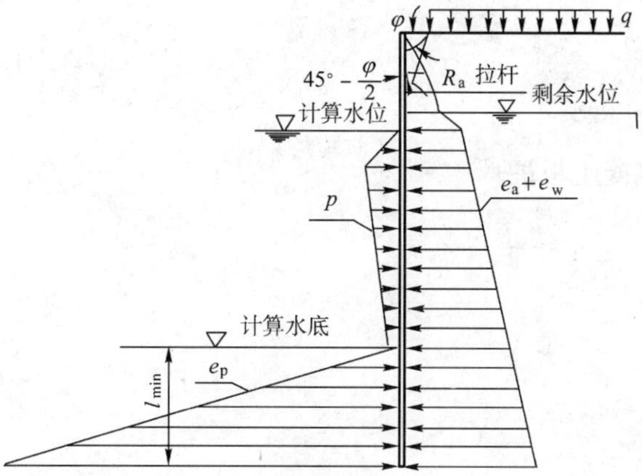

图 2.4-4　自由支承法计算图式

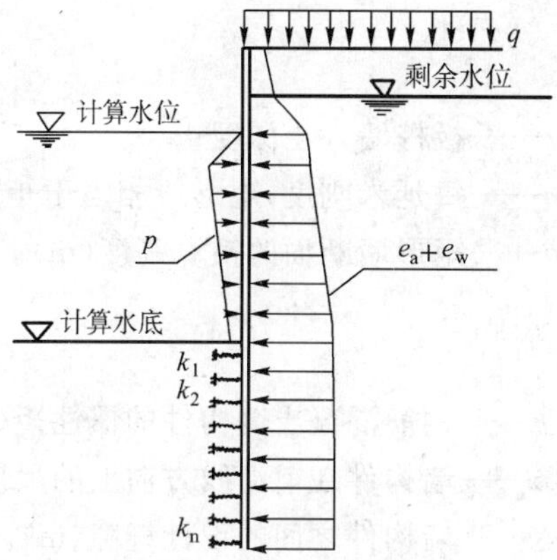

图 2.4-5　无锚板桩墙计算图式

为使计算结果更为精确，土压力图形宜划分为 0.5～1.0m 高的一个个集中力。为绘图方便，力多边形的极点宜选在水平压力的开始点的垂直线上，这样，索多边形的闭合线也将是垂直的。

最后，用逐步接近的方法，使闭合线和索曲线相交于被动土压力图形的边界上。如果闭合线和索曲线不相交，则说明板桩墙的入土深度不够，需要加长板桩入土深度，再行试算。如果闭合线与索曲线相交点高于被动土压力底边界的水平，则说明板桩墙入土深度太深，应予减小。

四、板桩墙的入土深度

板桩墙的最小入土深度(t_{min})为：

$$t_{min}=t_0+\Delta t \tag{2.4-8}$$

式中：t_0——板桩墙计算入土深度，采用图解—解析法进行计算时为闭合线和索曲线在被动土压力图形下边界相交重合时的板桩入土深度，由逐步接近法求得；

$$\Delta t=\frac{E'_p}{2(e'_p-e'_a)} \tag{2.4-9}$$

式中：e'_p——墙后 t_0 深度处的被动土压力值；

e'_a——墙前 t_0 深度处的主动土压力值；

E'_p——由力多边形图中量得，系被动土压力图形下边界上的板桩墙后的反向被动土抗力。

五、板桩墙的最大弯矩和弯矩折减系数

板桩墙计算中采用按传统土压力分布方法，不考虑锚碇点位移，或不考虑由于板桩墙的挠屈而产生土压力重分布而进行计算，可以将计算所得板桩最大弯矩值降低 1/3 或乘以 0.7～0.8 的折减系数后作为板桩弯矩标准值。但在下列情况下是不允许降低的：

(1)没有拉杆的板桩墙，或者是拉杆锚碇较弱易于位移，同时桩尖在土中是嵌固的情况，因为在这种情况下不能产生土压力重分布；

(2)如果墙后是未固结的黏性土；

(3)如果墙后土没有达到锚碇拉杆的高程；

(4)墙后自港池底起至锚碇系统为止的土是全部回填的；

(5)刚度较大的钢筋混凝土板桩墙。

所谓刚度较大的钢筋混凝土板桩墙是指每延米刚度 $n>0.06$ 时，此时，板桩墙应作为自由支承梁

来计算，并且所得板桩弯矩不能折减。如果 $n\leqslant 0.06$ 时，则建议视板桩墙为柔性墙，并且认为是嵌固或半嵌固在土中。

每延米刚度按下式计算：

$$n=\frac{\delta}{t} \tag{2.4-10}$$

式中：t——板桩墙入土深度；

n——每延米刚度，矩形或相当于矩形的钢筋混凝土板桩；

δ——矩形墙断面的换算高度(m)。

$$\delta=\sqrt{\frac{12J}{b+\Delta}}$$

式中：J——钢筋混凝土墙构件的惯性矩(m^4)；

b——墙构件在前沿线方向上的尺度(m)；

Δ——墙构件之间的设计缝隙(m)。

对于钢筋混凝土管桩，尺寸 b 为外径 D，对于钢筋混凝土梯形板桩，$b=b_n$，即等于翼缘的宽度。

钢板桩墙或木板桩墙均视作为柔性墙。

六、强 度 验 算

1.钢板桩

钢板桩根据板桩墙计算弯矩要求，可选用板式、盆形(拉森形)、Z 形、I 字形、盒形、组合形、复合形和格形等。钢板桩的单宽强度必须满足下式：

$$\frac{\gamma_{GQ}}{1\,000}\left(\frac{N}{A}+\frac{M_{max}}{W_z}\right)\leqslant f_t \tag{2.4-11}$$

式中：N——作用标准值产生的每米轴向力(kN)；

M_{max}——作用标准值产生的每米板桩墙最大弯矩(kN·m)；

A——钢板桩的截面面积(m^2)；

W_z——钢板桩的弹性抵抗矩(m^3)；

f_t——钢材的强度设计值(MPa)，按国家标准《钢结构设计规范》(GBJ 50017—2003)中规定采用；

γ_{GQ}——综合分项系数，取 1.35。

钢板桩在淡水中，不需要采取特殊防锈措施，因为在泥面以下和墙后一侧，钢板桩的锈蚀速度很慢，可以忽略不计。泥面以上的在水中全部表面均匀分布，而且锈蚀也甚小。

钢板桩在侵蚀性水和海水中，尤其在水下长有甲壳类海洋生物的，会严重锈蚀；但板桩岸侧锈蚀速度甚慢，泥面以下部分均可忽略不计。

采用防锈漆的办法，只能推迟锈蚀起始时间 5～10 年，并可降低锈蚀程度。但是因为必须喷砂除锈后再涂防锈漆，费用较贵。因此，往往采用增加厚度的板桩断面。水面以下的锈蚀可以通过阴极防护用外加电流的办法，或者牺牲阳极的办法来防止锈蚀。

对于海港码头，宜适当将胸墙底面高程降低，减小钢板桩的锈蚀面。

2.钢筋混凝土板桩

钢筋混凝土板桩截面设计计算时，对于钢筋混凝土构件强度计算，设计值按有关作用标准值计算所得值乘以综合分项系数 1.40。对于裂缝宽度和抗裂验算，综合分项系数取用 0.85。

钢筋混凝土板桩的混凝土强度应不小于 C35，每 m^3 混凝土中水泥用量大于 375kg，水泥强度在 32.5 强度等级以上，水灰比在 0.40～0.48 之间，混凝土保护层厚度在淡水中不小于 4cm，在海水中不小于 5cm，箍筋间距在板桩桩身为 15cm，在板桩桩头和桩尖各 1.5～2.0m 范围内，间距为 5cm。

对于施打的板桩，在其一侧自桩尖至设计泥面以下桩长 1m 范围或者下半个板桩长度范围设置阳榫。前进方向为阳榫插进阴榫后锤击施工。桩头要局部缩小，在打桩前另加钢板箍箍紧板桩头。打桩时，桩头要加桩帽，帽内必须安放草垫、麻绳垫、细刨花或木屑垫；桩顶要平，要与桩帽平整地吻合。打桩应重锤低打和慢打，快速锤击是不适宜的。在细砂或粉砂中，采用水冲法和振动法是合适的。

只有短榫时，板桩间接口要灌入密封防渗剂，接口要有足够空间。灌前应用高压水枪将槽口冲洗干净，然后用导管法灌注水下混凝土将空隙填塞，也可以采用沥青砂密封止水。任何时候，都要填满整个空隙，不留任何漏洞。

板桩桩尖应该做成三面削角形，使桩尖土反力将板桩挤紧至已打的板桩上，减小缝隙，只有阳榫这一面不削角。

七、锚碇拉杆计算

锚碇拉杆拉力由板桩墙计算求得，但要计及锚碇拉杆受力不均匀的情况，按下式计算：

$$R_A=\xi_a R_a l_a \sec\theta \tag{2.4-12}$$

式中：R_A——拉杆拉力标准值(kN)；

ξ_a——拉杆受力不均匀系数，预先拉紧时，$\xi_a=1.35$；

R_a——每延米板桩墙的拉杆拉力标准值(kN/m)；

l_a——拉杆间距(m)；

θ——拉杆轴线与水平面的夹角(°)。

钢拉杆可按中心受拉构件设计，拉杆直径可按下式计算：

$$d=2\sqrt{\frac{1\,000R_A\gamma_{RA}}{\pi f_t}}+\Delta d \tag{2.4-13}$$

式中：d——拉杆直径(mm)；

R_A——拉杆拉力的标准值(kN)；

γ_{RA}——拉杆拉力分项系数，取为 1.35；

f_t——钢材的强度设计值(MPa)；

Δd——预留锈蚀量(mm)，可取 2～3mm。

锚碇拉杆在板桩墙处和在锚碇板处都要设置铰支点，而在板桩墙导梁上和在锚碇板上都要预先埋设铰支点连接板。

锚碇拉杆每段长度不得超过 10m，总长超过 10m 时应分段，两段之间用铰连接。拉杆中部应该有调整拉杆松紧的微调螺帽(花篮螺丝)。锚碇拉杆有可能下沉时，拉杆下应该打入支承小桩。

锚碇拉杆包括铰接点和连接板等所有外露铁件，都应该涂沥青等防腐措施，铰接处应加涂润滑牛油。

八、板桩墙的导梁、胸墙和帽梁的计算

板桩顶的导梁可按刚性支座五跨连续梁进行计算，支座反力为锚碇拉杆的拉力。拉杆拉力标准值产生的导梁和导梁悬臂段最大弯矩按下列公式计算：

$$M_{max}=\frac{1}{10}R_A l_a^2 \tag{2.4-14}$$

$$M_b=\frac{1}{2}R_A l_b^2 \tag{2.4-15}$$

式中：M_{max}——拉杆拉力标准值产生的导梁最大弯矩(kN·m)；

R_A——每延米板桩墙的拉杆拉力标准值(kN/m)；

M_b——拉杆拉力标准值产生的导梁悬臂段最大弯矩(kN·m)；

l_a——拉杆间距(m)；

l_b——导梁悬臂段长度(m)。

钢筋混凝土导梁后缘(岸侧)应外伸一个铰接点，节点连接板则预埋在梁内。

钢导梁宜做成双槽钢对腹形，槽钢宜放在板桩墙的岸侧，导梁后缘也要设置一个铰接点；锚碇拉杆的螺帽、垫板等都应放在板桩墙的外侧，但不能外露在码头前沿线之外而妨碍船只靠泊。如果是盆形或Z形板桩，则放在板桩墙的内凹部分是合适的。

为防钢板桩在海水中锈蚀，通常采用钢筋混凝土胸墙，而且胸墙底面高程都放低到低水位附近。在单拉杆的情况，胸墙可按竖向悬臂梁设计，取拉杆处为固端，主要荷载为墙后主动土压力。当胸墙顶部帽梁后面也设拉杆时，还需要将胸墙按简支梁进行设计，上下拉杆处为支点，板桩顶的拉杆处固端仍然要计算。为保证板桩墙的连续性和整体性，也为了能承担胸墙在导梁处的支座弯矩，钢板桩或钢筋混凝土板桩和钢筋混凝土胸墙之间要有足够的连接强度。为系泊小船需要，胸墙上要设置1排或2排系船环。

通常钢筋混凝土帽梁都具有足够刚度，必要时设置构造拉杆，用以保证码头前沿线挺直。码头前沿需要设置系船柱时，通常每隔15～25m设置1根系船柱。有系船柱处帽梁截面要局部放大，并且按八字形分开设置系船柱拉杆和锚碇板。帽梁前沿还要设置防止人员和车辆滑出的、高出地面的护轮槛装置，但不能妨碍船只系缆。

从帽梁、胸墙至导梁，都要考虑设置为缓冲船只靠泊用的靠船护木，并预留相应的螺栓，要便于更换，铁件外露部分要镀或涂防锈层。

第四节　锚碇结构的设计计算

一、锚碇墙(板)距板桩墙的最合理距离

锚碇墙(板)距板桩墙的最合理距离，也是最小距离，是过锚碇墙(板)底端的墙(板)前土体滑动面，和过板桩墙土中最大弯矩点的板桩墙后土体滑动面正好相交于地面。继续增大锚碇墙(板)和板桩墙间的距离是没有必要的，因为这样做并不能增大被动土压力，仅仅是白白地增长了锚杆长度(图2.4-6)。

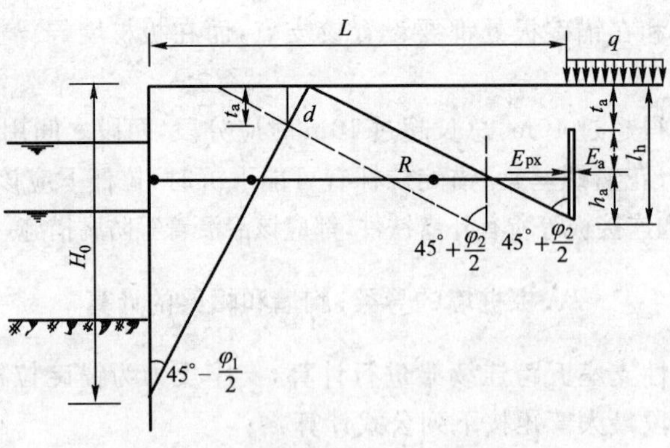

图2.4-6　锚碇墙(板)至板桩最小距离的计算图式

当填方地面为水平，且土质均匀时，最小距离按下式计算：

$$L=H_0\tan\left(45°-\frac{\varphi_1}{2}\right)+t_h\tan\left(45°+\frac{\varphi_2}{2}\right) \tag{2.4-16}$$

式中：L——锚碇墙(板)至板桩墙的最小距离(m)；

t_h——锚碇墙(板)底的埋深(m)；

φ_1、φ_2——分别为板桩墙后、锚碇墙(板)前土体的内摩擦角(°)；

H_0——板桩墙后主动破裂面棱体的高度，采用弹性线法时取最大负弯矩点到码头地面的距离(m)。

若锚碇墙(板)因特殊原因而使锚碇(板)至板桩墙的距离小于上述最小距离 L 时，亦即锚碇墙(板)前被动破裂面和板桩墙后主动破裂面的交点在地面以下时，在验算锚碇墙(板)的浅层滑动稳定中应减小被动土压力，减小值按下式计算：

$$\Delta E_{PX}=\frac{\gamma t_d^2 l_a K_p}{2} \tag{2.4-17}$$

式中：ΔE_{PX}——被动土压力标准值的水平分力增量(kN)；

t_d——板桩墙后土体主动破裂面和锚碇墙(板)前土体主动破裂面的交点至地面的距离(m)；

γ——t_d 范围内土的重度(kN/m³)；

l_a——拉杆间距(m)；

K_p——被动土压力系数。

二、锚碇体的稳定验算

锚碇体的稳定验算包括：

(1)锚碇墙(板)的浅层滑动稳定验算；

(2)锚碇墙(板)沿抛填棱体底面滑动稳定验算；

(3)锚碇体的深层滑动稳定验算(上涌稳定验算、下滑动面的稳定性验算)。

上述验算可按有关规范进行。

其他有关要注意的问题：

(1)锚杆在锚碇墙(板)上的位置，当锚碇墙(板)系自由支承在地基上时，即锚碇墙(板)的下端并非嵌固在地基中时，宜将锚杆布置在墙(板)高度的中间；

(2)在设计计算中，若将黏性土的黏聚力考虑在内时，必须满足下列要求：

①地基土必须是原状土；

②地基必须经常被覆盖着；

③土壤必须经常处于饱和状态；

④土壤没有触变性。

三、锚碇结构强度计算

无论是钢板桩、钢桩作为锚碇结构，还是钢筋混凝土墙(板)、桩作为锚碇结构，其强度验算都和板桩墙一样。即对于钢板桩，由荷载标准值计算所得值乘以综合分项系数应小于或等于规范规定的设计值。对于钢筋混凝土构件，进行强度验算时，综合分项系数取 1.40；进行抗裂和裂缝宽度计算时，综合分项系数取 0.85。

锚碇墙，通常采用连续结构，可将锚杆拉力 R_A 作为支座反力，按多跨刚性支承连续梁进行计算，墙中间高度上设置连续梁。这里 R_A 应该是荷载标准值计算所得值乘以拉杆拉力不均匀系数($\xi=1.35$)，即 $R_A=\xi R_a=1.35R_a$。锚碇墙面按两端悬臂板进行计算。

锚碇板若是连续形式，则和墙相同。若是几根拉杆共用一块板时，则梁按多跨刚性支承连续梁计算，板面按两端悬臂板进行计算。若是一根拉杆一块板时，若有导梁，则梁和板均按悬臂板进行计算；若无梁时，除按悬臂板进行计算外，尚应进行冲切验算，拉杆孔附件尚需加配加强筋。

锚碇墙或板的水平位移计算可按有关规范执行。

锚碇单桩和锚碇板桩的长度和内力计算，可按受集中水平力 R_a 作用的无锚板桩墙的计算方法进行计算。

计算锚碇叉桩的内力时，可考虑桩两端为铰接，不考虑周围土体对桩的作用。锚碇叉桩除按强度设计外，尚应按规范验算其轴向承载力。锚碇叉桩的位置必须位于板桩墙后土体主动破裂面以外，而压桩桩尖距板桩墙的距离不得小于1.0m。

第五节　板桩墙的整体滑动稳定性验算

板桩墙的整体滑动稳定性验算可采用圆弧滑动面的方法进行。

圆弧滑动面的位置可通过特殊点来选定，比如板桩桩尖等。

圆弧滑动面在锚碇墙(板)前通过时，可不计算拉杆拉力对稳定性的影响。

如果桩尖以上或以下附近有软弱土层，或有未清除干净的淤泥夹层时，要验算圆弧滑动面或特殊滑动面的情况，此时滑动面要经过软弱土层或淤泥夹层，但不能计算板桩截桩力的有利影响。

圆弧滑动面验算，要通过板桩尖点的圆弧滑动面中计算出最小抗力分项系数，其值应大于或等于规范规定值，即$\frac{M_{RK}}{M_{sd}}\geqslant\gamma_R$。

式中：M_{sd}——作用于危险滑动面上滑动力矩的标准值(kN·m/m)；

M_{RK}——作用于危险滑动面上抗滑力矩的标准值(kN·m/m)；

γ_R——抗力分项系数，通常土的抗剪强度采用固结快剪指标，相应的抗力分项系数$\gamma_R=1.2\sim1.4$。

第六节　其他形式的板桩墙结构

一、高桩承台前、后板桩结构

板桩墙除前述形式外，比较常见的有高桩承台前、后板桩墙结构。板桩墙和承台可以是相连的，也可以是分离的，都有许多常用的、成功的例子。

1. 高桩承台前板桩墙结构

(1)承台底面以上部分土体及活载均不对板桩墙产生主动土压力作用。

(2)板桩墙后侧一排桩可以对板桩墙的主动土压力起遮帘作用，计算方法是：

①当知道桩的布置，但不知其截面时，则过桩轴中心引出土壤内摩擦角φ的线相交，得其交点与桩轴心间距离c值，则取$\frac{1}{3}c$作为遮帘距离；

②当知道桩的布置，也知道桩截面时，则可过桩侧引出土壤内摩擦角φ的线相交，得其交点与桩侧中心的距离b值，则取$\frac{1}{2}b$作为遮帘距离。

所谓遮帘距离，意思是在这个距离后面的土体，由于排桩的遮挡作用，不对板桩墙产生主动土压力作用。

2. 高桩承台后板桩墙结构

(1)板桩墙前被动土压力，因为承台底面以下部分土体及活载不下传，因而被动土压力减低。

(2)板桩墙前若抛有块石棱体压坡，则板桩墙前一排桩对板桩墙具有遮帘作用，但一般只作超载压在地基土上，而不计算抛石棱体被动土压力的有利作用。

(3)板桩墙后若有斜拉桩，斜拉桩对板桩墙主动土压力的遮帘作用不能考虑。

(4)后板桩墙可另设锚碇设施，也可以不另设锚碇设施，而将板桩墙的锚碇力传给高桩承台，由承台的桩基来承担。

二、斜拉桩式板桩墙结构

有时，板桩墙后侧空间狭窄，没有足够的地方来布置锚碇墙(板)，从而有可能采用斜拉桩锚碇结构。

斜拉桩式板桩墙结构中，板桩墙计算部分没有什么不同(入土深度、板桩弯矩和锚杆拉力)。由于斜拉桩承担锚碇拉力，故其竖向分力(压力)就由板桩墙承担，板桩墙除承担主动土压力产生的弯矩之外，还要满足轴向受压承载力的要求。

斜拉桩因为受拉，通常都做成钢桩。斜拉桩除了必须具备足够的抗拉轴向极限承载力之外，还要考虑后方填土层和地面荷载引起的土层沉降有使斜拉桩轴向拉力增大的影响。

三、双层板桩墙结构

双层锚碇拉杆的板桩墙在海港中极为少见，因为要在水下安装锚碇设施比较复杂，难以做得好，而且还要先用计算保证双层锚碇的协同工作。但在水位差大或者水库工程中，可以利用枯水位先完成下面一道板桩墙及其锚碇设施，然后再进行上面一道板桩墙及其锚碇设施，这样形成双层板桩墙结构。

这样的双层板桩墙结构，可以让上面一道板桩放置在下一道板桩墙顶的帽梁上，形成铰连接，使上、下道板桩墙既能共同承担主动土压力的作用，又能传递轴向力而不偏心传力。

第七节　软弱地基土的处理问题

在软弱地基上建造板桩墙结构物，要重视下列问题的处理：

(1)在建造板桩墙结构物地区，如果覆盖有软弱土层时，在适当的条件下，将这些软土层换成砂性土，可能是可行的而且是经济的。这里，主要考虑：板桩岸壁的挡土高度、土方回填量、地面活荷载、水位变化幅度以及能取得质量好、数量足、价格合适的换土用的砂。

挖槽深度必须能够充分保证设计的板桩墙建筑物的稳定性。必要时，甚至挖除软弱土层，直至持力层为止。除非采取预防措施，否则，将会发现在挖槽底上形成一层回淤的扰动土层。这层回淤土层可能是挖泥船挖泥时溢出的泥土，也可能是持力层表面扰动或正常回淤的淤泥，或者是挖泥边坡过陡，淤泥或软弱土层无法维持稳定而下滑至槽底的淤泥。

如果岸壁建筑物的性质只能容许有少量沉降时，则要求将软弱黏性土完全挖除。

如果淤泥或软弱黏土层太厚，换填砂土后板桩桩尖下仍有较厚的淤泥或软弱黏土层，则最好的办法是改变结构物的形式，将板桩墙改为透空式的桩基结构物，可能更为经济。

在淤泥或软弱黏性土地区采用板桩墙结构物而决定挖淤换砂时，挖淤一定要尽量清除干净，否则最好的办法还是改变结构物的形式，采用透空式的桩基结构物可能更为经济。

(2)通常可采用链斗式挖泥船或绞吸式挖泥船挖除软弱黏土。采用这两种挖泥船，即使采用专门的预防措施，也不能完全避免泥土漏失，在挖槽底面会形成扰动土层。

经验证明，用链斗式挖泥船挖泥时，漏泥量一般比绞吸式挖泥船少。用链斗式挖泥船挖出的槽底也比较平整，易于整平清槽。在用链斗式挖泥船挖泥时，由于挖泥操作的关系，泥斗装泥过满的流失、泥斗倒泥未完全倒空及由泥驳溢流到槽底的泥土，一般在挖泥完毕之后，立即会在挖槽底面形成一层20～50cm厚的回淤扰动土层。

为了减小这层回淤扰动土层的厚度，在将要挖到规定深度前，每道挖泥分层的厚度要减薄些，斗要矮些，速度要慢些。其次，为了清除挖泥时溢满出来的回淤扰动土层，应该至少进行一次甚至多次清槽性挖泥，以保证尽量除掉回淤扰动土层。

采用绞吸式挖泥船时，槽底可能形成波浪形，其槽底回淤扰动土层厚度比链斗式挖泥船挖泥后的回淤扰动土层厚。

(3)挖泥要按水平踏步形分层进行,在挖槽边缘,必须挖到规定的挖槽边坡线为止。必须严格控制每条挖泥线的宽度,因为太宽了,会产生过陡的坡,导致坍坡。

通过横断面测量可以非常有效地掌握挖泥工作是否正常进行。各个断面要经常进行测深以便检查,并在即将填砂前进行一次最后的水深测量。

为鉴定挖槽底土壤的情况,要在挖槽底取出土样。可使用直径最小为100mm,并有一个闭塞器(弹簧开关)的、铰接的探测管,这个管可按条件插入挖槽底泥面下50～100cm或更深一些。由这个管取出的泥芯能清楚地提供挖槽底层土壤的情况。

(4)回填砂土的质量,要求黏土成分含量极少,并且没有大量石料。回填时可采用开底泥驳或水力吹填;但若含有较多石料时,不能用水力吹填,因为石子局部集中堆聚在一起。

(5)挖槽底在即将开始填砂之前,特别是在已有回淤的情况下,必须在要求的范围内进行清槽。必须对挖槽底面的清淤情况不断进行检查,可采用上节提出的探测管。

如果挖槽底面不能保证足够清淤,则应采取其他适当措施,在回填砂层和天然持力层之间做成键合形接触面。如果是黏性土持力层,则最好用碎石快速抛入达到足够的厚度。如果持力层是非黏性土,回填砂土和原泥面之间的键合形接触面可以用2至4个振动棒组成的插入式振捣器把二层土混合起来。如果持力层在距板桩桩尖高程不远时,可在板桩墙中间隔(隔一或隔二)地加长板桩长度打入下卧持力层,进入持力层的板桩长度宜在3m左右,用以确保板桩墙的整体滑动稳定性,但在验算整体滑动稳定性时不应将截桩力计算在内。

(6)回填砂应该通过水力吹填或用开底泥驳填入挖槽内。砂的回填工作应在时间方面和空间方面尽量紧跟着软土的挖除而进行,目的是将二者之间不可避免的回淤限制在最小限度内。同时,也要避免挖泥船与回填作业相距太近,以免挖出的泥土与正常的回填砂相混合。

由于不断回淤,回填砂受到一定程度污染是不可避免的,但回填得快时,可以将它限制到最小限度。回填砂时,希望能做到:

①挖槽内不断变化着的回填砂面积要限制在最小范围内;

②回填砂要尽量均匀分布到正在施工的表面上,避免部分回填好的砂层长时间单独泡在回淤土中;

③必须尽量避免产生较长的连续的回淤土夹层;

④回填砂的表面要从挖槽底面起至设计高程(或者高潮位)以均匀的速度升高。

如发生了回填中断并由此引起的较大的回淤,则在继续回填之前,必须清除掉这层回淤土或者叫作夹砂淤泥土。

为了避免在板桩墙上产生超过设计荷载的主动上压力,在回填工作中,要将在回填过程产生的回淤土的斜坡的方向,布置得与作用在板桩墙上的主动土压力破裂面方向相反。在被动土压力一侧,也应该这样做。

(7)当板桩墙区域淤泥层范围广、厚度大、清淤无法干净时,可在清淤至设计水底后,在小范围内采用施工用的辅助钢板桩,在板桩墙前和墙后分别构成比较严密的隔墙,再用吸淤器清除淤泥,排至较远的排泥区,检查槽底淤泥清除干净后,再抛填砂土。

(8)在回填砂的过程中,要不断进行测深,并做好记录,及时分析,这样可以及时采取措施来消除已形成的回淤扰动土层。

在回填进行过程中、在回填工程结束后,都要用钻孔取芯钻探或其他相应的办法,对回填砂进行检查和试验。钻孔要钻到挖槽底以下的原状土。

(9)如果板桩墙前需要挖土形成设计水深时,则挖土宜在板桩墙本身的整体性和后方锚碇系统形成有效作用以后进行,亦即板桩墙完成导梁、胸墙、拉杆、锚碇板和板前稳定棱体之后进行板桩墙前的挖土,这样可以保证板桩墙不会发生过大的变形(向前位移)。

如果板桩墙后需要回填料时,回填宜在板桩墙能够承担主动土压力之后进行,避免板桩墙产生过大变形(向前位移)。

第五章　桩基设计中的有关问题

第一节　单桩的沉降计算

目前单桩的沉降计算方法有荷载传递分析计算法、分层总和法、弹性理论计算法、剪切变形传递计算法、简化的经验方法……这里只介绍分层总和法(图 2.5-1)。

假设单桩的沉降主要由桩端以下土层的压缩组成。假设桩侧摩阻力以$\frac{\overline{\varphi}}{4}$扩散角向下扩散，扩散到桩尖平面处用一等代的扩展基础代替，扩展基础的计算面积(A_e)为：

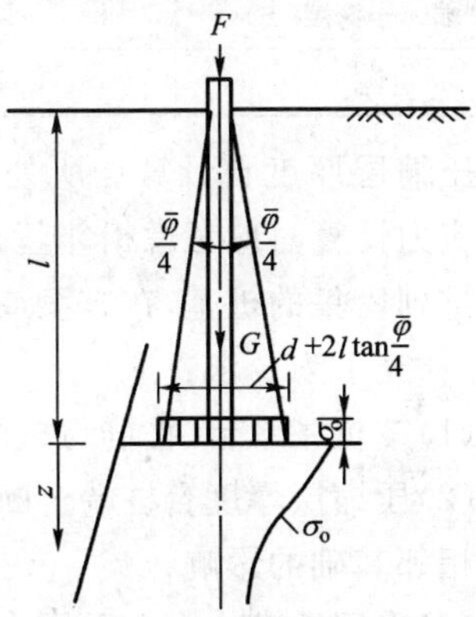

图 2.5-1　单桩沉降的分层总和法简图

$$A_e=\pi\left(d+2l\tan\frac{\overline{\varphi}}{4}\right)^2/4 \tag{2.5-1}$$

式中：$\overline{\varphi}$——桩侧各层土内摩擦角的加权平均值；

d——桩径；

l——桩的入土深度。

扩散基础底面的附加压力(σ_0)为：

$$\sigma_0=\frac{F+G}{A_e}-\overline{\gamma}\cdot l \tag{2.5-2}$$

式中：F——桩顶设计荷载；

G——桩自重力；

$\overline{\gamma}$——桩底平面以上各土层的有效重度的加权平均值。

在扩展基础底面以下土中的附加应力 σ_z 分布，可用布西尼克(Boussineg)解查有关表格确定。压缩层计算深度可按附加应力为 20%自重应力确定(对软土可按 10%确定)。

第二节　群桩沉降的半经验半理论的工程计算方法

通过简化假设计算桩端以下的附加应力，用分层总和法计算桩端以下压缩范围土层的一维固结压缩变形。方法有许多，这里只介绍上海《地基基础设计规范》(DGJ 08-11—1999)的计算方法。该法根据 Geddes 按弹性理论中 Mindlin 应力公式积分后得出的单桩荷载在半无限体中产生的应力解出发，用简单叠加法原则求得群桩荷载在地基中产生的应力，然后再按单向压缩分层总和法原理计算沉降，并乘以与地基土条件和工程特点有关的经验系数，得到桩基最终沉降量。计算公式如下：

$$s=\psi_m\sum_{t=1}^{T}\frac{1}{E_{s,t}}\sum_{i=1}^{n_t}\sigma_{z,t,i}\Delta H_{t,i} \tag{2.5-3}$$

$$\sigma_z=\frac{Q}{L^2}\sum_{j=1}^{k}[\alpha I_{p,j}+(1-\alpha)I_{s,j}] \tag{2.5-4}$$

式中：T——在沉降计算点处压缩层范围内自桩端往下的土层总数；

$E_{s,t}$——桩端平面下第 t 层土在自重压力至自重压力加附加压力作用时的压缩模量(MPa)；

n_t——桩端平面下第 t 层土的单向压缩计算分层总数；

$\sigma_{z,t,i}$——桩端平面下第 t 层土的第 i 个分层处土体的竖向附加应力(kPa)；

$\Delta H_{t,i}$——桩端平面下第 t 层土的第 i 个分层的层厚(m)；

Q——单桩沉降计算荷载(kN)，取对应于荷载长期效应组合时的单桩平均附加荷载；

L——桩长(m)；

k——总桩数；

$\alpha,1-\alpha$——分别是桩的端阻力和侧摩阻力占沉降计算荷载的比，α 近似按单桩端阻比 ρ_p 取值；

$I_{p,j}$、$I_{s,j}$——分别是第 j 根桩的桩端阻力和桩侧摩阻力对应力计算点的应力影响系数，按有关公式计算；

ψ_m——桩基沉降计算经验系数，可按表 2.5-1 选用。

桩基沉降计算经验系数 ψ_m 　　表 2.5-1

桩端入土深度(m)	<30	40	50	70
ψ_m	1.1	1.05	0.9	0.75

压缩层厚度自计算点所处桩位的桩端平面，算至土层附加应力等于土层自重应力的 10%处止。附加应力计算时应考虑相邻基础的影响。

排列密集的桩基，在方案或初步设计阶段，其最终沉降量可按天然地基最终沉降量计算公式估算，并补充下列要求：

(1)按桩基承台、桩群与桩间土作为实体深基础，且不考虑沿桩身的应力扩散；

(2)压缩层厚度自桩端全断面算起，算到附加压力等于土的自重压力的 20%处，附加应力计算应考虑相邻基础的影响；

(3)采用地基土在自重压力至自重压力加附加压力作用时的压缩模量 E_s；

(4)天然地基最终沉降量计算公式中的桩基沉降估算经验系数，应根据类似工程条件下沉降观测资料及经验确定。

第三节　桩的负摩擦问题

一、负摩擦力的概念及其产生的条件

地基土对桩的作用力由地基土对桩侧面的摩擦力及地基土对桩端的端阻力组成。桩侧摩擦力的方向取决于桩与桩侧地基土之间的相对位移。当桩的下沉速率大于地基土的下沉速率时，地基土对桩侧表面就会产生向上作用的摩擦力，此摩擦力称为正摩擦力，正摩擦力对桩上的荷载起支承作用；当地基土的下沉速率大于桩的下沉速率时，地基土对桩侧表面就会产生向下的摩擦力，此摩擦力称为负摩擦力，见图 2.5-2。负摩擦力不但不会对桩上的荷载起支承作用，反而成为桩上的附加荷载，使桩的轴向压缩量增加，在摩擦桩的情况下也可能引起桩的沉降有较大的增加。

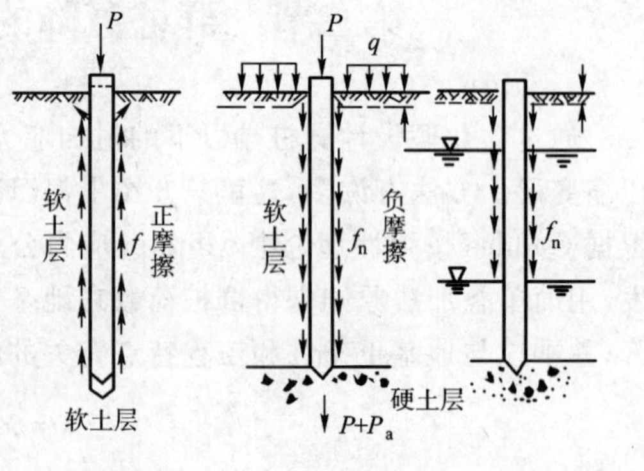

图 2.5-2　桩的正摩擦力及负摩擦力

产生负摩擦力的原因很多，大致有：

(1)桩身穿过新近沉积的土层或新填筑的土层，该土层在其自重作用下尚未完全固结；

(2)桩承台附近有大面积堆载；

(3)过量抽取地下水；

(4)高灵敏度的黏土层，由于沉桩使之发生触变效应；

(5)其他特殊地基，如自重湿陷性黄土受水浸湿时、冻土融化时等情况下的桩基。

二、负摩擦力的分布及中性点

1. 负摩擦力的分布

分析桩与地基土的相对位移可得到负摩擦力的分布(图 2.5-3)。

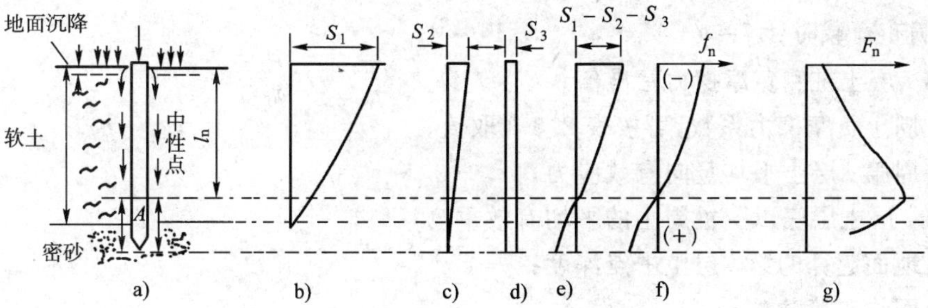

图 2.5-3　桩的负摩擦力分布

a)桩受负摩擦力的情况；b)地基土沿深度的压缩变形量 S_1；c)桩本身的竖向弹性压缩量 S_2；d)桩尖下土的下沉量 S_3；e)土对桩沿深度的相对位移量($S_1-S_2-S_3$)；f)桩的负摩擦力和正摩擦力沿深度分布情况，“−”号表示负摩擦力，“+”号表示正摩擦力；g)作用于桩侧表面的总负摩擦力(或称下拉荷载)F_n

2. 中性点的确定

图 2.5-3a)可以看出，在地面下某一深度处，桩土之间的相对位移为零，此点以上的桩段受到负摩擦力的作用，此点以下的桩段则受到正摩擦力的作用，此点称为中性点。在中性点上，作用于桩摩擦力为零，而下拉荷载为最大值。现场测试结果指出，中性点的深度 l_n 由持力层的性质而决定。

《建筑桩基技术规范》(JGJ 94)中规定，中性点深度 l_n 应按桩周土层沉降与桩沉降相等的条件确定，也可参照表 2.5-2 确定。

中性点深度 l_n　　表 2.5-2

持力层性质	黏性土、粉土	中密以上砂	砾石、卵石	基岩
中性点深度比 $l_n l_0$	0.5～0.6	0.7～0.8	0.9	1.0

注：①l_n、l_0 分别为中性点深度和桩周沉降变形土层下限深度；

②桩穿越自重湿陷性黄土层时，按表列值增大 10%(持力层为基岩者除外)。

另一种确定中性点深度 l_n 的方法是按工程桩的工作性状类别来分别估算的，多半带有经验的性质，其依据是实测结果。根据国内外现场测试成果，可按下列规定估算：

(1)摩擦桩，$l_n=0.7l_0\sim0.8l_0$；

(2)摩擦端承桩(桩端土标准贯入击数 $N\leqslant20$)，$l_n=0.8l_0\sim0.9l_0$；

(3)支承在一般砂或砂砾层中的端承桩(沉降在容许范围内)，$l_n=0.85l_0\sim0.95l_0$；

(4)支承在岩层或坚硬土层上的端承桩，$l_n=1.0l_0$。

三、负摩擦力的计算

影响负摩擦力的因素很多，如桩侧与桩端土的变形与强度性质、土层的应力历史、地面堆载的大小与范围、降低地下水的范围与深度、桩顶荷载施加时间与发生负摩擦力时间之间的关系、桩的类型与成桩工艺等。桩的负摩擦力可以通过实测资料确定，当无实测资料时，可通过计算确定。但由于影响负摩擦力的因素很多，因此精确计算负摩擦力是复杂而困难的。目前国内外学者提出的计算方法和公式都是近似的和经验性的。多数学者认为桩侧负摩擦力的大小与桩侧土的有效应力有关，不同负摩擦力计算公式中也多反映有效应力因素。根据大量试验与工程实测结果表明，有效应力法比较接近实际。下面介绍计算负摩擦力的一些经验公式。

1.《建筑桩基技术规范》(JGJ 94)

中性点以上单桩桩周第 i 层土负摩擦力标准值可按下列公式计算：

$$q_{si}^{n}=k\tan\varphi'\cdot\sigma'_i=\xi_n\cdot\sigma'_i \tag{2.5-5}$$

当降低地下水位时：$\sigma'_i=\gamma'_i\cdot z_i$

当地面有满布荷载时：$\sigma'_i=p+\gamma'_i\cdot z_i$

式中：q_{si}^{n}——第 i 层土桩侧负摩擦力标准值；

ξ_n——桩周土负摩擦力系数，可按表 2.5-3 取值。

σ'_i——桩周第 i 层土平均竖向有效应力；

γ'_i——第 i 层土层底以上桩周土的平均有效重度；

z_i——自地面起算的第 i 层土中点深度；

p——地面均布荷载。

负摩擦力系数 ξ_n 表 2.5-3

土类	ξ_n	土类	ξ_n
饱和软土	0.15～0.25	砂土	0.35～0.50
黏性土、粉土	0.25～0.40	自重湿陷性黄土	0.20～0.35

注：①在同一类土中，对于打入桩或沉管灌注桩，取表中较大值，对于钻、挖灌注桩，取表中较小值；

②填土按其组成取表中同类土的较大值；

③当 q_{si}^{n} 计算值大于正摩擦力时，取正摩擦力值。

对于砂类土，也可按下式估算负摩擦力标准值：

$$q_{si}^{n}=\frac{N_i}{5}+3 \tag{2.5-6}$$

式中：N_i——桩周第 i 层土经钻杆长度修正的平均标准贯入试验击数。

2. 美国嘉兰格(Carlanger)等人的公式

$$q_{si}^{n}=\beta\sigma'_v \tag{2.5-7}$$

式中：q_{si}^{n}——负摩擦力(kPa)；

β——负摩擦力系数，黏性土为 0.2～0.25，粉土为 0.25～0.35，砂土为 0.35～0.5；

σ'_v——地基中的有效垂直应力(kPa)。

3. 用比贯入阻力 p_s 估算

对于黏性土，当用静力触探求得探头比贯入阻力 P_s 后，可按下式估算：

$$q_{si}^{n}=\frac{1}{10}p_s \tag{2.5-8}$$

式中：q_{si}^{n}——负摩擦力(kPa)；

p_s——比贯入阻力(kPa)。

4. 波兰 PN-83/B-2482 桩基规范

波兰 PN-83/B-2482 桩基规范提供的负摩擦力值如表 2.5-4 所示，可供参考。

负摩擦力值　　表 2.5-4

土的种类	负摩擦力值(kPa)
新填土和砂($D_r \leqslant 0.2$)	5～10
粉质砂($D_r \leqslant 0.2$),砂质粉土($I_L \geqslant 0.75$)	10
黏土质砂,砂质黏土($I_L \geqslant 0.75$)	5～10
泥炭,淤泥	5～10

注:D_r 为土的相对密度;I_L 为土的液性指数。

求得负摩擦力标准值(q_{si}^n)后,将其乘以产生负摩擦力深度范围内桩身表面积,可以得到作用于桩身的下拉荷载 Q_n(kN),即

$$Q_n = U \sum q_{si}^n l_i \tag{2.5-9}$$

式中:q_{si}^n——中性点以上第 i 层土桩负摩擦力的标准值(kPa);

U——桩的周长(m);

l_i——地面到中性点第 i 层土的厚度。

按式(2.5-11)算出的下拉荷载不应大于单桩分配承受的桩周下沉土重力,其值可按相邻桩距之半计算,其深度为中性点以上的深度。

5. 群桩的负摩擦力

《建筑桩基技术规范》(JGJ 94—94)规定,群桩中任一基桩的下拉荷载标准值可按下式计算:

$$Q_g^n = \eta_n \cdot U_i \sum_{i=1}^{n} q_{si}^n l_i \tag{2.5-10}$$

式中:U_i——各桩身周长;

n——中性点以上土层数;

l_i——中性点以上各土层的厚度;

η_n——负摩擦力桩群效应系数,按下式确定:

$$\eta_n = s_{ax} \cdot s_{ay} \Big/ \left[\pi d \left(\frac{q_s^n}{\gamma'_m} + \frac{d}{4} \right) \right] \tag{2.5-11}$$

式中:s_{ax}、s_{ay}——分别为纵横向桩的中心距;

q_s^n——中性点以上桩的平均负摩擦力标准值;

γ'_m——中性点以上桩周土平均有效重度。

注:对于单桩基础或按上式计算群桩基础的 $\eta_n > 1$ 时,取 $\eta_n = 1$。

四、消减负摩擦力的措施

当桩侧负摩擦力较大,设计存在困难时,可结合工程实际条件选用以下措施:

(1)改换合适的建筑场地,或对可压缩地基在打桩前采取加固措施,以消除负摩擦力。

(2)允许桩基增加少许沉降量而重新选择持力层。

(3)套管保护桩法。即在中性点以上桩段的外面罩上一段尺寸较桩身大的套管,使这段桩身不致受到土的负摩擦力作用。此法应用的成败在于保证套管不与工程桩桩身"卡死。"该法能显著减低下拉荷载,但会增加施工工作量,多用钢材。

(4)桩身表面涂层法。即在中性点以上的桩侧表面涂上涂层。当桩与软土层发生相对位移出现负摩擦力时,涂层便会产生剪应变而降低作用于桩表面的负摩擦力,这是目前被认为减低负摩擦力最有效的方法。涂层法主要适用于预制混凝土桩和钢桩。涂层方法如下:

①单层涂料法。涂料可以是纯沥青、沥青混合料、S 树脂乳胶以及再生橡胶等,涂层厚度取决于材料性能和土的性质(如砂石土层的颗粒粒径和棱角尖锐程度)。为了防止钢管桩打入过程中涂层被砂

石刮掉，也可适当扩大桩头引孔，打桩后在留下的缝隙内灌胶质泥浆。这种方法工艺简便，造价较低，使用经验成熟。

②双涂层法。桩上涂抹滑动层和保护层。滑动层是黏弹性质的特殊沥青或其他低分子化合物，层厚约4～5mm。保护层为合成树脂，层厚2mm，其作用是保护滑动层，防止滑动层在打桩和运输过程中脱落或擦去。涂层所用沥青要求软化点较低(50℃～65℃)，在25℃时的针入度为40～70mm。施工时，将沥青加热至150℃～180℃，喷射或浇淋在桩表面上，喷浇厚度为6～10mm左右。喷浇涂层之前应将桩表面清洗干净，喷浇时还应注意不要将涂层扩展到需利用桩侧正摩擦力的桩身部分。

(5)预钻孔法。此法适用于打入桩和钻孔灌注桩。对于不适合用涂层法的地质条件，可先在桩位处钻进成孔，再插入预制桩，在中性点以下的桩段宜用桩锤打入以确保桩的承载力。中性点以上的钻孔孔腔与插入的预制桩之间灌入膨润土泥浆，用以减少桩的负摩擦力。

对于泥浆护壁钻孔灌注桩来说，若要采用此法，则必须更换一次钻孔泥浆。可在浇筑完中性点以下的下段混凝土后，置换进高黏度膨润土泥浆，再插入预制混凝土桩段，构成复合桩。对于干法作业的钻孔灌注桩，方法大致与前相同，只是当下段混凝土浇筑完毕后，直接插入桩径比钻孔孔径略小的预制混凝土桩段，再在桩与孔壁之间的缝隙里充填高黏度的膨润土泥浆。

(6)塑料薄膜滑动隔离层法。在干作业成桩的条件下，可用双层筒形塑料薄膜预先置于钻孔的沉降土层范围内(即中性点以上的桩段范围)，然后在筒形膜以内灌注混凝土，使塑料薄膜在桩身与孔壁之间形成可自由滑动的隔离层。

此法应用的关键技术是薄膜材料的选型和施工工艺。要求筒形膜能平直密贴于钻孔内腔壁，而且两层之间又能自由滑动，不受阻滞。灌注混凝土过程中湿混凝土材料对其施加侧压力而又不至于“压死”，难以滑动，因此需要辅之以增滑填料如特殊沥青等。

(7)隔离桩法(图2.5-4)。即在群桩基础外围设置保护桩。用于主要由外部填土或堆载所引起的负摩擦力的情况。隔离桩法只能隔离新填土的自重产生的周边桩上的负摩擦力，使外围的下层软黏土下沉所引起的下拉荷载全部由周边桩来负担。但应注意新填土或堆载还会引起保护桩本身上产生巨大侧压力，设计中应考虑加强这种保护桩的抗弯能力和刚度。

(8)保护桩法(图2.5-5)。除了外围设有隔离式的保护桩外，在建筑物基础轮廓内部也设有相当数量的保护桩。埋设桩时，这种保护桩的桩顶暂时先不与基础底板接触，而其底部则深入持力层，同时工程桩的打入深度也要控制暂时先不要进入持力层过深，留有余地。当由于各种因素引起下拉荷载时，依靠工程桩与保护桩之间的相对位移所产生的剪切阻力来平衡下拉荷载，既能保护工程桩不会因下拉荷载过大而折断或桩端土破坏，又能靠保护桩尽量减少建筑物(包括桩基)产生不利的沉降和不均匀沉降。

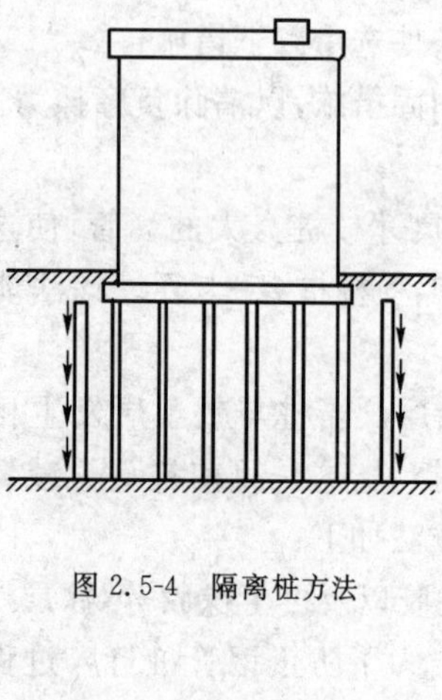

图2.5-4 隔离桩方法

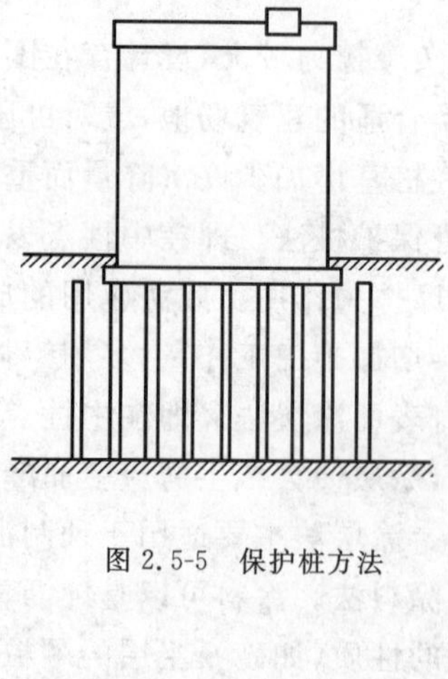

图2.5-5 保护桩方法

第三篇　施工准备与管理

第一章 收集调查相关资料

第一节 概 述

桩基工程是整个建筑物建设工程中的一个最重要最关键的部位，而施工准备又是整个桩基工程的关键工作之一。

由于基础工程的施工是整个建筑物最早实施的部分，又具有其特殊性，因而，桩基工程的施工准备是一个系统性工程，它包含了整个建筑物施工的前期准备工作。

从桩体的特性和它与周边土体的相互作用关系，桩基有刚性桩和散体柔性桩之分，从施工方法的角度来看，桩基工程除有水上、陆上施工之分外，还有沉桩、成孔、沉管、搅拌等方法之分。因此，桩基的施工准备随各种桩的施工技术、工艺、设备，以及各自需要的施工条件、质量措施、安全生产、环境保护和施工管理等不同而各不相同。各类桩基施工准备既有共同性又各自具有特殊性。为做好桩基施工准备，制订好合理的桩基施工工艺，应收集、调查、分析桩基施工的相关资料。

第二节 工程技术资料

一、设计文件、合同和相关技术文本

开工前，应收集和熟悉业主提供的工程的设计文件、桩基工程的施工图、招议标书，以及工程的立项、报建、报监、施工许可证等技术、行政文件。同时，按施工合同要求，要收集相关的技术、经济、行政文件，以及国家有关法规、规范、规定、条例等，特别是有关施工技术规范、质量标准、验收标准等。

二、桩的制作、运输方案及可行性分析

桩基工程开工前要将制桩情况、质量标准、运输方案及可行性分析的资料，作为技术准备资料的首位和重点来收集。

需委托制桩时，应选择有资质的单位来预制桩，并要了解制桩单位技术质量管理组织体系、质量保障体系的运作现状、生产能力和供桩的保证能力。

按照本工程采用桩的单桩(单节)长度、断面尺寸、质量、工程施工进度和制桩单位出桩的方法来选择运输设备。若采用水上运输方案，则要分析制桩单位出桩码头的条件、到工地航道的通航条件、通航能力(包括航道上的运输现状、航道宽度、水深条件、所过桥梁和架空管线的净空高度等)能否满足所选择的船舶和施工进度；若采用陆上运输方案，则要分析制桩单位到工地道路的交通现状(包括所过桥梁的设计荷载、道路宽度、转弯半径、路面结构、路况和路面上方架空管线的净空高度等)能否满足所选择的车辆和施工进度。

同时，要制订桩在运输过程中的加固方案，特别在采用水上运输时，加固方案要充分考虑配载情况和抗风浪能力，并向当地海事部门报备。

现场预制桩时，则要掌握现场的施工条件，如场地大小、地面现状、场地是否要处理、处理方案、原

材料供应和场内外交通、水、电供应条件等。如采用水上运桩，还应分析码头出运桩条件是否满足长桩的吊运、装驳要求。

三、试桩资料、邻近建筑物桩基工程有关资料

了解本工程试桩资料，包括施工情况及测试资料或试桩成果。若采用锤击法沉桩，特别要了解与设计提供的地质报告资料的符合程度、沉桩正位率、桩尖高程、停锤标准、总锤击数、最后贯入度、桩身质量、应变测试资料等。若采用钻孔灌注桩，则应了解地质情况、清孔资料、孔径检测资料、灌注混凝土的质量报告、灌注混凝土的冲盈系数、超声波测试资料等。

了解邻近建筑物桩基工程施工有关资料，包括其工程情况，所用的桩型、规格、桩尖持力层、与设计提供的地质报告资料的符合程度等。

四、地形、地貌、水深、植被、地表水、地下水资料

(1)地形、地貌。主要要掌握桩基工程施工区域内、外的地貌、地形(等高线或等深线图)，水上工程要关注岸线、岸坡现状，坡上有无回填土，岸坡后方有无压载或减载，及回填土的土质情况与厚度。

(2)水深。采用水上锤击法沉桩时，应认真阅读勘察设计文件中提供的工程范围内的水深图(等深线图)，有必要时应进行复测和加密测量，作为选择船舶设备的重要边界条件。同时，作为结合潮汐变化，枯、洪水位条件，所用船舶的吃水情况来决定是否要进行施工挖泥、赶潮水施工或采用吊龙口打桩等的施工方案依据，也作为向政府有关部门申请水上沉桩施工船舶抛锚证的依据。

(3)植被。陆上桩基施工范围内的植被(指树、竹、农作物、灌木、杂草)均应清除，但要弄清楚这些植被中是否有需要保护和必须按规定移植的品种。

(4)地表水、地下水。陆上桩基施工范围内的地表水应排除干净，因此要调查清楚有关地表水的来源和生成原因、污染情况等。在钻孔桩等桩基施工中，还应特别关注地下水的有关情况，如水位、承压水层、压力、渗透系数、暗河以及地下水水质情况等。

五、工程范围内的岸坡情况和稳定性分析验算等资料

在桩基施工中，因锤击法和振动法对岸坡和斜坡的影响，特别是在江、河、湖、海岸边工程的施工中，在工程范围内已经采取过水上挖泥、陆侧回填土方或堆放其他重物，可能会出现工程范围内的岸坡不稳定，造成岸坡滑坡，产生危害，因此在施工准备阶段，对工程范围内的岸坡和斜坡稳定性的有关资料要进行收集、分析、验算，在施工过程中要对岸坡和斜坡的稳定性进行观察、监控和采取维护等措施。

按照等高线或等深线图、实测岸坡和斜坡图进行圆弧滑动稳定性验算分析(图 3.1-1)，并在施工组织设计中，编制相应的施工技术措施。

1.土坡和地基稳定的验算

$$M_{sd}\leqslant\frac{1}{\gamma_R}M_{Rk} \tag{3.1-1}$$

$$M_{Rk}=R\sum\frac{c_{ki}b_i+(q_{ki}b_i+W_{ki}-u_{ki}b_i)\tan\varphi_{ki}}{\cos\alpha_i+\sin\alpha_i\cdot\tan\varphi_{ki}\cdot\frac{1}{\gamma_R}} \tag{3.1-2}$$

$$M_{sd}=\gamma_S\{[\sum R(q_{ki}b_i+W_{ki})\sin\alpha_i]+M_p\} \tag{3.1-3}$$

式中：M_{sd}、M_{Rk}——分别为作用于危险滑弧面上滑动力矩的设计值(kN · m/m)和抗滑力矩的标准值(kN · m/m)；

R——滑动圆弧半径(m)；

γ_R——抗力分项系数；

γ_S——综合分项系数，可取 1.0；

W_{ki}——属永久作用，为第 i 土条的重力标准值(kN/m)，可取均值，零压线以下用重力计算。当有渗流时，极端低水位以上零压线以下用饱和重度计算滑动力矩设计值 M_{sd}；

u_{ki}——第 i 土条滑动面上水头超过零压线以上的孔隙水压力标准值(kPa)，可取均值；

M_p——其他原因，如作用于直立式防波堤的波浪力标准值引起的滑动力矩(kN·m/m)；

q_{ki}——为第 i 土条顶面作用的可变作用的标准值(kN/m^2)，可按现行行业标准《港口工程荷载标准》(JTJ 215)采用；

b_i——第 i 土条宽(m)；

α_i——第 i 土条的滑弧中点切线与水平线的夹角(°)；

φ_{ki}、c_{ki}——分别为第 i 土条滑动面上的固结快剪内摩擦角(°)和黏聚力(kPa)标准值，可取均值。

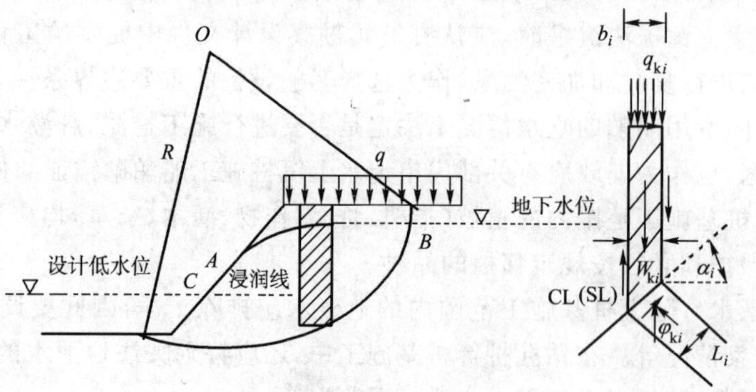

图 3.1-1 圆弧滑动稳定计算示意图

2.关于验算的几点补充

(1)当有条件时，φ_{ki}、c_{ki} 可用有效强度指标标准值(可取均值)代替。有效强度指标一般用量测孔隙水压力的三轴固结不排水剪试验测定，也可用直剪仪进行慢剪试验测定。其抗滑力距标准值可按式(3.1-2)计算。

(2)当采用简单条分法验算边坡和地基稳定时，其抗滑力矩标准值可按式(3.1-4)计算：

$$M_{Rk}=R[\sum c_{ki}L_i+\sum(q_{ki}b_i+W_{ki})\cos\alpha_i\tan\varphi_{ki}] \tag{3.1-4}$$

(3)当采用总强度，如十字板强度或三轴不排水剪强度时，其抗滑力矩标准值可按式(3.1-5)计算：

$$M_{Rk}=R\sum S_{uki}L_i \tag{3.1-5}$$

$$L_i=\frac{b_i}{\cos\alpha_i} \tag{3.1-6}$$

S_{uki}——第 i 土条滑动面上十字板强度标准值或其他总强度标准值(kPa)，可取均值；

L_i——第 i 土条对应弧长(m)。

(4)应验算各种可能出现的短暂状况：该状况下抗滑力矩标准值可用式(3.1-5)、式(3.1-2)、或式(3.1-4)计算，滑动力矩设计值可用式(3.1-3)计算。

(5)对于各设计状况稳定计算采用的强度指标、计算公式及各种计算情况的说明可按表 3.1-1 采用。

(6)非圆弧滑动面抗滑稳定验算时，不管滑动面形状是直线、折线、直线与圆弧的组合线或其他形状的曲线，计算出的最小抗力分项系数 γ_R 应符合表 3.1-2 的取值范围。具体计算方法详见规范。

各种计算情况采用的抗剪强度指标　　表 3.1-1

设计状况	强度指标及适用条件		M_{Rk}及M_{sd}计算公式	说　明
	强度指标	适用条件		
持久状态	固结快剪(直剪)	宜采用	(3.1-2)及(3.1-3)	q引起的抗滑力矩(抗力)可全部或部分采用,视土体在q作用下的固结度而定;q引起的滑动力矩(作用效应)应全部计入
			(3.1-4)及(3.1-3)	
	十字板剪或无侧限抗压强度		(3.1-5)及(3.1-3)	需考虑因土体固结引起的强度增长,强度增长计算方法见港口工程地基规范
	有效剪	有条件时采用	(3.1-2)及(3.1-3)	孔隙水压力采用与计算情况相应数值
	三轴不排水剪		(3.1-5)及(3.1-3)	需考虑因土体固结引起的强度增长,强度增长计算方法见港口工程地基规范
短暂状态	十字板剪或无侧限抗压强度	宜采用	(3.1-5)及(3.1-3)	
	有效剪	有条件时采用	(3.1-2)及(3.1-3)	孔隙水压力采用与计算情况相应数值
	三轴不排水剪		(3.1-5)及(3.1-3)	
	快剪(直剪)	有经验时采用	(3.1-4)及(3.1-3)	

注:非圆弧滑动面计算时,采用本表相应的强度指标。

3.关于验算的几点说明

(1)对有桩的土坡和地基,在稳定计算中,可不计入桩的抗滑作用。

(2)计算有波浪力作用的直立式建筑物地基稳定时,应计入波浪力作用,斜坡式不考虑波浪力作用。

(3)板桩码头,通常只计算滑动面通过桩尖时的稳定性。如桩尖下面有软土层,尚应验算滑动面通过软土层时的稳定性。

(4)当验算局部有较大荷载、滑动范围受限制或局部有软土层的局部范围的稳定性时,可计入滑动体侧面摩阻对抗滑力矩标准值M_{Rk}的影响,计算的抗力最小分项系数γ_R应满足表3.1-2中γ_R的取值范围。具体计算方法详见港口工程地基规范(JTJ 250)。

4.对抗力分项系数γ_R的几点说明

(1)岸坡圆弧滑动稳定性计算出的最小抗力分项系数γ_R应大于表3.1-2中的数值,否则岸坡的稳定性有问题。

最小抗力分项系数　　表 3.1-2

强度指标	采用计算公式		γ_R	说　明
固结快剪(直剪)	式(3.1-2);式(3.1-3)	黏性土坡	1.2～1.4	q引起的抗滑力矩(抗力)可全部或部分采用,视土体在q作用下的固结度而定;q引起的滑动力矩(作用效应)应全部计入
		其他土坡	1.3～1.5	
	式(3.1-4);式(3.1-3)		1.1～1.3	
有效剪	式(3.1-2);式(3.1-3)		1.3～1.5	孔隙水压力采用与计算情况相应数值
十字板剪	式(3.1-5);式(3.1-3)		1.1～1.3	需考虑因土体固结引起的强度增长,强度增长计算方法见港口工程地基规范
无侧限抗压强度				
三轴不排水剪				需考虑因土体固结引起的强度增长,强度增长计算方法见港口工程地基规范
快剪(直剪)	式(3.1-4);式(3.1-3)		根据经验取值	

(2)对持久状态,应综合考虑强度指标的可靠程度、结构安全等级和地区经验等因素,计算的最小抗力分项系数γ_R应满足表3.1-2的规定。对暂短状况,如施工期的稳定性,计算的最小抗力分项系数γ_R宜取表3.1-2中的低值,但验算打桩岸坡的稳定性时,宜取较高值。

(3)当拟建工程附近有滑坡,两处土层和土质基本相同,且土坡高度及坡度相近时,当已查明滑坡时的各项条件，则可用对比计算方法设计拟建工程的土坡。拟建工程的土坡 M_{Rk}/M_{sd} 应比原有滑坡的 M_{Rk}/M_{sd} 增大 20%～30%。

(4)如拟建工程附近有与设计土坡坡度相同或较陡的稳定坡，两处土层和土质基本相同，且稳定坡计算的 M_{Rk}/M_{sd} 小于表 3.1-2 中的低值，则可用对比计算方法设计拟建工程的土坡。此时应考虑打桩振动和孔隙水压力增加而造成对土坡稳定的不利影响，拟建工程土坡的 γ_R 应稍大于现有稳定坡的 γ_R。

六、施工前的设计技术交底会议纪要

设计技术交底主要内容包括：工程概况，设计依据、意图，桩基的材料、桩型、桩长、桩断面尺寸；地质资料、桩尖所处持力层土质物理力学性能；桩基施工的质量要求；桩基施工的环境保护要求；是否要试桩，试桩的目的和要求等。施工单位在审阅图纸和对设计意图的理解情况下，对设计图纸提出疑问、建议和变更。在统一认识的基础上，将会上探讨的问题形成“设计技术交底会议纪要”，参加单位共同会签，由建设单位正式行文，作为与设计文件同时使用的技术文件，同时，以此作为指导施工及工程结算的依据，竣工后归档。

第三节　现场环境资料

不管是水上还是陆上的桩基工程，不管是那种形式的桩基，现场环境情况都将制约着施工方法、施工工艺、施工进度、施工工期，影响到施工质量、安全生产、环境保护以及设备的运作，因此施工现场环境资料的调查和分析，将直接影响到施工组织设计的编制和工程的顺利实施。

一、气象资料

收集和分析在施工区域的气象资料，如风（台风、季节风）、雨（季节雨、雷暴雨）、雪、雾、冰、气温等可以明确桩基施工的有效工作日；可以在编制施工组织设计时，在合同工期的控制下，分析计算并制订出制桩、供桩、打桩的速率和分析计算出投入该工程的工、料、机的最佳配置，编制出可控的最低施工预算；可以分析对桩基施工的影响和对已沉桩基可能产生的影响和危害。

(1)风、雨。设计文件中，均会提供常年风玫瑰图、年降雨量，但还须收集施工区域的季节风玫瑰图、台风和季风资料，以及季节雨、常风向和强风向玫瑰图、雷暴雨及各月降雨量的情况。

(2)雪、雾、冰。往年在施工期间相同的时节里，有无影响当地居民正常生活、工作、交通的大雪大雾，是否有危害桩基的冰凌产生。

(3)气温。常年及各月的气温资料、极端气温情况，这是分析防寒、保暖、防暑、降温、防冻、防滑等项工作的基础资料。

二、水文、波浪资料

水上桩基工程的设计文件中，均会提供桩基工程施工水域里的水文资料，施工前还须走访就近水文站，进一步收集（至少近两年内）施工水域里的流向、流态变化，最大流速，风浪情况，最大波高，最大波长，潮汐表，枯水、洪水水位、水质资料等水文资料。综合分析对桩基施工和对已沉桩基可能会产生的影响和损害。

三、潮汐资料

我国沿海均是一日二潮。每日潮汐的变化，均影响着桩基工程的正常施工。特别是在无水文资料参考的水域里施工时，需对桩基工程施工水域里的潮汐至少要经过一月以上的实测，基本掌握施工水域里的潮汐变化的一般规律，涨潮、落潮、平潮的持续时间，最高潮位和最低潮位可能出现的高程、时间，分析出最佳施工时间。以此来作为编制水上桩基工程施工组织设计的依据。

(1)潮汐预报表中的潮高高程是以国家规定的基准零点为起算点的，如黄海零点或吴淞零点等。

(2)在查阅潮汐表时要依照当天风向和风力来适当调整当天高低潮正点潮位的正点时间和潮高高程。如在长江口施工，当天遇4～5级东北风，又逢大汛，则不仅当天的正点潮位要提前30～45min到来，而且潮位要超高20～50cm；如当天遇4～5级西南风，又逢小汛，则潮位要低20～50cm。

(3)施工水域不一定在潮汐表的预报位置，则需根据潮汐表中所列测点进行内插或外延估计潮高和潮时。一般水上工程，在工地水域里，都要另立水尺，实测水位来指导施工。

四、避风锚地

在水上桩基施工中，所用船舶的种类多、数量多，它们的适航能力和抗风能力各不相同，按我国目前在海上施工的作业船舶来看，一般在六级风浪以上，都不能施工或无法停泊。为了保证船舶和人员安全，在大河口和海上施工的桩基工程，在工程开工前，必须为所有施工船舶选择好在大风、台风来临前的避风锚地。

所选避风锚地必须是国家在当地的海事局所确认的避风锚地。原则上将距离施工现场最近的避风锚地作为主选避风锚地，次近的避风锚地作为备用避风锚地。要掌握：避风锚地与施工现场的准确距离；进入锚地水面的航道走向、宽度、长度、水深条件；锚地水面的范围大小、形状；锚地水深条件、泥面土质情况和抛锚的适应性情况；锚地水面周边的山、岛、滩地、水上养殖场的情况；往常其他船舶在该避风锚地避风情况，主要是船舶的种类、大概数量等。

针对以上情况要策划编制施工船舶防风、防台避风的预案，编入桩基施工组织设计中，并专题向当地海事局报备。

五、地质资料

工程地质和水文地质资料是桩基工程设计和施工的最重要的资料之一，因此必须有专业勘探单位的地质报告，包括钻孔资料、土的物理力学试验资料、不良地质的描述或测试资料，以及承压水、渗透系数等水文地质资料等。

六、周边环境条件

收集工程周边地区资料，分析这些外部条件对桩基工程施工管理的影响，在编制桩基工程施工组织设计时，能准确的制订有针对性的施工组织设计、技术方案和确保工程安全、质量、进度的对策措施，制订有针对性的施工队伍的管理和与社区内各方面交往、相处的预案。

(1)政治经济。主要要了解周边地区的基本建设形势，建筑市场的现状，建筑业所需的工、料、机、船等的社会资源现状。

(2)人文、宗教、风俗习惯。了解这些习俗，分析与桩基施工(特别是对破土、锤击、声响)有无冲突。同时有针对性地规划综合治理管理工作。特别是在少数民族地区和国外施工时，更应严格尊重当地人文和宗教习俗。了解风俗与作息习惯和工程进度的关系。

(3)交通、金融、集市、物资流通等情况。分析这些行业对工程的支撑力度和提供方便的程度。如：公路交通现状、最小转弯半径、公路和桥梁的通过能力，有无架空管线、净空高度；有否公交车、长途公共汽车、有无货运业务、货运能力；水上交通设施、水上客货运力，航道最大水深、装卸、驳运能力；集市贸易状况、能否满足工程开工后工地生活物资的补给；有无建材、建筑五金、化工、船舶机械汽配件等设备配件商店，能否满足工程需要等。

(4)供水、供电。了解周边地区的供水、供电现状，为桩基工程提供供水、供电的可能性、供应方法，供应中是否会停供，停供时间。分析这些因素对桩基施工的影响程度及后备措施的准备。

还应了解当地水务管理部门，对使用天然水资源有无地方法规要求。

(5)养殖业情况。水上桩基施工时,应调查当地的渔政部门,了解桩基施工对水面养殖业可能会产生的影响。特别对采用锤击沉桩的工程,应时施工影响区域内,有无养殖业、养殖品种、生活习性、养殖对外界条件的要求、施工期是否处在繁殖期等情况进行调查。

七、近邻建筑物有关资料

(1)近邻建筑物地上或地下障碍物情况,各种埋设建筑物的数量、大小、埋设深度;埋设建筑物的性能、功能、危险程度,及沉桩可能带来的影响分析。了解相邻建筑物是否在桩基施工影响区域内,有无易受影响的精密仪器设备;若施工影响区域内有防汛设施,要及时和防汛管理部门沟通,制订预案,设立沉降、位移监测点,施工中随时监控防汛设施的变化,及时调整施工工艺和采取保护措施。了解桩基施工区域内有无埋设建筑物,其种类、结构、材质、外形尺寸、埋设深度、埋设范围、使用功能,及其抗震、抗挤压的能力。

(2)水(上水、下水、污水、雨水、其他工业液体等)管道,气(煤气、天然气、乙炔气、高压空气、氧气、化学气体、其他工业气体等)管道、管沟、电缆管沟等。了解施工影响区域内(包括桩基施工机械进出场、运桩、运材料的水、陆通道上)这些管道、管沟所处位置、走向、埋深或架空高度、断面尺寸等资料。

(3)通讯电缆,电力电缆(高压电缆、低压电缆、水下电缆、地下电缆、架空电缆等)。了解施工影响区域内(包括水、陆通道上)有否通讯、输配电设施,所处位置、走向、埋深或架空高度、断面尺寸、有无管沟等保护设施。机场附近施工,还应满足机场限高要求。

特别是水上打桩船,打桩架很高,要弄清楚打桩船进出场所过航道上有无桥梁、高压电线、通航净空高度多少,从而确定打桩船能否通过。

(4)排洪及过水涵管。了解施工影响区域内有无过水涵管或输水廊道,所处位置、走向、埋设深度或架空高度、断面尺寸、结构情况、新旧程度,对桩基施工有无影响等。

第四节　施工准备的信息资料

工程中标以后,应立即进入施工准备阶段,对影响开工和正常施工的各类投入的现状要进行调查分析,掌握了人、财、物、机各类投入的现状和信息,即可编制施工组织设计,安排工程开工。

一、可能采用的船舶、机械、交通、通信等设备的数量、性能、完好情况、目前动态以及对该桩基工程适应性的分析、可征用的可能性分析

在施工合同规定的施工工期、施工进度的控制范围内,在分析影响施工组织、工期、进度、技术、质量等的各种有利和不利客观条件后,应首先精确地计算出桩基施工的最高和最低的成桩速率,即在正常的有效工作日里,每天至少必须完成的最少成桩根数和可能完成的最高成桩根数。桩基施工成桩速率按式(3.1-7)计算:

$$\text{桩基施工成桩速率}=\frac{\text{本工程沉桩施工总根数}}{\text{合同工期内有效工作日}}(\text{根/天}) \tag{3.1-7}$$

然后根据这个沉桩施工速率和沉桩类型,计算出工程船舶、机械等设备的数量,及本企业内可能提供的设备数量、性能、目前动态以及对该桩基工程适应性的分析、可征用的可能性分析后。若有缺口,则向社会择优选用。

二、施工现场的四通一平情况、现场开工条件的分析

施工现场的四通一平是指水通、路通(公路和水路)、电通、通信通,施工场地平整。原则上,均应

由业主方在工程开工前提供给施工单位使用。如有困难，则应协商解决。

三、劳动力配制、可征用的可能性分析

在施工准备阶段期间，还必须分析和掌握好能保证工程顺利进行的劳动力信息，并及时按规定配置好。陆上桩基工程的劳动力配置是以一台桩机为一施工单元作业体，并以一个工班作业来配备的。现场所需劳动力工种主要有测量工、机械驾驶工（以下简称机使工）、起重工、电焊工、电工。这几种工种都属特殊工种，都必须通过专业培训，获得专业上岗证后，才能上岗工作。

陆上锤击沉桩劳动力配置推荐组合见表 3.1-3。

陆上锤击沉桩劳动力配置推荐组合　　表 3.1-3

桩机形式	主要配合设备			测量工（人）	机使工（人）	打桩工（人）	电焊工（人）	电工（人）
	履带吊（台）	电焊机（台）	经纬仪（台）/水准仪（台）					
履带式	1	2	2/1	2	2～3	3～4	2～3	2
步履式	1	2	2/1	2	2～3	4～5	2～3	2
非自行式	1	2	2/1	2	2～3	5～6	2～3	2

钻孔灌注桩配 3～4 名机使工、5～6 名起重工、1～2 名测量工、2～3 名电焊工，另配适量的钢筋工、混凝土工、材料试验工等工种。

水上锤击打桩，大多数情况下均采用水上打桩船来施工，原则上以一艘打桩船为一施工单元作业体来进行船机和劳动力配备组合。配备一艘抛锚艇兼交通艇，一艘甲板驳兼仓储、冷作工场。打桩船、抛锚艇、甲板驳进出场时均要拖轮拖带，因此另配拖轮和方驳运桩。

因此水上锤击打桩的劳动力配备及组织就更为复杂。以中型打桩船为例，除按国家规定配备的船员18～22名（含6～9名起重打桩工）外，若采用经纬仪测量定位打桩，则要用二台经纬仪、一台水准仪、5～6 名测量工；若用 GPS 技术测量定位打桩，则要有一套 GPS 测量定位打桩设备、2～3 名测量工。抛锚艇兼交通艇一般配 1 名船长（驾驶）、1 名轮机、2～3 名水手；甲板驳上一般配驾长 1 名、2～3 名水手。

四、施工技术和管理人员的配制

一个桩基工程，均要单独设置项目经理部或工地、工段来实施桩基工程施工组织和施工管理。桩基工程项目经理部一般设项目经理或副经理（工地或工段主任）、1 名主任工程师（或项目总工）、1 名测量工程师、1 名生产调度工程师、1 名质量工程师、1 名安全工程师，视工程大小，设一到数名现场工程师（施工员或技术员）。陆上桩基施工中，若施工锤击钢桩（钢管桩、H 形钢桩、钢板桩、组合钢桩等），还要设 1 名焊接工程师。若施工钻孔灌注桩或现场自行预制混凝土方桩时，还要设 1 名钢筋混凝土工程师和 1 名材料、预算工程师。项目经理部里还须设 1～3 名行政、后勤、治安保障管理人员。若工地远离基地，需自立财务的，则要设 1～2 名财务，若工程小，可由其他人兼出纳。

五、预制桩的制作和运输情况的分析

桩基工程成桩速率不仅对投入的桩基施工的船机设备、劳动力、有关科技技术管理人员、现场施工条件等提出了要求，而且对预制桩的加工进度、运桩能力和供桩速率以及对原材料的采购供应能力等都提出了相应的要求。只有满足这些基本要求，才能保证工程顺利进行。

六、测量资料及交接手续

在桩基工程施工准备阶段，施工单位应主动要求业主及早组织勘察、设计、工程监理等单位一起

按规范办好工程测量基点资料的交接手续。工程测量基点资料主要有设计依据的国家级测量控制网点(有一等、二等、三等、四等)和水准控制点,或当地城建系统测量控制网点(有一等、二等、三等、四等)和水准控制点,以及设计单位在工程勘察阶段,由这两个测量系统所引测的工程测量控制三角网点(或测量控制导线)和引测的工程测量控制水准点。

业主单位除用图、表等文件资料向监理、施工方移交上述工程测量基点资料外,还需带领监理、施工方一起踏勘施工现场,对照图表,指认平面、高程各种测量点的实物和具体位置。交接时要架设仪器测量,几方同时确认。交接的工程测量基点资料必须要有勘察设计单位的主管领导签名。交接时,各有关方均应签字确认。交接的工程测量资料必须放入工程竣工资料里归档。

在此基础上,在施工准备阶段,项目部应立即设计桩位施工测量控制网点(或桩位测量控制导线)和施工测量控制水准点,并报上级及工程监理审定后测设。这些资料除纳入桩基施工组织设计中,也必须放入工程竣工资料里归档。

七、工程所在地区有关环境保护的政策法令

在桩基工程施工准备阶段,项目部就必须收集工程所在地区有关的环境保护的政策法令,制订好环境保护措施和预案,还有有关水上和陆上交通保障的预案,并向当地政府有关部门报备。同时,应主动接受当地政府有关部门的监督和检查。

第二章　环境评估和保护

第一节　概　　述

桩基工程的设计和施工，都应遵循国家和当地政府的有关环境保护的政策、法令、法规、条例，对周边环境采取相应的保护。

在施工准备阶段中，施工单位就必须遵照设计文件和当地政府的有关规定，制订好桩基施工的环境保护措施和环境监测、监控设计的预案，报政府有关部门和有关单位审定，并在施工中实施。这些已审定的环境保护措施和环境监测设计均应纳入桩基工程的施工组织设计中。

桩基施工会对周边环境产生不良影响，如锤击法、振动法沉桩所产生的噪声、振动以及挤土效应，特别是陆上工程，会给工地周边企业和居民的正常工作和生活带来影响；并会对周边的建筑、防汛等设施和地下、地上的水、电、气等的管、沟、线以及各类精密仪器、电讯仪表造成危害和损伤。再如钻孔灌注法成桩，它所产生的泥浆、废液、油污将会对周边环境产生不同程度的污染。为此，在设计阶段就必须在选择桩型、规格时，充分考虑到施工阶段可能会对环境造成的不良影响，并提出相应的预防措施和作出评估分析。

第二节　桩基施工对环境影响的评价和防护对策

桩基工程施工中，必须贯彻执行《中华人民共和国环境保护法》和《中华人民共和国环境噪声防治条例》等有关环境保护的法规法令和条例，对桩基工程施工中产生的挤土、噪声、振动等对环境造成的影响要采取预防和减轻的措施。

一、桩基施工挤土影响及防护对策

1.桩基施工挤土效应

锤击和静压钢筋混凝土方桩、沉管灌注桩、夯扩桩等是产生挤土影响最严重的桩基施工方法，钢筋混凝土管桩采用开口桩时，产生的挤土影响要适当小一些。由于大量的混凝土桩体挤入土体中，桩周一定范围内土体受到挤压，形成超孔隙水压力，造成沉桩区及其附近土体的水平位移和垂直变位，使已下沉的桩及邻近建筑物、地下管线、管沟均受到影响，甚至破坏，同时也会降低桩的承载力。同样，在水上锤击沉桩的挤土效应也会对岸坡稳定产生不利影响。

实践证明，各种桩型在同一层土中，用锤击法沉桩时，所产生的挤土效应和影响是不一样的，同一种桩型在不同土层中锤击法沉桩挤土效应和影响也是不一样的。

对挤土影响比较敏感的地区，应建议设计选用非挤土桩或部分挤土桩，如钻孔灌注桩、钢管桩等。各类土层在锤击沉桩时的挤土效应见表3.2-1。

锤击沉钢筋混凝土方桩时各类土的挤土效应 表 3.2-1

编号	土 层	土层基本性质	土层变化	变化的主要因素	对邻近桩和建筑物影响	影响距离
1	饱和软黏土	1.不排水,抗剪强度低; 2.弱透水性; 3.不排水时压缩性低	桩周发生较大的位移和隆起	受不排水剪切破坏	产生侧向位移和上浮	2倍桩长范围内
2	软黏土	1.受扰动后地下水位以上的土(桩周围)易液化; 2.超静孔隙水压力消失快	土产生新的固结,隆起和侧向位移小	超静孔隙水压力消失快	桩周围土因固结而下沉,邻近已打桩产生回沉	10～15倍桩径范围内最大
3	坚硬黏土	1.土体抗剪强度高,受挤压后易产生裂隙; 2.孔隙水易消除,超静孔隙水压力影响小; 3.邻近土体不易受沉桩时挤土影响; 4.对深层土体的变位有较大的约束作用	隆起和侧向位移很小	超静孔隙水压力较小,消失快	基本没有影响	
4	密实砂土	1.沉桩振动影响下,产生松弛效应,强度降低; 2.对邻近土体约束作用减小	较大侧向位移和较大隆起	砂土产生松弛效应,强度降低	产生较大的侧向位移和上拱	10～15倍桩径范围内最大
5	松散及中密砂质土	1.沉桩振动,使桩身周边地下水以下土体产生液化; 2.液化部分的土体发生固结下沉和侧向位移; 3.桩邻近土体强度降低	下沉,地面沉陷,有侧向位移	砂土产生液化效应,土体固结	产生下沉	1倍桩长范围内

2.桩基施工挤土影响的防护措施

(1)采用掘削、水冲、预钻孔辅助沉桩法

可采用掘削、水冲、预钻孔辅助沉桩法来减少沉桩时的挤土量,或在桩间钻孔取土,预留挤土空间,可以减少沉桩时桩对地基土体的挤土影响,并达到降低超孔隙水压力的目的。对PHC管桩采用中掘法施工,土体不会产生侧向挤压。预钻孔植桩工法的效果也同样很有效,见表3.2-2。为提高预钻孔植桩的承载力,可将桩的外形制成竹节形、螺旋形等形式。不论是陆上还是水上的水冲桩,在沉桩过程中均对桩周土体有不同程度的破坏,但确对已打桩和周边建筑物不会产生不利的挤土影响,仅在桩身周围产生小范围的下沉。为减少水上锤击沉桩对岸坡的影响,防止产生岸坡滑坡,在施工中可采取削坡、坡顶减载、坡脚压载、对岸坡水下部分进行土体加固、控制打桩速率、重锤轻打、间隔跳打、低潮停打等有效技术措施。

由表3.2-1上可以看到,除了在坚硬黏土中,锤击混凝土方桩的沉桩工艺对已打桩和周边建筑物基本没有影响外,在其他土层中进行锤击沉桩,在一定范围内都会产生影响。特别是陆上锤击沉桩时,对周边的建筑物、地下管线、管沟会产生一定影响。故应采取监测和保护措施,必要时可采用预钻孔植桩工艺,预钻孔植桩工艺挤土影响见表3.2-2。

预钻孔植桩工艺减少挤土影响效果 表 3.2-2

钻孔直径	钻孔深度	减少超孔隙水压力	减少地基变位值	影响深度
桩直径的70%	1/3～1/2的桩长	减少到40%～50%	减少到30%～50%	钻孔底以下2～3m

(2)合理安排沉桩施工顺序

合理安排沉桩施工顺序,可以有效地控制沉桩区地基侧向变形的方向和大小,从而可以使沉桩区周边建筑物避免或减少侧向变位。同时控制沉桩的速率,控制超孔隙水压力的增长,可以明显的减少沉桩区地基的隆起,也可减少地基的侧向变形。凡在施工中会产生挤土影响的桩基工程一般采用先中心后外围或对称式的施工顺序,对打入桩来说,尽可能先打长桩后打短桩。当有需要保护的建筑物或管线时,均应采用先施工被保护对象一侧的桩基。

(3)用先开挖基坑后沉桩的施工工艺

陆上锤击沉桩或静压沉桩,可以采用先开挖基坑后沉桩的施工工艺,可以减少浅层软土的侧向位移和隆起,有利于降低沉桩所引起的超孔隙水压力,从而可以减少地基深层土体的变位。这在地下水位相对较低的土层效果更好。

(4)采用打砂井、砂桩、碎石桩、砂石桩、塑料排水板等排水措施

陆上锤击沉桩或静压法沉桩,可以采用打砂井、砂桩、碎石桩、砂石桩、塑料排水板等排水措施,来降低地基中地下水位,以减小和加快消散沉桩引起的超孔隙水压力,防止砂土液化或提高邻近地基土体的强度以增大其对地基变位的约束作用。若地下水位较高的地区,也可以采用轻型井点、深井降水等方法来降低地下水位。采用以上各种降水方法,均应通过设计计算确定。若采用方法不当,可能达不到减少挤土影响的作用,或者因降水过度而使桩基施工区、已打桩、周边建筑物均发生下沉,因此对采用此方法要特别慎重。表 3.2-3 上所介绍的一些资料仅供参考。

减小孔隙水压力和降低地下水位措施　　表 3.2-3

措施名称	基本方法	降水效果	备注
排水砂井	沿沉桩区内网格形及四周边,一般分二到三层按 1～1.5m 间隔布置,砂井直径为 15cm	深度在 10m 之内效果较好	砂桩顶面上铺 20cm 厚砂垫层,外围布置排水沟,或配合水泵排水
排水碎石井	沿沉桩区内网格形及四周边排列布置,井直径为 30～45cm	深度在 10m 之内效果较好	井顶开挖排水沟与外围布置排水沟相通或配合水泵排水
排水砂石井	沿沉桩区内网格形及四周边排列布置,井直径为 30～45cm	深度在 10m 之内效果较好	井顶开挖排水沟与外围布置排水沟相通或配合水泵排水
塑料排水板	沿桩区四周分二到四排按 1～1.5m 间隔布置,并在桩区内每 4 根桩中间布置 1 根塑料排水板梅花形布置	深度在 15m 之内效果较好	塑料排水板顶上铺 20～30cm 厚砂垫层,四周外围挖排水沟,配合水泵抽水
井点降水	沿沉桩区四周边,视开挖深度可分层阶梯式布置	一层井点在深度 7m 之内效果较好	锤击沉桩时采用较少,适合先挖基坑再行沉桩的施工工艺
深井降水	在沉桩区内按设计布置,在沉桩区四周边打塑料排水板配合	可以在 20m 之内达到降水效果	锤击沉桩时采用较少,适合先挖基坑再行沉桩的施工工艺

(5)设置防振防挤壁、防挤槽、防挤孔等施工措施

在沉桩区与浅基础建筑物、地下管道、地下建筑物的中间,设置防振防挤壁、防挤槽、防挤土孔等施工措施,减小地基土体变位的影响范围及程度,如表 3.2-4 所列。

减少挤土影响的几种施工措施　　表 3.2-4

措施名称	施工方法和工艺名称	技术要求	备注
防振防挤壁	混凝土地下连续墙、水泥搅拌桩、旋喷加固壁、抗振板桩、排式桩(砂桩、石灰桩、碎石桩)	在沉桩区与邻近建筑物中间,深度超过邻近建筑物及地下管道、地下建筑物等基础底部一定距离	费用较高

续上表

措施名称	施工方法和工艺名称	技术要求	备注
防振沟槽	用挖掘机或地下连续墙成型机开挖沟槽	离邻近建筑物3m处，深度超过邻近建筑物及地下管道、地下建筑物等基础底部一定距离	土槽较大或较深时，可以注水或用泥浆护壁
防挤孔	钻孔成型机成孔	在沉桩区与邻近建筑物中间、按梅花形单排设置、孔径大于30cm、长度大于15m的深土孔	灌注护壁泥浆，灌砂，设置包裹土工布的钢筋笼

需要特别注意的是，陆上沉桩期间，严禁在沉桩区内及其附近开挖基坑。即使桩已施工结束，在开挖基坑时，也必须对称、分层、均匀地进行，杜绝在基坑开挖时因施工方法不当，造成已打好桩受土挤压而变形，甚至产生断桩。水上沉桩结束后，也严禁在沉桩区周边挖泥。

二、桩基施工噪声及防护对策

1. 桩基施工噪声

(1)噪声的一般知识和测量要求

桩基施工都会产生噪声，尤其是锤击沉桩所产生的噪声更为严重。噪声在空气中以平面正弦波传播，并按与音源距离的对数值呈线性衰减，当为多音源时，则受音处的噪声将为各个音源的合成。噪声的强弱和危害程度是用声级dB(分贝)来衡量，音源和受音处的声级dB(分贝)可用仪器来测量。

①A声级指用A计权网络测得的声级叫A声级，用L_A表示，单位为dB。测量仪器为2型以上积分式声级计及环境噪声自动监测仪器，其性能符合《声级的电，声性能及测试方法》(GB 3785)的要求。测量应在无风无雪的条件下进行，风速为5.5m/s以上时停止测量。测量时传声器加风罩。

②测量点选在居住或工作建筑物外，离任一建筑物离距不小于1m。传声器距地面的垂直距离不小于1.2m。测量分昼间和夜间两部分分别进行。

③采样时间间隔不大于1s。不得不在室内测量时，室内噪声限值低于所在区域标准值10dB。测点距墙面和其他主要反射面不小于1m，距地板1.2～1.5m，应在开窗状态下测量。铁路两侧区域环境噪声测量，应避开列车通过的时段。

④城市区域环境噪声普查方法详见《城市区域环境噪声测量方法》(GB/T 14623)附录A和《声学环境噪声测量方法》(GB/T 3222)执行，有网络测量法和定点测量法两种。

⑤等效声级指在某规定的时间内，A声级的能量平均值，又称等效连续A声级，用L_{Aeq}表示，单位为dB。

⑥昼间等效声级L_d，单位为dB，是昼间A声级能量平均值；夜间等效声级L_n，单位为dB，是夜间A声级能量平均值。

(2)城市区域环境噪声要求

在《城市区域环境噪声标准》(GB 3096)和《城市区域环境噪声测量方法》(GB 14623)中，对城市5类环境噪声值有如下要求。城市5类环境噪声值见表3.2-5。

城市5类环境噪声值　等效声级L_{Aeq}(dB)

表3.2-5

类别	昼间	夜间
0	50	40
1	55	45
2	60	50
3	65	55
4	70	55

①0类标准适用于疗养区、高级别墅区、高级宾馆区等特别需要安静的区域。位于城郊和乡村的这1类区域分别严于0类标准5dB执行。

②1类标准适用于以居住、文教、机关为主的区域。乡村居住环境可参照执行该类标准。

③2类标准适用于居住、商业、工业混杂区。

④3 类标准适用于工业区。

⑤4 类标准适用于城市中的道路、交通干线、道路两侧区域，穿越城市区的内河航道两侧区域。穿越城区的铁路主、次干线两侧区域的背景噪声（指不通过列车时的噪声水平），限值也执行该类标准。

⑥夜间突发的噪声，其最大值不准超过标准值的 15dB。

⑦各类标准适用区域由当地政府划定。

(3)对建筑施工场界的噪声限值要求

对建筑施工场界的噪声限值要求，有《建筑施工场界噪声限值》(GB 12523)可查，见表 3.2-6。具体说明如下：

不同施工阶段作业噪声限值　等效声级 L_{eq}[dB(A)]　　表 3.2-6

施工阶段	主要噪声源	噪声限值	
		昼间	夜间
土石方	推土机、挖掘机、装载机等	75	55
打桩	各种打桩机等	85	禁止施工
结构	混凝土搅拌机、振捣棒、电锯等	70	55
装修	吊车、升降机等	65	55

①表 3.2-6 中所列噪声值是指与敏感区域相应的建筑施工场地边界线处的限值。敏感区域是指受建筑施工噪声影响的其背景噪声低于建筑施工场地产生的噪声级低的区域。建筑施工场地最外边的边界线，是由政府有关部门限定，一般为建筑红线。当建筑场地停止施工后，敏感区域的环境噪声称之为敏感区域的背景噪声。

②如有几个施工阶段同时进行，以高噪声阶段的限值为准。

③标准值的白天时段为 7:00～21:00，早晚时段为 5:00～7:00，21:00～23:00，深夜时段为 23:00～5:00，或由当地政府另行规定。

④白天，城市住宅区背景噪声一般应控制在 55～60dB，在工商业区背景噪声应控制在 60～65dB。夜间，住宅区背景噪声应控制在 50～55dB。实践经验证明，如某些养殖业，特别是在繁殖期，对背景噪声的要求更为严格：牛、羊、猪等家畜繁殖期、水产养殖业，背景噪声一般应控制在 50dB 以下；奶牛、奶羊和鸡、鸭、鸽等家禽产蛋期，背景噪声一般应控制在 45dB 以下；水獭、海狸、灰狼、狐狸等圈养动物繁殖期背景噪声一般应控制在 40dB 以下。对这些环境噪声的测量方法可按《声学环境噪声测量方法》(GB/T 3222)执行。

(4)建筑施工场界噪声测量方法

建筑施工场界噪声测量方法按《建筑施工场界噪声测量方法》(GB/T 12524)执行。与敏感区域相应的建筑施工场地边界线处的噪声限值超过表 3.2-6 所列控制值，就应采取处理措施。

①测点设置。首先要按政府城建部门的规定，确定建筑施工场界的边界线位置，并在测量中标出边界线与噪声敏感区域之间的距离。测点设在边界线位置上并找到与噪声敏感区域之间距离最近的点设为测点。

②测量仪器有 2 型以上积分声级计，其性能应符合《声级的电，声性能及测试方法》(GB/T 3785)的要求，最好使用环境噪声自动监测仪，仪器的动态范围应不小于 50dB。传声器应置于距地面高 1.2m的边界线敏感处。

③测量时一定要选在无雨、无雪的天气进行。当风速超过 1m/s 时，测量时要加风罩，如风速超过 5m/s 时应停止测量。测量时间应分昼间与夜间两部分。

④测量参数为等效连续 A 声级 L_{eq},单位为 dB(A)。等效连续 A 声级代表声级的能量平均值,是随时间变化噪声的等能量稳定声级。

⑤采用环境噪声自动监测仪测量时,仪器动态特性为"快"响应,采样时间间隔不大于 1s。白天以 20min 的等效 A 声级表征该点的昼间噪声值,夜间以 8h 的平均等效 A 声级表征该点的夜间噪声值。测量期间,全部施工机械应处于正常作业状态,包括所有进出施工场地的机械设备。

⑥背景噪声应比测量噪声低 10dB(A)以上,若测量值与背景噪声值相差小于 10dB(A),应按表 3.2-7 修正。

测量值与背景噪声值相差小于 10dB(A)的修正值(dB)

表 3.2-7

差　值	3	4～5	6～9
修正值	−3	−2	−1

2.减少噪声措施

减少噪声的处理措施,一般可采取声源控制、遮挡、保护设施,及施工时间控制等基本防护方法。表 3.2-8 减少噪声的处理措施。

桩基施工时减少噪声的处理措施　　表 3.2-8

方法名称	主要做法	防护效果	备　注
声源控制防护	1.选用低噪声锤型; 2.选择施工噪声低或没有噪声的桩型和施工方法; 3.改进桩帽、桩垫材料和夹桩器来减少施工噪声; 4.在柴油锤上装桩锤式或整体式消音罩,并在罩内壁设置消音材料	装了防护罩后,打桩锤噪声可降低 15～20dB;离打桩区 30m 处噪声 A 声级可控制在 70dB 以下	打桩锤锤式消音罩效果虽较差,但经济,使用方便
遮挡防护壁设施	根据噪声控制要求和噪声衰减、噪声合成并查找有关材料对噪声的吸收系数设计遮挡壁	可降低噪声达 20～25dB	遮挡壁一般设置在离桩区 15m 的地方为宜,并不宜超过音源和受音处的控制高度
保护设施防护	用消音效果良好的材料制成隔音室(如施工操作人员的操作控制室、有隔音要求的试验室)	可减少或避免对人体健康危害和保证安全生产	
时间控制防护	控制沉桩的作业时间,避开周边居民和单位的休息时间	保证居民休息,确保正常生活	时间控制须多方协调后确定

三、桩基施工振动影响及防护对策

1.桩基施工振动影响

(1)桩基施工振动对建筑物结构的影响

①锤击沉桩和振动沉桩所产生的振动,会向周边建筑物传播,而且一旦邻近建筑结构物对桩基施工的振动产生共振响应,且达到一定振动持续时间或振动能量,就会对邻近建筑物造成破坏。

②建筑物振动响应的特性。按振动的类型可分为确定的和随机的两大类[详见《机械振动与冲击对建筑物影响的测量和评价基本方法及使用导则》(GB/T 14124)]。振动的持续时间不仅与振动的类型有关,而且影响结构的响应形式,有连续的和瞬态的两种状态,这就与结构共振响应的有关时间常数 τ_r 有关。如果激振力对结构连续作用在 $5\tau_r$ 以上,则认为响应是连续的;如果激振力对结构连续作用在 $5\tau_r$ 以下,则认为响应是瞬态的。时间常数 τ_r 由公式(3.2-1)来计算:

$$\tau_r=\frac{1}{2\pi\xi_r f_r} \tag{3.2-1}$$

式中:τ_r——结构共振响应的时间常数(s);

ξ_r——结构共振时的阻尼比;

f_r——结构基本固有模态的共振频率(Hz)。

③各类建筑物对从自然振源(风和地震)到人工振源(施工、爆破、交通运输)响应的结构基本固有模态的共振频率为0.1～500Hz。人工振源引起的大多数建筑物的破坏出现在1.0～150Hz的频率范围内;自然振源如地震,则通常在0.1～30Hz的低频范围内;有影响的风振能量出现在0.1～2Hz的频率范围内。基本固有模态的共振频率 f_r 和结构共振时的阻尼比 ξ_r,可以通过对周围激振所引起的低量级响应的声谱分析,或通过使用激振器等方法测得。试验研究表明,3～12m高的低矮建筑物的基本剪切频率范围为3～15Hz。

④振源的振动能量(E_0)的大小决定了地基土体产生的振动波的振幅大小和振动频率的大小,一般以振动振幅 A 和振动频率 f 来评价振动影响。建筑物允许振幅参考值如表3.2-9所示。

建筑物结构允许振幅 A 参考值　　表3.2-9

类　别	参考值(mm)	类　别	参考值(mm)
精密测量试验室	0.03	铸型和特殊车间	0.03～0.05
自动电力操纵汽轮发电机	0.02	民用办公住宅	0.05～0.07
精密车床和试验设备	0.02～0.04		

⑤采用不同沉桩方法所引起的土体质点垂直方向振动峰值速度(v)的经验公式:

$$v=1.5\frac{\sqrt{E_0}}{r} \tag{3.2-2}$$

式中:v——土的质点峰值速度(mm/s);

E_0——振动源能量(J);

r——离振源的距离(m)。

由式中可知沉桩振动源能量的大小对影响质点峰值速度效果不大,主要是传播距离的影响。质点振动速度(v)与该处的振动强度成正比,是判定冲击型荷载(如打桩锤冲击力)引起的振动破坏影响的最普遍广泛的评价指标,它对建筑物的结构破坏也最大。实践证明,地基土质点的振动速度,垂直向宜控制在2mm/s之内,水平向宜控制在10mm/s之内。在这样条件之下,基本可控制垂直方向的振动强度在离振源20m处小于75dB的目的。

各类建筑物所能承受的质点振动速度极限值参考如表3.2-10所示。

质点振动速度极限标准参考值　　表3.2-10

类　别	极限值(mm/s)	类　别	极限值(mm/s)
住宅房屋和类似结构	8	Ⅰ、Ⅱ类以外的建筑物和受保护的建筑物	4
重型构件和高刚度骨架的建筑物	30		

因此,在实际使用时,在振动源能量 E_0 已知的情况下,离振源的距离 r 也是已知时,用式(3.2-2)可以估算出该点的土的质点峰值速度,可以评价出可能受到影响的结构可能会受到何种程度的影响,从而决定是进一步作测试评估,还是马上采取监测、监控手段和必要的防护措施。

⑥实践证明,振动质点加速度 a 在土体中以衰减极快的形式传播,离振源40m处的垂直向质点振动加速度将衰减为离振源10m处的40%～50%。当沉桩振动引起的地面振动加速度小于0.1g处,不会引起建筑物的结构损坏和岸坡的失稳。但当振动加速度大于1/3g时,将产生一定危害。当振动加速度达到8m/s^{2}时,就会使建筑物发生危险。一般用地震烈度对应振动加速度作为振动影响的评价标准(表3.2-11)。

地震动峰值加速度分区与地震烈度对照表　　表3.2-11

地震动峰值加速度分区(g)	<0.05	0.05	0.1	0.15	0.2	0.3	≥0.4
地震基本烈度值	<Ⅵ	Ⅵ	Ⅶ	Ⅶ	Ⅷ	Ⅷ	≥Ⅸ

⑦对振动输入和结构响应两者的固有特性的描述,可通过各种传感器来完成,振动包含有五个振动特性参数:振幅 A(mm)、质点速度 v(mm/s)、质点加速度 a(m/s^2)、频率 f(Hz)、波的传播速度 u(mm/s)。根据经验建议,在不同的场合采用的参考测试量值见表 3.2-12。

结构响应的简略特征参考值 表 3.2-12

振源类型	结构响应的简略特征					
	频率范围 f(Hz)	振幅范围 $A(\mu m)$	质点速度范围 v(mm/s)	质点加速度范围 a(m/s^2)	时间特征	测量的量
交通运输(道路、铁路)沿地面传播	1～80	1～200	0.2～50	0.02～1	C	pvth
爆破地面传播	1～300	100～2 500	0.2～500	0.02～5	T	pvth
打桩地面传播	1～300	10～100	0.2～50	0.02～2	T	pvth
室外机械地面传播	1～300	10～1 000	0.2～50	0.02～1	C	pvth/path
声响(交通运输、室外机械)	10～250	1～1 100	0.2～30	0.02～1	C	pvth/path
空气	1～40				T	pvth
室内机械	1～1 000	1～100	0.2～30	0.02～1	C	pvth/path
人的活动 a)冲击	0.1～100	100～500	0.2～20	0.02～5	T	pvth
人的活动 b)直接的	0.1～12	100～500	0.2～5	0.02～0.2	T	pvth
地震	0.1～30	10～10^5	0.2～400	0.02～20	T	pvth/path
风	0.1～10	10～10^5				path
室内声响	5～500					

注:①表中符号 C-连续的;T-瞬态的;pvth-质点速度的时间历程;path-质点加速度的时间历程;

②以上所给定的范围是极端情况,而给出的值可能是经验的,也可能是测试的;位移幅度和频率的极端范围不能用来推导质点的速度和质点的加速度;

③所给定的频率范围是指导性的;

④对给定范围内的振动值要予以重视,许多国家的法规将建筑物基础上每秒几个毫米的峰质点速度作为有明显效应的界限。峰质点速度为每秒几百毫米时,产生损坏的可能性最大。低于人们感觉界限的振动量级,在精密的工业生产过程中可能要予以重视。

(2)桩基施工振动对地基土体的影响

①锤击沉桩和振动沉桩所产生的振动,会生成振动弹性波向邻近地基土体传播,使地基出现较大的附加变化,如沉降、隆起、开裂、变位、位移等,影响邻近单位和居民的正常工作、生活。水上锤击沉桩时所产生的振动,会产生岸坡不稳定,发生滑坡事故。因此,在关注锤击沉桩和振动沉桩所产生的振动对建筑结构产生影响时,应充分考虑土壤与结构的相互作用。对这种相互作用的评价,要事先测得现场剪切波波速和动态模量。

②实践证明,由于锤击沉桩引起的桩的自由振动的振动周期 T 为一个常数。虽然在整个沉桩过程中,地基土体的振动周期随着桩入土深度增加和离振源距离增加会有所延长,但基本趋向于一个固定周期,变化不大,约为 0.1～0.14s。因此,地基土体的振动频率 f 也基本趋向于一个固定频率,变化也不大,约为 7～10Hz。由此可见,地基土体振动强度(dB)的大小主要由沉桩引起的地基土体的振动振幅 A、振动频率 f、振动加速度 a、质点振动速度 v 的变化来影响。而这四个振动特性参数与沉桩锤击、振动等外力能量的大小、地基土体的阻力(随各层土体的物理力学性质不同而不同)的大小、与振

源的距离远近有直接关系。

振动弹性波在土体中传播时一般分成下面几种波型：

锤击沉桩产生的振动弹性波→
- →实体波→
  - →纵波(压缩波，又称 P 波)占 7%
  - →横波(剪切波，又称 S 波)占 26%
- →表面波(瑞利波)占 67%

③在软土和填充土上的基础可能由于遭受地面振动而沉陷或失去承载能力。这种效应的危险程度随土壤颗粒大小、密实度、饱和度，以及地面振动的多轴向峰值加速度和持续时间的不同而不同。松散的、无黏性的饱和砂土特别容易受破坏。在评价锤击沉桩和振动沉桩所产生的振动烈度和诊断有关振动的灾害时，要充分注意到这种情况。

④考虑振动能量(E_0)在地基土体为非完全弹性体中的消耗和沉桩施工所产生的表面波(瑞利波)的效应时，还应注意到地基土对振动弹性波的传播有吸收和衰减作用(表 3.2-13)。

地基土能量吸收系数(α)表　　表 3.2-13

土质情况	α值(1/m)	土质情况	α值(1/m)
松软饱和粉、细砂、砂质黏土	0.01～0.03	稍湿和干的砂质黏土	0.07～0.10
过湿饱和黏土	0.04～0.06		

(3)桩基施工振动对城市区域环境影响

①在城市区域里实施桩基工程施工时，特别是锤击沉桩和振动沉桩所产生的振动，将对城市区域产生影响。振动强度用铅垂向 Z 振级来描述。铅垂向 Z 振级的测量及评价量的计算方法，按国家标准《城市区域环境振动测量方法》(GB/T 10071)有关条款规定执行。

②城市各类区域铅垂向 Z 振级标准值见表 3.2-14。

城市各类区域铅垂向 Z 振级标准值(dB)　　表 3.2-14

适用地带范围	昼间	夜间	适用地带范围	昼间	夜间
特殊住宅区	65	65	工业集中区	75	72
居民、文教区	70	67	交通干线道路两侧	75	72
混合区、商业中心区	75	72	铁路干线两侧	80	80

注：①本表适用于连续发生的稳态振动、冲击振动和无规振动；

②每日发生几次的冲击振动，其最大值昼间不超过标准值 10dB，夜间不超过标准值 3dB；

③适用地带范围的划定：特殊住宅区是指特别需要安宁的住宅区；居民、文教区是指纯居民区和文教、机关区；混合区是指一般商业和居民混合区，工业、商业、少量交通与居民混合区；商业中心区是指商业集中的繁华地区；工业集中区是指在一个城市或区域内规划明确确定的工业区；交通干线道路两侧是指车流量每小时 100 辆以上的道路两侧；铁路干线两侧是指距每日车流量不少于 20 列的铁路外轨 30m 外两侧居民住宅区。

2. 桩基施工振动影响的防护措施

桩基施工时振动危害的产生，主要是采用锤击沉桩和振动沉桩两种工艺所引起，危害的程度与锤击和振动能量、与振源的距离、地质情况等因素有关，而且往往振动危害和挤土造成的危害、噪声危害同时存在。因此，在实际施工中，经常将对挤土、噪声、振动等多种危害的防护综合考虑。沉桩施工阶段对振动的防护见表 3.2-15。

桩基施工振动的防护措施　　表 3.2-15

防护类别	方法和措施	备注
施工设备和材料的选择	使用缓冲材料桩垫、蝶簧桩帽，选用低振动强度高施工频率的打桩锤，桩身涂覆减小摩阻力的材料	
施工工艺的选择	采用预钻孔法、掘削法、水冲法、静压法等施工工艺	
设置减振壁	在沉桩区与邻近建筑物、地下管线、地面管沟之间离沉桩区 5～10m 处，在地面以下设置一条壁(厚度 50～60cm，深度 4～5m，软土层较厚可深至 15～16m)	可以用空沟型(可作支撑或灌注护壁泥浆)，实壁型(常用的有地下连续墙、水泥搅拌桩、旋喷桩、发泡塑料壁、沥青壁或者采用多层混合壁型)
设置减振孔	在沉桩区和邻近建筑物、地下管线、地面管沟、电缆、电线之间离沉桩区 5～10m 处，在地面以下间隔一段间距设置一只土孔，土孔直径 50～60cm，深度在 5m 左右，软土层较厚可适当加长	用钻孔桩机成孔，可以用泥浆护壁
加固(针对危房)	1. 采取临时托换加固体系； 2. 采用临时卸载和拆除墙体	

第三节　桩基施工环境保护方案的制订和评价

一、陆上桩基施工的环境保护对策

陆上桩基施工，在施工准备阶段中，必须要制订好环境保护对策措施方案，可参考表 3.2-16。

陆上桩基施工环境保护对策措施参考表　　表 3.2-16

桩种		施工工艺和方法	造成环保问题	采取对策措施
混凝土预制方桩(包括混凝土板桩)		锤击沉桩	挤土、噪声、振动	按第二节相应方法处理
		静压沉桩	挤土	按第二节相应方法处理
		水冲沉桩	噪声、废水、泥浆污染	1. 噪声按第二节相应方法处理； 2. 需处理废水、泥浆，污泥运到排泥站或指定弃泥点
PHC 管桩		锤击沉桩	噪声、振动	按第二节相应方法处理
		静压沉桩	基本无环保问题	
		水冲沉桩	主要是废水、泥浆污染	按混凝土预制方桩陆上水冲沉桩废水泥浆处理办法办理
		中掘法、预钻孔法	噪声、废弃土污染	1. 噪声按第二节相应方法处理； 2. 经土方平衡后，多余土运到指定的弃泥点
钢桩	板桩	锤击、振动沉桩	噪声、振动	按第二节相应方法处理
	管桩	锤击、振动沉桩	噪声、振动	按第二节相应方法处理
灌注桩		钻孔桩	主要是泥浆、废水造成污染	1. 在市区施工，宜采用硬地法作业； 2. 废水沉淀后污泥运到排泥站或指定的弃泥点
		沉管桩	挤土、噪声、振动	
柔性桩		旋喷桩	主要产生废水、泥浆、水泥浆、粉尘等污染	施工现场设制排水沟、集水坑、沉淀池，将污泥、残渣用箱型车运到指定的弃泥点，对易产生粉尘污染的原材料采用覆盖、装袋等防尘措施
		搅拌桩(含树根桩)		
		砂石桩	挤土、噪声、振动、粉尘	
		灰土桩		

二、水上桩基施工的环境保护对策

水上桩基施工主要发生在水工建筑物基础施工阶段，陆上桩基施工所会产生的环保问题在水上桩基施工中也同样会产生，只是在某些方面采取的防护措施略有不同，具体措施见表 3.2-17。水上桩基施工，特别是灌注桩施工，所用的泥浆和废浆都应使用储浆池和废浆池存储，并将废浆用船运送到海事部门指定的抛泥区域。

水上桩基施工环境保护对策措施参考表　　表 3.2-17

桩　种		施工工艺和措施	造成环保问题	采取对策措施
混凝土方桩混凝土大管桩 PHC 管桩		锤击沉桩	挤土、噪声、振动	按第二节相应方法处理
		静压沉桩	基本无环保问题	
		水冲锤击沉桩	噪声、污染	噪声按第二节相应方法处理
钢管桩		锤击沉桩	噪声、振动	按第二节相应方法处理
		静压沉桩	基本无环保问题	
板桩	钢板桩	锤击、振动沉桩	噪声、振动	按第二节相应方法处理
	混凝土板桩	锤击沉桩	挤土、噪声、振动	按第二节相应方法处理
灌注桩		钻孔桩	噪声，主要是泥浆废液造成环保问题	1. 噪声按第二节相应方法处理； 2. 用机动船做泥浆沉淀池，污泥运到排泥站或指定的弃泥点
		嵌岩桩		
柔性桩		旋喷桩	主要是废液、泥砂、粉尘对施工现场造成环保问题	无特殊要求可就地排放
		搅拌桩		
		砂石桩		

水上桩基施工的主要设备是船舶，而且还是作业人员的生话设施，对施工中产生的工业、生活污染物的排放，国家有法规明文规定，严禁超出排放标准排放。船舶污染物排放标准见表 3.2-18。

排放浓度的控制标准(1)　　表 3.2-18(1)

排 放 区 域	排 放 浓 度 (mg/L)
内　河	≤15
距最近陆地 12n mile 以内海域	≤15
距最近陆地 12n mile 以外海域	≤100

船舶排放的生活污水最高允许排放浓度(2)　　表 3.2-18(2)

排放项目＼区域	内　河	沿　海	
		距最近陆地 4n mile 以内	距最近陆地 4～12n mile
生化需氧量(mg/L)	≤50	≤50	
悬浮物(mg/L)	≤150	≤150	无明显悬浮物固体
大肠菌群(个/100mL)	≤250/100	≤250/100	≤1 000/100

船舶垃圾排放标准(3)　　表 3.2-18(3)

排　放　物	内　河	沿　海
塑料制品	禁止投入水域	禁止投入水域
漂浮物	禁止投入水域	距最近陆地 25n mile 以内，禁止投入水域
食品废弃物及其他垃圾	禁止投入水域	未经粉碎的禁止在距最近陆地 12n mile 以内投弃入海，经过粉碎颗粒直径小于 25mm 时，可允许在距最近陆地 3n mile 之外投弃入海

三、桩基施工环境保护方案的制订和评价

桩基施工环境保护方案是桩基施工组织设计的一个内容，它除遵循施工组织设计编制的依据、原则、程序外，还一定要遵循当地政府的环境保护的法规、规定、规范、条例。

1.桩基施工环境保护方案的基本内容

(1)本工程的环保要求(包括当地政府的环境保护的法规、规定、环评报告的要求和工程特点等)。

(2)设计对本工程环境保护的设计文件及业主对环境保护设计的审查意见。

(3)采用的施工组织和施工工艺对环境影响的分析。

(4)环保措施(包括监测、监控)方案的设计和效果分析。

(5)环保措施(包括监测、监控)的施工方案。

(6)环保措施(包括监测、监控)平面布置图。

(7)环保措施(包括监测、监控)费用预算书。

(8)对环保方案的评估意见(包括业主组织的评估会会议纪要)。

2.桩基施工环境保护方案的评价和审定

桩基施工环境保护(包括监测、监控)方案在审定前必须要组织有关部门和专业人员进行评审。施工单位应将审定好的环境保护方案汇总在桩基施工组织设计中。

第四节　桩基施工环境保护方案的实施和评价

桩基施工环境保护方案应在开工前进行实施。环境保护和监测、监控设施也是一项独立工程，也需编制施工方案和费用预算，要单独施工，单独结算，因此也就有一个对环境保护和监测、监控方案如何实施的经济技术比较和效果评价的程序。

一、桩基施工对周边建筑物(包括地下建筑物)、地下管线的监测、保护和抢修预案

桩基施工中主要是由锤击沉桩引起的挤土和振动影响将会对周边建筑物，并产生危害。表 3.2-1所示的距离内将受到影响的建筑物(包括地下建筑物)地下管线按审定好的环境保护方案实施监测和保护。具体办法是在这些设施上，将土挖开后埋设沉降、位移观测点，如表 3.2-19 所示。

陆上锤击沉桩对周边建筑物产生的沉降、位移的监测和控制表　　表 3.2-19

序号	监测项目	监测方法和手段	监测周期	预警标准	控制措施
1	在受影响范围内的地下管线、电线、电缆的沉降位移	开挖后设置固定测点，采用水准仪、经纬仪作常规的变形测量	每天观测一次沉降、位移变化	地下管线位移1cm报警，或接近允许曲率报警	参考第二节相应方法实施
2	桩区周边土体表层沉降位移和深层土体位移	在建筑物与桩区之间，表层设固定测点，采用水准仪、经纬仪作常规变形测量，深层布设测斜管用测斜仪观测深层土体位移	速率变大时，每天可增加2～4次；测斜、裂缝观测一般2～3天测一次，变化大时增加观测次数		
3	桩区周边超孔隙水压力变化	在桩区边界上埋设孔隙水压力计，用孔压仪测定孔隙水压力			
4	建筑物基础变形	在建筑物四周易变形的部位设置沉降、位移观测点，用水准仪、经纬仪作变形测量，在建筑物顶上设测量标记，用经纬仪测量建筑物倾斜			
5	建筑物裂缝观测	在裂缝处用石膏做观察饼，用裂缝放大镜观测			

二、水上沉桩对海塘、防浪、防汛设施的保护、监测、监控和抢修预案

水上沉桩，特别是水上锤击沉桩，将产生挤土和振动影响，涉及到对相关海塘、防浪、防汛设施的防护和施工中的安全监测、监控，还须制订一旦发生险情后的抢修预案。

(1)为了满足水上桩基施工的船舶吃水深度，在施工准备阶段需进行水上施工挖泥时，要确定最安全的水上挖泥范围。若近岸吃水深度仍无法满足水上桩基施工的船舶需要，则应采用吊龙口打桩。如仍不能满足，必须建议设计修改，确保相关海塘、防浪、防汛设施的安全。

(2)在水上桩基施工时，施工船舶的地锚、缆绳将会和相关海塘、防浪、防汛设施相碰，在不损伤和减低功能的前提下，制订切实可行的避让或加固方案，并在施工准备阶段，先报当地海塘、防汛管理部门审批后实施。在方案中，必须要有抢修预案。

(3)水上桩基施工时，特别是水上锤击沉桩时，对相关海塘、防浪、防汛设施必须进行安全监测、监控，内容见表 3.2-15 和表 3.2-19。

三、水上沉桩对岸坡稳定的监测、监控和预防

1.水上沉桩时保证岸坡稳定的措施

(1)水上桩基础设计时，应提出保证岸坡稳定的施工措施。水上沉桩施工时，应采用有利于岸坡稳定的施工方法和施工程序，如放缓坡度、打设竖向排水通道、设置减载平台和分期施工等，以保证施工期和使用期的岸坡稳定。

(2)若水上沉桩施工期岸坡的稳定性不足，首先必须在水上沉桩施工期加强观测，当发现可能出现失稳的迹象时，应及时采取如削坡、坡脚压载、坡顶减载、井点排水、增打防滑桩等措施，在水上沉桩施工应趁高潮位施工、低潮位停打、放缓沉桩速率、间隔跳打、重锤轻打、低频锤击等。如有两艘打桩船同时打桩，应相隔一定距离。

(3)对软土，特别是灵敏度较高的软土，应放慢施工速度，防止岸坡土体失稳。水上沉桩施工时，在岸坡坡顶或岸壁后吹填土时，应采用有效的排水措施，以防止过大的水头差。基坑底部如有承压水影响稳定时，应采取临时降压措施，禁止在坡顶堆放弃土和杂物。

(4)为了确保桩基施工中的岸坡土体的稳定，经过对岸坡圆弧滑动稳定性计算分析后，必要时应在桩基施工范围内的岸坡上，除埋设位移、沉降观测点外，应埋设孔隙水压力监测仪器或测斜管，在桩基施工过程中，随时监测并以此来调整和控制桩基施工的节奏和采取相应的技术措施，确保在岸坡土体稳定的状态下完成有关桩基的施工作业。孔隙水压力监测仪器应埋设在所计算的圆弧滑动范围内，对锤击沉桩，应埋设在所沉桩位的 30m 之内。监测监控内容见表 3.2-20。

水上锤击沉桩对岸坡稳定的监测内容　　表 3.2-20

序号	监测项目	监测方法	监测手段	预警推荐值	控制措施
1	坡面的沉降、位移	易发生变形的部分埋设固定观测点	用水准仪、经纬仪至少每天一次对固定观测点作土体变形测量	沉降位移 1cm 预警	对岸坡稳定的控制参照第一章第二节和第二章第二节实施；岸坡边水上锤击沉桩一般均应对岸坡稳定进行验算
2	深层土体位移	在坡顶与沉桩区之间埋设测斜管	用测斜仪观测深层土体位移	深层土体位移 0.5cm 预警	
3	土体的超孔隙水压力	在坡顶与沉桩区之间埋设孔隙水压力计	用孔隙水压力计测定孔隙水压力	超孔隙水压力超正常 40%预警	

2.岸坡处于危险状态的处理措施

监测土坡稳定并无确定的数值来预警，一般情况下，孔隙水压力的突然升高和土体位移值突然加大，就认为岸坡稳定已处于危险状态，必须采取措施。一般情况下当超孔隙水压力消失和土体位移值基本为零时方可恢复锤击沉桩。

第三章　工艺、设备的选择

第一节　工艺设备选择的原则

桩基工程施工单位应根据设计文件、水文、地质、气象及周边的施工环境条件，对施工工艺进行分析优化，对施工机具进行经济、技术等方面的比选，从中找出一个最优的工艺和最佳的设备组合方案。这一方案必须满足以下几个原则：

(1)技术先进，科学合理；

(2)质量可靠，易于控制；

(3)成本低，效率高；

(4)安全可靠，操作方便；

(5)符合有关环境保护法规；

(6)满足合同规定的各项要求。

施工工艺的优化和选择，将直接关系到工程的工期、质量、安全、经济效益等诸方面的问题。同样的桩基工程不同的施工工艺，虽然殊途同归，但在经济、技术、工期等方面相差甚远的情况时有发生。如宝钢马迹山矿石中转码头二期工程在裸岩上施工嵌岩桩。这一工艺曾就搭设钻孔桩施工平台、钢护筒稳桩、人造抛石基床、钢筋混凝土沉箱基床、导管架方案等几个方案做过经济、技术比较，虽然技术上均可满足嵌岩桩施工，但经济指标相差甚远，甚至差一倍之多。经比选，采用了人造基床为主的方案，部分钢护筒采用钢平台联结方式稳桩，以减少工后挖除抛石量。

施工方案的优化比选还与技术水平、装备水平和技术创新能力有很大关系。如海上 GPS 远距离打桩定位系统，就是中港第三航务工程局为适应跨海大桥、海港码头等开发研制的精确打桩定位系统。它的成功开发解决了传统测量定位需搭设十多个海上测量平台和雾天、晚上无法测量的问题。此技术在东海大桥、杭州湾大桥以及全国许多单位推广应用，收到了良好的社会效益和经济效益。因此，研究和比选施工工艺时，还应与技术开发、技术创新结合起来，推动和促进施工技术、工艺水平不断提高。

方案选择的过程就是多方案比选的过程。如江苏海边某一码头的引桥桩基，设计选用 ϕ800PHC 桩作为引桥墩基础，在近岸有 10 个排架，40 根直桩。由于桩位处高潮时有水，但水深较浅，低潮时部分滩地、部分浅水，采用水上打桩船则水深不够。此时可供选择的工艺有：搭设钢栈桥，陆上打桩机沉桩；水上挖泥，打桩船沉桩；部分搭钢栈桥，陆上打桩机沉桩，部分水上挖泥，选用能挑龙口的打桩船候高潮沉桩。这三种工艺技术上都可行，经综合比选，决定采用水陆结合方案，经济上、工期上都占有优势。再如东海大桥钻孔桩作业平台，几家施工单位从各自的实际情况出发，搞过几种方案，如海上筑岛法、钢平台法、导管架法、半浮式海上作业平台等。海上筑岛法因筑岛高度近 20m 左右，下面有很深的淤泥层，需采取砂桩或深层搅拌法(CDM)加固，岛四周还必须采取扭王块体等消浪结构，再加上海洋环保及施工完拆除弃土处置等问题，被专家们否定。后来决定采用 20m 高的导管架作为施工平台。导管架在船厂制作，费用较贵，但海上作业时间较短。辅通航孔桥则采用水上搭设钢平台，经济性较好，但海上作业受风浪影响时间较长。半浮式海上作业平台因平台面积太小，需多个平台拼接，而社会资源有限，最终没有采用。

施工设备的选择，随工艺改变而有所改变，两者相互关联，密不可分。有时工艺方案看来很理想，但设备能力、资源无法满足工艺要求，只能改用其他工艺方案。

第二节　桩基施工设备的选择

一、桩基施工设备选择的原则

先进合理的施工工艺，还必须有适用的施工设备相配合，才能获得良好的效益。一般情况下，选择施工设备应遵循如下一些原则：

(1)满足设计要求；

(2)符合质量标准；

(3)适应施工现场(包括水上施工区域)条件；

(4)满足合同承诺；

(5)能适应地质条件；

(6)能与其他投入的设备配套；

(7)易损配件和燃料容易就近采购；

(8)台班费用较合适，操作较方便，性能较好；

(9)设备的额定能力、功能、能耗等固有性能与工程要求相匹配或很少超出工程的需要；

(10)设备完好，能保证工程正常施工。

二、桩基施工设备选择的依据

桩基工程施工设备选择的依据主要有地质条件、现场(包括水上施工区域)施工条件、桩型、桩材质、桩长、桩进入持力层深度、持力层标准贯入击数、有无不良地质等，以及现场周边环境、交通等客观条件，同时还要结合本企业和市场情况进行综合考虑。

1. 水上桩基设备的选择

水上桩基设备选择见表 3.3-1。

水上桩基设备选择表　　表 3.3-1

条件 施工方法	桩的因素 (材质、断面尺寸、长度、是否接桩、桩位、直、斜桩情况)	桩尖进入持力层深度	气象、水文条件	地质条件	现场施工条件	进出场许可
锤击沉桩	选择打桩船的打桩架高度、吊重、龙口形式和尺寸、配套的锤型、锤击能量、是否要吊龙口沉桩、打桩船船首及小平台尺寸	选择锤型、锤击能量	选择船体尺度、甲板设备、锚缆设备、动力设备、锚型、锚重	选择锤型、锤击能量、锚型、锚重	选择船体尺度、甲板锚缆设备、锚型、锚重、辅助船舶性能、动力、适航条件	选择打桩船型号
水冲锤击沉桩(选用打桩船方案)	除与锤击沉桩选择内容相同外，增加选择水冲设备	除与锤击沉桩选择内容相同外，增加选择水冲设备	与锤击沉桩选择内容相同	除与锤击沉桩选择内容相同外，增加选择水冲设备	与锤击沉桩选择内容相同	—

续上表

条件 施工方法	桩的因素 （材质、断面尺寸、长度、是否接桩、桩位、直、斜桩情况）	桩尖进入持力层深度	气象、水文条件	地质条件	现场施工条件	进出场许可
灌注桩（包括各种成孔桩，选用搭水上平台方案）	选择钻机型号、性能，成孔工艺所决定的配套设备，钻头型号、结构、性能，泥浆循环方式，混凝土供应方式	选择钻机型号、性能、扭矩、配重形式，钻头型号、结构、性能	选择平台结构形式、护筒的稳桩方式	选择钻机型号、性能、成孔工艺所决定的配套设备、钻头型号、结构、性能	选择配套船舶、环保配套设备	—
振动沉桩（或选用起重船吊打方案）	选择振动锤型号、功率、性能，夹具型号、性能，选择起重船吊高、吊重、吊距	选择振动锤型号、功率、性能	选择起重船甲板设备、锚缆设备、吊重、吊高、操作性能	选择振动锤型号、功率、性能	选择配套船舶，选择振动锤噪声音压	—
水上静压沉桩（用打桩船静压桩）	静压方式、锚夹具型号、静压吨位	静压吨位	选择是否用打桩船静压桩	静压方式、静压吨位	选择配套船舶	—

2. 陆上桩基施工设备的选择

陆上桩基施工设备的选择见表 3.3-2。

陆上桩基施工设备的选择表 表 3.3-2

条件 施工方法	桩的材质	桩　型	单节桩长或桩尖	桩断面尺寸	桩尖进入持力层深度	地质条件	现场施工条件	周边环境条件	进出场许可
锤击沉桩	选择锤型、锤击能量、接桩方式和设备	选择锤型、桩机型号、接桩方式和设备	桩架高度和吊重	选择锤型锤大小、桩架型号	选择锤击能量、接桩方式和设备	选择锤型和锤击能量	选择桩机行走形式和接地能力	校核锤击能量、机械噪声及其他污染	选择打桩机型号
钻孔灌注桩（包括各种成孔桩）	—	选择钻机型号、泥浆循环方式	选择钻机型号、泥浆循环方式	选择桩机型号、钻头、搅拌机型号	选择桩机和钻头型号	选择工艺、嵌岩钻头型号	选择混凝土供应设备、供应方式	选择排污设备和方法	—
振动沉桩	选择振动锤型号、功率、吊重能力	选择锚夹具形式	选择吊高、吊重能力	选择振动锤功率、锚夹具型号	选择振动锤功率	选择振动锤型号和功率	选择吊机行走方式	选择振动锤的噪声声压	选择吊机型号
静压沉桩	选择静压方式	选择锚夹具形式	选择桩架高度和吊重能力	选择锚夹具型号	选择桩机型号、静压吨位	选择桩机型号、静压吨位	选择桩机行走方式	四周外排边桩是否具备压桩条件	—

第三节　打桩船的选择

(1)打桩船的选择应考虑下列因素：

①应满足和符合当地海事部门对施工水域里船舶航行、作业安全的有关规定和要求，适应施工水

域的自然条件(包括气象、水文、泥面的水深和泥质的抛锚条件等)。

②沉桩作业时,打桩船应有足够的稳定性,如打桩船的锚重及锚抓力在施工水域里不会走锚。

③打桩船有左右、前后平衡装置。

④根据桩位平面布置及打桩船的尺度,检验它能否顺利进行打桩。

⑤在墩式码头施工时,打桩船的锚机、导缆器、缆绳设施的数量及在甲板上的平面布置,能否满足和保证打桩船能按设计要求转向、位移。

⑥打桩船的桩架,应满足吊重要求,并具有足够的架高,满足最长桩施工;打桩船上装备的打桩锤(振动锤)是否能满足工程需要,与打桩架的龙口是否匹配;是否配有 GPS 测量定位系统。

打桩船的桩架高度计算见图 3.3-1,并按下式选定。

$$H \geqslant L + H_1 + H_2 + H_3 - H_4$$

式中:H——水面以上桩架有效高度(m);

L——桩长 (m);

H_1——桩锤及桩帽高度(m);

H_2——吊锤滑轮组高度(m);

H_3——富余水深高度(m),一般近海取 1m 以上,江河取 0.5 m 以上;

H_4——施工水深(m)。

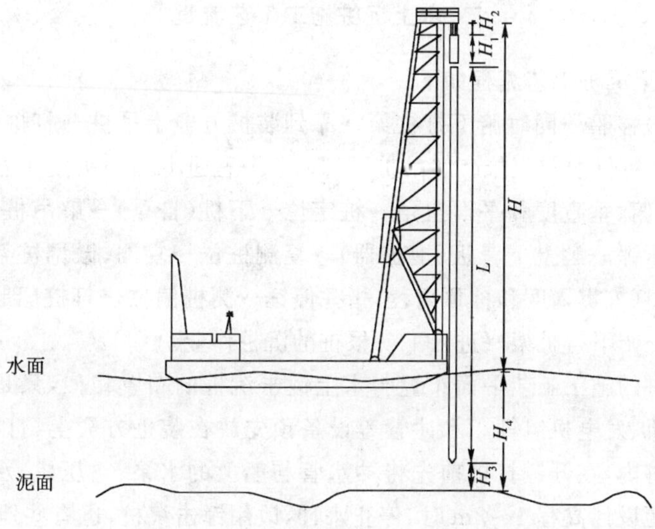

图 3.3-1　水上打桩船的桩架高度选择方法图解图

⑦了解打桩船的适航证书,安保、环保和消防是否符合当地海事部门要求。

(2)水上沉桩除可以采用打桩船实施施工外,在打桩船无法到达的水面上还可采用其他方法实施水上沉桩。具体参考以下几种方法:

①将陆上打桩机安置在吃水浅的钢质方驳或其他船只,组成简易打桩船,锚缆系统也可采用人工操作的锚机。

②将陆用桩架安置在水上平台上沉桩,桩架可以按桩的斜度、平面扭角设计制作。

③可以改用吃水要求较浅的起重船吊锤笼施打。

④采用起重、打桩两用船。

第四节　水上沉桩施工

水上沉桩是在有风浪的、敞开式水域里主要的桩基施工方法，是用船舶施工的特殊作业。因受自然条件影响，在浮动的打桩船作业的情况下，很难如陆上沉桩那样在现场接桩。故水上用打桩船所打之桩，其制作和沉桩都是为设计桩长的长桩。

目前中国交通建设集团所属几家企业不仅可以预制、施打单桩长60m以上边长600mm的预应力混凝土方桩，也可以预制、施打单桩长60m以上的ϕ1 200mm和ϕ1 400mm的混凝土预应力大管桩、ϕ800mm～ϕ1 200mmPHC管桩和施打单桩长90m的ϕ2 000mm钢管桩。目前最大打桩船的桩架水面以上高度达93m。

水上锤击沉桩以打桩船为核心，要有一个功能齐备的船组来协助施工。

一、水上沉桩施工平面布置

在岸边水域沉桩，打桩船前串心缆和前左右边缆可利用岸上挖埋的地笼作地锚。

在远离岸边的水域上沉桩，则所有船舶的锚缆均抛设在水域里，或锚碇在预先抛设供带缆的沉石上。如遇流速较大和桩位平面扭角较多、扭角较大时，特别是施打墩式码头桩基时，前后八字锚应抛成交叉剪刀形式，以便于施工。

二、水上沉桩施工工艺流程

在一般情况下，水上沉桩工艺流程如下：

打桩船动车（主机）移船→同时俯下打桩架→靠到装桩方驳上吊桩→打桩船退船，调直桩架→边移船边立桩→测量指挥打桩船粗定位→解吊桩下部吊索→桩进龙口→夹上下背板（抱桩器）→桩顶上套桩帽→调整桩架仰、俯、垂直度和平面扭角→桩定位→下桩（自重）→解吊桩上部吊索→复测、微调桩架仰、俯、垂直度→压锤→解上下背板（抱桩器）→复测桩位→复测、微调桩架仰、俯、垂直度→开锤打桩→测量指挥，控制打桩贯入度和桩顶高程，指挥停锤→测桩偏位→打桩船起锤同时起桩帽→打桩船退船→复测桩偏位→俯下打桩架→进入下一根桩的沉桩作业。

水上水冲锤击沉桩的施工工艺平面布置与水上锤击沉桩的布置相似，只是在船上安置了一套水冲设备，有水泵、空压机、发电机组等。水冲管等设备预先放在装桩方驳上，打桩船靠上装桩方驳后，先将冲水管穿在水冲桩内，在开锤打桩前先将冲水管与船上的水泵、空压机、水管、气管等连接好，实行水冲沉桩。待桩尖距设计高程1～2m时，停止水冲，改用锤击沉桩，也有些地质条件较好的工程，实行边锤击、边水冲的工艺。水冲方法一般均采用内冲内排方法，禁止采用内冲外排或外冲外排工艺，以保证沉桩质量。待一根水冲桩结束，需将冲水管与水泵、空压机、水管、气管解开，并将冲水管吊起，靠到装桩方驳上，再将冲水管穿入下一根桩上，进行下一根桩的沉桩作业。

用打桩船进行水上振动沉拔桩，其施工工艺、平面布置与水上锤击沉桩的布置相似，沉桩工艺流程也相似，只是将桩顶上套桩帽这一动作改成桩顶用振动锤锚夹具夹牢桩顶，而振动锤带着振动锤锚夹具是在悬吊状态下工作，不与桩架龙口发生联结。

三、水上锤击沉桩施工工效分析

［示例］　水上锤击沉桩施工工效分析。设定桩长在50m左右的边长60cm预应力混凝土方桩，用D62锤或MH72锤施工，桩尖进入中密砂性土层中2.5～3.5m。

打桩船动车(发动主机)、移船(10～15min)→同时俯下桩架→靠到装桩方驳上扣吊桩(5min)→打桩船退船、正桩架(3min)→边移船边立桩→测量指挥打桩船粗定位→解吊桩下扣(8min)→桩进龙口→夹上下背板(抱桩器)(2min)→桩顶上套桩帽(2min)→调整桩架仰、伏、垂直度→测量指挥桩定位(5min)→下桩(单靠桩加桩帽自重)(1min)→解吊桩上扣(2min)→复测桩架仰、俯、垂直度和平面扭角(5min)→压锤(1min)→解上下背板(抱桩器)(2min)→复测、微调整桩架仰、俯、垂直度,复测、微调整桩顶平面位置(4min)→开锤打桩(1min)→测量指挥控制打桩贯入度和桩顶高程、指挥停锤(约20～30min、锤击约在1 000击左右)→初测桩偏位(2min)→打桩船起锤同时起桩帽(2min)→打桩船退船→复测桩偏位(2min)→俯下桩架→移船、再进入下一根桩的沉桩作业(5min)。

经初步分析,一般情况下,按上面设定举例情况进行水上锤击沉桩施工时,则施工工效大约为平均每沉成一根桩耗时约为70～90min。若风浪条件、地质条件较好,各方配合熟练,除锤击时间不可缩短外,其他步骤可依靠各方配合熟练来缩短时间,单根桩施工工效可控制在60min左右。

第五节　陆上沉桩施工

陆上沉桩受到打桩架高度、吊重的限止,一般都采用垂直接桩的工艺。施工钢管桩时,不论采用自制管节还是预购螺旋管节,都要设拼桩场地。施打ϕ500mm以上的PHC管桩时,若选用的打桩架一次可施打两节管节拼接成的一节桩时,也要设水平拼桩场地。

根据桩的种类和地质条件,陆上沉桩可采用锤击法、水冲锤击法、振动法和静压法。目前打桩机最长可施打28～32m一节的长桩,可以用D62～D100的筒式柴油锤,可以用吊机吊30t液压锤(自重56t)施工,也可以用静压力达12 000 kN的压桩机施工。

一、陆上锤击沉桩施工工艺流程

常规情况下,陆上钢管桩或PHC管桩锤击沉桩施工工艺流程如下:

钢管(或PHC)管节运至拼接场地→在拼桩托架上水平拼接成单节桩→单节桩驳运到打桩机附近→打桩机吊桩进龙口、立桩(若桩架吊重不够则要用吊机喂桩)→套桩帽→测量定桩位→调整桩架垂直度→靠桩和桩帽自重下桩→复测桩垂直度→压锤→解吊桩扣→复测桩垂直度→锤击沉桩→第一节桩锤击沉到接桩位置→起锤和起桩帽→在第一节桩头部焊限位→吊第二节桩进龙口→套桩帽→第二节桩坐在第一节桩头上→调整第二节桩与第一节桩的桩轴线和垂直度→焊接→等焊缝冷却后对焊缝检验→压锤→解吊桩扣→继续锤击沉桩→最后用同样步骤吊、套送桩杆后锤击送桩→控制沉桩贯入度和桩顶高程后停锤→起锤和起桩帽→拔出送桩杆→移打桩机→吊下一根桩的第一节→按同样的操作步骤沉下一根桩。

陆上其他沉桩方法的施工工艺流程可参照此流程编制。

二、陆上锤击沉桩施工工效分析

[示例]　施工四节ϕ600mmPHC管桩、送桩12m的工效分析。设定桩长68m(包括送桩杆长),桩尖已进入密实砂性土中;选用了高桩架桩机(一次可施打ϕ600mm拼好的两节PHC管桩),采用D62、D80、MH80或筒式柴油锤来施工。

PHC管节运至拼接桩场地→两节管接在拼桩托架上水平拼接成一节桩(采用半自动二氧化碳气体保护焊,水平拼接桩不计入工效分析)→下节桩驳运到打桩机附近→打桩机就位、吊桩、立桩(5min)→套桩帽(1min)→测量指挥定桩位(2min)→测量指挥调整桩架垂直度(1min)→靠桩和桩帽自重下桩

(2min)→复测桩垂直度→压锤(2min)→解吊桩扣(2min)→复测桩垂直度→下节桩锤击沉到接桩位置(约5min,锤击200击左右)→起锤、起桩帽(1min)→下节桩头部焊限位(3min)→吊上节桩、套桩帽→上节桩坐在下节桩头上→调整上节桩与下节桩的桩轴线和垂直度,压锤(3min)→焊接(半自动二氧化碳气体保护焊)(7～10min)→等焊缝冷却后对焊缝检验(15min)→解扣、继续锤击沉桩到泥面(15～20min,锤击600击左右)→起锤、起桩帽→吊、套送桩杆(3min)→锤击送桩(15～20min,锤击800击左右)→控制沉桩贯入度和桩顶高程后停锤→起锤、起桩帽(2min)→拔出送桩杆→移打桩机吊下一根桩的下节桩(5min)→按同样的操作步骤沉下一根桩。

可以看出,施打这种举例的长桩,若配合熟练约在90min左右可完成一根桩施工,因为上下两节桩垂直焊接、焊缝冷却后对焊缝检验、三次锤击的时间是不可能缩短的,只能在其他步骤中,依靠配合熟练来缩短操作时间。

第四章　施 工 管 理

第一节　概　　述

桩基工程作为结构物的最重要的组成部分，承受着结构所有的静荷载和动荷载，并将这些荷载传递到地基上，使结构能在保证安全的条件下正常使用，在突发灾害时(如地震、台风等)使损失降至最小。因此，桩基工程的施工管理显得尤为重要。施工管理即施工过程管理或施工过程控制。桩基工程施工管理一般包括施工组织、计划、技术、质量、安全、设备、材料、财务、成本、文明工地建设等方面，其中质量控制是最重要的一环，它是消除质量隐患、减少事故损失、避免安全风险、杜绝重大事故的关键，必须引起施工单位、监理单位、业主及有关部门的高度重视。

第二节　质 量 控 制

桩基工程质量控制的重点因桩型不同而各有侧重，就大类而言，分为预制桩和灌注桩。对其他特种类型的桩因各自要求不一样，将在有关章节叙述。

一、预制桩沉桩质量控制

预制桩主要分为混凝土桩和钢桩，沉桩方式又分为动力沉桩(即锤击、振动打入桩)和静力沉桩(即压桩)。

沉桩前必须编制详细的施工组织设计，针对施工区域的水文、气象、地质、地貌、现有建筑材料或老旧建筑物(或障碍物)的情况等进行详细调查，分析施工的难点和可能发生的问题，有针对性地采取相应措施，同时选用合适的施工机具、设备以保证施工有效、安全地进行。

1. 水上沉桩

水上沉桩质量控制的难度大，影响因素多，需特别予以重视，其控制要点如下。

(1)要根据施工水域的情况，配备船舶抗风能力、锚机的抗水流能力，以及打桩船的起重和沉桩能力满足要求的船机设备等，同时应配备足够数量和能力的拖轮和驳船等。

(2)要重视地质、地貌资料的分析。特别是沉桩区域岸坡较陡的情况下，可能会引起下桩时桩位下滑，影响沉桩平面偏差加大，另一方面陡坡可能会在沉桩时因振动和孔隙水压力增加而产生滑坡，如不注意，这样事故很可能发生。如舟山 30 万吨油码头因海床地形图测量宽度不够，致使码头前的深坑没有发现，导致系缆墩沉桩时产生滑坡。

(3)要重视波浪力、水流力对沉桩过程和沉桩后的影响。波浪力、水流力不仅对下桩时桩位的平面精度产生影响，同时还会对桩的斜度产生不利影响。下桩时应根据水的流向、流速提前或延后下桩，下桩或沉桩时应避开涌浪、波浪、船行波、大风等影响，以防造成断桩。对于混凝土桩还应注意施工期由于桩的自重、波浪力、水流力等合力产生的弯矩大于或等于结构抗弯能力的情况。特别是斜桩在波、流和桩自重(若为管桩，则包括管桩内水体的重力)合力的作用下，即使用围檩临时固定，仍有破坏的可能。

(4)水上施工尽量避免接桩。因水流、波浪、风力的作用下，接头部位上下两节桩不停地晃动，难以固定。如1978年宝钢工程水上试桩，ϕ1 200mm钢桩接头时六个焊工同时烧焊，前后用了24h才将此桩勉强焊好。混凝土桩用法兰连接也很难对准。

(5)沉桩过程中要分析锤击能量与贯入度的关系。根据地质条件要注意溜桩或断桩，特别是桩尖进入持力层后更应加强监测，防止贯入度过小而将桩顶打坏或打断。为此，要根据试桩情况，设计、监理、业主和施工单位一起研究确定停锤标准。

(6)在锤击沉桩开始后，不可移船或发生走锚现象，以免造成断桩，即使桩位有所变化，也应采取“保桩不保位”的办法处理。

(7)混凝土管桩必须在桩顶适当高度开透气透水孔，开孔数量不少于$4\times\phi$50mm。同时桩帽也应开孔，防止水锤和气锤现象产生，使桩顶产生纵向裂缝。当水位超过桩顶时，应禁止继续锤击。

(8)桩垫宜用木板、硬板纸、纸箱板或木板与白棕绳等组合，厚度一般在10cm以上，同时应防止桩垫挤压混凝土桩外露钢筋。应一桩一垫，打完后要将桩帽内的残留桩垫清除，防止产生应力集中而将桩顶劈裂。

(9)桩基施工技术人员或测量负责人应在打桩船前端或打桩机前观察沉桩过程，如发生异常应根据预案作相应处理。

(10)沉桩结束后应及时与已打好的桩用钢围檩相互连接，使之连成一体，以防单桩在水流、波浪作用下反复摇晃而损坏。

2.静力压桩

采用静力压桩时，除上述要点外，还应加强以下几方面的管理和质量控制。

(1)水上压桩，要及时调整船舶的前后压舱水，以保证在压桩过程中桩的垂直度，同时应防止波浪(特别是涌浪)、水流、潮位等不良影响。

(2)陆上压桩要处理好压桩架下面的地基，防止在压桩时地基不均匀沉降而导致桩架倾斜。压桩的过程中要调整好设备，特别是上、下节桩接头时更应保证桩的垂直度，防止接头处出现折线的交点。

(3)压桩设备最好采用顶压，如采用抱压，则应检查夹具，防止将桩夹坏而影响质量。

二、灌注桩质量控制

灌注桩按成孔方式分钻孔灌注桩、冲孔灌注桩、挖孔灌注桩、冲扩桩、沉管灌注桩、爆扩桩等。灌注桩的质量控制要点如下。

1.钢护筒下沉

(1)钢护筒下沉质量好坏直接影响桩的垂直度、桩径等。钢护筒不管是锤击下沉、振动或静力下沉等都必须保证它的垂直度，特别是在水中波浪、水流、潮汐等共同作用时更应注意选择最佳时间下沉。如遇抛石层较厚或喀斯特地貌也可采用双护筒。

(2)钢护筒要按当地的水文、地质条件设计，特别是有孤石地区或钢护筒进入强风化岩石地区，钢护筒要有足够的厚度和刚度，以防下沉时遇障碍物等出现变形，建议参照钢桩设计。如汕头礐石大桥主墩基础钢护筒采用ϕ3 000×16mm，护筒壁太薄，遇孤石变形严重，发生卷边致使成孔非常困难。下沉的贯入度不宜过小，特别是进入风化岩层时，否则容易发生卷边而影响成孔。

2.泥浆护壁

(1)在软土地基中成孔，大部分均采用泥浆护壁，泥浆配制的好坏直接影响灌注桩的成孔质量，因此，必须根据当地的水文、地质条件，配制优质泥浆并经常抽查施工过程中泥浆质量，以防止坍孔或沉渣过多。不同土层泥浆的指标可按推荐值考虑，但对同一根桩，用什么样的指标应综合考虑各相关因素决定。

(2)即使在海洋工程中，护壁泥浆也应使用淡水泥浆，以防止使用海水而使钢筋锈蚀，影响结构物的使用寿命。

(3)不同土层中泥浆指标推荐值见表 3.4-1。

不同土层中泥浆指标推荐值 表 3.4-1

指标	淤泥、黏土	细砂	粗砂、砂砾	卵石、碎石
相对密度	1.1～1.2	1.05～1.2	1.2～1.4	1.4～1.5
黏度(s)	19～20	18～20	21～24	25～28
静切力(Pa)	1.0～2.5	1.0～2.5	2～4	3～5
含砂率(%)	<4	<4	<4	<4
塑性指标	>15	>15	>15	>15

3. 清孔

必须做到二次清孔，特别是钢筋笼放下后应进行第二次清孔，以减少孔底沉渣。

4. 钢筋笼

钢筋笼接头一定要牢固，防止吊放时下部脱落，上部的钢筋布置往往较密，但钢筋间净距宜在 40mm 以上，以保证混凝土中粗集料能通过。

5. 混凝土浇筑

(1)配合比设计应按水下混凝土的要求执行。灌注用的导管使用前必须经过水压试验，确保在灌注过程中不渗水、漏水。拔导管时要匀速，埋置深度不要忽大忽小，以防将导管拔出，或将导管埋入混凝土拔不出而造成断桩。

(2)桩顶部位混凝土灌注要有足够的超高，一般在 0.5～1.0m，以保证结构设计部分混凝土强度满足设计强度。

6. 压浆

(1)对重大工程灌注桩往往采取桩端压浆，以提高桩的承载力。对压浆工艺要进行专门设计，如有试桩则应测试压浆前后承载力，以了解压浆效果。东海大桥两组试桩中采用不同的压浆工艺，效果也不一样，如表 3.4-2 所示。

压浆工艺效果比较表 表 3.4-2

序号	桩规格	压浆土层	沉渣厚度(m)	压浆工艺			压浆前承载力(kN)	压浆后承载力(kN)	增加值(kN)	增加百分比(%)
				压力(MPa)	压浆用水泥(t)	压浆管(根)				
1	ϕ2.5m×121.1m	粉细砂	0.18	4	8	4	41 000	>52 000	>11 000	>26.8
2	ϕ2.5m×119m	含砾粉细砂	1.0	8	6.7	6	30 000	57 000	27 000	90

(2)嵌岩灌注桩也应对桩端进行压浆，以消除除“锅底”外其四周沉渣不密实的情况。广东汕头礐石大桥斜拉桥主塔基础的检测报告充分说明了这点。

第三节　安全管理

桩基工程施工中安全管理是极其重要的节，安全工作包含了四个方面，即人身安全、工程安全、设备安全和环境安全。

要做好安全工作，必须在工程开工之初全面了解当地的水文、气象、环境、自然灾害等情况，同时针对本工程的特点，进行综合分析，采取相应的安全措施和安全预案。

1.水文情况

包括：水的流速、流向，波浪要素，潮汐资料，有无涌浪、风暴潮和冰凌，水深，枯、洪水位变动情况，有关灾害性资料等，分析其成因及对本工程可能产生的影响。

2.地质情况

包括：地质钻孔，探摸资料，地貌情况（包括陆上、水下），地下水位、承压水情况及压力、分布、层高等，是否有流砂、可燃气体、暗河、孤石、地质断裂带、喀斯特地质、地下障碍物、旧有的地下工程及水下建筑物附近的冲刷情况等。

3.气象情况

收集当地气象台站多年的气象资料，分析风、雨、雪、雷、冰、雾等对工程安全的影响，分析灾害性天气发生的频率、时段，如台风、季节性大风、雷雨暴雨等。

4.环境情况

了解工程周围建筑物、结构物的情况，建设的年份，基础形式，有无修建、加固，有无对震动非常敏感的精密仪器、仪表、危房；有无地下管线，危险品罐、池，高压电线，水下管线以及医院、学校、居民区等。

对于上述资料如需补充应及时作相应补充，然后分析研究可能出现的安全与质量上的问题，制订相应的措施。对可能发生的突发性事故要建立预案，并经常按有关规章制度进行监督。

第四节　设备管理

桩基工程施工中，应根据不同的桩基类型、规格、施工工艺、地质、水文、气象等因素，采用不同的施工设备（包括成桩主体设备及辅助设备）。这些设备的名称、自重、体积、能源支持及消耗量、功率、机械电气原理等均有很大的不同，而这类施工设备一旦出现故障将会对整个工程的进度、安全、质量、成本、环保等带来严重影响。因此，在工程设备与实施的全过程中，都必须有专人负责设备的选型、租赁、管理、使用、保养、修理。

第五节　事故的预防和处理

一、陆上工程

1.关注地基和高空管线

桩基工程都是在软土地基上进行的，因此应关注地基承载力是否满足施工机具的接地压力的要求，是否有暗沟或垃圾填埋的虚土，防止局部地基强度不够而造成施工机具倾覆。同时应关注高空管线与施工设备的距离，防止因安全距离不够造成设备运转时触电或撞坏。

2.关注气象

台风或季风时期，停止操作时应有可靠的防风措施。

3.关注周边危旧建筑物

周边有危旧建筑物时要针对具体情况增设防振沟、防振墙等隔离措施，以防振动、挤土造成危旧建筑物损坏、倒坍。

4.采用信息化施工

对于重要建筑物或周边环境比较复杂的工程应采用信息化施工，即在其周围布置观测点，控制其平面及高程的变化，测其孔隙水压力，增设测斜管，测量深层土体位移，必要时测地震波或重要结构物的应力、应变等。将这些数据及时采集、分析，以采取相应的措施。如上海88层的金茂大厦桩基施工，采用了信息化施工，尽管桩打至－82.5m且密度较大，沉桩时根据采集的数据分析研究，及时调整打桩的速率和顺序，六台打桩机同时施工也没有对近30m左右的延安路隧道，以及距离10m左右的220kV高压电缆、煤气管、通信电缆、自来水管和下水管造成任何损坏。高492m的上海环球金融中心桩基施工也采取了信息化施工的方法，效果也非常理想。

5.关注地下建筑物和构筑物

对于地下建筑物或构筑物在开工前必须了解清楚，必要时会同各有关管理部门，查找原竣工资料等。特别注意城市中上下水管、电力电缆、通信电缆、煤气、军用设施等或因年代久远，资料不准，或竣工资料不全、误差较大等原因，施工时仍会造成不必要的损失。如上海内环线工程桩基施工中，市政府规定施工前自来水、电力、通信、煤气、军方等有关部门负责人要书面确认打桩部位无相关管线或管线已搬迁至安全地方，有关单位人员必须在场等强制措施，但仍多次发生自来水管破裂、煤气泄漏，造成大量居民紧急疏散，还造成了通信电缆被打断造成5 000门和7 500门电缆断裂的事故发生。对于地下管线在施工前除经有关部门书面确认外，还应在垂直管线的桩位下，人工小心挖一解剖沟，以了解管线的真正走向、具体位置，切不可用挖掘机挖掘。即使是已明确废弃管线也尽量不触及为好，因为曾发生过经多方书面确认为解放前遗留的通信电缆，而没有搬迁，施工中被桩基打断，随即就有人找上门来，证实他们的电缆被打断了。旧城改造，因战争和管理等原因而造成资料不全、不准的情况时有发生，应谨慎行事。

二、水上工程

水上桩基工程因受水流、波浪、潮汐、大风、雨雾等因素影响，增加了施工技术与管理的难度。

1.下桩注意事项

(1)水上桩基定位要根据下桩时的流速、流向来决定向上游方向提前多少下桩，特别是水深较深、流速较大时更需注意。如水流对桩的影响程度不清楚时，可先试下桩，以免造成桩基偏位过大。此外水下地形的坡度对下桩位置也有较大影响，一般均留一提前量，量的大小与坡度及表层土质的软硬有关，没有经验可参照时，可先试几次再正式下桩。

(2)利用潮差来施工是水上桩基工程中经常采用的方法。在海洋或感潮河口，经常利用高潮时打岸边水深较浅处的桩基，以解决打桩船舶吃水深度不够，或打桩架高度不够的矛盾；利用低潮位时打桩顶高程较低的桩，特别是混凝土管桩，为防止水锤现象损坏桩身，不允许桩头没在水中锤击沉桩。在河流或湖泊中施工要利用枯水期沉桩，创造上部结构干施工的条件。

(3)斜桩施工中要特别注意斜桩的平面扭角方向是否与水流方向和常波向一致，如一致，则桩的自重弯矩和波、流合力的弯矩叠加，则下桩时斜度可适当减小。减小的量可根据经验或试验决定。在打完第一根斜桩时应测量桩的斜度是否满足设计要求。

2.防止碰桩或拉桩

水上工程直桩、斜桩参半，同时斜桩还有平面扭角，打桩前要验算是否会产生桩和桩相碰，包括斜桩之间以及直桩与斜桩之间。计算时宜留有最大允许偏位余量的2倍,以防两桩产生最不利偏位而发生碰桩。

3.设立航行障碍灯等明显标志

每天打完桩后,必须在桩顶上设立航行障碍灯等明显标志,使过往船舶白天、晚上均能看到水上或水下的碍航障碍物。施工船舶晚上应远离施工区域以免走锚而撞断已打好的桩。

4.及时夹好联系围檩

打完一组桩后,应立即用围檩将已打好的桩相互联系好。围檩要根据使用工况进行设计计算,具有足够的刚度和强度。

5.编制防台、防汛紧急预案

为保证施工船舶和人身安全,必须根据当地气象台站和海洋台站的多年资料编制防台、防汛紧急预案,安排好避风锚地和值班拖轮。同时对已建工程也应在台、汛到来之前进行加固以确保安全。海上作业人员必须每天收听三次当地气象台站和海洋预报台的信息,同时应收集和分析中长期天气、水位情况,以制订相应的施工计划和对策。

6.搭设水上施工平台注意事项

水上的灌注桩施工,大部分都搭设施工平台。施工平台的设计要按当地的水文、地质、气象和环境等资料进行,切不可盲目估算或为了省钱而简单处理。高程的设计要根据设计高水位和施工期波要素确定。在斜坡较大岩面或裸岩面搭设平台更应注意基础不稳或在水流、波浪冲刷等外力作用下倾覆。如有交通船、混凝土搅拌船等船舶靠泊的作业平台,则应考虑船舶撞击力和系缆力。同时要设置人员上下的扶梯和安全栏杆,配齐照明、救生等设施。

7.注意施工区域水上、水下构筑物和障碍物等

要掌握施工区域的水上高压线、桥梁、管架等设施的通航净空和净宽,同时要了解施工水域的水下管、线、光缆,水下障碍物、沉船及旧结构物的情况,必要时先行探摸或清除,会同海事、管线管理部门办理相关手续,做好水上标识、标志。

8.重视雾天作业

在雾区作业时,要制订雾天作业和安全航行的措施,做好船舶及已施工桩基的标识工作,防止其他船舶碰撞。

9.制订水上安全作业制度

必须制订一套水上安全施工管理的作业制度。水上作业严禁喝酒,必须穿救生衣,扶梯处必须有安全网、救生圈,同时应建立相应的医疗、救助设施和网络。相关人员应进行水上作业安全知识培训并持证上岗。

第六节　中间验收和竣工资料

桩基工程作为建筑物的重要组成部分,完工后向下道工序或业主交接是工程施工中必不可少的一个环节,也是施工管理的一项重要内容。

1.中间验收

中间验收是指桩基工程向下一道工序办理交接手续或向总包方交接,如上海金茂大厦桩基完成后进行中间验收,双方对数量、质量等进行确认,并签署书面文件,即可进行下道工序基坑开挖作业。由于打桩时将桩顶送入18m的地下,开挖完成后对桩顶的平面和高程再次进行测量验收,并以此作为竣工资料。

2.竣工资料

竣工资料是工程的重要资料之一,要按照国家或地方政府对档案管理的标准和要求编制。

3.编制竣工资料

编制竣工资料最基本的要求是真实、全面反映施工过程中的各有关技术、质量等情况，包括：设计文件、图纸，设计修改通知单，施工业务联系单，有关会议记录、纪要、施工组织设计文件，施工过程中各有关记录文件，材料、半成品出厂合格证、复验报告，混凝土的有关试验报告，焊接工艺评定，探伤或拍片资料，桩基高应变或低应变检测报告，灌注桩超声波检测报告，有关质量事故的处理报告，施工日记等，以及包括经济合同、竣工决算等方面的内容。

要搞好竣工资料，应在开工之前和业主、监理等有关方面协商，按照何种文件格式来编制。特别是重大工程或外资项目是否有特定要求，如表头、表式、内容、字体、签名、文件规格、装订方法等，应请档案主管部门共同研究确定，防止大量资料、记录重新返工等情况发生。

第五章 桩基施工期安全

第一节 概 述

桩基施工期安全是桩基施工中一个十分重要、但却容易被疏忽的问题，因此《港口工程桩基规范》(JTJ 254)和《港口工程钢结构设计规范》(JTJ 283)规定对钢筋混凝土桩和钢管桩在设计时应对施工期各种情况下内力、强度和稳定性进行验算。主要包括：

(1)桩吊运内力和锤击沉桩应力。

(2)桩的自重力(含管桩中水体的重力)和浮托力。

(3)施工期可能出现的水流力、波浪力、冰凌挤压力和水平作用力。

(4)上部结构安装时出现的偏心荷载等。

(5)对已沉入地基中但桩顶尚未夹桩的桩，应按悬臂结构进行验算。

其实，桩基工程施工期安全问题不仅仅是港口工程桩基应予以关注，其他工程的桩基同样应予高度重视。如挖土或回填土造成对桩基的附加应力；混凝土管桩内水体结冰造成的管桩破裂；陡坡上沉桩速率过快造成土体滑移；陆上沉桩挤土作用造成部分先打桩基上浮；沉桩顺序不合理造成先打的部分桩体变形；沉桩速度过快导致孔隙水压力增高使部分已沉桩产生附加应力；深基坑施工不当，造成相邻桩基变形、受损；在有承压水层的地质中钻孔桩的串孔问题；混凝土管桩高潮时浸水沉桩，或混凝土管桩沉桩前没有开孔而产生水锤效应将桩打坏；对老黏土层土塞效应明显时沉混凝土管桩，管桩易于破损等。这些问题在水上、陆上桩基施工中同样会发生，将直接危及桩的安全。

第二节 水上桩基施工期安全

一、水上沉桩必须注意风、浪流等环境因素的影响

水上沉桩的施工期安全不仅设计人员应予高度重视，施工人员更应根据水文、气象、地质条件、桩型、桩的自由长度等条件进行验算。特别是波、流方向与桩的自重弯矩三者最不利组合，再加上桩身涌水而造成桩的上、下游水头差等不利因素，可能使桩在风、浪、流等荷载的作用下不停产生涡振、摇摆，致使桩在嵌固点附近产生疲劳而断裂。

(1)1976 年在江苏新洋港外 12n mile 的海域里准备建造 1 座水文站，由中交第三航务工程局设计和施工。当时设计人员根据业主从连云港向南和吕四水文站向北各 200km 左右推算的波浪资料，设计波高 3.65m，进行水文站设计。在验算施工期桩基安全时，认为预应力钢筋混凝土方桩 50cm×50cm 安全性不够，建议采用钢管桩，但业主出于当时的具体情况，请设计和施工仍用 50cm×50cm 的预应力空心方桩，并采取相应的措施，如选择最好的季节施工，用预制装配方式缩短施工周期等，后来也确实这样做了。但在施工时仍遇到了大的风浪，据船员目测，波高在 7m 左右，大风浪过后已打好的桩全部断裂，倒在海床上。当时夹桩使用的是方木围檩，尽管已夹好，但对这样的风浪仍无济于事。

(2)江苏大丰港在建设过程中有多根钢筋混凝土预应力方桩和钢管桩断裂和倒掉，钢筋混凝土预应力方桩(60cm×60cm)是试打桩，没有夹围檩，其他的桩都夹钢围檩仍然断裂。

(3)舟山某码头工程采用 ϕ1 200mm 钢管桩，材质为 Q235 镇静钢，桩长 62～63m，壁厚：桩顶 35m 为 δ=20mm，其余为 18mm。2002 年 6 月 23 日至 8 月 1 日沉桩，沉桩结束即用钢围檩焊在钢桩上，每 4 根桩连在一起如图 3.5-1 所示。

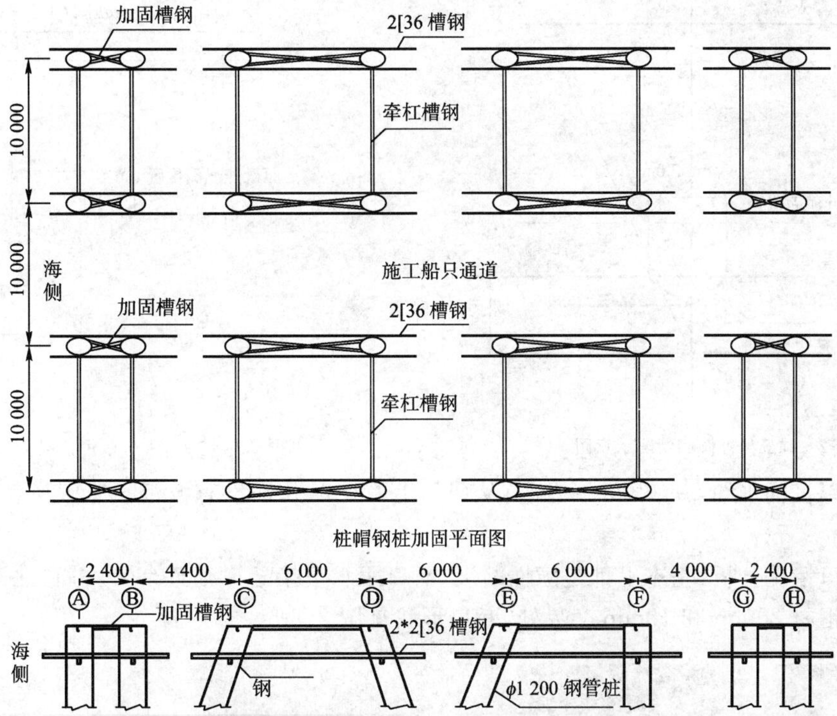

说明：①图中尺寸以 mm 计。
②加固槽钢与钢桩之间焊接要牢固，用肋板加固。
③施工顺序：桩帽内剪力撑施工、桩帽钢围檩施工、联系围檩。
④联系围檩槽钢为 2[14。

图 3.5-1 钢桩临时加固图

2002 年 9 月 6 日至 8 日，受台风森拉克(2002-16 号台风)影响，浙江北部海面风力达 10～11 级，瞬间 12 级，适逢农历八月初一至初三天文大潮，现场共倒桩 5 根，其中码头桩 4 根，试桩平台锚桩 1 根，亦即直桩 4 根、斜桩 1 根。断口情况如表 3.5-1。

钢桩断口情况一览表　　表 3.5-1

桩　号	断口至桩顶距离(m)	断口与水平焊缝的距离(m)	断口在泥面下的距离(m)	断口的情况
锚 6 号(直)ϕ1.20m×53m	33.7～34	2.0	2.0～2.3	裂口大且不规则，断口光滑，局部约有 10cm 的毛刺，断口全部生锈
170A(直)ϕ1.20m×62m	35.02～35.17	0.02～0.17	7.9～8.07	断口光滑，全部生锈，断口距焊缝小于 3cm 的弧长为 130cm
171D(斜)ϕ1.2m×63m	35～35.22	0～0.22	7.8～8.02	断口光滑，局部毛刺，全部生锈；断口距焊缝小于 3cm 的弧长为 220cm
168F(直)ϕ1.2m×62m	35～35.29	0～0.29	8.5～8.79	断口光滑，局部毛刺，断口全部生锈；断口距焊缝小于 3cm 的弧长为 130cm
169F(直)ϕ1.2m×62m	35.16～35.88	0.16～0.88	8.9～9.6	断口光滑，局部毛刺，断口全部生锈；断口距焊缝小于 3cm 的弧长为 130cm

据潜水员探摸情况，锚 6 号桩原设计泥面 −19m，实测泥面在 −20.9～−22.7m 之间，局部冲坑深度为 2.0～2.5m，直径约为 3.5～4.5m。详见倾倒情况示意图（图 3.5-2、图 3.5-3）。

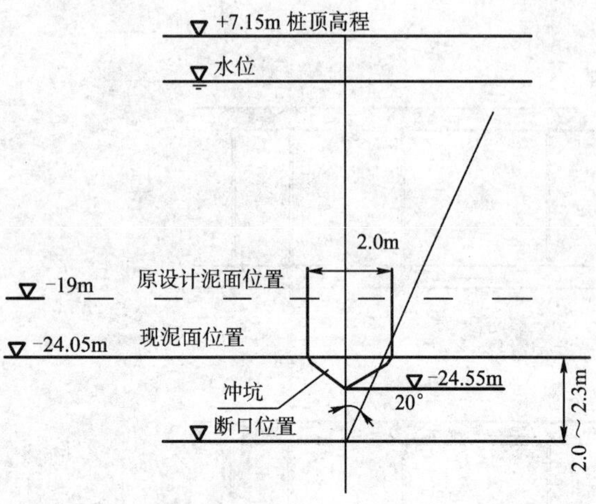

图 3.5-2　锚 6 号桩倾倒情况示意图

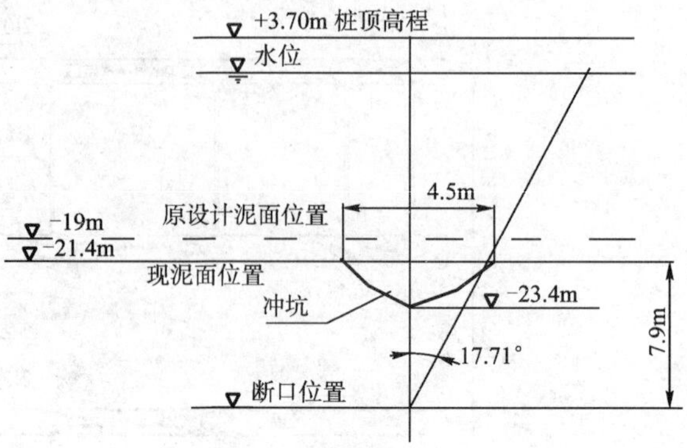

图 3.5-3　170A 桩倾倒情况示意图

非大风期单桩涌水约 50～100cm 左右，从照片上看此时几乎没有波浪。非大风期单桩涌水情况如图 3.5-4 所示。

从桩的断口情况分析，基本上都是脆性断裂，断口距水平接缝口很近，80％桩在此断裂，水平接缝口也正是断面钢材 20mm 和 18mm 交界处，断口形状见图 3.5-5。

图 3.5-4　非大风期单桩涌水情况（钢抱箍高度 50cm）

图 3.5-5　170A 断口形状

综上所述，台风、大浪、大潮汛综合作用，造成码头区域和桩位处局部冲刷，增加了自由长度，在风、浪、流和桩身涌水等外力作用下不断地产生涡流、振动、摇摆，使钢桩疲劳而导致脆性断裂。

(4)苏通大桥施工用临时钢桩，在水流的作用下（从录像资料看几乎没有波浪）大幅度不停地摇晃振动，因没有及时用围檩夹桩，单桩处于孤立无援的情况下自由摆动而导致钢桩脆性断裂，如图3.5-6。

(5)从上述工程实例中可以看出单桩在施工期安全问题，不仅对预应力混凝土桩（方桩、大管桩或 PHC 桩），就是对钢管桩来说也应十分关注，设计和施工人员必须高度重视，及时采取相应的措施，以策安全。

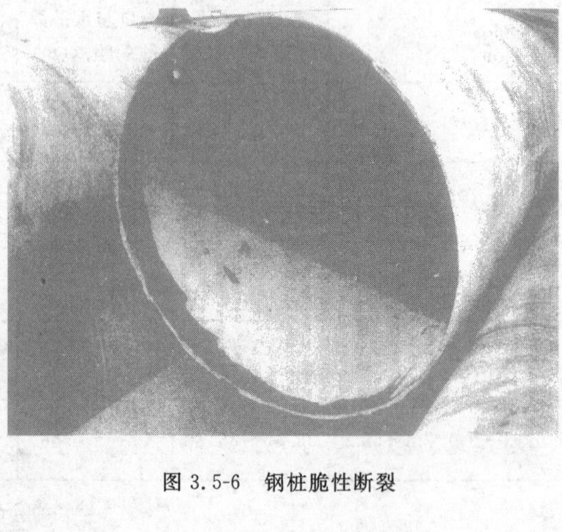

图 3.5-6　钢桩脆性断裂

①首先设计人员应根据工程的水文、地质、气象、施工季节、冰凌等情况，选择合理的桩型和桩径。对条件恶劣的地区，尽可能选择大直径钢桩或钻孔灌注桩，以增大桩的自身刚度和强度。

②施工技术人员要分析施工区域强风向、强浪向是否与水流的方向重合或接近，如方向较接近，有可能出现矢量叠加的最不利组合。

③北方地区必须特别注意冰凌的挤压力，冰凌比较大的地区足以将单桩或水工结构的桩基挤断或挤坏。

④沉桩结束后，应及时将已沉桩用围檩固定，组成一个临时的结构体系，以便共同受力。围檩宜用[32 槽钢双拼，或更大些。连接方式：钢桩一般为焊接；混凝土桩一般用螺栓连接。夹桩的要求应符合《开敞式码头设计与施工技术规程》(JTJ 295)中夹桩的有关要求。

⑤当沉桩作业具备上部混凝土施工条件时，应及早进行上部结构施工，使纵、横梁系和面板等共同受力。特别要防止桩帽节点混凝土浇筑完成后，长时间不进行纵横系梁施工。这样因桩顶质量较大，直桩、斜桩都处于最不利受力状态，危险性更大。

⑥钢管桩、混凝土管桩桩顶高程高出设计高水位时，沉桩结束后宜将桩内的水抽至设计低水位以下，特别是斜桩，这样可减少因部分水体增加给桩的附加自重弯矩。另一方面在节点施工前，宜将斜桩内水抽掉，以减小这部分水体加给桩基的永久性附加弯矩。

二、水上施工混凝土管桩必须重视水锤效应

(1)水上施工混凝土管桩(PHC 桩、大管桩)时必须根据施工水位情况选择桩顶高程，即桩顶高程应高出施工水位。严禁混凝土管桩桩顶浸没在水中锤击沉桩，否则将会因水锤效应而将桩打裂或打断。当无法避开高水位沉桩时，则可将桩长加长，使桩顶在施工水位以上，上部结构施工时，再将桩顶超高部分截去。

(2)在水上和陆上沉混凝土管桩时，为防止发生水锤或气锤效应而损坏桩基，钢桩帽上必须开透气孔，以释放因桩内涌土而产生的多余的水和气，防止产生水锤或气锤效应而破坏桩体。

(3)水上沉混凝土管桩时，桩顶向下必须开 2～3 排透气(水)孔。每排对称开 2 孔，上下排间距 0.5～1.0m，呈螺旋式排列，开孔数量、直径与水深和土层有关。

福建某工程打 20 根 PHC 管桩，因施工单位没有经验，在桩上没有开孔，钢桩帽上也没有开孔。结果有 11 根桩顶破碎或出现径向裂缝。桩身及桩帽开孔后再没有发生桩顶破碎等问题。

三、船舶或漂浮物对桩基的撞击

水上施工桩基时，船舶或漂浮物对桩基的撞击将会导致已沉桩一根或多根被撞坏或撞断，其中船舶撞击时有发生。为此，水上施工除在报纸上发布船行通告外，已沉桩基上必须有醒目的标志。白天桩上挂红旗，晚上挂红灯，提醒过往船只避让，在交通特别繁忙的航道上还应设置巡逻艇指挥交通。施工船只也应注意防止走锚、偏位或误操作而碰桩、撞桩。

第三节　陆上桩基施工期安全

一、有承压水土层中施工钻孔灌注桩

在有承压水土层中施工钻孔灌注桩，特别要注意防止串孔的问题。相距较近的几根桩尽可能不要同时施工，特别是一孔在成孔至承压水压或以下，另一孔在浇筑混凝土时，常会发生串孔。东海大桥两桩相距 13m 仍发生串孔，结果花了很长时间处理，同时还补了一根桩。福建某海上高速公路桥墩

的最后两根桩,为抢两天工期,结果发生了串孔。处理这两根桩却花了九个月的时间,造成了极大的经济损失和工期延误。

二、老黏土层中施工混凝土管桩必须重视土塞效应

在老黏土层中施工混凝土管桩,由于土塞效应明显,桩芯内土体产生横向应力,而PHC管桩环向箍筋较薄弱,就会在桩尖以上一定距离出现断桩。为此,必须设法减小土塞效应,减小桩内土芯与桩壁的摩擦力。可以在桩尖内侧焊一圈钢板,在沉桩时向桩内灌水以减小摩擦力。此方法在淮南田集电厂陆上桩基工程施工中收到很好的效果。

三、陆上沉桩施工必须重视挤土效应

挤土桩沉桩作业时,会产生挤土,特别是群桩基础,桩长和桩径较大时因挤土和超孔隙水压力会造成已沉桩的上浮、侧向变位而引起的桩被拉断或挤裂。特别是硫磺胶泥接桩或电焊接桩时,施工质量控制不好就会在接头处拉断。如某船坞施工时由于混凝土方桩的混凝土量达几千立方米,先沉的桩顶高程被超孔隙水压力和挤土等原因造成逐步上升,有的甚至达20cm左右,但由于是整根桩没有发生断桩。此时可采取桩间钻孔取掉部分土体,让土体的应力和超孔隙水压力释放掉。

另外,在土体饱和度大于85%的土层中沉桩也会因超孔隙水压力和挤土作用造成沉桩上浮,此时采用桩间钻应力释放孔办法能较好地解决此问题。如安徽洛河电厂土体饱和度达92%,即采用ϕ400mm的应力释放孔在桩间梅花型布置解决了此类问题。

四、陡坡上沉桩必须重视岸坡稳定

在陡坡上沉桩,因打入桩的挤土和振动,会使土体孔隙水压增加,土体的抗剪强度降低,更容易造成沉桩过程中岸坡失稳,使已沉的桩基受损变位或倒塌。这种情况水上、陆上都有可能发生。沉桩前应按本篇有关章节进行岸坡稳定性计算、分析。当最小抗力分项系数γ_R小于表3.1-2中较高值时,应采取相应措施,如:高潮位打桩,降低沉桩速率,间隔跳打,观测土体的沉降、位移,测量孔隙水压力和深层土体位移,必要时削坡、坡脚堆载、打塑料排水板或深井降水,土体加固等措施。采用信息化施工可有效地防止土坡失稳而造成断桩、倒桩事故的发生。

浙江某30万吨油码头系缆墩沉桩时,业主提出希望加快沉桩速度。施工单位根据水深测量资料认为该处岸坡较陡,土层灵敏度较高,ϕ1 200mm大管桩沉桩时,应控制沉桩速度,每天1～2根。但业主和设计单位均认为太慢,强令施工单位加快速度,结果在沉桩时发生大面积滑坡,造成沉桩全部倒塌,同时还发生了安全事故。经事故调查组调查分析,码头区水深测量范围太窄,仅为码头前沿线外30m左右,而50～60m外就有一深槽,深度为110m左右。该系缆墩只好重新移位并改用钢管桩。

五、回填土施工对桩基安全的影响

桩基施工时往往会同时进行回填土或抛石作业,但这两者的关系必须处理好,否则将会造成桩基的损坏。对斜坡上已沉桩基附近抛石或填土时,应由坡底向坡顶分层抛填,切忌用翻斗卡车或推土机由坡顶向下推土。这样势必造成已沉桩基变形、断裂,即使不断裂也会在桩内产生永久性的残余应力,影响桩的承载力和耐久性。浙江舟山地区某小岛上修建一临时码头,采用ϕ820mm×10mm的钢管桩密排组成板桩墙结构。原设计码头面高程+6.50m,前沿水深−5.50m,后方用开山的山坡土回填。该工程由施工单位自己设计和施工。为赶工期,边沉桩边回填,同时施工锚锭墙。结果造成约75m的钢管桩墙变形、断裂,如图3.5-7。最大位移量达6.0m,大部分钢桩已断裂。此时回填土仅回填了5～6m,远没有达到设计高程。为此只好将码头前沿线向外移6.8m,再用ϕ1 000×16mm钢桩重新做81.4m码头,同时在钢桩前沿采用高压旋喷桩和深层搅拌桩加固软土。结构如图3.5-8。

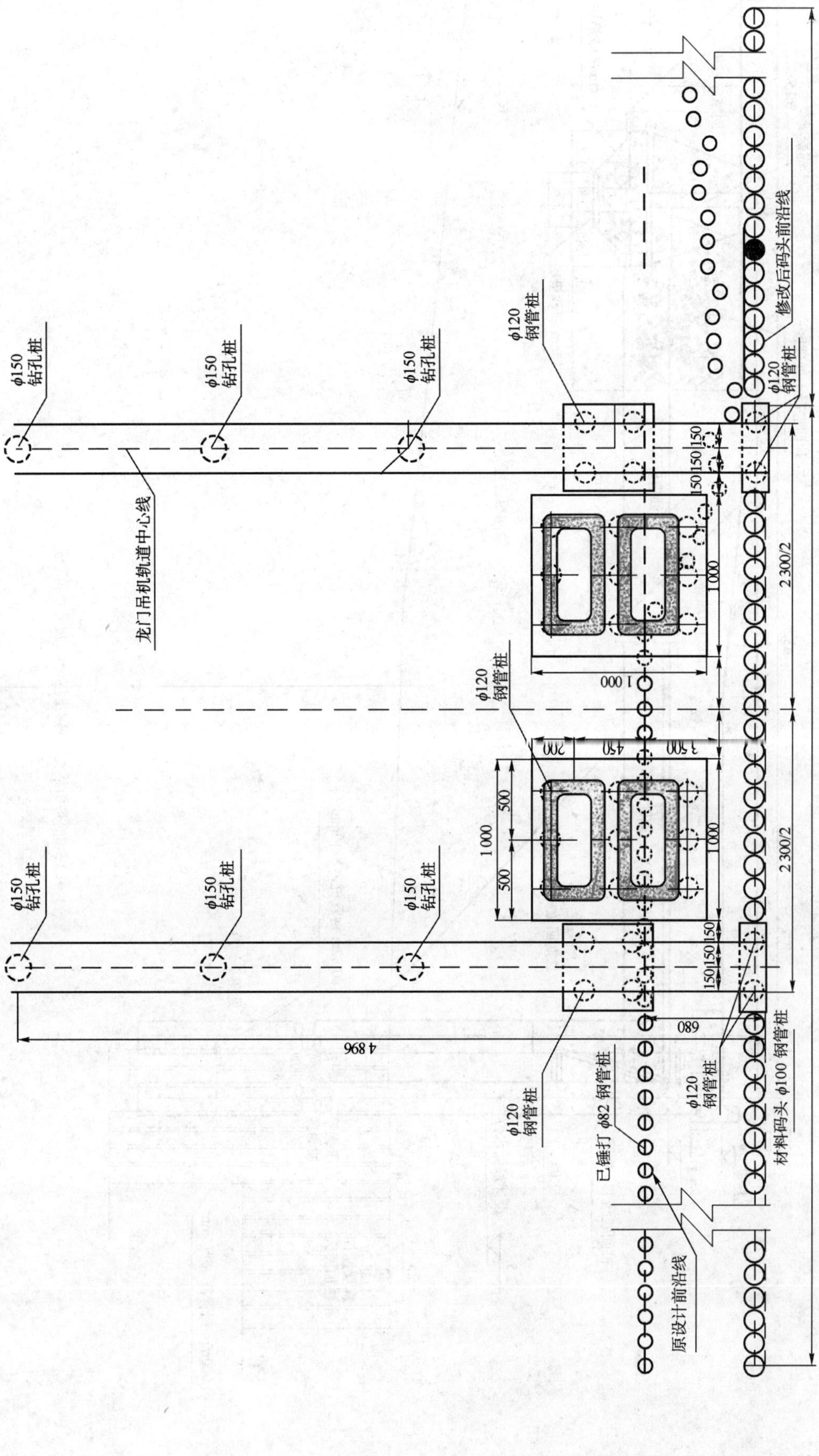

图 3.5-7　舟山某临时码头平面图（尺寸单位：cm）

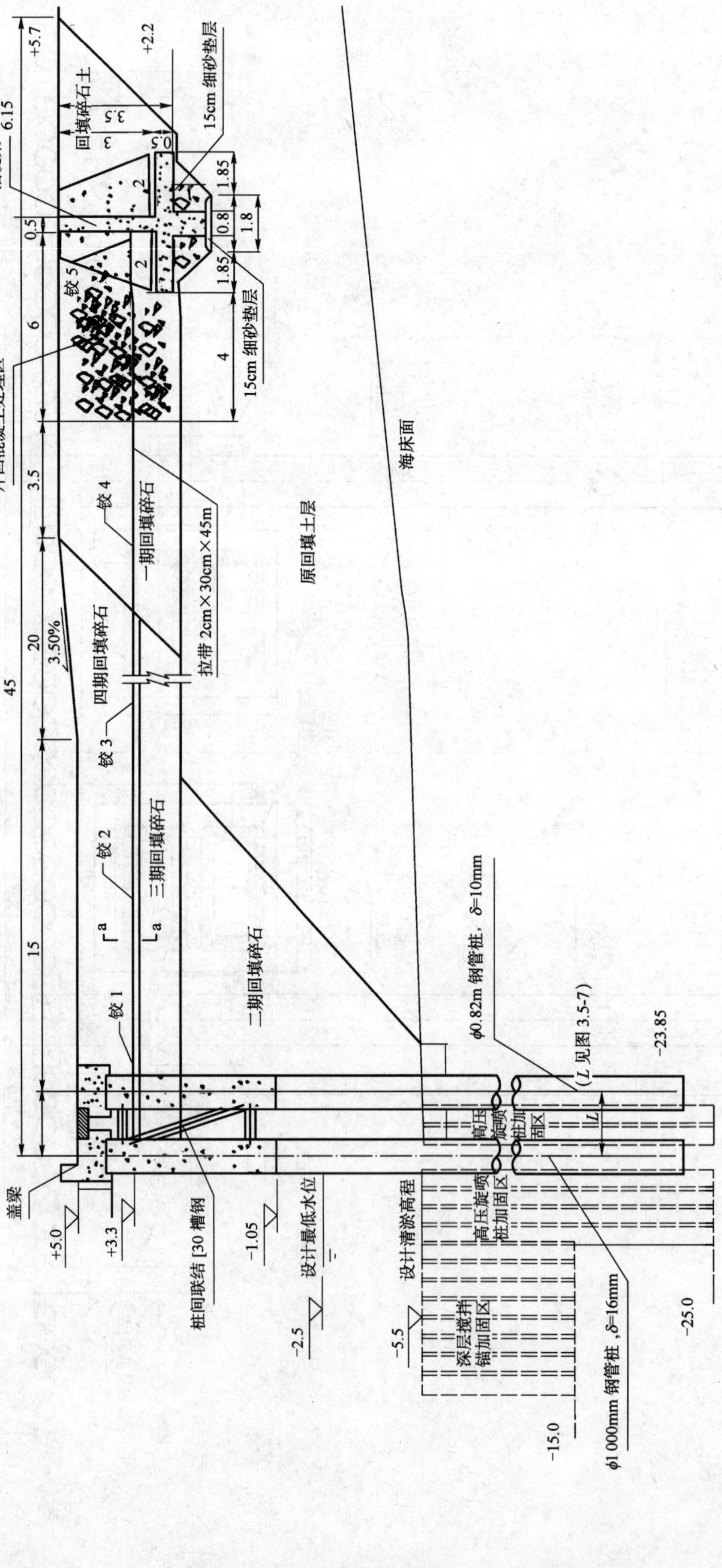

图 3.5-8 舟山某临时码头剖面图（尺寸单位：m）

由于此部分码头前移 6.80m，使得整个码头 400m 全部前移，造成了较大的经济损失和较长的时间延误。

上海某船坞坞室钢板桩施工过程中，因坞墙后方回填土速率较快，加之锚定挡墙前被动土压力区土体不实等原因导致坞室钢板桩墙向坞内倾斜。作为临时措施，只好用一排 ϕ600mm 钢管斜支撑在坞底板上，后将回填土挖除部分及再行校正。锚定挡墙前采用抛石棱体及分层回填。

六、挖土施工对已沉桩基的影响

在沉桩作业的同时进行挖土施工，或沉桩结束后挖土，没有按照桩基受力特性进行分层开挖，造成桩的两侧土体高差过大，使桩产生侧向位移而受损，严重时甚至出现桩的断裂。这种情况水上、陆上都可能出现。

上海某两个工程仅一墙之隔，同时在进行基础施工，一家正在陆上沉桩，另一家在隔壁进行深基坑开挖，这样造成紧靠深基坑侧的两排桩产生不同程度的侧面位移，部分桩断裂。

某工程由钢板桩墙组成的槽形基坑，挖土时采用机械挖土，一次挖掘过深因没有及时支撑，结果造成两侧钢板桩变形，同时槽轴线方向产生滑坡使得滑坡段的钢板桩都不同程度地向中间位移。这是挖土工艺不科学、野蛮施工造成的后果。

七、沉桩工艺不当造成部分桩基受损

陆上沉桩，往往主楼桩和裙房桩长短不一，有些施工单位先沉短桩再沉长桩，由于挤土作用，沉长桩时会使已沉短桩上浮甚至拉断，或接头处断裂。

再如沉桩速率过快也会使已沉桩基上浮，如不处理会造成结构物早期沉降过大。如上海某工地压桩工程连续三天不停压桩，结果桩基上浮，呈中间高、四周略高的馒头状。

八、负摩擦的影响

在桩周大量回填或桩周堆载等原因，可使桩基产生负摩擦，使桩产生较大的早期沉降。如上部结构已浇筑混凝土，则可能将桩和上部结构联结钢筋拉变形，甚至拉断造成结构或桩基受损。

上海吴泾地区一码头及平台，因业主为抢工期在后方大量、快速回填土方，导致施工时和竣工时平台桩基与横梁之间出现了很大的裂缝、部分桩中的主筋被拉断，致使平台早期沉降较大。

九、冰冻或冰凌对桩基的影响

(1)北方地区混凝土管桩冬季施工时，已施工完的桩内有水，如气温足以使管桩内的水体结冰，由于冰的膨胀作用，可使混凝土管桩出现纵向裂缝或损坏。预防的措施主要是将混凝土管桩内的水抽至冻结深度以下或将管桩内的水抽掉回填干土或灌注混凝土。

(2)冰凌的挤压力对桩基影响很大，特别是施工期，单桩情况尤甚。应分析当地的气象条件和凌汛情况，施工时应尽量避开凌汛时间。如万一避不开，应采取结构措施，以消除冰凌挤压力造成桩基受损，确保桩基施工期和使用期的安全。

第六章 施工组织设计

第一节 概 述

桩基是建筑物的重要组成部分，它的施工组织、施工技术、施工进度、施工质量、施工成本控制的好坏，很大程度上影响了整个建筑物的好坏，因此桩基的施工在整个建筑物的施工中，处于特殊重要的地位。作为指导施工的桩基施工组织设计的编制和执行就显得特别重要。一般情况下，承包商在施工技术、施工现场等条件尚不十分成熟的情况下，就要编制好施工组织识计，组织好工程的开工，也就是要求承包商充分地发挥自身企业在技术储备和设备等方面的优势和特长，运用企业固有的成功经验，将施工组织设计编制好。

桩基础工程施工组织设计，一旦通过一定程序被有关部门审批后，就将作为执行施工承包合同的具体文件，具有法律效应，政府有关监督部门、业主和监理将对承包商按文件进行监督和检查，因此承包商必须在施工过程中，严格按审定的桩基施工组织设计执行。

第二节 桩基施工组织设计的编制依据、原则、程序

一、编制依据

桩基施工组织设计编制的依据主要有下面几个方面。

(1)设计文件。包括：桩图、桩位布置图、设计说明；设计文件中收集的有关水文、波浪、潮汐、水流、气象、气候、风(台风、季节风)、雨(季节雨、雷暴雨)、雪、雾、冰凌等自然条件资料；地质、地形、水深、地貌、植被、地表水、地下水等环境条件资料。

(2)招投标文件。包括：招投标中有关条款，承包合同中有关条款，有关会议纪要，工程业务联系单；国家有关基本建设的政策、法令、法规、规定，有关桩基工程的施工、技术、质量、安全生产的规范、规程，施工地区当地政府有关环境保护的政策法令，上级管理部门对本工程的指示、通知、批示、有关会议纪要等资料；企业在相同工程中的施工技术总结等资料；企业内部执行的技术规格书、技术工作管理程序、技术文件管理制度等。

(3)周边地区相关信息。包括：周边地区的政治经济、人文、宗教、风俗等资料；地区的通信、水陆交通、金融、集市贸易、物资流等情况资料；地区的供水和供电等情况资料，周边地区养殖业情况。

(4)邻近建筑物相关资料。包括：水下或泥面下的障碍物情况，各种埋设建筑物的数量、大小、埋设深度；埋设建筑物的性能、功能、危险程度，以及对桩基施工可能带来的影响分析资料。其中特别要重视对水(上水、下水、污水、雨水、其他工业液体管道、管沟等)，气(煤气、天然气、乙炔气、高压空气、氧气、化学品气体、其他工业气体的管道)，通信(电话线、通讯线缆)管沟，排洪及过水涵管，电(高压、低压、水下电缆、地下电缆、架空电线的高度)资料的收集和他们对桩基施工可能带来影响分析的资料。还包括试桩资料或试打桩资料、邻近建筑物桩基施工的有关资料。

(5)施工条件相关资料。水上工程要掌握涉及的航道通航条件、水运情况，预选避风锚地情况，工程范围的岸坡情况和稳定性分析资料。陆上工程要掌握涉及到的周边道路交通情况资料，以及施工现场四通一平情况资料。还应掌握可能产生的环保问题和采取的防护措施，以及监测监控预案，以及防台防汛、交通保障、市容卫生等预案的资料；可能征用的船机、机械、交通、通讯等设备的性能、数量、完好情况、目前动态和适用性分析资料；可能组合的科技人员、管理人员的动态资料。

(6)预制桩和原材料情况。包括：预制桩情况(包括预制厂或场地的生产、制桩速度、制桩质量资料等)；有关原材料的采购供应情况；运输桩的方案及可行性分析资料等。

(7)工程测量基点及交接手续资料。

二、编制的原则

桩基施工组织设计编制的原则主要有下面几个方面：

(1)贯彻执行国家对基本建设的各项方针政策、法令、法规、规定和国家、地方、行业所颁布的有关技术、质量、施工、检验、监测、监控、验收、环保等规范。

(2)符合投标文件、施工合同中有关条款的规定要求。

(3)严格遵循设计施工图编制。

(4)选择合适的施工船舶、机械设备，合理地组织劳动力，选择合格的制桩单位和合适的运输方式。

(5)在规划设计桩基施工顺序时，应充分考虑到下道分部分项工程和整个工程施工时的安排，为创造合理的施工流程缩短工期、降低施工成本打下基础。

(6)对桩基施工安排、施工工艺流程的设计、施工设备的选择和配备、施工人员的选拔和配置，都应经过多个方案的比较，充分发挥本企业的优势和特长，遵循安全第一、质量第一的原则，选出成本低，工期有保证，质量、安全、环保等可靠的方案。

(7)临时设施的布置应在节约的前提下，严格按政府和企业文明工地建设的要求和环保、消防、综合管理、防台防汛等要求。

三、编制程序

桩基施工组织设计编制的程序有下面几个方面：

(1)阅读工程有关文件、设计图纸、技术资料、现场及周边环境资料、施工准备资料、有关的各类规范、规程、规定、法规、法令、条例等。

(2)踏勘现场、环境调查(包括水上桩基施工落实避风锚地、通航条件调查，陆上桩基施工的道路交通条件调查)。

(3)与业主、设计单位交接工程测量控制点，参加业主组织的设计交底会，用工程业务单形式与设计单位联系，内容主要有对设计文件中有不明白或提出对设计的修改建议等。

(4)召开策划会，计算和分析成桩速率，进行桩基施工方案比较，特别是工程的难点和重点(包括预制桩、运桩和主要材料采购)；确定现场施工平面布置(包括现场预制桩场地安排布置)、施工顺序、施工组织、施工工艺；选择船机设备、劳动力配备；确定信息化管理方案、环境保护方案和环境监测、监控及抢险方案(包括水上桩基施工对防汛设施的保护、监测、监控及抢险方案)。

(5)编制施工组织设计。

(6)施工组织设计送上级公司审批，上级公司领导组织审批施工组织设计。

(7)将审批的施工组织设计以公函形式送业主、工程监理审核。

(8)接受业主、工程监理的审核意见,并将执行意见反馈给业主、工程监理。

(9)执行。

第三节 桩基工程施工组织设计内容

桩基工程施工组织设计一般包括以下内容:

一、编制说明

二、编制依据

1.招投标文件

包括:文件名称、文件号。

2.工程承包合同

包括:合同名称、合同号、签订日期。

3.设计文件

包括:设计单位名称、施工图纸名称、图号。

4.施工技术、工程质量规范和验收标准

包括:名称、代号、发布执行年月。

5.其他技术、行政文件,会议纪要

三、工程综述

1.工程概况

包括:名称、地点、工程规模(附桩位图等)、工程性质、投资来源、业主、勘察、设计、监理、施工单位(总承包、主要分包单位)。

2.合同主要内容

包括:合同总价、合同工期(开、交工日期、重要节点工期)、合同质量等级、与施工有关的重要合同条款。

3.自然条件及对施工影响分析

包括:气象(风、雨、雪、雾、冰凌)、气温、水位(枯水位、洪水位、设计高水位、设计低水位、施工水位)、潮汐、流速、流向、植被等(附地形图或水深图、风玫瑰图、潮汐表等)。

4.工程地质和水文地质条件及对施工影响分析

包括:地形、地貌、桩尖高程、桩尖所处地质特性、地下水(有无承压水)、不良地质情况等(附地质钻孔位置图、地质柱状剖面图及地质资料)。

5.周边环境条件及对施工影响分析

包括:邻近建筑物包括各种管沟线、架空管线、交通运输(包括水道、陆路)、供水、供电、物资供应、集市贸易、养殖业、有无精密仪器等。

6.施工特点和对环境影响分析

包括:挤土、岸坡稳定分析、噪声、振动、废污水、气、油、泥、其他污染等。

7.施工条件分析

包括:四通一平,桩预制方案和运输方案比选和可行性、可靠性分析,原材料、设备备件供应方案比选,设备选择(型号、数量),管理人员、劳动力优化组合(工种、数量)等。

四、施工组织和管理体系

1.项目经理部组织管理结构和职能(包括主要分包单位、协作单位)

2.施工组织管理体系

3.施工质量组织管理体系

4.施工安全组织管理体系

5.综合治理、创文明工地组织管理体系

6.防台、防汛组织管理体系

7.后勤组织安排(包括环卫和市容管理组织安排)

五、施工部署及施工准备

1.施工现场平面布置图

2.施工顺序安排图

3.施工设备、人员进场计划,开工计划和开工方案

4.施工临时设施设计(包括临时码头、进场道路、桥梁、堆场、现场预制场地、水、电供应、消防配备等并配图)(附:临时设施施工计划)

5.水上航道、施工水域扫海方案,施工现场地下、水下障碍物探摸和清障方案,施工水域挖泥设计图(附:水域挖泥施工预算)

6.施工准备

(1)申请施工许可证报告(包括水上施工抛锚许可证申请报告、避风锚地申请报告),安全、质量监督报审报告,综合治理、消防监督报审报告,动用防汛设施报审报告,防台防汛预案报告,市容环卫预案报告,交通保障预案报告(附:实施计划)。

(2)交接测量基点、水准点和GPS首级控制网计划。

(3)施工图设计交底计划。

六、主要施工方案

1.桩位测量基线、基点设计、计算、复核、测设、验收(配图)

2.桩帽、桩垫、锤垫设计和制造(水冲桩设施设计制造、板桩施工的导向围檩设计加工、灌注桩钻头、钢护筒设计加工等)

3.水上施工平台设计和施工(附水上钢护筒下沉稳桩工艺设计)

4.委托制桩、运桩计划,运桩线路设计(包括运桩顺序图、水上运桩装驳图、加固方案图、现场堆桩布置图、现场制桩布置图、现场短驳桩施工方法)

5.施工工艺设计

(1)施工设备选型。

(2)施工工艺流程。

(3)施工工效分析图。

(4)施工工艺平面布置。

6.水平接桩工艺

7.垂直接桩工艺

8.泥浆制作、循环、废浆处理工艺

9.混凝土施工工艺

10.钢筋施工工艺

七、施 工 管 理

1.施工计划管理

(1)生产调度例会制度。

(2)现场信息管理制度。

(3)检查制度。

2.施工技术管理

(1)设计交底制度。

(2)测量基线、基点交底、复核和保护制度。

(3)桩位控制测量基线、基点计算、复核、测设和保护制度。

(4)施工技术交底制度。

(5)施工技术管理资料收集整理(附目录和表式)。

(6)施工技术管理检查制度。

3.施工质量管理

(1)质量标准。

(2)质量目标计划。

(3)质量保证措施。

4.安全生产管理

(1)安全生产目标计划。

(2)安全保证措施(水上桩基施工要增加避风锚地选定、防风防汛预案;陆上桩基施工要包括道路交通保障方案)。

(3)冬、暑、雨季节施工安全措施。

(4)施工设备(船、机)、进撤场安全保证措施。

5.施工设备(船、机)、测量仪器管理

6.文明工地创建目标计划和综合治理目标管理

7.市容及环卫管理

8.环境保护、环境监测和监控方案

9.降低施工成本计划和措施

10.质量评定、中间验收和竣工资料编制

八、施工计划表

1.施工进度计划表及保证工期措施

2.施工船机、仪器、通信工具、测量仪器、交通工具使用计划表

3.工程主要材料使用计划表

4.临时设施材料使用计划表

5. 制桩、运桩计划表

6. 劳动力使用计划表

7. 资金使用计划表

注：桩基工程施工组织设计目录仅供参考，具体工程应作具体分析。施工方案中将沉桩和灌注桩的主要项目列出，其他特种类型的桩因各自要求不一样，在编制时可根据施工桩型增删。

第四节　施工组织设计案例

一、上海苏州河闸桥桩基工程施工组织设计摘录

(一)闸墩桩基工程施工概况

上海市苏州河闸桥地处苏州河口，是兼顾挡潮防汛和陆上交通、桥闸结合的两用工程。主体工程包括闸墩底板、边墩、钢桥、闸门、驳岸、护坦等七大部分。其中，闸墩结构可划分为桩基、沉井和墩身三个组成部分。现将桩基工程施工组织设计摘录如下：

(建设单位为长江口开发整治局；工程分期招标，中交第三航务工程局二公司承担一期工程施工任务)。

1. 桩基工程主要工作内容

(1)闸墩施工水域水下挖泥，挖至高程－2.0m。

(2)试桩区挖泥困难，采用高压水泵局部冲泥，冲至高程－2.5m。

(3)水下切割超高试桩，割至高程－2.2m；南北墩 ϕ900mm 钢管桩各五根。

(4)水上送打北、南闸墩 ϕ900mm 钢管桩各 35 根。

(5)水上焊接钢管桩。

(6)送桩，桩孔内水上填灌中粗砂。

2. 本工程主要施工难点

(1)试桩区超高钢管桩水下切割工艺。

(2)设计和制作合理形式的送桩、桩帽。

(3)送桩前逐根精确测定打桩偏位和桩身两个相互垂直方向倾斜度。

(4)安全起拔送桩。

3. 有关周边外界环境条件、地形、地质、水文资料已编入总体施工组织设计中

闸桥施工所处周边外界环境条件复杂，闸墩桩基锤击沉桩引起的土体位移、振动、噪声会对周边邻近建筑物产生环保影响。地质较复杂，详见工程施工平面布置图(图 3.6-1)和闸墩桩位地质剖面图(图 3.6-2)和闸墩桩位图(图 3.6-3)。

4. 桩基工程需在环境保护和试桩试验基本完成后进行

至 1989 年 3 月底，北岸老防汛墙和沉井之间已打设好一排 ϕ600mm、长 21m 环保钢管板桩，打完沉井东北隔仓内 5 根工程钢管桩(试桩)，完成北岸一组试桩垂直加载和水平加载试验；南岸沉井东南隔舱内打完 5 根工程钢管桩(试桩)，即将进行南岸一组垂直加载和水平加载试验。南岸环保工程(单锚贴壁槽钢组合板桩)也正在进行紧张施工。

5. 设计试桩利用工程桩，为便于试验，均超高施打

试桩桩尖高程：北岸－41m，进入持力层 2m；南岸－39m，进入持力层 1m。试桩情况表明：

(1)水上打桩施工工艺是可行的；

(2)选用 KB60 柴油锤已能满足闸墩桩基地质资料要求；

(3)两组试桩提供的打桩记录表明锤击沉桩没有困难，钢管桩和贯入情况基本正常；

(4)北岸试桩最后平均贯入度 13mm，4 根锚桩 12～18mm；南岸试桩最后平均贯入度 27mm，4 根锚桩 21～29mm；

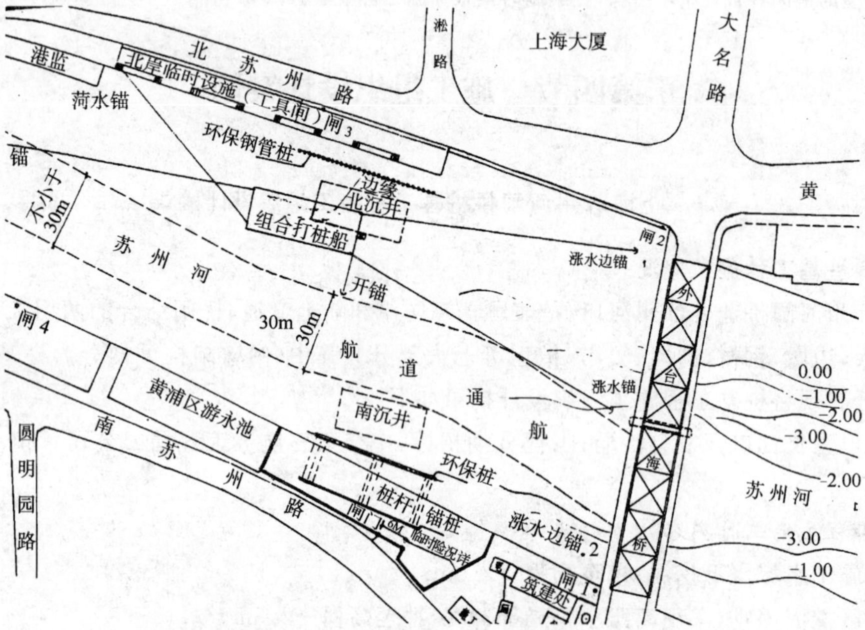

图 3.6-1 工程施工平面布置图

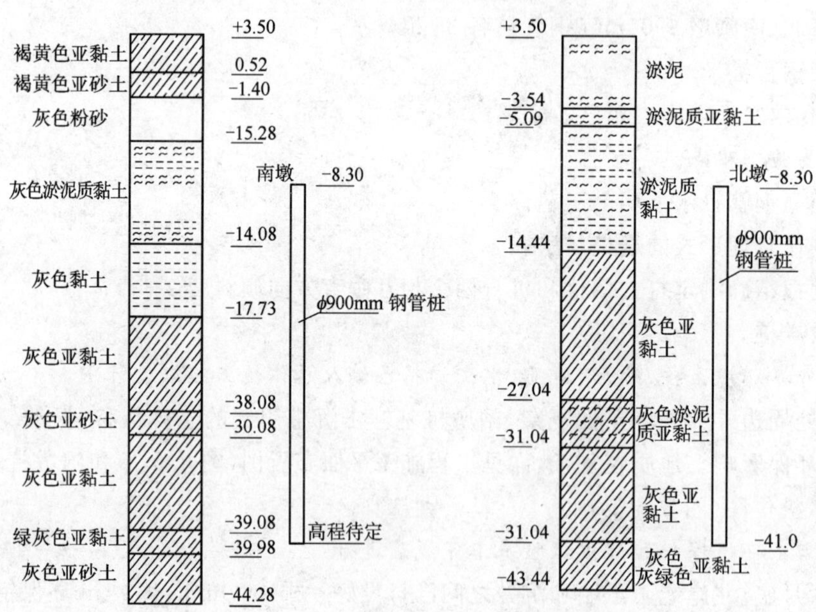

图 3.6-2 墩桩位地质剖面(尺寸单位：m)

(5)北岸试桩总锤击数 575 击，锚桩 594～651 击；南岸试桩总锤击数 909 击，锚桩 747～1066 击；

(6)部分钢管桩经锤击后有溜桩现象，溜桩土层高程在－2.6～－11.4m。

6. 工程量

本期沉工程钢管桩 ϕ900mm 共 70 根，其中南北闸墩各 35 根，北闸墩桩长 33m(下节桩 21.5m＋上节桩 11.5m)；南闸墩桩长待定(下节桩 21.5m，上节桩待定)。

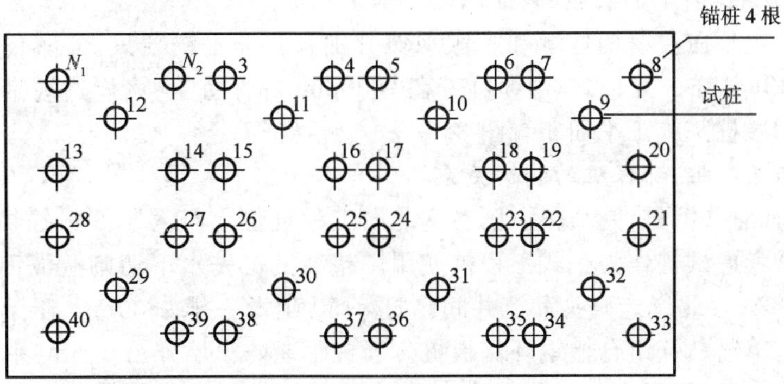

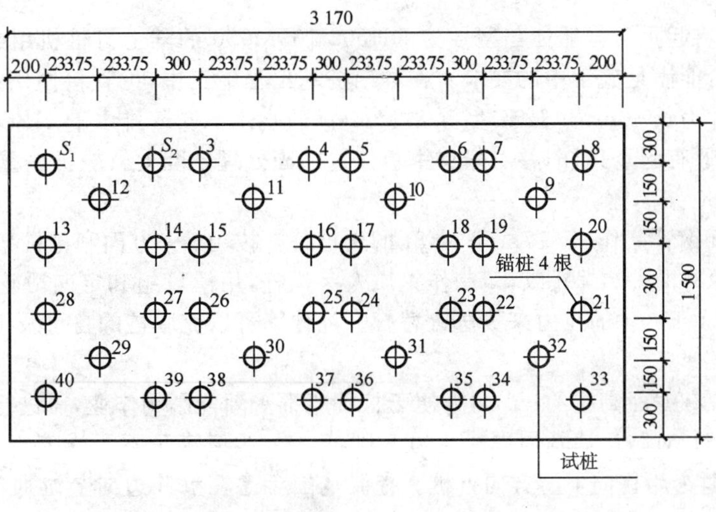

图 3.6-3　闸墩桩位(尺寸单位:m)

(二)桩基工程施工平面布置

水上打桩利用环保、试桩中使用过的船机组合装配设备(起重四号船配五号打桩架)。施工中需满足不断航及防汛要求和对上海大厦、外国领事馆、外白渡桥、乍浦路桥、市政管线、原有防汛墙等主要建筑进行监测、保护,见闸墩桩基施工平面布置图 3.6-1。

1.总体安排

(1)充分利用水域和水运条件,打桩、驳运桩以水上为主。

(2)利用苏州河一半航道,南北二墩分期进行桩基施工。

(3)为确保南岸环保和防汛,打桩前,必须提前完成南岸临时防汛墙和贴壁单锚环保组合槽钢板桩施工。

(4)甲方保证南北岸提供足量水源、电源。

(5)保证上海大厦、市政管线(特别是北岸 ϕ900mm 和 ϕ500mm 上水管线)、防汛墙等结构的安全。

2.水域布置

(1)布置组合打桩船一艘(起重 4 号船配 5 号陆用打桩架),占用一半水域抛锚,即采用一船一机,一机两用优化方案。

(2)施工水域配合船只:400t 运桩方驳两艘,内河小型拖轮,固定方驳一艘(作水上围驳用)30～

40t 机动工作民船两艘，潜水船两艘（共配四名潜水工）。

(3)锚缆布置：近外白渡桥两边墩和中墩水域分别布置涨水锚 3 只，乍浦路桥中墩水域布置落水锚一只；航道中抛 3t 开锚一只；北岸边缆可带在 ϕ600mm 环保桩上；南岸边缆带于贴壁锚拉组合槽钢环保板桩上。见闸墩桩基施工平面布置图 3.6-1。

3. 桩基工程与已打桩、环保桩的相对关系

闸墩桩基，设计总共沉桩计 80 根。已在南北墩工程桩位上打入了 8 根锚桩和 2 根试桩，还有 70 根桩要施工。设计考虑试桩作为正式工程桩使用。超高试桩先水下切割至泥面高程－2.2m，沉井沉到底后再割至－8.3m。北岸老码头和沉井间已打好 50 延米一排 ϕ600mm 环保钢管板桩。南岸老防汛墙和沉井间设有单锚贴壁组合槽钢环保板桩。板桩距老防汛墙外沿 3.6m（东）和 2.35m（西），锚碇槽钢距贴壁板桩 14m，南岸设有临时防汛墙 166 延米，临时防汛墙设闸门一道，宽 6m。

（三）船机组装与主要施工方法

1. 船机组装方案

在试桩阶段，已将起重 4 号船体与型号为 DH508-105M900 的陆上打桩机组合，作为水上临时打桩船使用，效果较好，能满足施工中的要求。在本期桩基工程施工中，可直接使用组装好的船机设备。起重 4 号船外形尺寸为长 36m，宽 12m，型深 2.35m，满载吃水 1.6m，排水量 412t，自备锚具和 120kW 主机，组装前已拆去原有起重扒杆，并对船首甲板作过加固处理。陆上打桩机总重 55.4t，桩架导杆高 33m。桩锤选用 KB60 柴油锤。

为将用 ϕ865mm 钢管制作、长 17m、重约 8t 的送桩替打拔出，一方面利用桩架容许吊重 14t，再利用起重 4 号船船首原有的一台 10t 绞车，制作钢质人字扒杆，用滑轮组和定向滑轮将绞车缆索与拔桩吊钩联结，保证提供大于 40t 的拉力来拔送桩替打。经计算可以克服桩的自重及土层摩阻力。

2. 挖泥与试桩区冲泥

南北墩桩位处现有泥面高程约－1m，为便于打桩船不受潮位影响作业，需进行一次挖泥。挖泥的深度应合适，挖泥太深，对防汛墙及周围建筑物不利，开挖太少又满足不了施工要求，故挖泥高程定为－2m。打桩船作业时为船首向下游方向打桩。挖泥范围考虑在沉井边向上游加上一个船长范围，挖泥方量约 4 000 多立方米。

挖泥前，实测挖泥区的水深断面，超深挖泥控制在 0.5m。试桩区内无法使用抓斗挖泥，采用高压水泵冲泥，靠近试桩区外边，冲挖至－2.5m，以便试桩区内冲泥后填补周围深坑。冲泥方法是采用潜水船和陆上高压水泵组合，由潜水员潜入水下进行操作。

3. 测量控制

在工程设计图中，设计已提供闸 1 至闸 6 点测量控制点，以及两沉井的四角点坐标，为施工测量方便起见，将城建坐标变换为施工坐标。测量基线及桩位平面控制基线布置见图 3.6-3。

4. 测量基线布置

采用侧面直角控制加正面任意角控制并校核的方法沉桩，并以此来布设测量控制点和测量控制基线。依设计提供的水准点，北岸引出水准点 B，选择地势平坦，打桩对岸坡影响较小的北岸人行道区域，放桩位排架控制点，作为侧面经纬仪控制线，利用闸 1、闸 2 点进行正面控制、校核。

(1)平面控制。桩位平面控制使用侧面直角控制加正面任意角控制法，即布设北岸排架点侧面直角控制线与正面闸 2 点任意角控制线交会确定桩位，由闸 1 点任意角交会进行校核。

(2)高程控制。由闸 1、闸 2 引出施工水准点，利用施工水准点高程，由水准仪控制桩位高程。

(3)测量资料记录。在打桩中除对锤击数、贯入度、溜桩进行记录外，每根桩在送桩前应对偏位轴线、倾斜度进行详实的记录，以作为后期沉井施工的依据。

5. 沉桩方法

1）工程桩的制作运输

工程桩为 ϕ900mm、壁厚 16mm 的钢管桩。工程桩分节长度：北岸为上节桩 11.5m，下节桩为 21.5m，总长 33m；南岸桩上节桩为 11.5m，下节桩待试桩结果后确定。

钢管桩在本公司安装队车间里加工好后由大型挂车运至上钢三厂码头后，再落驳堆装在运桩的 400t 方驳上，由外港拖轮拖到苏州河口，再换内河小型拖轮拖带过外白渡桥至现场。

2)沉桩

(1)打桩顺序

为减少打桩对环保对象的影响及考虑施工进度，总的打桩施工顺序为：先打北岸墩台桩，后打南岸墩台桩。墩台桩施打顺序：由于船首朝下游，顺序从下游向上游方向施打，边打边退船；先打岸边桩，再向河中间的方向施打。总之，应背离环保对象方向施工。

(2)沉桩方法

工程桩分上、下二节。打桩架吊臂可在伸距 7m 范围内将桩套进桩帽。将堆放工程桩的方驳停靠于打桩船侧，将打桩架转动 90°，龙口正对方驳。开启大小钩，在桩架吊臂伸距范围内吊桩。为确保起吊安全，避免桩的摆动，碰撞桩机龙口，吊桩时桩驳上要有溜缆设置。当桩身与桩架垂直并起吊一定高度后，龙口转回 90°至船艏，并将桩喂进龙口，套打桩替打，经测量定位后可压锤下桩，开锤打桩。

下节桩打到＋4.0m 时开始接桩，将锤和替打吊起后，将上节桩吊起坐在下节桩上，将上节桩定位舌辫插入下节桩内。如下节桩头锤击后有变形或破损，接桩前应作修复，要用砂轮机打磨平滑，让上节桩定位舌辫紧密插入。调整上下节桩的轴线和垂直度后焊接(环缝)，并用超声波检查接头质量。接桩设备需要两台直流电焊机置于打桩船上，焊条型号为 T-422，焊工为经过考核合格持证上岗。采用抱箍形式夹在下节桩头上，做一只简易焊接脚手平台，便于焊工操作。待焊缝冷却约 15min 后再套替打和锤，接着沉桩。再沉到＋4.0m 时，将锤和替打吊起后，套送桩替打，再锤击至设计高程。然后拔出送桩替打移船，桩孔灌砂。

为减少群桩效应和沉桩引起的挤土、振动对周围建筑物的叠加影响，南北岸闸墩避免同时打桩。

(3)送桩方法

工程桩设计桩顶高程－8.3m。试桩区 10 根超高试桩，桩顶可采用水下逐步割除方法满足高程－8.3m，其他工程桩施工时，需制作送桩替打将工程桩从水面送至设计顶高程－8.3m。

①送桩替打长度确定

送桩高水位取＋3.0m，泥面高程为－2.0m，船舷至水面高度加之龙口至船首甲板总高度达 3.7m 左右。送桩替打长度的确定需满足送桩送至高程－8.3m 后，高潮时送桩替打顶部仍应留在龙口内有 2.0m 长度。

送桩替打长度＝送桩入土深度＋水深＋龙口距水面高度＋高水位替打在龙口内存留长度＝6.3＋5.0＋3.7＋2.0＝17(m)。

②送桩替打结构构造

超长送桩替打应有足够的强度以抵抗打桩应力，送桩替打结构强度须不小于工程桩的强度，并保证送桩替打内不涌进土。在设计时还要考虑工程桩打至设计高程后，送桩替打易于拔出。

送桩替打结构：由直径 ϕ865mm、壁厚 16mm 钢管构成，两端加固，满足强度和刚度的要求；底部为板肋结构，下底开 ϕ450mm 圆孔，桩内土通过圆孔可从竖肋间隙涌出；上板密封，确保不进土，距送桩下板3.6m高度；设 4 只½in(约 12.7mm)水管，水管与置于民船上的高压水泵连接，以便根据需要，可采取水冲措施。打桩前需制作两只送桩替打。送桩替打放在方驳上，每送打完成一根桩，需将送桩替打卸下，放回方驳。

(4)送桩过程

上节桩打至＋4m 高程，送桩替打由桩架吊进龙口，由测量工配合，调整送桩替打与工程桩保持一条轴线后，可开锤施打。当送桩替打进入土层，采用水冲措施，打开高压水泵冲泥。将送桩打至高程后，起拔替打。注意在送桩替打的送拔过程中，须不停止冲水，以防水喷嘴被淤泥堵塞。

3)拔送桩替打方法

起拔送桩替打,可同时采用桩架大小钩起吊、绞车绞拉和高压水泵冲泥。这样上拔能力可足以克服拔送替打自重与摩阻力。送桩替打拔起后,利用桩架自身起吊能力将其旋转放于囤驳上。拔桩的时间应控制在送桩至高程后马上进行,以防土体固结,使摩阻力强度恢复。

4)灌砂处理

拔出送桩替打后,为避免送桩孔四周土体位移,应及时进行灌砂,保持土坡的稳定。灌砂设备为一只用白铁皮分节制成的灌砂漏斗,扎人字扒杆固定于工作民船船首处。考虑施工水位的变化范围从+0.5m～+3.6m,船舷高 1.5m,灌砂铁皮管下端(ϕ400mm)应伸入桩孔内约 1m,灌砂漏斗总长 8m。灌砂规格中粗砂,每根桩孔灌砂量约为 $4m^3$。

当打桩船拔出送桩替打离开桩位后,由潜水员潜水,找出桩孔,将灌砂铁皮管下端伸入桩孔内约 1m,采用人工向漏斗内装砂,即可开始灌砂,最后 1m 需边灌边提灌砂管。灌毕,由潜水员检查是否将桩孔填满。

5)水下割除试桩

试桩区已打 2×5 根工程桩作试桩、锚桩,试验结束后,超高试桩共分二次切割。第一次先水下切割至泥面高程-2.2m 处,沉井沉到底后灌注封底混凝土前,再割至高程-8.3m。此项工作由潜水员水下完成。割除设备使用型号 AX-320-I 型大功率直流弧焊机,功率 12～14kW,电流变化幅度 45～320A,电焊条为特种焊条长 40cm,直径 9mm,中间带有 2mm 氧气吹孔,氧气由潜水船上氧气瓶提供。割除工作量较大,约 3～4h 可割完一根桩。

(四)施工程序要点

(1)根据前期环保进展和试桩试验工作先后次序,先打北墩桩,后打南墩桩。

(2)根据环保要求南岸拟建临时防汛墙和贴壁拉锚组合槽钢环保板桩的施工,可与北岸工程桩同时进行施工,南岸环保工程结束后,可开始南闸墩工程桩施工。

(3)工程桩要提前制作,根据打桩进度,分批驳运至闸桥施工水域。

(4)打桩进度计划力争提前,避开梅雨季节,防止影响接桩焊接工作。

(5)北岸施工顺序:拆试桩平台→挖(冲)桩位区泥→割除超高试桩→沉桩→桩孔灌砂。

南岸施工顺序:贴壁锚拉环保板桩,临时防汛墙施工→拆试桩平台→挖(冲)桩位区泥→割除超高试桩→沉桩→桩孔灌砂。

(6)具体打桩顺序:先下游后上游,先岸边后河侧。

(五)安全质量措施

1.安全措施

(1)桩基工程遵循总体施工方案,打桩、运桩、堆放桩均以水上为主。施工灵活机动,工序清楚,安全较有保障。

(2)通航安全措施。组装船顺岸作业,锚位只占用半个航道,确保 30m 以上通航宽度。为提高施工水域安全度,外白渡桥和乍浦路桥已设好安全警示牌;作业期间施工水域需要安排专职安全员值班,打桩船尽量利用高潮位通航低潮时段打桩。

(3)运桩驳船过外白渡桥安全措施。外港拖轮和内港小型拖轮在苏州河口交接运桩驳船,利用低潮时从外白渡桥南孔进出。同时利用机动工作船协助内港小型拖轮顶推和拖带运桩驳船。现场配备足量对讲机保证通信联系,并请内港港务监督现场协助维安和调度工作。

(4)桩架斜拉起吊钢桩安全措施:

①斜拉吊桩重不大于 10t。

②自桩架起算,斜吊水平距离不大于 7m。

③应有专人经常检查打桩机履带和驳船焊接固定情况,确保打桩机整体稳定性。

④斜拉起吊钢桩时,平面上必须使桩架和桩处于正斜吊状态,谨防桩架扭弯受损。

(5)起拔送桩替打安全措施:

①桩架大小钩钢丝绳上各自加装100kN拉力计,总拉力限吊140kN;禁止超载硬拔。

②若起拔力超过140kN,可借助起重4号船上100kN锚机加滑轮组协助起吊。

③送桩替打内装有水冲管,可利用高压水泵边冲边送拔,减少桩侧摩阻力。

(6)健全安全规章制度和有关操作规程,制定安全奖惩细则,积极开展以预防为主的安全管理宣传活动。

2.质量措施

(1)明确桩基工程质量管理目标。确保打桩优良率,为顺利沉井和争创优质工程创造条件。

(2)严格控制钢管桩分节卷制工序质量。对管节外形尺寸质量要求:外径周长偏差不大于10mm;管端椭圆度偏差不大于5mm;管端平整度的偏差不大于2mm;管端平面倾斜偏差不大于2mm;上、下节管桩周长差不大于10mm。

(3)打桩前应会同业主和设计单位办妥钢管桩成品验收手续。遵照桩基规范,桩长允许偏差不大于0~+300mm;桩纵轴线弯曲矢高不大于30mm。

(4)南北闸墩正式打桩前需分别对测量基点、打桩控制点和水准点进行复验。打桩桩位控制角需经两人以上计算、质量员校核无误后,才可使用。

(5)上下节钢管桩采用水上接桩。对接环缝焊接必须由取得考试合格证焊工担任,焊缝质量要求逐根进行超声波无损探伤,并在现场办妥验收手续后,方可施打上节桩。

(6)闸墩基础采用先打桩、后沉井工艺,打桩原始记录数据必须准确齐全。送桩前需明确桩位控制高程,并如实精确测定桩位平面偏差和记录好两个相互垂直方向桩身倾斜度,方可送桩。南北两个闸墩超高试桩在水下切割前亦需测好同样数据。

(7)闸墩基础钢管桩施打完毕后,需及时计算并绘出-8.3m高程处桩位图,以便初步测定桩顶和沉井是否相碰。对尚未下水的沉井是否要作局部处理做出决策。

(8)测量控制应从严要求,送桩前按照交通部颁发的桩基规范,严格按桩位质量验收标准执行,偏位不大于10cm,纵轴倾斜度偏差不大于1%,送桩结束后桩顶高程允许值控制在+0~-5cm。

(9)加强全面质量管理,针对工程难点,选择课题“精心控制,确保桩位特殊要求”,认真开展QC小组活动。确保打桩工作在有效对策和科学控制下进行。

(六)环境保护施工措施

1.工程措施

(1)严格遵守施工程序,应在环保工程完工后,开打闸墩基础钢管桩。

(2)控制施工挖、冲泥深度,打桩前闸墩施工水域一般控制到高程-2.0m,试桩区内可局部控制到-2.5m。

(3)压驳措施,禁止在驳岸和老码头上堆置钢桩和其他重型荷载,钢管桩和送桩替打等一律装驳待用。

(4)北岸老防汛墙前后禁放发电机组,北岸岸电解决前,由建设单位租用发电船供电。

(5)工程船舶边缆不宜系在驳岸或老码头上,避免对岸坡直接造成影响。北岸工程船舶边缆允许系在环保钢管桩上,南岸允许系在贴壁组合槽钢环保板桩上,但需合理布置缆绳,尽量减少和分散对环保结构影响。

(6)工程送桩孔均须及时进行灌砂处理,即打完一根桩,随即充填中粗砂。

2.非工程措施

(1)合理安排打桩顺序,原则上由岸向河,由下游向上游,背离环保保护对象(岸坡、市政管线、上海大厦等),由近向远处打桩。

(2)控制打桩速率,开始每工班限打一根,以后每工班限打数量,根据监测资料,由环保协调小组确定。

3. 环保监测措施

(1)委托中交第三航务工程局科研所对两岸环保对象进行监测。北岸环保对象包括老防汛墙，ϕ900mm 和 ϕ500mm 上水管线，电力、电缆、上海大厦、老码头平台、吴淞路至头镇路民房，外白渡桥、领事馆、乍浦路桥；南岸环保对象包括老防汛墙、市政管线、基岩标测井和黄浦游泳池。

(2)环保监测内容包括：噪声、沉降、位移、测斜、裂缝、孔隙水压力和深层土体位移。

(3)基桩开打后，需加强环保监测分析和信息反馈工作，形成制度，及时形成环保协调小组意见，指导下一步施工。

(4)北岸是环保监测工作重点，三航局科研所为此确定了结构安全判别标准：ϕ600mm 无锚钢管桩桩顶最大位移值不大于 28cm；老防汛墙位移和深层土体测孔孔顶位移不超过 5cm。施工期间发现位移急速递增或接近上述判别警戒值，应立即停工待命。

二、上海环球金融中心桩基施工组织设计摘录

(一)编制依据

(1)招投标文件。上海环球金融中心新建工程中的钢管桩工程。

(2)工程承包合同。工程承包合同签订日期为 1997 年 7 月 29 日。

(3)设计文件。施工图纸名称：上海市环球金融中心桩位图，详见图 3. 6-4。

(4)施工规范和验收标准：

①施工规范：《建筑桩基技术规范》(JGJ 94)；《上海环球金融中心建筑工程钢管桩工程施工要领书》。

②验收标准：《建筑安装工程质量检验评定统一标准》(GBJ 300)；《建筑工程质量检验评定标准》(GBJ 301)；有关会议文件，如 1997 年 8 月 26 日“环球金融中心桩基建设交底会议纪要”。

(二)工程概况

1. 基本情况

上海环球金融中心是一座 101 层超高建筑，高度 492m，为世界第一高楼。本工程桩基采用钢管桩，材质为 SKK490，由日本清水建设分期分批供货到场。

(1)工程地点：上海浦东新区陆家嘴贸易开发区 24-1 号地块。

(2)工程规模：桩基为 ϕ700mm 钢管桩 1 924 根。

(3)投资来源：外商投资。

(4)业主：森海外株式会社。

(5)勘察单位：(略)。

(6)设计单位：(略)。

(7)质量监督部门：(略)。

(8)总分包情况：日本清水建设株式会社为设计施工总承包，中交第三航务工程局基础工程有限公司为桩基分包单位。

(9)合同工期：245 日历天。

(10)计划工期：桩基工程于 1998 年 3 月 30 日结束；工程验收计划：单位工程验收于桩基工程完工后验收，全部工程验收于桩基开挖后验收。

(11)质量等级：优良。

(12)设计文件和施工图纸：“上海环球金融中心桩位图”8 张；“钢管桩施工要领书(清水建设株式会社)”1 份；“钢管桩现场焊接技能试验要领(清水株式会社)”1 份。

(13)施工坐标系统和水准点：总承包提供 3 个场外控制点，HQ1～HQ3，我们在场内布置 9 个控制点，在现场建立施工坐标系。

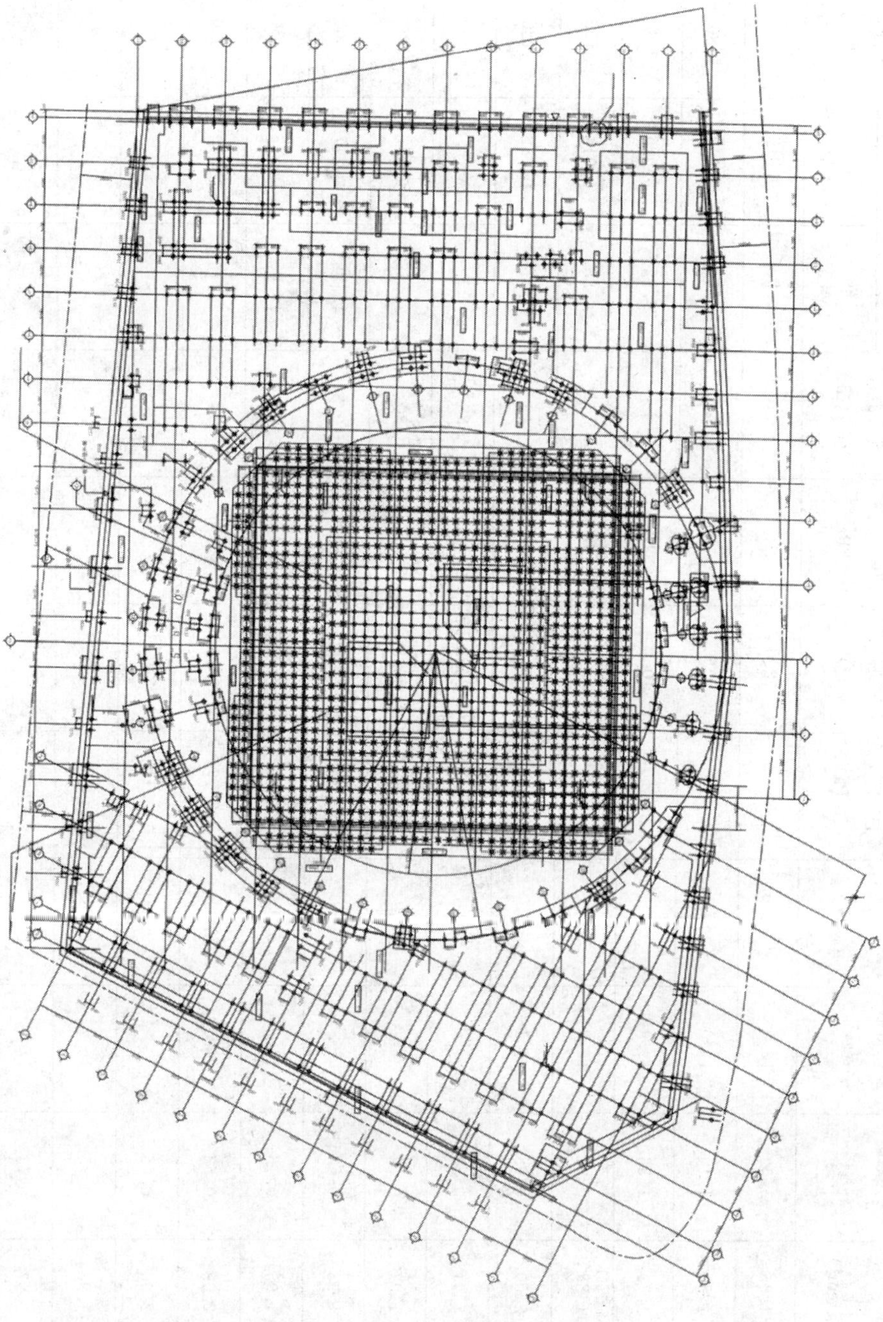

图 3.6-4　上海环球金融中心桩位图

2. 桩基持力层选择

(1)从地基土构成和特性可以看出,第⑥层以上各土层为饱和黏性土,含水率高,孔隙比大,呈流塑—软塑状态,土质软弱,承载力低,故均不能作为本工程的桩基持力层。

(2)第⑦$_{-2}$层粉细砂 p_s 平均值为 25.35MPa,标准贯入击数 63 击,土性甚佳,且埋深适中,层位稳定,其下部无软弱层,可获得较高的单桩承载力,可作为裙房桩的持力层。

(3)当选用第⑦$_{-2}$层作为桩基持力层尚不能满足变形条件要求而选用第⑨层作为桩基持力层时,考虑到第⑨$_{-1}$层在场地内局部加有薄层黏性土,故宜选择第⑨$_{-2}$层作为主楼桩基持力层。

土层的物理力学性质见地基土土层物理力学性质综合成果见表 3.6-1。

表 3.6-1

地基土土层物理力学性质综合成果表

层序	土层名称	含水量 w (%)	密度 ρ_0 (g/cm³)	孔隙比 e_0	塑性指数 I_p	压缩系数 $a_{0.1-0.2}$ (MPa)	压缩模量 $E_{0.1-0.2}$ (MPa)	内摩擦角 φ (°)	内聚力 c (kPa)	标准贯入击数 $N_{63.6}$(击)	静力触探验(双桥)		地基土强度 f_o (kPa)
											q_c (MPa)	f_g (MPa)	
②	黏土夹粉质黏土	36.1	1.85	1.02	17.8			12.0	16	2.5	0.58	0.018	90
③	淤泥质粉质黏土	39.7	1.81	1.10	13.0			20.3	6	2	0.72	0.012	80
④	淤泥质黏土	48.6	1.73	1.38	19.4			10.0	10	1	0.45	0.006	70
⑤	粉质黏土	32.7	1.88	0.92	14.3			14.0	10	5.5	0.86	0.014	105
⑥	粉质黏土	23.2	2.00	0.68	15.1			10.7	36	19	2.18	0.082	220
⑦-1	粉质粉土夹粉细砂	30.0	1.91	0.83		0.11	16.71	25.8	2	33	12	0.12	390
⑦-2	粉细砂	26.2	1.97	0.72		0.09	18.79	26.8	0	80	24.57	0.181	1200
⑦-3	砂质粉土	30.1	1.93	0.82		0.12	15.88	25.0	2	46.5	15.38	0.217	800
⑨-1	粉砂夹粉质黏土	27.7	1.95	0.76		0.13	14.99	25.0	2	52	16.05	0.198	780
⑨-2	含砾中粗砂	19.1	2.09	0.53		0.09	17.57	25.8	1	54	20.48	0.172	900
⑨-3	粉细砂	24.8	2.00	0.68		0.09	19.11	79					
⑩	粉质黏土	26.3	1.98	0.75	16.7	0.18	10.83	87					
⑪	粉细砂	24.7	1.97	0.71		0.09	19.00						
⑫	黏土夹粉砂	22.4	2.03	0.65	19.0	0.17	10.10						
⑬	中细砂	21.8	193	0.70		0.18	13.70						

3.地下水

拟建场地浅部地下水属潜水类型，受大气降水和地表径流的补给，勘察其检测的地下水位埋深一般在0.58～0.60m之间，钻孔中混合水位的相应标高为3.02～3.31m之间。在第③、④、⑤、⑦-2、⑨-2层中渗透系数及静止水位见表3.6-2。

各层中渗透系数及静止水位　　表3.6-2

深　度(m)	土层号	现场注水试验渗透系数(cm/s)	静止水位(m)	水位高程(m)	室内水位试验渗透系数(cm/s)
4.0～6.5	③	1.27×10^{-4}～1.56×10^{-4}	0.72～1.33	2.71～2.98	$K_V=1.75\times10^{-5}$，$K_h=1.10\times10^{-4}$
11.0～14.0	④	3.44×10^{-6}～5.39×10^{-6}	0.53～1.10	3.04～3.17	$K_V=1.32\times10^{-7}$，$K_h=6.24\times10^{-7}$
20.0～22.0	⑤	3.62×10^{-6}～3.72×10^{-6}	1.25～1.46	2.24～2.79	$K_V=2.50\times10^{-6}$，$K_h=2.34\times10^{-6}$
50.0～56.0	⑦-2	1.07×10^{-4}～3.16×10^{-4}	5.75～6.00	−1.96～−2.05	$K_V=6.21\times10^{-4}$，$K_h=1.10\times10^{-3}$
81.0～83.0	⑨-2	2.62×10^{-4}～4.55×10^{-4}	6.40～6.98	−2.70～−2.94	$K_V=4.20\times10^{-4}$

4.施工现场特点

(1)上海环球金融中心的东侧和南侧为道路，其中南侧为世纪大道，路边埋设ϕ600mm自来水管以及33kV电缆线。

(2)场地原有房屋基础，高低不平，内有杂草，3号门处总包提供ϕ100mm自来水管，场内有一总配电箱，提供630kW电量。

5.桩的加工、运输、堆放

(1)桩的加工。在现场设两处水平接桩场地，布置在南侧和东侧围墙处，各设接桩胎架，配轨道和可调节的结构，采用埋弧电焊焊接。每根桩的水平焊接从桩尖开始，一般水平焊接后，长度在18m以上，尾数部分放在桩头。

(2)运输方法。桩接长以前可以用超长的卡车将桩节从堆桩场地通过临时施工道路运到水平接桩区域堆放。桩接长以后要用专用运桩车将桩从水平接桩场地运到打桩场地堆放。

(3)桩的场内临时堆放。将运来的桩节按照总承包人提供的现场平面布置计划堆放，这些堆放场地可容纳一船以上的桩节。在水平接桩场地设2 160m^{2}的堆桩场地，用于堆放接长后的钢桩。在打桩区附近按照打桩进度设临时堆桩场地，这个堆桩区的大小、位置要根据打桩的实际情况确定。

6.其他施工条件

(1)供电。在场内混凝土路边布置有总配电箱，提供630kW电量，施工估计需960kW，不足部分采用发电机组发电。

(2)供水。总包提供4寸水管到工地，施工时沿围墙布置供水管，根据需要将水接至办公室和施工区。

(3)通信条件。对讲机和有线通信。

(4)内外部交通。场外南侧为世纪大道，能通行大型施工车辆，场内临时施工道路分两种：钢筋混凝土道路和碎石道路。钢筋混凝土道路宽10m，铺20cm厚碎石垫层，压实后浇20cm厚C40混凝土；碎石道路铺筑30cm厚建筑碎料。所有排水沟的泛水方向向东。

(三)施工组织管理机构和施工部署

1. 组织管理

上海环球金融中心的机构分总承包人清水建设公司、监理公司、分包单位三航基础公司。各组织机构的管理网络见“现场组织管理表”(略)。

2. 施工部署和工艺流程

(1)施工部署

钢管桩运输→钢管桩验收→

↓

施工准备 → 水平接桩→ 测量放样桩桩位 → 沉桩 →

垂直接桩 → 送桩 → 回填桩孔 → 撤场

(2)工艺流程

以A型桩在主楼施工为例,工艺流程如图3.6-5。

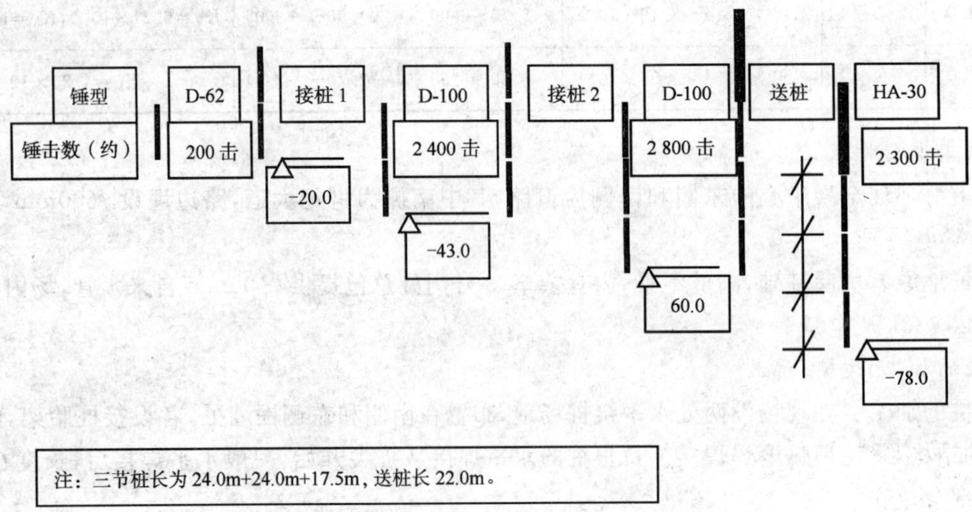

图3.6-5 施工工艺流程图

(四)主要施工方法

1. 主要工程量

工程桩按钢桩管壁厚分为A型桩 ϕ700mm×18mm共226根,B型桩 ϕ700mm×15mm共952根,C型桩 ϕ700mm×11mm共746根,共1 924根。按施工顺序、环保要求和施工机械的分工将整个工程划分为七个施工区域来实施,工程量清单如表3.6-3所示。

A型桩(δ=18mm) 表3.6-3(一)

部位	施工区域	用桩根数	桩尖高程(m)	桩长(m)	水平焊接分节(m)	送深(m)	用锤型号
主楼	一	103	−78.0	57.4~65.5	24+24+L	17.15~20.2	D62、D100、HH30
	二	113	−78.0	57.4~65.5	24+24+L	17.15~20.2	D62、D100、HH30

B型桩(δ=15mm) 表3.6-3(二)

部位	施工区域	用桩根数	桩尖高程(m)	桩长(m)	水平焊接分节(m)	送深(m)	用锤型号
裙房	一	474	−59.0	41.5~42.9	24+L	15.75~17.75	D62、D100、
	二	478	−59.0	41.5~42.9	24+L	15.75~17.75	D62、SC150

C型桩(δ=11mm)　　表3.6-3(三)

部位	施工区域	用桩根数	桩尖高程 (m)	桩长 (m)	水平焊接分节 (m)	送深 (m)	用锤型号
裙房	三	52	−47	29.4～32.0	18+L	14.4～17.1	D62
	四	230	−47	29.4～32.0	18+L	14.4～17.1	D62
	五	163	−47	29.4～32.0	18+L	14.4～17.1	D62
	六	128	−47	29.4～32.0	18+L	14.4～17.1	D62
	七	173	−47	29.4～32.0	18+L	14.4～17.1	D62

2.测量工程

沉桩前根据总承包人提供的勘测基线5个坐标控制点布置施工基线，场外控制点布置在基线外围。

沉桩前根据控制点用极坐标法放出样桩，测量定位采用常规直角交汇定位法。水准测量点从总承包人提供的2个水准点引出，用四等水准点测量引到现场，并用水泥桩埋铜钉做成相对稳定、不易沉降的现场水准测量控制点。

施工基线、水准点和桩位控制应经常检查，定期复核。施工控制点及水准点每周用全站仪校核一次，一旦发现沉降、移动，应停止使用。对布置的测量控制点和水准点，做好明显标志并加以保护。

3.沉桩施工

(1)水平接桩

①在平整结实的场地上用混凝土浇筑一个作业“承台”，在混凝土“承台”上制作水平接桩用的作业平台，见施工平面布置图。胎架平面布置见图3.6-6。

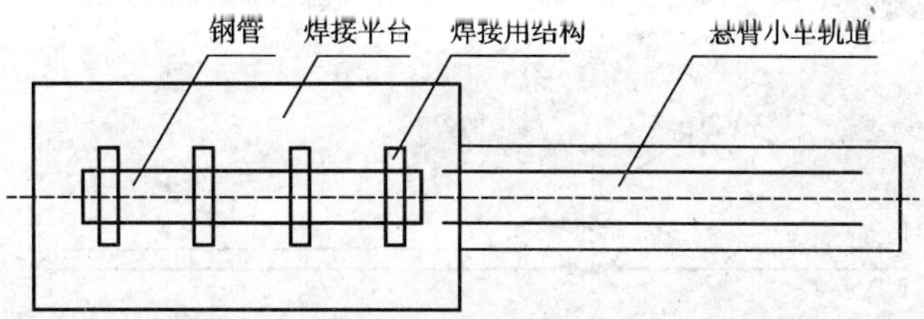

图3.6-6　胎架平面布置图

②作业用的焊接平台上的焊接结构在安装时保证同一轴线，同一高程，见图3.6-7。

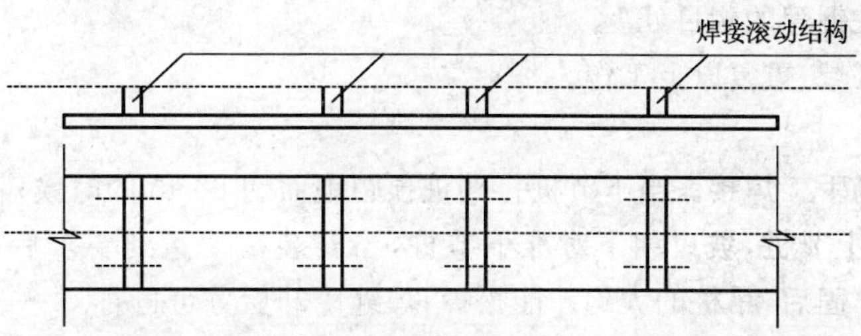

图3.6-7　焊接结构图

③焊接平台在作业过程中会受振动、锤击等情况，要及时复测中心线、高程，并及时修正，在使用工作了一阶段时间后也要复测、修正。

④进行接桩时，将钢管桩吊上结构平台，进行钢管桩组装。组装时，要保证焊接装配的精度和同心度，需用直尺工具进行测量，确保精度，矢高按照(JISA—5525)要求执行。测量方法、情况见图3.6-8。达到组装精度后，在管外沿圆周均分四点，采用手工定位焊，焊缝长度在60～100mm。

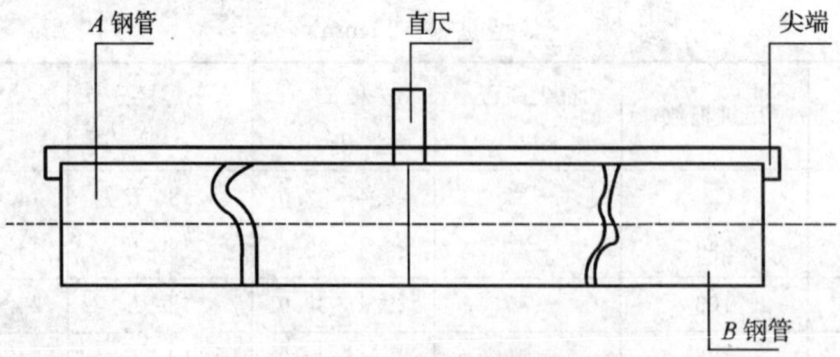

图 3.6-8 焊接时精度、同心度测量方法

⑤作业环境在气温 0℃以下，在焊接部位 100mm 范围内，对焊接材料进行预热并达 36°C 以上时，焊接应不受限制。手工焊接，风速 10m/s，但采用严密防风措施时，焊接应不受限制。受雨、雪影响严重时不得进行焊接作业。

⑥管内焊接作业完成后退出焊接小车，然后，用“碳弧气刨”沿管外焊缝作管外坡口及焊缝清根工作。碳刨使用手工进行，碳棒为 ϕ8～10mm 的圆形碳棒，清根时必须将管内焊缝的根部刨削去 1/3 焊根。如遇焊缝有缺陷时则必须将缺陷完全刨削掉，并将渗碳层用砂磨轮机打磨掉。在碳刨清根后，进行管外壁焊缝焊接。管内外壁焊接时的情况见图 3.6-9。

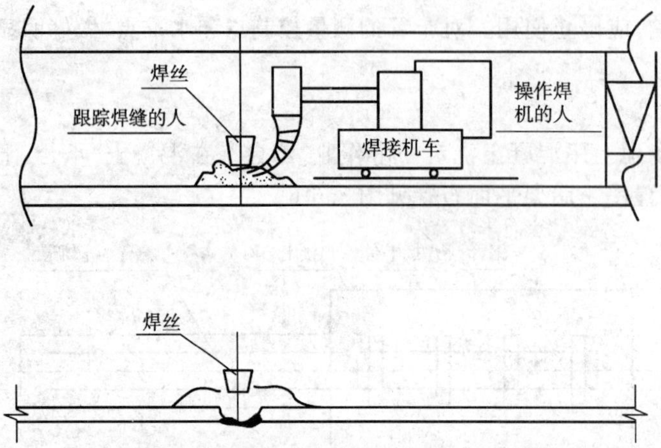

图 3.6-9 水平焊接作业图

⑦焊接作业完成，经质量检验合格后，应按质量管理人员的要求填写质检表格，记录下钢管编号，并用醒目的油漆编写在钢管的醒目处。

吊走此桩进堆桩区域，重复以上工作。

(2)垂直接桩

垂直接桩采用现场手工焊接。当下节桩打到桩顶距地面约 80cm 的时候停锤，将内衬圈装在下接桩上，吊起开好坡口的上节桩，坡口朝下对准下节桩，当安装精度达到要求后，由两名电焊工对称施焊。只有当电焊焊接牢固后，吊桩的大钩才能松掉，焊缝冷却后方可再打。

(3)打桩方法

①A 型桩。根据桩长和入土深度的不同采取不同的打桩方法，经水平接桩后一般为三节。下节桩用 DH-508 桩机挂 D-62 锤施打，中节和上节桩用 DH-508 桩机挂 D-100 锤施打，送桩先用 D-100 锤打至桩尖接近⑨$_{-2}$层时改用 150t 履带吊车吊打 HH-30 锤。

②B 型桩。水平接桩后一般分为两节。下节桩以 DH-508 桩机挂 D-62 锤施打，上节桩和送桩用 DH-508 桩机挂 D-100 锤施打或用 91t 履带吊车吊打 SC150 锤。

③C 型桩。经水平接桩后一般也为两节。用 DH-508 或 IP300 型桩机挂 D-62 锤施打。

打桩时必须注意:桩尖在⑦-2层砂层里的停留时间不宜过长,要合理安排垂直接桩时间和打桩设备。

④准备 6 根比钢管桩刚度更大的长送桩桩帽。长送桩桩帽用大型吊车和桩架本身的起重能力拔出。

(4)桩孔回填

送桩替打拔出后,桩孔用砾砂或粗砂回填。裙房桩的边桩孔用砂回填后,并在孔内压密注浆,注浆量为全部混合物的 8%。

(五)质量管理和保证措施

1.质量目标

桩基工程达到优良标准。

2.施工质量要求

(1)打桩质量精度要求。执行《建筑工程施工质量验收统一标准》(GB 50300)和《建筑工程质量检验评定标准》(GBJ 301)。打桩施工执行建设部标准《建筑桩基技术规范》(JGJ 94)、《清水要领书》。桩中心的偏位,桩头处 10mm 以内,且桩的倾斜度在 1/200 以内,打下节桩时,中途测定桩的倾斜,进行补正,使其垂直。其中桩顶偏位 10cm 为施工目标控制值,当超出时与设计单位联系,以设计单位判断为准。

(2)现场焊接外观检查质量精度要求。对焊接部位全部检查,合格标准和不合格修补方法如表 3.6-4。

现场焊接外观检查质量精度要求　　表 3.6-4

检查项目	判断标准	修补方法
裂缝	不允许	消除后修补焊接
咬边	0.5mm 以下	修补焊接
焊瘤	直角 90°以上	用砂轮除去
焊缝表面不整	焊缝长 25mm 时,高低差 2.5mm 以下; 焊缝长 150mm 时,高低差 5.0mm 以下	用砂轮除去
表面气泡	30cm 宽范围 2 个以下	消除后修补焊接
余高	0～4mm	消除后修补焊接
错位	3mm	敲打修整
弧坑飞溅	0.5mm 以下	修补焊接或用砂轮除去

3.保证质量的措施

(1)施工报告书。施工中按所规定的项目,每周进行一次中间报告,在预制桩及打桩工程完了以后尽快提出报告书,并得到设计、监理方认可。

在报告书里,记录施工年、月、日、桩号、钢管号、焊工姓名、打桩机名称、桩锤及锤芯的质量、下落高度、贯入的深度、每米的打击次数、停打时 20cm 的打击次数、桩顶高程等。

(2)焊接材料要求。手工电焊用的电焊条 J507 应符合 JISZ 3212—D5016 的规定;自动埋弧焊的焊丝 H08MNA、焊剂 431 应符合 JISZ 3211 中的强度要求;不使用药剂污损、脱落、变质、吸潮、锈蚀的焊接材料,保管时注意防止吸潮;若疑有吸潮,应根据材料选用合适的办法干燥。

(3)现场焊接措施：

①在现场应有掌握焊接工作和质量管理经验的技术人员。

②水平接桩采用自动埋弧焊，垂直接桩采用手工电弧焊。

③采用手工电弧焊，在焊接制作前，应在现场确认试验要领书，并在事前得到设计监理公司的明确同意。

④应用确认的有资格的焊技工，所用焊接方法应按 WES 8106 的规定，并进行合格件的试验。

⑤手工焊接时的焊根间距为 4mm，在临时焊接时，焊接长度应在 40mm 以上，在正式焊接时应再将其除去，充分再融透。

⑥焊接时，应除去水分、锈、灰泥、油脂物、垃圾、氧化皮等杂质。

⑦桩的接头部位，可能在运输时变形、破损，可按照设计、监理方的意见处理。

⑧电焊内衬圈应保持在下桩的定位位置上，并与管内壁装配紧密。

(4)打桩精度保证措施：

①控制桩中心轴线的偏位，桩头处 10mm 以内，且桩的倾斜量 1/200 以内。

②打下节桩时，中途停止打击，测定桩的倾斜，进行补正，使其垂直。

③记录每 1m 打桩深度的锤击数，在打先行桩时，确认其是否在设定的管理值内，若超出管理值的范围，迅速报告设计、监理方，商讨必要的措施。

(六)安全管理

1. 安全管理目标

无安全事故。

2. 保证安全措施

(1)施工现场建立安全管理网络，指定专人负责安全工作。

(2)施工现场必须严格执行安全交底制度，具体，有针对性，并认真做好书面记录。

(3)为防止物件坠落桩内及钻孔内，准备好临时盖子，并用醒目标志提醒人员注意。

(4)在发现障碍物、埋没物及文物时，与设计、监理方协商处理。

(5)经常派人打扫，以保持场地内道路的清洁。

(七)环境保护

(1)打桩挤土、振动、噪声会对已打好的桩、周围环境造成影响，要采取相应措施加以保护。

(2)我们拟在主楼桩位的外侧打三排塑料排水板，间距 1.5m，排距 1.0m，每根长约 20m。在打主楼桩时，挤土引起的超孔隙水压力可以通过塑排板释放，同时也可以通过已打好的送桩孔释放。

(3)沿北侧和西侧的边桩外挖约 400m 的防振、防挤沟，主要目的是阻挡地表层的振动和挤土。防振沟断面为上宽 2.0m，底宽 1.5m，高 2.0m，打桩时允许坍方。

(4)在陆家嘴路侧有 3.6 万伏高压电缆线，且紧贴围墙，相应的防振沟要挖深至 3.6m，然后回填 2.0m 黄砂，防止坍方。

(5)为了保护陆家嘴路下的公用地道，在北侧的防振沟内打设三排塑料排水板，间距、排距均为 1.0m，每根长约 20m，并在北侧裙房桩对应位置设应力释放孔 25 根，孔深 20m，可设钢筋笼，外包土工布。

(6)根据陆家嘴地区的情况，按总承包方的要求，每天打桩时间控制在 7：00～21：00 之间。

(7)打桩期间委托有资质的监测单位对周围的管线、地道等建筑物进行监测，采用信息化管理，相应调整打桩速率、方向、流程。

(8)严格执行“施工现场安全防火规定”，严禁使用电炉或灯具取暖。

(9)施工场地内道路畅通，危险处有醒目的标志。

(10)进入施工现场带好安全帽，正常使用劳防用品。1m 以上的高空作业，若无安全设施必须系好安全带。

(11)各种电动机械设备必须有可靠有效的安全接地防护装置，并按电器安装规程进行安装和定期检修。

(12)现场使用的安全帽、安全带等防护用品要定期检查，严禁使用不合格物品。

(13)施工现场的坑孔周围要按规定设防，必要时应采取全封闭防护，防止送桩孔严重塌方，应在送桩杆拔出后及时回填，必要时加盖防护。

(14)起重机械必须按国家标准安装，使用过程应设专人操作和维修，安全防护装置应保持安全有效。

(15)施工现场易爆物品堆放处、施工人员住宿处要重点防火，配备消防工具和器材。

(16)发生工伤、交通、火灾和重大机械事故必须按国家规定及时上报，按照“三不放过”的原则认真查处，不得瞒报或拖延不报。

(17)建立场内的整理和整顿、清扫制度。

三、上海外高桥粮食储备库码头工程施工组织设计摘录

1.工程概况

上海外高桥粮食储备库及码头设施位于长江口南岸浦东五好沟附近，规划中的赵家沟东出口南侧水域。该工程占有岸线 350m，上游为拟建的中国极地考察国内基地码头，两码头之间预留口门约 200m。该码头后方陆域准备建设成为以粮食储备为核心，多功能的粮油储备、中转、加工库区。

码头工程设计吞吐量：595.2 万吨。

工程规模：主码头为 5 万吨级泊位一个(兼顾 7 万吨级)；5 千吨级(兼顾 1 万吨级)多用途泊位两个；副码头为 5 000 吨级多用途驳船泊位两个。

码头采用高桩梁板式结构，平面布置占用水域岸线长度为 350m，成反“F”形布置。前沿为主码头，由一座主引桥(引堤)与后方陆域连接。距主码头后沿 157m 为副码头，由一座副引桥(引堤)与后方陆域连接。另在引桥与防汛大堤接口处新建防汛闸门两座。

共计工程情况：新建主码头一座，长度为 350m，宽度为 39m；新建副码头一座，长度为 206m，宽度为 22m；新建主引桥(引堤)一座，长 433.1m，宽 26m；新建副引桥(引堤)一座，长 247.0m，宽 10m；新建防汛钢闸门两档，分别宽 10m、13m。

工程总平面见图 3.6-10。

2.工程结构(上部结构部分略)

(1)主码头工程结构概况

主码头总长 350m，宽 39m，共分为 5 个结构段，总计 47 个排架。

主码头为高桩梁板式结构，桩基为钢筋混凝土预应力方桩，混凝土方桩的断面尺寸为 60cm×60cm，直桩桩长 47m，斜桩桩长 48m。根据上部荷载分布主码头每个排架桩基有 11 根和 12 根两种形式。主码头共有混凝土方桩 535 根。

(2)副码头工程

副码头结构总长 206m，宽 22m，分为 3 个结构段，总计 32 个排架。副码头与主码头除规模上的区别外在结构形式上与主码头相似。

副码头桩基也采用钢筋混凝土预应力方桩，桩身断面为 60cm×60cm，直桩桩长 40m，斜桩桩长 41m。每个排架设桩基 7 根，副码头共有混凝土方桩 204 根。

(3)主引桥工程

主引桥结构总长(包括引堤)433.1m，宽 26m。

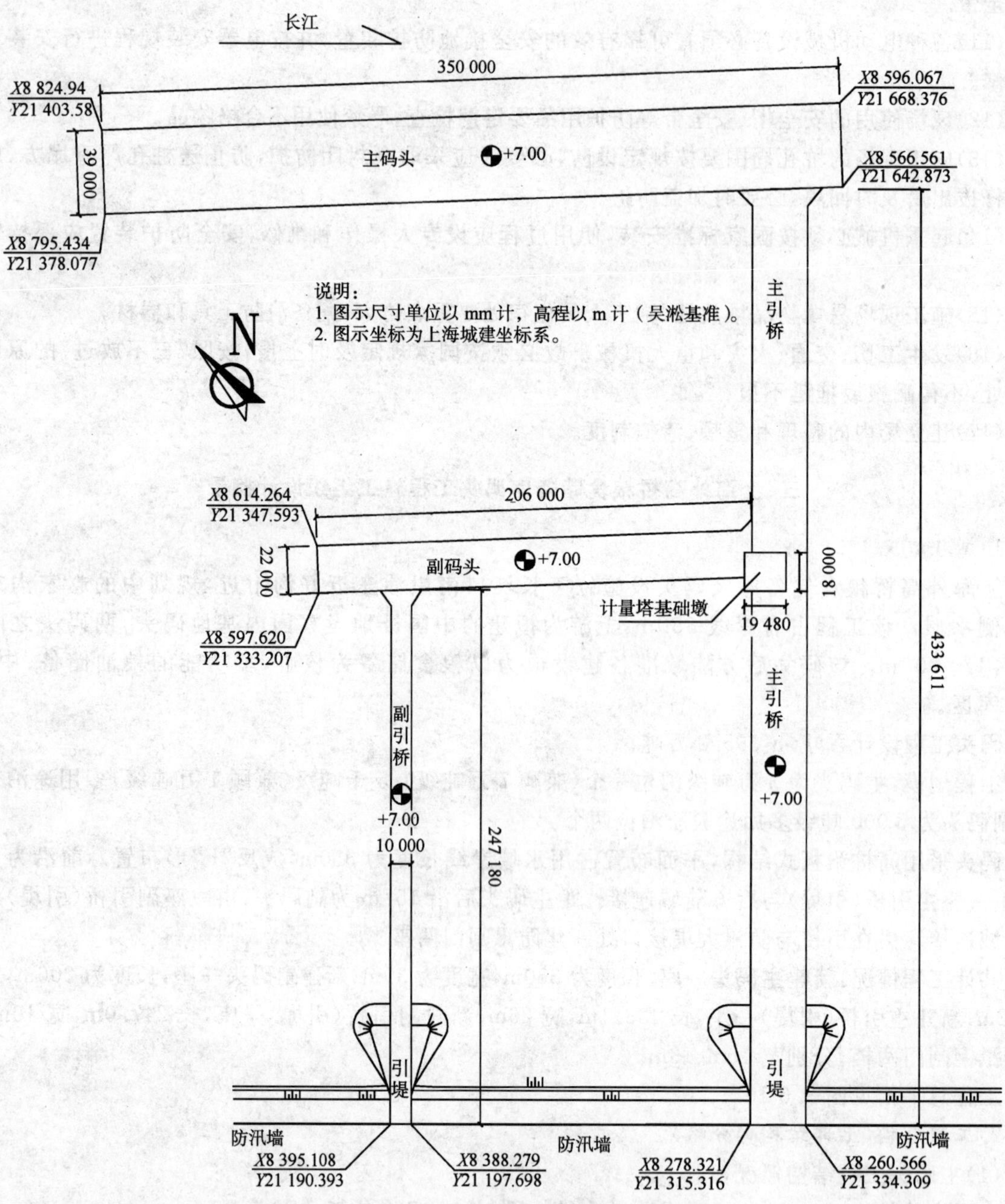

图 3.6-10　良友码头平面图

主引桥桩基为预应力混凝土方桩，混凝土方桩断面尺寸为 60cm×60cm，直桩桩长 47m，斜桩桩长 48m，主引桥共有混凝土方桩 176 根。

另外，在主引桥中部靠近副码头处设置计量塔基础墩，桩基为 ϕ1 000mmPHC、AB 型管桩，直桩桩长 47m，斜桩桩长 48m，共计 30 根；在主引堤与大堤连接处设栈桥支腿基础墩，桩基为 ϕ1 000mm 钻孔灌注桩，桩长 41m，共计 6 根。

(4)副引桥工程

副引桥结构总长(包括引堤)247.0m，宽 20m，副引桥与主引桥的结构形式基本类似。

副引桥桩基为预应力混凝土方桩，混凝土方桩断面尺寸为 60cm×60cm，直桩桩长 39m，斜桩桩长 40m。每个排架设 3 根混凝土方桩，共有 13 个排架；在副引桥与副码头连接处扩展段的喇叭口区，喇叭口区设桩基 4 根。副码头共有混凝土方桩 43 根。

3. 自然条件

从"长江码头总平面布置图"分析，从引桥端部排架往外约 100 处自然泥面高程达到 -2.0m，到主码头前沿泥面高程达到 -10.0m 左右，可全天候沉桩。根据设计图纸，引桥端部排架往江侧约 100m 范围内施工挖泥后，泥面高程也达到 -2.0m，该区域也基本满足打桩船吃水要求，可以全天候作业。

"长江码头"所在水域开阔，水上作业条件良好。但本工程临近长江口主航道，过往船舶较多，施工过程中我们将针对水域特点布置船舶锚缆，施工过程中加强瞭望，保证水域现场正常作业。

1)气象条件

本地区属亚热带季风气候区，四季分明。五号沟地区仅有 1997 年 8 月～1998 年 7 月的测风资料，但附近川沙气象站(121°45′E，31°03′N)气象观测资料较长。拟建工程点的气象要素除了风况外，主要根据川沙气象站 1961～1990 年的观测资料统计分析。各气象要素如下：

(1)气温

多年平均气温	15.5℃
累年极端最高气温	38.0℃
累年极端最低气温	-9.6℃

(2)降水

多年平均降水量	1 103.1mm
累年最大降水量	1 412.8mm
累年最小降水量	728.1mm
累年日最大降水量	146.0mm
全年平均雨日	130.5d(1958～1980 年)
多年平均≥25.0mm 的降雨日数	11.6d
多年平均≥50.0mm 的降雨日数	3.0d
累年连续最长雨天	15d

(3)风况

根据五号沟 1997.8～1998.7 测风资料统计，本区常风向为偏北向，N 向的频率为 10.3%；次风向为东南向，SE 向的频率为 9.9%。强风向为 ENE 向，最大风速为 25m/s，系为 1997 年 11 号台风期实测，其次为 N～NNW 向，其 NNW 向最大风速为 24m/s。

本区风速≥8 级(瞬时风速)的累年最多大风日数 52d；最少大风日数 15d；平均大风日数 26.4d。

本工程所在地区台风发生频率较高，且主要集中在 7～8 月份，对工程施工有一定影响，届时，我们的施工船舶将转移至我局设在黄浦江内的两大船舶停靠基地避风。

(4)热带气旋、台风和寒潮

上海地区每年 7～9 月份易受热带气旋影响，根据上海市气象台 1884～1993 年统计资料，共计受到 233 次热带气旋影响，平均每年受到 2 次台风影响过程。台风极大风速 44m/s，发生于 1915 年 7 月。本区受热带气旋影响时连续 ENE～NNW 向的大风过程有 91 次，占总数的 39%。受热带气旋影响的延时统计，50%的大风过程持续时间在 6～12h，28%的大风过程持续时间在 18～36h，21%的大风过程持续时间在 42h。

上海地区每年冬季易受寒潮影响，根据 1980～1996 年资料，受寒潮过程的影响共计 45 次，平均每年 2.6 次，寒潮伴随的大风平均为 7～8 级，最大可达 9 级，极大瞬时风速为 29m/s(1991 年 12 月 28 日)。风向以西北偏北风为最多。

(5)雾况

本区冬、春季节多发雾,能见度≤1 000m 的雾日数统计如下:

多年平均雾日数　33.3d

累年平均雾日数　66d

累年最少雾日数　14d

(6)雷

年平均雷暴日数　29d

累年最多雷暴日数　44d

累年最少雷暴日数　11d

2)水文条件

(1)降潮汐

工程点水域地处长江河口段,外海潮波进入长江口后因地形和长江径流影响潮波发生变形,潮汐类型为不规则半日浅海潮。

①基准面

本工程潮位基面以吴淞零点为基准。

②潮汐特征值

最高潮位	5.92m
最低潮位	0.13m
年平均高潮位	3.62m
年平均低潮位	0.92m
最大潮差	4.60m
最小潮差	0.62m
年平均潮差	2.60m
平均涨潮历时	4h57min
平均落潮历时	7h28min

③设计水位

设计高水位	4.31m
设计低水位	0.56m
极端高水位	5.81m
极端低水位	−0.31m

(2)波浪

①浪况

根据五号沟测波站 1997.8～1998.7(一年)实测波浪资料统计分析,本区水域的波浪以风浪为主,风浪的统计频率为 95%,风涌(F/U)混合浪与涌浪(U)的频率占 14.5%。长浪向为东南向,统计频率占 13.1%,其次为偏北向,N 向的频率为 10.5%。强浪向为 ENE 向,实测最大波高($H_1\%$)为 1.5m,对应的实测波周为 3.3s,系为 9711 号台风浪。全年波高($H_4\%$)平均值为 0.21m,年平均周期为 1.9s。

②计算波浪要素

五号沟港址没有长期的实测波浪资料,根据《海港水文规范》(JTJ 213)条文方法,采用设计风速间接计算工程点设计波浪要素。码头工程点主要受到 NNW(N、NW)、NE(NNE、ENE)、ESE(E、SE)三个方位波浪的影响,经计算,码头前沿(10.5m 等深线)重现期 50 年一遇设计波浪要素见表 3.6-5。

码头前沿(10.5m 等深线)重现期 50 年一遇设计波浪要素　　表 3.6-5

波向	H(m)	$H_1\%$(m)	$H_4\%$(m)	$H_{13}\%$(m)	T(s)	L(m)	C(m/s)
NNW	1.50	3.40	2.89	2.32	6.07	54.5	8.98
NE	1.07	2.47	2.09	1.67	5.16	40.9	7.92
ESE	1.67	3.78	3.22	2.60	6.41	59.7	9.31

3)潮流

根据五号沟规划岸段江面 1987 年 9 月和 1988 年 1 月洪、枯季节潮流观测资料，本河段潮流特征如下：

(1)潮流性质为不规则半日潮流，流态为往复流。

(2)洪季基本上落潮流速大于涨潮流速，枯季则涨潮流速稍大于落潮流速。实测资料反映如下：

①洪季实测最大落潮流速 1.93m/s，垂线平均最大落潮流速为 1.75m/s；最大涨潮流速 1.73m/s，垂线平均最大涨潮流速为 1.68m/s。

②枯季实测最大落潮流速 1.98m/s，垂线平均最大落潮流速为 1.89m/s；最大涨潮流速 2.07m/s，垂线平均最大涨潮流速为 1.91m/s。

(3)潮流的流向与等深线的走向夹角较小，涨潮流的流向在 304°～312°，落潮流的流向在 109°～111°。

(4)落潮流历时长于涨潮流历时，枯季大潮落潮流历时 6h30min～7h30min，涨潮流历时 4h30min～5h30min，洪季大潮落潮流历时约 8h 以上，涨潮流历时约 4h 左右。

4)泥沙

港址河段的泥沙主要来自上游，由长江径流挟带或推移而至。根据 1987 年 9 月和 1988 年 1 月调查资料反映，本水域枯季水体含沙量大于洪季，大汛期水体含沙量小于小汛期。枯季实测垂线平均最大含砂量 0.22～2.09kg/m^3，洪季实测垂线平均最大含沙量 0.09～0.83kg/m^3。

4. 工程地质

根据上海岩土勘察设计研究院有限公司的《上海外高桥粮食储备库及码头设施项目岩土工程勘察报告》，拟建场地在 92.5m 深度范围内的地基土初步可分为九个主要层次。其中第②层、第⑤层和第⑨层可各分为 2 个亚层，第①层可分为 4 个亚层，第①$_0$ 层可分为 2 个亚层，第⑤$_2$ 层可分为 3 个亚层，缺失上海市统编地层第⑥层资料。地基土特性自上而下描述如下：

(1)第①$_{0-1}$层冲填土，颜色灰黄，很湿～饱和，松散～稍密，以粉砂为主，夹有机质、植物根茎及薄层黏性土(位于新老大堤间的吹填区)。

(2)第①$_{0-2}$层淤泥质粉质黏土，颜色灰，饱和，流塑，以黏性土为主，局部夹砂，含大量有机质，土质极软弱(位于新老大堤间的吹填区)。

(3)第①$_1$ 层素填土，颜色杂，很湿，松散，以粉性土为主，局部含大量碎砖、碎石等杂物(位于新老大堤内的农田区域)。

(4)第①$_2$ 层浜填土，颜色灰黑，饱和，松散，以黏性土为主，夹大量黑色有机质(位于新老大堤内的农田区域)。

(5)第①$_3$ 层淤泥粉质黏土，长江水底淤积而成，颜色灰黄，饱和，流塑，局部粉土含量较高，含少量有机质(位于长江码头区域)。

(6)第②$_1$ 层砂质粉土，褐黄～灰黄色，饱和，松散～稍密，含氧化铁锈斑及铁锰结核，局部夹黏性土(位于长江码头区域)。

(7)第②$_3$ 层砂质粉土，灰～灰黄色，饱和，松散～稍密，含云母、有机质，夹薄层状粉砂，局部夹薄层黏性土，土质不均。

(8)第③$_1$层淤泥质粉质黏土，灰色，饱和，软塑～流塑，含云母、有机质，夹薄层状粉性土及粉砂，土质不均匀。

(9)第③$_2$层砂质粉土，灰色，饱和，稍密～中密，含云母、有机质，厚度较薄，局部夹多量粉砂。

(10)第④层淤泥质黏土，灰色，饱和，流塑，含云母、有机质，夹薄层粉砂，层底夹多量贝壳碎屑，土质较均匀。

(11)第⑤$_1$层黏土，灰色，饱和，软塑～流塑，含云母、腐殖物、泥钙质结核、贝壳碎屑，夹少量薄层粉砂及粉性土团块，土质较均匀。

(12)第⑤$_{2-1}$层粉质黏土夹砂质黏土，灰色，饱和，软塑～可塑，含云母、有机质，局部夹多量砂质粉土，土质不均匀。

(13)第⑤$_{2-2}$层砂质粉土夹粉质黏土，灰色，饱和，中密，含云母、有机质，局部夹薄层黏性土及粉砂，土质不均匀。

(14)第⑤$_{2-3}$夹层粉质土夹粉质黏土，灰色，很湿～饱和，软塑～可塑，含云母、有机质，夹薄层粉性土，土质不均。该层在本场地局部分布。

(15)第⑧层粉质黏土，灰色，很湿，软塑～可塑，含云母、有机质，夹薄层粉性土，土质较均匀。

(16)第⑨$_1$层粉细砂，灰色，饱和，密实，颗粒成分以长石、石英、云母为主，土质较致密。

(17)第⑨$_2$层含砾中粗砂，灰色，饱和，密实，颗粒成分以长石、石英、云母为主，局部夹多量砾石。

(18)第⑩层粉质黏性土，蓝灰色，湿，可塑～硬塑，含氧化铁，夹薄层粉砂。

根据设计图纸所示，主码头、副码头及引桥桩基选择第⑤$_{2-2}$层作为持力层。

5. 施工组织和管理机构

为了确保本工程的工期、质量和安全，组建一个强有力的项目部，选派具有丰富码头施工经验的高级工程师担任本工程的项目经理。

项目经理部内设项目副经理、项目总工程师及计划员各1名，下辖6个部。6个部是：施工部、技术质量部、安全部、材料设备部、经营部、后勤部。项目部的施工管理机构如图3.6-11所示。

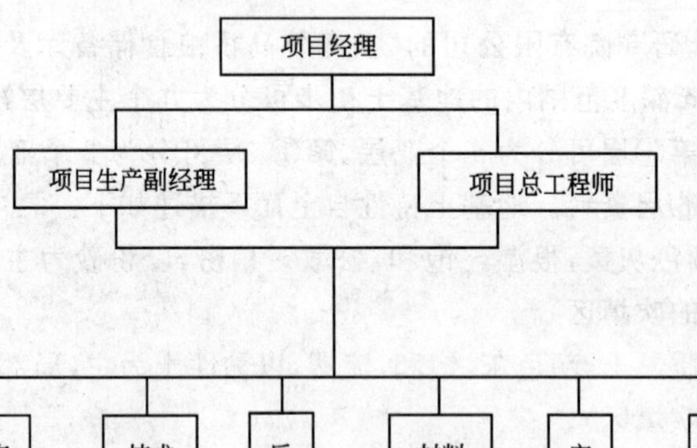

图3.6-11 施工组织管理机构图

6. 施工总体部署和总进度计划

(1)施工总体流程安排

本工程主要包括主码头、副码头、主引桥、副引桥四个部分，其中主、副引桥中又包括引堤及闸门通道等。从工期的角度分析这几个部分，制约本工程工期的主要部分是码头和引桥的水上部分，而引堤及闸门通道对总工期不构成影响。

按照上述的一些季节性气候影响的客观条件和便于展开工作面，沉桩顺序如下：副引桥施打三个排架(9 根桩)→主引桥→主码头→副码头→副引桥关口。这样施工有以下两个优点：

①副引桥施打三个排架后打主引桥桩，这样副引堤和主引堤的抛石和施工通道可尽快形成给后续的陆上混凝土浇筑创造条件。

②打完主引桥桩打主码头桩，这样便于在台风到来之前尽快将主码头的下横梁全部浇完，不但减少因台风造成返工，而且还能对副码头和副引桥的施工形成外围的屏障减小风浪影响。

本工程引桥和码头主要包括主、副码头及主、副引桥四个部分，根据码头布置的特点并且为了便于合理调度生产资源，以形成流水作业态势，将引桥和码头的四个部分分为四个作业区。

①第一作业区(第一施工阶段)

第一作业区主要包括主引桥的桩基和上部结构施工，该作业区的主要工程量见表 3.6-6。

第一作业区主要工程量　　表 3.6-6

项　目	水上打桩(根)	现浇横梁(榀)	预制构件安装(件)	现浇面层(m^3)
主引桥	232	32	542	1 800

本作业区计划于开工当日沉完已制好的 3 根桩后，于 2005 年 4 月 15 日开始后续的沉桩，沉桩计划安排工期 35d；现浇横梁在沉桩完成后立即进行，计划工期 60d；预制面板安装计划安排 35d；现浇面层混凝土计划安排 40d。第一作业区从 4 月 15 日算起计划总工期 135d。

②第二作业区

第二作业区主要内容为主码头水上打桩、现浇横梁、预制构件安装以及现浇面层混凝土。该作业区的主要工程量见表 3.6-7。

第二作业区主要工程量　　表 3.6-7

项　目	水上打桩(根)	现浇横梁(榀)	预制构件安装(件)	现浇面层(m^3)
主码头	535	47	梁 494，板 756	2 500

本作业区为本工程最大的作业区，历时 6 个半月，总工期 194d。其中沉桩计划安排 80d；现浇横梁计划工期 80d；预制梁安装计划工期 35d；现浇上横梁计划工期 40d；预制板安装计划工期 45d；现浇面层计划工期 60d。

③第三作业区

第三作业区主要内容为副码头的水上打桩和上部结构施工，该作业区的主要工程量见表 3.6-8。

第三作业区主要工程量　　表 3.6-8

项　目	水上打桩(根)	现浇横梁(榀)	预制构件安装(件)	现浇面层(m^3)
副码头	204	32	梁 203，板 280	860

本作业区沉桩工作紧接着第二作业区沉桩作业：沉桩计划安排工期 32d；现浇横梁计划安排工期 50d；预制梁安装计划工期 20d；现浇上横梁计划工期 25d；预制板安装计划工期 15d；现浇面层计划工期 20d。第三作业区计划总工期 134d。

④第四作业区

第三作业区主要内容为副引桥的水上打桩和上部结构施工，该作业区的主要工程量见表3.6-9。

第四作业区主要工程量　　表3.6-9

项　目	水上打桩 根	现浇横梁 （榀）	预制构件安装 （件）	现浇面层 （m^3）
副引桥	43	14	134	350

本作业区为本工程主体的最后施工阶段：沉桩计划安排工期7d；现浇横梁计划安排工期14d；预制板安装计划工期10d；现浇上横梁计划工期7d；现浇面层计划工期12d。第四作业区主体工程计划于2005年12月底完成。

(2)施工总体部署

本工程共有600mm×600mm钢筋混凝土预应力方桩984根，ϕ1 000mmPHC管桩30根，施工计划安排"三航桩8号"进行水上沉桩。该船桩架高度71m，最大吊重为60t×3，完全能满足施工要求。若届时"三航桩8号"不能进入现场施工，我们将安排"三航桩11号"进场施工。

(3)施工总进度计划

本工程施工计划于2005年2月28日开工，并于2006年1月18日竣工，总计为324d。

①引堤安排至开工后7个月完成，主要考虑了堤身和地基沉降的需要，这对工程质量有利，同时也满足了陆上浇筑码头面层混凝土时使用陆上通道的要求。

②作业区的划分主要根据沉桩施工顺序划分，上部结构施工随着沉桩作业而开展。

7.船机配置计划

(1)拟投入的主要施工机械设备

根据施工部署和进度计划安排，本工程中投入的施工机械设备见表3.6-10。

主要施工机械设备　　表3.6-10

序　号	设备名称	型号规格	额定功率(kW)	生产能力	施工部位	备　注
1	打桩船	三航桩8号	717		沉桩	
2	打桩船	三航桩11号	838		沉桩	备用
3	方驳	三航驳134		400t	老锚船	
4	柴油锤	D100—13			沉桩	
5	多用途民船				施工配合	10条
6	钻机	GPS—15			灌注桩施工	
7	吊车			40t	施工配合	

(2)本工程主要船机设备使用计划

①最主要的施工船舶是打桩船，打桩船拟安排"三航桩8号"，工程开工后前进场，完成3根桩后退场；于4月15日前再次进场，进场后连续沉桩，沉完所有桩后退场。

②根据招标文件要求，本工程中甲供材料由承包商运至施工现场，因此本计划安排时考虑了运输方桩的拖轮及方驳。

③为打桩和安装配用的方驳和拖轮，不同施工阶段将有数量上的增减，表中列出的为高峰期的需求量。

8.主要施工工艺

1)测量工程

(1)测量控制网布设

开始施工前，项目部测量人员将首先对建设方提供的基准点进行现场实测，经实测基准点精度满足要求后作为施工测量控制网基准点来布设控制网。控制网布设好后报请监理审核。

根据现场实际情况，将在新建大堤防汛墙上布设3～4个强制归心的一级控制点，其中两点尽量靠近引桥上游或下游边线，以便于引桥封头和轴线的控制。同时在大堤迎水面台阶上布设一条正面基线，使沉桩及放样加密点位更具有准确性、灵活性和方便性。随着工程进展，加密控制点逐步布设到引桥和码头上，以便于施工中测量控制。

高程控制测量将根据业主提供的水准点，采用三(四)等水准路线将水准点引接至大堤某一稳定性较好的地方，当引桥横梁浇筑完成后，及时将水准点引接至横梁预留螺栓上，以减少因大堤沉降造成的测量误差。随着工程展开，水准点再逐步向外引接加密。

(2)测量仪器选择

本工程测量仪器选用全站仪一台、经纬仪四台、水准仪一台等。详见表3.6-11所示。

施工中拟使用测量仪器清单　　表3.6-11

序　号	仪器名称	数　量	序　号	仪器名称	数　量
1	莱卡TC1011全站仪	1台	3	苏光J_2经纬仪	2台
2	T_2经纬仪	2台	4	江光DS3－D水准仪	1台

所有在本工程中使用的仪器均经过权威检测部门检验并报监理审查，合格后方可使用，同时在施工过程中加以保护，定期复核，确保仪器的可靠性。

(3)沉降、位移观测

按照设计要求，在码头、引桥及闸门通道各部位须布设永久沉降位移观测点，观测点采用铜芯制作，施工过程中需要做好保护措施，同时若有需要可以增设。项目部将专人负责定期进行沉降位移观测，并及时将观测资料与结果报送监理工程师，如有异常情况可同设计及监理工程师一起研究确定原因，制定对应措施。

(4)施工测量要点

①严格执行《水运工程测量规范》(JTJ 203—2001)的规定，做好各项原始实测、记录等工作，按规范进行数据的采集、计算和平差。

②重要的测量工作开展前，要做好技术交底，相关部门人员签字确认。

③按规范编写详细的《施工控制网点测设技术报告》，并附布网说明、观测方法、计算成果及原始记录等内容。布设的控制点要设置明显的标志，采取妥善的保护措施，同时，做好控制网点的验收工作。

④加密控制点做好验收工作。首级基点基线、加密点定期进行复核，观测记录点位的动态。

⑤施工放样严格按规范、设计图、设计变更等的要求进行展开。外业按规定做好各项记录，记录完整、清晰。

⑥引桥轴线、码头前后沿轴线误差严格控制在规范允许范围之内，其控制点需定期不间断复核，发现位移及时采取修复或重新测量等措施。控制点尽量使用相同的测量方法，避免系统误差，确保轴线顺直。

⑦水准网向前引接时，需和原始的水准网点相连接，严格采用三(四)等水准路线进行测量和平差。

⑧平面控制网向前加密时，严格按规范规定测设，并有多余观测条件，确保点位的准确性。

2)桩基工程

本工程桩基工程包括两个部分，其一为打入桩部分，其二为钻孔灌注桩。其中打入桩部分均为水上打桩。水上打桩部分桩基有600mm×600mm钢筋混凝土预应力方桩、ϕ1 000mmPHC管桩及防撞钢管桩三种类型。具体桩基类型数量见表3.6-12。桩与地质关系图见图3.6-12。

桩基工程一览表　　表3.6-12

部　位	规格/型号	桩长(m)	数量(根)	桩顶高程(m)	备　注
主码头	600mm×600mm 预应力混凝土方桩	47	347	+3.15	直桩
	600mm×600mm 预应力混凝土方桩	48	188	+3.15	斜桩
	小计	—	535	—	—
	ϕ800mm 钢护桩	35	6	+7.00	直桩
副码头	600mm×600mm 预应力混凝土方桩	40	144	+3.35	直桩
	600mm×600mm 预应力混凝土方桩	41	60	+3.35	斜桩
	小计	—	204	—	—
	ϕ800mm 钢护桩	35	2	+7.00	直桩
主引桥	600mm×600mm 预应力混凝土方桩	47	92	+5.05	直桩
	600mm×600mm 预应力混凝土方桩	48	110	+5.05	斜桩
	小计	—	202	—	—
	ϕ1 000mm 钢护桩，δ=14mm	35	17	+7.00	直桩
	ϕ1 000mmPHC 管桩，AB型	47	10	+4.10	直桩
	ϕ1 000mmPHC 管桩，AB型	48	20	+4.10	斜桩
	小计	—	30	—	—
	ϕ1 000mm 钻孔灌注桩	41	6	+5.80	—
副引桥	600mm×600mm 预应力混凝土方桩	39	17	+5.50	直桩
	600mm×600mm 预应力混凝土方桩	40	26	+5.50	斜桩
	小计	—	43	—	—

引桥和码头总计：混凝土方桩984根；PHC管桩30根；钢护桩25根；钻孔桩6根。

3)水上沉桩工艺

根据施工总体部署，水上沉桩工程分为五个作业区(施工阶段)施工：第一作业区为副引桥沉桩三个排架；第二作业区为主引桥沉桩，其中包括计量塔基础墩台PHC管桩；第三作业区为主码头沉桩；第四作业区为副码头沉桩；第五作业区为第一作业区余下副引桥桩及所有钢护桩。

沉桩总体顺序为：第一作业区→第五作业区依次施工，各作业区不间断连续施工。整个沉桩作业自4月15日开始，计划工期5个月，于9月15日沉桩结束。

(1)沉桩测量控制

①控制方法

本工程沉桩定位方法主要以前方任意角交汇为主，在夜间及视线较差时以GPS作为校核。

a.前方任意角交会法。交会角控制在30°～120°之间，由三台经纬仪来控制，其中二台分别作为

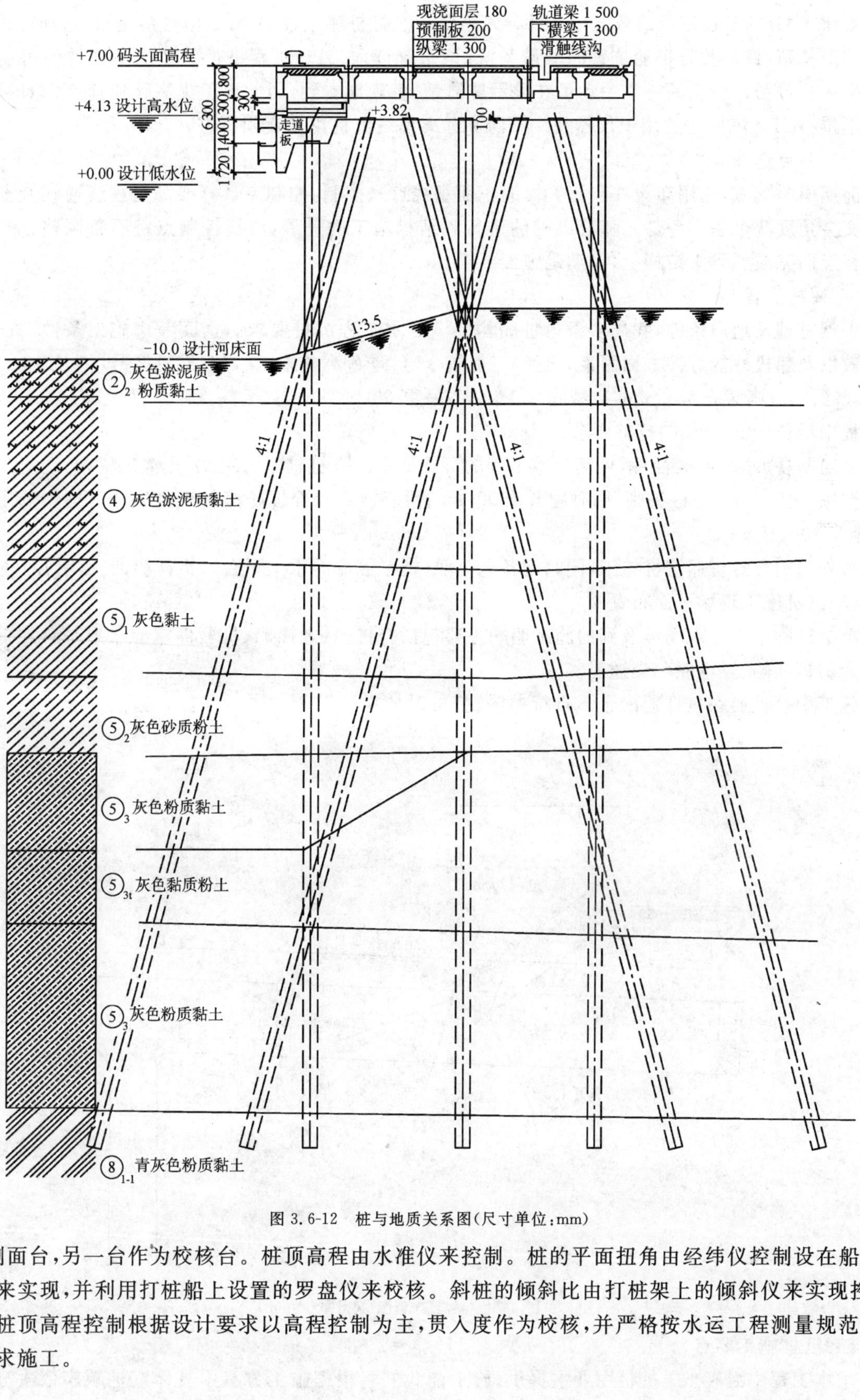

图 3.6-12　桩与地质关系图(尺寸单位:mm)

正、侧面台,另一台作为校核台。桩顶高程由水准仪来控制。桩的平面扭角由经纬仪控制设在船尾的导标来实现,并利用打桩船上设置的罗盘仪来校核。斜桩的倾斜比由打桩架上的倾斜仪来实现控制。沉桩桩顶高程控制根据设计要求以高程控制为主,贯入度作为校核,并严格按水运工程测量规范及设计要求施工。

b. GPS沉桩方法。在打桩附近设立基站，用于将工程区域桩位转换成GPS测量系统桩位。按规定格式建立GPS工程桩位的数据库文件存入电脑。在打桩船上设立GPS信号接受站，这样可建立一个由陆上基站、桩位及打桩船位置的测量系统（该系统读入GPS工程桩位的数据库文件便可由软件自动生成桩位图），桩船的一举一动可在显示屏清楚、直观地看到，因此不但提高移船速度而且确保了桩的正位。GPS沉桩主要用于仪器视线不清和远离岸线沉桩以及夜间沉桩。

②控制点选择

前期引桥沉桩，选用布设在防汛大堤的正面基线点来控制，控制点选择要满足视线通畅及获得最佳的交会角度两个基本条件。随着沉桩的进行和结构施工的进展，测量控制点将不断调整、加密，不断前移至已完成的码头结构上，以满足施工要求。

(2)船机选择

根据桩型及地质条件，我局多条打桩船均能满足本工程沉桩要求。全面考虑施工条件、桩长、施工工效以及船机性能等各方面因素，选择"三航桩8号"进行沉桩施工。"三航桩8号"型长48m，型宽22m，型深4m；满载吃水2.2m，空载吃水1.47m；吊重60t×3；吊高（最高点距水面距离）64m，能满足本工程中最长49m桩长的打桩要求。

随船配备DM100柴油锤，可满足本工程的沉桩要求。方桩桩帽选用12孔常规桩帽，混凝土管桩桩帽选用ϕ1 000mm管桩桩帽，同时配备ϕ800mm管桩桩帽，以保证防撞桩沉打质量。桩垫选用木夹板，厚度10～15cm。

另外为配合打桩船沉桩施工，同时配备老锚船（桩驳停靠的水上平台）、扒杆船、交通船各一艘。

(3)沉桩施工现场平面布置

沉桩过程中施工现场涉及到的施工船舶主要包括打桩船、老锚船（桩驳停靠的水上平台）、桩驳以及配套的扒杆船、发电船和交通船。

施工中打桩船在扒杆船配合下自行抛锚，打桩时依靠锚缆绞动进行移位。施工过程中现场平面布置详见图3.6-13。

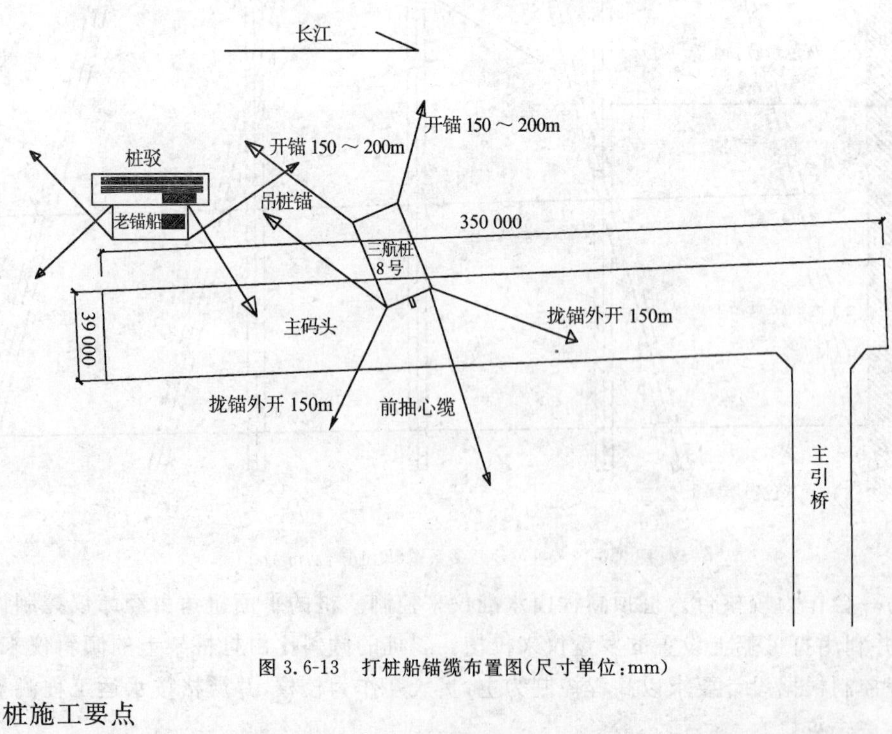

图3.6-13　打桩船锚缆布置图（尺寸单位：mm）

(4)沉桩施工要点

①本工程中混凝土方桩桩由业主提供，施工前我们将根据施工方案中具体沉桩顺序依次分期分

批绘制运桩落驳图交付业主供桩。桩驳到现场后及时组织人员验收检查基桩桩身质量。

②桩位角计算成果提前一周报监理审核。桩位计算采用三级(班组、施工员、质量员)计算复核，并由技术负责人抽检10%。三级计算采用不同的计算方法，确保桩位计算的正确无误。

③考虑到平面控制网和高程控制网都布设在大堤，故应定期检测控制点坐标和高程。同时沉桩期间要定期监测设在大提上的沉降位移观测点及岸坡稳定，并将观测成果报送监理部，发现异常情况立即向监理和业主汇报，以及时采取相应措施。

④沉桩桩位和高程控制严格按照《水运工程测量规范》、《港口工程桩基规范》和设计要求进行，若出现因地下障碍物导致桩产生明显位移或贯入度异常等情况时，及时停锤，并与监理方和设计方共同研究。

⑤桩定位时各台仪器观测结果要一致，避免稳桩后再纠正桩位。进行斜桩施打时，注意考虑提前量和回弹量，注意陆、船的配合，提高沉桩桩位精度。

⑥根据地质情况，做好溜桩的准备及防范工作。船上有专人负责观察桩的入土情况，当发现贯入度迅速增大时，立即停锤。

⑦沉桩过程中注意复核桩位尤其是斜桩的长度、斜向、斜度及平面扭角，对可能碰桩富裕度较小的桩位应根据实际沉桩情况，事先校核是否碰桩。

⑧做好沉桩记录，及时反馈桩的偏位情况。

⑨沉桩过程中随时注意观测江面情况和锚缆情况，防止大型船舶经过时造成涌浪影响船身稳定性进而影响到沉桩偏位的控制。

⑩沉桩后，要及时夹桩。

⑪沉桩后，要设立明显的夜间指示标志，防止船只的碰撞。严禁在桩上带缆，加强对桩的保护。在台风期间采取专门的防台加固措施，确保基桩的安全。

4)钻孔灌注桩施工

本工程共有钻孔灌注桩6根，为栈桥支腿基础墩的桩基，桩径1.0m，桩长38m，6根灌注桩位于主引桥端部防汛墙外侧。

灌注桩计划于2005年3月中旬开始施工，计划工期1个月，安排一台GPS-15型钻机施工。由于灌注桩所在位置在大堤外侧，故搭建钻孔平台为灌注桩施工的前期主要准备工作。

(1)施工工艺流程(图3.6-14)

(2)各工序施工工艺及要点

①护壁工艺

根据灌注桩的特点，护壁工艺采用钢护筒工艺加泥浆护壁。根据桩顶高程和地质条件，护筒长度为8～10m，直径1 100mm。护筒沉放采用钻机自重压入，必要时可用振动锤沉放。护筒沉放时可在钻机平台上设立导向装置以控制垂直度。

钻孔过程中同时采用泥浆护壁，泥浆采用黏土和膨润土制作，在大堤外侧设立泥浆池。泥浆的循环在泥浆池、沉淀池、钻机及护筒之间进行。泥浆注入时，用泥浆泵将制备好的泥浆或沉淀后重新利用的泥浆输送给钻机，泥浆排出时，用泥浆泵将从护筒排出泥浆输送到泥浆池内。淀沉后的泥浆沉渣用泥浆泵排到指定地点后外运。注入泥浆相对密度应控制在1.3左右，并在施工过程中经常观察泥浆相对密度的变化。

②开钻成孔工艺

开钻时首先轻压，慢钻，并控制泵量，待进入正常工作状态后，逐渐加大转速和钻压。正常钻进时钻压为10kPa，钻速为40r/min，最少泥浆泵量ϕ800mm桩为50m^3/h。施工过程中，加接钻杆时，先将钻具稍提离孔底，待泥浆循环2～3min后，再拧卸加接钻杆。

当钻孔深度达到设计深度时，测量钻孔外上余钻杆长度，以计算钻杆入孔长度作为造孔长度，如

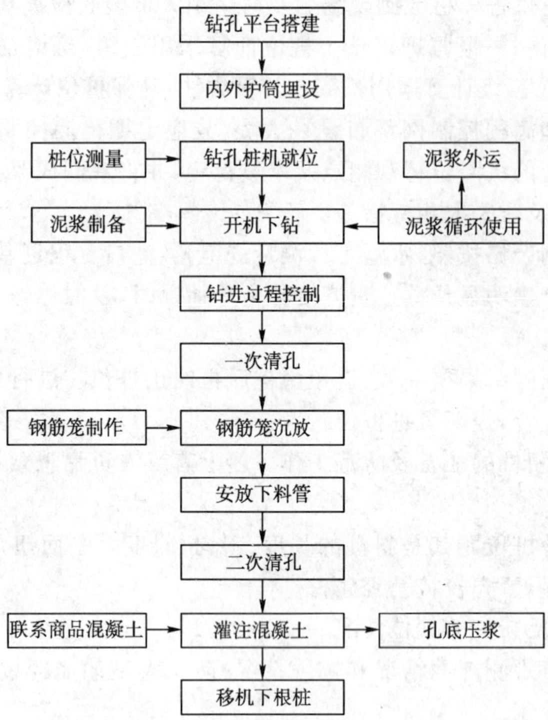

图 3.6-14 钻孔灌注桩工艺流程图

符合设计孔深再以测锤复测孔深，经核对相符时将有关数据记入终孔记录表格。最后施工人员、质检人员会同监理工程师按标准进行终孔验收。

③清孔

成孔检验结束后，利用钻机向钻杆内加注大量优质泥浆进行孔内循环换浆，以清除悬浮在孔内造孔泥浆中的砂粒。清孔泥浆相对密度应控制在 1.10 左右。同时将钻具提起 20cm 左右，慢速扫孔，以利扰动孔底沉渣加快清孔速度。最后再一次复测孔深。

清孔后，孔口排处的泥浆相对密度应小于 1.15～1.20，黏度应小于 20s。

④钢筋笼制作和安放

钢筋笼分节制作和下放。钢筋笼制作前，应将主筋校直，清除钢筋表面污垢。钢筋笼下料时准确控制下料长度。钢筋笼制作必须按施工规范要求施工，主筋搭接接头位置应相互错开，在每节钢筋笼的两端和中间的箍筋上穿置 ϕ100mm×50mm 三块水泥垫块，确保钢筋笼位置居中，防止出现漏筋现象。

为防止钢筋笼变形，起吊吊点应放在加强箍筋部位，钢筋笼安装入孔时保持垂直状态，对准孔位徐徐轻放，避免碰撞孔壁。下笼过程中若遇阻碍不得强行下放，应查明原因，酌情处理后再继续下笼。下节笼上端露出操作台高度约为 1m 左右，上下节钢筋笼主筋接头数不大于 50%，采取单面焊，焊缝长 $10d$，两根筋搭接长度为 $35d$，并使两节钢筋笼于孔径垂直时方可焊接。焊接完毕后，补做接头处箍筋。钢筋笼安装的总长度允许偏差 100mm 以内。钢筋笼采用 4 根吊筋固定在机架上避免灌混凝土时钢筋笼上拱。

⑤二次清孔及水下混凝土灌注

水下混凝土灌注采用提升导管法，导管直径采用 260mm，标准节长度 2.6m，采用快速套接接头。导管应具有良好的密封性，导管至孔底距离应控制在 50cm 内。

导管接好后利用混凝土导管输入泥浆进行二次清孔。当泥浆相对密度小于 1.15，黏度小于 20s，并且孔底沉渣厚度小于 100mm 时，可认为二次清孔结束。

为首批灌注混凝土的数量能满足导管埋置深度不小于 1.0m 和填充导管底部的要求，在孔口设计储量为 2.5m^3 的混凝土储料箱，并在储料箱入口处安装圆形钢质闸板。混凝土灌注前首先向储料箱内灌注 0.2m^3 水泥砂浆，然后灌入混凝土至储料箱平，卷扬机提升闸板，混凝土经导管进入孔底，正常反水后应连续灌注混凝土，不得中断。

在混凝土灌注过程中设专人负责指挥、测量、记录，随着孔内混凝土面上升情况，要经常测定导管内外混凝土面和导管埋入混凝土中的深度，控制拆卸导管的节数。导管底部埋入混凝土下一般 2～6m，不得小于 2m，拆卸导管时应上下提升降落导管，借此振捣混凝土。灌注的桩顶高程应比设计高程高出一定高度，要求高出高度大于 1m，多余部分凿去。灌注结束，应校对混凝土灌入量，以判断成桩情况。

混凝土灌注过程中做好混凝土试块的留置工作。

9. 工程质量管理及保证措施

(1)本工程质量目标：优良。

(2)具体质量计划指标：

①单位工程优良率 100%；

②分部工程优良率大于 90%；

③隐蔽及分项工程验收一次合格率 95%；

④顾客满意度 100%；

⑤无质量事故。

(3)质量管理保证体系

三航局作为 GB/T 19000—2000 质量管理体系标准认证企业，建立了有效的质量管理组织体系。本工程将建立以项目经理负责制，由项目总工程师具体负责工程质量管理组织保证体系。

施工过程中，严格按照图 3.6-15 所示的质量控制流程控制工程质量。

(4)质量管理措施

①建立质量责任制，落实质量责任人

制订本工程项目部主要人员（党、政、工、团）及参与质量管理活动的职能部门和人员的质量责任制，并以书面形式对项目部的各级质量责任人进行确认，切实做到职责明确，责任到人。

②制订质量管理办法，严格考核，实行质量否决

为实现本工程的质量目标和质量计划指标，项目部将制订详细的、适合本工程的质量管理办法及质量奖罚办法，依法管理，严格考核，实行质量否决。

③建立质量检查、监督体系

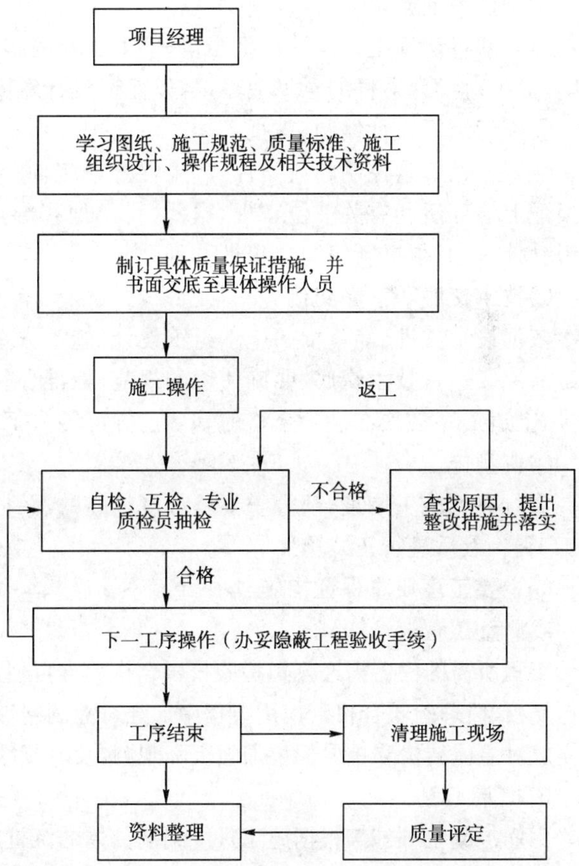

图 3.6-15 质量控制流程示意图

建立项目部、公司二级长效的工程质量检查、监督体系。参与本工程质量检查、监督人员须持有与岗位相适应的上岗证。项目部将以健全的质量保证体系，严格“三检”制度，对施工各环节、各工序进行分体把关，保证每道工序的施工质量。分公司对本工程实施动态管理，以不定期巡查监督及定期（每季度）的质量检查，强化本工程自检自控。

④质量例会制度化

项目部定期(每月 1～2 次)召开工程质量例会,分析工程质量现状,针对问题提出改进方案,制订并落实纠正或预防措施。

⑤以质量控制为基础,以持续改进为目的

质量控制是质量管理的一部分,是最基本的手段,只有持续改进才能从根本上提高工程质量。因此,项目部将针对本工程的特点,在施工管理、施工难点(薄弱点)等方面,正确选题,成立 QC 小组,运用因果图、排列图、头脑风暴法等技术手段对选题进行计划、实施、检查、总结,以达到工程质量持续改进的目的。

⑥关注顾客,及时组织回访

项目部将以企业的质量方针为行为准则,及时组织过程回访,以了解和满足业主的需求和期望。

⑦分包工程管理

严格执行《建设工程质量管理条例》有关分包工程的规定,严格分包队伍的资格审核。对经审核确定的分包队伍,通过签订"分包工程质量协议"实行专项管理,杜绝以包代管。

⑧创优工程管理

以签订"创优协议书"为措施,以"风险抵押"为手段,以书面形式确认各级创优责任人。项目部通过编制详细的创优计划,明确创优目标及采取的创优措施,确保创优目标实现。

(5)确保工程质量达到优良标准的措施

①设计图纸会审

项目部将认真组织设计图纸会审,使本工程的施工技术人员领会设计意图。同时,通过设计图纸会审,提出对设计文件的意见或建议,以保证设计意图的顺利实施。

②施工组织设计编制、审批

强调工程质量控制的科学性、严肃性。开工前,项目部将编制详细的施工组织设计(施工方案),并报请上级部门和有关单位审批,据此,科学地指导施工。如因施工条件有较大变化,需变更原施工组织设计时,必须重新编制并报批。

③技术交底和工序交接

依据设计文件、经审批的施工组织设计(施工方案)及相关的施工规范和质量检验标准,在各工序开始前逐级进行技术交底,明确使用的规范、标准、施工要点、质量要求及所需交接的工序。严格工序交接,上道工序必须在检验合格的基础上方可转入下道工序的施工。

④典型施工

实行典型施工制度,部分重要及难度较高的项目先进行典型施工以取得施工经验,及时总结改进施工工艺,然后进行正式施工。

⑤主要工序质量保证措施

a. 测量工程

工程所需的仪器需经公司检验校核合格后方可使用。布设的控制网点应考虑施工区域的特点,并经公司复核、监理验收合格。使用过程中加强对控制网点的保护,并随着码头结构的形成不断进行调整和补充。对主体结构和重要部位加强沉降观测,及时复核高程,以便下道工序进行处理。

b. 桩基工程

钢筋混凝土桩施工根据施工进度编制具体的沉桩顺序,桩驳到现场后有专人负责检查桩的型号及质量。施打前认真计算桩位,并有计算人和复核人的签名。认真做好技术交底工作,做到施工要点和注意事项人人心中有数。沉桩过程中注意复核桩位,尤其是斜桩的长度、斜向、斜度及平面扭角,对于碰桩富裕度较小的桩应根据实际沉桩情况,事先校核是否碰桩。做好沉桩记录,及时反馈桩的偏位情况,以便上部结构的处理。在恶劣天气(大风、大雨、能见度差)情况下,停止沉桩。沉桩结束后及时夹围檩,并在桩上设置警示装置,各种施工船舶不得在桩上带缆,加强对桩的保护。

c.钻孔灌注桩施工要随时观察钻进情况和成孔情况，根据钻进进度安排混凝土灌注时间，二次清孔后及时灌注。浇灌过程中要确保连续灌注，派专人勤测混凝土液面上升高度，合理拆卸导管。施工过程中做好钻孔记录及混凝土灌注记录。

10.竣工资料收集和编制(略)

11.安全管理及保证措施

(1)安全管理目标

①争创安全管理优胜单位。

②死亡事故发生率为零。

③不发生重大设备安全事故。

(2)安全生产执行依据

①《建筑施工安全检查标准》(JGJ 59)。

②《建筑机械使用安全技术规程》(JGJ 33)。

③《施工现场临时用电安全技术规范》(JGJ 46)。

④国家和地方的有关安全和消防条例。

(3)安全组织管理体系

本工程的安全组织管理体系如图 3.6-16。

(4)安全管理措施

①建立以项目经理为第一安全责任人的安全管理体系，制订安全责任制度和安全奖罚条例，通过规章制度落实安全保证措施。设立专职的安全员，负责督促现场的安全生产，做到“横向到边，纵向到底”，达到“一级抓一级、一级保一级”的全面控制目标。

②本工程安全管理体系设专职持证安全员，各工段、各单位施工负责人必须管安全，各班组设兼职安全员。工程进场开工前对参加施工的每一位人员均进行一次全面的安全教育，并进行安全知识考试，合格后方能安排上岗。

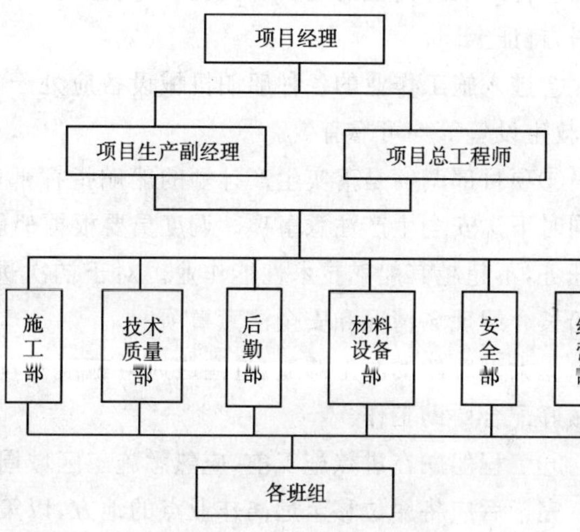

图 3.6-16　安全组织管理体系示意图

③实施标准化管理，开展施工现场安全布局标准化工作，设置“四牌一图”，且悬挂于醒目处，现场各作业面、通道口、危险地段各设安全提示牌。

④各分部、分项工程开工前，进行书面的安全技术措施交底，所有交底书需经项目经理、施工员、安全员、操作人员签字并留存备查。

⑤项目经理部与各个工段、班组、分包队伍等均应签订安全施工协议书，明确安全工作要求和双方应尽的责任，所有职工建立互保相监网络，实施“三不伤害”准则。

⑥操作人员必须召开班前安全措施会和班后安全交接会，并严格按劳动部安全操作规程施工。

⑦实行安全生产检查制度。根据不同施工的特点、不同的季节，组织实施施工生产全过程中的安全检查。安全检查员每日现场巡视，发现问题，及时督促整改，对教育不听的人员将进行经济处罚。在施工过程中，如发现危及人身安全的紧急险情，应立即制止，停止施工，待险情排除后方可施工。

(5)专项安全保证措施

①人员安全

a.进入施工现场的作业人员必须戴好安全帽，水上作业穿好救生衣；严禁赤脚、赤膊、穿拖鞋进入施工现场；杜绝违章作业。

b. 工作时间和在工作场所，严禁打闹、斗殴；严禁酒后作业。

c. 非经允许，不得进入警戒区和要害部位，不得擅自动用机械和其他设备。

②防火安全

a. 不定期的对消防设备（灭火器材）、危险品库检查，发现问题及时整改。

b. 现场的氧气、乙炔在使用时应保持一定的安全距离，乙炔瓶必须安装回火装置，远离火源且不准平放。

③季节性施工安全管理

a. 夏季防护（略）

b. 冬季防护（略）

(6)船舶安全管理

①各类施工船舶必须具备船舶检验机关和海事安全监督主管部门核发的有效证书，如：船舶适航证书（船舶营运执照）、船舶航行签证簿、船舶安全检查记录簿等。

②特殊工种岗位的船员（驾驶员、轮机员、吊车司机、电工等），必须具备主管机关核发的有效适任证书，持证上岗。

③进入施工作业的各种船舶机械设备应处于良好状态，如主副机、锚机、舵机、助航设备、消防系统、救生设备等均可靠有效。

④项目部调度是落实生产计划的船舶指挥部门，负责现场施工的船机调配，在下达任务指令时，应同时下达安全生产注意事项。调度员要根据船舶类型、特性、施工要求、水文气象条件，合理安排生产任务，不超越其船舶技术性能作业。对于初次进入作业区的船舶，调度员（或施工员）要亲自上船，向船长介绍现场情况和安全注意事项。

⑤大型船舶的海上调遣、进港避风等拖航行动，应听从上级生产主管部门的安排，现场调度要积极做好配合协助工作。

⑥工程船舶在进点施工前，应熟悉施工区域周围情况，根据任务要求和气象条件，合理选择锚位，施工完毕后应将船位移至远离作业点的地方，以策安全。

⑦根据施工船舶常在浅水区作业的特点，施工船舶要掌握船舶型深对水深的要求，防止搁浅施工，并在水位下降前将船位移至安全水域。

⑧船员在高处、舷外作业时必须配戴安全帽、安全带、救生衣等相应的防护用品，并有专人指挥、监护，确保安全。

⑨当接到上级生产部门下达的调遣拖航任务后，依照调遣计划，由拖轮船长制订拖航计划，落实安全拖航方案。被拖船应服从拖轮船长指挥，做好配合工作。主拖船、被拖船均应符合船舶主管部门的有关规定。

⑩根据季节变化的特点，各类船舶要分别做好防台防汛期间、防暑降温期间、防寒保暖期间的有关物资准备，做好梅雨季节的防止漏、触电事故的安全工作，做好迷雾时期的雾航安全保障及防火防爆工作。按照施工关键路线调整施工节奏，有张有弛，努力在天气许可作业的情况下做到紧张有序，而在天气恶劣的情况下调整，修养，维护。

(7)施工过程中防台防汛

①现场项目部成立以项目经理为组长的防台防汛小组，负责汛期及台风多发期间防台防汛措施的落实，以及日常的巡逻工作。

②准备防台、防汛物资设备及人员的配置，以使工程施工范围内的船舶、设备、工作人员、财产损

失降到最低限度。

③项目部设专人收听气象预报及台风警报，并及时报告防台防汛工作落实安排情况。

④经确认台风经过期间现场风力达到8级以上，则应把大型船舶拖离现场就近到避风锚地进行避风，小型船舶到跃进港内避风。

⑤台风多发期间现场施工应特别注意各种构件的稳固性，已沉的桩应严格按施工组织设计要求进行夹桩。

⑥注意保持通信畅通，及时与当地海事部门和业主代表、监理工程师联系，遇有损失情况应立即报告业主代表及监理工程师。

12. 文明施工（略）

13. 施工中的环境保护措施

(1)环保管理制度

①建立责任制度，由项目经理和项目书记总负责施工的环保管理工作，各分部负责人各负其责。

②组织环保学习和检查，特别是环保强制性规定的学习，使每个人自觉环保，形成有破坏环保必有举报的氛围。

③要保存完整环保资料和文件，如环境影响评价，许可证等。

(2)水域环保措施

①船舶的抛锚、信号灯等严格按政府部门的要求设置，所有新增加的系船浮标等一经布置立即予以记录并上报监理工程师或业主，工程竣工后全部清除，上报清除记录。

②租用的施工船舶，严禁将生活垃圾、粪便等倾入江中；船舶修理，日常维修所产生的废机油、废弃物等应有专门的收集箱，定期处理。

(3)陆域环保措施

①管理区严格按环保规程要求搭建大临设施；污水排放、化粪池的建造等应征得当地环卫部门的同意，并定期处理；对易燃、易爆物如氧、乙炔、油漆等严格按规范要求搭建、堆放。

②紧密与当地环卫部门联系，对大型临时设施搭建过程中产生的建筑垃圾或施工过程中产生的如刨花、生产垃圾等落实去处，定期处理。确保施工管理区环境整洁。

③施工铭牌、道路信号等明显标志应符合当地环保部门要求，经工程师或业主同意方能设立。对经常使用的公用设施、道路等派专人负责清扫。

14. 职业健康保证措施（略）

15. 工程成本控制（略）

第四篇 测 量 定 位

第一章 概 述

建筑物的桩基是由一定数量的基桩按某种分布规则排列而成的一个群桩组合。建筑物有地理位置上的要求,桩基也一样。桩基中的基桩之间也有一定的相对位置关系,因此在桩基工程的施工中需要通过一定的测量定位手段,来保证基桩位置的正确。

桩基工程的测量定位是依据一定的测量理论,通过相应的测量仪器和定位方法,将每一根基桩施打在设计要求的位置上。

按桩基工程所处地表位置上的不同,桩基工程可分为陆上桩基工程和水上桩基工程两大类。陆上桩基工程,其定位方式相对简单,只需将桩基中每一基桩的设计桩中坐标通过一定的测量方法(如极坐标法、交会法等),预先将桩位标定在实地上,施工人员即可按标定位置进行桩基施工。对于水上桩基工程,其桩中坐标一般无法预先实地标定,故其定位过程相对复杂。水上打桩的定位工作一般是实时进行的,即通过测量仪器,实时进行桩基的定位。本篇主要介绍的是水上打桩定位的常用方法及其原理。对陆上桩基工程而言,则重点放在对基桩坐标的推算方面。在本篇的最后一章将着重介绍由中交三航局研制开发的 GPS 打桩定位系统。

第一节 测量施工准备

项目部技术负责人和测量主管应在开工前踏勘施工现场,认真研究施工设计图纸,根据工程的规模、施工现场的实际情况及设计的要求,确定桩基施工的定位方式,所需要测量技术人员的数量、测量设备的等级和数量等,做好开工前的准备工作。

一、施工组织设计中的测量方案的编写

在工程开工前必须编制工程的《 测量施工组织设计》,作为工程施工中对测量工作的技术指导性文件。《测量施工组织设计》可以独立成册,也可以纳入《工程施工组织设计》之中。《测量施工组织设计》须报上级主管部门、监理审批,经监理认可后生效。施工组织设计中测量方案的内容主要应包括:根据设计要求,提出测量工作的技术依据、主要任务和实施方案;平面及高程坐标系统的说明,坐标系统的转换关系;首级施工控制网起算点的来源及说明;首级及加密施工控制网的测设方案、计算方法,施工控制网的复测计划;施工放样方案及其他测量技术方案;对桩基工程测量定位技术和质量控制的疑难、复杂测量问题的解决方案;工程施工中的变形测量方案及数据的处理方法;结合工程量和施工进度计划,提出相应的测量人员、测量仪器和设备的配备使用计划等。

二、测量仪器的选用和校验

根据工程的规模、设计要求和测设方案中的测量方法可参照表 4.1-1 选择定位仪器等。

测量仪器选择表 表 4.1-1

相应于测量控制网等级 / 施工控制网形式 \ 建筑物离岸距离(m)		10～200	200～500	500～1 000	1 000～2 000	2 000 以上
定位仪器及装置						
a	DJ_6(经纬仪)	a	—	—	—	—
b	DJ_2(经纬仪)	b	b	b	b	—
c	DJ_1(经纬仪)	c	c	c	c	c
d	测距仪(I～II级)	d	d	d	d	—
e	全站仪	e	e	e	e	e
f	微波定位系统	—	f	f	f	f
g	GPS 导航定位系统	—	—	—	g	g
h	S_3、S_1、$S_{0.5}$水准仪	S_3	S_3	S_1	$S_{0.5}$	—

在用测量仪器必须具备有效的鉴定合格证书，严禁无鉴定合格证或鉴定合格证过期(或失效)的仪器投入使用。测量仪器的定期鉴定应在政府计量(技术监督)局授权(指定)的单位进行。

在仪器鉴定的有效期内，应视仪器的具体使用情况对仪器的个别技术指标进行常规性检验、校正。检校方法和要求按国家计量鉴定标准的要求进行，检校工作要做好记录。

三、原始测量控制网点的文接验收

首级施工测量控制网的起算点应来源可靠、数量足够、精度等级符合要求。测量主管工程师、项目部技术主管和测量施工员应会同供点单位对所提供的控制点进行现场确认，办妥书面交接手续。对接受的起算点在使用前应对其坐标、高程进行复测，发现问题，及时同供点单位取得联系，妥善解决。

平面控制网和高程控制网应符合下列要求。

(1)平面控制网的坐标系统应与工程设计采用的坐标系统相同或进行必要的坐标转换；高程控制网的高程系统应与工程设计采用的高程系统相同。

(2)在利用原有平面控制网时，除精度应满足工程需要外，还应满足投影所引起的长度变形不应超过 1/40 000 的要求。否则，要与设计部门和业主联系，重新进行投影换算。

(3)小型单项工程，当原控制网点精度不能满足工程需要时，可选用原控制网中的一个控制点和一个方位作为施工控制网的起算数据。

(4)应对平面与高程控制网(点)进行统一编号和绘制平面图。控制网点必须采取有效措施保护。

(5)施工测量平面与高程控制网建立后，有关方面应组织验收。未经验收的平面与高程控制网不得启用。

(6)施工测量平面与高程控制网应定期进行检测。

四、测量控制网点的布设

各工程开工前，项目部技术主管应组织测量人员在工程的施工区域及周边地区布设首级施工测量控制网，用以控制工程的总体位置（包括平面及高程位置）。

首级平面施工控制网根据工程的要求可以布设成导线网、三角网、边角网、测边网、GPS 网等形式；高程控制网原则上应使用水准网的形式，特殊情况下可以采用三角高程的形式（此时的最高精度等级相当于四等水准）。各类施工控制网的布置和测设应符合相应的现行规范的要求。根据工程的规模、设计要求和测设方案中的测量方法可参照表 4.1-2 选择首级控制网的等级、形式及定位方法。

首级控制网的等级、形式及定位方法选择表　　表 4.1-2

建筑物离岸距离(m) / 相应于测量控制网等级 / 施工控制网形式	10～200	200～500	500～1 000	1 000～2 000	2 000 以上
直伸导线	二级导线	一级导线			四等导线
L 形基线	二级导线				
结点导线	二级导线	一级导线			四等导线
插网、插点	二级小三角 二级小三边	一级小三角 一级小三边			四等小三角 四等三边
导线、矩形混合控制网	一级导线、一级小三边、一级小三角				
平台扩大扇形网				一级导线 一级小三边	四等导线 四等三边
三角、三边网			一级小三角 一级小三边		四等导线 四等三边
GPS 网	一、二级 GPS 测量		一级 GPS 测量		国家 B 级 GPS 测量
水准网等级	四等	四等	四等	三等	三等

定 位 方 法

		10～200	200～500	500～1 000	1 000～2 000	2 000 以上
A	L 形基线法	A	—	—	—	—
B	角度前方交会法	B	B	B	B	—
C	测距仪极坐标法	C	C	C	C	—
D	全站仪坐标法	D	D	D	D	—
E	自动跟踪定位法	E	E	E	E	E
F	定位平台法	—	—	F	F	F
G	GPS 定位法	G	G	G	G	G

首级施工控制网应布点合理，布点位置应相对稳定，埋设牢固，标识清楚，应保证一定的密度和施测精度，并采取必要的保护措施。

首级施工控制网测设成果必须形成相应的技术报告，内容包括概述、布点情况、测量过程、原始记录、计算过程、精度评定、点位布置图、仪器状况及其他说明等。

首级施工控制网布设成果必须经验收合格并办妥有关手续后才能使用。验收过程按二级程序进行。即：对于一般工程，首先由上级部门对项目部布设的首级控制网进行验收，合格后再交由业主（或由业主授权单位）进行验收；对于重大工程，首先由局会同分公司对项目部布设的基线进行验收，合格后再交由业主（或由业主授权单位）进行验收。

项目部为方便施工需要，可在首级控制网的基础上布设次级施工控制网，次级施工控制网须经业主确认，并办妥确认手续。

项目部对施工控制网应加强维护、定期复测。对因遭受外力作用而怀疑控制点有沉降、位移时，应及时复测，修正控制点成果。复测成果应报业主认可。

第二节　基本桩型及桩参数

桩的形状按其横截面可分为方桩、管桩和异型桩。方桩即是指桩的横截面为正方形的桩；管桩则是指其横截面为圆形的桩，管桩有时也称为圆桩；异型桩如H形钢桩、钢板桩、BOX桩等，在实际测量工作中往往可以近似于方桩进行测量控制。

从桩的入土形态上看，有直桩和斜桩之分。直桩指的是垂直入土的桩，而斜桩则是指入土时带有一定倾斜坡度和平面扭角的桩。

所谓桩的倾斜坡度是指桩的任意一段中轴线在与桩中轴线重合的垂直平面上的垂直分量与水平分量之比，通常表述为$n:1$，如图4.1-1所示。倾斜坡度是描述桩身倾斜大小的量，其中，n值越小，说明桩身倾斜量越大；反之，n值越大，说明桩身倾斜量越小。直桩可以理解为是当$n \to \infty$时的斜桩，故直桩也可以看作是斜桩的一个特例。

桩的平面扭角，是指桩中轴线的水平投影与桩基结构中某一指定轴线的夹角，如图4.1-2所示。图中，A排的两根斜桩扭角指定为桩中轴线水平投影线与横轴线A的夹角，且方向相反；C排的两根斜桩扭角指定为桩中轴线水平投影线与1号、3号纵轴线的夹角。为统一扭角值，便于打桩定位数据的电脑程序化计算，对桩的平面扭角归算到方位角，即桩的平面扭角是指该桩所在打桩船的船体中轴线的方位角。由此，使得桩的平面扭角值唯一。这里，船体中轴线的方向规定为由桩中指向船体，如图4.1-3所示。

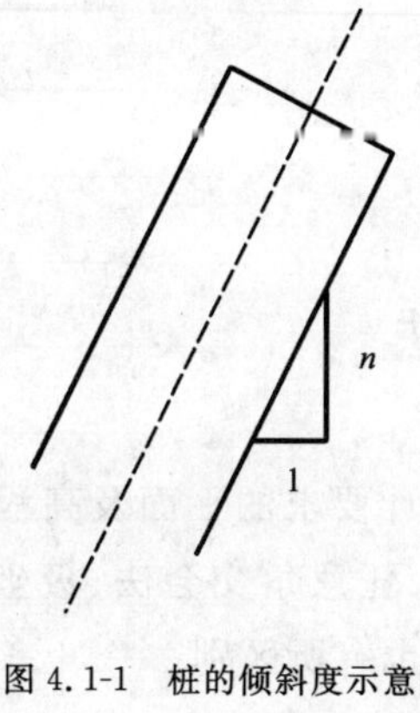

图4.1-1　桩的倾斜度示意图

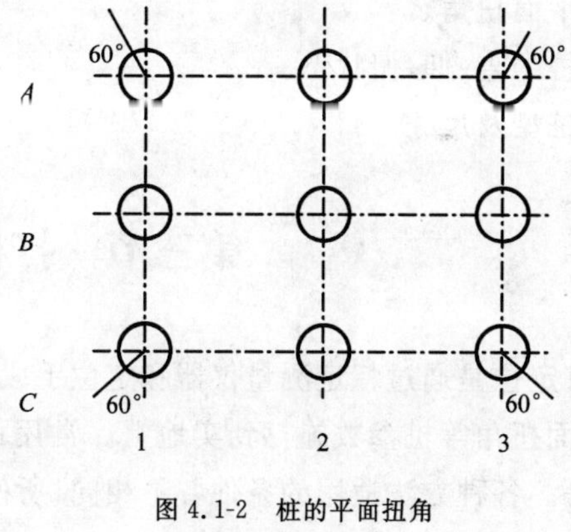

图4.1-2　桩的平面扭角

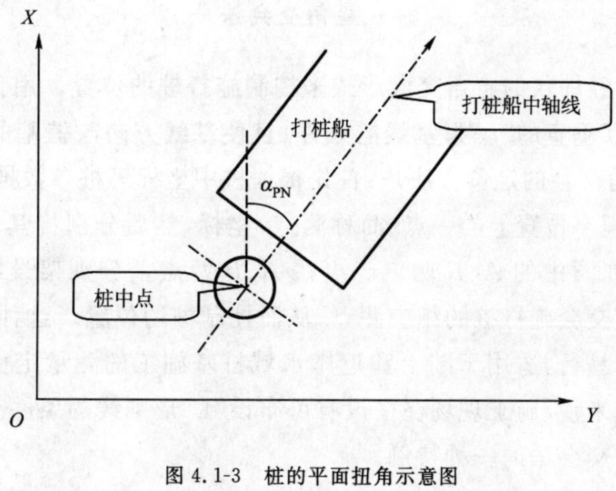

图4.1-3　桩的平面扭角示意图

图中的 α_{PN} 即为归算到方位角的桩的平面扭角。

从桩在打入时的状态上看，随着桩身在打桩船桩架的前俯、后仰等情况，所打的桩又有直打桩、仰打桩和俯打桩之分，如图 4.1-4 所示。

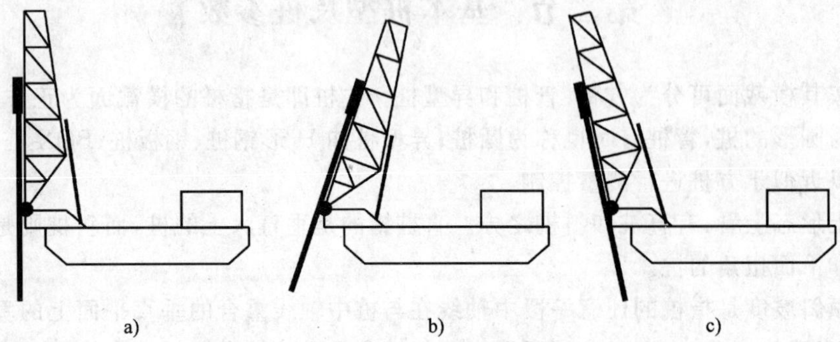

图 4.1-4　沉桩状态示意图

a)直打桩；b)仰打桩；c)俯打桩

在桩基工程中，为了确定某一基桩的位置及入土时的状态，需要确定一组打桩参数，简称桩参数。打桩定位数据是根据定位方式及桩参数来计算的。打桩定位参数主要包括如下几个数据。

(1)桩中坐标：在一定设计高程的桩中心坐标。

(2)桩位高程：过桩中坐标位置处的水平面高程。

(3)桩顶高程：桩顶设计高程。

(4)倾斜坡度。

(5)平面扭角。

(6)桩的直、仰、俯状态。

(7)桩型及尺寸。

第三节　打桩定位的常用方法

打桩定位是通过特定测量仪器和定位手段，将一定规格的桩按设计要求的平面及高程位置、倾斜坡度、平面扭角等桩参数施打到实地上。常用的方法有：直角交会法、任意角交会法、极坐标法、GPS定位法等。各种方法适用的条件各不相同，所使用的仪器数量及种类也有所区别。

一、直角交会法

直角交会法即是通过经纬仪的直角交会形式来控制施打桩的位置。用直角交会法进行打桩定位时，需要有可布设两条相互垂直的“L”形基线的条件，且使基线方向与桩基的轴线方向相互垂直或平行，如图 4.1-5 所示。直角交会的定位方法是：首先根据桩中坐标等桩参数推算出桩棱边(对于管桩则为相应的切线)在一定高程上位置上的一点(简称测点)坐标，然后分别将其垂直投影到“L”形基线的正面和侧面两条基线上，如图中的 A、B 两点。再在 A、B 两点上分别架设经纬仪，后视基线的 0°或180°方向，转角 90°或 270°交会施打桩的相应测点，从而控制桩的位置。这种方法的优点是直观明了，计算方法及测量过程简单易行，适用于陆上和近岸水域桩基施工的测量定位。缺点是受施工现场的场地条件制约较大。一般来说，施工现场往往没有可布设“L”形基线的条件。此时应使用任意角交会法。直角交会法是任意角交会法的一种特例。

二、极坐标法

极坐标法就是通过同时采用测角、测距的方法进行打桩定位的工作。其基本方法是：首先在控制点 A 上架设全站仪（或半站仪），后视基线的后视方向，然后转角到施打桩的测点方向上，再通过测距来进行桩的定位工作，如图 4.1-6 所示。为测定控制点至桩测点的距离，在桩的测点处还需安置反光棱镜。

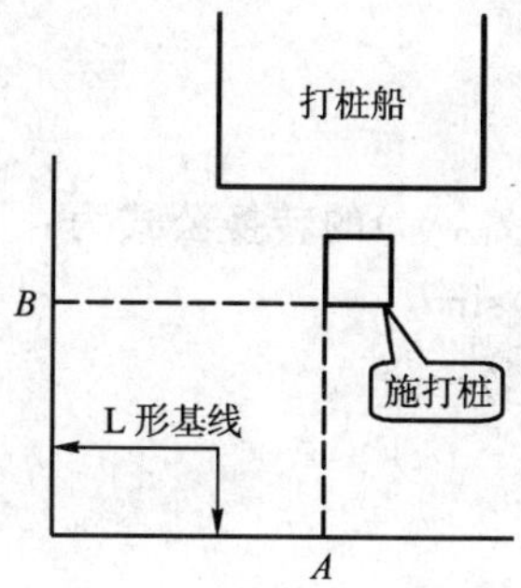

图 4.1-5　直角交会法示意图

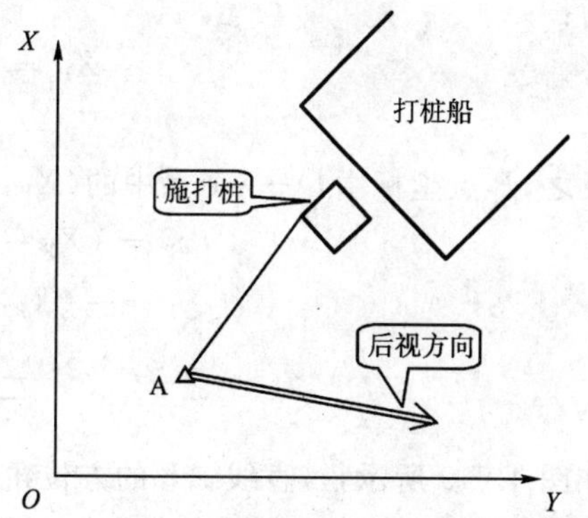

图 4.1-6　极坐标法定位示意图

三、任意角交会法

任意角交会法类似于前方交会法。这种方法无需“L”形基线，只需通过在码头后方陆域上的若干个控制点上架设经纬仪交会施打桩的测点即可，如图 4.1-7 所示。

理论上，任意角交会法只需两台经纬仪即可。但在实际定位时，往往使用三台经纬仪同时进行交会，以防差错。在任意角交会中，由于无需使用全站仪，而只需使用三台普通经纬仪即可进行打桩定位工作，因此这一方法适合于大部分施工单位的仪器装备情况。从定位方式上讲，任意角交会法对施工后方场地无特殊要求，布点方法灵活，适应于大多数码头桩基工程的施工。虽计算工作相对复杂，但由于现在计算机及程序计算器的普及已使计算工作变得简单，故目前被广泛采用。

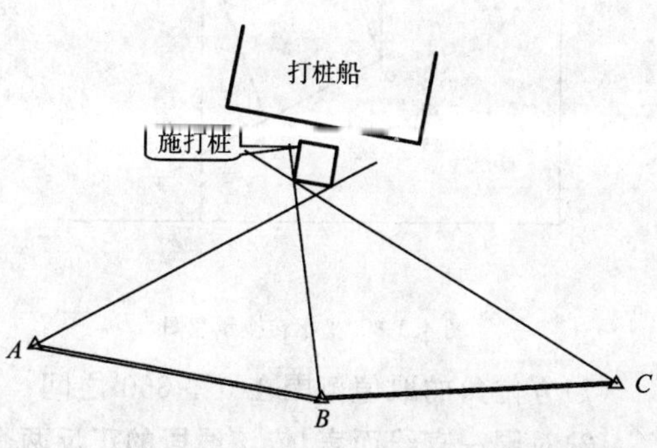

图 4.1-7　任意角交会法示意图

四、GPS 打桩定位系统

为解决远海工程桩基定位问题，2002 年中港三航局研制了“海工工程 GPS 远距离打桩定位系统”。其基本定位原理是：首先以 GPS 作为基本定位仪器对打桩船进行定位，在此基础上，配合辅助测量设备对施打桩的桩位进行精确定位，以提高系统的定位精度。目前国内外各种 GPS 打桩定位系统的原理基本相同，只是定位精度上有所差别。

第四节　常用的基本数学公式

从上述几种常用的定位方法中可以看出，对打桩定位数据的计算基本上可归结为对测点的坐标、仪器定位角和定位测距等数据的计算。

一、坐标变换公式

如图 4.1-8 所示，设有两个坐标系 $O-XY$ 和 $o-xy$。其中，$o-xy$ 系的原点 o 在 $O-XY$ 系中的坐标为 (X_O,Y_O)，$o-xy$ 系的纵轴相对于 $O-XY$ 系的纵轴有一个顺时针旋转的 α 角。另设有一点 P，其在 $o-xy$ 系中的坐标为 (x_P,y_P)，在 $O-XY$ 系中的坐标为 (X_P,Y_P)。

则对于 P 点来说，将其由 $o-xy$ 系中的坐标 (x_P,y_P) 转换至 $O-XY$ 系中的坐标 (X_P,Y_P) 的转换公式为：

$$\begin{aligned} X_P &= x_P\cos\alpha - y_P\sin\alpha + X_O \\ Y_P &= x_P\sin\alpha + y_P\cos\alpha + Y_O \end{aligned} \tag{4.1-1}$$

反之，P 点坐标由 $O-XY$ 系中的 (X_P,Y_P) 至 $o-xy$ 系中的 (x_P,y_P) 的转换公式为：

$$\begin{aligned} x_P &= (X_P - X_O)\cos\alpha + (Y_P - Y_O)\sin\alpha \\ y_P &= -(X_P - X_O)\sin\alpha + (Y_P - Y_O)\cos\alpha \end{aligned} \tag{4.1-2}$$

二、方位角计算公式

如图 4.1-9 所示，一直线 AB 的方位角定义为：以坐标轴纵轴方向为起始方向，顺时针旋转（也称正向旋转）至该直线的夹角。由方位角的定义可知：

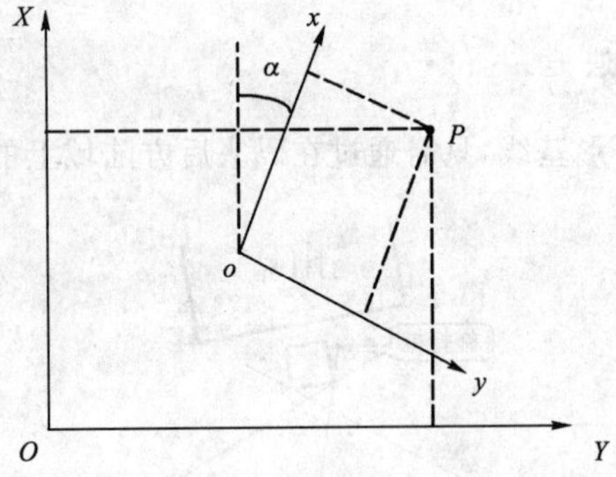

图 4.1-8 坐标转换示意图

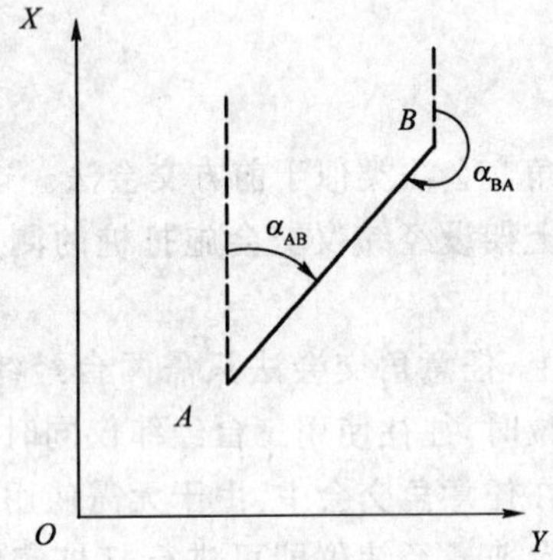

图 4.1-9 旋转角示意图

(1)方位角的取值范围在 0°～360°之间；

(2)对同一直线而言，依该线段的正反两个方向（由 A 到 B 或由 B 到 A）可得两个不同的方位角值，两者相差 180°。

方位角一般记之为 α，并用脚注来标明方向，如图中的 α_{AB} 及 α_{BA} 等。对于线段 AB，由线段上 A 点至 B 点方位角的理论计算公式为：

$$\alpha_{AB} = \arctan\frac{Y_B - Y_A}{X_B - X_A} \tag{4.1-3}$$

反之，由 B 点至 A 点方位角的理论计算公式为：

$$\alpha_{BA} = \arctan\frac{Y_A - Y_B}{X_A - X_B} \tag{4.1-4}$$

式中：X_A、Y_A——分别为线路端点 A 的纵横坐标；

X_B、Y_B——分别为线路端点 B 的纵横坐标。

从计算结果上看，由式(4.1-3)及式(4.1-4)所算得的线段正、反向方位角的数值是一样的，即有 $\alpha_{AB}=\alpha_{BA}$，其中两者间的差值 180°被忽略了，这是因为式中 $\frac{Y_B-Y_A}{X_B-X_A}=\frac{Y_A-Y_B}{X_A-X_B}$ 的缘故。另一方面，依上述两式进行方位角计算时，还有可能使所算得的方位角出现负值，这与方位角的定义向背。因此，在按式(4.1-3)进行方位角计算时，还需对所算得的方位角进行象限判断并据此加以取正改化。象限判断和取正改化按下表要求进行。

表 4.1-3

判断条件	$X_B-X_A>0$	$X_B-X_A<0$	$X_B-X_A<0$	$X_B-X_A>0$
	$Y_B-Y_A>0$	$Y_B-Y_A>0$	$Y_B-Y_A<0$	$Y_B-Y_A<0$
α_{AB}所处象限	I	II	III	IV
α_{AB}取值(°)	α_{AB}	$\alpha_{AB}+180°$	$\alpha_{AB}+180°$	$\alpha_{AB}+360°$

在依式(4.1-3)进行方位角计算时，需按表 4.1-3 进行方位角的象限判断和取正改化，无须进行象限判断和取正改化的方位角计算公式如下：

$$\alpha_{AB}=180°-90°\text{sgn}(Y_B-Y_A)-\arctan\frac{\Delta X_{AB}}{\Delta Y_{AB}} \tag{4.1-5}$$

公式中用到了符号函数 sgn 的定义为：$\text{sgn}x=\begin{cases}1 & x>0\\ 0 & x=0\\ -1 & x<0\end{cases}$

式中：ΔX_{AB}——为 A 至 B 的 X 坐标增量，$\Delta X_{AB}=X_B-X_A$；

ΔY_{AB}——为 A 至 B 的 Y 坐标增量，$\Delta Y_{AB}=Y_B-Y_A+10^{-25}$。

式中给 Y 坐标增量 ΔY_{AB}加上一个 10^{-25}的微小数字主要是为防止当出现 $Y_B-Y_A=0$ 时而造成计算上的错误。需要指出的是，由于 10^{-25}这一数字非常微小，它的加入给 α_{AB}的计算带来的误差影响可以完全忽略。利用式(4.1-5)进行方位角的计算时，省去了象限判断过程，这里的判断工作留给了符号函数 sgn 去完成。

此外，在常用的工程类计算器中，提供的极坐标函数功能可直接应用于工程测量中的距离和方位角的计算。

三、角度制式的转换

测量计算中经常遇到的角度表示制式主要有两种：一种是弧度制；另一种是角度制。一般的电脑程序语言中都给出了上述两种制式的转换函数，其实际转换关系如下：

(1)由弧度制向角度制的转换

$$\beta_{角}=\beta_{弧}\cdot\frac{180}{\pi} \tag{4.1-6}$$

(2)由角度制向弧度制的转换

$$\beta_{弧}=\beta_{角}\cdot\frac{\pi}{180} \tag{4.1-7}$$

式中：$\beta_{角}$——角度制表示值；

$\beta_{弧}$——弧度制表示值。

进一步，在角度制式中，其表示方法也有两种：一种是 10 进制表示形式；另一种是 60 进制表示形式。角度制的 10 进制表示形式是在角度参与相关计算时需要的，而角度制的 60 进制形式则是在角度测量时需要的，因为大部分角度测量仪器均是以角度制的 60 进制形式表示的。这两种形式的换算关系一般的电脑程序语言中并未直接给出，此时就需要建立这两种形式的转换关系。以下给出这两种表示形式的转换关系。

(1)角度制的 10 进制形式向 60 进制形式的转换

$$\begin{aligned}\beta_{60}=&\text{int}(\beta_{10})+\text{int}((\beta_{10}-\text{int}(\beta_{10}))\cdot 60)/100\\&+((\beta_{10}-\text{int}(\beta_{10}))\cdot 60-\text{int}((\beta_{10}-\text{int}(\beta_{10}))\cdot 60))\cdot 60/10\,000\end{aligned} \tag{4.1-8}$$

式中：β_{60}——角度制的 60 进制表示值；

β_{10}——角度制的 10 进制表示值；

int——取整函数，一般的程序语言中都有此函数。

上式右面的第一项为度(°)值，第二项为分(′)值，最后一项为秒(″)值。如，由式(4.1-8)计算得到的某角值为 $\beta_{60}=12.345\,678$，则其习惯表示应为 $\beta_{60}=12°34'56.78''$。

(2)角度制的 60 进制形式向 10 进制形式的转换

$$\begin{aligned}\beta_{10} &= \text{int}(\beta_{60}) + \text{int}((\beta_{60}-\text{int}(\beta_{60}))\cdot 100)/60 \\ &\quad + (\beta_{60}\cdot 100 - \text{int}(\beta_{60}\cdot 100))\cdot 100/3\,600\end{aligned} \tag{4.1-9}$$

式中：各变量及函数符号意义同前。

这一转换，使得角度的度、分、秒制式化成了 10 进制式。如上面的 $\beta_{60}=12°34'56.78''$ 经由式(4.1-9)转换后化为 $\beta_{10}=12.582\,438\,89$，读作 12 点 58 243 889 度。

四、前方交会（依方位角）的计算公式

一般书中给出的前方交会公式是以控制点 A、B 的坐标及交会角 α、β 来进行交会角坐标计算的。这套计算公式要求 A、B 两控制点的位置不能颠倒，如图 4.1-10 所示。否则，交会点 P 会出现在 AB 连线的下方，造成交会点的不唯一性，如图 4.1-11 所示。

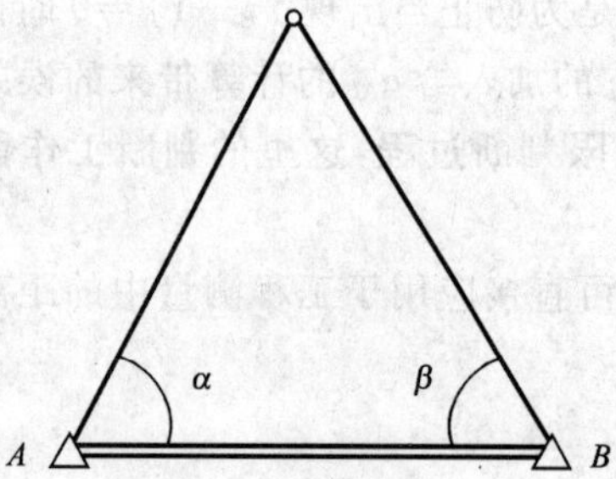

图 4.1-10　前方交会示意图 1

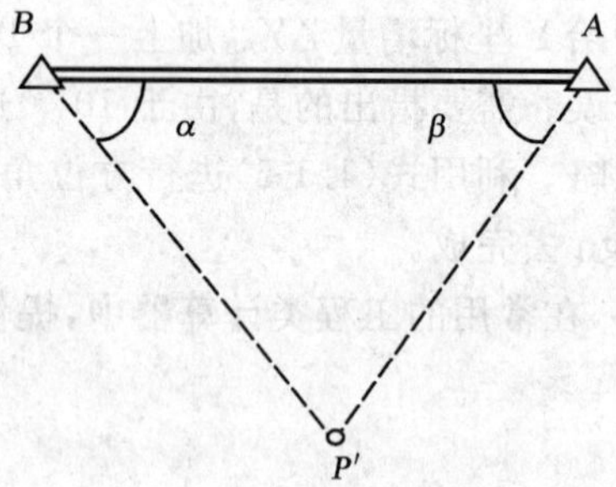

图 4.1-11　前方交会示意图 2

本章给出的依方位角进行前方交会的计算公式能有效地避免上述情况的发生。该公式的输入参数为 A、B 两控制点坐标(X_A，Y_A)和(X_B，Y_B)以及由 A、B 两点分别至 P 点的方位角观测值 α_{AP} 和 α_{BP}。计算公式如下：

$$\begin{aligned} X_P &= \frac{X_B\tan\alpha_{BP} - X_A\tan\alpha_{AP} + Y_A - Y_B}{\tan\alpha_{BP} - \tan\alpha_{AP}} \\ Y_P &= \frac{Y_B\cot\alpha_{BP} - Y_A\cot\alpha_{AP} + X_A - X_B}{\cot\alpha_{BP} - \cot\alpha_{AP}} \end{aligned} \tag{4.1-10}$$

与一般前方交会计算公式相比，在式(4.1-10)中，用观测方位角 α_{AP} 和 α_{BP} 取代了图 4.1-10 中的 α 和 β。

第二章　交会定位法

水上常规打桩定位方法有交会定位法（包括直角交会法和任意角交会法）和极坐标定位法两种。

桩的交会定位，就是通过在桩的前、侧方若干个控制点上架设经纬仪来同时对施打桩进行交会定位而得的桩中设计位置。由于桩中位置实际是看不到的，因此交会目标不能是桩中，而通常是桩的棱边（对方桩而言）或切线（对管桩而言）。实际定位时，桩的交会定位是通过控制桩的一条棱边或切线在一定高程上的位置（即测点）来进行的。因此，将桩中坐标换算到一定高程水平面上的测点坐标是打桩交会定位计算中的一个关键步骤。

桩的极坐标定位法通常也需要进行测点坐标的计算，然后在测点上安置棱镜，用测距仪或全站仪进行桩的极坐标定位。但在有的情况下，由于测点上无法直接安置棱镜，而必须将棱镜安置在桩身以外一定位置时，则此时还需确定棱镜与测点或桩中的相对关系，以便通过测定棱镜的位置来间接地测定桩中的位置，达到定位的目的。

第一节　方桩的交会定位

对桩的交会定位实际就是对桩测点的交会定位。桩的测点通常可以放在桩位设计高程上。但在实际工作中由于各种原因往往引起桩位设计高程上的测点不能与测站通视，从而造成不能进行打桩定位的情况。此时，就需要通过提高测点的高程来解决这一问题。因此，对桩的测点坐标的计算包括设计高程上的测点坐标和提高控制高程后的测点坐标两部分。

一、设计高程上的方桩测点坐标的计算

前面提到，桩入土时的倾斜方式是用倾斜坡度 $n:1$ 来描述的，这里当 $n\to\infty$ 时说明为直桩。因此在一般情况下，桩的水平截面可以表述为一个矩形。设桩的横截面尺寸为 $a\times a$，则桩的水平截面尺寸一般可以表示为 $a\times b$（其中 $b\geqslant a$），当所打桩为直桩时，有 $b=a$。

从一般情况出发，设在施工坐标系 $O-XY$ 中，某方桩的横截面为 $a\times a$，倾斜坡度为 $n:1$，平面扭角为 α_{PN}，设计高程上的桩中坐标为 (X_O,Y_O)。为方便在设计高程上该桩的左、右两测点 P_L 及 P_R 的坐标计算，特设立一个坐标系 $o-xy$，并使该坐标系的原点在桩中心上，x 轴与打桩船轴线重合，方向由桩中指向船体，并称此坐标系为桩中坐标系，如图 4.2-1 所示。

图 4.2-1 中，a 为方桩横截面的宽度，b 与桩身的倾斜坡度 $n:1$ 有关。由图 4.2-2 可知，由于 $b:a=\sqrt{n^2+1}:n$，故有：

$$b=\frac{a}{n}\sqrt{n^2+1} \tag{4.2-1}$$

式中：当 $n\to\infty$ 时，有 $b=a$，即为直桩情况。

由此，可以方便地得到测点 P_L、P_R 在桩中坐标系 $o-xy$ 中的坐标 (x_{PL},y_{PL}) 及 (x_{PR},y_{PR})：

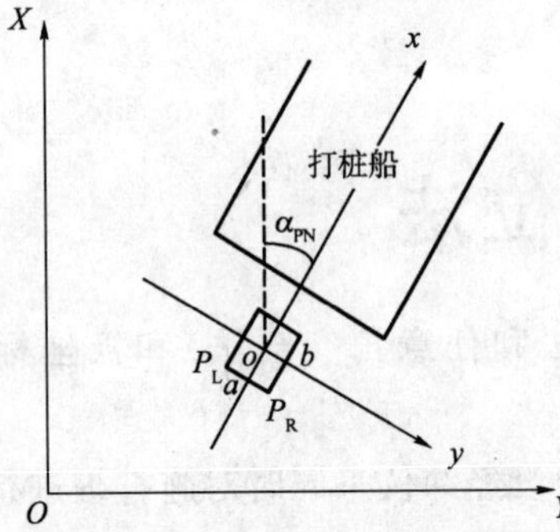

图 4.2-1　沉桩平面扭角示意图

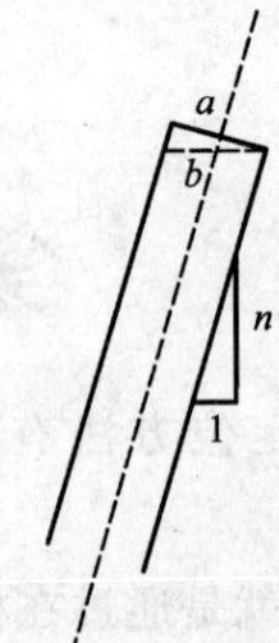

图 2-2　桩身倾斜坡度示意图

$$x_{PL}=-\frac{b}{2}=-\frac{a}{2n}\sqrt{n^2+1}$$
$$y_{PL}=-\frac{a}{2} \tag{4.2-2}$$

及

$$x_{PR}=-\frac{b}{2}=-\frac{a}{2n}\sqrt{n^2+1}$$
$$y_{PR}=\frac{a}{2} \tag{4.2-3}$$

根据式(4.1-1)的坐标换算公式，可得到设计高程上方桩左、右两测点的施工坐标计算公式，分别如下：

$$X_{PL}=-\frac{a}{2n}\sqrt{n^2+1}\cos\alpha_{PN}+\frac{a}{2}\sin\alpha_{PN}+X_O$$
$$Y_{PL}=-\frac{a}{2n}\sqrt{n^2+1}\sin\alpha_{PN}-\frac{a}{2}\cos\alpha_{PN}+Y_O \tag{4.2-4}$$

$$X_{PR}=-\frac{a}{2n}\sqrt{n^2+1}\cos\alpha_{PN}-\frac{a}{2}\sin\alpha_{PN}+X_O$$
$$Y_{PR}=-\frac{a}{2n}\sqrt{n^2+1}\sin\alpha_{PN}+\frac{a}{2}\cos\alpha_{PN}+Y_O \tag{4.2-5}$$

作为特例，当 $n\to\infty$ 时，可得直桩左、右测点施工坐标的计算公式：

$$X_{PL}=-\frac{a}{2}\cos\alpha_{PN}+\frac{a}{2}\sin\alpha_{PN}+X_O$$
$$Y_{PL}=-\frac{a}{2}\sin\alpha_{PN}-\frac{a}{2}\cos\alpha_{PN}+Y_O \tag{4.2-6}$$

$$X_{PR}=-\frac{a}{2}\cos\alpha_{PN}-\frac{a}{2}\sin\alpha_{PN}+X_O$$
$$Y_{PR}=-\frac{a}{2}\sin\alpha_{PN}+\frac{a}{2}\cos\alpha_{PN}+Y_O \tag{4.2-7}$$

二、提高控制高程后的测点坐标计算

在打桩定位过程中，由于潮水及其他因素的影响，往往会发生桩在设计高程上的测点位置无法看到的情况。解决这一问题的办法就是将测点的位置提高一个高程量 h，如图 4.2-3 所示。此时，对

于提高 h 后的桩截面位置相对于没有提高高程时的桩截面位置在水平面上有一个平移量 Δx，如图 4.2-4 所示。

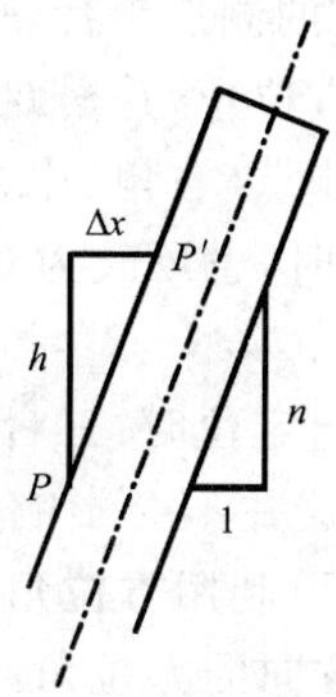

图 4.2-3　提高控制高程示意图

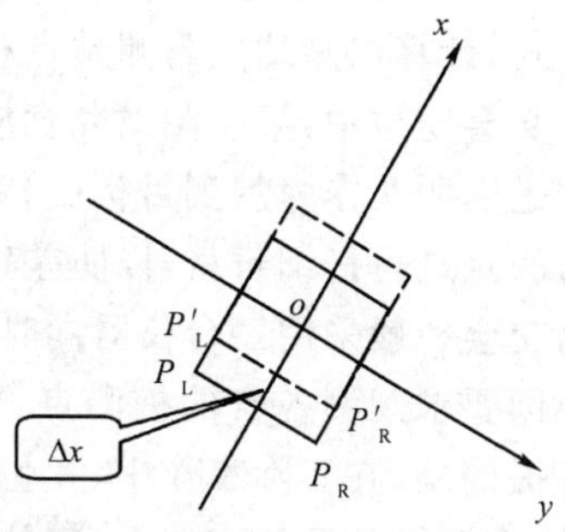

图 4.2-4　提高控制高程后桩截面示意图

从图中可以看出，由于控制高程的提高，使得原测点 P 移到了 P' 的位置上，而 P' 点相对于 P 点在 $o-xy$ 系中的 y 方向上并无变化，只是在 x 方向上有一增量 Δx。由图 4.2-3 可知：

$$\Delta x = \pm \frac{h}{n} \tag{4.2-8}$$

这里，式(4.2-8)的正负取号视桩的仰、俯打情况而定。由图 4.2-3 及图 4.2-4 知，当施打桩为仰打时，Δx 前应取"+"号；反之，当施打桩为俯打时，Δx 前应取"−"号。

这样，由式(4.2-4)及式(4.2-5)显见，在提高控制高程 h 后，桩的左、右测点在施工坐标系中的坐标分别为：

$$\begin{aligned} X_{PL} &= \left(-\frac{a}{2n}\sqrt{n^2+1}+k\frac{h}{n}\right)\cos\alpha_{PN}+\frac{a}{2}\sin\alpha_{PN}+X_O \\ Y_{PL} &= \left(-\frac{a}{2n}\sqrt{n^2+1}+k\frac{h}{n}\right)\sin\alpha_{PN}-\frac{a}{2}\cos\alpha_{PN}+Y_O \end{aligned} \tag{4.2-9}$$

$$\begin{aligned} X_{PR} &= \left(-\frac{a}{2n}\sqrt{n^2+1}+k\frac{h}{n}\right)\cos\alpha_{PN}-\frac{a}{2}\sin\alpha_{PN}+X_O \\ Y_{PR} &= \left(-\frac{a}{2n}\sqrt{n^2+1}+k\frac{h}{n}\right)\sin\alpha_{PN}+\frac{a}{2}\cos\alpha_{PN}+Y_O \end{aligned} \tag{4.2-10}$$

式中，k 为仰俯打符号系数，视桩的仰俯打情况而定。当施打桩为仰打时，取 $k=+1$；反之，当施打桩为俯打桩时，取 $k=-1$。

三、方桩的交会定位

方桩包括正方形、矩形、H 型钢桩，钢板桩也近似按方桩进行测量定位。

有了桩的测点坐标，我们就可以进行桩的交会定位。交会定位方法一般有两种，即直角交会法和任意角交会法。

所谓直角交会法，即是将测点坐标分别垂直投影到"L"形基线的正、侧面两基线上，然后在两基线的投影点上同时各架设一台经纬仪，相对于基线转角 90°或 270°交会得到施打桩的施打位置，参见图 4.1-5。由于直角交会需要施工现场具备可以布设"L"形基线的场地条件，并需将桩测点投影到正、侧两基线上，此外，对斜桩而言，同一根桩不同高程处的测点坐标在正、侧基线上的投影点是不同的，需分别进行测站点投影，在定位时还需频繁搬站。因此，虽然直角交会原理简单，但在大多数的实际工作中是不可行的或是不方便的。加之直角交会使用的是两台仪器，交会时无校核条件，故现在已较少采用。

交会定位的另一个方法是任意角交会法，参见图 4.1-7。由于在任意角交会中无须"L"基线，基线布设形式灵活，适用范围广，且定位时仪器也无须频繁搬站，在实际定位工作中方便易行，故目前已被广泛使用。

在任意角交会定位中，交会角的计算方法是：根据测站点坐标和桩的测点坐标，按式(4.1-5)的方位角计算公式，计算出测站点与测站点相互之间及测站点至桩测点的方位角，并据此进行交会角的计算。至于在交会定位中，某一测站究竟应以左侧测点(左角)还是右侧测点(右角)作为观测目标，一般的确定原则是以明角作为观测目标。特殊情况下，如明角方向不通视时，也可改为观测暗角，但此时观测者应对测点进行仔细辨认，以防差错。

任意角交会一般采用三台仪器同时进行，其中一台用以校核。交会定位时，三台仪器可以根据观测明角的原则要求观测各自的桩测点，而不一定要观测同一个测点，这并不会影响交会定位的正确性。值得一提的是，在实际工作中，我们往往无须计算交会角，而是可以利用方位角直接进行交会定位。方法是，在测站的后视方向上，定位经纬仪直接配置该仪器后视方向的方位角，而不是0°。然后再旋转望远镜自测站点到桩测点的方位角即可进行打桩定位。

四、算　例

［实例1］　测点坐标的计算

如图4.2-3和图4.2-4所示，设有一仰打方桩，桩身横截面为0.6m×0.6m，设计高程上的桩中坐标为(2 455.236,4 328.223)，桩的平面扭角为30°，倾斜坡度为3.5：1，试计算设计高程上的左右测点坐标及提高1m控制高程后的左右测点坐标。

解：(1)设计高程上的测点坐标计算

按式(4.2-4)及式(4.2-5)，桩的左侧测点坐标为：

$$X_{PL}=-\frac{0.6}{2\times3.5}\sqrt{3.5^2+1}\cos30°+\frac{0.6}{2}\sin30°+2\,455.236=2\,455.116$$

$$Y_{PL}=-\frac{0.6}{2\times3.5}\sqrt{3.5^2+1}\sin30°-\frac{0.6}{2}\cos30°+4\,328.223=4\,327.807$$

右侧测点坐标为：

$$X_{PR}=-\frac{0.6}{2\times3.5}\sqrt{3.5^2+1}\cos30°-\frac{0.6}{2}\sin30°+2\,455.236=2\,454.816$$

$$Y_{PR}=-\frac{0.6}{2\times3.5}\sqrt{3.5^2+1}\sin30°+\frac{0.6}{2}\cos30°+4\,328.223=4\,328.327$$

(2)提高控制高程1m后的测点坐标计算

按式(4.2-9)及式(4.2-10)可得提高1m控制高程后测点的左右侧测点坐标分别如下：

$$X_{PL}=\left(-\frac{0.6}{2\times3.5}\sqrt{3.5^2+1}+1\times\frac{1}{3.5}\right)\cos30°+\frac{0.6}{2}\sin30°+2\,455.236=2\,455.363$$

$$Y_{PL}=\left(-\frac{0.6}{2\times3.5}\sqrt{3.5^2+1}+1\times\frac{1}{3.5}\right)\sin30°-\frac{0.6}{2}\cos30°+4\,328.223=4\,327.950$$

$$X_{PR}=\left(-\frac{0.6}{2\times3.5}\sqrt{3.5^2+1}+1\times\frac{1}{3.5}\right)\cos30°-\frac{0.6}{2}\sin30°+2\,455.236=2\,455.063$$

$$Y_{PR}=\left(-\frac{0.6}{2\times3.5}\sqrt{3.5^2+1}+1\times\frac{1}{3.5}\right)\sin30°+\frac{0.6}{2}\cos30°+4\,328.223=4\,328.470$$

［实例2］　方位角的计算

设有控制点K(2 247.428,4 364.326)，续前例，试计算K点至设计高程上左右测点的方位角。

解:由控制点 K 的坐标及实例 1 中算得的设计高程上左、右测点的坐标,可按式(4.1-5)方便地计算 K 至设计高程上左、右测点的方位角分别如下:

$$\begin{aligned}\alpha_{KPL} &= 180° - 90°\text{sgn}(4\,327.807 - 4\,364.326 + 10^{-25}) \\ &\quad - \arctan\frac{2\,455.116 - 2\,247.428}{4\,327.807 - 4\,364.326 + 10^{-25}} \\ &= 350°01'38''\end{aligned}$$

$$\begin{aligned}\alpha_{KPR} &= 180° - 90°\text{sgn}(4\,328.327 - 4\,364.326 + 10^{-25}) \\ &\quad - \arctan\frac{2\,454.816 - 2\,247.428}{4\,328.327 - 4\,364.326 + 10^{-25}} \\ &= 350°20'07''\end{aligned}$$

第二节 管桩的交会定位

管桩即是指桩的截面为圆形的桩。同方桩一样,管桩的交会定位形式也有直角交会和任意角交会定位法。不同的是,在管桩的交会定位中,测点位置是桩的某一条切线,而不是方桩中的棱角。

一、管桩的直角交会

如图 4.2-5 所示,管桩的直角交会法定位也需在"L"形基线中完成。为此需将管桩相对于基线的前侧及左(或右)侧切线上的测点坐标计算出来,然后将该坐标分别投影到相应的正、侧面基线上,进行直角交会。显然,对于直桩来说,其切线上测点坐标的求解是方便的,而对于斜桩来说计算情况则相对复杂。以下分别进行叙述。

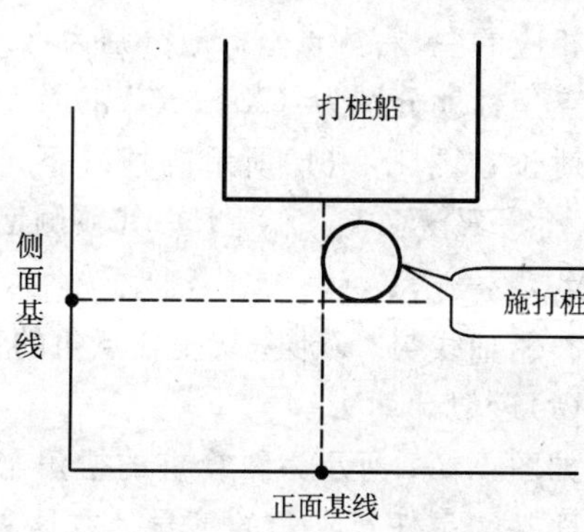

图 4.2-5 直角交会法示意图

1. 直管桩测点坐标的计算

设有直管桩的桩中坐标为(X_O,Y_O),桩的横截面半径为 r。管桩的水平截面为圆形,其半径即为桩的横截面半径 r。一般来说,由于"L"形基线的布设方向总是与坐标纵、横轴的方向平行或垂直。因此,对直管桩来就,其测点坐标的计算就是桩中坐标(X_O,Y_O)与桩半径 r 的简单加减计算。如设"L"形基线中的侧面基线与坐标系的 X 轴平行且方向一致,正面基线与 Y 轴平行且方向一致,打桩船船头朝向正面基线。则对侧面基线来说,与测站投影点对应的桩的前或后测点的坐标分别应当为(X_O-r,Y_O)及(X_O+r,Y_O);对正面基线来说,与测站投影点对应的桩的左或右测点的坐标分别应当为(X_O,Y_O-r)及(X_O,Y_O+r)。

需要注意的是,当"L"形基线与坐标系的相应轴线不处于平行状态且方向不一致时,需要按第一章所述的坐标转换公式进行坐标转换,使经过转换后的坐标轴与"L"形基线处于平行状态且方向一致后,才能按上述计算方法进行测点的坐标计算。

2. 斜管桩测点坐标的计算

对斜管桩来说,其水平截面不是一个圆,而是一个椭圆。设斜管桩的半径为 r,桩身倾斜坡度为 $n:1$。则该椭圆的短半径为 r,其长半径 R 按下列公式进行计算:

$$R = r\frac{\sqrt{n^2+1}}{n} \tag{4.2-11}$$

对斜管桩来说,其测点坐标的计算较为复杂。下面分打桩船中轴线与"L"形基线中某基线平行及有任意夹角两种情况分别进行讨论。

1)船轴线与“L”形基线平行的情况

如图 4.2-6 所示为打桩船中轴线与“L”形基线平行的两种情况，即桩扭角为 0°及 90°的两种情况。其中图 4.2-6a)为船轴线与侧面基线平行(即桩扭角为 0°)的情况；图 4.2-6b)为船轴线与正面基线平行(即桩扭角为 90°)的情况。这里假设坐标系纵轴与“L”形基线的侧面基线平行且方向一致。

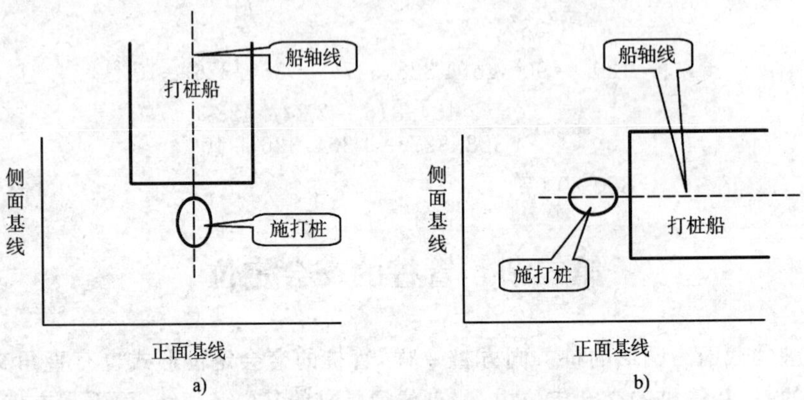

图 4.2-6　斜管桩直角交会法示意图

a)船轴线与侧面基线平行；b)船轴线与正面基线平行

设桩位高程上的桩中坐标为(X_O,Y_O)。则对于在图 4.2-6a)所示的情况下，其在正面基线上与投影点相应的左、右测点坐标应分别为：(X_O,Y_O-r)及(X_O,Y_O+r)；在侧面基线上与投影点相应的前、后测点坐标就分别为：(X_O-R,Y_O)及(X_O+R,Y_O)，这里 R 按式(4.2-11)计算。

对于在图 4.2-6b)所示的情况下，其在正面基线上与投影点相应的前、后测点坐标应分别为：(X_O,Y_O-R)及(X_O,Y_O+R)；其在侧面基线上与投影点相应的左、右测点坐标应分别为：(X_O+r,Y_O)及(X_O-r,Y_O)。

2)船轴线与“L”形基线呈任意角的情况

(1)近似计算法

如图 4.2-7 所示为斜管桩的扭角与“L”形基线中的侧面基线呈任意夹角的情景。在这种情况中，同样需要进行桩测点坐标的计算，然后才能将测点坐标投影到相应的正面或侧面基线上。严密的计算方法较为复杂，这里先叙述一个近似的方法，并对该方法的计算精度情况作一讨论。

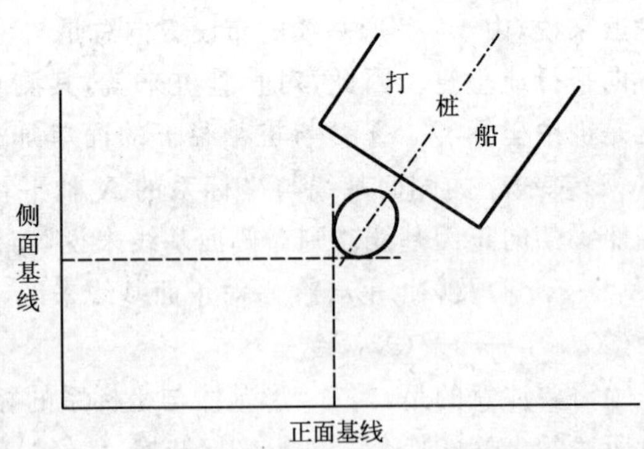

图 4.2-7　斜管桩任意角交会法示意图

近似计算的思路是将斜桩水平截面的椭圆近似地视作一圆来考虑，并取椭圆长、短半径的中值作为该圆的半径 $\bar{r}$。即：

$$\bar{r}=\frac{1}{2}(r+R) \tag{4.2-12}$$

式中，r 及 R 的意义同前所述。这样我们就可以按前述直桩测点坐标的计算方法来进行斜桩测点坐标计算。

显然，近似计算方法虽然简单，但却存在一定的计算误差。这个误差源于用圆取代了桩截面的椭圆，误差的大小反映在圆半径与椭圆长、短半径的较差上，其值与桩直径和倾斜坡度有关，且当桩直径或倾斜坡度越大时，这种近似的误差程度也越大。这一误差 Δ 与桩半径及桩倾斜坡度的关系可用下式表示：

$$\Delta = \bar{r} - r = \frac{1}{2}(r+R) - r$$

$$= \frac{1}{2}(R-r) = \frac{1}{2}\left(r\frac{\sqrt{n^2+1}}{n} - r\right)$$

$$= \frac{r}{2}\left(\frac{\sqrt{n^2+1}}{n} - 1\right) \tag{4.2-13}$$

表 4.2-1 列出了几种常用直径的管桩在不同坡度情况下因近似计算所产生的误差大小值(单位为 mm)。

几种常用直径的管桩在不同坡度下近似计算误差 表 4.2-1

倾斜坡度 / 桩直径(mm)	8∶1	5∶1	4∶1	3∶1
800	3.1	7.9	12.3	21.6
1 200	4.7	11.9	18.5	32.5
1 800	7.0	17.8	27.7	48.7

从表 4.2-1 中我们可以看出,对于同一直径的管桩,当倾斜坡度较小时,相应的计算误差也较小。就较常用的 1 200mm 直径的管桩来说,当倾斜坡度最大取为 3∶1 时,此时由近似计算引起的桩测点的坐标误差约为 33mm,占规范规定的打桩最小允许误差 100mm 的 1/3 左右。因此,在一般情况下,当现场定位条件较好时,利用近似计算的方法进行斜管桩的直角的定位,其精度是基本能满足要求的。

需要一提的是,利用近似计算法所产生的测点坐标误差实际上还与桩扭角有关。可以证明,对于同一截面及倾斜坡度的桩,其影响值将随扭角的变化而在 0 至式(4.2-13)所确定的数值范围内,即其最大影响不会超过由式(4.2-13)所确定的数值。因此,表 4.2-1 所列数值实际上是相应桩截面及倾斜坡度情况下的最大扭角影响值,而其他扭角的影响值均要小于表中数值。

(2)严密计算法

与近似计算法相比,直角交会中斜管桩测点坐标的严密计算方法要复杂得多。对斜管桩测点坐标严密计算的方法过去仅仅是作为理论课题加以研究,实际使用中并不多见。由于计算机的普及,使得我们有可能在实际工作中普及使用严密计算的方式,以弥补近似计算方法的精度缺陷。下面对严密计算法数学模型的建立作一介绍。

如图 4.2-8 所示,设 $O-XY$ 为施工坐标系,$o-xy$ 为桩中坐标系,其中 $o-xy$ 系的原点在 $O-XY$ 系中的坐标为(X_O, Y_O),$o-xy$ 系相对于 $O-XY$ 系顺时针旋转了 α 角,即桩的平面扭角为 α。

两坐标系之间的转换关系由第 1 章的式(4.1-1)及式(4.1-2)给出。P_1、P_2 分别为对应于正面和侧面基线垂直投影点的桩身测点。我们需要计算 P_1、P_2 两测点在 $O-XY$ 系中的坐标。

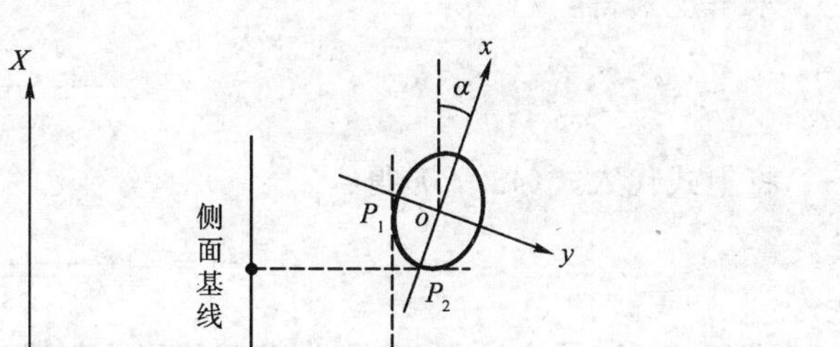

图 4.2-8 直角交会法精密计算示意图

设在设计高程上桩水平截面椭圆的短半径为 r,长半径为 R,这里长、短半径的关系由式(4.2-11)给出。则该椭圆在 $o-xy$ 系中可由如下椭圆方程表示：

$$\frac{x^2}{R^2}+\frac{y^2}{r^2}=1 \tag{4.2-14}$$

为计算测点在 $O-XY$ 系中的坐标，需将上式中的 x、y 转换到 $O-XY$ 系中，为此按式(4.1-2)的坐标转换公式得：

$$\frac{[(X-X_O)\cos\alpha+(Y-Y_O)\sin\alpha]^2}{R^2}+\frac{[-(X-X_O)\sin\alpha+(Y-Y_O)\cos\alpha]^2}{r^2}=1 \tag{4.2-15}$$

式(4.2-15)实际上是该椭圆在 $O-XY$ 系中的方程。由图 4.2-8 知，求椭圆的测点坐标等价于求由式(4.2-15)所确定的椭圆方程在 $O-XY$ 系中 X 和 Y 极值。其中 X 极值所对应的测点为侧面基线上的投影原点，Y 极值所对应的测点为正面基线上的投影原点。为求极值，需分别求该椭圆方程中的 Y 对 X 的偏导数 Y'_X 及 X 对 Y 的偏导数 X'_Y，并令其等于零来求相应的极值。这里我们仅对 X 极值的求法(即投影到侧面基线上的测点坐标的求法)作一说明，至于 Y 极值的求解过程与 X 类似，这里仅给出结论。根据隐函数求导的法则，对式(4.2-15)求 X 对 Y 的偏导数 X'_Y，得：

$$\frac{2[(X-X_O)\cos\alpha+(Y-Y_O)\sin\alpha]}{R^2}(X'_Y\cos\alpha+\sin\alpha)+\frac{2[-(X-X_O)\sin\alpha+(Y-Y_O)\cos\alpha]}{r^2}(-X'_Y\sin\alpha+\cos\alpha)=0 \tag{4.2-16}$$

为简化推导过程，按式(4.1-2)进行坐标回代，得：

$$\frac{x}{R^2}(X'_Y\cos\alpha+\sin\alpha)+\frac{y}{r^2}(-X'_Y\sin\alpha+\cos\alpha)=0 \tag{4.2-17}$$

对上式整理后得：

$$(R^2y\sin\alpha-r^2x\cos\alpha)X'_Y=R^2y\cos\alpha+r^2x\sin\alpha \tag{4.2-18}$$

当 $R^2y\sin\alpha-r^2x\cos\alpha\neq0$ 时，为使 $X'_Y=0$，必有：

$$R^2y\cos\alpha+r^2x\sin\alpha=0 \tag{4.2-19}$$

由此解得：

$$y=-\frac{r^2\sin\alpha}{R^2\cos\alpha}x \tag{4.2-20}$$

将式(4.2-20)代入式(4.2-14)的椭圆方程中得：

$$\frac{x^2}{R^2}+\frac{r^2\sin^2\alpha}{R^4\cos^2\alpha}x^2=1 \tag{4.2-21}$$

求解上式得：

$$x=\pm\frac{R^2\cos\alpha}{\sqrt{R^2\cos^2\alpha+r^2\sin^2\alpha}} \tag{4.2-22}$$

将上式代入式(4.2-20)得：

$$y=\mp\frac{r^2\sin\alpha}{\sqrt{R^2\cos^2\alpha+r^2\sin^2\alpha}} \tag{4.2-23}$$

式(4.2-22)及式(4.2-23)即为求解的侧面基线上的投影点在 $o-xy$ 系中的两组坐标，其分别对应了桩的前后两个测点。将式(4.2-22)及式(4.2-23)代入式(4.1-1)的坐标转换公式的上式，可得测点在 $O-XY$ 系中的坐标，即测点在侧面基线上的投影坐标。

同理，对式(4.2-15)求 Y 对 X 的偏导 Y_X' 并令其等于 0，我们可以求得正面基线上左右两测点在 $o-xy$ 系中的坐标如下：

$$x=\pm\frac{R^2\sin\alpha}{\sqrt{R^2\sin^2\alpha+r^2\cos^2\alpha}} \tag{4.2-24}$$

$$y=\pm\frac{r^2\cos\alpha}{\sqrt{R^2\sin^2\alpha+r^2\cos^2\alpha}} \tag{4.2-25}$$

将上两式代入式(4.1-1)的坐标转换公式的下式，可得测点在 $O-XY$ 系中的坐标，即测点在正面基线上的左、右投影点坐标。

需要说明的是，按上述方式计算的测点坐标分别有两组，即侧面基线上的前、后两点及正面基线上的左、右两点。在实际工作中，可根据测点在 $O-XY$ 系中的坐标大小选用其中的一组。

二、管桩的任意角交会

如图 4.2-9 所示即为管桩的任意角交会定位原理的示意图。图中，K_1、K_2 为两控制点，P_1、P_2 为与控制点相应的桩身切点，R、r 分别为桩水平截面的长、短半径，$o-xy$ 为桩中坐标系，$O-XY$ 为施工坐标系，α_{PN} 为桩的平面扭角。桩截面椭圆在 $o-xy$ 系中的方程可表示为 $\frac{x^2}{R^2}+\frac{y^2}{r^2}=1$，这里 R 与 r 的关系由式(4.2-11)给出。

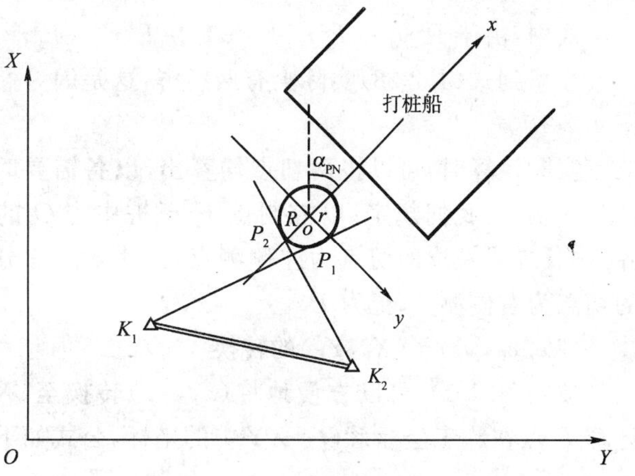

图 4.2-9　任意角交会法精密计算示意图

管桩任意角交会的基本原理是：通过在控制点 K_1、K_2 上分别架设两台经纬仪，并用仪器找出 K_1 至 P_1 及 K_2 至 P_2（即控制点至桩身一定高程上的切点，也即测点）的方向，从而控制住桩身的位置。当然，同方桩任意角交会形式一样，在管桩任意角交会的实际定位工作中，一般也同时使用三台仪器来进行交会，以防差错。

1. 计算原理

管桩定位计算的关键问题是计算出过控制点 K 且与椭圆相切的切线方位角，从而可以根据控制点位置确定该切线的起点和方向。为此，计算工作可按如下四个步骤进行。

第一步，将在施工坐标系 $O-XY$ 中的控制点 K 的坐标 (X_K, Y_K) 转换到桩中坐标系 $o-xy$ 系中的坐标 (x_K, y_K)。

第二步，在 $o-xy$ 系中，计算过点 (x_K, y_K) 的直线且与椭圆 $\frac{x^2}{R^2}+\frac{y^2}{r^2}=1$ 相切的切点 P 的坐标 (x_P, y_P)。

第三步，将 $o-xy$ 系中的 P 点坐标 (x_P, y_P) 转换成 $O-XY$ 系中的坐标 (X_P, Y_P)。

第四步，在 $O-XY$ 系中计算控制点 K 至切点 P 的方位角 α_{KP}。

以下分别进行说明。

(1) (X_K, Y_K) 至 (x_K, y_K) 的转换

由式(4.1-2)知，(X_K, Y_K) 至 (x_K, y_K) 的转换可按如下计算公式计算：

$$\begin{aligned} x_K &= (X_K-X_O)\cos\alpha_{PN}+(Y_K-Y_O)\sin\alpha_{PN} \\ y_K &= -(X_K-X_O)\sin\alpha_{PN}+(Y_K-Y_O)\cos\alpha_{PN} \end{aligned} \tag{4.2-26}$$

式中，(X_O, Y_O) 为桩中设计坐标。

(2) 求过点 (x_K, y_K) 且与椭圆 $\frac{x^2}{R^2}+\frac{y^2}{r^2}=1$ 相切的切点坐标 (x_P, y_P)

为求过点 (x_K, y_K) 且与椭圆 $\frac{x^2}{R^2}+\frac{y^2}{r^2}=1$ 相切的切点坐标 (x_P, y_P)，需解算方程组

$$\begin{cases}\dfrac{x_K}{R^2}x_P+\dfrac{y_K}{r^2}y_P=1\\[2mm]\dfrac{x_P^2}{R^2}+\dfrac{y_P^2}{r^2}=1\end{cases}\tag{4.2-27}$$

上式中的前一式为过 K 点且与椭圆相切的切线方程。解算方程组(4.2-27)得到：

$$\begin{aligned}x_P&=\frac{R^2r^2x_K\mp R^2y_K\sqrt{R^2y_K^2-R^2r^2+r^2x_K^2}}{R^2y_K^2+r^2x_K^2}\\ y_P&=\frac{R^2r^2y_K\pm r^2x_K\sqrt{R^2y_K^2-R^2r^2+r^2x_K^2}}{R^2y_K^2+r^2x_K^2}\end{aligned}\tag{4.2-28}$$

式中，由于 $R^2y_K^2-R^2r^2+r^2x_K^2\geqslant R^2r^2-R^2r^2+r^2r^2=r^4>0$，故此式总是有解。

注意到式(4.2-28)实际上有两组解，这是因为椭圆外一直线与椭圆总是有两个切点的缘故，参见图4.2-10。

实际计算时，可以将两切点均算出，以备需要时使用。为区分两切点，我们规定：以控制点 K 至桩中点 O 的方向为分界，称分界线左边的切点为左侧测点，记为 P_L；称分界线右边的切点为右侧测点，记为 P_R。

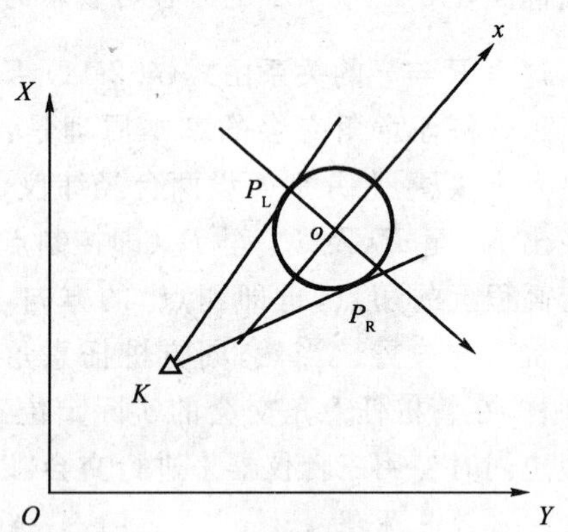

图4.2-10 切点的精密计算示意图

(3)(x_P,y_P)至(X_P,Y_P)的转换

按式(4.1-1)，可以方便地将(x_P,y_P)转换至(X_P,Y_P)，即计算 P 点在施工坐标系 $O-XY$ 中的坐标，公式如下：

$$\begin{aligned}X_P&=x_P\cos\alpha_{PN}-y_P\sin\alpha_{PN}+X_O\\ Y_P&=x_P\sin\alpha_{PN}+y_P\cos\alpha_{PN}+Y_O\end{aligned}\tag{4.2-29}$$

(4)计算控制点 K 至切点 P 的方位角

由控制点 K 的坐标(X_K,Y_K)及管桩切点(即测点)P 的坐标(X_P,Y_P)，可以按式(4.1-5)方便地求出 K 至 P 的方位角 α_{KP}，即有：

$$\alpha_{KP}=180°-90°\mathrm{sgn}(\Delta Y_{KP})-\arctan\frac{\Delta X_{KP}}{\Delta Y_{KP}}\tag{4.2-30}$$

式中：$\Delta Y_{KP}=Y_P-Y_K+10^{-25}$，$\Delta X_{KP}=X_P-X_K$。

2.桩的左、右测点的判别

式(4.2-28)有两组解，分别对应了过控制点 K 与椭圆的左、右两个切点 P_L 与 P_R。在实际工作中，我们当然希望知道式(4.2-28)的哪一组解对应于桩的左侧测点 P_L，哪一组解对应于桩的右侧测点 P_R。为此，作如下分析。

(1)当 $x_K<0$ 时

此时意味着控制点 K 在桩中坐标系 $o-xy$ 的II、III象限。也就是说控制点在打桩船的前侧，而非背后，定位时大多数情况属于此。在这种情况下，只需比较两测点 y 值的大小即可分别得到桩左、右测点的坐标解。也即 y 值较小的一组解为左侧测点 P_L 的坐标解，y 值较大的一组解为右侧测点 P_R 的坐标解。为此，分析式(4.2-28)的下式。当 $x_K<0$ 时，显然有：

$$\frac{R^2r^2y_K-R^2x_K\sqrt{R^2y_K^2-R^2r^2+r^2x_K^2}}{R^2y_K^2+r^2x_K^2}>\frac{R^2r^2y_K+R^2x_K\sqrt{R^2y_K^2-R^2r^2+r^2x_K^2}}{R^2y_K^2+r^2x_K^2}$$

所以，根据我们对管桩左、右测点的定义方式知，应将上述不等式右端所对应的解定为桩的左侧

测点的 y 坐标(即 y_{PL}),将不等式左端所对应的解定为桩的右侧测点的 y 坐标(即 y_{PR})。故此,由式(4.2-28)得椭圆的左、右侧测点的坐标解为:

$$\begin{aligned} x_P &= \frac{R^2 r^2 x_K - kR^2 y_K \sqrt{R^2 y_K^2 - R^2 r^2 + r^2 x_K^2}}{R^2 y_K^2 + r^2 x_K^2} \\ y_P &= \frac{R^2 r^2 y_K + kr^2 x_K \sqrt{R^2 y_K^2 - R^2 r^2 + r^2 x_K^2}}{R^2 y_K^2 + r^2 x_K^2} \end{aligned} \tag{4.2-31}$$

式中:k 为符号系数。当 $k=1$ 时,所得的一组解为桩的左侧测点 P_L 的坐标,当 $k=-1$ 时,所得的一组解为桩的右侧测点 P_R 的坐标。

(2)当 $x_K>0$ 时

此时,说明控制点 K 在 $o-xy$ 系中的 I、II 象限。也就是说,控制点在打桩船的后侧。这种情况比较少见,但也有可能出现。这时,控制点对桩左侧测点的 y 坐标要较右侧测点的 y 坐标值大。这种情况正好与 $x_K<0$ 时的相反。分析式(4.2-28)的下式,有下不等式成立。

$$\frac{R^2 r^2 y_K + r^2 x_K \sqrt{R^2 y_K^2 - R^2 r^2 + r^2 x_K^2}}{R^2 y_K^2 + r^2 x_K^2} > \frac{R^2 r^2 y_K - r^2 x_K \sqrt{R^2 y_K^2 - R^2 r^2 + r^2 x_K^2}}{R^2 y_K^2 + r^2 x_K^2}$$

而不等式左端所对应的坐标应视为左侧测点的 y 坐标 y_{PL},不等式右端所对应的坐标应视为右侧测点的 y 坐标 y_{PR}。这一结论与当 $x_K<0$ 时的情况刚好一致。也即,当 $x_K>0$ 时,我们同样可以得到由式(4.2-31)所表达的解算测点 P_L 与 P_R 和两组解。

这里,需要再次提醒的是,在上述讨论中,对控制点至桩左、右侧测点的判别原则是以控制点至桩中心方向的连线为分界的。在此方向左边的为左侧测点,在此方向右边的为右侧测点。这一点与方桩定位时的左、右测点的定义方法不同。在方桩定位计算中,桩的左、右测点是以桩中坐标系的 x 轴为分界的,在 x 轴方向左侧的点为左测点,在 x 轴方向右侧的点为右测点。

3. 提高控制高程后的测点坐标

同方桩情况一样,在管桩定位时,也有提高控制高程的问题。设某管桩在设计桩位高程上的桩中坐标为(X_O,Y_O),倾斜坡度为 $n:1$,平面扭角为 α_{PN}。现设该桩在设计高程的位置上向上提高了控制高程量 h。由于提高了一个控制高程量 h,使得原桩中坐标(X_O,Y_O)在沿平面扭角方向有一个 ΔS 的位移量,参见图 4.2-11。由图 4.2-11 知,ΔS 在施工坐标系 $O-XY$ 中的纵横坐标分量分别为:

$$\begin{aligned} \Delta X &= \pm \Delta S \cos\alpha_{PN} \\ \Delta Y &= \pm \Delta S \sin\alpha_{PN} \end{aligned} \tag{4.2-32}$$

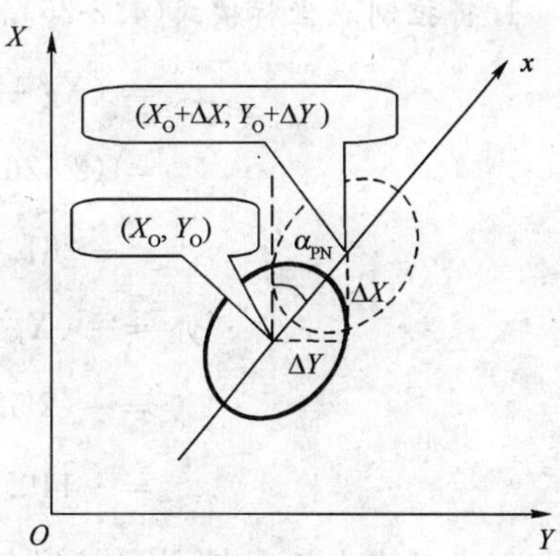

图 4.2-11　提高控制高程后的坐标增量

在式(4.2-32)中,仰打时,等式右边的"±"号取"+";俯打时取"-"。另由图 4.2-3 知 $\Delta S=h/n$。

因此,上式化为

$$\begin{aligned} \Delta X &= \pm \frac{h}{n} \cos\alpha_{PN} \\ \Delta Y &= \pm \frac{h}{n} \sin\alpha_{PN} \end{aligned} \tag{4.2-33}$$

意即，在管桩的任意角定位中，若提高了测点的控制高程 h，则桩心坐标(X_O,Y_O)将分别有一增量 ΔX 和 ΔY。此时，式(4.2-26)及式(4.2-29)中的 X_O、Y_O 应分别以 $X_O+\Delta X$ 及 $Y_O+\Delta Y$ 取代之。故对于式(4.2-26)及式(4.2-33)，我们有：

$$
\begin{aligned}
x_K &= \left(X_K - X_O - k\frac{h}{n}\cos\alpha_{PN}\right)\cos\alpha_{PN} + \left(Y_K - Y_O - k\frac{h}{n}c\sin\alpha_{PN}\right)\sin\alpha_{PN} \\
y_K &= -\left(X_K - X_O - k\frac{h}{n}\cos\alpha_{PN}\right)\sin\alpha_{PN} + \left(Y_K - Y_O - k\frac{h}{n}\sin\alpha_{PN}\right)\cos\alpha_{PN}
\end{aligned}
\tag{4.2-34}
$$

同理，对于式(4.2-29)，有

$$
\begin{aligned}
X_P &= x_P\cos\alpha_{PN} - y_P\sin\alpha_{PN} + X_O + k\frac{h}{n}\cos\alpha_{PN} \\
Y_P &= x_P\sin\alpha_{PN} - y_P\cos\alpha_{PN} + Y_O + k\frac{h}{n}\sin\alpha_{PN}
\end{aligned}
\tag{4.2-35}
$$

式中：k——符号系数。当施打桩为仰桩时，取 $k=+1$；当施打桩为俯桩时，取 $k=-1$。

在计算出测点坐标后，我们就可以按式(4.1-5)计算出控制点至桩测点的方位角，进行任意角交会定位。在实际定位工作中，一般应选用三个控制点进行交会定位，以防差错。

三、算　　例

[例]　控制点方位角的计算

如图 4.2-9 所示，管桩任意角定位，计算控制点的方位角。

设有控制点 K，其坐标为(2 526.234，4 368.168)。另有直径为 1.2m 的仰打桩，其桩中设计坐标为(2 710.000，4 612.000)，平面扭角为 30°，倾斜坡度为 5∶1。试按任意角定位法计算控制点 K 至桩左、右测点的方位角。

解：

1. 将控制点坐标按式(4.2-26)转换到桩中坐标系中，得：

$$
\begin{aligned}
x_K &= (X_K - X_O)\cos\alpha_{PN} + (Y_K - Y_O)\sin\alpha_{PN} \\
&= (2\,526.234 - 2\,710.000)\cos30^\circ + (4\,368.168 - 4\,612.000)\sin30^\circ \\
&= -281.062\,0 \\
y_K &= -(X_K - X_O)\sin\alpha_{PN} + (Y_K - Y_O)\cos\alpha_{PN} \\
&= -(2\,526.234 - 2\,710.000)\sin30^\circ + (4\,368.168 - 4\,612.000)\cos30^\circ \\
&= -119.282
\end{aligned}
$$

2. 在桩中坐标系中，计算桩的左、右测点坐标。

(1)按式(4.2-11)计算桩水平截面的长半径：

$$
R = r\frac{\sqrt{n^2+1}}{n} = 0.6\frac{\sqrt{5^2+1}}{5} = 0.611\,9
$$

(2) 按式(4.2-31)求桩测点坐标：

对于左测点，取 $k=1$，得其坐标：

$$
x_{PL} = \frac{R^2r^2x_K - kR^2y_K\sqrt{R^2y_K^2 - R^2r^2 + r^2x_K^2}}{R^2y_K^2 + r^2x_K^2}
$$

$$=[0.6119^2\times0.6^2\times(-281.0620)-0.6119^2\times(-119.2817)$$

$$\times\sqrt{0.6119^2\times(-119.2817)^2+0.6119^2\times0.6^2+0.6^2\times(-281.0620)^2}]$$

$$/[0.6119^2\times(-119.2817)^2+0.6^2\times(-281.0620)^2]$$

$$=0.2419$$

$$y_{PL}=\frac{R^2r^2y_K+kr^2y_K\sqrt{R^2y_K^2-R^2r^2+r^2x_K^2}}{R^2y_K^2+r^2x_K^2}$$

$$=[0.6119^2\times0.6^2\times(-119.2817)+0.6^2\times(-281.0620)$$

$$\times\sqrt{0.6119^2\times(-119.2817)^2-0.6119^2\times0.6^2+0.6^2\times(-281.0620)^2}]$$

$$/[0.6119^2\times(-119.2817)^2+0.6^2\times(-281.0620)^2]$$

$$=-0.5511$$

同理，对于右测点，取 $k=-1$，得：

$$x_{PR}=\frac{R^2r^2x_K-kR^2y_K\sqrt{R^2y_K^2-R^2r^2+r^2x_K^2}}{R^2y_K^2+r^2x_K^2}=-0.2442$$

$$y_{PR}=\frac{R^2r^2y_K+kr^2x_K\sqrt{R^2y_K^2-R^2r^2+r^2x_K^2}}{R^2y_K^2+r^2x_K^2}=0.5502$$

3.将测点坐标按式(4.1-1)换算至施工坐标系中，得左、右测点的坐标。

(1)左测点

$$X_{PL}=x_{PL}\cos\alpha-y_{PL}\sin\alpha+X_O$$

$$=0.2419\times\cos30°-(-0.5511)\times\sin30°+2710.000$$

$$=2710.4851$$

$$Y_{PL}=x_{PL}\sin\alpha+y_{PL}\cos\alpha+Y_O$$

$$=0.2419\times\sin30°+(-0.5511)\times\cos30°+4612.000$$

$$=4611.6437$$

(2)右测点

$$X_{PR}=x_{PR}\cos\alpha-y_{PR}\sin\alpha+X_O$$

$$=-0.2442\times\cos30°-0.5502\times\sin30°+2710.000$$

$$=2709.5135$$

$$Y_{PR}=x_{PR}\sin\alpha+y_{PR}\cos\alpha+Y_O$$

$$=-0.2442\times\sin30°+0.5502\times\cos30°+4612.000$$

$$=4612.3544$$

4.在施工坐标系中，按式(4.1-5)计算控制点至桩左、右测点的方位角。

(1)控制点 K 至桩左测点 P_L 的方位角 α_{KL}。

$$\begin{aligned}\alpha_{KL} &= 180° - 90° \operatorname{sgn}(\Delta Y_{KL}) - \arctan \frac{\Delta X_{KL}}{\Delta Y_{KL}} \\ &= 180° - 90° \operatorname{sgn}(Y_{PL} - Y_K + 10^{-25}) - \arctan \frac{X_{PL} - X_K}{Y_{PL} - Y_K + 10^{-25}} \\ &= 180° - 90° \operatorname{sgn}(4\,611.643\,7 - 4\,368.168 + 10^{-25}) - \\ &\quad \arctan \frac{2\,710.485\,1 - 2\,526.234}{4\,611.643\,7 - 4\,368.168 + 10^{-25}} \\ &= 52°\,53'00''\end{aligned}$$

(2)控制点 K 至桩右测点 P_R 的方位角 α_{KR}。

$$\begin{aligned}\alpha_{KR} &= 180° - 90° \operatorname{sgn}(\Delta Y_{KR}) - \arctan \frac{\Delta X_{KR}}{\Delta Y_{KR}} \\ &= 180° - 90° \operatorname{sgn}(Y_{PR} - Y_K + 10^{-25}) - \arctan \frac{X_{PR} - X_K}{Y_{PR} - Y_K + 10^{-25}} \\ &= 180° - 90° \operatorname{sgn}(4\,612.354\,4 - 4\,368.168 + 10^{-25}) - \\ &\quad \arctan \frac{2\,709.513\,5 - 2\,526.234}{4\,612.354\,4 - 4\,368.168 + 10^{-25}} \\ &= 53°06'33''\end{aligned}$$

上述例题的计算过程只是说明管桩任意角交会计算的基本原理，在实际计算时，应使用计算机编程进行，以提高计算效率。但任意角交会法定位的精度和交会角的大小有关，一般要求采用任意角定位的两台经纬仪的交会角在 60°～120°。

第三章　极坐标定位法

随着全站仪的普及，在打桩定位中使用全站仪也已较为常见。全站仪的特点是可以同时进行角度及边长的测量。与经纬仪任意角定位法相比，全站仪的优势主要就在于其对边长的测量功能上。用全站仪替代经纬仪进行打桩定位测量，可以减少定位仪器的使用台数及作业人员。另一方面，由于目前市场上全站仪的最大测程可达3 500m以上，且测距精度较高，因此，用全站仪进行打桩定位的有效控制距离较经纬仪有很大的提高，且定位精度也有相应的提高。

第一节　定位原理

全站仪打桩定位需要进行距离测量，而对距离的测量，通常需要在被测点上设置反光镜。

如图4.3-1所示，设P点为设置反光镜处。为方便计算，建立桩中坐标系$o-xy$。则P点在$o-xy$系中的坐标(x_P, y_P)可由P点设置位置经一定的测量方式事先测得。图中，$O-XY$为施工坐标系。A、B两点为控制点，其中，A为测站点，设其坐标为(X_A, Y_A)，B为后视点。另设桩位设计高程上的桩中坐标为(X_O, Y_O)，平面扭角为α_{PN}。则由坐标转换公式直接得：

$$\begin{aligned} X_P &= x_P\cos\alpha_{PN} - y_P\sin\alpha_{PN} + X_O \\ Y_P &= x_P\sin\alpha_{PN} + y_P\cos\alpha_{PN} + Y_O \end{aligned} \tag{4.3-1}$$

式中：X_P, Y_P——P点在$O-XY$系中的坐标。

由此得打桩定位数据：

$$S_{AP} = \sqrt{(X_P - X_A)^2 + (Y_P - Y_A)^2} \tag{4.3-2}$$

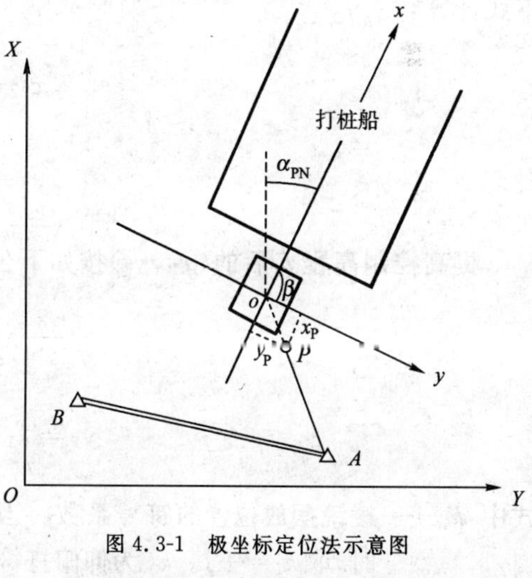

图4.3-1　极坐标定位法示意图

$$\alpha_{AP} = 180^\circ - 90^\circ\mathrm{sgn}(Y_P - Y_A) - \arctan\frac{\Delta X_{AP}}{\Delta Y_{AP}} \tag{4.3-3}$$

式中：S_{AP}——测站点A至P点的距离；

α_{AP}——A至P点的方位角；

$\Delta X_{AP} = X_P - X_A$，$\Delta Y_{AP} = Y_P - Y_A + 10^{-25}$。

第二节　棱镜位置的设置及其坐标的确定

从上节中可以看出，极坐标打桩定位数据的计算，关键是棱镜在桩中坐标系$o-xy$中安置坐标(x_P, y_P)的确定。下面分方桩和管桩两种情况分别说明。

一、方桩情况

在方桩定位中，一般将棱镜设置在桩的左或右侧测点（即角点）上，如图4.3-2所示。

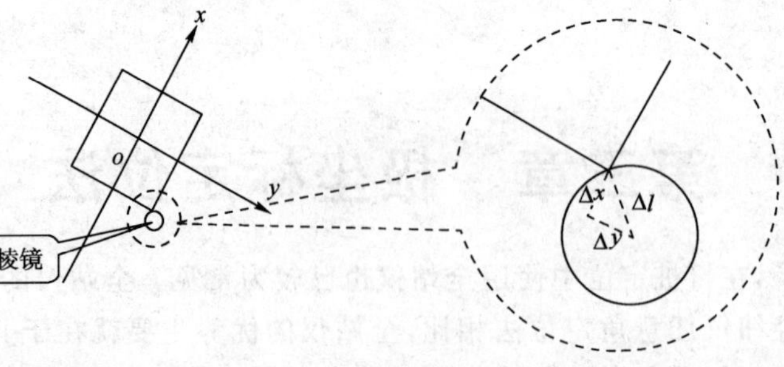

图 4.3-2　方桩角点测量示意图

由于棱镜中心不可能刚好置于桩的测点上，而是相对于测点有一向外的微小偏移量 Δl。这里 Δl 实际为棱镜中至棱镜后壁的长度，其值对于同一棱镜是固定的，可事先按一定方式测得。Δl 在 x 轴和 y 轴上的分量分别为 Δx 和 Δy，其值的大小与棱镜在同一水平面上的摆放位置有关，一般也可事先得到。需要注意的是 Δx 和 Δy 的正负取值问题，当两分量与各自的轴线方向一致时取正值，反之取负值。

另设有一方桩，其截面为 $a\times a$，倾斜坡度为 $n:1$。则在桩位高程上的棱镜位置坐标(x_P,y_P)可按下式计算：

$$\begin{aligned}x_P &= -\frac{a}{2n}\sqrt{n^2+1}+\Delta x\\ y_P &= k_1\frac{a}{2}+\Delta y\end{aligned} \tag{4.3-4}$$

提高控制高程 h 后的(x_P,y_P)按如下公式计算之：

$$\begin{aligned}x_P &= -\frac{a}{2n}\sqrt{n^2+1}+k_2\frac{h}{n}+\Delta x\\ y_P &= k_1\frac{a}{2}+\Delta y\end{aligned} \tag{4.3-5}$$

式中：k_1——棱镜摆放位置的符号系数。当棱镜摆在左测点的位置时，取 $k_1=-1$；当棱镜摆在右测点时，取 $k_1=+1$。k_2 为仰俯打符号系数，当施打桩为仰打时，取 $k_2=+1$；俯打时取 $k_2=-1$；直桩时取 $k_2=0$。

二、管 桩 情 况

在方桩的极坐标定位中，棱镜一般是摆在桩前侧的两个棱边上。但在管桩的极坐标定位中，由于管桩没有棱边，其棱镜的摆放位置任意性就较大。但为实用及计算上的方便，一般可将棱镜摆放在桩的前侧或左、右两侧与桩中坐标轴相交的母线上，如图 4.3-3 所示。其中，棱镜 1 摆放在桩前侧与 x 轴相交的位置（即桩的前凸点）上，棱镜 2、3 摆放在桩的左、右两侧与 y 轴相交的位置（即桩的左、右凸点）上。

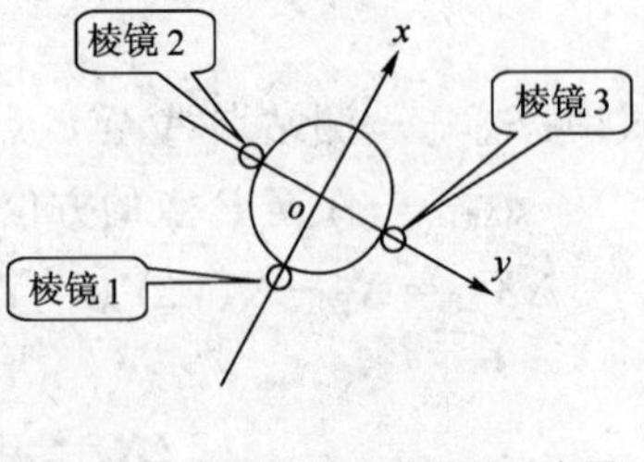

图 4.3-3　极坐标法定位管桩示意图

设管桩的半径为 r，倾斜坡度为 $n:1$。则在上述三种情况下，棱镜摆放位置在桩中坐标系中的坐标分别为：

前凸点（棱镜 1）

$$x_{P1} = -\frac{r}{n}\sqrt{n^2+1}-\Delta l$$

$$y_{P1}=0 \tag{4.3-6}$$

左凸点(棱镜 2)

$$\begin{aligned}x_{P2}&=0\\y_{P2}&=-r-\Delta l\end{aligned} \tag{4.3-7}$$

右凸点(棱镜 3)

$$\begin{aligned}x_{P3}&=0\\y_{P3}&=r+\Delta l\end{aligned} \tag{4.3-8}$$

式中:Δl——棱镜中至桩壁的距离,可通过检测手段预先求得。

在提高控制高程 h 后,上述三种情况相应的计算公式分别如下:

前凸点(棱镜 1)

$$\begin{aligned}x_{P1}&=-\frac{r}{n}\sqrt{n^2+1}+k\frac{h}{n}-\Delta l\\y_{P1}&=0\end{aligned} \tag{4.3-9}$$

左凸点(棱镜 2)

$$\begin{aligned}x_{P2}&=k\frac{h}{n}\\y_{P2}&=-r-\Delta l\end{aligned} \tag{4.3-10}$$

右凸点(棱镜 3)

$$\begin{aligned}x_{P3}&=k\frac{h}{n}\\y_{P3}&=r+\Delta l\end{aligned} \tag{4.3-11}$$

式中:k——仰俯打系数,仰打时取 $k=1$,俯打时取 $k=-1$。

需要说明的是,在使用全站仪进行打桩定位时,棱镜高程的按控制水准仪高程控制法或经纬高程控制法来进行,我们建议采用经纬仪高程控制法为好。而这时的经纬仪实际上就是我们在定位时所用的全站仪,而不是专门另设的一台经纬仪。

第四章　平面扭角的控制方法

平面扭角的控制也是整个打桩定位过程中的一个必不可少的组成部分。平面扭角的控制方法很多。有花杆控制、罗盘仪控制和经纬仪控制等方法。由于用经纬仪控制桩身的方法较之其他方法适用范围更大，操作过程也比较简便、灵活，目前已被普遍采用。

第一节　船上置镜控制法

船上置镜控制法，是在船上一固定点上架设一台经纬仪，通过观测船上另一固定点至岸上一已知点的夹角来控制船体轴线的方向，从而控制住了桩身的平面扭角，如图 4.4-1 所示。

一、控 制 方 法

如图 4.4-1 所示，设 AA' 为打桩船的轴线，o 点为桩心位置，设其坐标为 (X_0, Y_0)，E 为船上置镜点，H 为船上一固定后视点（可设一花杆作为后视目标），这里，EH 的设置是平行于船轴线 AA' 的。另设 oE 在 AA' 上的投影长度为 S_1，EH 与 AA' 的间距为 S_2，桩的平面扭角为 α_{PN}。这样，若能计算出 EH 与 EK 的夹角 β，则在实际定位时，便可根据 β 转角来控制桩的平面扭角。这里 K 为岸上一已知控制点，设其坐标为 (X_K, Y_K)。

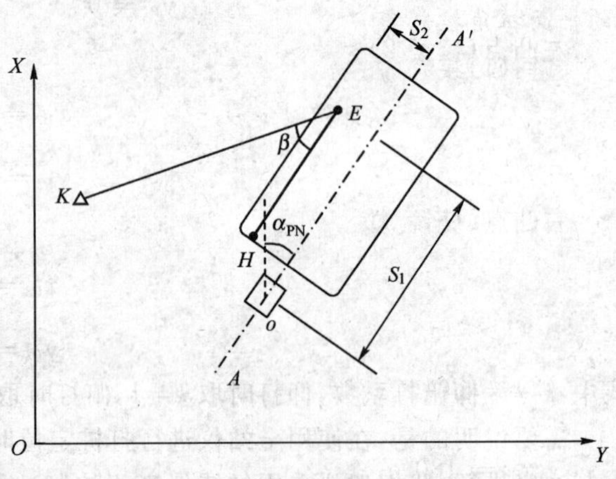

图 4.4-1　船上置镜控制法示意图

二、计 算 公 式

为计算 β 角，首先要计算出船上仪器点 E 的坐标。由图 4.4-1 知，E 点坐标可由桩中坐标 (X_O, Y_O)、平面扭角 α_{PN} 及 S_1、S_2 等数据按极坐标法推算而得。公式如下：

$$\begin{aligned} X_E &= X_O + S_1\cos\alpha_{PN} + S_2\cos(\alpha_{PN} - 90^\circ) \\ Y_E &= Y_O + S_1\sin\alpha_{PN} + S_2\sin(\alpha_{PN} - 90^\circ) \end{aligned} \tag{4.4-1}$$

据此，可由式(4.1-5)的方位角计算公式得 E 点至 K 点的方位角 α_{EK} 的计算公式如下：

$$\alpha_{EK} = 180^\circ - 90^\circ \mathrm{sgn}(Y_K - Y_E) - \arctan\frac{\Delta X_{EK}}{\Delta Y_{EK}} \tag{4.4-2}$$

式中：$\Delta Y_{EK} = Y_K - Y_E + 10^{-25}$，$\Delta X_{EK} = X_K - X_E$。

所以

$$\beta = \alpha_{EK} - (\alpha_{PN} \pm 180^\circ) \tag{4.4-3}$$

式中：当 $\alpha_{PN} < 180^\circ$ 时，取 $\alpha_{PN} + 180^\circ$；

当 $\alpha_{PN} \geqslant 180^\circ$ 时，取 $\alpha_{PN} - 180^\circ$（以下同）。

在上述的计算中，我们设定的是 E 点在打桩船轴线 AA' 的左侧，当 E 点在 AA' 轴线的右侧时，相应于式(4.4-1)的计算式应为：

$$\begin{aligned} X_E &= X_O + S_1\cos\alpha_{PN} + S_2\cos(\alpha_{PN}+90°) \\ Y_E &= Y_O + S_1\sin\alpha_{PN} + S_2\sin(\alpha_{PN}+90°) \end{aligned} \tag{4.4-4}$$

而相当于式(4.4-3)的计算式应为：

$$\beta = (\alpha_{PN} \pm 180°) - \alpha_{EK} \tag{4.4-5}$$

特殊情况下，若按式(4.4-3)或式(4.4-5)所算出的 β 值为负值时，说明零方向这时正好从 EH 和 EK 之间穿过。此时，由式(4.4-3)或式(4.4-5)所算得的 β 角值应加上 360°。

三、算　　例

[例]　设某桩的桩中坐标为(2 568.300，4 044.500)，平面扭角为 30°，船上测站点 E 点在打桩船轴线 AA' 的左侧，$S_1=40.52$，$S_2=8.25$，岸上控制点 K 的坐标为(2 452.334，3 788.482)。试计算该桩的平面扭角控制角 β。

解：(1)按式(4.4-1)计算 E 点坐标

$$\begin{aligned} X_E &= 2\,568.300 + 40.52\times\cos30° + 8.25\cos(30°-90°) \\ &= 2\,607.516 \\ Y_E &= 4\,044.500 + 40.52\times\sin30° + 8.25\sin(30°-90°) \\ &= 4\,057.615 \end{aligned}$$

(2)按式(4.4-2)计算 E 至 K 的方位角

$$\begin{aligned} \alpha_{EK} &= 180° - 90°\times\mathrm{sgn}(3\,788.482-4\,057.615) - \arctan\frac{2\,452.334 - 2\,607.516}{3\,788.482-4\,057.615+10^{-25}} \\ &= 240°01'56'' \end{aligned}$$

(3)按式(4.4-3)计算 β 角

$$\begin{aligned} \beta &= 240°01'56'' - (30°+180°) \\ &= 30°01'56'' \end{aligned}$$

四、精 度 分 析

上面对 β 角的计算是基于 S_1、S_2 等数据为固定的情况下进行的。但在实际工作中，由于潮高的变化或桩顶控制高程的不同，会引起 S_1 大到 2m 左右的变化，由此会影响到 β 角的计算结果。因此，有必要对这一变化进行分析。

为此，以 S_1 为变量对式(4.4-3)进行微分，同时顾及式(4.4-2)，则：

$$\begin{aligned} \beta &= \alpha_{EK} - (\alpha_{PN} \pm 180°) \\ d\beta &= d\left[180° - 90°\mathrm{sgn}(\Delta Y_{EK}) - \arctan\frac{\Delta X_{EK}}{\Delta Y_{EK}}\right] \\ &= -d\left(\arctan\frac{\Delta X_{EK}}{\Delta Y_{EK}}\right) \end{aligned}$$

$$=-\frac{1}{1+\left(\frac{\Delta X_{EK}}{\Delta Y_{EK}}\right)^2}d\left(\frac{\Delta X_{EK}}{\Delta Y_{EK}}\right)$$
$$=-\frac{(\Delta Y_{EK})^2}{(\Delta X_{EK})^2+(\Delta Y_{EK})^2}\left(\frac{d(\Delta X_{EK})}{\Delta Y_{EK}}-\frac{(\Delta X_{EK})d(\Delta Y_{EK})}{(\Delta Y_{EK})^2}\right) \tag{4.4-6}$$

顾及式(4.4-1)及式(4.4-4)，有：

$$d(\Delta X_{EK})=d(X_K-X_E)=-dX_E=-\cos\alpha_{PN}dS_1$$
$$d(\Delta y_{EK})=d(Y_K-Y_E)=-dY_E=-\sin\alpha_{PN}dS_1 \tag{4.4-7}$$

将式(4.4-7)代入式(4.4-6)，得：

$$d\beta=\frac{(\Delta Y_{EK})^2}{(\Delta X_{EK})^2+(\Delta Y_{EK})^2}\left(\frac{\cos\alpha_{PN}}{\Delta Y_{EK}}-\frac{\sin\alpha_{PN}}{(\Delta Y_{EK})^2}\Delta X_{EK}\right)dS_1$$
$$=\frac{1}{(\Delta X_{EK})^2+(\Delta Y_{EK})^2}(\Delta Y_{EK}\cos\alpha_{PN}-\Delta X_{EK}\sin\alpha_{PN})dS_1 \tag{4.4-8}$$

式(4.4-8)中，$(\Delta X_{EK})^2+(\Delta Y_{EK})^2$ 实际为 E 点至 K 点的距离 S_{EK} 的平方。又顾及 $\Delta Y_{EK}=S_{EK}\sin\alpha_{EK}$；$\Delta X_{EK}=S_{EK}\cos\alpha_{EK}$。这里，$\alpha_{EK}$ 为 E 至 K 的方位角。由此，式(4.4-8)可化作：

$$d\beta=(\sin\alpha_{EK}\cos\alpha_{PN}-\cos\alpha_{EK}\sin\alpha_{PN})\frac{dS_1}{S_{EK}}$$
$$=\sin(\alpha_{EK}-\alpha_{PN})\frac{dS_1}{S_{EK}} \tag{4.4-9}$$

根据误差传播规律，并将上式右端的单位化为度，则：

$$m_\beta=\sin(\alpha_{EK}-\alpha_{PN})\frac{180°}{\pi S_{EK}}m_{S_1} \tag{4.4-10}$$

式中：m_{S_1}——S_1 变化的中误差；

m_β——由 m_{S_1} 引起的 β 角的中误差。

考虑到：

$$|\sin(\alpha_{EK}-\alpha_{PN})|\leqslant 1$$

所以由式(4.4-10)知：

$$m_\beta\leqslant\frac{180°}{\pi S_{EK}}m_{S_1} \tag{4.4-11}$$

从式(4.4-11)中可以看出，m_β 的大小与 m_{S_1} 成正比，与 S_{EK}成反比。因此，在实际定位时，应尽量选择离 E 点较远的控制点来控制平面扭角。在式(4.4-11)中，当取 $m_{S_1}=2\text{m}$，$S_{EK}=300\text{m}$ 时，可知 $m_\beta\leqslant 0.38°$。即，当 S_1 有 3m 的变化时，且仪器至岸上控制点的距离有 300m 时，由于 S_1 的变化对 β 角的影响小于 0.38°，一般来说，这对于扭角控制的精度要求是完全符合的。

第二节　岸上置镜控制法

岸上置镜控制法，是利用岸上的定位仪器对船体的扭角进行控制。

一、控 制 方 法

如图 4.4-2 所示，在船体后侧某一位置上设置一花杆 H，要求设置的花杆点位置能与岸上的控制

点 K 通视。在船体基本就位后，利用事先计算好的 K 点至 H 点的方位角 α_{KH} 来控制船体的扭角。

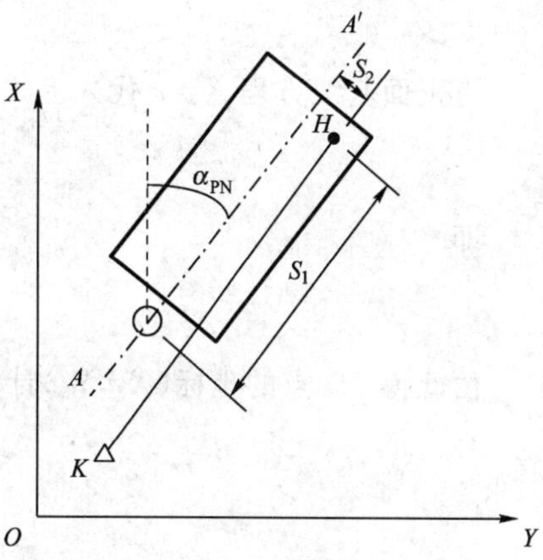

图 4.4-2　岸上置镜控制法示意图

二、计 算 公 式

如图 4.4-2 所示，设桩中坐标为(X_0,Y_0)，桩中到 H 的距离在AA'轴上图 4.4-2 的投影长度为 S_1，H 到AA'轴线的垂直距离为 S_2，桩的平面扭角为 α_{PN}，控制点坐标为(X_K,Y_K)。为计算控制点 K 到花杆点 H 的方位角 α_{KH}，首先要计算出 H 点的坐标(X_H,Y_H)。由图 4.4-2，按极坐标法可以方便地算出 H 点的坐标：

$$X_H = X_0 + S_1\cos\alpha_{PN} + S_2\cos(\alpha_{PN} + k\times 90°)$$

$$Y_H = Y_0 + S_1\sin\alpha_{PN} + S_2\sin(\alpha_{PN} + k\times 90°) \tag{4.4-12}$$

式中：k——符号系数。当 H 点在AA'轴线的左侧时，取 $k=-1$；反之，当 H 点在AA'轴线的右侧时，取 $k=+1$。

由此，根据式(4.4-12)按式(4.1-5)求解 K 至 H 的方位角 α_{KH}：

$$\alpha_{KH} = 180° - 90°\mathrm{sgn}(Y_H - Y_K) - \arctan\frac{\Delta X_{KH}}{\Delta Y_{KH}} \tag{4.4-13}$$

式中：$\Delta Y_{KH}=Y_H-Y_K+10^{-25}$，$\Delta X_{KH}=X_H-X_K$。

第三节　花　杆　法

如图 4.4-3 所示，所谓花杆法就是在船上设置两根平行与船轴线 AA'的花杆 H_1 和 H_2，同时在正面基线上的适当位置设置另一花杆 H_3。当桩基本就位后，通过人的肉眼在船上或岸上将三根花杆对齐从而控制了桩的平面扭角。

使用花杆法进行平面扭角控制的关键是：花杆 H_3 点在正面基线上设置坐标(X_3,Y_3)的计算。为此，设正面基线方程为 $X=c$，桩中坐标为(X_0,Y_0)，桩中到 H_1 的距离在AA'轴线的投影长度为 S_1，H_1 到 AA'轴线的间距为 S_2，桩的设计平面扭角为 α_{PN}。H_3 坐标计算的步骤为：首先由(X_0,Y_0)、α_{PN}、S_1 及 S_2 等数据计算出 H_1 的坐标(X_1,Y_1)，而后建立过 H_1 点且斜率为 $\tan\alpha_{PN}$ 的直线方程，再求解该方程和正面基线方程的交点解即得 H_3 点的坐标(X_3,Y_3)。当然，船上两花杆点连线的方程也可依 H_2 点来建立，但因方法相同，此处不再赘述。H_1 点的坐标按式(4.3-12)计算，然后按下式建立过 H_1 点且斜率为 $\tan\alpha_{PN}$的直线方程：

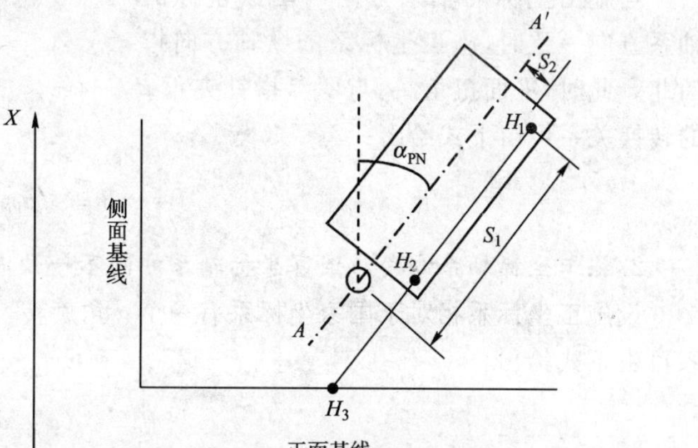

图 4.4-3　花杆控制法示意图

$$Y - Y_1 = (X - X_1)\tan\alpha_{PN} \tag{4.3-14}$$

将正面基线方程 $X=c$ 代入上式，得

$$Y - Y_1 = (c - X_1)\tan\alpha_{PN}$$

即

$$Y = (c - X_1)\tan\alpha_{PN} + Y_1 \tag{4.3-15}$$

由此得 H_3 点的坐标(X_3, Y_3)计算公式如下：

$$\begin{aligned} X_3 &= c \\ Y_3 &= (c - X_1)\tan\alpha_{PN} + Y_1 \end{aligned} \tag{4.3-16}$$

式中：X_1、Y_1 按式(4.3-12)算得。

第四节　罗　盘　法

所谓罗盘法，就是通过用安装在打桩船上的罗盘来控制船体扭向，从而达到控制桩的扭角的目的。罗盘法控制扭角的关键是将桩的平面扭角转换为罗盘指针与其起始方向的夹角(图 4.4-4 中的 β 角)。如图 4.4-4 所示，为方便转换，罗盘刻划的起始方向(即“0”方向)规定为 N 方向，并保持罗盘 S 至 N 刻划的连线与打桩船轴线 AA'平行且方向一致，即 S 至 N 的指向与 AA'方向一致。平面扭角与罗盘读数的转换分下列两种情况进行：

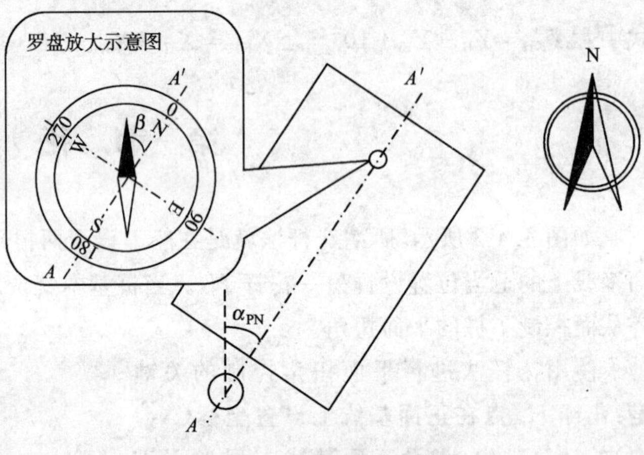

图 4.4-4　罗盘控制法示意图

1. 施工坐标轴系方向与国家坐标轴系方向一致时

当施工坐标的轴系方向与国家坐标的轴系方向一致时，施工坐标系的纵轴方向指向北。此时，平面扭角 α_{PN}与罗盘指针夹角 β 的转换关系可由下式给出：

$$\beta = -\alpha_{PN} \tag{4.4-17}$$

2. 施工坐标轴系方向与国家坐标轴系方向不一致时

设施工坐标系相对于国家坐标系有一个 α 角旋转，此时，平面扭角 α_{PN}与罗盘指针夹角 β 的转换关系可由下式给出：

$$\beta = -(\alpha + \alpha_{PN}) \tag{4.4-18}$$

显然，由式(4.4-17)及式(4.4-18)所算得的 β 角有正、负之分。β 角为正或负的几何意义与 α 及 α_{PN}的相同。即当 β 为正值时，指的是由起始方向 N 依顺时针旋转至 β 角；反之，当 β 为负值时，是指由起始方向 N 按逆时针方向旋转至 β 角。

用罗盘法进行扭角控制时须注意应尽量将罗盘仪安装在船的后甲板上开阔的位置上，以防止船体及桩架对罗盘的干扰，降低扭角的控制精度，并定期对罗盘磁偏角进行校正。

第五节　全站仪控制法

用全站仪进行扭角控制，就是利用全站仪的边角测量功能进行扭角控制。

一、控 制 方 法

如图 4.4-5 所示，设 P 为船上一棱镜点，其与桩中位置的相对关系为 S_1，S_2。A 点为测站点，即全站仪的架设位置，设其坐标为（X_A，Y_A）。则 P 点的坐标（X_P，Y_P）可按如下公式计算之：

$$X_P = X_O + S_1\cos\alpha_{PN} + S_2\cos(\alpha_{PN} \pm 90^\circ)$$

$$Y_P = Y_O + S_1\sin\alpha_{PN} + S_2\sin(\alpha_{PN} \pm 90^\circ) \tag{4.4-19}$$

式中：X_O，Y_O——桩中坐标；

α_{PN}——桩的平面扭角。

式中"±"号的取法是：当 P 点在打桩船中轴线方向的右侧时取"+"号，当 P 点在打桩船中轴线方向的左侧时取"−"号。

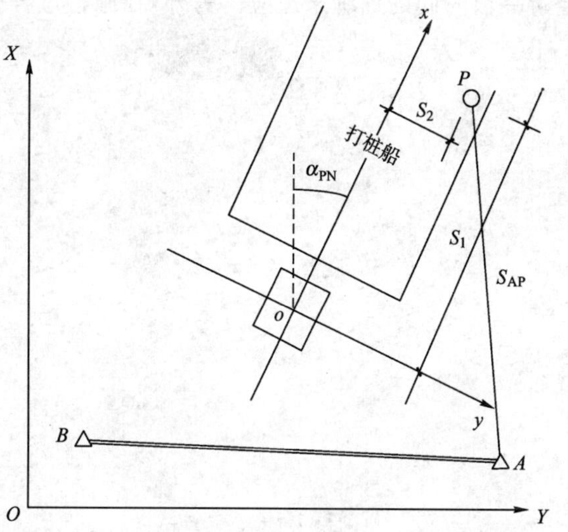

图 4.4-5　全站仪控制法示意图

扭角控制参数包括：测站 A 至棱镜 P 的方位角 α_{AP}，及 A 至 P 的距离 S_{AP}。其中，α_{AP} 按式(4.1-5)计算，具体如下：

$$\alpha_{AP} = 180^\circ - 90^\circ\mathrm{sgn}(\Delta Y_{AP}) - \arctan\frac{\Delta X_{AP}}{\Delta Y_{AP}} \tag{4.4-20}$$

S_{AP} 按下式计算：

$$S_{AP} = \sqrt{(X_P - X_A)^2 + (Y_P - Y_A)^2} \tag{4.4-21}$$

利用全站仪的边角测量功能进行扭角控制的作业程序是：在桩基本就位后，旋转全站仪至船体上控制扭角的棱镜方向上，通过实测 A 至 P 的方位角和边长经与计算的 α_{AP} 及 S_{AP} 比较后，来指挥船尾的摆动。从而使打桩船的扭角得到控制。

二、校 核 方 法

校核工作主要包括两个方面的内容：一是对定位数据计算的校核，二是对观测过程的校核。现在定位数据的计算工作普遍是由计算机来完成的，其校核工作也由计算机自行完成。这里所述的校核工作主要是指对观测过程的校核。

1. 后视方向的校核

为确保后视（起始）方向的准确性，我们建议在对后视方向时，应另设一个校核方向。两个方向可以不分主次，也可以以一个方向为主，另一个方向作为检查，以确保后视方向的准确性。

2. 定位时的校核

在后视方向确保正确以后，下一步工作就是要确保定位方向（包括水平和高程两个方向）的正确性。这里有两种方法可以采用。一种是对于有报警装置的全站仪来说，可以在定位方向上设置声音报警。观测时，在确保后视方向无误后即可将仪器转向正确的定位方向。与任意角定位法不同的是，由于仪器照准的目标是棱镜，所以不存在定位时的左右角（或方向）的控制问题及由于望远镜的正或倒成像容易使初学者造成左右控制角（或方向）颠倒的情况。定位校核的另一种方法是，在定位桩附近设置两个反光棱镜目标，其中一个可以设定为主控目标，另一个则是校核目标。这样，也可以确保定位方向的正确性。需要指出的是，在只使用一台全站仪进行打桩定位的工作时，由于从定位、校核、扭角控制到贯入度控制等均由一台仪器来完成，因此对于仪器操作人员的要求就相对高一些，这需要经过一段时间的训练来适应。另外，在施打过程中无法进行测距。

第五章　桩顶高程的控制及贯入度

除了桩的平面定位及扭角控制外，在实际定位工作中还需对桩的高程位置进行控制，即桩顶高程的控制。对桩顶高程的控制主要有两个方面的作用。

第一，在桩施打前的定位工作中，需要通过对桩顶高程的控制，使所有定位仪器的望远镜视线都照准施打桩的设计桩位高程上的位置，或是提高控制高程后的高程位置，然后再进行施打桩的平面位置的控制。在桩的平面定位控制角的计算中，对定位角的计算是在一定高程条件下进行的，这一点对斜桩尤为重要。对斜桩而言，在不同高程的位置上，其桩中坐标是不同的，而在桩位设计高程或是在提高控制高程后的高程处，桩中坐标只有一个。打桩定位的目的是将桩按设计的要求打到实地上，这其中当然包括对在设计高程处的桩中坐标的要求。

第二，在桩施打开始后直到打桩结束前，需要通过对桩顶高程的连续观测来推算打桩贯入度及桩的停锤位置。其中，打桩贯入度是衡量打桩质量的一个重要指标。

桩顶高程的控制方法主要有水准仪高程控制法和经纬仪三角高程控制法两种。

第一节　水准仪高程控制法

水准仪高程控制法是通过水准仪按水准测量的原理进行桩顶高程的控制。如图所示，设在岸上适当的位置上架设一台水准仪，后视已知水准点 BM，设该水准点的高程为 H_{BM}，水准仪测得后视 BM 点上的标尺读数为 a。然后，再根据桩的设计高程 H_Z 或是提高控制高程 h 后的控制高程 H'_Z 来计算前尺读数 b，这里 $H'_Z=H_Z+h$。前尺读数的计算应区分直桩和斜桩两种情况分别进行。

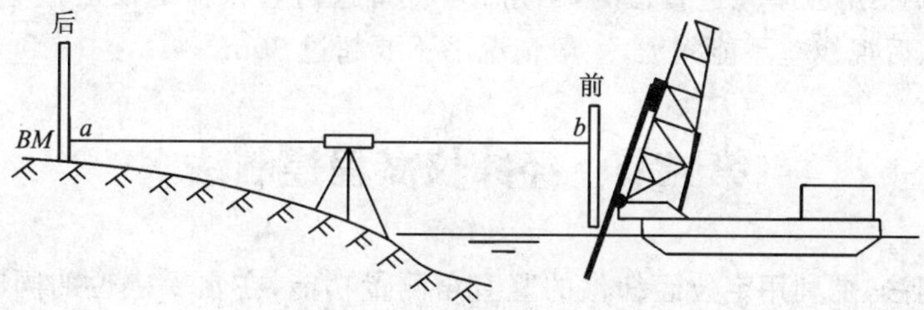

图 4.5-1　水准仪高程控制法示意图

1. 直桩情况

对于直桩情况，可以由图 4.5-1 立即得到前尺读数的计算公式：

$$b = H_{BM} + a - (H_Z + h) \tag{4.5-1}$$

式中：h——控制高程的提高量，当没有提高控制高程时 $h=0$。

2. 斜桩情况

对于斜桩情况，应考虑桩顶高程 H_Z 的变化情况，并对其作些调整。如图 4.5-2 所示，设桩的倾斜坡度为 $n:1$。为保证桩顶斜面上的最低点 M 在设计顶高程 H_Z 上，应使桩中 O 点的高程位置有一提高量 ΔH。

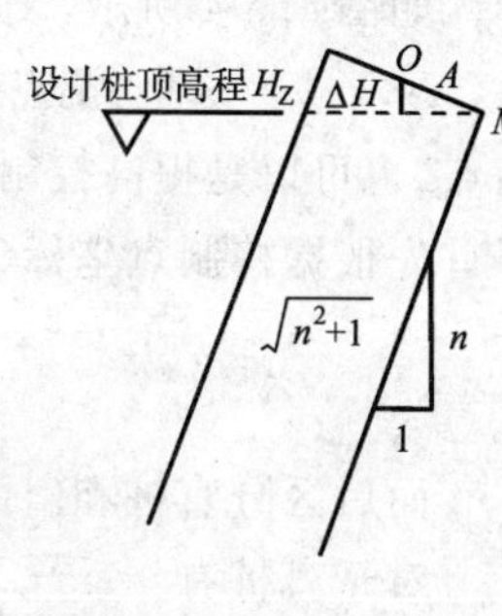

图 4.5-2　倾斜坡度示意图

由图 4.5-2 知：

$$\frac{\Delta H}{A} = \frac{1}{\sqrt{n^2+1}}$$

即

$$\Delta H=\frac{A}{\sqrt{n^2+1}} \tag{4.5-2}$$

式中：A——桩截面边长的一半（对于方桩而言）；桩截面的半径（对于管桩而言）。

所以，调整后的桩顶高程 H'_Z 应为：

$$H'_Z=H_Z+\Delta H=H_Z+\frac{A}{\sqrt{n^2+1}} \tag{4.5-3}$$

另设提高控制高程 h（图 4.5-3），则综合上述情况并顾及式（4.5-3）可知，一般情况下，水准仪前尺读数 b 的计算公式应为：

$$\begin{aligned} b&=H_{BM}+a-(H'_Z+h)\\ &=H_{BM}+a-\left(H_Z+\frac{A}{\sqrt{n^2+1}}+h\right)\end{aligned} \tag{4.5-4}$$

在没有提高控制高程的情况下，上式中的 h 取 0。

在按上述方法计算出水准仪的前视读数 b 之后，定位工作按以下方法进行。

在打桩船初步就位后，水准仪的视仪员开始指挥前尺的扶尺人员将前尺靠在桩边，上、下移动尺子。当水准仪的前尺读数正好卡在水准尺的 b 处时，停止移动尺子。同时，通知各经纬仪定位站，统一将仪器视线瞄准水准尺底部，并拧紧经纬仪的垂直制动螺旋。然后，各定位经纬仪才能进行施打桩的平面定位工作。需要提醒的是，在打桩过程中，应始终保持经纬仪望远镜的竖直方向不变。否则，就有会发生定位错误。

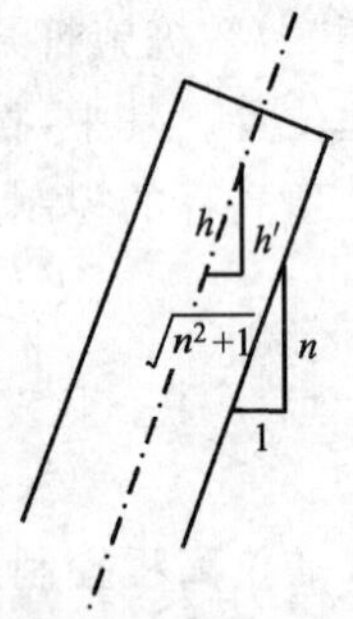

图 4.5-3　提高控制高程示意图

此外，在用水准仪进行桩顶高程控制时，需要注意两个问题。

（1）所用水准仪的 i 角应事先进行检测，当角 $i>10''$ 时应进行仪器的校正。

（2）水准仪的前、后视线差不能太大，一般情况下不要超过 30m。

第二节　经纬仪高程控制法

经纬仪高程控制法，是利用定位经纬仪的竖直角测量功能，在水平定位的同时，进行桩顶高程的控制。这时，要求测站点的高程已知。

如图 4.5-4 所示，设测站点 K 的高程为 H_K，坐标为（X_K，Y_K），仪器架设高度为 i，桩上的测点坐标为（X_P，Y_P）。这里，测点坐标视实际定位时的观测目标而定，可以是指桩在设计高程上的左测点或右测点，也可以是提高控制高程后的左、右测点。另设桩顶设计高程为 H_Z，控制高程提高量为 h。据此，可首先根据控制点坐标（X_K，Y_K）及测点坐标（X_P，Y_P）计算出控制点到测点的水平距离 S_{KP} 如下：

$$S_{KP}=\sqrt{(X_P-X_K)^2+(Y_P-Y_K)^2} \tag{4.5-5}$$

而后区分直桩和斜面桩两种情况，分别按下述两个公式计算垂直角 β。

对于直桩有：

$$\beta=\arctan\frac{(H_K+i)-(H_Z+h)}{S_{KP}} \tag{4.5-6}$$

对于斜桩[参见式（4.5-3）及式（4.5-4）]有：

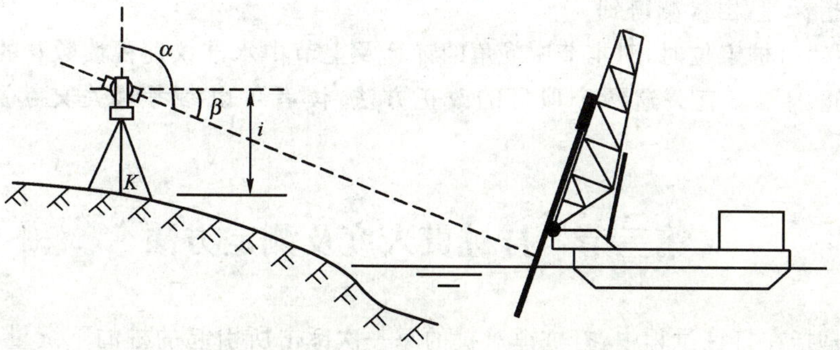

图 4.5-4　经纬仪三角高程控制高程和沉桩贯入度示意图

$$\beta = \arctan \frac{(H_K + i) - (H_Z + \frac{A}{\sqrt{n^2+1}} + h)}{S_{KP}} \tag{4.5-7}$$

式中：A 的意义同前述；

n——斜桩的倾斜坡度比值。

在上述两式中，当没有提高控制高程时，$h=0$。

按上述两式计算的 β 角有时可能会出现负值，虽然这种情况比较少见，但也有可能出现，此时说明测点高程高于经纬仪架设的高程。

由式(4.5-6)及式(4.5-7)算得 β 角后，即可进行经纬仪竖盘读数的配置，然后再进行施打桩的平面位置的定位。经纬仪竖盘读数的配置方法是：当经纬仪为盘左观测时，竖盘配置读数为：$L=90+\beta$；当经纬仪为盘右观测时，竖盘的配置读数为：$R=270-\beta$。

此外，式(4.5-5)的计算需要先算出测点坐标(X_P，Y_P)。测点坐标(X_P，Y_P)作为打桩定位计算的必要数据，其计算方法在前面定位方位角的计算中已经作了阐述。因此，在这里我们只需在进行定位方位角计算的同时，顺便由式(4.5-5)计算出测站至测点的距离，再在施工现场根据仪高 i 及其他有关数据按式(4.5-6)或式(4.5-7)计算出垂直角 β 即可。这在计算机(器)十分普及的今天是很容易做到的。当然，垂直角的计算、配置工作应在所有定位仪器上同时进行。

经纬仪高程控制法的特点是利用了经纬仪竖盘的功能进行高程控制，从而可以省去水准仪的高程控制的一些麻烦过程。有经验的人都知道，在用水准仪进行高程控制时，对水准仪架设位置的选择往往会有一定的难度，特别是当潮差较大时，岸线高差起伏又很大时，这一难度就显得尤为突出。而改用经纬仪进行桩顶高程控制时，就可以有效地避免这一情况。此外，在使用经纬仪替代水准仪进行桩顶高程控制时，还可以省去一位在打桩船桩架前的前尺扶尺人员。

在使用经纬仪高程控制法进行桩顶高程控制时，需要特别注意经纬仪的竖直指标差问题。由于在打桩定位时，仪器都是半测回测角的。因此，指标差的影响将直接带入竖直角的观测之中，从而给高程控制带来误差影响，这就类似于水准仪的 i 角的影响。高程上的控制误差一般还会引起平面定位的误差。因此，在使用经纬仪高程控制法时，一定要注意仪器的指标差问题。解决这一问题的方法是，在打桩定位前，对经纬仪的指标差进行检查。当仪器的指标差 $x>30''$ 时，应对仪器的竖直指标差进行校正。由于指标差对高程控制的影响是随着控制边长的增加而增加的，因此，当指标差较大(如 $x>30''$)且边长也较长(如 $S_{KP}>200\text{m}$)时，则均应对定位仪器的竖直度盘配置读数加上指标差改正。此时，对于盘左的竖直度盘配置读数为：

$$L = 90 + \beta + x \tag{4.5-8}$$

对盘右的竖直度盘配置读数为：

$$R = 270 - \beta + x \tag{4.5-9}$$

式中：x——竖盘指标差，由检测得到。

此外，在远距离打桩定位时，对本节中β角的计算及上节中水准仪前视读数b的计算还需考虑地球曲率及大气改正因素。有关这两个项目的改正方法，读者可以参考有关文献资料，这里不再作讨论。

第三节　打桩贯入度及测定方法

打桩贯入度是指在打桩过程中，打桩锤对桩的每一次锤击所引起的桩的下沉量。实际工作中，常以某一阵桩的下沉量与该阵的锤击数之比来求得该阵的打桩平均贯入度。贯入度的大小取决于打桩锤的锤击能量、桩的截面尺寸和地质情况等因素。在锤击能量相同的情况下，贯入度越小，往往桩的承载力越大。设计上常把打桩贯入度的大小作为衡量桩承载力大小的一个主要指标。当然，贯入度也不宜过小，经常性的小贯入度打桩不仅会有损于打桩锤，也会影响到桩身质量。

为对打桩贯入度进行测定，需在桩身的一侧进行划线注记，称为划桩。划桩的方法是：在桩起吊前，用钢尺或皮尺从桩尖至桩顶方向进行丈量划线。划线可用墨汁或油漆，并在每整米线上标明尺寸数据。划桩时，划线间距的疏密程度时根据贯入度的大小来掌握的，即对于较大的贯入度，划线间距可以大一些；而对于较小的贯入度，划线间距则应小一些。根据这一原则，一般在桩尖到桩中段以上部分，划线间距可以大一些，如取 1m 一格，因为这一段桩的入土贯入度一般都较大。而余下部分，特别是在靠近桩顶的 5m 左右的范围内，划线间距应密一些，一般取 10～20cm 一格，因为此时桩的贯入度一般较小。当然，上述要求并不是绝对的，对于一个具体的工程，应根据实际情况和要求来确定划线的间距。一般来说，较密的划线间距有利于提高打桩贯入度的观测和计算精度。划线的一面在桩起吊入龙口后的定位工作中，应朝向进行贯入度测定的仪器方向。故在划桩前，划桩人员应向打桩船上有关人员了解吊桩翻身的规律，避免划桩时划错位置，造成无法进行贯入度测定的情况。

为完整地进行打桩贯入度的测定，除对桩进行划线外，还应对替打帽及替打的正面进行划线。在桩进龙口后，为固定桩在龙口上的位置，桩的顶端是进入替打帽内的，如图 4.5-5 所示。桩的顶端部分的划线实际是看不到的。当采用提高控制高程的方法进行打桩定位时，当桩的顶部打到控制高程时，此时桩顶还未达到设计高程的位置，桩还需继续往下打，而这时仪器却已无法看到桩身。这样就无法继续进行打桩贯入度的观测。解决这一问题的方法就是在替打的外侧的表面上进行划线，作为划桩在桩顶以后部分的延续。方法是：从桩帽底部向替打方向进行划线，划线的间距一般取 10cm 为好。替打帽上“0”点的位置（也即桩顶位置）与桩垫的厚度有关。设替打帽深L，桩垫厚d。则“0”点的位置应取在$L-d$处。需要注意的是，这里桩垫厚度d的取值不能以打桩前的厚度计，而应取其在施打后的厚度值。至于应取多少为宜，这与桩垫材料及其性质有关，一般由试验或经验得。

某一阵打桩贯入度的测定方法是：在该阵开打前，由观测者记录下此时仪器在桩上的刻划读数。在该阵开打后，记录该阵的锤击数。在该阵最后一锤结束时，再记下仪器在桩上的刻划读数。而后，再用两次读数之差除以该阵的锤击数便得到该阵的平均贯入度，即：

$$阵平均贯入度=\frac{|前一次读数值-后一次读数值|}{阵锤击数} \tag{4.5-10}$$

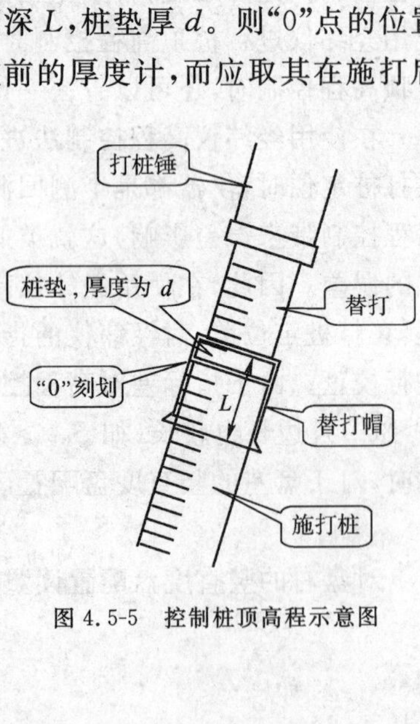

图 4.5-5　控制桩顶高程示意图

每阵锤击数的多少，可视贯入度的测定精度要求而定，一般可取 10 锤或者 20 锤等，这是以锤击数为每一阵的单位来记录贯入度的方法。也有以桩下沉一整数量作为一阵的单位来记录贯入度的，即用桩下沉某一整数时，所击的锤击数来计算贯入度。

测定贯入度的仪器，应根据不同的高程控制方法而定。在用水准仪进行桩顶高程控制时，应直接使用该水准仪进行贯入度的测定。在用经纬仪进行桩顶高程控制时，可选用三台仪器中位置较好的一台来进行打桩贯入度的测定。

在贯入度的计算中，对桩的下沉量，我们考虑的是桩的实际行程，而不是桩的垂直下沉量。这一点从式(4.5-10)的贯入度计算公式中也可以看出，在该公式中，贯入度的计算与桩的倾斜坡度无关。

第四节　停 锤 控 制

设计部门根据桩的设计承载力推算出打桩接近结束时最后 10 击应达到的平均贯入度作为打桩时的停锤标准，也可以桩顶打到设计桩位高程时作为停锤标准。

在以高程作为停锤标准时，应注意两种情况。

第一，当施打桩为直桩时，这时的控制过程比较简单。设桩顶高程与桩位高程的较差为 d。则对于未提高控制高程的施打桩来说，只要当高程控制仪器的横丝卡到替打帽上的“0”刻划以下 d 处，即可通知停锤。对于提高控制高程 h 的施打桩来说，只要当仪器横丝卡到替打帽“0”刻划线以上 h 的位置处再向下 d 处，便可停止锤击。

第二，当施打桩为带有 $n:1$ 坡度的斜桩时，应以桩顶表面的最低位置处作为桩顶位置。这时需区别仰、俯打两种情况分别考虑。对于俯打情况，其控制方法与直桩相同。对于仰打情况，当未提高控制高程时，其停锤刻划应在替打帽“0”刻划线以下的 $\Delta L+d$ 处，如图 4.5-6 所示。

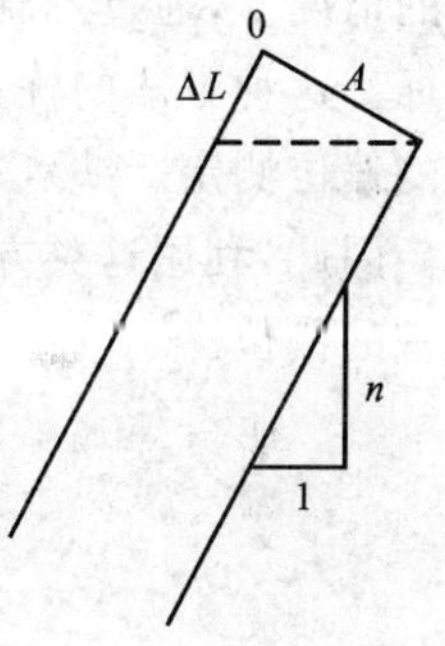

图 4.5-6　停锤高程示意图

当提高控制高程 h 时，其停锤刻划应在“0”刻划向上 h 的位置上再向下 $\Delta L+d$，这里 $\Delta L=A/n$。图中 A 对于方桩来说是桩的横截面的长度，对于管桩来说是其横截面的外径，即 $2r$。

顺便指出一点，上述的停锤刻划线是理论上的，在实际工作中，由于考虑到锤击的惯性，往往需要提前一点通知停锤，以免由于锤击的惯性作用将桩打得偏低。

有时，设计部门也会提出以上述的贯入度控制和高程控制两种指标相结合的停锤标准。如有以贯入度控制为主，高程控制为辅的停锤标准等。施工单位应充分领会设计意图，熟练掌握。

此外，在实际工作中，有时也会碰到一些意外情况。如虽然贯入度已很小，但桩顶的超高却很多，或虽然桩顶已打到设计高程，甚至在设计高程以下，但贯入度却仍然很大等情况，使得施工单位对停锤标准不好掌握。因此，对施工单位来说，应事先对可能出现的各种情况有充分的估计，并在打桩前向设计、业主等单位提出，便于各方事先考虑好解决此类问题的相应方法和措施。

第六章　打桩偏位的测定

打桩结束后，应及时对所打桩的偏位进行测定。打桩偏位的测定是通过对已打好的桩在实际桩位高程上的桩中坐标进行测定，经与该桩在设计桩位高程上的设计桩中坐标进行比较后得出打桩偏位值。因此，打桩偏位的测定是在一定高程上进行的。

一些看似简单、直观的偏位测定方法都在不同程度上存在着一些缺陷。如一种方法是用两台经纬仪竖丝对所测桩的桩身分中，再按前方交会法来测定桩的偏位。此种方法由于是采用竖丝对桩身进行分中来确定观测目标，故使得在对目标的照准中估计成分太大，其偏位测定的准确性无可靠保证。又如一种方法是在打桩结束后，由一名测量工带一花杆爬到桩头上，将花杆置于桩顶的几何中心位置，再由岸上两台经纬仪按前方交会法或一台全站仪按极坐标法来测定偏位。此种方法劳动强度较大，且当桩顶实际高程不在设计桩位高程上时，往往无法准确有效地测定偏位，特别是在斜桩情况下，这一缺陷就显得尤为突出。

为克服上述缺陷，在任意角打桩定位法和极坐标打桩定位法的基础上，提出几个打桩偏位的测定方法，并导出相应的计算公式。此类方法的基本思路是：结合定位方法，在某一桩施打结束后，直接利用该桩定位时的仪器（经纬仪或全站仪），在保持仪器竖直角不变的情况下，也即桩顶控制高程位置不变的情况下，通过观测测站点至桩测点的方位角及方位角和边长来推求施打桩在设计高程上的桩中坐标。这种方法的优点是，直接利用了打桩定位时的定位仪器，在某根桩施打结束后“顺便”进行施打桩的偏位测定。缺点是计算过程相对复杂。但借助于程序计算器或袖珍计算机，这一缺点已不复存在。因此，利用这类方法，能在每根桩施打结束后，利用吊桩的间隙，及时、方便、准确地测定并计算出该桩的偏位。

第一节　交会法偏位测定

交会法偏位测定是在任意角定位的基础上实施的一种偏位测定方法，以下分方桩和管桩两种情况讨论。

一、方桩偏位的测定与计算

方桩偏位的测定主要有如图 4.6-1a)、b)、c)、d)四种形式。分别称为：右左形、左右形、左左形及右右形，并相应地记之为：“RL”形、“LR”形、“LL”形及“RR”形。

图中，A、B 两点为控制点，其坐标分别为(X_A,Y_A)，(X_B,Y_B)。O'为待求的施打桩的桩中坐标。P_L，P_R 分别为桩的左、右两测点，其间距即为桩的截面边长 a。M 为 P_L、P_R 两测点连线之中点。P 为两仪器的交会点。α_{PN}为桩的平面扭角。

方桩偏位测定的计算思路是：首先由 A、B 两点测出的测点方向的方位角按式(4.1-10)给出的前方交会依方位角的计算公式，计算出两方向的交点 P 的坐标(X_P,Y_P)。

$$X_P=\frac{X_B\tan\alpha_{BP}-X_A\tan\alpha_{AP}+Y_A-Y_B}{\tan\alpha_{BP}-\tan\alpha_{AP}}$$

$$Y_P=\frac{Y_B\cot\alpha_{BP}-Y_A\cot\alpha_{AP}+X_A-X_B}{\cot\alpha_{BP}-\cot\alpha_{AP}} \tag{4.6-1}$$

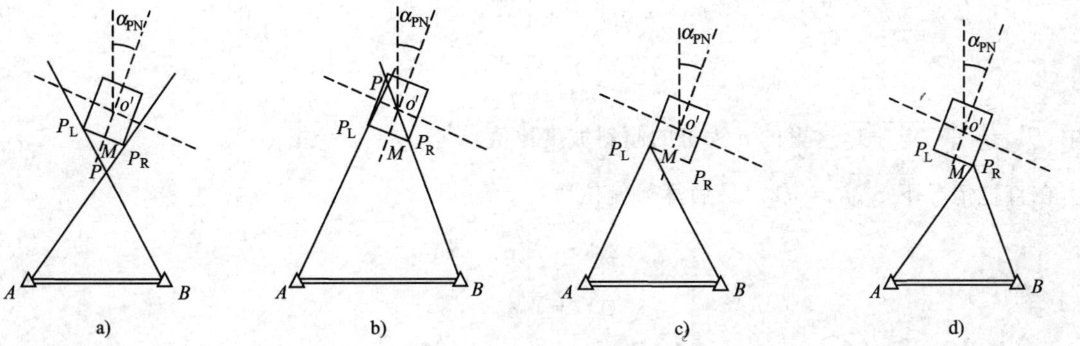

图 4.6-1　方桩偏位测定形式示意图

a)"RL"形;b)"LR"形;c)"LL"形;d)"RR"形

式中:α_{AP},α_{BP}——分别为控制点 A,B 至相应测点的方位角,由实测得。

由式(4.6-1)算出 P 点坐标后,再由 P 点计算出左或右的测点坐标(X_{PL},Y_{PL})、(X_{PR},Y_{PR})。这一步对于"LL"形及"RR"形可以省略。因为对于这两种形式由式(4.6-1)算出的就是测点坐标。然后,再由测点坐标依次推求出左右测点之中点 M 及桩中 O' 的坐标。最后,将测得的 O' 点坐标与设计桩中坐标 O 进行比较后即得打桩的偏位值。以下仅对"RL"形的计算公式作详细推导,其他类型因推导过程类同,故只作简单的推导说明。

1."RL"形的计算公式

由图 4.6-1a)知,右测点 P_R 至左测点 P_L 的方位角(α_{RL})为

$$\alpha_{RL} = \alpha_{PN} - 90° \tag{4.6-2}$$

右测点至 A 的方位角(α_{PA})为

$$\alpha_{PA} = \alpha_{AP} \pm 180° \tag{4.6-3}$$

这里,当 $\alpha_{AP}<180°$时,公式右端取"+"号,当 $\alpha_{AP}\geqslant 180°$时,公式右端取"-"号(以下同)。故

$$\angle P_L P_R P = \alpha_{RL} - \alpha_{PA} \tag{4.6-4}$$

另由 α_{AP} 及 α_{BP} 两观测方位角可求得

$$\angle P_L P P_R = \alpha_{AP} - \alpha_{BP} \tag{4.6-5}$$

故由正弦定理得 P 至 P_L 的距离(S_{PL})为

$$S_{PL} = \frac{\sin\angle P_L P_R P}{\sin\angle P_L P P_R} \times a \tag{4.6-6}$$

式中,a 为桩截面之边长。由此得 P_L 点的坐标(X_{PL},Y_{PL})为

$$\begin{aligned} X_{PL} &= X_P + S_{PL}\cos\alpha_{BP} \\ Y_{PL} &= Y_P + S_{PL}\sin\alpha_{BP} \end{aligned} \tag{4.6-7}$$

式中:X_P,Y_P——由式(4.6-1)算得。

由 P_L 点坐标再推求 M 点坐标(X_M,Y_M)得:

$$\begin{aligned} X_M &= X_{PL} + \frac{a}{2}\cos\alpha_{LR} \\ Y_M &= Y_{PL} + \frac{a}{2}\sin\alpha_{LR} \end{aligned} \tag{4.6-8}$$

式中:$\alpha_{LR}=\alpha_{PN}+90°$。从而可得施打桩的桩中坐标($X'_O$,$Y'_O$)为

$$X'_{O} = X_{M} + S'_{MO}\cos\alpha_{PN}$$
$$Y'_{O} = Y_{M} + S'_{MO}\sin\alpha_{PN} \qquad (4.6\text{-}9)$$

式中：$S'_{MO}=\frac{a}{2n}\sqrt{n^2+1}$，这里的 n 为桩的倾斜坡度比值。

在直桩情况下 $S'_{MO}=a/2$。最后算得偏位值：

$$\Delta X = X'_{O} - X_{O}$$
$$\Delta Y = Y'_{O} - Y_{O} \qquad (4.6\text{-}10)$$

式中：X_O、Y_O——设计桩中坐标。

2."LR"形的计算公式

(1)P 点坐标的计算

由式(4.6-1)计算出 P 点坐标(X_P,Y_P)。

(2)$\angle P_L P_R R$ 及$\angle P_L PP_R$ 的计算[参见图 4.6-1b)]：

$$\angle P_L P_R P = \alpha_{BP} - \alpha_{PN} + 90° \qquad (4.6\text{-}11)$$

$$\angle P_L PP_R = \alpha_{AP} - \alpha_{BP} \qquad (4.6\text{-}12)$$

(3)左测点 P_L 至 P 点的长度 S_{LP}的计算

$$S_{PL} = \frac{\sin\angle P_L P_R P}{\sin\angle P_L PP_R} \times a \qquad (4.6\text{-}13)$$

(4)左测点坐标(X_L,Y_L)的计算

$$X_L = X_P + S_{LP}\cos\alpha_{PA}$$
$$Y_L = Y_P + S_{LP}\sin\alpha_{PA} \qquad (4.6\text{-}14)$$

式中：$\alpha_{PA}=\alpha_{AP}\pm 180°$。

(5)M 点坐标计算

$$X_M = X_L + \frac{a}{2}\cos(\alpha_{PN} + 90)$$
$$Y_M = Y_L + \frac{a}{2}\sin(\alpha_{PN} + 90) \qquad (4.6\text{-}15)$$

(6)桩中 O'点的坐标计算

对于直桩有：

$$X'_{O} = X_{M} + \frac{a}{2}\cos\alpha_{PN}$$
$$Y'_{O} = Y_{M} + \frac{a}{2}\sin\alpha_{PN} \qquad (4.6\text{-}16)$$

对于斜桩有：

$$X'_{O} = X_{M} + \frac{a}{2}\sqrt{n^2+1}\cos\alpha_{PN}$$
$$Y'_{O} = Y_{M} + \frac{a}{2}\sqrt{n^2+1}\sin\alpha_{PN} \qquad (4.6\text{-}17)$$

(7)偏位计算

同式(4.6-10),此处略。

3."LL"形的计算公式

(1)PL 点坐标(X_L,Y_L)的计算

由式(4.6-11)直接算得。

(2)M 点坐标计算

$$
\begin{aligned}
X_M &= X_L + \frac{a}{2}\cos(\alpha_{PN} + 90°) \\
Y_M &= Y_L + \frac{a}{2}\sin(\alpha_{PN} + 90°)
\end{aligned}
\tag{4.6-18}
$$

(3)O'点的坐标计算

同式(4.6-16)及式(4.6-17),此处略。

(4)偏位计算

同式(4.6-10),此处略。

4."RR"形的计算公式

(1)P_R 点坐标(X_R,Y_R)的计算

由式(4.6-1)直接算得。

(2)M 点坐标计算

$$
\begin{aligned}
X_M &= X_R + \frac{a}{2}\cos(\alpha_{PN} - 90°) \\
Y_M &= Y_R + \frac{a}{2}\sin(\alpha_{PN} - 90°)
\end{aligned}
\tag{4.6-19}
$$

(3)O'点的坐标计算

同式(4.6-16)及式(4.6-17),此处略。

(4)偏位计算

同式(4.6-10),此处略。

二、管桩偏位的测定与计算

类似方桩情况,管桩偏位的测定也有如图 4.6-2 所示的四种交会形式,分别为右左形、左右形、左左形及右右形,并相应记之为"RL"形、"LR"形、"LL"、形及"RR"形。图 4.6-2 中,A、B 两点为控制点,其坐标为(X_A,Y_A),(X_B,Y_B)。O'为桩中心点。P 为 A、B 两点至桩测点(此处为切点)方向的交点。切点的注记由控制点点名至所测桩的左或右侧点定。如 A 至桩的右侧切点记之为 AR,其他类推。这里,某控制点至桩的左或右侧切点的规定是,以控制点至桩中的连线为界,在此连线的左侧为左侧切点,在此连线的右侧为右侧切点。另设桩的平面扭角为 α_{PN},倾斜坡度为 $n:1$。

1.公式推导

为方便计算,建立桩中坐标系 $o'-xy$。则桩截面(椭圆)在 $o'-xy$ 系中的参数方程为(参见图 4.6-3):

$$
\begin{aligned}
x &= b\cos t \\
y &= a\sin t
\end{aligned}
\tag{4.6-20}
$$

式中:a——椭圆的短半径,即管桩的外半径;

b——椭圆的长半径，一般情况下，其值为：$b=\frac{a}{2}\sqrt{n^2+1}$，直桩时，$b=a$；

t——参数，其几何意义是：在 $o'-xy$ 系中，椭圆上一点的方向角。

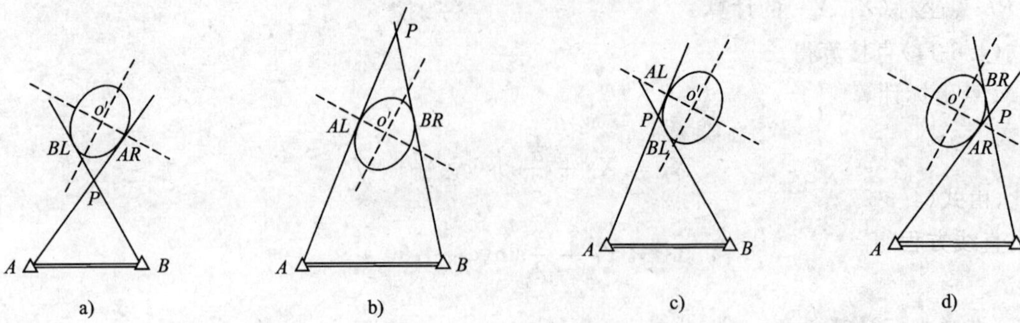

图 4.6-2 管桩偏位测定截面示意图

a)“RL”形；b)“LR”形；c)“LL”形；d)“RR”形

由图 4.6-3 知，控制点 A 至桩切点的连线在 $o'-xy$ 系中的方位角(α_A)为：

$$\alpha_A=\alpha_{AP}-\alpha_{PN} \tag{4.6-21}$$

同理，B 至桩切点在 $o'-xy$ 系中的方位角(α_B)为：

$$\alpha_B=\alpha_{BP}-\alpha_{PN} \tag{4.6-22}$$

式中：α_{AP}、α_{BP}——分别为 A、B 两点至桩切点在施工坐标系中的方位角，均由实测得。

对椭圆方程式(4.6-20)求导得：

$$\frac{dy}{dx}=\frac{dy/dt}{dx/dt}=\frac{a\cos t}{-b\sin t}=-\frac{a}{b}\cot t \tag{4.6-23}$$

由导数的几何意义知，曲线上某点的导数恰为该点上切线之斜率。因此，由式(4.6-21)及式(4.6-23)立即得到：

$$-\frac{a}{b}\cot t=\tan(\alpha_{AP}-\alpha_{PN}) \tag{4.6-24}$$

由式(4.6-24)解得 t_A 的两个解：

$$t_{A1}=t_A=\arctan\left[\frac{-a}{b\tan(\alpha_{AP}-\alpha_{PN})}\right] \tag{4.6-25}$$

$$t_{A2}=t_{A1}+180^\circ=t_A+180^\circ \tag{4.6-26}$$

将式(4.6-25)及式(4.6-26)分别代入式(4.6-20)中，可得控制点 A 到椭圆切点在 $o'-xy$ 系中的两组坐标：

$$\begin{aligned} x_A &= \pm b\cos t_A \\ y_A &= \pm a\sin t_A \end{aligned} \tag{4.6-27}$$

这一结论的几何意义是，对于同一方位角(斜率)的直线与椭圆的切点有两个，且分别与原点对称。

同理，由式(4.6-22)及式(4.6-23)得：

$$t_{B1}=t_B=\arctan\left[\frac{-a}{b\tan(\alpha_{BP}-\alpha_{PN})}\right] \tag{4.6-28}$$

$$t_{B2}=t_{B1}+180°=t_B+180° \tag{4.6-29}$$

及

$$\begin{aligned}x_B&=\pm\, b\cos t_B\\ y_B&=\pm\, a\sin t_B\end{aligned} \tag{4.6-30}$$

因此，由式(4.6-27)及式(4.6-30)可算得两切点的坐标以及相应切线的坐标方位角 α_A 及 α_B，并可据此列出直线方程组：

$$\begin{aligned}y-k_1y_A&=(x-k_1x_A)\tan\alpha_A\\ y-k_2y_B&=(x-k_2x_B)\tan\alpha_B\end{aligned} \tag{4.6-31}$$

式中：k_1、k_2——符号系数，取“+1”或“−1”。

解算式(4.6-31)得交点 P 在 $o'-xy$ 系中的坐标(x_P，y_P)：

$$\begin{aligned}x_P&=\frac{k_1x_A\tan\alpha_A-k_2x_B\tan\alpha_B-k_1y_A+k_2y_B}{\tan\alpha_A-\tan\alpha_B}\\ y_P&=\frac{k_1y_A\cot\alpha_A-k_2y_B\cot\alpha_B-k_1x_A+k_2x_B}{\cot\alpha_A-\cot\alpha_B}\end{aligned} \tag{4.6-32}$$

另由控制点坐标及控制点到桩测点的方位角可以求得 P 点在施工坐标系 $O-XY$ 中的坐标(X_P，Y_P)[参见式(4.6-1)]：

$$\begin{aligned}X_P&=\frac{X_A\tan\alpha_{AP}-X_B\tan\alpha_{BP}-Y_A+Y_B}{\tan\alpha_{AP}-\tan\alpha_{BP}}\\ Y_P&=\frac{Y_A\cot\alpha_{AP}-Y_B\cot\alpha_{BP}-X_A+X_B}{\cot\alpha_{AP}-\cot\alpha_{BP}}\end{aligned} \tag{4.6-33}$$

结合坐标转换公式[参见式(4.1-1)]，建立式(4.6-32)及式(4.6-33)两式的联系：

$$\begin{aligned}X_P&=x_P\cos\alpha_{PN}-y_P\sin\alpha_{PN}+X'_O\\ Y_P&=x_P\sin\alpha_{PN}+y_P\cos\alpha_{PN}+Y'_O\end{aligned} \tag{4.6-34}$$

由式(4.6-34)立即得到桩中坐标：

$$\begin{aligned}X'_O&=X_P-x_P\cos\alpha_{PN}+y_P\sin\alpha_{PN}\\ Y'_O&=Y_P-x_P\sin\alpha_{PN}-y_P\cos\alpha_{PN}\end{aligned} \tag{4.6-35}$$

最后按式(4.6-10)计算管桩的偏位。

2.解的判别

在式(4.6-32)中，由于 k_1、k_2 的不同取值将得到四组不同的解。因此，按式(4.6-35)也将得到不同的偏位值。为使解正确、唯一，须对式(4.6-32)的解进行分析判断。为此，先列出 k_1、E 的所有四组不同取值：(1)$k_1=1,k_2=1$；(2)$k_1=1,k_2=-1$；(3)$k_1=-1,k_2=-1$；(4)$k_1=-1,k_2=1$。由这四种情况按式(4.6-32)将得到四组不同的解，分别记之为：(x_{P1}，y_{P1})；(x_{P2}，y_{P2})；(x_{P3}，y_{P3})及(x_{P4}，y_{P4})。以下列出这四组解的表达式：

$$\begin{aligned}x_{P1}&=\frac{x_A\tan\alpha_A-x_B\tan\alpha_B-y_A+y_B}{\tan\alpha_A-\tan\alpha_B}\\ y_{P1}&=\frac{y_A\cot\alpha_A-y_B\cot\alpha_B-x_A+x_B}{\cot\alpha_A-\cot\alpha_B}\end{aligned} \tag{4.6-36}$$

$$x_{P2}=\frac{x_A\tan\alpha_A+x_B\tan\alpha_B-y_A-y_B}{\tan\alpha_A-\tan\alpha_B}$$
$$y_{P2}=\frac{y_A\cot\alpha_A+y_B\cot\alpha_B-x_A-x_B}{\cot\alpha_A-\cot\alpha_B}\tag{4.6-37}$$

$$x_{P3}=\frac{-x_A\tan\alpha_A+x_B\tan\alpha_B+y_A-y_B}{\tan\alpha_A-\tan\alpha_B}$$
$$y_{P3}=\frac{-y_A\cot\alpha_A+y_B\cot\alpha_B+x_A-x_B}{\cot\alpha_A-\cot\alpha_B}\tag{4.6-38}$$

$$x_{P4}=\frac{-x_A\tan\alpha_A-x_B\tan\alpha_B+y_A+y_B}{\tan\alpha_A-\tan\alpha_B}$$
$$y_{P4}=\frac{-y_A\cot\alpha_A-y_B\cot\alpha_B+x_A+x_B}{\cot\alpha_A-\cot\alpha_B}\tag{4.6-39}$$

由上述四组解分别按式(4.6-35)计算，可得四组不同的桩中坐标(x'_{O1},y'_{O1})，(x'_{O2},y'_{O2})，(x'_{O3},y'_{O3})，(x'_{O4},y'_{O4})。而此四组解实际上正好对应了四种交会形式，如图4.6-3所示。

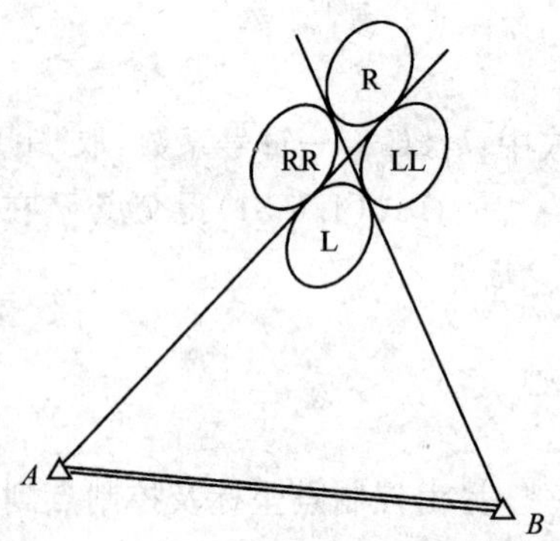

图4.6-3 管桩偏位测定计算分析示意图

为进行解的判别，首先按式(4.1-5)计算出A、B两控制点分别至四种交会形式的桩中点$O1'$、$O2'$、$O3'$及$O4'$的方位角α'_{AOi}及α'_{BOi}等，这里i取1,2,3及4。现作分析判别如下：

(1)“RL”形

在“RL”形的交会中，桩中点必然在A至桩测点连线的左侧。同时，桩中点还必须在B至桩测点的右侧，即α'_{AOi}及α'_{BOi}必须同时满足如下两个条件：

$$\begin{aligned}\alpha'_{AOi}&<\alpha_{AP}\\\alpha'_{BOi}&>\alpha_{BP}\end{aligned}\tag{4.6-40}$$

此两条件是“RL”形交会中观测方位角须满足的两个必要且充分条件。按此条件要求，可在Oi' $(i=1,2,3,4)$中选择到唯一一组符合此要求的解，并按式(4.6-10)计算偏位。

(2)“LR”形

同理，在“LR”形的交会形式中，α'_{AOi}及α'_{BOi}须满足的条件是：

$$\begin{aligned}\alpha'_{AOi}&>\alpha_{AP}\\\alpha'_{BOi}&<\alpha_{BP}\end{aligned}\tag{4.6-41}$$

(3)“LL”形

在“LL”交会形式中，α'_{AOi}及α'_{BOi}须满足的条件是：

$$\begin{aligned}\alpha'_{AOi}&>\alpha_{AP}\\\alpha'_{BOi}&>\alpha_{BP}\end{aligned}\tag{4.6-42}$$

(4)“RR”形

在“RR”形的交会形式中，α'_{AOi}及α'_{BOi}须满足的条件是：

$$\begin{aligned}\alpha'_{AOi}&<\alpha_{AP}\\\alpha'_{BOi}&<\alpha_{BP}\end{aligned}\tag{4.6-43}$$

值得一提的是，上述计算及判别过程看似比较复杂，但在实际工作中，这些工作均可由计算机自动完成。因此，操作人员并不会因此感到麻烦，而只会感到使用此种方法进行打桩偏位的测定是十分方便、准确和及时的。

三、提高控制高程后的偏位计算

对方桩及管桩的偏位测定和计算中均未考虑控制高程的提高。但在实际定位时，往往需要使仪器的控制高程在桩位设计高程之上有一提高量 h。此时，在斜桩情况下（这里，设斜桩的倾斜坡度为 $n:1$），需对由式(4.6-9)、式(4.6-17)及式(4.6-35)算得的桩中坐标(X'_O, Y'_O)作如下的改算：

1. 在仰打情况下有：

$$\overline{X}'_O = X'_O - \frac{h}{n}\cos\alpha_{PN}$$

$$\overline{Y}'_O = Y'_O - \frac{h}{n}\sin\alpha_{PN} \tag{4.6-44}$$

2. 在俯打情况下有：

$$\overline{X}'_O = X'_O + \frac{h}{n}\cos\alpha_{PN}$$

$$\overline{Y}'_O = Y'_O + \frac{h}{n}\sin\alpha_{PN} \tag{4.6-45}$$

式中，X'_O,Y'_O 为改算到设计高程上的桩中实测坐标。而后，再由式(4.6-10)计算的偏位：

$$\begin{aligned}\Delta X &= \overline{X}'_O - X_O \\ \Delta Y &= \overline{Y}'_O - Y_O\end{aligned} \tag{4.6-46}$$

第二节　极坐标法偏位测定

极坐标法偏位测定是在极坐标打桩定位基础上实施的一种偏位测定方法。以下分方桩和管桩两种情况讨论。

一、方 桩 情 况

设某方桩的平面扭角为 α_{PN}，倾斜坡度为 $n:1$，桩截面为 $a\times a$。又设在桩位高程上，棱镜靠在桩的某一棱角上。棱镜与棱角的偏离值为 Δl，其在桩中坐标系 x、y 两方向上的分量为 Δx、Δy，如图4.6-4 所示。

另设有控制点 A，其坐标为(X_A, Y_A)，点 A 至棱镜的观测平距为 S，方位角为 α。则实际桩中 o'点的坐标(X'_O,Y'_O)可按下式计算：

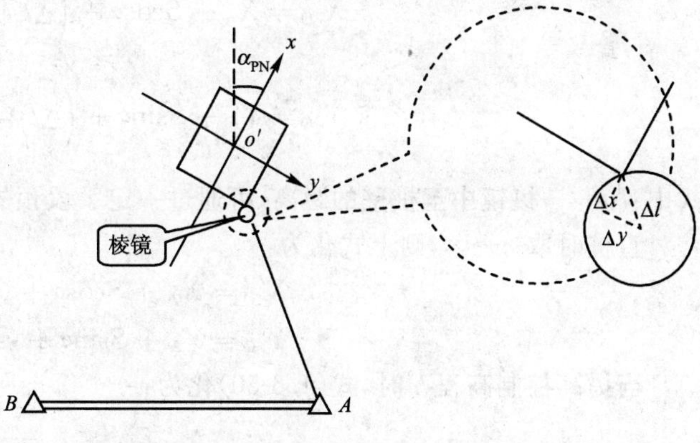

图 4.6-4　极坐标法测定方桩偏位示意图

$$\begin{aligned}X'_O &= X_A + S\cos\alpha + \left(|\Delta x| + \frac{a\sqrt{n^2+1}}{2n}\right)\cos\alpha_{PN} + \left(|\Delta y| + \frac{a}{2}\right)\cos(\alpha_{PN} - k_1\times 90) \\ Y'_O &= Y_A + S\sin\alpha + \left(|\Delta x| + \frac{a\sqrt{n^2+1}}{2n}\right)\sin\alpha_{PN} + \left(|\Delta y| + \frac{a}{2}\right)\sin(\alpha_{PN} - k_1\times 90)\end{aligned} \tag{4.6-47}$$

式中：k_1——棱镜摆放位置的符号系数。当棱镜置于桩的左测点时，取 $k_1=-1$，当棱镜置于桩的右测点时，取 $k_1=1$。

直桩时，取 $n\to\infty$，上式化为：

$$X'_{O}=X_{A}+S\cos\alpha+\left(|\Delta x|+\frac{a}{2}\right)\cos\alpha_{PN}+\left(|\Delta y|+\frac{a}{2}\right)\cos(\alpha_{PN}-k_{1}\times 90°)$$
(4.6-48)
$$Y'_{O}=Y_{A}+S\sin\alpha+\left(|\Delta x|+\frac{a}{2}\right)\sin\alpha_{PN}+\left(|\Delta y|+\frac{a}{2}\right)\sin(\alpha_{PN}-k_{1}\times 90°)$$

当提高控制高程 h(即棱镜放置位置高于桩位高程 h)时,实际桩中坐标按下述公式计算之:

$$X'_{O}=X_{A}+S\cos\alpha+\left(|\Delta x|+\frac{a}{2}\sqrt{n^{2}+1}\right)\cos\alpha_{PN}+\left(|\Delta y|+\frac{a}{2}\right)\cos(\alpha_{PN}-k_{1}\times 90°)-k_{2}\frac{h}{n}\cos\alpha_{PN}$$

$$Y'_{O}=Y_{A}+S\sin\alpha+\left(|\Delta x|+\frac{a}{2}\sqrt{n^{2}+1}\right)\sin\alpha_{PN}+\left(|\Delta y|+\frac{a}{2}\right)\sin(\alpha_{PN}-k_{1}\times 90°)-k_{2}\frac{h}{n}\sin\alpha_{PN}$$
(4.6-49)

式中:k_2——仰俯打符号系数,仰打时取 $k_2=1$,俯打时取 $k_2=-1$。

直桩时取 $n\to\infty$,$k_2=0$,则上式与式(4.6-48)相同。

二、管 桩 情 况

在管桩的极坐标定位中,棱镜的安装位置主要有如图4.6-5所示的三种情况。设管桩的半径为 r,平面扭角为 α_{PN},倾斜坡度为 $n:1$。另设有控制点 A,其坐标为(X_A,Y_A),A 点至棱镜的观测平距为 S,方位角为 α。则当棱镜高度在桩位高程上时,实际桩中 o' 点的坐标(X'_O,Y'_O)可根据棱镜摆放位置分别按下例各式计算之:

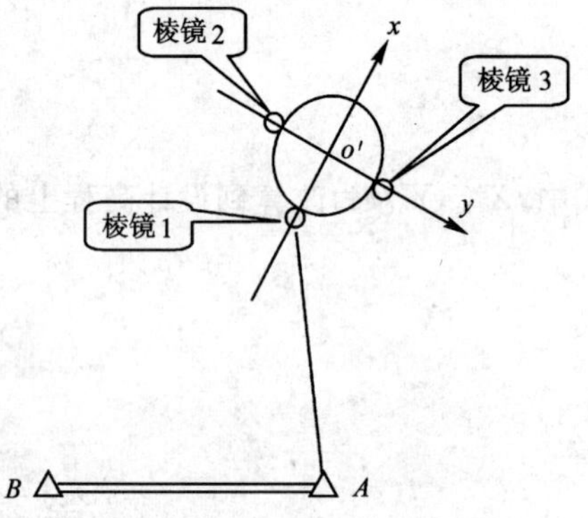

图 4.6-5 极坐标法测定管桩偏位示意图

1. 棱镜置于桩的前凸点(即图 4.6-5 中的棱镜 1 位置)时,有计算公式:

$$X'_{O}=X_{A}+S\cos\alpha+\left(\Delta l+\frac{r\sqrt{n^{2}+1}}{n}\right)\cos\alpha_{PN}$$
(4.6-50)
$$Y'_{O}=Y_{A}+S\sin\alpha+\left(\Delta l+\frac{r\sqrt{n^{2}+1}}{n}\right)\sin\alpha_{PN}$$

式中:Δl——棱镜中至桩壁的距离,可通过一定手段预先求得。

直桩时取 $n\to\infty$,则上式化为:

$$X'_{O}=X_{A}+S\cos\alpha+(\Delta l+r)\cos\alpha_{PN}$$
(4.6-51)
$$Y'_{O}=Y_{A}+S\sin\alpha+(\Delta l+r)\sin\alpha_{PN}$$

当提高控制高程 h 时,式(4.6-50)化为:

$$X'_{O}=X_{A}+S\cos\alpha+\left(\Delta l+\frac{r\sqrt{n^{2}+1}}{n}\right)\cos\alpha_{PN}-k_{2}\frac{h}{n}\cos\alpha_{PN}$$
(4.6-52)
$$Y'_{O}=Y_{A}+S\sin\alpha+\left(\Delta l+\frac{r\sqrt{n^{2}+1}}{n}\right)\sin\alpha_{PN}-k_{2}\frac{h}{n}\sin\alpha_{PN}$$

式中:k_2——仰俯打符号系数,仰打时取 $k_2=1$,俯打时取 $k_2=-1$。

直桩时取 $n\to\infty$,$k_2=0$,上式化作式(4.6-51)。

2. 棱镜置于桩的左右两侧凸点(即图 4.6-5 中的棱镜 2 或棱镜 3 位置)时,有计算公式:

$$X'_{O}=X_{A}+S\cos\alpha+(\Delta l+r)\cos(\alpha_{PN}-k_{1}\times 90°)$$

$$Y'_O = Y_A + S\sin\alpha + (\Delta l + r)\sin(\alpha_{PN} - k_1 \times 90°) \qquad (4.6\text{-}53)$$

式中：k_1——棱镜摆放位置的符号系数。当棱镜置于桩的左测点时，取 $k_1=-1$，当棱镜置于桩的右测点时，取 $k_1=1$。

当提高控制高程 h 时，实际桩中坐标按下式计算：

$$\begin{aligned} X'_O &= X_A + S\cos\alpha + (\Delta l + r)\cos(\alpha_{PN} - k_1 \times 90°) - k_2 \frac{h}{n}\cos\alpha_{PN} \\ Y'_O &= Y_A + S\sin\alpha + (\Delta l + r)\sin(\alpha_{PN} - k_1 \times 90°) - k_2 \frac{h}{n}\sin\alpha_{PN} \end{aligned} \qquad (4.6\text{-}54)$$

式中：k_2——仰俯打符号系数，仰打时取 $k_2=1$，俯打时取 $k_2=-1$。直桩时取 $k_2=0$。

由此，上式化作式(4.6-53)。

在计算出实际桩中坐标后，我们便可按式(4.6-10)计算相应的打桩偏位。

第三节　桩间距的计算及碰桩与否的判断

出于质量、安全等方面的考虑，在打桩工程开工前，须对设计的桩位作认真仔细的研究。这其中，特别包括对一些相邻的斜桩，要考虑可能发生的打桩偏位等因素，分析、判断其是否可能会出现泥下发生碰桩的情况。此外，由于施工等方面的原因，往往需要对个别桩的参数加以修改。对这些修改参数后的桩与其相邻的桩之间也要进行碰桩与否的分析、判断。发现问题，及时通知设计部门对桩的参数加以调整，应绝对避免泥下碰桩情况的发生。碰桩分析的关键是根据桩参数，计算相邻两桩的桩中轴线在泥下的最短距离。并根据桩截面、尺寸、允许偏位等因素，进行碰桩与否的判断。本章对这一问题作详细讨论。

一、桩间距的计算

从一般情况出发，设有两斜桩，其设计桩中坐标分别为(X_{O1},Y_{O1},Z_{O1})及(X_{O2},Y_{O2},Z_{O2})。这里，Z_{O1},Z_{O2}分别是两桩的设计桩顶高程。另设两桩的平面扭角分别为 α_{PN1} 及 α_{PN2}，倾斜坡度分别为 $n_1:1$ 及 $n_2:1$。据此，可分别列出两桩中轴线在空间的参数方程：

$$\begin{aligned} X_1 &= X_{O1} + k_1 \frac{Z_1 - Z_{O1}}{n_1}\cos\alpha_{PN1} \\ Y_1 &= Y_{O1} + k_1 \frac{Z_1 - Z_{O1}}{n_1}\sin\alpha_{PN1} \\ Z_1 &= Z_1 \end{aligned} \qquad (4.6\text{-}55)$$

及

$$\begin{aligned} X_2 &= X_{O2} + k_2 \frac{Z_2 - Z_{O2}}{n_2}\cos\alpha_{PN2} \\ Y_2 &= Y_{O2} + k_2 \frac{Z_2 - Z_{O2}}{n_2}\sin\alpha_{PN2} \\ Z_2 &= Z_2 \end{aligned} \qquad (4.6\text{-}56)$$

式中：k_1、k_2——符号系数。对于仰打桩 k_1、k_2 取“+1”，对于俯打桩，k_1、k_2 取“−1”。

令：

$$X'_{O1} = X_{O1} - k_1 \frac{Z_{O1}\cos\alpha_{PN1}}{n_1}$$

$$Y'_{O1}=Y_{O1}-k_1\frac{Z_{O1}\sin\alpha_{PN1}}{n_1}\tag{4.6-57}$$

$$\begin{aligned}X'_{O2}&=X_{O2}-k_2\frac{Z_{O2}\cos\alpha_{PN2}}{n_2}\\Y'_{O2}&=Y_{O2}-k_2\frac{Z_{O2}\sin\alpha_{PN2}}{n_2}\end{aligned}\tag{4.6-58}$$

则式(4.6-55)及式(4.6-56)可简化为

$$\begin{aligned}X_1&=X'_{O1}+k_1\frac{\cos\alpha_{PN1}}{n_1}Z_1\\Y_1&=Y'_{O1}+k_1\frac{\sin\alpha_{PN1}}{n_1}Z_1\\Z_1&=Z_1\end{aligned}\tag{4.6-59}$$

及

$$\begin{aligned}X_2&=X'_{O2}+k_2\frac{\cos\alpha_{PN2}}{n_2}Z_2\\Y_2&=Y'_{O2}+k_2\frac{\sin\alpha_{PN2}}{n_2}Z_2\\Z_2&=Z_2\end{aligned}\tag{4.6-60}$$

另有空间两点的距离 S 的计算公式为

$$S=\sqrt{(X_1-X_2)^2+(Y_1-Y_2)^2+(Z_1-Z_2)^2}\tag{4.6-61}$$

将式(4.6-59)及式(4.6-60)同时代入式(4.6-61)后,得在两桩中轴线上各取一点后的两点距离计算公式:

$$\begin{aligned}S=\Big[&\Big(X'_{O1}+k_1\frac{\cos\alpha_{PN1}}{n_1}Z_1-X'_{O2}-k_2\frac{\cos\alpha_{PN2}}{n_2}Z_2\Big)^2\\&+\Big(Y'_{O1}+k_1\frac{\sin\alpha_{PN1}}{n_1}Z_1-Y'_{O2}-k_2\frac{\sin\alpha_{PN2}}{n_2}Z_2\Big)^2+(Z_1-Z_2)\Big]^{\frac{1}{2}}\end{aligned}\tag{4.6-62}$$

为求 S 的极小值,需将上式中的 S 分别对 Z_1、Z_2 求导,并令其等于零。这里,为方便计算,先对式(4.6-62)的两边平方,再求 $\mathrm{d}S/\mathrm{d}Z_1$ 及 $\mathrm{d}S/\mathrm{d}Z_2$,得:

$$\begin{aligned}2S\frac{\mathrm{d}S}{\mathrm{d}Z_1}&=2\Big(X'_{O1}+k_1\frac{\cos\alpha_{PN1}}{n_1}Z_1-X'_{O2}-k_2\frac{\cos\alpha_{PN2}}{n_2}Z_2\Big)\frac{k_1\cos\alpha_{PN1}}{n_1}\\&\quad+2\Big(Y'_{O1}+k_1\frac{\sin\alpha_{PN1}}{n_1}Z_1-Y'_{O2}-k_2\frac{\sin\alpha_{PN2}}{n_2}Z_2\Big)\frac{k_1\sin\alpha_{PN1}}{n_1}\\&\quad+2(Z_1-Z_2)\\&=0\end{aligned}\tag{4.6-63}$$

及

$$\begin{aligned}2S\frac{\mathrm{d}S}{\mathrm{d}Z_2}&=2\Big(X'_{O1}+k_1\frac{\cos\alpha_{PN1}}{n_1}Z_1-X'_{O2}-k_2\frac{\cos\alpha_{PN2}}{n_2}Z_2\Big)\Big(-\frac{k_2\cos\alpha_{PN2}}{n_2}\Big)\\&\quad+2\Big(Y'_{O1}+k_1\frac{\sin\alpha_{PN1}}{n_1}Z_1-Y'_{O2}-k_2\frac{\sin\alpha_{PN2}}{n_2}Z_2\Big)\Big(-\frac{k_2\sin\alpha_{PN2}}{n_2}\Big)\\&\quad+2(Z_1-Z_2)(-1)\\&=0\end{aligned}\tag{4.6-64}$$

对式(4.6-63)及式(4.6-64)进行整理后得：

$$\left(\frac{1}{n_1^2}+1\right)Z_1-\left[\frac{k_1k_2}{n_1n_2}\cos(\alpha_{PN1}-\alpha_{PN2})+1\right]Z_2+\frac{k_1}{n_1}[(X'_{O1}-X'_{O2})\cos\alpha_{PN1}+(Y'_{O1}-Y'_{O2})\sin\alpha_{PN1}]=0 \tag{4.6-65}$$

及

$$\left[\frac{k_1k_2}{n_1n_2}\cos(\alpha_{PN1}-\alpha_{PN2})+1\right]Z_1-\left(\frac{1}{n_2^2}+1\right)Z_2+\frac{k_2}{n_2}[(X'_{O1}-X'_{O2})\cos\alpha_{PN2}+(Y'_{O1}-Y'_{O2})\sin\alpha_{PN2}]=0 \tag{4.6-66}$$

令

$$A_1=\left(\frac{1}{n_1^2}+1\right) \tag{4.6-67}$$

$$B_1=-\left[\frac{k_1k_2}{n_1n_2}\cos(\alpha_{PN1}-\alpha_{PN2})+1\right] \tag{4.6-68}$$

$$C_1=\frac{k_1}{n_1}[(X'_{O1}-X'_{O2})\cos\alpha_{PN1}+(Y'_{O1}-Y'_{O2})\sin\alpha_{PN1}] \tag{4.6-69}$$

$$A_2=\left[\frac{k_1k_2}{n_1n_2}\cos(\alpha_{PN1}-\alpha_{PN2})+1\right] \tag{4.6-70}$$

$$B_2=-\left(\frac{1}{n_2^2}+1\right) \tag{4.6-71}$$

$$C_2=\frac{k_2}{n_2}[(X'_{O1}-X'_{O2})\cos\alpha_{PN2}+(Y'_{O1}-Y'_{O2})\sin\alpha_{PN2}] \tag{4.6-72}$$

将式(4.6-67)至式(4.6-72)分别代入式(4.6-65)和式(4.6-66)，并联列此两方程得方程组：

$$\begin{aligned}A_1Z_1+B_1Z_2+C_1=0\\A_2Z_1+B_2Z_2+C_2=0\end{aligned} \tag{4.6-73}$$

由此解得：

$$\begin{aligned}Z_1=\frac{B_1C_2-B_2C_1}{A_1B_2-A_2B_1}\\Z_2=\frac{A_2C_1-A_1C_2}{A_1B_2-A_2B_1}\end{aligned} \tag{4.6-74}$$

将式(4.6-74)代入式(4.6-62)即得两桩中轴线的最短距离 S_{min}。同时，式(4.6-74)也告诉我们两桩中轴线或在其延长线上各取一点的连线距离为最短时的高程位置。

特别，当有直桩时，可对上述部分公式作一些简化。

(1)当两桩均为直桩时，即 $n_1\rightarrow\infty, n_2\rightarrow\infty$，此时，式(4.6-55)及式(4.6-56)化作：

$$\begin{aligned}X_1=X_{O1}\\Y_1=Y_{O1}\\Z_1=Z_1\end{aligned} \tag{4.6-75}$$

及

$$X_2 = X_{O2}$$
$$Y_2 = Y_{O2} \qquad (4.6\text{-}76)$$
$$Z_2 = Z_2$$

同时，注意到，在两桩均为直桩的情况下，两桩中轴线的间距与 Z_1、Z_2 无关。故式(4.6-62)化作：

$$S = \sqrt{(X_{O1} - X_{O2})^2 + (Y_{O1} - Y_{O2})^2} \qquad (4.6\text{-}77)$$

当然，实际工作中，我们无须对两直桩的碰桩与否进行判断。这里对此情况作一说明，主要是为下述分析提供方便。

(2)当两桩之一为直桩时，如设 1 号桩为直桩，即 $n_1 \to \infty$。此时，式(4.6-55)化作式(4.6-75)。同时由于 $n_1 \to \infty$，所以有：$A_1 = 1$，$B_1 = -1$，$C_1 = 0$，$A_2 = 1$。这样，Z_2 可按下式计算：

$$Z_2 = -\frac{C_2}{B_2 + 1} \qquad (4.6\text{-}78)$$

另外，由于 1 号桩为直桩，因此，当 2 号桩的 Z_2 取值使得两桩间距为最短时，应有 $Z_1 = Z_2$。故此，按式(4.6-62)得此时两桩的最短距离的计算公式为：

$$S_{\min} = \sqrt{\left(X_{O1} - X'_{O2} - \frac{k_2 \cos\alpha_{PN2} Z_2}{n_2}\right)^2 + \left(Y_{O1} - Y'_{O2} - \frac{k_2 \sin\alpha_{PN2} Z_2}{n_2}\right)^2} \qquad (4.6\text{-}79)$$

同理，当 2 号桩为直桩时，我们有：

$$S_{\min} = \sqrt{\left(X'_{O1} + \frac{k_1 \cos\alpha_{PN1} Z_1}{n_1} - X_{O2}\right)^2 + \left(Y'_{O1} + \frac{k_1 \sin\alpha_{PN1} Z_1}{n_1} - Y_{O2}\right)^2} \qquad (4.6\text{-}80)$$

式中：

$$Z_1 = \frac{C_1}{-A_1 + 1} \qquad (4.6\text{-}81)$$

二、碰桩与否的判断

由式(4.6-62)，式(4.6-79)及式(4.6-80)计算出两桩中轴线或在其延长线上的最短间距。据此，可以根据桩截面及可能出现的偏位值(如最大允许偏位等)进行碰桩与否的判断。为此，首先计算两桩中轴线间的允许最短间距。

对方桩来说，设其截面为 $a \times a$，倾斜坡度为 $n:1$，如图 4.6-6 所示。则其最大半径为：

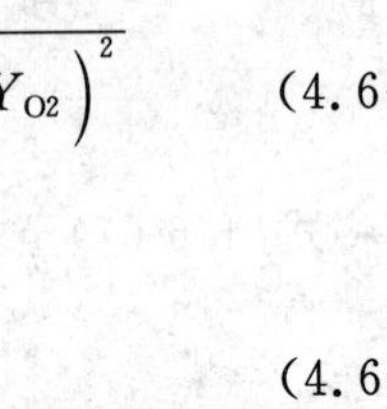

图 4.6-6 方桩截面示意图

$$R = \frac{\sqrt{a^2 + b^2}}{2} = \frac{1}{2}\sqrt{a^2 + \frac{a^2(n^2+1)}{n^2}} = \frac{a}{2n}\sqrt{2n^2 + 1} \qquad (4.6\text{-}82)$$

另设单桩的允许偏位为 1m。则对两根桩来说，两桩中轴线间的最短允许间距 S_y 应为：

$$S_y = R_1 + R_2 + 2m = \frac{a}{2n_1}\sqrt{2n_1^2 + 1} + \frac{a}{2n_2}\sqrt{2n_2^2 + 1} + 2m \qquad (4.6\text{-}83)$$

式中：n_1、n_2——分别为两桩的倾斜坡度。

对于管桩来说，设其截面半径为 r，倾斜坡度为 $n:1$，如图 4.6-7 所示。则其最大半径(即椭圆的长半径)R 为：

$$R=\frac{r}{n}\sqrt{n^2+1} \tag{4.6-84}$$

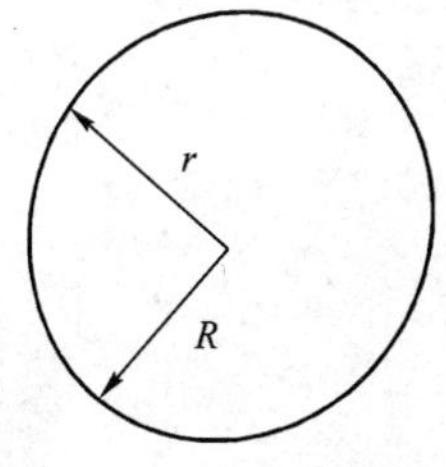

图 4.6-7　管桩截面示意图

同样，设单桩的允许偏位为 1m。则两桩轴线允许最短间距 S_y 为：

$$S_y=R_1+R_2+2m=\frac{r}{n_1}\sqrt{n_1^2+1}+\frac{r}{n_2}\sqrt{n_2^2+1}+2m \tag{4.6-85}$$

碰桩判断的方法是：由式(4.6-62)、式(4.6-79)或式(4.6-80)等算出的两桩轴线(或其延长线上的)最短间距 S_{min} 经与由式(4.6-83)或式(4.6-84)算得的 S_y 进行比较，若有 $S_{min}>S_y$，则说明不会发生碰桩；否则，若 $S_{min}<S_y$，则说明可能会发生碰桩。这时，要对高程进行分析。方法是将由式(4.6-74)或式(4.6-78)，式(4.6-83)等算得的 Z_1、Z_2 值与相应的桩尖高程值 HJ_1、HJ_2 进行比较。当有 $Z_1<HJ_1$ 或 $Z_2<HJ_2$ 时，说明碰桩部位在桩中轴线向下的延长线上，此时也不会碰桩。而当有 $Z_1>HJ_1$ 且 $Z_2>HJ_2$ 时，说明肯定要发生碰桩。这时，应合理调整有关的桩参数，避免泥下碰桩事故的发生。

桩尖高程值由桩顶设计高程 Z_0，桩长 L 及倾斜坡度 n 按下式计算：

$$HJ=Z_0-\frac{l\times n}{\sqrt{n^2+1}} \tag{4.6-86}$$

需要指出的是，从严格意义上说，在前面对相邻两桩的允许最短间距 S_y 的设定中，除了应考虑桩的允许偏位外，还需考虑桩的扭角和倾斜坡度的允许误差。但在实际工作中，由于扭角和倾斜坡度误差值的定量获取尚有一定的难度，所以也就难以在最短允许间距的定量设定考虑这两项因素。解决这一问题的一个有效途径是，在按上述方法进行一定程度上的定量分析的基础上，考虑扭角和倾斜坡度误差的影响，并结合经验进行进一步的定性分析，以期得到合理的碰桩判断效果。

第七章 陆上桩基测量定位

第一节 陆上桩基测量的主要内容

陆上单桩的位置大多可以在施工前预先标定在实地上，且单桩的入土形式以直桩居多，故陆上桩基施工测量定位的方式较水上的要容易得多。

陆上桩基工程测量主要包括如下内容。

1. 桩位坐标的确定

桩位坐标(即桩中坐标)一般由设计给出。但有时设计部门并未直接给出桩位坐标，而是给出了桩与建筑物的相对位置关系或桩在指定轴线上的位置等。此时，在大多数情况下就需经过计算求出桩位坐标，供桩位放样时用。

2. 桩位放样

桩基施工前，需要根据施工次序将桩基中的单桩依次放样(即标定)到实地上。放样方法可使用常规的方格网交会(即直角交会)法，前方交会法，极坐标法等。当然，有条件的单位也可使用 GPS 仪进行放样工作。放样工作一定要有校核手段，如可通过对所放若干桩的相互间距的测量对放样成果加以校核。

3. 垂直度的控制

对打入桩而言，应对桩入土时的垂直度进行控制。对钻孔类桩基而言，则须对钻杆的垂直度加以控制。垂直度的控制可通过在测点的两个垂直方向上，用两台经纬仪对打入桩或桩架或钻杆等的垂直度进行观测，调整。用于控制垂直度的仪器必须经过检定合格后才能使用，其中特别应注意仪器横轴水平及竖丝垂直性这两项指标的正确性。

4. 打桩贯入度的测定

对打入桩而言，还需对打桩贯入度进行测定。其方法可按第五章所述的要求进行。

5. 桩顶高程的控制

桩顶高程的控制可按普通水准测量的方法进行之。对打入桩，也可结合贯入度的测定方法进行桩顶高程的控制。

6. 偏位测定

在单桩(桩基)施工结束后，还需对实际施工桩位进行测定，以求定桩的施工偏位。测定可按定位时的相应方法进行之，如直角交会法、前方交会法、极坐标法等。

第二节 桩中坐标的推算

大多情况下，桩中坐标由设计部门给出。但有时设计部门未直接给出桩中的设计坐标，而仅给出桩位相对关系的布置图。此时，就需要根据桩位相对关系的布置情况确定桩中坐标，以便进行放样数据的计算。

一、矩形布置

一般矩形桩基的桩位布置为等间距布置，如图 4.7-1 所示。建立桩基左手坐标系 $O\text{-}AB$。桩基坐标系的建立有一定的灵活性，但为方便推算桩中坐标，将坐标轴系与桩基轴线设为平行，见图 4.7-1。由此，可以方便地推算出桩基中的任一桩在桩基坐标系中的坐标。如 D 排 1 列桩（简记为 D-1，以下同）的坐标为(a,b)，又如 B-4 桩的坐标为$(a+2c,b+3d)$，其他桩的坐标也可依此类推。

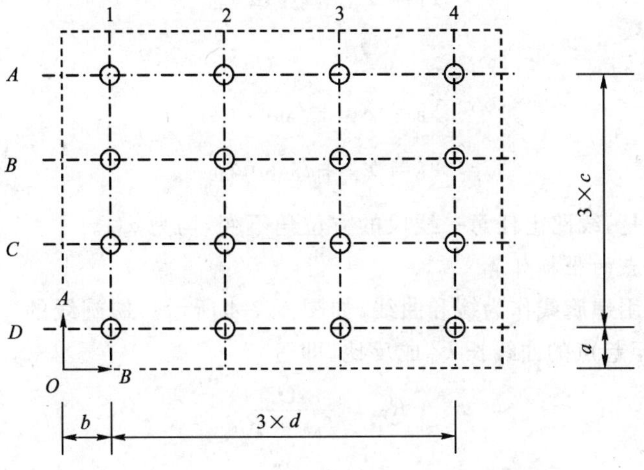

图 4.7-1　矩形桩基的桩位布置示意图

需要说明的是，为进行放样数据的计算，还需将上面算得的桩中坐标换算到测站点所属的坐标系统中去，使测站点坐标与桩中坐标在系统上一致。

二、圆 形 布 置

图 4.7-2 所示为圆形布置的一个桩基示例。建立桩基左手坐标系 O—AB，坐标原点 O 放在圆心上，A 轴指向其中的一根桩，如图 4.7-2 中的 1 号桩。一般设计部门会给出相邻两根桩的弧长或所对的圆心角，若给出的是弧长，则可根据半径换算成相应的圆心角。这时，若圆半径为 R，则 A 轴所指向桩（称为起算桩，即图中的 1 号桩）的坐标为$(R,0)$；与起算桩相邻的桩（如 2 号桩）的坐标为$(R\cdot\cos\beta, R\cdot\sin\beta)$。这里，$\beta$ 为计算桩与起算桩所对的圆心角，其他待算桩的坐标可依此类推。需要注意的是，计算中需要搞清楚其他待算桩与起算桩所对圆心角 β 的正负取值问题。当某一桩相对于起算桩桩在弧线的顺时针方向上时，β 取正值；反之，当某一桩相对于起算桩在弧线的逆时针方向上时，β 取负值。β 的绝对值可由待算桩与起算桩间各相邻桩所对的圆心角累加而得。

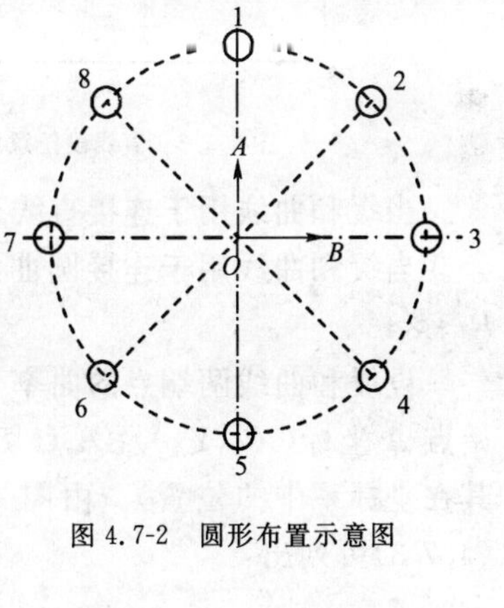

图 4.7-2　圆形布置示意图

当然，同前述一样，为进行放样数据的计算，还需将所算桩的坐标换算到测量坐标系中。

三、线路轴线上的桩位布置

在陆上桩基施工中，经常会遇到线路桩的放样工作，如公路桥梁的灌注桩等。线路的平面线各不相同，但其轴线的基本线形是确定的，直线、缓和曲线、圆曲线或三者的任意组合。其中，缓和曲线主要用于连接不同曲率半径的线形，如在直线（曲率半径为无穷大）与圆曲线之间或在不同半径的圆曲线之间加设缓和曲线等。

1. 直线段上任意点的坐标计算

如图 4.7-3 所示，一直线段 AB，在起点 A 的坐标(X_A,Y_A)、起点方位角 α_{AB} 及线路长度 l_{AB} 确定的情况下，该段线路完全确定。线路上任一桩位点 P 的坐标(X_P,Y_P)可由起点 A 至 P 点的距离 l_{AP} 及方

位角 α_{AB}按式(4.7-1)计算：

$$\begin{cases} X_P = X_A + l_{AP}\cos\alpha_{AB} \\ Y_P = Y_A + l_{AP}\sin\alpha_{AB} \end{cases} \quad (4.7\text{-}1)$$

线路终点 B 坐标为：

$$\begin{cases} X_B = X_A + l_{AB}\cos\alpha_{AB} \\ Y_B = Y_A + l_{AB}\sin\alpha_{AB} \end{cases} \quad (4.7\text{-}2)$$

直线形线路的特点是，线路上任意一线段的方位角不变，均为 α_{AB}。

2.缓和曲线上任意点的坐标计算

工程线路中一般采用螺旋线作为缓和曲线，如图 4.7-4 所示。螺旋线的特点是，曲线上任一点 P 的曲率半径 R_P 与该点至起点的曲线长 l_{AP}成反比，即

$$R_P = \frac{C}{l_{AP} + K} \quad (4.7\text{-}3)$$

式中：C——比例常数；

K——加常数。

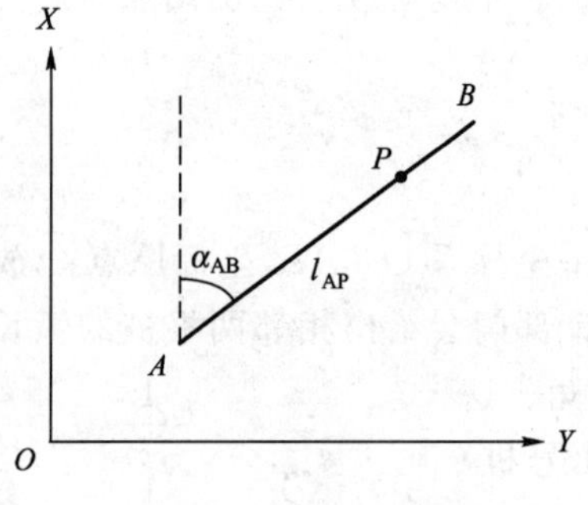

图 4.7-3　直线段任意点意图

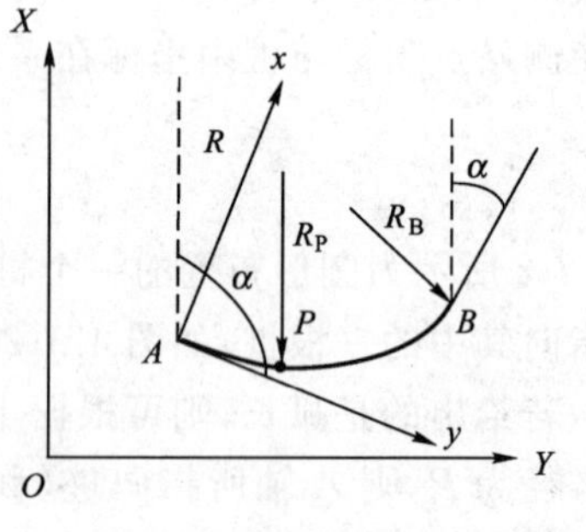

图 4.7-4　缓和曲线上任意点示意图

当缓和曲线用于连接直线至圆曲线时，$K=0$，此时在直线与缓和曲线连接点处的曲率半径 $R\to\infty$。当缓和曲线用于连接圆曲线至直线时 $K=-l_{AB}$，此时在缓和曲线和直线连接点处的曲率半径 $R\to\infty$。

设缓和曲线两端点的曲率半径分别为 R_A 及 R_B，当 R_A、R_B 及缓和曲线长 l_{AB}和曲向确定时，且起始点 A 坐标(X_A,Y_A)及 A 点切线方位角 α_A 也确定时，则缓和曲线被完全确定(包括缓和曲线形状及其在坐标系中的位置)。由图 4.7-4 知，当 $l_{AP}=0$ 时，$R_P=R_A$；当 $l_{AP}=l_{AB}$时，$R_P=R_B$。因此，按式(4.7-3)可列出：

$$\begin{cases} R_A = \dfrac{C}{K} \\ R_B = \dfrac{C}{l_{AB} + K} \end{cases} \quad (4.7\text{-}4)$$

由式(4.7-4)解得：

$$\begin{cases} C = \dfrac{R_A R_B l_{AB}}{R_A - R_B} \\ K = \dfrac{R_B l_{AB}}{R_A - R_B} \end{cases} \quad (4.7\text{-}5)$$

如图 4.7-5 所示，以 A 点为原点建立过渡直角坐标系 A-xy，其中坐标横轴与 A 点切线重合。从

图中可以看出，曲线上任一弧长的微分段与相应的坐标有如下关系：

$$\begin{aligned} dx &= \sin\beta \cdot dl \\ dy &= \cos\beta \cdot dl \end{aligned} \tag{4.7-6}$$

对式(4.7-6)求积分得：

$$\begin{aligned} x_P &= \int_0^{l_{AP}} \sin\beta \cdot dl \\ y_P &= \int_0^{l_{AP}} \cos\beta \cdot dl \end{aligned} \tag{4.7-7}$$

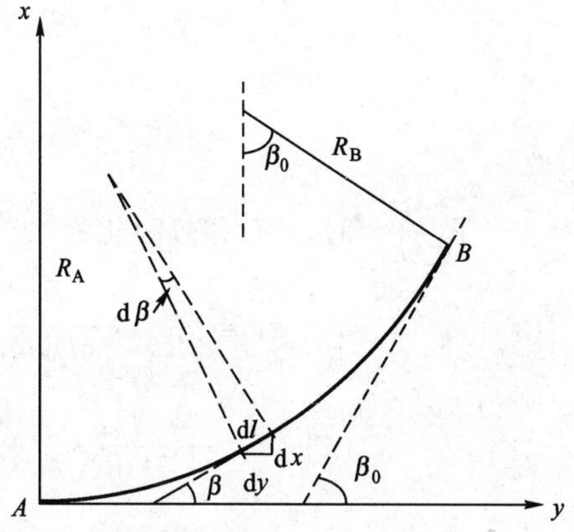

图 4.7-5 缓和曲线上任意点的坐标计算示意图

式中：β——弧长 l 的函数。

由于 $d\beta = dl/R$，则由式(4.7-3)有：

$$d\beta = \frac{(l+k)}{C} \cdot dl \tag{4.7-8}$$

则

$$\beta = \int_0^l \frac{(l+K)}{C} \cdot dl = \frac{l^2}{2C} + \frac{Kl}{C} \tag{4.7-9}$$

由式(4.7-5)知：

$$\beta = \frac{(R_A - R_B)l^2}{2l_{AB}R_A R_B} + \frac{l}{R_A} \tag{4.7-10}$$

将式(4.7-10)代入式(4.7-7)，有

$$\begin{aligned} x_P &= \int_0^{l_{AP}} \sin\left(\frac{(R_A - R_B)l^2}{2l_{AB}R_A R_B} + \frac{l}{R_A}\right) \cdot dl \\ y_P &= \int_0^{l_{AP}} \cos\left(\frac{(R_A - R_B)l^2}{2l_{AB}R_A R_B} + \frac{l}{R_A}\right) \cdot dl \end{aligned} \tag{4.7-11}$$

将式(4.7-11)按幂级数展开，并逐项积分，略去可忽略的 9 次以上高次项得：

$$\begin{aligned} x_P = {} & \frac{l_{AP}^2}{2R_A} + \frac{(R_A - R_B)l_{AP}^3}{6l_{AB}R_A R_B} - \frac{l_{AP}^4}{24R_A^3} - \frac{(R_A - R_B)l_{AP}^5}{20l_{AB}R_A^3 R_B} - \frac{(R_A - R_B)^2 l_{AP}^6}{48l_{AB}^2 R_A^3 R_B^2} - \frac{(R_A - R_B)^3 l_{AP}^7}{336l_{AB}^3 R_A^3 R_B^3} \\ & + \frac{l_{AP}^6}{720R_A^5} + \frac{(R_A - R_B)l_{AP}^7}{336l_{AB}R_A^5 R_B} + \frac{(R_A - R_B)^2 l_{AP}^8}{384l_{AB}^2 R_A^5 R_B^2} + \frac{(R_A - R_B)^3 l_{AP}^9}{864l_{AB}^3 R_A^5 R_B^3} \\ y_P = {} & l_{AP} - \frac{l_{AP}^3}{6R_A^2} - \frac{(R_A - R_B)l_{AP}^4}{8l_{AB}R_A^2 R_B} - \frac{(R_A - R_B)^2 l_{AP}^5}{40l_{AB}^2 R_A^2 R_B^2} + \frac{l_{AP}^5}{120R_A^4} + \frac{(R_A - R_B)l_{AP}^6}{72l_{AB}R_A^4 R_B} \\ & + \frac{(R_A - R_B)^2 l_{AP}^7}{112l_{AB}^2 R_A^4 R_B^2} + \frac{(R_A - R_B)^3 l_{AP}^8}{384l_{AB}^3 R_A^4 R_B^3} + \frac{(R_A - R_B)^4 l_{AP}^9}{3\,456l_{AB}^4 R_A^4 R_B^4} \end{aligned} \tag{4.7-12}$$

式(4.7-12)即为由图(4.7-5)所示的在 A-xy 坐标系中解算缓和曲线上轴线点的坐标计算公式。在式(4.7-12)中，当 $R_A \to \infty$ 时，有

$$x_P = \frac{l_{AP}^3}{6l_{AB}R_B} - \frac{l_{AP}^7}{336l_{AB}^3R_B^3}$$

$$y_P = l_{AP} - \frac{l_{AP}^5}{40l_{AB}^2R_B^2} + \frac{l_{AP}^9}{3\,456l_{AB}^4R_B^4} \tag{4.7-13}$$

当 $R_B \to \infty$ 时，式(4.7-12)化为

$$x_P = \frac{l_{AP}^2}{2R_A} - \frac{l_{AP}^3}{6l_{AB}R_A} - \frac{l_{AP}^4}{24R_A^3} + \frac{l_{AP}^5}{20l_{AB}R_A^3} - \frac{l_{AP}^6}{48l_{AB}^2R_A^3} + \frac{l_{AP}^7}{336l_{AB}^3R_A^3} + \frac{l_{AP}^6}{720R_A^5} - \frac{l_{AP}^7}{336l_{AB}R_A^5} + \frac{l_{AP}^8}{384l_{AB}^2R_A^5} - \frac{l_{AP}^9}{864l_{AB}^3R_A^5}$$

$$y_P = l_{AP} - \frac{l_{AP}^3}{6R_A^2} + \frac{l_{AP}^4}{8l_{AB}R_A^2} - \frac{l_{AP}^5}{40l_{AB}^2R_A^2} + \frac{l_{AP}^5}{120R_A^4} - \frac{l_{AP}^6}{72l_{AB}R_A^4} + \frac{l_{AP}^7}{112l_{AB}^2R_A^4} - \frac{l_{AP}^8}{384l_{AP}^3R_A^4} + \frac{l_{AP}^9}{3\,456l_{AB}^4R_A^4} \tag{4.7-14}$$

式(4.7-12)、(4.7-13)、(4.7-14)分别为三种不同情况下，缓和曲线轴线上点坐标在 $A\text{-}xy$ 坐标系中的计算公式。当在上面的计算公式中用 l_{AB} 代 l_{AP} 时，即得缓和曲线终点 B 之坐标(x_B, y_B)。需要注意的是：在实际计算时，还需要将在 $A\text{-}xy$ 系中计算的坐标换算到施工坐标系 $O\text{-}XY$ 中去。由图(4.7-4)得到转换公式：

$$X_P = x_P\cos(\alpha_A - 90°) - y_P\sin(\alpha_A - 90°) + X_A$$

$$Y_P = x_P\sin(\alpha_A - 90°) + y_P\cos(\alpha_A - 90°) + Y_A \tag{4.7-15}$$

如图(4.7-4)、图(4.7-5)所示，缓和曲线终点的切线方位角 α_B 应为

$$\alpha_B = \alpha_A - \beta_0 \tag{4.7-16}$$

顾及式(4.7-10)，有

$$\alpha_B = \alpha_A - \frac{(R_A - R_B)l_{AB}}{2R_AR_B} - \frac{l_{AB}}{R_A} = \alpha_A - \frac{(R_A + R_B)l_{AB}}{2R_AR_B} \tag{4.7-17}$$

当 $R_A \to \infty$ 时：

$$\alpha_B = \alpha_A - \frac{l_{AB}}{2R_B} \tag{4.7-18}$$

当 $R_B \to \infty$ 时：

$$\alpha_B = \alpha_A - \frac{l_{AB}}{2R_A} \tag{4.7-19}$$

3. 圆曲线上任意点的坐标计算

如图 4.7-6 所示，对圆曲线同样只要给定其起点 A 的坐标(X_A, Y_A)、起点方向 α_A、圆半径 R 及线路长 l_{AB}，则该圆曲线形状及位置完全确定。

又如图 4.7-7 所示，设以起点 A 为原点，A 点切线方向为 y 轴方向，建立直角坐标系 $A\text{-}xy$。则容易推求出圆曲线轴线上 P 点的坐标：

$$x_P = R - R\cos\beta$$

$$y_P = R\sin\beta \tag{4.7-20}$$

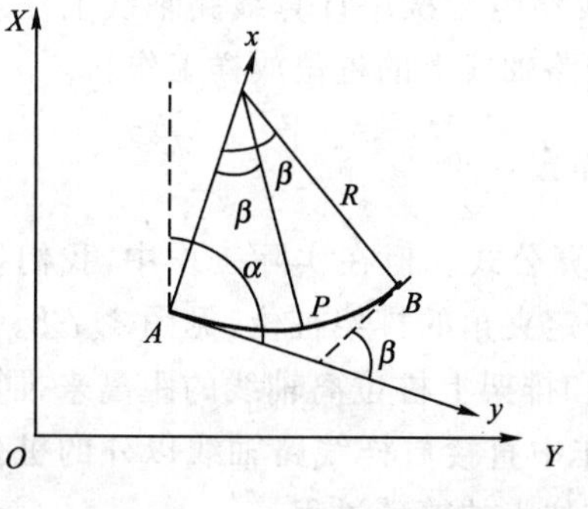

图 4.7-6　圆曲线上任意点的坐标计算示意图

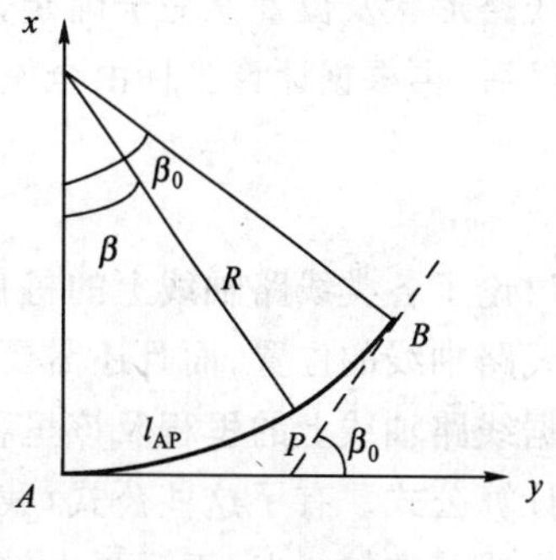

图 4.7-7　起点为原点圆曲线上任意点的坐标计算示意图

注意到 $\beta=l_{AP}/R$，故上式化作：

$$\begin{aligned} x_P &= R - R\cos\frac{l_{AP}}{R} \\ y_P &= R\sin\frac{l_{AP}}{R} \end{aligned} \tag{4.7-21}$$

式(4.7-21)即为在 A-xy 系中，圆曲线轴线上任一点 P 的坐标计算公式。同样式(4.7-21)需要按式(4.7-15)作坐标转换。

由图 4.7-6、图 4.7-7 得圆曲线终点 B 的切线方位角为：

$$\alpha_B = \alpha_A - \beta_0 = \alpha_A - \frac{l_{AB}}{R} \tag{4.7-22}$$

需要说明的是：在曲线部分我们只讨论了曲线的一个曲向(左向)。至于另一个曲向(右向)，由对称性显见，在由图 4.7-5、图 4.7-7 所确定的坐标系中，其 y 值不变，x 值取相反符号。即当曲线的曲向为右向时，仍可按缓和曲线坐标计算公式(4.7-12)、式(4.7-13)、式(4.7-14)及圆曲线的坐标计算公式(4.7-21)等计算轴线点坐标，只是在计算结果中，将 x_p 的符号取其反号即可。同时，对线路终点方位角的计算也需稍为作些调整。对于缓和曲线来说，当曲线的曲向为右向时，曲线终点方位角的计算公式(4.7-17)、式(4.7-18)或式(4.7-19)中右边的“－”号应取“＋”，即相应于式(4.7-17)、式(4.7-18)及式(4.7-19)有：

$$\alpha'_B = \alpha_A + \frac{(R_A - R_B)l_{AB}}{2R_AR_B} + \frac{l_{AB}}{R_A} = \alpha_A + \frac{(R_A + R_B)l_{AB}}{2R_AR_B} \tag{4.7-23}$$

$$\alpha_B = \alpha_A + \frac{l_{AB}}{2R_B} \tag{4.7-24}$$

$$\alpha_B = \alpha_A + \frac{l_{AB}}{2R_A} \tag{4.7-25}$$

对于圆曲线而言，当曲线的曲向为右向时，曲线终点方位角计算公式(4.7-22)右边的“－”号也应取“＋”，即有：

$$\alpha_B = \alpha_A + \beta_0 = \alpha_A + \frac{l_{AB}}{R} \tag{4.7-26}$$

4. 各类线路的连接

工程线路的连接一般遵循如下两条原则：第一，前一线路段的终点与后一线路段的起点重合；第二，前一线路段的终点方向(或终点的切线方向)与后一线路段的起点方向(或起点的切线方向)一致。因此，对任一条复合线路，只要知道该线路的组成形式(即该复合线路按次序分别由哪些形式的线路段组合而成)、各线路段的长度、曲线的曲向、圆曲线的半径以及第一段线路的起点坐标、起点方向等，则该复合线路形状及位置就完全确定，就可用上述公式按线路组合次序计算线路轴线上任意里程点的坐标。然后，再根据计算坐标由全站仪按极坐标法实施线路轴线上的桩位放样工作。

四、线路轴线外桩位布置

上面讨论了各类线路轴线上的桩位点按里程的坐标计算公式。但在实际工作中，我们往往不仅需要测定线路轴线的位置，而且还需要测定与线路轴线成一定夹角的排架桩位，见图 4.7-8。下面，我们导出根据线路轴线上的里程及该里程排架与轴线的夹角和排架上桩位离轴线的距离来推算相关桩位坐标的计算公式。有了这些公式，我们就可以在实际工作中直接放样线路轴线以外的桩位点。省去须先放出线路的轴线点，而后再由轴线点施放相应排架桩位点的繁琐过程。

所谓与线路轴线上某一点的相应排架桩位点的含意是指：通过该轴线点且与轴线或轴线的切线（对曲线而言）方向成一定夹角 φ 的直线，在轴线两边延伸到设计桩中位置上的点。因此，桩位点的计算应根据轴线上点的坐标及相应点的排架方向和轴线到桩中的距离来进行。这里，线路轴线与排架轴线的夹角 φ 有一个正负取值问题，我们规定：当 φ 在线路前进方向的左侧时取负值，当 φ 在线路前进方向的右侧时取正值。

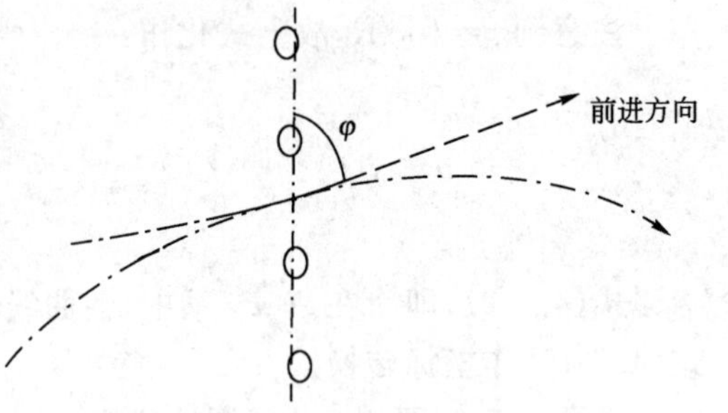

图 4.7-8　桩基轴线布置示意图

1. 直线段线路排架桩位点的坐标计算

对于直线而言，其轴线上的任意点的走向均无方向变化，即轴线的方向不变。设轴线的方向为 α，轴线与排架的交点 P 的坐标(X_P,Y_P)可由前述公式(4.7-1)计算得到。另设排架与轴线方向的夹角为 φ（注意 φ 的正负取值问题），桩到轴线的距离为 D_L。则桩位点 Z 的坐标(X_Z,Y_Z)可由下式计算：

$$\begin{aligned} X_Z &= X_P + D_L\cos(\alpha+\varphi+(k-1)\times 90^\circ) \\ Y_Z &= Y_P + D_L\sin(\alpha+\varphi+(k-1)\times 90^\circ) \end{aligned} \tag{4.7-27}$$

式中，符号系数 k 的取法为：当桩位在 φ 方向一侧时取 $K=+1$；反之，当桩位在 φ 的反方向时可取 $K=-1$。当 $\varphi=\pm 90$ 时表示排架方向与切线方向正好垂直，公式可简化为

$$\begin{aligned} X_Z &= X_P + D_L\cos(\alpha+\varphi) \\ Y_Z &= Y_P + D_L\sin(\alpha+\varphi) \end{aligned} \tag{4.7-28}$$

2. 缓和曲线段排架桩位点的坐标计算

在缓和曲线上不同里程点在轴线上的切线方向是不同的。为计算切线的方位角，对式(4.7-11)中的变量 y_P 通过中间变量 l 对 x_P 求导，得：

$$\begin{aligned} \frac{\mathrm{d}y_P}{\mathrm{d}l} &= \cos\left(\frac{(R_A-R_B)l^2}{2l_{AB}R_AR_B}+\frac{l}{R_A}\right) \\ \frac{\mathrm{d}x_P}{\mathrm{d}l} &= \sin\left(\frac{(R_A-R_B)l^2}{2l_{AB}R_AR_B}+\frac{l}{R_A}\right) \end{aligned} \tag{4.7-29}$$

也即：

$$\frac{\mathrm{d}y_P}{\mathrm{d}x_P}=\frac{\dfrac{\mathrm{d}y_P}{\mathrm{d}l}}{\dfrac{\mathrm{d}x_P}{\mathrm{d}l}}=\cot\left(\frac{(R_A-R_B)l^2}{2l_{AB}R_AR_B}+\frac{l}{R_A}\right)=\tan\left(\frac{\pi}{2}-\frac{(R_A-R_B)l^2}{2l_{AB}R_AR_B}-\frac{l}{R_A}\right) \tag{4.7-30}$$

故在缓和曲线上相应于里程为 l_{AP} 的轴线上一点 P 的切线方位角（在 A-xy 系中）为

$$\alpha_P = \frac{\pi}{2} - \frac{(R_A - R_B) l_{AP}^2}{2 l_{AB} R_A R_B} - \frac{l_{AP}}{R_A} \tag{4.7-31}$$

需要一提的是，式(4.7-30)是在曲线的曲向为左向时推算的，当曲向为右向时，根据曲线以 y 轴对称的原理，可得与 P 点对称的一点 P' 点的方位角(α'_P)为

$$\alpha'_P = \frac{\pi}{2} - \frac{(R_A - R_B) l_{AP}^2}{2 l_{AB} R_A R_B} + \frac{l_{AP}}{R_A} \tag{4.7-32}$$

在实际计算时，还应将 α_P(或 α'_P)的单位化为角度制，即将由式(4.7-31)或(4.7-32)计算得的 α_P(或 α'_P)的值再乘以(180/π)。这样，就可分别得到缓和曲线轴线上某排架上桩点的坐标计算公式(参照直线情况的公式)：

$$\begin{aligned} x_Z &= x_P + D\cos(\alpha_P + \varphi + (k-1) \times 90°) \\ y_Z &= y_P + D\sin(\alpha_P + \varphi + (k-1) \times 90°) \end{aligned} \tag{4.7-33}$$

或

$$\begin{aligned} x_Z &= x_P + D\cos(\alpha'_P + \varphi + (k-1) \times 90°) \\ y_Z &= y_P + D\sin(\alpha'_P + \varphi + (k-1) \times 90°) \end{aligned} \tag{4.7-34}$$

式中，x_P、y_P 的计算应区别三种情况，分别按式(4.7-12)、(4.7-13)或式(4.7-14)等公式计算，这里，x_Z、y_Z 是在图 4.7-2 所示的 A-xy 坐标系中的坐标，在后续的计算中尚需按式(4.7-15)将其转换到施工坐标系 O-XY 中去。符号系数 k 的取法为，当桩位在 φ 方向一侧时取 $k=+1$；反之，当桩位在 ϕ 的反方向时取 $k=-1$。当 $\phi=\pm 90°$时表示排架方向与切线方向正好垂直，公式可简化为

$$\begin{aligned} x_Z &= x_P + D\cos(\alpha_P + \varphi) \\ y_Z &= y_P + D\sin(\alpha_P + \varphi) \end{aligned} \tag{4.7-35}$$

或

$$\begin{aligned} x_Z &= x_P + D\cos(\alpha'_P + \varphi) \\ y_Z &= y_P + D\sin(\alpha'_P + \varphi) \end{aligned} \tag{4.7-36}$$

3. 圆曲线段排架桩位点的坐标计算

在圆曲线的轴线上各点的切线方向也是不一致的。为求圆曲线的切线方位角与里程的关系式，对式(4.7-21)的 y_P 通过中间变量 l_{AP} 对 x_P 求导，得

$$\begin{aligned} \frac{dy_P}{dl} &= \cos\frac{l_{AP}}{R} \\ \frac{dx_P}{dl} &= \sin\frac{l_{AP}}{R} \end{aligned} \tag{4.7-37}$$

即

$$\frac{dy_P}{dx_P} = \frac{\frac{dy_P}{dl}}{\frac{dx_P}{dl}} = \cot\frac{l_{AP}}{R} = \tan\left(\frac{\pi}{2} - \frac{l_{AP}}{R}\right) \tag{4.7-38}$$

公式(4.7-35)说明，过圆曲线轴线上一点 P 的切线方位角为

$$\alpha_P = \left(\frac{\pi}{2} - \frac{l_{AP}}{R}\right) \cdot \frac{180}{\pi} \tag{4.7-39}$$

由此可按式(4.7-32)进行圆曲线排架上的桩位坐标计算。

同缓和曲线时的情况一样，式(4.7-36)也是在基于曲线曲向为左向时导出的，当曲线曲向为右向时，根据对称原理，我们可得与 P 点对称的 P' 点的方位角(α'_P)为

$$\alpha'_{P}=\left(\frac{\pi}{2}+\frac{l_{AP}}{R}\right)\cdot\frac{180}{\pi} \tag{4.7-40}$$

圆曲线轴线上某排架上桩点的坐标计算公式与缓和曲线轴线上某排架上桩点的坐标计算公式相同。

五、算　　例

［例］　已知某高速公路立交 A 匝道为一卵形曲线(卵形曲线相关参数见图 4.7-9),相关设计数据见表 4.7-1。求算里程桩号为 AK0+240 的主线桩中心坐标及左边桩和右边桩桩中心坐标(取 $D_L=5\text{m}$,$\varphi=-70°$)。

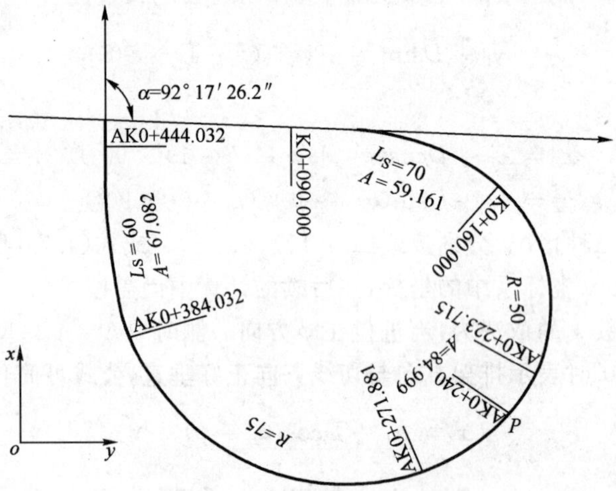

图 4.7-9　某高速公路立交匝道

某高速公路立交匝道相关设计数据　　表 4.7-1

主点桩号	坐标		切线方位角
	X	Y	(°　′　″)
AK0+90	3 389 987.403	510 059.378	92 17 26.2
AK0+160	3 389 968.981	510 125.341	132 23 51.6
AK0+223.715	3 389 910.603	510 136.791	205 24 33.6
AK0+271.881	3 389 880.438	510 100.904	251 24 18.5
AK0+384.032	3 389 922.316	510 007.909	337 04 54.2
AK0+444.032	3 389 981.363	510 000.000	0 00 00

解:1. 汇总计算参数

$$l_{AP}=\text{AK0}+240-\text{AK0}+223.715=16.285$$

$$l_{AB}=\text{AK0}+271.881-\text{AK0}+223.715=48.166$$

$$R_A=50$$

$$R_B=75$$

$$X_A=3\,389\,910.603$$

$$Y_A=510\,136.791$$

$$\alpha_A=205°24'33.6''$$

$$D_L=5$$

$$\phi=-70°00'00''$$

2.计算 P 点在缓和曲线独立坐标系中的坐标 x_P, y_P

将以上相关数据代入式(4.7-28),得

$$x_P = \frac{l_{AP}^2}{2R_A} + \frac{(R_A - R_B)l_{AP}^3}{6l_{AB}R_AR_B} - \frac{l_{AP}^4}{24R_A^3} - \frac{(R_A - R_B)l_{AP}^5}{20l_{AB}R_A^3R_B} - \frac{(R_A - R_B)^2l_{AP}^6}{48l_{AB}^2R_A^3R_B^2} - \frac{(R_A - R_B)^3l_{AP}^7}{336l_{AB}^3R_A^3R_B^3}$$

$$+ \frac{l_{AP}^6}{720R_A^5} + \frac{(R_A - R_B)l_{AP}^7}{336l_{AB}R_A^5R_B} + \frac{(R_A - R_B)^2l_{AP}^8}{384l_{AB}^2R_A^5R_B^2} + \frac{(R_A - R_B)^3l_{AP}^9}{864l_{AB}^3R_A^5R_B^3}$$

$$= \frac{16.285^2}{2\times 50} + \frac{(50-75)\times 16.285^3}{6\times 48.166\times 50\times 75} - \frac{16.285^4}{24\times 50^3} - \frac{(50-75)\times 16.285^5}{20\times 48.166\times 50^3\times 75}$$

$$- \frac{(50-75)^2\times 16.285^6}{48\times 48.166^2\times 50^3\times 75^2} - \frac{(50-75)^3\times 16.285^7}{336\times 48.166^3\times 50^3\times 75^3} + \frac{16.285^6}{720\times 50^5}$$

$$+ \frac{(50-75)\times 16.285^7}{336\times 48.166\times 50^5\times 75} + \frac{(50-75)^2\times 16.285^8}{384\times 48.166^2\times 50^5\times 75^2} + \frac{(50-75)^3\times 16.285^9}{864\times 48.166^3\times 50^5\times 75^3}$$

$$= 2.532\,002\,583$$

$$y_P = L_{AP} - \frac{l_{AP}^3}{6R_A^2} - \frac{(R_A - R_B)l_{AP}^4}{8l_{AB}R_A^2R_B} - \frac{(R_A - R_B)^2l_{AP}^5}{40l_{AB}^2R_A^2R_B^2} + \frac{l_{AP}^5}{120R_A^4} + \frac{(R_A - R_B)l_{AP}^6}{72l_{AB}R_A^4R_B}$$

$$+ \frac{(R_A - R_B)^2l_{AP}^7}{112l_{AB}^2R_A^4R_B^2} + \frac{(R_A - R_B)^3l_{AP}^8}{384l_{AB}^3R_A^4R_B^3} + \frac{(R_A - R_B)^4l_{AP}^9}{3\,456l_{AB}^4R_A^4R_B^4}$$

$$= 16.285 - \frac{16.285^3}{6\times 50^2} - \frac{(50-75)\times 16.285^4}{5\times 48.166\times 50^2\times 75} - \frac{(50-75)^2\times 16.285^5}{40\times 48.166^2\times 50^2\times 75^2} + \frac{16.285^5}{120\times 50^4}$$

$$+ \frac{(50-75)\times 16.285^6}{72\times 48.166\times 50^4\times 75} + \frac{(50-75)^2\times 16.285^7}{112\times 48.166^2\times 50^4\times 75^2} + \frac{(50-75)^3\times 16.285^8}{384\times 48.166^3\times 50^4\times 75^3}$$

$$+ \frac{(50-75)^4\times 16.285^9}{3\,456\times 48.166^4\times 50^4\times 75^4}$$

$$= 16.022\,128\,28$$

3. 将 x_P, y_P 转换到道路施工坐标系 $O\text{-}XY$ 中得到主线桩中心坐标 X_P, Y_P

将 x_P, y_P 代入式(4.7-15)中,由于缓和曲线走向为右向,故计算时 x_P 应取反值

$$X_P = x_P\cos(\alpha_A - 90°) - y_P\sin(\alpha_A - 90°) + X_A$$

$$= -2.532\,002\,583\times\cos(205°24'33.6'' - 90°) - 16.022\,128\,28\times\sin(205°24'33.6'' - 90°)$$

$$+ 3\,389\,910.603$$

$$= 3\,389\,897.217$$

$$Y_P = x_P\sin(\alpha_A - 90°) + y_P\cos(\alpha_A - 90°) + Y_A$$

$$= -2.532\,002\,583\times\sin(205°24'33.6'' - 90°) + 16.022\,128\,28\times\cos(205°24'33.6'' - 90°)$$

$$+ 510\,136.791$$

$$= 510\,127.629$$

4. 计算 P 点的切线方位角 α_P

根据式(4.7-32)计算在缓和曲线独立坐标系内切线方位角(α'_P),即

$$\alpha'_{P}=\frac{\pi}{2}+\frac{(R_{A}-R_{B})l_{AP}^{2}}{2l_{AB}R_{A}R_{B}}+\frac{l_{AP}}{R_{A}}=\frac{\pi}{2}+\frac{(50-75)\times 16.285^{2}}{2\times 48.166\times 50\times 75}+\frac{16.285}{50}=1.878\,143\,012$$

转化到施工坐标系 $O\text{-}XY$ 中

$$\alpha_{P}=\alpha_{A}-90°+\alpha'_{P}\times\frac{180}{\pi}=205°24'33.6''+17°36'34.81''=223°01'08.41''$$

5. 计算左边桩桩中心坐标 X_{PL}，Y_{PL} 和右边桩桩中心坐标 X_{PR}，Y_{PR}

根据式(4.7-33)，计算 X_{PL}，Y_{PL} 取 $\varphi=-70°$，$K=1$

$$\begin{aligned}X_{PL}&=X_{P}+k\cdot D_{L}\cos[\alpha_{P}+\varphi+(k-1)\times 90°]\\&=3\,389\,897.217+5\times\cos[223°01'08.41''-70°00'00''+(1-1)\times 90°00'00'']\\&=3\,389\,892.761\end{aligned}$$

$$\begin{aligned}Y_{PL}&=X_{P}+k\cdot D_{L}\sin[\alpha_{P}+\varphi+(k-1)\times 90°]\\&=510\,127.629+5\times\sin[223°01'08.41''-70°00'00''+(1-1)\times 90°00'00'']\\&=510\,129.898\end{aligned}$$

计算 X_{PR}，Y_{PR} 取 $\varphi=-70°$，$K=-1$

$$\begin{aligned}X_{PL}&=X_{P}+k\cdot D_{L}\cos[\alpha_{P}+\varphi+(k-1)\times 90°]\\&=3\,389\,897.217+5\times\cos[223°01'08.41''-70°00'00''+(-1-1)\times 90°00'00'']\\&=3\,389\,901.673\end{aligned}$$

$$\begin{aligned}Y_{PL}&=Y_{P}+k\cdot D_{L}\sin[\alpha_{P}+\varphi+(k-1)\times 90°]\\&=510\,127.629+5\times\sin[223°01'08.41''-70°00'00''+(-1-1)\times 90°00'00'']\\&=510\,125.361\end{aligned}$$

本算例代表卵形曲线中最常见的计算方法，计算过程中尤其需要注意区分曲线走向不同而采用不同的计算公式。由于公式较为复杂，在常规施工中进行手工计算非常不便。在可编程科学计算器普及的今天，将上述算法编成程序，可以有效提高日常施工计算的效率。

第八章　GPS 打桩定位系统

第一节　概　　述

采用传统的经纬仪或全站仪进行沉桩定位的方法仅适用于 1～2km 测距范围内，对于远海打桩工程，传统的搭设测量平台无论是在定位精度或定位的时效性和经济性上都存在着问题。随着海洋工程的不断发展，大量的远海打桩工程不断出现，这就要求我们开发研制适用于远海工程施工的打桩定位系统，以适应工程建设发展的需要。

全球卫星定位系统（GPS）在最近几年里有了很大的发展。目前，GPS 的实时相位差分技术（RTK）已使远至 10～20km 的测量定位精度达到厘米级，数据采集率和获得测量成果的实时性都很高。因此，利用 GPS 技术，辅助以其他测量手段和计算机技术，开发适用于远海工程施工，且具有一定自动化程度的精密的“海工工程 GPS 远距离打桩定位系统”已成为可能。

为满足现代工程建设需要，并根据远海工程施工的特点，2002 年中港第三航务工程局研制了“海工工程 GPS 远距离打桩定位系统”，其基本定位原理是：首先以 GPS 作为基本定位仪器对打桩船进行定位，在此基础上，配合辅助测量设备对施打桩的桩位进行精确定位，以提高系统的定位精度。它具有如下几个主要功能。

(1)“系统”能实现离岸（或离 GPS 参考台）20km 左右的工作距离，常年有效工作距离在 10km 以上。

(2)“系统”工作的坐标系统可根据需要进行坐标系统的转换。如平面为北京 54 系，高程为当地大地水准面系统；或平面和高程均为独立的坐标系统等。具体视施工区域中设计给定的坐标系而定。

(3)实现定位过程中数据的自动化处理，即打桩定位过程中的桩中心平面位置的定位、桩顶高程的控制及贯入度的计算等一系列实时定位信息的处理均由“系统”自行完成。

(4)定位过程将原来的由岸上测量人员来指挥驾船人员进行移船操作，改为由移船操作人员直接根据计算机屏幕的显示或提示自行完成移船定位操作，减少定位过程的中间环节，提高移船定位操作的直观性和便利性。

计算机屏幕能同时以图像及数字的形式反映出施打桩的设计位置及该桩的主要设计参数（包括设计的桩中心坐标、桩顶高程、平面扭角、倾斜度等），以及停锤标准（包括高程控制标准和贯入度控制标准）和当前施打桩的实时位置及主要实时参数（如桩中心坐标偏差、桩顶高程偏差、平面扭角偏差、实时倾斜度、实时贯入度等），便于操作人员进行对照比较，调整船位，准确定位。

(5)“系统”具有较高的定位精度。根据理论计算和实测对比，“系统”的平面定位精度可达 5cm 以内，满足现行规范对相应条件下打桩允许偏位的要求。

(6)打桩结束后，计算机将能提供一份标准格式的打桩记录表。

第二节　GPS 远距离打桩定位原理

一、GPS 坐标系统与实时船体坐标系统的关系

1. GPS 坐标系统

GPS 坐标系统（即 WGS84 坐标系统），是原点在地心的空间三维直角坐标系。WGS84 坐标系统

中的点位一般采用直角坐标(X_G,Y_G,Z_G)或大地坐标(B_G,L_G,H_G)表示,其中 B、L、H 分别为大地纬度、经度和大地高程。WGS84 坐标系的参考椭球其长半径为 6 378 137m,扁率为 1/298.257 223 563。

在"海工工程 GPS 远距离打桩定位系统"中,由 GPS 实时测量得到的未经转换的 GPS 天线的位置是以 WGS84 坐标系统的大地坐标形式表示的。

2. 地方坐标系统

地方坐标系统与 WGS84 坐标系统的定义相同,但原点和坐标轴的方向与 WGS84 系统不同。地方坐标系统中的点位一般采用直角坐标(X_D,Y_D,Z_D)或大地坐标(B_D,L_D,H_D)表示,其中 B、L、H 分别为大地纬度、经度和大地高程。

"海工工程 GPS 远距离打桩定位系统"的地方坐标系统,一般采用我国 54 国家坐标系统,即北京 54 系统。北京 54 系统与 WGS84 坐标系统之间在一定区域具有固定的关系,可通过严密的数学公式建立两者之间的关系,并可作相互转换。北京 54 坐标系的参考椭球其长半径为 6 378 245m,扁率为 1/298.3。

3. 工程坐标系统

工程坐标系统一般采用二维平面直角坐标系统,工程坐标系统中的点位坐标以(X_P,Y_P)表示。工程坐标系统的原点可根据工程的需要设定。"海工工程 GPS 远距离打桩定位系统"中的工程坐标系统大多数是直接由地方坐标系统的大地坐标按高斯投影方法得到,少数情况下,如工程坐标系为独立的坐标系统,则需要进行平面坐标的转换。一般情况下,设计部门会给出工程坐标系统与地方坐标系统之间的固定联系,可通过严密的数学公式建立两者之间的相互转换关系。

4. 实时船体坐标系统

实时船体坐标系统是建立在船体上的二维平面直角坐标系统,实时船体坐标系统中的点位采用二维直角坐标(X_C,Y_C)表示。实时船体坐标系统的 X 轴,定义为船体的中轴线,方向由船头指向船尾,理想情况下,桩的中心点是处于 X 轴线上的;坐标原点为 X 轴与 GPS2 及 GPS3 两天线连线在坐标系平面上的交点 C_0;Y 轴与船甲板平面平行;实时船体坐标系的平面高程,定义于安装在船上的两台免棱镜测距仪的位置上,所构成的实时船体坐标系统 C_0-X_CY_C 为左手坐标系统。

实时船体坐标系统是建立在运动的船体之上的"瞬间"坐标系统,与其他几种坐标系统不同,实时船体坐标系平面的位置会随船体位置的变化而变化。影响实时船体坐标系统位置和方向的因素包括船体位置、扭角、船体高度、船体的纵向俯仰及横向摇摆等。所有这些变化因素均可由安装在船上的三台 GPS 仪器的观测值来推求,见图 4.8-1。

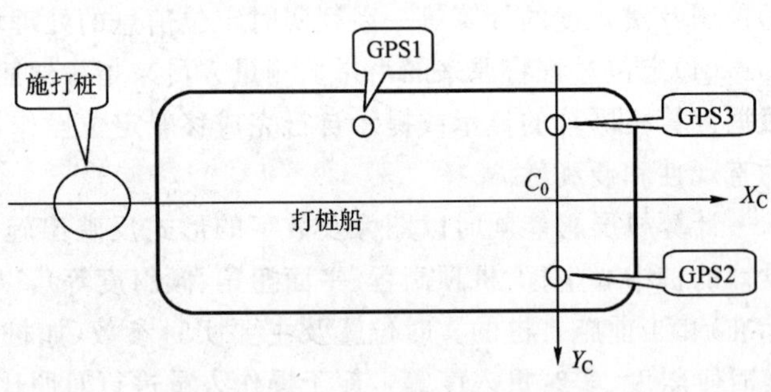

图 4.8-1 实时船体坐标系示意图

5. 标准船体坐标系统

标准船体坐标系统是实时船体坐标系统的一个特例。即标准船体坐标系统是当船体中轴线的高度与方向与设计桩顶高程和扭角方向相同,同时船体处于水平状态时的实时船体坐标系统。因此,标准船体坐标系统也是二维平面直角坐标系统,系统中的点位采用二维直角坐标(X_B,Y_B)表示。标准船体坐标系统与实时船体坐标系统之间的坐标轴方向相同,标准船体坐标系统的原点处于实时船体坐标系统原点的垂直线上。两坐标系统之间的关系取决于船体的纵倾、横倾和高程。

6. 坐标系统的转换

由于桩体设计位置、GPS 实时测量结果、固定安装在船上的测距仪位置、实时测定的桩体位置及其在屏幕上的位置显示等都是在不同的坐标系统中表达的，因此建立上述各坐标系统之间的相互转换关系是必需的。

坐标系统之间的转换关系是一组反映两个坐标系统的坐标分量之间换算关系的数学公式。大多数的坐标转换关系可以由转换矩阵来表示。下面分别说明。

(1)GPS坐标系统与地方坐标系统的转换(TRGD)

GPS坐标系统至地方坐标系统的转换，也即通常的WGS84系至北京54系的转换，简写为TRGD转换。TRGD的转换关系可按布尔莎模型进行。

在TRGD的坐标转换关系式中，共有3个平移参数(ΔX_D，ΔY_D，ΔZ_D)、3个旋转参数(ω_X，ω_Y，ω_Z)和1个尺度参数ρ，共7个参数，这些参数一般在施工区域的GPS网的平差结果中给出，并可作为工程参数提供给"系统"的数据处理软件，作为"系统"进行TRGD的转换的参数依据。

(2)地方坐标系统与工程坐标系统的转换关系(简写为TRDP)

地方坐标系统转换为工程坐标系统的过程可分解为以下3个过程：

①将直角坐标(X_D，Y_D，Z_D)转换为大地坐标(B_D，L_D，H_D)(简写为TRDP-A)。

②将大地坐标(B_D，L_D，H_D)进行高斯投影计算，转换为平面坐标加高程的坐标形式(x_D，y_D，H_D)(简写为TRDP-B)，此处x_D，y_D是平面二维直角坐标系统中的坐标。

③将(x_D，y_D)转换为工程坐标系统的坐标(X_P，Y_P)(简写为TRDP-C)，(x_D，y_D)和(X_P，Y_P)都是平面直角坐标系统中的坐标，可采用平面坐标转换公式进行计算。

TRDP-C中的2个平移参数(ΔX_P，ΔY_P)和1个旋转参数(α_{DP})一般由设计给出，并作为工程参数提供给"系统"软件。这3个参数也可能同时为0，此时，工程坐标系统与地方坐标系统的原点及轴线在平面上重合。

(3)实时船体坐标系统与标准船体坐标系统的转换关系(简写为TRCB)

根据定义，这两个坐标系统之间的关系取决于船体的纵倾、横倾和船体的高程。两者之间的关系如图4.8-2所示。

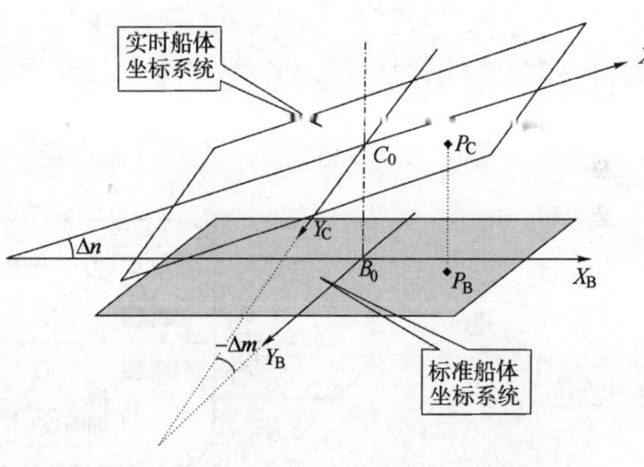

图4.8-2　实时船体坐标系与标准船体坐标系的关系图

图4.8-2中，两坐标系统的X轴夹角为Δn，并取船体俯倾时为正。两坐标系统Y轴的夹角为Δm，取船体右侧低倾时为正，图4.8-2中的侧倾角为负。Δn与Δm由三台GPS的实时高差观测值来组合求解。

实时船体坐标系统中的一点$P_C(X_C,Y_C)$沿垂线方向投影到标准船体坐标系统的$P_B(X_B,Y_B)$上。两坐标系统中的坐标可按一定关系进行转换。

(4)标准船体坐标系统与工程坐标系统的转换(简写为TRBP)

标准船体坐标系统与工程坐标系统都是平面直角坐标系统，将(X_B，Y_B)转换为(X_P，Y_P)的计算公式与TRDP-C转换公式类似。

不同的是公式中的2个平移参数(ΔX_P，ΔY_P)和1个旋转参数(α_{BP})需要根据GPS测量结果计算。

二、实时船体坐标系中桩中心位置的计算

1. GPS与实时船体坐标系统的关系计算

为实现GPS对船体的控制，需确定GPS天线在实时船体坐标系中的坐标。GPS天线相对于船体的关系是固联的，这一关系不随船体的运动而改变。在本"系统"中，是利用三台GPS仪器对船体位置实施控制的。

2. 船体的纵倾与横倾角的计算

船体的纵、横向倾角由安装在船上的三台 GPS 高程观测值经计算得到。需要注意的是，计算前应首先将三台 GPS 的高程观测值归算到实时船体坐标系平面上的高程值 H_{GC}，即将三台 GPS 天线的实时高程减去仪器安装高度后得到的三台 GPS 天线在实时船体坐标系平面上的高程 H_{G1C}、H_{G2C} 及 H_{G3C}。这里，仪器的安装高度是指 GPS 天线的高度位置至实时船体坐标系平面的距离。

其中，船体的纵倾角 Δn 由 GPS1 和 GPS3 的高程观测归算值经推算解得；船体的横倾角 Δm 由 GPS2 和 GPS3 的高程观测归算值经推算解得。

3. GPS 位置由于船体倾斜引起的改正

由于 GPS 安装在船体坐标系统参考面的上方，对其位置的测定是直接对天线上端进行的，而不是天线在船体上的投影点。因此，当船体倾斜时，GPS 在船体上的垂直投影位置也将相应地改变。

4. 船体扭角的计算

船体扭角与桩身扭角有着直接的关系。实践中是通过控制船体扭角来控制桩身扭角的。

5. 实时船体坐标系中桩中心位置的计算

桩中在实时船体坐标系中的坐标，取决于桩的横截面和桩的倾斜坡度。桩的倾斜坡度有直、俯和仰三种情况，下面分别讨论。

圆桩如图 4.8-3 所示，将两台测距仪按平行于 X_C 轴方向且与 X_C 轴对称的位置安置，坐标为 (X_{d1}, Y_{d1}) 和 (X_{d2}, Y_{d2})，两测距仪间的距离约为常用桩的半径。另设两测距仪至桩表面的测点分别为 A、B 两点，测得距离分别为 L_1、L_2。则测点 A、B 坐标可分别按下两式进行：

$$\begin{aligned} X_A &= X_{d1} - L_1 \\ Y_A &= Y_{d1} \end{aligned} \tag{4.8-1}$$

$$\begin{aligned} X_B &= X_{d2} - L_2 \\ Y_B &= Y_{d2} \end{aligned} \tag{4.8-2}$$

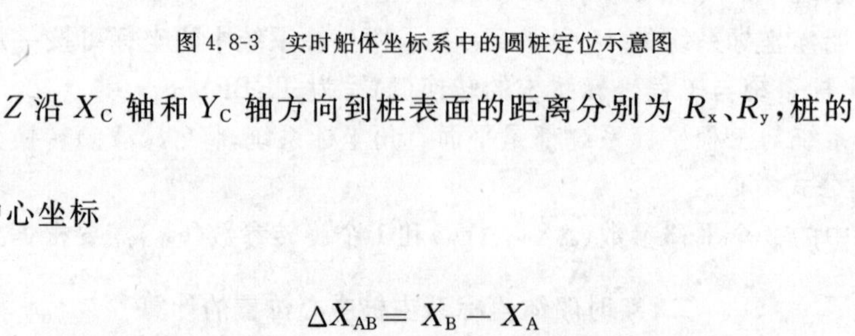

图 4.8-3　实时船体坐标系中的圆桩定位示意图

另设桩心位置 Z 沿 X_C 轴和 Y_C 轴方向到桩表面的距离分别为 R_x、R_y，桩的半径为 r（且有 $r = R_y$），Z 为桩中位置。

(1)直桩的桩中心坐标

令

$$\begin{aligned} \Delta X_{AB} &= X_B - X_A \\ \Delta Y_{AB} &= Y_B - Y_A \end{aligned} \tag{4.8-3}$$

$$S_{AB} = \sqrt{\Delta X_{AB}^{\ 2} + \Delta Y_{AB}^2} \tag{4.8-4}$$

则由图 4.8-4 知：A 至 B 的方位角为 $\arctan \dfrac{\Delta Y_{AB}}{\Delta X_{AB} + 10^{-25}}$；另在△$ZAB$ 中，运用余弦定理得：

$\angle ZAB=\arccos\dfrac{S_{AB}}{2r}$。故桩中 Z 的坐标可按如下公式进行计算：

$$X_Z = X_A + r\cdot\cos\left(\arctan\frac{\Delta Y_{AB}}{\Delta X_{AB}+10^{-25}} - \arccos\frac{S_{AB}}{2r}\right)$$
$$Y_Z = Y_A + r\cdot\sin\left(\arctan\frac{\Delta Y_{AB}}{\Delta X_{AB}+10^{-25}} - \arccos\frac{S_{AB}}{2r}\right) \quad (4.8\text{-}5)$$

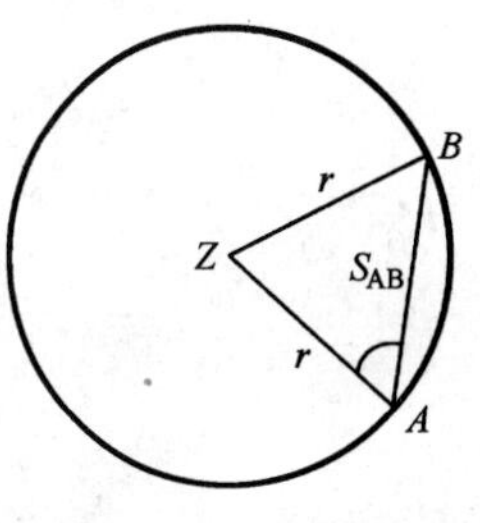

图 4.8-4　直圆桩桩中计算分析图

(2)斜桩的桩中心坐标

圆桩斜桩的水平截面为一椭圆，其短半径与桩半径 r 相同，长半径与桩的倾斜坡度有关，计算公式如下：

$$R_x = R = r\cdot\sqrt{\frac{1}{n^2}+1} \quad (4.8\text{-}6)$$

式中：n——该桩的实时坡度。

斜桩情况下的桩中坐标的计算公式推算如下：

由椭圆方程得：

$$\frac{(X_Z-X_A)^2}{R^2}+\frac{(Y_Z-Y_A)^2}{r^2}=1$$
$$\frac{(X_Z-X_B)^2}{R^2}+\frac{(Y_Z-Y_B)^2}{r^2}=1 \quad (4.8\text{-}7)$$

或

$$(X_Z-X_A)^2+\left(\frac{R}{r}\right)^2(Y_Z-Y_A)^2=R^2$$
$$(X_Z-X_B)^2+\left(\frac{R}{r}\right)^2(Y_Z-Y_B)^2=R^2 \quad (4.8\text{-}8)$$

通过一系列的推导可得到：

令

$$k=\frac{Y_A-Y_B}{X_B-X_A}\cdot\left(\frac{R}{r}\right)^2$$
$$C=\frac{1}{2}(X_A+X_B) \quad (4.8\text{-}9)$$

$$t_0=(C-X_A)^2+\left(\frac{R}{r}\right)^2Y_A^2-R^2$$
$$t_1=2k(C-X_A)-2\left(\frac{R}{r}\right)^2Y_A \quad (4.8\text{-}10)$$
$$t_2=k^2+\left(\frac{R}{r}\right)^2$$

桩中心坐标为：

$$\begin{cases} Y_{Z1}=\sqrt{-\dfrac{t_0}{t_1}} & X_{Z1}=kY_{Z1}+C \\ Y_{Z2}=-\sqrt{-\dfrac{t_0}{t_2}} & X_{Z2}=kY_{Z2}+C \end{cases} \quad (4.8\text{-}11)$$

将得到两组对称的解(X_{Z1},Y_{Z1})及(X_{Z2},Y_{Z2})。解的物理意义如图 4.8-5 所示。

显然，由图 4.8-5 得知，在上述的两组解中，应取 X_{Z1} 或 X_{Z2} 中小于 X_A 或 X_B 中较小的一组解作为最终解。

三、桩顶设计高程处的中心位置在实时船体坐标系统中的坐标计算

前面讨论了桩中在实时船体坐标系平面上的坐标计算公式。我们知道一般情况下，桩中坐标在

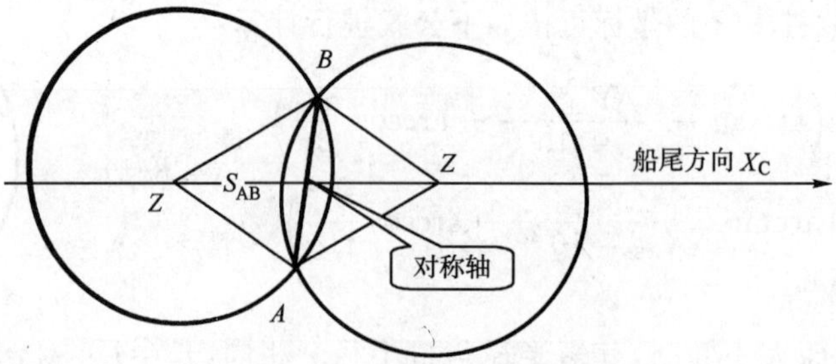

图 4.8-5　圆桩桩中两组解分析图

不同的高程上是变化的(直桩情况除外)。因此,桩中在实时船体坐标系中的坐标显然不能直接用于定位计算,而必须将其归算到设计高程上的坐标。为此,首先需要计算桩中在实时船体坐标系平面上的高程,然后,根据桩的倾斜坡度计算桩在设计高程处的实时船体坐标系坐标。最后,根据坐标转换公式,将其转换到标准船体坐标系上的坐标。

1. 直桩

直桩情况下,桩中坐标处处相等。因此有

$$\begin{aligned} X_{ZC} &= X_Z \\ Y_{ZC} &= Y_Z \end{aligned} \tag{4.8-12}$$

式中:X_{ZC}、Y_{ZC}——桩中在设计顶高程上的坐标。

(X_{ZC},Y_{ZC})也即桩中在实时船体坐标系中的坐标经沿桩中轴线投影到设计桩顶高程后在实时船体坐标系中的坐标。这一概念对斜桩的情况十分重要。

2. 斜桩

如图 4.8-6 所示为斜桩情况,斜桩有仰打和俯打两种情况,图中为仰打状态,俯打状态按类似思路处理。

在仰打情况下,桩中在设计顶高程处的坐标计算公式如下:

$$\begin{aligned} X_{ZC} &= X_Z - (H_{ZC} - H_Z)P_C \\ Y_{ZC} &= Y_Z \end{aligned} \tag{4.8-13}$$

俯打情况下,桩中在设计顶高程处的坐标计算公式为:

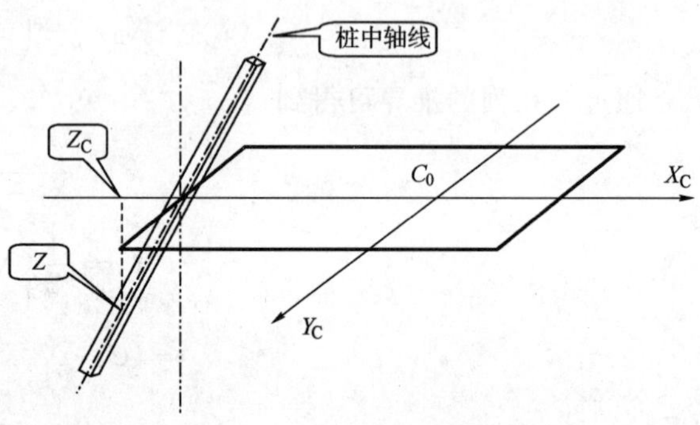

图 4.8-6　桩中在设计高程处的坐标计算分析图

$$\begin{aligned} X_{ZC} &= X_Z + (H_{ZC} - H_Z)P_C \\ Y_{ZC} &= Y_Z \end{aligned} \tag{4.8-14}$$

式中:P_C——打桩时的实时坡度,$P_C = 1/n$。

四、桩顶高程的测定

1. 测高系统及其工作原理

桩顶高程的测定是整个打桩定位控制的一个重要内容,通过对桩顶高程的实时测定,我们不仅可以知道桩在施打过程中的实时顶高程,同时也为打桩贯入度的计算提供了一个必要参数。由于"海工工程 GPS 远距离打桩定位系统"实际上是定位数据的自动化处理系统,并且是适应于远海的打桩定位系统,因此,常规打桩定位中的水准仪或经纬仪的高程控制方法均不能适用。为此,需要在系统中加设一个桩顶高程的测定系统(简称"测高系统"),监测在整个打桩过程中桩顶高程的变化情况。测高系统的观测值以数字的形式送入系统软件中进行统一处理，并将处理结果实时地反映在计算机屏幕上。

如图 4.8-7 所示，在下龙口的开孔窗中间的前方甲板上装置两台水平测距仪，水平测距仪可射出红色可见光于桩身，通过摄像机观测桩身刻划与测距仪红点的变化，推算出桩顶高程。因此，红点的实时高是推算桩顶高程的一个主要依据。水平红点实时高的获得是由 GPS 的实时高来推定的。

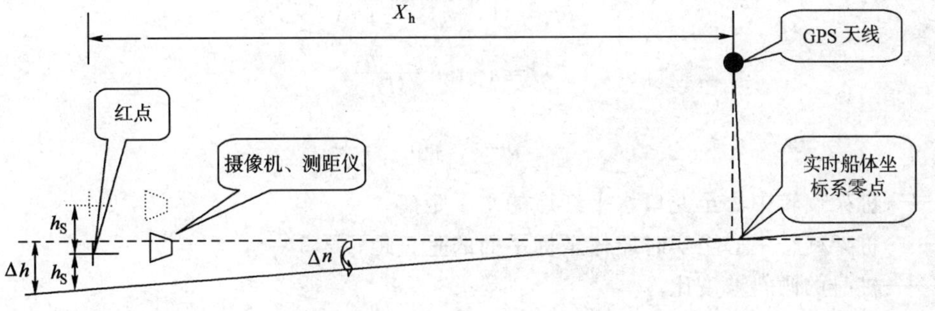

图 4.8-7　测高系统工作原理示意图

2. 红点高程的计算

在打桩船处于平稳状态(起算时的标准状态)时测出红点相对于三台 GPS 天线的高差，并换算至与实时船体坐标系零点的高差，同时测出红点在实时船体坐标系中的 X 坐标。摄像机的安装高度与红点高一致。红点在以后各种状态下的高程相对于标准状态时的变化取决于两个因素：一是船体的纵向倾斜，二是桩架的仰俯变化。以下分别进行讨论。

(1)船体纵向倾斜时红点高的计算

船体纵向倾斜时红点高的计算见图 4.8-8，可按如下公式计算：

$$H_h = H_{C0} + h_s - X_h \cdot \tan\Delta n \tag{4.8-15}$$

式中：H_h——红点实时高；

H_{C0}——实时船体坐标系零点高程；

h_s——红点与实时船体坐标系零点的高差；

X_h——红点在实时船体坐标系中的纵坐标；

Δn——船体的纵向倾斜。

显然，式(4.8-15)也可作为直桩时红点高的计算公式。

(2)桩架倾斜时红点高的计算

桩架倾斜分仰打桩和俯打桩两种情况，由图 4.8-9 可分别容易地推出桩在仰打、俯打两种情况下红点高的计算公式。

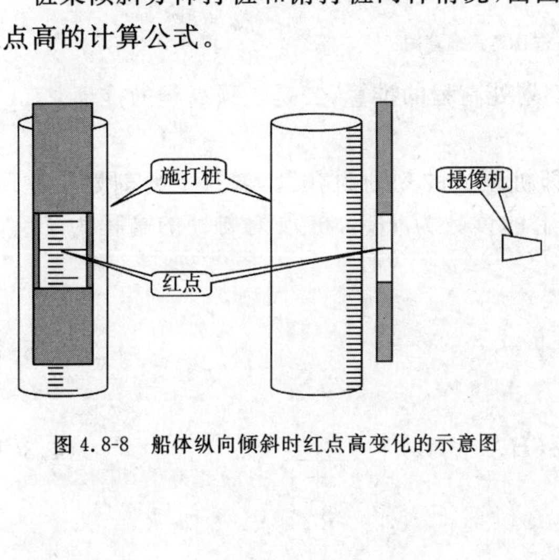

图 4.8-8　船体纵向倾斜时红点高变化的示意图

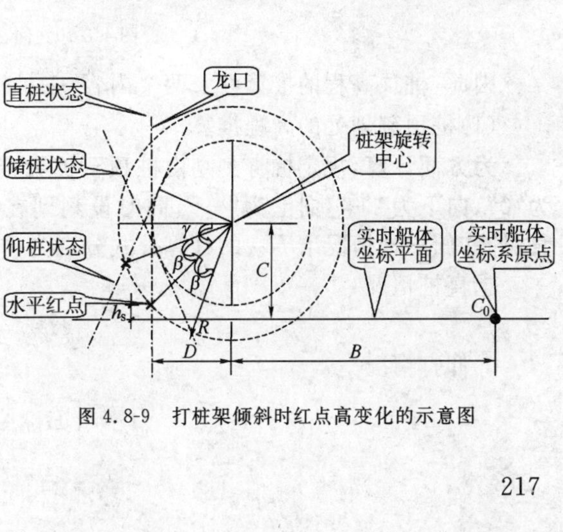

图 4.8-9　打桩架倾斜时红点高变化的示意图

①仰桩情况下红点高的计算公式

$$H_{hY} = H_h + R\sin\gamma - R\sin(\gamma - \beta) \tag{4.8-16}$$

②俯桩情况下红点高的计算公式

$$H_{hF} = H_h + R\sin\gamma - R\sin(\gamma + \beta) \tag{4.8-17}$$

式中：H_h——直桩时的红点高，由式(4.8-15)求得；

$$R=\sqrt{(C-hs)^2+D^2};$$

$$\gamma=\arctan\frac{C-h_s}{D};$$

$$\beta=\arctan\frac{1}{n};$$

D——桩架旋转中心至龙口水平红点的水平距离；

C——桩架旋转中心至实时船体坐标平面的垂直距；

n——桩身的倾斜坡度比。

3. 桩顶高程

在获得水平红点实时高程的基础上，桩顶处的刻划高程可根据桩身刻划在红点上的读数，同时考虑红点至桩身刻划视线倾斜的改正来推求。

需要注意的是：桩顶高程是指在桩顶横截面上处于最底位置处的高程。因此，一般情况下，桩顶高程并非在桩横截面的中心。桩顶高程在横截面中心位置的情况仅限于直桩情况。对于仰打桩，桩顶高程应指桩顶部分靠船内侧边缘的高程。对于俯打桩，桩顶高程是指桩顶部分靠船外侧边缘的高程，如图 4.8-10 所示。

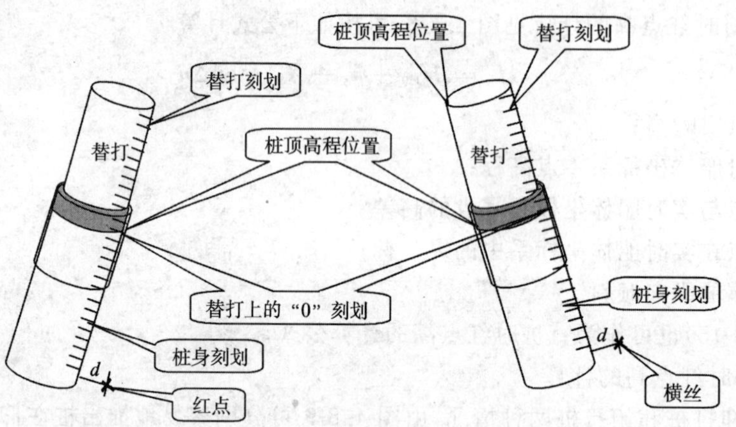

图 4.8-10 仰、俯打桩桩顶高程推算图

因此，桩顶高程的推算涉及两个内容：一是桩顶刻划处高程的推算；二是桩顶高程的推算。

(1)桩顶刻划处的高程推算

为方便计算，规定桩身刻划由桩顶至桩尖方向，即桩顶处的刻划为"0"。替打上的刻划在桩顶处为"0"，向下为"+"，向上为"-"，同时设刻划在红点上的读数为 H_{KD}，桩顶刻划处的高程为 H_{ZK}，则直、仰和俯三种情况下 H_{ZK} 的计算公式分别为：

①直桩情况

$$H_{ZK} = H_h + H_{KD} \tag{4.8-18}$$

②仰打情况

$$H_{ZKY} = H_h + \left[H_{KD} - \frac{d}{S_{ShY}}(H_{hY} - H_S)\right]\frac{n}{\sqrt{n^2+1}} \tag{4.8-19}$$

③俯打情况

$$H_{ZKF}=H_{h}+\left[H_{KD}+\frac{d}{S_{ShF}}(H_{hF}-H_{S})\right]\frac{n}{\sqrt{n^{2}+1}} \tag{4.8-20}$$

上述式中：H_{ZKY}——仰打情况桩顶刻划处的高程；

S_{ShY}——仰打情况摄像机至红点的距离；

d——红点至桩刻划的距离；

H_{ZKF}——俯打情况桩顶刻划处的高程；

S_{ShF}——俯打情况摄像机至红点的距离；

H_{S}——摄像机的实时高。

(2)桩顶高程的推算

显然，在直桩和仰桩情况下，桩顶高程的计算同式(4.8-18)和式(4.2-27)一致。俯打情况下，桩顶高程按下式计算：

$$H_{ZF}=H_{ZKF}-\frac{\phi}{\sqrt{n^{2}+1}} \tag{4.8-21}$$

式中：ϕ——桩的直径或边长。

4.贯入度计算

(1)锤击计数器

在桩顶高程已测定的情况下，若能同时测定出打桩时的锤击数，则打桩的实时贯入度就能方便地计算出来。为此，“系统”设计了一个专用的锤击计数器。锤击计数器能将打桩锤的每一击的锤击声进行计数，并将计数值报“系统”主机。对于现场的其他噪声干扰信号该计数器并不敏感，即计数器不会因干扰而误触发。锤击计数器由模拟输入放大电路，数字触发电路以及单片机处理电路三部分组成。

(2)贯入度的计算

在打桩过程中，贯入度的计算是以每一阵为单位的，即计算每一阵的平均贯入度。根据《港口工程桩基规范》(JTJ 254—98)，一阵一般设定为 10 锤。这样，若已知该阵开锤前后的桩顶高程分别为 H_{ZD1} 和 H_{ZD2}，则该阵的平均贯入度(Grd)可按下式计算：

$$\mathrm{Grd}=\frac{H_{ZD1}-H_{ZD2}}{10} \tag{4.8-22}$$

另外，该系统又增加了一套精密二维倾斜仪(精度 0.05°)，能实时反映打桩船的姿态，这样该系统在三台 GPS 中有两台处于 RTK 锁定状态时，就能进行打桩定位工作。

第三节　工程的应用

1.东海大桥工程

东海大桥是我国第一座真正意义上的跨海大桥。东海大桥北起于上海南汇区芦潮港，跨越杭州湾北部海域南至浙江嵊泗县小洋山，是洋山深水港连接上海市及长三角的主要通道；东海大桥桥线总长约为 31km，沉桩 5 697 根、大小承台 626 只。全部采用 GPS 远距离打桩定位系统定位。三航局承建东海大桥工程Ⅵ标段，全长 15km、沉桩 3 355 根(均为斜桩)、大小承台 372 只，该工程项目工作量大、工期紧、工程质量要求高，施工条件差。桩基偏位：直桩≤25cm、斜桩≤30cm，高程控制在 0～10cm。采用“系统”沉桩结束后，采用 RTK 模式抄出桩顶高程，作为割桩的依据，然后再用 RTK 模式测出每根桩的竣工偏位。下面以位于风浪最大、流速最快的大桥中间的 PM-298、PM-299 承台的 32 根沉桩为例来说明该定位系统的定位精度。具体见表 4.8-1。

东海大桥基础工程 PM-298、PM-299 承台的沉桩偏位统计表 表 4.8-1

承台编号	沉桩编号	仰/俯	坡比	平面扭角	偏位值(cm)		承台编号	沉桩编号	仰/俯	坡比	平面扭角	偏位值(cm)	
				(°)	Δx	Δy					(°)	Δx	Δy
298	1	仰	7.5	45	7	2	299	1	仰	7.5	45	−27	2
298	2	俯	4.5	−45	−10	30	299	2	俯	4.5	−45	−2	15
298	3	俯	4.5	45	−2	−4	299	3	俯	4.5	45	9	20
298	4	仰	4.5	33	4	5	299	4	仰	4.5	33	15	−1
298	5	俯	4.5	45	5	−2	299	5	俯	4.5	45	14	−6
298	6	俯	7.5	40	2	−1	299	6	俯	7.5	40	14	19
298	7	仰	7.5	40	5	−1	299	7	仰	7.5	40	9	−6
298	8	仰	4.5	45	4.5	0	299	8	仰	4.5	45	−13	35
298	9	仰	4.5	45	0	14	299	9	仰	7.5	−45	−3	21
298	10	仰	4.5	−45	−8	15	299	10	仰	7.5	45	−9	19
298	11	俯	4.5	45	5	11	299	11	俯	4.5	−45	29	11
298	12	俯	4.5	35	−6	12	299	12	俯	4.5	35	6	−1
298	13	仰	4.5	33	8	−9	299	13	仰	4.5	33	15	−15
298	14	俯	4.5	45	0	5	299	14	俯	4.5	45	12	18
298	15	俯	4.5	45	22	0	299	15	俯	4.5	45	3	−8
298	16	仰	7.5	45	−11	16	299	16	仰	7.5	45	−4	15

总之,整个跨海段非通航孔与通航孔边墩中参与评定桩基工程总量为 3 355 根,最终桩位合格率达到 95.4%。具体见图 4.8-11。

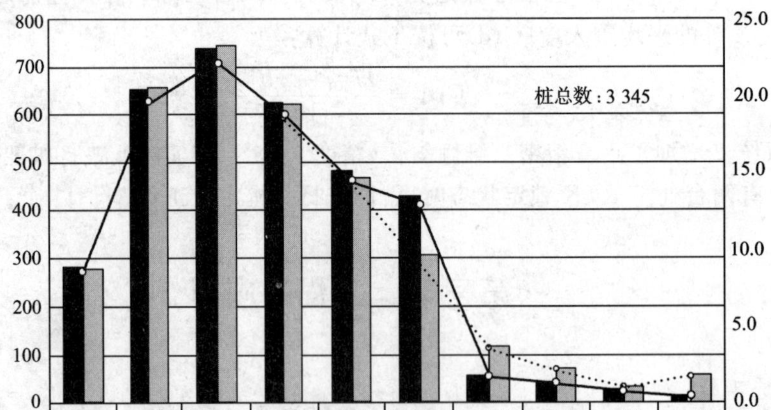

	≤5	≤10	≤15	≤20	≤25	≤30	≤35	≤40	≤45	>45
报检 n	281	654	739	626	483	430	55	41	24	12
自检 n	277	658	743	621	458	306	115	70	32	55
报检%	8.4	19.6	22.1	18.7	14.4	12.9	1.6	1.2	0.7	0.4
自检%	8.3	19.7	22.2	18.6	14.0	9.1	3.4	2.1	1.0	1.6

图 4.8-11 东海大桥基础工程沉桩偏位统计

目前,该套"系统"正在杭州湾跨海大桥、洋山深水港工程等数十个大、中型工程沉桩中应用,定位精度均能满足《港口工程质量检验评定标准》(JTJ 221)允许偏位值的要求。

2."系统"运行简介

(1)系统运行环境及配置

本系统的运行环境为Windows 2000或Windows XP。计算机硬件基本系统运行环境要求配置为：主板PIII 500、内存128M、双头显卡(分辨率:2 048×768)、多串口卡及3个17in显示器或更高配置。

(2)工程的建立与打开

启动系统时，如系统尚未为当前工程项目建立数据文件则首先需要在系统中建立一个新"工程"。

启动打桩软件后，进入系统的主画面。根据菜单内容操作，"工程"→"新建"，或单击工具栏上的"新建"图标，如图4.8-12所示。即可进入建立一个新工程的对话框。

图4.8-12　用图标新建工程的操作方法示意图

然后系统进入工程参数等的设置状态。

启动系统后，进入系统的画面，根据菜单内容操作，"工程"→"打开"，或单击工具栏上的"打开"图标，如图4.8-13所示。

图4.8-13　用图标打开工程操作示意图

在文件选择框中选择并打开已经建立好的工程后的界面，如图4.8-14所示。

(3)桩参数的设置

在打开工程以后，也可以通过菜单项完成对桩参数的设置或修改。操作方式为，"设置"→"桩参数"。根据对话框内容设置有关参数。也可以通过工具栏上对应的快捷键图标启动。如图4.8-15。

(4)工程参数的设置

在新建工程的时候，系统会提示进行工程参数的设置，根据系统的提示信息可顺利完成工程参数的设置。

(5)打桩过程及控制

①选桩

通过菜单项进行选桩。操作方式为，"打桩"→"选择当前桩号"。也可以通过工具栏上对应的快捷键图标进行选桩。

②开始定位

通过菜单项进行的操作方式为："打桩"→"定位"。也可以通过工具栏上对应的快捷键图标进行。系统进入此过程后，如果定位模式为"精密"时，系统将打开水平测距仪并进行精密定位。同时系统将实时计算并显示定位结果与设计桩位的偏差。如图4.8-16所示。

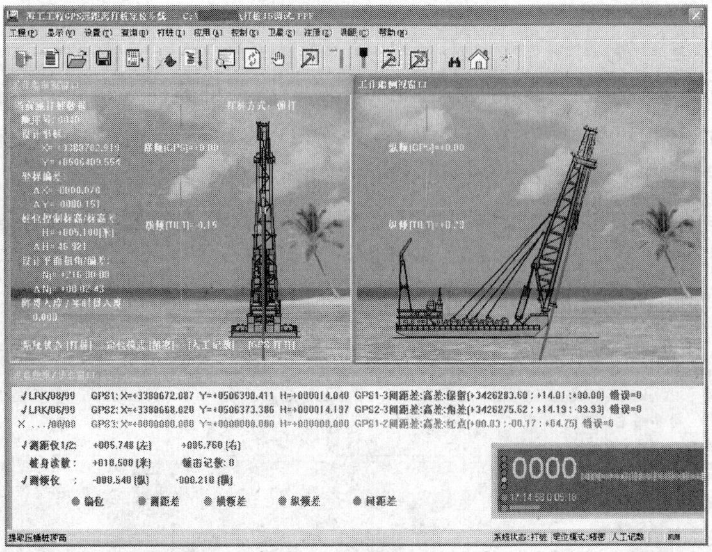

图 4.8-14　打开“工程”后的系统主界面图

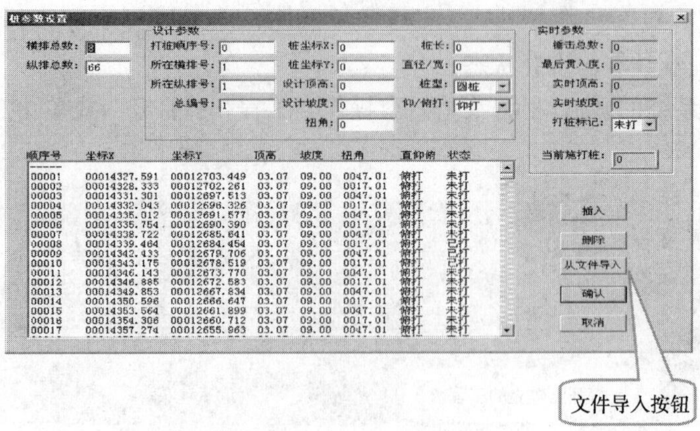

图 4.8-15　桩参数的设置对话框

图 4.8-16　打桩定位时的主界面图

③锤击计数器

锤击计数器设为“人工方式”或“自动方式”，如果是“自动方式”，系统自动记录锤击数，自动进行贯入度计算，实时显示在如图4.8-15的主界面上。

④提取压锤桩顶高

通过菜单项进行的操作方式为“应用”→“提取压锤桩顶高”，在弹出的对话框中输入桩身读数，系统自动计算桩顶高程，然后将计算结果在系统主屏幕上显示并纪录到打桩记录表。

⑤桩顶高程和阵贯入度计算

“开始打桩”并完成“提取稳桩桩顶高”、“提取压锤桩顶高”操作后，按“H”或“h”键，系统给出输入桩身读数和本阵锤击数的对话框，输入相应数值后，系统自动计算相应桩顶高程和本阵平均贯入度。计算结果在系统主屏幕上显示并纪录到打桩记录表中。

⑥结束打桩

通过菜单项进行的操作方式为“打桩”→“结束打桩”，也可以通过工具栏上对应的快捷键图标进行操作。系统进入结束打桩状态，并将打桩过程数据纪录到一个数据文件，用于生成打桩记录表。

第五篇　沉桩施工技术

第一章 概 述

沉桩是桩基工程施工的主要手段之一，它是将各种预制桩通过专用的沉桩设备将桩沉至规定的地层，并使其很好地发挥承受上部所传递的各种荷载的功能。

沉桩施工主要有锤击沉桩、水冲沉桩、振动沉(拔)桩、静压桩和植桩等。选用原则是根据工程地质、设计要求、周边环境等因素综合考虑。

第一节 锤击沉桩

锤击沉桩主要是利用柴油锤、液压锤、气动锤等将桩打入持力层，是目前使用最多的沉桩方式，其中，又以柴油锤使用为最多。四五十年代以自落锤、蒸汽锤为主，那时锤击能量都很小，因此，桩的直径、长度、承载力均很小。但随着建筑规模、建筑技术和机械制造业的不断发展，锤的能量也不断增大，60年代开始使用锤芯质量为4.0t的40系列柴油锤，70年代初我国少量大的建筑企业开始引进70系列柴油锤，使上海松浦大桥主桥墩的ϕ1 200mm钢管桩沉桩施工得以顺利进行，它开创了我国铁路特大桥主墩使用打入桩之先河，其工期只有传统灌注桩的三分之一，是一种投资省、工期短、质量好的施工方法。此后，打入桩在桥梁基础的运用逐步推广。目前80系列、100系列以及更大型的柴油锤正被普遍使用，解决了许多重大工程的施工难题。但柴油锤排出的油污废气污染四周的环境，锤击噪声、振动和挤土也较大，使用上受到一定的限制，特别是在人口密集地区。

气动锤主要利用蒸汽或压缩空气作为动力，它需要配备大型锅炉或空压机，机动性差，目前较少使用。

液压锤克服了柴油锤的废气污染问题，是一种比较好的替代设备，它可以在陆上和水中使用，但目前基本上用于打直桩，由于一些具体的技术问题，对斜桩施工的适用性较差。

锤击沉桩已成功地用于上海金茂大厦基桩施工，金茂大厦总建筑高度420.5m、桩基为ϕ914.4mm×20mm，钢管桩入土深度为82.5m，正在建造的世界第一高楼——上海环球金融中心，总建筑高度492m，桩基为ϕ700mm×18mm，钢管桩入土也为82.5m。这些工程就是利用柴油锤和液压锤共用完成的。水上单桩长已达80m，最大直径钢管桩达ϕ2 800mm，已在宝钢马迹山矿石中转码头等多个工程上运用，ϕ1 200mm的预应力高强混凝土管桩在工程使用中已超万根，ϕ1 400mm钢筋混凝土大管桩也正在多个工程中运用。根据目前我国已有设备，锤击沉桩的桩径、长度等仍有较大的发展空间，对摩擦桩、端承摩擦桩、端承桩等都有较好的适应性。

锤击沉桩控制应根据地质条件、设计承载力、锤型、锤击能量、桩型、桩长、桩的材质等因素综合考虑，既要达到设计承载力，又要保证在沉桩的过程中桩和锤不受损坏，这三者是一个矛盾的统一体，必须兼顾。如无法兼顾时，可采取换锤、改变沉桩工艺(水冲锤击沉桩、中掘法等)、换桩，或修改设计承载力，以便使工程顺利进行。

各种锤出厂时都对最小贯入度和连续锤击数提出要求，超过这些规定，会使锤体受损。如上海某工程沉钢桩，由于锤击贯入度较小，最后平均贯入度在1mm左右，结果使一个D125的新锤在沉20多根桩后因锤芯裂缝而损坏。这方面的规定详见本篇第四节桩锤中的有关内容。

对于混凝土桩应严格按照桩的设计参数如混凝土强度等级，预应力值以及桩型、桩长等技术参数按有关规定选锤，防止小锤沉大桩或大锤沉小桩，控制总锤击数1 000击左右，即使预应力大管桩等也不宜超过2 000击。最后10击的平均贯入度控制在5～10mm/击。

设计桩端土层为一般黏性土时，应以高程控制。设计桩端土层为砾石，密实砂层和风化岩层时，应以贯入度控制。当贯入度已达到控制标准时，而桩端未达到设计高程时，应继续锤击贯入 100mm 或锤击 30～50 击。其平均贯入度不应大于控制贯入度，且桩端距设计高程不宜超过 1～3m。如超过上述规定由有关单位研究解决。

对于 H 形钢桩，因断面刚度较小，为防止失稳，柴油锤宜选用 4.5t 级以下，并在桩架前增加横向约束装置。

对于钢管桩、混凝土管桩(PHC 桩、预应力大管桩等)锤击沉桩有困难时，可采取内冲内排水冲锤击沉桩或桩中取土锤击沉桩。

第二节　静压沉桩

静压沉桩是近几年有较快发展的一种沉桩工艺，无噪声、无振动、无污染是它的最大的特点。目前陆上最大的公称压桩力可达 12 000kN 左右。水上压桩适用于边坡较陡、土质较敏感区域，如上海张华浜港区就曾使用过压桩船压桩。该船最大压桩力为 1 500kN。压桩船一般均用打桩船改制，压桩能力与桩架自重及压舱水容量有关。

第三节　水冲沉桩

水冲沉桩是凭借高压水及压缩空气破坏土体进行沉桩，主要适用于砂土地层。有内冲内排、内冲外排、外冲外排等方式，常用的为内冲内排方式，这样可以保证桩位的准确性。在桩尖进入较深砂层的地区，更多使用水冲锤击沉桩。

第四节　振动沉拔桩

振动沉拔桩主要是利用电动或液压所产生的激振力将钢管桩或钢板桩沉至设计高程，也可将沉入地下的钢桩拔起。主要适用于砂性土地区。目前单台振动锤最大功率已达 500kW，一般为 50～150kW，且可多台并联使用，如下沉直径 ϕ15m 左右的格形钢板桩就用 10 台振动锤并联同步下沉。拔桩是振动锤的一大特点，用它来拔除施工措施中临时使用的钢板桩、钢管桩、H 形钢桩及槽钢或老旧建筑物拆除时的旧桩基等是最佳的选择。

第五节　植　桩

植桩，作为一种新型的沉桩工艺在特别的场合使用有着广阔的前景。它是先在地基上钻(挖)孔，再将预制桩植入，经少许锤击或压桩后成桩。适用于周边有古旧建筑物或对振动影响较敏感的仪器设备的场合的，对老城区改造工程特别有利。植桩基本上属非挤土桩，如中掘法施工、植入式嵌岩桩等都属此类，比较适用于端承桩或端承摩擦桩。

第二章 桩的制作、运输和储存

第一节 非预应力桩的制作、运输和储存

非预应力桩主要是方桩，也有矩形桩、六角桩、八角桩、大头桩等异形桩，作为挡土结构和锚碇结构用的预制桩也常用非预应力板桩。

一、非预应力桩的制作

1.非预应力桩的种类

1)非预应力方桩

非预应力方桩的种类分为锤击整根桩、锤击焊接桩和静压整根桩、静压焊接桩、静压锚接桩。断面为500mm的桩身结构示例如图5.2-1所示。

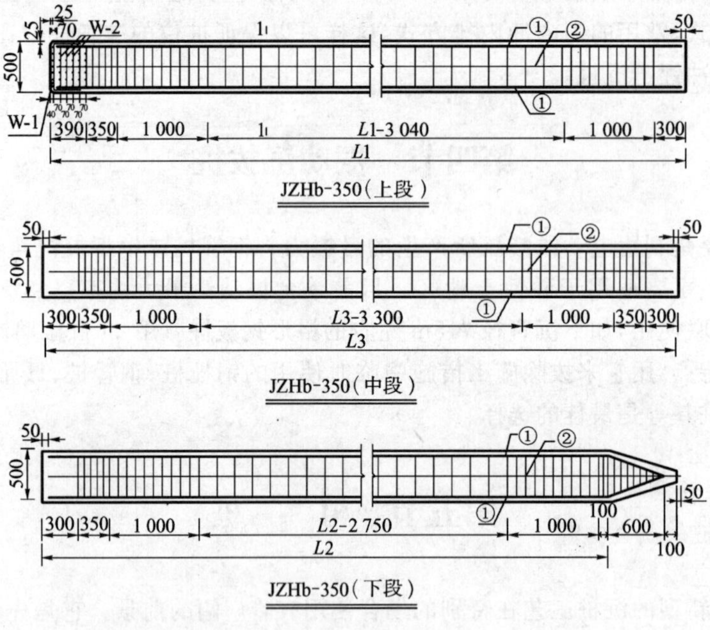

图5.2-1 桩身结构示意图(尺寸单位:mm)

(1)采用代号

锤击桩——ZH(整根桩)和JZH(接桩);

静压桩——AZH(整根桩)和JAZH(接桩);

焊接桩——用脚注b表示，如JZHb;

锚接桩——用脚注a表示，如JAZHa。

(2)桩的编号

①整根桩

锤击桩	ZH—	XX—	XX	A、B或C	G
静压桩	AZH—	XX—	XX	A、B或C	G
	整根桩	边长(cm)	长度(m)	组别	钢靴

②接桩

锤击桩	JZHb	—XXX—		XXX	A、B或C	G
静压桩	JAZHa(或b)	—XXX—		XXX	A、B或C	G
	接桩 锚接桩 焊接桩	分段数	边长(cm)	长段长 中段长 下段长	组别	钢靴

2)非预应力板桩

用作板桩墙的钢筋混凝土板桩的构造一侧为阴榫，另一侧上部为阴榫，下部为阳榫；仅作挡土用板桩一侧为阴榫，另一侧为阳榫。在转折处可用异形钢筋混凝土桩。用作板桩墙式的钢筋混凝土板桩，如长度比较小，也有不设阴阳榫的。钢筋混凝土板桩顶部在宽度方向有时需适当缩小，做成缩头板桩以便打桩时能套上通用替打。

钢筋混凝土板桩的结构示例如图 5.2-2 所示。

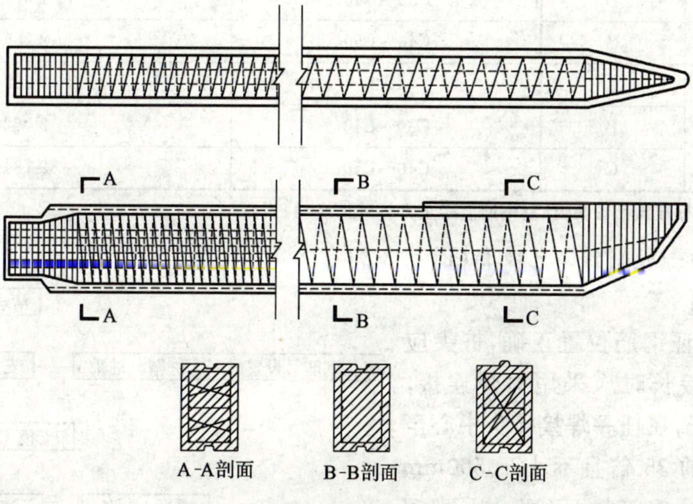

图 5.2-2　钢筋混凝土板桩结构示意图

2.非预应力桩的结构及构造要求

(1)非预应力桩的截面边长不应小于 200mm。

(2)具体配筋应按吊运、沉桩方法及桩在建(构)筑物中使用阶段受力情况等条件计算确定。采用锤击法沉桩时，最小配筋率不宜小于 0.8%；采用静压法沉桩时，最小配筋率不宜小于 0.6%。主筋直径不宜小于 ϕ14mm。锤击沉桩桩顶 2～3D(D 为桩截面边长)长度范围内箍筋应加密，并设置钢筋网片。静力压桩采用顶压法时也应在桩顶部位适当增加网片和箍筋。

(3)混凝土强度等级不宜低于 C30。

(4)纵向钢筋混凝土保护层厚度不宜小于 30mm。

(5)分节长度应根据施工条件及运输条件确定，接头不宜超过两个。

(6)桩尖可将主筋合拢焊在桩尖辅助钢筋上，在密实砂和砾石类土中沉桩，可在桩尖处包以钢板桩靴。

3.非预应力方桩桩身结构承载力(表5.2-1)

桩身竖向承载力设计值　　表5.2-1

桩断面(mm)	组别	混凝土强度等级	竖向承载力设计值(kN)
250×250	A	C30	515～625
	B	C30～C40	515～843
300×300	A	C30	742～900
	B	C30～C40	742～1215
	C	C40	1 002～1 215
350×350	A	C30	1 010～1 225
	B	C30～C40	1 010～1 653
	C	C40	1 364～1 653
400×400	A	C30	1 320～1 600
	B	C30～C40	1 320～2 160
	C	C40～C50	1 782～2 560
450×450	A	C30	1 670～2 025
	B	C30～C40	1 670～2 733
	C	C40～C50	2 256～3 240
500×500	A	C30	2 062～2 500
	B	C30～C40	2 062～3 375
	C	C40～C50	2 784～4 000

注:本表摘自国家建筑标准设计图集《预制钢筋混凝土方桩》(JC 934)。

4.非预应力桩的一般制作工艺流程(图5.2-3)

5.制作注意事项

(1)制作时应保证钢筋位置正确,桩尖应对准纵轴线。主筋接长时应采用对焊连接。焊接接头应相互错开,在任一焊接接头中心至长度为钢筋直径 d 的35倍且不小于500mm的区段内,接头的受力钢筋截面面积占受力钢筋总截面面积的百分率不得超过50%,并且在该区段同一根钢筋不得有两个接头。同时,桩尖、桩顶各2m范围内的主筋不得有接头。主筋距桩顶的距离和钢筋网格的距离应按设计要求严格控制,钢筋网格的间距应均匀,桩的主筋不应与钢帽顶面钢板焊接。箍筋优先采用螺旋形箍,当采用矩形绑扎箍时,箍筋末端应为135°弯钩或90°弯钩加焊接。桩两端的加密箍筋均应采用点焊焊成封闭箍。

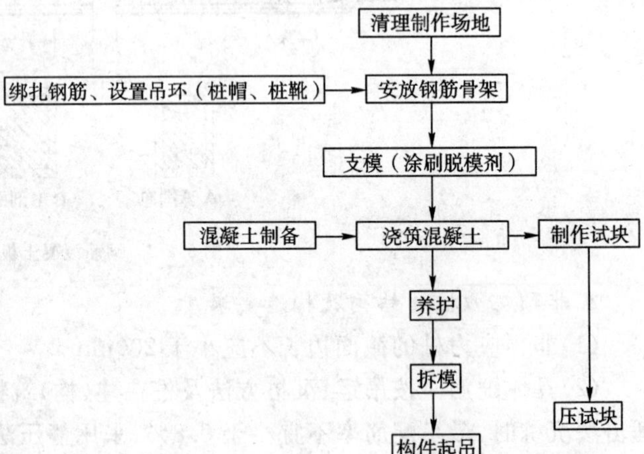

图5.2-3　非预应力桩的一般制作工艺流程

注:钢筋笼绑扎可在底模上进行,也可绑扎成型后吊(抬)运入模。

(2)混凝土强度等级应符合设计要求。

(3)混凝土浇筑时应由桩顶向桩尖方向连续进行,对桩头、桩尖应加强振捣。

(4)混凝土浇筑完毕后,应在12h以内进行覆盖养护,潮湿养护期一般不得少于7～14d。

(5)间隔或重叠浇筑的非预应力方桩开桩起吊时应加强管理,防止撬坏桩身混凝土。

6.非预应力桩制作的允许偏差

(1)非预应力方桩制作的允许偏差(表5.2-2)

非预应力方桩制作的允许偏差 表5.2-2

序 号	偏差名称	允许偏差值(mm)
1	横截面边长	±5
2	桩顶对角线之差	10
3	保护层厚度	±5
4	桩身弯曲矢高	不大于1‰桩长,且不大于20
5	桩尖中心线	10
6	桩顶平面对桩中心线的倾斜	≤3
7	锚筋预留孔深	+20
8	浆锚预留孔位置	5
9	浆锚预留孔径	±5
10	锚筋孔的垂直度	≤1%
11	主筋间距	±5
12	箍筋间距或螺旋筋的螺距	±20
13	桩顶钢筋网片位置	±10
14	吊环对桩纵轴线的偏差	±20
15	吊环露出桩表面的高度	±10
16	多节桩锚固钢筋的长度	±10
17	多节桩锚固钢筋平面位置	5
18	多节桩预埋铁件位置	±3
19	主筋距桩顶距离	±5

(2)非预应力板桩制作的允许偏差(表5.2-3)

非预应力板桩制作的允许偏差 表5.2-3

序 号	偏差名称		允许偏差值(mm)
1	长度		±50
2	横截面边长	宽度	+10,-5
		厚度	+10,-5
3	榫槽中心对桩轴线偏移		7
4	榫槽表面错牙		3
5	保护层厚度		±5
6	抹面平整度		10
7	桩身弯曲矢高		不大于1‰桩长,且不大于20
8	桩顶面倾斜		≤5
9	桩尖对桩纵轴线偏移		≤10

二、非预应力桩的运输

1. 厂(场)内运输

(1)非预应力桩的混凝土强度达到设计强度的70%时方可起吊,进行厂(场)内运输。

(2)厂(场)内运输可由起重机直接吊运至堆场。当用车辆驳运时应注意道路平整坚实,并有足够的路面宽度和转弯半径。

(3)运输时吊点及支垫应按设计要求设置。

2. 厂(场)外运输

(1)非预应力桩的混凝土强度达到设计强度等级时可进行厂(场)外运输。

(2)构件的垫点及装卸车(船)时的吊点,应按设计要求设置。构件之间的垫楞要在同一垂直线上,且厚度相等,材质相同。

(3)根据工程规模、工期、运距、桩型以及工地具体情况,选择合理的运输方案和合适的机具设备。

(4)构件在运输时要固定牢靠,以防在运输中滑动或倾倒。

三、非预应力桩的储存

(1)堆场应坚实平整,地基承载力应满足设计要求。

(2)养护期内的构件应用适合的材料对混凝土表面加以覆盖并浇水,使混凝土在一定的时间内保持水泥水化作用所需要的适当温度和湿度。

(3)桩的堆放层数一般为3~4层,各层桩垫木材质应相同,上下应对齐。

第二节 预应力方桩的制作、运输和储存

预应力钢筋混凝土与非预应力钢筋混凝土比较,具有构件截面小、自重轻、抗裂性能好、材料省等优点。预加应力的方法,可分为先张法和后张法两类。先张法是在混凝土浇筑前张拉钢筋,预应力是靠钢筋与混凝土之间的黏结力传递给混凝土。后张法是在混凝土达到一定强度后张拉钢绞线,通常靠锚具和灌浆材料的应力传递给混凝土。预应力方桩一般都采用先张法施工。预应力桩一般在工厂固定台座上制作,也可在工地现场设临时台座。

一、预应力方桩的制作

1. 预应力方桩的种类和适用范围

(1)预应力方桩的种类

预应力方桩分为整根预制和分节预制两类。整根预制桩长一般为23~58m,部分工程单桩长度达68m,分节预制桩的单节长度一般为16~22m。其桩身结构示例如图5.2-4所示。

(2)预应力方桩的适用范围

①主要适用于采用打桩船施工的水上锤击沉桩工程、水冲锤击沉桩工程和采用打桩机施工的陆上锤击沉桩工程。

②锤击桩主要适用于以黏性土为主的软土地基。

③当基桩需要穿过或进入较厚中密以上砂层时,一般宜采用水冲锤击沉桩的施工方法。

2. 预应力方桩的结构及构造要求

(1)预应力方桩的截面边长不应小于400mm。

(2)预应力方桩宜采用热轧带肋钢筋作为主筋。配筋率均不得小于桩截面面积的1%。

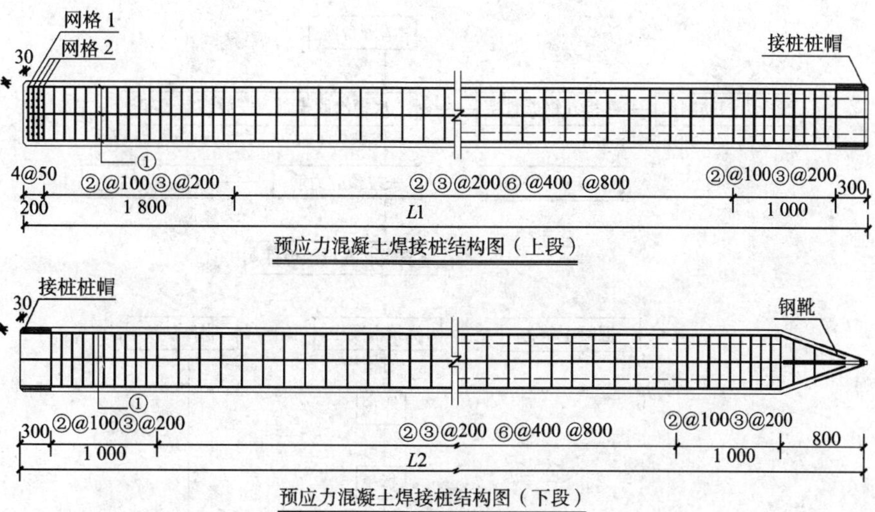

图 5.2-4 预应力混凝土焊接桩结构示意图(尺寸单位:mm)

(3)预应力混凝土桩的箍筋间距宜取 400～500mm;对承受较大锤击压应力的桩,箍筋宜适当加密。在桩顶 4 倍桩宽和桩端 3 倍桩宽范围内箍筋间距应加密至 50～100mm。

(4)桩顶应设置 3～5 层钢筋网,其钢筋直径为 ϕ6mm、ϕ8mm、ϕ10mm,两个方向的钢筋间距均为 50～60mm。钢筋网应与桩顶箍筋相连。

(5)桩尖部分钢筋不应少于 4 根。当桩尖部分钢筋为另加的短筋时,所加短筋的直径不应小于桩的主筋直径,且在桩身内应有足够的锚固长度,并应与主筋相连。桩尖部分宜设置间距为 50～100mm,直径为 6mm 的箍筋。

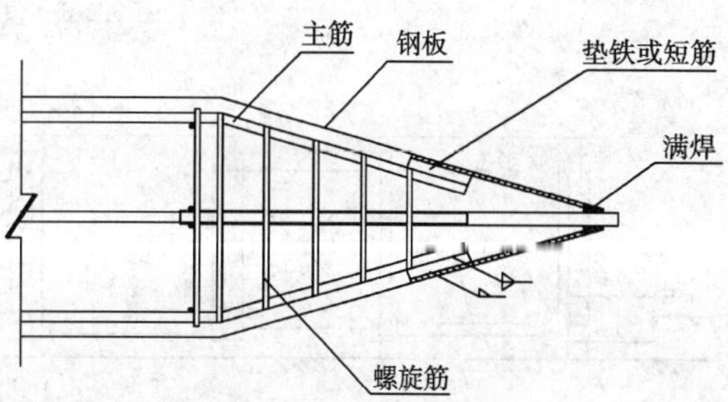

图 5.2-5 钢桩靴示意图

(6)预应力桩的混凝土强度等级不宜低于 C40。

(7)空心桩的外保护层厚度应满足现行行业标准要求,内壁保护层厚度不宜小于 40mm。

(8)方桩桩尖长度约为 1.0～1.5 倍桩宽,当桩需要穿过或进入硬土层时,桩尖长度宜取较大值;当桩需要打入风化岩层、砾石层或穿越柴排、抛石层等障碍物而沉桩困难时,宜设置穿透能力强的钢桩靴,钢桩靴示意图如 5.2-5 所示。

3.预应力方桩制作的工艺流程(图 5.2-6)

4.模板工艺

(1)预应力方桩的常用模板形式有墩式台座桩模板、墩式台座桩弹性钢模和压柱式台座桩模板三种基本形式,如图 5.2-7～图 5.2-9 所示。

其中弹性钢模是一种新的模板形式。板厚一般为 4mm,冷压成型。采用这种形式的模板,不仅简化支拆,省去斜支撑和止浆条,而且可杜绝桩裙脚漏浆。

(2)预应力空心方桩的内模常采用充气胶囊或木笼。充气胶囊内的气压宜采用 0.03～0.05MPa,应能保证预留空心的设计形状和尺寸,从开始浇筑混凝土到胶囊放气时止,其气压应保持稳定。

5.张拉及放松工艺

1)预应力张拉台座

(1)张拉台座是用以承受预应力钢筋张拉力的设施。长线张拉台座长达 100～200m,张拉力达 200～600t,应具有足够的强度、刚度和稳定性。

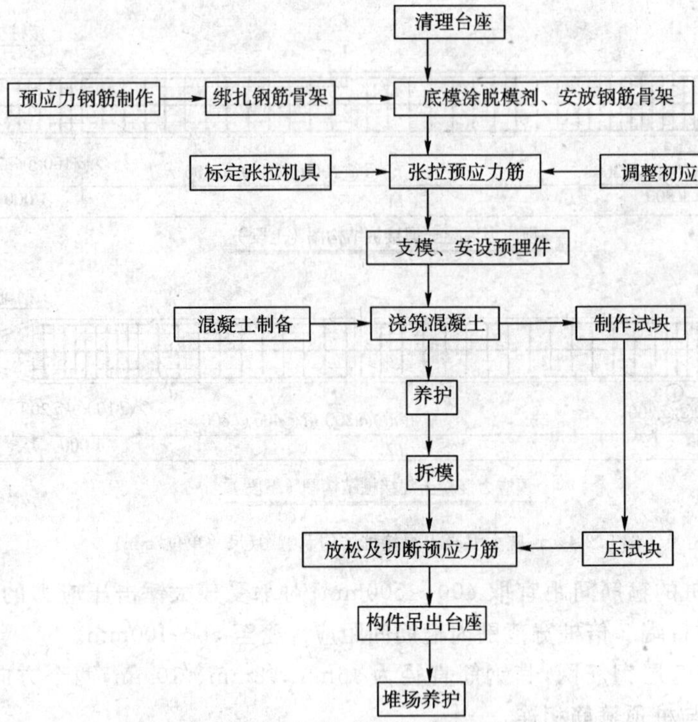

图 5.2-6　预应力方桩制作的工艺流程

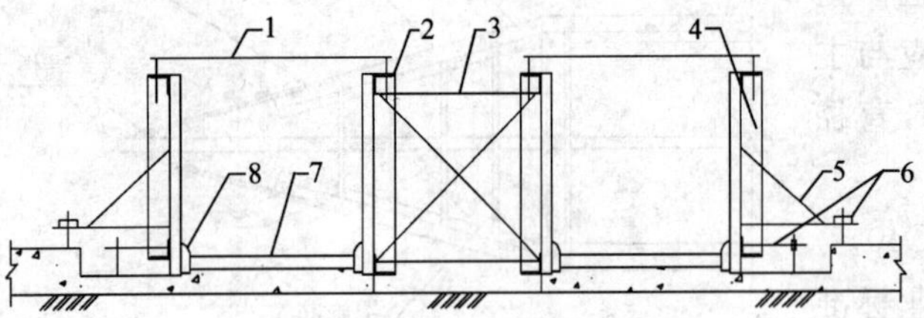

图 5.2-7　墩式台座桩模板示意图

1-定距拉杆；2-固定侧模；3-固定侧模支架；4-活动侧模；5-三角支架；6-顶紧装置；7-底模；8-止浆条

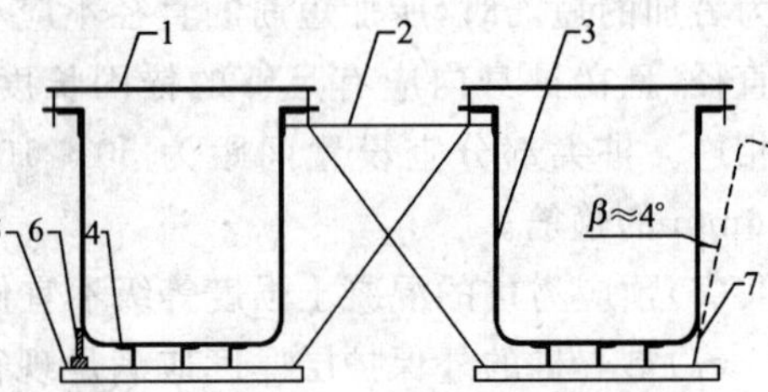

图 5.2-8　墩式台座桩弹性钢模示意图

1-定距拉杆；2-固定侧模支架；3-弹性钢模；4-纵向角钢；5-槽钢楞；6-楔形块；7-限位支腿

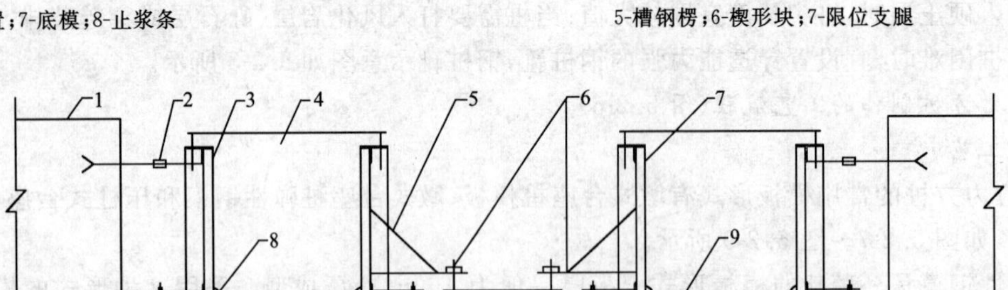

图 5.2-9　压柱式台座桩模板示意图

1-定距拉杆；2-紧张器式支顶螺杆；3-固定侧模；4-定距拉杆；5-三角支架；6-顶紧装置；7-活动侧模；8-止浆条；9-底模

(2)张拉台座可分为墩板式、压柱式、墩台—压柱式、低桩墩台—压柱式等。

2)张拉应力控制

(1)预应力筋的张拉控制应力应符合设计要求。最大张拉控制应力不得超过表 5.2-4 的规定。

最大张拉控制应力允许值　　表5.2-4

钢　种	张拉方法	
	先张法	后张法
碳素钢丝、钢绞线	$0.80f_{ptk}$	$0.75f_{ptk}$
热处理钢筋	$0.75f_{ptk}$	$0.70f_{ptk}$
冷拉钢筋	$0.95f_{pyk}$	$0.90f_{pyk}$

注：①f_{ptk}为预应力筋极限抗拉强度标准值。

②f_{pyk}为预应力筋屈服强度标准值。

③预应力混凝土方桩一般均采用冷拉钢筋。

(2)为了减少预应力钢筋的松弛影响，张拉时应适当超张拉。当设计有规定时，按设计要求张拉；当设计无规定时，可按下列程序进行张拉：

$$0 \rightarrow 105\%\sigma_{con}(\text{持荷 2min}) \rightarrow \sigma_{con}(\text{锚固})\text{或}$$

$$0 \rightarrow 103\%\sigma_{con}(\text{锚固})$$

式中：σ_{con}——张拉控制应力，见表5.2-5。

张拉控制应力值 σ_{con}　　表5.2-5

项　次	钢　种	张拉方法	
		先张法	后张法
1	碳素钢丝、钢绞线	$0.75f_{ptk}$	$0.70f_{ptk}$
2	钢棒、冷轧带肋钢筋	$0.70f_{ptk}$	$0.65f_{ptk}$
3	冷拉热轧钢筋	$0.90f_{pyk}$	$0.85f_{pyk}$

注：钢丝、钢绞线、钢棒的张拉控制应力不应小于$0.4f_{ptk}$；冷轧带肋钢筋的张拉控制应力不宜小于$0.4f_{ptk}$，冷拉热轧钢筋的张拉控制应力不宜小于$0.5f_{pyk}$。

(3)张拉注意事项

①在张拉作业区两端应设置安全挡墙。在进行张拉作业的台座周围，特别是在距其两端的一定范围内，不得有人逗留，即使是张拉操作人员，也应站在两端的侧面进行操作，以防预应力钢筋突然断裂伤人。

②检查各连接器，观察其是否处于良好工作状态。

③注意张拉钢梁的移动情况：如不平移，应通过调整油泵分油器上的进油阀，调节各千斤顶的进油量；如上下翘起，应回油放松，调正千斤顶的着力中心；如移动速度异常，应回油放松，检查各预应力钢筋有无屈服现象，或压力表有无失灵情况。

④张拉结束后，停止开油泵，或关闭油泵上分油器的总阀，然后插入U形插板，并将张拉端钢梁上螺丝杆的螺母逐一拧紧。

⑤张拉完毕后，如当天不能浇筑混凝土，应回油、放松至张拉控制应力的70%左右，待浇筑时，再张拉至张拉控制应力和安装封头模板。

⑥用热轧带肋钢筋作预应力钢筋时，张拉(或冷拉)时的温度不得低于-15℃。

3)预应力放松

(1)当设计有规定时，按设计要求放松；当设计无规定时，构件混凝土强度达到设计强度的70%后，方可进行预应力放松。

(2)放松预应力钢筋，宜采用放松器放松。放松预应力筋后的切断顺序，应由放松端开始按序向另一端切断。切割钢筋时应对称、相互交错地进行。

(3)放松器，混凝土达到一定强度后，放松预应力钢筋时，曾用再张拉法放松。后为了简化放松操作和不占用张拉设备，多采用放松器放松。常用放松器的形式有砂箱放松器(图5.2-10)、楔形放松器(图5.2-11)和平面推力轴承。

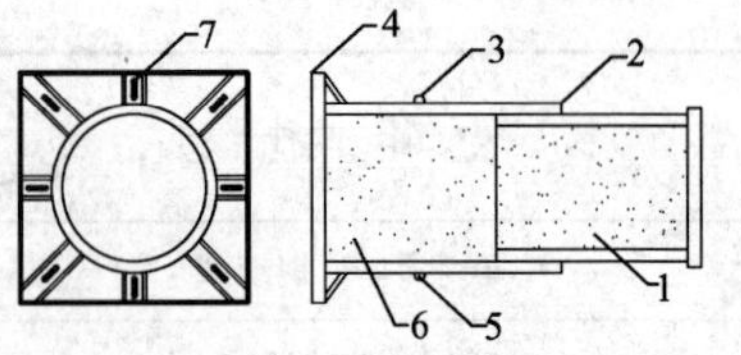

图5.2-10 砂箱放松器

1-内套筒；2-外套筒；3-进砂口；4-钢套筒底板；5-出砂口；6-砂子；7-穿筋孔(安在压柱或牛腿处时，不设此孔)

①先张法放松预应力筋的放松器，在设计与制作时，应符合下列规定。

a.放松器的结构形式，宜通用性强、多根预应力筋能一次性放松。

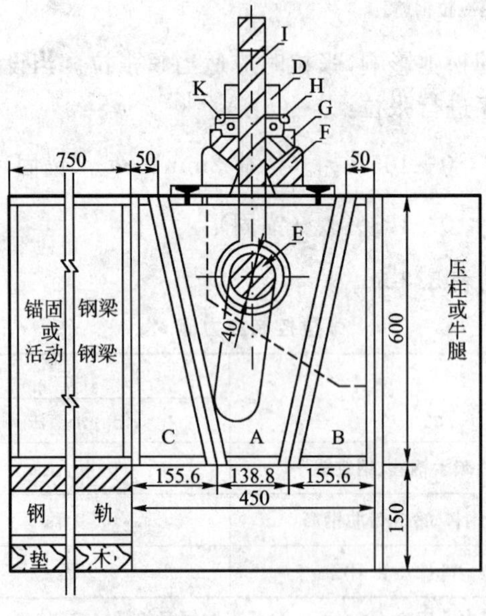

图5.2-11 楔形放松器(尺寸单位：mm)

A-放松楔块；B、C-固定楔块；D-锁紧螺母；E-销轴；F-调心座；G-调心块；H-垫圈；I-螺杆；K-平面轴承

b.放松器的结构设计，应以刚度控制、应力校核。

c.放松器应构造简单、操作方便、易于维修。

②先张法放松器的形式及性能应符合下列要求。

a.当采用楔形放松器时，楔块的宽度、高度应根据张拉台座的布置、放松预应力筋最大回缩量选定；楔块的倾斜度应根据楔形的正压力、放松器的扭矩和楔块的润滑条件等因素经计算确定。

b.当采用砂箱放松器时，砂箱放松器的直径、高度应根据承受的正压力、砂质的允许承载力和放松预应力筋时的最大回缩量确定。

c.当采用平面推力轴承时，轴承的选型应根据预应力筋的布置、单根预应力筋的张拉力、端头螺杆的直径等因素综合确定。

6.养护工艺

(1)自然养护

利用平均气温高于+5℃的自然条件，用适当的材料对混凝土表面加以覆盖并浇水，使混凝土在一定的时间内保持水泥水化作用所需要的适当温度和湿度，对预应力桩应在浇筑后约1～2h内，混凝土达到初凝时，即选用麻袋、土工布或草帘等进行覆盖，并及时浇水养护，以保持混凝土处于足够润湿状态，混凝土浇水潮湿养护的时间不应少于表5.2-6的规定。

混凝土潮湿养护时间　　表 5.2-6

水泥品种	混凝土潮湿养护时间(d)
硅酸盐水泥、普通硅酸盐水泥	≥10
矿渣硅酸盐水泥、火山灰质硅酸盐水泥、粉煤灰硅酸盐水泥	≥15

(2)蒸汽养护

蒸汽养护是缩短养护时间的有效方法之一。混凝土在较高温度和湿度条件下，可迅速达到要求的强度。蒸汽养护分四个阶段：

①静停阶段：就是指混凝土浇筑完毕至升温前先放置一段时间。这主要是为了增强混凝土对升温阶段结构破坏的抵抗能力。一般需 2～6h。

②升温阶段：就是混凝土原始温度上升到恒温阶段。这一阶段如果温度急速上升，会使混凝土表面因体积膨胀太快而产生裂缝。因而必须控制升温梯度，一般为(10～25)℃/h，并不得少于 3h。

③恒温阶段：是混凝土强度增长最快的阶段。恒温的温度应随水泥品种不同而异，普通水泥的养护温度不得超过 80℃，矿渣水泥、火山灰水泥可提高到 90℃～95℃。只要强度增长能满足需要，恒温温度宜低不宜高。一般恒温时间为 5～8h，恒温阶段应保持 90%～100%的相对湿度。

④降温阶段：在降温阶段内，混凝土已经硬化。如降温过快，混凝土会产生表面裂缝，因此降温速度应加以控制。一般情况下，降温梯度为(10～25)℃/h，并不得少于 3h。

7.预应力桩制作的允许偏差(表 5.2-7)

预应力桩制作的允许偏差　　表 5.2-7

序号	偏差名称	允许偏差值(mm)
1	长度	±50
2	横截面边长	±5
3	抹面平整度	8
4	桩尖对桩纵轴线偏斜	≤15
5	桩顶面倾斜	≤b/100
6	外伸钢筋长度	±20

注：①b 为桩的边长，单位 mm。

②有接桩要求时，接桩面的倾斜和配件的质量应按设计要求检查。

③空心桩空心对桩中心线的偏位允许值为 20mm，每条生产线每一次生产抽查一根，在混凝土初凝前任意抽查一处，如不合格，逐根检查。

二、预应力桩的运输

桩长小于或等于 22m 时采用两点吊；桩长 22～60m 时采用四点吊，桩长大于 60m 应专门设计吊点位置，一般可采用六点吊，吊点位置偏差不宜超过设计位置左右 20cm。

1.厂(场)内运输

(1)预应力方桩达到放松强度，拆模后即可起吊，进行厂(场)内水平吊运。

(2)桩上一般不设置吊钩，在预制厂(场)内用专用夹具进行起吊。吊桩夹具结构示意如图 5.2-12 所示。

(3)预应力方桩在起吊时，应使各吊点同时受力，轻吊轻放，避免碰撞。

2.厂(场)外运输

(1)预应力方桩混凝土达到设计强度等级，即可吊运装车，陆运至施工现场。也可用门吊或起重船吊至方驳运至施工现场。

(2)预应力方桩在船运时，底层应多支垫搁置，垫楞应在同一平面上。底层以上各层桩应采用木楔支垫，支垫应在同一垂直线上。

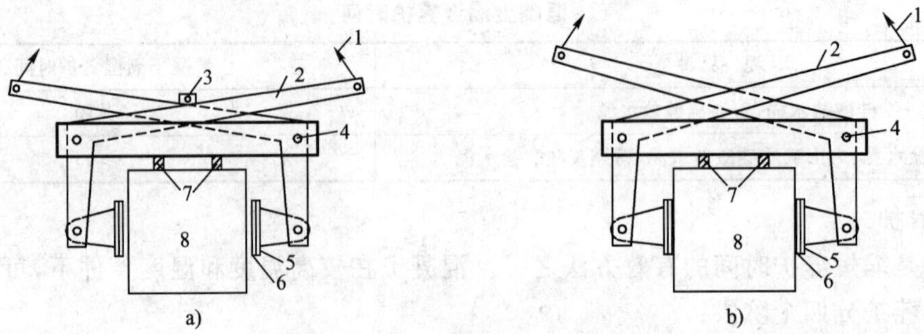

图 5.2-12　吊桩夹具结构示意图

a)吊桩前;b)吊桩时(拆去定位插销)

1-吊索;2-夹具吊杆;3-定位插销;4-固定插销;5-夹板;6-摩擦片;7-垫木;8-桩

(3)桩在船运时应按航行安全规定进行固定,并根据不同的航区、船型、桩型和船舶稳定性条件确定装驳层数,其配载量内河不超过甲板驳装载量的80%,河口及海域不超过甲板驳装载量的70%。

(4)桩在运输时应平稳,防止碰撞和倾倒,必要时对桩进行加固并应对桩的边角部位采用衬垫保护。

三、预应力方桩的储存

(1)堆场地基应平整坚实,地基承载力符合设计要求。

(2)预应力方桩的堆存层数不宜超过四层,各层桩垫木材质应相同。

(3)堆存中采用多支点情况下,支点必须保持在同一平面,各层垫楞应上下对齐,最下层垫楞宜适当加宽,并应采取可靠的防倒、防滑措施。

(4)预应力方桩堆存时间较长时,应采取措施,防止桩身弯曲或挠曲。

四、预应力方桩的抗裂试验

预应力方桩的抗裂试验可采用悬臂法进行,悬臂段取在桩尖端,一般每一季度抽查一次。试验可按以下步骤进行:

(1)试验桩吊入试验台座后,搁置在垫楞上,各支点的垫楞应垫平。

(2)检查桩的外形及桩身试验观察段的表面缺陷,并做好记录。

(3)桩身试验观察段范围内应刷白,各级加载搁置点的位置应画线。

(4)根据桩的设计抗裂弯矩,计算开裂的悬臂长度。第一级悬臂搁置点位置距计算开裂点150cm,第二级悬臂搁置点位置距计算开裂点100cm,第三级悬臂搁置点位置距计算开裂点50cm,第四、五、六……加载搁置点位置,每次距计算开裂点减少10cm,直至裂缝出现。

(5)每级加载的持续时间不少于10min,且应相等。用放大倍率不低于4倍的放大镜仔细观察裂缝出现,并做好记录。

(6)裂缝出现后,立即回复原搁置位置,并垫平。

(7)将裂缝出现的一级悬臂与前一级的悬臂自重的平均值作为实测开裂荷载,并计算实测开裂弯矩。

第三节　先张法预应力混凝土管桩的制作、运输和储存

一、先张法预应力混凝土管桩的分类及适用范围

1.先张法预应力混凝土管桩的产品品种和代号

(1)先张法预应力混凝土管桩按其混凝土强度等级分为预应力混凝土管桩(代号PC)和预应力高

强混凝土管桩(代号 PHC)。

(2)PC 桩混凝土强度等级不得低于 C50(有的地方或企业规定不低于 C60);PHC 桩混凝土强度等级不得低于 C80。

(3)先张法预应力混凝土管桩,有些地区还生产预应力混凝土薄壁管桩(代号 PTC),PTC 桩混凝土强度等级不得低于 C60。

2. 先张法预应力混凝土管桩的适用范围

(1)先张法预应力混凝土管桩适用于工业与民用建筑、铁路、公路、港口、桥梁、水利等基础工程。

(2)PTC 管桩适用于工业与民用建(构)筑物等的低桩承台基础,抗震设防烈度不大于 7 度的地区,主要考虑承受竖向荷载。

二、先张法预应力混凝土管桩的产品规格及型号

(1)先张法预应力混凝土管桩按外径分为 300mm、350mm、400mm、450mm、500mm、550mm、600mm、700mm、800mm、1 000mm 和 1 200mm 等规格。按管桩的抗弯性能或混凝土有效预压应力值分为 A 型、AB 型、B 型和 C 型。其规格和技术性能见表 5.2-8。混凝土有效预压应力值:A 型为 4.0MPa、AB 型为 6.0MPa、B 型为 8.0MPa、C 型为 10.0MPa,其计算值应在各自规定值的±5%范围内。

先张法预应力高强混凝土管桩的规格和技术性能表　　表 5.2-8

外径 D (mm)	型号	壁厚 t (mm)	主筋			混凝土有效预压应力 (MPa)	抗裂弯矩 (kN·m)	极限弯矩 (kN·m)	单位质量 (t/m)	主筋截面含钢率 (%)	单桩结构允许承载力 (kN)	单节长度 (m)
			直径 (mm)	数量 (根)	D_p (mm)							
300	A	60	7.1	6	240	4.03	23	34	0.118	0.53	1 190	7~12
	AB		9.0	6		6.16	28	45		0.85	1 160	
400	A	80	7.1	9	338	3.44	52	77	0.209	0.45	2 130	7~12
	AB		9.0	9		5.30	63	104		0.72	2 080	7~13
	B		10.7	9		7.15	75	135		1.01	2 030	
500	A	100	9.0	10	416	3.88	99	148	0.327	0.51	3 320	7~14
	AB		10.7	10		5.30	121	200		0.72	3 260	7~15
	B		10.7	15		7.56	144	258		1.07	3 160	
600	A	100	9.0	12	510	3.74	164	246	0.408	0.49	4 150	7~16
	AB_1	110	10.7	12		4.78	201	332	0.440	0.64	4 420	
	AB_2	120	10.7	12		4.50	201	332	0.470	0.60	4 720	
	AB_3	130	10.7	15		5.22	201	332	0.499	0.77	4 980	
	B	110	10.7	18		6.84	239	430	0.440	0.96	4 300	
	C		12.6	18		9.03	276	552		1.33	4 170	
700	A_1	110	10.7	12	590	4.03	264.9	397.3	0.530	0.53	5 370	7~15
	A_2		7.1	24		3.61				0.47	5 400	
	AB		9.0	24		5.55	317.9	524.5		0.75	5 270	7~22
	B		10.7	24		7.47	372.8	671.0		1.10	5 130	7~30
	C		12.6	24		9.81	441.4	882.9		1.47	4 970	

续上表

外径 D (mm)	型号	壁厚 t (mm)	主筋			混凝土有效预压应力 (MPa)	抗裂弯矩 (kN·m)	极限弯矩 (kN·m)	单位质量 (t/m)	主筋截面含钢率 (%)	单桩结构允许承载力 (kN)	单节长度 (m)
			直径 (mm)	数量 (根)	D_p (mm)							
800	A_1	110	9.0	20	690	4.08	367	550	0.620	0.54	6 280	7～55
	A_2		10.7	15		4.28	367	550		0.57	6 260	
	AB		10.7	20		5.56	451	743		0.75	6 160	
	B		10.7	30		7.91	535	962		1.13	5 970	
	C		12.6	30		10.34	619	1 238		1.57	5 770	
1 000	A	130	9.0	32	880	4.36	689	1 030	0.924	0.58	9 330	7～55
	AB		10.7	32		5.92	845	1 394		0.81	9 140	
	B		12.6	32		7.87	1 003	1 805		1.13	8 900	
	C		12.6	40		9.46	1 161	2 322		1.34	8 710	
1 200	A	150	12.6	20	1 060	4.14	1 177	1 766	1.286	0.55	13 030	7～55
	AB		12.6	30		5.58	1 412	2 330		0.76	12 790	
	B		12.6	45		7.93	1 668	3 002		1.14	12 390	
	C		12.6	60	1 077.4	9.60	1 962	3 924		1.52	12 115	

注:①本表以高压釜蒸养混凝土强度等级 C80 为设计依据,主筋选用标准强度为 1 420MPa 的螺旋槽钢棒。

②ϕ700,ϕ1 200 管桩的抗裂弯矩和极限弯矩参照日本标准 JISA 5373.2004。

③设计需要时可用常压蒸养混凝土强度 60MPa 的 PC 桩,本表未列。

④表中 D_p 为主筋中心位置直径。

⑤单节长度 16～55m 的桩为中交(集团)第三航务工程局有限公司开发的长管桩产品。

(2)PTC 管桩按外径分为 300mm、350mm、400mm、450mm、500mm、550mm 、600mm 等规格。规格和技术性能见表 5.2-9。

PTC 管桩规格性能表　　表 5.2-9

外径 D (mm)	壁厚 t (mm)	单节桩长 (m)	混凝土强度等级	预应力钢筋	螺旋箍筋	混凝土有效预压应力 (MPa)	抗裂弯矩检验值 (kN·m)	极限弯矩检验值 (kN·m)	理论质量 (kg/m)
300	60	≤9	C60	6ϕ7.1	ϕ^b4	4.2	19	26	117
350	60	≤10	C60	6ϕ7.1	ϕ^b4	3.5	27	38	142
400	60	≤11	C60	7ϕ7.1	ϕ^b4	3.2	39	55	166
450	65	≤11	C60	9ϕ7.1	ϕ^b4	3.4	55	77	204
500	70	≤12	C60	10ϕ7.1	ϕ^b5	3.1	71	99	245
550	80	≤13	C60	12ϕ7.1	ϕ^b5	3.2	97	136	307
600	80	≤13	C60	9ϕ9.0	ϕ^b5	3.3	119	167	340

注:本表摘自国家建筑标准设计图集《预应力混凝土管桩》(03SG409)。

三、先张法预应力混凝土管桩标识

管桩标识部位在桩两端起 0.5m 处,一侧标识。

标记示例:

PHC	A	500	100	12	GB13476
品种	型号	外径 (mm)	壁厚 (mm)	单节长度 (m)	产品遵循的标准号

四、先张法预应力混凝土管桩结构及构造要求

1. 管桩结构

管桩结构示意图如图 5.2-13 所示。

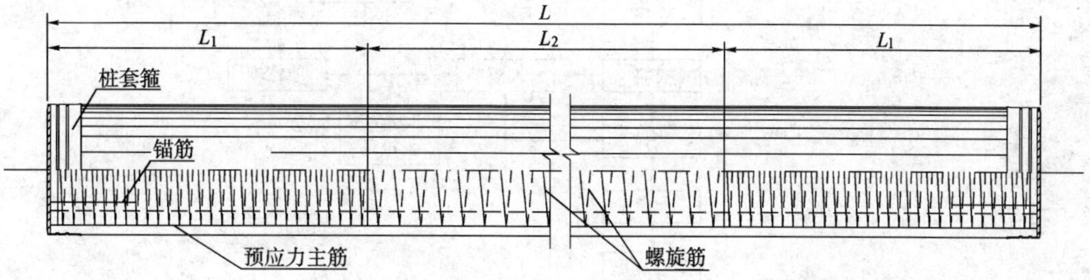

图 5.2-13　管桩结构示意图

2. 构造要求

(1)预应力钢筋的加工

①钢筋应清除油污，不应有局部弯曲，端面应平整，单根管桩钢筋中，下料长度的相对差值应不大于 $L/5\,000$(L 为桩长)。

②钢筋和螺旋筋的焊接点的强度损失不得大于该材料标准强度的 5%。

③钢筋镦头强度不得低于母材标准强度的 90%。

(2)钢筋骨架

①预应力钢筋沿其圆周均匀配置，最小配筋率不低于 0.4%，并不得少于六根。

②螺旋筋的直径应根据管桩规格而定，外径 450mm 以下的管桩，螺旋筋的直径不应小于 4mm；外径 500～600mm，螺旋筋的直径不应小于 5mm；外径 700～1 200mm 的管桩，螺旋筋的直径不应小于 6mm。螺旋筋螺距最大不超过 110mm，两端 1 000～1 500mm 范围内螺距为 40～60mm。

③端部锚固钢筋、架立圈应按设计图纸确定。

④骨架成型后，各部分尺寸应符合如下要求：预应力钢筋间距偏差不得超过±5mm；螺旋筋的螺距偏差不得超过±10mm；架立圈间距偏差不得超过±20mm，垂直度偏差不超过架立圈直径的 1/40。

(3)接头

①管桩接头宜采用端板焊接、碗形端头焊接，也可用机械快速接头。

②管桩接头端板的宽度不小于管桩的壁厚。

③接头的端面必须与桩身的轴线垂直。

④接头的焊接坡口尺寸应按设计图纸确定。

五、先张法预应力混凝土管桩的制作

1. 先张法预应力混凝土管桩制作工艺流程(图 5.2-14)

2. 先张法预应力混凝土管桩模具

管桩模具由筒体、跑轮、筋板、企口板、合口螺栓等部件组成，其结构示意图如图 5.2-15 所示。模具材料为碳素结构钢、碳钢和低合金钢铸件等。模具按其刚度的不同，分为刚性模、柔性模和半刚性模。

(1)模具加工要求

①尺寸偏差：$D\leqslant 600$mm 时，极限偏差为 D_{-1}^{+2}mm；$D>600$mm 时，极限偏差为 D_{-1}^{+3}mm(注：D 为管模直径)。

②筒体内表面直线度偏差：全长范围内不大于 $L/3\,000$，且不大于 4mm(注：L 为管模高度)；距两

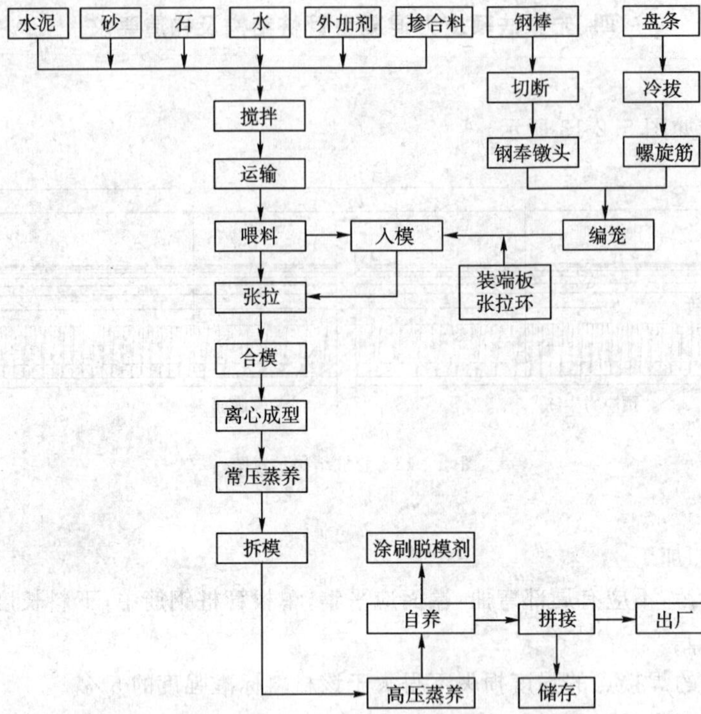

图 5.2-14　先张法预应力混凝土管桩制作工艺流程图

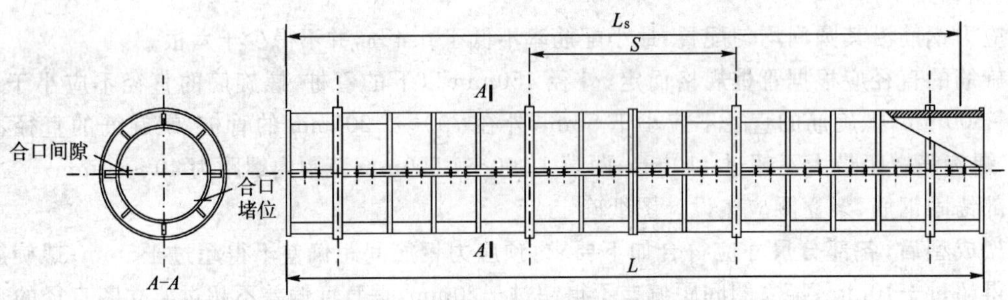

图 5.2-15　先张法预应力混凝土管桩模具

端 600mm 范围内不大于 1mm。

③筒体同一截面处内径，合口方向尺寸比垂直方向尺寸大 2～4mm，并应圆滑过渡。

④筒体内表面不允许有裂纹、麻点、起鳞、刻痕和锈蚀等缺陷。

(2)模具装配要求

①模具长度偏差不大于±0.3‰L。

②模具内表面合口间隙不大于 0.25mm，合口错位不大于 1mm。

③连接法兰处内壁错位应磨平，磨削斜度不大于 1/100。

④跑轮直径的公差等级 IT19，表面粗糙度 R_a 的最大允许值为 12.5μm。

⑤跑轮距为 2m，其轮距偏差不大于 2mm，任意跑轮距为 2m 的整数倍，其轮距偏差不大于 4mm。

⑥跑轮与筒体的同轴度公差为 ϕ1.5mm，各跑轮的同轴度公差为 ϕ1.5mm。

(3)试运转

①空载试验：将模具平稳置于离心机上，以 80～120r/min 的速度运转 5min，然后缓慢升高至 350r/min，并持续 10min，全面检查运转情况。

②负载试验：在管桩生产厂试生产 3～5 根产品，全面检查运转情况和产品情况。

3.钢筋加工

(1)预应力钢筋

先张法预应力混凝土管桩的预应力筋有预应力混凝土用钢棒、预应力混凝土用钢丝和热轧带肋钢筋。随着我国预应力混凝土用钢棒(相当于日本“PC钢棒”)的开发应用,预应力混凝土用钢丝、热轧带肋钢筋在管桩行业已极少采用。

国家推荐标准《预应力混凝土用钢棒》(GB/T 5223.3—2005)规定的直径、性能及原材料成分有害杂质含量应符合表5.2-10～表5.2-12的规定。

钢棒的公称直径、横截面积、质量　表5.2-10

公称直径(mm)	外轮廓直径(mm)	公称横截面积(mm^2)	每米参考质量(kg/m)
7.1	7.25	40	0.314
9.0	9.15	64	0.502
10.7	11.10	90	0.706
12.6	13.10	125	0.981

钢棒的性能　表5.2-11

表面形状类型	公称直径(mm)	规定非比例延伸强度不小于(MPa)	抗拉强度不小于(MPa)	断后伸长率不小于(%)	松弛率不大于(%)
螺旋槽	7.1	930	1 080	5.0	4.0
					2.5
	9.0	1 080	1 230	5.0	4.0
					2.5
	10.7	1 280	1 420	5.0	4.0
					2.5
	12.6	1 420	1 570	5.0	4.0
					2.5

原材料成分有害杂质含量(质量分数)(%)　表5.2-12

P不大于	S不大于	C_u不大于
0.025	0.025	0.25

(2)螺旋箍筋

螺旋箍筋要求有一定的强度、塑性和良好的可焊性,直径因管桩直径、抗弯、抗震要求的不同而不同。材料宜采用低碳钢热轧圆盘条Q235A或冷拔低碳钢丝,其性能指标见表5.2-13～表5.2-14。采用低碳钢热轧圆盘条时,为满足直径需要,也可采用冷拔工艺,冷拔次数参见表5.2-15,直径允许偏差见表5.2-16。

低碳钢热轧圆盘条的力学性能　表5.2-13

牌　号	屈服点σ_s(MPa)	抗拉强度σ_b(MPa)	伸长率δ_{10}(%)	冷弯试验180° d=弯心直径 a=试样直径
	不小于			
Q235	235	410	23	$d=0.5a$

冷拔低碳钢丝强度标准值(MPa)　　表 5.2-14

钢丝种类		钢丝直径	Ⅰ组	Ⅱ组
冷拔低碳钢丝	甲级	5	650	600
		4	700	650
	乙级	3～5	550	

拔丝次数参考　　表 5.2-15

钢丝直径(mm)	钢筋直径(mm)	冷拔总压缩率(%)	冷拔次数和拔后直径(mm)					
			第1次	第2次	第3次	第4次	第5次	第6次
$\phi 5$	$\phi 8$	61	6.5 7.0	5.7 6.3	5.0 5.7	 5.0		
$\phi 4$	$\phi 6.5$	62.2	5.5 5.7	4.6 5.0	4.0 4.5	 4.0		
$\phi 3$	$\phi 6.5$	78.7	5.5 5.7	4.6 5.0	4.0 4.5	3.5 4.0	3.0 3.5	 3.0

冷拔丝直径允许偏差　　表 5.2-16

钢丝直径(mm)	直径允许偏差(mm)	备　注
3	±0.06	检验时应同时测量冷拔丝两个垂直方向的直径
4	±0.08	检验时应同时测量冷拔丝两个垂直方向的直径
5	±0.10	检验时应同时测量冷拔丝两个垂直方向的直径

(3)钢筋加工程序:开盘→定长切断→镦头→编织钢筋笼

①开盘,管桩预应力筋常以盘条状态供货,因此首先对经验收合格的预应力筋放入开盘机,然后开盘放线。

②定长切断,预应力钢筋的切断长度应根据管桩长度、张拉后的长度、镦头后的长度损失、放松后的压缩和镦头与端板锚固变形等条件确定。

$$L_0 = L - \Delta_1 + 2\Delta_2 + \Delta_3 - \Delta_4 + \Delta_5 \tag{5.2-1}$$

式中:L_0——定长切断长度(mm);

L——管桩长度(mm);

Δ_1——张拉时钢筋伸长量(mm);

Δ_2——镦头损失(mm);

Δ_3——端板凹坑与镦头背面锚固变形,取 2×1mm;

Δ_4——端板外平面与镦头顶预留间隙,取 2×2mm;

Δ_5——放松后的回缩量(mm)。

$$\Delta_1 = L \times 0.7 f_{ptk} / E_p \tag{5.2-2}$$

式中:f_{ptk}——钢筋抗拉强度标准值(MPa);

E_p——钢筋弹性模量(MPa)。

$$\Delta_5 = L' \times \sigma / E_c \tag{5.2-3}$$

式中:σ——混凝土有效预压应力(MPa);

E_c——混凝土弹性模量,对 C40 的混凝土可取 3.25×10^4 MPa;

L'——放松时桩长($L' \approx L$)(mm)。

③钢棒切断设备，钢棒切断设备常用钢棒切断机。钢棒切断机为机、电、气一体设备，切断钢筋的直径范围在7～14mm之间，并有自动计数装置。其主要技术参数：

电源电压：380V

电源相数、电源频率：三相四线、50Hz

长度精度：±0.5mm

总功率：6kW

气源压力：0.30～0.35MPa

气动离合器：QPL4型

气动制动器：QPZ1型

牵引线速度：395mm/s

外形尺寸：长×宽×高＝ L×1 200mm×1 800mm

④镦头

a.镦头设备：我国管桩行业使用的镦头机部分工厂采用的是日本、韩国的进口设备，也有部分工厂使用的是用钢筋对焊机改装后的机器作为镦头机使用，目前部分工厂采用的是南京复合材料总厂水泥制品机械厂研制的DTJ—III型管桩钢筋镦头机。其主要技术参数：

气源：0.72 MPa

输入电压：AC 380V±5%、AC 420V±5%(单机)

电源相数、电源频率：三相四线、50Hz/60Hz

额定容量：20kVA

气压0.72 MPa时最大夹紧力：500kN

气压0.72 MPa时最大镦锻力：160kN

镦锻钢筋直径：7.1～13mm

最大加热电流：7 500A

机器尺寸：长×宽×高＝1 250mm×1 180mm×1 300mm

机器质量：1 000kg

同规格分类：分左手型操作和右手型操作两种

镦头处钢筋强度损失＜5%

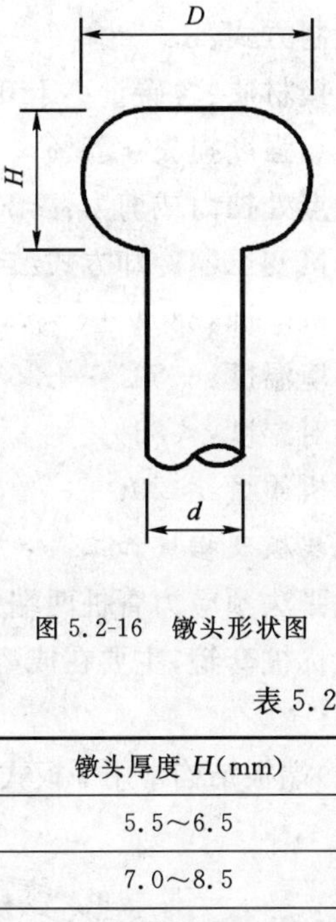

图5.2-16　镦头形状图

b.镦头要求：镦头的形状和尺寸见图5.2-16和表5.2-17。镦头强度不得低于母材标准强度的90%。

镦头尺寸表　　表5.2-17

公称直径 d(mm)	镦头直径 D(mm)	镦头厚度 H(mm)
7.1	13.5～14.0	5.5～6.5
9.0	16.0～17.5	7.0～8.5
10.7	18.5～20.0	8.5～10.0
12.6	21.5～23.0	9.5～11.0

4.钢筋笼编织

先张法预应力管桩钢筋笼主要采用管桩钢筋骨架滚焊机自动编织成型。滚焊机结构示意图如图5.2-17所示。

国产GZHJ型滚焊机主要技术指标：

焊接钢筋骨架直径：690～1 060mm

焊接钢筋骨架长度(max)：30m

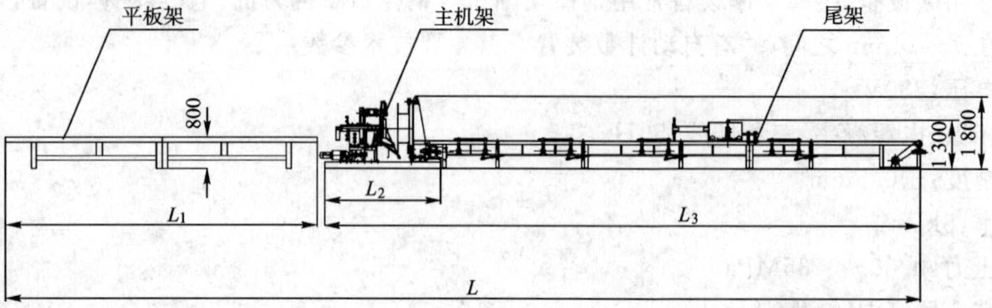

图 5.2-17　滚焊机结构示意图(尺寸单位:mm)

纵向钢筋根数:20～50 根

纵向钢筋直径:9.0～12.6mm

环筋直径:6～8mm

笼体螺距:30～120mm

驱动功率:15kW

焊接功率:2×200kW(暂载率 50%)

主机转速(max):28r/min

焊接类型:电阻焊

控制方式:Rs

焊接材质:含碳量小于 0.20%的低碳钢筋

焊点强度损失:≤5%

焊点处拉力或剪力:≥200kg

焊接变压器冷却方式:自冷

焊机电源:380V±5%,50Hz

环境温度:−5℃～+35℃

相对湿度:<85%

焊机质量:≈20t

5. 端板及裙板加工

先张法预应力管桩两端设有端板和裙板。端板既是预应力筋的锚板,也是焊接接桩的连接件。裙板也称桩套箍,主要在成型加工时起止浆作用,在焊接桩时起散热作用,沉桩施工时兼有保护桩顶的作用。

(1)端板结构常用平板式(图 5.2-18);也有采用碗形端头(图 5.2-19)、法兰接头和机械接头等形式。

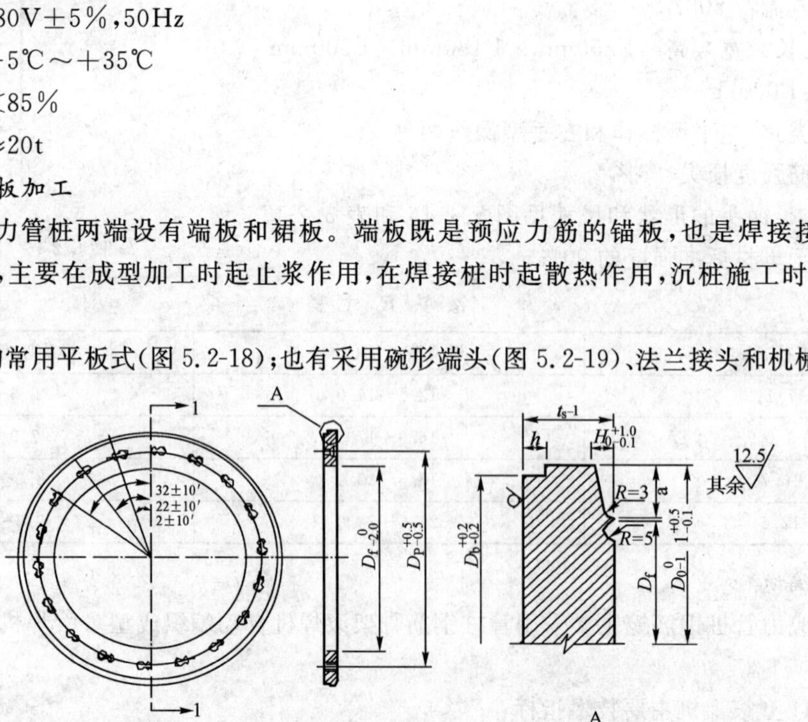

图 5.2-18　端板结构示意图

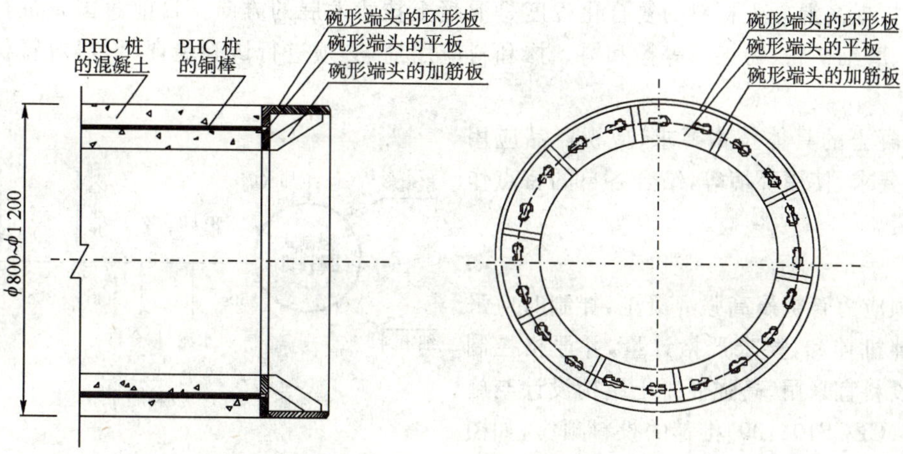

图 5.2-19　碗形端头示意图

(2)裙板结构示例如图 5.2-20 所示。

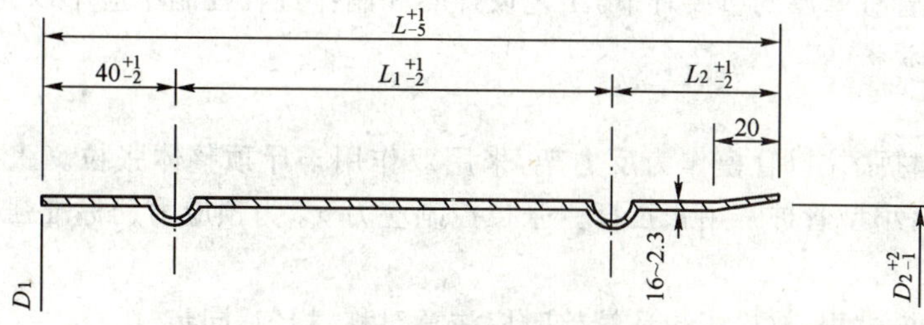

图 5.2-20　裙板结构示例图

管桩外径	300	400	500	550	600	700	800	1 000	1 200
D_1	299	399	499	549	599	699	799	999	1 199
D_2	302	402	502	552	602	702	802	1 002	1 202
L	100	100	150	150	150	200	250	300	300
L_1	30	30	45	45	45	95	145	150	150
L_2	40	40	65	65	65	65	65	110	110

注:①图表中尺寸单位为 mm。

②本图为裙板剖面图。

③裙板为钢板卷压成圆形,接缝处焊接并整圆。

④材料为 Q235A。

6.混凝土制备

(1)原材料

①水泥应采用强度等级不低于 42.5 的硅酸盐水泥、普通硅酸盐水泥、矿渣硅酸盐水泥、粉煤灰硅酸盐水泥。

②集料

a.细集料宜采用洁净的天然硬质河沙,细度模数为 2.3～3.4。

b.粗集料宜采用碎石,最大粒径不大于 25mm,且不超过钢筋净距的 3/4。

③水,宜使用饮用自来水。

④外加剂,优先采用高效减水剂,严禁使用氯盐类外加剂。

⑤掺和料，提高混凝土材料的复合化程度是混凝土技术发展的方向。目前我国管桩行业常应用硅灰、硅砂粉、磨细矿粉、粉煤灰等掺和料。掺和料应用前，必须进行试验验证，不得对管桩产生有害影响。

(2)对混凝土的具体技术要求，应视产品应用的行业、设计要求、使用环境等，结合各自的特点作出相应的规定。

(3)拌制

先张法预应力管桩属高强混凝土，拌制时应采用强制式搅拌机拌和，要求严格计量，并严格控制搅拌时间。投料宜采用《高强混凝土结构设计与施工技术规程》(CECS104:99)推荐的投料顺序，如图5.2-21所示。

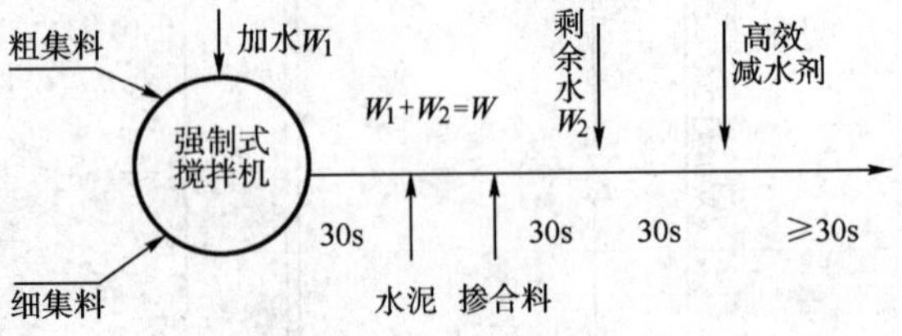

图 5.2-21　投料顺序示意图

7.混凝土喂料

喂料基本形式有两种，一种喂料口固定，模具移动；另一种是料斗移动，模具固定。

喂料计量是保证管桩壁厚的重要环节，工艺设计时和制作过程控制中应予以充分重视。

8.预应力张拉及放松

(1)张拉

先张法预应力管桩张拉以管模作为反力架，采用双作用千斤顶整体张拉。张拉头连接方式：中、大型管桩常用张拉环，小型管桩常用张拉杆。张拉控制应力σ_{con}为预应力筋标准强度的0.7倍。

(2)放松

①拆模过程即放松过程，放松张拉环螺栓时应注意对称、均匀、同步。

②放松时混凝土强度一般不低于40MPa。

9.离心成型

先张法预应力混凝土管桩采用高速离心密实成型，离心制度一般为低速—中速—高速三阶段或低速—低中速—中速—高速四阶段。低、中速起布料均匀作用，高速起混凝土拌和物密实成型作用。各阶段的离心加速度g(m/s^2)及其离心时间应根据产品规格及混凝土拌和物性状通过试验决定。一般经验g为3～40m/s^{2}之间，总的离心时间为15min左右。

某种离心机主要技术参数：

电机功率：185kW×2

离心能力：ϕ800～1 200mm，长度30m

托轮中心距：1 420mm

托轮直径：ϕ700mm

模具中心与托轮中心连线夹角：78°～108°

离心机主轴转速：200～600r/min

10.养护

(1)常压蒸汽养护

为提高生产效率，管桩一般均进行常压蒸汽养护。管桩混凝土养护至满足放松强度，即可脱模。

蒸汽养护一般需经静停—升温—恒温—降温四个阶段，具体时间(h)和温度(℃)控制应根据不同地区、季节、水泥品种和环境条件等情况按有关规程并通过试验确定。图5.2-22为常压蒸汽养护制度示意图。

(2)高压高温蒸汽养护

高压高温蒸汽养护(简称压蒸)在蒸压釜内进行。釜内压力一般为1MPa，温度为180℃。高温可促进水化反应，高压可挤出多余水分，并能优化水泥石的晶体结构，不仅起到早强和增强的作用，同时可减少收缩，并提高抗硫酸盐侵蚀的能力。

压蒸养护制度为升压升温—恒压恒温—降压降温三个阶段，具体温度、压力—时间控制应通过试验确定。图5.2-23为我国某厂压蒸养护制度示意图。经压蒸养护的管桩，出釜后1d的混凝土强度即可作为检验评定的依据，检验合格即可供现场进行沉桩施工。

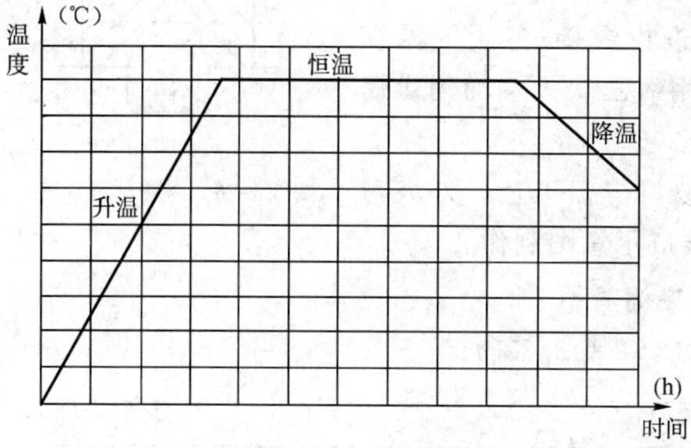

图5.2-22　普通蒸汽养护制度示意图

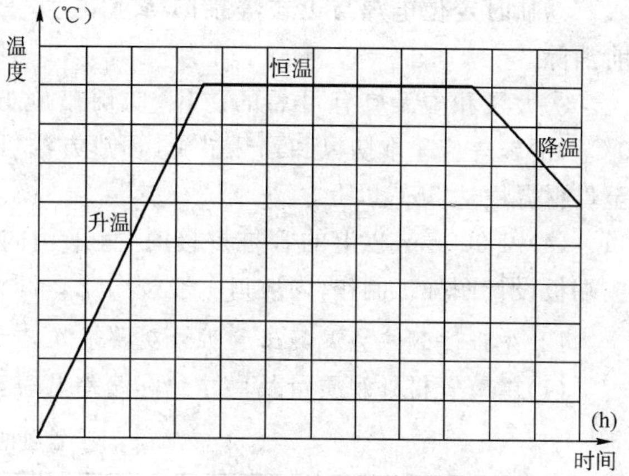

图5.2-23　我国某厂压蒸养护制度示意图

11.管桩拼接

(1)在具有足够高度和起重能力的沉桩设备时，管桩可在工厂拼接成整桩出厂，如航务工程、桥梁工程在水上用打桩船沉桩。陆上用打桩机或静力压桩机沉桩时因桩架高度的限制，常在施工现场沉桩过程中垂直接桩，如市政高架工程、工业与民用建筑工程陆上沉桩等。

水上沉桩遇设备高度能满足桩长要求，而起重能力不足时，或设计有特殊要求时，常采用混凝土管桩与钢管桩拼接成组合桩。钢管桩根据工程需要，可拼接在桩的上部，也可拼接在桩的下部，管桩与钢管桩组合桩示意图如图5.2-24所示。

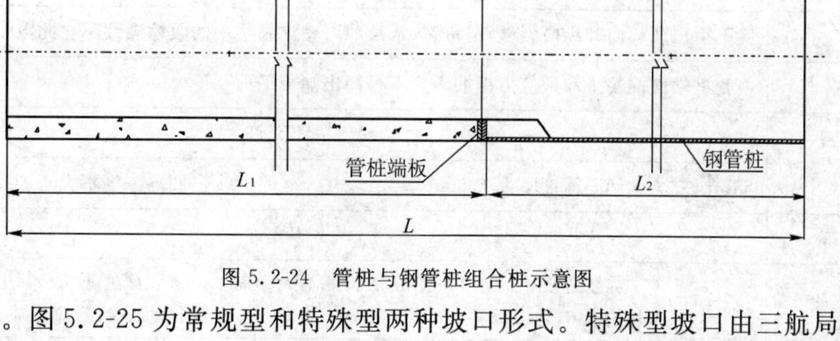

图5.2-24　管桩与钢管桩组合桩示意图

(2)坡口形式。图5.2-25为常规型和特殊型两种坡口形式。特殊型坡口由三航局设计，常用于水运工程超长PHC桩。

(3)管桩拼接应采用焊接连接。焊接方法可采用手工电弧焊、CO_2气体保护焊、粉芯焊丝自保护半自动焊或埋弧自动焊等。管桩拼接前应进行焊接工艺评定，焊接时除遵循焊接规程外，尚应符合以下规定：

①上下端板应除污、除锈。

②根部打底应选用ϕ3.2mm焊条，其余部分可选用ϕ4mm～ϕ5mm焊条。

③焊接时电流强度应与焊机和焊接材料相匹配，并

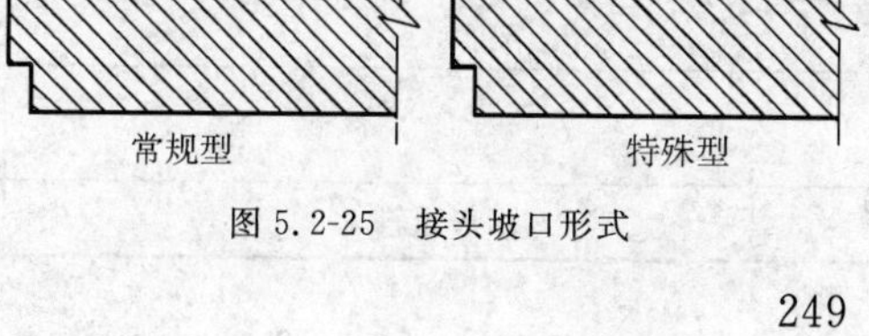

图5.2-25　接头坡口形式

应分层、对称、均匀、连续施焊，坡口根部必须焊透，焊接道数不宜少于4道，每道焊接接头应超前引弧，注意焊接始端和终端的焊口处理。

④表面加强焊缝高度宜为1～2mm，力求平滑。

⑤焊接后应进行外观检查，焊缝不得有凹痕、咬边、焊瘤、夹渣和裂缝等表面缺陷。发现缺陷应及时返修，但同一条焊缝返修次数不得超过1次。

⑥临时定位电焊与正式焊接同等重要，如有上述缺陷，应在正式焊接前消除。

⑦大风和雨天应有可靠的防风、防雨措施方可进行焊接；冬天气温在0℃以下施焊应采取防风和预热措施，预热方法可采用氧乙炔火焰均匀烘烤至母材温度达36℃以上。

(4)ϕ1 000mm以上的管桩拼接时，宜采用内外坡口焊接工艺。外坡口按端板设计图加工制作，内坡口一般按图5.2-26内坡口示意图制作。

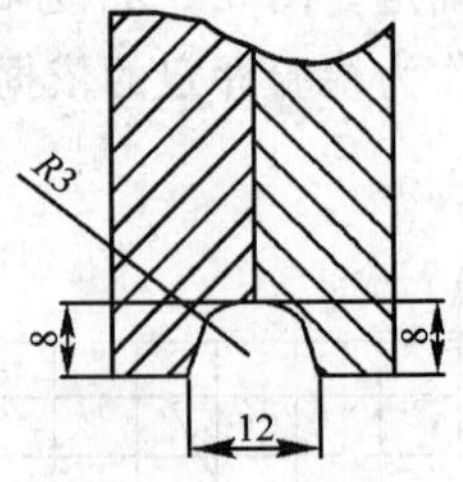

图5.2-26 内坡口示意图
（尺寸单位：mm）

12.先张法预应力混凝土管桩外观要求及尺寸允许偏差

(1)单节管桩外观质量及尺寸允许偏差见表5.2-18和表5.2-19。

管桩的外观质量 表5.2-18

项目		产品质量等级		
		优等品	一等品	合格品
黏皮和麻面		不允许	局部黏皮和麻面累计面积不大于桩总外表面积的0.2%，每处黏皮和麻面的深度不大于5mm，且应修补	局部黏皮和麻面累计面积不大于桩总外表面积的0.5%，每处黏皮和麻面的深度不大于10mm，且应修补
桩身合缝漏浆		不允许	漏浆深度不大于5mm，每处漏浆长度不大于100mm，累计长度不大于桩身长度的5%，且应修补	漏浆深度不大于10mm，每处漏浆长度不大于300mm，累计长度不大于管桩长度的10%，或对称漏浆的搭接长度不大于100mm，且应修补
局部磕损		不允许	磕损深度不大于5mm，每处面积不大于20cm²，且应修补	磕损深度不大于10mm，每处面积不大于50cm²，且应修补
内外表面露筋		不允许		
表面裂缝		不得出现环向和纵向裂缝，但龟裂、水纹和内壁浮浆层中的收缩裂纹不在此限		
桩端面平整度		管桩端面混凝土和预应力钢筋镦头不得高出端板平面		
断筋、脱头		不允许		
桩套箍凹陷		不允许	凹陷深度不大于5mm	凹陷深度不大于10mm
内表面混凝土塌落		不允许		
接头和桩套箍与桩身结合面	漏浆	不允许	漏浆深度不大于5mm，漏浆长度不大于周长的1/8，且应修补	漏浆深度不大于10mm，漏浆长度不大于周长的1/4，且应修补
	空洞和蜂窝	不允许		

管桩的尺寸允许偏差表 表5.2-19

项目	允许偏差		
	优等品	一等品	合格品
L	$\pm0.3\%L$	$+0.5\%L$ $-0.4\%L$	$+0.7\%L$ $-0.5\%L$
端部倾斜	$\leqslant0.3\%D$	$\leqslant0.4\%D$	$\leqslant0.5\%D$

续上表

项　　目		允许偏差		
		优等品	一等品	合格品
D	≤600	±2	+4 −2	+5 −4
	>600	+3 −2	+5 −2	+7 −4
t		+10 0	+15 0	正偏差不限 0
保护层厚度		+5 0	+7 −3	+10 −5
桩身弯曲		≤L/1 500	≤L/1 200	≤L/1 000
桩端板	外侧平面度	0.2		
	外径	0 −1		
	内径	0 −2		
	厚度	正偏差不限 0		
注：表内尺寸以设计图纸为基准				

注：以上两表摘自《先张法预应力混凝土管桩》(GB 13476—1999)。尺寸单位：mm。

(2)拼接整桩外观要求及尺寸允许偏差。外观同单节管桩，尺寸允许偏差见表 5.2-20。

拼接桩尺寸允许偏差　　表 5.2-20

项　　目	允许偏差(mm)	检查工具与检查方法	测　点　数
拼接桩长度	±3L/1 000	用钢卷尺测量	测一个点
桩身弯曲	≤L/1 000，且不大于 30	用拉线紧靠桩的两端部，用钢直尺测量其弯曲处的最大距离	测一个点
两端面间隙	≤2	用塞尺测量	测一个点
坡口错位	≤2	用钢卷尺测量	测一个点
焊缝高度	+1 0	用焊接量规尺测量	测一个点

注：本表摘自中交三航局企业标准《先张法预应力混凝土管桩》(ZG3H 007—2003)。

13.管桩桩尖和桩尖形式的选择

管桩桩尖形式有开口、闭口和半闭口等形式，一般应根据地质情况、施工方法和设计要求来选定。常用的形式有以下几种：

(1)开口形桩尖的形式

在软土地区可用原始管桩开口桩尖，必要时可加设圆筒形钢桩尖，如图 5.2-27 所示。常用于穿过中密砂层或进入密实砂层。

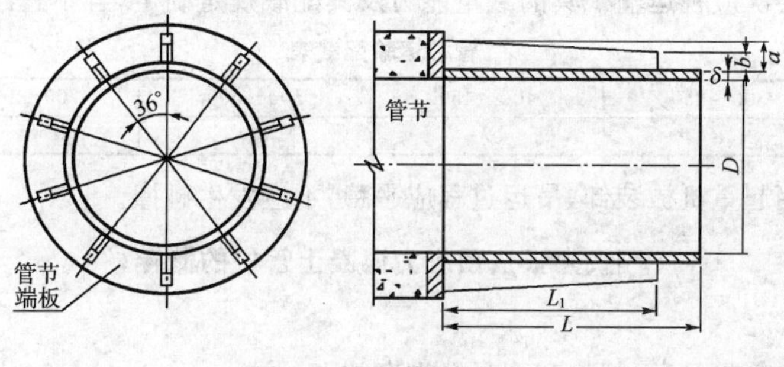

图 5.2-27　圆筒形钢桩尖

(2)闭口形桩尖

①圆锥形桩尖，如图 5.2-28 所示。这种形式为传统桩尖形式，由于挤土效应明显，目前在城市建设中较少采用。

②十字形桩尖，如图 5.2-29 所示。常用于贯入强、中风化岩层。

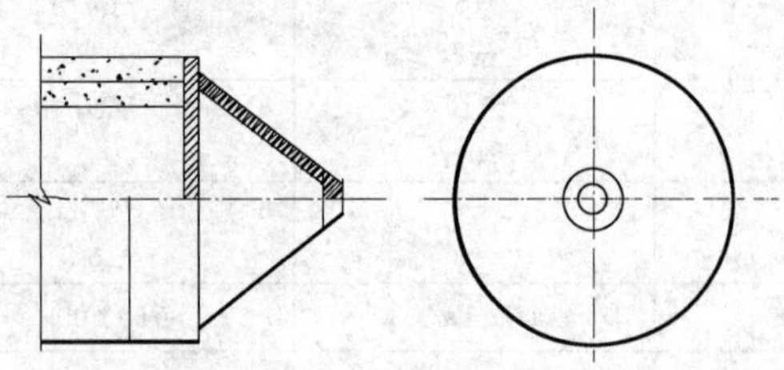

图 5.2-28　圆锥形桩尖

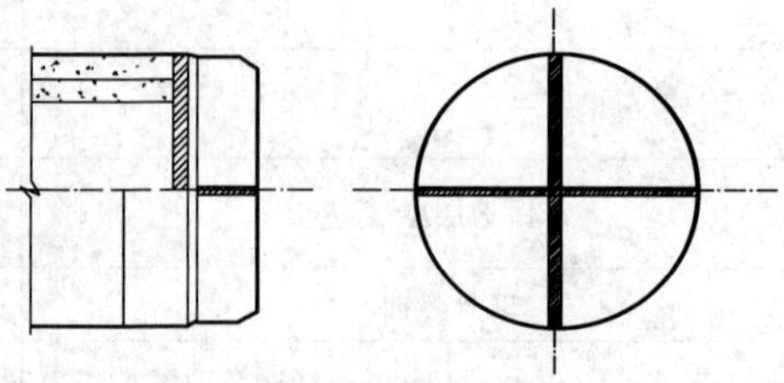

图 5.2-29　十字形桩尖

③平头形桩尖，效果与圆锥形桩尖同。盆底形桩尖，国外常用于黏性土层，我国极少采用。

根据需要也可另行设计制作其他桩尖形式。

14. 管桩接头防腐技术

管桩接头若处于泥面附近或易腐蚀环境条件下，应采取适当的防腐措施。防腐技术可按照本手册钢管桩防腐有关部分。

六、先张法预应力混凝土管桩的运输

先张法预应力混凝土管桩的运输与预应力混凝土方桩基本相同。以下结合管桩的特点，补充有关注意事项。

1. 管桩的厂内吊运

(1)单节短管桩的吊运可采用两端钩吊法。吊扣的水平夹角不宜小于 60°。

(2)长管桩和拼接整桩吊运应根据桩长决定采用二点、三点或四点吊。

2. 管桩工地吊运

(1)工地吊运管桩时，吊扣必须采用捆扣，注意防滑。

(2)单节短管桩吊运可采用一点吊，接桩时拴扣方法宜采用油瓶扣，以利管桩垂直就位。

(3)长管桩和拼接桩吊运应根据桩长决定采用二点、三点、四点吊或多点吊。

3. 管桩的运输

(1)管桩的运输可使用货车、船舶、卡车及拖挂车等运输工具。

(2)管桩运输应采取可靠的防滚、防滑和防损措施。

(3)管桩装运时应在木托架上钉上三角挡块，并在甲板、车厢两侧设置挡杆或挡板。

(4)单节短管桩运输可采用两点支撑，每层间可不设支垫。长管桩和拼接整桩宜采用多支点支撑，支垫材料宜用木楞，每层支撑点所用材料应一致，上下支承应设置在同一垂线上，各支承点的高程应在同一平面上。

(5)运输时装载层次应视运输工具的载重能力及其配载规定确定，且不宜超过表 5.2-21 的规定。

管桩运输配载表　　表 5.2-21

外径(mm)	300～350	400～450	500～600	700～1 000	1 200
装载层数(层)	8	7	6	4	3

(6)装卸时宜采用起重机械装卸，吊运过程应平稳，不应发生碰撞。

七、先张法预应力混凝土管桩的储存

1. 厂内储存

(1)厂内储存应按管桩品种、规格和型号分别存放。

(2)单节短管桩可采用两点支承，长管桩和拼接整桩应采用多点支承。

(3)堆垛高度应视堆场地基承载力和稳定性确定，且不宜超过表5.2-22规定。

管桩堆垛层数　　表5.2-22

外径(mm)	300～400	500～600	700	800～1 000	1 200
堆垛层数(层)	8	7	6(5)	5(4)	4(3)

注：管桩及拼接桩长度超过16m时采用括号内数值。

(4)工厂所制作的备桩(较长期存放在厂内的管桩)应作适当防护，一般宜对端板和裙板用清漆涂刷1～2遍，进行防锈处理。

(5)PC、PTC桩存放期间应有潮湿养护措施。

2.工地储存

(1)工地现场临时堆放的堆场应经整平、压实，周围应有排水措施。

(2)临时堆场距沉桩现场应有一定距离，单节短管桩距打桩处15m以上堆放时，应视地基承载力和稳定性确定堆放层数，且不宜超过表5.2-23的规定。

管桩现场堆放层数表　　表5.2-23

外径(mm)	300～350	400～450	500～600	700～1 000	1 200
堆放层数(层)	6	5	4	2	1

(3)堆场地基经铺填细石或黄沙垫层等措施后，单节短管桩也可着地平放。

(4)单节短管桩存放在打桩机附近时，应单层放置，且宜设置支垫(二点支垫)。

(5)长管桩或拼接整桩支垫采用多支点支撑，支垫材料宜用木楞，每层支撑点所用材料应一致，上下支承应设置在同一垂线上，各支承点的高程应在同一平面上。

八、先张法预应力混凝土管桩的抗弯性能试验

每连续生产40 000m为一批，但在3个月内生产总数不足40 000m时仍作为一批，在混凝土强度、外观质量及尺寸偏差合格产品中，随机抽取2根进行抗裂性能检验性试验。试验按以下方法进行：

(1)管桩的抗弯试验采用简支对称集载加荷，如图5.2-30所示，其加载方向可垂直于地面，也可平行于地面(管桩的轴线均与地面平行)。$a=0.2L$，$b=0.6L$。

当桩长小于或等于15m时，$c=0.5\text{m}$；当桩长16～30m时，$c=0.5\text{m}+D$(D为桩径)。

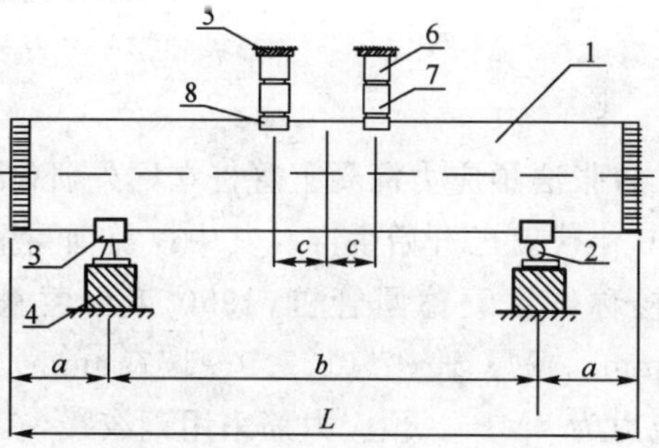

图5.2-30　管桩的抗弯性能试验示意图

1-管桩；2-滚动铰支座；3-固定铰支座；4-支墩；5-支墩；6-千斤顶；7-传感器；8-固定铰支架

(2)两根管桩焊接接头抗弯试验方法与图5.2-30相同，接头应位于最大弯矩处。

(3)加载顺序

第一步：按抗裂弯矩20%的级差由零加载至抗裂弯矩的80%，每级荷载的持续时间不少于3min；然后按抗裂弯矩10%的级差继续加载至抗裂弯矩的100%，每级荷载的持续时间不少于3min，观察是否有裂缝出现，并测定和记录裂缝宽度。

第二步：如果在抗裂弯矩的100%时未出现裂缝，则按抗裂弯矩5%的级差继续加载至裂缝出现。每级荷载的持续时间不少于3min，测定和记录裂缝宽度。

第三步：按极限弯矩5%的级差加载至破坏为止。每级荷载持续时间不少于3min，观测并记录各项读数。

(4)抗裂荷载和极限荷载的确定

①当在加载过程中第一次出现裂缝时,应取前一级荷载值作为抗裂荷载实测值;当在规定的荷载持续时间内第一次出现裂缝时,应取本级荷载值与前一级荷载值的平均值作为抗裂荷载实测值;当在规定的荷载持续时间结束后第一次出现裂缝时,应取本级荷载值作为抗裂荷载实测值。

②当在规定的荷载持续时间结束后出现下列任何三种情况之一时:受拉区混凝土裂缝宽度达到1.5mm;受拉钢筋被拉断;受压区混凝土破坏,应取此时的荷载值作为极限荷载实测值;当在加载过程中出现上述情况之一时,应取前一级荷载值作为极限荷载实测值;当在规定的荷载持续时间内出现上述情况之一时,应取本级荷载值与前一级荷载的平均值作为极限荷载实测值。

九、管桩产品出厂

管桩经检验合格后可出厂,并交付产品出厂合格证。产品出厂合格证包括以下内容:

(1)合格证编号、产品等级。

(2)采用标准编号。

(3)管桩品种、规格、型号、长度及壁厚。

(4)产品数量。

(5)混凝土抗压强度。

(6)管桩编号。

(7)制造厂厂名、混凝土浇筑日期、出厂日期。

(8)技术负责人、质量检验员、制造厂质量检验部门签字或盖章。

第四节　后张法预应力混凝土大直径管桩制作、运输和储存

一、概　　述

后张法预应力混凝土管桩在国外研制开发的较早如日本、前联邦德国、法国、前苏联及美国,早在50年代就已开始生产。其中以美国雷蒙德国际公司于1949年试制成功的后张预应力管桩较为先进,称作雷蒙德圆管桩,1950年雷蒙德圆管桩正式用于工程,该桩外径36″～90″(919.4～2 286mm),壁厚5″～7″(127.0～177.8mm),管节长度16′(4.87m),混凝土强度等级为C70。有效预压应力为7MPa。预应力筋采用钢绞线,在预留孔内设单股或双股钢绞线。管节为机械化生产,用后张预应力组装成桩。

我国研制后张预应力混凝土管桩始于20世纪80年代中期,定名为预应力混凝土大直径管桩(简称混凝土大管桩)。现国产混凝土大管桩有两种形式,一种是由交通部第三航务工程局研制成功的采用复合法工艺生产的混凝土大管桩,称作复合法混凝土大管桩。另一种由交通部第二航务工程局生产的常规混凝土大管桩,因为该桩管节系采用立模浇筑,故称为立式法混凝土大管桩。

三航局研制的混凝土大管桩外径为ϕ1 200mm,壁厚130mm,管节长度为4.0m,单股钢绞线预应力混凝土大管桩,即A型管桩。管节生产是由离心振压成型机制作,通过离心—振动—辊压等复合工艺使干硬性混凝土成型。管桩则是由管节根据设计桩长组合拼接而成。该产品于1985年正式生产,作为我国"六五"国家科技攻关成果,并获1985年国家科技成果奖。在"七五"期间,三航局对该产品又经过进一步地改进、完善,并完成了双股钢绞线混凝土大管桩的研制任务,即B型管桩。B型管桩的研制成功,使预应力混凝土大管桩增加了新的品种。复合法混凝土大管桩由于其制作工艺先进,使混凝土具有高强度、高密度、低空隙、低渗透的特点。

三航局研制的混凝土大管桩，其桩型虽然和雷蒙德圆管桩相似，但其生产设备、生产工艺及黏结剂材料等都是由我国自行研制，1995 年结合上海宝钢三期码头工程的设计，三航局又试验成功混凝土大管桩与钢管桩的锚接试验，研制出混凝土大管桩与钢管桩的组合桩，并在宝钢码头工程推广使用。2004 年又试验成功 D 1 400mm 混凝土大管桩即为 C 型管桩和三股钢绞线大管桩，初步形成了复合法混凝土大管桩的产品系列。

截止 2006 年底，D1 200 复合法混凝土大管桩已累计生产了 120 万米以上，均用于我国华东及华南沿海码头工程的深水泊位和大桥基础用桩，取得了较好的经济效益和社会效益。

在同一时期由交通部第二航务工程局研制用常规混凝土生产的 D1 000mm 立式法混凝土大管桩试验成功。立式法混凝土大管桩均用于内河港口码头工程。

二、复合法混凝土大管桩的制作

1. 管桩结构

混凝土大管桩是根据设计桩长由不同数量的管节组合拼接而成，标准管节长 4m，对于设计桩长大于 4 的倍数零星长度管节则作为非标管节用 4m 标准管节锯割或分隔制作而成。管节与管节接缝处涂以黏结剂黏结，预应力钢筋采用高强度、低松弛钢绞线，分单股钢绞线、双股钢绞线和三股钢绞线三种形式，单股钢绞线是指每个预留孔内设置 1 根钢绞线，双股钢绞线则是每孔设置 2 根钢绞线，三股钢绞线则为每孔设置 3 根钢绞线。钢绞线施加预应力，待张拉灌浆浆体达到强度后，将张拉锚头割除，混凝土大管桩成品即完成。混凝土大管桩为自锚预应力。为适应沉桩要求，一般在管桩桩顶设有钢套箍，在管桩桩端设有钢桩尖，钢桩尖长度为 0.5～1.0m(图 5.2-31)。

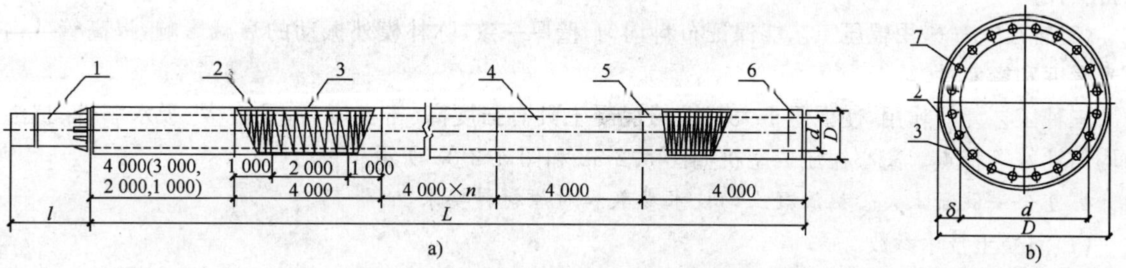

图 5.2-31　后张法预应力混凝土大直径管桩结构图(尺寸单位：mm)

1-钢管桩或钢桩靴；2-环向箍筋；3-纵向架立筋；4-基本管节；5-桩顶管节；6-钢板套箍；7-钢绞线

a)管桩正视图；b)管桩截面图

2. 型号与规格

(1)根据大管桩直径、每孔钢绞线股数、预留孔数量、钢绞线强度值的不同，定义不同规格的大管桩型号。大管桩的型号应采用以下形式表述：

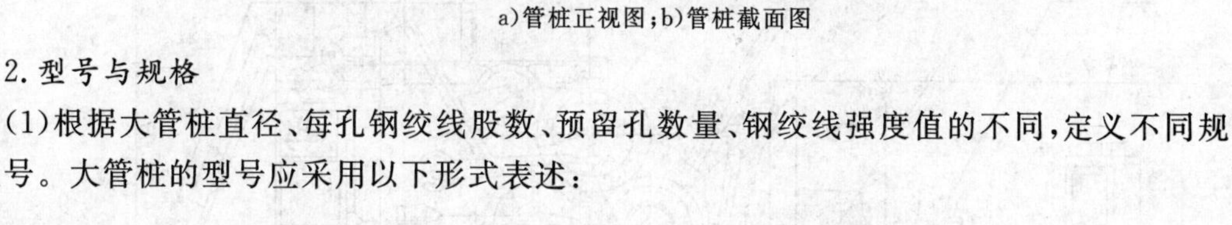

(2)大管桩的混凝土强度等级应不小于C60。

(3)大管桩的主筋应采用高强度低松弛钢绞线。

当大管桩同时受轴力和弯矩作用时,常用大管桩正截面开裂弯矩设计值和破坏弯矩设计值可按表5.2-24取用。

常用大管桩规格、型号和力学指标见表5.2-25。

由于A型管桩为单根钢绞线桩,较之B型管桩双根钢绞线桩抗弯能力较小,其耐锤击性能也较差,而每延米的造价又相差不大,所以现在A型管桩已停止生产。目前码头工程中常用的桩型为B1和C1型管桩。C3型管桩已试制成功,并完成抗弯性能试验。经试验完全满足设计要求,开裂弯矩和破坏弯矩的试验值均大于设计计算值。

3.管节构造

混凝土大管桩由管节组成,现在生产的混凝土大管桩管节外径有D1 200mm和D1 400mm二种管径,管节壁厚130~150mm,设预留孔16~20只,孔径32~40mm。管节外壁布置一层钢筋,钢筋采用Q235低碳热轧圆盘条ϕ8mm,以冷拔ϕ^b7mm作架立筋,ϕ^b6mm作螺旋箍筋。箍筋间距:桩顶节@50mm,普通节两端各1m范围@50mm,中间2m长为@100mm。混凝土强度等级为C60特干硬性混凝土。管节是由离心振压成型机生产,通过离心—振动—辊压等复合工艺使干硬性熟料密实成型。这三种工艺的作用分别为:

(1)离心——在钢模转动时,布料皮带机均匀布料,离心力使零坍落度混凝土熟料趋向钢模外侧压密,随着转速的提高而将混凝土熟料中的富余水分挤到内侧排出,从而使混凝土的水灰比进一步减小,提高了混凝土的强度。

(2)振动——振动能促使钢模内混凝土熟料液化,消除残留在混凝土内部的气泡,使之形成混凝土密实体。

(3)辊压——采用辊压工艺能保证布料均匀,壁厚一致,弥补模外振动的衰减影响,提高管节内表面光滑度和密实性。

三种工艺复合作用,使混凝土大管桩的混凝土具有强度高、密实度高、重度大、吸水率低、抗渗性和均匀性好等特点。离心振压成型机如图5.2-32和图5.2-33所示。

4.复合法混凝土大管桩混凝土的技术参数和对原材料要求

(1)混凝土技术参数

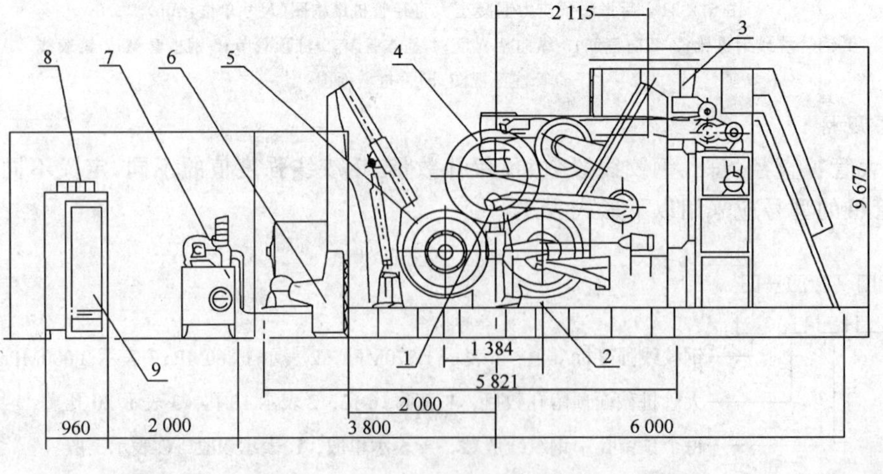

图5.2-32 离心振压机(尺寸单位:mm)

1-压轴;2-振动装置;3-受料皮带;4-喂料皮带;5-离心机;6-操纵台;7-液压泵站;8-可控硅调速装置;9-电气控制柜;10-定位轮

常用大管桩正截面开裂弯矩设计值和破坏弯矩设计值表

表 5.2-24

大管桩型号	力学指标 (kN·m)	轴力值(kN)																				
		−8 000	−7 000	−6 000	−5 000	−4 000	−3 000	−2 000	−1 000	0	1 000	2 000	3 000	4 000	5 000	6 000	7 000	8 000	9 000	10 000	11 000	12 000	13 000
D1 200 A3-1	不含混凝土抗拉强度的开裂弯矩设计值	—	—	—	—	—	—	131	389	646	904	1 161	1 419	1 676	1 934	—	—	—	—	—	—	—	—
	含混凝土抗拉强度的开裂弯矩设计值	—	—	—	—	—	—	516	774	1 032	1 289	1 547	1 804	2 062	—	—	—	—	—	—	—	—	—
	破坏弯矩设计值	—	—	—	—	—	−2 975 0	515	1 018	1 463	1 831	2 100	2 256	2 296	2 208	2 014	1 711	1 325	855	344	10 645 0	—	—
D1 200 A3-2	不含混凝土抗拉强度的开裂弯矩设计值	—	—	—	—	—	6	263	521	778	1 036	1 293	1 551	1 809	2 066	—	—	—	—	—	—	—	—
	含混凝土抗拉强度的开裂弯矩设计值	—	—	—	—	—	—	649	906	1 164	1 421	1 679	1 937	2 194	—	—	—	—	—	—	—	—	—
	破坏弯矩设计值	—	—	—	—	−3 503 0	268	786	1 261	1 671	1 985	2 202	2 289	2 266	2 117	1 865	1 515	1 083	588	62	10 116 0	—	—
D1 200 B1-1	不含混凝土抗拉强度的开裂弯矩设计值	—	—	—	—	—	251	506	761	1 017	1 272	1 528	1 783	2 039	2 294	—	—	—	—	—	—	—	—
	含混凝土抗拉强度的开裂弯矩设计值	—	—	—	—	—	670	925	1 180	1 436	1 691	1 947	2 202	2 458	—	—	—	—	—	—	—	—	—
	破坏弯矩设计值	—	—	—	−4 759 0	331	869	1 362	1 791	2 137	2 384	2 541	2 584	2 521	2 357	2 097	1 830	1 430	967	464	10 887 0	—	—
D1 200 B1-2	不含混凝土抗拉强度的开裂弯矩设计值	—	—	—	—	202	458	713	969	1 224	1 480	1 736	1 991	2 247	—	—	—	—	—	—	—	—	—
	含混凝土抗拉强度的开裂弯矩设计值	—	—	—	—	621	877	1 132	1 388	1 644	1 899	2 155	2 410	—	—	—	—	—	—	—	—	—	—
	破坏弯矩设计值	—	—	−5 604 0	317	831	1 307	1 729	2 084	2 355	2 522	2 590	2 558	2 424	2 190	1 880	1 495	1 039	540	18	10 034 0	—	—

续上表

大管桩型号	力学指标(kN·m)	轴力值(kN)																							
		−9 000	−8 000	−7 000	−6 000	−5 000	−4 000	−3 000	−2 000	−1 000	0	1 000	2 000	3 000	4 000	5 000	6 000	7 000	8 000	9 000	10 000	11 000	12 000	13 000	14 000
D1 200 B2-1	不含混凝土抗拉强度的开裂弯矩设计值	—	—	—	—	—	119	377	635	839	1 151	1 409	1 667	1 925	2 183	—	—	—	—	—	—	—	—	—	—
	含混凝土抗拉强度的开裂弯矩设计值	—	—	—	—	—	540	798	1 056	1 314	1 572	1 830	2 088	2 346	—	—	—	—	—	—	—	—	—	—	—
	破坏弯矩设计值	—	—	—	−5 354 0	186	704	1 195	1 636	2 010	2 306	2 515	2 624	2 624	2 526	2 335	2 065	1 713	1 296	827	298	10 554 0	—	—	—
D1 200 B2-2	不含混凝土抗拉强度的开裂弯矩设计值	—	—	—	—	96	354	612	870	1 128	1 386	1 644	1 902	2 161	—	—	—	—	—	—	—	—	—	—	—
	含混凝土抗拉强度的开裂弯矩设计值	—	—	—	—	517	775	1 033	1 291	1 549	1 807	2 065	2 323	—	—	—	—	—	—	—	—	—	—	—	—
	破坏弯矩设计值	—	—	−6 305 0	160	679	1 171	1 617	1 994	2 293	2 505	2 622	2 625	2 531	2 343	2 077	1 723	1 300	824	311	9 592 0	—	—	—	—
D1 200 C1-1	不含混凝土抗拉强度的开裂弯矩设计值	—	—	—	—	232	492	752	1 012	1 272	1 532	1 792	2 052	2 312	—	—	—	—	—	—	—	—	—	—	—
	含混凝土抗拉强度的开裂弯矩设计值	—	—	—	399	659	919	1 179	1 439	1 699	1 959	2 219	2 479	—	—	—	—	—	—	—	—	—	—	—	—
	破坏弯矩设计值	—	−7.139 0	3	594	1 093	1 553	1 958	2 293	2 538	2 693	2 754	2 719	2 592	2 374	2 079	1 712	1 281	799	283	9 539 0	—	—	—	—

续上表

大管桩型号	力学指标(kN·m)	轴力值(kN)																						
		−9 000	−8 000	−7 000	−6 000	−5 000	−4 000	−3 000	−2 000	−1 000	0	1 000	2 000	3 000	4 000	5 000	6 000	7 000	8 000	9 000	10 000	11 000	12 000	13 000	14 000
D1 400 B3-1	不含混凝土抗拉强度的开裂弯矩设计值	—	—	—	—	—	298	604	911	1 218	1 524	1 831	2 137	2 444	2 751	3 057	3 364	—	—	—	—	—	—	—	—
	含混凝土抗拉强度的开裂弯矩设计值	—	—	—	—	—	912	1 219	1 526	1 832	2 139	2 446	2 752	3 059	3 365	3 672	—	—	—	—	—	—	—	—	—
	破坏弯矩设计值	—	—	—		591	1 197	1 770	2 295	2 756	3 143	3 444	3 652	3 762	3 772	3 681	3 495	3 220	2 868	2 438	1 940	1 385	791	174	13 280 0
D1 400 B3-2	不含混凝土抗拉强度的开裂弯矩设计值	—	—	—	—	302	609	916	1 222	1 529	1 836	2 142	2 449	2 756	3 062	3 369	—	—	—	—	—	—	—	—	—
	含混凝土抗拉强度的开裂弯矩设计值	—	—	—	611	917	1 224	1 530	1 837	2 144	2 450	2 757	3 064	3 370	3 677	—	—	—	—	—	—	—	—	—	—
	破坏弯矩设计值	—	−7 006 0	3	625	1 230	1 800	2 321	2 778	3 160	3 455	3 658	3 762	3 766	3 670	3 477	3 197	2 841	2 407	1 904	1 347	751	133	12 213 0	—
D1 400 C3-1	不含混凝土抗拉强度的开裂弯矩设计值	—	—	113	425	737	1 049	1 361	1 673	1 986	2 298	2 610	2 922	3 234	3 546	—	—	—	—	—	—	—	—	—	—
	含混凝土抗拉强度的开裂弯矩设计值	—	427	739	1 051	1 363	1 675	1 987	2 299	2 611	2 923	3 235	3548	3 860	—	—	—	—	—	—	—	—	—	—	—
	破坏弯矩设计值	—	575	1 182	1 761	2 296	2 776	3 189	3 526	3 778	3 941	4 012	3 989	3 873	3 669	3 386	3 033	2 608	2 116	1 568	9 81	368	11 591 0	—	—

注：①不考虑混凝土抗拉强度的开裂弯矩设计值、含混凝土抗拉强度的开裂弯矩设计值分别是指混凝土拉应力限制系数 α_{ct} 为 0.00、1.00 时的开裂弯矩设计值。当混凝土拉应力限制系数 α_{ct} 取为不同值时，可在不考虑混凝土抗拉强度的开裂弯矩设计值和含混凝土抗拉强度的开裂弯矩设计值之间线性插值；

②当轴力值为其他数值时，不考虑混凝土抗拉强度的开裂弯矩设计值、含混凝土抗拉强度的开裂弯矩设计值、破坏弯矩设计值按比例线性插值；

③破坏弯矩设计值两端上部的数值分别为弯矩为零时管桩的最大轴向拉力和轴向压力设计值；

④本表摘自中港三航局企业标准《港口工程后张法预应力混凝土大直径管桩设计与施工规程》(ZG3H 009—2006)。

常用大管桩规格、型号和力学指标表

表 5.2-25

序号	大管桩型号	D1 200A3—1	D1 200A3—2	D1 200B1—1*	D1 200B1—2*	D1 200B2—1	D1 200B2—2	D1 200C1—1	D1 400B3—1*	D1 400B3—2	D1 400C3—1*
1	大管桩外径 D(mm)	1 200	1 200	1 200	1 200	1 200	1 200	1 200	1 400	1 400	1 400
2	大管桩内径 d(mm)	940	940	910	910	910	910	910	1 100	1 100	1 100
3	桩截面积 A(m^2)	0.437	0.437	0.481	0.481	0.481	0.481	0.481	0.589	0.589	0.589
4	单位长度重力 T(kN/m)	11.36	11.36	12.50	12.50	12.53	12.53	12.62	15.32	15.32	15.47
5	桩截面惯性矩 J(m^4)	0.065 1	0.065 1	0.070 6	0.070 6	0.070 9	0.070 9	0.071 8	0.121 0	0.121 0	0.123 2
6	预留孔数	20	20	16	16	18	18	16	20	20	20
7	预留孔直径(mm)	32	32	40	40	40	40	40	40	40	40
8	钢绞线股数	1	1	2	2	2	2	3	2	2	3
9	单股钢绞线直径(mm)	15.2	15.2	15.2	15.2	15.2	15.2	15.2	15.2	15.2	15.2
10	钢绞线抗拉强度标准值 f_{ptk}(MPa)	1 570	1 860	1 570	1 860	1 570	1 860	1 570	1 570	1 860	1 570
11	混凝土有效预压应力 σ_{pc}(MPa)	5.96	7.18	8.64	10.41	9.74	11.73	12.80	8.81	10.62	13.05
12	不含混凝土抗拉强度的开裂弯矩设计值(kN·m)	646	778	1 017	1 224	1 151	1 386	1 532	1 524	1 836	2 298
13	含混凝土抗拉强度的开裂弯矩设计值(kN·m)	1 032	1 164	1 436	1 644	1 572	1 807	1 959	2 139	2 450	2 923
14	破坏弯矩设计值(kN·m)	2 300	2 300	2 598	2 597	2 639	2 638	2 760	3 783	3 781	4 022

注:①不含混凝土抗拉强度的开裂弯矩设计值、含混凝土抗拉强度的开裂弯矩设计值分别是指混凝土拉应力限制系数为 α_{ct} 为 0.00、1.00 时的开裂弯矩设计值;

②*表示常用型号;

③本表摘自中港三航局企业标准《港口工程后张法预应力混凝土大直径管桩设计与施工规程》(ZG3H 009)。

①混凝土强度等级不小于C60。

②水泥用量400～500kg/m³。

③水灰比不大于0.35。

④混凝土拌和物维勃稠度控制在25～35s。

⑤混凝土密度大于2 500kg/m³。

⑥吸水率不大于3.5%。

⑦抗渗等级大于P8。

⑧混凝土拌和物中氯离子含量不超过胶凝材料质量的0.06%。

⑨抗冻等级大于F350。

(2)混凝土大管桩的原材料要求

①水泥：42.5级II型硅酸盐水泥或普通硅酸盐水泥。

图5.2-33　离心振压成型机

②细集料采用质地坚硬的天然河沙，细度模数3.0～2.6的中砂。

③粗集料碎石抗压强度应大于2倍所采用混凝土强度等级。碎石粒径20mm，二级配，其中10～20mm一级的碎石应占40%～60%，粒径大于20mm和小于5mm的碎石含量不宜大于5%。

④外加剂采用高效减水剂，可经试验选定。

⑤水：自来水。

⑥钢筋Q235低碳热轧圆盘条$\phi 8$，经冷拔为$\phi^b 7$・$\phi^b 6$。

⑦混凝土保护层垫块采用由高密度聚乙烯塑料压制。

⑧钢绞线为高强低松弛钢绞线，标准抗拉强度≥1 570MPa。

⑨灌浆用水泥采用42.5级II型硅酸盐水泥、普通硅酸盐水泥。

⑩黏结剂的各项指标必须满足设计与施工要求。

⑪钢桩靴及桩顶钢箍采用Q235钢。

5.复合法混凝土大管桩制作

复合法混凝土大管桩的生产，其机械化程度较高，工艺较为复杂，且结构尺寸和质量又大，所以制作复合法混凝土大管桩应修建固定的生产混凝土大管桩的工厂，制作分为管节生产和管桩拼接两大部分。

(1)制桩设备

①管节生产设备：a.钢筋冷拔设备；b.钢筋笼滚焊设备；c.钢模及制孔拉杆；d.管节成型设备；e.蒸养设备及锅炉；f.拆模抽芯设备；g.端磨设备；h.管节锯割设备；i.水养池。

②管桩拼接张拉设备：a.拼接台座及拼接台车；b.串丝设备；c.黏接剂配制及试验设备；d.张拉设备及锚具；e.灰浆搅拌设备；f.钢绞线切割设备；g.压浆设备；h.管桩出运设备；i.管桩成品试验台座。

(2)混凝土大管桩生产工艺流程(图5.2-34)

6.复合法混凝土大管桩管节制作工艺

(1)钢模制作

钢模宜采用单开钢模，钢模制作必须保证混凝土管节各部位的设计形状尺寸及相对位置的正确性和合缝口严密性(图5.2-35)。

(2)钢筋笼加工成型

钢筋笼加工成型由专用钢筋笼自动编织机完成。钢筋采用冷拔筋，架立筋为$\phi^b 7$，螺旋箍筋为$\phi^b 6$，冷拔过的钢筋不宜久存，以防生锈。当钢筋出现锈迹后不得使用，以确保钢筋点焊牢固，如图5.2-36所示。

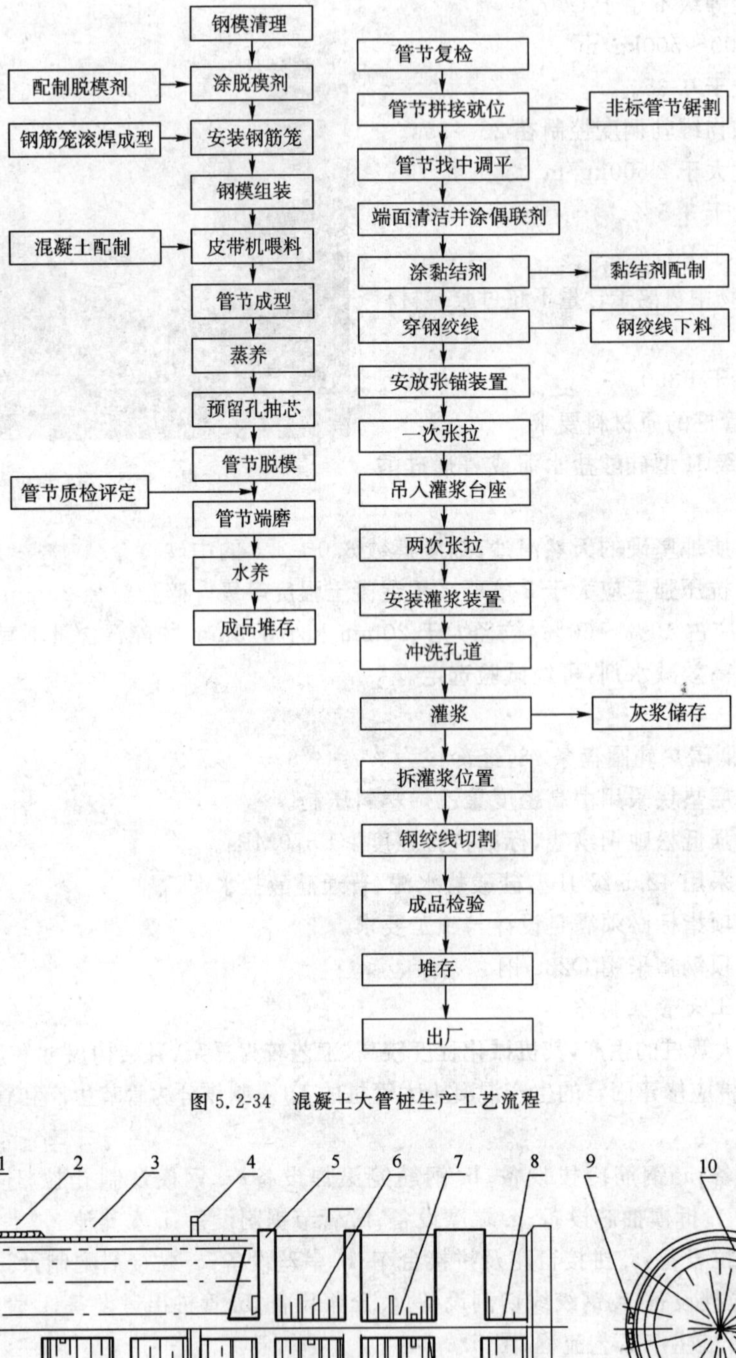

图 5.2-34　混凝土大管桩生产工艺流程

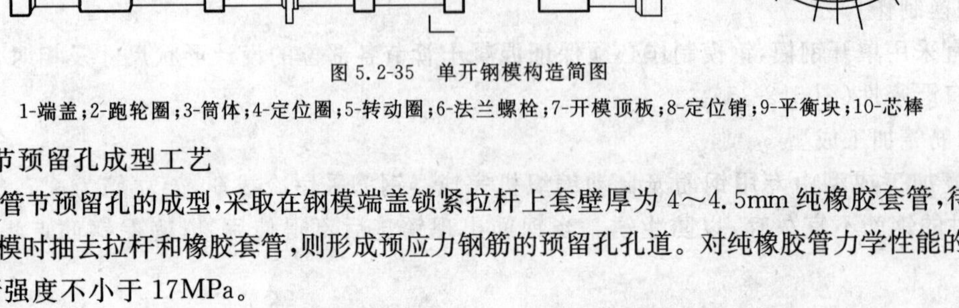

图 5.2-35　单开钢模构造简图

1-端盖；2-跑轮圈；3-筒体；4-定位圈；5-转动圈；6-法兰螺栓；7-开模顶板；8-定位销；9-平衡块；10-芯棒

(3)管节预留孔成型工艺

复合法管节预留孔的成型，采取在钢模端盖锁紧拉杆上套壁厚为 4～4.5mm 纯橡胶套管，待管节混凝土成型后拆模时抽去拉杆和橡胶套管，则形成预应力钢筋的预留孔孔道。对纯橡胶管力学性能的要求：

①拉断强度不小于 17MPa。

图 5.2-36　钢筋骨架滚焊机

②伸长量不小于 600%。

③硬度为 48 邵尔度左右。

④老化程度不大于 12%。

(4)钢模安装工艺

①钢模安装作业顺序：拧紧钢模合缝口螺母→将钢筋笼放入钢模内→安装钢模端盖→穿拉杆→上紧拉杆螺母→检查钢模安装质量。

②钢模安装注意事项：

a. 检查钢筋笼塑料垫块的位置，间距是否符合要求及是否已卡紧。

b. 钢筋笼入模前，必须在钢模内壁和端板环面及橡胶管外表面涂刷脱模剂，应涂刷均匀。

c. 钢筋笼入模时，应将钢筋笼的纵向筋与制孔拉杆错开，不得靠近橡胶套管。钢筋笼的端头与端盖间的距离应保持 20～30mm 的保护层。

d. 拉杆螺母的上紧度必须一致，其扭矩为 0.25～0.30kN·m，用测力扳手检测锁紧力，上紧螺母应按对称顺序进行，由专人操作。

e. 钢模的跑轮圈、振动圈、定位圈不得有错位，钢模合缝口螺栓必须均匀上紧，使合缝口紧密。

f. 钢模与端盖应配套使用，不得互换。应设置明显的编号，易于辨识。

(5)管节成型工艺操作

复合法管节成型是由离心振压成型机完成，混凝土熟料由布料皮带机向管节钢模内布料，钢模边旋转边布料。

①布料时必须分层往复均匀连续进行，一次完成。整个布料时间宜控制在 6min 左右。

②低速布料时钢模的旋转速度以混凝土产生 $5g$ 左右离心加速度为宜(由操作台仪表测得)。

③电激振器启动时间，宜在混凝土布料至覆盖钢筋笼后，然后边布料边振动。借助压辊使混凝土熟料分布均匀，并控制管节内径尺寸。管壁超厚宜控制在 5mm 左右。

④布料完毕进行振动辊压，钢模转速应适当增加，以使混凝土产生$(8～9)g$ 左右的离心加速度为宜，振动辊压时间为 25～30s。

⑤振动辊压完毕进行高速离心，此时应使混凝土产生 $73g$ 以上的离心加速度。高速离心时间 6～8min。

⑥高速离心完毕应自然降速，防止钢模激烈振动。

(6)蒸养工艺及养护制度

①管节混凝土成型后应采用蒸汽养护，其蒸养制度应按地区和气温不同及条件差异由试验确定。但一般应满足以下制度：

a. 30℃干燥温度环境下静定 2h。

b. 升温与降温梯度为 15℃/h。

c. 升温至额定温度后恒温 4h。

d. 65℃开始以 15℃/h 升温至室温。

②管节蒸养可采用立式蒸养或坑式蒸养。立式蒸养在地面上设蒸养台座，可采用在钢模上外套保护罩，在管节内通蒸汽。坑式蒸养设蒸养地，加盖向池内通蒸汽。

(7)拆模工艺操作

①当管节混凝土强度达到设计值 70%时方可进行拆模。

②拆模应在专用场地上进行，拆除端盖时应用机具吊住，使用专用工具顶出，严禁使端盖直接坠地。

③抽除预留孔芯棒。将管节吊上抽芯机台座，由抽芯机完成。

④拆除钢模,先将钢模合缝口螺栓拆除,用专用千斤顶顶开单开钢模合缝口,开启度 20～40mm,然后用U形吊钩把管节从钢模内移出。

⑤立即清除钢模及其配件上的残留物,并维修整理、存放,以备周转使用。

(8)管节端磨工艺及端磨设备

管节脱模后经过质量评定,合格产品即吊到端磨台座上,由端磨机将管节两端截面上的突出管节端面的超厚部分去除,端面磨平,使管节端面暴露出光洁的石子面。端磨机是两台旋转的轮盘,轮盘上设有砂轮。砂轮旋转,轮盘转动。

(9)管节水养

管节脱模后必须水养 7d,或潮湿养护 10d,水养一般采用水养池,将管节吊入池内,池水完全淹没管节,并根据池水酸碱度标准或按时换水。

(10)管节质量检查

①管节成型过程中,应取样制作试件,测定混凝土立方体的抗压强度。试件的取样和养护条件应与管节相同。

②混凝土试件的取样每工班应取三组、每组三块,其中一组测定管节蒸养后拆模强度,一组测定 14d 管节强度,一组为龄期 28d 强度。试验方法应按现行行业标准《水运工程混凝土试验规程》(JTJ 270—98)的有关规定执行。混凝土强度的合格标准应按现行行业标准《水运工程混凝土施工规程》(JTJ 268—96)的有关规定执行。

③混凝土抗拉强度、吸水率和抗渗等级按每 5 000m^3 或半年应进行一次抽样检测。试验方法应按现行行业标准《水运工程混凝土试验规程》(JTJ 270—98)的有关规定执行。

④外观质量应符合下列规定:

a.外壁面严禁产生裂缝,内壁面由于干缩产生的细微裂缝,其缝宽不得超过 0.2mm,深度不得大于 10mm,长度不得超过管径的 0.5 倍。超过上述标准时必须进行修补。

b.混凝土应密实,不得出现露筋、空洞和缝隙等缺陷。

⑤混凝土管节的允许偏差应符合表 5.2-26 的规定。

混凝土管节的允许偏差和检验方法 表 5.2-26

序号	项　目	允许偏差(mm)	检验单位和数量	单元测点	检 验 方 法
1	外周长	±10	每节	2	用钢尺量两端
2	长度	±3			用钢尺测量
3	壁厚	+10 0			用钢尺量两端
4	管节端面倾斜	D/1 000			用钢尺量两端
5	管壁端面倾斜	δ/100			用角尺测量
6	预留孔直径	±3			用内卡钳测量取大值

注:δ 为壁厚,D 为管节外径,单位均为 mm。

7.复合法混凝土大管桩拼接张拉与压浆工艺

(1)混凝土大管桩拼接张拉操作要求

管桩拼接张拉前应对拼接台车、张拉装置进行检查调整,拉伸机油压表按有关规定定期进行标定。未经配套标定的拉伸机与油压表不得使用,油压表的精度不宜低于 1.5 级,预应力钢筋和钢绞线锚具应符合《港口工程预应力混凝土大直径管桩设计与施工规程》(JTJ 261—97)的要求。

①管桩拼接。吊运拼接管节时应查验复核该管节的质量评定标志,复查符合后,方可吊上台车,使管节合缝口的位置设在一条线上。然后调水平度和孔位,使孔位全部通畅后,将台车移开,使其相

间间距满足涂黏结剂的操作要求。黏结剂涂抹前先将黏结面及外侧倒角用丙酮清洁，待干燥后再涂抹黏结剂。涂抹黏结剂必须使整个黏结面均匀饱满。管节合拢后随即将管节端面内外侧倒角处用黏结剂找平，并黏上胶带纸，以防止黏结剂流淌。

穿钢绞线由穿丝机完成或采用人工穿，人工穿由专人操作，将两股或三股钢绞线一并送入孔内。

②管桩张拉。钢绞线张拉应两两对称进行，一组两个孔同步对称张拉。张拉加载时应缓慢，一般加载速度以20kN/min为宜，防止产生偏心加载。双股或三股钢绞线管桩即B、C型管桩，必须作二次张拉，以克服张拉时可能引起管节端面出现的应力集中现象。第一次张拉以保证黏结剂在一定压力下使管节黏结。如果第二次张拉仍在拼接台座上进行，那么第一次张拉的控制力则为设计张拉值的30%～40%，待黏结剂强度大于30MPa后，进行第二次张拉，第二次张拉拉到$0.75f_{ptk}$(钢绞线强度标准值)。如果第一次张拉后管节需要吊离拼接台车，放到灌浆台座上进行第二次张拉，那么第一次张拉的控制力应提高到设计值的50%左右。并且应在黏结剂终凝前2h完成将大管桩吊离任务，以免损害黏结强度。管桩吊离时必须谨慎，同时对搁置场地的垫楞设施应牢固和增加调平措施。因此必须严格控制黏结剂的凝结时间。倘若在第一次张拉后黏结剂终凝前2h未曾及时将管桩吊走，那么该桩就不得再行吊动，必须仍在拼接小车上等黏结剂强度达到30MPa后并完成第二次张拉时，管桩方可吊至压浆区。

钢绞线张拉力值与设计规定值的允许偏差为3%，初始张拉力可按设计张拉力10%控制，钢绞线张拉实际伸长量和理论标准伸长值的误差控制不宜超过10%或小于5%，超过则应暂停张拉，查明原因。张拉完成后应测量钢绞线的回缩量与锚具变形量值不应大于6mm。

(2)管桩预留孔压浆作业

压浆水泥应采用不低于42.5级II型硅酸盐水泥或普通硅酸盐水泥。经试件选定的外加剂、膨胀剂和拌和用水应符合现行行业标准《水运工程混凝土施工规程》(JTJ 268—96)的规定。

①水泥浆体的制备应符合下列要求：

a.宜采用不低于1 000r/min的高速搅拌机拌和，采用100r/min低速拌和筒储备。

b.浆体水灰比不大于0.35。

c.浆体流动度控制在16～20s范围。

d.拌和后3h浆体的泌水率应小于2%，而且应于24h后离析水被吸收。

e.浆体在无压缩的条件下自由膨胀率宜控制在5%～10%范围内。

f.浆体应控制在30min以上无变化，故压浆的操作时间应控制在30min以内。

g.高温季节拌浆时应采取适当降温措施，当气温低于5℃时拌浆则应采取保温措施。

②孔道压浆应符合下列规定：

a.压浆前在管桩的预留孔道两端安装阀门，并采用0.2MPa压力水检查桩身与接缝是否漏水，同时清洁孔道。压水检查后，应用不含油的压缩空气将预留孔道内积水吹出。

b.压浆顺序宜先压下层孔道逐渐向上层孔道进行。水泥浆由桩的一端向桩的另一端压送，压浆应缓慢、均匀地进行，不得中断，待出浆口流出浓浆后关闭出浆口阀门，并应保持0.4～0.6MPa压力不少于2min，以确保浆体密实性。

c.水泥浆体初凝后，方可拆除保压阀门。

③压浆后应从检查孔抽查压浆密实情况，如有不实，应及时处理和纠正。压浆时，每一工作班应留取不少于3组的70.7mm×70.7mm×70.7mm立方体试件，其中一组标准养护7d，其余标准养护28d，检查其抗压强度，作为水泥浆质量验收的依据，其抗压强度分别应不小于28MPa。试验应按现行行业《水运工程混凝土试验规程》(JTJ 270—98)的有关规定执行。

④压浆结束一小时后不得以任何方式移动或吊运该管桩。待水泥浆抗压强度大于28MPa或水泥浆体与钢绞线的黏结力大于0.2kN/mm时方可移动或切割放张钢绞线。

⑤放松锚夹具可采用乙炔一氧气切割的方法，但其切割点应距锚具50mm以上，并应采取措施防

止锚具产生退火或回火现象。退火或回火的锚夹具不得再次使用。

⑥切割放张的顺序应按对称、相互交错的原则进行。

⑦为保证打桩的施工要求，桩顶节切割后的钢绞线不得高于管桩端面，并用环氧胶泥补平。

8. 大管桩质量检验

(1)大管桩的质量应符合设计要求和现行行业标准《港口工程质量检验评定标准》(JTJ 221—98)的有关规定执行。

(2)大管桩制作的允许偏差、检验数量和方法应符合表 5.2-27 的规定。

大管桩制作的允许偏差、检验数量和方法 表 5.2-27

序号	项　目	允许偏差(mm)	检验单元和数量	单元测点	检验方法
1	管桩长度	±100	每根桩检查	1	用钢尺测量
2	桩顶倾斜	≤5*D*/1 000			用线锤与钢尺测量
3	拼缝处错牙	6	每根桩抽查50%拼缝		用钢尺与塞尺测量
4	拼缝处弯曲矢高	8			在拼缝处两侧，沿管节各 4m 处拉线，用钢尺测量

注：*D* 为大管桩外径，尺寸单位为 mm。

三、复合法混凝土大管桩堆存及运输

1. 混凝土大管桩堆存

混凝土大管桩的堆存应采用多支点搁置，垫楞间距 4m，堆存场地的垫楞地基须作工程处理，以防不均匀沉降，并配备硬木楔垫作为管桩固定和分层搁置的支垫。混凝土大管桩在堆存区的堆存高度，不宜超过 4 层，堆存时应保证底层支垫紧固，上层各支点必须设在与垫楞位于同一垂直线上，各支点应逐一检查是否接触良好。

2. 混凝土大管桩的运输

混凝土大管桩运输是指厂外运输，即由预制厂将整桩运往沉桩地点。混凝土大管桩的运输在国内大部分采用整桩运输，在国外进行管节运输的情况较多，在此仅介绍管桩运输。

(1)运输船舶的选用

由于混凝土大管桩的长度较大，故混凝土大管桩的运输均采用甲板货驳装运，短途运输常采用1 000～3 000t 驳船，长途运输则可采用 5 000～10 000t 的驳船。编制装船图应考虑沉桩顺序，以避免翻桩。

(2)装船要求

混凝土大管桩装船应按宝塔形分层装驳，装桩高度不宜超过 4 层。用船运时应按航行安全规定固定，并根据不同的航区、船型、桩型和船舶稳性确定装驳层数，其配载量，内河不超过驳船装载量的 80%，河口区和海域不超过装载量的 70%。

当甲板驳顶面为平面时混凝土大管桩应作多支点搁置，采用大方木垫楞，垫楞间距为 4m，垫楞顶面应在同一平面上，桩身两侧相对垫楔形块固定，以稳定底层管桩，楔形块用马钉钉在大方木垫楞上。当甲板驳甲板面为弧形面时，则采用在混凝土大管桩桩身下垫横向通长底楞，底楞一侧作梯形状，并在底楞外侧甲板上加焊铁件，用以固定底楞垫木，铁件间距为 4m。对底层桩以上各层混凝土大管桩的支垫均采用硬木楔块支垫，支垫位置应设在间距 4m 的同一垂线上。各层支垫垫木必须敲紧，使其受力良好，并用马钉将对头相邻的两木楔连在一起，以防松动脱落。

(3)装桩加固措施

为防止运输过程受风浪影响，装船完成后必须作整体加固，加固方案应由船方决定，并负责实施完成加固任务。由工程承包单位绘制装驳图和加固图，以便向船检部门办理签证手续。装桩加固措施一般采用在甲板上焊吊环，用20mm钢丝绳捆绑并用张紧器拉紧，加固间距取6m（图5.2-37）。

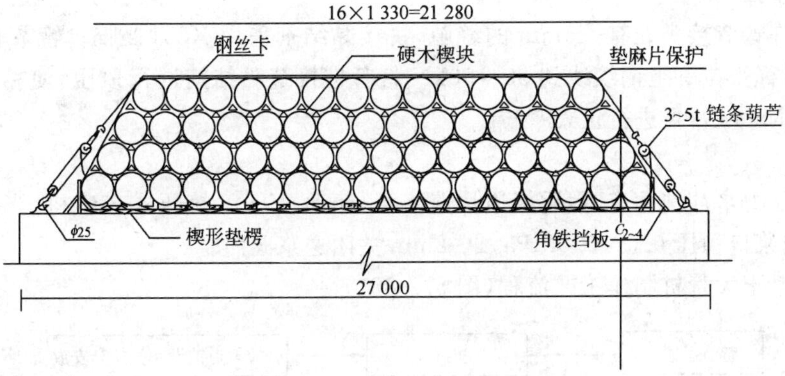

图5.2-37　管桩装驳加固图（尺寸单位：mm）

四、立式法混凝土大管桩制作运输储存

立式法混凝土大管桩的规格目前有A_0型管桩，A_0型桩为D1 000mm单根钢绞线管桩。

A_0型管桩规格及力学性能见表5.2-28。

A_0型管桩规格及力学性能　　表5.2-28

管桩外径 D(m)	管桩内径 d(m)	桩截面积 S(m^2)	桩截面惯性矩 J(m^4)	预留孔数	预留孔直径（mm）	预应力钢绞线直径（mm）	预应力钢绞线数量	混凝土有效预压应力（MPa）	开裂弯矩（不含混凝土拉应力）（kN·m）	开裂弯矩（含混凝土拉应力）（kN·m）	破坏弯矩（kN·m）	轴心受压破坏轴力（kN）
1.0	0.74	0.355	0.0350	18	32	15.2	18	6.93	460	780	1 260	10 080

1. 立式法混凝土大管桩的制作

(1)管节生产

①模板设计

为保证模板制作精度，不变形，方便装拆，故模板的主要部件如内外模、底模及上封头板、定位板、预留孔道芯管等均应采用机械加工。

②混凝土配制

a. 混凝土强度等级为C60。

b. 水灰比不大于0.4。

c. 水泥用量大于500kg/m^3。

d. 坍落度控制在30mm左右。

③管节成型

管节立模设在大型振动台上，采用激振力480～500kN振动台振动混凝土。下灰采用吊斗下灰，每节管节分6次下灰，每次下料后激振10s，最后一次下料完毕，固定上封头板，并在封头板上再固定一只附着式振动器与振动台同时振动，边振动边拧紧封头板顶压螺杆，时间需1～1.5min。

④拆模及养护

管节成型后每隔10～15min转动芯管一次，待混凝土初凝后，用吊机将定位板及芯管一起抽出。内模底部留有高20cm气室，脱模时送入压力0.44MPa压缩空气，将内模缓缓升起，当内模上升至1m时，再用吊机提升拔出。间隔8～10h后拆除外模。

管节脱模后应水养7d或潮湿养护10d。

(2)管桩拼接张拉与压浆

①管桩拼接张拉

管桩拼接允许管节接头处有<5mm的缝隙,拼接黏结剂采用K801-s胶。管节合拢后在K801-s胶未凝固前,先对称张拉一组钢绞线到30~50kN将管桩接缝黏结剂进行顶压,使黏结剂密实。待黏结剂强度达到70MPa后,再进行正式张拉。

②孔道压浆

压浆前先用压力水冲洗孔道,然后接通快速接头,起动WBJ-2挤压式灰浆机,当预留孔另一端冒出浓浆后,堵上出浆口稳压0.6~0.8MPa,1~2min关闭送浆阀门。

③立式法混凝土大管桩制作工艺流程(图5.2-38)

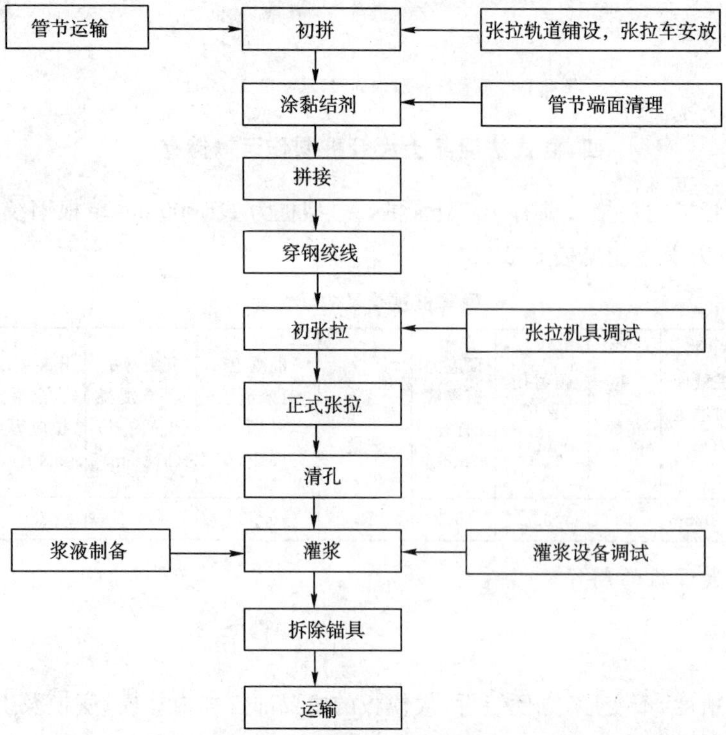

图5.2-38 立式法混凝土大管桩制作工艺流程

2.立式法混凝土大管桩运输储存

立式法混凝土大管桩可用于长江中上游地区,运桩船舶多采用1 000t以下的驳船,装船的搁置要求同复合法大管桩运输。

第五节 先张法钢绞线预应力混凝土管桩

为了改善和提高预应力混凝土管桩的性能,中交三航局宁波分公司研制、开发了新型管桩——先张法钢绞线预应力高强度混凝土管桩(简称SPHC管桩)。

SPHC管桩结合了大管桩和PHC管桩的优点,在钢筋笼制作工艺、钢绞线预应力张拉工艺和锚固工艺等方面进行了技术创新,已申请了多项国家专利。

SPHC管桩作为首创的新型预应力混凝土管桩,其主要特征为:先张法预应力主筋采用高强度低松弛钢绞线、P型锚具锚固、高速离心成型和混凝土二次蒸汽养护等工艺。

SPHC管桩是一种全新的预应力混凝土管桩,它具有良好的力学性能及工程性能。不同直径的

SPHC 管桩采用不同规格、不同强度、不同数量的钢绞线形成完整的 SPHC 管桩产品系列，其主体产品的性能定位超过现有的大管桩和 PHC 管桩。SPHC 管桩可以进一步拓宽预应力混凝土管桩替代钢管桩使用的范围，因而具有广泛的应用前景，社会效益和经济效益显著。SPHC 管桩型号与规格（表 5.2-29）：

（1）根据 SPHC 管桩直径、钢绞线数量、钢绞线强度值的不同，定义不同规格的 SPHC 管桩的型号，代号表示为

SPHC□□□□—□□—□—□□，代号含义如下：

SPHC　　　　□□□□—□□—　　□—　　　□□

表示：SPHC 管桩　管桩外直径　钢绞线的数量　钢绞线标准强度值　单节管桩长度(m)

1 表示 1 570MPa

2 表示 1 860MPa

如：

SPHC1200—36—2—30 管桩表示外直径为 1 200mm、钢绞线数量 36 根、钢绞线标准强度值为 1 860MPa，单节管桩长度为 30m 的 SPHC 管桩；

SPHC800—20—1—20 管桩表示外直径为 800mm、钢绞线数量 20 根、钢绞线标准强度为 1 570 MPa，单节管桩长度为 20m 的 SPHC 管桩。

（2）SPHC 管桩的混凝土强度等级为 C80。

桩的运输和储存可参见第三节。

SPHC 管桩型号、规格和技术性能表　　　　表 5.2-29

<table>
<tr><th rowspan="2">序号</th><th rowspan="2">规格型号</th><th rowspan="2">外径 D (mm)</th><th rowspan="2">壁厚 (mm)</th><th colspan="3">钢绞线</th><th rowspan="2">混凝土有效预压应力 (MPa)</th><th rowspan="2">抗裂弯矩 (kN·m)</th><th rowspan="2">极限弯矩 (kN·m)</th><th rowspan="2">单位质量 (t/m)</th><th rowspan="2">截面配筋率 (%)</th><th rowspan="2">单桩长度 (m)</th></tr>
<tr><th>数量</th><th>标准强度 (MPa)</th><th>D_P (mm)</th></tr>
<tr><td>1</td><td>SPHC800—12—1</td><td rowspan="8">800</td><td rowspan="8">110</td><td rowspan="2">12</td><td>1 570</td><td rowspan="8">690</td><td>6.29</td><td>512.1</td><td>921.7</td><td rowspan="8">0.620</td><td rowspan="2">0.70</td><td rowspan="8">7～30</td></tr>
<tr><td>2</td><td>SPHC800—12—2</td><td>1 860</td><td>7.48</td><td>556.6</td><td>1 001.8</td></tr>
<tr><td>3</td><td>SPHC800—16—1</td><td rowspan="2">16</td><td>1 570</td><td>8.14</td><td>587.4</td><td>1 057.3</td><td rowspan="2">0.94</td></tr>
<tr><td>4</td><td>SPHC800—16—2</td><td>1 860</td><td>9.67</td><td>645.5</td><td>1 161.9</td></tr>
<tr><td>5</td><td>SPHC800—20—1</td><td rowspan="2">20</td><td>1 570</td><td>9.88</td><td>659.8</td><td>1 187.7</td><td rowspan="2">1.17</td></tr>
<tr><td>6</td><td>SPHC800—20—2</td><td>1 860</td><td>11.74</td><td>731.1</td><td>1 316.1</td></tr>
<tr><td>7</td><td>SPHC800—24—1</td><td rowspan="2">24</td><td>1 570</td><td>11.51</td><td>729.7</td><td>1 313.5</td><td rowspan="2">1.41</td></tr>
<tr><td>8</td><td>SPHC800—24—2</td><td>1 860</td><td>13.68</td><td>813.6</td><td>1 464.6</td></tr>
<tr><td>9</td><td>SPHC1 000—16—1</td><td rowspan="10">1 000</td><td rowspan="10">130</td><td rowspan="2">16</td><td>1 570</td><td rowspan="10">880</td><td>5.69</td><td>933.9</td><td>1 681.1</td><td rowspan="10">0.924</td><td rowspan="2">0.63</td><td rowspan="10">7～30</td></tr>
<tr><td>10</td><td>SPHC1 000—16—2</td><td>1 860</td><td>6.76</td><td>1 010.7</td><td>1 819.2</td></tr>
<tr><td>11</td><td>SPHC1 000—20—1</td><td rowspan="2">20</td><td>1 570</td><td>6.96</td><td>1 035.8</td><td>1 864.5</td><td rowspan="2">0.79</td></tr>
<tr><td>12</td><td>SPHC1 000—20—2</td><td>1 860</td><td>8.28</td><td>1 130.7</td><td>2 035.3</td></tr>
<tr><td>13</td><td>SPHC1 000—24—1</td><td rowspan="2">24</td><td>1 570</td><td>8.19</td><td>1 135.7</td><td>2 044.3</td><td rowspan="2">0.95</td></tr>
<tr><td>14</td><td>SPHC1 000—24—2</td><td>1 860</td><td>9.73</td><td>1 248.5</td><td>2 247.3</td></tr>
<tr><td>15</td><td>SPHC1 000—28—1</td><td rowspan="2">28</td><td>1 570</td><td>9.36</td><td>1 233.8</td><td>2 220.8</td><td rowspan="2">1.10</td></tr>
<tr><td>16</td><td>SPHC1 000—28—2</td><td>1 860</td><td>11.3</td><td>1 364.0</td><td>2 455.3</td></tr>
<tr><td>17</td><td>SPHC1 000—32—1</td><td rowspan="2">32</td><td>1 570</td><td>10.49</td><td>1 330.0</td><td>2 394.0</td><td rowspan="2">1.26</td></tr>
<tr><td>18</td><td>SPHC1 000—32—2</td><td>1 860</td><td>12.47</td><td>1 477.4</td><td>2 659.4</td></tr>
</table>

续上表

序号	规格型号	外径 D (mm)	壁厚 (mm)	钢绞线			混凝土有效预压应力 (MPa)	抗裂弯矩 (kN·m)	极限弯矩 (kN·m)	单位质量 (t/m)	截面配筋率 (%)	单桩长度 (m)
				数量	标准强度 (MPa)	D_P (mm)						
19	SPHC1 200—28—1	1 200	150	28	1 570	1 060	7.00	1 724.6	3 104.2	1.286	0.79	7～30
20	SPHC1 200—28—2				1 860		8.32	1 883.0	3 389.4			
21	SPHC1 200—32—1			32	1 570		7.88	1 840.0	3 312.0		0.90	
22	SPHC1 200—32—2				1 860		9.37	2 019.4	3 634.9			
23	SPHC1 200—36—1			36	1 570		8.74	1 953.4	3 516.1		1.02	
24	SPHC1 200—36—2				1 860		10.39	2 153.3	3 875.9			
25	SPHC1 200—40—1			40	1 570		9.57	2 064.7	3 716.5		1.13	
26	SPHC1 200—40—2				1 860		11.38	2 284.8	4 112.7			
27	SPHC1 200—44—1			44	1 570		10.38	2 174.2	3 913.5		1.24	
28	SPHC1 200—44—2				1 860		12.34	2 414.0	4 345.3			

注：①管桩主筋采用直径 ϕ15.24mm (7ϕ5mm)，标准强度为 1 860(1 570)MPa 的钢绞线；高压釜蒸养，混凝土强度等级为 C80。

②表中 D_p 为主筋中心位置直径。

③拼接桩可根据设计要求选用。

④根据供需双方协议，也可生产其他规格、型号、长度的管桩。

⑤单节管桩长度以 1m 为模数。

第六节　钢管桩制作、运输

一、钢材质量要求

钢管桩所用材质，应由设计决定。常用的有 Q235、Q345 以及耐腐蚀钢如 16MnCu 等，对于到货钢材，应按规定进行质量验证，其内容包括以下方面：

(1)钢材牌号：钢材牌号应符合设计要求，如需材料代用，必须事先征得设计部门同意，但如生产厂提供的质保书中缺少设计部门提出的部分性能要求时，应做补充试验。当采用进口钢材时，必须验证其化学成分和机械性能是否满足相应钢号的标准。

(2)材料质保书：钢材必须具有生产厂提供的符合设计文件要求的质量证明书，表明钢材炉批号、化学成分和机械性能。如对钢材质量有疑义或设计文件有规定要求时，应抽样检验，其结果必须符合国家有关标准规定和设计文件要求。钢管桩钢材的化学成分和机械性能见《碳素结构钢》(GB 700)和《低合金高强度结构钢》(GB/T 1591)标准中有关部分。

(3)表面质量检查：钢材表面不得有气泡、结疤、裂纹、折叠、分层、夹杂等缺陷，锈蚀、麻点或划痕的缺陷深度不得超过钢板厚度负公差的一半，对于低合金钢，缺陷处的实际厚度不得低于最小允许厚度。

(4)规格尺寸检查：钢材的规格应满足订货要求，特别是板厚应满足表 5.2-30 和表 5.2-31 所列要求。

钢板厚度允许偏差(mm)(一)　　表 5.2-30

公称厚度	钢板宽度						
	600～750	>750～1 000	>1 000～1 500	>1 500～2 000	>2 000～2 300	>2 300～2 700	>2 700～3 000
>4.00～5.50	±0.20～0.40	±0.30～0.40	±0.30～0.50	±0.40～0.50	±0.45～0.50		
>5.50～7.50	±0.20～0.50	±0.20～0.60	±0.25～0.60	±0.40～0.60	±0.45～0.60		
>7.50～10.00	±0.20～0.80	±0.20～0.80	±0.30～0.80	±0.35～0.80	±0.45～0.80	±0.60～0.80	
>10.00～13.00	±0.20～0.80	±0.20～0.80	±0.30～0.80	±0.40～0.80	±0.50～0.80	±0.70～0.80	±1.00～0.80

钢板厚度允许偏差(mm)(二)　　　　表 5.2-31

公称厚度	负偏差	钢板宽度													
		>1 000 ~1 200	>1 200 ~1 500	>1 500 ~1 700	>1 700 ~1 800	>1 800 ~2 000	>2 000 ~2 300	>2 300 ~2 500	>2 500 ~2 600	>2 600 ~2 800	>2 800 ~3 000	>3 000 ~3 200	>3 200 ~3 400	>3 400 ~3 600	>3 600 ~3 800
>13~25	0.8	0.2	0.2	0.3	0.4	0.6	0.8	0.8	1.0	1.1	1.2				
>25~30	0.9	0.2	0.2	0.3	0.4	0.6	0.8	0.9	1.0	1.1	1.2				

二、制作工艺流程

钢管桩(节)由钢板或钢带卷制而成，按成形方法可分为直缝管和螺旋管两种。这两种桩(节)一般均在专业工厂成批生产。

1. 直缝钢管桩制作工艺流程简介

对于整桩出厂，且有防腐措施的钢管桩，其制桩工艺流程如图 5.2-39 所示。

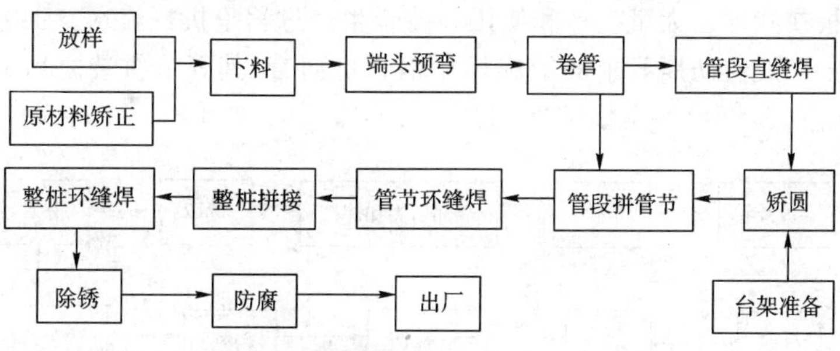

注:①管段为一张下料钢板卷制成的圆柱体。
②管节为数个管段拼接成的圆柱体。

图 5.2-39　直缝钢管桩制作工艺流程

现将图中主要工艺操作过程说明如下：

(1)放样和下料

钢板下料长度应以钢管板厚中心线展开长度作为依据。在钢板上划线时应根据切割手段加放切割余量，下料时矩形板材的展开长度和对角线长度偏差要进行控制，以确保管段直径和端面平整符合要求。下料时钢板四周的焊缝坡口应根据设计要求。

(2)端头预弯(压头)

由于板料在卷板机上弯曲时两段边缘总留有剩余直边，所以必须对板料在卷管前进行边缘预弯(压头)。预弯形式有多种：利用三辊卷板机预弯时，当板材不大于 24mm 时，可预先弯好一块厚度大于两倍弯板的钢板作为弯模，将所需弯板置于弯模上在卷板机上来回滚动直至板料边缘达到所需弯曲半径；利用压力机模具将钢板边缘弯成所需弯曲半径，此法可适用于各种板厚，加工前需预制曲率半径样板；利用四辊卷板机预弯时，将板料边缘置于上下辊之间压紧，然后调整侧辊位置达到预弯目的。

(3)卷管

卷管可在三辊或四辊卷板机上进行，为避免卷管过程中产生的各种缺陷，必须对卷板机进行正确操作，卷管常见外形缺陷及其成因见表 5.2-32，供操作时参考。

卷管的常见缺陷及其成因分析　　　　表 5.2-32

缺陷名称	缺陷特征	缺陷成因	缺陷名称	缺陷特征	缺陷成因
过弯	直缝边缘重叠	轴辊调节过量	束腰	卷管两头大、中间小	上下辊顶力和压力过大
锥形	卷管两端直径不一致	上下辊中心线不平行	歪斜	卷管端面接缝不齐平	板料没有对中
鼓形	卷管两头小、中间大	轴辊发生弯曲变形	棱角	卷管直缝处曲率有突变	预弯不良，曲率过大或过小

(4)拼接

钢管桩通常以管节或整桩形式出厂,所以工厂制作时应将管段拼装成管节,管节拼装成桩。拼接过程应在专用台架上进行,以提高效率和质量。现将拼接过程中常见外形缺陷及其成因列于表5.2-33,供操作时参考。

拼接中常见缺陷及其成因分析　　表5.2-33

缺陷名称	缺陷特征	缺陷成因	缺陷名称	缺陷特征	缺陷成因
错牙超差	环缝对接处表面不齐平,有高低差	管端椭圆度超差 直缝处管壁棱角过大	弯曲超差	管桩(节)中心线明显不直	装配台架中心线不直 环缝装配间隙过大 环缝焊接工艺不良

(5)焊接和防腐

焊接和防腐是钢管桩制作中的特殊工艺过程,防腐将在第十篇第三章中加以专题叙述。

2.螺旋焊缝钢管桩制作工艺流程简介

螺旋焊缝钢管桩在我国已大量生产和使用。整个生产过程呈机械流水。工艺流程如图5.2-40所示。对于需要整桩出厂或有防腐要求的螺旋焊缝钢管桩而言,其管节拼装之后的工艺流程仍可参见图5.2-39有关部分。

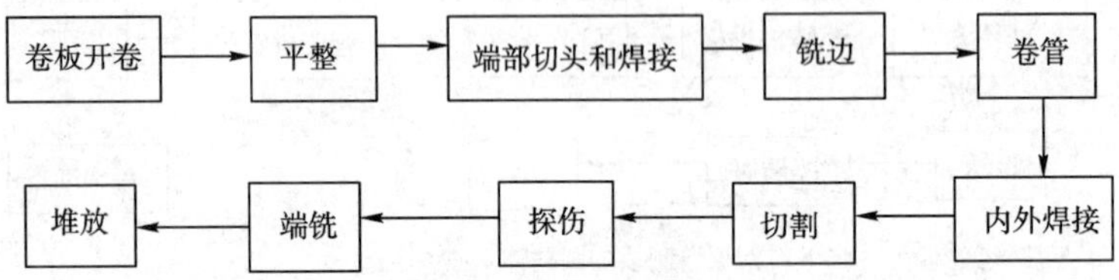

图5.2-40　螺旋焊缝钢管桩制作工艺流程

现将图中主要工艺操作过程说明如下:

(1)开卷和平整

生产螺旋焊缝钢管的材料是卷板,所以首道工艺即是卷板的开卷和平整。开卷和平整分别由传送辊和轧辊进行,位于整台机组的前面部位。

(2)端部切头和焊接

由钢厂生产的卷板两端是不齐正的。为了确保生产的连续性,必须对两卷板材之间的接头进行切边和焊接。切边和焊接由机械本身完成,操作中要控制端头切边、板中轴线垂直度、对接接头错边量以及焊接参数的确认。

(3)铣边

铣边由专用铣刀铣削,通过对板材两侧边的机械加工,来保证进入卷制工艺前板材的宽度、直线度以及焊接坡口尺寸。

(4)卷管

卷管通过机组卷管排轮(即轧辊)进行。卷管直径、成形角、板宽之间的关系为:

$$\cos\theta = B/\pi D \tag{5.2-4}$$

式中:θ——成形角,即卷管中心线和机组中轴线之间夹角;

B——板材宽度;

D——卷管板厚中心线直径。

在板宽已定情况下,通过成形角计算和排轮位置的调整,可得到所需管径。卷管过程中主要控制管径和椭圆度符合产品公差要求。

(5)焊接

螺旋焊缝钢管桩焊缝一般采用埋弧自动焊，其焊接材料和焊接参数的选择详见第六节中的有关内容。

(6)切割和端铣

当卷管到所需管节长度后，应进行切割工序。管节的切割采用火焰或等离子切割。端铣采用专用铣刀盘分别对管节两端进行铣削加工，以达到所需长度、端面平整度和环状焊接坡口尺寸。

三、焊　　接

焊接是钢管桩生产过程中非常重要的工艺过程，必须引起高度重视。影响焊接质量的因素很多，现选择几个主要要素进行叙述。

1. 焊接材料

(1)低碳钢焊条

低碳钢焊条的含碳量≤0.25%，产生焊接裂纹倾向小，焊接性能良好，一般按焊缝金属与母材等强度原则选择焊条。常用Q235钢材，焊条可选用E43系列E4313～E4315型号焊条。但对于重要工程或需要在低温下焊接时，必须选用抗裂性较好的低氢焊条，如E4316、E4315。

(2)低合金高强度钢焊条

选用的原则应使焊缝金属的机械性能与母材基本相同，即不宜使焊缝金属的实际抗拉强度高出母材50MPa以上，以确保焊缝金属有良好的塑性、韧性和抗裂性。常用低合金钢母材如16Mn、15MnV可选用E50系列E5001～E5016型号焊条。同样，对于重要工程或低温下焊接时，必须采用抗裂性较好的低氢焊条，如E5016、E5015。

(3)埋弧焊丝和焊剂

埋弧焊所用焊丝和焊剂，应根据母材的牌号来确定。常用埋弧焊焊丝和焊剂的选用见表5.2-34。

埋弧焊焊丝和焊剂选用表　　表5.2-34

类　别	适用母材	焊丝牌号	焊剂牌号
低碳钢	Q235	H08A	焊剂431
		H08MnA	焊剂230
		H08Mn2	焊剂130
低合金钢	16Mn(中厚板)	H08MnA	焊剂430 焊剂431
		H10MnSi	
		H10Mn2	
	15MnV(中板)	H10MnSi	
		H10Mn2	

2. 焊接参数

(1)手工焊焊接参数

①焊条直径：焊条直径的选择主要取决于焊件的厚度、接头形式、焊缝位置及焊接层次等因素。一般的选择原则是薄板和"V"形坡口打底焊时，选用小直径焊条；厚板和"V"形坡口盖面焊时，选用大直径焊条。表5.2-35所列为焊条直径和板厚关系，供施工时参考。

焊条直径和板厚关系　　表5.2-35

板厚(mm)	4～12	>12
焊条直径(mm)	3.2～4	≥4

②焊接电流：焊接电流是手工焊的主要参数，焊接电流过大，会产生焊皮失效和脱落造成的焊缝气孔、咬边、烧穿等缺陷，另外还会使接头影响区晶粒粗大、焊接接头韧性下降。焊接电流太小时会造成未焊透、未熔合、气孔夹渣等缺陷。因此选择合适的工作电流是保证焊接质量的关键。焊接电流可

根据焊条直径按表 5.2-36 选择，当然还要考虑板厚、接头形式、焊接位置、钢材材质、环境温度等其他因素。一般来说遇 T 形接头、搭接、厚板、低温情况时，由于导热快，电流要大些，非平焊位置时为控制焊缝成形，电流要小一些。焊接电流初定后，要通过试焊、检查焊缝成形和缺陷才可正式确定。对于重要工程，如业主或设计有焊接工艺评定要求的，必须在焊接工艺评定试验合格后才能最终确定焊接电流和工艺。

③焊缝层数：钢管桩板材一般均较厚，为熔透焊，焊缝常开坡口，并采用多层或多层多道焊。多层焊或多层多道焊接头的显微组织较细，热影响区较窄，接头的塑性和韧性较好。焊缝的层数和道数一般根据板厚、坡口角度、焊条直径、焊接位置等因素综合考虑后决定。

④线能量：熔焊时，由焊接能源输入到单位长度焊缝上的热量称为线能量。即：

$$q = IU/V \qquad (5.2\text{-}5)$$

式中：q——单位长度焊缝输入的热量(J/cm)；

I——焊接电流(A)；

U——电弧电压(V)；

V——焊接速度(cm/min)。

线能量对低碳钢焊接接头性能影响不大，所以对低碳钢手弧焊能量一般不作规定，但对于低合金钢等钢种而言，线能量太大，接头性能会不合格；线能量太小，可能会产生裂纹。线能量大小一般通过试验确定。

手工焊部分焊接参数，可参照表 5.2-36 和表 5.2-37 进行选择。

标准焊接电流选用参考表(单位：A)　　表 5.2-36

焊条种类	焊接位置	焊条直径(mm)				
		2.6	3.2	4.0	5.0	6.0
E4301	F V. OH. H	50～85 40～70	80～130 60～110	120～180 100～150	170～240 130～200	240～310 —
E4303	F V. OH. H	65～100 50～90	100～140 80～130	140～190 110～170	200～260 140～210	250～330 —
E4311	F V. OH. H	50～75 30～70	70～110 55～105	110～155 90～140	155～200 120～180	190～240 —
E4313	F V. OH. H	55～95 50～90	80～130 70～120	125～175 100～160	170～230 120～200	230～300 —
E4316	F V. OH. H	55～85 50～80	90～130 80～115	130～180 110～170	180～240 150～210	250～340 —
E4324	F. H－Fil —	— —	130～160 —	180～220 —	240～290 —	— —
E4326	F. H－Fil	— —	— —	140～180 —	180～220 —	240～270 —
E4327	F. H－Fil	— —	— —	170～200	210～240 —	260～300 —
E4340	F. V. OH H. H-Fil } 或任何位置					

注：F-平焊，V-立焊，OH-仰焊，H-横焊，H-Fil-水平填角焊。

低碳钢、低合金钢手工电弧焊的焊接工艺参数　　表 5.2-37

焊缝空间位置	焊缝断面示图	焊件厚度或焊脚尺寸(mm)	第一层焊缝		以后各层焊缝		封底焊缝	
			焊条直径(mm)	焊接电流(A)	焊条直径(mm)	焊接电流(A)	焊条直径(mm)	焊接电流(A)
平对接焊缝	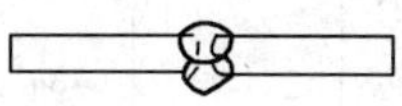	2.0	φ2.0	55～60			φ2.0	55～60
		2.5～3.5	φ3.2	90～120			φ3.2	90～120
		4.0～5.0	φ3.2	100～130			φ3.2	100～130
			φ4.0	160～200			φ4.0	160～210
			φ5.0	200～260			φ5.0	220～250
		5.0～6.0	φ4.0	160～210			φ3.2	100～130
							φ4.0	180～210
		＞6.0	φ4.0	160～210	φ4.0	160～210	φ4.0	180～210
					φ5.0	220～280	φ5.0	220～260
	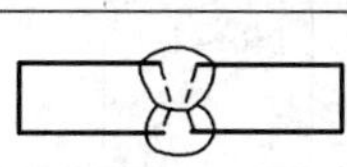	≥12	φ4.0	160～210	φ4.0	160～210		
					φ5.0	220～280		
立对接焊缝	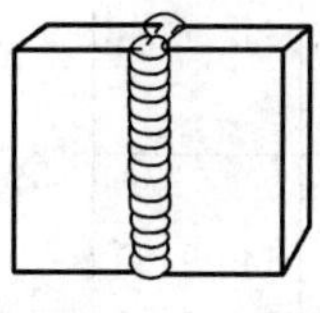	2.0	φ2.0	50～55			φ2.0	50～55
		2.5～4.0	φ3.2	80～110			φ3.2	80～110
		5.0～6.0	φ3.2	90～120			φ3.2	90～120
	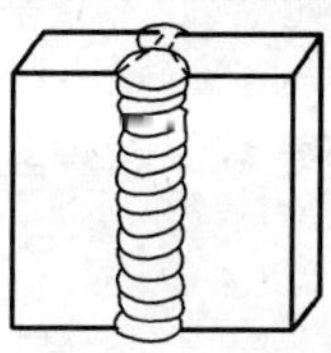	7.0～10	φ3.2	90～120	φ4.0	120～160	φ3.2	90～120
			φ4.0	120～160				
		≥11	φ3.2	90～120	φ4.0	120～160	φ3.2	90～120
			φ4.0	120～160	φ5.0	160～200		
	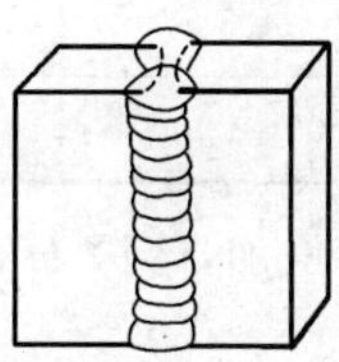	12～18	φ3.2	90～120	φ4.0	120～160		
			φ4.0	120～160				
		≥19	φ3.2	90～120	φ4.0	120～160		
			φ4.0	120～160	φ5.0	160～200		
横对接焊缝	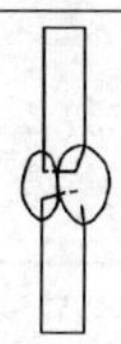	2.0	φ2.0	50～55			φ2.0	0～55
		2.5	φ3.2	80～110			φ3.2	80～110
		3.0～4.0	φ3.2	90～120			φ3.2	90～120
			φ4.0	120～160			φ4.0	120～160
	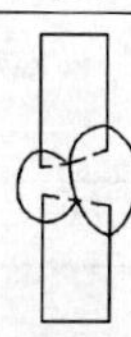	5.0～8.0	φ3.2	90～120	φ3.2	90～120	φ3.2	90～120
					φ4.0	140～160	φ4.0	120～160
		≥9.0	φ3.2	90～120	φ4.0	140～160	φ3.2	90～120
			φ4.0	140～160			φ4.0	120～160
		14～18	φ3.2	90～120	φ4.0	140～160		
			φ4.0	140～160				
		≥19	φ4.0	140～160	φ4.0	140～160		

续上表

<table>
<tr><th rowspan="2">焊缝空间位置</th><th rowspan="2">焊缝断面示图</th><th rowspan="2">焊件厚度或焊脚尺寸(mm)</th><th colspan="2">第一层焊缝</th><th colspan="2">以后各层焊缝</th><th colspan="2">封底焊缝</th></tr>
<tr><th>焊条直径(mm)</th><th>焊接电流(A)</th><th>焊条直径(mm)</th><th>焊接电流(A)</th><th>焊条直径(mm)</th><th>焊接电流(A)</th></tr>
<tr><td rowspan="11">仰对接焊缝</td><td rowspan="4">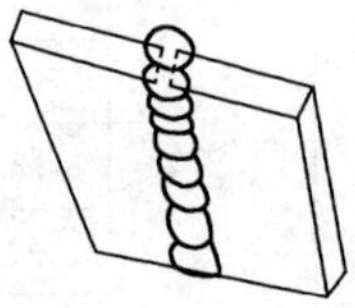</td><td>2.0</td><td rowspan="4"></td><td rowspan="4"></td><td rowspan="4"></td><td rowspan="4"></td><td>φ2.0</td><td>50～55</td></tr>
<tr><td>2.5</td><td>φ3.2</td><td>80～110</td></tr>
<tr><td rowspan="2">3.0～5.0</td><td>φ3.2</td><td>90～110</td></tr>
<tr><td>φ4.0</td><td>120～160</td></tr>
<tr><td rowspan="4">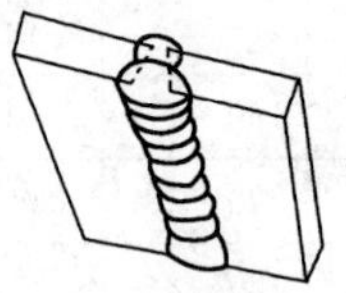</td><td rowspan="2">5.0～8.0</td><td rowspan="2">φ3.2</td><td rowspan="2">90～120</td><td>φ3.2</td><td>90～120</td><td rowspan="7"></td><td rowspan="7"></td></tr>
<tr><td>φ4.0</td><td>140～160</td></tr>
<tr><td rowspan="2">≥9.0</td><td>φ3.2</td><td>90～120</td><td rowspan="2">φ4.0</td><td rowspan="2">140～160</td></tr>
<tr><td>φ4.0</td><td>140～160</td></tr>
<tr><td rowspan="3">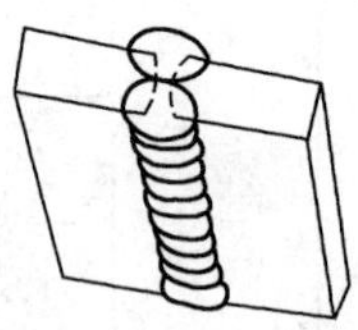</td><td rowspan="2">12～18</td><td>φ3.2</td><td>90～120</td><td rowspan="2">φ4.0</td><td rowspan="2">140～160</td></tr>
<tr><td>φ4.0</td><td>140～160</td></tr>
<tr><td>≥19</td><td>φ4.0</td><td>140～160</td><td>φ4.0</td><td>140～160</td></tr>
</table>

(2)埋弧焊焊接参数

焊丝直径：在焊接电流、电压和速度不变情况下，焊丝直径直接影响焊缝熔深。焊丝直径减小，熔深将加大，成形系数减小。不同直径焊丝用的电流范围见表5.2-38。

焊丝直径和焊接电流之间关系 表5.2-38

焊丝直径(mm)	<2.4	3.2	4.0	4.8	6.4
电流范围(A)	<400	300～500	350～800	500～1 100	700～1 600

焊接电流：焊接电流对熔深影响为最大，一般情况下电流增大，熔深将增加，熔深 H 和焊接电流 I 成正比：

$$H = K_m I \tag{5.2-6}$$

式中：K_m——比例系数，随电流种类、极性、焊丝直径、焊剂牌号而变化，详见表5.2-39。

K_m 值与焊丝直径、电流种类、极性及焊剂的关系 表5.2-39

焊丝直径(mm)	电流种类	焊剂牌号	K_m 值(mm/100A)	
			T形焊缝和开坡口的对接焊缝	堆焊和不开坡口的对接焊缝
5	交流	HJ431	1.5	1.1
2	交流	HJ431	2.0	1.0
5	直流反接	HJ431	1.75	1.1
5	直流正接	HJ431	1.25	1.0
5	交流	HJ430	1.55	1.15

焊接速度：焊接速度对熔深和熔宽有明显影响，焊接速度增加，使熔宽减少，熔深增加，但如果速度超过 67cm/min 后，由于线能量过分减少，使熔深和熔宽都减小。焊接速度过快还会造成咬边、未焊透、气孔等缺陷。

电弧电压：电弧电压对熔深和熔宽有直接影响，通常电压增加，熔宽明显增加，而熔深略有减小。

埋弧焊部分焊接参数资料：埋弧焊部分焊接参数，可参照表 5.2-40、表 5.2-41、表 5.2-42 进行选择。

16Mn 钢对接自动埋弧焊规范　　表 5.2-40

焊缝形式	板厚(mm)与坡口	焊缝顺序	焊丝牌号	焊接电流(A)	电弧电压(V)	焊接速度(m/h)
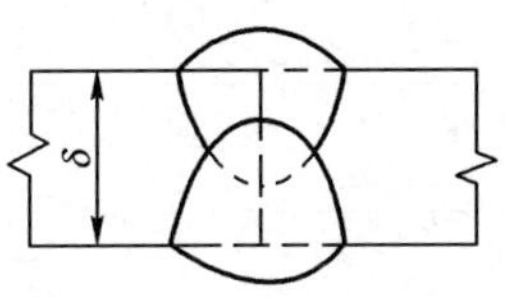	δ=8	正 反	H08A	550～580 600～650	34～36	34.5
	δ=10	正 反	H08A	620～650 680～700	36～38	32
	δ=12	正 反	H08A	680～700 680～700	36～38	32
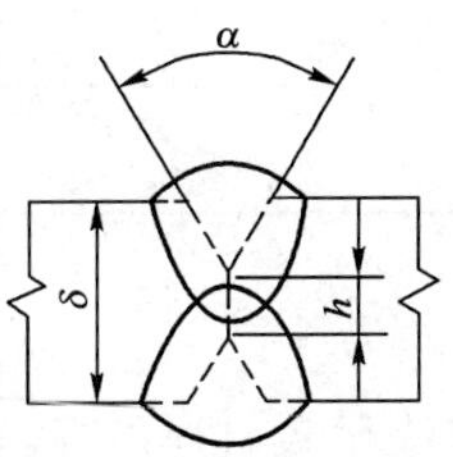	δ=14 α=60°	正 反	H08A	600～640 620～660	34～36	29.5
	δ=16 α=65°	正 反	H08×MnA	600～640 640～680	34～36	29.5
	δ=18 α=70°	正 反	H08×MnA	680～700 680～700	36～38	27.5
	δ=20 α=70°	正 反	H08×MnA	680～700 700～720	36～38	27.5
	δ=25 α=70°	正 反	H08×MnA	700～720 720～740	36～38	21.5

开坡口工件双面焊的焊接条件　　表 5.2-41

工件厚度(mm)	坡口形式	焊丝直径(mm)	焊接顺序	坡口尺寸 α(°)	坡口尺寸 h(mm)	坡口尺寸 g(mm)	焊接电流(A)	电弧电压(V)	焊接速度(cm/min)
14	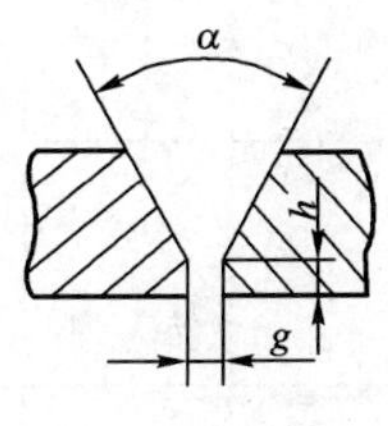	5	正	70	3	3	830～850	36～38	42
			反				600～620	36～38	75
15		5	正	70	3	3	830～850	36～38	33
			反				600～620	36～38	75
18		5	正	70	3	3	830～860	36～38	33
			反				600～620	36～38	75
22		6	正	70	3	3	1 050～1 150	38～40	30
		5	反				600～620	36～38	75
24	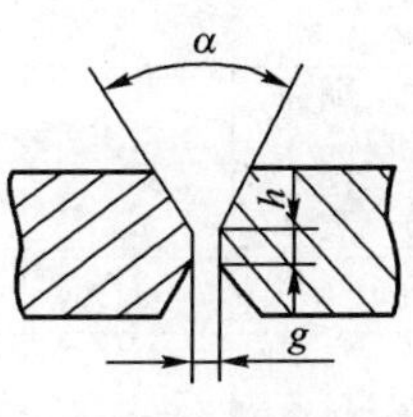	6	正	70	3	3	1 100	38～40	40
		5	反				800	36～38	47
			正				1 000	36～38	30
30		6	反	70	3	3	900～1 000	36～38	33

注：第一面在焊剂垫上焊接。

埋弧自动焊焊接条件(对接接头) 表 5.2-42

板厚(mm)	坡口形状		层	焊接电流(A)	电弧电压(V)	焊接速度(mm/min)	焊丝直径(mm)
9.5	I	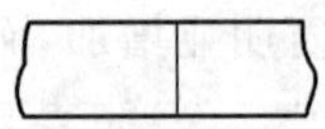	B	600	33	650	4.8
			F	650	33	650	
12.5	I		B	600	33	500	4.8
			F	700	33	500	
14	V	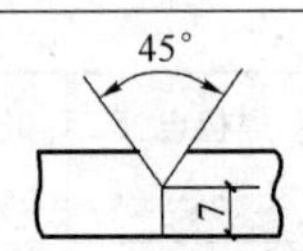	B	700	32	400	4.8
			F	700	34	500	
16	V		B	800	34	500	4.8
			F	700	34	500	
19	X	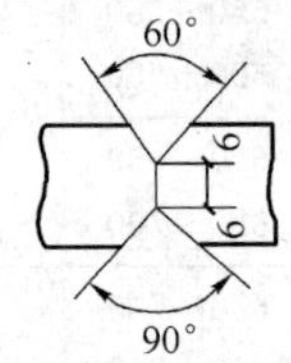	B	800	32	350	4.8
			F	850	32	400	
22	X		B	850	32	320	4.8
			F	850	32	400	
25	X		B	850	32	300	4.8
			F	850	32	400	
28	X	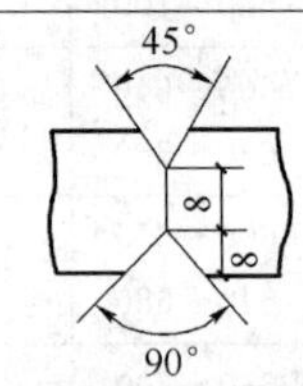	B	1 100	34	295	6.4
			F	1 150	35	375	
32	X		B	1 100	34	255	6.4
			F	1 150	35	375	
35	X		B	1 100	34	325	6.4
			F	1 150	35	375	

注:B—坡口里侧;F—坡口加工一侧。

3.焊缝坡口

钢管桩板材的对接,必须是全熔透焊缝,选择何种形式的坡口,主要取决于板材厚度、焊接方法、焊接位置和焊接工艺,同时也要考虑控制变形、节省焊材以及坡口加工费用等因素。

坡口形式按上述原则可参照我国标准《气焊、手工电弧焊及气体保护焊焊缝坡口的基本形式与尺寸》(GB 985—88)及《埋弧焊焊缝坡口的基本形式和尺寸》(GB 986—88)加以选用。此外,尚可参照日本《建筑铁骨工事施工指针》1986 中相关标准加以选用,见表 5.2-43 和表 5.2-44。

手工电弧焊、自保护半自动焊—全熔透焊接接头(节录) 表 5.2-43

记号	示图	适用板厚(mm)	焊接姿势	尺寸(mm)	
MC -BI-2 NGC	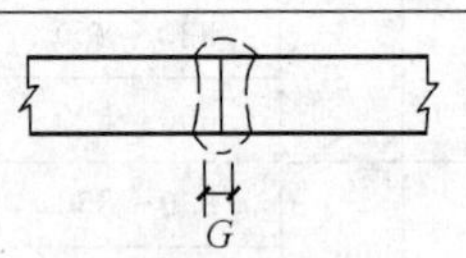	≤6	F H V O	G	$T/2$
MC -BI-B1 NGC	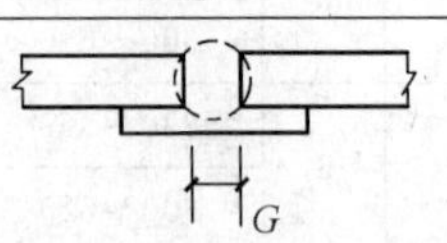	≤6	F H V O	G	T
MC -BV-2 NGC	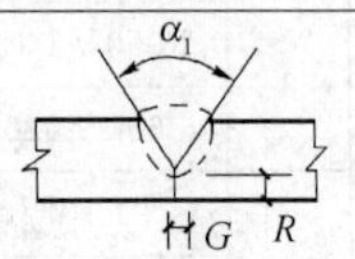	≥6	F H V O	G R a_1	0 2 60°
MC -BV-B1 NGC	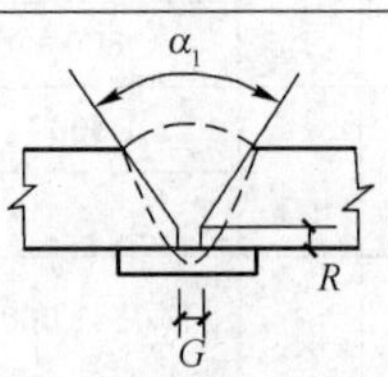	≥6	F V O	G R a_1	6 2 45°
		≥12	F V O	G R a_1	9 2 35°

注:T 为工件厚度。

埋弧自动焊接—全熔透焊接接头　　表 5.2-44

记　号	示　图	适用板厚(mm)	焊接姿势	尺　寸(mm)	
SC-BI-2	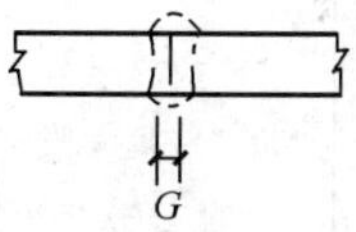	6～12	F	G	0
SC-BI-B1	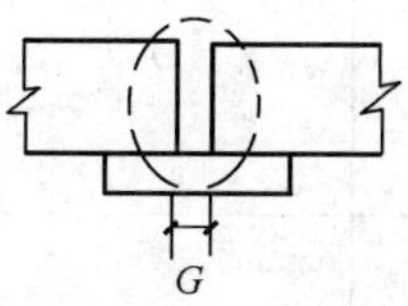	6～9	F	G	$\frac{T}{2}$
SC-BV-2	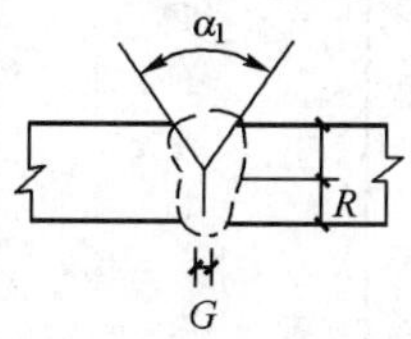	≥12	F	G R α_1	0 6 60°
SC-BV-B1	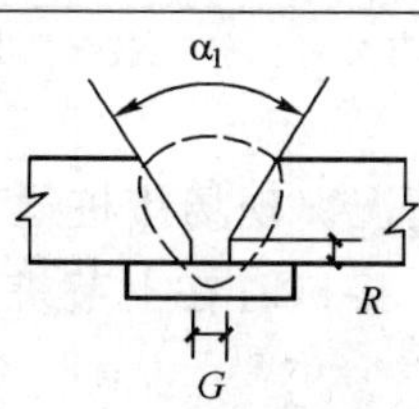	≥9	F	G R α_1	6 2 30°
SC-BL-B1	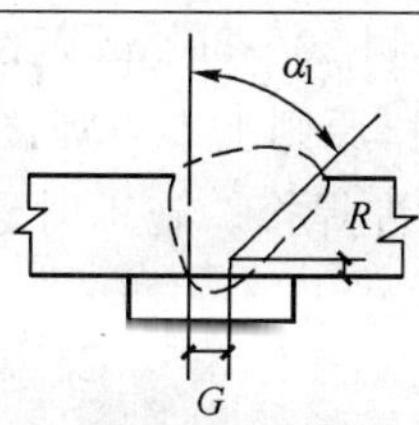	≥9	F	G R α_1	6 2 30°
SC-BX-2	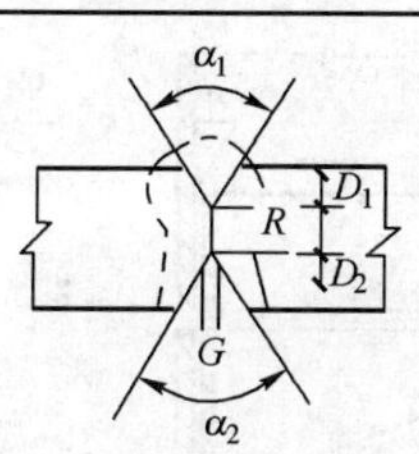	≥16	F	G D_1 R D_2 α_1 α_2	0 $\frac{1}{2}(T-R)$ 6 $\frac{1}{2}(T-R)$ 60° 60°
MC -BL-2 NGC	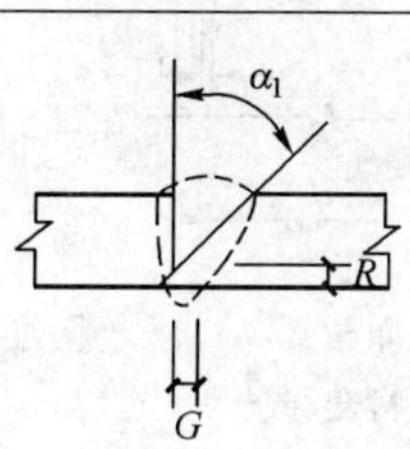	≥6	F H V O	G R α_1	0 2 45°
MC -BL-B1 NGC	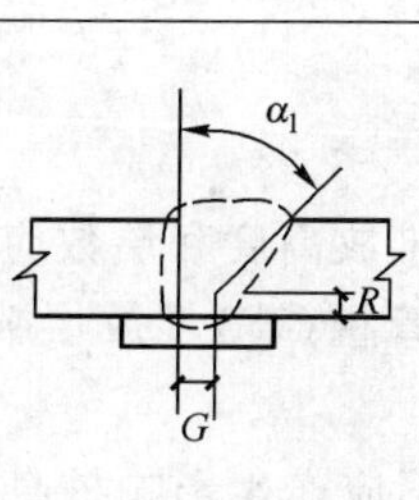	≥6	F H V O	G R α_1	6 2 45°
		≥12	F H V O	G R α_1	9 2 35°

续上表

记　号	示　图	适用板厚(mm)	焊接姿势	尺　寸(mm)	
MC -BX-2 NGC	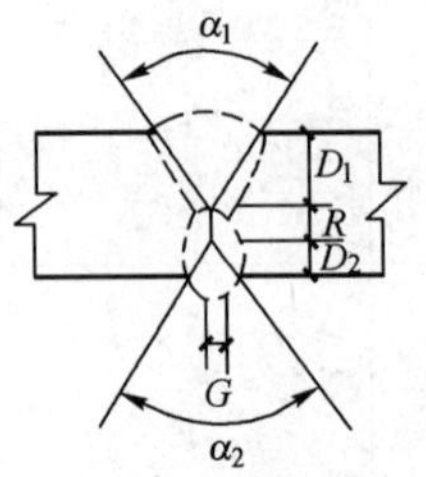	≥16	F H V O	G D_1 R D_2 a_1 a_2	0 $\frac{2}{3}(T-R)$ 2 $\frac{1}{3}(T-R)$ 60° 60°
MC -BK-2 NGC	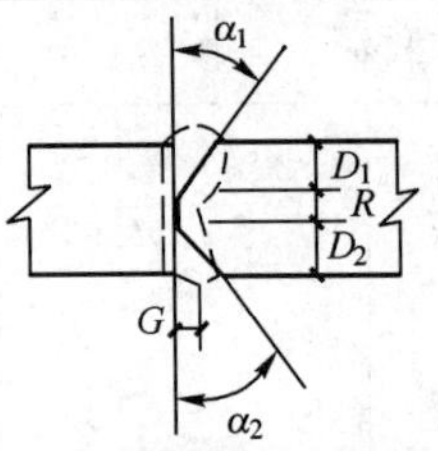	≥12	F H V O	G D_1 R D_2 a_1 a_2	0 $\frac{2}{3}(T-R)$ 2 $\frac{1}{3}(T-R)$ 45° 60°

注:[日本]社团法人钢材俱乐部建筑工事施工作成委员会编:建筑铁骨工事施工指针。东京:技报堂出版株式会社出版,1986。

4. 现场接桩

由于运输和打桩设备等原因,经常发生现场手工焊接桩情况。现场接桩通常采用内衬环或内衬套,其材质应和管桩母材相同,形式和尺寸如图 5.2-41 所示。接桩时在上节桩上开设单边"V"形坡口,坡口角度 45°～55°,下节桩不开坡口。

焊接参数根据第六节中要求选用,焊接应彻底清除接口两侧 20～30mm 范围内铁锈等杂物,焊接时要采用对称施焊和多层多道焊施工方法。气温在 0℃以下时,原则上不得焊接,但自焊接部分算起,距离焊缝 100mm 以内的母材部分加热至 36℃以上时,仍可允许焊接。施工时遇降雨、雪应对被焊部位进行防护,并采取加热、去潮等适当措施。

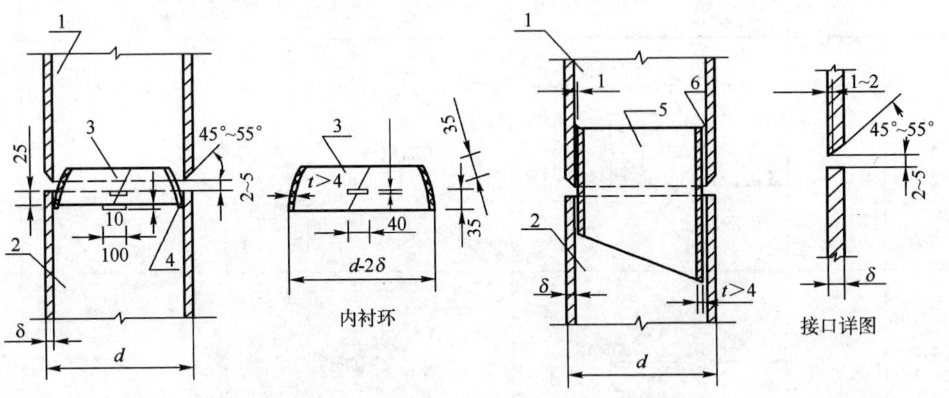

图 5.2-41　内衬环或内衬套的安装(尺寸单位:mm)

1-上节桩;2-下节桩;3-内衬环;4-托块;5-内衬套;6-电焊

四、桩的堆存和运输

钢管桩(节)的堆存和运输应遵循以下要求:

(1)钢管桩(节)要按规格和型号分堆存放,并做好标识。堆放高度和层数应避免产生纵向弯曲和局部挤压变形以及考虑吊装作业安全。直径 400mm 以下钢管桩(节)堆放层数不宜超过六层,直径 400mm 以上钢管桩(节)堆放层数不宜超过四层。

(2)钢管桩(节)堆放场地应平整,地基要满足荷重要求,不应产生影响桩身平直和局部凹陷地基下沉。最底层钢管桩(节)外侧应塞上木楔,防止产生桩(节)滚动,现场应排水良好。

(3)在搬运和堆存过程中，应采取保护措施，避免产生碰撞、摩擦滑移造成防腐层破损、管端变形和其他破坏。

(4)长细比较大钢管桩要考虑水平吊运时的强度和刚度，可结合打桩要求设置吊耳。

(5)直径较大桩(节)两端要增设临时支撑，防止管端变形。

(6)水上运输宜采用驳船运输，亦可采用密封浮运或其他方式运输。采用驳船运输时应设置专用支架或用缆索紧固，避免船舶摇摆或风浪力作用使桩(节)滚动、滑移。采用密封浮运时应满足水密要求和考虑水流影响，密封装置应便于安装和拆卸。

五、钢管桩质量检验标准

钢管桩质量检验标准，在交通部《港口工程桩基规范》(JTJ 254)《港口工程质量检验评定标准》(JTJ 221)和冶金部《钢管桩施工技术规程》(YBJT 233)以及能源部《桩用螺旋焊缝钢管》(SY/T 5040)等标准中均有规定，生产中可根据设计文件要求和工程实际情况参考使用。至于防腐质量检验标准则按设计要求执行，当设计没有提出要求时，可按本文提供资料参照执行。

1.钢管桩外形尺寸质量标准

钢管桩的外形尺寸允许偏差见表5.2-45、表5.2-46和表5.2-47。

钢管桩制作允许偏差[《钢管桩施工技术规程》(YBT 233—91)]　　表5.2-45

项目		允许偏差
外径	管端部	±0.5%(外周长)
	管身部	±1.0%(外周长)
管壁厚<16mm	外径<500mm	+无规定　−0.6mm
	外径>500mm <800mm	+无规定　−0.7mm
	外径>800mm	+无规定　−0.8mm
单管长度		0～150mm
矢高		<0.1%单管长度
管端垂直度		<外径0.5%但最大为4mm
管端平整度		≤2mm

钢管桩制作允许偏差、检验数量和方法[《港口工程质量检验评定标准》(JTJ 221—98)]　表5.2-46

序号	项目	允许偏差(mm)	检验单元和数量	单元测点	检验方法
1	外周长	±5S/1 000 且不大于10	每根(节)桩 (逐件检查)	2	用钢卷尺量周长
2	管端椭圆度	5D/1 000 且不大于5		2	用钢尺量管端相互垂直两直径之差
3	管端平整度	2		2	用1/4周长的弧形靠尺和塞尺检查两端或用V形尺检查，取大值
4	桩顶倾斜	5D/1 000 且不大于5		2	用大直角尺和楔形塞尺检查垂直两方向
5	桩长度	+300 −0		1	用钢卷尺量
6	桩纵轴线弯曲矢高	L/1 000 且不大于30		1	在平台上转动或拉线用钢尺量
7	桩尖对桩纵轴线偏斜	10		1	用大直角尺或拉线用钢尺量
8	管节对接错牙	δ/10 且不大于3		1	用焊口检查器检查，每节取一大值

注：①S为钢管外周长，D为钢管外径，L为钢管桩长度，δ为钢板厚度，单位mm。

②工厂分段制作在现场拼接时，其管节端头坡口的允许偏差：角度±2.5°；钝边为±1.0mm。

③圆锥形半封闭桩尖圆管直径的允许偏差为1%，锥体母线长度的允许偏差为5mm。

桩用螺旋焊缝钢管制作允许偏差[《桩用螺旋焊缝钢管》(SY/T 5040—92)]　　表 5.2-47

项目		允许偏差
外径	管端(100mm 范围)	外径≤800mm,±0.5%外径;外径＞800mm,±0.4%外径
	管身	±1.0%外径
壁厚	6～7mm	＋不规定　－0.6mm
	8～16mm	＋不规定　－0.8mm
单管长度		＋200mm 0mm
弯曲矢高		≤1/1 000 管长
管端垂直度		＜0.5%外径,且≤4mm
管端平整度		≤2mm

2. 钢管桩焊缝外观质量标准

钢管桩焊缝外观质量要求见表 5.2-48、表 5.2-49 和表 5.2-50。

现场对接焊缝焊接质量标准[《钢管桩施工技术规程》(YBJ 233—91)]　　表 5.2-48

项目	允许偏差(mm)	项目	允许偏差(mm)
桩接口间隙	2～4	焊缝堆高	≤2～4
桩接口错口	＜2	焊缝搭边	≤3
咬深度	≤0.5	漏焊	不允许

焊缝外观缺陷的允许范围和处理方法[《港口工程桩基规范》(JTJ 254—98)]　　表 5.2-49

缺陷名称	允许范围	超过允许的处理方法
咬边	深度不超过 0.5mm,累计总长度不超过焊缝长度的 10%	补焊
超高	2～3mm	进行修正
表面裂缝未融合,未焊透	不允许	铲除缺陷后重新焊接
表面气孔、弧坑、夹渣	不允许	铲除缺陷后重新补焊

对接焊缝加强尺寸(mm)[《港口工程桩基规范》(JTJ 254—98)]　　表 5.2-50

项目 \ 管壁厚度	＜10	10～20	＞20
高度 C	1.5～2.5	2～3	2～4
宽度 e	1～2	2～3	2～3
示意图	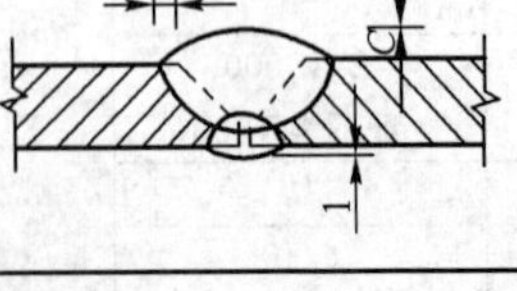		

3. 钢管桩焊缝无损探伤质量标准

钢管桩焊缝的无损探伤质量要求应根据设计文件要求决定,当设计无规定时可按表 5.2-51 标准要求执行。

焊缝探伤的方法和数量[《港口工程桩基规范》(JTJ 254—98)]　　表 5.2-51

焊缝种类 \ 探伤数量 \ 探伤方法	超声波	射线照相
环缝	10%	1%～2%
纵缝	5%	超声波有疑问时,增加射线照相检查

注:①表中检测数量以每根桩的对接焊缝总长度计。

②T形对接缝、桩顶环缝、焊缝起弧点作重点检查。

③评定标准:超声波按《钢焊缝手工超声波探伤方法和探伤结果分级》(GB 11345)标准,质量等级 III 级。射线按《钢熔化焊对接接头射线照相和质量分级》(GB 3323)质量等级 II 级。

4. 钢管桩焊缝的机械性能试验标准

钢管桩对接焊缝应进行焊接接头的机械性能试验,试件可在钢管上取样,也可用试板取样。钢管上取样时,试样应垂直于焊缝截取,采用试板时,试板的焊接材料和焊接工艺与正式焊接时要求相同。试验项目和要求见表 5.2-52,试验取样和试验方法按《焊接接头机械性能试验方法》(GB 2649)标准执行。

焊缝探伤的方法和数量[《港口工程桩基规范》(JTJ 254—98)]　　表 5.2-52

试验项目	试验要求	试件数量
抗拉强度	不低于母材的下限	不少于 2 个
冷弯角度 α,弯心直径 d	低碳钢 $\alpha\geqslant120°, d=2\delta$	不少于 2 个
	低合金钢 $\alpha\geqslant120°, d=2\delta$	
冲击韧性	不低于母材的下限	不少于 3 个

第七节　现场预制场地的选择与布置

一、选择原则

现场预制场地的选择,往往受到多方条件的制约,比如受总体规划或征地拆迁限制,不容建设单位或施工单位自主选择,但在有可能选择时,应综合考虑下述因素:

1. 地形条件

(1)尽可能避开地形复杂多变的地区,选择较开阔、平坦的场地,以便于场地布置,减少平整工程量。

(2)当现场紧邻大江、大河与海边时,应考虑防台、防汛要求,场地高程应尽可能选择在大汛高潮位以上,不要放在低洼地区,以减少防台防汛措施费用。

(3)当场地处在孤岛或山口地区时,应尽可能选在避风、避浪条件较好的区域,避开大风、大浪方向,以改善工作条件。

(4)场地的形状宜方正,不宜细长、零碎,面积必须满足预制构件生产要求。

2. 地质条件

(1)最好选择地质条件较好的区域,尽可能避开沟渠、水塘、淤泥及淤泥质土等软弱地基,以减少地基处理工程量。

(2)尽量避开地质条件有突变的区域,以减轻地基不均匀沉降的影响。

3. 出运条件

选择现场预制场址时,首先要确定桩的出运方式,是从陆路,还是从水上出运。如果从陆路出运,必须考虑场区到沉桩区是否有适合于运桩的道路条件，如路况、道路转弯半径和途经的桥梁荷载等级等；如果从水上出运，场地应尽可能靠近出运的河道或海域，有较合适的掩护条件和航道，并有布置临时出运码头的条件，应综合考虑水深、地形、水文、地质等条件。码头前沿水深与水域面积应满足（或经过少量疏浚能够满足）起重船、拖轮和运桩船舶靠泊和作业需要。码头前沿线与水流的夹角应尽量小，以利于船舶安全作业，出运码头至沉桩区的航道能满足运桩船舶的航行要求。

4.原材料供应及运输

(1)选址时应考察当地大宗原材料（包括砂、石、水泥、钢材等）的供应情况与供应能力能否满足预制构件制作的需要。

(2)应考察了解大宗原材料进场的运输及装卸方式、运距、运费等资料。如从陆路运输，应了解是否有适合于运输的进场道路；如果从水上运输，应考虑能否布置装卸材料的临时码头、驳岸和堆场。

5.水电供应条件

(1)供水

应考察了解现场供水条件或水资源情况，其供水量与水质能否满足生产和生活需要。如现场无水源或不能满足工程需要，则应考察地下水资源的水质、储量和开采利用的可能性以及是否具备远距离输水的条件。

(2)供电

应考察了解现场供电条件，供电容量能否满足生产与生活需要，供电是否正常，是否需要自备发电设备。

6.经济技术条件

由于现场预制场地属临时工程，筹建工期往往很紧迫，因此应尽可能选用工艺较简单、投资省、建造时间短的方案。尽可能利用现有的技术、设备及设施等资源，以减少一次性投资。

二、现场制作场地布置

现场制作场地的布置应根据生产预制构件的品种、规格、数量和供应强度等因素综合考虑。

1.混凝土方桩及板桩制作场地布置

混凝土方桩与板桩按其配筋情况的不同可分为非预应力桩和预应力桩，预制方式也略有不同。大致有如下几种：

非预应力混凝土桩就地预制可以充分利用现有场地，只需在桩位点附近一一对应铺设模板、浇筑混凝土，不需要专门的预制场地，桩不需要水平运输，因而费用最省。对于现场场地满足要求、工期上也能满足总进度要求的小型工程，可以采用这种方式。

在预制场内集中预制非预应力混凝土桩时，如果桩长较短，采用间隔浇筑、叠层预制的工艺费用最省。其方法是在浇筑混凝土地坪后，先浇筑底层单数桩，每两桩之间所留空隙正好为桩宽，在先制的桩两侧涂上脱模剂，再浇筑双数桩。为保证起吊方便，桩身上宜预埋吊环。若要叠层预制，上下层桩之间必须有可靠的隔离措施。常用隔离措施有以下几种方法：①在底层桩上先铺一层砂，再粉一层砂浆作上层桩底模；②先铺一层薄砂，再铺一层塑料薄膜隔离；③涂一层较厚的隔离剂。此时，下层桩若有预埋吊环时应设凹坑，将吊环埋入混凝土面，并用填充材料补平，以免影响上层桩的浇制。当不设置吊环时，起吊时可用撬棒将桩分离后再吊运。叠层预制的重叠层次，视具体条件而定，一般不宜超过4层。

当对桩质量要求较高时，通常采用胎模法制作。以砖、混凝土、木材或钢板等材料，按构件外形制成的一种固定于平台上或地面上的模型称为胎模，按所用材料的不同可分为土胎模、砖胎模、木胎模或钢胎模等。胎模法比其他模型耗材少，构件尺寸容易保证，也较耐用。

制作混凝土方桩与板桩最常用的是台座法，台座式生产是预制混凝土构件生产的主要方式之一。凡制品的成型、硬化等过程在一个固定地点上进行，而操作工人和机具设备随一个制品地点移动到另一个制品地点进行加工、养护等作业的生产方式称为台座法生产。台座法生产的主要优点是设备简单,投资少,有利于就地组织生产。缺点是作业循环时间长,占地面积大,机械化程度较低。

台座专用设备由台面、承力支架、横梁和定位板等部分组成。台座按其功能可分为普通台座、专用台座、多功能台座和预应力台座等。按其结构形式可分为简易式台座、墩式台座和槽式台座等。台座的名称往往是按承力架的形式来命名的。张拉台座总的分类可分为墩式台座和压柱式台座两类,细分还可分为墩式、墩板式、压柱式、墩台—压柱式、低桩墩台—压柱式等。

墩式台座在制桩区两端打入一定数量的木桩或混凝土桩,上部浇筑反力墩以承受钢筋张拉力(图 5.2-42)。

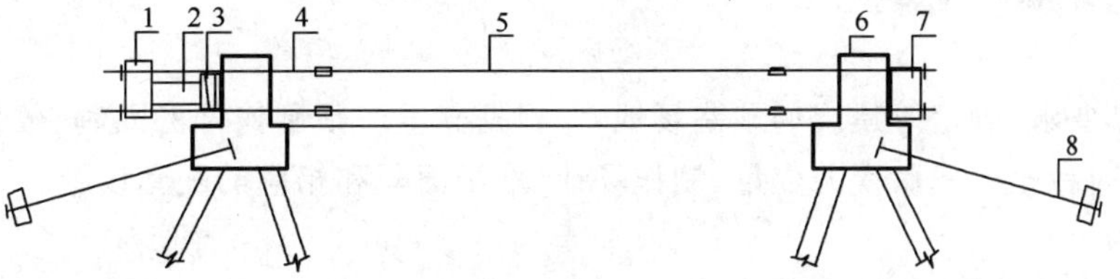

图 5.2-42　墩式预应力台座示意图

1-张拉钢梁;2-千斤顶;3-楔形放松器;4-传力筋;5-预应力筋;6-反力墩;7-锚固端钢梁;8-锚拉杆

压柱式台座则是用压柱来平衡钢筋张拉力。压柱式台座按中间压柱是否高出桩底模分为明压柱与暗压柱两种形式(图 5.2-43、图 5.2-44)。

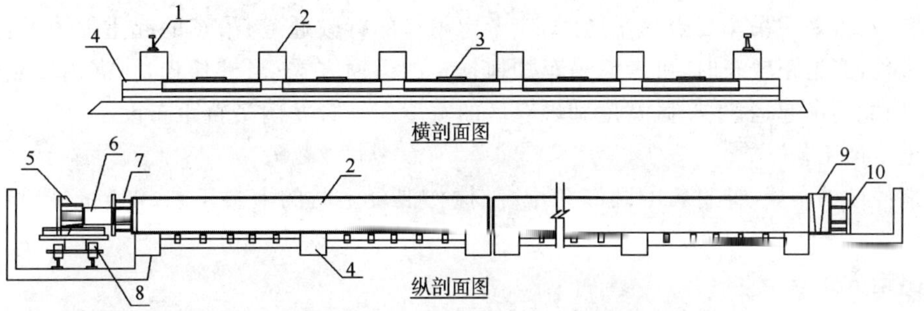

图 5.2-43　明压柱式预应力台座示意图

1-运灰车轨道;2-中压柱;3-钢底模;4-联系梁;5-活动钢梁;6-千斤顶;7-固定钢梁;8-张拉车;9-放松器;10-锚固端钢梁

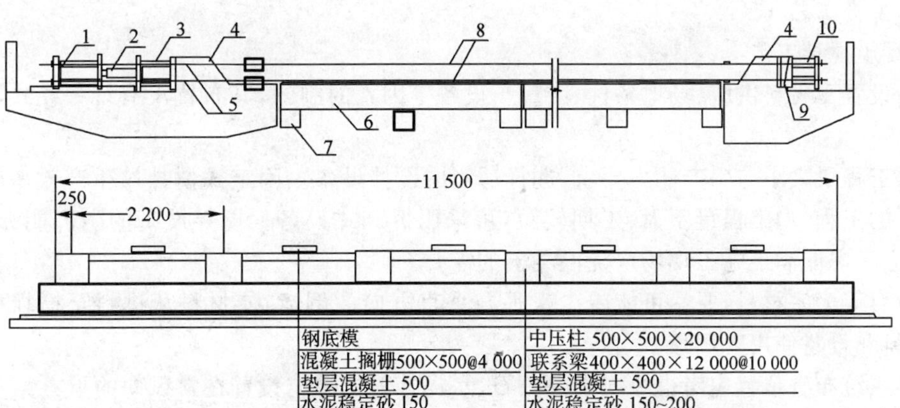

图 5.2-44　暗压柱式预应力台座示意图(尺寸单位:mm)

1-活动钢梁;2-千斤顶;3-固定钢梁;4-端压柱;5-传力钢筋;6-中压柱;7-联系梁;8-预应力筋;9-放松器;10-锚固端钢梁

明压柱大致与桩同高,基本为中心受压,结构较为简单,缺点是立模、绑钢筋时不太方便,现场预制场地常采用这种方式。暗压柱埋于混凝土地坪以下,既能生产预应力桩,也能生产预应力梁、板等构件,施工作业较方便,但因其偏心受力,结构较为复杂,一般常用于固定预制厂。压柱按材料分,有混凝土压柱与钢压柱之分。钢压柱拆装较方便,但费用较高,不太常用。混凝土压柱如在结构上采取一定措施,也可以做成可拆移式。至于拆移是否合算,则需进行经济技术综合比较。预应力方桩和板桩制作基本不采用后张法与电热张拉法工艺。

2.预制场设计原则

预制场布置必须综合考虑下述因素,因地制宜选择合适的工艺,再进行合理布置。

(1)工程量大小

工程量较大,可以拿出较多投资,选择机械化程度较高、生产效率高的工艺;反之,若工程量较小,采用较简单的工艺,以减少工程投入。

(2)工期要求

应根据总工期要求,确定筹建现场预制场地,并根据其生产预制构件的品种、数量和工期,计算出生产能力,确定张拉台座或底胎模的数量、制作场地、堆场面积和相应的配套设施。

(3)现场条件

要根据现有场地的面积、形状来合理布置。比如,当场地为狭长形、生产量又不大时,可把制作区与堆存区布置在一条线上,共用一条门机轨道和龙门吊;当场地呈方形、生产量又较大时,则需布置多条生产线和堆放区,采用横移车,使多条生产线和堆场共用1台龙门吊。

(4)按工艺要求布置

①按构件的场内吊运工艺

当桩长较短,可采用吊车二点吊吊运时,应考虑吊车的行驶通道、吊车的起重能力及伸距要求,运输距离不宜过长,当运距较长时,可考虑吊车加拖挂车的运输方式;当桩长较长,需用四点(或多点)吊吊运时,常采用龙门吊起运,生产区宽度和堆存区的宽度应结合龙门吊轨距布设。

②混凝土生产工艺

要考虑搅拌站的布置、原材料的装卸和堆存、搅拌混凝土时的上料工艺、混凝土拌和物的运输及入模工艺等因素。

③构件出运方式

如从陆路出运,应设置运输道路;如从水上出运,必须建造出运码头或岸壁,供船只靠泊和进行装卸作业。

3.主要生产工艺

(1)混凝土搅拌工艺

搅拌站设置受材料供应、场地条件、产量与设备等因素的制约,其布置没有统一模式,但应遵循以下原则:

①根据工程量大小与生产能力要求,选择适当的搅拌设备。固定式搅拌站生产效率较高,适用于工程量较大的工程,如工程量不大、工期较短,可采用拆卸式设备。搅拌设备的生产能力必须有一定富裕,同时应考虑能满足施工现场现浇混凝土的需要。

②对砂石等大宗材料,要尽可能减少水平与垂直方向的倒运,使材料从进料至搅拌机前,所耗用的电力、燃料和设备使用费用最小。

③搅拌系统布置位置应考虑风向,凡砂、石、水泥等粉尘源应设置在常风向的下方。

(2)砂石料水平运输与上料工艺

常见工艺有以下几种:

①自卸汽车→砂(石)堆场→装载机上料。

②自卸汽车→砂(石)堆场→索铲上料。

③自卸汽车→砂(石)堆场→推土机→料斗→水平皮带机上料。

④自卸汽车→砂(石)堆场→抓斗吊(或装载机)→高架皮带机→料仓→水平皮带机上料。

⑤砂(石)船→抓斗吊(或高架皮带机)→砂(石)堆场→装载机上料。

⑥砂(石)船→桥吊→料仓→皮带机上料。

当石子、石粉与土含量较大、自然级配不良时，在碎石进入堆场前应通过筛洗，经冲洗和筛分后，将分为不同粒径级别的石子分别堆放，并进行人工级配，以确保混凝土质量。

(3)混凝土拌和物运输与入模工艺

常见有以下几种方式：

①轨道运灰车工艺

这种工艺是固定预制厂最常用的工艺。

②吊罐→汽车→塔吊(或吊车)工艺

这种工艺因受塔吊或吊车起重伸距的影响，当有多个台座区时，吊车运行道路占去较大面积，使用受到一定限制，且塔吊与龙门吊运行有干扰。

③混凝土罐车(或混凝土罐车、泵车)工艺

这种工艺占用设备、场地较多。

④小型翻斗车(或人力车)工艺

这种工艺需在台座上搭设移动脚手架，仅适合于单个台座区和工程量不大时应用。

(4)构件场内运输工艺

常见场内运输有以下几种：

①2 台门式起重机并联(龙门吊)工艺

在预制厂这种工艺是最常见的工艺。龙门吊可采用固定式的，也可由贝雷架组拼而成。起质量与跨度根据桩长、桩重、工程量的大小与场地情况而定。一般龙门吊下设钢扁担，采用多点吊运桩。从底模上起吊时，常采用专用夹具把桩吊起后再放置在垫楞上，然后换用钢丝扣起吊。

②吊车→平板车(或拖挂车)→吊车工艺

当有多个张拉台座区时，这种工艺需要在各台座区之间设置吊车运输通道，因而降低了场地利用率。平板拖车对道路平整度要求较高，如果因坑洼不平，有可能使桩产生断裂，为确保桩身质量，可在平板车上与拖挂车上设置运桩钢托架。

③塔吊运输工艺

这种工艺受塔吊起质量与吊运伸距的影响，只适用于单个台座区吊运短桩。

④吊车→轨道运桩小车

这种工艺适合于规模较大的陆上桩基工程。

4.现场预制场典型的布置方式

(1)预制场布置示意图(一)(图 5.2-45)为一个未设置专用出运码头的简易预制场。

该方案的特点是台座生产区与桩堆存区均布置在同一跨龙门吊轨距内。龙门吊采用贝雷架拼装而成，跨度按需要设置，最大可达 30～36m。预制台座内共布置 5 条线，每条线长 160m，可制 4 根桩(根据单桩长度的变化，制作根数会有变化)，按台座生产周期 6d 计算，一个月可周转 4 次，生产能力每月 100 根。堆存区面积略大于台座区。搅拌站与钢筋车间、木工车间均布置在台座后方。原材料的卸料、上料工艺为：砂由船舶水运，用 5t 抓斗电吊卸料，翻斗车运至堆场；石子由陆上车辆直接运至堆场；砂、石均采用装载机上料。混凝土拌和物采用运灰车浇筑。为降低费用，不设出运码头，成品采用起重船直接装船。

(2)预制场布置示意图(二)(图 5.2-46)为设有突堤式出运码头的简易预制场。

该方案设 4 个预应力台座区，每个区设 5 条生产线，共 20 条生产线，每条线长 160m。按每月周转 4 次计算，生产能力为 320 根/月。龙门吊跨度 24m，每跨内预应力台座区宽 12m，运灰车跨度 15m，其余可作堆存区。其特点是堆存区布置在横移区外侧，以缩短出桩时的运距，出运码头采用突堤式，龙门档净

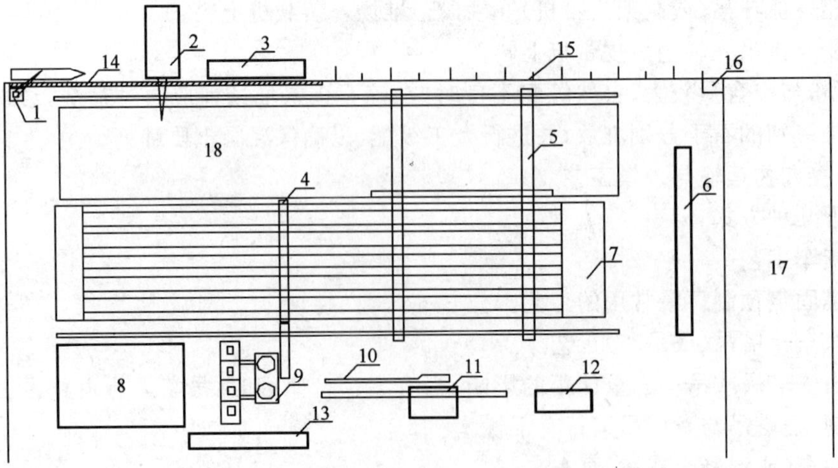

图 5.2-45　预制场布置示意图(一)

1-电吊；2-起重船；3-方驳；4-运灰车；5-龙门吊；6-工具间；7-预应力台座；8-砂石堆场；9-搅拌站；10-冷拉台座；11-钢筋车间；12-木工车间；13-水泥库；14-码头；15-驳岸；16-危险品库；17-生活区；18-构件堆场

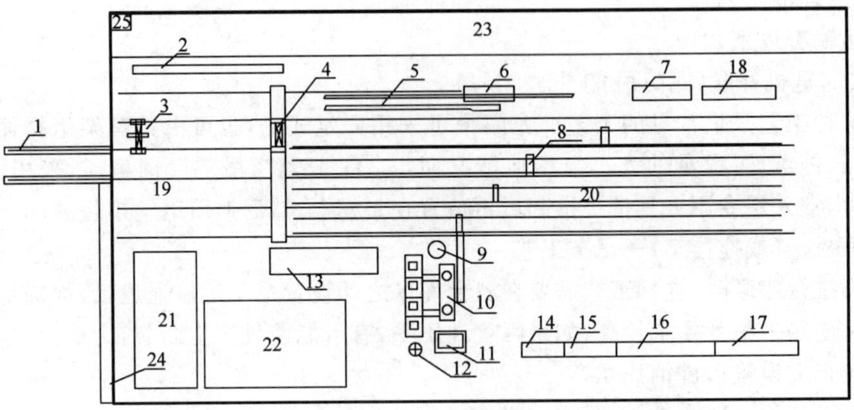

图 5.2-46　预制场布置示意图(二)

1-出运码头；2-工具间；3-龙门吊；4-横移车；5-冷拉槽；6-钢筋车间；7-木工车间；8-运灰车；9-水泥罐；10-搅拌站；11-水池；12-水塔；13-水泥库；14-试验站；15-料库；16-工具间；17-办公室；18-金工车间；19-堆桩区；20-预应力台座；21-砂堆场；22-石子堆场；23-生活区；24-卸料码头；25-危险品库

距 20m，可以保证千吨驳停靠，钢筋笼绑扎区布置在龙门吊跨内，以便利用龙门吊来吊运钢筋笼。

(3)预制场布置示意图(三)(图 5.2-47)为设有顺岸挖入式港池的简易预制场。

该方案的特点是因航道狭窄，腹地又较小，出运码头只能采用顺岸挖入式港池，为保证装运构件的方驳顺利进出龙门档，在出运码头岸侧设置靠船墩，既有引船作用，又可停靠船舶。

(4)预制场布置示意图(四)(图 5.2-48)为设有挖入式港池的简易预制场。

该方案的特点是因受航道限制，出运码头采用挖入式港池，港池两侧岸壁供施工船舶停靠用。另一个特点是搅拌站布置在台座端部，混凝土运灰车工作时与龙门吊没有干扰。

三、后张法大管桩现场拼接场地布置

后张法钢筋混凝土大管桩是指在工厂预制成标准管节(一般为 4m 长)，在工厂或施工现场用后张法预应力将其拼接成设计长度。当工厂远离施工区域，长桩运输成本大大增加时，可选择在施工现场附近将管节拼成长管桩。大管桩的现场拼接主要工艺流程为：管节进场→管节堆存→管桩拼接张拉→灌浆→管桩堆存→管桩出运。

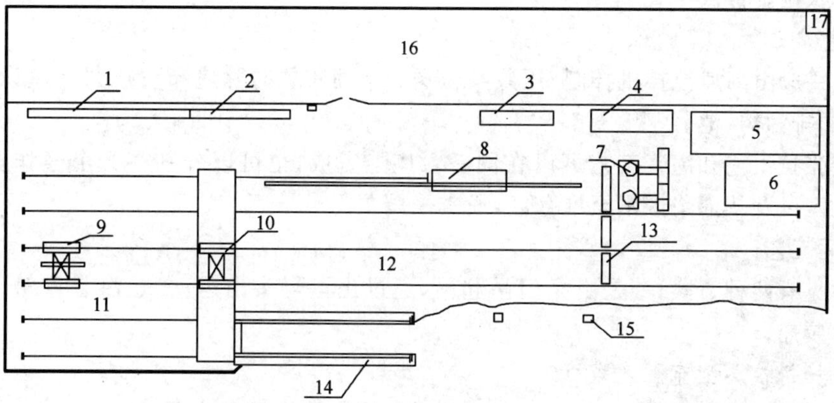

图 5.2-47　预制场布置示意图(三)

1-工具间;2-办公室;3-木工车间;4-水泥库;5-石子堆场;6-黄砂堆场;7-搅拌站;8-钢筋车间;9-龙门吊;10-横移车;11-桩堆存区;12-预应力台座;13-运灰车;14-出运码头;15-靠船墩;16-生活区;17-危险品库

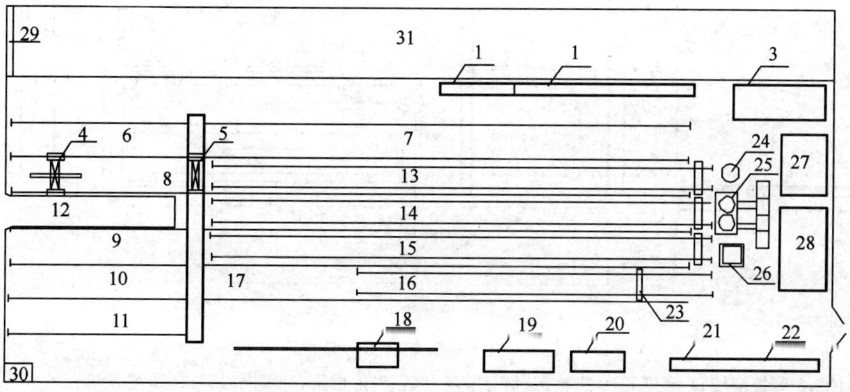

图 5.2-48　预制场布置示意图(四)

1-试验站;2-工具间;3-水泥库;4-龙门吊;5-横移车;6～11-桩堆存区;12-出运码头;13～16-预应力台座;17-钢筋笼绑扎区;18-钢筋车间;19-木工车间;20-金工车间;21-料库;22-办公室;23-运灰车;24-水泥罐;25-搅拌站;26-水池;27-砂堆场;28-石子堆场;29-卸料码头;30-危险品库;31-生活区

现场布置时,主要考虑场地形状与生产能力需要两大因素,当生产能力需要不大、场地较狭长时,可按串联方式布置;当生产能力需要量较大,而场地的长度宽度相差不大时,可按并联方式布置。

1.主要生产工艺

(1)管节进场与堆存

主要有两种方式,一是由汽车陆路运输,用吊车或龙门吊卸车。由于汽车运输效率较低,一般不适宜长途运输管节。如果运距不远,就可能不需要在现场再建拼接场地,所以这种方式不常用。二是由船舶水上运输,用龙门吊或吊车卸船,运至管节堆存区,这是最常见的方式。这种方式一般需要设靠船码头或岸壁(可与管桩出运共用)。

(2)管节从堆存区运往拼接区

在串联式布置中,因共用龙门吊,可由龙门吊直接吊运。在并联式布置中,常见有 4 种转运方式:①50kN 铲车转运;②横移小车转运;③桥吊转运;④吊车转运。

(3)拼接张拉工艺

一般采用拼接小车对中拼接。拼接时穿预应力筋可采用人工穿筋,也可采用穿丝机穿筋,后者工作效率较高。预应力张拉一般采用 2 台千斤顶对称张拉,千斤顶可装在张拉车上沿轨道横移,使几条张拉线共用一套张拉设备。

(4)灌浆工艺

灌浆用浆液一般由高速搅拌机拌制、压浆泵压送。平面布置时除应布置压浆台座以外,还需布置排除、沉淀废浆的排污沟、池。

管桩的拼接张拉工艺和灌浆工艺可以在同一台座上完成,也可以分别在 2 个区作业。管桩从拼接区吊运至灌浆区以及从灌浆区吊至堆存区,通常采用龙门吊吊运。

(5)管桩出运工艺

管桩出运常见有两种方式,一是由龙门吊起吊,通过出运码头出运;二是由起重船(或打桩船)直接从堆存区吊运装船。

2.大管桩现场拼接典型布置方式

(1)管桩拼接场布置示意图(一)(图 5.2-49)为并串联方式布置示意图。

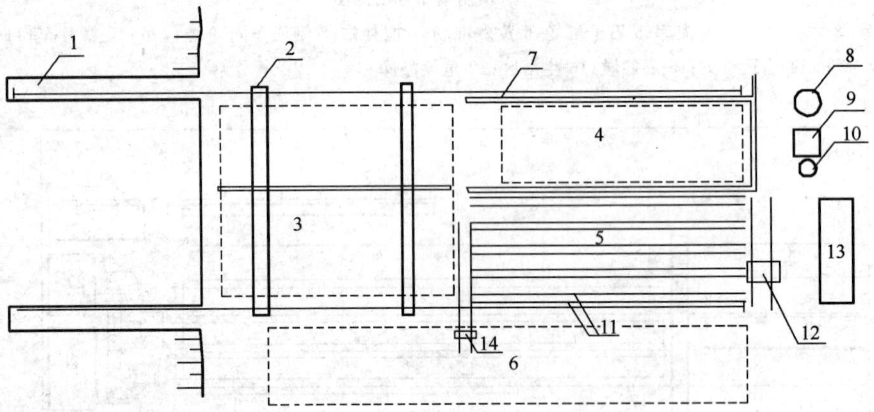

图 5.2-49 管桩拼接场布置示意图(一)

1-出运码头;2-龙门吊;3-管桩堆场;4-灌浆区;5-拼接区;6-管节堆存区;7-排污沟;8-水泥罐;9-高速搅拌机;10-水塔;11-张拉小车轨道;12-张拉小车;13-工具间;14-管节横移车

该方案管节由船舶水运、龙门吊卸船,并由汽车转运至管节堆场;管节用吊车或铲车从堆存区转运至拼接小车上;拼接区共布置 5 条拼接线。拼接线中心距 2.0~2.4m。拼接车轨道应至少比桩长 15m 左右,以容纳拼接小车。5 条线共用 2 台张拉小车。灌浆区与拼接区并排布置,管桩堆存区靠近出运码头,均使水平吊运距离最短。

(2)管桩拼接场布置示意图(二)(图 5.2-50)为串联式布置示意图。

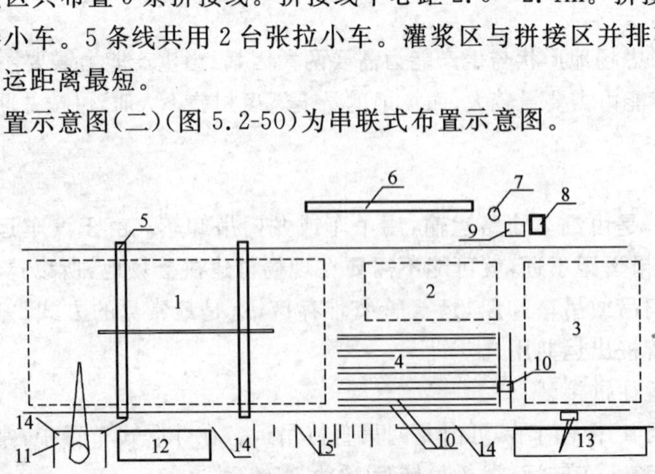

图 5.2-50 管桩拼接场布置示意图(二)

1-管桩堆场;2-灌浆区;3-管节堆场;4-张拉区;5-龙门吊;6-工具间;7-水泥罐;8-水池;9-高速搅拌机;10-拼接小车;11-起重船;12-运桩驳船;13-运管节驳船;14-码头;15-驳岸

该方案为节省投资，取消了出运码头，出桩采用起重船直接装船。

(3)管桩拼接场布置示意图(三)(图 5.2-51)为并联布置示意图。

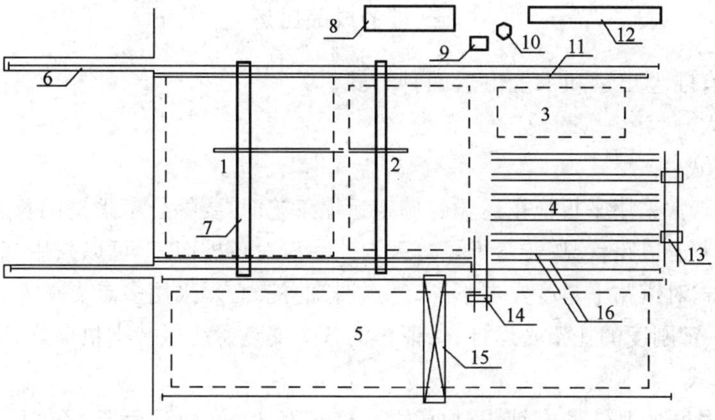

图 5.2-51 管桩拼接场布置示意图(三)

1-管桩堆场；2、3-灌浆区；4-张拉区；5-管节堆场；6-出运码头；7-龙门吊；8-外加剂/水泥库；9-高速搅拌机；10-水塔；11-排污沟；12-工具间；13-张拉车；14-管节横移车；15-桥吊；16-拼接小车

该方案与图 5.2-49 基本相同，主要区别是：管节在堆存区采用 5t 龙门吊倒运，管节由堆存区采用横移车转运至拼接区，并扩大了灌浆区面积。

四、钢管桩与钢板桩拼接场

1. 钢管桩现场拼接

钢管桩一般是以半成品管节运至现场进行拼接的。若管节用水运，常采用吊车或桥吊卸船，运至堆存场地；若管节用陆运，常用吊车卸车，直接进入堆存场地。拼接时用吊车或桥吊将管节吊放在拼接小车上，用电弧焊进行对接。拼接好的管桩应进行除锈、油漆或其他方式的防腐处理，再由桥吊或吊车运至堆桩区堆存。拼接场地主要考虑如何合理布置管节堆存区、拼接区、防腐施工区和管桩堆存区，并确定合理的出运方式。详见钢管桩制作。

2. 钢板桩组拼

(1)通过性检验

为确保钢板桩沉桩顺利，一般需先进行通过性检验，应用通锁器检查的方法详见本篇第四章第六节。

(2)校正、调直

对通过性检验不合格的钢板桩必须进行校正和调直，以保证所有的锁口均可顺利通过。校正和调直的方法一般可制作一个调直钢架，用千斤顶调整，也可用氧乙炔火焰加热调直校正。对接头部位必要时还须进行打磨。

(3)组拼

对 U 形钢板桩，为避免打桩偏扭，并加快沉桩速度，通常预先在岸上把 3 根钢板桩组拼成一组，用夹具夹好，并在锁口位置适当点焊若干处，以防起吊时相互错动，然后成组起吊装船。

对组成箱形的钢板桩则需要进行大量的焊接工作，焊接要求应符合设计图纸和有关标准的规定，焊接工艺的安排上应防止焊接变形，以免影响钢板桩的平直度。组拼时如有变形则应调整焊接工艺，并进行调直处理。

对转角桩、异型桩应根据设计要求和施工实测资料进行加工制作。

(4)平面布置

拼接场平面布置主要考虑因地制宜，合理布置，板桩堆存区、通过性检验平台、校正平台、除锈防腐加工区、组拼平台与成组堆存区等尽量减少不必要的倒运，缩短运距，节省场地，提高工效。

五、桩的成品出运

桩的成品出运有陆上出运和水上出运两种方式。

1. 陆上出运方式

(1)汽车出运方式

由于桩一般较长，常采用平板拖车运输。确定运输工艺时，要综合考虑桩的长度、强度、抗裂性能、必需的支垫数量，还要考虑道路状况、转弯半径等因素。一般对短桩而言，可以采用拖头与拖车2点简支方式运输，这种运桩方式对道路平整度要求不高。对较长的桩，必须采用多点支承方式运输，具体方法是在拖挂车上安装具有一定刚度的托架来运桩，保证桩的各个支点始终保持支垫良好，以确保运桩质量。

(2)轨道运输方式

轨道运输是指用吊车把桩吊上铺设轨道的运桩小车上，沿轨道运至沉桩区，再由吊车或打桩机(或其他沉桩设备)吊下。这种方式适用于运距较短的场合。

2. 水上出运方式

(1)单突堤码头

码头结构按地形、地质及荷载情况可以采用高桩梁板式、墩式、重力式(方块式或沉箱式)等多种形式。突堤长度根据运桩船舶的长度及吃水要求确定，同时它的长度也受到主航道宽度限制。突堤码头常见的装船工艺有：轨道平车运输、吊车装船方案；平板车运输、吊车装船方案；塔吊起吊运输和装船方案等。图5.2-52为高桩梁板式出运码头示意图。

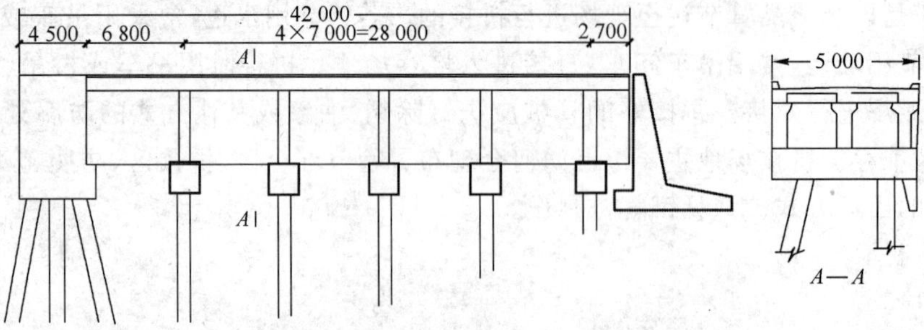

图5.2-52　高桩梁板式出运码头示意图(尺寸单位：mm)

图5.2-53为沉箱式出运码头示意图。上部结构为空心大板，也可采用贝雷架拼装而成。

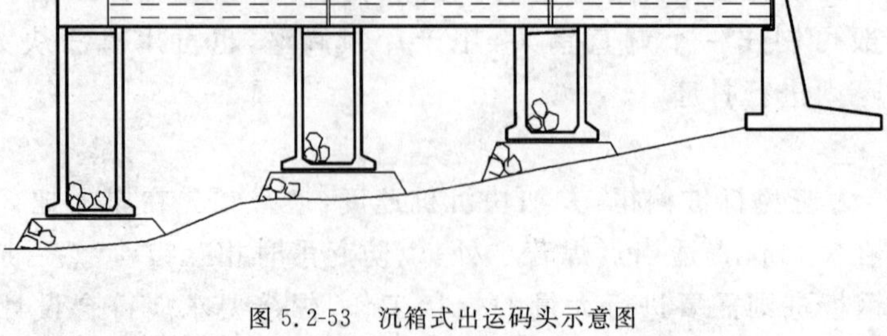

图5.2-53　沉箱式出运码头示意图

(2)双突堤方案

该方案常用于龙门吊装船工艺。龙门档的长度与宽度取决于运桩船的长度、吃水及龙门吊跨度。常见码头结构形式有高桩梁板式、墩式、重力式(方块式、沉箱式)等，应因地制宜选取最经济合理的结构形式。图5.2-54为双突堤式出运码头示意图。

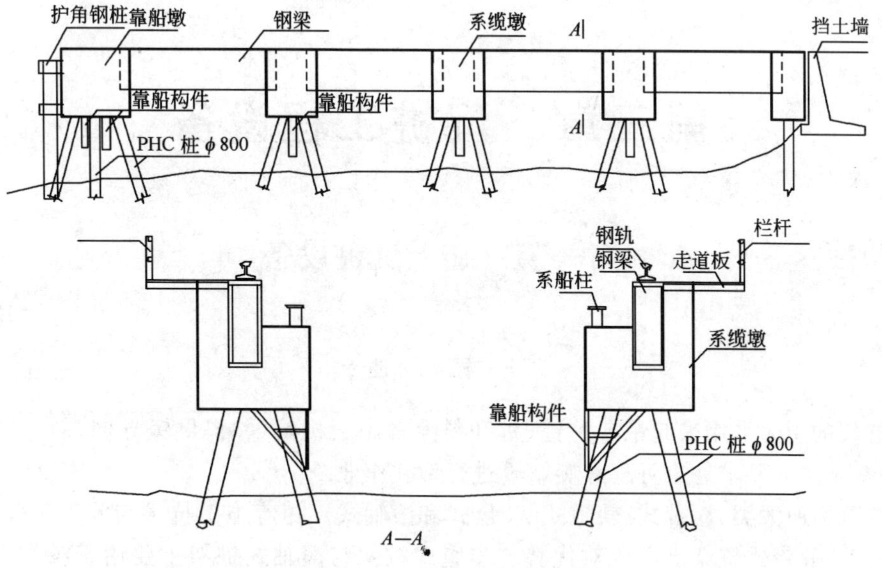

图 5.2-54 双突堤式出运码头示意图

(3)挖入式港池

该方案适用于由龙门吊装运，但又受主航道限制，不允许建突堤码头的场合。常见的结构形式有L形挡土墙岸壁、板桩式岸壁、深层搅拌桩岸壁、钻(挖)孔桩岸壁加地锚等结构形式，通常先干施工建岸壁，再开挖港池。图 5.2-55 为挖入式港池板桩码头示意图。

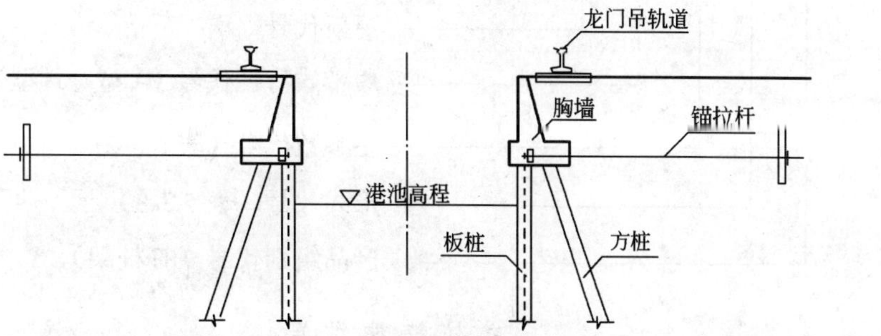

图 5.2-55 挖入式港池板桩码头示意图

(4)浮码头

浮码头常用于潮差较大，而波浪影响较小的江河边。装船方式是用浮码头上的吊车或水上起重船装船。

(5)其他方式

水上出运还有半潜驳和滚装船等方式。

第三章　沉桩工程设备

第一节　陆上沉桩设备

一、概　　述

陆上打桩架的用途是用来起吊各种锤、桩和料斗等施工机具，并提供锤导向、斜桩变幅和锤体移位，以满足桩基施工的要求。也可配螺旋钻具进行钻孔作业。

桩架通常分为四大类：履带式、轨道式、步履式和滚轴式。随着施工技术与施工设备的发展，目前对大型桩基施工，履带式桩架已占绝对优势。步履式桩架与滚轴式桩架主要用于各类中小型桩的施工。而轨道式桩架由于移位不方便，正逐渐被履带式桩架所取代。打桩架产品代号见下表：

打桩架型号：

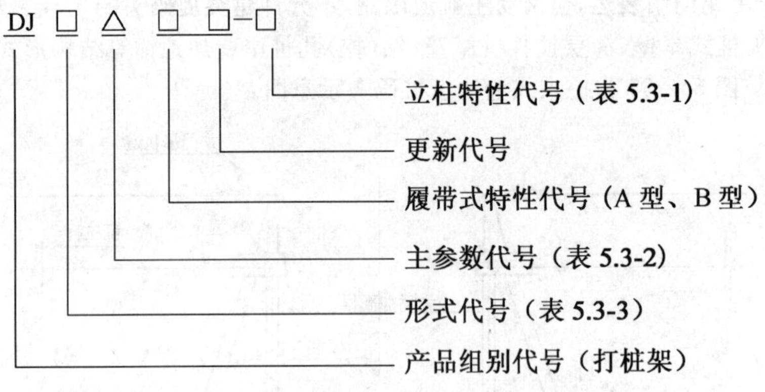

立 柱 特 性 代 号　　表 5.3-1

立柱特性代号	代 号 含 义	立柱特性代号	代 号 含 义
D	单导向立柱	H	回转立柱
S	双导向立柱	F	复合导向立柱

主 参 数 代 号　　表 5.3-2

配用最大柴油锤型号	D12/D8	D18/D16	D25/D30	D40/D46	D60/D62	D100
柴油锤冲击部分质量(kg)	1 200/800	1 800/1 600	2 500/3 000	4 000/4 600	6 000/6 200	10 000

形 式 代 号　　表 5.3-3

形 式 代 号	代 号 含 义	形 式 代 号	代 号 含 义
G	轨道式	U	履带式
B	步履式	L	轮胎式

打桩架立柱断面尺寸如图 5.3-1 所示。

立柱长度尺寸系列为 18m、21m、24m、27m、30m、33m、40m。

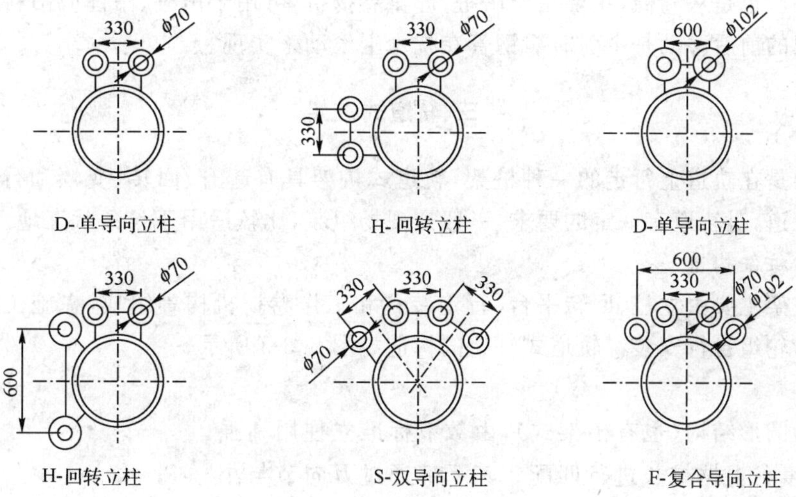

图 5.3-1　打桩架立柱断面图(尺寸单位:mm)

二、滚轴式桩架

滚轴式桩架是轨道式桩架的雏形,它比较简单实用但相对落后,目前国内仍有不少地方在使用。它由柴油桩锤、简易金属结构桩架、卷扬机、移动台车(由底盘、移动滚轮组成)等组成。它的特点是整机质量轻,运输、安装均较方便,在一般公路、桥梁、堤堰、民用及小型工业建筑工程中打木桩、板桩、钢板桩及小型混凝土预制桩之用。全机外形如图 5.3-2 所示。

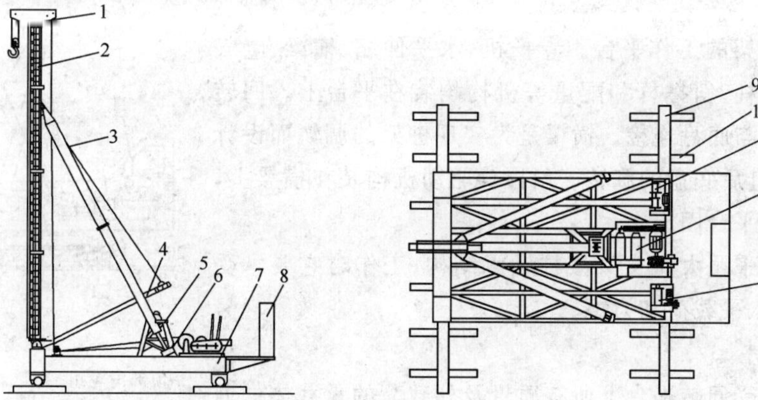

图 5.3-2　滚轴式桩架

1-顶部滑轮架;2-立柱;3-撑杆;4-拨杆;5-起架滑轮座;6-蜗轮箱;7-平台;8-电控箱;9-钢管;10-枕木;11-移位卷扬机;12-主卷扬机;13-吊重卷扬机

滚轴式桩架构造如图 5.3-2 所示,立柱通常由圆柱形钢管制作,前方装有导轨,给桩锤及其他工作部件作导向。导轨已标准化,有两种规格:用 ϕ70mm 导轨时,导轨中心距为 330mm;用 ϕ102mm 导轨时,导轨中心距为 600mm。立柱两侧有爬梯,供操作司机安装、检查用。立柱由多节组成,以便运输。立柱与平台之间用绞座相连;立柱的后方有两根撑杆,撑杆的下端有螺杆安装在电动蜗轮箱上,开动蜗轮箱就能按要求调节立柱的垂直度。拨杆和起架滑轮座在起架时用于拉起立柱和撑杆。平台是由钢结构制作的焊接件,可以方便地拆卸,便于安装运输。平台的下方装有多个半圆形滑块,滑块卡座在钢管上,钢管支承在枕木上。

平台上一般安放三组卷扬机，其中移位卷扬机是双卷筒、分别通过牙嵌式离合器与减速箱输出轴相连。当用离合器结合左边卷筒，可拉动钢绳使桩架向左移动；反之用离合器结合右边卷筒则桩架向右移动；主卷扬机、也是双卷筒，主要用于吊桩；起重卷扬机，可用于吊桩、吊锤或吊料斗。

滚轴式桩架的前后移动是牵引时靠钢管在枕木上滚动来实现。

三、轨道式桩架

轨道式桩架是在轨道上行走的一种桩架，轨道式桩架具有起升、回转、变幅和行走等功能。它在使用时需铺设轨道，对轨道有一定的要求，一般需现场组装，比较适用于长条状工地。

1.轨道式打桩架构造

轨道式打桩架主要由立柱、回转平台、行走装置和工作卷扬机构等组成，在施工现场可以借助一根辅助撑杆和滑轮组自行安装。轨道式桩架的构造如图 5.3-3 所示。

(1)立柱

立柱一般为圆形结构(也有桁架式)，由数节标准立柱用高强度螺栓连接，高度可根据桩长进行匹配。其下部通过万向节与小车相连，上部有两根斜撑支持，以保持稳定。立柱的上部装有定滑轮。桩架一般配置有主钩和副钩以及相应的滑轮组，用以吊桩和锤。立柱前方装有导轨，作为柴油锤的导向和定位，立柱的两侧可安装升降电梯，施工人员可上下作业。斜撑是立柱的支撑构件，并可通过调节机构来调节立柱的垂直度，一般采用液压缸或螺杆传动结构进行伸缩，通过调整斜撑的长度，使立柱向后倾斜，以便打设斜桩。

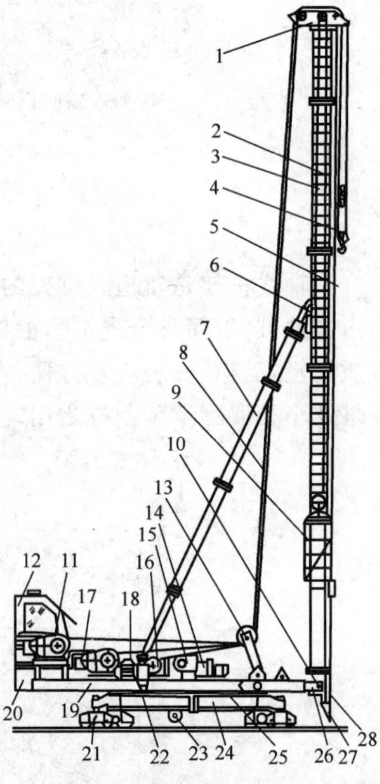

图 5.3-3 DJ_3 型桩架构造及外形

1-顶部滑轮组；2-爬梯；3-立柱；4-吊桩起重吊钩；5-桩锤滑道；6-中部万向铰；7-支撑；8-吊桩、吊锤、升降梯卷扬机钢丝绳；9-升降梯；10-底部万向铰；11-吊锤卷扬机；12-操作室；13-导向滑轮组；14-伸缩机构动力；15-回转机构动力；16-升降梯卷扬机；17-吊桩卷扬机；18-起落滑轮组；19-回转平台；20-平衡重；21-行走台车；22-支柱调整机构；23-行走传动机构；24-行走平台；25-回转轨道；26-伸缩平台；27-尾节；28-桩架主柱底部

(2)回转平台

回转平台是桩架的工作平台。卷扬机、水平伸缩、横梁、电气控制箱、操纵室、立柱、斜撑杆和配重等机构均装在平台上。回转平台通过回转支承与底盘连接。横梁是为实现桩架的调轨而设计的，并保证桩架顶升后底盘的旋转。斜撑杆驱动机构装在横梁上，横梁用螺栓与回转平台固定。

回转支承一般采用大型交叉滚柱轴承结构，工作时它要承受较大的垂直载荷、水平载荷和力矩。

(3)底盘

底盘是用来承受回转平台上所有质量及外载荷的承载体。通过装在底盘上的行走轮可使桩架沿着轨道行走，行走机构一般采用电动机驱动，减速箱减速再驱动行走轮。底盘结构有方形拼装式和装有活动腿的组合式。活动腿结构的底盘，可使底盘运输宽度大为减少，以便实现整体运输。

2.轨道式桩架的主要技术参数

轨道式桩架采用在轨道上行走的方式，行走的速度一般小于 5m/min。由于回转平台的质量及回转半径较大，为减少回转的惯性冲击，所以平台的回转速度一般不超过 1rad/min。为保证立柱中心位置，其调整行程一般为 500～1 000mm。立柱的变幅范围，应满足仰俯打桩的要求，前倾不大于5°；后倾可根据桩架具体性能来确认，一般分14°和18.5°两种。立柱的左右方向允许摆动角度要小于2°。吊桩吊锤时的起升速度，一般限制在12m/min左右。轨道式打桩架的主要技术参数见表5.3-4。

轨道式打桩机技术参数表　　表5.3-4

项目与单位		型号					
		DJG12	DJG18	DJG25	DJG40	DJG60*	DJG100*
适用最大柴油锤型号		D12/D8	D18/D16	D25/D30	D40/D42	D60/D62	D100
立柱长度 A(m)		18	21	24	27	33	40
锤导轨中心距(mm)		330	330	330	330	600 330/600	600 300/600
立柱倾斜范围	前倾(°)	5	5	5	5	5	5
	后倾(°)	14	18.5	18.5	18.5	—	—
立柱水平调整范围 L(mm)		—	500	500	500	500	500
上平台回转角度(°)		360	360	360	360	360	360
桩架负荷能力(kN)		≥60	≥100	≥160	≥240	≥300	≥500
桩架行走速度(km/h)		≤0.5	≤0.5	≤0.5	≤0.5	≤0.5	≤0.5
上平台回转速度(rad/min)		<1	<1	<1	<1	<1	<1
轮距 C(mm)		3 000	3 800	4 400	4 400	6 000	6 000
打桩机总质量(t)		≤12	≤20	≤33	≤45	≤65	≤100

注：*为建议值。

四、步履式桩架

步履式桩架行走方式采用步履式结构，底盘用支腿结构支撑。步履式底盘行走在短的轨道上，轨道固定在行走道板上，并可断续地向前推进。步履式桩架可分为机械驱动式和液压驱动式两种。

液压步履式打桩机以步履方式进行桩位移动和回转，不需铺枕木和钢轨，具有机动灵活、桩架移动方便、效率较高等特点。

1.*步履式桩架结构*

步履式桩架和轨道式桩架主要区别在于行走方式的不同，回转平台以上的结构布置和构造基本相同，图5.3-4为步履式桩架结构示意图。

步履式桩架行走一般以电机为动力源，当液压支腿收缩，行走轮通过减速箱驱动在轨道上滚动沿直线行走，当走到轨道的顶端时，底座上的行程开关触头碰到撞块，行走电机断电，桩架就停止下来。如果要继续行走，则顶升液压支腿，由于挂轮挂在轨道的下平面，使轨道上升并离开地面。通过电机反转，可使轨道板在挂轮上向前滑动到行走道板的另一端。这时可收起液压支腿，行走道板落地，桩架亦平稳放下。再次启动行走电机，桩架又可向前行走，如此重复以上操作程序，就可以实现桩架的行走。

当需转向时，首先先将桩架顶起，开动回转电机，下平台带着轨道一起以回转小齿轮为中心转动。转至极限位置时，收起支腿放下轨道，再反向驱动回转电机，此时小齿轮绕大齿轮转动，以上平台以大齿轮为中心回转。当上平台转至极限位置后，再放下支腿，重复上述操作，轨道即可转任意角度，实现桩架转向。

2.步履式桩架的技术性能

步履式桩架的回转平台的结构性能要求与轨道式桩架基本相同，立柱的前后微调不再设有水平伸缩小车，而是利用前后行走步履架的行走轮移动来实现。纵向步履的长度较长，一般达到9m，这样可方便地实现上车的移动；横向步履主要用于使桩架回转和立柱的微调。一般行程都很小，纵、横向步履速度约在0.04m/s左右。步履式桩架要进行回转吊桩很费时，要重复回转动作6～10次，桩架方能回转90°。步履式桩架一般比较重，但有较大的接地面积，能适应在较弱地基上施工。

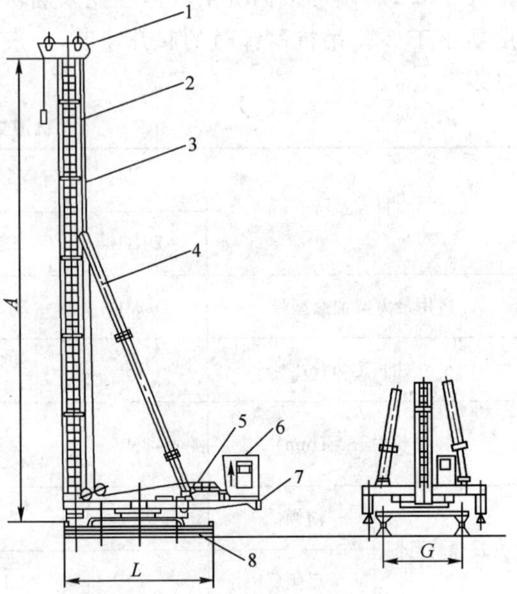

图5.3-4　步履式桩架结构示意图

1-顶部滑轮组；2-导杆；3-锤和桩起吊用钢丝绳；4-斜撑；5-吊锤和桩用卷扬机；6-驾驶室；7-配重；8-步履式底盘

步履式桩架主要技术性能见表5.3-5。

国内常用的步履式打桩架技术参数　　表5.3-5

基本参数与尺寸 型号 / 项目与单位		DJB12	DJB18	DJB25	DJB40	DJB60*	DJB100*
适用最大柴油锤型号		D12	D18	D25	D40	D60	D100
导杆长度 A(m)		18	21	24	27	33	40
锤导轨中心距(mm)		330	330	330	330	600/330/600	600/330/600
导杆倾斜范围	前倾(°)	5	5	5	5	5	5
	后倾(°)	18.5	18.5	18.5	18.5	—	—
上平台回转角度(°)		≥120	≥120	≥120	360	360	360
桩架负荷能力(kN)		≥60	≥100	≥160	≥240	≥300	≥500
桩架行走速度(km/h)		≤0.5	≤0.5	≤0.5	≤0.5	≤0.5	≤0.5
上平台回转速度(rad/min)		<1	<1	<1	<1	<1	<1
履板轨距 C(mm)		3 000	3 800	4 400	4 400	6 000	6 000
履板长度 X(mm)		6 000	6 000	8 000	8 000	10 000	10 000
接地比压(MPa)		<0.098	<0.098	<0.120	<0.120	<0.120	<0.120
桩架总质量(kg)		≤14 000	≤24 000	≤36 000	≤48 000	≤70 000	≤120 000

五、履带式打桩架

履带式打桩架有装在履带底盘上的三点支承式和安装在起重机上的悬挂式两种形式。前者具有较好的稳定性和打桩精度。

1.悬挂式履带打桩架

悬挂式履带打桩架的底盘一般选用标准履带式起重机，通过吊臂把立柱铰接悬吊，立柱的下部加一个可伸缩支承，构成打桩架三角结构。图 5.3-5 为悬挂式履带打桩架结构示意图。悬挂式履带打桩架具有较好的机动性，目前这类桩架仅能用于中、小型桩的打桩作业。

(1)悬挂式履带打桩架的结构

吊臂与立柱的连接为铰接方式，保证立柱可绕铰接点在吊臂的平面进行一定角度的转动。下部支承结构为可伸缩组件，可满足打斜桩的施工需要。伸缩结构有机械式和液压式两种。由于这类桩架的侧向稳定性主要由起重机下部的支撑叉保证，因而与三点式打桩架相比，侧向稳定性较差，只能用于中小桩施工。

(2)悬挂式履带打桩架的主要技术参数

悬挂式履带打桩架的主要技术参数见表 5.3-6。

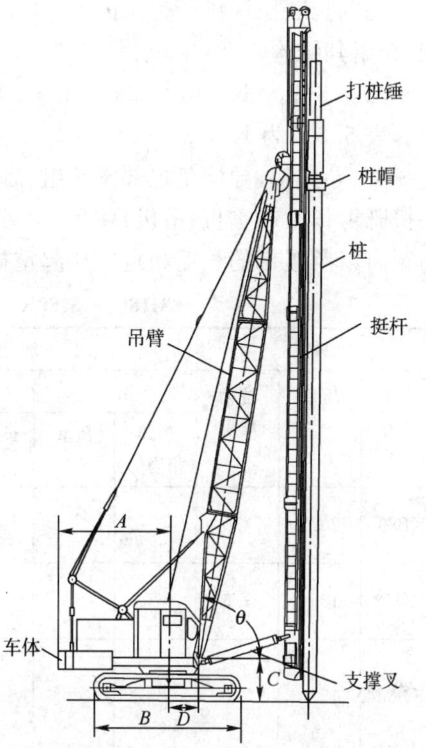

图 5.3-5　悬挂式履带打桩架结构示意图

步履式和悬挂式履带打桩架的基本参数与尺寸　　表 5.3-6

基本参数及尺寸		步履式打桩架型号			悬挂式履带打桩架型号				
		DJB40	DJB60①	DJB100①	DJU18B	DJU25B	DJU40B	DJU60B	DJU100B
导杆长度(m)		27	33	40	21	24	27	33	33
导轨中心距(mm)		330	330/600	330/600	330	330	330	330/600	330/600
导杆倾斜范围	前倾(°)	5	5	5	5	5	5	5	5
	后倾(°)	18.5	—	—	18.5	18.5	18.5	—	—
导杆水平调整范围(mm)					200	200	200	200	200
上平台回转角度(°)		360	360	360					
桩架负荷能力(kN)		≥240	≥300	≥500	≥100	≥1 600	≥240	≥300	≥500
桩架行走速度(km/h)		≤0.5	≤0.5	≤0.5	≤0.5	≤0.5	≤0.5	≤0.5	≤0.5
上平台回转速度(rad/min)		<1	<1	<1	<1	<1	<1	<1	<1
履板轨距(mm)		440	600	600					
履板长度(mm)		8 000	10 000	10 000					
履带运输时全宽(mm)					≤3 300	≤3 300	≤3 300	≤3 300	≤3 300
履带工作时外扩后宽(mm)					—	—	3 960	3 960	3 960
接地比压(MPa)		<0.120	<0.120	<0.120	<0.098	<0.098	<0.120	<0.120	<0.120
发动机功率(kW)					60～75	97～120	134～179	134～179	134～179
打桩架总质量(kg)		≤48 000	≤70 000	≤120 000	≤40 000	≤50 000	≤60 000	≤80 000	≤100 000

注：①为参考值。

2.三点式履带打桩架

(1)三点式履带打桩架结构

现以抚顺挖掘机厂生产的KH180—2s(履带吊型号),80R—3(桩架型号)的三点式履带打桩架为例,介绍其结构。

图5.3-6为KH180—2s、80R—3型吊机桩架的外形尺寸图,图5.3-7为该桩架各部分名称示意图。表5.3-7为KH180—2s、80R—3型液压履带吊桩架的技术规格。从图5.3-6可知,桩架由主机、前托架、导向架、导向架顶部滑轮组、后横梁、斜撑以及前后支腿组成。目前国内外生产的液压履带式桩机既可作为起重机(吊机)使用,也可作为打桩架使用。但专用的打桩架主机的平衡重至回转中心的距离以及履带的长度和宽度比起重机主机的相应参数要稍大些,因此整机的稳定性要好。

KH180—2S、80R—3型液压履带吊机架规格(前托架式3100型)[①] 表5.3-7

锤			螺旋钻机					导向架[②]的长度	桩		打斜桩的后倾角度	全机质量[④](行走时)	对地面的平均压强
形式	质量	桩帽质量	钻头		螺旋钻杆		钻机允许拔出载荷		长度	质量			
			形式(相当的)	质量	长度[③]	质量							
	(t)	(t)		(t)	(m)	(t)	(t)	(m)	(m)	(t)	(°)	(t)	(MPa)
KB80	20.5	4.0						21	13	8.0	20	91.9	0.122
								24	16	5.0	16	93.5	0.124
MH72	18.4	3.5						21	13	10.0	20	89.3	0.118
								24	16	8.0	16	90.9	0.120
KB60	15.0	3.0						21	13	10.0	20	85.4	0.113
								24	16	10.0	16	87.0	0.115
								27	19	10.0	13	88.6	0.117
45	11.0	2.0						21	14	10.0	20	80.4	0.106
								24	17	10.0	16	82.0	0.109
								27	20	10.0	13	83.6	0.111
								30	23	10.0	11	84.9	0.113
			D-120H	9.5	23	5.3	40.0	27	23	10.0		89.1	0.118
					26	6.0	40.0	30	26	10.0		91.1	0.121
			D-80H	7.0	23	5.3	40.0	27	23	10.0		86.4	0.114
					26	6.0	40.0	30	26	10.0		88.4	0.117
45	11.0	2.0	D-80H	7.0	17.0	3.9	40.0	21	14	10.0		95.0	0.126
					20.0	4.6	40.0	24	17	10.0		97.3	0.129
			D-60H	6.0	17.0	2.7	40.0	21	14	8.0		92.2	0.122
					20.0	3.2	40.0	24	17	8.0		94.3	0.125
35	8.5	1.0	D-80H	7.0	20.0	4.6	40	24	18	8.0		93.8	0.124
					23.0	5.6	40	27	21	8.0		96.1	0.127

注:①此机器必须在履带伸出时方可工作或行走;

②长度21m以内的导向架可以靠机器自行竖立,若导向架的长度为24m或更长时,需用吊机帮助竖立;

③表中螺旋钻长度包括螺旋钻动力头在内;

④当机器总质量超过95t,履带下应垫钢垫板。

从图5.3-6左上角导向架剖面图可见,导向架有两个滑道:中心距为330mm的滑道适用于6t以下的柴油锤;中心距为600mm的滑道适用于6t以上的柴油锤和长螺旋钻。

前托架有四个销子与主机相连,前托架的上部有两个转向滑轮用于主副吊钩起重钢丝绳的转向。前托架的前部有一矩形滑道,导向架底节销轴两端的滑动轴承可在滑道中滑动,滑动的动力由前托架滑动液压缸提供。导向架底节的轴孔为椭圆形,当桩架偏移时,在销轴处引起的力矩可以通过轴在椭圆孔中的位移加以消除。导向架和主机通过两根斜撑杆支撑。后斜撑杆为管形杆与斜撑液压缸连接而成。斜撑液压缸的支座与后横梁伸出部位相连,构成了三点式支撑形式的打桩架结构。

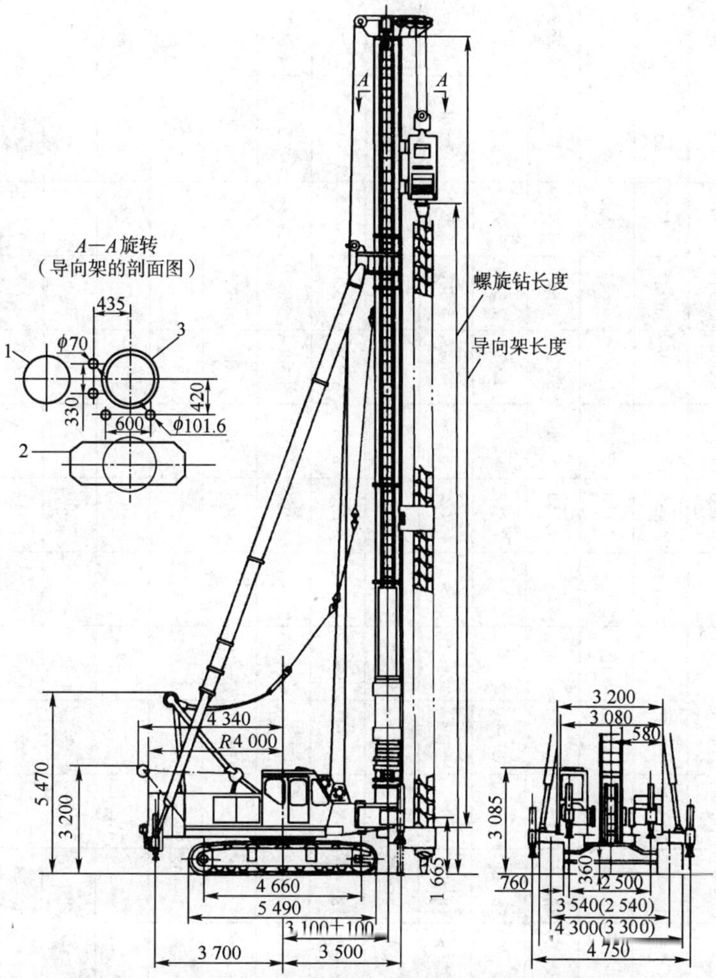

图 5.3-6　KH180—2s、80R—3 型吊机桩架的外形尺寸

1-小锤(用中心距为 330mm 的滑道)；2-大锤或螺旋钻(用中心距为 600mm 的滑道)；3-导向架

注：括号中尺寸为运输尺寸。

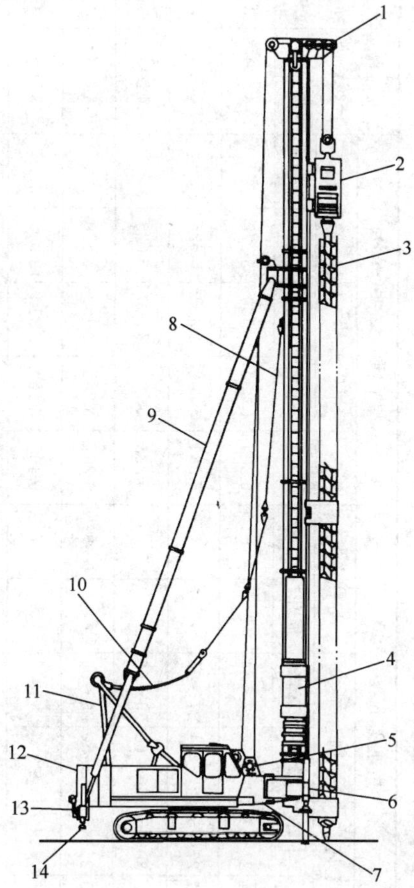

图 5.3-7　KH180—2s、80R—3 型吊机桩架各部名称

1-顶部滑轮；2-钻机动力头；3-长螺旋钻杆；4-柴油锤；5-前导向滑轮；6-前支腿；7-前托架；8-背梢钢丝绳；9-斜撑；10-导向架起升钢丝绳；11-三角架；12-配重块；13-后横梁；14-后支腿

斜撑与导向架由销轴相连接，销轴由两部分组成。当轴横穿导向架伸出两个轴头，轴头可以相对导向架转动。轴头上下方的圆弧被刨去，形成两个平行平面，可让斜撑的插口插入。在平行平面中心有一销孔，当斜撑插入后，再将插销插入，使斜撑在两个方向可以移动：①相对于导向架作前后方向的转动；②相对于导向架作左右方向转动。两个连接导向架与斜撑的销轴组成了一个万向节结构。这个万向节结构对桩架是十分重要的，因为桩架有各种不同的高度，对应各类不同长度的桩与螺旋钻。这种万向节的连接结构满足了不同桩架安装尺寸的需要。

在导向架顶部有顶部滑轮组及支架，两组不同的滑轮组对应两种不同的工况：330mm 滑道与 600mm 滑道。

在后横梁两侧有两个后支腿，上面各有一个支腿液压缸，主要用于打斜桩时克服桩架后倾压力。在前托架左右两侧，装有两个前支腿液压缸，在使用螺旋钻钻孔上拔螺旋钻时，可以支撑导向架，使之不会前倾。

图 5.3-7 中的 10 为导向架起升钢丝绳、8 为背梢钢丝绳、11 为三角架，它们的作用是拉住导向架。

(2)三点式履带打桩架的主要技术参数

进口及国产三点式履带打桩架的主要技术参数见表 5.3-8、表 5.3-9。

进口三支点式履带打桩架主要技术性能

表 5.3-8

生产厂	型号	操作方式	传动方式	爬坡能力(°)	回转速度(rad/min)	行驶速度(km/h)	主机质量(kg)	额定输出功率(kW)	发动机转速(rad/min)	卷扬速度(m/min)						外形尺寸(mm)					作业时履带扩张后的宽度(mm)	最大回转半径(mm)
										主卷筒		副卷筒		导柱卷筒		总长度	总宽度		总高度			
										提升	下降	提升	下降	提升	下降		作业时	运输时	作业时	运输时		
石川岛建机	IPD-85	液压	液压	22	3.5	0.7～1.2		119	2 100	27～54	27～54	27～54	27～54			6 283	5 200	3 300	5 170		4 220	3 650
	IPD-95	液压	液压	22	3.5	0.7～1.2		119	2 100	27～54	27～54	27～54	27～54			6 283	5 200	3 300	6 625		4 220	3 650
	IPD-105	液压	液压	22	3.5	0.8～1.4		119	2 100	30～60	30～50	30～60	30～60			6 283	5 200	3 300	6 625		4 300	3 650
	IPD-115	液压	液压	22	2.7	0.8～1.5		119	2 100	25～50	25～50	25～50	25～50			6 283	5 240	3 300	6 570		4 470	3 650
日本车辆制造	DHJ-40	液压	液压		2.0	1.9	21 400	86	2 200	58	58	58	58			5 498	3 160	2 910	3 040	3 250	3 160	3 330
	DHJ-70	液压	液压	22	3.5	1.4	28 000	92	2 000	32.5～65	32.5～65	32.5～65	32.5～65	48		6 470	4 010	3 300	5 034	3 302	4 010	3 980
	DH308-80M	液压	液压	22	3.5	1.4	28 000	92	2 000	33～66	33～66	33～66	33～66	48		6 350	5 276	3 300	5 034	3 135	4 010	3 980
	DH408-95M	液压	液压	22	3.3	1.1	36 100	114	2 000	33～66	33～66	33～66	33～66	48		7 160	5 314	3 300	6 684	3 250	4 153	5 282
	DH508-105M	液压	液压	22	2.4	1.0	38 000	114	2 000	33～66	33～66	33～66	33～66	48		7 160	5 314	3 300	6 684	3 250	4 380	5 263
	DH608-120M	液压	液压	16.7	2.9	0.8	44 200	136	2 000	30～60	30～60	30～60	30～60	48		7 843	5 314	3 300	7 280	3 299	4 500	5 340
神户制钢所	60P	液压	机械	18	2.5～4.1	0.9～1.5	27 400	71	1 400	29～47	19～31			28～47	16～27	45 030	5 000	3 300	5 300	3 400	3 960	3 640
	75P	液压	机械	18	2.8～4.3	0.78	31 500	77	1 600	30～46	18～28			35～53	19～29	7 240	5 000	3 300	5 530	3 370	3 960	4 800
	80P	液压	机械	18	2.8～4.1	0.77	36 000	77	1 600	46～50	18～28			35～53	19～29	6 795	5 000	3 300	5 560	3 400	3 960	4 300
	85PI	液压	机械	18	2.8～4.3	0.68	31 300	96	1 800	32～45	20～28	32～45	自由下落	47～65	30～43	7 285	5 000	3 300	5 590	3 436	3 960	4 800
	110P	液压	液压	18	2.9	0.44～0.87	38 200	112	2 000	45～59	28～36	45～59	45～59	41～54	自由下落	7 605	5 000	3 320	5 650	3 450	4 400	4 795
	130P	液压	液压	18	3.0	0.7～1.0	48 500	132	2 000	31～62	31～62	31～62	31～62	50	50	5 960	5 254	3 500	8 020	3 452	4 740	4 800
日立建机	PD80	液压	液压	22	3.3	1.0	41 300	90	2 000	27～54	27～54			39	39	6 805	4 010	3 300	5 650	3 270	4 010	4 290
	PD90	液压	液压	22	3.1	1.0	40 000	97	2 000	26～52	26～52	26～52	26～52	40	40	7 390	4 010	3 300	6 360	3 270	4 010	4 850
	PD100	液压	液压	22	2.7	0.8	40 000	112	2 000	30～60	30～60			45	45	7 245	4 300	3 300	6 775	3 300	4 300	4 500

国产三支点式履带打桩架主要技术性能　　表 5.3-9

型　号	DJU18	DJU25	DJU40	DJU60	DJU100	DJU72A
适用最大柴油锤型号	D18	D25	D40	D60	D100	D72
立柱长度(m)	21	24	27	33	33	26.5
锤导轨中心距(mm)	330	330	330	380/600	330/600	
立柱倾斜范围(°)	前 5	前 5	前 5	前 5	前 5	前 5
	后 18.5	后 18.5	后 18.5	—	—	后 15
立柱水平调整范围(mm)	200	200	200	200	200	
桩架负荷能力(不小于)(t)	10	16	24	30	50	
桩架行走速度(km/h)	0.5	0.5	0.5	0.5	0.5	0.6～1.2
上平台回转速度(rad/min)	<1	<1	<1	<1	<1	2.5
履带运输时全宽(mm)	3 300	3 300	3 300	3 300	3 300	3 460
履带外扩后宽(mm)	—	—	3 960	3 960	3 960	4 220
接地比压(Pa)	$<9.8\times10^{-4}$	$<9.8\times10^{4}$	$<1.2\times10^{5}$	$<1.2\times10^{5}$	$<1.2\times10^{5}$	
发动机功率(kW)	80～100	130～160	180～240	180～240	180～240	135
桩架作业时总重(t)	40	50	60	80	100	95
生产厂	上海工程机械厂		抚顺挖掘机厂			四海工程机械厂

六、压桩设备

1.压桩及设备

压入法沉桩(简称为压桩),同打入桩工艺相近,所不同之处是不用冲击性打击力,而是用静压力将桩压入土中。它属于无振动,有挤土的沉桩工艺。

压桩在工程中具有独特的意义,主要优点是:

(1)施工中无振动、无噪声、无污染,尤适宜在城市居住密集区施工。

(2)压桩对钢筋混凝土桩而言(如方桩、PHC 桩等),由于通过静力压入土层,桩体不必承受锤击桩引起的拉伸应力波的冲击,桩的混凝土强度及其配筋,只要满足施工期吊桩弯矩和使用期的受力需求就行。因此,桩的断面可以减薄,主筋和局部加强筋可以节省,混凝土强度也可降低至 C20～C25,从而节省了原材料,降低工程成本。

(3)提高施工质量

采用压桩工艺,相对于锤击法沉桩,压入桩桩身一般十分完好,很少有裂缝,桩顶也完整无缺。

在斜坡上打桩,由于振动力的影响,岸坡稳定安全系数一定会明显降低,特别当滑动面倾斜角较小时,容易发生土坡表层土沿平滑的斜面滑动,同时也会使斜坡上已打好的桩位普遍发生位移。但在斜坡上若采用压桩施工,岸坡稳定安全系数就会有较大的提高,能减轻岸坡倒塌和浅层滑动,减少桩的位移。

(4)能满足某些特殊施工要求

①压桩时“无噪声”,它特别适合于居民区、医院病房和重要机关附近的桩基施工,不干扰病人和居民休息、办公。

②采用柴油锤沉桩,桩周边土壤会有一定程度的“液化”,故需要经过一段时间恢复后,才具有真实承载力;但静力压桩不会对桩周边土壤产生较大干扰,其最终压力基本体现了桩的实际承载力,为此,也可直接用于对桩进行静载测试。

③某些地下管道密布的地区,或者由于科研的需要在桩上埋设仪器时,为避免沉桩时振坏,采用

压桩也是较为理想的方法。

④用于老结构修复。当需要在老基础上补桩时，如果用打入法，势必会造成对老结构的破坏，如上海某码头出于这类问题的考虑，采用压桩工艺取得了预期效果。

静力压桩机的基本工作原理是：以设备的自重（包括配重）或利用已入土桩的抗拔力来克服沉桩过程中的沉桩阻力；当静压力达到和超过被沉桩的入土阻力时，桩身就沿入土方向，按加压设备的工作速度被逐步压入土中。

静力压桩适用于回填土、淤泥土、黏性土和砂性土地基。目前已投入市场的压桩机的额定压桩力为1 000～12 000kN，适应的基桩为300mm×300mm～650mm×650mm钢筋混凝土方桩和ϕ300～ϕ800mmPC（或PHC）桩。

陆上静力压桩机按加压方式可分为：钢丝绳加压、液压加压、钢丝绳液压联合加压三种；目前建筑市场上使用较多的是液压式加压，又可分为顶压和抱压两类。

2.钢丝绳加压式静力压桩机（下称钢丝绳式压桩机）

压桩是在打入桩基础上发展起来的一种新的沉桩工艺，就沉桩原理而言，压桩与打桩有明显的区别，但从操作工序而言，又有许多相近之处。钢丝绳式压桩机主要包括：

(1)桩架与底盘，通称为压桩架。

(2)压桩力传动设备。

(3)压桩反力平衡设备。

(4)压桩力测量仪器。

(5)辅助设备。

由于压桩可以采取的方法很多，其设备也不会千篇一律，现选择国产通用设备作一介绍。图5.3-8为钢丝绳式压桩机。

(1)桩架与底盘

桩架与底盘是静力压桩机的重要设备之一。

桩架支承在底盘上，它的作用与打桩机中桩架一样，当吊桩或起重时，起承重构件作用；当压桩时起导向作用。

桩架包括框架及顶梁和导向龙口等，其中压桩用导向龙口的刚度比打桩机大一些，因压桩时导向龙口所承受的偏心力更大些。

底盘，除支承桩架、固定或安放压桩用的其他设备和运行部件外，还将直接承受压桩反力，因此陆用压桩机底盘需有足够的刚度，其尺寸比打桩机底盘高大。在水上压桩时，船体本身起着底盘作用，已具有足够刚度。此外，导向龙口的位置选择在底盘重心附近，以充分发挥自重的平衡作用和保证桩架的稳定。

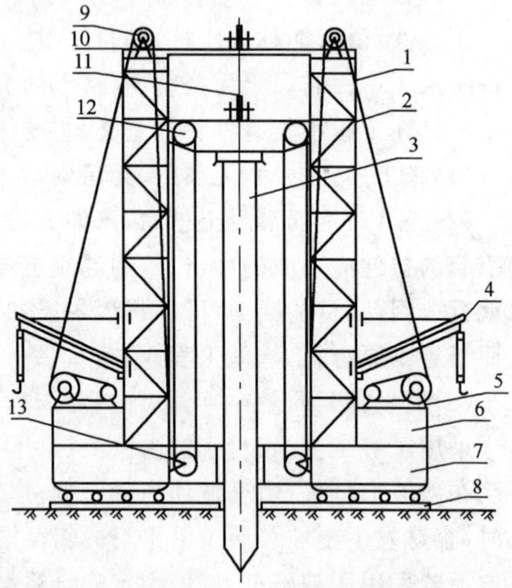

图5.3-8　钢丝绳式压桩机压桩原理

1-桩架；2-压梁；3-预制桩；4-吊臂；5-主卷扬；6-重块；7-底盘；8-走板；9-导向滑轮；10-顶梁；11-压梁提升滑轮；12-压梁动滑轮组；13-底盘定滑轮组

(2)压桩力传动设备

①卷扬机

压桩动力通常用电动、内燃机。除须满足牵引力要求外，卷扬机牵引须有足够的容绳量。利用卷绳的牵引力，通过几套多轮滑轮组把桩压入土中。

滑轮组的作用是把卷扬机的牵引力能够转变成作用于桩顶的压力，并作为省力机构，使较小的牵引力产生较大的压桩力。滑轮组的动滑轮安装在桩顶的压梁上，定滑轮组固定在作为反力平衡重的桩架底盘上，当绞车收卷钢丝绳时，通过滑轮组将压梁拉下，桩就徐徐被压入土中。

压桩用的电动绞车，通常为摩擦式绞车，带离合器装置，采用变速电动机。压桩绞车在一般情况下配置两台，分担压桩时卷绳的牵引力，但压桩整个过程中要求同步运转、技术性能相同的双滚筒。

②压桩滑轮组

滑轮组一般有二组或四组，各滑轮组轮数常取 3～5 只，主要根据卷扬机的牵力能力和所需压桩力来确定。

滑轮组的布置应对称于桩轴，其中动滑轮组设置在压梁内；定滑轮组固定在作为反力平衡的桩架底盘上。

③压梁

压梁是直接传递压桩力的部件，须有足够的刚度。

为防止压桩力发生较大的偏心，在一对压桩滑轮组之间设置有平衡滑轮，以便将两边钢索拉力自动调整均匀。

(3)压桩反力平衡设备

反力平衡设备是用来平衡压桩反力的，因此它应与最大压桩能力相适应，否则不是压桩能力得不到充分发挥，就是可能发生超负荷而损坏动力设备。

反力平衡设备的类型很多，主要有：

①利用平衡重物平衡

这是利用平衡重力来平衡压桩反力的方法。设置平衡重物可以结合压桩机实际结构，选择相应方法，主要有：

a.在桩架底盘上加压铁。

b.在压桩机两侧设置轻轨小车加压铁。

c.利用现有桩架本身的起重能力来加压铁。

②利用液体自动平衡

这种自动平衡设施能应用在进行水上压桩的压桩船上。

交通部三航局 20 世纪 60 年代在上海张华浜码头施工时，曾采用现有打桩船进行水上压桩，获得成功，最大压桩力达 1 500kN。用作平衡的水箱是打桩船首和尾的水舱。当作用在船首上的压桩反力变化，将导致船发生纵倾时，由控制系统通过自动开闭大容量水泵进行首、尾水舱水量的调节，使首、尾水舱内液面保持相对平衡，避免可能发生的纵倾。

采用液体自动平衡方法具有明显优越性：

a.平衡能力很大，能自动控制。

b.平衡动作迅速准确、灵敏。

c.充分利用压载水舱，船体受力均匀。

(4)压桩力测量仪器

测量压桩力目前使用较多的是油压缸测力计和千斤顶压力计，比较简单耐用。

3.顶压式液压静压桩机(下称：顶压式静压桩机)

液压静压桩机是利用液压油缸的推动进行压桩的，分为顶压式和抱压式两种。顶压式压桩油缸置于桩顶部进行压桩。现就其结构作简要介绍，(图 5.3-9。)

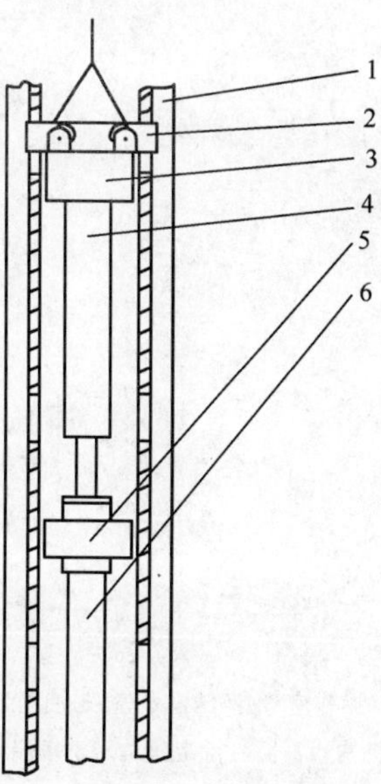

图 5.3-9　顶压式压桩油缸结构图
1-桩架；2-顶块；3-上座；4-液压油缸；5-压桩座；6-桩

在桩架上开有方形孔，顶块在压桩时就卡入方孔中，以承受油缸压桩的反力；顶块安装在上座上面，上座下方则与压桩液压油缸相连；压桩座通过桩帽套在桩上，压桩座上方与压桩液压油缸活塞杆相连。随着压桩油缸向下顶压，便推动压桩座将桩压下；油缸行程完成后，开启控制阀将油缸收缩，这时油缸体和上座随之上行，顶块也随着转动，从桩架的方形孔中脱出。当油缸收缩接近终点时，顶块又滑入桩架下面一对方形孔中。当油缸再次伸出压桩时，顶块便通过方形孔卡位桩架承受压桩反力，如此重复多次，便完成压桩作业。

4.抱压式静压桩机的构造与工作原理

抱压式静压桩机是用液压夹桩装置夹紧桩身，压桩油缸推动夹桩装置下行，从而将桩压入。

图5.3-10为武汉建筑工程机械厂生产的YZY—500型抱压式静压桩机的示意图。它由支腿平台结构、走行机构、压桩架、配重、起重机、操作室等部分组成。

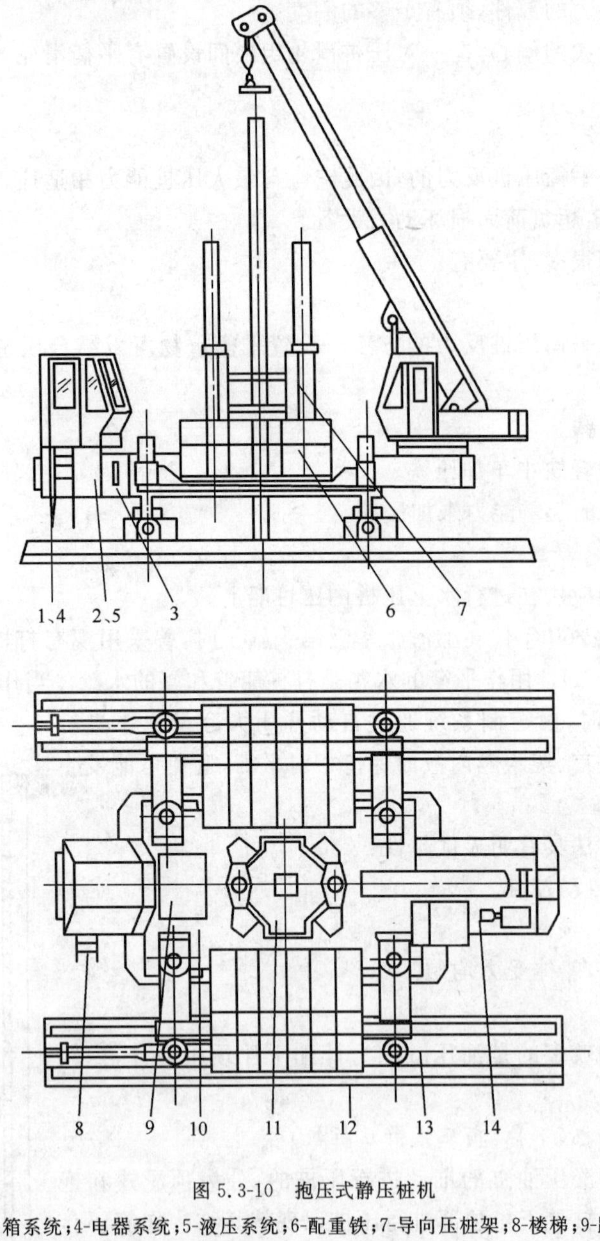

图5.3-10　抱压式静压桩机

1-操作室；2-液压总装室；3-油箱系统；4-电器系统；5-液压系统；6-配重铁；7-导向压桩架；8-楼梯；9-踏板；10-支腿平台结构；11-夹持机构；12-长船行走机构；13-短船行走及回转机构；14-液压起重机

(1)支腿平台结构

图5.3-11为支腿平台结构示意图。该部分由底盘3、支腿4、顶升液压缸6和配重梁2组成。底盘的作用是支承导向压桩架、夹持机构、液压系统装置和起重机，底盘里面安装了液压油箱和操作室，

组成了压桩机的液压电控系统。配重梁上安置了配重块，支腿由球铰装配在底盘上。支腿前部安装的顶升液压缸与长船行走机构铰接。球铰的球头与短船行走及回转机构相连。整个桩机通过平台结构连成一体，直接承受压桩时的反力。底盘上的支腿在拖运时可以并拢在平台边，工作时打开并通过连杆与平台形成稳定的支撑结构。

(2)长船行走机构

图 5.3-12 为长船行走机构，它由船体 3、行走台车 1 与顶升液压缸 4 等组成。液压缸活塞杆球头与船体相连接。缸体通过销铰与行走台车相连，行走台车与底盘支腿上的顶升液压缸铰接。工作时，顶升液压缸顶升使长船落地、短船离地、接着长船液压缸伸缩推动行走台车，使桩机沿着长船轨道前后移动。顶升液压缸回程使长船离地、短船落地。短船液压缸动作时，长船船体悬挂在桩机上移动，重复上述动作，桩机即可纵向行走。

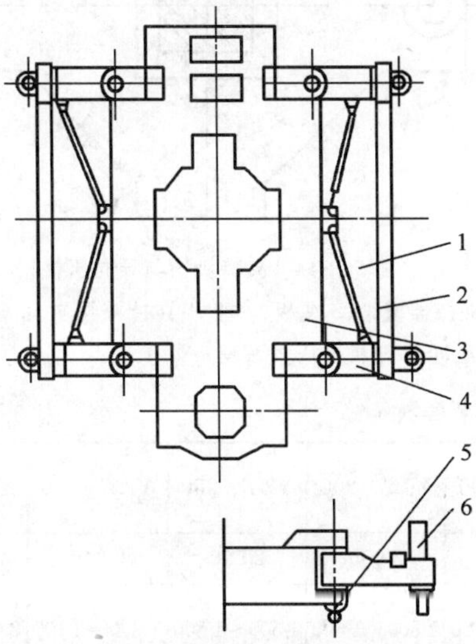

图 5.3-11　支腿平台结构

1-拉杆；2-配重梁；3-底盘；4-支腿；5-球头轴；6-顶升液压缸

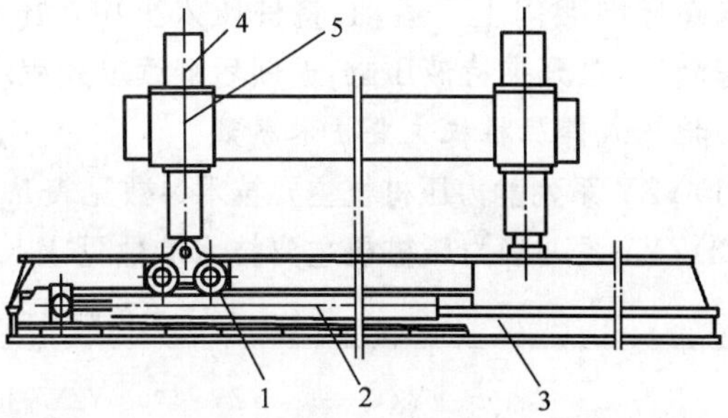

图 5.3-12　长船行走机构

1-长船行走台车；2-长船液压缸；3-长船船体；4-顶升液压缸；5-支腿

(3)短船行走机构与回转机构

图 5.3-13 为短船行走机构与回转机构，它由船体 7、行走梁 5、回转梁 2、挂轮机构 10、行走轮 8、横船液压缸 9、回转轴 4 和滑块 6 组成。回转梁 2 两端与底盘结构铰接，中间由回转轴 4 与行走梁 5 相连。行走梁上装有行走轮 8，正好落在船体的轨道上，用焊接在船体上的挂轮机构 10 挂在行走梁 5 上，使整个船体组成一体。液压缸的一端与船体铰接，另一端与行走梁铰接。工作时，顶升液压缸动作，使长船落地、短船离地，然后短船液压缸工作使船体沿行走梁前后移动。顶升液压缸回程，长船离地、短船落地，短船液压缸伸缩使桩机通过回转梁与行走梁推动行走轮在船体的轨道上左右移动。上述动作反复交替进行，实现桩机的横向行走。桩机的回转动作是：长船接触地面，短船离地，两个短船

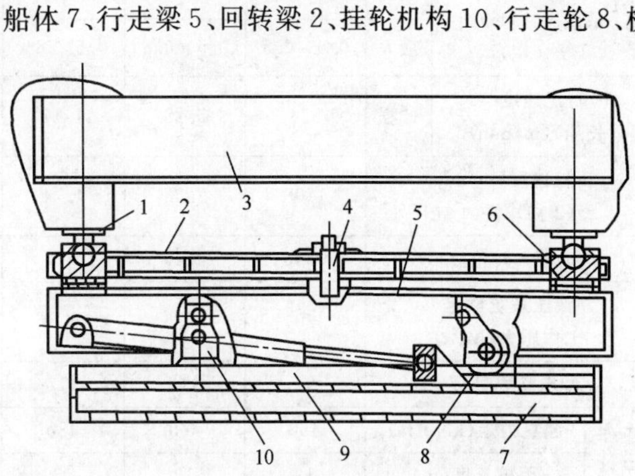

图 5.3-13　短船行走机构及回转机构

1-球头轴；2-回转梁；3-底盘；4-回转轴；5-行走梁；6-滑块；7-船体；8-行走轮；9-横船液压缸；10-挂轮机构

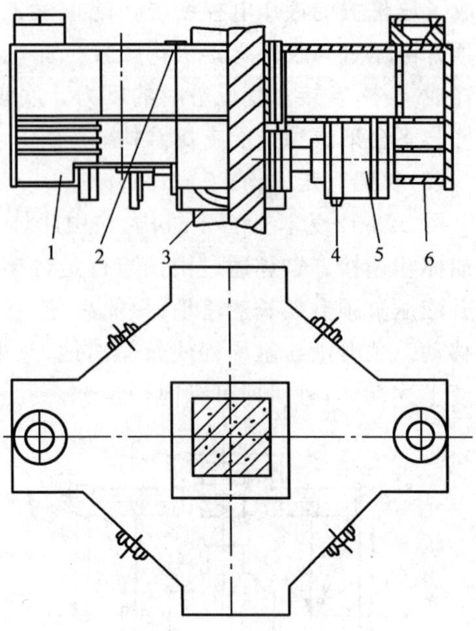

图 5.3-14　夹持机构与导向压桩架

1-夹持器横梁；2-夹板；3-桩；4-夹持液压缸支架；5-夹持液压缸；6-压桩液压缸球铰

液压缸各伸长 1/2 行程，然后短船接触地面，长船离地，此时让两个短船液压缸一个伸出一个收缩，于是桩机通过回转轴使回转梁上的滑块在行走梁上作回转滑动。油缸行程走满，桩机可转动 10°左右，随后顶升液压缸让长船落地、短船离地，两个短船液压缸又恢复到 1/2 行程处，并将行走梁恢复到回转梁平行位置。重复上述动作，可使整机回转到任意角度。

(4)夹持机构与导向压桩架

图 5.3-14 为夹持机构与导向压桩架。该部分由夹持器横梁 1、夹持液压缸 5、导向压桩架和压桩液压缸组成。夹持液压缸装在夹持横梁里面，压桩液压缸与导向压桩架相连。压桩时先将桩吊入夹持器横梁内，夹持液压缸通过夹板将桩夹紧。然后压桩液压缸做伸缩运动，使夹持机构在导向架内上下运动，将桩压入土中。压桩液压缸行程满后，松开夹持液压缸，返回后继续上述程序。

5. 抱压式静压桩机主要技术参数

(1)YZY 系列静力压桩机主要技术参数见表 5.3-10。

(2)ZYJ 系列静力压桩机主要技术参数见表 5.3-11。

YZY 系列静力压桩机主要技术参数　　表 5.3-10

参数 \ 型号		YZY—200	YZY—280	YZY—400	YZY—500	YZY—200	YZY—250	YZY—300	YZY—400
最大压入力(kN)		2 000	2 800	4 000	5 000	2 000	2 500	2 940	4 000
单桩承载能力(参考值)(kN)		1 300～1 500	1 800～2 100	2 600～3 000	3 200～3 700	1 300～1 500	1 500～1 800	1 800～2 100	2 600～3 000
边桩距离(m)		3.9	3.5	3.5	4.5				
接地压力(MPa)长船/短船		0.08/0.09	0.094/0.12	0.097/0.125	0.09/0.137				
压桩桩段截面尺寸(m)(长×宽)	最小	0.35×0.35	0.35×0.35	0.35×0.35	0.4×0.4	0.3×0.3	0.3×0.3	0.3×0.3	0.3×0.3
	最大	0.5×0.5	0.5×0.5	0.5×0.5	0.5×0.5	0.5×0.5	0.5×0.5	0.5×0.5	0.5×0.5
行走速度(长船)(m/min)	伸程	5.4	5.28	4.14	4.98	3.06	3.96	3.12	3.0
压桩速度(m/min)慢(2 缸)/快(4 缸)		1.98	2.28	4.74	1.38/4.2	3.06/2.16	0.78/1.98	0.78/1.98	1.2/1.92
一次最大转角(rad)		0.46	0.45	0.4	0.21	0.20	0.20	0.19	0.18
液压系统额定工作压力(MPa)		20	26.5	24.3	22			25	25
配电功率(kW)		96	112	112	132			112	112
工作吊机	起重力矩(kN·m)	460	460	480	720				
	用桩长度(m)	13	13	13	13	13	13	13	13
整机质量	自质量(t)	80	90	130	150	64.3	75	135	135
	配质量(t)	130	210	290	350	180	200	190	280
拖运尺寸(m)(宽×高)		3.38×4.2	3.38×4.3	3.39×4.4	3.38×4.4				

ZYJ 系列静力压桩机主要技术参数 表 5.3-11

参数	型号	ZYJ80	ZYJ120	ZYJ180	ZYJ240	ZYJ320	ZYJ380	ZYJ420	ZYJ500	ZYJ600	ZYJ680	ZYJ800	ZYJ900	ZYJ1000	ZYJ1200
额定压桩力(kN)		800	1 200	1 800	2 400	3 200	3 800	4 200	5 000	6 000	6 800	8 000	9 000	10 000	12 000
额定工作油压(MPa)		19.5	23.1	22.0	23.1	24.7	24.5	23.6	25	23.9	23.5	24.4	24.2	24.1	23.4
压桩速度(m/min)	高速	3.1		5.4	5.0	5.5	4.5				5.0	4.0	5.0	4.2	3.6
	低速	1.5		1.0	0.9		1.0		0.70		0.85	0.7	0.85	0.75	0.7
压桩行程(m)		1.5		1.6			1.8								
位移(m)	纵向	1.6		2.2	3.0		3.6								
	横向	0.4		0.5	0.6						0.7				
转角(°)		11		12	10		8								
升降(m)		0.6	0.65	0.75	0.9	1.0					1.1				
方桩(mm)	最小	φ200			φ300		φ350								
	最大	φ300		φ400	φ500		φ600								
最大圆桩(mm)		φ300		φ400	φ500		φ600						φ800		
边桩距离(m)		0.45		0.8	0.8		0.68						1.0		
角桩距离(m)		0.8		1.15	1.35		1.2						1.53		
额定起吊质量(10^3kg)		5.0		8.0		12.0				16.0			25.0		
变幅力矩(kN·m)		160		400		600					800		900		
功率(kW)	压桩	15	22	37			60		74	90	111		135		
	起重	7.5		22		30							45		
尺寸(mm)	工作长	7 000	8 000	10 000		12 000	12 000	12 500	13 200	13 500	14 000	13 800	14 500	18 000	
	工作宽	4 054	4 254	5 200	6 200	6 550	6 860	6 980	7 030	7 760	8 260	8 460	9 160	9 300	
	运输高	2 650	2 880	2 900	2 920	2 940				3 020			3 100		
总质量(含配重)(10^3kg)		≥82	≥122	≥182	≥245	≥325	≥383	≥425	≥503	≥602	≥682	≥802	≥902	≥1 002	≥1 202

注:制造厂湖南山河智能机械有限公司。

第二节 水上沉桩设备

一、概 述

当桩基施工涉及到水域时，打桩船就应运而生了。码头、引桥、驳岸、船闸、桥墩等工程施工的打桩设备设置于水面上，能极大地提高工作效率，而较深水域的施工更是如此。

最初的打桩船就是将陆上打桩设备临时固定在船上。随着施工水域不断向外海拓展、施工要求的不断提高，这种简陋的打桩船日益显示出其性能上的缺陷：抗风浪能力、抗水流力、纵横向平衡调节和稳桩等性能差，斜桩施工困难等，于是就出现了专业制造的打桩船。

性能良好的打桩船至少应该具备以下条件：有足够浮力和尺度的船体；有足够高度、刚度和强度的桩架；在一定范围内的变幅装置；有相应起重能力和一定数量的吊钩；强劲的有一定移船速度的锚缆系统；良好的船体平衡能力等。

近几年为适应国家经济建设蓬勃发展的需要，国内大型施工企业新增了大批性能优异的大型打桩船。打桩船桩架最高已超过 90m，配置有多个大吨位吊钩，配以相应的技术措施，可施打单桩 80m 甚至更长的钢管桩以及近 70m 的混凝土管桩；大直径液压变幅油缸可使桩架在±30°的范围内变幅，而且油缸的微动功能能保证精确的斜桩角度；大功率锚机配以大吨位锚，不仅能抗较大的水流速度，且使打桩船能准确定位而不走锚，并能快速移船提高工作效率；船上装备的 GPS 定位仪可保证打桩测量、全天候作业的准确定位；大型液压抱桩器用于稳桩并且在施打长斜桩时起到重要作用。

打桩船在水工工程特别是深水泊位码头和跨海大桥等大型水工工程建设中起着越来越大的作用。

多功能打桩船往往是打桩船和起重船的有机结合，由于起重能力较大，船体的主尺度和吊高都比较大，抗风浪能力也较强。

为应对海上恶劣的风浪条件，特别是在有涌浪的环境中施工，海上作业平台这种水上沉桩设施具有更加明显的优势，它以四个支撑牢固支撑在海床上，上部平台及平台上的桩架不受涌浪的影响，打桩效果更好。

二、常规打桩船

常规打桩船即以水上沉桩为主要功能的打桩船，它具备打桩船应具备的足够的船体尺度，有能变幅的具有一定高度的桩架，强劲的移船定位的锚缆系统和船体的平衡能力。同时兼有一定的起重能力。打桩船由桩架、变幅系统、倒架系统、锚泊系统等组成。如图 5.3-15 所示为打桩船在海上施工作业。

1. 桩架及其专用装置

(1)桩架

桩架由主架、副架、导轨(龙口)、变幅机构、滑轮平台(天令)等组成。专用装置有滑轮组、吊钩、抱桩器、桩帽、升降工作平台等。

图 5.3-15 打桩船在海上施工作业

要确保打桩船在性能允许范围内不同倾角下都能承担吊锤、吊桩等作业，桩架承受的外力非常大且受力情况复杂，因此多采用钢管制作，为桁架焊接结构；中、小型打桩船桩架也有采用型钢，用铆接或螺栓连接。主架是桩架的主体，新型打桩船已不设副架，将龙口直接固定在主架上。老型设副架的打桩船，是用副架固定龙口，当施工需要主架前倾时，除去主、副架下部的连接件代以撑杆，就形成吊龙口的打桩形式。如交通部三航局“三航桩 3”（图 5.3-16），龙口与桩架的固定为可拆卸式，将龙口吊挂在桩架的顶工作平台上，龙口下部与主架用撑杆连接；也可用吊龙口打桩，如“三航桩 8”（图 5.3-17）。

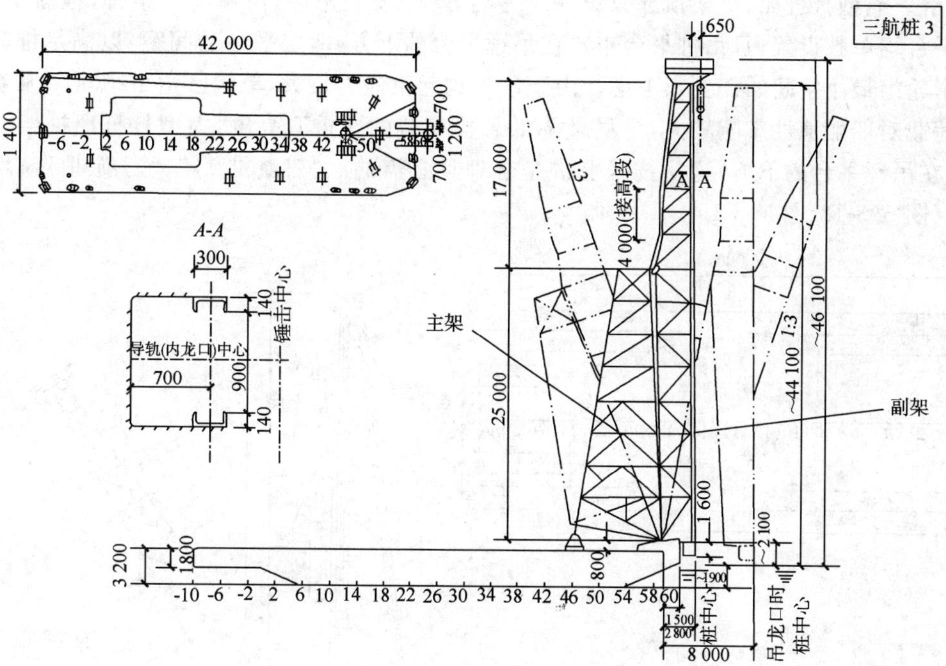

图 5.3-16　三航桩 3 号打桩船（尺寸单位：mm）

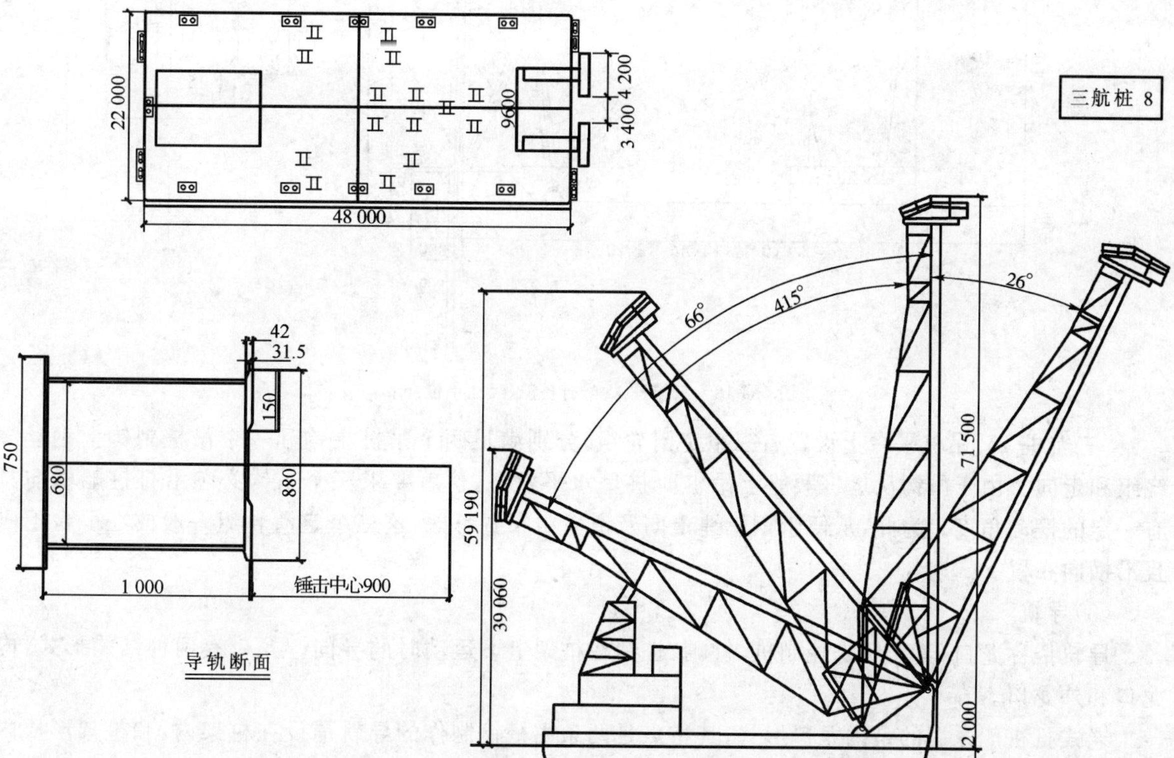

图 5.3-17　三航桩 8 号打桩船（尺寸单位：mm）

桩架的主要技术参数包括:桩架高度、变幅角度、起重能力、龙口形式和尺寸等。

(2)吊桩、吊锤平台

桩架顶部设有工作平台(俗称天令),在其上集中安装吊桩、吊锤滑轮组(含导向滑轮),便于集中保养和润滑。老型打桩船、桩架顶部只设一个平台,集中安装吊装、吊锤滑轮组件;但新型打桩船,吊桩、吊锤平台均单独设置,且吊桩平台布置在吊锤平台的下方,两层平台的间距,以满足桩锤高度和吊锤动、定滑轮组最小空间的需要来考虑。由于吊桩钩起重能力较大,单钩已达 1 200kN,从船舶稳性出发,悬挂荷载对船舶稳性影响较大,为尽量降低悬挂荷载的虚重心高度,大型打桩船桩架上部的吊桩平台设置在吊锤平台的下方,这从技术上讲是合理且必需的。“三航桩 11”、“三航桩 15”均采用这种结构形式(图 5.3-18、图 5.3-19)。

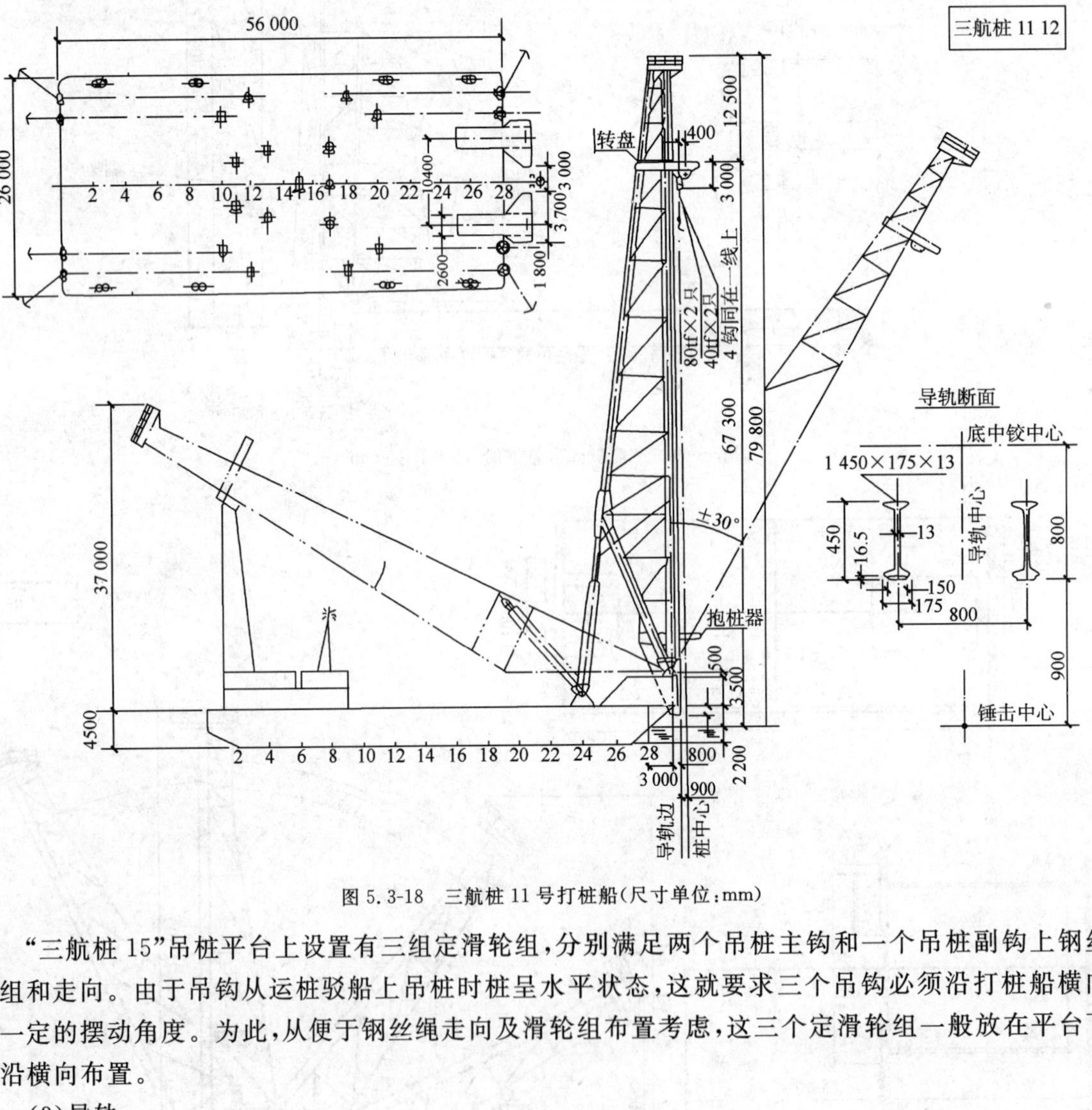

图 5.3-18 三航桩 11 号打桩船(尺寸单位:mm)

“三航桩 15”吊桩平台上设置有三组定滑轮组,分别满足两个吊桩主钩和一个吊桩副钩上钢丝绳绕组和走向。由于吊钩从运桩驳船上吊桩时桩呈水平状态,这就要求三个吊钩必须沿打桩船横向具有一定的摆动角度。为此,从便于钢丝绳走向及滑轮组布置考虑,这三个定滑轮组一般放在平台下侧且沿横向布置。

(3)导轨

导轨俗称龙口,其作用是控制桩、桩帽、桩锤在桩架上下运动时的导向。龙口有两种结构形式:内龙口和外龙口。

老式打桩船采用的是内龙口形式,其特点是两条由槽钢制作的导轨铺设在桩架内,和桩架形成内框架,导轨受力面积大,相对均匀,可使桩、桩帽、桩锤运行平稳。其不足之处是内桩架的尺寸限制了桩直径的增大,一般只能沉桩径较小的桩。

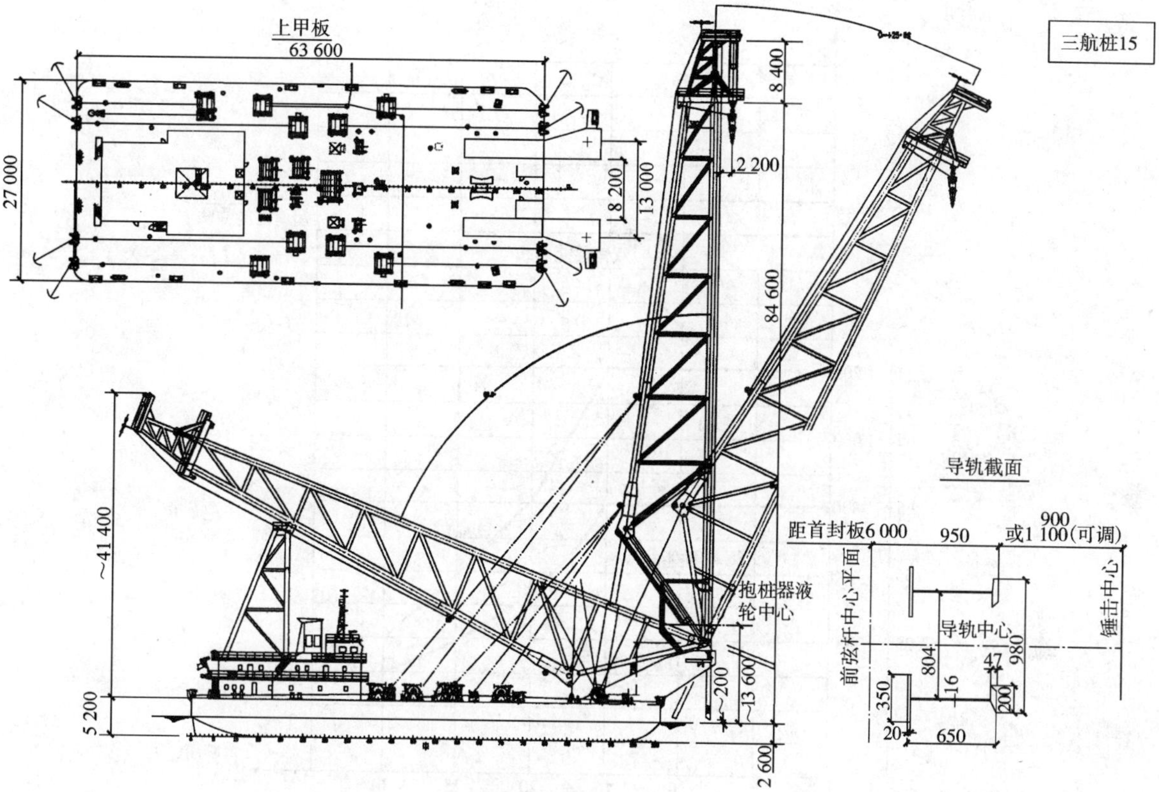

图 5.3-19　三航桩 15 号打桩船(尺寸单位:mm)

另一种是外龙口,其特点是导轨对桩的直径没有限制,桩的定位装置在龙口外。外龙口的结构形式有立柱式和箱式两种。立柱式导轨由钢管制作,工艺简单、制作方便,中、小型打桩船及陆上桩架多采用这种形式;箱式导轨,采用箱形梁结构,强度大、刚度好,在大型打桩船上广泛应用。

(4)吊桩、吊锤滑轮组及吊钩

打桩船还兼有起重船作业功能。打桩船的吊钩分主钩及副钩:主钩 1～2 只、副钩 1～2 只。一般 2 个主钩沿船横向左、右对称布置,每只均可单独升降。副钩的起重能力理论上按桩重的 50%配置即可,但实际上考虑到海上作业的惯性力和储备,一般取主钩能力的 60%～70%为宜。以"三航桩 15"为例,2 只主钩起重能力为 1 200kN,副钩为 800kN。

作为起重船施工时,有单钩吊和抬吊 2 种形式。抬吊分为直接用吊钩二组吊和用辅助吊具(俗称扁担)吊两种方法(图 5.3-20)为"三航桩 8"的吊重扁担梁。

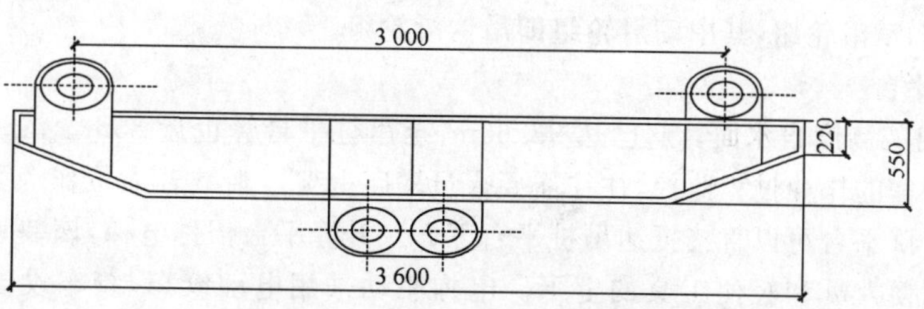

图 5.3-20　起重扁担架(尺寸单位:mm)

每艘打桩船的性能表中均有"起重性能曲线"和"起重性能表",如图 5.3-21 所示即为"三航桩 10"的起重性能曲线。"起重性能表"能直观反映出臂架在各种倾角时,吊重、伸距及起升高度之间的关系,便于现场施工选择船机装备时参考,详见表 5.3-12。

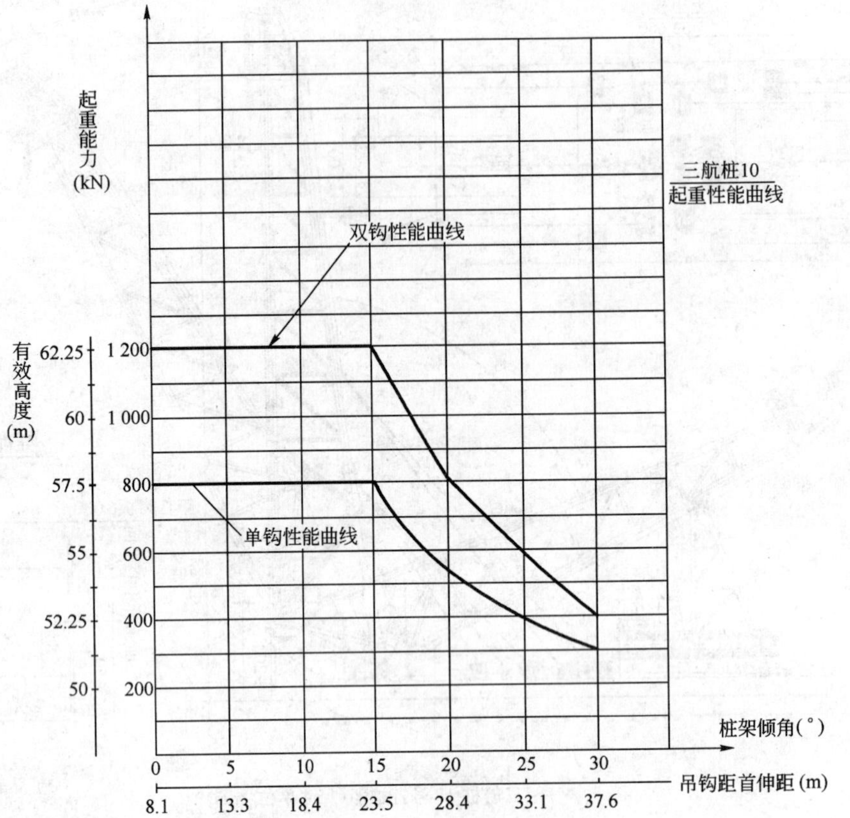

图 5.3-21 起重性能曲线

桩架起重性能表

表 5.3-12

桩架俯角(°)	5	10.0	15	20.0	25	30.0
起重量(单/双钩)(kN)	80/120	80/120	80/120	57/81	40/60	30/40
伸距(m)	13.3	18.4	28.4	28.4	33.1	37.6
有效吊高(m)	61	60	58.5	56	53	51

打桩船除具有常规的打桩起重作业能力，因它是刚性变幅，故还具有良好的拔桩性能。拔桩的方法主要有：静力拔桩、水冲拔桩。

打桩船的吊锤滑轮组分定、动滑轮组（随锤配置）两种，其能力按锤重并考虑一定的安全储备；吊桩滑轮组同样分定、动滑轮组，其中动滑轮组即吊钩滑轮组。

(5)桩架升降平台

“三航桩 16”桩架高度自水面算起已达 93.65m，至吊桩平台算也近 85m。沉桩过程中对桩锤、吊索等的操作以及必需的作业过程监控，往往需要人员攀爬上架。为减轻人员作业强度，在龙口两侧设置了左右对称的升降平台可以直接抵达吊桩平台下方。升降平台俗称电梯，该装置可承载 300kg/台、面积约 1.20m^2，以便人员和轻便工具的上下。电梯驱动采用电动绞车，绞车设于桩架中部平台上。桩架电梯一般可向龙口方向水平转动（人力操作）。从安全出发，每台电梯的上下运动是由梯上人员自行独立操作。同时，电梯尚设有机械急停装置，在一旦吊索断裂时可防止电梯坠落，起到安全保障的作用。

(6)抱桩器

吊桩进龙口（专业名桩锤导轨）的过程，是一个确定和保证桩身与桩架龙口相对位置的过程，对一根基桩而言，至少要有两点约束。桩身吊入桩架龙口后，桩顶定位由桩帽完成；桩身下部由抱桩器定位。桩帽和抱桩器的中心必须处于平行于龙口平面的同一直线上。

抱桩器有上抱桩器和下抱桩器两种形式。按工作原理还可分为机械和液压两种形式。

图 5.3-22 为上抱桩器，上抱桩器本体由导轨与龙口连接，在施打仰、俯桩时，如混凝土桩身较长，用上抱桩器承受桩的水平分力，减少桩的挠度，避免锤击时混凝土桩身断裂。钢桩一般不采用上抱桩器。

机械式抱桩器，横轴镶套在轴向定位套中，固定在龙口上，控制下桩定位。用电动绞车可以控制抱桩器沿轴转动，桩进龙口时，抱桩器工作臂成水平方向，桩定位入土后，抱桩器工作臂成垂直方向，脱离桩身，就可以进行锤击作业。

“三航桩 16”抱桩器为液压抱桩器(图 5.3-23)，其实质为一个油缸和左右对称的大小臂组成的液压机械手组成，设置在主甲板以上桩架下部位置。当桩身入土到一定深度时，打开抱桩器让桩锤通过继续锤击。在沉混凝土斜桩时，由于受自身抗弯强度约束，应将上背板锁上，使悬臂基桩在水面上得到可靠的约束和支承。下背板的结构较简单，操作以专用绞车辅以人力为主。抱桩器与下背板与桩基接触部位均采用水平钢制滚轮导向(一般为 4 个)。对某些钢桩而言，为防止桩身上部的防腐涂层在锤击过程中受损，在滚轮与桩身相对运动的表面覆以橡胶等柔性材料作保护。

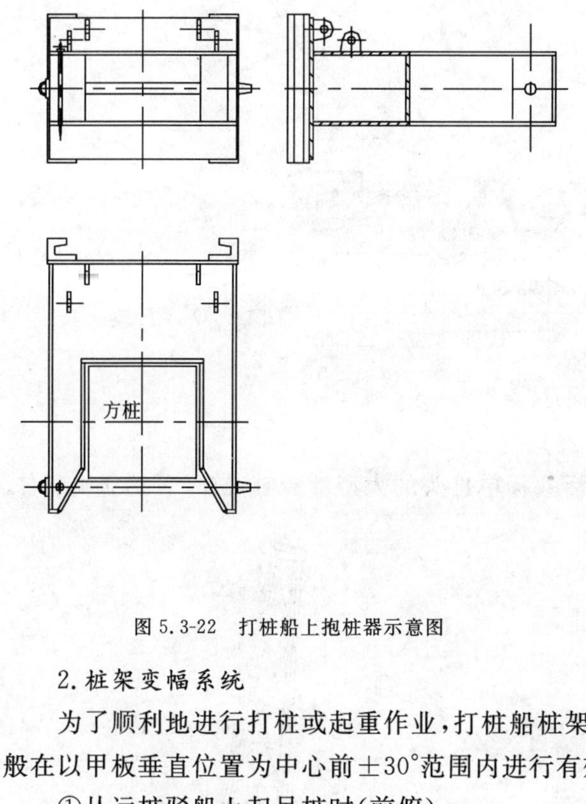

图 5.3-22　打桩船上抱桩器示意图

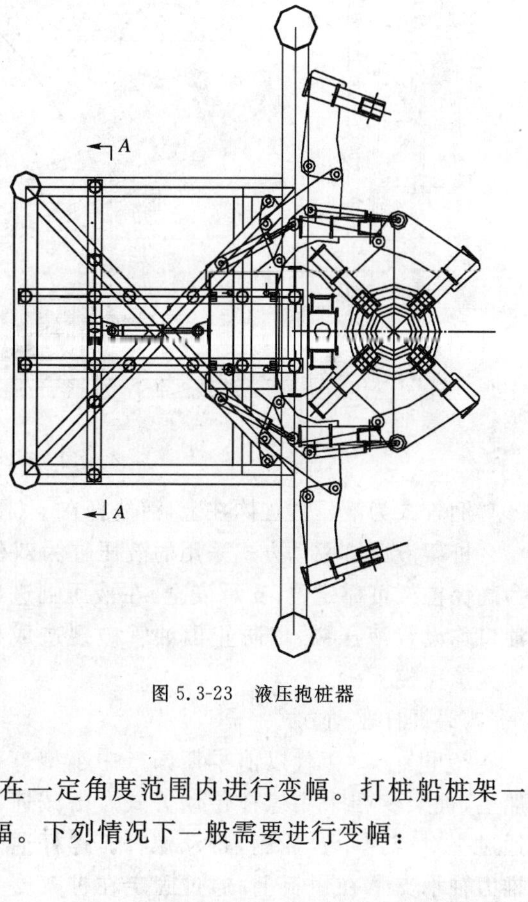

图 5.3-23　液压抱桩器

2. 桩架变幅系统

为了顺利地进行打桩或起重作业，打桩船桩架必须在一定角度范围内进行变幅。打桩船桩架一般在以甲板垂直位置为中心前±30°范围内进行有效变幅。下列情况下一般需要进行变幅：

①从运桩驳船上起吊桩时(前俯)。

②桩进桩架龙口定位时(前俯→后仰)。

③施打斜桩时(前俯或后仰)。

④起重作业时(前俯)。

⑤拖航倒架时(后仰)。

桩架变幅必须可靠、灵活、机动、定位精确，变幅速度可自由控制。根据桩架的不同结构和变幅驱动动力的不同，桩架变幅一般有下列几种形式：

(1)液压缸驱动方式

液压缸驱动是目前应用最广泛的桩架变幅驱动方式。桩架由一只液压缸支承在甲板上，驱动液压缸实现桩架的变幅。

根据液压缸的支承形式，液压缸驱动方式又分为正置式液压缸和倒置式液压缸两种方式：

正置式液压缸为液压缸缸体在下，活塞杆在上（图 5.3-24）。

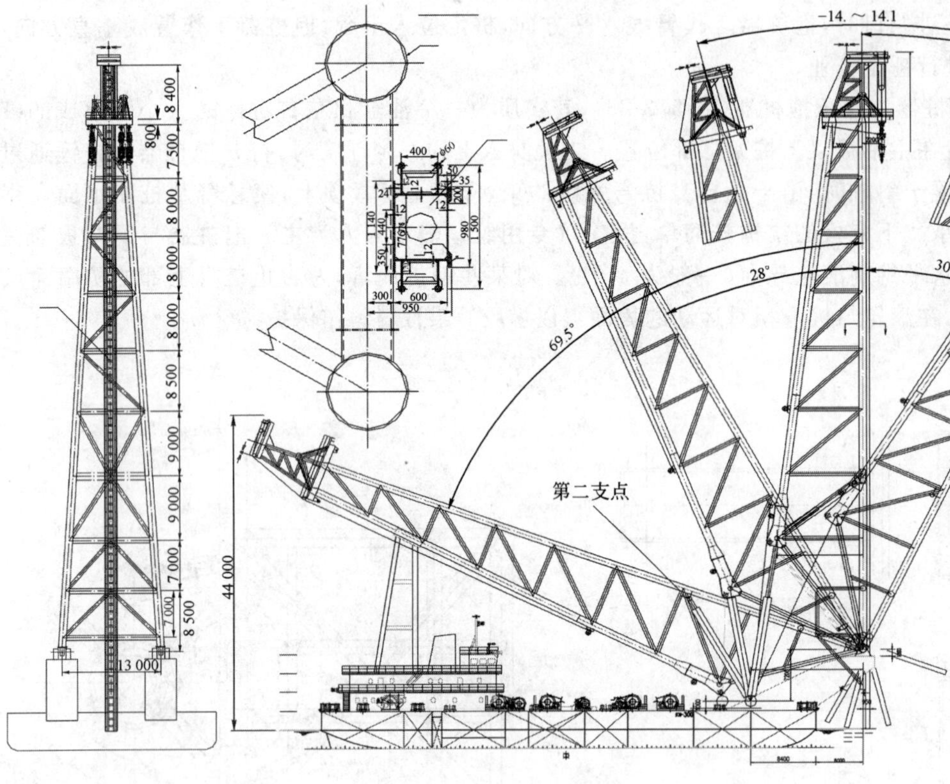

图 5.3-24　正置式液压缸变幅

倒置式为液压缸缸体在上，活塞杆在下（图 5.3-25）。

桩架液压缸驱动方式采用的液压缸为双作用、活塞杆单出头的大型液压缸，缸径可达 1m 左右。为确保桩架可靠定位、支承安全，在液压缸进出油口均设置液压锁，以防止因油管破裂造成桩架支承失控。

(2)螺杆驱动方式

20 世纪 70 年代以前早期国产中小型打桩船上，桩架变幅采用螺杆传动方式。由减速器通过一对减速伞齿轮副，带动螺杆。螺杆通过推力轴承支承在甲板上，通过固定在桩架支承点上的承力螺母，带动桩架俯仰，实现变幅，变幅范围为±18.5°。

螺杆驱动方式支撑力较小，机构设置落后，且在远距离拖航前，必须借助其他起重船拆装副桩架，另行运输，给施工带来诸多不便，早已被液压驱动方式所替代。

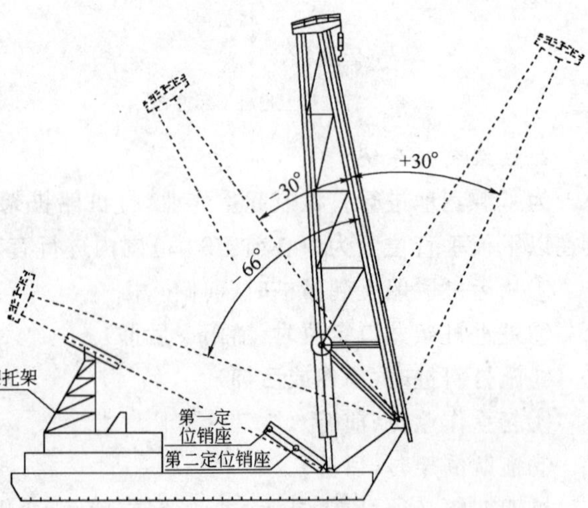

图 5.3-25　倒置式液压缸变幅

3.倒架工艺

近年来,新造的打桩船,桩架高度已达93m。在打桩船调遣时,可能会受到过江高架电缆或跨海大桥高度的限制。打桩船倒架后,降低了船的高度,可满足调遣的需要。

放架的工艺一般有以下几种形式:

(1)拆卸倒架

将桩架用起重船拆卸后,吊放在起重船或驳船上。打桩船到施工现场后再用起重船吊装即可。中小型打桩船采用较多,陆用打桩机也采用这种形式。

(2)机械倒架

如图5.3-26所示,"三航桩6"即为典型机械倒架形式。其步骤为先用变幅液压缸,使桩架后仰至30°,(变幅方法已叙述),将液压缸顶坐落在放架支架上。抽取出液压缸顶销,插入支架上支承轴销,使框架稳定,第二步为装妥桩架底部滑轮组,用钢丝绳和绞车连接,绞车受力后,拆卸桩架两支承销,松绞车,直至桩架落放在尾部的支承架上。机械放架后使打桩船的原水线上高度70.6m降低到只有23.0m。机械倒架最大特点是可利用打桩船的原有设备,仅需添置一组滑轮组和制作2只支承架,操作上简易可行,效果明显。

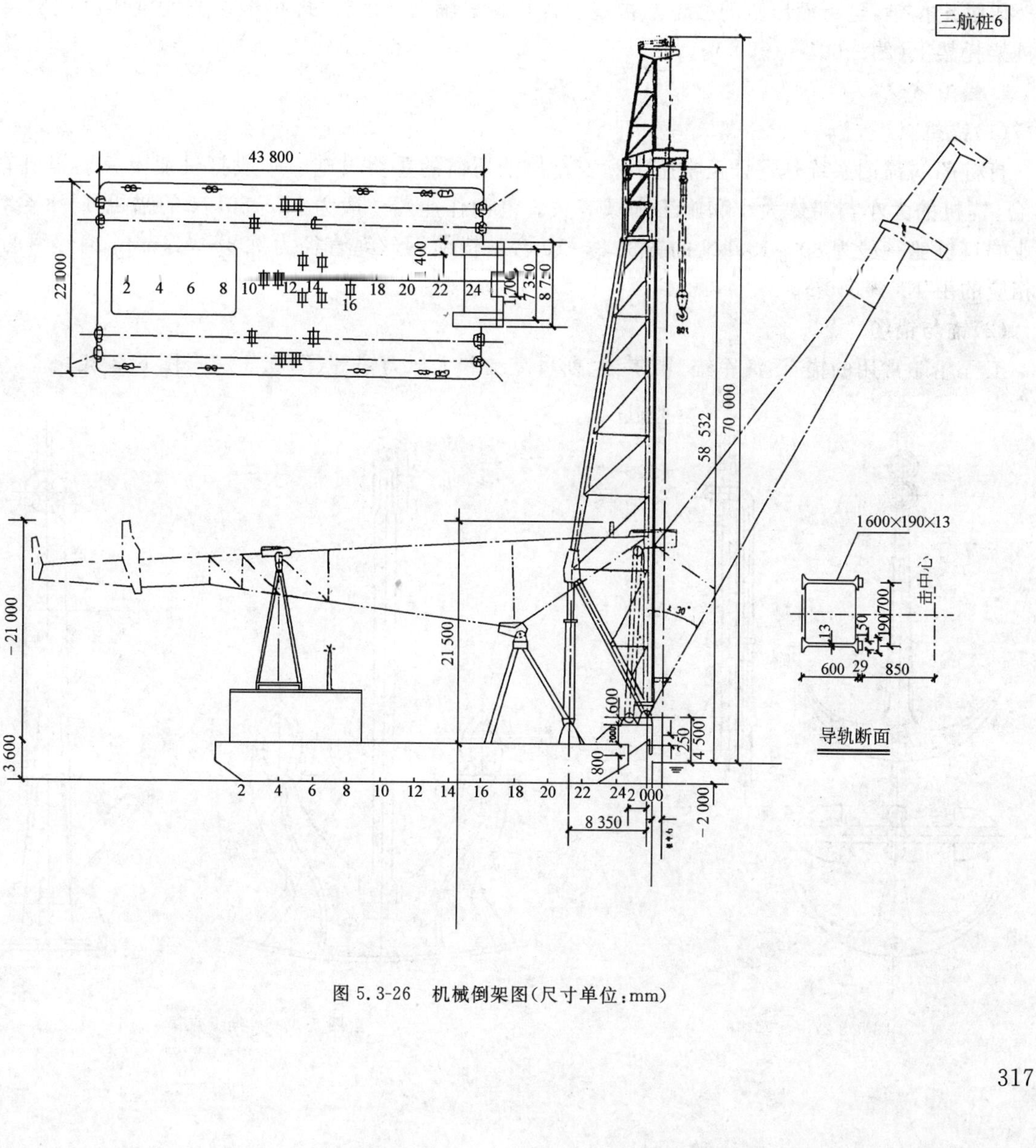

图5.3-26　机械倒架图(尺寸单位:mm)

(3)正(倒)置液压缸倒架

由于液压缸行程的限制,桩架只能仰倒至－30°～－35°左右(称为一次倒架)。桩架在－30°～－35°位置时重心较高,只适于海况较好时的近海、近距离拖航,不适于海况较差的远海、远距离拖航。为了进行远海、远距离拖航作业,必须将桩架仰倒至船尾的桩架托架上(约－66°～－69°),称为二次倒架。

前述液压缸的两种配置方式在二次倒架时的区别如下:

液压缸正置式时,二次倒架一般用人力借助辅助机械(辅助卷扬机、起重葫芦等)把液压缸活塞杆支点移位至位于桩架前部近龙口处的第二支点上,现在最新设计的打桩船是采用滑轨式,由液压缸活塞杆自身运动至第二支点上(图 5.3-24)。

液压缸倒置式时,液压缸缸体的头部和中间分别设有定位销座,桩架支承点两侧设有定位销座及定位销,桩架与液压缸通过定位销定位连接。桩架支承点上下还设有供液压缸缸体上下移位的导向轨道。当桩架与液压缸头部的销座连接时,可将桩架仰倒至－30°～－35°。当桩架与液压缸中间的销座连接时,可将桩架仰倒至－66°～－69°。桩架上只设一个支承点。液压缸的移位可全部通过液压动力进行(图 5.3-25)。

二次倒架时,在桩架后仰－30°～－35°位置上先用 2 根辅助支承杆将桩架支承在甲板上,然后拔出液压缸定位销,进行液压缸的移位及再定位。再撤去辅助支承杆,即可继续驱动液压缸使桩架仰倒至桩架托架上(约－66°～－69°)。

4. 锚泊系统

(1)锚机

打桩船的锚泊系统是保证正常施工和安全停泊所需的重要设施。一般打桩船上移船锚机有 6～10 台,锚机的大小与船体大小和施工水域有关。港内作业船一般为 50～80kN 的锚机 6～8 台,近海作业的打桩船一般为 80～150kN 的锚机 8～10 台。锚缆钢丝绳直径为 ϕ28～ϕ44mm,钢丝绳的长度也相应的由 150～500m。

(2)锚与锚缆

工程船舶常用的锚有:海军锚、霍尔锚、斯贝克锚和大抓力锚等(图 5.3-27～图 5.3-30)。

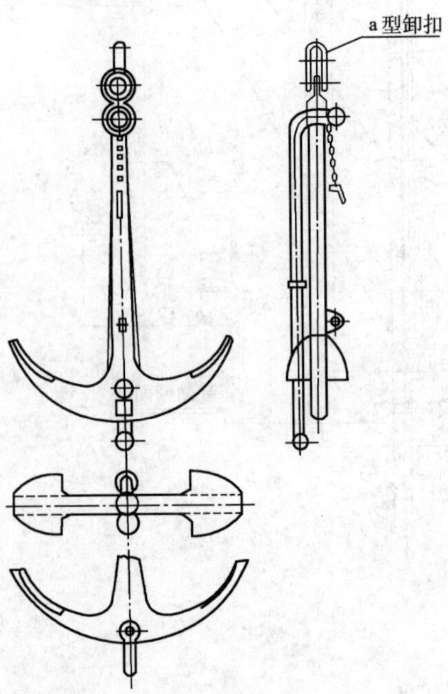

图 5.3-27　海军锚

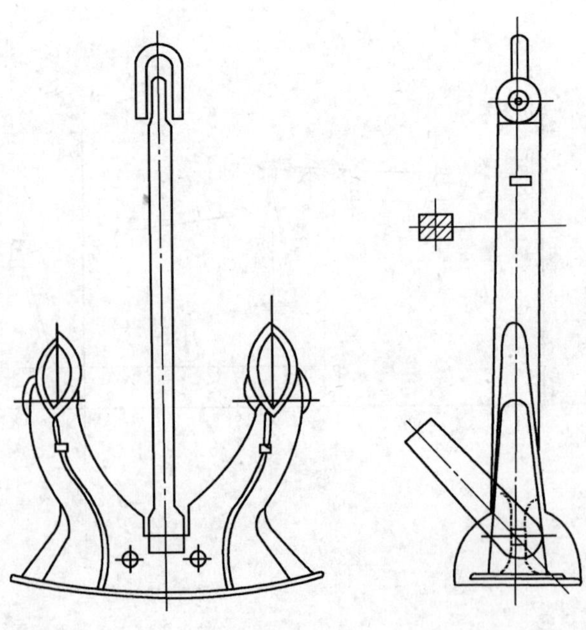

图 5.3-28　斯贝克锚

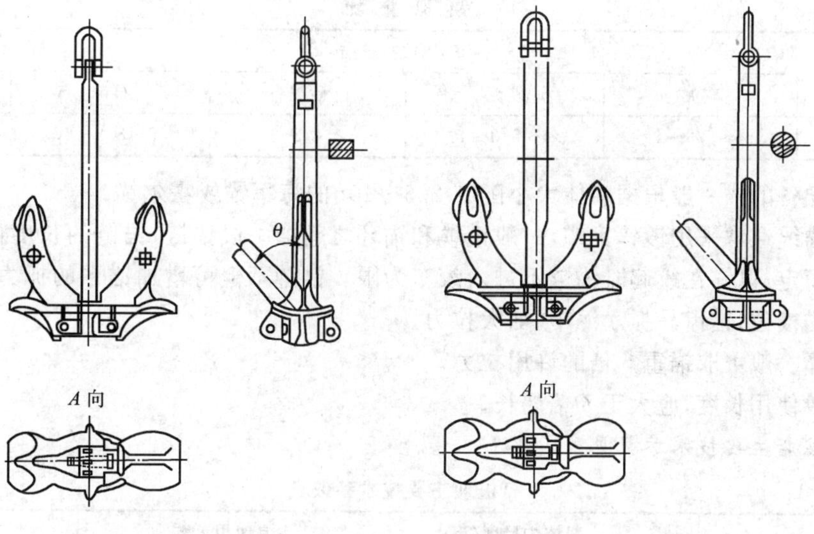

图 5.3-29　霍尔锚

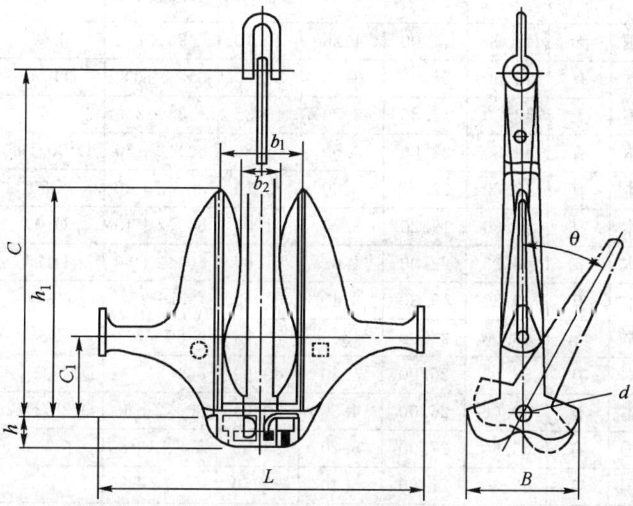

图 5.3-30　大抓力锚

打桩船一般常选用海军锚。打桩船对锚抓力要求较高，海军锚在各种土质中的适应性好。

打桩船锚重配备按下式计算：

$$W_1 = K(A + 15BT)(\mathrm{kg}) \tag{5.3-1}$$

式中：A——满载吃水线以上各部分在船中纵剖面上的投影面积($\mathrm{m^2}$)；

B、T——分别为船宽与吃水(m)；

K——锚重系数，软泥中为 $3\mathrm{kg/m^2}$；硬泥中为 $3.5\mathrm{kg/m^2}$；砂、砂砾中为 $4\mathrm{kg/m^2}$。

锚抓力可用下列公式估算：

$$P_1 = W_1 H_a \tag{5.3-2}$$

式中：P_1——锚抓力；

W_1——锚重；

H_a——锚抓重比，参见表 5.3-13。

锚 抓 重 比　　表 5.3-13

海军锚/霍尔锚					
淤泥	软泥	硬泥	砂泥	石砾	平均
2～3/2～3	4～5/3～4	4～5/3～4	4/3	3～8/3～6	3～6/3～4

打桩船上配备的锚一般根据船体大小配有 2.5～10t 的海军锚或霍尔锚。

打桩船的锚缆通常采用镀锌钢缆，一般钢缆和锚环之间加一段锚链，锚链的长度依船甲板至导缆钳之间的距离而定，以锚在绞起时锚链不进入绞车为限。锚链不但可增加锚系的抓力，同时靠锚链的质量使抛下的锚横位，锚齿易抓入泥中，加大拉力。

锚缆的选择一般可取锚重 5 倍的许用拉力。

锚缆的有效使用长度，应大于 5 倍船长。

5.常规打桩船主要技术参数见表 5.3-14。

打桩船主要技术参数表　　表 5.3-14

序号	船舶名称	制造年月	制造国家	GPS配置	船体主尺度(m)			主要使用参数			满载吃水(m)	总吨	满载排水量(t)
					型长	型宽	型深	最高点离水面(m)	吊钩能力(t×数量)	主要用锤			
1	一航桩 1	1996 年	中国	无	42.00	14.00	1.20	14.10	25×2	D62	1.90	698.42	275.00
2	航桩 2	1924 年	日本	有	45.00	22.00	3.75	503.0	40×2+80×1	D100	2.03	1 176.27	1 730.00
3	航桩 3	1974 年	中国	无	42.00	14.86	3.20	40.55	35×2	D62	1.50	610.00	906.00
4	航桩 5	1974 年	日本	有	49.80	22.00	3.60	73.80	80×2+60	D100/D80	2.00	1 246.00	2 071.45
5	航桩 6	1974 年	日本	有	43.80	22.00	3.60	72.10	80×2+50	D80	2.00	1 050.00	1 851.00
6	航桩 7	1974 年	日本	有	45.00	19.20	3.75	71.00	80×2+40	D100	2.00	1 065.00	1 967.93
7	航桩 8	1989 年	日本	有	48.00	22.00	4.00	71.00	80×2+60	D125	2.20	1 493.00	2 238.25
8	航桩 9	1967 年	日本	有	39.80	19.30	3.40	57.65	45+35	D80	1.90	819.00	1 603.00
9	航桩 10	1876 后	日本	无	48.00	22.00	4.80	72.03	80×3	D80	2.40	1 528.00	2 474.90
10	航桩 11	1981 年	日本	有	56.00	26.00	4.50	80.04	80×2+60	D127/D125	2.16	2 398.15	2 791.00
11	航桩 12	1981 年	日本	有	50.00	26.00	4.50	80.04	80×2+60	D128/D125	2.16	239.15	2 791.00
12	航桩 15	2003 年	中国	有	63.60	27.00	5.20	93.50	120×2+80		2.70	3 054.00	4 500.00
13	航桩 16	2004 年	中国	有	63.60	27.00	5.20	93.50	120×2+80		2.70	3 054.00	4 500.00
14	三航奔腾桩 1 号	2004 年	中国	有	57.60	20.40	5.00	83.25	80×2+50	D125/D100	设计：2.30		3 314.05

三、旋转桩架打桩船

1."宁波海力 801"打桩船(图 5.3-31)

(1)主要技术参数和性能

①主要技术参数

总长 L_{OA}　　80.00m

设计水线长 L_{WL}　　80.00m

型宽 B　　30.0m

型深 D　　6.00m

满载吃水 d　　3.10m

满载排水量 Δ　　7 241.8t

主体结构　　纵骨架式

图 5.3-31　海力 801 打桩船实景

桩架高度　　95.00m

旋转起重机　　SKK-11 000DT-L(日本四国建机)

起重机原动机　　柴油机 1 030kW

驱动形式　　全液压

②主要性能

打桩性能(表 5.3-15)

打桩性能表　　表 5.3-15

性能＼桩架角度	0°	±13.5°		15°	20°
桩重(t)	100	65	80	60	40
桩径(mm)	ϕ2 500	ϕ2 000		ϕ2 000	ϕ2 000
桩长(m)	80	80	70	80	80

起重作业能力(表 5.3-16)。

海力 801 主钩性能表　　表 5.3-16

主钩性能				
吊臂	全长(m)	35	47	59
	组成(m)	35(基本臂)	35+12	35+12+12
起重能力(kN)		6 000	4 420	3 500
作业半径(m)		18.0	21.7	25.4
吊臂作业角度		30°～80°		
作业半径(m)		36.9～13.3	47.3～15.3	57.7～17.4
上升速度(m/min)		0～2.7	0～3.5	0～4.0
下降速度(m/min)		0～4.30	0～5.5	0～6.4
吊索	直径(m)	ϕ40.0		
	倍率	18×2	14×2	12×2
最大吊高(m)		38	50	62
第一副钩性能				
吊臂	全长(m)	35	47	59
	辅助臂(m)	+6	+6	+6
起重能力(kN)		600	600	600
作业半径(m)		42.5	52.9	63.3
吊臂作业角度		30°～80°		
作业半径(m)		42.5～15.1	52.9～17.2	63.3～19.3
上升速度(m/min)		0～15.0	0～15.0	0～15.0
下降速度(m/min)		0～15.0	0～15.0	0～15.0
吊索	直径(m)	ϕ31.5		
	倍率	4×1	4×1	4×1
最大吊高(m)		42	54	66

起重性能曲线如图 5.3-32 所示。

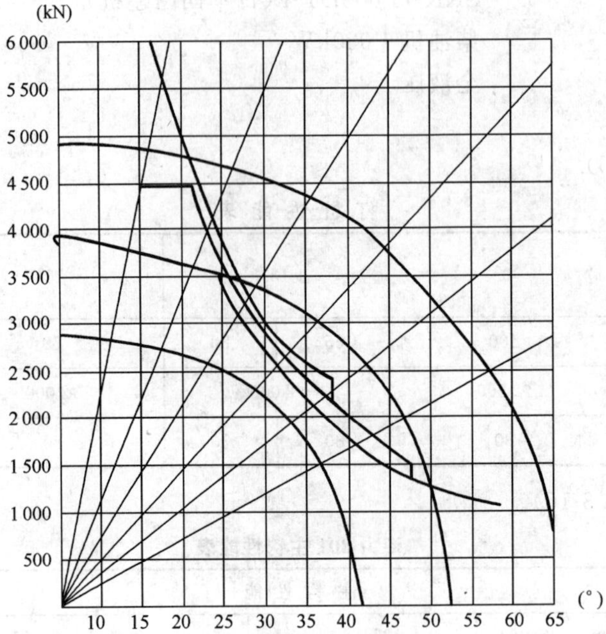

图 5.3-32 海力 801 起重性能曲线

配置桩锤:

a. 液压锤:型号:S-280(荷兰 IHC 公司)

锤击能量:10～280kN·m

斜桩角变量:0°～12°

锤芯质量:13.6t

锤质量:30.5t

液压参数:工作压力:25～30MPa

最大工作压力:35MPa

最大流量:750L/min

锤击次数:45 次/min

主要尺寸如图 5.3-33 所示。

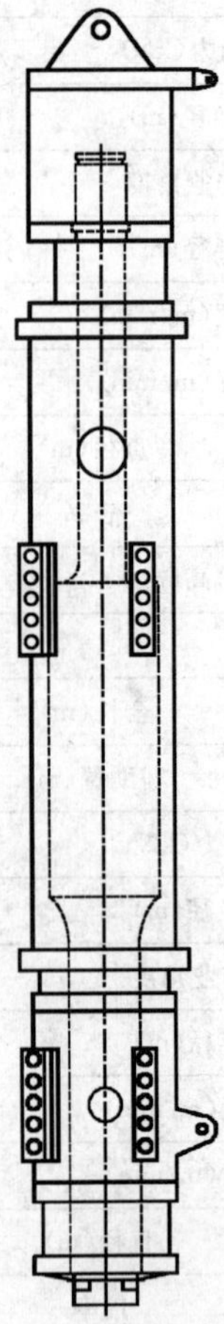

图 5.3-33 S-280 液压锤示意图

b. 液压振动锤:型号:ICEV360

偏心力矩:1 300N·m

振动频率:1 500 次/min

激振力:3 203kN

空载振幅:37mm

最大拔桩力:2 000kN

不带管系和夹桩器质量:11 798kg

非振动体质量:4 720kg

液压油管长度:45m

液压管系质量:1 020kg

(2)船舶定位

①作业定位

作业锚　　海军锚 10t×6(艉 2,艏 4)

作业桩腿数量　　4(尾 2,首 2)

②航行锚泊

航行锚　　霍尔锚 6t×1

③移船绞车

艏绞车(Y50H-011,Y50H-021)　　各 2

艉绞车(Y50H-011)　　2

④航区和作业海况

作业航区　　沿海

拖航航区　　沿海

作业海况

大气温度　　0℃～+40℃

相对湿度　　85%以下

海水温度　　0℃～+28℃

作业风速　　16m/s 以下

船体作业倾角　　≯4°

2. 打桩兼起重船(天威号)

“天威号”实景图(图 5.3-34)

(1)主要技术参数和性能

①主要技术参数

总长 L_{OA}　　80.00m

设计水线长 L_{WL}　　80.00m

型宽 B　　32.00m

型深 D　　6.00m

满载吃水 d　　3.00m

满载排水量 Δ　　7 400t

主体结构　　纵骨架式

桩架高度　　82.00m(可向上提升 0 到 8m)

旋转起重机　　M-40B Amcyde(美国)

起重机原动机　　柴油机 560kW×2+635kW×1

驱动形式　　液力与电动

图 5.3-34 “天威号”实景图

②主要性能

a. 打桩性能见表 5.3-17 所示。

打桩性能(82m 桩架)　　表 5.3-17

性能＼桩架角度	2°～−8°	±13.5°	±15°	±25°
桩重(t)	80	65	60	40
桩径(mm)	ϕ2 500	ϕ2 500	ϕ2 500	ϕ2 500
桩长(m)	73m+水深(使用 S-280 液压锤);77m+水深(使用 SC-250 液压锤)			

b. 起重作业见表 5.3-18 和表 5.3-19 所示。

主 钩 性 能　　表 5.3-18

吊　臂	全长(m)	50		
	状态	全旋转		
最大起重能力(kN)		3 500×2		
最大吊重时作业半径(m)		25.0	22.5	
吊臂作业角度		78°～16°		
作业半径(m)		17.5～55		
上升速度(m/min)		2.6～12		
下降速度(m/min)		0～18		
吊索	直径(mm)	ϕ42		
	倍率	14×2		
最大吊高(m)(甲板以上)		49		

副 钩 性 能　　表 5.3-19

吊　臂	全长(m)	60		
	辅助臂(m)	+5	+10	
最大起重能力(kN)		1 000	200	
最大吊重时作业半径(m)		26	28	
吊臂作业角度		78°～16°		
作业半径(m)		26.0～53.4	28.0～54	
上升速度(m/min)		18	95	
下降速度(m/min)		0～115	0～95	
吊索	直径(mm)	ϕ38	ϕ38	
	倍率	6×1	2×1	
最大吊高(m)(甲板以上)		55	60	

配置桩锤：

a. 液压锤 S-280（荷兰 IHC 公司）

b. 液压锤 SC-250（荷兰 IHC 公司）

锤质量：27.9t

锤心质量：17.7t

锤击能量：12～245kN·m

锤击次数：45 次/min

液压系统工作压力：28MPa

(2)船舶定位

a. 作业定位

作业锚　　丹福氏锚 7t×8，12t×4

作业桩腿　　ϕ1.4m×30m（设计条件：风速 30m/s，潮流 2 节）

桩腿数量　　2 根

b. 航行锚泊

抗风锚　　大抓力锚 AC-14 型 10t×1

(3)移船绞车与锚机

移船绞车　　41.9t×4 台（双卷筒）

锚机　　链条锚机 20t×1 台

(4)航区和作业海况

作业航区　　沿海

拖航航区　　近海

作业海况

大气温度　　0℃～+40℃

相对湿度　　85%以下

海水温度　　0℃～+28℃

作业风速　　16m/s 以下

船体作业倾角　　横≯3°、纵≯1°

四、海上打桩平台简介

1.“长旭号”和“航工平 1 号”平台

(1)主要技术参数和性能

表 5.3-20 为“长旭号”和“航工平 1 号”平台配置的主要设备及技术性能参数。

“长旭号”和“航工平 1 号”平台配置的主要设备及技术性能参数　　表 5.3-20

项目名称	长旭号平台	航工平 1 号
船体:长(m)×宽(m)×高(m) 吃水(m)	41.26×26×3.3 1.8　（排水量 1 700t)	39×36×3.2 1.5　(排水量 2 518t)
升降支腿:数量(个)×直径(m)×长度(m) 提升速度(m/min) 提升装置	2×2.2×44,2×1.5×44 约 4 液压气动,步进提升	
锚泊系统:锚(kg)×数量 锚机、带缆机	1 200×6 三卷筒(液压)2 台;双卷筒(电动)1 台	
起重设备	1 台 180t 履带吊机-SW530	1 台 25t 履带吊机
桩锤 最大锤击能量(kN·m)	HHK-12A 液压锤,带锤笼 144	
打桩台架	固定在平台舷边,沿舷边有效行程 25m	
动力:主发电机组(kW)×数量 副发电机组(kW)×数量 空压机×数量	125×2 15×1 3 000kPa×135m³/h×3	
抗风力(升起状态):工作时(m/s) 不工作时(m/s)	15(相当 7 级) 44(大于 12 级)	
平台移位条件:波高(m) 风力(级) 流速(m/s)	<1.2 <6 <0.5	
打桩性能:桩径(m)×桩长(m) 植桩角度 适用桩锤	1.6×60(加水深) 最大 1∶2.5 柴油锤及液压桩锤	

(2)"长旭号"平面布置(图 5.3-35),"长旭号"平台实景(图 5.3-36)

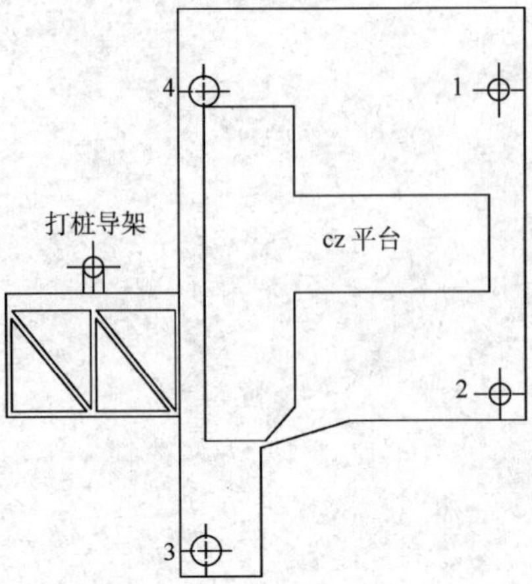

图 5.3-35 "长旭号"平面布置

图 5.3-36 "长旭号"平台

(3)沉桩工艺和流程

①沉桩工艺

"长旭号"平台的左舷装有垂直于舷边线的打桩台架,可沿舷侧导轨前后移动,移动作业范围为25m。打桩台架的一侧装有上、下两组导轨,其上分别装设上、下抱桩器。两个抱桩器沿台架上的导轨可作垂直于舷边线的移动。上、下抱桩器行程均为 1.8~10.5m(从舷边起计),抱桩臂(机械手)可按照施工要求将桩直立或倾斜成一定的角度定位。上、下抱桩器高差为 4.7m。平台定位后,可施打桩中心线距舷边 10.5m 以内的俯、仰桩。

②工艺流程

打桩时,先用拖船将平台拖至预定水域后抛锚,再用经纬仪配合其定位,放下支腿,将平台撑起;将运桩方驳拖到平台旁定位,吊机将桩由方驳上吊起,放入抱桩臂后,由经纬仪控制,上下抱桩臂前后移动控制桩的平面位置及倾斜度,吊机松钩进行插桩及稳桩;吊机将打桩锤按设计斜率吊起,将锤套套在桩头上面,经测量确认无误后,即可由控制台启动桩锤,进行施打。当锤套即将到达抱桩器时,松开抱桩器继续锤击直至设计要求的贯入度。"长旭号"平台沉桩作业流程示意如图 5.3-37 所示。

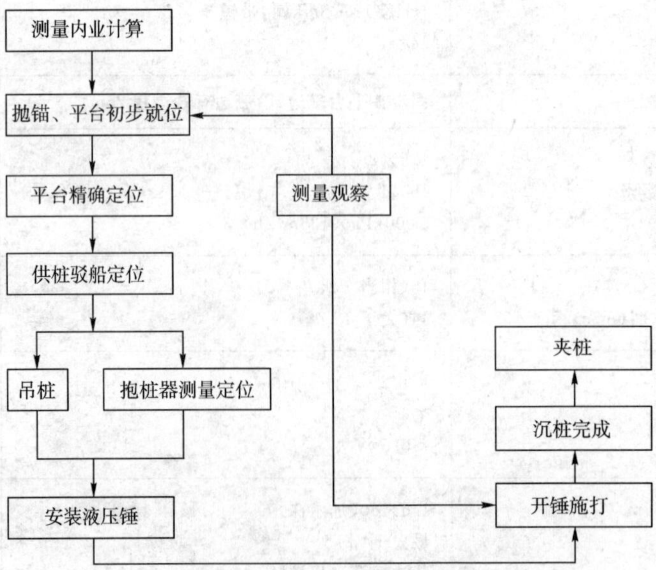

图 5.3-37 "长旭号"平台沉桩作业流程示意图

中港二航局"航工平 1 号"如图 5.3-38 所示。

图 5.3-38　"航工平 1 号"平台

2. WS 平台

(1)主要技术参数和性能

表 5.3-21 为 WS 平台配置的主要设备及技术性能参数表。

WS 平台配置的主要设备及技术性能参数表　　表 5.3-21

项目名称	WS 平台
船本参数:长(m)×宽(m)×高(m) 吃水(m)	91.46×24.4×3.96 2.0　　(总 2 040t)
升降支腿:数量(个)×直径(m)×长度(m) 提升速度(m/h) 提升装置	10×1.80×40 约 4.5 液压气动,步进提升
锚泊系统:锚(kg)×数量 锚机、带缆机	1 500×4 单卷筒(液压)2 台双卷筒(液压)2 台
起重设备	2 台 1 800kN 吊机
桩锤 最大锤击能量(kN·m)	HHK-9A 液压桩锤,带锤笼 108
打桩台架	岸上分片加工,水上打支撑桩固定,按系缆墩桩位专门设计,如果用于其他墩台则需视桩位情况作改造
动力机组:主发电机组(kW)×数量 副发电机组(kW)×数量 空压机×数量	220×1 70×2 2 400kPa×15.3m^3/h×2
抗风力(升起状态):工作时(m/s) 不工作量(m/s)	15(相当 7 级) 44(大于 12 级)
平台移位条件:波高(m) 风力:(级) 流速(m/s)	<1.2 <6 <0.5
打桩性能:桩径(m)×桩长(m) 植桩角度 适用桩锤型号	桩径 1.0m,桩长受限于吊机臂长 最大 1∶3 柴油锤及液压桩锤

(2)沉桩工艺和流程

①沉桩工艺

施工时,先将平台(将加工好的打桩导架置于其上)由拖轮拖至施工水域后抛锚,经测量满足要求后,放下支腿,将平台升起。配合测量定位,安装打桩导架。桩由供桩方驳提供,平台上吊机将桩吊起放入导向架中,然后吊桩锤施打至满足要求。WS平台沉桩作业示意如图5.3-39所示。

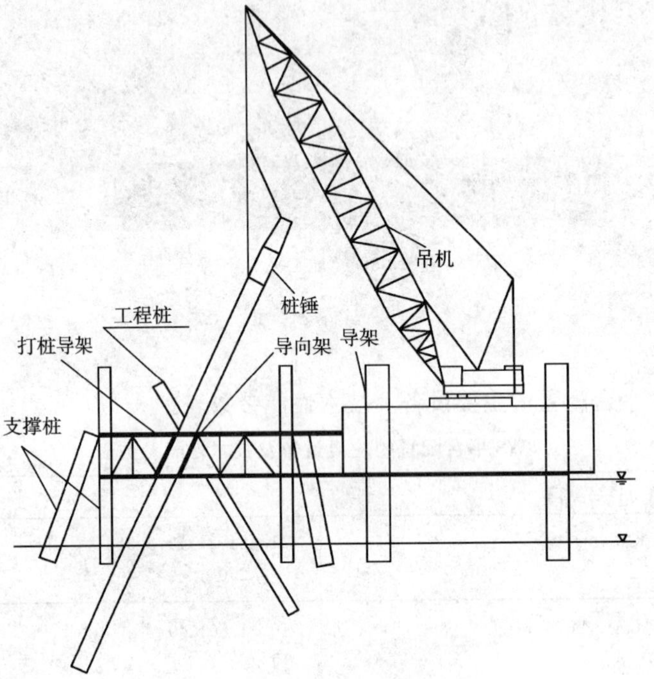

图5.3-39 WS平台沉桩作业示意图

②打桩工艺流程(图5.3-40)

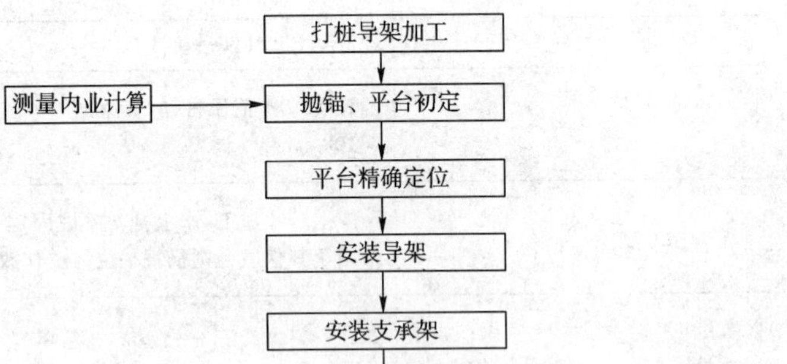

图5.3-40 WS平台作业工艺流程图

3.打桩平台沉桩工艺的优缺点

(1)优点

施工平台装备有数量合适的液压气动操纵的升降支腿。工作时，在海上放下支腿可将施工平台升离水面，利用平台上配备的机械设备，从事水上打桩、安装、桩孔钻岩等施工作业，基本不受风、浪、水流影响。调节支腿的下放长度可在高低不平的海床上保持平衡稳定。在波高2m、风速15m/s(相当于7级)、潮差4m的情况下，仍可正常施工作业。适用于常规施工船舶因抗风浪能力的限制而无法进行的外海深水作业，是一种多功能海上施工设备。

(2)缺点

①平台未升离水面时抗风浪能力较小，移位受到很大限制，在波高大于1.2m、风力大于6级时，平台无法进行移位，故经常出现需等待好天气才能移位的现象，影响了施工效率。

②对配合船机要求较高，需要大功率的拖船和专用锚艇来协助移位、抛锚，同时要求配合施工的其他船舶(如运桩驳船)亦要有相应的抗风浪能力。此外，施工人员上下平台也要采取专门有效的措施来解决。

③WS平台打桩台架只能施打俯桩、仰桩，无法施打扭角桩，直接导致了定位次数的增加，影响了沉桩效率。

④平台上如能采取一些措施临时存放些施工用桩，则运桩驳船可机动灵活地选择在较好的海况下供桩，不致因供桩不足问题而影响沉桩，这在恶劣的施工环境下也是一个提高沉桩效率的有效措施。

第三节 吊打沉桩设备

一、概 述

桩的吊打沉桩，是指采用起重设备(陆上起重机或水上起重船)起吊锤笼或柴油锤、液压锤、振动锤(液压或电动)进行沉桩作业的施工工艺。在采用常规设备沉桩工艺受到限制时(例如桩架尺度及性能、作业现场船机设备布置或船机设备配备的限制等)，吊打沉桩工艺往往能完成某些常规打桩设备无法进行的沉桩作业，同时亦可替代常规设备进行一般的沉桩作业，发挥较好的作用。吊打沉桩的设备，除起重设备外，一般为特殊设计的设备。本节将结合吊打沉桩工艺介绍吊打沉桩设备的配备及特殊设计设备的结构形式和设计原则。

二、吊打沉桩作业工艺原理

吊打沉桩工艺的基本方法是采用不同的方法使桩事先定位，然后用起重机(或起重船，下同)起吊装有柴油锤的锤笼(或液压锤、振动锤等，下同)，将锤笼下部的定位套筒套在桩顶上定位，启动柴油锤进行沉桩作业。在作业的全过程中，锤笼始终以桩定位，并跟随桩一起下沉，直至结束沉桩作业。吊打沉桩与用打桩机或打桩船进行的常规沉桩作业比较，有以下不同之处：

1.桩的定位方式(图5.3-41)

常规水上沉桩作业，桩的初始定位是依靠固定在桩架上的抱桩器；作业过程中则是通过装置在桩架龙口上、可上下滑移的桩帽来定位。

常规陆上沉桩作业，桩通过装置在桩架龙口上可上下滑移的柴油锤及桩帽来定位。

吊打沉桩桩的定位则用其他方法事先进行，锤笼、液压锤或振动锤是以桩定位。

用不同桩锤在不同施工区域进行吊打沉桩作业，桩的定位方法见表5.3-22。除表中所列方法之外，任何可使桩准确定位并保持稳定的方法均可采用。

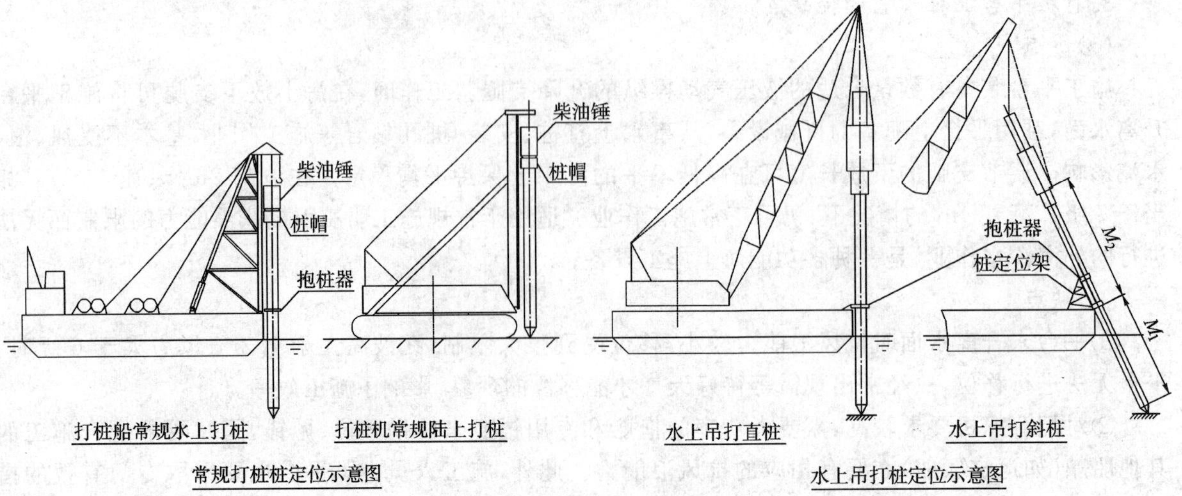

图 5.3-41 打桩定位图

吊打沉桩桩的定位方法　　表 5.3-22

施工区域 \ 桩锤类型	柴 油 锤	液 压 锤	振 动 锤
陆上	采用打桩机或振动锤沉桩至足够入土深度，确保桩的稳定性，然后用吊打法沉桩		1.定位要求低的桩，直接夹桩吊打； 2.定位要求高的桩，应采用其他定位装置定位
水上	A.在起重船舷设置桩定位架 B.在原水工结构上设置桩定位架 C.由振动锤夹桩定位并沉桩至足够深度		

2.锤笼的定位(采用柴油锤吊打作业时)

龙口是柴油锤的导向定位装置。柴油锤顺着龙口跑道上下移动，进行沉桩作业。吊打沉桩作业，龙口安装在锤笼上，锤笼通过定位套筒定位在桩顶上，龙口通过锤笼由桩定位。用柴油锤吊打沉桩实质上是由起重机起吊一段龙口(锤笼的组成部分)以桩定位，进行沉桩作业。

三、吊打沉桩作业分类及设备基本配置

从施工区域分类，有陆上吊打沉桩和水上吊打沉桩。

从采用桩锤分类，有柴油锤、液压锤、振动锤(液压或电动)等不同的吊打作业方式。

用不同桩锤在不同施工区域进行吊打沉桩作业设备基本配置见表 5.3-23。

吊打沉桩作业设备配置表　　表 5.3-23

选用桩锤 \ 施工区域	陆 上	水 上
柴油锤	起重机、锤笼、柴油锤、打桩机*	起重船、桩定位架、锤笼、柴油锤
液压锤	起重机、液压锤、打桩机*	起重船、桩定位架、液压锤
振动锤	起重机、振动锤	起重船、振动锤**

说明：* 陆上吊打沉桩，桩一般用打桩机沉桩至足够深度，使桩顶安置锤笼或液压锤后具有足够的稳定性，然后进行吊打沉桩。如采用振动锤或其他有效的方法使桩定位并保证足够的稳定性，可不配置打桩机。

** 桩定位精度要求较高时，应配备桩定位架。

四、吊打沉桩作业通用设备配置要求

1.起重机

起重机宜选用全回转、可自行行走的各种起重机。其起重能力、起重高度和伸距应适应吊打的起

重工况。采用柴油锤吊打，起重机必须具有起重副钩。副钩的起重能力应略大于柴油锤上活塞的起吊力。

2.起重船

起重船宜选用全回转式起重船。其起重能力、起重高度和伸距应适应吊打的起重工况。采用柴油锤吊打，其起重机必须具有起重副钩，副钩的起重能力应略大于柴油锤上活塞的起吊力。起重船应具有适应在施工水域准确、可靠定位要求的锚泊移船能力。如桩采用表 5.3-22 中，B、C 项定位方法，亦可采用非回转式的起重船。

3.柴油锤

各种筒式柴油锤均可用于吊打沉桩作业。其选用原则与常规沉桩作业相同。

4.液压锤

各种型号的液压锤均可用于吊打沉桩作业，但液压锤下部的定位套筒应根据桩的截面形状及尺度进行必要的改制。

5.振动锤

各种型号的振动锤均可用于钢板桩、钢管桩的吊打沉桩作业。振动锤的夹桩钳口应与桩顶形状及结构相匹配，必要时钳口应进行适当改制。当桩顶高程在水中时，应选用液压振动锤。

五、吊打沉桩作业特殊设计设备的结构形式和设计思路

吊打沉桩特殊设计设备主要有柴油锤锤笼、桩定位架及吊打斜桩附加设备。

1.柴油锤锤笼

锤笼的典型结构形式如图 5.3-42 所示。锤笼由上下两部分及桩帽组成，柴油锤安放在锤笼内。

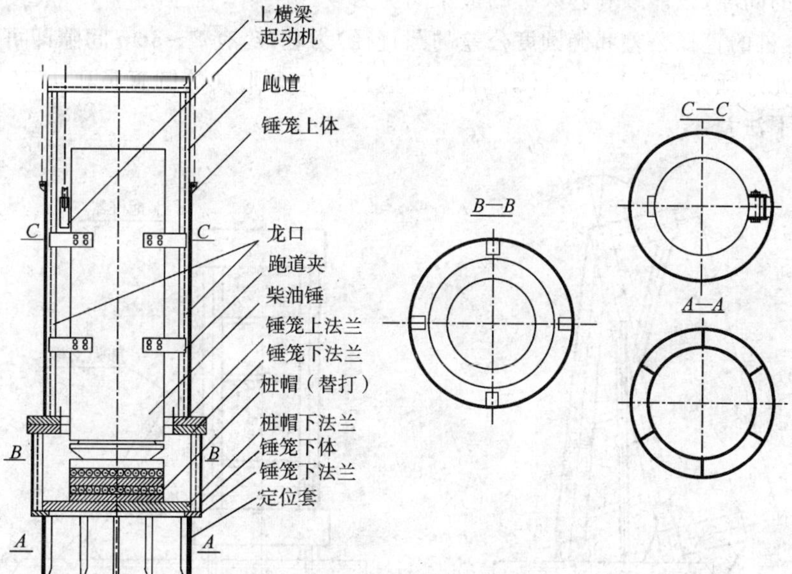

图 5.3-42　柴油锤锤笼结构图

(1)桩帽的自由行程

柴油锤通过锤导向夹(跑道脚)，扣在锤笼的龙口跑道上。其上下极限位置由桩帽的极限位置决定。当起重机起吊锤笼时，柴油锤与桩帽在重力作用下自由下降，当桩帽下法兰接触锤笼下法兰时，锤及桩帽达到向下的极限位置。当锤笼安置在桩顶上后，起重机继续下放锤笼，此时柴油锤和桩帽已支承在桩上，而锤笼将继续向下运动，直到锤笼本体上的法兰接触桩帽下法兰、锤及桩帽相对锤笼处

于向上的极限位置。上下极限位置之间的高度，称作桩帽在锤笼中的自由行程。施打直桩作业时，起重机主副钩的起重缆绳一般处于松弛状态，而锤笼始终跟随桩下沉。桩帽的自由行程可取小些，一般可在 15～30cm 间选取。较小的自由行程可降低锤笼的结构高度、减轻锤笼自重和降低造价。

(2)定位套

吊打作业的锤笼是通过定位套以桩定位的。定位套的设计应使锤笼(含柴油锤)能够在自由状态下可靠地套在桩上进行作业，能够承受柴油锤工作时的振动力及锤笼轴线偏离桩轴线时的侧向分力。

定位套一般为圆筒体，内壁固定有定位条。采用定位条定位有利于减小锤笼套桩时的阻力，且可以减小定位间隙，有利于保持锤笼的稳定、减少锤笼歪斜时的侧向分力，避免偏心锤击。

定位条以钢板制作，并焊接在定位套内，下部有 30°的坡角，作为套桩时的导向(此种结构实质上只适用于钢桩)。施打圆桩时，定位条应不少于 6 根，视桩径大小决定。一般 1m 以下直径的桩，6 根即可。

吊打方桩或异形截面桩，定位套可根据桩的截面形状，设计成不同的截面。定位套的直径，应根据吊打作业情况确定。如工程中只有同一直径的吊打桩，可考虑设计成直径尽可能小的定位套。以减轻质量、节约费用。定位条的高度也尽可能小一些，2～3cm 即可。若工程中先后有多种直径的吊打桩，而只配备一个吊笼，则可按以下原则设计：

①一个锤笼的上部，配置多个锤笼下部。上下部以螺栓连接。按桩径分别采用不同的定位套。

②按最大桩径设计定位套，用调节定位条高度的办法来适应不同的桩径。定位条高度的调节可采用焊接的方法；也可采用螺栓连接可拆卸的结构；如果定位条高度尺寸较大，应考虑用三角筋板加固定位条。

定位套与桩的间隙，以能顺利套入桩的最小间隙为设计原则。根据经验，一般按桩的最大包容截面直径(指能包容桩的直径公差和椭圆度公差的圆直径)为基准，有 2～3cm 间隙即可。制作时应有效控制制作精度。此外锤笼下法兰孔 D_1(图 5.3-43)应比定位条形成的圆直径稍大 10～20mm，必需能有效地阻挡桩帽下法兰。

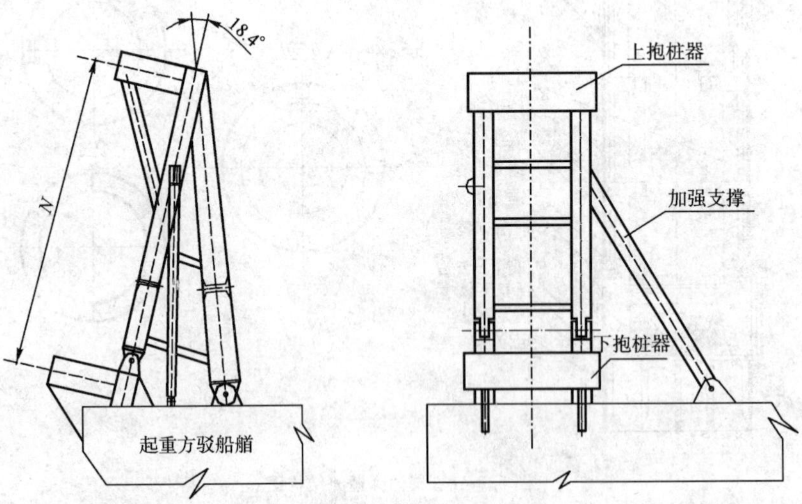

图 5.3-43　斜桩定位架

定位套的长度 L 一般取为 1.5～2.3m，以确保锤笼定位可靠和作业稳定为原则。

(3)龙口跑道

龙口跑道是约束柴油锤，并能使柴油锤顺着跑道上下自由移动作业的装置。

锤笼龙口跑道按结构形式可分为内龙口式和外龙口式；其中外龙口式跑道截面形状有矩形、管形、梯形等不同形式。龙口的形式应根据柴油锤原配置的导向夹的形式决定。跑道与导向夹的间隙可参照打桩机或打桩船的间隙，一般在10mm以内。跑道的长度应确保锤在各种作业状态下，均能有效地定位。其下端位置应按起吊锤笼时，锤不出跑道而确定。其上端应按锤笼置于桩顶上、锤笼本体处于最下位置时，起动机构(俗称老母机)启动时的最高位置及起动后的弹跳安全高度(约0.4m)来确定。必要时跑道上端可设置可拆卸的防止起动机构出槽的挡块。

内龙口门式跑道还应考虑锤上活塞的最大弹跳高度。其上横梁应比锤笼本体处于最低位置时锤上活塞最大弹跳高度还高30～40cm，作为安全高度。

跑道可采用钢板、槽钢、钢管、工字钢等制作，并与锤笼本体牢固焊接。

(4)桩帽及桩帽导向

桩帽的结构如图5.3-42所示。桩帽是锤笼的组成部分，作业时桩帽沿着锤笼本体内的导向上下滑动，桩帽的设计可参照常规沉桩作业使用的桩帽的盆口部分。

桩帽的导向是在锤本体筒体内壁焊4～6根导向条组成(图5.3-42中B—B)。导向条可用钢板条或槽钢、钢管等制作，导向总间隙为20～30mm左右。锤笼上法兰的孔应比桩帽盆口外径大30～50mm，确保盆口可通过孔，但桩帽下法兰不能通过孔。

2.桩定位架

桩定位架的作用是在下桩和锤击中确保桩的准确定位，有效承受作业全过程中桩和锤笼的作用力，保持桩的稳定。船用桩定位架的典型结构形式如图5.3-43所示。定位架由钢结构制作的定位架本体和抱桩器组成。

(1)定位架本体

定位架本体是由工字钢、槽钢、钢管或钢板制作的钢结构件。要求有足够的强度和刚度，能够承受下桩及锤击过程中桩的作用力，保持桩的正确定位和稳定。

定位架可以固定或以可拆卸形式连接在船体上，后部及侧面应有必要的支撑。

定位架的定位长度(L)主要取决于桩的分类(直桩或斜桩)、桩长、桩重，水的流速也有一定影响。以下就直桩与斜桩的不同工况予以介绍：

A.直桩作业：桩垂吊进入桩定位架上的抱桩器后下桩入土。桩的垂直度一般可依靠桩垂吊的垂直度来保证。影响桩垂直度的主要因素是水流速度。水的流速过大，桩的垂吊重力不足以克服水流对桩的冲击力，则桩可能产生倾斜。

B.斜桩作业：如图5.3-41所示，斜桩吊打作业桩入土时，一般$M_1 \neq M_2$，支点0上下的桩质量不等。且桩入水部分还要承受水流冲击，因此桩的正确斜度必须依靠桩定位架来保证。此外使用桩定位架进行吊打作业时，一般锤笼(或液压锤及桩帽)的尺度都大于桩的直径，不能通过定位架上的抱桩器。如果抱桩器的高程在桩顶的要求高程之上，则必需采取措施移走抱桩器才能把桩打到规定高程。根据上述分析，桩定位架的定位长度可根据以下情况确定：

a.吊打直桩时可采用一只抱桩器定位。定位架就是固定在船舶甲板上或船体上的抱桩器(或者是固定在其他结构物上)。采用一只抱桩器可使吊打作业一次达到高程，不必采取移走抱桩器的措施。桩入土前的垂直度依靠自重；入土后由抱桩器和已入土桩身保证。如果水的流速较大，可采用桩入土前移船调整和重复下桩的方法修正桩位及垂直度。

b.吊打斜桩时应在定位架上下各设一只抱桩器，上下抱桩器的间距就是桩的定位长度L。如果桩的单位质量，支点上下桩长的差值($M_1 - M_2$)及水的流速不大，定位长度可较短，反之则应适当放长。此外桩的斜度大时，定位长度应适当放长，一般为4～8m。科威特舒艾拜输油码头工程吊打斜度为3∶1、直径为ϕ508mm、长度为33m的钢桩，其定位长度为4.5m，作业稳定性能良好。

(2)抱桩器

抱桩器固定在桩定位架上，典型结构如图5.3-44所示。抱桩器上设置若干定位滚轮，管桩最少应设3只;方桩最少应设4只滚轮,直径较大的桩应增加滚轮的数量。抱桩器口部的定位滚轮臂架(上定位架)应能方便的开合,便于桩的进入。为了让开锤笼,使吊打作业最后达到设计高程,上抱桩器应能很方便的拆卸、安装。图5.3-43所示的定位架分上下两部分。下部的抱桩器及定位架固定在甲板上,上部的抱桩器及定位架用销轴与定位架下部及甲板连接,可很方便地拆卸。当锤笼到达上抱桩器时,将上抱桩器及定位架上部一起拆除,然后继续进行吊打作业。

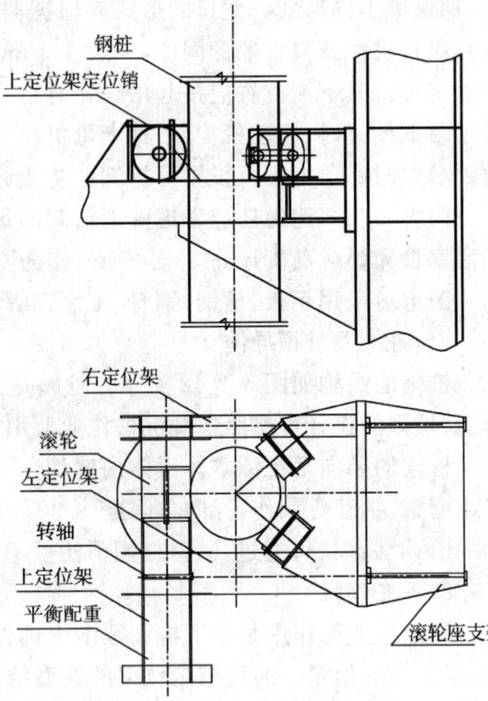

图5.3-44 抱桩器

六、锤笼吊打斜桩工艺及设备(图5.3-45)

锤笼吊打斜桩工艺是吊打沉桩工艺的一种形式,1997年开发成功并应用于中港承接的科威特油码头修复工程中。该工艺在桩位特殊,常规打桩船、打桩机械无法施工的桩基作业中有着良好的功效。吊打斜桩工艺过程,如图5.3-46所示。吊打斜桩与吊打直桩相比有如下重要区别:

吊打直桩时,锤笼的重力全部由桩承受。由于是直桩,侧向力很小。吊打斜桩时,当桩的刚度不足,不能承受

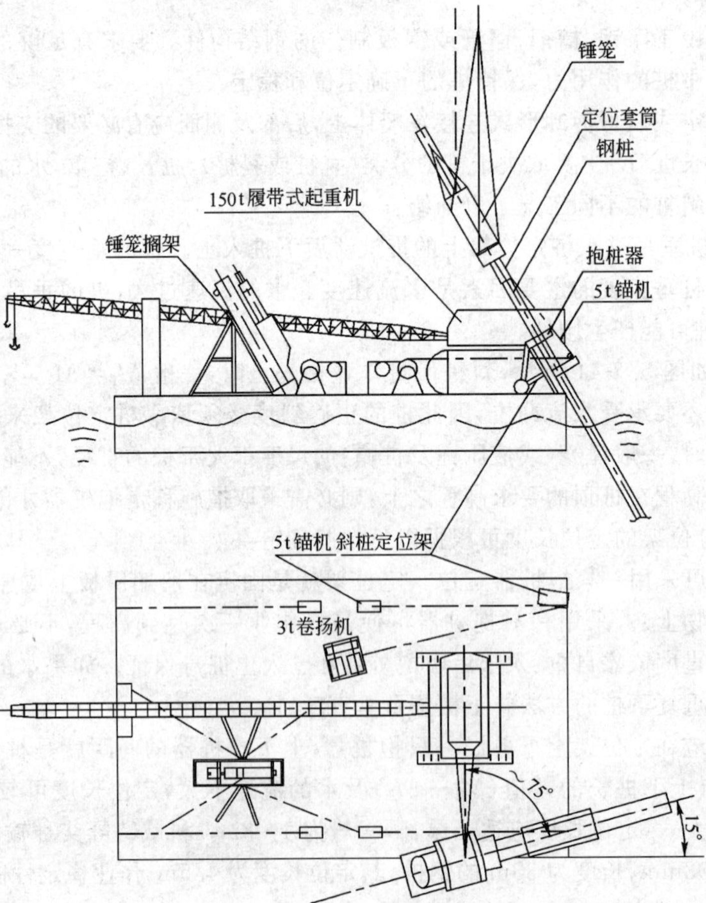

图5.3-45 锤笼吊打斜桩设备布置图

锤笼重力的法向分力的时候,(一般装有柴油锤的锤笼质量在20t以下),锤笼的重力就不能由桩来承受,而只能由起重机械承受。即吊打斜桩时起吊锤笼的钢缆始终是受力的。这就可能发生作业时锤的巨大冲击力作用于起重机的问题。如果发生,起重机将受损,作业将不能进行。因此吊打斜桩的设备与吊打直桩的设备有较大不同,现介绍如下:

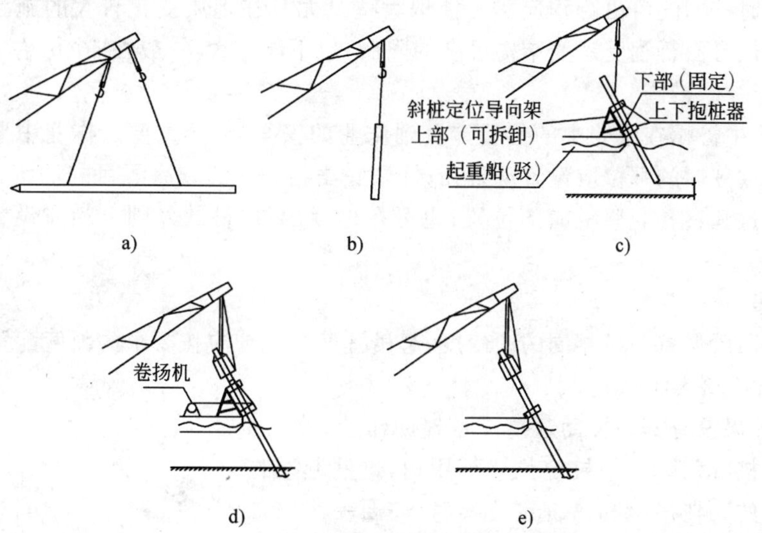

图 5.3-46 吊打斜桩工艺示意图

a)二点吊桩;b)单点吊桩;c)桩定位,下桩;d)第一阶段锤击作业;e)第二阶段锤击作业

1.锤笼

(1)锤起动机构的改进

由于吊打斜桩时起重钢缆与桩轴线有一个夹角,且起重臂与桩轴线也有一个变化的夹角(图5.3-45),因此锤的起动机构不能用起重机副钩直接起升,必需采取措施使起重缆绳的方向与桩的轴线同向,图5.3-47所示是采用滑轮组变向方式来达到此目的。

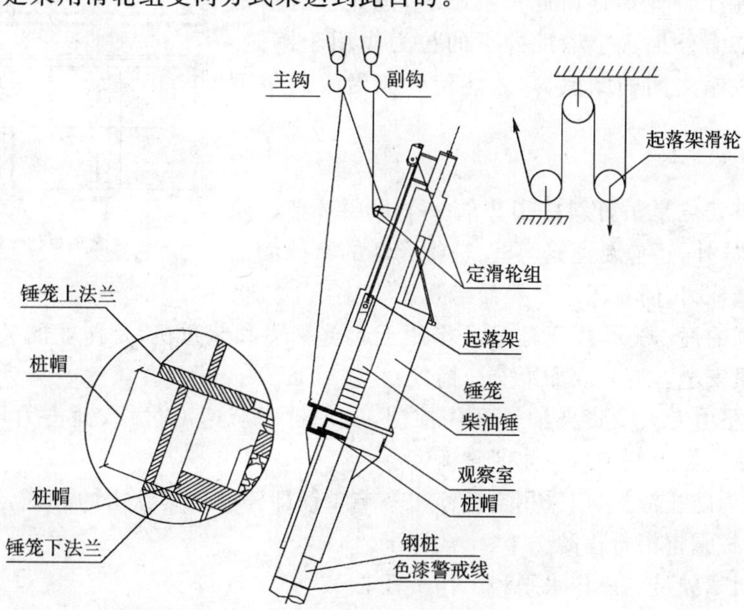

图 5.3-47 锤笼原理图

(2)桩帽的自由行程

斜桩吊打施工时,要求桩帽底法兰上下平面均不能接触锤笼,否则会产生柴油锤击打起重机起重

臂(下平面接触时)、或锤笼重力转移到桩上(上平面接触时),使桩弯曲,在柴油锤的击打下失稳破坏的严重后果。而这个要求是要依靠起重机及时、适当的下放锤笼来达到的。但自由行程过小,会使起重机司机操作困难,无法正确掌握下放锤笼的时机和下放程度,容易发生起重机起重臂或桩的损坏。

因此吊打斜桩时桩帽的自由行程应尽可能取大些。尤其在地质变化较大的施工区域作业时,更应放大自由行程。但自由行程受锤笼结构尺度的限制,也不能过大,一般在 40cm 左右。

(3)作业的安全控制措施

如前所述,作业中桩帽在锤笼中的位置涉及到作业的安全,十分重要。作业中要随时观察调整。为此在锤笼下部安放桩帽的部位应设置观察孔;桩帽底法兰的外圆应涂醒目的油漆,便于作业人员尤其是起重机司机通过观察孔观察桩帽的位置;也可在桩顶部位,桩的外圆上相应设置油漆警戒线(图 5.3-47)。

(4)锤笼的起吊

为了使锤笼起吊后保持与桩相同的倾斜度,起吊锤笼的钢缆应按要求的斜度配置、调节。

2. 锤笼搁架(图 5.3-48)

吊打斜桩时,如果没有其他辅助起重设备辅助作业,那么 1 台起重机要兼作吊桩、吊锤笼、吊桩定位架等用途,这些起重作业是不能同时进行的。在吊桩和吊桩定位架时,需要一个安放锤笼的搁架,(图 5.3-45)。

搁架可用型钢、钢板、管材等制作,其安放锤的部位应与锤笼的斜度相同,便于锤笼的起吊与安放。搁架应固定在甲板上。锤笼安放后应与搁架牢固固定,以免船舶摇晃时锤笼倾覆。

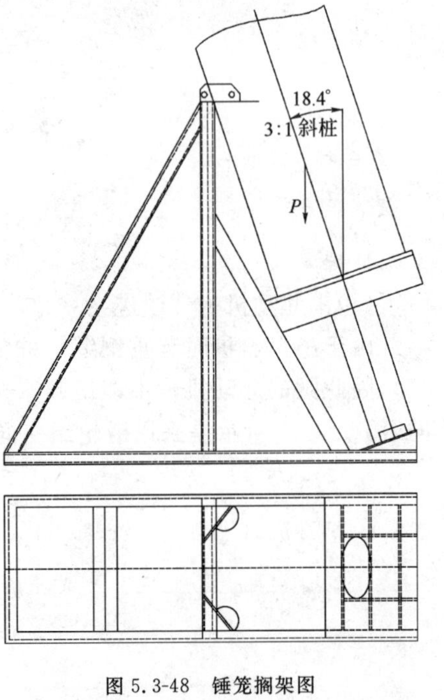

图 5.3-48 锤笼搁架图

3. 锤笼套桩就位时的辅助装置

吊打斜桩时,由于锤笼始终由起重机吊着,锤笼没有沿桩轴线向下的分力,必需外加一个辅助向下的拉力作用于锤笼,克服锤笼、桩锤和桩帽之间的摩擦力,才能使锤笼沿着斜桩下降到位。

4. 锤笼吊打斜桩工艺要点

(1)锤笼沿斜桩就位是吊打斜桩工艺的一个重要环节。除上述采取的辅助措施外,还应在锤笼与桩、桩帽和锤的摩擦面上涂润滑脂,以减小摩擦力,防止因干摩擦而卡死。

(2)防止柴油锤的锤击力作用于锤笼及作用于起重钢缆和起重机,是作业的关键环节,涉及到作业安全和设备、人员安全。应采取如下安全措施:

a. 作业时应严格由专人负责柴油锤开停控制,发现桩下沉速度过快、锤击力可能作用于锤笼时(通过观察桩帽下法兰位置判定),应立即停锤。

b. 开始作业时为防止溜桩,应采用空锤锤击→响 1 锤即停→连续锤击的方式,连续锤击的条件是桩有效贯入度达到桩帽自由行程的 1/4～1/3 以下。

(3)提高起重机驾驶员的操作水平和工作责任心

吊打斜桩作业的全过程,大部分作业都由起重机进行。尤其是在锤击过程中,驾驶员必须通过观察桩帽的位置,适当的下放锤笼来确保作业和起重机的安全。因此起重机驾驶员必须通过适当的培训,掌握作业要求和操作要领。作业中要全神贯注,随时观察桩帽位置,适当下放锤笼及时调节桩帽位置。

第四节　桩　　锤

一、概　　述

在土木建筑中，桩基础是最常用的基础形式。随着现代化建筑业的飞速发展，桩基础已从木桩逐渐发展为钢筋混凝土桩或钢管桩等。桩基的施工方法与装备也有了迅猛发展。以打入桩为例，最早采用的是坠锤，此后是蒸汽锤，随着柴油锤的日臻成熟与推广使用，蒸汽锤已鲜为使用。目前德国DELMAG公司的产品，冲击体的质量已达20t。但随着建筑业环保要求的日益提高，柴油锤的使用又受到一定限制，使液压锤等新设备又应运而生。据资料介绍，美国已研制成功无噪声液压打桩机、音频打桩机和深水气爆打桩机等，效率和性能更为优异。我国冲击式打桩锤的发展历史较晚，但引进和发展的速度很快，就筒式柴油锤而言，现在已能生产的最大冲击体质量可达18t，其性能也接近国外同类产品。

按沉桩原理桩锤一般可分为冲击式桩锤和振动式桩锤两种。冲击式桩锤是利用冲击体的冲击能把桩沉入地基，其代表产品是蒸汽锤、导杆式柴油锤、筒式柴油锤和液压锤；振动式桩锤是通过高频激振装置产生的振动能量，从桩身传递到周边土壤，破坏土体强度而将桩沉入地基，其代表产品是电动振动锤和液压振动锤。

常用的冲击式桩锤主要有蒸汽锤、柴油锤和液压锤三大类，其特点及适用范围见表5.3-24。

冲击式打桩锤特点及适用范围　　表5.3-24

分　类	柴　油　锤	蒸　汽　锤	液　压　锤
特点	不用外围附属设备	需用锅炉与之配套使用	需用液压工作站
	结构紧凑	设备庞大	不够紧凑
	热机工作性能一般	热机工作性能一般	热机工作性能较好
	排放废气污染环境	锅炉易于实现消烟除尘	无废气污染
	钢桩效率：40%～50% 混凝土桩效率：25%～35%	钢桩效率：70%～80% 混凝土桩效率：35%～50%	钢桩效率：75%～85% 混凝土桩效率：50%～65%
适用范围	直桩及限打0°～20°的斜桩	能实现在任意角度内打斜桩 能实现在水下打桩	

二、柴　油　锤

柴油锤的本质是一种构造简单的二冲程柴油机，依靠柴油爆发燃烧的热能使汽缸体或活塞向上运动获得势能，当运动体下落时打击被打物体(桩)同时爆发冲击以达到打桩的目的。按照冲击体(缸体或活塞)的不同分为导杆式柴油锤和筒式柴油锤。

1.导杆式柴油锤

导杆式柴油锤是一种以柴油为燃料的冲击式打桩机械，按动作特点来分是汽缸冲击式柴油锤。它构造简单，质量较轻，早期产品冲击部分质量较小，打桩能量小，但现在已有缸锤重达8 000kg的产品。该锤主要用于工业和民用建筑、桥梁道路及水利基础施工中，打设混凝土预制桩、钢板桩和木桩等。

(1)构造

导杆式柴油锤将活塞与基座铸成一体，柴油爆发燃烧时使汽缸体向上运动以获得打桩所需能量，当汽缸体向上运动到最高点后就开始下落直至落到与活塞相连的基座上，通过桩帽冲击被打物体起到锤击的作用，因此导杆式柴油锤的汽缸体也叫缸锤。

典型结构的导杆式柴油锤由活塞、汽缸体（缸锤）、导杆、顶横梁、起落架和燃油系统等组成。

①活塞与基座铸成一体，并垂直于基座。活塞上部有若干根活塞环，中间有油道通向顶端的喷油嘴。活塞内腔为燃油箱。

②汽缸体即缸锤，它是桩锤的冲击部分。对应于国内现有系列产品，它的质量从 150～8 000kg 不等。

③导杆由两根厚壁无缝钢管制成。它将顶横梁和活塞基座连接起来，对缸锤和起落架起导向作用。导杆式柴油锤也由此而得名。

④顶横梁将两根导杆固定，与活塞基座连成一体。

⑤起落架在顶横梁和汽缸体（缸锤）之间沿着导杆上下运动，起落架上部有一个（一组）动滑轮，桩架卷扬机通过定滑轮再带动动滑轮上下运动。当运动到最低位时，起落架下部的锤钩能自动钩住缸锤，当缸锤被提升到最高位时拉动松钩拉绳，缸锤就会自动落下，完成一次启动动作。

⑥燃油系统由油泵、喷油嘴和油门调节杆等组成。

（2）工作原理

导杆式柴油打桩锤的工作原理大致与二冲程柴油发动机相似，各工作过程如图 5.3-49 所示。

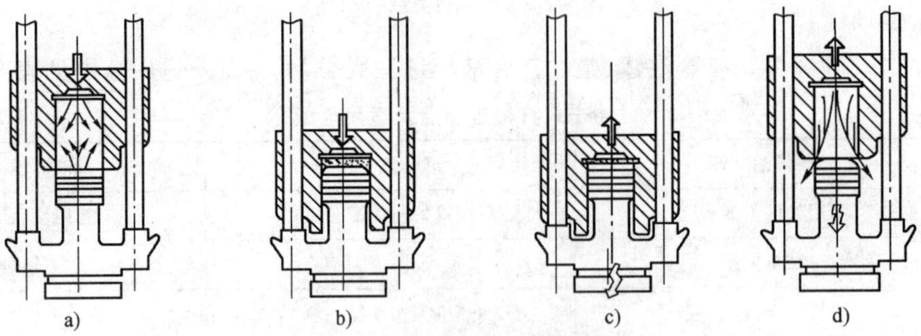

图 5.3-49　导杆式桩锤的工作原理

a）压缩；b）供油；c）燃烧；d）排气、吸气

工作时，通过卷扬机将汽缸体（缸锤）提升，当提升到设计最高位时，拉动脱钩臂上的拉绳，松开锤钩，汽缸体自由下落。当汽缸体刚套到活塞时，汽缸与活塞之间的空气受到压缩（图 5.3-49a），温度急剧升高。当压缩到一定程度时，固定在缸锤外侧的撞击销压转油泵曲臂，推动油泵柱塞，将柴油压入油管，通过喷油嘴呈雾状喷入燃烧室（图 5.3-49b），由于汽缸内温度超过柴油燃点，雾状柴油被点燃爆发（图 5.3-49c）。爆发的动能作用在活塞上的，使桩下沉；作用在汽缸上的，使缸锤向上跳起。当跳起的汽缸体（缸锤）脱离活塞时，废气即排除，并重新吸入新鲜空气（图 5.3-49d）。然后汽缸体（缸锤）又在重力作用下下落，下一个工作循环开始，如此循环地进行打桩。

（3）导杆式柴油锤在国内机械产品目录中型号表达为：

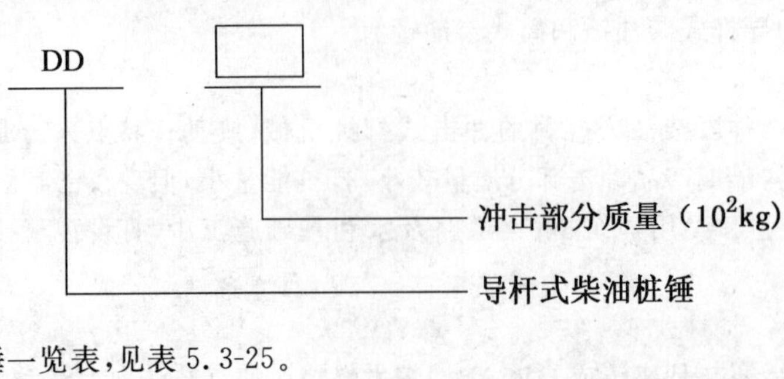

（4）导杆式柴油锤一览表，见表 5.3-25。

导杆式柴油锤一览表

表 5.3-25

型　号	冲击部分质量(kg)	跳起高度(m)	冲击能量(N·m)	冲击次数(次/min)	耗油量(L/h)	最大柾长(m)	卷扬机拉力(kN)	外形尺寸(长×宽×高)(m)	总质量(t)	生　产　厂
DD1	150	1.4	1 960	70	0.9	2.8		3.5×2.35×5.65	0.58	上海工程机械厂
	150	1.2	1 800	50	0.9			0.43×0.49×2.21	锤 0.28	江苏省东台市机械厂
DD2	220	1.3	2 500	60～70	0.5	8	5	2.8×2.2×7.8	1.36	上海工程机械厂杨行分厂
	250	1.2	3 000	50～70	1.3			0.51×0.495×2.14	锤 0.45	江苏省东台市机械厂
DD6	600	1.87	5 500	50～70	3.1	8	15	4.4×3.9×11.4	5.6	上海工程机械厂
	600	1.87	5 500	50～70	3.1	8	15	4.4×3.9×11.4	5.6	上海工程机械厂杨行分厂
	600	1.87	11 000	50～70	3.1			0.7×0.59×3.32	锤 1.266	江苏省东台市机械厂
DD18	1 800	2.1	20 000	45～50	6.9	12	30	7.5×5.6×17.5	13.9	上海工程机械厂
	1 800	2.1	20 000	45～50	6.9	12	30	7.5×5.6×17.5	13.9	上海工程机械厂杨行分厂
	1 800	2.1	37 000	45～50	6.9			0.87×0.8×4.73	锤 3.125	江苏省东台市机械厂
DD25	2 500	2.1	29 500	42～50	10	16	30	4.19×0.91×0.97	锤 4.2	上海工程机械厂
	2 500	2.1	30 000	42～50	13.5	16	30	8.3×6.25×21.86	17.5	上海工程机械厂杨行分厂
	2 500	2.5	56 000	42～50	9.89			1.04×0.91×4.85	锤 4.2	江苏省东台市机械厂
	2 500	2.5	36 400	42～50					锤 4.2	第 6409 工厂
DD30	3 000	2.5	352 890	42～50					锤 4.7	
DD40	4 000	2.5	98 000	42～50	11.0			1.26×1.17×5.58	锤 7.2	
DD63	6 300	3.0	185 000	42～50	12.5			1.37×1.3×6.04	锤 11.0	
DD80	8 000	3.0	235 000	35～50	14.0			1.52×1.31×6.15	锤 14.0	

2. 筒式柴油锤

筒式柴油锤是一种活塞冲击式的内燃柴油锤。细而长的冲击活塞在圆筒形汽缸内上下运动，故称筒式柴油锤。筒式柴油锤的冲击部件是活塞，现在已有活塞质量达 20t 的筒式柴油锤投入市场。筒式柴油锤的结构合理，工作效率较高，工作性能良好，冲击能量大，另一个显著的特点就是能施打斜桩。该锤主要用于工业和民用建筑、桥梁与港口等基础桩基施工中，打设混凝土预制桩、钢管桩和钢板桩等，目前在建筑行业筒式柴油锤得到广泛使用。

(1)构造

桩锤由锤体、燃油泵和润滑系统等组成。

①锤体是桩锤的主体，由上汽缸、下汽缸、上活塞、下活塞等部件组成。

上汽缸是活塞上下运动的导向部分，缸筒背面有钩上活塞用的长槽。

下汽缸是桩锤的工作中心。汽缸底部是燃烧室，燃烧室外壁设有散热装置。风冷式柴油锤采用散热片，水冷式柴油锤装有冷却水箱。在下汽缸体上设有吸(排)气孔用于吸进新鲜空气或排出废气，不同厂家不同型号的产品吸(排)气孔的数量为 2 个或 4 个不等。

上活塞是桩锤的冲击体，下端呈半球形。德国 DELMAG 及国产仿型产品上活塞下端部是一个平台。部分型号桩锤在上活塞上装有两组铜质导向环以减少活塞跳动时对缸壁的摩擦，当打斜桩时导向环的作用更为显著。上活塞的下部装有一组活塞环，起密封作用。在活塞环的上部有一道阻挡环，当上活塞跳起超高时，该环即涨卡在上汽缸上部的环槽内，使活塞不致跳出汽缸。

下活塞是桩锤的冲击砧块，故在很多资料中将下活塞称为冲击块。下活塞顶部呈凹形球面状，安装位置在下汽缸的下部，它有一组活塞环。下活塞顶部突缘的下端面与下汽缸接触面之间有缓冲橡胶垫，以减缓工作时的冲击。

②燃油泵由泵体、柱塞、柱塞套、单向阀和曲臂等组成。

燃油泵被安装在下汽缸体中部的前面，曲臂位置相对应的缸壁上开有一条小槽。当活塞被提升向上与曲臂脱离接触时，曲臂受弹簧作用被推转通过小槽伸入下汽缸，柱塞也在弹簧作用下在柱塞套内向上运动，此时即是油泵的吸油过程。当活塞下落时，曲臂被推出，曲臂的一端压下油泵顶销经压杆使柱塞下行，此时即为油泵的喷油过程。

在燃油泵上装有油量调节装置。大部分打桩锤供油量通过调节杠杆来调节。右端拉绳向下拉动时，油量调节阀旋紧，回油通路减小，供油量则大；左端向下拉动时，油量调节阀旋松，部分柴油经回油孔流回油箱，供油量则小，直至柴油全部流回油箱，供油即停止。德国生产的“德尔麦克”(DELMAG)柴油锤和国内引进德国 DELMAG 技术而生产的柴油锤仿型产品的油量调节装置同上述机构略有不同，它是拉动左右拉索将调节装置设定在 0-1-2-3-4 某个位置上，“4”为最大油量，而不象前述产品是无级调节油量。另外 DELMAG 锤燃油泵的正中位置设置了一根断流阀拉索，用来停锤。

③锤体上装有润滑油泵，依靠活塞的动力泵油对上下活塞和缸壁进行润滑。

部分早期产品在上活塞的顶部设有润滑油室，室内的润滑油依靠上活塞的冲击惯性从顶部四周的溢油孔中溅出，对上活塞和缸壁进行润滑。下活塞则是依靠油泵润滑。

DELMAG 锤及国产产品对上活塞和缸壁采用油泵润滑，对下活塞和缸壁则是用注油枪通过几个注油嘴注入特别润滑脂进行润滑，但在打斜桩时，也要求对缸壁采用注油枪注入特别润滑脂进行润滑。

(2)工作原理

筒式柴油打桩是将燃料爆发的热能转化为机械冲击能的特殊二冲程发动机，它本身既是发动机，又是工作机。其特点是：燃油在喷射时不雾化，而被上活塞冲击时才雾化。此外，筒式打桩锤的打桩能量可随桩的入土阻力的大小而自动增减。

桩锤的工作原理详见图 5.3-50。

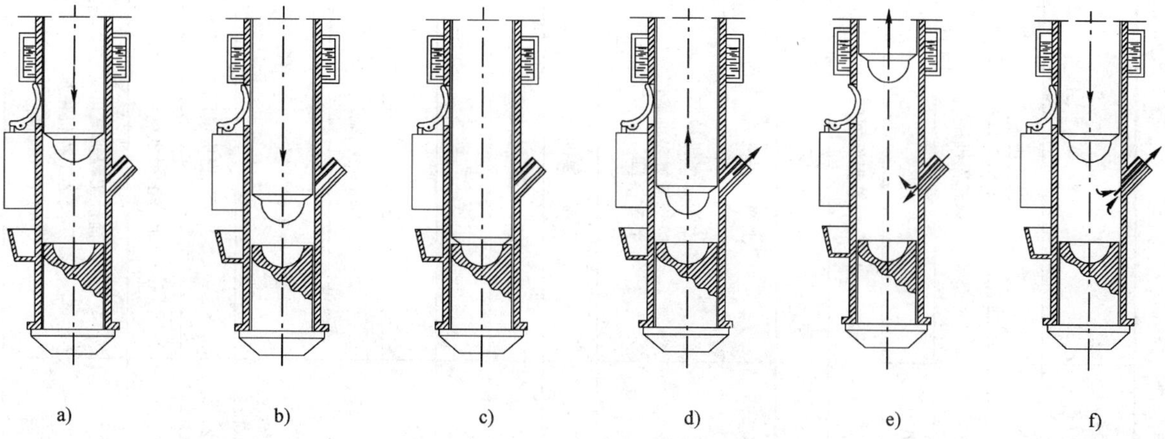

图 5.3-50　筒式柴油锤打桩工作原理示意

a)压缩；b)冲击；c)燃烧(爆发)；d)排气；e)吸气；f)扫气

a.压缩。启动时，通过卷扬机和起落架将上活塞提升，在提升的同时，完成吸气和燃油的吸油过程。当提升至一定高度时，起落架上的摇臂与上汽缸上的上碰块相撞，起动钩脱离上活塞，上活塞靠自重落下，首先推动燃油泵压油曲臂，曲臂压下柱塞，将燃油喷入下活塞凹形球碗中心，然后封闭吸(排)气孔，开始压缩空气。

b.冲击雾化。上活塞落下时一部分动能(约 40%～50%)用于压缩空气使气体受压后温度升高；另一部分动能(约 50%～60%)转化为冲击机械能，对下活塞进行冲击，同时使下活塞凹形球碗中的燃油雾化。

c.燃烧(爆发)。雾化了的燃油与高压、高温的气体相混合、燃烧。燃烧时所产生的爆发力，一方面对下沉的桩进行再次冲击(二次打桩)，同时推动上活塞跳起。

d.排气。在上活塞受汽缸燃油爆发力推动上升过程中，吸(排)气孔开放，排出废气。

e.吸气。当上活塞继续上升时，上汽缸内容增大，压力降低，新鲜空气被吸入汽缸内。

f.扫气。燃油泵在上活塞上升脱离与油泵摇臂的接触后，完成第二循环的吸油。上活塞被爆发力推起到一定高度后，便又靠自重落下，进行扫气，第二循环开始。

这种桩锤在一定范围内，沉桩阻力越大，活塞跳起高度越高，落下时的末速度越大，燃油雾化就越好，燃烧产生的冲击能量就越大，反之，冲击能量就减少。这是其他类型桩锤都无法比拟的一个特点。

(3)筒式柴油锤在国内机械产品目录中型号表达为：

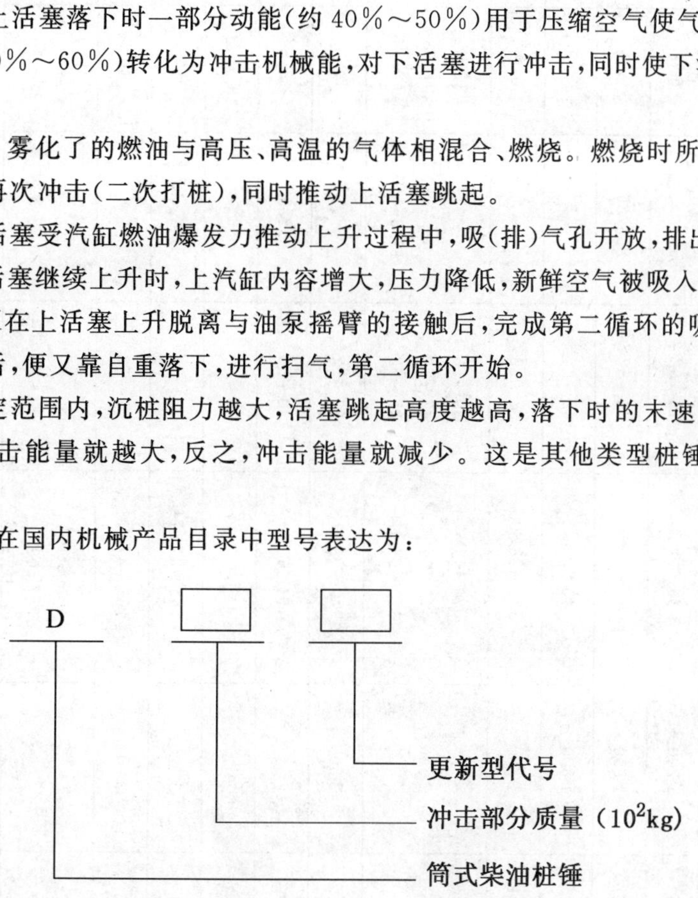

(4)国产及进口筒式柴油锤性能一览表(表 5.3-26～表 5.3-29)

国产筒式柴油锤一览表

表 5.3-26

型　号	上活塞质量 (kg)	冲击能量 (N·m)	冲击次数 (次/min)	最大打桩倾角 (°)	耗油量 (L/h)	外形尺寸 (长×宽×高)(m)	质　量 (t)	生　产　厂
D1	150	2 450	46～80		0.75	2.68×0.29×0.3	0.26	上海工程机械厂
D8-22	800	23 940～12 790	38～52	26.6	4.0	4.7×0.56×0.59	1.950	上海工程机械厂
DF12	1 200	29 420	42～62		6.5	3.93×0.5×0.71	2.7	
D16-32	1 600	53 460～25 585	36～52	18.3/26.6	5.5	4.73×0.56×0.67	3.25	上海工程机械厂
65	1 800	45 110	42～60		13.0	3.95×0.62×0.84	4.21	
D19-42	1 820	57 585～28 800	37～52		6.6		3.55/3.695	上海工程机械厂
D25	2 500	73 550 62 500 78 970～39 975	39～56 42～60 37～52	18.3～45	12.5 18.0 8	4.87×0.83×0.95 4.68×0.75×0.93 5.26×0.64×0.75	6.49 6.2 5.65	上海工程机械厂 江阴交通工程机械厂 上海工程机械厂
D25-32	2 500	78 970～39 975	37～52		8		5.33/5.61	上海工程机械厂
D25A		61 250	40～60	18.5	18.5	4.87×0.83×0.95	6.49	浦沅工程机械总厂
DF25/32	2 500/3 200	78 450/61 290	42～60		18.5/21	4.87×0.83×0.95	6.49/7.2	上海工程机械厂
D30	3 000	94 765～47 971	37～52	18.3/45	10	5.26×0.64×0.72	6.15	
D30-32	3 000	94 765～47 971	37～52		10		5.83/6.11	上海工程机械厂
D35	3 500	103 000 87 500	39～52 42～53	18.5	12.3 12～16	5.1×0.8×1.03 长 4.7	8.0 8.0	中铁大桥工程局桥梁机械制造厂
D36	3 600	113 720～55 450	37～53	18.3/45	11.5	5.29×0.88×0.85	8.2	上海工程机械厂
D36-32	3 600	113 720～55 450	37～53		11.5		7.8/8.19	上海工程机械厂
D40	4 000	98 000 100 000 98 070	40～60 42～60 40～60	18.5	23 25 24	4.78×0.94×1.09 4.82×0.79×1.03 4.78×0.94×1.09	9.26 9.72 9.26	浦沅工程机械厂 江阴交通工程机械厂 上海工程机械厂

续上表

型　号	上活塞质量(kg)	冲击能量(N·m)	冲击次数(次/min)	最大打桩倾角(°)	耗油量(L/h)	外 形 尺 寸(长×宽×高)(m)	质　量(t)	生　产　厂
D45	4 500	135 000 112 500	38～53 42～60	18.5	<20 28	长 5.24 4.82×0.79×1.03	10.08 10.22	中铁大桥工程桥梁机械制造厂 江阴交通工程机械厂
D46	4 600	145 305～70 850 145 305～70 850	37～53 37～53	18.3/45 45	16 16	5.29×0.88×0.85 5.29×0.88×0.85	9.2 9.2	上海工程机械厂 浦沅工程机械厂
D46-32	4 600	145 305～70 850	37～53		16		8.8/9.19	上海工程机械厂
D50	5 000	122 580 125 000 125 000	42～60 42～60 42～53	18.5	28 28 <20	5.28×0.94×1.09 5.29×0.79×1.03 长 5.24	10.5 10.75 10.58	上海工程机械厂 江阴交通工程机械厂 中铁大桥局桥梁机械制造厂
D62	6 200	210 800～128 960 210 800～128 960	36～46 36～46	26.6/45 45	20 20	5.91×0.83×0.91 5.91×0.83×0.91	12.5 12.5	上海工程机械厂 浦沅工程机械厂
D62-22	6 200	218 960～107 050	35～50		20		11.87/12.28	上海工程机械厂
D60/72	6 000/7 200	180 000/216 000	37～53	18.5	25/37	陆型 5.9×1.22×1.62 海型 5.9×2.1×1.65	18 20	中铁大桥局桥梁机械制造厂
D80	8 000	266 830～171 085	36～45	26.6/45	25	6.2×0.89×1.11	17.59	上海工程机械厂
D80-23	8 000	266 830～171 085	36～45		25		16.365/16.905	上海工程机械厂
D100	10 000	333 540～213 860	36～45	11.3/26.6	30	6.36×0.89×1.11	21.05	上海工程机械厂
D100-13	10 000	333 540～213 860	36～45		30		19.82/20.36	上海工程机械厂
D125-3	12 500	417 000～273 400	36～45	1∶5/1∶2	30	6.66×1.03×1.21	24.32	无锡信仁工程机械
D128	12 800	426 500～273 400	36～45	1∶3/1∶2	36.6	7.6×0.96×1.136	27.00	上海工程机械厂
D138	13 800	459 800～294 700	36～45	1∶3/1∶2	40.5	7.6×0.96×1.136	28.00	上海工程机械厂
D160	16 000	533 000～342 000	36～45	1∶3/1∶2	46	8.0×1.07×1.40	35.00	上海工程机械厂
D180	18 000	590 000	36～45		56.5		37.5	上海工程机械厂

表 5.3-27

德国 DELMAG 系列柴油打桩锤

柴油锤技术参数	D8～22 1∶2	D16～32 1∶2/1∶1	D25～32/33 3	D30～32/33 3	D36～32/33 1∶3/1∶1	D46～32/33 1∶3/1∶1	D62～22 1∶2/1∶1	D80～23 1∶2/1∶1	D100～13 1∶5/1∶2	D150～42	D200～42
上活塞质量(kg)	800	1 600	2 500	3 000	3 600	4 600	6 200	8 000	10 000	15 000	20 000
每次打击能量(N·m)	23 940～ 12 790	58 700～ 25 585	78 970～ 39 975	94 765～ 47 971	113 720～ 55 450	145 305～ 70 850	218 960～ 107 050	266 830～ 171 085	333 540～ 213 860	512 000～ 329 000	682 000～ 435 800
打击次数(次/min)	38～52	35～52	37～52	37～52	37～53	37～53	35～50	36～45	36～45	36～52	36～52
作用于桩上的最大爆炸力(kN)	505	686	1 304	1 304	1 695	1 695	1 800	2 600	2 600	2 600	5 400
适宜的打桩规格(主要依据于混凝土桩的平均值,根据土壤条件可能存在误差)(kg)	500～ 3 000	1 000～ 6 000	1 600～ 7 500	2 000～ 9 000	2 500～ 12 000	3 000～ 16 000	4 000～ 30 000	6 000～ 60 000	7 000～ 100 000	12 000～ 160 000	14 000～ 250 000
起落架导向滑轮钢丝绳直径(取大)(mm)	20	20	22	22	38	38	38	30	30	36	
油耗(柴油)(L/h)	4	5.50	8	10	11.50	16	20	25	30	50	60
润滑油(L/h)	1	1	1	1	2	2	3.20	2.90	2.90	4.8	5.8
打直桩时柴油箱容积(L)	20	32	67	67	89	89	98	155	155	310	430
润滑油箱容积(L)	6	9	19	19	17	17	31.50	32	32	45	80
质量/柴油锤质量约(kg)	1 950	3 250/3 395	5 330/5 610	5 830/6 110	7 800/8 190	8 800/9 190	1 870/12 280	16 365/16 905	19 820/20 360	28 450	53 680
起落架质量约(kg)	100	100	180	180	400	400	400	750	750	1 850	
外形尺寸* a/A 柴油锤高(mm)	4 700	4 730/5 700	5 260/6 260	5 260/6 260	5 285/6 285	5 285/6 285	5 910/6 910	6 200/7 200	6 358/7 358	6 990	8 175
b. 下活塞外径(mm)	350	440	560	560	660	660	710	820	820	990	1 250
c. 导向板螺外侧间距(mm)	560	560	780	780	880	880	828	1 110	1 110	1 500	1 825
d. 柴油锤宽(mm)	410	485	640	640	785	785	800	890	890	1 280	1 425
e. 连接导向板的宽度(mm)	320	320	540	540	640	640	560	800	800	1 110	1 425
f. 柴油锤中心到油泵保护装置的距离(mm)	315	345	405	405	445	445	490	550	550	720	730
g. 柴油锤中心到导向板螺钉的距离(mm)	245	280	235	235	275	275	380	350	350	375	580
h. 柴油锤纵向宽度(mm)	590	665	715	715	848	848	970	1 110	1 110	900	1 890

* a:柴油锤本体高度;A:加导向套后柴油锤高度。

日本神户制钢 KB 系列柴油打桩锤性能参数表　　表 5.3-28

指标项目 \ 桩锤型号		单位	KB45	KB60	KB80
打击数(每分钟打击数)		(次/min)	35～60	35～60	35～60
每击能量输出(最大)		(N·m)	135 000	180 000	240 000
在桩顶的爆发力		(kN)	1 910	2 460	3 000
消耗量	燃料(轻柴油)	(L/h)	17～21	24～30	32～40
	润滑油(上活塞)	(L/h)	3.5	4	6
最大容量	燃料箱	(L)	95	130	210
	上活塞润滑油箱	(L)	15	25	40
	下活塞润滑油箱	(L)	15	25	40
	冷却水箱	(L)	220	350	470
吊起落架的钢丝绳		直径(m)	20	20	20 或 25.5
		(根)	3	5	6
适用于桩的长期允许承载力		(kN)	650～2 000	1 000～3 000	1 300～4 000
斜打桩最大角度		(°)	45	45	30
温度范围	使用时	(°)	−10～+40		
	保管时	(°)	−20～+40		
组成和主要结构部件净质量(kg)					
桩锤组成(桩锤机体、起落架、附属品工具一套)质量(kg)			11 100	15 100	20 600
桩锤机体及起落架		质量(kg)	11 000	15 000	20 500
部件:上活塞		质量(kg)	4 500	6 000	8 000
下活塞质量		(kg)	1 700	2 400	3 100
上汽缸质量		(kg)	1 100	1 450	1 900
下汽缸质量		(kg)	3 280	4 390	6 220
起落架总成质量		(kg)	420	760	1 280

注:下汽缸包括燃油泵、管道、导向板。

三菱柴油锤主要技术参数表

表 5.3-29

型号		MB70	MH72B(海上型)	MH72B(陆地型)	MH80B(海上型)	MH80B(海陆地型)	MB40
冷却方式		水冷	水冷	水冷	水冷	水冷	水冷
总重(包括起吊装置)	(kg)	21 100	19 937	18 362	20 737	19 162	14 660
上活塞质量	(kg)	7 200	7 200	7 200	8 000	8 000	4 100
燃油消耗量	(L/h)	约 40	25～37	25～37	30～40	30～40	15～22
燃油箱容量	(L)	175	158	158	158	158	90
润滑油消耗量	(L/h)	5～6	5～6	5～6	5～6	5～6	3～4
润滑油箱容量	(L)	25	44	44	44	44	18
冷却水箱容量	(L)	450	435	435	435	435	170
冲击次数	(次/min)		42～60	42～60	42～60	42～60	42～60
上活塞最大行程	(mm)	2 500	2 500	2 500	2 300	2 300	2 200
最大冲击有效能量	(N·m)	180 000	216 000	216 000	220 000	220 000	103 000
最大爆发力	(kN)		2 800	2 800	2 800	2 800	1 270
容许负荷限度(当10次冲击贯入度的每一冲击的平均值达到右栏的任一项目时)	总贯入度(mm/锤)	9.0	9.0	9.0	9.0	9.0	9.0
	有效贯入度(mm/锤)	1.0	1.0	1.0	1.0	1.0	1.0
正常的打斜桩极限	(°)	30	30	30	30	30	30
钢管桩直径	(mm)	1 600	800～1 500	800～1 500	800～1 500	800～1 500	
钢筋混凝土直桩直径	(mm)		800～1 000	800～1 000	800～1 000	800～1 000	

(5)部分柴油锤外形及尺寸(图 5.3-51～图 5.3-54)

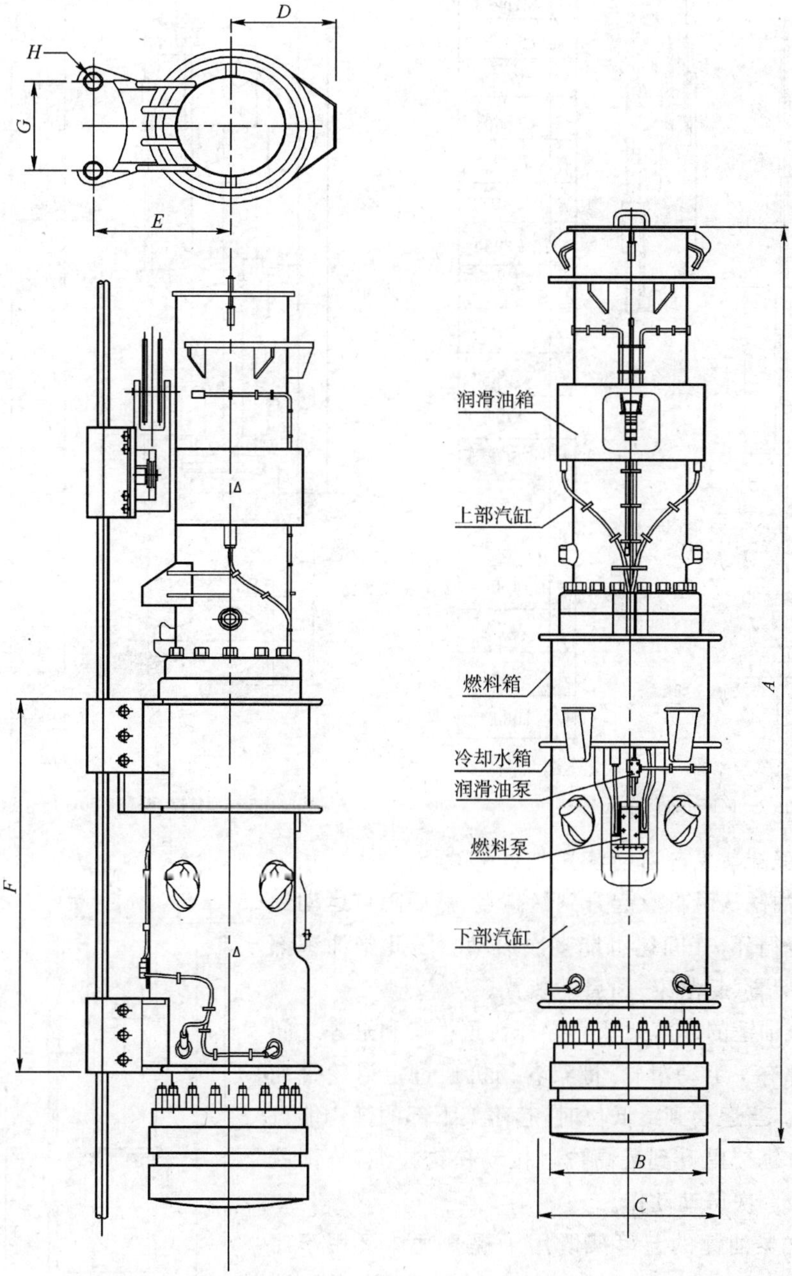

图 5.3-51　KB 系列柴油打桩锤示意图

外形尺寸(mm)　　附表

	A	B	C	D	E	F	G	H
KB45	5 460	ϕ800	995	550	580	2 170	330	ϕ70
KB60	5 770	ϕ920	1 135	605	730	2 370	330	ϕ70
							440	ϕ101.6
KB80	6 100	ϕ980	1 384	650	850	2 520	600	ϕ101.6

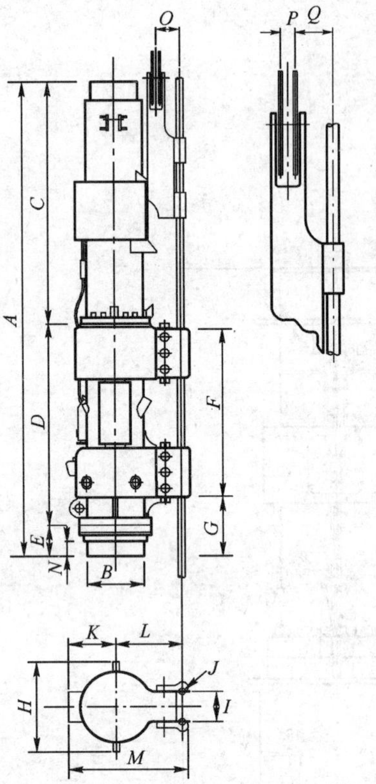

尺寸单位:mm

	MH45B
A	5 175
B	ϕ605
C	2 640
D	2 195
E	340
F	1 825
G	650
H	980
I	330
J	ϕ70
K	505
L	700
M	1 275
N	160
O	247.5
P	78*
Q	208.8*

注:*选择吊上装置

图 5.3-52　MH45B 尺寸示意图

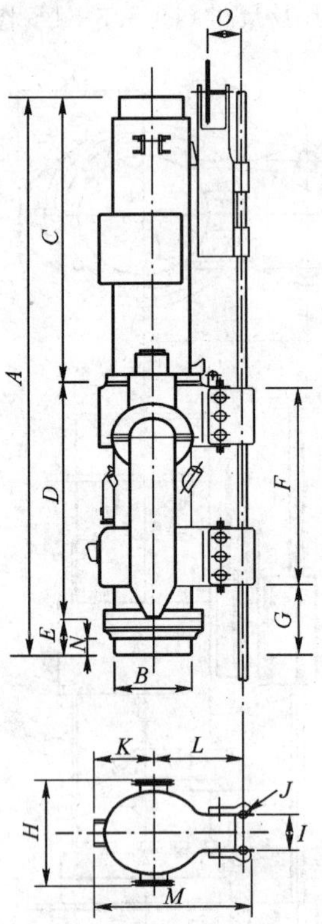

海上型

尺寸单位:mm

MH72B,MH80B	
	海上型
A	5 905
B	ϕ725
C	2 750
D	2 765
E	390
F	2 360
G	735
H	2 010
I	600
J	I1 450×175×13 R16
K	620
L	900
M	1 630
N	170
O	420

图 5.3-53　MH72B,MH80B 尺寸示意图(海上型)

3.柴油锤的提升装置与启动装置

当工作时柴油锤从最低点起升到最高点,然后随桩运动到最低点,如此反复循环,其间还可能多次启动。因此柴油锤都设有专门的提升装置(起落架)和启动装置。

(1)导杆式柴油锤的起落架依靠导杆在顶横梁和缸锤之间运动,起落架上部有一组动滑轮,桩架卷扬机通过定滑轮带动动滑轮上下运动。当运动到最低位时,起落架下部的锤钩能自动钩住缸锤,当缸锤被提升到最高位时拉动松钩拉绳,缸锤就会自动落下,完成一次启动动作。

(2)陆用筒式柴油锤的起落架既用于提升锤体又用于启动。当起落架下降至锤体相对应的位置时,撞块撞击起落架上的机构,起落架的锤钩即能钩住锤体,同时钩活塞的钩块也弹出而钩住活塞突缘。此时转动起升卷扬机就能提升和降下柴油锤。

当要启动柴油锤时,一定要使起落架与锤体分离(各种牌号的锤分离的形式不同,但都是用拉绳拉动杠杆使相应的机构运动而分离)。然后转动起升卷扬机将活塞起升,当起升到相应位置时起落架上的脱钩机构会触及锤体上的止挡器,此时继续起升卷扬机,脱钩机构就会运动而使活塞脱钩从而启动柴油锤。

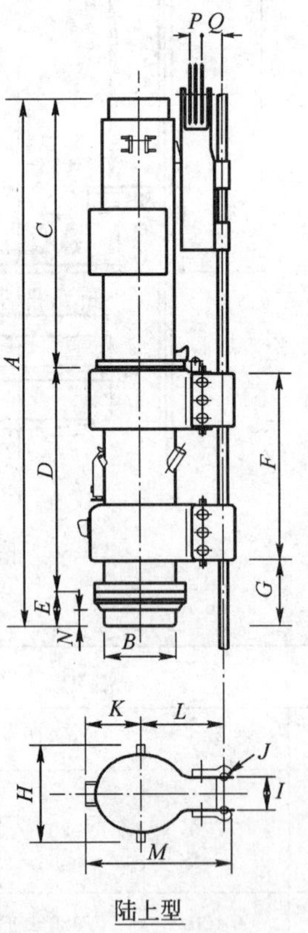

陆上型

尺寸单位:mm

MH72B,MH80B	
	陆上型
A	5 905
B	ϕ725
C	2 750
D	2 765
E	390
F	2 360
G	735
H	2 010
I	600
J	ϕ101.6
K	620
L	900
M	1 630
N	170
P	120
Q	300

图 5.3-54　MH72B 尺寸示意图(陆上型)

(3)船用筒式柴油锤在船上的工作状态较为特殊。在水上打桩，船体会随涌浪而晃动，随着起吊重物的姿态不同船体还会有一定程度的左右或前后的倾斜，如采用陆用锤的锤体提升形式，打桩时柴油锤是自由地置于桩顶而不受起落架的约束，当偶有一些意外发生，柴油锤很容易掉入水中，造成柴油锤的损坏。所以典型的船用筒式柴油锤的锤体提升有专门的设计，在锤体两侧对称焊有一段滑道，滑轮轴依靠支架可以在滑道范围内上下运动，专用的起升卷扬机通过滑轮使锤体起升或下降，而起落架只用于提升活塞而不提升锤体。这样的设计对在水上使用柴油锤比较安全。

目前也有不少打桩船的柴油锤沿用陆用柴油锤的锤体提升形式。

4.柴油锤使用时的几个注意点

(1)柴油锤的选配

对打桩工程而言选择能量匹配的锤是最重要的(打桩时从桩身测得的能量和相应的贯入度与桩的承载力有一个大致的对应关系)，应根据所设计的桩的承载力、桩的强度、打桩效率及经济性来选择相匹配的锤。一些型号柴油锤的说明书中对适用施打的桩的质量大小(或桩长、桩的设计承载力)有一个大致的推荐范围。

在软土地基施工，当锤击时桩出现过大的贯入度则应停止供油将活塞作为自落锤工作，经多次锤击贯入度较小时再重新启动，如重新启动后贯入度还是过大，则应采用较小型号的柴油锤来打桩。贯入度过大对锤会有所损害，严重时甚至会打坏下端部底环。贯入度过大，桩身还会出现较大的拉应力，可能出现桩身环缝。

MB系列柴油锤产品规定，当每锤击一次桩的位移值超过400mm时应停止工作，在停油状态下活塞作自落锤工作不少于10次，以后如果每锤击一次桩的位移值仍超过400mm，则应采用较小型号的柴油锤。使用其他型号柴油锤时可依此数据作参考。

当地基土质过硬或桩身过重、过长、过粗等情况下打桩，如桩锤能量过小而造成锤击贯入度极小，则会使桩锤超负荷工作从而严重损坏桩锤，同时因锤击次数过多，极易损坏桩顶混凝土。此时应选用更大型号的桩锤来打桩。

各种牌号的柴油锤对要求停锤时的最小贯入度都有不同的规定，部分牌号柴油锤的停锤标准见表5.3-30。

部分牌号柴油锤的停锤要求　　表5.3-30

牌　号	停锤要求
国产D系列	极限工作状态是锤击10次贯入度为5mm
德国产DELMAG系列	锤击10次贯入度小于20mm
日本神钢KB系列	*锤击1次贯入度为0.5mm
日本三菱MB系列	1.每次锤击当桩的位移值即桩的有效贯入度和桩的回弹值之和小于9mm立即停锤 2.每次锤击当桩的有效贯入度和桩的回弹值之和小于15mm，在10min内停锤 3.每次锤击的有效贯入度小于1mm立即停锤，即使桩的位移值还在上述范围内

注：*锤击1次的贯入度为每10击贯入度的平均值。

锤击后桩的位移值和回弹值及有效贯入度曲线图如图5.3-55所示。

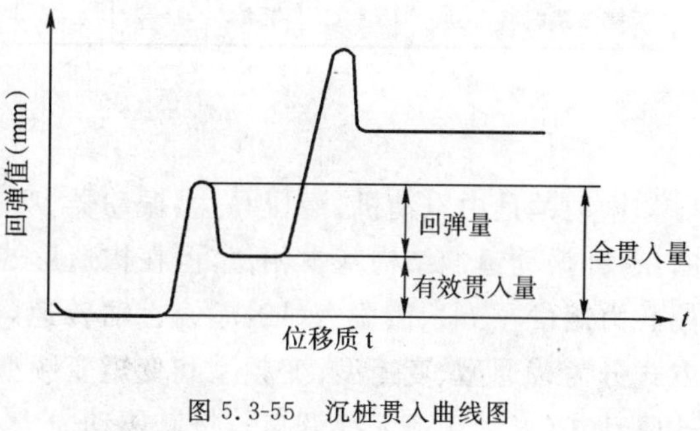

图5.3-55　沉桩贯入曲线图

(2)柴油锤的能量

筒式柴油锤是将燃料爆发的热能转化为冲击机械能的特殊的二冲程柴油发动机，各厂家产品说明书对柴油锤锤击能量的表述多是以活塞的跳高与活塞质量的乘积来表达的。实际上筒式柴油锤的工作机理很复杂，很多专著已有论述，本文不作赘述，但从使用的角度近似地将其看作为自由落体运动还是比较符合实际情况的。

用户在使用中较普遍地认为只要将油门定在某个挡位就能达到相应的锤击能量，挡位越高，供油量越大，柴油锤的锤击能量就越大。其实柴油锤是否能达到该档位所对应的能量是受柴油锤本身的技术状态(内因)和所受的入土阻力大小(外因)这两个因素的制约的。柴油锤压缩时的密封性、油泵柱塞副和摇臂的磨损程度、上活塞和下活塞球面的烧蚀程度，这些因素都严重影响柴油锤能否充分爆燃从而影响活塞的跳高行程。调节油门挡位只是在调节油泵的回油阀开度，将供油量定在某一个期望的数值范围，油泵柱塞副和摇臂的磨损程度越小，供油量就越接近理论最大值。即使柴油锤的技术状态良好，也并不意味调节到某个挡位就一定能达到相应的锤击能量。传统意义上的柴油机在额定范围内确实是供油量越大，转速越高，功率越大，而柴油锤的锤击能量不仅与供油量有关，还与打桩时的入土阻力密切相关。燃油在喷射时不雾化，而被上活塞冲击时才雾化，在一定范围内沉桩阻抗力越大，活塞弹跳越高，下落时活塞的末速度越大，燃油雾化就越好，柴油锤燃烧就越充分，活塞弹跳更高，产生的冲击能量就增大，反之冲击能量就减少。

在柴油锤允许的最大能量范围内，沉桩阻力大时增加供油量能使活塞弹跳更高，确能增加锤击能量；沉桩阻力小时活塞弹跳较低，燃油雾化较差，增加供油量并不易改善工况也不易增加锤击能量。要判断工作中柴油锤能量的大小，只要按说明书给定的方法来计算(打直桩时)，活塞的跳高乘以活塞的质量即是柴油锤锤击能量。在活塞质量一定的前提下，跳高行程越大，锤击能量越大，而不一定是供油量越大，锤击能量越大。

DELMAG 柴油锤说明书推荐一个活塞跳高行程的计算公式为：

$$H = 4\,415/A^2\,(\text{m}) \tag{5.3-3}$$

式中：A——每分钟锤击数。

我们不用这个公式也可以从自由落体运动公式来计算：

$$H = \frac{1}{2}gt^2$$

式中：$g=9.81\text{m/s}^2$；

$$2t=\frac{60}{\text{每分钟锤击数}}$$

$$t=\frac{30}{\text{每分钟锤击数}}。$$

为方便使用者掌握工作中柴油锤活塞的跳高行程，下面给出每分钟锤击次数和活塞跳高行程间相互关系的数据(表 5.3-31)以供参考。

柴油锤锤击数与活塞跳高关系表 表 5.3-31

每分钟锤击数(次/min)	35	36	37	38	39	40	41	42	43	44	45	46	47
活塞弹跳行程(m)	3.60	3.41	3.22	3.06	2.90	2.76	2.63	2.50	2.39	2.28	2.18	2.09	2.00
每分钟锤击数(次/min)	48	49	50	51	52	53	54	55	56	57	58	59	60
活塞弹跳行程(m)	1.92	1.84	1.77	1.70	1.63	1.57	1.51	1.46	1.41	1.36	1.31	1.27	1.23

三、振 动 锤

振动锤是由电动机、液压马达、振动器、吸振器、冲击块、冲击座、夹桩器、操纵箱等基本部件组成的，各种振动锤的结构基本相似，但在构造形式上有差别。振动锤的基本参数主要有电机功率(kW)、偏心力矩(N·m)、激振力(kN)、偏心轴转速(rad/min)、空载振幅、许用拔桩力等。振动锤按其工作方式分为普通型、变矩型、变频型和变矩变频型；按其机械特性可分为电动式、水动式、汽动式、液压马达驱动式(振动频率无级调速)，按其驱动力大小可分为轻型、重型、超重型；按振动频率大小可分为单频式、双频式;也可分为变频型、低频型(15～20Hz)、中高频型(20～60Hz)、高频型(100～150Hz)、超高频型(1 000～1 500Hz)等。

低频振动锤是使强迫振动与土体共振,共振时振幅值很大,能破坏桩与土体间的黏结力和弹性力,使桩在自重力下下沉。共振时振幅在7～25mm之间,低频振动锤有利于克服桩尖处土层阻力,适宜下沉大口径钢管桩(钢护筒)和PHC混凝土管桩等。

中高频振动锤是通过高频来提高激振力,增加激振加速度,但振幅值较小,一般在3～8mm之间,因此中高频振动锤适用于在松散的冲积层、松散和中等密度的砂层中作业,适宜沉拔钢板桩等。

高频振动锤是使强迫振动与桩体共振,利用桩产生的弹性波对土体产生高速冲击,由于冲击能量大,能明显克服土体对桩的贯入阻力,故沉桩速度较快,适宜在硬土层中沉大截面桩(护筒)和PHC混凝土管桩等。

超高频振动锤是一种高速微振动锤,振幅值很小,在0.5～2mm左右,但振动频率极高,因而它对周边土体影响较小、噪声较低。它是通过增大锤体质量和增加振动速度来提高锤的冲击能量的。

振动锤的振动是通过高速旋转的偏心块产生的,其频率的大小决定于偏心块的转速,振幅的大小由偏心力矩的大小决定。

1.振动锤的分类

振动锤按动力、振频和结构可做以下分类:

(1)按动力:可分为电动振动锤和液压振动锤,前者动力是耐振电动机、后者是柴油发动机驱动液压泵—马达系统。

(2)按振频:振动锤的振动器是一个带偏心块的转轴,其产生的振动频率可分低频(15～20Hz)、中频(20～60Hz)、高频(100～150Hz)、超高频(1 000～1 500Hz),以适应不同地基土质情况。

(3)按振动偏心块的结构,可分为固定式偏心块和可调式偏心块。

2.振动锤的主要结构和原理

振动锤的主要结构有以下几部分组成:原动机、振动器、夹桩器和减振器,如图5.3-56所示。

(1)原动机

电动振动锤多采用鼠笼异步电动机作为原动机。根据振动锤的工作特点,对原动机在结构和性能上也提出一些特殊要求。首先要求电动机在强烈的振动状态下可靠地运转,因此,电动机的结构构件全部应采用焊接结构,转轴采用合金钢。在选择绝缘材料时,也应考虑耐振要求。其次,要求电动机有很高的启动力矩和过载能力。振动锤的启动时间比较长,需要很大的启动电流,因此,振动沉拔桩锤所用电动机均采用Δ接线,以便采用Y－Δ启动,减少启动电流。此外,转子导电材料应具有一定的电阻系数,以提高启动力矩。电动机使用的绝缘材料应能耐受因过载而产生的高温。根据上述要求,在设计和选购电动机时,应使其启动转矩、启动电流和最大转矩分别为额定值的3倍、7.5倍和3倍。另外,要求电动机能适应户外工作,因此一般采用封闭式。但一般封闭自冷式电动机的风扇及风扇罩的耐振性不好,所以,应做成封闭自冷式。近年浙江振中工程机械有限公司生产的DZJ系列可调偏心力矩电动振动锤,具有零启动、零停

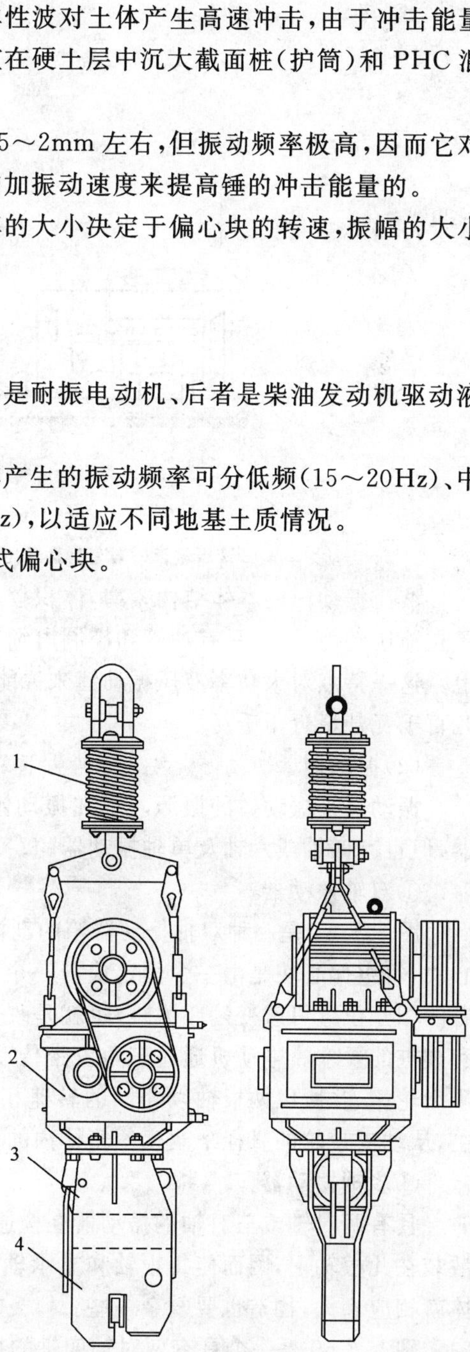

图5.3-56 电动振动锤主要结构

1-悬挂装置;2-振动器;3-液压操纵箱;4-液压夹紧器

机、无共振的特点，非常适合于海上砂桩的施工，在上海洋山深水港港区工程砂桩施工中发挥了重要作用。

液压振动锤基本工作原理与电动振动锤相同，但液压振动锤的振动器由液压马达驱动。它的动力源由液压动力站的高压油泵产生，高压液压油经液压软管带动液压马达和行星减速器使偏心块高速旋转，做功后的低压油经低压油管流回液压油箱，如图 5.3-57 所示。因为不用电动机驱动，液压振动锤能潜入水中工作，这个优点是电动振动锤无法比拟的。在水工工程施工过程中就能充分利用这一优越性。

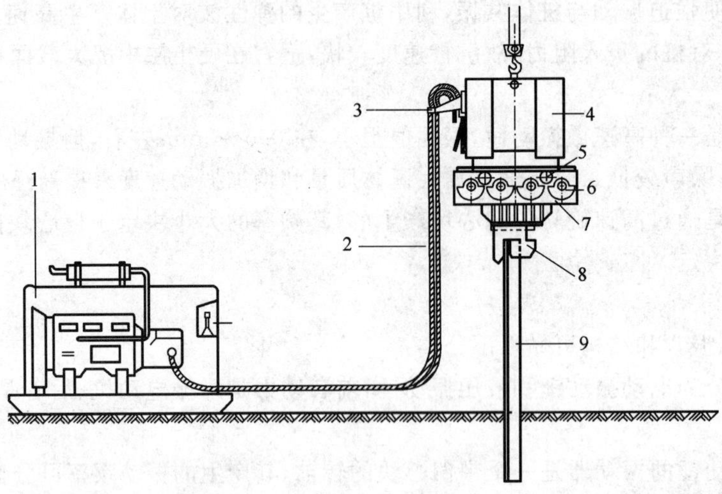

图 5.3-57　液压振动锤示意图

1-动力装置；2-液压软管；3-软管弹性悬挂装置；4-隔振器；5-液压马达；6-偏心块；7-振动箱；8-液压夹头；9-桩

液压振动锤的本体结构紧凑，体积较小，它的液压动力站置于地面或其他固定场所，动力装置设置在液压动力站内，只有油管和控制电缆与锤体连接而不必将体积庞大的动力装置安装在振动锤体上。这一特点对大功率液压振动锤来说能很好地显示出它的优越性。先进的液压振动锤功率可以有几百千瓦甚至近千千瓦。

(2)振动器

振动器是振动锤的振源。现在振动锤大都采用定向机械振动器。最常用是具有两根轴的振动器，但也有四轴或六轴及单轴振动器的。

①双轴振动器

图 5.3-58 是一种双轴振动器箱的剖视图。箱体内有两根装有偏心块的轴，每根轴上装有两组偏心块，每组偏心块是由一个固定块与一个活动块组成。两者的相互位置通过定位销轴固定。调整两者的相互位置可改变偏心力矩，也就是改变振动器所产生的激振力，以适应各种不同的桩及适应沉桩和拔桩的要求。电动机通过三角皮带传动，带动其中一根轴旋转。由于两根轴通过一对相啮合的同步齿轮相连，所以两根轴以相同的转速相向转动，产生定向的激振力。振动器的频率可以通过变换主、从动皮带轮的直径来改变。箱体内的齿轮与轴承靠偏心块打击油飞溅润滑。

②多轴振动器

具有两对轴或三对轴的振动器在构造上与双轴振动器相似。多轴振动器的优点是把偏心块分别散装在几根轴上，因而使每根轴和支承轴的承受力得到改善，延长了振动器的寿命。但轴数增多，箱体就相应增大，构造也要复杂一些。

图 5.3-59 是一个具有两对轴四轴的振动器。这四根轴之间都以同步齿轮相连，保证它们有相应的转速和相位。

③电动机式振动器

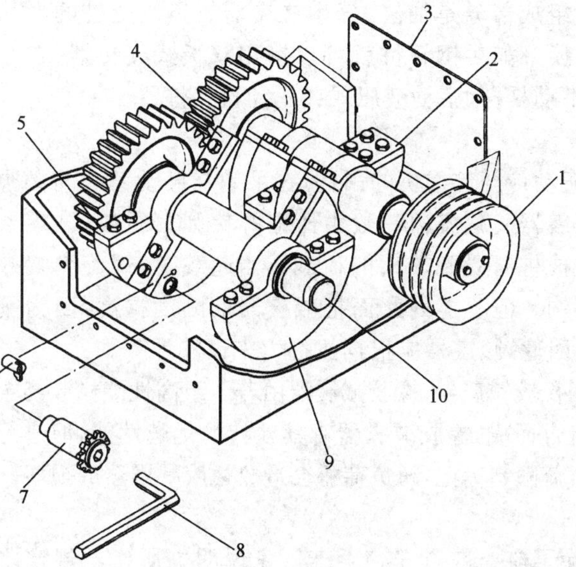

图 5.3-58　双轴振动器

1-电动传给振动箱的 V 带轮；2、5、9-固定偏心块；3-振动箱盖板；4-可调整活动偏心块；6-止动销；7-固定销轴；8-内六角扳手；10-偏心块传动轴

这是一种特制的电动机，在电动机两端的轴颈上安装偏心块。为了产生定向振动，电动机也是成对安装的，有一对、两对或三对的。电动机的同步旋转也是由同步齿轮来保证。电动机式振动器省去了许多传动轴和齿轮，缩小了结构尺寸，减小了启动力矩，构造较简单。缺点是激振力通过电动机的轴承传出，容易损坏电动机的轴承和擦伤电枢组组。

④单轴振动器

图 5.3-60 是单轴振动器的构造图。装有偏心块的电动机 1 通过销轴 2 铰接在底板上，整个电动机可以绕销轴摆动。在电动机的两侧用弹簧 3 将电动机拉住，弹簧的作用是在振动器工作时，吸收偏心块所产生的激振力在横向的分力；在振动器不工作时支持电动机，使之不致倾倒。单轴式振动器由于激振力较小，只用在小型振动锤上。

图 5.3-59　多轴振动器

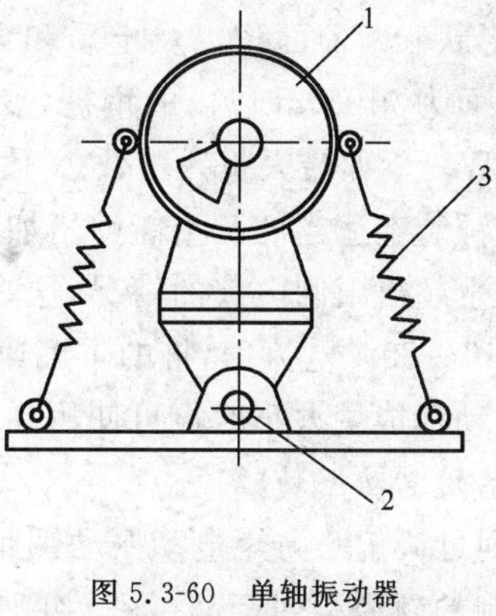

图 5.3-60　单轴振动器

1-电动机；2-销轴；3-弹簧

(3)夹桩器

振动器沉拔桩工作时必须与桩刚性连接，这样才能把振动沉拔桩桩锤所产生的激振力传给桩身。因此，振动式桩锤下部都设有夹桩器。夹桩器将桩夹紧，使桩与振动锤成为一体，一起发生共振。

大型振动桩锤全都采用液压夹桩器。液压夹桩器夹持力大，操作迅速，相对质量轻。图 5.3-61 是一种液压夹桩器，其主要组成部分是油缸、倍率杠夹器。当改变桩的形状时，夹钳应能做相应的变换。如对钢管桩就可以换用双板式夹持器，在小型振动沉拔桩锤上采用手动杠杆、手动液压式或气动式夹桩器。

(4)减震器

为了避免振动锤的振动传至起重机的吊钩，在吊钩与振动锤之间必须有一弹簧悬挂装置，即减震器。减震器一般由压缩螺旋弹簧组成，减震器在沉桩时受力较小，但在拔桩时受到较大的荷载。当超载时，螺旋弹簧被压密而失效，振动传至吊钩。但不能因此而把减震器的刚度提高，因为刚度越大，减震效果越差。因此，减震器应根据拔桩力来设计计算。

液压振动锤普遍采用橡胶减震器，橡胶减震器由若干组高性能橡胶与金属制作成一体的缓冲块组合而成，橡胶减震器有其独特的优越性能，但进行拔桩施工时要特别注意负荷限制标记，超负荷将会造成橡胶减震器的损坏。

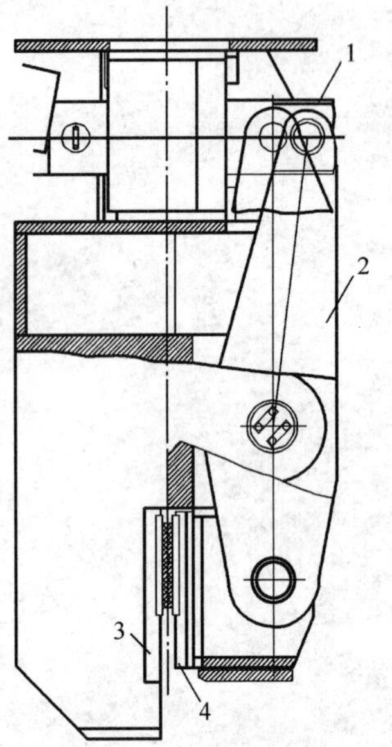

图 5.3-61 液压夹桩器

1-活塞杆；2-杠杆；3-固定压块；4-活动压块

3. 振动锤的使用

电动振动锤使用时除了应一般遵守各生产厂家说明书所作的规定之外，有以下几个要点应予以特别注意：

(1)根据工程施工需要可按说明书的指导调节偏心力矩，但一定要把固定偏心块的偏心力矩刻度线调节得完全相同，只要有一个不一样，就会导致运转中产生水平振动。

(2)由于振动锤电机功率较大故对电力传输过程中的电压降有较严的限制，在使用说明书中对电源离控制箱、控制箱离振动锤的距离以及相应的导线截面尺寸都有明确的规定，但电源离控制箱的距离不得超过 200m。如没有足够粗的电缆时可用两根同样截面的细电缆线并列使用，此时应将两根电缆线并排齐头切断，以免电流较多地流向短线一方。

(3)电源容量要足够大。如 DZ45 型振动锤电机功率为 45kW，在拔桩时电源功率外接电为 100kW、发电机为 150kW。

打桩时因振动加速度大，从而显著减少了桩和土壤间的摩擦力，使桩的贯入阻力近似于仅为桩的前端阻力了。振动锤的电力(功率)用于排除桩的贯入阻力，维持振动的能量即是打桩时所需的电源功率。如果主要取决于克服桩的端头阻力则它与地基的软硬程度、密实度、贯入击数 N 值有关。当然由于桩的形状和断面面积以及土质和含水量不同，电源容量也有所不同。电源功率大致的确定办法如下：对断面为 ϕ100cm 以内的钢桩，砂质土为其贯入击数 N 值×2kW，黏土质、淤泥质土为贯入击数 N 值×4kW。例如最大贯入击数 N 值为 30 的砂质地基上打桩所需的电源功率为 60kW。

(4)振动锤装上适当的配重能够增加对桩的打入力。当土质较硬时，无论怎样放慢振动锤的下降速率，还会发生超出限制电流的情况，这时应在主体下部装上配重块，以 DZ45 锤为例，每增加 1t 配重块就可减少 40～50A 电流值，桩的下沉速率也会变快。

(5)当振动锤能量太小时也可使用同步器装置使多锤并联同时施工。

4. DZJ 系列电动振动锤

DZJ 系列可调偏心力矩电动振动锤是建设部建筑机械综合研究所与浙江振中工程机械有限公司共同开发研制的新型系列产品，1998 年通过建设部部级鉴定，列为建设部科技成果推广项目。如图 5.3-62 的主要特点为：

(1)DZJ 系列振动锤的机构利用液压控制偏心力矩变换装置，使振动锤在启动、停机及运行过程中从零至设计最大值无级调节偏心力矩。

(2)振动锤在偏心力矩为“零”的状态下启动，改变了目前大量使用带偏心力矩启动而需配置大容量电源的苛刻要求，有效减少启动时电流对电网的冲击。

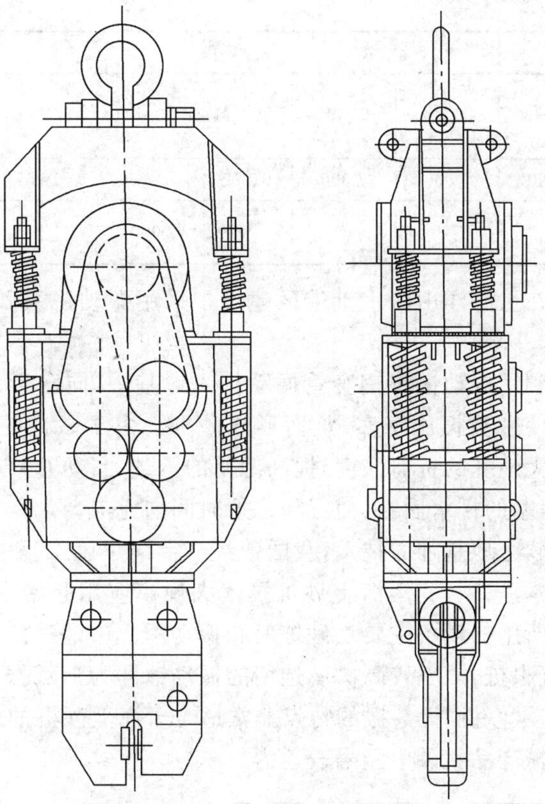

图 5.3-62　DZJ 电动振动锤

(3)由于在无偏心力矩状态下启动或停机，完全克服对桩架或起重机产生的共振，保证施工设备安全可靠使用。

(4)在沉拔桩过程中，可以通过改变振幅来适应土层和土质的变化，以达到良好的沉拔速度及效果。

(5)由于“零”偏心力矩启动，使桩位对中方便，正确，不发生偏移。有效节省了桩位对中的时间。

电动振动锤的使用中提到了很多注意点，DZJ 系列电动振动锤的上述特点使其比一般的电动振动锤在使用条件方面少了很多约束，使用更为方便。

DZJ 系列振动锤主要技术参数见表 5.3-32。

DZJ 系列振动锤主要技术参数表　　表 5.3-32

<table>
<tr><th rowspan="2">型号 / 参数 / 项目</th><th>小型</th><th colspan="5">中型</th><th colspan="3">大型</th></tr>
<tr><th>DZJ45</th><th>DZJ60</th><th>DZJ90</th><th colspan="2">DZJ135</th><th>DZJ90KS</th><th>DZJ180</th><th>DZJ200</th><th>DZJ240</th></tr>
<tr><td>电机功率(kW)</td><td>45</td><td>60</td><td>90</td><td colspan="2">135</td><td>45×2</td><td>180</td><td>200</td><td>240</td></tr>
<tr><td>静偏心力矩(N·m)</td><td>0～206</td><td>0～353</td><td>0～403</td><td colspan="2">0～754</td><td>0～700</td><td>0～2 940</td><td>0～2 940</td><td>0～3 528</td></tr>
<tr><td>激振力(kN)</td><td>0～338</td><td>0～477</td><td>0～546</td><td colspan="2">0～843</td><td>0～815</td><td>0～1 029</td><td>0～1 430</td><td>0～1 822</td></tr>
<tr><td>转速(rad/min)</td><td>1 200</td><td>1 100</td><td>1 100</td><td colspan="2">1 000</td><td>1 020</td><td>560</td><td>660</td><td>680</td></tr>
<tr><td>空载振幅(mm)</td><td>0～6.2</td><td>0～7.0</td><td>0～6.6</td><td>0～8.5</td><td>0～7.45</td><td>0～8.2</td><td>0～17.4</td><td>0～16.7</td><td>0～12.2</td></tr>
<tr><td>允许拔桩力(kN)</td><td>180</td><td>215</td><td>254</td><td colspan="2">392</td><td>300</td><td>588</td><td>588</td><td>686</td></tr>
<tr><td>允许加压力(kN)</td><td></td><td></td><td></td><td colspan="2"></td><td>120</td><td></td><td></td><td></td></tr>
<tr><td>振动质量(kg)</td><td>3 960</td><td>5 100</td><td>6 400</td><td colspan="2">9 060</td><td>8 715</td><td>13 900</td><td>13 900</td><td>17 390</td></tr>
</table>

续上表

型号 参数 项目	小型	中型					大型		
	DZJ45	DZJ60	DZJ90	DZJ135		DZJ90KS	DZJ180	DZJ200	DZJ240
质量(kg)	4 100	5 800	7 300	10 720	12 000	10 577	19 350	20 000	29 500
钢管夹头可变幅度(标准)(mm)				ϕ700～ϕ2 000			ϕ700～1 200	ϕ700～ϕ1 800	ϕ700～ϕ2 000

中港第三航务工程局在上海洋山深水港港区建设中采用振动挤密砂桩工艺加固地基，取得了良好的经济和社会效益。

所谓振动挤密砂桩是利用振动锤将钢套管振动打入地基中，向套管内灌入砂。通过套管的反复起拔和下压，并施以振动，使砂被振压密实，从而形成砂桩。由于砂桩的置入，挤密了周围的软弱土壤，两者组成复合地基，增大地基的抗剪强度、提高地基的承载力，防止产生滑动破坏。而且由于砂桩的排水效应，可有效加速地基的排水固结，使沉降在短时间内完成。

振动挤密砂桩是一种软土地基加固技术，我国曾经在宝钢建设工程中大规模应用过该技术，当时所用的振动锤大部分从日本进口。我国海上砂桩技术大规模应用起始于 2005 年的上海洋山深水港工程项目。海上砂桩施工所用的设备主要是砂桩船和振动锤。中港三航局的砂桩船一般为三管或五管，可以同时施工三根或五根桩，效率较高。所选用的振动锤即为浙江振中工程机械有限公司生产的 DZJ 型振动锤。其零启动、零停机、无共振的特点非常适合于海上砂桩的施工。

电动振动锤在国内机械产品目录中型号表达为：

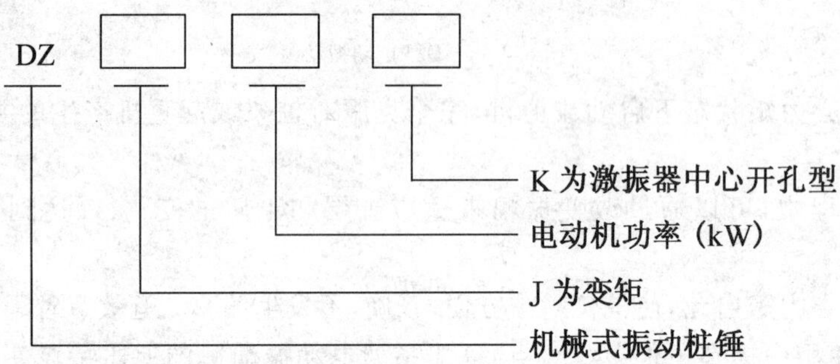

5. 高频液压振动锤

高频液压振动锤是一种发展于 20 世纪 80 年代，成熟于 90 年代的新型液压桩工机械。它依靠柴油机提供动力，采用高频振动(振动频率一般为 2 300～2 500 次/min 参考表 5.3-34；超高频约达 6 000rad/min)，实现沉桩和拔桩作业。它分为常规型、高频型和无共振型三大系列，可根据地质情况和工程需要选用不同系列的振动锤。不同激振力的高频液压振动锤作为施工机械，穿透卵石层、砂层、建筑垃圾等地质层的能力很强，除了不能入岩，其他地质条件也能适应。与其他桩工机械相比有以下特点：

(1)环保型桩工机械。施工时振感小、噪声低、不扰民；如果配置降噪动力箱，非常适合市区、人群集中、对周围环境有严格限制的区域施工。

(2)高效的桩工机械。一般来说，其施工效率是普通桩工机械的 10 倍，振动沉桩速度一般在 4～7m/min，在非淤泥地质中最快可达 12m/min。

(3)自重轻，便于施工转场。

(4)多功能的桩工机械。它不仅能沉拔混凝土预制管桩(PHC 桩)、各类型钢板桩和钢护筒，还可作振动沉管灌注桩、薄壁防渗墙，地表压实和深层压实工程的施工。

国产电动振动锤性能见表 5.3-33；国外液压振动锤主要参数见表 5.3-34。

国产电动振动锤一览表

表 5.3-33

型　号	电动机功率 (kW)	偏心力矩 (N·m)	激振力 (kN)	偏心轴转数 (rad/min)	空载振幅 (mm)	允许加压力 (kN)	允许拔桩力 (kN)	外形尺寸 (长×宽×高)(m)	质　量 (t)	生　产　厂
DZ4	4	16.9	22.5	1 100	3.9	15	15	1.01×0.76×0.5	0.4	江苏省东台市机械厂
DZ11	11	50	74	1 150	5.0	60	60	0.72×1.3×1.53	1.63	浙江省瑞安市建筑机械厂
DZ11(DZ5)	11	80	50	750	5.0	60	60	1.02×0.7×1.3	0.72	江阴振冲器厂
DZ22(DZ20Y)	22	140	140	950	8.0	80	120	1.02×1.30×1.76	2.55	浙江省瑞安市建筑机械厂
DZ22(DZ15)	22	136	150	970	7.0	80	120	1.10×1.07×1.55	2.1	江阴振冲器厂
DZ30(DZ30Y)	30	154	120	908	11	100	367	1.36×0.91×1.77	2.4	桂林市建工机械厂
DZ30	30	150	185	1 050	7.5	80	120	1.05×1.35×1.84	2.92	浙江省瑞安市建筑机械厂
	30	129	225	1 250	602		118	1.82×1.19×0.76	2.28	上海工程机械厂
	30	180	160	900	8.7	80	120	1.36×1.05×1.84	2.9	浙江省瑞安市建宏工程机械厂
	30	205	186	930	7.2	98	118	1.28×1.34×1.90	2.9	四川省乐山市高频焊管厂
DZ30J	30	194	208	980	10	100	140	1.20×0.99×2.54	3.8	浙江省瑞安市振中工程机械厂
DZ37	37	245	228	930	7.8	118	127	1.30×1.40×2.00	3.2	四川省乐山市高频焊管厂
DZ37(DZ40)	37	180	260	1 150	7.5	120	120	1.09×1.45×1.98	3.38	江苏省东台市机械厂
DZJ37	37	0～318	0～256	850	0～11.3	80	100	1.27×1.09×1.93	3.4	桂林市建工机械厂
	37	0～278	0～252	920	0～10	90	120	1.47×1.15×1.94	3.66	浙江省瑞安市建筑机械厂
DZJ37(DZ37J)	37	0～300	0～271	900	0～13	100	120	1.42×1.08×1.90	3.35	江阴振冲器厂
DZJ37(DZF40Y)	37	0～318	0～256	850	13.5		100	1.32×1.15×1.99	3.4	兰州建筑通用机械总厂
DZJ37(DZJ40)	37	0～300	0～271	900	13	80	100	1.28×1.10×1.92	3.3	江苏省东台市机械厂
DZ37KA	37	320/240/160	142/178/221	629/814/1 110	9/6.7/4.5	100	160	1.45×1.33×1.65	3.65	湖南省桩机制造厂
DZ37KB	37	321/241/161	139/175/217	629/814/1 110	8.2/6.1/4.1	100	160	1.41×1.39×1.47	4.0	湖南省桩机制造厂

续上表

型　号	电动机功率 (kW)	偏心力矩 (N·m)	激振力 (kN)	偏心轴转数 (rad/min)	空载振幅 (mm)	允许加压力 (kN)	允许拔桩力 (kN)	外形尺寸 (长×宽×高)(m)	质　量 (t)	生　产　厂
DZ40	40	250	260	900	9.1	120	120	1.45×1.09×1.98	3.3	浙江省瑞安市建宏工程机械厂
	40	250/180	230/260	900/1 150	10.4/7.5	120	120	1.09×1.45×1.98	3.38	浙江省瑞安市建筑机械厂
DZ45	45	206/294	342/402	1 100	6.9/5.2		147	1.95×1.18×1.06	3.06	上海工程机械厂
	45	196	290	1 150	9.0	120	150	1.50×1.12×1.96	3.1	浙江省瑞安市建筑机械厂
	45	300	284	930	8.4	147	157	1.30×1.50×2.10	3.5	四川省乐山市高频焊管厂
	45	363	240	810	8	120	120	1.55×1.30×1.95	4.0	建设部长沙建设机械研究院 中联建设机械产业公司
DZ45 (VM2-2500)	45	190/230/250	281/340/370	1 150	5.9/7.1/7.7		200	1.31×1.18×2.12	3.46	兰州建筑通用机械总厂
DZ45A	45	245	363	1150	8.9	98	157	1.31×1.18×2.37	3.83	兰州建筑通用机械总厂
	45	245	363	1 150	8.9	100	160	1.31×1.20×2.34	3.88	浙江省瑞安市振中工程机械厂
DZ45B	45	263	260	800	13.7	98	157	1.38×1.22×2.36	3.93	兰州建筑通用机械总厂
DZ45KS	22×2	242	270	1 000	8.5	160	160	2.10×1.14×2.07	4.29	浙江省瑞安市振中工程机械厂
	22×2	225	263	1 000	9.4	80	120	1.90×1.14×1.69	3.94	江苏省东台市机械厂
	22×2	200	270	1 100	8.2	100	130	1.90×1.24×1.75	3.7	浙江省瑞安市建宏工程机械厂
	22×2	225	262	1 000	13	80	120	1.90×1.05×1.66	3.85	桂林市建工机械厂
	22×2	200	271	1 100	8.1	100	130	1.90×1.24×1.75	3.69	浙江省瑞安市建筑机械厂
	22×2	225	263	1 000	8.3	80	120	1.66×1.07×1.67	4.0	四川省乐山市高频焊管厂
DZ45KA	22×2	230/200	280/210	1 100	7.1/10.1	120	160	1.90×1.06×1.66	3.5	湖南省邵阳市建设工程机械厂
		389/292/194	172/216/267	629/814/1 100	10.4/7.8/5.3	100	160	1.45×1.33×1.64	3.8	湖南省桩机制造厂
DZ45KB	45	397/298/199	172/216/267	629/814/1 100	9.9/7.4/4.9	100	160	1.41×1.39×1.47	4.1	湖南省桩机制造厂

续上表

型　号	电动机功率(kW)	偏心力矩(N·m)	激振力(kN)	偏心轴转数(rad/min)	空载振幅(mm)	允许加压力(kN)	允许拔桩力(kN)	外形尺寸(长×宽×高)(m)	质量(t)	生产厂
DZ55(DZ60)	55	300	350	900	9.5	150	200	1.58×1.24×2.14	4.84	浙江省瑞安市建宏工程机械厂
DZ55	55	310	280	900	9.5	120	150	1.24×1.58×1.98	4.8	浙江省瑞安市建筑机械厂
	55	437	255	718	11	176	196	1.45×1.90×2.30	6.0	四川省乐山市高频焊管厂
DZ55(DZ60)	55	300/230	276/345	900/1 150	9.5/7.2	120	150	1.24×1.58×2.14	4.84	浙江省瑞安市建筑机械厂
	55	230	345	1 150	7.2	120	150	1.24×1.58×2.14	4.84	江苏省东台市机械厂
DZ55KB	55	477/358/239	211/266/328	629/814/1 100	10/7.5/5.0	118	160	1.55×1.39×1.67	4.89	湖南省桩机制造厂
DZ60 (VM2 4000)	60	300/360	405/486	1 100	7.8/9.4		250	1.37×1.28×2.35	4.49	兰州建筑通用机械总厂
DZ60	60	363	300	810	10	160	180	2.00×1.24×1.85	5.0	建设部长沙建设机械研究院 中联建设机械产业公司
DZ60A	60	360	486	1 100	9.8	100	200	1.37×1.28×2.51	4.94	兰州建筑通用机械总厂
	60	360	419	1 020	9.8	100	200	1.37×1.25×2.62	5.06	浙江省瑞安市振中工程机械厂
DZ60B	60	490	353	800	13	98	196	1.45×1.31×2.56	5.26	兰州建筑通用机械总厂
DZ60C	60	588	295	670	15.2	96	196	1.58×1.23×2.55	5.45	兰州建筑通用机械总厂
DZJ60	60	0～500	0～453	900	0～12	100	200	1.50×1.25×2.10	5.1	浙江省瑞安市建筑机械厂
DZ60KS	30×2	352	435	1 050	9.2	113	154	2.16×1.05×2.11	5.4	兰州建筑通用机械总厂
	30×2	305	320	960	8.8	120	140	2.11×1.21×1.79	4.83	江苏省东台市机械厂
	30×2	270	360	1 100	7.6	120	200	2.05×1.26×1.85	4.5	浙江省瑞安市建宏工程机械厂
	30×2	359/270	265/360	830/1 113	11/8	160	180	2.80×1.21×1.76	5.3	桂林市建工机械厂
	30×2	270	360	1 100	7.6	120	200	2.05×1.25×1.85	4.5	浙江省瑞安市建筑机械厂
	30×2	332/295	270/310	862/980	10/9	160	180	2.28×1.76×1.21	5.1	中国人民解放军第 6409 工厂
	30×2	359/270	270/360	830/1 100	12/9	120	160	1.23×2.10×1.90	4.6	四川省乐山市高频焊管厂

续上表

型　号	电动机功率(kW)	偏心力矩(N·m)	激振力(kN)	偏心轴转数(rad/min)	空载振幅(mm)	允许加压力(kN)	允许拔桩力(kN)	外形尺寸(长×宽×高)(m)	质量(t)	生产厂
DZ60KSA	30×2	370	460	1 050	10	200	200	2.10×1.28×1.90	5.47	浙江省瑞安市振中工程机械厂
DZ75	75	350	420	900	9.5	150	250	1.66×1.28×2.24	5.8	浙江省瑞安市建宏工程机械厂
DZJ75	75	0～655	0～593	900	11	146	235	1.74×1.39×2.30	7.77	兰州建筑通用机械总厂
VX80	75	220/360	199～553	900～1 500	3.4～5.5			1.55×1.25×2.55	7.4	兰州建筑通用机械总厂
DZ75KS	37×2	350	470	1 100	7.4	120	200	2.20×1.29×1.99	5.2	浙江省瑞安市建宏工程机械厂
	37×2	340	460	1 100	9.0	140	220	2.09×1.35×1.95	4.7	浙江省瑞安市建筑机械厂
	37×2	370	414	1 000	10.9	120	200	2.10×1.25×1.90	4.9	浙江省瑞安市振中工程机械厂
DZ90	90	400	540	1 100	7.1	180	250	1.36×1.78×2.35	5.61	浙江省瑞安市建筑机械厂
	90	392/490	529/666	1 100	6.9/8.6		255	2.41×1.52×1.19	5.6	上海工程机械厂
DZ90 (VM2～5000)	90	300/400/500	405/541/677	1 100	5.4/7.2/9.0		300	1.52×1.37×2.69	5.86	兰州建筑通用机械总厂
DZ90A	90	460	570	1 050	10.3	120	240	1.53×1.37×2.65	6.16	兰州建筑通用机械总厂
	90	460	570	1 050	10.3	120	240	1.53×1.28×2.65	6.15	浙江省瑞安市振中工程机械厂
DZ90KS	45×2	510	570	1 000	9.7	120	240	2.38×1.41×2.05	7.18	浙江省瑞安市振中工程机械厂
	45×2	400	500	1 050	9.3	180	250	2.16×1.45×1.95	4.95	浙江省瑞安市建筑机械厂
	45×2	460	535	1 020	9	150	250	2.40×1.31×2.07	6.1	浙江省瑞安市建宏工程机械厂
DZ110KS	55×2	530	616	1 020	11	140	240	2.38×1.41×2.05	6.5	浙江省瑞安市振中工程机械厂
	55×2	510	593	1 020	10	120	240	2.39×1.41×2.06	6.5	江苏省东台市机械厂
DZ120 (VM2～7000)	120	600/710	644/763	980	8.6/10.1		350	1.72×1.13×2.80	6.9	兰州建筑通用机械总厂
DZ120A	120	680	775	1 000	11.6	100	350	1.72×1.54×2.92	8.18	兰州建筑通用机械总厂
DZ150 (VM4～10000)	150	600/800/1 000	812/1 082/1 354	1 100	8.0/10.6		50	1.37×1.32×6.6	9.34	兰州建筑通用机械总厂
LHV～07L			50～135	1 100～1 180				1.07×0.78×1.18	1.1	兰州建筑通用机械总厂

表 5.3-34

国外液压振动锤主要参数表

厂　家	型　号	偏心力矩 (N·m)	激振力 (kN)	频　率 (次/min)	最大拔桩力 (kN)	整机质量 (kg)	振动质量 (kg)	最小宽度 (mm)	长　度 (mm)	高度(带夹具) (mm)	动力柜型号
美国 APE	3	3.5	27	0～3 000	4[illegible]	293	200	180	440	910	14
	6	7	68	0～3 000	4[illegible]	347	250	180	630	910	14
	50	150	445	0～1 650	534	2 220	1 542	355	1 320	1 910	260
	100	250	783	400～1 670	534	2 867	2 041	355	2 230	2 438	260
	150	250	1 067	0～1 800	711	3 970	2 722	355	2 230	2 438	350
	150T	300	1 067	400～1 800	711	4 060	2 812	355	2 230	2 438	445
	200	500	1 797	0～1 650	1 335	6 577	4 025	355	2 560	2 992	575
	200T	600	2 126	0～1 800	1 335	6 668	4 116	355	2 560	2 692	575
	300	750	1 841	0～1 500	1 335	7 939	5 602	355	2 794	2 692	630
	400	1 500	3 203	400～1 400	2 224	16 670	9 992	660	3 050	2 440	1 000
	600	2 300	4 830	400～1 400	2 224	20 071	13 633	914	4 318	2 440	1 000
ICE	23～28	2.6		1 600	116		653	270	660	1 270	28
	23～80	2.6		2 250	116		653	270	660	1 270	80
	216	12.7		1 600	356		1 919	300	1 270	1 750	175
	216E	12.7		1 600	267		1 646	300	1 400	1 600	
	223	12.7		2 300	356		2 087	320	1 240	1 760	325
	416L	25.3		1 600	356		3 357	360	2 410	1 780	325
	423	25.3		2 300	356		3 651	320	2 410	1 770	570
	44～30	50.7		1 200	712		5 489	360	2 460	2 110	325
	44～50	50.7		1 600	712		5 489	360	2 460	2 110	570
	44～65	50.7		1 650	712		5 489	360	2 460	2 110	650
	66～65	76.0		1 300	712		6 917	360	2 460	2 530	650
	66～80	76.0		1 600	712		6 917	360	2 460	2 530	950
	1412B	115.2		1 250	1 335		11 680	810	2 410	3 810	950
	V360	130.0	3 203	1 500	2 000		11 798	815	3 810	3 380	1 100

工程实例：

［**实例1**］ 2003年中港二航局引进两台美国320t级高频液压振动锤，用于我国苏通大桥桥墩钢护筒施工，钢护筒直径ϕ2.8m，全长70m。由两台高频液压振动锤并联施工，现桥墩工程已竣工。

［**实例2**］ 2005年在温州进行透空式防波堤施工，引进美国高频大激振力液压振动锤进行筒桩施工作业，（筒桩直径ϕ1.5m，桩长33m）。原计划设计为灌注桩，后变更为筒桩作业，节省了较大的投资。

四、液　压　锤

1.液压锤的主要构造和原理

(1)液压锤的主要构造

液压打桩锤由液压系统、冲击块、控制箱、桩帽、壳体及导向板组成，如图5.3-63所示。

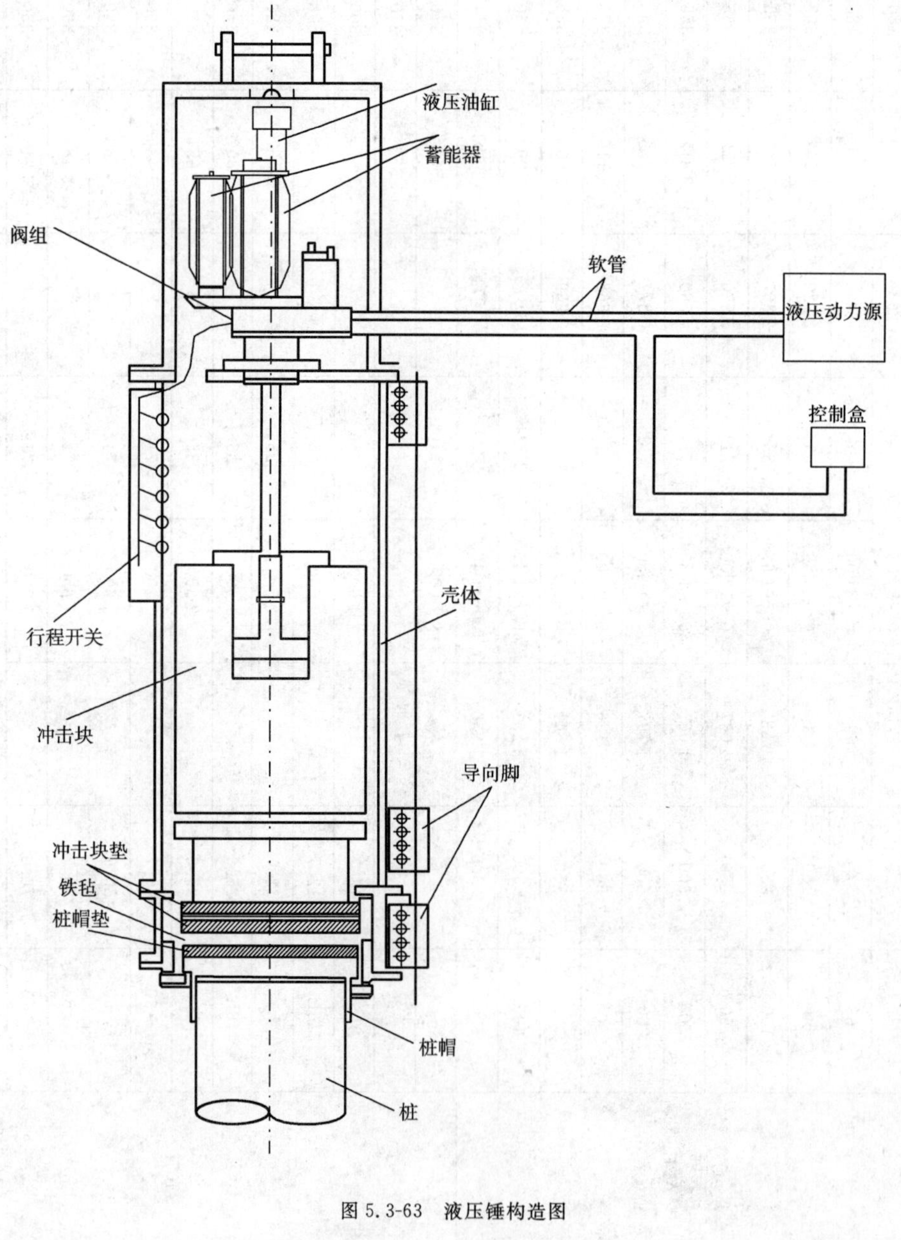

图5.3-63　液压锤构造图

①液压系统

液压系统是液压锤的重要系统，主要由液压油缸、蓄能器、控制阀等组成。

②冲击块

冲击块的功能类似柴油锤中的活塞，但由于冲击块不存在对油的雾化等问题，所以结构简单，加工精度要求不高，一般用铸钢件加工而成。冲击块根据不同桩长的需要，可以在一个锤体上，使用几种质量级的冲击块。

③壳体

壳体对冲击块起着导向作用。同时在壳体中可进行锤体的整体起升，不需另配起落架。在壳体框架上可装置四块导向板，与桩架的导向轨道相配。

④控制阀组

冲击体上部装有阀组，通过液压阀可以调节缸体内液压油压力，也可调节氮气的压力，氮气压力愈高，冲击块撞击的作用力愈大、氮气施压的时间也愈长。因此，液压锤可以根据沉桩阻力的大小，方便地调整沉桩力。

(2)液压锤的工作原理

液压锤是以压力油为动力的冲击式打桩锤。按其结构和工作原理可分为单作用式和双作用式两种。单作用式是通过液压油把冲击块提升到一定的高度后快速释放，冲击体以自由落体运动的方式冲击桩头。双作用式按照作用的介质又分为油压作用式和气压作用式两种，油压作用式液压锤是冲击块通过液压油提升到一定的高度后，由液压系统控制，液压油改变方向，推动冲击块以更高的加速度冲击桩头；这时冲击能除冲击块的重力外，还有压力油的强大推力；气压作用式液压锤，其冲击块通过液压油提升的同时，压缩顶部氮气，当冲击块下落时，压缩的气体也同时施压于油缸活塞顶部，使冲击块以更高的加速度冲击桩头。因此，双作用式液压锤的冲击能量要比单作用式液压锤的冲击能大、打桩工作效率更高。其工作原理如图 5.3-64 所示。

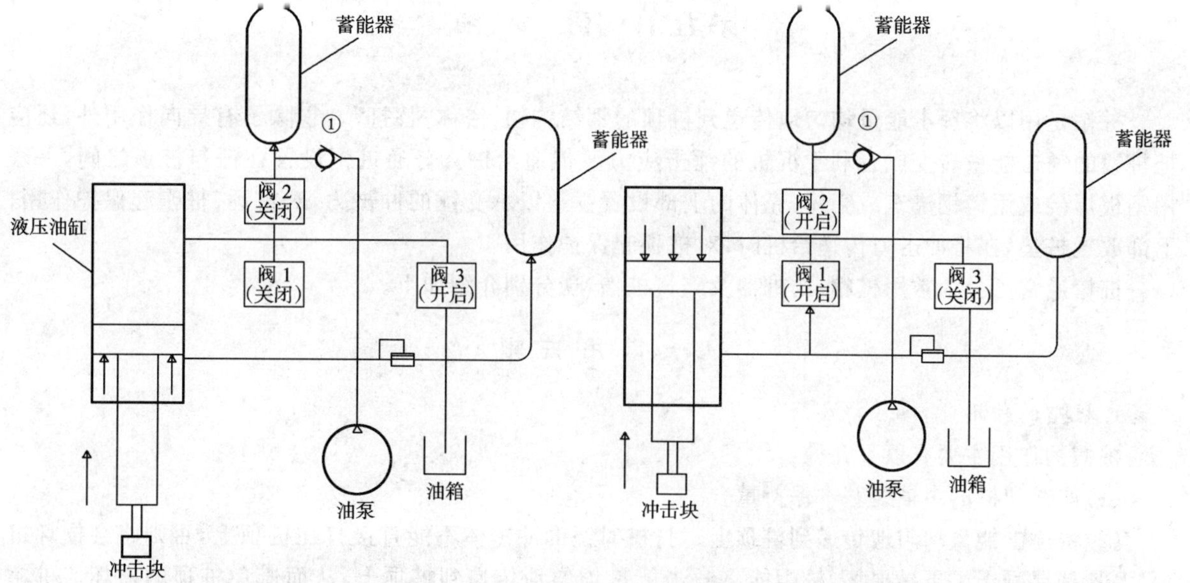

图 5.3-64　液压锤工作原理图

双作用液压锤工作过程如下：

①冲击块提升

a. 阀 1 和阀 2 关闭，阀 3 打开。

b. 来自油泵的压力油进入油缸的下部，油缸上部的液压油回到油箱，活塞受压力油的推动，通过活塞杆将冲击块向上提升。

c.与此同时，多余的压力油进入蓄能器储存起来。

②冲击块下降工况

a.阀1和阀2打开，阀3关闭。

b.来自泵的压力油和油缸下部的油通过阀1进入油缸的上部。

c.与此同时，被蓄能器内的高压氮气压出的液压油也通过阀2进入油缸的上部，而使活塞杆急剧加速向下运动，使冲击块以大于自由落体加速度的能量打击桩头。

③重复上述上升、下降工况组成的循环，沉桩至设计高程，完成液压锤沉桩作业。

(3)液压锤的控制

液压锤能量能够在5%～100%的范围内实施无级或有级调节。通过锤体上的传感器，可以测量以下数据：

①冲击块的速度

②提升的高度

③桩的贯入度

④锤击次数

⑤每次打击能量

⑥液压油的流量

液压锤还具备控制系统的故障自诊断功能和限位功能，控制方式可实现无线遥控，也可实现远距离数据传输。

2.液压锤的主要性能参数

现把国外部分厂家生产的液压锤的型号、规格和技术性能汇总见表5.3-35～表5.3-37如下：

第五节 桩 帽

桩帽是用以将锤击能量均匀地传递到桩顶的钢结构物，俗称“替打”。它除了有导向作用外，还应把桩锤的锤击能量转变成有利于沉桩的锤击应力波传递给桩。普通桩帽设置在锤与桩顶之间，一般用钢板焊接或用铸钢浇筑成壳体，壳体的上部设置锤垫以承受锤的冲击力，对桩锤、桩帽起保护作用；下部放置桩垫，在将冲击力传递给桩时，对桩顶起保护作用。

桩帽通常可分为常用桩帽、送桩器及碟簧桩帽，现分别介绍如下。

一、常用桩帽

1.桩帽的作用

桩帽的作用主要有以下几种：

(1)使锤和桩的中轴线基本保持重合。

(2)将锤击能量均匀地传递到桩顶上。打桩时锤的冲击体不能直接打在桩顶上，否则将会损坏桩顶，尤其是混凝土桩更易损坏，桩帽能将锤击能量均匀地传递到桩顶上，从而避免桩顶的损坏。桩帽内使用不同材质的锤垫和桩垫能更有效地保护桩捶和桩的桩顶。

(3)可使同一型号的锤适用于不同规格的沉桩作业，只要能量合适。锤的冲击体尺寸是固定的，但各种桩的断面形状和尺寸各不相同，需要通过桩帽才能进行作业。桩帽可以根据需要设计制作。

(4)使桩能沉到预定的高程。在特定的情况下，锤已不能再向下运动了，而桩顶高程还未达到，此时，可以使用加长的桩帽(即送桩桩帽)将桩打到地下或水下预定的高程。

英国 BSP 液压锤系列主要技术性能表

表 5.3-35

液压锤规格	双作用液压锤		LD 系列		HH357-9 系列				HH579-11 系列				HH1146-重型系列			HH20.25.30.35.40.40.45 超重系列					
液压锤尺寸	HH1.5 DA	HH5E	LD.5	LD.6	HH3S	HH5S	HH7S	HH9S	HH5 HD	HH7 HD	HH9 HD	HH11 HD	HH11	HH14	HH16	HH20	HH25	HH30	HH35	HH40	HH45
锤头质量(kg)	1 500	5 000	5 000	6 000	3 000	5 000	7 000	9 000	5 000	7 000	9 000	11 000	11 000	14 000	16 000	20 000	25 000	30 000	35 000	40 000	45 000
锤头冲程(可变)(mm)	×	200～1 200	200～1 200		200～1 200				200～1 200				200～1 520			200～1 200					
锤头等同冲程(可变)	0.15～0.600																				
全冲程性能																					
最大潜能(kN·m)	20	60	60	72	37	60	64	107	[illegible]	84	107	131	165	209	240	236	295	354	412	471	530
使用 BSP 液压站																					
锤击频率	80	33	42	40	46	42	40	32	[illegible]	34	33	30	33	31	30	36	43	43	40	37	33
液压油压力(MPa)	130	150	250	240	160	210	240	265	150	200	250	300	220	260	285	200	225	235	250	265	275
液压油流量(L/min)	170	195	180	200	152	180	190	190	1[illegible]5	195	195	190	385	375	370	800	900	1 000	950	1 000	1 000
锤击频率-最佳(blow/min)						42	40	32	[illegible]6	41	38	30									
质量																					
不带桩帽液压锤质量(kg)		7 250	7 100	8 900	5 250	7 250	9 250	11 250	7 [illegible]50	9 350	11 350	13 350	17 240	20 430	22 760	32 522	41 016	46 506	52 041	57 531	63 021
尺寸																					
基本液压锤总长度(mm)	3 720	5 747	4 450	4 690	5 200	5 747	6 317	6 317	5 [illegible]47	6 317	6 317	6 887	6 974	7 663	8 222	6 800	7 100	7 525	7 950	8 375	8 800
基本液压锤宽度(mm)	460	860	740	740	860	860	860	1 250	830	860	1 250	1 250	1 150	1 150	1 150	1 710	2 520	2 520	2 520	2 520	2 520
基本液压锤深度(mm)	1 094	1 000	1 110	1 110	1 000	1 000	1 000	1 000	1 000	1 000	1 000	1 000	1 200	1 200	1 200	1 840	2 520	2 520	2 520	2 520	2 520
拔桩作业	No	Yes	No	No	No	No	No	No	No	No	No	No	No	No	No	No	No	No	No	No	No

续上表

液压锤规格	双作用液压锤		LD 系列		HH357-9 系列				HH579-11 系列				HH1146-重型系列			HH20.25.30.35.40.40.45 超重系列					
拔桩力(kN) 600mm	—	120lonne	—	—	—	—	—	—	—	—	—	—	—	—	—	—	—	—	—	—	—
自由悬挂状态作业	Yes	No	No	No	Yes	Yes	Yes	Yes	Yes	Yes	Yes	No	Yes	Yes	Yes	Yes	Yes	Yes	Yes	Yes	Yes
导架作业	Yes	Yes	Yes	Yes	Yes	Yes	Yes	Yes	Yes	Yes	Yes	Yes	Yes	Yes	Yes	Yes	Yes	Yes	Yes	Yes	Yes
动力(kW)	53	102	102	102	102	102	102	102	102	102	102	102	217	217	217	300	340	400	400	460	460

日本、芬兰液压锤主要技术性能表

表 5.3-36

液压锤规格	NH40	NH70	NH100	NH150B	HK45	HK65	HHK-7A	HHK-9A	HHK-12A	HHK-14A	HHK-16A	HHK-18A
液压锤尺寸												
锤头质量(kg)	4 000	7 000	10 000	15 000	4 500	6 500	7 000	9 000	12 000	14 000	16 000	18 000
锤头冲程(可变)(mm)												
锤头等同冲程(可变)												
最大冲程(m)	1.52	1.28	1.44	1.60	1.20	1.80	1.20	1.20	1.20	1.20	1.20	1.50
全冲程性能												
最大潜能(kN·m)	60.80	89.60	144.00	240.00	54.00	117.00	84.00	108.00	144.00	168.00	192.00	265.00
使用液压站												
锤击频率(次/min)	28～80	25～70	20～56	20～52	22～60	18～60	40～100	40～100	40～100	40～100	40～100	40～100
液压油压力(MPa)	17.5	17.5	17.5	30			19	21	22	19	22	24.3
液压油流量(lit/min)	218	218	242	413			450	450	650	650	800	750
锤击频率-最佳(次/min)												
质量												
不带桩帽液压锤重(kg)	9 800	14 300	22 500	33 500	9 100	14 300	11 000	13 200	21 000	23 500	26 000	33 700
尺寸												
基本液压锤总长度(mm)	5 620	5 730	7 980	8 420			6 125	6 865	6 500	7 000	7 000	8 055
基本液压锤宽度(mm)	1 050	1 250	1 350	1 800			940	940	1 300	1 300	1 300	1 830
基本液压锤深度(mm)	1 510	1 720	2 070	1 900			890	890	1 182	1 182	1 182	1 830
拔桩作业												
拔桩力 600mm(kN)												

续上表

液压锤规格	NH40	NH70	NH100	NH150B	HK45	HK65	HHK-7A	HHK-9A	HHK-12A	HHK-14A	HHK-16A	HHK-18A
自由悬挂状态作业												
导架作业												
动力(kW)									160			
制造厂	日本车辆	日本车辆	日本车辆	日本车辆	日本神纲	日本神纲	芬兰	芬兰	芬兰	芬兰	芬兰	芬兰

荷兰液压锤主要技术性能表　　表 5.3-37

液压锤规格	SC-60	SC-110	SC-150	SC-200	S-200	S-280	S-400	S-500	S-800	S-1000
液压锤尺寸										
锤头质量(kg)	6 000	7 900	11 000	13 600	10 000	13 500	20 000	25 000	38 000	46 000
锤头冲程(可变)(mm)										
锤头等同冲程(可变)										
最大冲程(m)										
全冲程性能										
最大潜能(kN・m)	60.00	110.00	150.00	200.00	200.00	280.00	400.00	500.00	800.00	1 000.00
使用液压站										
锤击频率(次/min)	50	40	40	40						
液压油压力(MPa)			35							
液压油流量(lit/min)			350							
锤击频率-最佳(次/min)										
质量										
不带桩帽液压锤质(kg)	9 500	14 100	18 750	25 000	24 500	29 000	48 500	57 000	92 000	113 000
尺寸										
基本液压锤总长度(mm)	6 040	5 600	6 380	5 660	8 920	10 190	9 360	10 140	14 000	14 800
基本液压锤宽度(mm)	ϕ762	ϕ1 020	ϕ1 020	ϕ1 330	ϕ915	ϕ915	ϕ1 220	ϕ1 524	ϕ1 524	ϕ1 524
基本液压锤深度(mm)										
拔桩作业										
拔桩力 600mm(kN)										
自由悬挂状态作业										
导架作业										
动力(kW)			237	435	435	450	1 100			
制造厂	IHC	IHC	IHC	IHC	IHC	IHC	IHC	IHC	IHC	IHC

2. 桩帽设计要点

(1)桩帽本体应设有适当长度的跑道导向板，桩帽上部盆口与锤击体尺寸相匹配，桩帽下部导向体与所打桩的外形尺寸相匹配，并保持适当的间隙，以使锤和桩的中心线尽量重合。

(2)承受锤击力和直接传递锤击力至桩顶的桩帽钢板应有足够的厚度、结构要有足够的强度和刚度，避免桩帽受力变形损坏桩顶，并能保证桩帽有一定的使用寿命。

(3)桩帽制作时所有的焊缝都应有符合规范要求的坡口和焊缝高度。桩帽应经过退火处理以消除焊接应力。

(4)在施打入土较深的混凝土管桩时，管桩内腔存在空气(或者水和空气同时存在)，随着土塞泥芯的上升，管桩内的空气(或水和空气)被不断地压缩，产生"水锤"和"气锤"效应，由此会发生管桩的裂缝或爆裂的现象，为防止此类现象的发生，在设计桩帽时应在结构上留有释放气体和水的通道。

3. 桩帽常见的几种结构形式

(1)桩帽的分类

①按制造工艺分：

a. 钢结构桩帽(图 5.3-65 为钢结构筒式桩帽；图 5.3-66 为钢结构吊笼式桩帽)；

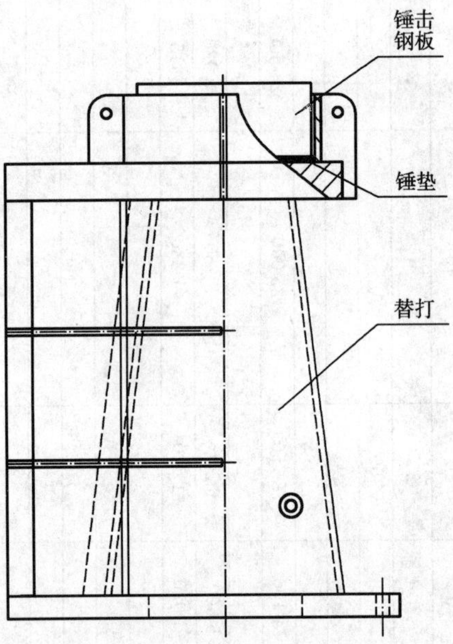

图 5.3-65 钢结构筒式桩帽

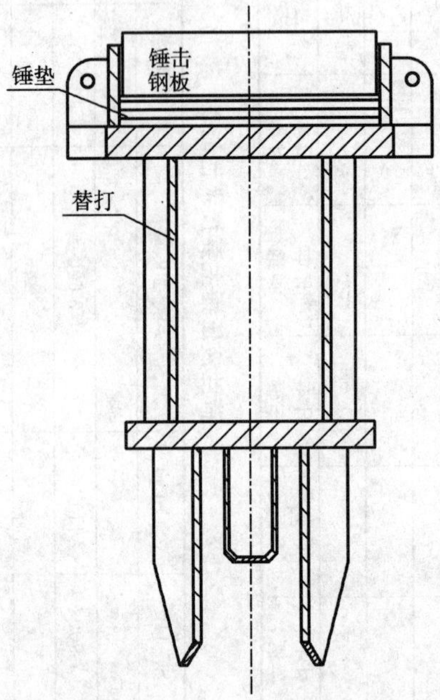

图 5.3-66 钢结构吊笼式桩帽

b. 铸造桩帽；

c. 锻造桩帽(图 5.3-67)。

②按使用功能分：

a. 常规桩帽；

b. 水冲桩桩帽(图 5.3-68)；

c. 送桩桩帽(图 5.3-69)；

d. 吊打桩桩帽。

(2)常用桩帽

最常用的是钢结构桩帽，主要有筒式、筋板式、套筒式三种结构形式。套筒式桩帽如图 5.3-70 所示。

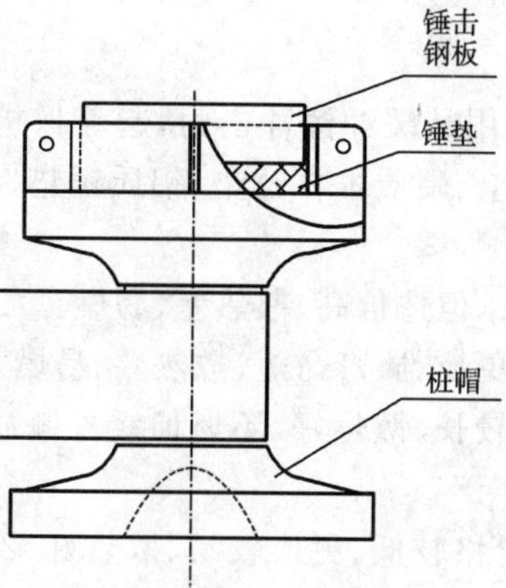

图 5.3-67　锻造桩帽

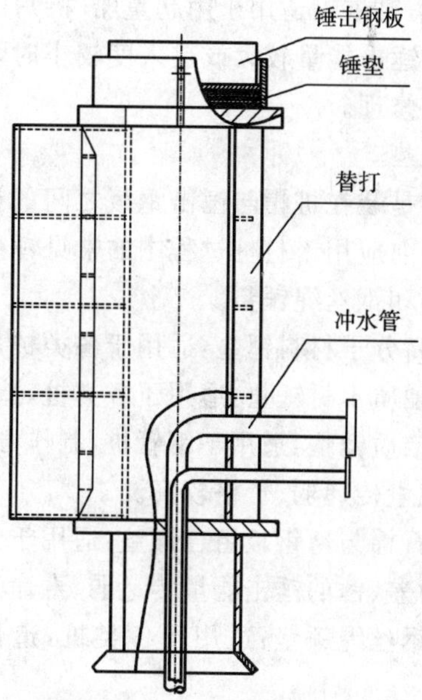

图 5.3-68　水冲桩桩帽

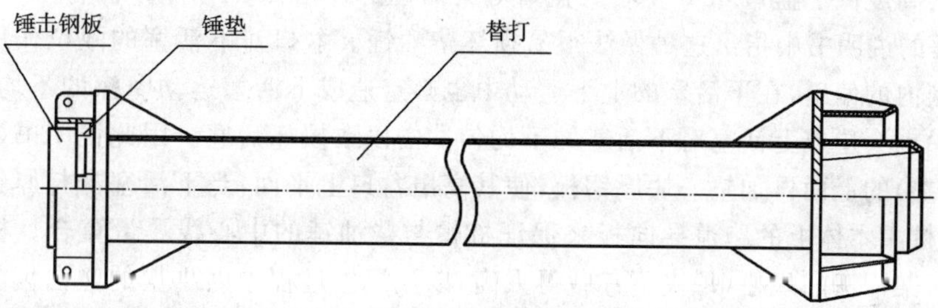

图 5.3-69　送桩桩帽

4.桩帽制作要求

(1)材料采用低碳、镇静钢。

(2)按要求开坡口，以便焊透。

(3)底面焊层用埋弧焊、气体保护焊等工艺。

(4)厚钢板焊接在气温低时要求预热至 70℃～100℃。

(5)控制焊接电流、控制热影响区。

(6)防止焊接咬边。

(7)钢结构桩帽、锻造桩帽、铸造桩帽都是经过热处理，以消除内应力。

5.桩帽的应用

(1)钢结构桩帽适用于各类型桩，制作周期短、便于制作，价格相对低。

(2)水冲桩桩帽适用于各种管桩，在砂性土中水冲沉桩。

(3)送桩桩帽适用于桩顶高程低于水面或地面的各类型桩沉桩作业。

(4)套筒式桩帽、锻造桩帽、铸造桩帽适用于钢桩和大管径混凝土管桩沉桩作业。

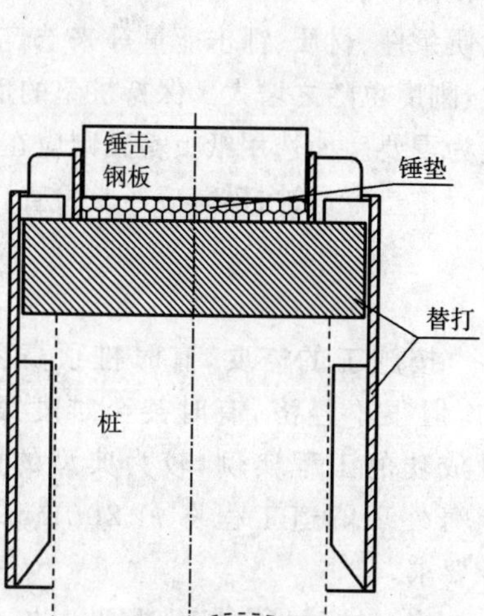

图 5.3-70　套筒式桩帽

(5)吊打桩帽适用于用起重船(机)打桩。

对于锤击能量较大或贯入度较小时,桩帽会经常损坏,特别是焊接桩帽。为此必须有备用桩帽,以便更换修理。

6. 锤垫

锤垫是装在桩帽与锤击钢板之间的被锤击材料,主要作用是缓冲锤冲击力,起着保护锤、桩帽的作用。目前应用于打桩过程中的常见锤垫有:高分子材料锤垫、硬质木材锤垫、铝质锤垫、石棉与薄钢板组锤垫和钢丝绳锤垫。

(1)高分子材料锤垫:适用于各类桩,更换方便、寿命较长,但造价高、散热差、易燃。

(2)硬质木材锤垫:适用于各类桩,造价低,制作方便,但更换难、寿命短、散热差、易燃。

(3)铝质锤垫:适用于钢管桩,制作方便、更换方便、寿命较长、散热好、不燃但缓冲锤冲击力差、锤的锤击能量传递弱、价格较高。

(4)石棉与薄钢板组合锤垫:适用于钢管桩,制作方便、价格较低、更换较易、散热好、不燃,但缓冲锤冲击力差、锤的锤击能量传递弱、寿命短。

(5)钢丝绳锤垫:适用于各类桩,造价较低,制作方便、便于增添、寿命较长、散热好、不燃,但更换难。

锤的冲击体不直接击打桩帽顶部的厚钢板,传统的做法是在桩帽上盆口内放置厚的硬木块(锤垫)以利缓冲,其高度低于盆口 5cm 左右。盆口对柴油锤的冲击体(下活塞)也有一个限位作用,但德国 DELMAG 锤的说明书中指出这种做法很易损坏柴油锤。盆口对下活塞的限位作用必定会造成下活塞在间隙范围内的偏斜,在下活塞的上下运动中也必定造成下活塞运动摩擦的不均匀磨损,在柴油锤的爆燃过程中也会造成上活塞对下活塞的不均匀冲击以致损坏活塞。因此说明书建议在桩帽上盆口内缓冲物(锤垫)的上面再加垫一块厚钢板,使其高出盆口上平面,当下活塞击打厚钢板时不受盆口侧向的约束,由桩帽本体上的跑道导向板来保证桩帽与柴油锤的中心线尽量重合。桩帽的跑道导向板的尺寸可参照柴油锤的规格,每块不宜做得太高,以免沉桩过程中因少量的竖向偏斜而损坏跑道和跑道导向板。

7. 桩垫

对混凝土桩来说,桩帽的下盆口与桩顶接触的部位必须放置桩垫,以免桩帽的锤击力直接传递给桩顶而将混凝土桩顶打坏。材料一般为纸板箱砥、松木(横纹)、层合板、白棕绳等。桩垫厚度应根据地质条件、材质、锤击能量等来选定。经多次锤击后,桩垫会因压缩而厚度减小,使其密度和硬度增大,刚度也随之增大。保持桩垫的适当刚度可以控制桩身锤击应力,提高锤击效率,尤其对混凝土桩更为重要。如选用纸板箱砥则应在 20cm 左右且应做到一桩一垫。

桩垫容易被打坏,应经常检查,及时更换。

二、送 桩 器

按施工的需要,有时桩顶高程在泥面或水面以下一定的深度,如用截桩的办法虽能达到目的,但很不经济,有时甚至难度很大。使用送桩器在大部分情况下能满足施工的要求,已有大量成功的工程实例,较为典型的如:上海金茂大厦将 ϕ914mm 的钢管桩送到泥面以下 17.5m,上海外环隧道工程将 ϕ1 200mm 的钢管桩送到水面以下 28m,而且桩位与垂直度完全符合设计要求。

当沉桩到一定高程时(此时桩在泥面上的长度只要略比送桩器的导向体长度大些,在水面上只要能安上送桩器即可,桩在泥面上的自由端越短越稳定)使用送桩器将桩打到设计高程。使用时送桩器下端套在或插在桩顶上,上端替代桩顶承受锤击力。打混凝土方桩或管桩时,送桩器的导向体采用套在桩顶上的形式,打钢管桩送桩较深时,导向体经常采用插入桩顶的形式。导向体应有足够的长度,导向体与桩身的配合间隙不宜过大，根据最大间隙和送桩器的长度，可以计算出送桩器可能的最大倾斜度，施打过程中送桩器如在过大的倾斜状态下送桩，最终会造成桩顶较大的偏位甚至打坏桩顶。

送桩器的设计应注意有足够的强度和刚度，因为送桩时贯入度一般都较小，施打难度增加，没有足够的强度送桩器极易损坏，没有足够的刚度会额外消耗锤击能量或造成送桩器局部失稳。还会造成桩顶损坏，影响沉桩质量。

在施打管桩时土会被挤入管桩内形成土塞，随土的物理指标不同，土塞在管桩内上升的高度也不同。

当送桩较深时土塞对施打桩影响很大，套扣在桩顶的送桩器导向体与桩身的间隙此时已被土挤满，随着土塞的升高管桩内的空气（或空气与水）被不断压缩，锤击时就会出现水锤或气锤现象，造成混凝土管桩爆裂。为避免这种现象，用于混凝土管桩较深送桩的送桩器设计时要留有释放空气、水和泥的通道。

当钢管桩送桩很深时，情况又有不同。送桩后桩顶高程可能低于土塞的顶面高程，送桩器如不能很好地排泥，将使打桩变得十分困难甚至不能进行。此时送桩器设计要考虑到有畅通的排泥通道，使用插入式导向体的送桩器能较好地解决这个问题。插入式导向体的送桩器不是利用下端的厚钢板击桩，而是利用送桩器本体厚壁钢管的下端面击桩，导向体内的空间可以全部用于排泥，使打桩阻力较小。

送桩器一般形式如图 5.3-71 所示。

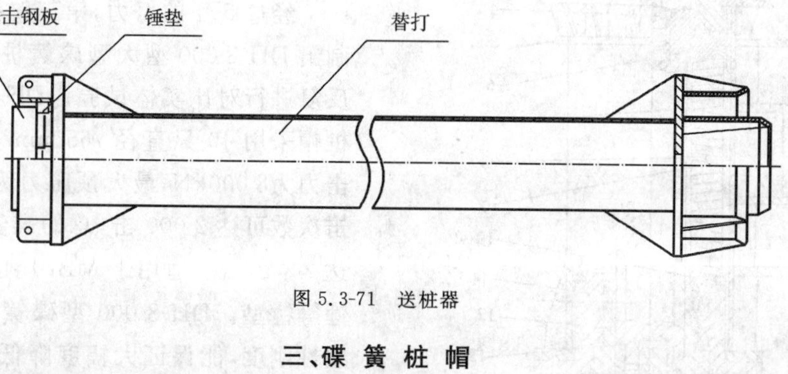

图 5.3-71　送桩器

三、碟 簧 桩 帽

普通桩帽一般用钢板焊接或用铸钢浇筑成壳体，在其壳体的上部及下部分别放置锤垫和桩垫，锤垫及桩垫的刚度比钢质壳体的刚度要小很多，因此锤垫和桩垫的刚度可忽略不计。锤垫作用是防止锤与桩帽之间的直接刚性碰撞，从而保护锤体，降低锤击应力、减轻锤击噪声。桩垫进一步削减锤击力峰值，把锤击能量转变成大小适中的锤击应力波传给桩，均匀分布在桩顶上，再传给桩身，使桩得以沉入到土层中，同时对桩顶起到了保护作用。

锤垫和桩垫均可视为弹簧。两只串联弹簧的联合刚度的倒数是每只弹簧刚度的倒数之和，即联合刚度比每只弹簧的刚度低。由于锤垫的刚度远远大于桩垫的刚度，锤垫加桩垫联合体的刚度与桩垫的刚度十分接近。新的锤垫和桩垫，能较好地降低锤击力峰值，但锤击能量损失较大。经过一段时间的锤击后，锤垫和桩垫都会变硬，使刚度大大增加，桩垫的刚度增加尤为明显，以至最后根本不起缓冲作用，这时锤击应力峰值很高，锤击应力很大，极有可能使桩顶混凝土破碎，甚至打断桩。

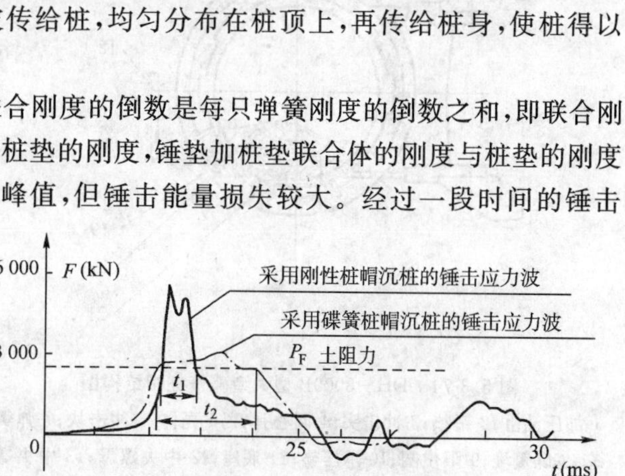

图 5.3-72　锤击应力波图

从 20 世纪 70 年代末到 80 年代初，国内外开始研究和应用碟簧桩帽技术。从图 5.3-72 可以看出，若假定沉桩时土的阻力为 P_F，有效锤击力为 F，其作用时间为 $\triangle t$。采用普通桩帽时，$\triangle t$

时间很短(即 t_1),锤击力波形的波峰陡峭,F 超出 P_F 很多,这部分锤击能量对桩的贯入作用不太,却使锤击应力大大增加了,从而增大了打坏混凝土桩的可能性。当采用碟簧桩帽时,有效锤击力作用时间$\triangle t$(即 t_2)明显延长,其峰值大大降低,使锤击应力显著降低。

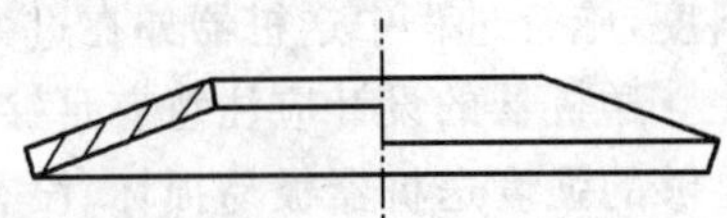

图 5.3-73　碟簧外形图

碟簧是一种用弹簧钢制成的碟状机械弹簧,是碟簧桩帽中的主要元件,外形如图 5.3-73 所示,其作用相当于普通桩帽中的桩垫。碟簧具有如下特点:能以较小的变形承受较大的荷载,适合于空间尺寸较小的空间;单位体积材料的变形能较大;具有较强的缓冲作用,当同方向迭合时(并联)具有很强的阻尼减振作用;根据需要碟簧采用迭合、对合、复合等多种不同组合方式,可得到不同的刚度,以适应不同的负载。

在碟簧桩帽中,先将碟簧同方向迭合,即并联成几组,然后再将这几组碟簧逐组对合,即串联起来,组成复合碟簧堆。交通部第三航务工程局科研所研制的碟簧桩帽,碟簧堆合计有 40 只碟簧,每 5 只碟簧并联成一组,再将 8 组串联。碟簧堆工作时损耗的能量比桩垫木(或其他桩垫)工作时损耗的能量低得多,因此,采用碟簧桩帽时的沉桩效率要高得多。通常应先对碟簧堆中的碟簧施加预压力,使碟簧堆具有更高的恢复系数,有利于提高沉桩效率。

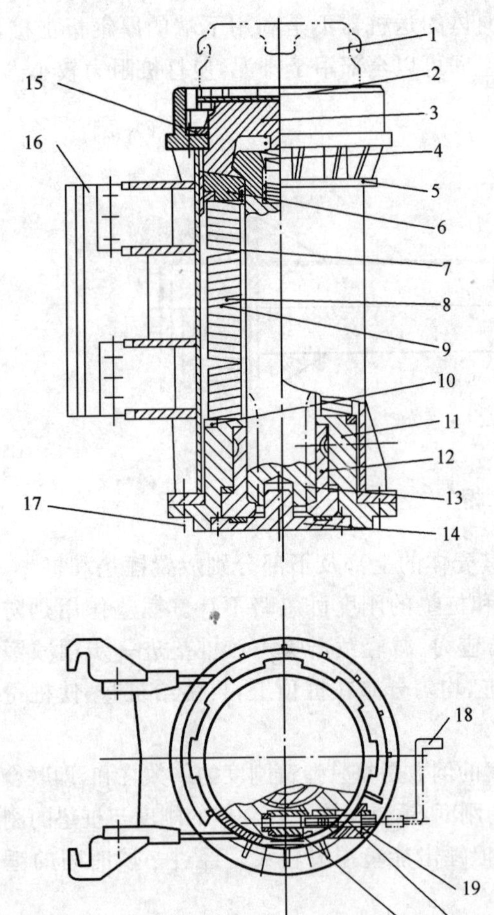

图 5.3-74　DH—8000B 型大型碟簧桩帽结构图

1-加压油缸;2-锤垫;3-冲击头;4-调心弹簧;5-壳体;6-冲击块;7-弹簧套;8-碟簧堆;9-限位圈;10-承压垫;11-底座;12-中央螺母;13-中央螺杆;14-底盖;15-压盖;16-导向板;17-M52 螺栓;18-摇手柄;19-止动块;20-传动轴;21-蜗杆块

经过 5 年的努力,第三航务工程局科研所研制出 DH-8 000 型大型碟簧桩帽,并与普通桩帽反复进行对比实体试验。DH-8 000 型大型碟簧桩帽采用 40 只直径 ϕ650mm 的大碟簧,最大锤击力为8 000kN,最大预压力为 3 000kN,连续锤击次数可达 2 000 击,总的碟簧使用循环次数可达 2×10^6 次,适用于 MB70 锤、MH80 锤、MH72 锤等锤型。DH-8 000 型碟簧桩帽特点:具有三线性刚度,能保证大幅度降低锤击应力;施工现场可随时方便地调整预压力;能自动调整锤击偏心的球面冲击块机构,大大削弱偏心锤击对沉桩的不利影响。DH-8 000 型大型碟簧桩帽于 1991 年 6 月通过交通部技术鉴定,认为达到 80 年代国际先进水平,是沉桩工艺的创新。

在 DH-8 000 型碟簧桩帽的基础上,第三航务工程局科研所于 1993 年研制出第二代碟簧桩帽,型号为 DH-8 000B 型,如图 5.3-74 所示,DH-8 000B 型大型碟簧桩帽采用 24 只直径 ϕ650mm 的大碟簧,碟簧堆刚度比 DH-8 000B 型增大 1 倍,结构较简单,自重 7.1t,本体高 2m,最大预压力提高到 5 000kN。DH-8 000B 型碟簧桩帽特点:大盖帽式的壳体结构,提高了碟簧桩帽使用的可靠性,也简化了调压过程;采用牙嵌式压油缸,预压力调整操作方便;采用无螺栓轴承座的蜗杆传动机构,提高了工作可靠性。

四、工 程 实 例

交通部第三航务工程局第二工程公司已用 DH-8 000B 型碟簧桩帽沉下 600mm×600mm 钢筋混凝土桩总数达 600 根、其中南通拆船厂 200 根、上海罗泾油库码头 300 根、上海航道局外高桥码头 46 根、上海宝山钢铁总厂三期原料码头 10 根，均未发生混凝土桩顶碎裂或断桩情况，沉桩速度较快，且全部桩均顺利沉到设计高程。在南通拆船厂的沉桩过程中进行了对比试验。用碟簧桩帽沉 1 根 600mm×600mm 断面、长 39m 的 4∶1 仰打桩，沉桩时间为 30min，总锤击数 1 353 击，最终贯入度 9mm；而用普通桩帽沉 1 根 600mm×600mm 断面、长 40m 的 7∶1 仰打桩，沉桩时间 37min，总锤击数 1 680 击，最终贯入度 3mm，桩顶高程还高出设计高程 3.83m，不能继续沉桩。在上海宝山钢铁总厂三期原料码头进行了碟簧桩帽与普通桩帽的对比动测试验，结果表明用碟簧桩帽沉桩比用普通桩帽能降低锤击压应力峰值 10%、降低锤击拉应力值 25%。

第四章　水上沉桩

第一节　概　述

人类活动领域不断的扩展，很多建筑工程也早就由陆上推向江、河、湖、海，特别是近几十年来大力开发海洋资源，港口码头、桥梁、油气平台等水工建筑大量涌现，水上桩基工程也日益增多。由于水上特定的水文、气象、地质、地貌等环境有别于陆上，因此，必须针对水上施工的特点采用与之相匹配的机具及施工工艺才能保证水上沉桩的顺利进行。对已沉桩也需要采取相应的临时保护措施。

一、水上锤击沉桩施工特点

(1)水上沉桩一般应采用专用打桩船沉桩，也有利用起重船(浮吊)或是在驳船上、升降式平台船上配备起重机吊打；在近岸浅水区域也可搭设临时施工平台，然后用打桩设备来进行沉桩。

(2)由于水上建筑物受波浪、潮汐、水流作用，码头工程还有系缆力、挤靠力、撞击力等荷载作用，受力方向不一，因此水上桩基除受正常的垂直荷载外还需承受水平荷载和上拔力，设计斜桩、叉桩较多，且斜桩坡度和平面扭角(方向)不一。对于斜桩，一般只能用专用打桩船施打或是搭建平台吊打。

(3)水上沉桩具有桩位比较复杂的特点，有直桩、各种平面扭角的斜桩、仰打桩、俯打桩等，需要根据桩位布置、所用船机及工程总体安排编制合适的沉桩顺序。

(4)水上沉桩还具有候潮的特点，打桩船或起重船停泊及作业都有水深要求，某些特殊桩位需要在特定潮水位时沉桩。对于钢筋混凝土管桩，为使锤击过程中在桩内不产生水锤现象，因此不能在桩顶淹没状态下沉桩，也需要候潮。

(5)水上沉桩受水流、潮汐、波浪等的影响较大，打桩船或是起重船都是通过缆绳锚泊定位，船舶与水文、海况有适应性问题。要根据工程所在地的水文气象情况选择合适的船机设备，在船舶稳定性较差的情况下要停止作业以免造成断桩或是使桩体受损。当船舶锚缆力不足以抵抗水流、波浪作用，则船舶要拖离现场择地避风(浪)。

(6)水上沉桩还有定位比较困难的特点，无法在桩位上预先标位施打，只能利用陆上架设仪器或用GPS定位系统来进行测量控制。另外因船体是浮体，仅靠锚缆来固定，而锚缆受力要变形，因此给精确定位造成一定的困难。为此，要综合桩的斜度、扭角、桩长、桩重以及水下岸坡情况预设提前量，并根据沉桩实际情况进行调整。

(7)水上沉桩完成时，单桩还未联成整体，这时单桩抵抗外力的能力比较弱，如受到较大的水流力、潮流力、波浪力、漂流物的撞击力时容易损坏。为防止在风浪、水流、土坡变化及斜桩在自重作用下发生桩倾斜、偏位或折裂，需要及时将桩连成整体。工艺上可用夹木加牵杠围檩的办法对桩进行临时加固。常用的措施有:沉桩后及时采用夹桩木夹住，斜桩可用拉条固定，叉桩宜用方木顶撑。当预计将出现台风或大浪时，必须再检查夹桩木是否夹紧，并采取增加拉条或顶撑的加固措施。

二、水上沉桩的应用范围

水上沉桩广泛应用于各类以桩基为基础的水上建(构)筑物，如高桩码头、板桩码头、防波堤、跨海(河)(江)桥梁工程，修造船建筑物、灯塔、机场、近海平台、工业民用建筑物等。

三、水上沉桩施工准备

1. 水文、气象、地质条件的调查分析

一般工程到了施工阶段，都具有建设单位委托的有关专业勘察单位收集整理的水文、气象、地质报告资料。如缺乏，可到当地建设、水文、气象部门了解，也可参考附近同类型工程的建设情况，对工程实地还需进行必要的勘探。详见第三篇第一章。

掌握气温、降雨、风况，尤其是常风向、强风向以及风力情况，分析其与波浪的相关性。对地质条件进行调查分析，掌握施工区域内的地质、地貌、水深及岸坡情况，分析是否需要候潮，是否有必要进行施工挖泥；分析计算岸坡稳定情况，沉桩施工时有否必要采取一些预控措施。另外根据地质剖面图以及各土质物理力学指标，分析桩的入土深度，有无障碍物，特殊的地质夹层以及桩尖进入持力层的深度情况进行可打性分析。本工程的试桩和附近区域试桩或工程桩，可分析其沉桩工艺、锤型、承载力、总锤击数、桩长、贯入度等资料，为选锤、决定停锤标准以及桩长等提供可靠依据。

2. 沉桩区域内探摸及障碍物的清除

沉桩施工前要对沉桩区域(包括船机设备锚位作业范围)进行调查探摸，必要时进行扫海作业，掌握是否有水底电缆、水下管线、水下建(构)筑物、沉排或抛石棱体等情况，分析其对沉桩施工的影响，必要时采取相应的保护措施或清障措施。编制合理的施工方案，如必需进行清理的，则需会同建设、监理、设计单位办妥必要的手续予以清理。对抛石棱体的清理，必须考虑到其对大堤或岸坡整体稳定的影响，进行必要的验算，并采取相应的监控措施。详见第三篇第一章。

3. 主要船机设备的选择

(1)打桩船的选择

打桩船的选择主要考虑下列因素：

①打桩船应满足施工作业对稳定性的要求，特别是对流急、浪大、水域开阔的区域及采用钢筋混凝土桩的工程，应优先选择船舶主尺度较大的打桩船。详见第三篇第三章。

②打桩船的锚重、锚型、锚车的功率要能适应工程所在地水文、气象、地质条件以及桩位布置，分析其在波浪、水流作用下不会走锚，锚缆布置能适应打所有平面扭角桩。详见本篇第三章。

③根据桩位平面布置选择打桩船的主尺度、根据打桩船前平台的宽度和龙口的挑出长度检验能否顺利进行沉桩，特别是对于扭角和坡度变化较大、桩位比较密集或修复扩建工程。详见本章5.4.1.11节。

(2)锤型选择

水上沉桩一般是利用柴油锤、液压锤锤击沉桩，或是利用振动锤产生的振动力来沉桩，也有一些特殊沉桩工艺来适应一些特殊的工程，如水冲锤击沉桩等。

①桩锤的分类

桩锤有柴油锤、液压锤、振动锤等。

②桩锤特点

柴油锤结构简单，质量轻，锤击噪声大，有油烟飞溅。锤击能量利用率低，对桩的锤击应力大。

液压锤是弹性碰撞性的冲击锤，锤击能量利用率高，锤击噪音低，如在锤套内接入压缩空气，能阻止水进入锤内，可用于水下沉桩。

从已有的试验资料反映，柴油锤、液压锤的能量利用率可按表 5.4-1 取值。

柴油锤、液压锤的能量利用率表　　表 5.4-1

桩　型	柴油锤	液压锤
混凝土桩	25%	60%
钢桩	45%	80%

振动锤适用于沉、拔钢板桩、钢管桩和钢护筒等。也有大功率振动锤，但不适用于混凝土方桩、预应力混凝土大管桩的施工。

③桩锤选择

锤型的选择应根据地质、桩型、桩身结构强度、桩的承载力、环保要求和锤的性能，并结合施工经验试沉桩或试桩情况综合确定。

当无试验资料时，应计算桩的车子轴心强度，分析桩的整体刚度和轴向应力，桩身锤击应力控制范围可参照本篇第五章第四节有关部内容。

当缺乏经验时，可参照表 5.4-2、表 5.4-3 选用。

水上沉桩用锤的主要性能表　　表 5.4-2

锤　型	桩锤技术参数						适用桩径(mm)	适用桩种类
	锤芯质量(t)	锤总质量(t)	常用冲程(m)	锤芯最大允许跳高(m)	每分钟锤击次数(击/min)	最大锤击能量(kJ)		
MH45B	4.5	10.7	1.8～2.3	2.5	42～60	110.4	400～600	混凝土桩、钢桩
MB70	7.2	21.8	1.8～2.3	2.5	42～60	176.6	500～600	
MH72B	7.2	19.9	1.8～2.3	2.5	42～60	176.6	600～800	
MH80B	8.0	20.7	1.8～2.3	2.3	44～60	180.5	600～800	
KB45	4.5	11.0	1.8～2.3	2.5	35～60	110.4	400～600	
KB60	6.0	15.0	1.8～2.3	2.5	35～60	147.2	600～800	
KB80	8.0	20.5	1.8～2.3	2.5	35～60	190.2	600～800	
D46	4.6	10.5	可调	3.2	37～53	145.3	500～600	
D62	6.2	13.7	可调	3.5	35～50	219.0	600～800	
D80	8.0	19.18	可调	3.4	36～45	266.8	≥1 000	
D100	10.0	23.17	可调	3.4	36～45	333.5	≥1 000	
D125	12.5	20.4	可调	3.4	36～45	417.0	≥800	钢桩
D128	12.8	27.0	可调	3.4	36～45	426.5	≥800	
D160	16.0	35.0	可调	3.4	36～45	533.0	≥800	
SC-150	11.0	19.5	可调			150.0	≥1 000	
SC-200	10.0	24.5	可调			200.0	≥1 000	
SC-150	16.0	29.0	可调			280.0	≥1 000	
HHK-18A	18.0	33.7	可调	1.5	40～100	265.0		
BSP HH30	30.0	55.0	0.2～1.2	1.2	27	333.5	≥1 000	

水上沉桩用锤贯穿硬土层能力及基桩可达极限承载力的参考值　表 5.4-3

锤　型	锤击沉桩打入能力(m)				基桩可达的极限承载力(kN)
	硬黏土层	中密度砂层	密实砂或砾砂层	风化岩层	
MB40	8.0～10.0	5.0～8.0	0.5～1.0	0.5～1.0	3 000～5 000
MH45B	8.0～10.0	5.0～8.0	0.5～1.0	0.5～1.0	3 000～5 000
MB70	10.0～15.0	5.0～8.0	1.0～2.0	1.0～2.0	4 000～7 000
MH72B	10.0～15.0	5.0～8.0	1.0～2.0	1.0～2.0	4 000～7 000
MH80B	10.0～15.0	5.0～8.0	1.0～2.0	1.0～2.0	4 000～7 000
KB45	5.0～8.0	5.0～8.0	0.5～1.0	0.5～1.0	3 000～5 000
KB60	5.0～8.0	5.0～8.0	0.5～1.0	0.5～1.0	4 000～6 000
KB80	7.0～10.0	7.0～10.0	1.0～2.0	1.0～2.0	6 000～8 000
D46	5.0～8.0	5.0～8.0	0.5～1.0	0.5～1.0	3 000～5 000
D62	7.0～10.0	7.0～10.0	1.0～2.0	1.0～2.0	5 000～7 000
D80	10.0～15.0	10.0～15.0	1.0～2.0	1.0～2.0	6 000～9 000
D100	10.0～15.0	10.0～15.0	1.0～2.0	1.0～2.0	>9 000
BSP HH30	10.0～20.0	10.0～20.0	1.0～3.0	1.0～2.0	>9 000
SC-150	10.0～15.0	10.0～15.0	1.0～2.0	1.0～2.0	>9 000

(3)桩帽(桩垫)

详见本篇第三章。

四、桩的现场吊运

桩的现场吊运主要是从运桩驳船上起吊,吊运至桩位处,立桩就位。一般来说大部分桩在现场用打桩船或起重船吊运时采用 4 点吊(水平起吊),逐步转移至 2 点吊(竖直起吊)立桩。

打桩船吊桩时,其吊点应按设计规定布置,如无设计规定时,依据工程情况,常用的有 2 点吊、4 点吊,也有采用 5 点吊、6 点吊的。

采用 4 点吊时(见图 5.4-1),下吊索长度可取 0.5～0.6L,桩较长时不宜小于 0.5L,吊桩高度不宜小于 0.8L。

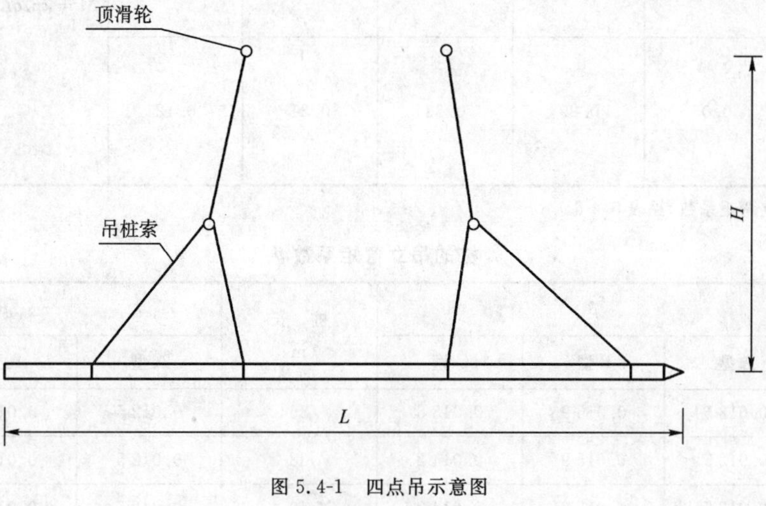

图 5.4-1　四点吊示意图

L-桩长;H-顶滑轮至桩的垂直距离

当采用2点吊或4点吊吊桩，桩长在60m以下时，吊桩的内力计算可按表5.4-4进行。

1.2点吊吊桩的吊点位置及弯矩计算

2点吊桩的吊点位置及弯矩计算公式表 表5.4-4

项目 \ 类型		A 型 桩（等截面桩）	B 型 桩（两端各有2m实心段的空心桩）
吊点位置		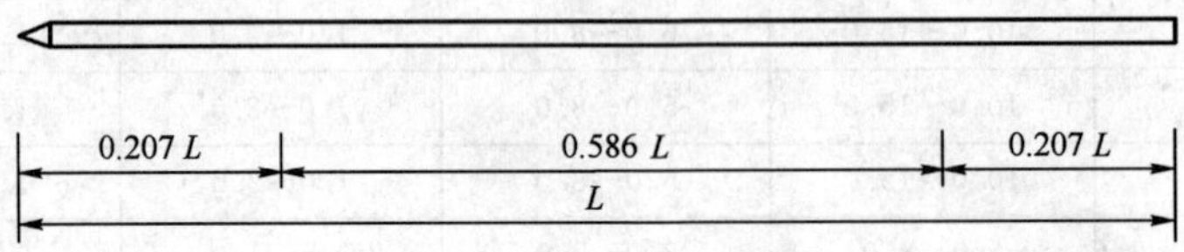	
弯矩计算公式	水平吊运	$M=0.0215\alpha\gamma qL^2$	$M=0.02562\alpha\gamma qL^2$
	吊立	$M=0.0250\alpha\gamma qL^2$	

注：M——计算最大弯矩设计值(kN·m)；
α——动力系数，起吊和水平吊运时宜取1.3，吊立过程中宜取1.1；
γ——作用分项系数，取1.20；
q——桩的单位长度重力标准值(kN/m)，A型桩指空心截面或实心截面的单位长度重力，B型桩指空心段单位长度重力；
L——吊运桩长(包括桩尖)(m)。

2.4点吊吊桩的吊点位置及弯矩计算(公式见表5.4-5)

4点吊桩的吊点位置及弯矩计算公式表 表5.4-5

桩型	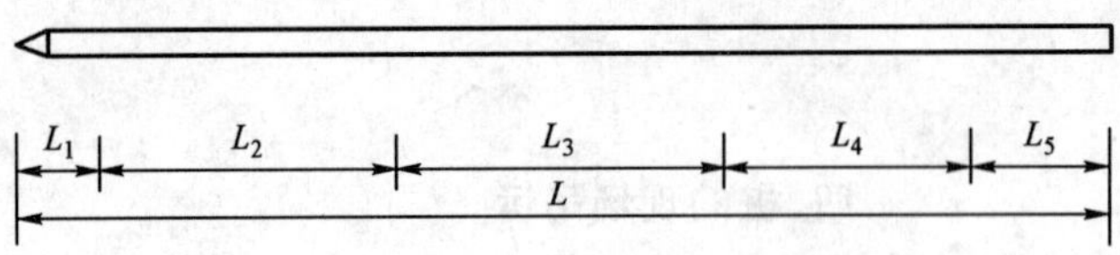					弯矩计算公式	
	L_1/L	L_2/L	L_3/L	L_4/L	L_5/L	吊点	水平吊运（吊索垂直桩轴）
A型（等截面桩）	0.05	0.28	0.31	0.23	0.13	$M=\alpha\beta\gamma qL^2$	$M=0.01115\alpha\gamma qL^2$
B型（两端各有2m实心段的空心桩）	0.05	0.28	0.31	0.24	0.12		$M=0.01126\alpha\gamma qL^2$
C型（桩尖端无实心段，桩顶端6m实心段的空心桩）	0.05	0.29	0.33	0.21	0.12		$M=0.01250\alpha\gamma qL^2$

注：β——桩的吊立弯矩系数，见表5.4-6。

桩的吊立弯矩系数 β 表5.4-6

桩长(m)	β			桩长(m)	β		
	A型	B型	C型		A型	B型	C型
20	0.0125	0.0159	0.0138	36	0.0125	0.0143	0.0148
22	0.0125	0.0159	0.0142	38	0.0125	0.0141	0.0146
24	0.0125	0.0156	0.0149	40	0.0125	0.0140	0.0144

续上表

桩　长（m）	β			桩　长（m）	β		
	A型	B型	C型		A型	B型	C型
26	0.012 5	0.015 6	0.015 3	42	0.012 5	0.013 8	0.014 3
28	0.012 5	0.015 2	0.015 3	44	0.012 5	0.013 7	0.014 1
30	0.012 5	0.015 0	0.015 2	46	0.012 5	0.013 6	0.014 0
32	0.012 5	0.014 7	0.015 1	48	0.012 5	0.013 4	0.013 9
34	0.012 5	0.014 5	0.014 9	50～60	0.012 5	0.013 4	0.013 8

注：①本表为下吊索计算长度 $S=0.5L$ 时的计算值。S 为扣除吊索捆绑长度的净长。

②吊高 $H=(0.8\sim1.5)L$，且大于或等于 20m。

3.采用5点吊、6点吊的应进行吊点设计

预应力混凝土方桩，桩长在60～70m范围内，6点吊的施工可按以下技术要求进行。

(1)吊点位置

各种桩长的设计吊点位置统一确定如下：

$L_1=0.081L$　$L_2=0.090L$　$L_3=0.157L$　$L_4=0.180L$　$L_5=0.222L$　$L_6=0.182L$　$L_7=0.088L$

其中：L——桩的长度；

$L_1\sim L_7$——吊点位置特征参数，意义详见图5.4-2。

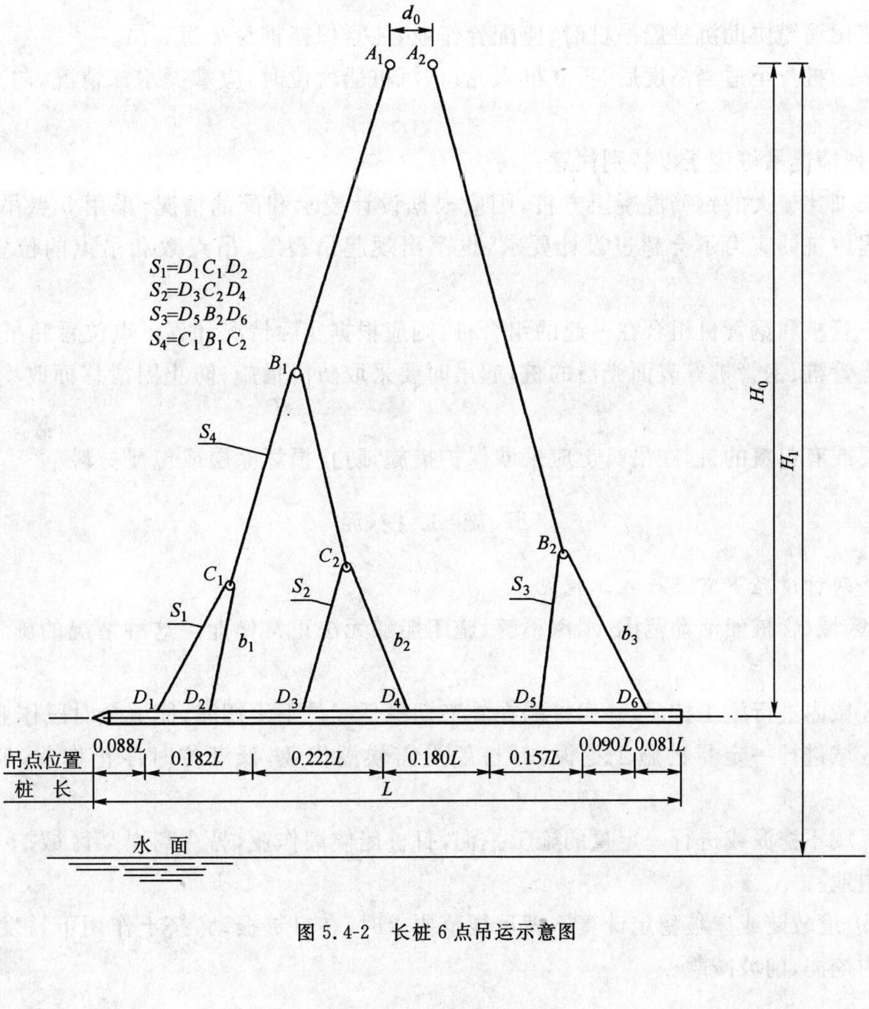

图5.4-2　长桩6点吊运示意图

施工时吊点位置偏差不超过 0.1m。

(2)设计计算参数

H_0——吊高，桩架上两定滑轮中心线距桩轴线(未吊立前平吊时)的高度，$H_0=58m$；

H_1——桩架上两定滑轮中心线距水面的高度，$H_1=64m$；

d_0——主、副吊索在定滑轮中心线高度处的水平间距，$d_0=3.5m$；

S_1——吊索 $D_1C_1D_2$ 捆绑后有效长度，$S_1=30m$；

S_2——吊索 $D_3C_2D_4$ 捆绑后有效长度，$S_2=30m$；

S_3——吊索 $D_5B_2D_6$ 捆绑后有效长度，$S_3=30m$；

S_4——吊索 $C_1B_1C_2$ 捆绑后有效长度，$S_4=30m$。

施工时 H_0、H_1 宜大于设计值且偏差不超过 2m，d_0 宜大于设计值且偏差不超过 0.2m，S_1、S_2、S_3、S_4 宜大于设计值且偏差不超过 0.5m。各参数意义详见图 5.4-2。

(3)吊立过程注意事项

①吊立过程中，定滑轮高度保持不变，即 H_1 维持不变。

②在吊立之初，吊索 A_1B_1 的长度维持平吊时的长度不变，通过收缩吊索 A_2B_2 完成吊立，当桩吊立至一定角度以后，桩尖开始入水，为控制桩的入水长度，在必要时需收缩吊索 A_1B_1。

③在吊立过程中，桩的入水长度不超过 10m。

(4)从方驳上起吊方桩的吊立过程中，设计动力系数均为 1.1。施工时应平稳起吊和吊立，确保吊桩安全。

当驳船使用溜缆协助沉桩船吊桩时，应配合作业，注意保持桩身平稳起吊。

沉桩船吊起桩身至适当高度后，再立桩入龙口，沉桩船就位时，应掌握水深情况，防止桩尖触及泥面，使桩身折裂。

(5)对下列情况吊桩应予以特别注意

①对于长细比较大的钢筋混凝土方桩，则应根据设计要求和配筋情况，采用 5 点吊或 6 点吊，以保证起吊过程中桩的应力不会超过设计要求，也不出现起吊裂缝，吊点数和吊点的位置应通过计算确定。

②混凝土管桩和钢管桩组合在一起的组合桩，则应根据实际情况计算吊点位置和吊点数量。

③混凝土管桩、钢管桩等表面光滑的桩，起吊时要采取防滑措施，防止因滑移而改变吊点位置，造成断桩。

④有涂层或有包覆的桩，在吊具上应采取保护措施，防止损坏涂层或包覆材料。

五、施 工 挖 泥

1. 在下列两种情况下需进行施工挖泥

(1)沉桩区域(含桩船活动范围)水深不够，施工船舶无法正常作业。这种情况的施工挖泥可细分为以下三类：

①沉桩区域内进行施工挖泥，确保桩船在施工期最低潮位下不搁滩，能够全时段作业。

②沉桩区域进行一定量的施工挖泥，打桩船尚需候潮作业，低潮位时停止作业，船移到深水区锚泊。

③沉桩区域不挖泥或进行一定量的施工挖泥，打桩船候潮作业，另在离岸某区域挖一深坑作为打桩船安全锚泊地。

(2)泥面坡度较陡或岸坡稳定计算不满足规范要求时，在打桩振动、挤土作用下易发生滑坡事故，需进行必要的挖泥，削坡减载。

2.施工挖泥应按下列要求进行

(1)根据地质资料或取土样,备齐施工方案、施工合同等资料报海事局或海洋局等部门办理施工许可手续和确认抛泥区位置。

(2)办妥航行通告。

(3)挖泥前应实测挖泥区水深,并绘制平面图和断面图。

(4)应按设计和施工要求开挖,采用阶梯形分层挖泥,阶梯高度不宜过大。

(5)当挖泥影响大堤或岸坡稳定时,应采取必要的措施。

(6)挖泥后应进行复测验收。

(7)挖泥后应有一段时间的稳定期。

六、沉桩顺序安排

根据设计桩位图,选择的船型、锚缆布置及施工总体安排逐根排出沉桩顺序,并绘制沉桩顺序图,以此安排制桩、驳运与施打。

编排沉桩顺序时,应考虑以下因素。

(1)便于已沉桩相互连接,确保施工期单桩安全和工作面的尽早形成,有利于上部结构施工。

(2)尽可能减少锚缆移位和船舶调遣次数。

(3)统筹考虑起重船、搅拌船等其他船机的作业方便。

(4)保证已沉桩的安全,防止后续施工中缆绳或船舶碰坏已沉的桩基。

(5)同一工程中有不同桩径时,要使更换桩帽的作业次数尽量减少。

七、打桩船锚位布置

锚位布置合理,才能使打桩船方便准确地到位,从而保证沉桩的正位率、沉桩效率、打桩船工作时的稳定性和沉桩安全,因此锚位布置非常重要。

1.船舶施工作业定位与移位

工程船舶按工程内容、精度要求、气象条件、船机性能和施工方法等因素布设锚缆、定位和移位,一般有如下几种方式。

(1)单锚定位

抛单锚系泊船舶在作业水域上,船舶可随风流围绕锚位转动,可供他船傍靠装卸物料。通常用于锚泊候用、检修、待拖和避风等。

(2)双锚定位

抛双锚一般有抛前(后)八字锚和抛一字锚等方式。

抛前(后)八字锚可加强抗风、流的系泊力和缓和锚泊船的摆动。但当风、流换向时,易使两锚链绕缠,故需及时起一侧锚,待换向后再重抛。

抛一字锚在狭窄水域,可防止船舶转动和摆动。风、流换向也可保持船艏方向,并可作小范围的前后移位,完成短时间的施工作业。由于两锚链各为一半长度,如为横向风、流,则更显抓力不足。在风、流大时,可放出顶风、流端剩余一半长度的锚链,保持这端锚的最大抓力,放弃另一端锚的作用,在风、流换向时按此调整两锚链长度。因此一字锚适用于往复流的水域。

一般抛前(后)八字锚、抛一字锚方式见图5.4-3。

(3)3锚定位

为克服双锚受风流影响的偏转和两锚链的绕缠,采用3锚定位。3锚定时可以适当横向移位,但其横移范围和抗风浪能力较小。

一般抛3锚定位方式见图5.4-4。

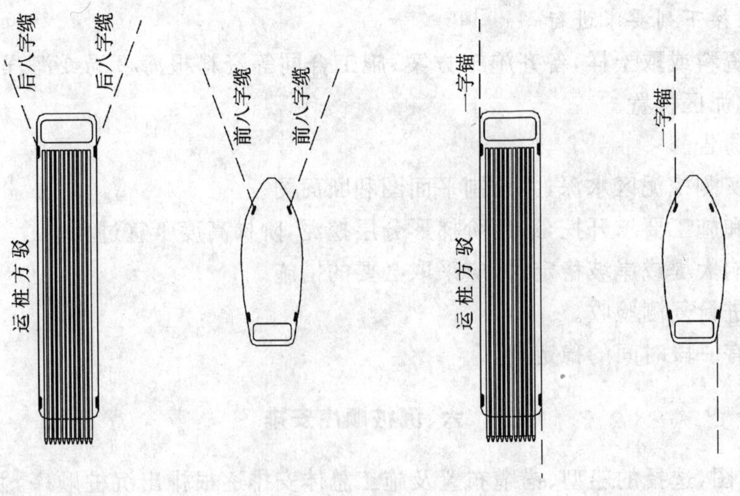

图 5.4-3　抛双锚定位示意图

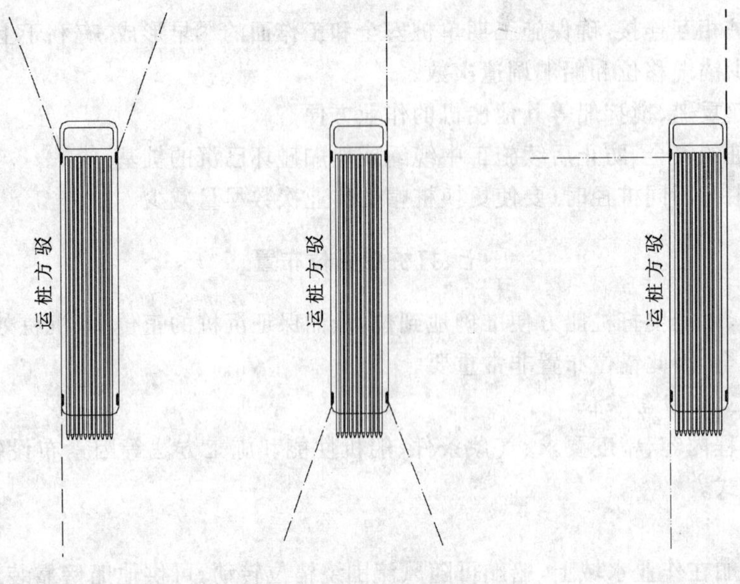

图 5.4-4　抛 3 锚定位示意图

(4)4 锚定位

抛 4 锚定位是船舶施工作业的基本方式。抛 4 锚定位一次定位可获得较大的施工范围；抗拒各方向的风浪能力较强；它船傍靠时受锚链的影响小；基本上可满足施工的定位要求。一般抛 4 锚定位方式见图 5.4-5。

(5)多锚定位与移位

抛多锚定位与移位通常是在工程精度要求高、工程密集复杂、气象条件差，或因船舶施工机械性能所限等条件下，所采用的布设锚缆方式。其特点比抛 4 锚定位优越。打桩船沉桩施工都是用多锚定位与移位的。

一般打桩船均有 6 台锚机和锚，大型打桩船有八台锚机和锚。

沉桩施工一般抛（带）前八字锚（缆）、后八字锚（缆），抛（带）前后抽心锚（缆），另带一桩驳缆。

一般沉桩过程的锚缆布置是多锚定位与移位方式。沉桩过程的锚缆布置见沉桩过程的锚缆布置图 5.4-6a）、b）、c）。

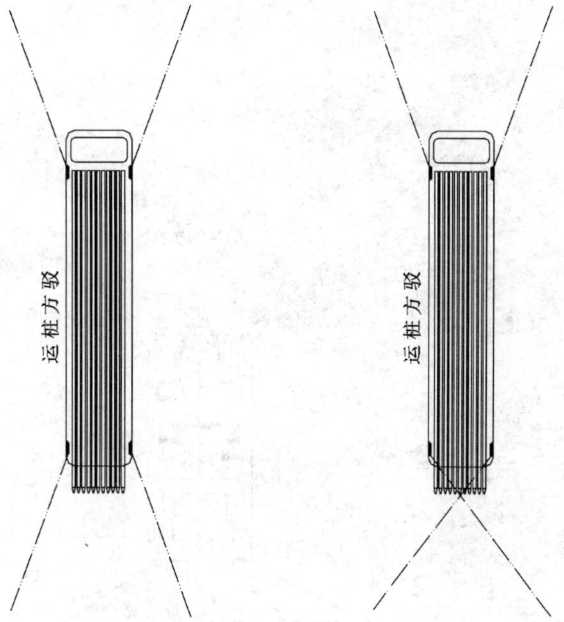

图 5.4-5　抛 4 锚定位示意图

(6)多锚系泊的特点

①一次抛锚可获得最大的施工范围；

②锚绞车的操作使用，不受各锚缆的影响；

③抗风能力、抗流能力强；

④桩定位稳定、准确；

⑤缺点是如施工需有平面扭角时，效果不好。

针对需施打平面扭角斜桩的情况，多采用如图 5.4-6d)锚位布置形式，可使打桩船在 360°范围内打各种斜桩，可减少频繁抛锚次数，提高沉桩效率。

(7)沉桩过程的锚缆、锚位布置还应注意考虑以下几点：

①根据打桩顺序、方向、桩驳的位置、水深及泥面坡度确定锚缆的抛设长度，防止抛设过短的“吊鱼锚”。

②根据桩的斜度、平面扭角的摆动范围综合确定锚缆的抛设角度。

③锚位要布置在航行通告规定的范围内。

④要考虑起锚、解缆的方便性。

⑤防止打桩或吊桩时，前八字缆和前抽心缆碰到已打好的桩。

每到一个新的工地，打桩船应试抛锚，以了解当地海床土质是否过软或过硬。若锚抓力达不到要求，此时应采取更换锚的种类、加大锚重或采用混凝土沉石等方法，以保证施工时不走锚。

2. 打桩船抛锚

船舶施工所布设的锚缆，除有的以锚坠浮筒代锚外，一般都是近岸侧设置锚碇、挖地垄代替锚，或利用系船柱代锚，其他侧则抛锚。近海区域施工时，需计算验证后进行抛锚，送抛锚的一般方法有：由拖轮协助送锚；机动艇或舢舨送轻型锚；锚艇送重型锚；打桩船自行抛锚。

(1)在拖轮协助下抛锚

打桩船被拖到施工区域后，由拖轮协助抛好上游开锚，再由拖轮单独为打桩船送上游边锚；待打桩船基本定位后，由拖轮送下游开锚、边锚。打桩船抛好这 4 只锚后，再由拖轮顶靠向岸移行，进行陆地系缆作业。

(2)打桩船自行抛锚

在风、流平缓的水域施工时，打桩船由拖轮就位后，可利用水流的变化规律，自行抛锚。由小艇向岸自行送缆或系缆，自行完成抛锚定位作业。

(3)完全由拖轮、机动艇、舢舨、锚艇送锚

近海区域的施工作业可完全由拖轮、机动艇、舢舨、锚艇送锚。一般来说，拖轮船体较大，有条件时也可应用抛锚艇或小型扒杆船送缆，操作灵活，经济性也好。

①拖轮送锚以 10m 左右的短缆，将其眼环一端套在拖轮前系船柱上，无眼环的一端穿过锚头卡环收紧紧挽在前系船柱上，拖轮倒车，同时松锚缆。如正车前进，要防止锚缆损坏螺旋桨。待到锚位后，即松解短缆活扣，使锚落于锚位。

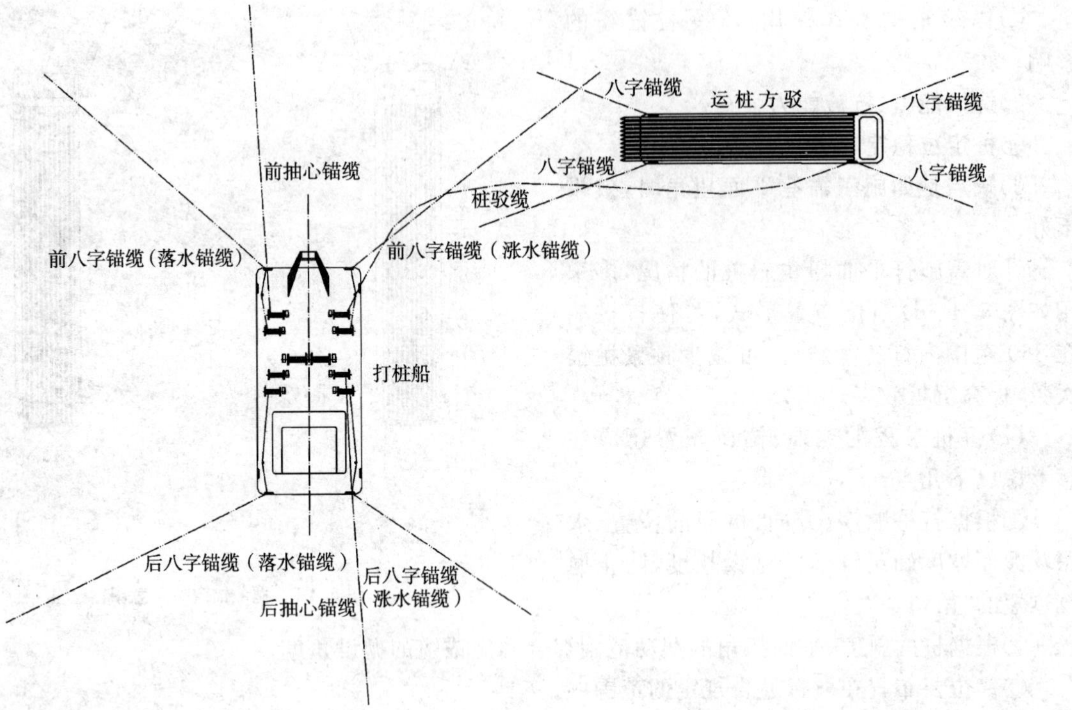
八字锚缆
运桩方驳
八字锚缆
前抽心锚缆
八字锚缆
八字锚缆
桩驳缆
前八字锚缆(落水锚缆)
前八字锚缆(涨水锚缆)
打桩船
后八字锚缆(落水锚缆)
后八字锚缆
(涨水锚缆)
后抽心锚缆

a)

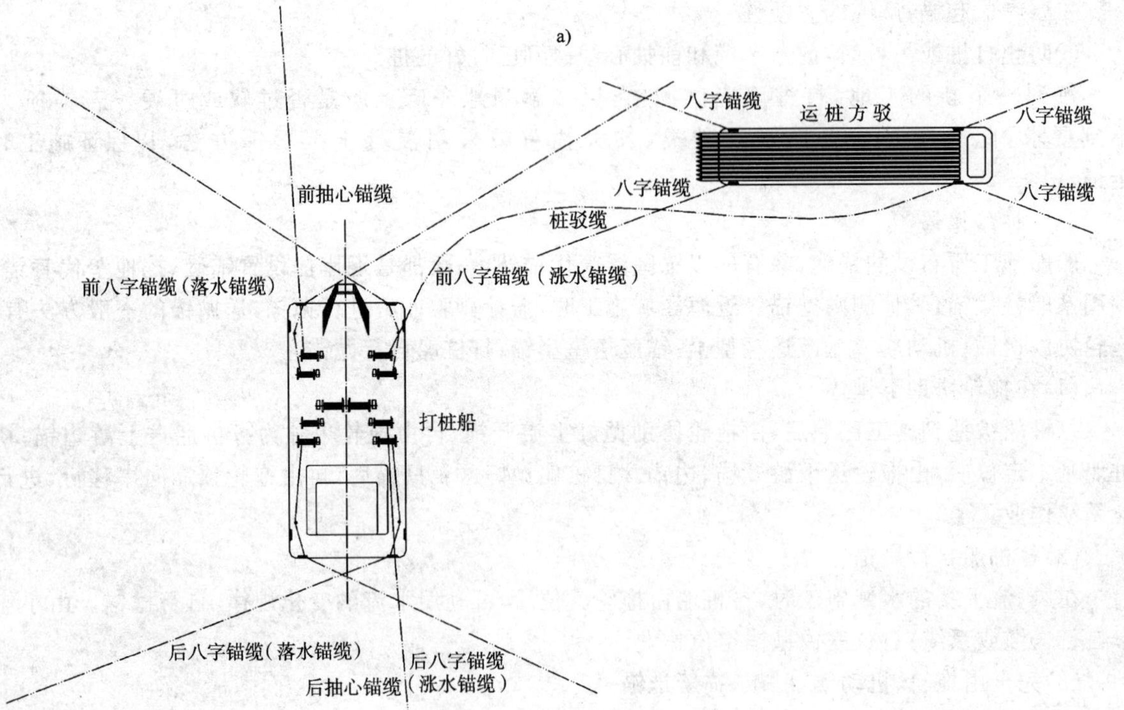
八字锚缆
运桩方驳
八字锚缆
前抽心锚缆
八字锚缆
八字锚缆
桩驳缆
前八字锚缆(落水锚缆)
前八字锚缆(涨水锚缆)
打桩船
后八字锚缆(落水锚缆)
后八字锚缆
(涨水锚缆)
后抽心锚缆

b)

图 5.4-6

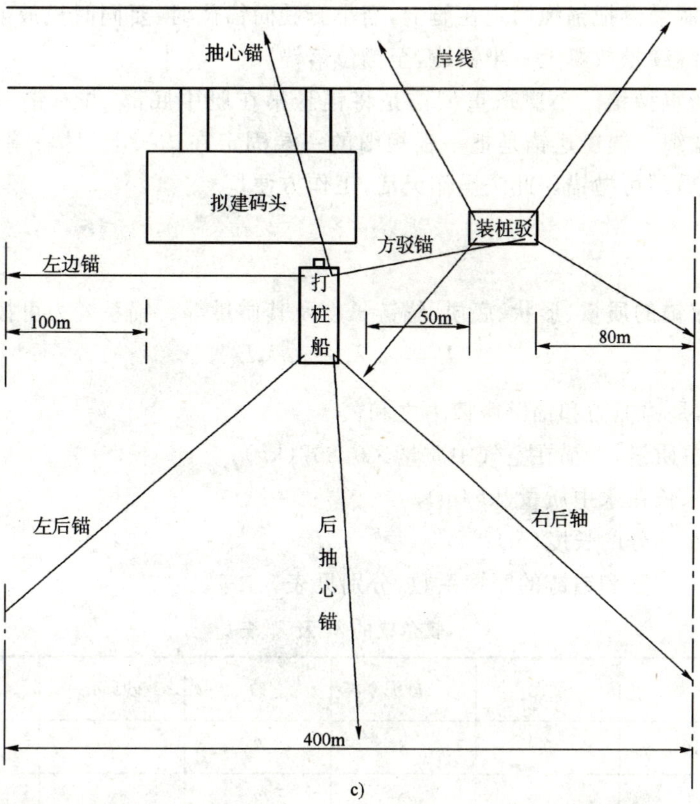

c)

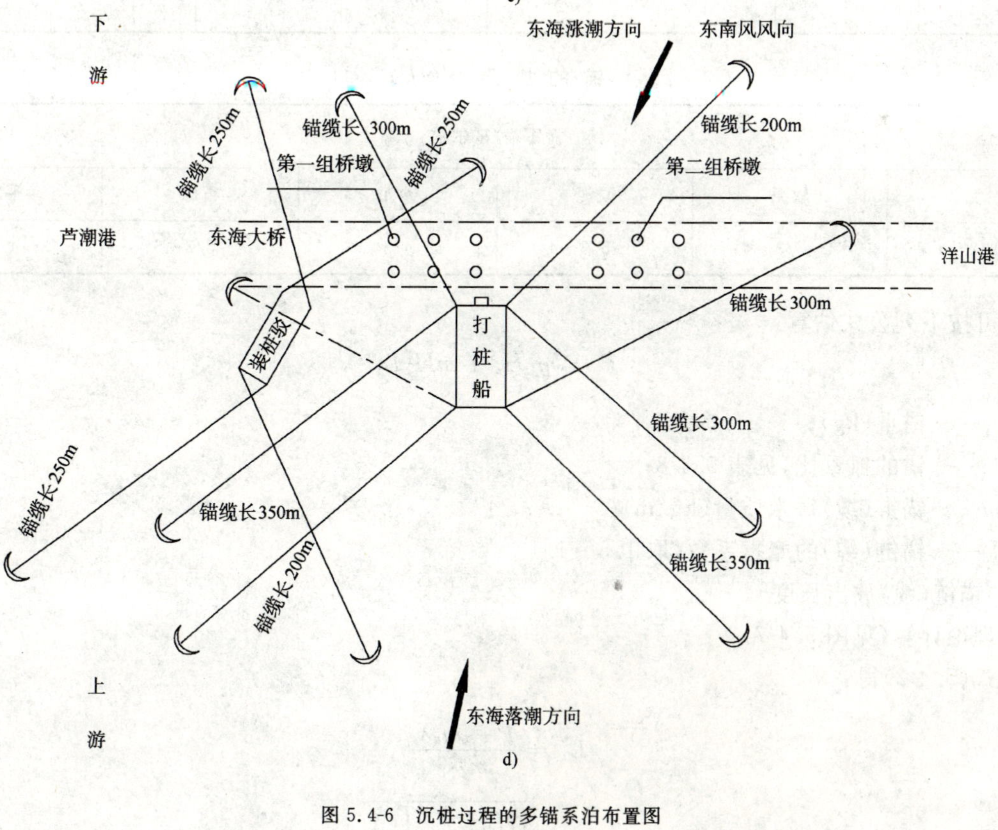

d)

图 5.4-6　沉桩过程的多锚系泊布置图

②机动艇或舢舨送轻型锚以 10m 左右的短缆，将锚系于艇艏舷侧，并将放出的一半长度的锚缆盘放在艇艉甲板上，用制缆链把锚缆固定在艇上，当小艇驶向锚位时，要同时松放船上余下一半锚缆，待放尽后，打开制缆链继续松放艇上一半锚缆，至锚位落锚。

③小艇或锚艇送重型锚。小艇送重型锚是将锚悬吊在艇中底部，并系锚漂，送锚至锚位。再送缆，捞起锚漂，接通锚缆。锚艇送锚是把一根短缆的一端固定在锚头上，另一端的环眼挂在锚艇的拖钩上，锚艇驶向锚位后即可抛锚。此法操作灵活，工作方便。

3.用锚计算

(1)锚系缆力

锚系缆力决定于锚的质量、形状、底质、锚链长度及其质量等。锚系缆力可按下式计算：

$$P = m_\alpha \lambda_\alpha + m_c \lambda_c L_1 \tag{5.4-1}$$

式中：P——系缆力，是锚抓力和锚链摩擦力之和；

m_α——锚在水中质量，即锚在空气中质量×0.867(kg)；

m_c——锚链每米长在水中质量(kg/m)；

L_1——锚链卧底部分的长度(m)；

λ_α、λ_c——锚的抓力系数和锚链的摩擦系数，分别见表 5.4-7。

霍尔锚的 λ_α 及 λ_c 表 表 5.4-7

底质	软泥	硬泥	砂泥	砂	砂贝壳	砂砾	小块石
λ_α	10	9	8	7	7	6	5
λ_c	3	2	2	2	2	1.5	1.5

锚的抓重比(H_α) 表 5.4-8

海军锚/霍尔锚					
淤泥	软泥	硬泥	砂泥	石砾	平均
2～3/2～3	4～5/3～4	4～5/3～4	4/3	3～8/3～6	3～4/3～4

也可按下列公式估算：

$$P = m_1 H_\alpha + m H_c L_1 \tag{5.4-2}$$

式中：m_1——锚重(kg)；

H_α——锚的抓重比，见表 5.4-8；

m——锚链(缆)每米质量(kg/m)；

H_c——锚链(缆)的摩擦系数，取 1.5～1.1。

(2)锚链(缆)放出长度

①理论计算(见图 5.4-7)

由式(5.4-2)得：

$$L_1 = \frac{P - m_\alpha \lambda_\alpha}{m_c \lambda_c}$$

因

$$L_2 = \sqrt{H\left(H + \frac{2T_0}{m_c}\right)} \tag{5.4-3}$$

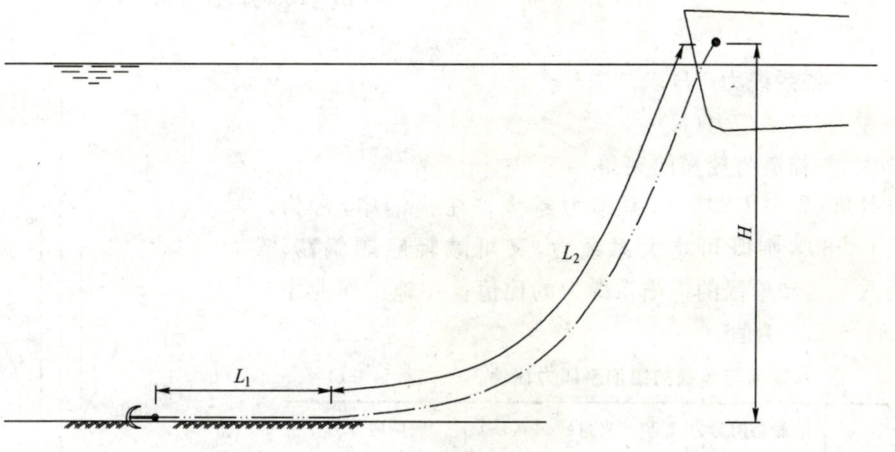

图 5.4-7　锚链(缆)放出长度

$$故,S=L_1+L_2=\frac{P-m_\alpha\lambda_\alpha}{m_c\cdot\lambda_c}+\sqrt{H\left(H+\frac{2T_0}{m_c}\right)} \tag{5.4-4}$$

当 $P\geqslant T_0$ 时,船舶不会发生走锚现象。

$$S\geqslant\frac{P-m_\alpha\lambda_\alpha}{m_c\cdot\lambda_c}+\sqrt{H\left(H+\frac{2T_0}{m_c}\right)}$$

式中:L_2——锚链(缆)悬垂部分长度(m);

H——锚链(缆)孔至水底高度(m);

S——锚链(缆)放出长度为 L_1+L_2(m);

T_0——船体水平向所受的外力(9.81N)。

一般以实际外力的 1.5 倍计算。

②以实际经验数据估算

实际经验数据:正常天气时,出链长度见表 5.4-9。

如链长小于 5～6 倍水深时,锚抓力将因锚爪的切泥角变小而变小。水面以下链长的水深倍数与锚爪切泥角度见表 5.4-10。

出 链 长 度　表 5.4-9

水深(m)	出链(缆)长度 为水深倍数
20 以下	6～4
20～30	4～3
30 以上	3～2

链长与锚爪切泥角　表 5.4-10

锚链入水 长度/水深	小于 1.4	2	3～4	大于 5～6
锚爪切泥 角度	无	15°	30°左右	45°最大

③施工作业锚链(缆)长度

船舶施工的锚链(缆)长度,按下列因素决定:

a. 在施工气象条件下,按锚机满负荷拖动、收绞锚缆时,以不走锚为最低要求;

b. 满足船舶施工要求的最大移动范围,或尽量减少移锚次数。

(3)八字锚系缆力

八字锚系缆力,由图 5.4-8 可得:

$$P = P_p\cos\theta_p + P_s\cos\theta_s = 2P_p\cos\theta_p(\mathrm{N}) \tag{5.4-5}$$

式中：P——八字锚系缆力(N)；

P_p、P_s——左、右锚系缆力(N)；

θ_p、θ_s——左、左锚链与船艏向夹角。

两链间夹角($\theta_p+\theta_s$)越小，系缆力越大。在锚泊中，常为 20°＜(θ_p、θ_s)＜60°，则既可增大系缆力，又可减轻船舶偏荡。表 5.4-11为八字锚和单锚的锚泊系缆力的比值。在施工作业中以 $\theta_p+\theta_s$＝80°～120°为宜。

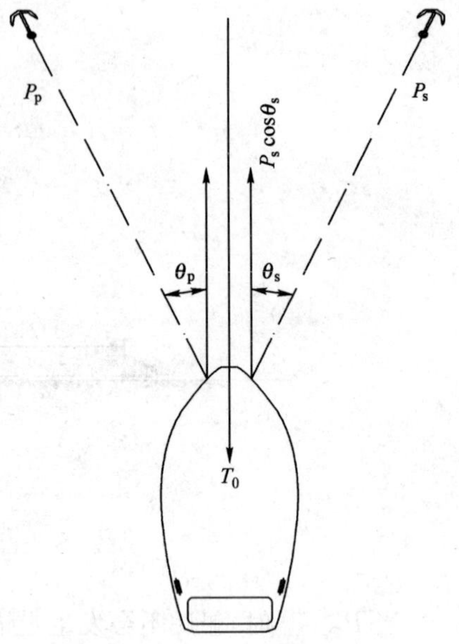

图 5.4-8　八字锚系缆力示意图

八字锚与单锚的锚泊系缆力比值　　表 5.4-11

夹角($\theta_p+\theta_s$)	船艏向分力	夹角($\theta_p+\theta_s$)	船艏向分力
180°	0	80°	1.53
160°	0.35	60°	1.73
140°	0.68	40°	1.88
120°	1.00	20°	1.97
100°	1.31	0°	2.00

4. 系船锚碇和浮筒

工程船舶常用的系泊作业方式有系船锚碇和系船浮筒两种。

(1)系船锚碇

对于在邻近陆域和不能抛锚的浅滩区域需要设置锚位的地点，通常都以埋设锚碇代替抛锚。其形式如下。

①桩式锚碇

桩式锚碇是以木桩或型钢打入土中而成，见表 5.4-12。

桩式锚碇尺寸及承载力表　　表 5.4-12

类　型	承载力(kN)	10	15	20	30	40	50
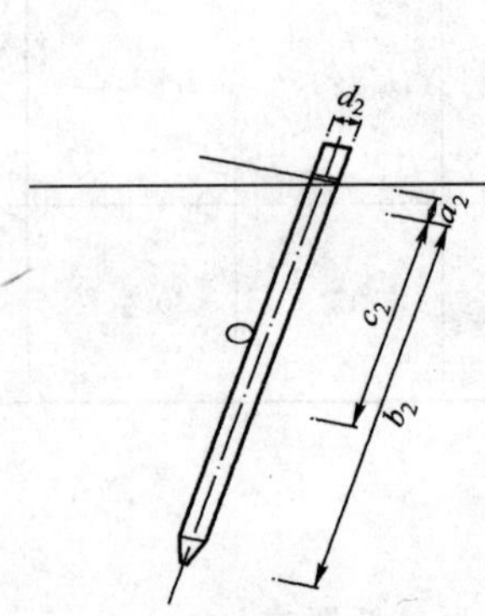	桩尖处施工土壤的压力(MPa)	0.15	0.2	0.23	0.31		
	a(cm)	30	30	30	30		
	b(cm)	120	120	120	120		
	c(cm)	40	40	40	40		
	d(cm)	18	20	22	25		

续上表

类　　型	承载力(kN)	10	15	20	30	40	50
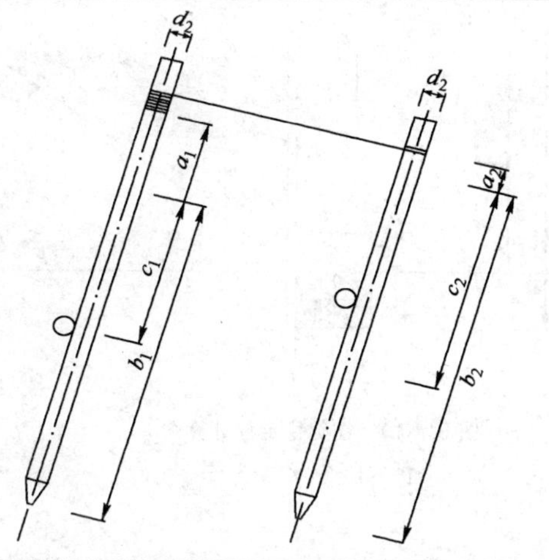	桩尖处施工土壤的压力(MPa)				0.15	0.22	0.25
	a_1(cm)				30	30	30
	b_1(cm)				120	120	120
	c_1(cm)				90	90	90
	d_1(cm)				22	25	26
	a_2(cm)				30	30	30
	b_2(cm)				120	120	120
	c_2(cm)				40	40	40
	d_2(cm)				20	22	24

②水平锚碇

水平锚碇可承受较大荷载，有无板栅水平锚碇和有板栅水平锚碇两种，见图 5.4-9。

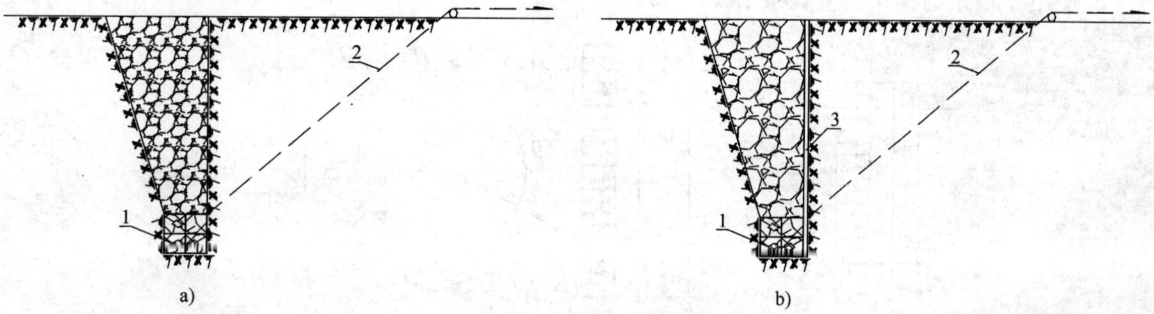

图 5.4-9　水平锚碇示意图

a)无板栅锚碇；b)有板栅锚碇

1-横木；2-钢丝绳(或拉杆)；3-板栅

(2)水平锚碇计算

水平锚碇计算，包括在垂直分力作用下锚碇的稳定性、在水平分力作用下侧向土壤的强度和锚碇横梁计算三部分内容。

①锚碇稳定性计算

锚碇的稳定性，按下式计算：

$$\frac{G+T}{N} \geqslant K \tag{5.4-6}$$

式中：K——安全系数，一般取 2；

T——摩擦力(kN)，$T=fP$；

式中：f——摩擦系数，无板栅取 0.5，有板栅取 0.4；

P——S 的水平分力(kN)，$P=S\cos\alpha$；

N——锚碇所受荷载的垂直分力(kN)，$N=S\sin\alpha$，其中 S 为锚碇荷重；

G——土壤质量(kN)，$G=\dfrac{b+b'}{2}HL\gamma$；

式中：L——横梁长度(m)；

γ——土壤密度(kg/m^3)；

b——横梁宽度(m)；

b'——有效压力区宽度(m),与土壤内摩擦角有关;即 $b' = b + H\tan\varphi_0$;

φ_0——土壤内摩擦角,松土取 15°～20°,一般土取 20°～30°,坚硬土、取 30°～40°;

H——锚碇埋置深度(m)。

②侧向土壤强度(详见图 5.4-10)

无板栅锚碇: $$[\sigma]\eta \geqslant \frac{P}{hL} \tag{5.4-7}$$

有板栅锚碇: $$[\sigma]\eta \geqslant \frac{P}{(h+h')L} \tag{5.4-8}$$

式中:$[\sigma]$——深度 H 处的土壤容许压应力(kPa);

η——降低系数,可取 0.5～0.7;

h——横木高度(m);

h'——横木以上桩的高度(m);

L——横木长度(m)。

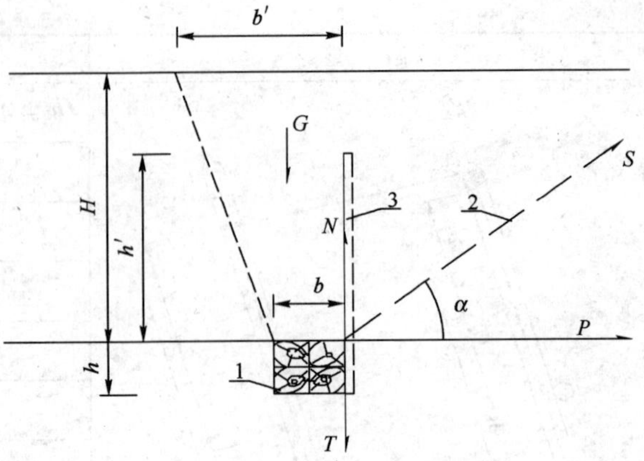

图 5.4-10 锚碇稳定性计算图
1-横木;2-钢丝绳;3-桩

③锚碇横梁计算

a. 使用一根索的横梁计算(见图 5.4-11a)

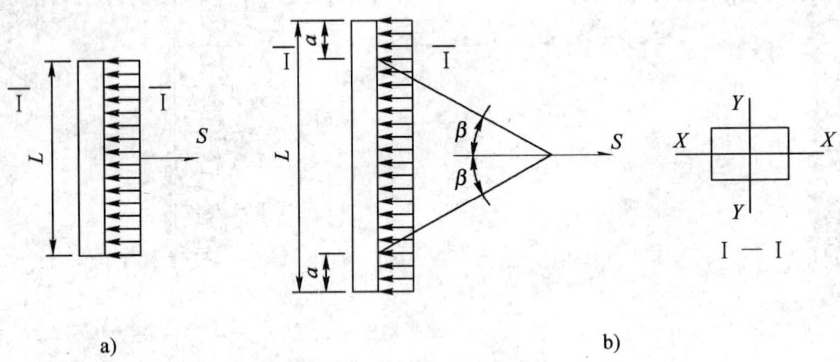

图 5.4-11 锚碇横梁计算图
a)一根索的横梁计算图;b)二根索的横梁计算图

横梁为圆形截面时,按单向弯曲构件计算:

$$\sigma = \frac{M}{W} \leqslant [\sigma_w] \tag{5.4-9}$$

横梁为矩形截面时,按双向弯曲构件计算:

$$\sigma = \frac{M_x}{W_x} + \frac{M_y}{W_y} \leqslant [\sigma_w] \tag{5.4-10}$$

式中:$[\sigma_w]$——横梁受弯容许应力,松木取 8～12MPa,杉木取 6～9MPa;

M_x、W_x——横梁于水平方向所受的弯矩和断面模数;

M_y、W_y——横梁于垂直方向所受的弯矩和断面模数。

b. 使用两根索的横梁计算

使用两根索的横梁,按偏心双向受压构件计算:

$$\sigma = \frac{N_0}{A} + \frac{M_x}{W_x} + \frac{M_y}{W_y} \leqslant [\sigma_w] \tag{5.4-11}$$

式中：N_0——横梁轴向力(kN)；

A——横梁截面积(m^2)。

[算例1]　牵引力为46kN的水平锚碇，横梁用4根道木组成，埋深1.8m，钢丝绳水平夹角为35°，核算锚碇是否安全？(见图5.4-12)

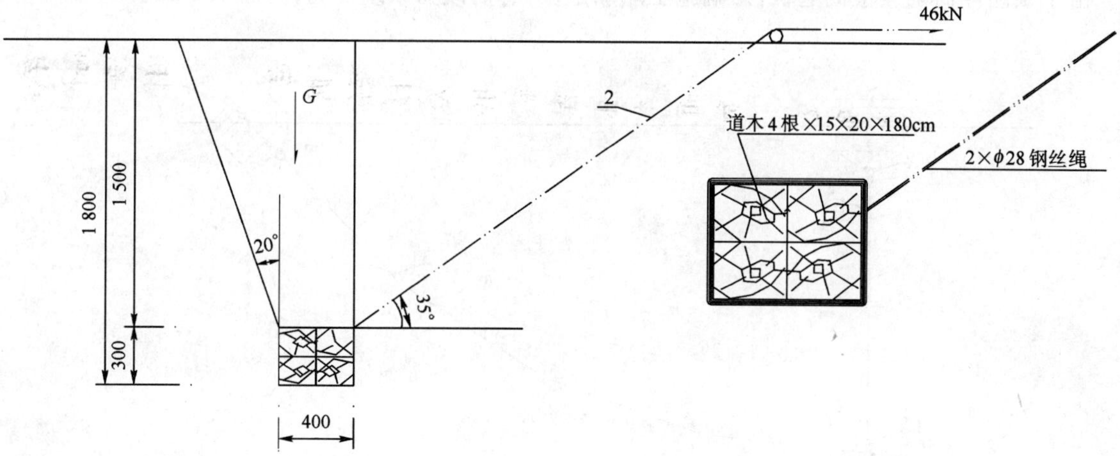

图5.4-12　水平锚碇力计算算例

解：1.验算稳定性

土重　$G=\frac{b+(b+H\tan\varphi_0)}{2}\cdot HL\gamma=\frac{0.4+(0.4+1.5\tan20^\circ)}{2}\times1.5\times1.8\times17=31(\mathrm{kN})$

摩擦力　$T=fP=0.5\times46\cos35^\circ=0.5\times46\times0.819=19(\mathrm{kN})$

锚碇垂直分力　$N=S\sin35^\circ=46\times0.574=26.4(\mathrm{kN})$

安全系数　$K=\frac{G+T}{N}=\frac{31+19}{26.4}=1.9<2$(不安全)

将锚碇的埋深增加0.2m，则土重为：

$$G=\frac{0.4\times(0.4+1.7\tan20^\circ)}{2}\times1.7\times1.8\times17=3.7(\mathrm{kN})$$

$$K=\frac{37+19}{26.4}=2.12>2(\text{安全})$$

2.验算锚碇的侧向土壤强度

土壤承受的压应力为

$$\frac{P}{hl}=\frac{S\cos35^\circ}{hl}=\frac{46\times0.819}{0.3\times1.8}=69.8(\mathrm{kN/m^2})=69.8(\mathrm{kPa})$$

土壤容许压应力为150kPa，应力降低系数取0.6，则

$$[\sigma]\eta=150\times0.6=90(\mathrm{kPa})$$

横梁截面验算

$$\sigma=\frac{M_x}{W_x}+\frac{M_y}{W_y}=\frac{\frac{Nl}{8}}{\frac{40\times30^2}{6}}+\frac{\frac{Pl}{8}}{\frac{30\times40^2}{6}}=0.205(\mathrm{kN/cm^2})<[\sigma_w]$$

根据以上验算，锚碇可保证安全。

(3)系船浮筒

对于施工船舶避风、浮式构件存放、工程施工船舶定位等的系泊,为达到迅速系泊和离泊,或由于底质坚硬不宜抛锚,通常采用系船浮筒的系泊形式。

系船浮筒包括锚坠或钢筋混凝土蛙锚、锚链(缆)和浮筒三部分,见图 5.4-13。

由于系船浮筒随波浪的起伏,影响施工船舶定位,有的改为系缆浮筒,见图 5.4-14。

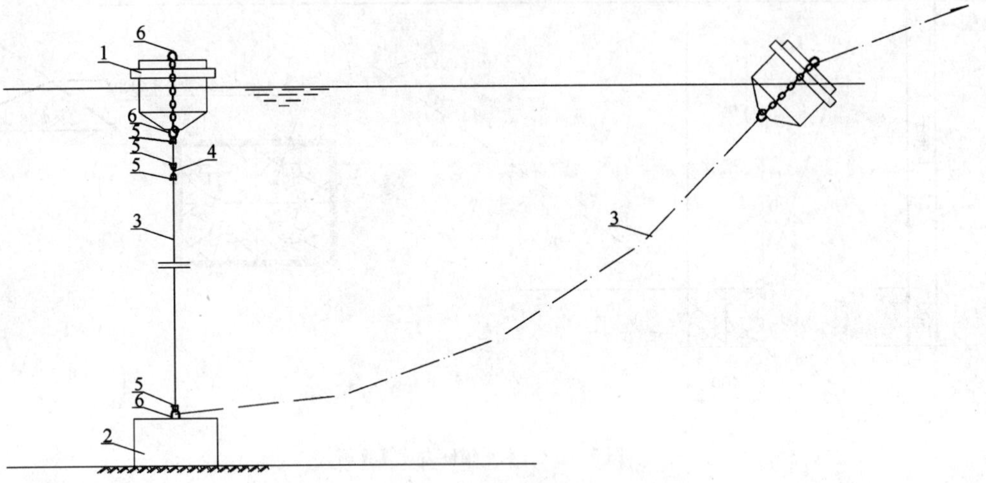

图 5.4-13 系船浮筒示意图

1-浮筒;2-混凝土锚坠;3-钢缆;4-转环;5-卸扣;6-系缆环

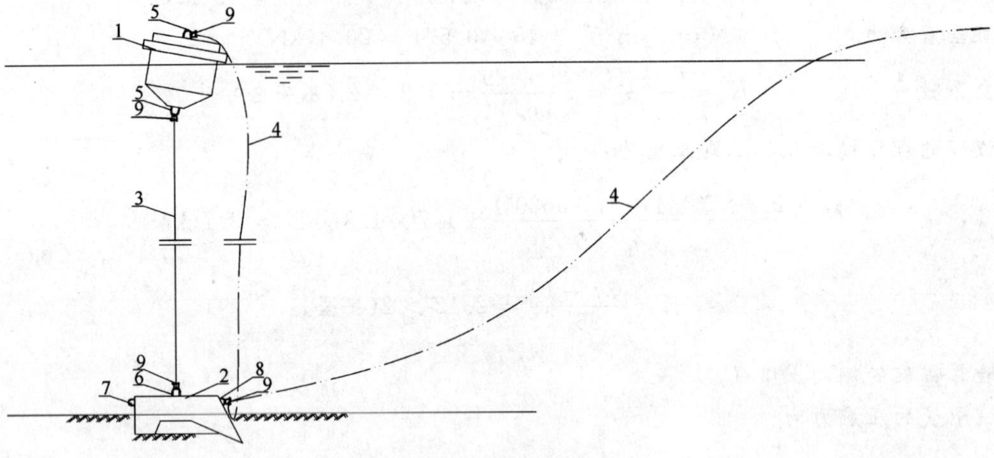

图 5.4-14 系船浮筒

1-浮筒;2-钢筋混凝土蛙锚;3-系筒缆;4-系船缆;5-系缆环;6-系缆环(吊环);7-蛙锚吊环;8-锚缆环;9-卸扣

①浮筒

浮筒一般为鼓形,以钢骨架和钢面板焊接制成,筒中心有通心拉条,其上下两端有环,作为系缆使用。

浮筒按完全淹没水中,并能承受倾覆时任何方向的水压力进行结构设计,在无船系泊时的干舷高度以 1/2～1/3 的筒高为宜。

②锚坠

浮筒的锚坠有坠块式和锚式两类,其种类和特点见表 5.4-13。

锚坠种类和特点　　表 5.4-13

<table>
<tr><td rowspan="2">项目</td><td colspan="2">锚　坠</td><td rowspan="2">铸铁钢筋混凝土蛙锚</td></tr>
<tr><td>铸铁锚坠</td><td>混凝土锚坠</td></tr>
<tr><td>图形</td><td>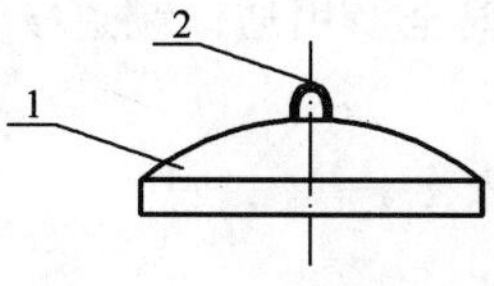
1- 坠体；
2- 吊环（锚缆环）</td><td>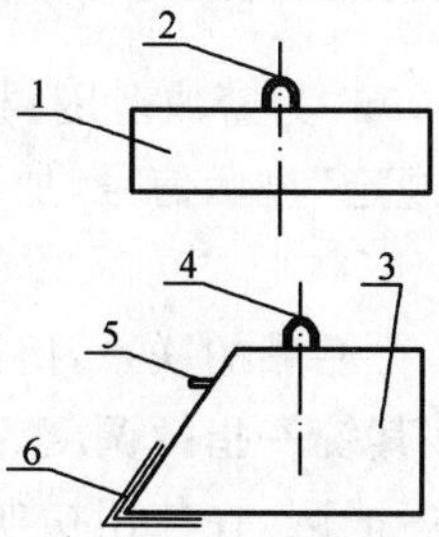
1- 矩形沉块；
2- 吊环（锚缆环）；
3- 尖角形缆块；
4- 吊环；
5- 锚缆环；
6- 钢板包角</td><td>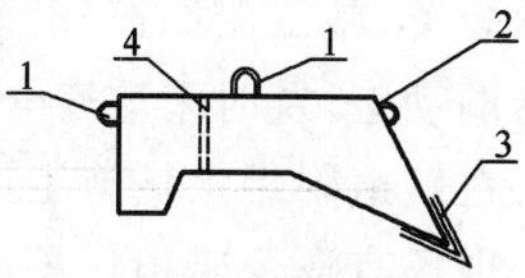
1- 吊环；
2- 锚缆环；
3- 钢板包角；
4- 排水（泥）孔</td></tr>
<tr><td>系缆力计算</td><td colspan="2">水平抗拉力；
对于黏性土，为底面与侧面的黏着力和被动土压力与主动土压力之差；
对于砂性土，为底面摩擦力及被动土压力与主动土压力之差；
水平抗拉力的安全系数取 1.2；
垂直抵抗力；
为锚坠和覆盖土的水中质量</td><td>水平抗拉力：按锚重与抓力系数乘积计算，抓力系数按下表取值。<table><tr><td>底质</td><td>铸铁蛙锚</td><td>钢筋混凝土蛙锚</td></tr><tr><td>淤泥</td><td>1.5/3.0</td><td>1.1/2.3</td></tr><tr><td>砂性土</td><td>2/4</td><td>1.5/3</td></tr><tr><td>砾石</td><td>2/4.5</td><td>1.5/3.5</td></tr><tr><td>黏性土</td><td>2/5</td><td>1.5/3.5</td></tr></table>分子值为抛锚在水底表面，分母值为挖坑抛锚。垂直抵抗力如锚坠</td></tr>
<tr><td>适用范围</td><td>适用于坚硬底质和其他底质；
多用于外海系船浮筒和助航标志的锚坠</td><td>适用于坚硬底质和其他底质；
工程船舶施工作业普遍采用混凝土锚块，以拖轮可拖移换位，使用方便</td><td>适用于上表各种底质；
在工程船舶施工作业中也有使用</td></tr>
</table>

八、航行通告及施工许可证的办理

水上作业施工许可证一般由建设单位办理，项目具备立项审批文件、岸线审批文件、设计文件等资料后可到海事部门办理水上作业许可证。项目施工期根据施工的总体安排，特别是有大型船机要进场作业时必须携带有关资料到海事部门办理航行通告，并确定是否需要临时封航或警戒船舶，明确施工范围及有关注意事项，并在有关报纸上发布航行通告。

工程项目需要挖泥的，还需到海洋局办理施工许可证、抛泥区使用许可证。

沉桩施工前，技术人员应会同打桩船船长到现场踏勘地形，确定锚位布置方案。有以下特殊情况的要做好相关工作：

(1)需在陆上挖设地垄。地垄的抗拉力一般为锚车拉力的 1.5～2 倍。挖地垄影响防汛时，需征得防汛部门同意。

(2)施工区域土质差，锚抓力不够，需抛设预制混凝土锚坠。必要时需用挖泥船挖坑，将混凝土锚坠埋入土中，以增加锚拉力。混凝土锚坠上方应挂浮漂以显示其位置。

(3)施工水域离航道近，无法正常抛锚，需抛设混凝土锚坠。

(4)要在防汛墙(海堤)上开孔或开缺口,要会同建设单位报防汛部门同意,并有临时防汛措施。

(5)要在建筑物或工程结构物上带缆,要进行验算并要有监测保护措施。

九、警戒区的确定及安全防护措施

一般以施工区域上下游各350~500m为警戒范围,根据海事局所发航行通告的要求配备必要的警示装置,施工船舶按"沿海港口信号规定"显示信号,加强瞭望,确保安全专用通讯频道畅通,注意过往船舶动态,及时采取安全措施。

在航道附近水域施工,要加强与航行船舶的联系,协同避让,以策安全。

现场有巡逻艇担任警戒时,应听从其统一指挥调度。

打桩船地垄缆的移动区域须设置警戒区,在使用初期要特别加强观察,严禁在警戒区域内设置测量点,严禁闲杂人员进入,并经常观察以保安全。

十、岸坡稳定分析

由于打桩的挤土和振动作用对岸坡稳定造成不利影响,因此沉桩施工中岸坡稳定是必须考虑的一个问题,一般来说当自然岸坡较陡时,沉桩需采取一些技术措施。许多地区都曾发生过岸坡失稳滑坡事件。岸坡在自然状态下是稳定的,但沉桩施工容易诱发滑坡事件,这主要是因为:一是施工期增加了滑动力矩,如施工船舶在坡顶搁滩,海堤或陆域施工的坡顶堆载;二是土体的抗滑能力下降,如超孔隙水压力的作用,打桩振动和挤土作用破坏了土的原状结构,降低了土的承载能力;三是新建工程改变了自然状态,由于桩基的存在改变了过水断面,沉桩区水流变得紊乱,桩的阻水容易在码头前沿产生丁坝效应,泥沙的平衡状态被打破,某些区域易受冲刷,岸坡发生变化。因此对于具体的工程项目,有关岸坡稳定要做好以下几项工作:

(1)会同设计、勘察、监理计算、分析岸坡的稳定安全系数。详见第三篇第一章,如不满足,应采取削坡挖泥等措施。

(2)与当地已建同类型工程进行分析比较。

(3)选择合适的沉桩速率和加载速度,避免发生较大的超孔隙水压力,且使超孔隙水压力能及时的消散。

(4)设置观测点进行沉降、位移观测,如有必要进行孔隙水压力或用测斜管进行深层土体位移的监测。

(5)对水流和水深进行复测,掌握岸坡变化情况。

(6)选择合适的沉桩设备,制定合理的施工方案,如重锤轻击,高潮施打,间隔跳打,控制沉桩速率,调整沉桩顺序等。

十一、碰 桩 验 算

碰桩验算包括两方面内容:一是桩船与已沉桩是否会相碰,二是设计桩位之间是否会相碰。对于修复或扩建工程,尚应检查与原有结构或已有桩基是否相碰。验算时尤其要注意打桩船的龙口与桩的相对关系。

可以根据桩位图比例制作打桩船模型来检查核验桩船与已沉桩是否会相碰,对于斜桩,则应核验高水(潮)位和低水(潮)位时是否相碰。

验算设计桩位之间是否会相碰主要有两种方法:一是利用桩平面投影的作图计算法,二是利用桩三维立体模型的电算检验法。

验算设计桩位之间是否会相碰,是沉桩施工前的重要施工准备。设计时对桩位应该进行校合,保证桩位是不碰的。桩位校合比较麻烦,要注意避免发生漏验桩。有的桩间的间隙过小,施工中发生偏差，也会造成碰桩现象。通过碰桩验算，找出这些桩间间隙过小的桩，也是碰桩验算中的一项工作。施工中可采取相应对策。

碰桩校合首先是在桩位图中找出可能碰桩的桩，然后进行验算。

1.桩平面投影的作图计算法

作图计算法是按比例画出桩的平面位置图。对方桩的验算方法是：先判断 A、B 桩哪根在上面，哪根在下。如果 A 桩在下 B 桩在上，再对下桩的上平面边线 A_3J_3，A_3J_4，A_4J_1，A_4J_2 与上桩的下平面边线 B_4J_1、B_4J_4、B_3J_2、B_3J_3 比较，如 A 桩的上平面边线都在 B 桩的下平面边线的下方，则两桩不碰，反之则碰桩。

［算例 2］　如图 5.4-15 作图验算 A、B 两桩是否碰桩。

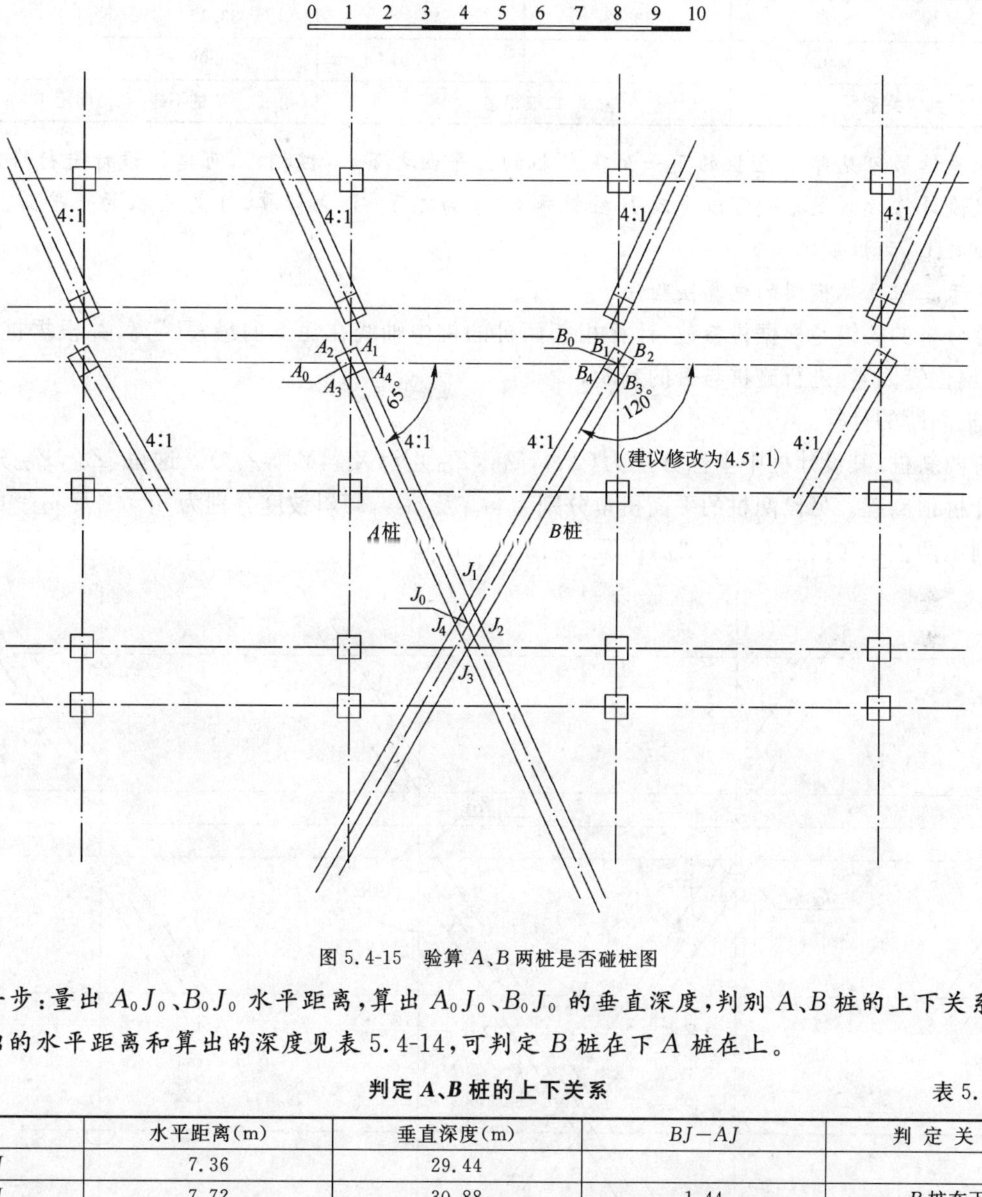

图 5.4-15　验算 A、B 两桩是否碰桩图

第一步：量出 A_0J_0、B_0J_0 水平距离，算出 A_0J_0、B_0J_0 的垂直深度，判别 A、B 桩的上下关系。量出的水平距离和算出的深度见表 5.4-14，可判定 B 桩在下 A 桩在上。

判定 *A*、*B* 桩的上下关系　　表 5.4-14

	水平距离(m)	垂直深度(m)	$BJ-AJ$	判定关系
AJ	7.36	29.44		
BJ	7.72	30.88	1.44	B 桩在下

第二步：分别比较 A 桩的下平面和 B 桩的上平面的深度关系。如果 A 桩的下平面都在 B 桩的上平面之上，即 A_1J_1 在 B_4J_1 之上；A_1J_2 在 B_3J_2 之上；A_2J_4 在 B_4J_4 之上；A_2J_3 在 B_3J_3 之上，则两桩不碰。如果 A 桩的下平面有部分在 B 桩的上平面之下，则两桩相碰。计算结果见表 5.4-15。

检查2桩是否相碰　　表5.4-15

线号	水平距离(m)	原设计		建议修改B桩斜率为4.5∶1	
		垂直深度(m)	$B_iJ_i-A_iJ_i$(m)	垂直深度(m)	$B_iJ_i-A_iJ_i$(m)
A_1J_1	7.12	28.48		28.48	
B_4J_1	6.87	27.48	−1	30.92	2.44
A_1J_2	7.86	31.44		31.44	
B_3J_2	7.29	29.16	−2.28	32.81	1.37
A_2J_4	7.54	30.16		30.16	
B_4J_4	7.6	30.4	0.24	34.20	4.04
A_2J_3	8.28	33.12		33.12	
B_3J_3	8.02	32.08	−1.04	36.09	2.97
判定关系		二桩相碰		二桩不碰，竖向间距1.37m	

从计算结果可见部分A桩的下平面在B桩的上平面之下，二桩相碰，可建议设计进行修改。

建议设计修改方案之一可以是改B桩斜率4∶1为4.5∶1，再计算，可见A桩的下平面全在B桩的上平面之上，两桩不碰。

2.基于三维立体模型的电算检验法

碰桩分析的关键是根据桩参数，计算相邻两桩的桩中轴线在泥下的最短距离，并根据桩截面、尺寸、允许偏位等因素，进行碰桩与否的判断。

(1)桩间距的计算

设有两斜桩，其设计桩中坐标分别为(X_{O1}，Y_{O1}，Z_{O1})及(X_{O2}，Y_{O2}，Z_{O2})。这里，Z_{O1}，Z_{O2}分别是两桩的设计桩顶高程。另设两桩的平面扭角分别为α_{PN1}及α_{PN2}，倾斜坡度分别为n_1∶1及n_2∶1。据此，可分别列出两桩中轴线在空间的参数方程(见图5.4-16)。

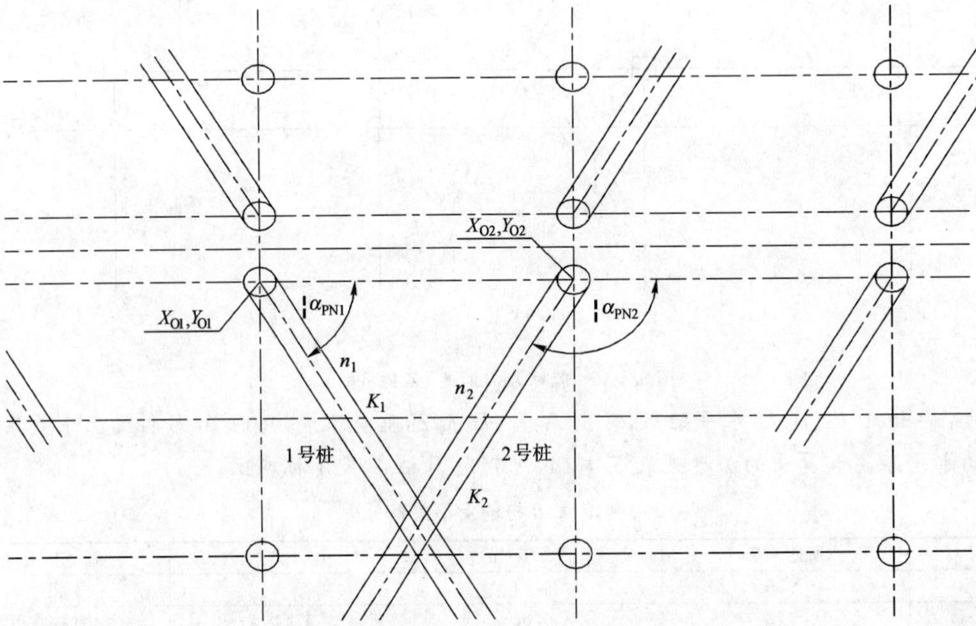

图5.4-16　验算1号、2号两桩是否碰桩图

α_{PN1}-1号桩的平面扭角；n_1-1号桩的倾斜坡度；K_1-1号桩的仰/俯打参数；α_{PN2}-2号桩的平面扭角；n_2-2号桩的倾斜坡度；K_2-2号桩的仰/俯打参数

$$
\begin{aligned}
X_1 &= X_{O1} + k_1 \frac{Z_1 - Z_{O1}}{n_1}\cos\alpha_{PN1} \\
Y_1 &= Y_{O1} + k_1 \frac{Z_1 - Z_{O1}}{n_1}\sin\alpha_{PN1} \\
Z_1 &= Z_1
\end{aligned}
\tag{5.4-12}
$$

及

$$
\begin{aligned}
X_2 &= X_{O2} + k_2 \frac{Z_2 - Z_{O2}}{n_2}\cos\alpha_{PN2} \\
Y_2 &= Y_{O2} + k_2 \frac{Z_2 - Z_{O2}}{n_2}\sin\alpha_{PN2} \\
Z_2 &= Z_2
\end{aligned}
\tag{5.4-13}
$$

式中，k_1、k_2 为符号系数。对于仰打桩 k_1、k_2 取“+1”，对于俯打桩，k_1、k_2 取“−1”。

令：

$$
\begin{aligned}
X'_{O1} &= X_{O1} - k_1 \frac{Z_{O1}\cos\alpha_{PN1}}{n_1} \\
Y'_{O1} &= Y_{O1} - k_1 \frac{Z_{O1}\sin\alpha_{PN1}}{n_1}
\end{aligned}
\tag{5.4-14}
$$

$$
\begin{aligned}
X'_{O2} &= X_{O2} - k_2 \frac{Z_{O2}\cos\alpha_{PN2}}{n_2} \\
Y'_{O2} &= Y_{O2} - k_2 \frac{Z_{O2}\sin\alpha_{PN2}}{n_2}
\end{aligned}
\tag{5.4-15}
$$

则式(5.4-12)及式(5.4-13)可简化为：

$$
\begin{aligned}
X_1 &= X'_{O1} + k_1 \frac{\cos\alpha_{PN1}}{n_1} Z_1 \\
Y_1 &= Y'_{O1} + k_1 \frac{\sin\alpha_{PN1}}{n_1} Z_1 \\
Z_1 &= Z_1
\end{aligned}
\tag{5.4-16}
$$

及

$$
\begin{aligned}
X_2 &= X'_{O2} + k_2 \frac{\cos\alpha_{PN2}}{n_2} Z_2 \\
Y_2 &= Y'_{O2} + k_2 \frac{\sin\alpha_{PN2}}{n_2} Z_2 \\
Z_2 &= Z_2
\end{aligned}
\tag{5.4-17}
$$

另有空间两点的距离 S 的计算公式为：

$$
S = \sqrt{(X_1 - X_2)^2 + (Y_1 - Y_2)^2 + (Z_1 - Z_2)^2}
\tag{5.4-18}
$$

将式(5.4-16)及式(5.4-17)同时代入式(5.4-18)后，得在两桩中轴线上各取一点后的两点距离计算公式：

$$
\begin{aligned}
S = \Bigg[& \left(X'_{O1} + k_1 \frac{\cos\alpha_{PN1}}{n_1} Z_1 - X'_{O2} - k_2 \frac{\cos\alpha_{PN2}}{n_2} Z_2 \right)^2 \\
& + \left(Y'_{O1} + k_1 \frac{\sin\alpha_{PN1}}{n_1} Z_1 - Y'_{O2} - k_2 \frac{\sin\alpha_{PN2}}{n_2} Z_2 \right)^2 + (Z_1 - Z_2) \Bigg]^{\frac{1}{2}}
\end{aligned}
\tag{5.4-19}
$$

为求 S 的极小值，需将上式中的 S 分别对 Z_1、Z_2 求导，并令其等于零。这里，为方便计算，先对式(5.4-19)的两边平方，再求 $\frac{\mathrm{d}S}{\mathrm{d}Z_1}$ 及 $\frac{\mathrm{d}S}{\mathrm{d}Z_2}$ 得：

$$
\begin{aligned}
2S\frac{dS}{dZ_1} &= 2\left(X'_{O1}+k_1\frac{\cos\alpha_{PN1}}{n_1}Z_1-X'_{O2}-k_2\frac{\cos\alpha_{PN2}}{n_2}Z_2\right)\frac{k_1\cos\alpha_{PN1}}{n_1}\\
&\quad+2\left(Y'_{O1}+k_1\frac{\sin\alpha_{PN1}}{n_1}Z_1-Y'_{O2}-k_2\frac{\sin\alpha_{PN2}}{n_2}Z_2\right)\frac{k_1\sin\alpha_{PN1}}{n_1}\\
&\quad+2(Z_1-Z_2)\\
&=0
\end{aligned}
\tag{5.4-20}
$$

及

$$
\begin{aligned}
2S\frac{dS}{dZ_2} &= 2\left(X'_{O1}+k_1\frac{\cos\alpha_{PN1}}{n_1}Z_1-X'_{O2}-k_2\frac{\cos\alpha_{PN2}}{n_2}Z_2\right)\left(-\frac{k_2\cos\alpha_{PN2}}{n_2}\right)\\
&\quad+2\left(Y'_{O1}+k_1\frac{\sin\alpha_{PN1}}{n_1}Z_1-Y'_{O2}-k_2\frac{\sin\alpha_{PN2}}{n_2}Z_2\right)\left(-\frac{k_2\sin\alpha_{PN2}}{n_2}\right)\\
&\quad+2(Z_1-Z_2)(-1)\\
&=0
\end{aligned}
\tag{5.4-21}
$$

对式(5.4-20)及式(5.4-21)进行整理后得：

$$
\begin{aligned}
&\left(\frac{1}{n_1^2}+1\right)Z_1-\left[\frac{k_1k_2}{n_1n_2}\cos(\alpha_{PN1}-\alpha_{PN2})+1\right]Z_2\\
&+\frac{k_1}{n_1}[(X'_{O1}-X'_{O2})\cos\alpha_{PN1}+(Y'_{O1}-Y'_{O2})\sin\alpha_{PN1}]=0
\end{aligned}
\tag{5.4-22}
$$

及

$$
\begin{aligned}
&\left[\frac{k_1k_2}{n_1n_2}\cos(\alpha_{PN1}-\alpha_{PN2})+1\right]Z_1-\left(\frac{1}{n_2^2}+1\right)Z_2\\
&+\frac{k_2}{n_2}[(X'_{O1}-X'_{O2})\cos\alpha_{PN2}+(Y'_{O1}-Y'_{O2})\sin\alpha_{PN2}]=0
\end{aligned}
\tag{5.4-23}
$$

令：

$$A_1=\left(\frac{1}{n_1^2}+1\right)\tag{5.4-24}$$

$$B_1=-\left[\frac{k_1k_2}{n_1n_2}\cos(\alpha_{PN1}-\alpha_{PN2})+1\right]\tag{5.4-25}$$

$$C_1=\frac{k_1}{n_1}[(X'_{O1}-X'_{O2})\cos\alpha_{PN1}+(Y'_{O1}-Y'_{O2})\sin\alpha_{PN1}]\tag{5.4-26}$$

$$A_2=\left[\frac{k_1k_2}{n_1n_2}\cos(\alpha_{PN1}-\alpha_{PN2})+1\right]\tag{5.4-27}$$

$$B_2=-\left(\frac{1}{n_2^2}+1\right)\tag{5.4-28}$$

$$C_2=\frac{k_2}{n_2}[(X'_{O1}-X'_{O2})\cos\alpha_{PN2}+(Y'_{O1}-Y'_{O2})\sin\alpha_{PN2}]\tag{5.4-29}$$

将式(5.4-24)至式(5.4-29)分别代入式(5.4-22)和式(5.4-23)，并联列此两方程得方程组：

$$
\begin{aligned}
A_1Z_1+B_1Z_2+C_1&=0\\
A_2Z_1+B_2Z_2+C_2&=0
\end{aligned}
\tag{5.4-30}
$$

由此解得：

$$
\begin{aligned}
Z_1&=\frac{B_1C_2-B_2C_1}{A_1B_2-A_2B_1}\\
Z_2&=\frac{A_2C_1-A_1C_2}{A_1B_2-A_2B_1}
\end{aligned}
\tag{5.4-31}
$$

将式(5.4-31)代入式(5.4-19)即得两桩中轴线的最短距离 $S_{\min}$。同时,式(5.4-31)也告诉我们两桩中轴线或在其延长线上各取一点的连线距离为最短时的高程位置。

特别当有直桩时,可对上述部分公式作一些简化。

①当两桩均为直桩时,即 $n_1\rightarrow\infty$,$n_2\rightarrow\infty$,此时,式(5.4-12)及式(5.4-13)化作:

$$\begin{aligned}X_1&=X_{O1}\\Y_1&=Y_{O1}\\Z_1&=Z_1\end{aligned}\tag{5.4-32}$$

及

$$\begin{aligned}X_2&=X_{O2}\\Y_2&=Y_{O2}\\Z_2&=Z_2\end{aligned}\tag{5.4-33}$$

同时,注意到,在两桩均为直桩的情况下,两桩中轴线的间距与 Z_1、Z_2 无关。故式(5.4-19)化作:

$$S=\sqrt{(X_{O1}-X_{O2})^2+(Y_{O1}-Y_{O2})^2}\tag{5.4-34}$$

当然,实际工作中,我们无须对两直桩的碰桩与否进行判断。这里对此情况作一说明,主要是为下述分析提供方便。

②当两桩之一为直桩时,如设 1 号桩为直桩,即 $n_1\rightarrow\infty$。所以有:$A_1=1,B_1=-1,C_1=0,A_2=1$。这样,Z_2 可按下式计算:

$$Z_2=-\frac{C_2}{B_2+1}\tag{5.4-35}$$

另外,由于 1 号桩为直桩,因此,当 2 号桩的 Z_2 取值使得两桩间距为最短时,应有 $Z_1=Z_2$。故此时两桩的最短距离的计算公式为:

$$S_{\min}=\sqrt{\left(X_{O1}-X'_{O2}-\frac{D_2\cos\alpha_{PN2}Z_2}{n_2}\right)^2+\left(Y_{O1}-Y'_{O2}-\frac{D_2\sin\alpha_{PN2}Z_2}{n_2}\right)^2}\tag{5.4-36}$$

同理,当 2 号桩为直桩时,我们有:

$$S_{\min}=\sqrt{\left(X'_{O1}+\frac{D_1\cos\alpha_{PN1}Z_1}{n_1}-X_{O2}\right)^2+\left(Y'_{O1}+\frac{D_1\sin\alpha_{PN1}Z_1}{n_1}-Y_{O2}\right)^2}\tag{5.4-37}$$

式中:

$$Z_1=\frac{C_1}{-A_1+1}\tag{5.4-38}$$

(2)碰桩与否的判断

由式(5.4-19)、式(5.4-36)及式(5.4-37)计算出两桩中轴线或在其延长线上的最短间距。据此,可以根据桩截面及可能出现的偏位值(如最大允许偏位等)进行碰桩与否的判断。为此,首先计算两桩中轴线间的允许最短间距。

对方桩来说,设其截面为 $a\times b$,倾斜坡度为 $n:1$,如图 5.4-17 所示。则其最大半径为:

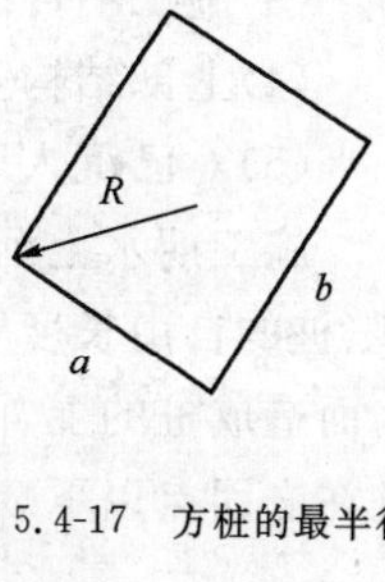

图 5.4-17 方桩的最半径

$$R=\frac{\sqrt{a^2+b^2}}{2}=\frac{1}{2}\sqrt{a^2+\frac{a^2(n^2+1)}{n^2}}=\frac{a}{2n}\sqrt{2n^2+1}\tag{5.4-39}$$

另设单桩的允许偏位为 1m。则对两根桩来说,两桩中轴线间的最短允许间距 S_y 应为:

$$S_y=R_1+R_2+2\text{m}=\frac{a}{2n_1}\sqrt{2n_1^2+1}+\frac{a}{2n_2}\sqrt{2n_2^2+1}+2\text{m}\tag{5.4-40}$$

式中：n_1、n_2 分别为两桩的倾斜坡度。

对于管桩来说，设其截面半径为 r，倾斜坡度为 $n:1$，如图 5.4-18 所示。则其最大半径（即椭圆的长半径）R 为：

$$R=\frac{r}{n}\sqrt{n^2+1} \quad (5.4\text{-}41)$$

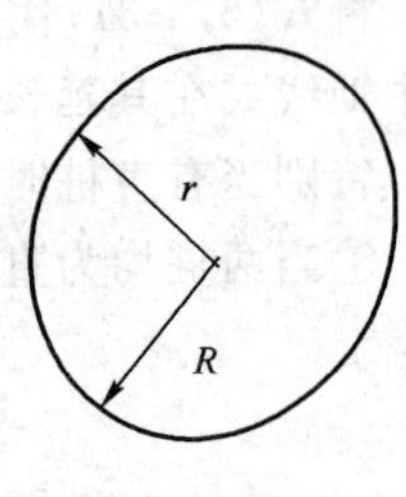

图 5.4-18　斜管桩的长半径

同样，设单桩的允许偏位为 1m。则两桩轴线允许最短间距 S_y 为：

$$S_y=R_1+R_2+2\text{m}=\frac{r}{n_1}\sqrt{n_1^2+1}+\frac{r}{n_2}\sqrt{n_2^2+1}+2\text{m} \quad (5.4\text{-}42)$$

碰桩判断的方法是：算出的两桩轴线（或其延长线上的）最短间距 S_{min} 经与由算得的 S_y 进行比较。若有 $S_{min}>S_y$，则说明不会发生碰桩。否则，若 $S_{min}<S_y$，则说明可能会发生碰桩。这时，要对高程进行分析。方法是将算得的 Z_1、Z_2 值与相应的桩尖高程值 HJ_1、HJ_2 进行比较。当有 $Z_1<HJ_1$ 或 $Z_2<HJ_2$ 时，说明碰桩部位在桩中轴线向下的延长线上，此时也不会碰桩。而当有 $Z_1>HJ_1$ 且 $Z_2>HJ_2$ 时，说明肯定要发生碰桩。这时，应合理调整有关的桩参数，避免泥下碰桩事故的发生。

桩尖高程值由桩顶设计高程 Z_0，桩长 l 及倾斜坡度按下式计算：

$$HJ=Z_0-\frac{l\times n}{\sqrt{n^2+1}} \quad (5.4\text{-}43)$$

需要指出的是，从严格意义上说，在前面对相邻两桩的允许最短间距 S_y 的设定中，除了应考虑桩的允许偏位外，还需考虑桩的扭角和倾斜坡度的允许误差。但在实际工作中，由于扭角和倾斜坡度误差值的定量获取尚有一定的难度，所以也就难以在最短允许间距的定量设定考虑这两项因素。解决这一问题的一个有效途径是，在按上述方法进行一定程度上的定量分析的基础上，考虑扭角和倾斜坡度误差的影响，并结合经验进行进一步的定性分析，以期得到合理的碰桩判断效果。

上述桩间距的计算和碰桩与否的判别计算过程较繁。按上述数学模式进行编程，用电脑计算，很快可判别出桩之间的相对关系。

十二、水上沉桩的施工期安全

根据《港口工程桩基规范》(JTJ 254)和《港口工程钢结构设计规范》(JTJ 283)中关于钢筋混凝土桩和钢管桩在设计时应对施工期内力、强度和稳定性进行验算，这些力主要有：

(1)桩吊运内力和锤击沉桩应力；

(2)桩的自重力（含管桩中水体的质量）和浮托力；

(3)施工期可能出现的水流力、波浪力和冰凌挤压力；

(4)上部结构安装时出现的偏心荷载等；

(5)对已沉入地基中但桩顶尚未夹桩的桩，应按悬臂结构进行验算。

施工期水上沉桩的安全不仅设计人员应予高度重视，施工人员更应根据水文、气象、地质条件、桩型、桩的自由长度等条件进行验算，特别是波、流方向与桩的自重弯矩三者最不利组合，再加上桩身涌水而造成桩的上、下游水头差等不利因素，使桩在风、浪、流等荷载的作用下不停产生涡振、摇摆，致使桩在嵌固点以下疲劳而断裂。详见第三篇第五章。

第二节　预应力混凝土方桩

混凝土方桩的边长一般在 400～600mm 之间，最常用的为 600mm。其主筋根数不少于 8 根，其单根桩长应小于 100 倍边长，如设计桩长大于 100 倍边长，宜采用其他桩型或接桩。

一、锤 型 要 求

方桩因截面较小，锤击拉应力较大，桩顶容易打碎，应根据设计承载力要求、地质、水深、桩身结构并结合施工经验或试沉桩情况综合确定锤型，一般宜选用能量小于 D—80 柴油锤的锤型，并要严格控制锤击能量。特别是斜桩沉桩，当自由长度较长而又在穿硬层时，必须严格控制锤击能量，并注意桩身变形情况，当桩身有明显晃动时宜停停打打。

缺乏经验时可参考选锤参考表 5.4-16 选用锤型。也可见本篇第三章的有关内容。

预应力方桩进行锤击沉桩控制拉应力验算时，应满足下式要求：

$$\gamma_s \sigma_K \leqslant \frac{\sigma_{pc}}{\gamma_{pc}} + f_t \tag{5.4-44}$$

式中：γ_s——锤击沉桩拉应力分项系数，取 1.10；

σ_K——锤击沉桩拉应力标准值(MPa)，一般取值为 5.0～6.5MPa；

σ_{pc}——扣除全部预应力损失后桩边缘混凝土的预应力值(MPa)；

γ_{pc}——混凝土预应力分项系数，一般取 1.0；

f_t——混凝土轴心抗拉强度设计值(MPa)。

二、桩 帽 形 式

一般方桩桩顶主筋均外伸，外伸长度一般大于 400mm，因此，桩帽上要开一定数量、大小和间距的孔，使外伸钢筋能顺利通过，保证锤击能量由桩帽通过桩垫均匀传递给桩顶，桩帽结构图见图 5.4-19。

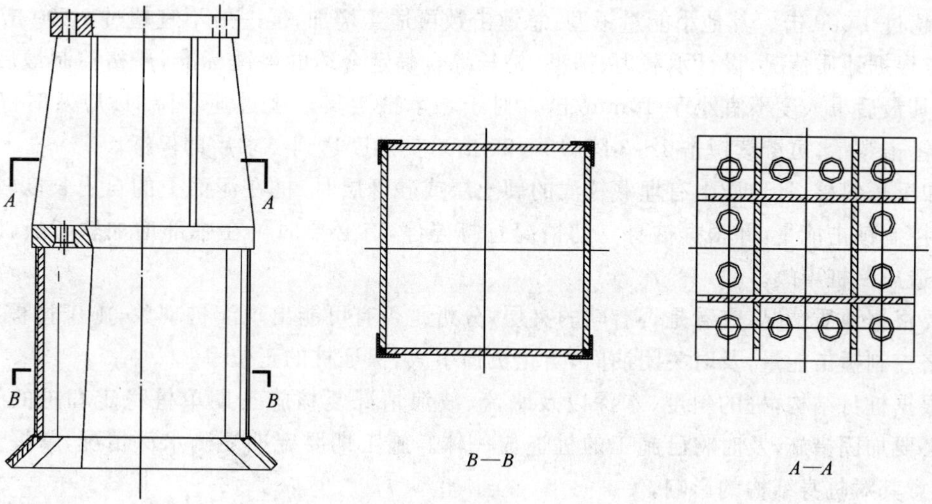

图 5.4-19　方桩帽结构示意图

三、锤垫材料要求

锤垫的材质要能满足反复锤击的要求、锤垫要有一定的缓冲性能，应材质均匀，变形性能一致，以保证锤击能量均匀地传递给桩帽。一般常用的材料有硬木、废旧钢丝绳、废旧尼龙绳等。

四、桩垫材料要求

桩垫的材料应有以下的一些性能：

(1)有一定的缓冲性；

(2)材质均匀,受力变形性能一致;

(3)横向强度低,桩垫在锤击作用下要变形,对钢筋会有一定的挤压作用。如果挤压力大容易使筋外混凝土受损,造成劈角等现象,因此宜选用横向强度低的材料,特别是锤击能量较大或是在贯入度较小的区域沉桩时。

一般常用的桩垫材料有:纸箱板、松木、纤维板、马粪纸、白棕绳或是它们的组合,也可用废旧土工布制作桩垫。

一般方桩桩垫为一次性使用材料,方桩因有外露钢筋,桩垫上应开有外露钢筋的缺口,以防在锤击时横向挤压将钢筋外侧的混凝土挤坏而将桩顶打碎。但白棕绳或土工布垫可以根据沉桩情况循环几次使用,由于其变形后横向挤压力小,缓冲和传力性能也较好,保护桩头效果较佳。但对锤击数很多的混凝土桩宜一桩一垫,每次换垫时应将残留桩垫清理干净,防止残留垫造成应力集中或偏心锤击。

五、沉桩注意事项

(1)沉桩前应对桩身质量进行检查,桩身混凝土强度与龄期是否达到规范要求,桩身是否有裂缝、有缺陷,桩顶面是否平整且与桩纵轴线垂直。

(2)沉桩过程中应严格控制桩身的角度,保证桩体与龙口平行,保证桩锤、桩帽、桩体在同一轴线上,避免偏心锤击。

(3)对施工全过程都要进行测量监控,特别是下桩时测量人员要及时将桩的偏位情况报告施工人员,以便在稳桩前及时调整桩位,压锤后应尽量避免硬纠桩位。

(4)为避免桩体受损,应严格控制总锤击数,一般混凝土方桩采用 D—80 型锤,油门开二挡,其锤击数不宜超过 1 000 击。其他小能量锤型,总锤击数可适当增加,但一般不宜超过 1 500 击。

(5)应根据地质情况,设计承载力、锤型、桩长综合确定合适的停锤标准,严格控制最后贯入度,一般摩擦桩其最后贯入度不宜小于 10mm/击。对于端承桩当贯入度迅速下降时,应及时停锤,严格控制最后的锤击数量,可继续锤击 1～3 阵(10～30 击),贯入度达到要求后即停锤。

(6)如沉长斜桩,且地质上有埋藏较浅的硬土层或砂砾层时,桩在泥面上的自由长度较长,此种情况须严格控制锤击能量,并根据桩身晃动情况打打停停,有必要时可在中部增加软背板,以防止桩身开裂甚至造成断桩事故。

(7)要根据地质情况,查看是否有软的夹层,分析是否有可能出现溜桩现象;施工过程要加强高程监控,严格控制锤击能量,及时关闭油门,防止机损事故,保证桩的正位率。

(8)根据桩身结构,桩的斜度、水深以及水流、波浪情况复核施工期单桩稳定和桩的受力变形情况,采取必要加固措施,及时将已施工的桩连成一体。施工期要定期复测水深情况,掌握基床的冲淤变化并注意其对桩身结构的影响。

(9)沉桩过程如发生贯入度突然增大,桩身倾斜、偏位,桩周水面冒气泡,桩顶破碎掉块等异常情况,要立即停锤,分析原因采取措施后才能继续施工。

(10)混凝土方桩施工期单桩的安全性很差,除设计时应考虑单桩施工期安全外,打完桩后应立即将已打桩进行连接加固,并尽快进行上部结构施工。

第三节　预应力混凝土管桩

常用的预应力混凝土大直径管桩有:后张法预应力大直径管桩(雷蒙特桩)和先张法预应力混凝土管桩(PHC)桩。

一、锤 型 要 求

(1)在沉桩施工中，选锤是比较复杂却又是一项重要的工作，既要考虑沉桩可能性和沉桩效率，又要防止桩顶和桩身受过大的锤击应力而破坏。故在选择锤型前，应充分了解预应力混凝土管桩的性能、技术参数和设计要求，并进行管桩锤击拉应力和压应力验算，使选锤更有针对性。根据以往工程实例，管桩桩径较小时，当桩基持力层为黏土或桩端虽进入砂层，但桩长较短时，可选用 D—80 型锤；当桩基持力层为标准贯入度击数较高的密实砂层、风化岩或桩长较长时，宜选用 DM—100 型桩锤或其他能量类似的锤型。

(2)管桩锤击拉应力应按下式进行验算：

$$\gamma_{sk}\sigma_k \leqslant \sigma_{pc} + f_t \tag{5.4-45}$$

式中：γ_{sk}——锤击拉应力分项系数 γ_{sk} 取 1.15；

σ_k——锤击拉应力标准值(MPa)；

σ_{pc}——管桩混凝土有效预应力值(MPa)；

f_t——管桩混凝土轴心抗拉强度设计值(MPa)。

管桩锤击拉应力的标准值应根据锤能、锤击速度大小、桩垫软硬程度、桩长、接钢桩长度和土质条件等综合考虑，宜在 6～9MPa 范围内取值。带有较长的钢桩的组合桩应取较大值。

(3)管桩锤击压应力应按下式进行验算：

$$\gamma_{sp}\sigma_p \leqslant f_c \tag{5.4-46}$$

式中：γ_{sp}——锤击压应力分项系数，γ_{sp} 取 1.1；

σ_p——锤击压应力标准值(MPa)；

f_c——管桩混凝土轴心抗压强度设计值(MPa)。

管桩锤击压应力的标准值应根据桩端支承性质、桩截面大小、桩长、选用的桩锤锤击能量和地质条件等综合考虑。锤击压应力标准值上限可取 25.0MPa。

(4)选锤参考资料，详见表 5.4-16。

选锤参考资料表　　表 5.4-16

<table>
<tr><td rowspan="2">项目</td><td rowspan="2" colspan="2">常 用 锤 型</td><td></td><td></td><td colspan="3">柴 油 锤</td><td colspan="2">柴 油 锤</td></tr>
<tr><td>MB—40</td><td>MH—45B</td><td>MB—70</td><td>MH—72B</td><td>MH—80B</td><td>D—80</td><td>D—100</td></tr>
<tr><td rowspan="4">锤型资料</td><td colspan="2">锤芯重(t)</td><td>4.0</td><td>4.41</td><td>7.06</td><td>7.06</td><td>8.0</td><td>8.0</td><td>10.0</td></tr>
<tr><td colspan="2">锤总重(t)</td><td>10.68</td><td>10.1</td><td>26.68</td><td>18.0</td><td>20.74</td><td>16.04</td><td>19.43</td></tr>
<tr><td colspan="2">常用冲程(m)</td><td>1.8～2.3</td><td>1.8～2.3</td><td>1.8～2.3</td><td>1.8～2.3</td><td>1.8～2.2</td><td>2.8～3.2</td><td>2.8～3.2</td></tr>
<tr><td colspan="2">最大锤击能量(kN·m)</td><td>108</td><td>132</td><td>191</td><td>212</td><td>220</td><td>272</td><td>340</td></tr>
<tr><td rowspan="3">与锤相应的桩截面尺寸(mm)</td><td colspan="2">混凝土方桩</td><td colspan="2">500～550</td><td colspan="3">500～600</td><td>600</td><td>—</td></tr>
<tr><td colspan="2">预应力混凝土管桩</td><td colspan="2">≤φ800</td><td colspan="3">φ800～φ1 000</td><td>φ800～φ1 200</td><td>≥φ1 200</td></tr>
<tr><td colspan="2">钢管桩</td><td colspan="2">(φ600～φ900)</td><td colspan="3">(φ900～φ1 200)</td><td>(φ900～φ1 200)</td><td>(≥φ1 200)</td></tr>
<tr><td rowspan="4">锤击沉桩能力</td><td rowspan="2">桩身可贯穿硬土层深度(m)</td><td>硬黏土</td><td colspan="2">8～10</td><td colspan="3">10～15</td><td>10～15</td><td>10～20</td></tr>
<tr><td>中密砂土</td><td colspan="2">5～8</td><td colspan="3">8～5</td><td>8～15</td><td>10～15</td></tr>
<tr><td rowspan="2">桩端可打入硬土层深度(m)</td><td>密实砂土或砾砂</td><td colspan="2">≤0.5
(1.0～1.5)</td><td colspan="3">0.5～1.5
(1.0～2.0)</td><td>0.5～1.5
(1.0～2.0)</td><td>0.5～1.5
(1.0～2.0)</td></tr>
<tr><td>风化岩
(N=50 击左右)</td><td colspan="2">≤0.5
(1.0～2.0)</td><td colspan="3">0.5～1.5
(1.5～3.0)</td><td>0.5～1.5
(1.5～3.0)</td><td>0.5～1.5
(1.5～3.0)</td></tr>
<tr><td colspan="3">所用锤可能达到的极限承载力(kN)</td><td colspan="2">3 000～5 000</td><td colspan="3">4 000～7 000</td><td>6 000～9 000</td><td>≥9 000</td></tr>
<tr><td colspan="3">最终 10 击的平均贯入度(mm/击)</td><td colspan="2">3～5
(2～3)</td><td colspan="3">5～10
(3～5)</td><td>5～10
(3～5)</td><td>5～10</td></tr>
</table>

注：本表仅供施工单位选锤时参考，不得作为确定桩的极限承载力和控制贯入度的依据。

二、桩帽的形式

桩帽的形式要考虑到预应力混凝土管桩的内、外直径、壁厚允许误差，同时需要考虑桩顶高程和水位的关系，确定桩帽的长度和桩帽的直径。此外为防止气锤、水锤现象对管桩的破坏，除管桩有排气措施外，桩帽帽顶还需开孔，孔的直径约30～40cm，桩帽壁四周开孔直径为10cm。详见图5.4-20。

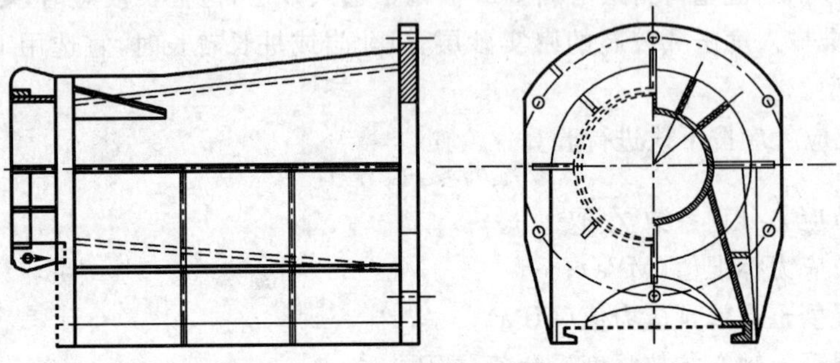

图5.4-20 管桩桩帽结构示意图

桩帽制作应保证加工质量，主要是指焊缝质量。另外当用钢板制作桩帽时，其焊接应力较大。为清除此应力，应作回火处理。

三、锤垫材料要求

选择锤垫刚度的大小，决定锤击时锤与桩帽接触时间的长短和传给桩帽的锤击力大小。刚度小时，接触时间长，应力波的波长大，传给桩帽的锤击应力小，但如过小，锤垫吸收锤击能量大，沉桩效率降低，影响桩的穿透能力；刚度大时，则相反。

锤垫刚度 K_c 的计算公式为：

$$K_c = AE/h \tag{5.4-47}$$

式中：A——垫的面积(cm^2)；

E——垫的材料弹性模量(MPa)；

h——垫的厚度(cm)。

根据预应力混凝土管桩的技术参数、工程地质以及以往工程实例，锤垫材料宜采用直径25mm以上旧钢丝绳，割成小段纵横分四层铺设制成，使用效果好。施工中宜根据破损情况及时更换。

四、桩垫材料要求

桩垫材料直接影响预应力混凝土大直径管桩的桩顶质量和管桩穿透力，所以桩垫材料必须慎重考虑。

桩垫材料先期普遍采用木板加工成定型桩帽，近年来采用纸板箱、多层夹板、白棕绳和定制刨花板等材料加工成定型桩帽。采用木板加工因木板材质不一，会造成桩顶局部应力集中，导致桩顶破损，影响沉桩质量。近年来随着桩垫改进，沉桩质量明显改善。桩垫厚度一般不小于15cm。

五、沉桩注意事项

1.沉桩前应对桩身质量进行检查

(1)对管桩内外壁逐根检查，有无裂缝和端头破损不平、有无镦头凸出端板平面。

(2)检查管桩型号与桩位型号是否一致。

(3)检查管桩标识与出厂合格证是否对应。

2. 桩身开孔

因水锤应力对管桩壁破坏性很大，往往造成桩身开裂，故在桩身合适的部位开孔，及时排气（水），使内外气（水）压基本一致，开孔原则如下。

(1)气孔直径宜为 5cm，避开钢绞线或钢棒位置。

(2)孔位宜选择在桩顶以下 1～1.5m 处，开两个对称孔（考虑封闭条件），泥面以下 5m 处，开两个对称孔。

(3)开孔工艺，孔位在桩顶以下 1～1.5m 处和孔位位置有明确规定的孔，宜在管桩加工时用预留孔的工艺开孔。其他孔宜采用取芯钻或风钻成孔，开孔时注意不应影响桩身质量。

六、总击数和最后贯入度的控制

根据预应力混凝土管桩设计和施工规范，结合以往工程施工实例，预应力混凝土管桩采用 D—80 三挡或 D—100 二挡沉桩时，总锤击数宜控制在 2 000 击以内，最后一阵 10 击的平均贯入度宜控制在 5～10mm/击。

七、偏心锤击的控制

锤击沉桩时应保持桩锤、桩帽和桩三者在同一轴线上，避免偏心锤击。偏心锤击对桩身破坏性最大，过大的偏心锤击，会产生过大的拉应力或部分应力集中，导致桩顶劈裂，甚至断桩，措施有：

(1)选择合适的打桩船，应使锤轴线和龙口的垂直距离与桩的半径匹配；

(2)应根据施工水域的风浪、流情况，合理布设锚缆，并根据潮位变化调节锚缆松紧；

(3)避开潮水急涨和急落时段沉桩；

(4)遇船行波较大时，停止锤击；

(5)选择材质均匀的桩垫和锤垫材料，并及时更换；

(6)在锤击时，发现桩身抖动很大应及时停锤，并分析原因采取相应措施；

(7)沉桩长较长的斜桩时，应在龙口处增加合适的背板，以免桩身弯曲变形；

(8)沉桩时严禁边锤击边纠正桩位；

(9)测量工在沉桩过程中加强观测。

八、增 设 桩 靴

(1)在沉桩过程中，发现管桩有泥芯上涌，或非持力层土质较硬较厚时，宜增设 50cm 长钢桩靴，或增加一段钢桩，避免出现过大的锤击应力和锤击数。

(2)后张法预应力混凝土大管桩加钢桩靴时，钢桩靴与预应力混凝土管桩采用张拉锚具连接，连接时不少于 4 只锚具。加钢桩时，下节钢桩与预应力混凝土管桩应采用全部张拉锚具连接，并要求钢桩法兰盘机精加工，接触面平整度符合设计规范和要求。

(3)PHC 桩加钢桩靴或钢桩时，下节钢桩或钢桩靴与 PHC 桩采用焊接连接。下节钢桩或钢桩靴的法兰盘要求机精加工，接触面平整度符合设计规范和要求。

(4)当预应力混凝土大管桩作为全断面芯柱嵌岩桩或锚杆嵌岩桩时，钢桩靴长度应控制在 50cm，同时锤击贯入度不宜过小，最后贯入度（10 击平均值）应控制在 5～10mm，以防止钢桩靴卷边影响嵌岩桩施工。

九、桩顶高程的选择

设计单位在考虑采用预应力混凝土大直径管桩作为桩基时，应充分考虑沉桩水锤作用对管桩的破坏，桩顶高程宜高出水面 1～2m。若设计桩顶高程较低时，施工单位应在低潮时沉桩或适当加长桩长，严禁桩顶浸水继续锤击沉桩。

十、增强管桩抗锤击能力

在内河、无腐蚀区域，可考虑在桩顶管节处掺加钢纤维。在海区，则可掺聚丙烯纤维。

在陡坡上沉桩或在流速较大时沉桩，正位下桩而在沉桩过程发现有规律性偏移时，应在征得监理工程师同意的前提下，采取“保桩不保位”的措施，避免引起断桩。

[实例1]　浙江国华宁海发电厂新建卸煤码头工程

1.工程概况

(1)工程概述：浙江国华宁海发电厂新建卸煤码头工程的平台与栈桥成“厂”字形布置，属于高桩梁板式结构。平台总长度451m，宽度28～31m，顶面高程5.20m(国家85高程)，前沿设计水深－15.4m。平台东侧38m处设一座ϕ9 000mm的系缆墩。码头平台2个泊位共分6个结构段，有53个排架，排架间距9m。桩基采用ϕ1 200mmB型PHC桩。

(2)主要工程量：码头平台沉PHC桩分项工程共有直径ϕ1 200mmB型桩416根，桩长36～46m。

(3)工程地质

①地质特征：码头前沿附近水底表面以泥质沉积为主，底部多为滨海相沉积，以淤泥、粉质黏土为主，呈软塑～流塑状态；中部多为砂砾、碎石及卵石，交错层理发育，稍密～中密；下部多为凝灰岩，有埋深较浅的码头桩基持力层。地质特征自上而下分别如下。

①层：淤泥

灰色，流塑，厚层状，含少许有机质，略具有腥味，局部含少量中粗砂及贝壳碎片。

$④_1$层：粉砂

灰色、灰黄色，灰褐色，中密，含少许泥质，部分以中砂为主，局部含少量碎(卵)石，含量约15%～20%左右，呈次棱角状～次圆状，成分主要为凝灰岩。

$④_1$层：粉质黏土

灰色，灰绿色，可塑，厚层状，粉粒含量较高，黏塑性差。

④层：砂砾

浅灰色，青灰色，灰绿色，浅黄色，中密，圆状～次圆状。砾石含量约30%，砾径0.2～1.5cm；卵石含量5%～10%，粒径2～4cm，个别达5cm，成分为凝灰岩，含少量泥质。

$④_{2'}$层：粉质黏土

灰色，浅灰色，褐色，灰绿色，黄色，可塑～软塑，厚层状，粉土含量较高，含少量铁锰质。

$④_5$层：圆砾

灰褐色，黄色，青灰色，灰色，中密～密实，成分为凝灰岩，呈次圆状～次棱角状。圆砾含量20%～50%不等，粒径0.2～1.0cm；卵石含量约15%，粒径2～4cm，大者达7～10cm，局部为卵石，含少许泥质。

$④_5$层：卵石

灰色，青灰色，湿，中密～密实，粒径以1.5～3.0cm为主，个别达到6cm，成分以凝灰岩为主，黏性土含量10%左右。

②地质情况分析：设计将平台桩基持力层选在$④_5$层比较合理。

2.施工进度计划安排

(1)码头平台共有PHC桩416根，其中一分段的桩位布置见图5.4-21。

(2)码头平台沉桩计划从2004年5月25日开始施打，从西到东，分3个阶段进行。第一阶段，计划沉完D1段桩和D2、D3段部分桩，并留有阶梯，沉桩数量108根；第二阶段，将D2、D3段桩补齐，并

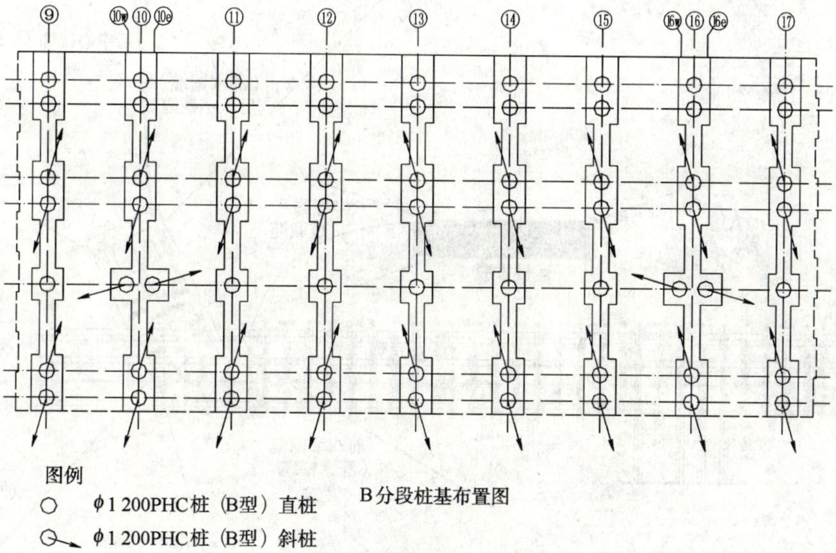

图 5.4-21 分段的桩位布置图

沉完辅助平台桩和D4、D5段部分桩，并留有阶梯，沉桩数量162根；第三阶段，沉余下所有桩。平台沉桩计划可在10月31日结束。

3.沉桩施工

(1)施工工艺流程

施工工艺流程见图5.4-22。

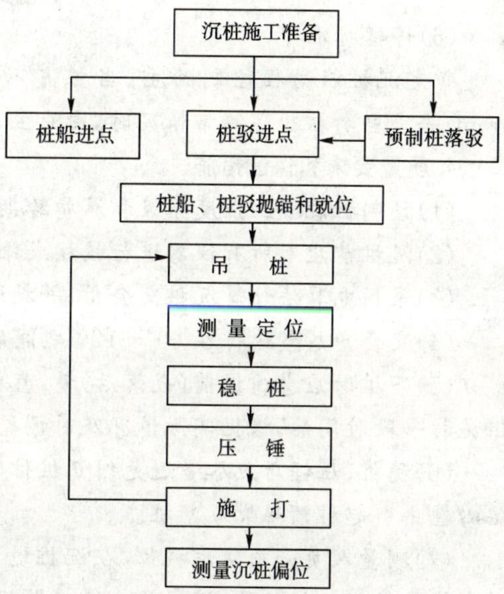

图 5.4-22 施工工艺流程图

(2)平面位置控制点及高程控制点设置

根据工程特点，码头平台和栈桥设置统一施工坐标系，平行于码头前沿线，且方向指向东面为正面基线(Y轴)；垂直于码头前沿线，且方向指向北面为侧面基线(X轴)。码头西北角点(A)施工坐标为$X=3\,000.000$，$Y=3\,000.000$，设计坐标(54北京坐标系)$X_0=3\,264\,258.022$、$Y_0=500\,713.629$，两个坐标系之间夹角为$\alpha=10°$。利用业主提供的平面位置控制点QJ06、Ⅳ10，在沉桩区域的上下游测设支导线点，用已测设和验收的“浙江国华宁海发电厂新建卸煤码头工程首级控制网测量技术报告”中的首级控制点和支导线点控制沉桩平面位置。利用已测设和验收的高程控制点BM1控制沉桩高程。

(3)桩船及锤型选择

栈桥沉桩工程桩船选用三航桩2号船，桩船架高63m，主钩最大吊重80t。根据工程地质资料情况，锤型选用D—100型。桩垫采用10cm纸板箱二层。沉桩期间一艘拖轮拖航，两艘方驳运桩，一艘扒杆船配合桩船、桩驳抛锚移位。

(4)锚位布置

平台沉桩以横流为主，桩驳停泊于下游方向，桩船缆及方驳缆均在海域抛锚设置，见图5.4-23施工船舶锚位图。

(5)沉桩定位

码头平台沉桩定位方法采用前方交会法，用二台经纬仪定位，一台全站仪进行校核，以确保沉桩正位率。并在陆域设一台水准仪控制沉桩高程。

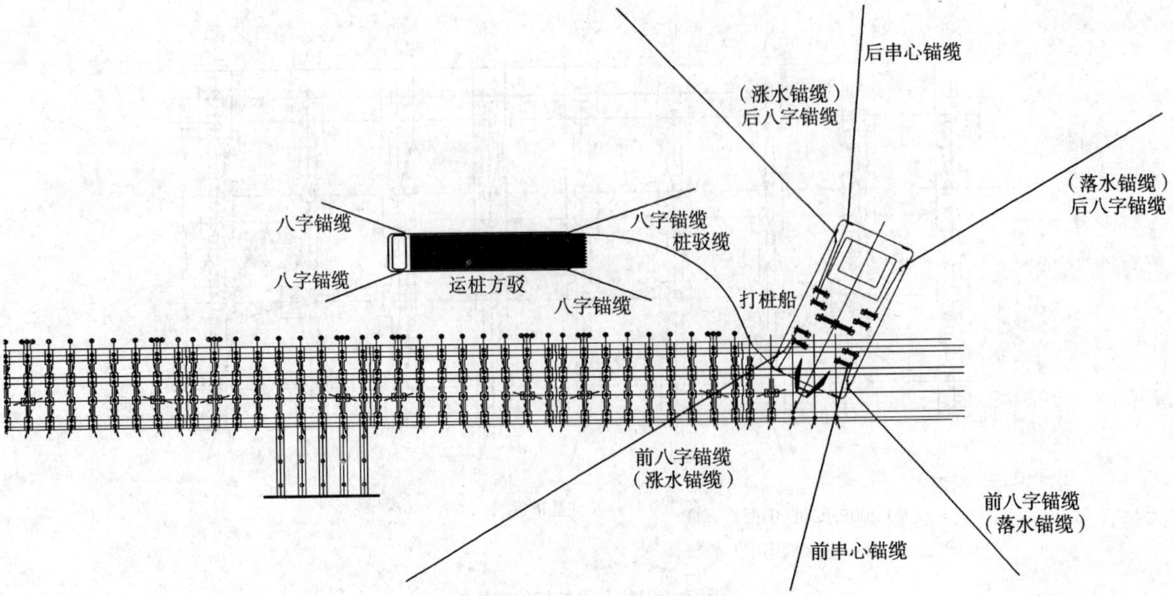

图 5.4-23　施工船舶锚位图

(6)停锤标准

暂定沉桩以高程控制为主，当桩尖不能达到设计高程时，以贯入度作为校核；控制贯入度为5mm/击。当打桩出现异常情况时，由业主、设计、监理及施工单位研究解决。

4.质量要求和保证措施

(1)预制桩混凝土强度等级和养护龄期必须满足设计要求，预制桩必须有出厂合格证。

(2)沉桩前应对所有仪器进行校核或维护，使仪器始终处于良好的工作状态。

(3)采用电算法计算沉桩交会角，并抽取5%手算校核。

(4)交会角尽量选择在60°～120°之间的控制点，以提高定位的速度和精度。

(5)下桩时应考虑提前(或落后)量，直桩提前量控制以100mm为宜，斜桩提前量以150mm为宜，但施打一段时间后，根据实际情况及时调整提前量。

(6)稳桩、压锤后应尽量避免纠正桩位。开锤前应检查桩与锤、龙口是否在同一直线上，避免因桩偏心锤击引起桩顶碎裂或断桩。

(7)测量人员必须熟悉桩位，在沉桩过程中定位、稳桩、压锤以及最后停锤必须进行跟踪观测，并对每根桩做好沉桩记录，沉桩施工员应做好施工日记，所以记录要正确、真实、清晰、完整。

(8)沉桩期间要注意过往船只航行，避免由于航行波对沉桩正位率影响或造成沉桩质量事故。

(9)沉桩过程中要密切注意桩身变化，一旦发现桩身裂缝等意外情况，应立即停锤，分析原因，采取相应措施，并会同设计单位研究处理。

(10)沉桩结束后，应尽快夹桩。

(11)沉桩过程中，先抽取4根桩进行高应变试验，16根桩进行低应变试验，根据试验结果确定卸煤码头平台高、低应变检测桩数。

(12)桩顶平面位置允许偏差：直桩200mm、斜桩250mm。

桩身垂直度允许偏差：直桩1%。

[实例2]　乍浦港桩基施工

1.工程概况

乍浦港区二期4、5号泊位工程为两个1.5万吨级泊位码头，位于浙江省平湖市乍浦镇西南面的杭州湾北岸，设计年吞吐量为96万吨，合同质量目标为优良。

本工程分为两个单位工程，即栈桥工程和码头平台工程。主要水工构筑物有：引堤、浅水段栈桥、深水段栈桥、两个1.5万吨级泊位码头平台、辅助房平台及辅助房。

栈桥全长885.731m，宽16.5m。其中引堤长20.731m，浅水段栈桥长433m，深水段栈桥长432m。浅水段栈桥共26个排架，基础为ϕ1 200mm钻孔灌注桩。深水段栈桥共28个排架，其结构为高桩梁板式结构(其中53号、54号排架为高桩梁板立柱式两层结构)，基础为PHC桩，桩的直径除加强墩为ϕ1 000mm外，其余为ϕ1 200mm。

码头平台长364m，宽35m，共48个排架，排架间距为8m，码头前沿设计泥面高程为－13.5m，其结构为高桩梁板式结构，基础为ϕ1 200mmPHC桩。

辅助用房平台尺寸为27m×12m，结构为高桩梁板立柱式两层结构，共4个排架，基础为ϕ1 200mmPHC桩。

本工程业主为浙江嘉兴市乍浦开发集团有限公司，由浙江省交通规划设计研究院设计，宁波交通工程咨询监理有限公司监理，中港第三航务工程局承建，浙江省交通厅工程质量监督站实行政府监督。

本工程于2004年4月8日正式开工，2005年2月28日主体完工。

2.工程所在地的自然条件

(1)水文

按乍浦水文站1970～1990年(共21年)水文实测资料统计结果，乍浦港属于不规则半日潮，有明显昼夜不等现象。外海历年最高潮位6.75m，最低潮位－1.78m，最大潮差7.52m，平均潮差4.69m。

乍浦港处于一个半封闭海区，波浪以风浪为主，涌浪很少传入。波高分布以5～8月为最，尤以8月份为最甚；强波向以东和东南方向为主。一般受台风影响时出现较大波高，无台风时风浪较小。总体波浪基本不受外海涌浪影响，且以风浪为主。

(2)气象

本区属于亚热带气候区，夏季盛行东南风，常遭台风袭击；冬季盛行北风，易受西伯利亚寒流入侵。3～9月份多为东南风，其中7～9月份为台风季节，台风影响持续时间一般为1d，最多3d。台风盛行时，水域有明显的增水和风浪增强作用。年平均降水量1 203.6mm，年平均降雨天数140d，年最大降水量1 563.2mm，年最少降水量879.9mm。

(3)地质条件

①$_2$层：淤泥质粉质黏土

灰色，流塑状态，细鳞片状为主，片径约2～4mm，局部厚层状，高压缩性，物理力学性质差，该层场内均有分布，层厚1.1～11.6m，顶板高程－7.21～－15.10m。

①$_4$层：黏质粉土

灰色，稍密状态，厚层状，中等压缩性，性质相对较好，含黏性土条及粉砂，层厚1.9～6.5m，顶板高程－11.71～－21.10m。

②层：淤泥质黏土

灰色，流塑状态，细鳞片状，片径2～5mm，高压缩性，含少量碳化物与腐殖质，层厚5.1～10.7m，顶板高程－17.853～－19.14m。

③层：粉质黏土

青灰～灰色，软塑状态，厚层状，含少量碳化物与腐殖质，土质不均一，粉粒含量较高，层厚0.4～6.4m，顶板高程－24.36～－28.23m。

④层：砂质粉土

地基土物理力学性质指标 表 5.4-17

分层代号	岩土名称	岩土物理力学性质指标													承载力建议值			
		天然含水率	天然密度	孔隙比	液限	塑限	塑性指数	液性指数	压缩试验		直剪试验 固结快剪		标贯 N（击）	地基容许承载力	预制桩		钻孔灌注桩	
									压缩系数	压缩模量	凝聚力	内摩擦角			桩侧极限摩阻力标准值	桩端极限端阻力标准值	桩侧极限摩阻力标准值	桩端极限端阻力标准值
		w	ρ	e	w_L	w_P	I_P	I_L	a_{1-2}	E_s	c	θ		f	q_{fi}	q_R	q_{fi}	q_R
		%	g/cm^3		%	%	%		MP^{-1}	MPa	kPa	°		kPa	kPa	kPa	kPa	kPa
①$_2$	淤泥质粉质黏土	45.0	17.6	1.117	36.9	21.1	15.8	1.16	0.76	3.12	14.0	8.5	3	50	12		11	
①$_3$	淤泥质粉质黏土	39.6	17.9	1.024	35.0	21.1	13.9	1.07	0.53	4.17	13.5	9.6	4	60	18		16	
①$_4$	黏质粉土	31.4	19.0	0.876	30.6	23.0	7.6	1.14	0.20	9.95	7.5	28.2	7	80	28		25	
②	淤泥质黏土	49.2	17.2	1.325	46.6	24.2	22.4	1.05	0.80	3.00	18.0	8.9	4	60	20		18	
③	粉质黏土	28.5	19.3	0.816	36.3	21.2	15.1	0.49	0.32	5.96	33.5	16.5	15	120	45		40	
④	砂质黏土	30.4	19.1	0.845	31.4	23.1	8.3	0.87	0.25	7.38	13.0	28.2	18	200	55	2 000	50	
⑤$_1$	粉质黏土	30.6	19.1	0.817	38.4	21.4	17.0	0.47	0.24	8.19	32.7	15.1	17		55	1 600	50	650
⑤$_2$	粉质黏土	32.6	18.8	0.919	34.8	21.2	13.6	0.84	0.31	6.39	31.0	16.1	22		65	2 000	60	800
⑥	粉质黏土	32.3	18.9	0.855	36.1	20.9	15.2	0.60	0.31	6.30	35.9	16.3	14		65	2 000	60	800
⑦	粉质黏土	27.0	19.5	0.763	31.6	21.2	10.4	0.64	0.26	7.07	20.4	25.3	22		75	2 500	68	1 000
⑧	粉砂	22.2	20.1	0.641					0.15	11.19	5.5	32.6	37		90	4 000	80	1 600

灰色，稍密状态，厚层状，中等压缩性，含黏性土条带，土质不均，层厚 2.0～10.4m，顶板高程 －26.56～－34.40m。

⑤$_1$ 层：粉质黏土

灰黄色，灰蓝色，可塑状态，厚层状，土质不均，局部为黏土，干强度中等～高，韧性中硬，可塑性高，层厚 2.1～11.3m，顶板高程－32.36～－37.50m。

⑤$_2$ 层：粉质黏土

灰黄色，蓝色，硬可塑状态，厚层状，局部厚层状，土质不均，夹较多粉土粉砂薄层，局部粉粒含量较高，层厚 4.1～10.40m，顶板高程－28.91～40.94m。

⑥层：粉质黏土

灰色，青灰色，软～可塑状态，厚层状，土质不均一，含少量粉土粉砂条带，局部粉粒含量较高，干强度中，韧性中，可塑性高，摇振反应无，土面较粗糙；该层全址分布，层厚 1.7～10.6m，顶板高程 －35.29～41.36m。

⑦层：粉质黏土

蓝灰色～灰色，可塑状态，厚层状，中等压缩性，土质不均一，含较多粉土粉砂团块，为黏质粉土，层厚 1.4～4.80m，顶板高程－37.41～－47.12m。

⑧层：粉砂

灰色，褐色，密实状态，湿，厚层状，低压缩性，含少量黏性土条，局部黏性土含量偏高，层厚大于 25.50m，顶板高程－42.01～－49.90m。

地基土物理力学性质指标见表 5.4-17。

3.工程特点

(1)栈桥较长，海涂面较高对施工的影响

(2)自然条件恶劣

杭州湾海域风浪大，流水急，潮差大，最大潮差达 7.2m；台风频繁，2004 年连续受到 7 次台风的影响，影响天数累计达 1 个月的时间。

(3)工期紧，受不利季节的影响较为突出

4.施工进度情况

本工程于 2004 年 4 月 8 日正式开工沉下第 1 根桩，共完成 PHC 桩 568 根，30 443 延米。在工程建设各方的大力支持和紧密配合下，经过我们合理协调，严格监控，员工努力拼搏，主体工程已于 2005 年 2 月 28 日完成。

5.水上沉桩

(1)船舶设备

栈桥深水段设计桩型为 ϕ1 200mm 及 ϕ1 000mmPHC 桩，最长桩长为 56.6m，打桩船初步选用三航桩 12 号船。桩架最大倾斜角 25°，适合沉各种斜桩，吊高及吊重均能满足本工程沉桩要求。三航桩 12 号性能见表 5.4-18 所示。

三航桩 12 号特征性能表　　表 5.4-18

名　称	船体尺寸(m)				吃　水(m)		满载排水量(t)	桩架	起重性能	备注
	总长	型长	型宽	型深	满载	空载		最高点离水面(m)	最大吊重(kN)	
三航桩 12 号	64.14	56.0	26.0	4.5	2.16	1.36	3 129	80.4	1 600	

沉桩期间配备两艘 1 000t 方驳运输 PHC 桩，由拖轮拖至现场，另配一只抛锚船配合桩船抛锚。

(2)锤型选择

根据本工程地质勘察资料，桩基需穿越硬土层，且桩尖需打入⑤、⑥层粉质黏土层(平台部分第⑦层粉质黏土和第⑧层粉砂为持力层)，根据船型、桩型和土层情况桩锤采用 D—100 柴油锤。为防止桩尖在穿越硬土层时应力过大，避免断桩现象发生，故采用重锤轻击，在沉桩阶段时油门开一挡，后续过程再作调整。

(3)桩垫木和桩帽的选用

为保证桩身、桩顶在沉桩锤击过程不受损伤，宜配置合适的锤垫、桩垫和桩帽。本工程选用钢丝绳作锤垫，并需及时更换，以保持平整，以绑扎 15cm 厚硬纸板两层做桩垫木和 1.5m 钢桩帽。

(4)桩的落驳和交付

预制厂按现场项目部拟定的沉桩顺序和落驳单进行制桩落驳。1 000t 方驳每驳装 ϕ1 000mm 或 ϕ1 200mmPHC 桩 10 根，装运过程中，须做好桩的加固工作。拖运至现场后，提交该驳桩的合格证，并对外观质量情况进行检查，严格控制桩基质量。

(5)桩船平面位置

根据施工安排和现场环境条件，结合桩位平面扭角，栈桥沉桩宜采用顺流沉桩。锚位为船前后抛八字锚加前后抽心锚，适应大扭角桩桩船就位。桩船锚位图详见图 5.4-24。

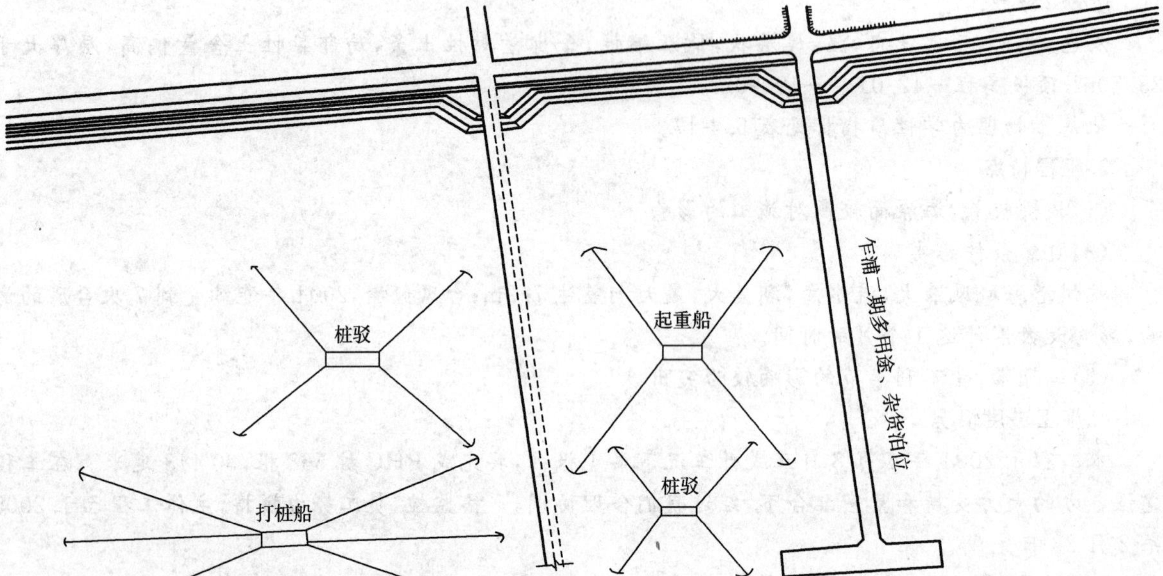

图 5.4-24　桩船锚位图

(6)沉桩顺序

沉桩以高程控制，要求逐个排架进行，打完一个排架桩基后，尽快把所有桩夹牢形成整体，然后从浅水向深水逐步延伸，靠近码头平台之 4 个排架沉桩应与码头平台沉桩协调安排。

大部分栈桥桩基需乘潮沉桩，施工时应有合理的施工组织安排。靠近平台处泥面坡度变陡，宜乘高潮沉桩，沉桩速率以不超过 4 根/d 为宜。沉桩顺序详见图 5.4-25。

(7)沉桩定位

本工程沉桩定位以 GPS 定位为主，常规测量——经纬仪前方交会测量方法为辅。测量基线布设见图 5.4-26。

GPS 沉桩定位时，首先建立 GPS 参考站：通过对工程测区的观察了解，同时考虑到 GPS 参考站

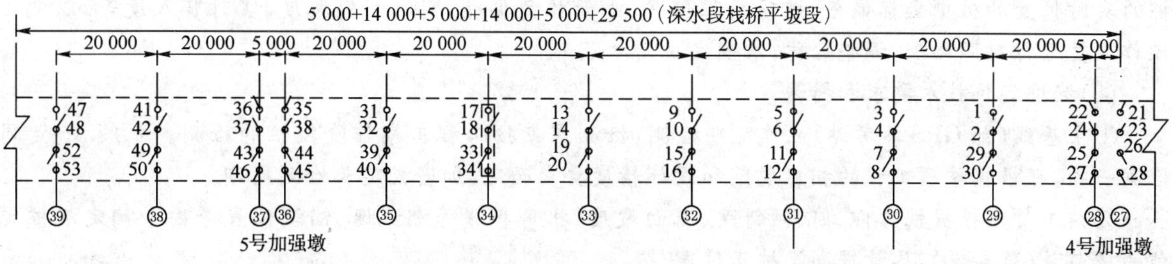

图 5.4-25 沉桩顺序图

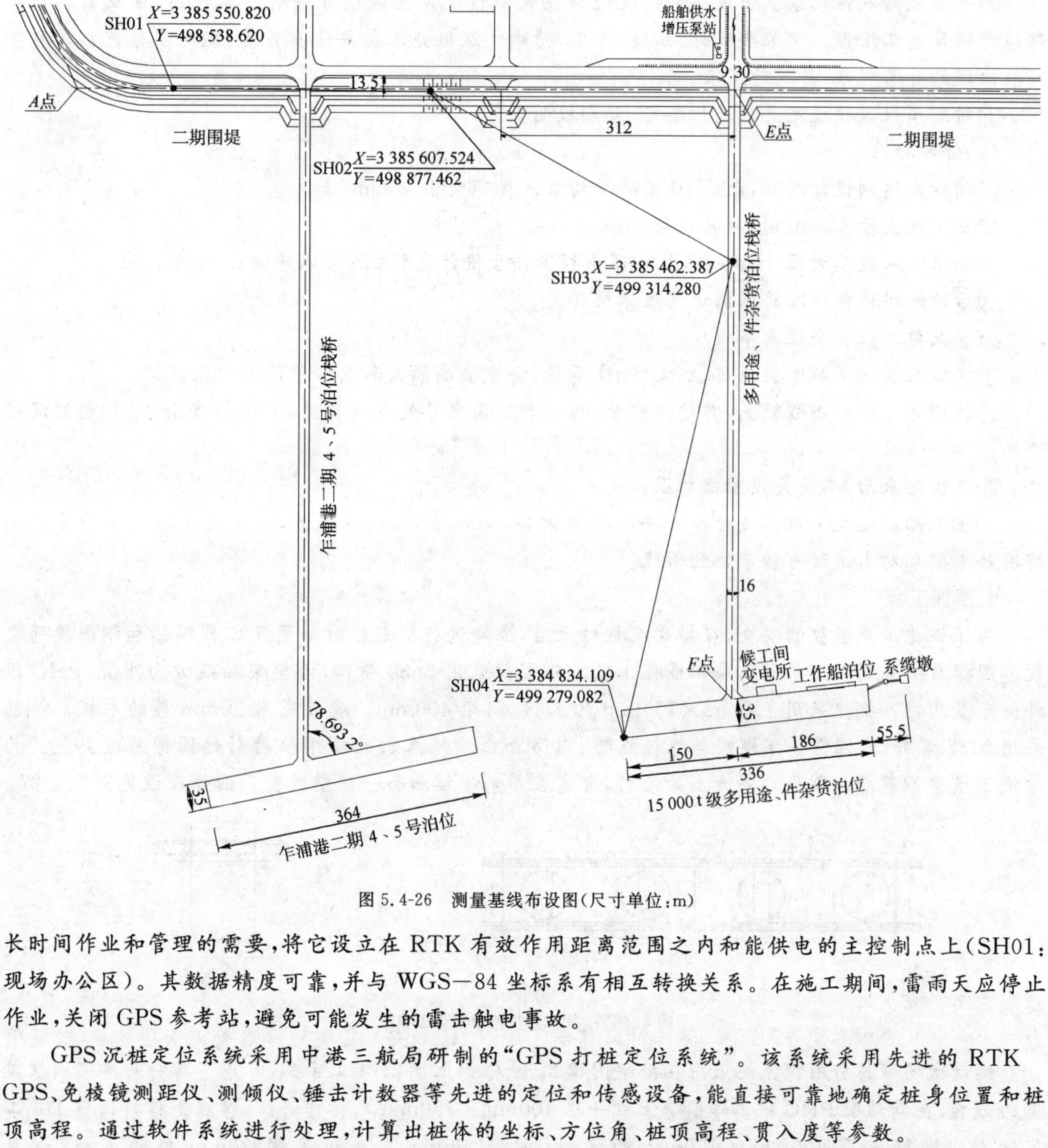

图 5.4-26 测量基线布设图(尺寸单位:m)

长时间作业和管理的需要，将它设立在 RTK 有效作用距离范围之内和能供电的主控制点上(SH01：现场办公区)。其数据精度可靠，并与 WGS—84 坐标系有相互转换关系。在施工期间，雷雨天应停止作业，关闭 GPS 参考站，避免可能发生的雷击触电事故。

GPS 沉桩定位系统采用中港三航局研制的“GPS 打桩定位系统”。该系统采用先进的 RTK GPS、免棱镜测距仪、测倾仪、锤击计数器等先进的定位和传感设备，能直接可靠地确定桩身位置和桩顶高程。通过软件系统进行处理，计算出桩体的坐标、方位角、桩顶高程、贯入度等参数。

实时 GPS 沉桩定位：打桩船操作人员和测量人员可以借助于安装在打桩船操控室里的计算机屏幕，以图像和数字显示形式反映出施打桩的设计桩中坐标、桩顶高程、平面扭角、倾斜坡度和当前施打桩的实时位置的桩中坐标偏差、桩顶高程偏差、平面扭角偏差、实时倾斜坡度、实时贯入度等，以便于操作人员进行对照比较，调整船体，准确定位。

(8)沉桩定位技术要求和措施

①主基线(如 GPS 参考站)应作定期检测，检测周期按工程工期作阶段性的检测。一般 3～4 周检测一次，可根据该项工程的相应规范和设计精度要求而定，加密或延长检测周期。

②施工员应根据桩身仰、俯、倾斜度、泥面坡度、扭角和涨落潮流速、锚缆位置等因素确定沉桩定位的提前量(落后量)，尽量提高沉桩正位率。

③稳桩开锤前，应检查桩、锤与龙口是否在同一轴线，避免因偏心锤击而引起桩顶碎裂或断桩。

④及时做好沉桩记录。出现异常情况应详细记载情况发生经过并分析具体原因，应及时向技术部门及项目总工汇报。记录要及时、正确、真实、清晰。沉桩施工员要认真负责，随时观察沉桩过程中可能出现的异常现象，并及时汇报。

⑤对所用仪器按规定要求进行鉴定、定期校验。

(9)停锤标准

①顶标高达到设计高程，最后 10 击的平均贯入度不大于 15mm/击；

②贯入度大于 15mm 时，须再送桩 1m；

③如果贯入度不大于 5mm/击，且桩顶高程不高于设计高程 2m 可以停锤；

④后续沉桩停锤标准将根据试沉桩结果再定。

(10)沉桩工程安全注意事项

①沉桩人员应了解掌握地质、水文、气象资料，避免浪高涌大和急涨急落潮时段沉桩。

②栈桥部分泥面高程较高，需趁潮作业，与平台后沿交界处底坡较陡，为沉桩安全，应控制好沉桩速率。

③沉桩结束后，尽快夹设围檩加固。

④施工船舶区及沉桩区域配备必要的警戒设备，如信号灯、巡逻舢板，必要时请求业主出面协调解决外来船舶对本工程可能产生的干扰。

6.围檩工程

为保证施工期沉桩的安全，在排架沉桩结束后，立即进行桩基临时加固及工作围檩和钢围檩的夹设。围檩系统采用桩顶吊筋反吊钢围檩工艺。钢围檩采用 2[30 槽钢，沿排架轴线方向布置，PHC 桩外侧布置两排。搁栅采用 100mm×150mm 的木枋，间距 400mm。底板采用 30mm 厚的木板。吊筋采用 M32 螺杆，双螺帽。下螺帽与螺杆点焊，以防止由于风浪影响螺帽松动引起围檩系统失稳。为方便下横梁吊筋螺杆割除后混凝土的修补，考虑在吊筋下端加套一只塑料套。围檩布设见图 5.4-27。

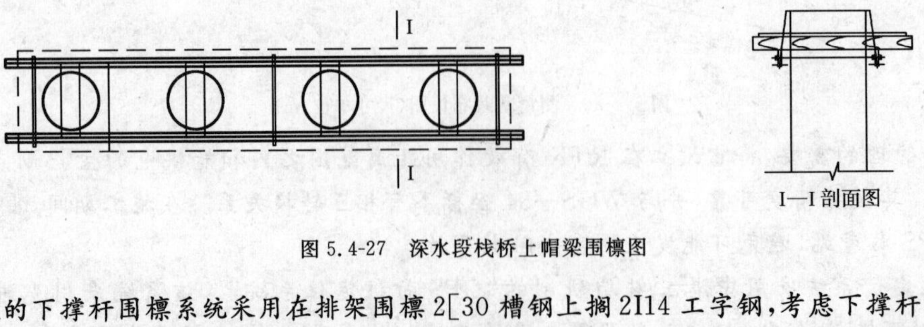

图 5.4-27　深水段栈桥上帽梁围檩图

制动墩的下撑杆围檩系统采用在排架围檩 2[30 槽钢上搁 2I14 工字钢，考虑下撑杆对排架围檩单侧的影响，在制动墩 PHC 桩工作围檩上立一根 100mm×150mm 木枋作斜撑，撑在下撑杆围檩 I14 工字钢上。搁栅采用 100mm × 150mm 的木枋，间距 400mm。底板采用 30mm 厚的木板，详见图 5.4-28。

围檩施工技术要求：

(1)不得使用严重腐蚀的槽钢作为钢围檩用，吊筋螺栓加工时严格按丝口尺寸要求进行加工。

(2)PHC桩顶必须修凿平整，并在桩顶凿凹槽，以保证吊筋与桩顶面吻合且不滑动。

(3)吊筋采用双螺帽，下口螺帽用点焊焊死。在桩两侧围檩之间用6～8道M32螺杆对拉，整个围檩用3道∟63×5角铁焊接牵连成整体，以加强围檩系统的整体稳定性。

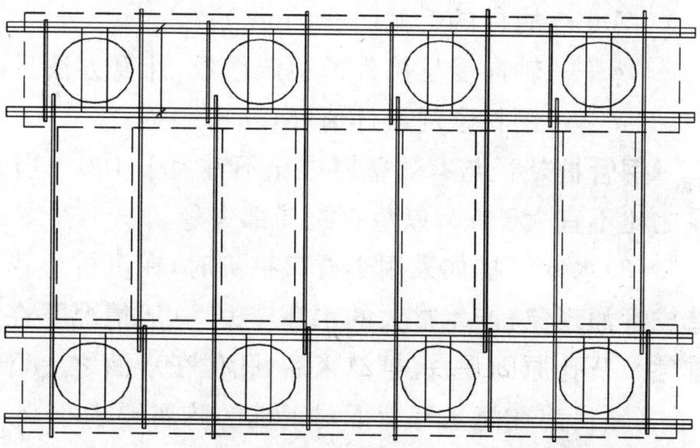

图5.4-28　深水段栈桥制动墩上帽梁及上撑杆围檩图

7. 桩基质量检测

为确保桩基质量，我们加强了桩基的检测力度，对栈桥所有钻孔灌注桩及码头所有PHC桩进行了小应变动测。其检测结果为：

(1)灌注桩共104根，除1根桩有轻微缩颈评为II类桩外，其余均为I类桩，优良率为99%；

(2)栈桥PHC桩共112根，除其中2根判为II类桩外，其余均为I类桩，优良率为98%；

(3)码头平台及辅助用房平台PHC桩共456根，除其中1根判为II类桩外，其余均为I类桩，优良率为99.8%。

第四节　钢　　桩

一、锤型要求

宜采用D—80型、D—100、D—125、D—160型柴油锤及锤击能量更大的液压锤，也可选用振动锤，直接用起重船吊打。可将几只振动锤并联使用。详见本篇第三章。这种锤适用于砂性土层、黏土层和硬土层沉桩或拔桩。

振动锤按频率大小可分为低频、中高频和超高频三类。

二、桩帽和锤垫

同本章第三节预应力混凝土管桩。

三、沉桩注意事项

(1)沉桩前应对桩身质量进行检查

①检查钢桩的型号是否与生产合格证对应，检查钢桩型号是否与落驳单对应。

②检查钢桩焊缝质量是否满足规范和设计要求。

③检查钢桩桩顶是否齐平，加强圈是否满足设计要求并与桩帽相匹配。

④有涂层的钢桩必须检查涂层是否完整无损。

(2)沉桩前应对桩进行压屈稳定验算

沉桩前应充分了解钢桩的材质和选用的桩锤性能，并对钢桩进行强度和压屈稳定验算。

强度应满足：

$$\sigma=\frac{N}{A_n}\leqslant f \qquad (5.4\text{-}48)$$

压屈稳定应满足：

$$\frac{N}{A\cdot\varphi}\leqslant f \qquad (5.4\text{-}49)$$

式中：N——轴向正压力(kN)；

A_n——构件的净截面积(mm^2)；

A——构件的毛截面积(mm^2)；

φ——轴向受压构件的稳定系数，计算方法见《钢结构设计规范》(GB 50017—2003)；

f——钢材强度设计值(MPa)。

钢管桩外径与有效壁厚之比不宜大于100。当钢桩打入良好持力层，且沉桩困难时，桩外径与壁厚之比不宜大于70，以免钢桩局部失稳。

(3)水上沉桩如采用半开口桩尖时，在沉桩过程中易造成土芯上涌现象，特别钢桩穿过砂层时，易造成管涌现象，产生过大的水锤应力，一般情况下在桩顶以下1～1.5m处开一个50mm的孔来排水、排气。开孔原则是，沉桩结束后，孔位在水面之上，便于封闭。

(4)目前在海水环境下对钢桩的防腐要求很高，故在运输、起吊、沉桩过程中，应注意对防腐层的保护。一般情况，方驳上的搁置定位架应采用橡胶材料包裹；起吊尽可能采用吊耳，不宜用捆绑。若采用捆绑法起吊，吊索需包覆柔性材料，如无纺土工布、麻布等。沉桩过程中解扣时，应注意卡环不碰及桩身。发现防腐层损坏时，应及时修补。

(5)沉桩结束后，应及时夹设围檩，以免施工船碰及钢桩防腐层。同时也防止波、流合力作用下，单桩的变形、疲劳、振动而断裂。

[实例3]　抛石区沉桩工程实例

一、工 程 简 介

码头区域和接岸承台结构区域沿码头前沿线约110m范围内有护岸抛石。经水下地形测量和潜水探摸，护岸抛石区，海侧边线距拟建码头前沿线约1～2m，东侧边线距一期风暴系缆平台边线约110m，码头后沿抛石与东侧围堤结构相连。码头区域抛石顶面高程在－16.5～－5.5m，根据东围堤抛石资料，该区域抛石厚度在8～24m，抛石层上基本均覆盖一层0.6～0.7m的淤泥。本工程冲孔桩需基本穿透该抛石层。冲孔完成后再相应分节逐根施打ϕ1 800mm钢管桩。

为保证冲孔桩施工平台的安全、稳固，码头的前沿A1、B1行桩基和9号排架桩基抛石层约4～5m之间，共计23根桩用锤击法直接打入，在部分区域挖石削坡后C1行桩可直接打入，可打入桩调整为29根。此外约有36根桩基先打入钢护筒，在钢护筒用冲击锤冲孔，钢护筒跟进下沉至抛石层3～4m时，再将钢桩用锤击法打入。

二、施工总体部署和主要施工工艺

1.施工总体部署

本工程沉桩锤型为D—160锤(最大打击能量5.33×10^5N·m)，根据水上沉桩经验，采用D—160锤沉桩时，基本能穿透10m左右的块石层。根据抛石厚度分析，本工程码头第1分段和承台第1～3分段位于抛石厚度大于10m的基桩数量为94根。为加快工程进度，项目部与设计、监理进行充分的研究和协商，在保证岸坡稳定和已建构筑物结构安全的前提下，对沉桩区域的护岸抛石区进行一定厚度的挖石削坡：①码头6～9号排架挖石削坡5m左右；②2～6号排架挖石削坡3m左右。挖石削坡后，立即置换回填相应厚度的袋装砂，详见图5.4-35。

沉桩时采用D—160锤四挡，先从抛石厚度10m的区域试打工程桩，并逐步向抛石厚度大于10m的区域进行试打。在试打承台2-L1-4、码头6-H1和2-E1桩(见图5.4-29)，桩尖处于块石层内时，贯入度均出现小于3mm/击现象。根据现场实际情况，本工程冲孔吊打桩数量为39根。

2.主要施工工艺

1)抛石区码头桩基工程总体施工工艺流程

冲孔吊打桩施工主要有五个阶段：①施工准备阶段；②钢平台设计与搭设阶段；③冲击成孔和钢

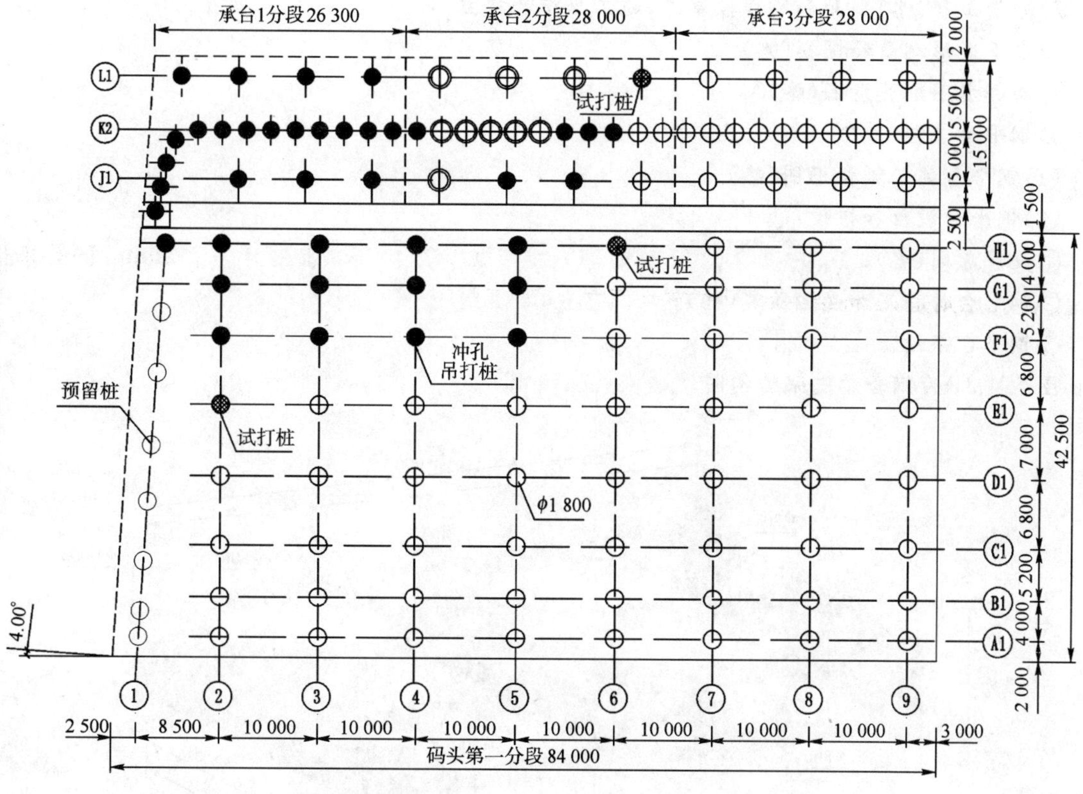

图 5.4-29　码头第一分段和承台 1～3 分段桩位布置图(尺寸单位:mm)

护筒跟进阶段;④分节吊打钢管桩阶段;⑤拆除钢平台阶段。主要的三大施工工艺为:①钢平台工艺;②冲击成孔和护壁工艺;③分节吊打工艺。总体施工工艺流程如图 5.4-30 所示。

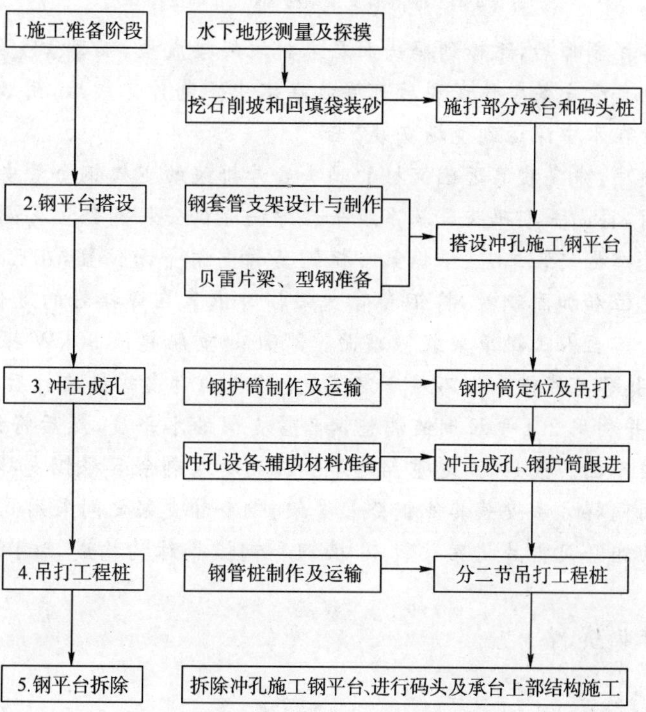

图 5.4-30　冲孔吊打桩总体施工工艺流程框图

2)测量工程(略)平面和高程控制点,施工坐标的建立

3)水下地形测量和探摸(略)

4)局部水下削坡清石(略)

5)钢平台工程

(1)钢平台施工流程框图(略)。

(2)钢平台设计和搭设:

①设计原则(略);

②钢平台的稳定和受力验算(略);

③钢平台搭设。

图 5.4-31 为钢套管支架结构图。

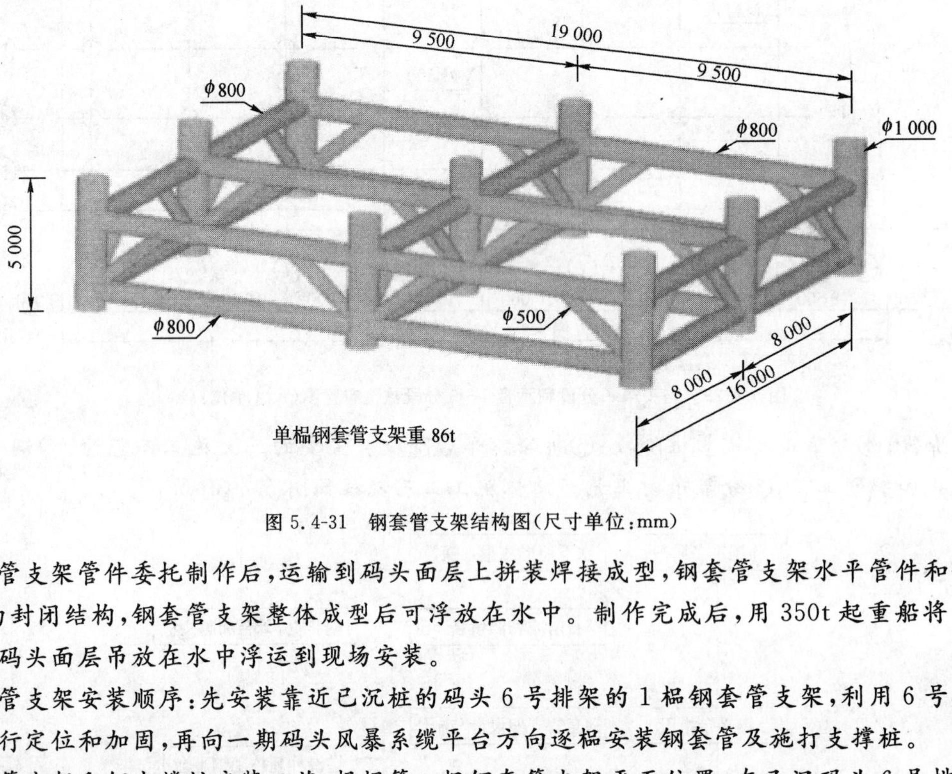

图 5.4-31　钢套管支架结构图(尺寸单位:mm)

钢套管支架管件委托制作后,运输到码头面层上拼装焊接成型,钢套管支架水平管件和斜向撑焊接后,均为封闭结构,钢套管支架整体成型后可浮放在水中。制作完成后,用 350t 起重船将 3 榀钢套管支架从码头面层吊放在水中浮运到现场安装。

钢套管支架安装顺序:先安装靠近已沉桩的码头 6 号排架的 1 榀钢套管支架,利用 6 号排架已沉钢管桩进行定位和加固,再向一期码头风暴系缆平台方向逐榀安装钢套管及施打支撑桩。

钢套管支架和钢支撑桩安装工艺:根据第一榀钢套管支架平面位置,在已沉码头 6 号排架岸侧 4 根桩上焊接好钢套管定位和加固钢撑,将钢套管支架临时依靠在焊接好的定位钢撑上。用起重船将钢支撑桩插入钢套管内落至人工抛填袋装砂顶面。350t 起重船起吊 90kW 振动锤,先分别施打 4 根支撑桩穿透袋装砂层,并尽可能进入抛石层一定深度。4 根角部支撑桩施打后,用 350t 起重船起吊钢套管支架到设计高程,并利用 20t 手拉倒链调整钢套管支架的水平度,然后将钢套管支架与支撑桩和已沉桩上的联系撑焊接牢固。最后,用起重船起吊和振动打入剩余 5 根钢支撑桩,同时将支撑桩与钢套管焊接成整体。采用同样方法安装其他钢套管支架,钢套管支架之间采用 δ25 钢板电焊连接。

钢平台顶面结构为组合贝雷片桁架梁、[36 槽钢和钢板等结构构成。钢平台安装详见图 5.4-32 和图 5.4-33。

6)袋装砂人工基床抛填(略)

7)冲孔桩施工

(1)施工工艺流程

冲孔桩施工工艺流程框图见图 5.4-34。

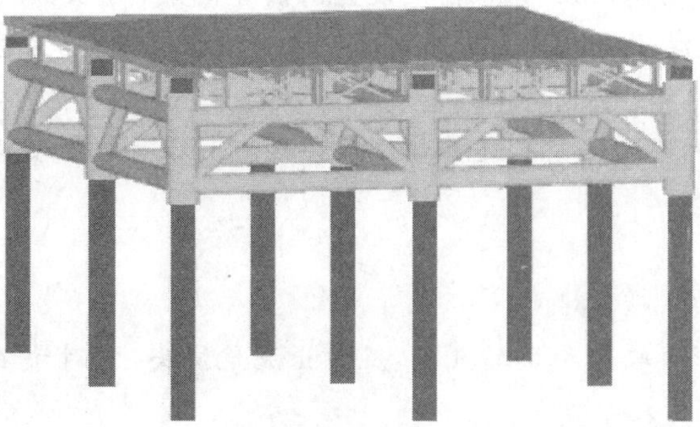

图 5.4-32　钢套管支架安装后效果图

图 5.4-33　钢套管支架现场安装图

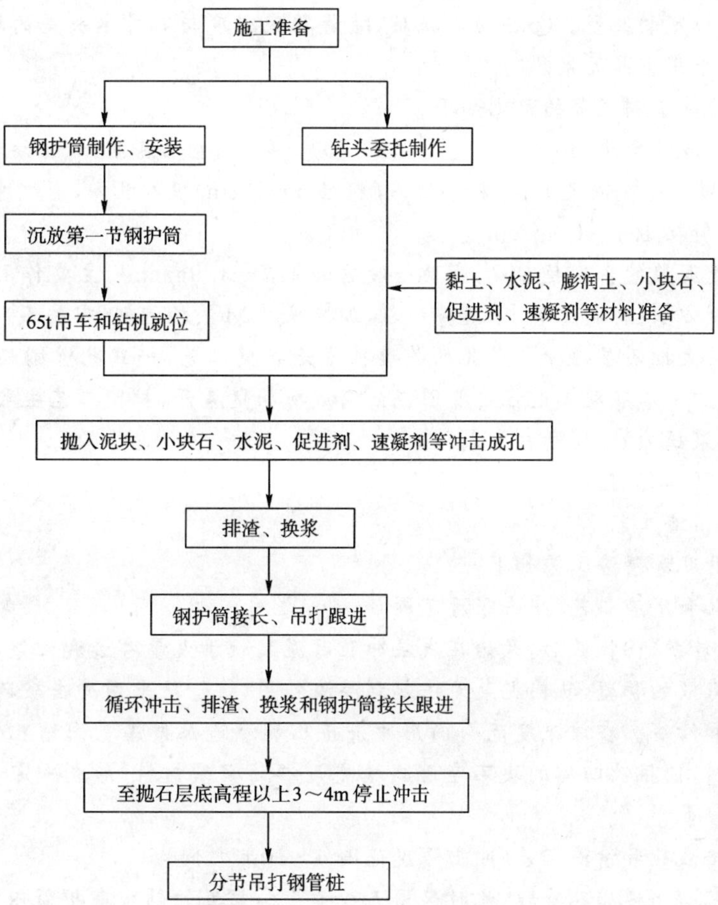

图 5.4-34　冲孔桩施工工艺流程框图

(2)钢护筒设计和制作

由于本工程冲孔桩的桩径较大，同时为防止护筒底部在锤击跟进时出现卷边现象，钢护筒采用 δ20mm16Mn 钢板制作。首节钢护筒(即第一节钢护筒)长度 L_1＝高出钢平台 1m＋钢平台顶高程－削坡后孔位块石顶高程＋预留 1.5m(可能打入块石层的深度)。冲孔时接长跟进的钢护筒均按 1m 长设计，即每冲孔 1m 钢护筒接长一次，跟进时现场焊接。考虑到冲孔垂直度和沉桩要求，钢护筒直径按桩径加大 53cm 设计，即钢护筒直径为 ϕ2 330mm。

(3)钢护筒沉放

钢护筒沉放：在钢套管支架的上下层横向支撑管之间，采用[36 槽钢设置两层导向架，用 350t 起重船将第一节长钢护筒吊入定位孔内，调整护筒垂直度后，用 135kW 振动锤配双夹头振动沉放，穿透袋装砂层，尽量进入块石层一定深度。

钢护筒跟进：跟进接长的钢护筒(每节长度 1m)用 65t 起重机起吊就位后焊接，用 135kW 振动锤振动跟进。

(4)钻机就位及辅助起重设备配置(略)

(5)护壁工艺和泥浆设计

由于抛填块石之间缝隙较大，为保证在冲孔时形成较为稳固的孔壁，及防止泥浆流失，需对块石间的缝隙进行注浆充填固结并进行护壁。

根据冲孔阶段的清渣工艺采用不同的泥浆护壁工艺：①在抛石顶层一定深度范围内采用水泥黏土类浆液，并抛填 5～10cm 粒径的小块石填充和挤压到孔壁的块石缝隙内，通过泥浆渗透固结和块石填充，形成一个较为稳定的孔壁。②在抛石深层，随着孔底深度与孔外水头差的增大，以及石渣悬浮上排困难，此时泥浆采用重晶泥浆。

水泥黏土类浆液和重晶泥浆的配比如下。

①水泥黏土类浆液的配比：40%～50%黏性土、20%～30%左右膨润土(土块)、20%～30%水泥、3%～8%速凝剂和 3‰～5‰促进剂，再加小块石(粒径 5～10cm)投入孔内，通过冲击钻头冲击形成混合泥浆，泥浆密度一般在 1.4～1.5g/cm^3。

②重晶泥浆就是泥浆的密度超常规，密度一般达到 1.7～1.9g/cm^3，主要作用是临时护壁和悬浮岩渣。重晶泥浆配制方法：膨润土加水，搅拌均匀，加烧碱、CMC、加重剂(重晶石)搅拌而成。

在深度和厚度较大抛石层内冲击成孔的关键技术是护壁工艺，一旦孔壁塌陷极有可能造成埋钻和废孔事故。因此，冲击成孔施工过程主要围绕如何成功护壁展开，护壁工艺主要为钢护筒跟进护壁和泥浆渗透固结(泥浆压力)护壁两种方式。

(6)冲击钻头设计和作用(略)

(7)冲击成孔和清渣工艺

各深度范围内冲孔和清渣工艺如下。

①浅层冲击成孔和清渣工艺(冲击深度范围 0～4m 之间)

第一级钢护筒(外护筒)沉放后，开始在浅层冲孔时泥浆处于大量渗透和注浆填充块石空隙阶段，桩孔四周难以形成有效的护壁，孔内泥浆无法起到浮渣作用，该阶段采用冲击破碎块石和捞渣筒捞渣工艺进行冲击成孔和清渣。在该深度范围内用冲击挤压和渗透注浆工艺固结孔壁，即边冲击清渣边填充固结和护壁材料，使桩孔四周的块石空隙内填充足够的凝结材料，形成一定的结构层，以保证桩孔顶层块石的稳定。

②第二阶段冲击成孔和清渣工艺(冲击深度范围 4～10m 之间)

该深度仍处于容易出现塌孔阶段，此时采用五瓣带导向装置的钻头在护筒内冲击破石，每进程最大达到 50～80cm 时，必须及时跟进护筒，确保钻头不全出钢护筒，以防塌孔埋钻。当泥浆已充填入桩孔四周块石层一定范围，上层块石已基本固结，形成一个不透水层，孔内泥浆能够起到护壁作用，且钢护筒已跟进护壁达到一定深度，该阶段采用水泥黏土类泥浆正循环清渣工艺。

③第三阶段冲孔和清渣工艺(冲击深度范围 10m 以下)

由于孔深较深，钢护筒在侧摩阻力作用下，已无法继续跟进，孔壁完全依靠泥浆进行支护。此时，容易出现坍孔现象。该阶段需采用采用重晶泥浆进行正循环清渣工艺。

在冲击成孔中，当泥浆中石渣含量达到 25%左右时，需循环更换新浆，继续冲击成孔。

(8)护筒跟进(略)

(9)冲孔事故的预防与处理

此工程地质的成孔难度极大，将有可能发生各种困难或事故，施工期间可能发生的问题与处理如下。

①钢护筒无法跟进

产生原因：由于钻头直径小于钢护筒直径，当遇大探头石时，钢护筒受阻后无法跟进。处理方法：向孔内抛填粒径10～20cm的块石，利用冲锥冲击时产生的锲胀力，将探头石推到钢护筒壁以外，冲锥的锲胀原理如图5.4-35所示。

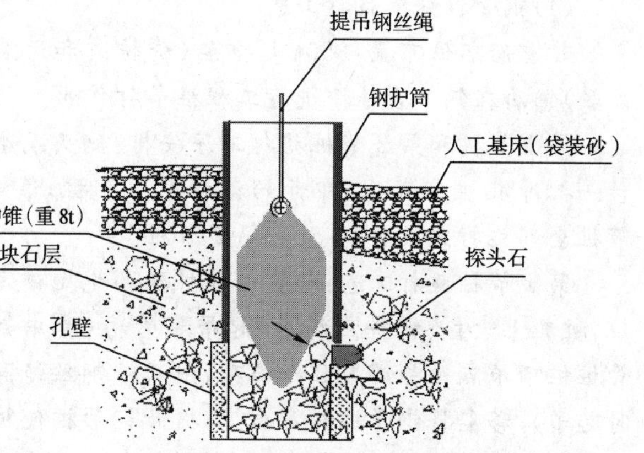

图5.4-35　锲胀探头石处理示意图

②斜孔

产生原因：由于块石层抛填的不均匀性，石块大小不一，强度不均，冲孔时极易产生斜孔现象。

处理方法：每次跟进钢护筒时，必须测量钢护筒垂直度，如偏斜＞1%时，钢护筒停止跟进，向孔内抛填块石，重新冲孔纠偏。

③卡钻

产生原因：主要原因是从孔壁向下掉石块。

预防措施：加强造壁，使孔壁密实、牢固，增大泥浆密度和胶体率，并采用钢护筒跟进冲孔工艺，即边冲击进尺、边沉放钢护筒(跟管)。

处理方法：如出现卡钻现象，则在钻头腰带上挂2～3只锚钩，强行上拔。

④漏浆、塌孔

产生原因：块石间隙充填不密实，造壁不密实。

处理方法：向孔内抛填块状膨润土、碎石、水泥，用冲击钻头冲击挤压，封堵块石缝隙、密实孔壁。同时采用"加重泥浆"悬浮石渣。

如"加重泥浆"仍无法解决较严重的漏浆和塌孔事故时，则采用灌注水下混凝土工艺填充漏浆和塌孔部位，等待3d后再冲击成孔。

8)施打工程桩

(1)钢管桩分节施打原则和依据

码头工程桩为ϕ1 800δ22(δ20)钢管桩，设计桩长69m，根据工程地质资料、起重船船型及工程地质情况，钢管桩拟分2节施打。钢管桩分节原则和依据：①分节施打减少1次起吊高度，降低起重船起吊和起重性能要求；②第1次沉桩后，在接长第2节桩时，其下节桩的摩阻力能承受整个桩身重力，桩身不会出现自沉现象，保证接头焊接在施工平台上进行；③接桩高程拟定为＋7.0m(便于焊接操作)；④根据码头沉桩中稳桩和压锤后桩身进入土层深度等资料分析，桩尖进入土层15m后钢管桩在自重作用下不再下沉。为此，第1节钢管桩长度拟定为45m、第2节钢管桩长度24m。第1节钢管桩的桩顶高程为＋7.0m，桩尖高程为－38m，泥面高程预计为－23m左右，桩身进入抛石层下卧土层约15m左右。

(2)钢管桩施打方式和锤型选择

采用350t旋转式起重船起吊打桩锤施打每节管桩(简称吊打)。本工程码头桩较长且第1节管桩需施打穿透约桩孔底部4～5m左右的抛石层，对桩锤的能量要求较高，本工程选用BSP HH30型液压锤施打工程桩，并配置1只专用桩帽(BSP HH30液压锤的最大锤击能量为360kN·m左右)，见图5.4-36。

(3)吊打起重船选择(略)

(4)钢管桩分节施打工艺

起重船船位布置:350t 起重船(旋转式和运装方驳)锚泊在钢平台陆侧进行工程桩吊打作业。

第 1 节桩和第 2 节桩施打工序安排:码头或承台一批冲孔桩完成后,即开始施打第 1 节桩,第 1 节桩全部施打完成后,再施打第 2 节桩。

图 5.4-36 起重船吊打钢管桩

第 1 节桩施打工艺:起重船和桩驳预先抛锚定位,桩孔上设备、材料清场后,起吊钢管桩(其中钢管桩桩顶吊点对称设置 2 个吊孔,用两根钢丝绳同时起吊),移船将钢管桩翻身垂直,提升钢管桩使桩底高于施工平台 0.5～1m,移船或旋转起重臂使钢管桩对准孔口,垂直沉放管桩至孔底(高程在—17.0m左右),调整好桩身垂直度及稳桩后,起吊和就位桩帽和液压锤,开始启动液压锤沉桩,当桩顶高程达到＋7.0m 时停止沉桩。

第 2 节桩施打工艺:为利于上、下节管桩的对接,施打上节管桩前,在下节已沉管桩的顶部外侧焊接 5～6 块高度约为 50cm 的定位钢板。起重船和桩驳定位后,起吊上节钢管桩,将钢管桩翻身垂直,提升钢管桩,移船或旋转起重臂使钢管桩对准下节管桩,垂直下放管桩并插入下节管桩的外衬,使桩底与第 1 节管桩对接。根据设计要求,立即焊接上、下节钢管桩。经检测合格后,开始施打整根钢管桩直至设计高程。

在码头第一批 12 根钢管桩施打过程中,有 3 根桩距离设计高程 4～5m 时,出现沉桩困难现象,锤击数均超过 3 000 击、最终贯入度小于 3mm/击,经高应变检测其静土阻力均达到设计承载力要求。经分析码头钢管桩均设置了钢桩尖,在钢桩打穿孔底块石层时,桩尖可能变形或夹带块石,当桩尖进入持力层时,桩底形成闭塞效应。此后,项目部与设计、监理进行研究和商讨,取消钢管桩桩尖结构。此后,沉桩总锤击数一般为 1 000～1 200 击,最终贯入度在 10mm/左右,顺利完成沉桩任务。

[实例 4] 宁波港北仑港区四期集装箱码头工程

一、工 程 概 况

(1)工程地点:宁波市北仑区穿山半岛北侧。

(2)工程规模:本工程为高桩梁板式结构,共有 3 个 5 万吨级以上的集装箱泊位,码头全长 1 100m,宽 55m。码头后沿设 4 座引桥(3～6 号)与陆域连接,每座引桥长 145m,宽 27.8m。

二、自 然 条 件

1.自然气候条件

宁波地区位于浙江省中部,属亚热带季风气候区,气温适中,四季分明,雨量充沛,空气湿润。年平均温度为 16.1℃;年平均降雨量为 1 411mm,9 月份降雨量占全年的 25%。

本海域风况呈季节性变化,常风向为北西,频率为 13%;强风向为北北东。实测最大风速为 29m/s,瞬间极大风速 40m/s 以上。

本地每年冬、春季节早晨为多发雾时间,根据资料统计,能见度小于或等于 1 000m 的雾日数为 28d,雾的持续时间一般不超过 3h。

影响本地区的强冷空气一般时间为 11 月至翌年 4 月,平均每年 2～3 次。当强冷空气来临时,24h 内一般降温 7～9℃,最多达 12～14℃。强冷空气影响时多出现降水和 8 级以上偏北大风,降水量一般不大,最长持续时间 2～4d。

本地区处于东南沿海，经常受到热带风暴影响。平均每年3.9次，热带风暴影响最早出现在5月中旬，最迟出现在11月中旬。影响最多的月份为7～9月，占总数的90%，尤其8月份最多，占全年的33%。热带风暴过境时会引起风暴潮增水，在本海区最强的一次风暴潮增水高达2.55m。

2.水文资料

港区潮汐性质属于不正规半日潮。港区的主要潮汐特征值如下：

平均高潮位(m)	3.07
平均低潮位(m)	1.09
平均海面(m)	2.152
最大潮差(m)	4.12
平均潮差(m)	1.95
设计高水位(m)	3.84
设计低水位(m)	0.54
极端高水位(m)	5.39
极端低水位(m)	−0.46

3.工程地质条件

通过钻探，共揭露9个工程地质单元层，根据基岩埋藏深度共分为3区，分别为I区、II区、III区。

设计桩尖持力层以⑤$_1$层（黏土Q_3^{2al-1}）、⑥$_1$层（黏土Q_3^{1al-1}）、⑨$_1$层（全风化晶屑熔结凝灰岩J_3）为主，局部为④$_3$层（含黏性土中粗砂Q_3^{2m}）、⑤$_3$层（含黏性土中粗砂Q_3^{2al-pl}）、⑧$_1$层（粉质黏土Q^{el-dl}），个别为⑤$_2$层（黏土Q_3^{2m}）。

三、沉 桩 施 工

1.沉桩总体安排

沉桩顺序总体安排为从岸向海、由西往东，形成阶梯型推进来实施，3号泊位按M～H行桩、G～E行桩、D～A行桩3条施工主线施打，4号、5号泊位按M～H行桩、G～A行桩2条施工主线施打，见图5.4-37，每个阶段的沉桩要在其相对应区域岸侧部位面板安装完后进行。

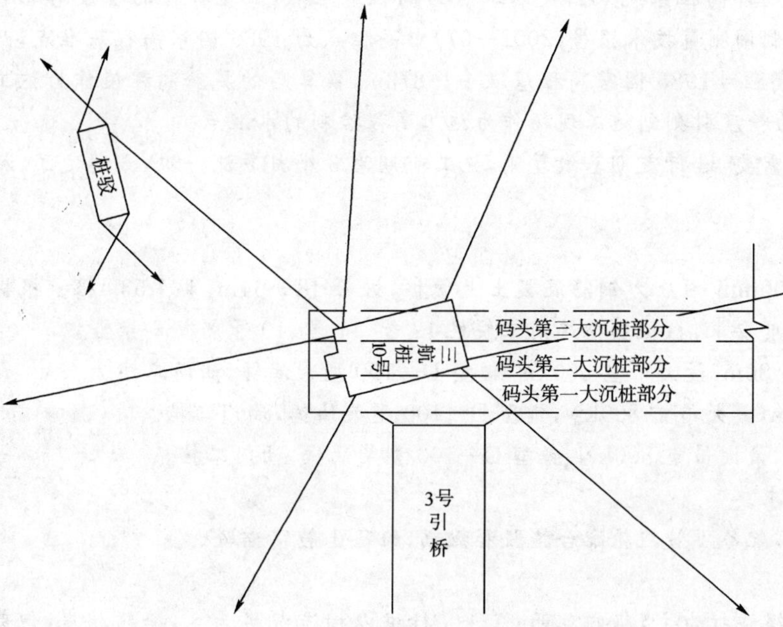

说明：
1. 码头沉桩分三大部分，第一大部分先沉岸侧三排桩帽即M、L、K、J、H排的桩；第二大部分沉中间两排桩帽即G、F、E排的桩，第三大部分沉靠海侧的C、B、A排的桩，并按总体由西向东、先岸侧后海侧的原则沉桩。
2. 第一大部分的沉桩以顺流抛锚定位沉桩为主；第二、第三大部分的沉桩以横流抛锚定位为主，少数纵向叉桩需顺流沉桩。
3. 图中锚位是沉第一大部分的锚位示意图，即以顺流抛锚作业，船艄朝西；横流抛锚与本船位近似垂直，船艄朝岸。

图5.4-37　沉桩施工示意图

2.测量工程

(1)施工平面控制网点的布置:根据业主提供的宁波港北仑港区四期集装箱码头工程施工控制网测量技术报告(2002—07),将4等GPS平面控制点成果作为首级施工控制网起始点,经现场踏勘并根据工程规模及需要进行全面规划、分级布设,即先按一级附合导线的精度布置整个工程总平面控制网点,平均边长约500m,然后引测单一支导线点或二级导线点进行加密以满足碎部施工放样的需要。详见施工总平面及测量基线点布置图5.4-38。

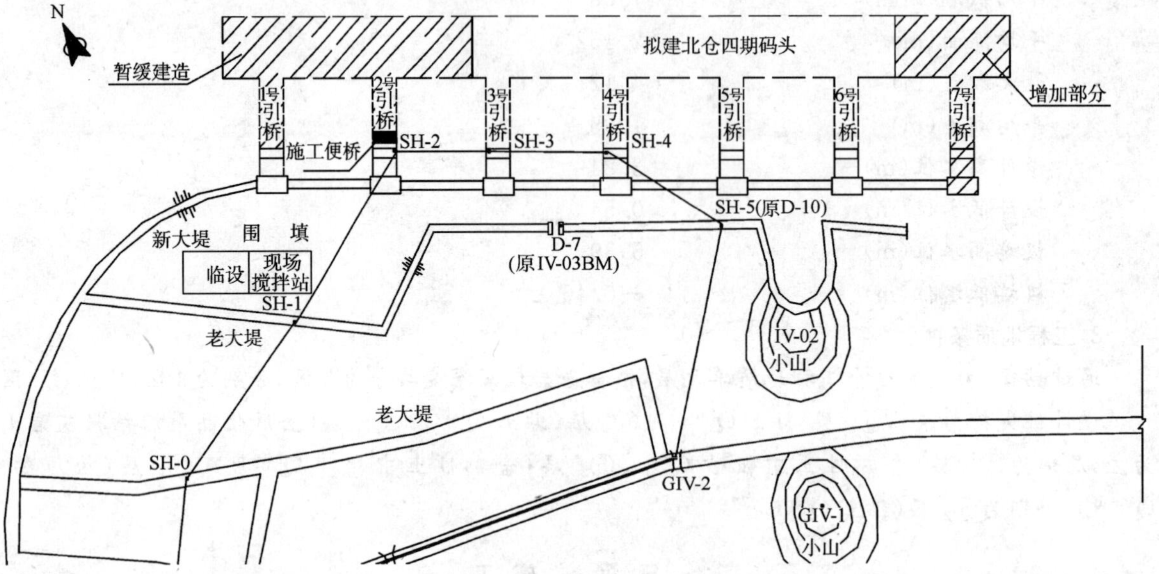

图5.4-38 施工平面及测量基线点布置图

(2)施工坐标系的建立:设计坐标系统为宁波市独立坐标系,根据工程平面布置的特点,建立施工坐标系,即以平行于码头前沿线并指向东侧的为正面基线(y轴方向),平行于引桥且指向海侧的为侧面基线(x轴方向)。

(3)沉桩高程控制点的布置:设计高程系统采用吴淞零点为高程基准点,业主提供的宁波港北仑港区四期集装箱码头工程施工控制网测量技术报告(2002—07)中高程点为1985国家高程基准点,两高程系统之间换算关系为:吴淞高程=1985国家高程基准+1.872m,换算后的吴淞高程值作为施工高程基准点,并以四等水准测量的精度引测到施工现场作为施工高程控制的水准点。

(4)基线复测:根据工程施工需要,进行定期基线复测,施工前期为3个月复测一次,如稳定了,施工后期为6个月复测一次。

3.沉桩船机配备

本码头工程桩基全部为ϕ1 200mm预应力钢筋混凝土大管桩,桩长48~64m,共1 539根。根据工程施工现场实际情况及工程进度要求,打桩船拟选用三航桩12号、11号、10号船或5号船。

三航桩11号、12号船桩架高80m,最大吊重800kN,锤型D—100型柴油锤,油门二挡。

三航桩10号船桩架高70.2m,最大吊重800kN,锤型D—100型柴油锤,油门二挡。

三航桩5号船桩架高度71m,最大吊重800kN,锤型D—100型柴油锤,油门二挡。

以上打桩船均能满足施工要求。

沉桩期间配备2艘桩驳运桩,配备1艘拖轮配合拖驳和抛锚,配备1艘牢锚驳。

4.沉桩锚位

M、L、K、J、H行桩以顺流抛锚施打为主,船艏朝西;A~G行桩以横流沉桩为主,船艏朝岸,但部分纵向叉桩需顺流施打。

5. 桩位计算

桩位计算采用电算为主，对电算原始数据进行认真校核，并抽取10%进行手工计算复核，碰桩预测以电算为主，辅以桩位图上画大样图进行碰桩预测校核。

6. 沉桩测量控制

在沉桩过程中，一般采用3台经纬仪任意角交会法控制桩的平面位置，前方交会角控制在60°～120°之间。如遇特殊情况，前方交会角不理想或不能确保沉桩精度的，采用智能型全站仪极坐标法控制沉桩。用1台水准仪控制桩顶高程及锤击贯入度，船上罗盘仪或架设经纬仪控制桩的平面扭角，打桩船桩架倾仰控制桩身倾斜度。

7. 停锤标准

(1)说明：大管桩桩尖高程凡是未进入⑨$_1$～⑨$_3$土层的，均以摩擦桩计，沉桩主要以高程控制；大管桩桩尖高程已进入⑨$_1$～⑨$_3$土层的，均以支承桩计，沉桩以贯入度控制。

(2)摩擦桩停锤标准：摩擦桩沉桩以高程控制，当桩顶高程达到设计桩顶高程，最后平均贯入度大于或等于30mm时，必须继续锤击，锤击至桩顶高程低于设计高程300mm时，若平均贯入度小于或等于50mm即可停锤；若平均贯入度大于50mm时，必须继续锤击至平均贯入度小或等于30mm，但桩顶高程最低不能低于设计桩顶高程1m，同时立即与业主、监理、设计、质监部门联系，重新确定停锤标准。若桩顶高程高于设计高程时，最后平均贯入度小于或等于8mm时即可停锤。最后平均贯入度按最后1阵30击平均贯入度作为标准。

(3)支承桩停锤标准：支承桩沉桩以贯入度控制，若桩顶高程高出设计桩顶高程2m以上时，贯入度按5mm控制；当桩顶高程高出设计桩顶高程2m以内时，贯入度按8mm控制；桩顶高程最多不低于设计桩顶高程1m。最后平均贯入度按最后1阵30击平均贯入度作为标准。

8. 提前(或落后)量控制

根据北仑四期前阶段试沉桩情况分析，沉桩定位提前(或落后)量暂定为：直桩100mm，斜桩200mm，并根据现场情况进行调整。

9. 沉桩施工质量要求

(1)置镜位置选择接近直角交会为原则。

(2)沉桩时避免偏心锤击，稳桩后严禁硬纠桩位，以免桩体受损。

(3)及时清理桩帽内残留垫木。

(4)沉桩完毕后，尽快夹好围檩，组织上部结构施工。在台风期间应采取防台措施，确保桩基安全。

(5)沉桩允许偏位按规范有关标准执行，即直桩200mm，斜桩250mm，桩身垂直度1%。

(6)在沉桩过程中按要求进行低应变动力检测，检测试验桩数为46根，检测桩位由监理工程师根据现场沉桩的情况确定。

10. 围檩工程

为了桩基安全，边沉桩边要组织力量及时夹好围檩。

1)围檩一般原则：直桩用钢抱箍，斜桩用吊筋反吊钢围檩，即C、F、G桩帽使用钢抱箍，其余使用吊筋结构。

2)围檩一般施工工艺流程

施工准备→测量放线→夹钢抱箍(安牵杠围檩)→安钢围檩(上吊筋)→高程调整→(固定吊筋螺母)→固定钢围檩。

3)围檩结构

(1)F、G、G′桩帽围檩结构

由于F、G为单桩(直桩)桩帽，为增加整体稳定性，每个排架的F与G桩帽、F与G′桩帽的围檩连在一起。每根桩夹设一个高度40cm的钢抱箍作为支撑系统，钢围檩用[30a槽钢，F、G桩帽的钢围檩为2根通长[30a槽钢，F、G′桩帽的钢围檩也为2根通长[30a槽钢，G′桩帽另加2根[30a槽钢，所有桩帽围檩悬臂端均设[14短槽钢横担，并用∟63×6角铁作为斜撑(撑脚焊在钢抱箍上)，桩两侧钢围檩间用ϕ22对拉螺杆夹住(见图5.4-39)。

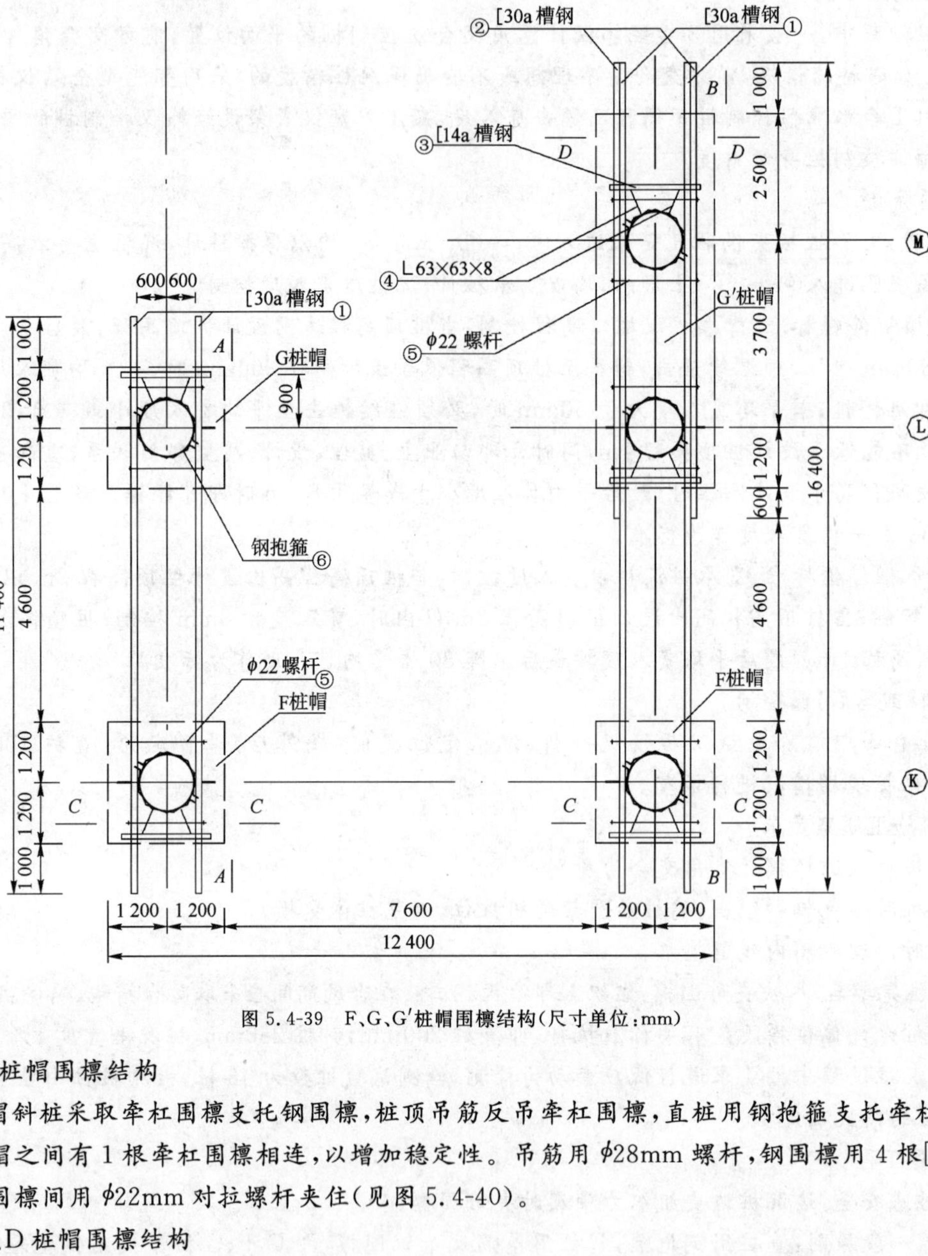

图5.4-39 F、G、G′桩帽围檩结构(尺寸单位：mm)

(2)E桩帽围檩结构

E桩帽斜桩采取牵杠围檩支托钢围檩，桩顶吊筋反吊牵杠围檩，直桩用钢抱箍支托牵杠围檩。相邻2个桩帽之间有1根牵杠围檩相连，以增加稳定性。吊筋用ϕ28mm螺杆，钢围檩用4根[24a槽钢，桩两侧钢围檩间用ϕ22mm对拉螺杆夹住(见图5.4-40)。

(3)C、D桩帽围檩结构

C、D桩帽第1次混凝土浇筑高度均为1.5m。C桩帽采用高度40cm的钢抱箍作为支撑系统，D桩帽采用吊筋反吊钢围檩。为克服D桩帽叉桩扭转倾斜，将2个排架间的C、D4个桩帽围檩系统连成整体，采用牵杠围檩支托钢围檩，牵杠围檩为[24a槽钢，吊筋ϕ25螺杆，钢围檩为2根[30a槽钢，桩两侧的钢围檩间用ϕ22mm对拉螺杆夹住。

(4)B桩帽围檩结构

桩帽采用吊筋反吊钢围檩，钢围檩为2根[30a槽钢，海侧桩用十字形布置的ϕ25mm吊筋反吊钢围檩，岸侧桩用2根[24a槽钢反托钢围檩，并在2个排架间B桩帽牵杠相连，反托槽钢也采用ϕ25mm吊筋反吊，桩两侧的钢围檩间用ϕ22mm对拉螺杆夹住。

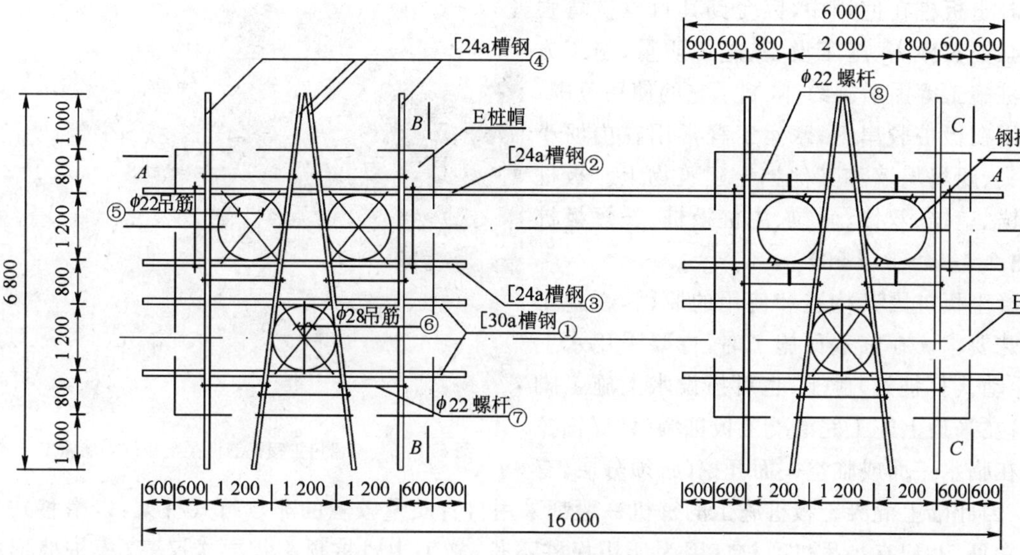

图 5.4-40　E 桩帽围檩结构(尺寸单位:mm)

(5)A 桩帽围檩结构

海侧 2 根桩采取[24a 牵杠槽钢反托钢围檩,反托槽钢用 ϕ30mm 吊筋反吊;岸侧单桩处 2[24a 钢扁担反吊钢围檩,用 ϕ25mm 吊筋。因悬臂较大,及解决安装靠船构件受力,桩芯混凝土预先浇筑,并预埋撑杆,以反拉悬臂端,中间 2 根钢围檩后端设反压结构。钢围檩采用 4 根[36a 槽钢,桩两侧的钢围檩间用 ϕ22mm 对拉螺杆夹住;每 2 个相邻 A 桩帽间用联系围檩牵杠相连。

第五节　钢筋混凝土板桩

一、概　　述

钢筋混凝土板桩有矩形(一般为 30～70cm×20～50cm)或 T 形截面,也可采用圆管形或组合型。板桩桩尖一边为直边形,一边为半边斜形,桩尖偏直边,桩顶钢筋有外伸与不外伸两种形式。图 5.4-41 是常用钢筋混凝土板桩结构图(桩顶钢筋有外伸的形式)。钢筋混凝土板桩有预应力和非预应力之分。桩顶部位有缩颈和不缩颈之分。混凝土板桩在使用中是相互紧挤形成板桩墙,大都使用在临水一面或临空一面,作为挡水和挡土结构用;而且为了能很好挡土、挡水,每根板桩桩身两侧设有凹凸榫槽企口,有全榫、半榫之分,凸榫在直边一面。只起挡土作用的为全榫板桩;需挡水的为半榫板桩(图 5.4-42),泥面以下大于 1m 范围内做凸榫,再在凹榫槽(企口)里冲洗干净后灌细石混凝土。凹榫槽深度不宜小于 5.0cm,板桩墙分有锚板桩和无锚板桩两种。

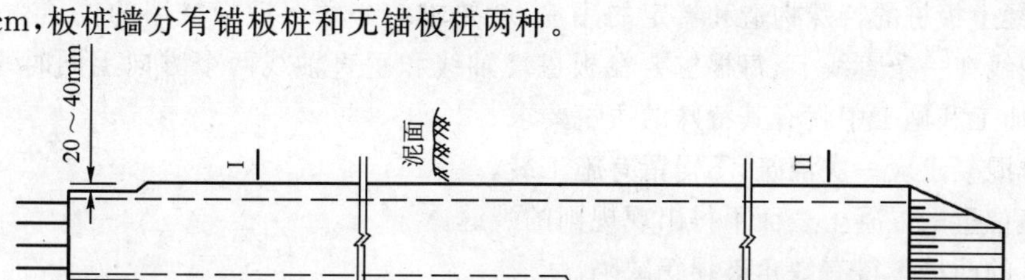

图 5.4-41　钢筋混凝土板桩结构图

钢筋混凝土板桩在使用中,因受到其自身抗弯强度、榫槽结构、锚拉距离、施工设备、施工质量、施工方法和不能接桩施工等因素制约,限制了它的使用范围,水利工程常用在板桩驳岸上;水运工程常用在内河小港的板桩码头、船坞坞墙和其他挡土建筑物上。板桩结构常有无锚、单锚、双锚、斜拉、主桩板桩、长短板桩等形式(见图 5.4-43~5.4-50)。

图 5.4-42　某船坞工程钢筋混凝土板桩坞墙施工

钢筋混凝土板桩因其构造和使用的原因,在施工上就有其特殊要求。在临水面施工时,主要采用水上打桩船(或浮动式打桩架)施工;也可搭设水上施工脚手平台施工;在平地上施工完混凝土板桩墙(做好锚拉结构)后,再在临水一面或临空一面开挖(必须分层、有节奏开挖)。因此陆上混凝土板桩施工的桩机一般都采用自身质量较轻的非自行式桩架,以滑移式和滚动式较为常见,并配有小吊机喂桩。因为所用板桩不长,施工中对桩顶高程要求又高(板桩墙形成后,再凿除桩头 35~50cm,剥露出钢筋,施工上部结构),都采用锤击能量偏低的锤(140kN·m 之内)来施工,因压桩设备质量重,压桩机不适宜施工板桩墙。

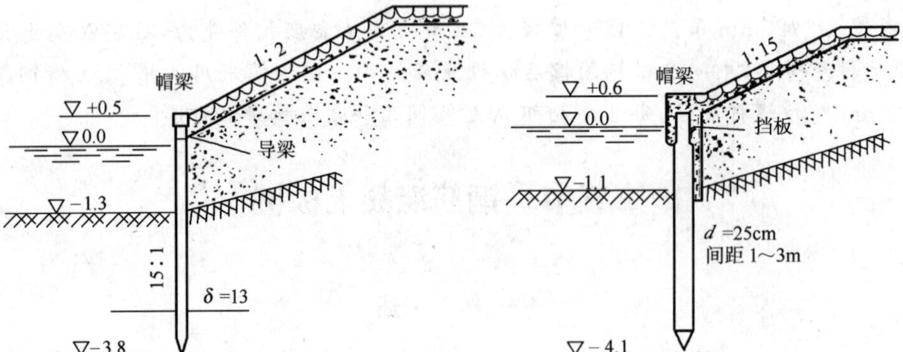

图 5.4-43　无锚板桩码头示意图

a)普通密排桩;b)有挡板的桩

常用的非预应力混凝土板桩桩长一般采用 20m 之内。预应力混凝土板桩主要用在船坞及码头工程上,用水上打桩船施工,桩长一般在 20m 以上。

二、钢筋混凝土板桩在预制加工和施工中的质量要求

钢筋混凝土板桩的特殊构造和特定的用途,就要求它必须保证板桩墙的桩顶在一个设计水平面上、板桩墙轴线在一条直线上、每根桩要在板桩墙轴线和垂直轴线两个方向上同时垂直,为此混凝土板桩在预制加工和施工中就有其特殊的质量要求。

(1)桩身混凝土应一次浇筑,不得留有施工缝。

(2)钢箍位置的混凝土表面不得出现规则的裂缝。

(3)板桩的凸榫不得有缺角破损等缺陷。

(4)预制板桩起吊时的强度应大于设计强度的 70%。

(5)吊点位置的偏差不宜超过 200mm,吊索与桩身轴线的夹角不得小于 45°。

(6)板桩堆存时应注意:采用多支垫,支垫均匀铺设;多层堆放的每层支垫均应在同一垂线上;堆垛不超过 3 层。

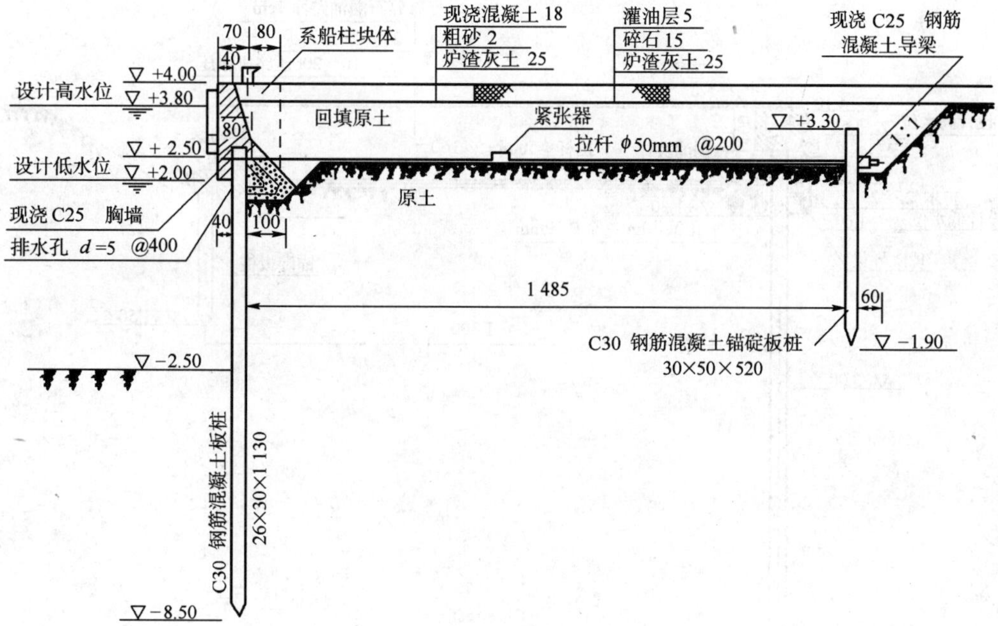

图 5.4-44　单锚钢筋混凝土板桩码头示意图(尺寸单位:cm)

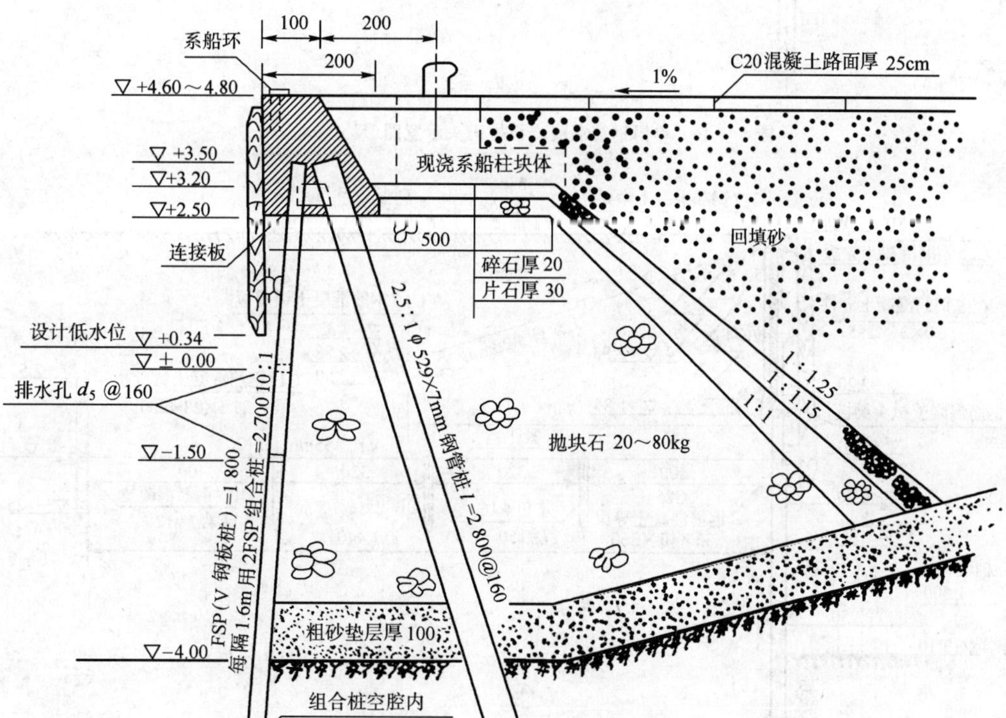

图 5.4-45　斜拉板桩码头示意图(尺寸单位:cm)

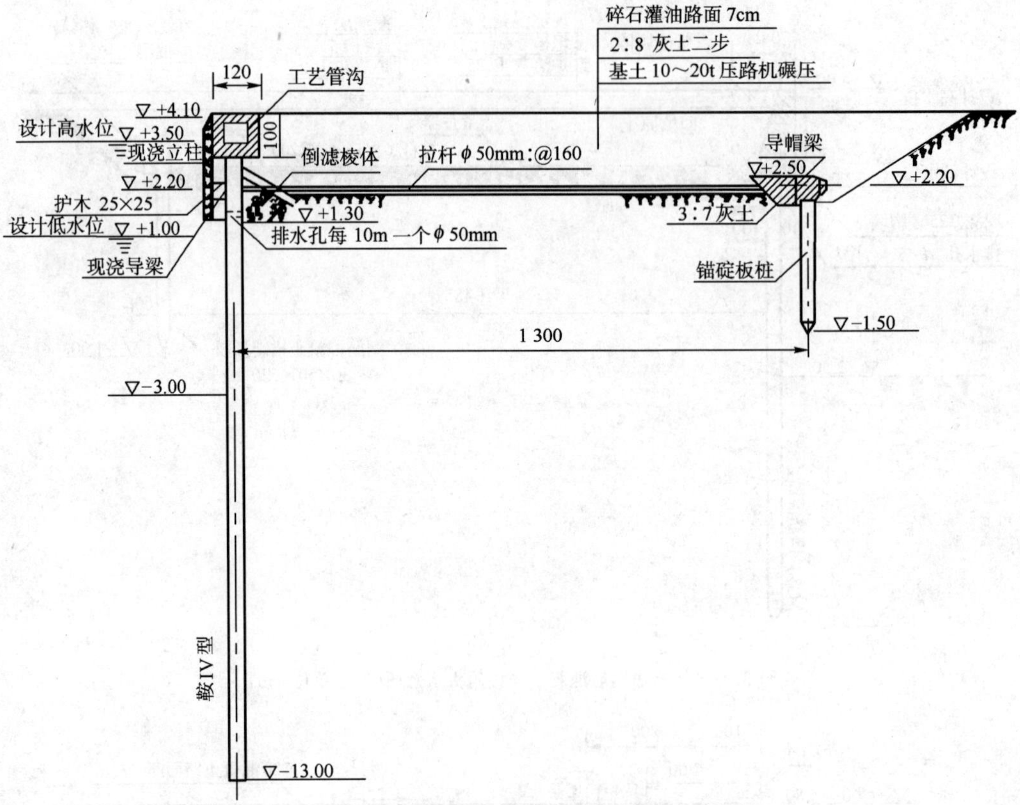

图 5.4-46 单锚钢筋混凝土板桩码头示意图(尺寸单位：cm)

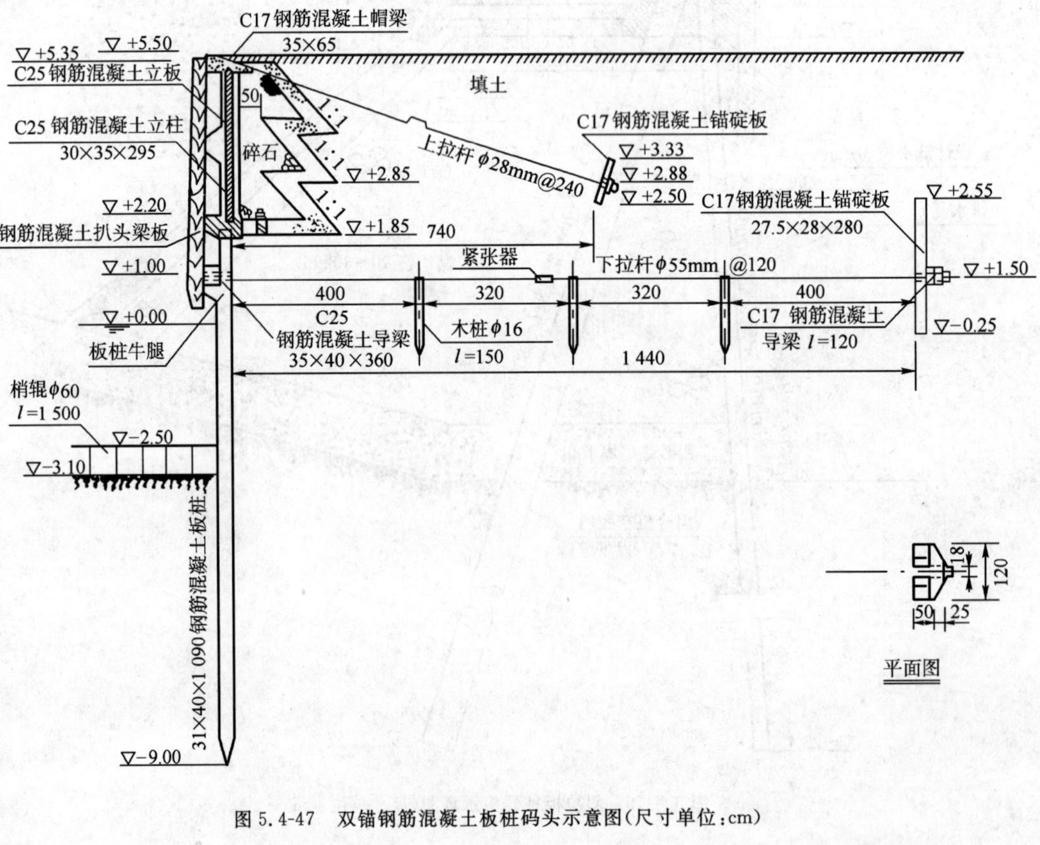

图 5.4-47 双锚钢筋混凝土板桩码头示意图(尺寸单位：cm)

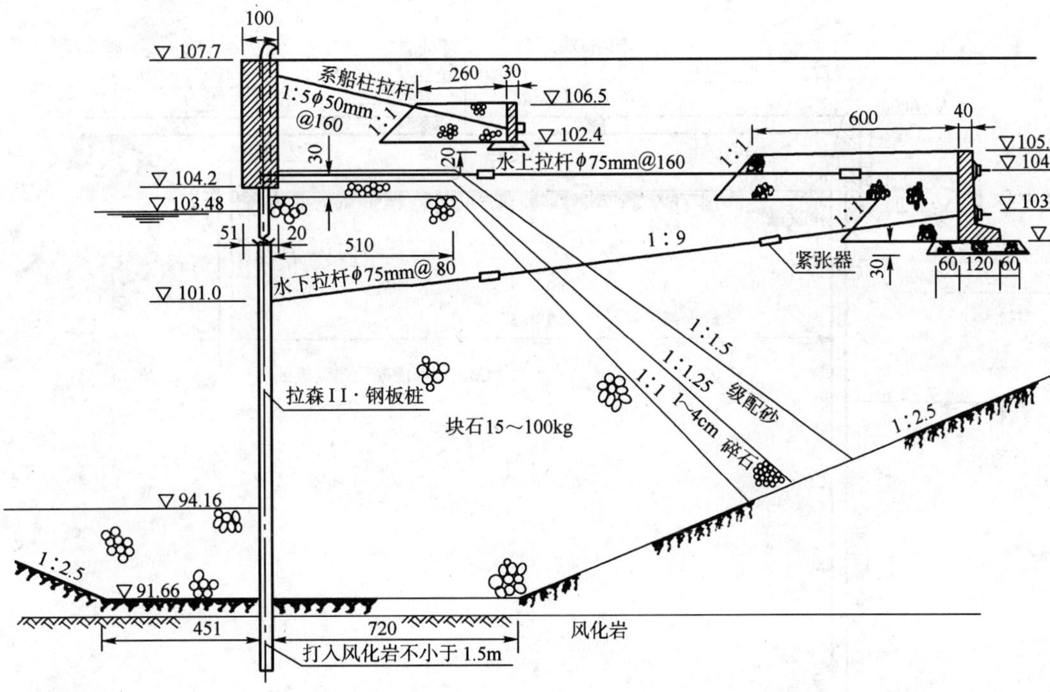

图 5.4-48　双锚钢板桩码头示意图(尺寸单位:cm)

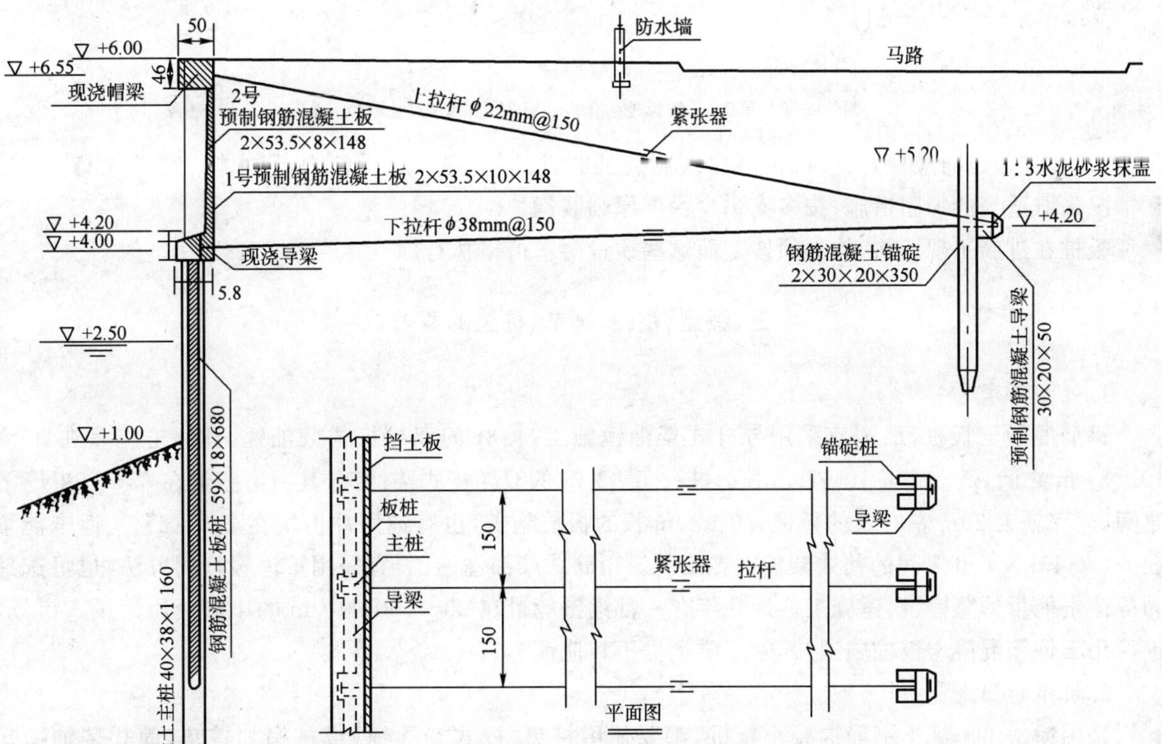

图 5.4-49　双锚、主桩板桩结合板桩码头示意图(尺寸单位:cm)

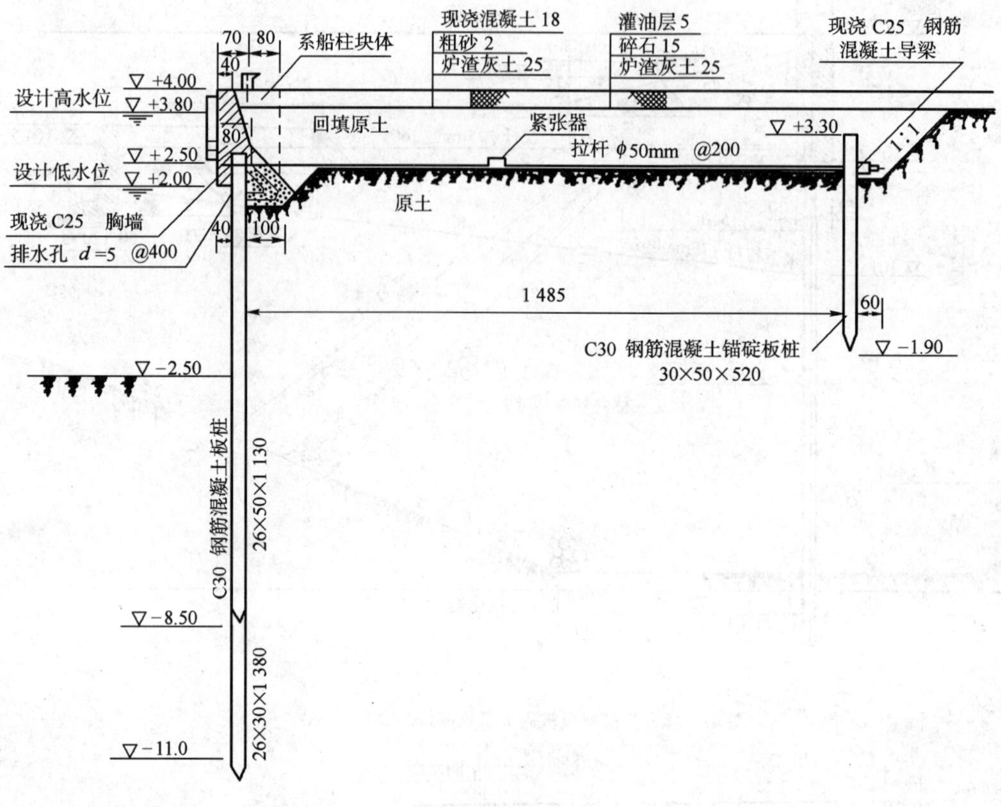

图 5.4-50 单锚、长短板桩结合板桩码头示意图(尺寸单位:cm)

(7)板桩装运时应注意:按沉桩顺序绘制装桩图,按图装船、车;运输中,用木楔将支垫垫实,按实际情况采取适当的加固措施;按多支垫少垛层原则装运。

板桩在进施工现场前,均必须按上面这些质量要求严格执行。

三、锤型、桩帽、锤垫、桩垫的要求

1.锤型要求

钢筋混凝土板桩,最适宜采用导杆式柴油锤施工,1.8t 的双导杆式柴油锤,其锤击能量在 30～40kN·m之间,适宜施工 10～15m 长的桩;2.5～3.0t 的双导杆式柴油锤,其锤击能量在 65～85kN·m之间,适宜施工 20m 左右长的板桩;20～30m 长的板桩施工,也有选用冲击块在 2.5～4.6t、锤击能量在 60～140kN·m之间的筒式柴油锤施工的。用筒式柴油锤施工,宜采用重锤轻打的方法,也可选择同等锤击能量的坠锤、汽锤施工。近几年有一批锤击能量在 20～150kN·m 的小型液压锤投入市场,也可用于钢筋混凝土板桩施工,其施工质量优于其他锤。

2.桩帽的形式

采用锤击工艺施工钢筋混凝土板桩,都要使用桩垫(杆式柴油锤)或桩帽加桩垫(筒式柴油锤)。因为板桩构造的特点和板桩墙结构及其施工工艺的特殊要求,为了达到板桩桩顶在一个设计平面上,它的桩帽形式与施工混凝土方桩的形式不一样,在靠已插桩到位的一侧面,是没有桩帽挡板的,为一侧开口;当它在送桩阶段时,桩帽在两侧面都是没有挡板的,为两侧开口。

当板桩桩顶采用收头桩顶时(如图 5.4-41 所示),也可采用四面都有挡板的类似混凝土方桩的桩帽。

3. 锤垫、桩垫材料要求

由于钢筋混凝土板桩在通常使用中，桩长受到一定限制，施工中所用锤的锤击能量较低，所以施工中所用桩垫、锤垫也与沉钢筋混凝土方桩有所不同：桩垫大都采用纸箱板或纤维板加工，一般为5～10cm厚，也可用5cm厚松木加工；锤垫大都采用白棕绳盘成；有时用硬木加工做锤垫。

施工中桩垫要坚持一桩一垫，白棕绳加工的锤垫，一般要锤击50～100根桩后才调换一次(一般不坏不换)，硬木锤垫要损坏后才调换，一般可用到500根桩以上。

四、钢筋混凝土板桩施工工艺

1. 工艺流程

测量放线、设施工水准点→对板桩纵轴线范围上的障碍物进行探摸和清除→打桩机或打桩船、桩驳抛锚定位→施打导向围檩桩→制作、搭设导向围檩→沉起始桩(定位桩)→插桩→送沉桩→搬迁导向围檩继续施工→对已沉好的桩进行夹桩→做安全标志。

2. 围檩的设置

在拟打板桩墙的两侧平行于板桩墙设置导向围檩装置，以保证板桩的正确定位，桩体的垂直及板桩墙体的顺直。

导向围檩装置常有单面、双面、单层、双层等形式。图5.4-51为常用的双面单层导向围檩(陆上施工时可根据工程实际条件另行搭设，如图5.4-52就是一种很实用的例子)。

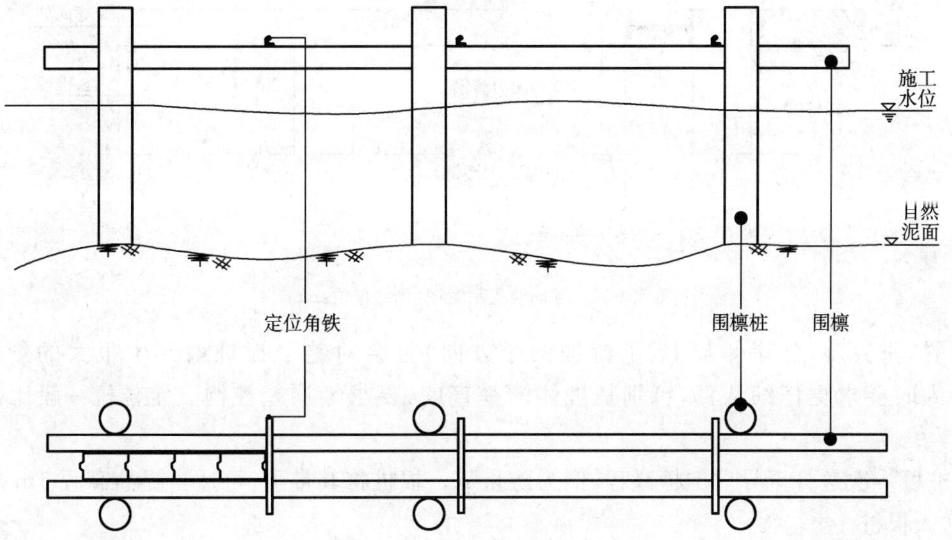

图5.4-51　导向围檩示意图

围檩桩：一般选用钢管桩(建议选用常用规格ϕ600mm)用振动锤打、拔，入土深度根据地质情况而定，一般不小于5m。围檩桩的间距根据围檩材料的力学性能而定，以保证围檩安装后，在插桩过程中，围檩不明显下挠为准。

围檩：一般选用有足够刚度的型钢，如钢管、H型钢、双拼大型槽钢等，要求结构牢固、搭设方便、周转灵活、就地取材。围檩安装固定在围檩桩上，高程、轴线要根据施工水位与板桩墙轴线而定，原则上导向围檩上层应在施工水位以上，以利于插桩。围檩净宽度大于板桩宽度2～3cm，围檩的设置长度按施工具体情况而定。

3. 板桩施打

(1)定位桩(即起始桩，或称首根桩)

定位桩以后的板桩将会顺定位桩的顺直度入土，以后的板桩墙将以此为依据插入。因此定

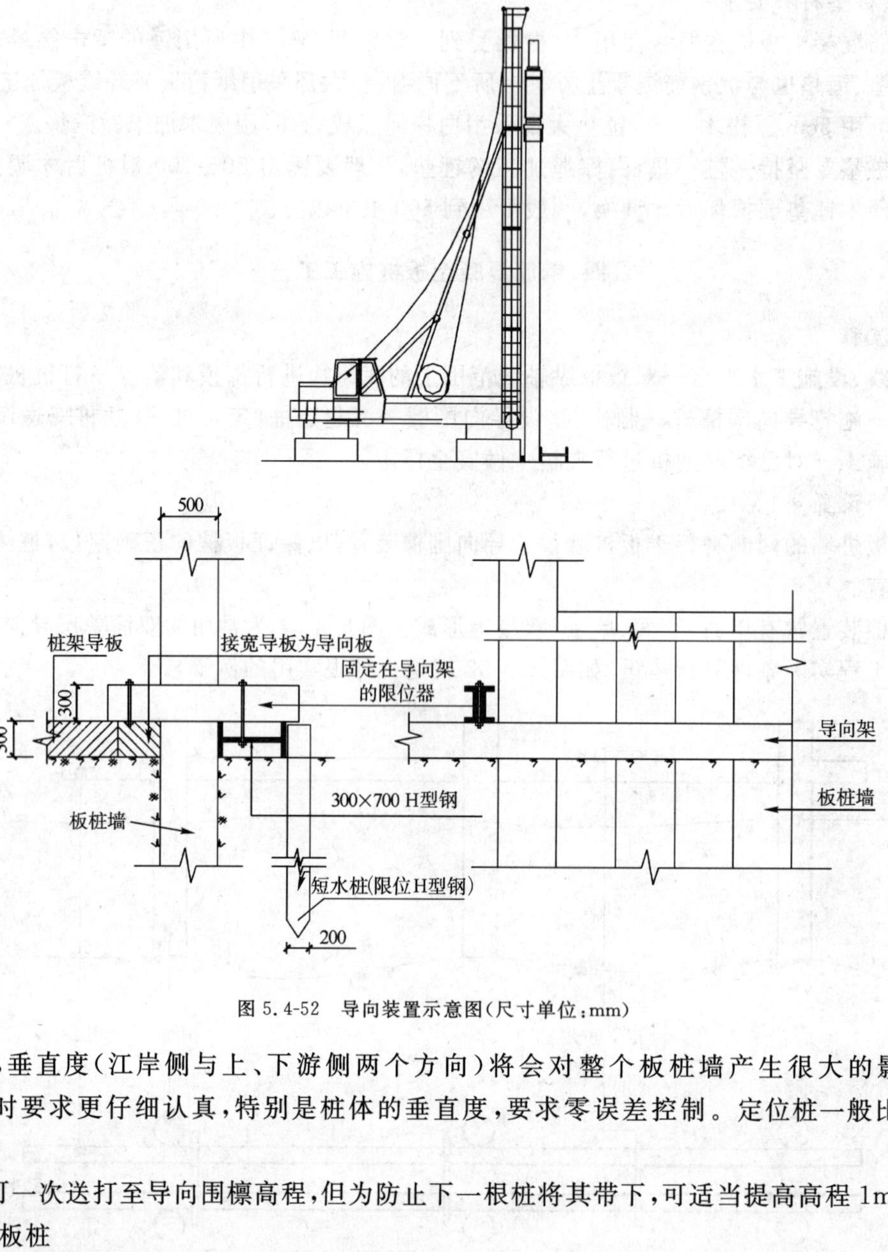

图 5.4-52 导向装置示意图(尺寸单位:mm)

位桩的位置,垂直度(江岸侧与上、下游侧两个方向)将会对整个板桩墙产生很大的影响。所以定位桩打入时要求更仔细认真,特别是桩体的垂直度,要求零误差控制。定位桩一般比板桩长 2m 左右。

定位桩可一次送打至导向围檩高程,但为防止下一根桩将其带下,可适当提高高程 1m 左右。

(2)插入板桩

定位桩基本插打到位后即可依次插入其他板桩。

将板桩顺着定位桩(或前一根已插桩到位的桩)的凹槽在导向围檩内逐一插桩到位,插入土体的深度根据桩长、打桩架高度及地质情况等因素而定。要求用桩锤静压,并留有 1/3 桩长进行送打桩,在插入桩过程中,尽量不要开锤(尤其是开重锤)施打。

板桩插入后形成“屏风”,插入桩的数量,根据桩的留高及地质情况而定,要求送打时不会因为板桩挤压过大而造成打桩困难为准,一般可控制在 10~15 根左右。

(3)拆除导向围檩装置

板桩屏风墙体形成并确认不会因为拆除导向围檩装置后导致墙体倾斜、晃动,即可将导向围檩装置拆除并按施工流水布置进行下一导向围檩的施工。为能与下一施工段接口平顺,导向装置保留最后一段不拆,与下一施工段顺接。

(4)送打板桩

围檩装置拆除后即可对已插桩成屏风式墙体的板桩墙逐一送打到设计高程。送打桩的顺序与插入桩时顺序相反，即后插的桩先送，先插的桩后送。在送打过程中若发现相邻桩体有带下或板桩出现倾斜（指顺板桩墙方向）时，要考虑再分层送打桩。分层送打桩的顺序一般与上述相同。每一屏风段墙体的最后几根桩不送打，与下一施工段流水接口。

(5)转角桩施工

当板桩墙轴线有转角时，需制作特别的转角桩。转角板桩桩尖如同方桩尖，桩长比一般板桩长2m，沉桩时一定要控制好转角方向。

五、钢筋混凝土板桩打桩脱榫、倾斜等质量通病的预防与处理

对沉桩过程中，出现桩顶破碎、桩身裂缝、沉桩困难等常见质量问题的产生原因与预防及处理方法，与一般钢筋混凝土方桩基本相同，这里仅对钢筋混凝土板桩施工中特有的脱榫，倾斜问题进行阐述。

1. 脱榫

(1)预制钢筋混凝土板桩的凹凸榫的尺寸及顺直度不满足设计要求是造成脱榫的主要原因，故施工前必须逐根检查验收，避免上述桩体打入土中。

(2)当桩尖与桩身不在同一条轴线上或沉桩过程中桩尖的某一侧遇到硬土或异物时桩身会产生转动（即桩横断面与板桩墙轴线产生夹角）。此时会造成脱榫趋势，若不及时采取措施，必然出现脱榫。对此，首先认真验收预制桩，桩尖与桩身不在同一轴线上的桩不能使用。另外在沉桩过程中出现桩身转动而又无法拔出该桩时，可在有转动趋势的板桩相对应的两侧的导向围檩上，各焊接一根用型钢制作的有足够刚度的小限位，该小限位与板桩体贴紧（贴紧处要求光滑，最好是滚动接触），而后继续缓慢小心施打该桩。经过上述纠正措施后一般情况下均能予以纠正，至少能停止脱榫趋势。该措施的成功与否关键在早发现（脱榫趋势）、早落实（措施）。

(3)有的板桩桩尖凸榫侧会有一个削角（图 5.4-53 右侧），设计者本意是便于桩体破土打入，但在桩体入土的过程中此削角处若遇到小石块或其他硬物时，桩体易发生脱榫趋势，故建议上述削角不应设置。

2. 倾斜

板桩在施打过程中及板桩墙体在形成的过程中，因各种原因会产生桩（墙）体的倾斜。倾斜会有两个方向，一是板桩墙体前后方向的倾斜，另一种是板桩（墙）左右方向，即朝板桩凹凸榫方向的倾斜。以下几项应特别注意。

(1)板桩墙前、后方向的倾斜，在插桩时注意桩尖与桩顶控制在一条垂直线上（即桩顶与围檩槽保持在同一垂线上）即可。特别是起始桩（定位桩）更要注意控制，因该桩的凹榫是以后形成的板桩墙体的垂直度的导向与“靠山”。因此起始桩的定位要求零误差控制，确认无误后再插桩，这对以后的施工控制极有好处。

(2)板桩在逐根打入后常会向墙体形成方向（即桩体凹榫方向）倾斜。主要原因是插（打）入时，插（打）桩的桩体靠已打入的一侧与前一根桩之间的摩阻力大于另一侧与土体的侧摩阻力。另外板桩的桩尖除了定位桩外一般在凹榫侧有斜角（图 5.4-53），因为有该斜角的存在，板桩在打入过程中会越打越向前一根桩靠紧。设计这种形式的本意是使得板桩墙体接缝搭接不脱榫。但也会使得在桩体打入过程中，与前一根桩之间的摩擦阻力大大增加，从而增加了桩体倾斜产生的几率。所以，在板桩施工中，一般均会发生逐渐向板桩墙体形成方向倾斜的趋势。为此，采用屏风法施工而不采用逐根打入法工艺，可从根本上减少桩体倾斜发生的几率。为进一步避免、减少及纠正上述桩体倾斜的发生，也可再选用下述措施。

①围檩上设置“定位角铁”，并与插入桩紧贴，限制住该桩的倾斜趋势。在“限位角铁”与插入桩之

间可抹上黄油，便于板桩的插入。

②插桩时在板桩的凹榫内插入一竹（青）片（厚度1cm左右，宽度略小于凹榫槽宽），以减少插（打）入桩与已打入桩体之间的摩阻力。

③修正图5.4-53中所示的桩尖斜角，可有效控制桩体倾斜，但在施打板桩时，板桩一般均已预制好，再作调整已不可能。为便于现场调整可预制几根如同起始桩同样桩尖类型（即桩尖两面均有斜角，下桩时不会产生偏斜趋势）的板桩。在施打过程中，视现场情况每隔一段距离插打一根这类板桩，对调整倾斜很有效果（若现场没有这类桩型而且桩尖所处土层不在硬土中时，也可凿去桩尖成为“平头桩”代替）。

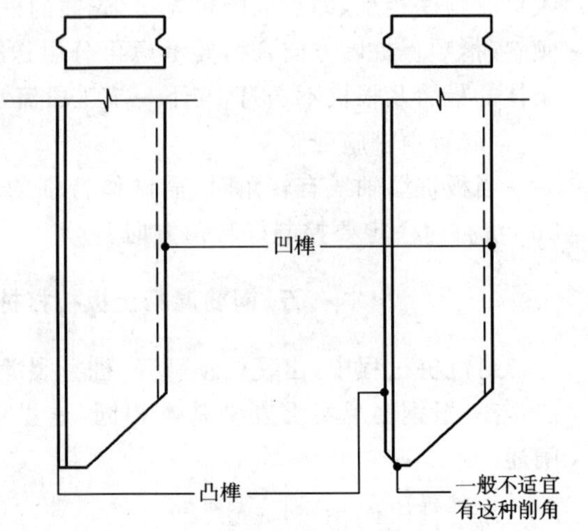

图5.4-53 板桩桩尖削角示意图

采用上述措施后，一般均能较好地预防与纠正板桩的倾斜。以往也有采用钢丝绳牵拉有倾斜趋势的板桩、打桩锤斜打板桩桩顶等措施，但建议不要采用，因为这类措施纠斜的效果不好，也不安全，并会损坏桩体。

六、板桩墙体形成后的施工

1.凹槽内灌注袋装混凝土

混凝土板桩驳岸和板桩码头的板桩之间的相对凹槽一般会伸入泥面1.0m以下，在上部结构施工前要用高压水枪将双凹槽内冲洗干净，用周边大于双凹槽内边长（不小于5cm）的、长度大于双凹槽长度0.2m以上的有足够强度的密封塑料袋放入双凹槽内，再在袋内灌装坍落度不小于10cm和板桩等强的细石混凝土，对双凹槽充填密实，以达到止水防渗作用。

2.锚碇桩（墙）施工

(1)有锚板桩墙拉杆式锚碇系统一般为设置锚碇体和锚拉杆安装两部分。锚碇体一般有三种结构形式：①板式锚碇，有混凝土现浇连续板和预制埋入非连续板两种形式；②板桩墙式或直桩式锚碇；③叉桩式锚碇。

(2)在现浇锚碇桩（墙）的导梁和现浇连续锚碇板时应注意：预留锚拉杆孔的位置、高程等，一定要与已施工完的混凝土板桩墙上预留的锚拉杆孔的位置、高程等对应。

3.锚拉杆施工

(1)施工顺序

加工锚拉杆→对锚拉杆作防腐处理→设置锚拉杆支承桩（木质或混凝土）→穿、安锚拉杆→拧拉杆螺母→防腐补涂→用土垫实锚拉杆→在锚拉杆上面回填土。

(2)安装锚拉杆应注意

①穿、安锚拉杆要防止碰坏丝扣；

②要使铰的传动方向处于垂直平面内；

③螺母拧紧以对板桩墙不增加附加压力为宜；

④丝杆丝扣露出螺母应不少于3扣为宜。

4.混凝土板桩墙后回填

(1)有锚板桩墙应在安装好锚拉杆后方可回填。

(2)回填材料应严格按设计要求采集,水下部分宜填砂、砾石、块石等透水性好的建材;水上部分可填砂、石材、无腐殖性及无膨胀性的黏性土料;对地震烈度在六级以上的地区,不宜填易液化的粉砂、细砂、亚砂土。

(3)回填顺序应尽可能先填被动土压区的土,后填墙后土,并在回填时要沿墙纵向均匀实施。

(4)水下部分回填,一定要避开锚拉杆,尽量采用在墙外侧水面上用皮带机或吊车从驳船上卸料的方法向墙内侧回填。

(5)出水后的回填,可采用铺土和夯实机械施工,但要避开锚拉杆,与锚拉杆平行施工;当锚拉杆上的覆土不影响锚拉杆安全后,方可沿锚拉杆垂直方向施工。

[实例5] 缅甸希姆莱船厂船坞工程

(1)工程概况。缅甸希姆莱船厂船坞工程地处仰光市内莱茵河东岸。船坞总长172.6m,有效宽度28m,有效深度10.2m。坞墙为非预应力钢筋混凝土板桩加衬砌结构,钢筋混凝土板桩围绕坞室3面布置,见图5.4-54,共计有BZ1、BZ2、BZ2a板桩700根,桩长21.4m,桩顶高程+3.57m,地质较均匀,地下无障碍物,桩尖进入砂质黏土。板桩结构见图5.4-55。

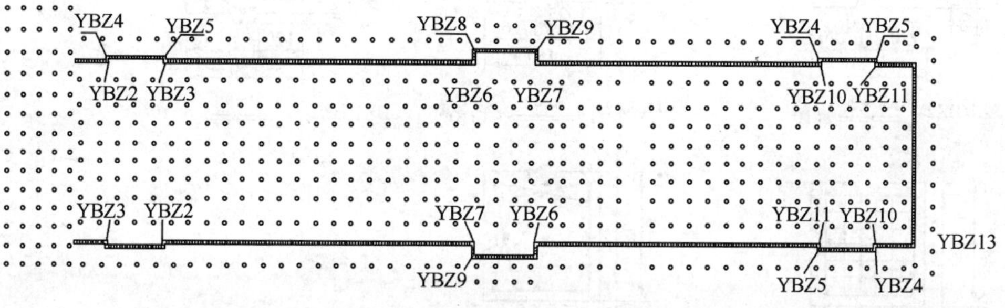

图5.4-54 希姆莱船厂船坞钢筋混凝土板桩坞墙桩基平面布置图

(2)所有工程桩都在现场制作。配250kN履带吊开桩,采用轻轨及运桩小车场内驳运桩。

(3)采用锤击法沉桩,配备2台DH—408打桩架,配250kN履带吊喂桩,1号桩架挂D—46型筒式柴油锤插桩,入土约1/3后,用2号桩架挂D—62型筒式柴油锤采用屏风式送桩方法送桩到位。

(4)根据现场的实际情况,插桩时的导向装置为单层双向导向围檩,利用桩架底盘前沿刚度很大的导板作为"靠山",用型钢接宽该导板成为板桩墙插桩内导向限位,再在板桩墙外侧用一大型H型钢(用打入地下的小木桩限位)作为板桩墙插桩外导向限位。再由一双榀槽钢进行间距定位,该双榀槽钢同时又起到对插入桩的前进方向的限位,插桩限位装置在板桩沉桩中控制了桩的轴线及双向倾斜,效果很好,见图5.4-52。

(5)坞墙钢筋混凝土板桩榫槽静压注浆。该船坞坞墙仅靠混凝土板桩和薄壁混凝土衬砌构成的轻型结构止水,为此在坞室土体开挖前首先用自制的冲孔器(图5.4-56)清理混凝土板桩榫槽内的泥沙,然后将带有喷嘴装置的注浆管插入板桩榫槽内进行静压注浆,每次注2min左右,待混凝土板桩顶冒浆时立即停止。间隔0.5d再复灌,至少灌3次以上,直至注浆体表面至桩顶位置不再下沉为止。

静压注浆的技术参数要求:

①注浆深度:8.5m(高程+3.5~-5.0m)。

②注浆最大压力:0.2~0.3MPa。

③注浆量:80L/min,反复灌至浆体至板桩顶不再下沉为止。

④浆液:水泥∶黏土=1∶1,相对密度≥1.4(浆液内掺入黏土是为了增强浆体的韧性,以防板桩墙前的土体因开挖变形而造成固结浆体脆断)。

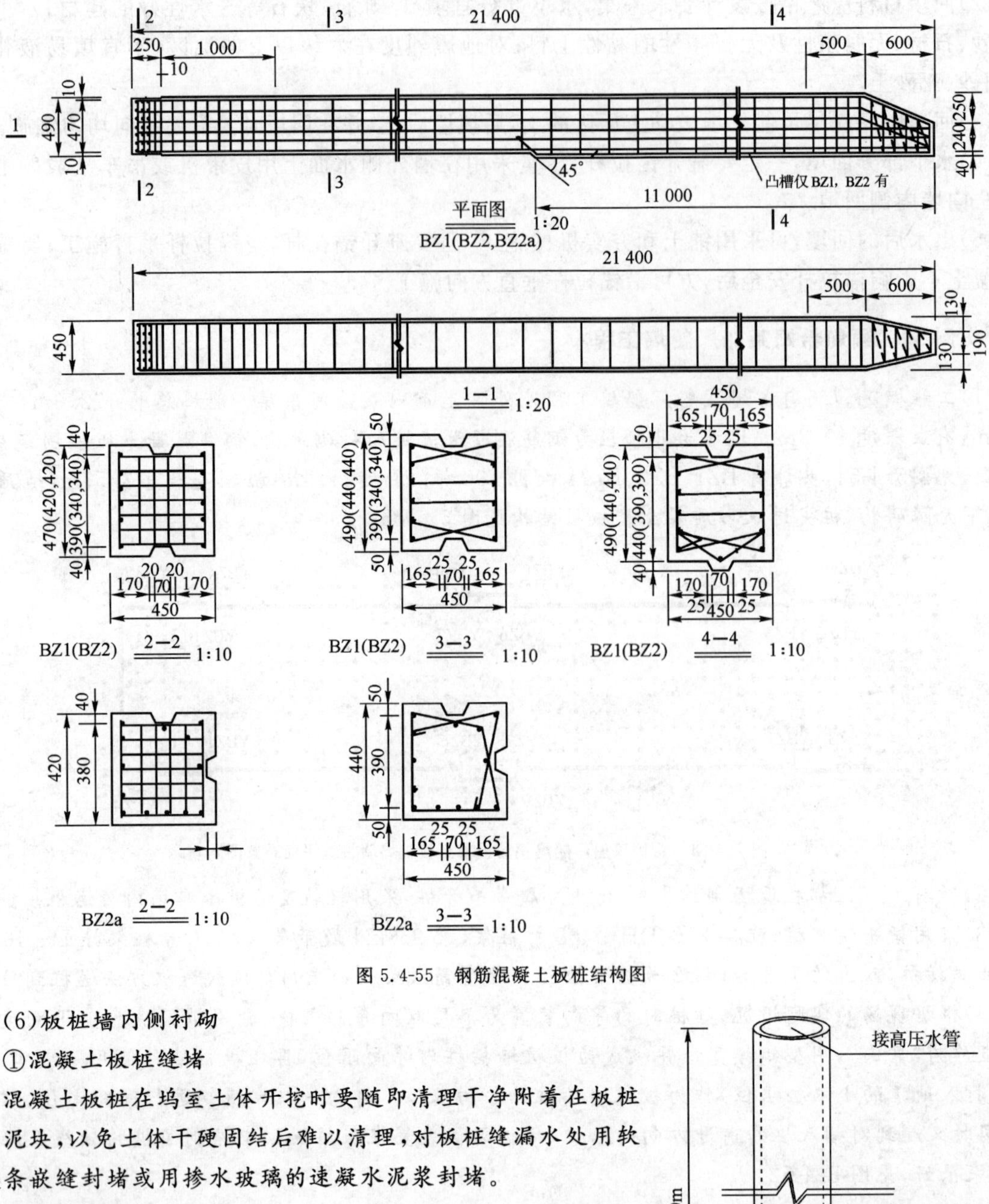

图 5.4-55　钢筋混凝土板桩结构图

(6)板桩墙内侧衬砌

①混凝土板桩缝堵

混凝土板桩在坞室土体开挖时要随即清理干净附着在板桩上的泥块，以免土体干硬固结后难以清理，对板桩缝漏水处用软木楔条嵌缝封堵或用掺水玻璃的速凝水泥浆封堵。

②剥筋处理

坞室开挖板桩外露后，将板桩上原预留筋剥出，衬砌钢筋要与板桩上的预留钢筋紧密连接。

③模板支设

坞室衬砌在每个排架内水平不分缝，采用分节支模，一次浇筑到顶的施工方法，采用铁框竹胶板作侧模。模板设计时拟配1套模板，分2～3节配制，浇筑上一节混凝土时，下面的模板不拆除。

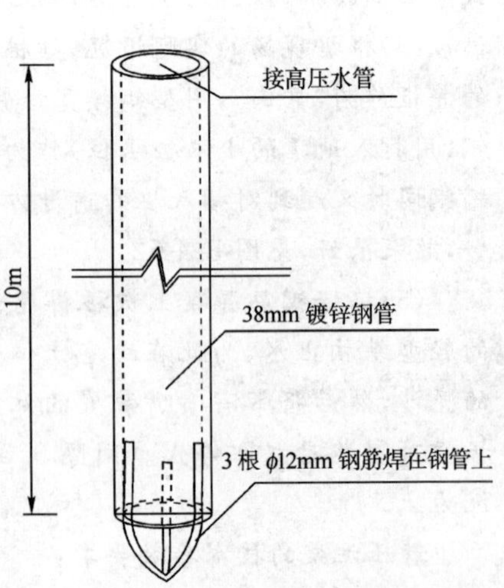

图 5.4-56　板桩凹槽冲孔器示意图

④衬砌

衬砌混凝土采用大流动性细石混凝土，用 ϕ50mm 振捣棒振捣。衬砌外沿线须美观顺直，并注意严格控制坞室内的净宽度。

图 5.4-57 为板桩墙体衬砌施工时的情况,左侧墙体由近而远可分别为:坞室开挖后板桩墙体外露、衬砌钢筋绑好、衬砌混凝土模板、衬砌混凝土养护、衬砌完工后的坞墙(详见图 5.4-58)。

图 5.4-57 板桩墙体衬砌

图 5.4-58 墙体衬砌完工后

(7)水上沉钢筋混凝土驳岸板桩

坞口驳岸有 250 根钢筋混凝土板桩,用三航桩 2 号锤击沉桩,如图 5.4-59。

图 5.4-59 坞口驳岸钢筋混凝土板桩施工

[实例 6] 船坞钢筋混凝土锚碇板桩墙施工

1. 工程概述

上海长兴岛上 1 号、2 号船坞工程在钢板桩坞墙后侧均设置了钢筋混凝土板桩墙锚碇体系,外侧及坞尾锚碇墙中心线距钢板桩坞壁边线一般为 30m。在两坞结合处采用钢拉杆对拉,在两坞中心处即距各自的坞壁中心线 26m 处设一排锚碇墙。锚碇墙采用钢筋混凝土板桩加顶部现浇胸墙结构,并连成整体。

锚碇板桩为全榫非预应力钢筋混凝土板桩,宽 0.49m,厚 0.45m,桩长 10.6m,桩顶高程+0.06m,桩尖高程-10.00m。锚碇板桩共 3 322 根,其中 1 号坞 2 121 根、2 号坞 1 201 根。

2. 锚碇板桩沉桩

(1)锚碇板桩均采取陆上打桩架进行施工

配备三套陆上打桩设备分别进行 1 号、2 号船坞外侧及两坞之间的锚碇板桩的施工,每套打桩设备由 DH—508 履带式打桩架和 500kN 履带吊组成,打桩架配备 D—62 筒式柴油锤,另外根据锚碇板桩的外形尺寸,每台桩架配备相应的桩帽和送桩管。

(2)板桩墙轴线定位

根据测量控制网及设计锚碇板桩墙的轴线，采用测量仪器定位测放出轴线点及控制点，并对其做好保护，经复核无误后方可使用。

(3)起始桩施打及导向架夹具埋设

根据已经施放好的轴线点，施放起始桩位中心样桩，施打过程中严格控制垂直度，在距桩机25m处成90°方向设置经纬仪各一台，先要观测桩机导杆垂直度，直至符合要求，再用经纬仪观测桩的垂直度，保证插桩时垂直度要求。起始桩施打至一定高度，桩顶要露出地面，然后用已经准备好的导向架夹具夹在起始桩上，导向架的另一端夹在板桩轴线上的定位管桩上。

导向架夹具安装布置见图5.4-60陆上沉钢筋混凝土板桩。

图5.4-60　陆上沉钢筋混凝土板桩

(4)板桩插桩、施打

导向架夹具布设好后，紧接起始桩后面开始板桩的插桩和施打。插桩时，先校准板桩的垂直度，桩与桩之间顶面凸槽对着凹槽方向，并且桩顶均要适当地向前倾2～3cm。因为板桩的桩尖入土是单面排土，桩尖只会向前挤压。正式施打时，桩机桩锤油门先不开，空锤压桩，直至入土稳定后，才能开动桩锤油门开始打桩。

(5)送桩

当整个导向架夹具内的板桩施打至约与起始桩相同高度后，开始送桩。在送桩之前，应预先算好送桩深度，并在送桩管上做明显标志，用水准仪严格控制桩顶高程。导向架夹具内应保留最后一根桩不送桩。

(6)板桩分段施工

导向架内第一段完成后再把导向架夹具拆除，定位管桩拔掉，往前搬移，然后用导向架夹具夹住最后一根未送下的桩作为第二段的起始桩，定位管桩打入板桩中心轴线上，开始第二段施工，方法同第一段，直至板桩施工全部结束。

第六节　钢　板　桩

一、概　　述

钢板桩截面有U形、Z形、H形、平型等多种形式，当板桩墙弯矩较大时，也可采用圆管型、组合型。钢板桩墙主要用在挡土、挡土挡水的永久(如板桩码头、船坞)和临时工程(如挡水围堰，挖沟、槽和基坑围护)结构上。在水运工程中,采用U形(拉森型锁口)钢板桩为多,见图5.4-61。在大型船坞工程中常采用组合型钢板桩,如CAZ型等,见图5.4-62。

a)

b)

图5.4-61　钢板桩码头施工(U形钢板桩)

a)实例1;b)实例2

a)

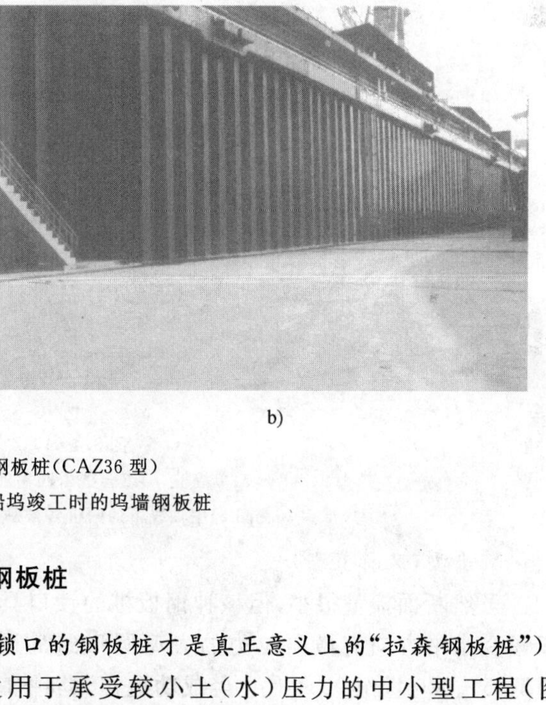

b)

图5.4-62　船坞坞墙钢板桩(CAZ36型)

a)坞墙钢板桩在施工中;b)船坞竣工时的坞墙钢板桩

二、常用钢板桩

1.U形(在我国俗称"拉森型",实际上具有拉森锁口的钢板桩才是真正意义上的"拉森钢板桩")

断面模量较大($W=600\sim3\ 200cm^3/m$),能适用于承受较小土(水)压力的中小型工程(图5.4-63),尤其是在临时工程的应用方面。针对各种不同的地质条件,往往选用相应功率的振动锤进行施工。随着冶炼技术的不断发展,在2002年之后,世界上单根U形钢板桩的宽度可达750mm,其施工速度进一步加快。

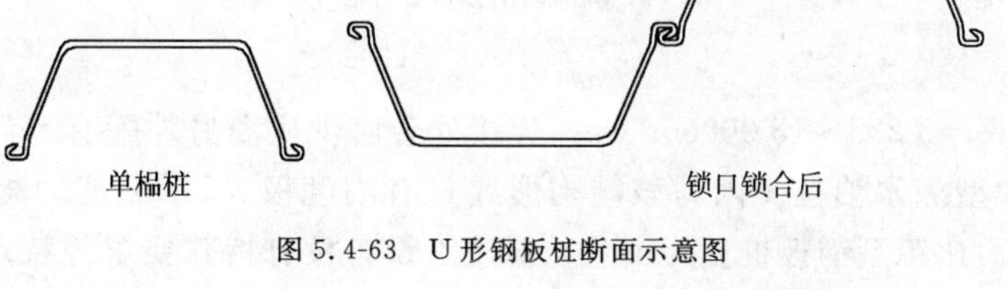

图5.4-63　U形钢板桩断面示意图

2.Z 形和组合钢板桩

(1)Z 形

断面模量很大(W=1 200～5 015cm^3/m),适用于承受较大土(水)压力的大、中、小型工程。根据Z形钢板桩自身的特点,总是将2块联成1组后进行插打。尽管其施工步骤比U形钢板桩略多,技术难度略大,但是由于2根1组的Z形钢板桩宽度可达1 160～1 400mm,几乎是U形钢板桩单宽的2～3倍,其总体施工速度反而快,所以在国内很多有形成陆域要求的码头工程中大量应用。一般采用“先振动插桩,后锤击沉桩”的施工方法。

(2)组合钢板桩

断面模量非常大(W=3 086～12 741cm^3/m),适用于承受很大土(水)压力的大、中型工程。因为该结构形式具有刚度大、承载能力强(不仅可承受水平力,而且能承担垂直力)、对施工设备没有特殊要求等特点,所以这类结构目前已广泛用于大型船坞坞壁墙体上(图 5.4-64),同时也已经开始应用到国内一些5～10万吨级的码头工程,但是应用本结构形式需要一个拼装焊接的环节。

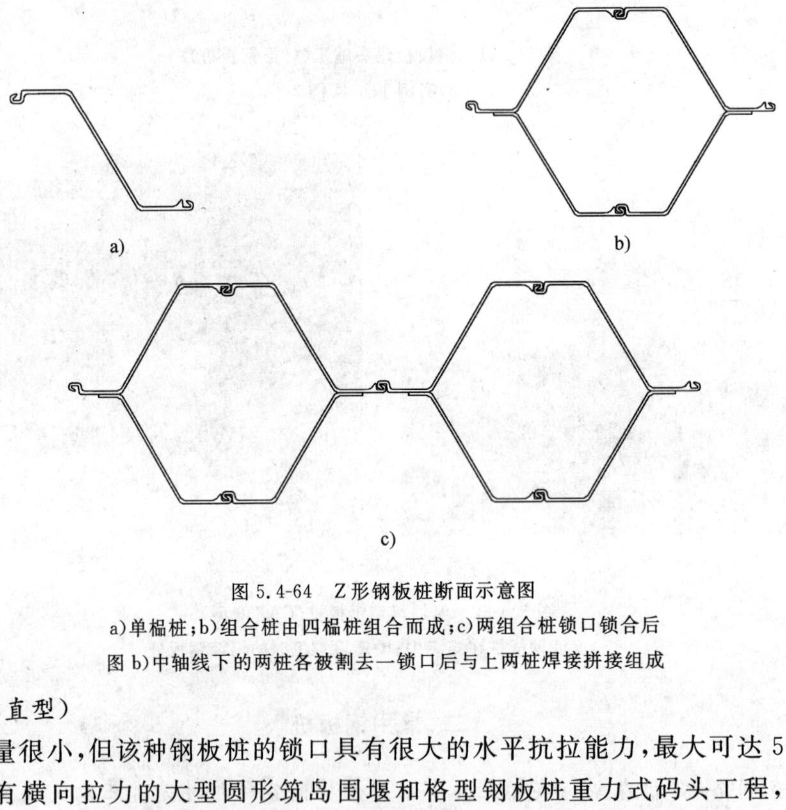

c)

图 5.4-64　Z 形钢板桩断面示意图

a)单幅桩;b)组合桩由四幅桩组合而成;c)两组合桩锁口锁合后

图 b)中轴线下的两桩各被割去一锁口后与上两桩焊接拼接组成

3.平型(又称直型)

虽然断面模量很小,但该种钢板桩的锁口具有很大的水平抗拉能力,最大可达5 500kN/m;适用于承受水平方向有横向拉力的大型圆形筑岛围堰和格型钢板桩重力式码头工程,施工很方便(图5.4-65)。20世纪90年代已经成功地在深圳蛇口港和广州新沙港的码头工程中应用。

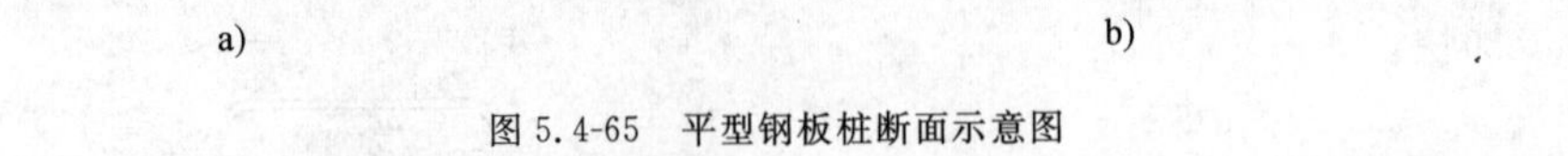

a)　　　　b)

图 5.4-65　平型钢板桩断面示意图

a)单幅桩;b)锁口锁合后

4.H 形

断面模量极大(W=3 275～15 000cm^3/m),连接处会由供应商另外配有专门的锁口;适用于承受很大土(水)压力的大型深水泊位。因为该结构形式具有刚度极大、承载能力极强(不仅可承受水平力,承担垂直力的能力比箱型钢板桩更为出色)、对施工设备没有特殊要求等特点,所以这类结构目前已广泛用于欧美大量 50 000～150 000t 级码头工程上，同时从 2006 年开始已经应用到国内的 10 万吨级的码头工程中。但是应用本结构形式对沉桩的偏差控制要求较高(图 5.4-66)。

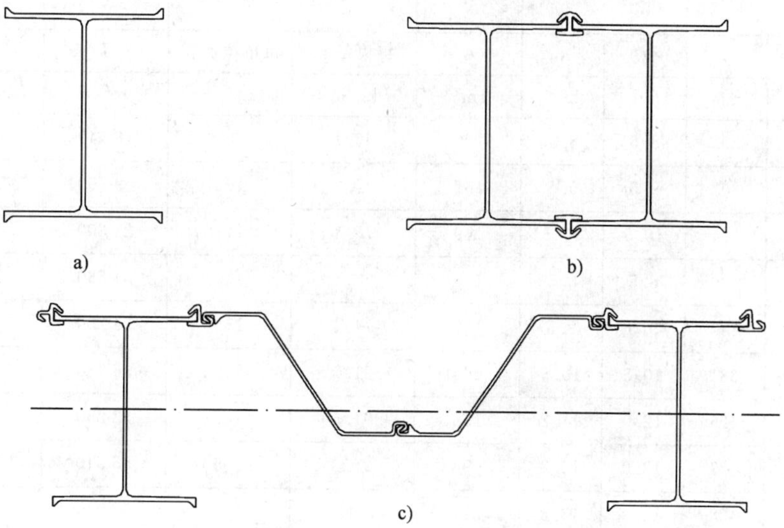

图 5.4-66　H 形钢板桩断面示意图

a)单榀桩；b)锁口锁合后；c)与 Z 形钢板桩的锁合情况

5. 圆管型钢管板桩

这类钢管板桩(图 5.4-67)常在围堰、码头、护岸等工程中使用，其刚度极大，受力性能很好，又有止水功能。在日本国有采用这类钢管板桩(ϕ1.0～1.2m)组成双排大围堰，使用在－20m 水深的工程中。

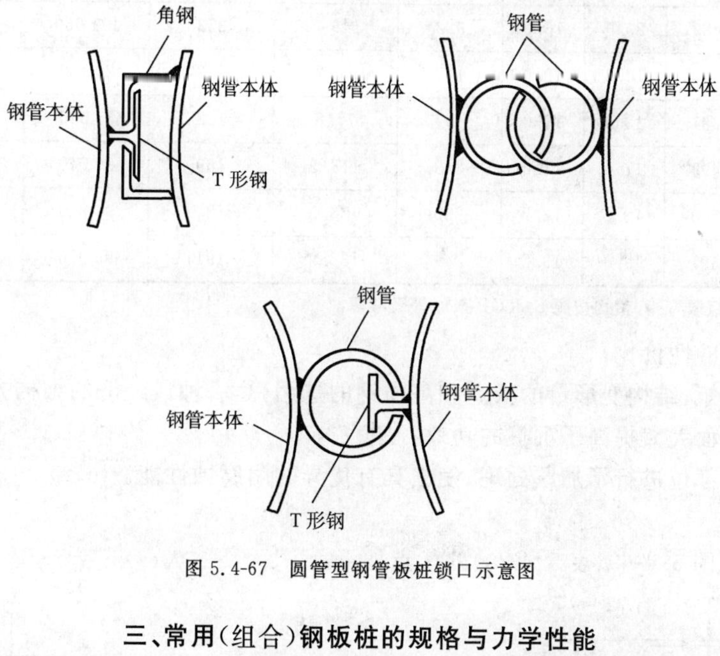

图 5.4-67　圆管型钢管板桩锁口示意图

三、常用(组合)钢板桩的规格与力学性能

1. Z 形钢板桩

Z 形钢板桩最本质的力学特性：腹板的连续性和锁口对称分布在中和轴两侧特定的位置，这两方面都对钢板桩的截面抵抗矩有着积极的影响。

AZ 系列钢板桩(见图 5.4-68、表 5.4-19)通过较好的力学特性的断面和高品质的拉森锁口的组合，具有以下优点：

Z 形钢板桩规格与力学性能参数　　表 5.4-19

型　号	宽度	高度	厚　度		截面积	用　钢　量		惯性矩	弹性截面抵抗矩	可承受极限弯矩*
	b	h	t	s	A	每根每 m	每单位面积	I	W_e	M_{max}
	mm	mm	mm	mm	cm^2	kg/m	kg/m^2	cm^4/m	cm^3/m	kN・m/m
AZ12	670	302	8.5	8.5	126	66.1	99	18 140	1 200	516
AZ13	670	303	9.5	9.5	137	72.0	107	19 700	1 300	559
AZ14	670	304	10.5	10.5	149	78.3	117	21 300	1 400	602
AZ17	630	379	8.5	8.5	138	68.4	109	31 580	1 665	716
AZ18	630	380	9.5	9.5	150	74.4	118	34 200	1 800	774
AZ19	630	381	10.5	10.5	164	81.0	129	36 980	1 940	834
AZ25	630	426	12.0	11.2	185	91.5	145	52 250	2 455	1 055
AZ26	630	427	13.0	12.2	198	97.8	155	55 510	2 600	1 118
AZ28	630	428	14.0	13.2	211	104.4	166	58 940	2 755	1 184
AZ34	630	459	17.0	13.0	234	115.5	183	78 700	3 430	1 475
AZ36	630	460	18.0	14.0	247	122.2	194	82 800	3 600	1 548
AZ38	630	461	19.0	15.0	261	129.1	205	87 080	3 780	1 625
AZ46	580	481	18.0	14.0	291	132.6	229	110 450	4 595	1 976
AZ48	580	482	19.0	15.0	307	139.6	241	115 670	4 800	2 064
AZ50	580	483	20.0	16.0	322	146.7	253	121 060	5 015	2 156
AZ13 10/10	670	304	10.0	10.0	143	75.2	112	20 480	1 350	580
AZ18 10/10	630	381	10.0	10.0	157	77.8	123	35 540	1 870	804
AZ36-700	700	499	17.0	11.2	216	118.5	169	89 740	3 600	1 548
AZ38-700	700	500	18.0	12.2	230	126.2	180	94 840	3 800	1 634
AZ40-700	700	501	19.0	13.2	244	133.8	191	99 930	4 000	1 720

注：* 表中的"可承受极限弯矩"值均按照 S430GP 强度等级考虑。

(1)极具竞争性的性价比；

(2)更大的惯性矩、结构变形量的减少和高强钢的选用，是一种最经济的结构方案；

(3)大宽度的断面大大提高了沉桩的功效；

(4)在腐蚀严重部位进行了加厚处理，使之具有优异的耐腐蚀性能。

2. U 形钢板桩

U 形钢板桩(见图 5.4-69、表 5.4-20)的优点如下：

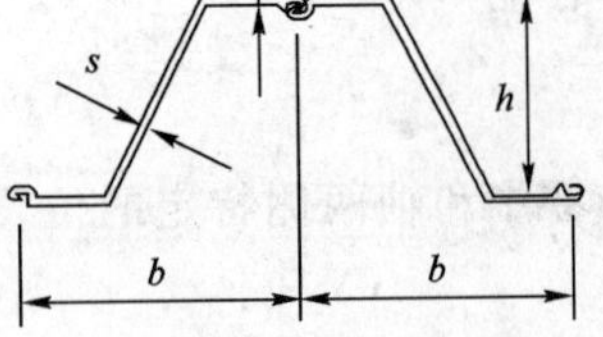

图 5.4-68　Z 形钢板桩示意图

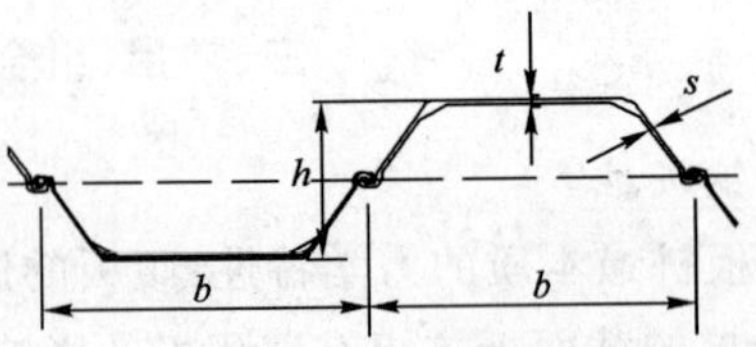

图 5.4-69　U 形钢板桩示意图

U形钢板桩规格与力学性能参数　　表 5.4-20

型　号	宽度	高度	厚度		截面积	用钢量		惯性矩	弹性截面抵抗矩	可承受极限弯矩*
	b	h	t	s	A	每根每 m	每单位面积	I	W_e	M_{max}
	mm	mm	mm	mm	cm^2	kg/m	kg/m^2	cm^4/m	cm^3/m	kN·m/m
AU14	750	408	10.0	8.3	132	77.9	104	28 710	1 410	606
AU16	750	411	11.5	9.3	147	86.3	115	32 850	1 600	688
AU17	750	412	12.0	9.7	151	89.0	119	34 270	1 665	716
AU18	750	441	10.5	9.1	150	88.5	118	39 300	1 780	765
AU20	750	444	12.0	10.0	165	96.9	129	44 440	2 000	860
AU21	750	445	12.5	10.3	169	99.7	133	46 180	2 075	892
AU23	750	447	13.0	9.5	173	102.1	136	50 700	2 270	976
AU25	750	450	14.5	10.2	188	110.4	147	56 240	2 500	1 075
AU26	750	451	15.0	10.5	192	113.2	151	58 140	2 580	1 109
PU6	600	226	7.5	6.4	97	45.6	76	6 780	600	258
PU8	600	280	8.0	8.0	116	54.5	91	11 620	830	357
PU12	600	360	9.8	9.0	140	66.1	110	21 600	1 200	516
PU12 10/10	600	360	10.0	10.0	148	69.9	116	22 580	1 255	540
PU18	600	430	11.2	9.0	163	76.9	128	38 650	1 800	774
PU22	600	450	12.1	9.5	183	86.1	144	49 460	2 200	946
PU25	600	452	14.2	10.0	199	93.6	156	56 490	2 500	1 075
PU32	600	452	19.5	11.0	242	114.1	190	72 320	3 200	1 376
L3S	500	400	14.1	10.0	201	78.9	158	40 010	2 000	860
L4S	500	440	15.5	10.0	219	86.2	172	55 010	2 500	1 075

注：* 表中的“可承受极限弯矩”值均按照 S430GP 强度等级考虑。

(1)在丰富的、具备各种各样的几何力学特性的钢板桩系列之中，非常方便选取最佳性价比的断面；

(2)宽进深、厚翼缘的特点，决定了组合后的墙体具有极佳的静力力学特性；

(3)结构形式对称，非常方便重复利用；

(4)可以在工厂预先装配成“组桩”，大大提高沉桩功效；

(5)非常方便拉杆及其配件的安装，甚至在水下也不例外；

(6)最厚的部分位于墙体的最外侧，使之具有良好的耐腐蚀性能。

所有 PU 系列断面均可按照 0.5mm 或 1.0mm 的幅度增减其壁厚。

3. AZ 系列 BOX 钢板桩(见图 5.4-70、表 5.4-21)

AZ 系列 BOX 钢板桩规格与力学性能参数　　表 5.4-21

型　号	宽度	高度	钢材截面积	总截面积	用钢量	惯性矩	弹性截面抵抗矩	可承受极限弯矩*
	b	h	A	A_0	每根每 m	I_{y-y}	W_e	M_{max}
	mm	mm	cm^2	cm^2	kg/m	cm^4	cm^3	kN·m/根
CAZ12	1 340	604	293	4166	230	125 610	4 135	1 778
CAZ13	1 340	606	320	4 191	251	136 850	4 490	1 930
CAZ14	1 340	608	348	4 217	273	148 770	4 865	2 092
CAZ17	1 260	758	305	4 900	239	205 040	5 385	2 315

续上表

型　号	宽度	高度	钢材截面积	总截面积	用钢量	惯性矩	弹性截面抵抗矩	可承受极限弯矩*
	b	h	A	A_0	每根每米	I_y—y	W_e	M_{max}
	mm	mm	cm^2	cm^2	kg/m	cm^4	cm^3	kN·m/根
CAZ18	1 260	760	333	4 925	261	222 930	5 840	2 511
CAZ19	1 260	762	362	4 951	284	242 210	6 330	2 722
CAZ25	1 260	852	411	5 540	323	343 000	8 020	3 448
CAZ26	1 260	854	440	5 566	346	366 820	8 555	3 678
CAZ28	1 260	856	471	5 592	370	392 170	9 125	3 923
CAZ34	1 260	918	516	5 999	405	507 890	11 020	4 738
CAZ36	1 260	920	547	6 026	430	537 860	11 645	5 007
CAZ38	1 260	922	579	6 053	455	568 840	12 290	5 284
CAZ46	1 160	962	595	5 831	467	645 940	13 380	5 753
CAZ48	1 160	964	628	5 858	493	681 190	14 080	6 054
CAZ50	1 160	966	661	5 884	519	716 620	14 780	6 355
CAZ36-700	1 400	998	528	7 209	414	627 090	12 520	5 383
CAZ38-700	1 400	1 000	563	7 239	442	667 260	13 295	5 716
CAZ40-700	1 400	1 002	599	7 269	470	707 630	14 070	6 050

注：*表中的"可承受极限弯矩"值均按照S430GP强度等级考虑。

4. HZ系列钢板桩(见图5.4-71、表5.4-22)

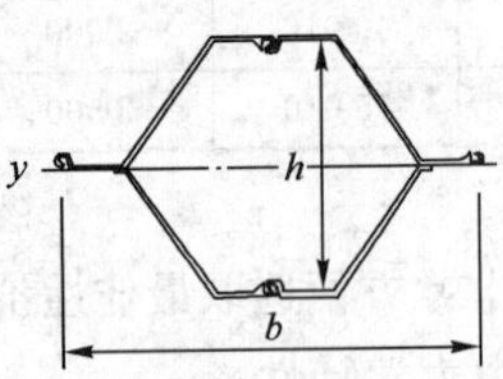

图5.4-70　AZ系列BOX钢板桩示意图

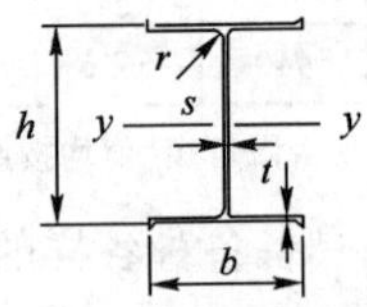

图5.4-71　HZ系列钢板桩示意图

HZ系列钢板桩规格与力学性能参数　　表5.4-22

型　号	高度	宽度	壁厚 翼缘	壁厚 腹板	截面积	用钢量	惯性矩	弹性截面抵抗矩	可承受极限弯矩*	匹配的锁口型号
	h	b	t	s	A	每根每米	I_y—y	W_e	M_{max}	
	mm	mm	mm	mm	cm^2	kg/m	cm^4	cm^3	kN·m/根	
HZ575A	575	460	14	11	200.5	157.4	125 830	4 375	1 881	RH16-RZDU16
HZ575B	579	460	16	11	218.9	171.8	141 240	4 880	2 098	RH16-RZDU16
HZ575C	583	461	18	12	243.4	191.1	158 800	5 450	2 343	RH16-RZDU16
HZ575D	587	461	20	12	261.9	205.5	174 680	5 950	2 558	RH20-RZDU18
HZ775A	775	460	17	12.5	257.9	202.4	280 070	7 230	3 108	RH16-RZDU16
HZ775B	779	460	19	12.5	276.3	216.9	307 930	7 905	3 399	RH16-RZDU16
HZ775C	783	461.5	21	14	306.8	240.8	342 680	8 755	3 764	RH20-RZDU18
HZ775D	787	461.5	23	14	325.3	255.3	371 220	9 435	4 057	RH20-RZDU18
HZ975A	975	460	17	14	297	233.1	280 070	9 780	4 205	RH16-RZDU16

续上表

型　号	高度	宽度	壁　厚		截面积	用钢量	惯性矩	弹性截面抵抗矩	可承受极限弯矩*	匹配的锁口型号
			翼缘	腹板						
	h	b	t	s	A	每根每米	$I_y—y$	W_e	M_{max}	
	mm	mm	mm	mm	cm^2	kg/m	cm^4	cm^3	kN·m/根	
HZ975B	979	460	19	14	315.4	247.6	307 930	10 635	4 573	RH16-RZDU16
HZ975C	983	462	21	16	353.9	277.8	342 680	11 845	5 093	RH20-RZDU18
HZ975D	987	462	23	16	372.4	292.3	371 220	12 710	5 465	RH20-RZDU18
锁口连接件										
RH16	62	68		12.2	20.4	16	83	26		
RH20	67	79		14.2	25.5	20	123	34		
RZU16	62	80			20.6	16.1	70	18		
RZU18	67	84			22.9	17.9	95	23		
RZD16	62	80			20.6	16.2	58	19		
RZD18	67	84			22.9	18.1	80	22		

注：* 表中的"可承受极限弯矩"值均按照 S430GP 强度等级考虑。

5. HZ/AZ 系列组合钢板桩(见图 5.4-72、表 5.4-23)

HZ/AZ 系列组合钢板桩规格与力学参数　　表 5.4-23

型　号	高度	系统宽度	截面积	惯性矩	弹性截面抵抗矩	用　钢　量		可承受极限弯矩*
						$L_{AZ}=60\%L_{HZ}$	$L_{AZ}=100\%L_{HZ}$	
	h	b	A	$I_y—y$	W_e	Mass		M_{max}
	mm	mm	cm^2	cm^4/m	cm^3/m	kg/m^2		kN·m/m
HZ575A-12/AZ18	575	1 790	240.9	110 100	3 275	140	180	1 400
HZ575B-12/AZ18	579	1 790	251.2	119 050	3 555	157	197	1 528
HZ575C-12/AZ18	583	1 790	264.9	129 350	3 880	167	208	1 668
HZ575D-12/AZ18	587	1 790	277.8	139 820	4 155	177	218	1 786
HZ775A-12/AZ18	775	1 790	273.0	210 000	4 765	174	214	2 049
HZ775B-12/AZ18	779	1 790	283.3	225 980	5 140	182	222	2 210
HZ775C-12/AZ18	783	1 790	303.0	248 530	5 630	197	238	2 421
HZ775D-12/AZ18	787	1 790	313.3	264 810	6 005	205	246	2 582
HZ975A-12/AZ18	975	1 790	294.8	337 840	6 180	191	231	2 657
HZ975B-12/AZ18	979	1 790	305.1	363 060	6 655	199	240	2 861
HZ975C-12/AZ18	983	1 790	329.3	402 610	7 360	217	258	3 164
HZ975D-12/AZ18	987	1 790	339.6	428 250	7 835	225	267	3 369

注：* 表中的"可承受极限弯矩"值均按照 S430GP 强度等级考虑；

表中列出的所有数据仅指在用 AZ18 钢板桩作为辅桩的条件下；实际上任意一种 Z 形桩都可作为辅桩，从而构成不同的 HZ/AZ 组合钢板桩体系。

6. AS 系列钢板桩(见图 5.4-73、表 5.4-24)

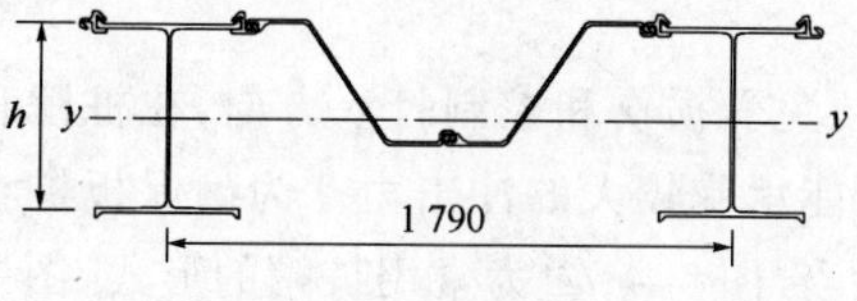

图 5.4-72　HZ/AZ 系列组合钢板桩示意图

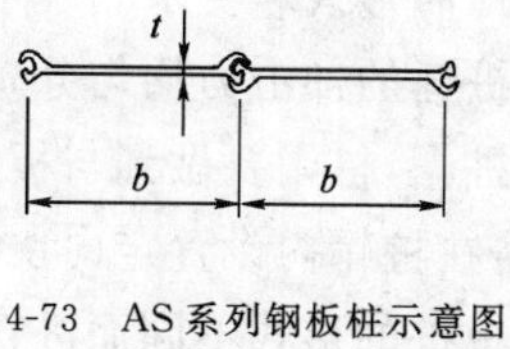

图 5.4-73　AS 系列钢板桩示意图

AS系列钢板桩规格与力学参数 表 5.4-24

型　号	宽　度	腹板厚度	单根桩截面积	用　钢　量		每 m 锁口最大抗拉能力（材质为 S355GP）
	b	h		每根每米	每单位面积	R_{max}
	mm	mm	cm²	kg/m	kg/m²	kN/m
AS500-9.5	500	9.5	81.6	64.0	128	3 000
AS500-11.0	500	11.0	90.0	70.6	141	3 500
AS500-12.0	500	12.0	94.6	74.3	149	5 000
AS500-12.5	500	12.5	97.2	76.3	153	5 500
AS500-12.7	500	12.7	98.2	77.1	154	5 500

7.钢板桩的强度等级、相应的力学性能及化学成分（见表 5.4-25）

钢板桩强度等级、力学性能及化学成分（欧洲标准 EN10248） 表 5.4-25

强度等级	最小屈服强度	最小抗拉强度	最小延伸率 $L_0=5.65\sqrt{S_0}$	化 学 成 分（%）						对应国标
	（MPa）	（MPa）	（%）	C	Mn	Si	P	S	N	
S240GP	240	340	26	0.25			0.055	0.055	0.011	Q235
S270GP	270	410	24	0.27			0.055	0.055	0.011	
S330GP	320	440	23	0.27	1.70	0.60	0.055	0.055	0.011	
S355GP	355	480	22	0.27	1.70	0.60	0.055	0.055	0.011	Q345
S390GP	390	490	20	0.27	1.70	0.60	0.050	0.050	0.011	
S430GP	430	510	19	0.27	1.70	0.60	0.050	0.050	0.011	
S460AP	460	550	17	0.27	1.70	0.60	0.050	0.050	0.011	

四、锤型、桩帽、锤垫的要求

1.锤型要求

一般情况下，有锁口的钢板桩都使用在钢筋混凝土板桩已不适宜采用的挡土、挡水的大型临时围堰工程上，或者作为永久性结构应用在大、中型码头挡土挡水、船坞坞壁墙体上和止水结构上，因此在20m 以上的钢板桩都采用冲击块 4.6～8.0t 的筒式柴油锤和 90～150kW 振动锤来沉桩。短桩大都用杆式柴油锤和小于 90kW 的振动锤来沉桩。近几年有一批锤击能量在 20～150kN・m 的小型液压锤投入建筑市场，也可用于钢板桩施工。

型钢钢板桩常选用坠锤和导杆柴油锤来沉桩，短桩也有选用同等锤击能量的汽锤来施工。

2.桩帽的形式和要求

为使桩锤的冲击力均匀分布在桩顶的顶面，保护桩顶免受损伤和控制打入方向，在桩锤和钢板桩之间应设桩帽，桩帽要做到与板桩的接触面尽可能地大，能承受较大的冲击力。为确保板桩在桩帽中的位置，需在桩帽内设置定向块，定向块的孔隙要大小适当，图 5.4-74 为常用桩帽的形式，图中定向块可根据钢板桩的形式不同而进行调整。

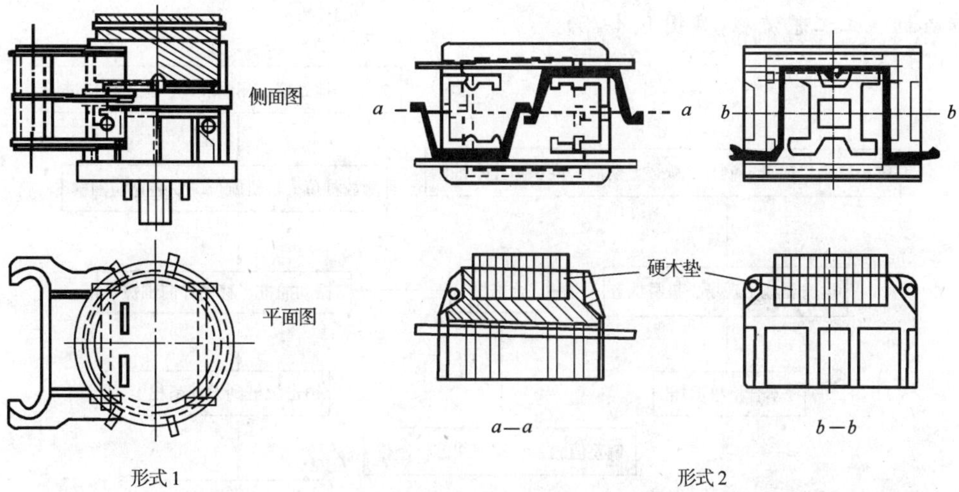

图 5.4-74 钢板桩桩帽形式图

在振动沉桩时，振动锤下面装有一只夹桩器（见第五篇第三章沉桩工程机械），将钢板桩桩顶夹住、吊起、下插、振动下沉，为此在钢板桩顶部加焊上了一块 30mm 厚的加劲钢板，对钢板桩顶面加强。

3.锤垫材料要求

锤击钢板桩用的锤垫和锤击钢筋混凝土方桩的锤垫相同。

五、钢板桩沉桩工艺

1.钢板桩的检验与矫正

钢板桩有可重复使用的特点，因而更要注意加强对钢板桩的验收。另外钢板桩的不同形式中又有不同的型号，它们的断面尺寸、钢板厚度都不一样，要注意区别。

因钢板桩本体刚度较小，在运输与堆放过程中难免会有变形，一般均要进行整修调直，尤其是桩身与锁口的平直度。锁口通顺是钢板桩顺利打入的首要条件，锁口受阻是钢板桩施打时出现打入困难、邻桩带下、桩体倾斜等常见通病的“罪魁祸首”，故有“七分调直、三分打桩”之说。现场检验一般可采用一段长度大于 2m 的、从同型号桩体上割下、带有锁口的“锁口检测器”。该“锁口检测器”两人可轻松抬起，可将其插入被检测锁口内进行通锁检测。必须采用“锁口检测器”对钢板桩逐一进行检查，要求全部顺利通过整个桩长的两侧锁口，否则要对锁口及桩体进行调直矫正。调直矫正一般可采取氧乙炔焰烘和大锤敲击加冷水急冷的办法处理，直至处理后的锁口能被“锁口检测器”顺利通过。

2.打桩机械的选择

水工工程中的钢板桩的施工一般采用锤击法及振动法，前者选用柴油锤，后者选用振动锤，可根据钢板桩的形式、长度及地质情况等选用，也可同时将两种方法结合运用。表 5.4-26 是上述两种锤型的适用情况对照。

锤型选择表 表 5.4-26

锤 型	地质条件			施工条件				优缺点
	粉土、黏土	砂层	硬土层	噪声	振动	贯入能量	施工速度	
柴油锤	合适	合适	可以	大	大	大	快	运行简单、有油雾污染
振动锤	合适	可以	不可以	小	大	一般	一般	可打、可拔、但电耗大

3. 钢板桩施工工艺流程(见图 5.4-75)

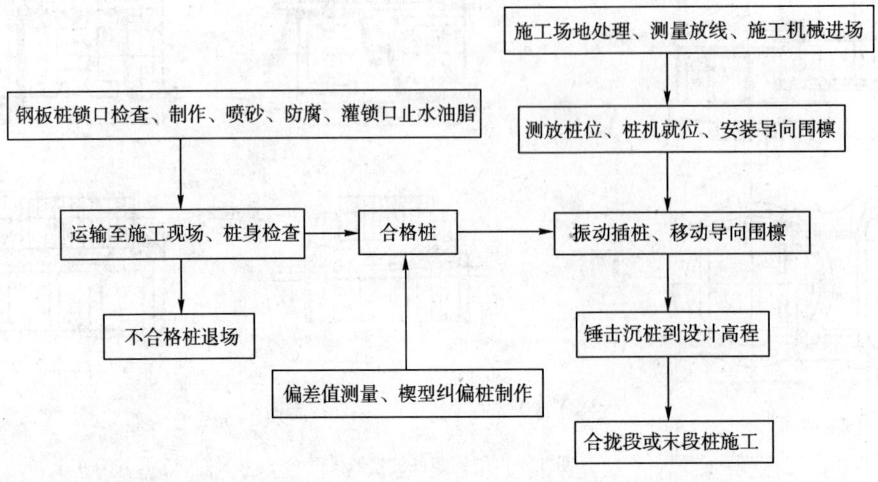

图 5.4-75　钢板桩施工工艺流程

4. 钢板桩沉桩注意事项

(1)前期准备工作必须充分、认真。

①钢板桩因单件刚度小,在运输制作堆存中易变形,特别是旧钢板桩重复使用时更应对接桩、锁口、加工的变形进行矫正,并均可通过锁口检测器检测。

②要根据钢板桩的使用功能做好前期准备,特别是防渗钢板桩的止水材料,应根据防渗水头选择止水材料。

③制作、防锈、防腐等工作应在专门工厂(或车间)进行,以满足环境和制作精度要求。特别是转角桩、异型桩的制作要符合要求。

④测量工作重点控制轴线、转角点和首末桩以及桩轴线方向和垂直轴线两方向的垂直度。

⑤钢板桩施工轴线上应进行清除障碍物,特别是地下障碍物。

(2)陆上沉钢板桩要注意场地的接地压力,特别是有沟、浜、湿地应认真处理,防止打桩机械和运输车辆倾覆。

(3)水上沉钢板桩要注意以下几点:

①浅水区施工:要根据地形、水深和作业条件可选择水上搭设工作平台使用陆上打桩机施工。也可进行水上挖泥后用打桩船趁高涨时施工。

②水上导向围檩一般用两层导向架,上层导向架高程应在施工水位以上。

③钢板桩水上合拢时应尽量选择在平潮时,同时设法使钢板桩内外水头差尽量小,必要时开孔使内外水头平衡。

④水上施工要注意流速、波浪、风力等自然条件,条件不满足要求时应暂停施工。

⑤水上沉桩时应对已沉板桩及时夹围檩加固,同时上部结构施工亦应抓紧进行,以防风浪、船只袭击、碰撞而造成损坏。

[实例 7]　双排钢板桩围堰施工

钢板桩围堰的平面图、剖面图详见图 5.4-76、图 5.4-77。

钢板桩型号主要为 PU32(断面结构示意见图 5.4-63),共计 765 根。外排钢板桩长 32m,锁口内涂抹止水材料(油脂与沥青),内排钢板桩桩长 26m。双排钢板桩之间用 ϕ65mm 钢拉杆连接(@=2 400mm,高程+3.00m)围堰体内填砂,表面用袋装砂护面。钢板桩的沉桩选用打桩船施工,先用

ϕ609mm 钢管桩与双拼⌊28 槽钢在水上做一个定位导向架，用打桩船挂振动锤插桩，再用柴油锤屏风式锤击打桩到位。在有水泥土搅拌桩加固区域内，因在进行水泥土搅拌桩施工时，已在围堰钢板桩桩位上正确留置了空位，故未因此而受到影响。沉桩施工时，如果钢结构导向的刚度不够、限位措施不到位或桩身垂直度控制不好，桩身往往会产生向锁口方向的倾斜，当倾斜值累计到一定控制值时要采用异形桩(另外加工)进行纠偏，以保证钢板桩墙体的垂直度与平面位置的正确。

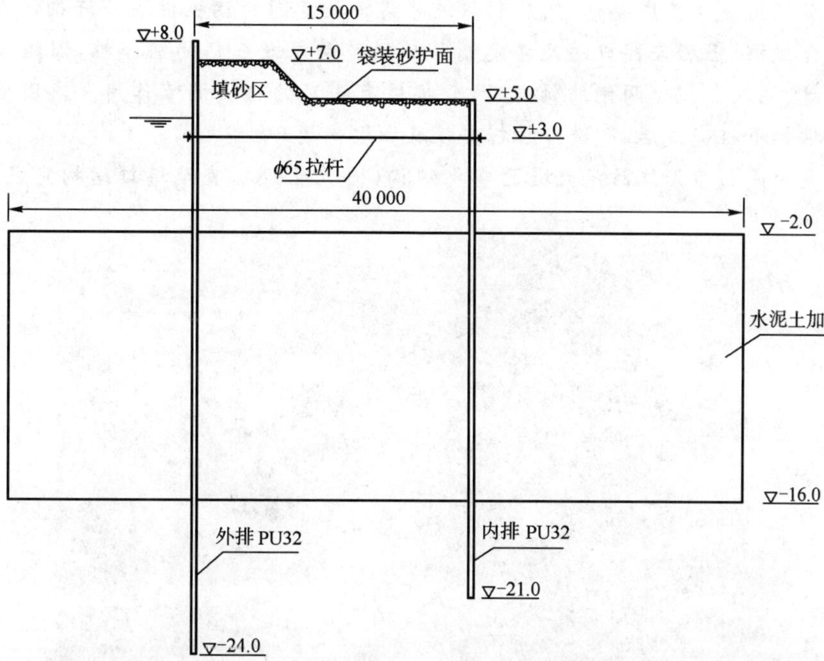

图 5.4-76　围堰剖面图(尺寸单位：mm，高程单位：m)

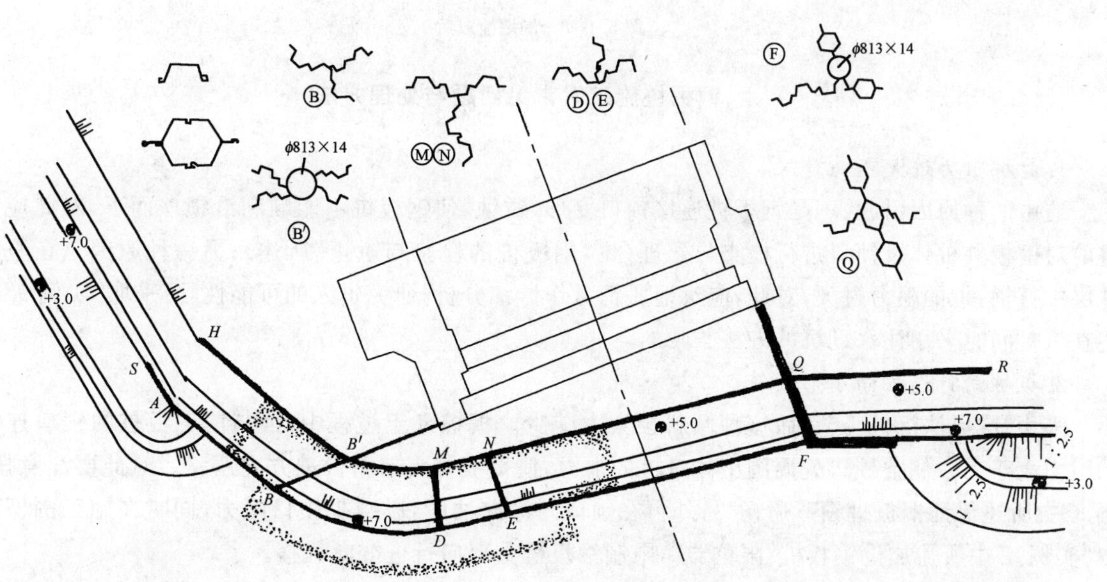

图 5.4-77　围堰平面图

为尽快完成围堰工程，围堰钢板桩从上、下游两端先打，最后在中间合拢，以尽快留出空间进行上、下游两侧的防渗堤施工，并且可以在水下水泥土搅拌桩施工的同时，在下游侧同时进行围堰钢板桩的施工(此处无水泥土搅拌桩加固)，但因此而带来了围堰钢板桩最后的合拢问题。

钢板桩墙体合拢有两个技术难题：一是最后合拢前钢板桩墙体江岸两侧的水位差将会使已逐步形成的墙体随着潮水变化摆动而影响安全。二是最后合拢时合拢桩必须与已沉桩到位的上、下游两侧的桩体锁口可靠锁合，成为一连续的墙体。为此，在合拢前在已形成的墙体上选择不同处的五根钢板桩，乘低潮时在＋2.5m处割开并将其抽高，形成闸门式泄洪口，平衡墙体内、外的水位差（合拢后再将该泄洪口已抽高的桩身拉下关闭焊妥）。另外，在合拢处两侧20m范围内的钢板桩，沉桩前把两端已沉桩到位的钢板桩用导梁连成整体，然后利用该导梁将该范围的钢板桩逐一仔细调整，边纠偏边沉桩到位。最后的合拢桩，根据合拢口的尺寸定制并必须是两根或三根的组合桩，因组合桩上、下游方向有很大的自由度，插入合拢口两侧的锁口后，合拢桩有明显的自我调节作用。采用上述措施后，合拢一次成功。围堰钢板桩完成后，即进行拉杆安装及围堰内填砂。

围堰建成后成为南通市沿江防汛大堤的重要结构（图5.4-78），直至坞口结构完成后再将围堰拆除为止。

图5.4-78　围堰建成后

六、钢板桩施工时常见问题与处理方法

1.打桩阻力过大不易贯入

这由两种原因引起，一是钢板桩连接锁口变形、锈蚀，使钢板桩不能顺利沿锁口而下，对此应在打桩前对钢板桩桩体及锁口进行检查与处理（见“钢板桩的检验与矫正”所述）；另一种原因是在坚实的砂层中打桩，桩的阻力过大，对此，应对地质情况作详细分析，研究贯入的可能性，可采取“实例9”中所述在沉桩同时采用注水助沉的方法。

2.板桩向行进方向扇形倾斜

采用“屏风法沉桩工艺”后这种倾斜会大大减少。板桩入土过程中，因与前一板桩的锁口连接处的阻力大于另一侧空锁口处周围土体对桩的阻力，使得板桩头部向行进方向位移。对此要注意按“实例8”中所述保证钢板桩锁口通畅，另外再在锁口内涂抹油脂，以减少锁口阻力，同时在施工围檩上采取“实例8”中所述加设钢板桩“限位器”，限制钢板桩头部向行进方向位移。

当钢板桩墙体扇形倾斜已经形成后，要尽早调整，可根据实测的倾斜数据特别制作一根上、下宽度不一（上窄下宽）的楔形桩（应注意调整该桩及锁口的顺直与通顺）给予纠正。

3.将相邻板桩带入

主要原因是连接锁口处阻力太大，采取“板桩向行进方向扇形倾斜”所述的相应措施，可改善“邻桩带入”情况。一旦出现邻桩带入趋势，要将将会被带入的桩与其他已打好的桩用电焊相连防止带下。

4. 桩身扭转

因钢板桩锁口是铰式连接,在下插和锤击时会产生扭转位移,必须及时制止与纠正,否则会使板桩墙中心轴线偏斜。阻止桩身扭转可在打桩行进方向的围檩上安装“限位器”(如“实例 8”所述)与围檩一起组成限位,以锁住正在沉入的钢板桩的另安装侧锁口的位置。注意该“限位器”与围檩搭接牢固,“限位器”的缺口槽内及时涂抹油脂,以利桩体下沉。

5. 锁口渗水

钢板桩墙体形成后,锁口铰接处会有少许渗漏,对抗渗漏要求较高的永久性结构是不允许的,一般在沉桩前,在锁口内嵌填黄油、沥青、干锯末的混合油脂(3 种材料体积相等),抗渗效果较好,也有利于板桩的打入。近年来在船坞钢板桩墙体施工时,在锁口内嵌填聚氨酯类的遇水膨胀腻子,抗渗效果很好。

6. 锁口脱开

钢板桩锁口受损,打桩过程中遇到障碍仍然硬打,均会造成锁口脱开。因此,施工前对锁口的逐一检查必须严格执行。打桩受阻时一定要搞清受阻原因,不能硬打。另外,在“屏风法”工艺送桩时,会产生桩体相互挤压而造成锁口脱开,可在屏风法送桩前拆除末端钢板桩的限位及 Z 形组合桩加固板、钳口板,以释放板桩墙的挤压力(见“实例 9”所述)。

7. 拔桩困难

临时钢板桩结构拔除时,产生拔桩困难,主要是锁口锈蚀变形,钢板桩插入硬土等原因造成,因此打桩时注意钢板桩及锁口顺直、通畅及锁口内涂抹黄油,仍是保证拔桩顺利的主要措施。另外打桩时若采取组合桩打桩,要留有组合桩的编号与位置,打桩时采取桩体之间焊接措施的,也要记录在案,供拔桩时对照。拔除墙体第一根桩时均要避开上述有相互联系的桩体。一旦第一根桩被拔出后因少了一侧的锁口阻力,以后的拔桩将会较顺利。拔桩前根据地质资料及打桩时的难易程度估算拔桩力,选用相应的拔桩机械(振动锤)与辅助设备。首根桩一般较难拔,可先用锤打击几下,使得锁口间出现松动,也可在板桩的两侧先振插一根钢管以注水注气,破坏土体对被拔桩的侧压力。采取上述措施后,桩体一般均能被拔出。

[实例 8]　坞口止水钢板桩施工

该工程坞口止水钢板桩型号为 PU16(断面结构示意见图 5.4-63),在坞口围堰工程建成后在“陆域”条件下施工(见图 5.4-79),采用坐落在施工地面高程上的双排围檩来控制板桩墙的位置与高程。

图 5.4-79　坞口止水钢板桩施工

该围檩用 H 型钢固定在临时定位桩(随打桩进度不断打、拔)及已打入的板桩墙上。因桩体较薄,采用逐根插入法,由临时固定在围檩上的“限位器”(有如打钢筋混凝土板桩时临时固定在围檩上的“定位角铁”)卡在 H 型钢围檩上,装拆很方便,能限制钢板桩向沉桩方向位移,又依靠该“限位器”钢板桩方向的一缺口槽,将被插入的那根钢板桩的另一侧锁口处的板桩墙体前后方向限定住。

[实例 9] Z 形组合箱体钢板桩

坞墙钢板桩采用卢森堡产的 CAZ36 钢板桩(断面结构示意见图 5.4-64),兼作止水墙及永久性坞壁结构,坞墙钢板桩平面图如图 5.4-80,CAZ36 钢板桩结构见图 5.4-81,当时在国内工程上的运用和施工尚属首次。

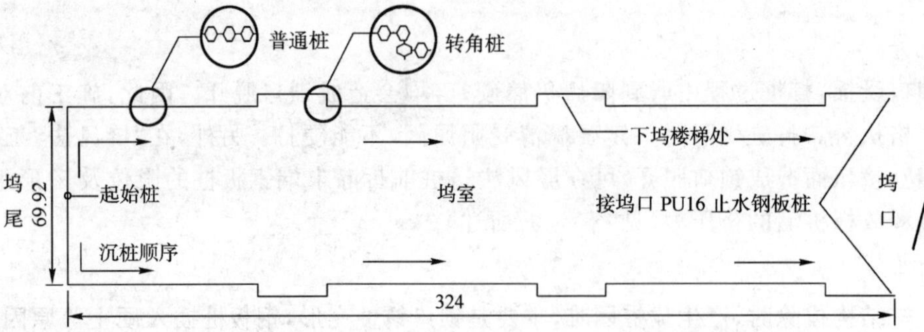

图 5.4-80 坞墙钢板桩平面图(尺寸单位:m)

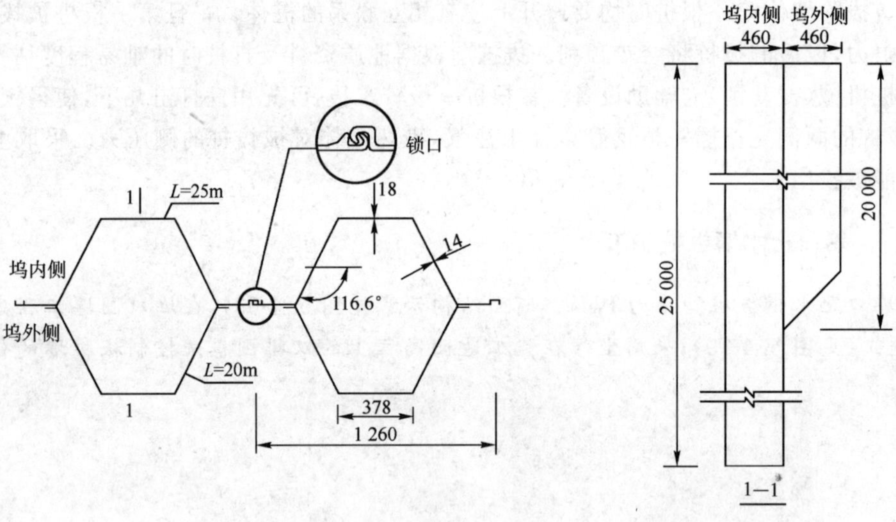

图 5.4-81 CAZ36 钢板桩拼装详图(尺寸单位:mm)

坞墙钢板桩桩顶高程+4.0m,桩顶嵌入上部钢筋混凝土承台 0.5m,桩尖高程-21.0m。作为坞壁结构的 CAZ36 钢板桩共计 585 根,钢板桩之间通过两边锁口咬合连成整体,锁口内灌注由沥青、油脂混溶后配置的止水材料,形成封闭的止水墙。

普通 CAZ36 组合钢板桩由 25m 的 AZ36 成品桩和 20m 的 AZ36 成品桩在专业制作车间加工拼焊而成,经过切割、调直、焊接、打磨等数道工序,成为横断面为六边形的箱形桩体。由于组合钢板桩两面不等长(长面向坞室),故为偏心桩,一根普通桩的质量约 11t。

下坞楼梯处的转角桩即在普通桩侧面加焊一个连接锁口而成。楔形纠偏桩则根据实测偏差,在普通桩的翼板上进行尺寸修正或加焊钢板而成。

CAZ36钢板桩作为船坞坞壁，直接暴露在外，故对其外观要求远比一般支护钢板桩要高得多，所以相应地对钢板桩的偏位、垂直度控制要求很高。设计精度要求：桩顶水平偏差向坞内为0，向坞墙后不得大于50mm。又由于该桩为不对称偏心桩，对沉桩正确就位不利，因此选择合适的沉桩工艺对于钢板桩的顺利施工和质量保证至关重要。

根据本工程的地质条件，结合振动沉桩和锤击沉桩两者优点，采用先插后打的屏风式施工工艺。

振动锤功率为90kW，桩架有效高度为41m，振动插桩深度一般为15m左右，在该深度范围内，土质较松，振动锤产生的上下振动力，造成土体局部液化，减少了对桩的阻力，从而在振动体系的自重压力下，桩被压入土中。插桩深度15m比较适宜，如果入土太浅，泥面上钢板桩高度较大，则会受桩架高度限制，无法使下一根钢板桩的锁口套上，且在锤击时因桩自由度过大，容易产生倾斜；如果入土太深，一方面沉桩困难，另一方面钢板桩之间的锁口因长时间摩擦而产生的热量，致使锁口局部发红、熔化造成变形损坏，锁口间的止水材料也会熔化流失。振动插桩时，在桩顶焊加劲板（厚3cm，与沉桩方向平行）以便夹桩。插桩定位采用移动式双层刚性导架，导架由大型H型钢焊接加工而成，该导架利用自重（约21t）来限制钢板桩的平面位置，很适合陆上沉桩（图5.4-82）。

图5.4-82　CAZ钢板桩插桩

由于CAZ36钢板桩为非对称结构，坞室侧长25m，坞外侧长20m，所以，在插桩过程中，桩顶有向坞外倾倒的趋势。因此，只要在下层导架坞室侧和上层导架坞外侧安装限位滚轮即可，不需要进行四点限位。

导架通过一边烧焊在已经插好的钢板桩上，另一边焊在桩架底部的走道钢板来固定。一次可连续插桩7根，然后再移动桩架重新定位。在插好一定数量的钢板桩、机械设备互不影响后，再用柴油锤（锤型为D—80）锤击送至高程。柴油锤采用3挡，锤击数一般为2 000击左右，最后贯入度约为5mm。实践证明：这种工艺切实可行，一般情况下，每天可插桩6根左右。

因各种因素，钢板桩在沉桩过程中易发生扇形倾斜，若不及时预防和修正，误差累积将影响钢板桩的施工质量。可采取通过优化沉桩顺序分组送插钢板桩来减少倾斜，当倾斜较大时，及时加工楔形桩一次纠偏到位，从而保证施工质量。

在前期沉桩中，出现了几处锁口脱开现象。主要是由于箱形钢板桩刚度较大（尤其桩顶处焊有加劲板后），使得送桩时，钢板桩无法像单片的拉森板桩一样通过自身变形来消除沉桩时产生的对桩体的横向挤压力，因此沉桩时，在锤击力作用之下，钢板桩应力达到一定数值后，造成锁口脱开（长度约3m左右，脱开的锁口在后道工序中焊接补牢）。后采取割加劲板的方法，通过钢板桩箱体的自身变形来减小挤压应力从而有效地防止了锁口脱开。但是加劲板割得太多，桩又容易产生扇形倾斜。在实际沉桩时可密切观察桩顶水平轴线变化及锁口间隙大小，采取相应的措施，当桩顶轴线折角较大、锁口交合处间隙增大时，要割开加劲板来预防脱开，一般每6～10根钢板桩割一块加劲板较为合适。采用这种措施后的沉桩施工中，再无锁口脱开现象。

在最后的数十根钢板桩（接近坞口）施工中，因坞口已降水使得地下水位下降，土体含水率减少，桩侧阻力增大，造成沉桩困难(只能入±6m左右)，受桩架高度影响无法满足下根桩的插桩要求。后采取随桩体下插注水管进行局部注水的工艺，改善了土体的性能，使插打桩较为顺利。

[实例10]　坞口钢板桩围堰

1. 概况

平面布置见图5.4-83，工艺流程见图5.4-84。

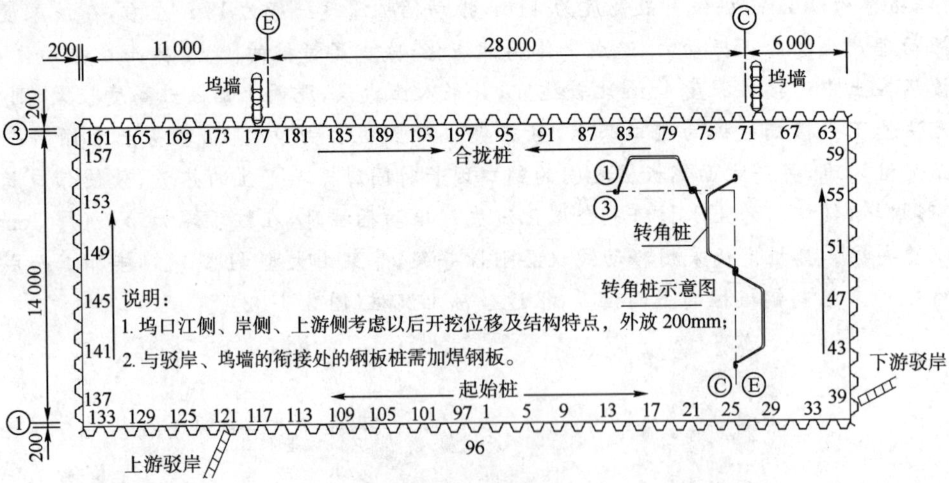

图5.4-83　坞口钢板桩平面图

2. 机具设备

由三航桩2号打桩船挂ZD90振动锤和专用液压夹具进行插打。振动锤的机电箱和控制器等放在船上，打桩船在岸上设五个地垅，水上抛前后八字锚，施工前要发布航行通告，警告来往船只，确保双方安全。

3. 沉桩工艺

(1)起始桩：由三根LX25钢板桩组焊而成，焊接时要注意板桩体的强制措施，不得使板桩变形翘起。起始桩施打时要严格控制沉桩的正位率，开头的几根桩十分重要，对后续桩影响很大，应精心操作。在沉桩检测时发现有桩位偏移的趋势，采用增加限位点、横向拉顶等措施进行纠偏。

(2)定位桩：采用ϕ600mm钢管桩，壁厚$\delta=12$mm，长度18m，共制作六根，周转使用，采用振动锤沉、拔桩。每组定位桩施打好后，水上及时夹设围檩、装设导向架、用打桩船将钢板桩贴近导向架分组施打，相邻钢板桩施打过后及时用[20槽钢将排桩夹好，以防位移，当每两根导向桩间的板桩施打好后，将前一定位桩拔出，到下一排施打、周转使用。

(3)转角桩：转角桩共四根，需测量好实际空档尺寸后再制作加工。具体制作见图5.4-83中的“转角桩示意图”所示。

(4)钢板桩加工组拼：本工程坞口钢板桩共计198根，原设计为PU25型，后设计变更为LX25型，由甲方供应至施工现场。钢板桩矫直、通口检查、套口定位、焊接在专门设施平台上进行。锁口除锈后灌注止水材料，以达到减少锁口阻力及止水的双重作用。而后用吊车配合，把3根LX25板桩组拼成1组并用夹具夹好，加工好的板桩分层叠放。

(5)测量放线：根据甲方移交的测量控制点与水准点，在现场测设施工测量控制网，布设测量控制点、水准点与水尺，定位桩与钢围堰轴线均使用全站仪控制。因钢板桩围堰兼作坞口结构的外模，考虑到基坑开挖位移和结构特点，在坞口的江侧、岸侧和上游泵房侧均向外放宽20cm。沉桩现场见

图 5.4-85。

(6)导向架采用刚度极大的 H 型钢，以确保板桩轴线位置。具体见图 5.4-86 所示。

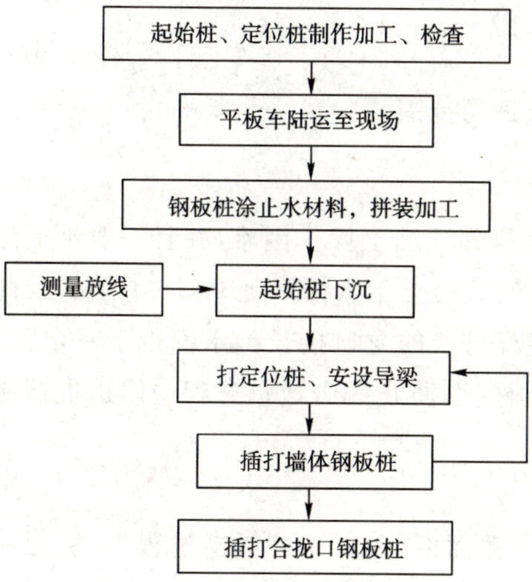

图 5.4-84　工艺流程图

图 5.4-85　沉桩现场

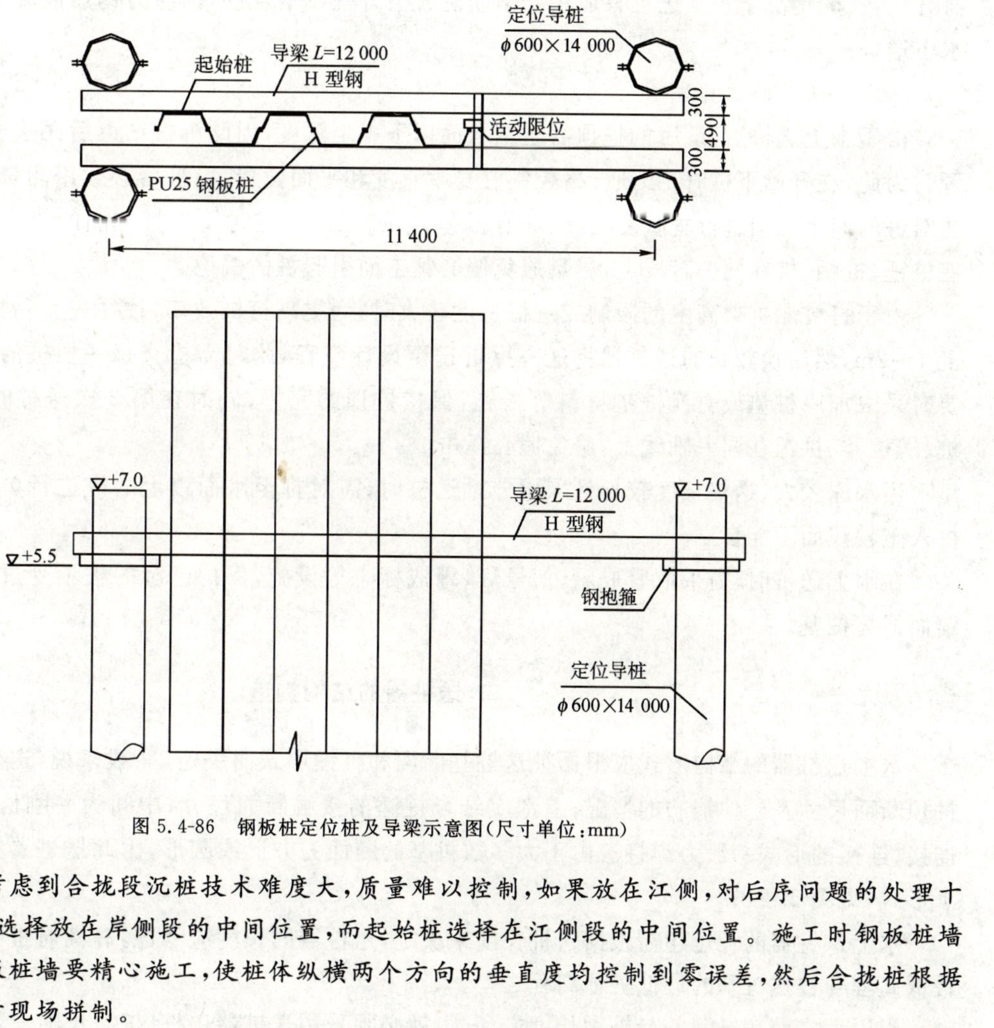

图 5.4-86　钢板桩定位桩及导梁示意图(尺寸单位：mm)

(7)合拢桩：考虑到合拢段沉桩技术难度大，质量难以控制，如果放在江侧，对后序问题的处理十分困难，故合拢桩选择放在岸侧段的中间位置，而起始桩选择在江侧段的中间位置。施工时钢板桩墙体合拢口两侧的板桩墙要精心施工，使桩体纵横两个方向的垂直度均控制到零误差，然后合拢桩根据合拢口的具体尺寸现场拼制。

第七节　水上送桩

一、水上送桩的特点及适用范围

1.水上送桩的特点

由于水上沉桩一般均采用打桩船或其他施工船舶，其操作比陆上操作困难，并且一般水上送桩深度较大，沉桩设备又受桩架高度的限制，一般打桩船龙口最低处位于水面以上 0.5～1.0m，因此为保证送桩质量和沉桩安全，当送桩深度较大时，往往需要将打桩船的龙口接长到水面以下一定深度，以利送桩器的导向。或是加大送桩器的截面，提高送桩器的刚度，防止锤击送桩过程中因送桩器刚度不足引起其弯曲变形和送桩器的整体失稳。

2.适用范围

由于水上送桩一般均需要送至水下，有时需送至水底泥面下，因此送桩锤击过程中，桩顶在一段时间内处于水中。对于预应力管桩来说，由于在送桩过程中，管桩内水头因锤击过程中的“水锤现象”在管桩内壁产生一定的压应力，极易损伤桩身，造成桩身开裂或桩顶开裂。为防止送桩过程中出现桩身开裂，一般情况下水下送桩只适用于钢筋混凝土方桩或钢管桩，预应力钢筋混凝土管桩不太适用于水下送桩。

3.水上送桩的注意事项

由于水上送桩后，最后的桩顶需送至水面以下一定深度，因此沉桩结束后无法实测桩顶的平面位置。为此，在开始下桩时，必须严格控制桩身垂直度和平面位置，稳桩后必须用测量仪器、吊垂线等方法对桩的两个方向进行垂直度复测，如有偏差应及时调整，同时检查打桩船的锚位及锚缆松紧情况，使桩锤、桩帽、桩在同一直线上，尽量避免偏心锤击而引起桩的偏位。

由于打桩船桩架高度的限制或送桩长度较大时，为提高打桩效率，往往先将一批桩打至离水面以上 1～2m，然后换较长的送桩器将这一批桩送至设计高程，此时需检查每一根桩的桩顶是否完好，必要时采取加厚桩垫或更换桩垫材料等措施，保持桩顶的完好，同时在第 2 次送桩时，需调整桩架，使桩、送桩器、桩锤在同一轴线上，避免偏心锤击。

当水深较大、送桩长度较长且采用分批送桩时，需对打至水面以上的桩进行单桩稳定验算，防止桩入土较浅而不能自立。

在水上送桩时，需采取警戒船、信号灯、警戒标志等设施，保护已沉的桩不受过往船舶的撞击、抛锚而损坏桩基。

二、送桩器的结构构造

水上送桩器的结构形式应根据被送桩基断面和桩锤形式而决定，一般来说，送桩器的下端应结合桩顶断面尺寸及外伸钢筋的情况；上部应结合桩锤的接触断面尺寸；中间为一刚性杆件与上、下两端连接，连接的形式一般为焊接。由于大多数桩基的断面为方形或圆形，因此送桩器的结构形式多为以下形式，见图 5.4-87。

水上送桩器的长短还需根据送桩长度来决定，送桩器的长度应考虑：高潮时桩锤工作所能到达的最低高程与被送桩基的最低桩顶高程之差。

当以上之差超过潮差与桩帽长度之和时，就必须采用送桩器送桩(桩帽长度一般为 0.5～3m)。

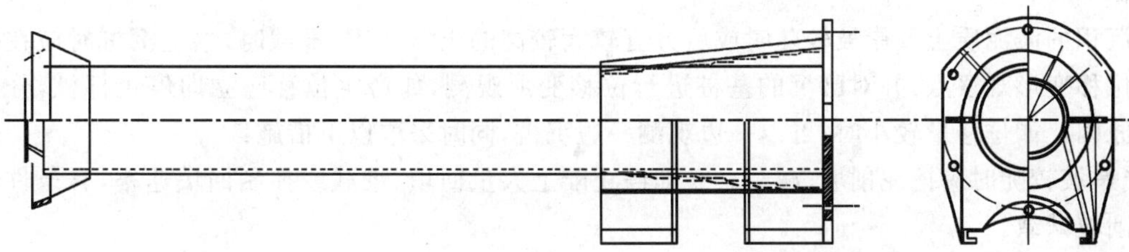

图 5.4-87　水上送桩器

第八节　水上沉桩常见事故的处理

1. 断桩

由于受桩身质量、船机设备选择，水流风浪、地质及地下障碍物等情况的影响及操作不当，或过往船只碰撞，可能在沉桩施工过程中造成断桩。一旦发生断桩事故，施工单位应立即向监理工程师、业主、设计单位及上级主管部门反映汇报，调查分析出现断桩的原因，确定下一步的预防措施，并与监理工程师或设计人员商定补桩方案或其他补救措施，并办好书面手续。

2. 桩顶碎裂

在钢筋混凝土方桩或混凝土管桩锤击沉桩时，由于桩的质量差异，桩顶与轴线倾斜、桩垫太薄或桩垫材料质量差、桩锤选型不合理、偏心锤击及桩帽内桩垫材料清理不清等原因，造成桩顶碎裂，严重时无法继续锤击，此时应根据打桩的具体情况加以分析处理。当离设计高程相差不大或最后贯入度与设计要求的最后贯入度相差不大时，可以同监理、设计人员一起商定，停止锤击；如离设计高程相差较大时，可将桩顶碎裂的部分凿除后用环氧材料修补或接桩，待达到强度要求后继续锤击。当桩顶碎裂，且离设计要求有较大差距并无法进行桩顶修补时，应采用补桩的方案。

3. 桩身裂缝

在钢筋混凝土方桩或混凝土管桩锤击沉桩时，由于桩的质量差异、沉桩过程中水锤作用、桩垫不适宜地质变化较大或桩锤选择不合理等造成桩身出现纵身或环向裂缝。如出现环向裂缝，应分析出现裂缝的原因，如是沉桩过程中的拉应力过大，必要时通过高应变动测实测打桩过程中的最大拉应力加以验证。

当裂缝发生在水面以上，应立即采用环氧或 801 胶进行裂缝修补。如裂缝发生在泥面以上水面以下，一般应用“内灌外套”的方法加以修补加强。“内灌”，即在混凝土管桩内吸泥后，放钢筋笼浇筑水下混凝土。“外套”，即在混凝土方桩或管桩外立模板，放钢筋笼浇筑水下混凝土。

4. 碰桩

如桩位设计不合理或在已建码头附近沉桩及沉桩施工时，桩位、斜度、平面扭角误差较大而造成碰桩，沉桩时一旦发现碰桩应立即停止锤击。当碰桩时桩的入土深度较浅时，应设法将桩拔起后调整桩位重新打桩。碰桩时桩的入土深度较深，无法将桩拔起时，应进行截桩处理，并进行补桩。

5. 遇障碍物

由于地质勘探的局限性，沉桩时如地层下遇孤石、沉船、木排等障碍物而无法继续锤击时，应根据所遇障碍物的深度分别采取不同的处理方法。如障碍物埋深较浅，可将桩拔起，采用探摸孔的方法调查障碍物的大小位置，并用锥形钢管冲孔进行试穿透，无法穿透时应同设计、监理人员联系采用改变桩位或基桩形式的方法加以解决。如遇障碍物埋深较深，应停止沉桩并进行地质补充勘探，搞清障碍物的大小位置及其类型，并根据地质补充勘探资料和设计、监理人员共同商讨桩基变更方案。

6.基桩位移

在新沉积的淤泥质土及岸坡较陡时或后方有较大较高的土体回填、堆载时，水上沉桩时应在陆上设置多个位移变形观察点，并对已沉的基桩进行位移变形观测，如产生位移应立即停止打桩，分析产生位移的原因。如位移量较小时，可以一边观测一边沉桩，同时采取以下措施：

(1)当岸坡较陡时应挖泥削坡、减载。立即停止陆上大量回填、堆载或控制回填速率，有条件时可采用挖泥削坡减载。

(2)乘高潮打桩，并控制打桩速率。

(3)采用间隔跳打。

(4)严禁方驳在岸坡面上搁滩。

(5)对岸坡稳定进行复核。

(6)进行沉桩区域内的土体孔隙水压力和深层土体位移的监控。

第五章　陆 上 沉 桩

第一节　概　　述

陆上沉桩的施工对象为各种预制桩。陆上沉桩主要是根据设计要求、桩承载能力、桩基材料、桩基规格(桩断面、桩长、桩重)、周边环境及地质条件和其他施工条件,可选择锤击沉桩、振动沉桩、静压桩、水冲桩、水冲锤击沉桩和中掘法沉桩等不同的沉桩工艺。静压沉桩适用于对振动、噪声有严格限制的环境施工。中掘法沉桩则适用于沉桩环境条件要求高、对噪声、振动和挤土很敏感的城市地区。振动沉桩能克服密实砂层,可多台并联作业,在陆上,振动沉桩主要用于临时工程如钢板桩围堰、临时钢桩基础、船坞坞壁、钢板桩等结构上,既可沉桩也可拔桩。锤击法沉桩适用于各种土质、各类桩。

一、施 工 准 备

(1)熟悉合同、设计图纸及文件、工程地质、水文地质报告、试桩报告,收集了解地下市政管线资料、探测地下障碍物。

(2)清除施工现场妨碍施工作业的地下障碍物、旧基础、废弃的管线、迁移施工场地内的高压电线、电杆、市政管线、房屋及树木等。

(3)施工平面布置。包括桩的制作、运输、堆放,沉桩场地、材料堆场、机械设备停放场地、临时设施、施工通道、水、电及通讯管线布置等。

(4)调查进场道路情况,特别是桥梁限载、道路最小转弯半径、限高、限宽等情况,以便设备和运桩车辆进出场。

(5)调查周围环境,分析沉桩影响程度,对重要建筑物如学校、医院、精密仪器制造厂、机关、危房、市政管线和地下建筑物等制定相应的保护方案,并采取有效措施,减小噪声、油烟污染,减少振动和挤土影响。

一般保护措施有以下几种,可以根据工程特点有目的地选用。

①做应力释放孔,中间以钢筋笼和土工布形成空间,排出地下水、释放土体挤土压力。

②打塑料排水板,降低透水层超孔隙水压力。

③打袋装砂井,降低透水层超孔隙水压力。

④预钻孔插桩,减少沉桩挤土影响。

⑤打设钢板桩或其他隔离结构,减少沉桩挤土和振动影响。

⑥开挖防振沟,减少浅层挤土和振动影响。

⑦采用压桩工艺,可以减少噪声、振动和油烟污染。

⑧控制打桩速率,合理安排打桩顺序和流程是减少沉桩对周围环境影响程度比较经济有效的方法。

(6)布设打桩监测点,随时了解沉桩对周围环境的影响程度。一般监测内容有以下几种可以根据工程需要选用:

①表层土体位移、沉降;

②深层土体位移；

③地下孔隙水压力；

④地下水位；

⑤建筑物、地下管线位移、沉降监测点；

⑥地表振动加速度监测点；

⑦结构物裂缝宽度；

⑧噪声监测。

(7)根据施工平面布置要求，建造必需的临时设施，安装并接通水、电、通讯线路，修筑临时施工通道、平整场地，开挖周边排水沟。

(8)会同监理对业主提供的测量网进行复测，办理交接手续，并根据工程需要设置测量控制网。坐标控制点要求3个以上，水准点要求2个以上，控制点布置位置应不受沉桩施工影响，并定期进行复测。

(9)依据设计图纸放出样桩桩位，钢筋混凝土方桩可以放出桩中心一点位置，管桩(PHC桩、钢管桩)应放出桩外周圆环，便于对准下桩。

(10)根据地质条件选择合适的沉桩设备(锤击设备、静压设备和振动沉桩设备)和工艺。

(11)根据设计文件和现场条件，编制陆上沉桩施工组织设计，经有关方面审批后执行。

(12)对环境有保护要求和监测要求的工程，必须先完成环保工程，经有关单位验收后方可进行正式工程桩的施工。

二、沉桩施工设备选择

1.桩机的选择

(1)选择打桩机主要依据以下几方面：

①工程的地质、地貌条件、桩型、桩材质、桩长、桩进入持力层深度、持力层标贯击数；

②施工现场条件、现场周边环境、进出场交通的条件等；

③选择打桩机时还要结合本企业现有设备情况和市场情况进行综合考虑。

(2)锤击沉桩主要设备为打桩机(架)和打桩锤，辅助设备主要是吊机、运桩设备和接桩设备。有关打桩机和打桩锤以及桩帽、锤垫、桩垫等的技术规格、性能指标参数等资料可查阅本篇第三章沉桩工程设备。锤击打桩机通常分为四大类：履带式、轨道式、步履式和滚轴式，锤击打桩机的主要设备是打桩架。

(3)采用振动锤和液压锤施工，大都情况下主要设备采用吊机，有时也用打桩机为主机的，静压装施工主机为静压桩机，辅助设备主要也是吊机、运桩设备和接桩设备。

2.桩锤的选择

锤击沉桩和振动沉桩工艺施工，首先是选择锤型。选锤一般应考虑地质、桩型、周围环境、工程量等因素，综合比较后选定适合工程特点的锤型和数量。

根据地质报告分析各地层的物理力学指标，桩在各土层的摩擦力，桩尖进入持力层的深度，确定桩锤的能量范围。

根据设计桩型，如桩长、截面尺寸、材质、结构形式等，计算出桩的轴心抗压和抗拉强度，分析桩的整体刚度和轴向应力性。一般桩身的锤击应力控制范围如下：

(1)混凝土桩的桩身最大锤击压应力不应超过桩身混凝土轴向抗压强度设计值。

(2)普通混凝土桩的桩身最大锤击拉应力值应不超过桩身混凝土轴心抗拉强度标准值的1.3～1.4倍(允许出现环向裂缝的除外)。如C40混凝土桩的最大锤击应力不应超过2.45×(1.3～1.4)=3.2～3.4(MPa)。

选择锤型参考表

表 5.5-1

1	锤型		蒸汽锤（t）			柴油锤（t）							液压锤（t）				
			3～4	7	10	1.8	2.5	3.2	4	7	8	10	3	5	7	9	11
2	锤型资料	冲击部分质量(t)	3～4	5.5	9	1.8	2.5	3.2	4.6	7.2	8	10	3	5	7	9	11
		锤总质量(t)	3.5～4.5	6.7	11	4.2	6.5	7.2	9.6	18	16.9	20.4	7.2	9.2	11.2	13.2	20.5
3	锤冲击力(kN)		≤2 300	≤3 000	350～4 000	2 000	1 800～2 000	3 000～4 000	4 000～5 000	5 000～7 000	5 500～8 000	6 000～10 000	2 000～4 000	3 000～5 000	4 000～6 000	5 000～7 000	6 000～8 000
4	常用冲程(m)		0.6～0.8	0.5～0.7	0.4～0.6	1.8～3.4											0.4～2.0
5	适用的桩规格	混凝土桩的边长或直径(cm)	35～45	40～45	40～50	30～40	35～45	40～50	40～60	50～80	50～100	60～120	25～50	30～60	40～80	50～100	60～120
		钢管桩直径(cm)				40			60	90	100	300	40	40～60	40～80	40～100	40～300
6	黏性土	一般进入深度(m)	1～2	1.5～2.5	2～3	1～2	1.5～2.5	2～3	2.5～3.5	3～5	5～15	8～20	5～10	5～15	5～15	5～15	8～20
		桩尖可进入土层 P_s 值(MPa)	3	4	5	3	4	5	6	8	10	14	2	4	8	12	16
7	砂土	一般进入深度(m)	0.5～1	1～1.5	1.5～2	0.5～1	0.5～1	1～2	1.5～2.5	2～3	24	24	0.5	0.5	13	2～4	2～4
		桩尖可进入土层 N 值(击)	15～25	20～30	30～40	15～25	20～30	30～40	40～50	50	50	50	30～40	40～50	50	50	50
8	岩石	桩尖进入强风化深度(m)	0	0	0.5	0	0	0.5	0.5	1	1.5	2	0	0	0	0.5	0.5～2
		桩尖进入中风化深度(m)	0	0	0	0	0	0	0	0	0	0	0	0	0	0	0
9	锤的常用控制贯入度(mm/击)		30～50			5～80											
10	设计单桩极限承载力(kN)		1 400	3 000	4 000	1 200	1 600	1 600	5 000	10 000	15 000	20 000	1 500	4 000	6 000	10 000	15 000

注：①适用于混凝土预制桩长度 20～40m，钢管桩长度 40～80m，且桩尖进入硬土层一定深度。

②标准贯入击数 N 值为未修正的数值。

③本表仅供选锤参考，不能作为设计确定贯入度和承载力的依据。

(3)预应力混凝土桩的桩身最大锤击拉应力不应超过桩身混凝土轴心抗拉强度标准值与有效预应力值之和的1.3～1.4倍。如某强度为C80的预应力混凝土管桩，桩身有效预应力5.58MPa，该桩的最大锤击拉应力不应超过12～13MPa。

(4)钢桩的锤击应力值不应超过钢材曲服强度。

(5)对有接头的混凝土桩，桩身最大锤击拉应力控制值除应考虑自身混凝土抗拉强度及有效预压应力外，还应考虑接桩处的抗拉强度。

调查周围环境，按当地环保部门对施工噪声、油烟等要求，选择桩锤类型：柴油锤、液压锤、蒸气锤、自落锤、振动锤等。

根据工程规模和进度计划，确定施工工艺流程。如果是流水作业，可以选择多种锤型，配多台桩机，桩由浅入深，锤的能量由小到大依次施工；如果单机作业，选择的锤型应是可调节能量的，随着桩入土深度增加，能量逐渐调大。

振动锤一般适用于沉钢管桩、钢板桩和H型钢桩。选择锤型可以参考表5.5-1。

对于大直径的钢管桩可选用锤击能量更大的锤型，如D—125，128，160，180柴油锤和更大的液压锤，如表5.5-2。柴油锤和液压锤规格、性能见本篇第三章《沉桩工程设备》。

常用液压锤规格 表5.5-2

型　　号	IHC S-200	IHC SC-150	IHC SC-110	IHC S-70	BSP HH40	BSP HH300	BSP HH20
锤质量(kg)	22 500	17 900	13 900	7 300	40 000	30 000	20 000
锤长度(mm)	—	7 200	6 200	6 900	4 710	3 540	2 360
液压油流量(L/min)	700	350	350	220	265	235	200
常用功率(kW)	450	255	255	140	1 000	1 000	800
最大能量(kN·m)	200	140	105	70	837	752	680
液压系统压力(MPa)	20	28	20	20	20～120	20～120	20～120
锤冲程(mm)	—	1 000～1 500	1 000～1 800	—	460	400	300

三、技术质量要求

(1)打桩之前要进行施工图设计交底、施工交底，了解设计意图、结构形式、施工程序、工艺方面的技术质量要求，明确施工执行的标准、规范、验收程序，布置施工计划、工艺流程、设备、材料、人力使用计划等。

(2)复测测量控制网、场内坐标控制点和水准点，临时水准点必须回测闭合，闭合差不大于$12\sqrt{L}$mm(式中L为水准线长度，单位为m)，或按有关现行规范执行。

(3)依据设计桩位图计算桩位，复核图纸尺寸，检查是否有碰桩、尺寸标记错误。

(4)桩的制作误差必须严格按照设计图纸和规范执行，当没有明确要求时，桩的制作允许偏差应符合本篇第二章的有关规定。进入现场的桩必须按规定进行检查验收。

(5)对预制桩的外观进行检查、验收。

①混凝土桩(方桩、管桩)

a.预应力桩不得出现肉眼可见的裂缝，非预应力桩裂缝开展深度不应大于20mm，宽度不应大于0.25mm，长度不应大于桩边长或直径的一半。

b.桩的表面应平整、密实、规则，缺角的深度不应大于10mm，局部缺损和掉角的总面积不得超过桩表面积的0.5%，并不可过分集中。

c. 桩身不得有蜂窝、麻面，桩顶混凝土必须密实。

d. 管桩内表面无有害缺陷，壁厚均匀。

②钢桩

a. 钢桩表面不能有严重的锈迹、锈斑，或化学腐蚀，有涂层的钢桩，涂层不得损坏。

b. 钢桩外表不能有碰撞损伤痕迹，端面平整，加强环及焊缝不得高于端面。

c. 有涂层的钢桩不宜采用钢丝绳作吊索具，否则必须采取保护措施。

(6)桩基轴线放样偏差控制在20mm以内。

(7)沉桩位置误差必须严格按照设计图纸和规范执行，没有明确要求时，桩位允许偏差应符合表5.5-3的规定。

桩位允许偏差表 表5.5-3

序号	桩类型	项目	允许偏差(mm)
1	钢筋混凝土方桩 钢筋混凝土管桩 钢桩 木桩	①单排或双排桩条形桩基 垂直于条形桩基纵轴方向 平行于条形桩基纵轴方向 ②桩数为1～3根桩基中的桩 ③桩数为1～3根桩基中的桩 ④桩数大于16根桩基中的桩 最外边的桩 中间桩	 100 150 100 1/3桩径或1/3桩边长 1/3桩径或1/3桩边长 1/2桩径或1/2桩边长
2	钢筋混凝土板桩	①位置 ②垂直于板桩轴线方向倾斜度 ③板桩间缝隙 用于防渗 用于挡土	100 1% ≤20 ≤25
3	钢板桩	位置 垂直度	100 1%

注：①由于降水、基坑开挖和送桩深度超过2m等原因产生的位移偏差不在此表内；

②板桩沿板桩墙轴线方向的倾斜度应控制在1%～0.5%以内，应用楔形桩调整，楔形桩的斜度宜为1%～2%。

(8)按设计高程控制的桩，桩顶高程的允许偏差为−50～100mm。

(9)直桩的倾斜度应小于1%；斜桩倾斜度的偏差，不得大于倾角正切值的15%(倾斜角指桩轴向中心线与铅垂线间的夹角)。

(10)进行接桩验收。对于焊接桩应符合表5.5-4的规定。

接桩焊缝允许偏差表 表5.5-4

序号	桩类型	项目	允许偏差(mm)
1	钢筋混凝土管桩 钢筋混凝土方桩	轴向错位 坡口根部间隙 咬边深度	2 ≤4 0.5
2	钢管桩 H型钢桩	外径>700mm钢桩错口 外径<700mm钢桩错口 对接错边 咬边深度 加强层高度 加强层宽度	3 2 1～3[①] 0.5 0～+2 0～+3

注：①当板厚$\delta \leqslant 10$mm时，对接错边$\sigma \leqslant 1$mm；

当板厚$10 < \delta \leqslant 20$mm时，对接错边$\sigma \leqslant 2$mm；

当板厚$\delta > 20$mm时，对接错边$\sigma \leqslant 3$mm。

(11)沉桩控制

①施工顺序应为“先长后短”、“先深后浅”、“先大后小”、“先内后外”。当某一侧有需保护的建筑物或管线时,则应从该侧先施工。

②桩尖位于坚硬、硬塑的黏土层、碎石层、中密以上细砂土或强风化岩层时,以贯入度控制为主,桩尖进入持力层的深度或桩尖高程可作参考。

③贯入度已达到而桩尖高程未达到时,应继续锤击 3 阵,每阵 10 击,其平均贯入度一般不大于 5～10mm,可以停锤。

④最后贯入度可以通过试桩或试打桩等方法与有关单位确定。

⑤桩尖位于软土层时,以桩尖设计高程控制为主,贯入度可作参考。

⑥打桩时,如控制指标已符合要求,而其他指标与规定要求相差较大时,应会同有关单位研究处理。

(12)陆上沉桩现场验收一般有以下程序:

①测量基线包括坐标控制点、水准点验收。

②样桩验收。

③预制桩验收。

④接桩验收。

⑤探伤。

⑥桩位验收。

当桩顶设计高程与施工场地高程相同时,桩基位置验收待打桩完成后进行。当桩顶设计高程低于施工场地高程时,需送桩,并在每一根桩的桩顶打到地面高程时,进行中间验收。打完桩后将桩孔覆盖,待全部桩打完,开挖到设计高程时,再进行施工验收。

(13)桩基工程验收时一般应提交下列资料:

①测量基线验收报告。

②桩位测量放线图。

③工程地质勘察报告。

④制桩材料质保书、试验报告、试桩报告、制桩验收报告、产品合格证。

⑤打桩记录。

⑥桩位验收报告。

⑦桩位竣工平面图。

⑧环境监测报告。

⑨接桩报告。

⑩探伤报告。

⑪质量事故处理报告。

第二节 混凝土方桩

一、吊　桩

(1)预制钢筋混凝土方桩的起吊和运输,应在混凝土达到 100%设计强度后进行。如果需提前吊运,必须做混凝土强度试块试验和结构强度计算,合格后才能进行。

(2)钢筋混凝土方桩在起吊搬运时,吊点位置应符合设计和规范的规定,若无规定时按表 5.5-5 的规定执行。

吊点位置布置表　　　　表 5.5-5

序　号	使用桩长(m)	吊　点　数	示　意　图
1	5～15	1 点吊	
2	16～25	2 点吊	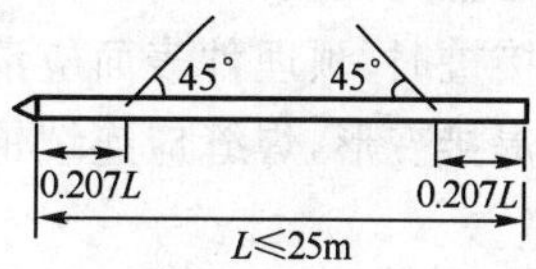
3	>25	3 点吊	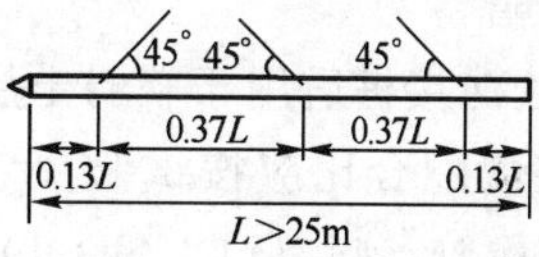

(3)桩起吊以前应检查桩身质量，如吊环、吊孔、桩尖等位置和结构正确牢固；应在吊索具与桩间加衬垫，以避免损坏棱角；起吊时应平稳提升，吊点同时离地。

(4)桩的吊环要顺直，吊索与桩的交角小于 60°时，应设置吊架，尽可能使吊点垂直受力。

(5)桩在运输过程中，一般设支承点不少于 2 个，要严格放在吊点位置，选择路面平稳的运输线路，速度不宜太快，防止跳动过大而使桩身断裂。

(6)桩运到现场后，应进行外观检查，合格后进行堆放。

(7)桩的堆放应遵守下列规定：

①地面必须平整坚实；

②垫木必须放在吊点正下方，并在同一平面上；

③各层垫木应位于同一垂直线上，最下层垫木应加强；

④堆放层数应根据地面容许承载力确定，钢筋混凝土桩的堆放层数不宜超过 4 层；

⑤不同规格的桩应分别堆放。

二、沉　桩

(1)沉桩之前应在桩的侧面画上标尺，以便了解沉桩过程中的贯入量、作沉桩记录。

(2)沉桩过程中，用 2 台经纬仪在互成 90°的 2 个方向对桩的垂直度进行观测，1 台水准仪观测桩的贯入量和高程。

(3)吊桩进龙口时，桩尖不得着地；桩顶进入桩帽后，锤缓慢放下，但不得将全部质量压在桩上，只有在桩尖入土位置正确、桩身垂直以后，才能逐渐将锤压到桩顶。

(4)沉桩时应采用桩与锤相适应的桩帽和弹性桩垫，并及时更换因击打而失去弹性或变形的桩垫材料。桩锤、桩帽和桩身应控制在同一轴线上，桩的垂直度应符合规范规定。

(5)开始锤击时能量要小，观察桩的下沉情况，确认贯入度正常后，再将能量提高到正常值。

(6)每一根桩施工作业，应尽可能连续沉桩到高程。需要接桩时，下节桩桩尖尽可能停在软土层(制作长度设计时应按此原则考虑)，接完桩后将上节桩沉到设计高程，避免在硬土层中停留时间过长而增加桩的摩阻力。

(7)陆上斜桩角度不宜大于12°,沉桩时要根据桩机性能合理安排流程,尽量减少变更桩机倾斜度和平面扭角的作业次数,避免相互干扰。

(8)当桩机在有斜坡的地基上作业时,应沿斜坡方向逐排由上往下打桩,并采取有效的防滑措施。

三、接　　桩

(1)钢筋混凝土方桩可以采用电焊接头、法兰盘接头和硫磺胶泥锚接接头等接桩形式。

(2)焊接接桩适用于各类土层,钢板宜用低碳钢,电焊条宜用E4303;法兰盘接桩适用于各类土层,钢板和螺栓宜用低碳钢。

(3)电焊接桩时,预埋件表面应清理干净,上下节桩之间的间隙应用铁片填实焊牢,焊接时采取有效措施,减少焊接变形,焊缝应连续饱满。焊接完成后,应待焊接缝材料冷却后再沉桩,以防焊缝遇水或入土而变脆。

(4)用法兰盘接桩时,上下节桩之间宜用石棉或纸板衬垫,拧紧螺帽,经锤击数次后再拧紧一次,用电焊焊牢螺帽。

(5)硫磺胶泥接桩适用于软弱土层,用硫磺胶泥接桩时,应符合下列要求。

①硫磺胶泥配合比应按试验决定,当无试验资料时,可参考硫磺胶泥的质量配合比(硫磺：水泥：砂：聚硫橡胶＝44：11：44：1)执行。硫磺胶泥的主要物理性能指标应符合表5.5-6规定。

硫磺胶泥主要物理力学性能指标表　　表5.5-6

物理性能	1.热变性:60°C以内强度无明显变化;120°C变液态;140°C～145°C密度最大且和易性最好;170°C开始沸腾;超过180°C开始焦化,且遇明火即燃烧; 2.密度:2.28～2.32g/cm³; 3.吸水率:0.12%～0.24%; 4.弹性模量:5×10⁵kPa; 5.耐酸性:常温下耐盐酸、硫酸、磷酸、40%以下的硝酸、25%以下铬酸、中等浓度乳酸和醋酸
力学性能	1.抗拉强度:4×10³kPa; 2.抗压强度:4×10⁴kPa; 3.握裹强度:与螺纹钢筋为1.1×10⁴kPa;与螺纹孔混凝土为4×10³kPa; 4.疲劳强度:对照混凝土的试验方法,当疲劳应力比值P为0.38时,疲劳修正系数r>0.8

②硫磺胶泥熔解温度应控制在120～160℃之间,以145℃为最佳。溶解时要勤加搅拌,使溶液上下温度均匀。当温度升高后有气泡产生,此时应以恒温搅拌直至气泡消失。

③熔化的硫磺胶泥应在2min内灌注完,以溢出孔外、高出桩顶1cm为止。

④浇筑的硫磺胶泥必须做试件,每班不少于1组。

⑤硫磺胶泥浇筑后必须停歇一段时间才能继续施工,停歇时间应符合表5.5-7的规定。

硫磺胶泥浇筑后停歇时间表　　表5.5-7

序　号	桩断面(mm×mm)	不同气温下的停歇时间(min)									
		0～10°C		11～20°C		21～30°C		31～40°C		41～50°C	
		打桩	压桩	打桩	压桩	打桩	压桩	打桩	压桩	打桩	压桩
1	400×400	6	4	8	5	10	7	13	9	17	12
2	450×450	10	6	12	7	14	9	17	11	21	14
3	500×500	13	—	15	—	18	—	21	—	24	—

⑥检查预留钢筋长度、预留孔深度和位置,清理干净。

⑦上下节桩应顺直,不允许弯曲。

⑧接桩时，上下节桩的中心线应对齐，并在同一直线上，当没有规定时，上下节桩的中心线偏差不大于10mm，节点弯曲矢高不大于1%桩长。

第三节　PHC　桩

PHC桩是先张法预应力高强度离心混凝土管桩的英文缩写，PHC桩混凝土强度等级C80，当混凝土强度等级为C60时称PC桩，以下均简称“混凝土管桩”。

一、吊　桩

(1)预制混凝土管桩的起吊和运输，应在混凝土达到100%设计强度后进行。

(2)单节管节长度在15m以内的混凝土管桩，在起吊搬运时，可以采用两端钩吊法，吊索的水平夹角不宜小于60°。

(3)长管节混凝土管桩起吊时，吊点位置应符合设计和规范的规定，若无规定时按表5.5-5的规定执行。

(4)桩起吊以前应检查桩身质量，如端板、裙板、桩身表面等位置有无缺陷；吊索具与桩间应加防滑措施；起吊时应平稳提升，吊点同时离地，避免损坏棱角。

(5)桩采用捆绑法起吊时，如果吊索与桩的交角小于60°，应设置吊架或扁担。

(6)桩采用多点起吊时，各吊点的索具可以通过滑车连接，使各吊点受力均衡、高度自动调节。

(7)桩在运输过程中，底层应设置垫木，保持垫木高度在同一平面上。管节运输时，当单节长度小于15m时，各层管节间可不设垫木：当不采用钩吊法吊桩时，各层混凝土管桩间应设垫木，要求各层垫木上下对齐。

(8)桩运输时堆放层数，不宜超过1层。

(9)桩运到现场后，应进行外观检查，合格后进行堆放。

(10)桩的现场堆放应遵守下列规定：

①地面必须平整、坚实。

②垫木必须放在吊点正下方，并在同一平面上。

③各层垫木应位于同一垂直线上，最下层垫木应加强。

④堆放层数应根据地面容许承载力确定，一般情况下堆放层数不宜超过3层。

⑤不同规格的桩应分别堆放。

二、沉　桩

沉桩过程与第二节混凝土方桩的沉桩过程相同，参见前一节所述内容。

三、接　桩

(1)混凝土管桩可以采用电焊接头、法兰盘接头等接桩形式。

(2)焊接接桩适用于各类土层，钢板宜用低碳钢，电焊条宜用E4303，法兰盘接桩适用于各类土层，钢板和螺栓宜用低碳钢。

(3)电焊接桩时，焊接部位表面应清理干净，上、下节桩端板之间应密缝，不得用铁片填实，焊接时采取有效措施，减少焊接变形，焊缝应多层施焊、连续饱满。焊接完成后，应待焊接缝冷却后再沉桩，以防焊接缝遇水或入土而变脆。

(4)用法兰盘接桩时，上下节桩之间宜用石棉或纸板衬垫，拧紧螺帽，经锤击数次后再拧紧一次，可用电焊固定螺帽。

(5)当下节桩出现倾斜(倾斜度在规范允许范围内),上节桩应沿下节桩的倾斜度接桩。

[实例1] 安徽淮南田集电厂桩基工程

一、工 程 概 况

工程名称:淮南煤电基地田集电厂工程(桩基工程)

工程地点:安徽省淮南市田集地区

工程规模:工程装机容量为2×600MW机组

建设单位:淮沪煤电有限公司

施工单位:中港第三航务工程局上海浦东分公司

工程承包的主要内容包括:烟囱、引风机、锅炉房、集控楼、汽机房(含除氧煤仓间)和炉后构筑物、C7栈桥、碎煤机室和灰库的PHC桩制作和沉桩。工程见图5.5-1,主要工程量见表5.5-8所列,其中烟囱打桩175+34=209根、引风机9根、锅炉房584根、集控楼144+22=166根、主厂房1 434+84=1 518根、炉后228根、C7栈桥64根、碎煤机室50根、灰库159根,共计2 987根,约80 443m。

图5.5-1 安徽淮南煤电基地田集电厂工程

桩基主要工程量一览表 表5.5-8

编 号	工程主要内容	工程量(根)
1	制打PHCϕ600-110AB+PHCϕ600-130B管桩	2 600
2	制打PHCϕ600-110AB+PHCϕ600-110AB管桩	175
3	其他	212

(1)地形、地貌:该工程施工场地地貌比较单一,属淮河流域冲积平原,地形平坦,地面自然高程22.30m左右。施工准备中对场地进行了地面平整,地面坡降很小。

(2)水文资料:地下水位埋深0.80~1.20m左右。

(3)工程地质条件(见表5.5-9)。

土层的分布及特征一览表 表5.5-9

No	层号	土层名称	土层厚度(m)	静力触探比贯入阻力 P_s(MPa)	标贯击数N63.5(击)
1	①	粉质黏土	0.50~2.10	1.1	—
2	②	粉质黏土	5.00~7.60	2.6	11
3	③	粉土	0.40~5.30	4.0	12
4	④	粉质黏土	4.00~7.70	2.0	10
5	⑤	粉土	0.80~6.90	6.0	17

续上表

No	层号	土层名称	土层厚度(m)	静力触探比贯入阻力 P_s(MPa)	标贯击数 N63.5(击)
6	⑥	粉质黏土	1.00~11.90	2.9	14
7	⑦	粉土	0.90~12.70	8.0	19
8	⑧	细砂	0.90~23.90	19.0	48
9	⑨	粉质黏土	3.10~15.40	—	35
10	⑩	细中砂	—	—	50

(4)试桩情况

根据试桩情况,地质资料基本相符。打桩锤选用 D—80,桩顶露出自然地面 20cm,桩入土深度为 31.80m。M3、M4、M5 号试桩的总锤击数分别为 1 852、1 757、1 780 击,最后 10 击贯入度皆在 4cm 左右,说明该地质情况下的桩比较难打,现设计桩长为 25m 左右,比试桩缩短约 3m,估计单桩总锤击数在 1 200 击左右。考虑吊桩、喂桩、就位、焊接和锤击等过程所计算的时间,每沉一根桩需要 1.5h 左右,每天沉桩施工 12h,能完成 9 根桩。

(5)施工现场平面布置及打桩流程布置

施工现场平面布置见图 5.5-2。

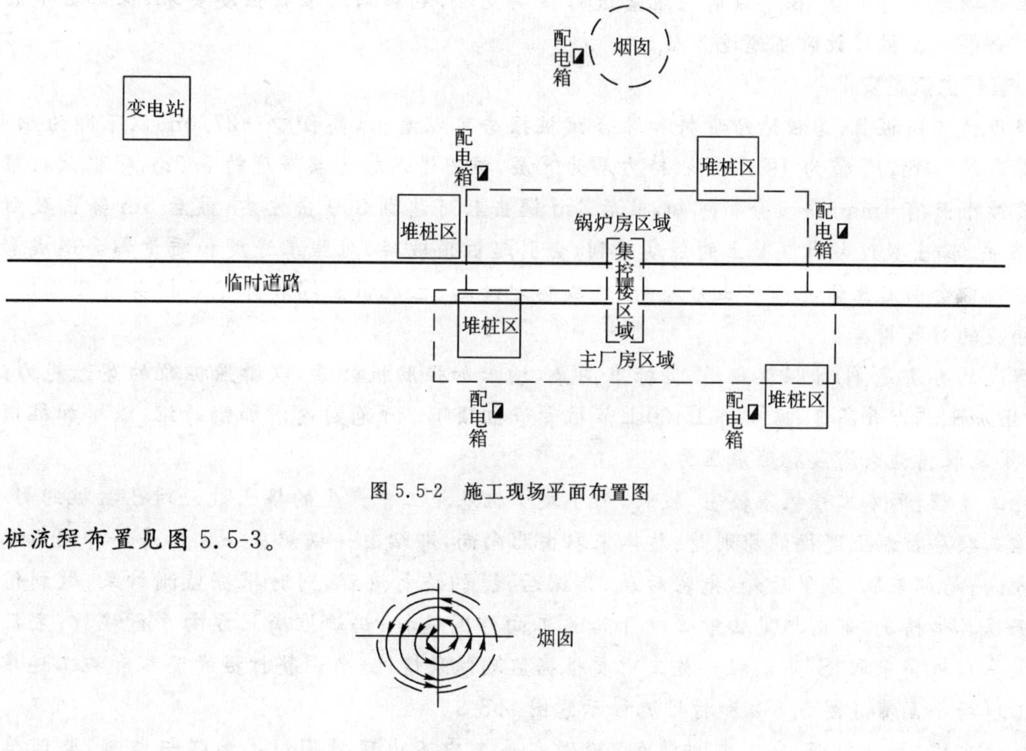

图 5.5-2　施工现场平面布置图

打桩流程布置见图 5.5-3。

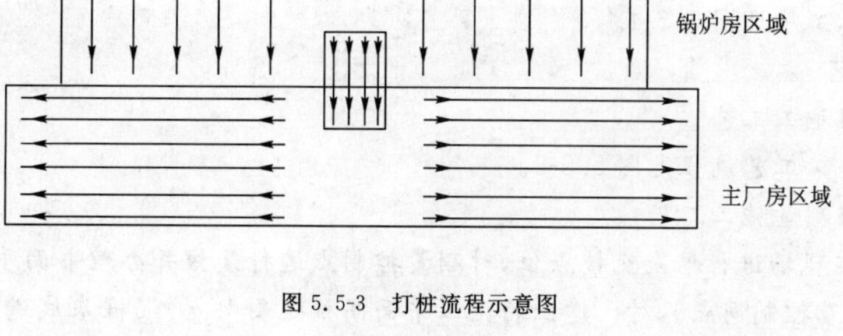

图 5.5-3　打桩流程示意图

二、施 工 方 案

根据施工现场实际情况、施工图的桩位布置、综合试桩报告，参照同类工程的常规施工经验，按招标文件对桩制作、桩运输和沉桩施工的要求，协调两个标段施工关系后进行本施工方案编制。

1. PHC 管桩的运输与堆放

桩的运输考虑船运、陆运短驳结合，管节通过公司在上海的自有码头装船，水运按 600t 自航舱底驳运输到附近码头，再利用 40t 平板车短驳到现场。

根据施工进度计划要求，平均每天沉桩 9 根/台以上，平均每根 2 节则需 18 节以上。以每节 5t 计算，总重为 90t，即每 6d 一驳，考虑运输时间、装驳、起吊、工期等时间，本工程要配备 10 条 600t 自航舱底驳运输，每天装运一船，以满足工程进度要求。陆运短驳以每车 40 计，需 600/40＝15 车桩。根据码头至现场距离约以 40km 计，每天每车可以运输 3 次，则总计需 40t 平板车 5 辆。

PHC 桩现场临时堆放，运输过程中注意桩的稳定性。桩进入现场后，质检人员会同有关单位、有关部门再次对桩的外形及端板等部位进行检查，如发现不合格产品，挂牌另外堆放，不得作工程桩使用。合格成品桩按一定位置及吊桩方便的原则按顺序堆放。

堆放位置能满足吊车卸桩、喂桩、桩机接桩方便的原则。

堆放场地保持平整，在堆放前对地基进行压实处理，地基满足堆载强度要求，保证桩堆放不发生质量安全事故。桩堆放时不超过 3 层。

2. 管桩的沉桩安排

根据施工图桩长、工程地质资料和综合试桩报告可以看出，高程▽－27.0m 以下即为细砂层，最深处厚度约 24m，P_s 值为 19.0MPa，持力层为⑧层，桩尖进入持力层深度约 5.0m，根据试桩报告最后贯入度最小只有 4mm/击。分析可知，最后 1m 锤击数可达到 300 击左右，最后 5m 锤击数则可达到 1 000 多击，锤击数过大对混凝土的强度不利，会引起桩顶破碎，对施工进度和质量都会造成影响。在沉桩过程中会引起土体孔隙水压力超高，造成场地隆起、已沉桩上浮和开挖后桩身挤压偏位，因此需采取相应的对策措施。

解决的办法是：①加强桩靴，根据标准图集，增加加强肋板数量，以增强桩靴的穿透能力；②采取措施，增加土芯上升高度，减少挤土；③上节桩管节桩顶下 2m 范围内增加钢纤维，以增加桩顶抗击打能力；④采取措施来消散孔隙水压力。

施工流程：因本工程桩基较密、较长，为了减少桩基施工中产生的挤土效应对已打桩的影响，在管桩的施工顺序控制上遵循的原则是：总体采取由北向南，即烟囱→锅炉房→主厂房→外围附属系统的施打方向；局部采取“先里后外，先密后疏，先深后浅”的施打流程，同时根据监测结果，做到信息化施工。根据具体情况，烟囱拟定从中心桩开始施工向外围退打；锅炉桩南北方向平行施打；主厂房遇到大底板承台桩将采取“S”形流程。施工中要根据监测结果情况，来调整打桩的流程和施工速率。具体见施工现场平面布置图 5.5-2 和打桩流程示意图 5.5-3。

在施工中，加强协调，合理安排流程，确保在施工中不出现封闭桩。加强与监测、监理单位的配合，根据监测结果随时调整打桩速率、流程，确保桩基工程质量。

PHC 管桩施工工序见图 5.5-4。

3. 主要施工工艺

1)PHC 桩沉桩施工工艺

PHC 桩沉桩施工工艺流程见图 5.5-5。

2)PHC 桩沉桩测量施工工艺

沉桩施工前，在现场进行踏勘交接点位，对测量控制点进行复核并办理书面手续。

沉桩前建立测量控制网点。对已建立的施工平面高程控制网点、沉桩基线进行统一编号，绘制基

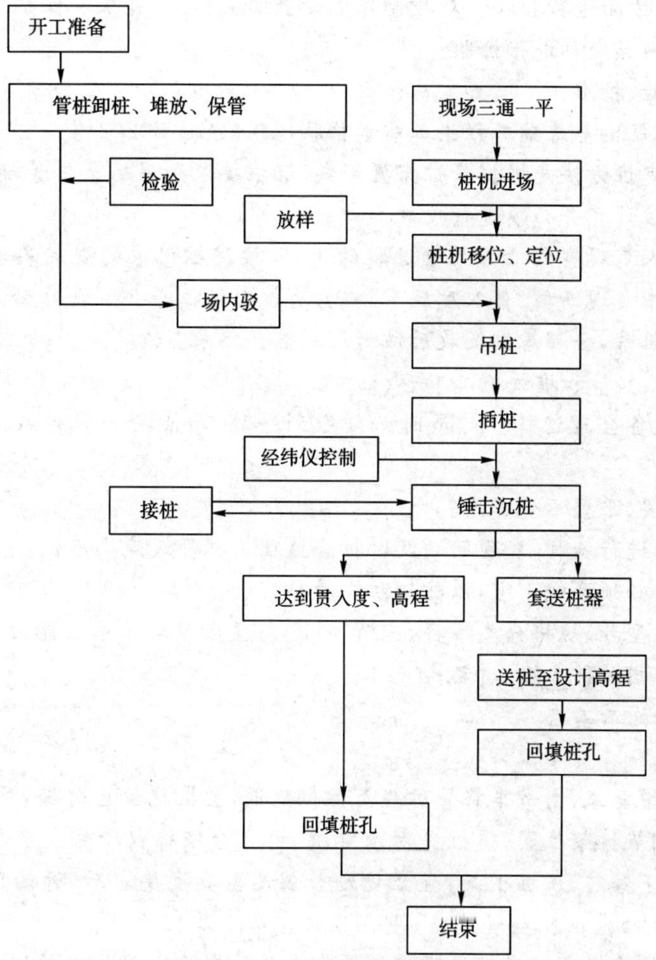

图 5.5-4　PHC 管桩施工工序图

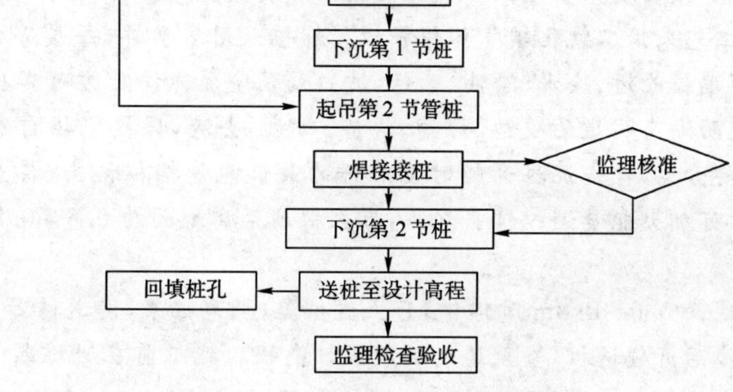

图 5.5-5　PHC 桩沉桩施工工艺流程图

线平面图,并组织有关方面进行验收。对控制网点设置明显标志,并采取保护措施。

平面和高程控制网点定期进行检验。

测量仪器定期检验、校准。

沉桩测量符合《建筑地基基础工程施工质量验收规范》(GB 50202)。

测量定位选择的定位方法是根据基桩布置形式、沉桩要求和现场条件等确定,根据桩位平面布置图和定位方法进行定位计算并必须进行校核。

每台仪器的测量人员观察每根桩沉桩过程的变化,按沉桩记录的规定内容如实、完整填写,不得随意涂改。沉桩过程中发现断桩、贯入度反常、桩身有较大偏位等异常现象必须如实、详细做好记录。每根桩做好沉桩定位记录,全部基桩沉放后做好沉桩综合记录。

3)PHC 桩的运输、起吊和堆放施工工艺

桩的运输、吊卸设备合理选择。起吊时必须做到平稳,吊点符合设计要求。本工程管桩采用 2 点吊。

堆存场地必须坚实、平整不受水淹。

桩到现场后,逐根进行验收,发现问题及时报告监理工程师或建设单位。

起吊管桩时,吊索必须多绕 1 道,以防钢丝绳滑移。

桩的堆存按种类、型号、规格分类堆存。桩的堆存高度应视地基承载能力确定,PHC 管桩不可超过 3 层,堆放时应采取措施防止滚、滑动。

4)PHC 桩的桩基施工工艺

(1)下桩

根据沉桩流程安排要求,由吊车将管桩驳至桩位附近,桩机就位后起锤,吊车给管桩套上桩帽,将管桩吊起喂进笼口,调节桩架位置,使桩尖对准样桩,由 2 台经纬仪十字交会校核桩位并控制其垂直度,待桩身稳定后,放下锤芯,压桩下沉,直至稳定并满足垂直度要求后,开油门锤击。开始锤击时锤的能量应控制在 1~2 挡范围或空锤试击,重锤轻击。第 1 节桩的沉桩质量非常关键,其沉桩时的垂直度精度将会对整桩的垂直度精度及桩顶完好等有直接的影响。因此下桩过程中,正、侧面的经纬仪要认真观测,调节桩架使桩锤、桩帽、桩身处在同一垂直线上,并使桩架龙口与桩身保持平行,以免产生偏心锤击。使用 2 台经纬仪从正、侧面控制桩身倾斜度偏差不得超过 0.5%,如果偏差超过 0.5%,必须及时调整,必要时可将打下的桩拔出重新下桩。

(2)电焊接桩

当下节桩沉至离地面约 0.8~1.0m 时,可停止锤击,将待接的上节桩吊起与下节桩对位后进行焊接。接桩时可在下节桩桩顶上临时点焊 2 块挡板以利于待接桩就位,对接精度要求控制在上、下节桩轴线错位不大于 2mm,节点弯曲矢高不大于 1‰桩长,且不大于 2mm。下节桩若倾斜,上节桩仍应对准其轴线,不得调整桩身倾斜度,保证上、下节桩之间间隙密实。

本工程电焊接桩工艺采用二氧化碳气体保护焊。焊接采用多层焊,每层焊缝接头错开,焊渣要及时清除,焊接前对桩顶端板除污、除水、除油、除锈,坡口处呈金属光泽后方可焊接。

焊缝质量要求:表面没有明显的咬边、焊瘤、焊渣、凹痕、夹渣,焊接完毕自然冷却后,再继续锤击沉桩。焊接时质量员要旁站,锤击沉桩开始时应以锤的最低能量挡位施击,甚至空锤敲击几下,待桩身有明显贯入度后,方可加大能量继续锤击沉桩,直至桩顶至离地面约 0.6~0.8m 左右时停锤。

(3)送桩

当上节桩沉至离地面 0.6~0.8m 时停锤,套上送桩器,调节桩架,使送桩器帽与桩顶接触平实,送桩器与桩轴线成一直线后开锤送桩,直至达到桩顶设计高程。施工前在送桩器上刻进尺标志,便于桩顶高程控制。沉桩及送桩过程中,测量工应始终通过仪器观测桩的入土情况,并记录锤击数,计算每米贯入度及停锤前最后 3 阵(30 击)的平均贯入度。桩顶高程由 S3 水准仪测量控制。

桩顶高程＝水准点高程＋仪器高度(读尺)－桩垫木厚－送桩器读尺数。

送桩至设计高程后，停锤移桩机，由吊车拔送桩杆，并及时回填送桩孔。

如此循环，直至工程桩全部施工结束。

沉桩过程中要加强观察，如遇下列情况，必须立即停锤：①贯入度剧变(指贯入度突然增大或减小)；②桩身突然发生倾斜、移位；③桩顶破碎或桩身产生裂缝。以上异常情况发生后，应找出准确原因，制订并采取有效的处理措施，并通知设计院及相关部门研究处理。

沉桩注意事项：①替打或送桩器与桩周应有5～10mm间隙。②上、下节桩的轴线应在同一直线上。桩插入时，应用2台经纬仪从正、侧面2个方向控制桩的倾斜度，桩的倾斜度偏差不得超过0.5%。③打PHC管桩时，桩垫材料选用木质或马粪纸，桩帽和送桩杆里的桩垫厚度不得小于20cm，并应做到1桩1垫。④桩锤、替打和桩应保持在同一直线上，不得偏心锤击。⑤当出现贯入度反常、桩身突然下沉、倾斜、桩身裂缝、桩顶破碎等情况时，应立即停锤，查明原因，进行必要的处理后方可继续锤击。

沉桩过程中技术人员在现场随时观察并处理所发生的问题。

沉桩过程有完整记录。

5)PHC桩的电焊接桩施工工艺

接桩时上节桩与下节桩应对直，轴向错位不得大于2mm，坡口根部间隙不得大于4mm，下节桩已成倾斜状态时，上节桩仍应对准下节桩的轴线。

上、下端板除污、除锈，坡口处呈现金属光泽方可焊接。

选用焊丝直径应满足焊透坡口根部的要求。

焊接时，电流强度与使用的焊机和焊丝相匹配，要求分层、对称、均匀、连续施焊。焊接道数不得小于2道，每道焊接接头应超前引弧，注意焊接始端和终端的焊口处。表面加强焊缝高度宜为1～2mm，力求平滑。焊接后应进行外观检查，焊缝不得有凹痕、咬边、焊瘤、夹渣、裂缝等表面缺陷，发现缺陷后应返修。

大风和雨天应采取可靠的防护措施。

停锤控制原则是：按设计图纸要求控制施工，停锤控制标准由甲方、设计、施工单位经试打桩后共同商定。

6)沉桩工程质量保证措施

沉桩施工是质量控制的关键之一，要求采取有效措施保证顺利打到设计高程，并保证桩顶完好，减少甚至避免出现断桩现象，拟采取以下措施：

下桩时的桩位偏差小于10mm，严格控制第1节桩的倾斜度，不得超过1%桩长，如有偏差，必要时应重新下桩。稳桩与锤击应特别注意防止发生溜桩，否则对桩架以及桩本身都会造成损坏(在溜桩过程中，桩身承受拉应力)。

偏心锤击会引起桩顶点受力而不是面受力，易造成桩顶破碎或桩身破坏。要求端板平整，端板与桩身垂直；下节桩倾斜度控制在规范要求指标内，下节桩和上节桩要中心线保持一致；桩架与桩保持平行；桩帽内的桩垫木要平整。

桩体质量是保证沉桩质量的重要因素，桩帽芯是插入管桩的，极易损坏管桩，一般不采用。端板露筋会造成桩身破坏，如果沉桩时有端板露筋，就会造成锤击时局部应力集中而破坏。因此，在检查验收管节时，需对端板是否有露筋进行检查，如果存在，用角向砂轮机磨平。

防止溜桩的具体措施：首先，在刚开始压锤时，要特别注意压锤的质量；其次，刚开始锤击沉桩时，开最低能量挡，甚至空锤轻轻敲击几下，待桩有明显贯入度后，方可加大能量继续沉桩。

沉桩过程中如遇下列情况，如贯入度剧变(指贯入度突然增大或减小)；桩身突然发生倾斜、移位；桩顶破碎或桩身产生裂缝；必须立即停锤通知有关部门研究处理。

三、工期进度安排(略)

四、主要机具设备使用计划

主要机具设备使用计划见表 5.5-10。

主要机具设备使用计划表　　表 5.5-10

序号	机械设备名称	规格型号	数量	国别产地	制造年份	额定功率(kW)	生产能力	备注
1	打桩机	DH608	4	日本	1993 年	150		
2	柴油锤	D—80	4	德国	2002 年			
3	送桩杆	6～10m	4	中国	2004 年			
4	履带式起重机	500kN	4	日本	1994 年	110		
5	自航舱底驳	600t	10	中国	1995 年	300		
6	汽车吊	250kN	2	中国	1998 年	110		
7	平板拖车	40t	5	中国	1998 年	150		
8	CO_2 气体保护焊机	500	8	中国	2000 年	30		
9	电焊机	直流交流	2	中国	2000 年	30		
10	水准仪	S3	4	中国	1996 年			
11	经纬仪	J2	8	中国	1996 年			
12	全站仪	Set-2B	1	日本	1996 年			

五、PHC 桩送桩技术措施

本工程有大量的桩需送入地下，最深达 9.9m。为此制作长 12m 的送桩器，直接将设计的桩送入地下。在施工中将上节桩桩顶沉至地面上 500mm 左右时，用送桩器将桩送沉至设计高程后拔出送桩器。桩孔用砂或泥土回填密实。

送桩时应采取以下技术措施以保证桩身及桩顶完好：

(1)保证桩锤、送桩器、桩身在同一直线上，避免偏心锤击。

(2)送桩前做到一桩一垫，桩垫有效高度保持在 20cm 以上，以保护桩顶。

(3)送桩器内桩垫应保持平整，以避免桩垫不平而造成桩顶局部集中受力。

(4)送桩器上画刻度，用水平仪控制送到设计高程。

(5)送桩器采用直径 45cm、壁厚为 3cm 的无缝钢管，以保证送桩器在送桩过程中不变形。

[实例 2]　田集电厂烟囱桩破坏的原因分析和探讨

1. 工程概况

淮南矿业集团与上海电力股份有限公司在淮南市共同投资筹建淮南煤电基地田集电厂。电厂本期工程建设规模为装机容量 2×600MW，并留有扩建余地。

根据岩土工程勘察报告，烟囱区设计采用 PHCϕ600-AB-110(外径-桩型-壁厚)桩，以⑧层土作为桩基持力层，桩长 25m，下节桩长 12m，上节桩长 13m，送桩长 3.6m，总桩数 175 根。桩机为 DH608，沉桩用锤为 DELMAG D—80 柴油锤。

2. 工程地质条件

根据现场原位试验及室内土工试验资料，经计算各土层的物理力学性质指标见表 5.5-11、工程地质剖面图见图 5.5-6。

各土层的物理力学性质指标值

表 5.5-11

土层编号	岩土名称	重度 γ (kN/m^3)	天然含水率 w(%)	土粒相对密度 G_s	天然孔隙比 e	塑性指数 I_P	液性指数 I_L	压缩系数 a_{1-2} (MPa^{-1})	压缩模量 E_{s1-2} (MPa)	水平渗透系数 k_h($\times10^{-6}$) (cm/s)	垂直渗透系数 k_v ($\times10^{-6}$) (cm/s)	标贯击数 N(击)	单桥静力触探比贯入阻力 P_s (MPa)	地基承载力特征值 f_{ak} (kPa)
①	粉质黏土	19.1	27.9	2.74	0.837	18.5	0.07	0.306	6.0	<0.01	<0.01		1.1	150
②	粉质黏土	20.0	25.2	2.73	0.714	15.6	0.08	0.171	10.0	<0.01	<0.01	11	2.1	250
③	粉土	19.3	28.0	2.70	0.786	7.8	0.80	0.241	7.4			12	3.8	170
④	粉质黏土	19.5	28.0	2.72	0.792	13.2	0.42	0.216	8.3			10	1.7	180
⑤	粉土	19.4	27.6	2.71	0.777	9.1	0.59	0.155	11.5			18	5.5	230
⑥	粉质黏土	19.4	28.4	2.72	0.794	12.0	0.54	0.171	10.5			14	2.5	250
⑦	粉土	19.5	26.7	2.70	0.752	7.7	0.70	0.121	14.5			19	7.0	290
⑧	细砂	19.5	22.9	2.68	0.686			0.053	32.0			35	16.0	370
⑨	粉质黏土	19.8	26.4	2.72	0.748	13.6	0.26	0.109	16.0			25		
⑩	细中砂	20.2	19.5	2.68	0.587			0.042	38.0			40		

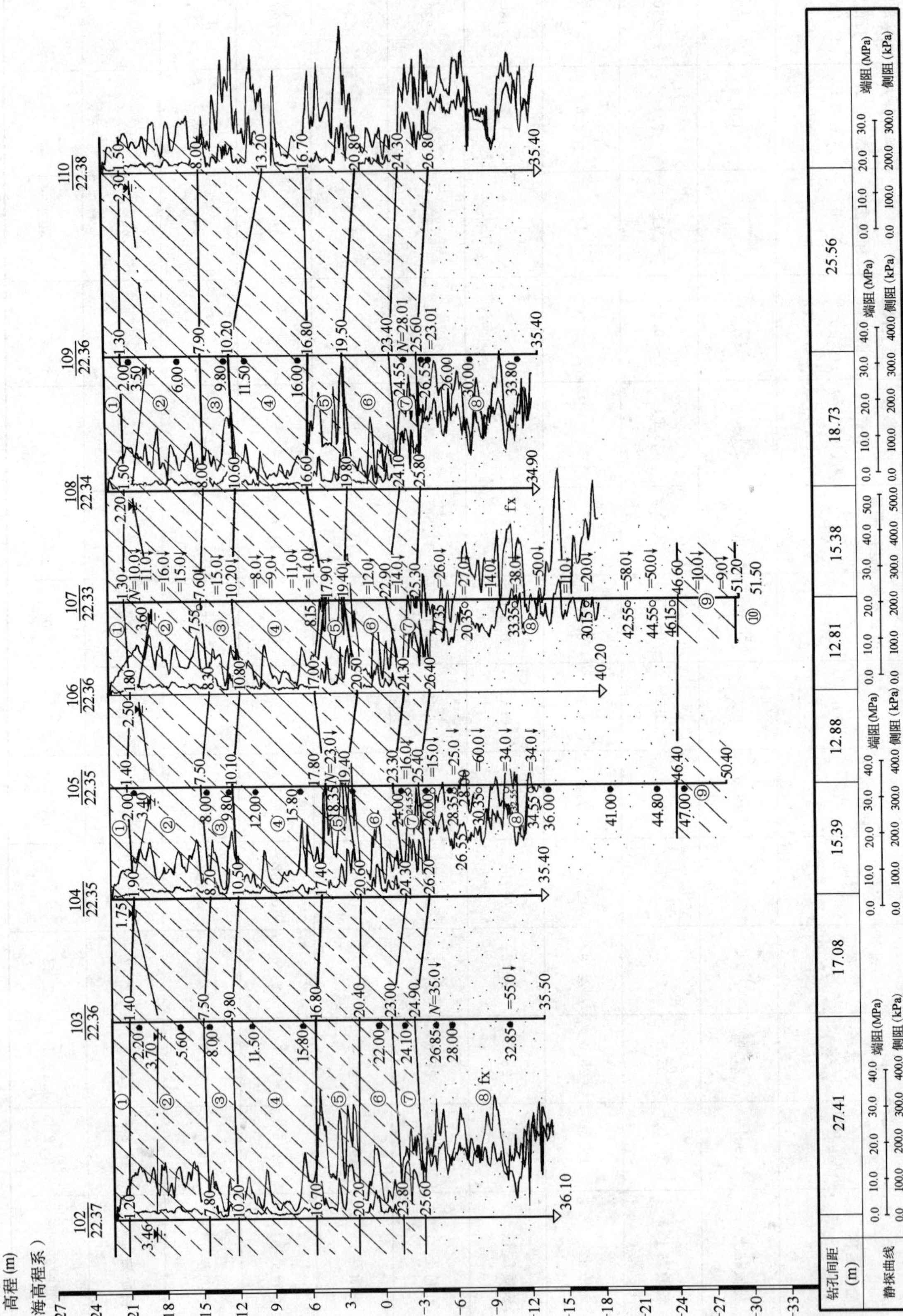

图 5.5-6 工程地质剖面图（水平比例：1：500；垂直比例：1：300）

3. 施工过程中出现的问题

2005 年 1 月 15 日～1 月 24 日共沉桩 50 根，高应变检测 17 根，其中 9 根桩下节桩有异常反应，跟踪监测表明基本上是在桩入土 16～20m 时桩身开始破坏（进入⑤号土层），破坏位置在桩尖以上 4～6m 处，坏桩比例达到 53%，桩身完整性情况见表 5.5-12。

烟囱基础桩高应变检测桩身完整性一览表　　表 5.5-12

检测日期(年月日)	桩号	桩长(m)	桩身完整性
2005-01-15	Y5	25.0	桩顶下 20.5m 处破损
2005-01-15	Y15	25.0	桩身完整
2005-01-18	Y31	25.0	桩顶下 21.0m 处破损
2005-01-18	Y57	25.0	桩顶下 21.5m 处破损
2005-01-18	Y85	25.0	桩身完整
2005-01-18	Y86	25.0	桩身完整
2005-01-19	Y122	25.0	桩身完整
2005-01-19	Y123	25.0	桩顶下 22.0m 处破损
2005-01-20	Y144	25.0	桩顶下 21.0m 处破损
2005-01-20	Y105	25.0	桩顶下 21.0m 处破损
2005-01-23	Y42	25.0	桩顶下 18.5m 处破损
2005-01-23	Y41	25.0	桩身完整
2005-01-23	Y40	25.0	桩身完整
2005-01-23	Y39	25.0	桩身完整
2005-01-24	Y6	25.0	桩身完整
2005-01-24	Y18	25.0	桩顶下 21.5m 处破损
2005-01-24	Y36	25.0	桩顶下 21.0m 处破损

4. 原因分析

针对上述出现的问题，现场主要提出几种不同的意见，汇总起来认为可能主要集中在以下 3 个方面：

(1)姜结石地层引起桩身受力不均匀，导致桩身折断；

(2)锤击能量过大导致桩身拉应力过大出现破坏现象；

(3)桩内土芯侧张力过大引起纵向裂缝和桩的破坏。

过去在常州电厂施工曾出现由于成片、连续厚约 5～8m 姜结石地层引起的断桩事故，该工程桩身入土 16～20m 正好进入含姜结石的⑤层土层，是否因含姜结石而引起桩身破坏？考虑到本工程地质情况与常州电厂又有本质的区别，本工程的姜结石结构呈不成片、不连续的形式，因此姜结石并非是引起坏桩的主要原因。

其次，对于锤击能量过大导致桩身拉应力过大出现破坏的猜想，我们在对地质情况、沉桩观测纪录和高应变检测结果的分析表明，本工程⑦层以上土层标准贯入击数 $N_{63.5}$ 比较平均，无较大的变化，Y5 沉桩纪录锤击数相对 Y15、Y14 无明显突变（见表 5.5-13），高应变跟踪检测虽然有 1～2 根桩在锤击过程中出现桩身拉应力较大，但比较其桩身拉应力和桩身完整性，并非拉应力高的桩其桩身就会破坏，而且沉桩过程中出现的拉应力低于管桩的设计拉应力标准。为验证是否是锤击能量过大导致桩身拉应力过大而出现破坏，我们在施工过程中还采取了封闭桩尖、加大锤击能量的方法：在引风机区域进行了 4 根闭口 PHC 桩试打。下节为 PHC600AB-110-12m，上节桩为 PHC600AB-110-13m。

预应力管桩打桩记录

施工单位：中港三航局　　工程名称：淮南煤电基地田集电厂烟囱桩基础　　自然地面高程：－0.8m

打桩小组：1号机　　桩规格及长度：PHC-600-110-25m　　桩顶设计高程：－4.4m

装锤类型：D—80　　桩帽质量：2.0t

表 5.5-13

桩位号	桩节编号	打桩日期	桩入土每米锤击数																	桩顶与设计高程差（±cm）	最后三阵贯入度（cm/10击）			备　注
			1	2	3	4	5	6	7	8	9	10	11	12	13	14	15	合计					
Y5	4121501030	2005.1.15	0	4	23	24	24	20	8	14	18	21	24	17				237	981	−2	11	11	11	桩顶下20.5m处破坏
	5010830054		18	20	26	34	40	42	44	52	50	54	57	54	36									
Y15	4121534019		0	2	4	6	10	15	12	16	16	19	19	20				486	1 120	−1	7	7	7	桩身完整
	5010902056		20	21	26	26	35	43	43	56	47	48	38	46	46									
Y14	4121511017		1	3	16	10	19	23	20	21	21	19	20	25				419	1 097	−2	8	8	8	桩身完整
	5010934057		17	20	23	28	34	47	46	53	53	56	56	57	49									

工地技术负责人：　　记录：　　监理：

沉桩用锤为 DELMAG D80 沉桩，采用 3 挡和 4 挡施打。检测结果见表 5.5-14，说明桩身拉应力不是主要原因，并同时可反证出坏桩原因主要是由第 3 种情况引起的。

引风机区域闭口 PHC 桩试打高应变检测结果一览表　　表 5.5-14

桩　号	桩长(m)	锤击力(kN)	锤击能量(kJ)	桩周土阻力(kN)	极限承载力(kN)	桩身完整性
YIN-7	25.0	8 350	132.8	3 560	7 120	完整
YIN-9	25.0	8 420	135.1	3 570	7 140	完整
YIN-8	25.0	8 770	143.6	3 600	7 200	完整
YIN-10	25.0	8 810	145.7	3 600	7 200	完整

对于第 3 种情况，本文将进行以下探讨：

①建立打桩过程中的桩—土体系受力模型，见图 5.5-7。

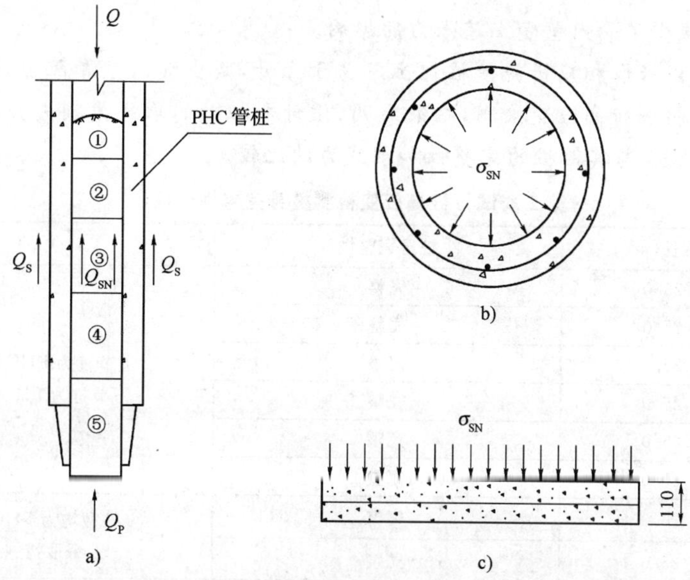

图 5.5-7　管桩受力分析图(尺寸单位：mm)

a)锤击过程桩身受力情况；b)土芯对管径横向作用情况；c)土芯对管壁纵向作用情况

注：①、②、③、④、⑤为土层。

②受力情况分析

图 5.5-7a)中反映了锤击过程桩身的受力情况，包括锤击力 Q、桩尖反力 Q_P、管外壁侧摩阻力 Q_S 以及土芯对管内壁的侧摩阻力 Q_{SN}。

针对多数桩在进入⑤层土层后发生破坏，我们在打桩过程中对土芯上升情况进行了监测，统计表明：第 1 节桩入土 11.5m 后土芯上升高度为 2.7～4.0m，第 1 节桩入土 24.5m 后累计土芯上升高度为 5.3～7.1m。

通过表 5.5-6 所反映的地层情况和土的物理力学性质，可以看到，①～④土层厚度为 9.7～21.5m，硬塑，这种土俗称老黏土。打桩到⑤层土层估计被压缩到 5m 左右。在工程施工中一般采用二挡油门，在管柱入土 15m 以后，锤击能量为 65～100kJ，桩身内的最大锤击压力一般为 5 300～6 500kN，假定侧摩阻力和桩端阻力各为一半，那么传递到桩端的力约有 3 000kN，将桩端阻分解为管桩横截止面受力和土芯面受力，管桩横截面受力和土芯面受力分别占 60%和 40%，则传递到土芯面的力大约有 1 200kN。桩贯入①～④土层土芯摩阻力可以看作是对⑤层土层向下的反作用力，当桩芯土面所受的压力大于①～④和部分⑤层土的侧摩阻力时，在瞬间锤击力的作用下⑤层土体被压缩，产生对管壁的压应力即图 5.5-7b)和 c)中的 σ_{SN}，它可能使桩身混凝土产生裂缝。

因为管外土体本身基本是原状土，还存在压缩的空间，而管内土体压缩已经快到极限，而且在沉桩过程中，它对桩的内壁作用只是一个很短的瞬间而已，通常土体对管壁的内、外侧压力是不相等的。

③破坏机理

从图5.5-7b)和c)中可以看出土芯对管内壁径向压应力较大，而管桩环向钢筋配筋仅有箍筋，且间距较大，又因管桩的预应力很大，抗拉应变相对于箍筋的应变要小得多。因此首先出现纵向裂缝，纵向裂缝的产生往往是从桩的最薄弱环节或者是受力最集中的地方开始，在桩尖范围内箍筋是加密的，因此纵向裂缝在桩尖附近不会马上使桩破碎，而是继续向上延伸到桩身箍筋稀少的地方，所以坏在桩尖以上4～6m的地方。

5. 解决的方法和采取的相应施工措施

(1)在设计上，对于后续的桩采取了增加管桩壁厚的办法，即将原设计PHCϕ600-AB-110(上节+下节)配桩改为PHCϕ600-AB-110-13m(上节)+PHCϕ600-AB-130-12m(下节)。该方法增加了下节管桩的结构强度，从而减少了管内壁受土芯张力的影响。

(2)在施工中，可以采取相应措施使桩内土芯易于上升，减少管内壁摩阻力，削弱内壁所受张力。通过对该方法所沉的桩进行高应变检测，结果表明，设计所担心的承载力损失并不明显，见表5.5-15和表5.5-16中Y33、Y34与其他桩的完整性和承载力的比较。

第2次试打桩高应变检测桩身完整性一览表 表5.5-15

桩号	桩长(m)	桩身完整性	备注
Y4	25.0	完整	上节桩为PHCϕ600-AB-110-13m，下节桩为PHCϕ600-AB-130-12m
Y12	25.0	完整	
Y27	25.0	完整	
Y26	25.0	完整	
Y25	25.0	完整	
Y24	25.0	完整	
Y34	25.0	完整	桩型均为PHCϕ600-AB-110m，采取措施，使土芯上升
Y33	25.0	完整	
Y35	25.0	桩顶下21m处断裂	桩型同上，但未采取措施

试打桩高应变检测承载力一览表 表5.5-16

序号	桩号	桩长(m)	沉桩时桩周土阻力(kN)	预估单桩极限承载力(kN)	桩身情况
1	Y4	25.0	3 540	7 080	完整
2	Y12	25.0	3 650	7 300	完整
3	Y27	25.0	3 700	7 400	完整
4	Y26	25.0	3 510	7 020	完整
5	Y25	25.0	3 900	7 800	完整
6	Y24	25.0	4 050	8 100	完整
7	Y33	25.0	3 920	7 840	完整
8	Y34	25.0	3 950	7 900	完整
9	Y35	25.0	3 080	4 500	桩顶下21m处桩身断裂

[实例3] 陆上斜桩施工

1. 工程概况

中油天宝中心河码头工程位于上海黄浦江中上游东侧中心河入口处，属内河类高桩梁板式码头，建筑物全长149.48m，横向断面10m。结构横向断面是一对斜率4∶1、水平扭角20°的叉桩及三排直桩。叉桩共有57根，采用的桩型为PHCϕ600-AB，桩长36m；三排直桩共有122根，采用的桩型为PHCϕ600-AB，桩长35m。码头的后侧板桩，用4∶1的叉桩作为拉锚桩，共有194根，采用的桩型为PHCϕ400-AB，桩长25m。

该码头的总体施工工艺为陆上施工成型后拆除防汛墙、挖泥疏浚而成。

本工程工期为2个月，工程量除了斜桩之外，还有桩长35m的直桩222根，工期紧迫，4∶1斜桩的施工增加了难度，为了谨慎起见，我们对现有的设备进行了有效的技术性能的测算。

2. 施工工艺流程

该码头前沿的斜桩及直桩均采用直径为ϕ600mm的AB型PHC桩，壁厚为110mm，桩长36m（斜桩）、35m（直桩），均分成3节；码头后方的拉锚桩采用直径为ϕ400mm的AB型PHC桩，壁厚为80mm，桩长25m，分成2节。

桩基施工采用陆上打桩设备进行施工，其打桩工艺流程见图5.5-8。

3. 设备选型及设备改造

由于本工程斜桩倾斜率达4∶1，在我们陆域工程施工中尚属首例，施工风险很大。施工前对多种陆上打桩设备的技术参数进行比较，结合本工程的地质条件、桩基特点等情况，选用DH508-105M.M90C的打桩机，其技术参数见下表5.5-17。

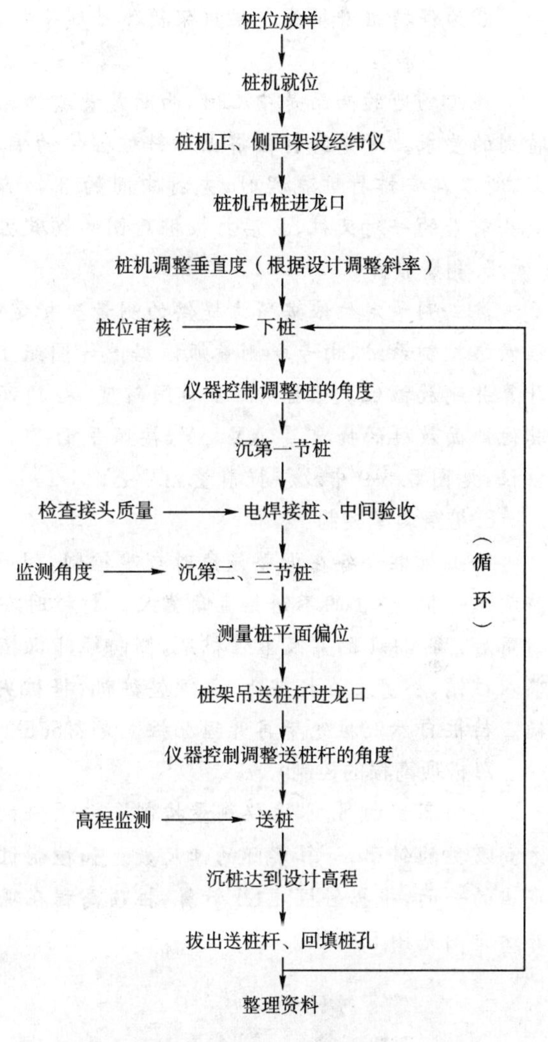

图5.5-8　打桩工艺流程图

DH508-105M. M90C打桩机技术参数表　　表5.5-17

锤		导杆		桩			打直桩稳定度(°)(带桩)	打斜桩		桩机总质量(t)
型号	质量(t)	长度(m)	质量(t)	长度(m)	质量(t)	外径(mm)		斜桩角度(°)	稳定度(°)	
MH72B	18.4	27	11.6	19	10.0	1 500	6.8	12	6.7	94.4
KB60	15.0	27	11.6	19	10.0	1 200	8.5	12	6.7	91.0
MH45B	11.0	27	11.6	20	10.0	850	9.4	12	6.9	87.8

结合本工程的实际情况，施工前对打桩机架的相关数据进行重新验算，确保当桩机架在向后倾斜14°03′36″、带长度为13m的单节桩及D—62打桩锤时的稳定性。由于斜桩的设计斜率达4∶1，要求打桩机架后倾14°03′36″，已大大超过上表中的允许角度（12°），原有的打桩机配置不能满足本工程的施工，必须对桩机进行必要的改造：

①经计算当打桩机架后斜撑油缸收至最小时，打桩机架筒体后倾角度尚不能达到14°03′36″，必须拆除一节1 150mm的斜撑；

②为增加打桩机的稳定性，将配重卸去3.4t，并在斜撑支点处增加两条支撑腿；

③为保持桩身轴线与桩机架筒体轴线平行，在筒体下部焊接托架。

4. 施工流程

施工场地的南面是中心河，西面是黄浦江，东面和北面各为一块较大的空地。周边环境对打桩无特别的要求。考虑到打桩挤土对斜桩桩位的偏移影响较大，所以在安排打桩流程时，先打中间的 3 排直桩，再打码头前沿的一对叉桩，最后打板桩后侧的锚碇桩。

5. 测量放样

施工测量定位依据甲方提供的测量坐标定位点和高程网络控制系统，由专职测量师根据设计图纸上的位置，计算并测放桩位。根据 4∶1 的倾斜度、桩顶高程，计算其他地面放样的提前量 ΔX、ΔY，按照平面 20°扭角放出桩位，见图 5.5-9 中放样提前量 ΔX、ΔY。

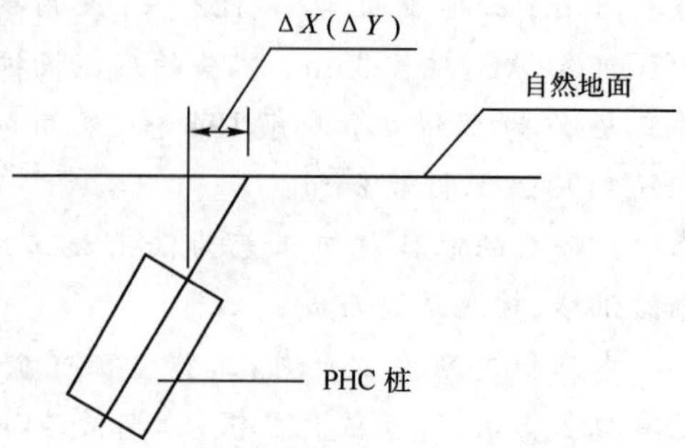

图 5.5-9　放样提前量 ΔX、ΔY

6. 桩身斜率控制

陆上打桩设备在调整倾角时较难控制，因此，在施工前加工一把 4∶1 的不锈钢直角靠尺。打桩时在桩机的正、侧面架设两台经纬仪，在桩机确定平面 20°扭角后，用 4∶1 的靠尺靠住桩架，侧向经纬仪指挥桩架将筒体后倾斜至 4∶1。吊车将管桩吊起，桩顶喂入桩帽，桩身支在托架上，再调整桩机，将桩尖对准样桩位置缓缓插入土中，桩帽随之跟下，随后压锤。待桩自然沉桩完毕再开锤沉桩。见图5.5-10陆上施打斜桩。

7. 桩顶高程的控制

桩顶高程由 S_3 水准仪测量控制。由于斜桩顶是斜面，桩顶高程控制时应根据仪器观测点、观测方向及桩的斜率，计算实际的读尺数。如控制桩顶高程的水准仪架在桩机架的正面，只能观测到桩顶突出的一面，根据斜桩 4∶1 计算，桩顶高程在观测点的读数在设计高程的基础上增加修正值 ΔZ。计算示意图见图 5.5-11。

图 5.5-10　陆上施打斜桩

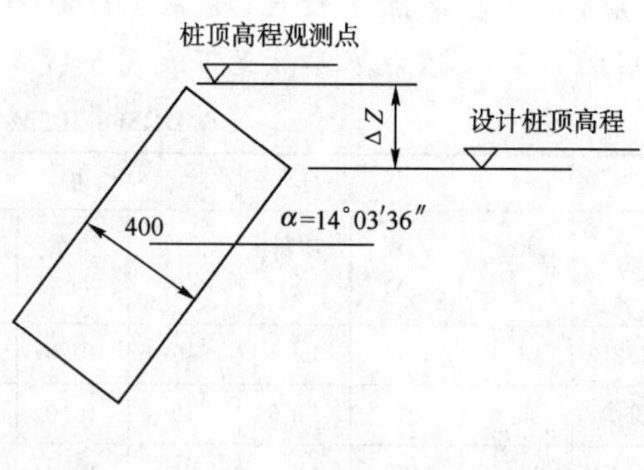

图 5.5-11　增加修正值 ΔZ 的计算示意图(尺寸单位:mm)

8. 结束语

中油天宝中心河码头的桩基工程中的斜桩施工在 2004 年 8 月 22 日顺利完工，开挖后的结果比较理想，符合设计及规范的要求，使后续的防汛墙和码头的上部结构施工如期进行。由于事先对桩架能否满足斜率 4∶1 桩施工进行了计算，施工过程处于受控状态。

陆域斜桩施工对施工区域地基要求很高，施工前及施工过程中要随时作好场地的压实平整工作，以保证打桩机的稳定；叉桩施工时相邻的送桩孔要用黄砂及时回填并采取有效措施使其密实，以确保后续施工桩的桩位偏差控制在规范允许的范围之内。

第四节　钢　管　桩

一、构造与规格

钢管桩具有加工、运输方便，能承受锤击的巨大冲击力，穿透地层能力强，当选择较深的持力层或端承桩时，能获得较大承载力的优点。近年来许多大型桥梁、超高层建筑越来越多地采用钢管桩作为基础。

钢管桩的材质一般采用普通碳素钢，如 Q235、Q345 等钢或按设计要求选用。按钢管桩的加工工艺分，有直焊缝钢管和螺旋焊缝钢管两种。由于螺旋焊缝钢管桩为机械化加工，节省材料，工程上使用较多。为了便于运输、施打，同时考虑受打桩架高度限制，钢管桩通常分节制作。分节长度应满足运输能力、桩架高度和接桩时土层高程等要求。钢管桩的桩尖有开口、半闭口、闭口 3 种形式。开口桩尖断面与桩身断面相同；半闭口桩尖由“十”字劲板或小直径钢管与钢桩焊接而成；闭口桩尖是由锥形桩靴与钢桩焊接而成。

陆上钢管桩的直径一般在 ϕ400～ϕ2 500mm 范围内，壁厚 6～25mm，我国目前常用的规格有 ϕ400mm、ϕ600mm、ϕ700mm、ϕ800mm、ϕ900mm、ϕ1 000mm、ϕ1 200mm、ϕ1 500mm 等。一般分节施工的钢管桩可采用不同的壁厚，为了防止在高能量的锤击下桩顶变形，上节桩壁厚可选得大一些，但上、下节桩的壁厚之差不能超过 4mm。在桩顶焊接加强环也可以减少锤击对桩顶的损坏，一般加强环高度为 300～1 000mm(视桩的直径而定)，壁厚 6～25mm(视锤击能量而定)，加强环的顶低于桩顶一个壁厚。桩尖焊接加强环可以减少坚硬地层引起的桩尖变形，减少打桩过程中的桩侧摩擦力。

二、吊　桩

(1)钢管桩的起吊和运输，应在焊接验收合格后进行。

(2)单节管节长度在 15m 以内的钢管桩，在起吊搬运时，可以采用两端钩吊法，吊索的水平夹角不宜小于 60°。

(3)钢管桩长度较长时，吊点位置应符合设计和规范的规定，若无规定时按表 5.5-5 吊点位置布置表的规定执行。

(4)钢管桩起吊以前检查桩身质量，如壁厚、焊缝、端面平整度、椭圆度及桩身表面等位置有无缺陷；吊索具与桩间应加防滑措施；起吊时应平稳提升、吊点同时离地，避免损坏端面。

(5)钢管桩采用捆绑法起吊时，如果吊索与桩的交角小于 60°，应设置吊架，尽可能使吊点垂直受力。

(6)钢管桩采用多点起吊时，各吊点的索具可以通过滑车连接，使各吊点受力均衡、高度自动调节。

(7)钢管桩在运输过程中，底层应设置垫木，保持垫木高度在同一平面上，并采取措施防止滚落。钢管桩运输时，各层管桩间应设垫木，要求各层垫木上下对齐。

(8)钢管桩运到现场后，应进行外观检查，合格后进行堆放。

(9)钢管桩的堆放应遵守下列规定。

①地面必须平整、坚实。

②垫木必须放在吊点正下方，并在同一平面上。

③各层垫木应位于同一垂直线上，最下层垫木应加强。

④堆放层数应根据地面容许承载力确定，各种直径的钢管桩堆放层数不宜超过：ϕ1 200mm，2 层；ϕ1 000mm，3 层；ϕ600mm，4 层；ϕ400mm 以下 6 层。

⑤不同规格的钢管桩应分别堆放。

⑥堆放时应注意防止滚落。

三、沉 桩

(1)打桩之前应在桩的侧面画上标尺,以便了解沉桩过程中的贯入量,做打桩记录。

(2)打桩过程中,用2台经纬仪在互成90°的2个方向对桩的垂直度进行观测,1台水准仪观测桩的贯入量和高程。

(3)用桩机吊钩和辅助吊机同时抬吊起升,两钩配合使桩逐渐竖直(不可用桩机单钩拖吊)。当桩顶喂进桩帽后,辅助吊机松掉下部吊索,桩尖不得着地。调整立柱位置,使桩尖对准样桩逐步入土下桩,桩帽同时跟下使桩顶不脱出桩帽。自然下桩稳定后,调整桩的垂直度,随后压锤下桩。压锤下桩停止后复校垂直度,确定无误后可开锤打桩。

(4)打桩时应采用与桩相适应的锤和桩垫,并及时更换因打击失去弹性或变形的桩垫材料。桩锤、桩帽和桩身应控制在同一轴线上,桩的垂直度或斜度应符合规范规定。

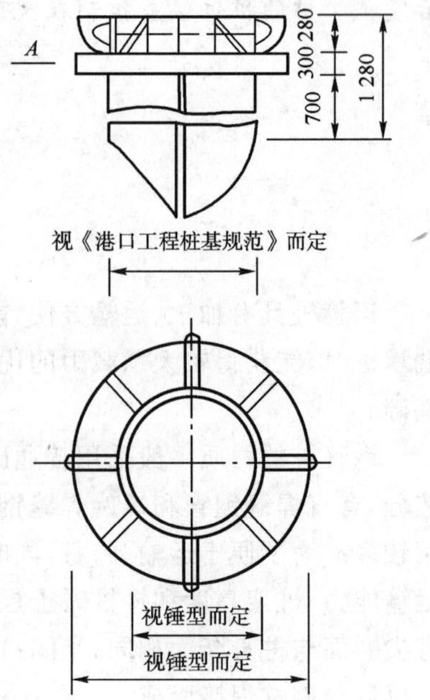

图 5.5-12 钢管桩桩帽图(尺寸单位:mm)

钢管桩桩帽图结构见图5.5-12。

(5)开始锤击时能量要小,观察桩的下沉情况,确认贯入度正常后,再将能量提高到正常值。

(6)每一根桩施工作业,应尽可能连续沉桩到高程。需要接桩时,下节桩桩尖尽可能停在软土层(制作长度设计时应按此原则考虑),接完桩后立即将上节桩打到设计高程,避免在硬土层中停留时间过长而增加桩的摩阻力。

(7)陆上斜桩角度不宜大于12°,打桩时要根据桩机性能合理安排流程,尽量减少变更桩机倾斜度和平面扭角的作业次数,避免相互干扰。同时应计算是否会发生碰撞。

(8)当桩机在有斜坡的地基上作业时,应沿斜坡方向逐排由上往下打桩,并采取有效的防滑措施,防止桩机滑移。

(9)沉桩结束后应对桩孔加盖,以策安全。

四、接 桩

(1)钢管桩焊接接桩采用"V"字形坡口,下节桩顶为平口,上节桩下端加工成45°坡口,钝边2mm,钢管内侧设固定定位块和内衬圈,上、下节桩之间焊接间隙为1~4mm。钢管桩焊接接桩见图5.5-13。

(2)操作程序,在工厂准确焊接固定定位块(6块)→打下节桩→安装内衬圈→吊装上节桩→电焊接桩→探伤→打上节桩。

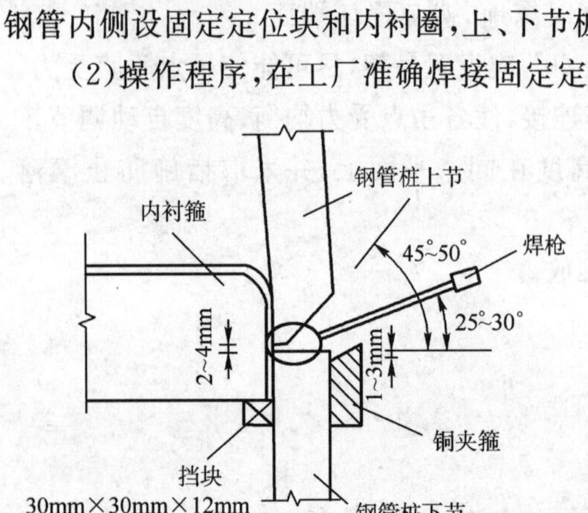

图 5.5-13 钢管桩焊接

(3)焊接前清除上、下节钢管桩接触端部50mm范围内的铁锈、油污、泥土等,焊接坡口宜机加工,也可用砂轮机磨光。

(4)焊接层次应根据钢管桩的壁厚而定,开始应用较细的电焊条、较小的电流,焊接打底,然后改用较粗的电焊条、较大的电流分层焊接。

(5)上、下节桩的轴线和圆度位置对准后,先定位点焊临时固定,然后由2人或4人对称分层焊接,每层焊缝的接头错开,每层焊完后应清除焊渣。

(6)遇大风、大雨天气，要装挡风板，采取防雨、防潮措施；气温低于 0℃时，要在焊接部位 10cm 范围预热；焊接后应冷却一定时间，再继续施打。

(7)焊接完成后，一般进行超声波探伤，探伤比例一般定为 5%～30%，当不合格的部位较多时，可以增加探伤比例。超声波探伤要求应征得设计、监理工程师同意，明确探伤标准，判断合格的等级、抽验比例等。

五、切　　割

当桩顶设计高程低于自然地面，而要求桩顶打到自然地面时，需要对桩顶进行切割。桩顶切割有 2 种方法：基坑开挖以后进行外切割或开挖基坑前进行内切割。

采用外切割的情况，一般是基坑开挖后，混凝土垫层浇筑完成，用水准仪准确测出设计桩顶位置，氧乙炔气割水平割除高出设计高程部分的钢管。

采用内切割方法是用长柄氧乙炔割刀或专用钢管内气割机(如 CG2-60 型钢管内气割机)。伸入管内进行粗割，粗割高程高于设计桩顶高程 15～20cm，临时用盖板覆盖管口确保安全。CG2-60 型钢管内气割机的性能指标见表 5.5-18。在基坑开挖、混凝土垫层浇灌后，进行钢管桩的精割。

CG2-60 型钢管内气割机主要技术数据表　　　　表 5.5-18

项目		单位	数据
切割钢管直径		mm	400～914
切割管壁厚度		mm	5～25
气割机速度		mm/min	0～1 000
升降速度		mm/min	0～3 000
控制箱电源电压		V	220
升降电机	型号	90SZ53	
	功率	W	150
	转速	r/min	3 000
	电压	V	110
机体电机	型号	70SZ08A	
	功率	W	68
	转速	r/min	6 000
	电压	V	110
气割精度(气割一周)		mm	偏差小于 0.5
外形尺寸(长×宽×高)		mm	500×500×720
质量		kg	40

[实例 4]　上海金茂大厦桩基施工

1. 工程概况

金茂大厦地处上海陆家嘴金融贸易开发区，延安东路隧道口。由美国 SOM 设计事务所设计，顾问单位为上海建筑设计研究院，上海工程建设咨询公司为工程监理，交通部第三航务工程局(简称三航局)负责桩基施工，施工现场见图 5.5-14。作为世界第三高度的大厦其主楼高 420.5m，共 88 层，裙房 5 层，地面以下 3 层，是一座集贸易、商场、游乐、宾馆、金融、办公于一体的多功能智能化大厦。

图 5.5-14　6 台桩机同时沉桩的金茂大厦工地

(1)工程内容

金茂大厦桩基分主楼和裙房 2 种，均为日本进口的钢管桩，钢材牌号为 SKK490。其中主楼桩基为 ϕ914.4mm 的钢管桩，壁厚 20mm，设计桩长 65m，送桩 17.50m，桩尖高程－78.50m，裙房桩基 ϕ609.6mm 的钢管桩，壁厚 14mm，设计桩长 33m，送桩 14.0m，桩尖高程－43.0m。主楼桩位呈八角形分布，间距有 2.7m 和 3.0m 两种，中间等距离有规则分布，四角对称八角形分布，与中间桩不在同一轴线上。主楼桩基总数 429 根，间距略小于 3 倍的桩径，是典型的群桩。

裙房桩呈不规则四边形布置，环抱八角形主楼分布，间距不等，桩顶为条形基础，桩基总数 640 根。桩位平面布置见图 5.5-15 金茂大厦桩位图。

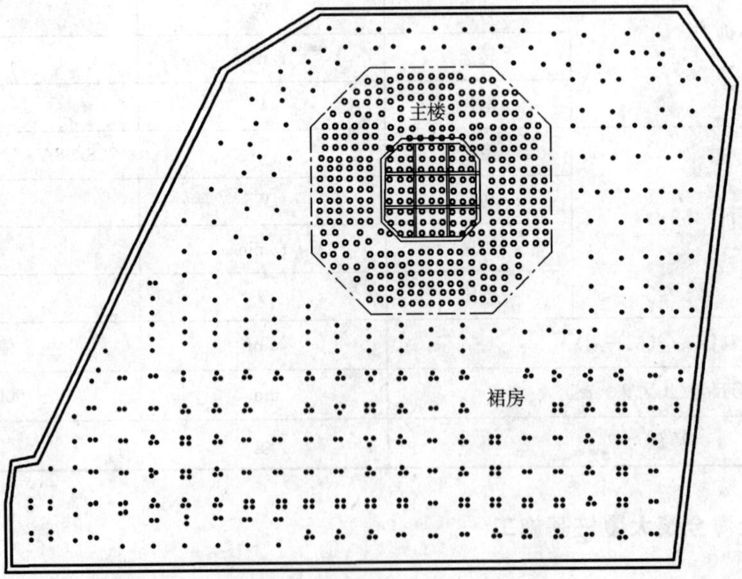

图 5.5-15　金茂大厦桩位示意图

(2)工程地质

金茂大厦场地内自然地面以下深度 137m 范围的地基土为第四纪更新世 Q_2～全新世 Q_4，长江三角洲近海过渡型沉积层，根据其土性可划分为 10 层，各土层厚度、底高程见表 5.5-19。

地质情况一览表　　表 5.5-19

序　号	地　层	土　质	层厚(m)	底层高程(m)
1	第①层	填土	0.4～1.4	3.64～2.50
2	第②层	粉质黏土	1.10～3.40	1.99～－0.34
3	第③层	淤泥质粉质黏土	3.50～4.70	－2.21～－4.54
4	第④层	淤泥质黏土	8.50～11.50	－12.21～－13.98
5	第⑤层	粉质黏土	6.00～10.10	－19.57～－23.80
6	第⑥层	粉质黏土	2.30～5.00	－23.60～－26.20
7	第$⑦_1$层	砂质黏土	4.90～8.50	－31.10～－32.58
8	第$⑦_2$层	粉细砂	24.50～31.20	－57.01～－63.32
9	第⑧层	砂质粉土	4.00～11.00	－64.60～－69.62
10	第$⑨_1$层	砂质粉土	4.85～7.00	－70.10～－75.76
11	第$⑨_2$层	细砂夹中粗砂	46.00～56.96	－119.07～－132.70
12	第⑩层	粉质黏土	＞13.90	未穿透

场地内第⑦层以上地下水属潜水类型，主要补给来源是大气降水，平均地下水位为＋3.09m。

根据设计要求，第$⑦_2$层是裙房桩尖的最终持力层，第$⑨_2$层是主楼桩尖的最终持力层。

2.技术质量要求

由于金茂工程桩的特殊性，业主在开工之前专门邀请了美国SOM设计事务所、上海市民用建筑设计院、华东建筑设计院、上海市工程建设咨询监理公司、交通部第三航务工程局等单位专家，讨论研究金茂工程桩的技术质量标准，对施工中所用的材料和施工管理质量作了明确规定，参照国内外有关标准提出了施工过程中各个环节要求执行的规范。

(1)材质

由新日本制铁株式会社制SKK490钢板，螺旋卷成外直径为ϕ914.4mm×20mm和ϕ609.6mm×14mm的钢管。化学成分和机械性能见表5.5-20。

化学成分和机械性能　　表 5.5-20

钢类型	化学成分(%)					机械性能	
	C	Si	Mn	P	S	张拉(MPa)	焊接强度(MPa)
SKK490	0.18	0.55	1.5	0.04	0.04	355	355

现场手工焊接采用国产T507电焊条。

(2)沉桩

施工参照我国国标(GBJ 202)执行，但设计提出将规范中的沉桩最终高程由双控改为以设计高程控制。即使贯入度再小，也要将钢管桩打到设计高程。原地面高程约为＋4.20m，设计主楼桩尖高程为－78.50m，裙房桩尖高程为－43.00m。

3.机械仪器设备

超长群桩能否全部顺利沉到设计高程，施工设备是关键之一。为这项工程集中了三航局最大的打桩设备，如桩锤和桩架、大型履带吊和汽车吊。

(1)沉桩设备

打桩的主要设备是桩架和桩锤，金茂大厦桩基工程动用了多种型号的桩架和各种性能的打桩锤，其中主要是用日本产DH508—105M型打桩机、IDP—90型打桩机，日本神钢生产的KB—60柴油锤、德国德马克生产的D—46、D—62柴油锤、D—100柴油锤、荷兰IHC生产的SC—150液压锤、英国BSP生产的HH—30液压锤。

该工程采用的桩架筒体高33m,沉桩最长尺寸25.0m,4台桩架分别挂KB—60、D—46、D—62、D—100柴油锤。SC—150和HH—30液压锤采用吊打法施工。6台打桩机同时施工作业。

(2)起重设备

主要起重设备有1 500kN履带吊、1 360kN汽车吊、910kN履带吊、500kN履带吊、400kN履带吊、400kN轮胎吊、280kN履带吊。

1 500kN履带吊和1 360kN汽车吊先后吊打HH—30液压锤和拔送桩管。910kN履带吊车吊打SC—150液压锤,其他吊机负责接桩、喂桩、驳桩等工作。

(3)测试仪器

超声波探伤仪2台,用于检验电焊焊缝质量。

GCPC型Pile Driving Analyzer打桩分析仪一套。

PC—1500型计算机1台。

WJILD J2经纬仪和WJ ILD水准仪。

4.试桩

根据设计要求,为确定沉桩可行性和沉桩工艺,取得桩的承载力、桩端、桩侧阻力等参数,决定在裙房桩位上进行12根桩的试桩,其中9根桩桩长为80m,桩尖高程为-75.00m,2根桩桩长为56m,桩尖高程为-51.00m,另一根桩桩长为38m,送桩18m,桩尖高程为-51.00m。经PDA高应变动测和静载试验,80m长桩极限承载力分别为15 000kN和16 500kN,沉桩工艺和送桩方案均可行。根据详勘资料,该工程区域土层略有倾斜,为使主桩桩尖进入细砂夹中粗砂的⑨$_2$层3m以上,在试桩的基础上主楼桩长又增加了3.5m,即达到了-78.50m。这样钢管桩进入该层土的深度为3.0～8.4m。

一般建筑物桩基设在第⑥层,高层建筑物设在第⑦层。该工程所在地区土质较硬,第⑦层粉细砂厚约37m,穿透37m,贯入击数$N>50$的粉细砂难度较大,更何况本工程的桩尖要进入细砂夹中粗砂的第⑨$_2$层,即穿过$N>50$的深度达47.5m,试桩资料显示桩尖进入⑦$_2$层,即$N>50$土层贯入度明显减小,不得不换冲击能量更大的锤进行锤击。

5.沉桩

根据试桩情况及测试结果,我们为金茂大厦桩基工程专门设计沉桩工艺、设备选型,送桩工艺等,由于设计合理、可靠,使沉桩工作得以顺利进行。

(1)沉桩工艺

针对该地区土层分布的情况,该工程沉桩工艺作了针对性调整,根据三航局的锤型、锤击能量和土层的力学指标决定每节桩的长度:即用日本神钢的KB—60锤施打第1节25m长桩打至第5层;接23m第2节桩,用荷兰IHC公司的SC—150液压锤打进第⑦$_2$层约10m;再接17m的第3节桩,用德国D—100锤打至第⑧层;最后接插18.5m长的送桩器,用英国BSP公司生产的HH—30液压锤将桩送至-78.50m。这样的工艺安排既考虑了各锤的锤击能量又兼顾到接桩焊接时间较长。施工中让桩尖基本上处于较为软弱的土层,便于接桩后比较容易继续锤击,也满足了6台打桩机同时打桩,大锤数量不足的矛盾。实践证明此工艺设计合理、可行。主楼4台打桩机按不同的分工流水作业,实际沉桩时间一般为8h左右,也解决了沉桩工期紧、作业难度高、现场作业场地窄小、相互干扰比较大的矛盾。详见图5.5-16。

裙房桩为ϕ609.6mm桩尖高程为-43.00m,即进入$N>50$粉细砂层10～20m,送桩深度达14.0m,桩基总数达640根。沉桩工艺也采用主楼桩的流水作业方式,3台桩架流水作业。

(2)送桩工艺

由于地下室底板埋深较大,为节省工程成本,业主要求将桩顶送入地下17.5m和14.0m,这就给施工带来很大的难题。送桩器长度20m,作为专用工具要能够重复使用,如图5.5-17。

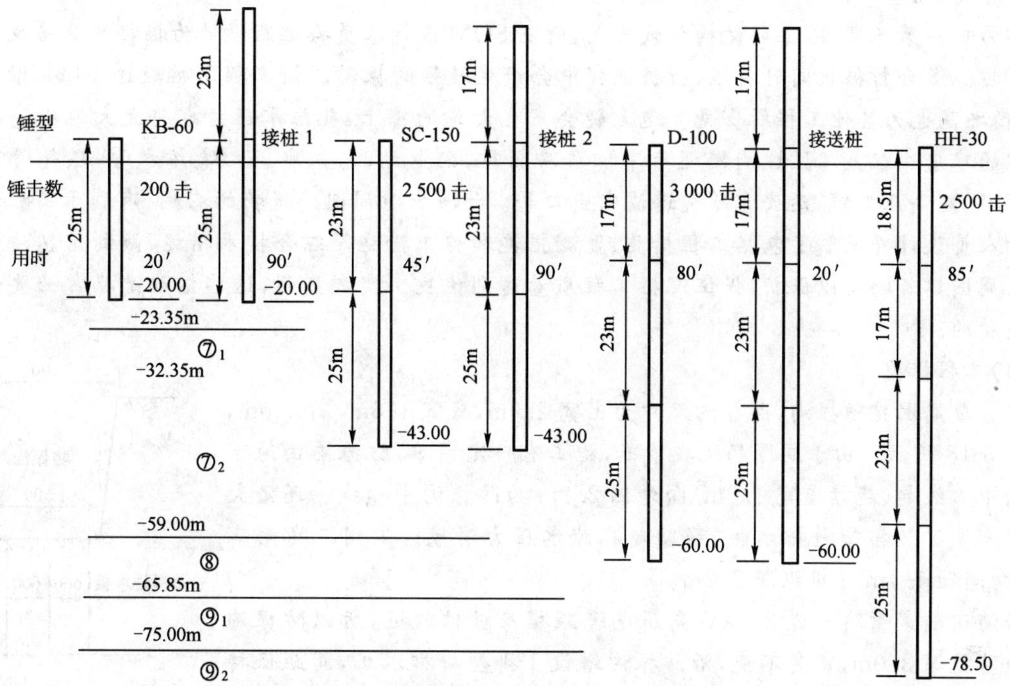

图 5.5-16　单桩沉桩工况图(尺寸单位:cm)

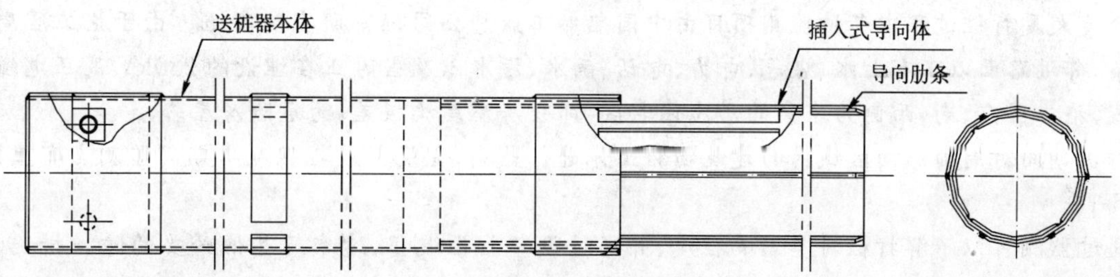

图 5.5-17　送桩器

该送桩器有如下特点:

①ϕ760mm 内径的空腔有利于土塞的上升,达到"排泥"功能,有利于缓解挤土效应。

②有长达 2.4m 的插入式导向部分,导向肋顶部形成的外圆在钢管桩制造误差和送桩器制造误差允许的范围内,与钢管桩的内壁间隙尽量地小,以保证送桩器与钢管桩的同轴度。

③送桩器本体的顶部和底部都加焊了一个钢箍,使送桩器的击打面强度更好。

④送桩器本体壁厚 35mm,且选用了优质钢材。送桩器有很好的强度和刚度,这样可以减少锤击能量的额外损耗。

金茂大厦桩基工程施工难度极大,但由于工艺合理、选用了先进的设备,设计了有针对性的、性能良好的送桩器,经过科学管理,精心施工,开挖验收桩位 100%合格,优良率达 99.5%。锤击指标见表 5.5-21。

沉桩作业统计表　　表 5.5-21

序号	内　容	主楼桩	裙房桩	序号	内　容	主楼桩	裙房桩
1	平均锤击数(击/根)	7 000	3 000	3	最小锤击数(击/根)	4 240	1 330
2	最大锤击数(击/根)	15 392	9 200	4	最后平均贯入度(mm/击)	5	6

6.环境保护

作为世界第三高楼，上部结构荷载很大，所以SOM设计人员将桩距设计为桩径的3倍左右，是典型的群桩。多台打桩机同时打桩，打桩过程中会产生较强的振动。该工程总桩数达1 069根，数量之大、密度之高也为其他工程所少见。这无疑会产生大量的挤土，孔隙水压力也将大大地提高，更增加了沉桩的难度。在施工区域周围还有不少危房简屋，配电站，自来水、雨水、污水管，煤气管、通信电缆，220kV超高压电缆，延安东路隧道浦东出口等。为减少对周围建筑物的影响，有利于工程施工，施工设计人员设计并采取了包括工程措施、监测措施和施工措施等综合技术措施，做到信息法施工，仔细地对周围建筑物加以保护，保证沉桩工程质量达到优良。实践证明，这些措施是非常必要的，也是十分成功的。

(1)工程措施

在大厦周围挖防振沟，防振沟尺寸为上宽2.0m，底宽1.5m，高2.0m，如图5.5-18所示。由于周围场地较紧凑，施工有一定困难，防振沟由地下连续墙中心线起(连续墙宽1.0m)向外侧2.0m为防振沟中心线。还沿大厦周长布置了3排塑料排水板，帮助超孔隙水压力消散。采用三角形布置，横向间距1.1m，3排纵深2.2m。

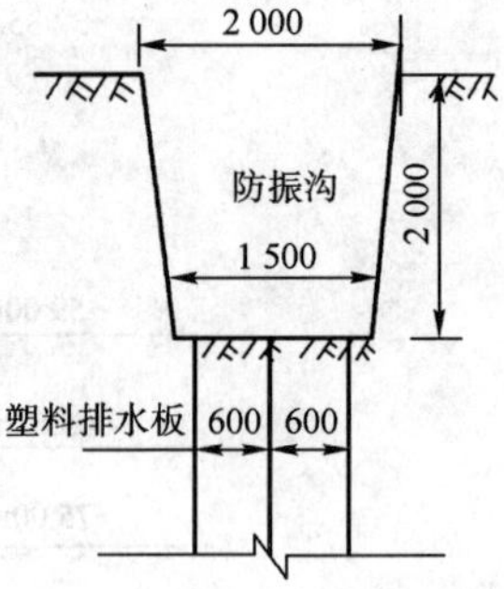

图5.5-18　防振沟剖面图(尺寸单位：mm)

沿浦东陆家嘴路一边220kV高压电缆距裙房桩位较近，所以防振沟沿这条路挖深3.0m，宽度不变，沿防振沟增设1排塑料排水板，间距保持不变。

(2)监测措施

金茂大厦打桩过程中环境监测项目由中国船舶工业总公司勘察研究院实施。由于施工区周围环境复杂，邻近路面以下有上水、煤气、电力、电话、雨水、污水以及当时正在埋设的220kV高压电缆等多种管线，施工区东、南、西侧为密集的居民住宅区，部分房屋结构极差，为危险房屋。

打桩期间对周围影响区域内的建筑物和土体进行监测，金茂大厦打桩施工期间监测点布置图，见图5.5-19。

通过监测可以了解打桩对其影响程度，并通过调整打桩流程、速率及其他必要的防护措施，使打桩影响控制在允许的范围之内，监测包括如下内容。

①地下管线的水平、垂直位移观测，布设在市政管线(水管、煤气管、电缆等)上，计36点。

②房屋、隧道出口、变电站垂直位移观测，计64点。

③房屋、隧道出口、变电站裂缝观测，采用在打桩前和打桩期间对裂缝进行调查、标记编号，以观测其发展。

④地面土体垂直位移观测，布设在打桩区外侧垂直红线方向地面上，5个断面，计19点。

⑤土体水平位移观测，布设在场区西侧，计10点。

⑥地下水位观测，计4孔，每孔深20m，布设在施工区外侧四周。

⑦深层土体水平位移测点布设在场区东侧，设置了3孔，成一断面，孔距10m，每孔竖向测点间距1m。

⑧土压力测试，土压力传感器分别埋设在场区北面220kV电缆、场区以南ϕ600mm管道内侧，计3点。

⑨孔隙水压力测试，布设在场区四周计4孔，每孔测试点埋设深度分别为22m、12m、4m。

⑩地面振动、振幅、加速度测试4点，布设在场外四周边的中点。

各测点的具体位置详见图5.5-19。

每次观测数据于当天整理完毕，绘制草图，并在分析的基础上预测到可能发生的异常情况，及时提交有关方面，并提出相应的对策和建议，避免异常情况的发生。

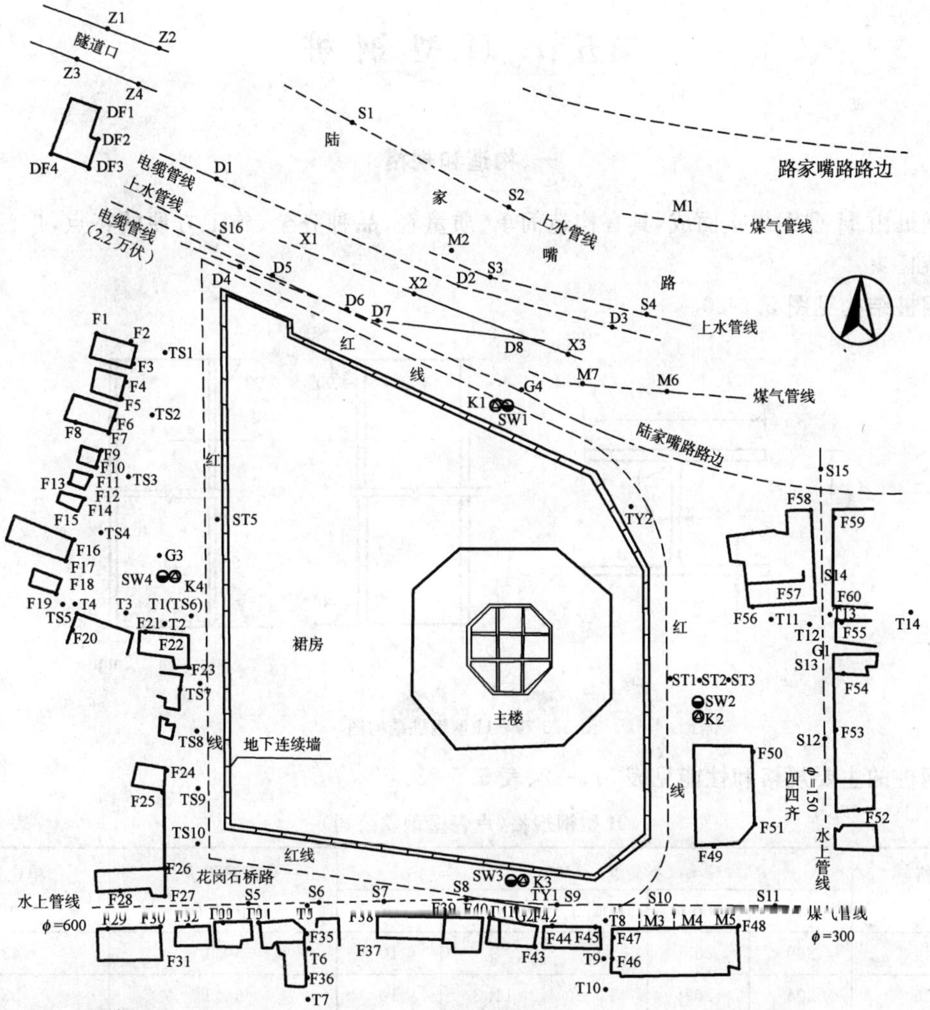

图例：

S-上水管线监测点；　　M-煤气管线监测点；

D-地下电缆监测点；　　G-地表振动加速度监测点；

T-地面竖向位移点；　　K-孔隙水压力监测点；

F-房屋监测点；　　SW-水位观测点；

TS-土体水平位移监测点；　　TY-土体压力监测点；　ST-深层土体监测点

图 5.5-19　金茂大厦打桩施工期间监测点布置图

(3)施工措施

打桩顺序原则上“先大后小”、“先深后浅”、“背离保护对象”进行。根据保护对象的重要程度和易破坏程度，打桩顺序以重点保护的建筑物为起点，向远处推进，即以东北角开始，向西南角推进。控制打桩速率，日平均打桩开始时2～3根，远离保护点后增加为4～5根，甚至6～7根。间隔跳打，邻近主楼桩施工区的裙房桩暂缓施工，待主楼桩打好以后再施工。

采用信息法施工。根据每天观测的数据分析结果，随时调整打桩速率。如管线位移数据基本不变化或有减少趋势，可适当加快打桩进度，多台打桩机同时作业，一旦管线位移量突然增加，则要减缓打桩速率，甚至停止打桩。

金茂大厦在桩基础工程施工中，在当时创造了多项第一：锤击沉桩至−78.50m；穿过$N>50$的砂层深度达47.5m；ϕ914.4mm×20mm桩的单桩承载力为16 500kN；送桩入土深度17.5m；信息法施工保证了周围建筑物的安全和工程质量的创优等。

第五节 H 型钢桩

一、构造和规格

H 型钢桩由 H 型钢拼接而成，具有构造简单、质量轻、品种齐全、施工方便的特点，广泛应用于电厂、楼房基础。

H 型钢桩结构见图 5.5-20。

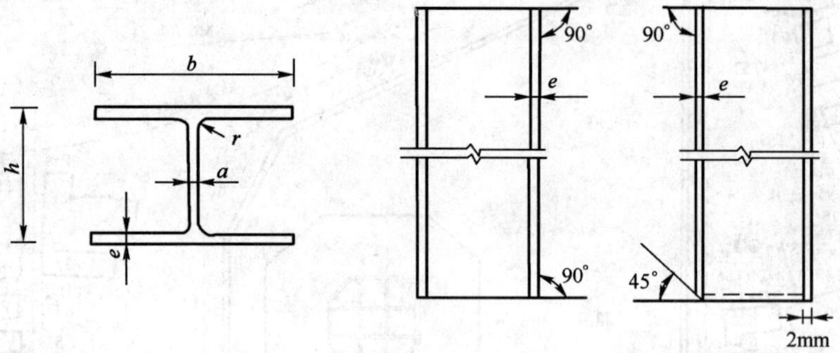

图 5.5-20 H 型钢桩结构图

H 型钢桩的主要规格和性能见表 5.5-22、表 5.5-23。

H 型钢规格（卢森堡钢铁公司） 表 5.5-22

规格 (mm)	尺寸 (mm)					截面积 F (cm^2)	单位质量 G (kg/m)
	h	*b*	*a*	*e*	*r*		
200×200	200	205	9	9	10	54.1	43.16
200×200	204	207	11.3	11.3	10	68.1	53.57
250×250	243	254	9	9	13	67.4	53.57
250×250	246	256	10.5	10.7	13	79.8	62.50
250×250	254	260	14.4	14.4	13	109	84.83
310×310	295	304	9	9	15	81.6	63.99
310×310	299	306	11	11	15	99.7	78.87
310×310	303	308	13.1	13.1	15	119	93.75
310×310	308	310	15.5	15.5	15	141	110.12
310×310	312	312	17.4	17.4	15	159	125.5
360×370	340	367	10	10	15	107	83.34
360×370	346	370	12.8	12.8	15	138	108.64
360×370	351	373	15.5	15.5	15	168	132.45
360×370	356	376	17.9	17.9	15	194	151.79
360×370	361	378	20.4	20.4	15	221	174.12
360×410	344	387	12	12	15	133	104.17
360×410	348	390	14	14	15	156	122.03
360×410	352	392	16	16	15	179	139.89

续上表

规　格 (mm)	尺　寸 (mm)					截面积 F (cm^2)	单位质量 G (kg/m)
	h	b	a	e	r		
360×410	356	394	18	18	15	201	157.75
360×410	360	396	20	20	15	224	175.5
360×410	364	398	22	22	15	247	193.46
360×410	368	400	24	24	15	271	212.81
360×410	372	402	26	26	15	294	230.67

H 型钢规格(英国钢铁公司)　　表 5.5-23

规　格 (mm)	尺　寸 (mm)					截面积 F (cm^2)	单位质量 G (kg/m)
	h	b	a	e	r		
356×406	406.4	403.0	26.5	42.9	15.2	432.7	340
356×406	393.7	399.0	22.6	36.5	15.2	366.0	287
356×406	381.0	395.0	18.5	30.2	15.2	299.8	235
356×368	374.7	374.4	16.8	27.0	15.2	257.9	202
356×368	361.5	378.1	20.4	20.4	15.2	222.2	174
356×368	356.4	375.5	17.9	17.9	15.2	193.6	152
356×368	351.9	373.3	15.6	15.6	15.2	169.0	133
356×368	346.4	370.5	12.9	12.9	15.2	138.4	109
305×305	365.3	321.8	26.9	44.1	15.2	360.4	283
305×305	352.6	317.9	23.0	37.7	15.2	305.6	240
305×305	338.0	325.4	30.5	30.5	15.2	285.0	233
305×305	339.9	314.1	19.2	31.4	15.2	252.3	198
305×305	328.4	320.5	25.7	25.7	15.2	237.0	186
305×305	327.2	310.6	15.7	25.0	15.2	201.2	158
305×305	318.2	315.5	20.6	20.6	15.2	190.0	149
305×305	320.5	308.7	13.8	21.7	15.2	174.6	137
305×305	312.4	312.5	17.7	17.7	15.2	161.3	126
305×305	307.9	310.3	15.4	15.4	15.2	140.4	110
305×305	303.8	308.3	13.4	13.4	15.2	121.0	95
305×305	301.7	307.2	12.3	12.3	15.2	112.0	88
305×305	299.2	306.0	11.1	11.1	15.2	100.4	79
254×254	289.1	264.5	19.2	31.7	12.7	212.4	167
254×254	276.4	261.0	15.6	25.3	12.7	168.9	132
254×254	266.7	258.3	13.0	20.5	12.7	136.6	107
254×254	254.3	259.7	14.3	14.3	12.7	108.1	85
254×254	249.9	257.5	12.1	12.1	12.7	91.0	71
254×254	246.9	256.0	10.6	10.6	12.7	79.7	63
203×203	203.9	207.2	11.3	11.3	10.2	68.4	54
203×203	200.3	205.4	9.5	9.5	10.2	57.0	45

二、吊　　桩

(1)H 型钢桩的起吊和运输前,应检查桩的规格、型号和外形尺寸必须符合验收要求。

(2)一般分节起吊,允许 1 点捆绑吊起。

(3)H 型钢桩长度超过 12~15m(视 H 型钢桩的型号定)时,可以采用 2 点或多点吊。吊点位置应符合设计和规范的规定,若无规定时按表 5.5-5 的规定执行。

(4)H 型钢桩采用捆绑法起吊时,如果吊索与桩的交角小于 60°,应设置吊架,尽可能使吊点垂直受力。

(5)用钢索吊运 H 型钢桩,要有防滑措施。

(6)H 型钢桩分层堆放,应遵守下列规定:

①地面必须平整、坚实;

②垫木必须放在吊点正下方,并在同一平面上;

③各层垫木应位于同一垂直线上,最下层垫木应加强;

④不同规格的桩应分别堆放。

三、沉　　桩

(1)H 型钢桩沉放前必须清理地下障碍物,防止桩尖偏位。

(2)沉桩之前应在桩的侧面画上标尺,以便了解沉桩过程中的贯入量、作打桩记录。

(3)沉桩过程中,用 2 台经纬仪在互成 90°的 2 个方向对桩的垂直度进行观测,1 台水准仪观测桩的贯入量和高程。

(4)用桩机吊钩和辅助吊机同时抬吊起升,两钩配合使桩逐渐竖直(不可用桩机单钩拖吊)。当桩顶喂进桩帽后,辅助吊机松掉下部吊索,桩尖不得着地。调整立柱位置,使桩尖对准样桩逐步入土下桩,桩帽同时跟下使桩顶不脱出桩帽。自然下桩稳定后,调整桩的垂直度,随后压锤下桩。压锤下桩停止后复校垂直度,确定无误后可开锤打桩。但不得将全部质量压在桩上,只有在桩尖入土位置正确、桩身垂直以后,才能逐渐将锤压到桩顶。

(5)打桩时应采用桩与锤相适应的桩帽,桩帽的形状应有利于桩顶固定,具有通用性。桩锤、桩帽和桩身应控制在同一轴线上,桩的倾斜度应符合规范规定。

H 型钢桩桩帽结构见图 5.5-21。

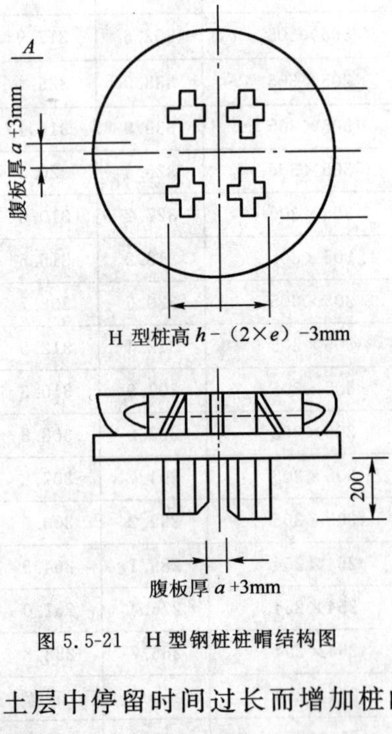

图 5.5-21　H 型钢桩桩帽结构图

(6)开始沉桩时能量要小,观察桩的下沉情况,确认贯入度正常后,再将能量提高到正常值。

(7)每一根桩施工作业,应尽可能连续沉桩到高程。需要接桩时,下节桩桩尖尽可能停在软土层(设计时应按此原则考虑制作长度),接完桩后立即将上节桩打到设计高程,避免因在硬土层中停留时间过长而增加桩的摩阻力。

(8)陆上沉斜桩角度不宜大于 12°,打桩时要根据桩机性能合理安排流程,尽量减少变更桩机倾斜度和平面扭角的作业次数,避免相互干扰。

(9)当桩机在有斜坡的地基上作业时,应沿斜坡方向逐排由上往下打桩,并采取有效的防滑措施,防止桩机滑移。

四、接　　桩

(1)接桩前应检查桩顶是否变形，出现变形情况必须进行修复。

(2)H 型钢桩电焊接桩采用“V”字形坡口，下节桩顶为平口，上节桩下端加工成 45°坡口，钝边 2mm，背面垫板。一般 H 型钢桩接长采用单面或双面复板电焊也可采用钢板焊接或螺栓连接，见图 5.5-22。

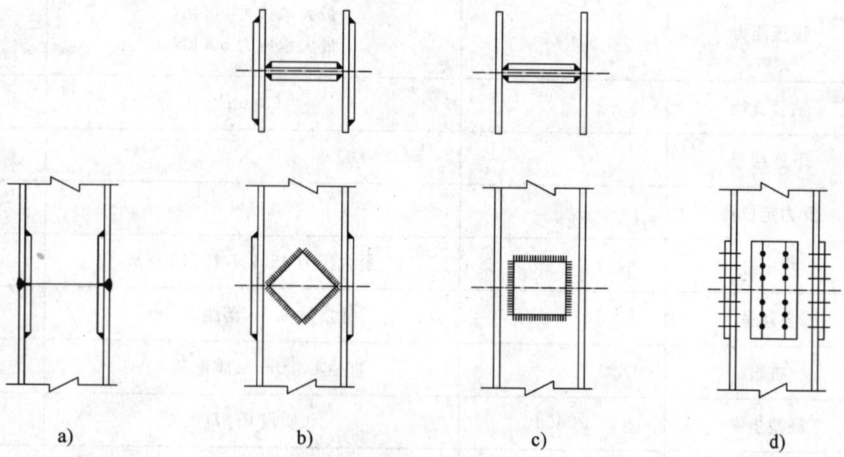

图 5.5-22　H 型钢桩接头形式

a)坡口焊接；b)钢板连接；c)钢板连接；d)螺栓连接

(3)焊接前清除上、下节钢管桩接触端部 50mm 范围内的铁锈、油污、泥土等，焊接坡口用砂轮机磨光。

(4)焊接层次应根据 H 型钢桩的壁厚而定，开始应用较细的电焊条或较小的电流焊接打底，然后改用较粗的电焊条或较大的电流分层焊接。

(5)上、下节桩的轴线和位置对准后，先定位点焊临时固定，然后由 2 人对称分层焊接，每层焊缝的接头要错开，每层焊完后应清除焊渣。

(6)遇大风、大雨天气，要装挡风板，采取防雨、防潮措施；气温低于 0℃时，要在焊接部位 10cm 范围内预热；焊接后应冷却一定时间，再继续施打。

(7)焊接完成后，一般进行超声波探伤，探伤比例一般定为 5%～30%，当不合格的部位较多时，可以增加探伤比例。超声波探伤要求应征得设计、监理工程师同意，明确探伤标准，判断合格的等级、抽验比例等。

第六节　中掘法沉桩

中掘法沉桩是利用中掘机，在管桩下沉过程中，其螺旋钻杆从管桩中心伸到桩尖，钻头旋转借助压缩空气将桩尖处的泥土带出桩孔，使桩尖处形成空间，桩在自重和锤击压力作用下下沉，逐步达到设计高程。中掘法施工具有挤土影响小、无锤击噪声等优点。

中掘法沉桩工法很多，用途各不相同，这里以日本 SANWA 钻机工法为例，介绍中掘法施工的一般操作规程。SANWA 钻机性能见表 5.5-24。

SANWA 钻机性能表 表 5.5-24

序 号	项 目	型 号	性 能	备 注
1	钻机	D-120H 型 P-SE		主机
2	发动机	45kW×4/8P	转速 4P-38.4r/min,8P-19.2r/min 扭力矩 4P-22.8kN·m,8P-46.5kN·m	
3	自重		6.5t	动力部分
4	拔压能力		最大承拔力 500kN 最大承压力 500kN	
5	钻管直径		53mm	
6	下连接器			
7	反力定位器		31kN	
8	液压缸		最大压力 450kN,行程 2.5m	
9	自落锤		锤质量 8.3t,落距 1.0m	
10	桩帽		直径 D800mm,质量 2.85t	
11	桩帽垫圈	PC600	质量 0.27t	
12	桩杆		长度 4.8m,质量 0.56t	
13	螺旋钻杆		直径 D360mm,长度 5.5/3.0m	每节
14	可扩展钻头	H 型 Pb-80A	直径 360/650mm,质量 0.3t	
15	电控箱	EPT-TNO-P3	电压 380～420V,质量 0.29t	
16	操作箱	EOB-BO6-24		

一、沉 桩

(1)将钻机 D-120H 型、P-SE 型安装到打桩机上,组合成中掘机,使其能自由上下移动,接通电源和空压机风管,进行试运转。

(2)螺旋钻杆连接成与桩同长度,水平穿入桩孔内,下节桩穿螺旋钻杆要与钻头连接,钻头不伸出桩孔,螺旋钻杆上端与专用钩连接。

(3)用吊车的大钩吊起管桩,同时用小钩吊起螺旋钻杆专用钩,桩就位后桩和钻头着地,拆除专用钩,螺旋钻杆与中掘机动力钻杆连接,将桩套入桩帽。

(4)调整桩架垂直度,撑出桩机后支撑。

(5)启动空压机和动力箱,压缩空气通过钻杆压入,螺旋钻杆下压,钻头伸出桩尖展开,旋转取土。

(6)在桩孔出土正常情况下,慢慢地绞紧反力钢索,使桩身平稳下沉。

(7)接桩时,应先拆开动力钻杆与螺旋钻杆的连接,吊起上节桩,连接上节螺旋钻杆与下节螺旋钻杆,然后用电焊接桩。动力钻杆与上节螺旋钻杆连接,套入桩帽,进行上节桩施工。

二、锤 击

(1)当采用锤击法提高桩尖承载力时,宜在桩尖距设计高程 1.0m 时停止钻进取土。

(2)提升螺旋钻杆，使钻头收缩进入桩孔。

(3)松开自落锤的保护装置。

(4)提升自落锤，反复进行锤击，当桩身下沉超过钻头高度以后，按规定的贯入度停锤。

三、注　　浆

(1)当采用注浆法提高桩尖承载力时，应在桩尖接近设计高程时停止钻进取土，绞紧反力钢索，对桩顶施加压力。

(2)拆除空压机与钻杆的连接，将注浆管接到钻杆上，启动注浆泵进行注浆，此时钻杆不能旋转。

(3)在注浆的同时，慢慢提升钻头，直到钻头收缩进入桩孔。

(4)为了提高注浆效果，宜进行二次注浆。第1次注浆为常压(80～120MPa)注浆，预埋注浆管，第2次为高压(300～500MPa)劈裂注浆。

第七节　常见事故及处理

一、混凝土方桩

混凝土方桩在制作、运输、堆放、施打过程中，常会因为地质、设备等外界因素而出现桩顶碎裂、断桩、桩沉不到设计高程和溜桩等现象。

1.桩顶碎裂

锤击时局部冲击压应力超过了相应的桩顶混凝土强度或因偏心锤击发生桩顶碎裂。处理方法：当桩已打到设计高程时，用风镐凿除这些碎裂的混凝土，至完整的混凝土面，低于设计桩顶高程的部分用环氧砂浆修补或经设计人员同意，将上部承台、墩台等结构底高程降低，包住桩顶后浇筑混凝土；当桩顶未打到设计高程，需要继续打入时，应将碎裂混凝土凿平，露出的钢筋割除，并低于凿除面1～2cm，用高强环氧砂浆找平，待环氧砂浆强度达到后，用较厚的柔性桩垫，采用重锤轻击。

桩顶碎裂也有可能是设计或制桩施工原因等造成，应对破碎的桩头进行分析，查看设计图纸。桩尖进入持力层或风化岩层过深、锤击贯入度过小、且长时间锤击都有可能造成桩顶碎裂，此时应提高桩尖高程，修改设计参数。桩顶部位箍筋太疏或太密都有可能导致锤击性能变差。钢筋太密会导致混凝土中的石子不易通过，造成局部砂浆过多影响混凝土质量；钢筋太疏则可能造成横向抗拉应力不足。混凝土强度不均匀或不足也是桩顶破碎的原因之一，混凝土浇筑过程中漏振或过振都将导致混凝土质量不均匀。采用蒸汽养护的桩，也可能因为蒸养制度不尽合理或局部棚罩被风吹掉等原因，造成混凝土强度降低，而造成桩顶锤击破碎。桩顶平面与桩轴线不垂直也会造成偏心锤击致使桩顶破碎。空心方桩因气囊偏心或空心与实心刚度突变也会导致破碎。桩顶碎裂还可能是沉桩施工原因造成，应对施工工艺进行检查，如桩、锤和桩帽是否在同一轴线，桩或接桩后弯曲矢高是否超标，选用的锤型、能量是否过大。沉桩时是否碰到地下障碍物或风化岩层，致使沉桩贯入度突然变小、在斜坡上沉桩或在较陡斜坡的风化岩层上沉桩，因桩位走动而产生偏心锤击等都要逐一分析，并采取相应措施。

2.断桩

断桩高程较低(远离上部结构)时，要补桩或由其他桩承受荷载；断桩高程接近上部结构时，可以考虑降低上部结构底高程，或将断桩接高(此时应判断断桩口以下桩的完整性)。

3.桩沉不到设计高程

分析原因，检查设备能量发挥情况，地质资料反映与实际地层是否吻合，特别是 $N_{63.5}$、P_s 和含水率指标，可以采取相对应的措施有：提高锤击能力，换高能量的锤(在桩身强度允许的前提下)，用水冲减少桩侧摩阻力，桩内取土，提高桩垂直精度，经设计同意提高桩尖高程等。

4.溜桩

桩尖穿过地表"硬壳层"后，进入软弱层，常会出现"溜桩"现象。一旦发现桩尖穿过这层土时，应关掉油门、空锤击桩，桩架保持与桩平行，让锤自由跟桩下沉。如果"溜桩"较严重，应预先在桩侧夹围檩木等缓冲材料，防止锤冲出跑道。

二、PHC桩和PC桩

因在预制时，PHC桩和PC桩桩身已施加了预应力，沉桩时锤击端板可能会出现预应力"墩头"松弛，桩身整体强度降低，裙板处"喷粉"，桩身出现纵向裂缝和横向裂缝，桩头碎裂等。

1.防止端板损坏

端板是传递预应力的主要部件，施工前应对桩端板进行检查，不允许预应力筋"墩头"高出端板，端板面应与桩轴线垂直。桩顶必须有桩垫，桩垫材料可以用纸质桩垫，白棕绳桩垫或木质桩垫，桩垫厚度一般为10～20cm。

2.裙板处"喷粉"

出现"喷粉"现象，说明端板下面的混凝土完整性降低，如出现有轻度"喷粉"现象，可降低锤击能量，增加桩垫厚度，延长锤击作用在桩顶的时间。

3.裂缝

出现纵向裂缝大部分是因为沉桩前桩身上没有开足够的排气孔或桩帽、桩垫、送桩器上没有开孔而产生水锤或气锤现象，此时应补开孔排气(水)。也可能是因为锤击压应力超过桩身混凝土承受能力，应降低锤击能量或提高混凝土强度。出现横向裂缝是因为锤击产生的拉应力超过桩身混凝土承受能力，一般在穿过黏土层或淤泥质黏土层出现。处理方法：应降低锤击能量；检查制桩工艺中预应力损失是否因操作不当而过大；增加桩身高强钢筋配筋，提高预应力值等。

4.桩头碎裂

桩头碎裂可能是由于偏心锤击，或有旧桩垫没有清除干净，端板与桩身不垂直等因素造成。桩头碎裂会影响继续沉桩和与上部结构的连接。一般用环氧树脂细石混凝土修补，凿去碎裂的混凝土，割除钢筋，使钢筋顶低于混凝土面，管桩内壁清洗干净，按放钢筋笼采用吊底模方法浇筑环氧树脂细石混凝土，配方见表5.5-25，环氧树脂细石混凝土浇筑高度应大于2m，并根据管桩的损坏程度而定，中间需留出ϕ50mm以上透气孔。

5.表面缺陷修补

当管节外观质量不能满足有关规定时，应对管节进行修补。

进行管节表面粘皮修补时，应将表面清理干净，用高强度水泥砂浆修补平整，或用环氧树脂净浆涂刷1～2度，或用环氧树脂胶泥，用泥刀修补平整。

如有表面蜂窝、合缝处漏浆及接头裙板与桩身结合面漏浆的情况，应将表面松动的石子清理干净，用环氧树脂砂浆或高强度水泥砂浆修密实、平整。

如内表面混凝土坍落和接头及裙板与桩身结合面空洞和蜂窝，应将表面松动的石子清理干净，再用环氧树脂细石混凝土修补密实、平整。

当桩身混凝土表面干缩裂纹宽大于或等于0.2mm时，应与有关单位研究后按下列方法修补。

(1)用环氧树脂净浆涂刷1～2度。

(2)用环氧树脂加玻璃丝布包覆(2度树脂一层玻璃布)。

修补用料配方见表5.5-25。

环氧树脂化合物配方表　　表 5.5-25

配方种类	原材料名称及质量比	
环氧树脂胶泥	主剂：　E-44(♯6101)环氧树脂	100
	固化剂：乙二胺	8～12
	增塑剂：邻苯二甲酸二丁酯	5～10
	填料：　普通 42.5 水泥	200
环氧树脂砂浆	主剂：　E44(♯6101)环氧树脂	100
	固化剂：乙二胺	8～12
	增塑剂：邻苯二甲酸二丁酯	5～10
	填料：　普通 42.5 水泥	100～200
	砂：　粒径小于 2.5mm	200
	粒径小于 0.6mm	100
环氧树脂细石混凝土	主剂：　E-44(♯6101)环氧树脂	100
	固化剂：乙二胺	8～12
	增塑剂：邻苯二甲酸二丁酯	5～10
	填料：　普通 42.5 水泥	100～200
	砂：　粒径小于 2.5mm	100
	粒径小于 0.6mm	50
	石子：　粒径 5～20mm	200
环氧树脂净浆	主剂：E-44(♯6101)环氧树脂	100
	固化剂：乙二胺	8
	增塑剂：邻苯二甲酸二丁酯	10
	稀释剂：二甲苯	20～40
	环氧氯丙烷	20

注：该表摘自交通部第三航务工程局企业标准《先张法预应力离心高强度混凝土管桩》。

三、钢　管　桩

采用钢管桩作基础一般埋深较深，锤击能量较大，容易造成桩顶卷边、钢管桩失稳，遇到这种情况可以用砂轮机打磨卷边部位，卷边严重时要用气割割除，再打磨平；钢管桩失稳部分必须截桩，截桩高程应在失稳最低点以下 15cm，当钢管桩常出现失稳现象应在钢管桩外焊接加强环，加强环壁厚与本体相同，其高度视钢管桩截面强度和锤击应力大小而定，当加强环高度超过 80cm 时，应在中间采取塞焊焊接。

四、H 型 钢 桩

H 型钢桩与钢管桩相比，桩身刚度较差，沉桩时容易造成桩身失稳，桩尖偏位，接桩焊缝断裂等。

1. 桩身失稳

H 型钢桩应选用能量相对较小的锤型，当锤击能量过大或桩的贯入量太小时，桩身容易失稳。桩身失稳时应割除失稳部分，重新接桩、打桩，如果桩身失稳部分在泥面以下较深位置，无法开挖割除，应考虑补桩措施。

2. 桩尖偏位

H 型钢桩相对整体刚度较小，锤击沉桩时往往桩尖偏离设计轴线，这时应减小锤击能量，使贯入度减少到 10～20mm/击，缓慢沉桩。如果普遍存在桩尖偏位，应改变施工方法，先用振动锤振动沉桩，当桩入土一定深度后再改用锤击沉桩，锤击能量应由小逐渐加大。

3. 接桩焊缝断裂

H 型钢桩一边开坡口进行电焊对接，焊缝在锤击作用下受力不均匀，会出现断裂现象，为了加强接口处强度，两侧应覆以钢板焊接，主要由钢板和竖焊缝承受锤击力。

第六章 压 桩

第一节 概 述

压桩是以静压力将预制的桩压入土中的一种沉桩施工方法，它无振动、低噪声、施工简便、公害轻微，适合于在城市人口密集地区、医院附近及精密仪器工厂等地区应用。随着城市环保要求的提高以及压桩机械的发展，在软土地基上，压桩施工已经得到了广泛的应用，公称能力 12 000kN 的液压压桩机也已面世，工程领域涉及水上和陆上诸多建筑物，取得了良好的效果。

一、压桩工艺类别

压桩工艺一般分为如下几种。

1. 吊载压桩

吊载压桩一般适宜在已有建筑物的改造加桩工程中应用。由于场地的限制或者桩少、桩型小，压桩力不太大，在无导向或简易导向的情况下，在桩顶吊放重物的办法提供压桩力，将桩压入土中。压桩力一般在 1 000kN 之内。

2. 绞车压桩

绞车压桩是第一代压桩机普遍采用的方式，它由压桩架、卷扬机、滑轮组、压梁、配重等组成，压桩力一般通过压梁施加于桩顶，反力由桩架自重和配重承担，滑轮组的多少决定于卷扬机的功率和所需压桩力的大小。绞车压桩的压桩力一般不大于 5 000kN。

3. 液压压桩

目前使用最多的是液压式压桩机，这种压桩机也是以桩架自重和配重为反力，但压桩力是通过液压传动进行的，在自动化程度高的液压压桩机上，其行走、转向、升降、夹桩、压桩、移位等工作全部由液压传动来完成，非常方便。这种桩机分为顶压和抱压两种形式，顶压的压桩力设置于桩顶，抱压是采用液压夹具抱夹于桩身某一处所，通过循环往复的过程以及油缸的往复运动，将桩不断压入土中，这样既可以减少桩架的高度，又能够有效地缩小桩身压杆长度，对施压稳定十分有利。

4. 锚杆压桩

锚杆压桩常用于建筑物纠偏、加固或改造工程中，将锚杆植入建筑物的基础混凝土内，如地基梁、浮筏式基础等，以建筑物的自重为反力，利用千斤顶将短桩一节一节地压入地基中，最后将桩顶与建筑基础连成一体。

5. 其他类别

水上压桩采用打桩船改装来实施，船体和全部压载作为反力，打桩架作为压桩架，利用打桩船的锚缆系统为桩定位，利用打桩系统的卷扬机、滑轮组等实施绞车压桩工艺。

二、压桩工艺特点及其在工程中的意义

1. 节省原材料，降低成本

压桩避免了锤击压应力（一般可达 20～30MPa 左右）和锤击拉应力（一般可达 5～10MPa 左右），桩身混凝土强度及其配筋只要满足施工期吊桩应力和使用期受力要求就行。这样，桩的断面可以减小，节省混凝土 20％，钢筋 40％，还节约了大量的桩垫木等缓冲材料，可降低造价 25％左右，而且桩身

和桩顶破损较小。

2.减少环境污染

压桩时无噪声、无振动的污染,对环保要求较高的施工环境、在地下管道密布的地区、一些已有结构近旁,采用压桩施工往往比锤击沉桩更为有利。

3.减轻滑坡危害

在水边、岸坡上压桩,可减少振动的影响,减轻滑坡危害。

第二节　压桩阻力和压桩阻力的估计

一、桩的承载力与压桩阻力

(1)桩的承载力必须满足设计要求。采用压桩工艺将桩压入土中时,必须克服包括启动惯性力在内的土阻力以及其他阻力。压桩阻力可表达为:

$$P=U\sum h_i f_i+q_i A_p \tag{5.6-1}$$

式中:P——压桩阻力(kN);

U——桩周长(m);

h_i——i 层土层高度(m);

f_i——i 层土层侧摩阻力(kPa);

q_i——层土层桩端阻力(kPa);

A_p——桩端截面积(m^2)。

其中,第一项为侧阻力,第二项为尖端阻力。这一表达式的形式与桩的承载力的表达形式是相同的,所不同的是压桩过程中由于强烈的挤土作用,桩周一定范围的土体发生激烈的变化:强度一度降低,超孔隙水压力突增,有效应力大幅度降低,因此侧阻力减小得非常显著,压桩阻力主要来自于尖端阻力。沉桩以后,经过数个月的间歇,桩侧超孔隙水压力逐渐消散,有效应力恢复,土的强度恢复、提高,加之土体被压密,侧阻力遂大幅度提高。因此,桩的承载力要比压桩时的压桩阻力大很多。

(2)从实践来看,非支承桩的压桩力和桩的极限承载力确实存在相当大的差别,表 5.6-1 是上海地区软土地基摩擦桩上测得的压桩力和极限承载力的比较。

3 根摩擦桩上测得的压桩力和极限承载力的比较　　表 5.6-1

编　号	桩型(cm)	压桩力(kN)	间歇时间(d)	极限承载力(kN)	压桩力/极限承载力
1	45×60×3 700	600	20	2 920	0.205
2	40×40×2 600	475	20	1 450	0.305
3	40×40×2 600	563	89	1 600	0.352

由表 5.6-1 可见,压桩力远比极限承载力小,压桩力仅相当于极限承载力的 20%～30%。压桩阻力随桩型、土层分布、土质等因素而变化。根据有关的试验资料分析,初步有如下关系:①压桩时各土层桩尖阻力值与承载力试验结果基本相近,前者较后者仅小 10%左右。②压桩时各土层桩侧阻力值均小于承载力试验结果,其比值根据土质不同而变化。大体上,灵敏度系数为 5 左右的淤泥质黏土或粉质黏土约为 1∶(5～5.8);较坚实的黏土或粉质黏土约为 1∶(2.5～3.3);粉砂或黏质粉土约为 1∶2。

二、压桩阻力的估计

1.压桩阻力的估计方法

压桩阻力的估计是压桩的核心问题,估计过于保守会导致选择的压桩机台班费用超支,加上过于笨重，对施工场地处理要求高，造成浪费，甚至造成不敢采用压桩工艺。如果估计过小，压桩能力达不到设计要求，将会造成桩沉不到设计高程。压桩阻力的估计可以有以下几种方法：经验法，试验法，计算法等。

(1)经验法是根据工程地区土质情况的比对，从实践中积累的压桩工程经验来估计压桩阻力的方法。这种方法有时是最可靠、最直接的方法，不过，应充分考虑到工程地质的离散性，要有必要的准备，当压桩阻力估计不足时，要有增加压桩力的工程措施。

(2)试验法是根据静力触探、小桩压桩试验等资料来估计压桩阻力的方法。这种方法工程上也常用，在压桩阻力较大的地区和地层中存在坚硬夹层的地方，通过试验寻找规律是一种好的方法。

(3)计算法是通过常规土质指标估计压桩阻力的方法，有时作为一种粗略的估算方法或作为一种验证，在选择压桩工艺、压桩设备时用得最多。如在上海地区就可采用表 5.6-2 的压桩阻力值进行计算。

上海地区各土层压桩阻力值一览表 表 5.6-2

土层		土壤名称	土质指标									压桩阻力(kPa/m²)	
层次	层厚(泥面下深度)(m)		密度(t/m³)	含水率(%)	孔隙比 e	稠度	黏结力(t/m²)	内摩擦角(°)	灵敏系数	标准贯入击数(次)	分层厚度(m)	侧	桩尖
1	5.8 (1.2～7.0)	粉砂		24～27							0～2.8 2.8～4.8 4.0～5.8	14.3 14.3 14.3	2 770 4 340 3 430
2	2.0 (7.0～9.0)	黏质砂土	1.85	25.8	0.82	0.91						14.3	3 000
3	3.0 (9.0～12.0)	淤泥质粉质黏土	1.75～1.80	39.2～43.0	1.15～1.22	$B>1$	0.5～0.8	15.0～18.7	5.92	0～3		3.2	870
4	11.0 (12.0～23.0)	淤泥质黏土	1.72	48.3～49.1	1.28	$B>1$	1.1～1.4	8.5～9.5	4.56	0～3		2.74	1 170
5	4.7 (18.6～23.3)	淤泥质粉质黏土	1.77～1.80	38.0～40.0	1.10～1.17	$B>1$	1.5	8.9～9.4	5.12	<5		3.2	1 170
6	5.0 (23.0～28.0)	粉质黏土(有夹砂层)	1.80	33.3～33.6	1.03	0.90～0.98	0.4～0.6	22.7～23.3		6～17	0～1.5 1.5～3.5 (夹砂) 3.5～5.0	20.0 28.0 20.0	1 500 3 150 1 500
7	3.5 (28.0～31.5)	暗灰绿色粉质黏土(俗称硬土层)	1.98～1.99	23.3～24.0	0.64～0.70	0.45～0.47	1.9～2.9	15.8～19.6		10～20	0～1.5 1.5～3.5	44.6	>2 400

2. 压桩力的量测

由于压桩阻力是压桩的核心问题，在绞车压桩机和液压压桩机上都配备了压桩力的量测装置，它可以反映压桩机的实时工作状态、实时压桩阻力、桩尖所处土层的软硬情况；从而可以识别土层变化状况、判别桩的极限承载力；从而可以进一步论证土层地质情况和开工前的试桩成果，为进一步确定桩尖高程提供可靠依据。特别对以压桩阻力的大小来判别桩尖高程的工程，压桩力的量测装置尤为显得必要。量测装置又可以不断积累地区性的土层地质情况和压桩资料，为进一步推广应用压桩施工服务。压桩力量测装置种类有油压测力、压电测力、各种传感器测力等。

3.关于压桩阻力,根据试验总结出的规律

(1)桩的材质、桩的断面形状对压桩侧摩阻力值影响不大。

(2)压桩侧阻力值受压桩中断的影响较大,一般认为,在停歇2～3h后,压桩侧阻力值会比原来增加20%～40%左右。

(3)对于压桩端阻力值来说,桩的断面形状、特别是桩端锥度的影响是有的:在土质较差时,平底桩与锥型桩并无多大差别,但是在土质较硬时,差别就不小,所以当桩端要穿过较硬的夹层时,宜采用刚度大而断面形状有利的锥型桩,以达到减小压桩阻力的目的。

4.终压条件的确定

(1)压桩以控制桩的设计高程为主,以估计的压桩阻力为辅的终压条件。

(2)以控制桩的设计高程和压桩阻力双控的终压条件。当压桩达到了设计的终压压桩阻力,但桩端尚未达到设计要求的高程,应做试压桩,应在压桩阻力峰值下复压3～5次,每次持续5min,若桩的总沉降量小于25mm,最后一次持荷沉降量小于0.1mm。可确认设计的终压压桩力,否则要调整设计的终压压桩力,直至达到标准为止。

5.压桩的适用条件

压桩以施工简便迅速、桩身质量良好、节省材料、承载力容易预估、可对比土层地质资料等优点得到广泛的应用。但是它也有一定的适用条件。

(1)比较适宜于在较均质的软黏土地基上施工,并且要特别注意与压桩设备、压桩能力的匹配。在含有较厚夹砂层或其他较坚硬土层时,应慎重考虑,必要时要通过试验。

(2)比较适宜于进行直桩的沉桩施工。对于较小斜度的斜桩,采取一定的措施平衡水平反力后也是有可能压入的。

(3)在有相邻建筑物的地方压桩要检查其边桩和角桩是否满足压桩机工作平面和空间的要求。

(4)空心管桩特别是薄壁空心管桩(PTC)采用液压式抱压桩时,应根据压入深度、土层等进行分析,慎重选用抱压方式。

第三节　压 桩 施 工

一、压桩施工机械设备和劳动力配置

以一个工地一台桩机(外供桩)为一组合体的最少配置量为例。

1.机械设备配置(见表5.6-3)

压桩主要施工机械设备配置一览表　　表5.6-3

序　号	设备名称	型　号	数　量	用电功率(kW)
1	静压桩机	ZYJ、YZY或JND	1台	40～200
2	履带式起重机	15～25t	1台	柴油发动机
3	电焊机	直流	2台	22～25
4	全站仪		1台	
5	经纬仪	J2	2台	
6	水准仪	DS3	1台	
7	送桩杆		不少于2根	
8	集装箱(办公休息用)		不少于2只	

2.主要施工人员配备(见表5.6-4)

主要施工人员配备　　表5.6-4

序号	人员名称	必配岗位	最少配员
1	施工管理人员	项目经理、质量员、安全员	3人
	持证上岗特殊工种	电工 机使工 电焊工 起重工	2人 2人 2人 2人
2	打桩配合工	(不少于)	4人
3	辅助工	普工(填桩孔、修路、环卫等) 后勤、保安	3人 1～2人
4	测量工	(不少于)	3人
合计			不少于22人

二、压桩施工工艺

1.施工步骤

施工准备→进场→沉桩→验收→退场

2.施工工艺流程(以液压桩机抱压三节桩为例)

测量放线、放样桩→桩机就位→复查桩位、桩架垂直度→下节桩吊入就位→检查桩垂直度、办理中间确认→抱压下节桩至泥面以上0.80～1.00m→中节桩吊入就位→检查桩垂直度、同轴度、办理中间确认→焊接接桩、办理隐蔽工程验收→夹抱具压中节桩至泥面以上0.80～1.00m→上节桩吊入就位→检查桩垂直度、同轴度、办理中间确认→焊接接桩、办理隐蔽工程验收→抱压上节桩至泥面以上0.80～1.00m→办理中间验收→吊套送桩杆→检查垂直度、同轴度、办理中间确认→抱压送桩→控制桩顶高程停压、办理中间确认→吊拔送桩杆→移桩机→回填桩孔

工程挖泥后对桩基进行实测验收,出竣工资料。

3.其他

静力压桩的焊接工艺、焊接质量要求和桩的制作、运输、堆放和锤击沉桩的质量、安全要求是相似的。压桩时一定要确保压梁、桩帽、送桩和桩身在同一轴线上。

三、压桩施工注意事项和常见事故及处理

1.压桩施工注意事项

(1)施工前应详尽了解压桩区土质情况,核算压桩阻力和桩机能力,对有可能发生的能力不足等情况应作好预案。对预想好的接桩与其他中途暂停环节,作好技术和时间方面的充分准备,在编制施工组织设计中要详尽,多考虑不利因素。

(2)施工前应根据土质情况先行试压桩,验证土质情况和地质资料的符合性,掌握接桩时间的长短对压下一节桩的影响、送桩状况、达到压桩预估压桩阻力的送桩深度,所选压桩力保证桩压到设计高程的难易程度,达到设计高程的终压条件。

(3)施压过程中,应密切注意设备的运行状况,及时调整机具设备,确保其垂直、稳定、同步、协调运转。必须防止压桩力偏心、导向设施卡住、反力平衡架抬起等危险情况的发生。

(4)施压过程中,应随时跟踪观察压桩力的量测数据,密切注意压桩力的变化,一旦发生异常情况,应立即分析、解决。对于压桩力量测仪器,平时要加强维修、保养,定时送检、标定,减少仪器误差。

(5)压桩过程中,如果桩尖碰到夹砂层,压桩阻力可能一下子骤增,有时甚至超过压桩能力使压桩机上抬,这时一条有益的经验是:可以采取一直以最大压桩力作用于桩上并稍微停止一下行程,即俗称“屏一屏”的方法,使桩有可能逐步缓慢下沉穿过砂层。但是,当压桩阻力远超过压桩能力、致使压

桩架严重倾斜时，应立即停止作业，防止发生安全事故及断桩事故。

(6)在需要中途间断和需要接桩的过程中，要求间断或接桩工艺占据的时间应尽量短，以减少土体的恢复时间，减小压桩阻力。另外，桩接头应平顺光滑、端面接触良好，两桩轴线应保持一直线，切忌桩轴线歪斜或呈“折线”状态时压桩。

(7)压桩应一次性直接压至设计高程，以保证质量。尽量减少中间停歇时间，应避免在砂土层中接桩和接近设计深度时接桩，当桩下沉到设计高程时，如果过早停压，再采取补压时，反而不易保证压桩质量。

(8)施工场地应铺垫建筑垃圾或碎石，要整平碾压实，要做好坡降和排水，要保证场地不积水，严防地基土软化。要密切注意压桩机行走道路及其基础的安全与稳定，以防桩机倾覆事故发生。若设计桩顶高程接近地面时，要设计好压桩施工顺序和压桩机行走线路，严防压桩机在移机过程中将已沉好桩的桩顶挤压偏位。

(9)在压桩过程中，因地基原因或遇障碍物，导致桩位偏移或倾斜时，不得强行纠偏，应马上汇同有关方面研究处理。

(10)对于整个压桩过程应及时跟踪记录，对发生的各种情况应及时、详尽地记录下来。

2.常见问题及处理

(1)软弱土层的地面上有薄薄的硬壳层或回填的建筑垃圾，为避免桩在压杆段较长的情况下在施压很大的压桩力时发生断桩的可能，可以先采用钢管冲孔法。具体做法是：取一根适当长度的钢管，其外径要略小于桩径，将其压穿硬壳层后再拔起，然后压桩。

(2)地层中间遇上较硬的薄夹砂层或者压桩时由于中途中断、间歇时间稍长时，压桩阻力骤增，会超过压桩能力后使压桩机上抬；这时可以首先尝试“屏一屏”的方法；如果不行，也可以考虑加大平衡重或水冲法。

(3)由于施工场地狭窄，压桩机对不上桩位或进不了场。可以因地制宜地采用“吊载压桩”、“锚杆压桩”、“利用已有构筑物作反力平衡”等方法压桩。

(4)在软弱土层中压桩，如碰到“溜桩”的情况，在通过试压桩后，要明确非常软弱的、流塑状的淤泥质黏土的层面高程，当接近该层层面时，要缓慢施压到停止施压，让桩靠自重下沉，在桩靠自重下沉到停止下沉后，再缓慢施压到恢复正常加压。

(5)压桩过程中的“接桩”是较易发生问题的环节之一，一定要避免接桩歪斜、不对中；接桩不直、呈“折线”；接桩间歇过长、压桩阻力加大等情况。因此，压第一节(下节桩)时，要以零误差来控制桩身垂直度，接桩和送桩时，一定要确保压梁、桩帽、送桩和桩身在同一轴线上，如果发生偏差，应采取有效措施（如垫铁片、垫硫磺砂浆等）进行弥补。

(6)桩身断裂。当桩尖处土质条件没有特殊变化，桩在压入过程中，桩身突然倾斜错位，而贯入度突然增大，施压油缸的油压显示突然下降并引起机身抖动，这时可能是桩身发生了断裂。

①分析原因：a.桩制作时，桩身弯曲超过规定，沉入过程中桩身发生倾斜或弯曲；b.桩入土后，遇到大块坚硬的障碍物，把桩尖挤向一侧；c.桩身不垂直，沉入地下一定深度后，不正当用走架方法校正桩位，使桩身产生曲折；d.相接的上、下两节桩不在同一轴线上，产生了弯曲；e.制桩混凝土强度不够或桩在堆放、吊运过程中产生裂缝或断裂未被发现。

②预防措施：a.施工前应将桩位下的障碍物清理干净；b.对桩要认真进行检查，桩身弯曲超过规范要求($L/1\,000$且$\leqslant$20mm)或桩尖不在轴线上的不能使用；c.桩压入一定深度发生倾斜时，不宜采用移架方法来校正；d.接桩时要保证上下两节桩在同一轴线上；e.发现接头处不符合规定、桩身开裂并超过验收规定的禁止使用。

(7)桩顶位移。

①分析原因：a.桩入土后，遇到大块坚硬障碍物，把桩尖挤向一侧；b.上下两节桩焊接施工时，不在同一轴线上，产生了曲折；c.桩数较多，土饱和密实，桩间距较小，相临的桩被挤上浮；d.在软土地基施工较密集的群桩时，沉桩引起的超孔隙水压力把相邻的桩向一侧推移或使之上浮；e.沉桩速率过快

超孔隙水压力来不及消散。

②预防措施：a. 施工前应对桩位下的障碍物清理干净，必要时对每个桩位用铁钎探查明；b. 桩身弯曲超过规定或桩尖不在桩纵轴线上的桩不能使用；c. 在压桩过程中，如发现桩不垂直应及时纠正，接桩时要保证上下两节桩在同一轴线上，接头处应平实；d. 放慢压桩速率或采用应力释放孔、砂井、塑料排水板或盲沟等孔隙水压力释放措施；e. 沉桩期间不得开挖基坑，需待沉桩完毕后相隔适当时间方可开挖。相隔时间应视地质具体情况、基坑开挖深度、面积、桩的密集程度及超孔隙水压力消散情况来确定，一般为两周左右。

第四节　工程施工实例

［实例 1］　上海世茂滨江花园五期车库桩基工程

1. 概述

(1) 工程概况

①世茂滨江花园位于上海浦东新区浦城路以西、潍坊西路以北的区域内，五期地下车库埋深 9 m，地下两层，总建筑面积为 13 487m^2，(其中地下一层建筑面积为 6 564m^2，地下二层建筑面积为 6 923m^2)。

②桩基采用静压桩施工方法，桩截面尺寸为 350mm×350mm，桩长为 28m(两节)的预制方桩，(桩型选用 JAZHb-235-1414B)。单桩极限抗拔承载力为 1 150kN。总桩数为 648 根，其中试桩数为 12 根，试桩的休止恢复期为 28d。

③桩基持力层为第⑦$_1$ 层粉质黏土层。桩顶绝对高程(吴淞零点)为－4.700m 。现有场地面高程约为＋4.00m 左右，送桩深度平均为 8.63m。

(2) 场地地质情况

本工程地质属滨海平原地貌类型，场地地质年代为全新世 Q4 和上更新世 Q3。场地各土层地基土性描述如下：

第①层	填土	第③层	灰色淤泥质粉质黏土
第③夹层	灰色黏质粉土	第④层	灰色淤泥质黏土
第⑤层	灰色黏土	第⑥层	暗绿色粉质黏土
第⑦$_1$ 层	草黄色砂质粉土	第⑦$_2$ 层	草黄色粉砂

2. 施工准备

(1) 场地准备：施工现场为一片空地，场区内基本无特殊地质和地下障碍物，为满足压桩施工，场地需进行建筑垃圾的回填、平整、压实，并做好坡降和排水。

(2) 施工道路：为满足运桩车辆进出场地，在小区的西侧留设 2 个出入道口。在西侧红线范围内用建筑垃圾铺设南北向的临时施工道路，路幅为 4.5m，路基厚 35cm，现场内用建筑垃圾铺设临时施工便道，路边设有排水沟。施工期间派专人对施工临时道路进行维修，保证畅通。

(3) 施工临时设施

①场内设置 2 只集装箱作为一线办公室和工程施工人员临时休息场所。

②施工排水：根据现场条件，在场地内设置足够的排水明沟。明沟泛水坡度为 0.3%。积水排入集水井经沉淀后，用水泵抽至场外市政下水管道。

③施工用电：从建设单位提供的电源引接并设置临时电缆和配电箱。

④施工照明：为配合夜间施工及现场安保，在场地南北两侧安装 2 只 6m 高的镝灯灯架。

⑤施工用水：从业主提供的水源接入点敷设临时水管并设置水表，满足现场零星用水。

(4) 施工技术准备：工程开工前，根据设计文本、施工图、施工技术规范、质量验收标准、设计交底会议纪要等技术文件，编制施工组织设计；定购预制商品桩；接收工程测量基准坐标点、水准点；组织安全、质量、施工组织、施工技术交底。

(5)测量定位

①进场后对接收的测量基准点及高程控制点进行复核，根据施工桩位布置图，结合施工现场的实际情况设置合理的施工测量控制网(控制网控制点设置在离沉桩区 30m 以外的区域)，在场内引设 2 个施工水准点，并执行三级验收制度。

②采用极坐标法设放样桩，桩位坐标数据执行二算二复制度，样桩放测后，再提请现场监理工程师验收。在施工期间对测量控制网及水准点定期复核和修正(一般 5d 左右一次)，以消除压桩引起的挤土影响。施工过程中对甲方提供的测量控制点做好保护工作，直至桩基施工结束并移交至下道工序。

③测量精度的控制及误差范围。测角：采用二测回，测角中误差不大于 5″。测距：采用往返测量，取平均值。量距：采用测距仪和鉴定过的钢尺。各控制点边长误差应达到 1/10 000 精度。各控制点相关角度差应不大于 5″。样桩平面偏差控制在±10mm 以内。

3. 施工顺序及施工流程安排

(1)施工顺序安排：场地平整→水、电接驳→测量定位/设备进场安装调试→防挤沟开挖→方桩进场、验收→试桩施工→工程桩静压施工/(试桩测试)→竣工、设备退场→开挖、桩基检测及竣工验收。

(2)本工程总的压桩施工流程的原则为：先压试桩，然后从东端开始向西侧压桩。“沉桩施工工序流程图”见图 5.6-1。

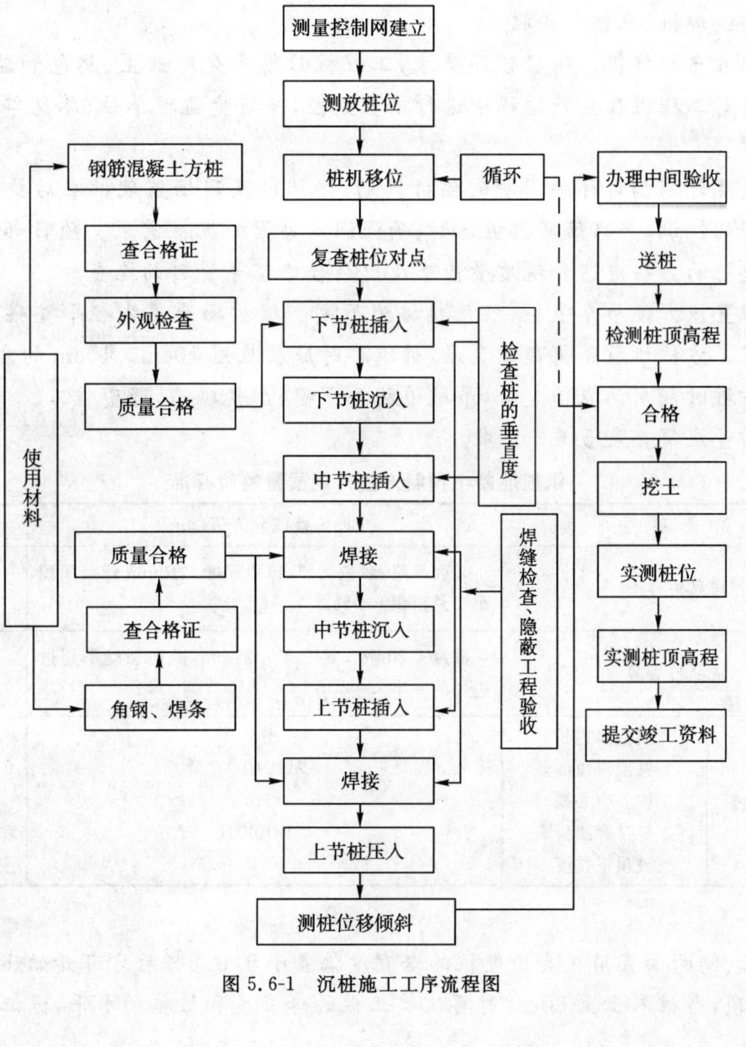

图 5.6-1　沉桩施工工序流程图

4.沉桩可行性分析及设备选择

本工程地基土第⑤层灰色粉质黏土以上，均为高压缩性的饱和流塑土层，沉桩阻力相对较小，当桩进入第⑤层直至到达桩尖设计高程，沉桩阻力不会很大。根据上海地区类似地层施工经验结合场地地基土的物理力学性质，采用JND-500型全液压静力压桩机施工，能满足设计要求。该设备主要技术参数见表5.6-5。

JND-500型全液压静力压桩机主要技术参数表 表5.6-5

横向行程(m)	纵向行程(m)	最大回转角度(°)	最大压入力(kN)	油泵		电动机总功率(kW)	接地比压(t/m²)		整机(t)	
				系统压力(MPa)	最大流量(L/s)		大船	小船	自重	配重
2.5	0.5	18°	5000	31.5	143	110	9.7	10.8	120	300

配备1台压桩机，压桩机需用电110kW，2台BXI—315F电焊机，需用电50kW，共需要电量160kW。配备1台250kN吊机。J2经纬仪2台，DS3水准仪1台，索佳全站仪1台。预制2根钢管送桩杆。

5.施工技术

(1)桩机定位

①压桩机就位时应保证压机中心对准桩位中心；

②调整桩机使之处于水平位置，保证压架垂直。

(2)方桩的供桩、卸桩、堆桩和验收

①方桩由施工方自行提供。根据合同要求，工程桩必须事先经业主、总包和监理单位审核确认。同时派专职质量员对工程桩在生产过程中进行抽查监控，并接受监理单位、总包单位驻厂检查和建设单位随机抽查。

②根据沉桩进度计划制订详细周密的供桩计划，报总包及现场监理批准后执行。在施工过程中加强与制桩厂之间的协调，严格落实供桩计划，确保满足每天的沉桩需求。项目部专职质量员会同现场监理工程师对进场的方桩进行外观质量检查及出厂合格证等资料的检查。

③桩的堆放位置应方便吊车喂桩、桩机接桩为原则。堆放场地事先经平整碾压，且排水良好，以防堆桩区地基下沉。方桩堆放不得超过3层，桩堆存时底层应用10cm×15cm的方木支垫。

④吊车吊放方桩时应用两点吊起吊，吊桩吊放要平稳，严禁碰撞，野蛮施工。

⑤方桩外观质量应符合表5.6-6要求。

钢筋混凝土预制方桩外观质量检验标准 表5.6-6

序号	检查项目		允许偏差或允许值(mm)	检查方法
1	成品桩外形		表面平整，颜色均匀，掉角深度<10mm蜂窝面积小于总面积0.5%	直观
2	成品桩裂缝		深度<20mm，宽度<0.25mm，横向裂缝不超过边长的一半	裂缝测定仪
3	成品桩尺寸	横截面边长	±5	用钢尺量
		桩顶对角线差	<10	用钢尺量
		桩尖中心线	<10	用钢尺量
		桩身弯曲矢高	<1/1000L	用钢尺量，L为桩长
		桩顶平整度	<2	用钢尺量

(3)压桩

①用经纬仪正、侧两面直角交会检查桩的垂直度偏差小于0.5%后方可开始压桩。当桩尖插入桩位土体后，压紧桩顶，当桩入土至50cm时再次校正桩的垂直度和桩机的水平，保证桩的纵横垂直度偏

差不超过0.5%，然后启动压桩油缸，将桩徐徐压入。在沉桩过程中，随时跟踪检查桩的垂直度，并及时修正。

②压桩应保持连续，如遇障碍应清除后再压桩。

③为确保桩顶高程达到设计要求，压桩前应确定基准面的高程，在送桩至桩顶高程后，还须认真丈量送桩杆余尺，确保桩顶高程达到设计要求。

(4)电焊接桩

①根据本工程土层特点，工程桩分节长度为14m+14m。当下节桩沉至离地面约0.8～1.0m时，停止施压，将上节桩吊起与下节桩对位后进行焊接，接桩应保持上、下节桩的轴线一致。下节桩若有倾斜，接桩时应调整上节桩的垂直度，使其符合要求，上下节桩之间的间隙用铁锲片塞实并焊牢。

②本工程电焊接桩采用手工电弧焊工艺。焊渣要及时清除，焊缝要连续饱满，不得虚焊漏焊。每个接头焊接完毕自检合格，报监理验收合格并自然冷却后方可压桩(一般需15min)。焊接时质量员要旁站，同时做好隐蔽工程验收记录。

③焊缝质量要求：表面没有明显的咬边、焊瘤、焊渣、凹痕、夹渣。

(5)送桩

①当上节桩沉至离地面0.6～0.8m时停压，套上送桩杆，调节桩架，使送桩杆帽与桩顶接触平实，送桩杆与桩轴线成一直线后送桩，直至达到桩顶设计高程。

②移机后，由吊车拔送桩杆，并及时回填送桩孔。沉桩及送桩过程中，测量工应始终通过仪器观测桩的入土情况，计算最后压入力。

6.质量控制措施

(1)在施工前应根据地质情况进行试压桩，通过试压桩取得正式压桩所需要的有关控制数据。如土质情况和地质资料的符合性、有无夹层和溜桩、压桩力情况，接桩时间的长短对压下一节桩的影响、送桩状况、长度，设计高程的终压条件等。

(2)沉桩过程中，应确保压梁、桩帽，替打(送桩)和桩身在同一轴线上。

(3)宜将每一根桩一次性连续沉桩到底，做好准备工作，控制接桩时间，尽量减少中间休歇时间，不在穿过砂土层时进行接桩。

(4)沉桩过程中，因地基原因或遇到障碍物致使桩位偏移或倾斜时，不得强行纠偏，应会同有关方面研究处理。

(5)当桩下沉至接近设计高程时不可过早停压，避免在补压时，发生停止下沉或难于下沉至设计高程的情况。

(6)终压控制标准，本工程终压条件以控制桩的设计高程为主。

(7)遇到下列情况之一应暂停压桩，查明原因，并及时与设计、监理等有关人员研究处理：

①压桩过程中压力表读数剧变(异常上升或下降)；

②桩身突然发生倾斜、移位；

③桩顶或桩身出现混凝土剥落、破碎；

④地面显著隆起或沉陷；

⑤相邻桩明显上浮或位移过大；

⑥环境监测发生异常变化。

(8)焊接质量控制：

①焊接时应做到上下节桩同轴、垂直对齐；

②焊接时电流强度应与所使用的焊机和焊条相匹配，并应对称、均匀、连续施焊。每层焊缝焊完后，及时检查，根部必须焊透，表面加强焊缝高度值为0～2mm，力求平滑。

③焊接后须进行外观检查，焊缝不得有凹痕、咬边、焊瘤、夹渣、裂缝等表面缺陷。发现缺陷及时

返修,但同一条焊缝返修不得超过2次;

④如遇大风和雨天,应有可靠的防风、防雨措施,否则不得进行焊接施工。

⑤焊接须由具有上岗资质证书的焊工担任。焊接时质量员要旁站,质量员对焊缝进行外观检查,并报现场监理工程师验收。

⑥焊接完成待其自然冷却15min后,再施压。

(9)送桩质量控制

①送桩时送桩杆的中心线与桩的中心线应重合,送桩杆上的长度标记应清晰、准确。送桩杆帽与桩顶的接触面,应加衬垫,衬垫需一桩一垫,送桩杆帽与桩顶接触面要保持密实。送桩杆拔出后,要及时回填桩孔洞。

②桩的平面允许偏差见表5.6-7,桩顶高程允许偏差为－50～＋50mm。

桩的平面允许偏差 表5.6-7

序　号	项　目		允许偏差
1	有基础梁的桩	垂直基础梁的中心线	100mm＋0.01H,H为梁高
		沿基础梁的中心线	150mm＋0.01H,H为梁高
2	桩数为1～3根桩基中的桩		100mm
3	桩数为4～16根桩基中的桩		1/2桩径或边长

7.减少压桩对周围环境影响的防护措施

(1)开挖防挤沟

防挤沟可减少浅层土的水平挤压作用,可保护浅基础及地下管线。在建筑物与保护对象之间开挖上口宽1.8m,下口宽1.5m,深1.5m的防挤沟,沟内积水及时排走。

(2)与变形监测系统密切合作,实施信息化施工

在业主统一安排下,与环境监测单位密切合作,建立信息化施工管理制度,及时通报监测情况,以便及时调整沉桩流程和沉桩速率及协商进一步采取必要的防护措施。

(3)合理安排沉桩流程及适当控制沉桩速率

①总的原则为:先打靠近被保护对象处的桩,采取"封闭法",并向背离被保护对象方向进行。具体为由东向西推进。

②根据变形监测资料随时调整沉桩流程,当孔隙水压力在某一区域积累过大时,反映在这一区域的建筑物和地下管线变形也较大,这时可适当控制沉桩数量或用跳压等办法来调节。

③开始压"封闭"桩时,不能集中,应拉大距离跳跃进行。

④日沉桩不宜太多,"封闭"桩压好后,每天沉桩可适当增加。

(4)设置应力释放孔

在靠近管线处及靠近会所侧的防挤沟内设二排应力释放孔,孔径为ϕ350,深12m,孔距为1.5m。

(5)应急措施

当发现下列情况采取相应对策的同时应立即上报工程负责人,通知有关单位研究处理(表5.6-8)。

环境发生异常及相应对策 表5.6-8

异常现象	相应对策	异常现象	相应对策
上水管、煤气管有漏水、漏气	停止施工立即关闭进入小区的阀门,会同有关单位实施抢险	发现周围建筑物、围墙有裂纹且继续扩大	同上
管线日变形量超过3mm,累积变形量超过10mm	(1)增加砂井、防挤孔、应力释放孔;(2)改变压桩流程、采取跳压等		

[实例2]　无锡钱威路高架桥桩基工程

1.概述

(1)本工程是无锡市钱威路(惠钱路—312国道)新建高架桥工程(K5+500～K7+964.201),工程处于市区,须采用静压桩施工方法。高架桥共有88个排架承台,用ϕ60cmPHC管桩971根。

(2)该段的地质情况自上而下为:素填土、黏土、亚黏土、亚砂土、粉砂、黏土、亚黏土、亚砂土、粉砂、淤泥质亚黏土、黏土、亚黏土、亚砂土、粉砂、黏土、亚黏土、亚砂土、亚黏土、碎石土。土层起伏变化较大。

(3)桩尖高程需穿越较厚较密实的粉砂、亚砂土层,最后进入碎石土层,为－18～－36.1m,因此单根桩长为21～40m。必须采用大吨位的压桩机,由此选用了YZY—800型液压静力压桩机。

(4)YZY—800型液压静力压桩机由支撑行走液压系统、压柱液压系统、1号2号液压泵电机、配重、夹头箱、操作室等组成。该压桩机的最大压入力为8 000kN(主要取决于配重和液压系统),额定工作压力为25MPa(换算成压桩力为7 650kN),纵移行程为100cm,横移行程为450cm,回转角度为15°,压桩平均速度为1.2m/min(并联压桩)、2.4 m/min(串联压桩)。

2.总体安排

(1)根据地质条件、总包施工计划和桩基工程合同工期,须安排3台YZY—800型液压静力压桩机同时施工。

(2)根据设计要求,分别于所标志的10个排架进行试桩,并先在62号排架开始。进行试桩静载试验后,还须对桩基进行小应变检测。必要时,按业主、监理要求对桩基实行大应变检测。取得经验数据作为施工参考,如检测土层变化规律、决定终压条件、送桩深度、分析接桩土层情况、了解接桩后的惯性起动压桩力等。

3.主要施工方法

(1)PHC桩管节制作、运输、堆放、吊运、验收

①ϕ60cmPHC桩管节全部委托有资质的工厂加工,作为成品构件购买。

②采用船舶运输至附近码头,并用大型载重车短驳至施工现场。桩在运输过程中应尽量避免桩身跳动。

③进入现场的桩直接堆放在施工区域内承台附近,便于吊车、静压桩机作业。

④进入施工现场的PHC桩管节应按规范要求进行堆放,桩的搁置点必须满足设计要求,搁置点的误差宜控制在±25cm以内,堆桩最高不超过3层。堆桩场地要整平压实,防止桩堆下沉。在管桩两侧用木楔塞牢,防止滑动,管端要挂标志予以醒目标识,防止其他物件碰撞而损伤。

⑤用160kN吊机卸PHC桩管节,采用两端钓吊法,钓吊索具的水平夹角不宜小于60°,吊运过程应保持平稳,不应发生碰撞。

⑥桩验收,所用进入现场的管节必须有完整的出厂合格证明,(每2 000m必须具有出厂合格证,包括混凝土强度、钢材、砂石等各种原材料试验数据等试验报告;每车、船次具有出厂合格证。同时,管桩生产厂家必须具有经有资质单位检验的按规范要求的批次抗弯合格的检测检验报告),并全数按规范进行外观检查。管桩强度达到设计强度的100%。

⑦压桩时静压桩机自身喂桩。

⑧静压桩工程照片如图5.6-2。

图5.6-2　钱威路静压桩工程照

(2)静压桩施工顺序

①施工顺序:准备工作→测量放线、定桩位→桩机就位→起吊管节喂桩→调整垂直度→下压第一节桩→起吊第二节桩→焊接接桩→下压二(三)节桩→送桩至设计高程→桩基检测→绑扎、焊接封顶混凝土钢筋和钢板→浇筑封顶混凝土

②压桩顺序:根据规范要求压桩顺序原则上从中间向两边施工。对于匝道位置上的梅花桩,应先压中间的一根,后施工四边的桩。对于现浇段大承台,先压中间的一排,后施工边上两排。

(3)主要工序施工要求

①准备工作。

a. 导线点复测,满足基桩桩位精度要求,并经监理测量工程师确认。

b. 空间和地下障碍物进行查明,并及时采取措施加以保护或清除,必要时请有关管线单位进行现场监护,保证管线安全。

c. 对原路面结构层进行破除、松动,减少压桩初始压力。

d. 对设备进行检查,保证完好运转,供电系统安全、可靠,能够满足使用要求。在网电未接通前采用 200kW 发电机供电。

②测量放线、定桩位。

a. 测量放线、定桩位采用全站仪从附近导线点根据复核后的桩位坐标进行精确放样。

b. 桩位采用水泥钉标志。

c. 沉桩前对每个排架桩位进行抽查,在有可能产生松动的地方,应对桩位进行复测。

③桩机就位。桩机通过其液压行走系统使大、小船移至桩位,夹具头对准桩位,通过支撑油缸调节,确保桩机水平。压桩过程应对桩机平整度进行观察。桩机平整度必须经过验收后方能开始下道工序。

④由桩机起吊管节喂桩。起吊管节时,对转动范围内过往车辆和行人限制通行,起吊时应缓慢操作,防止起吊管节与堆放管节或其他物体碰撞。

⑤调整垂直度、插压第一节桩。桩尖插入土中前,用正面和侧面两台经纬仪直角交会控制桩两个方向垂直度。桩身垂直度不得大于规范要求的 0.5%,且保证反力梁中轴和加压的合力作用线与桩帽、桩身的中轴线保持相互重合,以防止偏心压桩。管桩入土 0.5～1m,应对管桩垂直度复验、调整。

⑥管桩进入土层后,桩机竖向压力要缓慢施加,保持匀速。但在穿越较密实的粉砂、亚砂土层时,桩机竖向压力的油缸由并联转换为串联(由于桩身阻力加大,并联油缸已无法提供足够的压力),继续缓慢施压。

⑦焊接接桩。PHC 桩接桩采用二氧化碳气体保护焊,要购买合格的焊接设备和焊丝,要使用具有合格证的电焊工焊接,同时要保证电压、电流稳定,在焊接时要使用防护罩严禁空气流动及微风对焊接的影响。

⑧送桩是压桩施工中最后一道工序,由于“送桩杆”与桩的断面存在间隙或差异,会使桩顶受到过大的压力,还会造成桩的局部弯曲。因此,对于压桩施工中的送桩,不能掉以轻心,下述原则在送桩过程中要认真执行。a. 送桩器应具有足够的强度和刚度;b. 在送桩杆上标示出送桩高程线,以便测读桩顶高程;c. 送桩前应确保送桩器和桩身在同一中心轴线上,不得随意调整送桩器的垂直度;d. 用水准仪控制桩顶设计高程后停止送桩;e. 保证桩身完整性,每根桩的压桩作业,均应在同一作业班次内压至设计高程;f. 特别是要避免在穿砂层、粉砂层时接桩,应根据每个排架地质资料确定管桩分节长度。

⑨终压条件。本工程终压标准采用双控,即桩尖高程和终止压力双重控制。设计桩尖坐落在碎石土层里,其层面高程起伏变化很大,为－18.0～－36.1m,通过试桩基本摸清各排架的土质层面起伏

变化趋势，当桩压送到设计高程，已进入碎石土层，即可停压；当送桩压桩力已达到4 000kN，也已进入碎石土层，并为－18m以上时，仍然不能压至设计高程，也可停压。

(4)施工注意事项

①认真做好地基处理，保证压桩机的平稳性，以确保桩基的垂直度，压桩过程中不间断对桩身垂直度进行检查。

②对桩基接桩焊接要进行全过程的监督检查，焊工在焊接前要进行试件的试焊，经检验合格后方可上岗。每道接缝焊接时，质量员必须旁站。

③由并联压转换为串联压要注意是否出现压桩力骤变情况，若出现，应尽快分析，并及时采取措施。要防止桩顶竖向压桩力超出单桩结构允许承载力(2 400kN)，造成桩顶内部应力超出混凝土的强度，出现粉碎性破裂等情况。

④管桩入土超过5m后，不得对管桩进行较大纠偏，防止管桩产生蹩桩导致裂缝和断桩。每个方向纠偏不得大于1cm。

⑤压桩过程中一旦出现桩头破碎和压桩高程达不到设计高程的情况，应及时与设计联系，采取有效措施进行处理。处理方法主要有：a.桩头破碎，且基本达到设计高程，进行桩基低应变检测，检查其桩身的完整性，能够达到Ⅰ、Ⅱ类桩，只需进行桩头加固和桩芯混凝土加深处理，否则需进行补桩处理；b.桩头破碎，但未到设计高程，先对桩头加固(可采用环氧树脂加固，以防外加荷载时产生竖向裂缝)，由于清理桩头并加固需要时间，原则上不进行补压处理。然后进行桩基高应变检测，检查其桩身的完整性和单桩极限承载力，如果满足要求，只需进行截桩加以钢筋加固处理，否则需进行补桩处理；c.桩头未破碎，只是未到设计高程，对桩基进行高应变检测，检查其单桩极限承载力，如果满足要求，只需进行截桩加以钢筋加固处理。一般情况下，采用800t静力压桩机压桩，本身就说明桩基的承载力很高，远超过设计的240t。d.未到设计高程，桩头又破碎，且压桩力和桩长明显小于设计值，应尽快通知业主、设计和质监，研究处理办法。

(5)桩基检测

①根据要求，需对桩基进行检测。桩基检测应在承台开挖并浇筑垫层混凝土后进行。

②根据设计要求，每根桩基均需通过小应变检测。

③若发生未至设计高程而断桩的，要做大应变检测，测试桩基承载力是否满足设计要求，在设计单位认可情况下，可作为工程桩使用。若经检测，承载力不满足要求，必须补桩。

[实例3]　上海张华浜万吨级码头

1.工程概况

该码头是一座万吨级码头。码头基桩为截面45cm×55cm的预应力钢筋混凝土空心桩，桩长根据持力层层面高程的变化及桩顶设计高程而定，共有3种，即31.0m、31.5m和32.5m，桩尖均进入持力层1～2m左右，压桩区土质情况见图5.6-3。

在选择基桩施工工艺时，考虑到该岸坡地基存在坡度陡、高差大、土质差等不利条件，为了防止或减轻打桩振动可能引起原岸坡开裂、滑移以及桩位移动等，因此在靠岸侧附近平台部分的基桩，采用压桩工艺。

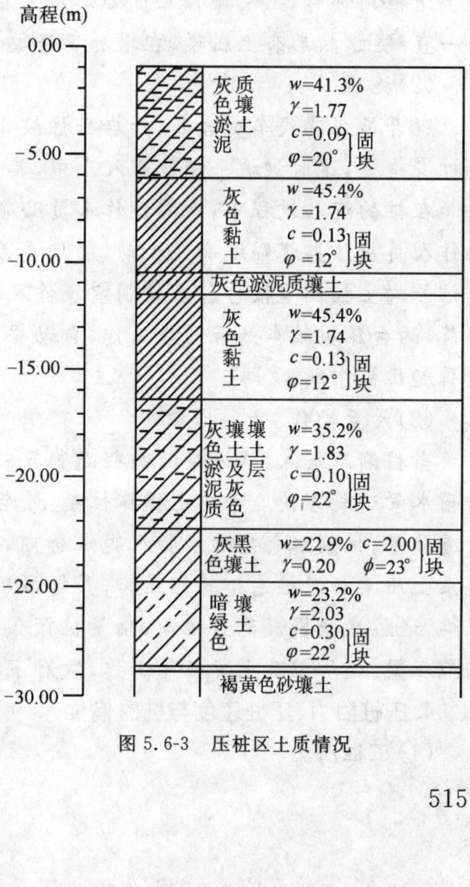

图5.6-3　压桩区土质情况

2.压桩船的主要特点与技术性能

本工程采用的压桩船是我国建造的第一艘压桩船。三航桩1号，航长45.2m，船宽14m，型深3.2m，架高43.1m，总排水量775t。该船为非自航式，以电为动力，它既能进行压桩，又能打桩、拔桩和起重等。

(1)主要特点

①自行发电，供电。

②桩架结构采用了主塔架和副架两部分的分离式结构，桩架变幅装置采用单丝杠结构。

③压桩绞车采用摩擦式绞车。摩擦式绞车克服了一般单滚筒绞车的一些缺点，可以很容易地满足卷筒贮绳容量的要求，改善钢丝绳工作条件，牵引能力保持均匀。

压桩设备带有自动记录装置，从而能够自动地记录压桩力随入土深度的变化。

④打桩锤是筒式柴油锤。

⑤压桩或打桩过程中，船体的倾斜平衡调整均采用液体自动平衡，十分迅速而准确，从而保证了非常良好的稳性。

(2)使用技术性能

①风力与水深要求：在风力6级以下，水深2.5m以上的作业区域内能够正常工作。

②压桩性能如下。

压桩能力：1 500kN。

压桩速度：当使用四轮滑车组时，每分钟压入0.74m。

当使用三轮滑车组时，每分钟压入1.0m。

桩允许的尺寸与质量：桩宽(或桩径)1.2m，在水深2.5m时；允许桩长为36m；允许桩重为25t。

3.压桩操作

(1)下桩

先吊桩进龙口，定位后，在桩顶上套上送桩，调整桩身垂直度，待桩身在其自重和送桩质量作用下，下桩入土桩后，再次调整桩身垂直度徐徐松放压梁，压桩滑车组钢丝绳亦徐徐松弛，当压梁下至接近于送桩顶部时，上架操作人员必须用木撬棒拨正送桩顶的位置，保证压梁中心与送桩，桩的轴线在同一直线上，然后套上压梁，在增加了压梁自重的作用下，桩又进一步下沉。

(2)施压

脱开吊压梁绞车离合器，开启压桩绞车进行压桩，船体通过自动平衡装置不停地调节其纵倾，保持桩身垂直，这时桩被平稳地压入土中，其正常下沉速度为每分钟0.75m。

在桩的沉入过程中，上架操作人员必须随时注意压梁、上背板等有无倾斜，是否会卡住龙口，甲板操作人员应该监视锚缆有无松动，船只是否平衡。测量人员时刻监控桩的垂直度，发现情况应声即发出信号向主控制室报告。主控制室操作人员纵观全局，通过仪表随时观察压桩阻力的变化，注意是否超荷，两台压桩绞车是否同步工作，自动平衡装置的工作状态是否正常等。如有问题应及时处理，以免引起压桩中断。

(3)最后操作

当桩渐渐沉入，临近设计高程尚剩5～10cm时，应立即将自动平衡装置转换到手动控制上，并拨转箱水管道旋塞使处于自身循环位置，最后缓慢地将桩压至设计高程立即停车。同时，再次拨转输水管道旋塞，把艏水仓内的水打入艉水仓内，让船艏渐渐翘起，使压桩滑车的钢丝绳慢慢松弛，此时，迅速系上压梁与送桩连接的钢丝扣，并起吊压梁和送桩，随着船体恢复空载平衡以及松压桩绞车和起吊压梁，送桩底便慢慢离开桩顶，测量桩顶偏位和桩顶高程，至此，该桩施压完毕。然后移船，同时继续起吊压梁，送桩以及上背板等工作，做好下根桩的压桩准备。

4.压桩阻力、压桩速度与桩的偏位

(1)压桩阻力

60 根桩，全部顺利压至设计高程，压桩阻力的平均值为 650kN，最大值 1 000kN，最小值 500kN，见表 5.6-9 最后压桩阻力统计表。

最后压桩阻力统计表　　表 5.6-9

最后压桩力(kN)	桩　数　(根)	所占百分比(%)	累计百分比(%)
900～1 000	1	1.70	1.7
800～900	6	10.0	11.7
700～800	14	23.3	35.0
650～700	3	5.0	40.0
600～650	11	18.3	58.3
550～600	9	15.0	73.3
500～550	12	20.0	93.3
450～500	4	6.7	100.0

(2)压桩速度

每台班可压 4～5 根桩。表 5.6-10 是对 47 根桩压入时间的统计资料。

桩的压入时间统计　　表 5.6-10

压入一根桩所需时间(min)	桩　数　(根)	所占百分比(%)	累计百分比(%)
120 以上	6	12.75	12.75
110～120	4	8.5	21.25
100～110	9	19.15	40.4
90～100	10	21.3	61.7
80～90	14	29.8	91.5
75～80	4	8.5	100

(3)桩的偏位

桩顶向江偏位平均达到 2.9cm；桩顶向岸偏位平均达到 3.6cm；桩顶高程平均高出 7.5cm；压桩过程中，未发现任何桩头，桩身的开裂现象，沉桩质量优于一般打桩。

第七章 水冲沉桩

第一节 概 述

水冲沉桩也称射水沉桩。水冲沉桩是在桩的内部或外部设冲水管(也有增设高压气管),用高压水(气)破坏桩尖处土体,并用气举法将土体上浮以消除桩尖阻力,使桩在自重的作用下,或在自重加其他外力联合作用下,使桩下沉的沉桩方法。

是否采用水冲沉桩工艺主要是从地质条件、桩身材料、施工设备和施工成本等因素来考虑的。

在要求混凝土桩打入或穿过砂土、砂性土、砂砾土等土层时,往往会遇上这样情况:采用的锤击或振动能量能保证桩沉到设计高程,但由于桩身材料的原因,不能采取锤击或振动沉桩的工艺;所采用的锤击或振动能量小,无法使桩沉入到设计高程。一般在无法调换桩身材料或增加锤击能量时,均会选择水冲沉桩的工艺。

水冲沉桩的缺点是桩的偏位较难控制。

水冲锤击沉桩工艺适用于下列几种地质状况:

(1) 砂层(粉砂或细砂)中密到密实,标准贯入击数 $N>30$;

(2)虽然 $N<30$,但砂层较厚,锤型较小,用锤击法穿不透砂层时;

(3)虽然砂层中密,$N<30$,但砂层厚度达 10m 以上。

混凝土桩水冲沉桩工艺适用范围见表 5.7-1。

混凝土桩水冲沉桩工艺适用范围参考表 表 5.7-1

地质情况		选择配合柴油锤			
		MB—40	MB—70	D—62	D—80
夹砂层中密 $N=15\sim30$	桩穿砂层深度(m)	≥6	≥8	≥8	≥10
砂层(中密—密实)	N 值范围	20～30	30～40	40～50	>50
	桩进入深度(m)	≥4	≥5	≥5	≥7
砾砂及极密砂层 $N\geqslant50$	桩进入深度(m)	≥1	≥1.5	≥1.5	≥2.5

水冲沉桩陆上很少采用。水上水冲沉桩的施工准备基本和水上锤击沉桩相同,水冲沉桩还需增加一套供水、供气系统和一艘机动工作船。

水上水冲沉桩对周边作业环境的要求与水上锤击沉桩的要求大致相同,但水冲沉桩作业时对流速的要求有更高的限制。在水冲过程中对桩身周围的土均作了不同程度的破坏,水流流速大于 1.0m/s 时,对桩位的影响比较大,一般流速超过 1.5m/s 时,水冲桩就不易施工。达到 2.0m/s 的流速时,水冲桩的偏位就会很大。

水上水冲沉桩的测量定位方法与水上锤击沉桩相同,由于水冲对桩身周围的土体产生不同程度的破坏,因此,在冲水过程中需要适当调整桩位。因此,经纬仪必须连续跟踪观测。

第二节　水冲沉桩的分类、桩型及设备介绍

一、水冲沉桩的分类和桩型

水冲沉桩按冲水的形式不同可分为三类，如图 5.7-1 所示。

水冲桩一般用混凝土空心方桩、混凝土管桩或钢管桩等的沉桩，利用桩的空腔，制成水冲桩。当冲水管头在桩内作业时，即形成内冲内排工况[图 5.7-1b)]；当冲水管穿出桩尖时，即形成内冲外排工况[图 5.7-1c)]。由于内冲桩桩顶和桩尖都开了孔，桩顶和桩尖处受力面积减小，因此内冲桩的桩顶和桩尖处在结构上都应作适当补强。当桩体为实心桩时，则只能用外冲外排方式水冲沉桩。

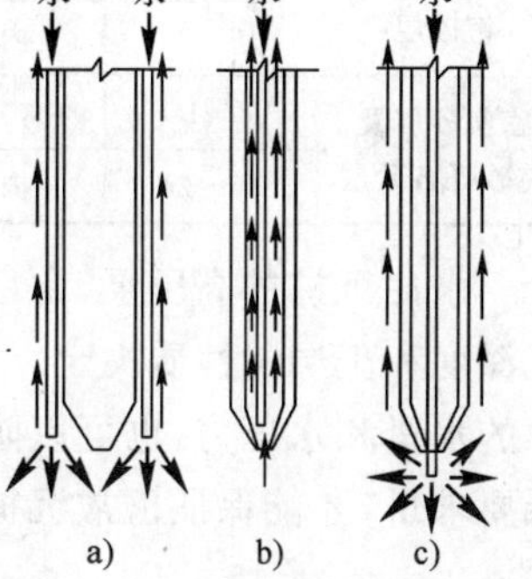

图 5.7-1 水冲沉桩类型示意图

a)外冲外排；b)内冲内排；c)内冲外排

由于内冲外排和外冲外排沉桩施工桩位偏位大、稳桩条件差，极易产生倒桩情况，因此正式工程已基本上不用。陆上工程采用水冲沉桩，必须设泥浆池、沉淀池，并将泥渣运到指定的地点。

二、水冲沉桩的设备及设备的选择

水上水冲沉桩除特殊情况用起重船来作业外，一般均采用打桩船来实施水冲沉桩。采用打桩船来实施水冲沉桩可以利用打桩船的锚缆系统、龙口跑道、抱桩器或上下背板来稳桩，提高水冲桩的正位率。在用打桩船进行水冲锤击沉桩时，要配置专用的水冲桩桩帽，见图 5.7-2。桩帽的侧面要开槽口，供冲水管在桩内上下活动。由于水冲桩的桩顶留有圆孔，除了桩帽的制作有相应要求外，对桩垫也有要求，不能用纸质桩垫，一般采用棕绳或用夹板制作。桩垫中间留有孔。为增加混凝土桩顶的抗打击能力，在桩垫上可增加一块同样开孔的钢板。冲水供气系统如图 5.7-3 所示。

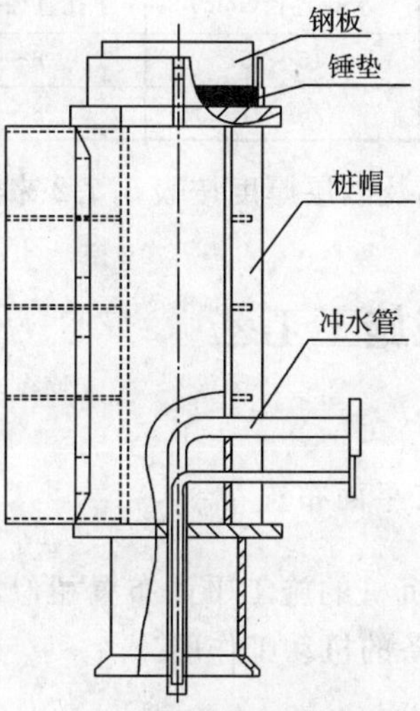

图 5.7-2　水冲桩桩帽示意图

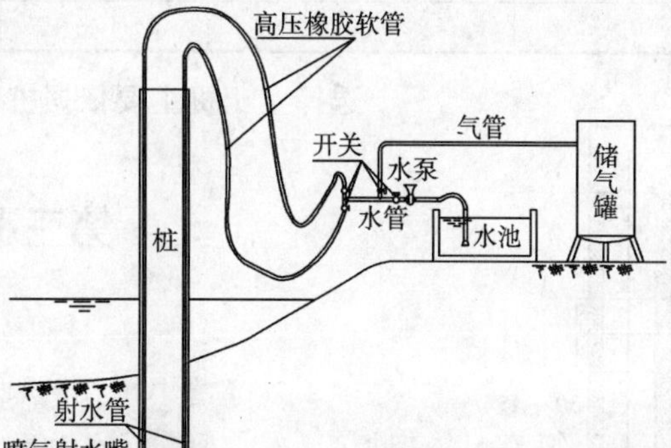

图 5.7-3　冲水供气系统示意图

冲水供气系统由高压水泵、空压机、高压橡胶水管、高压空气胶管、射水无缝钢管、射水嘴等组成。射水嘴如图 5.7-4 所示。陆上水冲沉桩也同样采用这套冲水供气系统。

水冲沉桩的设备性能选用参考表　　表 5.7-2

土质	桩入土深度(m)	冲水排泥方法	水泵性能		射水无缝管直径(mm)	水泵出水口处水压(MPa)	高压风管直径(mm)	风量(m^3/min)
			流量(m^3/h)	扬程(m)				
松砂及中密砂层	8～16	内排	80～100	80～120	75	4～8	25	6
	16～24	内排	100～130	100～150	100	6～10	32	6～9
密实砂层及夹砂砾石砂层	8～16	内排	100～130	100～130	75～100	6～10	32	6～9
	16～24	内排	130～180	130～180	100	8～12	32	9

水冲沉桩的高压泵，常用离心式多级泵，见表 5.7-2 所示。水泵的选用主要是根据桩的断面、桩下沉深度和土层的性质决定。水泵的出水口应设止回阀、闸阀和压力表。高压水管应设放水阀，控制射水的水量和水压力，也可以防止射水嘴被土堵塞时，水泵遭受损坏。因此对射水嘴处的水压有一个最低要求量，才能保证正常沉桩。水冲沉桩所需水压见表 5.7-3 水冲沉桩所需水压水量参考表。

水冲沉桩所需水压水量参考表　　表 5.7-3

土质	沉桩入土深度(m)	射水嘴处需要的水压(MPa)	每根桩需用水量(L/min)	
			方桩 30～50(cm)	方桩 50～60(cm)
松砂和饱和砂	15～25	7～10	1 000～2 000	1 200～1 500
	25～35	10～15	1 200～2 000	1 500～2 500
	>35	15～20	2 000～3 000	2 500～3 500
含有卵石及砾石的密实砂层	15～25	10～15	1 500～2 000	2 000～2 500
	25～35	15～20	2 000～3 000	2 500～3 500
	>35	20～25	3 000～4 000	3 500～5 000

水冲沉桩的功效与射水管和射水嘴的选择有很大关系，内冲内排的射水嘴侧面设 4～8 个斜向孔，见图 5.7-4。射水管与射水嘴孔径选择推荐表见表 5.7-4。

射水管与射水嘴孔径选择推荐表　　表 5.7-4

射水管直径(mm)	射水嘴中央射水孔直径(mm)	射水嘴侧向射水孔直径(mm)	射水管直径(mm)	射水嘴中央射水孔直径(mm)	射水嘴侧向射水孔直径(mm)
37	9～15	6～10	63	15～25	6～10
50	12～20	6～10	75	20～37	8～10

选择空压机主要依据桩的长度、断面大小及砂层厚度按表 5.7-2 来选择。

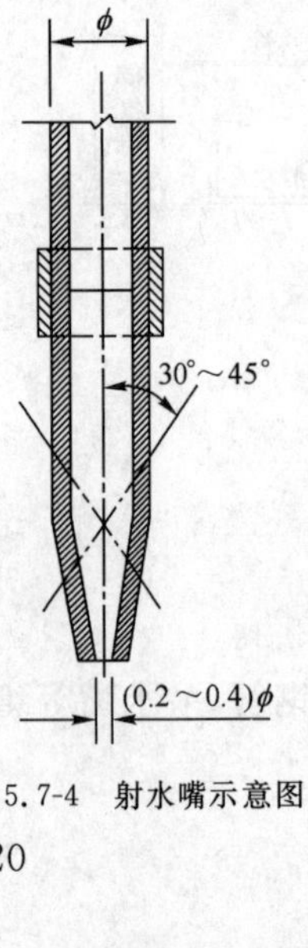

图 5.7-4　射水嘴示意图

第三节　水冲沉桩施工工艺

一、水上水冲沉桩施工平面布置

水上水冲沉桩施工平面布置与水上锤击沉桩的施工平面布置相似，只需在打桩船边上多系泊一艘装有冲水供气系统设备的机动工作船。

二、水上水冲沉桩施工流程(以内冲形式为例)

打桩船和装桩方驳进点抛锚就位→装冲水供气设备的机动工作船系靠打桩船→打桩船靠装桩方驳→打桩船吊起冲水供气管(冲水管在装桩时先

放在装桩方驳上)→将冲水管穿在冲水桩内腔里→打桩船吊桩→打桩船移船、桩进龙口、套替打并夹上、下背板→下桩到泥面→冲水、供气管与供水、供气设备连接→调试供水和供气系统→桩定位→解吊桩下扣、解上背板→在低压供水(气)情况下靠桩自重下桩→进入砂层稳桩→复测桩位和桩垂直度→压锤→解吊桩上扣、解下背板→复测桩位和桩垂直度→水冲沉桩,(根据土层情况和桩下沉情况,不断调整冲水管位置及供水、供气的压力和流量)→当桩内或桩边泛清水,控制桩顶达设计高程停止冲水、供气→水冲沉桩结束→及时夹好围檩

一般水冲沉桩在桩尖离设计高程1m左右处停止或低压供水(气),接着开锤沉桩,实行锤击沉桩工艺,控制桩顶高程,停锤。实施这样的工艺可比纯水冲桩提高桩的承载力。

三、陆上水冲沉桩施工平面布置和施工流程

1.陆上水冲沉桩施工平面布置

陆上水冲沉桩大都采用陆上打桩机来实施,和陆上锤击沉桩施工平面布置相似,但必须增设泥浆池、沉淀池、清水池以及水泵、空压机等设施。由于陆上大多数情况下采用混凝土空心方桩或PHC管桩作为水冲桩,因此陆上水冲沉桩以内冲内排为常见的施工方法。

2.陆上水冲沉桩施工流程

沉桩设备、冲水供气设备就位→运桩到位→穿冲水供气管→吊桩进龙口、套桩帽、夹背板→冲水、供气(设备连接→调试冲水供气)设备→冲水、供气下桩,压锤→解吊桩扣、解背板→继续冲水供气沉桩→离桩尖高程1m左右处停止冲水供气→锤击沉桩→控制桩顶高程停锤,水冲沉桩结束。

第四节　水冲锤击沉桩

一、水冲锤击沉桩的施工特点

水冲锤击沉桩就是在用水(气)冲力破坏桩尖土体的阻力的同时又用锤击沉桩的工艺,根据土质的不同,采取边冲边打、冲冲打打、打多冲少、冲多打少、打冲结合的施工方法。当桩尖离设计高程1m左右时,应停止冲水和供气,单用锤击沉桩,使桩达到设计高程。

二、水冲锤击沉桩施工

1.施工要点

(1)下桩:当桩尖进入泥面,即可送0.2MPa的水压力和0.3MPa气压下桩,接着可增加到0.5MPa水压,进入砂层3m以上时,则可增压到0.9MPa,气压到0.4 MPa,当桩下到一定深度,即减少水、气压,逐步使桩站稳,进行解吊索、压锤、调整桩位和桩的垂直度后,再调整水压和气压,配合锤击沉桩。

(2)锤击:当桩顶或桩边冒出的水由浓变清时,即可开锤实施边冲边打,此时水压、气压要视土质和贯入度来决定。最大水压可以增加到1.2～1.8MPa,气压增加到0.6～1.0MPa,当贯入度小于5mm时,即停止锤击。调节冲水管上下位置,继续水冲,当冒出的水由浓变清后,继续锤击。

(3)停冲:桩顶高程离设计高程2～2.5m时,水(气)逐步减压,到高出1m左右时即停止冲水供气,改为锤击沉桩,直致达到设计高程,或达到设计要求的贯入度。

2.注意事项

(1)连接射水系统和供气系统后,必须先检查运行情况,观察水压、气压、水量、气量是否满足需

要。施工过程中,不能突然停止供水供气,只能逐渐减小,否则砂泥将堵塞射水嘴和射水管。严重的会损坏高压水泵。

(2)下沉初期,必须控制水压、气压、水量、气量,在徐徐下桩的过程中,要不断边沉桩边校正桩位。开锤前要校正桩位和桩的垂直度并严格控制射水嘴在桩孔中的位置,在锤击贯入度许可的范围内,切不可轻易将内冲内排改成内冲外排施工。这会影响沉桩质量和桩的承载力。

(3)在锤击贯入度较小时,为保护桩顶不受破坏,应及时采取多冲少打,打打停停以冲为主的沉桩工艺。同时要防止冲水过度造成桩尖空洞,发生溜桩事故,造成桩和设备损坏。

(4)水冲锤击沉桩的最后1m左右应单用锤击。当贯入度已达要求或锤击应力超过桩身许允应力时,应与设计研究后再行施工。在标准贯入击数大于40以上的密实粉细砂层中,可以供0.2MPa压力的高压水边冲边打。原则上必须严格控制打桩贯入度。

(5)水压、气压,停止冲水后的锤击深度与标准贯入击数的关系参考值如表5.7-5。

水(气)压、锤击深度与标准贯入击数关系参考表　　表5.7-5

标准贯入击数 N 值	<20	20~30	30~35	35~40	40~50	>50
正常水压(MPa)	0.8	0.9	1.0	1.2	1.3	>1.5
正常风压(MPa)	0.3~0.5	0.4~0.5	0.5~0.6	0.6	0.6	>0.6
减压深度(m)	2.0	1.5~2.0	1.0~1.5	1.0	1.0~1.5	>1.5
减压后压力(MPa)	0.2	0.3	0.3~0.4	0.3~0.4	0.3~0.5	0.5
锤击深度(m)	1.2~1.5	1.2	1.0~1.2	0.8~1.0	>0.8	>0.8
减压沉到设计高程压力值(MPa)	0	0	0	0.2	0.2	0.2~0.3

注:①减压深度指桩尖离设计高程的距离;

②断面为50cm×50cm空芯27cm的桩及断面为60cm×60cm空芯36 cm的桩宜选配的打桩锤有MB—70、MB—80、D—62、D—80等;

③以上参考数据适用于内冲内排桩。

3.水冲锤击沉桩质量控制和质量评定

(1)锤击沉桩的质量控制均适合于水冲锤击沉桩,另外根据水冲桩的特点还因注意以下几个方面。

①对内冲桩的出厂验收,除按一般锤击桩验收外,还必须严格检查桩内腔位置是否在规范之内,否则不能用作内冲桩。

②只要锤击贯入度允许,不可以任意将内冲内排工艺改成内冲外排工艺。

③水冲锤击沉桩的过程中可以随时纠偏桩位和桩垂直度,下桩前定一次桩位,稳桩后再定一次桩位,第一次水冲下桩,泛上的混水变清后,要开锤前,还要再复测一次桩位。一般在只水冲不锤击时,都应尽可能的多复测桩位,作可能范围里的纠偏。

④打水冲斜桩,沉桩结束后,在脱开桩帽之前,应用钢丝绳先将斜桩与最近的直桩、或已夹好围檩的桩拉住,并尽快夹好围檩。

⑤为保证桩的承载力,最后1m左右必须改为单用锤击,同时逐步减少供水及供气的压力和流量,若在砂砾土层或极密砂土层里,最后1m左右还必须边冲边打时,水压最大保持在0.2MPa,气压最大保持在0.3MPa。

⑥对内冲内排桩的施工,必须控制水、气的压力。桩垫、桩帽的排水孔不能比桩内腔孔小,以避免发生因来不及排水,桩内腔压力过高,产生水动力作用,造成桩身破裂的情况。

(2)水冲锤击沉桩的验收要求和锤击沉桩的要求相同。

(3)水冲锤击沉桩的偏位标准应按设计确定的标准执行。

4.介绍内冲外排法沉桩的几个工程实例，见表5.7-6。

水冲锤击沉桩工程实例介绍　　表5.7-6

桩断面及数量	土质情况	水泵性能				射水管直径及喷嘴尺寸(mm)		锤型	备　注
		型号	流量(m^3/h)	扬程(m)	电动机功率(W)	射水管	喷水嘴		
50cm×50cm×3 150cm 570根	粉砂、中粗砂	6级泵	162	156	115	75(δ=6)无缝钢管	ϕ27	MB—70	先用内排，因打不下改用外排。喷水嘴处水压1.8～1.9MPa
50cm×50cm×1 850(2 750)cm 76根	粉、细、粗砂相间，夹砾石	7级泵	126～180	164～230	135	3mm厚白铁管曾四次爆裂	ϕ25(外伸15cm)	MB—40	桩尖未能进入设计要求的0.5～1.0m(砂砾层)，喷水嘴处水压最大1.5～1.8MPa
50cm×50cm×2 100cm 88根	粉、细、粗砂夹砾石	7级泵	126～180	164～230	135	ϕ75无缝钢管	ϕ25(外伸15cm)	D—25	最大水压1.9MPa
50cm×50cm×3 400cm 72根	粉砂 N>50	7级泵	126～180	164～230	135	ϕ75无缝钢管	ϕ28	MB—40	最大水压2.2MPa，冲水嘴由ϕ15改成ϕ28
50cm×50cm×2 900cm 32根	粉细砂	7级泵	126～180	164～230	135	ϕ75无缝钢管	ϕ25(外伸15cm)	MB—40	最大水压1.6MPa
ϕ40～ϕ50管桩 桩长2 300～3 200cm	粉细砂	7级泵	90	175	150	ϕ75无缝钢管	ϕ20(外伸20cm)	5t双动气锤	最大水压1.2MPa
50cm×50cm×2 700cm 102根	粉细砂 N=20～40	8级泵	180	196	柴油机	ϕ75～ϕ80无缝钢管	ϕ27～ϕ80无缝钢管，外伸15cm	MB—70	射水管ϕ80比ϕ70效果好；射水嘴ϕ20效果不好，改成ϕ27～ϕ30效果良好

第五节　工程实例

［实例1］　上海松浦公铁两用特大桥沉桩工程

上海松浦公铁两用特大桥位于上海松江区境内的黄浦江上。工程于1974年开工，水中三只桥墩采用钢管桩基础，这也是我国第一次在铁路桥梁中使用打入桩作为主桥墩基础。因此决定在该桥位附近先施工试桩，其目的就是要试沉桩工艺和垂直承载力。地质钻孔资料显示：第一层为淤泥质黏土，层厚12.50m，第二层为砂黏土，层厚8.0m，接近硬塑状态。水冲时水管仅冲一个洞；第三层粉砂土约厚31m，为本工程持力层，钢桩进入该层18～20m。

1.试桩

ϕ1 212×20×50 000mm，使用三航局打桩8号船施工。该船长43.8m，宽20.0m，型深3.60m，打桩架高53.55m。该船配备MB—70柴油锤：总重21.1t，工作冲程2.2m，有效能量158 000kN·m，最大爆发力200t。

2. 水冲设备

空压机：40m³/min×1，20m³/min×1，9m³/min×2。

水泵：SSM 离心泵一台，Q＝144m³/h，100kW，扬程140m。

125TSW-7 离心泵一台，Q＝90m³/h，75kW，扬程151.2m。

3. 沉桩过程

桩重加锤重下沉 12.5m 至－20.15m，进入暗绿色亚砂土层，锤击沉桩至－34.6m，停止锤击放入 2 隔壁 φ93mm 射水钢管，如图 5.7-5。

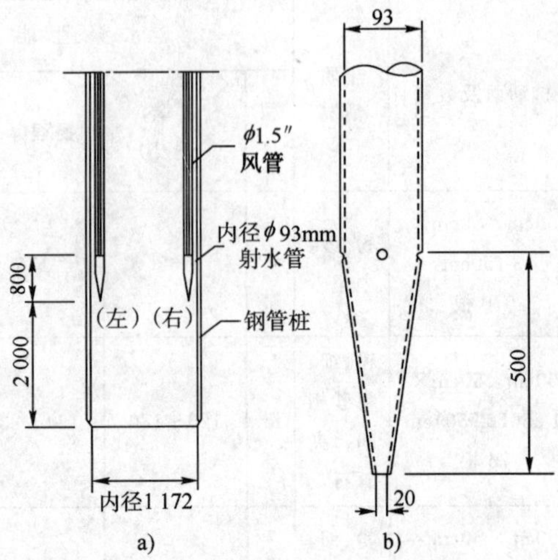

图 5.7-5 射水钢管（尺寸单位：mm）

a）射水管和风管布置；b）射水管孔口详图

水压：（左）0.7MPa，（右）1.0～1.1MPa，2 根 φ38mm 风管，风压 0.6MPa。当冲至射水嘴距桩尖 2m 时，水压降至（左）0.66MPa，（右）0.5MPa，风压不变。此时桩内泥面至桩尖 3.8m。套上桩帽边冲边打，水压（左）0.9MPa，（右）1.0MPa 至桩尖达－44.70m，停止水冲，干打至－46.55m，最后测桩内土芯 6.20m。该桩共锤击 7 803击，最后贯入度 0.94mm/击，总历时 28h 07min。其中，干打累计时间 5h 42min，水冲排泥时间 16h 30min，边冲边打时间 3h 5min，最后干打时间 20min。试桩打桩贯入曲线如图 5.7-6。

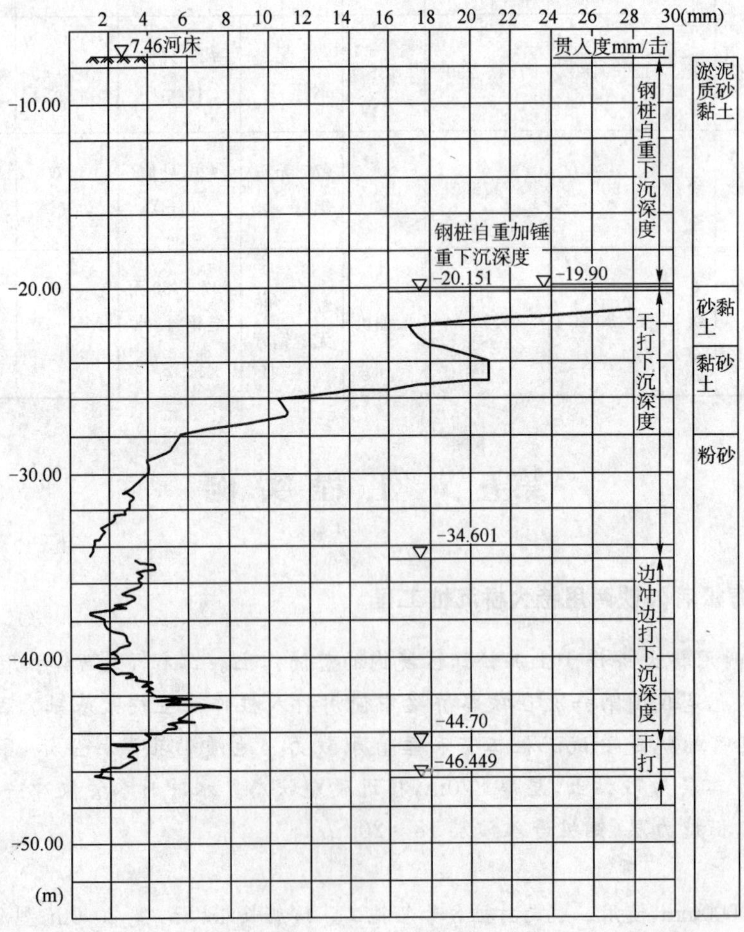

图 5.7-6 试桩打桩贯入度曲线

试桩时，由于应变片引出电缆需保护，四周对称布置4只π型保护槽。工程桩时设计要将桩径扩大至ϕ1 600mm，以等同原试桩周长，上海市政府和业主均不同意扩大直径，笔者提出采用变截面异形桩解决了此问题，即在−20.0m以下砂黏土层至桩尖四周等分电焊4条150mm×20mm×27 000mm钢板，最终钢桩截面如图5.7-7。

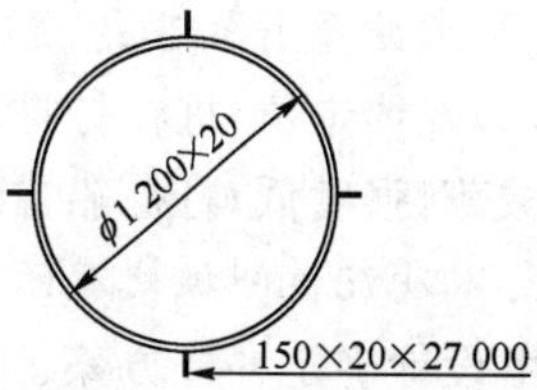

图5.7-7　松浦大桥钢桩剖面图

（尺寸单位：mm）

第六节　水冲桩的发展趋势

水冲桩沉桩作为一种沉桩工艺，在解决砂性土地质条件沉桩起到了一定的作用，但随着技术的不断进步，经济条件改善，材料科学的发展，工程质量要求不断提高，其使用范围也在日趋萎缩。

20世纪五六十年代，因桩基材料基本上是C30非预应力混凝土桩，所用的锤大部分是自落锤：D—5筒式柴油锤、3～5t蒸汽锤。对于砂性土，这些锤都无法成功将桩送入砂土层，因而外冲外排沉桩工艺就应运而生。沉桩过程中，桩的偏位较大、垂直度或倾斜度误差较大，往往在上部结构中难以解决。

20世纪70年代初期，我国提出了“三年改变港口面貌”的要求。为此，引进了当时国际上较先进的打桩船和柴油锤，锤击能量大大提高，如MB—40、MB—70、MB—72。同时，混凝土基本上是采用C40预应力桩，水冲法施工就大为减少，特别是外冲外排工艺也因为空心桩的生产工艺得到了改进，内冲内排工艺质量更容易控制。

1983年上海虹桥宾馆开始建设，该楼为33层建筑，桩基采用50cm×50cm×6 000cm预应力混凝土方桩，并送桩7m，某基础公司共沉桩14根，其中有4根桩达到设计要求，有10根桩打断或桩顶破碎无法施工。这10根桩桩尖基本上都在7m左右的粉细砂层中，无法通过。当时对该工程有2种意见：原施工单位认为应改钢桩，混凝土方桩肯定不行；而设计认为混凝土桩还是有可能的，并征询三航局意见。三航局认为该地质沉桩困难，主要是要穿过7m左右的粉细砂层，根据的技术、能力和经验，应该是没有问题的。同时提出了该桩采用C45预应力混凝土，最上部一节桩锤击次数最多、锤击力也最大，桩尖要进入上海地区的主持力层⑦$_2$层。因此，建议采用C60混凝土。设计采纳后仍不放心，要求将50cm×50cm方桩做成全空心桩，空心直径ϕ27cm，以防进入砂层锤击无法穿过时，采用内冲内排工艺水冲锤击沉桩作为备选方案。三航局二公司沉桩施工中将300多根混凝土方桩全部送入地下7m，没有1根桩被打断或桩顶被打坏，备用的水冲方案也没有使用过。尽管因空心桩桩顶断面减少了23%，但因C60混凝土强度有所提高，且锤击能量也比某基础公司略大（MB—72锤）。这充分说明随着技术、设备和经验的不断提高，水冲法施工也逐步退出。

如前所述的松浦大桥1974年施工时，锤击能量较小，MB—70锤边冲边打仍然锤击了约8 000击左右，最多1根桩锤击了约11 000击。近几年在该桥的上、下游都进行了桥梁工程施工，桩的持力层一样，但再也没有用水冲锤击沉桩，而是用D—100锤直接锤击沉钢管桩。

第七节　常见事故及处理

一、断桩事故及处理

1.水冲沉桩断桩产生的主要原因

(1)内冲桩的内腔位置偏位，加上水（气）压就产生纵向裂缝，水、气破缝而出。

(2)水冲锤击沉桩最后干打时,因沉桩过程中造成桩垂直度超过规范,产生偏心锤击。

(3)锚缆走位,桩在打桩船龙口里蹩断;桩身材料不均匀,局部地方因空心胶囊上浮而造成偏心,壁厚减薄,强度低;打桩船锚缆将桩拉断;其他施工船舶违章作业,将桩撞断。

2.水冲沉桩断桩处理的原则

由设计确定补桩方案。补桩前将断桩拔除或拉倒,以不影响其他桩的施工和以后工程使用为原则。

二、偏位和倒伏事故及处理

1.偏位及倒伏事故产生的主要原因

(1)水冲沉桩允许偏位一般由设计确定,在水冲沉桩过程中,因桩身周围的土均不同程度受到破坏,因此,在较大的水流流速作用下,在较大的风浪影响下,桩在下沉过程中,因无法对它进行纠偏,就会产生超过设计所确定的偏位允许值。

(2)在水冲沉桩过程中,因没有严格按照既定的施工工艺操作,任意将内排改成外排,造成土体破坏面增大,产生超出规定的偏位。或者任意加大供水(气)的压力和流量,产生超出规定的偏位。

(3)水冲沉斜桩时产生倒伏的原因除上面两个外,就是沉好桩后没有能及时将桩拉住并夹好围檩。

2.偏位及倒伏事故处理的原则

(1)由于水冲桩沉桩过程中对桩同围的土有不同程度的破坏,因此在沉桩结束后,立即用倒链、千斤顶、花篮螺丝等工具将偏位的桩和倒伏的桩尽量纠偏到允许范围里,及时夹好围檩。

(2)若通过纠偏,偏位和倾伏仍然超过设计规定的允许值,则应通知设计人员,拟定补桩或修改上部结构设计。

第八节　水冲锤击沉桩记录

水冲锤击沉桩和锤击沉桩一样,必须对每一根桩施工的全过程作出记录,水冲锤击沉桩的沉桩记录表是在锤击沉桩记录表的基础上设计的,见表5.7-7。

表 5.7-7

水冲锤击沉桩记录

工程名称			基桩位置				沉桩日期				打桩船名				备注
水泵型号			水冲管直径(mm)		冲嘴直径(mm)		冲嘴距桩尖距离(mm)				水冲方式				
锤型资料	锤型		阵次	工序名称	各工序时间		水压(MPa)	风压(MPa)	锤击次数	桩身读数(m)	每阵贯入量(m)	平均贯入度(cm)	桩尖高程(m)	入土深度(m)	
	锤总重				起	止									
	活动部分														
	冲程(cm)														
桩基资料	桩型尺寸(cm)														
	制桩日期														
桩型材料及厚度(cm)															
编号	设计														
	施工														
设计桩身斜度															
测量资料	水准点高程														
	后视														
	仪高														
泥面高程(m)															
桩尖高程(cm)	设计														
	施工														
桩顶高程(cm)	设计														
	施工														
桩身倾斜偏差(%)															
沉桩偏位(cm)	东														
	南														
	西														
	北														

测量　　　　记录　　　　校核

第八章　振动沉(拔)桩

第一节　概　　述

振动沉(拔)桩是利用振动锤的激振力将桩体沉入土中或将桩体拔出土中的施工方法，主要适用于钢桩(各种钢管桩、钢板桩、型钢桩、组合钢板桩)和PHC混凝土管桩等。此类施工主要用在临时工程上为多，如水上施工围堰、水上施工平台钢桩、土方开挖围护、施工临时加固、灌注桩长钢护筒下沉、短钢护筒的沉、拔(水上、陆上)、沉管灌注桩钢管的沉、拔等；在永久性工程如钢板桩码头、吹填围堰、钢管桩码头、船坞坞门的止水钢板桩、坞壁钢板桩墙、修造船滑道的钢板桩侧墙等工程，也有用振动的施工方法沉桩。在老旧结构拆除的工程上，拔除各种基础老旧桩，振动沉(拔)桩无疑是首选方案；也有采用先振动插桩后锤击沉桩的施工方法。

振动沉(拔)桩施工方法简单、成本低、施工速度快，所拔出的桩体大都有能重复使用的特点，而且只要采取合适措施，振动沉桩也能进行接桩施工。考虑选用振动沉(拔)桩施工的主要原因是地质因素，如桩基(如灌注桩钢护筒)要穿过较厚的中密和密实粉细砂，又要桩身(护筒)完好；既能保证下道工序如灌注桩成孔施工能正常进行，又要保证在必要和许可的情况下能将钢桩(护筒、钢管)完好地拔出重复使用等。振动沉桩是用振动锤的激振力克服土体的桩端阻力和桩身侧摩阻力；而振动拔桩仅需克服桩身侧摩阻力，同时往往还要辅以水冲等措施来完成。

特别是当水上打桩船在受到吊重、桩长、桩断面、水文地质等条件限制时，如近几年在特大型桥梁工程上普遍选用了振动沉(拔)桩的施工方法，所沉钢管桩(钢护筒)已从ϕ1 500mm发展到ϕ2 850mm、ϕ3 000 mm、ϕ3 600 mm到ϕ5 800mm、单根桩(护筒)长已从55m发展到85m，单根桩(护筒)质量已从60t发展到120t。并还有采用振动锤架将2个到4个振动锤并联组合起来一起使用。起重船的吊重能力已达到了5 000kN。

第二节　振动沉(拔)桩施工设备

一、振动沉(拔)桩的主要施工设备

振动沉(拔)桩的主要施工机具和设备为振动锤、起重机(水上以起重船为主、陆上以履带式吊车为主)、夹桩工具、振动锤架、吊索具、测量定位仪器等。一般的陆上锤击打桩机、螺旋钻钻机、液压式反铲挖掘机、履带式或轮胎式吊机都能改装成振动沉(拔)桩机；水上的起重船、打桩船也能改装成水上振动沉(拔)桩船。如图5.8-1水上振动沉(拔)桩船。这些桩基施工设备的技术性能可参阅本书第四篇的有关章节。

图5.8-1　水上振动沉桩

二、振动锤的选择方法

1. 按振动锤的激振力大于土的摩阻力来选择

振动锤在克服了土的摩阻力后，才能将桩沉入土中。即

$$F_V > F_R \tag{5.8-1}$$

式中：F_V——振动锤的激振力(kN)；

F_R——土的摩阻力(kN)。

2. 土的摩阻力 F_R 按下式计算

$$F_R = fUL \tag{5.8-2}$$

式中：F_R——土的摩阻力(kN)；

L——桩的入土深度(m)；

U——桩的周边长度(m)；

f——土层单位面积的动摩擦力(kN/m²)，f 值可按表 5.8-1 估算。

土的动摩擦力表　　表 5.8-1

砂性土		黏性土	
标准贯入击数	f(kN/m²)	标准贯入击数	f(kN/m²)
0～4	10	0～2	10
4～10	15	2～4	15
10～30	20	4～8	20
30～50	25	8～15	25
>50	40	15～30	10
		>30	50

求到土的摩阻力 F_R 后，可从本书第四篇桩基施工设备中振动锤技术性能表中来选择适用的振动锤，并查得振动锤的激振力 F_V。

3. 对选出的激振力 F_V 进行复验

(1)对选出的振动锤的激振力 F_V，按经验公式(5.8-3)来复验：

$$F_V = 0.04n^2M \tag{5.8-3}$$

式中：F_V——振动锤的激振力(kN)；

n——振动锤转速(r/s)；

M——振动锤偏心力矩(N·m)。

(2)但偏心力矩 M 尚应满足下式

$$M = A\omega \tag{5.8-4}$$

式中：A——振幅(m)，在软土地基中 $A \geqslant 0.007$m，在其他地基中 $A \geqslant 0.011$m；

ω——桩和锤的总重力(N)。

(3)按振动锤的激振力 F_V 应大于振动系统结构总重力 W 的 1.20～1.40 倍来选择振动锤。即按经验公式(5.8-5)计算：

$$F_V > (1.20 \sim 1.40) \times W \tag{5.8-5}$$

此经验公式适用于一般黏性土、淤泥或淤泥质土及人工填土等土层；适用于振动沉管灌注桩、钻孔灌注桩短钢护筒和冲孔振动锤的选择。振动系统结构总重力应包括桩(短护筒、沉管)、夹具、振动

锤、振动锤架、吊索具等。

(4)按激振力 F_V 大于土的摩阻力 F_R 减去钢护筒和振动锤自重力 G 进行选择。

$$F_V > F_R - G = \sum(K_1 \times L_1 \times U \times f_1) - G \tag{5.8-6}$$

式中：K_1——不同土层中的液化系数，可取 $K_1=0.25$；

L_1——钢护筒(钢桩)在不同土层中的入土深度(m)；

U——钢护筒周边长度(m)；

f——不同土层的单位摩阻力(kN/m²)；

G——钢护筒和振动锤(包括振动锤架、吊索具等)的自重力(kN)。

此经验公式适用于在中密和密实砂土层中施工的长、超长、大断面钢护筒(钢桩)的振动锤选择。

三、振动沉拔管桩机

振动沉拔管桩机是振动沉(拔)桩机的一种特殊机型，振动沉管灌注桩是振动沉桩的一种形式，也是灌注桩的一种特殊桩型，振动沉拔管桩机的外型、结构和锤击打桩机相似，主要区别是桩架上不是挂的柴油打桩锤而是振动锤，而且桩架龙口里有一根重复使用的专用钢管，专用钢管比设计桩长要长些，还要配有吊钢筋笼和灌注混凝土等的设施。详见本篇沉管灌注桩。

第三节 工程实例

[实例1] 上海船厂船坞拆除工程

1.工程概况

由于上海船厂船坞扩建，老旧船坞需全部拆除。此坞为20世纪40年代所建，60年代曾大修过。此次扩建要拔除的桩，有坞壁PU型拉森板桩、坞底板木桩、坞口止水拉森板桩，工程量见表5.8-2。

老旧桩一览表　　表5.8-2

部位	桩型	型号	桩长(m)	数量(根)	入土深度(m)	拔桩方式
坞壁	拉森型钢板桩	PU32	18	约250	坞底下11.5	振动
坞底板	圆木桩	大头35～45、小头25～35	12	约3 000	12	振动
坞门口	拉森型钢板桩	PU16	16	约16	16	振动

2.试拔情况

(1)土层特性指标(见表5.8-3)

土层部分特性指标表　　表5.8-3

土层			土质指标			压桩阻力系数(kPa/m²)	
	层厚(m)	土壤名称	密度(t/m³)	含水率(%)	内摩擦角(°)	桩身	桩尖
1	5.8(1.2～7.0)	粉砂		24～27		14.3	4 340
2	2.0(7.0～9.0)	黏质砂土	1.85	25.8		14.3	3 000
3	3.0(9.0～12.0)	淤泥质粉质黏土	1.75～1.80	39.2～43.0	15.0～18.7	3.2	870
4	11.0(12.0～23.0)	淤泥质黏土	1.72	48.3～49.1	8.5～9.5	2.74	1 170

(2)拔桩力估算

按拔桩需克服的桩身侧摩阻力、拉森板桩锁口之间的侧摩阻力来估算拔桩力。

据估算：

①坞壁 PU32 钢板桩≈800～900kN；

②②坞底板圆木桩≈90～100kN；

③③坞门口 PU16 主板桩≈800～900 kN。

(3)为了弄清坞壁 PU32 拉森钢板桩的实际拔桩力进行了试验，在坞壁胸墙和廊道拆除后，用 10t 卷扬机、人字扒杆及 4 门滑车组，硬拔坞壁 PU32 板桩，人字扒杆两支脚坐在两根钢板桩顶，结果卷扬机被拉翻，被拔桩和支脚桩都丝毫不动，说明实际所需拔桩力大于估算拔桩力。

(4)施工时采取的措施：

a. 在坞壁 PU32 拉森钢板桩后挖深 5m；

b. 用陆上打桩机挂 K45 柴油锤依次锤击坞壁钢板桩下沉 5cm 以上，松动锁口(K45 锤最大冲击能量为 135.0kN·m)；

c. 用起重吊机吊长 15m、ϕ70mm 水冲钢管破坏首拔桩左右 5 根板桩范围内的土体；

d. 仍用 10t 卷扬机、人字扒杆及 4 门滑车组拔坞壁桩，结果第一次拔出首拔桩一组 2 根；

(5)坞底板混凝土拆除后，先在坞底板圆木桩头下 15cm 处用电钻打孔，穿进 ϕ20mm 圆钢做吊耳，用 250kN 履带吊吊拔坞底板圆木桩，结果 ϕ20mm 圆钢变形，吊索反弹起来，250kN 履带吊扒杆弯折，履带吊陷入泥里。

3. 振拔施工

(1)坞壁钢板桩首拔桩第一次拔出一组两根后，因水冲工艺不利于整个工地施工，改用 DZ—90 型振动拔桩锤，配 500kN 履带吊去拔已用柴油锤松动过锁口的首拔桩边上的只有一边有锁口的板桩，结果顺利将板桩拔出。DZ—90 型振动拔桩锤技术性能见表 5.8-4。

DZ—90 型振动拔桩锤技术性表 表 5.8-4

机型	振动力 (kN)	偏心力矩 (kN·cm)	振动频率 (次/min)	振幅 (mm)	电动机功率 (kW)	电源容量	振动锤质量 (kg)
DZ—90 型	397	29.4	1 100	5.4	90	外接电:200kVA 发电机:250kVA	6 600
	530	39.2		7.2			
	644	49.0		9.0			

(2)气割 50cm 长 ϕ50cm 钢管两段，用长 12m 三根∠100mm 角铁，将 2 段 ϕ50cm 钢管一头一段做成 1 只圆环切泥刀，套在木桩外圈上。用 25t 履带吊吊 DZ—45 型振动锤，将圆环切泥刀振动切割圆木桩外圈土体，结果用 250kN 履带吊很容易地将圆木桩拔出。一般先切割约 20 根圆木桩外圈土体后，再一次吊拔桩。一个工班可拔除 150 根以上圆木桩。

(3)坞门口止水 PU16 钢板桩，振拔方法如 PU32 钢板桩。

[实例 2] 振沉钢护筒

1. 工程概况

东海大桥辅通航孔采用 ϕ2.5m 钻孔桩，3 座辅通航孔共计为 135 根钻孔桩，桩长 115m。采用 ϕ2.9m×114mm 壁厚的钢护筒，每根钢护筒长 42.5m，进入草黄色粉砂层至－33.00m。

2. 钢平台施工

钻孔桩施工平台采用 ϕ1 200mm 钢管桩作为基础，用 ϕ600mm 钢管平联，上部用贝雷架和型钢连接。

3. 钢护筒测量定位

待平台面板施工完成以后，利用 GPS 定位系统在平台上布设控制点，用 GPS 每个平台最少定出 3 根钢护筒位置，余下桩可用全站仪进行桩位放样。利用水准仪测量桩位高程，在测量过程中要随时检查、复测桩位,观察设置点位置变化情况。

4.施工方法

(1)施工时,在钻孔工作平台面板上测量放样定出桩位,并将其定位点外引至桩位面板以外(即设护桩点),然后将面板与I28a分配梁之间的临时固结点解除,并将桩位处I28a分配梁吊离,这样即可进行钢护筒的振沉施工。利用平台上的500kN履带吊悬吊ZD135振动锤振沉钢护筒,见图5.8-2。

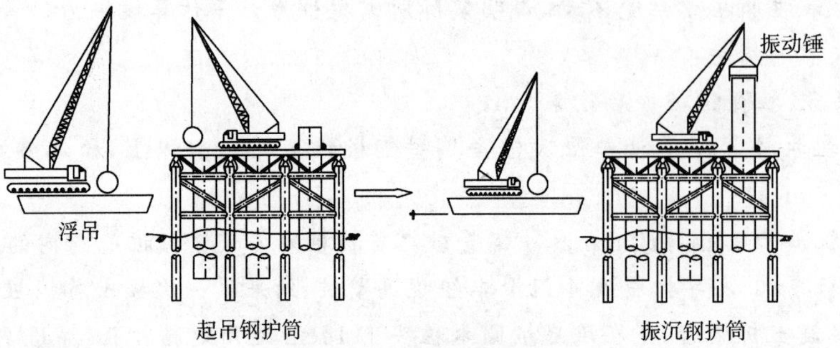

图5.8-2 ZD135振动锤振沉钢护筒

(2)在振沉钢护筒时,采用多层导向定位架,上层固定在钻孔工作平台上的I28a型钢顶面,下层与钻孔平台临时钢管桩连接牢固。由于I28a型钢跨度达6.5m,若其刚度不能满足要求,则必须对其进行处理。导行定位架必须加固牢固后方可进行钢护筒的振沉施工。

(3)钢护筒振沉前必须进行严格的自检,而且必须经过监理工程师验收合格后方可进行振沉工作,桩基钢护筒的振沉工作应安排在平潮或较低潮水位时进行。钢护筒采用分节对接振动下沉的办法,每节钢护筒在振动下沉前,在护筒顶部处设置内部支撑,防止在振动夹头夹紧时使护筒产生径向塑性变形。当每节钢护筒振动到位时,必须及时将内支撑解除,解除时一定要将内支撑拴好保险绳,以防止其掉入护筒内,影响以后的成孔。

(4)当第一节护筒在定位架上定位临时固结前,采用"吊线法"检查其垂直度,同时检查其中心偏位是否符合要求,否则要重新进行定位。定位合格后方可将其临时固结,并进行第二节钢护筒的对接。

(5)通常,上、下两节钢护筒点焊对接前,要用经纬仪从不同角度检查其垂直度,直至符合要求方可进行满焊焊接。两节钢护筒接头处采用坡口焊接,焊缝厚度不小于8mm。同时在钢护筒对接口外侧,沿桩周加设8块20cm×10cm×1cm的A3加劲板,钢板与钢护筒采用环形满焊,焊缝厚度不小于8mm。

(6)两节钢护筒节口焊接完成后,割除临时固结物,开始振动下沉。接着进行第三节钢护筒的接长及振沉。

(7)钢护筒振沉过程中应对沉桩机与振动锤与钢桩的连接螺栓进行观察,并确保其连接牢固。每次振动以不超过5min进行控制,同时注意对钢护筒下沉速度及垂直度进行控制,若遇异常情况应立刻停振,并分析其原因。

(8)钢护筒振沉到位并完成其连接以后,及时将钢护筒口用支撑I28a分配梁的牛腿焊接,然后待横向一排(3根)钢护筒完成后,及时铺设I28a分配梁,并将面板与I28a分配梁施焊固定。

第六篇　灌注桩施工技术

第一章 概 述

第一节 灌注桩的主要类型

灌注桩是在成好的孔内放入钢筋笼并灌注混凝土而筑成的深基础。目前作为深基础结构形式之一被广泛应用于各类建筑工程中。

灌注桩可按其支承岩土的种类和荷载抵抗力的方式分为摩擦桩、端承于硬土和端承于(或嵌入)岩石三种主要类型(图 6.1-1)。

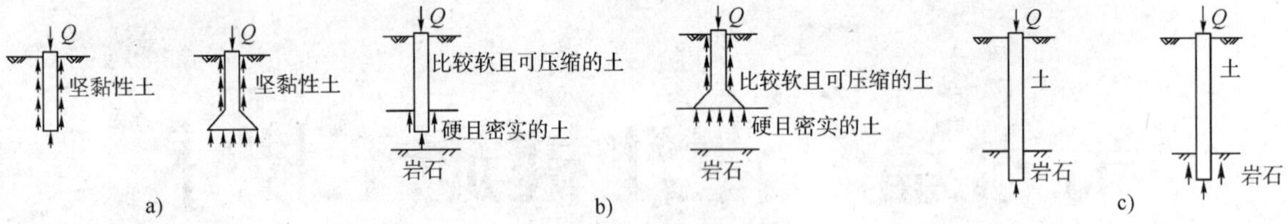

图 6.1-1 灌注桩的主要类型

a)摩擦桩;b)端承于硬土的桩;c)端承于(或嵌入)岩石的桩

各类灌注桩的设计概况参见表 6.1-1。

各类灌注桩的概况 表 6.1-1

桩的类型						
设置位置	软土中		端承于硬土		端承于岩石	
设计要求	等截面桩	底部扩大	锚进持力层	底部扩大	支撑在能胜任的岩石上	锚进能胜任的岩石中
使用荷载大致范围(kN)	200～1 500	500～5 000	1 000～40 000	2 000～50 000	2 000～80 000	3 000～100 000
常用的设计控制准则	沉降与承载力	沉降与承载力	承载力	承载力	桩身混凝土	混凝土与岩石间的摩擦力和桩身混凝土
使用荷载下抵抗力的主要分量	桩身摩擦力	桩身摩擦力与端承阻力	持力层中的桩身摩擦力	端承阻力	端承阻力	岩石中的桩身摩擦力
极限荷载下抵抗力的主要分量	桩身摩擦力	端承阻力	桩身摩擦力与端承阻力	端承阻力	端承阻力	桩身摩擦力与端承阻力
取得设计使用荷载的常用方法	对桩身摩擦力的分析	假定支承应力或极限承载力分析	假定支承应力加极限承载力分析;或持力层的定性评价		假定支承应力加岩石质量的定性评价	

摩擦桩,其承载力由摩擦阻力和端承阻力两部分组成,一般具有较低到中等的承载力。摩擦桩有时常带有扩大的底部,以增加承载力的端承分量。在桩底和桩侧用压力灌浆也能提高桩承载力。

端承桩,当桩穿过比较软且可压缩的软土层,而支承于硬的或密实的土或岩石时,绝大多数作为端承桩使用。此时在软土中沿桩长度所发挥出来的摩阻力一般略而不计,端承桩作为压杆设计,外荷载由底部反力支承。端承于土中的桩常采用扩大底部,从而形成一种“扩底桩”以增加基础的承载力。

另一种情况，灌注桩也可锚进持力层，即摩擦端承桩或端承摩擦桩。此时的承载力是锚座周围的抗剪阻力和端承阻力之和。支承在密实的砂土或黏土上的大直径端承桩已设计能承受荷载达 40 000kN，支承于岩石中的端承桩已设计能承受荷载高达 100 000kN。

第二节　灌注桩荷载传递机理与沉降

确定灌注桩使用荷载的重要准则是其所支承的结构物的容许总沉降量。为了分析沉降，必须对决定总沉降量的各位移分量基本了解。

构成灌注桩顶部总变位的四个基本的应变分量为：

(1)制作钻孔灌注桩材料的弹性压缩。

(2)桩底土的应变。

(3)桩身邻近土的应变。

(4)由于群体效应，在桩底以下一定深度的土体所产生的应变。

这些分量每一项都可能与时间有关，而且它们又互相相关，其中前三项之间的相互关系受荷载传递机理的支配。

施加于桩顶部的荷载，通过两种模式传递给土或岩石：①桩的竖向表面与周围土之间的附着力或表面摩阻力；②桩底下面的土的支承阻力。这些分量的相对大小随桩的桩身强度、几何形状、荷载大小以及桩底部和桩周围土的应力—应变特性而变化。必须考虑桩与周围的土或岩石之间的位移协调性，才能理解桩身阻力与桩底阻力的相互作用。

第三节　灌注桩的优缺点和应用范围

一、灌注桩的主要优点

(1)可以采用较大的桩径，目前国内外已达到 3m 以上甚至 6m，还可以采用底部扩大的扩底桩。

(2)桩的长度灵活，可以适用于桩端持力层高程起伏变化复杂的地区。

(3)适应性较强。包括基岩、卵石在内的各种土层、岩层和各种形式的基础工程都可以采用，可在江、湖、河、海软土地区应用，陆上、水上都可施工。

(4)可减少土方工程量，减轻工人劳动强度，提高施工机械化水平和劳动生产率，缩短基础工程施工工期。

(5)可节省钢材和木材，因此成本低。

(6)施工所用设备比较简单，制作容易。

(7)施工工序简单、灵活方便、噪声小。

(8)抗震性能好。根据 1976 年唐山大地震之后的震害调查表明，凡是采取灌注桩基础的，上部结构震害都较轻且变形较小。目前大部分地区建筑结构都要考虑抗震设防，而灌注桩则是抗震性能最好的一种形式。

(9)单桩承载力高，根据桩径和长度的不同，单桩承载力可由几十吨到几百吨、数千吨乃至近万吨，既可作为低层建筑的基础，又可作为高层建筑和桥梁等重型构筑物的基础。

(10)在成孔过程中，能够进一步查核地质情况，可根据地层构造和设计要求，选定适当的桩长和桩径，桩可长可短、可粗可细，应用上比较灵活，不受运输和起重条件的限制，其施工设备及工艺也容易调整。

二、灌注桩的主要缺点

(1)现场作业较多,施工干扰大。

(2)质量控制难,成桩后不易进行质量检查和修补。

(3)施工技术上还有一些困难,如坍孔、清孔、桩底沉渣等。

(4)成孔用泥浆护壁时,桩周泥皮和桩底沉渣层对桩承载力和沉降有一定影响。泥浆处理会对环境带来一定影响。

三、适用范围

1.适用地层

随着成孔设备和工艺的不断发展和完善,灌注桩几乎能适用于各种地层。实践证明,从软塑到硬塑的黏性土、粉砂、细砂、中砂、粗砂(包括不稳定的流沙层)、砾砂、砾石、卵石(紧密到松散)、漂石和基岩等地层都已成功地实施了灌注桩基础,但必须针对不同地层特点选用相适宜的成孔设备及施工工艺。

2.陆地和水上都可施工

在岸滩、浅水和深水中,通过搭设固定或浮动式钻机平台,都能成功地完成灌注桩施工。该桩可用于港口码头、桥梁等工程基础。

3.可根据不同地层选择不同桩型

桩的类型目前主要有:摩擦桩、端承桩、嵌岩桩、扩底桩、斜桩等。桩型的选择由桩的用途和地层类型而确定。

第四节 灌注桩施工类型一览表

灌注桩类型见表6.1-2。

灌注桩施工类型一览表 表6.1-2

灌注桩的施工类型
- 非挤土灌注桩
  - 干作业法
    - 螺旋式钻孔灌注桩
    - 多节扩孔灌注桩
    - 拧入式灌注桩
    - 钻孔扩底灌注桩
    - 人工挖(扩)孔灌注桩
  - 泥浆护壁法
    - 潜水钻成孔灌注桩
    - 旋挖成孔灌注桩
    - 反循环钻孔灌注桩
    - 正循环钻孔灌注桩
    - 钻孔扩底灌注桩
    - 冲孔扩底灌注桩
  - 套管护壁法—贝诺特灌注桩
- 部分挤土灌注桩
  - 冲击成孔灌注桩
  - 桩端压力注浆桩
  - 桩侧压力注浆桩
  - 小桩(IM)桩
  - 爆扩灌注桩
- 挤土灌注桩
  - 沉管灌注桩
    - 振动沉管桩
    - 锤击沉管桩
    - 锤击振动沉管桩
  - 夯扩灌注桩
    - 福兰克桩
    - 夯扩桩
  - 干振灌注桩

第五节　常用灌注桩施工工艺的选择

常用灌注桩的施工工艺见表 6.1-3。

常用灌注桩的施工工艺选择参考表　　表 6.1-3

桩型	桩径或桩宽(mm)	桩长(m)	穿越土层								桩端进入持力层					地下水位		对环境影响		孔(桩)底有无挤密
			一般黏性土及其填土	黄土		季节性冻土、膨胀土	淤泥和淤泥质土	粉土	砂土	碎石土	硬黏性土	密实砂土	碎石土	软质岩石和风化岩石	岩石	以上	以下	振动和噪声	排浆	
				非自重湿陷	自重湿陷															
长螺旋钻孔灌注桩	300～1 500	≤30	○	○	△	○	×	○	△	×	○	○	×	×	×	○	×	低	无	无
短螺旋钻孔灌注桩	300～1 800	≤80	○	○	×	○	×	○	△	×	○	○	×	×	×	○	×	低	无	无
小直径钻孔扩底灌注桩(干作业)	桩身 300～400 扩大头 800～1 200	≤15	○	○	△	○	×	○	△	×	○	○	×	×		○	×	低	无	无
人工挖(扩)孔灌注桩	800～4 000	≤40	○	○	○	○	△	△	○	○	○	○	○	○	○	○	△	无	无	无
潜水钻成孔灌注桩	450～4 500	≤80	○	△	×	△	○	○	△	×	○	○	△	×	×	△	○	低	有	无
旋挖钻成孔灌注桩	800～1 500	≤90	○	○	×	△	○	○	△	×	○	○	△	△	×	△	○	低	有	无
反循环钻灌注桩	400～4 000	≤130	○	○	×	△	○	○	○	△	○	○	○	△	△	×	○	低	有	无
正循环钻灌注桩	400～2 500	≤50	○	△	×	△	○	○	△	△	○	○	△	△	△	△	○	低	有	无
冲击成孔灌注桩	600～2 000	≤50	○	×	×	△	△	○	○	○	○	○	○	○	○	△	○	中	有	无
大直径钻孔扩底灌注桩(泥浆护壁)	桩身 800～4 100 扩大头 1 000～4 380	≤70	○	○	×	△	○	○	○	△	○	○	△	×	×	×	○	低	有	无
锤击沉管灌注桩	270～800	≤30	○	○	○	△	△	○	△	×	○	○	△	△	×	○	○	高	无	有
振动沉管灌注桩	270～600	≤40	○	○	○	△	△	○	△	×	○	△	△	△	×	○	○	高	无	有
振动冲击沉管灌注桩	270～800	≤24	○	○	○	○	○	○	○	△	○	○	○	△	×	○	○	高	无	有
贝诺特灌注桩	600～2 500	≤60	○	○	○	○	○	○	○	○	○	○	○	△	×	○	○	高	无	无

注：①表中符号：○——表示适合，△——表示有可能采用，×——表示不宜采用；

②表中 3 种沉管成孔灌注桩在穿越流动性淤泥土层时，应有防缩颈措施；

③表中沉桩工艺选择的可能性及桩径、桩长参数会随着成桩工艺进步而有所突破或变化；

④钻机、成孔机的成孔深度往往比实际桩长大得多，如正、反循环钻机最大钻孔深度分别可达到 600m 和 650m，但最大桩长仅分别为 50m 和 130m。

第六节　灌注桩施工工艺流程

灌注桩是一项质量要求高、施工工序多,而且须在一个短时间内连续完成的地下隐蔽工程。因此施工前应认真编制施工组织设计,施工中必须认真按程序施工,施工后应认真总结,优化提高。

灌注桩施工工艺流程图如图 6.1-2 所示。

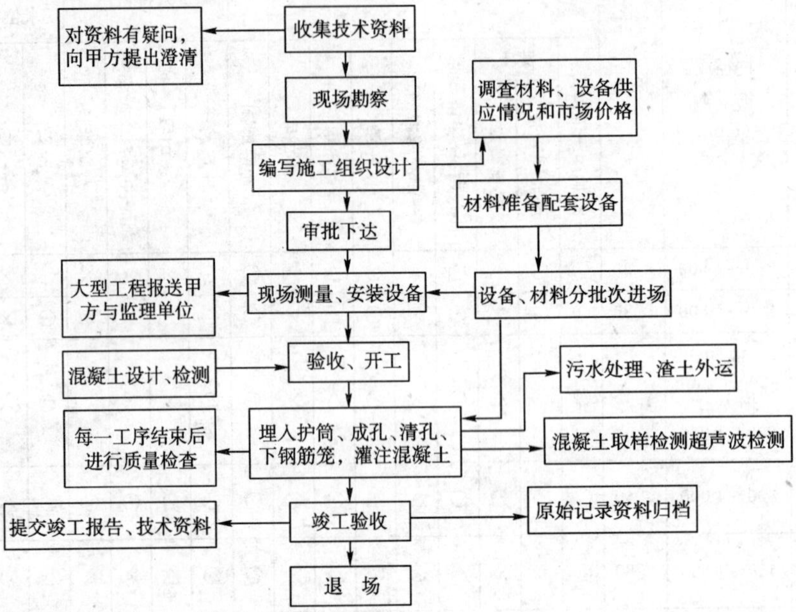

图 6.1-2　灌注桩施工程序框图

第七节　成 孔 工 艺

灌注桩是一种直接在桩位上用机械或人工方法成孔,并在孔内安装钢筋笼浇筑混凝土而成的桩。因此,成孔工艺和设备起着十分重要的作用。

成孔的方法很多,常用的有回转钻钻孔、冲击钻冲孔、抓斗成孔、干作业成孔和全套管成孔等,其分类见主要成孔工艺一览表(表 6.1-4)。

主要成孔工艺一览表　　表 6.1-4

成孔类别	取土或挤土情况		成孔工艺
人工			人工挖孔、爆破挖孔
机械	取土	泥浆护壁	正循环钻孔、反循环钻孔、潜水电钻钻孔、冲击钻冲孔、旋挖钻成孔、冲抓成孔
		干作业	长螺旋钻孔、短螺旋钻孔、洛阳铲成孔
		全套管	贝诺特法全套管成孔
	挤土		振动沉管,锤击沉管,振动、锤击沉管

常用的成孔工艺,如正、反循环钻机成孔,冲击成孔等工艺在本篇其他章有详细的介绍。以下对旋挖钻机成孔、冲抓成孔、干作业长螺旋钻成孔、短螺旋钻成孔、全套管钻孔(贝诺特钻机)成孔工艺作一概括性介绍。

第八节　旋挖钻机成孔

旋挖钻机适用于黏土、粉土、砂土等软土层及 10cm 以下粒径的含砾砂层中，对有承压水的土层应慎重选择。

旋挖钻机成孔直径一般为 ϕ1.2～3.0m，孔深一般在 60m 之内，这两项性能指标与厂商的机型有直接的关系。

旋挖钻机一般由履带式吊机、钻架、钻杆、动力头和加压装置等组成，同时可根据需要选配多种配件组成长螺旋钻机、短螺旋钻机、摇管机以及岩芯钻头等，操作一般均由计算机控制系统管理，做到一机多用，如图 6.1-3 所示。常用钻头如图 6.1-4 所示。

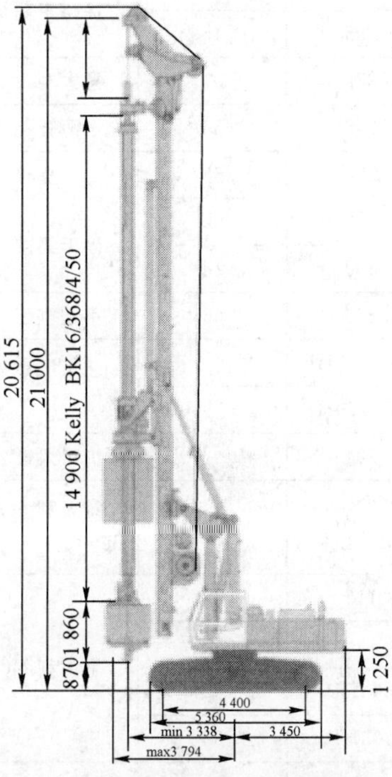

图 6.1-3　一机多用的旋挖钻机（尺寸单位：mm）

宝峨公司的旋挖斗及岩芯钻

宝峨公司组装的各种钻头

图 6.1-4　常用钻头

钻杆通常为伸缩钻杆，这样钻深孔时可减少辅助作业时间，提高工效。孔深较小时也可用普通钻杆钻头，即旋挖钻头，为圆筒形结构，其上部与钻杆相连，底部带有切削土体活舌式下开底门，或侧面开有进碴口，旋转切削时土体进入圆筒，装满后将钻头提出孔外，底门自动打开卸土。遇有较大的漂石或卵石时，根据需要可换上取石钻头、冲击钻头、环状牙轮钻头等配件进行作业。

钻孔时要根据地质情况分析是否需要泥浆护壁，如需要则应根据地质条件配制相应的泥浆，同时需埋设钢护筒，钢护筒直径比桩径大 50～100mm，护筒长一般为 3～5m 即可。每次提钻卸土时，应及时向孔内补充泥浆。

动力头转速因各厂商而异，一般在 8～60rad/min，对较软土层可用较大转速，反之则取用较小转速。

施工时要防止塌孔、卡孔等事故发生，塌孔主要是由于土层松软、泥浆性能不好或没有及时补充泥浆或泥浆面高程偏低（应高于地下水位 2m 以上）所致，应针对性地采取措施。同时应控制其下钻具的速度，避免对孔壁产生过大的抽吸和冲击作业。

塌孔可能会造成埋钻现象发生，当然也有可能遇有黏土层，一次进尺太多或旋挖钻头的边齿或侧齿磨损严重,致使孔壁与钻头之间间隙过小而造成卡钻、埋钻现象产生。为此,应分析产生卡钻、埋钻的原因,制定相应措施,如用吊车或液压顶升装置直接上拔,或用气举反循环的方式将钻头上部的沉渣排出,或用高压水管与气举反循环管联成一体,边冲边排等。

部分国内外旋挖机型号、规格见表 6.1-5。

部分国内外旋挖钻机的型号和主要技术规格　　表 6.1-5

型　号	最大孔径 (mm)	最大孔深 (m)	最大扭矩 (kN·m)	主卷扬拉力 (kN)	功　率 (kW)	质　量 (t)	生 产 厂 家
ZY120	1 500	48	120	160	179	50	北京经纬巨力工程机械有限公司
ZY160	1 800	48	160	160	223	55	
ZY200	2 000	60	200	180	246	60	
TRM160	1 800	60	180	180	205	60	徐州东明机械公司
TRM160	1 500	46	140	150	195	45	
AF250	2 500	91	300	290	272	91	意大利
SWDM-20	2 000	60	200	200	246	66	山河智能机械公司
SR220C	2 000	65	224	200	250	65	三一重机
RD18	1 600	60	205	180	246	66	徐工集团
RD22	2 000	62	250	200	300	78	
YTR230	2 000	60	230	210	250	65	宇通重工
ZKL 1500D	1 500	40	105	250	附机 113HP		北京城市建设工程机械厂
ZKL 2000D	2 000	60	200	400	附机 160HP		
TR-2000C	2 000	62	220	200	224		杭州天锐公司组装
R-518	1 800	66	172	148	300HP	59	意大利 SOILMEC 公司
NCB12	1 500	48	120	120	113	38	意大利 NCB 公司
NCB16	1 800	58	160	170	195	55	
NCB18	2 000	64	200	185	303HP	62	
NCB22	2 200	67	220	200	303HP	66	
LRB-400	2 000	40	400	400	400	88	德国 LIEBHERR 公司
LRB-250	1 500	36	250	350	400	72	
BG 9	1 200	36	93	100	125	39	德国 BAUER 公司
BG 12	1 500	48	123	100	169	52	
BG 15	1 800	55	145	160	160	63	
BG 22	2 000	60	220	200	222	70	
BG 30	3 000	63	360	268	180	80	
BG 40	3 000	90	360	300	297	117	

第九节　冲 抓 成 孔

在泥浆护壁的条件下,用特制的多瓣冲抓锥直接抓取岩土成孔。冲击作用使冲抓锥能抓取更多的岩土。由于多次冲抓也可用清水自行造浆护壁。

冲抓成孔主要适用于软土、砂砾、卵石等地层，冲抓成孔孔径一般在 ϕ700～1 200mm，孔深最大达 40m。

冲抓成孔机具主要有履带吊、冲抓锥及运渣设备，冲抓锥有两瓣、三瓣、四瓣、六瓣之分，常用的以两瓣、四瓣为多，质量在 1.5～2.8t，高度约 1.7～2.7m。质量、高度与成孔直径有关，冲抓锥张开时的最大直径应为灌注桩孔径的 85%～90%左右，较松软土层取小值。冲抓锥有单(钢丝)绳冲抓锥和双绳冲抓锥之分。较常用的是双绳冲抓锥，其开、闭灵活，不需人工挂钩，效率较高。

冲抓成孔作业时，应根据土层，决定冲抓锥自由落体的冲程。较密实土层可增大冲程至 2～3m，也可多冲几次再抓。在砂层中为防止塌孔，在孔内需投入一定的黏土造浆，并保持地下水以上 2m 的浆面高程，同时使用小冲程 1.0～1.5m 冲抓为宜。

冲抓施工时应对准孔中心让冲抓锥做自由落体运动，防止扩大孔径，同时应注意钢丝绳的磨损程度，防止因钢丝绳断裂而掉锥。

双绳冲抓锥如图 6.1-5 所示。

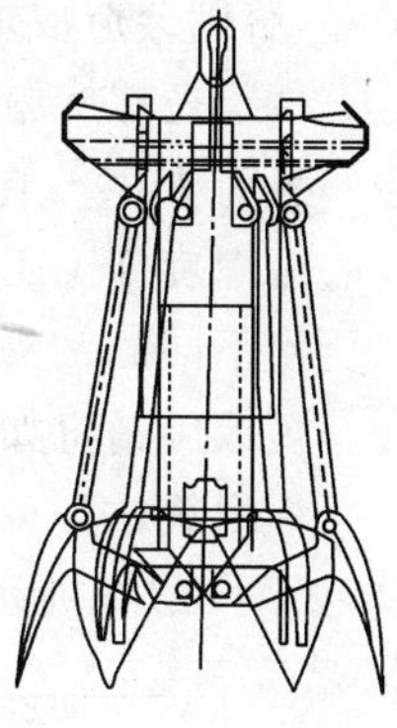

图 6.1-5　双绳冲抓斗

冲抓锥和冲击钻机一样，成孔后无法清孔，必须采取其他措施来清孔，方法有以下四种：

(1)掏渣筒清孔

效率较低，效果较差，适用于一般工程。

(2)潜水泵清孔

孔深不大，渣土粒径较小时适用，可利用高扬程、大流量的潜污泵或潜水砂石泵。

(3)气举反循环清孔

适用于孔深大于 8m 的各种成孔方式清孔，效率高，效果好。

(4)泵吸反循环清孔

适用于各种冲抓成孔桩，清孔时送入桩孔浆液流量应大于泵吸排量以保持孔内液面高度，防止塌孔。

第十节　干作业长螺旋钻成孔

在地下水位较低的地区不用钢套管和泥浆护壁，直接用机械连续钻孔取土，施工时无振动，无泥浆污染，机械设备简单，移动方便，施工速度快，成本低，适用于地下水位较低的一般黏土、粉土、砂土地层中使用。在地下水位以下施工时排渣较困难，且容易塌孔。因此该钻机在孔深一般为 20m 之内、孔径为 ϕ400～800mm 的小桩中使用。

长螺旋钻机主要由履带式多用途钻机、长螺旋钻杆、动力头等设备组成，自动化程度较高，如利用旋挖钻机配上长螺旋钻杆即成为长螺旋钻机，该机还可以钻斜桩。遇有石块，还可以换成旋挖钻机的环形牙轮钻头或取石钻头等捞石或破石成孔。

成孔后，一般都按灌注桩的施工顺序放钢筋笼浇筑普通混凝土，但也可以在长螺旋杆中心压水泥浆，再在孔内压钢筋笼。由于干法作业，孔底虚渣较少，一般不需特别清孔。因不存在泥浆护壁问题，因此承载力较稳定，成桩质量易控制。

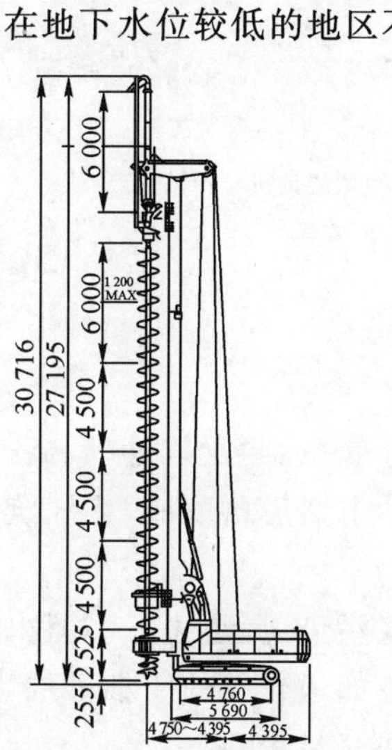

图 6.1-6　全液压长螺旋挖钻机

长螺旋钻机如图 6.1-6 所示。

第十一节 短螺旋钻成孔

利用履带式钻机上的动力头带动钻杆和短螺旋钻头破土钻进，钻渣由短螺旋钻具带出孔外，快速反转卸土。由于无需套管和泥浆护壁，只适用于地下水位以上土层的施工。如遇地下水最好设套管护壁，否则会造成塌孔，且卸土困难。

由于短螺旋施工阻力小，可利用伸缩钻杆作业，因此施工的桩径、桩长均比长螺旋钻机要大。桩径一般为 ϕ500～1 500mm，桩长可达 50m。因无振动、噪声和泥浆污染，对环境影响小。

短螺旋施工工艺成熟、操作方便、钻进速度较快、效率高、成本低。同时根据不同的地质条件，可以更换不同的钻头钻进，也可进行嵌岩桩施工。

短螺旋钻机如图 6.1-7 所示。

短螺旋钻头种类较多，一般长度为 1.3～2.2m，螺旋板长度 3～4 圈，嵌岩钻头上焊有合金钢刀具，如图 6.1-8 所示。

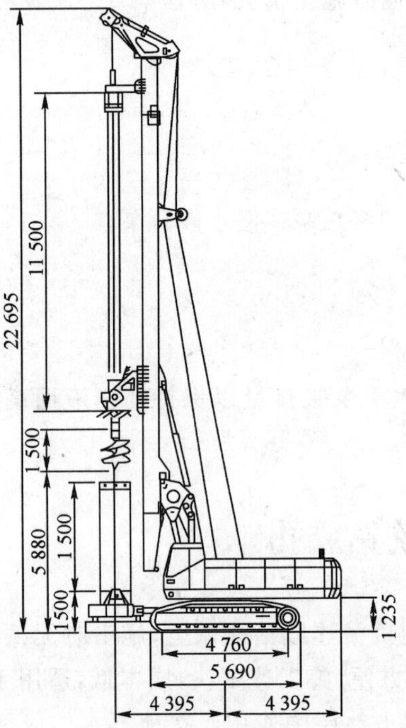

图 6.1-7 全液压短螺旋钻机(尺寸单位：mm)

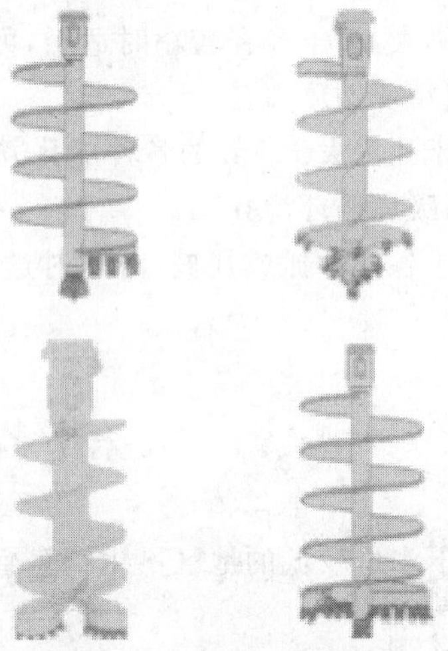
图 6.1-8 短螺旋钻机常用钻头

第十二节 全套管钻孔(贝诺特钻机)

用履带吊配以大功率的动力头，将钢套管用摇、拧、压等方式沉入地下护壁，再配以冲抓、旋挖、短螺旋等出渣工具，将套管内的渣土排出。如遇孤石、漂石等可用冲抓锥冲击然后再取渣，在浇筑混凝土时可利用振动或顶拔等方式将套管拔出。

用该法成孔，对环境影响小，成桩质量高，承载力可靠，钢筋不受泥浆污染，握裹力好。但由于动力头较大，因此设备总重较大，特别是水上施工时对作业平台的要求高。如遇较厚的粉细砂层，沉管和掘进都比较困难，且拔管也较困难。该机一般用于桩径 ϕ1.0～2.0m，桩长最大 50～70m。

部分全套管钻机规格性能表见表 6.1-6。

全套管钻机规格性能表　　表 6.1-6

型　　号	MT-130	MT-1 530	MT-200	EDF-55	THC-20	THC-30	THC-50
桩径(mm)	900-1 200	1 400	1 800	1 100	1 200	1 480	2 000
挖掘深度(m)	50	50	50	50	40	40	40
压进力(kN)	200	250	350	500	150	260	1 180
拔出力(kN)	600	920	920	600	420	924	900
摇动扭矩(kN·m)	680	1 150	1 800				
主机质量(t)				36	23	35	50
冲抓斗质量(kg)	1 600～2 000	3 200	4 000				
冲抓斗容量(m^3)	0.18～0.27	0.30	0.50				
制造厂家	日本三菱重工			法国贝诺特	日本加藤		

全套管钻机如图 6.1-9 所示。

取土用的特种冲抓斗如图 6.1-10 所示。

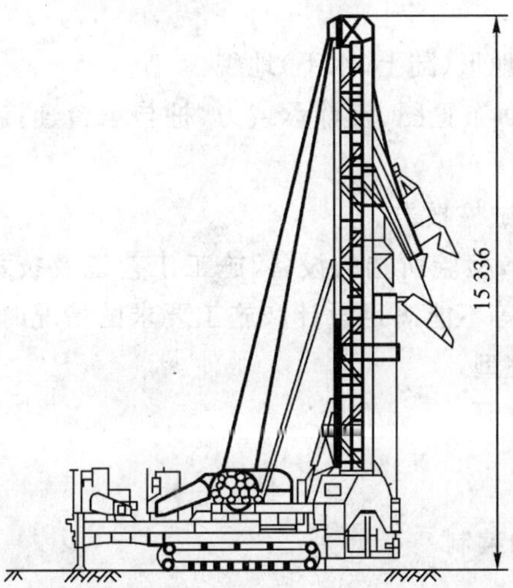

图 6.1-9　贝诺特法全套管钻机(尺寸单位:mm)

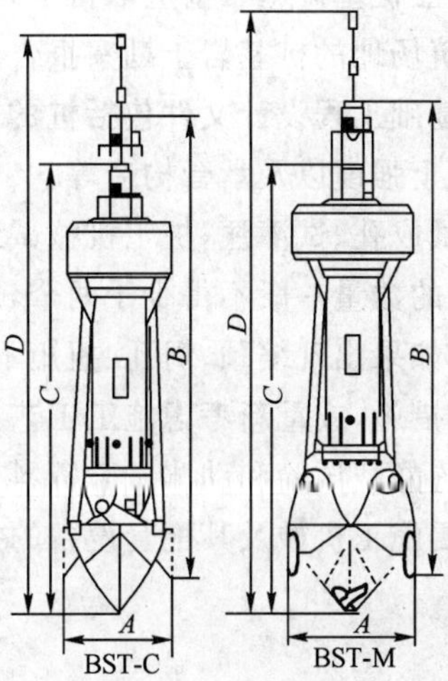

图 6.1-10　全套管冲抓斗

因该桩机动力头大,配套的专用套管、冲抓斗、摇管机、卸渣装置等设备较多,不仅设备昂贵、自重大,对水上工作平台和钻机陆上接地压力要求高,目前国内这种设备拥有量较少。

其他还有一些成孔方法,将在以后几章陆续介绍。

第二章　灌注桩施工准备和基本要求

灌注桩施工前应做好各项前期准备工作，包括有关的设计、试验，同时还应了解相应的规范和质量检验、验收标准。

第一节　资料准备及施工组织设计的编制

一、资 料 准 备

进行灌注桩基础施工前应取得下列资料：

(1)建筑场地的桩基岩土勘察报告，水文、地质报告和地形(陆上、水下)地貌。

(2)桩基础工程设计文件包括桩的类型尺寸、桩位平面布置图、设计承载力、桩与承台连接，桩的配筋与混凝土强度以及承台构造等。

(3)桩试成孔、试灌注，桩工机械试运转及桩端压浆等试桩报告。

试成孔的数量一般不得少于两个，以便核对地质资料，检验所选的设备、施工工艺以及技术要求是否适宜。如果出现缩颈、坍孔、扭矩不足、成孔速度过慢等不能满足设计和施工要求的情况时，应拟定补救技术措施，或重新考虑施工工艺，或选择更合适的桩型。

(4)桩的静载试验和动测试验资料。

(5)主要施工机械及其配套设备的技术性能。

二、施工组织设计的编制

基础工程施工前的准备工作极其重要，尤其是灌注桩经常会遇见一些复杂问题和不可预见的情况，会给工程造成被动的局面。因此，针对工程的特点，编制好灌注桩的施工组织设计，本身就是一项重要的施工准备工作，同时也为指导施工和工程顺利进行奠定了坚实的基础。

灌注桩施工组织设计应考虑以下内容：

(1)工程概况

工程地理位置、地形、地貌、现场的工程地质和水文地质条件，水文、气象条件，施工内容及主要工程量。

(2)施工总体安排

施工总平面布置；现场布置，施工用水、电和道路安排；施工人员、设备、进度和总体组织机构安排；施工顺序，总体工艺流程；水上工程还应有水上运输、交通等设施以及水上混凝土供应、泥浆处置等。

(3)施工工艺

①施工场地的处理或水上施工平台的搭设以及钢护筒的制作和施工。

②成孔工艺的选择和施工设备。

③泥浆的配置、循环系统和废浆处理。

④钻进的方法及注意事项。

⑤第一次清孔方案。

⑥钢筋笼的制作和安放。

⑦第二次清孔方案。

⑧混凝土的浇筑方式和注意事项。

(4)施工预案

①钻机在损坏及在清孔过程中出现了漏浆、串孔、塌孔、缩颈、扩孔、卡钻、掉钻头等情况后的处理措施。

②混凝土灌注的备用方案。主要指混凝土供应以及施工设备停电、堵管、埋管等故障出现时的应急措施。

(5)施工进度计划

(6)施工设备、劳动力、材料计划

(7)质量保证措施

(8)安全保证措施

(9)文明施工及环保措施

三、灌注桩施工组织设计案例

[实例 1]　东海大桥 IV 标海上钻孔灌注桩施工组织设计

1. 工程概况

(1)地理位置

东海大桥起始于上海市南汇县芦潮港镇客运码头往东约 4km 南汇嘴处，跨越杭州湾北部海域，经小乌龟、大乌龟、颗珠山等岛屿直达浙江省嵊泗县崎岖列岛的小洋山岛，长约 32.7km。

(2)地形

东海大桥西端芦潮港为沙泥滩地，现在围海造地，属潮坪地貌。桥区海域，海势稳定，海床较为平缓，水深一般在 5～8m，高程－7.5～－12.5m，中日海底光缆、电缆在该区通过。大桥东侧所经岛屿及东端小洋山为一系列面积狭小的岛屿，属鸡爪形地貌。各岛一般基岩裸露，植被稀少，地形陡峭，少平地，岸线曲折，多海湾岬角，岸线为抗冲刷侵蚀能力强的基岩海岸。各岛在地势相对低凹地段一般发育厚为 20～40cm 的覆盖层，植被相对发育，沿岸海蚀地貌如海蚀洞、沟较发育。

(3)工程地质概况

桥位区基底为前古生代变质岩系，上覆燕山早期花岗岩系，因而小乌龟到小洋山各岛出露岩石岩性较单一，为花岗岩类，而芦潮港—小乌龟段基岩下伏于 160～220m 厚的第四纪覆盖层之下。桥位处第四纪堆积层厚度为 160～220m，层位相对稳定；下部为早至中更新世(Q_1～Q_2)堆积的杂色黏土、粉质黏土、中粗砂、碎砾石灰黏性土等；中部为晚更新世(Q_3)堆积的灰黄、灰色粉质黏土、砂质粉土、粉细砂等；上部为全新世(Q_4)堆积的灰黄—灰色粉质黏土、淤泥质粉质黏土、黏性土灰砂、砂夹黏性土、砂质粉土、粉细砂等；表部为现代(Q_R)堆积的灰黄色淤泥，本区段桥址地质条件简单，钻孔灌注桩选第九层(灰色含砾粉细砂层)为持力层。

(4)水文条件

桥位区所处海域的潮汐主要受东海前进潮波控制，潮汐类型属非正规半日浅海潮型，每个潮汐日有两次涨潮和两次落潮的过程。重现期 100 年一遇的高潮位为 3.73m，低潮位为－3.09m(国家 85 高程)。本区海流以潮流占主导地位，推算最大潮流速近 3.0m/s。本海域以 NE 向作为控制浪向，NE 向 100 年一遇的波浪要素值为：$H_{1\%}=6.0$m，$T=8.8$s，$L=89.6$m。

(5)气象条件

桥位区位于亚热带南缘，东亚季风盛行区，受季风影响冬冷夏热，四季分明，降水充沛，气候变化复杂。多年平均气温15.8℃,历年最高气温37.5℃,历年最低气温-7.9℃,最热的月平均气温27.0℃,最冷月平均气温6.0℃。降水日数为134天/年,降雪日数为5天/年。实测最大风速35.0m/s(风向NNE),风力大于7级大风天数65.8天/年,风力大于8级大风天数30天/年,风力大于9级天数约为3天/年。

(6)地震基本烈度

本工程地处地震活动相对较弱的地区,有史以来,无地震破坏的纪录,历史和现代地震对场区最高影响烈度为5度,场址区未发现活动断层。从场址区地质、地球物理场和地震活动性综合分析,未发现足以确定5级以上潜在震源的依据。本区基本烈度定为6度,而芦潮港、大洋山、小洋山等三个代表性控制点的罕遇烈度(50年2%)平均为7度。场地类别:水域属于III类,各岛属于I类。

(7)施工内容

东海大桥IV标钻孔灌注桩包括三座辅通航孔桥所有主墩桩基,其中:K6+279桥为3×12根ϕ2 500mm钻孔灌注桩,桩长为104.65m;K12+149桥为3×14根ϕ2 500mm钻孔灌注桩,桩长为109.65m;K24+829桥为3×19根ϕ2 500mm钻孔灌注桩,桩长为100.15m。全标段共计135根钻孔灌注桩。

2.施工总体安排

(1)质量目标

①原材料合格率100%。

②混凝土试件强度合格率100%。

③钻孔桩分项工程合格率100%,优良率90%以上。

④质量承诺:竣工验收工程质量达到优良目标。

(2)总体思路

在每个主墩位置搭设钻孔工作平台(详见海上钻孔工作平台施工方案),平台设计的主要功能是为桩基施工提供一个陆地似的操作空间。平台上设发电机组(指每座辅通航孔桥中主墩)、临时生活区、钢筋笼堆放区、储油罐(储存量约80t)。其中,K6、K12桥每个平台上各配置两台KP3500型(或中昇300型)钻机,K24桥每个平台上各配置3台KP3500型(或中昇300型)钻机,并在每个平台上配置一台50t履带吊,为桩基施工提供生产、生活及动力条件。另外,在每座辅通航孔桥各配置一艘拌和船,为灌孔提供原材料基地及合格的混凝土。下面分别就施工用电、人员、设备及工艺流程等问题进行概述性说明。

①施工用电

发电机组设在每个工区的中主墩平台上,分别供给每个工区的施工用电,发电机组占平台面积为10×8m^2,能提供1 500kW的发电量,其中,K24桥能提供2 200kW的发电量,完全能满足钻孔及部分钢筋笼的加工需要。拌和船上自备发电机,供混凝土拌和及混凝土输送用,并通过驳船补给拌和船上水泥、粗细集料及淡水等原材料。

②施工人员、设备总体安排

本标段三座辅通航孔桥共九个主墩,原则上按九个主墩基础同期施工来考虑人员、设备的配置。每个平台上安放4~5个集装箱(占地面积10×6.5m^2),可同时容纳20~30人(钻孔、灌孔值班人员、中午施工加班人员或临时避险的施工人员)左右,而一般施工人员均住岸上,上下班由项目部的交通船只接送。履带吊主要用于施工用材的装卸,并配合钻机完成桩基施工。每台钻机平均空间尺寸为:$(L \times W \times H)$=5.9m×4.8m×9m,钻机分排隔孔作业,并利用主护筒作为泥浆循环池、沉淀池及造浆池。钻孔沉渣通过泥浆船运至指定泥浆处理地点。

为满足桩基施工需要,我公司决定建造三艘混凝土拌和船,每艘混凝土拌和船负责一个工区,每艘混凝土拌和船混凝土生产能力为120m^3/h,储料能力为1 000m^3。该拌和船通过船载混凝土卧式输送泵(HBT-150)带混凝土布料杆输送混凝土,具有输送混凝土方量大、距离远、灵活性强等优点。

③钻孔灌注桩施工工艺流程

根据钻孔灌注桩常规施工工艺与本标段施工特点相结合,本标段钻孔灌注桩施工艺流程如下:

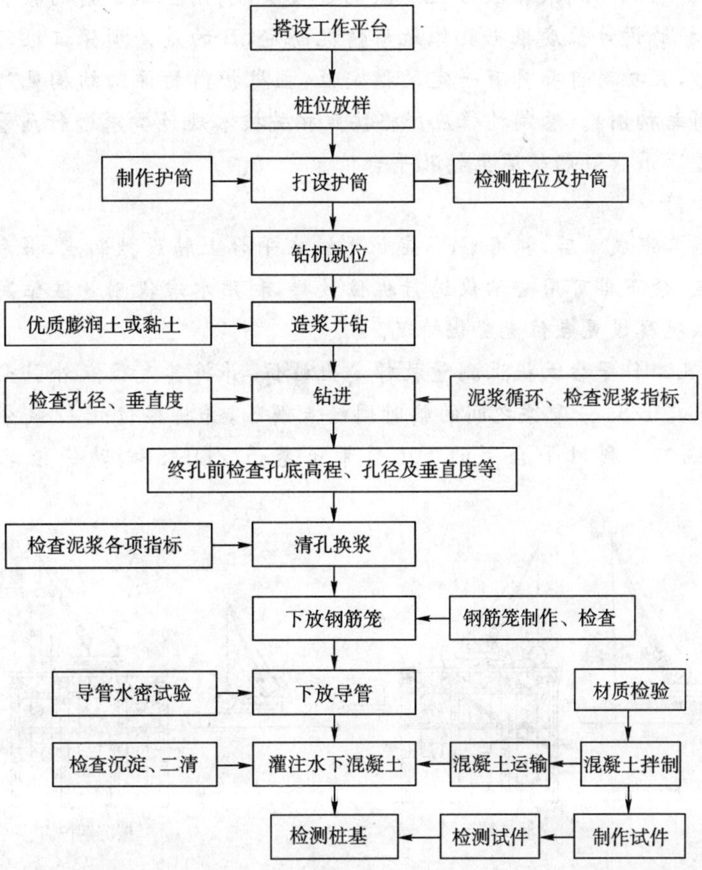

3.施工工艺

1)钻孔工作平台的设计与施工

(1)平台结构形式及功能

在综合考虑辅通航孔桥基础钻孔灌注桩具体的地质、水文、气象等因素影响的前提下,结合我公司以往在同类型桥梁基础施工中取得的经验,主墩桩基钻孔平台拟采用钢管桩作为基础,由贝雷梁作为承重梁、型钢作为分配梁构成上部承重结构,平台顶面铺设有面板,同时在平台四周安有护栏(高度为1.3m)、漏电保护设备及通航指示灯。

本平台设计主要是为了满足桩基础施工要求,要求平台在使用期间内,在各种最不利荷载同时作用下,整个平台能保证持久的稳定性。

平台的详细结构形式及相关方面内容见"海上钻孔工作平台施工方案"。

(2)平台施工

利用打桩船施打平台钢管桩。利用浮吊施工钢管桩平台及平台的上部结构。

(3)桩基钢护筒施工

平台搭设完毕,即可进行主桩护筒的施工,下面详细介绍桩基钢护筒的施工。

技术要求:钢护筒平面位置偏差≤5cm;钢护筒垂直线倾斜不大于1%;钢护筒施沉前须按设计要求进行防腐处理。

①钢护筒的设计、制作及验收

本标段主墩钻孔灌注桩桩径为 ϕ2.5m，根据《公路桥涵施工技术规范》(JTJ 041—2000)规定，钢护筒的基本节段采用 δ=14mm 的 A3 钢板卷制而成，其外径为 ϕ2.9m。分别采用 δ=16mm 或 20mm 的 A3 钢板卷制成 50～100cm 长、外径为 ϕ2.9m 的连接节段，用在钢护筒的接头及上下口，并用槽钢设竖向及环向加劲，护筒设计长度根据具体地质情况而定，目的是必须保证桩基施工过程中，护筒内外不相互渗水或翻砂，且护筒自身具有一定的稳定性，主桩护筒的详细结构见“海上钻孔工作平台施工方案”中的《钢护筒结构图》。卷制过程应严格按照相关技术规范要求进行质量控制、验收。经验收合格后的钢护筒通过浮吊和驳船转运至钻孔平台位。

②振沉桩基钢护筒

a. 待平台面板施工完成以后，利用 GPS 定位系统在平台上转设控制点，并利用 GPS 每个平台最少定出三根桩基位置，余下桩可用全站仪进行桩位放样，利用水准仪测量桩位高程，在测量过程中要随时检查、复测桩位，观察设置点位置变化情况。

b. 施工时，在钻孔工作平台面板上测量放样定出桩位，并将其定位点外引至桩位面板以外(即设护桩点)，然后将面板与 I28a 分配梁之间的临时固结点解除，并将桩位处 I28a 分配梁吊离，这样即可进行钢护筒的振沉施工。利用平台上的 50t 履带吊悬吊 ZD135 振动锤振沉钢护筒，如图 6.2-1 所示。

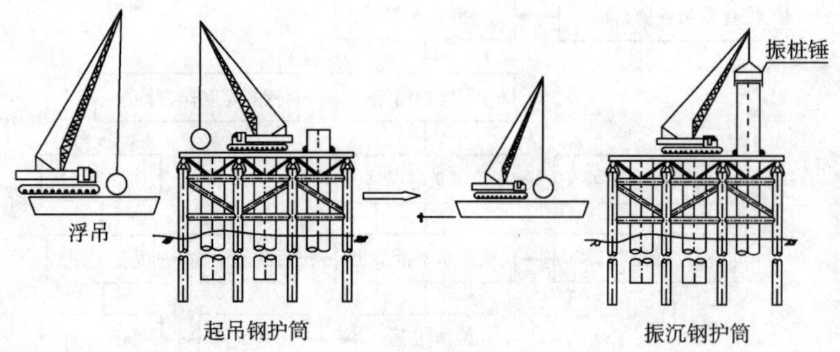

图 6.2-1 振沉钢护筒

c. 在振沉钢护筒时，采用多层导向定位架(导向架施工图)，上层固定在钻孔工作平台上的 I28a 型钢顶面，下层与钻孔平台临时钢管桩联结牢固。由于 I28a 型钢跨度达 6.5m，其刚度若不能满足要求，则必须对其进行加固处理。导向定位架必须加固牢固后方可进行钢护筒的振沉施工。

d. 钢护筒振沉前必须严格的自检，而且必须经过监理验收合格后方可进行振沉工作，桩基钢护筒的振沉工作应安排在平潮或较低潮水位时进行。钢护筒采用分节对接振动下沉的办法，每节钢护筒在振动下沉前，在护筒顶以下 1m 处设置内部支撑，防止振动夹头使护筒产生径向塑性变形。当每节钢护筒振沉到位时，必须及时将内支撑解除，解除时一定要将内支撑拴好保险绳，以防止其掉入护筒内，影响以后的成孔。

e. 当第一节护筒在定位架上定位临时固结前，采用“吊线法”检查其垂直度，同时检查中心偏位是否符合要求，否则要求重新进行定位，定位合格后方可将其临时固结，并进行第二节钢护筒的对接。

f. 通常，上下两节钢护筒点焊对接前，用经纬仪从不同角度检查其垂直度，直至符合要求方可进行满焊焊接。两节钢护筒接头处采用坡口焊接，焊缝厚度不小于 8mm，同时在钢护筒对接口外侧，沿桩周加设 8 块 20cm×10cm×1cm 的 A3 加劲钢板，钢板与钢护筒采用环形满焊，焊缝厚度不小于 8mm。

g. 两节钢护筒节口焊接完成后，割除临时固结，开始振动下沉。同样进行第三节钢护筒的接长及振沉。

h.钢护筒振沉过程中应对沉桩机与桩帽的连接螺栓进行观察并确保连接牢固,每次振动以不超过5min控制,同时注意对钢护筒下沉速度及垂直度进行观测控制,若遇异常情况应立刻停振,并分析其原因。

i.钢护筒振沉到位并完成其连接以后,及时进行钢护筒口用于支撑I28a分配梁的牛腿焊接,然后待横桥向一排(三根)钢护筒完成后,及时铺设I28a分配梁,并将面板与I28a分配梁施焊牢固。

2)钻机选型

根据对辅通航孔桥基础钻孔灌注桩地质、水文等自然条件的综合分析,结合我公司多年的现场施工经验,拟采用KP3500型全液压转盘式钻机(相关参数见表6.2-1)和中昇300型全液压转盘式钻机(相关参数见表6.2-2)实施副通航孔桥基础钻孔灌注桩钻孔施工。两种钻机均采用液压传动,集中液电复合操纵,安全可靠;可采用正、反循环两种钻孔工艺,适应各种地层钻孔施工。

KP3500钻机主要技术参数 表6.2-1

钻孔直径(m)	3.5(岩层)6(松散层)	钻杆通径(mm)	275
钻孔深度(m)	130	主机功率(kW)	30×4
最大扭矩(kN·m)	210	辅助电机功率(kW)	8
转速(rad/min)	0~24	起重功率(kW)	75
提升能力(kN)	1 200	主机质量(t)	47
最大加压力(kN)	600	整机外形尺寸(m)($L×W×H$)	5.9×4.8×9
油压(MPa)	18		

中昇300型钻机技术参数表 表6.2-2

钻孔直径(m)	岩层ϕ3.0,松散层ϕ3.5	钻杆内径(cm)	21.5
钻孔深度(m)	140	总功率(kW)	210
最大扭矩(kN·m)	210	整机尺寸(m)	6.3×5.8×10.0
转速(rad/min)	0~16	主机质量(t)	45
提升能力(kN)	1 500	最大配重(kN)	200

3)泥浆制备、循环体系

(1)泥浆的配制

由于海水中[Cl^-]含量高,其中部分离子对桩基钢筋有腐蚀作用,若用海水泥浆,则会影响桩基结构质量,因此,我公司决定在整个成孔的全过程使用淡水造浆,并利用淡水泥浆循环除渣和清孔。拟定钻孔灌注桩新拌泥浆配合比见表6.2-3。

淡水钻孔泥浆配合比 表6.2-3

泥浆配合比				
淡水(kg)	膨润土(kg)	CMC(kg)	聚丙烯酸铵(kg)	纯碱(kg)
100	8	0.003	0.003	0.03

泥浆各项性能指标测试如下:

比重:1.12g/mL

含砂率:<40%

失水量:<17mL/30min

黏度:18~22s

净切力:3.2g/cm^2

胶体率:98.5%

泥皮厚度:1.5～2.0mm

pH 值:9

正式施工时结合桥位处具体的地质水文条件和钻进施工的实际情况以及泥浆各项指标的实测结果,适当调整泥浆的基本配合比。泥浆现场检测项目包括稳定性检验、泥皮形成性检验、泥浆流动性检验,泥浆比重检验等。

(2)泥浆循环系统

①泥浆循环系统中相关参数的计算

根据我公司在杭州市钱塘江六桥、椒江大桥(桩径分别2.3m、2.0m,桩长均在100m以上)的施工经验,KP3 500型全液压转盘式钻机及中昇300型全液压转盘式钻机在粉砂层、细砂、粗砂层等地层钻孔进尺平均可达0.50～0.7m/h,按基桩桩长110m,单桩成孔时间为8d左右(有效作业天数)。每个孔内土体方量约为540m^3,根据我们在钻孔灌注桩方面的施工经验,完成一个孔约需要1.2×(孔内土体方量540m^3＋扩孔方量540m^3×0.1＋孔内河床至泥浆顶段体积70m^3＋泥浆渗透部分56m^3)＝864m^{3}泥浆(考虑了泥浆的再利用)。泥浆比重按1.2t/m^{3}算,则完成一个孔约需淡水为:864×1.2×100/(100＋8＋0.003＋0.003＋0.03)＝960t,同理可分别求得完成一个孔所需其他原料:膨润土77t,CMC29kg,聚丙烯酸铵29kg,纯碱288kg。一根桩按成孔时间8d计算,则可计算出每个钻孔每天所需泥浆原料为:淡水120t,膨润土9.6t,CMC3.6kg,聚丙烯酸铵3.6kg,纯碱36kg。按施工计划,除K24桥每墩上三台钻机外,K6、K12桥每个墩上均为两台钻机,则在正常作业时间内每座辅通航孔桥每天所需配置泥浆的原料见表6.2-4。

每座辅通航孔桥每天配备泥浆所需原料 表6.2-4

桥位	泥浆原料					
	钻机(台)	淡水(t/d)	膨润土(t/d)	CMC(kg/d)	聚丙烯酸铵(kg/d)	纯碱(kg/d)
K6桥	6	720	57.6	21.6	21.6	216
K12桥	6	720	57.6	21.6	21.6	216
K24桥	9	1 080	86.4	32.4	32.4	324

根据上面对每个钻孔每天所需泥浆原料的计算,可初步得出每个钻孔每天所需运走的钻渣及废浆。在钻机成孔过程中一个孔的钻渣数量约为500m^3(取孔内土体方量),钻渣中携带泥浆为循环体系中泥浆的损失约为50m^3,冲洗钻渣所用海水约为50m^3,即一根桩在8d成孔过程中共须运走钻渣及废浆等总质量应为:540×2.0＋50×1.2＋50×1.0＝1 190t,则每天须运走钻渣及废浆等质量应为1 190/8＝148.75t,按150t计。在成孔过程中每座辅通航孔桥每天所须运走的钻渣及废浆等质量见表6.2-5。

每座辅通航孔桥每天所须运走的钻渣及废浆等质量 表6.2-5

桥位	K6	K12	K24
钻机(台)	6	6	9
钻渣及废浆等质量(t/d)	900	900	1 350

每根桩在混凝土浇筑过程中所须排出、运走的泥浆为1.1t/m^3×(540＋50＋70)m^3＝726t。

②制备泥浆所需主要原材料的供给及相关处理

根据以上两表可以看出,为了保证本标段钻孔灌注桩施工顺利进行,解决泥浆原材料的供给是关键。下面就原材料的供给和相应设备的配备作如下分析。

a.淡水。考虑到自然因素对船运的影响,拟在每个施工平台上储存富余3d的淡水用量(K6、K12

桥各平台均为720t，K24桥为每个平台1 080t）。储水池统一采用平台上的护筒，单根护筒（未浇筑混凝土且未开钻的孔）储水量为$3.14\times(2.9^2/4)\times(7+8)=100m^3$，已浇完混凝土的单根护筒储水量为$3.14\times(2.9^2/4)\times 8=53m^3$，平台上除开钻孔不考虑有储水作用外其余均考虑有储水作用。由此可算出每个平台上储水量情况见表6.2-6。

每座辅通航孔桥单个平台护筒储水量情况　　表6.2-6

桥　位	K6	K12	K24
单个平台开钻孔	2	2	3
最少可能储水量(m^3)	530	636	848
最多可能储水量(m^3)	1 000	1 200	1 600

由上表可以看出，每个平台在钻孔施工过程中储水量基本可以满足3d的富余量，只是施工最后几个孔时，泥浆储备量达不到3d的要求，这时可将已浇完混凝土桩的钢护筒接长，以满足要求。

拟定每个辅通航孔桥各配备两艘1 000t（其中，K24桥配两艘1 200t的）的水船，这样，两艘水船周转运水，每个钻孔平台一天供水一次，水船每次供水均将每个平台上所有储水护筒加满淡水，成孔过程中造浆所需淡水均从储水护筒内抽取。每个平台在开钻之前均要将储水护筒（除开钻孔、泥浆池、循环池、造浆池外）内加满淡水。

b.膨润土。根据上表中的相关参数可以看出，三座辅通航孔桥每天用膨润土约200t，因此，三座辅通航孔桥拟定共用一艘500t的货驳，货驳不参与本桥位以外的运输，只在三座桥间周转。与淡水一样，三座桥每个平台上均要计划储备富余3d的膨润土用量。每个平台在开钻之前，需将富余3d的膨润土准备齐全。

c.钻渣、废浆的处理。依据表2.2-4中数据，拟在K6、K12、K24三座辅通航孔桥各配置6艘$250m^3$（450t）的泥驳。对于每个辅通航孔桥来说，保证每个平台旁边始终有一艘泥驳，这样，每个平台两艘泥驳轮流装渣、运走，并排放至指定地点，确保钻渣、废浆等不直接流入海里，影响海洋环境。

d.泥浆循环工艺中船只靠泊的处理。由于钻孔过程中有较多的船只靠泊平台附近，为钻孔施工提供原材料或运走施工中的工程废料。为了保证平台和各船只的安全，拟在每个辅通航孔桥各设置8个30t的混凝土异形锚（图6.2-2），主要用于水船、泥驳、拌和船等施工船只的拴缆。

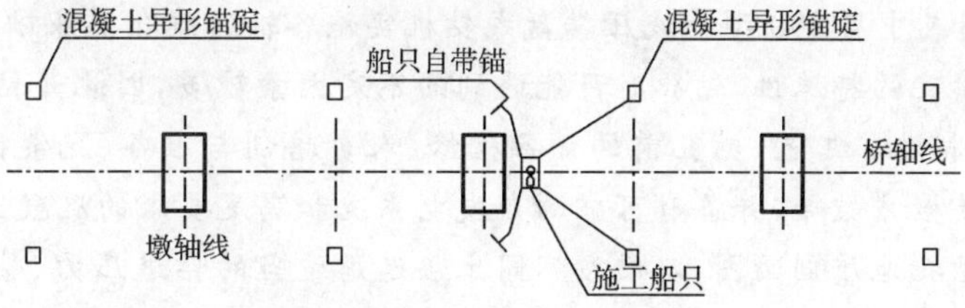

图6.2-2　各辅通航孔桥混凝土异形锚布置图

③钻孔过程中的泥浆循环

从本标段三座辅通航孔桥地质报告可以看出，⑦层以上地质宜采用正循环成孔，⑦层及以下部分地质宜采用反循环成孔。但由于钢护筒底高程已进入⑥层，接近⑦层，因此整个成孔过程均可采反循环成孔。下面以K12桥钻孔为例予以说明。首先，用泥浆泵将造浆池、循环池、沉淀池及开钻孔内的海水（包括部分淤泥）尽量（在保证护筒内外海水不贯通的情况下）抽净，然后在开钻孔内加入一定量的膨润土和淡水，利用钻机反循环成浆，此时钻机只是造浆而不进尺，待泥浆数量及各项指标达到设计要求时，开始反循环钻进。与此同时，在造浆池内按一定比例加入膨润土和淡水，利用空压机压缩空气搅拌成浆，泥浆通过连通管（或泥浆泵）从造浆池进入循环池。循环池内的泥浆在泥浆泵的作用下进入开钻孔孔口。开钻孔内泥浆携带钻渣，在钻杆气举作用下，从孔底经钻杆流出，直接进入旋流除渣器，泥浆在旋流除渣器内分离为泥渣和泥浆，分离出来的泥浆直接进入循环池参与再循环，而泥渣则进入渣池后并通过溜槽溜入泥驳。这就是反循环过程(图 6.2-3)。在整个循环过程中，要不断在造浆池内补充淡水和膨润土等原料，以补充循环过程中泥浆的损失。

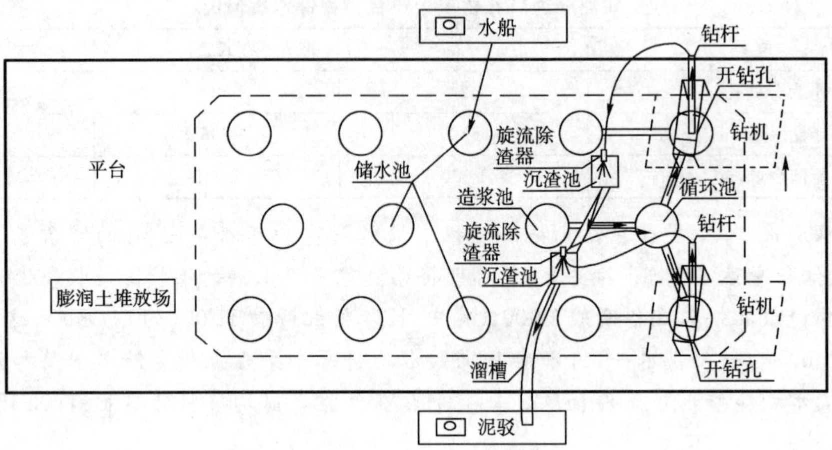

图 6.2-3　K12 桥泥浆反循环图

④采用淡水泥浆循环存在的问题

就钻孔本身而言，它受天气因素影响较小。采用淡水造浆，由于淡水泥浆中的淡水、膨润土等原料上到钻孔平台上或钻渣和废浆运出主要依靠海上船只的运输，而船只运输受风、浪、潮、雾等天气因素影响极大，因此，如果因为天气因素影响而导致泥浆原料供应不上，造成泥浆指标难以达到规范要求或因钻渣和废浆难以运出等因素的影响，那么钻孔施工将会受到很大影响。

4)钻进

技术要求：孔的中心位置平面偏位小于 5cm；

孔径不小于 2 500mm；

孔倾斜度小于 1%；

孔深不小于设计规定。

拟采用 KP3500 型或中昇 300 型全液压转盘式钻机实施各辅通航孔桥基础钻孔灌注桩钻孔施工。钻孔灌注桩因其施工情况的特殊性，钻孔时可能遇到的不定因素较多，因此开钻前制定详细可行的基桩施工作业指导书，包括施工工艺、钻孔前的设备检修、人员培训与准备、泥浆循环系统等材料准备，事故预案、安全方案、质检方案等，并备有可靠的自发电系统和满足要求的混凝土拌和站。

(1)钻孔前，绘制钻孔地质剖面图，以便按不同土层选用适当的钻进压力、钻进速度、泥浆比重、正反循环工艺等。

(2)在钻孔平台上铺好枕木，固定好钢轨，利用浮吊将钻机吊装就位，立好钻架并调整，安设好起吊系统，将钻头吊入护筒内准备钻孔。

(3)钻机安装就位后，调整底座并保持平稳，以保证在钻进和运行中不产生位移及沉陷，否则找出原因，及时处理。

(4)钻孔作业时采用减压钻进，根据不同土层选择与之相适应的进尺和转速。对于淤泥质土层，采用低挡慢速、大泵量、稠泥浆钻进，每小时进尺不大于 1m，以免发生先扩孔后缩孔现象；对于亚黏土层，采用低挡慢速、优质泥浆、大泵量钻进的方法钻进；对于黏土层采用中等钻速大泵量、稀泥浆钻进，每小时进尺不大于 0.8m；对于砂层，采用轻压、低挡慢速、大泵量、稠泥浆钻进，每小时进尺不大于0.5m，以免孔壁不稳定，发生局部扩孔或局部坍孔，并充分浮渣、排渣，以防埋钻现象；对沙砾层，采用轻压、低档慢速、优质浓泥浆钻进，每小时进尺不大于0.8m，确保护壁厚度以及充分浮渣；护筒底口和不同地层交接处附近，采用低档慢速、小进尺钻进，防止扩孔、塌孔和偏斜孔，每小时进尺不大于0.5m。

(5)从标段地质报告分析，上部黏土层和⑦层以上土层可用正循环钻进，下部含砾粉细砂层则采用反循环施工。

(6)钻孔过程中，及时填写钻孔施工记录，交接班时由当班钻机班长交待接班钻机班长钻进情况及下一班应注意事项。

(7)钻孔作业分班连续进行：经常对钻孔泥浆进行试验，不合要求时，及时调整；随时捞取渣样，检查土层是否有变化，当土层变化时及时报监理工程师并记入记录表中，且与地质剖面图核对。

(8)水中基桩钻孔施工由于受潮水涨落影响，注意保证孔内泥浆面任何时候均应高于海水面1.5～2m以上。

(9)在高潮期、大风浪期施工时，派专人定期测量河床面，当河床冲刷严重时，及时采取抛填砂袋或石笼的办法进行冲刷防护，以确保钢管桩、钢护筒有足够的入床深度以及钻孔平台的整体稳定及安全。

(10)因故停止钻进，孔口加护盖。严禁钻头留在孔内，以防埋钻。

5)清孔

技术要求：泥浆相对密度(桩孔顶、中、底取样的平均值)：1.03～1.10；

泥浆黏度(桩孔顶、中、底取样的平均值)：17～20s；

含砂率(桩孔顶、中、底取样的平均值)≤2%；

孔底沉淀厚度≤20cm；

胶体率(桩孔顶、中、底取样的平均值)≥98%。

钻孔到位后采用长为4～6倍的桩径、直径等于桩径的检孔器进行孔深、孔径和垂直度等的检测，经监理工程师验收合格签认后，方始进行首次清孔。首次清孔采用钻机气举法自行换浆清孔，即用新拌泥浆置换孔内高浓度泥浆，使孔内泥浆比重、黏度、含砂率等指标满足灌注水下混凝土需要。钢筋笼安装到位后，进行二次清孔，二次清孔采用水下混凝土灌注的刚性导管配ϕ5.0cm直径无缝钢管为高压管，通过20m^3/min空压机输送压缩空气气举法排出孔底高浓度泥浆，冲散沉淀层，使之呈悬浮状态后立即开始水下混凝土施工。清孔时注意事项为：

(1)在清孔排渣时，注意保持孔内水头，防止坍孔。

(2)严禁用超深成孔的方法代替清孔。

(3)采用优质泥浆在足够的时间，经多次循环，将孔内悬浮的钻渣置换出来，按招标文件，两次清孔后孔底沉淀厚度不大于20cm。

6)钢筋笼制作安放与布设导管

技术要求：钢筋焊接符合技术规范要求；

混凝土保护层垫块抗压强度大于50MPa；

混凝土保护层垫块尺寸：0～+5mm；

钢筋骨架底面高程：−5cm～+5cm。

辅通航孔桥基础钻孔灌注桩钢筋笼均采用在陆地钢筋棚分节绑扎成型，标准节段长为12m。用驳船运输至施工现场，履带吊现场拼接下放入孔的方法施工，如图6.2-4所示。

钢筋笼安放及布设混凝土导管施工要点如下：

(1)制作钢筋笼时，严格按照设计图纸和技术规范要求执行且在钢筋笼上端均匀设置吊环或固定杆。

(2)在钢筋笼四周安设控制钢筋骨架与孔壁净距的混凝土垫块，垫块以等距离绑在钢筋骨架周径

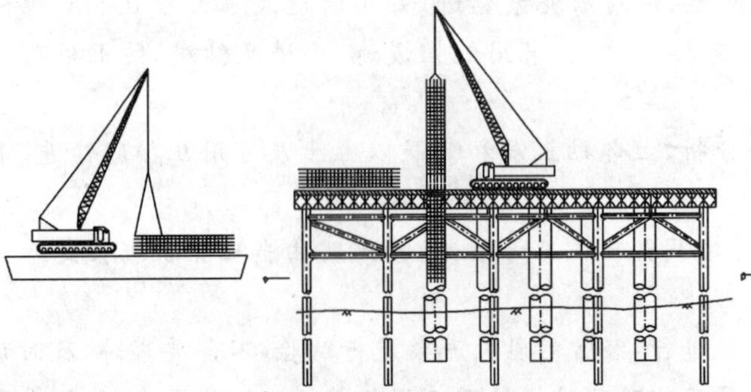

图 6.2-4　钢筋笼下放示意图

上，其沿桩长的间距不超过 2m，横向圆周不得少于 6 处，超声波检测管纵向每 4.0m 与钢筋笼焊接固定；混凝土保护层内不得有定位钢筋，以免形成锈蚀通道。

(3)在钢筋笼的接长、安放过程中，始终保持骨架垂直；钢筋笼接长采用同轴心搭接单面焊(或采用机械连接)，每节接长保证顺直度满足要求，接头牢固可靠，同一断面接头数量不超过总根数的二分之一。钢筋笼接好后严格检查接头质量，并边下沉边割掉笼内十字撑。

(4)混凝土灌注导管采用内径 ϕ308mm 型卡口管，按《公路桥涵施工技术规范》(JTJ 041—2000)要求，在混凝土灌注前进行水密承压和接头抗拉试验、长度测量标码等工作，并经监理工程师检查合格后下放导管，导管卡在导管架上，如图 6.2-5 所示。

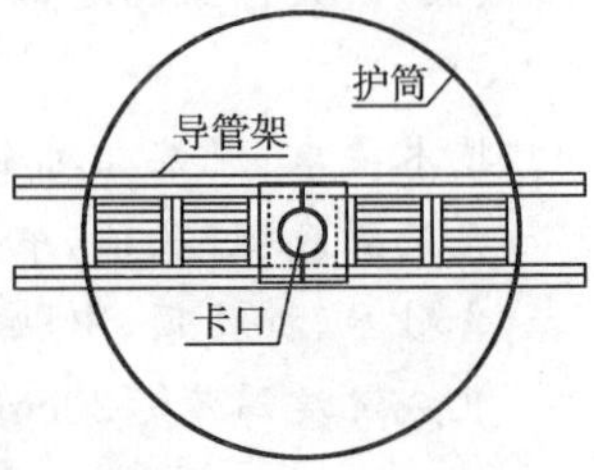

图 6.2-5　导管架示意图

(5)在灌注混凝土前再次检查孔底沉渣厚度，如不满足要求，则利用导管进行二次清孔直至合格。

(6)导管底口至桩孔底端的间距控制在 0.4m 左右，首批混凝土储料斗设计容积为：满足导管初次埋置深度大于 1.5m。

7)钻孔灌注桩水下混凝土的灌注

海水环境下施工钻孔灌注桩有其特殊性，除使用淡水泥浆循环外，为确保钻孔灌注桩施工质量，防止钢筋锈蚀，采用高抗渗混凝土，掺硅灰、粉煤灰、矿渣等超细矿物掺合料，并与适当的外加剂相结合，最大限度地提高混凝土的密实性。另外，为满足水下混凝土灌注需要，水下混凝土坍落度宜控制在 16～18cm，初凝时间大于 15h。混凝土供应能力在 72m³/h 左右。水下混凝土灌注示意图如图 6.2-6所示。

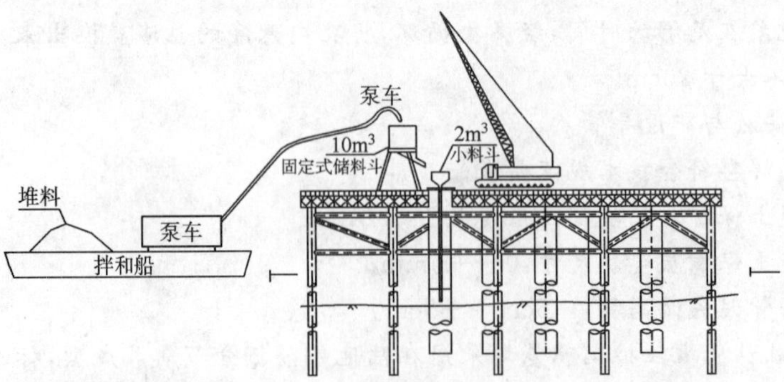

图 6.2-6　水下混凝土灌注施工示意图

水下混凝土灌注注意事项为：

(1)钢筋笼安放完成，二次清孔结束后应及时灌注桩基水下混凝土，中间间隔时间不可太长。

(2)按 1.5 倍左右浇筑桩身混凝土体积，备齐砂、石、水泥、外加剂等原材料，当钻孔灌注桩成孔时间较集中时，供料船应及时做好供料准备。

(3)加强现场管理，定期校验混凝土搅拌站计量系统，严格控制搅拌时间。混凝土必须有良好和易性，现场坍落度控制在16～18cm，并及时检测。雨后灌注水下混凝土时，应实测粗细集料含水率，并根据测试结果及时调整混凝土配合比，确保混凝土拌和质量满足要求。

(4)混凝土导管使用前必须进行水密及气密试验，确保其有良好的密封性。灌注混凝土时，导管底端距离孔底0.4m左右。

(5)首盘混凝土灌入量不少于12m^3，保证混凝土导管埋入混凝土中具有足够的深度。混凝土灌注过程中，注意保持孔内的静压水头不少于2.0m，同时注意及时测量混凝土面的高度及上升速度，埋管深度控制在2～6m，严禁将导管提离混凝土面，浇灌中适当上下活动导管，活动范围控制在0.5～1.0m间。

(6)严格控制拔管和埋管深度，设专人测量混凝土面深度，做到先测后拔，密切观察灌注情况。

(7)灌注到桩顶时，完好的混凝土面应高出设计桩顶不小于1.0m。

(8)做好每根桩水下混凝土灌注记录和混凝土施工值班记录。

8)基桩检测：基桩施工完成且混凝土强度达到检测要求后，与检测单位联系进行检测。

9)主要风险及对策

(1)钻孔灌注桩施工主要风险

①在钻进过程中由于涨落潮引起较大潮差，容易给钻进过程带来较大的坍孔风险。

②根据桥址地质情况，粉细砂层厚达几十米，易产生局部扩孔或局部坍孔。

③混凝土灌注过程中，由于混凝土和易性较差、混凝土离析严重，或导管埋深过大、导管提空等导致断桩。

④海水环境下施工，泥浆指标下降，浮渣能力差，易造成钻孔进尺慢，甚至坍孔。同时因海水腐蚀，易造成混凝土性能降低，钢筋锈蚀。

(2)拟采取的主要对策

①防坍孔对策

a.根据不同土层、墩位选择与之相适应的钻进方法。对于水中墩钻至护筒下口附近1m时，提钻抛填黏土反复作正循环旋转护壁2～3次。

b.当海平面水位变化时，及时调整孔内泥浆水头，保证孔内水头在任何时候均比孔外水位高1.5～2.0m以上。

②防掉钻头、偏斜孔对策

a.选择大扭矩、钻杆内径大、气举或泵吸效果好KP3500型回转钻机和中昇300型回转钻机钻孔，具有钻机扭矩大、钻杆刚度大等特点。

b.加强现场质量管理工作；对于特殊地质，由技术人员对工班长进行详细的施工技术交底，并传达至每一位操作人员，做到心中有数。

c.加强机械设备的检查，尤其是钻杆螺栓、法兰盘等。

d.严格按照要求施加配重：采用减压钻进，即钻机的主吊钩始终要承受部分钻具的重力，而孔底承受的钻压不超过钻具重力之和(扣除浮力)的80%。

③防断桩对策

a.制备和易性良好的混凝土配合比，坍落度控制在16～20cm，初凝时间在15h以上。同时在施工过程中注意对混凝土质量的控制。

b.针对混凝土灌注方量大、灌注时间长的特点，混凝土搅拌、混凝土输送泵等混凝土设备均有备用措施，当出现意外情况时，混凝土能够连续灌注，同时备用发电船作为备用电源，防止突然断电时灌注水下混凝土出现的风险。

c.加强领导现场值班和人员的管理工作,做到职责明确,确保每个操作人员的工作质量,从而保证基桩混凝土的施工质量。

d.加强对通信设备的检查,确保施工过程中信息畅通,指挥到位。

e.严格按照技术规范要求,进行导管埋深控制,现场技术人员勤测孔深,保证实测数据和计算数据准确无误。

④海水环境下钻孔灌注桩施工对策

采用淡水造浆进行海水环境下钻孔灌注桩施工,施工过程中注意保持水头,并加强对泥浆性能指标的监控调整。

4.机构组织(图6.2-7)

海上钻孔灌注桩施工阶段,设一名前场施工现场总负责人(由项目部主管生产的副经理负责),下设安全、技术、生产、质检、船机、物资等部门相互协作;三座辅通航孔桥各设一名副经理负责。每座辅通航孔桥设一个钻孔施工作业班,一个钢筋加工班,一个混凝土生产班,一个混凝土施工班,每个班组设作业队长一名:每个辅通航孔桥设技术主管一名、施工技术员九名、质检员三名、专职安全员三名。

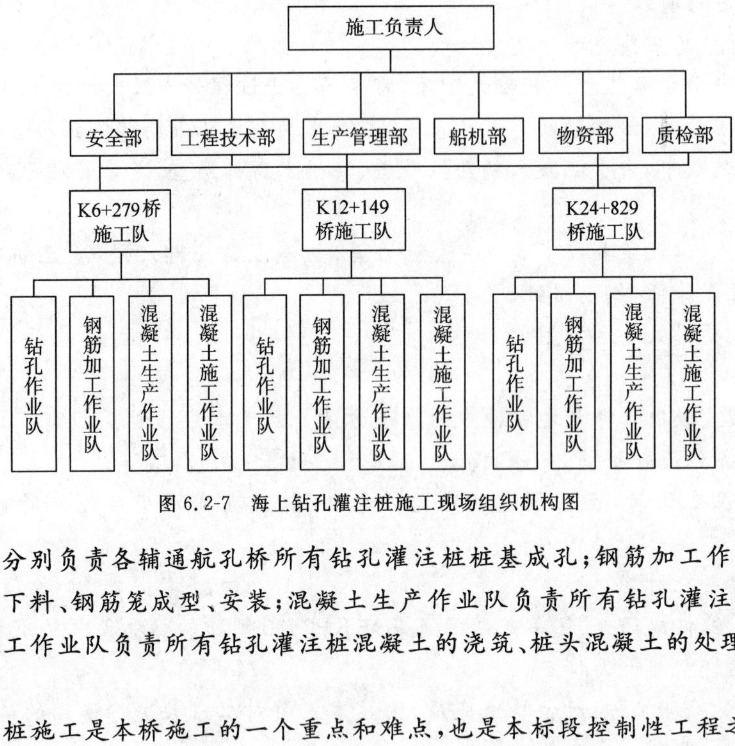

图6.2-7 海上钻孔灌注桩施工现场组织机构图

各钻孔作业队分别负责各辅通航孔桥所有钻孔灌注桩桩基成孔;钢筋加工作业队负责所有钻孔灌注桩桩基钢筋的下料、钢筋笼成型、安装;混凝土生产作业队负责所有钻孔灌注桩桩基混凝土的生产、泵送;混凝土施工作业队负责所有钻孔灌注桩混凝土的浇筑、桩头混凝土的处理。

5.劳动力安排

海上钻孔灌注桩施工是本桥施工的一个重点和难点,也是本标段控制性工程之一,因此为保证进度计划的完成,必须增加人员的投入,我们部门已制定了详尽的人员安排计划,见表6.2-7。

劳动力使用计划表

表6.2-7

桥位	人员安排 / 作业队	工种						
		电焊工(人)	混凝土工(人)	吊装工(人)	木工(人)	普工(人)	机械手(人)	钢筋工(人)
K6桥	钻孔作业队	6	—	18	—	24	24	—
	钢筋加工作业队	12	—	12	—	20	6	20
	混凝土生产作业队	2	8	5	—	20	15	—
	混凝土施工作业队	5	20	15	—	15	10	—

续上表

桥位	人员安排 / 作业队	电焊工（人）	混凝土工（人）	吊装工（人）	木工（人）	普工（人）	机械手（人）	钢筋工（人）
K12桥	钻孔作业队	6	—	18	—	30	24	—
	钢筋加工作业队	12	—	12	—	25	6	20
	混凝土生产作业队	2	8	5	—	25	15	—
	混凝土施工作业队	5	20	15	—	20	10	—
K24桥	钻孔作业队	6	—	25	—	40	35	—
	钢筋加工作业队	20	—	18	—	35	15	40
	混凝土生产作业队	2	8	5	—	35	20	—
	混凝土施工作业队	5	20	15	—	30	10	—

6.机械设备使用计划

钻孔灌注桩施工需要大量性能优异、状况良好的设备，在加大人员投入的同时也要加大设备的投入，我部已制定了详尽的机械设备使用计划，见表6.2-8。

主要机械设备(施工机械)使用计划表　　表6.2-8

名　称	型　号	吨位/功率	K6	K12	K24	其　他	合　计	计划进场时间
钻机	KP3500	203kW	3	3	5		11	2002.12.25
	中昇3500	210kW	3	3	4		10	2003.01.18
发电机组		320kW	4	4			8	2002.11.20
	400GF	400kW			3		3	2002.2.20
		100kW			3		3	2002.12.20
塔吊	150固定式	150t·m	3	2			5	2003.11.05
码头座吊		10t					1	2003.01.08
汽车吊		50t					1	2002.12.11
		20t					1	2002.10.25
履带吊		50t		1	3		4	2002.11.27
切断机	GQ40	4kW					4	2002.10.8
浮吊		100t	1	1	1		3	2002.10.8
交流电焊机	BX-400	20kW	15	15	15	25	70	2002.11.07
泥浆泵	4PN	55kW	6	6	9		21	2003.06.08
振桩锤	DZ135	135kW	2	2	2		6	2002.12.08
空压机		150kW	3	3	3		9	2003.06.07
钢筋弯曲机	GW-40	7.5kW					6	2002.10.08
旋流除渣器		10m³/h	6	6	9		21	2002.12.30
对焊机	UN-100	100kW					6	2002.1.07

主要机械设备(船舶)使用计划表 表 6.2-9

序号	名称	规格	K6	K12	K24	合计	计划进场时间	备注
1	拌和船	$120m^3/h$	1	1	1	3	2003.01.18	
2	拖轮	1 940kW				1	2002.11.06	
		1 228kW				1	2002.12.08	
		441kW				1	2003.01.20	
3	交通船	50～60 人				3	2002.11.06	
4	货驳	1 000t				3	2002.11.05	自航式
5	货驳	500t				1	2002.11.05	自航式
6	泥驳	$250m^3$	6	6	6	18	2003.01.12	自航式
7	供水船	1 000t	2	2	2	6	2002.12.19	自航式
8	抛锚艇	373kW				2	2002.11.07	
9	平驳	1 000t				1	2002.12.21	

7. 材料使用计划

根据总体施工进度计划和年度施工计划进度安排，钻孔灌注桩主要材料使用安排见表 6.2-10，材料进场根据施工进度安排合理组织，确保满足工程施工需要。

主要材料使用计划表 表 6.2-10

序号	材料名称	数量	计划使用时间												
			2002年			2003年									
			10	11	12	1	2	3	4	5	6	7	8	9	10
1	平台钢材	3 500t	━	━	━	━	━	━							
2	护筒钢材	5 300t	━	━	━	━	━	━							
3	$\phi32$	1 700t				━	━	━	━	━	━	━			
3	$\phi28$	3 800t				━	━	━	━	━	━	━			
4	$\phi22$	300t				━	━	━	━	━	━	━			
5	$\phi12$	400t				━	━	━	━	━	━	━			
6	$\phi60$无缝钢管	300t				━	━	━	━	━	━	━			
7	水泥	11 340t				━	━	━	━	━	━	━			
8	中粗砂	$15\,000m^3$				━	━	━	━	━	━	━			
9	碎石	$23\,000m^3$				━	━	━	━	━	━	━			
10	粉煤灰	3 000t				━	━	━	━	━	━	━			
11	外加剂	600t				━	━	━	━	━	━	━			
12	淡水	$6\,000m^3$				━	━	━	━	━	━	━			

8. 进度计划

海上钻孔灌注桩施工进度计划的编制主要以总体施工进度计划和年进度计划为依据，具体见表表 6.2-11。

9. 质量保证措施

由于基础施工是本标段施工的重点和难点，而水中工作平台的持久牢固性及桩基施工的顺利进行是桥梁基础施工的前提和保障，因此我公司根据本标段的实际情况，成立了由公司总工程师牵头并聘请部分外部及公司内部专家的东海大桥技术专家组，对海上钻孔灌注桩施工方案进行了反复的讨论、论证，确保施工的绝对可靠性。

确立“百年大计，质量第一”和“质量兴企业”的质量管理方针：提高全员业务素质，使全体员工树立“工程在我心中，质量在我手中”的观念，增强质量意识，调动职工积极性，人人各司其职，用全员的工作质量来确保工程质量；确立创优质工程的目标，积极开展争创优质工程活动。

东海大桥 IV 标海上钻孔灌注桩施工计划横道图　　表 6.2-11

施工内容	2003																							
	1月			2月			3月			4月			5月			6月			7月			8月		
	上	中	下	上	中	下	上	中	下	上	中	下	上	中	下	上	中	下	上	中	下	上	中	下
1.K6+279 桥																								
PM145 墩桩基																								
PM146 墩桩基																								
PM147 墩桩基																								
2.K12+149 桥																								
PM240 墩桩基																								
PM241 墩桩基																								
PM242 墩桩基																								
3.K24+829 桥																								
PM418 墩桩基																								
PM419 墩桩基																								
PM420 墩桩基																								

建立以项目经理为工程质量第一责任人的工程质量管理机构(图 6.2-8)和以项目总工程师负责的工程技术、质检、试验、测量监控四位一体的质量保证体系，严格施工过程中的质量控制；同时为质检、试验、测量体系配备职业道德良好、工作态度认真、责任心强和技术水平高的工程技术人员，从人员素质上确保工程质量。

1)质量管理机构

质量管理组织机构采用定期和不定期相结合的工作方式开展质量检查工作。项目部质量管理组织机构每月组织一次质量检查和评比活动，每月召开一次质量分析会；作业班组实行上、下工序交接检查制度，并对主要项目、关键工序实行跟踪检查，做到预防为主，把质量事故隐患消灭在萌芽状态。

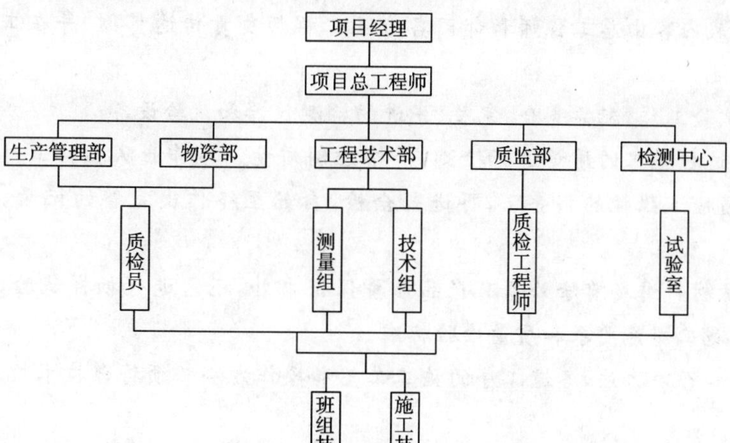

图 6.2-8　质量管理框图

2)质量保证体系

(1)监控测量体系

施工控制网是施工测量的重要组成部分,全桥的施工控制网在开工前经提交,在监理工程师的协助下对控制网进行全面复测。

现场操作人员提前熟悉钻孔灌注桩施工图纸、桥梁结构图纸及相关文件,采用最优的测量方法进行施工放样,关键部位(如钢护筒平面位置、垂直度等)的放样要采取一种方法放样、多种方法复核的方式。严格按照设计图纸、相关文件及规范进行计算、精确放样,确保测量结果满足设计要求。

施工测量严格按照规范操作,定期检校仪器,保证仪器良好,做好施工观测记录,填好相应的测量成果资料,确保施工测量程序有效地进行,保证产品质量。

(2)试验检测体系

项目经理部设检测中心,下设试验室,并配备与其相适应的仪器、设备(详见投入本标段的试验仪器表),保证满足工程试验需要。试验室严把施工材料进场关,所有灌注桩施工用材进场前必须携带厂家出具的产品质量合格证,材料进场后必须对材料的各种力学性能、物理特性进行详细的检查,并做好标识,确保不误用未经检验合格的材料。

试验仪器设备按质量体系程序文件要求和计量部门管理规定,按期进行校验并保留记录和证书,确保试验仪器的精度和试验数据的可靠。

(3)质检体系

施工过程中每完成一道工序,现场施工技术人员必须填写相关记录表格,尤其对钢管桩和钢护筒的长度、钻进情况、钻孔过程中地层变化情况、混凝土灌注情况必须做好详细的记录。作业班组实行上下工序交接检查制度,做到预防为主,把质量事故隐患消灭在萌芽之中。

3)质量保证措施

(1)技术措施

从技术上把好质量关,我们将采取以下技术措施。

①实行技术交底制度,对施工中的各个技术要点、施工程序操作要点和质量标准在施工前进行详细的技术交底。交底内容由总工程师和部门各专业工程师负责传达贯彻,并在工地例会时对工程各方面的要求进行阐述。

②加强检测、试验工作,配备齐全、完整、先进的检测仪器和试验设备。

对整个工程全过程施工的质量进行检测,严格控制质量。各作业队在施工过程中对各道工序进行自控自检,并在质检工程师的指导下,再进行全检,自始至终作出完整的记录,发现问题并及时纠正,直至验收合格。

材料检验,对原材料进场前除必须有产品质量保证书外,还需进行抽样试验,各种材料的质量和规格必须符合有关施工规范要求和质量检验标准。

③实行质量检验否决办法,各道工序的施工工艺和操作方法必须符合技术规范的要求,对不合格的必须重新施工。

④制定技术资料管理办法,严格按照“技术资料管理办法”的要求进行技术资料的收集、整理、存档,做到及时、准确、完整。

(2)质量保证措施

①为了确保工程质量,组织施工人员进行全面质量管理意识教育,认真学习工程技术规范和质量检验标准,熟悉掌握招标文件、技术规范、施工图纸和施工工艺。

②实施科学管理,制定施工管理办法,编制周密的施工组织设计,科学合理地组织施工,杜绝不合

格产品，确保优质工程。

③开展创优工程活动，建样板工程以点带面，全面创优。

④加强工程质量检查工作，充分发挥内部质量检查工作职能，工地现场技术员对班组内部实行工序质量自检，相邻工序之间后道工序班组验收前道工序班组质量，凡需要经监理工程师签认的工序必须经监理工程师检查合格签证后方可进行下道工序施工。

⑤实行工序控制，对每道工序提出质量标准、控制方法和检查验收的内容，使每个施工人员和质检人员明确质量目标，以保证工程质量在施工过程中处于受控状态。

⑥建立严格的奖惩制度与质量责任制度，对违反操作规程、程序，使用不合格材料，影响工程质量的施工，除坚决返工外，还要给当事人予以处罚，对工程质量达到优良的施工给予奖励。

⑦贯彻质量宣传教育，由项目总工程师组织技术质量部质检组按照技术规范要求，对各作业队质检员进行上岗培训、教育，对各道施工工序，严格执行技术规范，以确保各环节的工程质量。

(3)试验与计量

在施工现场设工地试验，包括砂石料等原材料试验、钢筋拉伸抗弯试验、混凝土配合比使用性能、强度、弹性模量试验。对所有测试仪器、设备在使用前到政府设立的计量部门检验和标定。在监理工程师的指导下，严格按照有关技术规范的规定开展测试项目，并把试验分析结果按照规定及时提供给监理工程师。

①粗集料应符合配合比所提出的要求，每月测试碎石的压碎值、杂质含量和其他有机物含量以及磨耗系数，不符合要求的不得进场。

②细集料按《公路工程集料试验规程》(JTG E42)* 规定的要求选用，按其规定进行砂中杂质的含量测定，不合格的砂子不得进场。

③每批进场水泥都要符合《矿渣硅酸盐水泥、灿灰质硅酸盐水泥及粉煤灰硅酸盐水泥》(GB 1344—99)的规定，向监理工程师提供进货单及质保单复印件，说明水泥厂家的品种、标号、出厂日期与数量，连同厂家的品质试验报告等合格证明书，说明这批水泥经过试验分析是符合规范要求的。对水泥质量有疑问时，按照《公路工程水泥混凝土试验规程》(JTG E30)的有关规定重新取样试验，经监理工程师认可后方可使用。

④外掺剂的使用要给监理工程师提供生产厂家的质保单或有关部门的证明。混凝土外掺剂在使用前必须经过试验，技术要求符合(JC 473～477)的有关规定。

⑤混凝土拌和用的水要进行水质化验，并符合《公路工程集料试验规程》(JTG E42)规定，否则不得使用。

⑥基桩所用钢筋的种类、等级和直径均要符合设计图纸要求。钢筋的化学成分、物理指标和力学性能应符合(CB 1499)的规定。

⑦每批使用的钢筋应附有生产厂家对该批钢筋的生产合格证书，有关证明钢筋材料质量的资料，运到工地的每批钢筋都要按照《公路工程常用金属试验规程》(JTJ 055)的有关规定进行抽样检验。

⑧混凝土的配合比设计、试配资料应报监理工程师批准，按批准后的配合比使用。按照监理工程师规定的混凝土数量取样进行试验，试件的制作、浇筑、振捣、养生及试验要在监理工程师的监督下按照《公路工程水泥混凝土试验规程》(JTG E30)的有关规定进行。

⑨钢筋接头严格按照技术规范执行。

⑩桩基检测，按照规范和监理工程师的要求进行，桩基检测采用超声波无破损检测。

10. 安全保证措施

1)建立安全保证体系

(1)安全生产保证体系

“安全生产”是一切施工的前提条件,因此,在整个施工过程中,我们将始终贯彻“安全第一,预防为主”的方针,建立安全生产保证体系(图6.2-9)。

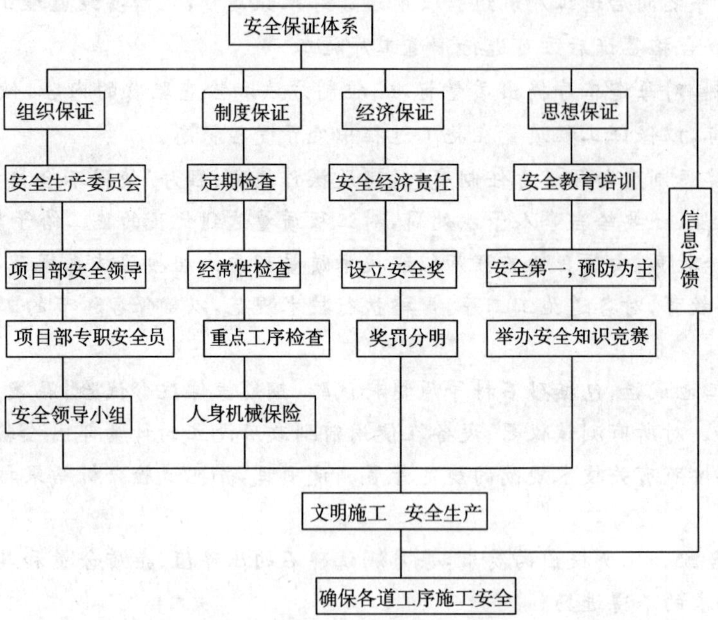

图6.2-9 安全生产保证体系框图

(2)健全安全管理组织,强化安全检查

设置以项目经理为第一安全责任人的安全生产保障体系,成立安全生产委员会,设置安全管理部门,并配备专职的安全管理人员;各作业队选配责任心强的兼职安全员,负责本作业队的日常安全管理内业资料的填写和记录。随时随地在现场检查,充分发挥监督作用,协助作业队长把关,把施工现场的事故苗头消灭在萌芽状态。

安全组织网络图如图6.2-10所示。

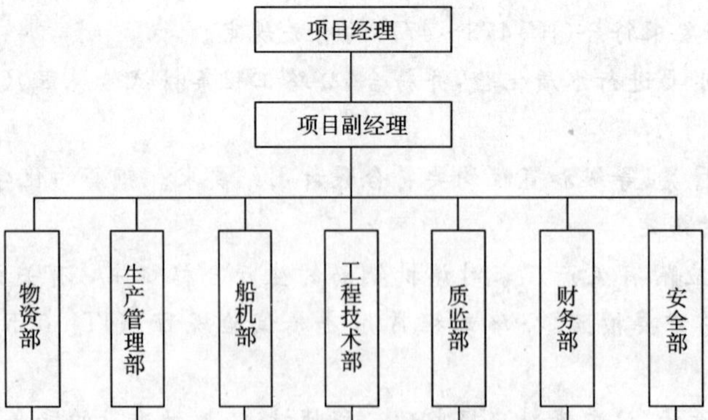

图6.2-10 安全组织网络图

(3)贯彻执行《职业健康安全管理体系规范》(GB/T 28001—2001)职业健康安全管理标准的管理体系文件,实施标准化管理,建立安全管理实施手册和安全交底手册,切实贯彻落实“安全第一,预防为主”的方针。

(4)施工平台根据设计要求，在平台四周设有高度为1.3m的栏杆，并用铁丝网封闭1m，在栏杆适当位置设置有救生圈，分布在横桥向平台两侧位置的栏杆上。每个救生圈上设有50m的绳子作为应急备用。并在平台平面的对角位置设置有灭火器用于消防。

2)钻孔灌注桩安全作业程序

鉴于我们部门施工环境的特殊性，所有参与施工的钻机和人员必须严格遵守施工规范技术要求和现场施工安全作业程序。乘坐交通船必须遵守乘船安全规定。由于东海大桥地处三类海区，气候条件恶劣，风大浪急，在上下船的过程中，不可拥挤，必须等船停稳后依次下船，且必须有人监护，认真清点人数，做好记录。

在船上和平台上作业，必须遵守相关的安全管理规定。冬季施工，施工船舶和作业平台的表面极易冰冻。所以，在施工人员行走的通道位置必须铺垫草袋，防止施工人员在作业和行走过程中滑倒，保证作业人员的施工安全。严格遵守各工种安全技术操作规程。

(1)钻孔

所有钻机在装船转运中，必须遵守水上施工安全管理规定，所有参与施工的人员都应遵守本规定。正确使用安全防护用品(包括救生衣、安全帽、防滑鞋，高处作业必须挂好安全带)等，遵守现场施工安全规定，听从经理部的安排和调度。

①钻机就位后，应对钻机及配套设备进行全面的检查，钻机安设必须平稳、牢固，由于东海大桥施工环境受气候条件的影响较大，钻机移位必须在气候条件允许的情况下进行。

②正、反循环钻机所使用的电缆线必须定期检查，接头必须绑扎牢固，确保不透水、不漏电；对于经常处于水、泥浆浸泡环境下的电缆线应架空搭设，不得挤压电缆线及风水管。

③钻孔使用的泥浆，必须设置泥浆循环净化系统，并注意防止或减少环境污染。

④对已埋设未开钻或已成桩护筒，加设护筒顶盖或铺设安全网、竹片进行遮盖。

⑤在钻进过程中，工作平台应经常冲洗，严禁泥浆污染工作平台，造成隐患，妨碍施工人员在工作平台的正常施工。

⑥所有电器、线路的敷设必须符合规范要求，严禁私拉乱接。

⑦现场的钻杆和辅助设备必须堆放整齐，保持现场整洁，达到文明施工要求。

⑧各钻机必须设立明显的操作规程牌，并严格按照操作规程进行现场操作。

⑨对施工平台上的安全设施要爱护，由于施工移开或拆卸的设施要及时予以恢复，并必须有现场记录。

(2)混凝土灌注

搅拌船的就位，必须遵守水上施工安全管理规定，在指定位置停靠，与平台保持安全距离，锚泊位置必须正确、牢靠。必须根据经理部研究制定的锚泊方案进行现场施工。听从生产部的安排调度，在作业过程中，必须设有专人对锚位进行监看，防止走锚发生危险。当多个搅拌船在同一工作面进行作业时，必须根据现场情况合理安排，使之处于最佳工作状态。

①搅拌船

a.搅拌船应按设计要求安装，操作处必须设作业平台及防护栏杆。栏杆高度按平台栏杆设计高度设置。

b.搅拌船的电气设备和线路绝缘必须良好，符合安全用电要求。机械设备外露的转动部分必须设防护装置。

c.船的机械设备安装完毕后，必须进行检查：离合器、制动器、升降器是否灵活可靠，轨道滑轮是否良好，钢丝绳有无断裂或损坏，并经试转，全部机械达到正常后，方可作业。

②泵送混凝土

a. 混凝土泵(泵车)应设置在搅拌船的作业棚内,安装应稳定牢固,泵车安设未稳前,不得移动布料杆。作业前,应检查输送泵电气设备是否正常、灵敏、可靠。

b. 泵送前,应检查管路、管节、管卡及密封圈的完好程度,不得使用有破损、裂缝、变形和密封不合格的管件,并应符合下列要求:

(a)管路布设要平顺,在高处、转角处应架设牢固,防止串动、移位。

(b)管路必须有专人负责检查,遇有变形、破裂时,应及时更换,防止崩裂。

c. 混凝土泵在运转时发现故障,应立即停机检查,不得带病作业。

d. 混凝土输送泵操作人员,应熟悉和遵守泵车的操作规程和安全技术规定。

e. 拆卸管路接头前,应把管内剩余压力排除干净,防止管内存有压力而引起事故。

f. 作业结束采用空气或水清洗管道时,操作人员不得靠近管道端部。

g. 灌孔所用的料斗、架子焊接必须牢固,导管连接必须紧密,满足施工要求,根据气象条件合理安排现场施工。

h. 对未施工孔位敷设好的安全防护设施,不得任意拆卸和解除,保证现场施工人员的安全。

i. 灌孔所用的料斗、架子必须焊接牢固可靠的栏杆,根据要求栏杆高度不得低于1.3m,并必须设置可供人员行走的过道。

j. 根据施工平台现场情况合理安排吊车停靠位置,使之处于最佳起吊位置,不得歪拉斜吊和超负荷起吊。

k. 作业队在灌孔过程中,必须指定一人专门负责指挥,所用手势、哨音和旗语必须事先与吊车驾驶员沟通,做到指挥清楚,驾驶员明白。指挥人员所站位置不能影响吊车驾驶员的视线。

l. 灌孔拆卸的导管堆放必须整齐并及时进行清洗,对平台上残留的泥浆也必须及时冲洗干净,以防作业人员在作业过程中滑倒。

m. 灌孔所用的辅助设施在周转过程中,必须保证作业人员的安全。

③清孔

施工人员上下班必须遵守海上施工安全管理规定,遵守各工种安全操作规程,遵守班前安全交底规定的安全事项。基桩混凝土灌注完成后,由作业队派出专人对孔内余留的浮浆及混凝土和泥浆的混合物清除干净。

a. 对出土的吊具必须经常检查,孔顶出土机具必须设专人管理,孔口不得堆积土渣和承重机具,作业人员的出入必须设置常备的梯子。夜间作业,照明必须达到规定的能见度,挖孔暂停和作业完毕后,必须及时恢复孔口的安全设施。

b. 孔内挖孔人员的头顶部位必须设置护盖。取土吊斗升降时,挖土人员应在护盖下面工作。

c. 挖孔人员必须采取换班制,轮流作业,必须有人现场进行旁站监护。

11. 文明施工及环保措施

(1)原则

按照《中华人民共和国环境保护法》以及地方法规和行业企业要求,在海上钻孔灌注桩施工过程中采取措施控制施工现场的各种粉尘、废水、废气、废泥浆、钻渣等对环境的污染和危害。环境保护坚持"预防为主、防治结合"的方针,努力实现可持续发展战略。

(2)组织措施

①实行环境目标责任制。

②加强检查和监控工作。

③保护和改善施工现场的环境,进行综合治理。

(3)技术措施

①大气环境保护

a.柴油机废气的排放按国家排放标准控制。

b.施工现场垃圾渣土及时清理出现场，运到指定的卸土区。

c.除设有符合规定的装置外，禁止在施工现场焚烧油毡、塑料、橡胶等会产生有毒、有害烟尘和恶臭气体的物质。

②环境保护

a.机械设备、车辆等冲洗产生的含油废水，进入隔油池隔油和沉淀达到合格标准后排放。

b.船舶油污水，按船舶检验局对油污水分离装置的技术要求，达到合格标准。

c.钻孔施工过程中的钻渣或泥浆等要用泥浆船装运至指定地点处理，严禁随便排放入海。

③交通环境保护

a.与交警密切联系，采取"警民共建"、"社区共建"的形式确保交通与文明施工两不误，指派专人协助交警维持好施工期间的交通安全，设置必要的安全标记。

b.与海事局、航运部门保持密切联系，提前通报水上施工安排，争取航运部门的配合支持。设置临时辅助航道，加设灯标，配交通巡逻艇，加强警戒。维护船舶航行安全和施工船舶作业安全。

(4)文明施工

我们将严格按照招标文件的有关章节具体要求和我公司有关文明施工的具体规定，制定严格的项目经理部文明施工管理条例和计划，全体进场员工必须认真遵守、严格执行，坚决做到文明施工，充分体现出我公司现代化施工企业的精神风貌。

①制定严格的文明施工管理制度、条例、办法等，主要条款书写在标牌上挂在工区内醒目位置，时刻提醒职工认真遵守。

②陆上施工现场严格按标准化工地进行建设，如道路、栽树、种花草、场地围墙建设、临建房屋、材料堆放等；和当地群众建立良好的合作关系，确保施工顺利进行，使我们的工程真正成为民心工程。

③做好施工现场各类机械设备和车辆分类划区安放停置工作；各种施工材料、构件均挂牌分类整齐堆放，按照不同材料的相应要求确定其堆放方式及存放条件。

④主要分项工程施工要设立施工告示牌，详细列出该项工程负责人员、工期、材料配备等情况，给施工和检查带来方便。

⑤组织职工经常进行文明教育，以良好精神风貌积极投入到工程建设中。

⑥利用广播、张贴标语、报纸、电视等加强宣传工作，为东海大桥工程、建设单位和本企业树立良好形象。

⑦设置正规醒目的标牌，书写本标段工程有关内容，如合同段名称、我公司项目经理部名称、经理、总工程师等名称，并简介工程范围、工程量等。

⑧驻地和施工现场管理人员一律佩证上岗，兼职维持工区内施工秩序，防止无关人员进入工区。各作业区、办公室、仓库、工作室等悬挂统一标牌，以示标识。

⑨坚持开展争做"四有新人"活动和优秀职工之家活动，开展丰富多彩的文体娱乐活动，活跃职工精神生活。

12.海底管线保护措施(略)

第二节　场地准备

进行现场踏勘，掌握施工场地的现状。

(1)了解现场妨碍施工的高空和地下障碍物。如：高架线路(高压线、电话线)；地下管线(各种管道、电缆等)；地下构筑物(旧人防、旧有基础等)；水下障碍物(沉船、抛石、柴排等)。

在建筑物旧址或杂填土区域施工时，应先用钎探或其他方法，探明桩位处的地下情况。有浅埋基础、大石块、废铁等障碍物时，应先挖除或采取其他处理措施。

(2)了解邻近建筑物的情况，有无危险房屋、有无精密仪器设备等。

(3)观察场地平整情况。如系水上工程，则应了解搭设临时码头和施工平台等的水域情况。

(4)了解现场道路、水源、电源、排水设施、已有房屋情况、废渣排放地等。

第三节　水上钻孔灌注桩施工准备

随着国民经济的不断发展，交通工程、土木工程的需求不断增加，大型的桥梁、码头、防波堤等工程正从内河向大江、大湖和外海延伸。这类工程有不少水上基础都采用钻孔灌注桩，水上钻孔桩与陆上钻孔桩最大的区别就在于，桩施工时必须先在水上建造供钻机作业的工作平台，其后的工作与陆上基本相同。

一、水上作业平台分类

根据水文、地质条件，水上作业平台可分为以下几种。

1.筑岛法施工

筑岛法即在水中筑岛或半岛，将成孔设备安装后进行钻孔桩施工，这种方法主要适用于水深较浅，水流、波浪不大，筑岛后对泄洪、航运等基本上没有影响的水域，此法相对较经济。对于在淤泥质土上筑岛，还要验算其地基强度，必要时要对地基进行加固以防施工过程中地基失稳而滑坡。对于流速、波浪较大的水域如采用此法则应在岛四周进行抛石护坡，以防波浪、水流对岛体的冲刷破坏，工程结束后应将所筑岛屿或半岛挖除以恢复原生态。

筑岛的方法常用直接堆筑法和板桩墙回填法。直接堆筑法常常构筑半岛用陆上推进方法建造；板桩墙回填法大部分为离岸结构，利用钢板桩、钢管板桩或混凝土板桩围成圆或方形，拉好拉杆后填土成岛，这种方法相对较贵。选择时应进行经济技术比较。

江阴长江大桥北主墩就是在－5m 等深线之内筑一半岛，然后进行钻孔嵌岩桩施工。

2.浮式平台法施工

浮式平台是利用驳船、工程浮箱或军用浮桥等在水上搭设，并利用锚泊系统将平台位置固定。此种方法适用于水流较平稳、波浪小、流速、水位变化不大的湖泊、河流中，其优点是：平台组装快，方案较为灵活，根据施工情况，平台面积和荷载调节方便、经济性较好。其缺点是：需要较强的锚锭系统，在水流、波浪、船行波的作用下平台晃动较大，影响成孔质量和效率。在通航河段由于占用较多河道，一定程度上影响通航。

3.半浮式海洋平台

半浮式海洋平台是海洋工程中专用的作业平台。拖运时四条腿上升呈漂浮状态；定位工作时，四条腿下降，支撑在软土或岩石上。箱体在水面之上，利用平台可进行灌注桩施工、打桩、钻孔等多种作业。该平台抗水流、波浪和大风的能力较强、安全性较好，常用于较恶劣的海洋环境施工中(图 6.2-11)。

4.导管架式平台法施工

导管架式平台即利用在工厂制作大型钢结构构件，用船或浮运至施工现场，利用起重船或其他船舶定位，下沉至泥面或基床面，然后在定位钢管内插钢桩定位，并将导管架的自重及施工荷载都传递至定位桩上。如导管架用在岩基上，则应先将岩基经炸礁、清礁，基床整平后再安放导管架。如水流、波浪较大的区域则应对导管架的稳定进行计算，必要时应采取相应的技术措施，如在钢管内灌混凝土

图 6.2-11　半浮式海洋平台

等。其优点是:在条件较为恶劣的海况中可以缩短现场作业时间,利用平潮或波浪、风速、水流较小的时段安装,减少现场吊装、焊接时间,保证平台质量。其缺点是:费用高,需要使用大型起重船或定位船,在岩基处施工更加困难。东海大桥主通航孔 420m 斜拉桥主墩钻孔桩施工平台,即采用导管架和钢浮箱围堰组合成为海上作业平台。

该平台两个主墩各由 4 个 26.4m×18m,高 19.2m,自重 285t 的导管架和一个 54.2m×42.4m,高 12.8m,自重达 3 000 多吨的钢浮箱围堰组成,形成一个 90.2m×52.8m 近 5 000m^2 的海上作业平台,用以施工 ϕ2.5m×110m 钻孔桩 38 根、49.6m×27.4m 高 6m 约 8 000m^3 混凝土的承台 1 座以及 140.2m 高的斜拉桥主塔 1 座。

每个导管架由 16 根 ϕ1 000mm 的导管组成,16 根导管之间用 ϕ400mm 的水平撑和若干 ϕ400mm 和 ϕ328mm 的斜撑连成整体。在导管架底部设有防沉板,以便于导管架坐落在淤泥质的海床上。导管架用 450t 起质量的三航起 7 号浮吊吊运定位后放在海床上,然后在 16 根 ϕ1 000mm 导管内打入 ϕ900mm 的 47m 长的钢管桩,并将钢管桩与导管焊接在一起,钢管桩和导管之间用压浆处理使之形成一个整体(图 6.2-12)。

图 6.2-12　钢导管架(26.4m×18m×19.2m)安装

钢浮箱围堰(54.2m×42.4m,高 12.8m)在船坞制作浮运至现场,浮箱内留有 ϕ2 700mm 钢护筒的预留孔 38 个和 ϕ900mm×47m 长的钢锚桩 44 根,就位后即用三航起 7 号吊打 44 根钢锚桩和 38 根

ϕ2 700mm×43m 长的钢护筒，沉桩后随即与钢浮箱连接使之成为一个整体(图 6.2-13)。

图 6.2-13　东海大桥钢导管架施工平台

施工平台顶高程为＋9.0m，面积近 5 000m^2，从而保证了桩基、承台、主塔的正常施工和安全运行。

5.围堰平台法施工

围堰平台常用于低桩承台结构工程中，围堰一般可分为钢套箱围堰(单壁或双壁)、钢板桩围堰、沉井围堰(钢沉井或钢筋混凝土沉井)。围堰平台要根据水文、地质资料和桩基结构进行结构设计。围堰平台的优点是：可以将结构物做成低桩承台，对抗船舶撞击和水流冲刷有利。特别是双壁钢围堰和沉井围堰均可与防撞结构同步设计。其缺点是：造价较高，施工难度较大，所需施工船舶较多。

围堰平台法施工通常有先做围堰后施工灌注桩和先施工灌注桩后施工围堰两种方法。

在覆盖层很浅或无覆盖层时，一般均采用先做围堰，再做钻孔灌注桩。这样钢护筒的定位比较方便，质量比较容易控制，省去钢平台的施工费用。但当岩面高低不平时，围堰刃脚要根据岩面高程做成高低刃脚，施工难度较大。

在覆盖层较厚且土质较软、承载力较小时，可先做钻孔灌注桩再做低桩承台围堰。而钻孔桩的施工平台则需要用其他的固定平台或浮式平台施工。此时的总高度可适当降低，双壁钢围堰夹壁混凝土可以减少，封底混凝土的量也可减少。但对高桩承台来说，可以直接利用钢套箱或钢筋混凝土套箱直接浇筑承台混凝土而不需要做围堰了。

6.钢管桩平台法施工

对于覆盖层较厚，且有较多的下卧层时，可利用钢管桩搭设平台并用水平钢管和剪刀撑现场焊接钻孔桩施工平台。此平台的桩基可以利用钢护筒作为承重桩，也可以部分利用钢护筒，部分用临时钢桩组合成施工平台，如苏通大桥主桥墩；也可全部由钢桩搭建施工平台，如东海大桥辅通航孔钻孔桩施工平台。

二、钢管桩施工平台的设计

1.平台的功能要求

水上施工平台除满足钻孔桩基础和结构施工的需要外，在海上还需考虑施工期受外海的波浪、潮流、涌浪等的影响。在内河还需考虑受河流的河床地貌、地质、汛期洪水、通航、大流速和冲刷等的影响。

因此作为一种水上的临时工作平台，必须满足以下几个要求：

(1)满足钻机成孔工艺与设备布置的要求。

(2)必须保证清孔、水下混凝土灌注等成桩工艺与设备布置的要求。

(3)能保证其后套箱、承台的顺利施工。

(4)能保证作业人员良好的工作环境与生活场地。

(5)平台不受施工期的波浪、潮流、涌浪等的影响;不受施工期的汛情、涨落潮和台风等气象的影响,以确保安全施工。

(6)平台能承受施工期的波浪、潮流、涌浪、冰凌和水流力等水平荷载,能承受施工期停靠船舶的撞击力和系缆力。

(7) 在抛石层的斜坡上或岩基的斜坡上搭设施工平台,要特别注意在冲孔或钻孔时块石滚落,影响平台的整体稳定。

2.平台的设计

作为施工的辅助设施,平台的类型选择与设计,应力求结构简单、受力明确、施工方便、稳定性好、安全可靠。同时应综合考虑墩位处的水文、地质、桩基施工及后期承台模板或双壁钢围堰的拼装、下沉等因素。施工平台由支承桩、联系梁和承重主梁及平台面板三部分组成。其中平台面板由小型型钢和钢板组成,平台面板位于主梁之上。主梁采用贝雷架或工字钢按纵横向布置,主梁支承在管桩或钢护筒上。管桩间、管桩与钢护筒间或钢护筒间以钢管和型钢为联系梁进行多层水平连接,保证平台的稳定和抗扭。

平台的设计要考虑施工期的最不利工况(例如洪水、暴风潮等),或按设计高水位加波高设计,以能够保证平台上的施工作业不受影响来确定平台高程;按成孔设备的数量及布置,钻具、钻杆、泥浆池及循环系统,钢筋笼堆放、混凝土搅拌设备、履带吊等起重设备,材料堆放场地,人员的工作、生活设施等综合因素来设计平台的长度和宽度。根据平台上荷载及水文、地质资料来确定桩的入土深度。

比较简单的施工平台通常按平面分析方法计算,由于有两层以上的水平杆系,可假定平台上部结构刚度很大,将上部结构与桩、桩与水平杆系的节点视为固结,承重梁及工字梁之间视为铰接进行计算。

较大的平台常按空间分析方法进行计算。根据平台上荷载的大小和实际地层情况来确定支承桩的入土深度。

三、钢管桩施工平台的工程实例

[实例1]　东海大桥水上钻孔平台

1.工程概况

(1)地理位置

东海大桥起始于上海市南汇区芦潮港镇客运码头往东约4km南汇嘴处,跨越杭州湾北部海域,直达浙江省嵊泗县崎岖列岛的小洋山岛,长约32.5km,途经小乌龟、大乌龟、颗珠山等岛屿。本工程段位于东海海域,桥区海域海势稳定,海床较为平缓,水深一般在5～8m,高程－7.5m。中日海底光缆、电缆在该区通过。

桥位平面位置示意如图6.2-14所示。

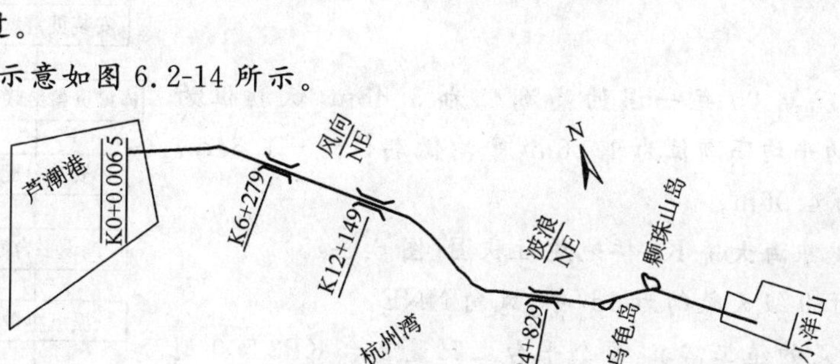

图6.2-14　东海大桥平面示意图

(2)工程地质概况

本施工区段岩层埋藏较深,基岩面高程由北向南逐步抬高,桥位处第四系堆积层厚度为220m,层位相对稳定,具体情况见东海大桥K6桥墩地质柱状图(图6.2-15)。

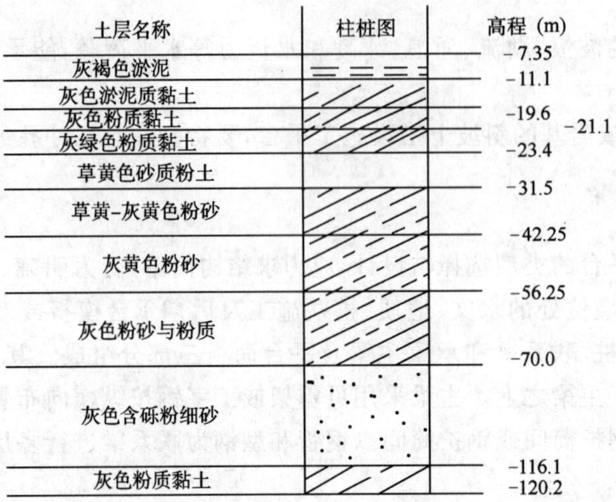

图6.2-15　K6桥墩地质柱状图

2.施工内容

本工程为K6辅通航孔桥,桥跨结构采用多跨预应力混凝土箱形连续梁,孔径组合为70m+120m+120m+70m(500t级通航孔)(图6.2-16)。

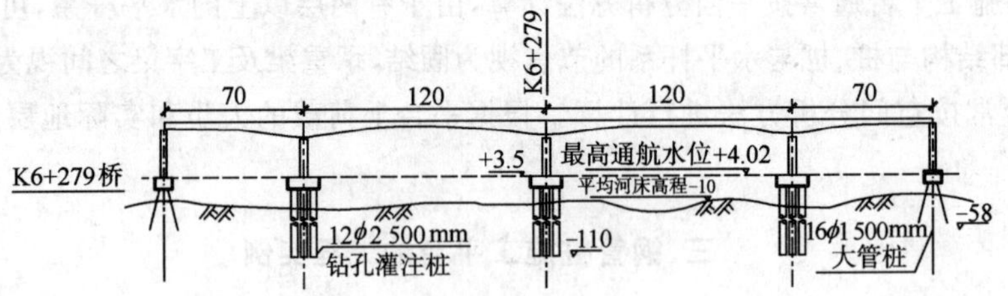

图6.2-16　K6桥结构示意图(尺寸单位:m)

每墩采用ϕ2 500mm×110m长的钻孔灌注桩12根。

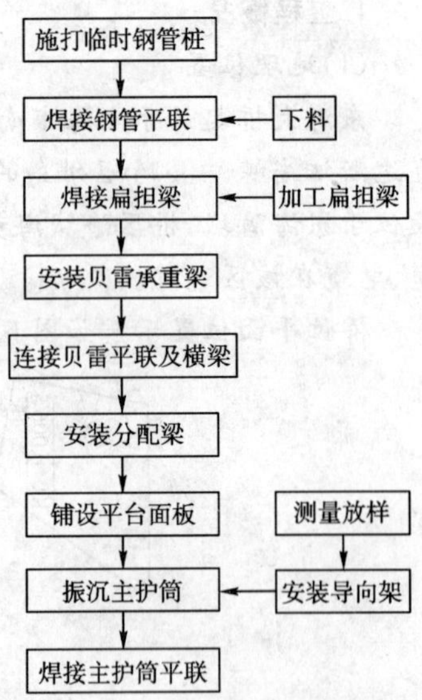

图6.2-17　钢管桩施工平台搭设流程

钻孔工作平台搭设的主要内容包括:临时钢管桩(包括防撞钢管桩)的定位、施打;施加临时钢管桩的平联;安装上层贝雷架及型钢;铺设平台面层钢板,振沉钢护筒等。

钻孔工作平台搭设流程如图6.2-17所示。

3.平台设计

(1)设计依据

①水文条件:重现期20年一遇的高潮位为3.48m,低潮位为-2.86m;20年一遇的平均高潮位为1.86m,平均低潮位为-1.34m。20年一遇极值波高为4.96m。

②地质条件:详见东海大桥K6桥地质柱状图(图6.2-15)。

③风况:风力大于9级天数约为3d/年,风向NNE。

④平台设计须满足的施工需求:每个平台上配置2台KP3 500型钻机,1台50t履带吊协助钻孔和下放钢筋笼等作业,平台上能同时布置5台75～400kW的发电机机组(指中主墩),并能存放一个孔的钢

筋，如图 6.2-15K6 桥结构示意图所示。平台在同时出现最大风载、浪载及施工荷载作用下能保持稳定，且水平位移不大于 3cm。

(2)平台结构

①结构形式

在综合考虑辅通航孔桥基础钻孔灌注桩具体的地质、水文、气象等因素影响的前提下，结合以往在同类桥梁基础施工中取得的经验，每个桥墩桩基钻孔平台拟采用钢管桩作为基础，由贝雷梁架作为承重梁、型钢作为分配梁，构成上部承重结构。平台顶面均铺设钢板，在平台四周安有护栏(高度为 1.15m)、漏电保护设备及通航指示灯。顺平台横桥向的两侧设防撞、泊船的钢管桩平台，横桥向的两侧设防撞兼泊船的钢管桩。

K6 桥平台平面布置图如图 6.2-18 所示。

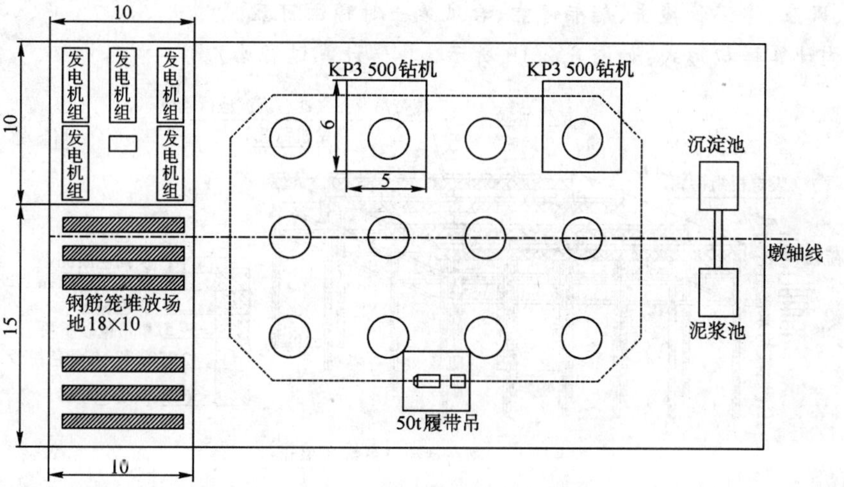

图 6.2-18　K6 桥平台平面布置图(尺寸单位：m)

②平台构造及结构参数

a. 平台构造

K6 辅通航孔桥主墩平台总面积为 $51m \times 26m = 1\ 326m^2$，由 24 根 ϕ1 200mm 钢管桩和 12 根 ϕ2 900mm钢护筒作为基础，单层三排贝雷架、I45b 工字钢、[16a 槽钢以及面层钢板构成上部结构，其中边主墩设 6 根防撞兼泊船钢管桩，中主墩设 12 根。

b. 结构参数

a)平台顶高程确定

平台顶面高程的确定是根据交通部颁《海港平面设计规范》4.4.3 中计算公式：

$$E = H_{WL} + \eta_0 + h + \Delta$$

计算所得，下面以 K12 桥为例进行计算。

式中：E——平台面高程；

H_{WL}——设计高水位，本设计取 3.73m(按百年一遇高潮位设计)；

η_0——波峰面高度，本设计取百年一遇 $H_{1\%}$ 静水面以上波峰面高度，NNE 向波浪 $H_{1\%}=6.00m$，按《海港工程设计手册》中波面方程规定计算得：$\eta_0=4.26m$；

h——平台上部结构的高度，本设计取 0.2m；

Δ——波峰以上至平台上部结构底面的富裕高度，本设计取 1m。

因此有：$E=3.73+4.26+0.2+1=9.19m$。

本设计最后取平台顶面设计高程为：9.0m。

b)钢管桩底高程

由于地表层存在不稳定的淤泥或粉质黏土，厚度为3～6m，极易大冲大淤，泥面在潮水的冲刷作用下处于动态变化中，故在计算钢管桩入土深度时，不考虑表层土的承载力。拟定钢管桩入土深度约25m，桩底高程为－36.0m(具体验算过程略)。

护筒顶、底高程：综合考虑地质条件、冲刷等因素，确定钢护筒顶同钻孔平台高程为＋9.0m，钢护筒底高程约为－33.0m，钢护筒入土深度约22m。

(3)钻孔平台防撞措施

①顺平台横桥向的两侧设防撞兼泊船钢管桩，其中主墩设在两侧，边主墩只设在靠中主墩的一侧。

②拟将钢护筒与钻孔平台进行刚性连接，钢管桩之间设置两层钢管平联以确保钻孔平台在抵抗水流冲刷、潮水、风浪、漂浮物撞击、船舶停靠、台风袭击时稳固可靠。

(4)平台结构计算模拟形式：如图6.2-19所示(具体计算过程略)。

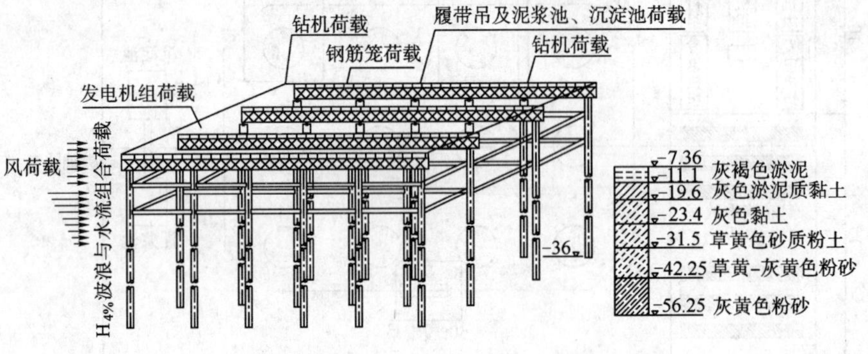

图6.2-19　平台结构计算模拟形式

4.平台施工

(1)施打平台钢管桩

在辅通航孔桥的中主墩施工平台上设置发电中心，以供给各分区的施工用电，因此每座桥的钻孔工作平台的搭设须从该桥中的主墩开始、边主墩次之、边墩最后施工的顺序进行，同一平台先施工平台钢管再施工防撞兼泊船钢管，平台钢管施工顺序如图6.2-20所示。

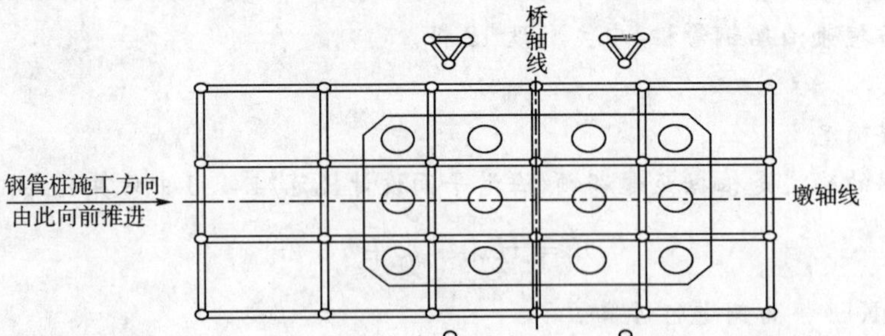

图6.2-20　平台钢管桩施工顺序图

钻孔平台施工应根据对各桥具体施工条件的分析，拟采用施工方便、快速、施打精度高的大型变幅式打桩船进行辅通航孔桥桩基钻孔平台基础钢管桩的施打作业，施打作业过程示意如图6.2-21所示。

钢管桩采用GPS卫星定位并由打桩船打入。根据水上沉桩作业的有效天数及打桩船沉桩能力，共配备打桩船1艘、拖轮2艘，100～200t浮吊1艘，运输钢管桩的驳船1艘。

根据总体施工顺序安排，打桩船由 K6＋279 桥的中主墩开始施打临时钢管桩，施打完毕，浮吊开始安装上层贝雷架及型钢，打桩船则转入边主墩施工。

钢管在工厂加工成桩（ϕ1 200mm×12mm×44m），在施打过程中一次到位，中途不焊接接头。钢管桩施打时要注意桩顶高程的控制，桩顶高程控制在＋6.7～＋7.0m之间。

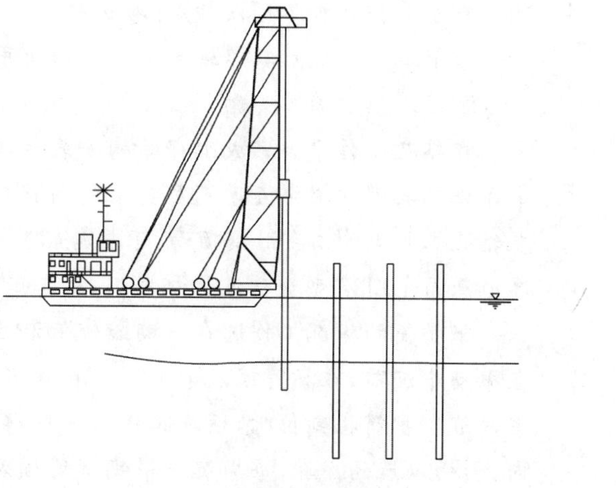

图 6.2-21　平台钢管桩施工

（2）钢管平联

钢管桩振沉后，要及时加焊钢管平联，平联用材为ϕ600mm 钢管，壁厚为 10mm。由于钢管桩的施打存在一定误差，因此钢管平联的下料长度要根据钢管桩间实测长度而定。平联设置的目的在于保证单根钢管桩及整个平台的稳定，因此平联钢管在与钢管桩连接时必须保证焊接质量，而且平联钢管与钢管桩接触的曲线空间必须满焊。平联的焊接顺序与钢管桩的施工顺序一致。

（3）上部结构的铺设

上部结构的施工主要采用 50t 履带吊配合 100~200t 浮吊现场组拼连接，首先用浮吊搭设一孔上部结构，作为 50t 履带吊停放的平台，用浮吊将 50t 履带吊吊上平台，随后由 50t 履带吊完成平台剩余上部结构的搭设，铺设过程如图 6.2-22 所示。

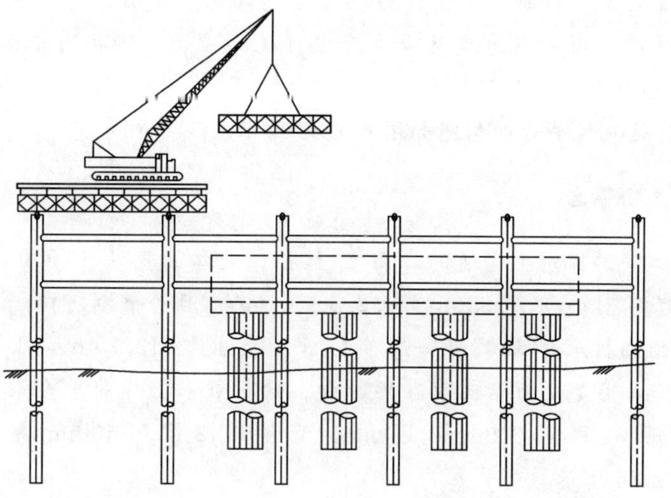

图 6.2-22　平台上部结构搭设

（4）振沉钢护筒

①钢护筒设计

本标段钻孔灌注桩桩径为 ϕ2.5m，钢护筒长度为 42.5m，如按 1％倾斜度控制，则钢护筒内径为 2.5m＋42.5m×1％＝2.925m，根据《公路桥涵施工技术规范》（JTJ 041—2000）规定，钢护筒内径宜比桩径大 20～40cm，因此钢护筒内径采用 ϕ2.9m。钢护筒拟定采用 δ＝14mm 的 A3 钢板，分两节加工，底节长 26m、上节长 16.5m。为确保钢护筒在施打过程中的刚度满足要求，底节钢护筒底脚往上 50cm 与顶口以下 30cm 及上节钢护筒顶口以下 30cm 采用 δ＝16mm 的 A3 钢板。钢护筒外侧设置加劲，均采用[8 槽钢，分为竖向与环向，竖向沿圆周 8 等分布置，环向加强筋 9 道，其中底节 6 道、上节 3

道。钢护筒拟在加工厂内加工,卷板机卷制,在胎架上成型。接缝采用双面满焊,肋板采用间断角焊缝。分节加工完成后驳船运至施工现场使用。

②振沉钢护筒

在钻孔工作平台完成上部结构安装后,即可进行钢护筒振沉施工。钢护筒的位置和垂直度准确,是保证钻孔灌注桩垂直度满足要求的前提。为此,在施打钢护筒时,采用双层导向定位架,上层固定在钻孔工作I45工字形钢顶面,下层与钻孔平台临时钢管桩连接牢固。底节主护筒拟采用100~200t浮吊悬吊DZ135型振动沉桩机振沉,第二节钢护筒的吊装、焊接及振沉均可由50t履带吊予以完成。

钢护筒的振沉工作选在平潮或较低潮水位时进行。钢护筒采用分节对接振动下沉,每节钢护筒在振动下沉前,在护筒顶以下1~1.5m处设置内部支撑,以防止振动夹头使护筒产生径向塑性变形。当每节钢护筒振到位时,须及时将内支撑解除,解除时一定要将内支撑拴好保险绳,以防其掉入护筒内,影响以后的成孔,每振沉一根钢护筒须及时加焊钢管平联,第一根钢护筒可先与平台的临时钢管临时连接,待钢护筒的平联全部施加完毕后可解除临时连接。

当第一节钢护筒下沉到位后,采用"吊线法"检查其垂直度,同时检查中心偏差是否符合要求,否则要求重新进行安装,合格后方可振沉。

上下两节钢护筒焊接前,用经纬仪从不同的角度检查其垂直度,直至符合要求方可进行焊接。两节钢护筒接头处采用坡口焊接,焊缝厚度不小于8mm,同时将钢护筒外侧竖向加劲连接,并加焊8块$\delta=10$mm的A3钢板,采用满焊,焊缝厚度不小于6mm。

两节钢护筒接头处焊接完成后,割除临时固结物,开始振动下沉。

钢护筒施打过程中应对沉桩机与桩帽的连接螺栓进行观察并确保连接牢固,每次振动以不超过5min控制,同时注意对钢护筒下沉速度及垂直度进行观测控制。钢护筒平面位置控制偏差控制在±5cm以内、垂直度偏差控制在1%以内。

东海大桥K6桥打钻孔桩平台结构图如图6.2-23所示。

[实例2] 苏通大桥平台

苏通大桥位于长江下游苏州至南通的江面上,该桥位处江面宽约6 000m,主跨为1 088m。北索塔墩(4号墩)距南北岸约3km,水深35m,流速2.5~3.0m/s,且为感潮河口,最大潮差4.5m。

北索塔墩基础采用高桩承台结构,哑铃形布置,平面尺寸为113.75m×48.1m,桩基由131根直径ϕ2.85~2.5m长117.6m的变截面钻孔灌注桩组成。钻孔桩水上作业平台采用131根ϕ2 850mm×25mm×69.65m钢护筒、32根ϕ2 500mm×20mm×55m和42根ϕ1 400mm×16mm×69.5m的钢管桩共同组成。如图6.2-24所示。

1.利用钻孔桩结构钢护筒搭设施工平台

本工程的钢护筒是按参与永久结构受力设计的,直径达2 850mm、壁厚达25mm,且底口高程在−62.5m、入土深度都在20m以上,具有足够的强度、刚度、竖向和水平向的承载力。

(1)利用设计中的钢护筒搭设平台承受施工荷载。

(2)采用ϕ2 500mm厚20mm的大直径钢管桩搭设承台上游侧的起始平台,以增大单桩稳定性和辅助平台刚度,提高钢护筒定位下沉的精度。

(3)用满足自身稳定和钢护筒施沉要求的起重船和定位船沉设起始平台钢管桩。

(4)在起始平台上,精确安装特制的大刚度悬臂式钢护筒导向架,用起重船吊护筒入导向架定位。振动锤激振下沉至设计高程,并及时平联成整体。用已沉设的钢护筒固定导向架,逐渐推进形成钻孔平台。

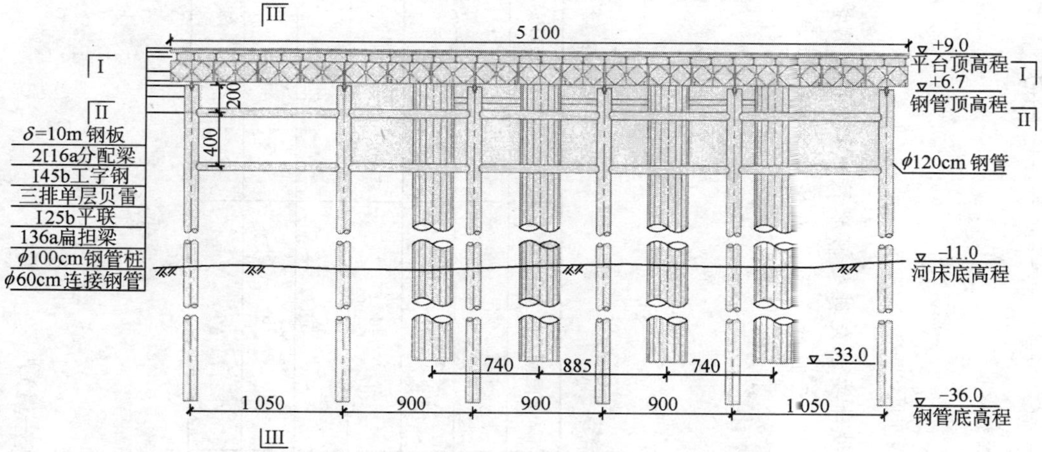

立面图（未示防撞、泊船钢管）

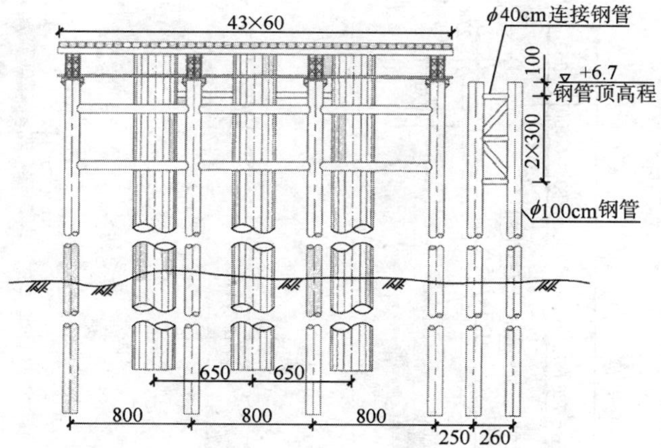

III—III

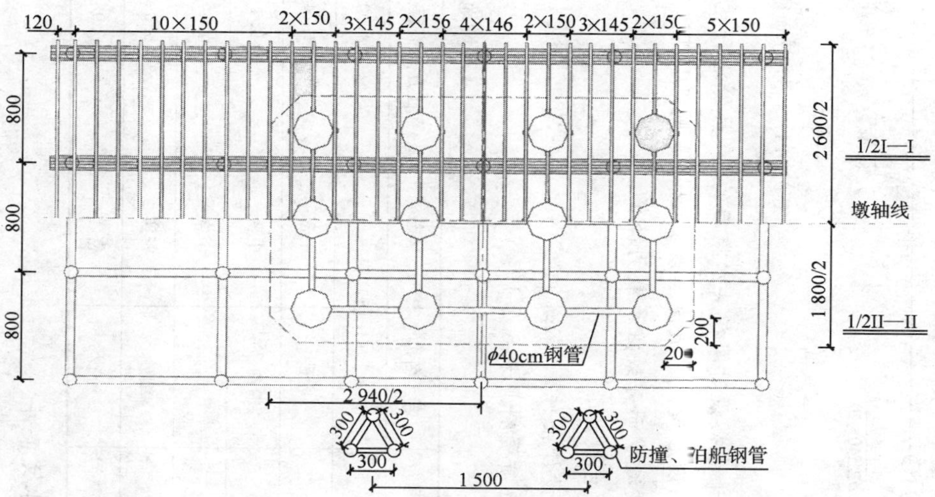

一个平台主要材料数量表

序号	材料名称	材料规格	单位长度(m)	单位质量(kg)	数量	总质量(kg)
1	临时钢管桩	φ120cm、δ=12mm	43.7	15 519	24	372 455
2	防撞钢管	φ100cm、δ=12mm	43.7	12 932	6	77 592
3	连接钢管	φ60cm、δ=10mm	8.2	1 213	18	21 824
			10.7	1 583	8	12 664
			9.2	1 361	12	16 335
		防撞钢管平联 φ40cm、δ=10mm	3.1	306	6	1 835
			2.1	207	9	1 863
		主护筒平联 φ40cm、δ=10mm	4.55	449	9	4 041
			3.65	360	8	2 880
4	贝雷	标准	3	270	204	55 080
5	贝雷支撑架	标准			68片	
6	型钢	I45b	26	2 272	35	79 520
		I36a	1.5	90	48	4 320
		I25b	26	1 092	12	13 104
		[16a	51	879	88	77 328
7	钢板	δ=10mm	1 252m²			98 282

说明：1.本图除高程以米为单位外，其余尺寸均以厘米为单位；

2.贝雷安装时下弦杆安放在上面，与[45b 接触；

3.图中所示防撞、泊船钢管为边主墩布置图，中主墩防撞、泊船钢管与墩轴线对称布置；

4.钢管桩或钢护筒振后要及时连接平联，主护筒的平联高程为+5.7。

图6.2-23　东海大桥 K5 桥墩钻孔桩平台结构图

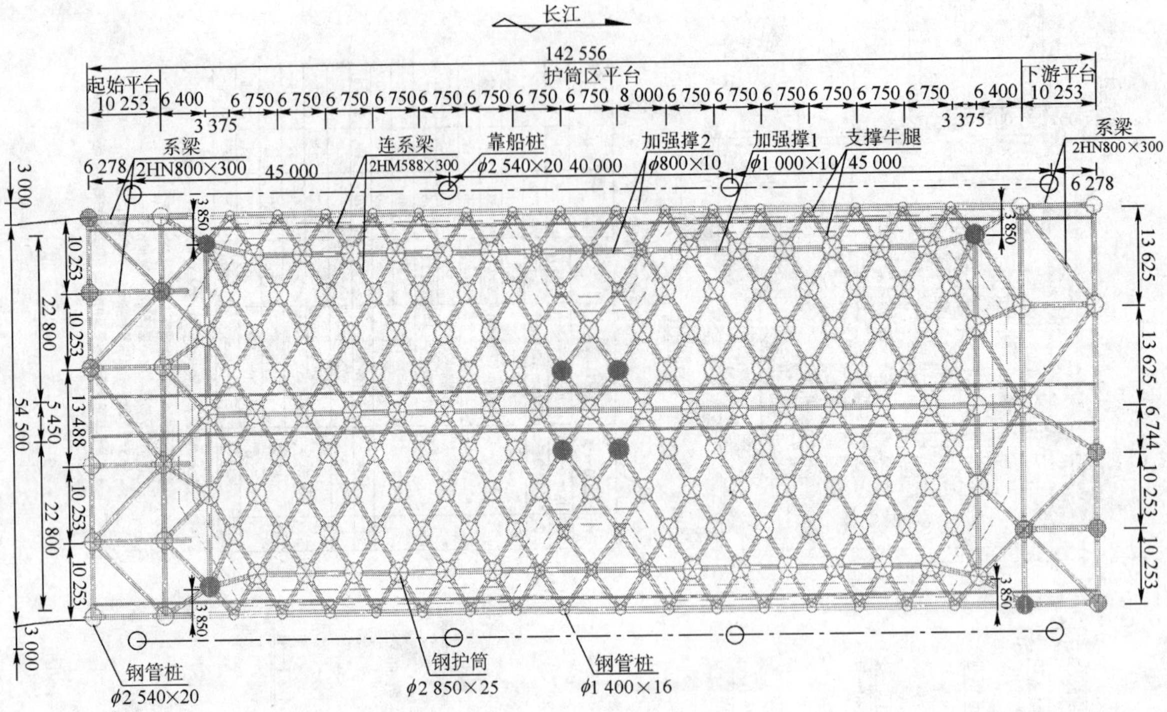

图 6.2-24　4 号墩平面结构图(尺寸单位:mm)

(5)平台搭设时间在洪水期后的 10 月份进行施工。按设计要求先进行河床预防护，防止钢管桩、钢护筒沉设后造成水流流态改变和河床剧烈冲刷现象的出现，及时防止因冲刷使钢管桩与钢护筒的入土深度减少而导致桩承载力降低。

2. 平台设计

(1)设计条件

①地质资料见表 6.2-12。

4 号墩地质资料

表 6.2-12

土层代号	岩土名称	状态	土层底高程(m)	极限侧摩阻力(kPa)	桩端承载力(kPa)
河床面高程			−28.00	—	—
Q_4	粉砂	中密	−34.74	35	1 500
Q_4	粉细砂	中密	−40.4	40	1 800
Q_4	粉砂	中密	−50.09	40	2 300
Q_4	细砂	密实	−58.09	45	3 000
Q_3	粉砂	密实	−60.98	50	5 200

②水文条件

设计高潮位：+4.30m；设计低潮位：−1.45m；

设计水流流速：2.21m/s；校核水流流速：2.75m/s；

设计河床面高程：−28.00m；设计风速：35.5m/s(30 年一遇)；

设计波高：2.0m(300 年一遇)；设计波长：60m(30 年一遇)。

③施工条件

钢护筒、钢管桩顶高程：+7.00m；

下沉设备：2台APE400型液压振动锤并联，设计激振力6 400kN；

沉桩导向架：自重力600kN，护筒进入龙口后中心最大悬臂32.0m，护筒最大允许倾斜度1/200，激振力作用下钢护筒支承向滚动摩擦系数为0.15；

平台起重设备：上、下游各1台起重力矩为1 400kN·m桅杆吊，2台龙门吊，其参数为：自重210t、轨距22.8m、腿距18.0m、轮距0.8m、轮数4×5、轮压（吊重80t时）250kN（包括冲击荷载）；

钻机荷载：8台直径为3.0m钻机同时作业，隔孔布置，单台重力1 250kN，冲击系数1.3；

平台船舶荷载系缆力：300kN；

平台均载：15kN/m^2。

(2)平台结构布置

平台分为起始平台、护筒区平台和下游平台三个区域，如图6.2-25所示。

起始平台和下游平台均采用直径ϕ2 500mm厚20mmA3钢管桩，长55.00m。下层平联设在+2.00m处，选用ϕ1 000mm厚14mmA3钢管连接。上层平联选用2HH588×300型钢，焊接在与钢管桩连接的牛腿上。

护筒区平台支承为ϕ2 850mm厚25Q345C的钢护筒。下层平联设在+2.00m处，选用ϕ1 000mm厚10mmA3钢管连接。上层平联选用2HH588×300型钢，焊接在与钢管桩或护筒连接的牛腿上，与护筒顶高程+7.00m齐平。支承龙门吊外侧支腿，选用ϕ1 400mm厚16mmA3钢管桩，下层平联设在+2.00m处，选用ϕ600mm厚8mmA3钢管与护筒和其他钢管相连接。顶层平联与护筒相连，选用2HN588×300型钢，焊接在与护筒或钢管桩相连接的牛腿上。钢管桩间的连接仍采用ϕ600mm厚8mm的A3钢管。

3.振动锤的选择

按激振力P大于土的动摩阻力及减去护筒和振动锤自重力G进行选择，即

$$P>R-G=\sum K_i\times I_i\times U\times\tau_i-G$$

式中：L_i——护筒在不同土层中的入土深度；

U——护筒周边长度；

K_i——土层液化系数；

τ_i——不同土层的单位摩阻力；

G——护筒和振动锤自重力。

经查相关资料计算得护筒振动下沉到允许最大底高程−62.5m时：

$$R-G=6\ 326\text{kN}$$

选用2台美国生产的APE400型液压振动锤（技术参数见表6.2-13）并联使用，其激振力为6 400kN，满足施工要求。

APE400型液压振动锤的基本参数 表6.2-13

振动锤外形尺寸(mm)			动力柜外形尺寸(mm)			质量(kg)		
长	宽	高	长	宽	高	振动锤	动力矩	液压头
3 607	660	2 515	4 724	2 083	2 440	16 363	11 000	1 700

机械性能

偏心力矩(kN·m)	最大激振力(kN)	最大上拔力(kN)	系统振幅(mm)	功率(kW)
1 500	3 203	16 363	2.1	738

4.钢护筒沉设

钢护筒沉设采用全站仪定位。同时，用架设在起始平台和主2号墩上的两台经纬仪校核。

第一排钢护筒下沉：起始平台梁系形成后，在钢管桩上焊接牛腿并找平，然后吊装前、后锚固梁，

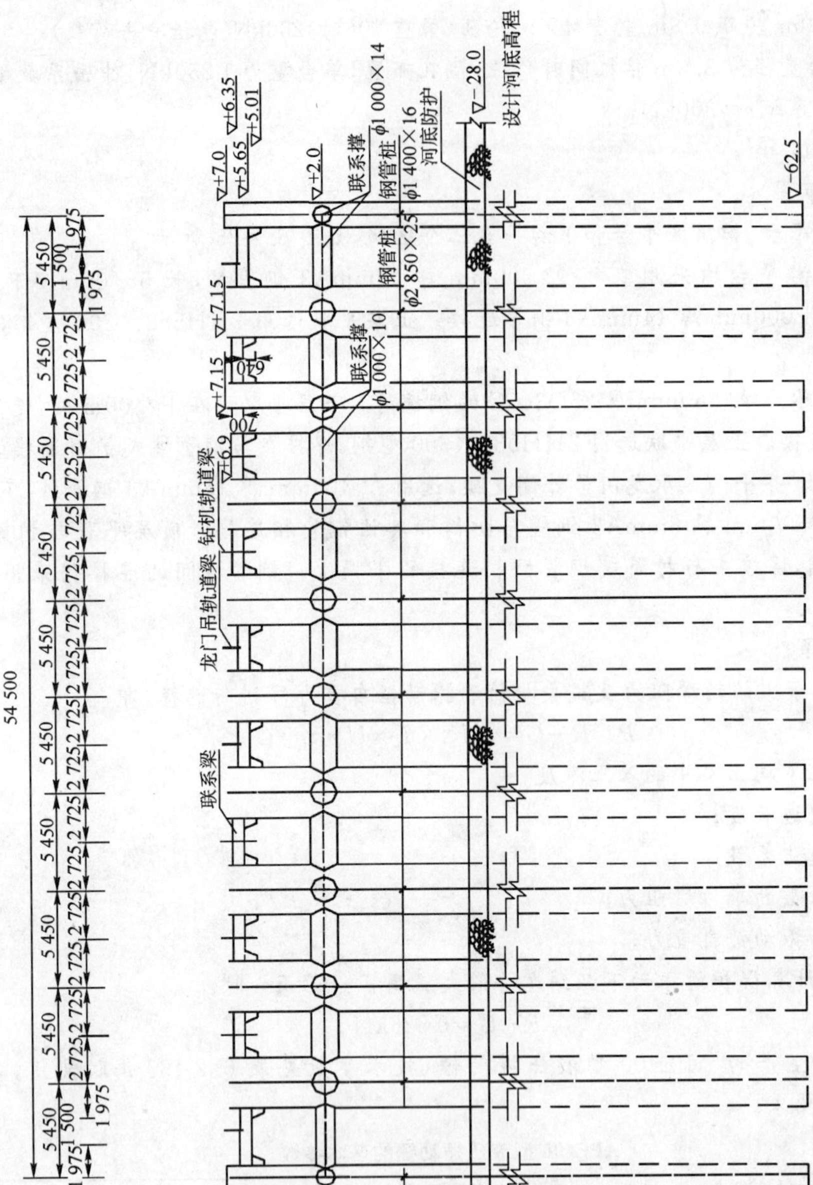

图6.2-25　4号墩平台结构图（尺寸单位：mm）

并固结在牛腿上；吊装悬臂式导向架，进行初步定位及精确定位，将悬臂式导向架固结在锚固梁上。

(1)起重船将第一节 58.645m 长的钢护筒吊入导向架的导向装置内，锁定上下龙口。

(2)利用液压调节装置，调整钢护筒的平面位置及垂直度，使平面位置偏差≤±30mm，倾斜度≤2/1 000。起重船落钩，钢护筒沿导向架下落至江底并入土。钢护筒稳固后，起重船脱钩。

(3)起重船吊安振动锤至钢护筒顶口，并再次校正钢护筒及振动锤的位置。

(4)启动振动锤，钢护筒下沉。

(5)当振动锤距上导向装置 1.0m 时停振，移走上层导向龙口，使振动锤能继续振动下沉护筒，至下层导向龙口顶面约 1.5m 处，停振。此时，钢护筒入土深度 20m 以上，满足钢护筒自身稳定。将振动锤吊开，用起重船吊装对接第二节护筒。

(6)护筒对接完成且上层导向精确就位后，将护筒沉设至设计高程。检验护筒平面偏位≤±50mm，倾斜度≤1/200。

(7)护筒沉设到位后，及时与起始平台及相邻钢护筒连接。

(8)每排护筒沉设完成后，前移进行下一排护筒沉放。利用平台两侧安装平联的吊重为 60t 浮吊上的导向架施沉钢管桩，并将其与护筒及已沉的钢管桩连接。

5. 钢护筒间的连接

钢护筒之间(龙门吊轨道梁底部承重梁用钢箱梁)在＋2.0m 和＋7.0m 处设置两层水平联系。单根护筒沉放结束后，立即按设计要求连接平台底下层平联，将其与已沉护筒(起始平台)连成整体，防止单根护筒在潮流作用下发生偏位。为保证连接质量，连接钢管一端割成相贯线，另一端用已割成相贯线的钢管接头先套在平联管上与护筒或钢管桩连接。

第四节　护筒设计与施工

灌注桩除沉管灌注桩外，一般都需设护筒，以固定桩位，保护孔口防止坍塌，隔离地下水或海(河)水和保持孔内水位高出施工水位以防坍孔，同时护筒还可以起到钻(冲)孔导向作用。因此在施工前必须按设计要求制作、下沉或埋设护筒。

1. 护筒的设计

(1)护筒的材料一般用钢材，在陆上水文、地质条件较好的地方也可用钢筋混凝土圆管作护筒，而此时往往采用挖土埋设或水冲下沉等方式。砖砌护筒和木护筒已基本不用。

(2)钢护筒的设计与水文、地质条件、成孔方式、护筒下沉方式、桩径大小、材质强度和护筒刚度等条件有关。

(3)钢筋混凝土护筒大部分用于陆上工程或滩涂地区，桩径也较小。由于陆上起重设备的原因，护筒往往由多节组成，一般在接头处埋设钢圈与主筋焊在一起。连接时外层用环形钢板将上下两节钢圈焊在一起，考虑到护筒外的水位和防止坍孔的要求，接头处应不能渗水，也可采用硫磺胶泥胶结。施工中类似混凝土桩接头方式处理，目前仅在民用建筑和小型工业建筑的基础工程中应用，如图 6.2-26 所示。

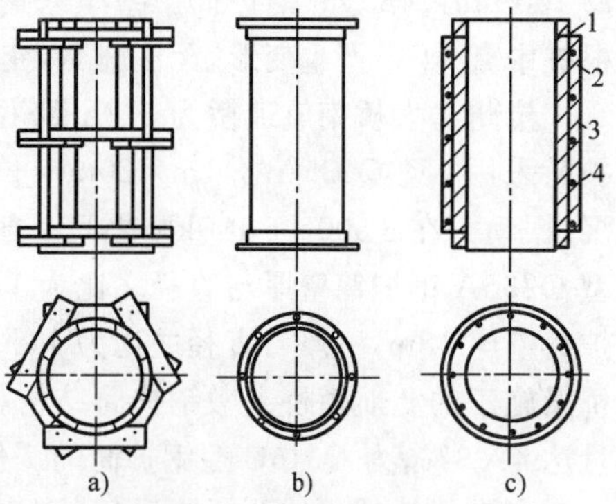

图 6.2-26　护筒的类型与构造

a)木护筒；b)钢护筒；c)钢筋混凝土护筒

1-钢板圈；2-混凝土；3-竖筋；4-箍筋

(4)钢护筒适用于各种桩型。水上、陆上都可适用，钢护筒的设计目前还没有规范可依。桩基设计单位基本上不考虑护筒设计而由施工单位自行设计。由于各施工单位水平、经验各不相同，往往采用很薄的钢板卷焊而成，因而施工中钢护筒的变形很大。一些工程为处理钢护筒的变形，花费了大量的时间(有时甚至半年以上)、大量的费用、精力,影响了工程进度和质量。

钢护筒设计时一定要考虑地质条件、材质强度、护筒刚度、下沉的深度、水文、气象条件,在水中施工时还要考虑水流力、波浪力、潮差、设计高水位。下沉方式采用锤击下沉或振动下沉。如果钢护筒较大、较长,则应按近似的钢管桩来设计,一般规范要求钢桩的壁厚为直径的 1/80～1/100,而钢护筒设计,根据笔者的经验其壁厚应控制在 1/120～1/150 钢护筒直径为宜。钢护筒设计时应对制作质量,特别是不圆度提出要求,以防下沉时产生变形。

如苏通大桥主桥 ϕ2 850m×25mm×70m 钢护筒 262 根,壁厚/直径=1/114,施工中没有一根钢护筒变形,下沉时采用 2 台美国 APE400 型振动锤,最大激振力达 6 400kN。

钢护筒入土 37m 左右,由于设计上考虑钢护筒与钻孔桩在使用期共同参与受力。因此,钢护筒的设计由设计单位设计,如图 6.2-27 所示。

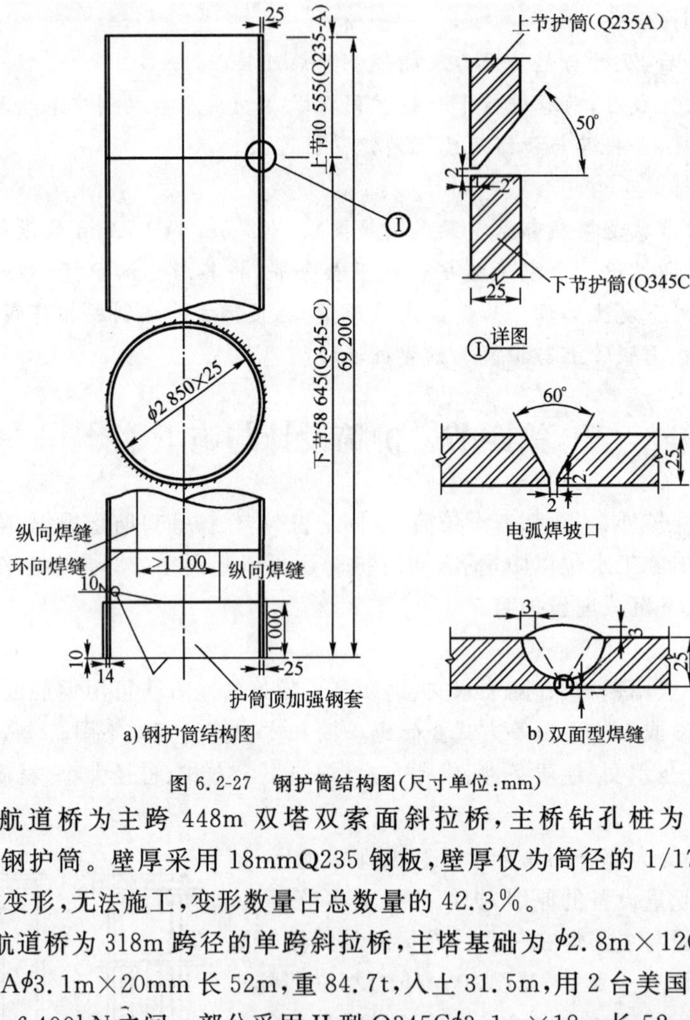

a) 钢护筒结构图　　b) 双面型焊缝

图 6.2-27　钢护筒结构图(尺寸单位:mm)

杭州湾大桥北航道桥为主跨 448m 双塔双索面斜拉桥,主桥钻孔桩为 ϕ2.8m×125m,采用 ϕ3 100mm×48.5m 钢护筒。壁厚采用 18mmQ235 钢板,壁厚仅为筒径的 1/172。结果一个主墩 26 根桩中有 11 根严重变形,无法施工,变形数量占总数量的 42.3%。

杭州湾大桥南航道桥为 318m 跨径的单跨斜拉桥,主塔基础为 ϕ2.8m×120m,钻孔桩 38 根。钢护筒采用 I 型 Q235Aϕ3.1m×20mm 长 52m,重 84.7t,入土 31.5m,用 2 台美国产 ICEV360 振动锤下沉,振动力在 3 500～6 400kN 之间。部分采用 II 型 Q345Cϕ3.1m×18m 长 52mm。施工过程中发现 I 型 Q235A 钢护筒壁厚与直径之比为 1/155,严重变形 7 根,占 I 型钢护筒总数的 35%,II 型 Q345C 钢护筒壁厚 18m,壁厚与直径之比为 1/172,严重变形仅 1 根,占同类型护筒的 6%。此类护筒与在同一桥梁施工的北航道桥主墩钢护筒结构相同,也为 1/172,但北航道桥采用的钢材为 Q235A,严重变形量达 42.3%,为 Q345C 型钢护筒的 7 倍。

东海大桥辅通航孔桥墩采用 ϕ2.5m 钻孔桩,桩长约 110m,该桩采用 ϕ2.9m×14mmQ235A 钢板制成,总长为 42.5m,入土约 23m。壁厚约为直径的 1/207,但该护筒的四周有 8 根[8 槽钢制成的 9 道加筋肋,整体刚度较好,因此施工中没有发生钢护筒变形等情况,如图 6.2-28 所示 。

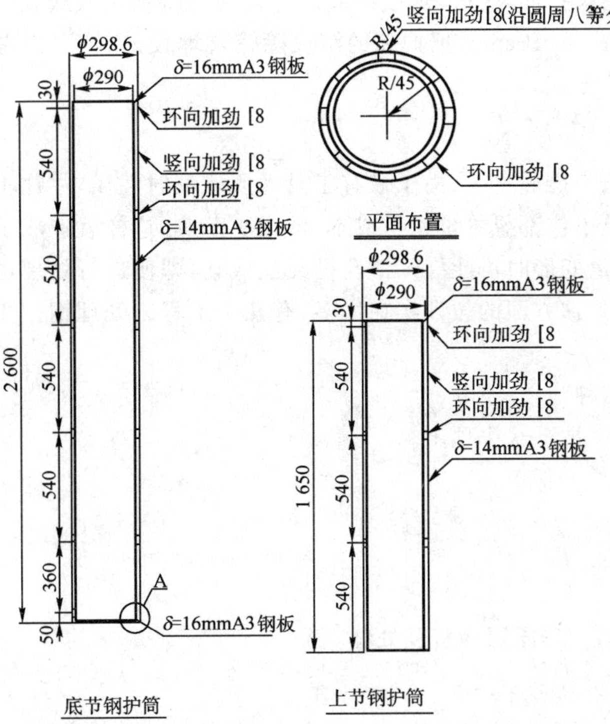

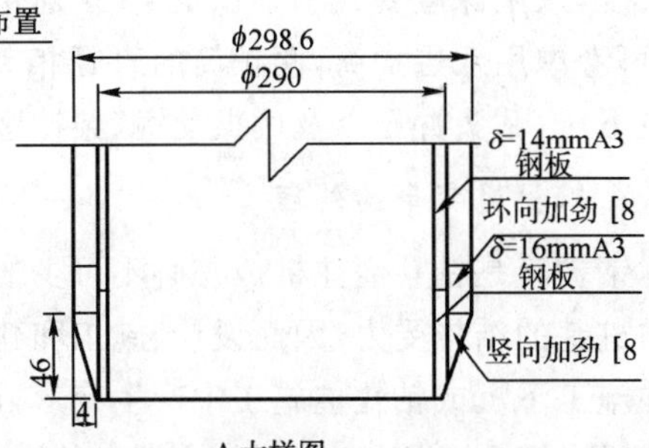

A大样图

单根钢护筒材料数量表

序号	规定	单位	数量	总质量(t)	全桥(t)
1	δ=14 mmA3钢板	m^2	375.1	41.223 5	6 224.7
2	δ=16mmA3钢板	m^2	9.95	1.249 7	188.7
3	[8	m	500	4.02	607.0
合计				46.493 2	7 020.4

说明：

1. 图中尺寸均以 cm 为单位。
2. 钢护筒采用[8 加筋，加筋与钢板连接采用间断焊接,加筋与加筋连接采用满焊，焊缝厚度不小于8mm。
3. 钢护筒在未加劲前保证外壁齐平。
4. 钢护筒接口采用双面焊接，外壁采用坡口焊接，所有钢板长卷制焊缝厚度不小于8mm。
5. 每节钢护筒轴心偏差不大于5mm。
6. 每节钢护筒外径偏差不大于5mm，两端平整度不大于2mm。
7. 单根钢护筒总和为42.5mm。
8. 每节钢护筒两端必须设置内支撑，防止变形，钢护筒必须经验收合格后方可投入使用。

图 6.2-28　东海大桥辅通航孔桥钢护筒结构图

钢护筒的设计还应考虑施工方法，如用人工挖孔桩或用人工挖孔加小爆破干施工时应考虑钢护筒内外的土压水及水压力。用小爆破法施工时还应考虑振动力等。

如汕头礐石大桥曾采用在钢护筒内人工挖孔的方法取土成孔，由于该地区地基土中存在孤石，钢护筒下沉时遇孤石变形，再加上四周的土压力、水压力，其中有一根钢护筒在高潮时发生变形，上部形成为八字形，该钢护筒为 φ2.7m×16mm 长约 60m，应充分考虑到孤石影响，壁厚取 22mm。即壁厚与直径之比为 1/120。但最终取为 16mm，约为 1/170，结果在高潮时发生严重变形，导致无法施工。该桥施工桩基时发现主桥墩正好处在严重断裂带上，经专家论证，桥位应向上游迁移以避开断裂带等不良地质。再次施工时钢护筒采用 φ2.7m×20m，长约 55～62m，并在钢护筒沉放的－40m 以上时用控制爆破破碎孤石，使之粒径在 20cm 以内。此后施工时钢护筒基本再没有什么问题，即将原壁厚与直径之比由 1/170 提高至 1/135 且加强了纵横向肋板。

2. 钢护筒的施工

钢护筒施工主要为制作和沉放两个方面，制作时除一般钢结构加工要求外，主要是钢护筒的圆度要求。如钢护筒直径大且壁又较薄时，卧式制作就会产生椭圆度，这对轴向应力是非常不利的。如长短轴之差达 2 倍壁厚时，轴向临界应力将降低 75%。因此制作时必须严格控制椭圆度，必要时加环向加劲肋来解决。

钢护筒施工的另一方面即沉放作业，大型钢护筒一般采用打桩船或打桩机锤击下沉，也可以用起重机吊锤下沉，锤型选择与钢桩沉桩类似，应考虑水文、地质条件和锤击能量，常用的有电动振动锤或液压振动锤、柴油锤、液压锤等。施工中要清除地上、地下障碍物，要控制好钢护筒的垂直度，特别是在深水中沉钢护筒，要考虑水流、波浪等不利因素，必要时要用导向架控制。

陆上护筒一般采用人工挖坑埋设，条件较好情况下可采用机械挖坑埋设。一般情况下护筒埋深在 1.5～2.0m 左右。护筒挖坑埋设后，应在护筒周围回填黏土，并夯实。对于不稳定地层，护筒要增加长度，入土深度要大于不稳定层，护筒可用长护筒或分节焊接沉放。对较深的特别松散或软弱的地层，可考虑用双层护筒，两护筒的直径相差在5～10cm。长护筒的沉放除挖坑埋设外，还可以考虑用挖机下压、钻头冲压以及用振动锤、柴油锤等方式。

3.钢护筒变形的处理

钢护筒是钻孔灌注桩成桩必不可少的施工措施之一，由于带有工具性质或临时性质，往往不要求参与桩基的结构受力，因而设计、施工和建设单位都想尽量减少成本，即减小壁厚，这样就造成了钢护筒在施工下沉或钻孔桩施工中产生变形，严重变形时可能导致钻孔桩无法成孔，即使进行处理也会花费大量时间和费用，给工程带来较大的影响。这方面的教训实在太多，有几个工程因处理钢护筒变形甚至延误工期达8～10个月。

钢护筒变形的处理方法大体上有以下几种：

(1)变形不太大时可用液压千斤顶由潜水员下水去顶出。

(2)水下切割变形部分。

(3)改变桩径。

4.工程实例

[实例1]　杭州湾大桥南航道桥，钢护筒变形原因分析及处理。

(1)工程概况

杭州湾跨海大桥南航道桥D13号主墩基础设计为38根直径ϕ2.8 m，长120.2m的钻孔灌注桩。其钢护筒材质为Q235A，直径ϕ3.1m，壁厚20mm，长52 m。护筒底高程为－45.0 m，入土深度为31.5 m。

D13号墩位处的地质条件复杂，钢护筒穿过的深度范围内大部分为淤泥质黏土与黏土，其重度$r=18kN/m^3$，黏滞力$C_q=20\sim40kPa$，内摩擦角$\varphi_q=4°$，标贯击数小于8。

(2)钢护筒下沉及变形

①钢护筒下沉

D13号墩钢护筒长52.0m，重84.7t，由于受到起重船的起吊能力及起吊高度的限制，整根钢护筒分成两节现场对接下沉，第1节长37.0m，第2节长15.0m。钢护筒下沉采取起始平台安装悬挑式导向架，利用2台ICEV360振动锤进行，平台搭设和钢护筒下沉逐根交替向前推进。下沉的所有钢护筒的平面位置、垂直度应满足设计及规范要求。

②钢护筒变形情况

钻孔过程中发现8根钢护筒下端产生椭圆形变形，以至直径ϕ2.8m钻头无法通过，卡钻高度0.5～6.5m不等；变形数量占该墩钢护筒总数量的21%。变形护筒统计见表6.2-14 。

D13号墩变形钢护筒情况统计　　表6.2-14

钢护筒型号	材质	护筒编号	卡钻头处高程(m)	距离护筒底口高度(m)	结构形式		加强箍形式	
					壁厚(mm)	焊缝形式	厚度(mm)	高度(m)
I	Q235A	1	－40.0	5.0	20	直缝管	12	3.0
I	Q235A	2	－38.70	6.3	20	直缝管	12	3.0
I	Q235A	18	－42.30	2.7	20	直缝管	12	3.0
I	Q235A	19	－39.30	5.7	20	直缝管	12	3.0
I	Q235A	20	－43.50	1.5	20	直缝管	12	0.8

续上表

钢护筒型号	材质	护筒编号	卡钻头处高程(m)	距离护筒底口高度(m)	结构形式		加强箍形式	
					壁厚(mm)	焊缝形式	厚度(mm)	高度(m)
I	Q235A	24	−39.0	6.0	20	直缝管	12	0.8
I	Q235A	15	−38.50	6.5	20	直缝管	12	0.8
II	Q345C	29	−42.00	3.0	18	螺旋管	14	0.8

注：加强箍为内径3 100mm的空心圆柱钢管，套焊在钢护筒底口以上，对钢护筒底口进行加强，壁厚根据需要确定。

(3)钢护筒变形原因分析

①钢护筒下沉时所受到下沉力和阻力较大

钢护筒在沉放时，虽然穿过的土层是软塑状亚黏土和黏土，标贯击数在8以内，下沉速度较快。但根据钢护筒沉放施工现场记录可以知道：钢护筒在2台ICEV360振动锤作用下下沉，所受到的振动力在3 500～6 400kN之间，大部分达到了6 400kN。

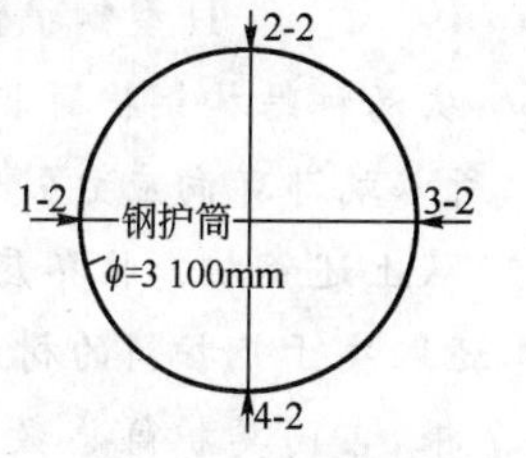

图6.2-29　18号钢护筒测点布置

18号钢护筒测点布置如图6.2-29所示，钢护筒沉放应力试验结果见表6.2-15。

18号钢护筒沉放应力试验结果　　表6.2-15

测点编号	环向应力峰值(MPa)	轴向应力峰值(MPa)	测点编号	环向应力峰值(MPa)	轴向应力峰值(MPa)
1—2	−96.4	−21.5	3—2	−96.0	−8.0
2—2	−77.2	−13.5	4—2	+37.8	−22.8

对表6.2-15数据分析可以发现：4—2测点环向应力产生拉应力，有些异常，其他3个点的环向应力平均值为−89.9 MPa；4个测点的轴向应力平均值为−16.4MPa。虽然钢护筒端部的轴向应力不大，但其环向应力值较大。

环向应力值大的原因是由于在钢护筒下沉过程中，钢护筒底口土体一部分挤入护筒内，但大部分挤出护筒外，护筒内土压力按照谷仓压力公式计算较小，而护筒外按照被动土压力计算较大。在停锤时钢护筒端部外的实测土压力值为1.0 MPa，比计算的被动土压力大得多；根据环向力计算公式$F=R\cdot P$分析，在钢护筒端部产生的环向应力也较大。

②钢护筒刚度不足

在实际施工中钢护筒按材质分成两种结构形式：I型钢护筒(Q235A)，20根；II型钢护筒(Q345C)，18根。

a.轴向临界应力计算

根据《钢结构稳定设计指南》薄壁圆管非弹性屈曲轴向临界应力计算公式：

$$\sigma_{\phi,cp}=[1.64-0.23\times(d/t)^{1/4}]f_y$$

式中：t——圆管的厚度(mm)；

d——圆管的直径(mm)；

f_y——圆管材料屈服强度(MPa)。

计算结果：I型钢护筒：$\sigma_{\phi,cp}=194.6$MPa

II型钢护筒：$\sigma_{\phi,cp}=278$MPa

从计算结果分析知道：两种结构形式钢护筒竖向屈曲临界应力值，较18号钢护筒检测时竖向应力峰值大，因此，在钢护筒制作精度较高的情况下，轴向应力引起的变形可能性较小。

b.环向临界应力计算

按照《钢结构稳定设计指南》薄壁圆管构件非弹性屈曲环向临界应力计算公式：

$$\sigma_{\phi,cp}=0.2f_y+0.4\sigma_{\phi,ce} \qquad \sigma_{\phi,ce}=0.9E(t/d)^2$$

式中：f_y——圆管材料屈服强度(MPa)；

t——圆管的厚度(mm)；

d——圆管的直径(mm)；

E——圆管材料弹性模量(MPa)。

计算结果：I 型钢护筒：$\sigma_{\phi,cp}=50.1$MPa

II 型钢护筒：$\sigma_{\phi,cp}=71.5$MPa

从两种结构钢护筒非弹性环向临界应力计算结果来看，其值均小于 18 号钢护筒检测环向应力峰值，所以端部环向应力引起变形的可能性较大。

从上述钢护筒临界应力计算公式可知：钢护筒的环向及竖向刚度不仅取决于钢护筒的壁厚、直径，还取决于钢护筒的材质种类。从变形钢护筒统计可以看出，I 型钢护筒材质为 Q235A，变形数量为 7 根，占同类护筒总数 35%；II 型钢护筒材质为 Q345C，变形数量为 1 根，占同类护筒总数量的 6%。相比之下，虽然 I 型钢护筒壁厚为 20 mm，但与壁厚 18 mm 的 II 型钢护筒相比，变形比例反而大。这与计算结果也基本吻合。

③钢护筒制作精度对变形的影响

在实际工程中，钢护筒制作中总存在缺陷，其中不圆度对受压构件的临界应力十分敏感。大量的试验表明试件没有经过特殊精加工，其临界应力只能达到计算值的 15%～60%。如果用 w_0 表示钢护筒长轴和短轴之差一半，即不圆度；t 表示壁厚，通过计算分析：当 $w_0/t=0.5$ 时，轴向临界应力降低到 25%；当 $w_0/t=1.0$ 时，轴向临界应力降低到 14.3%。

综上所述，钢护筒发生变形主要原因是：由于钢护筒端部的环向应力和轴向力较大，刚度不足，或材料屈服强度偏低以及制作时不圆度误差较大，钢护筒端部在复杂应力的综合作用下，发生屈曲、失稳变形。

(4)变形钢护筒处理方法

对变形钢护筒的处理方法很多，经分析研究采用将钢护筒变形部位进行水下割除，让钻头顺利通过，这是一种有效、简便处理变形钢护筒的方法，以下主要介绍水下电切割钢护筒法。

①施工设备

施工设备主要包括：1 台 ZS5—130(45KVA)直流电焊机；1 把水下割钳；3 套重潜设备；1 套减压仓；2 部潜水电话；1 台空压机；氧气瓶若干。

②水下电切割钢护筒施工方法

a. 护筒内清孔、扫孔。清孔、扫孔的目的是为了清理变形钢护筒部位的黏土，以便水下切割。利用直径 ϕ2.5 m 的钻头先钻至护筒口以下 1.0 m。在小钻头护圈上沿周长方向，均匀安装 6～8 支用 ϕ43mm 的钢丝绳制作的长度为 40 cm 的钢丝刷，在钻进过程中，将护筒周边的黏土一起清理干净，同时在钻进过程中利用气举反循环原理清理孔内土层。

b. 清孔换浆。为了减小潜水作业的难度，在潜水员下潜之前，将护筒内泥浆置换成海水，降低密度（泥浆的密度一般为 1.1～1.2，海水密度为 1.02～1.03）。

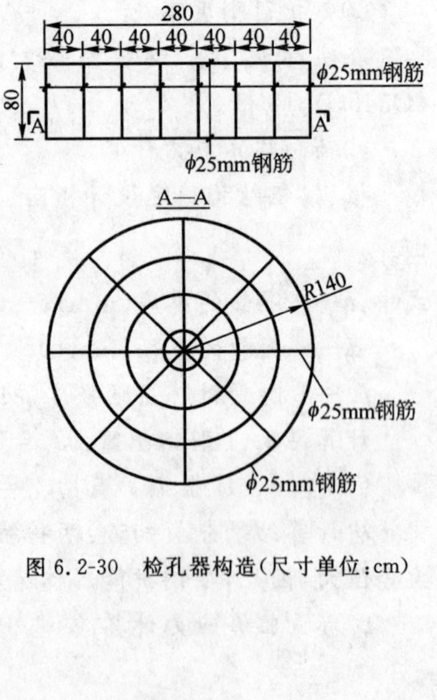

图 6.2-30 检孔器构造(尺寸单位：cm)

c. 检孔和水下切割。检孔采取自制检孔器进行，检孔器构造如图 6.2-30 所示。

潜水员站在检孔器上，用起重设备起吊检孔器沿钢护筒下放，当检孔器无法通过时，即为钢护筒切割上口线。几组潜水员轮换下水，将变形的钢护筒沿竖向切割出3～4条割缝。竖向缝切割完成后，进行环向割缝的切割，为了减小起吊难度，环向割缝高度按每4 m左右设置1道。变形钢护筒所有竖向、环向缝全部切割完成后，割设吊耳孔，进行起吊施工。根据现场施工条件，选用100 t浮吊，进行起吊作业。当变形钢护筒切割完成并分块取出后，重新使用检孔器对孔径进行检测。若不满足要求，还要按照前面的施工方法继续进行水下补割。变形钢护筒处理结束后，对孔内可能的遗留铁件进行检查，以防影响后续钻孔施工。检查完成后，使用黏土进行孔内回填，以保持孔壁的稳定。

③水下切割的组织、效率及安全

按钢护筒底口高程－45m，护筒内水面高程＋3.0m计算，潜水作业的水深在48m左右，属于深潜作业。潜水员每班作业时间不超过40min，切割的长度在0.5～1.0 m，潜水员施工上来时要在水中进行减压，出水后再进专用减压仓进行减压。

为提高工作效率，现场组织15名潜水员轮换下水作业。在同一时间内，1名潜水员在水下进行切割施工、1名在水中减压、1名在减压仓减压，使切割施工连续进行。每天水下切割施工时间在8～10 h，切割总长度在6.5m左右，平均5～7d，完成1根钢护筒的水下切割处理。

由于水下切割钢护筒危险性较大，因此在切割施工过程中，应始终保持孔内水位高于孔外水位；禁止在相邻孔位进行施工(特别是进行混凝土浇筑)；潜水作业时，应严格按照潜水作业安全操作规程进行。

(5) 钻孔漏浆的问题及处理

经水下切割处理的钢护筒，再次钻孔时，普遍存在漏浆塌孔现象。其原因是：在水下切割过程中，需要连续使用0.9 MPa的氧气助燃和吹割。氧气虽然割穿了钢护筒，但也影响了护筒外土层的稳定性，高程－45.0m土层在低潮位时静土压力为0.6 MPa左右，变形钢护筒处理一般需要5～7d，氧气使用量在150～200瓶，土层在其长时间作用下，发生扰动，形成漏浆通道。

对此，本工程主要采取了内置长护筒法和护筒外钻孔压力注浆法进行钢护筒漏浆处理。

(6)结束语

桥梁深水钻孔桩钢护筒的设计长度、直径、材质、壁厚是钻孔桩施工可靠性、经济性的重要环节，如果设计的钢护筒壁厚太薄，刚度不足，导致钢护筒变形，其造成的后果不仅影响到工期还增加了施工成本。钢护筒变形还与锤击力、土质、入土深度有关，与钢护筒直径、长度、壁厚、材质、加工精度有关。为防止钢护筒变形，主要途径是在设计钢护筒时，在满足设计永久荷载、平台稳定及钻孔施工反穿孔要求的前提下，尽量减短钢护筒长度，适当增加壁厚，确保必要的刚度，提高材质，提高加工精度。对钻孔桩数量较多的项目，首根钢护筒下沉应进行试验，选择典型的地质条件，检测其变形和应力。

实践证明，水下电切割变形钢护筒，投入少、设备简单、成本低、施工速度快，处理方法可行。但是对于切割后钻孔漏浆、塌孔的问题应很好地解决。

第五节　护 壁 泥 浆

钻孔灌注桩和冲孔灌注桩在施工过程中为防止孔壁坍塌、浆液流失和携带钻渣，需要在孔内加入护壁泥浆。

护壁泥浆一般由水、黏土及化学处理剂组成。泥浆用水为淡水。黏土是泥浆中的主要固相成分，其颗粒粒径大多数小于0.005mm，它具有带电、吸附离子、水化膨胀以及分散成絮凝状等性能。常用的膨润土是一种以蒙脱石为主要矿物成分的特殊黏土，它的制浆性能优于其他黏土。加入化学处理剂的目的，是为了改善泥浆的性能，以满足不同工艺的要求。有时为了提高泥浆的密度或防漏失能力，在泥浆中加入重晶石粉、石灰石粉、方铅矿粉、纤维等惰性材料。

一、泥浆的类型

钻孔桩用护壁泥浆有普通(当地)黏土泥浆(简称"黏土泥浆")、膨润土泥浆及混合泥浆三种类型。普通黏土泥浆与膨润土泥浆的特性比较见表6.2-16当所采用的黏土质量不能完全满足要求时,或为了兼顾两者的特性时,可使用掺加部分膨润土的混合泥浆,其特性介于两者之间。

普通黏土泥浆与膨润土泥浆特性比较表

表6.2-16

项目/类型	普通黏土泥浆	膨润土泥浆	备　注
密度(g/cm³)	1.15～1.25,较大	1.03～1.10,较小	
浓度(%)	32～45,较大	4～12,较小	100mL水中含土量(g)
含砂量(%)	≤5,较大	≤1,较小	
漏斗黏度(s)	30～60	30～60	946/1 500mL漏斗
造浆率(m³/t)	2.6～3.5,较小	7～25,较大	
失水量(mL/30min)	20～30,较大	10～20,较小	
泥皮厚(mm)	2～4,较厚	0.5～2,较薄	
悬浮钻渣能力	较大	较小	
混凝土置换效果	较差	较好	
外观性状	天然产状,有结块,含水率较大	经过加工的商品,袋装粉末,含水率较低	
制浆	用低速叶片式搅拌机搅拌,搅拌时间长(30～45min)	用高速搅拌机搅拌,搅拌时间短(3～7min)	
使用与管理	不便循环使用,耗量大,设备维修及管理工作量大	便于循环使用,耗量小,设备维修及管理工作量小	
价格(元/m³)	10～30,较低	30～60,较高	

膨润土泥浆的密度较小,浇筑混凝土时的置换效果较好,有利于成桩质量,同时也便于泥浆循环使用,故在采用循环出渣方式成孔时,宜优先选用膨润土泥浆。随着施工技术的进步,膨润土泥浆的应用越来越普遍。鉴于各施工单位的现有装备水平,黏土泥浆仍然具有一定的实用价值,不会被完全淘汰。黏土泥浆的密度较大,悬浮钻渣和堵漏防塌的能力较强,且料源广、成本低廉。使用常规冲击钻机(抽砂筒出渣)在含有漂卵石的地层中成孔时,宜选用普通黏土泥浆或混合泥浆。为避免密度和黏度过大对混凝土浇筑质量的不利影响,在浇筑前清孔时可换入密度和黏度较小的泥浆。

二、护壁泥浆的基本性质

(1)良好的物理稳定性。泥浆在静置一段时间后,其中的黏土颗粒不会在重力的作用下析水、沉淀,这是对护壁泥浆最基本的要求。

(2)良好的化学稳定性。泥浆在使用的过程中,环境中的阳离子等会使泥浆的性质逐渐发生变化,即从悬浮分散状态向凝集状态转化。这种影响发展到一定的程度,泥浆就会脱水絮凝,失去护壁作用。泥浆抵抗化学侵蚀的能力越强、重复使用的时间越长,则其化学稳定性越好。

(3)适当的密度(比重)。泥浆的密度大有利于孔壁稳定和悬浮钻渣,但不利于混凝土浇筑质量,并要求有较大的泵送能力,动力和材料消耗较多。泥浆的密度应根据地质条件、施工阶段和施工经验确定,不宜过大或过小。松散易塌地层和成孔阶段宜使用密度较大的泥浆;密实稳定地层和清孔时宜使用密度较小的泥浆。

(4)适当的黏度。黏度是流体内部阻碍其相对流动的一种特性。黏度的作用和影响与密度类似,黏度大则护壁、防渗、堵漏以及悬浮、携带钻渣的能力强,但过大则输送和混凝土置换困难。

(5)良好的流变性。流变性是指泥浆、水泥浆等塑性流体搅拌后变稀(静切力降低),静置后变稠(静切力升高)的特性。流性好的泥浆,在静止时有较强的护壁能力,在流动时泵送阻力较小,有利于孔壁稳定和提高施工效率。

(6)较好的滤失性。在孔内泥浆向周围地层渗透的过程中,相同体积的泥浆在相同的压力差作用下,经过相同的时间,失水量较小且形成的泥皮薄而致密,则其滤失性较好。膨润土泥浆的滤失性一般要优于普通黏土泥浆。

(7)较小的含砂量。砂是泥浆中的惰性有害物质。含砂量高会给泥浆性能和成孔质量带来多种不利影响,故必须将泥浆的含砂量控制在一定的范围内。

三、泥浆的使用方法

在成孔和清孔换浆时,必须依靠泥浆将钻渣带出孔外。根据成孔和清孔的不同方法,泥浆的使用方法大致可分为静止和循环两种方式。循环方式按孔内泥浆流动的方向又可分为正循环和反循环;其中,反循环按抽吸孔底泥浆的设备和原理不同,又可分为泵吸反循环、气举反循环和射流反循环三种工作方式。

(1)静止方式

静止方式是指在出渣过程中泥浆本身并不流动,孔底含渣泥浆被成孔工具一起提出孔外,随着孔深的增加和泥浆的消耗,不断向孔内补充新鲜泥浆的工作方式。排出的泥浆一般不作净化处理和重复使用。冲击钻机成孔、抽砂筒出渣均属于泥浆静止工作方式。

(2)循环方式

循环方式是指在成孔过程中,依靠不断循环流动的泥浆将孔底钻渣携出孔外,并随着孔深的增加不断向孔内补充新鲜泥浆的工作方式。返回的含渣泥浆一般经过净化处理后重复使用。通过钻杆或送浆管把泥浆压送到孔底,含渣泥浆在管外上升,把钻渣带出地面的工作方式称正循环;泥浆从排渣管外流入槽内,孔底含渣泥浆通过排渣管被抽吸到地面上来的工作方式称反循环。

泥浆的携渣能力和排渣效率除与泥浆本身的性质有关外,还与泥浆的流速有关;流速越大,携带渣土的粒径越大。由于反循环是通过排渣管排渣,其过流面积远小于管外的桩孔,故其排渣流速和排渣能力比正循环要大得多。

泵吸反循环在孔深较小时效率较高,适用钻孔深度一般在50m以内。气举反循环在孔深较大时效率较高,适用深度一般在30m以上。射流反循环的效率较低,很少采用。

四、泥浆的性能与测试方法

1.泥浆性能指标的定义

(1)相对密度。泥浆的相对密度是指泥浆的质量与4℃时同体积淡水质量之比,无量纲。泥浆的密度随着配制浓度的增加而加大。泥浆浓度是指每100mL水中所含黏土颗粒的质量(g)。

(2)黏度。黏度表示泥浆流动时,内部各流层之间摩擦阻力的大小。通常所说的"黏度"是指用漏斗黏度计测定的黏度值,常用符号"η"表示,单位为(s)。同一泥浆使用的测量仪器、方法不同,黏度的测值也不相同。

(3)含砂量。含砂量是指泥浆中大于$74\mu m$的非黏性砂粒所占泥浆体积的百分比。实际测值中包括未搅拌开的黏土粗颗粒。

(4)胶体率。胶体率是指泥浆静置24h后,表面析水量所占泥浆体积的百分比。胶体率可粗略地表示泥浆中黏土颗粒的分散和水化程度。

(5)稳定性。稳定性是指同一容器中的泥浆静置24h后,上半部分泥浆与下半部分泥浆的相对密度差。

(6)失水量、泥皮厚。在泥浆的过滤试验中,一定体积的泥浆在一定的压力作用下,通过一定面积的过滤材料，在30min时间内滤失的水量称为失水量，以mL为单位。在同一试验中，附着在过滤材料上的失水黏土颗粒聚集层的厚度称为泥皮厚，以mm为单位。失水量是体现孔内泥浆在压力差的作用下向四周地层渗透的过程中，其中的自由水滤失量大小的性能指标。泥皮厚是衡量泥浆造壁性能的指标。

(7)pH值。pH值是衡量泥浆酸碱度的指标。pH值共分为14级，1～6级为酸性，7级为中性，8～14级为碱性。当pH值为1时，酸性最强；当pH值为14时，碱性最强。酸碱度(pH值)是泥浆性质的综合指标，一般应呈碱性，至少是中性。

2.泥浆性能指标的确定

泥浆的性能指标应根据地质条件确定；不同施工阶段对泥浆性能的要求不尽相同，测定的项目也有所不同。泥浆性能指标的测定项目和控制范围参见表6.2-17、表6.2-18、表6.2-19、表6.2-20。

各施工阶段泥浆性能的测定项目 表6.2-17

阶段＼泥浆种类	黏土泥浆	膨润土泥浆
鉴定土料造浆性能	密度、漏斗黏度、含砂量、胶体率、稳定性	密度、漏斗黏度、稳定性、失水量、静切力、塑性黏度
确定、校验泥浆配合比	密度、漏斗黏度、含砂量、胶体率、稳定性、失水量、泥皮厚度、静切力、pH值	密度、漏斗黏度、稳定性、失水量、泥皮厚度、静切力、pH值
施工中日常质量控制	密度、漏斗黏度、含砂量	密度、漏斗黏度、含砂量

灌注桩泥浆性能指标选择(JTJ 041—2000) 表6.2-18

钻孔方法	地层情况	泥浆性能指标							
		相对密度	黏度(Pa·s)	含砂率(%)	胶体率(%)	失水率(mL/30min)	泥皮厚(mm/30min)	静切力(Pa)	酸碱度(pH)
正循环	一般地层	1.05～1.20	16～22	8～4	≥96	≤25	≤2	1.0～2.5	8～10
	易坍地层	1.20～1.45	19～28	8～4	≥96	≤15	≤2	3～5	8～10
反循环	一般地层	1.02～1.06	16～20	≤4	≥95	≤20	≤3	1～2.5	8～10
	易坍地层	1.06～1.10	18～28	≤4	≥95	≤20	≤3	1～2.5	8～10
	卵石土	1.10～1.15	20～35	≤4	≥95	≤20	≤3	1～2.5	8～10
推钻冲抓	一般地层	1.10～1.20	18～24	≤4	≥95	≤20	≤3	1～2.5	8～11
冲击	易坍地层	1.20～1.40	22～30	≤4	≥95	≤20	≤3	3～5	8～11

注：①地下水位高或其流速大时，指标取高限，反之取低限；

②地质状态较好，孔径或孔深较小的取低限，反之取高限；

③在不易坍塌的黏质土层中，使用冲抓、反循环回转钻进时，可用清水提高水头(≥2m)维护孔壁。

黏土泥浆性能指标表 表6.2-19

项目	新制泥浆		造孔时孔内泥浆	清孔用浆	混凝土浇筑前孔底泥浆	备注
	一般地层	松散地层				
相对密度	1.15～1.20	1.20～1.25	≤1.30	≤1.20	≤1.3	1002型密度称
漏斗黏度(s)	18～28	25～35	20～35	18～23	18～30	500/700mL漏斗
含砂量(%)	≤5	≤5	≤8	≤5	≤10	
胶体率(%)	≥96	≥96	≥95	≥96	—	
稳定性	≤0.03	≤0.03	≤0.04	<0.03	—	上、下密度差
失水量(mL/30min)	<30	<30	<50	<30	—	1009型失水仪
泥皮厚(mm)	≤4	≤4	≤6	≤4	—	1009型失水仪
10min静切力(Pa)	2.0～5.0	4.0～10.0	2.5～12.0	1.5～4.0	—	旋转黏度计
pH值	7～9	7～9	7～9	7～11	—	

膨润土泥浆性能指标　　表 6.2-20

项　目	新制泥浆		重复使用	清孔用浆	混凝土浇筑前孔底泥浆	备　注
	一般地层	松散地层				
相对密度	1.03～1.07	1.06～1.0	≤1.25	≤1.05	≤1.15	1 002 型密度称
漏斗黏度(s)	32～50	45～60	32～60	32～38	32～50	946/1 500mL 漏斗
含砂量(%)	≤1	≤1	≤5	≤1	≤6	
胶体率(%)	≥98	≥98	≥95	≥98		
稳定性	≤0.01	≤0.01	≤0.02	<0.01		上、下密度差
失水量(mL/30min)	<30	<30	<50	<30		ZNS 型失水仪
泥皮厚(mm)	≤3	≤3	≤5	≤3		ZNS 型失水仪
塑性黏度(Pa·s)	8～20	16～30	≤40	8～20		旋转黏度计
10min 静切力(Pa)	1.0～4.0	3.0～8.0	1.5～10.0	1.0～3.0		旋转黏度计
pH 值	7.5～11	7.5～11	7.5～11	7.5～11		

3. 泥浆性能的测定方法

(1)密度测定

泥浆的密度一般用专用的泥浆密度计(密度秤)测定；也可在测定体积和质量后计算其密度。

(2)漏斗黏度测定

测量漏斗黏度的仪器是我国目前广泛使用的 1 006 型漏斗黏度计(标准漏斗黏度计)。

(3)含砂量测定

测定含砂量的方法有筛析法和沉淀法两种方法。

用筛析法测量含砂量(C_s)的仪器如图 6.2-31 所示仪器的过滤筒中装有 80 孔/cm 的滤网；玻璃量筒用来计量泥浆体积和砂粒体积，直径约 ϕ45mm，最大容积 200mL，底部细长，容积为 5mL，最大分值为 0.2mL。

测定方法：将 20～40mL 泥浆装入量筒中，用 160mL 清水稀释后再转移到过滤筒内用水冲洗，直至水清为止，并用毛刷将小泥团弄碎；再把漏斗套在过滤筒上，慢慢翻转过来插入玻璃量筒，用清水将筛网上的砂粒全部冲到玻璃量筒内；待砂粒全部沉淀后，读出其体积，按下式计算含砂量。

$$\text{含砂量}(C_s)=\frac{\text{砂子体积(mL)}}{\text{所取泥浆体积(mL)}}\times 100\% \tag{6.2-1}$$

用沉淀法测量含砂量的仪器如图 6.2-32 所示。测试时取 50mL 泥浆和 450mL 清水注入含砂量

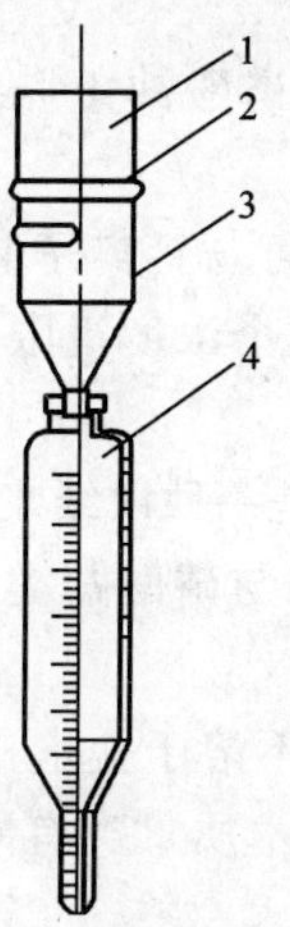

图 6.2-31　ZNH 型泥浆含砂量测定仪

1-过滤筒；2-滤网；3-漏斗；4-玻璃量筒

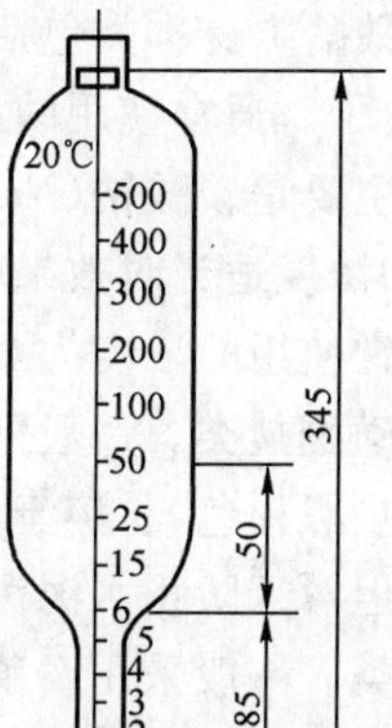

图 6.2-32　含砂量测定杯(尺寸单位：mm)

测定杯内,充分摇晃混合均匀,静置1min后,从仪器下端刻度线上读出砂子的体积数,试验读数乘以2即为所测泥浆的含砂量,以百分数表示。使用这种仪器时,往往有许多未分散的泥团与砂子一起沉淀,影响了测量的准确性。

(4)胶体率测定

胶体率的测量方法为:将100mL搅拌均匀的泥浆倒入100mL的玻璃量筒中,盖上玻璃板,静置24h后,读出量筒上部泥浆析出的清水量(mL),按下式计算胶体率,以百分数表示。

$$胶体率=\frac{100-清水量}{100}\times 100\% \tag{6.2-2}$$

若量筒上部无清水,则该泥浆的胶体率为100%。

五、泥浆处理剂

为了使泥浆适应不同性质的地基土和不同的施工条件下的护壁要求,通常要在泥浆中加入泥浆处理剂以改善泥浆性能。常用泥浆处理剂的分类和用途参见表6.2-21。

常用泥浆处理剂的分类和用途　　表6.2-21

序　号	种　类	用　途
1	分散剂	1.分散黏土颗粒,提高泥浆的稳定性和黏土的造浆率; 2.防止盐分或水泥对泥浆的污染,使已被污染的泥浆再生; 3.改善泥浆的流变性能; 4.增强防止槽孔坍塌的能力
2	增黏剂	1.防止盐分或水泥对泥浆的污染; 2.提高泥浆的黏度,增强防止槽孔坍塌的能力; 3.提高成孔效率
3	加重剂	增大泥浆重度,防止槽孔坍塌
4	防漏剂	降低泥浆的流动性,防止或减少泥浆漏失

1.分散剂

分散剂能够提高泥浆中黏土颗粒的负电荷,置换有害离子或使其惰性化,从而起到提高黏土颗粒吸附水分子的能力、增加水化膜的厚度、分散黏土颗粒、保持泥浆稳定性的作用。除钠质膨润土泥浆外,新制泥浆一般都需加分散剂,否则泥浆的稳定性和黏度都难以满足要求。分散剂还可以使因受钙离子等阳离子污染而性质变坏的泥浆再生。分散剂有以下几类:

(1)复合磷酸盐类。本类包括六甲基磷酸钠($Na_6P_6O_{18}$)和三(聚)磷酸钠($Na_5P_3O_{10}$)。它能置换泥浆中的有害离子。通常使用的浓度为0.1%~0.5%。

(2)碱类。主要是碳酸钠(Na_2CO_3)和碳酸氢钠($NaHCO_3$),它们可与钙离子起化学反应,使钙离子惰性化。掺加浓度适当时效果较好,加量过多时效果反而不好。这个浓度极限随膨润土的种类不同而有差异,通常使用的浓度为0.1%~0.5%左右。

(3)木质素磺酸盐类。一般采用铁铬木质素磺酸盐类(FCI)。这是一种以纸浆废液为原料的特殊木质素磺酸盐,呈黑褐色,易溶于清水或盐水;对于防止盐分污染泥浆与磷酸盐类和腐殖酸类分散剂有同等的效果,但对于防止水泥污染泥浆的效果较差。

(4)腐殖酸类。一般采用腐殖酸钠(简称煤碱剂)易溶于清水,但不溶于盐水;具有提高黏土颗粒电位和置换有害离子的作用。对于防止盐分污染泥浆,与磷酸盐类或木质素类有同等的效果,而对防止水泥污染泥浆,则不如磷酸盐类效果好。

2.增黏剂

增黏剂可以增加泥浆的黏度和屈服值,改善泥浆的胶体性质,减少失水量,提高对钻渣的悬浮能力和固壁效果，并能防止水泥和盐分污染。

一般均使用羧甲基纤维素(简称CMC)作为增黏剂。它是一种高分子化学浆糊，为白色或微黄色粉末，无臭、无味、无毒、易溶于水，溶解于水之后成为黏度很大的透明液体。市场上出售的CMC，按高分子聚合程度不同，分为高、中、低三种黏度。一般在泥浆中常用低黏度和中黏度的Na-CMC，掺量一般为土重的0.03%～0.1%。

PHP，即聚丙烯酰胺絮凝剂。它的作用是在泥浆循环中清除劣质钻屑，保存造浆的膨润土粒；它具有低固相、低密度、低失水、低矿化，泥浆触变性能强等特点，掺入量为孔内泥浆的0.003% 。掺有PHP的泥浆(简称PHP泥浆)主要用于直径大于ϕ2.5m的大直径钻孔灌注桩和地质条件复杂、覆盖层较厚、护筒下沉达不到岩层等场合。

此外，还可用野生植物胶作为泥浆的增黏剂，如SM植物胶。这种植物胶可以加在膨润土泥浆中使用，也可以单独作为无固相浆液使用。

3.加重剂

当使用膨润土泥浆固壁时，由于膨润土泥浆的密度较小，在下列三种情况下可能难以维持孔壁稳定：①地下水位高或有承压水时；②地基非常软弱(N值小于1)时；③土压力非常大(在路下或坡脚处施工)时。作为一种措施，可在泥浆中掺入加重剂，以增加泥浆的密度。常用的加重剂有重晶石粉、铁砂、铜矿渣、方铅矿粉等，主要是重晶石粉，它取材容易，在泥浆中不易沉淀。重晶石粉是一种白色粉末，相对密度为4.1～4.2。掺重晶粉还能增大泥浆的黏度及凝胶强度。

4.防漏剂

防漏剂的作用是堵塞地层中的大孔隙和渗漏通道，防止泥浆大量漏失。常用的防漏剂有水泥、黏土、水玻璃(硅酸钠)、珍珠岩、纸屑、纤维、锯末、稻草等。

水玻璃一般呈黏稠状半透明水溶液，其浓度用玻美度°Be′表示。市场销售水玻璃溶液的浓度多为50°Be′～56°Be′，密度为1.5～1.6g/cm³。玻美度与密度ρ的关系为：

$$\rho=\frac{145}{145-{}^{\circ}\mathrm{Be}'} \tag{6.2-3}$$

水玻璃中氧化钠与二氧化硅的克分子比值称水玻璃的模数。施工用水玻璃的模数一般为2.0～3.2，模数低的水玻璃化学活性、可溶性和相对密度均较大。

掺水玻璃配制的冻胶泥浆可用于堵漏。冻胶泥浆是一种以泥浆为基本浆材的黏土—水泥浆液，也可在其中加入水玻璃、石膏、锯末等材料。冻胶泥浆的组成和性能见表6.2-22。

冻胶泥浆的组成与性能 表6.2-22

浆液组成	密度(g/cm³)	配制后1min测定的性能		
		动切力(Pa)	静切力(Pa)	塑性黏度(Pa·s)
泥浆	1.16	4.4	7.4	25.0
泥浆+水泥(20g/L)	1.18	18.7	83.0	30.0
泥浆+水泥(60g/L)	1.20	21.1	92.0	28.0
泥浆+水泥(90g/L)	1.21	23.3	110.0	35.0
泥浆+水泥(60g/L)+锯末(50g/L)	1.17	43.3	130.0	48.0
泥浆+水泥(60g/L)+水玻璃(10g/L)	1.21	49.0	180.0	42.0
泥浆+水泥(60g/L)+水玻璃(10g/L)+锯末(50g/L)	1.18	60.0	230.8	50.0

六、制备泥浆的原则

(1)为使泥浆在施工过程中能充分发挥其应有的作用,必须使它具有必要的性能。

(2)对泥浆性能的要求因地基条件和施工方法不同而异,应根据这些条件确定泥浆的制备方案。

(3)泥浆的原材料、配合比和配制方法应通过试验确定。

(4)在泥浆性能满足使用要求的前提下,应尽可能选择成本低、效率高且便于管理的制备方案。

七、制备泥浆的步骤

(1)调查分析地基和施工条件,掌握易塌地层的特性和施工对泥浆的要求。

(2)调查料源(料场),选定泥浆材料和外加剂。

(3)针对上述条件,确定泥浆的黏度、密度等基本性能指标。

(4)拟定泥浆的基本配合比。

(5)进行配制试验,调整配合比。

(6)进行制浆工艺试验,确定配料程度、搅拌方法和搅拌时间。

(7)拌制并储存施工用泥浆。

八、泥浆配合比试验

1.所需黏度的确定

在进行泥浆的配合比试验之前,须根据地质条件确定所需的泥浆黏度,以确定泥浆的基本配合比。易坍塌的地基应选择较高的黏度,对于复合地基,应以最易坍塌的土层为主确定泥浆的性能和配合比。孔壁的稳定性与地基土的种类、密实程度及地下水位的高低有关。当地基土的颗粒较粗、密实度较低,且地下水位较高时,容易发生塌孔事故。不同地基条件下孔壁坍塌的可能性大小和泥浆黏度的经验值见表 6.2-23。

不同地基条件下孔壁坍塌的可能性与需要的泥浆黏度　　表 6.2-23

土　质	孔壁坍塌可能性/漏斗黏度(s)					
	地下水位低(埋深 $h \geqslant 5$mm)			地下水位高(埋深 $h \leqslant 5$mm)		
	密度 $N>30$	稍密或中密 $10<N\leqslant30$	松软或漏失 $N\leqslant10$	密实 $N>30$	稍密或中密 $10<N\leqslant30$	松软或漏失 $N\leqslant10$
黏土	无/17～19	无/18～21	略有/22～24	无/18～20	无/19～22	略有/23～25
粉土	无/18～21	略有/21～23	有/25～27	无/19～21	略有/23～25	有/25～27
细砂	略有/22～24	略有 22/～24	有/25～27	略有/22～24	有/25～27	略大/27～29
中粗砂	略有 23～25	有/24～26	略大/27～29	略有/23～25	有/26～28	大/29～31
砂砾石	略有/23～25	有/25～27	大/29～31	有 25/27	略大/27～28	大/30～32
砂卵石	有/25～27	略大/27～29	大/30～32	略大/27～29	大/29～31	很大/32～34
缧卵石	有/25～27	大/29～31	很大/32～34	大/29～31	很大/31～33	很大/33～35

注:表中泥浆黏度值为 500/700mL 漏斗黏度计测值,N 为标贯击数。

另外,泥浆不循环成孔(如钢丝绳冲击钻成孔)时的泥浆黏度要大于泥浆循环成孔的泥浆黏度。当单个成孔施工时间较长,或地基的上部为坝体、堰体等人工填筑时,也应采用较高的泥浆黏度。

2.确定基本配合比

所需黏度确定后,就可从不同加碱率的黏度—浓度(或密度)关系曲线上查得所需的泥浆浓度和加碱率。一般同一种土有多种浓度—加碱率组合可满足同一黏度要求,此时应在合理的密度和加碱率范围内选择成本较低的浓度—加碱率组合作为泥浆的基本配合比。然后按此配合比拌制泥浆样品，并测试其密度、黏度、失水量、稳定性、胶体率、静切力、泥皮厚度等性能指标。膨润土泥浆的密度一般在 1.03～1.07g/cm³ 范围内选择；加碱率一般不超过土重的 5%，浓度（与泥浆中水重的比值）不超过 0.5%；普通黏土泥浆的密度一般在 1.18～1.25g/cm³ 范围内选择，加碱率一般不超过土重的 1.2%。不加分散剂（一般用纯碱）的纯黏土（或钙基膨润土）泥浆一般难以达到使用要求；但加碱过多黏度反而降低，浆液的性能又会恶化。

3. 泥浆性能的调整

在泥浆的基本配合比确定后，须通过试验检验按该配合比配制的泥浆是否能满足特性要求。当没有完全达到所需的泥浆特性时，要增减材料的使用量，调整基本配合比。常见的问题是泥浆的黏度不够，失水量过大，胶体率和稳定性不合格；一般可采用增加泥浆浓度和加碱率的方法进行调整。必要时，可再加入少量羧基甲基纤维素（CMC）。当采用普通黏土泥浆时，添加部分膨润土也可制出合格的泥浆。具体调整方案须进行多组泥浆试验后通过经济技术比较确定。当地基条件较差时，选择较大的密度有利于孔壁的稳定。当存在严重漏失地层资料时，只能提高泥浆的黏度，而密度不能过大。

九、泥浆的配制

(1)单位体积泥浆用土量的计算。在确定了泥浆的密度后，可按下式计算黏土的用量：

$$m=\frac{\rho_c(\rho_s-\rho_w)}{\rho_s-\rho_w} \tag{6.2-4}$$

式中：m——配制泥浆所需黏土的质量（t/m³）；

ρ_c——黏土的密度（t/m³）；

ρ_s——所配制的泥浆的密度（t/m³）；

ρ_w——水的密度（t/m³）。

(2)黏土泥浆的搅拌试验。目前拌制黏土泥浆大多仍用 2m³ 或 4m³ 卧轴式搅拌机，实际搅拌体积一般小于额定容积，搅拌的顺序是：

①向搅拌机内注入定量的水，加水量应扣除土中的含水率；加水宜采用自动化的计量方法，以确保加水量准确。

②开动搅拌机，向机内投放定量的黏土，并同时加入定量的碳酸钠。

③搅拌 30min 左右后，取样测试泥浆的黏度。

④继续搅拌，并每隔 5min 测试一次泥浆黏度，若两次测量的数值不变，则泥浆制成。

据此来确定以后泥浆的搅拌时间。搅拌好的泥浆需经过一个 0.77mm 的筛网放入储浆池中。

(3)膨润土泥浆的拌制。使用膨润土配制泥浆时，不同的搅拌方法对膨润土溶胀程度影响很大。经高速搅拌机拌制的泥浆其流变参数远优于用低速搅拌机搅拌的泥浆，因此必须使用高速搅拌机进行搅拌。搅拌的时间一般可控制在 4～5min，这是因为膨润土分散至 98%所需的时间为 4min，全部分散需要 9min。对于使用前要放置较长时间的泥浆，搅拌时间为 4min 左右；对于搅好之后立即就用的泥浆，搅拌时间一般为 7min。

膨润土的水化溶胀有一个过程，一般膨润土与水混合后 3h 可达到 70%以上的溶胀，可供最低要求的工程施工使用。经过 1d 的时间之后，可以达到完全的溶胀。经搅拌后的膨润土泥浆在储浆池中放置 5h 后，其性能可基本达到预期的指标。为了发挥泥浆的功能，最好使泥浆充分溶胀后再使用。

对于在泥浆中加入 CMC 的操作要特别说明，CMC 很难溶解，需一点一点地往泥浆中掺加其粉末。若事先用清水溶解 CMC 成 1%～3%的溶液，然后再掺入泥浆中搅拌，就会很容易地混合在一起。由于 CMC 溶液可能会妨碍膨润土的溶解，所以要在膨润土之后加入。

(4)泥浆的储存。新制泥浆一般储存在用浆砌块石筑成的泥浆池中。受场地限制时，也可储存在高度较大的钢制泥浆罐中。整个泥浆池需分隔成 3～4 个不同用途的泥浆池，其中至少要有 2 个用于倒换存放新制泥浆，以满足泥浆溶胀的要求；此外，还应有单独的浆池存放清孔用泥浆和回收泥浆。

为了防止浆池内的泥浆沉淀，应在浆池底部布置风管，经常用压缩空气搅动浆池内的泥浆，也可用泥浆泵循环浆池内的泥浆。

十、泥浆的回收和净化

泥浆在使用过程中，由于膨润土等主要材料的消耗及土渣和电解质离子的混入，其性质会逐渐恶化。其恶化的程度因成孔方法、地基条件、混凝土浇筑方法等施工条件而异。变质的泥浆已不能发挥其应有的效能，所以要按其恶化程度决定舍弃或经再生处理。

为了降低成本和防止公害，应当采取措施尽量回收泥浆，经净化处理后重复使用。

采用冲击钻成孔抽筒出渣时，泥浆不便回收，即使在浇筑混凝土时，一般也只能回收孔中浆液的70%，接近混凝土表面的浆液常常被水泥所污染。

当采用循环式钻机成孔时，污染泥浆的处理可采用各种型号的泥浆净化机，有时也使用非标准组合设备。

采用膨润土泥浆的工程大部分是采用循环式成孔设备进行施工的，该类设备能对泥浆进行回收处理、循环使用，耗浆量大为降低。泥浆回收率一般为60%～80%，每1m³ 孔体消耗泥浆0.4～0.8m³。泥浆处理常用的方法有沉淀法和机械净化法。

1.沉淀法

沉淀法是使泥浆处于静止状态，依靠重力作用让钻渣自由沉降。影响泥浆中悬浮颗粒沉降的主要因素有：渣土颗粒的大小、形状，泥浆和渣土的密度，泥浆的黏度等。沉淀法只能清除直径大于0.05mm的颗粒。

当施工场地比较宽阔时可用沉淀法。采用沉淀法时，须在槽孔附近挖掘容积较大的沉淀池和排浆沟，沉淀池的容积一般为一根桩挖土量的1.5～2.0倍。泥浆在沉淀池中停留静置的时间越长，沉淀分离的效果越好。要注意及时清理池底的沉渣，经常保持沉淀池的有效容积。如果现场不具备挖沉淀池的条件，也可以采用一组(3～4个)铁箱及相应的清渣设备替代。

2.机械净化法

专用的泥浆净化机由振动筛、旋流除砂器、渣浆泵、泥浆箱等部件组成。

振动筛一般为双层结构，两层筛网的孔径不同。一般用振动筛筛除粒径0.77mm以上的卵砾石、砂粒和土块，这是泥浆机械净化的第一道工序；粒径较小的粉细砂采用旋流器处理。几种振动筛的规格、性能见表6.2-24。

几种振动筛的规格和性能　　表6.2-24

型　号	处理能力(W)	振动频率(n/min)	筛网规格	动力(kW)	尺寸(长×宽×高)(mm)
日本利根LWM-6	120	950	二段式上段10目，下段20目	5.5	300×2 130×2 360
日本利根LWM-8S	300	900	二段式　上段2ϕ×3×10mm(孔) 下段1ϕ×1.5mm(孔)	11	3 150×2 200×3 050
德国BAUERBE-250	250	1 040～2 040	二段式　左筛网5×25mm 右层筛网0.4×16mm	2×2	3 700×2 250×2 350
国产JHD-180型	150～200	960	二段式　上层筛网50目ϕ6mm 下层筛网20目ϕ0.6mm	2×2.2	3 187×1 753×3 200
国产JHD-200型	220	1 450	二段式　左筛网ϕ5mm 右筛网ϕ0.25mm	2×2.2	2 250×3 800×2 500
国产ZX-200型	200	1 450	二段式　上层筛网1.5×25mm 下层筛网0.4×25mm	2×1.5	3 540×2 250×2 800

旋流器的构造如图 6.2-33 所示。已过筛的泥浆沿旋流器圆周切线方向送入旋流器内，在泵压(0.2～0.25MPa)的作用下，混合浆液在旋流器内高速旋转，由于砂粒的密度大于泥浆的密度，砂粒在较大离心力的作用下，趋向于沿旋流器的外壁旋转并下降、排出，密度较小的泥浆则从中部的溢流管向上流出。旋流器的尺寸取决于泥浆的处理量、黏度、密度和含砂量，可通过调节底阀开度的大小来调节旋流器的处理效果。几种旋流除砂器的规格见表 6.2-25。

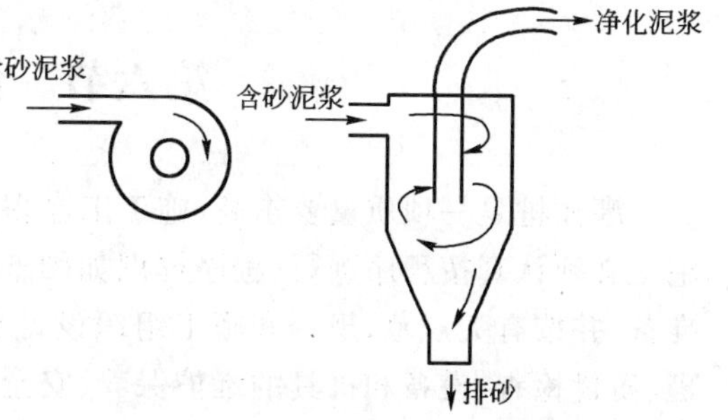

图 6.2-33　旋流除砂器构造示意图

旋流除砂器的规格和性能　　表 6.2-25

型　号	德国 BAUERBE-250	日本三菱 MD-9	中国 ZX-200	中国 JHD-100	中国 JHD-200
圆筒内径(mm)	450	230	500	250	472
供浆连接管管径(mm)	200	100	152	100	150
溢流连接管管径(mm)	150	100	152	100	150
概略处理量(m^3/h)	250	11.4～86.4	200	100	200
入口口径(mm)	200	50×80 36×80 23×80 10×80	152	100	80×120
溢流管口径(mm)	150	76,58,30	110	76	150
底流管口径(mm)	50	66,48,30	40	20,30	50

十一、泥浆的质量控制

泥浆质控的内容包括原材料质量控制、新制泥浆质量控制、浆池泥浆质量控制、孔内泥浆质量控制、回收泥浆质量控制等项。泥浆质量控制的方法是：①制订并执行有关泥浆生产、使用和质量管理的制度；②设置专职泥浆检验人员对泥浆的生产、使用过程和泥浆的性能指标进行检查，发现问题及时调整。对于膨润土，应了解生产厂家的质量保证情况，每批土料进场时均须附有出厂检验合格证，并取样复检。对于当地黏土，应随时掌握土场的开采情况，定期取样检测，运至现场的每车土均须目测检查。泥浆性能检查的部位和项目可参照表 6.2-26 。

泥浆质量控制检验的部位、项目及频次　　表 6.2-26

序　号	泥 浆 种 类	取样时间和次数	取 样 位 置	试 验 取 目
1	新拌制的泥浆	每台搅拌机每班(8h)取样 1～2 次	搅拌机内或出口处	密度、漏斗黏度、含砂量
2	储存中的泥浆	每班(8h)取样 1～2 次	每个泥浆池的上部和下部	密度、漏斗黏度、含砂量
3	供给槽孔的泥浆	每班(8h)取样 1 次	泥浆泵或送浆管出口处	密度、漏斗黏度、含砂量
4	槽孔内的泥浆	挖槽至中间深度和接近完成时各取样 1 次	每个槽孔槽内泥浆的上部	密度、漏斗黏度、含砂量、稳定性、胶体率、pH 值
5	处理后的泥浆	每天或每挖深 10m 取样 1 次	处理后泥浆出口处	密度、漏斗黏度、含砂量
6	清孔后孔内泥浆	每个槽孔清孔结束后 1h 取样 1 次，至少取 2 个点	距槽孔底部 0.5～1.0m 处	密度、漏斗黏度、含砂量
7	混凝土浇筑回收泥浆	开始浇筑时和停止回收时	回收泥浆出口处	密度、漏斗黏度、含砂量、稳定性、胶体率、pH 值

第六节　灌注桩施工基本要求

灌注桩是一项质量要求高，施工工序多，并须在一个短时间内连续完成的地下隐蔽工程。因此，施工必须认真按程序进行(程序框图如图 6.1-2 所示)，备齐技术资料，编写施工组织设计，做好施工准备，并按有关规范、规程和施工组织设计要求，建立各工序的施工管理、人员培训、岗位责任、交接班、质量检查、设备和机具的维护保养、安全生产制度等，做到事事有分工、人人有专责，使施工有序、快节奏地进行。

一、成　　孔

(1)成孔设备就位后，必须平正、稳固，确保在施工中不发生倾斜、移动，容许垂直偏差为 0.3%。为准确控制成孔深度，应在桩架或桩管上作出控制深度的标尺，以便在施工中进行观测、记录。

(2)成孔的控制深度应符合下列要求：

①对于摩擦桩必须保证设计桩长。当采用沉管法成孔时，桩管入土深度的控制以高程为主，并以贯入度(或贯入速度)为辅。

②对于端承摩擦桩、摩擦端承桩和端承桩，当采用钻、挖、冲成孔时，必须保证桩孔进入桩端持力层达到设计要求的深度，并将孔底清理干净。当采用沉管法成孔时，桩管入土深度的控制以贯入度(或贯入速度)为主，以设计高程为辅。

(3)为保证成孔过程安全生产，现场施工和管理人员应做好以下工作：

①现场施工和管理人员应了解成孔工艺、施工方法和操作要点以及可能出现的事故和应采取的预防处理措施。

②检查机具设备的运转情况，机架有无松动或移位，防止桩孔发生移动或倾斜。

③钻孔桩的孔口必须加盖。

④桩孔附近严禁堆放重物。

⑤随时查看桩施工附近地面有无开裂现象，防止机架和护筒等发生倾斜或下沉。

⑥每根钻孔桩的施工，开钻后应连续进行。如因故停机，应及时提上钻具，并保护孔壁，防止造成塌孔事故。同时应记录停机的时间和原因。

二、钢筋笼制作与安放

1.钢筋笼制作

(1)钢筋笼的绑扎场地应选择在运输和就位都比较方便的场所，最好设置在现场内。

(2)钢筋的种类、钢号及尺寸规格应符合设计要求。

(3)钢筋进场后应按钢筋的不同型号、不同直径、不同长度分别堆放。

(4)钢筋笼绑扎顺序大致是先将主筋等间距布置在专用的钢筋绑扎支架上，保证每节钢筋笼主筋位置一致，待固定住架立筋(即加强筋)后，再按规定的间距安设箍筋。箍筋、架立筋与主筋之间的接点可用电弧焊等方法固定。在直径为 ϕ2～3m 级的大直径桩中，可使用角钢及扁钢作为架立筋，以增大钢筋笼刚度。

(5)从加工、组装精度，控制变形要求以及起吊等综合因素考虑，钢筋笼分段长度一般宜定在 8m 左右。但对于长桩，当采取一些辅助措施后，也可定为 12m 左右或更长一些。

(6)钢筋笼下端部的加工应适应钻孔情况。在贝诺特法中，为防止在拔出套管时将钢筋笼带上来，在钢筋笼底部加上架立筋，有时可将 ϕ12～19mm 的钢筋安装成井字形钢筋。在反循环钻成孔和旋挖钻成孔法中，应将箍筋及架立筋预先牢固地焊到钢筋笼端部上。这样当将钢筋笼插到孔底时，可有效地防止架立筋插到桩端处的地基中。

钢筋笼的上端加工时应适应混凝土灌注要求，当上部配筋较密时，应使混凝土中的大石子也能通过钢筋笼进入保护层，即混凝土中石子的最大粒径不大于主筋净距的 3/4，如不能满足此要求，则应将主筋双拼绑扎。

(7)为防止钢筋笼在装卸、运输和安装过程中产生变形，可采取下列措施：

①在适当的间隔处布置架立筋，并与主筋焊接牢固，以增大钢筋笼刚度。

②在钢筋笼内侧暂放支撑梁，以补强加固。当将钢筋笼插入桩孔时，再卸掉支撑梁。

③在钢筋笼外侧或内侧的轴线方向安放支柱。

(8)如有声测管时，声测管下上段的位置必须对齐，并将声测管与钢筋笼焊牢，以增加钢筋笼的刚度，同时设计好声测管接头，以防接头处漏浆堵塞管道。

(9)钢筋笼的保护层

为确保桩身混凝土保护层的厚度，一般都在主筋外侧安设钢筋定位器，其外形呈圆弧状突起。定位器在贝诺特法中通常使用直径 ϕ9～12mm 左右的普通圆钢，而在反循环钻成孔法和旋挖钻成孔法中，为了防止桩孔侧面受到损坏，大多使用宽度为 50mm 左右的钢板，长度 400～500mm (图6.2-34)。在同一断面上定位器有 4～6 处，沿桩长的间距为 2～10m。

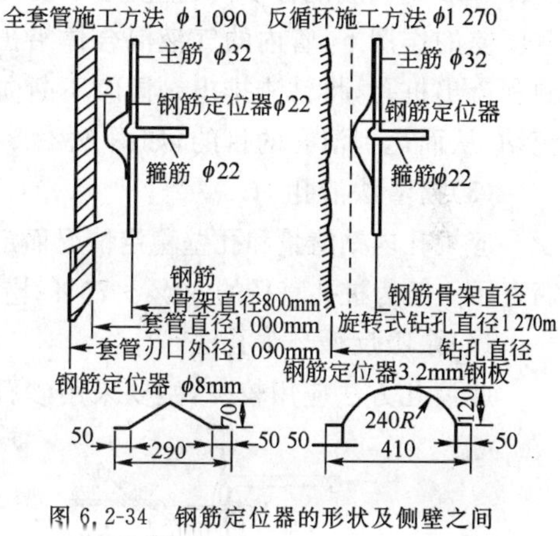

图 6.2-34　钢筋定位器的形状及侧壁之间的空隙实例(尺寸单位：mm)

2. 钢筋笼的堆放

钢筋笼堆放应考虑安装顺序、钢筋笼变形和防止事故等因素，以堆放两层为好。如果能合理地使用架立筋牢固绑扎，可以堆放三层。

3. 钢筋笼的沉放与连接

钢筋笼沉放要对准孔位，平稳、缓慢地进行，避免碰撞孔壁。到位后应立即固定。大直径桩钢筋笼通常是利用吊车将钢筋笼吊入桩孔内。

当桩长度较大时，钢筋笼可采用逐段接长法放入孔内。即先将第一段钢筋笼放入孔中，利用其上部架立筋，暂时固定在套管(贝诺特桩)或护筒(泥浆护壁钻孔桩)等上部。此时主筋位置要正确、竖直，声测管位置要对准，接头处应焊牢并防止渗漏。然后吊起第二段钢筋笼，对准位置后用螺纹套筒接头、挤压套筒接头或焊接等方法接长后放入钻孔中，并连接好声测管、压浆管。待钢筋笼安设完毕后，一定要检测确认钢筋顶端的高度。

4. 钢筋笼的固定

最后一节钢筋笼连好放下后，应计算钢筋笼长度和底部高程是否符合质量标准，同时应将钢筋笼上部与钢护筒焊牢。无钢护筒时应将钢筋笼与其他重物焊牢，以防灌注混凝土时钢筋笼上浮。

当桩顶高程较低，钢护筒或施工平台高程较高时，应将部分主筋引至钢护筒或平台上进行焊接。

三、清　　孔

1. 清孔方法

清孔是成桩施工的一个重要环节，其目的是通过清孔使桩孔的质量指标符合桩孔质量要求或桩孔设计要求。清孔时必须及时补充足够的泥浆(或清水)，始终保持桩孔中浆面稳定。

清孔的方法随成孔方法的不同而有所不同，主要有正循环法，气举反循环清孔法，捞渣法，泵吸反循环法。根据《建筑桩基技术规范》(JGJ 94—94)要求，清孔后泥浆密度应控制在 1.15～1.25 之间，黏度≤28s;含砂率≤8%;依《公路桥梁涵施工技术规范》(JTJ 041—2000),清孔后泥浆指标为:相对密度1.03~1.10,黏度17~20s,含砂率<2%,胶体率>98%。

(1)正循环法清孔法

用泥浆循环的方法浮渣、排渣或清孔,其原理主要是用符合要求的稀泥浆或清水去替换孔内循环液,并排除孔底沉渣和孔壁泥垢。

泥浆循环系统通常包括泥浆池、沉淀池、储浆池和搅拌池、循环槽等,根据场地条件、桩位分布、桩孔容积、地层情况、工艺方法、钻渣废浆的清除外运等因素综合考虑布设。泥浆池的容积一般为单桩桩孔体积的1.0~1.2倍。

(2)气举反循环清孔法

具有清除孔底沉渣彻底、清孔效果好、适应不同直径和较大孔深的特点,另外,它还可以在孔内下入钢筋笼或下入导管后,进行二次清孔作业,保证灌注混凝土前孔底干净。空压机清孔的原理是:空压机产生的压缩空气,通过送风管经气液混合弯管,送至清孔出水管内与孔内泥浆混合,使出水管内的泥浆形成气液混合体,其重度小于孔内(出水管外)泥浆的重度,产生出水管内外泥浆重度差。在该重度差的作用下,管内的气液混合体沿出水管上升流动,形成孔内泥浆经出水管底口进入出水管,并顺利流出桩孔,将钻渣排出。同时不断向孔内补给含砂(泥)量少的泥浆(或清水),形成孔内冲洗液的流动,从而达到清孔的目的,如图6.2-35所示。

(3)捞渣法清孔

应视孔内钻渣量和孔壁稳定情况而定;对易坍塌地层,捞渣量以不造成孔壁失稳为度;捞渣使用的抽筒直径一般为桩孔直径的50%~70%;捞渣时应及时向孔内补充泥浆或清水,保证孔内水头高度。

(4)泵吸反循环清孔法

此清孔方法应用较少,主要采用砂石泵,通过导管将孔底泥浆、沉渣吸出。如图6.2-36所示。

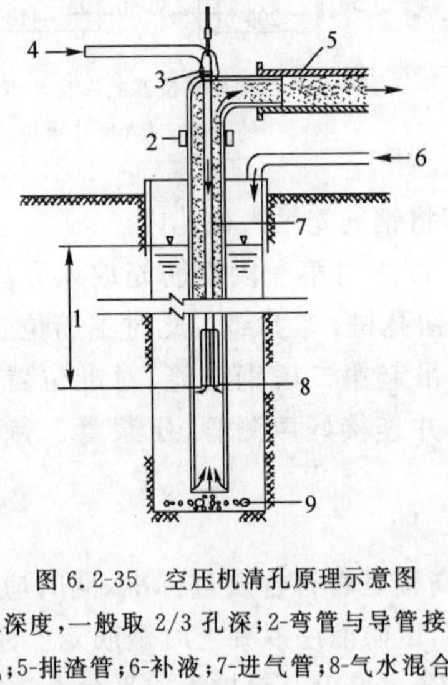

图6.2-35 空压机清孔原理示意图

1-风管入水深度,一般取2/3孔深;2-弯管与导管接头;3-弯管;4-压缩空气;5-排渣管;6-补液;7-进气管;8-气水混合器(钻孔钢管);9-孔底沉渣

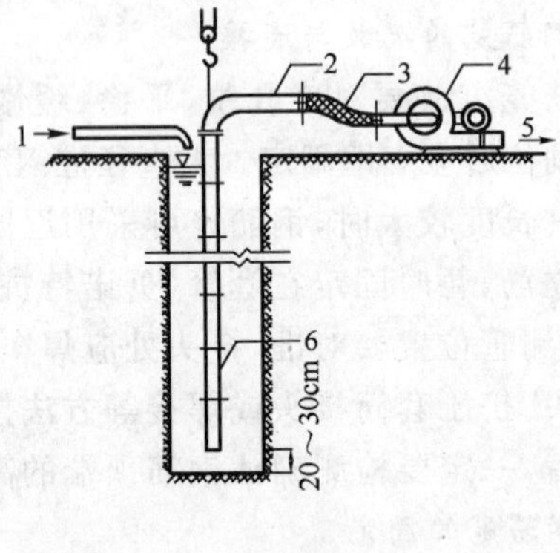

图6.2-36 泵吸反循环清孔工艺图

1-补液;2-弯管;3-软管;4-离心吸泥泵;5-排渣;6-灌注混凝土导管

2.沉渣处理

在沉渣处理方法上可分为以粗粒土为对象的一次处理和以超细粒土为对象的二次处理。

(1)第一次沉渣处理是当成孔作业达到预定深度后,并不立即提升成孔机具,而是继续进行排土作业,直至将沉渣从孔底附近完全清除干净为止。

(2)第二次沉渣处理是在放置钢筋骨架之后,或浇混凝土之前进行处理,多半使用普通导管的气举反循环清孔法和正循环清孔法。

3.沉渣处理的效果检查

(1)待成孔结束后,马上测定桩孔深度。

(2)在沉渣处理完后,浇筑混凝土之前,再一次测量至孔底的深度,并与成孔结束后的测定值相比较,以此来确定沉渣处理效果。

测定时所用的测锤即使在浮力的作用下也应该有足够的质量,以便能够利用手感来判断测锤是否抵达孔底。

4.特殊的沉渣处理方法

(1)JC 清渣法:通过安装在钢筋骨架底部附近外围部位的喷嘴喷射高压水,使孔底的沉渣泛起,同时再利用导管内的气管搅动孔内的水,让沉淀物分散在钻孔的水中,然后立即浇筑混凝土。

(2)拌和砂浆法:在安装钢筋骨架之前,利用砂浆溜槽将砂浆灌筑于孔底处,然后搅 拌叶片搅拌(冲锤冲击),将孔底中的沉渣搅到砂浆中,然后立即安装钢筋骨架,浇筑混凝土。此法对短桩较适宜。

(3)喷射法:由安设在导管底部的喷嘴喷射水流,让孔底沉渣泛起;在这种情况下将混凝土注入导管,喷射水流的工作一直持续到混凝土由导管底部排出为止。

四、混凝土的配合比与灌注

1.混凝土的配合比必须满足的要求

(1)混凝土的强度等级不应低于设计要求。

(2)坍落度应符合以下规定:

①用导管进行水下混凝土灌注,坍落度宜为 18～22cm。

②非水下灌注混凝土(有配筋时)坍落度宜为 8～10cm。

③非水下灌注素混凝土坍落度宜为 6～8cm。

(3)粗集料可选用卵石或碎石,其最大粒径对于沉管灌注桩不宜大于 50mm,并不得大于钢筋间最小净距的 1/3;对其他灌注桩应不大于钢筋最小净距的 3/4;对于素混凝土桩,不得大于桩径的 1/4,一般不宜大于 70mm。细集料应选用干净的中、粗砂。混凝土所有原材料必须有质检合格证明。

(4)混凝土在较长时间内要保持一定的流动性,应根据灌注桩混凝土方量大小,混凝土供应速度等因素,控制混凝土的初凝时间。一般情况下在混凝土中掺缓凝剂,以延缓混凝土的凝固时间。

2.灌注混凝土主要方法

(1)导管法用于水下灌注。

(2)串筒法用于无水或渗水量很小时灌注。

(3)短护筒直接投料法用于孔内无水或虽孔内有水但能抽干时灌注。

(4)混凝土泵可用于混凝土灌注量大的大直径钻孔、挖孔桩。

3.灌注混凝土应遵守的基本要求

(1)成孔质量检查合格后应尽快灌注混凝土。桩身混凝土必须留有试样,直径大于 ϕ1m 的桩,每根桩应有 1 组试块,且每个灌注台不得少于 1 组,每组 3 件。

(2)混凝土灌注充盈系数(实际灌注混凝土体积与按设计桩身直径计算体积之比)不得小于 1;一般土质为 1.1、软土为 1.2～1.3。

(3)每根桩的混凝土灌注应连续进行。对于水下混凝土及沉管成孔从管内灌注混凝土的桩,在灌注过程中应用测锤测定混凝土的灌注高度,防止导管埋入混凝土过深或拔出混凝土。

(4)灌注混凝土至桩顶时,应适当超过桩顶设计高程,水下浇筑时一般超高 1.0m 左右,以保证在凿除浮浆层后,桩顶高程和桩顶混凝土质量能符合设计要求。

(5)当气温低于 0℃时,灌注混凝土应采取保温措施,灌注时的混凝土温度不应低于 3℃;桩顶混凝土未达到设计强度的 50%前不得受冻。当气温高于 30℃时,应根据具体情况对混凝土采取缓凝措施。

(6)主筋的混凝土保护层厚度不应小于 30mm(非水下灌注混凝土),或不应小于 50mm(水下灌注混凝土)。海水或有腐蚀性的地下水时,主筋保护层厚度不应小于 80mm。

(7)灌注结束后,应设专人做好记录。

4.导管法水下混凝土灌注

(1)水下混凝土灌注机具

①导管:采用无缝钢管或焊接卷管制作,采用螺纹连接或法兰盘连接,接头处使用橡胶圈(垫)密封。导管长度一般为 2m,最下端一节导管长为 4～6m,不得短于 4m;同时应备有数节 1.0m、0.5m 及 0.3m 的短导管。导管规格与适用桩径参见表 6.2-27。

导管规格和适用桩径 表 6.2-27

导管内径(mm)	适用桩径(mm)	通过混凝土能力(m^3/h)	导管壁厚(mm)		备注
			无缝钢管	钢板卷管	
ϕ200	600～1 200	10	8～9	4～5	导管的连接和卷制焊缝必须密封,不得漏水
ϕ230～255	800～1 500	15～17	9～10	5	
ϕ300	≥1 500	25	10～11	6	

导管的技术要求为:

定长偏差不超过 0.5%;

连接部位内径偏差≤2mm,内壁光滑平整;

连接成导管时,轴线偏差≤±20mm;

连接后在 0.5～1.2MPa 的压力下不漏水,使用前应试压;压力的大小应根据桩长确定。

②漏斗和储料斗:可用 4～6mm 钢板制作,斗内壁光滑平整,不漏浆,不挂浆,混凝土下泄顺畅,储料斗容积一般为 1.5m^3 以上,以能满足初灌量的要求为限。

③隔水塞:图 6.2-37 为混凝土隔水塞,外径比导管内径小 20 mm,橡胶垫圈厚 3～5mm,直径比导管内径大 5～6mm。

隔水塞也可以用球胆或碎泡沫塑料,此情况下储料斗需设钢板式挡板。碎泡沫塑料作为隔水塞国外也有使用。

(2)初灌量确定

如图 6.2-38 所示,混凝土初灌量应能满足最小埋管深度为 0.8～1.0m,并形成混凝土泥浆界面,使泥浆与混凝土分隔开来。满足导管最小埋深的初灌量 V_1 为:

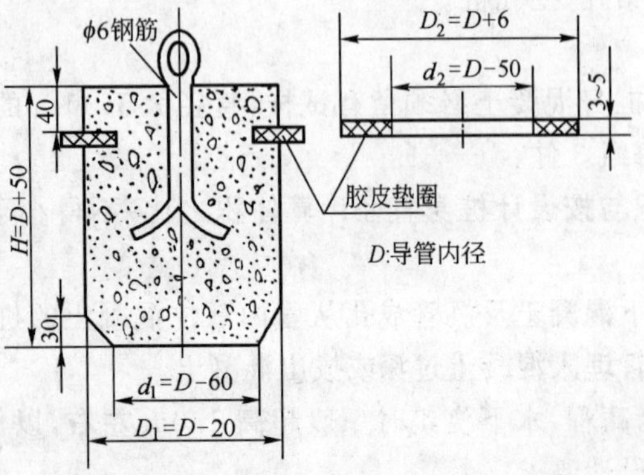

图 6.2-37 隔水塞(尺寸单位:mm)

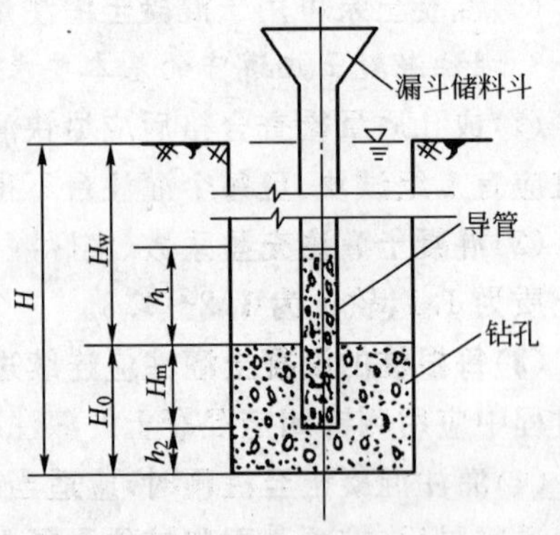

图 6.2-38 初灌量计算示意图

$$V_1=\frac{\pi}{4}d^2\cdot\frac{\gamma_m}{\gamma_e}\cdot H_w+\frac{\pi D^2}{4}H_0 \tag{6.2-5}$$

式中：d——导管内径(m)；

γ_m——泥浆重度(kN/m³)；

γ_e——混凝土重度(kN/m³)；

H_w——孔口泥浆面至孔内混凝土面高度(m)；

D——桩孔直径(m)；

H_0——孔内混凝土面至孔底距离(m)。

满足混凝土有足够流动压力从管内迅速流出，形成混凝土、泥浆界面的初灌量 V_2 为：

$$V_2=\frac{\pi D^2}{4}h_2+\frac{\pi d^2}{4}L \tag{6.2-6}$$

式中：h_2——导管底端距孔底距离(m)；

L——导管在孔口泥浆面以下的长度(m)；

其余符号同前。

比较 V_1 及 V_2，取其中大者作为初灌量。

(3)漏斗高度设置

漏斗高度设置应能满足混凝土从管内顺利流出，计算如下：

$$h_1=\frac{P+\gamma_m H_w}{\gamma_e} \tag{6.2-7}$$

式中：h_1——漏斗设置高度(m)；

P——超压力，与导管作用半径有关，参见表 6.2-28；

其余符号同前。

导管底口超压力 P　　表 6.2-28

导管作用半径(m)	最小超压力(kPa)	导管作用半径(m)	最小超压力(kPa)
4.0	250	3.0	100
3.5	150	<2.5	75

(4)混凝土灌注注意事项

①导管入孔前，储水检查密封情况，并准备充足的密封圈垫。

②导管入孔后，管底距孔底一般 300～500mm 为宜，隔水塞用 8 号铁丝悬挂于管内水面处。

③按确定的配合比和初灌量配制混凝土，储存于储料斗内；先配制 0.1～0.3m³ 水泥砂浆，放入隔水塞以上导管及漏斗内，以便剪断铁丝后，隔水塞与混凝土在管内下行顺畅，返浆阻力小。

④导管的埋管深度参见表 6.2-29。

导管埋深表　　表 6.2-29

导管内径(mm)	桩孔直径(mm)	初灌量埋深(m)	连续灌注埋深(m)		桩顶部灌注埋深(m)
			正常灌注	最小埋深	
200	600～1 200	1.2～2.0	3.0～4.0	1.5～2.0	0.8～1.2
230～255	800～1 800	1.0～1.5	2.5～3.5	1.5～2.0	1.0～1.2
300	≥1 500	0.8～1.2	2.0～3.0	1.2～1.5	1.0～1.2

注：最大埋深不宜超过 6m。

⑤经常探测混凝土面上升高度，一般以每灌注 1～2m³ 探测一次，绘制灌注曲线，检查埋管情况。

⑥灌注时，为防止管内气塞，混凝土宜通过溜槽入孔，也可在管口处放置一根短管排气。

⑦为防止钢筋笼上蹿，孔内混凝土面接近钢筋笼时，适当增加埋管深度，放慢灌注速度，混凝土进入笼内1～2m后，再提升导管，恢复正常埋管深度。

⑧灌注接近桩顶时，注意保持足够的导管高度；可接入短导管，适当增大混凝土坍落度等。

⑨灌注结束，应及时冲洗干净导管、储料斗、漏斗、搅拌机等机具。

(5)水下混凝土灌注常见故障及处理

水下混凝土灌注常见故障及处理参见表6.2-30。

常见灌注故障及处理　　表6.2-30

常见故障	产生故障的原因	故障处理
隔水塞卡在导管内	1.隔水塞翻转或胶垫过大； 2.隔水塞遇物卡住； 3.导管连接不直； 4.导管变形	用长杆冲捣或振捣，若无效则提出导管，取出隔水塞重放，并检查导管连接的垂直度，拆换变形的导管
导管内进水	1.导管连接处密封不好，垫圈放置不平，法兰盘螺栓松动； 2.初灌量不足，未埋住导管	1.提出导管，检查垫圈，重新安放并检查密封情况； 2.提出导管，清除灌入的混凝土，重新开始灌注，增加初灌量，调整导管底口至孔底高度
混凝土在导管内出不去	1.混凝土配比不符合要求，水灰比过小，坍落度过低； 2.混凝土搅拌质量不符合要求； 3.混凝土泌水离析严重； 4.导管内进水未及时发现，造成混凝土严重稀释，水泥浆与砂、石分离； 5.灌注时间过长，表层混凝土已初凝	1.将混凝土按比例要求重新拌和并检查坍落度； 2.检查所使用的水泥品种、标号和质量按要求重新拌制； 3.在不增大水灰比的原则下重新拌和； 4.上下提动导管或捣实，使导管疏通，若无效，提出导管进行清理，然后重新插入混凝土内足够深度，用潜水泵或空气吸泥机将导管内泥浆、浮浆、导物等吸除干净，恢复灌注；尽量不采取提起导管下隔水塞
断桩	1.导管提升过高，导管底部脱离混凝土面； 2.灌注作业因故中断	继续灌注混凝土，沉桩及处理断桩或夹层
夹层	1.埋管深度不够，混入浮浆； 2.孔壁垮落物夹入混凝土内； 3.导管进水使混凝土部分稀释	
钢筋笼错位或回窜	1.钢筋笼焊接质量不好； 2.钢筋笼未固定或未固定住	吊起钢筋笼重新焊好下入孔内，检查钢筋笼固定情况，并加焊固定。非全桩式钢筋笼可在其下部用铁丝系住较大的石块或水泥块

5.干孔混凝土灌注

干孔混凝土灌注可按地面混凝土施工规定进行。浅孔混凝土可从孔口溜槽直接灌入，使用振捣器进行振捣密实；孔深超过10m，宜采用导管灌注混凝土，尽可能一次连续灌注完毕；用串筒灌注时，串筒应对准孔中心，使混凝土在孔内自由落下，增加混凝土的冲击力和密实度，串筒底口始终与混凝土面保持在2m以内，串筒小头直径以200～250mm为宜；桩顶2m范围内，应用振捣器分层捣实，每层灌注厚度不超过振动棒作用部分长度的1.25倍。

第七节　质量管理

一、一般规定

(1)灌注桩施工必须坚持质量第一的原则，推行全面质量管理(全企业、全员、全过程的质量管理)。特别要严格把好成孔(对钻孔桩包括钻孔和清孔、对沉管桩包括沉管和拔管以及复打等)、下钢筋笼和灌注混凝土等几道关键工序。每一道工序完毕时，均应及时进行质量检验，上一道工序质量不符合要求，严禁进行下一道工序，以免存留隐患。每一工地应设专职质量检验员，对施工质量进行检查监督。

(2)灌注桩根据其用途、荷载作用性质的不同，其质量标准有所不同，施工时必须严格按其相应的质量标准和设计要求执行。

(3)灌注桩质量要求，主要是指成孔、清孔、拔管、复打，钢筋笼制作、安装、混凝土配制、灌注等工艺过程的质量标准。控制成桩质量，必须控制各个工序过程的质量；每个工序完工后，必须严格按质量标准进行质量检测，并认真做好记录。

二、灌注桩施工容许偏差

(1)应根据工程的性质，设计要求等选用相应的规范执行，如：《工业与民用建筑灌注桩基础设计与施工规程》(JGJ 4—80)、《建筑桩基技术规范》(JGJ 94—94)、冶金工业部《灌注桩基础技术规程》(YSJ 212—92、YBJ 42—92)、《港口工程嵌岩桩设计与施工规程》(JTJ 285—2000)和《公路桥涵施工技术规范》(JTJ 041—2000)等关于灌注桩施工容许偏差的规定。详见第八篇第二章“质量检测和检验评定”的有关内容。

(2)尺寸和偏差的检测方法

①桩径可用专用球形孔径仪、伞形孔径仪和超声波孔壁测定仪等测定。

②孔深可用专用测绳测定。钻深可由核定钻杆、钻具(钻头)长度来测定。孔底虚土(或沉渣)厚度为钻深与孔深之差。沉渣厚度也可用CZ-ⅡB型沉渣测定仪测定。

③桩位容许偏差可用经纬仪、钢尺和定位圆环等测定。

④垂直度偏差可用定位圆环、测锤和测斜仪等测定。

三、钢筋笼制作安放容许偏差

1.钢筋笼制作容许偏差(表6.2-31)

钢筋笼制作容许偏差　　表6.2-31

项　目	容许偏差(mm)	项　目	容许偏差(mm)
主筋间距	±10	钢筋笼直径	±10
箍筋间距或螺旋筋螺距	±20	钢筋笼长度	±50

2.钢筋笼吊放入孔位置容许偏差

钢筋笼定位高程　　±50mm

钢筋笼中心与桩孔中心　　10mm

3. 钢筋笼连接要求

(1)分段制作的钢筋笼，主筋连接焊接时，在同一截面内的钢筋接头数不得多于主筋总根数的50%，两接头间的距离不小于500mm。主筋焊接长度应为主筋直径的10～15倍。

(2)主筋为高强钢时，不宜采用焊接方法，应采用挤压套筒接头、螺纹套筒接头等方法连接。

(3)箍筋的焊接长度为箍筋直径的8～10倍。

4. 钢筋笼主筋净保护层容许偏差

水下灌注混凝土的桩　　±20mm

非水下灌注混凝土的桩　　±10mm

第三章　反循环钻孔灌注桩

第一节　概　　述

反循环钻孔灌注桩是采用反循环冲洗液护壁的钻孔灌注桩，目前广泛用于大口径钻孔灌注桩基础。

反循环介质是空气、清水、泥浆，与正循环钻进法比较，其特点是：

(1)携带岩渣的冲洗液沿钻杆中心孔向上返出，由于钻杆过水面积小，使较小的流量获得较大的上返流速(可达 2～4m/s)，从而能有效地排除大粒径岩渣，减少岩屑滞留孔底时的重复破碎，提高排渣效率和钻进效率。对大直径(>2 000mm)钻孔，反循环较正循环具有更明显的优越性。

(2)在一般较稳定地层钻孔可使用清水为介质，但孔内水位宜高于孔外水位 2m 以上。利用孔内水柱压力保持孔壁稳定，此时孔壁不易形成泥皮。若地层不稳定，要保证钻孔壁无泥皮，须在钻孔前将护筒送到岩面或护筒跟进钻孔到岩面，用清水反循环钻进。

在不稳定地层钻孔，通常用泥浆护壁。但与正循环钻进时选用的泥浆比较，其密度小、黏度小、向孔壁地层渗透也小，故孔壁泥皮易于清除，有利于提高钻孔的质量。

第二节　反循环钻孔原理

形成反循环的基本方式有三种，即泵吸反循环、气举反循环和射流反循环。下面将介绍这三种反循环钻孔的原理和特点。

三种反循环钻进效率曲线图如图 6.3-1 所示，图中显示随着孔深增加，泵吸反循环、喷射反循环钻进效率降低，而气举反循环钻进效率提高。气举反循环对孔深有一定要求，一般只能用于大于 8m 的孔深。

一、泵吸反循环设备

1.工作原理

与离心泵作用原理相同，砂石泵工作时以吸入方式形成负压，由于不断平衡钻杆外的压力差，而产生液流，当流速达到额定数值时，孔底岩渣随液流到达地面。吸出的液体经净化后还可以循环使用。

它的通路为：开启钻机转盘 3，循环液及岩渣在砂石泵 5 的泵吸作用下，进入钻头 1 底部的吸渣口，然后沿钻杆 2 上升，通过水龙头 4 的出水管进入砂石泵 5 的泵腔，从泵出水口排入泥浆池 6，施工工艺见图 6.3-2。

2.泵吸反循环装置的启动

砂石泵必须通过辅助系统才能启动，启动方式有两种：一种是冲水法，即用一台泵量较大的泥浆

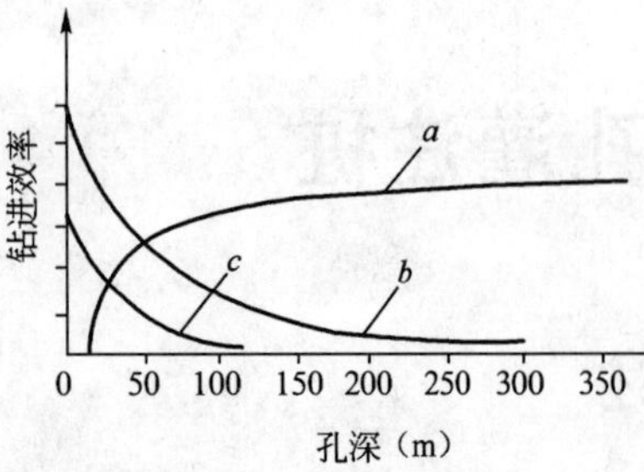

图 6.3-1 三种反循环钻进效率曲线图

a-气举反循环；b-泵吸反循环；c-喷射反循环

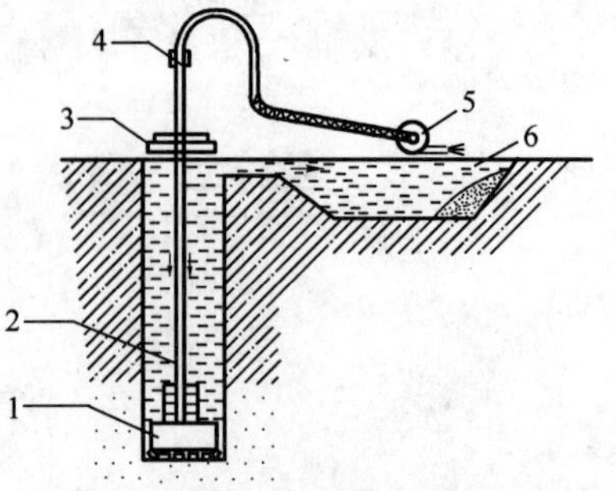

图 6.3-2 泵吸反循环排渣工艺

1-钻头；2-钻杆；3-钻机转盘；4-水龙头；5-砂石泵；6-泥浆池

泵从砂石泵出水管一侧向整个循环装置充水，当确认已充满水，泥浆泵出口真空压力达到 0.2MPa 以下时，开启砂石泵，打开砂石泵出水阀，关闭送水阀，砂石泵即可工作；另一种是利用真空泵将循环装置中空气吸出后启动砂石泵。较完善的启动装置是再设置一个真空罐，在砂石泵启动后，运转真空泵，当真空罐负压达到额定数值后才停止真空泵运转，这种装置的目的是当砂石泵运转通路中有漏气时，在真空罐作用下可以继续排渣，不致停泵。两种方法相比，后者效果好，耗能低，能保证砂石泵正常运转。

国外也有采用喷射泵与砂石泵混合作用进行排渣的。

3.泵流量的计算

砂石泵为保证孔底岩渣及时排出，应使钻杆内的循环液上返速度大于岩渣的沉降速度，钻杆内循环液上返速度以 2.0～4.0m/s 为宜，最低不小于 1.5m/s；岩渣下沉速度，一般在 0.5～1.2m/s。砂石泵排量按下式计算：

$$Q=3\,600FvK \tag{6.3-1}$$

式中：Q——砂石泵排量(m/h³)；

F——钻杆的净截面积(m²)；

v——循环液上返速度(m/s)，按上述值选择；

K——砂石泵余量系数，取 1.2～1.8。K 值与砂石泵、水龙头距孔口液面的高度、循环系统的密封程度、孔深等因素有关。循环液密度小、砂石泵、水龙头距孔口液面近，循环系统密封好，孔浅时，可取小值，反之取大值。

国产 6″、8″砂石泵额定流量≥180m³/h，基本上能满足直径 2m 以内、孔深 60m 以内的桩破岩排渣量要求。采取得当的密封措施，钻孔深度可达 90m。

日本研制的 S480 型可变速泵，有 3 个转速，孔浅时用低速，随着桩孔的加深而增加转速，钻孔深度可达 100m。

4.使用注意事项

(1)砂石泵、钻机水龙头应尽量接近孔口液面。

(2)排渣系统的密封性要完好。

(3)循环液的密度不能过大。

(4)孔内补浆要及时，以防孔内液面下降过快，造成塌孔。

(5)砂石泵叶片磨损过大时应及时更换、维修。

(6)停泵之前，应先提钻杆，以防岩渣阻塞钻杆。

二、喷射反循环设备

1. 工作原理

在钻机水龙头出水口处设置一个喷射器，由高压泵产生高压，水流通过喷射器，当喷嘴冲向承喷器时，产生负压，利用这个压差，将钻杆内循环液吸出，施工工艺见图 6.3-3。

2. 喷射反循环装置

喷射反循环装置由高压离心泵、高压供水管、喷射器以及水龙头、钻杆、钻头吸渣口等组成，主要装置为喷射器，见图 6.3-4。喷射器上与水龙头、下与排渣管通过法兰连接，在其四周布设 4～6 个喷嘴。承喷器是管形结构，尺寸与钻杆内径一致。

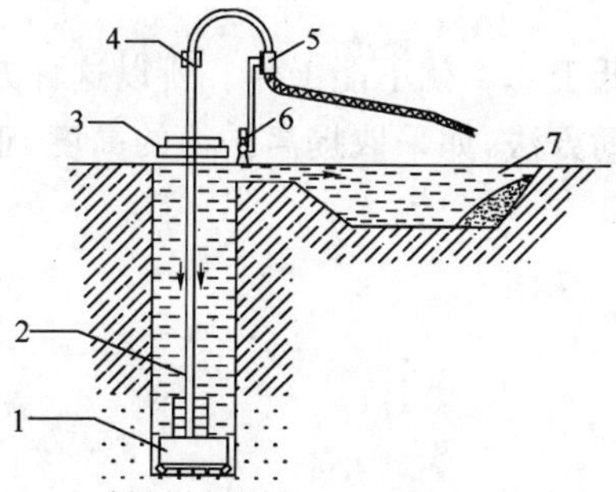

图 6.3-3　喷射反循环排渣工艺图

1-钻头；2-钻杆；3-钻机转盘；4-水龙头；5-喷射器；6-喷射泵；7-泥浆池

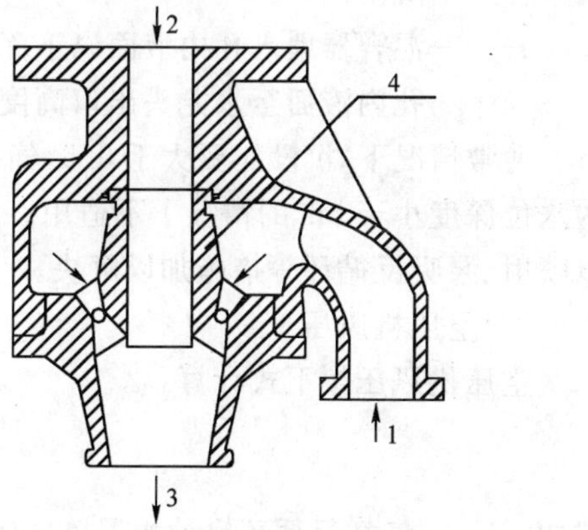

图 6.3-4　喷射器结构图

1-高压进水口；2-喷嘴产生负压区；3-循环液从钻杆中吸出；4-喷嘴

3. 引流量

引流量需大于上返岩渣所需排量，同泵吸反循环排量计算相仿。目前国产有 6PS 射流泵，引流量在 120～200m^3/h，一般能满足孔径 1.5～2m、孔深 60～90m 的桩成孔的排渣量要求。

4. 使用注意事项

参照泵吸反循环。

三、气举反循环设备

1. 工作原理

通过管路，将空压机产生的压缩空气送至钻杆下部，从混合器排出，排出的气体与循环液混合形成含大量气泡的气水混合液，混合液密度下降，使钻杆内外循环液形成压差，促使钻杆内混合液上升，当循环液上升速度达到一定流速时，将岩渣从孔底携带通过钻杆排出，施工工艺见图 6.3-5。

2. 气举反循环装置

气举反循环装置由空气压缩机、供风管、供风钻杆、水龙头、气水混合器、钻头上的吸渣口等组成。

(1)空气压缩机：应根据孔深、孔径、风管、钻杆内径、钻进速度、泥浆密度等因素来选定。一般选用 6～23m^3/min 排气量，0.7～1.2MPa 风压的空气机。

(2)水龙头：是进风管和排渣管的混合体，钻进中还担负着起吊钻具的作用。

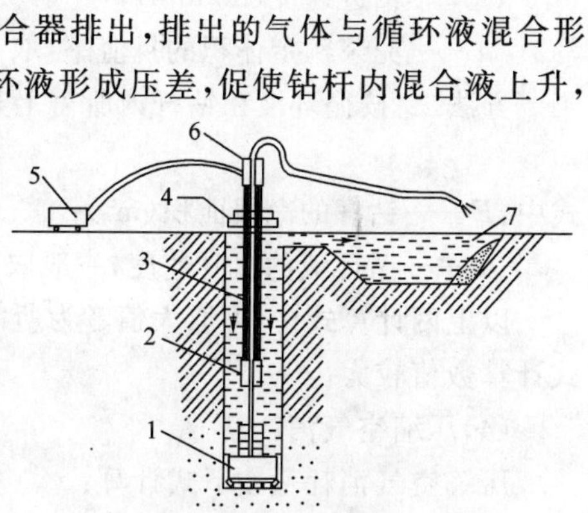

图 6.3-5　气举反循环排渣工艺图

1-钻头；2-气水混合器；3-钻杆；4-钻机转盘；5-空压机；6-水龙头；7-泥浆池

(3)气水混合器:一般置于钻杆的下部,在深孔时需设置多个混合器。混合器上需开设若干直径ϕ3～5mm 的小孔,小孔的总面积为供风管面积的 1.5～3 倍。

(4)供风钻杆:有钻杆附设气管、双壁钻杆、三壁钻杆等形式。

3.主要参数

(1)沉没比

混合器必须埋入孔内水位以下足够深度时,才能正常工作,混合器埋入深度与混合器到水龙头排渣口距离之比为沉没比,其计算公式如下:

$$a=\frac{H}{H+h} \tag{6.3-2}$$

式中:a——沉没比;

H——混合器埋入孔内液面以下深度(m);

h——孔内液面至水龙头出口高度(m)。

通常情况下,沉没比要大于 0.5,气举反循环才能工作,低于 0.4 就不能工作。所以这种方法在孔内水位深度小于 8m 的情况下不适用。为此,可采用一些辅助方法,如采取提高护筒的高度、正循环辅以喷射、泵吸反循环等措施加以解决。

(2)空压机风压

空压机风压按下式计算:

$$P=\frac{H\cdot\gamma}{1\,000}+\Delta P \tag{6.3-3}$$

式中:P——气举反循环启动所需风压(MPa);

H——混合器埋入水中的深度(m);

γ——循环液的密度,一般在 1～1.25 kg/m^3;

ΔP——管路摩擦损失,与孔深、循环液密度、管壁的粗糙程度有关,可取 0.02～0.05MPa。

(3)循环液流量要求

循环液流量需满足两个要求:一是由钻进速度控制,即破碎的岩渣能及时排出;二是循环液在钻杆内有足够的上升速度,以便将岩渣带出。

方法一:按钻进速度计算循环液流量 Q,按下式计算:

$$Q=\frac{60Sv_0}{a} \tag{6.3-4}$$

式中:S——钻进面积在水平面上的投影值(m^2);

v_0——钻进速度(m/min);

a——泥浆额定体积的携渣率,取 a=4%～6%,最大值为 10%。

方法二:按循环液在钻杆内所需上升速度计算流量 Q,按下式计算:

$$Q=60Fv(\text{m}^3/\text{min}) \tag{6.3-5}$$

式中:F——钻杆的净截面积(m^2);

v——循环液的上升速度,一般取 2～4m/s,最低取 1.5m/s。

以上两计算式中,可取大值者为所需循环液流量。由于破岩进尺慢,一般情况下用第二个计算公式计算数值较大。

(4)压缩空气消耗量

压缩空气消耗量按下式计算:

$$Q_c=\frac{C_1\cdot C_2\cdot r\cdot h\cdot Q}{C\cdot\lg\frac{r\cdot H+10}{10}} \tag{6.3-6}$$

式中：Q_c——所需压缩空气消耗量(m^3/min)；

C_1——温度校正系数，见表6.3-1；

C_2——气压校正系数，见表6.3-2；

r——循环液的相对密度，出渣液密度与水密度之比；

h——孔口液面至排渣口的高度(m)；

Q——循环液流量(m^3/min)；

C——系数，见表6.3-3；

H——混合器在孔口液面以下深度(m)。

系　数　C_1　　　　表6.3-1

气温(℃)	C_1	气温(℃)	C_1	气温(℃)	C_1
−15	1.12	5	1.038	25	0.966
−10	1.098	10	1.02	30	0.948
−5	1.078	15	1.0	35	0.934
0	1.058	20	0.983	40	0.92

系　数　C_2　　　　表6.3-2

海拔高度(m)	0	300	600	900	1 000	1 500
C_2	2.0	1.96	1.62	0.89	0.88	0.82

系　数　C　　　　表6.3-3

沉没比 $H/h+H$	0.75	0.7	0.65	0.6	0.55	0.5	0.45	0.4
C	14.3	13.9	13.6	13.1	12.4	11.5	10.6	8.4

不同型号钻杆所需空气压缩机能力参见表6.3-4。

所需空气压缩机能力参照表　　　　表6.3-4

钻杆内径(mm)	100	150	180	250	300	420
所需空压机供应能力(m^3/min)	6	9	12	20	23	2×20

4.注意事项

(1)钻机应尽量接近孔口液面，在钻孔深度较浅、不能满足气举反循环工作条件时，应采取正循环、提高护筒高度、泵吸或喷射反循环等辅助工艺。

(2)钻杆、水龙头密封良好以防漏气。

(3)孔内漏浆时，应及时补浆以防坍孔。

(4)停气时，应先提钻以防岩块阻塞钻杆。

(5)当启动空压机排渣不畅时，可采用停风再供的方法，使管内堵塞物迅速排出。

第三节　钻进技术

钻孔灌注桩钻进技术主要与钻头压力(简称钻压)、钻头转速(或刀具线速度)、洗井介质和循环量等因素有关。

一、反循环回转钻进钻头

反循环回转钻进钻头见表6.3-5，钻进速度与转速参考表见表6.3-6。钻头可分为翼状钻头和牙轮滚刀钻头两大类。前者用于松散砂土层、黏土层、砂砾层、软基岩和风化基岩；后者则适用于稍软至中硬岩层、包括卵砾石层、中硬基岩。翼状钻头安装刮削刀以挤压力和切削刀破坏岩层钻进，在硬岩中钻进时刀具易磨损、效率低；牙轮滚刀钻头是滚动刀具以挤压、冲击、剪切力破碎岩层。

反循环钻机的常用钻头 表 6.3-5

钻头形式	适用范围	特点
多瓣式钻头(蒜头式钻头)	一般土质(黏土、粉土、砂和砂砾层)；粒径比钻杆小 10mm 左右的卵石层	效率高；使用较多；在 N 值超过 40 以上的硬土层中钻挖时，钻头刃口会打滑，无法钻挖
三翼式钻头	N 值小于 50 的一般土质(黏土、粉土、砂和砂砾层)	钻头为带有平齿状硬质合金的三叶片
四翼式钻头	硬土层，特别是坚硬的砂砾层(无侧限抗压强度小于 1 000kPa 的硬土)	钻头的刃尖钻挖部分为阶梯式圆筒形，钻挖时先钻一个小圆孔，然后成阶梯形扩大
抓斗式钻头	用于粒径大于 150mm 的砾石层	
圆锥形钻头	无侧限抗压强度为 1 000～3 000kPa 的软岩(页岩、泥岩、砂岩)	钻挖时需加压力 50～200kN，需用容许荷载为 400kN 的旋转连接器和扭矩为 30～80kN ·m的旋转盘。切削刃有齿轮型、圆盘型、扭式滚动切刀型等
滚轮式钻头(牙轮式钻头)	特别硬的黏土和砂砾层及无侧限抗压强度大于 2 000kPa 的硬岩土层和岩层混合存在的地层	
并用式钻头	砂砾和卵石层	此钻头是在滚轮式钻头上安装耙形刀刃，无需烦琐地更换钻头，进行一般的钻挖作业钻头呈筒形、底唇面齿刃呈锯齿状形成扩底桩，以提高桩端阻力
筒式捞石钻头	专用于一般土层	
扩孔钻头	专用于砂砾层	

反循环钻进速度与转速的参考值 表 6.3-6

土质	钻进速度(min/m)	钻头转速(r/min)	土质	钻进速度(min/m)	钻头转速(r/min)
黏土	3～5	9～12	中砂	5～8	4～6
粉土	4～5	9～12	砾砂	6～10	3～5
细砂	4～7	6～8			

1. 翼形钻头

反循环回转钻进用翼状钻头，其结构形式和碎岩原理均与正循环回转钻进用翼状钻头相似，按翼板数量也有两翼、三翼、四翼之分，但它们的排列方式和排屑能力不同。反循环回转其岩屑沿钻杆内孔上升，能携带大粒径岩屑；而正循环回转，岩屑沿外环状空间上升，流速低，只能排出小粒岩屑、岩粉。因此，反循环回转钻进用翼状钻头在结构上也有明显的特点。

(1)锥形三翼钻头

如图 6.3-6 示，三个翼板底边呈锥形，翼板上沿一定角度布置切削齿板(即刀体)，不同翼板上齿板交错排列，齿板上镶焊硬质合金刀片，为直接切削碎岩刀具。齿板可以焊接在翼板上，也可用螺栓固定在翼板上。

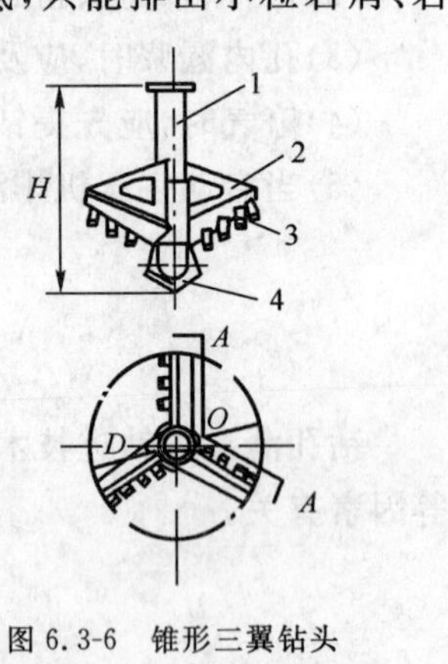

图 6.3-6 锥形三翼钻头

1-芯管；2-翼板；3-齿板；4-超前小钻头

中心管下部带超前锥形双翼小钻头，双翼板上开有较大的吸渣口。这种钻头，超前钻出的小孔既减小了主翼片切削的破碎阻力，又为孔底聚渣创造有利条件。主翼片切削下来的岩屑也易沿倾斜的孔底下落到中心孔，并将反循环液流带进吸渣口。

这种钻头结构简单，回转稳定，聚渣作用好，适用于砂层、土层、砂土和含少量砾石、砂砾层，是大口径工程钻孔施工中使用最广泛的一种钻头。国内有许多施工单位自己设计加工钻头，其结构大致相同，仅结构参数上有区别。为增加钻头刚度，常在翼板之间加焊幅板或拉筋。表 6.3-7 列出了这种钻头的基本尺寸和齿数，供参考。

锥形三翼钻头规格　　表 6.3-7

钻头直径 D(mm)	钻头高度 H(mm)	齿数(个)	钻头直径 D(mm)	钻头高度 H(mm)	齿数(个)
610	850	6	1 800	1 820	21
762	1 000	8	2 000	1 870	24
900	1 100	10	2 200	1 930	27
1 000	1 600	11	2 400	1 990	30
1 016	1 600	11	2 500	2 020	32
1 200	1 650	14	2 600	2 050	33
1 270	1 650	15	2 800	2 150	36
1 400	1 700	16	3 000	2 190	39
1 500	1 730	17	3 200	2 280	42
1 600	1 760	18			

还有一种可调式三翼钻头，如图 6.3-7 所示。在三个主翼板上各装置一个活动的副翼板。工作时，可根据需要，沿主翼板滑动槽作径向滑移，以调节钻头直径。这种钻头在施工多种孔径钻孔桩的工程时，可以减少钻头数量，降低钻头成本。表 6.3-8 列举了这种可调式三翼钻头的规格。

可调式三翼钻头规格表达式　　表 6.3-8

钻头最大直径 D_1(mm)	钻头最小直径 D_2(mm)	钻头高度 H(mm)	齿数(个)
1 300	1 000	1 650	17
1 500	1 200	1 730	20
2 000	1 500	1 870	27
2 600	2 000	2 060	36
3 000	2 600	2 190	42
3 200	2 800	2 280	45

国内一些施工工地常在一般的锥形三翼钻头上加焊一圈钢板环带，即为单环式锥形三翼钻头（见图 6.3-8），圆环的下端面及其外侧面还可嵌焊若干组硬合金切削刀具。圆环的作用有：连接各翼板，增加钻头的整体性和刚度；导向作用，提高钻头工作稳定性；修圆钻孔。

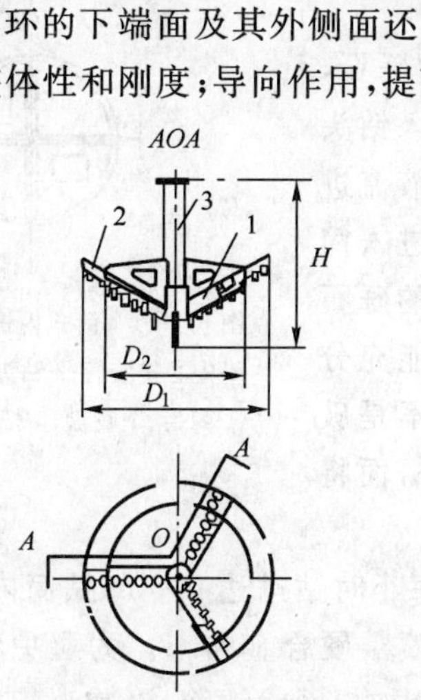

图 6.3-7　可调式三翼钻头

1-固定翼板；2-可调翼板；3-芯管

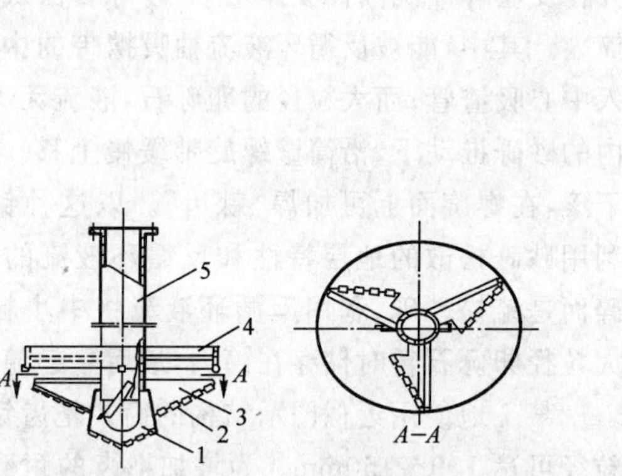

图 6.3-8　单环式三叉钻头

1-小两翼钻头；2-硬合金片；3-翼板；4-导向环；5-钻杆

(2)锥形四翼钻头

采用四个翼片，除增加钻头工作稳定性和刚度，也增加其钻头耐磨性能。可用于钻进 $N=50$ 以上的较硬的土层、带砾石的砂土层。有的回转钻头，钻头上面还装置了配重块，既加大钻头压力，又提高了钻头工作稳定性和钻孔的垂直精度。这种钻头见图 6.3-9 。

图 6.3-10 所示是另一种锥形四翼钻头。

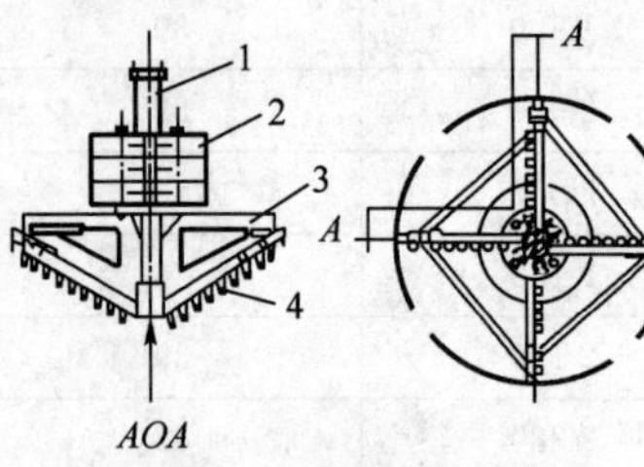

图 6.3-9　锥形四翼钻头

1-芯管；2-配重块；3-翼板；4-齿板

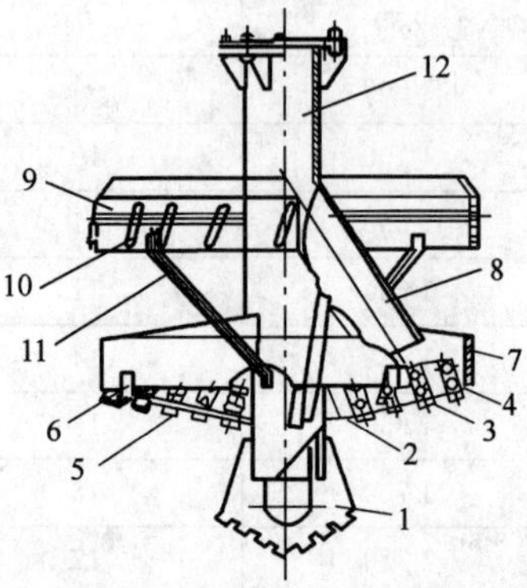

图 6.3-10　锥形四翼钻头

1-超前两翼小钻头；2-翼板；3-齿板；4-螺栓；5-硬合金片；6-修孔切割片；7-正环下导；8-吸渣支管；9-上导正环；10-肋骨；11-加强筋；12-中心吸渣管

钻头带超前小钻头、支承圈和导正圈。这种钻头切削刀刃以螺栓固定在钻头翼板上，便于更换已磨蚀或损坏的刀刃。除中心吸渣管外，一边开一侧吸渣支管，以直接抽吸钻头外圆周附近的岩屑。但实践证明钻进黏土层时，由于有侧吸渣支管，中心吸渣管的流量和抽吸能力大大减弱，可能出现钻头泥包现象。

(3)筒式内螺旋耙齿钻头

如图 6.3-11 所示，以中心排渣管为轴心，管外焊接一个由钢板卷制的钻头筒，底部加焊底盘，底盘下面沿直径方向镶焊两排(垂直相交)直立耙齿。耙齿呈矩形截面，上大下小成锥齿。底盘上在耙齿回转前方开两个矩形的进渣口。中心管下端不穿过底板，与底板保持 150～200mm 的距离。在钻头筒内，在筒壁与中心管之间焊接一定高度的螺旋叶片。

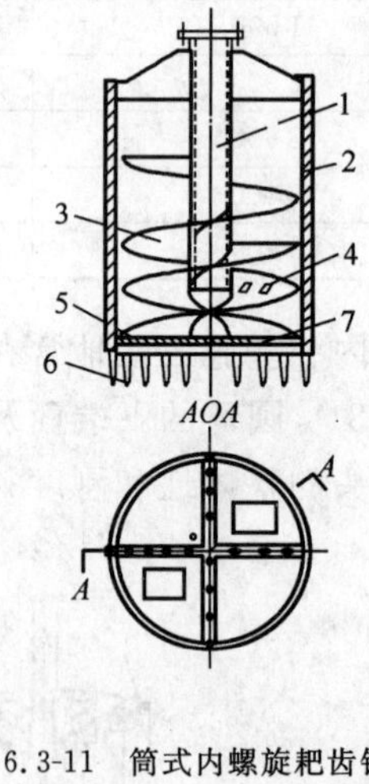

图 6.3-11　筒式内螺旋耙齿钻头

1-中心排渣管；2-钻头筒；3-内螺旋带；4-棘齿；5-底盘；6-耙齿；7-吸渣口

这种钻头适用于砂砾层和卵砾层。钻进时，耙齿疏松砂砾石，并在反循环冲洗液抽吸作用下，砂砾石由底板上的吸渣口进入钻头筒内。其中，能被反循环液流抽吸携带的中小颗粒的砂砾随液流进入中心吸渣管；而大粒径的卵砾石，液流无力携带，则在其后进入筒内的砂砾推动下，沿筒壁螺旋带缓慢上移。为防止螺旋带上的砾石下滚，在螺旋面上可加焊“棘齿”。以这种钻头钻进砂砾层，能充分利用砂砾松散的地层特性和反循环液流的排渣能力。主要不是破碎而是疏松砂砾，利用反循环液流将中小粒径砂砾排出孔外，而将大粒径卵砾石暂时储存在筒内，最后一起随钻头提升到地面。

某工地使用近似图示结构的筒式耙齿钻头钻进砂砾层，每小时钻进达 0.8m，钻筒内带上的砾石，粒径可达 100～150mm。为增加耙齿的耐磨性，可在齿尖处喷敷硬合金粉末。为避免粒径过大的砾石进入排渣管而导致堵塞故障，也可在中心吸渣管下端入口处加焊网状钢筋，以减小其入口尺寸。

(4)筒式捞石钻头

图 6.3-12 为另一种适用于砂砾、卵砾层钻进的钻头。钻头呈筒形，底唇面经切制呈锯齿状（齿刃部还可喷敷碳化钨粉末）。靠近唇面，沿钻筒内壁镶焊固定栅，固定栅通过销轴装置了活动栅，活动栅只能绕销轴向上摆动，而不能向下摆动。钻进时，钻头齿刃松动的小砂砾将在冲洗液抽吸力和钻头压力作用下沿活动栅间隙进入筒内上升，进入钻杆下吸渣口而被排往地面，大块砾卵石则推开活动栅进入筒内，其后为活动栅所阻挡，不会掉落。在钻渣口下面加焊一个挡石栅，将超径卵石挡在筛内而不致堵塞钻杆吸渣口。积存筒内的卵石最后随钻头一起提至地面。

(5)连续墙施工用翼状钻头

钻孔法利用叠孔成墙原理进行连续墙施工时，常常要钻进两个已成孔之间的隔墙，这时，钻头易向两侧钻孔中滑移，导致钻孔偏斜，并留下难以处理的三角体小墙。为此目的，可使用以下两种钻头：

①套筒式三翼钻头。如图 6.3-13 所示，三翼钻头装置在套筒中，套筒底端突出三翼钻头一定距离。钻进时，套筒钻头底刃面先切入地层进行导正，随后再钻进三翼钻头。

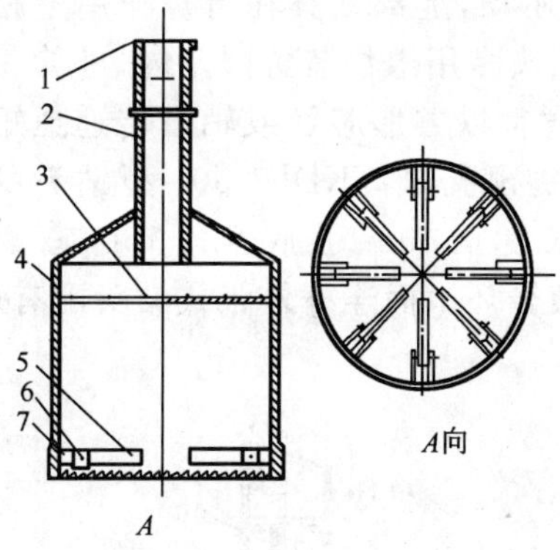

图 6.3-12　筒式捞石钻头

1-法兰盘；2-钻杆；3-挡石栅；4-筒体；5-活动栅；6-销轴；7-固定栅

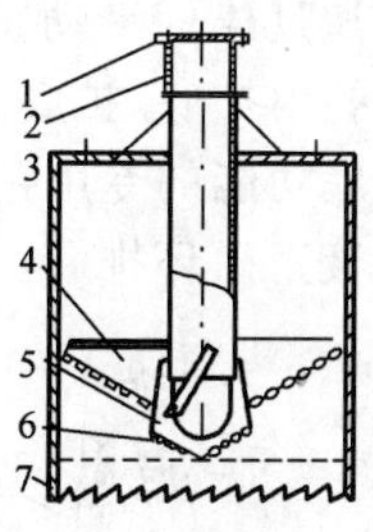

图 6.3-13　套筒式三翼钻头

1-法兰盘；2-毁渣口；3-套筒；4-翼板；5-中心翼片钻头；6-硬合金片；7-套筒体底刃

②吊篮导正三翼钻头。如图 6.3-14 所示，在三翼钻头的中心管外轴套挂上圆筒式吊篮，吊篮下部设置两段导正弧。钻进时，两段突出于钻头的吊篮和导正圆弧先进入已完工的钻孔内，并贴靠其孔壁，从而导正了筒内三翼钻头。钻头回转钻进时，受孔壁摩擦阻力作用，吊篮并不转动，但随三翼钻头进尺而跟进。

(6)翼状扩底钻头

随着扩底桩在基础施工中的逐步推广，人们在实践中研制了多种形式的扩底钻头。目前国内使用的扩底钻头，大部分属于翼状钻头，主要用于软层和部分中等强度岩层的扩底钻进。部分扩底钻头扩底时无冲洗液循环，而相当一部分翼状扩底钻头扩底同时利用冲洗液循环排屑（更多采用反循环，进行反循环扩底钻进）。

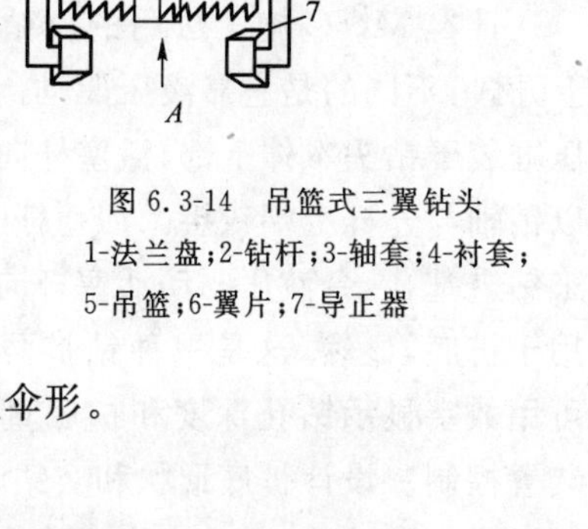

图 6.3-14　吊篮式三翼钻头

1-法兰盘；2-钻杆；3-轴套；4-衬套；5-吊篮；6-翼片；7-导正器

扩底钻头可按其扩底翼片的张开方式、操纵方式和功能进行分类。

依扩底翼片张开方式，扩底钻头可分为：

①上开式。扩底时，扩底翼片绕下铰支点由上向下张开，呈倒置伞形。

②下开式。扩底翼片绕上铰支点，由下向上张开，呈伞形。

③滑降式。扩底时，扩底翼片沿锥形导轨面下移并张开。

④推出式。扩底时，钻头绕偏心轴回转并沿直径方向推出，使钻孔直径扩大。

依扩底翼片开合的操纵方式，扩底钻头又分为：

①液压驱动式。靠液压缸动力推动扩底翼片的张开或合拢。

②自重、机械加压式。靠钻具自重或外加轴向作用力通过连杆带动扩底翼片张开或合拢。

依钻头的钻、扩功能,又分为:

①钻扩两用式。这种钻头可用于基孔钻进,钻达孔底后,扩底翼片张开,即进行扩底钻进。扩底时无须更换钻头,属全功能型。

②扩底专用式。该钻头只用于扩底,基孔钻完后,需升降钻具换上这种钻头扩底,属于单一功能型。

(7)其他扩底钻头

①上开式扩底钻头

KDJ-1500 型钻头(见图 6.3-15)和连杆外张式扩底钻头(见图 6.3-16),都属于上开式扩底钻头。其扩底翼均铰接于钻头最下端(一般在底钻头之上),在扩底翼片的背面或外端点铰接连杆,连杆的另一端(即上端)与一沿芯管上下滑移的活动支座相铰接。活动支座通常与上部钻具连接。这样,下钻时,钻机提吊钻具,底钻头、芯管连同扩底翼片下铰支点均在自重作用下自然下滑到下止点位置,扩底翼片处于收拢状态。待底钻头到达孔底后,停止不动,上部钻具在自重作用下相对芯管继续下移,则推动扩底翼片绕铰接点向下向外张开。这类钻头多用限位装置限定内、外管相对滑移行程,以限定扩底翼片的张开角度和最大扩底直径。它们通常以方形芯管或轴套传递扭矩。扩底完毕,上提钻杆,通过连杆带动扩底翼向上向内收拢,即可提出孔口。KDJ-1 500 型钻头可下入直径 ϕ900mm 的基孔内扩底,扩底直径达 ϕ1 500mm,过渡段长度 0.65m、孔底锥角 160°。显然这类钻头属于单一扩底功能的专用钻头,该钻头扩底时无冲洗液循环。而连杆外张式钻头配有取粉管,扩底时可以冲洗液正循环排屑。

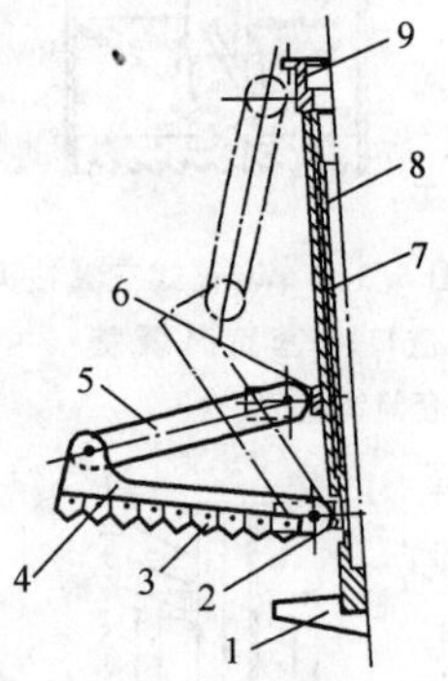

图 6.3-15 KDJ-1500 型扩底钻头

1-底钻头;2-下盘;3-切割齿;4-扩底翼片;5-连杆;6-上盘;7-芯管;8-外管;9-法兰盘

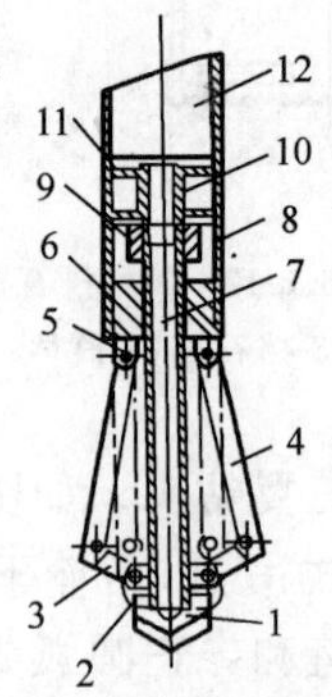

图 6.3-16 连杆外张式扩底钻头

1-底钻头;2-下铰座;3-下连杆(副扩底翼片);4-主连杆(主扩底翼片);5-上铰座;6-内方套座;7-方钻杆;8-连接管;9-螺帽;10-钻杆接头;11-连接盘 12-取粉管

日本 M&C 施工法用的反循环三翼扩底钻头,也属于上开式,不同的是它靠液压驱动。如图 6.3-17 所示两个液压缸装于钻头本体上部,活塞杆向下伸出连接滑套,滑套上以销轴与连杆上端铰接。活塞杆收缩时,扩底翼收拢,可用来钻进基孔,令液压驱动活塞杆向下伸出,则扩底翼片张开用于扩底,显然,这是一种钻扩两用钻头。该钻头实钻时,可用数字显示钻孔深度和扩底直径,扩底翼的开合靠地表装置控制。设计扩底形状和实钻时的扩底形状均能描述在记录仪上。这种扩底钻头有多种规格,施工为桩径 ϕ1～4m,扩底角度 12°以下,扩底率 3.2 以下。

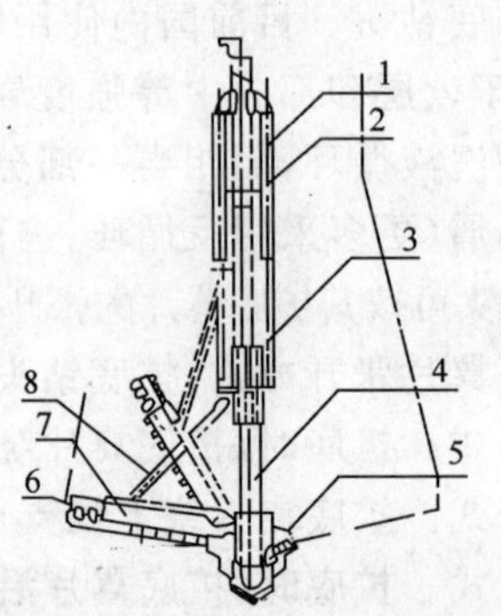

图 6.3-17 液压驱动上开扩底钻头示意图

1-驱动油缸;2-行程检测器;3-滑套;4-中心管;5-固定钻头;6-扩底翼片;7-加接翼片;8-连杆

上开式扩底钻头,其由基孔到扩底段呈似球面过渡,故扩底角度较大(一般为 30°～45°),对松散地层,其砂土易在自重作用下掉落，引起坍孔。故适用于地下水位较低或含水较少的黏土层或其他孔壁稳定的软层。

②下开式扩底钻头

ϕ1 500mm/ϕ2 500mm 四翼扩底钻头（见图 6.3-18）和上提式三翼扩底钻头（见图 6.3-19），为国内已使用的两种下开式扩底钻头。其中，四翼扩底钻头，是利用钻具重量使外管及其铰接的扩底翼片，相对定位于孔底的内管做向下移动，迫使扩底翼片张开（反之，外管上提，则翼片收拢）。三翼扩底钻头的情况正好相反。当钻杆下端的护筒下到孔底定位后，用副卷扬机上提芯杆，带动连杆下端铰座相对钻杆、护筒上提，将三个扩底翼片向外推开（翼片均绕护筒上部的销轴外摆）。主翼扩底钻头、叶片装在护筒内，由于护筒支承，翼片可承受更大的反扭矩，且钻头强度、刚度大。护筒还具有导正方向、增大钻头稳定性的作用。这种钻头适用于土层和砂层，扩底直径为 ϕ1～2m，扩底角较小（9°～18°），ϕ1 500mm/ϕ2 500mm 四翼扩底钻头，基孔直径为 ϕ1.5m，最大扩底直径 ϕ2.5m。显然，这两种钻头都属于扩底专用钻头。

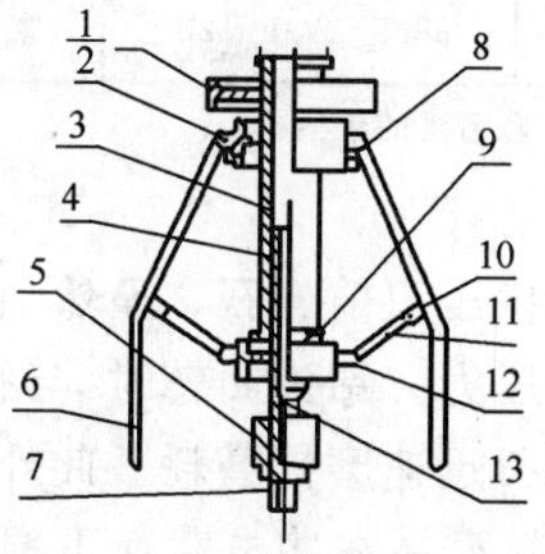

图 6.3-18　四翼扩底钻头

1-导正环；2-上铰链；3-外方形套；4-内方形套；5-分动管；6-扩底翼；7-定位座；8-上限位挡块；9-下限位挡块；10-中铰链；11-连杆；12-下铰链；13-吸渣口

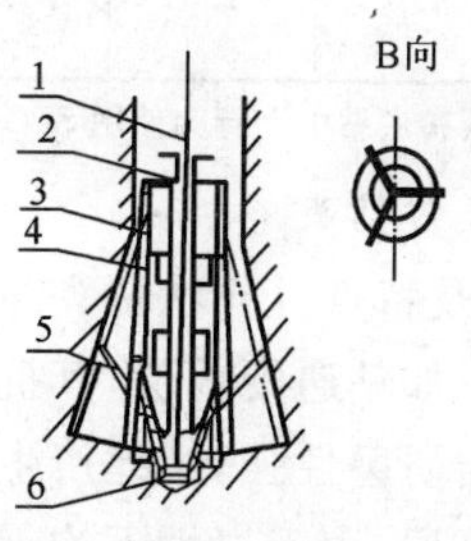

图 6.3-19　上提式三翼扩底钻头

1-芯杆；2-钻杆；3-扩底翼片；4-护筒；5-连杆；6-下铰座

国内外也研制了各种液压缸驱动的下开式扩底钻头（如图 6.3-20 所示）。它利用活塞—活塞杆—连杆下铰座（滑套）的上下移动，以带动扩底翼片的开合。这种钻头可钻扩两用，可在地面上操纵，但加工复杂、成本较高，且配带油管，拆卸麻烦。因其完全靠连杆支承的反扭矩较小，故只适用于三类土以下的软土、砂层。

用下开式扩底钻头扩底，其基孔与扩孔过渡段的夹角较小，扩孔段直径逐渐扩大呈锥形，孔壁较稳定，故适用于地下水位较高的黏土层和稳定性较差的砂层、砂土层。扩底时，扩底翼片在基孔内由上而下逐层切削孔壁砂土，自由面不断增大，夹在地层中的小砾石也易于掉落，故扩底效率高。

上开式和下开式扩底钻头，其扩底段形状见图6.3-21 。

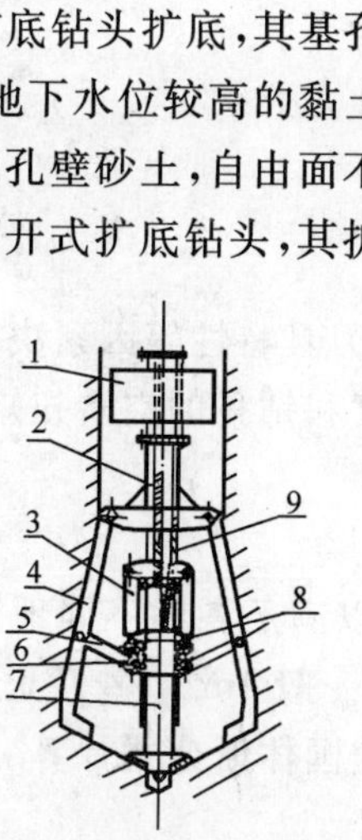

图 6.3-20　液压下开式扩底钻头

1-稳定器；2-油管接头；3-油缸；4-扩底翼片；5-连杆；6-滑套；7-钻杆；8-活塞杆；9-油管

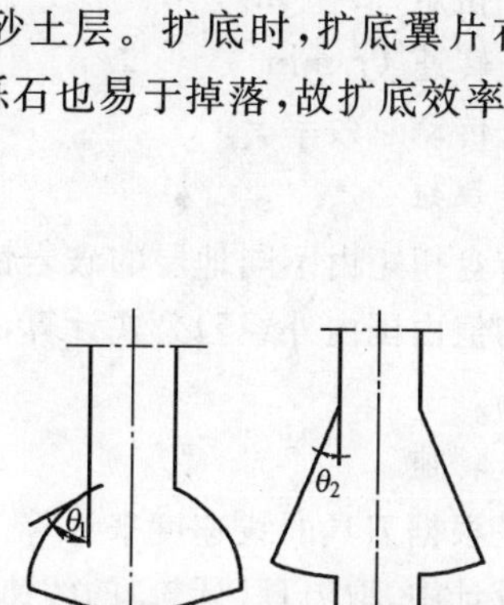

图 6.3-21　扩底孔段形状

a)上开式扩底钻头扩底孔段形状；b)下开式扩底钻头扩底孔段形状（$\theta_1 > \theta_2$）

表6.3-9列举了国内几种扩底钻头的技术规格及其使用效果。此外,还有滑降式扩底钻头和推出式扩底钻头等。

国内数种扩底钻头技术规格及使用效果　　表6.3-9

钻头名称	扩底孔段尺寸(mm)			钻　头		钻 进 规 格			扩底地层	扩底效率 (m/h)
	基孔直径	扩底直径	扩底段长	行程 (mm)	质量 (kg)	压力 (kN)	转速 (r/min)	泵量 (m^3/h)		
上开式三翼扩底钻头	1.0 1.4	1.4 1.7	1.61 2.36	460		19.6 29.4	13 23	108 180	新鲜泥质砂岩	0.235
下开式四翼扩底钻头	1.5	2.5	1.5		1 000	12 25	13 23	120 180	粉砂岩	
KDJ-1500	1.0	1.5	1.5	440	470	10 24.5	52～78 38.5	36 120	粉砂质黏土	1.11(质) 0.95

注:上开式三翼扩底钻中上行为使用SPC-300H型钻机的数值、下行为使用GZQ型钻机的数值。

2.牙轮、滚刀钻头

破岩原理及特点。异状钻头靠轴向压力压入地层、靠回转力挤压刃前岩石。显然,它只适用于松散、松软地层。如钻遇硬地层,其抗压强度高,则要求很高的轴心压力。钻头回转时,与孔底岩石产生滑动摩擦,硬岩研磨性强,由此产生很大的摩擦力,将使钻头切削刃迅速磨钝磨耗。此外,钻进非均质的地层,如砂砾层,由于岩性不均,钻头回转阻力矩时大时小,切削刃易在冲击载荷下损坏。因此,在大直径钻孔施工中,以回转方法钻进地层(硬土层、砾卵石、基岩)时,应采用牙轮滚刀钻头。详见本篇第9章嵌岩灌注桩。

二、钻机转盘功率、扭矩、转速

1.转盘功率

钻机转盘功率由转盘破岩扭矩和转盘转速确定,其关系如下:

$$N=M\times n/(0.925\times\eta) \qquad (6.3\text{-}7)$$

式中:n——功率(kW);

M——扭矩(kN·m);

N——转速(r/min);

η——传动总效率。

2.转盘扭矩

钻机转盘扭矩由不同地层的破岩钻压、转盘转速、钻孔直径及刀具特性等因素决定。单纯的钻进扭矩的平均值由国内外经验公式计算,在设计时还须加上波动幅度和钻具的空转扭矩,这两项总计为25%～30%。

3.转盘转速

一般是根据刀具的线速度来计算。转速值有一定调节范围,以满足各种不同地层钻进条件的要求。国内设计中,取刀具(牙轮)的线速度为0.7～4m/s,黏性土中一般4m/s,砂性土一般0.7m/s,均质岩层一般1.9m/s,不均质岩层0.3～0.9m/s;国外较普遍采用美国休斯公式计算$n=3\,658/D$(n以r/min、D以cm计),先计算中间值,然后再选取一定转速调节范围。

转速和扭矩、钻进速度有关,但转速过高对孔壁冲击过大后易产生扩孔甚至坍孔,对刀具磨损也过大。在大口径不均质岩层钻进中宜采用高钻压、低转速。刀具线速度宜控制在0.3～0.9m/s左右,转速宜控制在4～9 r/min左右。

国内外几种转盘扭矩、转速计算公式如表 6.3-10 所示。

国内外 π 种转盘扭矩、转盘转速计算公式　　　　表 6.3-10

<table>
<tr><th>序号</th><th>公式来源</th><th>转盘扭矩 M
(kN·m)</th><th>转盘转速 n
(r/min)</th><th>说　明</th></tr>
<tr><td>一</td><td>国内钻机设计采用的计算式之一</td><td>$M=AM_0F$</td><td>$n=60V_{刀}/\pi D$</td><td>式中：A——系数，考虑到传递过程中的扭矩损失等，设计中取 $A=1.4\sim1.7$；
M_0——单位破岩面积所需的扭矩，如扩孔钻进 $M_0=4kNm/m^2$，超前钻进 $M_0=6\sim8kNm/m^2$；
F——钻头破岩面积(m^2)；
D——钻头外径(m)；
$V_{刀}$——钻头外缘刀具切线速度，岩石中 $V_{刀}=1.3\sim3.5$ m/s</td></tr>
<tr><td>二</td><td>SZ9/700 钻机设计中采用</td><td>$M=KPR$</td><td>同上</td><td>K=钻头旋转阻力系数，与刀具形状、岩质等有关，为试验统计数据，$K=0.1\sim0.3$，小直径的或装旧刀具的钻头取大值，反之取小值；
P——有效总钻压(kN)；
R——换算扭转半径(m)，$R=\frac{2(R_1+R_2)^2-R_1R_2}{3(R_1+R_2)}$，如采用超前钻　$R=\frac{2R_1}{3}$；
R_1——钻头破岩带外径(m)；
R_2——钻头破岩带内径(m)</td></tr>
<tr><td>三</td><td>日本《机械设计》1968 年第七期</td><td>$M=CP\sum_{i=1}^{n}r_i$</td><td></td><td>式中：C——刀具转动阻力系数，和刀具切入岩石的深度，刀具外径及钻压有关，这些参数越大，C 则越小；
γ_i——各刀具回转半径(m)；
P——刀具平均钻压(kN)</td></tr>
<tr><td>四</td><td>美国休斯公司莫伦(Morlao)经验公式</td><td>$M=2.961\times10^{-5}$
$KD^{2.5}W^{1.5}$(kN·m)</td><td>$n=3\,658/D$
D 单位为 cm</td><td>式中：K——地质常数；
D——钻头直径(m)；
W——单位直径的钻压(kN/m)
<table><tr><th>岩类</th><th>岩石强度(MPa)</th><th>$K\times10^5$</th></tr><tr><td>很软</td><td></td><td>14</td></tr><tr><td>软</td><td></td><td>12</td></tr><tr><td>中软</td><td>17.6</td><td>10</td></tr><tr><td>中硬</td><td>56</td><td>8</td></tr><tr><td>硬</td><td>211</td><td>6</td></tr><tr><td>坚硬</td><td>422</td><td>4</td></tr></table></td></tr>
<tr><td>五</td><td>日本 BM-1 型钻机采用的计算公式</td><td>$M=10^{-5}P_C\sqrt{\lambda}\frac{1}{\sqrt{2r_0}}$
$\sum(X'^2_n-X^2_n)$</td><td>$n=3\,658/D$</td><td>式中：P_C——单位直径的钻压(N/m)；
λ——系数(m)，与刀具形状、岩质及 P_C 值有关，刀齿越尖，岩越软，P_C 值越大，λ 值越大；
γ_0——牙轮大端半径(m)；
D——钻头直径(cm)；
X'_n 和 X_n——分别为钻头中心到各圈牙轮大、小端的距离(m)</td></tr>
</table>

注：按本表扭矩公式计算出的扭矩是单纯的钻进扭矩的平均值，在设计上还须加上波动幅度和钻具(包括钻杆柱)的空转扭矩，两项总计 25%～30%。

三、钻进技术参数

钻进技术参数主要指钻压、钻速及洗井参数等，其中钻压是影响钻进速度和质量最关键的因素。

1. 钻压

选择钻进参数主要依据地层岩性和构造。选择钻压值时，不能光从最佳钻进效率考虑，还要全面权衡一下钻机综合技术经济指标的合理性。钻压加大，绞车功率及转盘功率、设备质量均要随之增大。可见，我们只有对各方面的问题进行充分地分析对比以后，才能确定合理的钻压范围。

在钻进中，必须严格地按"减压钻进"的原则加压。对同一地层，应采用恒钻压钻进或恒单位钻压(单位长度或单位面积上的钻压)钻进。在容易产生井斜或不同地层的交界处钻进时，应降低钻压，但单位钻压最好不减小，办法是减少钻头刀具的数量。对于更换新刀具的钻头，应采用两级加压法，即钻进初期以不大的钻压钻进，等钻头适应了井底条件(如各刀具安装的高低不平误差消除、磨平)以后，再加到额定钻压。

大直径钻头的钻压有以下两种计算方法：

(1)按钻头的直径计算

钻头总压力等于钻头直径乘以单位钻头直径长度上的压力(又称钻压比或比压)，即：

$$P=kqD \tag{6.3-8}$$

式中：P——钻头总压力(N)；

q——比压(N/cm²)；

D——钻头直径(cm)；

k——钻头刀具覆盖系数，一般取 1.2～1.5。

钻头比压视岩层类别根据经验确定。表 6.3-11 为钻进塑性和塑脆性岩石常用的比压值。

塑性和塑脆性岩石常用比压值表　　表 6.3-11

岩 石 名 称	单向抗压强度(N/cm²)	比压值 q(N/cm)	岩 石 名 称	单向抗压强度(N/cm²)	比压值 q(N/cm)
砂层	300	100	一般风化砂页岩	3 000	1 000
砂土层	500	200	微风化砂页岩	4 000	1 300
亚黏土	800	300	砂页岩	5 000	1 600
黏土	1 000	400	砾石	6 000	2 000
黏土类砾石	1 500	500	岩石	8 000	2 500
	2 000	600			

(2)根据滚刀数量计算

钻头总压力等于钻头上滚刀数乘以每把滚刀的压力值，即：

$$P=P_0\,m \tag{6.3-9}$$

式中：P——钻头总压力(N)；

P_0——每把滚刀上钻压值(N)；

m——钻头上滚刀数。

总结实践经验，P_0 视地层性质和滚刀型号而异，如使用 12 系列滚刀，P_0 值如下：

软岩　　20～30 kN

中硬岩　　30～40 kN

硬岩　　50 kN

大直径孔钻进时，钻孔直径与钻杆直径的比值大，为改善钻杆受力条件，保证钻孔的垂直度，应采用减压钻进。钻头压力不应超过钻具在冲洗液中总质量(包括配重)的 70%～80%，但也不宜小于 50%。

2. 钻头转速

钻头刀具破岩条件是压入岩石的深度和刀具移动的速度，这两者是以钻速而联系的。一些试验表明，钻速和刀具移动速度的关系是较复杂的。

转速的选择是一个要综合考虑的问题，它决定于岩石的特性、钻压及刀具的性能。岩石抗压强度和研磨性高时，转速要小；转速随钻压的增高而要适当增加(岩石性能不变时)；刀具结构合理、刀齿耐磨，转速可高一些。

此外，转速还要受另一些因素的限制。如在流沙层中钻进时，为避免带动泥浆冲塌孔壁，钻头转速应控制在一定范围内(线速度在0.7m/s以内)。钻杆、方钻杆过大的弯曲度及钻头的偏心较严重时，也往往会限制转速的提高。转速太高，对井底钻屑的吸收也不利。

若从对钻孔经济指标大有影响的刀具寿命的角度来考虑的话，刀具速度以低一些为好，而用增加切入岩石的深度(即增加钻压)的办法来提高钻进效率。据报道，国外大多数掘进设备上的刀具速度在0.67～1.83m/s之内。

大直径孔钻进，由于钻孔直径大，孔底全面破碎，钻头回转阻力大，故钻头转速较低。国外推荐按美国休斯公司经验公式确定钻头的最高转速(翼状钻头和滚刀钻头均适用)：

$$n=3\,658/D\ (\mathrm{r/min}) \tag{6.3-10}$$

式中：D——钻头直径(m)。

对于牙轮、滚刀钻头，转速过高，牙轮、滚刀的自转线速度过高，齿刃将迅速磨钝，寿命急剧下降。为此，许多钻头厂都把钻头外牙轮的自转转速限制在100～120r/min之间，即把边刀的自转线速度限制在1.60～1.91m/s以内，通常是1m/s左右。由此可按滚刀直径d与钻头直径D的比值，求出钻头的转速：

$$n_{\max}=(100\sim120)d/D(\mathrm{r/min}) \tag{6.3-11}$$

在实际工作中，钻头转速还受到排渣能力、钻杆振动和孔壁稳定性等因素的限制，实际转速均低于理论计算值。在确定钻头转速时，可参考表6.3-12，视岩层性质限制其钻头外缘最高线速度。

钻头外缘线速度值

表6.3-12

岩石类别	岩石单轴抗压强度(MPa)	钻头线速度(m/s)	岩石类别	岩石单轴抗压强度(MPa)	钻头线速度(m/s)
土层		2.5～3.5	硬岩	≤350	1.2
软岩	0～56	1.7	流沙层		0.7
中硬岩	≤150	1.4			

3. 冲洗液流量

冲洗介质国内常采用清水或泥浆，由地层性质而定，钻进中泥浆配制应充足，在大直径钻孔中，反循环回转钻进要视钻进实际情况调节冲洗液流量，当孔底岩屑量大时，应适当增大流量，以提高其排渣效率。但要防止流量过大时，抽出循环水。当钻头进尺速度降低，冲洗液含岩屑量减少时，则应适当减少泵的流量。遇地层难于钻进、钻速很低时，甚至可以停泵钻进，待孔内岩屑达到一定数量后，再开泵排渣。在现场调节砂石泵流量的简便办法是调节砂石泵排渣阀门的开度。此外，施工中还应注意，随着井深增加，反循环阻力增加，泵的实际流量将进一步减小。

砂石泵出厂时标定的流量是指抽吸清水时的流量。实际施工时，砂石泵抽吸的是含有大量岩屑的泥浆，故实际流量小于其标定的额定流量。因此，计算流量选择砂石泵时，要将冲洗液类型乘以一个大于1的系数，按大于理论流量值选择，其泵量才能满足实际施工需要。

四、反循环回转钻进技术措施

(1)保持孔内液面高度，以保证对地面有0.02MPa以上的静水侧压力，这是保护孔壁稳定、顺利钻进的重要条件。因此，应该在开孔钻进前埋设好护筒(护筒下部应压入不透水层或人工回填捣实的黏土)，并及时向孔内补充冲洗液，防止液面降低。向钻孔供水的方法有自流供水和水泵供水两种，以前者最为简便，对孔壁冲刷作用较小。

(2)当地下水埋藏浅，地下水位不足时，应使用较长的护筒，使护筒上口超出地面一定高度，以抬高孔内液面高度，保持对孔壁的静水压力；否则，钻遇不稳定地层时，易发生孔壁坍塌事故。

(3)钻进一般地层，在保证液柱高度的情况下，可采取清水作循环液，以提高钻进效率、简化泥浆净化工艺。但遇极不稳定地层时，靠液柱静压力不足以保护孔壁稳定，应使用泥浆，泥浆的性能应视地层情况而异，可参考表6.3-13。

泥浆性能表　　表6.3-13

地　　层	黏　度(s)	失水量(mL/min)	浓度(%)	重度(g/mm³)	pH值
含水少的砂层	25～30	35	8～9	1.045～1.05	11.0
含水多的砂层	30～40	30	9～11	1.055～1.06	11.0
含高压地下水砂层	30～60	30	9～13	1.05～1.07	11.0
黏土层	25～35	25	8～10	1.045～1.055	11.0
砂砾层	35～60	20	10～12	1.055～1.065	11.0

(4)使用泥浆做冲洗液时，为保证向孔内及时补浆，现场应以足够大的容器或泥浆池储备充足的泥浆，通常泥浆容器的容积应为所钻孔体积的1.5～3倍。

(5)在反循环钻进的实际工作中，高的钻进效率应以高的排渣效率为前提。因此，钻进过程中既要正确选择冲洗液量，又要掌握钻进速度，防止钻速过快，单位时间内岩(泥)屑不能及时排除，导致钻头糊钻和管路堵塞发生故障，钻进软层(如黏土层)时尤应注意。

(6)对不均质表层钻进中，高钻压低钻速是有效的。

第四节　施工机械及设备

反循环钻机分类、型号如下：

(1)泵吸反循环钻机：如国产QZ-200型、GPS-15型、德国SW型、美国RD-600型和CSD-820型和MD150型等。

(2)气举反循环钻机：如国产KTY3000型、GF-300型、BRM-4A型、德国L系列、日本S系列和MD250等。

(3)喷射反循环钻机：如日本MD300型和MD450型等。

(4)泵吸、气举反循环钻机：如日本TRC系列、德国L系列等。

(5)正反循环两用钻机：如国产KPQ3500、SPC-300H等。

(6)带抓斗的反循环钻机：如日本RPC型和RSAC型等。

(7)潜水型反循环钻机：如日本的RPC型、国产KQ系列等。

(8)冲击式反循环钻机：如意大利马骞伦帝型、日本KPC-1200型和国产GJD-1500型等。

第五节 施 工 工 艺

一、施 工 程 序

反循环钻孔灌注桩施工程序见图 6.3-22。

二、施 工 特 点

1. 护筒埋设

反循环施工法是在静水压力下进行钻孔，所以护筒的埋设是反循环施工作业中的关键工序。

护筒的直径一般比桩径大 15cm 以上，护筒端部应打入在黏土层或粉土层中，一般不应打入在填土层或砂砾层中，以保证护筒不漏水。如必须将护筒端部打入在填土砂或砂砾层中时，应在护筒外侧回填黏土，分层夯实，以防漏水。

在极不稳定地层，如在流沙层钻进时，护筒须跟进到岩面或预先将护筒沉到岩面。

2. 无护筒施工

要使反循环施工法在无护筒情况下不坍孔，必须具备以下 5 个条件。

(1)确保孔壁的任何部分的静水压力在 0.02MPa 以上，孔内的水位要高出自然地下水位 2m 以上，见图 6.3-23 。

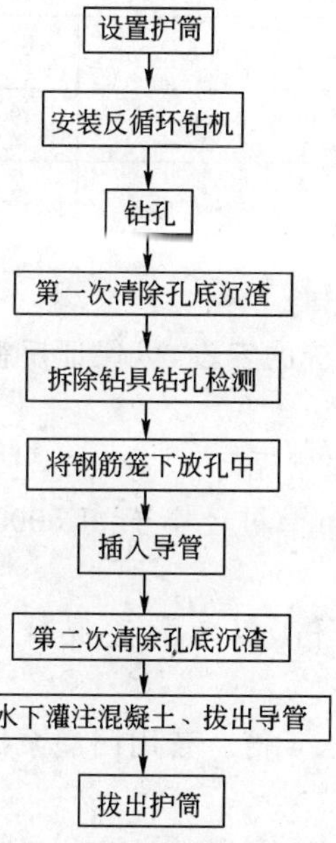

图 6.3-22 反循环钻孔灌注桩施工程序

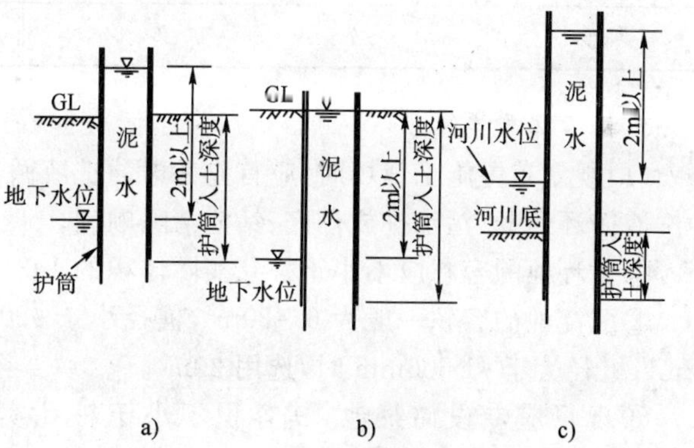

图 6.3-23 地下水位与孔内水位的关系

a)地下水位较浅时；b)地下水位较深时；c)水上施工时

(2)泥浆造壁。在钻挖中，孔内泥浆在循环的同时，对孔壁形成一层泥浆膜。泥浆的作用如下：将钻孔内不同土层中的空隙填密实，使孔内漏水减少到最低限度；保持孔内有一定水压以稳定孔壁；延缓砂粒等悬浮状土颗粒的沉降，易于处理沉渣。

(3)保持一定的泥浆相对密度。在黏土和粉土层中钻挖时泥浆相对密度可取 1.02～1.04；在砂和砂砾等容易坍孔的土层中挖掘时，必须使泥浆相对密度保持在 1.05～1.08。

当泥浆相对密度超过 1.08 时，则钻挖困难，效率降低，易使泥浆泵产生堵塞或使混凝土的置换产生困难，此时要用水适当稀释，以调整泥浆密度。

在不含黏土或粉土的纯砂层中钻挖时，还须在储水槽和储水池中加入黏土，并搅拌成适当密度的泥浆。造浆黏土应符合下列技术要求：胶体率不低于95%；含砂率不大于4%；造浆率不低于0.006～0.008m^3/kg。

成孔时，由于地下水稀释等使泥浆密度减少，可添加膨润土等来增大密度。膨润土溶液的浓度与相对密度的关系见表6.3-14。

膨润土溶液的浓度与相对密度的关系　　表6.3-14

浓度(%)	6	7	8	9	10	11	12	13	14
相对密度	1.035	1.040	1.045	1.050	1.055	1.060	1.065	1.070	1.075

注：膨润土相对密度按2.3计。

(4)钻挖时保持孔内的泥浆流速比较缓慢。

(5)保持适当的钻挖速度。

钻挖速度同桩径、钻深、土质、钻头的种类与钻速以及泵的扬水能力有关。在砂层中钻挖需考虑泥膜形成的所需时间；在黏性土中钻挖则需考虑泥浆泵的能力并要防止泥浆浓度的增加。表6.3-15为钻挖速度与钻头转速关系的参考表。

反循环法钻挖速度与钻头转速的参考表　　表6.3-15

土　质	钻挖速度（min/m)	钻头转速(r/min)	土　质	钻挖速度（min/m)	钻头转速(r/min)
黏土	3～5	9～12	中砂	5～8	4～6
粉土	4～5	9～12	砾砂	6～10	3～5
细砂	4～7	6～8			

3.施工注意事项

(1)规划布置施工现场时，应首先考虑冲洗液循环、排水、清渣系统的安设，以保证反循环作业时，冲洗液循环通畅、污水排放彻底、钻渣清除顺利。

①循环池的容积应不小于桩孔实际体积的1.2倍，以便冲洗液正常循环。

②沉淀池的容积一般为6～20m^3，桩径小于ϕ800mm时，选用6m^3；桩径小于ϕ1 500mm时，选用12m^3；桩径大于ϕ1 500mm时，选用20m^3。

③现场应专设储浆池，其容积不小于桩孔实际体积的1.2倍，以免灌注混凝土时冲洗液外溢。

④循环槽(或回灌管路)的断面积应是砂石泵出水管断面积的3～4倍。若用回灌泵回灌，其泵的排量应大于砂石泵的排量。

(2)冲洗液净化

①清水钻进时，钻渣在沉淀池内通过重力沉淀予以清除。沉淀池应交替使用，并及时清除沉渣。

②泥浆钻进时，宜使用多级振动筛和旋流除砂器或其他除渣装置进行机械除砂清渣。振动筛主要清除粒径较大的钻渣，筛板(网)规格可根据钻渣粒径的大小分级确定。旋流除砂器的有效容积，要适应砂石泵的排量，除砂器数量可根据清渣要求确定。

③应及时清除循环池沉渣。

(3)钻头吸水断面应开敞、规整。减少流阻，以防砖块、砾石等堆挤堵塞；钻头体吸口端距钻头底端高度不宜大于250mm；钻头体吸水口直径宜略小于钻杆内径。

在填土层和卵砾层中钻挖时，碎砖、填石或卵砾石的尺寸不得大于钻杆内径的4/5，否则易堵塞钻头水口或管路，影响正常循环。

(4)泵吸反循环钻进操作要点

①启动砂石泵，待反循环正常后，才能开动钻机慢速回转下放钻头至孔底。开始钻进时，应先轻压慢转，待钻头正常工作后，逐渐加大转速，调整压力，并使钻头吸口不产生堵水。

②钻进时应认真仔细观察进尺和砂石泵排水出渣的情况，排量减少或出水中含钻渣量较多时，应控制钻进速度，防止因循环液密度太大而中断反循环。

③钻进参数应根据地层、桩径、砂石泵的合理排量和钻机的经济钻速等加以选择和调整。钻进参数和钻速的选择见表6.3-16。

泵吸反循环钻进推荐参数和钻速表　　表6.3-16

钻进参数和钻速 地层	钻压(kN)	钻头转速(r/min)	砂石泵排量(m^3/h)	钻进速度(m/h)
黏土层、硬土层	10～25	30～50	180	4～6
砂土层	5～15	20～40	160～180	6～10
砂层、砂砾层、砂卵石层	3～10	20～40	160～180	8～12
中硬以下基岩、风化基岩	0～40	10～30	140～160	0.5～1

注：①本表摘自江西地矿局《钻孔灌注桩施工规程》；

②本表钻进参数以GPS-15型钻机为例；砂石泵排量要考虑孔径大小和地层情况灵活选择调整，一般外环间隙冲洗液流速不宜大于10mm/min，钻杆内上返流速应大于2.4m/s；

③桩孔直径较大时，钻压宜选用上限，钻头转速宜选用下限，获得下限钻进速度；桩孔直径较小时，钻压宜选用下限，钻头转速宜选用上限，获得上限钻进速度。

④在砂砾、砂卵、卵砾石地层中钻进时，为防止钻渣过多、卵砾石堵塞管路，可采用间断钻进、间断回转的方法来控制钻进速度。

⑤加接钻杆时，应先停止钻进，将钻具提离孔底80～100mm，维持冲洗液循环1～2min，以清洗孔底并将管道内的钻渣挑出排净，然后停泵加接钻杆。

⑥钻杆连接应拧紧牢固，防止螺栓、螺母、拧卸工具等掉入孔内。

⑦钻进时如孔内出现坍孔、涌沙等异常情况，应立即将钻具提离孔底，控制泵量，保持冲洗液循环，吸除坍落物和涌沙；同时向孔内输送性能符合要求的泥浆，保持水头压力以抑制继续涌沙和坍孔，恢复钻进后，泵排量不宜过大，以防吸坍孔壁。

⑧钻进达到要求孔深停钻时，仍要维持冲洗液正常循环，清洗吸除孔底沉渣直到返出冲洗液的钻渣含量小于4%为止。起钻时应注意操作轻稳，防止钻头拖刮孔壁，并向孔内补入适量冲洗液，稳定孔内水头高度。

(5)清孔

①清孔要求

清孔过程中应观测孔底沉渣厚度和冲洗液含渣量，当冲洗液含渣量小于4%，孔底沉渣厚度符合设计要求时即可停止清孔，并应保持孔内水头高度，防止发生坍孔事故。

②第一次沉渣处理

在终孔时停止钻具回转，将钻头提离孔底50～80cm，维持冲洗液的循环，并向孔中注入含砂量小于4%的新泥浆或清水，令钻头在原地空转10min左右，直至达到清孔要求为止。

③第二次沉渣处理

在灌注混凝土之前进行第二次沉渣处理，通常采用普通导管的空气升液排渣法或空吸泵的反循环方式。

空气升液排渣法，其方法方式是将头部带有1m多长管子的气管插入到导管之内，管子的底部插入水下至少10m，气管至导管底部的最小距离为2m左右。压缩空气从气管底部喷出，并使导管底部在桩孔底部不停地移动，就能全部排除沉渣，在急骤地抽取孔内水时，为不降低孔内水位，必须不断地向孔内补充清水。

4.泵吸反循环灌注桩常遇问题及处理方法(表6.3-17)

泵吸反循环灌注桩常遇问题及处理方法　　表6.3-17

常遇问题	主要原因	处理方法
真空泵启动时,系统真空度达不到要求	启动时间不够	适当延长启动时间,但不宜超过10min
	气水分离器中未加足清水	向气水分离器中加足清水
	管路系统漏气,密封不好	检修管路系统,尤其是砂石泵和水龙头处
	真空泵有机械故障	检修或更换
	操作方法不当	按正确操作方法操作
真空泵启动时不吸水,或吸水但起动砂石泵时不上水	真空管路或循环管路被堵	检修管路,注意检查真空管路上的阀是否打开
	钻头水口被堵住	将钻头提离孔底,并冲堵
	吸程过大	降低吸程,吸程(水龙头至孔口液面高度)不宜超过6.5m
灌注启动时,灌注阻力大,孔口不返水	管路系统被堵塞物堵死	清除堵塞物
	钻头水口被埋住	把钻具提离孔底,用正循环冲堵
砂石泵启动、正常循环后,循环突然(或逐渐)中断	管路系统漏气	检修管路,紧固砂石泵塞线压盖或水龙头压盖
	管路突然被堵	冲堵管路
	钻头水口被堵	消除钻头水口堵塞物
	吸水胶管内层脱胶损坏	更换吸水胶管
在黏土层中钻进时,进尺缓慢,甚至不进尺	钻头有缺陷	检修或更换钻头
	钻头有泥包或糊钻	清除泥包,调节冲洗液的密度和黏度,适当增大泵量或向孔内投入适量砂石解除泥包糊钻
	钻进参数不合理	调整钻进参数
在基岩中钻进时,进尺很慢甚至不进尺	岩石较硬、钻压不够	加大钻压(可用加重块)调整钻进参数
	钻头切削刃崩落,钻头有缺陷或损坏	修复或更换钻头
在砂层、砂砾层或卵石层中钻进时,有时循环突然中断或排量突然减小;钻头在孔内跳动严重	进尺过快,管路被砂石堵死	控制钻进速度
	冲洗液的密度过大	立即稍提升钻具,调整冲洗液密度至符合要求
	管路被石头堵死	起闭砂石泵出水阀,以造成管路内较大的瞬时压力波动,可清除堵塞物;或用正循环冲堵,清除堵塞物;如无效,则应起钻予以排除
	冲洗液中钻渣含量过大	降低钻速,加大排量,及时清渣
	孔底有较大的活动卵砾石	起钻,用专门工具清除大块卵砾石
钻头脱落	钻管的连接螺栓松动或破损	及时将螺栓拧紧,破损者及时更换
转台不能旋转	液压泵或液压马达发生故障	修理或更换
	液压油不足	及时补充液压油
孔壁坍塌	水头压力保持不移	应维持0.02MPa静水压力,孔内水位必须比地下水位高2m以上
	护筒的埋深位置不合适,护筒埋设在粗砂层中,砂土由于水压漏水后容易坍塌;而且由于振动与冲击等影响,使护筒的周围与底部地基土松软而造成坍塌	将护筒的底部贯入黏土中约0.5m以上
	因把旋转台盘直接安装在护筒上,由于钻进中的振动,使护筒周围与底部地基土松动,钻孔内的水也将漏失,引起孔壁坍塌	把旋转台盘设置在固定台上

续上表

常遇问题	主要原因	处理方法
孔壁坍塌	（静水压）水头太大，超过需要时，护筒底部的水压将比该深度处覆盖土重为大，而使钻孔外侧的土发生涌起翻沙以致破坏	孔内静水压力原则上应取地下水头+2.0m
	有粗颗粒砂砾层等强透水层，当钻孔达该土层时，由于漏水使孔内水急剧下降引起孔壁坍塌	最好不采用钻孔桩，选用打入式桩，如已选用钻孔桩则应预先注入化学药液以加固地基或采用稳定液
	有较强的承压水并且水头甚高，特别是比孔内水压还大时，致使孔底发生翻沙和孔壁坍塌	此时反循环法施工很难成功，宜选用其他合适的施工方法
	地面上重型施工机械的重量和它作业时的振动及地基土层自重应力常导致地面以下10～15m左右处发生孔壁坍塌	事前应充分调查在地面下10～15m附近的土质是否是松砂等易塌的土层，施工时采用稳定液，尽量减少施工作业振动等影响
	泥浆的密度和浓度不足，使孔壁坍塌	按不同地层土质采用不同的泥浆密度和浓度
	成孔速度太快，孔壁上还来不及形成泥膜，容易使孔壁坍塌	成孔速度视地质情况而异
	排除较大障碍物（例如40cm大小的漂石），形成大空洞而漏水致使孔壁坍塌	采用密度为1.06～1.08的泥浆，在保持泥浆循环的同时，考虑各种加强保护孔壁不坍的措施
	松散地层泵量过大，造成抽吸坍孔	调整泵量，减少抽吸
	操作不当，产生压力波动	注意操作，升降钻具应平缓
	护筒变形过大，或形状不合适，使钻孔内的水漏失，引起孔壁坍塌	护筒形状应符合要求
	放钢筋笼时碰撞了孔壁，破坏了泥胶和孔壁	从钢筋笼绑扎、吊插以及定位垫板设置安装等环节均应予以充分注意
	给水泵、软管类有故障	及时修理或更换

5.钻机选型

部分国产、美国、德国、日本、前苏联反循环钻机的规格、型号及技术性能见表6.3-18～表6.3-22。钻机选型根据设计钻孔直径、孔深、地层、水文、地形、地质条件等各种因素进行，并且验算所选钻机的扭矩、功率、钻压、转速、洗井介质性能及循环量是否符合钻进要求，同时还必须考虑经济、实用等综合因素选定主型钻机及配套钻机。特殊地层钻进工艺须另行制定。

国产钻机一览表

表 6.3-18

钻机型号	最大钻孔直径（m）	最大钻孔深度（m）	钻机形式	最大扭矩（kN·m）	旋转速度（r/min）	起吊能力（kN）	钻杆直径（mm）	钻杆接头形式	洗井循环方式	驱动功率（kW）	质量（t）	外形尺寸 $L\times B\times H$(m)	制造厂家
KP-120	1.2	50	转盘式	11	26～196	80	114	法兰	泵吸	45	7.0		洛阳九久公司
KP-150A	1.5/2.0	80	转盘式	19	13～98	180	180	法兰	泵吸	49	17.5	6.0×2.2×9.0	
KP-150B	1.5/2.0	60	转盘式	24.7	9.8～75	180	180	法兰	泵吸	48	17.0		
THL-300	3.0	100	转盘式	120	6.6～21	600	273	法兰	气举	105	65.0	8.3×3.3×13.7	
ZDY-300	3.0	120	液压动力头	200	0～10	1 200	351	快速接头	气举	220	60 主机	6.5×5.0×9.6	
XZ15(－20°)	1.5	150	液压动力头	60	0.40	100	273	法兰	气举	75	18 主机		洛阳矿机研究院
XZ30(－20°)	3.0	150	液压动力头	180	0～20	150	325	法兰	气举	210	36 主机	6.6×5.7×9.8	
GD-1200	1.2	70	电驱动力头	10.0	17～34	177 油缸	168	花键牙嵌	气举泵吸	45	13 主机	4.5×2.6×7.6	洛阳中信重机公司
GD-1500	1.5	70	电驱动力头	20.0	10～32	196 油缸	19.4	花键牙嵌	气举泵吸	75	21 主机	5.3×2.9×9.2	
GZY-2500	2.5	250	液压动力头	90	0～15	1 200 油缸	299	法兰	气举	110	80.0	7.5×4.1×8.8	
GZY-3000	3.0	90	液压动力头	200	0～16	1 000 油缸	285	法兰卡子	气举	210	55 主机	9.5×5.2×13.8	
ZZS-11	4.5	180	转盘式	40	0～32	1 300	339	花键牙嵌	气举	205	510		
SZ9/700	9.0	700	转盘式	300	0～26	3 000	406	花键牙嵌	气举	820	900		
AS9/500	9.0	500	转盘式	300	0～26	3 000	406	六方牙嵌	气举	872	1 155		
KPQ3500	3.5	120	液压动力头	206	0～24	1 000 液压	360	法兰	正、反	210	47 主机		郑州勘察机械厂
KP250	2.5	100	转盘式	68.6	13～40		205		正、反	95	13 主机	3.0×1.6×2.7	
QJ250-1	3.0	100	转盘式	118	7.8～26	300				95 主机			
ZJ150-1	1.5	100	转盘式	23.5	15～78				正、反	57	11.0		
红星-400	0.65	400	转盘式	13.2	22～126	180			正、反	40	9.7		
红星-400B	1.15	60	转盘式	12.5	0～25	300			正、反	40	9.7		
SPC-50	1.5	40	转盘式										天津探矿机械厂
SPC-300			转盘式										
SPC-300H	0.5 0.7	300 80	转盘式 冲击		52～123				正、反	118 汽车	15.0	10.9×2.5×3.6	
GJC-40HF	1.5	40	转盘式	14.0	20～47		L68	法兰	正、反	118 汽车	17.2	10.9×2.5×3.6	
GJC-10H	1.5 0.7	300 80	转盘式 冲击	5.4	40～123		89	锁接头	正、反	118 汽车	15 主机	10.9×2.5×3.6	
QZ-1200	1.2	50	电驱潜水	5.8	25.5～51	30			正、反	24 钻头	10	5.4×1.85×7.3	中铁十五局
QZ-1500	1.5	50	电驱潜水	26	9.5～19	30			正、反	48 钻头	15	5.6×2.2×3.5	

续上表

钻机型号	最大钻孔直径（m）	最大钻孔深度（m）	钻机形式	最大扭矩（kN·m）	旋转速度（r/min）	起吊能力（kN）	钻杆直径（mm）	钻杆接头形式	选井循环方式	驱动功率（kW）	质量（t）	外形尺寸 $L\times B\times H$(m)	制造厂家
GPS-10	1.2	50	转盘式	8.0	40～128	177	89		泵吸	37	8.4	5.0×2.85×10.3	
SPS-15	1.5	50	转盘式	17.7	13～42	180	168	法兰	泵吸	30	15.7	4.7×2.2×8.3	上海探矿机械厂
GPS-30	3.0		转盘式				168	法兰	泵吸				
KPG-3000	3.0	100	液压转盘	200	0～14	1 200	351	法兰	气举	238	55 主机	7.6×4.5×13.9	
KD-300	3.0	120	液压动力头	200	0～7	1 200	351		气举	198		6.0×4.5×9.0	
BRM-08	1.2	60	转盘式	8.7	15～41				正、反	22	6.0		
BRM-1	1.25	60	转盘式	12.0	9～52	150	140	法兰	正、反	24	9.2	5.1×1.9×8.2	武汉桥梁机械厂
BRM-2	1.5	60	转盘式	28.0	5～34	240	219	法兰	正、反	28	26.0	5.9×3.5×9.2	
BRM-4	3.0	100	转盘式	85.0	6～34	600	273	法兰	正、反	75	40.0	8.0×4.5×13.0	
BRM-4A	3.0	80	转盘式	80.0	6～35	600	241 内		气举	75	61.9	7.9×4.5×13.3	
2m 钻机	2.0	50	转盘式	70	2～17	400	168	锁接头	泵吸	136	30 主机		长办
1.2m 钻机	1.2	100	转盘式	30	16～5[illegible]		168	锁接头	泵吸	55	17 主机		
QZ-150	2.5	50	电驱潜水	34.5				牙嵌螺栓	泵吸气举	100			二航局
ZSD3000/210	3.0	140	动力头	180	0～16					210	110.0	6.3×5.8×10.0	中升公司
GPF-1500	1.5	40	转盘式	20	18～8[illegible]	150	168			67			
GCF-1500	1.5	40	冲击						正、反	45	10 主机		张家口探机
GJD-1500	2.0	50	转盘/冲击	39.2	6～30.5	400 油缸	150	花键式	正、反	63	20.5	5.1×2.4×6.4	
GPF-2000	2.0												
YKD800/1600	0.8/1.6		扩底钻										地勘所
QSZ-800	0.8	50	电驱潜水	1.2	200				潜水泵	22			
QSZ-1250A、B	1.25	50	电驱潜水	5.6	45				潜水泵	22			新河钻机厂
GZQ-1500	1.5	50	电驱潜水		38.5	100			潜水泵	22			
BDZ	1.2	30	电驱潜水		40				潜水泵	22			
YSZ3.5/500	3.5	500	液压动力头	120	0～15	2 500 油缸	355.6	法兰	气举		580		太原矿机
G-4	1.0	50	转盘式	20.0	10.80				正、反	20			无锡探机
DJZ-80	1.5	80	转盘式	12	8～25	180	219	承插式	正、反				陕西
ZWY-550	0.8		转盘式		50				泵吸		7.0		乾安机厂
QZ-200	1.5	200	转盘式		20～60		147		泵吸	55	9.5	6.5×3.0×10.8	
QZ-1500	1.2	50	转盘式		28				正、反	17	13.0	6.7×3.5×7.4	双城钻机

续上表

钻机型号	最大钻孔直径(m)	最大钻孔深度(m)	钻机形式	最大扭矩(kN·m)	旋转速度(r/min)	起吊能力(kN)	钻杆直径(mm)	钻杆接头形式	洗井循环方式	驱动功率(kW)	质量(t)	外形尺寸 $L\times B\times H$(m)	制造厂家
YZ-II	5.5	250	液压动力头	40		130	355.6	法兰	气举	1 000	600		晋江
QZ-3.5	4.4	250	电驱潜水	260		1 300	355.6	花键牙嵌	气举	1 440	594		山东
BZ-1	6.5	250	龙门吊式	120		1 150	355.6	花键牙嵌	气举	1 100	500		常州
ND-1	7.1	500	转盘式	200	0～50	3 000	406	六方牙嵌	气举	1 800	1 300	$H=40.6$	上海
红阳	6.2	120	转盘式	40		750	355.6	花键牙嵌	气举	1 000	400		辽宁
S-500	2.5	70	履带行走						泵吸	261	28.0		台湾
XF-3	1.5	50	转盘式	50.0	0～12				正、反	40	7.0		沛县
泰山-15	1.5	50	转盘式	18	14～44	180	168	六方牙嵌	泵吸		8		山东探矿
GJQ-15	1.5;1.8	80	电驱动力头	15	15～53	150				30	6	5.2×1.7×2.5	广东探矿
CFZ-1500	1.5	80	冲击式	钻头重 3t	冲击 频率 35,40, 45	50 主卷扬 10 副卷扬	冲击 行程 1.2,1.05, 0.9m		气举	45 主机 30 泵	15.5	6.4×2.2×8.0	铁建院 中铁十五局
CFZ-1200	1.2	80	冲击式	钻头重 1.3t	冲击 频率 50,45, 40	主卷扬 副卷扬	击行程		气举	30 主机 30 泵	8.8	5.8×2.3×12.7	水电基 础工程局
CF-2	0.5-1.5	85	冲击式	钻头重 2t	冲击 频率 10～20	主卷扬 副卷扬	冲击行程		气举	45	8.5	4.3×2.2×6.8	
CJF-20	0.8-1.2-2.5	80	冲击式	钻头重 4t 4.5t	冲击 频率 36,46	50 主卷扬 30 副卷扬	冲击行程 1.5～3.0m		气举		18	运输尺寸 6.8×2.8×3.2	山东地 质探矿 机械厂
GCF-1500	0.8-1.5	50	冲击式	钻头重 2.5t 4t 5t	冲击 频率 10～20	50 主卷扬 30 副卷扬	冲击行程 15～3.0m		气举	37 主机 37 泵	8.2	7.1×2.9×8.8	张家口探 矿机械厂、 中国地质大学 (北京)

美国反循环钻机一览表

表 6.3-19

钻机型号	最大钻孔直径（m）	钻孔深度（m）	钻机形式	最大扭矩（kN·m）	最高转速（r/min）	起吊能力（kN）	钻杆直径（mm）	钻杆接头形式	洗井方式	钻头形式	总功率（kW）	钻机质量（t）	制造厂家
CSD-820	4.6	500	液压动力头	220	120	2 350 油	340	双层、螺纹	气举	滚刀式	220	368	休斯公司
CSD-300	6.1	600	液压动力头	690	17	9 070 油	760 外层	双层、螺纹	气举	滚刀式	835	1 032	休斯公司
24ISB-184	7.45	450	掘进机式	2 860	3.5				水力排渣	滚刀式	720	350	罗宾斯公司
121ISR-194	3.64		电驱潜入式			1 700 油			气举	盘形滚刀	185	60	罗宾斯公司
80BR	3.0	460	液压动力头	244	9.5	3 600 油	340,220	螺纹	重力排渣	滚刀式	260	35	罗宾斯公司
81R	2.4	600	液压动力头	353		5 120 油	290	螺纹	重力排渣	滚刀式	864		罗宾斯公司
82R	2.4	600	液压动力头	263	48	3 400 油	290	螺纹	重力排渣	滚刀式			罗宾斯公司
121R	3.7	915	液压动力头	520	109		327	螺纹	重力排渣	滚刀式			罗宾斯公司
121BR	4.6		液压动力头	506	74	5 680 油	457,254	螺纹	气举	滚刀式			罗宾斯公司
某铀矿钻机	5.0	235	转盘式		14		345	螺纹	气举	滚刀式			罗宾斯公司
32 型钻机	3.56	1 562	转盘式	550	10	6 500	345	螺纹	气举	滚刀式			罗宾斯公司
齐尼钻机	1.94	150	取芯式		15				真空泵吸	滚刀式			
德拉夫钻机	3.66	488	转盘式		10	1 250	180	螺纹	气举	滚刀式			
卡马钻机	1.83	850	转盘式		22		345	螺纹	气举	滚刀式			卡马公司
钾盐矿钻机	3.15	495	转盘式				345	螺纹		滚刀式			

表 6.3-20

德国反循环钻机一览表

钻机型号	最大钻孔直径（m）	钻孔深度（m）	钻机形式	最大扭矩（kN·m）	最高转速（r/min）	起吊能力（kN）	钻杆直径（mm）	钻杆接头形式	洗井方式	钻头形式	总功率（kW）	钻机质量（t）	制造厂家
L-3A	1.5	450	转盘式	15.7	60	360	150 内	法兰	气举	刮刀式 滚刀式	105		威尔特公司
L-4	2.0	350	转盘式	80	60	360	200 内	法兰	气举	刮刀式 滚刀式	170	24	
L-10	3.0	450	转盘式	120	43	1 000	300 内	法兰	气举	刮刀式 滚刀式	147		
L-10S	5.5	550	转盘式		18		315 内	法兰	气举	刮刀式 滚刀式			
L-15	4.0	600	转盘式	120	55	1 600	315 内	法兰	气举	刮刀式 滚刀式	182 主机	47.4	
L-35	4.0	600	转盘式	414	17	3 400	330 内	法兰	气举	刮刀式 滚刀式	800		
L-40/400	4.0	1 000	转盘式	240	17.5	4 000	356 内	法兰	气举	滚刀式	864	507	
L-40/800	8.0	600	转盘式	420	17.5	4 000	356 内	法兰	气举	滚刀式	864	507	
GSB 450/500	4.5～5.0	400	掘进机式	337	6.3	3 370 推			水力排渣	滚刀式	225	112	
GSB 500/650	5.0～6.5	400	掘进机式	7 450	5.0	5 400 推			水力排渣	滚刀式	492		
SBVI 500/650	5.0～6.5	150	掘进机式	8 400	5.0	6 190 推			水力排渣	滚刀式	492	168	
SBVII 650/850	6.5～8.5		掘进机式	15 080	3.8	8 500 推			水力排渣	滚刀式	740	307	
HG100			液压	35	70	770	168	螺纹			90		
HG160	1.4	200	液压	52		1 100	168	螺纹			132		
HG200	2.04	280	液压	103	49	1 900	210	螺纹			160		

续上表

钻机型号	最大钻孔直径(m)	钻孔深度(m)	钻机形式	最大扭矩(kN·m)	最高转速(r/min)	起吊能力(kN)	钻杆直径(mm)	钻杆接头形式	洗井方式	钻头形式	总功率(kW)	钻机质量(t)	制造厂家
HG250	2.68	380	液压	160	70	2 700	250	螺纹			250		威尔特公司
H-1500			转盘式	150	46	600	200 内	法兰	气举	滚刀式			
H-2000			转盘式	200	35	1 000	300 内	法兰	气举	滚刀式		100	
PBA-306	1.27		液压动力头	66	185	500 推		法兰	气举	滚刀式			
PBA-509	2.0		液压动力头	120	100	800 推		法兰	气举	滚刀式			
PBA-818	2.5		液压动力头	180	29	1 100 推		法兰	气举	滚刀式			
PBA-925	3.75		液压动力头	250	16	1 250 推		法兰	气举	滚刀式			
PBS-306	1.27		液压动力头	66	185	200 推		法兰	气举	滚刀式			
PBS-612	2.0		液压动力头	120	100	600 推		法兰	气举	滚刀式			
BA3-80	0.8		液压动力头	20	300	150					46		
BA5-120	1.2		液压动力头	80	150	300					118		
BA6-150	1.5		液压动力头	144	100	360					155		
WB160/40		150	转盘式	71	75	480	300	法兰		滚刀式			萨尔茨盖特公司
SC500	4.1	500	转盘式	71	75	770	300 内	法兰	气举	滚刀式			
PS150	1.5	200		98	42		187		气举 泵吸				
SBM60	5.0～6.5		掘进机式	940						盘形滚刀	440		德马克公司
SBM70	6.0～7.5		掘进机式	1 200						盘形滚刀	528		
SBM80	6.5～3.5		掘进机式	1 560						盘形滚刀	640		
EH6 000	6.0	250		34	43		187	锥螺纹			132	6.8 主机	

续上表

钻机型号	最大钻孔直径（m）	钻孔深度（m）	钻机形式	最大扭矩（kN·m）	最高转速（r/min）	起吊能力（kN）	钻杆直径（mm）	钻杆接头形式	洗井方式	钻头形式	总功率（kW）	钻机质量（t）	制造厂家
BA2000	2.0	250	液压动力头	145		1 000 油缸					180	18 主机	宝峨公司
BA2500	2.5	250	液压动力头	220		2 000 油缸					180	25 主机	
BA3000	3.0	250	液压动力头	367		3 000 油缸					180	40 主机	
BG12C			旋挖式	123		120					122		
BG12			旋挖式	123		120					169		
BG12H			旋挖式	123		120					169		
BG16H			旋挖式	160		150					177		
BG22C			旋挖式	215		160					177		
BG22			旋挖式	215		200					177		
BG22H			旋挖式	215		200					177		
BG25C			旋挖式	245		200					222		
BG25			旋挖式	245		250					291		
BG25H			旋挖式	245		250					291		
BG36C			旋挖式	365		250					291		
BG36			旋挖式	365		300					291		
BG42C			旋挖式	415		330					365		
BG42			旋挖式	415		400					365		

日本主要反循环钻机一览表 表 6.3-21

钻机型号	最大钻孔直径（m）	钻孔深度（m）	钻机形式	最大扭矩（kN·m）	最高转速（r/min）	起吊能力（kN）	钻杆直径（mm）	钻杆接头形式	洗井方式	钻头形式	总功率（kW）	钻机质量（t）	制造厂家
PS150	1.5 土	200	转盘式	9.8	42	50	150		泵吸、气举	滚刀式	56	14.0	日立建机
S200	1.5 土	200	转盘式	9.8	42		150		泵吸、气举	刮刀式 滚刀式	64		日立建机
S300	3.0 土	200	转盘式	38	23	400	200		泵吸、气举	刮刀式 滚刀式	55	12.0	日立建机
S320	3.3 土	200	转盘式	42	23	400	200		泵吸、气举	刮刀式 滚刀式	75	10.4	日立建机
S400H	4.0 土	200	转盘式	60	22	400	200		泵吸、气举	刮刀式 滚刀式	110	15.3	日立建机
S450	4.5 土	250	转盘式	80	18	600	250		泵吸、气举	刮刀式 滚刀式	130	24.0	日立建机
S480H	4.8 土	250	转盘式	100	15	600	250		泵吸、气举	刮刀式 滚刀式	130	25.4	日立建机
S500R	5.0 土	250	转盘式	120	22	1 000	230		泵吸、气举	刮刀式 滚刀式	182	39.7	日立建机
S600	6.0 土	300	转盘式	170	13	2 000	300 内		泵吸、气举	刮刀式 滚刀式	185	26.9	日立建机
S900	9.0，N=50	300	转盘式	400	12	2 000	300		泵吸、气举	刮刀式 滚刀式	375	28.7	日立建机
RSAC150	1.5 土	200	转盘式	17		100	150		泵吸、气举		44	35.0	加　藤
RAC150	1.5 土	200	转盘式	17		70	150		气举		48	25.0	加　藤
L-2	3.0 土	350	转盘式	30	40	240	150 内	法兰	气举、喷射、泵吸	刮刀式 滚刀式	45		石川岛播磨
L-2A	2.0 土	200	转盘式	20	20				泵吸、气举	刮刀式 滚刀式	39		石川岛播磨
L-2 特	3.0 土	350	转盘式	30	40	[illegible]00	200 内	法兰	气举、喷射、泵吸	刮刀式 滚刀式	45		石川岛播磨
L-3A	3.0 土	350	转盘式	30	40	240	150 内	法兰	气举、喷射、泵吸	刮刀式 滚刀式	75		石川岛播磨
L-3B	3.0 土	350	转盘式	30	40	300	200 内	法兰	气举、喷射、泵吸	刮刀式 滚刀式	75		石川岛播磨
L-4	4.5 土	400	转盘式	60	19	300	200 内	法兰	气举	刮刀式 滚刀式	100		石川岛播磨
L-6	5.0 土	600	转盘式	60	19	300	200 内	法兰	气举	刮刀式 滚刀式	100		石川岛播磨
L-10	7.5 土	600	转盘式	180	9	1 800	320 内	法兰	气举	刮刀式 滚刀式	145		石川岛播磨
L-105	10.0 土	650	转盘式	360	18	1 800	330 内	法兰	气举	刮刀式 滚刀式	290		石川岛播磨
L-18	5.5 土	600	转盘式	180	19	1 800	326 内	法兰	气举	刮刀式 滚刀式			石川岛播磨
L-36	9.0 土	650	转盘式	360	18	1 800	326 内	法兰	气举	刮刀式 滚刀式	340		石川岛播磨
L-48	4.0 岩	500	转盘式	480	9.4	[illegible]800	326 内	法兰	气举	刮刀式 滚刀式			石川岛播磨
L-60	6.1 土	600	转盘式	600	3.5	10 500	470 内	法兰	气举	刮刀式 滚刀式			石川岛播磨
MD150	5.0 土	200	液压动力头	55	21	900	216		气举	刮刀式 滚刀式	110	22	三菱重工
MD250	7.5 土	300	液压动力头	175	18	[illegible]500	318		气举	刮刀式 滚刀式	180	68	三菱重工
MD350	10.0 土	300	液压动力头	350	10	[illegible]700	406		气举、喷射	刮刀式 滚刀式	320	130	三菱重工

续上表

钻机型号	最大钻孔直径(m)	钻孔深度(m)	钻机形式	最大扭矩(kN·m)	最高转速(r/min)	起吊能力(kN)	钻杆直径(mm)	钻杆接头形式	洗井方式	钻头形式	总功率(kW)	钻机质量(t)	制造厂家
MD450	12.0 土	300	液压动力头	400	9	3 500	457		气举 喷射	刮刀式 滚刀式	360	155	三菱重工
MC500	5.0 土	>50	转盘式	100	12	600	250		气举	刮刀式 滚刀式	110	39.5	三菱重工
RBB75A	1.0 硬岩	100	转盘 油缸	40	48	350	150 内		气举 泵吸	滚刀式	50	9	矿研试锥
RBB100A	1.8 硬岩	150	转盘 油缸	50	37	750	150 内		气举 泵吸	滚刀式	75	11	矿研试锥
BM-1	3.6	50	液压动力头	28	10	1 800	381		气举	刮刀式 滚刀式	118×2		新日制铁
RRC-15	1.5	80	井下动力式	12.5	32		无		气举 泵吸	刮刀式	15×2**	90	立根公司
RRC-20	2.0	80	井下动力式	15.2	22		无		气举 泵吸	刮刀式	19×2**	120	立根公司
RRC-30	3.0	80	井下动力式	32.6	17		无		气举 泵吸	刮刀式	30×2**	180	立根公司
RRC-10u*	1.2	150	井下动力式	4.3	18		无		气举 泵吸	刮刀式	7.5×2**	55	立根公司
RRC-15u*	1.6	150	井下动力式	9.5	19.5		无		气举 泵吸	刮刀式	15×2**	110	立根公司
RRC-20u*	2.0	150	井下动力式	13	19.5		无		气举 泵吸	刮刀式	19×2**	150	立根公司
RRC-30u*	3.0	150	井下动力式	33	12.5		无		气举 泵吸	刮刀式	30×2**	250	立根公司
RRC-40u*	4.5	150	井下动力式	85	7.5		无		气举 泵吸	刮刀式	45×2**	350	立根公司
TRC-10	1.0	150	井下动力式		40		150 内	法兰	气举 泵吸	刮刀式	11×2**	60	立根公司
TRC-15	1.5	150	井下动力式		30		150 内	法兰	气举 泵吸	刮刀式	19×2**	90	立根公司
TRC-20	2.0	150	井下动力式		20		200 内	法兰	气举 泵吸	刮刀式	22×2**	140	立根公司
TRC-30	3.3	150	井下动力式		14		200 内	法兰	气举 泵吸	刮刀式	37×2**	220	立根公司
TRC-10u*	1.2	150	井下动力式		40		150 内	法兰	气举 泵吸	刮刀式	11×2**	6	立根公司
TRC-15u*	1.6	150	井下动力式		30		150 内	法兰	气举 泵吸	刮刀式	19×2**	13	立根公司
TRC-20u*	2.0	150	井下动力式		20		200 内	法兰	气举 泵吸	刮刀式	22×2**	17	立根公司
TRC-30u*	2.0	150	井下动力式		14		200 内	法兰	气举 泵吸	刮刀式	37×2**	28	立根公司
TBH-7A	1.5	50	电驱动力头	18	20	100	150 内	法兰	气举 泵吸	刮刀式	41**	650	立根公司
TRR-10	1.0	150	井下动力式		60			法兰	气举 泵吸	滚刀式	20**	70	立根公司
TRR-15	1.5	150	井下动力式		45			法兰	气举 泵吸	滚刀式	30**	130	立根公司
TRR-20	2.0	150	井下动力式		36			法兰	气举 泵吸	滚刀式	40**	200	立根公司
TRR-30	3.0	150	井下动力式		30			法兰	气举 泵吸	滚刀工	60**	300	立根公司

注：* 带有扩孔机构；

** 潜水电机的功率。

前苏联主要反循环钻机一览表

表 6.3-22

钻机型号	最大钻孔直径（m）	钻孔深度（m）	钻机形式	最大扭矩（kN·m）	最高转速（r/min）	起吊能力（kN）	钻杆直径（mm）	钻杆接头形式	洗井方式	钻头形式	总功率（kW）	钻机质量（t）	制造厂家
Y3TM-6.2	6.2	400	转盘式	200	60	2 500	485	螺纹花键	气举	刮刀式 滚刀式	3 700	1 200	乌拉尔重机
Y3TM-7.5	7.5	500	转盘式					螺纹花键	气举	刮刀式 滚刀式	1 570		乌拉尔重机
Y3TM-8.75	8.75	800	转盘式	500	30	5 000	550	螺纹花键	气举	刮刀式 滚刀式	3 620	2 250	乌拉尔重机
ЛЛ-1М(Р)	7.5	1 000	电驱潜入区		8.9				局部泥浆循环	滚刀式			乌拉尔重机
ЛЛ-2	7.0	600	电驱潜入式						局部泥浆循环	滚刀式	475		乌拉尔重机
CK-1Y	7.5	600	电驱潜入式						局部泥浆循环	滚刀式	475	203	乌拉尔重机
YKB-3.6*	3.6,4.0	500	转盘取芯式	200	40	2 500	325	锥形螺纹	气举	滚刀式	1 500	960	
YKB-5	5.0	500	转盘取芯式			6 000	377		局部泥浆循环	滚刀式	2 000	1 000	
YKB-6.5	6.5	600	转盘取芯式	200	28	6 000	377		局部泥浆循环	滚刀式	2 000	1 000	
TM-2.3	3.3	400	潜入取芯式	250		900			局部泥浆循环	滚刀式	300	100	
TM-6.5	6.5	500	潜入取芯式	300		4 000			局部泥浆循环	滚刀式	970	584	
PTB-2.08	2.08	300	转盘式		12	1 300	300		泥浆正、反循环	涡轮钻头	5 500		
PTB-3.6	3.6	320	转盘式						泥浆正、反循环	涡轮钻头			
PTB-6.2	6.2	600	转盘式		10	3 000			泥浆正、反循环	涡轮钻头	13 800		

另包括两种改型：YKB-36P、YKB-3.6M。

第六节 工程实例

某跨海大桥试桩

某跨海大桥试桩位于 Pm336 墩外海侧防撞墩内，桩径 ϕ2 500mm，桩顶高程－3.5m，桩尖高程－112m，桩长 108.5m；钢筋笼顶高程＋7.0m(－1.0～＋7.0m 范围为固定声测管用钢筋笼)，底高程－111.55m。该试桩采用自平衡法检测单桩承载力，故在桩身内部置 2 道荷载箱，分别位于高程－110m和－66m 处。

本试桩是大桥第一根海上大直径钻孔桩。一方面，可以通过试桩验证地质资料的准确性，给工程桩施工提供较为准确详实的地质报告；另一方面，可以验证所选择的钻机设备和施工工艺的成孔效果，检验泥浆配置和泥浆性能，以及水下 C30 抗渗混凝土的配合比、可泵性和其他各项指标。

一、施工前准备工作

1. 对影响成孔主要地层的分析

根据地质勘察报告，在施工时存在如下对成孔影响相对较大的地层：

(1)⑦$_2$ 层粉细砂标准贯入击数大于 60，相当密实，且该层厚度达 32～33m，是全孔钻进耗时最多的地层。

(2)⑩层粉质黏土局部呈坚硬状态，且下部有 40cm 厚的卵砾石，埋置较深。

(3)⑪$_1$ 层含砾粉细砂，其标准贯入击数基本上都在 60～80，桩端进入该层 10m 以上。

2. 选择施工工艺

结合本工程钻孔桩的设计、工期和设备情况等综合因素，钻孔采用反循环钻进方式。反循环回转钻优点是排除钻渣连续性好，速度较正循环快、功效较高。该工艺是超深、超大直径施工的理想选择，不受地域、地层等因素的影响。本工程的钻孔灌注桩施工采用回转钻进、泵吸(气举)反循环为主的成孔工艺，采用水上自动拌和船搅拌混凝土，泵送水下混凝土的灌注工艺。

3. 机械设备的选择

钻机的扭矩是影响工程施工进度的关键因素，根据本工程的地层情况和钻孔深度，选配郑州勘察机械厂生产的 QJ-250 型钻机(底盘直径 ϕ3 000mm，扭矩 120kN·m，额定功率 135kW)、洛阳九久公司生产的双壁大通径(ϕ273mm)高强度抗扭气举钻杆。钻头选用防斜梳齿钻头(刮刀钻头)，根据计算钻头配 7t 配重块，以防止孔斜与提高钻进效率。另外再备用一只牙轮滚刀钻头。

试桩钢护筒长度 38m，总质量 44t，采用 350t 浮吊起重船吊装，浮吊船配 D-100 柴油锤打设。

试桩钢筋笼总质量达 55t(包括钢筋笼、荷载箱、挤压套筒、声测管)，在钻孔灌注桩施工平台上，选择起吊能力为 100t 的履带吊，扒杆长度 27m，最大起重能力达 65.9t。

混凝土供应采用 5 000t 级搅拌船，每小时混凝土实际供应量为 80m^3。

二、试桩施工情况

1. 钢护筒施工

根据地质资料计算，为隔离海水，保证孔口不坍塌，并能形成一定的静水压力，以保护孔壁免于坍塌，钢护筒埋置深度应不少于 11.5m。为防止海水冲刷造成埋置深度减少，以及波浪力会相应产生一定的静水压力，决定钢护筒入土深度为 18m。

设计钢护筒内径为 ϕ2 800mm，壁厚 t=16mm，上下两端 1m 范围设加强箍(壁厚 t=14mm)。护筒底高程为－29.0m，顶高程为＋9.0m(与钢平台高程一致)，总长度为 38m，钢护筒材质为 A3，整根加工、吊装。根据设计要求，护筒顶部往下 5～13m 范围内采取防锈措施(涂厚度为 600μm 重防腐涂料)。

钢护筒定位导向架设两道，均焊在导管架上，高程分别为＋6.718m 和＋2.512m，两层导向架间距约为 4.2m。导向架按桩基中心位置准确安装，并上下准确对中。钢护筒用 350t 浮吊挂 D100 柴油锤进行振埋。下沉好的护筒，与施工平台连接成整体。

钢护筒最终高程为＋9.07m。根据实测，试桩位置海床面高程－10.83m，故钢护筒埋置深度为 18.1m。实际锤击数为 18 击，平均贯入度约 1m，最终贯入度 20cm 左右。从钢护筒施打情况来看，地质资料所提供的地层参数可能有点出入，实际地层承载力要小于理论计算的结果。

钢护筒的平面偏位情况见表 6.3-23。

表 6.3-23

	理论坐标	实际坐标	偏　差(mm)	偏位情况
X	497 543.488	497 543.451	37	往南偏
Y	3 400 310.219	3 400 310.207	12	往西偏

2. 钻孔

试桩从 2003 年 1 月 25 日 8:38 开钻，到 2003 年 2 月 10 日 14:40 成孔，历时 17d，其中有效施工时间约 9d。

(1)泥浆配制

在钢护筒内进行自然造浆，出护筒后在⑦₂ 层(粉细砂层，孔深 74.1m)、⑨₂ 层(含砾中粗砂层，孔深 86.1m)、⑩层(粉质黏土层，孔深 100.6m)及一清时共 4 次造浆。1m³ 泥浆配制比例如表 6.3-24(膨润土和纯碱的掺量根据泥浆性能进行动态调整控制)。

表 6.3-24

水(kg)	膨润土(kg)	纯碱(kg)
908	183	9

钻进过程中，泥浆相对密度控制在 1.10～1.25，使泥浆具有一定的液柱压力，以达到平衡孔壁外围地层压力，稳定孔壁，满足反循环施工工艺的要求；黏度控制在 20～25s，以满足钻进护壁和二次清孔的要求；pH 值维持在 8～9 左右，使泥浆处于碱性状态，提高黏土的分散度。

各地层中钻进的泥浆性能见“试桩钻孔记录表”(表 6.3-25)。

(2)泥浆循环系统

泥浆用水及混凝土用水均采用淡水。为满足泥浆循环，施工过程中配备一艘 1 000t 泥浆船运装淡水和储放沉渣，平台上放一个 30m³ 泥浆箱以便进行循环。

泥浆循环系统为：吸出的泥浆通过三通(造浆用)和出浆管接到泥浆箱上方的泥浆过滤网上，过滤后的泥浆流入泥浆箱内，泥渣则通过出渣槽流到泥浆船上；泥浆箱内布置 4 台 3PN 泵，将过滤后的泥浆抽到 2 台旋流除砂器内进行除砂，然后通过两个旋流出浆管流入孔内，经旋流除砂器分离出的废渣则通过旋流出砂管流到泥浆船上。泥浆循环系统见图 6.3-24。

经实测，经旋流除砂器的泥浆比未经旋流除砂器的泥浆，其泥浆相对密度可降低 0.3～0.5、砂率可降低 2%～3%。因此，在泥浆池和沉淀池容量有限的情况下，使用旋流除砂器可较大幅度地降低泥浆密度和砂率。

(3)钻进时水头高度控制

由于钢护筒埋置深度较大，经计算，施工过程中即使液面与钢护筒顶高程一致，也不会造成反穿孔现象。施工海域潮涨潮落变化较快，潮差超过 3m，故钻进施工过程中，护筒内液面高度一般控制在 5.8～6.0m 左右，水头高度为 4m(高潮位)～7m(低潮位)。

(4)各地层钻进时间分析见表 6.3-26。

试桩钻孔记录表

表 6.3-25

施工日期	施工时间	施工情况(min)						进尺度(m)	施工所处地层(泥浆性能)
		纯钻时间	加钻杆	提钻、修理	循环、吸渣	停钻	其他		
2002.12.29	护筒打设							19.90	淤泥质黏土层
2003.01.25	8:38～22:15	102	40	190				20.30	
		80	52					21.10	
		134	30					24.10	
		114						27.10	
		85						30.10	相对密度 1.09;黏度 18.5;砂率 0.6%;pH 值<7
2003.01.26	8:00～12:30	80	45		20			33.10	相对密度 1.19;黏度 20;砂率 1%;pH 值=6.5
		95	30					36.10	
2003.01.30	8:20～17:53	77	23					39.10	相对密度 1.29;黏度 30
			23		27	413			
2003.01.31	17:53 (2003.01.30)～10:07 10:07～16:07	432	35					42.10	黏层土 相对密度 1.21;黏度 21.2
		340		160				43.60	相对密度 1.22;黏度 21
		210						45.10	相对密度 1.22
		150						46.10	46.30m 进入粉细砂层砂率 2.5%、10%(旋流)
2003.02.01	12:50～23:30	40	20	100	125			48.10	
		25	29					51.10	
		119						54.10	相对密度 1.29;黏度 21;砂率 8%; 相对密度 1.32;黏度 21.2;砂率 10%
2003.02.02	23:30 (2003.02.01)～24:00	提钻、换气室(位于 42.40m 处)、检查钻头及钻杆(钻头内部堵塞)							
2003.02.03	00:00～24:00				420		1 020		
2003.02.04	00:00～24:00		25		300				58.00m 进青灰色、灰色粉细砂、夹薄层黏土 相对密度 1.22;黏度 18;砂率 6%
		35	60					56.10	
		70	30					59.10	
		75	35					62.10	
		70	135					65.10	

续上表

施工日期	施工时间	施工情况(min)						进尺度(m)	施工所处地层(泥浆性能)
		纯钻时间	加钻杆	提钻、修理	循环、吸渣	停钻	其他		
2003.02.04	00:00～24:00	97	43					68.10	相对密度1.30;黏度20
		125	35					71.10	粉细砂层
		80			145			74.10	
							380 (换气室)		
2003.02.05	00:00～24:00								
					60(试气举反循环)		780		
					300				
2003.02.06	00:00～24:00						390(造浆)		相对密度1.34;黏度26;砂率10%;pH值=9
			30		380				相对密度1.27;黏度21;砂率13.5%;pH值=9
			40		150				相对密度1.25;黏度21;砂率9.5%
			40						
		90	25		50			77.10	相对密度1.27;黏度20;砂率16%;pH值=9
		125	25		45			80.10	相对密度1.29;黏度21.5;砂率17.8%;pH值=8.5
		50						83.10	
2003.02.07	00:00～24:00	70	25		40				

续上表

施工日期	施工时间	施工情况(min)						进尺度(m)	施工所处地层(泥浆性能)
		纯钻时间	加钻杆	提钻、修理	循环、吸渣	停钻	其他		
2003.02.07	00:00～24:00	115			260			86.10	相对密度1.3;黏度21;砂率18%;pH值=9
			40	110					
		170			100		340(等水)	89.10	砾石夹黏土层相对密度1.34;黏度21;砂率20%
			40						
		75	30					92.10	
2003.02.08	00:00～24:00	75	95					95.10	92.50m进含砾中粗砂层 相对密度1.29;黏度21;砂率16%
		125	40					98.10	97.6m进黏土层(夹卵石)相对密度1.24;黏度20;砂率12.5%
		410			140		40	100.60	相对密度1.17;黏度19.8;砂率5%;pH值=9
				430(换气室)	60				
2003.02.09	00:00～24:00	120	40		250			101.50	相对密度1.18;黏度19.4;砂率6%
		90	40					102.10	
		410	40					105.10	相对密度1.16;黏度19.5;砂2.5%;pH值=9
		460						108.10	108.2m进入粉细砂层
2003.02.10	00:00～24:00		40						
		270	20					111.10	相对密度1.15;黏度19.4;砂率2%
		100	45					114.10	
		95	80(修整)					117.10	相对密度1.22;黏度19.8;砂率7%;pH值=8
		110	40					120.10	
		60						121.10	14:40时终孔,开始消孔相对密度1.18;黏度19.4;砂率4%;pH值=8
合计		5 532 (92.2h)	1 213 (20.2h)						孔底高程112.03m

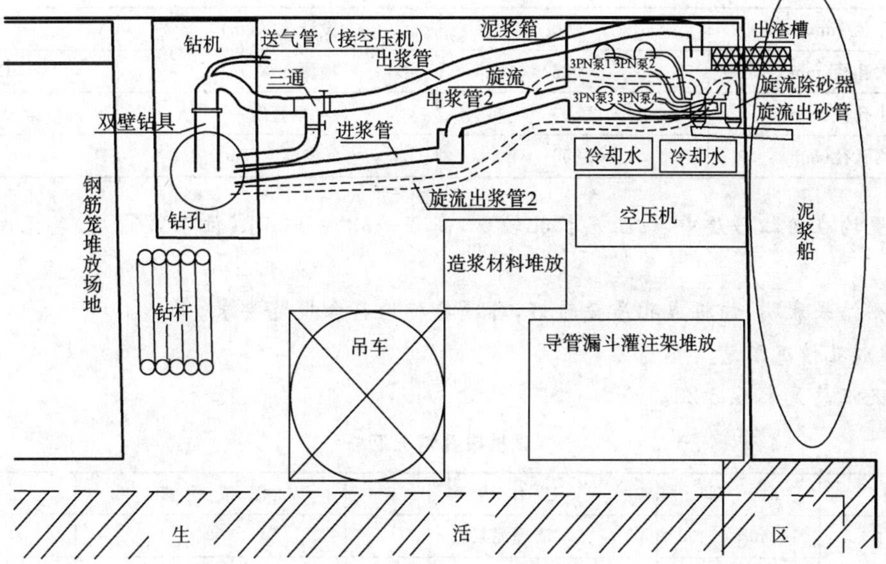

图 6.3-24 泥浆循环系统布置图

各地层钻进时间分析 表 6.3-26

土层层号	地层名称	层厚 (m)	每米纯钻进时间 (min/m)	备注
③$_1$	淤泥质粉质黏土	6.1	63.6	
④$_1$	淤泥质黏土	8	29.5	
⑤$_1$	黏土	8.1	71.0	
⑥	粉质黏土	2.4	194	
⑦$_{1-1}$	砂质黏土	1.8	131.7	
⑦$_{1-2}$	粉细砂	11.7	13.5	
⑦$_2$	粉细砂	34.5	23.5	造浆
⑨$_2$	含砾中粗砂	5.1	43.3	造浆
⑩	粉质黏土	13.5	102.3	造浆
⑪$_1$	粉细砂	10	36.5	

从上表可以看出，进尺较慢的地层为：两层粉质黏土层（⑥层和⑩层），砂质粉土层（⑦$_{1-1}$层），每延米钻进时间均在1.5h以上，特别是第⑥层，平均3h进尺不到1m。两层粉质黏土层不仅十分坚硬，而且黏度很大、易堵管，给钻进带来极大困难。相比之下，在粉细砂层和含砾中粗砂层进尺较快。

(5)荷载箱位置钻进时的控制

钻孔桩直径为ϕ2 500mm，荷载箱外径为ϕ2 300mm，内口直径ϕ690mm，导管外径ϕ314mm（导管接口外径可达ϕ380mm）。因此，在荷载箱处混凝土可能很难泛上来。为此，我们在荷载箱位置处钻进时适当控制钻进速度、增加钻进时间，有意识地在该处地层造成扩孔。成孔后孔径检测表明，在两道荷载箱处钻孔直径分别为：ϕ2 800mm（荷载箱1），ϕ2 600mm（荷载箱2）。

(6)成孔检测结果

2003年2月13日，业主委托检测单位对该试桩进行成孔检测，检测结果见表6.3-27。

成孔检测结果　表 6.3-27

设计孔径(mm)	2 500	设计孔深(m)	121.07
检测最大孔径(mm)	3 036	检测孔深(m)	121.20
检测最小孔径(mm)	2 500	垂直度	0.52%
检测平均孔径(mm)	2 650	沉渣厚度(cm)	18

扩孔位置均在粉细砂层中，黏土层扩孔较少，高程−33～−36m(位于第⑥层)甚至刚刚达到设计直径。

试桩检测结果表明，该桩成孔质量较好，各项指标均符合规范要求。

(7)试桩成孔情况汇总

成孔情况汇总见表 6.3-28。

试桩成孔情况汇总　表 6.3-28

日　期	时　间	工作内容	泥浆性能	备　注
2003.02.10	14:40～16:00	清理泥浆箱		
	16:00～17:00	补水	相对密度 1.15;黏度 19.2; 砂率 3%;pH 值=7.5	
	17:00～20:00	循环除砂		
	20:00～24:00	反循环造浆	相对密度 1.17 ; 黏度 19.7;砂率 2%;pH 值=9	
2003.02.11	00:00～01:00	提出方钻杆		护筒内水位+6.0m
	01:00～08:00	停机		
	08:00～09:30	反循环清孔	相对密度 1.18; 黏度 21;砂率 2.5%;pH 值=9	
	09:30～24:00	停机		护筒内水位+6.0m
2003.02.12	00:00～24:00	停机		等淡水
2003.02.13	00:00～02:00	停机		
	02:00～08:00	泥浆反循环		
	08:00～12:30	提钻		
	12:30～13:30	孔径孔斜检测		检测情况良好
	13:30～15:30	钢筋笼吊装准备工作		护筒内水位+7.5m
	15:30～16:30	第一节钢筋笼下放		
	16:30～18:30	第二节钢筋笼下放、连接		现场连接接头数量:20 个
	18:30～23:00	第三节钢筋笼下放、连接		吊装时钢筋笼拉坏,修整 现场连接接头数量:20 个
2003.02.14	23:00～02:45	第四节钢筋笼下放、连接		现场连接接头数量:20 个
	02:45～06:15	第五节钢筋笼下放、连接		现场连接接头数量:20 个
	06:15～14:50	第六节钢筋笼下放、连接		对位困难,返工现场连接 接头数量:60 个
	14:50～ 21:00	第七节钢筋笼下放、连接		现场连接接头数量:60 个
2003.02.15	21:00～10:15	第八节钢筋笼下放、连接		现场连接接头数量:100 个

续上表

日　　期	时　　间	工作内容	泥浆性能	备　　注
2003.02.16	10:15～00:45	第九节钢筋笼下放、连接		现场连接接头数量:120 个
	00:45～05:00	第十节钢筋笼下放、连接		现场连接接头数量:120 个与护筒焊接
	05:00 ～10:00	下导管前准备工作		
	10:00～14:00	下导管		
	14:00～22:00	二次清孔	相对密度 1.14;黏度 21;砂率 0.8%	
	22:00～23:00	前准备工作		
	23:00～24:00	混凝土初灌料搅拌、混凝土初灌		初灌量 13 m³
2003.02.17	00:00～13:45	混凝土浇筑		总方量 620m³,灌筑顶高程～1.33m;超灌 2.17 m³
	16：00	声测管内压水通管		

3.钢筋笼制作安装

(1)钢筋笼分节

钢筋笼顶高程+7.0m,底高程−111.55m,其中+7.0～−1.0m 为固定声测管的钢筋。钢筋笼分节情况见表 6.3-29(从上到下)。

钢筋笼分节情况　　表 6.3-29

钢筋笼编号	钢筋笼长度(m)	主筋数量(孔口对接数量)	钢筋笼编号	钢筋笼长度(m)	主筋数量(孔口对接数量)
第一节	8	20	第六节	12	20
第二节	12	120	第七节	12	20
第三节	12	100	第八节	12	20
第四节	12	60	第九节	12	20
第五节	12	60	第十节	14.55	20

(2)钢筋笼制作工艺

由于钢筋采用挤压套筒连接,故要求主筋长度一致、间距一致(误差应控制在 10mm 以内),接头断面平整,并且接头断而与钢筋笼身垂直。为此,试桩时采用定位架主筋成型法制作钢筋笼。

钢筋笼制作方法如下：

制作定位架。用厚 18mm 钢板按外圈钢筋笼外径加工 3 个 1/3 圆的定位架,按间距 4m 布置在平台上,每两个定位架中间用型钢加密一个支撑点。定位架和加密支撑点均用经纬仪进行放样,确保其位于同一轴线上且高程一致。定位架上按主筋间距焊接钢筋挡块,用以定位主筋位置。

用一块 16mm 的钢板制作成一个钢筋接头挡板,垂直固定于钢筋笼制作区一端,确保钢筋笼接头端面位置一致。将同一节钢筋笼的主筋并排摆开,全部切割至同一长度。钢筋两端用磨光机磨平,并用套筒进行试套,确保每根钢筋都能顺利套上套筒。

将主筋摆放在定位架上,按规范要求 50%错开、两端对齐;然后将加强筋垂直立在定位架上的主筋上面，要求加强筋必须位于定位架和加密支撑点上，并严格垂直于主筋；将其余2/3的主筋按设计间距布置在加强筋上，点焊牢固；将箍筋环绕在主筋外侧并点焊；最后将内侧主筋安装到加强筋内侧，完成钢筋笼骨架的制作。

外侧主筋和加强筋、加强筋和箍筋均采用点焊连接；为方便钢筋笼孔口对接，内侧主筋和加强筋在制作时采用绑扎，待孔口对接完成后再行焊接。

为缩短孔口对接时间，将内侧主筋的一端事先进行挤压，外侧主筋则不进行挤压。同时，为检测孔口套筒对接操作的难易程度，把最先制作的一节钢筋笼（第五节，主筋数量共60根，均在加强筋外侧）的所有主筋的一端进行了套筒挤压。

在每节钢筋笼上端加强筋位置设置4个吊点，吊点采用厚20mm钢板，规格420mm×150～250mm，每个吊点设计承载力为20t。

(3)荷载箱、钢筋计和声测管的安装

荷载箱位于第十节和第七节钢筋笼上，在荷载箱位置将主筋断开，并围焊于荷载箱上下钢板上，N8导向筋一端围焊在荷载箱钢板上，另一端焊接在主筋上。

4根声测管通过荷载箱上的预留孔按常规方法固定在钢筋笼上，8根位移管分别焊接在两个荷载箱钢板上（每个荷载箱焊接4根）。为保证孔口顺利对接，除最下面一节钢筋笼的声测管和位移管焊接在钢筋笼上外，其余均采用绑扎。

选择声测管处4根主筋安装钢筋计，根据设计高程把钢筋计位置翻样到每节钢筋笼上，将主筋割断50cm，把钢筋计安装到主筋割断位置并与主筋点焊连接，最后将缆线一头连接到钢筋计上，另一头挂在钢筋笼上口主筋上。

(4)钢筋笼孔口对接

钢筋笼孔口对接施工时间：2003年2月13日15:30至2月16日5:00，共耗时61.5h。

用20号槽钢制作一个钢筋笼固定装置，上面挂4个20t手拉葫芦，用以悬挂已完成下放的钢筋笼。

钢筋笼采用两点吊，待钢筋笼完全离开平台后慢慢放松第二吊点，直至钢筋笼垂直。回转吊机使钢筋笼转至孔口上方，下放钢筋笼，此时用4个20t手拉葫芦挂住钢筋笼，吊机松钩。然后用上述方法吊装下节钢筋笼，回转至已下钢筋笼正上方并对准，用手拉葫芦微调下节钢筋笼，使两节钢筋笼的所有主筋完全对中。依次焊接位移管内管、外管和声测管，最后进行挤压连接。

对接完成后，将声测管、位移管、内侧主筋焊接在钢筋笼上，并按设计要求安装50MPa工程塑料混凝土保护层垫块、环绕箍筋，把钢筋计缆线和荷载箱油管每隔2m左右绑扎在主筋上。

钢筋笼下完后，用6根ϕ32mm钢筋将钢筋笼焊接挂在钢护筒上。

(5)套筒挤压

挤压操作时采用的压力、道数应符合表6.3-30要求。

表6.3-30

规格(mm)	压力值(MPa)	单边压接道数	套筒长度(mm)
ϕ32	50～55	5	195

钢筋连接前在钢筋上划出明显的定位标记（套筒长度的一半）。挤压前按标记检查钢筋插入套筒内深度。挤压时挤压机与钢筋轴线保持垂直，挤压从套筒中央开始，并依次向两端挤压。钢筋笼对接时，安排3个挤压小组同时施工、每组3人。挤压时挤压机必须与钢筋垂直，确保挤压质量。

(6)孔口对接时间

试桩钢筋笼孔口对接时间见表6.3-31（从下到上）。

钢筋笼孔口对接时间见表 表 6.3-31

钢筋笼编号	孔口对接数量	对接耗时(min)	备注
第十节		30	下笼时间
第九节	20	150	钢筋笼修整
第八节	20	270	
第七节	20	225	
第六节	20	210	
第五节	60	515	对位困难,返工
第四节	60	370	
第三节	100	795	
第二节	120	870	
第一节	20	255	
合计		3 630(61.5h)	

钢筋笼安放总耗时 61.5h 。其中,第二、第三节钢筋笼主筋数量多,对接时间均在半天以上。第五节钢筋笼由于在制作时已将所有主筋的一端进行了套筒挤压,结果孔口对接时发生困难,最多只能将大约 60%的主筋对接,只好将无法对接的套筒割开重新连接。施工实践证明,制作时将主筋全部挤压,然后在孔口实施对位连接的设想事实上无法实现。

4. 下导管、二次清孔

下导管时间:2003 年 2 月 16 日 10:00 至 2 月 16 日 14:00,历时 4h,共下导管 48×2.5m=120m,加上小料斗下放入孔 0.7m,导管总长度为 120.7m,混凝土浇筑前导管距孔底 0.4m。导管壁厚 7mm,内径 ϕ300mm,采用丝扣连接。

二次清孔时间:2003 年 2 月 16 日 14:00 至 2 月 16 日 22:00,历时 6h。混凝土浇筑前检测泥浆指标为:密度 1.14,黏度 31s(经旋流除砂器为 20s)、砂率 0.8%,沉渣厚度 150mm,实测孔深 122.3m。各项指标均符合规范要求。

5. 水下混凝土灌注

(1)混凝土级配

试桩混凝土为水下 C30 级抗渗混凝土。根据设计和指挥部要求,该混凝土必须控制氯离子含量和电通量,同时,水泥和粗集料也必须控制氯离子含量。根据要求,我们配制如下混凝土级配(见表 6.3-32)。

混凝土配合比表 表 6.3-32

材 料	水泥	水	砂	石	粉 煤 灰	矿粉	外加剂
			中砂	5～25mm			P621
每立方米用量(kg)	220	195	680	1 000	90	150	1.85
初凝时间	10h40min		终凝时间		13h20min	Cl^- 含量	<0.06%

试桩混凝土浇筑之前,已完成除混凝土抗渗性试验外的所有试验项目。

(2)混凝土灌注前准备工作

搅拌船进场前已进行试拌,试拌方量超过 200m^3,试拌情况良好。

混凝土灌注前,搅拌船的布料管已进行就位检测,布料管的长度完全满足施工需要。导管在进场时已进行水密性试验。

材料供应公司生产经理、总工程师、机修工、混凝土设备生产厂技术员均在试桩混凝土施工前到达施工现场。

灌注前，项目部和搅拌船操作人员召开施工协调会，对混凝土灌注要求、联络方式和可能存在的问题进行了有效的协调。

随时掌握海区天气预报，选择风浪较小的时候施工。

(3)混凝土初灌

根据实际孔径计算，初灌量不应小于 $13m^3$，我们在灌注时采用双料斗：大料斗混凝土 $11m^3$，采用侧边开口；小料斗 $2m^3$，直接连在导管上。

小料斗用100t吊车吊住。混凝土用球胆进行隔水，上覆盖板，盖板用钻机上的卷扬机牵引。将布料管、料斗和导管用水湿润，先搅拌 $2m^3$ 砂浆泵入料斗内，然后拌制 $11m^3$ 混凝土，将两个料斗装满，搅拌船同时再备 $4m^3$ 混凝土料。同时开启大小料斗(大料斗略微早开)，并立即用布料管连续供料，故实际初灌量大于 $13m^3$。经实测，初灌导管埋深为1.4m。随后按正常速度灌注。

导管拔出荷载箱时，要求操作人员放慢速度，防止导管挂住荷载箱。施工过程中试桩混凝土灌注十分顺利，未发生导管挂住钢筋笼和荷载箱及导管无法拔出等情况。

试桩混凝土灌注总方量为 $620m^3$，灌注桩顶高程为－1.33m(孔深10.4m)，试桩混凝土灌注情况见表6.3-33。

混凝土灌注情况表

表6.3-33

序号	混凝土柱高度(m)	灌注方量(m^3)	每米灌注量(m^3/m)	充盈系数	浇筑范围(m)
1	6	49	8.17	1.67	－121.1～－115.1
2	12.5	67	5.36	1.09	－115.1～－102.6
3	17.6	89	5.06	1.03	－102.6～－85.5
4	4	25	6.25	1.28	－85.5～－81.0
5	16.5	95	5.76	1.18	－81.0～－64.5
6	4.5	25	5.56	1.13	－64.5～－60.0
7	22	110	5	1.02	－60.0～－38.0
8	5	30	3	1.22	－38.0～－33.0
9	11	60	5.45	1.11	－33.0～－22.0
10	11.6	70	6.03	1.23	－22.0～－10.4
合计	110.7	620		1.14	

根据计算，试桩混凝土充盈系数为1.14，平均桩径为 ϕ2 660mm。桩底充盈系数较大，平均直径不小于 ϕ2 800mm，这是钻孔时有意扩孔的结果。混凝土浇筑结果与孔径检测结果基本接近，混凝土灌注质量较好。

三、施工过程中存在的主要问题

1.堵钻

堵钻主要发生在⑤层、⑥层及⑩层中，均为黏土层。原因为黏土层黏度较高、较为致密。我们采取的措施为：①适当控制钻速；②改变泥浆性能，降低泥浆密度和黏度，同时防止泥浆突变。

2.砂层中钻屑的悬浮及沉淀

由于砂层较厚，在砂层中钻进时，钻屑大量悬浮、沉淀，不易清除，每钻进一段深度就必须停钻进行除砂。除砂主要通过旋流除砂器完成，停钻时间根据泥浆中的含砂率来控制。为降低含砂率，我们在砂层中钻进时，提高泥浆的黏度，增强泥浆的携砂能力，防止在加接钻杆时泥浆中的砂迅速沉淀、堵塞钻杆及双壁间的气举通道，减少停钻除砂时间。

3. 钢筋笼孔口安装时间过长

钢筋笼孔口安装总耗时61.5h。其中，第八节、第九节钢筋笼(即工程桩最上面两节)对接用时都超过半天，主要原因是钢筋笼太复杂，对接主筋数量较多。钢筋笼孔口对接这道工序的滞后，严重影响了孔位安全和混凝土浇筑。

四、试桩施工总结

1. 合理设计钢护筒

钢护筒要有一定的埋置深度，并应高出水位一定的高度。由于施工海域潮差变化较大，为保证孔位安全，必须保持较高的水头高度；钢护筒应选择透水性差、较为致密的黏土层作为持力层，并应满足在较高的水头压力下不会发生导致反穿孔现象的要求。试桩钢护筒入土深度18m，经计算，施工过程中使液面与钢护筒顶高程一致亦可保证孔位安全。

2. 泥浆循环系统

本试桩泥浆循环系统基本以30m^3 的泥浆箱为主，同时配备2台旋流除砂器进行循环除砂，大大减少了泥浆循环路线，这对海上钢平台上有限的施工场地来说具有十分重要的意义。

3. 泥浆配制

泥浆采用高效钠基碱性膨润土，纯碱掺量为5%左右，采用淡水配置。配置泥浆相对密度为1.1，黏度23～28s。钻进过程中，泥浆相对密度控制在1.10～1.25，黏度控制在19～25s，pH值维持在8～9左右。经施工实践证明，泥浆性能满足钻进要求，能保证钻孔和成孔后的孔位安全。

4. 钻进参数

在护筒内钻进时钻机的转速控制在14r/min以下，减压钻进时尽量减小钻头对孔底的钻压，使进尺速率保持在0.8～1.2m/h之间，特别是在开孔钻进时控制在0.8m/h以下；在钻头出护筒至第⑥层钻进时转速和钻压不宜太高，进尺速率可稍快，当进入第⑥层粉质黏土时，加大钻压；在第⑦层以下砂性土为主地层中钻进时，在保证悬吊钻进的前提下保证孔底有最大的钻压，粉细砂层的转速提高到21r/min，在含砾中粗砂层和下部的粉质黏土中钻进时，一定要防止钻机出现较大的晃动，以免扩孔，同时要根据孔内泥浆性能的变化不断进行补浆调整。

5. 一次清孔

试桩一次清孔时间耗时10h，清孔后泥浆指标为：相对密度1.18，黏度21s，砂率2.5%，pH值=9，泥浆性能基本符合规范要求(为保证下笼时孔位安全，泥浆密度不宜太小)。从一次清孔停止到下笼完成需历时5d，钢筋笼下放完成后测得沉渣厚度不足1.2m，给钢筋笼下放和二次清孔带来较大的方便。因此，一次清孔泥浆指标虽无较高要求，但一清完成得好坏对后道工序有很大影响。

6. 钢筋笼制作安装工艺

本工程钢筋连接要求采用套筒挤压，钢筋笼制作时应首先确保主筋长度和间距统一，接头断面严格一致并与钢筋笼身垂直。制作时事先挤压数根定位主筋，固定上下两节钢筋笼，其余主筋应在孔口对接成功后连接。钢筋笼应利用手拉葫芦进行微调对接。

7. 适当控制荷载箱位置扩孔

荷载箱由大吨位千斤顶和上下钢板组成，由于试验需要，预留泛浆的通道较小，给混凝土灌注带来极大困难，为此，可有意识地在荷载箱附近处地层造成扩孔，有效扩大泛浆通道，保证混凝土灌注顺利进行。

8. 钢筋笼设计较为复杂

钢筋笼顶部设内外双层主筋，主筋根数最多为120根，间距较小，给钢筋笼制作和孔口对接带来较大困难。我们建议是否能简化钢筋笼的设计、方便施工，减少成孔到混凝土灌注之间的时间间隔，确保工程桩施工质量。

第四章　正循环钻孔灌注桩

第一节　基本原理及适用范围

一、基本原理

在钻机驱动钻具回转的同时，利用泥浆泵通过水龙头、钻杆内孔向孔底输送冲洗液(清水，更常用的是泥浆)冲洗孔底。携带岩屑的冲洗液沿钻杆与孔壁之间的外环空间上升，从孔口流向沉淀池，形成正循环排渣体系，因此，称之为冲洗液正循环回转钻进，简称正循环回转钻进。这是水井、油气井和岩心钻孔常用的钻井方法，如图 6.4-1 所示。

二、优　缺　点

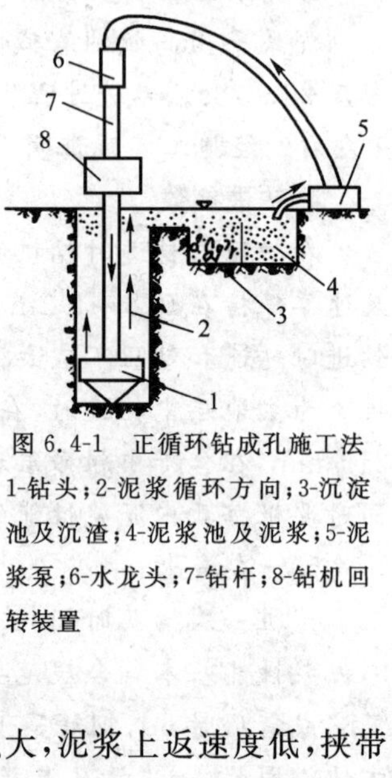

图 6.4-1　正循环钻成孔施工法
1-钻头；2-泥浆循环方向；3-沉淀池及沉渣；4-泥浆池及泥浆；5-泥浆泵；6-水龙头；7-钻杆；8-钻机回转装置

1. 优点

(1)钻机小，质量轻，在狭窄工地也能使用。

(2)设备简单。在不少场合，可直接或稍加改进，借用地质岩心钻探设备或水文水井钻探设备进行钻孔。

(3)设备故障相对较少，工艺技术成熟、操作简单，易于掌握。

(4)噪声低、振动小。

(5)工程费用较低。

(6)能有效地用于托换基础工程。

(7)有的正循环钻机(如日本利根 THS-70 钻机)可打倾角为 10°的斜桩。

2. 缺点

由于桩孔直径大，正循环回转钻进时，其钻杆与孔壁之间的环状断面积大，泥浆上返速度低，挟带泥沙颗粒直径小，排渣能力差，岩土重复破碎现象严重，工效低。

3. 适用范围

正循环钻进成孔适用于填土层、淤泥层、黏土层、粉土层、砂土层，也可在卵砾石含量不大于 15%，粒径小于 10mm 的部分砂卵石层和软质基岩等地层。

正循环钻进排渣能力随钻孔直径加大而明显降低，所以正循环钻进在小直径钻孔中工效更高。

第二节　正循环钻机及钻头

一、正循环钻机

正循环钻机主要由动力机(电动机或柴油机)、泥浆泵、卷扬机、转盘、钻架、钻杆、水龙头和钻头等组成。

常用正循环钻机参见表 6.4-1。

常用正循环钻机　　表 6.4-1

生产厂	钻机型号	钻孔直径(mm)	钻孔深度(m)	转盘扭矩(kN·m)	提升能力(kN)		驱动动力功率(kW)	钻机质量(kg)
					主卷扬机	副卷扬机		
上海探机厂	GPS-10	400～1 200	50	8.0	29.4	19.6	37	8 400
上海探机厂	SPJ-300	500	300	7.0	29.4	19.6	60	6 500
上海探机厂	SPC-500	500	500	13.0	49.0	9.8	75	2 600
天津探机厂	SPC-600	500	600	11.5			75	2 390
石家庄煤机厂	0.8～1.5m/50m	800～1 500	50	14.7	60.0		100	
石家庄煤机厂	1～2.5m/60m	1 000～2 500	60	20.6	60.0			
重庆探机厂	GQ-80	600～800	40	5.5	30.0		22	2 500
张家口探机厂	XY-5G	800～1 200	40	25.0	40.0		45	8 000

二、正循环钻头

正循环钻头按钻进方法可分为全面钻进钻头、取芯钻头和分级扩孔钻进钻头。

全面钻进即全断面钻进，一般用于第四系地层以及岩石强度较低、桩孔嵌入基岩深度不大的情况。取芯钻进主要用于某些基岩(如比较完整的砂岩、灰岩等)地层钻进。分级扩孔钻进即按设备能力条件和岩性，将钻孔分为多级口径钻进，一般多分为 2～3 级。

正循环钻机的钻头结构示意见图 6.4-2～图 6.4-6，其分类、组成、钻进特点以及适用范围等见表 6.4-2。

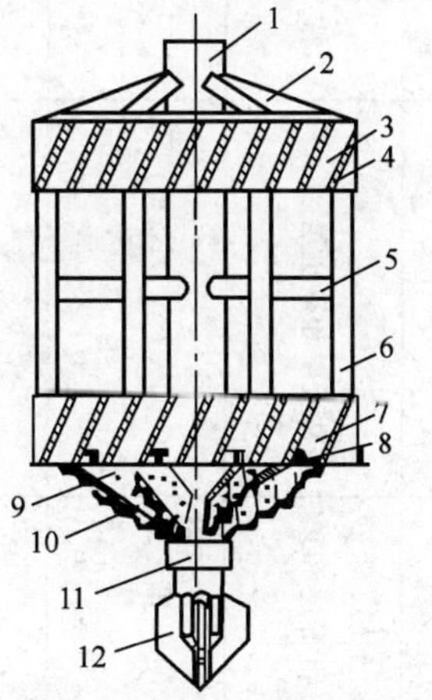

图 6.4-2　双腰带翼状钻头结构示意图

1-钻头中心管；2-斜撑杆；3-护正环；4-合金块；5-横撑杆；6-竖撑杆；7-导正环；8-肋骨块；9-翼板；10-切削具；11-接头；12-导向钻头

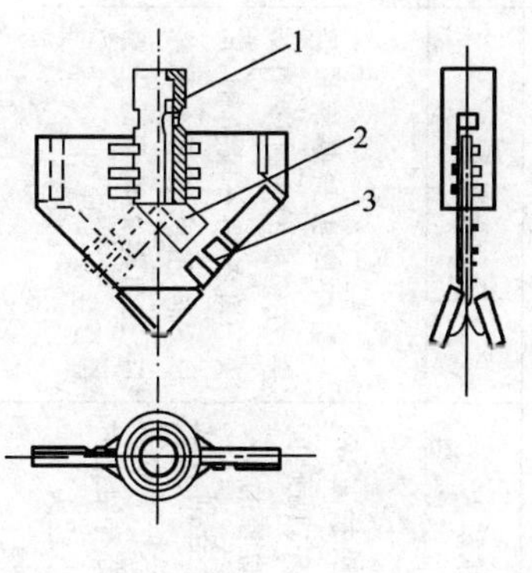

图 6.4-3　鱼尾钻头结构示意图

1-接头；2-出浆孔；3-刀刃

表 6.4-2

正循环钻机的钻头

	合金全面钻进钻头		合金扩孔钻头	筒状肋骨合金取芯钻头	滚 轮 钻 头	钢粒全面钻进钻头
	双腰带翼状钻头	鱼尾钻头				
钻头组成	上腰带为钻头扶正环，下腰带为导向环，两腰间的距离为钻头直径的1～1.2倍，硬质合金刮刀式翼板焊接在钻头体中心管上。钻头下部带有钻进时起导向作用的小钻头	钻杆接头与厚钢板焊接，在钢板的两侧、钻杆接头下口各焊一段角钢，形成方向相反的两个泥浆口，在鱼尾的两侧边上镶焊合金	钻头由钻头体、护板、翼片、合金和小钻头组成。钻头体上焊6片螺旋形翼片，其上镶有合金，起扩孔作用。翼片下部连接一个起导向作用的小钻头	钻头由钻杆接头、筒状钻头体、加强筋板、肋骨块和硬质合金片组成	大直径滚轮钻头采用石油钻井的滚轮组装焊接而成，可根据不同的地层条件和钻进要求组焊成不同的形式，钻进软岩多采用平底式，钻进较硬岩层和卵砾石层多采用干底式或锥底式	该钻头由筒状钻头体、钻杆接头、加强筋板，短钻杆(或钢管)和水口组成
钻进特点	在钻压和回转扭矩的作用下，合金钻头切削破碎岩土而获得进尺。切削下来的钻渣，由泥浆携出桩孔。对第四系地层的适应性好，回转阻力小，钻头具有良好的扶正导向性，有利于清除孔底沉渣	在钻压和回转扭矩的作用下，合金钻头切削破碎岩土而获得进尺。切削下来的钻渣，由泥浆携出桩孔。此种钻头制作简单，但钻头导向性差，钻头直径一般较小，不适宜直径较大的桩孔施工	冲洗液顺螺旋翼片之间的空隙上返，形成旋流，流速增大，有利于孔底排渣	主要用于某些基岩(如比较完整的砂岩，灰岩等)地层钻进，以减少破碎岩石的体积，增大钻头比压，提高钻进效率	滚轮钻头在孔底既有绕钻头轴心的公转，又有滚轮绕自身轴心的自转。钻头与孔底的接触既有滚动又有滑动，还有钻头回转对孔底的冲击振动。在钻压和回转扭矩的作用下，钻头不断冲击、刮削、剪切破碎岩石而获得进尺	钢粒钻进是利用钢粒作为碎岩磨料，达到破碎岩石而进尺。泥浆的作用不仅是悬浮携带钻渣、冷却钻头，而且还要将磨小、磨碎失去作用的钢粒从钻头唇部冲出
适用范围	黏土层、砂土层、砾砂层、粒径小的卵石层和风化基岩	黏土层和砂土层	黏土层和砂土层	砂土层、卵石层和一般岩石地层	软岩，较硬的岩层和卵砾石层，也可用于一般地层	主要适用于中硬以上的岩层，也可用于大漂砾或大孤石
钻压	(800～1 200)N/每片刀具	(800～1 200)N/每片刀具			(300～500)N/每厘米钻头直径	钻头唇面压住钢粒的面积与单位有效面积上压力的乘积
转速	$n=60V/\pi D$	$n=60V/\pi D$			(60～180)r/min	(50～120)r/min
图例	见图 6.4-2	见图 6.4-3	见图 6.4-4	见图 6.4-5		见图 6.4-6

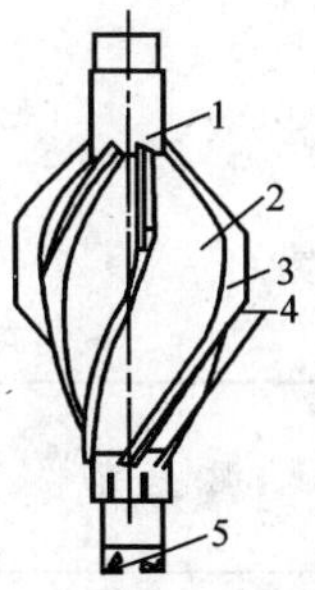

图 6.4-4　螺旋翼片式合金扩孔钻头

1-钻头体；2-护板；3-翼板；4-合金；5-小钻头体

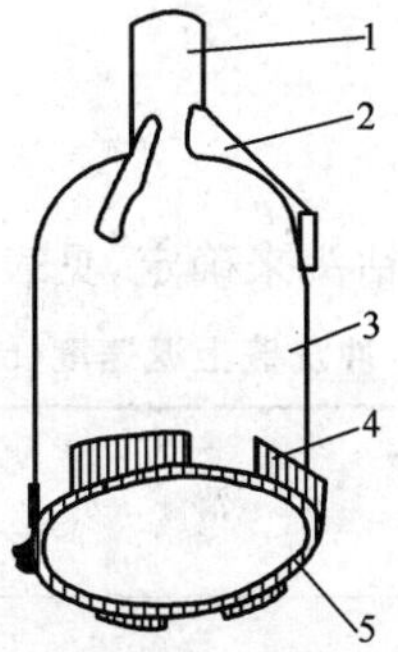

图 6.4-5　筒状肋骨合金取芯钻头

1-钻杆横头；2-加强筋板；3-钻头体；4-肋骨块；5-合金片

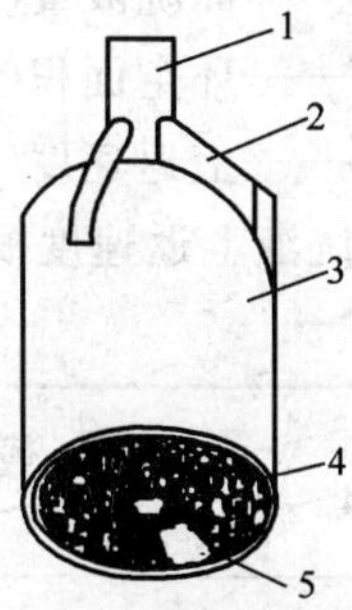

图 6.4-6　钢粒全面钻进钻头

1-钻杆接头；2-加强筋板；3-钻头体；4-短钻头（或钢管）；5-水口

第三节　施 工 工 艺

一、施 工 程 序

正循环钻成孔灌注桩施工程序如下：

(1)设置护筒。

护筒内径较钻头外径大 10～20cm。如所下护筒太长，可分成几节，上下节护筒在孔口处用法兰等连接。护筒顶部应焊加强箍和吊耳，并开水口。护筒入土长度一般要大于不稳定地层的深度；如该层深度太大，可用两层护筒，两层护筒的直径可相差 5～10cm。护筒应根据桩径、土层、埋设等因素设计。护筒上部应高出地面 20cm 左右。

(2)安装正循环钻机。

(3)钻进。

(4)第一次处理孔底渣土。

(5)移走正循环钻机。

(6)测定孔壁。

(7)将钢筋笼放入孔中。

(8)插入导管。

(9)第二次处理孔底虚土。

(10)水下灌注混凝土，拔出导管。

(11)拔出护筒。

二、施 工 特 点

1.保持足够多的冲洗液量

与反循环钻进相比，正循环回转钻进时，泥浆上返速度低，排除钻渣能力差。为缓解上述问题，需特别重视在正循环施工中，泥浆具有举足轻重的作用。保持足够的冲洗液(泥浆或水)量是提高正循环钻进效率的关键。

对于合金钻头和滚轮钻头，冲洗液量按下式确定：

$$Q = 60 \times 10^3 Fv \tag{6.4-1}$$

式中：Q——冲洗液量(L/min)；

F——环空面积(m^2)；

v——上返速度(m/s)。

冲洗液上返速度根据冲洗液种类及钻头来确定，见表 6.4-3。

冲洗液上返速度(m/s) 表 6.4-3

冲洗液类型 / 钻头形式	清 水	泥 浆
合金钻头	≥0.35	≥0.25
滚轮钻头	≥0.40	≥0.35

冲洗液量的选择对钢粒钻进有很大影响：如果冲洗液量过大，大部钢粒被冲起，孔底破碎岩石的钢粒数量不足；冲洗液量过小，则不能及时排除孔底岩渣和失效钢粒。

对于钢粒钻进，其冲洗液量的选择一般根据岩石性质、钻头过水断面、钢粒投放、钢粒质量、孔径和冲洗液性质等综合考虑，按下式确定：

$$Q = kD \tag{6.4-2}$$

式中：Q——冲洗液量(L/min)；

D——钻头直径(m)；

k——系数(L/min·m)，可取 $8\times10^2 \sim 9\times10^2$ L/min·m。

钢粒投放量一般为 15～40kg/次，采用少投勤投方式以保持孔底有足够的钢粒。

2. 保持泥浆质量、提高泥浆密度和黏度，以提高泥浆悬浮钻渣的能力

(1)造浆黏土应符合下列技术要求：

①胶体率不低于 95%。

②含砂率不大于 4%。

③造浆率不低于 0.006～0.008m^3/kg。

(2)泥浆性能指标应符合下列技术要求：

①泥浆相对密度为 1.05～1.25。

②漏斗黏度为 16～28s。

③含砂率小于 4%。

④胶体率大于 95%。

⑤失水量小于 30mL/30min。

桩孔直径大时，可将泥浆相对密度加大到 1.25，黏度 28s 左右。

三、施工注意事项

(1)规划布置施工现场时，应首先考虑冲洗液循环、排水、清渣系统的安设，以保证正循环作业时，冲洗液循环畅通、污水排放彻底、钻渣清除顺利。

泥浆循环系统的设置应遵守下列规定：

①循环系统由泥浆池、沉淀池、循环槽、废浆池、泥浆泵、泥浆搅拌设备、钻渣分离装置等组成，并配有排水、清渣、排废浆设施和钻渣转运通道等。一般宜采用集中搅拌泥浆，统一向各个钻孔输送泥浆的方式。

②沉淀池不宜少于两个，可串联并用，每个沉淀池的容积不小于 6m^3。泥浆池的容积为钻孔体积的 1.2～1.5 倍，一般不宜小于 8～10m^3。

③循环槽应设 1∶200 的坡度，槽的断面积应能保证冲洗液正常循环而不外溢。

④沉淀池、泥浆池、循环槽可用砖块和水泥砂浆砌筑，不得有渗漏或倒塌。泥浆池等不能建在新堆积的土层上，以免池体下陷开裂，泥浆漏失。

(2)应及时清除循环槽和沉淀池内沉淀的钻渣，必要时可配备机械钻渣分离装置。在砂土或容易造浆的黏土中钻进时，应根据冲洗液密度和黏度的变化，可采用添加絮凝剂的方法加快钻渣的絮沉，适时补充低密度、低黏度稀浆，或加入适量清水等措施，调整泥浆性能。泥浆池、沉淀池和循环槽应定期进行清理。清出的钻渣应及时运出现场，防止钻渣废浆污染施工现场及周围环境。

(3)正循环钻进操作注意事项：

①安装钻机时，转盘中心应与钻架上吊滑轮在同一垂直线上，钻杆的位置偏差不应大于 2cm。使用带有变速器的钻机，应把变速器板上的电动机和变速器被动轴的轴心设置在同一水平高程上。

②根据岩土情况，合理选择钻头和调配泥浆性能。

③初钻时应低挡慢速钻进，使护筒刃脚处形成坚固的泥皮护壁。在钻至护筒刃脚下 1m 后，可按土质情况以正常速度钻进。

④钻具下入孔内，钻头应距孔底钻渣面 50～80mm，同时开动泥浆泵，使冲洗液循环 2～3min。然后开动钻机，慢慢将钻头放到孔底，轻压慢转数分钟后，逐渐增加转速和增大钻压，并适当控制钻速。

⑤正常钻进时，应合理调整和掌握钻进参数，不得随意提动孔内钻具。操作时应掌握升降机钢丝绳的松紧度，以减少钻杆、水龙头的晃动。在钻进过程中，应根据不同地质条件，随时检查泥浆指标。

⑥在黏土层中钻孔时，宜选用尖底钻头、中等转速、大泵量、稀泥浆的钻进方法。

⑦在砂土或软土等易塌孔地层中钻孔时，宜用平底钻头、控制进尺、轻压、低挡慢速、大泵量、稠泥浆的钻进方法。

⑧在砂砾等坚硬土层中钻孔时，易引起钻具跳动、憋车、憋泵、钻孔偏斜等现象，操作时要特别注意，宜采用低挡慢速、控制进尺、优质泥浆、大泵量、分级钻进的方法。必要时，钻具应加导向，防止孔斜超差。

⑨在起伏不平的岩面、第四系与基岩的接触带，溶洞底板钻进时，应轻压慢转，待穿过后再逐渐恢复正常的钻进参数，以防桩孔在这些层位发生偏斜。

⑩在同一桩孔中采用多种方法钻进时，要注意使孔内条件与换用的工艺方法相适应。如基岩钻进由钢粒钻头改用牙轮钻头时，须将孔底钢粒冲起捞净，并注意孔形是否适合牙轮钻头入孔。牙轮钻头下入孔内后，须轻压慢转，慢慢扫至孔底，磨合 5～10min，然后逐步增大钻压和转速，防止钻头因孔形不合引起剧烈跳动而损坏牙轮。

⑪在直径较大的桩孔中钻进时，在钻头前部可加一小钻头，起导向作用；在清孔时，孔内沉渣易聚集到小钻孔内，可减少孔底沉渣。

⑫加接钻杆时，应先将钻具稍提离开孔底，待冲洗液循环 3～5min 后，再拧卸加接钻杆。

⑬钻进过程中，应防止扳手、管钳、垫叉等金属工具掉落孔内，损坏钻头。

⑭如护筒底土质松软出现漏浆时，可提起钻头，向孔中倒入黏土块，再放入钻头倒转，使胶泥挤入孔壁堵住漏浆空隙，稳住泥浆后继续钻进。

(4)钻进参数的选择可参照下列规定：

①冲洗液量，可按式(6.4-1)和式(6.4-1)计算。

②转速：

a.对于硬质合金钻进成孔，转速的选择除了满足破碎岩土的扭矩的需要，还要考虑钻头不同部位切削具的磨耗情况，可按下式计算：

$$n = 60v/\pi D \tag{6.4-3}$$

式中：n——转速(r/min)；

D——钻头直径(m)；

v——钻头线速度，可取 0.8～2.5m/s。

式中钻头线速度的取值可考虑：在松散的第四系地层和软岩中钻进，取大值；在硬岩中钻进，取小值；如果钻头直径大，取小值；钻头直径小，取大值。一般砂土层中，转速取 40～80r/min，较硬或非均质地层转速可适当调整。

b. 对于钢粒钻进成孔，转速一般取 50～120r/min，大桩孔取小值、小桩孔取大值。

c. 对于牙轮钻头钻进成孔，转速一般取 60～180r/min。

③钻压

在松散地层中，确定进给压力应以冲洗液畅通和钻渣清除及时为前提，灵活加以掌握；在基岩中钻进可通过配置加重钻杆或重块来提高钻压。

a. 对于硬质合金钻进成孔，钻压应根据地层条件、钻杆与桩孔的直径差、钻头形式、切削具数目、设备能力和钻具强度等因素综合考虑确定。一般按每片切削刀具的钻压为 800～1 200N 或每颗合金的钻压为 400～600N 确定钻头所需的钻压。

b. 对于钢粒钻进成孔，钻压主要根据地层、钻头形式、钻头直径和设备能力来选择，由下式确定：

$$P = pF \tag{6.4-4}$$

式中：P——钻压(N)；

p——单位有效面积上的压力(N/m^2)；

F——钻头唇面压住钢粒的面积(m^2)。

c. 牙轮钻头钻进需要比较大的钻压才能使牙轮对岩石产生破碎作用。一般要求每厘米钻头直径上的钻压不少于 300～500N。

(5)清孔。清孔的目的是使孔底沉渣厚度、循环液中含钻渣量和孔壁泥皮厚度符合质量要求或设计要求。对于正循环回转钻进，终孔并经检查后，应立即进行清孔，清孔主要采用正循环清孔和压气清孔两种方法。

①正循环清孔

一般只适用于直径小于 ϕ800mm 的桩孔。其操作方法是，正循环钻进终孔后，将钻头提离孔底 80～100mm，采用大泵量向孔内输入相对密度为 1.05～1.08 的新泥浆，维持正循环 30min 以上，把桩孔内悬浮大量钻渣的泥浆替换出来，直到清除孔底沉渣和孔壁泥皮，且使得泥浆含砂量小于 4%为止。

当孔底沉渣的粒径较大，正循环泥浆清孔难以将其携带上来时；或经长时间清孔，孔底沉渣厚度仍超过规定要求时，应改换清孔方式。正循环清孔时，孔内泥浆上返速度不应小于 0.25m/s。

②气举反循环清孔

a. 工作原理

由空压机(风量 6～9m^3/min，风压 0.7MPa)产生的压缩空气，通过送风管(直径 ϕ20～25mm)经液气混合弯管(亦称混合器，用内径为 ϕ18～25mm 的水管弯成)送到清孔出水管(直径 ϕ100～150mm)内与孔内泥浆混合，使出水管内的泥浆形成气液混合体，其重度小于孔内泥浆重度。这样在出水管内外的泥浆重度差的作用下，管内的气液混合体沿出水管上升流动，孔内泥浆经出水管底口进入出水管，并顺管流出桩孔，将钻渣排出。同时不断向孔内补给密度小的新泥浆(或清水)，形成孔内冲洗液的流动，从而达到清孔的效果，见图 6.4-7。

液气混合器距孔内液面的高度至少应为混合器距出水管最高处高度的 0.6 倍。

b. 清孔操作要点

(a)将设备机具安装好，并使出水管底距孔底沉渣面 300～400mm。

(b)开始送风时，应先向孔内供水。送风量应从小到大，风压应稍大于孔底水头压力。待出水管开始返出泥浆时，及时向孔内补给足量的新泥浆或清水，并注意保证孔壁稳定。

(c)正常出渣后，如孔径较大，应适当移动出水管位置以便将孔底边缘处的钻渣吸出。

(d)当孔底沉渣较厚、块度较大或沉淀板结时，可适当加大送风量，并摇动出水管，以利排渣。

(e)随着钻渣的排出，孔底沉渣减少，出水管应适时跟进以保持出水管底口与沉渣面的距离为300～400mm。

(f)当出水管排出的泥浆钻渣含量显著减少时，一般再清洗3～5min，测定泥浆含砂量和孔底沉渣厚度，符合要求后即可逐渐提升出水管，并逐渐减少送风直至停止送风，清孔完毕后仍要保持孔内水位，防止坍孔。

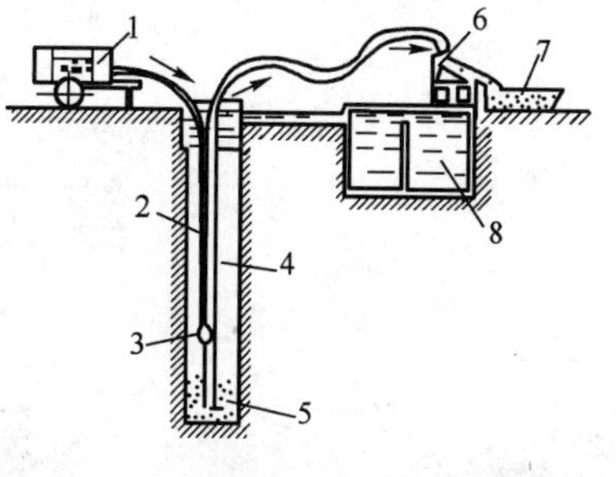

图6.4-7　气举反循环清孔原理示意图
1-空气压缩机；2-送风管；3-液气混合器；4-出水管；5-孔底沉渣；6-泥沙滤网；7-挖出的泥土；8-泥浆池

③压气清孔可以在孔内下入灌注混凝土导管后，施行二次清孔作业。

(6)常遇问题、原因和处理方法。正循环钻成孔灌注桩部分常遇问题、原因和处理方法见表6.4-4。

正循环钻成孔灌注桩部分常遇问题、原因和处理方法　　表6.4-4

常遇问题	主要原因	处理方法
在黏土层中钻进，进尺很慢，憋泵	泥浆黏度过大	调整泥浆性能
	给压过大，孔底钻渣未能及时排出	调整钻进参数
	糊钻或钻头有泥包	调整冲洗液密度和黏度，适当增大泵量或向孔内投入适量砂石，解除泥包糊钻
在砂砾层中钻进进尺缓慢	冲洗液上返流速小	加大泵量，增大上返流速
	钻渣未能及时排除	每钻进4～6m，专门清渣一次
	钻头磨损严重	修复或更换钻头
钻具跳动大，回转阻力大，切削具崩落	孔内多有大小不等的砾石、卵石	用掏渣筒或冲抓锥专门捞除大石头
	孔内有杂填的砖块、石块	可用冲击钻头破碎或挤压石块通过这类地层

第五章　潜水钻孔灌注桩

第一节　基本原理及适用范围

一、基 本 原 理

潜水钻孔灌注桩是采用潜水钻机钻孔的灌注桩，潜水钻机的旋转动力装置直接安装在钻头上，随钻头潜入水中，放入孔底，由孔底钻头上旋转动力装置带动钻头钻进。冲洗液排渣方式有正循环和反循环排渣两种。图 6.5-1～图 6.5-4 所示分别为潜水钻机主机、钻头运动轨迹、设备配置及扩孔原理示意图。

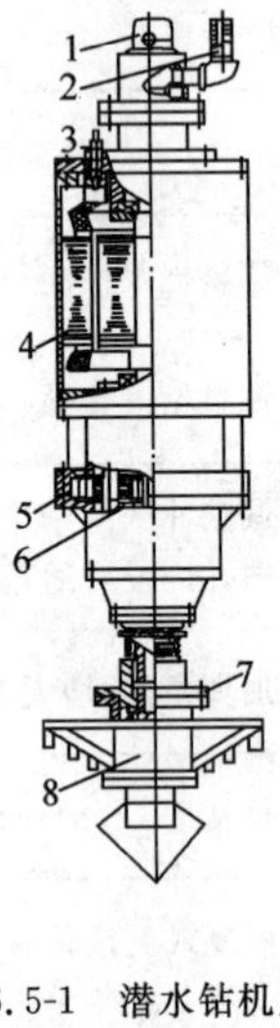

图 6.5-1　潜水钻机主机

1-钻杆接头；2-进水接头；3-电缆；4-潜水电机；5-减速箱；6-中间进水管；7-钻头连接法兰；8-钻头

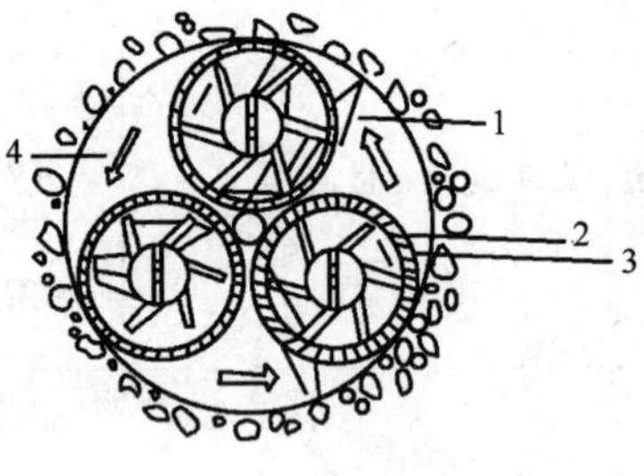

图 6.5-2　钻机钻头运动轨迹

1-次摆运动曲线；2-自转钻头；3-钻头自转方向；4-公转钻头回转方向

二、优　缺　点

1. 优点

(1)潜水钻机设备简单，体积小、质量小、施工转移方便，适合于城市狭小场地施工。

(2)整机潜入水中钻进时无噪声，又因采用钢丝绳悬吊式钻进，整机钻进时无振动、不扰民，适合于城市住宅区、商业区施工。

(3)工作时动力装置潜在孔底，耗用动力小，钻孔时不需要提钻排渣，钻孔效率较高。

(4)电动机防水性能好，过载能力强，水中运转时温升较低。

(5)钻杆不需要旋转，除了可减小钻杆的断面外，还可避免因钻杆折断而发生的工程事故。

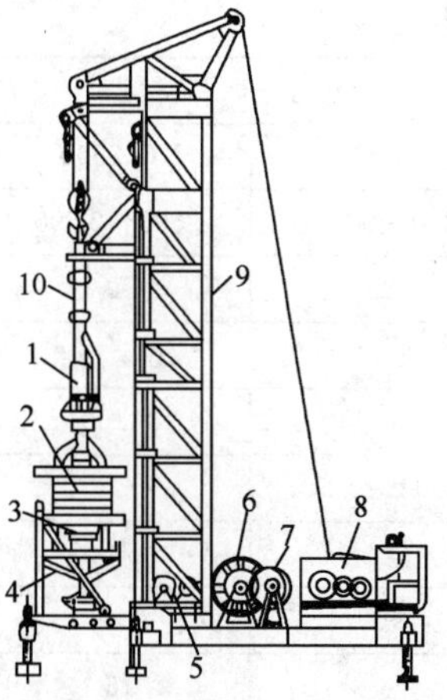

图 6.5-3　RRC 型钻机设备配置图

1-潜水砂泵；2-配重；3-主机；4-钻头；5-副卷扬机；6-电缆卷筒；7-副卷扬机；8-主卷扬机；9-钻塔台车；10-钻杆

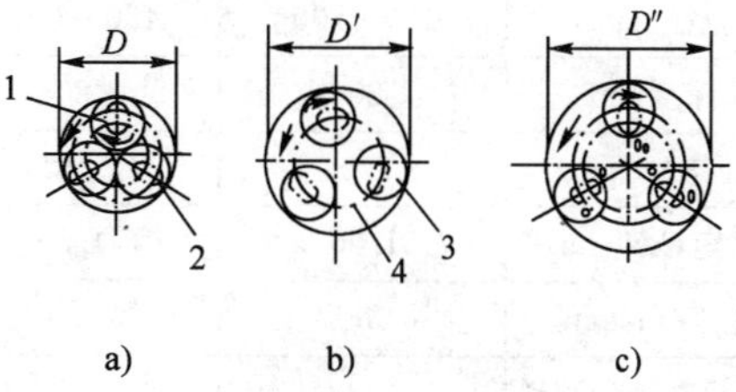

图 6.5-4　RRC-U 型钻机扩底示意图

a)收缩状态限度；b)中间扩底状态；c)最大扩底状态

1-公转箱输出轴；2-钻头回转轴；3-钻头；4-扩孔钻

(6)与全套管钻机相比，其自重轻，拔管反力小，因此，钻架对地基容许承载力要求低。

(7)该机采用悬吊式钻进，只需钻头中心对准孔中心即可钻进，对底盘的倾斜度无特殊要求，安装调整方便。

(8)可采用正、反两种循环方式排渣。

(9)如果循环泥浆不间断，孔壁不易坍塌。

2. 缺点

(1)因钻孔需泥浆护壁，施工场地泥泞，对泥浆制备、循环要求高。

(2)现场需挖掘沉淀池，并需处理排放的泥浆。

(3)采用反循环排渣时，土中若有大石块，容易卡管。

(4)桩径易扩大，易导致混凝土灌注超方。

三、适 用 范 围

潜水钻成孔适用于填土、淤泥、黏土、粉土、砂土等地层，也可在强风化基岩中使用，但不宜用于碎石土层。潜水钻机尤其适于在地下水位较高的土层中成孔。这种钻机由于不能在地面变速，且动力输出全部采用刚性传动，对非均质的不良地层适应性较差，加之转速较高，不适合在基岩中钻进。

第二节　施工机械及设备

一、潜水钻机的规格、型号和技术性能

我国和日本生产的潜水钻机的规格、型号及技术性能见表 6.5-1 和表 6.5-2。

日本还生产带扩孔钻的潜水钻机，其规格、型号及技术性能见表 6.5-3。

二、潜水钻机的构造

KQ 型潜水钻机主机由潜水电机、齿轮减速器、密封装置组成(见图 6.5-5)，加上配套设备，如钻孔台车、卷扬机、配电柜、钻杆、钻头等组成整机(见图 6.5-6)。

KQ 系列潜水钻机（我国新河厂）　　表 6.5-1

性能指标		钻机型号					
		KQ-800	KQ-1250A	KQ-1500	KQ-2000	KQ-2500	KQ-3000
钻孔直径(mm)		450～800	450～1 250	800～1 500	800～2 000	1 500～2 500	2 000～3 000
钻孔深度(m)		80	80	80	80	80	80
主轴转速(r/min)		200	45	38.5	21.3		
最大扭矩(kN·m)		1.90	4.60	6.87	13.72	36.00	72.00
钻进速度(m/min)		0.3～1	0.3～1	0.06～0.16	0.03～0.10		
潜水电机功率(kW)		22	22	37	44	74	111
潜水电机转速(r/min)		960	960	960	960		
钻头钻速(r/min)		86	45	42		16	12
整机外形尺寸(mm)	长度	4 306	5 600	6 850	7 500		
	宽度	3 260	3 100	3 200	4 000		
	高度	7 020	8 742	10 500	11 000		
主机质量(kg)		550	700	1 000	1 900		
整机质量(kg)		7 280	10 460	15 430	20 180		

注：行走装置分为简易式、轨道式、步履式和车装式 4 种，可由用户选择。

日本潜水钻机　　表 6.5-2

型号 / 性能指标	利根			富士机械			
	RRC-15	RRC-20	RRC-30	LB	LK-425	LK-650	LK-AU
钻孔直径(mm)	1 000,1 200 1 270,1 400 1 500	1 500,1 600 1 800,2 000	2 300,2 500 2 800,3 000	800～3 000	550～650	600～1 000	1 500
钻孔深度(m)	50(标准) 80(最大)	50(标准) 80(最大)	50(标准) 80(最大)	70	60	60	60
钻杆内径(mm)	150	150	200	150～200	100	150	150
电动机功率(台·kW)	2×11	2×14	2×22	40～75	18	40	40
排土方式	泵吸 气举	泵吸 气举	泵吸 气举	泵吸	泵吸	泵吸	泵吸
钻机质量(kg)	9 000	12 000	1 800	5 000～5 000	1 000	3 200	5 500
钻机高度(mm)	3 675	3 675	3 900				
钻头转速(r/min)	32	22	17				
配备履带起重机的起重力(kN)	225	350	500				
适用土层	一般土层	一般土层	一般土层	一般土层	一般土层	一般土层	一般土层

注：①RRC 系列的钻头转速为钻机下部旋转部分公转与旋转钻头自转之和；

②RRC 系列可钻挖单轴抗压强度小于 20MPa 的软岩。

日本利根带扩孔钻的潜水钻机　　表 6.5-3

性能指标			钻机型号				
			RRC10U	RRC15U	RRC20U	RRC30U	RRC40U
钻头转速	50Hz	自转(r/min)	33～15	33～10.5	27～7.5	17～4.5	10～3.0
		公转(r/min)	0～18	0～19.5	0～19.5	0～12.5	0～7.0
	60Hz	自转(r/min)	40～18	36～12.5	32～8.5	20～5.5	12～3.5
		公转(r/min)	0～22	0～13.5	0～23.5	0～14.5	0～8.5
电机功率(台数・kW)			2×7.5	2×15	2×18.5	2×30	2×45
扭矩(kN・m)			±4.3	±9.5	±13.0	±33.0	±85.0
吸管内径(mm)			150	150	150	200	250
钻机质量(kg)			～5 500	～11 000	～15 000	～25 000	～35 000
钻机高度(mm)			4 600	5 800	5 800	6 000	6 500
钻孔深度(标准)(m)			50	50	50	50	50
钻孔深度(超深型)(m)			150	150	150	150	150
一次钻成孔径(mm)			800～1 200	1 200～1 600	1 500～2 000	200～3 000	3 000～4 500
A型扩孔直径(mm)			950～1 500	1 520～2 090	1 900～2 600	2 550～4 000	3 800～6 000
B型扩孔直径(mm)			1 350～1 500	2 000～2 150	3 000～3 200	4 000～4 450	6 000～6 550

1.潜水钻主机

潜水电动机和行星减速箱均为一中空结构，其内有中心送水管。

整个潜水钻主机在工作状态时完全潜入水中，钻机能否正常耐久地工作，主要取决于钻机的密封装置是否可靠。

图 6.5-7 为潜水钻主机构造示意图。

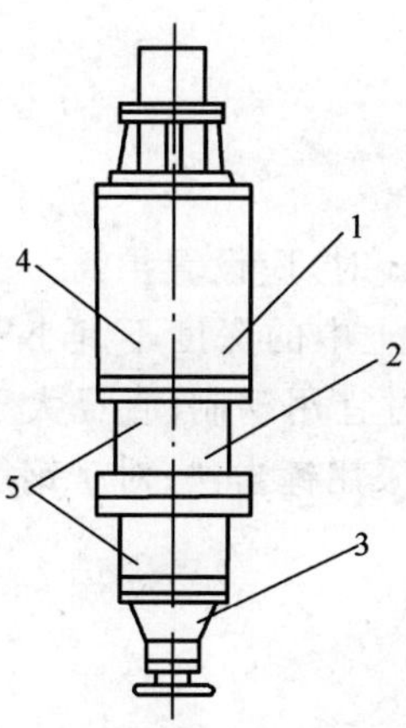

图 6.5-5　充油式潜水电机
1-电动机；2-行星齿轮减速器；3-密封装置；4-内装变压群油；5-内装齿轮油

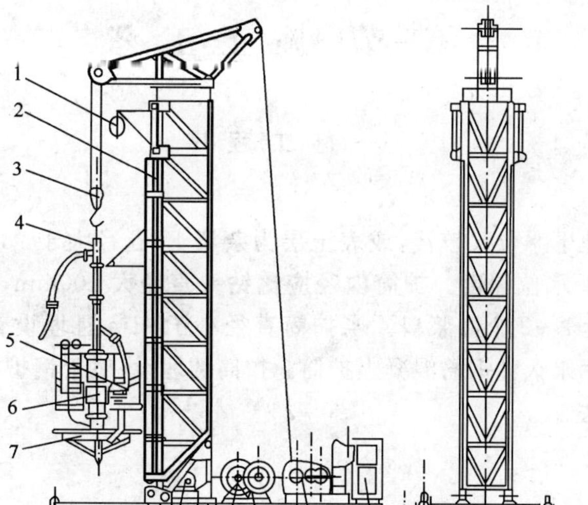

图 6.5-6　KQ2000 型潜水钻机整机外型
1-滑轮；2-钻孔台车；3-滑轮；4-钻杆；5-潜水砂泵；6-主机；7-钻头；8-副卷扬机；9-电缆卷筒；10-调度绞车；11-主卷扬机；12-配电箱

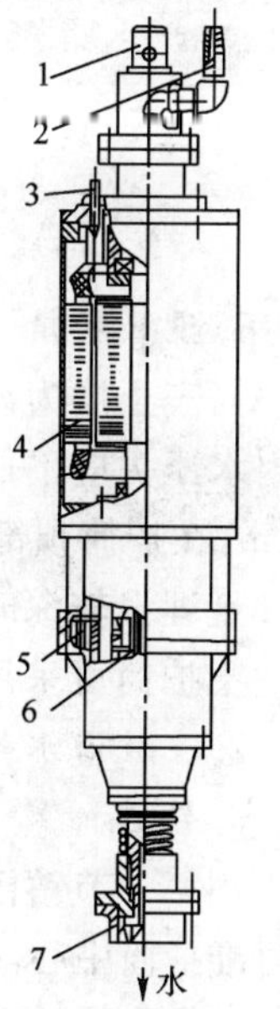

图 6.5-7　潜水钻主机构造示意图
1-提升盖；2-进水管；3-电缆；4-潜水钻机；5-行星减速箱；6-中间进水管；7-钻头接箍

2. 方型钻杆

轻型钻杆采用8号槽钢对焊而成，每根长5m，适用于KQ-800钻机；其他型号钻机应选用重型钻杆。

3. 钻头

在不同类别的土层中钻进应采用不同形式的钻头。

(1)笼式钻头

在一般黏性土、淤泥和淤泥质土及砂土中钻进宜采用笼式钻头(图6.5-8)。

(2)镶焊硬质合金刀头的笼式钻头

此种钻头可用在不厚的砂夹卵石层或在强风化岩层中钻进。

(3)筒式钻头钻进，在遇孤石或旧基础时可用带硬质合金齿的筒式钻头钻穿(图6.5-9)。

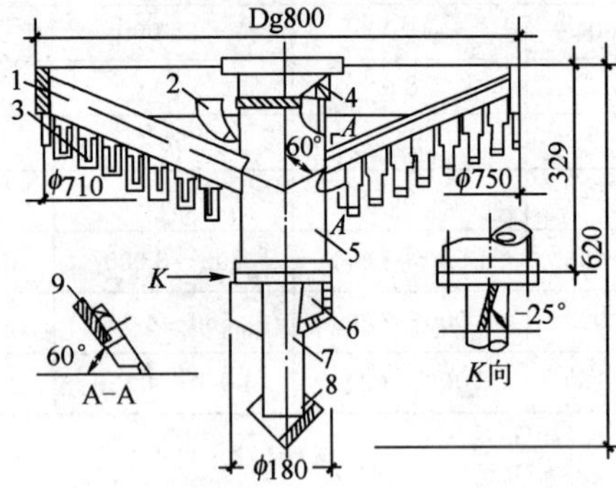

图6.5-8　笼式钻头(孔径ϕ800mm)(尺寸单位:mm)

1-护圈;2-钩爪;3-腋爪;4-钻头接头;5-岩芯管;6-小爪;7-钻管;8-钻尖;9-翼片

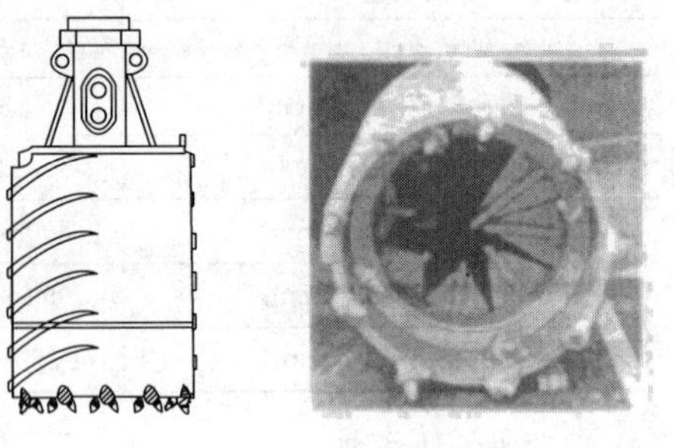

图6.5-9　筒式钻头

(4)两翼钻头

处理孤石可采用两翼钻头，即将孤石沉到设计深度以下。

第三节　施工工艺

一、施工程序

1. 设置护筒

当表土层为砂土且地下水位又较浅，或表土层为杂填土，孔径大于ϕ800mm时，应设置护筒。护筒内水压头应不低于地下水位深度。护筒内径应比钻头直径大100mm，埋入土中的深度不宜小于0.1m，在护筒顶部应开设1～2个溢浆口。当护筒直径小于ϕ1m且埋设较浅时宜用钢制；直径大于ϕ1m且埋设较深时可采用永久性钢筋混凝土护筒。护筒的埋设，对于钢护筒可采用锤击法；对于钢筋混凝土护筒可采用挖埋法。

2. 安放潜水钻机

3. 钻进

用第一节钻杆(每节长约5m，按钻进深度用钢轴销连接)接好钻机，另一端接上钢丝绳，吊起潜水钻机对准护筒中心，徐徐放下至土面，先空转，然后缓慢钻入土中，至整个潜水钻机基本入土内，待运行正常后才开始正式钻进。每钻进一节钻杆，随即连接下一节钻杆继续钻进，直到达设计要求深度为止。

以后的施工程序基本上与反循环钻孔灌注桩相同，施工程序示意见图6.5-10。

二、施工特点

(1)钻进时，动力装置(潜水钻主机)、减速机构(行星减速箱)和钻头，共同潜入水下工作。

(2)成孔排渣有正循环和反循环两种方式。

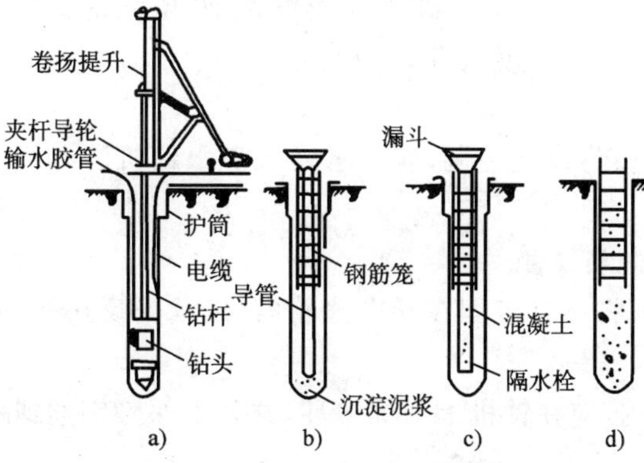

图 6.5-10　潜水成孔灌注桩施工示意图

a)成孔；b)插入钢筋笼和导管；c)灌注混凝土；d)成桩

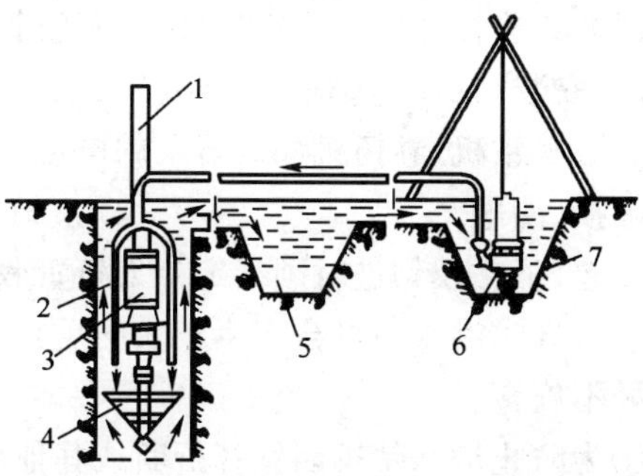

图 6.5-11　正循环排渣

1-钻杆；2-送水管；3-主机；4-钻头；5-沉淀池；6-潜水泥浆泵；7-泥浆池

①正循环排渣法

用潜水泥浆泵把泥浆或清水从钻机中心送水管或钻机侧面的分叉管射向钻头，然后徐徐下放钻杆入土钻进(见图 6.5-11)。当钻至设计高程后，电机可以停止运转，但泥浆泵仍需继续工作，正循环排泥，直到孔内泥浆相对密度达到 1.1～1.15 左右(视地层情况及钻头转速而异)，方可停泵、提升钻机，然后迅速移位，进行下道工序。

除卵石层外，其余各类地层均可采用本法。

②反循环排渣法

实现反循环排渣作业的方法一般有三种：压缩空气反循环法(气举反循环法)、泵举反循环法和泵吸反循环法。

a.气举反循环法

平整场地与正循环法一样，泥浆池水位应高于钻孔水位，方能使清水或经沉淀的泥浆流入孔内，实现循环作业。一般地面以下 6m 范围内仍采用正循环作业，当压风口浸到 6～7m 时才开始反循环作业。此时须卸开与泥浆泵连接的变径管，即可压风作业，注意风压不宜超过 0.5MPa，要求连续均匀出泥。当钻至设计高程后，钻机停止运转，但继续压风出浆直到泥浆密度至规定浓度为止。

实现本法需配备 $9m^3/min$ 空气压缩机一台和 $\phi38mm$ 的高压风管。

b.泵举反循环法

本法(图 6.5-12)为反循环排渣中较先进的方法。由图可知，砂石泵随主机一起潜入孔内，可迅速将切削后泥渣排出孔外，不必借助钻头将切削下来的土块搅动切碎成浆状，故钻进效率高。开钻时采用正循环开孔，当钻深超过砂石泵叶轮位置以后，即可启动砂石泵电机，开始反循环作业。当钻至设计高程后，停止钻进，砂石泵继续排泥，至规定浓度为止。

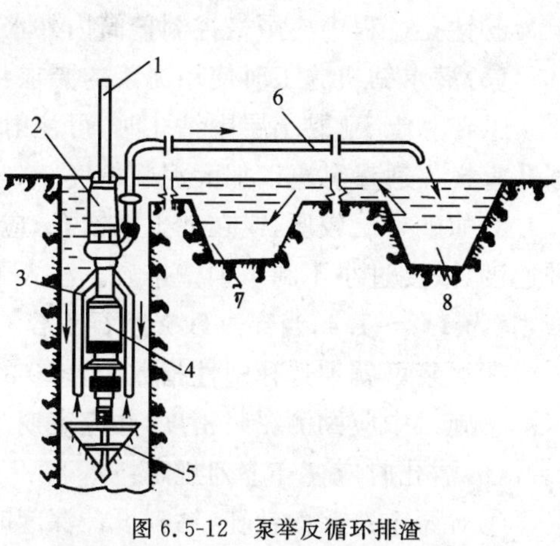

图 6.5-12　泵举反循环排渣

1-钻杆；2-沙石泵；3-抽渣管；4-主机；5-钻头；6-排渣胶管；7-泥浆池；8-沉淀池

c.泵吸反循环法

此法已逐步被泵举反循环法所替代。

三、施工注意事项

(1)开钻前，应对钻机及其配套设备进行全面检查。潜水钻机应注满变压器油(SYB1351—62)；行星减速器及机械密封部位应注以齿轮油(SYB1103—625);当气温低于5℃时,宜采用冬季润滑油;电缆密封接头与电源电缆连接处要求绝缘良好;输水胶管连接要紧固卡牢,避免泄漏。

(2)安装钻机时应符合以下要求:

①潜水钻机、卷扬机和砂石泵的电缆均应接入配电箱,以便控制,应注意通入潜水钻机的电缆不得有破损、漏电。

②起、下钻及钻进时须指定专人负责收、放电缆和进浆胶管。

③钻进时潜水钻机会产生较大的反扭矩,因此必须将钻杆卡固在导向滚轮内,以承受反扭矩,并使钻杆不旋转。

④为防止潜水钻机因钻杆折断或其他原因掉落孔内,应在钻机上加焊吊环,并系上保险钢丝绳引出孔外吊住。

⑤在钻机的电缆线和进浆胶管上用油漆标明尺度,便于和钻杆上所标尺度相校核。

(3)潜水钻成孔的现场布置和冲洗液循环系统,以及护筒的设置可参照反循环钻孔灌注桩。

(4)钻进时应遵守以下操作规定:

①将钻机吊入护筒内,应关好钻架底层的铁门。起动砂石泵,先让钻机空转,待泥浆输进钻孔后,开始钻进。钻进中应根据钻速、进尺情况及时放松电缆线及进浆胶管。要使电缆、胶管和钻杆同步下放,并应勤放少放,以免造成电缆或胶管缠绕钻头而发生绞断事故。

②钻进时应严密监视电流表指针数字,电流值不得超过规定数值。钻机必须安设过载保护装置,以便在钻进阻力较大或孔内出现异常情况时,自动切断电流,保护钻机。

③钻进时应根据土层类别、孔径大小、钻孔深度和供水量等确定:在淤泥和淤泥质土中的钻进速度不宜大于1m/min;在其他土层中的钻进速度一般以不超过钻机负荷为准;在强风化岩或其他硬土层中的钻进速度以钻机不产生跳动为准。

钻进速度还要与制浆,排渣能力相适应,一般钻进速度要低于供泥浆和排渣速度,以避免造成埋钻。如果钻机转速高,泥浆密度大,钻进过快,则切削出的泥块过大,不易成浆,将对钻机产生较大阻力,有可能使电机超负荷而损坏,或使抽水齿轮磨损、钻杆折断等。

④随时注意钻机操作有无异常情况,如发现电流值异常升高,钻机摇晃、跳动或钻进困难,可能由于钻渣排除不畅,或遇到硬层,或遇到一边软一边硬的非均质土层,或遇到其他障碍物所致,此时应略微提起钻具,减轻钻压,放慢进尺,待情况正常,或穿过硬层或不均匀土层后方可恢复正常钻进参数和钻进速度。

⑤钻孔过程中应严格控制护筒内外水位差,必须使孔内水位高于地下水位,以防坍孔。

(5)潜水钻机施工对使用泥浆的要求:

①在黏土、亚黏土层中钻孔时,可注射清水,以原土造浆护壁、排渣,当穿过砂夹层钻孔时,为防止塌孔宜投入适量黏土以加大泥浆稠度。

②如砂夹层较厚,或在砂土中钻孔,应采用制备泥浆。注入的泥浆浓度要适当,浓度过大影响钻进速度,浓度过小不利于护壁排渣。注入干净泥浆的相对密度应控制在1.1左右,排出的泥浆相对密度,宜为1.2～1.4;当穿过砂夹卵石等容易塌孔的地层时,泥浆的相对密度可增大至1.3～1.5。

③泥浆可就地选择塑性指数$I_p \geqslant 10$的黏性土除去杂质后调制。

④施工中应勤测泥浆密度,并应定期测定黏度、含砂量和胶体率。

(6)清孔时应遵守下列规定:

①对原土造浆的钻孔,钻到设计深度时,可使钻机空转不进尺,同时射水,待孔底残余的泥块已磨成浆,排出泥浆相对密度降到1.1左右(或以手触泥浆无颗粒感觉)即可认为清孔已合格。

②对注入制备泥浆的钻孔,可采用换浆法清孔,至换出泥浆相对密度小于1.15～1.25时为合格。

③孔底沉渣厚度应符合灌注桩施工允许偏差的规定。

④清孔完毕,应立即灌注水下混凝土。

(7)安全操作注意事项如下:

①钻机操作人员必须经过专业训练、了解机械构造和技术性能、熟悉安全操作规程后,方可登机操作。

②每次钻进前,应对钻机及其配套设备进行全面检查,特别应注意卷扬机刹车是否可靠、钢丝绳有否断丝、扭断现象,电器设备是否完好正常。各润滑部位应加油保养,各部位检查合格后,方可开机。

③提升电缆时,若无电缆卷筒,应戴绝缘手套,应注意检查所有电缆有无碰伤漏电现象,现场工作人员应穿绝缘胶鞋和戴安全帽。

④拆装钻杆时,应保证连接牢靠,注意不要把工具及钻杆销轴、螺帽等丢失到孔内。

⑤每班操作完毕,应将钻具及时提出孔外。

四、常遇问题、原因和处理方法

潜水钻成孔灌注桩常遇问题、原因和处理方法见表6.5-4。

潜水钻成孔灌注桩部分常遇问题、原因和处理方法　　表6.5-4

常遇问题	主要原因	处理方法
电流表三相不平衡	外接电源三相电压不平衡	通知电力部门调节
	电缆接头有虚接处	拆开电缆接头检查,修复或更换
电流表两相有读数,一相指零	外接电源一相断保险丝	换保险丝,检查通路
	电缆接头有一相断路	从电源起至电机绕组逐步检查通路情况
	钻机一相绕组烧毁	从电源起至电机绕组逐步检查通路情况
合闸时电机有嗡嗡声,主轴抖动而不转	由于钻机反转,上部密封压紧	改变钻机转向
	齿轮箱内轴承损坏,球粒散落	先将上部密封箱拆除后,若主轴用人工仍不能盘动,则拆开减速箱检查行星齿轮和轴承是否损坏
钻机减压、全压启动均不能转动 钻机减压启动不运转,全压启动能转动	电源线路断路	检查并修复
	电机三相绕组均已烧毁	修复或更换
	减速箱内齿轮油太稠或凝结(往往在冬季)	全压启动后,让钻机空载运转15min左右
	电源电压过低	检查电源电压
运转中突然停机	电源断路	检查线路并修复
	电缆接头损坏或电机烧毁	拆开电缆接头包头,若仍不过电,而主轴能转动,则应打开电机检查
运转中突然闷机,电流表指针撞针	减速箱内齿轮或轴承损坏	更换齿轮或轴承
	钻头遇障碍物	排除障碍物

续上表

常遇问题	主要原因	处理方法
钻机漏电	电缆接头防水绝缘带失效，有泥水浸入	换新的防水绝缘带，重新处理接头
	电缆局部被磨破或绞断	检查并包扎处理或更换损坏的电缆
	电机绕组引出线与电源电缆接头处渗漏	更换电机绕组引出线与电机接头
	电机绝缘失效	检查并处理
钻孔偏斜	桩架基座不平	调平基座
	钻进中桩孔土一边硬一边软	反复扫孔纠正，如纠正失效，应在孔中回填黏土至偏斜段0.5m以上，重新钻进
孔壁坍塌	泥浆的密度和浓度不足	加大泥浆密度，或往孔内投入黏土或泥膏
	泥浆突然流失	应立即回填黏土，待孔壁稳定后再钻进

第六章　人工挖孔灌注桩

第一节　概　　述

一、基 本 原 理

人工挖孔灌注桩是指在无水或少水地层的桩位上采用简单的机具配合，选用相适宜的护壁措施，用人工挖掘成孔，在孔内安放钢筋笼，灌注混凝土而形成基桩。孔径一般宜大于$\phi 1.3m$，孔深一般宜小于25m。

由于是人工挖掘，容易检查孔壁和孔底，便于核实桩孔地层情况，便于清除孔底虚土。所灌注混凝土可分段振捣密实，保证混凝土的质量。

二、优　缺　点

1.优点

(1)造价低

由于成孔机具简单、投入费用低、使用费低，且国内劳动力便宜，所以一般情况造价也低。

(2)适用范围广

人工挖孔灌注桩几乎适用于各种无水或少水地层，由于配套机具简单、轻巧，运输、移动、操作方便、不受地形限制，尤其适应于交通运输不便的山区等地施工。

对位于浅水或含一定渗水量的地层，采取围堰及有效的排水、止水措施也可施工。还可用冷冻法、井点降水法等。

(3)易组织多工作面施工，缩短工期

由于配套机具简单、投入小，各个工作面干扰小，操作简单，易组织多工作面施工，加快进度、缩短工期，适合抢工期。

(4)施工质量可靠

人工挖掘，便于检查孔壁和孔底，易清除孔底虚土，灌注混凝土可干施工、分段灌注、分段振实，混凝土质量有保证。

2.缺点

(1)安全隐患大

施工人员在孔内上下作业，稍一疏忽，易发生人身伤亡事故，必须制订严密的安全措施。

(2)文明程度低

桩孔空间狭小，劳动条件差，劳动强度大。

(3)桩孔内壁不规则，混凝土用量偏大。

(4)若地层中含水率大，或发生流沙，技术处理难度大、代价高。对可能发生流沙的地层，需预先制订有效技术措施，以备及时处理，杜绝人身、质量事故，甚至变更施工方案。

三、人工挖孔困难或不能挖孔的情况

(1)地下水位高，涌水量大，难以排干的地层。

(2)有松沙层、地下水位高、易发生涌沙的地层。

(3)有连续极软弱土层，护壁难以成功的地层。

(4)含有易爆炸,易燃烧、有毒气的地层。

第二节　人工挖孔灌注桩的施工

一、主要施工机具

(1)起吊机具:小卷扬机或电动葫芦(或手摇辘轳)、提升架等,用于材料和弃土的垂直运输及施工人员上下。

(2)扶壁钢模板(或波纹模板)、砖等。

(3)排水机具,潜水泵用于抽出桩孔中的积水。

(4)鼓风机和送风管、向桩孔强制送入新鲜空气。

(5)挖土工具:镐、锹、土筐等,若遇到硬土或岩石还需风镐、空压机、爆破器材等。

(6)混凝土拌制、振捣机具,混凝土拌和站(拌和机),振捣棒。

(7)应急软爬梯、简易防护棚,防止提升弃土时落下伤人。

二、施 工 工 艺

人工挖孔桩施工最大的隐患是孔壁土体坍塌和上部掉下的异物伤人。为确保安全施工,必须认真制订孔内防止土体坍落的支护措施和防止上部异物掉入孔底伤人的措施,如采用现浇混凝土护壁、喷射混凝土护壁、波纹钢模板护壁、砌砖圈护壁等,应采取孔底设置局部挡棚防止异物掉入伤人等技术措施。

1.采用现浇混凝土分段护壁的人工挖孔桩的施工工艺流程

(1)放线定位

按设计图纸放线、定桩位。

(2)开挖土方

采取分段开挖,每段高度决定于土壁保持直立不坍状态的能力,一般以0.8～1.0m为一施工段。挖土由人工从上到下逐段用镐、锹进行,遇坚硬土层用锤、钎破碎。同一段内挖土次序为先中间后周边。扩底部分采取先挖桩身圆柱体,再按扩底尺寸从上到下削土修成扩底形。

弃土装入活底吊桶或箩筐内,垂直运输时则在孔口安支架,用10～20kN慢速卷扬机提升。桩孔较浅时,亦可用木吊架或木辘轳借粗麻绳提升。吊至地面上后用机动翻斗车或手推车运出。

在地下水以下施工时,应及时用吊桶将泥水吊出。如遇大量渗水,则在孔底一侧挖集水坑,用高扬程潜水泵排出桩孔外。

(3)测量控制

桩位轴线采取在地面设十字控制网、基准点。安装提升设备时,使吊桶的钢丝绳中心与桩孔中心线一致,以作挖土时粗略控制中心线用。

(4)支设护壁模板

通常在孔内采用现浇混凝土护壁、钢模板或波纹模板、喷射混凝土护壁等。土质稳定,渗水量少的土层也可采用预制混凝土井圈,砖砌井圈等。模板高度取决于开挖土方施工段的高度,一般为1m,由4块或8块活动钢模板组合而成。

护壁支模中心线控制,系将桩控制轴线、高程引到第一节混凝土护壁上,每节以十字线对中,吊线锤控制中心点位置,用尺杆找圆周,然后由基准点测量孔深。

(5)设置操作平台

在模板顶放置操作平台,平台可用角钢和钢板制成半圆形,两个合起来即为一个整圆,用于临时放置混凝土拌和料和灌注扶壁混凝土用。

(6)灌注护壁混凝土

护壁混凝土要注意捣实,因它起着护壁与防水双重作用,上下护壁间搭接50～75mm。护壁分为外齿式和内齿式两种(见图 6.6-1)。外齿式的优点:作为施工用的衬体,抗塌孔的作用更好;便于人工用钢钎等捣实混凝土;增大桩侧摩阻力。

护壁通常为素混凝土,但当桩径、桩长较大,或土质较差、有渗水时应在护壁中配筋。上下护壁的主筋应搭接。

分段现浇混凝土护壁厚度,一般由地下最深段护壁所承受的土压力及地下水的侧压力(见图 6.6-2)确定,地面上施工堆载产生的侧压力影响可不计。护壁厚度可按下式计算:

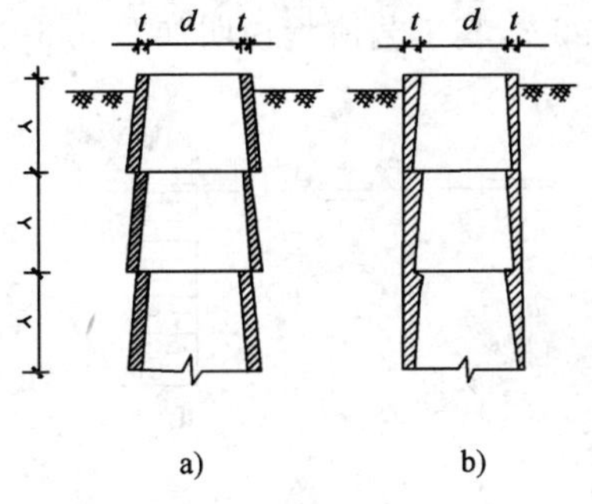

图 6.6-1　混凝土护壁形式
a)外齿式;b)内齿式

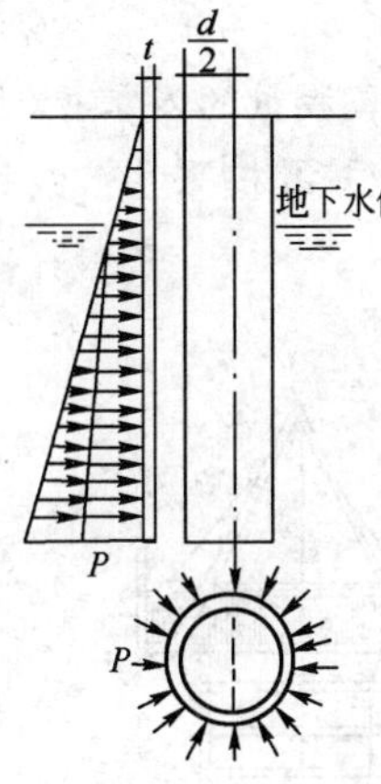

图 6.6-2　护壁受力简图

$$t \geqslant k \times N/R_a \tag{6.6-1}$$

式中:t——护壁厚度;

N——作用在护壁截面上的压力,$N=p \times d/2$(N/cm²);

p——土及地下水对护壁的最大压力(N/cm²);

d——挖孔桩桩身直径(cm);

R_a——混凝土的轴心抗压设计强度(N/cm²);

k——安全系数,取 1.65。

护壁混凝土强度采用 C25 或 C30,厚度一般取 10～15cm,加配的钢筋可采用 9mm 光圆钢筋。

第一节混凝土扶壁宜高出地面 20cm,便于挡水和定位。

(7)拆除模板继续下一段的施工

当护壁混凝土达到一定强度(按承受土的侧向压力计算)后便可拆除模板,一般在常温情况下约过 24h 后便可以拆除模板。模板拆除后,再开挖下一段土方,然后继续支模灌注护壁混凝土,如此循环,直到挖到设计要求的深度。

(8)钢筋笼沉放

钢筋笼就位,对质量在 1 000kg 以内的小型钢筋笼,可用带有小卷扬机的活动三支木搭的小型吊运机具,或用汽车吊吊放入孔内就位。对直径、长度、质量大的钢筋笼,可用履带吊或大型汽车吊进行吊放。

(9)排除孔底积水,灌注桩身混凝土

在灌注混凝土前,应先放置钢筋笼,并再次测量孔内虚土厚度,超过要求应进行清理。混凝土坍落度为 8～10cm。

混凝土灌注可用吊车吊混凝土,或用翻斗车,或用手推车运输向桩孔内灌注。混凝土下料用串桶,深桩孔用混凝土导管。混凝土要垂直灌入桩孔内,避免混凝土斜向冲击孔壁,造成塌孔(对无混凝土护壁桩孔的情况）。

混凝土应连续分层灌注，每层灌注高度不得超过 1.5m。对于直径较小的挖孔桩，距地面 6m 以上可利用混凝土的大坍落度（掺粉煤灰或减水剂）和下冲力使之密实；6m 以内的混凝土应分层振捣密实。对于直径较大的挖孔桩应分层捣实，第一次灌注到扩底部位的顶面，随即振捣密实；再分层灌注桩身，分层捣实，直至桩顶。当混凝土灌注量大时，可用混凝土泵车和布料杆。在初凝前抹压平整，以避免出现塑性收缩裂缝或环向干缩裂缝。表面浮浆层应凿除，使之与上部承台或底板连接良好。

2. 采用波纹钢模板的人工挖（扩）孔桩的施工工艺流程

在日本，人工挖孔桩采用波纹钢模板，其施工工艺见图 6.6-3，其工艺流程说明如图 6.6-4 所示。

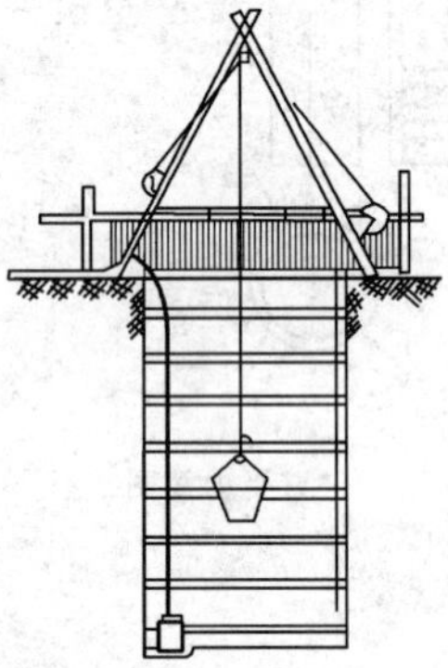

图 6.6-3 安装波纹钢模板的人工挖掘示意图

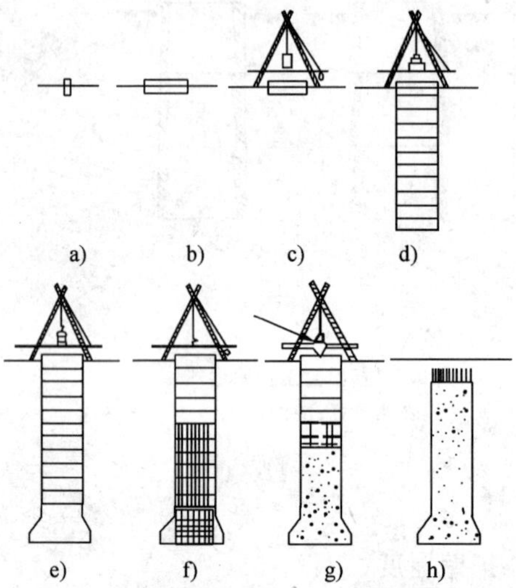

图 6.6-4 采用波纹钢板的人工挖（扩）孔施工工艺示意图

a）定位桩；b）设置最上段的环形支撑和波纹钢板；c）架设三角塔架；d）挖掘、竖立波纹钢板、安装环形支撑；e）扩底部挖掘；f）钢筋笼组装；g）拆除波纹钢板和环形支撑、组装分布筋，灌注混凝土；h）桩施工完毕

（1）测定基础桩中心。

（2）在地表面开挖 60cm 左右深的土坑，以设置一段环形支撑，再仔细地竖立波纹钢板，然后安装最上段的环形支撑，孔口安装完毕后，再在超挖空隙间回填密实将第一段挤紧固定。

（3）架设三角塔架、平台、安装起吊土砂用的小型绞车。

（4）随着挖掘的进展，不断地竖立波纹钢板，安装环形支撑，同时用销栓互相连成框架，支挡土压力，然后可继续进行挖掘。

纵向波纹钢板高度为 750～900mm，弧长为 750mm（见图 6.6-5）。环形支撑（见图 6.6-6）框架的间距通常为 660～750mm。当挖掘中遇到软土层时，考虑到纵向波纹钢板可能出现变形，可适当减小环形支撑的间距。环形支撑和纵向波纹钢板是借助于打入土壁中的销栓连接的（见图 6.6-5、图 6.6-6）。

当孔壁土质疏松易坍塌时，可采用带加强肋的横向式波纹钢板（图 6.6-7），间距（即板高）为 500mm，板顶部和底部均设有加强肋，上下两板之间用螺栓连接，整个桩孔内设有箱形纵向加劲肋。采用横向波纹钢板，桩孔最大直径可达 ϕ6 500mm，最大深度可达 30m 左右。

（5）挖掘扩底部。挖扩底部时应设置专用的扩底加压环形支撑和分布钢筋。

（6）在孔内组装钢筋笼，这样可以不用大型吊车沉放钢筋笼。

（7）灌注混凝土。

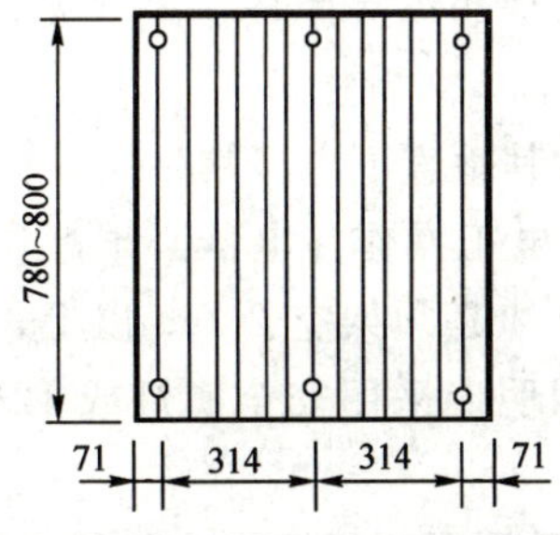

图 6.6-5 纵向波纹钢板(尺寸单位:mm)

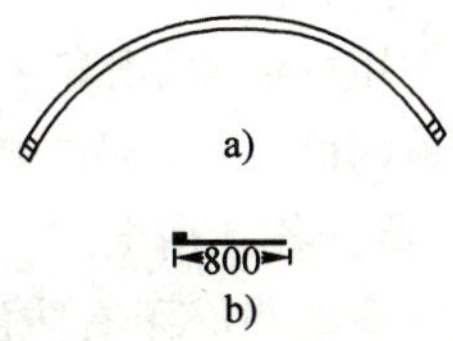

图 6.6-6 环形支撑和销栓(尺寸单位:mm)
a)环形支撑;b)销栓

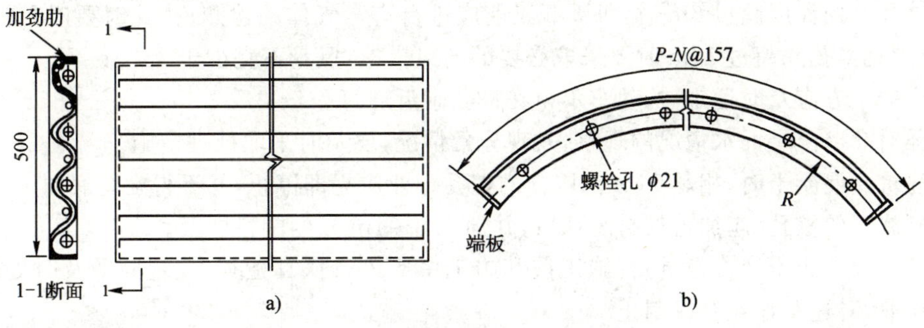

图 6.6-7 横向波纹钢板(尺寸单位:mm)
a)波纹钢板;b)加强筋

先灌注扩底的混凝土,然后从扩底部顶端开始逐段向桩顶灌注,边拆除环形支撑和波纹钢板、边绑扎分布钢筋。在拆除一段波纹钢板的同时,向孔内放入柔性滑槽后灌注混凝土。

第三节 施工注意事项

一、施工安全措施

人工挖(扩)孔桩是用人力挖掘成孔,必须在保证安全的条件下作业。

(1)从事挖孔桩作业的工人以健壮男性青年为宜,并须经健康检查和井下、高空、用电、吊装及简单机械操作等安全作业培训,且考核合格后,方可进入现场施工。

(2)在施工图会审和桩孔挖掘前,要认真研究钻探资料,分析地质情况,对可能出现的流沙、管涌、涌水以及有害气体等情况应制订有针对性的安全防护措施。如对安全施工存在疑虑,应事前向有关单位提出。

(3)施工现场所有设备、设施、安全装置、工具、配件以及个人劳保用品等必须经常进行检查,确保完好和安全使用。

(4)为防止孔壁坍塌,应根据桩径大小和地质条件采取可靠支护孔壁的施工方法。

(5)孔口操作平台应自成稳定体系,防止在护壁下沉时被拉垮。

(6)在孔口设水平移动式活动安全盖板,当提土桶提升到离地面约 1.8m,手推活动盖板关闭孔口,手推车推至盖板上卸土后,再开盖板、放下提土桶装土,以防土块、操作人员掉入孔内伤人。采用电动葫芦提升提土桶,桩孔四周应设安全栏杆。

(7)孔内必须设置应急软爬梯。供人员上下孔使用的电葫芦、吊笼等应安全可靠并配有自动卡紧保险装置，不得使用麻绳和尼龙绳吊扶或脚踏井壁凸缘上下。电动葫芦宜用按钮式开关，使用前必须检验其安全性及起吊力。

(8)吊运土方用的绳索、滑轮和盛土容器应完好牢固，起吊时其垂直下方严禁站人。

(9)施工场地内的一切电源、电路的安装和拆除必须由持证电工操作。电器必须严格接地、接零和使用漏电保护器。各孔用电必须分闸，严禁一闸多用。孔上电缆必须架空 2.0m 以上，严禁拖地和埋压土中，孔内电缆电线必须有防湿、防潮、防断等保护措施。照明应采用安全矿灯或 12V 以下的安全灯。

(10)护壁要高出地表面 200mm 左右，以防杂物滚入孔内。孔周围要设置安全防护栏杆。

(11)施工人员必须戴安全帽，穿绝缘胶鞋。孔内有人时，孔上必须有人监督防护，不得擅离岗位。

(12)当桩孔开挖深度超过 5m 时，每天开工前应进行有毒气体的检测；挖孔时要时刻注意是否有有毒气体；特别是当孔深超过 10m 时要采取必要的通风措施，风量不宜少于 25L/s。

(13)挖出的土方应及时运走，机动车不得在桩孔附近通行。

(14)加强对孔壁土层涌水情况的观察，发现异常情况，要及时采取处理措施。

(15)灌注桩身混凝土时，相邻 10m 范围内的挖孔作业应立即停止，并不得在孔底留人。

(16)暂停施工的桩孔，应加盖板封闭孔口，并加 0.8～1m 高的围栏围蔽。

(17)现场应设专职安全检查员，在施工前和施工中应进行认真检查，发现问题及时处理，待消除隐患后再行作业，对违章作业有权制止。

二、挖孔注意事项

(1)开挖前，应从桩中心位置向桩四周引出 4 个桩心控制点，用牢固的木桩标定。当一节桩孔挖好安装护壁模板时，必须来校正模板位置，并应设专人严格校核中心位置及护壁厚度。

(2)修筑第一节孔圈护壁(俗称开孔)应符合下列规定：

①孔圈中心线应与桩的轴线重合，偏差不得大于 20mm。

②第一节孔圈护壁应比下面的护壁厚 100～150mm，并应高出现场地表面 200mm 左右。

(3)修筑孔圈护壁应遵守下列规定：

①护壁厚度、拉结钢筋或配筋、混凝土强度等级应符合设计要求。

②桩开挖后应尽快灌注护壁混凝土，且必须当天一次性灌注完毕。

③上下护壁间的搭接长度不得少于 50mm。

④灌注护壁混凝土时，可用敲击模板或用竹竿木棒等反复插捣。

⑤不得在桩孔水淹没模板的情况下灌注护壁混凝土。

⑥护壁混凝土拌和料中宜掺入早强剂。

⑦护壁模板的拆除，应根据气温等情况而定，一般可在 24h 后进行。

⑧发现护壁有蜂窝、漏水现象时应及时加以堵塞或导流，防止孔外水通过护壁流入桩孔内。

⑨同一水平面上的孔圈二正交直径的极差不宜大于 50mm。

(4)多桩孔同时成孔，应采取间隔挖孔方法，以避免相互影响和防止土体滑移。

(5)对桩的垂直度和直径，应每段作检查，发现偏差，随时纠正，保证位置正确。

(6)遇到流动性淤泥或流沙时，可按下列方法进行处理：

①减少每节护壁的高度(可取 0.3～0.5m)，或采用钢护筒、预制混凝土沉井等作为护壁。待穿过松软层或流沙层后，再按一般方法边挖掘边灌注混凝土护壁，继续开挖桩孔。

②当采用①方法后仍无法施工时，应迅速用砂回填桩孔到能控制坍孔为止，并会同有关单位共同处理。

③开挖流沙严重的桩孔时，应先将附近无流沙的桩孔挖深，使其起集水井作用。集水井应选在地下水流的上方。

(7)遇塌孔时，一般可在塌方处用砖砌成外模，配适当钢筋(ϕ6～9mm，间距150mm)再支钢内模灌注混凝土护壁。

(8)当挖孔至桩端持力层岩(土)面时，应及时通知建设单位、设计单位和质检(监)部门对孔底岩(土)性进行鉴定。经鉴定符合设计要求后，才能按设计要求进行入岩挖掘或进行扩底端施工。不能简单地按设计图纸提供的桩长参考数据来终止挖掘。

(9)扩底时，为防止扩底部塌方，可采取间隔挖土扩底措施，留一部分土方作为支撑，待灌注混凝土前挖除。

(10)终孔时，应清除护壁污泥、孔底残渣、浮土、杂物和积水，并通知建设单位、设计单位及质检(监)部门对孔底形状、尺寸、土质、岩性、入岩深度等进行检验。检验合格后，应迅速封底、安装钢筋笼、灌注混凝土，孔底岩样应妥善保存备查。

三、施工管理检查

人工挖(扩)孔桩施工管理检查要求见表6.6-1。

人工挖(扩)孔桩施工管理检查表 表6.6-1

检 查 要 点	检 查 要 点
1.开工前的调查	(2)孔口模板合适否？
(1)周围状况如何？	6.辘轳或电动葫芦的架设
(2)砂土层涌水量程度如何？	(1)辘轳或电动葫芦位置合适否？稳定否？
(3)有否卵石、漂石、岩层？	(2)作业平台的高度、宽度合适否？
(4)氧气缺乏否？有害毒气发生否？	(3)盛土容器、滑轮、绳索等安装妥当否？
(5)地下水及地层状况如何？	7.挖掘、排土和支模板
(6)排水处理如何进行？	(1)挖掘方法合适否？
(7)施工条件如何？	(2)有否涌沙、隆起现象？
(8)有否地上和地下障碍物？	(3)在卵石、漂石、岩层中施工合适否？
2.施工计划	(4)土、砂等集积合适否？
施工组织设计合适否？	(5)大孤石和岩层破碎方法合适否？
3.机具器材运入	(6)涌水量确认否？
(1)机具器材是否齐备？	(7)排水方法妥当否？
(2)机具器材是否完整？	(8)水泵正常工作否？
4.桩位的确认	(9)抽水对周围地层影响如何？
桩中心位置正确否？	(10)模板合适否？
5.孔口挖掘和孔口模板支护	(11)土压力对策妥当否？
(1)能否挖成圆形？	(12)孔内送风良好否？

续上表

检 查 要 点	检 查 要 点
(13)人孔者的升降安全否?	12.桩顶修整
8.桩底面的确认	混凝土顶部高程合适否?
(1)桩端持力层的确认如何?	13.安全措施
(2)桩端扩大合适否?	(1)安全卫生管理体制是否实施?
9.钢筋笼制作和安放	(2)施工人员是否取得作业资格?
(1)钢筋笼制作合适否?	(3)发生缺氧和瓦斯泄露时安全对策是否实施?
(2)钢筋笼安放妥当否?	(4)人员坠落、器物掉人孔内的对策妥当否?
10.混凝土灌注工序	(5)电气配置正常否?
混凝土灌注工序合适否?	(6)孔下和孔内工作人员配合正常否?
11.混凝土灌注、模板拆除	(7)涌水量在施工期间有无变化?
(1)混凝土灌注合适否?	(8)施工计划是否向上级单位提出?
(2)模板拆除合适否?	(9)现场专职安全检查员是否设置?

注:第11项模板拆除指拆除施工中用波纹钢板。

四、人工挖孔成孔质量标准

成孔质量标准见表6.6-2。

人工钻、挖孔成孔质量标准　　表6.6-2

项 目	允 许 偏 差
孔中心位置(m)	群桩:100;单排桩:50
孔径(mm)	不小于设计桩径
倾斜度	小于0.5%
孔深	摩擦桩:不小于设计规定; 支承桩:比设计深度超深不小于50mm
沉淀厚度(mm)	摩擦桩:符合设计要求,当设计无要求时,对于直径≤1.5m的桩,≤300mm;对桩径>1.5m或桩长>40m或土质较差的桩,≤500mm; 支承桩:不大于设计规定

[实例1]　大口径挖孔桩施工

人工挖孔桩以其特有的经济性和可靠性被定为长沙湘江南大桥大口径桩基施工首选方案,经精心设计、严密组织,使主墩在河床无任何覆盖层的情况下,钢护筒定位稳定、隔水成功。并以灌注水下砂浆护壁新工艺,使高承压水地层人工挖10多米桩孔得到实现。实践证明:本方案比冲钻孔施工方案节约建设资金50%，且圆满完成了基础工程施工。

一、工程概况和地质条件

1. 桥位、桥型及跨径组合

长沙湘江南大桥由5跨预应力混凝土连续梁和11跨顶推梁组成，其跨径组合为66m+3×88m+66m+11×46m。

2. 基础形式和地基状况

土桥主墩采用2ϕ5.0m/3.5m的大直径变截面桩基础，设计要求嵌入新鲜岩体不小于8.0m，基底岩石单轴极限抗压强度不小于8.0MPa；边主墩为2ϕ1.8m的桩基础，要求嵌入岩层不小于5.0m，地基单轴极限承载力不小于8.0MPa，桩基全部为柱桩。

主桥区河床地质较为简单，主跨区河床覆盖层最厚为30cm，土质为灰黄色含泥质，较松散，以中粒为主，无孤漂石。基岩为钙质泥质胶结的红砂岩和砂砾岩，易崩解风化，风化深度0.4～2.5m，钻探取样试验表明强风化岩层单轴极限强度为2～4MPa，微风化新鲜岩层单轴极限抗压强度达到8～10MPa。

二、施 工 技 术

主3号墩

该墩地处主航道，水流急，河床冲刷严重，岩层裸露，工作平台钢管桩振打最大嵌岩深度30cm，故平台8根钢管桩身用剪刀撑连接，桩顶横桥向用2根D6连接，桥向安装4组贝雷架组成工作平台，平台上游抛两个锚增稳。

桩基施工挡水结构为ϕ5.4m的带肋钢护筒，由于桩位岩层裸露，采用91.8cm的钻头冲击沿钢护筒扫孔一周，扫孔深度1.0m(见图6.6-8)。在ϕ5.4m的外护筒里再下放ϕ3.7m的内护筒，用吸泥机把内外护筒之间的钻渣吹掉，并布下8根压浆管，在外护筒的外圆周和内外护筒里回填砂砾至承台底高程。用VSL压浆机压注水泥浆，水灰比0.5～0.6，水泥为硅酸盐矿渣水泥，注浆压力为0.2～0.4MPa，以压浆固结回填砂砾石封底与基岩和钢护筒共同形成一个挡水结构。

压浆封底挡水效果良好，为人工挖孔创造了条件。桩孔开挖岩体包括强风化红砂岩、弱风化砂砾岩、微风化红砂。由于桩基需嵌入新鲜基岩内8m，完全采用人工开挖十分困难，且不能满足进度要求。综合各因素选用人工风镐开挖为主，爆破开挖为辅的施工方案。其具体做法是对强风化红砂岩和新鲜基岩采用多孔、少药、不飞散松动、深孔、梯次起爆的爆破方法开挖，保证封底和孔壁不破坏，防止穿洞漏水。在距桩底设计高程50cm时，停止爆破松动，采用风镐开挖，确保基底承载力，见图6.6-9。

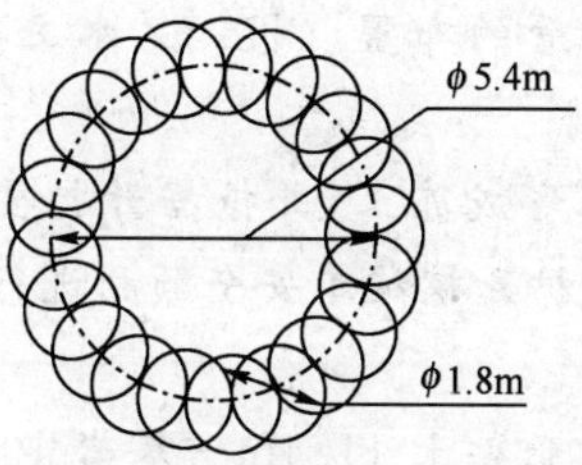

图6.6-8　3号墩冲击扫孔控制示意图

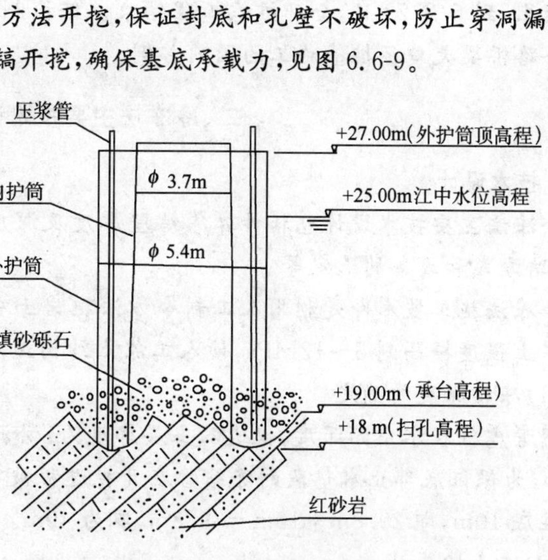

图6.6-9　主3号墩施工剖面图

桩基混凝土采用水上混凝土拌和船，经混凝土泵送到桩孔布料杆浇灌。经无破损检测，各项指标均符合设计要求。

［实例 2］ 冷冻法在九江湖口桥梁大口径桩基施工中的应用

一、概　　述

冷冻法应用于桥梁大直径桩基施工，其实质就是利用人工制冷的方法，在每根桩的周围及底板形成一定厚度和强度的冻土帷幕和冻结底板，隔绝桩井内外水力联系，防止泥土从井外向内流动。在此冰护筒保护下，实施人工挖土凿岩成井，并在井内灌注钢筋混凝土成桩。

冷冻法在湖口大桥东塔水下桩基施工中的应用在我国桥梁界尚属首例。湖口大桥位于九江市湖口县境内。主桥长 2 136m，横跨鄱阳湖口，主孔为 318m 的双塔双索面斜拉桥。主塔分东西两塔。东塔基础为 4 根 ϕ4.0m/3.5m 大直径实心桩。嵌岩深度 6.5m，桩长 27m。东塔桩基采用冷冻法施工。即先在湖中筑人工岛，塔设工作平台，用冷冻法冻结岩土层，再用人工挖孔成桩。

东塔水下基础施工难度很大，主要体现在：

(1)桩径大，桩身长。

(2)水深变化大。设计部门提供的最低水位为 4.01m。推荐的下部构造施工水位为 12.0m。百年一遇的水位 20.56m，大桥设计水位 22.03m。实际上在第一年施工期内：1998 年 3 月 18 日水位达 14.7m，1998 年 7 月 30 日水位达 20.75m，下部构造施工期内，水位涨落达 16m。

(3)地质条件复杂。第四系松散冲积层厚 19m，主要是淤泥及淤泥质亚黏土，基岩（持力层）为泥盆系石英砂岩，强度 60～80MPa，岩质硬、脆，裂隙较为发育。

(4)水面宽，风大浪大。桥跨湖水面 2 136m，设计风速 34m/s，6～7 级风经常发生，严重影响工效和工期。在这种条件下，采用冷冻法这种新方法新工艺施工，业主、设计代表、监理单位、施工单位都承担着极大的风险。

(5)本工程从 1998 年元月初施工队伍进场，开始钻冻结孔、搭工作平台、安装设备等，2 月 15 日开始供冷冻结，3 月 12 日被涨水淹没，几个月的投入及冷冻成果均毁于一旦，损失较为惨重。退水后，重新筑岛搭设工作平台，将高程从第一次 13.0m 提到 20m。4 月 17 日开始第二次供冷冻结，5 月 17 日各冻结指标接近设计值，5 月 20 日正式开挖，6 月 15 日 4 根大直径桩井全部凿成，随即做钢筋笼，浇灌混凝土，到 6 月 23 日，全部桩基工程结束。经检测，质量全部达到设计及规范要求，开创了冷冻法用于公路桥梁大口径桩基施工的国内首例。

二、冷冻法主要技术设计和施工工艺

1. 技术设计

冷冻法主要技术设计包括计算冻结壁厚度及深度、冻结孔和冷冻管的布置、测温孔、水文孔的布置、冻结方式和设备的选定等。

冷冻法施工技术即是利用人工制冷方法把岩土中的水冻结成冰，形成冻土，并根据开挖要求，可以把冻土强度提高到 5～12MPa，使人工冻土结构足以抵抗水压力，保护开挖施工安全顺利进行。

(1)冻结深度的确定

不考虑桩在水中的深度，仅进入土层厚度为：淤泥 7.9m＋淤泥质亚黏土 11.4m＋基岩 10.5m＝29.8m，为保证底部止水垫段的冻结管在开挖过程被割除，底部冻土不会很快融化，将冻结深度确定为超过桩底 10m，即 29.8m＋10m＝39.8m，取为 40m。

(2)冻土帷幕计算

①地压计算：采用悬浮理论，即静水压力＋悬浮土压力：

$$P = rhA \tag{6.6-2}$$

式中：A——土侧压力系数，$A=\tan^2/(45-\varphi/2)$；

φ——土的内摩擦角；

r——土的重度（kN/m^3）；

h——冻结深度（m）。

经计算得：$P=0.35MPa$

②冻结层厚度计算：设制冷盐水温度−25℃，冻土平均温度−4℃，淤泥质亚黏土冻土瞬时抗压强度取2.45MPa，安全系数取2.5，按第三强度理论计算开挖ϕ4m桩井冻结壁厚度E：$E=1.83m$。

(3)冻结孔布置。

冻结孔布置见图6.6-10。

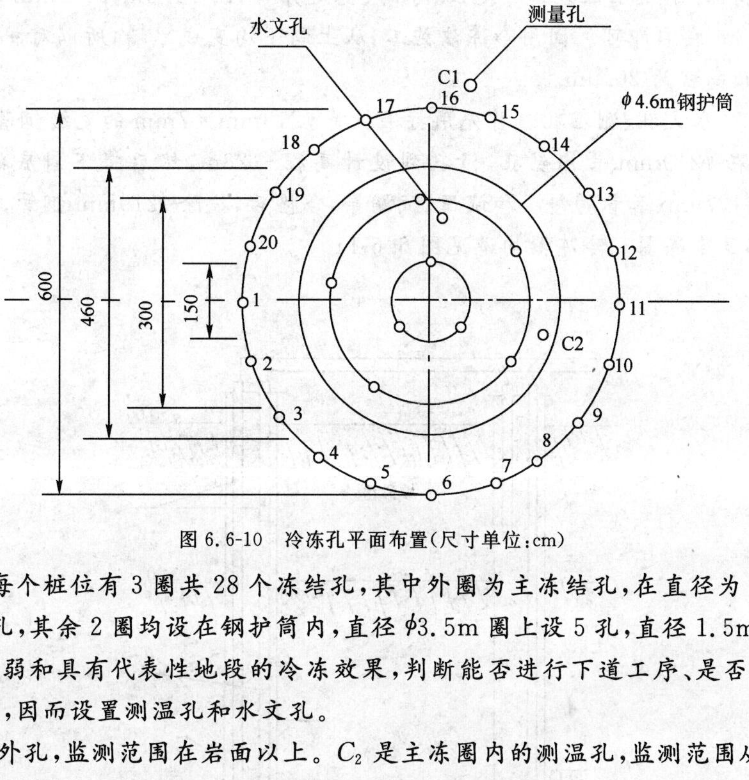

图6.6-10　冷冻孔平面布置（尺寸单位：cm）

①根据设计，每个桩位有3圈共28个冻结孔，其中外圈为主冻结孔，在直径为6m的圆周上均匀布置20个主冻结孔，其余2圈均设在钢护筒内，直径ϕ3.5m圈上设5孔，直径1.5m圈上设3孔。

②为检测最薄弱和具有代表性地段的冷冻效果，判断能否进行下道工序、是否处于安全状态、是否可以停冻或补冻，因而设置测温孔和水文孔。

测温孔：C_1是外孔，监测范围在岩面以上。C_2是主冻圈内的测温孔，监测范围从冻结区顶面一直到−23m。测温孔要密封，不得进水，否则会冻坏电线无法测温。

水文孔：主要监测地下已冻结到什么位置，从而推断冷冻效果。本基桩区内砂砾较少，开冻不久便全部冻结，故无水位观测记录，见表6.6-3。

各施工用孔情况表　　　　表6.6-3

名　称	个　数	高　程(m)	备　注
主冻孔	20	20～−23	$D=600$
桩内冻孔	5	20～−24.5	$D=350$
桩内冻孔	3	20～−24.5	$D=150$
测温孔	2	20～C_1：−15.5 20～C_2：−24.5	C_1(外) C_2(内)
水文孔	1	20～−10.5	

(4)开挖前冻结时间估计

按最大冻结孔间距：$L_{max}=1.1m$，冻结扩散速度$v=22mm/d$计算，交圈时间$T=25d$，确定冻结

35d 后开挖。

(5)冻结需冷量及设备的确定

选用直径 ϕ127.5mm 无缝钢管作冻结管，连接采用外管箍焊接。冻结管吸热率取为 190kcal/m^2·h(1kcal=4 184J/(kg·R))，冷量损失系数取 1.15，算得需制冷量为 3.64×10^5kcal/h。故选用 2 台 KY-2KA20C 型可移式螺杆冷冻机组，单台机组标准工况制冷量5.0×10^5kcal/h。

机组主要参数：主机质量 4t，占地 3.3m×1.27m，辅机质量 18t，占地 7.05m×2.28m，最大用电负荷 220kW。

2.施工工艺

(1)筑岛架设工作平台，用 89 根直径 ϕ1.0m，t=10mm，长 23m 的钢管桩圈起来，内用砂填满，筑成 30m×18m 的施工平台，平台高程为 20m。

(2)埋设钢护筒：为了便于桩施工时定位、导向、稳定井口，用 ϕ4.6m，t=8mm 的钢制护筒穿过填砂层，埋入淤泥中 2m 左右即可。因用冷冻法施工，从上到下均变成冰墙，所以对护筒脚的地质情况可以不予理会，护筒顶高程为 20.0m。

(3)施工冷冻孔、水文孔、测温孔。首先用打桩机将 ϕ219mm×7mm 的无缝钢管垂直打到岩面，再用 SPJ300 型钻机在 ϕ219mm 管内钻孔，清孔到设计高程－23m，然后将下封底的 ϕ127mm 套管到－23m，再行检查 ϕ127mm 套管的斜度和试压、试漏等，合格后，拔除 ϕ219mm 钢管，同时在 ϕ127mm 套管内安装冷冻回路及冷冻器。冷冻器构造见图 6.6-11。

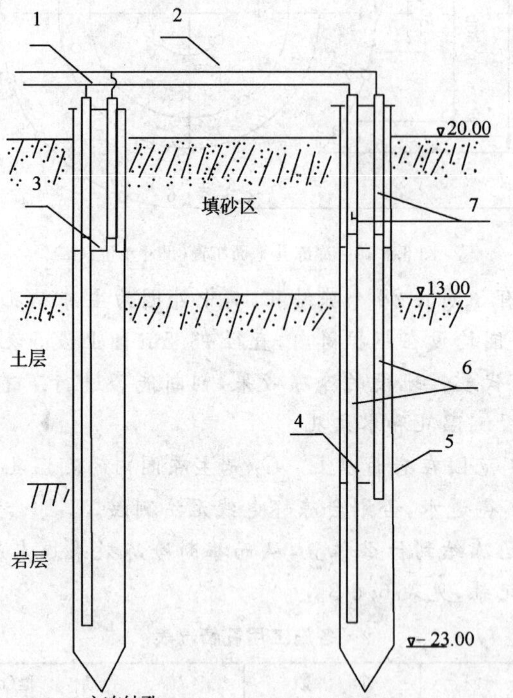

图 6.6-11　冻结器构造

1-去路；2-回路；3、4-密封盖；5-低碳钢无缝管；6-聚乙烯塑料软管 $\phi50\times5$；7-钢管 $\phi2''$

本基桩工程共计安装冷冻管 108 根，测温孔 8 个，水文孔 4 个。

(4)积极冻结期

4 月 17 日开始冻结，5 月 17 日，各项冻结指标接近设计值，经检查符合要求。5 月 20 日经批准正式开挖，积极冻结期结束，共计 34d，与设计的 35d 吻合。在此期间每天观测盐水管去路、回路中的温度及测温孔中各不同深度测点的温度，及时分析温度的变化，确认冷冻墙是否形成、墙厚情况，及时做好记录。

(5)钢筋笼的制作安装

东塔桩长 27m，桩径 ϕ4.0m，每根桩 ϕ28mm 主筋 80 根，单根主筋长 30m，钢筋笼 17t。为了监测低温下大体积混凝土各部位温度变化及内部温差情况，在桩不同高度的 4 个断面的钢筋骨架上，各预埋 4 个测温元件。

(6)低温环境中大体积混凝土的施工

理论上认为，大体积混凝土在低温(5°C 以下)环境中有利有弊。一方面，大体积混凝土水化过程将放出大量的热量，可以抵消一部分孔壁负温的影响，改善混凝土强度形成的外界温度。另一方面，ϕ4.0m 实心桩中心温度很高，产生的温度应力可能会超过规范中规定的 1.75MPa，从而破坏结构。上述利弊程度当时很难计算，为了以防万一，采取下述措施是必要的。

①选用水化热较小的矿渣硅酸盐水泥。

②在保证质量的前提下，减少水泥用量，或掺粉煤灰。

③掺用高效防冻早强剂 FDN-D，本工程掺用水泥用量的 2%粉剂，可使混凝土在－5°C 的环境中前 7d 强度增长达到设计强度 R28 的 60%；混凝土(C30)的配合比如下：

水泥：水：砂：石子：FDN-D＝1：0.474：2：2.88：0.023 80：180：762：1 096：7.6

④调整孔壁及孔内温度回升。桩孔开挖终孔时，孔壁温度为－17℃，孔内温度为－8℃，设计浇灌混凝土时的温度为孔壁－10℃，孔内 0°C，此时应加强测温孔的观测、孔壁变形的观测，在保证修孔、绑扎钢筋等工作安全的前提下，可以适当停冻或部分停冻，使孔壁和孔内温度回升，保证在设计条件下浇灌混凝土。

⑤控制混凝土的入模温度。在浇筑混凝土时，当时的气温较高，混凝土的入模温度为 30°C，故没有采取其他的升温措施。测温结果，在桩基心温度达 61°C。

(7)冷冻环境下施工的大体积混凝土桩的质量检测

湖口大桥东塔 4 根桩的平面位置、高程、桩径大小、垂直度、桩底地质情况、缩颈、扩颈等均按常规的挖孔干浇桩的方法完成，由于是低温、大体积混凝土，桩底、桩边混凝土是否冻坏、质量是否能得到保证，只有用测温和钻芯取样才能作最后的评定。

①测温

选择施工情况一般的 7 号桩为测温桩，桩身高程为：8.5～18.0m，在其中 1.4m，－4.7m，－12.0m，－18.0m4 个断面上各设 4 个测点。其中桩中心一点、每 1/2 半径上一点、桩边相距 0.5m 两个点，各测点上预埋热电耦温度计，用小电线引至测温台，自浇混凝土后，前 3d 每天早中晚各测一次，以后每天测一次，测量结果见表 6.6-4。从表中可以看出：

a. 混凝土最高温度在桩中心，出现在浇混凝土后 36h，其值为 61°C，持续时间 36h。

b. 桩周边及桩底最低温度出现在 12d 以后。

c. 混凝土内、外温度差在 22～30°C 之间。

设计与实际温度对照表　　表 6.6-4

	混凝土入模(℃)	孔壁(℃)	孔内(℃)	混凝土内最高(℃)	混凝土内外差(℃)
设计值	15～20	－10	0	40	20
实际值	30	－10	0	61	22～30

②钻探取样

对7号桩，设计在斜孔取样(边—中—边)；对8号桩，设计在桩中心取样。

取样结果，证实质量没什么问题，见表6.6-5。

7号、8号桩钻芯取样成果表 表6.6-5

桩　号	7　号								
部位	边			中			边		
混凝土强度(MPa)	10.4	29.3	32.3	36.7	38.7	37.5	30.6	29.3	32.5
桩　号	8　号								
部位	$-\frac{L}{4}$			$\frac{L}{2}$			$\frac{3L}{4}$		
混凝土强度(MPa)	30.0	31.5	30.5	38.8	40.8	37.5	33.0	33.4	31.2

三、对冷冻施工桥梁桩基的看法

1. 优点

(1)冷冻法在桥梁水下桩基施工中适应性很强。

它能有效隔绝地下水，其抗渗透性能是其他任何方法不能相比的。对于含水率大于10%的任何松散、不稳定地层均可采用冷冻法。

冻结墙的形状和强度可视施工现场条件、地质条件灵活布置和调整，冻结墙的强度不低于10MPa。

(2)用于大直径桩施工，经济可靠。

与钻孔法相比，用于直径ϕ3.5m以上基桩优点明显。大钻机施工，其平台，运输起重进出场，都更复杂，一次投入也大得多。仅钻机一项，一套国产大型钻机要上千万元，进口的两千多万元，而一套冷冻设备不足200万元，同时挖孔主要用人工，配小型机械，灵活方便，投入小、成本低，工期更有保障。

(3)变水下作业为干处作业。

冷冻法挖孔成桩全是干处作业，看得见，摸得着，安全可靠，便于检查质量，便于将笨重的钢筋笼化整为零，安装方便，同时可与其他工艺平行进行，提高效率、保证工期。

(4)冷冻法对环境无污染，无异物进入土壤，噪声小。停冻冻土墙融化后，不影响建筑物地下结构，有利于建筑物地下管线埋设。

2. 存在的问题

(1)就本工程而言，设计、监理、施工单位均为首次进行冷冻法施工，缺乏经验，产生了一些问题。如第一次筑岛高程选择不慎，造成被春汛水淹，不得不重新作二次冻结；设计安全系数偏大，加上冻结孔施工精度不高，造成设计和实际的温度差别太大；没有按设计控制混凝土入模温度，导致桩中心混凝土温度达61℃等。

(2)冷冻计算理论不完善。

本工程施工单位采用的计算理论，其计算结果与施工中实际的数值，有不少出入较大，尽管有二次冷冻的影响因素，但同时也存在有些边界条件、安全系数可能不适应，冷冻过分、积极冻结工期长，桩中心3根冷冻管也显得多余等问题。

(3)大体积混凝土中水化热与冷冻低温平衡问题尚未解决。大体积混凝土中水化热的多少、散发情况，与周边孔壁低温影响，如何保持一定温差，使混凝土强度增长不受影响等问题，均未深入研究，甚至还未找到合适的理论，有待进一步完善。

冷冻法应用于桥梁水下大口径桩基施工是一种新方法、新工艺，它具有不少的优点，符合少花钱多办事、办好事的原则，对工程建设十分有利。如果能进一步研究、解决存在的问题，它是一种有推广价值、有应用前途的好方法，今后将会得到广泛的采用。

第七章　沉管灌注桩

第一节　概　述

沉管灌注桩是将底部套有预制的钢筋混凝土桩尖或装有活瓣桩尖的钢管，用锤击或振动方法下沉至要求的入土深度后，在钢管内安放钢筋笼再灌注混凝土，最后拔出钢管而形成。沉管灌注桩施工程序见图6.7-1。根据沉管所使用的机械和方法不同，将其分为锤击沉管灌注桩、振动沉管灌注桩和夯压成型沉管灌注桩三种。振动沉管灌注桩按使用的桩锤不同又可分为振动桩锤沉管和振动冲击桩锤沉管灌注桩。夯压成型沉管灌注桩又称内击式沉管灌注桩，可分为法兰基桩、无桩靴夯扩桩、外振内击沉管灌注桩。

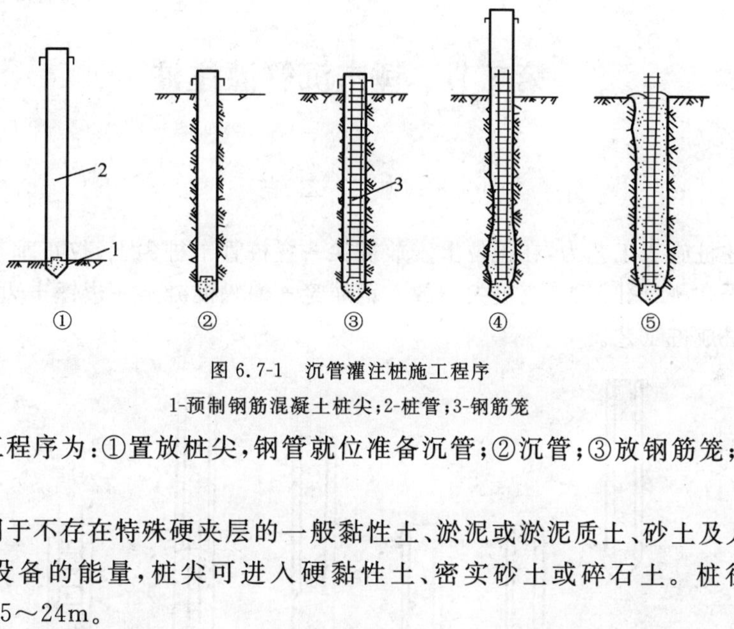

图6.7-1　沉管灌注桩施工程序

1-预制钢筋混凝土桩尖；2-桩管；3-钢筋笼

沉管灌注桩施工程序为：①置放桩尖，钢管就位准备沉管；②沉管；③放钢筋笼；④拔出钢管灌注混凝土；⑤桩制成。

沉管灌注桩适用于不存在特殊硬夹层的一般黏性土、淤泥或淤泥质土、砂土及人工填土等土层。根据所用打桩机具设备的能量，桩尖可进入硬黏性土、密实砂土或碎石土。桩径一般为ϕ300～ϕ700mm，桩长可达15～24m。

沉管灌注桩的优点：易于调整桩长以适应桩尖承载土层的高程变化，能避免预制桩因桩长过长打不下需要截桩、或桩长不够长需要现场接长的缺点；因桩管底部封闭，不受地下水的影响；桩内钢筋不是由操作或锤击应力来决定，可根据桩的受力条件，不配设通长钢筋骨架；可采用管内夯管冲压等方法形成桩底扩大桩等。沉管灌注桩是一种施工快速、经济效益高的桩型。但应注意的是，沉管灌注桩是工程事故频率较高的桩型之一，施工时必须经过试桩，制订防止缩颈、断桩等措施，确保工程质量。

沉管灌注桩的施工机具包括打桩机（打桩架）、桩锤、卷扬机、加压装置等、另需准备好桩管、桩尖或预制钢筋混凝土桩靴等。打桩机（打桩架）可采用专业打桩机或简易打桩机。桩锤可采用蒸汽锤、柴油锤、振动锤等。桩管可采用工厂焊制的直缝焊接钢管，焊接管的焊接必须采用对接，焊缝强度应达到与母材等强度的要求。桩尖有预制钢筋混凝土桩尖（图6.7-2）和活瓣式桩尖（图6.7-3）两种。预制钢筋混凝土桩尖穿透土层能力强，桩管内不易渗入水和泥浆，但每根桩需耗用一个预制钢筋混凝土桩尖。活瓣式桩尖制作必须坚固、耐用，接缝要严密，否则易渗入水和泥浆。普遍认为预制钢筋混凝土桩尖使用比较方便。

预制钢筋混凝土桩尖的混凝土抗压强度，一般不宜低于30MPa，钢筋为Ⅰ级钢。桩尖外径应比设计桩径大20mm，长500～800mm，锥形角度可根据土的软硬情况选用45°～60°。用于坚硬土层中施工的桩尖，应用环形钢板予以加强。

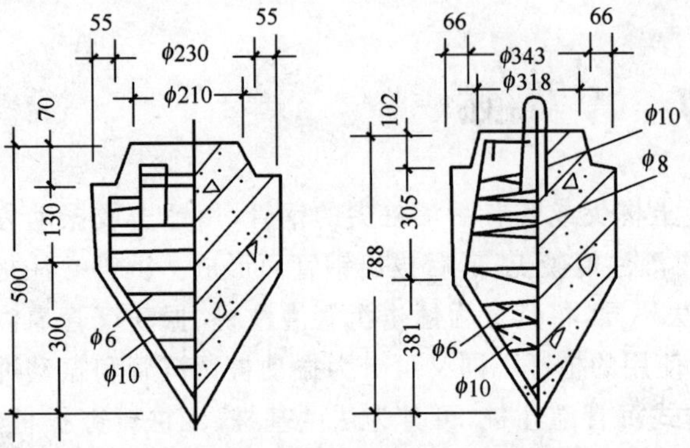

图 6.7-2　预制钢筋混凝土桩尖构造（尺寸单位：mm）

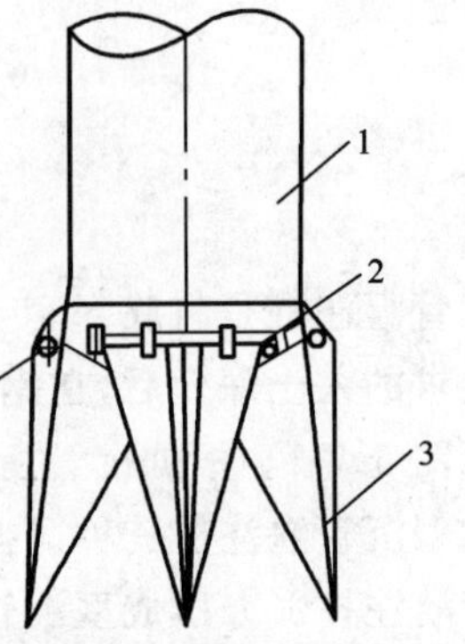

图 6.7-3　活瓣式桩尖

1-桩管；2-销轴；3-活瓣

第二节　锤击沉管灌注桩

一、施 工 工 艺

锤击沉管灌注桩施工工艺为：在桩位上安放桩尖→置桩管于桩尖上，校正垂直度→锤击桩管至要求的贯入度或高程→测量孔深、检查桩尖→放入钢筋笼→灌入混凝土→边锤击边拔出桩管。图6.7-4为锤击沉管灌注桩成桩工艺。

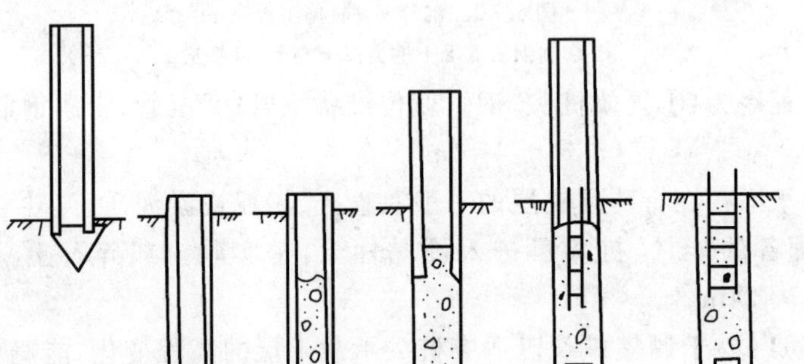

图 6.7-4　锤击沉管灌注桩成桩工艺

a)就位；b)锤击沉桩；c)开始灌注混凝土；d)边锤击，边成管，并连续灌注混凝土；e)下钢筋笼，并连续灌注混凝土；f)成型

1. 桩机就位

将预制钢筋混凝土桩尖对准桩位中心，置桩管于桩尖之上（或将带活瓣式桩尖的桩管对准桩位中心，并将活瓣式桩尖闭合），使桩机平稳，桩管竖直，随后将桩尖压入土中。要求地面大致平整，纵横坡度不宜大于5%。在浅水中施工时，需采用筑岛法，使岛面高出水面300mm，以便桩机在岛上就位。

2. 灌注隔水混凝土

为避免水从桩尖进入桩管，当桩尖就位入土后，先灌注0.1m^3混凝土（水灰比0.3左右），利用混凝土的重力顶住水和泥浆的渗入。为防止先灌的混凝土在管内凝固，必须在其初凝前，将桩管沉入到设计高程并开始拔管。必要时，应在先灌的混凝土内掺入缓凝剂。

3. 下沉桩管

开动沉桩锤，将桩管下沉。下沉速度视土质而定，一般砂类土每分钟下沉 2～3m，黏性土 1～2m，砂砾石或砾石土 1.0m 左右。当桩管下沉时，应保持位置正确，如有偏移或倾斜应立即纠正；若桩管下沉遇到障碍或发生回弹时，应立即停锤，查明情况并采取相应措施后方可继续施工。

4. 灌注混凝土

混凝土强度等级应按设计规定，混凝土坍落度和粗集料的粒径均应符合规范要求。拌和好的混凝土装入料斗中，吊到桩管进料口，徐徐倒入管中。灌入混凝土数量不得小于桩管体积的 1.1 倍。

5. 拔管

应在管中混凝土已灌筑 3.0m 以上后，才可开始拔管。在测得桩尖活瓣确已张开，混凝土已从桩管中流出以后，才可继续拔出桩管。拔管速度一般应控制在 1.0m/min 左右。拔管时应边锤击边灌料，并将桩管反复提上、沉下，使由上到下逐渐形成密实的混凝土桩体，而桩管亦逐渐拔出地面。在拔管过程中，桩管内应至少保存高约 2.0m 压头的混凝土，对于易坍塌的土，压头混凝土还应提高。桩管将要拔出地面时，桩管内还应有一定数量的混凝土，以保证桩顶混凝土质量。

二、锤击沉管灌注桩成桩方法

锤击沉管灌注桩的成桩方法可分为单打法、复打法和反插法三种。

1. 单打法

在桩管灌满混凝土后，开始边拔管边倒打或轻击，拔管速度在一般土层中以 1.0m/min 为宜，在软弱土层和软硬土层交界处以 0.3～0.8m/min 为宜。在拔管过程中，每拔起 0.5m 左右，则停拔 5～10s，但要保持倒打或轻击，如此反复进行直至将桩管拔离地面为止。单打法施工速度快，混凝土用量也较小，适用于含水率较小的土层。

2. 复打法

采用单打法施工完成后，再把活瓣桩尖闭合起来，在原桩孔位置上第二次沉下桩管，将未凝固的混凝土向四周挤压，然后进行第二次灌注混凝土和拔桩管，此法能使桩径增大，可在单打法不能满足承载力要求时采用。

3. 反插法

拔管时，桩管每向上拔出 0.5～1.0m，便向下反插约 0.3～0.5m，如此反复进行，并始终保持倒打或轻击，直到桩管全部拔出地面，或高出于地下水位 1.0～1.5m 以上。控制拔管速度不得大于 0.5m/min。在桩尖处约 1.5m 范围内宜多次反插，以扩大桩的端部断面。反插法能使桩的截面增大，从而提高桩的承载力，宜在饱和土层中使用。

三、锤击沉管灌注桩的施工要求

(1)沉管至设计高程后，应立即灌注混凝土，尽量减少间隔时间。灌注混凝土之前，必须检查桩管内有无吞桩尖或进泥、进水的现象。

(2)当桩身配钢筋笼时，第一次混凝土应先灌至钢筋笼底高程，然后放置钢筋笼，再灌混凝土。当用长的桩管打设较短的桩时，混凝土量可一次灌足。打长桩时，灌入桩管内的混凝土应尽量灌满。第一次拔管高度应控制在能容纳第二次所需灌入的混凝土量为限，不宜拔得过高，应保证桩管内有不少于 2.0m 高的混凝土。在拔管过程中应设专人用线锤或浮标检查管内混凝土的下降情况。

(3)拔管速度应均匀平衡，对一般土层以 1.0m/min 为宜，在软弱土层及软硬土层交界处应控制在 0.3～0.8m/min 以内。

(4)采用倒打拔管的打击次数,单动汽锤不得少于 50 次/min;自由落锤轻击不得少于 40 次/min。在桩管底部未上拔至桩设计标高之前,倒打或轻击不得中断。

(5)锤击沉管灌注桩的混凝土强度应按设计要求配置,混凝土坍落度和粗集料的粒径均应符合规范要求。每根桩施工的全过程,都应在混凝土初凝前完成。成桩后的桩身混凝土顶面高程应不低于设计高程 500mm。

(6)混凝土的充盈系数(实际灌注混凝土数量与理论计算需要灌注的混凝土数量之比)应设专人负责计算。当充盈系数小于 1.0 时,应立即采取措施进行补救,如采用全长复打等。对可能有断桩和缩颈桩时,应采用局部复打。全长复打桩的入土深度宜接近原桩长、局部复打桩的入土深度应超过断桩或缩颈区 1.0m 以上。

(7)全长复打桩施工时应遵守以下规定:

①第一次灌注混凝土应达到自然地面;

②应随拔管随清除黏在管壁上和散落在地面上的泥土;

③前后两次沉管的轴线应重合;

④全长复打桩施工必须在第一次灌注的混凝土初凝之前完成。

(8)应防止由于桩管入土时产生的挤土作用所引起的土体隆起和水平位移。当桩的中心距小于桩管外径的 6.3 倍时,桩管的施打,必须在邻桩的混凝土初凝以前完成。否则,应实行跳打,其间空出的桩,需待混凝土达到设计强度的 50%以后,方可施工。

第三节　振动沉管灌注桩

一、振动沉管灌注桩施工工艺

振动沉管灌注桩是利用振动桩锤产生的垂直定向振动,激发土壤发生共振,从而引起土体局部破坏,利用振动锤、桩管自重,使桩管沉入土中,然后灌注混凝土而成。与锤击沉管灌注桩相比,振动沉管灌注桩更适合于在稍密及中密的碎石土地层中施工。振动沉管灌注桩又可分振动沉管与振动冲击沉管两种施工工艺,它们不同之处仅仅是前者用振动桩锤沉桩,后者用振动冲击桩锤沉桩。为叙述的方便将两者统称为振动沉管灌注桩,成桩工艺过程见图 6.7-5。

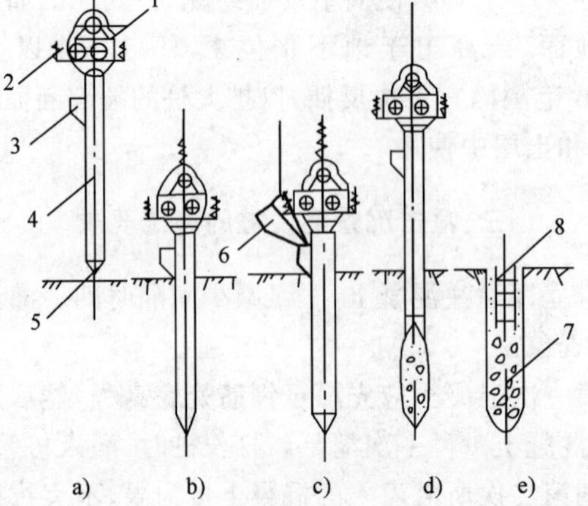

图 6.7-5　振动沉管灌注桩成桩工艺

a)桩机就位;b)沉管;c)上料;d)拔出桩管;e)灌注好的混凝土顶部插入钢筋

二、振动沉管灌注桩成桩方法

振动沉管灌注桩可分为单振法、复振法和反插法三种。

1.单振法

在桩管灌满混凝土以后，开动振动锤，先振动5～10s后再开始拔管，边振动边拔桩管。在拔管过程中，每拔起0.5m左右，停拔5～10s，但要保持振动，如此反复直到将桩管拔离地面为止。单振法施工速度快，混凝土用量也较小，适用于含水率较小的土层。

2.复振法

单振法施工完成后，再把活瓣式桩尖闭合起来，在原桩孔位置上第二次沉下桩管，将未凝固的混凝土向四周挤压，然后进行第二次灌注混凝土和振动拔管。此法将使桩径增大，可在单振法不能满足桩承载力要求时采用。

3.反插法

拔管时，桩管每拔出0.5～1.0m，便向下反插约0.3～0.5m，如此反复进行，并始终保持振动，直至桩管全部拔出地面，或高出于地下水位1.0～1.5m以上。拔管速度不得大于0.5m/min。在桩尖处约1.5m范围内应多次反插，以扩大桩的端部断面。反插法能使桩的截面增大，从而提高桩的承载力，宜在饱和土层中采用。

三、振动沉管灌注桩施工要求

振动沉管灌注桩和振动冲击沉管灌注桩的施工要求可按锤击沉管灌注桩的施工要求执行，但对于单振法施工和反插法施工还应遵守下列规定：

1.对于单振法施工

(1)必须严格控制最后30s振动时的电流、电压，其值应按设计要求或根据试桩和当地经验确定。

(2)桩管内灌满混凝土后，先振动5～10s，再开始拔管，应边振动边上拔桩管，每上拔0.5～1.0m时停止上拔桩管并保持振动5～10s；如此反复进行，直至桩管全长拔出。

(3)在一般土层内，拔管速度宜为1.2～1.5m/min，用活瓣式桩尖时宜慢，用预制桩尖时可适当加快；在软弱土层中，宜控制在0.6～0.8m/min。

2.对于反插法施工

(1)当桩管灌满混凝土之后，先振动再拔管，每次拔管高度0.5～1.0m，反插深度0.3～0.5m；在拔管过程中，应分段添加混凝土，保持管内混凝土面始终不低于地表面，或高于地下水位1.0～1.5m以上。拔管速度应小于0.5m/min。

(2)在桩尖处的1.5m范围内，应多次反插以扩大桩的端部断面。

(3)穿过淤泥夹层时，应当放慢拔管速度，并减少拔管高度和反插深度，在流动性淤泥中不宜使用反插法。

第四节　夯压成型沉管灌注桩

夯压成型沉管灌注桩又叫内击式沉管灌注桩，可分为福兰克桩、无桩靴夯扩桩、外振内击沉管灌注桩。

一、福 兰 克 桩

福兰克桩施工时，用卷扬机提升圆柱形钢质内冲重锤，在管内冲击碎石，带动桩管破土下沉，直至达到设计要求的贯入度或深度，然后将桩管向上吊起少许，用重锤将桩管内已破碎岩土挤出管外，随即灌入混凝土，夯击扩大头，放置钢筋笼，浇灌混凝土，边夯击边拔桩管而成桩，其施工程序见图 6.7-6。由于这种桩是福兰克集团经营了几十年的专利桩型，故称“福兰克桩”。

二、无桩靴夯扩桩

1.无桩靴夯扩桩的施工过程

锤击内夯管及外套管，使其沉入到设计深度，夯扩部分灌入干硬性混凝土，外套管上拔到设计规定高度，锤击内夯管，将管内混凝土挤出管外，抽出芯管，安放钢筋笼，浇筑混凝土，边上拔内夯管边加压，直至拔出地面而成桩。夯扩桩机可采用锤击沉管灌注桩机并加以改造，即经改装增加机架的刚度和拔桩力。另增加一根与外套管一样长的内夯管，如外套管采用 ϕ325mm 或 ϕ377mm 钢管，则内夯管采用 ϕ219mm 钢管，其下部增设一个 ϕ285mm 或 ϕ340mm 的夯锤头。内夯管的上端固定在柴油打桩锤的底座下端，并连成一体，或沿机架导轨自由上下移动。要求内夯管下端的夯锤头与外套管之间的间隙尽量小，但又要使内夯管在外套管内活动自如，同时还要求内外管不弯曲，外套管内径一致，内夯管有足够的强度和刚度。在夯扩桩施工时，不产生弯曲和变形。无桩靴夯扩桩施工顺序见图 6.7-7。

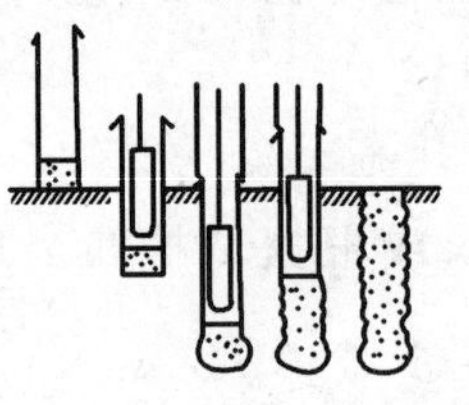

图 6.7-6 福兰克桩施工程序示意图

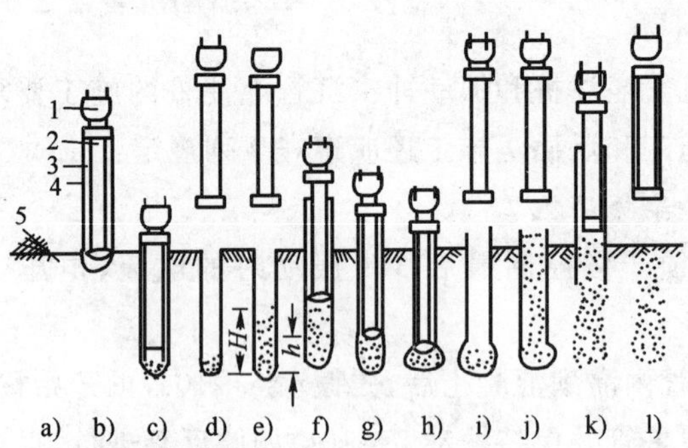

图 6.7-7 无桩靴夯扩桩施工顺序图

1-柴油锤；2-加颈圈；3-内夯管；4-外管；5-干硬性混凝土

a)放干硬性混凝土；b)放外管；c)锤击；d)抽出内管；e)灌入部分混凝土；f)放入内管；g)锤击；h)内外管沉入设计深度；i)拔出内管；j)灌满桩身混凝土；k)上拔外管；l)拔出外管，成桩

2.无桩靴夯扩桩施工顺序

(1)在地表桩位上安放 3～5 铁锹干硬性混凝土，将内夯管插入外套管以内，对准桩位，锤击内夯管及外套管，使其沉入到设计深度。

(2)拔出内夯管，检查外套管内是否有泥、水，当有水时，投入填料后插入内夯管再锤击。

(3)灌入夯扩部分的干硬性混凝土，灌注数量以夯扩头的体积为准。

(4)将外套管上拔至设计规定高度。

(5)插入内夯管锤击夯扩，将管内混凝土挤出管外，连同外套管沉至设计桩长深度，夯扩后若发现贯入度过大，可投料继续夯扩直至满足设计要求。

(6)插出芯管，安放钢筋笼，浇筑混凝土，拔管。混凝土的灌注量，必须满足桩身混凝土体积，并高出钢筋笼顶 30～50cm。如果数量不足，可待外套管拔出一定高度后，补浇混凝土。

(7)外套管拔起一定高度后(不少于1.5m),插入内夯管,放松起锤钢丝绳,使桩锤、桩帽和内夯管的质量都压在管内混凝土面上。拔起外管,边拔边压,直至拔出地面,桩即施工完成。如果为素混凝土,可采用二次、三次夯扩。

无桩靴夯扩桩,将锤击力直接传递给桩端现浇混凝土,并向四周挤入土中,桩端地基土被夯实挤密,地基土承载力亦有所提高;单桩承载力比沉管灌注桩、等截面的钢筋混凝土预制桩有较大幅度提高。

三、外振内击沉管灌注桩

外振内击沉管灌注桩集中了法兰基桩和振动沉管灌注桩两者的优点。利用振动桩锤和内击桩锤的共同作用来沉管,达到设计持力层后,再用内击桩锤对桩端进行夯扩处理,然后吊入钢筋笼,灌注混凝土,振拔桩管成桩。该施工工艺具有穿透力强,施工速度快等优点。外振内击沉管灌注桩施工过程(见图6.7-8)为:测定桩位→埋放预制混凝土桩尖→在桩尖上制作干硬性混凝土垫层(200mm厚)→桩机定位→外振内击沉管至设计持力层→振动桩锤停振、内击桩锤锤击桩尖至进一步夯实加密桩端土→吊放钢筋笼→灌注桩身混凝土→振动拔管成桩。

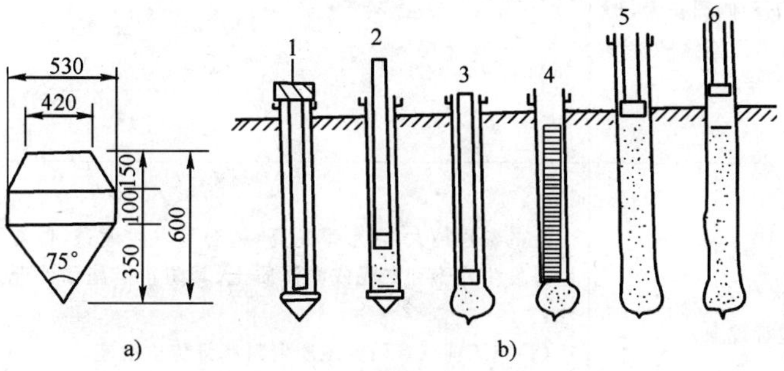

图6.7-8　外振内击沉管灌注桩

a)内管下端的桩尖(用于桩径510mm);b)施工顺序

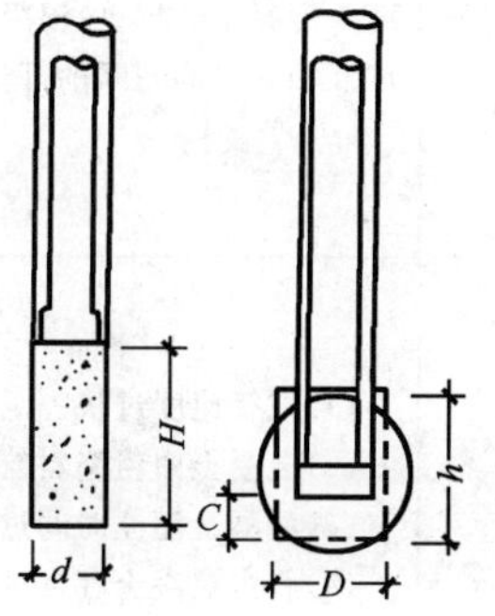

图6.7-9　桩端夯扩头平均直径估算

四、桩端夯扩头平均直径估算

桩端夯扩头平均直径可按下列公式估算(见图6.7-9)。

一次夯扩
$$D_1=d_0\sqrt{\frac{H_1+h_1-C_1}{h_1}} \tag{6.7-1}$$

二次夯扩
$$D_2=d_0\sqrt{\frac{H_1+H_2+h_2-C_1-C_2}{h_2}} \tag{6.7-2}$$

式中:D_1、D_2——第一次、第二次夯扩头的平均直径;

d_0——外管内径;

H_1、H_2——第一次、第二次夯扩工序中,外管中灌注混凝土的高度(从桩底算起);

h_1、h_2——第一次、第二次夯扩工序中,外管上拔高度(从桩底算起),可取$H_1/2$、$H_2/2$;

C_1、C_2——第一次、第二次夯扩工序中,内外管同步下沉至桩底的距离,可取C_1、C_2值为0.2m。

五、沉管灌注桩施工中的问题及相应措施

沉管灌注桩施工中可能发生的问题、原因及相应措施见表6.7-1。

沉管灌注桩施工可能发生的问题、原因及相应措施　　表 6.7-1

发生的问题	产 生 原 因	相 应 措 施
1. 断桩	(1)受邻桩施工或受其他机械运动产生的振动、挤压造成断桩,裂缝为水平或微斜向,一般贯通桩的全截面。 (2)邻桩施工的挤土,使土体发生水平位移和地面隆起,给桩以向上拉力和水平剪力,尤其是同一承台内布桩较多、桩距较密,其效应更为明显。由于表面超固结土层和软弱下卧土层的差异,使地面隆起增大,越是硬的土层,位移量越大;越接近浅层,土越易隆起。所以断桩位置一般在软硬土层交界处,位于地面下 1～3m 左右。 (3)拔管灌注混凝土时,混凝土的配合比、和易性不适当,提拔管速度过快而产生断桩。 (4)在含水率很高($w>60\%$)的淤泥中沉管,由于沉管时和拔管时的振动,使本来强度很低的软土发生蠕动(呈可流动状态,即泥糊状),这种泥糊状的土层支承不了新灌入混凝土的自重,混凝土在泥糊里向下和四周扩大,形成互相脱节的间断的灯笼形或藕节形而不是连续的桩形	(1)桩的中心距以大于 3.5d(d 为桩的直径)为宜。混凝土终凝后不久,应避免振动和外力的干扰。 (2)正确安排打桩顺序,同一承台的桩应一次性连续打完,使其在邻桩未达到初凝前全部完成。当需在初凝后的邻桩附近打桩时,应采取跳打或控制作业时间的方法施工。设法避开或减轻对邻桩的影响。 (3)沉管时,为了减轻地表面的振动,为此桩管在入土施打时应轻微加压,减小振动能量以减小对邻桩的影响。 (4)桩中设置钢筋笼,不但可以增加桩的水平抗力,而且对防止断桩也是极为有益的。 (5)原因中 d 项所述情况应考虑改换别的施工方法如打预制桩等
2. 缩颈桩	(1)拔管速度过快。 (2)混凝土中粗集料粒径过大或混入大块石头。 (3)混凝土灌注时间过快,产生所谓饱管现象。 (4)管内混凝土存量过少,出管扩散差。 (5)上下土层条件不同,混凝土的凝固速度也不同,导致桩身在上下段临界之间缩颈。 (6)靠近地面,桩管的摩阻力变小,拔管速度容易变快,而混凝土在管内的自重压力逐渐变小,混凝土也就越不容易流出管外,这也是桩缩颈常发生在地面下 1～3m 处的原因之一	土的黏性越大、含水率越高,越容易发生缩颈,最常见的是发生在饱和淤泥或淤泥质土,其防止措施和处理方法: (1)施工前认真研究地质资料制订防止措施。 (2)采用慢拔密击,慢拔密振,拔管速度一般控制在每拔出 20～30cm,振动 16～20s;靠近地面处,视上层情况再适当放慢。 (3)采用复打法可有效地防止缩颈。 (4)管内混凝土表面必须略高于地面,保持有足够的自重压力,以使混凝土出管扩散正常。 (5)设专人测定混凝土落下情况,发现缩颈时及时纠正
3. 泥水夹层桩	(1)管内进水或进泥沙,常见于地下水位高、含水率大的淤泥和粉砂土层。 (2)活瓣式桩尖不严密,使桩管内进水、进泥、造成桩端混凝土离析或夹泥。 (3)桩锤或振动锤的能量过小,造成沉桩时间过长以及沉管后停留时间过长,地下水渗入管内,使桩端混凝土离析、分散。 (4)活瓣式桩尖缝隙大,预制桩尖与桩管接口处软垫不紧密,或预制桩尖被击碎或沉管时碰上孤石,桩尖转动,泥水进入桩管	(1)施工前检查桩尖活瓣并拢严密情况,防止因不严而进水、进泥。 (2)沉管后如果管内进水进泥很少、可先倒入水泥一袋吸干水分然后再灌入混凝土。 (3)沉管后如果管内泥水很多、超过规定,则需拔出桩管,灌满砂、石再进行复打。 (4)若地下水位量大、桩管沉到地下水位时,可用水泥砂浆灌入管内 0.5m 进行封底,并再灌入混凝土 1m,然后再进行沉桩。使用预制桩尖时要严格检查桩尖质量,其强度一定要符合规范要求。 (5)拔管时用锤轻击或密振。均匀慢拔,在通过特别软弱土层时,可适当停拔进行密击或密振,但不要停留过久,否则混凝土会塞住管不下落。拔管速度不宜超过 0.8m/min

续上表

发生的问题	产生原因	相应措施
4. 吊脚桩	桩底的混凝土悬空或混进泥沙形成软弱底层，其原因为： (1)拔管时活瓣式桩尖没有打开或者没有完全打开，沉管内混凝土不能完全充分流出管外，造成桩端的混凝土悬空。 (2)拔管时混凝土底部有泥沙，形成松散软层。 (3)预制桩尖的混凝土质量差、强度不足，被锤击碎后进入桩管内，初拔管时振动不够，桩尖未压出来，拔至一定高度后，桩尖才落下，但卡在硬土层中，不到底，或桩尖被打碎缩入桩管内，泥沙与水挤入管中，没有发觉，灌注混凝土后形成吊脚桩	(1)沉管前检查桩尖活瓣活动是否自如，并检查是否严密。检查预制桩尖的强度和规格，防止桩尖压入管内。 (2)沉桩管到设计高程后，应用线坠检查桩尖是否缩回管内。若桩尖缩回桩管内，应及时拔出桩管纠正，或在桩孔内回填砂石后重新沉桩管；如混凝土离脚较高才落下，亦应重新拔出后沉管。 (3)采用活瓣式桩尖灌注第一斗混凝土时，提管 0.5m 左右，使活瓣桩尖打开。如提管离脚，混凝土仍不下落时，即应停止提管，多振或密击，使混凝土落下。 (4)在距桩端 2m 左右处提管时应进行反插，每提 0.5m、反插 0.3m，往返多次，消除吊脚桩，以后则可正常拔管
5. 混凝土扩散量大	在桩管内灌注的混凝土量比正常情况大得多，达 1～2 倍以上。这种现象的发生，多数是遇到淤泥或淤泥质土，沉桩时受扰动触变性大，破坏了原来的结构，呈液态化，强度很低，经不起混凝土的侧压，而使桩身扩大，此时不但多耗用混凝土，如不注意，还会形成前述的不连续灯笼式的桩，造成质量事故	一般在软土地基中，混凝土灌入量比以桩管外径计算的体积增加 20%～30%是正常的，个别增加 40%～50%也是允许的，但如果增加更多甚至 1 倍以上，则不但浪费工料和时间，而且质量难于保证。此时宜与设计单位共同研究改用其他形式的桩
6. 卡管	此类事故多发生于使用活瓣式桩尖的桩管： (1)沉管时穿过较厚的硬夹层。 (2)沉管时间过长，如果超过 40min 就很难拔管。 (3)活瓣铰链凸出桩管外径过多	(1)发现有卡管现象时，应在夹层处反复抽动 2～3 次，然后拔出桩管、扎好桩尖，再重新打入。 (2)争取时间尽快灌注混凝土后，立即拔管。 (3)施工前，应对活瓣式桩尖作检查，修去凸出部分
7. 桩身有隔层	桩身中部悬空或有泥水隔断，以钢筋混凝土桩为多见。其主要原因为：桩管管径小、粗集料过大，混凝土和易性差，拔管速度过快	(1)拔管时应密锤慢拔，拔管速度不大于 1m/min，在淤泥中不大于 0.8m/min。 (2)发现有隔层后，应采用复打法处理
8. 桩身混凝土不密实	振动桩锤的工作电压、电流小，激振力不够	控制电压电流，要保证使桩机正常运转的工作电压和使桩锤产生足够激振力的电流。40kW 或 45kW 的振动锤、电流要达到 70～80A 以上；DZC-26 型振动锤电流值要达到 50～55A

第八章 冲孔灌注桩

第一节 概 述

一、基 本 原 理

冲击钻进成孔是采用冲击式钻机或用卷扬机带动一定质量的冲击钻头(或称为冲锥),在一定的高度内周期性地作自由落体运动,冲击破碎岩层或冲挤土层形成桩孔,再用捞渣筒或泥浆循环等方法将岩屑钻渣排出的成孔方法。每次冲击破碎之后,冲锥在钢丝绳转向装置带动下转动一定的角度,从而使桩孔形成规则的圆形断面。

二、适 用 范 围

泥浆护壁钻孔灌注桩适用于地下水位以下的回填土、黏性土、粉土、砂土、碎(砾)石土及风化岩层以及地质情况复杂、夹层多、风化不均、软硬变化较大的岩层;冲孔灌注桩除适应上述地质情况外,还能穿透旧基础、大孤石等障碍物,适用于岩溶发育岩层、裂隙发育的地层、人工填石层,但在岩溶发育地区应慎重选用。

三、特 点

(1)用冲击方法破碎岩土尤其是破碎有裂隙的坚硬岩土和大的卵砾石所消耗的功率小、破碎效果好。同时,在冲击土层时的冲挤作用形成的孔壁较为坚固,相对减少了破碎体积。

(2)和回转钻进相比,当设备功率相同时,冲击钻进能施工较大直径的桩孔。

(3)冲击钻进时,孔内泥浆一般是不循环的,泥浆只起悬浮钻渣和保持孔壁稳定的作用,泥浆用量少、消耗小,也可利用泥浆排渣。

(4)冲击钻进设备操作简易,钻进参数容易掌握,设备移动方便,机械故障少。

第二节 施工机械与设备

一、冲击钻机分类

国内外常用的冲击钻机可分为钻杆冲击式和钢丝绳冲击式两种,后者应用更为广泛。钢丝绳冲击钻机又可大致分为两类:一类是专门用于冲击钻进的钢丝绳冲击钻机;一类是由带有离合器的双筒或单筒卷扬机配制桩架和钻头组成的简易冲击钻机。卷扬机提升力宜为钻头质量的 1.2～1.5 倍。CZ-2 型冲击钻外形及简易冲击钻分别如图 6.8-1 及图 6.8-2 所示。

二、冲 击 钻 具

冲击钻具主要包括冲击钻头(冲锥)、钢丝绳接头(转向装置)、钢丝绳、抽筒、捞渣筒)和打捞工具。

1. 冲锥

常见的冲锥有一字形、十字形和圆形冲锥。实际施工时，应针对地层情况和成孔要求进行选择。目前较多采用带圆弧的十字型冲锥，如图 6.8-3 所示。为便于打捞，应在钻头上预设打捞环、打捞杠、打捞套。

不同土质钻头的参数可依表 6.8-1 选用。

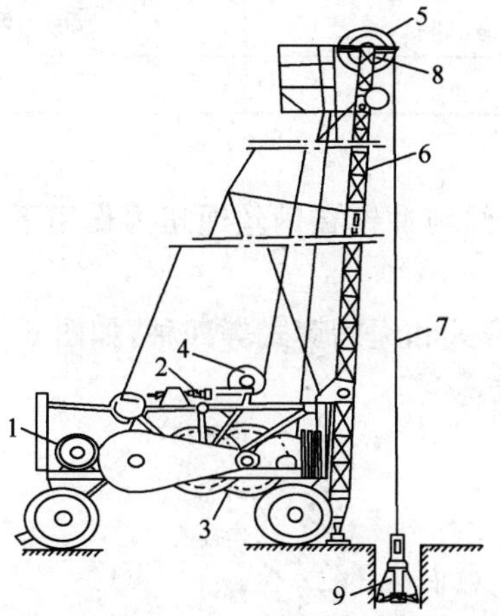

图 6.8-1　CZ-22 型冲击钻示意图

1-电动机；2-冲击机构；3-主轴；4-压轮；5-钻具天轮；6-桅杆；7-钢丝绳；8-抽筒天轮；9-钻头

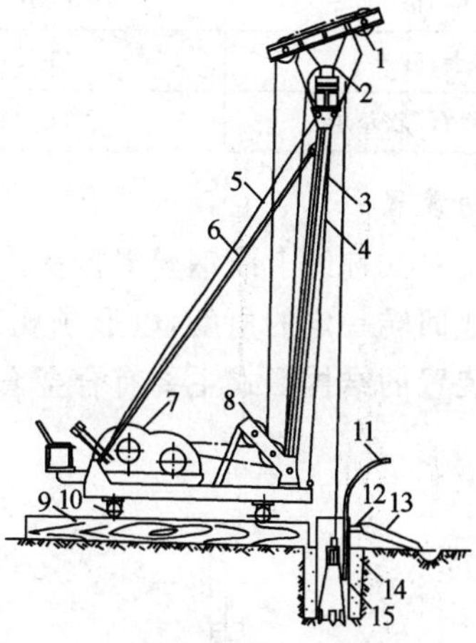

图 6.8-2　简易冲击钻机示意图

1-副滑轮；2-主滑轮；3-主杆；4-前拉索；5-后索拉；6-任意撑；7-双滚卷扬机；8-导向轮；9-垫木；10-钢管；11-供浆管；12-溢流口；13-泥浆渡槽；14-护筒回填土；15-钻头

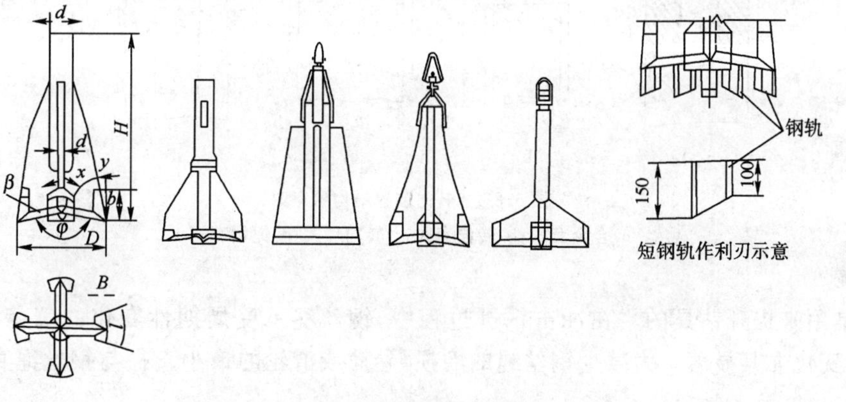

图 6.8-3　十字型钻头示意图

不同土质钻头的参数表　　表 6.8-1

土　质	α(°)	β(°)	γ(°)	φ(°)
黏土、细砂	70	40	12	160
堆积层砂卵石	80	50	15	170
坚硬漂卵石	90	60	15	170

冲锥的设计原则是：根据地层的特点，在充分发挥冲击作用的同时，兼顾孔壁的圆整。根据近几年的施工经验，冲锥的质量可由下式计算确定。

$$m=P\times L/g \tag{6.8-1}$$

式中：m——冲锥质量(kg)；

P——线压力(N/m)；

L——冲击刃脚底刃总长度(cm)；

g——重力加速度(m/s^2)。

线压力 P 视地层、桩孔直径和冲锤类型的不同而不同。带圆弧十字形冲锤的线压力可参见表 6.8-2。

带圆弧十字型冲锥刃脚线压力参考表 表 6.8-2

地 层 情 况	线压力(N/cm)	地 层 情 况	线压力(N/cm)
黏土、砂土	60～80	大漂石、卵石、硬岩	100～120
砂砾卵石、软基岩	80～100		

2. 转向装置

转向装置又称绳卡或钢丝绳接头，它的作用是连接钢丝绳与冲锥在钢丝绳扭力作用下，每冲击一次能自动地回转一定的角度，以形成规整的圆形桩孔。

转向装置的结构形式主要有合金套式、转向套式、转向环式和绳帽套式等四种，如图 6.8-4 所示。

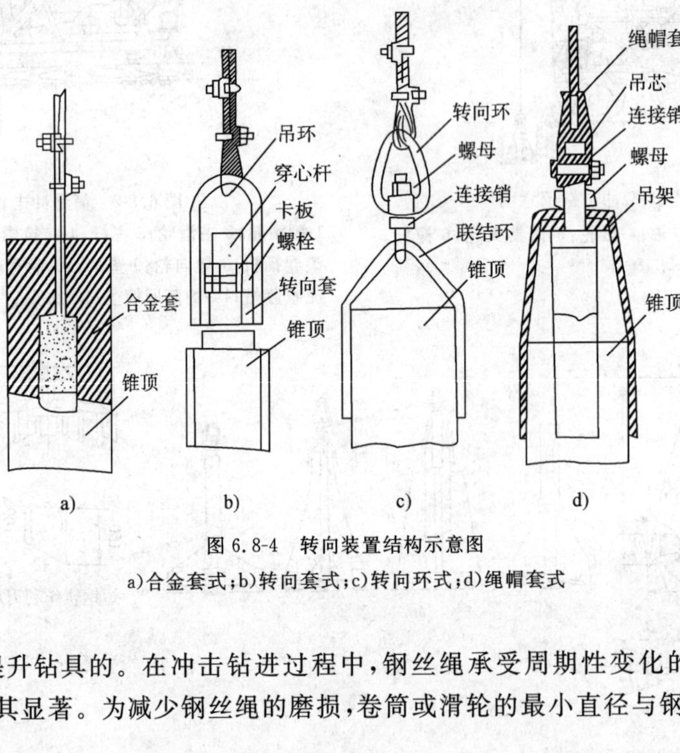

图 6.8-4 转向装置结构示意图

a)合金套式；b)转向套式；c)转向环式；d)绳帽套式

3. 钢丝绳

钢丝绳是用来提升钻具的。在冲击钻进过程中，钢丝绳承受周期性变化的负荷，当操作不正常时，这种负荷变化尤其显著。为减少钢丝绳的磨损，卷筒或滑轮的最小直径与钢丝绳直径之比不应小于 12～18。

钢丝绳应选用优质、柔软、无断丝者，且其安全系数不得小于 12。连接吊环处的短绳和主绳(起吊钢丝绳)的卡扣不得少于 3 个。在钢丝绳与吊环弯曲处应安装槽形护铁(俗称马眼)，以防扭曲及磨损。

4. 捞渣筒

捞渣筒的主要作用是捞取被冲击钻头冲碎后的孔内钻渣。在适宜地层，捞渣筒也可直接用来冲击破碎地层并同时捞取孔内钻渣使冲击破碎和捞渣两道工序结合起来同时进行。捞渣筒冲击钻进适用于黏性土层、砂层、砾石层和部分粒径较小的卵石层，并能提高钻进效率。

捞渣筒主要由提梁、管体、阀门和管靴等组成，如图 6.8-5所示。

5. 打捞装置及打捞工具

在钻头上部应预设打捞杠、打捞环或打捞套等打捞装置，以便掉钻时可用打捞夹、打捞勾、冲抓锥立即打捞，卡钻时可使用打捞勾助提，如图 6.8-6 所示。

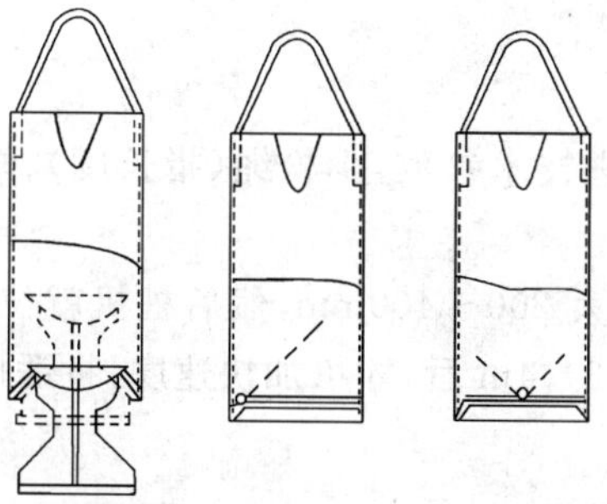

a) b) c)

图 6.8-5 捞渣筒结构示意图

a)碗形活门;b)单扇活门;c)双扇活门

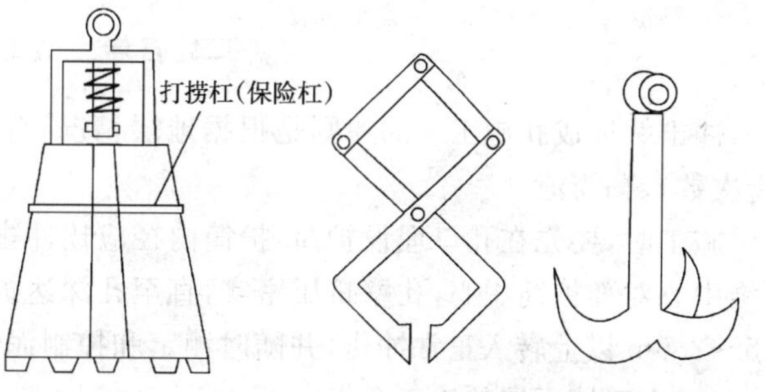

a) b) c)

图 6.8-6 打捞装置及打捞工具

a)打捞杠;b)打捞夹;c)打捞勾

三、浇筑混凝土的主要机具

水下混凝土浇筑采用较多的是导管法,即将密封连接的钢管作为水下混凝土的浇筑通道。

1.导管

导管是浇筑水下混凝土的主要机具,应具有足够的强度、刚度和良好的密封性。通常采用壁厚4~6mm的钢板卷成或用无缝钢管制作。导管内径的选择应根据桩径的大小确定。导管灌注半径与导管内径、混凝土拌和物保持流动性指标和导管埋深有关。一般内径为ϕ200~ϕ300mm的导管,灌注半径为2~3m,内径为ϕ300~ϕ350mm的导管,灌注半径可达到4.0m以上。

2.隔水塞

隔水塞一般采用C20混凝土制作,要求隔水性能良好,能从管内顺利排出。隔水塞也可用硬木制成球状,在球的直径处钉上橡胶圈,表面涂上润滑油脂,使球塞下落顺畅。

四、清孔设备

1.空压机清孔

主要设备是空压机,一般选用风量6~9m^3/min、风压0.7MPa的空压机即可;出水管通常用内径ϕ100~150mm左右的钢管制作。

2.泥浆循环法排渣、清孔

主要设备是泥浆泵,泥浆泵的选择一般应考虑流量、压力、功率等。

第三节 施工工艺

一、冲孔灌注桩工艺流程

冲孔灌注桩工艺流程见图6.8-7。

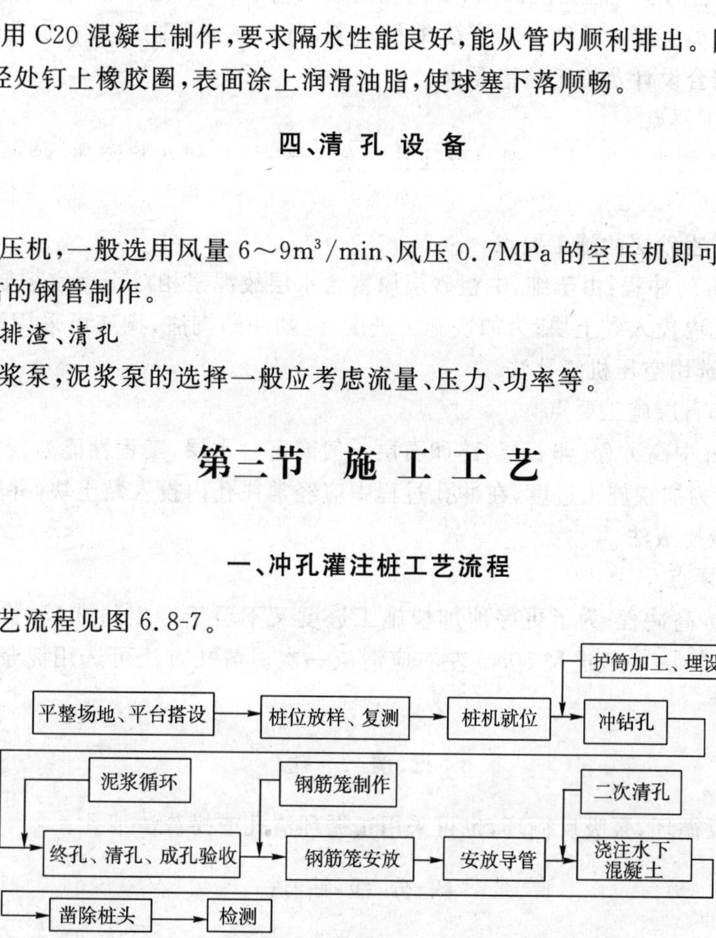

图 6.8-7 冲孔灌注桩工艺流程

二、各岩土层的施工要点

冲击钻进成孔施工总的原则是根据地层情况，合理选择钻进技术参数，少松绳（指长度）、勤松绳（指次数）、勤捞渣。

施工时，要先在孔口埋设护筒，护筒内径应比冲击钻头直径大200～400mm，然后桩机就位，使冲击锥中心对准护筒中心，孔壁挤压密实，直至孔深达护筒底以下3～4m后，才可加快速度，将锤提高到1.5～2.0m以上转入正常冲击，并随时测定和控制泥浆密度。

(1)人工填石层的施工要点

一般采用2～3m的冲程，由于人工填石层的填料粒径相差很大，致使人工填石层中孔洞有的很大，用通常的泥浆护壁法无法使孔内泥浆高程保持稳定，所以首要问题是堵住人工填石层的孔洞，常用的方法有：①随时跟进护筒；②在冲孔之前先灌注水下混凝土，使混凝土流入人工填石层中的空洞将空洞堵住；③在冲孔的同时随时往孔内填入足量的软—可塑状淤泥或可塑—硬塑状黏性土。同时，为了不发生斜孔，需要控制好泥浆相对密度，一般宜为1.2～1.3；在此类土层中冲孔时应尽量减少清渣次数，尽量使冲击渣挤入填石层的孔洞内。

(2)人工填土或塌孔回填重钻的施工要点

通常采用小于1m的小冲程反复冲击，并在冲孔过程中经常向孔内投入黏土块；泥浆密度宜控制在1.3～1.5。在此类岩土层冲孔时，应尽量减少掏渣次数，尽量使冲渣挤入孔壁。

(3)流塑—软塑状淤泥的施工要点

一般采用1m左右的小冲程，冲孔时只要向孔内泵入清水即可，遇黏钻时向孔内添加少许碎石块、碎石等外掺物。在此类土层冲孔往往会产生缩径现象，所以在成孔同时或在成孔之后要采用下护筒的方法来保证孔径符合设计及施工规范要求。

(4)黏土层的施工要点

通常采用1～2m的中小冲程，一般只要往孔内泵入清水，自然造浆浮渣、护壁。为防止黏钻可投入碎石块、碎石。

(5)粉砂及细、中粗砂层的施工要点

通常采用2～3m的冲程：由于细、中粗砂层属富含水层故泥浆相对密度宜控制在1.3～1.5；在冲孔过程中应经常往孔内投入黏土块；为加快施工进度，应勤冲勤掏渣；掏渣可采用泥浆循环法，也可采用捞渣法，一般不宜选用空压机清孔法。

(6)卵石层、碎卵石层施工要点

通常采用2～4m中高冲程，卵石层、碎卵石层一般属富含水层，工程性能亦较好，故泥浆相对密度宜控制在1.3～1.5；为加快施工进度，在冲孔过程中应经常往孔内投入黏土块，并勤冲勤掏渣，掏渣方法选用泥浆循环法或捞渣法。

(7)基岩的施工要点

通常采用3～4m高冲程；为了更好地加快施工进度又不至于产生斜孔，泥浆相对密度宜控制在1.2～1.3；在基岩中冲孔，一般进尺50cm左右应清渣一次。清孔方法可选用泥浆循环法、捞渣法、也可选用空压机清孔法。

三、清　孔

通常采用气举反循环，泵吸反循环，也可采用正循环清孔或捞渣法清孔。

四、分级钻进

在基岩中施工直径较大的桩孔，由于设备能力所限，一次成孔往往使钻头损耗大、作业时间长、钻进效率低，因此需要分成二级或更多级进行扩孔钻进。

如分三级钻进，则第一级成孔面积约占总断面积的40%～50%，第二级成孔面积约占总断面积的25%～35%，第三级成孔面积一般只占总断面积的15%～25%。

如分二级钻进，则第一级成孔面积占总断面积的60%～80%，第二级为20%～40%。

五、桩孔质量检测

1. 孔径检测

为保证成孔桩径满足设计桩径要求，每钻进4～5m应检孔一次，在更换钻头前或容易缩颈处，均应检孔；在桩孔成孔后，下钢筋笼之前必须进行桩孔检测。检孔器可用钢筋焊制，直径与设计桩径相同，长度一般取直径的3～4倍。检测时，将检孔器吊起，使笼的中心、孔的中心与起吊钢丝绳保持一致，慢慢放入孔内，上下通畅无阻表明孔径大于设计桩径；若中途遇阻则有可能在遇阻部位有缩径或孔斜现象，应采取措施予以消除。

2. 孔深和孔底沉渣检测

孔深和孔底沉渣采用标准测锤检测。

3. 桩孔垂直度检测

垂直度一般检测方法为：在孔口沿钻孔直径方向设一标尺，标尺中点与桩孔中心吻合，量出钢丝绳至标尺中点距离 H；冲锥自孔口慢慢沉至孔底，读取冲锥中心（即钢丝绳中心）的偏距 c，再根据 $\tan\alpha = e/H$ 求得孔斜值。该法简便、可行，但精度较低。

4. 桩位检测

复测桩位时，桩位测点应选在新鲜桩头面的中心点，然后测量该点偏移设计桩位的距离。测量仪器应选用精密经纬仪或红外测距仪。

第四节　施工注意事项

冲击钻进应遵守以下一般规定：

(1)应控制钢丝绳放松量，勤放少放，防止钢丝因放松过多而减少冲程；放松过少则不能有效冲击，而形成"打空锤"，损坏冲击机具。

(2)用卷扬机施工时，应在钢丝绳上做记号控制冲程。冲击钻头到底后要及时收绳提起冲击钻头，防止钢丝绳缠卷冲击钻具或反缠卷筒。

(3)必须保证泥浆补给，保持孔内浆面稳定：护筒埋设较浅或表土层土质较差者，护筒内泥浆水头不宜过大；在冲击钻进阶段应注意始终保持孔内水位超过护筒底口0.5m以上，以免由于水位升跌波动造成对护筒底口处的冲刷，同时孔内水位高度应大于地下水位1m以上。

(4)一般不宜多用高冲程，以免扰动孔壁而引起坍孔、扩孔或卡钻事故。

(5)应经常检查钢丝绳磨损情况、卡扣松紧程度、转向装置是否灵活，以免突然掉钻。

(6)每次掏渣后或因其他原因停钻后再次开钻时，应由低冲程逐渐加大到正常冲程，以免卡钻。

(7)冲击钻头磨损较快，应经常检修补焊。

(8)大直径桩孔施工可采用分级扩孔。

(9)进入基岩后，每钻进100～500mm应清孔一次(非桩端持力层为300～500mm；桩端持力层为100～300mm)，以备终孔验收。

第五节　特殊地质条件的应对措施

一、孔底岩面倾斜或不平

遇孔内岩面不平或倾斜，应填入 20～30cm 厚的块石、卵石或灌注混凝土填平斜岩面，待混凝土达到设计强度及用低锤快击使其成一紧密平台后，再进行正常冲击，同时泥浆密度可降到 1.2 左右，以减少黏锤阻力，但不能过低，以避免岩渣浮不上来，造成掏渣困难。

二、探头石或孤石

冲击中发现探头石或孤石后，可回填片石和卵石，用冲锥冲击打掉探头石；或将钻机移向探头石一侧，用冲锥高冲程猛击，斩断探头石，然后将钻机复位继续钻进；也可浇筑水下混凝土待混凝土达到强度后再冲。如遇大的探头石时，在不受环境限制的地方，可用小型钻机对探头石打眼爆破，炸碎探头石后再冲进或用冲抓锥抓出来。爆破的药量根据岩质情况而定，为了避免人员、机具等受到伤害，每个炮眼药量控制在 30～100g 左右。对于不能使用炸药的地区，可采用静态膨胀破碎剂等水化反应剂进行静力破碎。

三、裂隙岩溶地层

岩溶：是指可溶性岩层受水的化学和物理作用产生沟槽、裂隙和空洞，以及由于空洞顶板塌落使其产生陷穴、洼地等现象和作用的总称。

溶洞：是指以岩溶水的溶蚀作用为主，间有潜蚀或机械塌陷作用而造成的近于水平方向延伸的洞穴。

(1)堵漏方法

裂隙岩溶地层冲孔灌注桩施工中最常见的问题是漏浆，一般可遵循先易后难的原则，其原因主要是周围的简单孔先成孔先成桩，对后处理的复杂孔能起到类似帷幕的作用，因而使复杂孔变得简单了。堵漏的方法有：①小孔水泥黏土膏预堵漏——在桩孔施工前，用一定重度比(一般可取1∶4)的水泥和黏土，加水充分搅拌呈糊状，然后灌入超前孔，靠浆压注力和流动将水泥黏土浆料挤入岩溶裂隙中，过一段时间后凝结成膏状物充塞其中，从而达到施工大孔时不漏或少漏的目的。需说明的是此法对遇到大的裂隙和溶洞时效果不佳。②回填黏土——把黏性较好的黏土回填到漏浆孔中，一般回填到塌孔处 1m 以上，静置 1～2d，然后重新冲击钻进，一般都能达到堵漏的目的。③钢护筒护壁——若覆盖层中隐伏有较大的溶洞，有可能发生护筒连同周围土层一并坍塌的事故，另外，其成桩后不利于混凝土与周围岩基结合，应慎用。④采用双护筒或全护筒跟进法，使护筒直达基岩。

(2)注意事项

在裂隙岩溶地层中施工时应注意：冲锥操作要平稳，尽可能少碰撞孔壁；冲击时宜重锤低击，悬距不宜过大；遇裂隙漏失泥浆，可边投黏土边冲击，直至穿过裂隙；如遇溶洞应减少冲程和悬距，慢慢穿过，必要时可边冲边向孔内投放小片石或碎石，将其冲挤到溶洞充填物中作为骨架，稳定充填物；遇无充填物的小溶洞，如施工需要可投入黏土加石块，形成人造孔壁；遇起伏不平的岩面和溶洞底板，需投入黏土石块，将孔底填平，用十字形冲锥小冲程反复冲击，慢慢穿过，待穿过该层后，逐步增大冲程冲次，形成一定深度的桩孔后，再逐步恢复按正常参数作业。

第六节　常见事故及相应处理措施

按事故发生的阶段分，事故类型可分为：成孔阶段事故、下钢筋笼阶段事故、灌注混凝土阶段事故和不合格桩。

一、成孔阶段事故及预防、处理措施

成孔阶段事故及预防处理措施见表 6.8-3。

成孔阶段事故及预防、处理措施表　　表 6.8-3

序号	事故名称	原　因	预防措施	处理措施
1	偏位	一般为桩机不稳或施工放样误差	(1)施工现场需能足够承受桩机的静、动荷载；(2)施工放样后要认真检查，确认无误后方可开始冲孔	回填后重新加固施工场地，重新放样、重新成孔
2	卡锤	(1)多发生于基岩成孔阶段；(2)在基岩段成孔时由于桩锤的磨损造成桩锤底部上大下小；(3)在冲击时发生掉物、掉石；(4)钢丝绳放绳过多，致桩锤倾倒顶住孔壁	(1)及时修补桩锤，严禁桩锤底部上大下小时仍继续使用；(2)冲孔时尽量避免发生掉物、掉石等情况；(3)放绳不可太多	(1)加大提升能力；(2)爆破法取锤；(3)确实无法取锤时请设计单位提出桩基修改方案
3	掉锤	(1)锤体质量有问题造成锤体断裂；(2)钢丝绳断裂	(1)购买质量可靠的锤体；(2)选用拉应力、耐久性满足施工要求的钢丝绳	(1)选用合适的打捞工具将锤体捞起；(2)确实无法捞起时，请设计单位提出桩基修改方案
4	黏锤	岩土黏性太大	(1)调低泥浆密度；(2)掺入石块、建筑垃圾、砖块等可减少黏性的物品	(1)加大提升能力使锤体与岩土层分离；(2)扩大孔径，再从扩大后的孔边泵入清水或稀泥浆，尽量减少锤体与岩土层的黏力
5	塌孔	(1)泥浆性能选择不当；(2)中止冲孔、停止泥浆循环时间太长；(3)出现外部强大的瞬间冲击力	(1)选择合适的泥浆指标；(2)尽量保持冲孔、泥浆循环的连续性	选用合适的材料将钻孔回填后重新成孔，并应根据实际情况考虑是否要采用下护筒的措施来护壁
6	孤石			一般选用加大冲程的方法将孤石砸碎，若孤石面不平整应先填少许块石将孤石面填平后再冲击。或浇筑水下混凝土，待一定强度后再冲击
7	梅花孔	(1)转向装置失灵；(2)泥浆太稠；(3)冲程太小	(1)经常检查转向装置使其转动灵活；(2)选择合适的泥浆指标；(3)冲程不宜太小，保证冲锥有充分的转动时间	用片石、卵石和黏土混合填入钻孔，重新冲击成孔

二、下钢筋笼阶段事故及预防、处理措施

下钢筋笼阶段事故及预防、处理措施见表 6.8-4。

下钢筋笼阶段事故及预防、处理措施表　　表 6.8-4

序号	事故名称	原因	预防措施	处理措施
1	钢筋笼掉落	(1)操作疏忽； (2)吊点受力不够	(1)加强操作人员的责任心教育； (2)认真检查各受力点，确保满足受力要求	采用打捞勾或潜水员潜入孔内辅助挂勾的方式将钢筋笼整体捞起，捞起的钢筋笼出现变形，则需重新加工
2	钢筋笼下完后塌孔	泥浆密度太小、黏度太小或下钢筋笼的时间太长	(1)尽量缩短下钢筋笼的时间； (2)根据下钢筋笼必须花费的时间、施工规范的要求，合理选择泥浆性能指标	(1)用小锤置于钢筋笼内冲击清孔或用空压机清孔法将塌落的余土清除后将钢筋笼整体捞起； (2)若塌落的余土无法清除干净使钢筋笼无法整体捞起时则需选择合适的夹具将钢筋笼主筋逐根拔起，再将螺旋筋、加强筋捞出后重新清孔直到满足设计及施工规范要求； (3)若无法将钢筋部分或全部拔出，则需用碎石、片石等材料将钻孔回填后重新成孔
3	导管掉落	(1)操作疏忽； (2)安装导管用的工作平台起不到固定导管的作用	(1)加强操作人员的责任心教育； (2)安装导管前认真检查导管安装平台的完好性，保证安装导管时能起到临时固定导管的作用	(1)如导管口离孔口深度不大，可直接捞起； (2)导管口离孔口深度较大，直接捞起有一定难度时，可请潜水员潜入孔内帮助捆绑导管后再捞起，要注意安全； (3)选用合适的工具将导管套住后捞起
4	钢筋笼无法入孔	孔径偏小、桩位偏斜、钢筋笼焊接成折线或钢筋笼起吊不垂直	(1)确保桩径、倾斜度满足设计及施工规范要求； (2)钢筋笼焊接时保证顺直并保证起吊垂直	(1)若桩径、倾斜度不满足要求则需重新修孔； (2)若钢筋笼焊接成折线则需纠正后重焊； (3)将钢筋笼水下旋转一角度再下，严禁将钢筋笼吊起一定高度后猛冲

三、灌注阶段事故及处理措施

灌注阶段事故及处理措施见表6.8-5。

灌注阶段事故及处理措施表　　表6.8-5

序号	事故名称	原因	处理措施
1	孔壁坍塌	(1)泥浆指标不符合要求； (2)自停止返浆算起的时间太长	(1)混凝土灌入量较少时，可迅速将钢筋笼整体拔起并立即将坍落的岩土和已灌入的混凝土清除干净，重新下钢筋笼，浇灌混凝土； (2)混凝土灌入量较多时，因无法将钢筋整体拔起，只能将钢筋笼主筋逐根拔起，随后尽快将坍落的岩土和已灌入的混凝土清除干净，重新下放钢筋笼，浇筑混凝土； (3)若无法将钢筋逐根拔起，则可用碎石、块石等填充料将桩孔填满后重新成孔
2	堵管	(1)混凝土质量有问题，如和易性差、较严重的泌水、离析现象； (2)浇筑混凝土间隔时间过长，混凝土已初凝； (3)混凝土中有大块石、大砖块等杂物未捡除误入导管； (4)导管埋深太大	(1)长杆冲捣：就是用较长的钢杆、钢筋等物品在导管内上下插捣使混凝土从导管内下落，在允许范围内反复提升导管振冲； (2)在条件许可的情况下，在导管顶部安装激振装置，不断振动导管； (3)堵管部位离导管顶部较近时，可拆卸导管，更换导管； (4)尽量提升导管，减少导管埋深(一般不宜小于1m)； (5)修理导管
3	导管破裂，导管漏水	(1)导管使用年限太长，管壁磨损严重； (2)混凝土浇筑时间太长或混凝土质量有问题造成堵管后激振，振破导管； (3)导管接头处漏放橡胶垫圈或垫圈挤出、损坏、假焊、焊缝漏水； (4)导管埋深太小	(1)拔出导管并拔出钢筋后重新清孔、浇筑混凝土，钢筋笼无法整体拔起时则需将主筋逐根拔起后重新清孔、浇筑混凝土； (2)拔出导管将混凝土浮浆层清除后，重新下导管，并将导管底口埋入混凝土内30cm左右，按正常水下混凝土浇筑工艺重新浇筑混凝土，用此法重新浇筑混凝土后，需对两次混凝土交界面进行压浆补强，并需征得监理、设计单位的同意； (3)钢筋笼或(和)导管无法拔起时，需回填后重新成孔、成桩
4	导管掉落	(1)装、拆导管时人为疏忽； (2)装、拆导管时工作平台不牢固	(1)首先测出导管顶的位置，一般管顶离护筒口不会太深，可用麻绳打活结的方法套住导管顶部上拔导管，注意导管底口埋深必须保证浇筑水下混凝土的最小埋深。导管顶端处于较浅部位又无法用麻绳套牢的情况下，可将导管顶的泥浆抽除后由工人顺钢筋笼下入孔内辅助套管； (2)经多方努力确实无法捞起导管时，只能用碎石、块石等填料回填孔后重新成孔
5	混凝土串孔	相邻已成孔的两桩，在一桩浇筑混凝土时，混凝土从该桩的薄弱层(如淤泥)挤向另一桩	(1)邻桩还未下钢筋笼可重新清孔； (2)邻桩已下钢筋笼的情况，若混凝土挤入量不多将钢筋笼拔起或主筋逐根拔出后重新清孔，若钢筋笼或钢盘无法拔出则需回填后重新成孔

续上表

序 号	事故名称	原 因	处理措施
6	钢筋笼上浮	(1)钢筋笼未固定好； (2)混凝土性能不能满足施工规范要求，造成混凝土面上升时顶托钢筋笼一起上升	(1)浇筑混凝土时随时注意钢筋笼是否上浮，一旦发生上浮或在未浇混凝土前固定好钢筋笼； (2)发生上浮时尽量减少导管底口的埋深，减少混凝土的顶托力，同时固定钢筋笼； (3)若无法阻止钢筋笼上浮，必须立即停止浇筑混凝土，拔出导管，重新成孔

四、不合格桩的处理措施

1.不合格桩处理的一般原则

(1)对原桩进行有针对性的补强、加固：此方法必须征得设计、监理等单位的同意，对工期紧迫的工程不宜采用。

(2)将不合格桩报废，并在原桩位重新成孔、成桩：此方法一般可以不征得设计、监理等单位的同意，对工期紧迫的工程尤为适合。

(3)将不合格桩报废，采用补桩的方法处理：此方法必须征得设计、监理等单位的同意，并针对各工程的情况慎重选用，此方法性质为设计变更，一般将对工程会产生永久性的缺陷，影响工程质量等级的评定。

2.不合格桩的处理措施(表6.8-6)

不合格桩的处理措施　　表6.8-6

序号	事故名称	原 因	处理措施
1	断 桩	(1)浇筑混凝土时导管埋深太小或导管底口拔离混凝土面； (2)浇筑混凝土时间间隔太长造成混凝土界面不连续； (3)出现堵管未能及时排除； (4)灌入的混凝土质量低劣	(1)在桩身钻2～3个孔至断桩深度以下1m左右，孔径ϕ70～100mm为宜，对断桩部位进行压浆补强或在钻孔内插入钢筋束后再灌浆处理，处理完毕后重新检测； (2)将原桩报废，在原位重新成孔、成桩； (3)将原桩报废，采用补桩的方法处理
2	缩径	(1)成孔孔径未经验孔器验收，误将孔径偏小的桩孔浇筑混凝土成桩； (2)成孔孔径虽经验孔器验收，但由于个别部位岩土层不稳定，造成孔壁往孔中心挤压、孔径缩小； (3)导管灌筑半径小于桩的设计半径； (4)浇筑混凝土时坍孔	(1)请设计单位验算缩径桩是否能满足各项设计指标的要求，若能满足请设计单位出具变更通知； (2)如缩径位置较浅，可直接开挖对缩径部位进行补救； (3)将原桩报废，在原桩位重新成孔、成桩； (4)将原桩报废，采用补桩的方法处理
3	沉渣太厚	(1)浇筑混凝土前清孔不彻底； (2)浇筑混凝土前泥浆的含砂率太高； (3)浇筑混凝土前孔壁轻微坍孔未发现	(1)在桩身钻3个孔至桩底，孔径ϕ70～100mm为宜，先用高压水旋喷清孔将沉渣从其他孔排出，再对桩底进行压浆补强，处理完毕后重新检测，或利用声测管进行压浆补强； (2)对摩擦桩可请设计单位验算，按实际桩长考虑能否满足要求； (3)将原桩报废，在原桩位重新成孔、成桩； (4)将原桩报废，采用补桩的方法处理

续上表

序号	事故名称	原　　因	处理措施
4	偏位	(1)下钢筋笼时未确认桩位的准确性; (2)浇筑混凝土时发生钢筋笼移位未及时纠正; (3)成孔时桩位偏差过大	(1)首先测出导管顶的位置,一般管顶离护筒口不会太深,可用麻绳打活结的方法套住导管顶部上拔导管,注意导管底口埋深必须有浇筑水下混凝土的最小埋深。导管顶端处于较浅部位又无法用麻绳套牢的情况下,可将导管顶的泥浆抽除后由工人顺钢筋笼下人孔内辅助套管; (2)经多方努力确实无法捞起导管的情况,宜用碎石、块石等填料回填钻孔后重新成孔
5	混凝土强度不足	(1)若采用预拌混凝土可能是供应环节出错或配合比有误; (2)若采用现场搅拌混凝土则可能是原材料数量、质量不符合配合比要求,或搅拌时间未能保证	(1)按实际混凝土强度值请设计单位验算; (2)将原桩报废,在原桩位重新成孔、成桩; (3)将原桩报废,采用补桩的方法处理
6	混凝土严重离析	(1)将不合格的混凝土浇入桩内; (2)导管漏水未发现	(1)在桩身钻 2～3 个孔至混凝土严重离析部位以下 1m 处,孔径 ϕ70～100mm 为宜。先用高压水旋喷清孔将沉渣从其他孔排出,进行压浆补强处理,处理完毕后重新检测; (2)将原桩报废,在原桩位重新成孔、成桩; (3)将原桩报废,采用补桩的方法处理

[工程实例]　旧镇特大桥桩基施工

旧镇特大桥位于福建省漳州市境内,由福建省交通规划设计院设计,中港第三航务工程局第六工程公司施工。

1. 工程概况

旧镇特大桥(15 号～18 号墩)上部构造为 70m＋120m＋70m 单箱单室变截面连续梁,根部梁高 6.5m,跨中梁高 2.7m,箱梁顶宽 12.75m,底宽 6.5m,侧翼悬臂长 3.123m。箱梁采用挂篮悬臂浇筑施工。

主墩(16 号、17 号墩)为 4.5m×6.5m 的钢筋混凝土空心墩,壁厚 80cm,基础为 ϕ2.0m 双排钢筋混凝土钻孔群桩;过渡墩(15 号、18 号墩)为钢筋混凝土柱式桥墩,基础采用 4ϕ1.8m 双排钢筋混凝土钻孔群桩。详见桩基平面布置示意图(图 6.8-8)

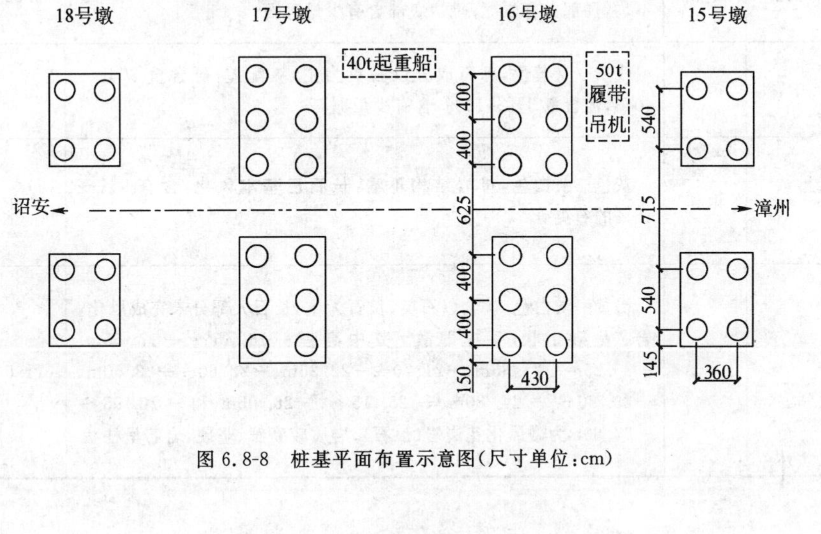

图 6.8-8　桩基平面布置示意图(尺寸单位:cm)

15 号墩桩基要求嵌弱风化岩内 1.5m；16 号、17 号墩桩基要求嵌入微风化岩内 2m；18 号墩桩基嵌入微风化岩内 1.5m；孔底不得有沉渣。

2. 地质情况

15 号墩、16 号墩基本上每根桩位均有孤石，且大部分孤石呈串球状分布，尤其是 15-1 号墩共有 12 层厚度不等的孤石，还不包括钻探资料未揭露的表层旧房基础、堤岸条石基础等，详见 16-1 号～16-6 号工程地质剖面图（图 6.8-9）及 15-1 号钻孔资料表（表 6.8-7）。

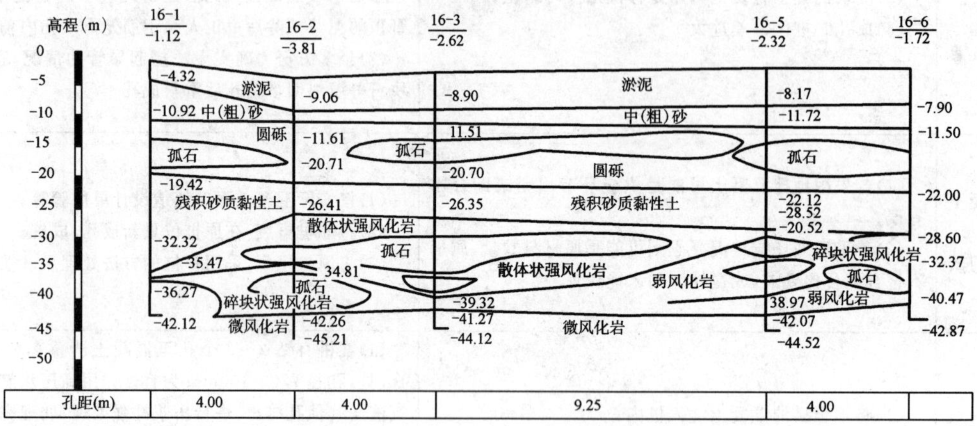

图 6.8-9　16-1 号～16-6 号工程地质剖面图

15-1 号钻孔资料表　　表 6.8-7

岩土名称	岩土特征				厚度(m)	深度(m)	层底高程(m)
	稠度	密实度	湿度	岩性描述			
杂填土				棕灰色，主要成分为块石，硬杂质约 70%～80%，黏性土充填于空隙中，为新近堆填物	2.8	2.8	0.45
淤泥	流塑		饱和	深灰色，富含有机质，土质较为不均，含有腐木碎块，局部夹有粗砂薄层	7.85	10.65	−7.4
粗砂		稠密	饱和	深灰色，砂成分以石英为主，级配差，泥含量约 5%～15%，分布不均，局部夹有淤泥薄层，底部含有少量砾石	5.55	16.2	−12.95
砾砂		中密	饱和	浅灰—灰黄色，砾石成分以石英为主，级配差，砾含量 30%～40%，泥含量 5%～10%，含有少量卵石	2.6	18.8	−15.55
残积砂质黏性土	坚硬		饱和	灰色—灰白色，母岩结构不清，长石已基本风化，含有 5%～15%的石英砾	0.9	19.7	−16.45
散体状强风化花岗岩				褐黄—灰白色，矿物以石英、长石为主，长石大部分未完成风化，岩芯呈砂土状，手捏即散。其中高程 −16.45～−17.55m、−20.25～−21.35m、−21.70～−22.35m、−22.60～−23.60m、−23.80～−24.80m、−25.15～−26.05m 和 −26.95～−27.80m为微风化花岗岩（孤石），岩质较新鲜、坚硬，岩芯呈柱状	11.5	31.2	−27.95

续上表

岩土名称	岩土特征				厚度(m)	深度(m)	层底高程(m)
	稠度	密实度	湿度	岩性描述			
碎块状强风化花岗岩				浅肉—红灰白色，中粗粒花岗结构，块状构造，矿物以石英、长石为主，岩芯多呈碎块，块体锤击易碎，其中－31.40～－31.85m、－36.45～－37.40m为弱风化花岗岩(孤石)，－28.00～－31.05m、－32.95～－34.00m及－35.15～－35.85m为微风化花岗岩(孤石)	10.05	41.25	－38
微风化花岗岩				浅肉—红灰白色，中粗粒花岗结构，块状构造，矿物以石英、长石为主，岩质较新鲜，坚硬，岩芯呈ϕ10～20cm柱状。地基土容许承载力$[\sigma_0]$＝4 000kPa	5	46.25	－43

3.机械设备及施工工艺选择

根据施工现场的实际情况，并结合以往的施工经验，本桩基工程选择了冲击成孔灌注桩施工工艺、正循环法清渣。

(1)冲击成孔灌柱桩

采用自制简易冲击钻，配四瓣或六瓣冲击锤，其中四瓣冲击锤质量为6t左右，六瓣冲击锤质量为7.2t左右。实践证明六瓣冲击锤在多孤石地质情况下，冲击而成的钻孔较四瓣冲击锤来得圆顺、规则，试笼可以轻松自如地上下。再从混凝土充盈系数看，用六瓣冲击锤成孔的桩较用四瓣冲击锤成孔的桩小，分析其原因为六瓣冲击锤的重心较四瓣冲击锤的重心低40cm左右，同样地质条件下成孔效率比较高。因此在锤型选择上应尽量选用质量大、重心低、锤瓣5～6瓣的冲击锤。

(2)正循环法清渣

清渣工艺的选择直接关系到工程进度的快慢，同时对保证工程质量也是非常关键的。本工程主要依靠冲击锤直接将泥浆管送至孔底，通过泥浆循环并依靠高黏度、高密度的优质泥浆将孔内冲击渣排出孔外；桩基小应变检测结果表明正循环法清渣工艺对质量是有保证的，即使对桩径ϕ2m，孔深50m的冲击成孔灌注桩，选用正循环清渣工艺，进度和质量也是有保证的。

另外，对个别的几根桩，由于无法进行正常的泥浆循环，选用捞渣法清渣，检测结果表明灌注桩的质量也是有保证的。

相比较而言，捞渣法清渣比泥浆循环法清渣劳动强度大，从检测的结果看，两种清渣方法的孔底情况都不错。

4.冲孔灌注桩施工工艺

(1)冲孔灌注桩施工工艺流程

围堰筑岛或搭设水上施工平台及便桥→桩位放样(导向架制作、安装)→钻机就位→钢护筒埋设→桩位复测→冲击成孔→岩面验收→嵌岩冲进→终孔验收→清孔→钢筋笼安放→导管法灌注水下混凝土。

(2)主要施工过程

①工作场地

围堰筑岛：15号墩位于鱼塘，根据尽量创造条件进行陆上施工的原则，选用围堰筑岛再进行灌注桩施工的工艺。

搭设水上施工平台及便桥：16号～18号墩位于海上，选用搭设水上施工平台及便桥，然后在平台上施工灌注桩的工艺。

②护筒埋设

15 号墩仅埋设 2～3m、直径比设计桩径大 20m、壁厚 8mm 开孔钢护筒。

16 号～18 号墩先在平台及其下面的桁架上装设护筒导向架，导向架与平台管桩间的横撑焊接牢固。导向架采用[14 槽钢制作，其边长略大于护筒外径(见图 6.8-10，护筒导向架示意图)，护筒采用壁厚 10mm 钢板卷成，护筒直径比设计桩大 20cm。沉放护筒前先在陆地或便桥上将护筒接好，然后沿着导架利用 DZ25 型振动锤(辅以井字型平衡架)一次性将钢护筒打入海底并穿透淤泥层，进入砂层。护筒与护筒间采用对口满焊，埋设护筒时必须使护筒中心与桩设计中心重合，护筒顶高出平台面 20～30cm。

③成孔操作

冲锤最小直径不宜大于设计桩径 2cm，冲孔作业应分班连续进行，并应经常对泥浆进行检查，不符合要求时及时改正。在淤泥、砂层、亚黏土、黏土、残积黏性土、强风化花岗岩成孔时主要控制好泥浆相对密度，合适的泥浆相对密度在 1.2～1.4 之间。在弱风化岩、微风化岩成孔施工时，应经常检查锤体的完好性，保证冲击锤直径满足要求，避免卡锤、掉锤事故的发生，遇孤石层亦按此处理。为确保进入弱(微)风化岩、孤石层时的桩径满足设计要求，每冲进不超过 1m 即应用试笼检查孔径一次。造浆用黏性土采用就地取材，尽量选用含砂率小、黏性大的黏性土。为确保泥浆性能指标符合规范要求，备少量优质黏土粉。

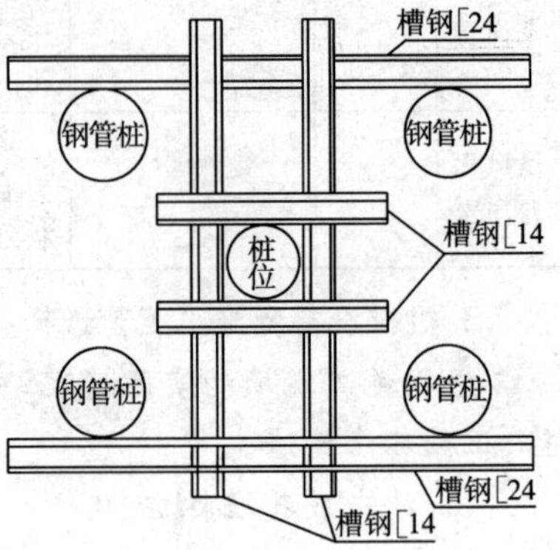

图 6.8-10 护筒导向架示意图

在成孔作业每当到岩土层发生变化时，应随时取样与设计资料校核，若有较大出入时应通知监理工程师。当成孔进至弱(微)风化岩面时，必须取样请监理工程师确认岩面高程，然后再按设计嵌岩深度成孔至终孔验收。

成孔操作必须及时做好记录。

④清孔

确认孔深满足设计要求后立即进行清孔。清孔采用泥浆循环工艺或捞渣法，清孔完成后，泥浆指标应满足：含砂率＜4%，密度 1.05～1.2，黏度 17～20s。清孔完成后必须准确测量孔深，确保孔深满足设计要求。清孔完成后，紧接着验孔，验孔方法必须满足监理工程师的要求，合格后办理隐蔽工程验收手续。

⑤孔径采用试笼检测

试笼直径与设计桩径相同，试笼长度 5～6m。孔深采用测绳测量(测绳底部绑短圆柱形重锤，以保证用测绳测深时的手感良好)，再用钢尺丈量测绳长度，以确保准确孔深。再自上而下慢放试笼，并观测钢丝绳偏离设于钢丝绳边标尺上的数值 e(m)，由此计算得出垂直度，即 $\tan\alpha = eH$(H 为孔深，单位：m)。沉淀层厚度采用清孔后与灌注混凝土前，两次测定的孔深之差来确定。

(3)安放钢筋笼

①用于钢筋笼制作的钢筋必须经检验合格后方可使用。

②钢筋笼应符合图纸尺寸，笼体应完整牢固，并应使用垫块以保证钢筋的保护层厚度。

③钢筋笼采用分节制作，并在孔口安装接长。钢筋接头采用镦粗直螺纹连接，在同一截面内钢筋接头数量不超过钢筋总数的 50%。接头相互间距大于 100cm。

④钢筋笼安装完成后，选用吊筋的方法将其固定在护筒口，不得采用将钢筋笼主筋焊在开口护筒上的方法固定钢筋笼。径向采用若干短钢筋焊于钢筋一端顶住护壁进行限位的方法固定。

(4)导管法灌注水下混凝土

①灌注桩混凝土采用预拌混凝土，水泥、砂、石、外加剂等原材料必须经检验合格后方可使用，而且必须先经试拌以确定最佳配合比。

②为更好地保证混凝土质量，水下混凝土由混凝土运输车运至施工现场（经临时便道或施工便桥）后，先用拖泵往漏斗内装满混凝土（漏斗容量约 $6m^3$），然后拔去球塞，同时连续不断地往漏斗内泵入混凝土；第二车开始就可直接用拖泵将混凝土泵入漏斗。水下混凝土灌注必须连续进行，不得有工作缝。灌注混凝土中的水位应保持稳定，并超过地下水位或钻孔外水位 1m。导管采用厚度为 6mm 的钢板卷制而成，导管内径 ϕ260mm，螺牙连接。

③在水下混凝土浇筑过程中，导管底口必须在浇筑混凝土面以上至少 2m，但不得大于 6m，以防水涌入导管。

④浇筑水下混凝土时应有专人负责孔深的测量工作，以确保导管合理埋深。混凝土浇筑过程中要有技术人员现场全过程值班，并做好水下混凝土灌注记录。

(5)检测

①对于桩长小于 40m 的桩采用低应变检测法检测，低应变法是通过人工冲击波的发射与接收测量桩的完整性并推测桩的强度等级。

②对于桩长大于 40m（含 40m）的桩采用声波透射法检测，声波透射法是在桩中预埋 3 根声测管，采用超声波测出声测管之间的传播速度，从而推断混凝土的质量及完整性。

5. 事故处理

在旧镇特大桥桩基施工中，常见的几种事故均有出现。如漏浆、卡锤、探头石、断桩等，分述如下：

(1)漏浆——此情况在 16-1 号～16-12 号均不同程度存在。

①原因：水上作业平台与最低潮位高差较大，达 5m 左右；护筒埋置深度不足；护筒与周围地层间有空洞。

②处理措施：

a. 护筒顶与最低潮位之间开一泥浆出口，用 ϕ200mm 软管将泥浆引流到泥浆船，使护筒内泥浆面随潮位的涨落而涨落，减少水上作业平台与最低潮位的高差（见图 6.8-11）。但从 16-2 号桩使用的情况来看，由于石渣经常会堵住软管，增加很多辅助时间，效果不好。

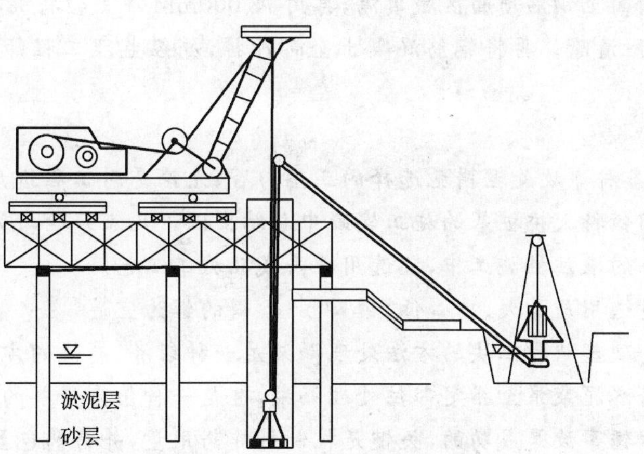

图 6.8-11　连通器原理泥浆循环示意图

b. 增加护筒埋置深度：由于本工程选用的 DZ50 型振动锤一次只能将护筒振入砂层 1m 左右，砂层的上部覆盖层只有淤泥，所以在冲击一段时间后，16-1 号～16-12 号各桩均不同程度地存在漏浆现象，其后接长 4～5m 护筒，后再用 DZ50 型振动锤将其振入砂层或残积土层一定深度，除 16-2 号桩外漏浆现象均基本解决。

c. 在 16 号墩各桩施工中，均不同程度存在漏浆现象，处理措施中除上述增加护筒埋置深度外，还有一种比较经济的处理方法，就是在出现漏浆现象时，往孔内回填足量的可塑—硬塑状黏土块，回填完后先暂停12～24h，再继续施工。实践证明该方法是比较有效的，成本也比较节省。

(2)卡锤

①原因：由于15号、16号墩各桩均位不同程度地存在孤石层，15-1号桩处甚至有12层孤石。

②处理措施：

a.加大提升能力：在不是很严重的情况下，采用此方法可行。15号、16号墩各桩卡锤事故基本上都是采用此方法处理的，如辅以10t手拉葫芦助提效果更佳。

b.爆破取锤法：利用爆破所产生的冲击波，使冲击锤在瞬间产生晃动从而达到松锤的目的，15-1号、15-2号、16-10号均采用此方法处理，取得满意的效果，每次炸药用量控制在30～100g。

(3)探头石

①现象：在16-2号桩施工中，成孔至－18m左右，冲击锤产生剧烈晃动，并产生漏浆现象，无法用振动锤加深护筒，回填黏土块也无法彻底解决漏浆问题。

②处理措施：首先处理漏浆问题，由于无法采用加深护筒来处理，回填可塑—硬塑状黏土块也无法彻底解决，用连通器原理降低护筒内水头的方法效果也很不理想。最后处理漏浆的办法是先在泥浆池内搅拌6m^3左右，水灰比约0.7的水泥浆，再由泥浆泵将水泥浆送至漏浆部位，此后再静置24h左右。漏浆问题解决了，这就为探头石的处理提供了保证，处理探头石的方法是回填每块50kg左右的微风化花岗岩，低锤勤击，并反复多次，逐渐将探头石砸碎。

(4)断桩

①原因：在17-4号桩混凝土浇筑过程中，混凝土供应是从16号墩由50t履带吊机将混凝土吊罐装船运输至17号墩施工现场水域，再由停靠在17号墩附近的490t起重船将混凝土吊罐，从运输船吊至17-4号桩混凝土浇筑漏斗。当17-4号桩混凝土浇筑厚达9m时，50t履带吊机突然发生故障无法旋转，混凝土无法得到连续供应，出现断桩事故。

②处理措施：17-4号为水中桩，采用ϕ2 200mm、δ10mm、$L=16$m钢护筒护壁。为处理方便及安全起见，我们请潜水员在护筒内采用水下气割法先将钢筋笼割断后吊起，其后用每块50kg左右的微风化花岗岩，将混凝土顶面至钢筋顶面区域填满，再用ϕ2 000mm冲击锤将混凝土及钢筋笼一起冲掉，辅以电磁铁将钢筋段吸附清除。再将钢筋混凝土全部冲掉，并经监理工程师验收合格后重新安放钢筋笼，浇筑水下混凝土。

6.经验与体会

施工工艺以及对各种事故处理措施选择的正确与否，无论是对工程进度、工程成本还是工程质量都是非常关键的，从旧镇特大桥桩基的施工实践中总结出以下几点经验与体会，供借鉴、参考。

(1)在有孤石存在的灌注桩施工中，宜选用冲击成孔施工工艺。

(2)冲击锤应尽量选用质量大、重心低，锤瓣5～6瓣的锤为宜。

(3)用回填可塑—硬塑状黏土块的方法处理漏浆是一种经济、简便的方法。

(4)通过泥浆泵将水泥浆泵至指定部位处理漏浆，也是一种值得借鉴的工艺。

(5)爆破法处理卡锤事故是成功的，关键是控制好炸药用量，并将药包置于合适的位置。

(6)水下混凝土浇筑前一定要做好充分的准备，最好要有混凝土供应的备选方案，尽可能避免断桩事故。

(7)钢筋笼接长采用镦粗直螺纹连接，要比常规的钢筋电弧焊接可节省时间70%左右，且质量可靠，宜推广。

(8)关于清孔后灌注水下混凝土前泥浆指标问题，由于现行规范不分桩径、桩长以及地质情况，因此实际操作中有一定难度。在保证孔壁稳定且不影响灌注质量的前提下，泥浆指标是否可以根据桩径、桩长以及地质情况等因素分别确定，值得探讨。

第九章　嵌岩灌注桩

第一节　概　　述

嵌岩桩作为重要的建筑物基础在世界上已有上百年历史，在我国铁路、桥梁、公路、高层建筑、水利、港口、冶金等工程领域，已得到广泛推广和应用。特别是近十多年来，随着我国基本建设的迅猛发展，嵌岩桩基础得以普遍应用，桩径、桩长不断变大，承载力不断提高。为了适应这一需要，嵌岩工艺、机具也在不断地改进和完善，嵌岩能力大幅度提高，充分体现了嵌岩桩垂直承载力高、抗水平力强、抗拔能力高的特点。

一、嵌岩灌注桩结构类型

1. 灌注型嵌岩桩

是指灌注成型，桩底嵌岩的桩。基本成型工艺为：下护筒→钻覆盖层→钻岩→一次清孔→下钢筋笼→二次清孔→灌注混凝土。该类型桩应用最为普遍，也可做成灌注型锚杆嵌岩桩，如图 6.9-1 所示。

2. 预埋型芯柱嵌岩桩

是指将预制混凝土管桩或钢桩打入岩层或接近岩层，在桩内钻孔，并钻入基岩，再下钢筋笼或型钢，灌注混凝土，使桩与基岩锚固的桩，如图 6.9-2 所示。

3. 预制型植入嵌岩桩

是指先在基岩内钻进成孔，然后将预制桩打入或安放在孔内，并灌注桩芯或桩侧混凝土的桩，如图 6.9-3 所示。

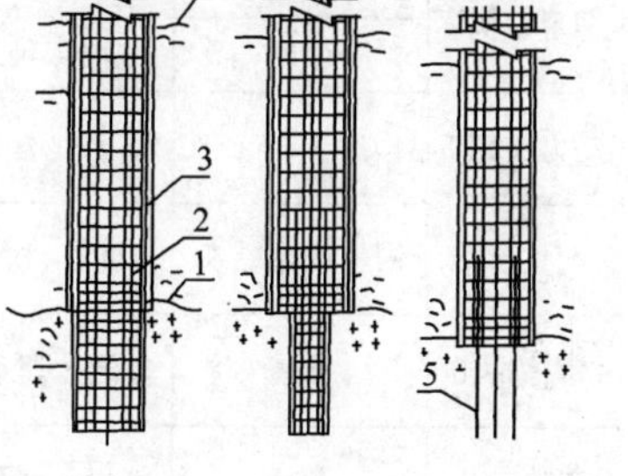

图 6.9-1　灌注型嵌岩桩和灌注型锚杆嵌岩桩嵌岩形式示意图

a)等桩径的嵌岩桩；b)小于桩径的嵌岩桩；c)锚杆嵌岩桩

1-岩层面；2-钢筋笼；3-钢护筒；4-覆盖层顶面；5-锚杆

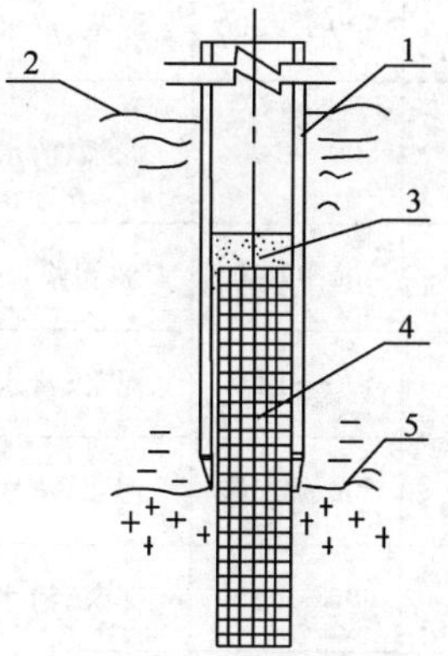

图 6.9-2　预制型芯桩嵌岩桩嵌岩形式示意图

1-预制桩；2-覆盖层或混凝土套箱砂层顶面 3-桩芯混凝土；4-钢筋笼；5-岩层面

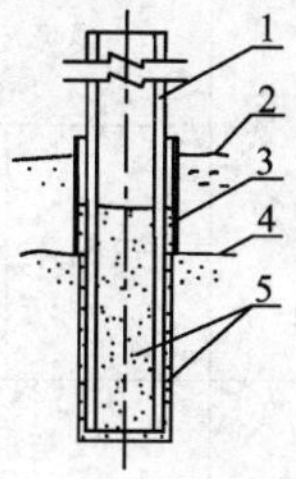

图 6.9-3　预制型植入嵌岩桩嵌岩形式示意图

1-预制桩；2-覆盖层顶面；3-钢护筒；4-岩层面；5-水下混凝土

4. 预制型锚杆嵌岩桩

是指将预制桩打至基岩面，在桩底钻小孔，插入锚杆，注浆，并在桩底灌注混凝土的桩，如

图 6.9-4、图 6.9-5 所示。

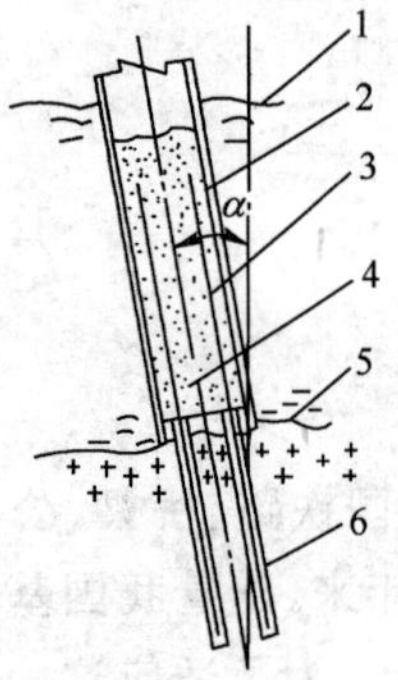

图 6.9-4　预制型锚杆嵌岩桩下段锚固型示意图

1-覆盖层顶面；2-预制桩；3-锚杆；4-桩芯混凝土；5-岩层面；6-锚固水泥浆

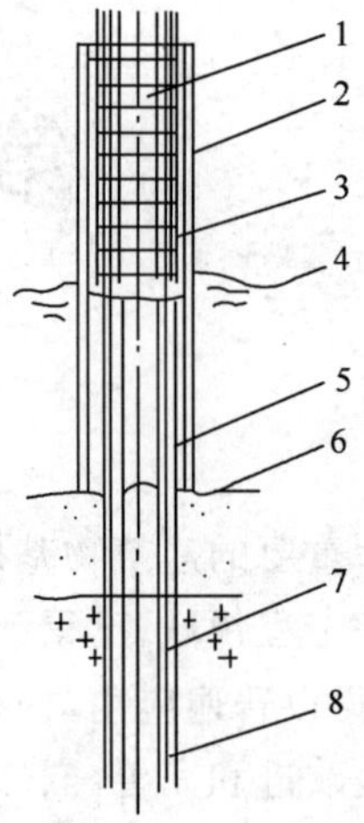

图 6.9-5　预制型锚杆嵌岩桩上段锚固型示意图

1-桩芯混凝土；2-预制桩；3-钢筋笼；4-覆盖层顶面；5-钻锚孔导管；6-岩面层；7-锚杆；8-锚固水泥浆

5. 组合式嵌岩桩

是指以预制型芯柱嵌岩或灌注型嵌岩方式与锚杆嵌岩方式相组合而形成的桩。

此外，为提高桩基承载力和嵌岩质量，利用声测管对桩底进行压浆也是嵌岩桩常用的工艺之一，特别是重大工程和大直径桩基更为普通。

二、嵌岩桩成孔工艺类型

嵌岩桩施工工艺类型很多，表 6.9-1 列出了常用嵌岩桩成孔工艺。

嵌岩桩常用成孔工艺一览表　　表 6.9-1

钻进方法	排渣方式		适用孔深(m)	桩径(mm)	护壁方式	加压方式	钻头形式	适用岩石
回转钻进	气举反循环		≤130	600～4 000	泥浆、清水	液压动力头配重	滚刀	软岩～坚硬岩
	泵吸反循环		≤60	500～2 000	泥浆、清水	液压动力头配重	滚刀	软岩～坚硬岩
							牙轮	软岩、硬岩
	正循环	全断面钻进	≤80	400～1 600	泥浆	液压动力头配重	刮刀、牙轮、滚刀	软岩、少量硬岩
		取芯钻进	≤40	400～1 500	泥浆、清水	配重	钢粒取芯钻头	硬岩、软岩
冲击钻进	气举反循环		≤120	600～2 000	泥浆、清水	自由落体冲击	冲锤	软岩～坚硬岩
	泵吸反循环		≤60	600～2 000	泥浆、清水	自由落体冲击	冲锤	软岩～坚硬岩
	正循环掏渣筒		≤80	500～2 000	泥浆	自由落体冲击	冲锤	软岩～坚硬岩
潜孔冲击锤钻进	泵吸反循环		≤50	400～1 200	泥浆、清水	压缩气	湿式潜孔锤	软岩～坚硬岩
	气举反循环		≤130	400～1 500	泥浆、清水	压缩气	干式潜孔锤	软岩～坚硬岩
人工挖孔	提升		≤25	800～4 000	混凝土、钢筋混凝土、钢护筒		镐、风镐、小爆破	软岩、硬岩

续上表

钻进方法	排渣方式	适用孔深(m)	桩径(mm)	护壁方式	加压方式	钻头形式	适用岩石
全套筒钻机钻进	冲抓	≤60	600～2 500	套筒	冲击	冲抓、冲锤、重型钢钎	软岩～硬岩
大型旋挖钻机钻进	钻斗	≤60	800～3 000	泥浆	液压动力头	钻斗、环刀、冲锤	软岩～硬岩

注：本表指一般常用嵌岩桩成孔工艺，根据工程具体情况，可采取特殊的施工方法。

三、岩石的物理性能及分类

1. 岩石的分类及岩体分级

参照中华人民共和国国家标准《工程岩体分级标准》(GB 50218—94)进行岩石的分类及岩体的分级。

(1)岩石分类

①按岩石的强度分类见表6.9-2。

②按岩石的风化程度分类见表6.9-3。

岩石的强度分类表　　表6.9-2

名称		R_C(MPa)	定性鉴定	代表性岩石
硬质岩	坚硬岩	>60	锤击声音清脆，有回弹，震手，难击碎；浸水后，大多无吸水反应	未风化～微风化的花岗岩、正长岩、闪长岩、辉绿岩、玄武岩、安山岩、片麻岩、石英片岩、硅质板岩、石英岩、硅质胶结的砾岩、石英砂岩、硅质石灰岩等
	较坚硬岩	60～30	锤击声较清脆，有轻微回弹，稍震手，较难击碎；浸水后，有轻微吸水反应	弱风化的坚硬岩； 未风化～微风化的熔结凝灰岩、大理岩、板岩、白云岩、石灰岩、钙质胶结的砂岩等
软质岩	较软岩	30～15	锤击声不清脆，无回弹，较易击碎；浸水后，指甲可刻出印痕	强风化的坚硬岩； 弱风化的坚硬岩； 未风化～微风化的凝灰岩、千枚岩、砂质泥岩、泥灰岩、泥质砂岩、粉砂岩、页岩等
	软岩	15～5	锤击声哑，无回弹，有凹痕，易击碎；浸水后，手可掰开	强风化的坚硬岩； 弱风化～强风化的较坚硬岩； 弱风化的较软岩； 未风化的泥岩等
	极软岩	<5	锤击声哑，无回弹，有较深凹痕，手可捏碎；浸水后，可捏成团	全风化的各种岩石；各种半成岩

注：R_C为岩石的单轴饱和抗压强度。

岩石风化程度的划分表　　表6.9-3

名称	风化特征
未风化	结构构造未变，岩质新鲜
微风化	结构构造、矿物色泽基本未变，部分裂隙面有铁锰质渲染
弱风化	结构构造部分破坏，矿物色泽明显变化，裂隙面出现风化矿物或存在风化夹层
强风化	结构构造大部分破坏，矿物色泽明显变化，长石、云母等多风化成次生矿物
全风化	结构构造全部破坏，矿物成分除石英外，大部分风化成土状

(2)岩石的分级

①岩石基本质量分级见表 6.9-4。

②按岩石完整程度的定性划分见表 6.9-5。

岩体基本质量分级 表 6.9-4

基本质量级别	岩体基本质量的定性特征	岩体基本质量指标(BQ)
I	坚硬岩,岩体完整	＞550
II	坚硬岩,岩体较完整; 较坚硬岩,岩体完整	550～451
III	坚硬岩,岩体较破碎; 较坚硬岩或软硬岩互层,岩体较完整; 较软岩,岩体完整	450～351
IV	坚硬岩,岩体破碎; 较坚硬岩,岩体较破碎～破碎; 较软岩或软坚硬岩互层,且以软岩为主,岩体较完整～较破碎; 软岩,岩体完整～较完整	350～251
V	较软岩,岩体破碎; 软岩,岩体较破碎～破碎; 全部极软岩及全部极破碎岩	≤250

岩体完整程度的定性划分 表 6.9-5

名　称	结构面发育程度		主要结构面的结合程度	主要结构面类型	相应结构类型
	组数	平均间距(m)			
完整	1～2	＞1.0	结合好或结合一般	节理、裂隙、层面	整体状或巨厚层状结构
较完整	1～2	＞1.0	结合差	节理、裂隙、层面	块状或厚层状结构
	2～3	1.0～0.4	结合好或结合一般		块状结构
较破碎	2～3	1.0～0.4	结合差	节理、裂隙、层面、小断层	裂隙块状或中厚层状结构
	≥3	0.4～0.2	结合好		镶嵌破碎结构
			结合一般		中、薄层状结构
破碎	≥3	0.4～0.2	结合差	各种类型结构面	裂隙块状结构
		≤0.2	结合一般或结合差		碎裂状结构
极破碎	无序		结合很差		散体状结构

2. *岩石物理力学性能*

岩石的物理力学性能可参照《岩土工程监测手册》(由林宗元主编,辽宁技术出版社出版)。

岩石与其他材料不同之处是其抗压强度远大于抗拉和抗剪强度,抗拉强度只有其抗压强度的1/20～1/50,抗剪强度只有抗压强度的 1/7～1/16。正是针对这一特点,在设计嵌岩刀具时尽量使岩石受拉伸或受剪切力而破碎,提高钻进效率。

表 6.9-6 列出了部分岩石抗压强度与抗拉、抗剪强度的对比关系。

岩石各种强度对比关系表 表 6.9-6

岩 石 名 称	抗拉强度/抗压强度	抗剪强度/抗压强度	抗弯强度/抗压强度
花岗岩	0.028	0.068～0.09	0.07～0.08
石灰岩	0.059	0.06～0.15	0.119
砂岩	0.029	0.06～0.078	0.09～0.095
斑岩	0.033	0.06～0.064	0.105
石英岩	0.112	0.176	

四、嵌岩桩施工准备工作

(1)了解施工图纸、设计要求、施工质量控制标准等资料。

(2)研究地质资料,掌握岩石的特性、强度等指标。

(3)了解当地水文、气象资料。

(4)实地查看施工现场,了解地形、地貌和现场道路,了解供水、供电、地下管线等情况。

(5)掌握承担的嵌岩桩数量和工期要求,了解工程费用。

(6)研究与嵌岩桩相关的施工工艺。

(7)掌握现有嵌岩设备、人员素质情况。

(8)根据工程特点,参照表6.9-1优化、比选嵌岩桩施工工艺,选择经济合理的工艺方案。明确施工组织管理模式,进行合理的资源配置。嵌岩桩施工工艺应综合考虑施工平台、护壁、钻孔、排渣方式、清孔、钢筋笼制做安装、混凝土灌注等工序的特点和要求。

(9)嵌岩桩施工是一项技术难度较高的特殊施工项目,要制订嵌岩桩施工工艺规程,做好技术交底工作。对参与施工的人员,必须根据工程特点进行业务的培训,讲明工艺、质量标准和施工中应该注意的事项,并进行考试,合格后才能上岗。

(10)应做好嵌岩桩试成孔工作,核定水文、地质、承载力情况,验证采用的工艺是否合理,不足之处应及时进行调整,为工程的顺利施工创造条件。

第二节　嵌岩桩施工钻机

一、嵌岩钻机性能要求

1.嵌岩钻机基本性能要求

(1)尽量具有兼容钻覆盖层的能力。

(2)提升设备应满足钻具的提升要求。

(3)所能配套的钻具先进、齐全、破岩能力强。

(4)具备较强的排渣能力。

(5)设备结构合理,机械化程度高,尽量减少劳动强度,改善劳动条件。

(6)部件强度高,经久耐用,易于维修保养。

(7)结构紧凑,质量轻,移动或解体性强,便于安装、拆卸。

(8)作业安全,噪声低。

(9)造价合理,节能好。

2.回转钻机特有性能要求

(1)回转扭矩及钻杆刚度应满足破岩扭矩要求。

(2)能对孔底形成较大的加压能力。对一般回转转机来说,钻头上能施加配重,且起重能力要满足要求;对动力头钻机来说,起落油泵要满足对钻头的加压和钻具的提升要求。

(3)排渣能力是约束钻进速度的重要因素之一,对所选定的泥浆泵,泵吸、气举反循环排渣能力以及钻杆通径要进行验算,以满足排渣要求。

(4)钻头、钻杆需具有导向功能,以确保孔壁垂直。特别是动力头加压钻机,由于加压在钻杆顶部,在大钻压下会造成钻杆失稳,因此必须在钻杆上布设一定数量的导向装置。

3.冲击钻机特有性能要求

(1)有可调节的冲程。

(2)有合适的冲击频率。

(3)有较强的排渣功能。

二、国外嵌岩钻机

1.国外嵌岩钻机的历史与现状

国际上工程使用的嵌岩钻机较为先进的国家有德国、日本、美国等。钻井法凿井的试验始于欧洲,至今有150余年历史。1850年德国使用冲击设备凿了一口直径ϕ4.15m、深269m的井筒。1871年又试用"郝尼格曼钻井法"钻成了两口直径ϕ1.5m、深85m的井,该法是以钻具旋转方法破岩,一次或多次扩钻成井,破岩采用滚刀。直到1950年以后,发达国家开始大量建造各种嵌岩钻机用于各种国防、民用、工业工程项目施工,至今已发展成多种门类、性能先进的工程钻机。

德国钻机在国际处于领先地位,比较有名的公司有威尔特、萨尔茨盖特、宝峨等6家以上,至今已有20余个系列近100个规格型号的钻机。仅威尔特公司的L系列钻机就有10个以上,1980年还专门为我国设计制造了L—40/400型和L—40/800型两种钻机。该类钻机采用长齿滚刀钻进冲积地层,从软到硬都能钻进,不易糊钻头、寿命长。德国钻机品种齐全,根据不同地层,配套的钻具品种也较齐备。其大部分钻机均采用液压传动,功能全,使用方便。德国主要嵌岩钻机性能见表6.9-7。

日本工程钻机使用较晚,但发展很快,是世界上钻机制造技术领先的国家之一。20世纪60年代日本各公司相继通过引进设备和技术合作等方式,开始进行反循环钻机的开发工作。1972年为满足日本本州～四国联络线桥梁的海上基础岩石钻孔的要求,以该桥基础为目标的钻径ϕ3.6m的嵌岩钻机相继研制出来。如石川岛播磨的L—10S型、三菱重工的MD360型、川崎重工的KSD—4型和新日制铁的BM—1型。1977年三菱重工研制MD—400型工程钻机,并已完成鸣门大桥多柱式基础直径ϕ4～7m的桩基。KPC冲击反循环钻机是1976年神户制钢研制的,该系列已有KPC—1200、KPC—2000、KPC—4500三种规格。KPC—1200钻机结构见图6.9-6,其主要特点是设置了一套气举反循环系统,在冲击钻进中可连续反循环排渣,钻头也就可连续冲击钻进,大大提高了嵌岩钻进效率。日本主要嵌岩钻机性能见表6.9-8。

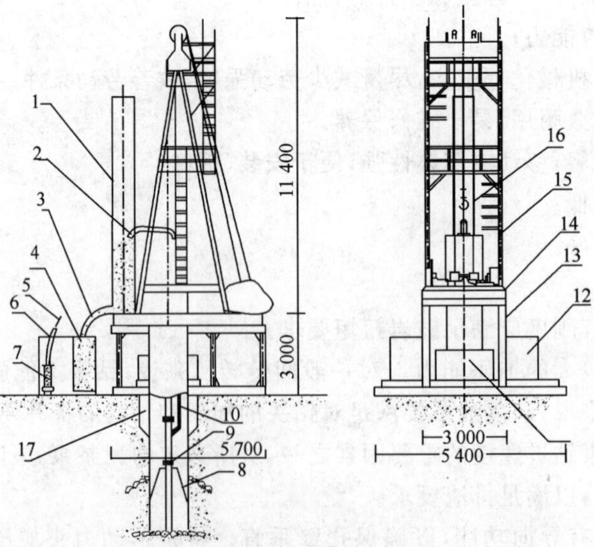

图6.9-6 日本KPC—1200钻机结构示意图(尺寸单位:mm)

1-集渣桶;2-排渣管;3-钻渣滑槽;4-渣桶;进水管;5-水源箱;6-潜水电泵;8-圆筒冲击钻头;9-气水混合器;10-风管 11-压管机;12-机台;13-机架;14-机座;15-钻架;16-集渣管;17-护筒

德国嵌岩回转钻机性能表

表 6.9-7

钻机型号	最大钻岩直径（m）	最大钻孔深度（m）	最大扭矩（kN·m）	最高转速（r/min）	最大起吊力（kN）	钻杆内径（mm）	驱动功率（kW）	排渣方式	质量（t）	破岩钻头形式	生产厂家
L—3A	1.5	450	15.7	60	360	150	105	气举		滚刀	威尔特公司
L—4	2.0	350	80	60	360	200	170	气举	24	滚刀	威尔特公司
L—10	3.0	450	120	43	1 000	300	147	气举		滚刀	威尔特公司
L—10S	5.5	550		18		315		气举		滚刀	威尔特公司
L—15	4.0	600	120	55	1 600	315	182	气举	47.4	滚刀	威尔特公司
L—35	4.0	600	414	17	3 400	330	800	气举		滚刀	威尔特公司
L—40/400	4.0	1 000	240	17.5	4 000	356	864	气举	507	滚刀	威尔特公司
L—40/800	8.0	600	414	17.5	4 000	356	864	气举	507	滚刀	威尔特公司
PBA—509	2.0		120	100	800			气举		滚刀	威尔特公司
PBA—818	2.5		180	29	1 100			气举		滚刀	威尔特公司
SC500	4.1	500	71	75	770	300		气举		滚刀	萨尔茨盖公司
BG—50	3.0	90	280	30	400	伸缩锚杆	448	钻斗、气举	146	钻斗、环刀、冲击	宝峨公司

表 6.9-8

日本嵌岩回转钻机性能表

钻机型号	最大钻岩直径(m)	最大钻孔深度(m)	最大扭矩(kN·m)	最高转速(r/min)	最大起吊力(kN)	钻杆内径(mm)	功率(kW)	排渣方式	质量(t)	破岩钻头形式	生产厂家
S320	1.5	70(泵吸) 200(气举)	42	23	400	200	75	泵吸、气举	10.43	滚刀	日立建机
S400H	1.8	70(泵吸) 200(气举)	60	22	400	200	110	泵吸、气举	15.26	滚刀	日立建机
S450	2.0	100(泵吸) 250(气举)	80	18	600	250	75	泵吸、气举	23.98	滚刀	日立建机
S480H	2.2	100(泵吸) 250(气举)	100	15	600	250	75	泵吸、气举	25.41	滚刀	日立建机
S500R	2.3	100(泵吸) 250(气举)	120	22	1 000	230	138	泵吸、气举	39.69	滚刀	日立建机
S600	2.7	100(泵吸) 300(气举)	170	22	2 000	300	110	泵吸、气举	29.87	滚刀	日立建机
L—2	1.5	180	30	40	240	150	45	气举、喷射、泵吸	33.0	滚刀	石川岛播磨
L—2 特	2.0	180	30	40	600	200	45	气举、喷射、泵吸	33.0	滚刀	石川岛播磨
L—4	3.0	350	60	19	600	200	75	气举、喷射、泵吸	60.0	滚刀	石川岛播磨
L—10	4.0	600	180	9	1 800	320	145	气举、喷射、泵吸	160.0	滚刀	石川岛播磨
L—10S	6.0	650	360	18	1 800	330	290	气举、喷射、泵吸	220.0	滚刀	石川岛播磨
MD150	3.0	200	55	21	900	220	110	泵吸	22.0	滚刀	三菱重工
MD250	4.0	300	175	18	1 500	320	180	气举	68.0	滚刀	三菱重工
MD350	5.0	300	350	10	2700	410	300	喷射、气举	130.0	滚刀	三菱重工
MD450	6.0	300	400	9	3 500	460	360	喷射、气举	155.0	滚刀	三菱重工

美国1910年就从欧洲引进钻进技术，1950年后期才大量使用。制造钻机和刀具的公司有休斯、罗宾斯和瑞得等公司。1970年休斯公司开始生产CSD—820型、CSD—300型全液压嵌岩钻机。美国还研制了大直径潜孔冲击回转钻机，其主要钻具为潜孔冲击锤，在致密的岩石中钻进，时效可达6～18m。

2. 国外钻机特点及发展方向

(1)普遍采用液压动力式回转钻机，扭矩大，自身对孔底加压力大，破岩能力较强；钻机的整体质量轻，配套件车装化；水龙头出浆口位置低，压力消耗少；制造质量好，地面故障少；机械化、自动化程度高。

(2)钻机的生产厂家多，自成系列，品种规格齐全，许多钻机兼顾钻斜孔的性能。

(3)绝大部分钻机都采用了反循环排渣方式。国外常用反循环钻机有以下几类型。

①泵吸反循环钻机，如德国SW型，美国RD—600型和CSD—820型，日本S—200型、MD150型、MD450型等。泵吸反循环有两种启动方式，即灌注泵启动和真空泵启动，日本多为真空泵启动。

②气举反循环钻机，如德国L系列、日本S系列MD250型、罗马尼亚EA系列、美国的CSD系列。

③喷射反循环钻机，如日本MD350型和MD450型等。

④全套筒冲抓反循环钻机，如日本的MT和TH系列、意大利的MGT和GC系列。

⑤冲击反循环钻机，如日本KPC系列、意大利的马赛伦蒂型。

⑥钻斗式钻机，如德国宝峨BG系列、意大利AF系列。

⑦潜孔冲击锤式钻机，可通过泵吸或气举进行排渣，如美国的DHD系列。

(4)重视破岩刀具的同步研制工作，发展刀具系列，滚刀直径趋向加大。

(5)对新的破岩方法进行了大量的研究。

国外目前已公布的破岩方法有高速水流破岩法、液体炸药爆破法、高能电火化破岩法、溶化法、气化法、热胀裂法等。其大部分都在研制之中，唯有混合破岩法目前接近使用阶段。如美国休斯公司在钻头破岩滚刀处装有很多喷嘴，钻进中滚刀和高压高速水流束同时破岩，取得了较好的效果。

三、国产嵌岩钻机

1. 国产嵌岩钻机的发展与现状

我国建国初期，桥基采用管柱桩基，主要是学习了前苏联的经验。在1955年，武汉长江大桥及随后的南京长江大桥用冲击法钻了直径ϕ3.6m的管桩。1958年，开始旋转钻孔的研制和试验。在长江流域采用取芯钻机完成了许多ϕ1m直径的基础勘察孔。1966年，我国在洛阳生产了第一台机械旋转钻机。自20世纪70年代至80年代，以直径ϕ2.5m及以上的钻孔灌注桩为基础的特大桥就有泸州长江大桥、九江长江大桥、常德沅水大桥、宜城汉江大桥、三门峡黄河大桥、钱塘江二桥、武汉长江公路桥、广东斗门大桥等，其大都是采用冲击钻机成孔，效率较低。

1985年以后，随着我国对外开放，国民经济飞速发展，工业、桥梁、民用建筑大量采用嵌岩桩基础。随着对外交流的加强，先进的钻孔灌注桩技术和设备得以引进，我国的嵌岩钻机、钻具发展较快，目前国产钻机的正规厂家有30多个，成孔能力大于ϕ1m直径的各类钻机型号有100多个，50多个系列品牌。国产嵌岩钻主要有以下品种。

(1) 直径ϕ2m以下具有正、反循环功能的回转钻机，如大桥局武汉桥机厂的BDM—1、BDM—2，上海探矿机械厂GPS—15、GPS—20，张家口探矿机械厂GPF—2 000，山东探矿机械厂泰山—15、泰山—20等型号。ϕ2m以下嵌岩钻机性能见表6.9-9。

(2)2m以上大口径气举反循环回转钻机，如大桥局武汉桥机厂BDM—4、郑州QJ—250、洛阳HTL—300型(图6.9-7)以及采用较为先进的液压动力钻机的洛阳矿山机械厂的QZY—3 000型，郑州勘察机械厂的KP—3 500型，大桥局桥机厂KPG—3 000型和新设计的KD—3 000型动力头钻机等。动力头式钻机结构示意图见图6.9-8；ϕ2m以上嵌岩钻机性能见表6.9-10。

国产钻径 Φ2m 以下嵌岩回转钻机性能表 表 6.9-9

钻机型号	最大钻岩直径（m）	最大钻孔深度（m）	最大扭矩（kN·m）	转速（r/min）	最大起吊力（kN）	钻杆直径（mm）	加压方式	主驱动功率（kW）	排渣方式	破岩钻头形式	质量（t）	外形尺寸 $L\times B\times H$（m）	产地
KP—1500	1.5	60	23.5	15、39、54、78	180	180	配重	37	泵吸反循环、正循环	刮刀、滚刀、牙轮	11		郑州
KP—2000	2.0	60	43.8	10、28、43、63	180	180	配重	45	泵吸反循环、正循环	刮刀、滚刀、牙轮	11		郑州
GPF—2000	1.5	60	20	14、25、40、67、107	180	168	配重	37	泵吸反循环、正循环	刮刀、滚刀、牙轮	9	5.3×2.5×8.87	张家口
GPS—15	1.2	60	17.7	13～42	180	150	配重	30	泵吸反循环、正循环	刮刀、滚刀、牙轮	10	4.7×2.2×8.3	上海
GPS—20	2.0	60	30	8、14、18、26、32、56	180	168	配重	37	泵吸反循环、正循环	刮刀、滚刀、牙轮	10		上海
GM—20	2.0	60	43.8	12、22、25、32、41、64、82	120	180	液压	45	泵吸反循环、正循环	刮刀、滚刀、牙轮	11		连云港
泰山—15	1.5	60	30	14～44	180	168	配重	37	泵吸反循环、正循环	刮刀、滚刀、牙轮	8	9.51×2.78×8.6	山东
QZ—1500	1.5	60	26	9.5、19	180	168	配重	30	泵吸反循环、正循环	刮刀、滚刀、牙轮	15	5.6×2.2×8.5	铁十五局
BRM—2	1.5	60	28	5～34	240	168	配重	28	泵吸反循环、正循环	刮刀、滚刀、牙轮	13	5.9×3.5×9.2	武汉
GD—1500	1.5	70	20	10～32	196	194	液压	75	气举、泵吸反循环、正循环	刮刀、滚刀、牙轮	75	5.3×2.9×9.2	洛阳
GMD—18	1.8	70	24	12、20、32、50	100	168	液压	37	气举、泵吸反循环、正循环	刮刀、滚刀、牙轮	8.8	4.49×2.99×8.79	西安探矿厂

表 6.9-10

国产钻径 Φ2m 以上嵌岩回转钻机性能表

钻机型号	最大钻岩直径(m)	钻孔最大深度(m)	最大扭矩(kN·m)	转速(r/min)	最大起吊力(kN)	钻杆直径(mm)	加压方式	主驱动功率(kW)	排渣方式	破岩钻头形式	质量(t)	外形尺寸 $L\times B\times H$(m)	生产厂
BRM—4	3.0	100	85	6~35	600	273	配重	75	气举	滚刀	32	8×4.5×13	武汉桥机厂
BRM—4A	3.0	80	80	15~80	600	273	配重	75	气举	滚刀	61.88	7.9×4.5×13.3	武汉桥机厂
GZY—2500	2.5	250	90	0~15	1 200	299	液压	110	气举	滚刀	80	7.5×4.1×8.8	洛阳矿山厂
GZY—3000	3.0	90	200	0~16	1 000	285	液压	210	气举	滚刀	55	9.5×5.2×13.8	洛阳矿山厂
THL—300	3.0	100	120	6.6~21	600	273	配重	105	气举	滚刀	65	8.3×3.3×13.7	洛阳九久
QJ—250	2.5	100	117.6	7.8、12、7、30	600	273	配重	95	气举	滚刀	35	7.1×6×12×9	郑州勘机厂
KP—3500	3.0	120	210	0~24	1 000	273	液压	120	气举	滚刀	47	5.9×4.8×9	郑州勘机厂
KPG—300	3.0	130	200	3.5、7、14	1 200	351	配重	110×2	气举	滚刀	55	7.6×4.5×13.9	武汉桥机厂
GF—300	3.0	120	130	6~35	640	273	配重	90	气举	滚刀	42	8.77×5.5×12.55	河北建勘院
KTY—300	3.0	200	200	0~16	1 200	315	液压、配重	238	气举	滚刀	51	7.18×4.45×8.67	武汉桥机厂
KD—3000	3.0	120	200	0~7	1 200	351	液压	180	气举	滚刀	45	6×4.5×9	武汉桥机厂
KPY—400	4.0	120	220	3~9	1 200	375	液压	375	气举	滚刀	42.5		武汉桥机厂
YSZ—35/500	3.5	500	200	0~15	2 500	355.6	液压		气举	滚刀	58		太原矿机

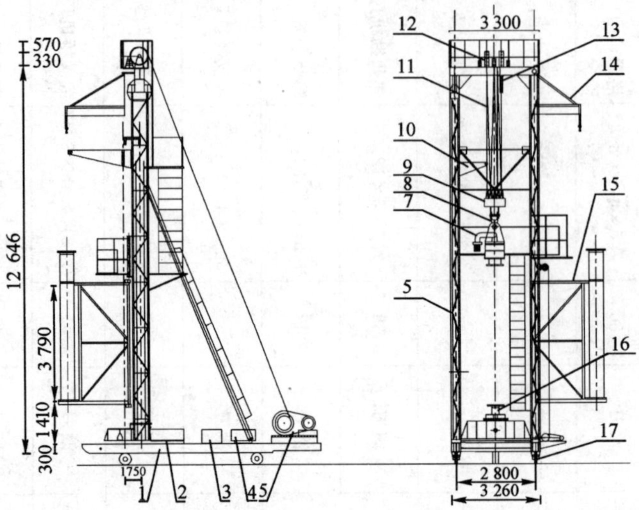

图 6.9-7　HTL—300 型钻机结构示意图(尺寸单位:mm)

1-底架;2-转盘;3-变速器;4-电动机;5-绞车;6-钻架;7-水龙头及其导向装置;8-过渡吊具;9-游车;10-水龙平衡装置;11-钢丝绳;12-天车;13-传感器吊挂;14-辅助吊车;15-钻杆摆动装置;16-钻杆与钻具;17-行走装置

国产嵌岩钻机由普通冲击钻机逐步向冲击反循环钻机发展。常用普通冲击钻机有 YKC—30、YKC—20、CZ—22、CZ—30 等,钻机性能见表 6.9-11。近十年来发展起来的反循环冲击钻机有 CFZ—1 500、CJF—15(图 6.9-9)、CJF—20、GCF—1 500 型等。钻机性能见表 6.9-12。长春地质学院和上海探矿机械厂研制了 FGC—15 潜孔冲击锤钻机、钻具,正处于推广使用阶段。

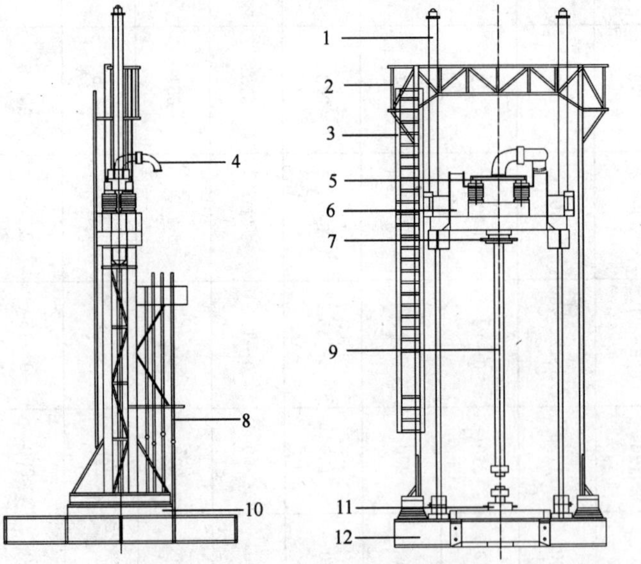

图 6.9-8　动力头式钻机结构示意图

1-油缸;2-钻架;3-梯子;4-出浆管;5-动力水龙头;6-承台及导向装置;7-夹头;8-油管;9-钻杆;10-钻杆支座;11-抱卡;12-钻杆支座

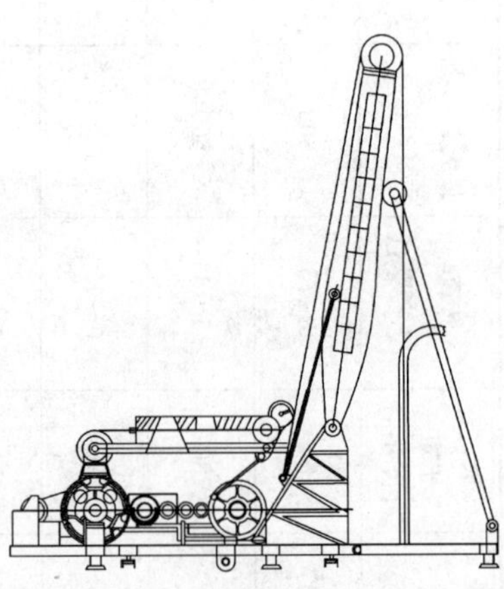

图 6.9-9　泰山 CJF—15 冲击反循环钻机结构示意图

2. 国内嵌岩钻机发展趋势

随着大直径嵌岩桩基数量的增多、钻孔的直径和深度加大、嵌岩要求的提高,需强化钻机的钻进能力。在我国现有钻机水平上,还需考虑如下技术问题进行开发、研究,做好钻机的设计、制造的前期准备等工作。

国产普通冲击钻机性能表

表 6.9-11

性能 \ 型号	CZ—22	CZ—30	KCL—100	YKC—31	YKC—30	简易钻机
最大钻孔直径(m)	0.8	1.2	1.0	1.5	1.3	0.8～3.0
最大钻孔深度(m)	150	180	50	120	500	100
冲击钻质量(t)	1.5	2.5	1.5	3	2.5	2～10
冲程(m)	0.35～1.0	0.5～1.0	0.35～1.0	0.6～1.0	0.5～1.0	1～2.5
冲击频率(次/min)	40、45、50	40、45、50	40、45、50	23.31	40、45、50	5～12
驱动功率(kW)	22	40	30	60	40	40～90
主卷扬提升力(kN)	20	30	20	55	30	20～100
副卷扬提升力(kN)	13	20	13	25	20	20～300
主钻架最大负荷(kN)		250	120			
外形尺寸 (长×宽×高)(m)		10×2.66×3.5	2.8×2.3×7.8		7.7×2.8×16.3	
钻机质量(t)	6.85	13.67	6.1		12.1	
排渣设备	掏渣筒	掏渣筒	掏渣筒	掏渣筒	掏渣筒	
生产厂家	洛阳矿机厂	太原矿机厂	周交农机厂	洛阳矿机厂	太原矿机	

国产冲击反循环钻机性能表 表 6.9-12

性能＼型号	CFZ—1200	CF—2	CJF—15	CJF—20	GCF—1500	GJD—1500	CFZ—1500	GPC—40H
最大钻孔直径(m)	1.2	1.5	1.5	2.5	1.5	2.0	1.5	0.7
最大钻孔深度(m)	80	85	80	80	50	50	80	80
钻头质量(t)	1.3	2.0～4.0	4、4.5	4、4.5	2.5、4	2.94	3.0	
冲程(m)		0.5～3.0	1.5～3.0	1.5～3.0	0.5～3.0	10～100	0.9、1.05、1.2	0.5、0.6
冲击频率(次/min)	40、45、50	10～20	35.5、46	36、46	10～20	0～30	34、40、45	20～72
驱动功率(kW)	30	45		75	37	63	45	118
主卷扬提升力(kN)			50	50	40	39.2	50	30
副卷扬提升力(kN)			30	30	30		10	
外形尺寸(长×宽×高)(m)	5.8×2.3×12.7	4.3×2.2×6.8	6.8×2.8×3.1	6.8×2.8×3.2	7.1×2.9×8.8	5.04×2.36×6.38	6.4×2.2×8	10.85×2.47×3.55
钻机质量(t)	8.8	8.5	15	18	8.2	20.5	15.5	15
排渣方式	泵吸	泵吸	泵吸	泵吸	泵吸	泵吸	泵吸	泵吸
生产厂家	水电基础局	水电基础局	山东探矿厂	山东探矿厂	张家口探矿厂	张家口探矿厂	铁十五局	天津探矿厂

(1)加强钻机关键基础配套件(如液压件、钻杆用高强无缝钢管、关键轴承等)的研制。
(2)研制强化型排渣系统(包括复合结构钻杆)。
(3)研制大型液压动力水龙头。
(4)研制高效机械泥浆净化系统。
(5)研制大能力、长行程液压油缸。
(6)钻进参数自动检测、记录和控制系统的研制,微电脑应用,各种关键仪表的研制。
(7)钻机辅助设计电算程序的编制。
(8)钻头结构参数选优试验。
(9)钻机设备的轻型化、集装化和移动化的研究。
(10)长寿命、低成本的破岩刀具的研制和布刀科学化的研究。
(11)继续完善国内现有稳定(导向)器,并开发新品种。
(12)积极研究岩渣吸收器、钻具减震器的工作原理、方法和研究其实用结构。

第三节　回转钻机反循环嵌岩成孔工艺

一、成 孔 原 理

回转钻机通过机械传动或液压传动的方式转动钻杆,由钻杆带动钻头旋转,在一定钻压下(钻压由钻具自重、配重、油缸加压或以上组合产生),设置在钻头上破岩刀具通过压、切、冲方式作用在岩面上,破碎岩石,然后通过反循环装置(泵吸或射流或气举)将岩渣从钻头上的吸渣口吸入钻杆内,通过钻杆排出孔外。常见嵌岩桩施工工艺流程见图6.9-10。

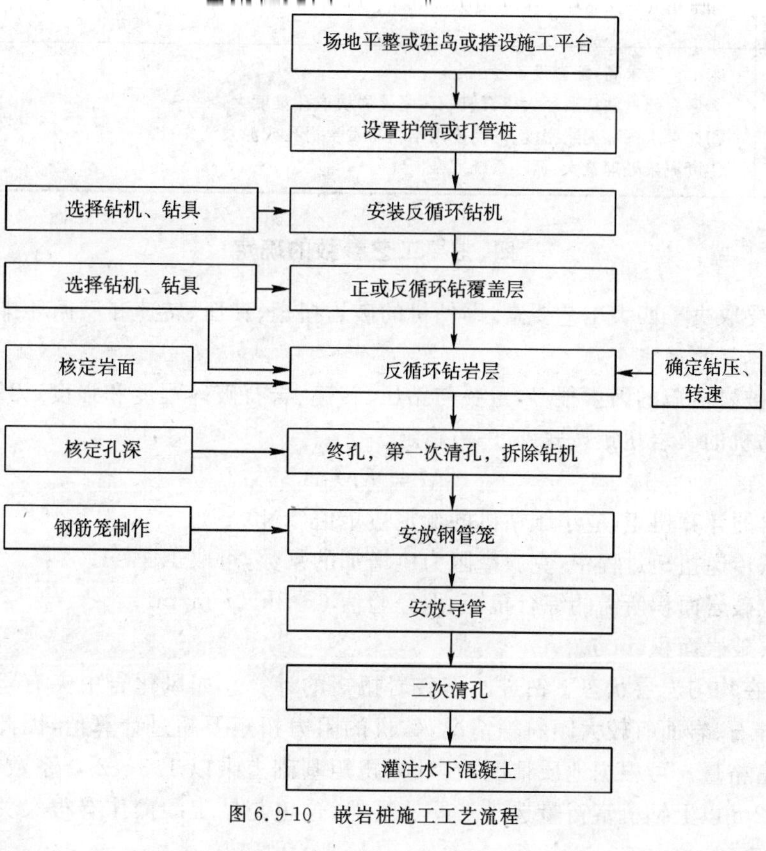

图6.9-10　嵌岩桩施工工艺流程

二、回转钻机反循环成孔工艺类型

回转钻机反循环成孔工艺类型主要有泵吸反循环、喷射反循环、气举反循环三种，其类型及适用范围见表 6.9-13。

反循环回转钻机成孔工艺类型及适用范围 表 6.9-13

方法	使用广泛性	排渣主要动力设备	加压方式	钻孔直径(m)	钻孔深度(m)	破岩刀具			钻杆形式	护壁方式
泵吸反循环	广泛	砂石泵	配重	<2.0	50～80	刮刀(软岩)	牙轮(软岩)(硬岩)	滚刀(各种岩石)	直通式	护筒、泥浆护筒清水
喷射反循环	国内使用少	射流泵	配重	<2.0	<90	滚刀			直通式	泥浆
气举反循环	使用广泛	空压机	配重液压	1～5	一般<130	滚刀、牙轮			附气管、双壁管、三壁管	泥浆

三、回转钻机反循环嵌岩成孔工艺优缺点

回转钻机反循环嵌岩成孔工艺优缺点见表 6.9-14。

反循环回转机嵌岩成孔工艺优缺点 表 6.9-14

优　点	①振动小、噪声低； ②钻进效率高，是正循环的 3～5 倍，是嵌岩成孔最佳工艺； ③对钻头的磨损小； ④护壁泥浆密度小，适合地层可采用清水钻进； ⑤采用气举反循环钻孔、孔径大、孔深
缺　点	①工艺要求高，配套设备多； ②遇有超过钻杆通径大卵石、孤石、坚硬岩块成孔难度大； ③如果水头和泥浆密度、黏度使用不当易发生坍孔或泥浆流失； ④废泥浆处理量大、循环系统复杂

四、主要工艺参数的确定

嵌岩钻进主要取决于四大工艺要素，即钻机的破岩扭矩、钻压、转速和反循环排渣量。

1. 钻机破岩扭矩的确定

决定钻机的破岩扭矩的因素很多，主要与钻压、转速、岩石破碎程度和强度、刀具的数量和形状等有关，国内常用钻机的破岩扭矩按式(6.9-1)确定。

$$M = KM_0A \tag{6.9-1}$$

式中：M——破岩的计算扭矩，应小于钻机的额定扭矩值(kN·m)；

K——机械传递扭矩过程中，克服摩阻力应增加的系数，可取 1.4～1.7；

M_0——单位破岩面积所需的综合扭矩，取经验值 6～8kN·m/m^2；

A——钻头破岩面积(m^2)。

以上公式是在均匀岩层状态下钻进所需破岩扭矩的计算。如风化岩中夹有坚硬块石、岩层较为破碎、基岩面有碎石、岩面有较大倾斜等情况，钻机的阻力扭矩要超过计算值，因此，在确定钻机扭矩时，应增加一些富裕量。可根据地质情况，在计算扭矩基础上乘以 1.3～2.0 系数。ϕ2m 以下钻机富裕量选大一些，ϕ2m 以上钻机富裕量选小一些。当然，这也与钻工的操作有很大关系，采取减压钻进

是克服上述问题较好的办法之一。当破岩综合阻力大于钻机的额定值时，可以用分级成孔的方式钻进，适当减少钻头的破岩面积，也可以通过钻头的特别设计，调节钻压、转速以适应钻机扭矩值。钻机所需破岩扭矩参照表 6.9-15 选定。

钻机所需破岩扭矩参照表 表 6.9-15

钻孔直径(m)	均匀岩层状态下的计算扭矩(kN·m)	复杂岩层状态下的估算扭矩兼顾了部分国外钻机扭矩计算值(kN·m)
1.0	6.59～10.68	12～23
1.2	9.49～15.37	15.37～30
1.5	14.83～24.02	24.02～38.32
2.0	26.37～42.7	42.7～68.14
2.5	41.21～66.73	66.73～106.46
3.0	59.35～96.08	96.08～153.3
3.5	80.78～130.78	130.78～211.56

2. *钻机转速的确定*

钻机转速的确定也就是钻头外缘的线速度的选择问题。线速度由岩层的可钻性、刀具的耐磨性、轴承许用转速、孔底冲洗程度及设备能力决定。

(1)根据使用试验，线速度控制在 1.0～2.5m/s 较为合适，坚硬岩石取小值、较坚硬岩石取中值 1.3～2.0m/s、软质岩石取较大值。线速度确定后，可按钻头直径推算出钻机转速。

$$n=\frac{60v}{\pi D} \tag{6.9-2}$$

式中：n——钻机转速(r/min)；

v——钻头外缘线速度(m/s)，按上述取值；

D——钻头直径(m)。

(2)对国内破岩常用的滚刀钻头而言，其钻头所使用滚刀的轴承允许转速为 120r/min，按式(6.9-3)推算钻机的允许转速。

$$n=\frac{n'd}{D} \tag{6.9-3}$$

式中：n——钻机的允许转速(r/min)；

n'——滚刀轴承允许钻速，可取为 120r/min；

d——滚刀大头直径(mm)；

D——钻头直径(mm)。

根据式(6.9-2)，不同直径滚刀钻头允许转速见表 6.9-16。

钻机允许转速一览表 表 6.9-16

滚刀规格	8 系列楔齿滚刀(大头直径 d=244mm)			8 系列球齿滚刀(大头直径 d=210mm)			12 系列楔齿滚刀(大头直径 d=322mm)				12 系列球齿滚刀(大头直径 d=279mm)			
钻头直径 D(mm)	800	1 000	1 200	800	1 000	1 200	1 500	2 000	2 500	3 000	1 500	2 000	2 500	3 000
钻机允许转速 n(r/min)	36.6	29.3	24.4	31.5	25.2	21.0	25.76	19.32	15.4	12.88	22.32	16.74	13.39	11.16

(3)转速除了由钻头上的滚刀转速限制外，还受到钻机的性能限制：钻机的扭矩与钻速呈反比关系，钻机的扭矩越大、钻速越慢；反之，钻机的扭矩越小、钻速越快。由于在嵌岩施工中破岩所需扭矩较大，因此往往选择低钻速，一般在6～15r/min。当然，钻速过低，相对破岩效率就要降低。

(4)钻机的转速还与岩层的复杂程度、岩石强度以及钻压、排渣能力有关。对岩石强度高、复杂岩层中嵌岩，可采取大钻压施工，钻速不宜过高，否则会产生跳转，造成钻机、钻具损坏。

(5)牙轮钻头适用于均匀软、硬岩层的嵌岩施工，其转速可适当高于滚刀钻头。

(6)用刮刀钻头进行嵌岩施工，由于其破岩阻力较大，进尺慢，钻头磨损快，钻机钻进时一般宜采用20r/min以下的低钻速。

3.钻压的确定

钻压是指钻头上的刀具对孔底岩层施加的压力。钻岩的进尺时效与所加钻压值有极大的关系，若钻压不足，破岩效果就差，进尺慢，且会造成滚刀过早磨损，加大施工成本。钻压的确定与岩石的强度、钻机的转速、扭矩、起重力或上部加压力、滚刀的尺寸、数量、轴承的承受力和新旧程度、钻孔的直径等因素有关。确定钻压的方法如下。

①方法一：按滚刀钻头的滚刀轴承允许压力确定钻压。

国内滚刀生产厂家经过市场调研，研究和开发了能承受大钻压下进行坚硬岩石嵌岩施工的滚刀，其滚刀最大允许承压值可达50～80kN。根据目前滚刀钻头的使用情况，能够满足破岩要求。因此，钻压可按式(6.9-4)估算。

$$P = n \cdot P_0 \tag{6.9-4}$$

式中：P——钻压，钻头上所有刀具对孔底岩层施压的压力(kN)；

n——钻头上所布设的滚刀数量(把)，参见表6.9-23；

P_0——单把滚刀可承受的钻压(kN)：

对单轴抗压强度＞60MPa的坚硬岩石，取$P_0=40～50$kN；

对单轴抗压强度在30～60MPa之间的较坚硬岩石，取$P_0=30～40$kN；

对单轴抗压强度＜30MPa的软质岩，取$P_0=20～30$kN。

如某桩直径ϕ2 000mm，钻头需布设12″滚刀10把，所钻岩石单轴抗压强度80MPa，根据上式取$n=10$，$P_0=40$kN，则钻力$P=10\times40=400$kN。

② 方法二：按作用于刀刃单位长度的压力计算钻力，见该法适用于楔齿滚刀钻头。

$$P = 10^{-3} \cdot K \cdot q \cdot D \cdot B \tag{6.9-5}$$

式中：P——钻头破岩所需钻力(kN)；

K——楔齿滚刀上刀刃单位长度上的重合系数，美国钻井试验表明，K值取小些，转速和刀具的寿命反而高些，建议取$K=0.94～1.2$；

q——比压值(MPa)，考虑了滚刀钻头破岩的综合作用因素，根据岩石的单轴抗压强度R_C，按$q=(0.3～0.4)R_C$计取；R_C根据现场地质取值，对于式中系数，小直径滚刀取小值、大直径滚刀取大值；

D——钻头直径(mm)；

B——滚刀刀刃压入岩石宽度(mm)，根据钻机加压能力，岩石的软硬程度取值，软质岩取大值，硬质岩取小值。B值可参考以下取值，单轴抗压强度在30MPa以下软质岩取30～15mm；30～60MPa坚硬岩石取15～8mm；60～120MPa岩石取8～3mm。

③方法三：按作用于刀齿面积上的压力计算钻压，该法适用对球齿滚刀钻头。

$$P = 10^{-3} \cdot n \cdot n_1 \cdot A \cdot q \tag{6.9-6}$$

式中：P——钻头破岩所需钻力(kN)；

n——钻头上所配球齿滚刀数量(把)，见表6.9-23；

n_1——每把球齿滚刀，一排合金齿数量(颗)，8″滚刀取 6 颗，12″滚刀取 9 颗；

A——单颗合金齿压入岩石的投影面积(mm^2)，投影面积可以根据合金齿压岩石深度所对应的投影面积计算。压入深度考虑了经济因素，根据岩石的单轴抗压强度选取，对单轴抗压强度在 80～120MPa 的岩石，压入深度一般取 15～5mm；对单轴抗压强度在 120～200MPa 的岩石，压入深度一般取 5～2.5mm；岩石强度越高取小值，反之取大值；

q——意义同式(6.9-5)。

(1)牙轮钻头的钻压确定

牙轮钻头用于煤炭和石油钻井，由于正刀一般采用的是单支点座形式，钻压过高容易出现掉牙轮现象，一般取单把牙轮钻力为 3～5kN，最大不超过 10kN，总钻力为所布牙轮数量乘单把牙轮钻力。

(2)刮刀钻头的钻压确定

刮刀钻头一般按每片切削刀具的钻力 800～1 200N 或每颗合金的钻力 400～600N 确定所需的钻力。

(3)钻压的配置方法

钻压配置有两种方法：一种是在孔底加压，在钻头上部增设配重，依靠钻具重力加压；另一种是在孔顶加压，如动力头式钻机，是靠钻杆顶部动力头油缸加压，结合钻具自重共同作用产生的钻压，在顶部加压不足情况下，还需增设配重以提高钻压。这种方法需在钻杆上设若干中间导向，以防钻杆失稳。

①方法一：按孔底加压方式配置钻力：

$$P = \frac{G(1-e)(\gamma_g - \gamma)}{\gamma_g} \tag{6.9-7}$$

式中：P——钻机破岩所需钻力(kN)；

G——钻具重力(kN)，为水龙头、钻杆、导向器、配重、钻头重力之和；

e——减压系数，取钻具重的 20%～50%，即 $e=0.2\sim0.5$，原则要求减压值大于或等于钻杆质量；

γ_g——钢材密度(kg/cm^3)；

γ——循环液密度(kg/cm^3)。

按式(6.9-8)换算为满足钻压所需钻具质量：

$$G = \frac{P \cdot \gamma_g}{(\gamma_g - \gamma) \cdot (1-e)} \tag{6.9-8}$$

所增设的配重质量为钻具质量 G 减去水龙头、钻杆、导向器及钻头质量。

②方法二：按孔顶加压方式配置钻压，按下式计算：

$$P = P_0 + \frac{G(\gamma_g - \gamma)}{\gamma_g} \tag{6.9-9}$$

式中：P,G,γ_g,γ——意义同式(6.9-7)；

P_0——钻机动力头加力值(kN)，当钻机动力头加压力不足时，可在钻头上增设配重增加钻力。

4.反循环排渣量的确定

反循环成孔工艺的特点是将破碎的岩渣，通过反循环排渣系统，从钻杆内迅速排出，以减少二次破碎现象，提高钻进效率和减少钻具的破损。因此，反循环排渣能力至关重要，排渣量计算详见反循环排渣设备一节。

五、钻机的选择

1.钻机选择的依据

(1)掌握桩深、孔径、嵌岩深度等设计要求。

(2)勘察现场，了解气象、水文、地貌以及陆上或水上施工条件。

(3)研究地质资料，了解岩石特性，特别是岩石的强度指标。

(4)掌握规范要求。

(5)掌握自有设备性能、状态或拟租、拟购钻机的性能。

(6)研究、制订好的施工工艺。

2. 钻机的选择原则

(1)钻机的动力、钻杆满足破岩扭矩要求。

(2)钻机的转速尽量满足最佳破岩线速度。

(3)钻机的起重力或加压力能满足破岩钻压所需的钻具起吊能力或加压要求。

(4)钻机质量轻，移动方便，孔口便于起落钻具。

(5)2m 以上钻机需具有减压控制装置。

(6)对孔深小于 50～60m，孔径小于 ϕ2m 的桩宜采用泵吸反循环成孔，如泵吸反循环系统密封极好，孔深可达 90m。

(7)对孔深小于 90m、孔径小于 ϕ2m 的桩宜采用射流泵反循环成孔，此法日本使用较多，国内较少使用。

(8)对孔径在 ϕ1.5～2m 以上或孔深超过 80m 的桩宜采用气举反循环法成孔。

(9)钻机的选择都兼顾覆盖层的施工。

(10)钻机选择可参照嵌岩钻机性能一览表(表 6.9-7～表 6.9-12)。

六、反循环排渣设备

反循环成孔工艺主要有泵吸反循环、喷射泵反循环、气举反循环三种工艺，或者是由这三种工艺的组合形式。

反循环排渣设备的工作原理、反循环装置、所用参数计算等参见第六篇第三章反循环钻孔灌注桩。

七、嵌 岩 钻 具

回转钻机的钻具主要由水龙头、钻杆、导向器、、异径接头、配重、钻头等组成。水龙头、钻杆在选择钻机时一并考虑。

1. 标准破岩钻具结构(图 6.9-11)

2. 组成钻具的部件

(1)中心管

它是钻头的主心骨架，上部与异径接头或钻杆连接，下部连接钻头，中部穿有导向器和配重等，中心有冲洗液通道。有些钻具无中心管，钻具各部直接用法兰螺栓连接。

(2)异径接头

它是中心管与钻杆下接头相连接的部件。

(3)配重

它可起到加大钻具质量，提高钻压的作用。置于钻头上部，可采用圆桶形式或磅称砝码插入式。圆桶形配重是用铁板组焊成桶形，其内部装入铁球、铁粒或灌铅。加重块外径小于钻头直径，避免与井壁摩擦。

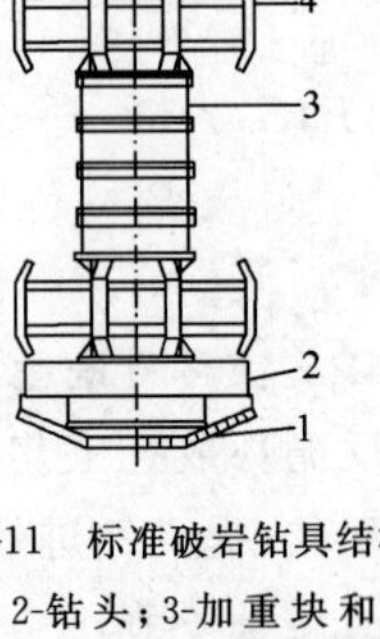

图 6.9-11　标准破岩钻具结构图
1-滚刀；2-钻头；3-加重块和连接器；4-导向器；5-异径接头和中心管装置

(4)连接盘

它是下连刀盘，上接导向器、加重块或异径接头的部件，同时也是承载配重等上盘的部件。

(5)导向器

导向器又称扶正器、稳定器，其作用是减少钻岩时产生的振动，保证钻孔垂直度，减小钻具与孔壁的摩擦。一般在钻头上和配重上各设一个导向器。对动力头加压钻机，还需在钻杆上每隔 20～30m 设中间导向器。

导向器结构有多种形式，简单的可在钻杆上焊上腰带，但其结构对孔壁摩阻力大，稳定性差；早先也有采用在导向器外侧安装滚轮装置导向器，但寿命短，现很少采用。现在常采用带有滑动轴承的可调翼板和固定翼板的两种导向器结构形式。前者翼板采用螺纹连接，可根据孔径随意调换，使用较为方便；后者轴承、翼板相对固定，不宜更换。轴承可采用铸铁、硬质塑料、球墨铸铁、硬质木板等。常用导向器结构见图 6.9-12。

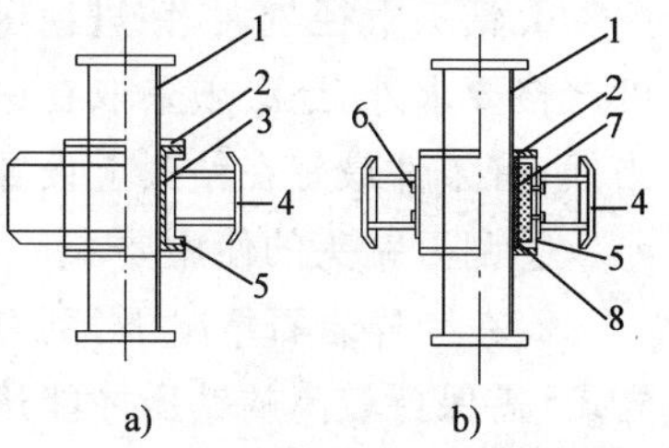

图 6.9-12　常用导向器结构图

a)固定翼板导向器；b)可调翼板导向器

1-钻杆；2-法兰；3-铸钢衬板及滑动轴；4-翼板；5-外套；6-螺栓；7-滑动轴承；8-衬板

(6)钻头

钻头是破岩的钻具最重要的部分，由吸渣管、刀盘、侧板、破岩刀具组成。

3. *破岩钻头*

(1)常用破岩钻头的类型

破岩钻头主要有刮刀钻头、牙轮钻头、滚刀钻头三大类型。根据不同的施工条件进行选用，反循环嵌岩桩原则上应选用滚刀钻头钻进，其钻进效率较高，适用性广。破岩钻头的类型及适用范围见表 6.9-17。

破岩钻头的类型及适用范围　　　表 6.9-17

类　型	刀齿形式	适用范围
刮刀钻头	合金刀片、合金刀齿、风镐头	软质岩，少量硬质岩，钻进时效慢
牙轮钻头	牙轮	小于 ϕ800mm 孔径各种岩石 ϕ800～2 000mm 孔径，单轴抗压强度在 120MPa 以下的均质岩石
滚刀钻头	楔齿滚刀	孔径 ϕ800mm 以上，单轴抗压强度小于 120MPa 的各种岩石
	球齿滚刀	孔径 ϕ800mm 以上、单轴抗压强度在 80～220MPa 的各种岩石，适用坚硬岩石

(2)刮刀钻头

①刮刀钻头的形式

嵌岩用刮刀钻头，按翼板数量可分为三翼、四翼、多翼等形式，一般 ϕ1.2m 以下钻头采用三翼，ϕ1.2m以上钻头采用四翼或多翼。按腰带可分为单腰带和双腰带形式，双腰带钻头又称笼式钻头，较适合复杂地层，成孔垂直度较好。常用刮刀钻头结构见图 6.9-13。

②刮刀钻头的破岩原理

刮刀钻头刀刃在重力作用下压入岩体后，随钻头的回转切入岩体，破碎岩石。因此，钻具重，钻机扭矩大，刀刃尖且强度高，则破岩效果相对较好。破岩原理见图 6.9-14。

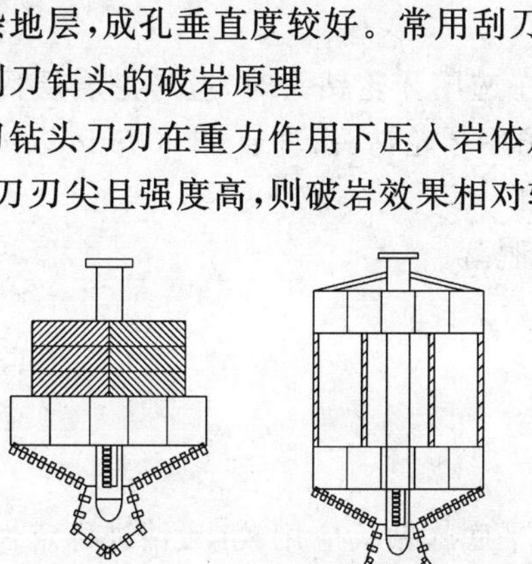

图 6.9-13　刮刀钻头结构

a)单腰带刮刀钻头；b)双腰带刮刀钻头(笼式)

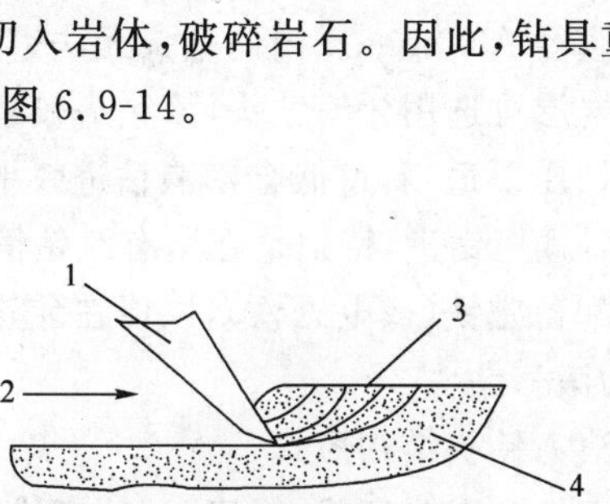

图 6.9-14　刮刀钻头破岩原理图

1-刀刃；2-切削力；3-破碎带；4-岩石

③刮刀钻头设计

a.由于刮刀钻头破岩需大扭矩、大钻压,因此钻头要有足够的刚度,以防钻进过程断裂。

b.翼板和圆环最容易磨损,应采用优质钢材加工,并在腰带、翼板和刃部焊硬质合金。

c.刀刃一般采用合金刀片、合金刀齿,软质岩可采用风镐头。

d.钻头直径越大,钻进稳定性越差,特别是在岩石的软硬接合面极易发生倾斜现象。除了加工精度严格要求外,还必须采取在钻头上设配重增压,减压钻进,以保证钻进稳定性。尽量选用笼式钻头。当然,有条件最好在钻头上设置导向器,以确保成孔的垂直度。

④刮刀钻头的使用要求

a.在同样岩石情况下,刮刀钻头破岩扭矩要高于滚刀钻头,受钻机性能限制,一般只适用于软质岩,且需保持较高的钻压才能达到较好的破岩要求。

b.应确保钻头各部分的同心度,即钻头翼板、钻头导向、刀齿布置都必须保持钻头的受力平衡,以免影响钻进后损坏钻头。

c.钻头磨损后应及时修复,确保钻进效率。

(3)牙轮钻头

①牙轮钻头形式

牙轮钻头是由多个牙轮焊接在刀盘底部而形成的钻头,牙轮多为单支座形式,也有双支座牙轮。钻头一般为平底型,也有超前型、阶梯型、扩底型等。牙轮体为锥形,牙轮体上镶有合金齿,牙轮体内装有回转轴并与牙掌连接。牙轮钻头结构见图6.9-15。

②牙轮钻头破岩原理

钻进时,靠钻具加压、钻机回转扭矩使牙轮钻刃挤压、切削、破碎刃前岩石,形成细小颗粒,再通过反循环将岩屑排出。其破岩原理类似球齿滚刀。

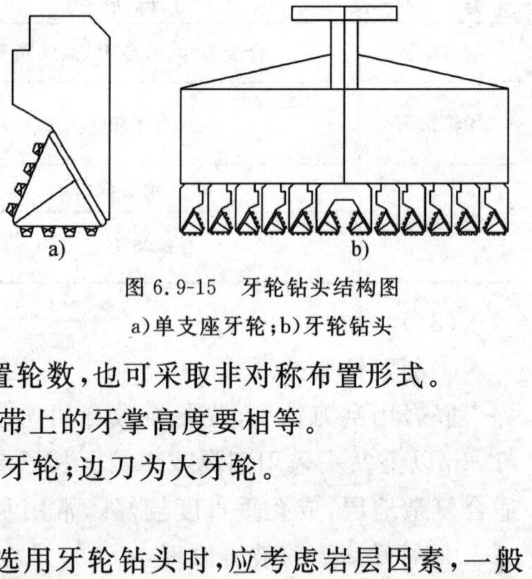

图6.9-15 牙轮钻头结构图

a)单支座牙轮;b)牙轮钻头

③牙轮钻头设计

a.牙轮钻头同滚刀钻头一样,由刀盘、刀体、导向刃、钻杆体、吸渣口组成。

b.在刀盘上一般按90°分成4个单元,按径向对称布刀,保证径向全面覆盖孔底,由稳定和径向重合要求确定最小布置轮数,也可采取非对称布置形式。

c.平底钻头上,牙掌高度基本保持一致,至少在同一切削带上的牙掌高度要相等。

d.刀盘上一般布设三种刀型:中心刀为三牙轮;正刀为小牙轮;边刀为大牙轮。

④牙轮钻头使用注意事项

a.根据施工经验,牙轮失效的主要形式是牙轮脱落。在选用牙轮钻头时,应考虑岩层因素,一般孔径在直径ϕ800mm以内的钻头无法采用滚刀刀头,而必须用牙轮钻头;直径ϕ2 000mm以内,中硬以下均匀岩层可选用牙轮钻头,该钻头较适合软质岩和风化岩。

b.钻压要适当,过低会影响钻进效果,过高会导致牙轮脱落。

c.需减压钻进,特别是在遇有跳钻情况时,更应如此。

d.配备磁铁(或电磁铁),以便在牙轮掉落时,及时打捞。

(4)滚刀钻头

①滚刀钻头结构形式

滚刀钻头有平底式、锥底式、球底式、翼状式、阶梯式。平底式钻头应用较广,钻进稳定性好,排渣效果略差,适用坚硬岩石;锥底式排渣效果好,适用软岩;球底式刀盘受力状态好,钻进扭矩小,稳定好和导向性好,有利于开孔,是一种新型刀盘形式,适用于硬岩;翼状式刀盘上有3～6个翼板,排渣效果好,适用软岩;阶梯式刀盘排渣效果好,导向性好,适用于软岩、倾斜岩面钻进。国内常用滚刀钻头为平底式，其主要特点结构简单，便于布刀，便于同国产滚刀配套使用。常用平底滚刀结构见图 6.9-16。

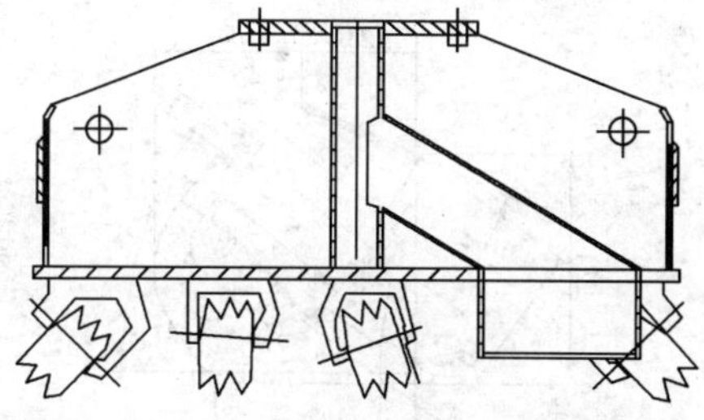

图 6.9-16　滚刀钻头结构示意图

②滚刀钻头的特点

a. 可根据钻孔直径的大小组装成不同直径、形式的钻头，从而实现全断面岩层钻进。

b. 齿刃与孔底岩石接触面小，在相同钻压下，可以获得较高的单位面积钻压，获得较好的破岩效果。

c. 滚刀齿刃多，齿刃耐磨蚀性能好，齿刃工作是交替进行的，瞬间只有一排齿刃与孔底岩石接触，从而降低了齿刃的磨损量，提高滚刀寿命。

d. 耗功小，钻头回转时，滚刀自转滚动破岩，切削阻力小，所以扭矩相对刮刀钻头要小。

e. 滚刀直接与孔底岩石接触，钻进中有轴心压力、回转力、冲击荷载等多种力的综合作用，还受孔底泥浆、水气、岩渣等侵蚀，钻压不足引起滚刀的早期磨损，这些都会影响滚刀的寿命，在施工中应采取合理的防护措施。

f. 一次性投入成本高，但使用得当总体成本低，且钻岩速度快，成孔时间短。

③滚刀类型

a. 按滚刀的齿型可分为楔齿滚刀、球齿滚刀、盘形齿滚刀。其类型及适用范围见表 6.9-18。

破岩滚刀类型及适用范围　　表 6.9-18

滚刀			适用桩径(mm)	适用岩石
类型	齿型	规格		
楔齿滚刀	焊齿	8″	800～1 200	单轴抗压强度小于 120MPa 的各种岩石，风化岩
		12″	＞1 200	
盘形滚刀	焊齿	8″	800～1 200	单轴抗压强度＜80MPa 的各种岩石、风化岩
		12″	＞1 200	
球齿滚刀	镶齿	8″	800～1 200	单轴抗压强度 80～220MPa 的各种岩石
		12″	＞1 200	

b. 按刃齿的固定方法可分为焊齿滚刀、铸齿滚刀（适用于胶结卵石层）、镶齿滚刀。

c. 按刀盘分布可分为中心刀、正刀、边刀。国内所用中心刀一般由正刀代替。

d. 按滚刀的大端直径可分为 ϕ200mm(8″)、ϕ250mm(12″)、ϕ380mm(15″)三种。国内常用滚刀有 ϕ200mm(8″)和 ϕ300mm(12″)，即 8 系列滚刀和 12 系列滚刀两种。

国产部分滚刀类型结构详见图 6.9-17、图 6.9-18、图 6.9-19 及图 6.9-20（河南洛阳九久技术开发有限公司提供资料）。

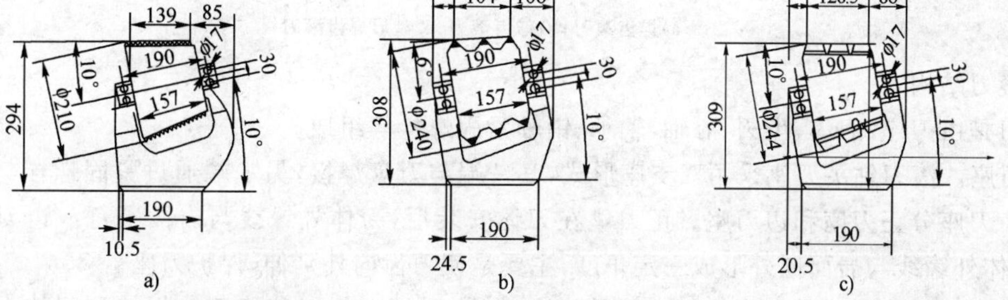

图 6.9-17　8″系列滚刀（装 10°正刀座，尺寸单位：mm）

a）球齿滚刀；b）盘形焊齿滚刀；c）焊齿滚刀

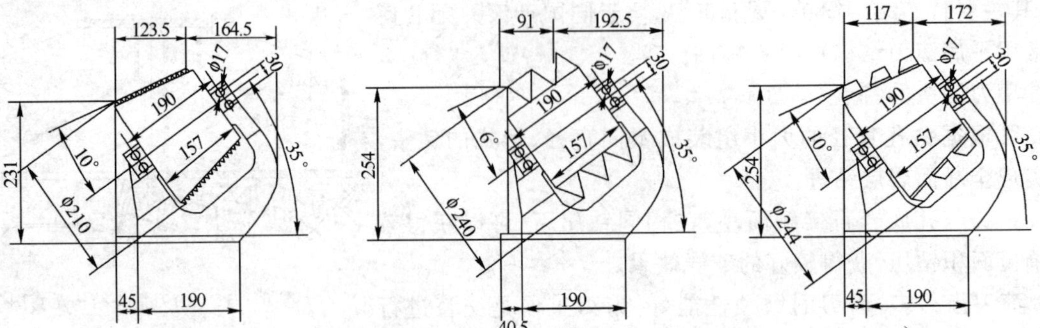

a) b) c)

图 6.9-18 8″系列滚刀(装 35°边刀座,尺寸单位:mm)

a)球齿滚刀;b)盘形焊齿滚刀;c)焊齿滚刀

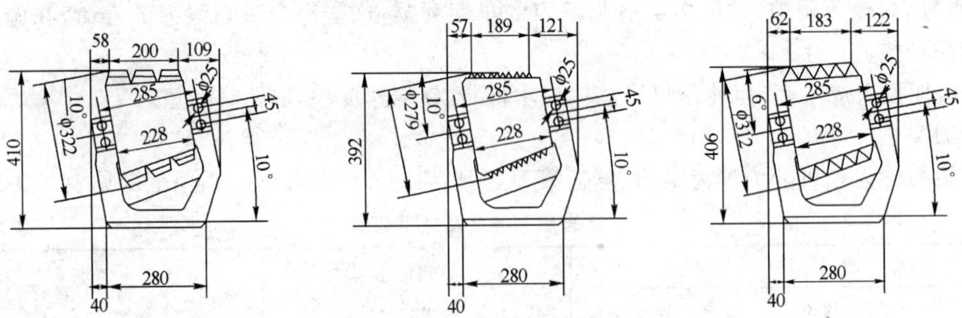

a) b) c)

图 6.9-19 12″系列滚刀(装 10°正刀座,尺寸单位:mm)

a)焊齿滚刀;b)球齿滚刀;c)盘形焊齿滚刀

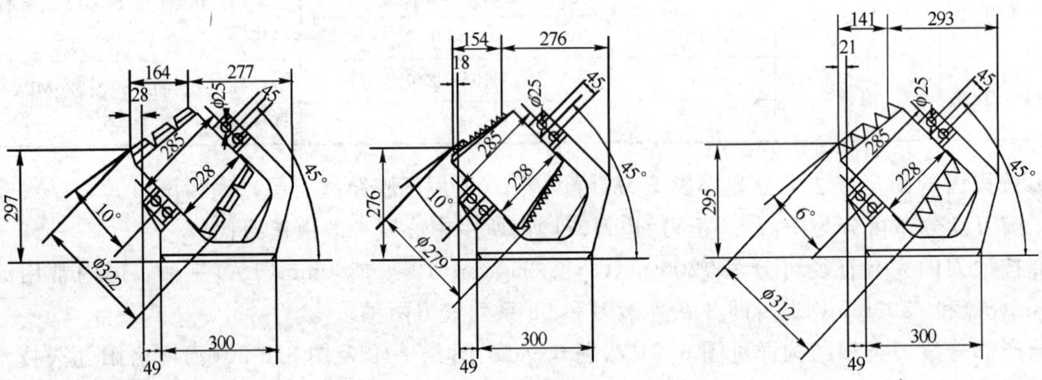

a) b) c)

图 6.9-20 12″系列滚刀(装 45°边刀座,尺寸单位:mm)

a)焊齿滚刀;b)球齿滚刀;c)盘形焊齿滚刀

④滚刀结构

滚刀是由刀座、刀体、齿刃、心轴、轴承、销轴紧固螺栓等组成。

a. 刀座。滚刀钻头刀座采用双支座形式,其一端与刀盘焊接,另一端通过紧固螺栓与刀体心轴连在一起。刀座分正刀座和边刀座。正刀座在刀体安装后,刀体外缘线与岩面平行。边刀座在刀体安装后,刀体外缘线与岩面向外形成一定角度,主要是使刀齿向外延伸,保护刀座。

b. 刀齿。焊齿滚刀的刀齿为钢齿硬质合金刀片,采用电焊工艺将刀片焊接到刀体上构成。球齿滚刀刀齿材质为钨钴硬质合金,采用镶嵌工艺与刀体连接。

楔齿滚刀和盘型滚刀所用刀片,采用 TM 钢硬质合金,由粉末冶金烧制而成,刀片高 20mm,厚

8mm，刀尖夹角为 60°，8″滚刀刀片长 38mm、12″滚刀刀片长 56mm。刀片硬度为 HRC57～64，抗弯强度为 1 900～2 100MPa，抗压强度为 2 800～3 000MPa，冲击韧性为 9～11J/cm^2。

楔齿滚刀刀体上一排间隔焊 3 个刀片，8″滚刀一周布 15 排刀片，刀体上共焊 45 个刀片；12″滚刀一周布 16 排刀片，刀体上共焊 48 个刀片。盘型滚刀在刀体上焊满三周刀片。

球齿滚刀的齿刃材质为钨钴硬质合金，能承受较大压力，压碎岩石表面进行破岩。合金有楔形、炮弹形、尖锥形、半球形等形状见图 6.9-21，外露齿高一般为 4～9mm，齿径 8～16mm。8″球齿滚刀镶有 124 粒齿；12″球齿滚刀镶有 149 粒齿。常用炮弹形齿刃见图 6.9-22 及表 6.9-19。

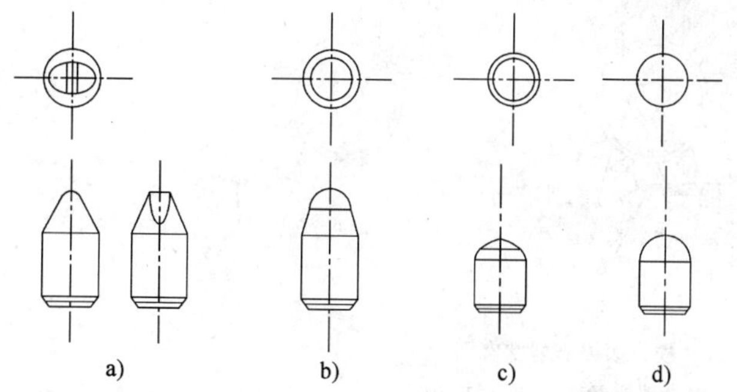

图 6.9-21　球齿滚刀合金齿几何形状

a）楔形；b）炮弹形；c）尖锥形；d）半球形

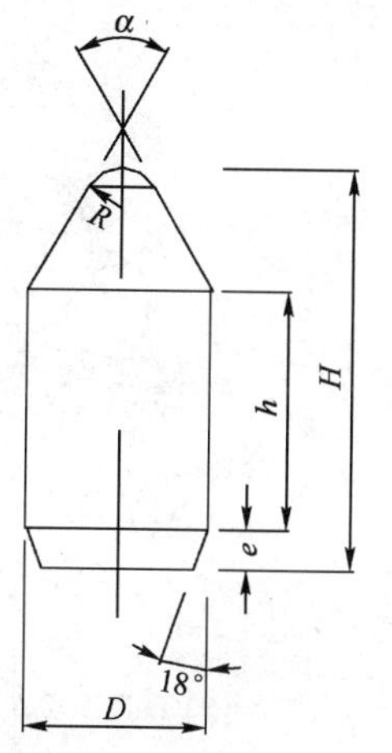

图 6.9-22　炮弹形齿刃图

炮弹形齿刃尺寸表（尺寸单位：mm）　　表 6.9-19

D	H	h	R		e	α(°)
			Z 型	Y 型		
16	25	14	6.0	3.5	2.0	60
14	17	9	6.0	3.5	2.0	60

c. 轴承。轴承在滚刀结构中承担轴压及水平扭矩作用，与滚刀寿命有着直接的关系。

d. 密封。由 O 型橡胶圈密封和金属环端面密封组成。O 型橡胶圈密封就是在芯轴密封槽内嵌入特制耐油橡胶圈，以阻止水、泥砂、岩渣进入滚刀腔内并阻止腔内润滑油外泄。金属端面密封环由耐磨金属精密铸造并研磨而成，它与轴承外圈相配合实现密封。

⑤滚刀破岩原理

滚刀破岩是一个比较复杂的过程，是在多种力作用下的综合结果。目前，仍有不少问题在探讨之中。由于岩质特性千差万别，生成条件不一，物理机械性能各异，应根据不同的对象，选用不同的齿刃、不同形状的滚刀，以提高破岩效率，达到速度快、投资省、效果好的目的。

a. 楔齿滚刀的破岩原理。楔齿滚刀刀刃是楔子形，分为长齿（60mm）、中齿（45mm）、短齿（25mm）。长齿适用于软岩；中齿适用于较坚硬岩；短齿适用于坚硬岩石。国内一般采用通用型，即中齿形式。其破岩原理为：滚刀的楔齿在轴心压力和回转力的作用下，刀刃对岩石产生挤压、剪切、冲击作用，齿刃压入岩石，形成破岩带。当滚刀自转时，后排齿跟进，又压入岩石，形成更大的破碎带，直到被剪切破碎。上述过程循环往复，最后破岩成孔。

理想状态下：齿压较大，齿刃能完全压入岩石，岩石能破碎成长径小于齿矩、短径小于齿高的岩块。此情况常在钻压足，岩石为软岩、中硬岩情况下出现，破岩效果较好。

半理想状态下：齿刃压入岩石较浅(3～8mm)，在相邻两排刀刃共同作用下，使岩石破碎成片状，此情况常在钻压略有不足或岩石较硬的情况下出现。通常在钻机及钻具配套能力不足情况下，其破碎效果尚能满意。

非理想状态下：齿刃压入岩石极浅，仅有单排齿刃发挥作用，使岩石压成碎末状，此状态往往是在钻压严重不足或岩石极坚硬情况下出现。破碎效果极差，对刀刃的磨损快，会降低滚刀的使用寿命，需调增钻压或改用滚刀齿型。

在实际施工中，往往会发生小块状、片状、碎末状及岩渣同时出现的现象。以上三种破岩状态见图 6.9-23。

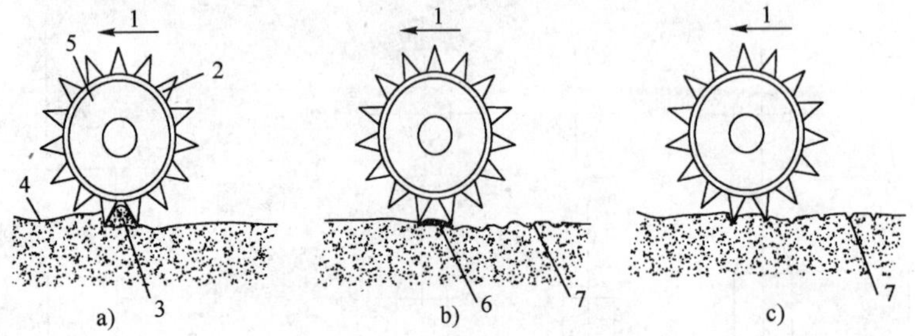

图 6.9-23　楔齿滚刀破岩状态图

a)理想状态；b)半理想状态；c)非理想状态

1-滚刀滚动方向；2-滚刀刀刃；3-完全破碎带；4-岩面；5-刀体；6-强力破碎带；7-三轴破碎带

b. 盘齿滚刀破岩原理。盘齿滚刀破岩原理和状态与楔齿滚刀略有不同。不同之处是楔齿滚刀在破岩时为单排或双排齿，对岩石产生破碎作用，破岩状态不断发生变化，而盘齿滚刀不论在何种状态下均为三圈齿刃对岩石共同产生破碎作用，其破岩区域不是在前排齿与后排齿之间，而是在周圈齿刃之间形成的。

c. 球齿滚刀破岩原理。球齿滚刀刃具有硬度高、抗压强度高、接触岩面小的特点，因此特别适用于坚硬岩石。在钻机钻压能力受限制时，也可用于较坚硬岩石。滚刀在回转力和轴心压力作用下，前后齿、左右齿共同作用对岩石产生挤压、剪切、冲击作用，齿刃压入岩面形成小坑，岩面上部被挤压成粉状；当齿刃压入岩面一定深度时，形成部分岩面被剪切成粉状或片状崩出；当齿刃基本全部压入岩面时，岩石呈粒状崩出。

在理想状态下：岩石多数被破碎成长径小于齿距的粒状，此状态在钻压较足，齿刃基本全部钻入岩面情况下出现，钻坚硬中风化岩、较坚硬岩石时常会出现这种情况，钻进效果较好。

半理想状态下：齿刃压入岩石 2～4mm 岩石多数被破碎成片状，这在钻坚硬岩石情况下常常出现。由于钻坚硬岩石时钻压不能无限增大，需综合考虑各种因素。此种状态尚能为施工单位所接受，钻进时效也尚能满足施工要求。

非理想状态下：刀齿钻入岩面较浅，刀齿入岩小于 1.5mm，仅靠挤压作用形成小坑，而未形成破碎带。此情况说明钻压严重不足，急需调增钻压，否则会严重磨损齿刃，降低球齿滚刀寿命。

球齿滚刀破岩机理比楔齿滚刀要复杂，不仅有前后排齿的作用力，而且还有单排齿之间的作用力，两者共同作用形成破岩带。三种破岩状态见图 6.9-24。

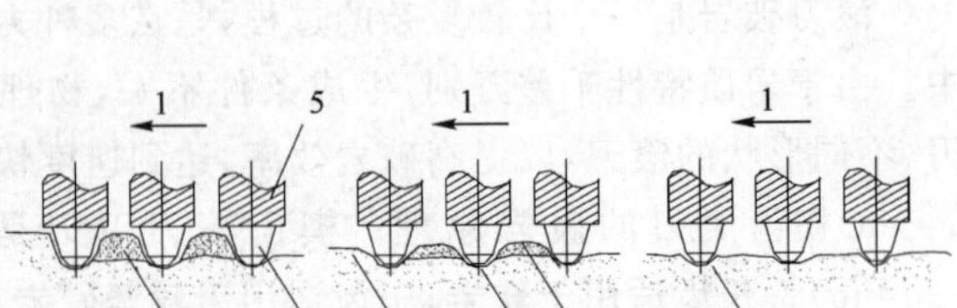

图 6.9-24　球齿滚刀破岩状态图

a)理想状态；b)半理想状态；c)非理想状态

1-滚刀滚动方向；2-滚刀刀刃；3-完全破碎带；4-岩面；5-刀体；6-强力破碎带；7-三轴破碎带

⑥滚刀钻头刀盘布局

a. 由于岩石物理、力学性能不同，所以要根据不同的工作对象选择破岩滚刀，可参照表 6.9-18。

b. 滚刀的几何尺寸、钻孔直径与滚刀在孔底的工作状态（滚动、滑移）有直接关系，选用的滚刀锥顶与钻头中心应尽量重合，滚刀作纯滚动运动。当锥顶不与钻头中心重合，滚刀的运动形式为滑动加滚动。

c. 为使滚刀破岩寿命基本一致，应尽量使每个滚刀在孔底破岩量相接近。

d. 中心刀、正刀和边刀的大小端之间应重叠，防止孔底留岩墙。所谓岩墙就是孔底留有未破碎岩石的环形条带，它会造成滚刀体，尤其是刀座的早期损坏，加大钻进阻力，甚至造成无法钻进。所以在刀盘布局时，每一圈的滚刀边缘应重叠 10～15mm，总体上重叠系数可选在 1.15～1.25 之间。

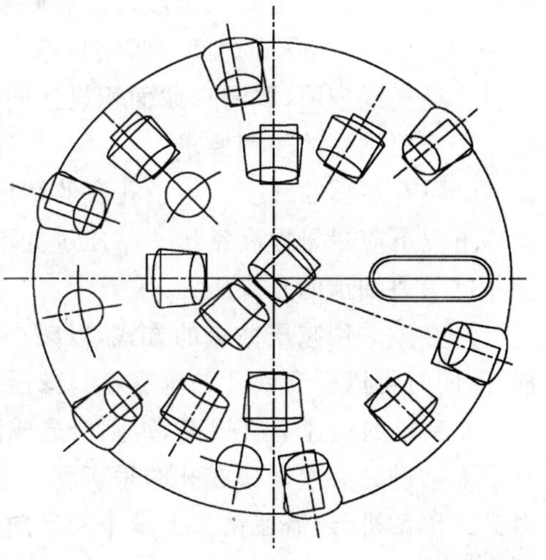

图 6.9-25　直径 ϕ2 500 滚刀钻头滚刀布置示意图

e. 直径 ϕ2 500 滚刀钻头滚刀布置示意图见图 6.9-25。

f. 不同直径滚刀钻头所用滚刀数量及规格见表 6.9-20。

滚刀钻头所用滚刀数量及规格　　表 6.9-20

序号	直径(mm)	滚刀规格	楔齿正刀	球齿正刀	边刀	合计	
						楔齿	球齿
1	800	8″	2	2	2	4	4
2	1 000	8″	3	3	3	6	6
3	1 200	8″	4	4	3	7	7
4	1 300	12″	3	3	3	6	6
5	1 400	12″	3	3	7	6	6
6	1 500	12″	3	3	3	6	6
7	1 600	12″	3	4	3	6	7
8	1 800	12″	4	5	4	8	9
9	1 950	12″	6	6	4	10	10
10	2 000	12″	6	6	4	10	10
11	2 200	12″	6	7	4	10	11
12	2 500	12″	8	9	6	12	15
13	2 700	12″	11	11	6	15	17
14	2 800	12″	11	12	6	15	18
15	3 000	12″	13	14	6	17	20

g. 为使钻进平稳、排渣快，便于布置，应将刀盘布为平底型，正刀齿刃处于水平状态，边刀仍保持倾斜状态，以保护其刀座。

h. 钻头外径应与桩径相同。

i. 滚刀定向，要求每一个滚刀的中心线均通过刀盘的圆心，这样也可减少回转阻力。

j. 滚刀在刀盘上固定方法有两种：一是用螺栓固定；二是用电焊将刀座焊在刀盘上，宜选用后者。

k.吸渣口的布局要合理，一般沿半径方向设计一个长方槽或椭圆形、圆形槽，吸渣口中心距钻头中心约2/3钻头半径处。吸渣口距孔底要有一定距离，离孔底太近，容易堵钻；离孔底太远，则不利排渣，一般在10～20mm之间。吸渣口截面积以前常采用2～3倍的钻杆净截面积，从使用效果看并不理想。经实践表明，取渣口截面积设计同钻杆净截面积相当，排渣效果较好。

⑦滚刀钻头的使用要求

a.要有足够的钻压。给予孔底的钻压要大于岩石的抗压强度才能达到破碎岩石的目的，在设备允许情况下应尽量提高钻压。钻压过低不仅不能破岩，而且造成破岩滚刀的早期磨损，但钻压极限不能超过滚刀轴承的允许压力。

b.必须采用减压钻进的方式，以减小钻机振动、钻杆摆动和钻机的回转阻力，减小对钻具、钻头的损坏，同时可以保证钻孔的垂直度。减压原则上要大于钻杆的自重。

c.钻机的钻速不宜过高，否则会造成滚刀轴承的早期磨损，同时还会引起跳钻，不能正常钻进。

d.钻进时必须保持成孔的垂直度。除了采用减压钻进方法外，钻头上部还需设置导向装置，对动力头加压钻机，还需在钻杆上设中间导向。

e.滚刀钻头原则上要采用反循环钻进，以免发生岩渣重复破碎现象，从而降低滚刀寿命。

f.应严防金属物落入孔内，以免损坏滚刀。

g.一般不宜用电焊将刀轴焊在刀座上，以免焊接时产生的热量烧坏滚刀内的橡胶密封圈，造成泥浆进入滚刀轴承，使轴承失效。如一定要采取焊接，焊接时务必将邻近焊接处的滚刀端盖上不断淋水降温，以保护橡胶密封圈。

h.滚刀刀齿磨损后，可将刀片割去，重新焊上新刀片，重复使用滚刀。但必须采取降温或拆除滚刀轴承方式，以防损坏轴承橡胶密封圈。

i.对特殊岩层，可在刀座或刀体上焊上合金以减缓刀体、刀座的磨损。

j.钻头与钻具的连接要牢靠，以防掉钻头现象发生。

k.提落钻具要慢，以防把硬质合金碰掉或崩落。

l.在钻进过程中应认真观察循环液水位变化、主卷扬机动态、钻机振动以及进尺情况，倾听钻具回转声及转盘声响，如发生异常要果断处理。

八、成孔护壁方式

1.清水护壁

嵌岩桩成孔往往先采用打入钢护筒、钢桩、混凝土管桩或下管柱的方式。当钢护筒、钢桩、混凝土管桩或管柱沉入全风化岩、强风化岩、软质岩或基岩面时，应首先考虑采用清水护壁工艺。其优点在于循环系统工艺简单，破碎的岩渣可直接排出孔外，不需净化处理，孔内可自行补水或用供水泵补水，特别适用于水上施工。清水护壁方法应注意以下事宜。

(1)覆盖层必须采取钢护筒、钢桩、混凝土管桩、管柱等辅助护壁方法。

(2)易坍孔岩层、严重漏沙、涌沙地层不能采用。

(3)水上施工，特别是在基岩上强风化岩、覆盖层较薄或无覆盖层地层，亦优先考虑清水护壁方式。

(4)可以采用基岩面止水、堵漏(提高水头、压浆、旋喷注浆、混凝土封底、分层下护筒)等辅助方式确保清水护壁方式成功实施。

2.泥浆护壁

一般成孔大多数采用泥浆护壁方式，往往采用钻覆盖层土直接造浆或投入黏土造浆，以提高泥浆质量。这种方式所造泥浆质量较差、密度大、含渣量高，降低反循环排渣能力。国外对成孔泥浆指标要求较高，相应护壁效果较好。国内现在已逐步采用和推广优质泥浆进行护壁(也有称之为泥田泥浆)。采用该泥浆在任何桩长、任何桩径和任何地质情况下都不易出现坍孔。孔底无软垫层,其特点是相对密度低、黏度好、含砂量小、失水率小、泥皮薄、稳定性强、固壁能力高、钻具回转阻力小、排渣效果好、造浆能力大等。

(1)泥浆配置

配置优质泥浆的主要材料为膨润土,掺加羧甲基纤维素(CMC)、碳酸钠(Na_2CO_3 纯碱)、聚丙烯酰胺絮凝剂,必要时还需掺入其他各种外加剂。

优质泥浆的配方一般膨润土掺入量为水用量的8%,对黏土地层可降到3%~5%,较差的膨润土用量为水用量的12%。羧甲基纤维素掺入量为膨润土的0.05%~0.1%,碳酸钠掺入量为泥浆的0.1%~0.4%,聚丙烯酰胺絮凝剂的掺入量为泥浆的0.003%。当然,泥浆的配方要经过多种配比进行试配来选定。优质泥浆性能见表6.9-21。

优质泥浆性能表　　表6.9-21

项目	相对密度	黏度(s)	静切力(Pa)	含砂率(%)	酸碱度(pH)	胶体率(%)	失水率β(mL/30min)	泥皮厚(mm)	稳定性
数值	1.03~1.10	18~22	2~5	2	8~10	>98	14~20	<2	<0.03

(2)泥浆的调制

泥浆调制主要有造浆机、人工、钻锥搅拌等方法。

(3)泥浆的循环与净化处理

为便于造浆、供浆和泥浆净化处理,需设置制浆池、储浆池和沉淀池。制浆池要满足成孔泥浆需要量;储浆池要满足成孔供给量和泥浆的回收;沉淀池对单根桩来讲,其容积需达到成孔体积的1~1.5倍左右。

泥浆的净化可采用重力净化、机械净化、化学净化等方法。

九、施工注意事项及要点

(1)合理规划布置施工现场,应首先考虑泥浆循环、排水、清渣系统的设置,以保证反循环作业时循环液的畅通和供给;其次应考虑污水排放、岩渣沉淀、清除顺畅。

(2)根据地质资料和现场条件合理选择钻机,钻机性能需满足钻压、转速、扭矩要求。

(3)采用回转钻机进行反循环嵌岩施工,钻具配套尤为关键,应经充分论证,准备好反循环排渣设备、钻头、配重和导向,确保施工顺利进行。

(4)反循环嵌岩施工原则上应首选滚刀钻头,其钻进效率好。

(5)嵌岩施工钻进速度快慢关键在于钻压,钻压足,则破岩效率好。通常施工中,往往钻压偏低,岩渣破碎较小,不仅工效低,而且容易造成钻头早期磨损,增加施工成本,拖延工期。

(6)减压钻进不仅可以保证孔的垂直度,而且可以减小跳钻现象,降低对钻机、钻杆、钻头的损坏。

(7)钻进参数应根据地层、桩径、排渣设备能力、钻机性能进行选定,在施工过程中通过观察排渣情况,逐步调整工艺和参数以求最佳效果。

(8)进入岩面时应先轻压慢转,待钻进平稳后,再逐渐加大转速,调整钻压。

(9)停钻时,应先提钻,以防岩块堵塞钻杆。

(10)钻杆连接应拧紧上牢,防止螺栓、螺母、拧卸工具等铁物掉入孔内。

(11)在易坍孔地层钻进过程中,要时刻检查泥浆的特性指标,特别是黏度指标不能小于18s,以防坍孔。

(12)成孔时,一般要求孔口液面高于孔外水位2m左右。注意检查孔内液面情况,发现泥浆漏失,液面降低,应及时补浆,严防坍孔。

(13)钻进中发现有孔内坍孔、漏砂等异常情况，应立即将钻具提离孔底，控制循环液流量，保持循环液循环，清除坍孔物和涌沙，同时向孔内输送性能符合要求的泥浆，保持水头压力，以抑制继续涌沙坍孔。恢复钻进后，泥浆循环量不宜过大，以防坍孔。

(14)成孔时应合理使用、保护钻头，以延长钻头的使用寿命。

(15)清孔宜利用灌注混凝土的导管，采用气举或泵吸反循环渣清孔，如图 6.9-26 和图 6.9-27 所示。

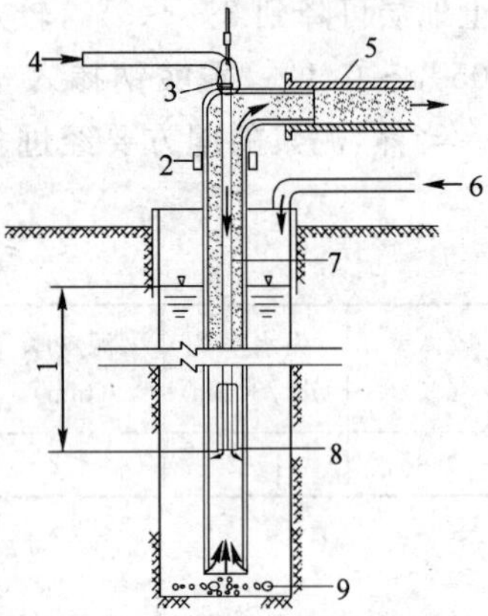

图 6.9-26　气举反循环清孔工艺图

1-风管入水深度，一般取 2/3 孔深；2-弯管与导管接头；3-弯管；4-压缩空气；5-排渣管；6-补液；7-进气管；8-气水混合器(钻孔钢管)；9；孔底沉渣

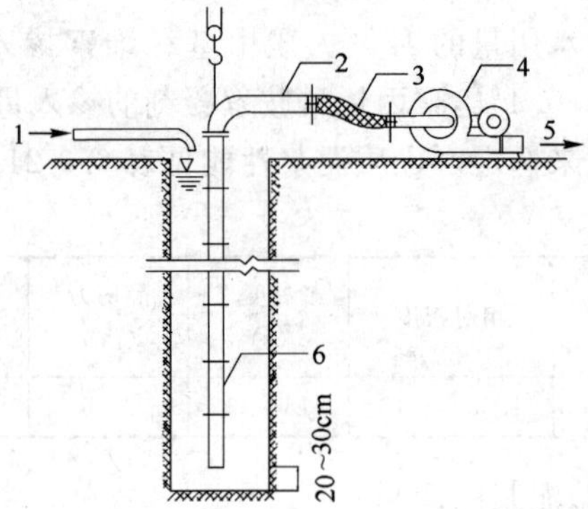

图 6.9-27　泵吸反循环清孔工艺图

1-补液；2-弯管；3-软管；4-离心吸泥泵；5-排渣；6-灌注混凝土导管

(16)当孔径大，钻机性能不足时，可以采用分级成孔方法：一般采用二次成孔法，一次成孔直径为桩径的 0.7 倍；二次成孔时要采用全断面钻头。为防二次成孔时岩块掉入中心孔内，损坏钻头，可事先向中心孔内抛入黏土。

(17)遇有小溶洞时，可增加钻头侧板的高度(也称筒式钻头)，以提高钻头的导向性，防止发生斜孔和卡钻现象。遇有大溶洞时，可采用分级下钢护筒的办法，将钢护筒插入溶洞区域，再重新钻进。

第四节　回转钻机正循环嵌岩成孔工艺

一、成 孔 原 理

正循环嵌岩成孔方法是由钻机回转装置带动钻杆和钻头回转，并加压破碎岩石，钻进时采用泥浆护壁、排渣。泥浆由泥浆泵输进钻杆内腔后，经钻头出浆口喷出，喷出的泥浆带动岩渣沿钻杆与孔壁之间的环状空间上升到孔口溢进沉淀池净化后，返回泥浆池中，再供使用。成孔工艺见图 6.9-28。

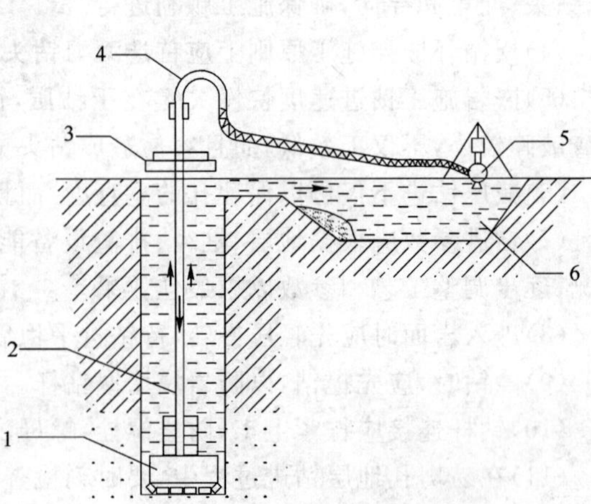

图 6.9-28　正循环嵌岩成孔工艺图

1-钻头；2-钻杆；3-钻机钻盘；4-水龙头；5-泥浆泵；6-泥浆池

二、正循环嵌岩成孔工艺的优缺点

(1)优点：钻机小、质量轻，在狭窄工地也能使用；设备简单，故障少；工艺成熟，操作简单，易于掌握；噪声低，振动小，工程成本较低。

(2)缺点:泥浆上升速度慢,挟带岩渣颗粒小,岩渣重复破碎情况严重;钻进效率低,仅为反循环的1/3～1/5;钻头磨损快;二次清孔较为困难。

三、适 用 范 围

由于正循环嵌岩钻进存在钻效低、钻头磨损大、成本相对偏高的弱点,原则上应尽量避免采用该方法进行嵌岩桩施工,但在下列特殊情况可以考虑采用。

(1)场地狭小或供电量不足,反循环设备难以使用。

(2)泥浆极宜漏失的地层。

(3)反循环设备配套、投入不足的情况下,可进行软质岩和少量硬质岩正循环嵌岩成孔,但成孔直径不宜超过 ϕ2 000mm。

(4)适用于取芯钻进工艺。

四、成 孔 设 备

大多数反循环回转钻机基本上都具有正循环功能,可参照选用。钻杆采用单壁钻杆;钻头、导向、配重等钻具基本上与反循环相同的方法选定。循环系统所用的泥浆泵形式较多,为施工方便大多数采用的是离心式泥浆泵,常用的有 3PN、4PN、6PN 泵,对于深孔可以采用柱塞式泥浆泵。条件许可时应尽量选用大泵量、大泵压的泥浆泵。

五、成孔注意事项

(1)循环泥浆密度要求较大一般为 1.2～1.35,以便携带岩渣上浮、排出。

(2)泥浆沉淀池容积相对较大,为单孔体积的 1～1.5 倍,以降低泥浆流速,使岩渣快速沉淀。

(3)考虑泥浆上浮携带岩渣颗粒较小,钻机钻压不宜过大,钻压值相对于反循环回转要小一些。对滚刀钻头而言,钻压值可取反循环的一半;对刮刀和压轮钻头而言,由于其本身破碎的岩粒较小,钻压值可略小于反循环。

(4)钻机扭矩、转速可参照反循环回转取值。

(5)成孔时应注意孔内外保持 2m 高水头,但孔内水头不宜过高,特别是在水上施工,以防孔内水头压力过大,造成护筒底部泥浆反串。

(6)其他注意事项参照反循环回转。

六、正循环取芯钻进工艺

1.成孔原理

采用回转机、筒式破岩钻头,逐渐钻出环形槽,形成岩芯柱。采用正循环方式,将岩渣浮于钻头上部,落入钻头上的沉淀盘内。当岩芯达到钻具长度后,通过钻具本身或专用取芯工具将岩芯取出,清理孔底,再进行下一次钻进,如此反复达到成孔要求。

2.取芯钻进的特点

取芯钻进的优点在于破岩面积小,破岩所用钻机需要的钻压、扭矩小;不足之处是断取岩芯工艺比较复杂。

3.适用条件

孔壁自身护壁情况较好(最好能采用清水护壁成孔),桩径小于 2m、桩深小于 40m 的基岩钻进。

4.取芯钻进方法

取芯钻进有两种方法：一种是采用双壁环形牙轮、滚刀钻头钻进，钻机转速取 10～20r/min，钻压为单把刀具允许承压乘以刀具数量，钻进效率较高；另一种是采取钢粒钻进方法，钻头上设有水口，钻头线速度控制在 2～3.5m/s，钻压按钻取环形单位面积压力设定，一般为 3.5～4.5MPa。钢粒投入量应先经过试投，观测效果，选出最佳投入量和投入方式，如 ϕ1.2m 直径孔可先试投钢粒 50kg。

5.岩芯的断取方法

(1)钢丝绳切割法。其方法是在钻头内侧装有带合金块的钢丝绳。钻具正转时，钢丝绳附在钻头内侧。当回转终了，岩芯管内装满岩芯时，改变钻机回转方向，即反时针旋转，这时镶有合金块的钢丝绳露出，切割岩芯，直至切断提起。该法适用牙轮、滚刀取芯方法。

(2)滚刀切割岩芯。采用滚刀式钻头，内装切割岩芯的滚刀，当每次进尺达到钻具长度时，8 把切割岩芯的滚刀随切割臂向中心移动，切割岩芯。

(3)用炸药炸断岩石。将炸药放置在岩芯提取装置带卡簧的岩芯提取器的下部，卡簧卡住岩芯。炸药爆炸后，从底部炸断岩芯，然后用卡簧或岩石提取器提取岩芯。

(4)楔端法。在岩芯顶部和孔壁之间的环装间隙插入楔形体，当打击楔体使其在环状间隙中下挤时，就产生侧向推力，岩芯底部因弯矩最大而折断，采用绳套将岩芯取出。此法较为常用。

第五节　冲击钻机嵌岩成孔工艺

一、工 作 原 理

冲击成孔是利用冲击钻机的卷扬机带动一定质量的冲击钻头，将钻头提升到一定高度，然后突然放开，使钻头自由降落，利用冲击动能冲击破碎岩石，采用淘渣筒或反循环等方法将岩渣排出，如此往复达到破岩成孔目的。初期采用单绳简易的普通型冲击钻机，破岩需经多次破碎过程，效率较低，其成孔工艺见图 6.9-29。近十年发展起来的冲击反循环钻机通过两台同步卷扬机起落冲锤，采用泵吸反循环排渣，可以边冲边排，钻进效率大幅提高，其成孔工艺见图 6.9-30。

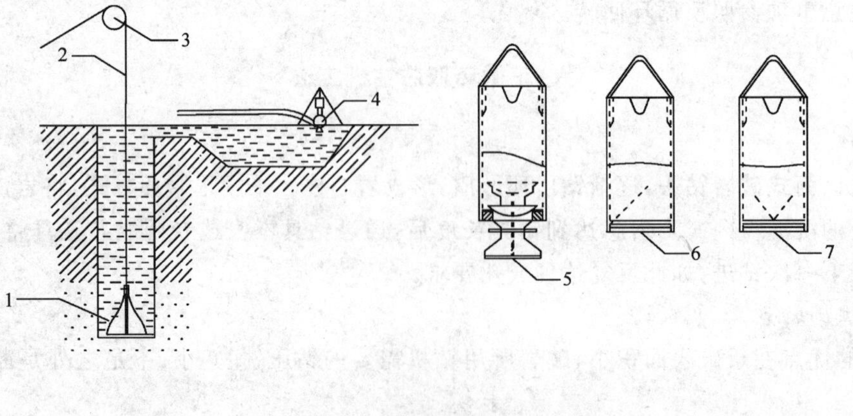

图 6.9-29　普通型冲击钻机成孔工艺图

1-冲击钻头；2-卷扬机钢丝绳；3-钻机天顶滑轮；4-泥浆泵；5-碗形阀门掏渣筒；6-单扇活门掏渣筒；7-双扇活门掏渣筒

二、冲击钻机类型

冲击钻机分为普通冲击钻机、简易冲击钻机、冲击反循环钻机。

(1)普通冲击钻机具有摇臂机构,固定几种冲程,冲击频率高,适用直径小于 2m 的桩,取渣采用掏渣筒等,有 CZ—22、CZ—28、YKC—30 等型号见表 6.9-11。

(2)简易冲击钻机靠手动卷扬机提升钻头,冲击频率低,但大口径桩可通过提高卷扬机的功率,加大提升力,从而可以加大钻头质量,也可以提高冲程,可适用 3m 以内的桩,但钻进效率不如普通冲击钻机。取渣可采用掏渣筒、正循环等。

(3)冲击反循环钻机由普通钻机改型而来,采用双桶卷扬机起吊钻头,具有正反循环排渣功能。国产钻机一般采用泵吸反循环系统,其钻进效率是前两种类型钻机的 2～5 倍,主要有 CGF—20、GCF—1500 型等见表 6.9-12。国外还有气举反循环冲击钻机,国内也在进行这类钻机的试制。

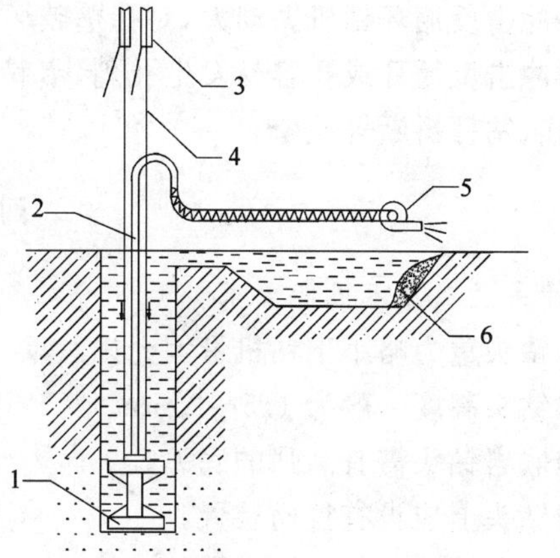

图 6.9-30 冲击反循环钻机成孔工艺图

1-钻头;2-排渣管;3-钻机滑轮;4-卷扬机钢丝绳;5-砂石泵;6-泥浆池

(4)不同冲击钻机的性能比较及适用范围见表 6.9-22。

不同类型冲击钻机性能比较及适用范围　　表 6.9-22

冲击钻机形式	最大成孔直径(m)	最大成孔深度(m)	冲击频率	冲程(mm)	冲锤重(kN)	冲锤形式	适用地层	最适用地层	排渣方式	需用泥浆相对密度	相对破岩效率
普通型冲击钻机	2 000	80	40、45、50	500～1 000	15～30	十字形	各种地层	卵石层破碎岩层	掏渣筒正循环	1.2～1.5	低
简易型冲击钻机	3 000	100	5～15	500～3 000	20～100	十字形梅花形	各种地层	卵石层破碎岩层	掏渣筒正循环	1.2～1.5	较低
泵吸反循环冲击钻机	2 000	50～80	40、45、50可手动	500～1 000(手动最大 3 000)	15～30	中空式圆筒式米字式	各种地层	卵石层破碎岩层	泵吸反循环	1.04～1.15	较高

三、冲击反循环与回转反循环嵌岩钻进特点比较

(1)冲击反循环优点是钻破碎岩层、卵砾石层等复杂地层所耗功率小,破碎效率高。

(2)设备简单,操作方便,钻进参数容易掌握,机械故障少。

(3)冲击钻机钻进耗功主要是提升冲锤,要求提升力小;而回转钻机破岩所需钻具质量较大,在钻机起吊力不足时,或其他原因限制钻具质量时,其破岩效率往往不如冲击反循环。当然,回转钻机在钻压满足情况下,即单把滚刀上有 30～50kN 的钻压情况下,钻均质岩石,回转反循环钻机钻进效率要

略高于冲击反循环钻机。

(4)冲击反循环成孔直径一般小于2m,成孔深度一般在50m,最大80m以内;而回转反循环钻机类型多,成孔直径、孔深范围较大。

(5)冲击反循环钻机振动大,对孔壁破坏大,对周围临近成孔有干扰。

(6)冲击反循环成孔容易发生孔斜、卡钻、掉钻、桩孔不圆等现象。同样,回转钻机操作不当也易发生斜孔、钻杆折断等现象。

四、嵌 岩 钻 具

1.冲击钻头技术性能要求

(1)钻头重力略小于钻机最大允许吊重。

(2)钻头高度一般为1.5~2.5m。

(3)嵌岩钻头需有高强的底刃。

(4)钻头上应设有打捞装置。

(5)单绳冲锤顶部应设有转向装置。

(6)单绳冲锤宜采用十字形,且底刃偏平,易于嵌岩。

(7)冲击反循环钻头采用双绳起吊,钻头有中空式圆筒式和米字式,冲击刃有交叉、二层和三层等形式。钻头中间留孔,放置反循环排渣管,钻头上下沿排渣管滑动,排渣管随钻深而下降,起到边冲击边排渣作用。除此之外,钻头为圆形,改变了常规钻头需扭动角度才能钻圆孔的性能,保证了钻孔圆度。该钻头一般采用铸造而成,也可由钢材组焊而成。

2.排渣设备

(1)普通冲击钻机一般采用掏渣筒,其作用是捞取冲击钻头破碎在孔底的钻渣。常用的有碗形活门、单扇活门等形式。也可采用正循环形式,即边冲击边用泥浆泵向孔底输入泥浆将岩渣浮出孔外;也可冲击一阵,再间隔输入泥浆将钻渣浮出孔外;也有施工单位采用空气吸渣管排渣的。

(2)国产冲击反循环多数采用泵吸反环循排渣方式,排渣管穿过钻头中心通过砂石泵从孔底吸取岩渣,排到孔外。砂石泵一般采用6PS型可满足排渣要求,可钻深50m,密封好的可钻深80m。日本、意大利等国多数采用气举反循环形式,排渣及循环系统较为科学,注重环保。

五、成孔注意事项

(1)应控制钢丝绳放松量,勤放少放,防止钢丝绳放松过多减小冲程;放松过少则不能有效冲击,形成"打空锤",损坏冲击机具。

(2)用卷扬机施工时,应在钢丝绳上做记号控制冲程。冲击钻头到孔底后,要及时收绳提起冲击钻头,防止钢丝绳缠卷冲击钻具或反缠卷筒。

(3)必须保证泥浆补给,保证孔内浆面稳定。

(4)因各种原因停钻后再次开钻时,应由低冲程逐渐加大到正常冲程。

(5)冲击钻头磨损较快,应经常检修、补焊。

(6)遇有地层裂缝、泥浆漏失时,可投入黏土,冲击数次后,再边投黏土边冲击,直至穿过裂隙。

(7)遇到无充填物溶洞时,可投入1:1黏土和片石,充填溶洞,小冲程慢慢穿过。

(8)遇有起伏不平岩面时,不可盲目采用大冲程穿过,以防斜孔,可投入适量块石、黏土,将孔底填平,小冲程反复冲捣,慢慢穿过。

(9)普通冲击钻机钻进时,为增加对孔底岩渣的浮力,泥浆密度一般较大在1.2～1.5之间。冲击反循环钻进因排渣效果好,泥浆效果不好或遇探头坚硬孤石时,可在孔内浇筑一定高度的水下混凝土,待达到设计强度后再冲击成孔只起护壁作用,故泥浆密度可用小值,一般在1.04～1.15之间,但泥浆黏度指标应控制在18～22.5s之间,不能降低,以防坍孔。

(10)对坚硬岩石可采用分级成孔方法,也可以采用钻小孔爆破的辅助方法。

第六节　气动潜孔锤冲击成孔工艺

一、成 孔 原 理

以空压机提供的压缩空气作为冲击动力,采用回转钻机,通过附设在钻杆上的气管所输送的压缩空气进入潜孔锤,使潜孔锤内活塞上下串动,产生冲力,通过嵌有球齿合金的钻头锤击岩面,使其破碎。通过钻机、钻杆转动钻头,使钻头均匀锤击岩面。破碎的岩渣通过泵吸反循环系统或通过空气介质排到孔外。国产FCG—15气动潜孔锤成孔工艺见图6.9-31。

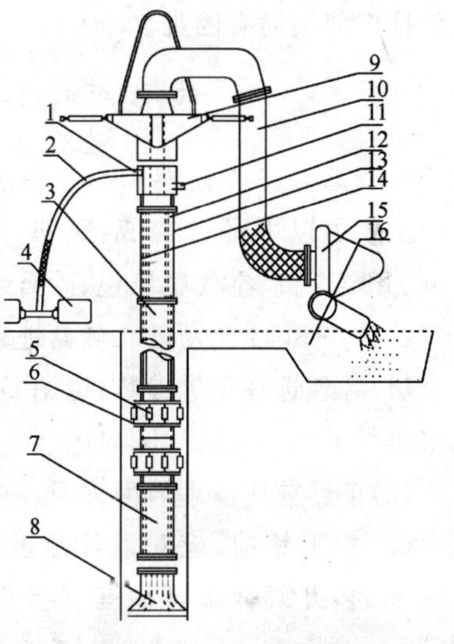

图6.9-31　国产FCG—15气动潜孔冲击锤成孔工艺示意图

1-进气口;2-高压胶管;3-圆钻杆;4-空压机;5-导正器;6-加重块;7-潜孔锤;8-钻头;9-水龙头;10-胶管;11-排气口;12-排气通道;13-主动钻杆;14-进气通道;15-砂石泵;16-泥浆池

二、气动潜孔锤类型

大直径潜孔冲击锤分单头和多头(集束式或捆绑式)两种,又可分为湿式和干式两种。国外具有代表性的是日本TONE公司研制的MACH钻具和美国英格索兰公司研制的单头和多头系列大直径潜孔锤。MACH钻具单头直径为ϕ250～800mm、多头可达ϕ1 000～1 500mm。国内从1988年开始由长春地质学院设计,上海探矿机械厂制造FCG—15型单头和FC312型多头大直径潜孔锤,单头钻孔直径ϕ500～1 200mm、多头钻机直径ϕ1 200～1 600mm。英格索兰潜孔锤及国产FCG—15型潜孔技术性能见表6.9-23和表6.9-24。

美国英格索兰气动潜孔锤技术性能表　　表6.9-23

型　号	钻孔直径(mm)	钻具长(m)	外径(mm)	质量(kg)	冲程(mm)	冲击次数(次/min)	耗风量(m³/min)	风压(MPa)	钻头上球齿合金数量(颗)
DHD—124	610	2.44	533	533	178	700	67.8	0.875	610
DHD—130	762	2.44	533	533	178	700	76.4	0.875	762

上海探矿机械厂产的FCG—15气动潜孔锤技术性能表　　表6.9-24

钻孔直径(mm)	适用孔深(m)	锤型	耗气量(m³/min)	风压(MPa)	单次冲击能(J)	冲击次数(次/min)	潜孔锤重(kg)	潜孔锤长(mm)	钻头质量(kg)	连接方式
600～1 200	50	单体式	20～40	0.5～1.0	1 522～4 178	480～680	950	1 762	349～476	法兰

三、气动潜孔锤特点

(1)适用于钻均质硬质岩石,用于孔深50m以内,孔径ϕ1 200mm以内的嵌岩桩。

(2)冲击能量大,破岩效率高。如英格索兰DHD—124钻具,在致密岩石钻进610mm孔,钻进时效可达6～18m/h。国产FCG—15型钻具钻ϕ1 000～1 200mm桩孔,在中风化花岗岩钻进时效达1.12m/h,在微风化花岗石钻进时效达0.25m/h。

(3)钻具轻,操作方便。

(4)所用空压机要求功率大,数量多,耗能大。

(5)对钻杆密封性能要求高。

(6)因局限于嵌岩施工且成孔直径有限,在复杂岩层成孔有困难,要求空压机机械性能高等原因,全面推广使用尚有困难。

四、国产FCG—15气动潜孔锤冲击成孔设备及施工注意事项

1.FCG—15气动潜孔锤回转钻机的构成

主要由以下部分构成:钻机、水龙头、主钻杆、钻杆、导向、潜孔锤、镶有球齿合金的钻头、2台20m^3/h空压机、空气稳压包、砂石泵等。

2.国产FCG气动潜孔锤钻进施工注意事项

(1)合理选择钻进参数,选用GPS—15或GPS—20钻机,钻速宜选为8r/min、钻压40～60kN、空压机供气量30～40m^3/h、风压0.8～1.2MPa。

(2)下钻前应清理岩面碎石或施工中遗留下的杂物。

(3)在下钻前,应对潜气锤进行严格检查,在地面上送气,观察活塞是否正常工作,正反通道是否畅通,并确保缸体活塞充分的润滑。各连接部位加好密封圈,涂上密封胶,确保紧固,不得漏气。

(4)当钻进过程中发现扭矩过大时,不得强行钻进,以免扭坏机具。

(5)钻进时应时刻注意观察各工作技术参数的变化,特别是供气量和气压值,并经常检查排除的石屑状态,验证钻孔效率,调整工作参数。

(6)成孔要有良好的护壁措施。

第七节　全套筒钻机嵌岩成孔工艺

一、成 孔 原 理

该法是利用钻机摇动装置的摇动或回转装置的回转,使钢套筒与土层的摩阻力大大减小,边摇动边跟入或边旋转边压入,同时采用冲抓斗挖掘取土,直到套筒下到桩端持力层为止。对软质岩层仅考虑用冲抓斗挖掘难以满足进尺要求,需采用凿槽锥和筒式十字凿锤一起使用破碎岩层,然后再用冲抓斗将岩渣取出。

二、钻 机 构 成

全套管钻机按结构可分为摇动式和回转式两大类,每一大类又分自行式和附着式两类。钻机由导向与纠偏机构、摇动装置、沉拔管液压缸、摇动臂和底架组成。

三、适 用 范 围

该法需用大型施工设备，国内采用极少，主要适用于土层、砂层、砂砾层、卵石层、软质岩和少量硬质岩。在岩层中成孔与其他方法相比效率较低。

第八节　旋挖钻机嵌岩成孔工艺

一、成 孔 原 理

钻机通过卷扬装置下落伸缩钻杆。将破岩钻斗置于孔底，通过钻机驱动装置转动钻杆带动钻斗旋转，与此同时动力头对钻杆加压，使钻机钻取岩石进入钻斗，然后钻机提升钻斗至地面，打开钻斗阀门，将土卸入运渣车运走。如此反复，达到成孔目的。在出渣同时，向孔内补充优质泥浆进行护壁。如钻硬质岩石还需用一些辅助成孔工艺。

二、钻 机 构 成

钻斗式钻机多采用履带式底盘，由桩架、驱动装置、伸缩式钻杆及钻斗(配套嵌岩钻具)组成。

小型旋挖钻机仅能钻黏土层。扭矩大于 100kN·m 以上的大型旋挖钻机多数具有钻岩功能，有的大型旋挖钻机还兼备了全套筒施工的功能。在国外，德国宝峨公司生产的 BG 系列旋挖钻机尤为先进。

三、旋挖钻机的特点

动力头能自行给压钻进，钻进压力、钻进速度、孔深、转速可自行设定；履带行走机构，移动方便；振动小，扭矩大，取渣快，破软质岩效率高；设备自重大，造价高；较适用于陆上。

四、德国 BG 系列旋挖钻机嵌岩成孔工艺

德国宝峨系列成孔工艺较为先进，尤其是 BG—50 钻机功能齐全，可针对不同地层，配套不同钻具，破岩方法科学、先进。

1. BG—50 钻机性能见表 6.9-25，结构见图 6.9-32。

BG—50 钻机性能表　　表 6.9-25

最大钻孔直径(mm)	钻孔深度(m)	钻　杆	动力头最大扭矩(kN·m)	最大钻压(kN)	钻　头	主机功率(kW)	钻架高(m)	钻机自重(t)
3 000	65 加长到 90	凯式伸缩钻杆	280	400	钻斗式为主	448	29.6	147

2. 嵌岩成孔工艺

该钻机根据不同地质、不同孔径、不同孔深所采取的工艺也有所不同。其配套的钻具就有近 20 种，主要有螺旋钻头、旋挖钻头、岩芯钻头、取芯钻头、全断面破岩滚刀钻头、十字冲锤、扩底钻斗等几大类。就破岩而言，主要方法如下。

(1)对软质岩石可以采用旋挖钻头，充分利用钻机的扭力和加压力，采用低转速，直接钻取岩石，然后通过伸缩钻杆提到孔外倒出。

(2)对 ϕ2m 以内桩径硬质岩,旋挖钻头破岩效果差,可以采用全断面滚刀旋挖钻头,进行破岩。滚刀钻头为筒式,钻头顶部为沉渣筒,破碎的岩渣通过对孔底输送压缩空气浮于钻头上部,沉淀在沉渣筒内,在钻头上部设有压缩气转向装置,输送压缩空气的气管可随同钻杆同步旋转,不会产生缠绕现象。沉淀筒装满后,将钻斗提升到地面,将岩渣排出。重复上述过程,直到钻到设计孔深。

(3)对 ϕ3m 桩径以内的硬质岩,由于岩石较硬无法采用旋挖钻头,且破岩面积大,钻机钻压有限,也无法采用全断面滚刀旋挖钻头。此时需分三步实施:第一步,采用环形球齿滚刀旋挖钻头,先将孔底钻出一个环形槽,岩渣通过气举工艺落入环形球齿滚刀旋挖钻头上部的沉渣筒,钻进一定深度后,提出钻头,将岩渣排出;第二步,采用钻机副钩吊入筒形十字冲锤,冲击破碎岩芯;第三步,下旋挖钻头,用旋挖钻头将岩渣钻取到钻斗内,提起钻头,将岩渣排出。重复上述步骤,直到设计孔深。三种钻头见图 6.9-33。

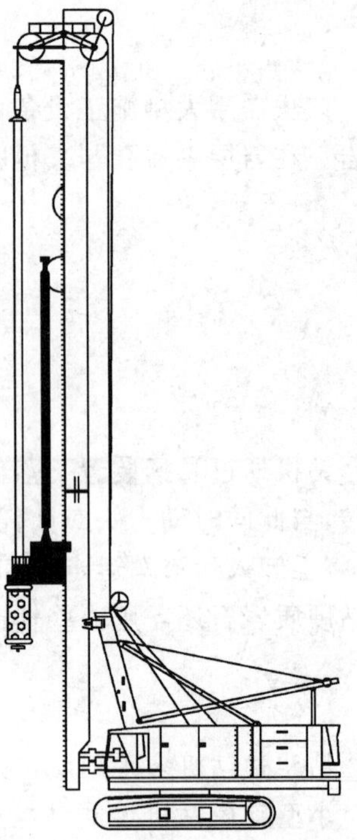

图 6.9-32　BG—50 钻机结构图

3. 注意事项

(1)采用气举钻进时,应有良好的护壁措施,避免孔内气体过多而发生塌孔,必要时应提高孔内水头。

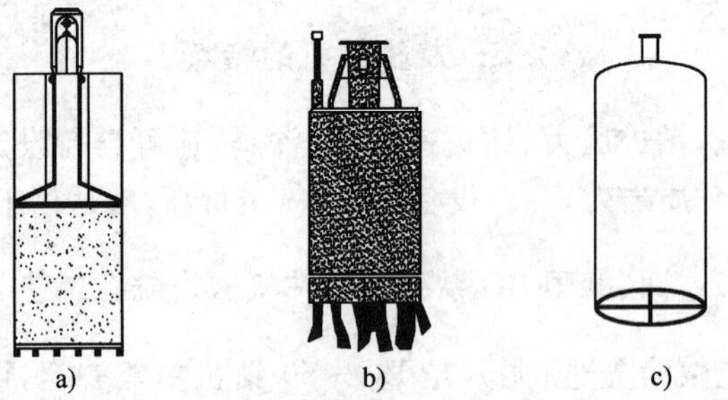

图 6.9-33　旋挖式钻机破岩钻头

a)环形滚刀钻头;b)旋挖钻头;c)筒形十字冲击钻头

(2)提钻同时应及时向孔内补充优质泥浆,以防液面下降,造成塌孔。泥浆注意保存,以便重复利用。

(3)对宜塌孔地层应控制提升速度。

(4)钻深孔时,需在钻杆上设置导向器,防止发生斜孔。

第九节　预制型植入嵌岩桩

一、预制型植入嵌岩桩类型

预制型植入嵌岩桩是指在桩位上先钻岩成孔,然后在孔内沉入预制桩,采用灌注混凝土或压浆方法固结桩身而形成的桩。该桩类型较多,主要有以下几种:钻岩复打桩、钻岩打入桩、挤实桩、钻埋桩、钻埋空心桩。

二、预制型植入嵌岩桩施工工艺流程

1. 钻岩复打桩施工工艺流程

采用打桩设备将预制的钢管桩打至岩面或部分打入岩面，采用钻机在桩内成孔，并钻入岩层一定深度，再采用打桩设备将钢管桩复打至孔底，采用吸渣设备清除孔底岩渣，最后浇筑桩芯混凝土。该法适用于软岩。工艺流程见图 6.9-34。

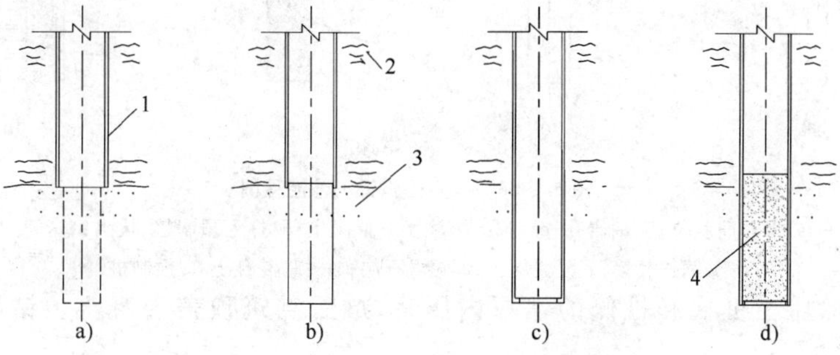

图 6.9-34　钻岩复打桩施工工艺流程图

a)稳桩；b)钻岩；c)复打；d)清孔、灌注混凝土锚固

1-预制钢管桩；2-覆盖层土；3-岩石层；4-桩芯混凝土

2. 钻岩打入桩施工工艺流程

将钢护筒打至岩面或部分打入岩面，在钢护筒内成孔，并钻入岩层一定深度，再采用打桩设备将略大于孔径的预制管桩打至孔底，采用吸渣设备清除孔底岩渣，最后浇筑桩芯混凝土。该法适用于软岩。工艺流程见图 6.9-35：

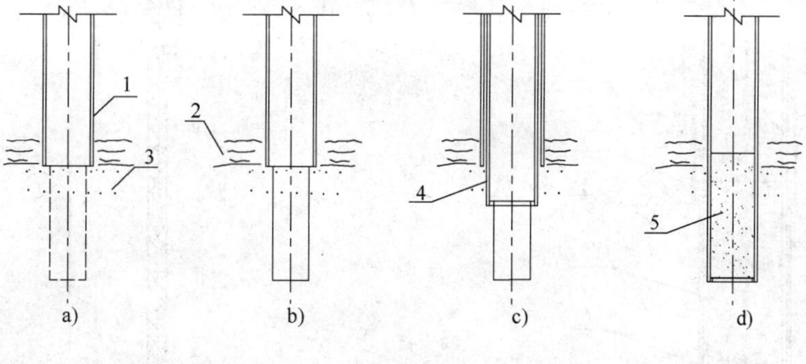

图 6.9-35　钻岩打入桩施工工艺流程图

a)钢套筒就位；b)钻岩；c)打入预制桩；d)清孔、灌注混凝土锚固、拔出钢套筒

1-钢护套筒；2-覆盖层土；3-岩石层；4-预制管桩；5-桩芯混凝土

3. 挤实桩施工工艺流程

采用钢护筒护壁成孔，钻孔入基岩，清孔后灌注水下混凝土。在混凝土初凝前，将小于孔径的预制桩打入混凝土至孔底。工艺流程见图 6.9-36：

4. 钻埋桩施工工艺流程

采用钢护筒护壁，钻孔入基岩，将小于孔径的预制管桩安放在孔内，桩芯灌注混凝土，桩侧灌不离析混凝土或砂浆。桩型见图 6.9-37。

5. 钻埋空心桩施工工艺流程

先按正常工艺成孔，并入岩一定深度，同时分节预制混凝土管壳。待清孔检验合格后，填石块于孔底，先将设有注浆管的封底桩壳吊放孔内，并将管节逐节拼接、张拉，加水下沉落底，桩周再插入注

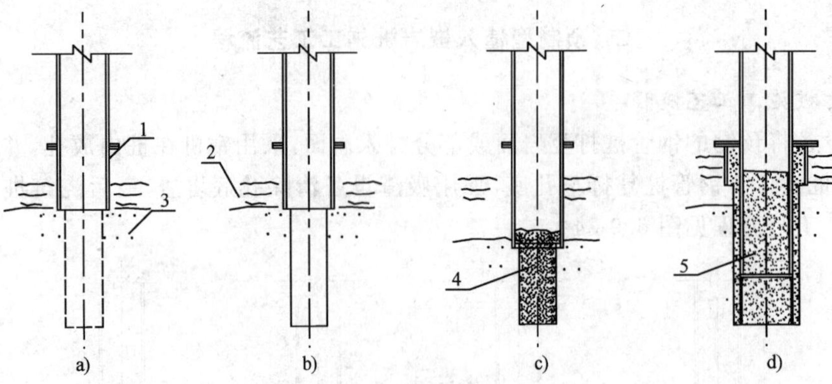

图 6.9-36　挤实桩施工工艺流程图

a)钢套筒就位;b)钻岩孔;c)清孔、灌注水下混凝土;d)打入预制桩、拔出钢套筒

1-钢护套筒;2-覆盖层土;3-硬岩石层;4-桩芯混凝土;5-预制桩

浆管和填入石块,然后在桩底和桩侧的填石内压浆,最后浇筑顶盖混凝土。钻埋空心桩桩型见图 6.9-38。

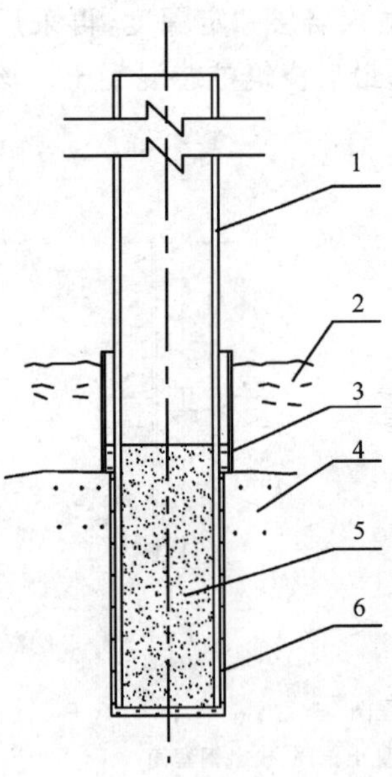

图 6.9-37　钻埋桩桩型示意图

1-预制桩;2-覆盖层土;3-钢护套筒;4-岩石层;5-桩芯混凝土;6-桩侧灌注高强不离析混凝土或压注高强水泥砂浆

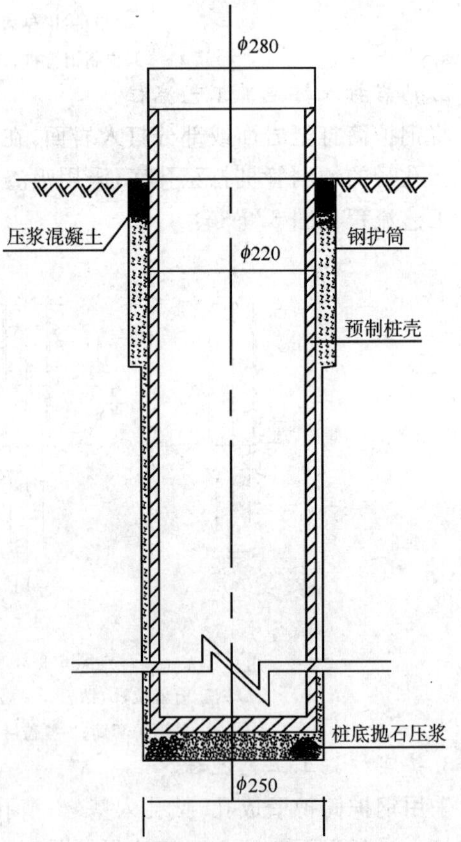

图 6.9-38　钻埋空心桩桩型示意图

(尺寸单位:cm)

三、预制型植入嵌岩桩施工要点及注意事项

(1)嵌岩成孔可按常规的施工工艺进行。

(2)钻孔时应采取良好的导向措施,避免孔斜,造成桩难以植入。

(3)由于该桩型在水上应用较多,钢护筒的埋设、沉放以及护筒的封底、止水对钻孔的成败至关重要,应根据不同的水文、地质条件,选择不同的封底、止水方式。其主要方法如下。

①采用专用打桩设备将钢护筒打入止水层(如强风化岩层)。钢护筒需有足够的厚度和刚度以防变形,打桩设备锤击能量要满足,以克服岩层、土层的阻力,但需控制锤击贯入度,以防护筒打至硬质岩面,发生卷边现象。

②在锤击能量不足,无法将护筒打到预定深度时,可采用护筒内钻孔、吸渣等方式,减小孔内阻力,分节将护筒沉至预定位置。

③对冲击成孔的桩,可以采取边成孔边锤击钢护筒下沉的方法。

④对于无覆盖层或覆盖层极浅区域:

a.可以考虑采用冲击锤成槽,再将钢护筒装入,并在护筒底部浇筑一定高度混凝土,起到稳住护筒和止水作用;

b.可以采用套箱内抛砂固定钢护筒(或钢管桩和混凝土管桩)措施,在抛砂之前应清理岩面不稳定层和块石(有条件可在表层辅一层柔性密封止水材料)再抛砂,打入护筒;

c.在套箱安装后,将护筒先行安放在套箱内,再在岩面上浇一层封底混凝土,然后再抛砂固定护筒;

d.可以采取在护筒周围钻孔压浆,旋喷注浆,下封底钢护筒以及孔内浇筑封底混凝土等方式进行封底、止水;

e.也可用袋装砂抛设人造基床,再在人造基床上打设钢护筒并在护筒四周旋喷注浆等方法止水。

⑤如孔底漏浆不严重,也可以采取泥浆护壁,辅以抛黏土、水泥土的封底方式。

(4)由于预制型植入桩均采用先成孔后植桩的方式,因此应合理安排好钻孔与预制桩施打或沉放的顺序,以及相互的工序衔接,还应考虑钻孔平台的搭设方法以及施打和沉入预制桩的设备的伸距、起吊高度等因素。

(5)对钻岩复打桩和钻岩打入桩,由于打入桩桩径与孔径相当,甚至大于孔径,因此也只能适用于软质岩石,否则岩面较硬会损坏桩靴,桩也无法打到孔底。钻岩复打桩是靠钢管桩自身护壁成孔再打入,因此该桩需有一定覆盖层,以保持桩身稳定。如覆盖层较浅,则采用钻岩打入桩形式。

(6)挤实桩适用于硬质基岩,要求各道工序必须紧密衔接,特别是混凝土配置需有一定的缓凝时间,以确保在混凝土初凝前将桩打入岩孔内。

(7)钻埋桩适用于硬质基岩,要求插打桩桩位准确,因此桩身需设置定位装置,以保证桩身与孔壁之间有一定的间隔距离,确保桩身与孔壁之间混凝土灌注饱满。

(8)钻埋空心桩也称就地填石压浆混凝土空心桩,是一种新的桩型,桩径大,采用压浆处理,桩的承载力较高,相对工艺也较复杂。在施工中应注意以下几个环节:

①对大直径桩,钻孔可采用分级成孔的办法。

②钻孔宜采用优质泥浆,以减少孔底沉渣和泥皮厚度,确保孔壁稳定。

③空心桩桩壳分节预制,底节桩壳需做成封口形式,桩壳高度应根据预制设备起质量和吊高确定,可在特定预制厂预制,也可在现场预制。

④空心桩需灌水下沉,桩壳之间需采用张拉接头、不张拉接头或连接器连接,桩壳之间需涂有环氧水泥,确保桩壳上下端面密贴。

⑤空心桩桩周及桩底均需抛石压浆,先桩周后桩底。需要时,还需在桩周安放钢筋笼。桩周及桩底所抛块石需大于4cm。桩底壳上设有中心压浆管和排气管,从中心管用压浆泵压入清水冲洗桩底,待排气管出水变清后,再压浆至排水管出浆,封排气管,加大压浆泵压力,到桩身上抬约2mm后停止压浆,稳定5min后关闭压浆泵和压浆管球阀。

第十节　预制型锚杆嵌岩桩

一、预制型锚杆嵌岩桩结构类型

预制型锚杆嵌岩桩分两种：一种是在预制桩（钢管桩或混凝土管桩）内直接钻锚孔，再在桩底设置锚杆见图 6.9-39；另一种是在桩底钻入基岩一定深度后，再钻锚孔，设置锚杆，又称组合型锚杆嵌岩桩见图 6.9-40。前者目的在于提高桩的上拔力，后者目的是为了提高桩的承载力和上拔力，后者应用较多。

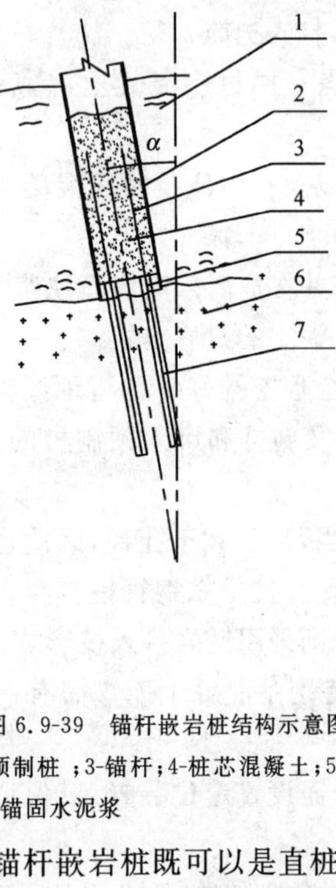

图 6.9-39　锚杆嵌岩桩结构示意图

1-覆盖层土；2-预制桩；3-锚杆；4-桩芯混凝土；5-钻孔封顶混凝土；6-岩石层；7-锚固水泥浆

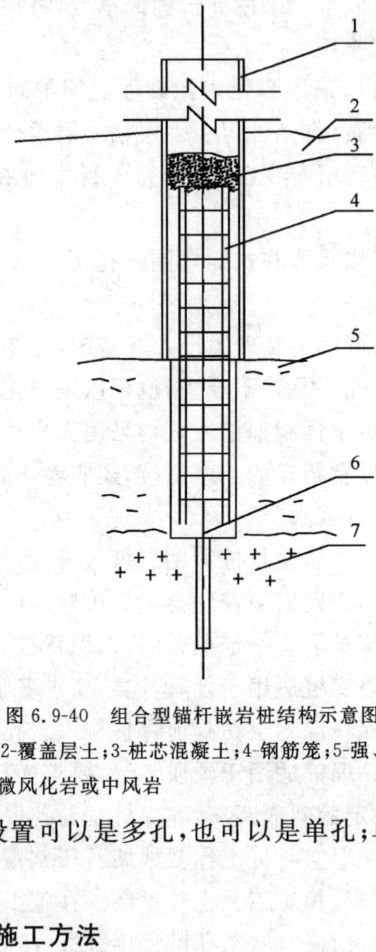

图 6.9-40　组合型锚杆嵌岩桩结构示意图

1-预制桩；2-覆盖层土；3-桩芯混凝土；4-钢筋笼；5-强、中风化岩；6-锚杆；7-微风化岩或中风岩

预制型锚杆嵌岩桩既可以是直桩，也可以是斜桩；锚杆设置可以是多孔，也可以是单孔；单孔内可以设置单根锚杆，也可以设置多根锚杆。

二、预制型锚杆嵌岩桩主要施工方法

预制型锚杆嵌岩桩施工方法通常有两种，即顺法施工和半逆作施工。

(1)顺法施工，其施工流程如下：

在桩内成孔钻至设计入岩深度→清孔→移开钻机→锚杆成孔钻机就位→安装锚杆钻孔套管、导管→锚杆孔钻至设计入岩深度→清孔→下锚杆→灌锚固水泥浆→取出导管→下钢筋笼（也可采用无钢筋笼锚桩）→清孔→灌注桩芯混凝土。

采用该法时由于桩内已被掏空，不便进行上拔试验。另外在岩层上直接钻锚孔，成孔较为困难。

(2)半逆作施工，其施工流程如下：

在桩内成孔钻至设计入岩深度→清孔→移开钻机→下钢筋笼（也可采用无钢筋笼锚桩）→清孔→浇筑第一期桩芯混凝土至预制桩尖以上 1.0～1.5m→清除混凝土面浮浆至粗集料→锚定钻机就位→

安放锚杆钻孔导管→钻锚定孔入岩至设计深度→清孔→下锚杆→灌锚固水泥浆→取出导管→浇筑第二期桩芯混凝土。

三、预制型锚杆嵌岩桩施工要点和注意事项

(1)桩内钻直孔,宜优先选用回转钻机成孔,其次再考虑选用冲击成孔或其他成孔办法。桩内钻斜孔,则宜选用能钻斜孔的回转钻机成孔。采用回转钻机成孔时,应特别注意钻具的导向配置,结构要合理,宜采用筒式导向并紧靠钻头,以防钻孔轴线偏斜,无法成孔或钻头卡在预制桩底部的现象发生。

(2)预制桩桩尖应有足够的强度,钢管桩桩尖可设箍圈加强,混凝土管桩应配有牢固的钢桩靴。打桩时还应控制好贯入度,特别是在硬质岩面,贯入度不宜小于 5mm/击,以防桩尖出现卷边现象。在桩尖出现卷边情况下,可根据情况采用冲击锤冲击、水下切割或同设计人员商量缩小孔径等方法处理。

(3)水上施工钻斜孔时,因钻机自重产生较大的水平力,使钻机产生较大的振动。为保证安全和不使桩产生倾斜、移位,必须对斜桩进行拉桩和夹桩,施工平台应整体性满足成孔要求。

(4)在钻锚孔之前,需清理孔底岩渣,桩底宜采用混凝土找平或封底,以利钻孔。

(5)锚杆孔采用立轴式岩芯钻机钻进,可选用 XY—2、XU—300、XU—600、XU—1000 等型号钻机。钻头可采用钢粒取芯钻头、牙轮钻头、合金取芯钻头。钻孔前还应在桩顶和桩底设置钻孔定位器,穿好导管。定位器及导管形状见图 6.9-41。桩底定位器需采用压浆或抛水泥进行固定。如桩底已设有钢筋笼并用混凝土封底,桩底定位需采用锥鼓形,以便顺利穿过钢筋笼。

(6)钻锚孔过程中如发现岩层节理裂缝密集,或因打入桩尖进入岩石致使岩层破碎严重,应对破碎严重的岩孔内入压高强水泥浆固结岩石,待灌注达到一定强度时重新钻孔。

(7)钻孔结束后必须将岩孔清理干净。

(8)锚杆材料应符合设计要求。锚杆分段安放长度不足时,宜采用连接器连接。当单个锚孔内有多根锚杆时,锚杆之间用连接器固定,连接器中间留孔,以埋设灌注管。定位器安装及压力注浆示意图见图 6.9-42。

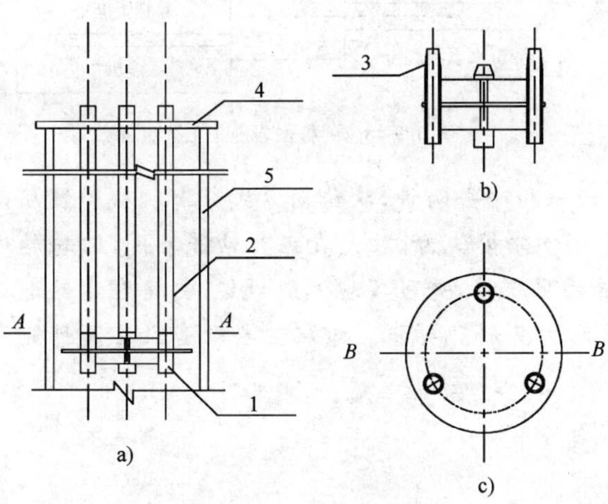

图 6.9-41　定位器及导管示意图

a)定位器及导管示意图;b)*A-A* 俯视图;c)*B-B* 剖视图

1-定位器;2-导管;3-左旋丝扣;4-桩顶导管定位板;5-预制桩

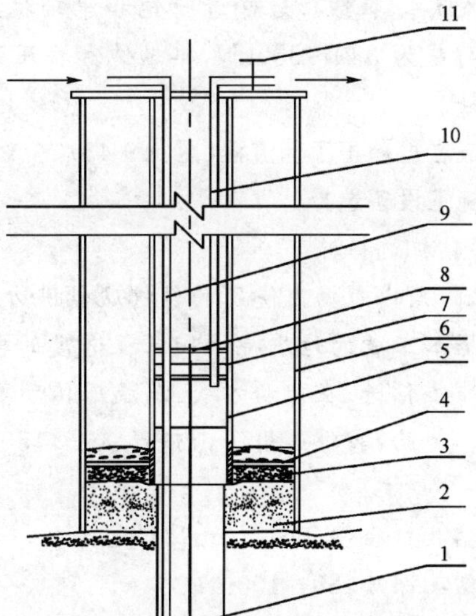

图 6.9-42　定位器安装及压力注浆示意图

1-锚杆;2-基岩面找平混凝土;3-封孔水泥浆;4-定位器;5-导管;6-预制桩;7-密封橡胶圈或充气囊;8-加压钢板;9-压浆管;10-出浆管;11-阀门

(9)锚杆安装完毕后应立即灌浆。灌浆立方体抗压强度不小于30MPa,水灰比不大于0.4,流动度控制在12～16s范围,自由膨胀率控制在5%～10%。对微风化、岩盘节理不发育、裂缝小的地质可直接灌注水泥浆;对岩层为中等风化或虽为微风化岩层,但岩盘节理发育、裂缝严重,宜采用压力注浆,锚孔注满浆,并持压0.5MPa,2～3min。为保证灌浆的连续性,灌浆过程中可以不提起灌浆管,但要注意振插灌浆管以免堵管。灌浆必须保证在锚固段的水泥浆密实、饱满。

(10)预应力国锚杆施工时,应在锚岩部分水泥浆强度达到设计强度后方可在桩顶进行张拉、锚固,并进行管道内压浆。

［实例1］ φ1 200mm斜桩嵌岩施工

1.概述

宁波至上海、南京进口原油管道配套工程30万吨级原油码头,位于浙江省舟山册子岛东侧,主要包括引桥、码头工作平台、靠船墩及系缆墩等构筑物,为高桩墩式和重力墩式相结合的结构类型。其中4座靠船墩桩基为φ1 500mm钢管桩,桩长34～45m,桩身斜度5∶1,20根桩基需进行嵌岩施工。嵌岩孔径为φ1 200mm,嵌岩深度为5m。

2.地质特征

根据设计要求,嵌岩的基桩在沉桩过程中必须保证基桩桩尖进入强风化层,确保基桩在自由状态下的稳定性。

强风化层:紫红～肉红色、较硬,原岩为熔结凝灰岩,裂隙发育。该单元体分布较稳定,但顶板起伏较大,顶板高程为−3.2～−46.3m,层厚变化亦较大,为0.3～5.1m;标准贯入击数N大于50击。

中风化层:紫红～肉红色、较硬,为熔结凝灰岩,节理裂隙发育。取钻孔岩样进行饱和单轴抗压试验,最大破坏荷载为330～350kN,单轴饱和抗压强度为144～152MPa。

3.嵌岩桩施工工艺流程(图6.9-43)

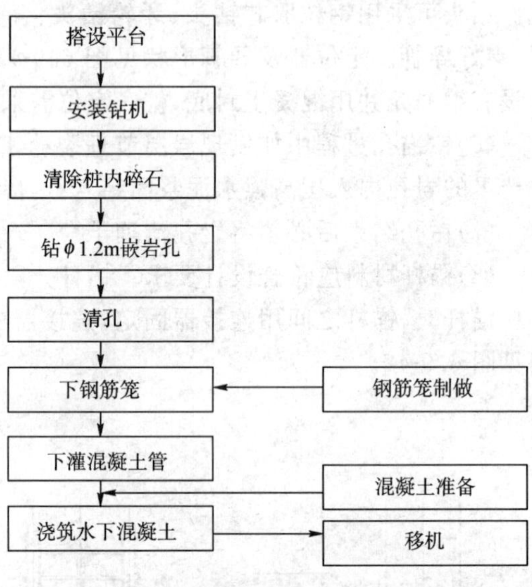

图6.9-43 斜桩嵌岩施工工艺流程

4.施工设备选择

(1)钻机选择

目前,国内市场上使用的钻机从钻进方式可分为回转和冲击两种,从传动方式分有机械和液压两种。根据本工程的地质特性和工程进度的要求,通过综合分析认为:对大直径孔钻进来说,回转钻进要优于冲击钻进;在传动方式上,液压传动要比机械传动更平稳,并可实现无级调速,更适合于钻进工艺要求。为此,我们选用了山东产XZ—150型全液压动力头斜孔钻机。该机主要配套设备及性能参数如下。

①钻孔口径:1.0～2.0m;

②钻孔深度:80～100m;

③扭矩:90kN·m;

④转速:0～15 r/min,无级调速;

⑤上拔力:600kN;

⑥加压力:500kN;

⑦电功率:60kW;

⑧总质量:16t;

⑨钻孔斜度：0°～30°；

⑩配套空压机为 $7m^3/min$，电功率为 40kW，发电机为 150kW。

(2)钻头选择

钻头型号主要有平底型、中心超前型、阶梯型、扩孔型。根据钻头的性能和工程的具体情况，我们选用了平底型钻头(图 6.9-44)。平底型钻头底部为平底式，各破岩刀具受力均匀，孔底排渣畅通，适合于气举反循环法钻进中风化、强风化岩石层。

图 6.9-44　平底型钻头

5. 主要工序的施工工艺

(1)搭设平台

搭设钻机平台要求每孔(桩)的可工作范围为 8m×8m 以上，承重力在 $20kN/m^2$ 以上，平台面的高程在本海域最高潮面以上。本工程基桩设计要求桩顶伸入墩台 1 500mm，故第一层混凝土浇筑高度为 1.2m。

该层混凝土作为钻机平台的基础，再在上面铺设槽钢和枕木、木板、槽钢之间必须连接牢固，保证钻机平台的稳定性。

(2)安装钻机(图 6.9-45)

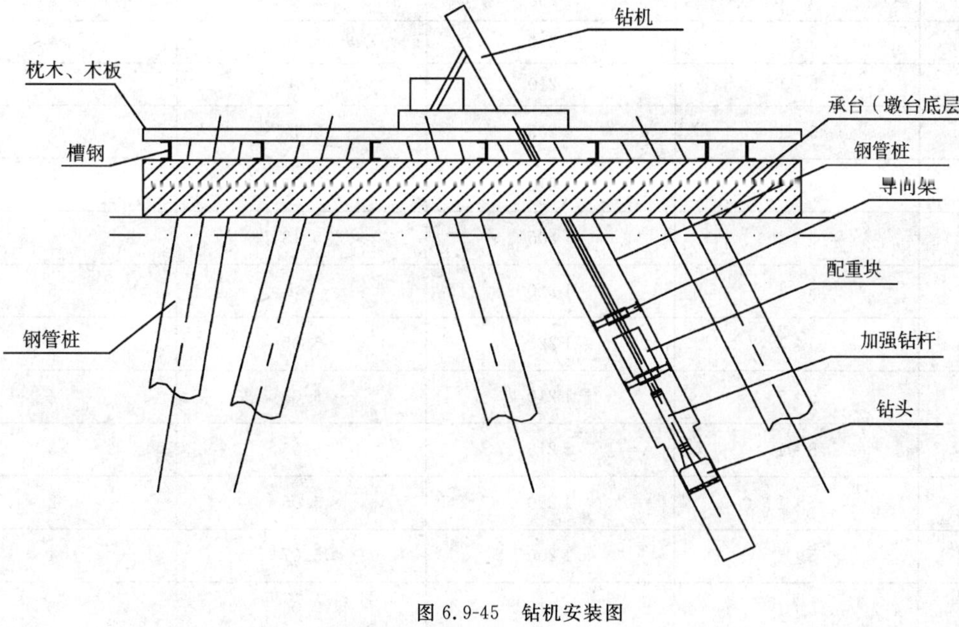

图 6.9-45　钻机安装图

钻机用吊机运至平台后，安放到指定位置，调整钻孔方向与桩斜度一致。另外，安放空压机、泥浆泵、泥浆池至适当位置，其他钻具如钻杆、钻头也同时调整到适当位置。

(3)清除桩内碎石

本工程靠船墩区域岩面覆盖层较薄，在基桩施打前，该区域由人工抛填了 2m 厚的袋装碎石，作为稳桩基床。在下钻机清孔前，必须用人工清除袋装碎石、编织袋、漂石，因为袋装碎石所用的编织袋很容易堵塞钻机的气管，导致无法进行正常清孔，另外漂石也可能随钻头转动而影响下一步的嵌岩钻孔。在清除上述杂物后，再用钻机清孔。清孔工艺采用气举反循环法。

(4)钻孔、清孔

采用回转钻进、气举反循环的成孔工艺，在钻进过程中，保证钻杆内流速≥2m/s。大直径嵌岩钻进，钻进截面大，岩屑携带工作量也大，为了减少钻头重复破碎，排渣问题显得很重要。用气举反循环钻进应注意几点：一是泥浆密度不能过大，否则会增大流体流动阻力，使流体沿程阻力增大，影响泵的吸程；二是保持流体通道截面的一致性，避免过流通道时大时小，减少流体在流动中的局部损失及卡阻现象；三是保证从钻头吸入口的全程管路密封性良好。

在钻孔中使用孔底配重加压和方向定位器，前者提高了钻头上的有效钻压，又可避免在地面加压带来的钻具弯曲折损；后者保证了钻孔轴向稳定，保证钻孔斜率。

钻孔过程中应注意收集岩屑、岩块，判明岩性，随地质变化调整钻进工艺参数，防止钻机钻具出现振动，力求平稳钻进。操作人员提、下钻头时，动作应缓和、平稳，防止产生抽吸作用而造成孔壁失稳。

终孔后进行第一次清孔，清理孔内沉渣，保证清孔后沉渣厚度满足规范要求，在混凝土导管下好后，再进行第二次清孔。

(5)浇筑水下混凝土

混凝土第一斗体积应大于1.5m^3，混凝土料斗下端的球塞大小应合适。在浇筑过程中，要保持连续浇筑；要仔细测量混凝土顶面高度，始终保持使导管在混凝土中的埋设深度在1m以上；同时适当提拔导管，不致导管埋得太深，最后无法拔起。

6.项目施工成果(表6.9-26)

钻孔成果表　　表6.9-26

孔　号	斜　度	实际孔径(mm)	实际孔深(m)	沉渣厚度(cm)
1K-8	6∶1	1 230	5.2	5
1K-9	5∶1	1 240	5.15	4
1K-11	5∶1	1 210	5.1	4
1K-12	5∶1	1 205	5.17	5
1K-14	5∶1	1 210	5.2	3
1K-15	5∶1	1 205	5.13	4
1K-15	5∶1	1 210	5.1	5
2K-7	5∶1	1 220	5.05	4
2K-8	5∶1	1 210	5.01	4
2K-9	5∶1	1 215	5.05	3
3K-7	5∶1	1 210	5.05	2
3K-8	5∶1	1 200	5.07	4
3K-9	5∶1	1 210	5.06	3
4K-8	6∶1	1 205	5.04	4
4K-9	6∶1	1 210	5	5
4K-11	5∶1	1 200	5	2
4K-12	5∶1	1 210	5.09	4
4K-14	5∶1	1 220	5.04	4
4K-15	5∶1	1 205	5.05	4

7. 施工注意事项

(1)桩内的袋装碎石清理宜采用人工方法,但应有相应的安全保证措施。

(2)桩内壁的泥土宜用高压水枪冲洗,以利于锚固。

(3)嵌岩钻孔时若发现岩层的风化程度不均匀,即中风化层中夹有强风化带,在成孔后应尽快安放钢筋笼和浇筑水下混凝土。因为强风化岩在水中浸泡时间过长,会出现不同程度的塌孔现象。

8. 结束语

本工程斜桩嵌岩所采用的施工工艺是非常成功的,斜嵌岩桩的顺利施工,为整个工程提前 2 个月完工打下了良好的基础。

[实例 2]　江阴长江大桥北塔嵌岩桩施工工艺

江阴长江公路大桥位于江苏省江阴市的长江段上,是主跨为 1 385m 的悬索桥,主塔基础为嵌岩桩。其中北塔基础为 ϕ2.0m×94m 嵌岩桩,由于上部覆盖层很厚,成孔时选用两种钻机施工。

1. 成孔

成孔桩施工工艺流程图见图 6.9-46。钻孔灌注桩施工在由万能杆件组拼的钢平台上进行,采用反循环钻机两次成孔,各工序施工方法和操作要点分述如下。

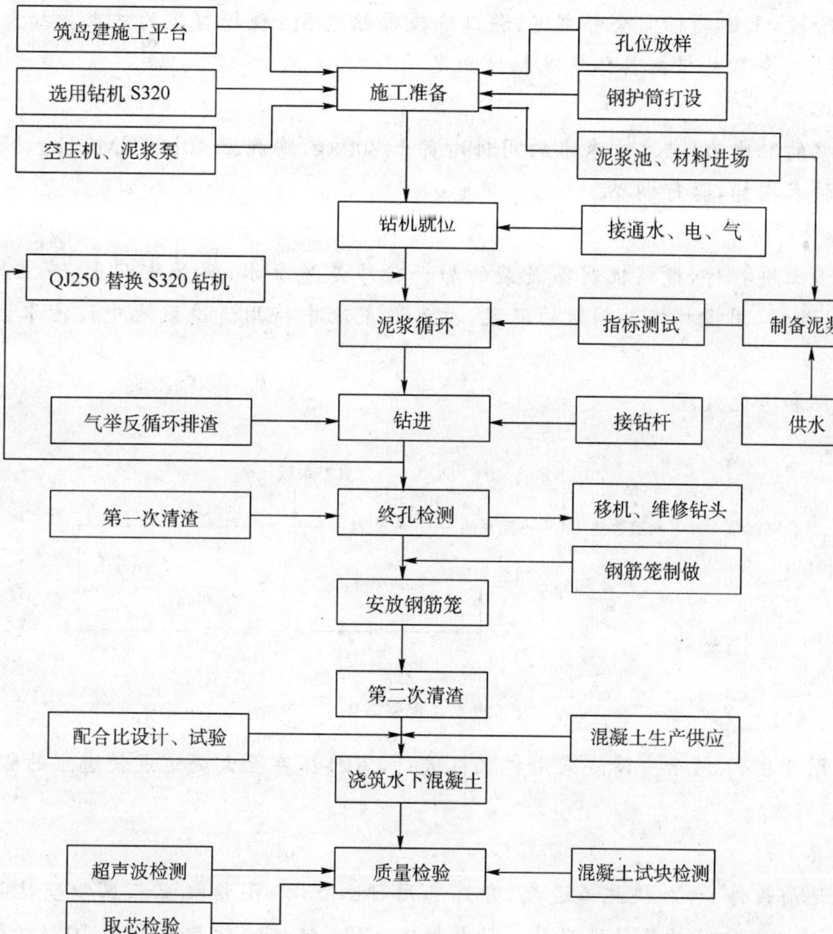

图 6.9-46　钻孔桩施工工艺流程图

(1)护筒及钢平台施工布置

钢平台(包括运输铺装通道板)和护筒施工均由总包单位进行。钢平台顶面高程6.6m、护筒顶面高程6.5m。护筒接缝应密合不漏水,其倾斜度应不大于1/200。平台或护筒顶面需标出各桩中心线。

(2)泥浆

复合泥浆用黄土、膨润土、NaOH和CMC调制。黏土的塑性指数大于15。膨润土为钠质膨润土。

①泥浆的技术指标

钻孔桩施工泥浆各项指标应满足表6.9-27要求。

钻孔桩施工泥浆指标 表6.9-27

工序及地质情况		相对密度	黏度(Pa·s)	pH值	含砂率(%)	失水率(mL/30min)	胶体率(%)	泥皮厚(mm)
成孔过程中进浆口	亚黏土	1.03～1.06	17～20	8～10	＜4	＜20	＞95	＜3
	砂砾层	1.06～1.08	19～20	8～10	＜4	＜20	＞95	＜3
清孔后进出浆口		1.04～1.06	17～20	8～10	＜2	＜20	＞95	＜3

在泥浆试配阶段,上述指标需全部测定;施工阶段每钻进5m现场监控的技术指标为相对密度、黏度、pH值、含砂率,其余指标根据具体情况抽检测定。

②泥浆的配比

初步确定泥浆的配比为(每立方米水的用料):黄土200kg,膨润土40kg,CMC1kg,NaOH1kg。根据配制后实测的技术指标,再行调整。

③泥浆调剂

搅拌前需将黄土块打碎,搅拌机制备泥浆的加料顺序是先加水,再加膨润土、黄土搅拌5min,后加CMC再搅拌1min。用搅拌机拌制新的泥浆,放入造浆池中待用。造浆池中设污水泵循环泥浆并加入NaOH。

④泥浆的循环和净化处理

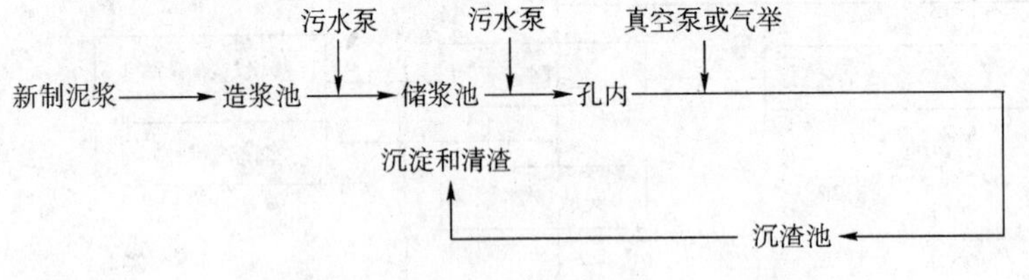

图6.9-47 泥浆循环

泥浆循环如图6.9-47所示。清渣采用挖掘机进行,直接抓弃至大堤边或便道上的翻斗车上,再运至弃渣地点。

(3)钻机、钻具

根据不同的地质条件,为加快施工进度,分别选用日立S320型钻机配三翼锥型钻头钻进覆盖层及郑州QJ250型钻机配牙轮钻头钻进岩层。计算确定S320钻机的钻具质量为10.4t,郑州QJ250型钻机的钻具质量为27t;三翼锥型钻头外径ϕ1.98m,牙轮钻头外径ϕ2.0m,施工期间投入两台S320型钻机和三台QJ250型钻机。表6.9-28为两种钻机性能表。

两种钻机性能表 表 6.9-28

	日立 S320	郑州 QJ250
钻杆内径(cm)	20	20
最大成孔直径(cm)	320	250
最大输出扭矩(kN·m)	42	120
钻机转数(r/min)	0～11.5;11.5～23	7、12、26
出渣方法	泵吸和气举	正循环或气举
最大成孔深度(m)	100(孔径 ϕ3.2m 时)	100
功率(kW)	75	90

(4)水头高度

成孔过程中直至成桩前,水头高度要始终高于江水位 2.0m 以上,保证水头高度是成孔成败的关键之一。桩基位置处江水受潮汐影响明显,一般潮差在 2m 左右。为保证水头高度,在护筒下附加水头高度控制装置,当水头高度低于 2.0m 时,报警装置提醒专职施工人员加注泥浆。

(5)成孔

采用反循环钻机两次成孔,先用 S320 钻机钻进至砂砾层底部后,换 QJ250 钻机牙轮钻头完成余下的砂砾层和岩层钻进。本桥钻孔深度最深达 100m,当孔深超过 40m 时,仅靠 S320 钻机自身的真空泵排渣即有困难,需空压机送气气举排渣。

成孔的主要工序依次为:护筒内块石清理→钻机就位→泥浆循环→钻进→换钻钻进→终孔及检测。

①护筒内块石清理:因筑岛及大堤抛石较多且块径较大,为保证钻机正常作业,在开钻前需将护筒内的水抽净,用人工清挖护筒内上层石块,清挖深度一般为 2～3m。

②钻机就位:以日立 S320 为例,钻机就位工序包括孔位放样、钻头就位、安装转盘底座、钻架转盘就位、钻机就位。

a. 孔位放样:护筒插打时已在钢平台上标志出桩位轴线,只需校核即可使用。

b. 钻头就位:钻头必须在转盘就位前置入孔内,并用钢绳悬挂在钢平台上。根据水深情况,预先在钻头上配一或二节钻杆。

c. 安装转盘底座:受平台框架限制,用 I_{28} 工字钢焊制成转盘底座,用螺栓固定在钻架底部,共同构成转盘底座,以满足平台构件受力要求及支撑转盘和钻架。

d. 钻架转盘就位:用龙门吊吊装钻架转盘就位并调整位置,钻架吊点与转盘中心铅垂线及桩轴线吻合,其偏差不大于 1cm。用水平尺检查转盘水平度,气泡偏差不得大于半格,合格后将钻架和转盘用导链固定于钢平台上。

e. 钻机就位:用龙门吊将钻机主机吊装至护筒上并固定好。

③泥浆循环:此项工作包括 S320 钻机提钻头;接通吸排浆管路和孔内补浆管路;启动各泵;泥浆循环及主机试运转。

a. 将预先放入孔内悬挂在平台上的钻头用卷扬机提起,用卡板卡在转盘上,垫上密封胶垫,将方钻杆与钻头、钻杆、法兰盘用螺栓接牢拧严,不得漏气。

b. 接通泥浆管路,要注意接口紧密不漏气。

c. 泥浆循环,先启动储浆池的污水泵,将护筒内充满泥浆,然后再启动钻机空吸泵,当泥浆循环正常,持续 5min 左右,即可开始钻进。

④钻进:该工序包括钻进、抓弃钻渣、测试泥浆、补充或调整泥浆。

a. 钻进:将钻头提高 30cm,用真空泵加足清水,启动真空泵,待泥石泵充满水时,关闭真空泵,立即启动泥石泵。当泥石泵出口真空压力达到0.2MPa以上压力时，打开出水阀，把管路中的泥水混合物排入沉渣池，启动钻机开始慢速钻进。

一节钻杆钻完后，先停止转盘转动，泥石泵继续工作1～3min，使孔底沉渣基本排净。关闭泥石泵，接长钻杆，在接头法兰盘之间垫3～5mm厚的橡皮圈，注意保证法兰盘无泥砂杂物，拧紧螺栓，以防漏气、漏水。一切正常后，按上述工序继续钻进。接钻杆动作要迅速、安全、可靠，争取在尽快的时间内完成并要检查钻杆垂直度。

当钻进深度为40m左右、排渣有困难时，即换空压机进行气举排渣。其他工序操作如前述。

b.抓弃钻渣：钻渣必须及时清除，否则沉渣池将被钻渣填满，影响泥浆的循环、成孔质量和速度。

c.补充与调整泥浆：钻进过程中，泥浆数量会有损耗，相对密度、黏度和pH值等各项指标也在发生变化，需及时补充、调整泥浆的各项指标。即在造浆池用潜水泵将泥浆送入储浆池中，并根据泥浆监测的结果，调整造浆材料的配比。

⑤换钻钻进：S320钻机钻进至砂砾层下准备换钻时，先停止转动盘，继续排渣2min，使孔底沉渣排净，用龙门吊吊走S320钻机，提出钻杆及钻头，将牙轮钻头吊入孔内，并牢固悬挂在钢平台上。用龙门吊将QJ250钻机就位，接钻杆，准备继续工作，其工序操作要求同前。为保证成孔垂直度，在覆盖层钻进施工中均采用减压进尺方式钻进。

在不同的地质钻进时应以相应的钻速钻进：在塑性亚黏土中钻进时，用二挡控制进尺；在砂砾土中钻进时，宜用一挡自由进尺；遇有地下水容易坍孔的粉砂层，宜一挡控制进尺。严密监视出渣和钻机运转情况。牙轮钻在岩层钻进，刚入岩时要控制进尺并低压钻进，待进入岩层0.5m以后，逐渐加压至全压钻进、自由进尺。

⑥终孔及检测：该项工序包括压浆清孔、终孔检测、钻机移位、维修钻头。

a.压浆清孔：当钻杆和钻头有效长度累计进尺达到钻孔深度且孔底出渣符合设计要求时，经监理同意后，立即抽浆清孔。将钻头提离孔底20cm，转盘空转，出浆口排渣，压浆泵向孔内注入优质泥浆，并随时检测进、出浆口的密度、黏度、pH值、含砂率，直至进、出浆口的上述指标完全一致。清孔时间不得小于30min。经复验孔深及孔底出渣符合设计要求后，即可卸钻、移钻及维修钻头。

b.终孔检测：移钻后即可进行终孔检测，主要检测孔深、孔径、垂直度、孔轴线、沉淀层厚度和孔壁状态。沉淀层厚度用沉渣筒测量，并在钢筋骨架下放完成后确定。其他各项指标在清孔结束后，用超声波测壁仪或常规的钢筋探笼检测，检测结果同时可为钢筋骨架入孔作方位指导。

(6)成孔施工注意事项

①注意两次稳钻要重合，相差不超过1cm，以防止下钢筋骨架时产生刮壁现象。避免方法是第一次稳钻后，在工作平台上用钢冲打上标记，使两次稳钻更好地重合。

②注意水头高度，防止坍孔，指定专人看管水头。

③空压机送风须与钻锥回转同时进行。接钻杆时须将钻头提升30cm左右，先停止钻锥回转，再送风1～2min，将孔底钻渣吸尽，再放下钻锥，拆装钻杆，以免回渣发生埋钻。随时注意风压，防止风压下降，防止产生回风使钻杆内泥浆倒灌，堵塞风管。

④钻杆拆卸后即逐根检查送风管有无破损、连接件有无损坏，经检查合格后方准下次使用。

⑤单孔施钻后即对牙轮头部位全面检查，有检查合格标记方准下次使用。

⑥清孔后泥浆密度不大于1.05，否则影响测壁仪检测效果。

(7)施工质量和安全保证措施

①质量标准

本工程成孔质量按如下标准控制：

a.孔深不小于设计孔深；

b.孔径不小于设计桩径；

c. 桩轴倾斜率小于1/100,争取全部小于1/200;

d. 孔底沉渣不大于5cm;

e. 护筒在桩顶处平面偏移量不大于10cm。

②施工质量和安全保证措施

a. 设水头报警装置(如上述),保证水头高度。

b. 钻进过程中对照地质剖面图及时捞取钻渣,并做好记录。质检员按不低于1次/2h的频率监测泥浆的相对密度、黏度、pH值,并根据地质的变化及时调整。

c. 钻进过程中不断用水平尺测量,保证转盘的水平度。用垂球在两个轴线上不断检测钻杆的垂直度,防止钻杆倾斜。

2. 钢筋骨架施工

钢筋骨架施工采用预制场分节加工成型,现场冷挤压连接成整体,两点吊入孔就位的施工工艺,主要工序依次为:加工成型→存放与运输→入孔就位。

(1)加工成型

该工序依次包括配料、构件加工、骨架成型、安装混凝土套环等工作。

①配料

使用的钢材均需经过检验入场,各项技术指标应完全符合技术规范的要求。对有锈蚀和弯曲的钢筋,需除锈(钢刷刷除)、取直(卷扬机、横口扳手或大锤敲击调直)后方可使用。钢筋骨架分节制作,其主筋的下料长度应本着尽量用整根、减小断头(废料)又要满足吊运安装钢筋骨架长度不超过12m的原则确定。

配料后的钢筋要按不同尺寸和规格挂牌,分别码放,以免错配。对接的钢筋,采用电弧闪光对焊,钢筋接头处先烧割成X形坡口,再对焊成型。焊接后按技术规范要求取样试验检查。因每根桩的钢筋骨架总长是不同的,为便于钢筋骨架施工,首节钢筋主筋需待成孔后确定下料长度,其余各节均按正常节长下料。

②构件加工

主要是箍筋圈加工,其方法是用短钢筋焊制成胎具,通过它把配料钢筋一端插入盘头圈内,沿胎具外缘绕一圈,扣到盘头圈后进行点焊,退出胎具,再将焊缝加焊。

③骨架制作

钢筋骨架成型采用胎具成型法。每组胎具由上横梁、立梁和底梁三部分构成。上横梁和立梁分别通过插轴、角钢与底梁连接,并与焊在底梁上的钢板组合成同径、同主筋根数、有凹槽的胎模,为防止纵向倾斜,在斜拉杆插孔上插好斜拉杆。每个胎模的间距为设计箍筋的距离,按每节钢筋骨架托筋数量设立胎具。制作场地应垫平、压实并铺混凝土面层,使胎具垂直于地面,且各胎具的轴线在一条直线上。然后,将托筋就位于每道胎具的同侧、按胎模的凹槽施焊主筋和长筋。全部焊完后,拆下上横梁、立梁,移出钢筋骨架,即可焊制下节骨架。顶节钢筋骨架桩顶托筋和其下的一道托筋上对称焊上4个挤压接头后,编号挂牌。

④控制保护层厚度

原设计图上用一根16型导向钢筋控制保护层厚度,考虑覆盖层较松软,实际施工中按设计图上要求的方法难以保证保护层厚度,建议采用试桩工程采用的混凝土套环法控制保护层厚度,即每隔2.5m,在托筋边上对称位置布设4个混凝土套环。

(2)骨架存放与运输

存放时,每个加劲托筋与地面接触处都垫上等高的木方,以免粘上泥土,每组骨架的各节段要排好次序并挂上标志,便于使用时按次序运出和入孔就位。钢筋骨架存放位置见"施工场地平面布置图"。

钢筋骨架运输时，40t 吊车稳定在靠近钢筋骨架存放位置的大堤上，用两点吊将骨架吊放到大堤上的平板车上，吊点位置如图示，平板车在 2t 翻斗车的牵引下通过便桥，将骨架运至平台上，骨架装车时要保证每个加劲筋处设等高支承点。

为保证钢筋骨架在运输和吊装时不变形，在每节钢筋骨架的首、末两个托筋圈上加焊三角形加劲筋，在入孔就位后割除。

(3)入孔就位

钢筋骨架入孔就位，采用分节吊装就地冷挤压连接的方法，主要工序包括起吊、正位、入孔和连接。每节钢筋骨架长度不超过 12m。

①起吊单节钢筋骨架最重不超过 35t，用两点吊吊起(图 6.9-48)。为了防止骨架变形，必要时在上吊点用 3 英寸钢管加固。起吊高度超过 1.5 倍钢筋骨架直径后，主吊点(龙门吊)逐渐提升，次吊点(吊车)相应逐渐放绳。

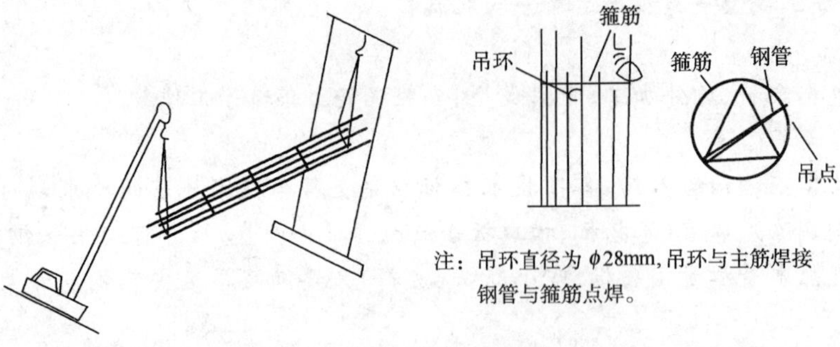

注：吊环直径为 ϕ28mm，吊环与主筋焊接
钢管与箍筋点焊。

图 6.9-48 钢筋笼吊运示意图

②正位、入孔：待钢筋骨架和地面垂直后，检查、确认龙门吊吊点垂直线、桩轴线和钢筋骨架轴线吻合后，在操作人员的扶持下慢慢放入孔中，当骨架下缘接近护筒时更应放缓，防止因主筋碰撞孔壁，造成塌孔和扩孔。一旦发生骨架被卡入孔困难，应重新提起骨架，再来回转动骨架慢慢试探入孔。

③连接：当首节骨架入孔至上端连接处，在最上一个托筋位置处用长于护筒直径 40cm 的槽钢穿过托筋下方，横在孔口的护筒上，将骨架支托于孔口，而后再吊第二个骨架，使上、下两节骨架位于同一竖直线上，并逐根对好钢筋，套入已冷挤压连接好的下节钢筋骨架的套筒内。经检验符合技术规范要求后，冷挤压连接，使上、下节钢筋骨架成为一体，然后将连接段的螺旋箍筋绑扎好，即可吊起骨架，撤掉孔口支撑槽钢，连续下放。几经重复作业，即可按设计要求把所有骨架冷挤压连接后就位。

声测管吊挂在钢筋骨架上，与骨架同时吊入孔中，在骨架连接的同时焊接声测管。接缝要严密不漏水，如图 6.9-49 所示。

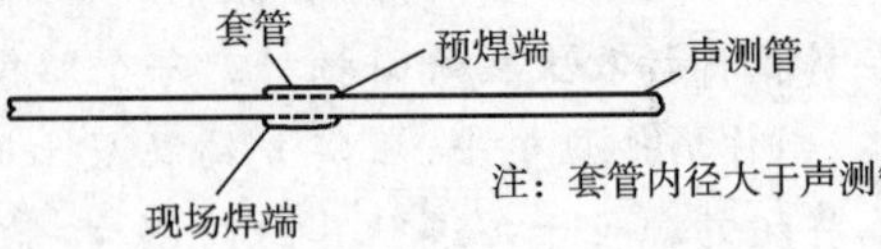

注：套管内径大于声测管外径 5mm。

图 6.9-49 声测管接头图

桩顶高程为−1.0m，护筒顶面高程约 6.5m，钢筋骨架需用高程定位筋定位，定位筋为 4 根 ϕ28mm 钢筋，其长度由测定的孔口高程来计算。

骨架就位后，要核对清点在每节钢筋骨架入孔时解下的标志牌，防止掉漏钢筋。当确认无误后，用“U”形钢筋将定位筋焊在护筒上以防骨架变位和上浮。

(4)注意事项

①连接时要确保上、下骨架的轴线一致，杜绝连接后成折线形。

②下钢筋骨架过程中，要有专人看管护筒内水头高度。

(5)施工质量和安全保证措施

①质量标准(表 6.9-29)

质量标准表　　表 6.9-29

检 查 项 目	纵筋间距(mm)	螺旋筋间距(mm)	纵筋长度(mm)	钢筋笼直径(mm)
许可偏差	14	10	+5,−10	5
检 验 项 目	骨架偏位(mm)	骨架底高程(mm)	骨架垂直度	外观
许可偏差	50	50	0.1%*L*	稳定;焊接合格

②施工质量措施

吊放钢筋骨架入孔要求骨架入孔位置和长度正确,顶面高程准确,保证保护层厚度,预防上浮措施可靠,吊放工具安全、可靠。

a. 平面位置:吊入过程中严格定位,在最上节骨架设平面位置定位筋,如前述使骨架顶面中心位置与设计桩位中心轴线位置一致。

b. 长度和顶面高程:钢筋骨架制作时挂牌标志,全部入孔后核对牌号确认长度是否有误。

c. 保护层厚度:钢筋骨架上套有混凝土垫圈(如前述),以保证保护层最小厚度。

d. 防钢筋上浮:骨架定位后,将高程定位筋焊接在护筒内壁上(如前述)。

3. 水下混凝土施工

(1)灌注机具准备

导管为内径 ϕ30mm、壁厚 10mm 的卡口式导管,总长 120m,其中 20m 备用。导管经承压、水密检验合格后方准使用,检验压力为 12MPa,检验时间 15min。导管外壁标志节号和累计长度。使用球式隔水栓,用塑料布包砂子或锯屑制成。储料罐有效容积为 10m^3,用钢板制作。

(2)灌注前检查与清孔

钢筋骨架吊放就位后,即提出沉渣筒检测沉渣厚度,若超过 5cm,即进行二次清孔,沉淀层厚度满足要求后,即可准备灌注水下混凝土。

(3)水下混凝土级配及浇筑

水下混凝土配比按掺加水泥用量的 0.25%~0.5%木钙进行设计,砂率 40%~50%、坍落度 18~20cm、碎石 5~40mm 级,砂子采用中砂、水泥为 R32.5 普通硅酸水泥。关于集料、水泥和外加剂的质量、级配等诸项,执行标书中的相应规定。

用龙门吊将设有储料罐、漏斗、导管卡盘的混凝土浇筑工作台吊装就位后,开始吊装导管入孔,导管就位时底口距孔底 40cm。

混凝土出料后,用混凝土泵直接泵送至储料罐,经漏斗入孔。混凝土泵设两台,其中一台备用。泵管为 6in(15.24cm)管。混凝土泵的性能见表 6.9-30。

混凝土泵的性能表　　表 6.9-30

<table>
<tr><td colspan="4">型号 IPF85B</td></tr>
<tr><td rowspan="8">混凝土泵</td><td colspan="2">类型</td><td>水平单动双列液压活塞式</td></tr>
<tr><td colspan="2">泵送量(m^3/h)</td><td>10~85</td></tr>
<tr><td rowspan="3">输送距离(m)</td><td>ϕ150A 管</td><td>水平 750 或垂直 125</td></tr>
<tr><td>ϕ120A 管</td><td>水平 520 或垂直 80</td></tr>
<tr><td>ϕ100A 管</td><td>水平 110 或垂直 80</td></tr>
<tr><td rowspan="3">最大集料粒径(mm)</td><td>ϕ120A 管</td><td>50</td></tr>
<tr><td>ϕ100A 管</td><td>40</td></tr>
<tr><td></td><td>30</td></tr>
</table>

储料罐中混凝土量达 $10m^3$ 即可开阀门。以剪球排浆方式灌注首批混凝土，并探测孔内混凝土面高度，计算导管埋置深度，符合要求后即可正常连续灌注，并在首批混凝土初凝前完成。

灌注过程中要及时测量孔内混凝土面高度，正确计算导管埋入混凝土内的深度，使导管埋深严格控制在 2～9m。一般每次导管提出 6m，最后一节导管埋深不大于 6m，并缓慢提出，以免桩内夹入泥芯或形成空洞。为保证测量和计算准确性，由混凝土前台专人进行测深和计算，当班质检员复核。

灌注过程中用污水泵抽回被灌注混凝土顶出的泥浆。在回收泥浆过程中注意保持水头高度，接近桩头 6m 高度的泥浆不回收。

桩头顶留 60cm，拔出导管，吊移混凝土浇筑工作台，抽出孔内废浆后，人工挖出 50cm，余下 10cm 待承台施工时凿除。

(4)施工注意事项

①混凝土灌注开始后，应保持连续进行，如中途停工严禁超过如表 6.9-31 所示时间。

中途停止混凝土灌注时间要求 表 6.9-31

序次	混凝土入模温度（℃）	时间(min)	
		使用普通硅酸盐水泥(≤)	使用矿渣水泥、火山灰水泥掺加粉煤灰灰泥(≤)
1	20～30	90	120
2	10～19	120	150
3	5～9	150	180

②灌注过程中，设专人回收泥浆和检查水头，严禁水头变化过大造成坍孔。

③混凝土灌注过程中，要及时填写原始记录。

(5)施工质量和安全保证措施

①质量标准

按招标技术规范相关规定取样和试验试件强度，判定混凝土质量，并按相应标准检验成桩质量：成桩桩顶中心的平面偏移量不大于 10cm；采用声测法逐根检验桩身混凝土的连续性和均匀性，并按优良标准控制，即声测速＞3 600m/s、离散系数 C_R＜10％。

②施工质量和安全保证措施

a. 配备用发电机，防止因意外停电造成混凝土灌注中断事故。

b. 由 1 人专职量测混凝土顶面高程和计算埋深，另 1 人进行复核，以防误测误算。

4. 质量检验

超声波检测和取芯检测均委托有资质的专业单位进行。

5. 钻孔桩施工中可能出现的问题的预防及处理

根据以往施工经验，施工中较易出现的问题有埋钻、掉钻头、坍孔、卡管及孔内孤石等，为防止由于上述原因造成质量事故，施工时要以预防为主，同时要准备应急的机具设备，一旦出现问题能够及时处理。

配备应急发电机组，以备电网停电时满足混凝土灌注和加泥浆的用电要求。混凝土泵等关键设备均按两套配置，其中一套备用。配备三瓣抓斗等必要的打捞设备。

(1)埋钻的处理

钻头被埋入孔内，较浅时可直接提出；埋入较深时，可利用施工中日立钻机的钻杆用气举法吸出埋钻物。必要时辅以高压水泵冲击，同时向孔内注入高质量泥浆，以防止在吸渣时继续扩孔。确认埋钻物全部清除后，慢慢提出钻头，提钻时注意控制起吊力，防止拉断钻杆螺栓或损坏钻杆。钻头提出后，根据坍孔的程度和部位，确定继续钻进或是回填后续钻成孔。

(2)掉钻头的预防和处理

在钻进选择过程中已按地质情况、进尺速度、钻机功率、钻具质量对钻杆等部位进行了强度验算，在施工中为预防掉钻头，应严格按规定的钻孔方法进行施工。如发生钻杆折断事故，可用预先准备的钢丝绳活套打捞。打捞钢丝绳活套如图 6.9-50 所示。

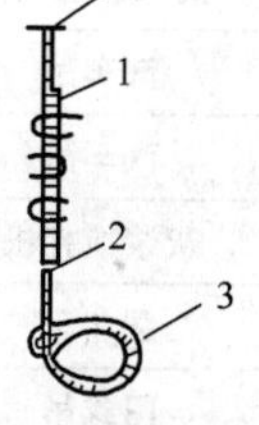

图 6.9-50　打捞钢丝绳活套图
1-大绳；2-钢丝绳头；3-活套

(3)卡管的预防和处理

为预防发生卡管，主要从混凝土搅拌和连续灌注入手，混凝土和易性较差时严禁入孔，适当加大导管埋深等，出现卡管时可通过提升导管解决(此时导管最小埋深大于 2m)。

(4)孔内孤石

在护筒内的孤石可用水泵抽水，由人工挖出；深孔内的孤石，钻机抽不出又压不碎时，提出钻头，用三瓣抓斗抓出，然后重新稳钻钻进。

(5)坍孔

出现坍孔后，首先探明坍孔位置和程度，用砂和黏土混合料回填(必要时可掺入适量水泥)，稳定后重钻。

6.成桩周期和机具设备统计

(1)单桩钻孔成桩周期表(表 6.9-32)

单桩钻孔成桩周期表

表 6.9-32

序　号	工 作 内 容	计 划 时 间(h)
1	稳钻(S320)	4
2	钻进(S320)	30
3	拆、移钻机(S320)	5
4	稳钻(QJ250—1)	4
5	接钻杆(QJ250—1)	4
6	钻进(QJ250—1)	10
7	拆、移钻机(QJ250—1)	6
8	吊放钢筋骨架，导管入孔，二次清孔	31
9	浇筑水下混凝土	10
合计		104

(2)主要机械设备明细表(表 6.9-33)

表 6.9-33

序　号	机 械 名 称	单　位	规 格 型 号	数　量	用于工程项目
1	空压机	台	$20m^3/min$	2	钻孔
2	钻机(含钻架)	台	S320	2	钻孔
3	钻机(含钻架)	台	QJ250	3	一台备用，钻孔
4	高压水泵	台	9 级	1	钻孔备用
5	混凝土输送泵	台	$60m^3/h$	1	输送混凝土
6	混凝土输送泵	台	$80m^3/h$	1	备用
7	混凝土拌和站	台	$50m^3/h$	1	混凝土生产
8	装载机	辆	$2m^3$	1	混凝土生产
9	载重汽车	辆	4t	1	材料运输

续上表

序　号	机械名称	单　位	规格型号	数　量	用于工程项目
10	汽车吊	辆	16t	1	平台上的吊装作业
11	汽车吊	辆	40t	1	平台下的吊装作业
12	灰浆搅拌机	台	1 000L强制式	1	制备泥浆
13	翻斗车	辆	2t	4	场内材料运输
14	门式吊	台	30t	4	平台上吊装作业
15	污水泵	台	600m^3/h、250m^3/h	10	泥浆循环
16	发电机	台	160kWA	1	停电备用
17	钢筋弯曲机	台		1	钢筋骨架制作
18	钢筋冷挤压机	台	YJH32	4	钢筋骨架制作
19	清水泵	台		3	抽水
20	混凝土导管	节	卡口式	210	混凝土浇筑
21	电焊机	台	30kWA	4	钢筋骨架制作及维修焊制
22	挖掘机	辆		1	清渣
23	空气罐	个		2	钻孔
24	钻头	个	牙轮钻、三翼钻	4	各2个,钻孔
25	三瓣抓斗	个		1	备用

［实例3］　舟山某深水港嵌岩桩施工

1.工程简况

舟山某港区位于海岛附近,基岩覆盖层厚度存在较大差异,其中覆盖层较小的区段共计有13个分段。承台的部分基桩为嵌岩桩。嵌岩桩钢护筒直径均为ϕ1 900mm。钢护筒先施打至强风化岩层,然后嵌入中等微风化岩内锚固2m或4m。嵌岩桩总数为100根,其中支承桩嵌岩31根(直桩)、钢管板桩嵌岩45根(直桩)、斜桩嵌岩24根(斜度6∶1)。支承桩和板桩(直桩)嵌岩直径为ϕ1 600mm,嵌岩深度为嵌入中等微风化岩4m,且嵌岩底高程不高于－31m;斜顶桩嵌岩直径为ϕ1 500mm,嵌岩深度为嵌入中等微风化岩2m。承台嵌岩桩部位及数量详见表6.9-34。

嵌岩桩部位及数量表　　表6.9-34

序　号	承台号	单　位	支承桩	板　桩	斜顶桩	合　计	备　注
1	CT25	根	4	/	/	4	
2	CT26	根	3	/	/	3	
3	CT28	根	/	5	/	5	
4	CT29	根	4	5	4	13	
5	CT30	根	4	5	4	13	
6	CT31	根	/	5	4	9	
7	CT32	根	/	5	4	9	
8	CT33	根	4	/	/	4	
9	CT43	根	4	5	/	9	
10	CT44	根	4	/	/	4	
11	CT46	根	/	5	/	5	

续上表

序　号	承台号	单　位	支承桩	板　桩	斜顶桩	合　计	备　注
12	CT47	根	/	5	4	9	
13	CT48	根	4	5	4	13	
总计		根	31	45	24	100	

2. 地质条件

该地区表层覆盖深厚软土层，以淤泥质黏土为主，下卧Ⅴ层杂色粉质黏土及黏性土混砂砾层等良好基桩持力层。港区中部区域(约200m区段)岩盘面相对较高，上覆的土质覆盖层较薄，风化岩顶面一般在－35.0m左右，且岩盘起伏较大。在东端近小岩礁区段(约150m区段)，由于受小岩礁岛礁体的影响，基岩埋藏深度较浅，软土覆盖层一般在10～20m左右。

本工程岩基主要特征如下。

VI_{1-2}辉长岩强风化层：

颜色以暗绿色为主，饱和～稍湿，较硬～硬。原岩为辉长岩，上部区域风化程度较高，已风化成砂砾混黏性土状，局部区域风化程度较弱，结构清晰可见，但岩芯用手掰或小锤轻击即呈碎块或砂土状，上部风化程度严重区域标贯击数一般为40～45击。风化层底部基岩趋硬，标贯击数一般大于50击或远远大于50击。

VI_{2-2}辉长岩中等风化层：

颜色以灰绿～暗绿色为主，坚硬。原岩为辉长岩，结构清晰，一般节理裂隙发育，沿裂隙面风化较明显，并见褐色浸染现象，岩芯碎裂。整体岩基已失去母岩辉长岩的强度，但单块岩石的结构与矿物成分清晰，强度较高。本工程辉长岩中等风化层平均单轴饱和抗压强度为117.5MPa。根据国家《工程岩体分级标准》(GB 50218—94)有关标准，本区辉长岩中等风化岩体基本质量级别为III～IV级，为中等微风化岩。

本工程承台嵌岩桩主要集中在承台28～33号及承台46～48号，该区域地质岩基为辉长岩岩基区域，断面结构详见图6.9-51和图6.9-52。

承台46号、47号、48号受炸礁影响，其地质条件和水下地形条件更为复杂。炸礁和局部清礁后，该区域将处于水流冲刷区，且水流流速较大，最大流速达到4m/s。在该区域承台桩基沉桩前需详细勘察水下地形，并对照地质资料分析岩基覆盖层厚度，在覆盖层不小于10m情况下方可沉桩(钢护筒)。如覆盖层小于10m，沉桩前需抛填一定厚度袋装碎石，使覆盖层厚度达到10m，保证桩基稳定。同时结合东端重力式承台的基床等因素，确定袋装碎石的抛填范围和抛填高程。根据桩位布置和炸礁平面位置，承台46号、47号全部桩基和承台48号的斜顶桩处于已爆破的破碎岩层中。

3. 施工部署

(1)嵌岩桩施工平台

为节约工程投资并加快施工进度，本工程所有承台嵌岩桩均利用钢护筒浇筑承台至＋7.9m或＋7.6m后施工，以现浇承台作为嵌岩桩施工平台。其中，仅单排支承桩或板桩嵌岩的承台采用ϕ1 900mm×16mm钢护筒将支承桩或板桩接高至＋7.6m，现浇承台至＋7.9m。双排及三排桩嵌岩的承台，仍将钢护筒接高至＋7.6m，现浇承台浇筑至两侧牛腿高度，嵌岩桩完成后再浇筑至＋7.9m。

(2)嵌岩桩施工顺序

嵌岩桩总体施工顺序与沉桩和承台浇筑顺序相同，由承台25号向承台48号推进施工，其中承台29～32号优先施工承台31号和32号的板桩嵌岩，尽早为斜顶桩嵌岩创造条件。为尽量加快抛石棱体施工进度，同一承台嵌岩桩施工顺序为由岸侧向海侧施工，即支承桩→板桩→斜顶桩。在支承桩和板桩施工完成后，即可开始抛石棱体施工。

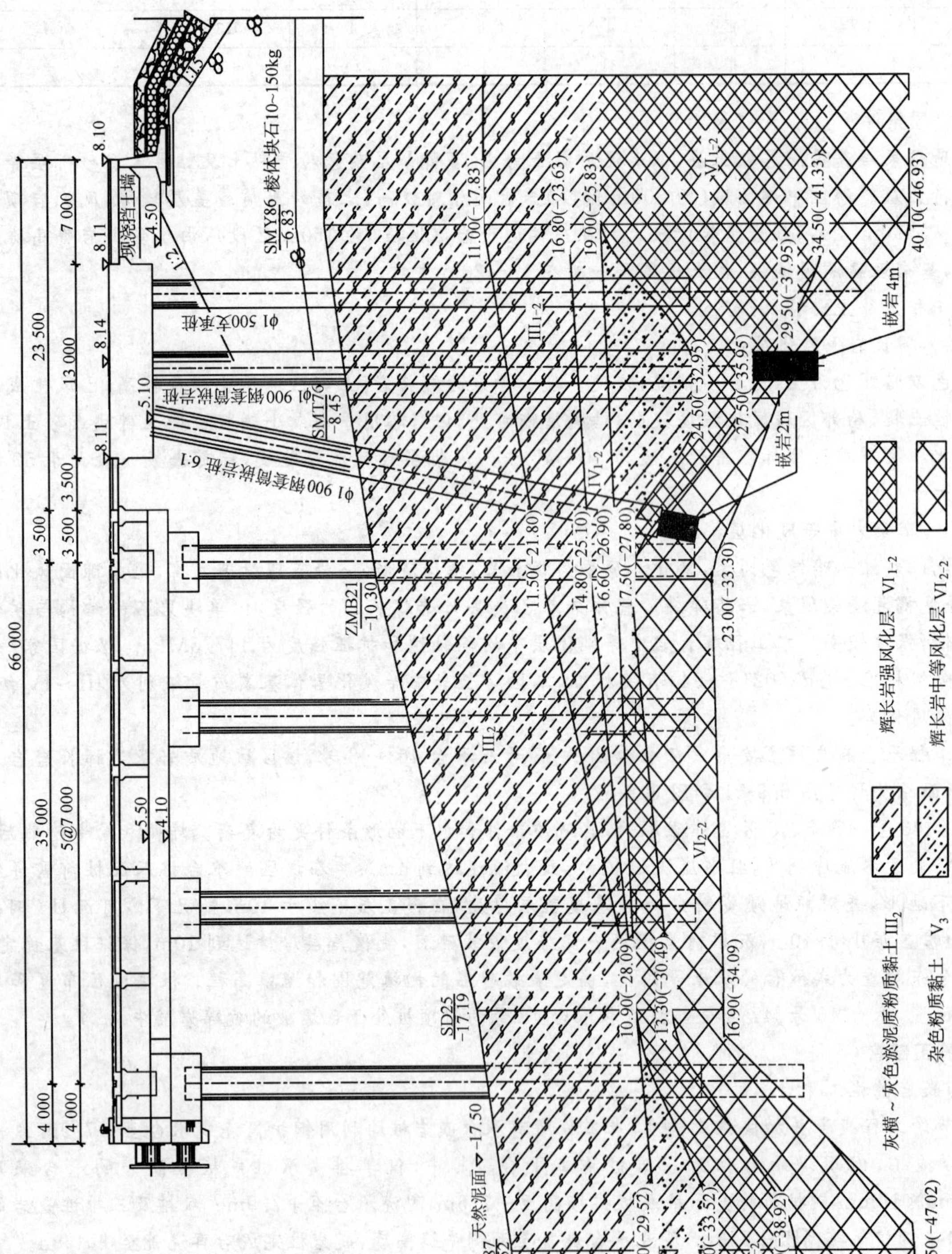

图 6.9－51 承台 31、32 地质断面图（高程单位：m，尺寸单位：mm）

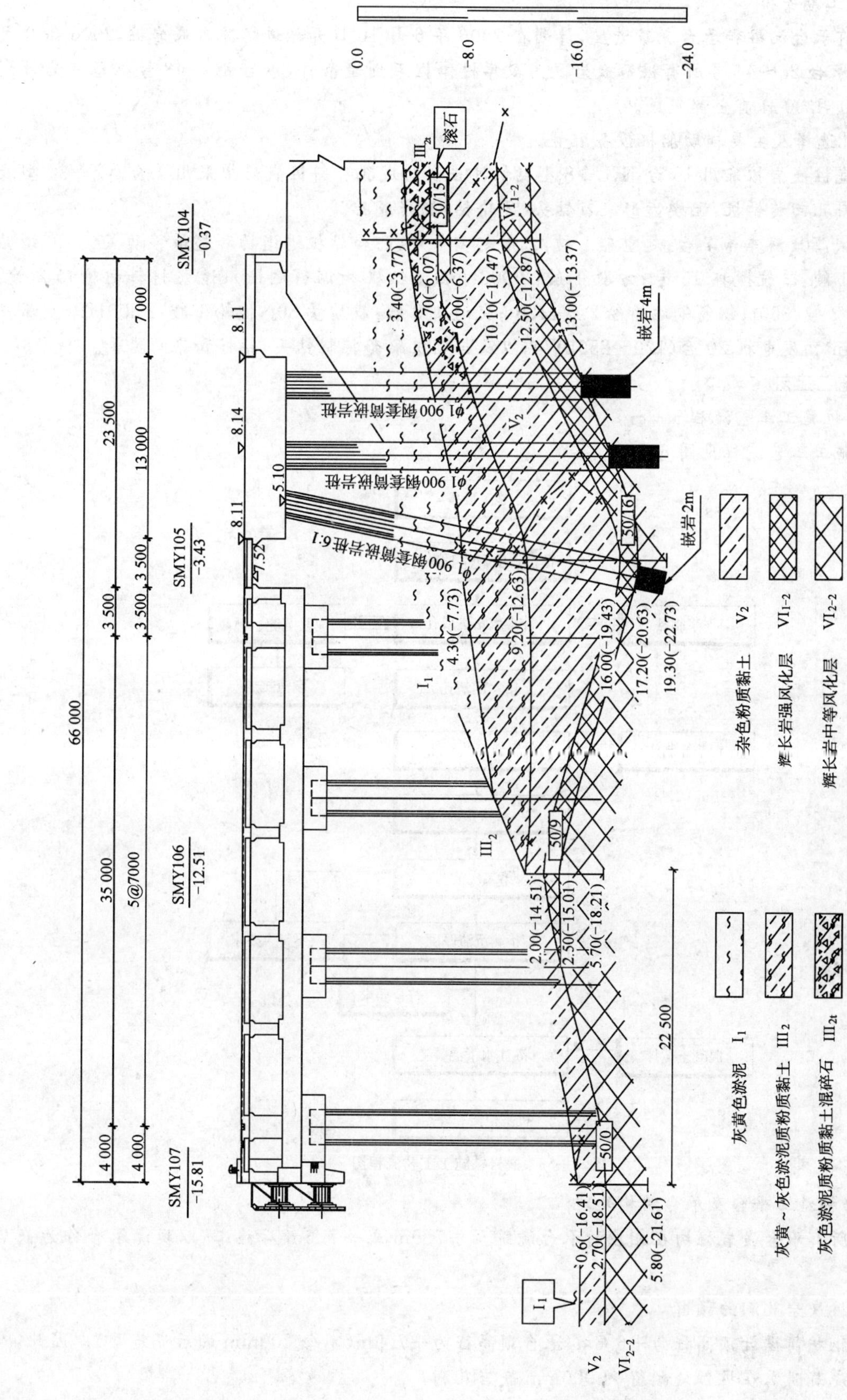

图 6.9-52　承台 48 地质断面图（高程单位：m，尺寸单位：mm）

(3)施工工期安排

根据目前承台沉桩和承台浇筑进度，计划在 2006 年 6 月 10 日开始进场施工嵌岩桩，2006 年 9 月 30 日前完成承台 25～44 号所有桩基嵌岩。为驳岸棱体抛石创造条件，承台 46～48 号桩基嵌岩计划在 2006 年 10 月 30 日前全部完成。

(4) 钻机选择及主要辅助船机设备配置

本工程直桩嵌岩拟采用 15 台 JKL—8 型钻机冲击嵌岩成孔。斜桩嵌岩拟采用 4 台 XZ—30 型液压式动力头斜孔回旋钻机，配楔齿形滚刀钻头(牙轮钻)嵌岩成孔。

起重机械:50t 汽车吊 7 台；起重船 1 艘:三航起重 7 号(配合钻机进退场和起吊移动 XZ—30 型钻机)；搅拌船 1 艘:三航搅拌 15 号；方驳 1 艘:2 000t(配合钻机和钢筋运输)；造浆材料运输船 2 艘:500t；运渣船 2 艘:300t；钢筋笼运输船 2 艘:120t；交通艇 2 艘:载质量 80t；拖轮 1 艘:2 300HP；空压机 8 台(12～20m^3)；发电机 20 台(120～250kW)；以及与钻机配套特制钻头、钻杆和导向器等。

4. 主要施工工艺

(1)嵌岩桩施工工艺流程

嵌岩桩施工工艺流程见图 6.9-53。

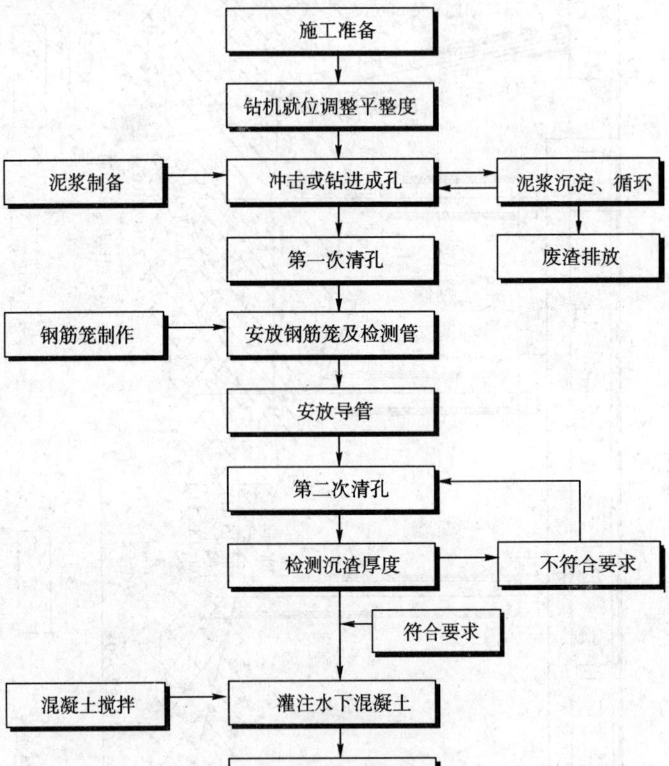

图 6.9-53 嵌岩桩施工工艺流程图

(2)嵌岩桩施工平台及承台结构处理

本工程所有承台嵌岩桩均在相应的承台浇筑至＋7.9m 或＋7.6m 后施工，以现浇承台作为嵌岩桩施工平台。

①单排桩嵌岩孔洞的预留

嵌岩桩钢护筒设计顶高程为＋6.6m，承台顶高程为＋7.9m(不含 200mm 的后浇筑层)。因此，在承台混凝土浇筑时需在桩位处预留 ϕ1 900mm 嵌岩孔洞。

＋6.6～＋7.6m 孔洞的预留:钢护筒施打后，采用 ϕ1 900mm×16mm 的钢护筒将所有嵌岩桩钢护筒从+6.6m接高至+7.6m，接长的钢护筒轴线与施打的钢护筒轴线一致。

+7.6～+7.9m孔洞的预留：a.单排支承桩嵌岩的承台（承台25号、26号、33号、44号），在支承桩桩位处，承台顶层预留2 500mm（长度）×2 500mm（宽度）×300mm（深度）的方槽；b.单排板桩嵌岩的承台（承台28号、46号），在板桩桩位处，承台顶层预留L（长度，根据嵌岩桩数量确定）×2 500mm（宽度）×300mm（深度）方槽。

预留槽钢筋处理：顶层钢筋遇孔断开并外伸250mm。在浇筑承台期间，采用墩粗直螺纹套筒连接工艺，将槽内切断的钢筋与相应主筋进行临时连接。嵌岩桩施工前，拆除所有切断的钢筋，所有墩粗丝扣涂裹黄油，并用双层防水薄膜包裹，编号后统一保管。连接套筒保留在承台外伸钢筋上，并用黄油封堵套筒螺栓孔，再用双层防水薄膜和双层230g/m^{2}机织土工布包裹套筒。嵌岩桩施工期间，外伸钢筋上下采用宽300cm木方捆绑牢固，对外伸钢筋和套筒进行有效的保护。嵌岩桩完成后，将切断的钢筋与外伸钢筋采用套筒进行连接，然后浇筑预留槽混凝土。

承台结构处理详见图6.9-54和图6.9-55。

②双排桩及三排桩嵌岩孔洞的预留

承台（承台29号、30号、31号、32号、43号、47号、48号）+6.6～+7.6m孔洞的预留：钢护筒施打后，采用ϕ1 900mm×16mm的钢护筒将所有嵌岩桩钢护筒从+6.6m接高至+7.6m。现浇承台先浇筑至两侧的牛腿高度，嵌岩桩完成后再浇至+7.9m。为保证嵌岩桩施工期间承台结构安全，承台钢筋配置作适当修改，在牛腿高度增配顶层双向钢筋。

承台结构处理详见图6.9-56。

5.钻机作业平台的铺设和安全维护

双排桩及三排桩嵌岩的承台上均留有较多的嵌岩桩孔洞（ϕ1 900mm）。嵌岩施工期间，每个施工点均有吊车配合作业。因承台总宽度仅13m，钻机就位后，吊车通道十分狭小，同时预留孔洞给吊车行走和支腿支撑带来很大的安全隐患。板桩嵌岩施工时，吊车支腿甚至难以完全打开。为此，双排桩及三排桩嵌岩的承台上需铺设由型钢和钢板组合而成的作业平台，承台海侧和岸侧焊接钢栏杆维护。根据承台数量，计划投入4个承台的钻机作业平台，并周转使用。钻机作业平台结构见图6.9-57。

单排桩嵌岩时，每台钻机下方铺设4 000mm×300mm×300mm的枕木作钻机作业平台。钻机作业区和吊车行走区域、未嵌岩的预留孔洞上覆盖型钢盖板，现场备20只钢盖板。其他孔洞覆盖的为2 500mm×2 500mm×70mm木板。

6.直桩嵌岩施工工艺

(1)钻机选择及性能

根据嵌岩直径、深度、工程量和施工进度要求，本工程直桩拟选用15台（3台备用）JKL—8型冲击钻机冲击嵌岩成孔。JKL—8型冲击钻机主要性能参数见表6.9-35。

JKL—8型钻机主要性能参数表　　表6.9-35

性能名称	单位	参数	备注
钻孔直径	mm	ϕ600～2 000	
冲击频率	击/min	30～45	
冲击行程	m/击	0.5～1.5	
最大提升能力	kN	80	
循环方式	/	正循环	3PN泥浆泵送浆循环
总功率	kW	90	配120kW发电机
整机尺寸	m	7.9×2.4×6.5	长×宽×高
整机质量	kg	12 500	不含钻具质量
钻头质量	kg	7 500	

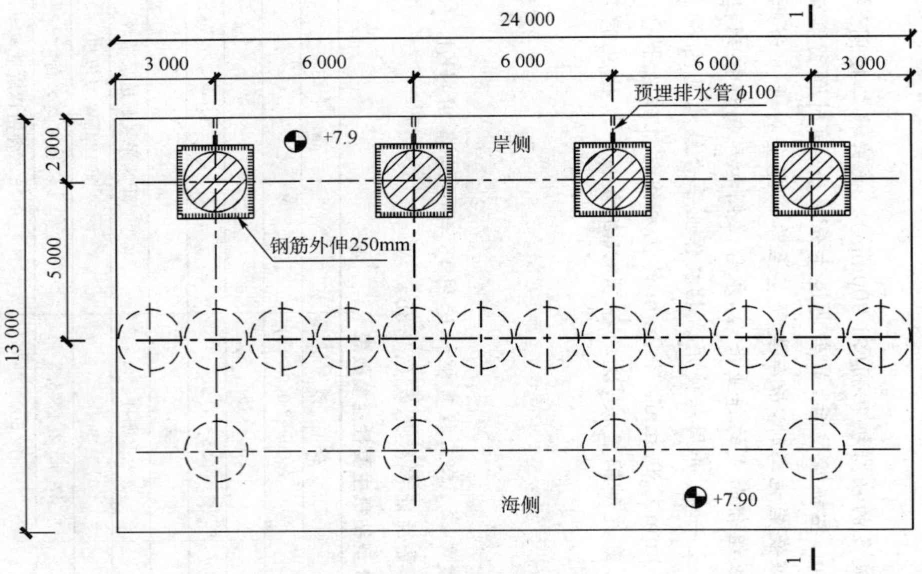

嵌岩桩承台平孔平面图

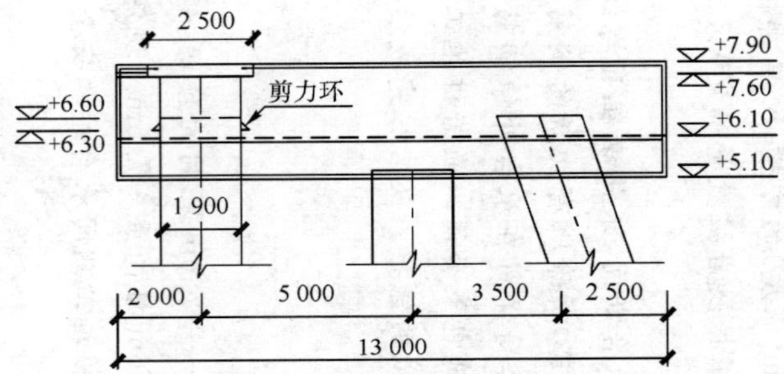

嵌岩桩承台开孔断面图

1－1

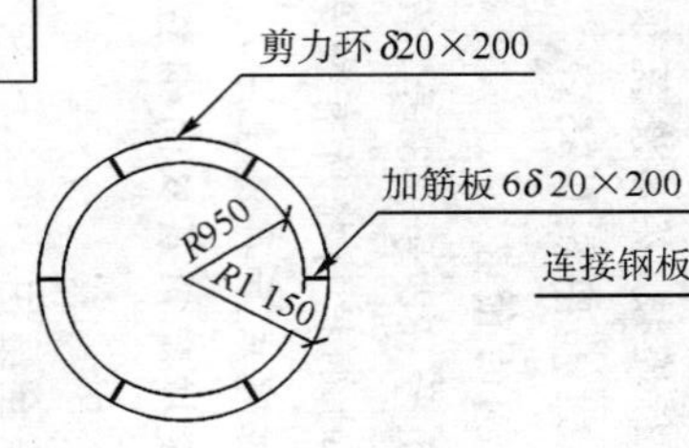

剪力环详图

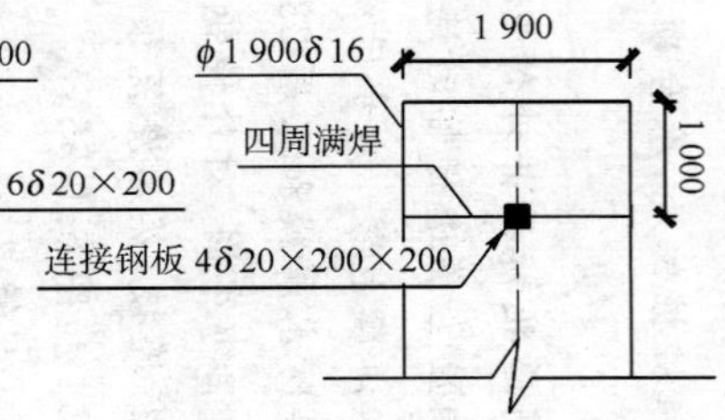

钢套筒接桩图

说明：

1. 图中尺寸以 mm 计，高程以 m 计。
2. 嵌岩桩开孔尺寸为桩边向外放大300mm，顶层切断钢筋外伸 250mm，承台第二次混凝土浇筑前孔口切断钢筋用镦粗螺纹连接。
3. 嵌岩桩施工前拆除孔口切断钢筋，外伸钢筋镦粗螺纹用塑料套管保护。
4. 嵌岩桩施工完毕用套筒连接已镦粗好的顶层切断钢筋。
5. 本图适用于 25 号、33 号、44 号承台，26 号承台开孔可参照此图施工。
6. 本图开孔位置仅为设计位置，现场施工时可根据实际桩位进行调整。
7. 所有钢板材质均为 Q235，焊接采用双面焊，焊缝高度不小于 16mm。

图 6.9-54　支承桩嵌岩承台开孔图

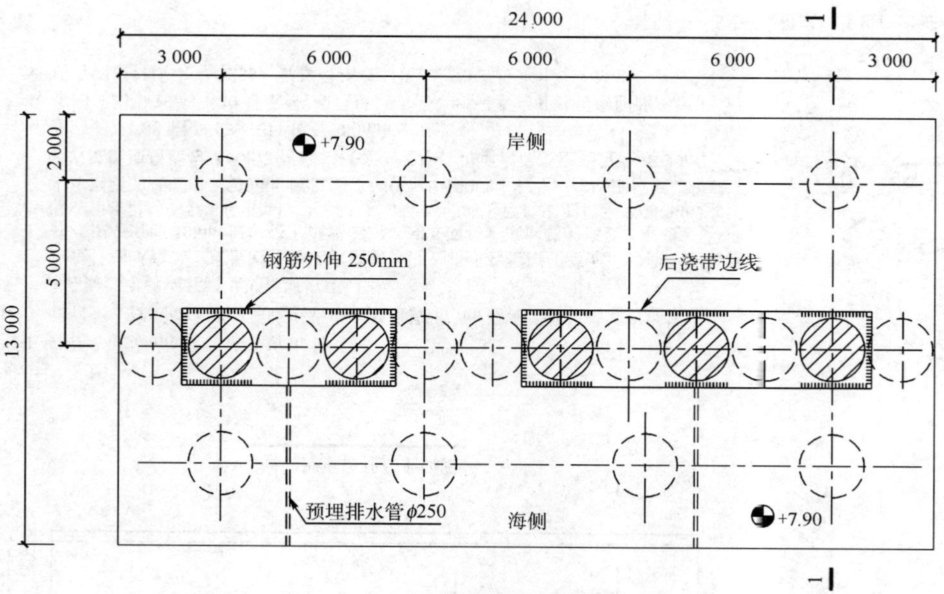

嵌岩桩承台开孔平面图

说明：

1. 图中尺寸以 mm 计，高程以 m 计。
2. 后浇带尺寸为桩边向外放大 300mm，顶层切断筋外伸 250mm，后浇带内非嵌岩桩处承台顶层横向钢筋不得断开，承台第二次混凝土浇筑前孔口切断钢筋用镦粗螺纹连接。
3. 第二次混凝土浇筑后拆除孔口切断钢筋进行嵌岩桩施工，外伸钢筋镦粗螺纹用塑料套管保护，拆除的纵向钢筋置于后浇带内并予以保护。
4. 嵌岩桩施工完毕用套筒连接已镦粗好的顶层切断钢筋。
5. 本图适用于 46 号承台，28 号承台板桩墙顶后浇带中间部分可以贯通。
6. 本图开孔位置仅为设计位置，现场施工时可根据实际桩位进行调整。
7. 所有钢板材质均为 Q235，焊接采用双面焊，焊缝高度不小于 16mm。

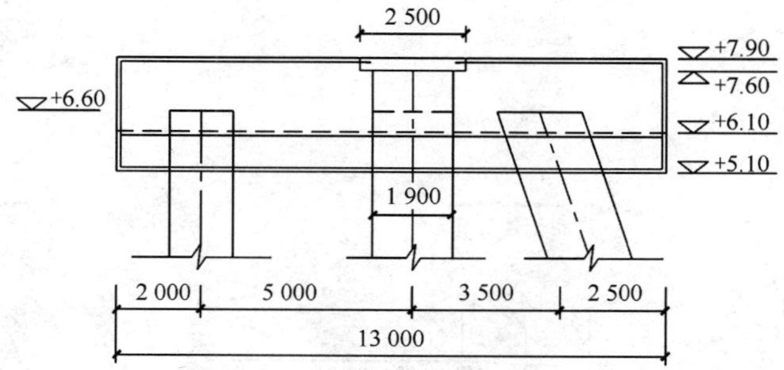

嵌岩桩承台开孔断面图

1——1

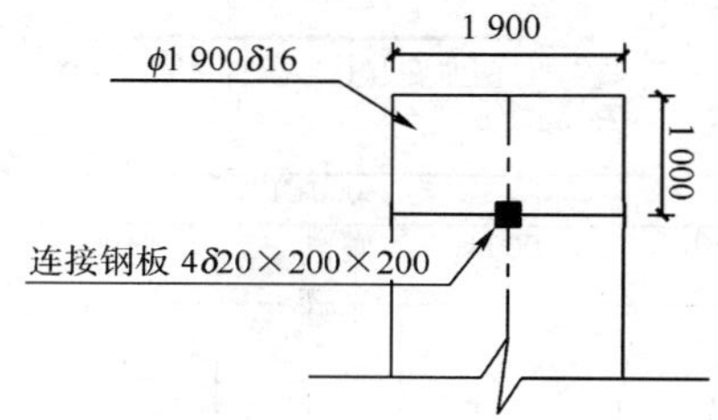

钢套筒接桩图

图 6.9-55　板桩嵌岩承台开孔图

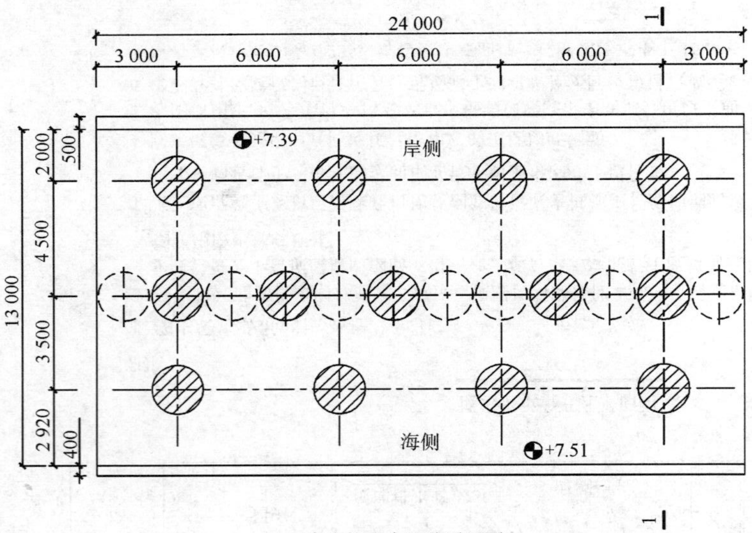

嵌岩桩承台开孔平面图

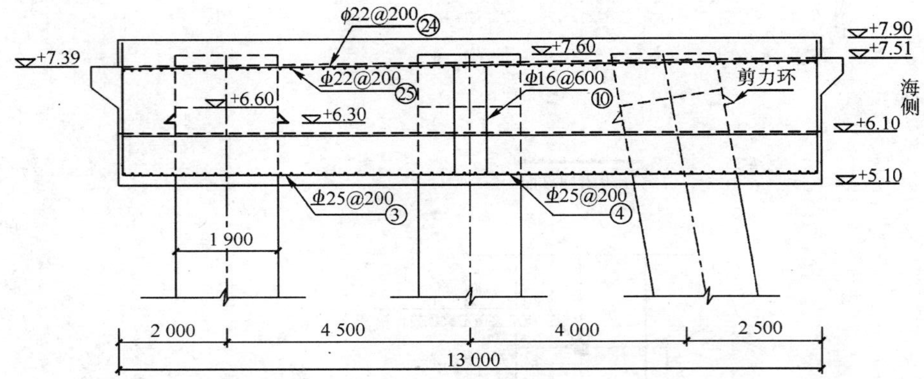

嵌岩桩承台开孔断面图

1—1

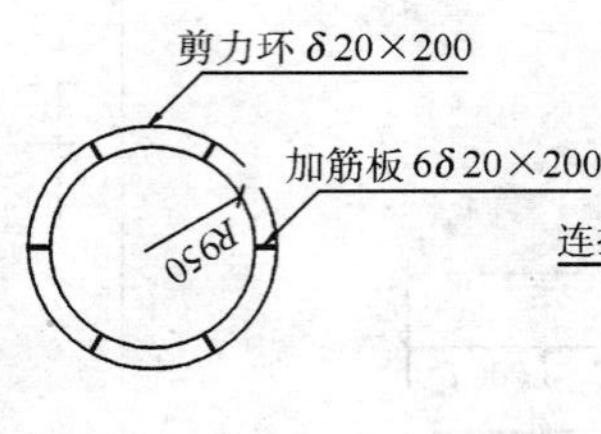

剪力环详图

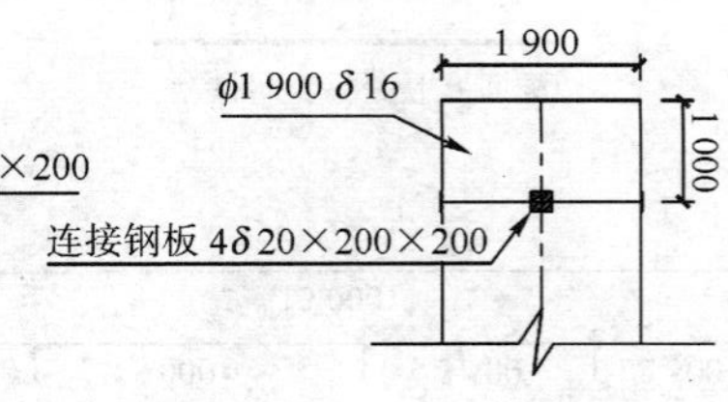

钢套筒接桩图

说明：

1. 图中尺寸以 mm计，高程以m 计。
2. 承台第一次混凝土浇筑后将嵌岩桩钢套筒按 +7.6m 高程等材质、等直径接高，并在海、岸侧钢套筒上设置剪力环。
3. 原设计中承台第二次混凝土分两次浇筑，即先将承台混凝土至海、岸侧牛腿高程，并在该浇筑面 50mm 保护层下设置 N24、N25 钢筋，该钢筋的形式、长度、规格和数量与 N5、N6 相同，并将 N3、N4 钢筋的上弯长度加长至 2 540mm，N10 钢筋的高度由 2 540mm 降低为 2 040 ～ 2 160mm 不等；然后进行嵌岩桩施工，嵌岩桩桩顶高程为 7.60m；待嵌岩桩施工完毕，将承台混凝土浇筑至 +7.90m，承台 N7、N8 钢筋下弯长度减至 300mm。
4. 本图适用于 29 号、30 号承台，31 号、32 号、43 号承台开孔可参照此图施工。
5. 所有钢板材质均为 Q235，焊接采用双面焊，焊缝高度不小于 16mm。

图 6.9-56　三排桩或二排桩嵌岩桩承台处理图

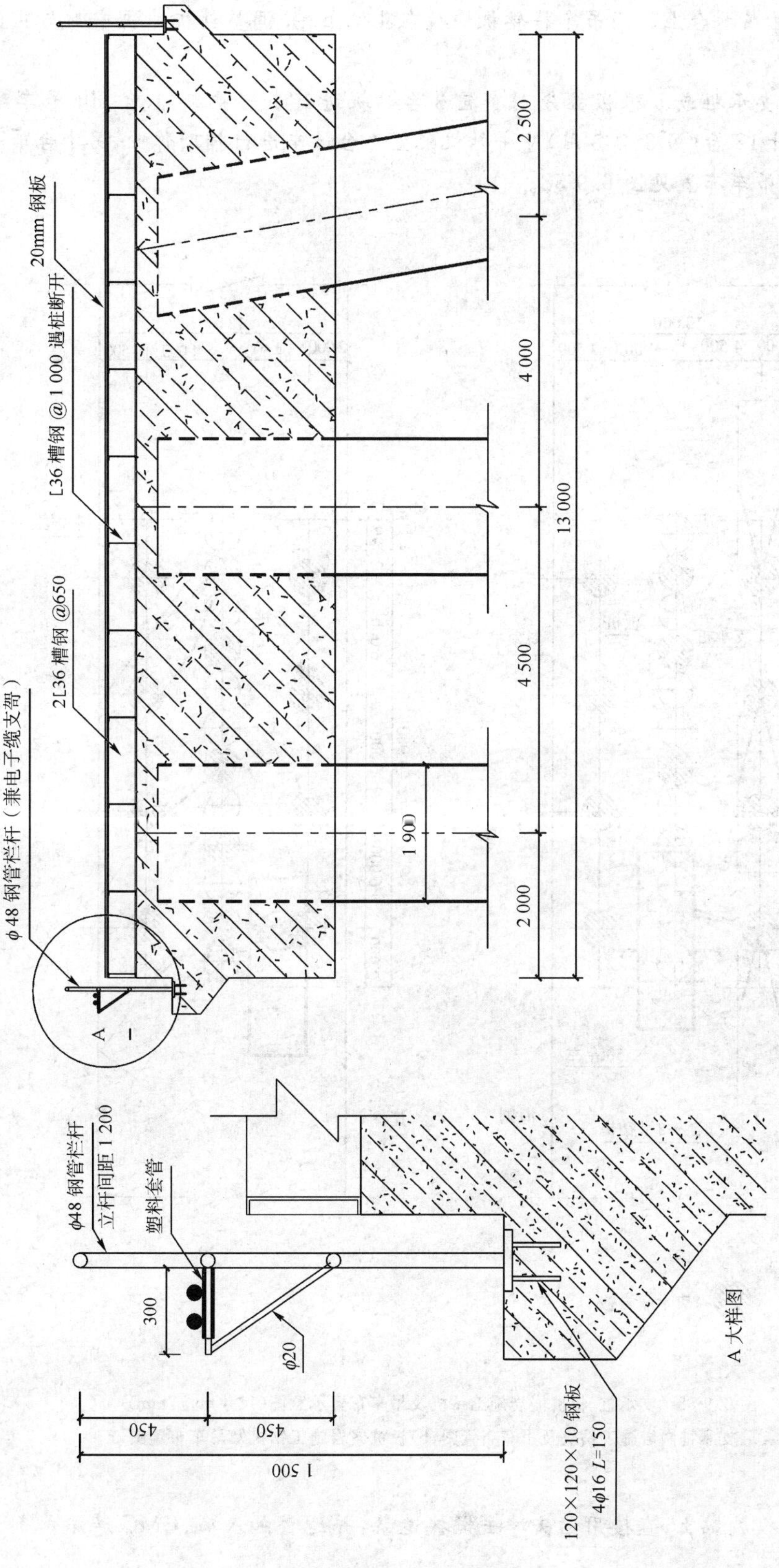

图6.9-57 钻机作业平台图（尺寸单位：mm）

注：钻机作业平台按 4 个承台周转

(2)钻机安放及布置

用起重船将钻机、钻头、配件以及吊车等分批起吊至2 000t方驳上运输到现场，再用起重船将钻机、钻头及吊车等放置在承台上。用吊车将钻机安放在孔位上，并调整钻机冲击中心与孔位中心保持一致。

每个承台由4根支承桩或5根板桩分别布置3台钻机进行嵌岩施工，1台50t吊车配合起吊钻头、钻机就位等。总计12台(另3台备用)冲击钻机配置4台吊车进行辅助作业，另1台吊车配合桩基混凝土浇筑。钻机和吊车布置见图6.9-58。

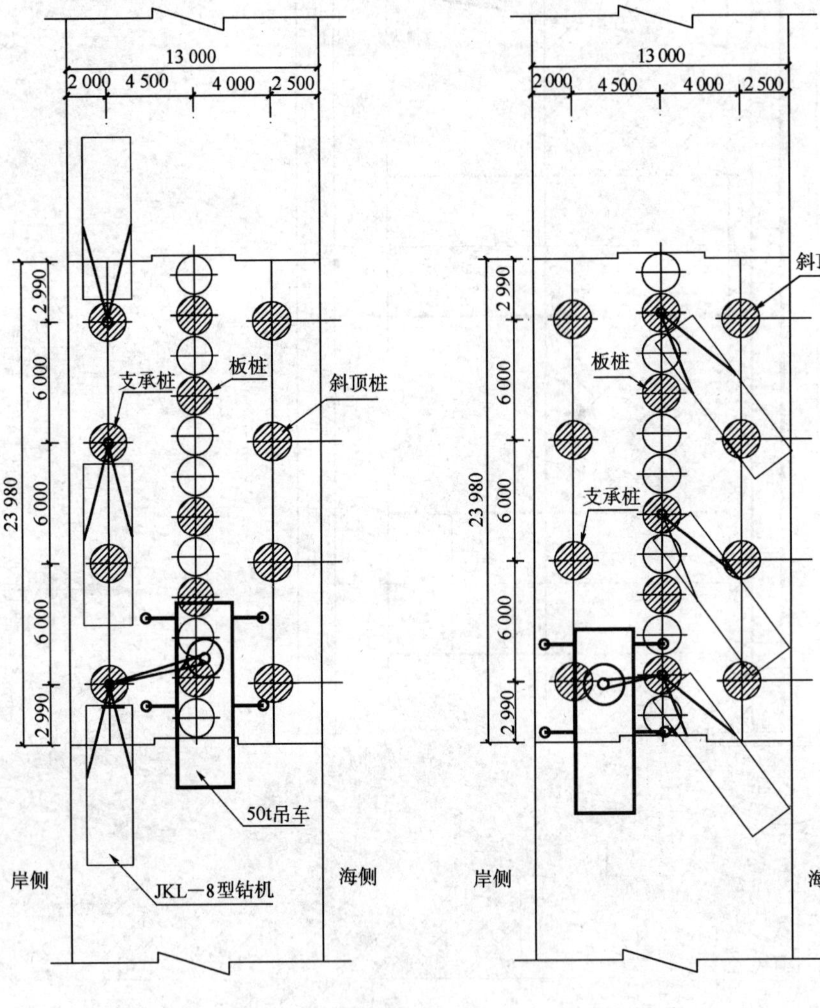

图6.9-58 支承桩、板桩嵌岩施工钻机及吊车布置示意图(尺寸单位:mm)

a)支承桩嵌岩施工钻机及吊车布置图;b)板桩嵌岩施工钻机及吊车布置图

(3)钻进成孔

① 造浆:向孔内投放黏土，直接用钻头冲击搅拌造浆，并适量加入碱、CMC等添加剂。泥浆有关性能指标见表6.9-36。

钻孔泥浆性能指标表　　表 6.9-36

主要性能指标＼地层名称	钢 护 筒 内	钢护筒底部以下
相对密度	1.1～1.3	1.2～1.5
黏度(Pa·s)	16～25	20～30
含砂率(%)	/	≤4
胶体率(%)	/	≥95
失水量(mL/min)	/	≤20
泥皮厚度(mm/30min)	/	≤3
静切力(Pa)	/	1.0～2.5
酸碱度(pH 值)	/	8～10

②冲击成孔：根据不同的土层设置不同的冲击行程，在土层中成孔时采用高频率、短行程冲击，冲击行程为 0.6～0.8m/击；在岩石中成孔时采用低频率、高行程冲击，冲击行程为 1.0～1.2m/击。

③泥浆循环和排渣：钻进过程中，采用正循环工艺进行泥浆循环和排渣。泥浆通过专用泥浆池进行沉淀后循环使用。沉淀后的废渣采用运输船弃运到业主指定海域或海事部门认可的海域。

7. 斜桩嵌岩施工工艺

(1)钻机布置

相应承台完成后，每段承台布置 2 台 XZ—30 型钻机和 1 台吊车配合施工。钻机纵轴线沿相应斜顶桩钢护筒扭角方向布置，钻机倾斜角度需根据钢护筒实际倾斜度进行调整，保证钻杆轴线与钢护筒轴线一致，动力头滑道中心线应与钢护筒中心线平行。钻机和吊车布置见图 6.9-59。

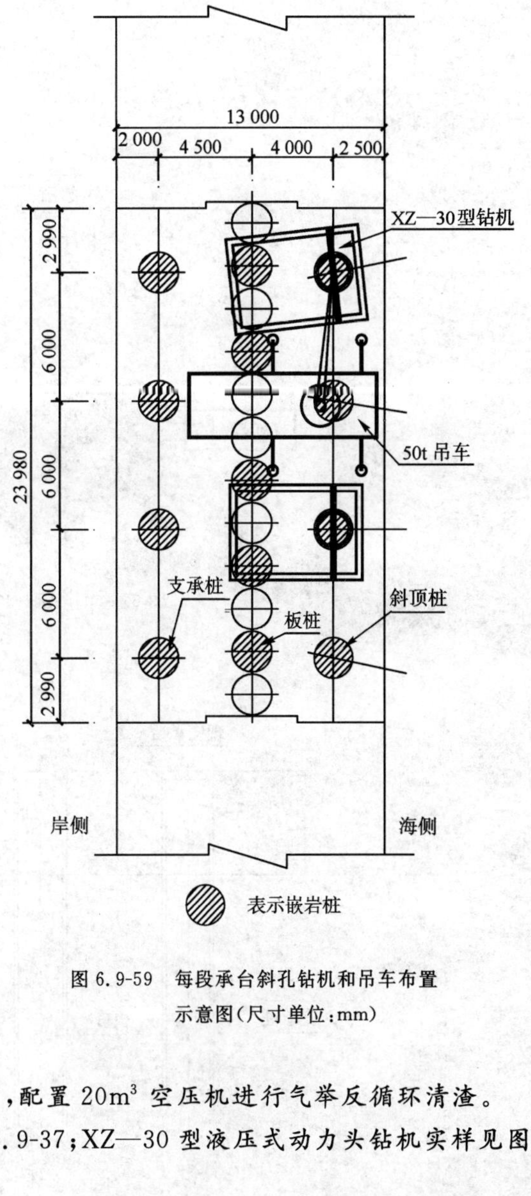

图 6.9-59　每段承台斜孔钻机和吊车布置示意图(尺寸单位:mm)

XZ—30 型钻机无行走系统，且钻机质量为 35.5t。同时，吊车需垂直于码头前沿线方向布置，由于承台宽度仅 13m，吊车无法在承台上调头转弯。因此，斜孔钻机就位、平移及吊车就位等均通过起重船辅助起吊安放。

(2)钻机性能参数

根据岩石强度、斜桩嵌岩直径(ϕ1 500mm)、嵌岩深度等参数以及进度要求，本工程斜顶桩嵌岩拟选用 4 台 XZ—30 型液压式动力头回旋钻机。该型钻机配置了液压动力电控自动平衡系统，根据不同地质条件可设定为恒压钻进或恒速钻进。钻机工作时，配置 $20m^3$ 空压机进行气举反循环清渣。

XZ—30 型液压式动力头钻机主要性能参数见表 6.9-37；XZ—30 型液压式动力头钻机实样见图 6.9-60；斜桩嵌岩工作原理见图 6.9-61。

XZ—30 型液压式动力头回旋钻机主要性能参数表　　表 6.9-37

性能名称	单位	规格	备注
钻孔直径	mm	φ800～3 000	
最大钻孔深度	m	150	
动力头钻头扭矩	kN·m	180	
钻速	rad/min	0～25	
最大提升能力	kN	500	
最大加压能力	kN	300	
液压杆行程	m	3.5	
动力头倾角	°	0～20	
排渣循环方式	/	气举反循环	
总功率	kW	250	配 250kW 发电机
整机尺寸	m	7.5×4.5×6	长×宽×高
整机质量	kg	35 500	不含钻杆、钻头等

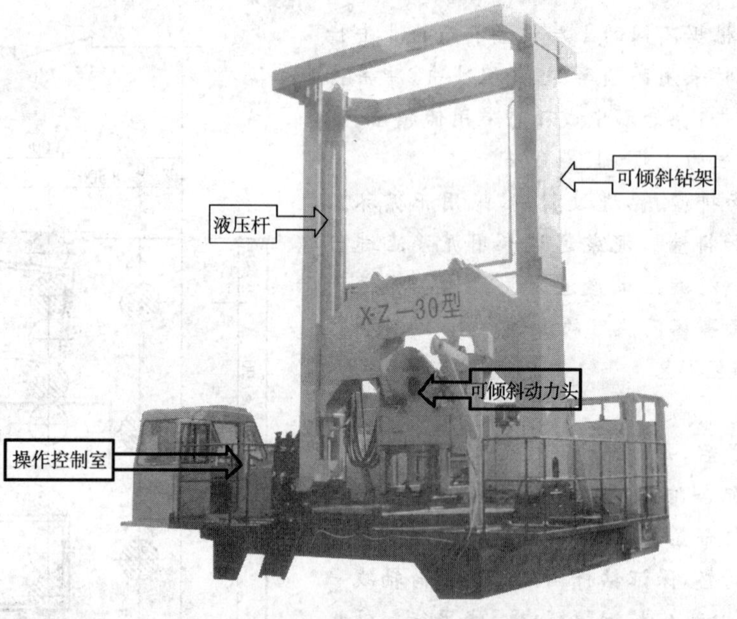

图 6.9-60　XZ—30 型液压式动力头回旋钻机实图

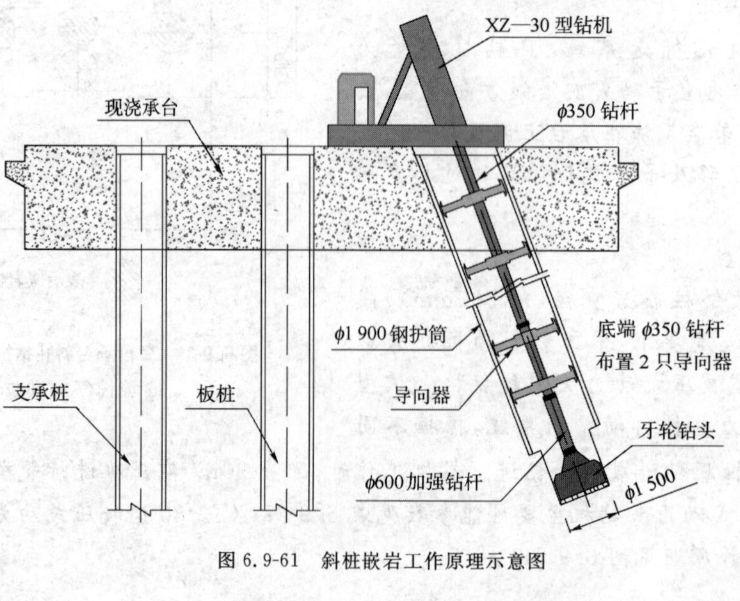

图 6.9-61　斜桩嵌岩工作原理示意图

(3)嵌岩钻头

根据地质条件、钢护筒直径(ϕ1 900mm)和斜桩嵌岩直径(ϕ1 500mm),本工程拟配置ϕ1 850mm 锥形刮刀钻头和ϕ1 500mm 楔齿形滚刀钻头(即牙轮钻)。ϕ1 850mm 锥形刮刀钻头用于ϕ1 900mm 钢护筒内土层中钻进,ϕ1 500mm 楔齿形滚刀钻头用于岩基中钻进。楔齿形滚刀钻头采用斜桩嵌岩特制钻头,钻头质量 3.5t。在泥浆环境中,钻头处于自由状态时基本无垂直合力,可有效避免桩孔产生偏心。

(4)钻杆配置

在岩基中嵌岩钻进时,钻机通过钻杆对钻头施加液压动力。为防止钻杆在液压动力作用下产生弯曲变形,钻杆需采用特制的加强型钻杆。钢护筒内每根钻杆规格为ϕ350mm×16mm 无缝钢管,每节钻杆长度为 3m。位于岩层桩孔内的底部钻杆不能设置导向器,仅依靠钻杆进行导向。因此,底部的钻杆需采用刚度更大的加强型钻杆,钻杆规格为ϕ600mm×20mm 无缝钢管。根据桩基嵌入强风化岩层和中等微风化岩层的深度,钻杆长度为 6m 或 9m(最大长度)。

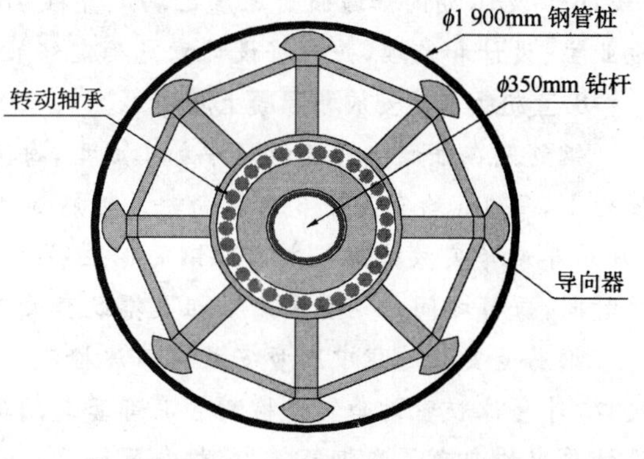

图 6.9-62　钻杆导向器结构示意图

(5)钻进导向

为保证钻进嵌岩轴线与钢护筒轴线保持一致,防止钻杆受压后弯曲变形,钻头上部一根ϕ350mm 钻杆上安装了两个导向器,其他部位每 3 根钻杆设置一个导向器,每个导向器质量约 3.5t。导向器与钻杆之间采用轴承连接,使钻杆能随动力头旋转。钻进时,导向器随钻杆在钢管桩内壁向下滑动,最底层导向器不越出钢护筒底部。导向器结构见图 6.9-62。

同时,钻头为特制斜桩专用钻头,泥浆环境中钻头基本无垂直合力。岩层中钻进成孔时,主要依靠底层双导向器和高刚度的ϕ600mm×20mm 钻杆进行导向。

钢护筒外最大嵌岩深度:ϕ600mm 钻杆最大长度为 9m,钻头高度 1.2m,钻头合计伸出钢护筒长度为 10.2m,垂直深度为 10m,即钢护筒外最大嵌岩深度为 10m。

(6) 钻进成孔

钻孔泥浆采用与直桩相同的泥浆,泥浆性能指标见表 6.9-38。

本工程嵌岩桩桩位处均不同程度地存在软土覆盖层。在钢护筒内土层中钻进时,采用锥形刮刀钻头钻进,液压动力可根据土层性质等通过液压动力自动电控平衡系统进行自动调整。钻进时,将液压动力设置为恒速钻进,即为固定行程速度钻进。

进入岩层后,钻头更换为楔齿形滚刀钻头,此时将液压动力设置为恒压钻进,即采用固定的液压力钻进。根据本工程岩基单轴抗压强度,液压动力(钻压 P)可设置为 250kN(见以下计算公式)。随着岩层深度的变化,岩石强度逐步加大,钻进进尺将相应逐步缓慢,液压动力自动电控平衡系统可自动调节液压缸的功率,保持钻机动力头施加在钻杆上的动力为恒压动力,防止钻杆变形。

①液压动力(钻压)

$$P = qfb$$

式中:q——比压,根据地质报告,查得 $q=3\sim3.5$ kN/cm;

f——钻头刀具布置的重合系数,$f=1.1$;

b——半径方向的破岩带宽度,$b=75$cm。

计算得 $P=248\sim289$kN,取 $P=250$kN。

②转速 n

根据施工经验,在中等风化岩中钻孔时,转速 $n=9\sim12$ 转/min 较为合适。

(7)清渣工艺

本工程斜桩嵌岩主要在钢护筒内和岩基中钻进成孔,孔壁较为稳定。因此,采用排渣效率较高的气举反循环工艺排渣。每台钻机配备排气量为20m^3 的空压机,同时采用ϕ150mm×6mm加厚型无缝钢管将空气送到孔底,工作风压为0.5~0.6MPa,供风量Q为300~400m^3/h。

(8)岩面及终孔判断

本工程直桩嵌岩深度为进入中等微风化岩内4m;斜桩嵌岩深度为进入中等微风化岩内2m。钻进时结合地质资料,通过捞取的岩样和钻进速率的变化,判断是否进入了中等微风化岩。一般情况下,直桩钻进中等风化岩4m后及斜桩钻进中等风化岩2m后,可终孔停钻。

局部覆盖层较薄、岩盘面较高的区域,钢护筒打入较浅的桩基,设计要求嵌岩桩底高程不应高于−31m。施工期间如遇嵌岩深度已满足直桩4m、斜桩2m的要求,但底高程高于−31m时,应及时汇报业主、设计和监理,并根据设计意见确定终孔深度。

8.直桩钢筋笼安放和混凝土灌注

钢筋笼在陆域生产场地集中加工成型,每节钢筋笼长度9m,同时根据桩长进行调整,在钢筋笼加强箍上,每3m均布设置6只导向轮。钢筋制作后,分批采用120t运输船倒运到相应承台附近,再用50t吊车起吊安放就位。本工程钢筋笼主筋规格较大、数量较多,为保证钢筋接头质量和减少钢筋连接时间,每节之间的钢筋采用墩粗直螺纹套管工艺连接,同一断面接头数量不得大于50%。

钢筋笼安放过程中同步安放超声波检测管。超声波检测管采用定型产品,其连接方式为承插式接口,外套橡胶密封套管。检测管底部套封闭堵头,用以防止泥浆或混凝土进入管内。3根检测管按设计要求均匀布置在钢筋笼内侧,每间隔2m用16号铁丝将检测管绑扎固定在钢筋笼主筋上,在安放过程中及时向检测管内灌注淡水,防止检测管在浮力作用下上浮。

钢筋笼安放就位后,采用6根ϕ25mm钢筋将钢筋笼均匀分布焊接在钢护筒顶端,防止灌注混凝土时发生上浮现象。

混凝土导管安放及二次清孔:混凝土导管规格为ϕ300mm、δ6mm,每节长度为3 000mm。安放导管前需进行导管连接部位的水密性试验($P\geqslant 0.75$MPa),保证混凝土在下料过程中不产生渗漏或离析。导管全部安放后,采用气举反循环或泵吸反循环进行二次清孔,当沉渣厚度小于50mm、泥浆含砂率≤4%、泥浆密度达到1.05~1.1kg/m^3 时,拆除排渣系统,立即进行混凝土灌注。

混凝土拌制和灌注:混凝土配置时,其水泥用量不仅需满足设计强度要求,同时必须符合规范规定的370kg/m^3 最低水泥用量等要求。坍落度设计为20cm±2cm。混凝土中掺入高效减水和缓凝型外加剂,保证每根桩混凝土在灌注完成前混凝土不产生初凝。本工程属于孤岛式作业,混凝土采用三航混凝土15号搅拌船拌制和供给,灌注时采用50t吊车辅助作业。首灌混凝土必须满足导管埋深2~6m要求。首灌混凝土方量计算如下。

$$V \geqslant \frac{\pi D^2}{4}(H_1 + H_2) + \frac{\pi d^2}{4}h_w \tag{6.9-10}$$

式中:V—— 混凝土首灌量(m^3);

D——桩孔直径,ϕ1.6m;

H_1——导管底口与孔底间距,0.4m;

H_2——导管初次埋深,2m;

d——导管内径,ϕ300mm;

$$h_w = \frac{H_w \times \gamma_w}{\gamma_c} \tag{6.9-11}$$

H_w——孔内泥浆深度,按50m计算;

γ_w——泥浆密度,1.1kg/cm^3;

γ_c——混凝土密度，2.4kg/cm³。

根据计算首灌混凝土不小于6.5m³，拟采用8m³储料斗灌注首灌混凝土。每次导管上拔时，必须测量孔内混凝土高程，保持导管底端低于混凝土面2～6m，严禁发生超拔现象。

9.斜桩钢筋笼安放和混凝土灌注

斜桩孔底沉渣二次清孔、钢筋笼制作和运输以及混凝土拌制等工艺均与直桩相关工艺相同。但钢筋笼安放、混凝土导管的安装和上拔等，在吊车配合下需通过斜桩专用起重支架完成，其作业原理见图6.9-63。

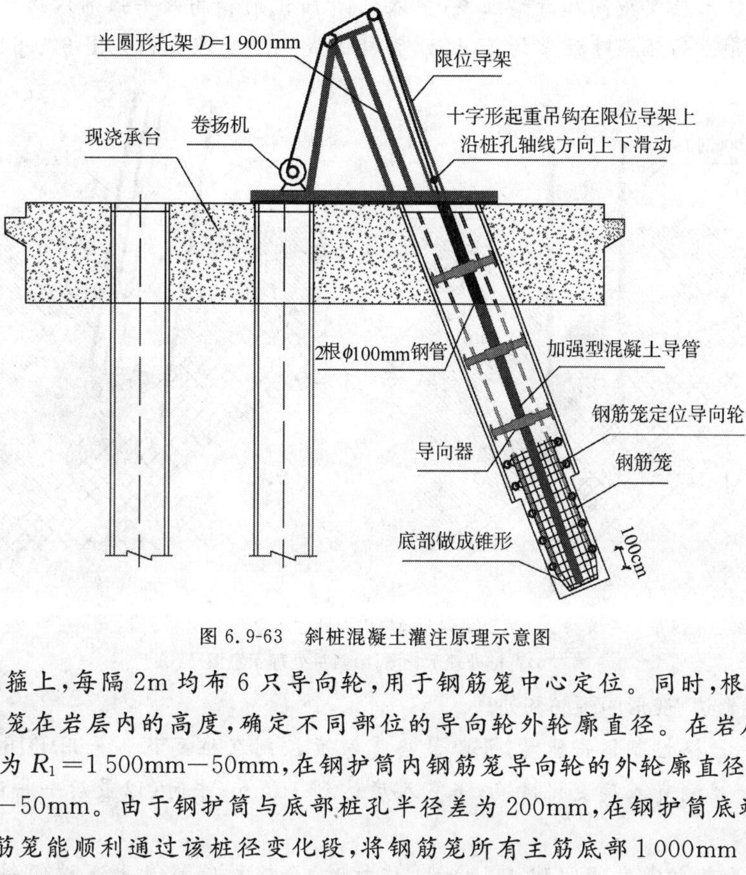

图6.9-63　斜桩混凝土灌注原理示意图

在钢筋笼加强箍上，每隔2m均布6只导向轮，用于钢筋笼中心定位。同时，根据嵌岩深度和钢护筒底高程计算钢筋笼在岩层内的高度，确定不同部位的导向轮外轮廓直径。在岩层桩孔内钢筋笼导向轮的外轮廓直径为R_1=1 500mm−50mm，在钢护筒内钢筋笼导向轮的外轮廓直径为R_2=1 900mm−40mm(钢管壁厚)−50mm。由于钢护筒与底部桩孔半径差为200mm，在钢护筒底端存在一个200mm的台阶，为保证钢筋笼能顺利通过该桩径变化段，将钢筋笼所有主筋底部1 000mm长度向内弯折15°，并用加强箍将主筋底端焊接成整体。

钢筋笼在垂直方向定位方法：采用2根ϕ100mm、δ6mm无缝钢管，焊接在钢筋笼内侧，随钢筋笼安放在桩孔内，钢筋笼以上采用螺纹接头接长钢管，当钢筋笼下放到设计高程后，将钢管固定在钢护筒上，以防灌注混凝土时钢筋笼上浮。该钢管兼作超声波检测管。

混凝土导管采用加重型无缝钢管，导管规格为ϕ300mm、δ10mm，每根长度3 000mm。为保证导管能顺利安放，其轴线需与钢护筒(桩孔)轴线基本重合，每三根混凝土导管设置一个导向器，导向器结构与钻杆导向器结构基本相同。

斜桩孔底沉渣检测方法：首先通过钻杆和钻头累计长度、桩身倾斜度，推算出孔底终孔高程H_1。采用高度为80cm的测锤和专用测绳，在混凝土导管内滑落至孔底，根据测绳、测锤长度和倾斜度推算沉渣顶面高程H_2。当沉渣厚度$=H_1-H_2\leqslant 5$cm，以及泥浆含砂量、泥浆密度等指标符合规范要求后，拆除排渣系统，立即灌注混凝土。

混凝土灌注时，首灌混凝土必须符合埋深要求。混凝土导管上拔前，必须测量桩孔内混凝土顶面高程并核对导管底端高程，保证导管上拔后埋深不小于2m。对于斜桩混凝土面的测量，采用圆形混凝土球作测锤以便于测锤在钢护筒内下滑，同时其密度接近灌注的混凝土，测锤不会被埋入混凝土内，能比较准确地测量出混凝土顶面高程。

10. 倾斜岩面的处理

如遇到桩轴线垂直面与岩面倾斜、倾斜角度在10°～30°时，直桩的情况可反复抛填块石、冲击嵌岩见图6.9-64a)。斜桩在岩面上浇筑C30水下混凝土(掺入早强剂)，混凝土顶面高出倾斜面最高点3m，待混凝土强度达到20MPa后再钻进成孔，且在岩基倾斜面范围内采用低速钻进成孔。

当斜桩轴线垂直面与岩面倾斜夹角大于30°时，由于土层和岩层强度差异较大，将会发生斃钻或夹钻现象，无法正常钻进成孔，也无法采取浇筑水下混凝土工艺解决钻进问题。如遇此类情况，宜采用高压旋喷钻机对软土层实施高压旋喷注浆(掺入C40固化剂和高效早强剂)，提高土层强度，减小岩层和土层的强度差异。高压旋喷注浆约15d后，再钻进成孔。处理工艺见图6.9-64b)。

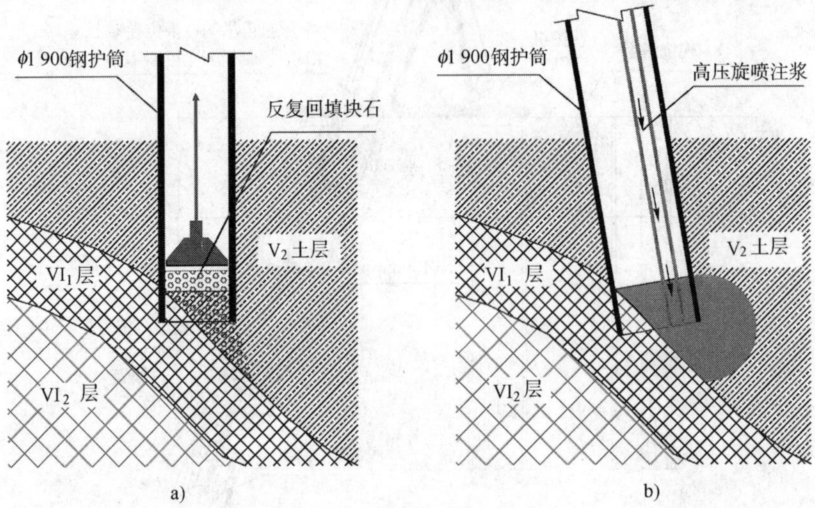

图6.9-64　倾斜岩面处理示意图

a)直桩处理示意图；b)斜桩处理示意图

11. 钢护筒底端卷边、变形的预防和处理

钢护筒施打时，严格控制锤击能量，并以最终贯入度控制沉桩高程。采用D160锤二挡施打钢护筒，测量人员应不断观测贯入度变化情况，当贯入度达到10mm/击时(以最后一击的贯入度为判定标准)，立即停止锤击。

板桩墙钢管桩和钢护筒之间间隙仅10cm。施打时，严格控制桩身上下端倾斜度，防止钢管桩与钢护筒之间发生挤压变形。同时，将与钢护筒相邻的钢管桩施打成约30∶1～40∶1斜度的俯打桩，在桩底处适当加大钢管桩与钢护筒的间隙，尽量避免钢护筒发生挤压变形。

直桩嵌岩过程中如发现钢护筒底部卷边，则采用重型冲击锤反复冲击卷边部位，通过冲击使卷边的钢板断裂，再用磁铁吸捞出钢板块。板桩为密排布置，嵌岩桩钢护筒底部容易与相邻钢管桩发生挤压变形。如底部钢护筒变形后最小直径小于嵌岩直径1.6m，则采用孔规器测量出钢护筒底部变形后的最小直径，及时报告监理、业主和设计单位研究确定解决措施(可通过适当缩小嵌岩桩径、增加嵌岩深度等措施，保证嵌岩锚固效果)。

本工程斜桩钢护筒底部均加设了外加强箍，可有效防止护筒卷边或变形。如意外发生卷边或变形，最小直径小于嵌岩直径1.5m时，亦可通过适当缩小嵌岩桩径、增加嵌岩深度等措施解决。

12. 管涌或穿孔的处理

在钻进过程中，始终保持护筒内水头高于护筒外水面1.5m以上。为便于观察护筒内泥浆，泥浆面可按低于承台顶面30cm左右控制。如泥浆下降迅速时，岩层可能存在管涌点或出现穿孔。此时应立即停止钻进，通过钻杆长度推算出管涌点或穿孔渗漏点。首先向桩孔内投入大量的黏土、膨润土、水泥和CMC(羧甲基纤维素)等材料，采用高性能水泥土泥浆进行封堵。当泥浆封堵无效果时，可采用双液注浆工艺封堵穿孔或渗漏点，注浆液为C40水泥浆和速凝固化剂；水泥浆中掺入表面活性剂和促进剂。处理工艺见图6.9-65。

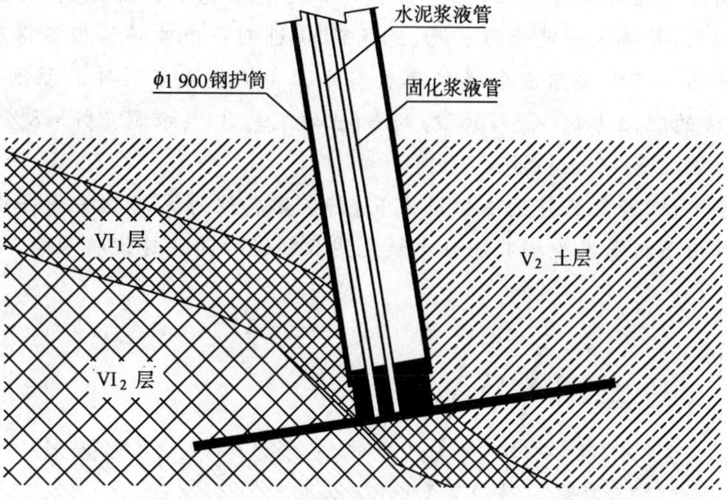

图6.9-65　管涌或穿孔处理示意图

13. 存在的问题

(1)桩基混凝土检测

本工程对直桩嵌岩桩混凝土进行100%超声波检测和3%钻芯取样检测，对超声波检测有疑问的桩则加用钻芯取样进行复核检测。

对斜桩利用固定钢筋笼的ϕ100mm、δ6mm钢管，进行100%超声波检测管。但斜桩钻芯取样的成功率较低，极易出现偏钻甚至钻出钢护筒或桩孔外侧。因此建议一般情况下，斜桩不做取芯检测。

(2)承台46号、47号、48号桩基沉桩稳定

在码头区域炸礁和局部清礁后，承台46号、47号、48号桩位处软土覆盖层可能发生坍方或被冲刷，覆盖层厚度达不到稳桩要求。在施打承台46号、47号、48号钢管桩或钢护筒前，需重新详细测量该区域的水下地形，如覆盖层厚度小于10m，则在沉桩前抛填袋装碎石至−6.0m，沉桩后立即采用HM500×300型钢将所有桩基焊接加固稳定见图6.9-66。

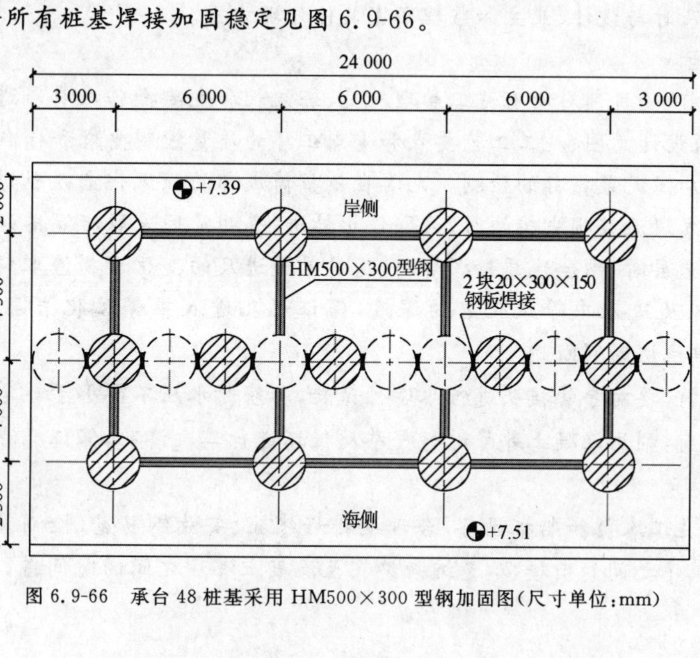

图6.9-66　承台48桩基采用HM500×300型钢加固图(尺寸单位:mm)

(3)承台46号、47号、48号桩基嵌岩问题

承台46号、47号、48号局部区域已炸礁至－21m。该区域内岩盘面较高一般在－14.5～－19.5m左右，钢护筒可能难以打穿已爆破的岩层，钢护筒底部将存在一定深度的破碎岩石，部分桩基嵌岩较为困难。直桩可采用冲击钻机钻进成孔，但造浆材料和泥浆性能参数需作调整。造浆泥浆的主要材料黏土应更换为膨润土，并掺入一定量的水泥、速凝剂、促进剂等使破碎的岩石得到渗透固结，防止出现坍孔和泥浆大量渗漏。其泥浆组成和性能参数与水工Ⅰ标段抛石区冲孔桩所使用的泥浆基本相同，即水泥黏土类浆液的配比为60%～70%膨润土(土块)、约30%水泥、3%～8%速凝剂和3‰～5‰促进剂，再加小块石(粒径5～10cm)投入孔内。

在破碎的岩石层中，回旋钻头将无法钻进成孔，需采用其他形式的钻头冲击成孔，但斜孔中岩石在重力和冲击震动作用下极易发生塌孔埋钻事故见图6.9-67。为此建议将承台47号、48号斜桩修改为直桩。

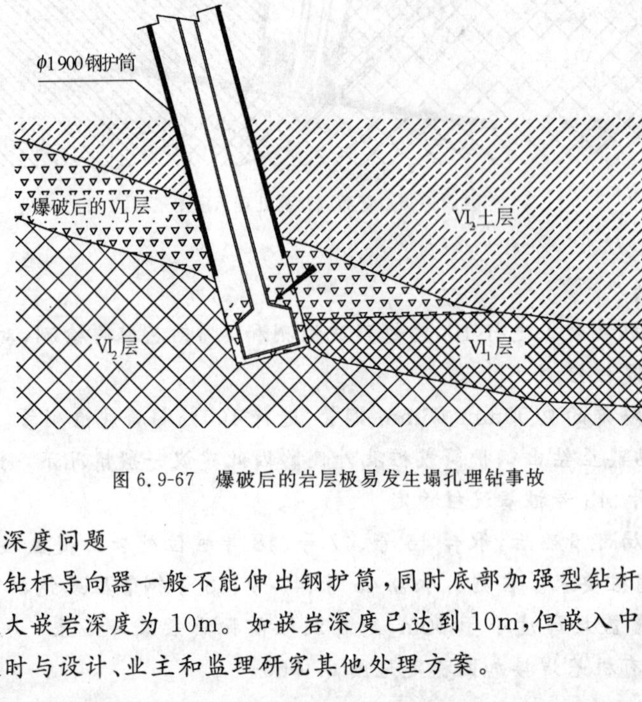

图6.9-67　爆破后的岩层极易发生塌孔埋钻事故

(4)斜桩桩基嵌岩深度问题

由于斜桩嵌岩时，钻杆导向器一般不能伸出钢护筒，同时底部加强型钻杆最大长度为9m，加上钻头高度后，钢护筒外最大嵌岩深度为10m。如嵌岩深度已达到10m，但嵌入中等微风化岩的深度不能满足设计要求时，需及时与设计、业主和监理研究其他处理方案。

14.质量保证措施

(1)嵌岩桩施工前，项目部对所有施工管理人员、班组长和主要操作人员等进行详细的技术交底，使参建人员充分理解设计意图、施工工艺要点和重点工序的质量控制要求和标准。

(2)嵌岩过程中加强泥浆指标的检测。尤其在钢护筒底部的强风化岩层钻进时，需密切观察孔内泥浆高程变化情况，发现泥浆损失较快时，立即停止钻进，查明原因采取堵漏措施后，方可继续钻进。

(3)钻进成孔至岩层时，结合地质勘探资料，通过钻进进尺的变化和捞渣取样分析，判断强风化岩层顶面和底面高程以及进入中等风化岩的深度，保证桩孔进入中等风化岩层深度满足设计要求。(注：岩样可请勘察单位协助判断。)

(4)混凝土灌注前，要对导管接头进行水密性试验，其密封水压不得小于0.75MPa。

(5)混凝土灌注前，利用混凝土导管进行气举反循环进行二次清孔，保证沉渣厚度小于5cm后，方可灌注混凝土。

(6)组织好相关施工人员和船机设备，合理安排好终孔、安放钢筋笼(检测管)、安放导管、二次清孔和灌注混凝土等工序之间的衔接，尽量缩短终孔至混凝土灌注之间的时间差，防止桩孔内裸露岩层浸水软化时间过长。

(7)混凝土配置强度必须符合设计要求和规范规定,同时具有良好的和易性。混凝土各种原材料和外加剂必须符合设计要求的规范规定。

(8)灌注混凝土过程中,由专人记录导管上拔的尺寸(高度),专人测量混凝土顶面高程。拔管前,认真核对埋管深度,防止超拔导管,保证桩身混凝土连续灌注。

(9)浇筑混凝土前认真检查和保养搅拌船上的各种机械设备,保证施工时混凝土连续供应。

(10)混凝土灌注至桩顶时,应充分地翻浆,排出夹渣混凝土,保证桩顶混凝土强度。同时,桩顶2m范围内混凝土自重力较小,需采用振动器进行振捣密实。

15. 施工进度计划

直桩嵌岩及浇筑混凝土施工周期一般需10～12d,斜桩嵌岩及浇筑混凝土施工周期一般为13～15d。

16. 船机设备使用计划

拟投入本工程的主要船机设备见表6.9-38。

主要船机设备使用计划表　表6.9-38

序号	船机设备名称	单位	数量	功率或规格型号	备注
1	冲击钻机	台	15	JKL—8型	3台备用
2	冲击钻头	只	15	7.5t	
3	液压式动力头回旋钻机	台	4	XZ—30型	
4	滚刀钻头	只	5	ϕ1 500mm/3t	
5	锥形回旋钻头	只	4	ϕ1 850mm/1.5t	
6	特制钻杆	节	60	ϕ350mm,δ16mm	每节3m
7	特制钻杆	节	8	ϕ600mm,δ20mm	每节6m/9m
8	特制钻杆导向器	只	24	3.5t	
9	特制混凝土导管	节	20	ϕ300mm,δ10mm	每节3m
10	特制混凝土导管导向器	只	6	2.5t	
11	高压旋喷钻机	台	1		备用
12	注浆机	台	1		备用
13	空压机	台	4	$20m^3$	
14	空压机	台	4	$12m^3$	
15	发电机	台	5	250kW	
16	发电机	台	15	120kW	
17	泥浆泵	台	20	3PN	
18	冲击钻头	只	15	65kN	
19	吊车	台	7	50t	
20	起重船	艘	1	三航起重7号/350t	
21	搅拌船	艘	1	$100m^3/h$	
22	港作拖轮	艘	1	1 700kW	
23	甲板驳	艘	1	2 000t	
24	运输船	艘	2	120t	钢筋运输
25	运输船	艘	2	500t	造浆辅助材料
26	交通船	艘	2	80t	
27	泥浆废渣运输船	艘	2	300t	

第十章 特种灌注桩

第一节 概 述

各种灌注桩已在我国大量使用，不仅积累了丰富的设计、施工经验，同时由于我国地域广阔，地质条件复杂、多变，工程结构和要求各异，这也为设计、施工、科研和设备制造等部门提出了更多的研究课题。市场的激烈竞争，使得一些经济、可靠、快速、简便的桩型不断涌现，如扩底灌注桩，多节挤扩桩，钻埋空心桩，桩端后注浆灌注桩，桩端、侧后注浆灌注桩，复合载体夯扩桩、预制打入灌注桩等。特种灌注桩在很大程度上大大地提高了单桩的承载力，从而节省了工程费用，缩短了施工周期，受到了业主和有关方面的好评。

第二节 挤扩灌注桩

多节挤扩桩为异形、变截面灌注桩，根据地质条件在桩身的有关部位挤扩，从而达到提高承载力、减少沉降的目的。其基本原理即为在已钻(冲)好的直孔内，放入专用的挤、扩、钻孔等设备，在预定的高程上挤扩或钻扩成对称分布的扩大支腔或近乎圆锥盘状的扩大腔体，然后放入钢筋笼浇筑混凝土，形成由桩身分支、分承力盘和桩端共同承载的灌注桩。

根据挤扩孔设备的不同，挤扩分支的大小直径、分承力盘的大小亦不相同。在同截面同桩长时，多节挤扩桩单方混凝土的承载力一般均在直孔桩的1.2～2.0倍以上。

目前，国内常用的为四种多节挤扩桩。

一、挤、扩孔灌注桩

钻孔桩成孔后，向孔内放入专用的挤扩、钻扩和清虚土的三联机，通过地面液压站控制油缸及相关的撑压板的收放，可在桩身不同部位扩大空腔。然后，利用油缸推出扩孔刀，旋转三联机形成扩大头空腔，再按常规放入钢筋笼，浇筑混凝土即成多节挤扩孔组合桩。

本机基本上配合长螺旋钻机一同作业。该机最大挤扩直径600mm，挤扩高度200mm，扩孔直径600～1 200mm，一次挤扩6个分支腔体。

建设部建筑机械研究所和北京机械施工公司研制ZKY—100型扩孔器可作为代表机型(简称三联机)。它是由滑轮组、挤扩机械、液压动力钻、回转接头、扩孔刀和钻头等组成，其功能主要有挤扩、钻扩、清虚土三项。

二、挤扩多分支承力盘灌注桩

挤扩多分支承力盘灌注桩(简称多支盘桩)是在钻孔(冲孔)后，向孔内放入专用液压挤扩支盘成型机，通过液压系统控制该机的弓压臂的扩张和收缩，按土层条件和承载力要求在桩身的不同部位挤压出对称分布的扩大支腔或圆盘状的扩大腔，然后放入钢筋笼灌注混凝土，形成由桩端、桩身和分支承力共同受力的桩型。

该桩型可作为高层建筑、一般的工业、民用建筑物的桩基，主要在黏土、粉砂土、砂砾土、强风化岩和残积土中挤扩成支柱。对于上述土层与淤泥质软弱土层交互分层尤为适用。

1.设计原则

根据桩基设计要求结合地质资料，分析是否具备多支盘桩的地质条件，并根据建筑物的承载力设计要求，研究在哪些土层中设置分支。这些分支在桩直孔外侧沿桩径射状进行二维挤压而形成一定宽度、高度和长度的腔体，经灌注混凝土后与桩共同受力。通常，一次挤扩过程为一对分支腔体，二次挤扩过程形成十字形腔体，三次挤扩成米形腔体，四次挤扩形成米形腔体。而多次挤扩（一般八次或以上）则形成一个圆锥盘状腔体，此时称为分承力盘，如图 6.10-1 所示。

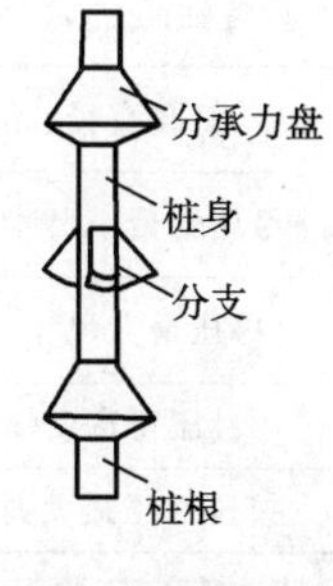

图 6.10-1　支盘桩组成示意图

2.分支或分承力盘设置的原则

(1)分支应设置在可塑的硬塑的黏土、中密的砂土、粉土，底承力盘可设在卵砾石层、强风化或残积土层上。设置土层的厚度宜大于 $2d$ 且其下 $1d$ 深度范围内无软弱下卧层(d 为桩身直径)。分支的设置既可作为竖向承载力的补充，又可增强桩体的刚度，其在桩身上部硬土层中设置还可以增加对水平荷载的抗力。

(2)承力盘设置的土层基本上与分支的设置原则相同，设置承力盘的硬土层厚度宜大于 $3d$，其下 $2d$ 范围内不应有软弱下卧层。

(3)分支与承力盘之间或分承力盘之间的最小间距不宜小于 $2D$，分支之间不宜小于 $1.5D$(D 为分支或承力盘的直径)。

(4)桩根长度宜 $15d$ 左右，若过短，则有可能因清渣不彻底而使沉渣将承力盘堵塞，无法形成混凝土承力盘。

二、DX 多节挤扩灌注桩

DX 多节挤扩灌注桩(简称 DX 桩)是在钻孔(冲孔)后，向孔内放入专用的 DX 挤扩装置，通过地面液压站控制该装置的弓压臂的扩张和收缩，按照承载力的要求和土质条件，在桩身的不同部位挤出 3 个分岔或 $3n$ 岔的扩大岔腔或近似圆锥盘状的扩大腔体，然后放入钢筋笼灌注混凝土，形成桩身、分岔、分承力盘和桩根而组成的桩体。DX 桩的适用范围及分岔和分承力盘的设置原则与本章中挤扩多分支承力盘灌注桩相同，但 DX 挤扩装置还可以与全套管护壁法和沉管灌注桩的成孔工艺配套形成扩底桩。

1.DX 挤扩装置

由贺德新发明的 DX 挤扩装置由机头、连接器、电脑液压站控制系统及车载系统等组成。机头由双单向液压油缸装置，三岔挤扩弓压臂、液压定位装置、液压收装置、压力传感器、角度传感器等装置组成，如图 6.10-2 所示。其主要技术性能见表 6.10-1。

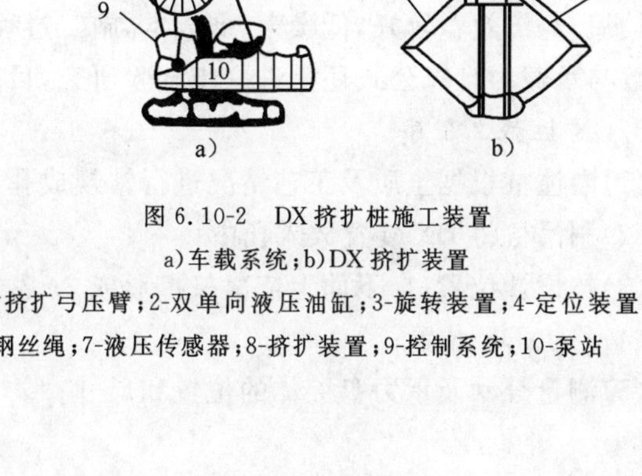

图 6.10-2　DX 挤扩桩施工装置

a)车载系统；b)DX 挤扩装置

1-三岔挤扩弓压臂；2-双单向液压油缸；3-旋转装置；4-定位装置；5-油管；6-钢丝绳；7-液压传感器；8-挤扩装置；9-控制系统；10-泵站

DX 挤扩装置主要技术性能 表 6.10-1

设备性能 \ 型号	98-400 型	98-600 型
桩孔直径(mm)	400～600	600～800
弓压臂最小尺寸(mm)	380	580
弓压最大尺寸(mm)	1 080	1 550
弓压臂宽度(mm)	130～160	200～240
挤压弓压最大夹角(°)	70	70
液压缸额定工作压力(MPa)	25	25
油缸公称输出压力(kN)	1 256	2 266
油泵流量(L/min)	36.7	63
电动机功率(kN)	18.5	37

DX 装置在挤扩过程中双向液压缸做相对位移，三只挤扩弓压臂只做水平运动而不做上下运动，这样可以保证在砂层或其他土层挤扩后不掉或少掉土。在孔底挤扩时可将油阀切换，使双向油缸变成单向油缸，将孔底虚土压实。

设置的液压定位装置可保证挤扩装置在对中状态下工作。设置的液压旋转装置可以保证每次旋转的角度，从而使挤扩按设计要求进行，在挤扩时相互重叠部分角度经过 7 次挤扩，连续 21 个分岔而形成近似的圆锥盘状腔体。

设置的角度、压力和位移传感器，能准确反映挤扩装置在工作中作用在地层上的压力值、角度值，桩孔及各分岔的深度值。这样就可以控制各设计参数，进而控制工程质量，自动记录系统全面记录过程中各有关参数。

2. DX 桩的适用范围

DX 桩可作为一般高层建设及工业与民用建筑的桩基，可在黏土、砂土，粉砂土、强风化岩、残积土中挤扩成盘。对于黏土、砂土和粉土交互分层的地基尤为适用。

3. DX 桩的规格

DX 桩有以下几种类型：多节三岔型桩、多节 $3n$ 岔型桩、多节承力盘桩、多节 $3n$ 岔和承力盘组合桩等。

根据目前设备的情况，DX 桩身的直径为 400～800mm 的直孔桩，岔盘直径与桩身直径之比为 1.8～2.6，最大挤扩部位的深度可达 43m 左右。

4. DX 桩的优缺点

该桩可充分利用桩身各部位的硬土层，以提高桩基承载力；对各种灌注桩的成孔工艺适应性较强，如钻孔、冲孔、沉管(仅用于扩底)等；挤扩腔较稳定，不易塌孔，孔底的沉渣可利用油缸加以压实；工期较短，经济效益较好，低噪声、低成本，施工过程能自动检测、记录，有利于质量控制。但该桩的设计参数与承载力计算公式还需进一步试验研究，目前使用中多用试桩来确定承载力。

5. DX 桩施工程序

(1)灌注桩根据土质及工艺情况进行常规成孔后，进行第一次清渣；

(2)用吊机将 DX 装置放入孔中；

(3)按设计位置，自下而上依次挤扩形成 $3n$ 岔或承力盘腔体；

(4)移走 DX 装置；

(5)测量分岔及承力盘腔体的位置和尺寸；

(6)放入钢筋笼；

(7)进行第二次清渣；

(8)浇筑水下混凝土。

［实例 1］　武汉伟业大厦 DX 桩施工

1. 概况

武汉市新华路上伟业大厦，建筑物为地上 18 层，地下一层。该建筑物基础采用 DX 桩，桩径 0.62m，桩长 31m，每桩设置直径为 1.4m 承力盘 4 只，总桩数为 170 根，设计单桩承载力为 2 800kN。桩基于 1999 年 4 月完成，同年 12 月结构封顶。此时建筑物的最大沉降 10.31mm，平均沉降8.81mm。

2. 场地工程地质条件概况

场地地貌长江一级阶地，地面高程 20～22m。据勘察报告，该场地软土层总厚度 45～48m，典型二元结构。地层主要特性如表 6.10-2 所示。

各层的分布及主要特征一览表　　表 6.10-2

地层序号	地层名称	一般厚度（m）	平均厚度（m）	层面埋深（m）	状态及密度	湿度	压缩性
1	杂填土	1.00～3.30	1.94	地表层	松散	湿	
2	粉质黏土	1.40～3.40	2.62	1.00～3.30	软塑	湿	中等偏高
3	黏土	1.10～2.10	1.47	2.40～5.90	可塑	湿	中等
4	粉质黏土夹粉土	2.00～4.00	2.74	5.40～7.00	软塑	饱和	中等
5	粉土	2.20～5.50	3.77	4.00～6.00	稍密	饱和	中等
6	粉砂	8.30～10.50	9.59	8.00～11.50	松散～稍密	饱和	中等
7	粉砂	8.00～13.40	9.77	16.00～20.80	中密	饱和	中等
8	粉质黏土	0.70～1.60	1.14	24.40～27.00	可塑	湿	中等
9	细砂	13.60～15.20	13.86	27.80～30.20	中密～密实	饱和	低

3. DX 桩施工概况

根据场地土层情况，确定承力盘的最佳位置，然后进行钻孔，清孔，下挤扩设备，挤扩承力盘，下钢筋笼，二次清孔，浇灌混凝土。桩身结构见图 6.10-3。在 1 号和 3 号桩的承力盘上下，均安装钢弦式钢筋应力计，以测试承力盘的受力情况，并在承力盘挤扩后，用超声波孔壁探测仪检查盘的完整性和稳定性。结果表明成盘质量良好。试桩施工参数见表 6.10-3。

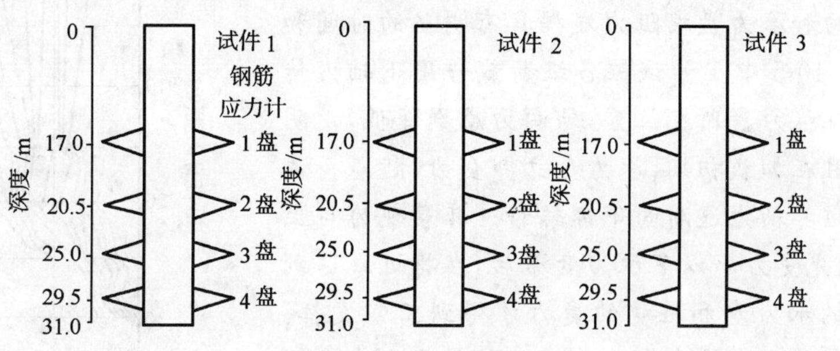

图 6.10-3　桩身结构

试桩施工参数 表 6.10-3

试桩号	桩长(m)	桩径(m)	承力盘数量	承力盘尺寸(m)		混凝土强度等级	充盈系数
				直径	高度		
1号	31.0	0.62	4	1.40	0.80	C30	1.04
2号	31.0	0.62	4	1.40	0.80	C30	1.03
3号	31.0	0.62	4	1.40	0.80	C30	1.04

4. 单桩承载力及桩身轴力试验方法

试验采用堆载法，通过钢筋应力计测定各承力盘间的荷载传递，通过架设在桩顶对称位置的4块百分表观察桩顶的位移情况。采用慢速维持荷载方式进行试验。

5. 静载试验结果

试桩试验结果见静载试验结果汇总表(表6.10-4)。荷载—位移曲线和时间—对数沉降曲线见图6.10-4。

静载试验结果汇总表 表 6.10-4

试桩号	桩长(m)	桩径(m)	盘径(m)	极限承载力(kN)	沉降(mm)	残余变形(mm)	桩顶回弹率
1号	31.0	0.62	1.40	>6 656	0.80	C30	1.04
2号	31.0	0.62	1.40	>5 553	0.80	C30	1.03
3号	31.0	0.62	1.40	>6 032	0.80	C30	1.04

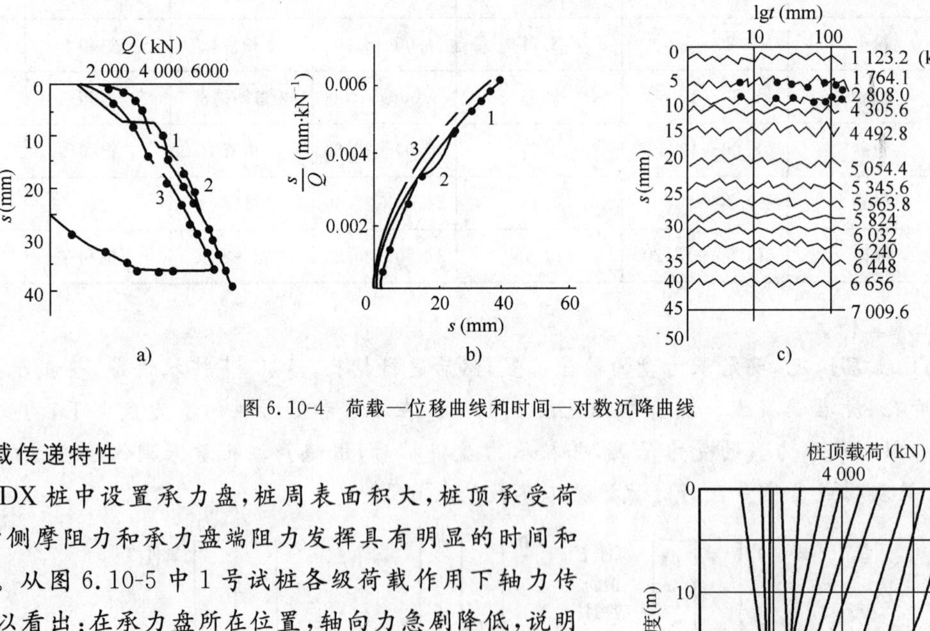

图 6.10-4 荷载—位移曲线和时间—对数沉降曲线

6. 荷载传递特性

由于DX桩中设置承力盘，桩周表面积大，桩顶承受荷载时，桩身侧摩阻力和承力盘端阻力发挥具有明显的时间和顺序效应。从图6.10-5中1号试桩各级荷载作用下轴力传递曲线可以看出：在承力盘所在位置，轴向力急剧降低，说明承力盘作用强烈，且在加载初期，承力盘立即受力，随着荷载增加和时间延续，桩身轴力逐渐向下部转移。其表现为自上而下第一个承力盘先受力而以下承力盘滞后，在将近或达到极限荷载时，下部的承力盘和桩端的受力才得到正常发挥。所以，为了充分发挥承力盘的受力特点，DX桩的承力盘盘间距宜按上大下小的原则设计。

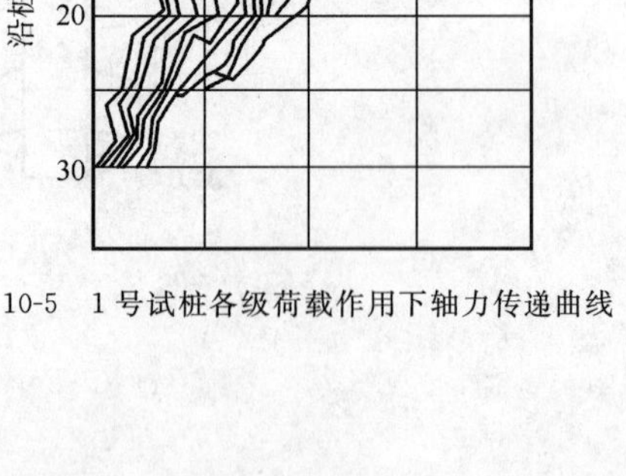

图 6.10-5 1号试桩各级荷载作用下轴力传递曲线

7. 试验结论

①在比较均匀的地层中，DX 桩各承力盘端阻力的发挥具有明显时间和顺序效应。总体趋势是上盘比下盘承载力发挥得早，荷载分担得多。本试验中，当第一盘端阻力达到极限状态时，第四盘受力仅为第一盘的 40.5%。因此在设计 DX 桩时，应考虑地质条件及极限荷载作用下各承力盘的受力情况，合理设置承力盘数量和盘间距，以充分发挥桩周地基土对荷载的分担作用。

②同桩长、同直径的钻孔相比，DX 桩由于承力盘的存在，减少了摩阻力面积。因此，试桩 1 号 DX 桩其实测的总桩侧摩阻力为相应的同直径灌注桩的计算总桩侧摩阻力的 69%。

③DX 桩的破坏模式：在桩达到破坏荷载各阶段中，各承力盘自上至下先后达到极限状态而破坏，而桩体上部的承力盘首先达到极限状态而破坏。

④DX 桩承载力提高在于承力盘端阻力发挥显著，故 DX 桩施工时，保证挤扩承力盘的质量是关键。

DX 桩是在钻、冲孔灌注桩基础上发展起来的一种变截面的新桩型，由于其多个分岔和承力盘的作用能承受较大的荷载，故能充分发挥场地桩周地基土的承载力。与等直径桩相比，DX 桩能较大幅度提高单桩承载力，其单位体积混凝土所提供的承载力为前者的 2 倍以上，是一种值得推广应用的桩型。

四、凹凸型钻孔灌注桩

1. 基本原理

所谓凹凸型钻孔灌注桩，是在成孔过程中运用“变径钻头、反转造凹凸法”、“高速、挤压造凹凸法”、“带可伸缩侧向刮刀的特殊钻头逆递向回钻刮削扩孔法”等施工工艺，选择合适的土层，在一定范围内扩大桩径，然后灌注混凝土而形成的钻孔灌注桩。这类桩在纵向上粗细不匀，剖面上凹凸不平，增加了桩侧摩阻力，以提高单桩承载力。

2. 主要优缺点

优点：施工方法比较简单，节省材料，降低造价，提高桩基承载力。

缺点：孔壁形状不规则，孔径变化没有规律，因此设计时很难对各桩的承载力作出估计；利用泥浆的水力破碎作用，需降低泥浆相对密度和黏度，从而削弱其护壁作用。

第三节　钻埋空心桩

随着建筑技术的日益发展，特别是大跨度桥梁的急速发展，需要有更大承载力的桩基础。为解决钻孔灌注桩桩尖清渣和因护壁泥浆导致桩侧摩阻力降低等问题，交通部科学研究院公路研究所和河南省于 20 世纪 80 年代进行了钻埋空心桩的试验研究。其基本工艺为先施钻 ϕ180cm 孔，清孔后在孔内抛填 100cm 厚的碎石并放置压浆管，然后在孔内埋入预制的 ϕ150cm、壁厚 14cm 预应力钢筋混凝土桩管，再在孔壁与桩管之间的 15cm 空隙内埋压浆管，抛碎石后，先压桩侧水泥浆，再压桩尖浆。这不仅节省了大量的混凝土，同时减少了质量事故的风险，大大地提高了桩侧摩阻力和桩尖阻力，同比提高承载力 30%～40%。该工艺于 1992 年 5 月经交通部组织的技术鉴定通过，建议推广。

该桩在湖南省得到了积极推广。湖南公路设计公司从 1994 年起，陆续设计变截面空心桩基础收到了很好的效果，其中钻埋空心桩最大直径为 ϕ500/400cm（湖南石龟山大桥），最小直径为 ϕ200/150cm（湖南南华渡大桥）。在钻埋空心桩的基础上，又根据当地的地质条件采取不用钻而直接先挖孔，然后埋设预应力钢筋混凝土空心管的方法，其他工艺不变，如湖南张家界鹭鸶大桥挖孔桩径达 500cm。

另一种施工工艺采用类似沉井下沉的工艺，将预应力钢筋混凝土空心管，用人工挖土和水力下沉的方法，下沉至设计高程，然后用水下混凝土和旋喷法在刃脚部位固结，沉井内不填混凝土，与预制空心墩身固结后作为空心墩身的组成部分共同参与工作。如张家界观音大桥，采用 ϕ500/250cm 沉挖空心桩墩；桃源沅水大桥主墩则采用 ϕ750/400cm 沉挖空心桩墩；湖南浏阳天马大桥采用 ϕ800/600cm 沉挖空心桩，其桩径为国内最大。

一、空心桩成桩技术

空心桩成桩一般可以有两种方法。

(1)成孔后在孔内埋设内模板，在内模与孔壁之间沉放钢筋笼，浇筑水下混凝土。因水下混凝土导管一般用 25cm 钢管，再考虑钢筋笼及保护层厚度，这样空心桩壁厚至少 60cm 左右。桩身直径较大时，此法比较适宜，如广州鹤洞大桥 ϕ300cm 现浇空心灌注桩。

(2)成孔后，埋设预应力桩身，同时以此充当内模，桩身与孔壁之间不放钢筋笼，只埋设压浆管，桩尖处先填 100cm 以上碎石并设置压浆管。孔壁与桩身之间距 15～20cm，然后在桩侧及桩尖处压浆。此即为钻埋空心桩，其施工工艺如图 6.10-6 所示。

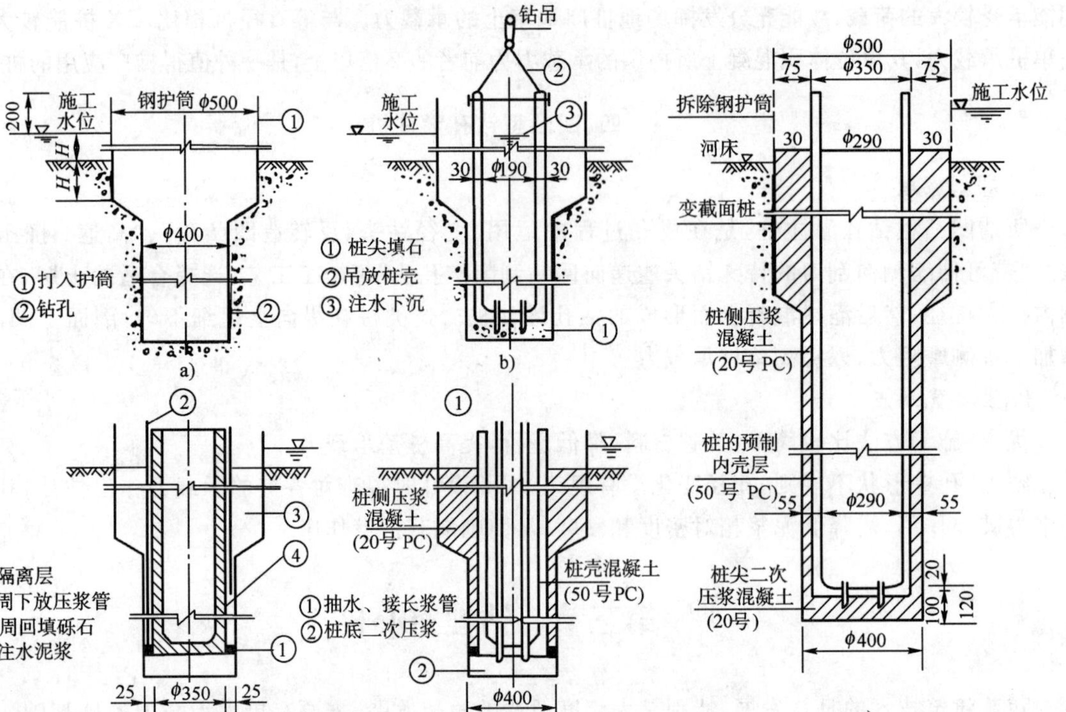

图 6.10-6　钻埋空心桩施工工艺(尺寸单位：cm)

a)成孔；b)放桩；c)桩侧压浆；d)桩尖压浆；e)形成空心桩

二、钻埋空心桩施工工艺

1.成孔技术

成孔可分为钻孔、冲孔、挖孔等成孔工艺。钻孔时，可根据设计要求大钻机一次成孔或分级扩孔。成孔后需清孔，并根据土层情况及钻孔时护壁泥浆使用情况采取相应措施(如注入新鲜含碱泥浆)，以防止施工过程中桩底沉渣过多。

2.桩节的制作

桩节可在工厂离心式浇筑或立式制作，也可在施工现场立式制作，壁厚一般取 14～20cm，由设计计算取得。桩节直径由设计根据承载力计算决定，桩节长则可根据现场设备的起重能力决定。配筋为内外二层，圆环管壁中心轴位置均匀分布预应力钢筋孔道，为保证相互接缝密贴，制作时按 A+B、B+C……方式预制，如图 6.10-7 所示。

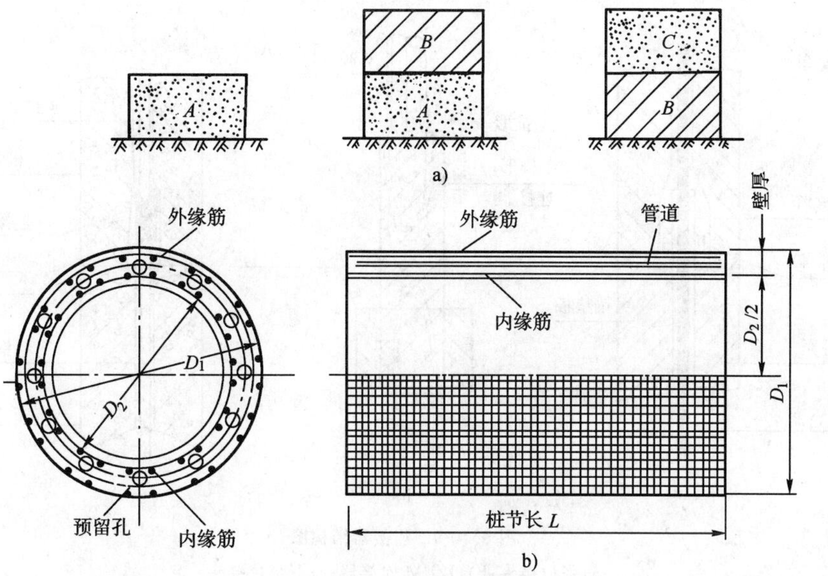

图 6.10-7 预制顺序图

a)预制顺序;b)构造

为增加桩端阻力,桩身底节可预制成带底板的形成。桩节底板的厚度、配筋等由设计根据桩端阻力计算决定,也可用钢结构与混凝土板组成复合结构以减轻自重。底板上应预留多个注浆孔,以便安装注浆管道,如图 6.10-8 所示。为保证吊装时顺利沉放,在桩节制作时应有精确定位的精轧螺纹钢筋张拉的预埋件和预留孔,如图 6.10-9 所示。

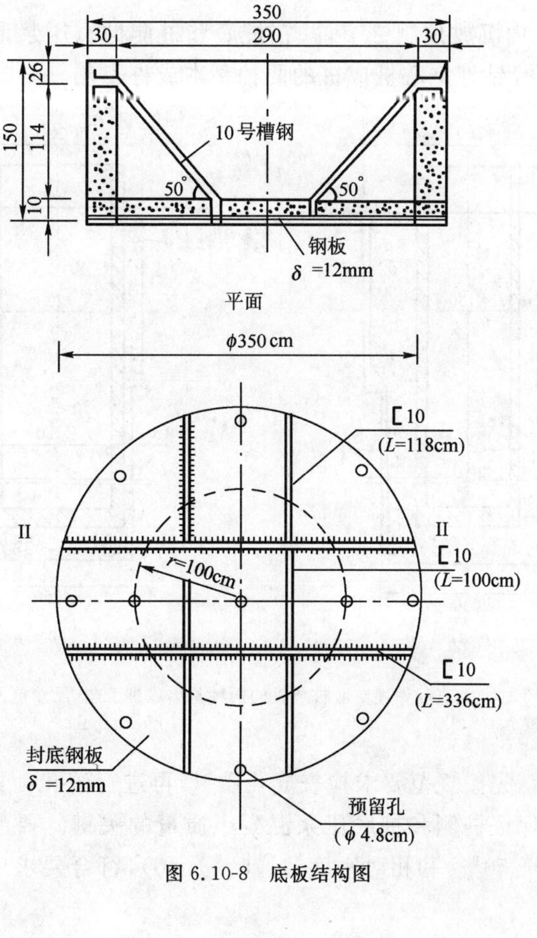

图 6.10-8 底板结构图

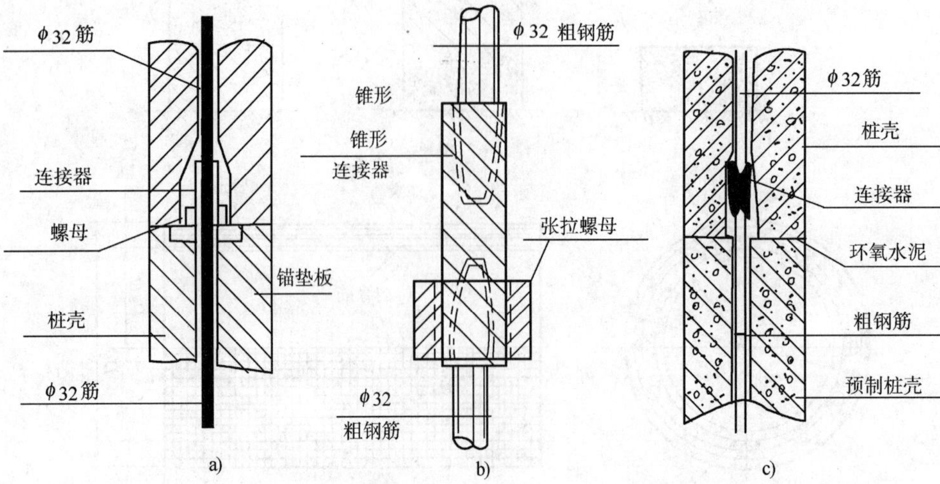

图 6.10-9　连接器结构图

a)张拉接头；b)HZLM 连接器；c)不张拉接头

为保证桩节外侧与压浆混凝土之间有效结合，在混凝土浇筑前应在外模上涂刷混凝土表面缓凝剂（如 HL—401），待混凝土达到强度拆模后用水冲洗混凝土表面使之留下一层粗糙的集料层。此方法比人工凿毛更有利。在每节桩的顶层涂一层不掺固化剂的环氧树脂胶作为隔离层，这样可免除许多桩节顶部修补工作。在拼接下沉时，用环氧树脂作为黏结剂，由于两者之间的亲和性为桩节接头的止水打下良好的基础。

3. 成桩工艺

在已钻好的大直径桩孔内沉放预制桩节，并在桩底和桩侧抛石压浆形成空心桩的方法称成桩工艺。如图 6.10-10 所示大直径钻埋空心桩成桩的两种基本成桩工艺。

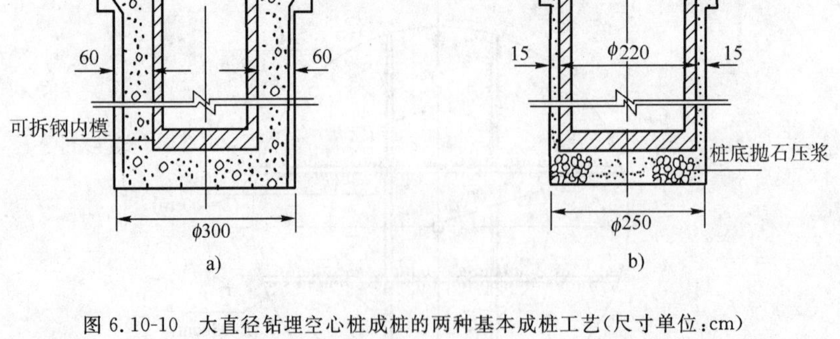

图 6.10-10　大直径钻埋空心桩成桩的两种基本成桩工艺（尺寸单位：cm）

(1)清孔、桩底抛石

当钻孔到达设计高程后，先按规范要求检查成孔质量，再进行清孔。如有必要可用新鲜油田泥浆来置换孔内混浊泥浆，这是保证桩侧和桩底压浆混凝土质量的关键。要严格控制泥浆的 pH 值（9～10）、黏度（20s）、含砂量（小于 50%）和相对密度（1.05～1.10），符合要求后便可进行桩底抛石。抛入的卵石粒径要求为大于 4cm，对粒径 4cm 以下的砂砾都应予筛除。卵石要求清洗干净不含泥砂，从孔口的四周均匀地抛入。桩底抛石的厚度按设计要求决定，一般不小于 1m，如桩底土壤系卵砾石时则可减少至 0.5m。

(2)桩身拼接

在孔口设置一个钢井字架起定位作用，在吊桩身时可使用专用抱箍。先将底节放置在孔口井架上，套上 HZIM 锥形螺纹连接器，再吊入第二节，对准位置后从预制孔中插入锥形螺纹钢筋于连接器内，如图 6.10-11 所示。拧紧后，用扳手检查每根钢筋拧紧的扭矩是否符合要求。在预制桩身拼接前，上下端面都要经过烘干、吹净，并用丙酮清洗，再在两端面涂刷一层环氧树脂砂浆。树脂的作用是填平两桩节面的不平整空隙和黏结混凝土面。当吊点解除后，按设计要求对称地张拉带锥形螺纹钢筋。在预制空心桩身中，应根据工艺要求布置 ϕ32cm 粗钢筋，并不得少于 8 根。其张拉系采用穿心式 YC—40t 千斤顶，张拉吨位 $N=20$t，要稳压 1min 后才能将 HZL 锚的螺母扭紧。也可以采用多次张拉，多次拧紧，多次检查的方法来扭紧螺母。为了保证钢筋张拉质量，必须要有专人负责，并要有完备的记录。桩身的张拉钢筋根数由结构计算决定，在桩身各节中连接钢筋都要装上，但可按不同高度相错张拉锚固和接长。

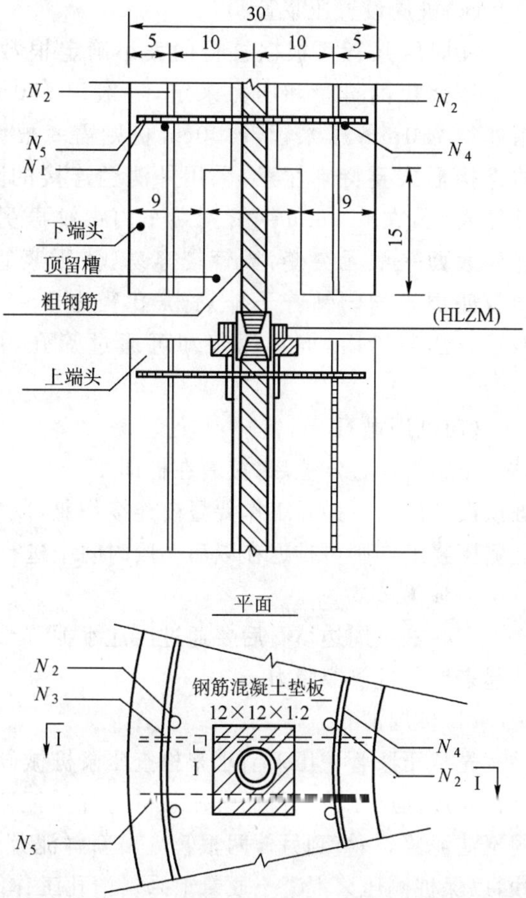

图 6.10-11 桩身拼接图(尺寸单位：cm)

(3)桩底压浆管设置

桩底压浆管根据空心桩直径的大小在预制前已预留，吊装前将压浆管接上，并在以后拼接中继续接高至桩顶。

(4)灌水下沉

两节桩身通过环氧树脂胶缝以及竖向粗钢筋的预应力张拉后形成了一个整体。为了防止漏水还要在桩节接缝处的外表面涂刷一层沥青防水层，再贴上纤维防水布。至此，完成了第一接缝处的工作。如此进行第二接缝……到一定高度后，便可灌水下沉。由于吊入孔内的空心桩是有底的，而且连接面均密封不漏水，这样形成一个柱形容器而产生水的浮力，能承担已经安装的桩身质量，因此，起吊设备只须吊装一节桩身，还要向空心桩内灌水，才能使桩克服浮力而下沉以便继续拼接。应当指出，如果前道粗钢筋张拉及混凝土粘缝的工序完成得不好，在接缝处产生漏水情况时，应及时用潜水泵抽水使桩筒上浮，在对接缝进行特殊的防水处理后，才能继续进行拼接工作。注意千万不能侥幸，否则桩漏进水的质量使桩筒突然下沉会拉断起吊装置，发生掉入孔底的事故(湖南曾发生两起)。总之要严格把关，一丝不苟地工作才能保证预制桩身的顺利下沉落床。带底的空心桩利用水浮力能大大减轻吊装放桩节的质量(此由河南省首创)。

(5)浇筑隔离层

桩节拼接到底并对中定位后，在桩的四周抛投 50cm 厚的(0.5～1m)细砂和细碎石，然后浇筑 50～100cm 左右厚的隔离层混凝土。其目的是要把桩周与桩底隔开，防止桩周压浆时水泥浆渗入桩底。隔离层混凝土采用 UWB 型水下不分散剂(即絮凝剂)，按一定比例拌入混凝土中以形成水下不分散混凝土，再从孔口桩周围均匀抛下即可。如果一时没有混凝土絮凝剂，可改用小导管灌水下混凝土的办法来浇筑水泥砂浆作隔离层，但施工工艺较为复杂并难以保证质量。为了确保工程质量，最好提前购置准备絮凝剂来形成水下不分散混凝土。

(6)桩周设置压浆管

桩周压浆管可根据桩径的大小确定根数，分层均匀分布在桩身的四周。压浆管径的大小可根据压浆机的排量和压力来定，一般用 ϕ50mm 建筑脚手钢管即可。ϕ250cm 桩径空心桩一般使用四根 ϕ50mm 压浆管，ϕ400cm 桩则需 8 根。由于压浆管长度一般都有 30～50m，因此对压浆管的连接形式要特别注意，采用外法兰连接的阻力大，难以抽拔，会造成压浆管弃置于孔内。经过反复实践，在 ϕ50mm 钢管两端车内螺纹再另加个短套(有外螺纹)相连接。这样做到相连的钢管外表面平顺无突变，拔管较容易，使压浆管可以多次重复使用。另外，压浆管底端以上 1m 内的管四周要均匀钻若干排浆孔(孔径为 5～8mm)形成筛孔，而压浆管底却要封堵，使回填卵石不能进入压浆管内，但水泥浆却可通过筛孔，向填石周围扩散。如果压浆管不抽拔，则分层高度 810m。

(7)桩周抛石

压浆管设置定位后，接着在桩周 15～20cm 空隙内均匀地抛下粒径大于 4cm 的卵石，直至护筒内桩顶设计接高。抛石工作要昼夜连续作业，以免空心桩出现意外。抛石后空心桩已稳定不会塌孔，其桩侧压浆工作则可推迟在以后一段时间中进行。

4. 桩侧压浆

空心桩身周边填石后要通过压注水泥浆形成填石压浆混凝土，将周边土壤与预制桩身紧紧地黏结起来形成桩侧摩阻力。

(1)桩周清孔

先从压浆管中压入清水来检查压浆机械设备的完备程度。在管道通畅后再在拌浆机中加入膨润土拌和成优质泥浆。再通过压浆机将优质泥浆从桩周二根压浆管中压入，用以置换孔壁内淤粉含沙的不洁泥浆，一直到另外两根管流出新鲜泥浆为止。特别增加此道工序是为了排除桩周空隙的淤粉沙，以保桩侧压浆混凝土质量上乘。清孔工作结束后用尼龙袋装好黏性土压在护筒中填石上面，起封闭层的作用，注意还要留排浆孔。应当特别指出，仅用清水是不能将淤粉沙清除干净的，而且会影响桩侧填石压浆的质量。

(2)桩侧压浆

桩周清孔符合要求后，由压浆机将按一定比例配制的水泥浆通过压浆管压入桩侧填石空隙中。有条件时应用两台压浆机，4 个管道同时压注水泥浆。为减少水泥用量可在水泥浆内适当掺入粉煤灰。在压浆过程中可采用类似水下混凝土浇筑的方法，将 4 根管道交替压浆和抽拔直至排浆管孔口流出纯水泥浆为止。由于有袋装黏土的封闭层，故可保压一段时间后再抽出压浆管。

(3)水泥浆

一般每立方米水泥浆中水泥用量为 500～600kg。水泥宜用微膨胀水泥，没有时也可掺用膨胀剂。由于目前压浆管道没有系列化，不能保证内径一致，所以压注水泥砂浆时常常发生阻塞现象，以致不得不改用水泥浆，造成水泥用量偏大。另外，施工中还要用储浆筒来保证水泥浆的连续供应。进入筒的灰浆必须经过 2mm 网眼的振动筛过滤，灰浆流动控制度在 14～24s。

(4)注意事项

桩侧压浆工作要风雨无阻、一气呵成，因此事先要充分做好各种准备工作。例如，将所需水泥搬好，接班人员要排定，电工、机械工等都要连续值班。为了保证将压浆管如数拔出，在孔口要安装一个拔管的门吊(可利用吊装桩身预制块的门吊)。在每根压浆管上要装好夹具，用手拉葫芦逐步上提到一定长度后，再用吊车将压浆管取出。为了防止意外，桩侧压浆管按10m高度放一层(4根)作备用，如果遇有管拔不出的情况下，立即使用备用管。压浆机外的普通橡胶软管不能承受0.8MPa的压力，故要采用特制高压管。接头处管道内径不宜有突变，以免阻塞水泥浆。接头处不能用铅丝捆扎，一定要用螺栓钢板箍具夹紧，以防高压水泥浆冲坏接头而伤人。

5.桩底压浆

桩底压浆是空心桩提高承载能力的最关键工艺。当桩侧压浆混凝土龄期30d以后，便可进行桩底二次压浆。通过在高压下水泥浆的扩散，将桩底土体形成大蒜头形状的固化区，使桩底土体得到加固，从而极大地提高了桩尖部分的承载力。另外，在进行桩底二次压浆中，一般桩侧也有水泥浆上冒，这样将桩侧原来有不密实的地方也进行了补浆，从而又提高了桩侧摩阻力。最重要的是桩底压浆的反作用力使桩身上抬，这相当于给桩底施加了一个反方向的预应力，能减少空心桩沉降的绝对值。这三方面的作用结合起来，必然使空心桩的总承载力比就地钻孔灌注桩大为提高，尤其对桩底持力层是砂砾石层的摩擦桩，其桩尖二次压浆效果更为显著。桩底压浆工序介绍如下。

(1)接桩底压浆管

预制桩底节下面为一钢底板，钢板上加工几个管孔，有压浆管和回流管两种类型。它们的底部均为筛管，但压浆筛管比回流管的筛管要长一些，约伸出桩底0.5～1m。在底节的压浆管和回流管上要各接一闸阀与法兰，用来封闭管道以避免杂物堵塞。桩底三根压浆管和一根回流管在接上部的压浆管时，都要先将各管上的闸阀关闭，这一点必须引起特别注意。开始由于未装闸阀，在接管时常因桩底的高压水冒出影响施工。尤其是在冬天，要先关闸阀，拆开法兰再接管。由于闸阀尚未打开，柱底泥浆水就不会冒出。在压浆管的顶部装有压力表，压浆管与压浆机相连通，这样就可测量压浆的压力。

(2)桩底清孔

通过压浆机的压浆管和回通管来清理孔底，其方法与桩侧清孔方法相同。一般采用正循环，其步骤为：由压浆机压注的优质泥浆，通过三根压浆管注入孔底，使含淤粉沙的浑水通过回流管排出。为使清孔更彻底可靠，也可用三根压浆管中的一根，通入压缩空气来搅动桩底淤粉沙沉淀，从而提高清孔质量和效率。

(3)装好百分表

在桩孔口周围搭好独立支架，安装8个百分表来测量桩底压浆时空心桩的上抬量。要特别注意、表架不要与施工脚手架联在一起以免牵连。如施工中个别表动了，应及时重读数。有条件时，要用精密水准仪测量最后上抬量来校核。

(4)桩底压浆

只有上述工序完成并检查完全合格后才能进行桩底压浆，其方法和要求与桩侧压浆基本相同。当回流管流出新鲜灰浆后，再关闭回流管继续压浆将使空心桩发生上抬现象。此时，应特别注意测量上抬量的百分表读数。当上抬值δ稳定上升到2～5mm时，要检查其压力是否相应在σ0.2～0.5MPa之间。在稳压5min后停机，记录好压浆机出口压力和流通管压力以及上抬量δ的相关数据，供检测桩的承载力之用。

(5)操作注意事项

在桩底压浆时要随时注意压力表的数据。如压力上不去，桩身未上抬，则可能是水泥浆渗到流砂和软弱层中，此时要停机十余分钟，将水泥浆加浓后再压。有时候因管道被粉沙所阻塞，压力急剧增长到0.8～1MPa以上时，要及时停机换管以免引起爆管。由于空心桩底的面积不大，水泥浆用量实际出入不会很大。如果超出较多时可能是沿桩周土壤的空隙较大，这表明桩侧压浆混凝土收缩产生了较大的空隙所致，此时也应当加浓水泥浆。总之，施工现场随时都可能发生各种异常现象,主要技术人员必须坚守在施工现场进行各种情况的分析。为了确保桩底二次压浆的成功,所有的设备均要求另有一套备用,以防意外。在无二套设备情况下,监理工程师有权制止桩底二次压浆的施工。

(6)清除浮渣

桩底压浆待混凝土初凝后可取出护筒内的桩侧黏土袋,及早将表层松散浮浆凿除,再以干硬性混凝土封闭抛石压浆混凝土的顶部。

(7)钢护筒

本工艺的特点之一是将钢护筒作为变截面桩的结构部分,所以特别强调不能拔出。由于桩侧压浆混凝土要 50～60d 才达到强度,因此过早扰动钢护筒,将会影响受力最大部位的桩侧混凝土强度。

6.施加预应力

用普通钢筋或精轧螺纹钢筋将预制桩身串联拼接的强度只相当于一般无黏结的钢筋混凝土,不一定能满足结构受力的要求。如不满足则可以在桩身和墩顶帽梁之间设置体内索或体外索,如用体外索则需注意保护,防止其他外力撞击体外索而造成不必要的损坏。另一方面,根据桩基所处的周围介质环境是否有腐蚀,如有则需采取防腐蚀措施,以保证体外索正常使用。同时,还要考虑方便体外索的定期检查和更换。

如湖南省南县哑吧渡大桥,采用预应力体外索形成预应力墩。其将多股 ϕ7mm 平行钢丝捆扎后穿入 PE 索套,套内注满无黏结油脂,下端固定在桩身最大弯矩点下的内腔实心加劲块上,上端在墩帽顶实心加劲块上用群锚体系(HM21)张拉锚固。体外索施工方便,可用不同的索数来满足强度的要求。

当空心桩身外形尺寸和壁厚较大时,预应力束就可以直接设置在桩壁预留孔道中,如石龟山大桥 ϕ350cm 空心桩身在 30cm 厚壁中安放了 7ϕ21mm 预应力锚钢丝,用锚在墩顶张拉,这样能使索得到更好的保护。

[实例 2] (图 6.10-12)

1.湖南常德石龟山大桥钻埋空心桩

湖南省把河南的钻埋空心桩技术和自主的无承台大直径变截面桩技术结合起来,形成了更为完善的无承台大直径变截面空心桩技术,并在三座大桥上实施,共计施工 84 根总长 2 293m 的钻埋空心桩。后来在砂卵石河床又研究发展了沉挖空心桩墩,共计 112 根总长 1 204m,详见表 6.10-5 和表 6.10-6。这些大直径空心桩,减少了体积 30%～40%,收到良好的效益。

湖南省钻埋空心桩实例　　表 6.10-5

项目 \ 桥名			哑吧渡桥	南华渡桥	石龟山桥
通航孔	梁跨 L	m	2×30m=60	2×53m=106	30+55+3×80+33+30=410
	桥宽	m	12	17	10
	梁工艺与结构		顶推连梁	独塔斜拉	悬拼连续梁
	桩径	cm	380/300	300/250	500/400(440)
	桩长	m	35	30	15～35
	桩数	根	3×1=3	2+4+1=7	5×1=5
	长度	m	105	210	123

续上表

项目 \ 桥名			哑吧渡桥	南华渡桥	石龟山桥
主桥	梁跨 L	m	100(多孔)	250(多孔)	21×30m=630
	桥宽	m	12	15	10
	梁工艺与结构		顶推连梁	滚移连续梁	逐孔现浇连梁
	桩径	cm	300/250	300/250	350/300
	桩长	m	(双桩)15～24	(独桩)30	(独桩)30～60
	桩数	根	14	8	15
	长度	m	265	240	480
引桥	梁跨 L			230(多孔)	
	桥宽			15	
	梁工艺与结构			预制简支梁	
	桩径	cm		200/150	
	桩长	m		25～30	
	桩数	根		32	
	长度	m		870	
总长/根数			370/17	1320/47	603/20
总计			84 根 2293m		

湖南省沉挖空心桩墩实例　　表 6.10-6

桥名	结构	桥长(m)	桥宽(m)	跨径(m)	桩径(m)	桩长(m)	桩数	总长(m)
张家界观音大桥	石砌板肋拱	250	21	4×52	ϕ500/ϕ250	10	6	60
	板梁桥	242	21	2×11×11	ϕ160/ϕ120	6～8	54	378
桃源沅水大桥	箱肋拱	944	16	16×56	ϕ500/ϕ250	15	34	510
	钢管中承拱	200	23	2×100	ϕ750/ϕ400	20	4	80
里耶酉水大桥	双曲拱	390	12	6×54	ϕ600/ϕ300	12	4	40
洞口大桥	石砌板肋拱	280	26	5×45	ϕ800/ϕ500	10	6	60
浏阳天马大桥	连续梁	165	26	45+75+45	ϕ800/ϕ600	17	4	68
合计	共计 112 根，总长 1 204m							

2. 常德石龟山澧水大桥

桥全长 1 508m，其中主桥由边孔 21×30m=630m 一联等截面 PC 连续梁和通航孔 30m+55m+3×80m+55m+30m=410m 七跨一联的变截面 PC 连续梁组成。桥宽 10m，荷载等级汽车—20，挂—100。

主河床从上往下为淤泥质亚黏土，软塑、硬塑亚黏土、细砂层。由于岩层深埋在 60m 以下，这样的地质条件最适宜于采用大直径空心桩。考虑到有利通航和提高泄洪能力，河中桥墩全部采用独桩独柱形式。墩身外径为 ϕ350cm，基础部分为 ϕ500cm/ϕ400cm 变截面空心桩。

(1)ϕ500cm/ϕ400cm 空心桩施工

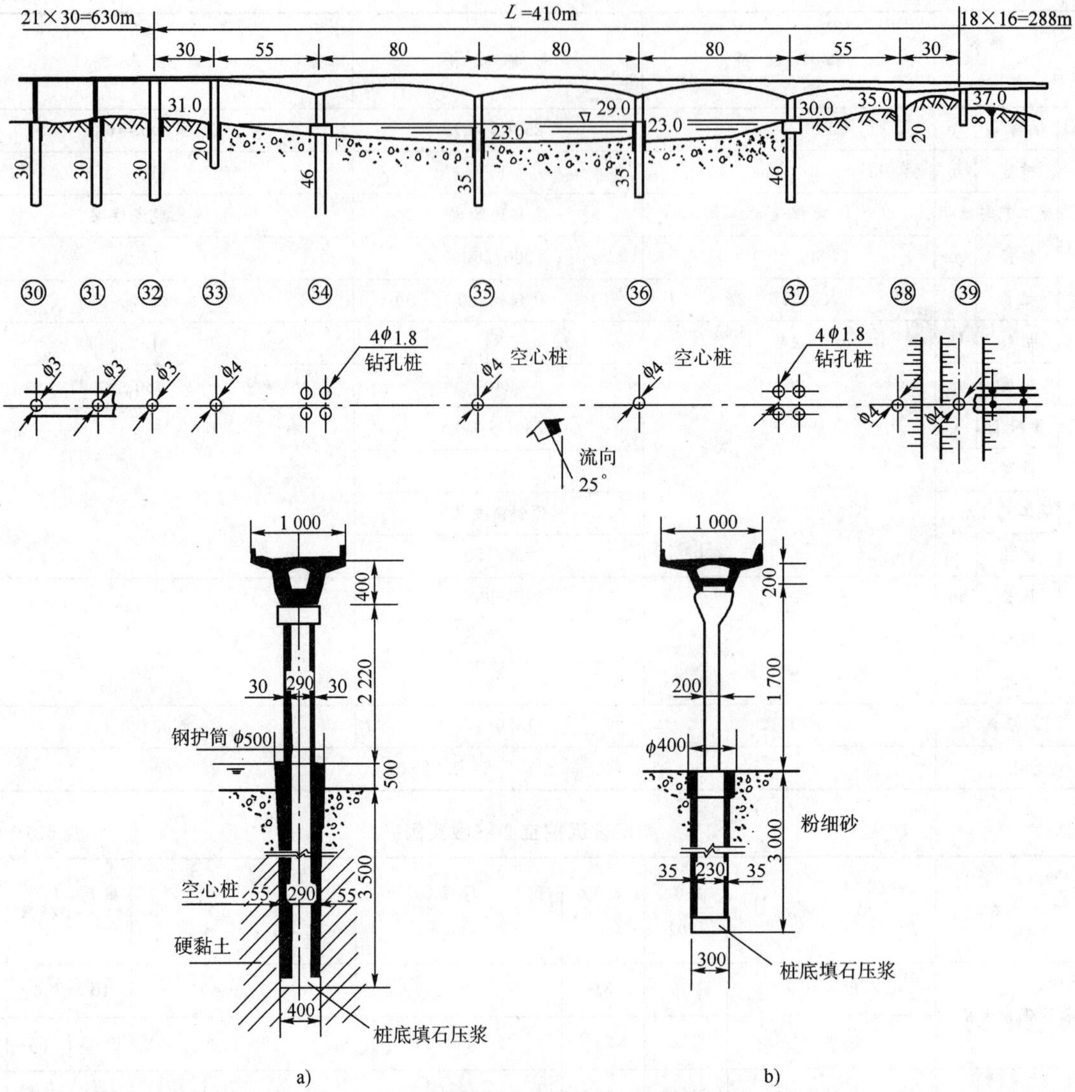

图 6.10-12　石龟山澧水大桥示意图

a)80m 连续梁；b)30m 连续梁

以 36 号桥墩为例，从开钻到完成桩侧填石只用了 34d 时间，其中钻孔 20d，清孔 2d，放桩身 3d，填石 2d，其余 6d。大直径 φ400cm 钻孔是利用普通 φ2m(GPY—20)型钻机来完成的，具体做法是先用 60t 振动锤打入 φ500cm 钢护筒作第一级；第二级桩径 φ400cm 分两次施钻，第一次用 φ300cm 钻头钻深 38m 的孔(进度 1～1.5m/台班)，然后接着换上 φ400cm 钻头第二次扩钻(进度 2m/台班)。在硬塑黏土中钻孔，要稳和慢才能一举取得成功。继哑吧渡桥之后，石龟山大桥在软弱地基中用 φ200cm 小钻机进行 φ400cm 大直径钻孔又一次取得成功。预制空心桩身外径 φ350cm，壁厚 30cm，高 2.5m，重 20t，用一般的设备很难解决起重运输问题。经多方案比较后，采用(L=380m)40t 的缆索起重机。这样 25t 桩身在桥侧预制，用龙门吊机移至缆吊下起吊运输到墩位，再直接进行空心桩的接高。预制块用 16 根 φ32 粗钢筋的锥形螺纹连接器逐节段张拉接长(郑州市昌民建筑机具厂生产)。一般施工速度4～6节/d，3d 多可完成 40m 空心桩的拼装任务。

(2)边滩 φ350cm/φ300cm 空心桩施工

主桥 21 孔 30m 连续梁的基础均在河滩上，有 15 个墩采用单根 φ350cm/φ300cm 空心桩。钻孔采用普通 2m(GPY—20)型钻机，φ300cm 刮刀钻头一次性成孔。一根桩的施工进度为：钻孔 5d，放桩 2d，桩侧压浆1d,孔底第一次压浆2d(在1个月之后),平均成桩10d/根。

3.用空心桩技术处理灌注桩事故

湘潭二桥主桥河南区顶推连续梁桥单排ϕ2.8m双柱式桥墩,采用BDM—4型气举式反循环回旋钻机与球齿滚刀牙轮钻机进行成孔。当64-1号桩灌注水下混凝土时,因导管渗、漏水和混凝土卡管,产生导管阻塞脱水现象。经用空压机清除部分已灌注混凝土,但考虑在钢筋内外圈附近30～40cm处的浮浆和混凝土松散层无法清除干净,继续灌注将会产生隔离断层,因而中断成桩施工。

对于大直径钻孔桩发生断桩事故国内尚没有可行的处理措施。历来采用的加桩、补桩办法,使单排双柱墩外形不协调。为了解决这个难题,反复研究后采用空心桩的钢内模预埋集料压浆混凝土的技术来处理。做法如图6.10-13所示。

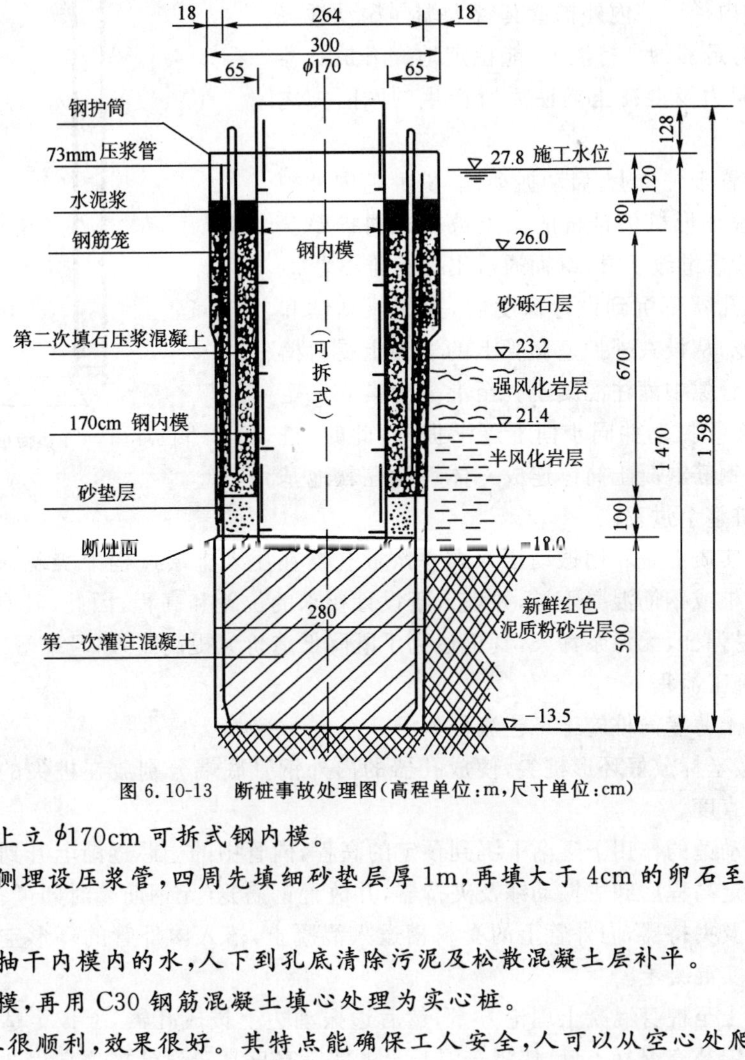

图6.10-13　断桩事故处理图(高程单位:m,尺寸单位:cm)

(1)在断层以上立ϕ170cm可拆式钢内模。

(2)在内模外侧埋设压浆管,四周先填细砂垫层厚1m,再填大于4cm的卵石至桩顶,先压水清洗,后压水泥浆。

(3)待硬化后抽干内模内的水,人下到孔底清除污泥及松散混凝土层补平。

(4)拆除钢内模,再用C30钢筋混凝土填心处理为实心桩。

这种做法施工很顺利,效果很好。其特点能确保工人安全,人可以从空心处爬落在断桩处,将混凝土浮浆彻底清除,确保质量;而且稳妥快速,只经过一月余的时间即圆满地完成断桩处理的工艺。

第四节　空心灌注桩——薄壁筒桩

薄壁筒桩也就是大直径空心灌注桩,是杭州谢庆道教授发明的专利产品。由于该桩具有施工方法简单、造价低、性价比高、质量易保证等优点,在国内外不少工程中被采用。目前,已从单桩发展成联体桩,广泛用于高速公路、护岸、防坡堤、基坑支护及其他基础工程,使用前景广阔。

1. 工作原理

1)单体筒桩成孔器结构及施工方法

(1)单体筒桩成孔器结构(图 6.0-14)

成孔器可安装在固定式桩夹上施工,亦可在吊机上吊打施工。

(2)单体筒桩的施工方法

①将下端形成切削刃的环形桩尖套入内外护壁套管(5~6)之间环隙中,并使内外护壁套管的下端面分别同桩尖上的内外支承面平整接触,且桩尖的内支承面的内径略小于内护壁套管的内径。该内外护壁套管上端同振动锤夹持器连接,夹持器有足够的夹持能力,能稳定地提升成孔器的质量、土体的摩阻力及混凝土灌注后所产生的摩阻力之和。

②将上述桩尖置于桩位上,启动振动锤,桩尖随内外护壁套管进入土层,被环形桩尖排挤的泥土被挤入内护壁套管,进入内护壁套管后继续上升,继而通过出泥孔排出。

③待桩尖与成孔器下沉到设计深度后,提起振动锤和夹持器,安放钢筋笼,从设在外护壁套管上的混凝土受料槽向内外套管之间的管隙中灌注混凝土。至混凝土贯入一定量后,将内外护壁套管振动并同步向上逐渐提升,此时,桩尖与灌注桩形成的钢筋混凝土筒体连成一体埋设在软地基中,便完成筒桩成桩整个过程。

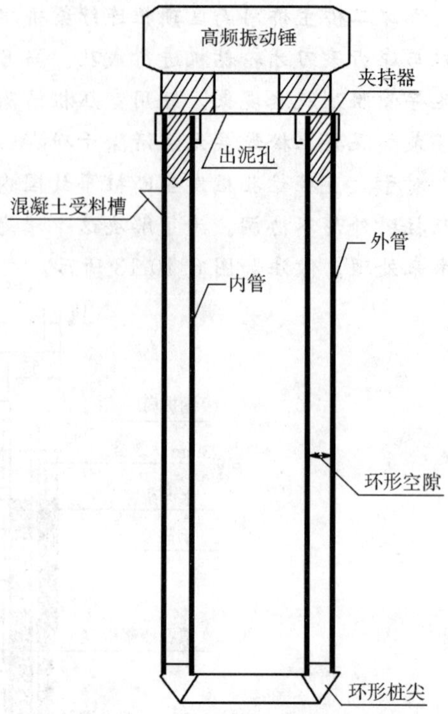

图 6.10-14　单体筒桩桩成孔器结构

上述施工方法实质上是利用振动压入式一次成孔器在压入土层过程中实现部分排土,并一次性形成管形素混凝土桩或钢筋混凝土桩,并埋入于设计要求的位置和高程,因此,其具有施工速度快捷、节省混凝土、质量易保证、无泥浆污染,真正达到了既降低造价又提高工效,且缩短工期的目的。

(3)单体筒桩施工流程

单体现浇混凝土薄壁筒桩施工工艺流程如下。

①桩机就位,按坐标放好环形桩尖,使成孔器的内外钢管底端分别放在桩尖的内外台阶支承面,并检验成孔器的垂直度。

②成孔器在振动锤的作用下逐渐下沉到预定的高程,内管中的土芯逐渐上升到原地面高程以上。

③沉管到达预定高程后卸去振动锤及夹持器,并放置钢筋笼(无钢筋笼时即可省去此步)。

④安装振动锤及夹持器,向外管上的受料槽送入混凝土,落入内外管的环形空腔中,达到适量后启动振动锤振动密实混凝土。

⑤连续送混凝土至桩身混凝土理论方量,然后边振动边上拔成孔器,上拔至适当高度后,根据量测这内混凝土面决定补充混凝土量,使浇筑混凝土的实际高度高于设计桩顶高程 20~50cm。

⑥混凝土浇筑结束后,成孔器拔出地表,桩机移至下一孔位,重复上述工作。至此完成单体筒桩的全部施工工艺流程。

⑦水上施工时,环形桩尖与外管壁相连,与内外管壁一起入水入土,浇筑混凝土后内外管壁上拔时环形桩尖留在土中。混凝土中掺早强剂,混凝土浇筑完成后,根据施工区域的水流、波浪及混凝土强度增长情况,决定外护壁钢套管拔出的时间。

单体筒桩施工工艺流程,详见图 6.10-15。

2)联体筒桩的施工方法及成孔器结构

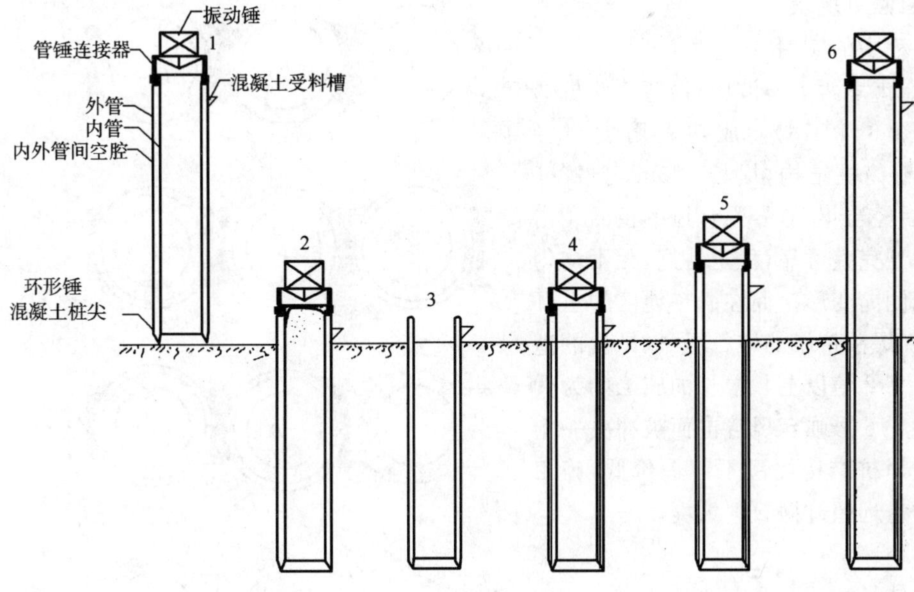

图 6.10-15　单体筒桩施工流程图

1-成孔器安装、定位；2-成孔器下沉至设计要求高程；3-松开振动锤下夹持器并移开，安置钢筋笼；4-再安上夹持器及振动锤，并向加料孔中灌入混凝土；5-提升成孔器，留下钢筋笼及混凝土；6-成孔器完全提出地面，并移至下一根桩位

(1)联体筒桩的成孔器结构(图 6.10-16)

(2)连体筒桩施工工艺流程

目前，联体筒桩直径为 1 000～2 000mm，咬合厚度 45～50mm，咬合宽度 200～400mm。最终形成空心连续墙，既可抗推力又可充当防渗墙，实现挡土和止水二墙合一，在基坑维护中成为新的挡土防渗结构。其施工顺序如下。

①利用特制的几根成孔器，先将第一个成孔器打入土中，然后将第二成孔器在入土前插入前者的导接器中，再将激振力送入土层中，依此类推连续打入第三和第四个成孔器。浇筑第一根时，至少连续打入两根成孔器(具体依据地质情况而定)。

②连续打入几根成孔器后，再在每个成孔器中下人设计要求的钢筋笼。

③对已经下钢筋笼的成孔器内灌注混凝土。

④灌注后的所有筒桩连续成形，最终形成设计要求的联体筒桩结构的空心连续墙。

⑤若用于简单的防渗结构，亦可用素混凝土。

图 6.10-17 为现浇联体筒桩施工流程图。

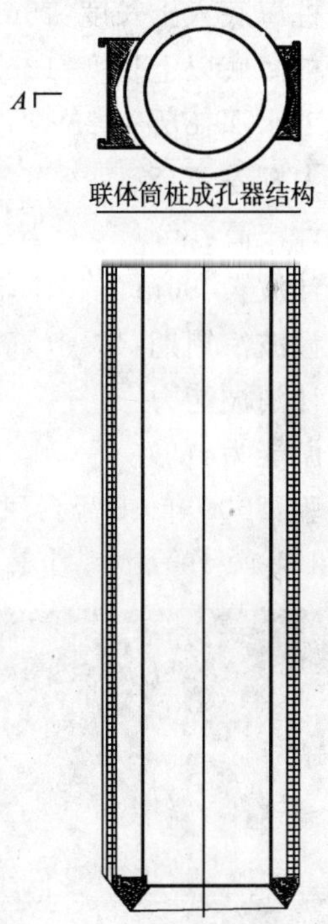

图 6.10-16　联体筒桩成孔器结构图

2.适用范围

筒桩作为空心灌注桩或沉管灌注桩的一种特殊形式，主要用于软土地基中的摩擦桩或摩擦端承桩。适用土层主要有淤泥质黏土、粉土、亚黏土、亚砂土、砂土等，持力层可以是黏土层、砂土、含砾砂土等，但不适用于成孔器难于贯入的岩层或岩面无合适做桩的持力层的土层，以及岩面埋设较浅且坡度较大的岩层。在功能方面，除作为一般基础的抗压、抗拔、抗水平力桩之外，还可用于基坑围护工程中上的挡土、挡水两用墙、水利工程、海洋工程中的护岸、围堤、防波堤、导流堤、码头等，以及高速公路、机场工程中的软基处理等工程。

3.筒桩工程应用现状

(1)海洋工程中的应用

浙江省温州市鹿西岛防波堤,系薄壁筒桩透空型防波堤(图6.10-18)。成功采用大口径(ϕ1 500mm)薄壁筒桩结构,堤长170m,于2000年建成。建成后经当年16号强台风的正面袭击仍安然无恙,堤型完整可靠,稳定性好,无不均匀的垂直沉降、无侧向变形。而在同一地区的玉环县坎门采用海底爆破挤淤的堆石堤,以昂贵的造价(单价比前者高2倍以上)、漫长的施工期为代价换来的则是经16号强台风袭击而被冲决一个大缺口。可见,筒桩结构堤型不但造价低,施工进度快,而且质量远超过抛石斜坡堤。

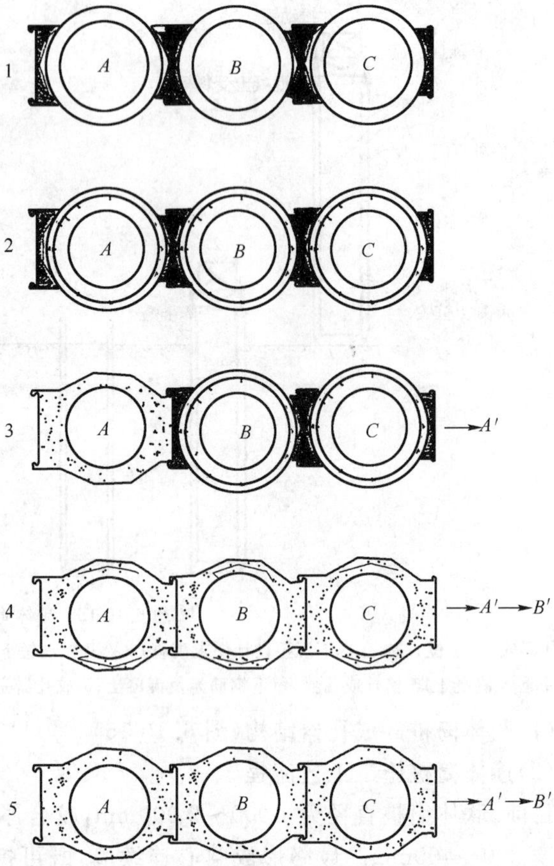

图6.10-17 现浇联体筒桩施工流程

1-先打好A、B、C等多个联体筒桩成孔器;2-在联体成孔器中放置钢筋笼;3-灌注完A桩后,将A成孔器移到后面的A′位点;4-灌注B桩后,将B成孔器移到后面的B′位置;5-完成C孔灌注后,将C成孔器移到后面的C′位置,依次类推

设计参数:

筒桩直径(外径):15 000mm

筒桩壁厚:150mm

钢筋笼:32ϕ20

筒桩海底入土长度:15m~28m

筒桩海底以上长度:12m~16m

施工水深:8m~12m

最大潮差:7.5m

设计波高:5m

设计波长:90m

设计波浪周期:10s

设计消波能力:60%

防淤能力:良好

经验:2000年16号台风正面袭击后堤头及堤身完整,显示大直径筒桩双排超静定结构抗弯能力良好(图6.10-19)。

图6.10-18 浙江省温州市鹿西岛筒桩结构透空式防波堤竣工验收图片

图6.10-19 浙江省温州市鹿西岛筒桩结构透空式防波堤身图

(2)公路工程中的应用

在高速公路及桥梁上已大量采用筒桩进行软基处理。其具有造价低、施工进度快的特点,且处理软基的质量是目前常见采用的搅拌桩、塑料排水板、真空预压等方法所难以达到的,因而在杭州绕城

高速公路、杭宁高速公路(图 6.10-20)、苏北盐城高速公路中大量推广应用。

图 6.10-20　为杭宁(杭州—南京)高速公路桥头软基筒桩处理现场实景(2000 年施工)

图中白色正方形钢筋混凝土盖板下面为薄壁筒桩,筒桩外径为 1.0m,壁厚 12cm,桩长 18m～25m,桩中心距 3.0m。处理费用稍高于水泥搅拌桩,但处理后效果远超其他软基处理方法,工后沉降均在 10cm 以内,避免了桥头接线施工竣工后的二次处理费用。筒桩处理后可直接一次性加载填方,不需预压期,大大加快了高速公路的工期。采用筒桩进行软基处理技术使得施工工期至少提前半年,社会效益及直接经济效益均佳,成果获国家科技三等奖。

图 6.10-21 和图 6.10-22 分别为杭宁高速公路桥头筒桩布置图和预制桩尖图。

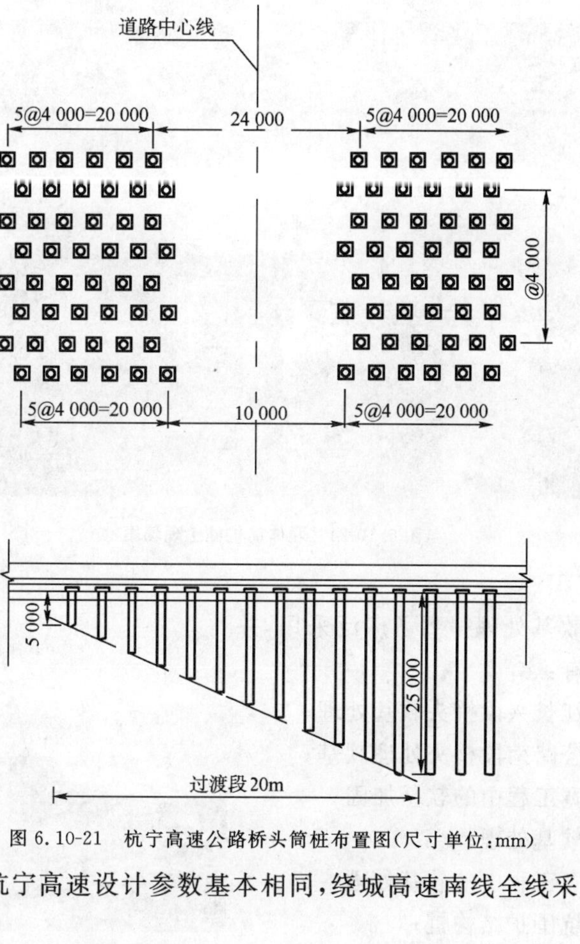

图 6.10-21　杭宁高速公路桥头筒桩布置图(尺寸单位:mm)

筒桩结构设计参数与杭宁高速设计参数基本相同,绕城高速南线全线采用,竣工后验收,质量优良(图 6.10-23)。

(3)工民建中的应用

筒桩在工民建中如杭州市罗马公寓(高层建筑)、安徽黄山市房地产(多层建筑)等都已开始应用。

图 6.10-22 预制桩尖图

图 6.10-23 杭州绕城高速公路筒桩软基处理现场实景(2000 年施工)

(4)水利工程中的应用

上海市水利设计院设计的上海金山出海闸导流堤工程是应用联体筒桩结构围堤建成的,质量良好。该工程为海上施工环境,平均每天每台桩机完成 6 根联体筒桩,施工进度快,造价低廉。

设计为带钢筋笼的联体筒桩结构,桩径 1.0m,壁厚 18cm,桩长 14 m。成桩后向下开挖 6m,形成导流堤。该工程质量良好,完全达到设计要求。联体筒桩开挖后筒桩连接良好,无漏砂、漏水现象。

联体筒桩施工现场如图 6.10-24 和图 6.10-25 所示。

图 6.10-24 联体筒桩施工现场图

(5)目前已应用的工程

单体筒桩作为公路软基处理得到了广泛采用,并取得理想的效果。工程有:

①杭宁高速公路浙江长兴段桥头软基处理;

②杭州市绕城高速公路南段桥头处理软基;

③沪杭高速公路拓宽工程中的软基加固;

④杭千高速公路的软基处理;

⑤杭甬高速公路拓宽工程中的软基处理;

⑥单体筒桩作为基坑围护结构桩;

⑦杭州市罗马花园公寓基坑围护桩;

图 6.10-25 上海金山卫筒桩导流堤现场施工情况图

⑧联体筒桩作为挡土和止水防渗墙；

⑨上海金山县出海闸导流堤工程等。

第五节　复合载体夯扩桩

复合载体夯扩桩作为夯扩桩的一种，由北京波森特岩土工程公司首先提出。其基本原理是采用细长锤夯击成孔，钢管跟进护壁，将护筒沉到设计高程后，细长锤继续锤击钢护筒一定深度，分批向内投入填充料和干硬性混凝土，用细长锤再反复夯实、挤出，在桩端形成扩大的复合载体，最后在孔内放入钢筋笼，浇筑桩身混凝土，同时拔出钢护筒。

此桩与夯扩桩不同的是夯扩桩扩大头是用与桩体相同的混凝土填充后再用锤夯扩，而复合载体夯扩桩的扩大头则用可用砖、石、矿渣或旧混凝土块体等建筑废物和干硬性混凝土夯击而成。这样既提高了桩基的承载力，又可以消纳大量的建筑物废料，变废为宝，降低了工程造价。

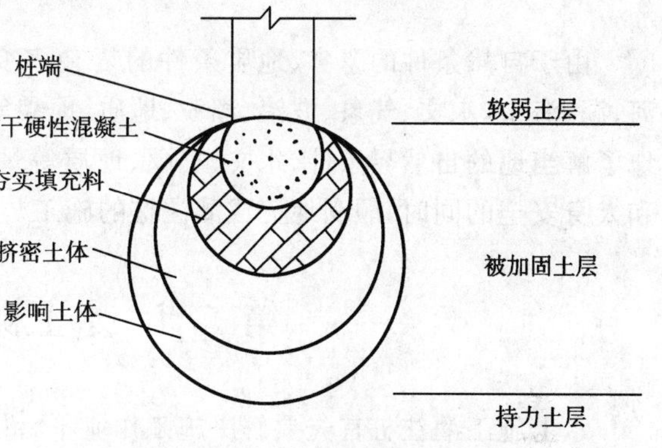

图 6.10-26　复合载体构造

复合载体构造如图 6.10-26 所示。复合载体夯扩桩的设计详见《复合载体夯扩桩设计规程》(JGJ/T 135—2001)。

复合载体桩的承载力与地质条件、工艺条件和载体填充料等因素有关，应通过竖向静载试验确定。

第十一章　特殊条件下的钻孔灌注桩施工

第一节　概　述

由于自然条件的恶劣、地质条件的复杂多变，钻孔灌注桩的施工有时会变得异常困难，如在江、河、湖、海中，水文、气象、波浪、潮汐、地质、地貌等情况复杂多变，这就要求在考虑施工方案时，应充分地了解当地的自然界条件、水文、气象、地质等情况，并做出与之相适应的施工方案，在保证工程结构和人身安全的同时，顺利地完成灌注桩的施工。

第二节　水上裸岩地区灌注桩施工

水上施工灌注桩首先要解决施工作业平台以便机具设备有一个平稳的工作条件。但在裸岩地区仅有工作平台还不够，必须解决钢护筒的沉放和稳定问题，否则沉桩质量无法保证。为此，必须根据施工区域的水文、气象、地质条件，充分了解桩位处的地貌岩基的强度、水深、流速、波浪、潮汐、风向、风速等自然条件，分析采用人造基床、套箱基床或导管架方案的技术可行性和经济合理性，从中选出最佳方案。

一、钢护筒导管架平台

在桩周附近有一定的覆盖层，可以稳定导管架平台。此时若具备导管架施工的基本条件，可以考虑用导管架方案作为比选方案之一。

导管架可以作为永久性建筑的一部分由设计单位统一考虑，此时钢护筒可以作为导管架结构的组成部分与导管架焊在一起。钢护筒和导管架的高度则由地形高程决定。如宝钢马迹山矿石码头二期工程，设计曾考虑用永久性钢管导架作为码头结构的一部分，同时又是裸岩上钻孔桩钢护筒的稳桩措施之一，终因经济性较差而改用人造基床方案。导管架也可作为临时施工结构，此时钢护筒作为导管架结构的一部分与导管架用螺栓连接以便施工后期的拆除。

不管是临时结构还是永久结构，钢护筒与裸岩之间均需用袋装混凝土围好，并在钢护筒内浇筑1m左右厚的水下混凝土，以防岩面不平施工时产生斜孔或漏浆而无法施工。也可在钢护筒的四周用袋装砂（或碎石）围好，在钢护筒内填1m以上砂，并在钢护筒内外用高压旋喷注浆，以防漏浆。

导管架对于海床比较平坦、海况条件较差、可作业的时间较短的情况下使用较好，但因为要在大型工厂制造，吊高、吊重均较大，需用大型起重及运输设备，成本往往较高。

对于高低相差较大的海床，如需用导管架作为钻孔平台，则需详细测量各导管位置的高程，做成长短不等的管架支腿，以便更好地安装、找平；如很难测准高程，则可在四只角的导管内预先放入四根钢管桩，先作临时固定，与导管架同时起吊就位，然后利用四只脚上的钢管沉桩后与导管架找平、固定，再施工下沉其他导管内的钢桩。东海大桥近岛段的嵌岩桩即用此法施工，收到了良好的效果。

导管架设计和施工时，还应考虑浮游稳定和施工期的稳定等相关安全事项。特别是导管架支承在有一定倾角的岩基上时，更应采用措施防止滑移和失稳。必要时，可在裸岩上做人工基床，一方面对稳定和找平导管架平台有利，同时也可稳定嵌岩桩的钢护筒，有利于后续工程的施工。如图 6.11-1 所示正在施工中的导管架平台。

二、人 造 基 床

在裸露的岩基上施工嵌岩桩，施工平台的搭设除采用导管架或水上工作平台外，采用人造基床的方式也是一种很好的思路。对于高低不平的基岩可采用水下炸礁的办法将基岩基本炸平，也可根据当地的地质、地貌的特点，用袋装砂或袋装混凝土在水下围一圈潜堤，中间抛填砂或细石，顶部用袋装砂封顶，以防水流将潜堤内的砂子掏空。抛砂层的厚度与稳定钢护筒有关，如采用钢护筒作为钻孔平台的支承，则应根据水流、波浪、靠船力等外荷载进行设计，如采用导管架方式作钻孔平台，也应按有关荷载进行施工期稳定计算。

大面积人造基床的整平，可以利用水下基床整平机。如中交三航局开发的水下基床整平机，可在 30m 的水深条件下作业（图 6.11-2）。

图 6.11-1　正在施工中的导管架平台

图 6.11-2　水下基床整平机

为防止在护筒与岩石交界面上的地方钻孔时漏浆或漏砂，常常在岩石面上护筒外围的砂土进行高压旋喷或深层搅拌，加固这部分土体以利于进行正常的钻孔或冲孔作业。

［实例 1］　舟山某港区人造基床嵌岩桩施工

1. 工程概况

舟山某港区由于受海岛地形影响，部分区段覆盖层较薄或缺失，其中有 240m 设计采用嵌岩桩（共 26 个排架），排架间距 10m，每个排架 4 根嵌岩桩。钢套筒直径为 ϕ2 200mm，嵌岩直径为 ϕ1 950mm，总计 104 根。根据钢套筒入土深度的不同，桩身嵌入中微风化层深度要求分别为 4.4m 和 3.4m。码头后方为抛石基床小沉箱结构，其断面见图 6.11-3。

嵌岩桩区段中部的 112～122 号排架的泥面高程在 −26～−25m 之间，该区段的覆盖层较薄（0～12m）部分区域岩基裸露，地质剖面见图 6.11-4。

该工程的设计高水位为 +4.51m，设计低水位 +0.53m。根据 3 年的潮流实测资料，工程区域落潮流速大于涨潮流速，落潮最大测点流速为 2.64m/s 垂线平均最大流速在 1.26～2.10m/s 之间。

2. 人造基床稳桩的可行性分析和设计

(1)人造基床稳桩的可行性分析

单根钢套筒沉放后，主要受水流及波浪荷载。施工时选择天气较好的时段，因此波浪荷载不考虑，主要荷载为水流力。根据施工工期安排，钢套筒沉放在冬季，主要在 2003 年 2～4 月，因此钢套筒

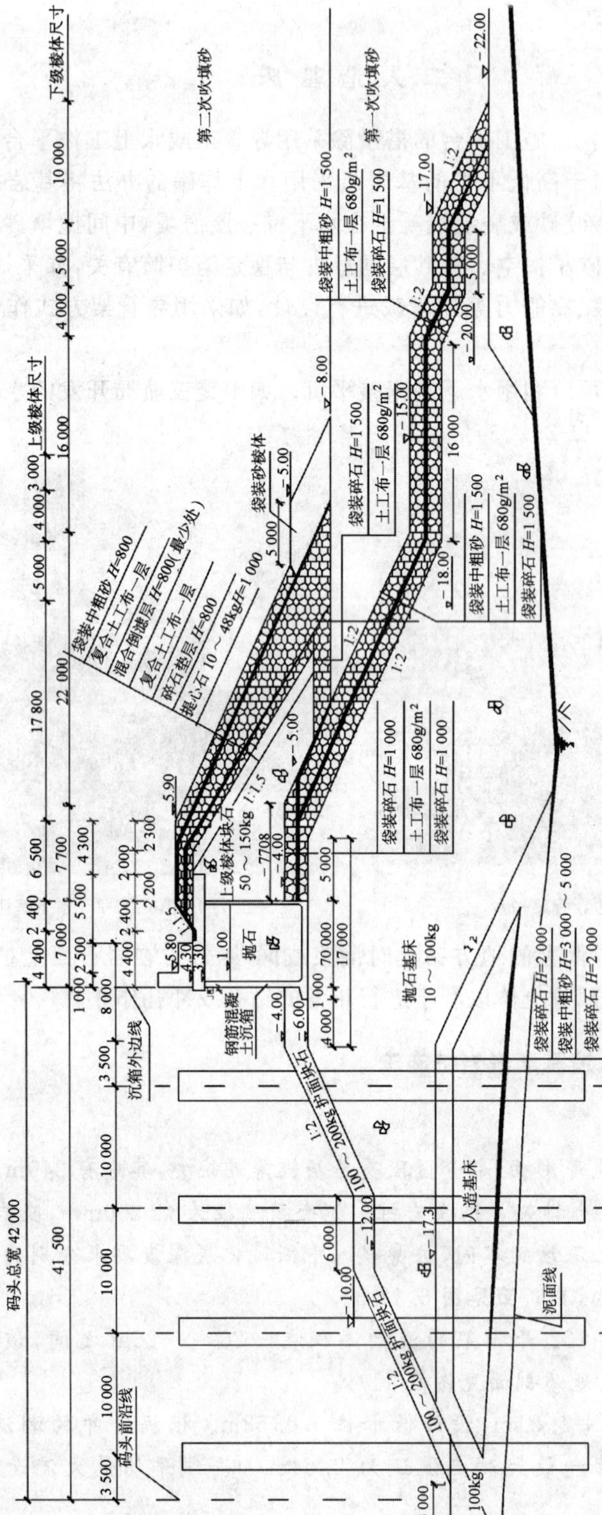

图 6.11-3　嵌岩桩段码头结构横断面图（高程单位：m；尺寸单位：mm）

稳定计算时按垂线平均流速2.0m/s取值。钢套筒的稳定计算方法按靠船簇桩的设计原理进行，计算其最小入土深度从而确定人造基床的厚度。

计算潮流对钢套筒的水流力，参照有关水工规范公式如下。

$$F = Kn_2\gamma_{水}\ v^2A/2g \tag{6.11-1}$$

式中：K——水流阻力系数，按圆形取 $K=0.73$；

n_2——水深影响系数，因考虑单桩稳定，不考虑遮流影响系数，取 $n_2=1$；

$\gamma_{水}$——海水密度，取 $\gamma_{水}=10.3\text{kN/m}^3$；

v——计算流速，取垂线平均流速 $v=2.0\text{m/s}$，对应的水位约+3.0m；

A——阻水面积，即钢套筒在水中迎水面的垂直投影面积；

g——重力加速度，取 9.8m/s^2。

假定计算水深20m，阻水面积 $A=20\times2.2=44\text{m}^2$，$F=0.73\times1\times10.3\times2.0^2\times44/(2\times9.8)=67.5\text{kN}$。

简化土压力计算，假定土质是均匀的，为中粗砂（无黏性土），其相关参数取值：浮重度 $\gamma'=9.5\text{kN/m}^3$，摩擦角 $\varphi=30°$。计算简图见6.11-5。

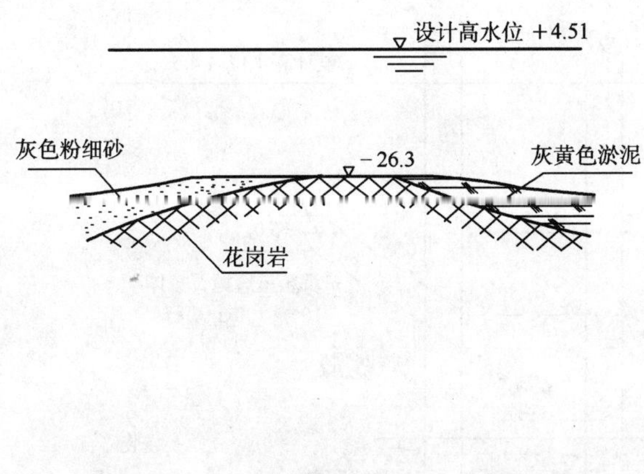

图6.11-4　地质纵剖面示意图（高程单位：m）

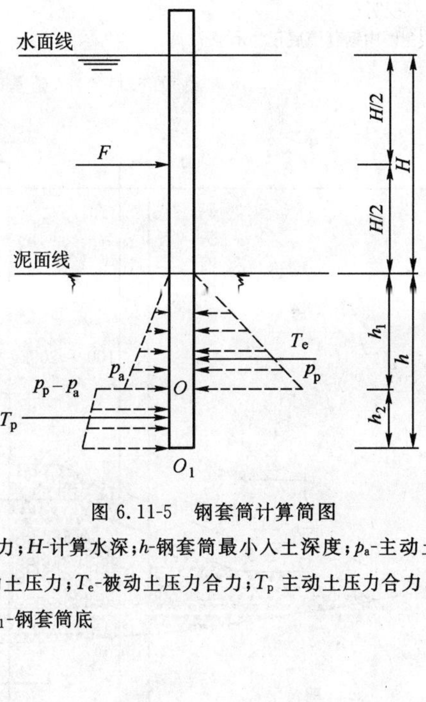

图6.11-5　钢套筒计算简图

F-水流力；H-计算水深；h-钢套筒最小人土深度；p_a-主动土压力；p_p-被动土压力；T_e-被动土压力合力；T_p 主动土压力合力；O-位移零点；O_1-钢套筒底

经计算，钢套筒最小入土深度为：

$$h = h_1 + h_2 = 5.29\text{m} + 2.19\text{m} = 7.48\text{m}$$

即人造基床的厚度不应小于7.48m，依据此数值再参照地质资料，设计人造基床结构。

(2)人造基床的设计

为保证人造基床在今后施工中的稳定性，要求其具有抗潮流冲刷和抗震动能力，在嵌岩桩施工过程中不失稳、不滑移，以及砂袋内砂不会因清渣和潮流冲刷作用而产生大的流失。另外，基床厚度应考虑沉降、流失、误差及稳定性富余量，设计基床做成三层结构，厚度为9m。第一层（底）为2m厚的袋装碎石；第二层（中）为5m厚的袋装中粗砂；第三层（顶）为2m厚的护面袋装碎石。基床边坡为1：2～1：3，钢套筒中心线离基床顶边沿距岸不小于4m控制，以保证足够的稳桩深度。人造基床纵、横断面见6.11-6和图6.11-7。

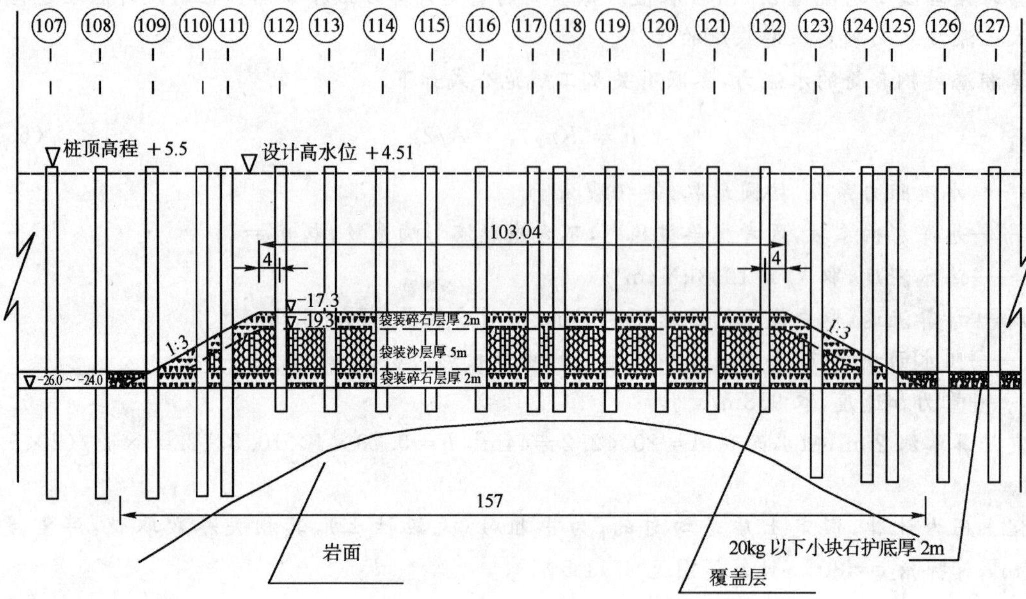

说明：
图中钢套筒底仅为示意。

图 6.11-6　人造基床纵断面图(高程单位:m;尺寸单位:m)

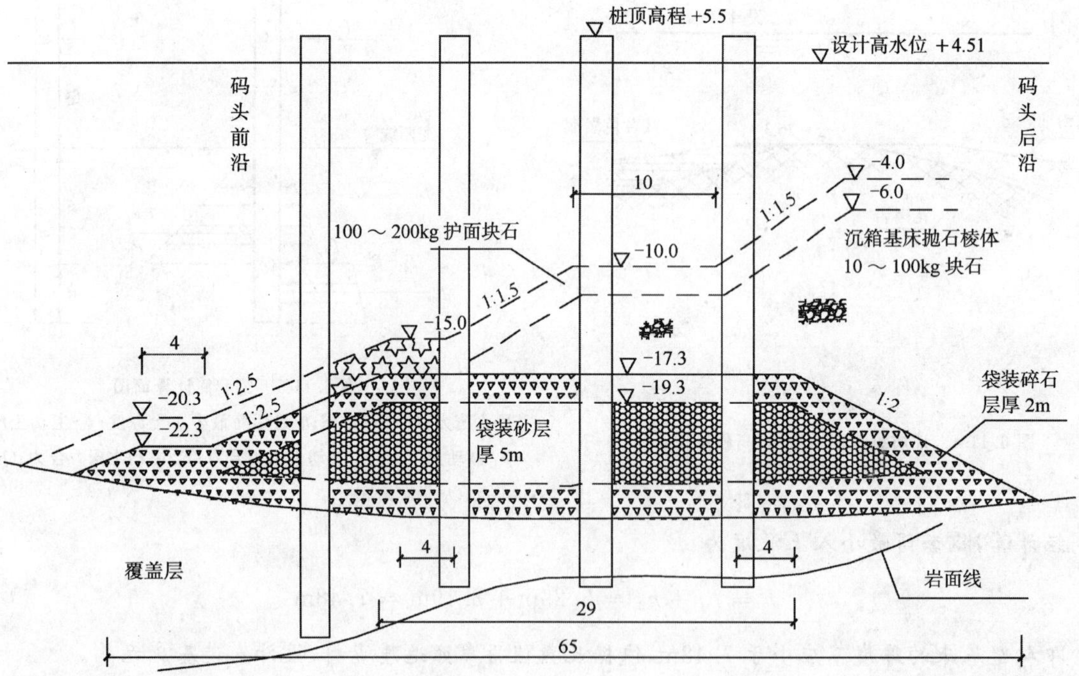

说明：
图中钢套筒底高程仅为示意。

图 6.11-7　人造基床横断面图(高程单位:m;尺寸单位:m)

根据地质资料，该区域原泥面高程为－26.3～－25m。为安全起见并保证基床厚度，基床顶高程按－17.3m 控制。高潮位时水深为 21.8m，基床厚度为 9m，经计算，钢套筒的稳定性能满足要求。

为减少袋装碎石和袋装砂在施工中的破损率，增加基床的密实度，袋体采用 60cm×90cm 的机织布，冲盈率为 80%；砂子采用海砂中粗砂，细度模数在 2.3 以上，防止砂袋基床在形成后板结成"铁板砂”，而增加沉钢套筒的难度；碎石采用 40～80mm 粒径。同时，要求在沉钢套筒后，在套筒四周抛填石块，防止袋装碎石破损后，受潮流冲刷及影响基床厚度。

3. 人造基床施工

结合原地形图，在施工前对抛填区域进行了工前水下地形测量，同时组织砂、碎石的灌袋并准备抛填船机设备。

现场施工，采用驳船吊机网络抛投。结合抛石经验，先进行试抛，确定在不同潮流下的漂流距离。为了减少抛投偏差，急流时避流停抛，同时尽量把网络放入水下。抛投时，采用 GPS 测量定位，分网格抛填，同时勤测水深，随时掌握抛填效果以指导现场施工。

本次施工按地形测量资料推算，人造基床理论总方量为 65 000m^3，其中袋装碎石 31 000m^3，袋装砂 34 000m^3。因沉降和流失，实际抛投袋装碎石 34 876m^3，抛投袋装砂 41 053m^3，共计抛投75 929m^3（船方量）。计划工期 90d，但由于受其他施工船舶影响，实际工期 150d（最大抛投强度达 2 000m^3/d）。

4. 钢套筒沉放

人造基床形成后，立即进行了钢套筒的沉桩施工。由于钢套筒的直径为 ϕ2 200mm×20mm，故先采用三航起重 7 号在覆盖层较大处吊打。但其定位较困难，施工速度慢，垂直度较难控制，后直接采用打桩船沉桩。其中人造基床处的 38 根钢套筒下桩压锤后，能进入人工基床 0.7～7.2m，一般为 1.5～6.0m，采用 DM100 锤二挡油门锤击，总锤击数在 10～173 击之间，大多数桩（32 根）总锤击数小于 100 击。最终贯入度在 2.4～11mm，一般在 6～8mm/击（30 根）。

钢套筒沉桩结束后，立即用型钢将钢套筒与已沉钢套筒电焊加固，连成整体，并在钢套筒四周抛设 2m 厚的 10～150kg 块石护底，防止桩周冲刷。

5. 钻机平台搭设

直接利用嵌岩桩钢套筒作为钻机施工作业平台，即在钢套筒上焊接牛腿。先安装排架方向的底层钢梁，再安装排架之间的上层钢梁，与钢套筒之间连成整体，以抵抗波浪、水流荷载及钻机嵌岩成孔而产生的扭矩。底层钢梁采用 4 排贝雷架为主承重梁，上层钢梁采用 HK400b 型钢，铺 5cm 木板形成钻机平台（图 6.11-8）。

图 6.11-8　钻机平台

贝雷架之间采用垂直和水平剪力撑连接，贝雷架与牛腿面、型钢与贝雷架连接均采用高强螺栓压板固定。因钢套筒都一般存在一定的偏位，每个排架的 4 根钢套筒不在同一条线上，因此贝雷架钢梁需前后两段组合。为保证承载能力，两段贝雷架钢梁之间应根据具体对接位置，现场制作铰接头，并在铰接的特殊部位做了加强性的垂直支撑。实践证明，采取铰接是很成功的工艺，它既弥补了上述偏位带来的问题，也达到了平台整体使用的功能。

本工程采用钢套筒上直接焊接牛腿并安装贝雷架钢梁作为平台结构，其主要优点如下。

（1）利用钢套筒作支撑结构，与一般的施工平台搭设相比，可减省大量的脚手桩。

（2）采用贝雷架作为主承重梁，与钢筋梁相比，可节省加工时间；贝雷架组件可从市场采购，并可周转使用，拆卸回收、堆放保管都很方便。

（3）贝雷架的用钢管量少，质量轻，也便于水上运输、起吊和安装。

（4）贝雷架为镂空结构，透浪效果好，对平台的稳定有利。

6. 嵌岩成孔工艺

由于嵌岩桩段所处位置的地质情况十分复杂，岩面起伏差异悬殊，工程中针对性地选择合适的钻机和工艺，并在施工中不断改进和完善，提高了成孔速度和成孔质量。在此次施工中，先后采用了回转钻机、反循环冲击钻机、正循环冲击钻机三种不同的钻机及其配备不同的钻头类型、不同的钻孔工艺、不同的排渣补水循环方式，为今后相似工程施工累积经验。

(1)反循环冲击钻机成孔

YCJF—25 型冲击钻：钻头质量 4～6t，钻头冲程 0.8～1.3m，卷扬机提升能力 100kN，钻塔有效高度 7.5m，冲击频率 10～25 次/min。

TF—泰山 20 及组装型冲击钻：钻头质量 3.5～5t，其他性能与 YCJF—25 型冲击钻相似。

钻进工艺：采用泵吸反循环钻进工艺，砂石泵扬程约 7m，故施工时，应保持孔内水位。反循环钻机，如图 6.11-9 所示。砂石通过过滤网往外排出，人工配合清除。冲击锤的冲程控制在 0.8～1.3m 为宜，施工时应勤测孔深和详细记录进尺速度等，随孔深的增加而下放排渣管。排渣管离孔底 25～50cm 为宜，以避免钻头冲击排渣管或排渣管拔出钻头，一般情况 8～10d 可成孔。

此类冲击反循环钻机在施工中必须引起重视的问题如下。

①双吊钢丝绳容易断，引起掉钻。

②排渣管接管处或焊接薄弱处容易断杆。

③钻头系钢板卷制焊接成型，容易引起局部内应力较大而造成焊接处破裂损坏，而且冲齿的强度选择十分重要。

上述三个问题是该类型钻机施工中经常停机延期的主要原因。

(2)正循环冲击钻机成孔

正循环冲击钻机的冲锤按形状分四爪、五爪、六爪，按质量，分别使用过 3.5t、5t、7.5t 不同吨位；按直径，分别选用过 ϕ1.65m、ϕ1.80m、ϕ1.92m 的冲锤。正循环冲击钻机及钻头见图 6.11-10。冲击钻机的卷扬机最大提升能力 8t。

图 6.11-9　反循环冲击钻机

图 6.11-10　正循环冲击钻机及钻头

钻进工艺：采用泥浆悬浮排渣正循环钻进工艺。钻渣在泥浆重力作用下被携带悬浮出护筒，在流向沉淀筒的通道槽途中主要靠人工排掏法除渣，剩余的钻渣流入沉淀筒中。本次施工中，主要以控制泥浆的相对密度和含渣量为主，一般施工钻进时，出孔口泥浆相对密度控制在 1.3～1.5，采用单程钻机在正常情况下 9～13d 成孔。此类钻机主要是针对人工基床段钢套筒底产生的复杂情况而采用的机种，是钻机中结构最简单的一种，其适应性、成孔可靠性较好，是处理套筒卷边或漏砂的机种之一。

但其成孔速度相对较慢，成孔后的清孔时间也相对较长。

(3)回转钻机成孔

在施工中先后采用过二种不同型号的回转钻机，一种是中交三航局与洛矿共同研制的XZ—30；另一种是南京中昇公司生产的ZSD—20型回转钻。后者自重18t，钻机扭矩12t·m，转速9～20r/min，全液压驱动，配球齿型滚刀，共有9把刀具，配重30t。

钻进工艺：采用气举反循环钻进，渣土通过排渣管排出，为施工方便，自然补水钻进。覆盖层钻进应控制钻进速率，入岩时应增加钻压。考虑本工程岩石较硬，单轴抗压强度较高，控制在5～10cm/h进尺为宜，一般情况7～8d即可成孔。该钻机主要用于上游海侧P、Q排钢套筒较长的桩位。

在实践中，回转钻机配球齿滚刀式钻具采用气举反循环工艺。其钻进速度和钻机效能优势明显，但其适应性较差，如套筒倾斜度稍大，套筒底部稍有变形，地质情况复杂，就无法成孔。

7.清孔

对部分钢套筒已接近岩面或清水钻进，实践中一次彻底清孔即可满足规范要求。冲击钻工艺清孔采用砂石泵排渣，使其钻头底端离孔底30～50cm，即可清孔。在清孔过程中上、下串动，3～5h即可彻底清孔。回转钻工艺清孔，采用气举反循环排渣。

因部分套筒未入岩面或采用泥浆护壁工艺，下钢筋笼时可能碰到孔壁或泥浆沉淀使浇筑混凝土前沉渣厚度超出规范要求，则需二次清孔。二次清孔可利用混凝土导管，采用气举反循环清孔工艺；针对冲击反循环机，则采用泵吸反循环清孔。为避免测深误差和确保质量，本次施工对超过2cm沉渣，均采用二次清孔工艺。

对采用单程冲击钻机泥浆护壁工艺，由于钻进过程中大量的钻渣悬浮在泥浆中，一般成孔后仍需保持约24h的正循环排渣时间，并严格要求作业队伍人工排渣，以确保进入孔口的泥浆质量。在钢筋笼下放后的二次清孔中，一般需6～12h的正循环排渣过程。二次清孔后泥浆相对密度控制在1.1～1.2，并严格检测孔深，确保成孔质量和混凝土的质量。

8.钢筋、混凝土施工

钢筋笼分节制作，标准每节长度9m，加错开接头总长为10.5m，安装时单面搭接焊，按规范要求保持10d并错开35d，施工时应确保搭接长度和焊接质量。为防止在吊运过程的变形，在笼内每隔2～3m配置加强并加内撑。吊运后应把内撑割除，以防止内撑碰撞混凝土导管，并严格按规范要求加装保护垫块，安放时，可以使用提升架或吊车。

超声波检测管用于检测灌注桩的桩身质量。本工程检测数量为100%桩数，检测管按等边三角形放置。为施工方便，超声波管特别采用推插式连接器(图6.11-11)，无需焊接，可直接绑于钢筋笼上固定。分节长短可按需要向厂家定制，随钢筋笼施工逐节安装，施工方便，效率高。检测管与钢筋笼间的绑扎必须牢固(因管壁薄，不能采用焊接固定)，管口必须采取有效措施加以封闭，防止杂物进入影响检测效果。

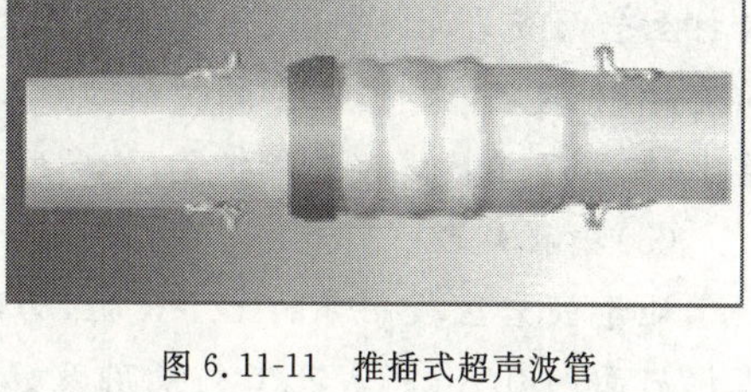

图6.11-11　推插式超声波管

嵌岩桩桩身混凝土采用微膨胀水下混凝土，设计强度等级C30。混凝土工艺方式为现场搅拌船泵送，经多次试拌比较，外加剂采用R561—C高效缓凝减水剂，微膨胀剂采用铝粉，水泥用量389kg/m³。施工配合比见表6.11-1。

施工配合比表　　表6.11-1

水　泥	砂	石	水	外加剂	微膨胀剂
1	1.99	2.74	0.45	1.2*L*%	0.048‰

选用 ϕ308 导管灌注水下混凝土，在使用前应做密水性试验，确保导管不漏水，配 8m^3 料斗 1 只，2.5m^3 漏斗 1 只，灌满后开始混凝土浇灌，以保证初灌量和首次埋管深度。施工时，应使导管下口离开孔底 30～60cm，先抽取漏斗的隔水栓，同时开启料斗阀门，使混凝土连续不断地灌注，同时泵送混凝土也连续地输送混凝土至漏斗内。每次提管时，用测绳测量混凝土面使导管埋深始终控制在 2～3m。为加快提高功效确保质量要求，施工中，导管的连接要采用带橡皮密封圈的螺栓接头，缩短导管的拆卸时间，加快混凝土的浇灌，使混凝土终凝前完成整根桩的浇灌。

本工程嵌岩成孔并浇筑混凝土成桩最长为 60.85m，最短为 33.20m，平均桩长 44.32m。

9.异常情况桩的处理

由于覆盖层及岩面坡度等地质情况较为复杂，岩面凹凸起伏较严重。在沉钢套筒的过程中，部分钢套筒的最后贯入度很难控制，致使部分钢套筒发生底部变形及卷边现象，部分未接近岩面强风化层内。

(1)套筒底部变形

在钻进施工中，发现部分岩渣中含有铁屑且进尺极为缓慢，提出钻头检查，发现钻头局部磨损严重。首先进行强行钻进，但收效甚微且时常发生卡钻，其中 129-P 桩岩渣中夹带小块钢板。经现场考察、讨论分析，认为此类桩钢套筒底部发生变形及卷边。为验证分析结果，对其中 3 根钢套筒进行了潜水探摸。

106-P 钢套筒底部略呈椭圆状。原因：岩面凹凸变化较大，钢套筒打在凹槽处。

129-P 有局部卷边，原卷边部分已在施工中被冲、切成许多小块，筒壁形成了不规则的洞。原因：在沉桩过程首先遇到突出的坚硬岩石而造成。

107-P 该钢套筒底部筒壁产生向内倾斜。原因：岩面倾斜且单边岩石强度很高。

经研究对钢套筒底部变形的桩进行缩径处理，即缩径到 ϕ1 800mm 和 ϕ1 650mm 两种，但要求将底部一节钢筋笼作加强处理。对缩径到 ϕ1 800mm 的桩，增加 8ϕ32mm 钢筋(L=9.0m)，均匀布置；对缩径到 ϕ1 650mm 的桩，除按缩径到 ϕ1 800mm 处理，还另外在钢筋笼底部内侧对称布置 4 根[36b，槽钢顶面高程为超出缩径起始高程 4.0m。

本工程共有 17 根桩发生套筒底部严重变形而影响嵌岩成孔，分析其主要原因是由于岩石倾斜或高低不平，而钢套筒沉桩时最后贯入度很小(这 17 根桩最后贯入度均小于 3mm/击)，从而使套筒底部变形。

(2)底部漏砂

在成孔施工中，发现部分桩在成孔至钢套筒以下时，进尺很慢或不进尺，出渣中有较多的粉细砂，停止钻孔和排砂后，部分孔底高程抬高等现象。经过分析，对照地质资料和沉桩记录，认为这是由于部分桩未打至岩面或岩面倾斜(最大岩面倾斜度达 1∶2.5)，是钢套筒底与岩面之间存在一定的间距，当钻孔到该处时，原覆盖层中岩面上的粉细砂漏入孔中，造成无法成孔。为此，我们从安徽购入了大量的块状黏性重土，配置了重度泥浆进行护壁，并采用正循环泥浆排渣的方法，解决了这 12 根桩的成孔。

(3)塌孔处理

处于嵌岩区段中部的 121-R 桩，为避免钢套筒底部变形，沉桩时控制停锤过早，钢套筒底部离强风化岩面约 0.8m。成孔工艺采用泵吸反循环。钢筋笼安装到位后，因船机原因没有及时浇筑混凝土，至成孔后第 7d 发生塌孔，回淤深度达 3m。

因当时其相邻周围的 4 根桩均没有浇筑混凝土成桩，故将此桩暂时停置。等相邻桩均成桩后，采取保持钢套筒内高水位，采用排渣管泵吸反循环，强行排渣。泵吸排渣期间，不断测量回淤物下降情况，及时了解孔壁是否有坍塌情况。排渣清孔达到要求后，立即进行混凝土浇灌。最后，混凝土经超声波检测，桩身无不利缺陷，判定为Ⅰ类桩。

第一根桩成孔的 129-R 桩，采用 XZ—30 回旋钻机清水钻成孔，由于地质资料与实际情况相差较大，设计钢套筒底高程−42.50m，当钻进至理论嵌岩起始面−43.1m 时未见岩面，继续钻进至−49m 确认为嵌岩起始面并进行嵌岩成孔。但由于钢套筒筒底与岩面距离大，且确认嵌岩所用的时间长又无泥浆护壁，造成钢套筒底部坍塌，最后在清孔后进行低强度等级混凝土封孔重新钻进成孔。

(4)接桩处理

107-R嵌岩桩底高程－46.53m，初灌量和首次埋管深度均达到预计要求。但浇筑至－35.0m高程时，混凝土搅拌船发生故障，导管内混凝土开始凝结，导管发生严重堵管，致使混凝土浇筑中断，成桩长度约11m。

对于此桩的处理有两种方法。

①潜水清除钢筋笼，重新钻进成孔。

②清理混凝土表面，进行接桩处理。

项目部认真分析浇筑过程，认为该桩底段11m长度范围无缺陷，可以利用；而重新成孔，现有设备困难很大，工期没有保证。为验证该段桩身质量，经对桩身混凝土进行取芯检测，芯样完整，抗压强度大于设计值，判断该桩底段无质量缺陷，可进行接桩处理。

为清理混凝土表面，需采用干法施工。即将钢套筒内水抽干，清除混凝土表面的淤泥杂物，凿除桩内顶层混凝土，严格按二次混凝土施工缝处理，清理干净后再浇筑。

为防止钢套筒内水抽干后筒体失稳，在抽水过程中，逐段对筒体进行内撑加固。共计设置5道内撑，位置为从桩顶向下分别为15.5m、7m、7m、6m和5m，内撑由内衬环和撑杆组成。内衬环外径2 160mm，壁厚20mm，高度200mm；撑杆设置成“井”状，单肢为双幅[10槽钢。

桩顶清理前，做好通风、快速撤离等准备工作，并在桩顶有专人照看，上下联络采用高频对讲机，照明用电电压低于24V。清理过程中，随时观察筒壁稳定情况，防止产生意外。经过12d的清理，桩顶混凝土表面达到结合缝要求，验收合格。

上部混凝土仍采用导管浇筑，浇筑过程顺利，经超声波检测，桩身无不利缺陷，判定为Ⅰ类桩。

(5)嵌岩桩混凝土质量检测

①混凝土强度

设计桩身混凝土强度等级为C30。现场制作抗压强度试块，标养28d后，进行抗压强度检验。共计制作试块361组，平均强度46.5MPa，标准差3.9MPa，满足设计和规范要求。

②超声波检测

经上海港湾工程质量检测中心检测，桩身混凝土离差系数为A级，即为Ⅰ类桩的桩数，计94根；离差系数为B级，即为Ⅱ类桩的桩数，计10根，满足设计要求。

③取芯检测

由设计和监理单位在指定的桩位，按3%的比例，对桩长取芯检测，其结果均为Ⅰ类桩。

10.小结

(1)通过38根嵌岩桩的施工，证明在外海深水裸露岩基或浅覆盖层的情况下，采用一定厚度的人造基床进行钢套筒的稳桩措施是合理可行的。

(2)利用钢套筒作为钻孔作业平台基础是可靠的，可以节约大量支撑脚架钢材。采用贝雷架组合梁和型钢作为平台的主次梁，不仅可节约钢材，也便于运输、安装和拆除，回收利用率高，同时减少平台的水流波浪荷载。

(3)通过对打桩船的改造，进行大直径钢套筒沉放是加快施工进度，提高钢套筒沉桩质量的有效措施。

(4)采用DM100柴油锤二挡油门进行ϕ2 200mm×20mm的钢套筒沉桩时，为避免钢套筒底部变形和卷边，必须控制沉桩的最后贯入度大于10mm/击。

(5)采用回旋钻机或冲击钻机在高强度的花岗岩中进行ϕ1.95m嵌岩桩成孔均是可行的，但冲击钻机每延米成孔的成本低，适应性强，社会资源多，成孔效率与回旋钻机相差不多，而回旋钻机相对成本高，适应性弱，特别是遇到钢套筒变形时，容易发生事故。

(6)在砂层中钻孔时,应采用重泥浆护壁的成孔工艺,防止漏砂及坍孔。

(7)嵌岩桩施工中,一旦开钻应连续施工,并立即进行钢筋混凝土施工,防止因孔壁浸泡时间过长而发生坍孔等事故。

(8)在地质情况复杂的区域进行嵌岩桩设计施工时,应增加地质钻孔,尽量做到一桩一孔,减少施工中出现的异常情况。

三、套箱基床

套箱基床也是一种人造基床,主要用于裸露的岩基上。与普通人造基床不同的是用袋装混凝土或袋装砂在高低不平的岩基上围成一些同一高程的低围堰,然后将预制好的钢筋混凝土套箱安放在低围堰上。在混凝土套箱内放上土工布,里面抛砂,沉放钢护筒,顶部铺一层袋装混凝土或袋装碎石,以防砂子被水流带走。采用此种方案往往是水深较深,潜水员水下工作时间较短,如用普通人工基床则耗费时日或者裸岩坡度较陡,若全用袋装混凝土或袋装砂则围堰底脚很宽、工程量浩大。采用钢筋混凝土套箱可直立地站在袋装混凝土或袋装砂的基础上,以减少工程量。

[实例 2] 宝钢马迹山套箱基床嵌岩桩施工

宝钢马迹山中转矿石码头试桩工程(二期码头工程的工程桩)采用 ϕ2 800mm 嵌岩灌注桩共 8 根。由于该区域岩面基本裸露,水深 25.5~30.0m,流速较大约 2.0m/s,且经常有涌浪出现,施工条件十分恶劣。主要工艺流程如图 6.11-12 所示。

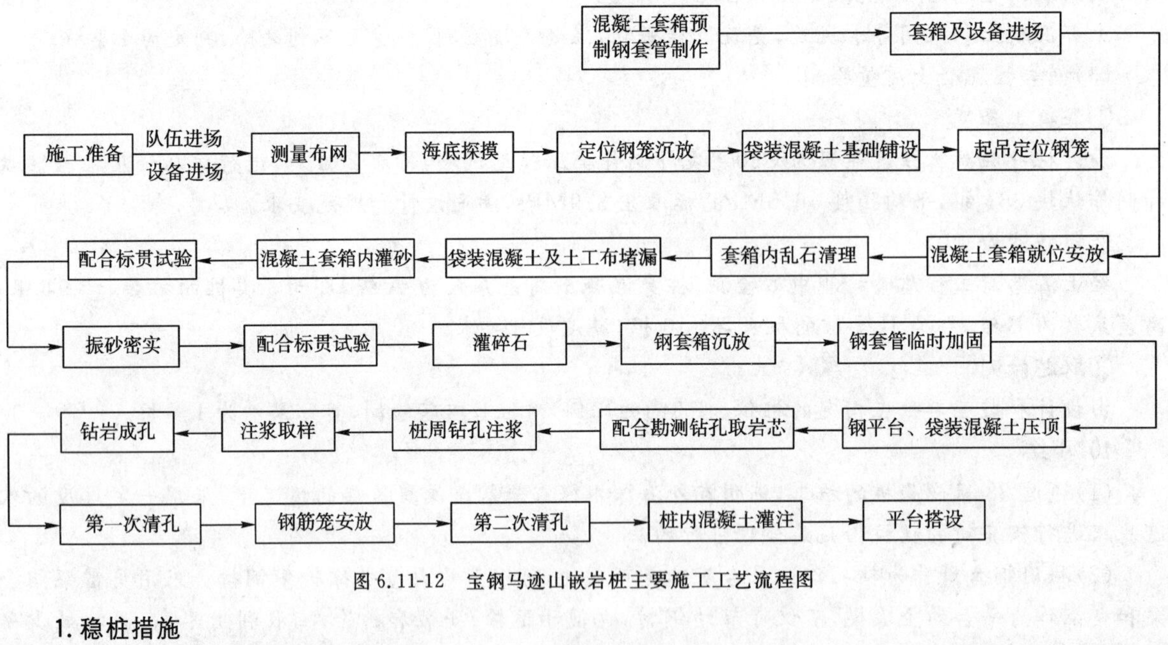

图 6.11-12 宝钢马迹山嵌岩桩主要施工工艺流程图

1. 稳桩措施

马迹山嵌岩桩施工最大的特点是可在水深、风大、浪高、涌、流急的外海作业,且是在起伏不平的裸露岩基上进行嵌岩施工。这就不可避免地带来如何确保施工期钢套管兼平台支撑桩稳定的技术难题。经多方仔细充分论证后,采取的具体稳桩措施是在高低不平的裸露岩基上用袋装混凝土进行找平。找平后在袋装混凝土基础上沉放钢筋混凝土套箱(16m×8.5m×7m),套箱底部用土工布和袋装混凝土封堵,再在套箱内灌粗砂,即将灌至套箱顶部时,铺设一层 50cm 厚的石子,然后用液压振动锤夹传振管插入砂层内进行振砂密实,使砂层的标贯击数达到≥15 击后,再打入钢套管,利用砂层对钢套管的嵌固作用进行施工期的稳桩。打入钢套管后,在套箱顶部安放 100cm 厚的袋装混凝土,以防砂和石子被水流冲走。

(1)海底探摸

此次探摸基本上摸清了岩石、淤泥覆盖层的分界线，大致的地形起伏情况及乱石位置，测定了每个套箱沉放位置6个特征点的高程。

(2)水下袋装混凝土基础铺设

由于套箱沉放区的岩面高低起伏不平，为此，在套箱底部与岩面之间铺设一层袋装混凝土基础找平，以使套箱沉放后基底处于水平稳定状态。袋装混凝土基础顶宽150cm，高至少50cm，混凝土设计强度等级C20，每袋混凝土约0.07m^3，完成四个套箱基础的混凝土总量是465m^3。海底表层有淤泥覆盖层时，应全部清除。

考虑到袋装混凝土基础的顶宽是150cm和套箱搁置的安全、便利，特别制作了2只定位钢笼，其外形是宽650cm、长1 400cm，高300cm。在钢笼上部宽度方向中间各设置1根能露出水面的标测杆，标测杆用三角架固定，在钢笼四角及中间共设6个螺旋支腿，以调节钢笼在海底的水平。

定位钢笼沉放好后，即开始进行袋装混凝土的基础铺设。铺设的方法把袋装混凝土沿定位钢笼底部四周叠垒，但不能把定位钢笼挤住以防无法起吊。高度控制由定位钢笼底部的一根水平槽钢控制，在保证袋装混凝土基础厚度至少50cm的前提下，与该水平槽钢保持一样的高差。顶宽和边坡由潜水员控制。

(3)套箱的沉放

本次施工共沉放4只套箱，平面外形尺寸均为1 600cm×850cm，壁厚30cm，其中2只高720cm，另2只高700cm，每只包括吊索具的质量为330～360t。套箱沉放位置偏差要求控制在南北方向小于等于20cm，东西方向小于等于30cm。实际施工时，由于风浪和水流的影响，难于达到此要求，只好暂以不影响下一步沉钢套管施工为控制目标。

(4)套箱底部堵漏

根据稳桩的要求，套箱沉放后，还需在套箱内灌砂。为防止砂从套箱底部与岩面和袋装混凝土基础之间的缝隙中漏出，需要预先在套箱底部进行封堵。办法是在套箱底内外侧用围布设一层20cm宽土工布，再在土工布上面铺设袋装混凝土和砂包，把土工布压住，套箱底和外侧用袋装混凝土，套箱内用砂包。

采用袋装砂代替套箱内部分袋装混凝土的封堵，对于因套箱沉放偏位过大，防止沉桩时钢套管触碰袋装混凝土是一个较为有效的措施。

(5)套箱内灌砂、石子

套箱内砂是直接用来嵌固钢套管的，因此对砂和灌砂的质量要求很高。粗砂要求体止角≥35°，灌砂后标贯击数≥15击。砂灌至离套箱顶50cm时，改灌直径2～10cm的碎石，以防施工期砂被冲刷。每个套箱灌砂量约900m^3，碎石60m^3。灌砂时套箱顶在水面下20～23m。

(6)套箱内砂振动加密

套箱内灌砂和石子压顶后，按设计要求对套箱内砂进行了标贯击数的测试，并决定采用液压振动锤夹传振管插入套箱内砂层，通过振动使砂加密，提高标贯击数，使之达到$N \geq 15$的要求。

(7)袋装混凝土压顶

打完ϕ2 800钢套箱后，为防止砂石被水流冲走，即在混凝土套管箱的砂石表面抛填一层袋装混凝土。

2.外海ϕ2 800大直径钢套管沉放

本次试桩工程共沉放钢套管8根，钢套管直径2 800mm，长33.9～36.2m不等，壁厚20mm，每根桩重约50t。

(1)沉桩施工技术要求

根据设计要求，沉放钢套管要满足下列要求。

①钢套管沉放采用锤击法沉放(重锤轻打)，要求钢套管底进入强风化层50cm，并尽可能往下沉放，以利单桩施工稳定。

②沉桩允许桩顶偏位±30cm，垂直度1/100以内。

③沉桩停锤标准以不卷边为原则，高程控制为主，贯入度作校核。

(2)钢套管沉放施工技术

①龙口改造

钢套管直径2 800mm，是目前国内水工工程中直径最大的钢管桩，因打桩船无如此大直径的龙口桩架，必须根据钢套管直径定制一龙口。同时考虑到马迹山海域风大、浪高、涌汹、流急，决定在450t起重船上改造一龙口桩架。龙口高度16.1m，内龙口直径3.1m，上下背板共3道，背板采用三点滚轮固定桩，最大直径3m。

②锤型、替打选型

采用IHC公司生产的SC—150液压锤，性能参数如下：

每击最大能量	150kN·m
桩体所受最小能量/每击	6kN·m
锤击频率(最大能量)	35击/min
锤质量	19.5t

特制与ϕ2 800相匹配的替打一只。

③沉桩潮位选择

由于工程区域海况极差，涨潮流速达2.0m/s，选择气象条件较好的白天高平潮进行沉桩作业。

3.嵌岩成孔

(1)钻孔注浆

出于以下考虑，本次试桩施工中须对套箱内3m高度范围的灌砂进行注浆，并对钢套管进入强风化层及中—微风化层破碎带进行注浆。对钢套管底部强风化层—微风化层破碎带进行注浆，可以防止在钻岩成孔时发生坍孔，并且可以堵塞岩层裂隙，防止沿此裂隙形成漏砂通道而产生漏砂、漏浆。对套箱内下部3m厚的砂层进行注浆，可以使砂层胶结，防止漏砂、漏浆，对于施工期单桩的稳定性大有帮助。

图6.11-13为袋装混凝土铺设平面图；图6.11-4为混凝土套箱沉放、袋装混凝土封堵平面位置图。

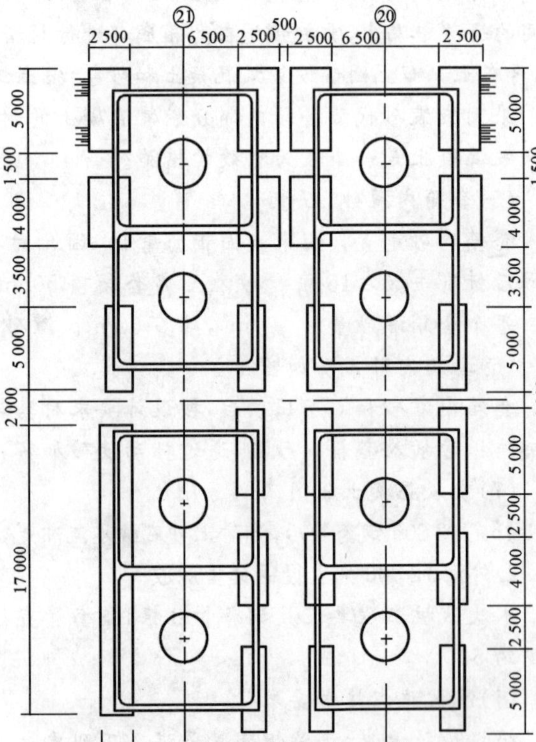

图6.11-13　袋装混凝土铺设平面图(尺寸单位：mm)

①设备选型

a.钻孔设备：本次注浆钻孔设备选用TGB—100型钻机，机重3.5t，底盘尺寸2.2m×4m，塔高13m，钻头直径ϕ75mm。

b.注浆设备：本次注浆泵选用ZTGB—50/105型，注浆压力可达1.2MPa，流量可达105L/min，电动机功率11.5kW，另外由于海上施工的特殊性，钻孔后无法再精确下注浆管，因此采用ϕ68×20、ϕ68×18两种规格的钻头直接代替钻杆，既可钻孔，又可起注浆管作用。

②注浆液

浆液由42.5级水泥、三乙醇胺、水玻璃、水组成。岩层注浆为单液(即水泥浆液)，砂层注浆为

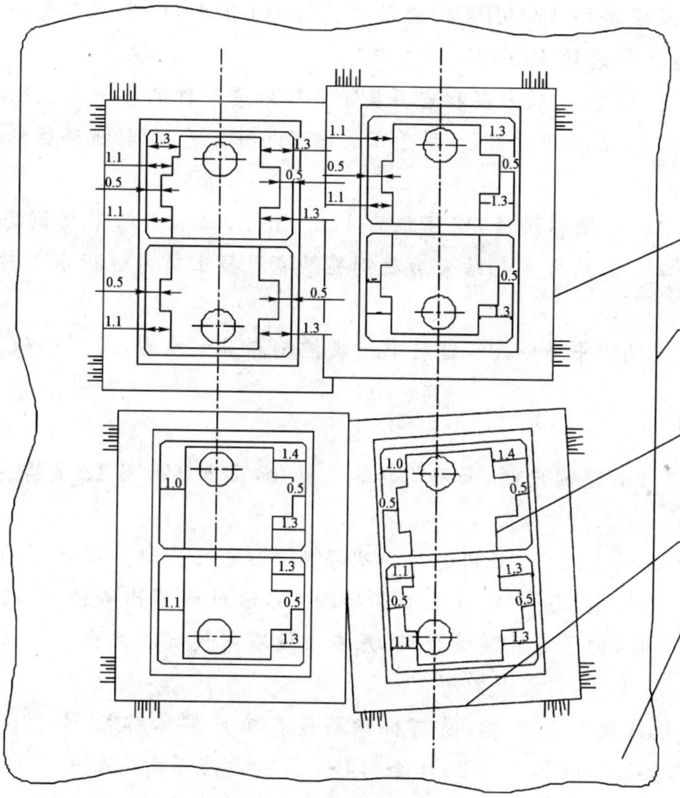

图 6.11-14　混凝土套箱沉放、袋装混凝土封堵平面位置图(尺寸单位:m)

双液浆(即水泥浆与化学添加剂的混合浆液)。

③注浆压力

注浆压力对于岩层控制在 0.8～1.2MPa,对于砂层控制在 0.5～0.8MPa 范围内。

④钻孔数量及孔位布置

每根钢套管布置 5 个孔,桩中一孔,主要对套管底部岩层进行注浆,钻孔深度在钢套管底以下约 1.6m,钻杆上有效注浆孔距孔底 70～80cm;钢套管外围对称布置 4 孔,孔位距钢套管外壁 10～20cm,主要对钢套管底部加强注浆及混凝土套箱内侧钢套管外围 3m 厚砂层注浆,钻孔深度为钢套管以下约 1.3m,钻杆上有效注浆孔距孔底 80cm,采用上行式注浆,每次提升钻杆 50～80cm。

(2)钻岩成孔

①设备选型

本次试桩工程选用河南郑州勘察机械厂生产的 QJ250—1 型钻机两台,其主要技术性能参数如下:

钻孔直径:岩层:3m　　松散层:6m

钻孔深度:10cm

转速:7.8r/min、12.7r/min、26r/min　　最大扭矩:117.6kN·m

塔架有效高度:9m　　本机质量:30t

提升能力:500kN　　功率:95kW(主机)+30kW×2(提升)

钻杆采用双壁钻杆,内壁与外壁之间为高压空气通道,为气举反循环通高压空气用,内壁钻杆内径为 200mm,外壁钻杆外径为 273mm,壁厚均为 10mm,其特点是钻杆强度高,空气通道不会损坏漏气。钻头结构为平底钻头,布刀 15 把(其中中心刀 1 把,正刀 10 把,边刀 4 把)用正刀代替中心刀。钻头有两种形式,即楔齿滚刀钻头和球齿滚刀钻头,均为 12 寸滚刀。布刀方式为等径螺旋线布置,共 6 圈对称刀具,相差 3°～5°,组间覆盖系数 1.1。钻头配重 15t,刀盘重 8t,导向及中心管过渡接头、钻杆等总重达32t,对于钻进单轴抗压强度约100MPa的岩层较为合适(其中,楔齿滚刀钻头适于钻进约80MPa的岩层,球齿滚刀钻头适于钻进约100MPa的岩层)。

该机适用于松软地层、泥砂层、砂砾层、破碎层和岩石层等多种地质条件的各种大直径成孔施工,扭矩大,刚性好,整体稳定、钻进效率高,成孔质量好,可用于正反循环两种工艺,但钻机移位系统不灵活。

②循环方式

采用海水作为循环液进行气举反循环排渣,空压机为17m³/min,海水供给采用钢套管下部开一18cm×20cm椭圆孔,作为进水口。待钻岩成孔结束后放钢筋笼浇混凝土前再进行水下封堵。

③钻压选择

砂层中钻进控制在2～6t,强风化中6～10t,岩层中一般控制在20t左右,遇到坚硬岩层时,钻压达到25～30t。

④转速选择

钻进砂层及钢套管底部以下2m范围内时,采用低转速7转/s,孔下部采用12.7转/s。

⑤清孔措施

钻岩成孔结束后,浇筑水下混凝土之前,必须进行二次清孔,孔底沉渣厚度不大于5cm。钻岩成孔结束后进行第一次清孔,将钻头提起50cm气举反循环排渣1h,通过检测出渣情况,检验沉渣清除质量。在浇混凝土前第二次清孔时,由于成孔质量较好,基本上没有发现沉渣排出。

4.水下钢筋混凝土施工

根据施工区域海况及现场作业船舶的性能,嵌岩桩钢筋笼在工厂整体绑扎、加固。单件最长达42.6m,重约24t,方驳运至现场及用三航起7号350t全回转起重船六点吊放入钢套管内。

混凝土浇筑采用三航混凝土11号混凝土搅拌船,该船主要技术参数如下。生产能力:50m³/h;最大混凝土原材料装载量:400m³混凝土;泵送能力:87m³/h;舷外作业范围:34m;总排水量:2 150t。

根据桩基水平力试验的需要,混凝土设计强度等级为C30和C35,单桩混凝土量为258m³,平均每根桩浇筑时间约6.5h。

第三节　爆破法施工

在钻孔桩施工中往往会遇到坚硬的岩石或孤石,这给钻孔或冲孔带来很大的困难,且使得设备损坏严重,进尺缓慢,特别是遇到坚硬的孤石,往往还会出现偏孔,坍孔等事故发生。因此,在施工实践中采用爆破法处理岩石会收到很好的效果,由于周围正在施工其他桩基,一般均采用微差松动爆破。施工中掉锤的现象也时有发生,经多种常规打捞仍不奏效的情况下,利用爆破法使锤振动摇晃,从而达到取锤的目的。挖孔桩施工中遇有岩石或孤石,嵌岩桩施工中也可采用微差松动爆破法将桩孔部位岩石松动,而对桩周岩石基本上没有影响。爆破法施工是一项专业性很强的工作,必须请有资质的专业设计人员设计,有资质的施工作业人员施工,同时要充分考虑周围建筑物或正在施工的桩基的安全,要采用微差爆破,控制起爆药量,并应到公安部门办理相关的手续。水下爆破还应注意药包的防水性及水深对爆破的影响等因素。

一、爆破法取锤

在福建沿海的灌注桩工程中,设计单位一般选择中微风化岩或未风化基岩作为桩尖持力层。中微风化岩或未风化基岩的成孔虽可选用回旋钻机钻进和工艺,但无论其施工成本还是施工进度都远不如冲击成孔工艺。在冲击成孔过程中,冲击锤由于磨损,锤体底部容易形成上大下小的锤形,这样当冲击成孔至中微风化岩层或未风化岩层时,由于掉石、掉物或未及时修补冲击锤就很容易造成卡锤。发生卡锤现象时,有时通过加大提升能力可以解决,但卡得比较紧时又往往很难奏效,此时就应该选用其他切实可行的方法取锤，爆破方法就是其中一种方法。

由爆破引起的振动常常会造成爆源附近的地面以及地面上的物体产体颠簸或摇晃（水下爆破也是如此），凡是由爆破所引起的这种现象及其后果，称为爆破地震效应。用爆破法处理卡锤事故正是利用爆破地震效应的原理，使冲击锤颠簸或摇晃，从而达到取出冲击锤的目的。

用爆破法处理冲孔灌注桩卡锤事故的关键之一就是一次起爆药量的确定。作者根据多次取锤的成功经验以及有关爆破理论，建议一次起爆药量的确定参照下面的计算式。

$$Q = n \cdot R^3 \tag{6.11-2}$$

式中：Q——一次起爆药量(kg)；

n——经验系数，一般取 $n=2\sim5$；

R——锤瓣到爆破中心的最小距离(m)。

用爆破法处理卡锤事故的具体施工方法：首先将孔内冲击渣清除干净，特别是锤瓣间的冲击渣要清除干净，保证清孔后能用测锤量到孔底（或卡锤位置），然后用2～3节（约40～60g）普通岩石炸药，辅以必要的配重（不宜用钢质材料）沉至孔底（或卡锤位置），并置于锤瓣间（此步骤要由有经验的人员完成，避免炸药贴着锤瓣而将冲击锤炸坏），引爆炸药（引爆同时卷扬机提升冲击锤，这样取锤的成功率更高）。

二、冲孔桩松动爆破

在冲孔灌注桩施工中，有时会遇到岩石特别坚硬的情况。此时，用通常的冲击成孔的方法进行就很慢，成本也非常高；如果应用爆破技术先将坚硬岩石爆裂（松动爆破），就可加快施工进度，同时成本也相应降低。

[实例3] 福州港冲孔桩松动爆破

福州港散货码头设计冲孔灌注桩桩径为1.8m，桩端需嵌入微风化岩5.4m。在冲孔灌注桩施工至微风化岩时发现施工进度缓慢，桩锤损坏严重。经地质钻探取岩样试验，表明微风化岩强度高达185MPa。为保证工程质量，加快施工进度，施工单位征得建设单位及设计单位的同意，采用先将岩石爆裂（松动爆破）再冲击成孔的施工方案。

1. 福州港散货码头典型地质资料

自上而下地层分别为滚石（开山回填而成）、块碎石、黏性残积土、强风化花岗岩、中风化花岗岩、微风化花岗岩。钻孔柱状图见表6.11-2。

钻孔柱状示意图 表6.11-2

地质序号	层底深度(m)	分层厚度(m)	层底高程(m)	地层描述
①	1.80	1.80	−15.00	滚石：灰白～浅黄色；硬；成分为中等风化花岗岩，粗粒结构；为新近开山回填而成
②	3.30	1.50	−16.50	块碎石：灰白色；胶结松散；成分为中微风化花岗岩；块径5～10cm，呈棱角形
③	6.30	3.00	−19.50	黏性残积土：清黄～浅棕～清绿色；可塑～硬可塑；稍湿；上部以坡积为主，下部以残积为主
④	7.30	1.00	−20.50	强风化花岗岩：灰黑～浅青黄色；局部灰白色；稍硬；风化现象明显，长石已大部分风化成次生矿物，但其结构完好；裂隙较发育，岩芯破碎，呈小块状，锤击易碎；采取率低
⑤	8.30	1.00	−21.50	中风化花岗岩：黑白相间；硬；花岗中粒径结构；块状构造；矿物略有风化，结构清晰；岩芯圆饼～碎块状，不易击碎；采取率低
⑥	14.30	6.00	−27.50	微风化花岗岩：灰白～灰黑～浅白色；致密坚硬；中粒结构；块状构造；岩质新鲜，矿物略有变色，但结构基本未变；岩芯长柱状，难击碎；采取率>90%

2.冲孔灌桩施工

①搭设水上施工平台;沉放灌注桩施工的钢护筒。

②冲击钻机就位,开始灌注桩冲击成孔至强风化花岗岩底面、中风化花岗岩顶面。

③中风化花岗岩成孔:主要还是由卷扬机带冲击锥冲击成孔,由于岩石较坚硬,冲击锥损坏较严重,还可满足施工进度要求。

④微风化花岗岩成孔:由于岩石坚硬,直接用卷扬机带冲锥冲击成孔进度缓慢,冲击锥损坏非常严重,不能满足施工进度要求。采用松动爆破法先将岩石爆裂再冲击成孔,可加快施工进度,基本满足施工进度要求。

(1)松动爆破施工方法

由于爆破可能会导致周围建(构)筑物的破坏,所以本工程选用微差爆破来减少爆破对周围建(构)筑物的影响。嵌岩桩微差爆破施工方法是在拟成孔岩体内不同深度和不同平面位置上设置炸药包,通过微差技术控制炸药包的起爆时间和顺序,达到对拟成孔岩体松动爆破的目的。

第一步:由于微风化花岗岩面深度较大,用潜水钻机钻孔难度很大,选用 XY—1 型岩芯钻机沿拟成孔桩的周围钻孔,孔径选用 100mm,以此将孔壁与桩孔内岩体(拟爆破岩体)分开,形成隔离空间;为保证钻孔位置符合爆破方案要求,采用孔口安置定位钢板的方法定位,定位钢板上预先在钻孔位置钻有孔洞。

第二步:在拟爆破岩体内布置 9 个爆破孔,孔深超过嵌岩深度 400mm,以保证成孔深度满足嵌岩深度要求;在 9 个爆破孔的不同深度上放置炸药包,对拟成孔岩体进行松动爆破,从而最大限度地减少爆破地震波和冲击的影响,保证孔壁不受损伤。

第三步:用冲击锥对爆破后的岩体冲击,使其成为小块,再用压风机清孔法将冲击渣清出孔外,从而达到成孔的目的。

(2)爆破参数的确定

拟爆破岩体内布置 9 个爆破孔,分为三圈,外圈 4 个孔,内圈 4 个孔,中间 1 个孔。各孔的爆破参数见表 6.11-3。

爆破参数表

表 6.11-3

爆破参数 / 参数值 / 炮孔类别	孔间距 A (m)	孔深 L (m)	最小抵抗线 W (m)	单耗药量 C (kg/m^3)	单孔药量 Q (kg)
外圈炮孔	0.86	5.80	0.30	1.50	2.24
内圈炮孔	0.40	5.80	0.40	1.50	1.40
中间炮孔					3.00

注:单孔药量 $Q=C \cdot A \cdot L \cdot W$。

(3)爆破振动校核

本工程重点考虑的是所成孔的孔壁稳定和钻孔平台的安全,为此必须考虑振动速度,确保质量和安全。

根据《爆破安全规程》(GB 6722—2003)中爆破地震安全距离的规定,一般建筑物和构筑物的爆破地震安全性应满足安全振动速度的要求。该规程并对主要类型建筑物地面质点的安全振动速度作出如下规定:交通隧洞 15cm/s;水工隧洞 10cm/s;一般砖房 2~3cm/s。

在本工程中取安全震动速度为 5cm/s,按此要求进行计算,则一次最大起爆药量为 2kg。因此,只需将外圈炮孔分成 5 段,内圈炮孔分成 4 段,中间炮孔分成 2 段,总计分成 11 段,最大一段的起爆药量控制在 1.79kg,即可满足要求。

(4)效果检验

①安全：从本工程爆破结果看，基本达到预期效果，即孔壁稳定，钻机平台只产生轻微摇晃。

②进度：从本工程爆破结果看，扣除爆破准备（钻孔、装药）的时间，进度可比直接用冲击钻冲击提高3～5倍。

③结论：松动爆破在冲击孔灌注桩的应用中只要正确选用各种爆破参数是可以达到预期的效果的。

三、爆破法处理桩孔中孤石

［实例4］　汕头礐石大桥爆破法处理桩孔中孤石

汕头礐石大桥位于广东汕头市，全长2 402m，为双塔空间双索面跨海斜拉桥。其主跨为518m钢箱梁，两跨各为100m钢箱梁＋2×47m混凝土箱梁，两主墩位于海中，分别由16根ϕ2.5m钻孔灌注桩支承（图6.11-15），为国内第一座混合型斜拉桥。

礐石大桥南北两主塔均位于汕头港区内，主河道水深20m，半日型潮汐。潮水流向为反复型，高低潮差4m，平均潮差3m，平均流速2m/s。

经过详勘察，南主墩所在位置水深12m；地质覆盖层为淤泥质黏性土和亚黏土，最大厚度达35m；在高程－30m上下较广范围内密布有粒径1～6m的巨型风化球孤石，有的位置多达三层；其强风化和中风化花岗岩较薄，作为持力层的微风化花岗岩埋藏深度35～60m，岩面陡峻，在水平桩距5.2m的范围内，最大高差达38m，岩石单轴抗压强度达130MPa，岩体中含有石英岩，晶体密度完整，裂隙小而多层，其间夹有已风化的皇斑岩，该皇斑岩遇水软化，施工中易引起塌方。

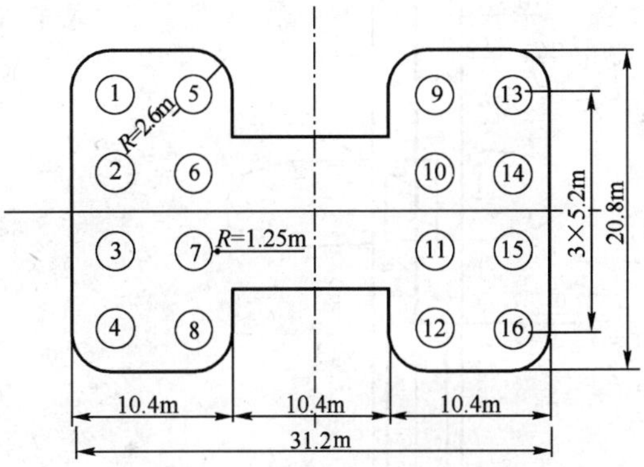

图6.11-15　南(北)主墩平面图

1.总体方案目标

(1)要清除各桩位上的孤石，为钻孔灌注桩的钢护筒下沉扫除障碍。

(2)为了使主塔基础中每根桩从嵌固点到承台底的自由长度之差满足规范要求，要清除－40m以上钢护筒范围内的柱状岩体，并且确保－42m以下的岩体不破碎。

(3)确保附近码头安全，同时尽量不造成海上施工平台倒坍。

(4)经反复论证决定采用水下深层可控爆破施工方案。

2.控爆设计

(1)设计要素

为实现预计目标，在控爆设计中要保证以下设计要素的满足。

①炸岩深度12m，高程达－40m，并控制爆破下潜深度小于2m。

②爆破岩体孔径3m。

③岩石破碎粒径小于20cm。

④建筑物安全距不小于200m。

(2)布孔原则及参数设计

在每桩位布置爆破孔时依据两项原则：

①按无限介质内成组延长药包爆炸所产生的破碎区评估爆破效果；

②尽可能提高炸药的单耗，使破碎范围尽可能大而破碎岩石的块径尽可能小。

在综合考虑岩体力学指标、炸药特性参数和各项爆破设计要素后，确定布孔方式为每桩位中心布1孔，并在距桩周内侧20cm的圆周上再分布8个孔(图6.11-16)，布孔参数为：

a. 孔径：$d \geqslant 90$mm；

b. 孔距 a：中心孔号与周边孔孔距120cm，周边孔孔距95cm；

③孔深 L：钻孔深度42m，装药到40m。

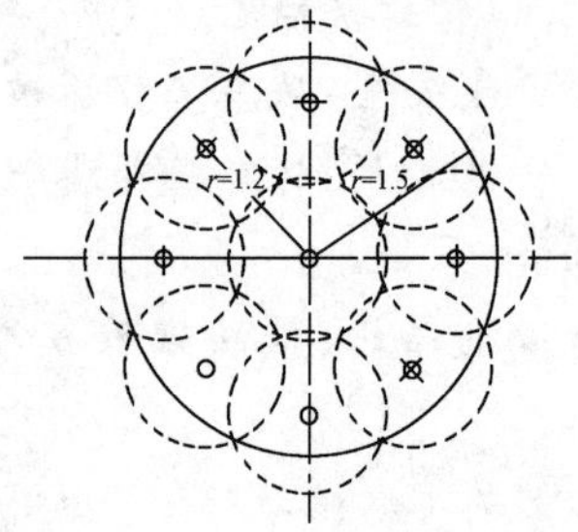

图6.11-16 单桩爆破布孔图

(3)单孔装药设计

考虑到爆破中全靠孔内炸药爆炸挤压破碎岩石，因此在每钻孔岩层高度内(包括孤石段)全部装填炸药。起爆体采用TNT黑索金混合体，主装药采用TNT，装填密度12g/cm^3，药筒直径为ϕ65mm，单孔装药4kg/m，单孔装药量48kg(图6.11-17)。

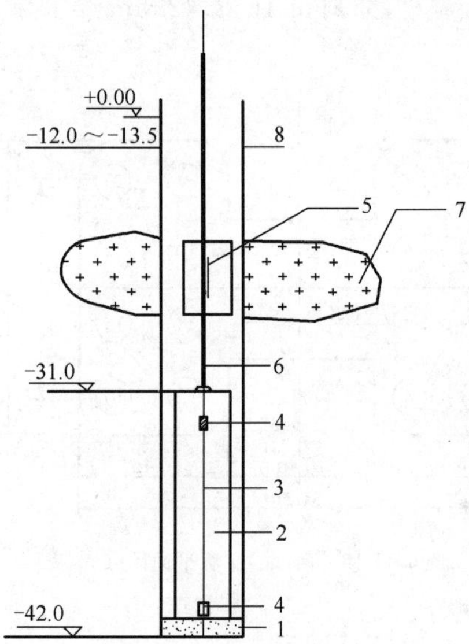

图6.11-17 单孔装药作业(高程单位：m)

1-铅沙；2-主装药；3-两根导爆管；4-起爆体；5-孤石内药包；6-ϕ5mm钢丝绳；7-孤石；8-PVC管

V. E. Kuznetsor的岩石爆破方程如下。

$$X = A \times (V_B/Q)^{0.8} \times Q^{1/6} \qquad (6.11\text{-}3)$$

式中：Q——爆破炸药量；

V_B——为钻孔爆破的岩石体积；

A——岩石系数，中等硬度岩石取7，裂缝发育的硬岩取10，裂隙不明显的硬岩取13。

将有关参数代入式(6.11-3)可求得岩石平均破碎块径为4.67cm，符合要求。

(4)一次齐爆量检算

为了确保码头和施工平台的安全，一只墩身基础16根桩分为二次爆破，每次爆破8根桩。本次爆破点位于海底覆盖层下，距水面30m处，爆炸时噪声、水击波和飞石的危害很小，爆破震动波对附近建筑物的影响即成为一次齐爆药量的控制因素。

根据岩层分布和钻孔，北侧8根桩位，装药总量为1 680kg，按式(6.11-4)计算得安全距为195.5m，距桩位最近一处永久建筑物距离为230m，故可确保安全。

$$R = (K/v)^{1/\alpha} \times Q^{1/3} \qquad (6.11\text{-}4)$$

式中：R——爆破震动安全距；

v——允许安全速度值，取3；

Q——一次齐爆最大用药量；

a——衰减系数，取200。

(5)起爆网络

施工阶段正值雷雨季节，海上存有散杂电流，不宜采用电爆网络，经研究决定采用多起爆体并联式非电起爆网络(图6.11-18)，网络主线和次线采用非电黑索金导爆管，药包中安置非电毫秒雷管。为测试药包埋置过程中可能发生的网络中断，在沿导爆管布设了测试电线，在药包和网络设置完毕后，可对电线导通检查，推断起爆网络的连通状况。

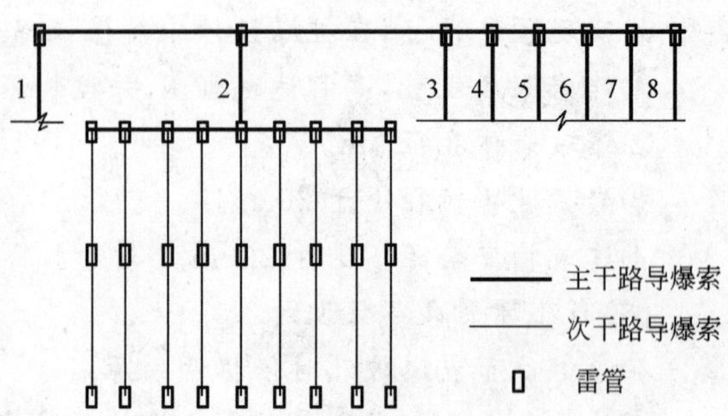

图6.11-18 起爆网络图

(6)爆破器材及网络试验

①原材料深水试验

针对本次爆破施工的特点，对炸药和雷管的深水适用性进行试验。试验材料包括乳化炸药和压制的200g TNT药块；毫秒非电雷管和毫秒电雷管；黑索金导爆管和铜丝电线。将试爆药块和雷管置于水深42m以下，浸泡48h。多次反复对比试验表明，乳化炸药长时间处于深水高压环境中不能爆炸，电雷管也不能起爆。而把非电雷管埋于压制的200g TNT药块内并密封，经多次试验全部成功。

②起爆网络试验

在沙滩上进行了采用黑索金导爆管作起爆网络的1∶1模型试验，准爆率达100％。

③水下深层控爆的现场实施

在实际施工中，采用地质钻机钻爆破孔，并用ϕ108mm钢管跟进护壁。岩层内钻孔孔径为ϕ91mm，泥浆护壁钻孔至高程－42m，共投入XY—100型钻机11台，共钻168个爆破孔，总进尺7 785m。钻孔平面位置严格按要求定位，垂直度按5‰控制，同时根据钻孔记录绘出岩层分布图，高速装药量。

终孔后在ϕ108mm钢管内插入下端密封的内径ϕ65mmPVC塑料导管。炸药选用200g TNT药块，尺寸为100mm×50mm×25mm，采用两块错接方式用铁丝和宽胶带捆绑成柱状。其高度视岩体和孤石厚度而定。

警戒半径设定为350m，预先通过电视台、报纸发布封航通告，并对警戒范围内的人员、船只进行清场戒严，确保安全。

南主墩北侧8个桩位总装药量为1 680kg，于1996年4月17日成功起爆；南侧8个桩位总装药量1 490kg，也于1996年5月14日成功完成(图6.11-19)。起爆后经现场逐点检查，未发现盲炮和拒爆现象。

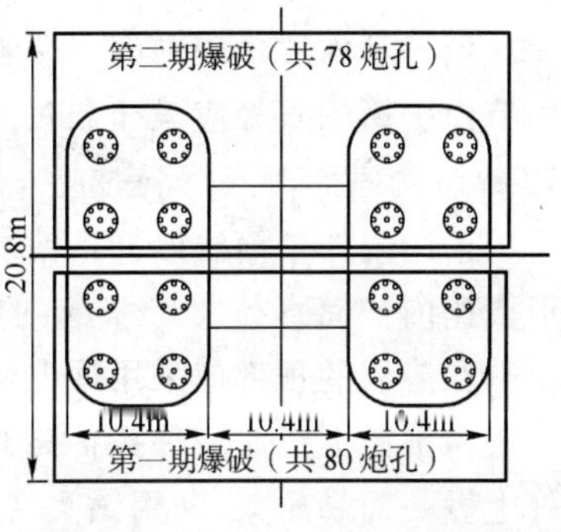

图6.11-19　南主墩水下深层控爆平面图

④控爆效果检验

a.破碎粒径：通过对第一期6号桩位和第二期7号、8号桩位钻探取样发现，对严格按设计参数布孔的桩位，其块径均小于20cm，平均在15m左右，孤石部分完全破碎，只有个别是孔位偏差的地方(如堵孔后补钻处)，存有少量块径大于20cm的块石，但最大不超过50cm。

b.破碎范围：根据物探和后续施工发现，各桩位岩体的破碎范围一般均达到或超过ϕ3m的直径范围，只有一侧为陡峭岩石，一侧为软质地层的桩位，其破碎范围各有偏向。

c.准爆率：通过两次爆破后的现场全面检查，其准爆率达99％，个别未爆药孔也在爆破当日引爆排除。

d.安全性：本次爆破所产生的地震波、水击波、异物飞散及作业平台损坏均在预计范围内，对周围各项设施和建筑物未造成任何损坏。

e.下潜深度：从抽样的3根桩的钻孔情况表明，爆炸下潜深度均在1.2m以内，保证了作为持力层的岩体的整体性。

⑤总结

由于本次爆破施工无现存的经验可借鉴，各项工作均是反复探索中进行的，实践过后，认为以下几方面有待于今后同类施工中改进和完善。

a.爆破钻孔施工中采用地质钻孔108个，孔深且密度高，钻孔施工时经常发生涌沙和塌孔，清孔也十分困难，所耗工期很长，该项工艺有待改进。

b.作为装药筒的PVC塑料管在使用时发觉有以下缺点，宜改用其他刚度较高易碎的材料：PVC管由于强度和刚度较小，在土中受压易变形卡住药包，使其无法安装到位；PVC管自重轻，需用外力插入钻孔内，控制不好也易引起变形；爆破后，部分 PVC 管残存于孔内，在后续冲孔施工中形成弹性垫层，不利于冲孔。

第四节 喀斯特地区的施工

喀斯特地区在我国分布较广，因此在大型工程施工中常常会遇到，特别是桥梁基础更无法避开。

一、桩下溶洞的初步确定

桩基放样后应对每个桩基进行多种方式的地质勘探，如钻孔、CT、超声波等，对于大直径灌注桩每桩钻 3～4 孔。对于桥墩等群桩基础，可将相邻桩的地质情况按纵横线或斜线的剖面相连，从而可以看出溶洞的走向、范围、层次、高度等相关资料，这样可以有针对性地采取相应措施。如桩数较少或单桩则应在一桩一钻的基础上扩大勘探数量，在桩孔外 2m 左右的地方补孔，以了解溶洞的走向和范围。必要时，可采取超前注水等方法以了解充填物、暗河、溶洞等情况。注水时，必须向孔洞内注满水以防成孔时，孔内泥浆突然漏入空洞而形成坍孔事故。

二、内外护筒法

当桩基深度范围内有一层较高的溶洞或有多层溶洞或暗河时，采用内外护筒法施工较好。最后一节内护筒的直径应大于桩的设计直径，内护筒的外径应小于外护筒或上一节内护筒的内径 40～100mm 为宜。多层溶洞时应采用多节内护筒，也应按此推算。

采用内外护筒法以冲击钻冲孔为宜，冲锤直径应略小于内护筒直径(如小 2cm 左右)则冲孔后能形成比内护筒直径大 3～5cm 的桩孔，以满足内护筒下沉的要求。

在溶洞的顶部应采用冲击钻小冲程，轻提慢放，提升高度不应超过 50cm。

内护筒下沉时应保持护筒的圆度，防止因变形而造成下沉困难。如仍然沉不到位，可在钻机的钻杆上做一简易压架，利用钻头、钻杆的自重或配重将内护筒压沉到位。

为防止漏浆，在内外护筒接头处之上 1.0m 至内护筒底部范围内填砂和碎石材料，然后采用高压旋喷法在内外护筒接头处±1.0m 范围以及内护筒底 1.0m 范围内喷射水泥浆和水玻璃混合液或其他速凝浆液，使之产生一定的强度，以防成孔时漏浆。

三、黏土、碎石充填法

当桩基处溶洞、溶沟、溶槽较发育，但高度不太高(一般在 3m 以下)时，施工中如发现桩孔内浆液下降应及时补充优质浆液；如仍不能停止漏浆，则应向孔内充填黏土、片石，并用冲锤冲孔以堵塞洞、沟。此法同样适用于岩面较倾斜，护筒壁部分着岩，大部分在软土中情况，利用冲锤小冲程慢冲可将黏土、片石挤压，固结洞、沟，也可解决因岩面不平而造成斜孔、卡锤等问题。

四、高压旋喷补强法

对于溶沟、溶洞内充填物较软或护筒底部软土无法用泥浆护壁时，可根据土质情况对护筒下部或桩外进行高压旋喷补强，以增加土体强度，防止在成孔时漏浆或坍孔。

施工时，可根据需加固区域的土质情况和需加固的范围进行旋喷桩参数的设定。如旋喷工艺、压力、有效半径、水灰比、外加剂等，并根据钻孔桩直径的大小在四周布孔，使之在有效半径范围内互相搭接。

由于喀斯特的复杂、多变，施工中应尽量搞清桩位多溶洞、溶沟、溶槽等基本情况，然后再研究具体的施工方案和应急措施，作为成孔过程中漏浆、坍孔、卡锤、埋锤等事故处理时的应急之需。

[实例5]　肇庆大桥嵌岩桩施工

1. 概述

肇庆大桥地处广东省肇庆市西江下游，桥梁全长2 526m。其中主桥长716m，跨径布置为86m+4×136m+86m，六孔一联单箱双室预应力混凝土连续梁。

主墩基础均为高桩承台结构，4ϕ3.0m等直径嵌岩钻孔灌注桩和4ϕ3.0m/4ϕ2.7m变截面嵌岩钻孔灌注桩，嵌岩最大深度达20余米。引桥基础为ϕ1.2～1.8m嵌岩钻孔灌注桩。

2. 水文、地质情况

主桥的各主墩处于10m以上的深水中，尤其是44号墩位于深红线上，枯水期水深大于20m，水流流速大于等于1.2m/s。墩位处地质自上而下由冲积层(Q_{a_1})、残积层(Q_{e_1})及基岩(DIDS)三部分组成。其基岩为灰岩或大理岩，浅灰～灰白色，厚层状，微～细晶结构，块状构造，裂隙发育，岩质坚硬，灰岩饱和抗压强度42.20～52.50MPa，最高75.50MPa，最低25.80MPa。桥位跨越5条溶洞带，1条断裂碎带，其走向基本沿河流方向，溶洞在浅部发育范围较大，每条带宽在10～28m之间，以−32.6～−29.00m段较为发育，由1～3层溶洞组成，所有溶洞都有泥质及砂堆积物。最大溶洞竖向高度达17m，个别桩间溶洞贯通，个别溶洞漏水漏浆，溶洞顶底面发育极不规则，石笋、溶槽、溶沟现象大量存在，岩溶基岩十分破碎，极易掉块，详见表6.11-4。

主桥、引桥某些桩位情况表　　表6.11-4

项目 桩号	桩顶高程(m)	终孔高程(m)	入岩高程(m)	溶洞位置	是否漏浆漏水	备　注
42-A	+0.45	−42.80	−22.28	−36.9～−30.4m	不漏水	岩石破碎、掉块严重
42-B	+0.45	−34.00	−23.40	−30.1～−28.8m	严重漏水	
42-C	+0.45	−36.70	−25.78	裂隙十分发育	严重漏水	及岩处大量掉块
42-D	+0.45	−33.55	−23.95	−28.25～−26.0m	不漏水	岩石破碎、掉块、漏水
43-A	+0.45	−31.10	−26.00	裂隙十分发育	严重漏水	有溶槽、溶沟
43-B	+0.45	−35.00	−25.70	−27.70m左右	不漏水	在−29.55m处，B、D两桩溶蚀贯通
43-C	+0.45	−42.60	−25.58	−33.35～−33.05m −34.80～−34.05m	不漏水	三层溶洞
43-D	+0.45	−34.80	−25.50	−28.75～−28.20m	不漏水	
44-A	+0.45	−31.00	−19.65	−24.9～−24.65m	漏水	在溶槽、溶沟
44-B	+0.45	−31.00	−19.50	−28.75～−28.2m	漏水	在桩率侧1.5m处有高度为17m的大溶洞
44-C	+0.45	−33.00	−19.90	−32.9～−31.7m	少量漏水	三层溶洞，最大高度4.7m
44-D	+0.45	−32.40	−18.80	−25.7～−22.5m	漏水	石笋、石柱
50-B	+8.40	−30.00	−15.30	−29.41～−15.21m	漏水严重	三层溶洞，最大高度4.7m
53-A	+6.70	−25.81	−18.94	−25.63～−19.93m	严重漏水	二层溶洞，最大高度4.8m
53-B	+6.70	−33.90	−16.99	−33.49～−16.69m	不漏水	六层溶洞
56-A	+8.10	−35.72	−16.13	−35.13～−24.55m	漏水	七层溶洞
68-B	+5.70	−25.74	−14.09	−23.90～−14.60m	漏水	五层溶洞
69-A	+6.00	−29.19	−13.60	−23.60～−15.60m	漏水	六层溶洞
70-A	+5.90	−25.64	−11.84	−29.08～−20.3m	不漏水	四层小溶洞
72-B	+6.10	−34.07	−12.92	−33.0～−14.3m	漏水	八层溶洞

为解决岩溶地质大直径钻孔桩施工技术难题，首先必须通过详细的勘察，查明溶洞的分布、走向、大小、发育等情况，以及探明溶洞是否漏水，是否有填充物以及漏水量大小、漏水速度等。然后，根据各桩的地质情况拟订相应的溶洞处理方案和措施。如果按照常规的钻探方法及一桩一孔，直径为10cm的地质孔不能完全探明直径为300cm的桩位处溶洞的真实情况。因此，有针对性地进行了必要的补勘。勘探的方法及内容如下。

(1)地质钻芯取样，一桩多孔，孔位呈梅花形布置。

(2)超声波CT勘测。

(3)地质雷达或电火花法。

3.肇庆大桥直径钻孔嵌岩桩施工特点

(1)设计桩径大，钻岩深，且处于地质复杂的岩溶地区，对成桩施工技术要求高。墩内无预备桩位，必须保证每根桩成桩合格。

(2)每个墩位均有大小不一、深浅各异的溶洞，最大溶洞高度达17m，而且岩面高差大，岩面倾斜达45°～135°。42号主墩基础座落于西江铃羊峡断层破碎带上，岩石非常破碎。设计嵌岩深达20余米，设计单桩承载力达50 000kN。地质构造复杂，难度大，风险高。

(3)工期紧。业主要求必须在一个枯水期完成3个主墩所有的基桩和承台施工。

4.嵌岩桩成孔方案的选择

目前，国内大多数岩溶地区钻孔常采用冲击钻施工，经实践证明存在以下问题。

(1)桩尖质量难保证。冲击钻冲孔的桩尖处存在着抛填石所形成的密实块体，很难清除干净。

(2)施工进度慢。冲击钻工效低，在岩溶地区进尺5cm/台班，工期长，不利于工程进度安排。为保证工期，不得不一桩一机，必须加大、加固施工平台。

(3)钻具磨损大，钻头经常损坏。不但其修补工作量大，而且易发生掉钻、卡钻等事故，影响工程进度。

针对以上情况，在大直径桩成孔施工中采用旋转钻机钻孔为主，结合对岩溶地质的勘测数据，按桩基的不同地质情况，辅以冲击钻穿越溶洞区的嵌岩桩施工成孔方案。

5.桩基成孔主要施工工艺及技术措施

(1)成孔工艺流程(图6.11-20)

(2)技术措施

①为了避免在钻孔过程中因为溶洞漏水、漏浆造成液面突然下降，或是因为处理溶洞时间过长引起塌孔，主墩桩全部采取全护筒跟进措施，将钢护筒沉至基岩面。全护筒跟进不仅可避免溶洞或裂隙漏浆而造成钻孔事故(如塌孔、埋钻、护筒挤压变形等)，而且可在护筒上开孔与江水通连，清水钻进，不仅节省泥浆费用，而且提高了钻进效率，使成孔后的清孔工序也相对简单。

对于覆盖层较薄的墩位，采取2 500kN液压振动锤，直接将护筒一次性沉至基岩面。对于覆盖层较厚的墩位，通过“钻埋护筒”工艺即钻埋和振动相结合的方法下沉。先通过2 500kN液压振动锤下沉约5m，拆除振动锤，通过泥浆护壁、刮刀钻头扫孔约5m深，拆除钻机，再通过振动下沉，交替进行，逐步将钢护筒沉到基岩面。

②过渡段的处理经过反复摸索，摒弃了常规的水下混凝土直接封堵方法，而采用压浆、埋设内护筒及反复冲击成孔等措施，成功处理了钢护筒刃脚至岩面之间的过渡段。

a.钻埋(冲埋)内护筒、压浆固结法。通过回转钻机或者冲击钻机成孔约3.0m，再下一个2 900mm×12mm×3 500mm($D\times\delta\times L$)的内护筒。然后在护筒周围埋设压浆管，并在护筒间隙充填级配碎石，压力循环注浆，嵌固护筒，待水泥浆达到设计强度后，再钻进成孔。此法须采取措施确保内护筒埋置精度。图6.11-21为内、外护筒位置及内护筒脚处理示意图。

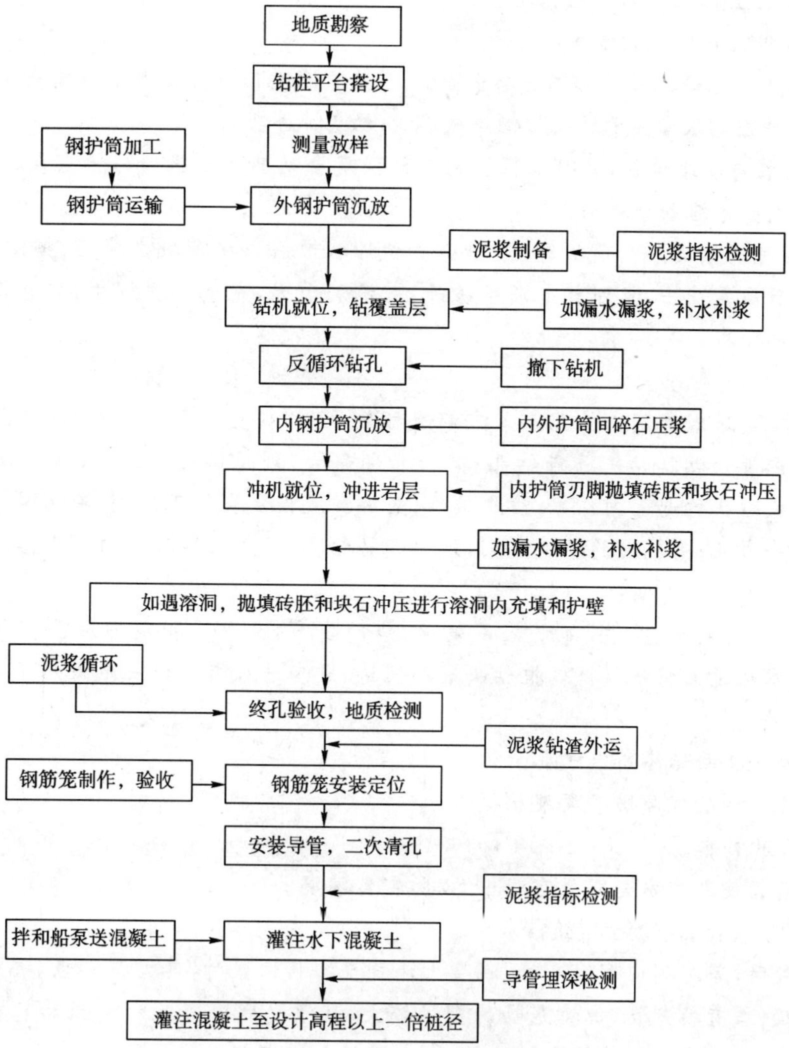

图 6.11-20　成孔工艺流程图

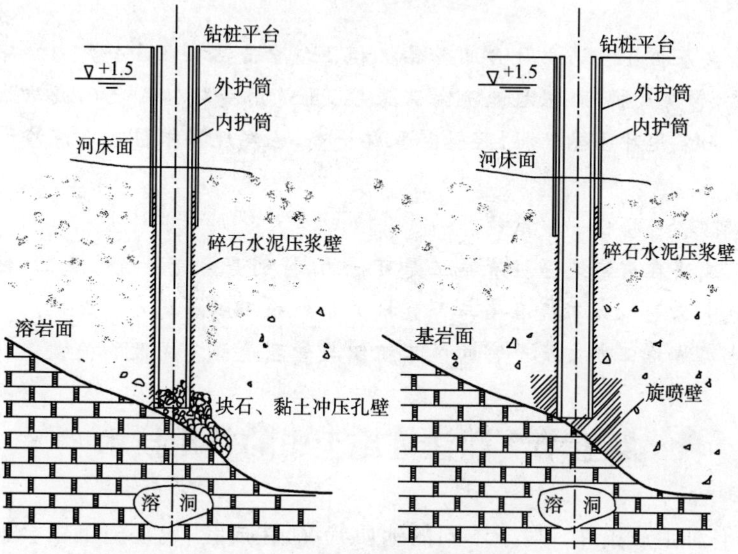

图 6.11-21　内、外护筒位置及内护筒脚处理示意图(高程单位:m)

b.反复冲击成孔法。在孔内分层抛填黏土、片石,用冲击钻反复冲击成孔三次,直到完整岩面,然后正常冲击成孔或用回转钻机钻进成孔。

③破除溶洞顶板。无论用回转钻机还是冲击钻机,破除溶洞顶板都必须十分慎重,否则回转钻机容易断钻杆、卡钻头,冲击钻机容易卡钻或者钢丝绳断裂,钻头掉进孔内。为此,采取了以下两条措施。

a.回转钻机安装自动跟进仪,其可以根据岩石的强度自动调节钻压和转速。在接近溶洞顶板时,减压慢速钻进,直到磨穿溶洞顶板为止。

b.冲击钻机在冲击接近溶洞顶板时,改用小锤低冲程冲击。将顶板击穿后,若溶洞太小,则用块石、黏土将其充填后反复冲击,直到整个顶板破除;若溶洞太大,充填无法解决,则直接用大锤低冲程冲击,慢慢破除溶洞顶板。

④穿越溶洞

溶洞顶板破除后,进入溶洞内钻孔。若溶洞底板较平整,则直接用回转钻机,为防止溶洞内填充物坍塌埋设钻头,配置长钻具钻头进行钻孔;若岩面倾斜大,则用回转钻机,配置长钻具钻头进行钻孔,长钻具和前导式钻头均起导向作用,防止偏位;若溶洞底板发育极不规则,有石笋、石柱、水泥包等物,则用冲击钻冲击成孔;若较大的半过溶洞,则用回转钻机,采用长钻具导向钻头钻进。

⑤防渗漏

由于大多数溶洞都漏水、漏浆,加之岩石破碎,裂隙发育,为防止护筒内液面突降引起过渡段坍塌,或者是护筒外水压过大将护筒挤扁把钻头裹在里边,或者进入溶洞内一定深度造成溶洞填充物坍塌,采取了以下措施。

a.补水使护筒内液面始终高出江水面约3.5m。

b.采取膨润土拌制的优质防渗泥浆护壁。

c.在护筒上开孔补水。

d.打地质超前钻使孔内水先漏至空洞中,以防突然渗漏。

6.有大溶洞的桩成孔后混凝土浇筑技术

在溶洞高度大时,若溶洞内无填充物,混凝土浇筑至溶洞位置时,其大量扩散,混凝土面不上升导致混凝土浇筑失败;若有填充物,但填充物的塑性较大,孔壁受到混凝土的侧压后容易坍塌从而引起混凝土浇筑失败。因此,在桩穿过较大溶洞时,在钢筋笼与溶洞相对应的位置上,上下各富余约2.0m,用5mm厚板将钢筋笼包裹起来,并且在上下两端采取密封措施后浇筑。

7.实施效果

(1)三个桥主墩共基桩12根,用3台回转钻机和2台冲击钻机在5个月内就完成了钻孔施工。

(2)从质量上看,肇庆大桥20根桩检测结果表明,凡是用旋转钻成孔的嵌岩桩,桩底混凝土基本与新鲜岩面相接触,而采用冲击钻孔桩,经钻芯取样检查,已发现多根桩底有沉渣。

8.结论

通过肇庆大桥实践,可得出如下结论。

(1)"冲钻结合"工法在岩溶地区桩基施工是可行的,特别是大直径桩基施工,该工艺优势更明显。

(2)在前期勘测中溶洞情况掌握准确与否直接关系到施工成本及施工效果。

(3)有针对性地实施施工方案及严密的施工组织与管理是施工成败的关键。

第五节 灌注桩施工中的常用技术

灌注桩适用于各种地质条件。对于不同的地质状况,在成孔、成桩施工中会遇到不少问题,施工技术人员都有一些成功的经验和失败的教训,现将一些常用技术列出,供设计、施工时参考。

(1)在地质条件方面，灌注桩往往会遇到地层中夹有孤石或岩石面倾斜。在施工中，特别是冲孔作业时往往难以处理探头石或斜面，而造成局部扩孔、坍孔等情况出现。为此，遇有上述情况则在孔内浇筑 C30 或以上的水下混凝土，使岩石与水下混凝土结合，待混凝土达到设计强度后再施工，可以较好地克服上述困难。厦门大桥桥墩冲孔桩曾遇到多处孤石，利用此法处理较顺利地完成成孔作业。

(2)在一定覆盖层的嵌岩桩施工中，钢护筒一般下沉到岩石基面，由于岩石有一定的斜坡，施工中往往出现漏浆情况而无法正常施工。此时，在孔内放置黏土和中小块石，用冲击锤冲击，可以堵塞漏浆通道而使冲孔作业正常进行。也可在钢护筒外用旋喷桩或水泥搅拌桩加固岩石上的覆盖层以防漏浆。

(3)嵌岩桩的钢护筒设计壁厚不宜过薄，一般应在其直径的 1/100～1/150 为宜，并设有环向和纵向的加强肋，以防在运输和下沉时变形。锤击下沉时，宜选用振动锤。当利用柴油锤或液压锤下沉时，贯入度不宜过小，进入风化岩层时，最后 10 击的平均贯入度应在 10～30mm 为宜，以防卷边而影响成孔。对于汕头礐石大桥钻孔灌注桩采用，作者曾参与一起研究，建议采用 20～22mm 的钢护筒(约为直径的 1/120～1/135)，并适当加些环向加劲板，但业主和设计方从造价方面考虑，最后仍决定采用 16mm 钢护筒(约占直径的 1/170)。尽管在加工时增加了纵向和环向加劲板，加工、运输、沉桩时都有不同程度变形，沉桩中部分遇到孤石和风化岩层，钢护筒产生严重变形，直接影响成孔作业。为处理钢护筒变形，采用潜水水下切割，护筒外软基加固等措施，花费了大量的时间和费用。苏通大桥主桥采用 ϕ2 500 钻孔桩，其钢护筒用为 ϕ2 850mm×25mm，壁厚约占直径的 1/114，护筒长约 70m，施工中未出现任何问题。

(4)在混凝土管桩桩芯嵌岩或锚杆嵌岩工程中，一般设计单位为了使桩尖能多进一点风化岩层，往往将钢桩尖设计过长。同时，要求沉桩时最后的锤击能量大，贯入度小，这样往往会使钢桩尖变形，在以后的嵌岩或锚岩施工中带来很大的困难，钻头要磨坏变形的钢桩尖才能达到微风化岩层。厦门嵩屿电厂码头大管桩锚杆嵌岩钢桩靴达 1.0m，用 D—100 柴油锤锤击，最后 10 击平均贯入度为 0.5mm，结果桩内三根 ϕ150mm 锚孔曾钻出多块 70cm×15cm 及以下长度的椭圆形钢板，不仅设备磨损严重，而且桩内土体严重破碎，无法成孔，最后只有用高压旋喷水泥浆加固桩尖以下土体，再钻锚杆孔嵌岩。因此，建议今后在混凝土管桩桩芯或锚杆嵌岩时钢桩靴长度 0.5m 为宜，且最后贯入度不宜过小，以免钢桩尖变形影响后续工程施工。

[实例 6]　打入式钻孔嵌岩桩在镇海化工泊位改造工程中的应用

1. 工程概况

宁波港镇海港区化工泊位位于甬江口原来的游山液体化工泊位位置上，该工程将原来仅能停靠 0.5 万 t 船舶的浮码头改造成靠泊 1.5 万 t 船舶的固定码头。化工泊位改造工程包括液体化工泊位 1 座，引桥 2 座，码头造价(水工部分)330 万元。码头为高桩墩式结构，长 64m、宽 15.5m，前沿水深为 −9.0m，码头设有两个靠船墩，墩子平面尺寸 15.5m×20m，每个靠船墩前沿布置三组 SUC—1000、1×2型鼓形橡胶护舷，以满足 0.1～1.5 万 t 船舶靠泊时的撞击力(最大为 900kN)。靠船墩上搁有 17 块长 26m 预应力大孔板组成的工作平台，并设有系船柱、消防炮架、工作房。工作平台上有软管架、值班岗亭，整个平台宽 17m，可供 10t 汽车掉头、5t 汽车吊吊装软管及检修操作等用。码头还设有 5 个系缆墩和 1 个人行桥墩，其中上游的 2 个系缆墩设在陆上为重力式结构，下游系缆墩在江中通过人行桥与码头相连。改造工程还利用了原浮码头的两座引堤改造加宽，通过引桥与两个靠船墩接通。码头的平面图，如图 6.11-22 所示。

改建码头地处甬江口大游山南侧水域和潮间浅滩。通过地质钻探表明，地层岩性纵横变化较大，分布不均，基岩面埋深西部浅东部深，中等风化基岩面起伏变化较大，西部顶板高程 −18.0～−10.0m，东部顶板高程 −30.4～−21.7m，在 1 号靠船墩下的中等风化基岩，最浅处高程为 −15.0m，码头前沿的 2 号、3 号钻孔之间，基岩面坡度较陡，约 16.4°。拟建码头处的地层情况见表

6.11-5，中等风化岩 V_3 层顶板高程等值线见图 6.11-23。

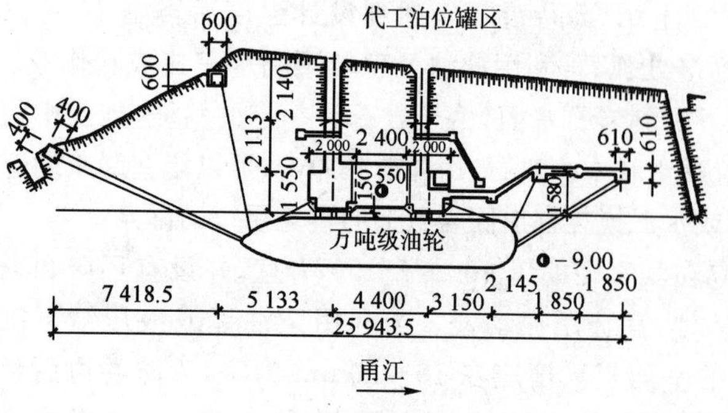

图 6.11-22　液体化工泊位平面图(尺寸单位:m)

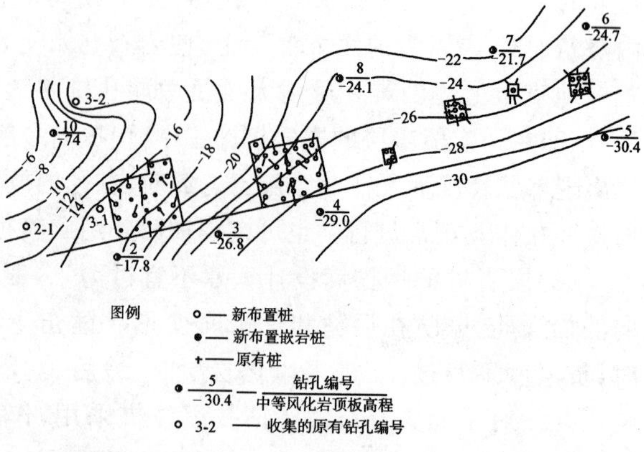

图 6.11-23　中风化岩石顶板等高线图(高程单位:m)

由于化工泊位的工程地质条件比较特殊，为尽量缩短码头停产改造的工期和降低造价，针对 1 号靠船墩的覆盖层很薄，码头建成后桩基入土深度最小仅 7～8m 的情况，为保证基桩的稳固，在 1 号靠船墩下布置了 12 根打入式钻孔嵌岩桩，其中 8 根为直桩，4 根为 6∶1 的斜桩。本工程因为覆盖层都不太厚，其他桩基也均为支承桩，根据地质钻孔资料选中等风化岩 V_3 层为持力层。化工泊位改造工程的桩基布置见图 6.11-24。

地层分层划分表

表 6.11-5

层号		岩性简述
I	I_1	淤泥，灰黄色，流塑
	I_2	淤泥、夹粉土、淤泥质粉质黏土夹粉土，黄灰色；流塑
	I_2	淤泥质粉质黏土夹粉土、粉土夹淤泥质铅质黏土，黄灰色、灰黄色，淤泥质土、粉土、流塑，很湿、松散
II	II_1	粉土夹粉质黏土；黄灰色；很湿、松散
	II_2	淤泥质粉质黏土夹粉土；黄灰色、流塑
III	III_1	粉土灰粉质黏土，灰绿色，很湿、松散
	III_2	淤泥质粉质黏土夹粉土，黄灰色，流塑
IV	IV_1	粉砂，灰绿色，很湿、松散，稠密
	IV_2	淤泥质粉质黏土夹粉砂，黄灰色，流塑
V	V_1	全风化基岩，灰绿色，呈中密状砂土、碎石土，原岩为晶屑凝灰岩
	V_2	强风化基岩，灰褐色、灰黄色，岩石锤击易碎，原岩为晶屑凝灰岩
	V_3	中等风化基岩，灰褐色，岩石沿裂隙面破碎，原岩为晶屑凝灰岩
	V_3	微风化基岩，灰紫色、岩石坚硬、完整，岩性为晶屑凝灰岩

2. 打入式钻孔嵌岩桩的结构

打入式钻孔嵌岩桩系为断面 60cm×60cm 的预应力钢筋混凝土空心桩，在其断面中间预留了直径 ϕ33cm 的孔，自桩尖直通到桩顶。该桩沉桩时需穿过全风化基岩和强风化基岩 V_1、V_2 层至中等风化基岩 V_3 层表面，打桩拉应力较大，故配设了 12 Φ^{l}25 作为预应力主筋。在桩尖还加设了钢桩靴，为了防止桩在嵌岩施工中钻机回转碰撞桩身，设计采用预埋内径 ϕ33cm 壁厚 4mm 的钢管来保证桩预留孔洞的椭圆度和纵轴线的平直。设计确定桩长时，根据地质钻孔资料，采取了“宁高勿低”的原则，每根桩加长了 2～3m 的安全度，以避免沉桩中由于基岩面起伏不平而打低桩顶高程再去接桩的不利因素。

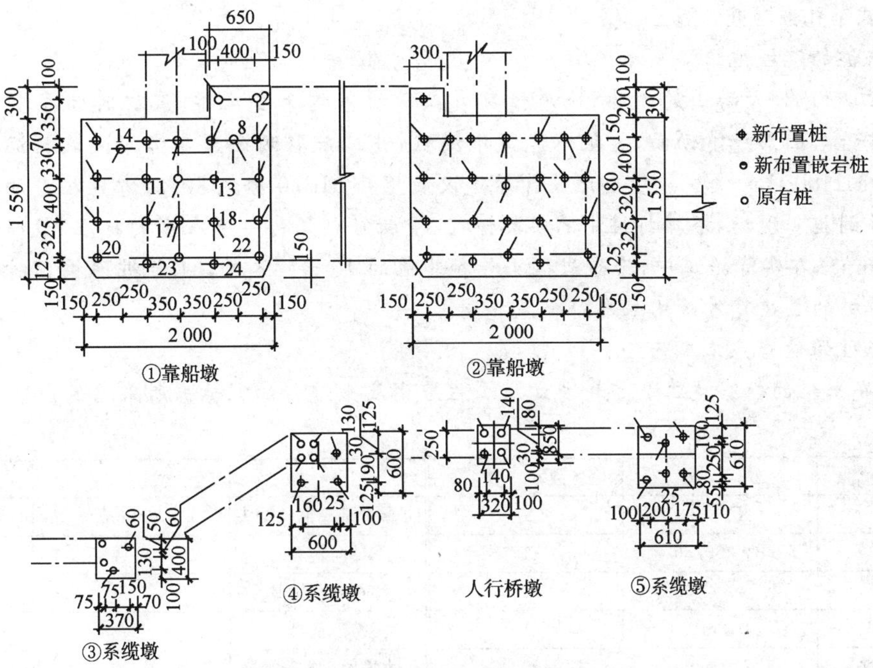

图 6.11-24　液体化工泊位桩位图(尺寸单位：cm)

打桩控制以贯入度为主，以高程为校核，将桩打至中等风化层表面，待 1 号靠船墩的桩基全部打好后，先浇筑第一层 70cm 厚墩子混凝土作为桩钻孔嵌岩的施工平台。对需嵌岩的桩位在第一次浇混凝土时应预留出孔洞，然后按下述程序进行嵌岩桩施工。先清除桩空心中的淤泥，在桩尖处浇筑高 50～60cm的水泥砂浆封底。然后用钻机在桩尖处钻孔，钻孔直径 $D=20$cm，钻岩深度应保证钻至中等风化岩 V_3 层内 150cm，清孔并抽干水，放入 24kg/m 轻轨。钢轨长度应高于桩尖 3m，从桩空心中自桩尖 1m 以上至孔底灌注 4m^3 水泥净浆，再灌注 3m^3 细石混凝土，直桩可灌到桩顶、斜桩灌到轻轨顶以上 10cm。打入式钻孔嵌岩桩通过钻孔，将桩用轻轨与基岩锚牢，稳定性好，增加了安全储备，保证了桩基的稳固。打入式钻孔嵌岩桩结构见图 6.11-25。

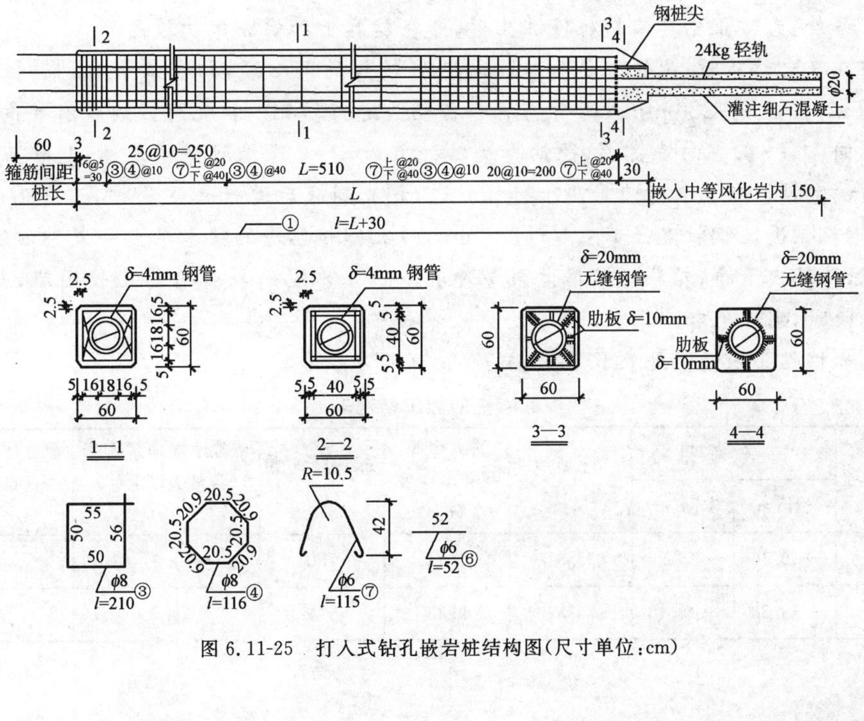

图 6.11-25　打入式钻孔嵌岩桩结构图(尺寸单位：cm)

3. 打入式钻孔嵌岩桩的施工

(1)嵌岩桩的沉桩施工

由于本工程地处大游山的山脚，地质情况复杂。桩基均为支承桩，沉桩时为减少锤击振动的影响，防止土体沿岩面形成滑动面，打桩不能集中沉桩，施工采取两个靠船墩间隔跳打沉桩的办法。施工中使用的MH80锤的锤击能量要比设计原建议使用的MB70锤大30%，考虑桩身的强度和施工安全，设计人员到施工现场，根据打桩中的实际情况，重新修订了打桩贯入度的标准，最终贯入度改定为小于等于5mm。在实际施工中，除嵌岩桩4号和其他的10号、28号，31号桩因桩顶打裂不能继续施打外，其余各桩的最终贯入度均基本符合设计要求。

(2)嵌岩桩的钻岩施工工艺

本工程嵌岩桩的钻岩施工是委托浙江省工程勘察院来进行的。钻岩所采用的设备见表6.11-6。

表6.11-6

名　称	型　号	数　量	名　称	型　号	数　量
钻机	XY—2	1	肋骨式厚壁钢砂钻头	200mm	10
水泵	BW250/50	1	导向转置		1
电动机		2	特种磨孔钻具		1
电动空压机	0.6m^3	1	捞砂钻具		1
肋骨特种钻头	220mm	5	孔底喷射反循环装置		1

根据工程地质报告，上面覆盖层为第四系沉积物，可钻性较好，因此开始钻进方法选用合金钻进，级配钻具ϕ217mm系列。钻头ϕ220mm的外肋骨特种合金钻头，钻进技术参数为：钻压50～60kg/粒，转速200～300r/min，泵量大于80L/min。在钻进中应保持压力均匀，不断活动钻具，大泵量冲孔，将孔内第四系杂物冲捞干净。嵌岩桩的桩尖处风化基岩为晶屑凝灰岩，坚硬，块状构造，岩石可钻性为8级左右，因此在基岩钻进中必须采用钢粒钻进，级配钻具ϕ168mm系列。加工肋骨式厚壁钻粒特种钻头，钻进的技术参数为：钻头底层面压力3.0～4.5MPa，转速120～250r/min，泵量45～75L/min。为了保证钻至中等风化岩V_3层内1.5m，施工通过取岩芯来鉴别其钻进深度是否达到设计要求。取芯采取投卡料法，根据钻头与岩芯之间的间隙大小选用单股或双股拧成麻花状的铁丝卡取，如一次取芯不足，尚余残留岩芯必须下专用磨孔钻具将岩心磨取。为保证钻孔的垂直度，施工还应采用带有导向装置的钻具。另外，为防止钻具回转碰撞桩孔壁，可在钻具上加橡胶保护箍圈。

对于斜桩在嵌岩钻孔时，为保证钻孔与设计斜桩轴线的同心度，初入基岩时，采用ϕ110mm合金钻进0.3～0.5m，再换用ϕ220mm外肋骨特种合金钻头进行扩孔。扩孔时必须带有导向，而且钻具连接后必须保持同心，并在导向装置、粗径钻具及钻杆上加3～4道橡胶保护箍圈，起扶正作用，以提高钻具回转时的稳定性。在扩孔时应采用小行程钻进，扩孔到底后进行大泵量冲孔，将孔内岩粉冲捞干净，然后采取钢粒钻进。钢粒直径不应超过3.5mm，斜孔钢粒钻进的技术参数和采芯方法同直孔。

最后，为保证孔内干净，钻孔后采用大泵量冲孔。但清水钻进携带岩粉比较困难，如采用专用捞砂钻具冲捞无效时，则应采取空压机清孔。

本工程嵌岩桩钻孔的情况见表6.11-7。

嵌岩桩的施工情况表

表6.11-7

设计编号	斜度	桩尖高程		钻孔深度(m)	进入中等风化岩深度(m)	安装轻轨长度(m)	灌注水泥净浆高度(自桩尖以上计)(m)	灌注注细石混凝土高度(自桩尖以上计)(m)
		设计(m)	实际(m)					
2	直桩	−19.10	−16.22	23.37	1.84	7.0	1.3	桩顶
4	6∶1	−18.80	−14.48	20.39	2.25	5.4	1.5	9.5

续上表

设计编号	斜度	桩尖高程		钻孔深度(m)	进入中等风化岩深度(m)	安装轻轨长度(m)	灌注水泥净浆高度(自桩尖以上计)(m)	灌注注细石混凝土高度(自桩尖以上计)(m)
		设计(m)	实际(m)					
8	6∶1	−20.77	−17.26	22.81	2.05	5.1	1.3	9.3
11	直桩	−19.10	−15.14	21.80	2.46	6.2	1.4	桩顶
13	直桩	−20.10	−17.34	26.47	4.19	8.7	1.3	9.4
17	6∶1	−20.77	−17.07	22.90	2.30	5.5	1.4	9.5
18	6∶1	−22.75	−18.17	24.41	2.34	6.0	1.5	桩顶
20	直桩	−21.10	−15.21	21.91	2.90	6.2	1.3	桩顶
21	直桩	−21.10	−16.71	22.93	2.40	5.7	1.4	桩顶
22	直桩	−23.10	−18.81	26.73	2.12	7.5	1.4	桩顶
23	直桩	−21.10	−17.21	24.11	3.21	6.5	1.5	桩顶
24	直桩	−23.10	−17.81	25.60	2.60	7.4	1.3	桩顶

(3)嵌岩桩孔内灌注混凝土工艺

原设计建议在嵌岩桩内灌注40MPa不离析混凝土，后由于种种原因，准备工作跟不上现场施工的进度，而改为将桩孔内水抽干、安放好轻轨后立即灌注掺外加剂SN—2的水泥净浆及细石混凝土的施工办法。桩孔内抽水先采用潜水泵，由于潜水泵外径大于钻孔孔径，故余下的ϕ200mm钻孔内的积水改用活底吊筒人工吊水吸干。施工中，因为地下水渗入钻孔内的速度较快，因此必须在孔内抽干水后抓紧时间安放轻轨和灌注混凝土。实际施工中，由于现场做好充分的准备工作，从抽水结束到混凝土灌注的时间一般仅间隔了10～15min，保证了混凝土灌注质量达到设计的要求。

4.几点看法

(1)本工程的嵌岩桩，由于桩顶有预留孔，桩顶与替打的接触面积减小，在沉桩锤击过程中桩顶易掉角打坏，影响沉桩施工。作者认为在今后设计中可改为在预制桩顶预留一段长50～100cm的实心段，设计桩顶高程相应也提高，待沉桩后钻孔嵌岩时再凿去实心段露出空心，这样就能提高沉桩的质量，保证了沉桩工作的顺利进行。

(2)设计中我们采取了优化布置桩位，加大墩台混凝土质量等办法，使靠船墩下每根基桩均为压桩，这样虽然靠船墩桩基入土深度较小，设计布置了50%的嵌岩桩，仍能保证靠船墩在承受较大的水平荷载时有足够的安全度。

(3)打入式钻孔嵌岩桩可以在斜桩中钻孔嵌岩，但桩的斜度以自身在沉桩后应稳定为宜。化工泊位靠舶墩的桩基，正是考虑了上述因素，将初步设计时桩的斜度由5∶1改为6∶1，保证了打桩施工时的安全。

(4)本工程靠船墩每根桩平均承受水平力为37.5kN，在靠船墩的嵌岩桩内插的24kg轻轨其承载面积为31.24cm^2，故仅轻轨的抗剪能力就远大于37.5kN。因此，嵌岩桩内插入轻轨并灌注了混凝土后，能较好地将桩锚固在风化基岩上，是完全能满足结构物承受水平荷载的要求。

宁波港镇海港区化工泊位改造工程于1991年9月23日打桩施工开始，至1992年1月20日竣工、1月31日交工验收，使用情况良好。

[实例7]　岩溶地层灌注桩钻孔施工

1.工程概况

肇庆大桥是该市区内西江上的第二座公路大桥。大桥基础共75个桥墩，其中水中墩5个，每墩4

个钻孔桩，桩径分为 3.0m 和 3.0/2.7m 两种。其余桥墩每墩 2 个钻孔桩，桩径分别为 2.5m、1.8m 和 1.5m 共三种。

桥位区域地质情况：主要由冲积层、残积层和基岩组成。主桥墩基础位于水中河床，其冲积层由中砂、粗砂、砾砂、角砾或圆砾组成，局部夹有粉质黏土或黏土透镜体；残积层主要是亚黏土，且分布不均；基岩为石灰岩，部分大理石化。引桥墩基础中冲积层主要由黏土、亚黏土组成，其中夹有角砾、中砂、粗砂以及淤泥质土透镜体；残积层主要由亚黏土组成；基岩为石灰岩。下面列出具有代表性的勘探孔柱状图供参考（图 6.11-26 和图 6.11-27）。

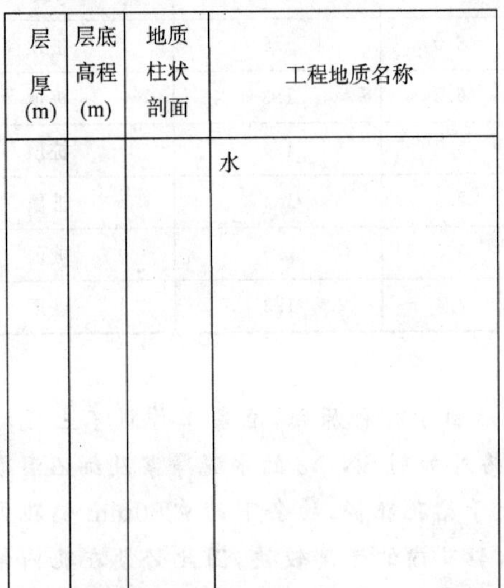

图 6.11-26　地质桩柱图（一）

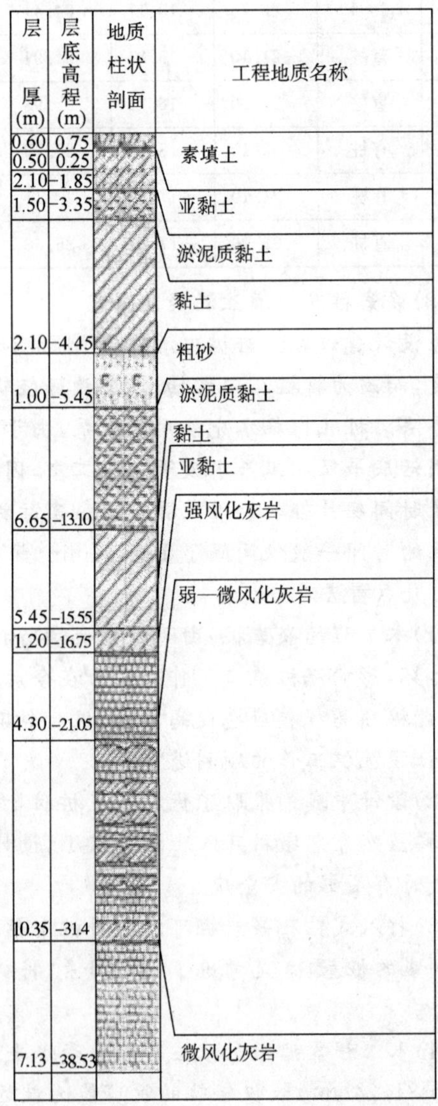

图 6.11-27　地质桩柱图（二）

2. 成孔难点

从图 6.11-26 和图 6.11-27 明显地看到，发育的石灰岩岩溶及其透水性特点，无疑是钻进成孔过程中的难点和障碍。为了较具体地说明，现将已完成施工的水中 43 号主墩和引桥部分墩的情况分别叙述如下。

(1)43 号主墩

43 号主墩是该工程较早进行施工的墩之一，由于施工方还未取得成熟的经验，所遇到的困难也是最多的。

43 号墩位于水中，其地质情况与图 6.11-26 相近。该墩 4 个桩的地层也稍有变化。水上钻孔施工前，首先要将钢护筒下端沉放孔口位并进入岩土一定深度，以隔离江水形成人工孔壁。由于某些摩阻较大地层的影响，ϕ3.1m 直径的钢护筒下端沉放到角砾层后因受阻而无法继续。后来通过将护筒下端孔段钻空再进行复打的方法，其效果也不明显。因此，未被隔离的角砾层，特别是由于溶蚀作用在基岩表面形成 2m 左右厚的破碎带就成为钻孔过程中的主要障碍。

(2)南引桥墩

南引桥部分桥墩所处位置地质情况与图 6.11-27 大致相同。其影响成孔质量的最大问题是岩溶部位漏浆造成孔壁坍塌甚至更为严重的事故。北引桥某墩在成孔过程中曾发生漏浆，造成地面塌陷，钻机倾斜。

另外，桥位区全部为岩溶发育区，地下溶洞密集，直径大小不一，已探明的溶洞最大高度 4.9m。有的溶洞中虽然有充填物，但均属于流塑的黏性土，钻头钻过溶洞时，由于地层软硬不一及较小倾角的岩面，均极易使钻孔发生倾斜。一旦发生孔斜，处理难度、耗费资金都将很大。

3.施工方法

(1)43 号主墩基桩成孔

该墩 4 个桩均为 ϕ3.0/2.7m 变截面设计。成孔施工前，自水上平台顶部至下部角砾层沉入钢护筒 28～30m，由于前述难点，前期施工有一段时间是耽误在如何钻过角砾层和 2m 多的破碎带上。在处理方法上，曾经用导管注入 20m^3 以上的 C20 混凝土，但由于混凝土渗透性差，对孔壁的影响范围小，复钻后又被钻掉，未达到预期效果。因此，经过研究总结之后，决定采用先灌注水泥浆暂时固结孔内破碎段，用钻头钻过该段直至较完整岩面，然后下入 ϕ2.9～2.95m 的重叠护筒，最后再灌注水泥浆把重叠护筒与护筒之间隙充填固结。实际灌注水泥浆的方法比较简单：第一次灌注前，先用小型钻机在护筒周围均布 6～10 个钻孔，每个钻孔钻至将灌注部位的底部，然后下入 20mm 的导管，由导管泵送入水灰比为 0.55～0.6 且速凝剂为水玻璃的水泥浆，注浆后起拔导管待凝。第二次注浆需由潜水员到预注位置设置注浆管，然后用导管引至孔口以备注浆，所用水泥浆同第一次。待水泥浆凝固并有一定强度后方可继续钻进至设计深度。该墩的 4 根桩均采用此法施工，效果良好。

(2)南引桥部分桩基成孔

如前所述，南引桥成孔施工的难点是漏浆问题。实际钻进中，不可能避免漏浆。但当钻孔漏浆出现后，通过合理的技术措施，避免发生内坍塌以及更为严重的事故却是可以实现的。其具体措施为：先钻进至岩面，在未发生漏失之前停止钻进，其后改用小直径(如 ϕ300mm)的管形钻头(直径大小不一)进行试探性交替钻进，始终由小直径钻头超前钻进。这样做的目的与优点是一旦遇到漏失层，钻头与钻孔之间隙较小，可起到截流的作用，使孔内液面缓慢下降，给补充浆液提供了珍贵的时间。其次，可通过小直径钻头直接向漏失处注入水泥浆堵谓，且所注水泥浆可不加速凝剂，一般待其初凝后就可继续钻进。该桥的 75 号墩 A 桩就成功地应用了上述方法，取得了很好的效果。

关于孔斜问题，首先应该是防斜。防斜的一个主要方法是使用稳定器(导正器)。稳定器直径应小于钻头直径 50～100mm，其安装位置应在钻头和加重块之间，与钻头的总高度应不小于 1.5 倍钻孔直径，但也不宜太大，以免影响整体刚度。其次是要合理地操作，如轻压慢转等。采用上述方法一般均可达到良好的效果。如一旦发生了孔斜，可用灌注导管注入与岩石强度相近的混凝土，其混凝土面要高于孔斜起始高度。待达到预期强度后，重新钻过该孔段。若孔斜出现在较上层时，可采用扫孔方法纠斜。应该注意的是，扫孔钻头的边刃要锋利，如使用滚刀钻头，其边刀应以新的为宜。

第十二章　灌注桩的后压浆技术

第一节　概　述

灌注桩具有地质适应性强，适用范围广，施工设备简单，在水上、陆上、平原山区均可使用；承载能力大，桩径、桩长可根据具体情况设计；经济性好等优点，受到广大工程技术界的欢迎。灌注桩自身的弱点也是明显的。由于桩端沉渣难以清除，使得桩承载力偏小，特别是端承桩和端承摩擦桩更为明显，因此早期沉降量也较大；泥浆护壁后使得桩侧摩阻力显著减小，特别是对摩擦桩或摩擦端承桩影响更大；施工过程的质量控制和检测较难掌握，坍孔、串孔、断桩等事故时有发生，处理比较困难；成桩的质量检验也比较困难。所有这些都影响了灌注桩的使用和推广，为此广大工程技术人员千方百计想办法研究解决上述问题。其中灌注桩后压浆技术经多年的实践不断提高，技术上已日趋成熟，已大量运用于大型和特大型工程中，如东海大桥、苏通大桥、杭州湾大桥等工程的桩基中，均收到了良好的经济效益和社会效益。

第二节　基本原理

灌注桩成孔后，桩底和桩周土体因土体应力释放，土体的密度和强度降低，即使在灌注混凝土后土体强度仍无法恢复。由于施工工艺所限，灌注桩的清孔工作不可能完全将沉渣清除。混凝土采用导管法施工，桩中心部位的沉渣被冲向四周，仅直径 d 的中心部位能与原状土接触，而桩底的沉渣被冲向四周形成盆形沉渣区，如图 6.12-1 所示。

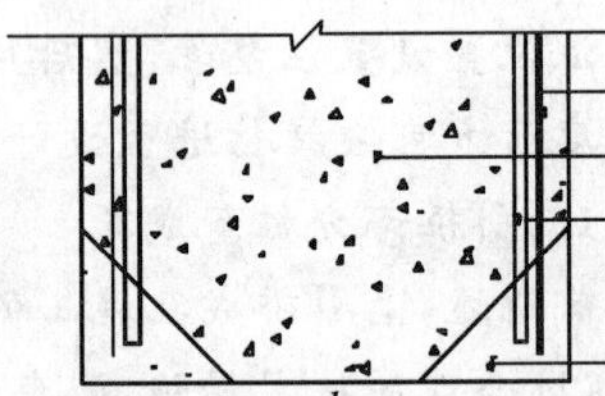

图 6.12-1　盆形沉渣区

汕头礐石大桥主墩嵌岩桩在桩中心钻孔时，混凝土与原桩底的岩石结合非常好，但在声测管下及桩周钻孔时发现沉渣较厚，真正端承面积仅为图中直径 d 的部分，而不是整个桩径 ϕ，这与设计端承桩的要求有极大的差别。后来利用声测管压浆，对沉渣部位进行加固。当桩尖处于软土层时，高压压浆不仅可将桩底的沉渣加固，还可将桩周土同时加固形成扩大头，具有一定的扩孔桩效应。苏通大桥在 SZ2、SZ3 两根试桩经用 CT 和超声波检测，说明就有扩大头的存在，同时桩底及桩端四周的土体被加固。用同样压浆工艺施工的 SZ4 试桩，桩端阻力由压浆前的 8 485kN 增加到压浆后的 33 375kN；桩侧摩阻力也因桩端及其上部(－121.0～－102.2m)近 20m 范围内，粗砂层和细砂层得到加固；总侧摩阻力也由压浆前的 51 153kN 增至压浆后的 68 533kN。此说明，护壁泥浆受到高压水泥浆的加固而增加了桩侧摩阻力，桩端阻力占极限承载力的比重提高了 19%。另外，用泥浆护壁的灌注桩，因桩侧有一层泥皮，阻碍了桩侧摩阻力的发挥，经桩侧压浆加固后(特别是在砂土或砂性土中)桩侧摩阻力也有较大提高。

桩端高压压浆能使桩周土体起固化作用。浆液可固结孔底沉渣和孔壁土体，同时在高压的作用下对持力层进行渗透、劈裂和挤压桩周土体，形成一个较大直径的水泥—土体固结体。这样不仅使桩端而且也使桩身下部一定范围及桩周土体得到加固，形成纺锤状的扩大头，改变桩周土体的物理力学性质及桩、土之间的边界范围和条件，从而提高了桩端和桩侧承载力，减少了沉降。对于嵌岩桩不仅对桩端沉渣进行加固，同时也加固和充填了桩端和桩侧岩石的裂隙、孔洞及桩周的泥皮等缺陷。

对于灌注桩，压浆的效果不仅与桩的受力性质（端承桩、摩擦桩、嵌岩桩等），而且还与成孔工艺、孔壁形状、护壁方式、孔壁暴露时间、孔底沉渣厚度、桩侧泥皮厚度、性质、周围土体（岩体）性质、压浆的压力、压浆持续时间、压浆工艺、浆量及浆液的组成等多种因素有关。

压浆技术适用于不同工艺和方法施工的灌注桩，也适用于不同土体和岩石，同时其往往是处理缺陷桩常用的方法之一。

第三节　后压浆基本工艺

利用超声波检查混凝土质量的声测管作为压浆管是一种常用而经济的方法。一般灌注桩均有3～4根声测管，在声测管端部两个方向各钻ϕ4～6mm孔3～4个，还需设逆止阀并用橡胶皮包裹两端用铁丝扎紧，以防水泥浆堵塞孔道。声测管比钢筋笼长约30cm，其两端用螺纹堵头封堵，上端高出钻孔平台。

也可利用声测管与ϕ25mm钢管组成3～6个U形回路管。钢管和钢筋笼焊接扎在一起，设计时，可等量取代部分钢筋。其他工序按正常施工方法进行，即成孔→清孔→放钢筋笼→二次清孔→浇水下混凝土。在混凝土浇筑后24～48h内用高压水从压浆管压入，将橡胶皮撕裂。在超声波检测结束且混凝土强度达到设计强度75%以上时，即可向管内压浆。一般均进行二个循环压浆，二次压浆时间间隔不超过3h，达到设计规定的压力至少稳压10min。

终止标准由设计单位决定，一般以总压浆量、压浆压力和桩身上浮量中任意一个参数达到设计标准即可停止。

由于各地区、各设计单位没有统一的压浆工艺，国家也还没有统一的灌注桩后压浆工艺标准或规范，因而后压浆对提高桩基承载力的范围差异很大。从现有的试桩测试情况看，承载力提高值从19%～360%不等，十分离散。这一方面说明压浆工艺不统一，另一方面各地区土层性质差异很大。因此，重大工程或桩数很多的工程都分别进行压浆前后承载力的对比或压浆后的试桩工作，以供设计单位使用。

东海大桥副通航孔ϕ2.5m×110m大直径钻孔灌注桩桩端压浆施工工艺，即是一个成功的压浆工艺。用该工艺施工的PM241试桩，经东南大学采用自平衡法测桩系统，测出压浆前该桩垂直承载力为30 000kN；压浆后垂直承载力达57 000kN，为压浆前的1.90倍。

第四节　钻孔灌注桩桩端压浆施工技术要求

以东海大桥K6及K12副通航孔ϕ2.5m×110m大直径钻孔灌注桩桩端压浆施工技术要求为例进行说明。

1.浆液

(1)浆液：由水、水泥、膨润土、缓凝剂（试配）等组成，级配材料的选择、比例等由施工方通过级配试验确定。

(2)重度：17～18kN/m^3。

(3)水灰比：0.45～0.6。

(4)初凝：4～6h，流动性好，泌水小。

(5)强度：7d抗压强度不小于5MPa；28d抗压强度不小于30MPa。

(6)浆液制备后应放置5min后才能使用，以消除浆液中的空气。

浆液应按每个循环使用量配置备用。使用前浆液应经过过滤，防止杂物堵塞压浆孔。

2. 压浆管道

(1)压浆管道与超声波管道结合，采用4根ϕ60mm无缝钢管。施工时应按设计图纸的要求加工，特别是桩端管道应作加强。桩端压浆管道比钢筋笼长出300mm，管道上各留出2个ϕ6mm的压浆小孔，并用橡胶皮包裹、铁丝扎紧，防止杂质堵塞压浆孔。

(2)压浆管道的所有接口应连接牢靠，施工质量应严格把关，防止在钢筋笼运输、下放、结构混凝土浇筑过程中管道脱开。

(3)压浆管道露出桩顶的高程，由施工方根据钻孔桩平台高程等现场实际操作条件确定。压浆管道上端口设螺纹闷头封闭、下端口也需封闭，

3. 压力压浆工艺

(1)裂开橡胶套管：钻孔灌注桩水下混凝土浇筑后24～48h内，用压力水从压浆管中压入，一般在2～5MPa时橡胶管将裂开。当压入水的压力突然下降，表明套管已裂开并释放压力。此时应减小进水压力，以防止高压回流夹带杂质堵塞压浆孔。当管内仍存在压力水时，不能打开闸阀，以防水射出伤人。

(2)在正式压浆前保持压浆管内注满水。

(3)当钻孔灌注桩的水下混凝土龄期达到14d以上，桩身超声波检测完成后，开始对每根管道进行压浆，共循环两次。

(4)当邻近桩位正在钻孔时，不得进行桩端压浆施工以防浆液穿孔。

4. 压浆方法

(1)按每次的压浆量通过压浆管依次循环压注。

(2)进浆口压入混和水泥浆，完成一次压浆后，应均匀减压，防止压力浆倒流堵塞压浆孔。

5. 每次终止压浆标准

(1)第一循环每根管道压浆量达到700L($0.7m^3$)；第二循环每根管道压浆量达到1 300L($1.3m^3$)。

(2)压浆压力达到8MPa，稳压10min。

凡达到以上数值之一时，即终止本次压浆，移至下一管道进行压浆。

6. 两次循环压浆的时间间隔不得超过3h。两次循环的压浆顺序一致。

7. 桩底终止循环压浆标准

(1)总压浆量达到8 000L($8m^3$)。

(2)所有管道压浆压力均达到8MPa。

(3)桩体总上浮1mm。

凡达到以上三者中任一数值时，则表示本桩压浆可全部结束。

最后一次压浆完毕，应经监理工程师认可。

8. 资料

由专人负责记录压浆的起止时间、注入的浆量、压浆的压力，并测定各阶段桩的上浮量和总上浮量。

9. 施工设备

(1)12MPa压力表，2只；

(2)压浆管(橡胶软管)，2套；

(3)球阀，4只；

(4)制浆机ZJ—400，1台；

(5)储浆罐1 000L，若干；

(6)压浆泵3SNS，2台(必须2台，1台备用，以防压浆时压浆泵损坏，影响压浆进行)；

(7)水准仪,1台。

其他必须设备由施工方确定。

10.安全措施

施工区域设立警示牌,非工作人员严禁进入。工作人员应注意站位,严格按规程操作,防止被高压液体伤害。

第五节　国外钻孔灌注桩桩底压浆施工

根据文献报道,桩底压浆最早在1961年委内瑞拉跨越马拉开波湖的一座桥梁施工中开始使用。现在,世界各地已有很多桥梁使用了该项技术,虽未列入各国的设计和施工规范,但不少桥梁却将施工的具体试验列入了其设计成果,如我国东海大桥、杭州湾大桥、苏通大桥、上海长江大桥等。

一、泰国 RAMAXIII 桥钻孔灌注桩

泰国 RAMAXIII 桥为独塔双索面钢筋混凝土叠合梁斜拉桥,跨越湄南河,主桥跨度为300m,双向四车道。地质资料表明其类似上海的软土地基。主塔桩基为直径ϕ1 500mm、长56～60m钻孔灌注桩。国内某设计院设计的钻孔桩数为96根,而加拿大的设计单位设计同样直径、同样桩长的桩数为36根,德国豪夫曼公司设计的桩也同样为36根。中港三航局负责该桥施工。工程开工后,国外设计单位首先提供了钻孔桩试验指导书,按照它的要求进行了试验桩的施工,最后进行桩底压浆。指导书中要求该桩的破坏荷载应为3 200t,试验结果是3 180t时被破坏,设计单位即采用单桩的承载力为1 550t复核原设计,确定原设计的ϕ1 500mm、桩长56m的36根桩完全能承受全桥的荷载。这与国内的一般的钻孔桩相比较其承载力提高了一倍多,而桩数仅为国内设计的0.375,工程量大为减少。

二、孟加拉国帕克西桥钻孔灌注桩

孟加拉国帕克西桥,由美国莫特·麦克唐纳有限公司(Mott Macdonld Ltd. US)设计,我国中铁大桥局施工,钻孔桩为直径ϕ1 500mm、桩长65m,土质为粉砂、细砂、中粗砂层。

为重新压缩钻孔时松动的土层、提高桩的端部承载力、减少桩的沉降量以改善上部连续结构的梁体应力,所有桩的桩底最后都进行压力灌浆。

每根桩均匀布置6个压浆回路,每个回路在桩底布置两个套筒部件,每个套筒都有两个(直径ϕ6mm)被橡胶套筒紧密包裹的孔口,孔口朝向孔底,安放在钢筋笼末端的框架上,钢筋笼安装后位于桩底,如图6.12-2所示。

灌注混凝土后,向压浆管路内注水,以保证管路畅通。

浆液采用经工程师认可的水泥、膨润土、水、缓凝剂组成的浆液,其7d最小抗压强度为5MPa。浆液要求流动性好、泌水小,初凝时间约2～3h。

压浆设备除12MPa压力表、压浆管、球阀、溢流阀外,采用ZJ－400型制浆机、3SNS型压浆泵。

1.浆液准备

浆液配合比应经试验确定,材料质量必须稳

图6.12-2　配有6回路压浆管的钢筋笼

定，更换料源时应重新进行试验和检验，并得到工程师的认可。

浆液拌制后应放置 5min 后才能进行压浆，以消除浆液中的空气。浆液按每个循环所需浆液量拌制备用。

用于压注的浆液应经过滤，防止杂物将出浆孔堵塞。

2. 压浆

桩身混凝土灌注后 24～48h 开始压水，出浆口出水后关闭出浆阀，继续加压使橡胶套筒包裹的出浆口开裂。当出浆孔开裂后逐渐减压，防止高压水回流，夹带杂物堵塞压浆孔。压浆在混凝土灌注完成 10d 后进行。

浆液按剂量通过灌浆回路轮流依次压注，每次循环每个回路的压浆量不超过 100L，所有回路应以规定的压浆量轮流压注或达到 10MPa 的压力后维持 10min。第一循环压注完成后不少于 6h 开始下一轮的压注。直至压浆量达到 2 500L 或所有回路达到 100MPa 压力，满足上述条件之一时停止压浆。

压浆时，在出浆口流出浆液的浓度与进浆口浆液相同后关闭出浆口，然后匀速加压压浆。压浆完成后应匀速缓慢减压，防止浆液倒流。每次压注后，应用清水彻底冲洗回路以便下次压注顺利进行。

最后一次压浆完毕经工程师认可后，压浆管路用浆液填充。每次压浆完成应及时清理设备。

灌浆工作自开始至结束应有专职工程师负责，并指定专人负责记录各根管路每次灌浆的起止时间、灌浆量、浆液压力以及各灌注阶段桩的上浮量和总上浮量。

压浆时管内压力较大，非工作人员严禁靠近，并设立明显的警示牌。工作人员要注意站位，以防万一发生事故受到伤害。

试验桩采用 Osterberg 即 O-cell 压力盒进行加载试验，为了对照压浆的效果，在压浆前后分别进行试验，其结果见表 6.12-1。

试桩测试成果表

表 6.12-1

测试阶段及项目		加载阶段/加载级				
		压浆前		压浆后		
		I/5	II/10	III/12	IV/11	V/14
上段桩身	侧壁 f(kPa)		40			58
	净侧阻(MN)		8.36			12.36
上层 O-cell	主板上升(mm)	0.9	17.02	12.59	13.02	36.77
	加载力(MN)	0	10.00	0	0	14.00
	下板下沉(mm)	−1.56	20.42	4.66	4.22	7.45
中段桩身	侧壁 f(kPa)		64		154	190
	侧阻(MN)		4.5		10.88	14.00
下层 O-cell	主板上升(mm)	2.38		−3.52	−2.93	−5.82
	加载力(MN)	5.0		12	12.98	0
	下板下沉(mm)	27		54.35	81.36	70.71
下段桩身	侧壁 f(kPa)	70.7		146	146	
	侧阻(MN)	0.49		1.01	1.01	
桩端	端阻(MN)	4.51		10.99	11.97	
	R(kPa)	2 550		6 213	6 768	

从表中可以看出，压浆后桩底端承载力和桩上、中、下段的摩阻都增大一倍以上。

第六节 灌注桩后压浆效果分析

利用工程桩做试验，对桩端压浆前、后的承载力进行对比测试，其结果十分信服地说明了后压浆的效果及其经济价值。

(1)同一根灌注桩后压浆前后承载力对照见表 6.12-2。

灌注桩后压浆前、后承载力对照表 表 6.12-2

工程名称	桩号	压浆土层	桩径(m)	桩长(m)	压浆压力(MPa)	水泥用量(t)	压浆前承载力(kN)	压浆后承载力(kN)	提高值(kN)	百分比(%)	备注
东海大桥	PM336	粉细砂	2.5	110	4.0	8.0	4 1000	>52 000	>11 000	>26.8	4 根声测管并作压浆管
	PM241	含粒粉细砂	2.5	110	8.0	6.7	30 000	57 000	27 000	90	6 回路 U 形管
苏通大桥	SZ4	细砂	2.5	125	8.0	9.0	59 638	100 538	40 900	68.6	4 回路 U 形管+4 根声测管
苏通大桥	SZ2	细砂	2.5	125	8.0	8.6		96 481			6 回路 U 形管
苏通大桥	S1	细砂	1.5	84	2.5	3.5	24 000	37 500	13 500	56	
苏通大桥	S2	细砂	1.5	69	2.5	2.5		28 000	(12 000)	50	与 S_3 压浆前比较
苏通大桥	S3	细砂	1.5	69	3.0	4.0	16 000	32 000	16 000	100	
苏通大桥	N3	细砂	1.8	76	3.0	2.0	24 400	40 900	16 500	68	
苏通大桥	SZ5	细砂	2.5～2.8	126	5.5	11.0		96 800			先测试，后压浆再测试
苏通大桥	SZ6	细砂	2.5～2.8	126	4.5	12.0		111 270			
杭州湾大桥	A1	细砂	1.5	80			桩端 2 600	18 700 (桩端 5 200)	桩端 2 600	100	桩端含 1.5m 桩侧
杭州湾大桥	144-3	黏土	1.5	87	4.0	3 200L 水泥浆	15 574	31 043	15 496	99.6	
杭州湾大桥	D13-23	黏土	2.8	120	4.0	7 570L 水泥浆	67 233	72 909	5 676	8.4	
杭州湾大桥	D13-25	黏土	2.8	120	4.5	6 050L 水泥浆		80 721	(13 488)	20.1	与 D13-23 相比
帕克西桥		中粗砂	1.5	65	10	2 500L 水泥浆	17 860	39 330	21 470	120.2	6 回路 U 形管

注：上述试验均用 O—cell 法测试。其中，苏通大桥 SZ5 桩由美国 Load. Test 公司和上海辉固岩土公司测试；帕克西桥由美国一家公司测试；其余各试验桩均由东南大学土木工程学院测试。

(2)同一工地灌注桩不压浆和后压浆试验结果对照表见表 6.12-3。

同一工地灌注桩压浆和不压浆承载力对照表 表 6.12-3

组号	编号	桩型	桩径(m)	桩长(m)	桩端土层	极限荷载(kN)	比较(%)	备注
1	BS43	钻孔桩	0.4	11.08	中密中砂	441	100	
	BS41	端压浆	0.4	11.18	中密中砂	1 618	367	
	BS42	端压浆	0.4	11.13	中密中砂	1 177	267	
2	DX2	钻孔桩	0.7	14.50	可塑黏土	770	100	
	DX1	端压浆	0.7	14.50	可塑黏土	1 610	209	
	DX3	端压浆	0.7	14.50	可塑黏土	1 680	218	
3	ZW1	钻孔桩	0.8	23.00	硬塑粉质黏土	1 600	100	
	ZW2	端压浆	0.7	23.00	硬塑粉质黏土	2 200	180	同等桩径时,极限荷载更大
4	BZ5	钻孔桩	0.8	21.00	密实卵石	7 200	100	
	BZ1	侧压浆	0.8	22.00	密实卵石	10 000	139	
	BZ2	端压浆	0.8	22.00	密实卵石	12 000	167	
	BZ6	端侧压浆	0.8	21.00	密实卵石	16 400	228	
5	Si112	钻孔桩	0.8	70.00	中密细砂	8 400	100	
	Si116	端压浆	0.8	70.00	中密细砂	10 000	119	
	Si114	端侧压浆	0.8	70.00	中密细砂	12 000	148	
6	In241	钻孔桩	0.9	30.00	砾卵石	6 000	100	
	In243	端压浆	0.9	30.00	砾卵石	9 000	150	
7	FL4	钻孔桩	0.8	66.00	含砾粉土	6 330	100	
	FL41	端压浆	0.8	66.00	含砾粉土	13 000	206	
8	NII-1	钻孔桩	1.2	58.9	黏土	14 037	100	苏通大桥
	NII-2	端压浆	1.2	58.9	黏土	20 075	143	压浆压力 4.6MPa,水泥用量 2.8t
	NII-3	端压浆	1.5	63.6	黏土	28 349	161	压浆压力 4.6MPa,水泥用量 2.0t
	NII-4	钻孔桩	1.5	63.6	黏土	17 629	100	苏通大桥

(3)从上述两表的测试数据分析,可初步得出以下结论。

①尽管后压浆工艺中压浆管的形式、压力、水泥浆用量、压浆持续时间等各不相同,桩尖处土层情况也不相同,但压浆后都不同程度地提高了桩基极限承载力。从两表统计数据看,提高值在119%～367%之间,经济效益明显。

②从上海港湾设计研究院多年的试桩测试结果看,打入桩初测(大部分用慢速法测试)和同一根桩再次用快速法复测,复测结果一般均比初测大约10%。而钻孔桩也有些类似现象,即先测试后压浆比同样条件和工艺下的先压浆再测试,其极限承载力要大些,如苏通大桥 SZ4 比 SZ2 桩大 4.2%、S3 比 S2 桩大 14%。由于 S3 比 S2 桩多用 1.5t 水泥,因此数值偏大些。这是由于第一次测试时已将桩尖的沉渣进行了一次压缩,同时桩侧摩阻力在第二次测试时能发挥更大的作用。

③苏通大桥 SZ5 和 SZ6 桩由两家检测单位试验,误差约为 13%,这主要估计为 SZ6 桩压浆压力虽小 0.5MPa,但水泥用量却多用了 1t,约多用了 9.1%,压浆持续时间也略长些。因为是由两个施工单位施工,工艺又各不相同,致使 SZ5 桩极限承载力相比较偏小。

④从东海大桥两根试桩的情况分析,桩端压浆的压力与承载力的关系较大。PM336 试桩最大压

浆压力 4.0MPa，稳压 2.4MPa，水泥用量 8t，极限承载力增加值大于 26.8%，根据成孔检测此桩沉渣为 0.18m。而 PM241 试桩沉渣为 1.0m，压浆压力为 8.0MPa，后压浆施工后承载力增加 90%。通过试桩，东海大桥决定采用压浆压力为 8.0MPa 的 PM241 桩工艺作为全桥的执行工艺。

⑤从上述两表可以看出：极限承载力的提高值较为离散，因此重大工程或桩基比较多的工程，应先对后压浆工艺进行设计，然后再测试极限承载力，在此基础上编制工艺文件以指导设计和施工。试桩的数量可根据桩数和地质情况决定。

第七节　灌注桩后压浆应注意的问题

灌注桩经后压浆处理后，桩基承载力对各种桩型均有较大幅度的提高，经济效益明显，同时还可消除桩端或部分桩侧的施工缺陷，消除沉渣对早期沉降的不利影响。试桩后测试数据可直接提供设计单位使用，但由于没有国家规范可供执行，因此施工时必须注意以下几个问题。

一、试　　桩

由于各地的施工工艺和地质条件差异很大，因此使用后压浆技术时应进行荷载试验，以确定后压浆施工工艺及该工艺条件下桩的承载力和沉降。不同的桩径、桩长、施工工艺，试桩结果会有较大的出入，设计时一般不可简单类推。

试桩可用堆载法、锚桩法，特别长、大的桩可用自平衡法。

对于桩顶沉降，应扣除在试验荷载时长桩的弹性压缩变形，而不可简单得用 40mm 来判断。

二、群　　桩

由于桩端压浆后都会不同程度地形成纺锤形的扩大头，群桩的效应则更加明显，因此在比较密集的桩基设计中应考虑群桩效应问题。

三、嵌　岩　桩

嵌岩桩作端承桩设计时，由于沉渣不可能完全清除，更需要在桩端进行压浆，以防端承面积因沉渣的存在而削减，直接影响桩基受力。施工可参考汕头礐石大桥主桥嵌岩桩。

四、压浆压力与稳桩时间

根据多根桩在同一工地、不同压力的试桩测试结果比较，超长桩、超大桩压浆压力在－10～8MPa 时，对提高桩的承载能力作用更大、经济效益更好。对其他较小或较短的桩应根据试验确定。

稳压时间一般在达到压浆规定的压力后维持 10min。压浆的持续时间长短对承载力影响较大，应予以充分注意。即使压浆压力低，只要压浆持续时间长，桩尖处就能形成较大的扩大头，更利于承载力的提高。

五、缺陷桩的压浆处理

对于钻孔桩的坍孔、串孔、桩身混凝土离析、混凝土导管漏水或其他质量问题，可以通过压浆处理的方式来改善。压浆可以压水泥浆或水泥砂浆，根据需要也可同时掺速凝剂、减水剂等外加剂。

缺陷桩处理时，一般首先要根据超声波检测结果来分析确定处理方式。在此基础上钻孔取芯，分析缺陷部位、范围，然后按第本篇十一章灌注桩事故处理中的有关内容进行处理。

六、桩侧压浆

一般桩端压浆时，在桩端以上一定范围内的桩侧也得到了压浆，如苏通大桥 SZ2 桩端为－121.0m，压浆压力 4.0MPa、水泥用量 8.6t，压浆后大量水泥浆分布在－122～－116m 处形成扩大头，部分窜至－111.0m；SZ3 桩端为－102m，压浆后水泥浆主要分布在桩下 1.0m(－103m)以上部位，但在桩壁附近窜高达 11m 以上(－92m)。因采用直管压浆并未形成理论计算上的扩大头，但桩侧都有 10m 左右的加固土体。

单纯的桩侧压浆应在粗颗粒的土层中进行，在淤泥层及粉土中加固效果不佳。桩侧及压浆出浆口的设置、数量应结合土层、桩长、承载力增幅要求等因素确定，可在离桩底 5～10m 以上每隔 10m 左右在粗颗粒土层中设置一道。

压浆管一般与钢筋笼焊在一起，出浆孔同样用橡皮扎紧，其他同桩端压浆。

桩侧压浆也可在成桩后在桩外侧钻孔，在粗颗粒土层中进行高压摆喷水泥浆，也可起到桩侧压浆的效果。桩侧压浆可以提高桩的极限承载力，但因土层、工艺等情况不同，提高的结果差别较大，因此对重大工程或桩数较多的工程应通过试桩来确定。

［实例 1］ 东海大桥灌注桩的后压浆试验

1. 工程概况

东海大桥(图 6.12-3)始于上海浦东南汇区的芦潮港，跨越杭州湾北部海域，到达小洋山岛，全长约 32.5km。由于本工程位于杭州湾海域，风、浪、流等自然条件十分复杂，给海上钻孔灌注桩的施工带来较多困难，且海上大直径钻孔灌注桩的设计与施工经验很少，因此有必要对通航孔桥 ϕ2.5m 大直径钻孔灌注桩进行试验。试桩概况见表 6.12-4，地质剖面如图 6.12-19 所示。

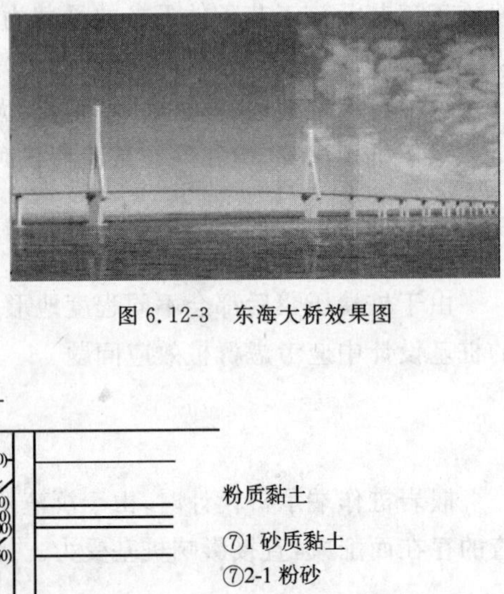

图 6.12-3 东海大桥效果图

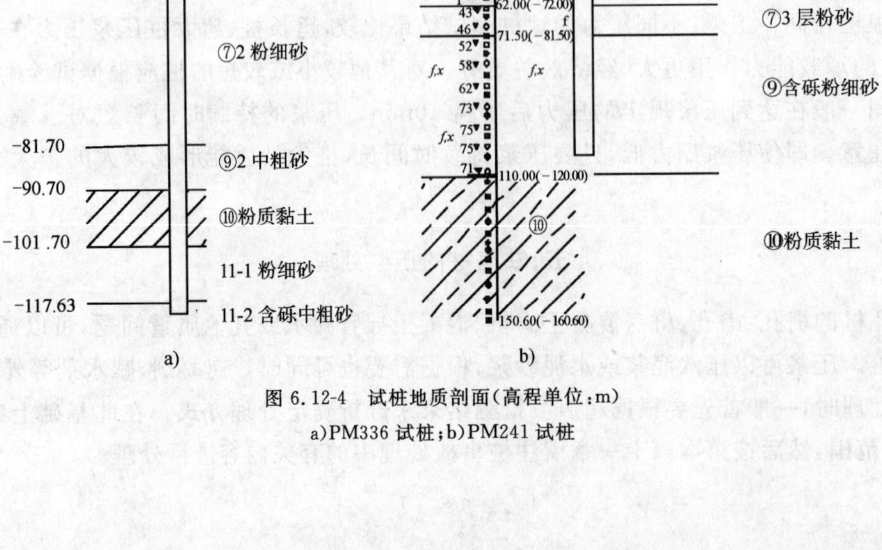

图 6.12-4 试桩地质剖面(高程单位：m)

a)PM336 试桩；b)PM241 试桩

试桩情况一览表 表 6.12-4

编组	试桩 位置	预估极限承载力 (kN)	荷载箱距桩端距离 (m)	设计桩径 (m)	设计桩长 (m)	桩端 持力层	压浆管
F	主通航孔 PM336	2×24 000(上) 2×24 000(下)	46(上) 2(下)	2.5	110	11-1 层粉细砂	4 根直管 (声测管)
E	副通航孔 PM241	2×30 000	38	2.5	110	⑨层灰色含砾粉细砂	B 回路 U 形管

注:(上)表示上荷载箱,(下)表示下荷载箱。

该工程大直径钻孔灌注桩单桩承载力很大,试桩采用自平衡试桩法进行。其中为了检测主通航孔试桩 PM336 桩端压浆前、后的承载力,埋设了两个荷载箱分别进行加载测试。压浆前测试上、下荷载箱各一次,压浆后进行下荷载箱测试。副通航孔采用单荷载箱进行测试,压浆前后各测试一次,如图 6.12-5 所示。

2.试验综述

(1)PM336 试桩

PM336 试桩桩径 ϕ2 500mm,桩顶高程 −3.50m,桩底高程 −112.00m,下荷载箱底高程 −110.00m,上荷载箱底高程 −66.00m,混凝土总浇灌量为 620m^3。测试的同时进行桩身轴力测试,在土层分界面埋设振弦式钢筋应力计。

①压浆前测试

先对下荷载箱进行加载测试,加至荷载 2×6 840kN 时,经 3h 尚未稳定,这时向下位移量已超过 60mm,且本级荷载产生的位移已达上一级的 5 倍,故加载终止,开始卸载。按规范,取上一级加载值 6 080kN作为压浆前的桩端极限承载力。自平衡测试曲线如图 6.12-6 所示。

考虑到下荷载箱测试时向上位移仅 3mm,对上部桩身摩阻力影响很小,决定立即进行上荷载箱测试。加至荷载 2×17 600kN 时,向下位移量急剧加大,下荷载箱油管向外喷油且难以稳定,故取上一级加载值16 000kN作为两个荷载箱之间桩段(b 段)的极限侧阻力;封住下荷载箱油管后,加至荷载 2×19 200kN时,上段桩明显被抬起,加载结束。取上一级加载值 17 600kN 作为上段桩(a 段)的极限加载值(图 6.12-6)。

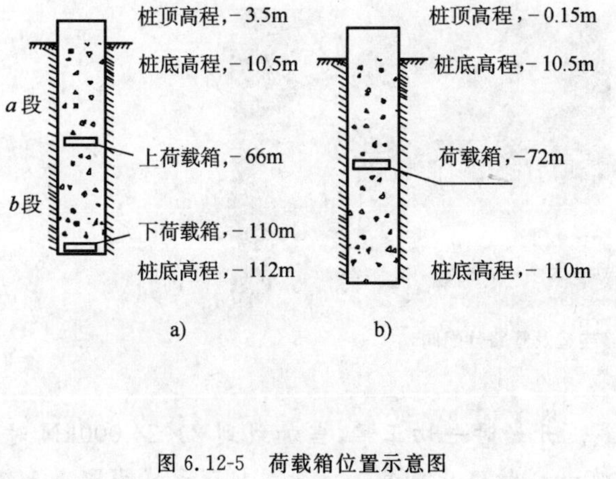

图 6.12-5 荷载箱位置示意图
a)试桩 PM336;b)试桩 PM241

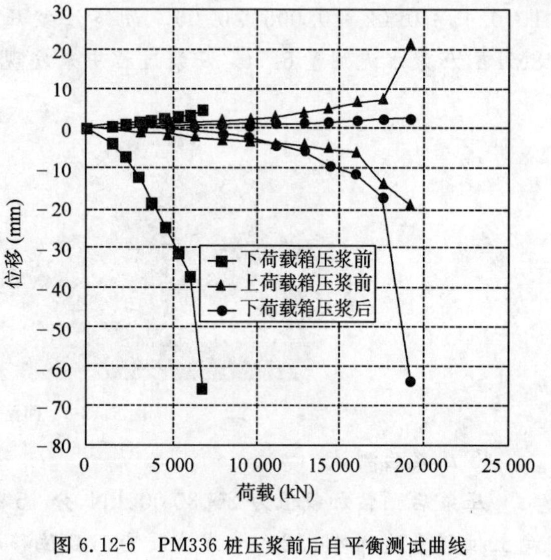

图 6.12-6 PM336 桩压浆前后自平衡测试曲线

②压浆

第一次测试完后，进行桩端压浆。采用容量 0.3m^3 的搅拌机拌浆，通过压浆器（本次压浆利用声测管兼作压浆管）对桩端底部土体实施压浆，在压浆机上安装压力表测量压浆压力。水泥浆施工配合比（质量比）为：水泥：水：外加剂＝1：0.44：0.01。水泥用量为 8t，压力稳定在 2.4MPa，最大值为 4MPa。压浆过程中未发现桩身有上抬现象。

③压浆后测试

压浆 15d 后进行下荷载箱测试。当加载到 2×19 200kN 时，向下位移量达到 64.10mm，发生陡变而且位移量超过 40mm，故终止加载。下段桩极限承载力取上一级加载值即 17 600kN。而此时上段桩位移量仅为 2.56mm，故上段桩远未达到极限，上段桩极限承载力应大于 19 200kN。

自平衡测试曲线见图 6.12-6。

(2)PM241 试桩

PM241 试桩桩径 φ2 500mm，桩顶高程－0.15m，桩底高程－110.00m，荷载箱箱底高程－73.00m，混凝土总浇灌量为 622m^3。测试的同时进行桩身轴力测试，在土层分界面埋设振弦式钢筋应力计。

①压浆前测试

压浆前预估加载值为 2×30 000kN，分 15 级加载。加载到第 5 级荷载（2×10 000kN）时，15min 后位移量急剧增加，45min 时向下位移量已接近 40mm，且本级荷载所产生的位移已达上一级的五倍，故加载终止，开始卸载。按规范，取第 4 级加载值 8 000kN 作为压浆前的荷载箱下部桩的极限承载力。其向上位移量很小，荷载箱上部桩的承载力远未达到极限。自平衡测试曲线，如图 6.12-7 所示。

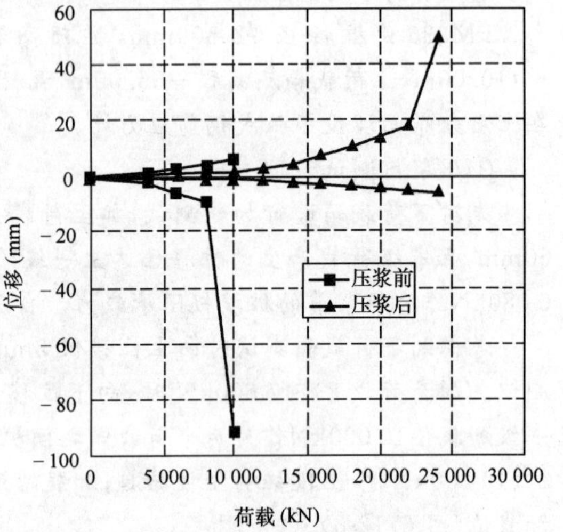

图 6.12-7 PM241 压浆前后自平衡测试曲线

②压浆

压浆前测试完后进行桩底压浆，采用 6 回路 U 管压浆，其平面布置见图 6.12-8。水泥浆施工配合比（质量比）为：水泥：水：膨润土：减水剂：微膨胀剂＝1：0.45：0.02：0.006：0.06。最终注浆压力达到 8MPa，压浆水泥用量 6.7t。压浆过程中未发现桩身有上抬现象。

图 6.12-8 回路 U 形管构造及管路分配阀

③压浆后测试

压浆后预估加载值为 2×30 000kN，分 15 级加载。开始时一切正常，当加载到 2×24 000kN 时，向上位移量达到 46.12mm，发生陡变而且位移超过 40mm，故终止加载。上段桩极限承载力取上一级加载值即 22 000kN。而此时下段桩位移量仅为 5.77mm，故下段桩远未达到极限。

自平衡测试曲线见图 6.12-7。

3.试验结果分析

(1)等效转换结果

自平衡试验实测荷载箱向上、向下两条 Q—s 曲线，根据位移协调原则，采用精确转换法由每层土实测 τ—s 曲线转换成传统桩顶 Q—s 曲线。

①PM336 试桩

PM336 试桩在桩身设置了两个荷载箱，上荷载箱用于测试桩身各土层的摩阻力—位移曲线，下荷载箱用于测试桩端阻力—位移曲线。因此，为了获得压浆前的等效转换结果，采用压浆前上荷载箱加载测试所获得的桩身各土层的摩阻力—位移曲线(即实测的 τ—s 曲线)和下荷载箱测试所获得的桩端阻力—位移曲线进行等效转换。由于转换曲线呈陡变形，取陡变前一级荷载即 41 000kN 作为 PM336 试桩压浆前极限承载力。

压浆后的等效转换是采用压浆后下荷载箱测试所得的桩端阻力—位移曲线和压浆前上荷载箱加载测试所得的桩身各土层的摩阻力—位移曲线进行等效转换的。由于转换曲线呈陡变形，取陡变前一级荷载即 52 000kN 作为 PM336 试桩压浆后极限承载力。因为未考虑压浆对桩侧摩阻力提高的有利影响，所以压浆后的这种转换结果是偏于保守的。压浆前后精确转换曲线，如图 6.12-9 所示。

②PM241 试桩

PM241 桩压浆前测试，上段桩的承载力没有全部发挥。因此，压浆前精确转换是采用压浆后所测得的上段桩摩阻力—位移曲线和压浆前桩端阻力—位移曲线进行等效转换。由于转换曲线呈陡变形，取陡变前一级荷载即 30 000kN 作为 PM241 试桩压浆前极限承载力。

压浆后精确转换是依据第二次实测结果进行等效转换的。转换后所得的曲线呈缓变形，且桩顶位移量较小，故采用双曲线外推求极限承载力(对应桩顶位移量为 40mm)。压浆前后精确转换曲线，如图 6.12-10 所示。其中，压浆后转换曲线的实线部分由实测结果转换得到，虚线部分由双曲线外推求得。取双曲线外推曲线 $s=40$mm 对应的荷载值为极限承载力，可以得到压浆后极限承载力为 57 000kN。

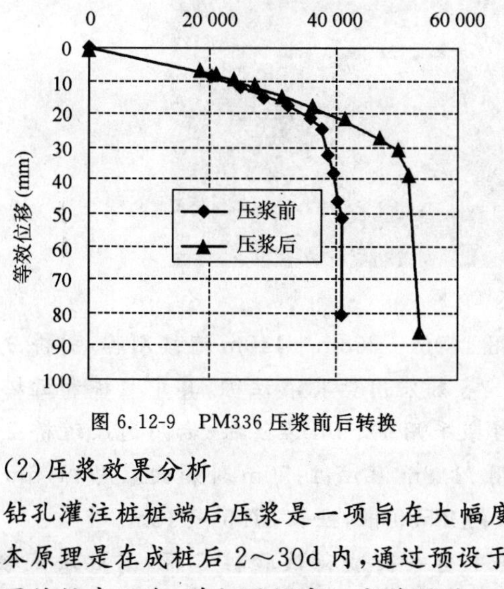

图 6.12-9　PM336 压浆前后转换

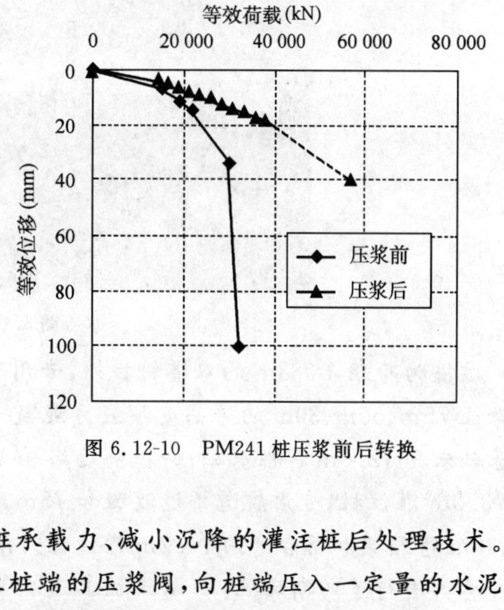

图 6.12-10　PM241 桩压浆前后转换

(2)压浆效果分析

钻孔灌注桩桩端后压浆是一项旨在大幅度提高基桩承载力、减小沉降的灌注桩后处理技术。它的基本原理是在成桩后 2～30d 内，通过预设于钢筋笼上桩端的压浆阀，向桩端压入一定量的水泥浆，以此固结桩底沉渣，并加固桩底一定范围的土体，使桩端阻力得到大幅度的提高。

经过压浆前后承载力的测试可以看出，两根试桩经桩端压浆，桩承载力得到大幅度地提高。桩端压浆桩承载力的提高不仅在于压浆固结了孔底沉渣和土体，起到扩底效应，下部桩身的桩侧泥皮和一定范围的土体也得到加固,从而使桩端承载力和侧阻力均得到提高。压浆前两根试桩下段 $Q—s$ 曲线在很小的荷载下出现陡降段,这与地质报告值有较大的偏差。后查施工记录,PM336 试桩钻孔用了16d,清孔用了 43h,下钢筋笼用了 5d,浇筑混凝土用了 13h。PM241 试桩开钻到混凝土浇捣完毕也用了较长时间,约 19d。这样导致成孔距离浇灌混凝土的间隔时间太长,桩周泥皮、桩端沉渣厚,临空面应力松弛,即降低了侧摩阻力,也降低了桩端阻力。经桩端压浆后,试桩桩端承载力大幅度提高,从自平衡测试曲线及转换曲线可以看出,桩端压浆桩其承载性能的稳定性(承载力、沉降量)明显优于未压浆桩。压浆前后承载力比较,如表 6.12-5 所示。

压浆前后承载力比较 表 6.12-5

桩 号	压浆土层	压浆量 (t)	最大压浆压力 (MPa)	压浆前承载力 (kN)	压浆后承载力 (kN)	提高值 (kN)	百分比 (%)
PM336	粉细砂	8	4	41 000	>52 000	>11 000	>26.8
PM241	含粒粉细砂	6.7	8	30 000	57 000	27 000	90

4. 结论

(1)采用自平衡法测试技术成功地测试出东海大桥超长钻孔灌注桩压浆前后的承载力,测出了桩身上下段的极限侧阻力以及极限端阻力。

(2)压力压浆可明显改善桩端持力层条件,提高桩端承载力和桩端附近的桩侧摩阻力,改善桩荷载传递性能,使桩的综合承载力得到大幅度提高。桩端压浆桩其承载性能的稳定性(承载力、沉降量)明显优于未压浆桩。而压浆所用压力较大者,其效果更加明显。

[实例 2] 苏通长江大桥灌注桩的后压浆试验

1. 工程概况

图 6.12-11 为苏通大桥主桥效果图。

图 6.12-11 苏通长江大桥

该桥为跨距 1 088m 的双塔斜拉桥,专用通航孔采用 140m+268m+140m 连续刚构,引桥分别采用跨径 75m、50m、30m 的等高度预应力混凝土连续梁。基础采用钻孔灌注桩,其中主桥和近塔辅助墩基础采用 ϕ2.5m 群桩基础;斜拉桥远塔辅助墩和过渡墩采用 ϕ2.5m 灌注桩;专用通航道桥主墩采用 ϕ3.0m 灌注桩;专用航道桥过渡墩和 75m 跨箱梁采用 ϕ1.8m 灌注桩;50m 跨箱梁采用 ϕ1.5m 灌注桩;30m 跨箱梁和桥台采用 ϕ1.2m 灌注桩。灌注桩总数约 2 580 根,桩长 57.5~118m。

总共进行了四期试桩:一期试桩共进行 6 根桩(其中自平衡载荷试验桩 5 根,锚桩法试验桩 1 根);二期陆域试验 6 根桩(其中 3 根工艺桩,3 根自平衡载荷试验桩);三期水上试桩 6 根(其中 2 根工艺桩,4 根自平衡载荷试验桩);四期北引桥试桩为 4 根自平衡试验桩。

本节主要介绍二期试桩成果,有关参数见表 6.12-6。

二期试桩汇总表 表 6.12-6

试验类型	编 号	直径(m)	顶高程(m)	底高程(m)	桩长(m)	施工单位	压 浆 管 路	测试方法
压浆工艺桩	GYZ1	2.5	4.0	−102.0	106	二航局	6 回路U 形管	不测试
	GYZ2	2.5	4.0	−121.0	125	二公局	4 直管	
	GYZ3	2.5	4.0	−121.0	125	大桥局	6 回路U 形管	
载荷试验桩	SZ2	2.5	4.0	−121.0	125	二航局	6 回路U 形管	先压浆后测试
	SZ3	2.5	4.0	−102.0	106	二公局	4 直管	先压浆后测试
	SZ4	2.5	4.0	−121.0	125	大桥局	4 回路 U 形管+4 直管	先测试后压浆再测试

二期试桩对 6 根试桩进行了后压浆试验，分别采用 U 形管和直管两种方案。SZ2 桩和 SZ3 桩采用 6 回路 U 形压浆管方案(图 6.12-12)，端部弯管采用 ϕ25mm 普通钢管，桩身直管由 8 根 ϕ25mm 钢管和 4 根 ϕ60mm 声测管(兼用)组成。

SZ4 试桩采用 4 回路 U 形管加 4 直管方案。4 个 U 形回路由 8 根 ϕ25mm 钢管在桩端每根由一弯管相连组成一回路，4 根直管由对称布置的 ϕ60mm 声测管兼用。

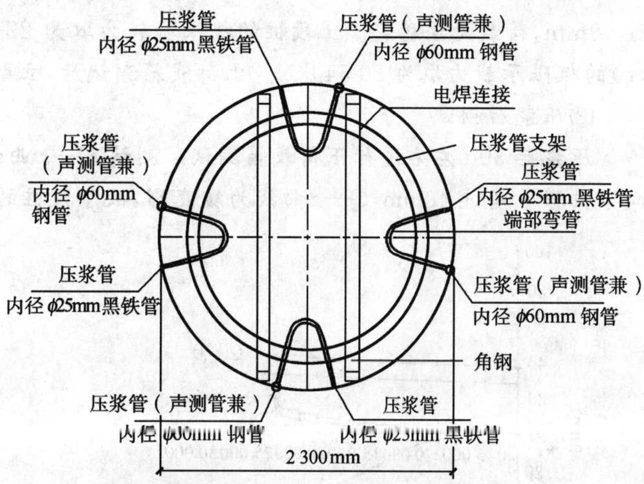

图 6.12-12 压浆管平面布置图

2.测试情况

(1)SZ2 试桩

测试 $Q-s$ 曲线见图 6.12-13。当加载至2×51 000kN时，向上位移量达到 80.12mm、向下位移量达到 81.14mm，都同时超过 40mm，并发生突变。故上段桩和下段桩的极限承载力均取上级加载值 48 000kN。

(2)SZ3 试桩

测试 $Q-s$ 曲线见图 6.12-14。当加载至 2×48 000kN 时，向下位移量达到 44.53mm，超过 40mm，并发生突变。此时上段桩位移量较小，继续加载至荷载箱极限值 2×51 000kN 后卸载。故上段桩的极限承载力取为 51 000kN，下段桩的极限承载力为 45 000kN。

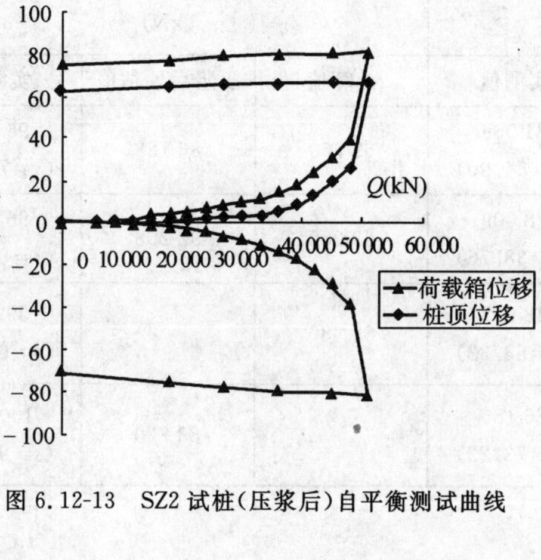

图 6.12-13 SZ2 试桩(压浆后)自平衡测试曲线

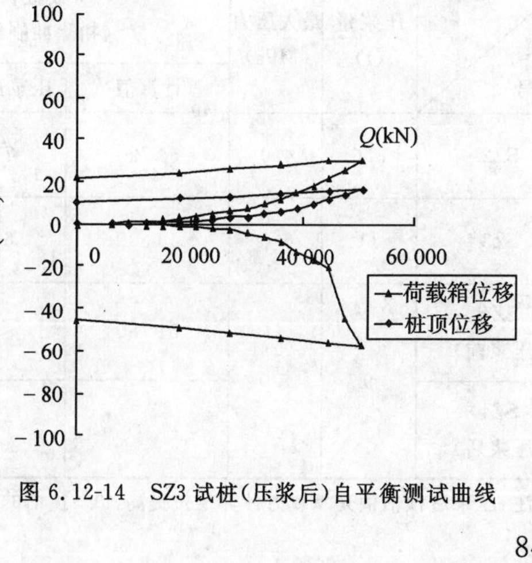

图 6.12-14 SZ3 试桩(压浆后)自平衡测试曲线

(3)SZ4 试桩

①压浆前测试

压浆前先进行下荷载箱测试，随后进行上荷载箱测试。

a. 下荷载箱测试。首先进行下荷载箱测试，测试 Q—s 曲线见图 6.12-15。当加载至 2×18 000kN 时，向下位移量达到 40.87mm，超过 40mm，但未发生突变且荷载很稳定。故继续加载至2×30 000kN，此时向下位移量超过 100mm，为了以后的试验需要，终止加载。下段桩的极限承载力取为 18 000kN。

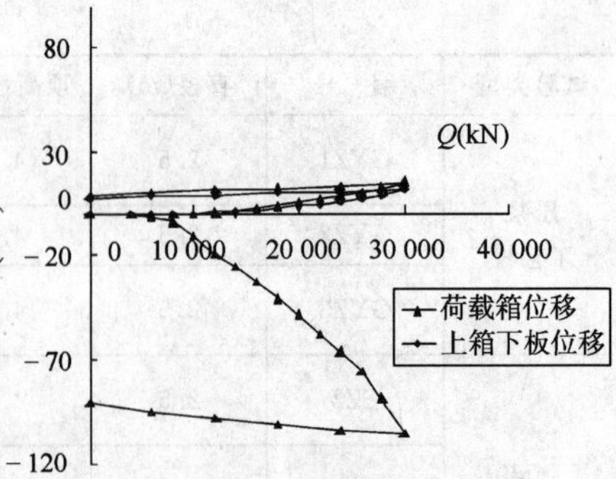

图 6.12-15 SZ4 试桩(压浆前)下荷载箱测试曲线

b. 上荷载箱测试。下荷载箱测试后 10d 进行上荷载箱测试，测试 Q—s 曲线见图 6.12-16。加载至 2×22 400kN 时，向下位移量超过 40mm，且荷载无法稳定。故把下荷载箱油管封住(关闭下荷载箱)后继续加载至2×24 270kN，此时向上、向下位移量均超过 40mm，荷载无法稳定。上段桩的极限承载力取为 22 400kN，中段桩(上荷载箱与下荷载箱之间桩段)的极限承载力取为 20 540kN。上荷载箱测试后，立即进行压浆。

②压浆后测试

压浆后 30d 左右进行下荷载箱测试。测试 Q—s 曲线见图 6.12-17。当加载至 2×54 000kN 时，向下位移量超过 40mm，Q—s 曲线为缓变形，故下段桩的极限承载力取为 54 000kN。

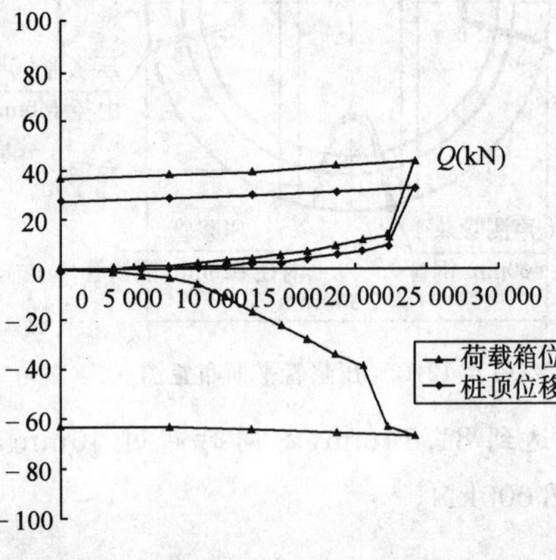

图 6.12-16 SZ4 试桩(压浆前)上荷载箱测试曲线

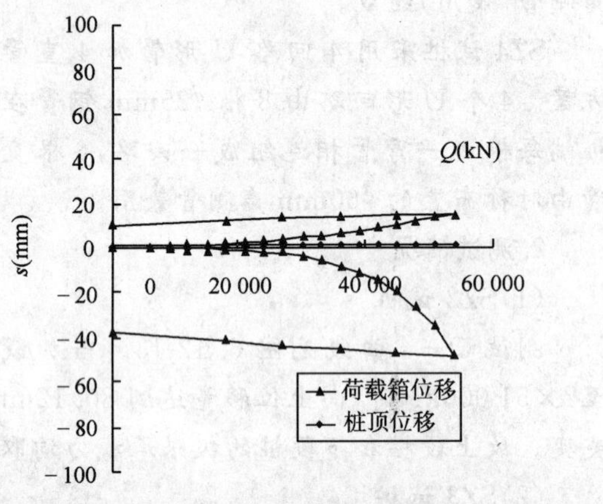

图 6.12-17 SZ4 试桩(压浆后)下荷载箱测试曲线

各试桩、计算承载力、预估承载力与实测承载力比较见表 6.12-7。

计算承载力、预估承载力与实测承载力对比 表 6.12-7

指标 桩号	压浆量(t)	最大压力(MPa)	有效桩长承载力(kN)(扣除冲刷线以上承载力)			整桩承载力(kN)		
			计算值	压浆后预估值	实测值	计算值	压浆后预估值	实测值
SZ2	8.6	4.0	54 720	76 608	81 069 (s=54.90)	69 760	86 188	96 481 (s=77.64)
SZ3	11	6.0	48 300	67 620	78 009 (s=38.76)	63 900	92 208	96 746 (s=60.56)
SZ4 (压浆前)	9	4.0	51 780		48 587 (s=53.32)	67 380		59 638 (s=65.57)
SZ4 (压浆后)				72 492	86 186 (s=73.23)		83 220	100 538 (s=94.62)

注：压浆后预估值是承载力计算值按提高 40%预估的，s 为位移量(mm)。

3.压浆效果分析

SZ2试桩、SZ3试桩桩顶荷载—位移关系曲线及端阻力、侧阻力构成分别见图6.12-18、图6.12-19;SZ4桩压浆前后桩顶荷载—位移关系曲线及端阻力、侧阻力构成分别见图6.12-20、图6.12-21;SZ4桩压浆前后平均摩阻力—位移曲线见图6.12-22;SZ4桩压浆前后桩端阻力—位移曲线见图6.12-23;二期各试桩桩端阻力—位移关系对比曲线见图6.12-24;SZ4桩采用双荷载箱进行测试,压浆后对下荷载箱进行了测试,考虑重复加载影响,仅分析下段桩的摩阻力,SZ4试桩下段桩各土层摩阻力见表6.12-8;各试桩的极限承载力及端阻力、侧阻力组成比例见表6.12-9。

SZ4试桩下段桩各土层摩阻力　　表6.12-8

地层编号	岩土层名称	深度(m)	地质报告值(kPa)	压浆前		压浆后		压浆后提高百分比(%)
				实测极限值(kPa)	对应位移值(mm)	实测极限值(kPa)	对应位移值(mm)	
⑧$_1$	砾砂	−110.1～−102.2	130	118	40.82	192.81	48.21	63.40
⑧$_2$/⑧$_1$	细砂/粗砂	−114.2～−110.1	85	86.26	40.35	186.53	46.68	116.24
⑧$_2$	细砂	−121～−114.2	60	55.01	40.05	157.46	45.6	186.24

桩的极限承载力及构成比例　　表6.12-9

桩号		极限承载力(kN)	桩端阻力(kN)	桩端阻力所占比例(%)	总侧摩阻(kN)	总侧阻力所占比例(%)
SZ2		96 481	14 656	15.19	81 825	84.81
SZ3		96 746	30 761	31.8	65 985	58.43
SZ4	压浆前	59 638	8 485	14.23	51 153	85.77
	压浆后	100 538	33 375	33.2	68 533	66.8

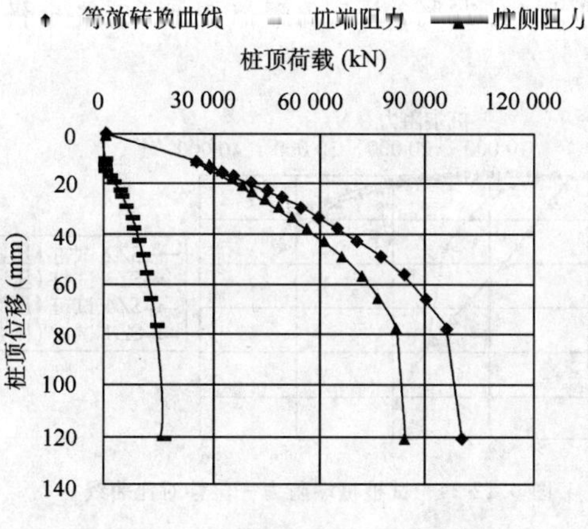

图6.12-18　SZ2桩顶荷载—位移曲线

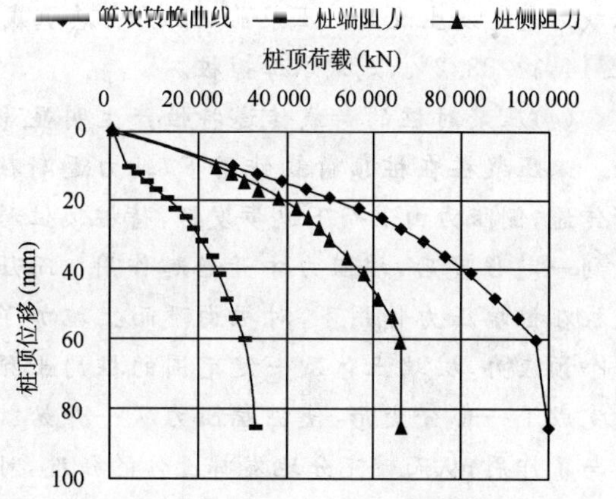

图6.12-19　SZ3桩顶荷载—位移曲线

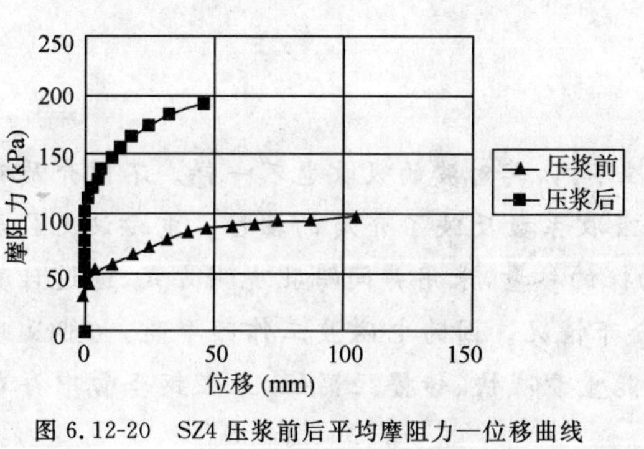

图6.12-20　SZ4压浆前后平均摩阻力—位移曲线

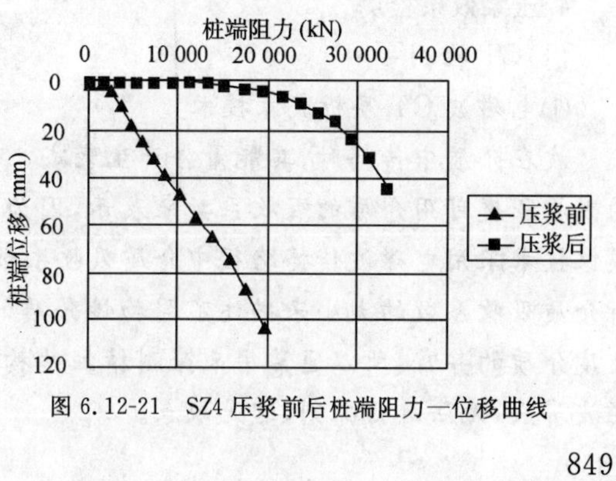

图6.12-21　SZ4压浆前后桩端阻力—位移曲线

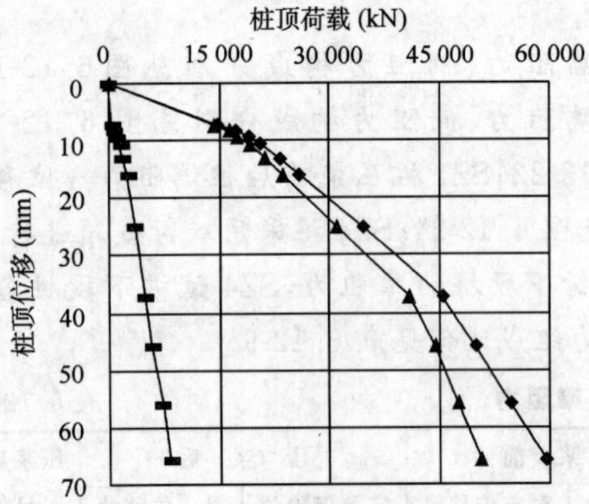

图 6.12-22　SZ4 压浆前桩顶荷载—位移曲线

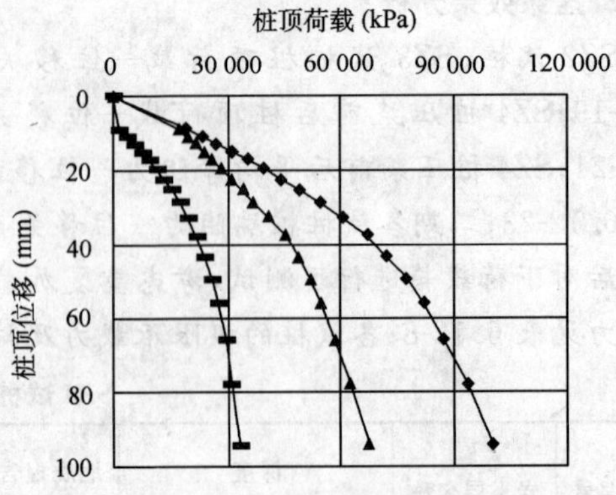

图 6.12-23　SZ4 压浆后桩顶荷载—位移曲线

根据上述自平衡试桩 $Q—s$ 曲线和桩顶荷载位移曲线及压浆前后端阻力及侧阻力曲线，可以看出压浆前后二期试桩具有以下特性。

(1)压浆前 SZ4 试桩下段 $Q—s$ 曲线在很小的荷载下出现陡降段，说明桩底存在沉渣(虚土)，既降低了桩端阻力，也不利于桩侧阻力、桩端阻力的共同作用。产生此情况的施工因素有孔壁暴露的时间、孔壁形状、孔底沉渣的厚度、桩侧泥皮的厚度及性质等，其均对桩的承载性能产生很大影响。

(2)桩端压浆可固结孔底沉渣，还可在压力作用下对持力层进行渗透和劈裂并挤密桩端土体，形成一个较大直径的水泥—土体混合固结体，使桩端阻力大幅度提高。下部桩身的桩侧泥皮和一定范围的土体也得到加固，从而使桩端承载力和侧阻力均得到提高。根据试验数据，压浆后桩极限承载力提高幅度为 68.6%，侧阻力提高 34%，端阻力提高 293%。

(3)经桩端压浆，SZ4 试桩的 $Q—s$ 曲线由陡降形转变为缓变形，桩端刚度得到大幅度提高，桩的承载形态也发生改变。压浆前端阻力占总承载力的比例为 14.23%，基本属摩擦型桩，压浆后提高到 22.14%～33.2%，属端承摩擦桩。

(4)压浆对桩的荷载传递特性产生明显影响。未压浆桩在桩顶荷载作用下，轴力逐渐往下传递，侧阻力由上而下逐步发挥，待桩顶位移达到一定程度后，端阻力才开始起作用。而压浆桩在桩端压力作用下，对桩由下而上施加了一个预应力，桩端土体及一定范围的桩周土预先完成了一部分变形，使桩端阻力从一开始就参与了作用，从而较充分地发挥土体的强度，可大幅提高承载力和减少沉降(图 6.12-24)。

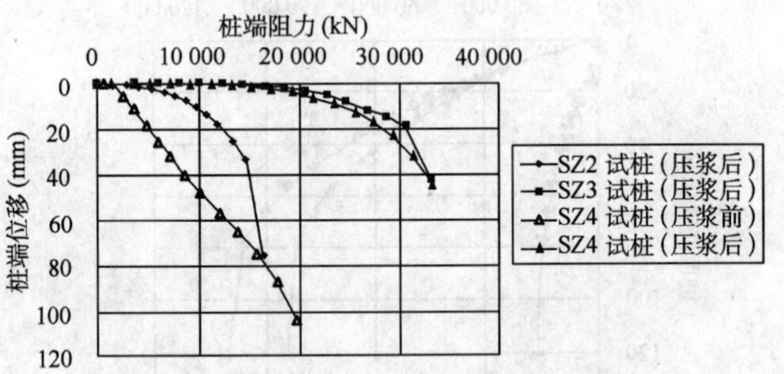

图 6.12-24　试桩桩端阻力—位移对比曲线

4. 压浆效果检测

(1)CT 检测

①电磁波 CT 层析成像技术

波在介质中传播时，其能量将产生衰减。介质物性不同，其对波的吸收也不一样。不同介质对波的吸收程度可用介质的吸收系数来表示，因为介质的吸收系数反映了介质的物性。电磁波 CT 层析成像技术采用电磁波传播路径中介质吸收系数作为物探的参量，采用井间跨孔观测方式，通过计算分析介质吸收系数的大小来描述不同物性介质的空间分布情况。因为电磁波工作频率高，也能反映小尺度介质的异常，所以通常用来探测精细结构。但其能量衰减快、传播距离短，且在钢套管中存在电磁波屏蔽，无法进行探测，这是缺点。

②超声波 CT 层析成像技术

根据波动理论，描述介质的物性参数如泊松比、弹性模量等，可以通过测试其纵波速度、横波速度计算出来，即速度是一个能反映介质物理力学性质的重要参量。工程勘察中对于岩体的测试，通常是利用声波测试，即通过测试声波在岩体中的传播速度来分析岩体的完整程度，进行岩体分类等。超声波 CT 层析成像技术就是采用超声波(频率大于 20kHz 为超声波)在介质中传播速度作为参量，采用井间跨孔观测，通过计算分析超声波速度的空间分布结构来描述介质的空间分布特征。相对来讲，超声波 CT 层析成像技术能反映较大距离范围内较小尺度的异常体。

(2)CT 检测情况

对 SZ2 试桩和 SZ3 试桩压浆效果进行 CT 检测。检测剖面主要是由中心孔向桩侧的 0.5m 孔、1.0m 孔、2.0m 孔和 4.0m 孔的 4 个 CT 剖面，以及桩侧 4 个孔之间连线组成的 4 个 CT 剖面，即每根桩共实施 8 个剖面的 CT 探测。采用的检测技术为高频电磁波(32MHz)和超声波(40kHz)CT 层析成像技术。检测剖面布置，如图 6.12-25 所示。

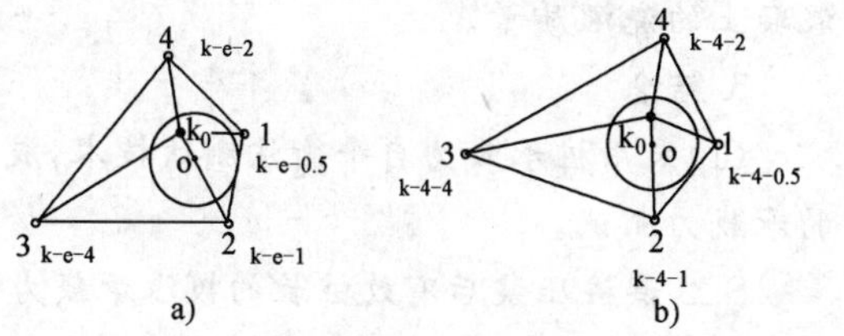

图 6.12-25　CT 检测剖面布置

a)SZ2 试桩；b)SZ3 试桩

①SZ2 试桩

设计桩长 125m，桩径 ϕ2.5m，共打 5 个取芯孔，分别为 k 孔(桩内)、1 号孔(k-e-0.5)距桩 0.5m、2 号孔(k-e-1)距桩 1.0m、3 号孔(k-e-4)距桩 4.0m、4 号孔(k-e-2)距桩 2.0m。跨孔 CT 测试时发现 4 号孔偏位，经同步(同深度对测)测量，初步判断 4 号孔下端外偏约 13m。致使凡经 4 号孔形成 CT 剖面只能作参考使用，但也大体反映了其基本特征。

实测结果表明(图 6.12-26)，采用 U 管压浆的 SZ2 试桩，经试桩压浆后，水泥浆分布较为集中，在－122m 以下只是零星局部分布；大量水泥浆分布于－122～－116m 附近，明显形成了一个向上的弧形扩大头形水泥浆影响区，局部存在固结现象；水泥浆局部可上串至－111m。

②SZ3 试桩

SZ3 试桩原设计为 U 管压浆，后因故改为直管压浆。桩长 106m，共打 5 个取芯孔，分别为 k_0 孔(在桩内)、1 号孔(距桩 0.5m)、2 号孔(距桩 1.0m)、3 号孔(距桩 4.0m)、4 号孔(距桩 2.0m)。

实测结果表明，压浆后，向 1 号、2 号、4 号孔方向桩侧局部形成扩大头，但向 3 号孔方向桩侧压浆效果不明显；压浆主要集中于桩底下 1m(－103m)以上部位，压浆在桩壁附近上窜高度达 11m 以上(－92m)；桩底 1m 以下未发现集中的压浆存在；桩周 4 孔连结剖面上可见有零星随机分布压浆存在；另外，桩体本身还存在局部离析现象。

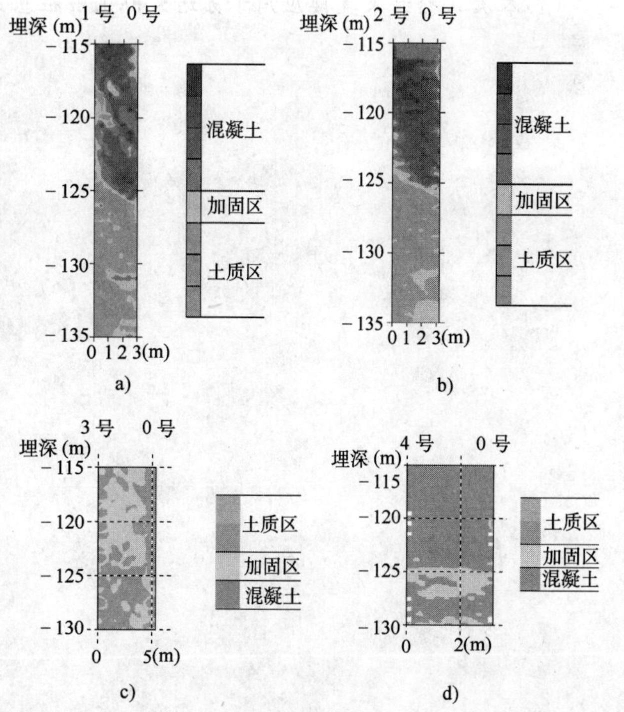

图 6.12-26　实测结果

a)0-1 剖面；b)0-2 剖面；c)0-3 剖面；d)0-4 剖面

(3)CT 检测结论

①SZ2 试桩采用 U 管压浆，在桩头附近形成向上弧形扩大头形水泥浆影响区，局部存在固结现象，水泥浆可上串至深度约－111m 附

近，水泥浆分布随下伏土层或水流影响不规则排列。水泥浆主要分布在桩底下1m及以上部位，在—122m以下深度零星分布。

②SZ3试桩桩采用直管压浆，在桩头附近未形成如理论计算的扩大头，水泥浆零星随机分布在—130～—125m深度，最远3号孔附近存有较多水泥浆。造成压浆不理想的原因可能是多方面的，需明确指出这不一定单纯是由于采用直管压浆造成的，具体原因待另行研究。

③压浆固结程度与周围土的成分有关，在中粗砂或含砾中粗砂中容易压浆并固结，而在粉质细砂土及亚黏土层中相对难以压浆固结。

④在桩区内出现压浆相对速度低的部分，其对应桩身混凝土有离析现象，说明成桩过程中应重视混凝土的浇灌质量。

5.结论

(1)采用桩承载力自平衡法测试技术，成功地进行了苏通长江大桥大吨位超长钻孔灌注桩压浆后的承载力测试。

SZ2试桩压浆后有效桩长的极限承载力为81 069kN，对应位移量为54.90mm。

SZ3试桩压浆后有效桩长的极限承载力为78 009kN，对应位移量为38.76mm。

SZ4试桩压浆前有效桩长的极限承载力为48 587kN，对应位移量为53.32mm。

SZ4试桩压浆后有效桩长的极限承载力为86 186kN，对应位移量为73.23mm。

(2)对苏通大桥二期试桩结果进行分析，具体对比了压浆前后的桩侧、桩端以及总承载力的变化情况，为苏通大桥的桩基设计提供了正确的设计依据。通过对SZ4试桩压浆前后的承载力对比，可以看出用压浆技术能够有效的提高桩端、桩侧的承载力，尤其是提高桩端承载力，并提高桩端承载力比例，且压浆后桩由摩擦桩转变为端承摩擦桩。

(3)采用CT技术成功地检测了桩端后压浆水泥浆液的分布范围和分布深度，结果表明在本试桩场地水泥浆液能沿桩端上返高度约10～15m，说明桩端压浆对桩端附近桩侧摩阻力有较大的提高作用。

(4)本次试验结果直接应用于苏通大桥主桥桩基设计中，取得了显著的经济效益和社会效益。

第十三章　灌注桩的事故处理

第一节　概　　述

灌注桩在成孔混凝土浇筑等施工过程中都会因施工工艺、地质条件、操作不当、机械故障等原因而导致坍孔、埋钻、掉钻、串孔、断桩等事故发生。通常处理这类事故采用推倒重来、直接修补、另外补桩等方法，具体采用何种方法则要根据事故情况、条件等与设计、业主、监理单位一起研究选择最佳处理方案，以保证桩基的质量。

第二节　直接修补断桩

采用直接修补的方法处理断桩，可适用于以下情况。

(1)在施工过程中发现断桩，即无法推倒重来，又因没有补桩位置只好继续施工然后进行断桩处理。

(2)在超声波检测时发现断桩和缺陷桩。

一、一般修补工艺

查明断桩或缺陷部位深度、范围→根据桩径设计工作孔数量和位置→钻工作孔→高压水旋喷切割断面层→清孔→用正循环或气举反循环清渣→钻探查孔检查清刨效果→水泥浆清桩→压水泥砂浆→扫孔、钻芯检验压浆效果→超声波检测。

二、断 桩 修 补

K12 桥 1-2 桩为 ϕ2.5m×110m 钻孔灌注桩。在混凝土浇筑约 1h 后，因搅拌机故障无法修复，施工单位立即采用气举反循环清孔，准备清除已浇混凝土或桩顶浮浆，以便重新浇筑。但效果不理想，此墩无补桩桩位，且断桩高程为－100.0m。经研究，只有作断桩补强修补处理。

1.预埋钻探导管

(1)在钢筋笼内放 ϕ2 000 圆形钢管支架，上面均匀分布 6ϕ108mm 钢管，下端封口放到已浇混凝土面上，上端在工作平台顶面。图 6.13-1 为钻探导管分布图。

(2)清孔。

(3)浇水下混凝土。

2.钻孔

(1)钻通预先埋好的 6 根 ϕ108mm 钻探导管中的其中 3 根(间隔打通)，并钻进至断层面以下约 1m。

(2)在桩中心钻一个 ϕ200～300mm 的孔，钻进至断层面以下约 1m，同时埋钢管并接长至钻孔工作平台顶面。

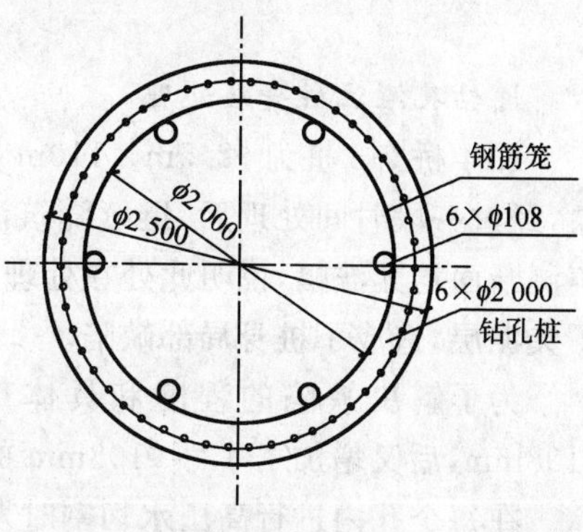

图 6.13-1　钻探导管分布图(尺寸单位:mm)

3. 清理断桩层面

(1)先从中心孔高压旋转射流切割断层面，并进行清孔，时间约48h。

(2)在已打通的3根钻探导管中，依次向四周(重点是桩中心部位)射水清孔，同时在相邻孔接3PN泵进行正循环排渣。

4. 气举反循环清渣

(1)空压机连接风管插入桩中心管，排渣管接水箱。

(2)用3PN泵连接已钻通的3根钻探导管。

(3)同时启动空压机及3PN泵，进行反循环排渣，以排渣效果决定排渣时间。

5. 检验断桩层面清理效果

钻通另外3根钻探导管至断桩层面以下约1m，取其芯样，分析切割、冲击及清孔效果，如不能满足技术要求，则重复上述清理工作。

若进行了重复清理工作，须再检验重复清理的效果，此时可在中心孔和钻探导管之间钻一孔抽芯检验，若满足要求则可进入下一道工序。

6. 水泥浆清桩

用1∶1水泥浆置换孔内清水，置换时由中心孔向外围逐孔换浆，换浆完毕，用新配1∶1水泥浆循环1h。

7. 压水泥砂浆

通过中心孔向断桩层面压入水泥砂浆(内加微膨胀剂)，当砂浆从钻探导管内冒出时，逐一封闭钻探导管，最后要求中心孔的压力达到5MPa，并稳压10min。

8. 扫孔并抽芯检验压浆效果

待水泥浆初凝后，先重新将3根钻探导管(间隔)和中心孔(钻ϕ91mm孔)扫孔至断桩层面以上约1m。待砂浆达到一定强度后，将3根钻探导管钻和中心孔(钻ϕ91mm孔)钻至桩底以下0.5m，待作桩底压浆之用。同时，可利用四个孔内所取芯样分析断桩层面压浆效果及层面以下桩身混凝土质量。

9. 超声波检测

利用原有的声测管对全桩进行超声波检测，以判定全桩的质量。

经检测，全桩均符合规范要求。

10. 桩底压浆

利用钻至孔底以下的4个声测管进行桩底压浆。桩底压浆按设计院下达的桩底压浆要求进行。

三、缺陷桩处理

1. 钻孔灌注桩夹层处理

K24桥3-3桩为ϕ2.5m×110m钻孔灌注桩。在施工过程中，因混凝土导管埋置过深出现卡管现象，经过一段时间处理后，继续浇筑混凝土。在超声波检测时发现－165.3～－66.7m范围内有6个声测断面均无波幅，说明此处在处理拔管时间过长，影响了混凝土的流动性，继续浇筑混凝土时出现了夹泥层，造成了桩身局部缺陷。

为了解决缺陷的程度和具体部位，对该桩布置了4个钻探孔，中心孔ϕ168mm，1～3号孔ϕ108mm，后又增加了4号ϕ108mm的处理孔。孔位布置及钻探情况，如图6.13-2所示。

在每个孔内进行高压水切割时发现4个孔之间并不联通。从中心孔岩芯及压水情况看，该桩并非是完全断桩，因夹泥而形成缺陷桩的判断是正确的。即该桩质量比声测判断要好些，但从高压水切割缺陷部位，然后压力注水泥浆的处理方案看，增加了处理难度。因此，增加了一个处理孔(4号孔，如图6.13-2所示)，目的是为了扩大处理范围，以提高处理质量。但在4号孔压水切割过程中发现该孔

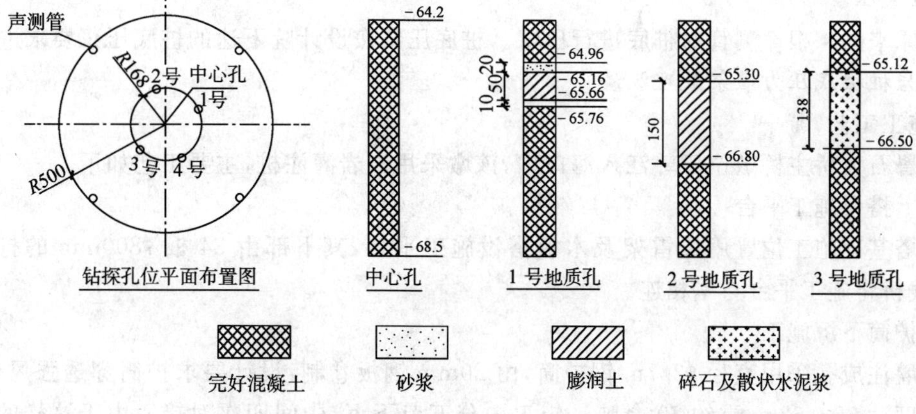

图 6.13-2 钻探结果图(高程单位:m,尺寸单位:mm)

与相邻孔仍不相通。

(1)高压切割

利用已钻探的 5 个地质孔,采用压力为 40MPa 的切割设备对每个孔桩身缺陷部位进行高压旋转射流切割断壁,尽量将桩身缺陷部位混凝土强度较低部分切除。

(2)清孔

如图 6.13-3 所示,逐一在 1 号、2 号、3 号、4 号地质孔内插入由一根 ϕ10mm 风管和一根 ϕ50mm 排渣管组成的清孔器,按反循环清孔方法对孔内切割残渣进行清理。

(3)压浆

①在地质孔内插入一根 ϕ40mm 钢管(两端开口)至桩身缺陷部位以下(根据钻探资料确定)。

②按图 6.13-4 方法布管将出浆管打开,压水泥净浆(由试验室按 C30 配比设计),将缺陷部位及地质孔内的清水置换出来;当出浆管内流出的浆液与压进的浆液一致时,关闭出浆管阀门,继续压浆,直至压浆机的压力达到 8MPa,并稳压 10min;10min 后逐渐减压至 0,然后割除桩周孔的封端。

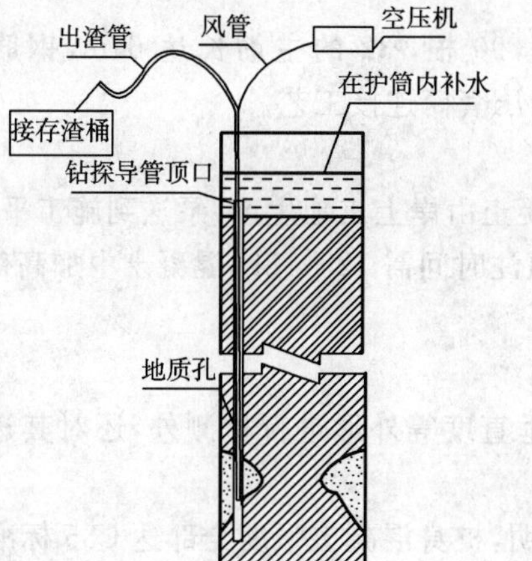

图 6.13-3 清孔示意图

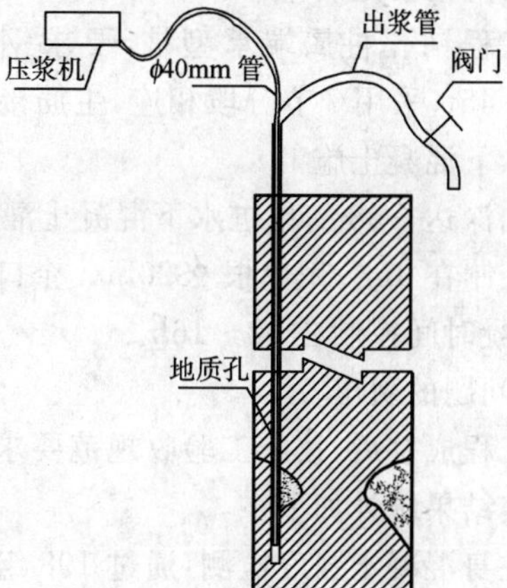

图 6.13-4 压浆示意图

要求 5 个地质孔均按该步骤进行压浆。

(4)声测

待注浆后 15d,利用原来的 4 根声测管对断桩处的注浆效果进行检测,并结合取芯样本,对桩身质量进行综合判断。结果表明,缺陷修补达到了规范的要求。

(5)桩底压浆

利用原来的 4 根声测管对桩底进行压浆。桩底压浆按设计院下达的桩底压浆要求进行。

2.嵌岩桩桩底压力灌浆处理沉渣

(1)施工工艺

汕头礐石大桥主桥墩位于韩江入海口内，该墩采用嵌岩灌注桩，主要工艺如下。

①海上搭设施工平台

在主塔基础施工位置用贝雷架及木板搭设施工平台，其下部由 34 根 ϕ800mm 的打入钢管桩支承，再用栈桥将施工平台与岸相连。

②钢护筒下沉施工

钻孔灌注成孔采用直径 ϕ2.7m 钢护筒，由 20mm 钢板卷制，设计要求护筒穿透强风化岩层，每根钢护筒长度达 55～62m，重约 70 余吨。施工中分五节下沉，中间四次对接。由于这样的大直径的钢护筒，整体刚度已相当弱，钢板壁抵抗局部失稳的能力也相当差。下沉施工采用 250t 振动锤，在 −30m以下由于阻力较大，需用两台振动锤并联振打，方可下沉。如此反复谨慎操作，直到护筒下沉到设计高程，并保证护筒不受损。

③泥浆护壁成孔施工

本工程采用泥浆护壁冲孔成孔施工工艺，选用十字平底直角刃尖的破岩型钻头，钻头直径 ϕ2.46m，高 2.35m，重约 8.5t。

对裂隙发育的岩层，采用全断面的一次成孔，冲程采用 4～5m，进度为 0.6～1.0m/d。对裂隙不发育的岩层，采用两次成孔，先用 ϕ1.5m 直径钻头冲孔，再换用 ϕ2.46m 大直径钻头冲孔。冲程采用 2～3m，进度为 0.2～0.4m/d。

冲孔时采用泥浆护壁，泥浆浓度为 1.3t/m^3，在孔底置 ϕ150mm 吸泥管，采用气举反循环浮渣清孔，并辅以取渣筒清孔。

在混凝土灌注前，用等孔径的取渣盆，在孔底静置 24h 取出沉渣，并用高压射水搅动，随即灌注水下混凝土。

④长大钢筋笼制作

本工程钻孔桩属端承型桩，要求钢筋笼通长至桩底，90 根 ϕ32 的主筋长达 64m，钢筋笼直径 2.3m，重 45t，采用 7 节分段相连，主筋接头 450 个，采用冷压套筒连接工艺。

⑤水下混凝土施工

桩孔深达 −68m，单桩水下混凝土灌注量 350m^3。混凝土由岸上工地生产，泵送到施工平台，混凝土初灌控制在 9m^3，用单根 ϕ320mm 企口导管灌注，单桩灌注时间需 12～18h，混凝土中加高效缓凝减水剂，初凝时间控制在 12～16h。

(2)问题的引出

本工程成桩后，按施工验收规范要求除对桩的位置、垂直度等外形进行检测外，还对其进行下述检测。其结果统计如下。

①桩身混凝土强度检测：通过 198 组试件强度测试表明，桩身混凝土强度全部达 C35 标准。

②桩中心混凝土取芯检测：桩中心混凝土取芯芯样表明，混凝土密实，胶结性好，底部与基岩胶结牢固，无夹层和断裂等缺陷，强度达到 C35 标准。

③桩的超声波无破损检测：通过每根桩预埋的 3 根 ϕ140mm 声测管，对所有桩进行超声检测表明(波长为 3 900～4 300m/s)，桩体混凝土均匀密实，无夹层，无断桩。

每根桩通过上述检测，完全符合验收规范的标准，则可判定桩的质量合格。当对已竣工的其他工程的 120 根摩擦钻孔灌注桩进行超声波检测，通过波形分析统计后发现 90%左右的摩擦桩钻孔灌注桩(合格)的超声波检测波形都如图 6.13-5 所示。其最下面的波形说明，该处的桩无混凝土或不密实。

缺少这段混凝土，对于摩擦桩的承载力影响不会太大，而对于嵌岩桩来说，关系到其支承面积，对桩的承载力有着明显的作用。为此，决定用工程钻钻通声管底盖进行探查，结果11%声测管下是空的，87%声管下为夹渣混凝土，仅2%声管下有混凝土。再通过其他的无损伤检测，基本确定桩底与岩面相结合的面积仅为原桩径的60%～70%。有效支承面的减少，将对嵌岩桩的承载力带来很大的影响，因此设计、建设、施工监理单位达成共识，为确保工程的质量和安全，桩底必须处理。

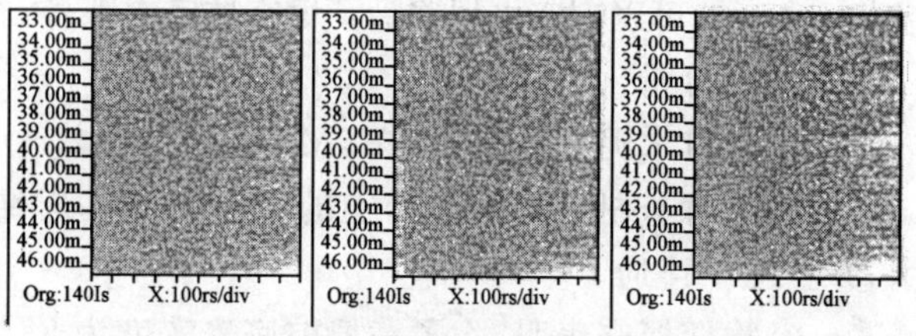

图 6.13-5　超生波检测波形图

(3)问题的分析和对策

①经过讨论分析，一致认为造成桩底混凝土缺少的原因是由于桩成孔后，无法清除孔内所有沉渣，当浇灌桩的水下混凝土时，在首灌混凝土的强大冲力下，将残渣挤向桩的四周而造成的。在符合规范沉渣厚度＜100mm时，按100mm计，约为0.5m^3。

②由于本工程地质极为复杂，皇斑岩遇水后会很快变砂而坍孔，因此无法采用清水护壁钻孔工艺。在泥浆护壁的条件下，采用了多种清孔办法，都无法达到彻底清渣的状况，决定采用利用声测管进行桩底压浆方案，对桩底进行补强工作。

(4)桩底压浆施工方案

①技术参数

进出口浆体强度等级：C35

水泥浆相对密度：＞1.8

压浆压力：＞2MPa

稳压时间：＞30min

③清渣

由于桩底为岩面，不采用高压洗孔气举返渣，将旋喷钻杆插放到声测孔内至桩底，泵压为8～10MPa，反复旋喷。喷嘴上升速度控制在0.15～0.20m/min，旋转速度为10r/min。如果三根或二根声测管在桩底空隙中达到连通，那么在一根声测管中高压旋喷清洗时，其余的声测管中有泥浆，粉细砂或泥块随水流返出，直到各管内流出清水。然后，再将旋喷钻杆轮流放到各声测管中进行旋喷，使得所有的声测管中都是流出清水，说明桩底已基本清渣完成。如果声测管的底部不与别的声测管连通，那么只将旋喷钻杆在该管中反复旋喷，使该声测管中流出清水。实际工作中除极个别的声测管外，大多数的声测管的底部都连续的，所以清孔清渣工作比较方便，为了确保清孔的质量，清孔的时间都比较长。

③压浆

洗孔清渣完成后，先将注浆管从声测管放到桩底，再将配置好的水泥浆通过注浆管，使用2.2MPa的泵压注入桩底直到其他声测管内清水返出流出水泥浆。要求进口的水泥浆密度为1.86～1.89g/cm^3，出口水泥浆的密度为1.85g/cm^3。再轮流将注浆管放入到另外的各声测管中，使其他声测管都能流出达到比重指标的水泥浆。如果某一声测管与其他声测管不连通，亦按上述方法同样压浆，只要该声测管内流出符合要求的水泥浆都可以认为达到了压浆要求。

压浆完成后，为了确保桩底的水泥浆密实，应对声测孔进行挤浆。先向一孔内挤压，待泵压达到2.2MPa，凡连通的声测管内都会有水泥浆流出时，关闭该声测管上的闸阀，再分别向另外的声测管挤浆。挤一根声测管的浆后，关闭该根声测管的闸阀。最后一根声测管挤浆时，当泵压达到2.2～2.6MPa，并稳压30min后再关闭该根声测管的闸阀。

水泥浆：水灰比：0.45：1(P42.5矿渣硅酸盐水泥)，膨胀剂(UEA)5%，减水剂(FDN—100)3‰，以上均为水泥用量为准。经对压浆量的统计显示，主墩基础桩其压力灌浆 169.44m³，平均每根桩下压力灌浆 5.47m³，可以判定水泥浆除了填充桩底空隙外，有相当的水泥浆在压力作用下渗到了桩的外围。

④结果分析

a.进出口水泥浆强度达到 35MPa。

b.钻孔探查桩底底部是密实的水泥石和基岩结合紧密。三只钻孔返出均为清水或含水泥粉的水，并且互不连通。

c.经物探探查表明，除了一根桩底密实度为 83%外，其余均达 95%以上。

d.由于水泥浆的压入量多于桩孔的沉渣体积可以判定水泥浆除了填充桩底空隙外，还有相当的水泥浆在压力作用下渗到了桩的外围。

经设计院复查后，认为桩基达到了设计承载力的要求。

四、补　　桩

桩基施工中发生严重的坍孔、串孔、掉钻等事故，虽经处理无法达到设计要求或虽能达到但费用、工期等因素不允许时，可在桩的周边进行补桩。由于基础扩大会造成一定的经济损失，桥墩的承台放大后又影响美观，因此，补桩往往就在靠近原桩位很近的地方，这给下一步施工带来较大的风险。

1.一般处理原则

认真分析事故的原因，特别是地质条件和水文条件如承压水、喀斯特地质等，同时要分析施工工艺、施工管理等方面的问题。如两桩相距较近同时施工，一根在成孔另一根在浇筑混凝土，由于两孔内压差较大，极易串孔，即使孔距较大若该地质中有承压水层也很容易串孔。特别是补桩时，最好让临近的桩都施工完成后再补桩或在补桩孔位的四周对承压水层进行加固、隔断。针对土层的情况，研究采用优质泥浆或相对密度较大的泥浆的必要性，并依次制定相应技术措施和管理措施。

2.K12 桥 2-4 桩质量问题处理方案

1)质量问题经过情况

K12 桥 2-4 孔施工情况：桥墩钻孔灌注桩均为 ϕ2.5m×110m，在 2-4 桩清孔时，相距 13.2m 的 3-3 桩浇水下混凝土。

6 月 23 日 11:20～13:30 成孔检测完成，合格。

6 月 25 日 13:30 钢筋笼安装完成，测孔底沉渣厚 70cm。

6 月 26 日 03:30 检测孔内沉渣近 5m，清孔出现困难，在－68m 高程处，用测锤检测时有黏锤感觉。

6 月 27 日 02:30 清孔时发现振动筛内开始分离出大量碎石及中粗黄砂，现场分析应是 3-3 桩现浇混凝土串孔至 2-4 桩所致。

6 月 28 日 03:00 二清各项指标合格。

6 月 28 日 04:18 首批混凝土灌注正常。

6 月 28 日 04:45 再次检测孔深，发现混凝土面的理论上升高度与实际上升高度有较大出入，现场判断属坍孔所致，遂提出导管，然后用膨润土将其回填。

2)原因分析

①由于 3-3 孔与 2-4 孔之间存在承压水，尽管两孔中心距约 13.2m，两孔净距约 10.7m，在 3-3 孔混凝土浇筑过程中因该孔新混凝土密度远大于 2-4 孔泥浆密度，使两孔间的承压水出现压力差，导致 3-3 孔新浇混凝土穿至 2-4 孔，破坏了孔壁，致使 2-4 孔在混凝土灌注时出现坍孔。

②由于拌和船的混凝土供应能力不足，导致 3-3 孔与 2-4 孔成孔后水下混凝土灌注时间太长，影响了孔壁结构的稳定。

3)处理状况

(1)2-4 孔内先后加入 140t(50t+70t+20t)澎润土,90t 黏土;

(2)目前,2-4 孔孔内泥面高程为-14m;

(3)护筒的垂直度小于 1%,偏位小于 6.0cm;

(4)完成 8 个地质孔的钻探,以分析串孔的高程和范围,钻孔位置见图 6.13-6。

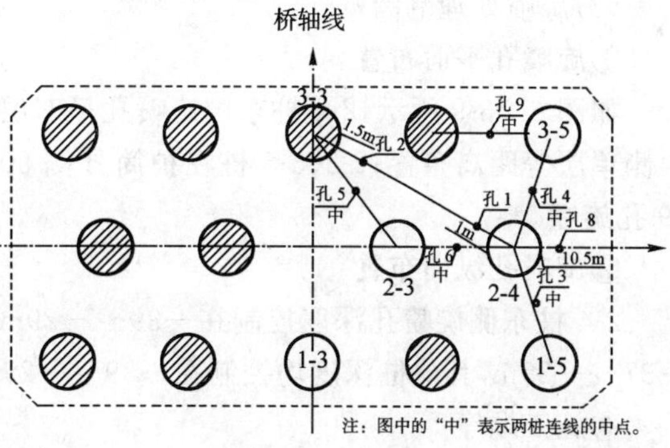

图 6.13-6　地质钻探孔位图

4)需要解决的问题

(1)如何安全完成剩余桩(3-5、2-3、1-5、1-3)的施工;

(2)完成 2-4 孔的换填及桩周空洞的填充处理;

(3)完成补桩施工。

5)处理方案

(1)在补桩位置振沉钢护筒,位置如图 6.13-7 所示。

(2)打 7 个 ϕ600~800mm 地质孔至空洞外,位置如图 6.13-8 所示,按孔的编号先后在孔内灌砂至填满空洞,以释放承压水。

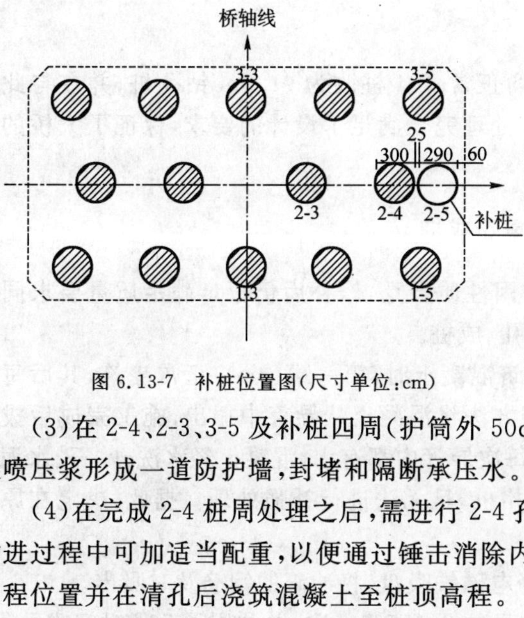

图 6.13-7　补桩位置图(尺寸单位:cm)

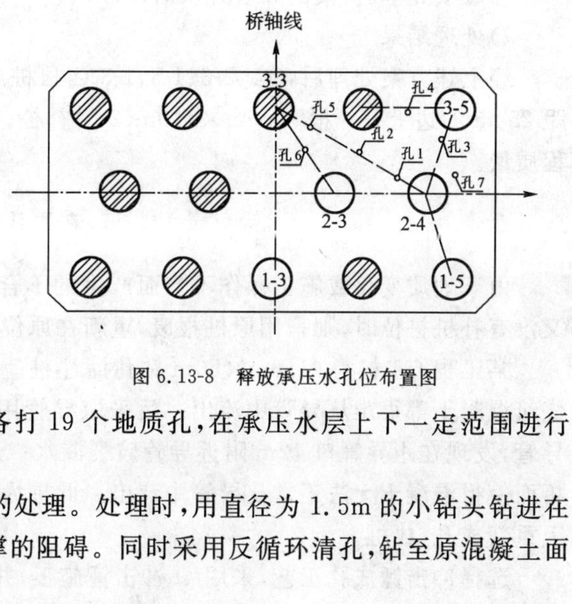

图 6.13-8　释放承压水孔位布置图

(3)在 2-4、2-3、3-5 及补桩四周(护筒外 50cm)各打 19 个地质孔,在承压水层上下一定范围进行旋喷压浆形成一道防护墙,封堵和隔断承压水。

(4)在完成 2-4 桩周处理之后,需进行 2-4 孔内的处理。处理时,用直径为 1.5m 的小钻头钻进在钻进过程中可加适当配重,以便通过锤击消除内支撑的阻碍。同时采用反循环清孔,钻至原混凝土面高程位置并在清孔后浇筑混凝土至桩顶高程。

(5)在完成 2-4 桩周空洞和桩中心处理之后,再逐一完成剩余桩及补桩的施工。在施工过程中采用优质泥浆护壁,适当提高泥浆密度和黏度。成孔后,及时安排提钻、测孔、下钢筋笼、二清及混凝土灌注等工序的施工,确保桩基质量。

6)为防止 2-4、2-3、3-5 桩受承压力影响而串孔,在该桩四周距桩边 50cm 外围各设 19 个高压旋喷桩,在承压水上下层各 1.0m 范围内形成一道防护墙。

(1)采用单管旋喷

①成孔用套管的埋深根据实际地质情况而定。

②成功后拔出岩芯管,换上旋喷管,旋喷管侧边设两个 ϕ2~4mm 的孔。

③采用水灰比为 0.6~0.7 的水泥浆旋喷,但需对水泥浆作可压性试验;制浆存浆机具应清洗干净,防止浆渣颗粒堵塞喷浆嘴。

(2)旋喷处理范围

①旋喷孔平面布置

如图 6.13-9 所示,2-4 桩东侧旋喷孔呈双层梅花形布置,西侧单层等距离布置;2-3、3-5 桩在护筒外侧 50cm 等距离有 19 孔旋喷。

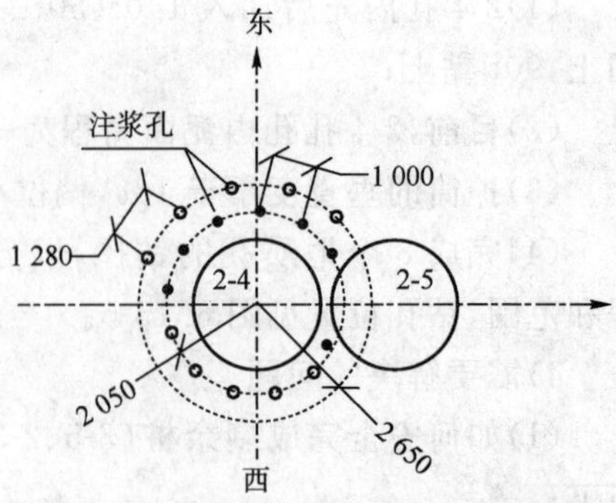

图 6.13-9 桩周压浆孔布置图(尺寸单位:mm)

②旋喷孔纵向布置

2-4 桩东侧旋喷孔深度控制在−39～−29m,西侧控制在−37～−29m,其他桩深度均控制在−39～−29m。

③施工顺序

2-4 桩先完成东侧内层 6 个孔和西侧的 1 个孔(图中涂黑圆圈位置)的施工,然后通过地质钻探探明旋喷效果后,决定下一步的旋喷范围。

(3)旋喷(主要)工艺要求

①旋喷转速控制在 16～20rad/min。

②先在孔底旋喷 1min,调整转速及喷射压力后,按 15～20cm/min 提升速度喷旋。

③旋喷压力宜控制在 5～8MPa。

④旋喷完毕后,拔出导管并及时用砂回填。

7)处理结果

经上述方案处理后,3-5、2-3、1-5、1-3 四根桩施工均正常,2-4 桩改为 ϕ1.5m 钻孔桩,并在与此相距 25cm 的边上补一根 ϕ2.5m×110m(2-5)补桩。这样处理完全满足了设计的要求,保证了大桥的工程质量。

五、在原孔位上重新成桩

由于地质变化或施工操作不当而产生的不合格桩因性质严重,修补后仍很难满足质量要求同时又没有补桩桩位时,则采用原桩报废,重新在原位上成孔、成桩。

某工程 6-1 桩为 ϕ1.6m×50m 钻孔灌注桩。在浇筑混凝土时,第一罐($3m^3$)正常浇筑,其后每次浇筑混凝土都很难从导管中流出。后采取导管用激振方法将混凝土从导管中振出,施工完成后拔出导管,发现在距导管口 12m 附近导管破裂漏水。这样每次导管内都有水,混凝土经水洗砂、石、水泥离析而使得混凝土无法正常从导管中流出。此桩为不合格桩,且无法进行补强处理。据此,决定在原位上重新成孔、成桩。

选择冲击锤成孔工艺,采用 4t 冲击锤施工,并备好电磁铁吸盘,将冲碎的钢筋及时吸出。

冲程选用 2～3m,泥浆相对密度为 1.3～1.4,每进尺约 2m 清渣一次,总共用了 50d 时间成孔。

原位上重新成孔、成桩也受到某些条件的制约,如桩长很长,桩径很大,就难于施工。因为,桩内混凝土已浇筑或部分浇筑一般只选择冲击锤施工才可将孔内的钢筋和混凝土冲碎清出,桩长过长易于坍孔。桩径过大则冲击能量不够,效率很低,因此要综合分析考虑。也可在钢筋笼内钻(冲)孔,然后采用松动爆破的方法将钢筋附近的混凝土破碎,取出竖向钢筋,再冲击成孔,这样总体效率可能会高些。

六、如何防止灌注桩事故的发生

灌注桩事故处理技术难度大,费工、费时、费钱,直接影响工程的成本、工期和质量。有时一根桩处理花费几个月甚至一年的时间,给工程建设造成难以挽回的损失。因此,灌注桩事故处理的最好办法,就是避免发生事故。

如何才能避免事故发生，作者认为必须做好以下几点。

(1)详细分析研究地质资料、地下水等情况，特别注意喀斯特地质及复杂地质条件钻孔资料，必要时补充钻探。

(2)针对地质条件和施工地的环境条件，认真分析坍孔、串孔、偏孔的可能性，并在施工顺序、护筒设计制作、护壁泥浆质量、施工工艺、设备、排渣方式、质量控制等方面编制切实可行的施工组织设计，并严格按此执行。

(3)针对成孔、成桩过程中可能发生的问题编制应急方案，同时在机械设备、工具、材料等方面都做好充分准备。

(4)施工技术人员必须轮班在现场值班，经常检查机械设备、泥浆和施工情况，督促操作人员严格执行操作规程。

(5)如发现地质情况或施工过程不正常时，应立即查明原因，采取果断措施，防止事态扩大。

(6)对所有的施工人员要进行技术交底(包括应急预案交底)、岗位培训、熟悉操作规程。

总之，关键是预防，预案必须有，并能随时付诸实施；重点是管理，严格管理可以大大减少事故的发生。细节决定成败，认真做好每一项工作，这样就可以大大减少事故频率。

第七篇　柔性桩施工技术

第一章 概　　述

第一节 定　　义

对于建造在软土地基上的建筑物，为保证其安全与正常使用，必须采用人工地基，桩基础是应用得最多的人工地基之一，常用的刚性桩由于其强度高，弹性模量大，往往承受了全部的荷载。为降低造价，发挥土体作用，人们开发出柔性桩，一般抗压强度在10MPa以下，变形模量在400MPa以下，形成复合地基，共同承受上部荷重，我们称其为柔性桩。实践表明，对于承载力要求较低，容许一定沉降量的建筑物选用该类桩是经济合理的，是有一定生命力的。

第二节 分　　类

常用的柔性桩有以下几种，分述于下，并将其列于表7.1-1。

一、旋　喷　桩

该法是利用钻机把带有喷嘴的注浆管钻进至土层的预定深度后，以高压喷射直接冲击破坏土体，使水泥浆与土拌和，以半置换或全置换凝固后成为拌和柱体。旋喷桩适用于黏性土、冲填土、粉细砂、砂砾石等各种地基，但对于砾石直径过大、砾石含量过多、地下水流速过大、有腐蚀性的地段及有大量纤维质的腐殖土，效果较差。

二、搅　拌　桩

该法是通过特制的深层搅拌机械，在地基深处就地将软土和固化剂水泥浆液强制搅拌，利用水泥和软土之间产生的一系列物理化学反应，形成具有整体性、水稳定性和一定强度的柱体。搅拌桩适用于软弱黏性土，对于含高岭石、多水高岭石、蒙脱石等黏土矿物的软土加固效果较好，对含有伊利石、氯化物和水铝英石等矿物的黏性土以及有机含量高、酸碱度较低的黏性土的加固效果较差。

三、粉　喷　桩

该法采用的机械设备与搅拌桩类似，其机理与适用的土层与搅拌桩相同，所不同的是固化剂为干水泥粉或干石灰粉。

四、碎石(砂)桩

碎石(砂)桩施工可采用振冲法和沉管法。振冲法是利用一种能产生水平向振动的振冲器，在高压水流下边振边冲；在软弱地基中成孔，再在孔中分批填入碎石(砂)，形成桩体。沉管法是采用振动或锤击的方法将沉管沉入土中，然后分段进行加料(碎石或砂)通过振压，使碎石和砂密实，拔出沉管，形成桩体。碎石(砂)桩适用于砂土、粉土、黏性土和人工填土。当用于不排水抗剪强度小于20kPa的软黏土时，应通过试验。

五、水上砂桩

该法的原理和设计计算与陆上碎石(砂)桩类同,但配置设备较多,在建造码头和堤坝时大量采用,效果很好。

六、灰土桩

该法是通过沉管、爆扩或冲击等方法,在需处理的地基中成孔,并及时将拌和均匀、颜色一致的灰土填入桩孔,并将其压密形成桩体。灰土桩适用于地下水位以上,深度5～15m的湿陷性黄土或人工填土(素填土和杂填土),对于地下水位以下或含水率超过25%的土,不宜采用。

柔性桩的分类及适用范围见表7.1-1。柔性桩已列入国家《建筑地基基础工程施工质量验收规范》(GB 50202—2002)和《建筑地基处理技术规范》(JGJ 79—2002,J 220—2002)。

柔性桩的分类及适用范围 表7.1-1

分类	原理及作用	适用范围	注意点
旋喷桩	将带有特殊喷嘴的注浆管,通过钻孔置入到处理土层的预定深度,然后将浆液(常用水泥浆)以高压冲切土体。在喷射浆液的同时,以一定速度旋转、提升,即形成水泥土圆柱体;若喷嘴提升而不旋转,则形成墙状固结体。 可用以提高地基承载力,减少沉降,防止砂土液化、管涌和基坑隆起,建成防渗帷幕	适用于淤泥、淤泥质黏土、黏性土、粉土、黄土、砂土、人工填土等地基。当土中含有较多的大粒径块石、坚硬黏性土、大量植物根茎或有过多的有机质时,应根据现场试验结果确定其适用程度。 对既有建筑物可进行托换工程	施工时水泥浆冒出地面流失量较大,对流失的水泥浆应设法予以利用
水泥土搅拌桩(分搅拌桩和粉喷桩)	水泥土搅拌桩施工时分湿法(亦称搅拌桩)和干法(亦称粉喷桩)两种。 湿法是利用深层搅拌机,将水泥浆与地基土在原位拌和;干法是利用喷粉机,将水泥粉或石灰粉与地基土在原位拌和。拌和后形成柱状水泥土体,可提高地基承载力,减少沉降,增加稳定性和防止渗漏、建成防渗帷幕	适用于淤泥、淤泥质土、粉土和含水率较高,且地基承载力标准值不大于120kPa的黏性土等地基。 当用于处理泥炭土或地下水具有侵蚀性时,宜通过试验确定其适用程度	经济效果显著,目前已成为我国软土地基上建造6～7层建筑物最为经济合理的处理方法之一。 不能用于含石块的杂填土
碎石(砂)桩(包括水上砂桩)	施工可采用振冲法和沉管法。前者利用振冲器在高压水流作用下,边振边冲在地基中成孔,分批填入碎石(砂)形成桩体,后者利用振动或锤击的方法将沉管沉入土中,分批填入碎石(砂)形成桩体,由此可提高地基承载力,减少沉降和增加稳定性	适用于砂土、粉土、黏性土和人工填土。当振冲法用于不排水抗剪强度小于20kPa的软土时,应通过试验	采用振冲法时应做好地面的排水
灰土桩	通过沉管、爆扩或冲击等方法在地基中成孔,分批填入灰土形成桩体,可提高承载力、减少沉降	适用于地下水位以上,深度5～15m的湿陷性黄土或人工填土(素填土和杂填土)	对于地下水位以下或含水率超过25%的土,不宜采用

第三节 选用要求

一、准备工作

(1)熟悉场区的工程地质、水文地质情况和有关土层的物理力学性能。

(2)根据建筑物对地基的要求和地基的条件,分析和熟悉设计所采用的桩型。

(3)开展必要的调查研究,了解类似工程的情况,收集资料,为更好地进行施工提供依据。

二、选 用 原 则

具体工程情况很复杂,工程地质条件千变万化,各种工程对地基的要求也不同,因此对具体工程要进行具体细致的分析,针对设计确定的桩型,业主要求的工期和确定的费用,从料源、施工机具和设备的情况并考虑节约能源,保护环境等方面来确定合适的施工顺序、施工工艺。

三、施工过程和施工完成后的注意事项

(1)施工过程中,现场施工人员必须很好了解所采用桩型的原理、技术标准和质量要求,所进行的施工是否合乎工程要求、要经常进行施工质量和处理效果的检验,以保证施工质量。

(2)施工过程中需要做好监测工作,对不同的桩型要提出不同的监测要求,该项工作必须重视,认真落实。

(3)施工完成后,应尽量采用可能的手段来检验处理效果,要实事求是,认真公正。

(4)对重要工程或多方案比较时,最好在大规模施工前进行小型现场试验,以获得计算参数,施工控制指标以及施工经验。

第二章　旋　喷　桩

第一节　概　　述

喷射注浆法又称旋喷法注浆简称旋喷桩，是一种从20世纪70年代初期最先由日本开发的地基加固技术。传统的注浆方法是在浆液的压力作用下通过对土体的劈裂、渗透、压实达到注浆加固的目的。注浆技术虽有悠久的历史和广泛的用途，但是对于细颗粒砂性土和黏性土通过劈裂难以达到一些工程要求（难以形成较好质量的加固体，包括均匀性、强度和渗透性）。喷射注浆法是通过高速喷射流切割土体并使水泥与土搅拌混合，形成水泥土加固体，恰好弥补上述的不足，见图7.2-1。

图7.2-1　水泥土加固体

同时，由于用喷射流形成的加固体形状灵活，适合多种加固要求，因此当这种方法开发成功后，也就是自20世纪70年代中期以后，在世界范围内得到很快的传播。20世纪70年代，该方法在我国的建筑物基础托换、工业建筑基坑工程及水利建设工程中得到应用。20世纪90年代起我国大规模建设工程发展，上海、广州、北京等大城市的地下工程以及长江三峡等重大水利工程的建设使用了该方法，使其在我国的应用范围有了迅速扩大，我国也因此成为世界上喷射注浆法应用量最大的国家之一。在施工机具方面，限于工程机械制造的水平，长期以来我国应用最多的是三管法，90年代后期，双管法的应用才得到发展，同时配套机械的性能也有所提高。

除日本以外，世界范围内的欧洲、美国、东南亚、中东等地区中香港均有大量旋喷桩的工程应用实例。日本在原有的单管法、双管法和三管法的基础上后来又开发了一系列新的工法，例如多管法、超级旋喷法、双高压法以及和深层搅拌法相结合的多种喷射搅拌法。欧洲在引进日本喷射工法的技术后，在施工机械方面有其自身的特点，例如在隧道工程中有不少采用水平旋喷加固的工程实例，并且在欧洲也已形成了喷射注浆技术标准。东南亚的泰国和新加坡都是在地下工程中应用喷射注浆较多的国家。在中东，埃及开罗的地铁建设大量使用喷射注浆加固法，也是世界上单项工程中使用喷射注浆加固工程量最大的项目之一。美国从日本引进喷射注浆技术之后，也有一个发展的过程，自20世纪90年代引进超级旋喷工法之后，应用范围有了进一步的扩大。喷射注浆法在美国基础托换工程、隧道工程、水利工程中均有应用，而且有的单项工程中使用的规模很大。

第二节　旋喷桩加固的作用

一、旋喷桩加固地基的功能

(1)强度特性的改良，即提高抗剪强度和抗压强度。通过土体强度的改良，以提高地基承载力，提高斜坡稳定性，防止基坑涌土。

(2)降低土体压缩性。主要是减少土体压缩变形，或减少土体侧向位移引起的地基上抬。

(3)改善透水性。通过加固，减少土的透水性以形成防水帷幕，阻止渗水或防止流砂、管涌的发生。

(4)改善动力特性。对松散砂进行地基加固，可防止地基土液化，改善抵抗振动荷载的性能。

二、旋喷桩设计分类

根据加固所起的作用，旋喷桩设计可以分为下列几种：

(1)止水，形成防水帷幕，隔断地下水的渗流；

(2)防止坑底部黏性土涌土或砂性土管涌以及被动土压力区的加固；

(3)对相邻构筑物或地下埋设物的保护；

(4)旧有构造物地基的补强；

(5)桩基础的防护补强或托换；

(6)地下盾构、顶管等施工始末端的加固；

(7)减少基础沉降和既有建筑物的沉降；

第三节　旋喷桩设计

一、旋喷桩设计的一般程序

旋喷桩设计的一般程序见图 7.2-2。

图中所示的地质条件，是指土的性质。一般来说，对松散、软弱的土层，其加固范围大，即桩径大或喷射距离长；反之，对坚硬的土层其切割的范围小，桩径也小。砂性土易于分散，故易于硬化剂混合均匀、充分，而黏性土较难分离，则搅拌均匀程度较差。

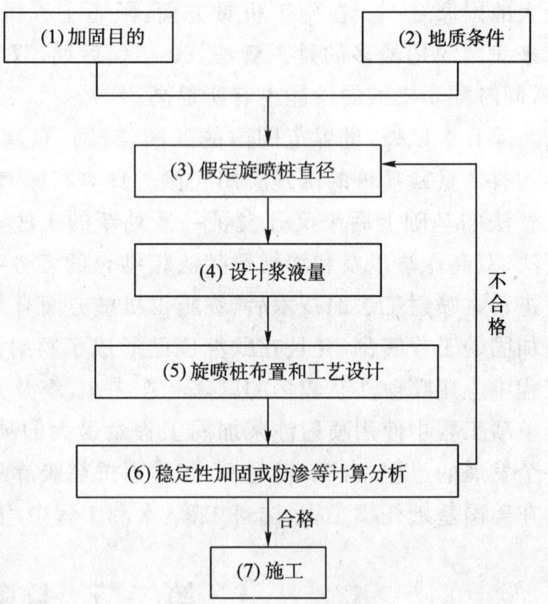

图 7.2-2　旋喷桩设计程序

一般来说，下列土质的加固效果较佳：

砂性土　$N<30$；

黏性土　$N<10$；

填土　不含或含少量砂石。

对下列土质条件则需要慎重考虑：

坚硬土层　很密实的砂质土以及 $N>10$ 的黏性土；

人工填土层　填筑时间很短的人工填土，尤其是堆积松散，含有块石、存在大裂隙的人工填土；

砾砂层　含有卵石的砾砂层，因浆液喷射不到卵石后侧，故常需通过现场试验。

高压喷射注浆单管法和二重管法的高压水泥浆液和三重管法高压水射流的压力一般大于 20MPa，气流压力一般为 0.7MPa，三重管使用的低压水泥浆液流压力大于 1MPa，提升速度一般为 0.1～0.25m/min。

二、加固体直径的设定

加固体的直径与土质、施工方法等有密切的关系，浅层可以用开挖的方法确定外，一般只能根据以往的试验和工程实例加以确定，可参照表 7.2-1 选用。

旋喷桩的设计直径　　表 7.2-1

土质 \ 方法		单管法(m)	双管法(m)	三管法(m)
黏性土	$0<N<5$	0.5～0.6	0.8～1.2	1.2～1.8
	$5<N<10$	0.4～0.5	0.7～1.1	1.2～1.6
砂土	$0<N<10$	0.6～1.0	1.0～1.4	1.5～2.0
	$10<N<20$	0.5～0.9	0.9～1.3	1.2～1.8
	$20<N<30$	0.4～0.8	0.8～1.2	0.9～1.5

注：①N 为标准贯入击数；

②定喷和摆喷的有效长度为旋喷机直径的 1.0～1.5 倍。

需要指出，表中所列的数值是在一定的施工条件下获得的，即对应于一定的喷射压力、喷嘴直径和提升速度，这些数值只能作为参考，最终值还是应根据现场试验、开挖和当地已有经验来确定。

近年来，大流量的喷射方法取得了良好效果。该法即采用大直径喷嘴，增大喷射能量，从而使成桩直径增大，也就是所谓的超级旋喷法。

三、单桩竖向承载力特征值

可通过现场单桩载荷试验确定，也可按下式估算，取其中较小值：

$$R_a = \eta f_{cu} A_p \tag{7.2-1}$$

$$R_a = U_p \sum_{l=1}^{n} q_{si} l_i + q_p A_p \tag{7.2-2}$$

式中：R_a——单桩竖向承载力(kN)；

f_{cu}——与旋喷桩桩身水泥土配比相同的室内加固土试块(边长为 70.7mm 的立方体)在标准养护条件下 28d 龄期的立方体抗压强度平均值(kPa)；

η——桩身强度折减系数，可取 0.33～0.35；

n——桩长范围内所划分的土层数；

l_i——桩周第 i 层土的厚度(m)；

q_{si}——桩周第 i 层土的侧阻力特征值(kPa)，可按现行国家标准《建筑地基基础设计规范》(GB 50007—2002)有关规定或地区经验确定；

q_p——桩端地基土未经修正的承载力特征值(kPa)，可按现行国家标准《建筑物地基基础设计规范》(GB 50007—2002)有关规定或地区经验确定；

A_p——桩的截面积(m^2)；

U_p——桩的周长(m)。

当旋喷桩处理范围以下存在软弱下卧层时，应按现行国家标准《建筑地基基础设计规范》(GB 50007—2002)有关规定进行下卧层承载力验算。

四、复合地基承载力计算

旋喷复合地基承载力标准值应通过现场复合地基载荷试验确定。初步设计时，也可按下式计算或结合当地情况及与其土质相似工程的经验确定。

$$F_{spk} = m\frac{R_a}{A_p} + \beta(1-m) f_{sk} \tag{7.2-3}$$

式中：F_{spk}——复合地基承载力特征值(kPa)；

R_a——单桩竖向承载力特征值(kN)，通过现场试验或按式(7.2-1)、式(7.2-2)计算得出；

m——面积置换率 $m=A_p/A$；

A_p——桩的截面积(m^2)；

A——一根桩承担的处理面积(m^2)；

f_{sk}——桩间天然地基土承载力特征值(kPa)；

β——桩间天然地基土承载力折减系数，可根据试验确定，在无试验资料时，可取0～0.6，当不考虑桩间软土的作用时，可取零。

竖向承载旋喷桩复合地基宜在基础和桩顶之间设置褥垫层。褥垫层厚度可取200～300mm，其材料可选用中砂、粗砂、级配砂石等，最大粒径不宜大于30mm。竖向承载旋喷桩的平面布置可根据上部结构和基础特点确定。独立基础下的桩数一般不宜少于4根。桩长范围内复合土层以及下卧层地基变形值应按现行国家标准《建筑地基基础设计规范》(GB 50007—2002)有关规定计算。其中，复合土层的压缩模量可根据地区经验或按下式计算确定。

$$E_{spk}=E_s(1-m)+E_pm \tag{7.2-4}$$

式中：E_{spk}——复合地基的压缩模量(kPa)；

m——面积置换率；

E_s——桩间土的压缩模量(kPa)；

E_p——桩体的压缩模量(kPa)。

五、桩 的 布 置

桩的平面布置需根据加固的目的设计。作为独立承重的桩，其平面布置与钢筋混凝土桩的布置相似。作为桩群加固土体时，其平面布置也可有所不同，如图7.2-3所示。分离布置的单桩可用于基础的承重，排桩、板墙可用作防水帷幕，整体加固则常用于防止基坑底部的涌土或提高土体的稳定性，水平封闭桩可用于形成地基中的水平隔水层。图7.2-4和图7.2-5为防水帷幕和组合隔水墙的几种布置方案。

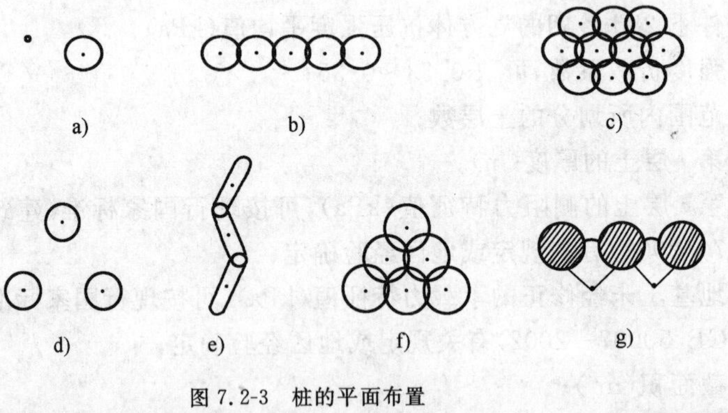

图7.2-3 桩的平面布置

a)单桩；b)排桩；c)整体加固；d)地基加固的分离桩；e)防渗板墙；f)水平封闭桩；g)摆喷作桩间防水

图7.2-6所示为对既有建筑基础加固的情况，桩仅仅采用不同的方向，相邻桩较大范围内是重合的。图7.2-7所示为水库坝基的防渗示意图。

在水利工程中，重要的、复杂的或深度大的防渗工程，在设计前应进行试验。为确定有效桩径、桩距喷射范围和墙体的防渗性能等技术参数，宜分别采用不同的结构形式和技术参数进行试验。

一般的或地层简单的防渗工程可对比类似工程，并结合本工程的具体情况，初步确定板墙结构形式、孔距和喷射注浆技术参数。注浆钻孔底部入岩深度不宜小于0.5m。单排墙在不同地层中的渗透性能和抗压强度可参照表7.2-2。

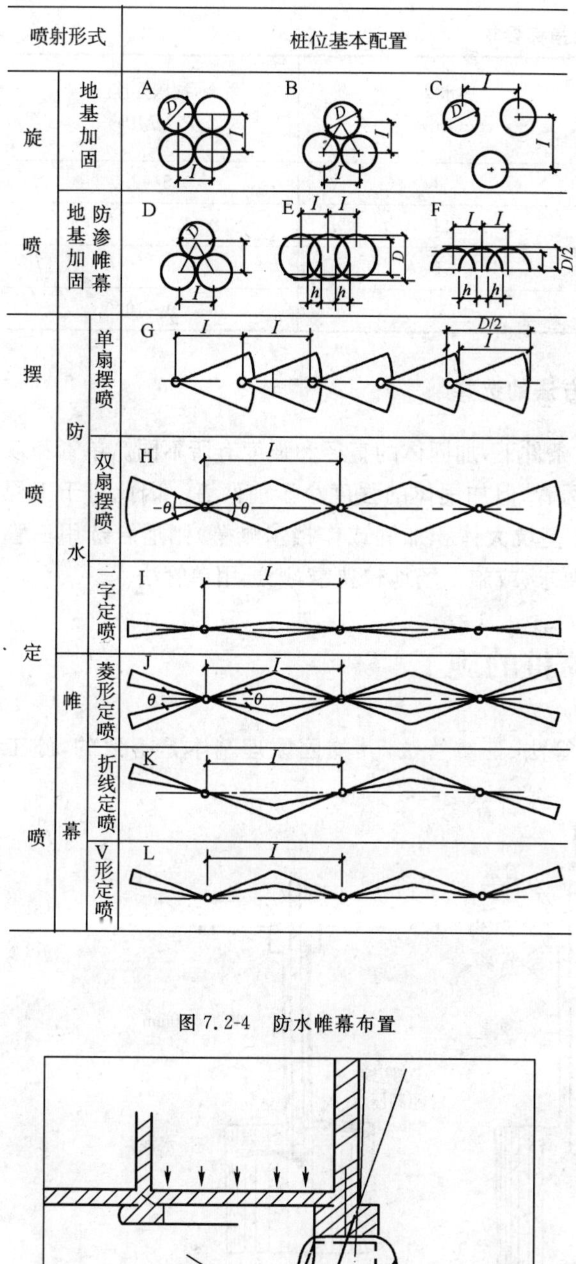

图 7.2-4　防水帷幕布置

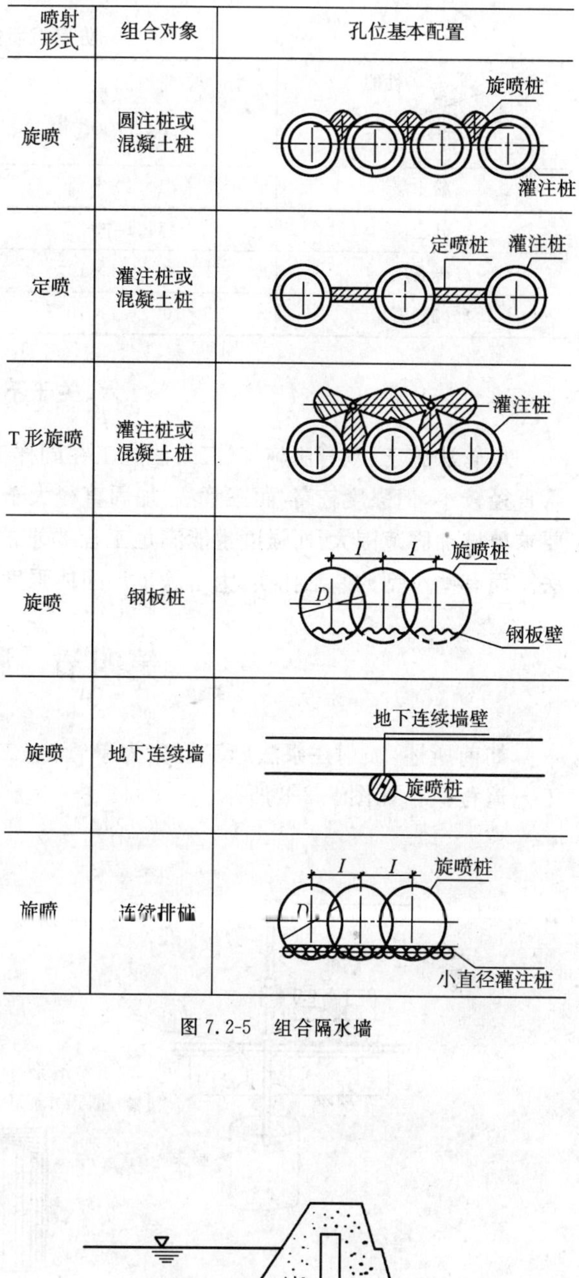

图 7.2-5　组合隔水墙

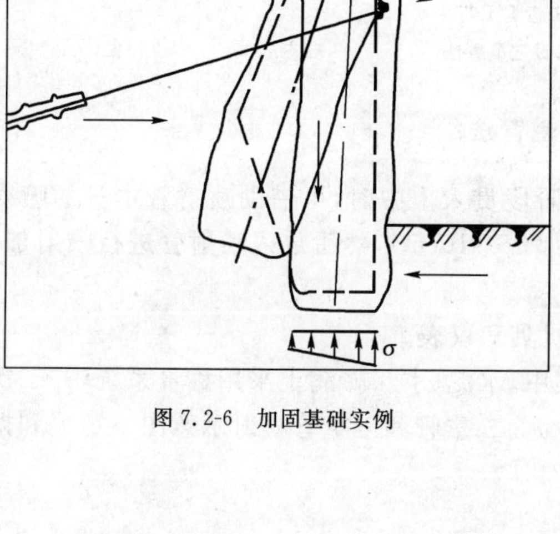
图 7.2-6　加固基础实例

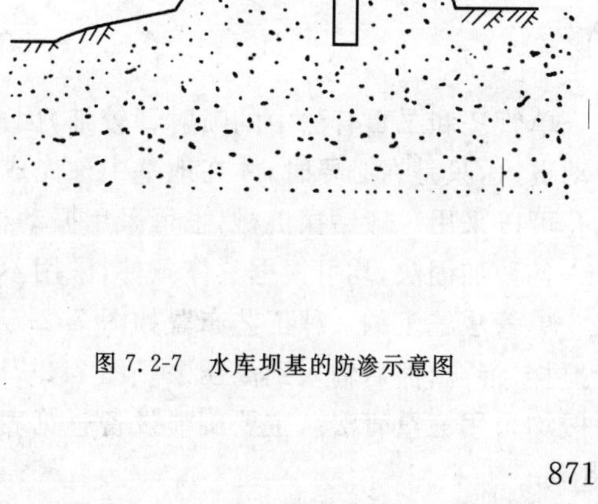
图 7.2-7　水库坝基的防渗示意图

防渗板墙性能指标要求 表 7.2-2

地层＼指标＼性能	渗透系数 K(cm/s)	透水率 q(Lu)	抗压强度 R_{28}(MPa)
粉土层	1×10^{-6}	<1	0.5～2.0
砂土层	1×10^{-6}	<1	1.5～5.0
砾石层	$1\times10^{-5}\sim1\times10^{-6}$	≤5	3.0～10.0
卵(碎)石层	$3\times10^{-4}\sim1\times10^{-5}$	≤10	3.0～10.0

六、关于不同方法的选择

单管法施工、双管法施工、三管法施工在同样土质条件下，加固体的直径和强度有所不同。单管和双管直径较小，但强度较高，而三管法，加固直径大于前两者，但加固体的强度小于前两者。因此对于工程要求单桩加固范围大，而强度也能满足工程要求的(如基坑大体积加固或作挡水帷幕)则适合选用三管法。而有些小型的基础托换，为了满足加固体强度的要求，或施工场地较狭窄，则选用单管法。

第四节　旋喷桩的施工

如前所述，喷射注浆法施工可分为单管法、二重管法、三重管法，其加固原理基本是一致的，施工工艺流程概括如图 7.2-8 所示。

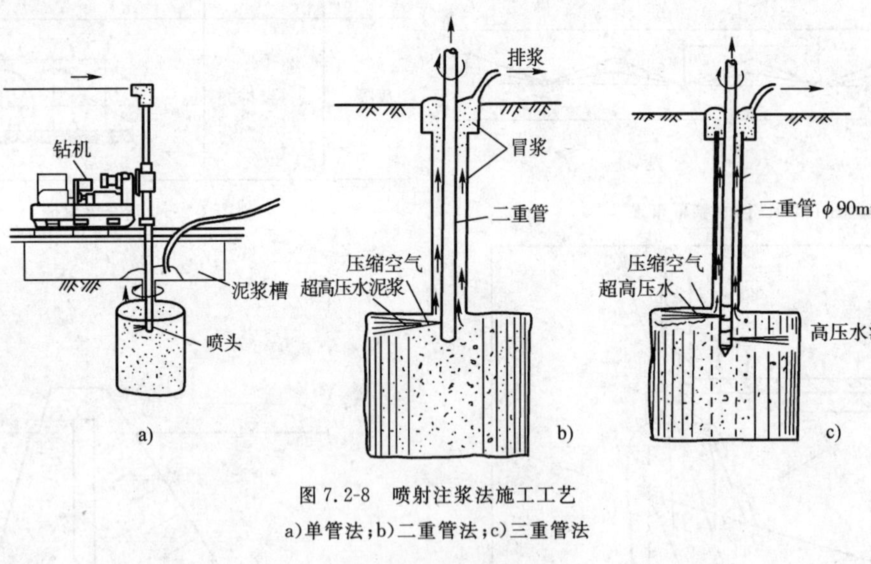

图 7.2-8　喷射注浆法施工工艺

a)单管法；b)二重管法；c)三重管法

一、单管法和二重管法

单管法和二重管法中的喷射管较细，因此，当第一阶段贯入土中时，可借助喷射管本身的喷射或振动贯入，只是在必要时，才在地基中预先成孔(孔径为 $\phi6\sim\phi10$cm)，然后放入喷射管进行喷射加固。成孔可以采用一般钻探机械，也可采用振动机械等。

各种加固法，均可根据具体条件，采用不同类型的机具和仪表。

单管法施工的一种工艺布置如图 7.2-7a)所示。其中，水泥、水和膨润土采用称量系统，并二次进行搅拌、混合，然后输入到高压泵。图 7.2-7b)和 7.2-7c)为二重管和三重管喷射示意图。定喷和摆喷一般均采用三重管法。主要旋喷设备一览表见表 7.2-3。

各种高压喷射注浆法主要施工机器及设备一览表 表 7.2-3

序 号	机器设备名称	型 号	规 格	所用的机具			
				单管法	二重管法	三重管法	多孔管法
1	高压泥浆泵	Y—2 型液压泵等	30MPa 90L/min	√	√		√
2	高压水泵	3D2—S 型等	40MPa 80L/min			√	√
3	钻机	工程地质钻或振动钻		√	√	√	√
4	泥浆泵	BW—150 型等				√	√
5	真空泵						
6	空压机		0.7MPa 6m³/min		√	√	√
7	泥浆搅拌机			√	√	√	√

二、RJP 工 法

全称 Rodin Jet Pile 工法，是在三重管工法基础上开发出来的。它仍是用三重管，分别输送水、气、浆，与三重管工法不同的地方是，水泥浆用高压喷射，并在其外围环绕空气流，进行第二次冲击切削土体。RJP 工法固结体直径大于三重管工法，如图 7.2-9 所示。RJP 工法主要施工机械及设备见表 7.2-3。

三、多管 SSS—MAN 工法

英文全名 Super Soil Stabilization Management 施工法，可简称 3S 管法。这种施工法需要先打一个导孔置入多重管，利用压力大于或等于 40MPa 的高压水射流，旋转运动切削破坏土体，然后被冲下来的土、砂和砾石等，立即用真空泵从管中抽出到地面，如此反复冲切土体和抽泥，并以自身的泥浆护壁，便在土中冲出一个较大的空洞。依靠土中自身的泥浆的重力和喷射余压使空洞不坍塌。装在喷头上的超声波传感器，可及时测出空洞的直径和形状，并由电脑绘出空洞图形。当测出的空洞形状、大小和高低均符合设计要求后，可立即通过多重管充填空洞。填充材料可根据工程需要随意选用，如水泥浆、水泥砂浆、混凝土等均可。本工法提升速度很慢，固结体的直径大，在砂层中可达 $\phi 4.0$m，并做到信息化管理，施工人员完全掌握固结体的直径和质量。图 7.2-10 是 SSS—MAN 工法的示意图。

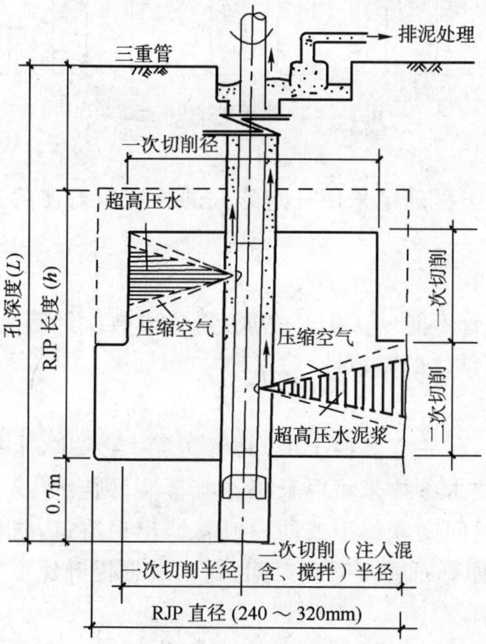

图 7.2-9 RJP 工法

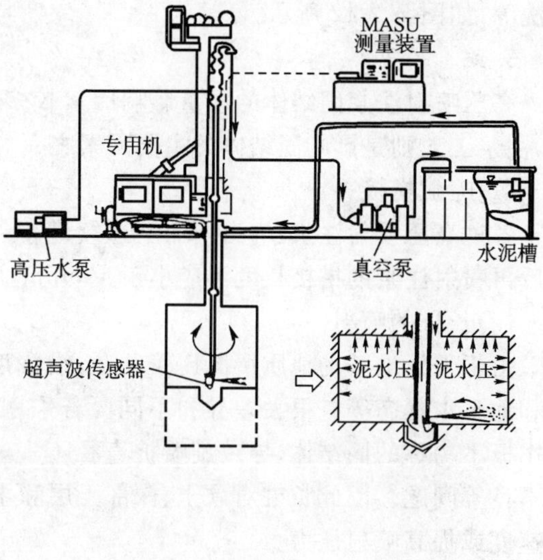

图 7.2-10 SSS—MAN 工法

四、多孔管 MJS 工法

MJS 是 Metro Jet System 的缩写，又称全方位高压喷射工法，此法也是日本开发的。多孔管 MJS 工法以高压水泥浆加四周环绕空气流的复合喷射流，来冲击切削破坏土体，其生成固结体的形状可做成圆形，还可做成半圆形，直径较大。该法浆液凝固时间的长短可通过速凝剂喷嘴注入速凝液量调控，最短凝固时间可做到瞬时凝固。多孔管 MJS 工法可将孔内的废浆通过喷射管导出，减少施工过程土体位移，这是其他高压喷射注浆法难以达到的。施工过程应根据地压的变化，调整喷射压力、喷射量、空气压力和空气量，可减少对周边的影响。该法水平施工示意见图 7.2-11。

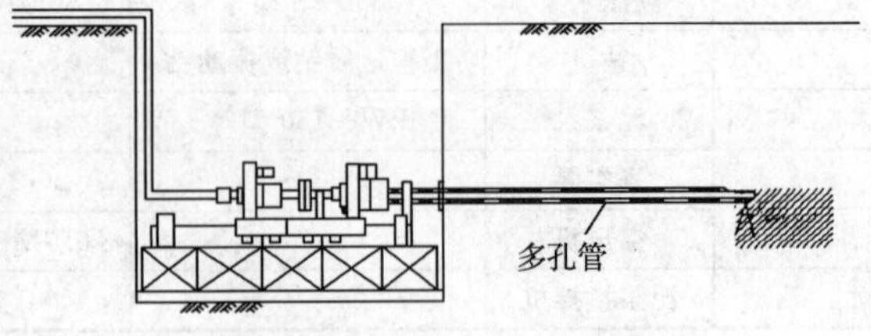

图 7.2-11　MJS 水平施工示意图

五、施 工 工 艺

施工前要做好现场复查和编制施工组织设计等准备工作。首先要按照设计图纸核实设计孔位处有无妨碍施工和影响安全的障碍物。如遇到电线、上水管、邻近建筑物、下水道、地下电缆线、煤气管、人防工事、旧建筑基础和其他地下埋设物等障碍物，影响施工者，则应与有关单位协商搬移或更改设计孔位。其次是核对地质资料。第三是编制施工组织设计。

1. 施工组织设计的内容

施工组织设计的内容有：(1)工程概况；(2)主要施工程序及要求；(3)高压喷射注浆施工注意事项；(4)施工现场平面布置并作出图示；(5)工程量及施工进度计划；(6)主要机械；(7)用水用电计划；(8)劳动力配置计划；(9)领导班子及人员安排；(10)施工前的备料安排；(11)施工控制标准；(12)质量保证体系；(13)质量检验及工程验收。

2. 施工顺序

单管、二重管和三重管等喷射注浆法所注入的介质数量和种类是不同的，但它们的施工步骤大体一致，都是先把注浆管插入预定地层中，自下而上进行喷射作业。施工程序为钻机就位、钻孔、插管、喷射注浆作业、冲洗等，如图 7.2-12 所示。

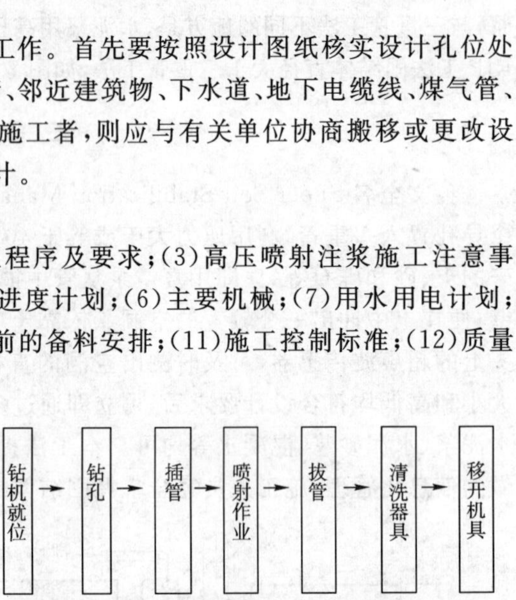

图 7.2-12　高压喷射注浆施工程序图

3. 施工工艺

高压喷射注浆固结体的质量影响因素较多，当某个工程确定采用一定形式的高压喷射注浆法之后，注浆工艺则是影响固结体的主要因素之一。

(1)喷射搭接

各种高压喷射注浆，均自下而上连续进行。当注浆管不能一次提升完成，需分成数次卸管时，卸管后再喷射注浆的搭接长度不应小于 100mm，以保证固结体的整体性。

(2)长桩的喷射

由于天然地基的地质情况比较复杂，沿深度变化大，往往有多种土层，其密实度、含水率、土粒组成和地下水状态等有很大差异和不同。若采用单一的技术参数来喷射长桩或帷幕墙，则会形成直径大小极不匀称的固结体，导致旋喷桩直径不一，旋喷桩之间交联不上或防渗帷幕墙出现缺口，防水效果不良等问题。因此长桩对硬土、深部土层和土粒大的卵砾石要多喷些时间，适当放慢提升速度和旋转速度或提高喷射压力。

(3)复喷

在不改变喷射技术参数的条件下，对同一土层进行重复喷射(喷到顶再放下重喷该部位)，能增加土体破坏有效长度，从而加大固结体的直径或长度并提高固化强度。复喷时可先喷水最后一次喷浆或全部喷浆。

(4)在高压喷射注浆过程中出现压力骤然下降、上升或冒浆异常时，应查明原因并及时采取措施。高压喷射注浆完毕，应迅速拔出喷射管。为防止浆液凝固收缩影响桩顶高程，必要时可在原孔位采用冒浆回灌或第二次注浆等措施。

当处理既有建筑物地基时，应采用速凝浆液或跳孔喷射和冒浆回灌等措施，以防止喷射过程中地基产生附加变形和地基与基础间出现脱空现象。同时，应对建筑物进行变形监测。

施工中应做好泥浆处理，及时将泥浆运出或在现场短期堆放后将土方运出。施工中应严格按照施工参数和材料用量施工，并如实做好各项记录。

六、质 量 检 验

高压喷射注浆可根据要求和当地经验采用开挖检查、取芯、标准贯入试验、载荷试验或围井注水试验等方法进行检验，并结合工程测试、观测资料及实际效果综合评价加固效果。

检验点应布置在下列部位：(1)有代表性的桩位；(2)施工中出现异常情况的部位；(3)地基情况复杂，可能对高压喷射注浆质量产生影响的部位。

检验点的数量为施工孔数的 1%，并不应少于 3 点。质量检验宜在高压喷射注浆结束 28d 后进行。竖向承载旋喷桩地基竣工验收时，承载力检验应采用复合地基载荷试验和单桩载荷试验。载荷试验必须在桩身强度满足试验条件时，并宜在成桩 28d 后进行。检验数量为桩总数的 0.5%～1%，且每项单体工程不应少于 3 点。

第五节　国内开发的工艺

国内有关单位在 20 世纪 70 年代末引进设备技术，经消化吸收，不断改进开发了新二管法和新单管法。

一、新二管法高压旋喷技术

新二管法是利用高压水泥浆在压缩气保护下对土体进行高压旋喷，使水泥浆与上体充分进行搀搅形成混凝土桩或混凝土板墙。新二管法的主要机器设备包括：钻机、PP—120 型高压水泥浆泵、高喷台车、搅浆机、空压机、电焊机、潜水泵等。新二管法高压旋喷施工工艺如下：

定孔位→造孔→下喷射管→喷射→旋摆提升→回灌→成桩→结束

↑

高压水泥浆与压缩气

新二管法高压旋喷施工时先用 150 型或 300 型液压钻机钻孔，钻孔直径为 ϕ13cm，钻至桩底高程时，下喷射管高压喷射水泥浆。喷射管直径为 ϕ89mm。里面密封着两根钢管，称为二通管，用高压胶管分别与高压水泥浆泵及空压机连接，喷嘴孔径为 ϕ2～3mm。新二管法高压旋喷桩桩径为 ϕ90～ϕ140cm，桩径大小与喷射管提升速度、高压水泥浆泵压力、空压机压力、水泥用量以及地质情况有关系，喷射管提升速度慢、高压水泥浆泵与空压机压力大，水泥用量大，土质疏松时桩径大，反之桩径就小。为了保证桩体不出现缩颈、断桩等质量问题，应对喷射管提升速度、旋转速度、高压水泥浆与空压机的压力用仪器、仪表进行自动控制，并在施工前至少做两根试验桩，用以了解在该地质情况下桩的直径，如与设计桩径不符，则须修正施工参数，直至达到设计桩径。施工参数见表 7.2-4。

新二管法高压旋喷一般采用 32.5 级普通硅酸盐水泥，水泥用量见表 7.2-5，水泥浆比重为 1.47～1.52。

新二管法高压旋喷施工时，喷射管以 360°旋转并以一定速度提升，可以形成旋喷桩，桩截面近似于一个圆，旋喷桩互相搭接起来(搭接 20～30cm)就形成旋喷防渗墙。如喷射管以 30°、60°、120°、180°旋转，则形成扇形截面或半圆形截面混凝土凝结体，将该混凝土凝结体搭接起来可形成高压摆喷防渗板墙，高压摆喷防渗墙的厚度小于高压旋喷防渗墙，可节省水泥。也可以将高压旋喷与高压摆喷组合起来，形成组合式的防渗墙。$1m^2$ 防渗墙需用水泥量见表 7.2-6。

高压旋喷桩或高压摆喷混凝土凝结体可以与钢筋混凝土结构、岩石及钢板桩焊接式接触，共同组合防渗体，这是新二管法高压旋喷技术的一个突出的优点。

新二管法高压旋喷技术适合于在砂层、砂卵石、黏性上、淤泥质土、漂石块石层中进行施工，水泥用量比三管法高压旋喷少，桩的质量比三管法好，新二管法产生冒出的泥浆比三管法要少，所以新二管法很适合于在上海地区或其他地区施工。

新二管法高压旋喷混凝土凝结体 28d 的抗压强度为：黏性土中≥1.7MPa，砂土中≥4MPa，渗透系数$\leqslant 1\times10^{-6}$cm/s，满足防渗要求。

新二管法高压旋喷技术与上海市政定额中的双管法高压旋喷是不同的，其机械设备、施工工艺、桩的直径及材料用量都不同。新二管法的主要机械设备是 PP—120 型高压水泥浆泵，最大压力为 40MPa，用纯水泥浆高压旋喷形成的桩径大、强度高，可用于防渗墙。双管法高压旋喷用水泥与粉煤灰浆液进行喷射时，形成的桩径小、强度低，可用于加固地基。由于新二管法与新单管法高压旋喷是个新工艺，国家还未出定额，建议用水利部三管法高压旋喷定额作参考，用新二管法的实际水泥用量进行单价分析，这样做出的预算比较切合实际，上海市政定额中双管法高压旋喷的预算定额不适合于新二管法高压旋喷。

二、新单管法高压旋喷技术

新单管法高压旋喷机械设备与新二管法机械设备基本相同，仅不用空压机。新单管法高压旋喷是利用高压水泥浆对土体高压喷射，水泥浆与土体充分掺搅形成混凝土桩。新单管法高压旋喷施工工艺如下：

定孔位→造孔→下喷射管→喷射→旋摆提升→回灌→成桩→结束

↑

高压水泥浆

新单管法高压旋喷施工方法与新二管法基本相同。新单管法高压旋喷形成的桩径为 ϕ60～ϕ90cm，施工参数与水泥用量见表 7.2-4、表 7.2-5、表 7.2-6。新单管法施工时冒浆极少，这是新单管法的最大优点，故适合于闹市区施工。

新单管法适用于在砂层、砂卵石、黏性土与淤泥质土中高压旋喷，在淤泥质土与黏性土中效果很好。

新单管法高压旋喷桩的抗压强度与渗透系数与新二管法旋喷桩相同。

在水上进行新二管法和新单管法施工时，必须搭建水上施工平台，水泥浆中应掺入水玻璃，水玻璃掺入量为水泥质量的 3%～5%。

新二管法、新单管法高压旋喷机具性能和参数 表 7.2-4

	项目		新单管法	新二管法
参数	喷嘴孔径(mm)		ϕ2～ϕ3	ϕ2～ϕ3
	喷嘴个数(个)		2	1～2
	旋转速度(r/min)		10～30	10～30
	提升速度(cm/min)		5～25	5～25
机具性能	高压水泥浆泵	压力(MPa)	20～40	20～40
		流量(L/min)	80～150	80～150
	空压机	压力(MPa)	—	0.7～0.8
		流量(m^3/min)	—	0.6～1.5

1m 桩长旋喷桩水泥用量表　　表 7.2-5

桩径(cm)	桩长(m)	32.5 级普通硅酸盐水泥用量	新单管法高压旋喷桩	新二管法高压旋喷桩
ϕ60	1	kg/m	200～250	
ϕ80	1	kg/m	300～350	
ϕ90	1	kg/m	350～400	350～400
ϕ100	1	kg/m		400～450
ϕ120	1	kg/m		500～600
ϕ140	1	kg/m		700～800

$1m^2$ 防渗面积高压摆喷板墙水泥用量表　　表 7.2-6

防渗板墙面积(m^2)	防渗板墙厚度(cm)	32.5 普通硅酸盐水泥用量	新二管法高压摆喷防渗板墙
1	30	kg/m^2	300～400

对于高压旋喷桩的施工质量检测，在高压旋喷桩施工结束后，一般进行钻孔取样，进行抗压强度试验，并在钻孔中做压水试验或注水试验，现场测试渗透系数。当 28d 抗压强度≥1.7MPa，渗透系数≤1×10^{-6}cm/s 时即认为施工质量合格。

第六节　工 程 实 例

［实例 1］　上海市苏州河防汛墙加固工程

1001 年在上海市苏州河防汛墙加固工程中，上海市水利工程设计研究院采用了新单管法高压旋喷桩施工技术形成混凝土防渗墙，桩径 ϕ80cm，搭接 20cm，见图 7.2-13。因为该工程位于上海市区，要求施工时排浆量少，不污染环境；工程量大，要求尽量采取措施节省水泥材料。设计要求防渗墙厚度 60cm，抗压强度≥1.5MPa，渗透系数≤1×10^{-6} cm/s，新单管法高压旋喷技术方案能满足上述要求，该技术适合于在杂填土、粉质黏土和淤泥质黏土中施工，泥浆排放量很少，不污染市区环境，ϕ80cm/m 长度旋喷桩 32.5 级普通硅酸盐水泥用量为 350kg，节约工程造价。防渗墙厚度、抗压强度、渗透系数均满足设计要求。该技术方案施工效果良好。

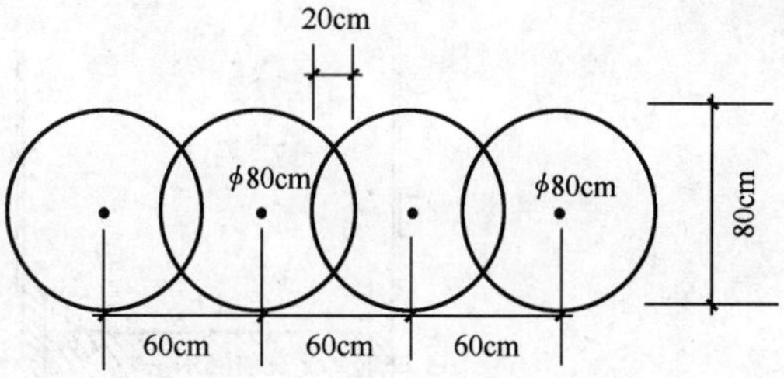

图 7.2-13　苏州河防渗墙施工示意图(新单管法旋喷)

［实例 2］　中远船坞围堰高压旋喷桩加固

1998 年 9 月，南通市中远船厂新建船坞工程施工中发现部分 PU16 型钢板桩未打到设计高程，部分钢板桩出现脱锁口，第九设计院和三航二公司采用了新二管法高压旋喷桩与钢板桩焊接式接触，封闭缺口，获得成功，见图 7.2-14。

［实例 3］　施工围堰用高压摆喷进行防渗处理

上海外高桥造船基地施工围堰是用泥砂吹填而成，由于尼龙袋中泥砂渗透系数大，尼龙袋与尼龙袋之间空隙中也漏水，所以造成围堰漏水，影响船坞施工。经过技术论证，船坞采用新二管法高压摆喷混凝土板墙进行了防渗处理并获得成功，见图 7.2-15。

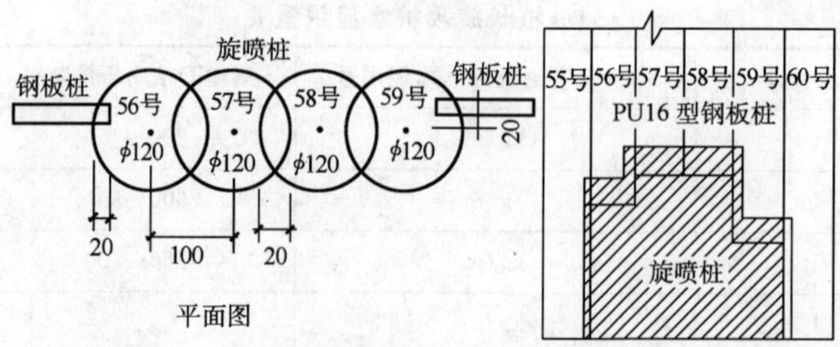

图 7.2-14　南通市中远船厂船坞钢板桩开口处防渗补强示意图(尺寸单位:cm)

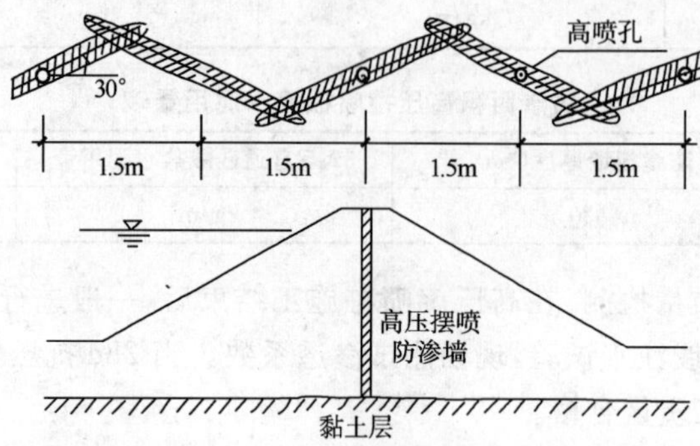

图 7.2-15　上海浦东外高桥造船基地围堰防渗示意图

[实例 4]　缅甸希姆莱船厂用高压旋喷构筑水平防渗墙

缅甸仰光市希姆莱船厂新建船坝建筑场地均为砂土层,没有黏土隔水层,第九设计院和三航局采用新二管法高压旋喷构筑水平防渗墙,对坞口部位砂土中的承压水进行隔渗处理。旋喷桩径 φ120cm,梅花形布置,搭接 30cm,桩长 3.5m,旋喷隔水层厚度为 3.5m,与钢板桩之间用旋喷防渗墙连接。该工程已于 2002 年 6 月施工结束,防渗效果良好,见图 7.2-16。

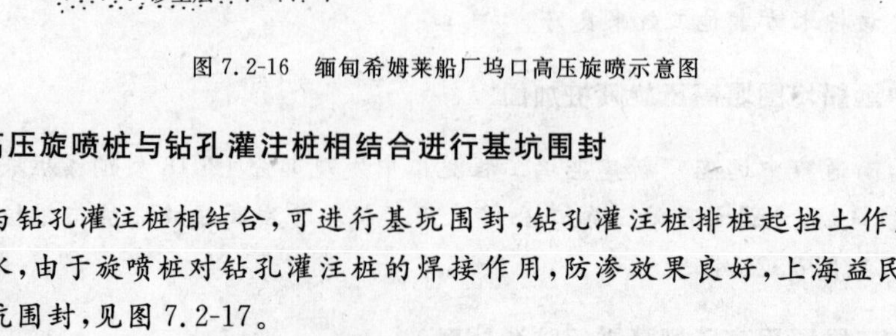

图 7.2-16　缅甸希姆莱船厂坞口高压旋喷示意图

[实例 5]　高压旋喷桩与钻孔灌注桩相结合进行基坑围封

高压旋喷桩与钻孔灌注桩相结合,可进行基坑围封,钻孔灌注桩排桩起挡土作用,用旋喷桩对灌注桩进行桩间止水,由于旋喷桩对钻孔灌注桩的焊接作用,防渗效果良好,上海益民黛丽斯商业大厦就用该法进行基坑围封,见图 7.2-17。

[实例 6]　旋喷桩对钢筋混凝土管道进行防渗处理

1991 年,上海石油化工总厂地下排污管道(钢筋混凝土管道)由于不均匀沉降多处出现断裂,在不开挖的情况下用高压旋喷法施工,在管道两侧钻孔高压旋喷,先加固管道下部土体,然后用旋喷桩与钢筋混凝土上管道焊接式接触进行防渗处理取得成功，见图 7.2-18。

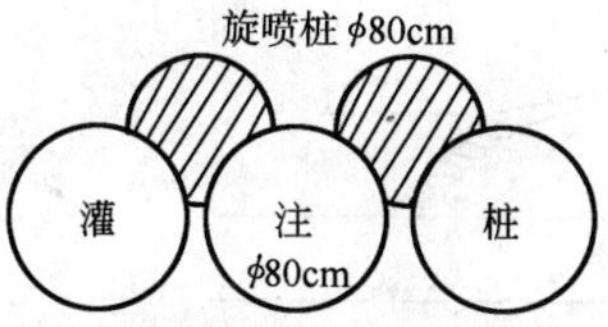

图 7.2-17　上海益民大厦基坑围封示意图

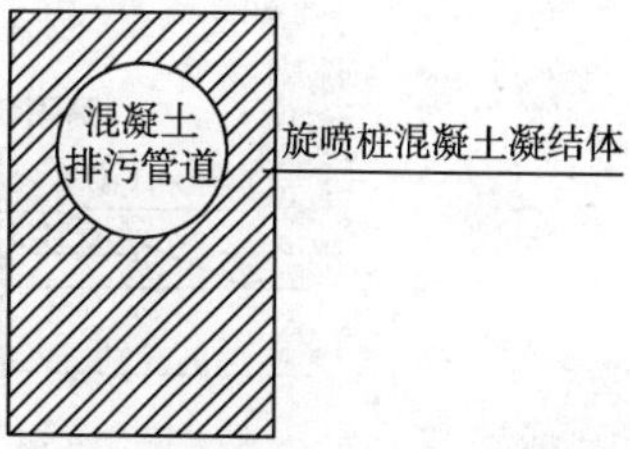

图 7.2-18　上海石油化工总厂已断裂的地下混凝土排污管道防渗加固示意图

［实例 7］　在砂砾、块石和孤石地层围堰中定喷防渗墙

青溪水电站位于广东省大南县，电站枢纽建筑物主要有混凝土拦河坝、挡水式厂房、开关站及驳运码头。挡水建筑物总长 315m，最大坝高 51m，总装机容量 14.4kW。

电站施工导流采用一种拦断河床、上下游土石挡水围堰、右岸明渠导流的方式。上游围堰最大堰高 18.2m，下游围堰最大堰高 11m。围堰建在砂卵石覆盖层之上。

1. 工程地质概况

坝基岩体为黑云母花岗岩和中粒花岗闪长岩。上下游围堰基础处以砂砾石覆盖层为主，覆盖层平均厚 7m，最大厚 13m。其分布为：上部砂质粒砂，底部为卵砾石层，卵石粒径最大为 15～20cm。据钻探资料统计，河床部分约有 1/5 的钻孔见孤石，一般在覆盖层的底部，孤石直径为 0.4～2.4m。高河漫滩部分为细砂和粉质壤土。覆盖层野外群孔抽水试验的平均渗透系数 K 为 472m/d，强风化岩 $K=46.3$m/d。

此外，导流明渠纵向土石围堰和上游围堰截流戗堤龙口段，有大量的围堰填石和龙口护底块石。块石直径为 0.5～1.0m，分布在覆盖层上面。

2. 围堰基础防渗墙设计

由于地层中含有大孤石，混凝土连续墙施工困难。高压喷射注浆在砂层和砂砾石地层中已有许多经验，尚无在孤石地层施工经验，但设计者认为高压喷射注浆在施工中使用的是岩心钻，钻孔时可大致判断孤石或石块的大小和数量，在有孤石的钻孔的上游补加钻孔，必要时在局部地段采用双排防渗墙。故决定用高压定向喷射注浆方案见图 7.2-19 设计要求：

(1) 高压定喷板墙最小厚度不得小于 15cm；

(2) 高压定喷板墙渗透系数不得大于 1×10^{-6}cm/s；

(3) 高压定喷板墙最大深度 17～22m；

(4) 孔距 2m；

(5) 喷射方向与板墙轴线夹角为 25°；

(6) 板墙底部嵌入强风化岩 1m；

(7) 板墙顶部插入上游围堰黏土斜墙和下游围堰黏土心墙的长度不小于 1.5m。

上下游板墙与明渠侧墙混凝土采用摆喷连接，上游围堰板墙左岸与强风化岩连接，下游围堰板墙插入原状土的长度不小于 10cm。

3. 施工

采用二重管和三重管两种方法施工，水压 35～44MPa，气压 0.7～0.8MPa，浆压 0.3～2.0MPa（二重管浆压 20MPa）实际施工孔距 1.2（二重管）～1.8m（三重管），水泥用量 340～503kg/m^2。

使用岩芯钻机能穿透块石和孤石，钻入岩层。

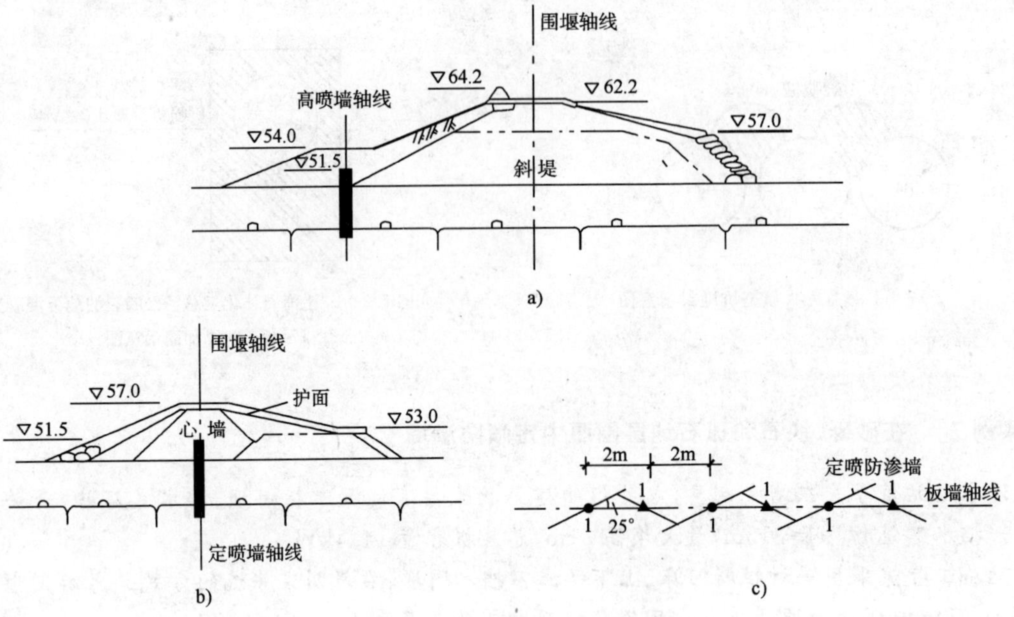

图 7.2-19　喷射注浆方案示意图

a)上游围堰；b)下游围堰；c)定喷孔平面位置

4.效果

(1)围堰注水试验测定，帷幕渗透系数为 $7.1\times10^{-6}\sim2.1\times10^{-5}$cm/s，基本上达到设计要求。

(2)从基坑抽水：上游围堰渗漏量为 200m^3/h，下游围堰渗漏量为 500m^3/h，基坑排水水泵容量由初期安装的 6 255m^3/h，减少到 1 500m^3/h，正常性抽水泵容量为 680～960m^3/h，满足了工程要求，其效果非常显著。

[实例 8]　上海外环隧道深基坑工程

上海外环线越江隧道东起浦东，西至浦西，全长 2 880m，是中国最大的水底公路隧道。

本工程建址地质情况见表 7.2-7。

地质情况表　　表 7.2-7

层序	土层名称	层底埋深(m)	层厚(m)	含水率(%)	孔隙比	压缩系数 $a_{v1\sim2}$ (MPa^{-1})	压缩模量 $E_{s1\sim2}$ (MPa)	快剪强度 0.7 值	
								内聚力(kPa)	内摩擦角(°)
①	人工填土	0.8～3.1	0.8～3.1						
②$_1$	褐黄色粉质黏土	2.0～5.0	0.0～2.1	30.7	0.87	0.41	4.37	13.5	14.0
②$_2$	灰黄色粉质黏土	2.9～4.5	0.0～1.5	35.1	0.97	0.49	3.78	13.0	10.0
③$_{2\text{-}1}$	灰色砂质粉土	6.4～10.4	2.1～8.4	29.6	0.84	0.21	8.61	3.7	25.0
③$_3$	灰色淤泥质粉质黏土	9.4～14.5	1.4～4.7	42.1	1.20	0.7	2.93	11.5	8.5
④	灰色淤泥质黏土	18.0～21.0	6.0～10.0	49.3	1.39	1.0	2.23	10.6	6.2

续上表

层序	土层名称	层底埋深 (m)	层厚 (m)	含水率 (%)	孔隙比	压缩系数 $a_{v1\sim2}$ (MPa^{-1})	压缩模量 $E_{s1\sim2}$ (MPa)	快剪强度0.7值	
								内聚力 (kPa)	内摩擦角 (°)
⑤$_1$	灰色黏土	22.6～26.5	2.9～6.3	40.0	1.18	0.7	2.98	13.1	8.4
⑤$_2$	灰色砂质粉土	26.5～31.0	2.0～6.5	30.5	0.90	0.19	9.31	4.6	22.7
⑥$_1$	暗绿色粉质黏土	28.5～30.8	0.0～6.0	24.8	0.71	0.23	7.20	32.0	14.8

本工程基坑开挖深度约30m，宽度约50m，基坑东侧紧临黄浦江，加固区域南端距黄浦江仅几米之隔。该区域附近基坑采用ϕ1 190mm的钢管桩作支护，钢管桩长40m；每根钢管桩高程−22.50m以下为灌注桩。钢管桩相邻锁口从上至下插入扣紧连接。钢管桩以下由灌注桩延长约10m，桩径1.1m，桩距1.47m，在沉管进出洞及基坑开挖过程中，为防止地下水的涌入，提高附近地基土的稳定性，在钢管桩和灌注桩外侧进行旋喷加固及防漏，以保证该基坑的顺利施工。

加固后土体的无侧限抗压强度大于1.5MPa。在该加固区域内布置旋喷桩3排，详见图7.2-20。第一排(近钢管桩和灌注桩一排)为摆喷桩从−41.00～+3.60m，第二排和第三排分旋喷和摆喷两种桩型，两种桩型加固高程分别为−41.00～−22.259m和−41.00～−17.88m。

本方案采用了旋喷桩与摆喷桩相结合的形式，是利用了两种桩的优点，既满足了工程的要求，又遵循了安全、经济的原则。

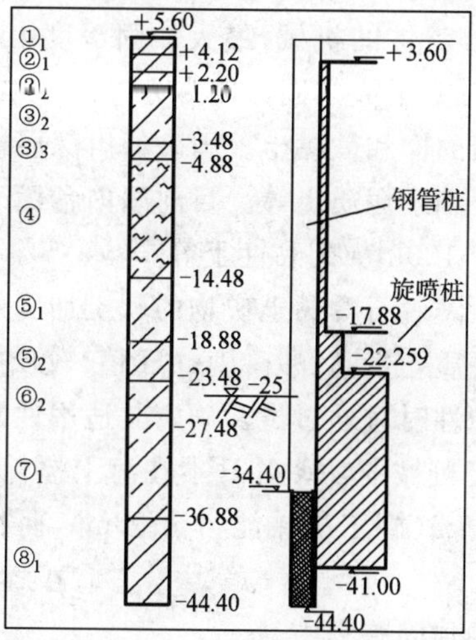

A—A 剖面图

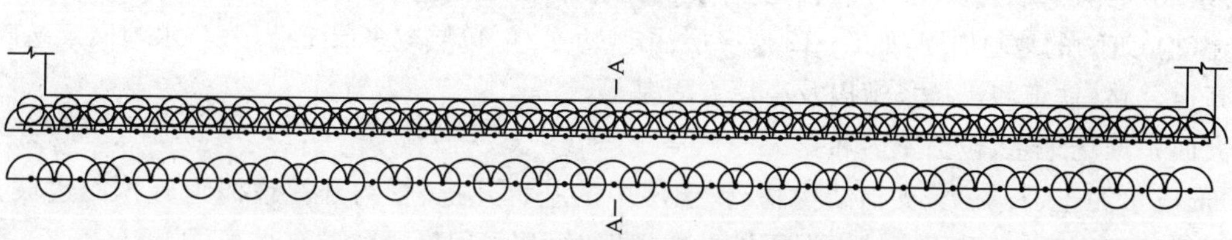

图7.2-20 基坑临江侧地基加固

在该基坑的施工过程中，从未发生一次侧向漏水和坑底涌水，证明采用旋喷法挡水的成功。

第三章　搅　拌　桩

第一节　概　　述

搅拌桩是利用水泥作为固化剂通过特制的搅拌机械，将软土和固化剂强制拌和形成水泥土，利用固化剂和软土之间产生的一系列物理化学反应，使软土硬结成具有整体性、水稳定性和一定强度的优质地基，借以提高地基的强度和形变模量，由于该法在地基深处就地加固软土，并用水泥作为固化剂，故又称深层水泥搅拌桩。

该法是美国在第二次世界大战后研制成功的，1953 年日本引进该法，1974 年研制成水泥搅拌固化法，加固深度达 32m，并开发出不同机械规格和施工效率的搅拌机械，这些机械一般具有偶数个搅拌轴（二根、四根或八根），每个搅拌翼片的直径可达 1.25m，一次加固的最大面积达到 $9.6m^2$，国内于 1978 年，冶金部建筑研究院和交通部水规院进行了室内试验和机械研制工作，并于年底制造出 SJB—1 型双搅拌轴中心管输浆的搅拌机，1980 年在上海宝钢软基工程中获得成功，1984 年国内已能批量生产 SJB 型成套深层搅拌机械，并组建了专门的施工公司，1980 年天津机械施工公司和交通部一航局科研所制成单搅拌轴翼片喷浆型深层搅拌机，随后江阴振冲器厂试制成大功率的单轴搅拌机，加固深度可达 30m，1992 年交通部一航局开发了我国第一代深层水泥拌和船，作业深度从水面计算可达 28m，交通部三航局科研所首次制成搅拌斜桩的机械，最大加固深度为 26m，上海隧道工程股份有限公司制成组合式多轴搅拌机（三轴和四轴），最大加固深度为 28m。

深层搅拌桩最适宜于加固各种成因的饱和软黏土。国外仙川深层搅拌桩加固的土质有新吹填的超软土、沼泽地带的泥炭土、沉积的粉土和淤泥质土等。目前国内常用于加固淤泥、淤泥质土、粉土和含水率较高且地基承载力标准值不大于 120kPa 的黏性土等。

一般认为含有高岭石、多水高岭石、蒙脱石等黏土矿物的软土加固效果较好；而含有伊利石、氯化物和水铝英石等矿物的黏性土以及有机质含量高、酸碱度（pH 值）较低的黏性土的加固效果较差。因此当用于处理泥炭土或地下水具有侵蚀性时宜通过试验确定其适用性。

深层搅拌法的加固深度取决于施工机械的功率。日本在海上搅拌加固软土的深度已达到 60m；国内目前在陆上的施工深度实际已达 27m（施工机械能力为 30m），而在海上的深层搅拌船的有效加固深度为 28m（含水深和软土层厚度）。

目前搅拌法常用于下列深层软土的加固工程中。

（1）组成水泥土（或石灰土）桩复合地基，提高地基承载力、增大变形模量减少沉降量。

①建（构）筑物的地基加固：如 6～12 层多层住宅、办公楼、单层或多层工业厂房、水池储罐基础等；

②高速公路、铁道和机场场道以及高填方堤基等；

③大面积堆场地基，包括室内和露天。

（2）形成水泥土（石灰土）支挡结构物：软土层中的基坑开挖、管沟开挖或河道开挖的边坡支护和防止底部管涌、隆起。当采用多排水泥土桩形成挡墙时，常采用格栅状的布桩形式。

（3）形成防渗止水帷幕：由于水泥土结构致密，其渗透系数可小于 $1\times10^{-11}\sim1\times10^{-9}$ cm/s，因此可用于软土地基基坑开挖和其他工程的防渗帷幕。

（4）其他的应用：防止码头岸壁的滑动，减少软土中的地下构筑物的沉降和振动下沉，防止地基液化；对桩侧或板桩背后软土的加固可减小主动土压力和增大被动土压力；对于较深的基坑开挖还可将钢筋混凝土桩和水泥土桩构成复合壁体共同承受水、土压力；用于地下盾构施工地段的软土加固以保证盾构的稳定掘进等。

(5)应用实例见图 7.3-1。

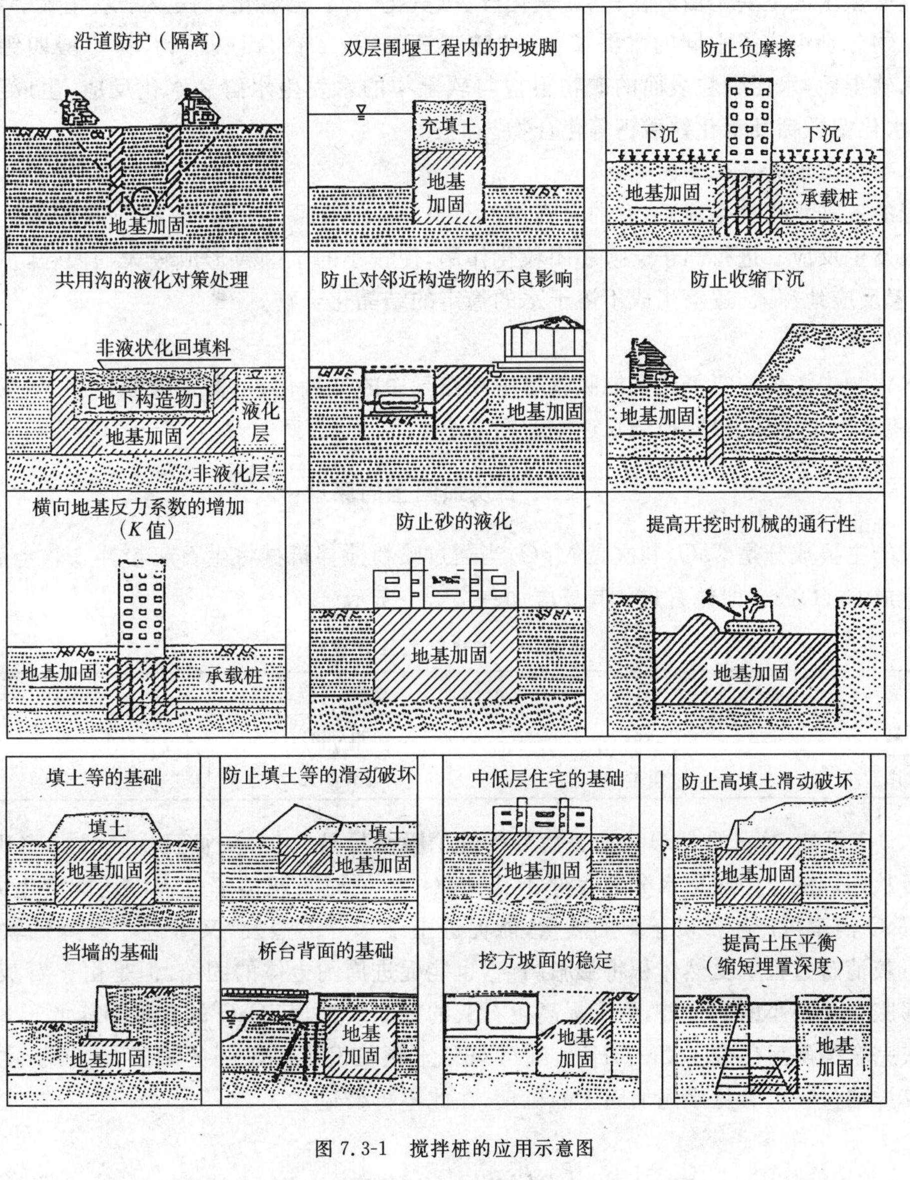

图 7.3-1 搅拌桩的应用示意图

第二节 加 固 原 理

一、水泥加固土的原理

软土与水泥采用机械深层搅拌加固的基本原理是基于水泥加固土(以下简称水泥土)的物理化学反应过程。它与混凝土的硬化机理有所不同，混凝土的硬化主要是水泥在粗填充料(即比表面积不大、活性很弱的介质)中进行水解和水化作用，所以凝结速度较快。而在水泥加固土中，由于水泥的掺量很小(仅占被加固土重的 7%～20%)，水泥水解和水化反应完全是在有一定活性的介质——土的围绕下进行，土质条件对于搅拌桩桩身质量的影响主要有两个方面，一是土体的物理力学性质对搅拌桩桩身水泥土搅拌均匀性的影响；二是土体的物理化学性质对桩身水泥土强度增加的影响。因此水泥土硬化速度缓慢且作用复杂，所以水泥加固土强度增长的过程也比混凝土缓慢。

1. 水泥的水解和水化反应

普通硅酸盐水泥主要是由氧化钙、二氧化硅、三氧化二铝、三氧化二铁及三氧化硫等组成，由这些不同的氧化物分别组成了不同的水泥矿物：硅酸三钙、硅酸二钙、铝酸三钙、铁铝酸四钙、硫酸钙等。将水泥拌入软土后，水泥颗粒表面的矿物很快与软土中的水发生水解和水化反应，生成氢氧化钙、水化硅酸钙、水化铝酸钙及水化铁酸钙等化合物。

2. 黏土颗粒与水泥水化物的作用

当水泥的各种水化物生成后，有的自身继续硬化，形成水泥石骨架；有的与其周围具有一定活性的黏土颗粒发生反应。进行离子交换和团粒化作用，使较小的土颗粒形成较大的团粒，从而使土体强度提高，随着反应地深入，逐渐生成不溶于水的稳定的结晶化合物。

3. 碳酸化作用

水泥水化物中游离的氢氧化钙能吸收水中和空气中的二氧化碳，发生碳酸化反应，生成不溶于水的碳酸钙，使水泥土增加强度，但增长速率的幅度小。

二、 石灰加固土的原理

生石灰的主要成分是 CaO，其次是 MgO，当通过喷粉搅拌机械将生石灰粉拌入软土后，CaO 马上吸水消解生成 $Ca(OH)_2$ 即熟石灰。其反应如表 7.3-1 所示。

石灰与水的化学反应方程式　　表 7.3-1

化学反应式	$CaO+H_2O \rightarrow Ca(OH)_2+15.6kcal/mol$	化学反应式	$CaO+H_2O \rightarrow Ca(OH)_2+15.6kcal/mol$
分子量	56　18　74	相对密度	3.37　1.0　2.24
质量比	1　0.32　1.32	体积比	1　1.08　1.99

由表 7.3-1 可知，1kg 的 CaO 完全消解后的理论吸水量是 0.32kg，而且生成的 $Ca(OH)_2$ 不含水，因此继续可从四周的土中吸取水分而存储于其孔隙中。同时石灰消解过程中还能产生大量热量，对于 1kg 的 CaO 消解可产生 280 千卡的热量，能促进土中水分的蒸发，又可进一步降低软土中的含水率。再者石灰消解过程中虽然体积将膨胀两倍，也能促进周围土体的固结，但是由于石灰掺量较少所以真正的膨胀力是很小的。另外，为了提高生石灰的加固效果，其 CaO 的含量不能低于 80%。

生石灰完全消解后生成了 $Ca(OH)_2$，则可与黏土颗粒发生一系列的离子交换、凝硬反应和碳酸化反应。其详细过程可参见水泥加固土的机理，在此不再赘述。

第三节　搅拌桩的物理力学性质

一、物 理 性 质

(1)重度：由于水泥浆的重度与软土的重度相近，所以搅拌桩的重度与天然软土的重度相近，当水泥掺入比为 25%，其重度仅增加 3%，因此加固厚层软土地基时，加固部分不致产生过大的附加荷重，也不会产生较大的附加沉降。

(2)比重：由于水泥的比重(3.1)比一般软土的比重(2.65～2.75)大，所以搅拌桩的比重比天然土稍大，当水泥掺入比为 15%～20%时，约增加 4%。

二、力 学 性 质

1. 抗压强度及其影响因素

搅拌桩的无侧限抗压强度一般为0.3～4.0MPa，比天然土大几十至数百倍。影响水泥抗压强度的因素很多，主要有如下几种。

(1)水泥掺入比。抗压强度随水泥掺入比的增大而增大。经大量试验数据的分类数理统计，水泥土的抗压强度与水泥掺入比呈幂函数关系，其表示式是：

$$\frac{q_{u1}}{q_{u2}}=\left(\frac{a_{w1}}{a_{w2}}\right)^{1.6} \tag{7.3-1}$$

式中：q_{u1}——水泥掺入比为a_{w1}的水泥土抗压强度；

q_{u2}——水泥掺入比为a_{w2}的水泥土抗压强度。

上式成立的条件是$a_w=5\%\sim20\%$。

(2)龄期T_1抗压强度随着龄期的增长而增大。一般在龄期超过28天仍有明显增加。经大量试验数据的回归分析可发现：水泥土的抗压强度与龄期之间呈幂函数关系，其表示式是：

$$\frac{q_{u1}}{q_{u2}}=\left(\frac{T_1}{T_2}\right)^{0.6} \tag{7.3-2}$$

式中：q_{u1}——龄期为T_1的水泥土抗压强度；

q_{u2}——龄期为T_2的水泥土抗压强度。

上式成立的条件是龄期$T=15\sim90$天。

(3)水泥强度对水泥土强度的影响。水泥强度提高一个等级(如从32.5提高到42.5)，水泥土抗压强度约增大20%～30%。

(4)土体含水率对强度的影响。抗压强度随着土体含水率的增加迅速降低，含水率增3.3倍，强度降低8.9倍。

(5)土质影响。不同土体掺入等量水泥后，其强度可相差一倍，即水泥水化产物生成量大，强度就高，反之亦然。

(6)有机质含量的影响。有机质含量越高，强度就越低，所以对有机质含量高的软土，应外掺生石膏($CaSO_4\cdot2H_2O$)以增加加固效果。

(7)外掺剂的影响。选择合适的外掺剂可提高强度或节省水泥，实践证明，采用废石膏和水泥复合加固软土能得到很好的加固效果。当掺入与水泥等量的粉煤灰后，强度可提高10%。

2. 抗拉强度

抗拉强度约为抗压强度的1/10～1/15，与混凝土性质相近。

3. 抗剪强度

其黏聚力为抗压强度的0.2～0.3倍，其内摩擦角度变化在20°～30°之间。

4. 变形模量

当抗压强度$q_u=300\sim4000$kPa时，变形模量$E_{50}=40\sim600$MPa，即$E_{50}=(120\sim150)q_u$。

5. 压缩系数和压缩模量

压缩系数随水泥掺量的增加而减小，约为$(2.0\sim3.5)\cdot10^{-5}(\text{kPa})^{-1}$，其相应的压缩模量$E_s$为60～100MPa。

6. 抗渗性能

约为$n\cdot(10^{-10}\sim10^{-11})$cm/s。

三、抗冻和抗蚀性能

1.抗冻性能

自然冰冻不会造成搅拌桩试块内部的结构破坏，冻后正常养护 90 天的强度与标准养护强度非常接近，抗冻系数达 0.9 以上，因此，只要冬季地温不低于－10℃，就可以进行施工。

2.抗蚀性能

凡遇到搅拌桩受侵蚀问题都必须特别慎重，只有有足够可靠的抗腐蚀数据后的抗蚀技术，才能在工程实践中应用。

四、桩土应力比

桩土应力比 n(桩上应力与桩间土应力之比)的大小和变化规律影响着复合地基的承载力和变形。它与桩身材料、土的性质、桩的长短、间距和置换率等因素有关，反映了复合地基的工作性状。在加荷初期，它随荷载的增大而增大，当荷载达一定值时，它随荷载的增大而下降，并逐渐趋于定值，当水泥掺量相同时，它随桩长的增加而增大，随桩距减小而增大，并随水泥掺量增加而增大。

五、置　换　率

随着置换率的提高，承载力明显增大，研究表明就提高复合地基承载力而言，增加桩长比提高置换率的经济效果好。

第四节　复合地基的设计

深层搅拌桩和周围土体构成复合地基，可以共同承受上部传来的垂直荷载。

一、单桩承载力的计算

承受垂直荷载的深层搅拌桩，一般应使土对桩的支承力与桩身强度所确定的承载力相近，并使后者略大于前者最为经济。因此搅拌单桩的设计，主要是要确定桩长和选择水泥掺入比。

单桩竖向承载力标准值可按下列两式计算，并取其中较小值：

$$R_k^d = \eta f_{cu,k} A_p \tag{7.3-3}$$

$$R_k^d = \bar{q}_s U_p l + \alpha A_p q_p \tag{7.3-4}$$

式中：$f_{cu,k}$——与水泥土搅拌桩身加固土体配合比相同的室内加固土试块(边长为 70.7mm 的立方体、也可采用边长为 50mm 的立方体)的无侧限抗压强度平均值；

η——强度折减系数，可取 0.35～0.50；

A_p——桩的截面积；

$\bar{q}_s$——桩周土的平均摩擦力，对淤泥可取 5～8kPa，对淤泥质土可取 8～12kPa，对黏性土可取 12～15kPa；

U_p——桩周长度；

l——搅拌桩长度；

q_p——桩端天然地基土的承载力标准值，可按国家标准《建筑地基基础设计规范》(GB 50007—2002)的有关规定确定；

α——桩端天然地基土的承载力折减系数，可取 0.4～0.6。

二、搅拌桩复合地基承载力和变形模量的计算

深层搅拌桩的承载力性状与刚性桩相似，设计时可仅在上部结构基础范围内布桩。但是，由于搅拌桩桩身强度较刚性桩为低，在垂直荷载作用下会有一定的压缩变形，而桩身压缩变形的同时，其周围的软土也能分担一部分荷载，因此，当桩的间距较大时，水泥土搅拌桩可与周围的软土组成柔性桩复合地基。搅拌桩复合地基的承载力标准值和桩土复合体变形模量可按式(7.3-5)、式(7.3-6)计算：

$$f_{sp,k} = m\frac{R_k^d}{A_p} + \beta(1-m)f_{s,k} \tag{7.3-5}$$

式中：$f_{sp,k}$——搅拌桩复合地基承载力标准值；

m——搅拌桩面积置换率；

$f_{s,k}$——桩间天然地基土承载力标准值；

β——桩间土承载力折减系数，当桩端土为软土时，可取 0.5～1.0；当桩端土为硬土时，可取 0.1～0.4；当不能考虑桩间软土的作用时，可取零。

$$E_0 = mE_{50} + (1-m)E_s \tag{7.3-6}$$

式中：E_{50}——桩身水泥土的变形模量，E_{50}可取(100～120)$f_{cu,k}$；

E_0——桩土复合体的变形模量；

E_s——桩间土的变形模量；

其余符号意义同前。

三、置换率和桩数的计算

在通常的设计过程中，根据上部结构对地基要求达到的承载力 $f_{sp,k}$和单桩设计的承载力 R_k^d，按下式即可求得所需的置换率：

$$m = \frac{f_{sp,k} - \beta f_{s,k}}{\frac{R_k^d}{A_p} - \beta f_{s,k}} \tag{7.3-7}$$

式中符号意义同前。

对于采用柱状加固时，可采用正方形或等边三角形布桩形式，其总桩数可按下式计算：

$$n = \frac{mA}{A_p} \tag{7.3-8}$$

式中：n——总桩数；

A——基础底面积。

四、桩位平面布置

深层搅拌水泥土桩的总桩数确定后，即可按选定的加固形式和上部荷载的分布进行布桩。柱状加固时，桩的平面布置以桩距最大(以利充分发挥桩侧摩阻力)和便于施工为原则。壁状加固和格栅状加固，可根据上部荷载分布情况将搅拌桩布置成相互搭接的壁状体；当总桩数不足以形成壁状加固体时，可增添较短的连接桩，确保桩体连成壁状或格栅状。

五、下卧层地基强度的验算

当搅拌桩加固范围以下存在软弱下卧层时，应进行下卧层强度验算。可将搅拌桩和桩间土视为一个假想实体基础进行下卧层地基强度验算，见式(7.3-9)。

$$R_b = \frac{f_{sp,k} \cdot A + G - V\bar{q}_s - f_{s,k}(A-F_1)}{F_1} \leqslant R_s \tag{7.3-9}$$

式中：R_b——假想实体基础底面处的平均压力；

G——假想实体基础的自重；

V——假想实体基础的侧表面积；

F_1——假想实体基础的底面积；

R_s——假想实体基础底面处修正后的地基承载力。

当下卧层强度验算不能满足要求时，可重新设计单桩，直至满足要求。

六、沉 降 计 算

当搅拌桩复合地基承受上部基础传递来的垂直荷载后，所产生的垂直沉降 S 包括桩土复合层本身的压缩变形 S_1 和桩土复合层底面以下土的沉降量 S_2，即 $S=S_1+S_2$。

(1)桩土复合层的压缩变形 S_1 可按式(7.3-10)进行计算：

$$S_1=\frac{(P+P_0)L}{2E_0} \tag{7.3-10}$$

式中：P——桩土复合层顶面的平均压力，$P=\frac{f_{sp,k}\cdot A-f_{s,k}(A-F_1)}{F_1}$；

P_0——桩土复合层底面的附加压力，$P_0=R_b-\gamma_p L$（γ_p 为桩土复合体的平均容重）；

L——桩长；

E_0——桩土复合体的变形模量。

大量的计算表明，S_1 值与上部荷载、桩长、桩身强度等因素有关，其取值范围为 1.0～3.0cm。

(2)桩土复合体底面以下未加固土体的压缩变形可按《建筑地基基础设计规范》(GB 50007—2002)中规定的分层总和法进行计算。

第五节　施工前的准备

施工前准备工作的好坏，关系着施工的质量以及施工工期能否保障。

施工前的准备工作主要包括：人员组成及思想动员，技术学习；编写好施工组织设计和工程预算；准备好进场施工设备和生活设施等，以下分别介绍。

(1)施工组织设计的编写。编写好施工组织设计，任务已成功一半。目前已有很多单位在承接任务阶段就要求施工单位提供加固处理或围护工程的设计方案和施工组织方案，有的甚至还要求地表下(±0.00 线下)的岩土工程方案对比(要求出几种方法对比)，包括设计计算、施工方法、工期、工程造价对比等要求。因此，编写好一份施工组织设计是很重要的，但也并不是件轻而易举的事，这要求必须要了解工程情况、了解地质条件、供水供电、交通运输和材料供应情况，了解上部结构对基础地基的要求，掌握自己队伍施工能力、特点，提出切实可行的方案和一系列技术参数；提出施工程序、场地布置、工程质量保证、主要机械设备名称和数量、动力保障；保证原材料质量和数量，工期保证和安全措施及主动配合等很多方面。

(2)人员组成。对施工质量起决定作用的是人的素质，人对施工质量的影响除了客观存在的操作技能外，最主要的是主观上的质量意识。许多施工中造成工程质量问题，几乎均与人的质量意识薄弱有直接关系。为此施工人员上岗前应进行质量意识安全生产和操作技能的严格训练，派职工到有施工经验和管理经验的单位对口学习是个好办法。加强现场管理也是管好施工质量的关键，现场一定要有项目经理(或称负责人)、机长、技术人员、班长及操作工、电气电焊等各有关工种配套。每个施工环节严格把关，才能使施工的工程达到优质或优良工程。

(3)机械设备。机械设备的配套完好率是影响施工质量直接的客观因素，为此主要有五个方面工作必须认真做好：一是进场前机械设备一定要配套；二是进场后易损件要有备货；三是操作时严格遵守操作规程，遇复杂地层不强行钻进，认真处理好后再施工；四是根据不同的工程需要，选择合适的设备，无论选用何种类型的设备，进到现场前一定要检修和试车；五是正确确定机械参数，如选用合适的驱动功率，确定搅拌轴的回转速度，计算最大提升和提升速度，选择灰浆泵及计算输浆管路的内径。

(4)原材料。固化剂原材料(水泥)质量是极为重要的，水泥土的强度取决于固化剂作用的发挥，水泥的品种、强度等级及出厂时间。施工中一般宜使用32.5级普通硅酸盐水泥，避免使用早强水泥或矿渣水泥。水泥的掺入量一般为被加固土的天然重度的10%～15%，根据特殊需要还可提高。一般每立方米的被加固土掺入水泥量为180～250kg。水灰比可选用0.45～0.55(日本选用0.6)。

根据工程需要可选用具有早强、缓凝、减水以及节省水泥等性能的材料；早强剂可选用三乙醇胺、氯化钙、碳酸钠或水玻璃等材料，其掺入量宜分别取水泥质量的0.05%、0.2%、0.5%、2%；减水剂可选用木质素磺酸钙，其掺入量宜取水泥质量的0.2%；石膏兼有缓凝和早强作用，其掺入量宜取水泥质量的2%。

为了节省水泥和提高水泥土的强度及止水性能，施工时也可加入粉煤灰或膨润土粉，一般加入量为水泥质量的5%～15%不等，视工程需要和材料来源而定。

为了经济合理地确定优化深层搅拌桩的技术方案，正确选取与地基土相适应的水泥品种、强度等级和水泥掺入比前，都应预先进行水泥土的室内配比试验，以便为设计和施工提供可靠的参数。

(5)加强对软土层的分布及土性的认识。要搞清软土层在在建场地中的分布、厚度、成因等，并应对以下各点予以特别重视：(1)填土层的组成，对填土层中的大块物质(石块和树根等)必须清除后再行施工；(2)正确测定土的含水率，试验表明，当土的含水率在50%～85%范围内变化时，含水率每降低10%，水泥土强度可提高30%；(3)正确测定有机质含量，有机质含量较高会阻碍水泥水化反应影响水泥土的强度增长，故对有机质含量较高的明、暗浜填土及冲填土应予慎重考虑，对生活垃圾的填土，不适宜采用该法；(4)要进行土质和水质分析如可溶盐含量、总烧失量、地下水的酸碱度及硫酸盐含量等；(5)要了解地下水的性质(是否为承压水)和水头高低。

(6)场地布置。拟建场地附近如已有建筑物，且相距较近，以及施工现场较为狭窄时，需要因地制宜搭设安装灰浆拌制操作棚，面积宜大于40m^2。如果施工现场的表土较硬，需采用注水预搅施工时，现场四周应挖掘排水沟，并在沟的对角线上各挖一个集水井，其位置以不影响施工为原则。应经常清除井内沉淀物，保持沟内畅通。如施工现场为一很长的路段(例如超过500m)，可考虑将灰浆制备系统装在一辆拖车上，随主机一起前进，以便流动供应水泥浆。

第六节　所需设备

目前国外的深层搅拌主机大多具有偶数根搅拌轴，国内主要是双搅拌轴和单搅拌轴两种，分述如下。

一、SJB型深层搅拌机

SJB型深层搅拌机是双搅拌轴型机，每施工一次可打设一根双联"8"字形的深层搅拌桩。该机由电机、减速器、搅拌头、中心管、输浆管、单向球阀、横向系板等组成(图7.3-2)。

1.电机

电机是深层搅拌的动力源，目前常用的有两类。

(1)潜水电机：考虑到深层搅拌机除了进行陆上软土地基加固外，还能进行水下软基的加固，可以选用两台充油式潜水异步电机。电机输出功率为30kW，额定转速730r/min，空载电流15A左右。

(2)风冷竖向电动机：针对仅在陆上施工的深层搅拌机可以采用风(空气)冷却型的竖式电机，功率 37kW,转速 1 460r/min。

2.减速器

可采用两级 2k—H 行星齿轮减速器,使电动机的转速通过两级减速降到 45r/min 左右。近期研制出摆线针轮减速器,该机效率高,噪声低,能保证润滑状态和油面检查,近年生产的搅拌机大都选用它,常用的如 XD30—9 型摆线针轮减速器。

3.搅拌轴

用 ϕ127mm×10m 无缝钢管制成,两端有法兰接头。其上端与减速机相连、下端与搅拌头相接,起承上启下传递扭矩的作用。在法兰连接处内部有六方体接头,以确保扭矩的传递。为适应不同加固深度和运输,搅拌轴每节长度为 2.5m。

采用法兰式连接的搅拌轴的机械加工简单,传递扭矩的可靠性高。但法兰盘凸缘的外径大于搅拌轴的外径,增加了入土的阻力,特别是在水泥土中复搅下沉时的阻力增加较大,为了克服该缺点,可采用内接螺纹式连接,但搅拌轴的装拆需利用电机的正反转才能完成。

4.搅拌头

搅拌头是深层搅拌机械的重要部件,它直接影响水泥浆和软黏土的拌和均匀程度,决定成桩效果,这在国外是技术专利。根据我国的技术经济条件,先后研制过笼形、三叶片式、两叶片式和带齿二叶片等几种搅拌头,参见图 7.3-3。

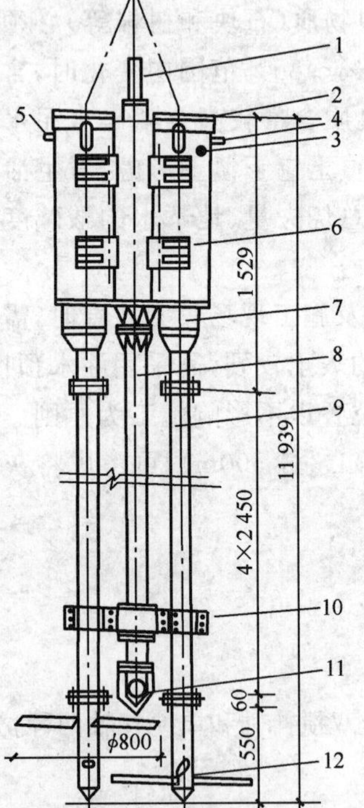

图 7.3-2　SJB 型深层搅拌主机(尺寸单位:mm)

1-浆管;2-外壳;3-出水口;4-进水口;5-电机;6-导向滑块;7-减速器;8-中心管;9-搅拌轴;10-横向系板;11-球阀;12-搅拌头

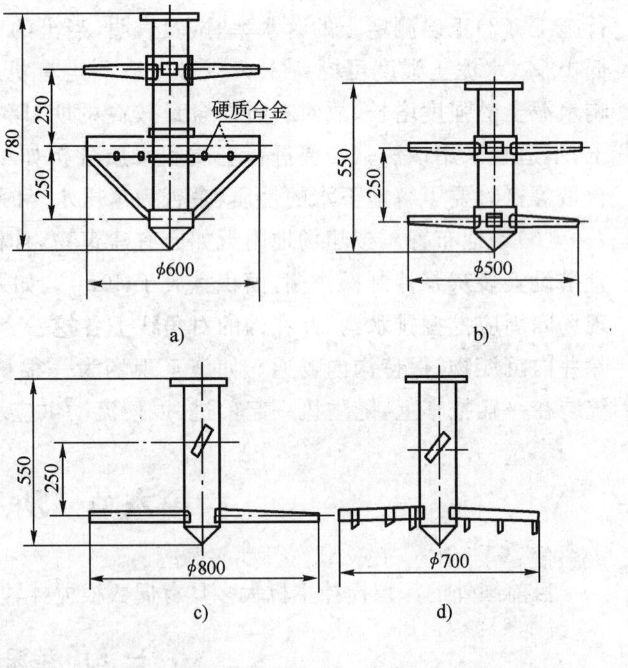

图 7.3-3　几种搅拌头的外形(尺寸单位:mm)

a)笼形;b)三叶片式;c)二叶片式;d)带齿二叶片式

5.中心管和输浆管

早期开发的深层搅拌机均采用中心管结构形式,中心管是整个机械的中心支柱,主要是支承左右两根搅拌轴。其上端与外筒法兰连接,下端通过横向系板将两轴一管连成整体。中心管用 ϕ140×10

无缝管制成，每节长度与搅拌轴相同，两端均带法兰。

输浆管是用2.5英寸(1英寸=2.54cm)镀锌铁管制成，插入中心管后，用法兰与外筒固定。但是，由于中心管的存在增加了整机沉入土中的阻力，特别是增加水泥在土中复搅下沉时的阻力，因此又开发出了双搅拌轴、无中心管、叶片排浆型深层搅拌机。

6.单向球阀

单向球阀球体用高密度聚乙烯制成，抗压强度达到100MPa，受力变形小，加工性能好，且比重为0.96。当搅拌机下沉时，球阀受水或土的上托力作用而堵住输浆管口；提升机械时，球体又能被水泥浆推开，起到单向阀门的作用。

7.提升装置

深层搅拌机的提升装置有两种方式：一是齿轮换挡式；一是无级调速式。前者具有操作方便，水泥掺量恒定、可靠的优点；后者适合于变(水泥)掺量的施工工艺，当设计掺量较高时，也能采用一次喷浆、一次重复搅拌的工艺完成施工，从而避免了多次喷浆、多次搅拌施工工艺带来的重复下沉困难、桩身接头多完整性差以及施工速度慢等弊端。

国产双轴深层搅拌机械参数见表7.3-2。

国产双轴深层搅拌机技术参数　　表7.3-2

型　号	SJB-I	SJB-II	T-600
电机功率(kW)	2×30	2×40	2×30
搅拌头直径(mm)	2×ϕ700	2×ϕ700	2×ϕ600
搅拌头数量(个)	2	2	2
搅拌头转速(转/min)	46	46	30～60
额定扭矩(kN·m)	2×6.4	2×8.5	
搅拌头间距(mm)	514	514	600
一次加固面积(m²)	0.71	0.71	0.57
最大加固深度(m)	12	18	15
喷浆方式	中心管喷浆	中心管喷浆	叶片喷浆
电机减速装置	二级行星齿轮减速	二级行星齿轮减速	摆线针轮减速

二、DSJ型单轴深层搅拌机

对于中小型的深层搅拌加固工程其电容量供应一般较小。在软土分布特别深厚的地区，一般深层搅拌桩达不到地基中的相对硬层，从而形成纯摩擦桩，此种情况可采用单搅拌轴制成的单根搅拌桩。

单轴深层搅拌机的组成，基本上和双轴机组似。由于只有一根搅拌轴而无输浆中心管，因此单轴机的组成包括：电动机、减速器、搅拌轴和搅拌头等部件。

国产单轴深层搅拌机的技术参数见表7.3-3。

国产单轴深层搅拌机的技术参数　　表7-3-3

型　号	SJ22	SJ30	SJ37	DSJ—II	SJB—37D
钻机功率(kW)	22	30	37	30	37
一次加固面积(m²)	0.2	0.28	0.5	0.2	0.384
最大加固深度(m)	15	15	15	22	18
最大钻杆扭矩(kN·m)	3.32	4.52	5.60	0.50	7.5
钻杆转速(转/min)	57	57	57	59	45
最小提速(m/min)	0.5	0.5	0.5	0.4	0.5
全机功率(kW)	33	41	46	41	46

三、灰 浆 泵

灰浆泵是深层搅拌机械的重要配套机械，国内常用的深层搅拌灰浆有下列几种。

1. 柱塞泵

代表性的柱塞泵为 HB6—3 型浆泵，其技术规格如表 7.3-4 所示。

HB6—3 型灰浆泵技术规格 表 7.3-4

输浆量(m^3/h)	3	电机功率(kW)	4
工作压力(MPa)	1.5	活塞往复次数(次/min)	150
垂直输浆距离(m)	40	排浆口内径(mm)	50
水平输浆距离(m)	150	最佳输浆稠度(cm)	8～12
电机转速(转/min)	1440		

2. 挤压泵

UBJ—1.8 型挤压式灰浆泵是利用机械式变换，输浆量为每小时 0.3～1.8m^3。该泵的主要技术参数如表 7.3-5 所示。

UBJ—1.8 型挤压式灰浆泵的技术参数 表 7.3-5

挤压胶管内径 (mm)	最高垂直输浆距离 (m)	最大水平输浆距离 (m)	额定工作压力 (MPa)
38	30	100	1.5
减速器变速位置	电机变换位置	挤压管挤压次数(次/min)	输浆量(m^3/h)
A	0 1 2	10 24 36	0.3 0.4 0.6
B	0 1 2	51 69 105	0.9 1.2 1.8

3. 液压注浆泵

SYB—50/501 型液压注浆泵属于变量泵，其压力和流量可变，最高压力可设定。该泵的主要技术性能如表 7.3-6 所示。

SYB—50/501 型注浆泵技术性能 表 7.3-6

柱塞直径(mm)	ϕ75	ϕ95
冲程(次/min)	50	50
流量(L/min)	35	50
压力(MPa)	0.5	0.32
外形尺寸(长 mm×宽 mm×高 mm)	1 340×370×900	
质量(g)	2 600	

四、组合式多轴深层搅拌桩机

1. 组合式多轴深层搅拌机的组成

多轴深层搅拌桩机由吊具、组合式动力头、导向滑块、浆液导流回转接头、钻杆、切削搅拌头、钻杆连接系板、电器控制柜等部件组成。

(1)吊具

根据配套打桩架的立柱受力形式不同,该吊具有两种结构。

当立柱为偏心受压时,吊具由4个滑轮组成一个动滑轮组,它与搅拌机动力头用销轴连接,与桩架立柱顶部上的定滑轮组用钢丝绳连接,钢丝绳倍率为7~8,桩架提升力要求能达350~400kN。

当立柱为中心受压时,吊具为2个绳环,它与搅拌机动力头用销轴连接,再通过两根钢丝绳挂在桩架立柱顶部的四个滑轮上,与立柱背面的一个动滑轮组连接,从而使立柱中心受压,提高了立柱承载能力。

(2)组合式动力头

组合式动力头由4套电机直联立式行星减速器、减速器支承装置、上下座架、连接板等组成,通过螺柱连接成一体。

动力采用变极电机,使输出轴有两种转速与两种输出转矩,工作转矩最大达14.6kN·m。立式行星减速器采用了二级悬浮均载的先进结构及硬齿面传动。在不改变减速器工作转矩的条件下,减小了减速器的外形尺寸。

减速器支承装置承受钻杆的主要拉压力,它由一对轴承、过渡轴、支承座、轴承盖、法兰套等组成。

四个上下座架可根据施工需要拼成正方形或一字形,从而能形成4—ϕ700正方形桩或一字形桩,一次加固土的截面尺寸分别为1 260mm×1 260mm或2 380mm×700mm,还可另行设计动力头组合架形成三轴动力头形式。

(3)导向滑块

导向滑块有4个,分上下两组安装在组合式动力头上,具体结构形式视配用的打桩架立柱上导向杆的形式而定,使搅拌机能沿着桩架立柱铅垂移动。

(4)浆液导流器回转接头

该回转接头由外套、回转轴、密封件、压紧套、轴承座、轴承、压盖、连接法兰、调节螺钉等组成。其作用是水泥浆液能通过此回转接头输入旋转的钻杆至搅拌头端部输出,实施贯入输浆成桩的先进工艺,提高施工效率。

(5)钻杆

钻杆由外管、输浆管、内外六角法兰接头及密封件组成,钻杆间连接采用6只高强度六角螺栓,使六角接头传递工作转矩,法兰连接螺栓传递钻杆间拉力,受力状况清楚,制造较容易,能做到钻杆间互换连接,保证了钻杆间密封与装拆方便。

(6)搅拌头

搅拌头根据软土特征,设置了4层搅拌叶,在第一层叶片旁设有喷浆口。第一层搅拌叶厚40mm,刃口上镶有硬质合金刀头,后三层搅拌叶厚20mm,搅拌叶材质为16Mn钢,搅拌头前端设有十字形超挖刀。搅拌头共4件,分别为2件左旋搅拌头和2件右旋搅拌头,使组合式动力头上的平衡反力矩在理论上相互抵消。

(7)连接系板

连接系板是起到固定搅拌头位置作用或钻杆的刚度,使搅拌头旋转时不相互干涉,当搅拌头正方形排列时,它们由4块2个半圆的连接板、2块短连接板、衬垫与螺栓组成:当搅拌头为一字形排列时,则由两块带4个半圆的长连接板、衬垫、螺栓所组成。

(8)滑动式钻杆定位导向装置

它由钻杆限位套筒与导向滑块所组成,一般在成桩深度大于25m或较硬土层中使用,使钻杆增加一个中间支点,提高钻杆的刚度。工作时导向滑块安装在桩架立柱的导杆上,再通过绳索使该装置悬吊在搅拌机动力头上,随搅拌机的上下移动而移动。

(9)钻杆定位导向装置

该装置安装在配套的打桩架上，具体结构视桩架形式而定，其作用是深层搅拌机初始钻进时定位正确，钻杆不歪斜。

(10)电气控制柜与操作盒

本机配有2只电气控制柜和2只操作盒，以满足4轴机分割成2台双轴机使用，也能满足因供电量少而采用2路电网工作的情况。

每只控制柜和操作盒控制2台电动机工作，具有降压起动、直接起动、正反转与高低速选择功能；具有漏电保护、缺相保护、过载保护等功能；还有电压、电流、运转和过载等显示功能。

2.组合式多轴深层搅拌机的特点

(1)以单动力头的基本型，可根据设计施工要求，组合成1～4轴的深层搅拌机；

(2)用了特殊结构的2K-H型立式行星齿轮传动，动力头外形尺寸小、承载能力大；

(3)动力头有两种输出转速，最大工作转矩为14kN·m，是目前国产双轴机的1.7倍，可根据不同地质、工况选择转速改变扭矩；

(4)切削搅拌头上有四层搅拌叶，使水泥土搅拌充分；

(5)能采用贯入输浆成桩工艺，成桩施工时间较国产双轴机提升输浆工艺短，施工效率高；

(6)配套研制的JSZ120—33型滚管式打桩架提升力达400kN，有成桩深度显示，主卷扬机具有无级调速功能，提升速度为0.2～1.4m/min，可与水泥浆量、注浆泵流量相匹配，并使搅拌机较匀速地升降、匀速喷浆、水泥土桩连续、强度均匀，施工质量好；

(7)桩架立柱采用三支点支承结构，通过控制两根斜撑的螺杆驱动电机，可方便的调整立柱(深搅机)的垂直度；

(8)打桩架总高约35m，可根据成桩施工深度要求，桩架立柱高度可调整为33m、27m与24m三种，最大成桩深度可达28m；

(9)桩架底盘前端设置H型钢定位装置，可配合吊车插入H型钢；

(10)桩架的移动方式为滚管式，由于桩架底盘四周各设置了一台液压油缸支撑脚，可方便的抽动(垫实)滚管与调整底盘的水平位置。

3.组合式多轴深层搅拌机施工桩形

该组合式深层搅拌机能根据地基加固水泥土搅拌桩形、SMW工法基坑围护结构及加筋水泥土承载复合桩形的设计与施工要求，组合成1～4轴的动力头形式进行施工，形成的桩形截面见图7.3-4。

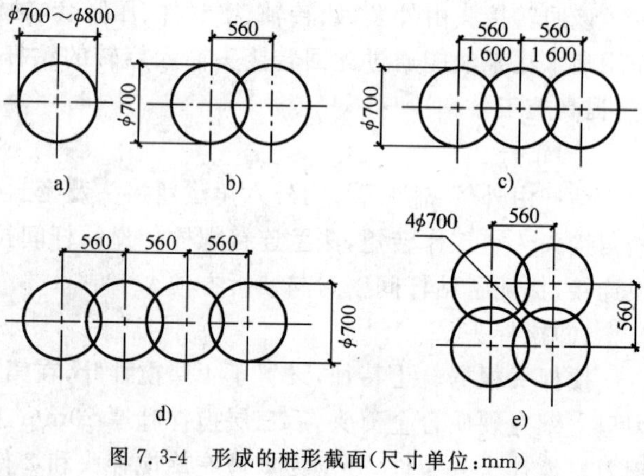

图7.3-4　形成的桩形截面(尺寸单位：mm)

4.组合式多轴深层搅拌机主要技术参数(表7.3-7)

组合式多轴深层搅拌机技术参数　　表7.3-7

序　号	项目名称		技术参数
1	搅拌直径(mm)		3(4)—ϕ700
2	钻杆间距(mm)		560
3	钻杆转速(r/min)		40/20
4	输出转矩(kN·m)		10/14
5	电机功率(kW)		3×42(30)=126
6	4轴加固面积(m^2)	正方形排列	1.38
		一字形排列	1.42

5.配套JSZ120—33型滚管式打桩架主要技术参数(表7.3-8)

JSZ120—33型滚管式打桩架技术参数　　表7.3-8

序　号	项目名称	技术参数	序　号	项目名称	技术参数
1	立柱高度(m)	33	5	液压支腿支撑力(kN)	4×300
2	最大拔桩力(kN)	400	6	外形尺寸(m×m×m)	长×宽×高=10.5×10×35
3	提升速度(m/min)	0.2～1.4	7	总质量(t)	30
4	斜撑电机功率(kW)	2×2.2			

五、海上CDM作业船

为使深层搅拌桩用于海上工程,交通部一航局立足局内船舶,引进日本关键设备,并研制了自动定位装置,建成了海上CDM作业船,该作业船由拌和船、制浆船和运灰船组成的船组。

1.拌和船

船长42m,宽14m,型深3.2m,桩架高31.8m。配485kW柴油发电机组。6台锚机和2台处理机的主卷扬机系无级调速,可集中在中控室操作也可机旁手控。

拌和系统由型号为MAC-240-2-S双轴型的螺旋钻驱动机构(该机构拥有2台90kW电动机),型号为SP6—120M钻杆2根(单根组成为10m+10m+5m,分成三段)和型号HP6—120MA型拌和头组成。双头拌和,两头相对方向旋转,间距可调,叶片直径为1 200mm,两拌和头搭接宽度为0、200mm、300mm三种,采用叶片间旋转杆端喷浆。

在船体前上方设中控室,在中控室里可对处理机的拌和过程逐项进行下列6项参数的控制和监测,这些参数以模拟表和数字显示,同时以笔式记录仪记录。

(1)处理机贯入、拔出/速度(m/min);(2)拌和头转速(rpm);(3)钻杆扭矩(以电流值表示,A);(4)拌和贯入深度(m);(5)输浆流量(L/min);(6)钻杆倾斜度(°)。

2.制浆船

船长33m,宽12m,型深2.7m,动力为120kW发电机组。制输浆系统由3座容量为45t的水泥舱,型号为PMI—100S_3型制浆储浆站(制浆效率为20m^3/h)和2台型号为PU_2—SP65S_2压浆泵(最大压力为0.75MPa、1.0MPa、1.5MPa)组成。船上装有监控仪器,可对输浆流量、制浆过程及水泥外加剂和水的用量进行监控。

3.运灰船

运灰船上安装1台20t散装水泥舱,1台灰气分离器和1台30kW电动机。该船的用途是给制浆船供应水泥,以保证连续施工。

4.海上定位系统

由CMW20型测距仪、跟踪装置、计算机数据采集处理及屏幕显示三部分组成。3台测距仪设在岸上作为副台,另3台配以伺服跟踪装置设在船上作为主台。由主台对副台进行跟踪,所测数据由设在中控室的微机处理后在屏幕上显示出由输入桩位计算出的设计船位和实测船位。然后由船长根据微机屏幕上和船位图形用集中控制的方式移船就位。技术性能如下。

(1)测距精度

静态:±($5mm+3\times10^{-6}D$);动态:±($100mm+3\times10^{-6}D$)。其中D为岸台与相应船台间的距离,单位以mm计。

(2)系统精度

在有效定位区内，系统误差小于±25mm。

(3)测距范围

测距范围为 30m～10km，海上保证 2.5km。

该 CDM 船能贯入、喷射水泥浆并有效地拌和 28.1m 的深度(从水面算起，含水深和土层厚)。能在极软土、中等软土，甚至部分粉砂及砂性土中作业，一般情况下可处理 $N_{63.5}\leqslant 20$ 的土层，当采取措施后(如降低转数，加大水灰比或加设扰动钻头)可处理 $N_{63.5}\leqslant 30$ 的土层。CDM 处理机为双轴，拌和头直径 $\phi=1\ 200$mm，当排、行间搭接采用 20cm 时，每一船位能完成加固面积 2.172m^2，行进 2 000mm。若每天三班，每班 7 小时，则每工作天能完成220m^{3}软基加固。

第七节 施工工艺、顺序、步骤

深层搅拌桩的施工可按下列步骤进行。

1. 就位

吊车(或塔架)悬吊深层搅拌机到达指定桩位，使中心管(双搅拌轴机型)或钻头(单轴型)中心对准设计桩位，当地面起伏不平时，应使起吊设备保持水平。

2. 预搅下沉

待深层搅拌机的冷却水循环正常后(对于采用潜水电机机型，对空气冷却型电机无此内容)，启动电机，放松起重机钢丝绳，使搅拌机沿导向架边搅拌、边切土下沉，下沉速度可由电机的电流监测表控制，工作电流不应大于 70A。如下沉速度太慢，可从输浆系统补给清水以利钻进。

3. 制备水泥浆

待深层搅拌机下沉到一定深度时，即开始按设计确定的配合比拌制水泥浆，在压浆前将水泥浆倒入集料斗中。

4. 喷浆搅拌提升

深层搅拌机下沉到设计深度后，开启灰浆泵将水泥浆压入地基中，并且边喷浆、边旋转搅拌钻头，同时严格按照设计确定的提升速度提升深层搅拌机。

5. 重复搅拌下沉和提升

待深层搅拌机提升到设计加固范围的顶面标高时，集料斗中的水泥浆应正好排空。为使软土和水泥浆搅拌均匀，可再次将搅拌机边旋转边沉入土中，至设计加固深度后再将搅拌机提升出地面。

6. 清洗

向集料斗中注入适量的清水，开启灰浆泵，清洗全部管路中残余的水泥浆，直至基本干净。并将粘附在搅拌头上的软土清除干净。

7. 移位

将深层搅拌机移位，重复上述步骤 1～6，再进行下一根桩的施工。

对于单搅拌轴的深层搅拌施工中预搅下沉时也有采用喷浆切割土体、搅拌下沉的工艺，以防止出浆口在下沉过程中被土团所堵塞。

由于搅拌桩顶部与上部结构的基础或承台接触部分受力较大，因此通常还可对桩 1.0～1.5m范围内再增加一次输浆以提高其强度。

搅拌桩的施工顺序如图 7.3-5 所示。

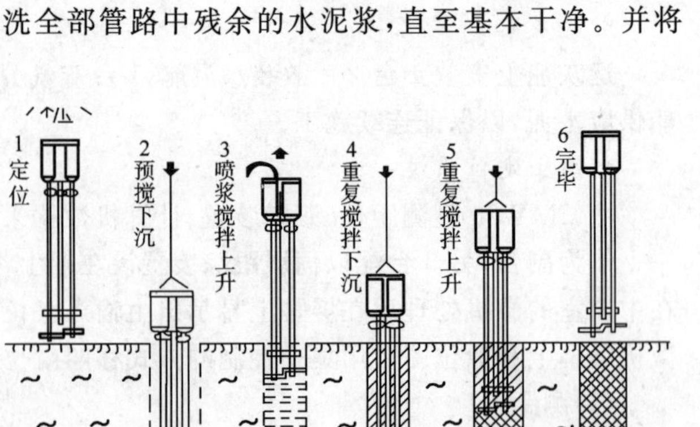

图 7.3-5 搅拌桩的施工顺序

第八节　施工中注意的问题

(1)施工现场应予平整,必须清除地上和地下一切障碍物。明浜、暗塘及场地低洼时,应抽水和清淤,分层夯实回填黏性土料,不得回填杂填土或生活垃圾。开机前必须调试,检查桩机运转和输料管畅通情况。

(2)根据实际施工经验,搅拌桩在施工到顶端0.3～0.5m范围时,因上覆土压力较小,搅拌质量较差。因此,其场地整平高程应比设计确定的基底高程再高出0.3～0.5m,桩制作时施工到整平高程,待开挖基坑时,再将上部0.3～0.5m的桩身质量较差的桩段挖去。而对于基础埋深较大时,取下限;反之,则取上限。

(3)搅拌桩的垂直度偏差不得超过1%,桩位布置偏差不得大小50mm,桩径偏差不得大于4%。

(4)施工前应确定搅拌机械的灰浆泵输浆量、灰浆经输浆管到达搅拌头喷浆口的时间和起吊设备提升速度等施工参数;并根据设计要求通过成桩试验,确定搅拌桩的配比等各项参数和施工工艺。搅拌机械上应安装自动流量检测仪以控制输浆量和输浆速度,使输浆量与输浆速度同步。

(5)制备好的浆液不得离析,泵送必须连续。拌制浆液的罐数、固化剂和外掺剂的用量以及泵送浆液的时间等应有专人记录。

(6)为保证桩端施工质量,当浆液达到出浆口后,应喷浆座底30s,使浆液完全到达桩端。特别是设计中考虑桩端承载力时,该点尤为重要。

(7)预搅下沉时不宜冲水,当遇到较硬土层下沉太慢时,方可适量冲水,但应考虑冲水成桩对桩身强度的影响。

(8)可通过复喷的方法达到桩身强度为变参数的目的。搅拌次数经1次喷浆2次搅拌或2次喷浆4次搅拌为宜,且最后1次提升搅拌宜采用慢速提升。当喷浆口到达桩顶高程时,宜停止提升,搅拌数秒,以保证桩头的均匀密实。

(9)施工时因故停浆,宜将搅拌头下沉至停浆点以下0.5m,待恢复供浆时再喷浆提升。若停机超过3h,为防止浆液硬结堵管,宜先拆卸输浆管路,妥为清洗。

(10)壁状加固时,桩与桩的搭接时间不应大于8～10h,如因特殊原因超过上述时间,应对最后一根桩先进行空钻留出榫头,以待下一批桩搭接;如间歇时间太长(如停电等),与第二根无法搭接,应在设计和建设单位认可后,采取局部补桩或注浆措施。

(11)搅拌头喷浆提升的速度和次数必须符合施工工艺的要求,应有专人记录搅拌头每次下沉深度和提升的时间。深度记录误差不得大于100mm,时间记录误差不得大于5s。

(12)根据现场实践表明,当搅拌桩作为承重桩进行基坑开挖时,桩顶和桩身已有一定的强度,若用机械开挖基坑,往往容易碰撞损坏桩顶,因此基底高程以上0.3m宜采用人工开挖,以保护桩头质量。这点对保证处理效果尤为重要,应引起足够的重视。

每一个搅拌桩施工现场,由于土质有差异、水泥的品种和强度等级不同,因而搅拌加固质量有较大的差别。所以在正式搅拌桩施工前,均应按施工组织设计确定的搅拌施工工艺制作数根试桩,养护一定时间后进行开挖观察,最后确定施工配比等各项参数和施工工艺。

第九节　常见事故及处理

桩体施工中,若发现钻机不正常的振动、晃动、倾斜、移位等现象,应立即停钻检查,必要时应提钻重打。

施工中常见问题和处理方法见表7.3-9。

施工中常见问题和处理方法　　表7.3-9

常见问题	发生原因	处理方法
预搅下沉困难，电流值高，电机跳闸	①电压偏低； ②土质硬，阻力太大； ③遇大石块、树根等障碍物	①调高电压； ②适量冲水或浆液下沉； ③挖除障碍物
搅拌头下不到预定深度，但电流不高	土质黏性大，搅拌机重不够	增加搅拌机自重或开动加压装置
喷浆未到设计桩面(或底部桩瑞)高程，集料斗浆液已排空	①投料不准确； ②灰浆泵磨损漏浆； ③灰浆泵输浆量偏大	①重新标定投料量； ②检修灰浆泵； ③重新标定灰浆输浆量
喷浆到设计位置集料斗中剩浆液过多	①拌浆加水过量； ②输浆管路部分阻塞	①重新标定拌浆用水量； ②清洗输浆管路
输浆管堵塞爆裂	①输浆管内有水泥结块； ②喷浆口球阀间隙太小	①拆洗输浆管； ②使喷浆门球阀间隙适当； ③结块水泥不能使用
搅拌钻头和混合土同步旋转	①灰浆浓度过大； ②搅拌叶片角度不适宜	①重新标定浆液水灰比； ②调整叶片角度或更换钻头

第十节　质量检验

一、施工期质量检验

在施工期，每根桩均应有一份完整的质量检验单，施工人员和监理人员签名后作为施工档案。质量检验主要有下列9项。

(1)桩位。通常成桩偏差不应超出50mm。施工前在桩中心插桩位标，施工后将桩位标复原，以便验收。

(2)桩顶、桩底高程，均不应低于设计值。桩底一般应超深100～200mm，桩顶应超过0.5m。

(3)桩身垂直度。每根桩施工时均应用水准尺或其他方法检查导向架和搅拌轴的垂直度，间接测定桩身垂直度。通常考虑取垂直度误差不应超过1%。当设计对垂直度有严格要求时，应按设计标准检验。

(4)桩身水泥掺量。按设计要求检查每根桩的水泥用量。通常考虑到按整包水泥计量的方便，允许每根桩的水泥用量在±25kg(半包水泥)范围内调整。

(5)水泥强度等级、水泥品种按设计要求选用。对无质保书或有质保书的小水泥厂的产品，应先做试块强度试验，试验合格后方可使用。对有质保书(非乡办企业)的水泥产品，可在搅拌施工时进行抽查试验。

(6)搅拌头上提喷浆的速度。一般均在上提时喷浆，提升速度不超过0.5m/min。通常采用二次喷浆。当第二次喷浆时不允许出现搅拌头未到桩顶而浆液已拌完的现象。有剩余时可在桩身上部作再次喷浆。

(7)浆液水灰比，通常为0.4～0.5范围，不宜超过0.5。浆液拌和时应按水灰比定量加水。

(8)水泥浆液搅拌均匀性。应注意储浆桶内浆液的均匀性和连续性，喷浆搅拌时不允许出现输浆管道堵塞或爆裂的现象。

(9)对基坑开挖工程中的侧向围护桩，相邻桩体要搭接施工，施工应连续，其施工间歇时间不宜超过8～10h。相邻桩的重叠不得小于20cm。

(10)搅拌机械预搅下沉时应使土体充分搅碎。应严格按设计确定的参数控制水泥浆的喷出量和搅拌提升速度。水泥的供应量必须连续,一旦中断,必须将搅拌头下沉到停浆面以下 0.5m 处,待恢复供浆后再搅拌提升,以防断桩。

(11)施工记录应详尽完善

记工记录必须有专人负责,深度记录偏差不得大于 5cm,时间记录误差不得大于 2s。施工中发生的问题和处理情况,均应如实记录,以便汇总分析。

二、竣工后质量检验

1. 标准贯入试验或轻便触探等动力试验

用这种方法可通过贯入阻抗,估算土的物理力学指标,检验不同龄期的桩体强度变化和均匀性,所需设备简单,操作方便。用锤击数估算桩体强度可采用 Terzaghi 和 Peck 的经验公式。

$$f_{cu}=\frac{1}{80}N_{63.5} \tag{7.3-11}$$

式中:f_{cu}——桩体无侧限抗压强度(MPa);

$N_{63.5}$——标准贯入试验的贯入击数。

成桩 7d 内,可用轻便触探仪(N_{10})进行钎探,以判断桩身强度和搅拌均匀度。N_{10}击数与水泥土强度有下列关系:

N_{10}(击)	15	20～25	30～35	>40
q_u(kPa)	200	300	400	>500

同时,可用轻便触探器中附带的勺钻,在水泥土桩桩身钻孔,取出水泥土桩芯,观察其颜色是否一致;是否存在水泥浆富集的结核或未被搅拌均匀的土团。

轻便触探应作为施工单位施工中的一种自检手段,以检验施工工艺和施工参数的正确性。轻便触探检验的深度一般不超过 4m。

2. 静力触探试验

该法可以严格检验桩身质量和加固深度,可连续检查桩体长度内的强度变化,采用单桥探头,可用比贯入阻力 P_s(kPa)估算桩体无侧限抗压强度 f_{cu}(kPa)。

$$f_{cu}=\frac{1}{10}P_s \tag{7.3-12}$$

3. 取芯检验

通常用 ϕ106 岩芯管,可当场检查桩芯的连续性、均匀性和硬度,并切割成试块做无侧限抗压强度试验。

4. 截取桩段做抗压强度试验

在桩体上部不同深度现场挖取 50cm 桩段进行,它可避免桩横断面方向强度不均匀的影响,其缺点是挖桩深度一般仅为 1～2m。

5. 静载荷试验

对承受垂直荷重的水泥土搅拌桩,静载荷试验是最可靠的质量检验方法。一般仅进行单桩垂直载荷试验,对特别大型的工程也可进行两根以上带承台的群桩复合地基试验。

载荷试验应在 28d 龄期后进行,每个场地不得少于 3 点。

6. 小应变动测检验

当搅拌桩达到龄期 28d 后,宜采用小应变动测方法随机抽查不少于 10% 的桩数进行桩身质量检验,以确定是否出现断桩、蜂窝状结构及夹泥等搅拌不均匀缺陷。

7. 开挖检验

可根据工程设计要求,选取一定数量的桩体进行开挖,检查加固桩体的外观质量、搭接质量和整体性等。

8. 沉降观测

建筑物竣工后，尚应进行沉降、侧向位移等观测。这是最为直观的检验加固效果的方法。

三、对作为侧向围护的搅拌桩，开挖时主要检验项目

(1)墙面渗漏水情况；

(2)桩墙的垂直和平整度情况；

(3)桩体的裂缝、缺损和漏桩情况；

(4)桩体强度和均匀性；

(5)桩顶和路面顶板的连接情况；

(6)桩顶水平位移量；

(7)坑底渗漏情况；

(8)坑底隆起情况。

第十一节　工 程 实 例

[实例 1]　深层搅拌法在南湖新村住宅楼地基加固中的应用

1. 工程概况

南湖新村系南京市重点新建的住宅小区之一，占地面积为 0.64km²，拟建 200 余幢多层住宅，建筑面积达 55 万 m²。场地位于长江及秦淮河的漫滩地带，住宅楼主要有 7 层点式和 6 层条式。工程于 1984 年 8 月至 1985 年 4 月采用深层搅拌桩对其中 18 幢住宅楼软土地基进行了加固，共打设搅拌桩 2 861 根，共计 27 657.5 延米。每幢住宅地基加固工期仅 7～10d，取得了较好的经济效益和社会效益。

2. 工程地质条件

南湖住宅区场地主要地层为高压缩性流塑态的淤泥质粉质黏土，厚度超过 30m，其表面有 1.5～3.0m 的人工填土。厚层淤泥质粉质黏土的有机质含量为 2.37%，可溶盐含量为 0.135%，烧失量为 6.94%。各土层物理力学性质指标见表 7.3-10。地下水位约位于地面下 50cm 处。

各土层物理力学性质指标　　表 7.3-10

层次	层厚 (m)	土名	含水率 w (%)	重度 γ (kN/m³)	孔隙比 e	塑性指数 I_p	液性指数 I_L	黏聚力 c (kPa)	内摩擦角 φ (°)	压缩模量 E_s (kPa)	承载力设计值 (kPa)
①-2	0～1.5	淤泥及淤泥质填土	54	16.9	1.50	18	1.66	4	12.6	1 560	
①-3	1.5～3.0	素填土	40	18.2	1.10	20	0.85	12	13.5	3 640	75
②	未穿	淤泥质粉质黏土	47	17.4	1.31	14	1.78	4	17.5	2 090	60

3. 设计计算

7 层点式住宅楼荷重较大，基底压力达 150kPa，但上部建筑相对刚度较大，因此建筑物沉降将比

较均匀，故采用柱状加固形式。6层条式住宅楼虽然其基底压力小于140kPa，但上部建筑长高比较大，刚度相对较小，易产生不均匀沉降，因此采用壁状加固形式，即桩与桩搭接成壁，纵横方向的水泥土壁又交叉呈格栅状连成一个整体，如同一个不封底的箱形基础。此外，对一半基础座落在新填的鱼塘上，另一半座落在岸坡上的条式住宅楼，则通过不同的桩长设计来调整不均匀沉降。

(1)单桩设计

设计桩长9m(考虑场地高程与基底高程间距离，搅拌加固深度D为10m)，桩横截面积$A_p=0.71m^2$，周长$U_p=3.35m$，桩侧平均摩阻力$\bar{q}_s$取8.5kPa，单桩承载力R_k^d按摩擦型桩计算：

$$R_k^d = U_p \cdot \sum q_{si} \cdot l_i = 256kN$$

桩身水泥土强度：　$f_{cu}=\dfrac{R_k^d}{\eta \cdot A_p}=870kPa$

根据室内配比试验，相应于$f_{cu}=870kPa$的水泥土配方为10%的水泥掺入比(采用32.5级普通硅酸盐水泥)。

(2)置换率和桩数计算

搅拌桩置换率$m=\dfrac{f_{sp}-\beta f_s}{\dfrac{R_k^d}{A_p}-\beta f}=31.6\%$

式中：β——桩间土承载力折减系数，β取0.7。

A_p——加固面积；

$A=230m^2$；桩数$n=m \cdot A/A_p=102$根。

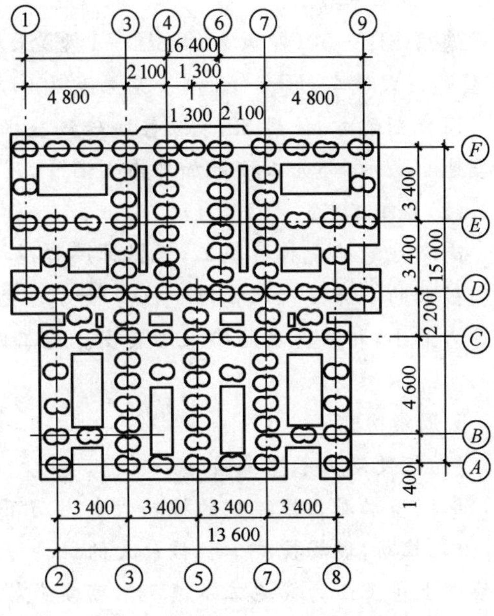

图7.3-6　点式住宅楼搅拌桩桩位布置(尺寸单位：mm)

(3)桩的平面布置

根据各轴线的荷载差别，桩的平面布置如图7.3-6所示。

(4)群桩基础验算

将加固后的桩群视为一个格子状的假想实体基础，格子状基础纵向壁宽1.2m，横向壁宽0.7m，水下水泥土平均重度取8.8kN/m³。则实体基础底面积$A_1=138.2m^2$，侧面积$A_s=2\,300m^2$，自重$G=10\,945kN$。

①承载力验算

实体基础底面修正后的地基承载力设计值：

$$f = f_k + \eta_d \cdot \gamma_p(d-0.5) = 140.6kPa$$

式中：η_d——基础埋深的承载力修正系数，$\eta=1$；

γ_p——基底以上土的加权平均重度，$\gamma=8.8kN/m^3$。

实体基础底面压力：

$$f' = \frac{f_{sp} \cdot A + G - A_s \cdot \bar{q}_s - f_s(A-A_1)}{A_1} = 136.8kPa < f$$

②沉降验算

住宅楼基础总沉降量s主要由桩群体的压缩变形s_1和桩端土的变形s_2组成。

桩群顶面的平均压力：

$$p = \frac{f_{sp} \cdot A - f_s(A-A_1)}{A_1} = 199kPa$$

桩群底面土的附加压力$p_0=f'-\gamma_p \cdot l=62.1kPa$。

根据桩和桩间土按面积折算，求出桩群体的变形模量$E_0=55.8MPa$。

故：

$$s_1=\frac{(p+p_0)l}{2E_0}=21\text{mm}$$

s_2 用分层总和法计算，实体基础底面中点的沉降 $s_2=71\text{mm}$。

则总沉降 $s=s_1+s_2=92\text{mm}$。

4. 施工方法

(1)施工参数

选用 SJB—30(即原来的 SJB—1 型)深层搅拌机，搅拌轴长 10m，搅拌叶片直径 700mm；DT20—10 型塔架式吊车；HB6—3 型灰浆泵及 200L 灰浆拌制机等。

固化剂配方：使用 32.5 级普通硅酸盐水泥，水泥平均掺入比为 10%，水灰比 0.45～0.5，拌和水为当地自来水，部分工程桩加外掺剂石膏，用量为水泥质量的 2%。

(2)施工工艺

南湖住宅楼搅拌桩施工，根据摩擦型搅拌桩的受力特性，采用了变掺量的施工工艺，即桩端、桩中段和桩顶的水泥掺入比相应于桩身轴力的变化而变化，桩顶的受力最大，则水泥掺入比也最多，桩端的受力最小，相应其水泥掺入比最少。施工时用不同的注浆提升速度和注浆次数来满足各桩段水泥掺入比的不同要求。

5. 质量检验

(1)轻便动力触探试验

摩擦型水泥土搅拌桩的桩轴力自上而下逐渐减小，最大桩轴力位于桩顶两倍桩直径的深度范围内，由此推断，现场搅拌工程桩最大的桩轴力应在桩顶 3m 范围内。但这部分受力较大的桩段，却往往因缺少上覆土压力或施工不慎而不密实或搅拌不匀，以致影响质量，因此，搅拌桩质量检验的重点一般都放在桩头 4m 范围内。质量检验的手段主要使用轻便触探仪，在工程桩成桩后的一周时间内，利用轻便触探的钻头提取桩身水泥土样以观察搅拌的均匀程度，同时根据轻便触探击数判断各桩段水泥土的强度，检验桩的数量一般占工程桩总数的 3%～5%。

(2)基槽开挖后验收

基槽开挖后对实际桩位进行验收，根据桩偏位的数量、部位和程度，对安全度加以分析，确定处理方案；基槽开挖后，根据施工记录触探记录，对有疑问的桩头进行水泥土强度检查，如有强度不足，即将软弱部分挖除，回填素混凝土。

(3)竣工后的沉降观测

18 幢建筑建成后投入使用一年半，沉降一般为 20～30mm，最大也只有 80mm，且每幢住宅的沉降是比较均匀的，符合原设计要求。

[实例 2]　深层搅拌法在海上软土地基加固中的应用

1. 工程概况

烟台港地处胶东半岛东北部，过去烟台港的码头都是与硬基相匹配的重力式结构，但是烟台港西港池二期工程所在的芝罘湾中部硬基埋深较深，在设计的万吨级重力式码头基床与下卧持力层(包括可作为基础的风化残留土——陆相沉积的老黏土或中砂)间夹有较厚的软土，为淤泥质黏土、粉质黏土和较软的砂质粉土，厚 7～11m，经采用深层搅拌法加固后，取得了很好的效果。

2. 工程地质条件

烟台港西港池二期工程突堤北侧码头位于离岸约 300m 外的水深 −3.0～−4.0m 的海域，对长 305m、宽 21m、深 −7～−11m 的软土进行深层水泥拌和加固，加固量近 6 万 m^3。加固土为较软的粉质黏土、砂质粉土、间夹较薄的淤泥质黏土或粉砂的透镜体，加固土的主要物理指标见表 7.3-11。

加固土的主要物理指标　　表7.3-11

指　标	含水率(%)	重度(kN/m³)	孔隙比	液限(%)	塑性指数	液性指数	pH值	相对密度	腐殖质含量(%)	有机质含量(%)	易溶盐含量(%)	活化反应(ms/cm)
粉质黏土	28.3	19.21	0.75	25.4	5.7	1.53	7.45	2.70	0.06	1.51	0.21	0.75
砂质粉土	32.2	18.62	0.88	29.8	10.3	1.25	7.7	2.68	0.06	0.77	0.43	0.77

烟台海底土的特性分析如下。

(1)烟台港属非火山灰质土地区。烟台港表层为海相沉积土，下卧层为陆相沉积土及基岩风化土。

(2)烟台港海底土的矿物组成，经差热分析法和X射线衍射法分析，主要成分为石英，而在次要矿物或微量矿物中才含有长石、伊利石和绿泥石。而一般认为，含有高岭石、蒙脱石等黏土矿物成分者加固效果较好，含有一定量的伊利石和绿泥石者则较差。

(3)烟台港加固土体一般在－21m以上，粉质黏土和砂质粉土较多。

3.设计计算

(1)本工程的设计要求是：加固厚度＞6m；90d龄期的平均强度＞2 500kPa；搅拌桩桩端着底于中(细)砂层(N＞15)。

(2)经钻孔、取样、试压、分析比较后，确定搅拌桩采用最适宜的水泥掺量应为(190/160)kg/m³，水灰比0.9，外加剂掺量0.3%。强度评价的龄期至少以取90d为宜。

4.施工方法

在海上实施搅拌法的关键设备是深层水泥拌和船。

第一航务工程局仅用了一年多的时间就装备了一套技术先进、性能良好的深层拌和船组。该拌和船组的处理机、制浆设备及控制系统是由日本引进的，其他如船体与定位系统则是利用打桩船改造与自行研制的。

拌和船组由拌和船、制浆船和水泥运输船组成，并配以海上自动定位系统。其主要性能如下。

(1)拌和头数：2头；叶片直径：1200mm；拌和头可调搭接宽度(mm)：0、200、300；拌和深度：水面以下26.5m；拌和效率：220m³/工日。

(2)船舶定位精度：±25mm(2.5km范围内)。

深层拌和船组的工艺流程如图7.3-7。

用该设备于1993年4～11月进行了300m码头岸线的地基处理施工，完成了近6万立方米的拌和工程量，为后期码头沉箱安装打下了良好的基础。

5.质量检验

(1)现场取芯检验

根据不同施工阶段及时进行了四次取芯检验，取芯试压结果完全达到了设计要求。

(2)对加固体桩体搭接情况的检验

从取芯情况来看，取芯率高，基本上为100%(但也有些破裂和破坏情况出现)。从整孔取芯中没有发现搭接痕迹，搭接处桩芯无天然裂缝，均为完整桩芯。

搭接处强度值也较高。从11～82S、N(南、北)及11～99S、N桩之间可见内部搭接情况，其强度分别为1.83MPa、2.57MPa；而11～82S与11～99N及11～99S与11～102N之间强度分别为2.63MPa和2.21MPa，可知两组桩之间的搭接情况也是良好的。

(3)桩端着底情况的检验

在全部39个桩体的取芯中，着底时钻孔内部出现突然漏水现象(这是强透水层的特征)，取上试芯的底部则附有中粗砂，用标贯击入发现$N_{63.5}$＞25，同时从标贯器中可见全部为中粗砂或粉细砂；着

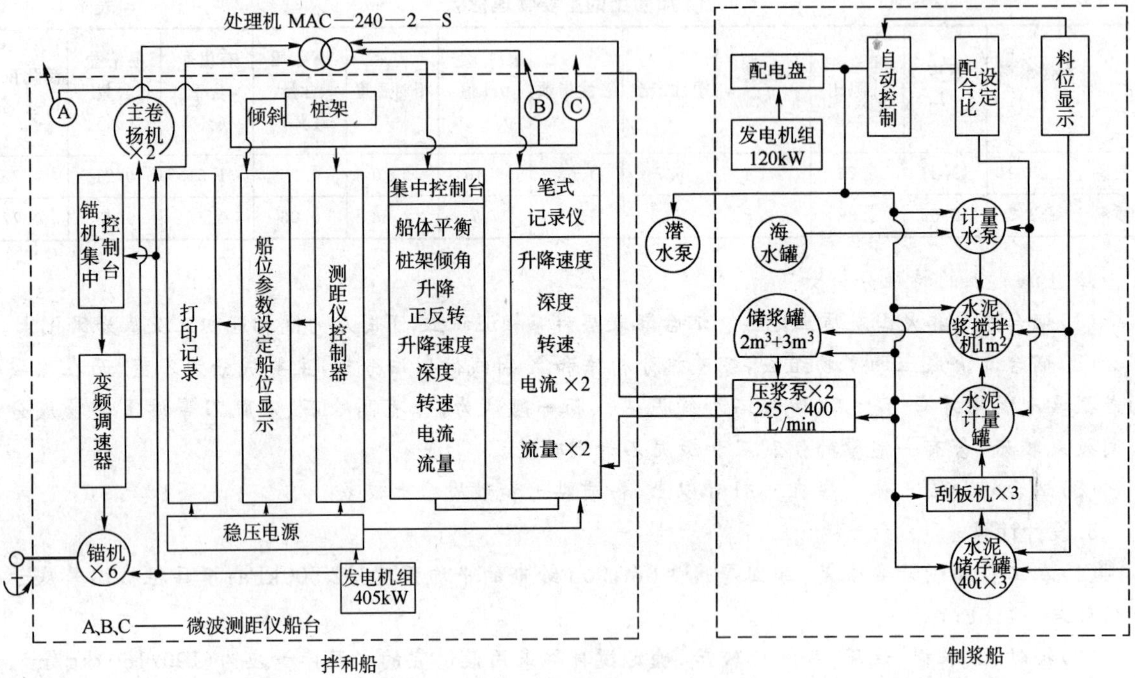

图 7.3-7　深层拌和船组工艺流程示意图

底部分试件的强度明显偏高，有的在 7.0MPa 以上。大量检验结果表明，拌和体底高程均已超过下卧层顶面，与砂层有着很高的连接强度，着底情况良好。

6.技术经济效果

通过一年的实践，按照在烟台港实施的具体情况，计算了使用海上深层拌和船组进行软基加固的工程单价。

依照国家规定的定额台班及工程单价计算方法，得出每加固 $1m^3$ 的海底软基直接费为 173.89 元/m^3。

沉箱(或方块)重力式码头基础采用拌和法处理软基与采用“大挖大填”处理的经济对比见表 7.3-12。每米码头可降低造价 21 971 元，约为 21.5%。该码头长度 305.5m，故可节约投资 671 万元(以 1991 年当时的基价计算)。

此外，经深层拌和法处理的地基基础，沉降、位移都很轻微，这已通过码头原型观测得到了证实，而“大挖大填”方案则相对来说要大得多。

两个方案对比表　　表 7.3-12

序　号	工 程 部 位	单　位	搅拌桩方案	大挖大填方案
1	基础部分	元/延米	32 676	48 234
2	码头结构部分	元/延米	24 727	24 727
3	码头后方回填部分	元/延米	22 798	29 211
合计		元/延米	80 201	102 172

[实例 3]　深层拌和法在基坑支护工程中的应用

1.工程概况

上海太阳广场大厦工程地处虹桥开发区第 26 号基地，占地面积 12 927m^2。该工程东邻上海磁带厂主车间，锅炉房最近处的距离仅 7.5m，北临仙霞路，西靠娄山关路，路面下有大口径(ϕ1.5m)上水管、雨水管、污水管和煤气管，还有电力和电话电缆等重要公用设施，这些管线对开挖时产生的位移和沉降都很敏感。此地下工程开挖面积127m×71m，开挖深度4.6～6.7m。为确保施工期间周围建筑物和管线的安全，减少基坑开挖渗流对施工的影响，设计采用水泥土深层搅拌桩作侧向支护，以替代钢板桩。

2.工程地质条件

该场地的地质条件为：表层为1.7m杂填土，其下为2.3m褐黄色可塑粉质黏土，4.1m灰色淤泥质流塑粉质黏土，9.7m灰色流塑淤泥质黏土，20.9m灰色软塑粉质黏土。

3.设计计算

设计按平面问题计算。

该工程对不同开挖深度采用不同的搅拌桩断面，如图7.3-8所示，墙宽分别有3.5m、4.2m、4.7m、5.2m、5.7m和6.2m六种，桩长分别为10m、12m和15m三种。计算时地面超载按10kPa，流动机械荷载按混凝土泵车300kN计算。

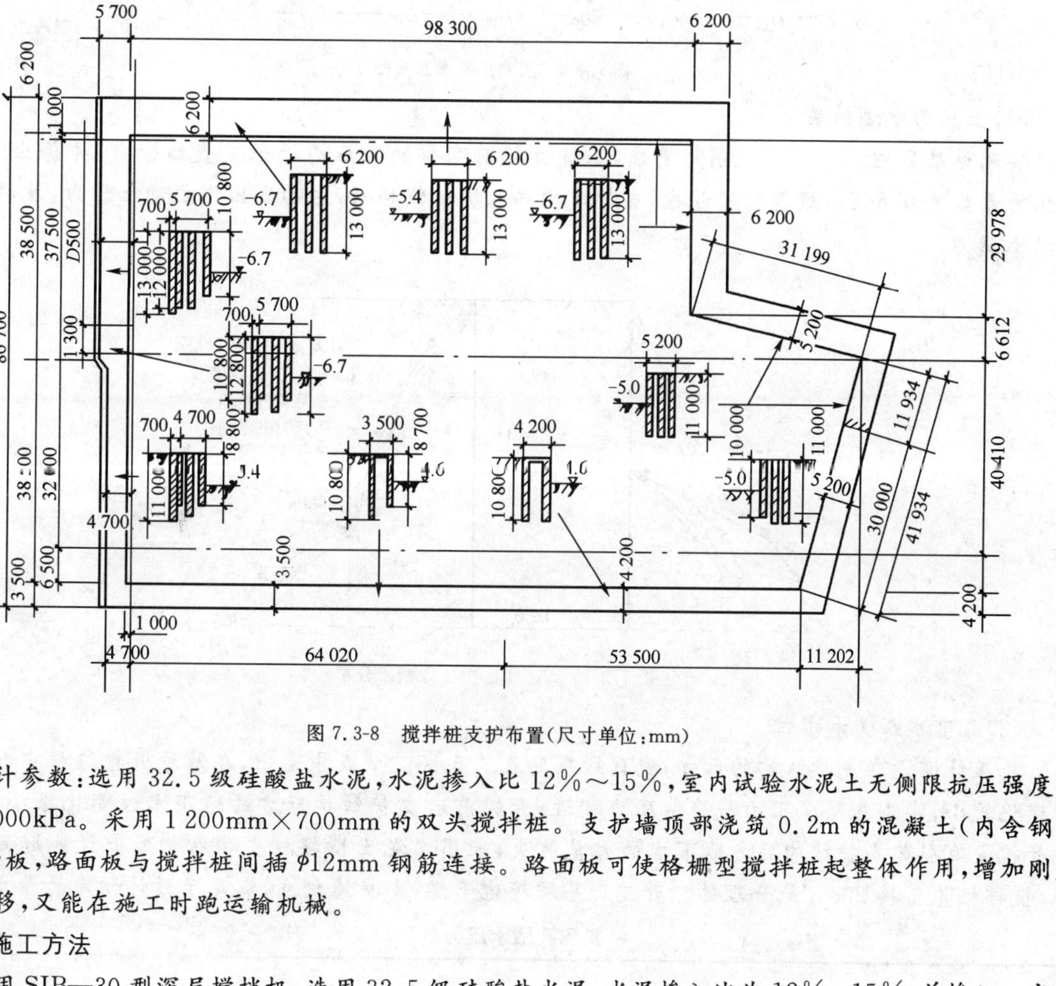

图7.3-8　搅拌桩支护布置(尺寸单位：mm)

设计参数：选用32.5级硅酸盐水泥，水泥掺入比12%～15%，室内试验水泥土无侧限抗压强度要求达1 000kPa。采用1 200mm×700mm的双头搅拌桩。支护墙顶部浇筑0.2m的混凝土(内含钢筋网)路面板，路面板与搅拌桩间插ϕ12mm钢筋连接。路面板可使格栅型搅拌桩起整体作用，增加刚度减少位移，又能在施工时跑运输机械。

4.施工方法

采用SJB—30型深层搅拌机，选用32.5级硅酸盐水泥，水泥掺入比为12%～15%，并掺入一定的早强剂和减水剂。桩与桩的搭接长度不小于200mm。为保证施工质量，相互搭接的两根搅拌桩施工间歇时间不应大于24h，如因特殊原因超过上述时间，应对最后一根桩先进行空钻留出榫头，以待下一批桩搭接。如间歇时间太长，与下一根桩无法搭接时，应在设计和建设单位认可后，采取局部补桩或注浆措施。

5.基坑开挖监测

为了确保安全，基坑开挖时对搅拌桩墙体的位移、沉降及其他变化进行了监测。选择两个断面埋设土压力计和孔压计，观测点平面布置如图7.3-9。

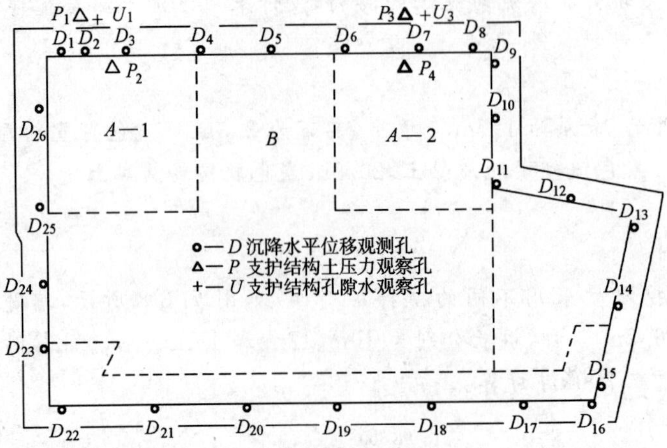

图7.3-9 观测点平面布置图

(1)土压力观测结果

实测结果见图7.3-10。从图可看出，基坑开挖前测得的土压力近似呈直线分布，为静止土压力，侧压力系数为0.662。随着基坑开挖，支护结构向基坑一侧移动，主动区出现主动土压力，被动区出现被动土压力。

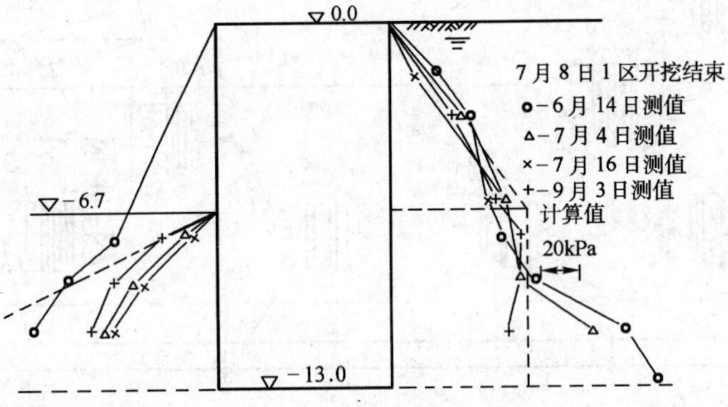

图7.3-10 A—1区土压力断面分布

(2)孔隙水压力和水位

孔压计埋设在支护结构的后方，观测结果见表7.3-13。从表中看出，在基坑开挖过程中孔隙水压力变化较小，实测孔隙水压力与静水压力相近，开挖前后支护结构后方的地下水位变化很小，说明基坑开挖没有引起支护结构后方地下水的大量流失，采用水泥土搅拌桩支护结构能有效地起到隔水作用，搅拌桩体搭接20cm是合理的。开挖后基坑场地干燥，支护墙挺立，满足了设计预定的要求。

实测孔隙水压力(kPa)

表7.3-13

深度(m) \ 日期	6.27	7.4	7.14	7.30	9.3
1.7	6.6	6.6	6.6	7.6	6.9
4.8	35.2	32.8	31.8	32.6	31.8
7.6	64.3	61.9	59.6	58.0	61.1
10.8	96.2	87.3	96.2	91.7	98.8

6. 结构顶部的水平位移

图 7.3-11 为不同时期的支护挡墙上墙顶各测点的变形曲线。从图中可知：(1)墙顶沉降不像墙顶位移那样对开挖敏感；(2)所有变形的变化过程是一个连续平缓的过程，都随时间和开挖深度的增加而递增；(3)各条边的位移和沉降值都呈跨中大两端小的变形规律。各条边的最大位移点大致发生在中间部位，其位移量的大小与下列因素有关：①边长(也即挡墙受力的跨度)；②结构断面形式；③基坑开挖深度等因素。其中边长的影响起了重要的作用。本工程最大位移为 0.25m(在边长 125m 的中部)。

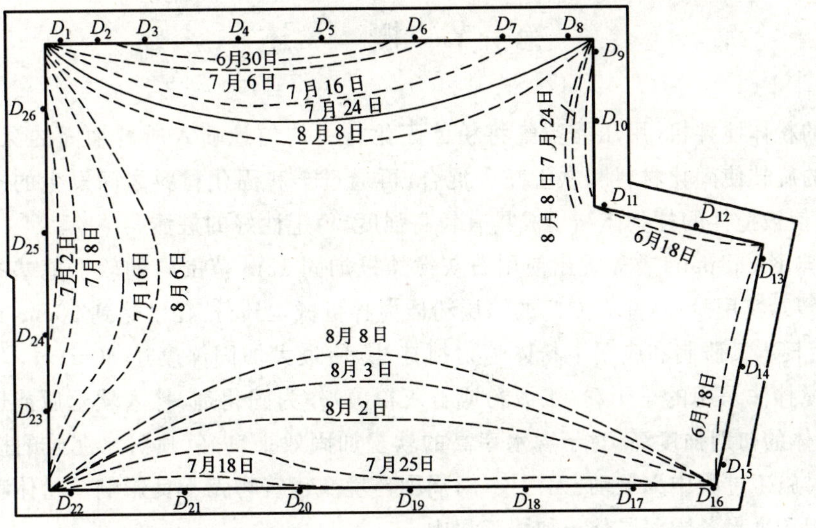

图 7.3-11　搅拌桩支护墙墙顶位移曲线

7. 结构顶部的沉降

随着开挖的推进，结构顶部的沉降量也在增加，但这种变化是平缓的。结构顶部最大沉降发生在基坑边长的中间部位，为 6.4cm。

第四章 粉 喷 桩

第一节 概 述

通过专门的粉体搅拌机,用压缩空气将粉体固化材料均匀地喷入所需加固的深层软土地基中。通过钻头翼片的旋转使固化材料和软土充分混合,再通过土和固化材料之间发生的一系列的物理—化学反应,从而使被搅拌的柱状体结硬成具有较高强度、稳定性好的桩体。

1967年瑞典 Kjeld paus 首先提出使用石灰搅拌桩加固15m范围内的软土地基的设想。该法于1967～1979年转入实用阶段,并有专门的深层粉体搅拌机械,当时桩径已达到50cm,最大加固深度达10～15m。随后日本又研制和应用了粉体喷射搅拌法,使最大加固深度达30m(日本称为DJM法)。由于粉体喷射搅拌法采用的是干粉(水泥粉或石灰粉等)作为固化剂,拌入软土后能迅速吸收周围的水分,因此加固体的初期强度高,对于含水率高的软土加固效果良好(喷射水泥浆的搅拌桩初期强度有所降低);同时施工过程中无振动、无污染,对周围环境及建筑物无不良影响。粉体喷射搅拌法近十多年来已广泛用于世界各国深层软土加固工程中。

1983年国内铁道部第四勘察设计院开始研制了第一台粉体喷射搅拌桩机械,后来应用于工程实践中,并制定了《软土地基深层搅拌加固法技术规程》。铁道部武汉工程机械研究所和上海华杰科技开发公司先后制造出既能喷粉又能喷浆的全液压步履式PH—5型和GPY—16型单轴粉体喷射桩机,使国内粉喷桩的施工长度达到25m;1992年铁四院和武汉空军雷达学院研制成功GS—1型气固两相粉体流量计,铁道部武汉工程研究所研制的PJ4—1型喷粉计录仪,从而使粉体喷射搅拌桩的计量技术更趋完善。

1984年7月在广东省云浮硫铁矿铁路专用线上单孔4.5m盖板涵软土地基加固工程(桩长8.0m的石灰粉喷桩共321根)是国内采用粉喷桩技术进行软土地基加固最早的一个实例。进入20世纪90年代,这项新技术在铁路、公路、市政工程和工业与民用建筑的地基处理工程中得到广泛应用。

第二节 粉喷桩的特点

1.可以根据土质性质和加固目的自由选择粉粒体加固材料

根据地基的性质和加固目的,如果干燥状态的粉粒体最大粒径约在5mm以下,则水泥、生石灰、熟石灰、排烟脱硫石膏、矿渣、粉煤灰或者干燥状态的砂等材料都可以使用。如果事先进行混合的话,也可同时喷射两种以上的加固材料。

2.可以自由选择加固材料的混合量,适用于多种土质

根据土体性质和要求的强度,可以自由选择加固材料的混合比,因此,即使对有机质类土,也可通过提高混合量进行加固。

3. 对周围地基的影响小

由于粉粒体加固材料保持不变，与浆液等加固材料相比，注入地基内的绝对量减少，而与其他深层混合处理工法相比，地基的地表隆起也较小。

4. 搅拌效率高，质量偏差小

由于加固材料均匀地散布在搅拌叶片轨迹的整个孔隙面内，所以搅拌效率高。用少的搅拌数就可以得到满意的混合效果，因此加固强度偏差小，设计施工也经济。

5. 较大范围内可任意设定所需要的加固强度，在短期内可取得加固效果

与以往各种方法相比，可以在低强度的范围内任意设定加固强度，施工后短期内即可得到需要的强度，故能缩短工期。

6. 安全度高，施工现场整洁

由于完全不使用水，故能够保持施工现场的整洁，而且粉粒体加固材料的运送使用的是封闭型设备，所以无粉尘公害，而且，在使用像生石灰这样的危险加固材料时，其危险性也很小。

7. 能够进行高精度的管理

能自动记录施工深度、搅拌叶片旋转次数、加固材料供给量等，且容易控制。

第三节　施工机械的原理

粉喷桩是通过利用压缩空气连续输送加固材料的技术，使土中的加固材料与空气分离，以及使用空气的回收等技术的开发而付于实用化的。其原理如图 7.4-1 所示。

首先，为了输送粉粒体加固材料，粉粒体必须在压缩空气气流中输送。这部分工作由加固材料供给机与加固机主机来完成。加固材料供给机如图 7.4-2 所示。在喷射部分的压缩空气流动过程中，随着送料轮的旋转，将加固材料装入送料轮圆周部分的口袋中。然后，在加固材料供给机中，压缩空气流输送的粉粒体加固材料，经过压缩空气输送用的软管和搅拌轴中的空心部，从搅拌轴下部的喷射口向土中喷射。搅拌叶片的基本形状如图 7.4-2 所示。搅拌叶片的旋转，使其背面产生了许多空隙，当喷射口喷射的加固材料与空气进入了比压送管直径相对要大的空隙部位，加之该空隙部位搅拌叶片旋转产生的负压原因，使该空隙部位压送压力急剧减少，结果造成加固材料输送困难，致加固材料与空气产生分离，从而造成加固材料附着于旋转产生的空隙部位土的内侧，并在旋转半周后由喷射口对面的搅拌叶片与土搅拌混合。其后，与加固材料分离后流下的空气，就沿着搅拌轴四周上升，排出地面。此时如果排放不顺利，则相继压送排出的空气会造成达不到预期的减压效果。为了便于空气向地面排放，搅拌轴的形状采用方形。

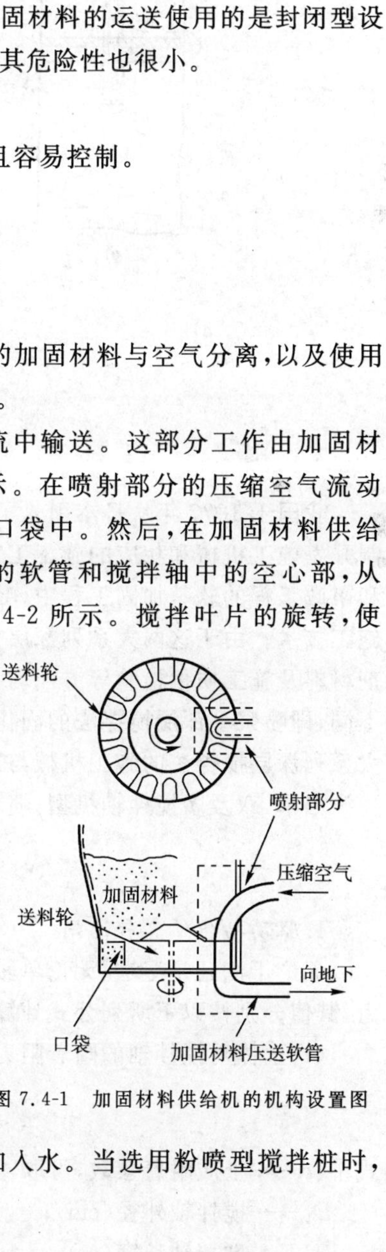

图 7.4-1　加固材料供给机的机构设置图

粉喷桩的适用范围同搅拌桩。由于深层粉喷搅拌法是将干的水泥粉（或石灰粉）拌入地基的，所以当地基土的含水率低于 30% 时，为了保证粉体的充分固化，必须在下钻和提升搅拌过程中同时加入水。当选用粉喷型搅拌桩时，土层的含水率宜大于 50%。

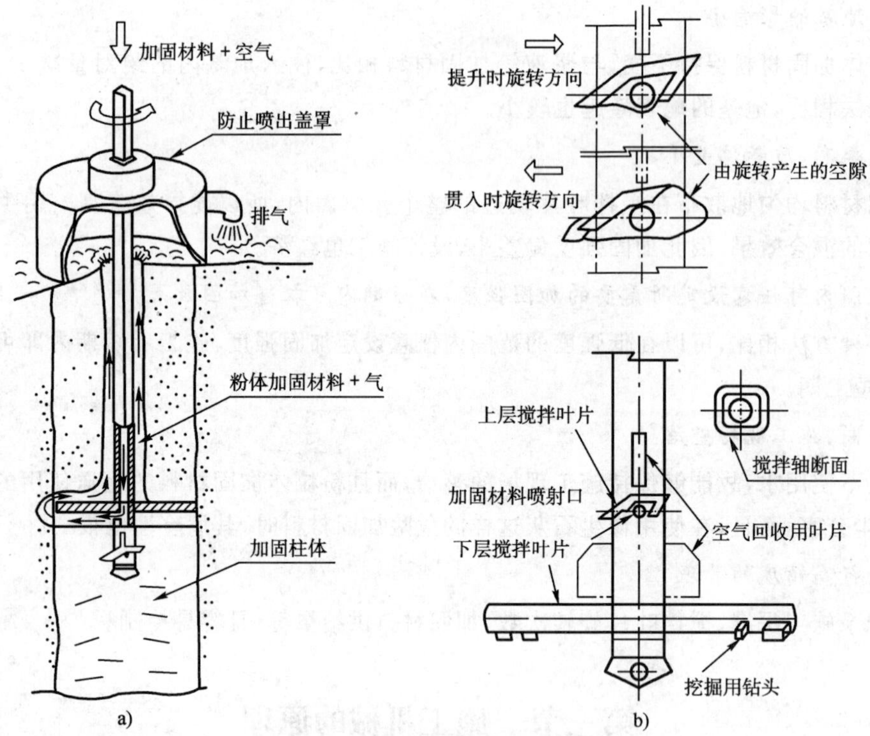

图 7.4-2 加固材料在土中的喷射

a)加固材料供给机;b)图研式、搅拌叶片

第四节 施 工 技 术

我国于 1977 年从日本引入了软土地基深层搅拌加固技术,随后自行进行了水泥土室内试验、研制开发施工机械和相应的施工工艺,并先于国外在陆上将深层搅拌法大量应用于工业建筑、民用房屋和市政工程的软基加固工程中。经过三十年的先后发展,已形成了喷浆和喷粉两大系列的深层搅拌施工技术。由于这两大系列深层搅拌技术加固土的原理、室内试验内容、设计计算方法与顺序、固化剂材料及施工质量检验等方面均无明显的不同,故这里不再赘述。但由于两者所使用的固化剂状态不同,即喷浆型深层搅拌法的固化剂的主剂是水泥浆液,而喷粉搅拌法的固化剂是水泥干粉,所以,两大系列深层搅拌法的施工机械与施工工艺亦有很大的不同。目前,喷浆型深层搅拌机械在国内已能生产出单、双及多搅拌轴机型,喷粉搅拌桩机仅有单搅拌轴一种机型。

一、深层搅拌机械参数的确定

1.驱动功率估算和选用

无论干法还是湿法、无论单轴还是双轴的深层搅拌机的搅拌头在软土中回转,必须克服三项阻力,其值分别按以下所列公式计算。

(1)土体对搅拌轴的附着阻力矩 T_1

$$T_1 = \frac{c\pi D_1^2 H}{2\alpha S} \tag{7.4-1}$$

式中:c——土质附着系数,可取 4～6kPa;

D_1——搅拌轴外径(cm);

H——搅拌轴长度(m);

α——固化剂掺入系数；

S——土的灵敏系数。

(2)搅拌头叶片与土体摩擦阻力矩 T_2

$$T_2 = \frac{1}{3} f \cdot P \cdot D_2 \tag{7.4-2}$$

式中：f——搅拌叶片与土体摩擦阻力系数，可取 0.2；

P——叶片推力，可取 10kN；

D_2——搅拌叶片外径。

(3)叶片旋转切土时土体的阻力矩 T_3

深层搅拌机的搅拌头包括切削叶片和搅拌叶片两种叶片，在回转时均产生切土阻力：

①切削叶片切土阻力矩 T'_3：

$$T'_3 = \frac{z'\beta c_1 h_1 D_2^2 \sqrt{\cos\theta}}{2\alpha S} \tag{7.4-3}$$

式中：z'——切削叶片数量；

β——切土效率系数，$\beta=\frac{V}{3n}$；

V——深层搅拌机提升速度；

n——搅拌头的转速；

c_1——原状土的黏聚力；

h_1——切削叶片的高度；

θ——切削叶片的角度。

②搅拌叶片拌土阻力矩 T''_3

$$T''_3 = \frac{z''\beta c_2 h_2 D_2^2 \sqrt{\cos\theta}}{2\alpha S} \tag{7.4-4}$$

式中：z''——搅拌叶片的数量；

c_2——扰动土体的黏聚力，可取 $c_2=\left(\frac{1}{3}\sim\frac{1}{4}\right)c_1$；

h_2——搅拌叶片的高度。

因此，总阻力矩 T 为：

$$T=T_1+T_2+T'_3+T''_3$$

所以驱动功率 N 为：

$$N=\frac{T\cdot n}{974\eta} \tag{7.4-5}$$

式中：η——机械传动效率，可取 0.6～0.7。

根据计算的驱动功率 N，再考虑一定的功率储备，即可选定驱动电机的功率。

2.搅拌轴回转速度的确定

深层搅拌的拌和效果通常由拌和次数 G 来表示，土体中任一点经叶片搅拌的次数越多，土与水泥的拌和越均匀，水泥土的强度也越高。但是搅拌次数过多，所费工时较长，也并不经济。大量的室内试验表明：只要土体和水泥的拌和次数达到 20 次，水泥土的强度就能达到较高的恒定值。因此，深层搅拌机械的搅拌轴每分钟的回转数 n，可按下式计算：

$$n=\frac{G\cdot V}{h\sum z} \tag{7.4-6}$$

式中：h——叶片平均垂直高度；

$\sum z$——叶片的总数。

由式(7.4-6)可见，搅拌回转速度为 30～60r/min，回转速度过快易在搅拌头上形成“土团”，大大影响搅拌效果。

3. 最大提升力和提升速度的估算

深层搅拌机正常作业时，搅拌机先旋转切土下沉，当达到设计深度后，提升搅拌主机并泵出水泥，按要求的速度边提升边搅拌，此时的提升力称为工作提升力，为 30～50kN。但是在施工过程中，可能由于特殊情况使电机停止转动，而驱动电机的功率又不足以带负荷启动，因此就需要将深层搅拌机从地下深处直接提出地面，此时的提升力称为事故提升力。事故提升力可比工作提升力大数倍，所以在选用提升机械时应考虑到这一工况。事故提升力包含以下介绍的几项阻力。

(1)深层搅拌机的自重 q_1。

(2)搅拌轴、中心管与土体的附着阻力 q_2：

$$q_2 = 3c\pi D_1 H \tag{7.4-7}$$

(3)叶片上部堆积的土重 q_3：

$$q_3 = \sum Zb(D_2 - D_1)\gamma H \tag{7.4-8}$$

式中：b——叶片的宽度；

γ——土的重度。

因此，总提升阻力 $q=q_1+q_2+q_3$。所以深层搅拌机的最小提升能力应大于 q。

(4)提升速度的计算

深层搅拌桩桩身水泥土的强度与水泥的掺入量有关。采用定量水泥泵时，水泥掺量的改变，主要靠改变深层搅拌机的提升速度来实现。对应某一水泥掺入比 α_w 所要求的提升速度 v_1 可由下式决定：

$$v_1 = \frac{\gamma_d Q}{F\gamma\alpha_w(1+\alpha_c)} \tag{7.4-9}$$

式中：v_1——提升速度；

Q——灰浆泵的额定输浆量；

γ_d、γ——分别为水泥浆和土的重度；

F——搅拌头一次切割土的截面积；

α_c——水泥浆的水灰比。

二、喷粉型搅拌机

喷粉型深层搅拌机械是以水泥粉作为固化剂为主剂。水泥粉体搅拌技术原理是：钻机钻孔时，回转转盘和加压机构通过钻杆向钻头施加作用力，钻头在轴压力和回转扭矩作用下切入土层并切碎土体到达设计深度后，然后反向旋转提升钻头；同时利用压缩空气输入水泥粉体，通过钻头的搅拌作用，使水泥粉和土体充分拌和；边提升钻头边喷入水泥粉，边搅拌混合，直至钻头提出地面完成一根搅拌桩的施工。

1. 主机

粉体搅拌机的主机是一台能完成钻进及搅拌的钻机。由于喷粉搅拌的施工特点，如成桩速度快，又要求不同的提升和旋转速度来满足不同的桩身强度要求，因此，对钻机的灵活性和速度可变性又有较高的要求。表 7.4-1 为国内外几种粉体搅拌主机的技术性能。

国内外几种常见的粉喷桩机技术性能 表 7.4-1

技术参数	单位	日本产 DJM 1037 型	日本产 DJM 1070 型	瑞典产 LPS—4 型	中国产 GPP—16 型	中国产 GPP—5 型
加固深度	m	10	15	10	16	12.5
成桩直径	mm	800	1 000	500	500	500
钻具转速	r/min	5～50	5～50	75	30、50、94	28、50、92
成桩速度	m/min	0～7	0～7	0～4	0.5、0.8、1.5	0.48、0.8、1.47

续上表

技术参数	单　位	日本产 DJM 1037 型	日本产 DJM 1070 型	瑞典产 LPS—4 型	中国产 GPP—16 型	中国产 GPP—5 型
驱动方式	—	液压马达	液压马达	液压马达	电动机	电动机
行走方式	—	步履式	步履式	履带式	步履式	步履式
接地压力	kPa	22.6	23.5	62.0	35	34
主机质量	t	9	22	10	10	9.233
外形尺寸	m	4.3×3.1×1.7	7.2×3.1×2.0	12.5×3.6×2.5	4.8×2.2×18.3	

粉体搅拌机主要由步履底座、传动系统、加减压系统和液压系统、塔架、钻头等组成，见图 7.4-3。

(1)底盘

底盘是由型材焊接而成的框架结构，分为上、中、下三层。上层安装传动系统、塔架、加减压系统和操纵系统等。上层四角处分别装有能横向伸缩和垂直起落的四个支腿油缸，借以扩大底盘面积，增加整体稳定性。底盘中层上部装有两道纵向与上层结合的滑板，滑板两侧用限位板定位。上、下层之间装有能纵向伸缩的油缸。在中层的下部还装有四组可横向移动的滚轮。而底盘的下层结构实际上就是包括滚轮、导轨槽和横向油缸组成的两条步履组合。这样可以通过底盘的三层结构间的相互运动实现了喷粉搅拌机自行移位。也就是：当支腿油缸顶出时，支腿将滑板抬高，下底盘则被悬空，令滑板油缸伸长，此时下层底盘被推出，使相对地表面移动一距离(纵向最大距离 1.2m)。然后收缩支腿油缸，下层底盘着地，缩回滑板油缸，此时滑板在底盘上滑动，整机即“走到”一个新的位置，完成了纵向步履。与纵向步履相同，底盘上装有两组横向步履油缸及滑槽。当支腿油缸使底盘抬起或着地时，令横向步履油缸伸缩，使滑板和下底盘相对移动，完成横向步履(横向最大步距为 0.5m)。

(2)传动系统

由一台 37kW，1480r/min 的 Y225 S-4 四型电动机提供整机的动力。通过皮带轮、摩擦离合器、变速换向器、万向轴和转盘带动钻具正、反向旋转，可以获得各三挡转速。通过变速换向器输出轴上套装的皮带轮，由齿轮离合器结合可接通涡轮减速机，传至链条加减压装置，使钻具获得给进或提升，见图 7.4-4。

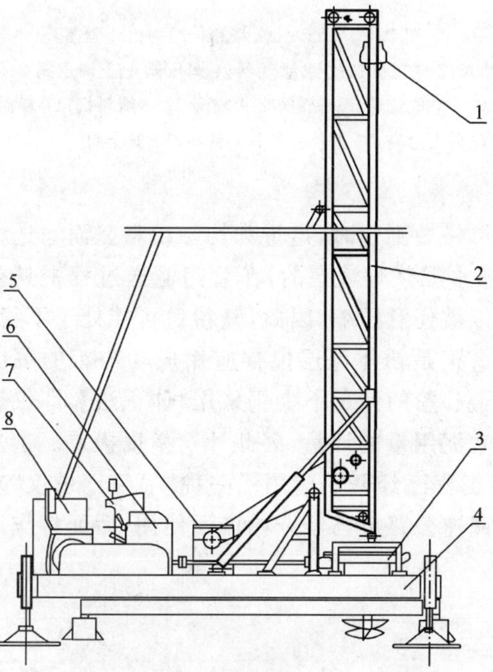

图 7.4-3　GPP—16 型粉体搅拌机组成部分

1-水龙头及钻具；2-井架；3-转盘；4-步履底座；5-加减压系统；6-变速箱及其操纵系统；7-液压操纵台；8-电气系统

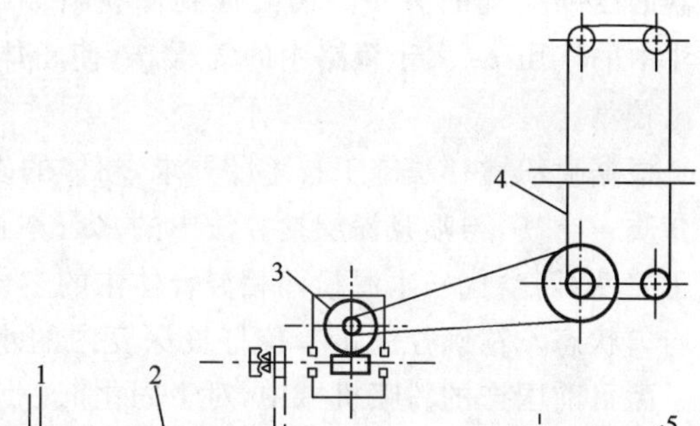

图 7.4-4　喷粉搅拌机传动系统示意图

1-电动机；2-变速箱；3-涡轮减速箱；4-导向加减压；5-转盘；6-万向轴；7-皮带传动

(3)加减压系统

粉喷搅拌机的加减压系统为封闭式链条结构，并没有调节装置。它由上下链轮、同步轴、套筒滚子链条与水龙头、钻具组成。通过上塔链条输入动力，带动塔架中的加减压链条上下运动，实现钻具的加减压上下起落。

(4)液压系统

粉喷搅拌机的液压系统为开式油路系统，以控制整体的移位、调平和起落塔架。它由油泵、多路阀组、油箱、管路附件和九只液压油缸等组成。

2. 粉体喷射机

粉喷搅拌机械中的一个重要辅助机械就是粉体喷射机，它是一台由压缩空气来输送粉体的装置。目前国内外的粉体喷射机的结构主要有叶轮式和转盘式两种结构形式。日本制造的是转盘式；瑞典、美国和国内生产的都是叶轮式的。它们都是通过一定速度、一定压力的气流将给料机提供的水泥粉(或石灰粉)输送到钻具中，最后从搅拌钻头的喷口喷出。

图 7.4-5 是国产 YP—1A 型粉体喷射机的流程图。由图可见：由空压机输送来的压缩空气首先进入“气水分离器”，以减少压缩空气中的水分。比较干燥的空气在管路中分为两路。一路气体通过流量计调节风量的大小及压力后到达粉体给料机的喉管，与叶轮泵定量输出的粉体混合，成为“气固两相混合体”，通过钻杆、钻头输入地基深部。作为喷粉机的组成部分，尚需有一个可储一定量水泥粉体的料斗，并且采用交流电磁调速电机转动料斗底部的叶轮泵，调节电机转速、空压计风量及风压，使加固用的粉体的喷出量符合设计要求。

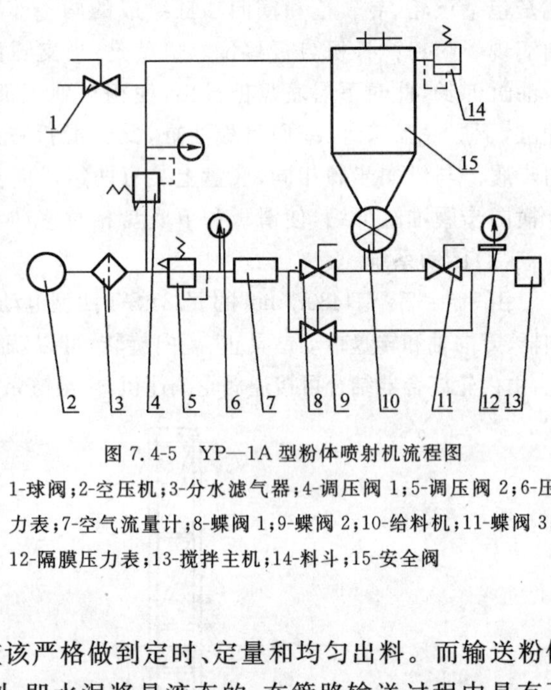

图 7.4-5　YP—1A 型粉体喷射机流程图

1-球阀；2-空压机；3-分水滤气器；4-调压阀 1；5-调压阀 2；6-压力表；7-空气流量计；8-蝶阀 1；9-蝶阀 2；10-给料机；11-蝶阀 3；12-隔膜压力表；13-搅拌主机；14-料斗；15-安全阀

输送粉体的管路中的压力 p_1 应随钻头钻进土层中的深度、地层土质条件而变化。而叶轮泵的密封性较难提高，因此，由图 7.4-5 可见，经过气水分离器的压缩空气的另一路需要通到储粉料斗中，使料斗中的气压 p_2 大于管路中的气压 p_1，使粉体输出量比较稳定。

根据喷粉搅拌法施工技术的要求，粉体的发送应该严格做到定时、定量和均匀出料。而输送粉体的介质—空气，与喷浆深层搅拌法中的水有本质区别，即水泥浆是液态的，在管路输送过程中具有不可压缩性；而空气—水泥粉两相混合体中的空气体积可以被任意压缩，因此，输粉量可能处于不稳定、不均匀状态。精确控制每单位打桩深度内的水泥掺入量正是粉体深层搅拌应用成功与否的关键技术。而目前国产的粉喷机械中，对于固化剂—水泥(或石灰)粉的计量不少仍采用“体积法”，即仅计量每根桩的水泥总用量，而不进行施工过程中每单位深度水泥用量的计量，因此计量精度极差。这是阻碍粉体喷射搅拌技术发展的一个弱点。可喜的是，很多工程已经开始应用了一种“喷粉记录仪”来计量加灰量，它能在施工中计量每米深的加灰量。该法在高速公路上已经开始广泛使用，后面将作详细介绍。

三、施工工艺

其流程见图 7.4-6。

(1)就位

移动钻机，使钻头对准桩位，校正井架的垂直度。

(2)钻进

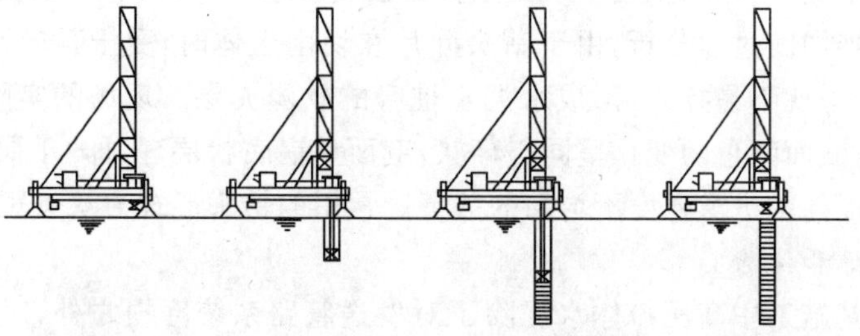

图 7.4-6　喷粉深层搅拌施工流程

启动钻机,使之处于正转给进状态。同时,启动空压机,通过送气管路向钻具内喷射压缩空气。一是防止钻头喷口堵塞,二是减少钻进阻力。钻至设计高程后停钻,关闭送气管路,打开送料管路和给料机开关。

(3)操纵钻机,使之处于反转状态,确认水泥粉料到达钻头后开始提升。边旋转、边提升,使水泥粉和原位的软土充分拌和。

(4)成桩

当钻头提升至设计桩顶高程后,停止喷粉,形成桩体。继续提升钻头直至离开地面,然后移动钻机到下一个桩位。

四、施 工 技 术

粉喷搅拌施工过程中,其技术关键是根据设计要求喷灰量如何选择好有关施工参数,并在操作工艺上完全实现。

1.钻机提升挡数

钻机提升挡数分三挡,由于钻机设计中已考虑到提升速度与转盘转速的匹配,因此各挡速度的水泥粉和原位土的搅拌效果相同。施工中可以不改变其他操作参数,利用不同挡位来达到不同桩长喷粉量的要求。这种方法比较简单,特别适用于地层变化较多、要求不同喷粉量的场合。由于机械上的特点,喷粉的速度在快挡时稍有提高,这是因为提升和搅拌速度加快会造成搅拌叶片的背面产生大量的空隙,形成较大的负压而使粉体易于排出。

2.喷粉机叶轮转速和供料压差的控制

调节喷粉机叶轮的转速,可以得到不同的喷粉量。供粉压差是指叶轮泵进料口和出料口的压差,也就是料斗内部与输送管道的压差。这是保证连续均匀出料的关键。实践证明,叶轮转速在 5～25r/min 范围内使用,可以达到喷粉量的要求。由于叶轮构造上的原因,当每分钟的转速超过 30 转时,反而不能出料。供料压差控制在 20kPa 以上即可顺利喷出水泥粉料。

3.空压机的流量和压力

在气力输送过程中,粉料的运动状态主要受气流的支配,理想的运动状态为均匀悬浮状运动。因此,必须使空压机维持一定的流量,形成一定的气流速度,使粉料顺利输送。气流速度过低,容易造成粉料的不稳定移动,最终造成管道堵塞。所以喷粉搅拌施工前,应通过对加固料输送量及输送管道的要求,选取合适的混合比(单位时间内通过输料管道截面粉料的质量与所需空气的质量之比),从而计算出需要的空气流量,保证合适的气流速度。施工实践表明,由于喷粉搅拌桩的长度一般不超过 20m,不同地层对空气流量区别不大,一般需要 $1m^3/min$ 左右就能使管道中保持一定的压力,以克服管道及喷粉口的阻力损失,使粉料在管道中顺利输送到搅拌钻头。

4. 搅拌钻头

在喷粉量相同的情况下，相同土层中水泥土桩身强度及承载力的大小，取决于水泥粉与原位土体搅拌均匀程度。从搅拌加固过程分析，由于钻头叶片在切削土体时，受土料软硬不均匀的影响，会形成一些较大的土团，干粉就不易拌入，形成水泥土桩身的软弱夹层。现场的实际开挖也发现：在截面中心部分的强度较低，截面颜色的变化呈同心环状，剖面呈锅底状层理，即“千层饼”结构。因此，增加搅拌次数是克服喷粉搅拌桩桩身强度不均匀的关键。常用的钻头形式为双头短螺旋叶片形式。

5. 常见的机械故障和消除

喷粉搅拌加固软基施工中高压粉体水泥除了对发送管路系统磨损之外，对喷粉器叶轮泵叶片上密封橡胶垫造成磨损而漏灰，影响喷粉器调节灰量；更严重的是胶垫撕裂后随压缩空气吹入管路堵塞管道。还有水泥粉受潮在管壁、喷灰口孔壁凝结，缩小管径和孔壁等问题，施工中因这类故障造成的停机占 3/4。此外水泥粉体借助压缩空气无孔不入，使得压力仪表失灵，空气压缩机储气罐进灰，阀门磨损漏气。

上述这些故障和问题的出现会给正常施工带来困难，随时都有可能影响桩体的实际的掺粉量，因此保证不了施工质量和加固效果。所以在施工阶段，机械应维修保养好，并及时拆换易损件，经常清管和清喷灰口。

6. 硬地层中的喷粉搅拌施工

适于喷粉施工的软土层的地表，经常会分布着一层硬壳层，土质为黏土和粉质黏土，含水率较低，不易被切削粉碎，因此当搅拌头经过这种地层时，喷灰口喷出的高压水泥粉体因土体的吸附性差和向地表垂直方向透气性强，而造成水泥粉混合高压空气沿钻杆向上喷粉，既造成环境污染，又使土层中掺水泥不足。解决办法是在上提钻杆时充分注水，增加土层的含水率。

由于粉体喷射搅拌本身技术的不完善，加上一些施工单位的不精心施工，以致在我国某些城市中接连发生喷粉搅拌桩的施工事故，影响了该项新技术的推广应用。例如上海市建委规定从 1997 年 5 月 1 日起在上海市行政区域内的地基处理工程中暂停使用粉喷桩。其主要原因是计量技术不过关，不能保证桩体内按设计要求喷入足够的灰量。有时候输粉管的爆裂造成的环境污染，也是制约粉喷桩使用的一个重要原因。

7. 粉喷桩处理软基质量通病及防治措施

粉喷桩处理软基质量通病及防治措施见表 7.4-2。

质量通病及防治措施　　表 7.4-2

序　号	名　称	产 生 原 因	防 治 措 施
1	卡钻	通过含水率低的黏土层，或板结的硬土层，或局部遇到障碍物	应暂停钻进，查明原因，如确是土质问题可慢速钻进，并提升钻具后再钻进；如因地下障碍物，则应设法尽快排除；如在提升钻杆时卡钻，应暂时停止喷粉，待正常后再复喷
2	喷粉不畅或堵塞	气路连接部分密封不严；气源不足；气压不够；水泥吸湿结块；喷口黏结粉泥后变小；粉料中混有杂物、大颗粒；部分地层透气性不良，输灰管偏长	应使气路连接严密；供气保持充足；气压稳定；防止水泥受潮；遇粉喷不畅应迅速操纵喷粉阀，通过反复开、关多次来克服；严禁以物体敲击灰罐；控制输灰管长度以满足要求
3	桩体疏松	水泥安定性不合格；遇松散杂填土，造成粉体流失使桩体含水泥量不足；土壤含水率低，复打也易产生桩体疏松	分别取水泥、土样试验，找出原因，安定性不合格水泥禁用；土层含水率低在钻孔时适当注水，或改用注浆法成桩；发现松散多空隙土层，可钻进复喷一次

续上表

序　号	名　称	产生原因	防治措施
4	夹层断层	水泥潮湿或有异物堵管；管道漏气或供气不足或气压不稳；喷粉孔磨损；被黏土堵塞；提钻速度过快，先提钻，后喷粉；喷灰过程中未觉察喷灰中断，仍在搅拌成桩	雨季、夏季对水泥应采取防雨、防潮措施；喷粉时，严格控制喷粉量与提钻速度，宜先喷粉1～2min后再提钻搅拌；如喷灰口堵孔应将钻头提出清理；将上部断桩打去，在原位复喷或邻位补桩
5	空心层	土壤含水率太低，中心部位气压减少，造成桩体四周强度高，中部为土芯，形成空心桩；土干、气压偏大，水泥从两侧喷出，也易产生中间无水泥的空心现象	遇含水率低于40%的土层，应在钻孔搅拌时适当注水，加大桩体含水率，或改用喷水泥浆搅拌法施工工艺
6	桩体强度不够	喷灰量不足；水泥强度不够或安定性不合格；钻杆提升速度不均或太快；喷粉管路轻微堵塞，造成气压不稳，灰流量时高时低，喷灰不均；遇局部松软土漏灰；遇黏土搅不开；以减压阀调定的灰罐与喷灰管间存在压差也常会影响到定量喷粉	控制喷灰量；用合格水泥；控制提升搅拌速度；经常观察电子称或流量表，防止管路堵塞，加强控制；遇松软土、易粘钻的特黏土，可低速钻进搅拌；改变无极变速器输出转速来进行调整，使喷粉均匀
7	桩头空洞	地基土空隙比过大(往往含水率很大)，喷入的灰量体积小于原状土空隙体积，扰动后土体体积减小，导致桩顶空洞；该粉喷桩设计桩长不足，达不到持力层；钻机速度过快，与喷灰速度不能协调；喷灰管道气压过大，使得淤泥往外挤压，引起粉喷桩扩孔但喷粉量仍不变；提钻时粉体严重滞后，桩底无灰	变更设计：增大置换率，减小桩距；桩长必须进入持力层0.5m，以钻机电流明显增大为进入持力层的标志；水泥用量调整，增大掺灰比。调整钻桩顺序，先钻外围2～3排，再施工圈内桩；喷粉桩机必须安装喷粉量计量装置；全程复搅速度同前；钻进速度不易太快，管道内压力要小些，以不堵塞钻头喷粉口为原则；管道长度不宜大于60m，并应测定提钻前喷粉提前时间，保证粉体到达桩底；对已形成的空洞可用土回填夯实，能立即用素土回填，重新下钻喷粉搅拌接桩处理更好

第五节　施工质量控制和检验

一、施工质量控制

1.保证垂直度

为使搅拌桩基本垂直于地面，要特别注意深层搅拌机的平整度和导向架对地面的垂直度，应控制机械的垂直度偏斜不超过1%。

2.保证桩位准确度

布桩位置与设计误差不得大于2cm，而成桩桩位偏差不应该超过5cm。

3.水泥应符合要求

对喷粉所使用的水泥粉要严格控制入储灰罐前的含水率，严禁受潮结块。不同水泥不得混用。

4.确保搅拌施工均匀性

(1)搅拌机预搅下沉时应使土体充分搅碎。当遇到硬土时，搅拌机应慢速钻进。

(2)严格按设计确定的参数控制喷粉量和搅拌提升速度。水泥供应量必须连续；一旦因故中断，必须将搅拌头下沉到停粉面以下0.5m处，待恢复供粉后再搅拌提升，以防断桩。

(3)应控制重复搅拌时的下沉和提升速度，以保证加固深度范围内每一深度均得到充分搅拌。

5.确保壁状加固体的连续性

对设计要求搭接成壁的桩应连续施工，相邻桩的施工间隔不得超过24h。相邻桩的重叠不得小于 20cm。

6. 施工记录应详尽完善

施工记录必须有专人负责，对于深度记录误差不得大于 5cm；时间记录误差不得大于 2s。施工中发生的情况，均应如实记录，以便汇总分析。

二、质量检验

1. 材料质量检验

现场实际使用的固化剂和外掺剂必须按设计要求的配方通过现场加固土的强度试验，进行材料质量检验，合格后方可使用。

2. 工程桩质量评定

及时检查施工记录，根据预定的施工工艺对工程桩进行质量评定。对于不符合工艺要求的工程桩应根据其所在位置、数量等具体情况，通过质量分析，提出补桩或加强附近工程桩等措施。

3. 钎探检验

在工程桩成桩 7d 内，使用轻便触探仪(N_{10})进行钎探，以判断桩身强度，同时检查搅拌均匀程度。检验的桩数一般应占工程桩的 2%～5%。当桩身的 N_{10} 的击数比原地基土的 N_{10} 击数增加 1.5 倍以上时，粉喷桩的桩身强度基本上能够达到设计要求。根据现有的检验资料，对于不同的土质、不同的水泥掺量时的粉喷桩身 N_{10} 击数与水泥土的强度有下列对应关系：

N_{10}(击实数)	15	20～25	30～35	＞40
q_u(kPa)	200	300	400	＞500

轻便触探检验的深度一般不超过 4m。

4. 取样检验

从开挖外露的桩体中凿取试块或采用岩芯钻孔取样，直接测定工程桩的桩身强度，观察搅拌均匀程度。

5. 开挖检验

对桩体搭接或整体性要求严格的工程，可根据工程设计要求，在工程桩的养护达到一定龄期后，选取一定量的桩体进行开挖，直接检验加固体的外观质量、搭接质量以及整体性、致密性等。

6. 现场荷载试验

对场地工程地质复杂的大型工程，应用现场荷载试验方法测试桩的承载力。一般仅进行单桩垂直载荷试验；对特别大型的工程也可进行两根以上带承台的群桩复合地基试验。

三、粉体喷射搅拌施工监测仪

下面介绍一种铁道部武汉工程机械研究所研制的 PJ4—1 型喷粉记录仪，该仪器已通过湖北省质量技术监督局考核鉴定为合格产品。

1. 仪器介绍

PJ4—1 型喷粉记录仪可用于粉体喷射法施工中的粉体喷射量的计量监测；能够对施工中的序号、日期、开始和终结时间、施工深度、每米粉体喷入量、复搅、复喷及单桩粉体喷入总量实行自动监测、显示、记录。该仪器是监测粉体喷射搅拌法施工质量的一种有效仪器。

2. 特点

(1)这是具有 20 世纪 90 年代先进水平的微处理器芯片及相应的外围设施构成的多功能计量仪器。施工中各有关参数的数据采集、检测运算及显示、存储均按设定的程序在仪器内自动进行，相应程序在仪器制造时固化，使用者无法作任意更改，确保了各记录真实可靠。

(2)仪器设计时充分利用了微处理器的能力，操作极为简单，具有停电或误操作自我保护措施，即通电和重新操作后即恢复工作，原内存的有效数据不丢失。

(3)仪器机箱小巧，采用了相应的密封措施，具有一定的抗风、雨、粉尘侵蚀能力，使用寿命长，故障率低。

(4)设置了双工位显示器，所测数据可在主机及送灰器操作，两个工位同步显示，部分操作亦可双工位各自实施，采用宽温背景光的液晶显示器，可确保在任何条件下观察清晰。

(5)由于采用了先进的微处理芯片，停电时仪器有效内存保留十年之久，再次供电立即恢复原工作状态。

(6)喷粉施工时，每米的喷粉量均从0开始累进显示，深度从0.8m(0.5+0.3)处发生声音信号，提醒操作者及时观察并采取相应的工艺调整措施(如改变送灰器转速、改变灰罐压力、转换提喷速度等)，确保每米的喷粉量达到设计要求。

(7)复喷时同一序号内各桩段的喷粉量自动累计加入相应段的原记录中。

3.主要技术参数

最大称量：2 000kg；准确度等级：4级；称量允许误差：见表7.4-3；

喷粉深度记录范围：0～23m；记录深度绝对误差：0.05m；预热时间：<30min

工作环境：温度0～40℃，湿度85%；内存数据容量：700个。

称量允许误差　　表7.4-3

称量(kg)	新制造或修理后(kg)	使用中(kg)
(0　500]	±5	±10
(500～1 000]	±10	±20
(1 000～2 000]	±20	±30

4.打印记录格式

桩记录序号　No.001号；

喷粉开始时间　1999年03月16日11:40；

喷粉结束时间：1999年03月16日11:44；

喷粉总用量　TW:251kg；桩停灰面深度：TH:6.0m；桩顶复搅深度：THm:0.5m；

重复读数间距　REPEAT:0.3m；单位：No.:m；kg/m；

每米桩长喷粉量　001号　6.0　47；　001号　5.0　46；
　001号　4.0　46；　001号　3.0　46；
　001号　2.0　44；　001号　1.0　22；
　001号　0.0　00；

第六节　工程实例

[实例1]　粉喷桩加固广州市某仓储工程软土地基

1.工程概况

广州某粮食仓库长30m、宽16m，单层承重墙结构，拱形屋面。条形基础宽度1.5m，埋深0.9m。设计要求基础下地基承载力达到100kPa，地坪下的地基承载力要求达到40kPa。拟建场地表层为1.5m厚的杂填土，其下即为厚度达到30m，含水率高达70%，地基承载力仅30kPa，压缩模量1.45MPa的淤泥层。地基土不能满足上部结构的要求，需经人工加固。经多种地基加固方案的比较，根据现场的施工条件，决定采用喷粉搅拌法加固淤泥土层。

2. 设计

根据现场施工机械条件，软土地基的加固深度选定为9m。计算桩长L为：

$$L = 9.0 - 0.9 = 8.1\text{m}$$

喷粉搅拌桩机的钻头直径选用ϕ500mm，单桩截面积$A_p = 0.2\text{m}^2$，周长为$U_p = 1.57\text{m}$。由于桩长未穿透软土，故为纯摩擦桩。侧摩阻力取$\bar{q}_s = 5.5\text{kPa}$。

故单桩承载力$R_k^d = \bar{q}_s U_p L = 70\text{kN}$。

天然地基的承载力$f_{s,k} = 30\text{kPa}$，要求复合地基承载力$f_{sp,k} = 100\text{kPa}$，因此喷粉桩的置换率m为：

$$m = \frac{f_{sp,k} - \beta f_{s,k}}{\dfrac{R_k^d}{A_p} - \beta f_{s,k}} = 0.226(\beta 取 0.9)$$

因此条形基础下每根粉喷桩的加固面积$A = \dfrac{A_p}{m} = 0.88\text{m}^2$。

条形基础下的粉喷桩的布置形式为：以基础中心线向两边外推0.5m，布置两排，排距1m，桩距0.8m，两排桩交叉排列。

地坪处理要求较低，按1.5m×2.0m间距布桩(置换率m为0.07)。加固深度仍为9m，因此该复合地基的承载力可以达到：$f_{sp,k} = 0.07 \times \dfrac{70}{0.2} + (1 - 0.07) \times 30 = 52\text{kPa} > 40\text{kPa}$，已满足地坪设计要求。

3. 施工概况

粉喷桩的施工采用GPP—5型粉体搅拌机械。条形基础部分的处理固化剂采用32.5级普通硅酸盐水泥，掺入比18%，即每延米喷水泥粉60kg。为降低原淤泥层的含水率，提高条形基础部分的地基承载力，施工中又间隔一定距离增加了50根石灰粉体搅拌桩。地坪处理部分采用石灰粉体搅拌法，掺入比15%，即每延米喷入石灰粉50kg。运抵工地的石灰为生石灰块料，在现场加工粉碎后立即使用，该石灰粉的CaO含量高达90%。施工钻进根据不同土质采用不同的转速，对上部杂填土的钻进速度为0.45m/min；而对淤泥层为1.47m/min。钻进中最大风压0.2MPa，最大风量100m^3/h。

粉体搅拌时采用0.45m/min的提升速度，最大压缩空气压力为0.3MPa，风量50～70m^3/h。为了保证桩体的均匀性，采用了切土钻进—提升喷粉搅拌—重复钻进搅拌—提升搅拌的施工工艺。

本工程共打设水泥粉喷桩137根，计1 233延米；打设石灰粉喷桩163根，计1232延米。工期半个月，工程费用10万元。

4. 加固效果检验

为了对粉体搅拌法处理深厚层淤泥的效果进行检验，在施工完毕后进行了桩头开挖检查、现场单桩及复合地基荷载试验、桩体标准贯入试验以及桩间土取样试验。

桩头开挖共30余根，桩体成形完整，桩质坚硬，强度超过设计要求，桩间土质也得到了明显的改善。

单桩载荷试验采用ϕ500mm的压板置于桩顶；单桩复合地基采用1.05m×1.05m方形压板，板下铺设2cm的砂垫层，桩位于压板正中间。图7.4-7为单桩和复合地基试验所得的荷载—沉降关系曲线。

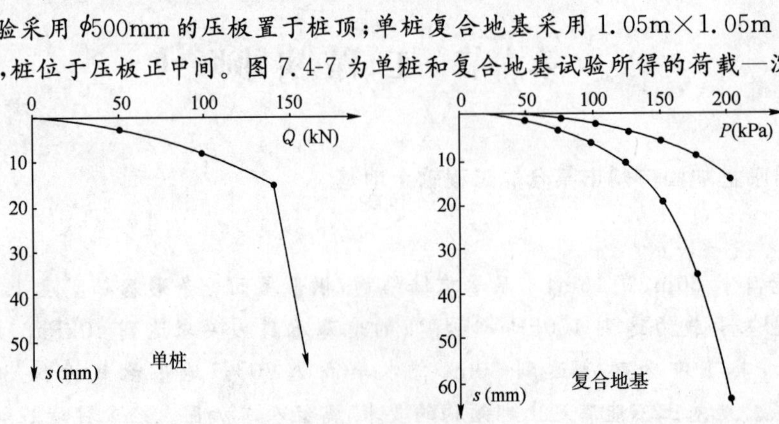

图7.4-7　现场载荷试验曲线

由图7.4-7可以得出单桩极限荷载为140kN,其时的沉降为15mm。因此,单桩容许承载力可取70kN,相应的沉降为4.0mm。而复合地基的荷载—沉降曲线为一条无明显拐点的渐增曲线,如按取荷载板宽的0.4%(即4mm)所对应的荷载作为承载力的标准值,则二次试验各可取100kPa和125kPa,相应的变形模量可取13MPa和20MPa,满足设计要求。本次共进行了5根桩的桩体标准贯入试验。由表7.4-4可见,桩体的强度随龄期的增长而增加,例如石灰粉体搅拌桩30d龄期的标贯击数为5.1;而龄期43d的平均值为6.4,即13d中增加了25.5%。

桩体标贯击数平均值　　　　表7.4-4

桩　号	固化剂种类	龄期(d)	平均标贯击数 $N_{63.5}$
1	水泥	65	15.7
2	水泥	57	13.4
3	水泥	54	13.0
4	石灰	43	6.4
5	石灰	30	5.1

对28d龄期的石灰粉体搅拌桩的桩间土取样后进行室内物理力学性质检验,并与施工前原状土的有关指标进行对比,其结果如表7.4-5所示。

距桩不同距离的土性指标　　　　表7.4-5

试验项目 / 试验数据 / 取样时间		含水率 w (%)	天然重度 γ (kN/m³)	空隙比 e	压缩系数 a_{1-2} (MPa⁻¹)	变形模量 E (MPa)
原状土		70.4	16.0	1.86	1.78	1.45
加固后	距桩45cm	56.09	16.9	1.49	0.97	2.20
	距桩75cm	62.31	16.8	1.60	1.00	1.84

通过工程检验可以得到下列结论。

(1)水泥粉体搅拌桩的桩体强度比石灰粉体搅拌桩高。水泥土的强度将随水泥掺量的增加而增加;而石灰土随石灰掺量增加而增长的幅度小得多,而且当石灰掺入比大于20%后,石灰土的强度不会再随掺入比的增大再有多少增加。

(2)石灰粉体搅拌桩会使桩周土的性质得到明显的改善,其改善的程度则随距桩的距离的增大而减弱。而且与水泥粉体搅拌桩相比,石灰搅拌法对桩间土的改善要好得多。

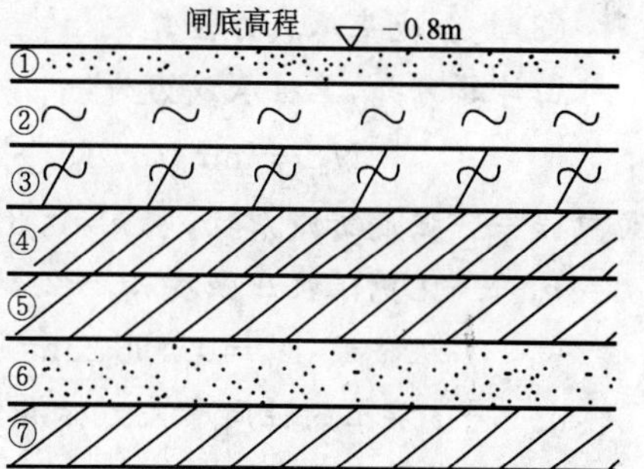

图7.4-8　闸下地基地质示意图

①砂:饱和稍密,$N_{63.5}=11.7$,II类土;②淤泥:含水52.7%,$N_{63.5}=1.1$,III类土,液化土层;③淤泥质土:含水54.5%;$N_{63.5}=3$,III类土,液化土层;④粉质黏土:含水30.8%,$N_{63.5}=8.5$,II类土,非液化土层;⑤黏土:含水39.2%,$N_{63.5}=7$,II类土,非液化土层;⑥砂:中密～密实,$N_{63.5}=46.8$,II类土,非液化土层;⑦黏土:含水39%,$N_{63.5}=1.1$,II类土,非液化土层;⑧砂:密实,$N_{63.5}=62$,II类土,非液化土层

[实例2]　粉喷桩加固梅溪桥闸下软土地基

1.工程概况

梅溪桥闸位于梅溪河中游,地处汕头市区。工程主体由12孔净宽7.5m水闸与一个V(II)形船闸组成。工程于1998年10月动工,1999年4月主体工程完工。梅溪桥闸闸址基底以下有20m左右的淤泥和淤泥质土,属于发生地震时可能液化的抗震不利场地,同时地基压缩性高,承载力低,不能满足工程要求。为解决地基承载力、地基抗震及闸室沉降等问题,对水闸、船闸基础采用粉喷桩进行处理。实际桩长为19～22m,桩身直径

50cm,掺灰量18%。从工程的沉降量、承载力、桩体质量的测试结果来看,地基处理是成功的。其工程地质情况见图7.4-8。

2.闸对地基的使用要求地基承载力

基底淤泥容许承载力50kPa,水闸基底设计压力80kPa,船闸基底设计压力为130kPa,原地基承载力无法满足设计要求。

沉降要求:新闸建于天然地基,最大沉降量可达40.6cm,远大于规范所允许的最大沉降量10～15cm。抗震要求:地基按8度地震设防,新闸闸底为约20m深的淤泥及淤泥质土,当新闸建于未处理地基上,如发生设计烈度地震时地基可能液化,从而导致闸室在不均匀地基压力作用下发生震陷及较大倾斜,破坏闸室稳定。

由以上分析,地基无法满足设计要求,在进行多种地基处理方案比较后,决定对水闸、上下船闸首、船室墙地基采用深层粉体喷射搅拌桩处理。

3.设计

(1)参数的选定

①根据不同部位的地质情况,桩长取20～22.6m。同时规定,施工过程中根据打桩时的电流值及喷粉气压值的变化情况随时调整桩长,准备的最大的桩长为25m,桩身直径为50cm。

②水泥掺入比α_w值:依据室内15%、18%、20%掺入比试验结果,结合考虑提高桩身强度及早期强度,取α_w为18%。

③与桩身水泥土配合比相同的室内水泥土试件无侧限抗压强度q_u值为2.5MPa,水泥选用32.5级普通硅酸盐水泥。

④桩周土摩擦阻力及下卧层承载力标准值为:淤泥$q_s=5$kPa;淤泥质土$q_s=9$kPa。为了安全,取下卧层为淤泥质土,按地质报告取$f_k=55$kPa。

(2)桩群布置

水闸部分闸底周边布三道连续粉喷桩形成一个围封连续墙,内部按桩中心距1.2m、1.4m进行梅花布桩;船闸部分基底按桩中心距1.0m密布。

(3)复合地基承载力验算

由计算可知,单桩承载力为:

$$N_d = \min\{kq_uA_p, \sum q_{si}U_pL_i + \alpha A_p f_k\} = \min\{162, 232.4\} = 162\text{kN}$$

式中:k——强度折减系数,取$k=0.33$;

q_u——无侧限抗压强度,$q_u=2.5$MPa;

A_p——桩截面,$A_p=0.196\ 25\text{m}^2$;

q_{si}——i层土的桩周摩擦力标准值;

L_i——i层土厚度;

U_p——桩截面周长;

$\alpha A_p f_k$——桩端承载力,考虑为纯摩擦桩,此项为零。

桩中心距1.4m时复合地基承载力为:

$$[R] = \frac{mN_d}{A_p} + \beta(1-m)f_s = 86.1\text{kPa} > 80\text{kPa}$$

式中:m——置换率;

β——桩间土承载力折减系数,取$\beta=0.2$;

f_s——桩间土的地基承载力标准值。

桩中心距1.0m时复合地基承载力为:

$$[R] = 150\text{kPa} > 130\text{kPa}$$

(4)按群桩原理验算下卧层承载力

桩端下卧层(淤泥质土)地基容许承载力为:

$$f_z = N_B\gamma_B B + N_D\gamma_D D + N_C c = 261.8\text{kPa}$$

式中:N_B、N_D、N_C——承载力余数,由基础底下土的内摩擦角标准值查得;

γ_B——基础底面以下的加权平均重度(kN/m^3);

γ_D——基础底面以上土的重度(kN/m^3);

c——黏聚力(kPa);

B——基础宽度(m);

D——基础深度(m)。

群桩顶压力按$[R]$=80kPa计算,则桩及桩间土所构成假想实体基础底面压力为

$$p_b = \frac{[R]A + G - A_s q_s - f_s(A - A_1)}{A_1} = 206.7\text{kPa} < f_z$$

式中:A——闸底面积(m^2);

G——假想实体重(kN);

A_s——假想实体侧面积(m^2);

f_s——桩周土承载力标准值(kN);

A_1——基础底面积(m^2)。

由上述计算结果可知,下卧层承载力满足要求。

(5)地基沉降计算

地基沉降量由群桩体沉降量与下卧层沉降量两部分组成。

①群桩体沉降量用计算公式

$$s_1 = (p_c + p_0)L/2E_0 = 3.00(\text{cm})$$

式中:p_c——群桩体顶面平均压力,p_c=50.91kPa;

p_0——群桩体底面附加应力,它等于假想实体的基础底面压力 p_b' 减去假想实体底面处自重压力 σ_s;p_0=37.32kPa;

L——桩长,取 21m;

E_0——群桩体变形模量,E_0=31.37kPa。

②桩端下卧层沉降量

新闸位于原桥闸下游 17m 处,下卧层上游部分局部处于原闸预压范围,沉降计算方法为分层总和法。下卧层计算厚度取自高程−30.0m(厚粗砂层上表面),计算结果经刚性调整后为(含群桩体沉降量 s_1):水闸底板的上游边点 5.65cm,中点 7.7cm,下游边点 9.75cm,沉降差(Δs)4.1cm;下游闸首底板的上游边点 10.0cm,中点 10.5cm,下游边点 11.0℃m,沉降差(Δs)1.0cm。计算结果均满足规范要求,即 s_∞<(10~15)cm,Δs<(3~5)cm。

4.施工工艺

基础处理于 1998 年 11 月 10 日正式动工,1998 年 12 月 10 日完成,累计打桩 5 656 根,总进尺 117 140m。桩机采用 PH—5B 加长型,最大打桩深度可达 25m,桩径 0.5m,配套机械有水泥粉发送器、空气压缩机及 PJ4—1 型喷粉电脑记录仪,喷粉过程可按电脑显示的每米喷粉量进行喷粉均匀控制。电脑记录仪可记录并打印 830 根桩的施工时间、起始高程、桩底高程、桩身每米喷粉量和复搅长度,电脑记录具有不可更改性,它的应用为施工质量的管理提供了有利的条件。粉喷桩施工采用空钻—喷粉提钻—全程复搅的双循环工艺,以保证桩身的搅拌均匀性。

5.质量检验

对施工进行全过程监理。粉喷桩施工完成后,由质量检测站对工程质量进行检测。检测项目有

7dN_{10}轻便触探，28d、60d、90d 钻芯及室内试验，28d 桩头现场无侧限抗压强度，28d、90d 四桩复合地基静载试验。各项目测试结果如下。

(1)轻便触探：7d N_{10} 桩头轻便触探共随机触探桩头 21 个 84 点，除 2 个桩头由于浸泡地下水中击数未达到规范规定 10 击外，其余桩头触探击数均远大于 10 击，最多为 40 多击。

(2)28d 桩头现场无侧限抗压强度试验：粉喷桩成桩 28d 时挖取桩头，现场测试其破坏荷载，试验结果见表 7.4-6。各桩头破坏荷载均大于 162kN，满足设计要求。

28d 桩头现场试验的破坏荷载 表 7.4-6

桩　号	桩径 (mm)	第一节破坏荷载 (kN)	第二节破坏荷载 (kN)	桩　号	桩径 (mm)	第一节破坏荷载 (kN)	第二节破坏荷载 (kN)
638	620	330	370	970	490	340	200
947	500	280	210	315	500	480	220
980	480	180	210	205	500	300	300

(3)四桩复合地基 28d、90d 静荷载试验，试验结果见表 7.4-7。从表 7.4-7 可知，除试验区 1 号试点因试验混凝土承台被剪切破坏无法继续进行试验外，其余静荷载试验结果均满足设计要求，即复合地基承载力达到设计要求。

28d、90d 四桩复合地基静荷载试验结果 表 7.4-7

龄　期	部 位 编 号	复合地基面积 (m^2)	桩中心距 (m)	最大试验荷载 (kN)	总沉降量 (mm)
28d	上船闸首试验点	2×2	1.0	720	7.82
	船室墙试验点	2.8×2.8	1.4	710	3.04
	水闸 1 号试点	2.4×2.4	1.2	640	4.03
	水闸 2 号试点	2.8×2.8	1.4	710	4.98
	水闸 3 号试点	2.8×2.8	1.4	710	4.05
	水闸 4 号试点	2.8×2.8	1.4	710	4.57
90d	试验区 1 号试点	2.0×2.0	1.0	840	(注)
	试验区 2 号试点	2.0×2.0	1.0	1 200	9.70

注：试验区 1 号试点当加荷至 840kN 时，试验混凝土承台被剪切破坏。

(4)28d、60d、90d 钻芯及室内试验：28d 龄期共钻芯检查 9 根桩，其中水闸 4 根，船闸 5 根，平均岩芯采取率 90%。从岩芯情况来看，岩芯大部分成桩完好，搅拌均匀，但桩体下部局部夹泥，为搅拌不均匀所致；岩芯描述中深部为淤泥质土的芯件，经后期试验证明皆为未凝结水泥土，说明桩体深部一般凝结较慢。从岩芯试件室内抗压试验来看，90d 试件平均抗压强度 4.2MPa，最大值 7.3MPa，最小值 0.9MPa，21 个试件中 q_u 值小于 2.5MPa 的仅有 3 个，基本达到设计要求。q_u 值的离散度大，说明桩体搅拌均匀性有待进一步提高。

6. 实测基础沉降量

基础上部建筑物(水闸、船闸)于基础水泥粉喷桩成桩 28d 时开始建设，水闸上部结构于 1998 年 12 月开始施工，1999 年 3 月初上部主体结构基本完成，上部荷载基本达到竣工荷载。截至 1999 年 4

月21日为止,水闸、船闸底板最大沉降仅为3mm,初步说明了利用粉喷桩技术处理梅溪桥闸软基取得了成功。实测沉降与计算沉降差距较大的原因如下:(1)实际搅拌桩变形模量大于300MPa;(2)群桩实际布桩比较密(特别是围桩结构),即置换率远大于0.0954;(3)抽取原地基的试验土样发生扰动,试验结果存在误差;(4)下卧层沉降还未结束。从桩区抽取桩间土进行试验,并将试验结果与原来未处理前的土样试验结果相比较,处理后的土的含水率比原来土样的含水率平均降低了10.65%,说明桩间土的物理力学性能得到了改善。

7.结论

本工程地基处理设计有几个特点:(1)突破规范限制,桩体设计长度22m,实际处理地基深度23.2m,大大超过规范规定15m的界限,其深度居当时国内第一,是超深度粉喷桩的一次尝试,其总进尺达117km;(2)水闸地基采用围封结构,内部布桩按中间疏两边稠进行,大大增加了地基抗震能力,同时也大大增强了水闸的抗渗能力;(3)上下左右地基根据地质情况采取长短桩办法优化设计,以消除沉降差,节约工程投资。

[实例3]　粉喷桩技术在高速公路软基处治中的应用

1.工程概况

云南大保高速公路第20合同段位于云南西部保山坝区,地形平坦开阔。该区域属高原气候区,温和湿润,雨量充沛。应用粉喷桩技术处理的区域K481+100段属冲积平原,地下水位较高,淤泥土层较厚,土质为深灰、灰、黑灰色黏土,局部为淤泥(淤泥质土)间夹泥炭土、粉砂、圆砾,软—流塑状,含水率大、压缩性高、承载力和抗剪强度低,容许承载力40～80kPa,厚度1.8～16.4m,透镜体产出,属于典型的软土地基。而K482+180～482+490段覆盖绿灰、灰褐、褐黄粉质黏土,含碎石,局部含15%～30%碎石土,间夹泥炭质土,可塑状,容许承载力160～220kPa,下部为灰褐、棕、黑灰色淤泥(粉质黏土),局部间夹粉砂,呈软—流塑状,容许承载力40～80kPa。

2.粉喷桩施工工艺

粉喷桩施工前先进行试验,以便掌握施工现场成桩经验及相关技术参数。本合同段粉喷桩现场施工成桩机械采用GPP—5型粉喷桩钻机,钻孔直径0.5m,桩间距1.5m,呈梅花形布置,32.5级普通硅酸盐水泥掺入比为10%～20%,水泥喷入量45～65kg/m^3。施工流程为:整平原地面→钻机调平定位→钻杆下沉钻进→上提喷粉→强制搅拌→复拌→提杆、出孔→钻机移位。

其中以下工序在施工时应特别注意。

(1)防止地下水渗入套管等输送材料的通道,以免堵塞。其方法是:钻头一入土就要不停地送气。不需要送灰时,或因停气而造成了堵塞时,就要拆下钻头,用铁丝通开。

(2)往灰罐里送料时罐口要用过滤网,防止杂物掉入。

(3)喷量的控制:桩身的喷灰量应充足,严格按设计喷量将粉体喷射到各加固土层,并根据各土层的地质情况,保证沿长度方向粉体分布均匀,水泥与地基土搅拌均匀。

(4)桩径的控制:钻头叶片直径应保证不小于设计桩径,由于在施工过程中叶片磨损较大,因此要经常加焊或更换桩头叶片,并在施工过程中保持钻机的垂直度。

(5)一般表层以下0.5m土层侧向约束软弱,对成桩不利,因此钻头提升至桩顶时,在地面线下0.5m处停灰。

(6)为保证喷粉均匀,整个提升喷灰过程宜采用低速挡增加钻杆扭矩,并使用干燥新鲜水泥,减少加固材料的气送阻力,提高成桩质量;对于回填土部分,应加大送灰量,并适量加水。

(7)复拌:根据试验结果,上部复搅的水泥搅拌桩要比未复搅桩的承载力提高1/3左右。实际操作上,为保证软土与固化剂搅拌均匀,成桩后,关闭粉体发送口,再次将钻杆下沉至成桩长度的1/3,再搅拌提升至地面。

3. 观察结果分析

(1)各观测点累计沉降—时间曲线

表 7.4-8、图 7.4-9 是采用粉喷桩技术处理后，进行回填土时在不同时间所观察到的沉降量的原始数据。由表中数据可以看出，同是采用粉喷桩技术处理，不同的地质情况对软基沉降速率的影响是不同的，K481＋100 所在区域地下水位较高，原位含水率较大，局部为淤泥(淤泥质土)间夹泥炭土，软—流塑状，容许承载力较低，土体的可压缩度较大，填土初期，沉降曲线斜率很大，曲线较陡，近 200 天以后趋于平缓，总沉降量较大；而其他三段由于地质情况较好，土体呈可塑状，承载力相应较高，在整个填土期间，沉降曲线斜率较均匀，总沉降量相对较小。

各观测点沉降—时间曲线　表 7.4-8

桩号 / 观测时间	累计沉降量(mm)			
	K481＋100	K482＋200	K482＋310	K482＋490
2000-03-18	0			
2000-04-07	16			
2000-04-24	32	0	2	
2000-06-03	45	10	9	0
2000-08-05	54	17	19	20
2000-08-31	55	21	24	24
2000-09-30	57	28	27	33
2000-10-31	61	32	30	39
2000-11-30	66	36	36	42
2000-12-31	70	43	43	45
2001-01-31	70	50	49	48
2001-02-28	71	54	52	49
沉降天数(d)	347	310	312	270
平均沉降速率(mm·d^{-1})	0.20	0.17	0.17	0.18

导致沉降速率不同的原因由于各加固区的原位地基土的含水率不同所致。粉喷桩的掺合料多为水泥、石灰、粉煤灰和石膏，它们都是亲水性材料，一旦注入软基地层，能很快地吸收桩周土中的水分，发生水化反应和火山灰反应，水泥迅速硬化固结，石灰吸水生成熟石灰后体积膨胀，促进桩周土的固结。由于桩周土中的水分减少，孔隙压力较低，而远处土层中孔隙压力依旧，在压力差的引导下，周边区域内的水分慢慢地渗入了粉喷桩，粉喷桩逐渐形成稳固的桩体，而桩间土也由于失水，空隙加大，在重力的作用下加速沉降。原来含水率大的，则造成的空隙也大，从而导致沉降速率也大。

由此可见，粉喷桩技术对处治含水率大、地层单一的软土地基效果明显，实用性强。

(2)沉降规律分析

采用粉喷桩技术处理的路基，其后期回填速率并不决定路基沉降的快慢，起决定性作用的是时间。实际施工中，由于气候或其他方面的原因，路基回填的速率变化很大。如表 7.4-9 所示，当缓慢的回填开始 5 个月后，沉降速率由大渐小；而 10 月底至 12 月底，短期内的快速回填，对应的沉降速率变化只稍有增大。部分观测点的荷载—沉降数据详见表 7.4-9 和图 7.4-10。

各观测点加荷—沉降一览表(K481＋100)　表 7.4-9

观 测 时 间	填土高(m)	加荷速率(cm·d^{-1})	累计沉降量(mm)	沉降速率(mm·d^{-1})
3月18日	0.6		0	
4月24日	1.2	2	32	0.86
6月3日	3.0	5	45	0.33
8月5日	4.0	2	54	0.14
8月31日	4.1	0	55	0.04

续上表

观 测 时 间	填土高(m)	加荷速率(cm·d⁻¹)	累计沉降量(mm)	沉降速率(mm·d⁻¹)
9月30日	4.8	2	57	0.07
10月31日	7.5	9	61	0.13
11月30日	8.57	4	66	0.17
12月31日	10.43	6	70	0.13
1月31日	10.43	0	70	0.00
2月28日	12.8	8	71	0.04

对于一般路基，缓慢均匀的填土对应平缓的沉降速率变化，而以图7.4-9中K481+100(12m粉喷桩)的累计沉降曲线图及表7.4-8数据进行分析可知：在填土初期(3月18日～8月5日)，累计填土高度小于4.0m时，进行均匀缓慢的填土(加荷速率平均约2.4cm/d)，其对应的沉降速度却很快，约0.39mm/d；雨季期间，从8月5日～9月30日，几乎停止填土，加荷速率约1.4cm/d，此时沉降速率为0.04mm/d；从9月30日～12月31日，回填速度达到最高(加荷速率约6.1cm/d)，而沉降速率也有所增加，约为0.15mm/d。

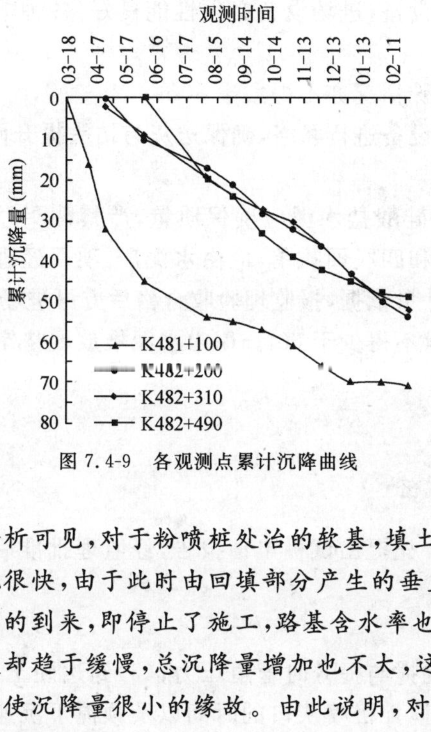

图7.4-9　各观测点累计沉降曲线

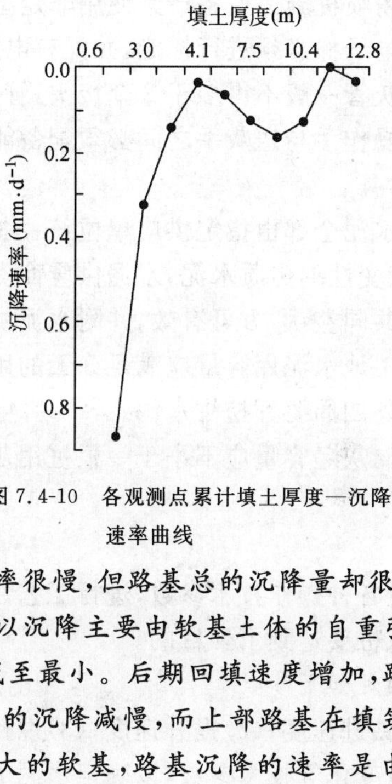

图7.4-10　各观测点累计填土厚度—沉降速率曲线

分析可见，对于粉喷桩处治的软基，填土初期尽管加荷速率很慢，但路基总的沉降量却很大，沉降速率也很快，由于此时由回填部分产生的垂直土压力较小，所以沉降主要由软基土体的自重引起。随着雨季的到来，即停止了施工，路基含水率也增大，沉降速度减至最小。后期回填速度增加，路基的沉降速度却趋于缓慢，总沉降量增加也不大，这是由于软基自身的沉降减慢，而上部路基在填筑时因已压实而使沉降量很小的缘故。由此说明，对于土体含水率较大的软基，路基沉降的速率是由快至缓的，它主要以软基自身的失水和压缩为主，而上部路基填土速率的改变并不会引起整个路基沉降的急剧改变，这对减小工后总沉降量，提高填土速度，缩短工期是很有利的。

4.结束语

粉喷桩通过粉体吸收软基土体中的水分，形成具有一定强度的混合柱状体，其强度大大高于原位软土，同时由于粉体吸收了部分周围土体的水分，使桩间土体的强度也有一定程度的提高，提高了加固效果，特别是对加固含水率大、地层单一的软土地基效果更好。

粉喷桩处理软基初期沉降明显，后期沉降量很小，能适应后期快速的施工条件而不致引起急剧沉降，这一点对于工期要求很紧的工程来说是很有利的。但是由于粉喷桩是独立桩体，其承载力主要取决于桩周摩阻力的发挥，如果桩体没有打穿整个软土层，致使桩尖阻力减小，则就会引起很大的后期沉降。因此，施工前应详细勘测软基的地质状况和土层厚度，精心设计，尽量使桩体贯穿大部分软土层，使粉喷桩充分发挥作用，避免路基路面过大的后期沉降和破坏。另外，由于粉喷桩造价昂贵，所以当工程建设对工期要求很紧和对承载力要求很高的情况下才考虑采用。

第七节　粉喷桩施工监理实施细则

因粉喷桩加固软土地基的工程数量较多，且工期紧，施工机械必然多，点多机多施工控制难度就大，对此需要加强监督管理，特制定监理实施细则。

一、施工前准备工作

粉喷桩施工的场地，事先要回填整平，清除杂物(石块、树根、垃圾等)。对低洼或水塘地段应先排水清淤，然后再回填黏性土(不得回填杂填土)。若发现空中电线应提前向监理汇报，以便妥善解决。

1.测量放样

施工前，监理组要核对桩位，经核对无误后，才准施工。

2.机械设备进场

(1)粉喷桩施工设备严禁使用非定型产品或自行改装设备，进场设备必须性能良好，各种电流表、气压表、电子秤必须进行标定，并配有电脑计量打印设备。

(2)灰管一般不得多于2个接头，管长一般为60m，特殊情况亦不得大于80m。

(3)操作手与送灰手之间必须配备能传递准确信号的设备进行联络，确保送灰与钻头提升同步。

3.材料

(1)水泥全部由指定供应单位统一提供，32.5级普通硅酸盐水泥应确保质量，严禁购买过期、受潮、结块、变性的劣质水泥，水泥供应商提供质保单及发票和四联回执单，应由水泥厂、项目经理部、机组、监理共同签认，方可有效，并附水泥供应登记表，作为计量依据，报监理验收合格后方可进场使用。

(2)工地水泥库容量应满足3天的用量，且水泥库容量不得少于60t。库内水泥堆放要垫空，不得受潮，库外四周要开挖排水沟。

(3)储灰罐容量应不小于一根桩用灰量加50kg。

二、现场工艺性试桩

确定各种操作技术参数，进行工艺性试桩(施工单位要先提出试桩申请报告，经监理批准后，才能试桩)，试桩要达到下列目的。

1.确定如下参数

(1)钻进速度；(2)提升速度；(3)搅拌速度；(4)钻进、复搅与提升时管道压力；(5)到达硬土层电流表的读数变化等技术参数，以确定水泥干粉经输灰泵到达搅拌机喷灰口的时间以及预搅下沉速度、粉体搅拌桩提升速度、重复搅拌下沉、重复搅拌提升速度等施工参数。

2.每台桩机在每个施工段落都必须在监理人员的监督下进行试桩

施工前将取得的参数挂牌标明在机架上，以便执行和检查。

3.试桩数量必须符合规范要求

试桩结束后应进行必要的检测，并写出试桩报告。只有试桩报告得到监理批准后方可投入正式施工。

三、施工过程控制

1.机械就位

注意桩位偏差不得大于5cm，垂直度偏差不得大于1.5%。

2.施工工艺流程

(1)预搅下沉，按试桩确定的中—低挡钻进(速度≤1m/min)到达设计深度提前喷灰(先喷灰后提升)。

(2)喷粉搅拌提升至离地面0.3～0.5m处,其速度应小于0.8m/min。

(3)重复搅拌下沉(中速)。

(4)重复搅拌提升,直至离地面0.5m处(中速)。

(5)关闭搅拌机械。

(6)整个施工过程,现场监理要进行全过程监理,挂牌上岗,并要记下桩号、开停工时间,严格控制喷粉高程与停粉高程,不得中断喷粉,严禁在尚未喷粉情况下进行钻杆提升作业,以确保桩体长度。

3.施工现场管理

承包人必须派专人进行管理,施工人员必须及时、真实地做好施工原始记录。

(1)严格控制钻孔下钻深度、喷粉高程及停灰面,确保粉喷桩长度和喷粉量达到规定要求。

(2)粉喷桩要穿透软弱土层到达强度相对较高的持力层,并进入硬土层不小于50cm。持力层深度除根据地质资料外,还应根据钻进时电流表的读数值来确定。钻杆钻进时电流表读数明显上升变化,说明已进入硬土层,如能持续50cm以上则说明已进入持力层。如软土层厚度与设计桩长不相符时,应遵以下原则:

①如达到设计桩长软土层仍未穿透时,应继续钻进,直至深入下卧硬层50cm为止;

②如未达到设计桩长,在探明确已钻至硬土层的情况下,至少应深入硬层1.0m;

③凡是施工桩长与设计桩长不符时,立即停机,分析原因及时向监理汇报,经驻地监理工程师签认,驻地监理工程师再报业主认可。如出现大面积桩长不符时,报设计院研究。

(3)操作手与喷灰手之间传递速度不得大于5s。

(4)复搅必须全桩长,当桩长超过10m时,应分段进行复搅。

(5)钻进、提升时管道压力不宜过大。

(6)在成桩过程中,如发生断电、卡钻等意外影响桩身质量时,应在12h内采取补喷措施,补喷重叠长度不小于1.0m。

(7)施工中发现喷粉量不足,实行整桩复打,复打的喷粉量应不小于设计用量。

(8)对输灰管要经常检查,不得泄漏、不得采用受潮成块的水泥,管道长度宜不大于60m。其直径以49～53cm为宜。

(9)必须加强水泥用量的控制,建立水泥台账。

(10)注意施工场地的整洁,严禁散灰大面积污渍场地。

四、质量检验及验收

1.质量检验

(1)施工过程中必须随时检查喷灰量、桩长、复搅长度以及是否进入硬土层及施工中有无异常情况,记录其处理方法及措施。(2)粉喷桩成桩7d后,由施工单位(在现场监理人员同意的情况下)进行开挖自检,开挖深度为露出50cm桩头,目测桩体成形情况及搅拌均匀程度,且要测量成柱直径,并如实做好记录,检查频率为2%,如发现凝体不良等情况,应及时报废补桩。(3)现场监理工程师根据施工粉喷桩天数(28d以上),提供施工段落,委托有资质的检测单位对粉喷桩进行全桩身的钻芯抽检,检测内容是桩径、桩型、穿过软土层情况、桩长及芯样无侧限抗压强度等,抽检频率按设计或业主有关检测文件规定执行。

2.工程验收

段落施工结束后,应对完成的粉喷桩进行检测。检测内容有:外观成型、桩距、桩径、桩数。

五、试　　验

(1)水泥试验、水泥土配合比试验;

(2)钻芯取样，检查频率为1‰～2‰。

六、监理日记应记录的内容

施工日期、施工段落、桩距、桩径、桩长、水泥台账的记录等。

七、粉喷桩施工及监理用表

中间检验申请单(A-10)；工程报验单(A-11)；粉体搅拌桩现场质量检验报告单(C-1-7)；粉喷桩施工现场检测记录表(C1-7-1)；粉喷桩成桩现场开挖目测情况记录(C1-7-3)；粉喷桩原始记录表(C1-7-4)；粉喷桩施工记录汇总表(C1-7-5)；粉喷桩计量汇总表(C1-7-2)。

八、监理程序及施工程序

监理程序及施工程序见图7.4-11。

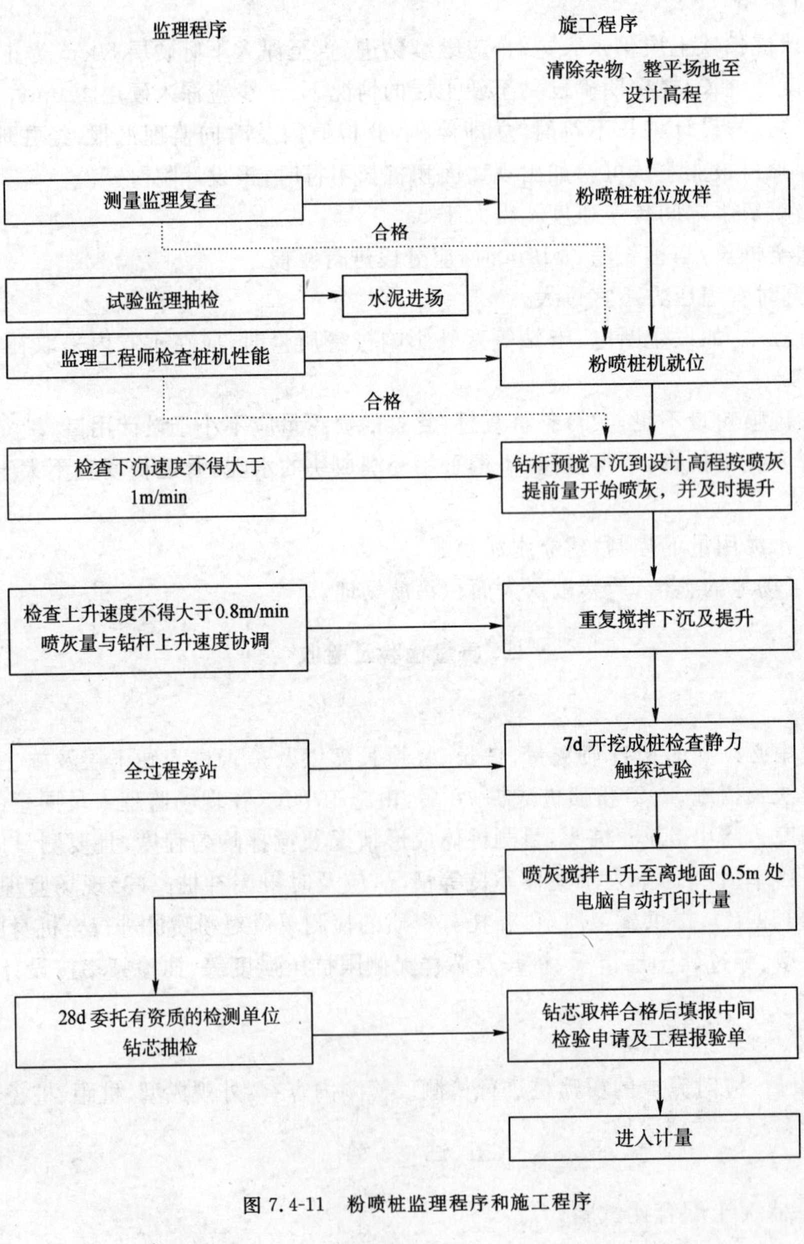

图7.4-11　粉喷桩监理程序和施工程序

第五章　碎石（砂）桩

第一节　概　　述

碎石(砂)桩为碎石桩和砂桩的总称。该法系指采用振动、水冲或冲击等方式在松软地基中成孔后,再将碎石或砂挤压入已成的孔中,形成一定直径的碎石(砂)所构成的密实桩体。

碎石桩最早于1835年在法国用过,随后被人遗忘,直至1936年,德国S. Steuerman提出用振动水冲法(简称振冲法)挤密砂土地基,50年代用于黏性土地基称为碎石桩。我国于1977年开始应用,现已在全国推广。该法一般被称为湿法,为了克服振冲法施工时排出大量泥浆污染环境的弊病,人们提出了沉管法和干振法等施工方法,后者一般被称为干法。

砂桩于19世纪30年代起源于欧洲,由于设计和施工方面的原因影响了它的发展,二次世界大战后,原苏联在这方面取得较大成就,使之得到较广泛的应用。初期砂桩采用冲孔捣实施工法,在20世纪50年代后期采用振动式打拔管施工法,日本又推出振动式重复打拔管施工法,使施工质量和施工效率均有显著提高。该法于20世纪50年代引进我国。早期砂桩用于松砂地基,如今已成功的用于软土地基。1952年日本长崎渔港码头修复工程中开始运用砂桩;1978年上海宝钢原料堆场地基加固中大量使用。日本关西机场的护岸工程和围海造地工程共打下100万根砂桩;我国上海洋山港、宝钢马迹山港、珠海高栏港等围堤及陆域工程中共使用了15万根砂桩。

碎石(砂)桩适用于砂土、粉土、黏性土、素填土和饱和黄土等地基,也可用于液化地基,对于不排水抗剪强度小于20kPa的淤泥和淤泥质土,应通过试验确定其适用性。

碎石(砂)桩对于六层及六层以下的建筑物地基、油罐地基、堆场、路堤和岸坡加固方面,取得了很好的效果。

碎石(砂)桩按照不同的施工工艺,采用不同的施工设备,形成以下四种类型的桩:

(1)振冲碎石(砂)桩;

(2)干振挤密碎石(砂)桩;

(3)沉管碎石(砂)桩;

(4)沉管夯扩碎石(砂)桩。

第二节　加固原理

地基土的土质不同,对碎石(砂)桩的作用原理也不尽相同。

一、在松散砂土和粉土地基中的作用

1.挤密作用

砂土和粉土属于单粒结构,其组成单元为松散粒状体,渗透系数大,一般大于10^{-4}cm/s。单粒结构总处于松散至紧密状态。在松散状态时,颗粒的排列位置是很不稳定的,在动力和静力作用下会重新进行排列,趋于较稳定的状态。即使颗粒的排列接近较稳定的密实状态,在动力和静力作用下也将发生位移,改变其原来的排列位置。松散砂土在振动力作用下,其体积缩小可达

20%。从粉细砂到含砾粗砂只要小于0.005mm的黏粒含量不超过10%都可得到显著的挤密效果，若黏粒含量大于30%，则挤密效果明显降低。挤密砂桩的有效挤密范围可达2～3倍桩径。

根据圆柱形孔洞扩张理论，在土中沉管（或沉桩）时，桩管周围的土因受到挤压、扰动而发生变形和重塑，形成四个变形区域，如图7.5-1所示。I区：紧贴于桩管表面的压实土膜；II区：桩管侧塑性变形区和桩端塑性变形区；III区：弹性变形区；IV区：未受影响区。

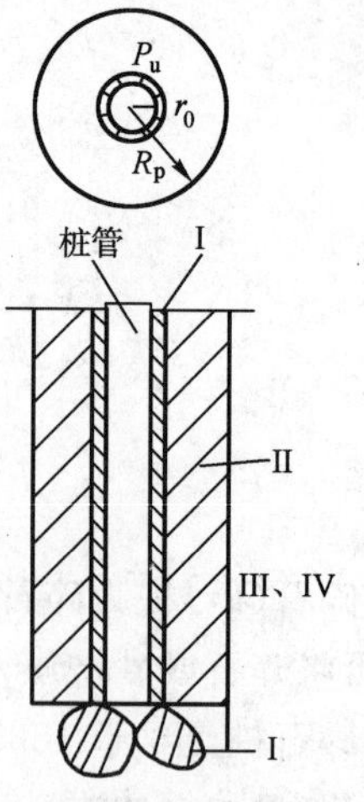

图7.5-1 桩孔扩张和桩周土分区

2. 振密作用

沉管特别是采用垂直振动的激振力沉管时，桩管四周的土体受到挤压，同时，桩管的振动能量以波的形式在土体中传播，引起桩四周土体的振动，在挤压和振动作用下，土的结构逐渐破坏，孔隙水压力逐渐增大。由于土结构的破坏，土颗粒重新进行排列，向具较低势能的位置移动，从而使土由较松散状态变为密实状态。在砂土和粉土中振密作用比挤密作用要显著，有效振密范围可达3～4.5倍桩径，其主要特点是在桩管四周产生较大的下沉。

二、在黏性土地基中的作用

1. 置换作用

碎石（砂）桩在软弱黏性土中成桩后，形成了一定桩径，桩长和有间距的桩，以及桩间土，共同组成复合地基，由密实的碎石（砂）桩桩体取代了与桩体体积相同的软弱土，因为碎石（砂）桩的强度和抗变形性能优于周围的土，所以复合地基的承载力比天然地基的承载力大，沉降量比天然地基小，从而提高了地基的整体稳定性和抗破坏能力。

当黏性土的不排水抗剪强度 $C_u<15$kPa时，由于桩间土的强度不能平衡砂石料的挤入力，故砂石料就以松散状态挤入和散布在周围的土中，从而不能形成桩和土共同发挥作用的复合地基。因此对于不排水抗剪强度小于20kPa的软土，采用碎石（砂）桩时，应通过试验确定。

2. 排水作用

碎石（砂）桩的排水通道作用是该法处理饱和软黏土的主要作用之一，因其能缩短排水距离，从而可加快地基的固结沉降速率。

第三节 设计计算

一、桩间距的计算

由于砂石桩在松散砂土和粉土中与在黏性土中的作用机理不同，所以，桩间距的计算方法也随之有所不同。

1. 砂土和粉土地基

考虑振密和挤密两种作用，平面布置为正三角形和正方形时，如图7.5-2所示。

正三角形布桩时，间距 l 为：

$$l = 0.95d \cdot \sqrt{\frac{H-h}{\frac{e_0-e_1}{1+e_0}H-h}} \tag{7.5-1}$$

正方形布桩时，间距 l 为：

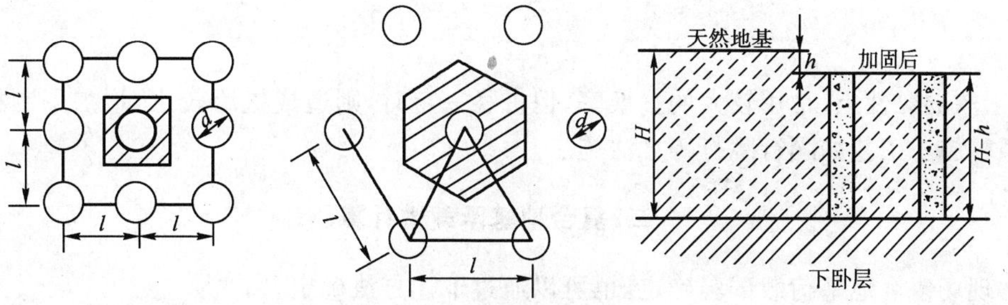

图 7.5-2　加密效果计算

$$l = 0.89d \cdot \sqrt{\frac{H-h}{\frac{e_0-e_1}{1+e_0}H-h}} \tag{7.5-2}$$

如不考虑振密作用时，式(7.5-1)和式(7.5-2)可分别写成如下形式。

正三角形布置：

$$l = 0.95d \cdot \sqrt{\frac{1+e_0}{e_0-e_1}} \tag{7.5-3}$$

正方形布置：

$$l = 0.89d \cdot \sqrt{\frac{1+e_0}{e_0-e_1}} \tag{7.5-4}$$

设计时确定处理后土的孔隙比 e_1 可由下式求得：

$$e_1 = e_{max} - D_{r1}(e_{max} - e_{min}) \tag{7.5-5}$$

式中：e_{max}——最大孔隙比，即砂土处于最松散状态的孔隙比；

e_{min}——最小孔隙比，即砂土处于最密实状态的孔隙比；

[e_{max}和 e_{min}两值可按国家标准《土工试验方法标准》(GB/T 50123—1999)的有关规定，通过室内试验测得]；

D_{r1}——处理后要求达到的相对密度，一般取值为 0.70～0.85。

2. 黏性土地基

如图 7.5-2 所示，将每根桩承担的处理面积化为一个等面积的等效圆，即按正三角形和正方形布桩时，等效圆的面积 A_e，分别与正六边形和正方形的面积相等。

(1)正三角形布置时

$$A_e = \frac{\sqrt{3}}{2}l^2$$

整理为：

$$l = \sqrt{\frac{2}{\sqrt{3}}A_e} = 1.07\sqrt{A_e} \tag{7.5-6}$$

式中：A_e——1 根砂石桩承担的处理面积，

$$A_e = \frac{A_p}{m} \tag{7.5-7}$$

其中：A_p——砂石桩的截面积；

m——面积置换率，一般为 0.10～0.30。

(2)正方形布置时

$$A_e = l^2$$

$$l = \sqrt{A_e} \tag{7.5-8}$$

即:对于软弱黏性土,常用较大的置换率,但桩径一定时,则造成桩距较小,增加了制桩的难度,此时常通过调整施工工艺如隔行跳打等方法施工。

二、复合地基承载力计算

可根据现场复合地基荷载试验确定,也可以通过下述方法确定。

如图 7.5-3 所示,在复合地基上,作用荷载为 p,则作用于碎石(砂)桩的应力为 p_s。如果作用于碎石(砂)桩和桩间土的应力不变时,根据力的平衡原理可得:

$$pA_e = p_p \cdot A_p + p_s(A_e - A_p) \tag{7.5-9}$$

整理后得:

$$p = [1 + m(n-1)]p_s \tag{7.5-10}$$

或

$$p = [1 + m(n-1)]\frac{1}{n}p_p \tag{7.5-11}$$

式中:n——桩土应力比,$n=p_p/p_s$,由实测获得;无实测值时,一般取 2.0～4.0。天然地基为黏性土时取大值,为砂性土时取最小值。

m——面积置换率。

三、复合地基沉降计算

复合地基沉降计算可以采用分层总和法。其中复合地基的压缩模量 E_{sp},的计算方法介绍如下。

如图 7.5-3 所示,复合地基的压缩模量 E_{sp} 可以通过碎石(砂)桩的压缩模量 E_p 和桩间土的压缩模量 E_s 在面积上进行加权平均的方法获得。

$$E_{sp} = [1 + m(n-1)]E_s \tag{7.5-12}$$

或

$$E_{sp} = [1 + m(n-1)]\frac{1}{n}E_p \tag{7.5-13}$$

式(7.5-12)和式(7.5-13)中,对于桩土应力比 n,在没有实测资料时,对黏性土取 2～4;粉土和砂土取 1.5～3.0。原土强度低者则取大值,反之则取小值。

四、稳定性计算

如图 7.5-4 采用圆弧滑动面法对复合地基的稳定性进行验算时,滑动面上的抗剪强度 τ_{sp} 由砂石桩的抗剪强度 τ_p 和桩间土的抗剪强度 τ_s 两部分组成:

$$\tau_{sp} = \tau_p + \tau_s = m(\mu_p p + \gamma_p z)\tan\varphi_p \cos^2\theta + (1-m)c \tag{7.5-14}$$

式中:μ_p——砂石桩应力集中系数 $\mu_p = \dfrac{n}{1+(n-1)m}$;

p——计算深度 z 处的平均应力:

γ_p——桩体的重度;

z——计算深度;

φ_p——桩的内摩擦角;

θ——剪切滑动面与水平面的夹角;

c——桩间土的黏聚力。

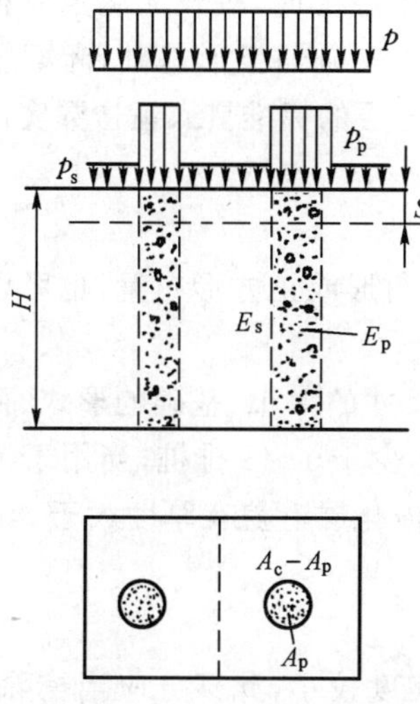

图 7.5-3　复合地基应力状态

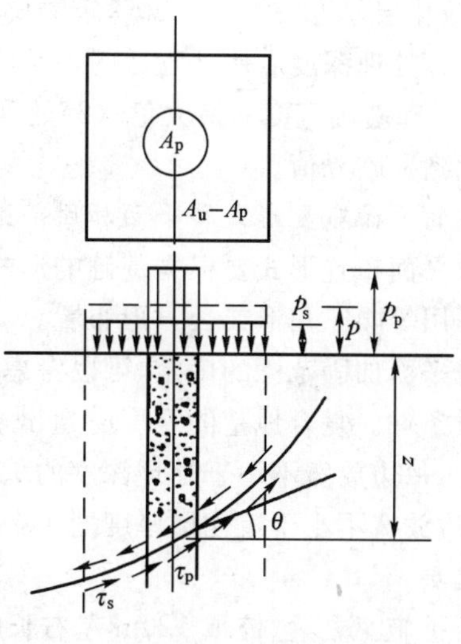

图 7.5-4　复合地基抗剪特性

其中，桩间土的强度 c，如不考虑荷载产生固结对桩间土强度的提高，则采用天然地基内聚力 c_0；如考虑桩间土上作用垂直应力 $p_s=\mu_s p$ 产生固结，则桩间土强度得到提高：

$$c=c_0+p_sU\tan\varphi_{cu}=c_0+\mu_s\cdot p\cdot U\cdot\tan\varphi_{cu}$$

式中：μ_s——应力降低系数，$\mu_s=\dfrac{1}{1+(n-1)m}$；

U——固结度；

φ_{cu}——桩间土固结不排水剪内摩擦角。

五、其他方面

1. *砂石料*

砂石料可使用砾砂、粗砂、中砂、圆砾、角砾、卵石、碎石等，这些材料可单独使用一种，也可以粗细粒料以一定的比例配合使用，改善级配，提高桩体的密实度，特别是在对砂石桩侧限作用较小的软弱黏性土中，可以使用含有棱角状碎石的混合料，以增大桩体材料的内摩擦角。

砂石填料中含泥量不得大于 5%。

2. 直径

砂石桩的直径取决于施工设备的能力，处理的目的和地基土类型等因素。对饱和黏性土地基应采用较大的直径。目前，国内实际采用的直径为 300～600mm，国外实际采用的直径，在陆地上为 600～800mm，在海上为 800～1 000mm，最大达 2 000mm。

3. 桩长

桩的长度主要取决于需加固处理的软土层的厚度，根据建筑物对地基的强度和变形条件等的设计要求以及地质条件而定，砂土地基还应考虑抗液化的要求。

当地基中松软土层厚度不大时，桩的长度根据松软土层厚度确定，砂石桩应穿透松软土层至较好土层。

当地基中松软土层厚度较大时，对于按稳定性控制的建筑物来说，桩的长度应不小于最危险滑动面的深度，其长度可以通过复合地基的滑动计算来确定。对于按沉降变形控制的建筑物，桩的长度应满足复合地基的沉降量不超过建筑物的容许沉降量的要求，也应通过复合地基的沉降计算确定。

对于可液化地基，当液化层较薄或上部建筑物要求全部消除地基液化沉陷变形时，桩的长度应穿透液化层，达到液化深度的下界，且处理后土层的标准贯入锤击数的实测值大于相应的液化判别的临界值；当液化层厚度较大或上部建筑物要求部分消除地基液化沉陷变形时，桩长的确定应符合下列两个要求：(1)处理深度应使处理后的地基液化指数不大于4，对独立基础与条形基础，尚不应小于基础底面下5m和基础宽度的最大值；(2)处理深度范围内，使处理后土层的标准贯入锤击数实测值大于相应的液化判别临界值。

4.桩的平面布置形式和平面加固范围

桩的平面布置形式要根据基础的形式确定，一般采用等边三角形或正方形布置，也可以按照基础的尺寸采用等腰三角形或长方形布置。

桩的平面加固范围的确定，可以考虑上部结构的特征、基础尺寸的大小、基础的形式、荷载条件和工程地质条件。复合地基的宽度应超出基础的宽度，每边放宽不少于1～3排桩；当用于消除地基液化沉陷时，每边放宽不小于处理深度的1/2，并不小于5m。当可液化层上盖有厚度大于3m的非液化层时，每边放宽不小于液化层厚度的1/2，并不小于3m。

5.垫层

砂石桩施工之后，桩顶1.0m左右长度的桩体是松散的，密实度较小，此部分应当挖除，或者采取碾压或夯实等方法使之密实。然后再铺设垫层，垫层厚度200～500mm，不宜太厚。

垫层的铺设应分层压实。垫层材料可选用中、粗砂或砂与碎石的混合料。

6.对邻近建筑物的影响

成桩时，特别是采用振动沉管法成桩时，对邻近建筑物及其可液化地基的沉降均产生不同程度的影响。施工中应采取必要的措施，以减小因此造成的影响。一方面要对邻近建筑物进行沉降观测或加速度观测，使附加沉降、加速度反应都在规范规定的界限内。另一方面挖设减振沟或者与相邻建筑物相结合的部分采用其他处理方法，如用锤击法代替振动沉管法等。一些实测资料表明，振动沉管法施工距相邻建筑物的最小的安全距离约等于处理的深度，一般情况下，应保持8～10m的距离为宜。

第四节　施工前的准备

施工前的准备工作很多，必须做好，重点有以下三个问题。

一、认真做好施工组织设计

编制好施工组织设计是保证工程进度和工程质量的重要环节，为此必须熟悉场地的工程地质和水文地质情况，掌握各土层的高程、厚度、物理力学性质，地下水的深浅和外界的连通情况，以便确定施工方案。并要了解地面和地下障碍物的情况，尤其是要了解地下水管、煤气管、电缆线等各种管线布置、走向和埋深以及地铁、隧道等地下建筑物的情况，以便采取妥善防护措施，保证顺利施工，要根据工程量、施工进度和设计要求，对主要机具设备用水量、用电量、功率、填料量进行必要的计算，使其满足工程要求。对施工现场总平面必须合理布置，如施工顺序、施工机具移动路线、现场道路布置、水管、电线布置走向、水准点、保护桩的位置、材料堆放、排污设施等必须稳妥、可靠、合理。

1.选定合理的施工方法和施工顺序

合理的施工方法和施工顺序，应根据工程的要求、场地的情况、采用的设备来选定。当施工场地开阔时，常用由“里向外”或“一边向另一边”逐排成桩法，这种方式有利于挤走部分软土，也不会出现制桩过程中的振挤困难。当地基强度较低时，为了减少对地基的扰动，可采用一孔隔一孔的“间隔跳打法”。当与周围建筑物邻近时，为减少施工过程中对周围建筑物的影响，应从邻近建筑物一边，逐步向外推移，或采用功率较小的设备。

2.选定合理的加料原则和加料方法

加料原则为“少量多次”，即加料的次数增多，加料的量不要太多，每次加料量对振冲碎石桩而言，以0.5～1.0m孔高为宜；对干振挤密碎石(砂)桩而言，约为1m孔高；对沉管碎石(砂)桩而言，为1～1.5m的沉管高度。加料方法对振冲碎石桩为将振冲器在孔内提高1.0～1.5m，随后边加料，边振密，逐段振实；对于振挤密碎石(砂)桩，为当振孔机到达设计深度后将其提起，向桩孔加料约1m左右，再放下振孔机将填料振捣密实；对沉管碎石(砂)桩为当填料到达管底后，将沉管提升1～1.5m，使管端平门开启，通过空压使填料进入桩孔。

3.其他工作

施工前应按设计桩位图、编好孔号，定出孔位，并做好保护桩，以便施工时复核桩位。施工结束后，应整理施工记录，发现问题及时补救，全部资料整理完毕后存档。

二、做好施工现场的三通一平

施工现场的三通一平是指水通、电通、料通和现场平整。

1.水通

要保证在施工过程中，供应有足够压力的供水量；另外，还须将施工中孔内排出的泥浆和地面污泥，通过排污水沟，用泥浆泵及时抽到沉淀池内，或运出现场，以保持现场文明施工。

2.电通

应根据现场的用电设备，准备一定功率、符合施工要求的三相、单相电源，电源电压应控制在380V±20V变化范围内，保证工作电流不降低，不影响施工质量。

3.料通

一个工程，往往需要上千吨甚至更多的填料，因此，施工前必须采购好符合工程要求的材料，施工现场必须有相应的临时材料堆场进行储存。料场的设置要考虑运料线路和运输距离以及填料不被污染，这样可提高工程进度和质量。

4.一平

施工现场必须清除地面和地下各种障碍物，保持施工现场平整，以便控制桩位和高程，保证顺利施工。

三、认真进行试验性施工

对大型的、重要的或场地复杂的工程，为保证工程质量和施工进度，在正式施工前，应选择有代表性的场地进行试验性施工，以确定有关施工参数、施工工艺及质量控制方法、质量控制指标。如成孔速度、填料量、填料方法、留振时间等，对振冲碎石桩还要确定合适的水压、水量和振冲器的密实电流。

第五节 振动水冲法

应用该法形成的桩体称为振冲碎石(砂)桩。

一、所 需 设 备

1.振冲器

振冲器是利用一个偏心体的旋转，产生一定频率和振幅的水平向振动力进行振冲置换和振冲挤密施工的一种专用机械设备。我国目前生产的型号主要有ZCQ—13型、ZCQ—30型、ZCQ—55型三种，其潜水电机的功率分别为13kW、30kW、55kW，转速为1 450r/min。最常用的是ZCQ—30型，其外壳直径351mm，长度2 150mm，总质量940kg，额定电流为60A，振动力为90kN。各种型号振冲器详见表7.5-1。此外还研究出一种双向振冲器，它是在水平向振冲器上附加垂直向振动装置，这种振冲器可以使成桩效果更理想。各种型号的选用,可根据加固工程的目的、离周围建筑物的距离、施工用电功率大小等因素来选择,一般讲当离建筑物较近时,可用功率较小的13kW振冲器,其他情况可用功率较大的振冲器。

振冲器的技术参数　　表7.5-1

型　号	ZCQ—13	ZCQ—30	ZCQ—55	BL—75
电机功率(kW)	13	30	55	75
转速(r/min)	1450	1450	1450	1450
额定电流(A)	25.5	60	100	150
不平衡质量(t)	29	66	104	
振动力(kN)	35	90	200	160
振幅(mm)	4.2	4.2	5.0	7.0
振冲器外径(mm)	274	351	450	426
长度(mm)	2000	2150	2500	3000
总质量(kg)	780	940	160	205

振冲器的构造详见图7.5-5。

2.起重机械

起重机械是起吊、悬挂、移动振冲器的必要设备,可采用履带式或轮胎式起重机、井架式专用平车,或其他符合起重、安全的合适的起重机具。起重机械的起重能力一般为8～15t,起重高度应大于设计桩长。

3.供水设备

通常采用离心泵供水,供水压力宜大于0.5MPa,供水量宜大于20m^3/h,水源可取自附近河流、水塘,对地基无侵蚀的天然水或生活用自来水。

4.运料加料设备

常用人力手推车,或其他运料设备,加料设备为料斗,保证施工进度和制桩质量达到工程施工要求。

5.操作控制柜

应配备150A以上容量的电流表(或自动记录电流计)、500V电压表等,控制柜应符合安全的有关规定。

6.排污设备

应配备与施工条件相适应的排污水泵,以保持施工现场文明生产。

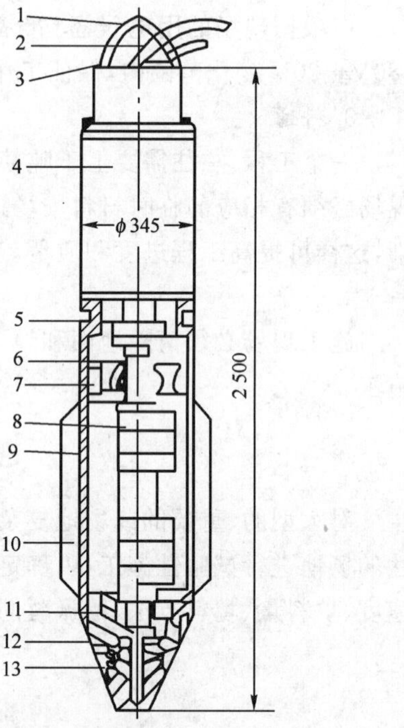

图7.5-5　振冲器的构造示意图(尺寸单位:mm)

1-吊具;2-水管;3-电缆;4-电机;5-联轴器;6-轴;7-轴承;8-偏心块;9-壳体;10-翅片;11-轴承;12-头部;13-水管

二、施工工艺、顺序、步骤

振动水冲法施工可按下列步骤进行。

(1)清理平整施工场地,布置桩位。

(2)施工机具就位,使振冲器对准桩位。

(3)启动水泵和振冲器,水压可用400～600kPa,水量可用200～400L/min,使振冲器徐徐沉入土中,直至达到设计处理深度以上0.3～0.5m,记录振冲器经各深度的电流值和时间,提升振冲器至孔口,对黏性土地基,在孔口和孔底各悬吊留振20s,来扩大孔口和孔底,以利填料顺利下沉。

(4)重复上一步骤1～2次，使孔内泥浆变稀，桩孔畅通，然后将振冲器提至孔口。

(5)向孔内倒入一批填料，应将水压和水量降低至孔口有一定回水，但无大量细颗粒带出为止。分段制桩，每段填料高度为0.5～1.0m。将振冲器沉入填料中进行振密，此时电流随填料的密实而逐渐增大，电流必须超过规定的密实电流，当采用了30kW振冲器时对黏性土地基密实电流为50～55A，对粉性土和砂土地基为40～50A，采用其他振冲器时，密实电流需大于空振电流的1.5～2.0倍。若达不到规定值，应向孔内继续加填料，振密，记录这一深度的最终密实电流、填料量和留振时间。

(6)将振冲器上提，继续制作上部的桩段；

(7)重复步骤5、6，自下而上地制作桩体，直至孔口；

(8)关闭振冲器和水泵。

振动水冲法的施工顺序如图7.5-6所示。

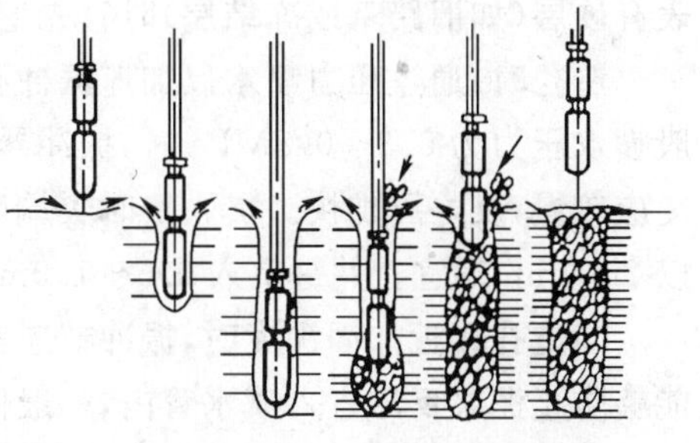

图7.5-6　振冲法施工顺序示意图

三、施工中应注意的问题

1.各桩段应符合密实电流、填料量和留振时间的规定

密实电流、填料量和留振时间的规定应根据试验性施工确定或根据设计要求决定。只有这三项都符合规定后，桩身质量才能得到保证。必须注意，绝不能将振冲器接触填料的瞬间电流当作密实电流，只有振冲器在固定深度上振动一定时间(称为留振时间)，而电流稳定在某一数值，这一稳定电流才是密实电流，对于黏性土地基，留振时间一般为10～20s。也不能使密实电流值超过潜水电机的额定电流，以免烧毁振冲器电机。

2.做好排泥水沟池

为保护环境，做到文明生产、文明施工，不能让振冲法成桩时产生的泥浆溢流场地，为此，在施工场地上应事先开设排泥水沟池，将成桩过程中产生的泥浆集中引入沉淀池。定期将沉淀池底部的厚泥浆挖出运送至预先安排好的存放地点。沉淀池上部较清的水可重复使用。

3.控制好水量、水压

振冲施工中水是很重要的。关于水，需要控制的一个是水量，另一个是水压。水量要充足，应使孔内充满着水，这样可防止塌孔，使制桩工作得以顺利进行。反之，水量亦不宜过多，过多时易把填料回出流走。关于水压，视土质及其强度而定。一般说，对强度较低的软土，水压要小些；对强度较高的土，水压宜大。成孔过程中，水压和水量要尽可能大；当接近设计加固深度时，要降低水压，以免破坏桩底以下的土。加料振密过程中，水压和水量均宜小。

4.对桩顶的处理

桩顶部1m范围内，由于地基土的上覆压力小，桩周约束力相应也小，因此桩顶的密实度很难达到要求，为此应将桩项部的松散桩体挖除，或用振动碾使之密实。若采用挖除的办法，对施工前的地面高程和桩顶高程要事先计划好。采取上述措施后，再在其上铺一层厚30～50cm的碎石垫层，并压实之。垫层上面再做基础。

5.对填料的要求

填料应选择不溶于地下水或不受侵蚀影响且本身无侵蚀性和性能稳定的硬粒料，一般可用碎(卵)石、角(圆)砾、砾砂、粗(中)砂、矿渣等，以保证桩的密实和承载能力。填料质量大，粒径及级配合适时，在孔中沉入速度较快，振密效果较好，生产效率亦高。由于振冲器与振冲孔周边间隙较小，因而若粒径过大，在边振边填过程中难以落入孔内，加固效果就差，若粒径过细，在孔中沉入速度太慢，也不易振密。实践证明，常用的填料直径在用30kW振冲器时为20～80mm，用55kW振冲器时为30～100mm，用75kW振冲器时为40～150mm，最终效果好，效率高。填料的含泥量大时，填入孔内将增加泥浆比重,使填料沉入速度减慢,振密时间加长,影响加固效果,故不宜大于5%,且不得含黏土块。

6.对造孔的要求

振冲施工可在原地面造孔,也可以在基坑(槽)开挖后造孔。前者比较方便,后者可节省填料。地表有硬层(如旧路基或冻结层)时宜先挖孔再振冲,以减少振冲器的碰撞和磨损。

造孔时,通过压力喷水以加速振冲孔处土的饱和与振动液化,并有利于回水和洗孔带走泥浆,一般喷水压力为0.3~0.8MPa时,振冲器贯入速度由地质条件确定,一般稍密或黏性大的地基,贯入速度应较慢,反之可加快。贯入快时尖端阻力大,成孔直径较小,这不利于填料落入和顺利施工。一般以2m/min为宜。并每贯入0.5~1.0m宜在该段高度悬留振冲5~10s,这有利于振冲洗孔扩大孔径。

当造孔接近加固深度时,振冲器应在孔底适当停留并减小射水压力,此时除可将泥浆带出孔外并能够防止泥浆反压进入喷水管内,一般保持1MPa的水压即可。

造孔中应注意观测密实电流,当其超过潜水电机的额定电流时,必须减速下沉或暂停下沉,或加强水冲,待将土质冲松后再下沉,以免烧毁振冲器电机。

7.做好施工记录

为了避免漏孔,施工时应复查孔位和编号,并做好记录,存档备查。施工记录格式见表7.5-2。每天施工完毕要及时填写"制桩统计图",见图7.5-7。填写内容有:桩号、制桩深度、填料量、需用时间和完成日期。

83401工程振冲置换桩施工记录　　表7.5-2

时间		深度	电流	填料①		备注	时间		深度	电流	填料①		备注
h	min	m	A	m^3	累计		h	min	m	A	m^3	累计	
8	0	0	15					14	6.3	60	2	14	
	1	3	35					15	5.9	65	2	16	
	2	6	35					16	5.4	60	2	18	
	3	7.5	40			提拉		17	5.0	65	2	20	
	4	7.5	35	1	1			18	4.5	60	2	22	
	5	7.5	30	1	2			19	4.0	65	2	24	
	6	7.5	35	1	3			20	3.5	70	2	26	
	7	7.5	40	1	4			21	3.0	75	2	28	
	8	7.5	40	1	5			22	2.5	65	2	30	
	9	7.5	45	1	6			23	2.0	60	2	32	
	10	7.5	45	1	7			24	1.5	65	2	34	
	11	7.5	50	1	8			25	1.0	60	2	36	
	12	7.1	60	2	10			26	0.7	60	1	37	
	13	6.7	65	2	12			27	0.4	65	—	37	

桩号　7　天气　晴　　日期　8316120　　作业用时间　0(h)27(min)

空载电流　15(A)　　施工电压　400(V)　　总填料量　37车①(m^3)

班长:　×××　　开机:　×××　　记录:　×××

注:①填料量用车数表示。

8.冬季施工和雨季施工应有相应的措施

冬季施工时,当地基表层已遭受冻结,宜将孔位处冻土破碎后再造孔,以免损坏振冲器。每班施工完毕后,应将供水管和振冲器内积水排净,以免受冻后造成施工困难。

雨季施工时应做好防雨措施，以免影响桩身质量。

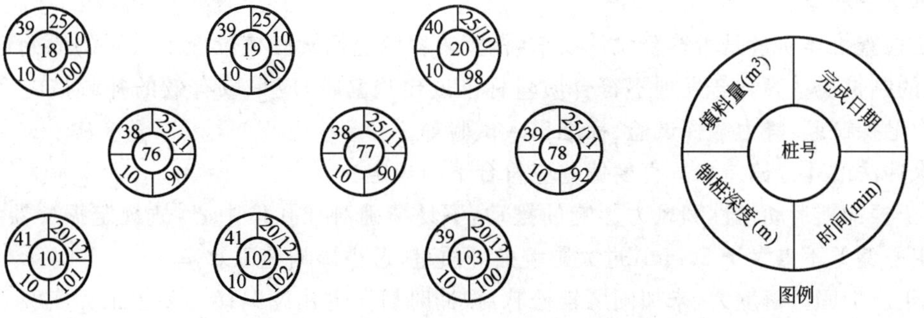

图 7.5-7　制桩统计圈

9. 建立、健全各项施工管理制度

为保证施工质量，必须通过加强管理，建立健全各项规章制度使它真正落实在施工的各个环节上。这些规章制度一般应包括培训制度、技术交底制度、岗位责任制、检查监督制度、考核奖惩制度等一系列行之有效的管理制度。

四、常见事故及处理

1. 密实电流、填料量、留振时间三者不能同时满足

制桩过程必须使密实电流、加料量、留振时间等三个影响桩体质量的主要因素都达到设计要求，并确保桩体每一加料段和每根桩体的质量都符合以上三个原则。

在施工中往往遇到以下一些情况：

(1)在土层较好的情况下，在制桩过程中，密实电流和留振时间往往容易先达到，而加料量不易达到，此时应以加料量作为桩体质量控制的重点；

(2)在土层较差的情况下，加料量和留振时间往往容易先达到，而密实电流不能同时达到设计要求，此时应以密实电流作为桩体质量控制的重点，在软黏土中施工，就是属于这种情况。

施工质量三要素不仅设计人员、质量管理人员要深刻理解，施工班长以及每个操作工人都得严格执行操作规定。因为这是一项隐蔽工程，待建筑物造上去后发现问题，再采取补救措施是劳民伤财的头痛事，只有真正掌握好这三个要素，质量才有保证。

2. 桩底冲成大孔

必须十分重视桩底的制作质量，桩底在成孔时，若水压控制不好，往往容易被高压水冲成大坑，因此回填料时，加料量比桩身要大得多，有时可达总填料量的 25%～30%，虽然开始加料时，有部分填料要沿途沾留在孔壁上，也要增加填料量，但由于桩底直径大，需填料量大，此时密实电流往往不易达到，若桩身质量也不严格控制，很容易造成工程失败，为此在施工中必须十分重视桩底质量的控制，务必使它满足设计要求。即当接近设计加固深度时，要降低水压，以免将桩底冲成大孔。

3. 桩顶密实度不满足时

完工后，发现桩顶密实度不满足要求时，应将其挖除后再用碎石将其补足，或用振动碾使之密实，最后在其上铺一层碎石垫层。

4. 偏差超过规定时

应根据工程要求、机具情况、土体性能选取下述措施：(1)降低荷载；(2)加厚垫层；(3)增加桩数。

五、质量检验

质量检验分施工质量检验和加固效果检验两部分。认真做好检验工作，这对确保工程质量是十分重要的。检验合格，才可进行下一道工序，进行基础工程施工。各种检验资料作为隐蔽工程验收的

依据,应检验完毕汇总存档。

1.施工质量检验

主要是检查桩体质量是否符合设计要求,检查内容应包括所有桩位施工过程的原始记录、桩位偏差、每报桩的制桩质量等。若发现不符合质量标准或出现漏桩,应采取有效的补救措施,常用的检验方法有动力触探试验、静力触探试验、标准贯入试验等。

振动水冲法的孔位偏差和垂直度偏差应符合下列规定。

(1)由于振冲器运动惯性和风力影响的摆动,不易精确对准孔位中心,故规定振冲器尖端喷水中心与孔位中心偏差不得大于50mm,过大影响处理质量,过小影响施工效率。

(2)由于已加固区密度大,未加固区较松软,振冲时易发生孔位偏移。多年工程实践表明,成孔中心与设计中心偏差一般在100mm左右,故规定不得大于100mm。

(3)根据现场观测,施工完成后,桩顶中心与孔位中心仍有50～200mm的偏差,因此规定不得大于0.2D(D为桩身直径)。

(4)成桩后测定,桩都有一定的倾斜,过大会影响受力状态,过小不易做到,故规定垂直偏差不得大于1%。

2.加固效果检验

这是在桩体质量全部符合要求后,验证单桩和复合地基的力学性能是否满足原设计的各项要求,如单桩和复合地基的容许承载力、沉降量、抗剪强度指标等。常用的检验方法有单桩、单桩复合地基载荷试验和多桩复合地基大型载荷试验,对土坡抗滑稳定可用原位大型剪切试验。

3.检验数量

一般根据地基土的性质和薄弱环节、工程规模的大小、建筑物的等级和重要性来决定,建议如下:

(1)对单桩载荷试验,可按200～400根桩随机抽取1根进行检验,对一个单位工程,试验总数不得少于3根;

(2)对单桩或多桩复合地基大型载荷试验,一般选2～4组,地质条件复杂,宜多做几组,反之做1～2组即可;对多桩复合地基大型载荷试验,所用荷载多,时间长,费用高,应在技术、经济上充分论证,必须做时才做。

4.检验时间

由于在制桩过程中原土的结构受到不同程度的扰动,强度有所降低,因此制桩结束后,必须使土有一段休置时间,待土的强度恢复后方可进行试验,这段时间称为恢复期,恢复期的长短根据土的性质而定,对砂性土地基宜取1～2周,对黏性土地基取3～4周,对粉土地基和杂填地基宜取2～3周。

第六节　干振成孔法

由于振动水冲法排出的泥浆要污染环境,为克服该缺点,人们提出了干振成孔法,根据机具设备的不同可分为以下几种桩型:沉管碎石(砂)桩、沉管夯扩碎石(砂)桩、干振挤密碎石(砂)桩。干振挤密碎石(砂)桩主要用于河北省等北方地区,适用于孔隙比大于0.85,液性指数小于0.8的黏性土地基,以及炉灰、炉渣、建筑垃圾等杂填土地基。由于桩长受振孔机桩管长度的限制,只能达到6m,故其使用受到局限。

一、沉管碎石(砂)桩和沉管夯扩碎石(砂)桩所需设备

1.电动振动锤

该锤是利用电动机带动两组偏心块(每组有6～9个偏心块)作同速相向旋转,使偏心块在旋转时

产生的横向离心力相互抵消，而竖向离心力则相加，由于偏心块转速快，于是使整个系统沿桩的铅垂方向产生按正弦波规律变化的激振力，形成垂直方向的往复振动迫使桩管沉入土中。常用的振动锤为 D2—20y 和 DZ—40y，其主要技术参数见表 7.5-3。

振动锤主要技术参数表 表 7.5-3

项 目	数据	
	DZ—20y	DZ—40y
静偏心力矩(kN·m)	0.19	0.19
激振力(kN)	180	230
振动数(次/min)	950	1 050
质量(t)	3.1	3.2
空载加速度(m/s^2)	8.9	11,5
电动机功率(kW)	30	37/40
允许加压力(kN)	100	100
空载振幅(cm)	0.8	0.93

2. 打桩架

按行走方式可分为滚管式、轨道式、步履式和履带式。滚管式靠两根滚管在枕木上滚动，其结构简单，制作容易，但平面转向不灵活，操作人员多。轨道式打桩架用轨道行走底盘，多电机分别驱动集中操纵控制。步履式以步履方式移动桩位和回转，机动灵活，移动方便，打桩效率较高。履带式以通用型履带起重机为主机，以起重机吊杆悬吊打桩架导杆，在起重机底盘与导杆之间用叉架连接，其桩架构造简单，操纵方便，但垂直精度调节较差。常用的打桩架为 DZ—20y 和 DJ—20J，其主要技术参数见表 7.5-4。

打桩架主要技术参数 表 7.5-4

项 目	数 据	
	DZ—20y	DJ—20J
沉桩直径(mm)	400	400
允许最大压力(kN)	100	100
主卷扬机功率(kW)	13	11
全机质量(t)	16	17.5
配电箱功率(kW)	50	

3. 沉管

一般采用 ϕ300～ϕ400mm 的钢管，个别已用到 ϕ600mm 的钢管。

4. 运料加料设备

基本同振动水冲法，为提高打桩功效，保证桩身质量，常将料斗提升到一定高度向沉管中加料、沉管不需拔出地面。

5. 加压装置

加压装置由加压滑轮组及压力表等组成。它的作用是将填料分段压密，加压程度由压力表来控制。

6. 实例介绍

上海宝钢原料场采用日本引进的振动砂桩机，现介绍于下：该机分三大部分，其配置图见图 7.5-8。

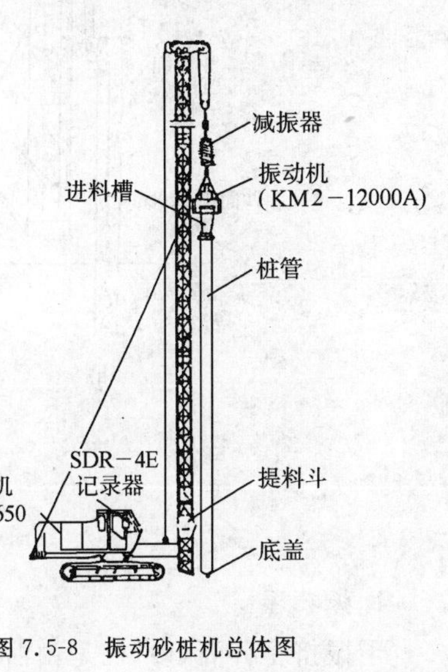

图 7.5-8 振动砂桩机总体图

(1)KM2—12000A 型振动机

KM2—12000A 型振动机的主要技术参数见表 7.5-5 所示。振动机所产生的振动为垂直定向振动。在振动机内装有一对横轴与固定于横轴上的偏心摆重。两轴由齿轮带动,互相按同步反方向回转,以使左右水平向的振动力互相被抵消,只有垂直定向的振动力传至套管。

KM2—12000A 型振动机技术参数　　表 7.5-5

名　称	单　位	数　值	名　称	单　位	数　值
偏心力矩	N·cm	120 000	电动机输出	kW	90
振动数	r/min	510	减振器全负载	kN	300
起振力	kN	340	减振器弹簧常数	N/cm	8 100
空转时振幅	mm	22.1	振动机质量	kg	5 600
空转时加速度	m/s^2	63.02			

在起振箱内横轴上安装的齿轮偏心体,由电动机通用三角皮带带动。偏心体的大小,主要是以偏心体的重力与重心的角度来考虑。KM2—12000A 型振动器使用固定偏心体,振动力和频率的大小,可用更换皮带轮大、小来调正。

打砂桩时,因振动频率较高又套管前端加风压,使套管周围土的摩擦力显著下降。而打桩时受到最大抵抗力部分,即套管前端的抵抗力,这与地基的 N 值有关。打桩机所需的电力,主要是用于消除套管前端抵抗力。

(2)IPD—80 型起重机

IPD—80 型履带式起重机,额定功率 110kN,起质量 40kN,最大行走速度为 1.2km/h;

(3)SDR—3M 型(或 SDR—4E 型)记录仪

挤密砂桩施工管理仪器,分别采用四笔式记录仪或三笔式记录仪,这两种仪器根据自动平衡电位差计的原理制成。在施工过程中,分别自动连续记录套管贯入深度、拉拔量、压入量、套管内砂石上升和下降的移动量、套管内的排砂量(三笔记录仪无砂面和砂量记录)以及振动器电机的电流值,通过发信器、运算部、操纵监视显示器,再经过伺服器放大后,用伺服电机进行记录。记录仪示意图如图 7.5-9所示。

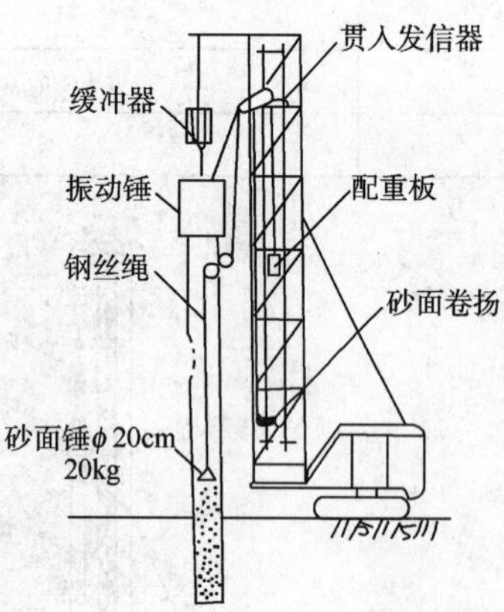

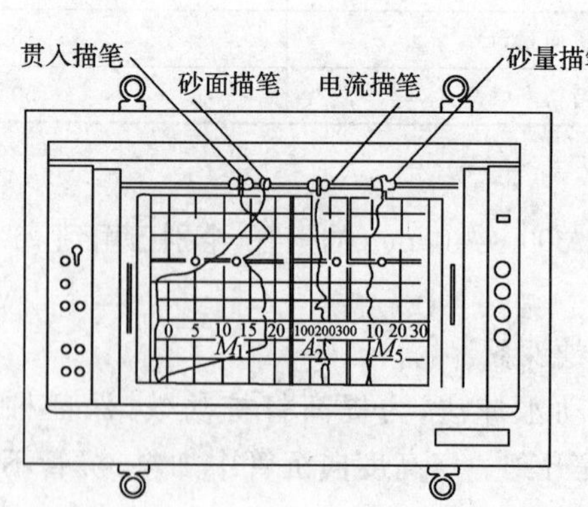

图 7.5-9　SDR—4E 记录仪示意图

二、干振挤密碎石(砂)桩所需设备

1. 振孔器

干振挤密碎石(砂)桩是由河北省建筑科学研究所等单位开发成功的,主要设备是干法振动成孔器,由邯郸建筑机械厂生产,型号为GZK28/23,其构造见图7.5-10。

振孔机的直径为280～330mm,有效长度6m,质量2t,内有偏心体,上部有40kW电动机驱动,使偏心体以24r/s速度转动,产生130kN左右的激振力,结合自重使地基破土成孔,并挤密砂石及周围土体。

2.起重机械

它是起吊、悬挂、移动振孔机的专用设备,可采用履带式起重机或其他专用机械。其工作状态与振动水冲法施工相同。

3.运料供料设备

基本同振动水冲法。

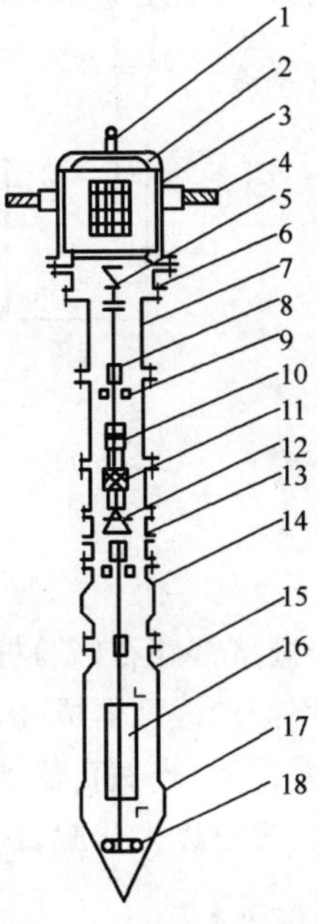

图7.5-10 干法振动成孔器

1-吊点滑轮;2-电动机;3-电机罩;4-反扭臂;5-联轴器;6-电机座;7-套管;8-传动轴;9-滚珠轴承;10-滚珠轴承;11-滚珠轴承;12-万向节;13-减振器;14-配重体;15-振动壳;16-振子;17-分动头;18-止推轴承

三、施工工艺、顺序及步骤

采用沉管打桩机在地基中设置碎石(砂)桩按施工方法可以分为三种:管内投料重锤夯实法;管内投料振动密实法;先拔管、后投料复打密实法。

(1)管内投料重锤夯实法有多种施工方法。武汉某些单位开发的内击式沉管碎石(砂)桩采用的设备是具有两个卷扬机的简易打桩架,一根直径300～400mm钢管,长度根据所需加固地基深度和打桩架高度确定,管内有一吊锤,其重力大于10kN。该法工艺为:首先将桩管立于桩位,管内填1m左右碎石(砂),然后用吊锤夯击桩位,靠碎石(砂)和桩管间的摩擦力将桩管带到设计深度,最后分段向管内投料和夯实填料,同时向上提拔桩管,直至拔出桩管,形成碎石(砂)桩。

(2)管内投料振动密实法通常采用振动沉拔管打桩机制桩,管内没有重锤夯实,依靠沉管振动密实,但要控制拔管速度,注意填料量,达不到要求时要复打。

(3)先拔管、后投料复打密实法通常用常规沉管打桩机沉桩管,然后将桩管拔出。再向桩孔中投料,利用复打的方式密实桩体填料,形成碎石(砂)桩。对于容易发生缩孔的地基,该法不能采用。

(4)夯扩碎石(砂)桩法是沉管碎石(砂)桩法中先拔管、后投料复打密实法的发展。施工工艺如下:先将沉管沉至设计深度;边投料边拔管,一次投料数量和一次拔管高度应根据夯扩试验确定;将投料夯扩成设计直径,如ϕ377mm的沉管可将碎石(砂)桩夯扩到直径600mm;然后再边投料边拔管,再夯扩,直至制成一根夯扩碎石(砂)桩。夯扩碎石(砂)桩桩体直径大,且密实度高,桩体承载力高。若地基中各土层强度不同,在相同夯击能作用下,低强度土层中碎石(砂)桩桩径较大,高强度土层中碎石(砂)桩桩径较小,形成葫芦状,有利于提高加固效果。

(5)沉管碎石(砂)桩和沉管夯扩碎石(砂)桩施工可按下列步骤进行。

①沉管就位,使沉管中心对准桩位中心。

②沉管成孔,此时沉管端部的平门呈关闭状态,沉管深度为设计桩长。

③加料。加料是分段进行的,当填料到达管底后,将桩管提升1～1.5m,这时管端平门呈开启状态,由空压系统加压,使填料由管端进入桩孔。

④加压。用加压装置将沉入桩孔的填料振压结合,使碎石振压密实,此时桩管端部平门处于关闭状态,填料经振压后,桩体直径变粗,成桩直径约为600mm。

⑤成桩。如此重复上述施工顺序,桩体就由下而上形成,直至地表,拔出桩管,转入另一桩位。

⑥干振管内投料法成桩工艺流程大致如图7.5-11所示。

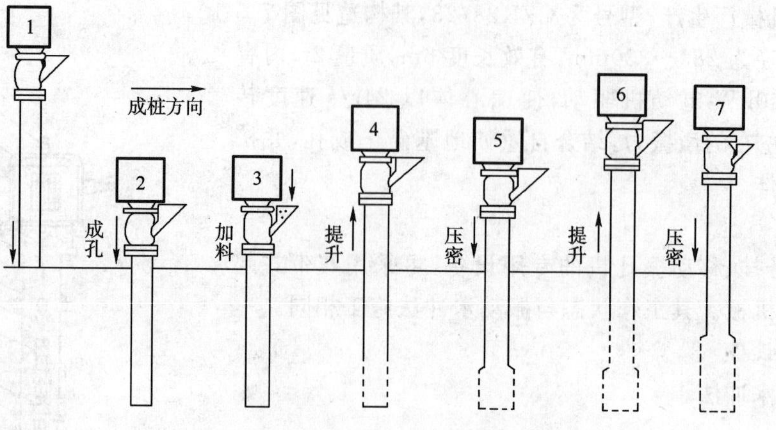

图 7.5-11　干振管内投料法成桩工艺流程

(6)干振挤密碎石(砂)桩施工可按下列步骤进行。

首先用振动成孔器成孔，当振孔器沉入地基中时，原孔位的土体被振到桩周土体中去，桩间土也有振挤密实作用；当振孔器到达设计深度后提起振孔器，向桩孔加料约 1m 左右，再放下振孔器将填料振捣密实。重复以上步骤，这样就由下往上制成 400～700mm 直径的砂石桩体。

四、施工中应注意的问题

1.各桩段应符合加料量、加压质量、振压时间的规定

在沉管碎石(砂)桩施工过程中，加料量的控制是保证桩体均匀连续的基础，应通过随桩管匀速振动提升检测桩管内的面层高程来实现。

$$理论灌料量\ V_{理论}=(L_{桩长}+H_{垫层})\times\pi D^2_{桩外径}\times K/4+V' \quad (7.5\text{-}15)$$

式中：$V_{理论}$——理论计算需要灌料的体积；

$L_{桩长}$——设计桩长；

$H_{垫层}$——砂垫层厚度；

$D_{桩外径}$——桩管的外径；

K——天然碎石(砂)体积与振动密实碎石(砂)体积之比，通过试验取 $K_{砂}=1.31$，$K_{碎石}=1.35$；

V'——表示装砂石(砂)损耗量和震动引起砂垫层表面形成的凹坑，依据现场探摸资料，取 $V'=0.25\text{m}^3$。

$$P_{灌料率}=V_{实际}/V_{理论}\times100\% \quad (7.5\text{-}16)$$

式中：$P_{灌料率}$——灌料率，宜大于 95%；

$V_{实际}$——灌料至理论计算刻度的实际灌料量。

为保证桩身质量，填料必须分段振密和压密，加压质量由压力表测定，其值和振压时间通过试验确定。

在干振挤密碎石(砂)桩施工过程中，必须使每一料段的加料量、密实电流、留振时间同时达到设计要求，一般密实电流控制在 80A，留振时间为 15s。

2.控制每次升高长度和向下振压距离

为避免桩身产生缩颈、断桩等质量事故，必须保证下部平门的灵活开启、控制每次升高长度和向下振压距离，这是保证桩体密实程度的关键，一般每次上提 1～1.5m，下压 1/2～2/3 提升长度，在施工中必须严格控制。

对于挤密砂桩，桩管必须缓慢匀速提升，同时边灌砂边灌水，才能保证砂子饱和密实。

3. 加强试成孔和试成桩工作

为保证质量,正式成孔和成桩前先进行试验,以取得拔、压管速度和最终贯入度的控制值,对垂直度和偏位要严格要求,必须在规定以内并做反插复打以保证密实度。

4. 对填料的要求

与振动水冲法类同,应选择不溶于地下水或不受侵蚀影响且本身无侵蚀性和性能稳定的硬粒料,一般可用碎(卵)石、角(圆)砾、砾砂、粗(中)砂等。砂的含水率对砂桩密实性有很大影响,为采用单管冲击式或振动式一次打拔管成桩法或复打成桩时,使用饱和砂;采用双管冲击式或单管振动式重复压拔管成桩时,取 7%~9% 含水率,在饱和土中施工时也可使用天然湿度砂或干砂。

5. 沉管下沉条件

必须同时满足 $F_{激振力} > P_{侧摩阻力}$ 和 $G_{系统重力} > P_{端阻力}$。$P_{侧摩阻力}$ 和 $P_{端阻力}$—可通过试验确定,也可根据地区经验或规范选定。G 系统重力包括振动锤自重、桩管自重、漏斗等配重和砂石重力之和。

6. 做好施工记录

参见振动水冲法。

7. 建立健全各项施工管理制度

参见振动水冲法。

五、常见事故及处理

1. 填料量达不到要求时

为保证质量,填料量必须满足要求,如达不到要求,应改进施工设备和施工工艺,增长激振时间。或在原位沉下桩管,再次填料,进行振动挤压,或每次拔起桩管再往下挤压激振 30s。

2. 发生缩颈、断桩时

出现上述情况,应检查沉管下部平门,使其能灵活开启,同时调整沉管每次上升高度和向下振压距离,必要时进行补打。或在套管入土前,先在套管内投砂 2~3 斗,打入规定深度时,复打(空)2~3 次,否则,当套管上拔时,软土会重新回复,形成缩颈和断桩。

对于干振挤密碎石(砂)桩,当发现缩颈,断桩时,再次向桩孔加料,然后放下振孔器继续振捣,克服上述缺陷。

3. 桩顶密实度不满足时

通过检测,发现上述问题时,应将不满足部分挖除,再用碎石(砂)料将其补足,或用振动碾碾压密实,最后在其上铺填碎石垫层。

4. 偏差超过规定时

可采取下述措施之一或几种措施同时采取以满足设计要求:(1)加厚垫层;(2)旁边补桩;(3)降低荷载。

六、质 量 检 验

质量检验分施工质量检验和加固效果检验两部分,因这是隐蔽工程,施工完成后施工质量检验将很难进行,故施工过程中必须层层把关,在上一道工序检验合格后,方可进行下一道工序。检验过程中各种检验资料作为工程验收的依据,应汇总存档。

1. 施工质量检验

主要检查桩体质量是否符合设计要求,包括桩位偏差、桩径大小、桩身密实度、桩的垂直度等,一般规定为:

(1)桩位偏差不得大于 $0.2D$(D 为桩身直径);

(2)桩身垂直度偏差不得大于 1%;

(3)桩径大小不得小于设计值;

(4)桩身相对密度应大于80%。

为摸清桩径和桩身密实度,施工中应测定填料的排出率,即当桩管拔起到规定高度后,用测锤测定桩管内填料的位置,据以了解进入孔内的填料量,如桩管拔起高度为 h_1,桩管内填科下降高度为 h_0,则其排出率 $\eta=h_0/h_1$,当桩管再次压下时,填料被压实,该时孔内填料高度为 h_2,则压入比 $V=h_0/h_2$,施工时可用实际压入比来控制,实际压入比必须满足设计的要求。

施工后可用动力触探、静力触探、标贯击数来检验,发现不符合质量标准,应采取有效的补救措施。

2.加固效果检验

当桩体质量全部符合设计要求后,还要进一步检验单桩和复合地基的力学性能,看其是否满足设计提出的各项要求。采用的检验方法与振动水冲法同。

3.检验数量

采用随机抽样检验,其数量与土性、工程规模、建筑物等级有关,可参见振动水冲法中的规定。

4.检验时间

制桩过程中,土体结构会受到扰动,使其强度降低,所以土体要有一个恢复期,待其强度恢复后方可进行检验。恢复期的长短根据土性而定,对砂性土地基宜取1～2周,对黏性土地基宜取3～4周,对粉土地基和杂填土地基宜取2～3周。

七、工 程 实 例

[实例1] 上海市南市区人民法院法庭大楼振冲法加固软土地基

1.工程概况

该工程位于上海市河南南路,尚文路口附近,建筑物占地长为19.66m,宽为14.46m,面积约284m²。场地四周与老建筑物靠得很近,尤其是西面、南面与老建筑的山墙紧挨,东面距老建筑物的山墙也仅有1～1.5m,新、老建筑物的基础也基本上相靠拢,而新基础的埋深又比老基础平均深约1m。

本工程为框架结构,北面为三层,采用条形基础,南面为五层,片筏基础,整个基础及结构无沉降缝。

工程场地狭小,土质却较为复杂。北面10m范围内原有一钢筋混凝土人防工程,埋深4.5m,施工前已被凿除,回填较疏松的杂填土;南面是原二层老建筑,施工时被拆除;中间地段为原花园地带,整个场地地质条件为不均质地基,如图7.5-12所示。

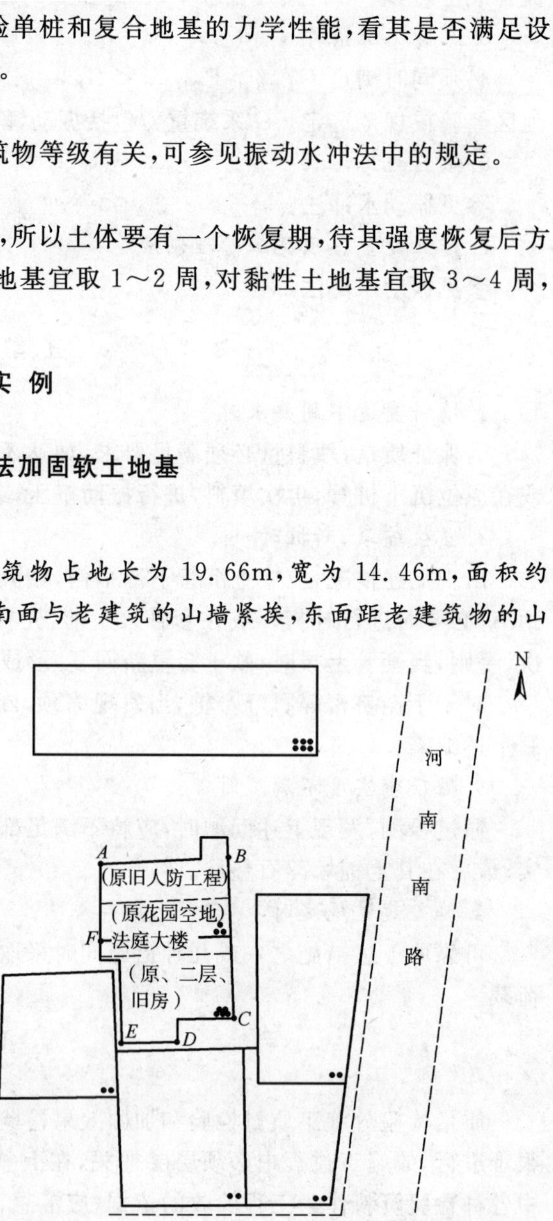

图7.5-12 工程平面图

2.工程地质条件

根据工程地质勘察报告,本工程有暗浜通过,其大致走向为西北～东南。基础下存在原人防部位的新回填土、灰色淤泥质粉质黏土和淤泥质黏土,属高压缩性土,需加固处理。土的主要物理力学指标详见表7.5-6。天然地基的承载力标准值为76.5kPa,十字板抗剪强度 $S_v=31.7$kPa。

3.设计计算

按照上部结构设计要求,地基经振冲加固后,其承载力标准值需达到117.6kPa。设计时,基础范围内采用正方形满堂布桩,桩间距1.5m,桩长8m,即桩端到淤泥质粉质黏土与淤泥质黏土的交界面上。地基加固的目的主要是减小差异沉降和提高地基承载力，根据以上的布桩方案进行试算。

土的物理力学指标　　表 7.5-6

序　号	土　名	层厚 H (m)	含水率 w (%)	重度 γ (kN/m³)	孔隙比 e	压缩模量 E_s (MPa)	内摩擦角 φ (°)	黏聚力 c (kPa)	液性指数 I_L
1	填土	3.5～3.9							
2	淤泥质粉质黏土	1.0	40.3	18.4	1.08	3.13			1.45
3	粉质黏土	1.5～1.6	33.8	18.7	0.94	5.17	17°36′	5.3	
4	淤泥质粉质黏土	2.0	44.4	17.8	1.22	3.35	8°35′	5.0	1.55
5	淤泥质黏土	6.0	51.1	17.0	1.51	2.03	10°	8.0	1.31
6	黏土	未穿	44.2	17.9	1.22	3.54	10°30′	13.0	1.01

(1)单桩极限承载力计算

采用 J. Brauns 公式计算：

$$[p_p]_{max} = 20.75c_u$$

因地基土的不排水抗剪强度 c_u 与十字板抗剪强度 S_v 大致相等，故取 $c_u \approx S_v = 31.7\text{kPa}$，得：

$$[p_p]_{max} = 20.75 \times 31.7 = 658\text{kPa}$$

若取安全系数 $K=2.5$，则单桩承载力标准值 $f_{p,k}=[p_p]_{max}/K=263\text{kPa}$。

(2)复合地基承载力计算

由布桩形式和间距得到面积置换率 $m=0.224$，取桩土应力比 $n=3.5$，天然地基的承载力标准值 $f_{s,k}=76.5\text{kPa}$，则复合地基承载力标准值为：

$$f_{sp,k} = [1 + m(n-1)] \qquad f_{s,k} = 119\text{kPa}$$

若用 $f_{sp,k}=[1+m(n-1)]\cdot(3S_v)$公式计算，则可得 $f_{sp,k}=148.4\text{kPa}$。

根据计算结果，加固后复合地基的承载力 $f_{sp,k}\geqslant 117.6\text{kPa}$，能满足设计要求，也即满堂布桩是合理可靠的。

4.施工方法

(1)施工技术

本工程振冲器采用 ZCQ—30 型，起重机械采用履带吊车附自制机架，用就近自来水直接供水，用人力手推车加料，填料采用粒径为 40～70mm 碎石，加料采用将振冲器在孔内提高 1.0～1.5m，随后边加料、边振密、逐段振密的方法，每次加料为两小推车约 0.25m³，贯彻“少量多次”的原则。大部分桩位的施工顺序采用由里向外的施工方法，对紧靠周围建筑物的桩位，采用先从邻近建筑物一边施工，再逐排向外推移的方法，而对于紧靠旧房山墙的一排桩位，采用一孔隔一孔跳打法施工。

(2)质量控制

振冲桩的施工质量是加固地基能否成功的关键，因此制桩过程中严格使密实电流、加料量和留振时间这三个主要因素同时达到设计要求。密实电流控制在 50～55A，留振时间为 30～60s。由于在基础范围内约有 1/3 面积是旧人防工程，振冲施工前被凿除，回填土后再施工的，因填土未经压实，颗粒孔隙很大，所以在施工时加料量增加很多，有时还是达不到密实电流值，因此本工程制桩质量的重点是控制密实电流值。

(3)施工对周围建筑物的影响

本工程在西、南、东面紧邻旧房，尤其是西面，旧房为解放前建的二层砖混结构，山墙为空斗墙，用灰土混合砂浆砌筑，在紧靠北山墙的一排桩施工时，山墙墙面振动较强烈，墙面粉刷局部有脱落，但不影响墙体安全。这与打设钢筋混凝土桩相比，具有明显的优越性。

(4)施工中的排污

本工程场地狭小，又地处居民区，排污是一个较大的问题。施工中在场地内搭设沉淀池，用污水泵将污泥抽到沉淀池内，等污泥沉淀后再集中排污。

5. 质量检验

本工程在施工中，随时对制桩质量进行了检验，施工结束后，做了两根单桩静载荷试验和一根单桩复合地基载荷试验，并进行了沉降观测。

(1)单桩静荷载试验

荷载板的直径与桩的直径相同，$D=80\text{cm}$，在 $p—s$ 曲线上取 $s=0.02D$ 相应的荷载值作为承载力标准值，实测为270kPa，推算得复合地基承载力标准值为118.48kPa。图7.5-13为两根桩静荷载试验 $p—s$ 曲线。

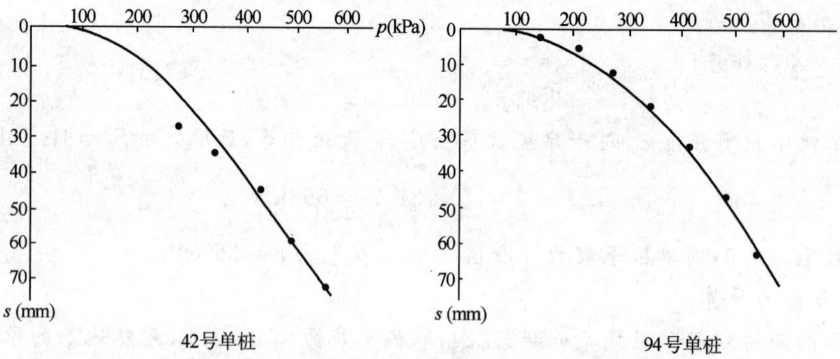

图 7.5-13　单桩静荷载试验 $p—s$ 曲线

(2)单桩复合地基静荷载试验

本工程布桩的纵横向间距 $L=1.5\text{m}$，每根桩承担的加固影响面积为 $1.5^2=2.25\text{m}^2$，荷载板的尺寸为 $1.5\text{m}\times1.5\text{m}$，实测得复合地基的承载力标准值为 $f_{\text{p,k}}=135.73\text{kPa}$。图7.5-14为单桩复合地基荷载试验 $p—s$ 曲线。

(3)沉降观测

本工程在基础施工完毕后，在底层框架柱脚埋设了沉降观测点，观测结果见表7.5-7，观测结果表明，沉降比较均匀，说明加固效果良好。

沉降观测值　　表 7.5-7

观测点 \ 沉降量(mm) \ 日期	第1次 1985.11.7	第2次 1985.12.30	第3次 1986.2.3	第4次 1986.3.18
A	0	50	62	62
B	0	49	57	57
C	0	83	90	93
D	0	41	47	53
E	0	58	65	71
F	0	59	67	68

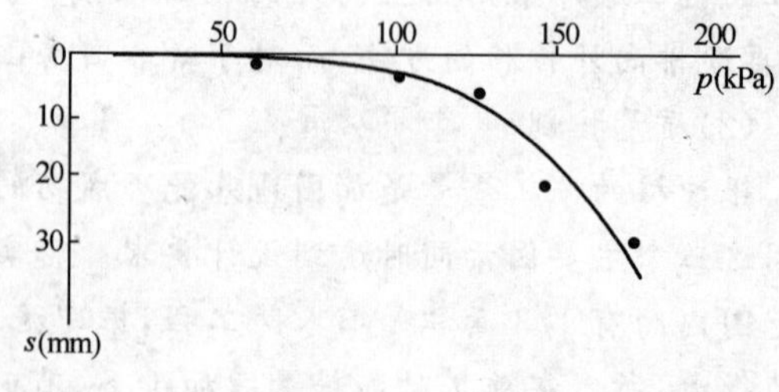

图 7.5-14　单桩复合地基荷载试验 $p—s$ 曲线

[实例2]　振冲碎石桩加固南通天生港电厂砂性土地基

1. 工程概况

南通市天生港电厂厂址位于长江下游北岸，属冲积平原。加固工程项目有：电厂厂房和设备及高

150m 的烟囱地基。其中主厂房基础的埋深 4.0m，座落在粉砂层上，其天然地基的承载力设计值为 80kPa，无法满足设计要求，故采用振冲法加固。加固后要求达到的承载力设计值为 250kPa，容许沉降量控制在 80～140mm。

2. 工程地质条件

厂区土属第四纪长江冲积层，土层分布见图 7.5-15。自上而下可分为：第一层为填土，平均厚度 1.8m；第二层黏质粉土，平均厚度 1.2m；第三层为粉砂土，平均厚度 4.2m，第四层细砂，平均厚度 21.5m，以下为较密实的粉质黏土，钻孔未穿透。地下水位一般在天然地面下 1.3～2.0m。

3. 加固设计

锅炉间和烟囱地基的加固深度为 11m；汽轮机间和煤仓间地基的加固深度为 9m；振冲孔间距 1.4m三角形布置，在设备基础外围均增加两排桩。整个工程共 5 500 根桩，每米桩柱填料为 0.5m³。

4. 施工方法

填料为碎石，最大粒径为 40mm，用 0.5m³ 翻斗车填料。采用刚性导向架—吊管系统悬挂振冲器，振冲器为 ZCQ—30 型，三台起重机同时施工，每天分 2～3 班工作，平均每班完成 6～8 根桩。施工采用平行推进顺序。

5. 加固效果检验

检验加固效果如图 7.5-16 所示。

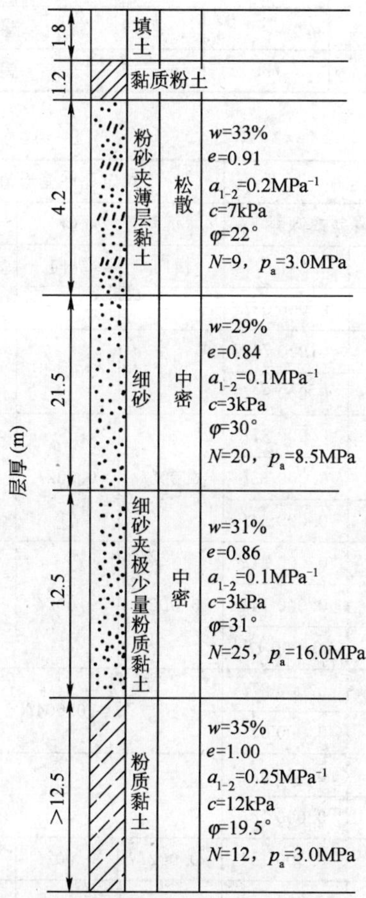

图 7.5-15　南通天生港电厂地质剖面图

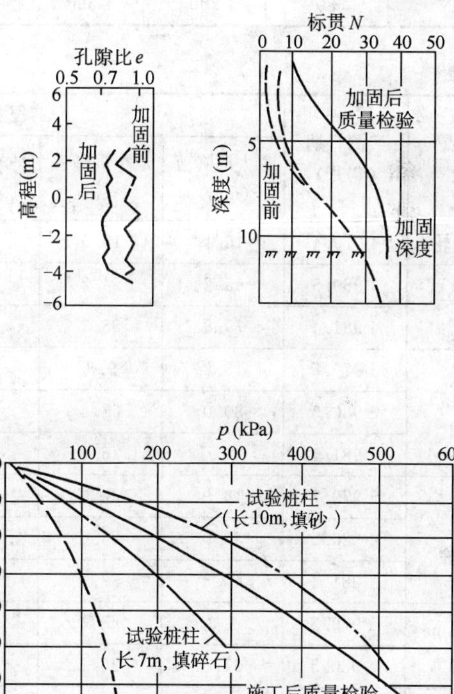

图 7.5-16　加固效果检验

(1)孔隙比测定

加固前 $e=0.883$，加固后 $e=0.759$，孔隙比减小 14%。

(2)标准贯入试验

加固前砂土层平均标准贯入击数 $N_{63.5}=13$，加固后的平均值 $N_{63.5}=34$，经振冲加固标贯击数提高了1.6倍。

(3)荷载试验

采用3m×3m荷载板进行静荷载试验。天然地基极限荷载达到120kPa、沉降为78mm时地基破坏。复合地基试验抽三组，分别加载到300kPa、500kPa、600kPa均无破坏，证明承载力可提高到5倍以上，试验数据见表7.5-8。

(4)沉降观测

电厂的地基加固工程于1978年10月完成，1979年进行了土建和设备安装，1979年12月第一台12.5万千瓦汽轮发电机发电投产，长期以来运行状况良好。长期沉降观测于1979年2月19日开始，至1981年4月1日共进行了十多次观测。测得最大沉降量为107.7mm，未超过140mm的允许值；测得烟囱的最大沉降量为45.5mm，最大倾斜率为0.000 93(允许倾斜率为0.004)。沉降观测值可参见表7.5-9。

复合地基载荷试验资料　　表7.5-8

组　别	下列沉降量(mm)时的地基承载力(kPa)						回弹值(mm)	位　置
	10	20	30	40	50	60		
1			440				8	汽轮机间
2	120	260	400	550	710		13	爆仓间
3	80	200	390	460	610	750	15	锅炉间

沉 降 观 测 值　　表7.5-9

观测点位置	实测日期(年月)	工程实测变形值					规定允许变形值		
		最大沉降值(mm)	最小沉降值(mm)	平均沉降值(mm)	最大沉降差或倾斜		沉降差或倾斜		沉降值(mm)
					横向	纵向	横向	纵向	
8号汽轮	1 979.4	16.1	13.6	15.0	0.000 13*l*	0.000 08*l*			
发电厂	1 980.5	65.2	54.2	59.3	0.000 26*l*	0.000 74*l*	0.001 5*l*	0.001 5*l*	80.0
	1 981.4	79.8	53.7	71.3	0.000 43*l*	0.000 99*l*			
8号锅炉基础	1 979.5	15.2	9.3	12.5	0.000 13*l*	0.000 37*l*			
	1 980.5	80.0	67.8	73.7	0.000 55*l*	0.000 13*l*	0.002*l*	0.002*l*	100.0
	1 981.4	101.1	76.6	90.1	0.001 1*l*	0.000 34*l*			
汽轮机房外侧柱	1 979.7	18.9	8.3	13.2		0.000 27*l*			
	1 980.5	30.0	26.0	31.4		0.000 14*l*	0.002*l*	0.002*l*	100.0
	1 981.4	44.5	37.1	39.6		0.000 1*l*			
高150m	1 979.5	9.3	5.5	6.7		0.000 27*l*	≤0.004*l*		
烟囱	1 980.5	31.8	25.1	27.1		0.000 61*l*			
主厂房	1 981.4	45.5	31.8	38.3		0.000 93*l*			
框架	1 979.4	15.0	8.6	12.7		0.000 18*l*			
柱第	1 980.5	84.9	42.9	70.9		0.000 13*l*	0.002*l*	0.002*l*	140.0
13排	1 981.4	107.7	71.3	97.3		0.001 55*l*			

6.技术经济效果

当时当地每立方米的填料折算价格约40元。总造价比原设计钢筋混凝土桩要省60万元，占总造价的30%。节省钢材690t、木材200m^3、水泥1950t，工期缩短将近一年。

[实例3]　干振碎石桩加固承德市粮食街综合楼杂填土地基

1.工程概况

承德市粮食街综合楼位于河北省承德市市区中心,六层砖混结构,建筑面积3 188m^2,该楼的条形基础位于厚2～4m的杂填土地基上,经现场勘察,其天然地基承载力标准值为105kPa,不能满足设计要求的180kPa,地基需加固处理,加固面积为650m^2。

经有关部门研究,决定采用干振碎石桩加固地基,该楼为首次采用干法振动加固地基的试点工程。该楼地基加固工程于1982年上半年完成,1983年工程竣工交付使用。从实际使用情况来看,地基加固效果良好。

2.工程地质条件

根据勘察结果,场地地基土从上至下分为以下三层:

(1)杂填土:深度0～-4.0m,以生活垃圾和建筑垃圾为主;

(2)砂砾石、卵石层:深度-4.0～-10.8m,冲积形成,矿物成分由石英、长石、片麻岩、花岗岩碎屑组成;

(3)安山岩:顶部为1.0m强风化层,其下风化较弱。

3.加固设计

按设计要求,地基承载力标准值需达180kPa,为此需进行地基加固。加固方案选定为在条形基础范围内打设干振碎石桩,条基宽度分别为1.00m、1.10m和1.20m,正三角形布桩,桩距1.10～1.20m,设计要求每根桩都穿透杂填土层,打至砂砾石、卵石层上。

该综合楼共制桩550根,每根桩平均加固地基1.18m^2,基础底面下平均桩长为2.3m。

4.施工方法

施工前,首先进行现场勘察,然后进行场地平整、放线、平面布桩。由于是第一项试点工程,振孔器为45kW试验样机,吊车为起重力80kN的轮胎式起重机。填料为当地河卵石,自然级配。

制桩顺序为:依靠振孔器自重力和激振力挤土成孔→向孔内倒入填料→用振孔器振捣填料,直至桩顶。

施工中应严格控制保证加固地基质量的"三要素"——密实电流、留振时间和填料量。成孔和振捣填料时,密实电流控制在80～100A,振捣填料的留振时间为10～15s,每米桩长平均填料0.17m^3。成孔速度控制在0.5～1.0m/min,振捣速度为0.5～0.8m/min。

5.质量检验

在地基处理过程中进行了天然地基及复合地基的静载荷试验,工程之后又进行了沉降观测。

(1)荷载试验

荷载试验采用平台板加荷装置,荷载板为1.20m×1.20m(如图7.5-17);加荷为质量420kg相同规格的钢锭,观测系统采用百分表,荷载板四角各安装一个百分表。实测天然地基和复合地基在各级荷载下所对应的沉降量见表7.5-10。

各级荷载对应的沉降量　　表7.5-10

天然地基		复合地基		天然地基		复合地基	
荷载 p (kPa)	沉降量 s (mm)	荷载 p (kPa)	沉降量 s (mm)	荷载 p (kPa)	沉降量 s (mm)	荷载 p (kPa)	沉降量 s (mm)
47	1.272	51	0.476			209	9.120
74	5.180	77	1.868			233	12.250
100	10.160	103	3.868			260	12.965
126	22.706	129	4.317			286	14.934
		156	5.752			308	15.562
		182	7.254				

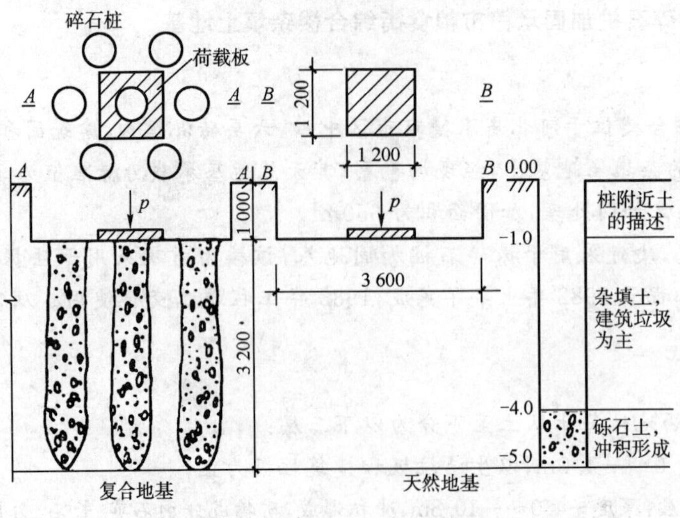

图 7.5-17　荷载试验平面图

从表 7.5-10 可见，复合地基比天然地基承载力有明显提高。因试验中荷重不够，复合地基载荷试验投有达极限荷载。取 $s/b=0.01$ 所对应的荷蓑作为地基土的承载力标准值 f_k。从而求得：天然地基 $f_{sp,k}=105\text{kPa}$；复合地基 $f_{sp,k}=230\text{kPa}>180\text{kPa}$。

(2)沉降观测

从 1982 年至 1984 年，历时三年，对该工程进行了 6 次沉降观测，实测最大沉降量 26mm，最小沉降量 23mm，沉降差 3mm，外形观察无异常变形。这说明，干振加固工程是成功的。沉降观测记录见表 7.5-11。

沉降观测记录表　　表 7.5-11

观 测 时 间	工程形象进度	观测点累计沉降量(mm)			
		A	*B*	*C*	*D*
1982.9.7	二层主体完	1	1	3	1
1982.10.25	五层主体完	4	6	9	7
1982.11.23	六层主体、女儿墙屋面铺炉渣完	8	10	10	8
1983.5.7	内装修	12	15	12	9
1983.12.21	工程竣工	19	20	19	17
1984.3.30	交付使用	23	23	25	26

6. 技术经济效果

采用干振法加固地基，克服了振冲法排污造成的不便，与大面积换土或混凝土桩对比，可加快施工进度，节约大量水泥和钢材。加固每平方米地基，干法振动加固地基的费用是换土法的 18%～38%，是灌注桩法的 35%～60%。可见，干法振动加固地基有着广阔的前景。

[实例 4]　北京乡村高尔夫球俱乐部挤密碎石桩处理液化加固工程

1. 工程概况

北京乡村高尔夫球俱乐部位于北京市顺义县城北，潮白河西岸，是北京市第一家乡村投资兴建的高尔夫球工程。结构设计要求地基处理后达到:(1)消除场地第二层(饱和细砂层)地震时产生液化的可能性;(2)地基处理后土层的标准贯入锤击数实测值大于15,且地基承载力标准值达到200kPa。经分析研究,为满足设计要求,拟定采用振动沉管碎石桩施工,处理面积2528.03m^2,共打挤密碎石桩1370根。经检测达到了设计要求。

2.工程地质条件

(1)地质构成

钻探结果表明:构成拟建建筑物地基土的均为第四系全新统冲积层(Q_{al}),其岩性主要为砂类土,根据野外特征分述如下。

①层素填土。主要为粉土,褐黄色,松散、稍湿,含少量碎石砖渣及植物根。层厚0.8~1.0m。

②层粉土。黄褐色,稍湿、松散,内含少量植物根,层厚1.10~1.20m。

③层细砂。灰—黄褐色,主要成分为石英、长石、云母,砂质纯净,湿—饱和,松散,本层厚度不太均匀,埋深在2.1~7.1m。在细砂层中,分布有厚约10~20cm的粉土透镜体。该夹层深灰色,可塑,有臭味,主要分布在深度为5m左右,其他深度内有少量分布。

④层中砂。黄褐色,主要成分为石英、长石、云母,有个别砾砂和卵石,饱和、中密,层厚在1.0~2.0m。

⑤层卵石。杂色,主要成分为石英岩、砂岩、矽化灰岩等组成,饱和、中密。直径一般在2.0~4.0cm,含矽量为20%~30%。

(2)水文地质

钻探结果表明:该场区地下水为潜水类型,初见水位在3.7~4.5m间,高程为29.39~28.29m,静止水位深度为2.90~3.25m,高程为30.46~29.54m,地下水主要补给来源为大气降水,并与潮白河水位涨落存在密切的联系。

水分析结果为pH值=7.60,游离CO_2=8.80mg,侵蚀性CO_2=0.06mg/L,SO_4^{2+}=25mg/L,HCO_2^+=4.327mg/L,对混凝土不具侵蚀性。

3.设计计算

对工程现场进行工程地质勘察及现场标贯试验结果,并按国家标准《建筑抗震设计规范》(GB J11—89)规定进行计算,场地内第(3)层(饱和细砂层)属于可液化层,(1)、(2)、(3)、(4)层天然地基承载力标准值f_k为:f_{kI}=120kPa;f_{kII}=120kPa;f_{kIII}=180kPa;f_{kIV}=300kPa。根据场地的工程地质条件及设计要求,确定采用振动沉管挤密碎石桩处理。

桩长:按照要求处理的第三层埋深拟定桩长为8m。

桩径:选用外径ϕ325mm桩管,成桩直径要求达到400mm。

布桩形式:采用矩形布桩,如图7.5-18所示。

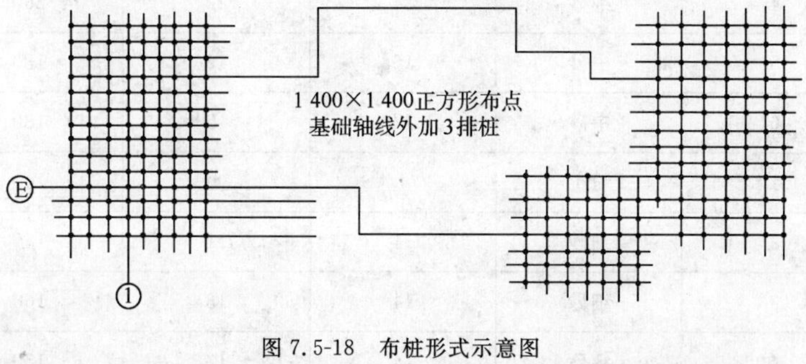

图7.5-18　布桩形式示意图

桩距:根据类似经验及试桩确定间距为1.2~1.4m。

4.施工方法

施工准备:选用45kW振动沉拔桩机,距施工现场50m内配备容量大于90kVA、电压为380~

400V 的电源和水压为 0.2MPa 的供水装置。

放线布桩：按设计桩距布桩，桩位中心偏差不大于 10mm。

桩机就位：定位时，导向架垂直地面，采用人工合拢桩尖活瓣，桩尖与桩位偏差小于桩径的 50%。

沉管成孔：启动振动沉拔桩机，使桩管贯入土中达到设计要求的深度后，加填石料。

填料：石料规格为 20～40mm 碎石，并掺入 20% 的石屑，石料含泥量小于 5%。由于振动时产生超静孔隙水压力，影响下料，故为平衡超静孔隙水压力，施工时自桩管向下注入适量的压力水。

提升桩管成桩：开始时以较快速度提升桩管，当提升至 0.3～0.5m 时悬振 20～30s，然后再慢速提升，这样可防缩径或断桩。

5. 质量检验

在工程施工完三周后，采用标准贯入试验对处理效果进行了检验。共进行了 4 个标准贯入试验，孔深 6～8m，试验点分布如图 7.5-19。由于地下水量较大，在孔深 6m 以下均有严重坍孔现象，致使 4 个标准贯入在孔深 7m 处标准贯入器不能达到预定深度。标准贯入试验数据如表 7.5-12 所示。

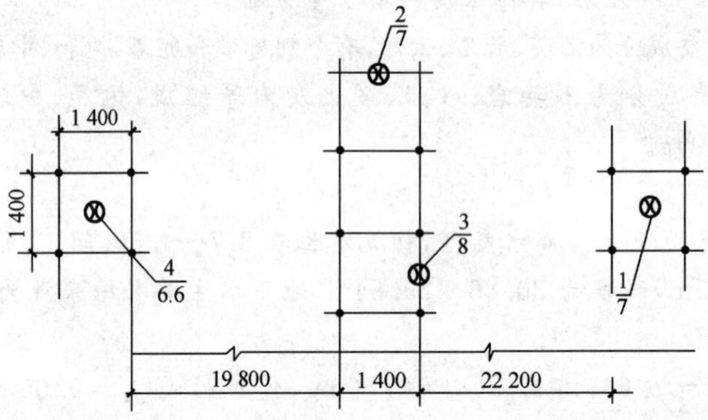

图 7.5-19　试验点位置分布示意图(尺寸单位:mm)

标准贯入试验数据表　　表 7.5-12

孔　号	试验深度(m)	土质描述	实测击数	修正击数	桩间土承载力标准值(kPa)	备　注
ZK_1	1	粉土	7	7	200	含粉土夹层
	2	细砂	9	9	130	
	3	细砂	16	16	210	
	4	细砂	24	22	260	
	5	中砂	16	15	180	
	6	中砂	17	15	180	
ZK_2	1	粉土	4	4	140	含粉土夹层
	2	细砂	11	11	150	
	3	细砂	14	13	160	
	4	细砂	14	13	160	
	5	中砂	18	17	240	
	6	中砂	27	24	280	

续上表

孔号	试验深度(m)	土质描述	实测击数	修正击数	桩间土承载力标准值(kPa)	备注
ZK_3	1	粉土	6	6	180	含粉土夹层
	2	粉土	10	10	260	
	3	细砂	12	12	170	
	4	细砂	8	7	100	
	5	细砂	24	22	260	
	6	中砂	26	23	260	
ZK_4	1	粉土	8	8	220	含粉土夹层
	2	细砂	14	14	170	
	3	细砂	9	9	130	
	4	细砂	10	9	130	
	5	细砂	14	13	160	

6.试验结果分析

(1)复合地基承载力计算

依公式 $$f_{sp,k}A_e=f_{p,k}\cdot A_p+f_{s,k}\cdot(A_e-A_p)$$

式中:$f_{sp,k}$——复合地基承载力标准值(kPa);

A_e——1根桩承担的处理面积(m^2);

$f_{p,k}$——碎石桩单桩承载力标准值(kPa);

A_p——桩的截面积(m^2);

$f_{s,k}$——桩间土承载力标准值(kPa)。

基础埋置深度为1.5m,基础底面复合地基承载力标准值取深度为1.15~1.45m处的$N_{63.5}$的修正值计算,桩间土与桩的应力比n取3,按桩距1.4m×1.2m计算,结果$f_{k1}=240$kPa;$f_{k2}=180$kPa;$f_{k3}=220$kPa,$f_{k4}=260$kPa。

(2)砂土液化判别

根据《建筑抗震设计规范》(GB 50011—2001)规定,应用标准贯入试验确定:

$$N_{63.5}<N_{cr}$$

$$N_{cr}=N_0[0.9+0.1(d_s-d_w)]\sqrt{\frac{3}{\rho_c}}$$

则可判定为可液化土层。

式中:$N_{63.5}$——实测饱和土标准贯入试验锤击数;

N_{cr}——液化判别的标准贯入试验锤击数的临界值;

N_0——液化判别标准贯入试验锤击数基准值,本工程为10;

d_w——地下水位深度(m);

d_s——饱和土标准贯入试验点深度(m);

ρ_c——黏粒含量百分比,本工程取3。

则可得出临界液化值与深度的变化关系计算结果如表7.5-13。

d_s—N_{cr}变化关系　　　　表 7.5-13

d_s(m)	2	3	4	5	6
N_{cr}	8.25	9.5	10.75	12	13

当 $N_{63.5}>N_{cr}$ 时不液化。d_s—$N_{63.5}$ 液化散点图如图 7.5-20。由图可知，实测 $N_{63.5}$ 值基本上处于非液化区。只有 3～4m 深度的 3 个点击数稍低于 N_{cr}。主要原因是：①地下水位低；②细砂层中夹有 10～20cm的粉土透镜体，使标贯击数偏低。

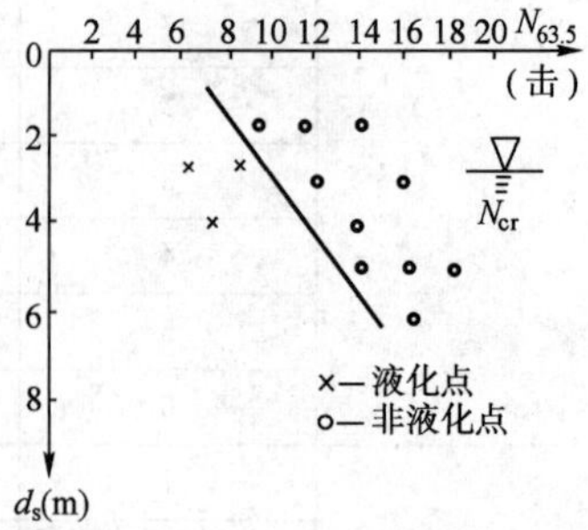

图 7.5-20　d_s—N_{cr}液化判别散点图

又根据液化指数 I_{LE} 计算公式：

$$I_{LE}=\sum_{i=1}^{n}\left(1-\frac{N_i}{N_{cti}}\right)d_i w_i$$

计算四个标贯孔的液化指数为：1 号 $I_{LE}=0$；2 号 $I_{LE}=1.63$；3 号 $I_{LE}=1.82$；4 号 $I_{LE}=0.83$。四个孔的液化指数 $I_{LE}=$均小于 5，按液化指数 $0<I_{LE}\leqslant5$ 判定其液化等级为轻微，可知液化危害性很小，一般不引起明显震害。

7. 技术经济效果

本工程经振动沉管挤密碎石桩处理后，细砂层在 8 度地震下产生液化的可能性已消除，复合地基承载力标准值 $f_{sp,k}=200$kPa，达到了设计要求。

经估算，本工程采用挤密碎石桩处理地基，其造价仅为振冲桩的 1/2.5，为混凝土预制桩的 1/2.3。

［实例 5］　挤密碎石桩与强夯结合处理较大厚度自重湿陷性黄土地基

1. 工程概况

工程位于河北省涿鹿县矾山镇矾山磷矿，由 21m 跨精矿车间和 15m 跨脱水干燥车间组成，全长 108m。精矿车间排架结构，设有两台 150kN 抓斗式吊车，矿仓结构为挡墙式，磷铁精矿堆积高度 7.5m，属大面积堆载。脱水干燥车间为框排架结构多层厂房，车间内经常有水，受水浸泡可能性大，结构对大面积堆载引起的不均匀沉降和桩基的倾斜较为敏感。本工程其他场地均采用强夯法处理，满足了设计要求。但精矿车间和脱水干燥车间地基黄土湿陷深度达 13m，就现场强夯设备条件，仅采用强夯很难满足设计要求。为消除 10m 以内自重湿陷性黄土的湿陷性，提高地基承载力，采用振动沉管碎石桩与强夯结合处理的方案，共打碎石桩 5 210 根，约 6 万延长米。成桩完成 30 天后，又对场地进行了 2 800kN·m 能量强夯，收到了较好技术和经济效果。

2. 工程地质条件

地基土为山前冲洪积湿陷性黄土，属 III 级自重湿陷，总湿陷量 49.85cm，湿陷土层厚 13m，分层叙述如下。

持力层 Q_4^{2-1}：承载力为 70～80kPa，压缩模量为 2.0～4.0MPa，高压缩性，属新近堆积黄土，厚 2.0m左右。

下卧层 Q_4^{2-2}：分两层，上层为软弱层，承载力为 110～130kPa，压缩模量为 3.0～5.0MPa，高压缩性，厚 2.0～4.0m，下层较好，承载力为 180～200kPa，压缩模量为 70～80MPa。

基底下 13m 有一层黏土砾石层，无湿陷性，砾石含量 20%。

3. 设计计算

方案选定为先打碎石桩消除黄土湿陷性，再用低能量强夯，提高持力层承载力。

桩径：依现有桩管直径选择，桩径为 400mm。

桩长：穿透湿陷性黄土层，打至黏土砾石层，根据湿陷深度确定桩长为 11～13m。

桩距：为确定合理桩距，参考类似工程经验，选择了 1m 及 1.2m 两种桩距进行试验。共打试验桩 253 根，经检测桩距为 1.0m 的复合地基承载力标准值 $f_{sp,k}=300$kPa；桩距 1.2m 的碎石桩地基承载

力 $f_{sp,k}$=280kPa,因此选择桩距为 1m。

布桩形式:采用正方形满堂布桩,外加 3 排桩。

碎石料:填充料采用粒径为 20~50mm 碎石,含泥量<5%。

强夯:夯点间距 6m,采用梅花形布置夯点,第一、二遍夯击能 2800kN·m,每坑 5 击,第三遍满夯 1500kN·m,每坑 3 击。

4.施工方法

挤密碎石桩用 DZ—60 型振动打桩机振动沉孔。成桩采用逐步拔管法,遇到软弱地层,为防止缩颈及断桩,采用重复压拔法。在沉管过程中,如遇有硬层部位,桩管沉入困难时,辅以高压射水,以提高沉管速度。

逐步拔管法的基本过程如下:

(1)在地表上将桩管的位置确定好,对正桩位;

(2)开动振动锤同时加压,将桩管沉入土层中,在−6~−7m 如遇硬层难沉入的土层,辅以高压射水;

(3)当桩管沉入到顶定的深度后,再由装载机送料投入桩管,投料量为 1.35m³ 的碎石料;

(4)将桩管提升 2.5m,停拔后继续振 10s,再继续拔 2.5m,重复 2~4 次,直到沉桩 7~8m,管内碎石料全部排空为止;

(5)上部 3m 左右用两轮推车填料,每车 0.16m³ 共 4 车,如遇灌入量不够,用桩管进行反复振密,再补够碎石为止。

重复压拔法是在成桩过程中将桩管每提升 1.5m 后压入 1.0m,成桩后桩径达 0.5m,反复 2~3 次直到超过软弱土层,然后慢速提管,改用逐步拔管法施工,边拔边振。

5.质量检验

检测工作分三部分进行,即(1)探井取土做土工试验;(2)标准贯入试验;(3)载荷试验。

(1)土工试验

地基处理前后土的主要物理力学指标如表 7.5-14 所示。可见 10m 以内湿陷性已全部消除。干密度在 10m 以内提高较大,6m 以内大于 1.5t/m³,压缩模量由原来 8.1MPa 提高到 21.7MPa,孔隙比由 0.988~1.064 降低到 0.46~0.92,在 8m 以内尤为显著。压缩系数小于 0.1MPa⁻¹ 为低压缩性。压缩模量提高幅度较大。

地基处理前后土的主要物理力学指标比较表　　表 7.5-14

物理力学指标 / 深度(m)	ρ_d(t/m³)		c		E_s(MPa)		a_{2-2}(MPa⁻¹)		δ_b	
	加固前	加固后	加固前	加固后	加固前	加固后	加固前	加固后	加固前	加固后
1	1.31	1.85	1.064	0.46	7.00	18.30	0.29	0.08	0.153	0.000 2
2	1.40	1.82	0.923	0.49	5.20	21.30	0.36	0.07	0.056	0.001
3	1.37	1.71	0.961	0.58	5.20	39.40	0.37	0.04	0.086	0.000 5
4	1.36	1.63	0.966	0.67	4.40	24.40	0.44	0.07	0.082	0.000 6
5	1.42	1.56	0.900	0.74	6.00	17.6	0.31	0.10	0.034	0.003 7
6	1.39	1.57	0.938	0.73	11.20	22.00	0.17	0.09	0.016	0.002 5
7	1.38	1.45	0.960	0.87	12.90	26.30	0.15	0.07	0.037	0.003 1
8	1.37	1.46	0.960	0.86	12.90	13.10	0.15	0.14	0.012	0.004 4
9		1.40		0.94		21.30		0.09		0.003 8
10	1.35	1.41	0.988	0.92	16.30	19.20	0.12	0.10	0.063	0.020
11		1.40		0.94		16.10		0.12		0.043
12	1.42	1.44	0.907	0.87	14.50		0.13	0.04		0.011

(2)标准贯入试验($N_{63.5}$)

结果如表7.5-15所示,可见,6m以上地基土的标贯击数很高,表明桩间土有较高的承载力。

标准贯入击数试验结果($N_{63.5}$) 表7.5-15

钻入深度(m)	标准贯入深度(m)		标准贯入击数(击)	修正后击数(击)	钻入深度(m)	标准贯入深度(m)		标准贯入击数(击)	修正后击数(击)
	起	止				起	止		
1	1.15	1.45	26	24	4	4.15	4.45	26	24
2	2.15	2.45	27	24.8	5	5.15	5.45	24	22
3	3.15	3.45	26	24	6	6.15	6.45	26	24

(3)载荷试验

载荷试验承压板面积1m×2m。载荷试验没有做到破坏阶段,荷载压到500kPa稳定后即停止试验。p—s曲线和s—t曲线如图7.5-21和图7.5-22所示。p—s曲线上无明显拐点,设计荷载300kPa,稳定时间为7h,试验最终荷载500kPa,稳定时间为10h,取$s/b=0.015$对应承载力为318kPa,对应500kPa荷载时稳定沉降量为28mm,设计取用承载力为300kPa,对应沉降量为15mm,满足设计沉降要求。

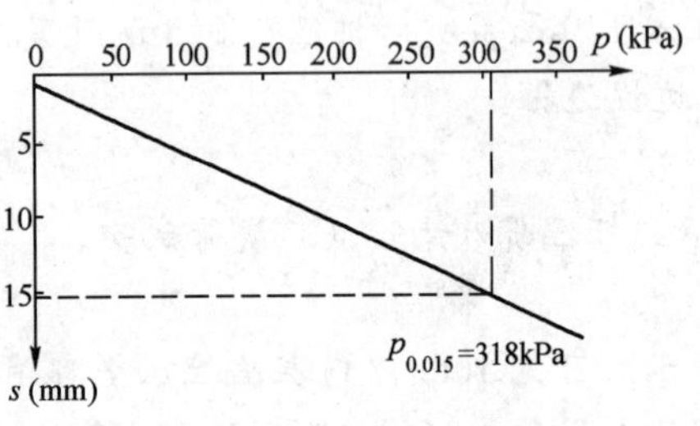

图7.5-21 载荷试验p—s曲线

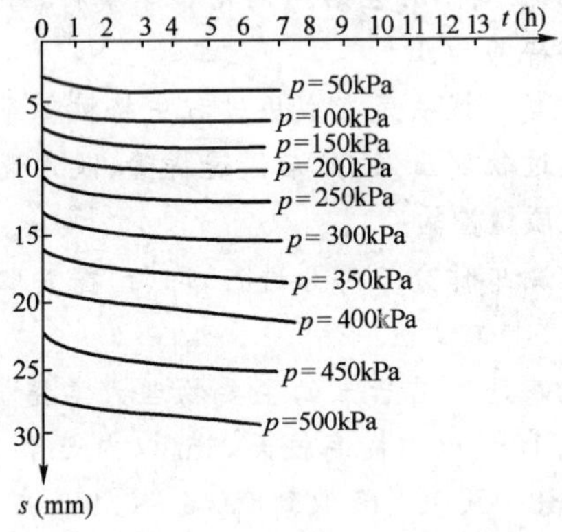

图7.5-22 载荷试验s—t曲线

6.技术经济效果

本工程经挤密碎石桩与强夯结合处理后,消除了10m以上黄土的湿陷性,地基承载力由原始的70kPa提高到318kPa,为原来的4.5倍,压缩模量由8.11MPa提高到21.7MPa,为原来的2.7倍,干密度和孔隙比变化显著,地基处理效果较好。

从经济效益而言,采用两种方法结合处理比单用高能量强夯处理,节约工程造价16万元。

第六章　水 上 砂 桩

第一节　概　　述

1937 年美国人帕塔在黏土地基中，利用砂井将地基中产生的孔隙水压消散后而使黏土固结，该法称为砂井排水法。砂井排水有普通砂井排水和袋装砂井排水，后者主要是防止砂井在受到横向挤压时砂井断开，使排水通道不畅而采取的工程措施。目前大部分被塑料排水板所替代。而砂井又进一步向砂桩和挤密砂桩方向发展，除排水作用外更有置换和挤密等特性。因此，大量使用于软土地基加固工程。1952 年日本长崎渔港码头修复工程开始运用。1978 年上海宝钢原料堆场地基加固中大量使用。目前水上、陆上地基加固中都在大量使用。日本关西机场的护岸工程和围海造地工程共打下 100 万根砂桩，我国的上海某某港、宝钢马迹山港、珠海高栏港等围堤及陆域工程中都大量使用砂桩。

我国的砂桩也经历了从砂井(普通砂井和袋装砂井)、砂桩到挤密砂桩的发展过程。砂井主要是在地基处理中解决竖向排水，而砂桩除解决竖向排水外还有置换和挤密作用。挤密砂桩则在砂桩的基础上挤密作用尤为突出，因此置换率可大大提高，甚至达 70%，其地基加固效果较之砂桩更为显著，其承载力、沉降、地基稳定性等各项指标均优于砂桩。但挤密砂桩对于施工设备、施工技术等要求更高。

水上砂桩的原理和设计计算与碎石(砂)桩类同，不再赘述，本章主要介绍该法的设备、施工工艺、施工方法和工程实例。根据施工方法分为挤密砂桩和砂桩两类，分述如下。

第二节　砂桩的施工工艺和方法

一、砂桩施工准备

1. 工前准备

施工准备包括船机设备、砂料、人员、施工区域工前原状泥面高程测量及抛投水下砂垫层等。首先根据施工区域地质情况，砂桩设计高程等选择合适的船机设备，如发动机、振动锤功率、砂桩管长等；其次，根据施工现场实际环境选择既经济又合理的砂料供应地点和运输方式。在供料上要结合当地天气情况考虑一定的富余量，保证供料充足，以满足现场施工进度。

2. 船机锚位

根据施工现场水流、风浪、天气和船舶自身设备情况合理确定船机布置。如无特殊要求，砂桩船一般采取顺流布置，以保证船舶安全和沉桩过程中的稳定。抛锚根据锚重、钢丝绳规格和现场泥面情况合理确定。原则上，锚机上要留有足够数量的钢丝绳以保证施工安全并方便移船定位。在实际施工中，要根据现场情况，如周边施工船舶布置，合理确定抛锚长度。一般以 150～200m 为宜。

3. 测量设备和仪器调试

地基加固工程，一般地处测量条件较差的海域或河口，因此砂桩定位测量，一般均采用 GPS 全球卫星测量定位系统。一套 GPS 测量定位系统包括船上 2 台 GPS 流动站、1 台测斜仪和陆上 1 台 GPS 参考站及其桩基定位软件系统等设施。在沉桩前，将船上各种测量仪器按照规范连接，由经验丰富的测量人员上船对其进行调试。施打前将计算好的桩位坐标输入相应的 GPS 定位系统软件中，采用 GPS 测量系统控制桩位和砂桩船的平面扭角以及沉桩高程。

4. 桩位计算

根据设计对砂桩置换率要求，并结合砂桩船管距进行桩位计算。如设计桩位布置与管距不同时，应在保证置换率不变的前提下进行桩位调整，并报请设计单位审核批准。最后根据施工地基加固范围，以及每艘船施打砂桩的横向、纵向间距，计算每根桩的桩中心施工坐标系统。桩位计算后由技术负责人进行复核。

5. 砂垫层的检测验收

砂桩主要作用是加快软弱地基土排水固结和置换部分土体。地基土通过砂桩进行竖向排水后，桩顶需一个水平排水通道，因此需在砂桩顶层铺设一层有效厚度不小于 1.0m 的砂垫层，砂桩施打前，应进行砂垫层的高程、厚度检测验收，合格后方能进行砂桩施打作业。

6. 工前水深测量

由测量船采用 GPS 无验潮测量技术对砂桩区的海域进行水下地形测量，绘制原状泥面(或砂垫层)顶高程地形图，以便确定各区域砂桩顶面高程及砂桩长度等技术参数。为保证测量数据的准确性，应选择水流、风向较好的天气进行测量。一般要求风速不得超过六级，波浪不得超过三级。测量时，测深仪声纳探头应吃水 1m 以上，测量船舶应尽量做到航速均匀以防止声波信号弹到气泡上产生反射衰减。每次测量前后，都应对测深仪器进行比对、校验。

7. 砂桩典型施工

在大面积展开施工前，需进行砂桩典型施工，积累一定的施工经验，以合理确定砂桩施工的各项参数，如停锤标准、留振时间、拔管速度和灌砂率等，指导后续施工。典型施工时，宜选择在地质情况具有一定代表性的区域进行，并严格按照设计要求组织施工。现场施工员需准确记录沉桩资料、灌砂率、拔管速率、设备工作情况、砂桩施工效率和施工过程中出现的异常情况。砂桩成型后，及时利用测量工具对砂桩顶高程进行检测，以推断设计灌砂率能否满足现场实际施工要求。典型施工后，应有典型施工总结，并根据已有资料形成系统的技术文件。

二、砂 桩 施 工

1. 工艺流程

砂桩施工工艺流程见图 7.6-1。

2. 施工方法

(1)沉桩定位

目前砂桩船管数一般为 1～5 管。砂桩船沉桩定位的原理基本相同。下面以三管砂桩船为例，介绍沉桩定位控制原理。三管砂桩船以中间管坐标和三管连线的方位角来控制三管桩位。通过套管上的刻度和 GPS 进行高程控制。在独立使用 GPS 定位前，需首先采用全站仪或经纬仪对 GPS 测量系统进行平面位置比对测量，采用水准仪对高程进行校核，在调整好 GPS 测量系统相关参数，保证砂桩平面正位率和高程后，再独立使用 GPS 测量控制桩位。施工过程中还需定期对 GPS 测量系统进行比对校核。沉桩时测量人员在电脑显示屏中跟踪观测实际桩位与理论桩位的偏差，通过绞动锚缆控制桩平面位置；采用测斜仪测量桩管垂直度，通过调整压仓水量控制桩管垂直度，以保证沉桩质量符合设计要求和规范规定。由于砂桩船上料斗平面布置情况对其垂直度有较大影响，因此砂桩船施工时可以通过调整压仓水来平衡船体，保证桩管垂直度不大于 1.5%的允许偏差。

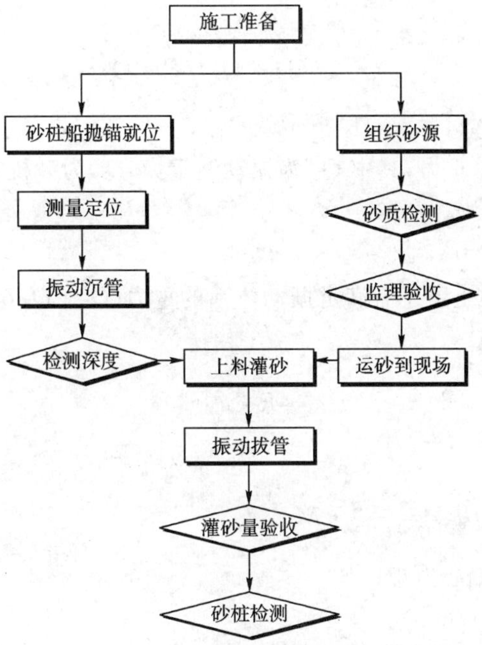

图 7.6-1　砂桩施工工艺流程图

沉桩定位操作过程中，先将各桩位的施工坐标和桩号直接输入 GPS 定位系统中，根据现场的沉桩顺序选择桩号，定位系统的屏幕中就显示设计桩位和桩位偏差，通过移动船位使实际桩位与设计桩位重叠或误差小于允许偏差，同时调整压仓水，检查测斜仪使船体的横向、纵向倾斜度小于 1.5%。当桩位偏差和桩管倾斜度偏差均小于允许偏差值时，方可下放沉管。

(2)沉管

沉管一般采用振动的方式将砂桩管打至需加固地基设定的高程。对于深水大直径砂桩的沉管方式，一般采用大型振动锤振动沉管，其原理是利用振动锤产生的周期性激振力，使砂桩管及周边土体处于强迫振动状态，并液化或扰动，管周土体强度显著降低和桩尖处土体挤开，从而使管周土体的摩阻力和桩尖处土体抗力大大减小，桩管在自重和振动力的作用下克服土体阻力逐渐沉入土中。因此施工前应根据工程的地质情况、加固深度等条件选择适当的振动锤型。

①振动锤最小激振力 P 的确定

为保证砂桩能顺利沉至设计高程，激振力必须大于土体在振动状态下的动侧摩阻力。

$$P \geqslant F_v = \mu F$$

式中：F_v——砂桩管侧土体的动摩阻力；

F——砂桩管侧土体的静摩阻力；

μ——土体的振动影响系数。

当使用低频振动锤下沉桩管时 $\mu=0.6\sim0.18$，对于黏性土 μ 取大值，对砂性土 μ 取小值。

F 用下式进行计算：

$$F=U_0\sum_0^i \tau_i l_i$$

式中：U_0——桩管的外周长(m)；

l_i——对应 i 段土层厚度(m)；

τ_i——i 段土层的静摩阻力(kN)。

②振动锤应与振动体系的质量相协调，同时，所选用的振动锤的激振力 P 与振动体系的重力(Q_P

$+Q_B$)应满足如下协调方程：

$$\gamma_1 < (Q_B + Q_P)/P < \gamma_2$$

式中：γ_1、γ_2——振动锤协调系数；

Q_P+Q_B——振动体系的总重力，其中 Q_B 为振动锤重力，Q_P 为砂桩管重力。

对于钢质砂桩管：$\gamma_1=0.3$，$\gamma_2=0.6$。

③振动体系应有一定的重力

桩管能够沉入设计要求的土层还需满足振动体系的重力(Q_P+Q_B)≥端动阻力 R_v 的要求。

端动阻力 R_v 可按下式计算：

$$R_v = R \cdot e^{-0.065\sqrt[2]{I}}$$

式中：R——端静阻力；

I——振动锤作业时的冲量，$I=\dfrac{2\pi n}{60g}\cdot M_{max}$。

式中：M_{max}——振动锤的最大偏心力矩；

n——振动锤的转速(r/min)。

④最小振幅的确定

振动沉管必须要有一定的振幅，才能破坏土体的阻力，使桩管下沉。对不同的土质使其土体破坏的最小振幅也不相同。日本规范中最小振幅 A_0 取下面两式的平均值：

$$A_0 = \sqrt{0.8N+1}+3$$

$$A_0 = \frac{N}{12}+3$$

式中：N——土壤的标准贯入击数。

实际振幅 A 按下式取：

$$A = \alpha A_0 \qquad \alpha = 1.25 \sim 1.5$$

⑤振动锤偏心力矩 M 的确定

$$M \geqslant (Q_P + Q_B)\cdot A$$

⑥振动锤功率 N 的确定

$$N = \frac{1.25Mn}{9\,550}\text{kW}$$

为减少沉管时的摩阻力，砂桩管可采用下粗上细的形式，下部桩管直径按设计砂桩直径，上部可适当减小直径，中间平滑过渡，从而减少沉管时的阻力。

沉管前需经常检查套管底部蝶形桩尖的密封情况，并定期测试其在电动葫芦或卷扬机牵引下能否正常关闭，防止沉管时管内进泥。一般情况下，每天施工前都应进行检查。检查方法为：①施打前将砂管管底提出水面，通过观察，检查砂管蝶形桩尖是否封闭和完好；②砂管沉至设计高程后，直接用测绳检测管底高程，如管底高程高于理论高程，则可能孔底有泥土进入；③沉管沉至设计高程后，在砂管中灌入一定方量砂料，计算出其在管内能形成的理论高度，根据实际桩尖高程推算出砂顶面高程，然后利用测绳实测其顶面高程。如两者相差较大，则证明桩管内进泥。如砂管蝶形桩尖已损伤或蝶形桩尖不能封闭，需及时维修或更换砂管蝶形桩尖阀。

砂桩套管采用GPS测量定位后，桩位经监理工程师确认并同意沉管后，松套管吊钩，压锤，自然下沉到一定深度后开动振动锤，使套管继续下沉。沉管前利用测深绳或测深仪测量桩位处的泥面高程，并与地形测量校对，如无较大误差时以此作为桩顶高程进行桩长和灌砂量计算。

(3)停锤

一般当管底到达设计桩高程后，即可停锤。当管底高于设计桩尖高程时，继续振动，现场测量其每分钟下沉量，如贯入度(规定时间内的下沉量)满足设计要求，也可停锤(但应及时通报设计)。如桩管贯入度已满足设计要求，但管底高程与设计高程偏差较大时，需及时查阅对应区域地质资料是否存在夹砂层并汇报设计，根据设计指示按照施工程序办理相关手续，对此区域桩尖高程做出修改。下桩完成后，用测绳在砂桩管内定期抽样测量泥面高程，以确定砂桩管内是否进泥，从而判断管端密封性。在实际施工中，当水深较深而桩长较长时，如发现沉桩困难时，可采取在砂管中灌入一定量的砂料或砂管上设置单向进水阀以增加桩管重力，克服浮力的影响。

(4)灌砂工艺

灌砂从工艺上可分为“干法灌砂”和“湿法灌砂”两种。由于“湿法灌砂”一般采用泵吸，其工作效率较低，灌砂过程中砂的损失较大，且标贯 $N<1$ 的地基土中难以形成砂柱，该工艺已逐渐被淘汰。目前砂桩船一般采用“干法灌砂”，一次沉管到设计高程后，停振再集中灌砂的工艺。如砂桩上料斗提升时可以保证和拔管同步，也可采取一边拔管一边灌砂的工艺，以提高砂桩施工效率。但必须保证管内砂面高于桩尖6m以上，从而保证砂桩的密实度。

对于设计桩长较短(15～20m)、灌砂量较小的桩，可以采取一次沉管到设计高程后，停振再集中灌砂的工艺；对于设计桩长较长(一般取>20m)，灌砂量较大的桩，为保证沉桩质量，宜采取分次灌砂的工艺。

灌砂时，先用船上吊车或辅助船舶把砂料从运砂船吊至砂桩船上的集料箱内，再用皮带机运至下料斗，通过过渡漏斗，放入上料斗(2～6m^3)，并进行体积计量。当套管沉至设计高程或满足加固深度后，用卷扬机提升上料斗到砂桩管口处下料。为便于下料，在上料斗侧面设置附壁式振捣器，在下料时开启振捣器，振动上料斗，使砂料能顺利进入砂桩管内，根据砂桩实际打设长度和设计要求的每延米灌砂率量计算需灌入的总砂量(虚方)。如按设计要求灌砂率进行灌砂后，桩顶高程未能符合设计高程或未能高于砂垫层顶高程，需增加每延米灌砂量，同时以技术核定单的形式确定每延米的灌砂量。

施工前应对计量的料斗或计量系统进行校核，其允许误差为±3%。

(5)拔管

灌砂后拔管前应检查蝶形桩尖活页牵引钢缆是否已经放松。拔管时在孔底按照设计要求留振10s，然后拔起50～100cm，留振20s使活页充分打开，再边拔边振，并均匀地振动拔管，拔管速度一般为1.5～2.5m/min或按设计要求拔管，以保证桩身的连续性、均匀性和密实度。在拔管过程中，砂桩管每拔2m，必须检测一次管内砂面高程，以便控制砂桩均匀性和连续性。当砂桩管尖离砂垫层顶面约2～3m时再留振一段时间(约20s)，以保证砂桩顶部的密实度。在砂桩管拔出砂垫层顶面前，必须检测管内砂面高程，并保证砂桩桩顶与砂垫层的相连。

三、砂桩施工过程质量控制

1.原材料

砂桩所用的砂，必须经检验符合设计要求方可用于工程。

2.工前地形测量

砂桩沉设前，必须进行工前水下地形测量，绘制砂垫层(泥)面高程地形图，以此确定该区域砂桩桩顶高程。当由于施工期较长或其他原因造成施工区砂垫层(泥)面高程有变化时,应进行复测。

3.桩位控制

(1)施工前应对测量定位系统进行比测,确保系统满足使用要求。

(2)沉桩前应进行试打,以便根据水流、风向、风速、船型等外部条件确定下桩参数,确保桩位准确。

4.桩身垂直度控制

下桩前,应调整砂桩管的抱桩器;必要时,调整船舶的压舱水以确保船体水平,从而满足桩管的垂直度要求。

5.桩尖高程控制

(1)沉管所用的振动锤应根据桩径、桩长及地质情况进行计算,选择合适的锤型,保证沉管的顺利进行。

(2)砂桩管沉设过程中必须确保桩管底部的活页关闭,以免淤泥进入桩管,影响砂桩桩尖高程。

(3)砂桩管在沉设过程中,基本处于密封状态,为消除浮力作用,便于沉桩,可在砂桩管适当位置设置小孔,确保桩尖顺利进入设计高程。

(4)沉桩过程中,当桩尖接近设计桩底高程时,在振动作用下桩管下沉速度突然减缓乃至停止下沉,表明桩管已进入设计桩尖土层,从停止下沉起,留振 20s 即可停锤。当设计桩尖土层顶面高程出现变化,即桩底高程与设计高程有出入时,从桩管停止下沉起,按设计要求留振时间或按 60s 进行留振,其下沉量小于 300mm/min 时,即可停锤。

(5)灌砂前,应检查砂桩管底是否进泥。可采用从桩管顶口下放测绳的方法进行检测。当确认桩管底部无泥时,方可灌砂;若管内有淤泥,必须就地拔起砂桩管,排除故障,修复活页后重新施工。

6.灌砂量控制

(1)砂桩施工前应进行试打,并根据设计要求的每延米用砂量进行调整,确定适应现场砂桩施工的每延米用砂量。

(2)砂桩管振沉结束后,根据桩尖与桩顶高程确认砂桩桩长,按试打确定的每延米进行灌砂。在计算灌砂量时,为保证砂桩的有效高度,灌砂量考虑一定的富余。

(3)严格控制灌砂量的计量精度,确保砂桩用砂量满足设计要求。

7.拔管速度控制

桩管沉至设计高程或满足加固深度后,按确定的用砂量进行灌砂。砂量到位后,桩管起拔前,必须先振动 20s,再以 2m/min 的速度均匀提升。当起拔至桩顶高程时,暂缓提升,再留振 20s,确保桩顶处砂桩密实后,然后再往上提升。

8.桩顶高程控制

砂桩顶高程必须保证砂桩与砂垫层相连通或在泥面上一定高度,对于有砂垫层时,一般不得低于砂垫层顶面;对于自然泥面,必须与设计单位协商决定。

四、桩质量控制

1.原材料检测

(1)砂料进场必须有质量检验报告,并按有关规定进行验收。

(2)运砂船抵达施工现场后,必须对砂料进行取样检测。取样以同一砂源不超过 2 000m^3 为一组,检测砂的颗粒级配、不均匀系数、含泥量等指标。

2.过程控制

(1)每根桩均进行桩身垂直度控制,每一工作班至少抽检 2 次,如发现超标则增加抽检次数并及时调整。

(2)每根桩均进行桩尖高程控制,每一工作班至少抽检 2 次,如发现异常则增加抽检次数并查明原因,采取措施。

(3)灌砂前应对砂桩管内淤泥进行检测,每根桩均进行质量控制,每工作班首根桩应检测一次,每工作班总检测次数不少于 3 次。如发现问题应及时处理。

(4)每根桩均进行灌砂量控制,每工作班至少抽检 3 次,如有问题则增加抽检次数并及时调整。

(5)每根桩均进行桩顶高程控制,每工作班至少抽检 2 次,如发现异常则增加抽检次数并及时调整。

3.砂桩成桩质量检测

(1)在砂桩成桩过程中,检测砂桩管内砂面随拔管高度的变化,以验证成桩直径及砂桩的连续性。

(2)成桩后,采用全芯取样法和标贯法进行砂桩成桩质量的抽检,检测砂桩的有效桩长与桩身连续性、密实性。检测桩数量为砂桩总数的 1‰。

(3)有条件时应进行砂桩标准贯入和水下复合地基静载荷试验,检验地基加固效果。

五、砂桩质量检验与评定

(1)砂的规格和质量必须符合设计要求和现行规范规定。

检验方法:检查试验记录。

(2)砂桩不得中断、脱节、缩径、陷口。

检验方法:检查施工记录及砂桩钻孔抽检记录。

(3)砂桩每延米用砂量不得小于设计要求。

检验方法:检查施工记录。

(4)砂桩管沉设以高程控制为主,贯入度进行校核。砂桩原则上应穿过软弱土层,当设计桩尖土层顶面高程出现变化,即桩底高程与设计高程有出入时,应以贯入度控制,按设计要求的贯入度或留振 60s,其下沉量小于 300mm 时,即可停锤。

检验方法:检查施工记录。

(5)砂桩施工应按要求控制拔管速度以保证桩身连续、密实。

检验方法:检查施工记录。

(6)砂桩的置换率及桩位应满足设计要求。

检验方法:检查砂桩的桩位布置图、细部放样资料及施工记录。

(7)砂桩的允许偏差、检验数量和方法应符合表 7.6-1 的规定。

砂桩施工允许偏差、检验数量和方法　　表 7.6-1

序　号	项　目	允许偏差	检查单元和数量	单元测点	检验方法
1	砂桩平面位置	0.2D	每根桩(抽查 2%)	1	检查砂桩施工记录
2	垂直度	1.5%	每根桩(抽查 2%)	1	

注:D 为砂桩直径,单位 mm。

(8)评定方法

水上砂桩为一个分项工程,评定时,采用测点综合评定法,按设计图的分区进行分批验收及评定。

分项工程检验评定用表见下表格《水上砂桩质量检验评定表》(表 7.6-2)和《分项工程质量检验评定汇总表》(表 7.6-3)。

水上砂桩质量检验评定表 表 7.6-2

单位工程：________________ 分部工程：________________

分项工程：________________ 部 位：________________ 数量：________根

		项 目	质 量 情 况	检 验 意 见
主要项目	1	砂的规格和质量必须符合设计要求和规范规定		
	2	砂桩每延米用砂量不小于设计要求		
	3	砂桩不得中断、脱节、缩径、陷口		
一般项目	1	砂桩原则上应打穿淤泥质软土层，当设计桩尖土层顶面高程出现变化，即桩底高程与设计高程有出入时，从桩管停止下沉起，按设计要求留振时间或60s进行留振，其下沉量小于300mm/min时，即可停锤		
	2	砂桩施工时应按设计要求控制拔管速度以保证桩身连续性		
	3	砂桩的置换率及桩位应满足设计要求		

		项目	允许偏差	实测偏差值									
				1	2	3	4	5	6	7	8	9	10
允许偏差项目	1	砂桩平面位置	0.2*D* （抽查2%） *D*为砂桩直径，单位为mm。										
	2	桩身垂直度	1.5% （抽查2%）										

允许偏差项目共检测　　点，其中合格　　点，合格率　　%

自评等级		施工技术负责人：	核定等级		专职质量员：
					监理工程师：

年　　月　　日

分项工程质量检验评定汇总表　　　　表 7.6-3

单位工程：＿＿＿＿＿＿＿＿＿＿　　分部工程：＿＿＿＿＿＿＿＿＿＿

分项工程：＿＿＿＿＿＿＿＿＿＿　　数　　量：＿＿＿＿＿＿＿＿＿＿

主要项目检验意见							
一般项目检验意见							
允许偏差项目	分区						
	检测点数						
	合格点数						
	分区						
	检测点数						
	合格点数						
	共检测　　点，其中合格　　点，合格率　　%						

评定等级		施工技术负责人：	核定等级		专职质量员：
					监理工程师：

年　　月　　日

第三节　挤密砂桩的设备配置

对应于陆上挤密砂桩施工，水上挤密砂桩施工的设备配置相对而言较多。因此这里以水上挤密砂桩施工为例，对作业设备配置作一介绍。

一、挤密砂桩船组构成

水上挤密砂桩的施工除砂桩船外，一般需要以下其他辅助作业船舶配合，构成挤密砂桩施工船组，其组成主要有：挤密砂桩船（SCP 船）、小型抓斗船、运砂船、备料。方驳、拖轮、起锚船、交通船等，砂桩船组构成见图 7.6-2。

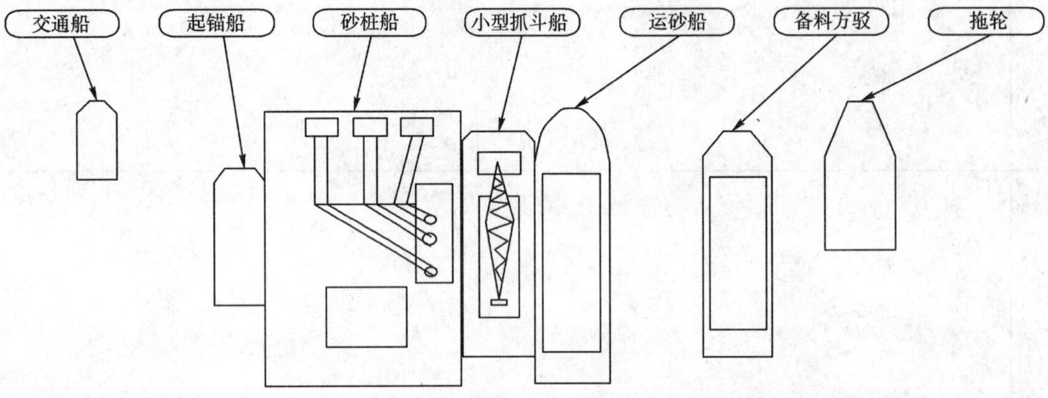

图 7.6-2　挤密砂桩船组构成图

二、挤密砂桩船

挤密砂桩船是挤密砂桩施工的主体船舶，主要由船体、管架系统、绞车系统、供砂装置、供气装置和动力装置、供水系统、中央控制系统和船员生活区组成。为提高工作效率，一般砂桩船都布置多管，因此船体相对较宽，大型的砂桩船（三管以上）船体宽度均在 18m 以上。长度在 50～80m，型深在 4m 左右，排水量较大，均在 1 500t 以上。

（1）管架系统由砂桩套管、振动锤、导向架、支承架组成，其中砂桩套管的长度根据水深和砂桩长度确定，导向架的高度决定了砂桩套管的长度。砂桩套管的间距可以根据不同的置换率作一定的调整，但此工作必须在船厂或码头上进行，一般情况下可根据不同的砂桩直径和设计的置换率适当调整砂桩间距。振动锤的功率大小，可根据砂桩的直径及加固深度、置换率和土质条件等因素，按振动沉桩的机理和经验计算确定。振动锤与砂桩套管的连接一般采用法兰连接较为可靠，支承架的高度和刚度根据砂桩管的长度确定，一般为管架结构，导向架固定在支承架上，导向架与砂桩套管的连接采取“板式滑轨”连接。

（2）绞车系统分为甲板绞车和起重绞车，甲板绞车由 6～8 台绞车组成，进行砂桩船的定位之用。每一根砂桩管均配有两台起重绞车，其中一台主绞车控制砂桩管的上下，一台绞车控制砂斗上下，另配有一台辅助绞车，作为临时修理使用。

（3）供砂装置主要有吊车及抓斗、储砂料仓、皮带机、提升料斗组成，吊车及抓斗有的安装在另一条辅助船上，也有的安装在砂桩船的甲板上。为满足供砂要求，一般抓斗均在 $2m^3$ 以上，在船的两边各布置一个储砂料仓，其大小需考虑船体横向平衡及甲板上的位置，一般在 $50m^3$ 以上。皮带机为 $200m^3/h$ 的皮带机，提升料斗其容积在 $3～6m^3$ 之间。

(4)供气装置由空压机、储气罐等组成，由于挤密砂桩施工时用气量较大，因此空压机的数量较多，一艘三管的砂桩船一般配置6～9台20m³/min的空压机及6只15m³的储气罐，空气机和储气罐的最大压力为0.8～1.3MPa。

(5)动力装置由发电机组组成，由于振动锤的耗电较大，一般三管砂桩船配置3台800kVA的发电机，三台发电机并联连接，供生产用电，另外配置一台较小的发电机供船员生活用电。

(6)供水系统由几组水泵组成，其中一组为船体平衡水泵，一组为甲板冲洗用泵。

(7)中央控制系统设置在主控制室内，它包括各种装置的操作系统、检测控制系统、记录系统和GPS定位操作系统。

三、辅助作业船

各辅助作业船舶的主要功能为：交通船用于施工人员上下；抛锚船用于砂桩船的抛锚；小型抓斗船将砂从运砂船转驳到砂桩船储砂仓中；运砂船将砂从砂源地运至施工现场；拖轮用于船舶调遣，备料方驳用作生产过程中的砂料储备。实际使用时可根据工程情况、自然条件、运距和起重设备配置等作相应调整。

第四节　挤密砂桩船实例

三航砂桩1号和三航起10号砂桩船见图7.6-3，三航砂桩5号船见图7.6-4。

三航砂桩2号的主要技术参数见表7.6-4，其外形见图7.6-5，各系统布置见图7.6-6。

图7.6-3　三航砂桩1号和三航起10号砂桩船

图7.6-4　三航砂桩5号

三航砂桩2号技术参数　　表7.6-4

船名：三航砂桩2号		(总排水吨：2 815t)
船体	全长	55.0m
	型宽	25m
	型深	3.9m
	吃水	2.3m(设计满载吃水)

续上表

船名:三航砂桩2号		(总排水吨:2 815t)	
打砂管	桩构架	1.5m×1.2m×60m(WL)托拉斯型	3只
	套管	ϕ1 000mm×45 000mm 管间间距4.2m,最大管长:48.5m,底极限:2.15m	3根
	管振装置	VM-38 000/300kW	3副
	减振装置	50T	6副
	击点	ϕ812.8～ϕ1 200mm	3根
送砂装置	砂箱	50m³(左右舷各50m³)	2副
	运输带	300m³/h	11副
	中间漏斗	6m³(HP—9760型)	3副
	翻斗	6m³(SK—9 260型)	3套
绞机	砂管用	15/8.1t×27/50m/min	3台
	翻斗用	15/9.0t×44/74m/min	3台
	锚用	15/7.5t×10/20m/min	4台
		10t×10m/min	2台
	杂用	1.5t×15m/min	1台
水泵	平衡倾斜角用	平衡:100m³/h×32m	1台
	喷射泵	100m³/h×100m	1台
	注水用	50m³/h×80m×6	6台
气压装置	空压机	0.69MPa×21.2m³/min/151kW	3台
		1.03MPa×15.6m³/min/140kW	3台
	储气罐	0.98MPa×15.0m³	3罐
		0.69MPa×15.0m³	3罐
自动定位装置			1套

图7.6-5 三航砂桩2号

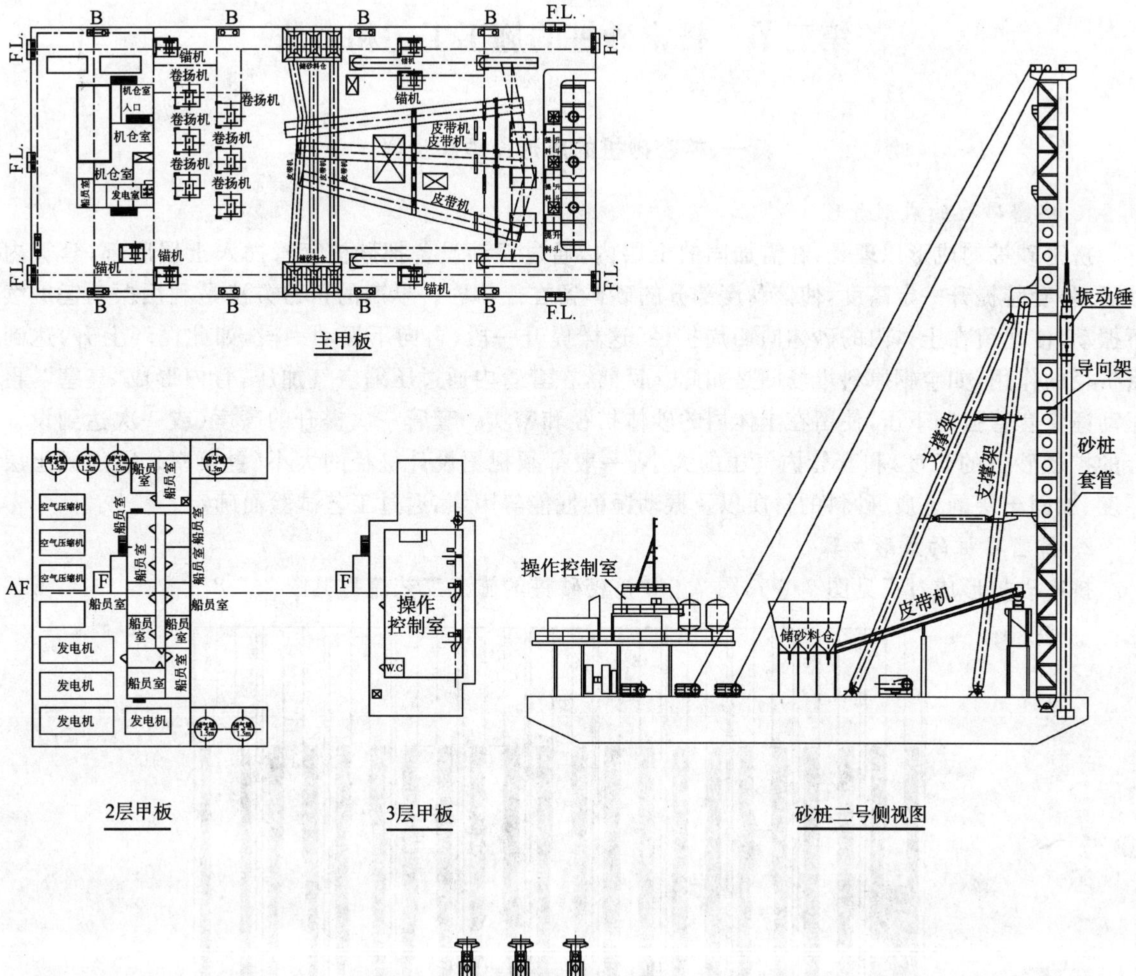

图 7.6-6　三航砂桩 2 号船设备布置图

第五节　挤密砂桩的施工工艺和方法

一、挤密砂桩的成形原理和步骤

1. 挤密砂桩的成形原理

挤密砂桩的成形原理是，在需加固的土层内，通过振动设备把砂桩套管插入土层底部，套管内灌砂后，将套管提升一定高度，使该高度部分的砂体留在土体内。早期的挤密方法是利用振动锤继续向下振动，使之留在土体内的砂体向四周扩径，这样提升一段，再向下振动一段，如此循环上升，达到挤密扩径的作用，如宝钢原料堆场即是如此。目前，在套管内通过压缩空气加压，管内形成“气塞”，再由振动锤将套管强制下压，使留在土体内的砂体扩径和密实。套管一次提升的高度(或一次达到设计桩径的扩径砂桩的长度)和套管内气压的大小，一般都须根据设计桩径的大小(置换率)、需加固土层的厚度、加固土层的土质、砂料的材质以及振动锤的性能等因素，通过工艺试验而确定。

2. 挤密砂桩的成形步骤

挤密砂桩形成过程见图 7.6-7，图 7.6-8 挤密砂桩的施工工艺流程见图 7.6-8。

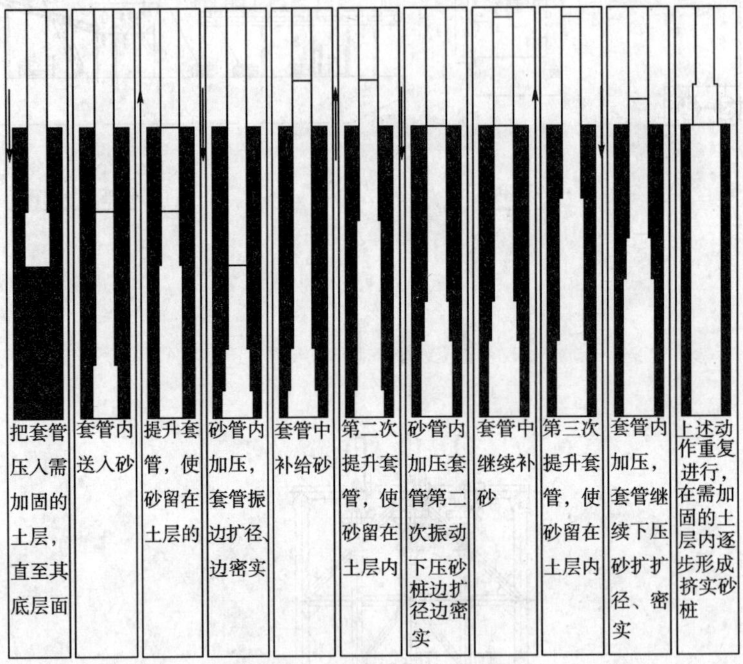

注：黑色部分表示加固土层厚度；箭头表示套管的提升或下压。

图 7.6-7　挤密砂桩形成过程图

二、挤密砂桩施工工艺流程

挤密砂桩施工工艺流程见图 7.6-8。

三、挤密砂桩的主要施工工艺介绍

1. 砂桩船 GPS 定位

将砂桩的理论桩位计算后输入砂桩船上的 GPS 定位系统，通过船上安装的两台 GPS 全球定位仪及一台测斜仪，确定船的位置及管架系统垂直度。根据显示屏即时显示的船位由操作人员操纵船上的锚车，移船至预定设计桩位后，可以下沉套管。

2. 海底泥面高程测量

通过船前设置的测深仪测量所打砂桩位置的海底泥面高程并通过信号传输装置传送到控制室自动记录，输入砂桩的桩底及桩顶高程数据，计算砂桩的长度和相关参数。

3. 套管及加气压

慢慢下放套管，逐步将压缩空气充入套管内排出水体，并随着套管的入水深度增加而不断增加套管内的空气压力，将套管内的水排出。

4. 内灌砂

当套管底打入土层一定深度后（一般为刚接触泥面或入泥小于一倍管径），检测管内是否进泥，如没有进泥，将砂灌入套管中达到一定的高度，同时保持管内一定的空气压力，并继续下沉钢套管至设计的底面高程。下沉套管时，通过测量管底高程和管内砂面高程观测套管内土塞高度，并根据观测结果调整管内气压，尽量使套管内的土塞高度保持在 1m 左右。

5. 端部处理

由于套管底部是开口的，一般使用的套管端部为双挡板结构，在下沉套管过程中，端部挡板下有部分淤泥进入，为此需将该部分淤泥排挤掉。其方法为提升套管，保持一定的气压，将泥留在原位，并由上面的砂充填套管底部，再将套管振入至原底高程，把淤泥挤开，使套管内均由砂充填。

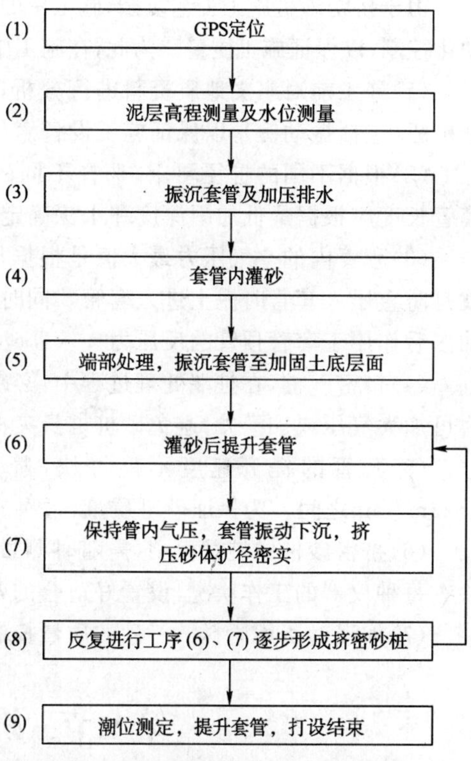

图 7.6-8　挤密砂桩的施工工艺流程图

6. 砂提升套管

端部处理结束后，保持管内压力，将套管沉至设计桩底高程，然后提升套管至一定的高度，将一定量的砂留在地基中，这一提升高度是根据砂桩扩径的直径、套管直径和每次成桩的高度所需的砂量计算后确定的。

7. 保持管内气压，套管下沉，挤压扩径，密实砂体

提升套管后，保持管内压力，根据预设的每次成桩的高度将套管压回一定的深度，从而使砂桩扩径、密实成一段挤密砂桩。

8. 反复进行以上工序(6)、(7)形成整根挤密砂桩

重复将套管提升、下压，并保持管内砂面一定的高度和气压，最后形成整根挤密砂桩。

9. 测定潮位、检查打设成果

最后通过 GPS 测量即时潮位并自动记录，同时提升套管完成整个挤密砂桩的单次施工，检查打设成果，保存打设记录。

第六节　挤密砂桩的施工特点和注意事项

一、挤密砂桩施工特点

相对于普通砂桩，挤密砂桩施工工艺较为复杂，对施工设备要求高，施工速率相对较慢。根据日本一些施工企业的经验，一艘三管砂桩船一班（12h）能完成挤密砂桩 500～600m，但具有自动化程度高，施工质量较易得到保证，施工过程直观，便于检查，操作人员少，操作方便，施工记录齐全等特点。

采用大型振动设备，会产生噪声、振动大，且大量的砂压入地基，会使周围地基发生变形。

二、挤密砂桩施工注意事项

由于挤密砂桩施工工艺复杂，施工中的各项施工数据记录多，由此决定着挤密砂桩施工必须采用自动化控制，以保证施工质量。为此，在施工中，应对照水文地质资料和设计要求，做好以下几项工作。

(1)施工前对水文地质资料进行分析，并根据设计的桩长、水深、加固深度和置换率，选择合适的砂桩船(包括振动锤)，以保证施工设备满足施工要求。

(2)根据不同的桩径要求，选择不同的套管直径，根据日本施工经验，一般取 ϕ800～ϕ1 200mm。套管长度应根据最低加固深度和水深确定。

(3)套管内的空气压力最大值是根据加固深度、水深和土质情况并结合施工经验确定的，其目的就是防止压入套管时泥土进入套管。同时应验算整个振动体系(包括套管及振动锤)的重力必须大于加压后作用于套管顶管的反压力。

(4)挤密砂桩，在桩端处理过程中，必须防止泥土进入套管底部的双档环管靴的上挡环以上，必要时可加大气压或加灌砂，避免砂桩桩身夹泥而影响桩的质量。

(5)套管的提升速度不能过快，避免灌入的砂连同套管一起上拔，拔管速度一般控制在1～2m/min之间。为保证砂桩质量，每次成桩高度应控制在1m以内。

(6)挤密砂桩成桩过程中，需随时测量套管底高程和套管内砂面高度等数据，因此在施工前必须检查每种仪器的工作状况，设置好适合的各工况条件参数，保证施工顺利进行。

(7)加强对所用原料——砂的质量控制，使砂的含泥量及砂的粒径符合设计要求。

第七节 挤密砂桩的应用实例介绍

一、国 外 实 例

挤密砂桩是目前国际上较先进的软土地基加固方法，在日本、韩国等亚洲国家有较为成熟的工艺和工程实例。下面就有关工程作简单介绍，供参考。

[实例1] 日本关西国际机场一期堤岸工程

关西国际机场一期工程的东南、东北侧堤岸工程，总长为1 790m，设计为采用挤密砂桩和振入式钢圆筒相结合的结构形式。先采用挤密砂桩进行地基加固，挤密砂桩的直径为 ϕ2 000mm 中心距为2 100mm，置换率为70%，加固底高程为－34.7m，设计高水位＋1.6m。砂桩总数为17 800根，平均加固长度25.7m。

其标准断面如图7.6-9所示。

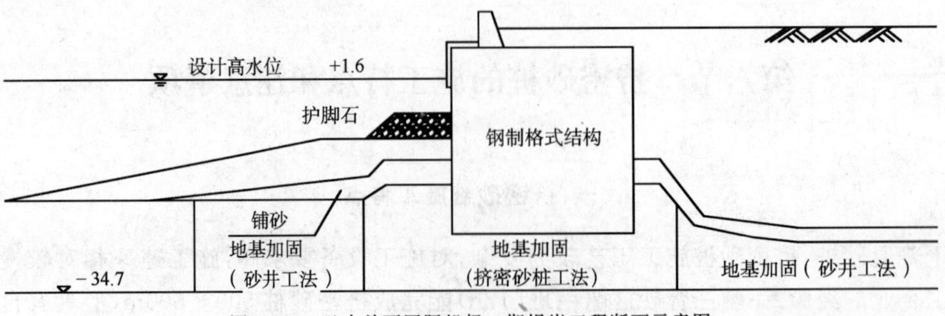

图7.6-9 日本关西国际机场一期堤岸工程断面示意图

由于其上部土层为性能差的淤泥，其容重为 $\gamma=14\sim16\text{kN/m}^3$、含水率 $w=120\%\sim150\%$，液性指数 $I_L=1.2\sim0.8$，因此采用挤密砂桩加固处理，高峰期采用5条三管的砂桩船进行加固施工。加固后经检测，砂桩的平均标贯值 N 随深度的分布为 $N=2.5Z$，Z 为深度（以m计）。施工时间为1986年。

［实例2］ 韩国釜山新港北港区集装箱泊位

釜山新港北港区集装箱泊位总长3 200m，采用挤密砂桩进行地基加固，在其上为抛石基床并整平，作为重力式码头（沉箱结构）的基础，该工程2004年已完成挤密砂桩施工，其标准断面见图7.6-10。

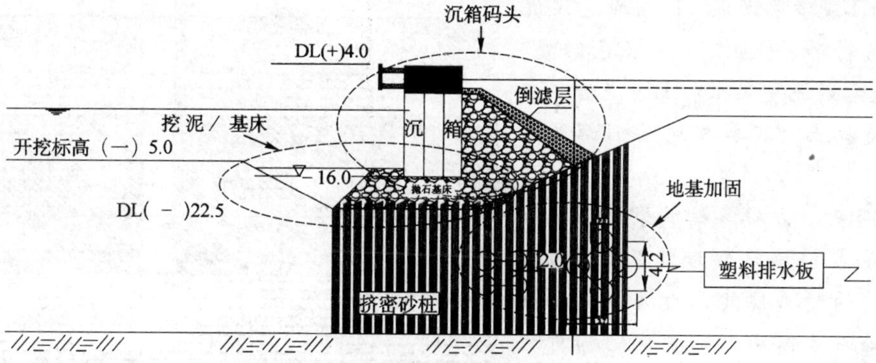

图7.6-10 韩国釜山新港北港区集装箱泊位断面示意图

该工程挤密砂桩的置换率分别为20%～70%。

二、日本横滨市南本码头

该工程在1990～1996年施工。砂桩直径为 ϕ1 600mm采用挤密砂桩进行施工，平均桩长12m，施工总长784 000m。

该工程所处水域高潮位水深达10多米。原地基表层土较差，标贯击数为 $N=2$ 击，经挤密砂桩加固处理后达到 $N=14$ 击，在此基础上进行抛石基床及沉箱安装，具体见断面见图7.6-11。

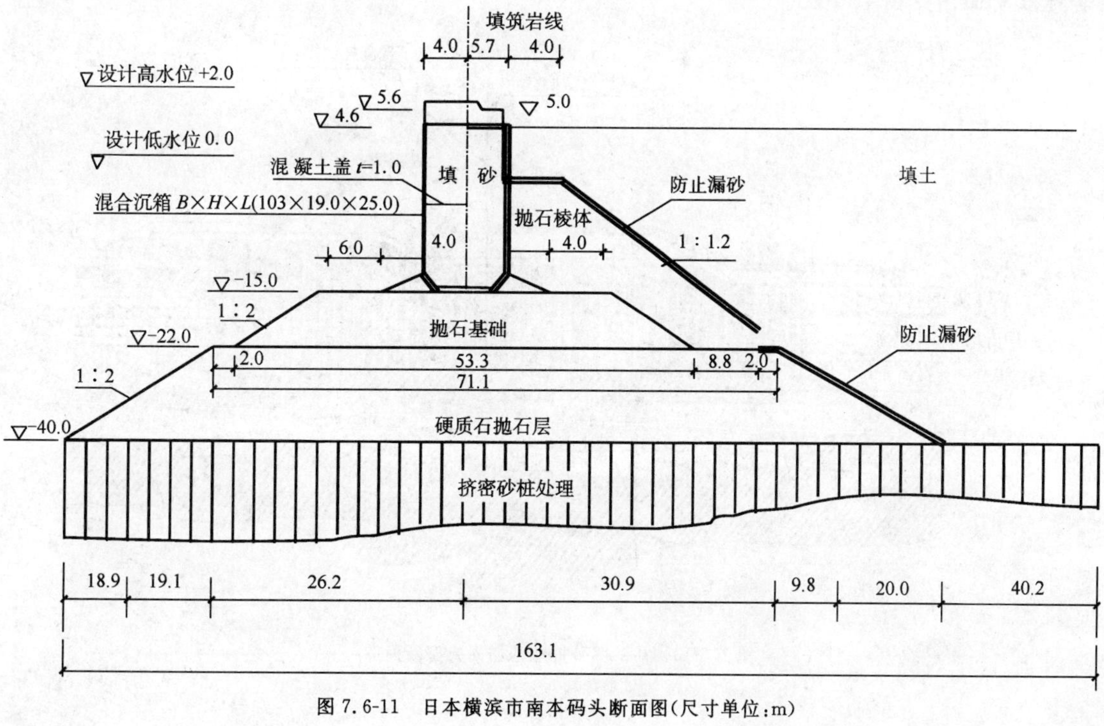

图7.6-11 日本横滨市南本码头断面图（尺寸单位：m）

三、国内实例

[实例3] 舟山某深水港工程

近几年来中港三航局施工了舟山某深水港砂桩、上海宝钢马迹山港二期砂桩和珠海高栏港砂桩等工程,收到了良好的效果。以下以舟山某深水港砂桩工程为例进行介绍。

(1)码头所在区域覆盖层土质较差,从上至下依次为Ⅰ灰黄色淤泥、II_1 灰黄色淤泥质粉质黏土夹粉砂、III_{1-1} 灰黄～灰色淤泥、III_{1-2} 灰黄～灰色淤泥质黏土和 III_2 灰黄～灰色淤泥质粉质黏土。其典型地层剖面见图7.6-12。

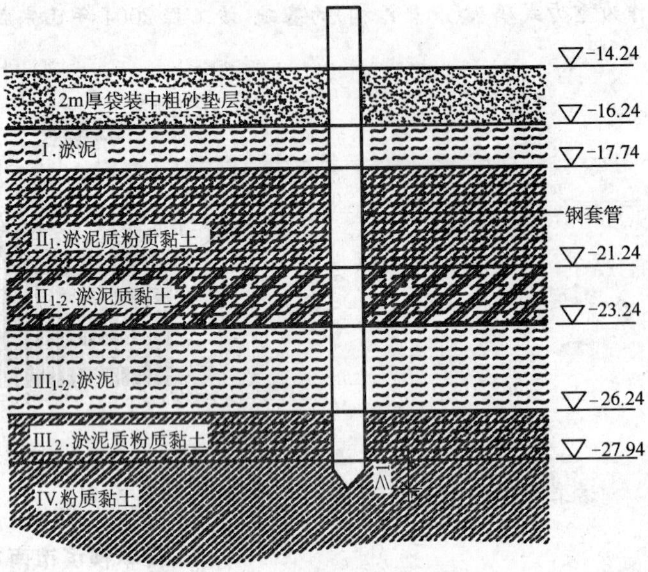

图7.6-12 典型地质剖面图

(2)工程码头后方接岸结构采用斜顶桩板桩承台结构,板桩墙前后为抛石棱体用以改善接岸结构的受力性能。为满足斜顶桩板桩墙前后抛石棱体及上部主体结构对地基整体稳定性的要求,沿岸线方向一定宽度范围采用水下打砂桩进行软土地基加固,砂桩以打穿淤泥类土层并进入下卧土层至少1.0m。其中一期A标段加固长度417.0m,加固宽度35.0m,置换率为20%(部分为25%),砂桩直径为 ϕ1 000mm,桩长13.5～22.0m,共计3 584根;二期工程加固总长度1 500m,加固宽度61.35～105.65m,平均宽度83.18m,置换率为20%～30%,砂桩直径由 ϕ1 000mm,桩长12～20m,共计约30 000根砂桩。

其标准断面图见图7.6-13。

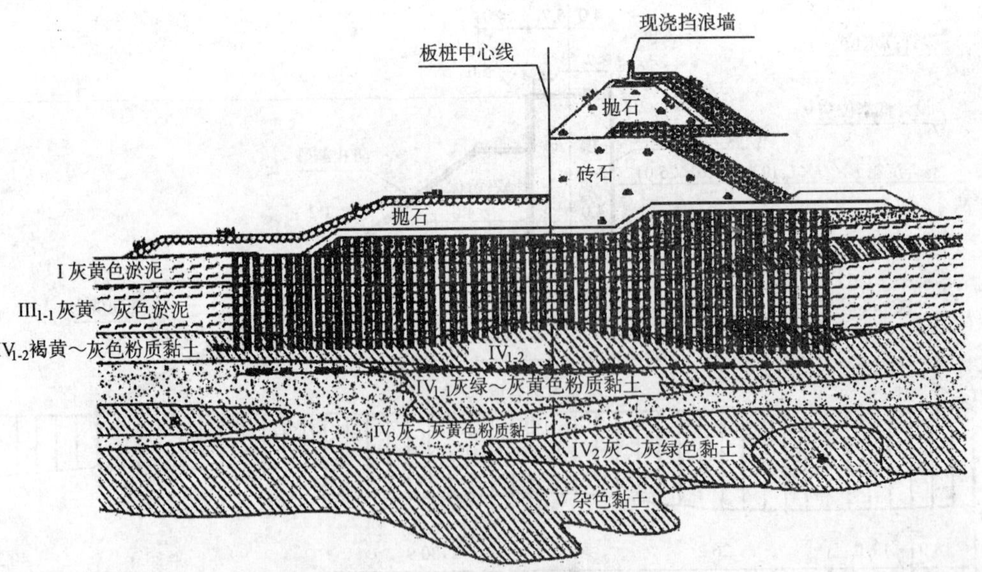

图7.6-13 某二期砂桩地基加固典型断面图

［实例 4］　某围堤工程

根据某港区总体平面布置，东侧围堤为一期工程东侧边界。围堤北端与镬盖塘岛相接，向南与码头 A 标段 67 号、68 号承台后沿正交。工程为斜坡式，抛石和袋装砂混合结构，长度为 257.69m。围堤底部为 III_2 层灰黄～灰色淤泥质软土，该土层含水率高，孔隙比大，力学性质较差，为增大围堤抗滑安全度，并促使软土层在施工期分层加载时尽早固结，减少工后沉降，因此对东侧围堤地基下卧软土层进行砂桩加固。加固面积 17 508m^2，置换率为 20%～25%，砂桩总数为 3 587 根。

围堤的典型断面图见图 7.6-14。

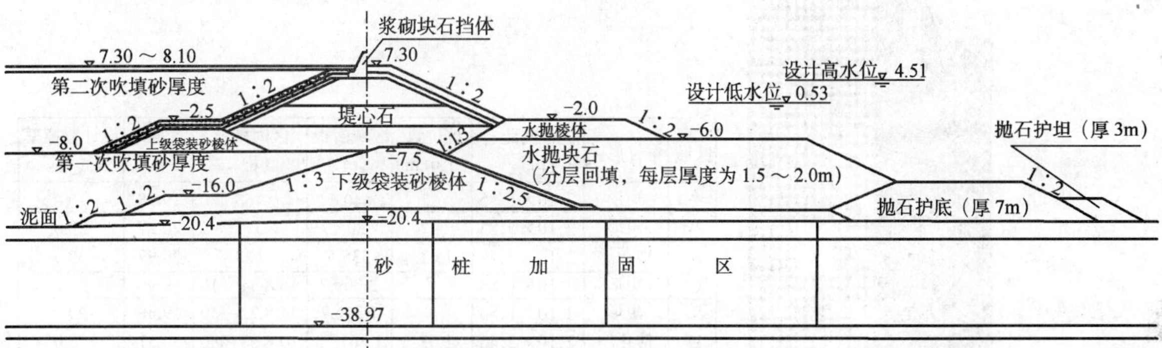

图 7.6-14　围堤典型断面图

［实例 5］　上海宝钢马迹山围堤扩建工程

1. 工程概况

马迹山港位于浙江省舟山市嵊泗县马迹山岛，围堤扩建工程距马迹山港一期围堤约 320m 的南侧海岙内。分南围堤与西围堤（并成直角形），南围堤长约 864.48m，西围堤 260m，围堤为抛石斜坡堤、堤下游淤泥层较厚，采用砂桩加固，其中南围堤加固区 80m，西围堤加固区 260m 总计约 340m，见图 7.6-15。

按设计要求：

(1)砂桩加固区域共分为 16 个区段；

(2)砂桩施工置换率分别为：20%、25%、30%；

(3)砂桩直径：φ1 000mm；

(4)砂桩底高程在：-13.2～-26.3m 不等；

(5)砂桩长度：10.0～23.0m 不等；

(6)砂桩数量：①按设计图要求为 5462 根；②实际施工数量为 5 480 根。

(7)砂垫层厚度：1.5m。

2. 砂桩施工设计技术要求

(1)砂桩施工参阅《港口工程地基规范》(JTJ 250—98)要求进行，并符合《港口工程质量检验与评定标准》(JTJ 221—98)。

(2)砂垫层抛填按《防波堤设计与施工规范》(JTJ 298—98)，并符合：顶面高程不高于设计高程 0.5m，不低于设计高程，局部高差不大于 0.3m。

(3)砂桩直径 1m，成桩直径不小于设计桩径的 105%，灌砂充盈系数以 1.2～1.4 确定。

(4)砂桩施工技术标准

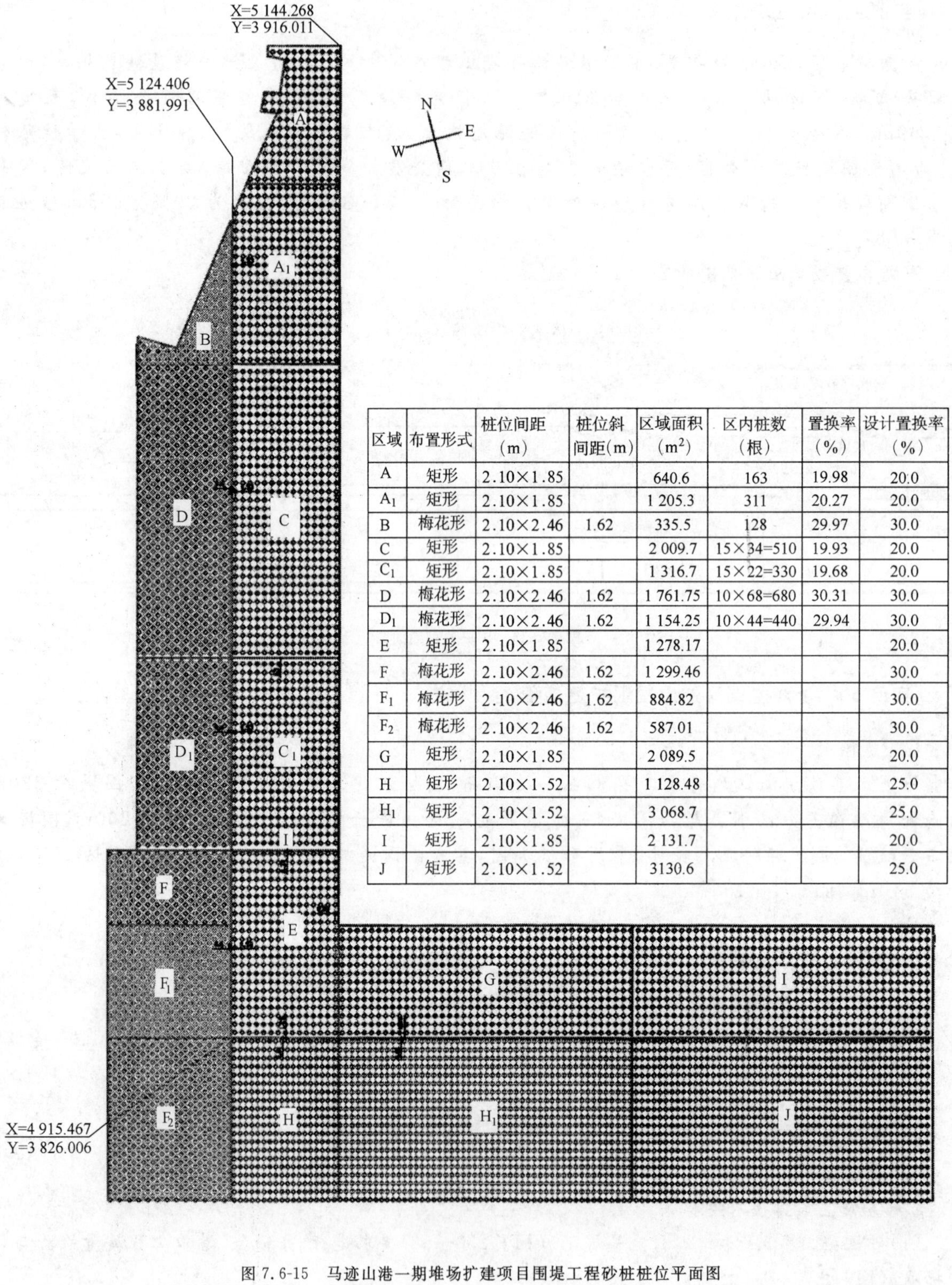

区域	布置形式	桩位间距(m)	桩位斜间距(m)	区域面积(m^2)	区内桩数(根)	置换率(%)	设计置换率(%)
A	矩形	2.10×1.85		640.6	163	19.98	20.0
A_1	矩形	2.10×1.85		1 205.3	311	20.27	20.0
B	梅花形	2.10×2.46	1.62	335.5	128	29.97	30.0
C	矩形	2.10×1.85		2 009.7	15×34=510	19.93	20.0
C_1	矩形	2.10×1.85		1 316.7	15×22=330	19.68	20.0
D	梅花形	2.10×2.46	1.62	1 761.75	10×68=680	30.31	30.0
D_1	梅花形	2.10×2.46	1.62	1 154.25	10×44=440	29.94	30.0
E	矩形	2.10×1.85		1 278.17			20.0
F	梅花形	2.10×2.46	1.62	1 299.46			30.0
F_1	梅花形	2.10×2.46	1.62	884.82			30.0
F_2	梅花形	2.10×2.46	1.62	587.01			30.0
G	矩形	2.10×1.85		2 089.5			20.0
H	矩形	2.10×1.52		1 128.48			25.0
H_1	矩形	2.10×1.52		3 068.7			25.0
I	矩形	2.10×1.85		2 131.7			20.0
J	矩形	2.10×1.52		3130.6			25.0

图 7.6-15　马迹山港一期堆场扩建项目围堤工程砂桩桩位平面图

桩位布置：根据砂桩船具体管距尺寸，按设计置换率布置；

桩位平面位置偏差：20cm；

垂直度允许偏差：1%；

孔内灌砂率：现场试打确定(并满足 1.2～1.4 充盈系数)；

拔管速度：不超过 2.0m/min；

振动管在桩孔底及孔口：悬吊留振 20s；

砂桩施工中：不允许中断、脱节、缩径、陷口，符合设计标准；

当标尖高程与设计高程有出入时按设计要求的留振时间留振，或按留振 60s，其下沉量小于 300mm/min 即可停锤。

(5)砂料质量标准要求

砂料为中粗混合砂，粒径大于 0.25～0.5mm 的粒径含量大于 85%，不均匀系数为 3～4，含泥量小于 5%。

按设计要求对每 3 000m^3 砂为一检测批进行砂质检验。

3. 砂桩区域地质情况

上部为灰色淤泥质黏土和淤泥质粉质黏土，中间需穿过一层 1.5～6.5m 不等的灰色粉砂，其标准贯入击数 N 为 4～14 击，桩尖进入灰黄色粉质黏土。

4. 施工程序安排

施工前期准备→测量系统定位→扫海、复测泥面高程→砂桩试验性试打→挖泥→抛砂作业→砂桩施工。

5. 砂桩施工工艺

(1)测量方法

①三航 189 号砂桩船，在试桩阶段及施工前期采用经纬仪、全站仪的常规控制作业，后期配置了 GPS 定位系统控制作业；

②三航砂桩 1 号船，全过程采用经纬仪、全站仪的常规控制作业；

③砂桩 2 号船，全过程采用 GPS 定位系统控制作业。

(2)砂桩施工工艺流程

准备(砂桩船抛锚就位——运砂船、灌砂装置就位——砂质检查、设备完好)→松钩、振动管自沉→测量复核就位、监理现场确认→启动振动装置、沉管作业→测量确认高程→启动灌砂装置、灌砂作业→启动振动装置孔底留振 20s，缓缓拔管→孔口处留振 20s→沉桩结束→测量指挥移位→进行第二次作业流程。

6. 砂桩施工设备配备及工期任务完成情况

(1)施工设备配备

①砂桩船：先后调入了三航 189 号砂桩船、砂桩 1 号、砂桩 2 号。

②挖泥抛砂船：先后调入了舟海浚 1 号抓斗船、台浚 2 号抓斗船及 3 艘泥驳共同施工。抛砂船约 12 艘之多。

③配合砂桩施工船只：先后调入了津航拖 35 号、盐马 59 号抛锚船、3 艘交通船，及舟海浚 1 号、浙普 01091 号、金陵 1 号 3 艘抓斗船。

配合砂桩施工的供砂船先后约有 25 艘 500～1 000m^3 不等的运输船；

施工现场前期施工中每天有 3～6 艘运砂船，后期施工中最少的每天保持 8 艘，最多的达 12 艘。

(2)工期完成情况

2004 年 10 月 8 日～16 日进行砂桩试验性施工。10 月 21 日至 10 月 28 日挖泥、抛砂施工，11 月 3 日砂桩施工正式全面展开，至 12 月 18 日完成，总计 5 480 根砂桩。

［实例 6］　国内部分砂桩工程

国内部分砂桩工程实例参见表 7.6-5。

国内部分砂桩工程实例 表 7.6-5

编号	工程名称	加固目的	置换率	桩径(mm)	桩长(m)
1	连云港 7 万吨级航道扩建围堤工程正堤东段	替代爆破施工法，从而减少对老港区防波堤及危险品油库的影响	外侧 28%，内侧 13%	600	8～13
2	汕头港珠池港区二期工程码头接岸结构 3A 号～6 号泊位	确保码头岸坡稳定，提高土的抗剪强度和减少后期沉降	10%、20%、30%三种	750	打穿下层淤泥及淤泥质土
3	天津港南疆非金属矿石码头工程	确保岸坡稳定	5%～20%不等	500	
4	中山港高桩梁板码头接岸结构	确保岸坡稳定并减少接岸部分桩侧表面摩擦力	7%	500	24
5	珠江岸堤工程	确保岸坡稳定和消除液化	10%	500	8～14
6	某深水港码头一、二期	接岸结构地基加固、围堤地基加固	20%～30%	1000	13.5～22.0
7	上海宝钢马迹山围堤扩建工程	围堤地基加固	20%～30%	1 000	10～23
8	珠海高栏港集装箱码头扩建工程	岸坡软土加固	22%	800/1 000	10～28

第七章　灰　土　桩

第一节　概　　述

灰土桩包括灰土桩和二灰桩。该法是利用打入钢套管(或振动沉管、炸药爆破)在需处理的地基中成孔,然后在孔中分层填入灰土或二灰土,并加夯实形成桩体。

灰土桩是在土桩基础上发展起来的,它的功能和效果优于土桩,故有取代土桩的趋势。土桩是原苏联阿别列夫教授于1934年首创,是原苏联和东欧国家处理湿陷性黄土的主要方法。我国自20世纪50年代中期在西北黄土地区开始试验和应用。陕西省西安市为解决城市杂填土的问题,于20世纪60年代中期在土桩基础上试验成功灰土桩。1972年起,我国黄土地区采用灰土桩已建成数百幢工业与民用建筑物(包括8～9层民用建筑和大中型工业厂房),至今尚未发生由于地基的原因而引起建筑物破坏的事故。

灰土桩适用于处理地下水位以上,深度5～15m的湿陷性黄土或人工填土(素填土和杂填土),对于地下水位以下或含水率超过24%的土,不宜采用。

灰土桩根据填入孔中的材料不同分成灰土桩(填入料为石灰和土按一定体积比例2∶8或3∶7拌和均匀后填入)和二灰桩(填入料为石灰,粉煤灰和土按一定比例拌和均匀后填入)两种。由于石灰和粉煤灰相互作用,提高了二灰的强度和增加了二灰的水稳性,故后者较前者强度更高一些。该桩的特点是价格低廉和能改善环境,变废为宝。

根据施工工艺和施工设备的不同可分成三类成孔方法,即:(1)沉管法;(2)爆扩法;(3)冲击法。

第二节　加 固 原 理

一、物理化学反应

单纯的石灰属气硬性胶凝材料,但与土掺和后,将发生以下的物理化学反应,反应和生成物如下。

(1)离子交换,石灰中的二价钙离子Ca^{2+}和土粒表面吸附的一价阳离子Na^{+}、Ka^{+}发生离子交换作用,增大了土粒的强度,并使其黏性降低,致使灰土桩周围出现硬壳现象。

(2)凝硬反应,石灰与土粒表面的胶质二氧化硅及胶质氧化铝发生复杂的反应并形成新的胶凝物。在蒸汽养护的条件下,凝硬反应十分迅速,24h抗压强度即可达到10MPa。

(3)石灰的碳化与结晶,多余的熟石灰[$Ca(OH)_2$]可从空气和地下水中吸收CO_2而碳酸盐化,重新生成碳酸钙($CaCO_3$),另一部分石灰则由于失水而结晶,从而使其强度增加。

(4)其他反应。拌制灰土时,将发生吸水、发热和膨胀反应,有利于灰土的硬化。

二、灰土的力学性质

(1)灰土的强度一般要求其无侧限抗压强度q_u不低于500kPa。灰土的强度决定于石灰的品质、土的类别、配合比、夯实质量及气温条件等因素,施工中应从严控制其配合比,拌和时要适当加水并拌和均匀,夯填应达到设计的压实系数。为了提高灰土的强度,可掺入少量附加剂。

灰土的其他强度指标均与其抗压强度有关,灰土的抗拉强度约为$(0.11\sim0.29)q_u$,抗剪强度为

$(0.20 \sim 0.40)q_u$，而抗弯强度为$(0.35 \sim 0.40)q_u$。

2. 灰土的变形模量

灰土的变形模量(E_n)随应力的大小而异，通常 E_n 值为 40～200MPa。根据室内试验求得的灰土应力—应变关系曲线形态与混凝土相似，其变形模量可用下式表达：

$$E_n = \left[1 + \sqrt{1 - \frac{\sigma}{q_u}}\right]\frac{q_u}{\varepsilon_u} \tag{7.7-1}$$

式中：σ——灰土试件上的轴向应力；

q_u——灰土的无侧限抗压极限强度；

ε_u——灰土破坏时的临界应变。

σ/q_u 的比值可称为“相对应力”值，它表示着灰土实际应力在其应力—应变关系曲线上所处的阶段。从式(7.7-1)可知，σ/q_u 越高，灰土的变形模量值 E_n 越小，因此，在计算分析灰土桩的变形和研究灰土桩的工作机理时，应根据其实际应力和“相对应力”的大小，采用相应的变形模量值。

3. 灰土的水稳定性

灰土的水稳定性可以用其饱和状态下的抗压强度与普通潮湿状态下强度之比即软化系数表示。灰土的软化系数一般为 0.54～0.90，平均约为 0.70。由于灰土具有一定的水硬性，在高含水率的土中或处于地下水位以下的灰土仍可以硬化和发展强度。决定灰土水稳定性高低的因素是灰土的质量和在土中的约束条件。试验表明，在空气中养护 2～3d 的灰土试件，拆模后放入土中而不会溃散；若灰土试件在周围约束条件下，压实成型后立即放入水中养护，其强度仍能增长而不溃散。为了提高灰土的水稳定性，除严格控制灰土的施工质量外，也可在灰土中掺入 2%～4% 的水泥，使其软化系数达到 0.80 以上，可保证灰土桩在水中的长期稳定性。

三、灰土桩在挤密切地基中的作用

1. 分担荷载，降低土中应力

灰土桩具有一定的胶凝强度，其变形模量超过桩间土 10 倍左右，因而在基底下灰土桩面上的应力高于桩间土近十倍，桩体承担着近一半荷载。当刚性压板上的均布压力为 150MPa 时，灰土桩上的应力 σ_p 已超过 600kPa，而桩间土的应力 σ_s 为 50～100kPa，两者的应力分担比 $\sigma_p/\sigma_s = 6 \sim 12$，浸水后应力比值进一步增大。计算分析表明，仅占基底面积约 20% 的灰土桩，承担着总荷载的 50% 左右；其余则由占 80% 面积的桩间土分担，从而使桩间土上的压力可降低 33%～67%。陕西张桥浸水载荷试验证明，在桩间土未能完全消除湿陷性的情况下，土桩挤密地基的浸水湿陷量仍超过了 200mm，而灰土桩挤密地基在同一条件下的湿陷量则基本消除。

2. 桩对土的侧向作用

具有一定抗弯和抗剪刚度的灰土桩体，对桩间土有侧向约束作用，阻止土的侧向位移并使其强度增大。试验表明基底压力高达 300kPa 时，$p - s/B$ 关系仍呈直线(p 为基底压力；s 为沉降；B 为基底宽度)，土体仅产生竖向压密变形。

3. 提高地基的承载力和变形模量

灰土桩挤密地基不同层位的桩土应力分布不同，在桩顶段桩分担荷载的作用十分显著，1.5d 深度以下桩身应力逐层降低，而土中应力相应增加，直径 6d 深度以下，桩土应力基本均匀，但这时土中应力已因向外围扩散而逐步减小。下层灰土桩分担荷载的作用虽不明显，但它仍具有提高复合地基承载力和变形模量的显著效果。大量的现场载荷试验和工程经验证明，灰土桩挤密地基的承载力为天然地基的 1.5～2.5 倍，其承载力标准值可达到 250～300kPa；灰土桩挤密地基的变形模量可达到 21～36MPa，从而大幅度减少地基的压缩沉降量并可消除全部湿陷量。

第三节　设 计 计 算

一、桩 孔 间 距

为消除黄土的湿陷性，桩间土挤密后的平均压实系数($\bar{\lambda}_c$)不应小于0.93，桩孔之间的中心距离即按这一要求来确定。已知地基土的原始干密度(ρ_d)，并通过室内击实试验求得其最大干密度(ρ_{dmax})，当按等边三角形布置桩孔时，其间距可按下式计算：

$$S = 0.95d\sqrt{\frac{\bar{\lambda}_c \rho_{dmax}}{\bar{\lambda}_c \rho_{dmax} - \bar{\rho}_d}} \tag{7.7-2}$$

式中：S——桩孔间距；

d——桩孔直径；

$\bar{\lambda}_c$——地基挤密后，桩间土的平均压实系数，$\bar{\lambda}_c$ 宜取0.93；

ρ_{dmax}——桩间土的最大干密度，通过击实试验确定，当无试验资料时，可先按当地经验确定；

$\bar{\rho}_d$——地基挤密前土的平均干密度。

桩孔排距即为等边三角形的高 $h=0.87S$。

挤密前土的平均干密度 $\bar{\rho}_d$ 宜按主要持力层[$(2\sim3)B$]内各层土干密度的加权平均值确定，以保证基底下主要湿陷性土层能得到充分挤密。挤密后桩间土的平均干密度 $\bar{\rho}_{d1}=\bar{\lambda}_c\rho_{dmax}$，处理填土地基时，鉴于其干密度值变动较大，一般不易按式(7.7-2)计算桩孔间距，为此，可根据挤密前地基土的承载力标准值 $f_{s,k}$ 和挤密后处理地基要求达到的承载力标准值 $f_{sp,k}$，利用下式计算桩孔距。

$$S = 0.95d\sqrt{\frac{f_{p,k} - f_{s,k}}{f_{sp,k} - f_{s,k}}} \tag{7.7-3}$$

式中：$f_{p,k}$——灰土桩体的承载力标准值，宜取 $f_{p,k}=500\text{kPa}$；

$f_{s,k}$——挤密前，填土地基的承载力标准值，应通过现场测试确定；

$f_{sp,k}$——处理后要求的地基承载力标准值。

对重要工程或缺乏经验的地区，在桩间距正式设计之前，应通过现场成孔挤密试验，按照不同桩距时的实测挤密效果再正式确定桩孔间距。

二、处 理 范 围

处理范围的设计，包括处理地基的宽度和深度两个方面。

1. 处理宽度

灰土桩挤密地基的处理宽度应大于基础底面的宽度，以保证地基的稳定性，防止处理土体发生侧向位移或周围天然土体失去稳定。

局部处理一般用于消除地基的全部或部分湿陷量或用于提高地基的承载力，通常不考虑防渗隔水作用。局部处理时，对非自重湿陷性黄土、素填土、杂填土等地基，每边超出基础的宽度不应小于0.25b(b为基础短边宽度)，并不应小于0.5m；对自重湿陷性黄土地基不应小于0.75b，并不应小于1.0m。

整片处理用于III、IV级自重湿陷性黄土场地，且处理2/3压缩层或2/3湿陷性土层确有困难的情况，它除为了消除处理土层的湿陷性外，并要求具有防渗隔水的作用。整片处理每边超出建筑物外墙基础外缘的宽度不宜小于处理土层厚度的1/2，并不应小于2.0m。

2. 处理深度

对湿陷性黄土地基，应按国家标准《湿陷性黄土地区建筑规范》(GB 50025—2004)规定的原则和消除全部或部分湿陷量的不同要求确定土桩或灰土桩挤密地基的深度。

(1)消除地基全部湿陷量的处理厚度,应符合下列要求：

①在自重湿陷性黄土场地,应处理基础以下的全部湿陷性土层；

②在非自重湿陷性黄土场地,应将基础下湿陷起始压力小于附加压力与上覆土的饱和自重压力之和的所有土层进行处理或处理至基础下的压缩层下限为止。

(2)消除地基部分湿陷量,适用于乙类建筑,其最小处理厚度应符合下列要求：

①在自重湿陷性黄土场地,不应小于湿陷性土层厚度的2/3,并应控制剩余湿陷量不大于20cm。

②在非自重湿陷性黄土场地,不应小于压缩层厚度的2/3。

对于自重湿陷性不敏感、自重湿陷性土层埋藏较深或自重湿陷量较小的黄土场地(如陕西关中地区),地基的处理深度可根据当地工程经验,按非自重湿陷性黄土场地考虑。

当以提高地基承载力的主要目的时,对基底下持力层范围内的低承载力和高压缩性($a_{1-2} \geqslant 0.5\mathrm{MPa}^{-1}$)土层应进行处理,并应通过下卧层承载力验算来确定地基的处理深度。验算时可按下式进行：

$$p_z + p_{cz} \leqslant f_z \tag{7.7-4}$$

或

$$p_z = 0.25 p_{cz} \tag{7.7-5}$$

式中：p_z——下卧层顶面处的附加应力；

p_{cz}——下卧层顶面处的土自重应力；

f_z——下卧层顶面土层经深度修正后的承载力(设计值)。

灰土桩施工后,宜挖去表面松动层,并在桩顶面上设置厚度0.3m以上的素土或灰土垫层。桩长即处理土层厚度不宜小于5.0m。

三、承 载 力

灰土桩挤密地基的承载力,应通过现场载荷试验或其他测试手段,并结合当地工程经验确定。当无试验资料和条件时,对湿陷性黄土场地:灰土桩挤密地基,可按2.0倍的天然地基承载力标准值确定,并不应大于250kPa。对填土场地:可适当降低上述标准。

上述关于承载力的规定,是根据陕、甘、晋等省区大量载荷试验结果统计分析后提出的,已在工程中长期应用。如灰土桩挤密地基承载力标准已使用到250kPa,实践证明是安全的。

现场载荷试验应按国家行业标准《建筑地基处理技术规范》(JGJ 79—2002)附录A的有关规定进行。如确因条件所限,无法进行单桩或多桩复合地基载荷试验时,也可用小压板分别对桩体和桩间进行试验,求得它们各自的承载力标准值和变形模量值,并按下列公式计算出复合地基的承载力标准值和变形模量,其结果一般偏于安全。

$$f_{sp,k} = m f_{p,k} + (1-m) f_{s,k} \tag{7.7-6}$$

$$E_{sp} = m E_p + (1-m) E_s \tag{7.7-7}$$

式中：$f_{p,k}$、E_p——桩体单位截面积承载力标准值和变形模量；

$f_{s,k}$、E_s——桩间土的承载力标准值和变形模量；

$f_{sp,k}$、E_{sp}——挤密复合地基的承载力标准值和变形模量；

m——面积置换率(即单位处理地基平面内的桩面积率)。

土桩或灰土桩挤密地基的变形计算应按国家标准《建筑地基基础设计规范》(GBJ 7—89)有关规定执行。其中复合土层的变形模量应通过试验或结合当地经验确定。

当处理层顶面的埋深大于1.5m时,处理地基的承载力标准值可进行修正,其深度修正系数应取1.0。但宽度不作修正,即其修正系数为零。

第四节　施工前的准备

认真做好施工前的准备工作是搞好工程施工的前提。

一、切实了解建筑场地的工程地质和环境条件

施工前应具有下列资料：

(1)建筑场地的工程地质勘察报告，施工钻探资料，地基土和桩孔填料的击实试验资料，土的均匀性和含水率变化情况；

(2)建筑平面定位图，基础和桩孔布置施工图；

(3)建筑场地和邻近区的净空、地下管线、地下构筑物、相邻建筑物和邻近的多年土坯房屋调查资料。

二、拟定施工技术措施

(1)绘制施工平面图，其中应标明桩孔位置和编号、施工顺序、机械运行路线、临时设施和材料堆放位置等；

(2)确定成孔夯实机械和质量检查机具，编制施工作业，材料供应计划和劳动组织和规划；

(3)制订保证施工质量，安全施工和冬(雨)季施工的技术措施。

施工前应做好场地整平工作，清理地上和地下障碍物，对不利于施工机械运行的松软场地和浅层地下洞穴应进行适当处理。进行测量放线和桩孔定点时，桩孔中心点可用直径 20mm 钢钎插入土中约 20cm，拔出钢钎后灌入石灰定点。土料和石灰应尽量就近堆放并且应防止雨淋和日晒。

三、成孔挤密试验和预浸水措施

当场地内土质变化较大或土的含水率超过 22%时，施工前宜进行成孔试验以便查明成孔质量和挤密效果。成孔试验在同类土质地段内不得少于 2 组。

若场地内土的含水率低于 12%～14%，可采用人工预浸水湿润办法使土的含水率接近其最优含水率。预浸水可采用水畦和深层浸水孔(每隔 1～2m 用洛阳铲挖出直径 8cm 和深度为浸水土层深度 3/4 的浸水孔，内填小石子)相结合的方式。浸水后 1～3 天(冬季稍长些)即可开始正式施工。人工预浸水的需用水量可按下式计算：

$$m_w = k \cdot \rho_d (w_{op} - w) \cdot V \tag{7.7-8}$$

式中：m_w——需用水量(kg)；

ρ_d——浸水范围内土的天然干密度加权平均值(kg/m^3)；

k——损耗系数，一般取 1.10～1.25；

w_{op}——土的最优含水率(%)；

w——浸水范围内土的天然含水率的加权平均值(%)。

V——土的总体积(m^3)

第五节　采用的设备

一、桩位成孔的设备

灰土桩目前成孔大都采用沉管法，当具备成熟施工经验时亦可采用爆扩法或冲击法。沉管法和冲击法采用的设备见表 7.7-1。爆扩法采用的设备为洛阳铲、钢钎、炸药管、雷管。

常用成孔机械的性能　　表 7.7-1

分　类	型 号 名 称	技 术 性 能		适用桩孔直径(m)	最大桩孔深度(m)	备　　注
		锤重(t)	落距(cm)			
柴油锤打桩机	D_1—6	0.6	187	30～35	5～6.5	安装在拖拉机或履带式吊车上行走
	D_1—12	1.2	170	35～45	6～7	
	D_1—18	1.8	210	45～57	6～8	
	D_1—25	2.0	250	50～60	7～9	
电动落锤	电动落锤打桩机	锤重 0.75～1.5t 落距 100～200cm		30～45	6～7	
振动沉桩机	7～8t 振动沉桩机	激振力 70～80kN		30～35	5～6	安装在拖拉机或履带式吊车上行走
	10～15t 振动沉桩机	激振力 100～150kN		35～40	6～7	
	15～20t 振动沉桩机	激振力 150～200kN		40～50	7～8	
冲击成孔机	YKC—30	卷筒提升力(kN)	冲击重(kN)	50～60	＞10	轮胎式行走
		30	25			
	YKC—20	15	10	40～50	＞10	

二、桩孔填料夯实的设备

1.偏心轮夹杆式夯实机

通常安装在翻斗车或拖拉机上行走。夯锤重 100kg 左右(一般不超过 150kg),落距 0.6～1.0m,每分钟击 40～50 次。优点是结构简单和行走方便,缺点是靠摩擦力提升夯锤和锤重偏小,必须严格控制每次填料数量,较难保证夯实质量。

2.卷扬机提升式夯实机

也可安装在翻斗车上行走。卷扬机提升力一般不小于夯锤质量的 1.5 倍,锤重可达 300kg,落距为 1～3m。优点是夯击能量大,一次可填入较多的土料,夯实效果较好。缺点是人工操作劳动强度较大。

第六节　施工工艺、顺序、步骤

一、沉管法成孔

沉管法成孔可按施工机械的不同分为锤击沉管法和振动成管法。

当前国内采用锤击沉管法施工居多。它是利用柴油锤打桩机等将钢管打入土中,然后利用机械本身动力拔管。桩管由壁厚 8～12mm 的无缝钢管制成,桩管上标有观测入土深度的标志。桩尖有两种形式,一种是下端焊成 60°左右的锥形角,带有自行上下的活动桩尖,如图 7.7-1a)所示。另一种是活瓣桩尖,如图 7.7-1b)所示。

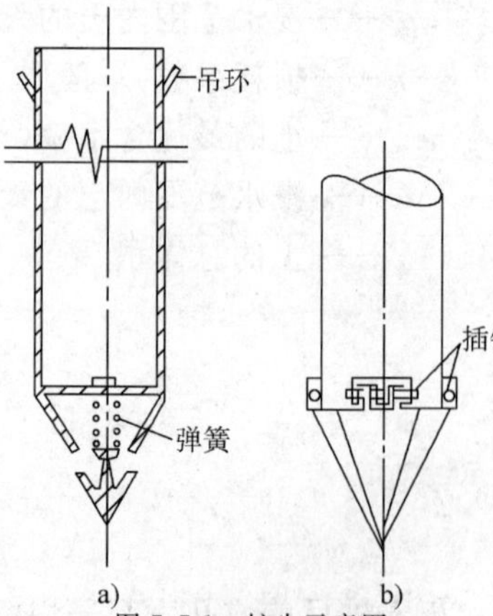

图 7.7-1　桩尖示意图
a)活动桩尖;b)活瓣桩尖

沉管法是最常用的成孔方法,孔壁光滑规整,挤密效果和施工技术都比较容易控制和掌握。但是,沉管成孔的最大深度由于受到桩架的限制,一般不超过 7～8m。

二、爆扩法成孔

爆扩法成孔不需打桩机械，工艺简便，适用于缺少施工机械的新建工程场地。其缺点是由于爆扩振动影响，不适宜在城市中施工。

1. 药眼法

将直径 1.5～3.0cm 钢钎打入土中，拔出钢钎后在土中就形成小孔眼(药眼)，往药眼内直接装填炸药和 1～2 个电雷管，引爆后即成桩孔。此法适用于含水率不超过 22% 的土层，其施工顺序如图 7.7-2a)所示。

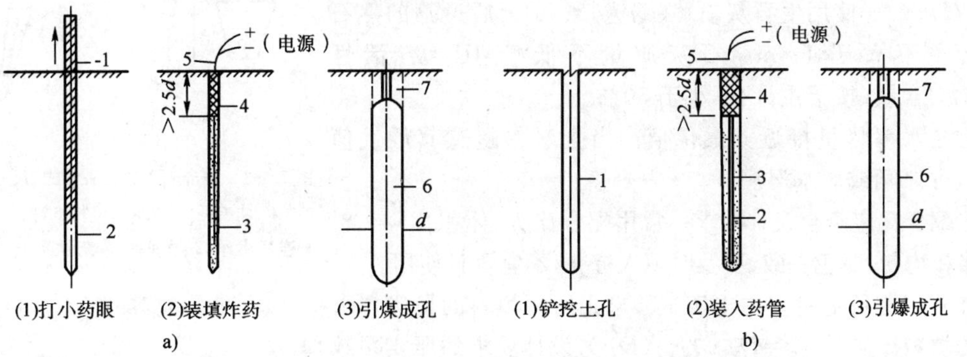

图 7.7-2　爆扩法成孔施工工艺顺序

a)药眼法：1-药眼；2-钢钎；3-炸药；4-封土层；5-导线；6-桩孔；7-削土层；b)药管法：1-土孔；2-填砂；3-炸药管；4-封土；5-导线；6-桩孔；7-削土

2. 药管法

用洛阳铲或扇锥头钢铲在土中挖成直径 6～8cm 和深度与桩孔设计深度一致的孔洞，然后往孔洞内放入直径 1.5～3.0cm 的炸药管和 1～2 个电雷管，引爆后即成桩孔。药管法适用于含水率较大的土层，其施工顺序如图 7.7-2b)所示。

爆扩成孔宜选用硝铵炸药或其他安全炸药，根据土体爆孔原理，爆扩孔洞的体积与炸药用量成正比(也与土体强度有关)。如果使用一种炸药并且装药密度一致时，则爆扩的桩孔直径(D)与药眼或药管直径(d_0)成正比，其关系式如下：

$$D = K \cdot d_0 \tag{7.7-9}$$

式中：K——爆扩系数，一般黏性土或黄土时取 15～18。

若使用 2 号岩石硝铵炸药，装药密度为 1±0.5kN/m³，则 D 与 d_0 的关系可参照表 7.7-2 进行试验。

药眼或药管直径 d_0 与爆扩桩孔直径 D 的关系(cm)　　表 7.7-2

d_0	1.8	2.0	2.2	2.5	2.8	3.0	3.5
D	27～32	30～36	33～40	38～45	42～50	45～54	53～63

三、冲击法成孔

冲击法成孔是使用冲击钻机将 0.6～3.2t 锥形锤头(图 7.7-3)提升 0.5～2.0m 高度后自由落下，反复冲击使土层成孔，可冲成孔径 50～60cm。填夯桩孔也使用同一套设备。成孔深度不受机架高度的限制，可达 20m 以上。本法特别适用于处理自重湿陷性厚度较大的土层。冲击锤头是带有夹角 30°和一定长度圆锥尖端的抛物线旋转体。

四、桩孔填料夯实

1.填料制备

填桩孔用的土料和石灰应符合下述要求。

(1)土料——尽量使用就地挖取的纯净黄土或一般黏性土，有机质含量大于8%的表层耕土、淤泥质土、盐渍土、膨胀土或夹有砖块、瓦砾和生活垃圾的杂土不能使用。土料一般要过筛(筛孔不宜大于20mm)，不含有冻土块。

(2)石灰——使用生石灰消解(闷透)3～4天后过筛的熟石灰粉，粒径不大于5mm。石灰质量不低于III级，活性CaO+MgO含量(按干重计)不小于50%。

灰土含水率尽量接近其最优值。当含水率超过其最优值±3%时，可凉晒或洒水湿润。

灰土配合比应符合设计要求。常用配合比为(体积比)2∶8。灰土应拌和均匀，颜色一致，要及时填入桩孔，不宜隔日使用。

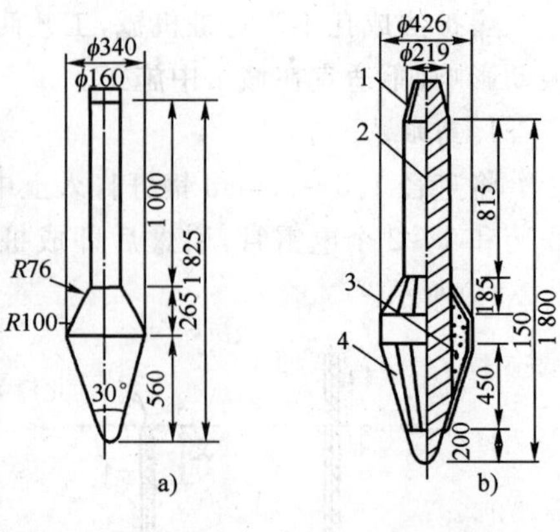

图7.7-3　冲击成孔的锤头形式(尺寸单位:mm)
a)ϕ340冲击锤头(外形);b)ϕ426冲击锤头(剖面)
1-连杆螺丝;2-锤杆;3-填充混凝土;4-外壳

填夯施工前可通过室内击实试验求出所用填料的最优含水率(ω_{op})和最大容重(γ_{dmax})，施工时要求达到的填料干容重$\gamma_d = D_y \cdot \gamma_{dmax}$($D_y$为设计要求的压实系数)。

2.填夯施工

填夯施工前应进行填夯试验，以确定每次合理的填料数量和夯击次数。根据夯实质量标准确定检测方法应达到的指标，例如轻便触探的"检定锤击数"。

填夯施工按下述要求进行：

(1)夯实机就位后应保持平稳，夯锤对中桩孔，能自由落入孔底；

(2)桩孔内有杂物和积水时应清除干净，填料前应先夯实孔底至发出清脆声音为止；

(3)人工填料时应指定专人按规定数量均匀填进，不得盲目乱填，更不允许用送料车直接倒料入孔；

(4)桩孔填夯高度宜超出基底20～30m，其上可用其他土料轻夯至地面；

(5)为保证填夯施工质量应对每一桩孔实际填料数量和夯实时间进行记录。

第七节　施工中应注意的问题

一、灰土桩进行成孔和孔内回填夯实时应注意的问题

(1)应在桩项高程以上预留0.50～0.70m厚的土层，待成孔和孔内回填夯实结束后，将预留土层挖除或用压路机压实；

(2)成孔和孔内回填夯实的施工顺序，对整片处理，宜从里(中间)向外，间隔1～2孔进行，对大型工程，可采取分段施工；对局部处理，宜从外向里间隔1～2孔进行。

(3)成孔施工，地基土宜接近最优(或塑限)含水率，当土的含水率低于12%～14%时，宜对拟处理的地基土进行增湿，增湿土的加水量可按下式计算：

$$W = V\bar{\rho}_d(w_{op} - \overline{w})k \tag{7.7-10}$$

式中：W——拟处理土层范围内的计算加水量；

V——拟处理土层范围内土的总体积；

$\bar{\rho}_d$——拟处理土层范围内土的平均干密度；

w_{op}——将处理土层范围内的土增湿至最优含水率(%)；

$\overline{w}$——拟处理土层范围内土的平均含水率(%)；

k——损耗系数，可取1.05～1.10。

增湿土的计算加水量，应于地基处理前4～6d，通过一定数量和一定深度的渗水孔，均匀地浸入地基内。

(4)应按设计要求，成孔设备和现场土质等情况，选用振动沉管、锤击沉管或冲击等方法进行成孔，孔的直径和深度应与设计值相同。

(5)向孔内填料前，孔底应夯实，并应抽样检查桩孔的直径，深度和垂直度。

(6)经检验合格后，孔内应分层填入筛好的素土，灰土或其他填料，并应分层夯实，至设计高程止。灰土应拌和均匀，当日应使用完毕。

(7)填入孔内的填料量，可按下式计算：

$$G = \frac{\pi d^2}{4} l \overline{\rho}_{d1}(1 + w_{op}) \tag{7.7-11}$$

式中：G——桩孔全部深度内的填料量；

d——桩孔直径；

l——自孔口顶面起的桩孔深度；

$\overline{\rho}_{d1}$——经夯实后，桩体内土或灰土的平均干密度；

w_{op}——室内击实试验求得土或灰土的最优含水率(%)。

(8)施工过程中，应有专人监理成孔及回填夯实的质量，并应做好施工记录。如发现地基土质与勘察资料不符，影响成孔或回填夯实时，应立即停止施工，待查明情况或采取有效措施处理后，方可继续施工。

(9)雨季或冬季施工，应采取防雨或防冻措施，防止土料和灰土受雨水淋湿或冻结。

二、沉管成孔中应注意的问题

(1)桩机就位必须平稳，不发生移动或倾斜，桩管应对中桩孔。

(2)沉管开始阶段应轻击慢沉，待桩管方向稳定后再按正常速度沉管。最先完成的2～3个桩孔、建筑物的重要部位，土层有变化的地段或沉管贯入度出现反常现象，均应逐孔详细记录沉管的锤击数或振动沉入时间，出现的问题和处理方法。

(3)桩管沉至设计深度后应及时拔出，不宜在土中搁置时间过久，拔管困难时可用水浸润桩管周围土层或将桩管旋转后再拔出。

三、爆扩法成孔中应注意的问题

(1)正式施工前应参照设计要求的桩孔直径在同类土质场地上进行爆扩成孔试验，求出爆扩系数K和摸清爆扩成孔时可能出现的问题。平行试验不得少于2组。

(2)爆扩应由正式爆扩工操作。炸药、雷管的运输和保管以及爆破施工应严格按照有关的安全操作规程进行。引爆时场地内所有工作人员均须撤至安全地点。

四、冲击法成孔中应注意的问题

(1)为防止孔口破坏和保证冲击锤头准确入土，钻机上应装有钢管导向器。钢管壁厚10mm以上，内径略大于锤头直径。

(2)开孔时应低锤勤击，锤头全部入土后再按正常冲程锤击。一般不宜多用高冲程，以免引起坍孔，扩孔或卡锤事故。

(3)必须准确控制松绳长度，既要少松、勤松，又要免打空锤。

(4)经常检查铜丝绳磨损情况和卡扣松紧程度，转向装置是否灵活，以免突然掉锤。

(5)钢丝绳上应有长度标志,以便观测和掌握冲孔的深度。钢丝绳的安全系数不应小于12,长短绳连接卡扣不得少于3个。

第八节　常见事故及处理

沉管成孔中出现事故及处理方法。

(1)桩锤回跳过高或桩管沉入速度过慢或桩管贯入度过小,可能是由于土的含水率偏低或土质密实坚硬或土层内有砂石或砖渣层。处理方法:如土的含水率偏低,可进行定量预浸水,使含水率接近最优值;如遇到坚硬层,可强行穿越或清除后穿越或不予越过。

(2)桩管贯入度过大或桩锤无法起跳爆发或沉入速度过快可能是由于土质松软或土中有墓穴或桩管直径偏小。处理方法:如土中有墓空,可拔出桩管填入非黏性土料再沉管挤压;如桩管直径偏小,可考虑改换桩管;如局部土的含水率过大,可在下班前将桩管沉入该土层中,使土中超静水压力减小或消失,上班时再拔出桩管。

(3)成孔后要及时检查桩孔质量,观测孔径和深度偏差是否超过容许值。轻微的缩颈可以削扩至能够顺利填夯施工。严重缩颈和回淤的桩孔应填入干砂、石灰块或砖渣,重新沉管成孔。

第九节　质 量 检 验

质量检验分施工质量检验和加固效果检验两部分,应层层把关,一道工序一道工序进行检验,资料作为工程验收的依据,汇总存档。

一、施工质量检验

主要检查桩点位置、桩孔质量和填夯质量。看其是否符合设计要求。基础轴线、临时水准点高程和桩点位置应与施工图相符,填夯质量以压实系数 λ_c 控制,要求 $\lambda_c \geqslant 0.96$;桩孔内填料全部填夯结束后,应在桩顶以上设置30~50cm厚的2∶8灰土填层,$\lambda_c \geqslant 0.94$。成孔、桩孔位置、直径垂直度和深度应满足下述规定:

(1)成孔施工时地基土宜接近最优含水率,当含水率低于12%~14%时,宜加水增湿至最优含水率;

(2)桩孔中心点的偏差不应超过桩距设计值的5%;

(3)桩孔垂直度偏差不应大于2%;

(4)桩孔的直径和深度,对沉管法,其直径和深度应与设计值相同;对冲击法和爆扩法,桩孔直径的误差不得超过设计值的±70mm,桩孔深度不应小于设计深度0.5m。

二、加固效果检验

包括成孔挤密、消除湿陷性和提高承载力三个方面,视工程要求有所侧重。以消除湿陷性为主可侧重挤密和消除湿陷性效果检验,以提高承载力为主可侧重复合地基载荷试验。

挤密效果检验可通过现场对不同桩间距的挤密土分层取样,测定其干密度和压实系数,并以桩间土的平均压实系数 $\bar{\lambda}_c$ 来评价挤密效果。对湿陷性黄土地基,当 $\bar{\lambda}_c \geqslant 0.93$ 时,即可认为达到消除湿陷性的目的。

消除湿陷性效果也可通过取样,测定桩间土和桩孔夯实土样的湿陷性系数 δ_s 值。如 $\delta_s < 0.015$,即可认为土的湿陷性已经消除;如 $\delta_s \geqslant 0.015$,则可与天然地基土的湿陷系数进行对比以了解湿陷性消除程度。消除湿陷性效果还可通过现场浸水载荷试验来检验。

通过复合地基载荷试验可以确定加固后地基承载力。当按相对变形 S/b（S 为沉降，b 为载荷板宽度）确定复合地基承载力基本值时，可取 $S/b=0.008$ 所对应的荷载。

也可通过其他测试方法，如静力触探试验（CPT）、标准贯入试验（SPT）、动力触探试验（DPT）和旁压试验等，对加固地基效果进行评价。

三、检 验 数 量

填夯质量检验数量不应小于桩孔总数的 1.5%，同时每台班至少应检查 1 根，对重要工程不应小于桩孔总数的 2%。对重要或大型工程还应进行单桩或多桩复合地基载荷试验及其他原位测试，数量由设计等有关单位确定。

四、检 验 时 间

填夯质量检验时间对灰土桩应在桩孔夯填后 48h 内进行，二灰桩应在夯填后 36h 内进行，复合地基载荷试验的检验时间由设计等单位确定。

第十节　工 程 实 例

［实例 1］　灰土桩复合地基治理湿陷性黄土施工

1. 工程概述

河北省矾山磷矿位于河北省西北部，属张家口管辖。矾山磷矿是河北省“八五”、“九五”重点工程，也是北方地区最大的磷矿地。该工程总投资达 6.4 亿元。整个矿区均属湿陷性黄土，地层厚度及地质条件变化较大。湿陷等级不同，土质松散，天然地基不能满足设计要求。化学工业部化学矿山规划设计院决定对天然地基进行处理。

2. 地基条件

场地位于东灵山山前的东灵山河二级阶地上，由于暂时性洪流、面流长期作用，而形成洪坡积成因的黄土状粉土。地形起伏不大，地面高程在 727～732m 之间，湿陷厚度 1.8～7.0m，有 II 级自重湿陷、II 级非自重湿陷或 I 级非自重湿陷。地层分为：①新近沉积黄土状粉土；②自重湿陷性黄土状粉土；③非自重湿陷性黄土；④非湿陷性黄土。各层土的物理力学性质指标见表 7.7-3。

工程地质岩性物理力学指标及地基标准承载力综合表　　表 7.7-3

层次	岩性名称	层厚（m）	状态	一般物理力学指标									标贯击数 $N_{63.5}$	N_{10} 击数	地基承载力标准值 f_k（kPa）
				w	γ	e	S_r	I_p	I_L	E_s	c	φ			
				%	kN/m³		%			MPa	kPa	°			
①	新近沉积黄土状粉土	0.3～3	可塑	9.3	13.3	1.026	19	6～9	>0	5.3	14～21	19～26	1.2	4	80
②	自重湿陷性黄土	2～4	可塑	6.9	13.8	0.951	23	6～9	<0	11.5	18～33	22～28	2.4	9	100
③	非自重湿陷性黄土	3～6	可塑	8.4	13.7	0.967	24	6～9	<0	9.2	18～33	22～28	3.7	15	120
④	非湿陷性黄土	3～9	可塑	10	14.1	0.911	26	6～9	<0	24	18～33	22～28	3.8		140

3.灰土桩复合地基的设计

根据上部结构要求，结合条形基础形状对地基土进行分析、计算，为加固并消除黄土地层的湿陷性，设计要求地基承载力值为150kPa(该工程天然地基承载力为80kPa)，设计中采用了双层地基计算模式。其灰土桩复合地基的计算方法和步骤如下。

(1)复合地基承载力的计算

计算式为：

$$f_{mk} = \eta_s f_k[1+m(n-1)] \tag{7.7-12}$$

式中：f_{mk}——桩土复合地基承载力标准值；

η_s——桩间土承载力折减系数，一般取0.9，当采用压板实测时取1.0；

f_k——桩间土承载力值；

m——面积置换率；

n——桩土应力比，一般取3～4，也可实测。

(2)下卧层地基承载力计算

计算式为：

$$\Delta p + p_z \leqslant f_a \tag{7.7-13}$$

式中：f_a——下卧层顶面处经深度修正后的承载力设计值(kPa)；

Δp——下卧层顶面处附加应力值；

p_z——下卧层顶面处自重应力值。

(3)桩间距的确定

计算式为：

$$S = \sqrt{0.907\bar{\lambda}_c\rho_{dmax}/(\bar{\lambda}_c\rho_{dmax}-\rho_d)}d \tag{7.7-14}$$

式中：S——孔心距(cm)；

d——挤密孔的直径，一般为35～45cm；

ρ_d——地基挤密前各层土的平均干密度(g/cm^3)；

ρ_{dmax}——击实试验确定土的最大干密度(g/cm^3)；

$\bar{\lambda}_c$——成孔后，三孔间的平均挤密系数，甲、乙类建筑物不小于0.93，其他不小于0.90。

$$\lambda_{cdmin} = \rho_{do}/\rho_{dmax} \geqslant 0.84 \sim 0.88 \tag{7.7-15}$$

式中：λ_{cdmin}——土的最小挤密系数；

ρ_{do}——成孔后三孔中心点处的干密度(g/cm^3)；

ρ_{dmax}——意义同前。

最后确定条基下采用有效桩长4.2～4.7m，桩间距为1.00m，布桩平面形式为等边三角形。桩孔填料为2∶8灰土。

4.试桩

在复合桩基设计施工前必须对施工场地进行小范围试桩，以取得比较可靠的数据，这样才能用于设计和大面积施工，为企业节省物力、财力，确保施工质量和工期的顺利完成，从而为企业赢得信誉，更好地为用户服务。

5.灰土桩的施工

该场地地层含水率小于10%，地下水位埋深很大，湿陷系数较大δ_s=0.056～0.066，δ_{zs}=0.027～0.032，地层厚度变化较大。一个地段既有自重、也有非自重湿陷黄土，为提高地基承载力，消除土层的湿陷性，须对地基土进行处理。由于桩土组合的复合地基有许多优越性，既能提高承载力又能消除湿陷性。根据国家标准《湿陷性黄土地区建筑规范》(GB 50025—2004)第2.3.6条的规定，本工程地基处理深度选用基础下3.2～4.7m。根据土的特征，必须对场地预先进行浸水，让地基土达到最优含水率14.16%。为了保证土层湿度的均匀性，测干容重。填料量不得大于0.05m³，也就是在孔内虚填高度不能大于0.5m，场地制桩共计1 320根，进尺7 920m，全部有效工期20天，在此地共完成同样工号九处。

为了保证桩的施工质量，在施工中必须严格控制填料量、锤击数和锤体的自由落距。为了进一步确保灰土桩的质量，钻孔必须垂直，孔径不得小于设计桩径(430mm)使锤在孔内为充分自由落体，成孔采用隔排隔桩跳打，成桩直径$\phi=470\sim550$mm，由于底部落距相对较大夯击能力较强，锤体底部为60°尖形，对桩间的挤压作用充分发挥，桩为下大上小。

6.质量检验

灰土桩复合地基竣工半月后，开始对地基加固效果进行检测，对桩间土采用了取原状土样土工试验、标准贯入试验$N_{63.5}$、轻探N_{10}对土进行了检测。为了反映出灰土桩复合地基加固前后土性的变化以及土的物理力学指标，整理了几组数据，分述如下。

(1)室内土工试验

该工程的实测资料见表7.7-4。

加固前后土的变化　　表7.7-4

层序	土名	含水率(%)		干容重(N/cm³)		孔隙比 e		压缩系数(MPa⁻¹)		湿陷系数	
		加固前	加固后	加固前	加固后	加固前	加固后	加固前	加固后	加固前	加固后
①	新近沉积黄土状粉土	9.3	14.4	13.3	15.6	1.026	0.71	0.102	0.05	0.096	0.006
②	自重湿陷性黄土	6.9	13.1	13.8	15.9	0.951	0.659	0.408	0.08	0.066	0.004
③	非自重湿陷性黄土	8.4	13.9	13.7	16.7	0.967	0.625	0.286	0.12	0.096	0.001
④	非湿陷性黄土	10	9.8	14.1	17.3	0.911	0.625	0.108	0.06	0.028	0.001

(2)现场测试

桩间土标贯($N_{63.5}$)、轻便触探(N_{10})见表7.7-5。

加固前后桩间土标贯的变化　　表7.7-5

层序	土的名称	$N_{63.5}$		N_{10}		f_k(kPa)	
		加固前	加固后	加固前	加固后	加固前	加固后
①	新近沉积黄土状粉土	1.2	2.6	4	>24	80	>130
②	自重湿陷性黄土	2.4	4.2	9	>26	100	>130
③	非自重湿陷性黄土	3.7	6.5	15	>36	120	>140
④	非湿陷性黄土	3.8			>36	140	>140

7. 结论

通过对以上试验结果的分析和比较，笔者对灰土桩复合地基承载特性和加固效果有以下几点认识：

(1)灰土桩复合地基承载力提高程度较大，对消除黄土的湿陷性效果较显著；

(2)孔内重锤强夯对桩间土的挤密效果显著；

(3)桩与土组成的复合地基能充分发挥桩土作用；

(4)施工方便、质量容易掌握，适合小的勘察单位操作和实施；

(5)经济效益显著，比大口径混凝土桩设备简单，工期较短；

[实例 2]　设计研究院十层综合楼灰土桩挤密地基的应用

1. 工程概况

西安某设计研究院综合楼为现浇钢筋混凝土框架结构，中部 9 层，两端 10 层，高 37.5m，建筑面积 7 310m^2。基础采用钢筋混凝土筏板基础，最底层为半地下室，基底高程－5.2m，综合楼于 1985 年 9 月建成，为灰土桩法用于高层建筑地基处理提供了实践经验。

2. 场地条件与地基处理方案选择

建筑场地属渭河二级阶地后缘，处于八度地震区，南侧 23m 处有地裂缝通过。地下水位深 9～10m，属潜水型。场地土层自上而下分为：人工填土、全新世 Q_4^1 黄土状粉质黏土，晚更新世 Q_3^2 黄土状粉质黏土及古土壤 Q_3^1，再下为工程性质较好的黄土状粉质黏土 Q_3^1。基础下的主要持力层为第 3 层的 Q_3^2 黄土状粉质黏土及古土壤 Q_3^1 层。第 3 层土又可分为两个亚层，上部为湿陷性黄土，下部为饱和黄土。主要持力层土的物理力学性质指标见表 7.7-6 中。

综合楼地基土的物理力学性质指标　　表 7.7-6

土层编号		土的名称	w (%)	ρ_d (kN/m^3)	I_p	a_{1-2} (MPa^{-1})	E_s (MPa)	δ_s	f_k (kPa)
3	3_1	黄土状粉质黏土 Q_3^2	23.2	13.4	12.1	0.367	5.43	0.044	155
	3_2	黄土状粉质黏土 Q_3^2	30.0	12.3	12.8	0.418	4.71	—	113
4		古土壤 Q_3^1	28.0	14.1	11.5	0.459	4.06	—	145

从表列指标可知，地基土属中等偏高压缩性，上层土又具有湿陷性，承载力标准值 f_k＝113～155kPa，无法满足工程需要，因此对地基要进行人工加固。为了选择合理的地基处理方案，分别对强夯法、垫层(大开挖)法、预制桩、灌注桩及灰土挤密桩法等进行了技术、经济和环境效益的分析对比，除强夯法因在市区无法施工外，灰土桩方案最经济，其费用为其余三种方法的 35%～73%，当地施工条件和经验也比较成熟。

3. 设计计算与试验

(1)桩距的设计计算

天然土的平均干密度 ρ_d＝13.4kN/m^3，桩间土挤密后要求达到的压实系数 $\lambda_c \geq 0.93$，则挤密土的干密度应为 16.7kN/m^3 以上，按式(7.7-2)计算出的桩间距 S＝2.51d。当桩径 d＝0.45m 时，S＝1.15m。鉴于本工程系高层建筑物，基底压力较大，故设计取 S＝0.90m，桩距系数 a＝S/d＝2。

(2)处理深度和宽度的设计

处理深度确定的原则是：地基土的湿陷量全部消除、下卧层顶面土的承载力验算合格同时以灰土桩不进入地下水位为好。设计桩长 6m。处理宽度根据有关规程和经验，处理范围以超出基础外边缘 1.5m 为准。灰土桩挤密地基的承载力标准值要求达到 203kPa，比天然地基承载力提高 1.8 倍。

(3)工程试验

现场试验在灰土桩施工25天后进行。桩间土挤密后的平均干密度为16.1kN/m^3，压实系数为0.90，但室内试验表明，挤密土的压缩系数$a_{1-2}=0.153\text{MPa}^{-1}$，压缩模量$E_s=10.73\text{MPa}$，湿陷系数$\delta_s=0.01$，湿陷性已经消除，压缩性显著降低，可满足设计要求。载荷试验采用ϕ80cm压板，分级加荷至500kPa，所得p—s关系曲线如图7.7-4所示。p—s曲线无明显转折点，按$s/d=0.06$所对应的压力确定处理地基的承载力基本值为221～225kPa，超过设计要求，并比天然地基提高1.95～1.99倍。还需说明，灰土桩施工正值严冬，灰土强度较低，同时载荷压板主要作用在桩间土上，因此，载荷试验确定的承载力可能偏低。

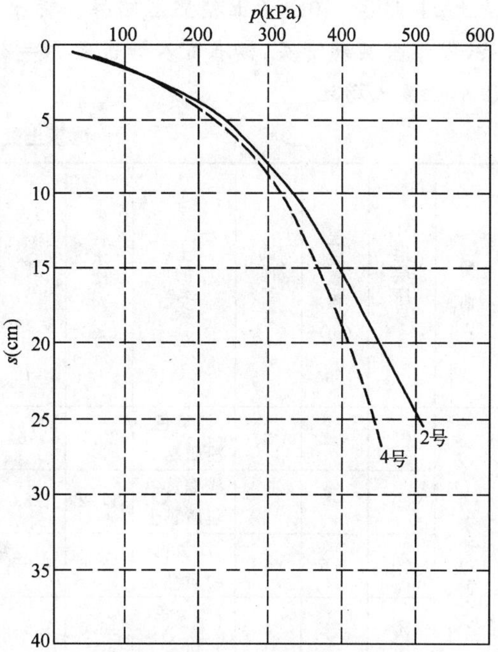

图7.7-4　灰土桩挤密地基p—s曲线

4.施工与沉降观测

灰土桩施工采用沉管法成孔，工期45天，平均每天施工约40个桩。为减轻基底压力，将原定筏板内填土方案改为架空板方案，使基底压力平均降低约30kPa。

沉降观测从主体建至第二层开始，到建筑全部完成交付使用，历时两年，累计平均沉降量28.4mm，最大沉降量35.0mm，最小沉降量21.2mm，实测倾斜率0.12‰～0.30‰，远小于容许值3‰。使用情况至今良好。

［实例3］　爆扩成孔灰土桩法处理某电厂湿陷性黄土地基的应用

1.工程概况

某电厂位于河南省孟县城西6km处，一期工程2×1.2万千瓦发电机组于1991年元月建成发电。建筑场地在−4m至−8m处有4m厚的湿陷性黄土，属Ⅰ级非自重湿陷性黄土场地，地基土的承载力标准值$f_k=140\text{kPa}$，不能满足工程的需要。一期工程曾拟采用碎石挤密桩处理方案，经试桩因用DZ—60Y振动沉桩机成孔困难而无法施工。后改用15t×20m强夯法处理地基，获得成功。

图7.7-5　场地位置示意图

二期工程扩建厂房距老厂房4.5m，距2号发电机组仅10.5m(图7.7-5)。要求在地基处理时，不能影响老厂房的安全和2号机组的正常运行发电。显然，强夯法振动影响大，不能继续采用。曾设想用混凝土灌注桩方案，但其费用比灰土挤密桩法高2～3倍，最后决定采用爆扩成孔灰土桩挤密法处理地基。经现场爆扩成孔试验及效果检验表明，爆扩成孔灰土桩可以满足预计目的：(1)消除了黄土地基的湿陷性；(2)地基承载力标准值达到了180kPa，可满足上部结构的要求；(3)爆扩成孔的振动对老厂房和2号机组的安全和生产没有影响。在试桩获得成功后，共完成工程桩5 000根，处理地基面积约为5 000m^2。经对处理地基工程随机抽样检验，同样满足了工程要求。

2.工程地质条件

厂址位于黄河堆积二级阶地上，高出黄河常水位10m左右，距黄河约5km。地下水位埋深16m。

地层为第四系上更新统黄土冲积层Q_3^{2al}，上部为黄土，厚12m左右；是浅黄色、浅棕黄色粉质黏土，在6～8m深为粉土夹层。上部0～4m黄土无湿陷性(详见表7.7-7)；中部4～8m为非自重湿陷性黄土；下部 8～10m 黄土稍显湿陷性。黄土层下部钻孔揭露深度内为 8m 厚的黄色细砂和含砾中砂层，中等密实或密实，标准贯入锤击数 $N=21$ 击，承载力标准值 $f_k=240$kPa。建筑场地属Ⅰ级非自重湿陷性黄土场地。

地基土处理前后物理力学性质指标　　　表 7.7-7

类别	地层序号	层底高程 (m)	试样组数	土的名称	含水率 w (%)	密度 ρ (g/cm³)	干密度 ρ_d (g/cm³)	孔隙比 e	塑性指数 I_p	压缩系数 a_{1-2} (MPa⁻¹)	压缩模量 E_s (MPa)	黏聚力 c (kPa)	内摩擦角 φ (°)	湿陷系数 δ_s (%)	标贯击数 $N_{63.5}$ (击)	承载力标准值 f_k (kPa)
未处理黄土	①	−2	2	浅黄色粉质黏土	20.7	1.954	1.60	0.690	10.0	0.27	6.00	26	18.2	0.12	3	130
	②	−4	2	浅棕黄色粉质黏土	17.2	1.83	1.56	0.740	12.5	0.14	14.90	32	28.0	0.88	4.5	150
	③	−6	4	浅黄色粉质黏土	13.6	1.57	1.38	0.96	10.0	0.25	8.35	17	25.0	3.39	4.6	150
	④	−8	4	浅黄色粉土	16.0	1.54	1.33	1.036	9.1	0.30	9.30	26	25.0	2.68	3.9	140
	⑤	−10	2	浅黄色粉质黏土	20.4	1.66	1.38	0.970	10.6	0.24	8.20	9	26.0	1.13	3.9	140
桩间挤密土	②	−4①	1	浅棕黄色粉质黏土	18.3	1.84	1.56	0.724	10.0	0.36	4.79	15	27.0	0.004	—	—
	③	−5.7①	1	浅黄色粉质黏土	18.4	1.69	1.43	0.881	10.0	0.34	5.53	15	27.0	0.004	—	—
	④	−7.5①	1	浅黄色粉土	19.1	1.79	1.50	0.793	8.9	0.20	8.97	15	28.0	0.003	—	—
	⑤	−9.9①	1	浅黄色粉质黏土	17.7	1.61	1.37	0.964	11.0	0.38	5.17	10	25.0	0.023	—	—

注：①为取土高程。

3. 设计计算

根据试桩结果设计的工程桩，如图 7.7-6 所示。首先开挖到高程 −2.5m；爆扩挤密成孔，灰土桩设计顶面自基础垫层底面（−4.1m）起，至桩底端 −8.5m，超过湿陷性黄土层底面 0.5m，全部湿陷性土层得到挤密加固。桩身用 3∶7 灰土夯填，灰土的压实系数 $\lambda_c \geqslant 0.97$。

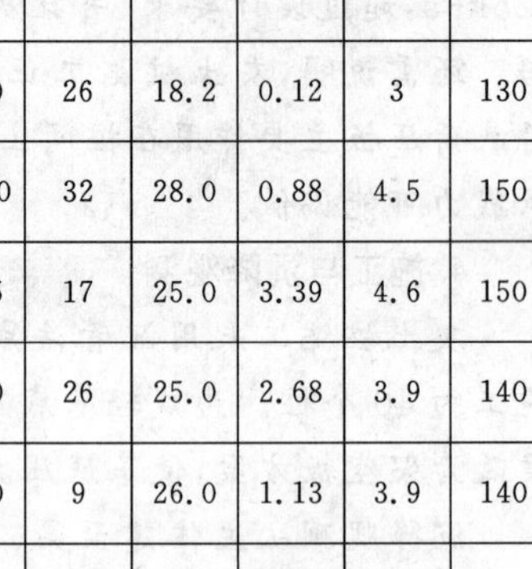

图 7.7-6　爆扩成孔灰土桩剖面图

设计桩径 $d=0.40$m，桩距 $s=1.20$m，排距 $t=1.00$m，三角形布桩。根据《规范》(JGJ 79—91)等有关公式计算，桩距 s 宜为 1.0m，但试验结果表明，按设计桩距成孔后，桩间土的湿陷性已经消除，同时灰土桩复合地基承载力标准值 $f_{sp,k}=188.3$kPa，满足工程要求的 180kPa。试验结果列入表 7.7-8 中。

试桩承载力标准值 f_k　　　表 7.7-8

项目 \ 试桩	第一组 (kPa)	第二组 (kPa)	平均值 (kPa)
桩的承载力标准值 $f_{p,k}$	328.0	331.0	329.5
桩间土承载力标准值 $f_{s,k}$	168.0	176.0	172.0
复合地基承载力标准值 $f_{sp,k}$	187.0	189.5	188.3

4. 施工方法

爆扩法成孔无需沉桩机械，工艺简便，适用于缺乏大型施工机械的地区。爆扩挤密成孔施工工艺分为药眼法和药管法，其工艺程序如前图 7.7-2 所示。药眼法宜用于含水率较低的土层，在土中用钢钎打成小药眼，并在其中直接装填炸药后封孔(参见前图 7.7-2)。引爆后用圆铲修孔，桩孔径达到 400mm，清出孔底掉落的虚土。

桩孔回填用 3∶7 灰土，每次虚填灰土深度不超过 0.70m，用橄榄形锤夯实。通过试验，锤重 0.10t，落距 2.50m，连夯 6 次，使夯实后灰土的压实系数不小于 0.97。

二期扩建工程共施工 5 000 根爆扩成孔灰土挤密桩，其中有 10 根引爆未成。处理方法是人工开挖成孔，然后回填灰土夯实。现采用爆扩成孔挤密灰土桩法处理地基的电厂主厂房和冷却塔已建成，沉降观测结果表明，情况良好，效益显著。

爆扩成孔施工振动对相邻老厂房及发电机组影响的检测结果如下。

该厂发电机组转速 $N \leqslant 3\,000$r/min，根据《电力建设施工及验收技术规范》(SDJ 53—83)的规定，发电机组在正常运行时的振动允许值为：优等 0.03mm(最高限值 0.05mm)；良好 0.04mm；合格 0.06mm；该汽轮机生产厂家规定，要求汽轮机在额定转速时，最大临界振动值≤0.15mm。爆扩成孔施工时，经用 XZ—4 型数字式便携测振表多次监测，所测振动参数均未超过允许合格值。发电机组在不同引爆情况下的振动实测值为：多孔同时引爆为 0.043mm；二孔连爆为 0.025mm；三孔连爆为 0.045mm；四孔连爆为 0.043mm。爆扩成孔按间隔二孔为序施工，因此最后一批桩孔引爆时，发电机组所受振动的影响最大，为此，采用单孔引爆施工最后一批桩孔，所测到的发电机组最高振动值为 0.042mm，亦未超过允许合格值(0.06mm)。

爆扩成孔距一期工程主厂房的最近距离仅数米，原来在主厂房西侧有一临建棚，棚顶为石棉瓦，其中一块石棉瓦原已破碎，面积仅有整个的 1/4，且连接不牢。此棚距扩建厂房东侧最近，特意留用此石棉瓦临建棚，作为爆扩成孔施工振动影响监测的对象，观察其状态的变化情况。结果在爆扩成孔施工过程中，自始至终该石棉瓦棚的状态没有改变，主厂房更未发生任何异常情况。由此可见，爆扩成孔施工工艺是安全可行的。

5. 质量检验

施工结束后，采取随机抽样作了三组灰土桩挤密复合地基静载荷试验，根据《建筑地基处理技术规范》(JGJ 79—2002)的有关规定，取相对沉降量 $s/d=0.008$ 所对应的荷载作为复合地基承载力的基本值，其结果为 $f_{sp}=187.4 \sim 214.0$kPa，平均值可定为灰土桩复合地基承载力标准值 $f_{sp,k}=$ 205kPa。

经爆扩挤密灰土桩处理后，在桩间开挖探井分层取样，作土工常规试验和湿陷性试验。试验结果列于表 7.7-8 下部，其中土的湿陷系数分别为 0.000 4、0.000 3 和 0.002 3，均不超过 0.015，表明挤密后桩间土的湿陷性已经消除。

6. 技术经济效果

电厂二期扩建工程包括主厂房、冷却塔和烟囱的地基处理，原设计为混凝土灌注桩方案，预算造价 180 余万元，后改用爆扩成孔灰土桩法处理地基，在满足技术要求的条件下，费用仅为 40 万元，节约投资 140 万余元。同时无需钢材和水泥，不要大型沉桩机械，又可多点面施工，工期缩短。由此可见，灰土桩挤密法应用具有明显的经济技术优势。尤其是爆扩成孔的振动，在距老厂房和发电机组分别为数米和十余米的条件下，没有影响其安全和正常生产运行，是其特有的实用经验。

总之，该电厂二期扩建工程，采用爆扩成孔灰土桩挤密法处理地基，消除了黄土地基的湿陷性，提高了地基承载力，满足了建筑结构的要求，同时又不影响邻近建筑物和发电机组的安全与正常运行，技术效果良好。同时，该工程造价低，工期短，无需大型机械即可处理地基，经济效果十分显著。

第八篇　质量检测和检验评定

第一章　概　　述

桩基工程施工过程中或施工后应对基桩进行质量检测和检验评定。常用的检测方法主要有静载试桩法、低应变法、高应变法、声波透射法和钻芯法。对桩身完整性检测一般用低应变法。当低应变法不能明确完整性类别或为 III 类桩时，可根据实际情况采用静载试桩法或高应变法等方法进行验证检测。对桩进行高应变法检测时，应同时给出桩的完整性类别和竖向抗压承载力。对灌注桩除采用上述方法外，也可均采用声波透射法或钻芯法进行检测。

桩基工程质量检测的数量、检测时间等应符合有关规范的规定或设计要求，当用某种检测方法难以判别时，应用其他方法进行验证检测。在桩身完整性检测中发现 III、IV 类桩之和大于抽检数的 20％时应扩大抽检量。

对桩的承载力检测，可用静载荷检测和高应变法动力检测，此部分内容详见本书第九篇“桩的载荷试验”内容。

桩基工程质量检验评定应按不同类型的工程选用相应的质量检验评定标准。

第二章　低应变桩身质量检测

低应变桩身质量检测主要被用于检查已埋入土中的桩身结构完整性，即利用相对较低能量的瞬态或稳态激振，使桩在弹性范围内作低幅振动，根据接收到的振动波的变化规律，分析判断桩身缺陷性质和缺陷位置。低应变测桩方法已在世界各地得到广泛应用，这一技术也已被列入我国一些行业和地方性规范(规程)中，其检测结果被指定作为桩基工程验收的一部分。

低应变测桩方法有好多种，就我国国内来说，有应力波反射法、机械阻抗法、共振法、水电效应法等。这些方法都是通过在桩顶施加一瞬态激振力，并在桩头接收由激振引起的信号波。上述诸多方法中，使用最普遍的是应力波反射法，这一方法原理清楚，试验简便，费用相对较低，适用于工程桩大面积普查，深得基桩检测人员和用户的欢迎。本节主要介绍应力波反射法的原理、应用及测试分析方法。

第一节　应力波反射法的原理

应力波反射法是采用一维应力波理论来研究桩土体系的动态响应。在此桩被看作是一维弹性体杆件($L>>D$，L 为桩长，D 为桩径)，其介质均匀连续，信号沿桩身传播不发生衰减。桩顶在受到一锤击力作用后，产生的弹性应力波按纵波形式以波速 C 沿桩身向下传播，C 是桩身弹性模量 E 和质量密度 ρ 的函数($C^2=E/\rho$)。应力波沿桩身传播规律遵循一维波动方程。

根据上述假设，可以得到以下方程式：

$$P(x)=A\cdot\sigma=A\cdot E\cdot\frac{\partial u}{\partial x} \tag{8.2-1}$$

$$P(x+\mathrm{d}x)=AE\frac{\partial u}{\partial x}-AE\frac{\partial}{\partial x}\left(\frac{\partial u}{\partial x}\right)\mathrm{d}x \tag{8.2-2}$$

则运动方程为：

$$P(x)-P(x+\mathrm{d}x)=AE\frac{\partial^2 u}{\partial x^2}\mathrm{d}x=\rho A\frac{\partial^2 u}{\partial t^2}\mathrm{d}x \tag{8.2-3}$$

式中：$\varepsilon=\frac{\partial u}{\partial x}$；

$\upsilon=\frac{\partial u}{\partial t}$；

ρ——桩材密度；

σ——应力，$\sigma=E\cdot\varepsilon$，E 为桩身材料弹性模量。

经推导后可得桩的一维波动方程：

$$\frac{\partial^2 u}{\partial t^2}=C^2\frac{\partial^2 u}{\partial x^2} \tag{8.2-4}$$

式中：C——应力波在桩身中的传播速度。

方程(8.2-3)的通解为：

$$u=f(x-Ct)+g(x+Ct) \tag{8.2-5}$$

函数 $f(x)$和 $g(x)$分别表示沿桩身向下传播的入射波和沿桩身向上传播的反射波。

桩内应力波的传播受到外部土阻力和内部桩阻抗两个方面的影响。外部土阻力是桩体与桩周土相互作用的结果，而桩阻抗是桩截面积、桩材料密度和桩身弹性模量的函数：

$Z=\rho AC$，其 Z 是桩阻抗，ρ 是桩身材料密度，A 为桩身截面面积，C 是桩内弹性波波速。

假设桩身中某处阻抗 Z 发生变化（如图 8.2-1 所示的由 Z_1 变到 Z_2），则阻抗变化截面处将产生反射波和透射波，用 i、r、t 分别表示入射波、反射波和透射波，则有以下关系成立：

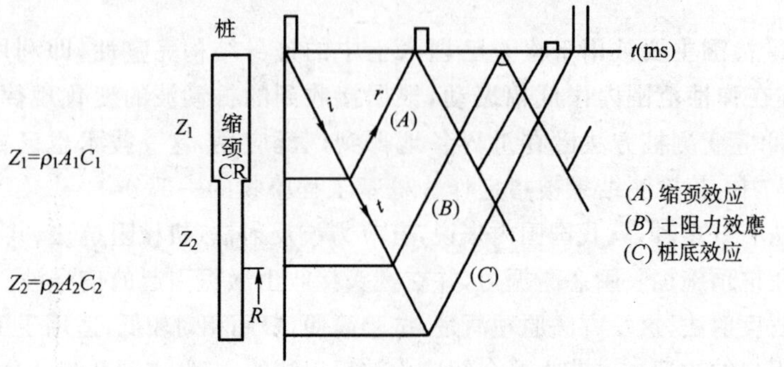

图 8.2-1　应力波在桩身的传播及反射过程

$$v_r=-F\cdot v_i \tag{8.2-6}$$

$$v_t=T\cdot v_i \tag{8.2-7}$$

$$F=\frac{1-i}{1+i}=\frac{Z_2-Z_1}{Z_2+Z_1} \tag{8.2-8}$$

$$T=\frac{2}{1+i} \tag{8.2-9}$$

$$i=\frac{Z_1}{Z_2}=\frac{\rho_1A_1C_1}{\rho_2A_2C_2} \tag{8.2-10}$$

式中：F、T——分别表示反射系数和透射系数；

i——阻抗比；

v_i、v_r、v_t——分别为入射波、反射波和透射波在界面处的质点振动速度，由于桩身材料自身阻尼和桩侧土阻力的影响，不同位置接受到的 v_i、v_r 和 v_t 会略有不同，但相位是相同的。

如果阻抗 Z 在桩身某一截面处变小，$Z_2<Z_1$，则由式(8.2-10)可知 $i>1$，由式(8.2-8)得 $F<0$，代入式(8.2-6)后，则有 v_r 与 v_i 同号，即 v_r 为同相反射。Z_2 减小越多，v_r 反射越强。当 $Z_2\to0$，即桩端为自由时，$F\to-1$，$v_r=v_i$。根据前面定义，阻抗 Z 的减小反映出桩的截面面积减小或截面强度减弱。因此对缩颈、断裂、离析、桩身材料强度减弱等部位的反射以及摩擦桩的桩底反射（均指速度波，下同），其波形特征反射波与入射波同相。

如果波阻抗 Z 在桩身某一截面处增大，即 $Z_2>Z_1$，由式(8.2-10)可知 $i<1$，由式(8.2-8)得 $F>0$，代入式(8.2-6)后有 v_r 与 v_i 异号，即 v_r 为异相反射。Z_2 增大越多，反射信号越强。当 $Z_2\to\infty$时，即速度波在刚性界面反射时，$v_r=-v_i$。桩身某部位阻抗增加反映出桩在该截面处面积增大或强度增加。因此对扩径桩、桩身材料强度在某截面处突然提高的桩或良好的嵌岩桩，其相应部位反射波的相位均与入射波相位相反。值得注意的是，当桩侧某截面处的土阻力突然增大时，该处也会产生与入射波相位相反的反射波。

第二节　应力波反射法的适用范围

应力波反射法是用一维应力波理论去研究桩的动态响应，即将桩视为一维弹性杆件，利用桩顶低能量的激振，根据应力波在桩身中的变化规律去分析桩身阻抗变化情况，并由此判断桩身是否有缺陷以及相应的缺损位置和缺损程度。该方法适用于钢筋混凝土预制桩(预制混凝土方桩、板桩、预应力管桩等)和混凝土灌注桩(钻孔灌注桩、挖孔灌注桩、沉管灌注桩等)的桩身结构完整性检测。低应变应力波反射法不适用于检测及推算桩的承载力,因为低能量的激振不能充分发挥桩周土阻力;也不适用于推算桩身混凝土强度等级。

根据目前的仪器精度及检测经验,一般认为低应变应力波反射法检测桩身质量时桩的长度不宜太长(例如小于 50m),桩径不宜大于 2m,也有的认为桩的长径比 L/D(L 为桩长,D 为桩直径或边长)宜大于 5 且不宜大于 50。当然上述限制范围不是绝对的,还与测试仪器及传感器的精度、锤击设备、桩周土阻力大小、桩身混凝土强度以及桩身质量等因素有关。在检测设备已确定的前提下,桩的有效检测长度主要受桩土刚度比大小的制约。例如对同一地质条件、同一尺寸的钻孔灌注桩,若桩身混凝土强度高,则检测到的有效深度相对要深一些;对同一尺寸、相同材料强度而桩周土阻力不同的桩,桩周土阻力低时测得的有效深度会深一些。这就是某些混凝土预制打入桩在刚打入土中时能测出明显的桩底反射信号,而经过一段休止时间待桩周土体固结后却测不到桩底反射信号(或信号不明显)的原因。

对于超长桩的检测,最大有效检测深度小于实际桩长时,会测不到桩底反射信号,但在有效检测长度内存在的缺陷还是能检测出来的。

第三节 仪器设备要求

低应变应力波反射法检测桩身完整性原理清楚,检测设备相对也比较简单。目前国内在这方面使用的测桩仪器品种很多,有进口仪器,也有国产仪器,仪器的主要组成部分基本相同,即锤击设备、传感器、信号记录分析仪及输出设备四大部分。低应变检测仪器操作流程见图 8.2-2。

(1)锤

低应变应力波反射法测试时使用的锤有手锤(钢质、铜质、工程塑料或尼龙)、带有测力传感器的力锤、力棒等,是使桩产生振动的激振设备。锤的大小应根据桩长、桩周土阻力大小及缺陷位置、缺陷程度等情况选择使用。若桩比较长,或桩周土阻力较大,用小锤不易得到桩底反射信号,难以检测出桩深部的缺陷或二处以上的缺陷时,可使用质量较大或刚度较小的锤,此时的冲击波脉冲较宽,且以低频成分为主,在传播过程中应力波衰减较慢。反之,若要检测距桩顶较近的缺陷或微裂缝,可使用质量较小或刚度较大的锤击装置,此时冲击波脉冲相对较窄,且高频成分多,浅部缺陷的反射容易识别。一般情况下同一台仪器应备几种不同的锤和锤垫,根据现场具体情况分别使用。

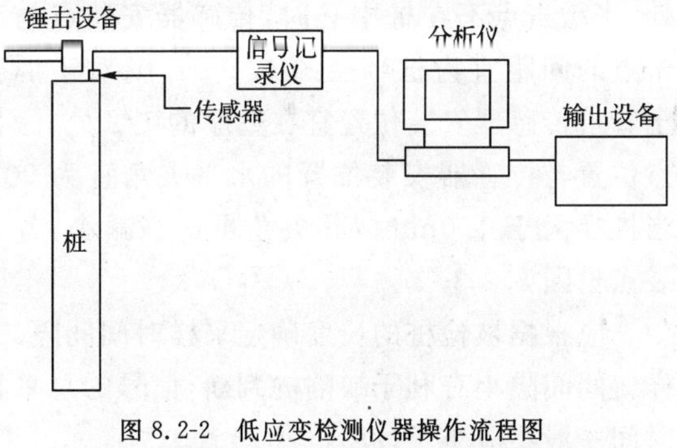

图 8.2-2 低应变检测仪器操作流程图

(2)传感器

目前应力波反射法测桩中使用较普遍的是压电晶体式加速度传感器,也有使用磁电式速度传感器的,主要用于接收桩顶被激发后加速度(或速度)波在不同波阻抗界面的反射信号。选用传感器要根据桩型尺寸、激振力、桩—土体系的条件,应力波与可能出现的频率和振幅大小相匹配。一般来讲,加速度传感器灵敏度高,谐振频率大,其测试精度就较高,特别对距桩顶较近处有缺陷或桩身有微小裂缝的桩,使用加速度传感器更为合适。磁电式速度传感器固有频率相对较低,安装谐振频率变化较大,且易产生自身振荡,一般情况下其测试精度不如加速度传感器,但其低频、宽脉冲的特性可测试较深的缺陷。

按要求，加速度传感器的灵敏度宜大于 20mV/g，安装谐振频率应大于 10kHz，量程不小于 20g，横向灵敏度小于 5%。对电磁式速度传感器，电压灵敏度宜大于 200mV/cm/s，安装谐振频率应不小于 2 000Hz。

信号采集与记录系统应具有现场显示、记录、存储等功能，数据采集的模/数(A/D)转换器的位数不低于 12bit，且采样间隔时间应在 20～100ms 之间，单通道的采样点不少于 1 024 点，有时域和频域的处理功能。

现场采集的数据是判别桩身质量的主要依据，因此仪器设备可靠与否直接关系到判据的准确程度。

第四节　现场测试方法

一、测试前的准备工作

在采用应力波反射法检测前，应首先了解工程桩的结构、桩身强度、地质情况及施工工艺等，选择合适的锤击设备进行激振。若桩较长或桩周土阻力较大，宜选择较大的锤或力棒进行激振，反之则可采用质量较小的锤。总之必须测出较明显的桩底反射信号。

桩顶处理的好坏直接影响到检测质量。因此要求被检桩的桩顶(设计高程处)混凝土质量良好，满足规范要求。若为钻孔灌注桩，应凿除桩顶浮浆露出新鲜、坚硬的混凝土；若为预制混凝土桩宜在破桩前进行低应变测试。总的要求是桩顶检测面必须平整、密实和水平。当遇到桩顶不平整时，检测点和激振点宜用便携式砂轮机磨平。

传感器安装点及锤击激振点的选择亦非常重要。对混凝土实心桩进行测试，激振点位置宜选择在桩顶中心，传感器安装点宜在距中心 2/3 半径处，当敲击点不在桩中心时，传感器安装点与敲击点的间距宜为桩半径的 1/2～1.0；对于混凝土管桩传感器安装位置宜在壁厚的 1/2 处，激振点位置与传感器安装位置的水平夹角宜为 90°，当桩径大于 1.0m 时，其夹角可适当减小，各安装点见图 8.2-3。

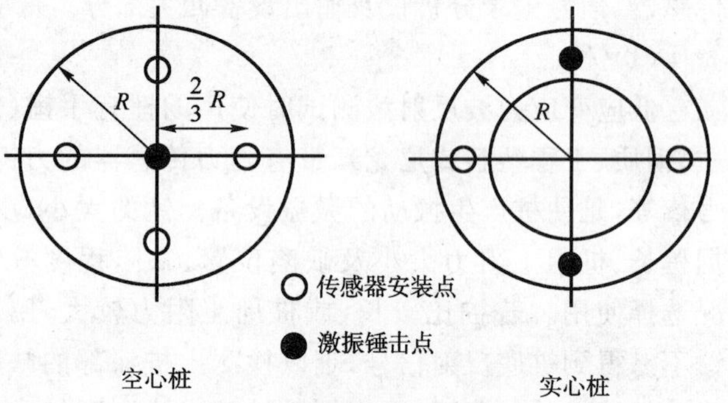

图 8.2-3　传感器安装示意图

应根据被检桩的长度确定采样时间间隔，采样时间间隔小有利于缺陷的判断，信号的总采样时间一般不应小于$(2L/c+5)$ ms。

二、测 试 方 法

在桩顶选择好位置，用牛油或胶泥等黏结材料安装固定好传感器。检测过程中要求做到传感器不产生滑动、信号线不抖动，不能用手扶持传感器和信号线，并保证传感器安装平面与桩的中心轴线垂直。用手锤敲击桩顶，激起的纵向应力波以波速 C 由桩顶沿桩身向桩底传播，当桩身阻抗发生变化(如断桩、缩颈、裂缝等)时，部分应力波在阻抗变化处向上发生反射，其余以透射波的形式继续向桩底传播，在桩底反射后又沿桩身向上传播，这些向上传播的应力波被安装在桩顶上的加速度(或速度)传感器接收，由专用计算机通过 A/D 转换并被积分成速度信号存储起来。试验人员根据测得的速度时域曲线进行各种处理分析，最终对桩身完整性和桩身混凝土质量作出判断。现场测试时，每根桩的测点不得少于 2 点，当直径大于 800mm 时，应适当增加测点。测点应分布均匀，同一测点的重复检测次数不应少于 4 次，且每次采集波形应具有良好的一致性。发现波形有异常时，应改变激振方式或改变传感器安装位置后重新测试，直到得到满意的波形为止。锤和垫的选择应根据锤型、桩身材质、桩长和可能出现的缺陷位置等综合选定，对长桩和桩身下部缺陷应采用产生宽脉冲的锤和垫。若想获取离桩顶较近部位的缺陷信号则采用产生窄脉冲的锤和垫。

第五节　检测结果的处理及判断

一、检测结果的分析与处理

1.完整性判别的时域分析

根据反射波与入射波的波形特征，比较入射波与反射波达到的时刻及其振幅、相位、频率等，对混凝土桩的完整性进行判析和计算；以完整桩的首次桩底反射时间 t，计算应力波沿桩身轴线方向传播的纵波速度 C：

$$C = \frac{2L}{t} \tag{8.2-11}$$

式中：L——完整桩的桩长(m)；

t——速度波第一峰值与桩底反射波峰值之间的时间差(s)。

完整桩的平均波速 $\overline{C}$ 由该工程有代表性的若干根完整桩计算且符合正态分布：

$$\overline{C}=\frac{1}{n}\sum_{i=1}^{n}C_i \tag{8.2-12}$$

$$\frac{|C_i - c|}{\bar{c}} \leqslant 5\% \tag{8.2-13}$$

式中：$\overline{C}$——n 根桩桩身应力波速度的平均值(m/s)；

C_i——第 i 根桩的应力波速度(m/s)；

n——检测桩根数。

第 i 根桩的桩身缺陷距桩顶的距离 x 计算如下：

$$x = \frac{1}{2}\overline{C}\cdot t_i \tag{8.2-14}$$

式中：x——桩身缺陷距桩顶的距离(m)；

t_i——缺陷桩速度波第一峰值与缺陷反射波峰值之间的时间差(s)。

应力波在桩身缺陷位置的反射见图 8.2-4。

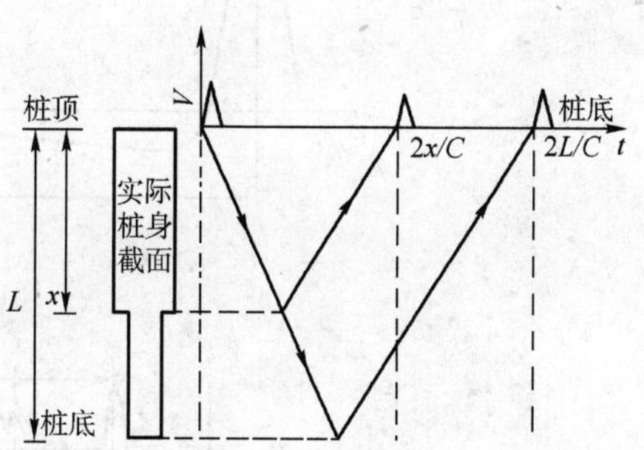

图 8.2-4　桩身缺陷反射

2.完整性判别的频域分析

完整性判别除对反射波进行时域分析外，还应进行频域分析，应力波速度 C 计算如下：

$$C = 2L\cdot\Delta f \tag{8.2-15}$$

式中：Δf——完整桩相邻波峰之间频差(Hz)；

第 i 根桩的桩身缺陷距桩顶的距离 x 可计算如下：

$$x = \frac{\overline{C}}{2\Delta f_i} \tag{8.2-16}$$

式中：Δf_i——缺陷桩相邻波峰之间频差的平均值(Hz)。

完整桩时域信号特征见图 8.2-5，完整桩速度幅频信号特征见图 8.2-6。

缺陷桩时域信号特征见图 8.2-7，缺陷桩速度幅频信号特征见图 8.2-8。

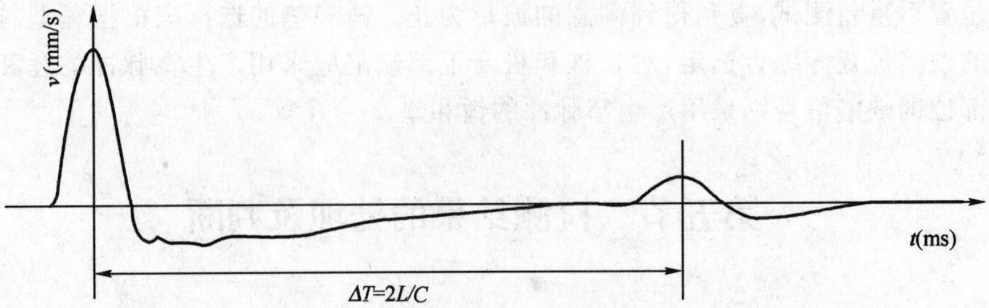

图 8.2-5　完整桩时域信号特征

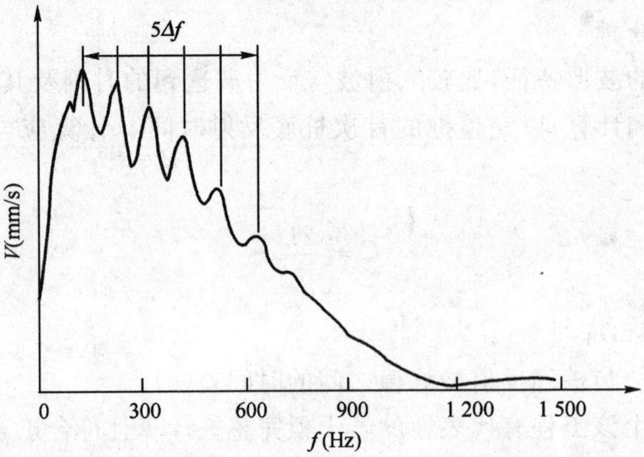

图 8.2-6　完整桩速度幅频信号特征

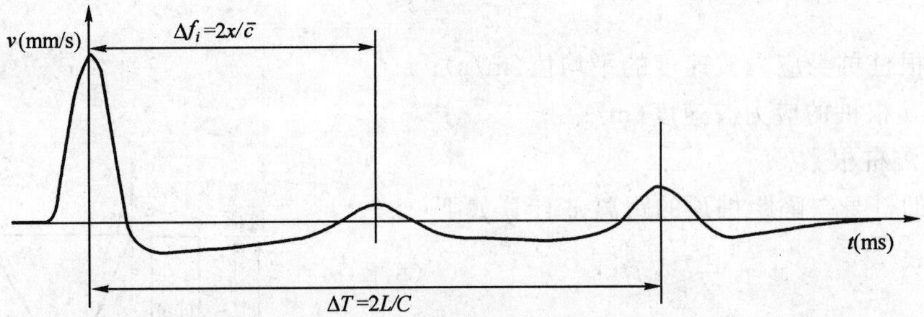

图 8.2-7　缺陷桩时域信号特征

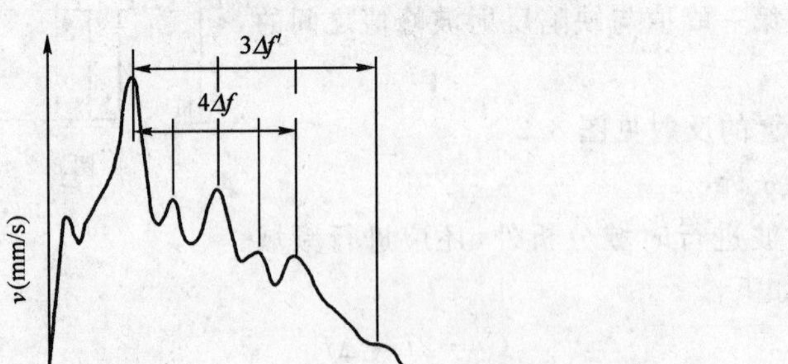

图 8.2-8　缺陷桩速度幅频信号特征

二、检测结果的判断

根据反射波的时域特性和频域特性分析结果，用波形特征来判别桩身完整性，结果如表 8.2-1 所列。

反射波的时域特性和频域特性分析结果表　　　　表 8.2-1

桩身完整性类别	缺陷判别程度	波形特征
I	无缺陷的完整桩	时域信号 $2L/C$ 时刻前无缺陷反射波，有桩底反射信号；波形规则，幅频曲线正常；桩底谐振峰相邻频差 $\Delta f=C/2L$
II	有轻度缺陷，一般不影响桩身结构承载力	时域信号 $2L/C$ 时刻前有轻度缺陷反射波，桩底反射波受轻度缺陷的干扰，反射波的规律不如完整桩
III	有明显缺陷，对桩身结构承载力有影响	时域信号 $2L/C$ 时刻前有明显缺陷反射波，基本上无桩底反射，幅频曲线有明显的峰～谷状起伏，$\Delta f'>C/2L$
IV	有严重缺陷或断桩，严重影响桩身结构承载力	时域信号 $2L/C$ 时刻前缺陷反射波强烈，且有二次及多次重复反射，无桩底反射，幅频曲线有很明显的峰～谷状多次起伏，$\Delta f'>C/2L$

第六节　工 程 实 例

[实例 1]　某工地基桩采用 ϕ600mm 的 PHC 桩，桩长 38m，其中上节桩为 12m，中节桩为 12m，下节桩为 14m。低应变检测发现该桩在距桩顶 12m 附近处反射较大(图 8.2-9)，根据该桩上节桩长 12m 接桩处已入土 12m 的特点，评定该桩在桩顶下 12m 附近明显缺损。完整性分类判为 III 类桩。该桩后又进行高应变验证，测得该处的完整性系数 β 值为 70%。验证结果也证实了该桩在桩顶下 12m 处桩身存在明显缺陷。

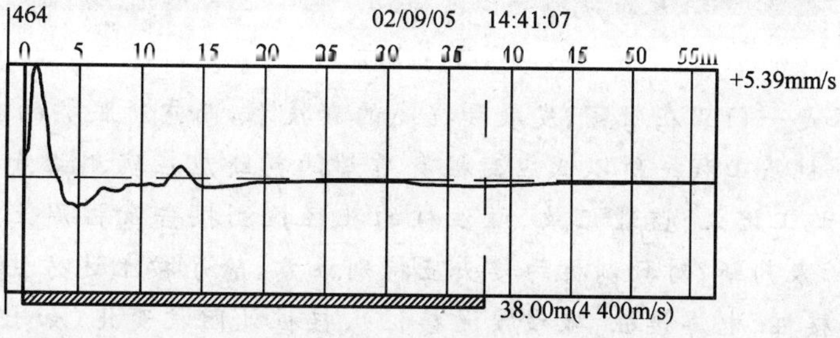

图　8.2-9

[实例 2]　某工地基桩采用 ϕ600mm 的 PHC 桩，桩长 38m，低应变检测发现该桩在桩顶下 3.0m 附近有明显的缺陷反射，且有多次反射(图 8.2-10)，最终判定该桩在桩顶下 3.0m 附近严重缺损。考虑到该处的正常水位在距桩顶 3m 以下，为此采取了灌水试验，在该桩的管内灌满水后，起初水位下降较快，但降至桩顶下 3.0m 左右位置后，水位下降基本稳定，最终判定该管桩在桩顶下 3.0m 处严重损坏，为 IV 类桩。

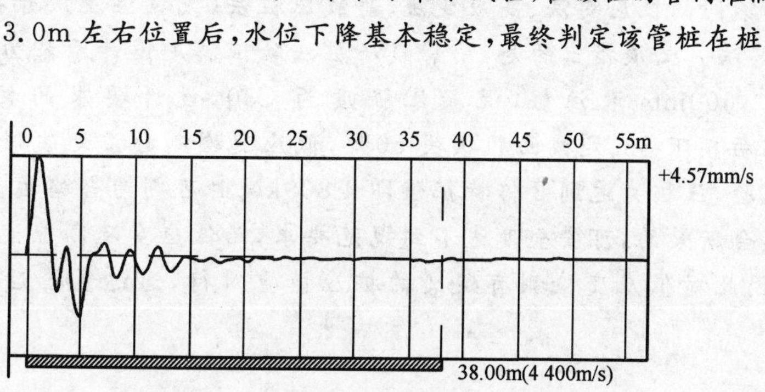

图　8.2-10

[实例 3]　某工地打入 30cm×30cm 的预制方桩，桩长 21m。现场低应变检测时发现在桩顶下

1.3m附近有较明显的异常反射，且有重复反射出现(图 8.2-11)。后监理要求开挖验证，在开挖后发现在桩顶下 1.5m 处有一条横向裂缝，该裂缝自桩的一角向相邻的二面水平延伸，每边延伸长度约 20cm 左右(见图 8.2-12)。

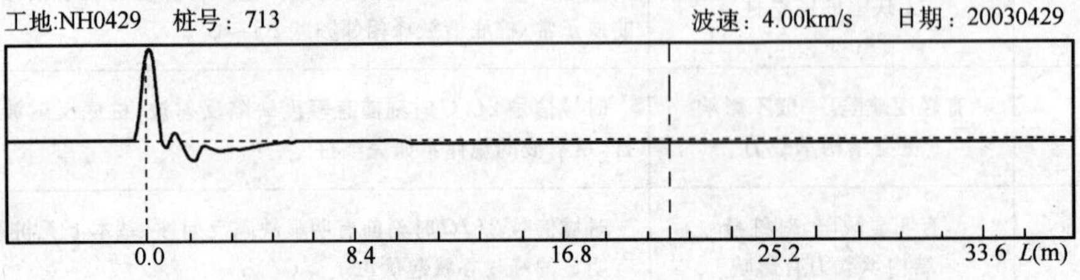

图 8.2-11

图 8.2-12

低应变动测技术是一门正在研究、发展和提高的新技术，而它所服务的对象是地质及其复杂的地下隐蔽工程——桩基工程。所以低应变桩身质量的判断应在实测曲线(时域、频域)的基础上参照各种因素(如施工记录、监理记录、灌注桩的孔径检测报告及桩周土质、缺损部位的埋置深度等)，经综合分析来判断；对预制桩的接头应特别注意，除了按上述方法综合分析外，还应考虑按桩形式(如法兰接桩、电焊接桩、硫磺胶泥接桩)、接桩处阻抗变化(如 PHC 桩的接头焊接是单面焊还是双面焊，混凝土方桩接桩时使用的角钢大小，有无在角钢外增加钢板，法兰接桩时法兰的个数等)、同一工程中相同桩型的比较。要注意积累资料，将各种桩型的波形进行分类，并制作标准波谱，以供比较和参考。对有疑义的桩或被判为 III 类 IV 类的桩宜采用多种方法进行复检或分类抽检，如不同的低应变法、高应变法、静载压桩法(或拔桩法)、开挖验证法等，混凝土灌注桩也可采用取芯法。必须指出的是，用静载压桩法验证满足设计承载力要求的桩并非都是 I 类桩。举例：一根 ϕ600mm 灌注桩，混凝土强度为 C30，设计要求的抗压承载力特征值 2 400kN。若该桩在桩顶下 8m 处截面积损失 50%，低应变检测时该处波形必定出现明显的反射波，但若用静载试验，压桩力达到 2 倍特征值即 4 800kN 时可判为合格桩。按强度计算，在上述荷载下，桩一般不会断裂的，可安全度达不到规范要求，而低应变及高应变检测结果一般会得出不合格的结论。因此对低应变检测有疑义的桩应慎重对待，通过复检后结合各种因素综合分析。

第三章　灌注桩声波透射法检测

第一节　适用范围

声波透射法适用于已预埋声测管或钻孔，利用超声波对桩径不小于 0.6m 的混凝土灌注桩或管桩的混凝土芯进行桩身完整性检测，判定桩身缺陷的位置、范围和程度。

第二节　声波透射法测试原理

声波在介质中传播，遇到与原有不同的介质时在两种介质的界面上声波的传播规律、声波的能量分配都要发生变化。

当声波从一种介质($Z_1=\rho_1 v_1$)传播到另一种介质($Z_2=\rho_2 v_2$)时，在界面上有部分能量被界面反射，有部分能量透过界面形成折射，见图 8.3-1。上述关系式中 Z 为声阻抗，ρ 为介质密度，v 为波在介质中的传播速度。

采用超声波检测混凝土时，把混凝土看作是一种集结型的复合材料，其内部存在着广泛分布的复杂界面。当混凝土的组成材料、工艺条件、内部质量及测试距离一定时，其声波传播速度、首波幅度和接收信号主频等声学参数一般符合统计正态分布，无明显差异。如果某部分混凝土存在空洞、不密实或裂缝等缺陷，破坏了混凝土的整体性，与无缺陷的混凝土相比，声时值偏大，波幅和频率值降低。超声波传播速度的快慢，与混凝土的密实程度有直接关系，声速高则混凝土密实，相反则混凝土不密实。当有空洞或裂缝存在时，便破坏了混凝土的整体性，超声波只能绕过空洞或裂缝传播到接收换能器，因此传播的路程增大，测得的声时偏长，声速降低。另外，由于空气的声阻抗率远小于混凝土的声阻抗率，超声波在混凝土中传播时，若遇到蜂窝、空洞或裂缝等缺陷，便会在缺陷界面发生反射和散射，声能被衰减，其中频率较高的成分衰减更快，因此接收信号的波幅明显降低，频率明显减小。再者经缺陷反射或绕过缺陷传播的超声信号与直达波信号之间存在声程和相位差，叠加后互相干扰，致使接收信号的波形发生畸变。正是根据这些声学参数的相对变化，来判定混凝土的缺陷情况。

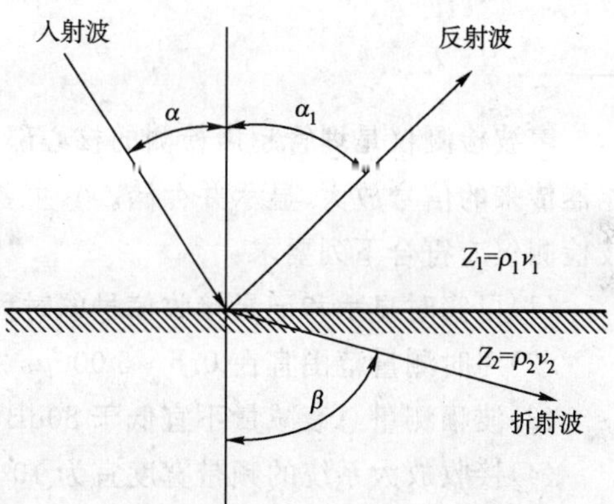

图 8.3-1　声波在界面上的反射和折射

第三节　声测管的埋设

成桩前应根据桩径大小预埋声测管，一般桩径在 0.6～0.8m 时宜埋两根管，对称布置；桩径在 0.8～2.0m 时宜埋三根，按等边三角形布置；桩径在 2.0m 以上时宜埋四根管按正方形布置，如图

8.3-2所示。声测管应牢固绑扎或焊接在钢筋笼内侧，使之相互平行，在桩身未配筋的部位，应制作三角架(或井字架)固定声测管。

a) 两根管　　b) 三根管　　c) 四根管

图 8.3-2　声测管埋设方式

声测管可选用内径为 35～50mm 的钢管、铁管或铸铁管，根据实际使用的换能器直径决定。当桩身长度较短时，也可用硬质 PVC 塑料管。

声测管应下端封闭、上端加盖、管内通畅。声测管连接处应光滑过渡，宜采用外接螺纹的连接方式，因为焊接易造成接头处管内堵塞或毛刺，影响换能器上下移动。若要采用焊接连接，应采用外加套管焊接，切不可在上、下管连接处直接电焊。安装完毕后管口要高出桩顶 100mm 以上，同一根桩的声测管管口高度宜相同。

第四节　仪器设备

一、声波检测仪

声波检测仪是埋管超声检测的核心部分，它的作用是产生电脉冲并激励发射换能器，再将接收换能器传来的信号放大、显示并存储。它主要由接收放大器和数据采集、处理存储器两大部分组成。声波检测仪应符合下列要求：

(1)可实时显示和记录接收信号的时程曲线，具有频率测量或频谱分析功能；

(2)声时测量范围宜在 0.5～5 000μs 之间，精度不小于 0.1μs；

(3)波幅测量总衰减量不宜低于 80dB，分辨率不宜低于 1dB；

(4)接收放大系统的频带宽度宜为 10～200kHz。

(5)发射系统应能输出电压幅值为 200～1 000V 的矩形脉冲或阶跃脉冲。

二、声波发射与接收换能器

换能器的功能是实现电能和声能之间的转换，发射换能器是将电能转化为声能，向被测介质发射声波，并在介质中传播，然后由接收换能器将声能转化为电能。日常混凝土桩检测中使用的换能器为径向换能器，按检测方法不同又可分为双孔换能器和单孔换能器，前者是将发射换能器和接收换能器分别置于同一根桩的两个不同预埋管中，检测两管之间的混凝土质量；后者是将一只发射换能器和两只接收换能器置于同一孔中(即一发双收)，检测孔壁周围混凝土的质量。换能器的主要技术指标如下：

(1)圆柱状径向振动，沿径向无指向性；

(2)换能器的外径应小于声测管内径 10mm 左右，有效工作段长度不大于 200mm；

(3)谐振频率为 20～60kHz；

(4)水密性满足 1MPa 水压下不渗漏。

第五节　测试前的准备

(1)测量桩顶声测管内壁间净距离，并对同一根桩中的测管进行编号；

(2)将各声测管内注满清水，作为耦合剂，并检查声测管畅通情况；

(3)检查测试系统的工作状态并对测试系统调零。

第六节　现 场 检 测

(1)根据桩径大小及测管之间的距离选择合适频率的换能器和仪器参数，一经选定，在同批桩的检测过程中不得随意改变。

(2)首先采用水平同步测试将发射与接收声波换能器分别置于两个声测孔的顶部或底部同一高程处，以相同的步长进行检测，测点间距不宜大于 250mm。

(3)在平测的基础上，对数据可疑的部位应采用水平加密测点、斜测、扇形扫测等方法进行复测，进一步确定桩身缺陷的位置和范围，如图 8.3-3 所示。水平加密即在可疑部位采用同步平测的方法，将测点加密(如测点间距减小为 50～100mm)。斜测是将发射换能器和接收换能器置于不同高度，检测过程中高差保持不变，发射和接收换能器的水平夹角一般为 30°～45°。扇形扫测是将一个换能器的位置固定，将另一个换能器在一定范围内按固定的步长进行测试。

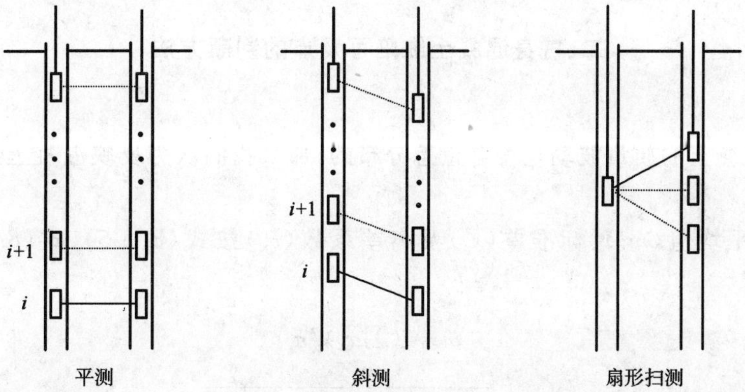

图 8.3-3　测试示意图

(4)对埋设有两根以上声测管的桩，应以每两管为一个测试剖面，分别对所有剖面进行检测。

第七节　检测数据的处理与判断

一、对检测数据的处理

声波透射法检测的主要声学参数是声时、波幅、主频以及实测的波形。

1. 声速计算

由现场检测到的桩身混凝土的各测点声时(t_{ci})按公式(8.3-1)及式(8.3-2)计算得到各测点的声速(v_i)：

$$t_{ci} = t_i - t_{00}(\mu s) \tag{8.3-1}$$

$$v_i = l_i / t_{ci}(\text{km/s}) \tag{8.3-2}$$

式中：t_{00}——声时初读数（μs）；

t_i——测点 i 的测读声时值（μs）；

l_i——测点 i 处二根声测管内边缘之间的距离（mm）。

2. 波幅

波幅是测点首波幅值，一般用分贝（dB）表示。波幅的数值与测试系统的性能、状态、设置参数声耦合状况、测距等有关，其计算公式见式（8.3-3）。

$$A_{pi} = 201g\frac{a_i}{a_0} \tag{8.3-3}$$

式中：A_{pi}——第 i 测点波幅值（dB）；

a_i——第 i 测点信号首波峰值（V）；

a_0——基准幅值（V）。

3. 频率

频率是指声波接收信号的主频，用周期与频率的倒数关系计算，计算公式见式（8.3-4）。

$$f_i = \frac{1\,000}{T_i} \tag{8.3-4}$$

式中：f_i——第 i 测点信号的主频值（kHz）；

T_i——第 i 测点信号的周期（μs）。

二、桩身混凝土缺陷可疑点的判断方法

1. 概率法

正常情况下，混凝土的质量波动是符合正态分布的，那么我们认为反映混凝土质量的声学参数也是符合正态分布的。

各声学参数的平均值（m_x）、标准差（s_x）及离差系数（c_x）按式（8.3-5）、式（8.3-6）及式（8.3-7）计算：

$$m_x = (\sum x_i)/n \tag{8.3-5}$$

$$s_x = \sqrt{(\sum x_i^2 - n \cdot m_x^2)/(n-1)} \tag{8.3-6}$$

$$c_x = s_x / m_x \tag{8.3-7}$$

式中：x_i——第 i 点的声学参数测量值；

n——参与统计的测点数。

（1）将各测点的声学参数值由大至小按顺序分别排列，将排在后面明显小的数据视为可疑，计算出包括可疑数据在内的前面数据的 m_x 及 s_x 值，并按式（8.3-8）计算异常情况的判断值（x_0）：

$$x_0 = m_x - \lambda_1 \cdot s_x \tag{8.3-8}$$

式中：λ_1 按表 8.3-1 取值。

将判断值（x_0）与可疑数据的最大值（x_n）相比较，当 x_n 不大于 x_0 时，则 x_n 及排列于其后的各数据均为异常值，去掉 x_n，再用 $x_1 \sim x_{n-1}$ 分别进行计算判别，直至判不出异常值。

（2）当判出异常测点后，可根据异常测点的分布情况，按式（8.3-9）进一步判别其邻近测点是否异常：

$$x_0 = m_x - \lambda_3 \cdot s_x \tag{8.3-9}$$

式中：λ_3 按表 8.3-1 取值。

统计数的个数 n 与对应的 λ 值　　表 8.3-1

n	20	22	24	26	28	30	32	34	36	38
λ_1	1.65	1.69	1.73	1.77	1.80	1.83	1.86	1.89	1.92	1.94
λ_3	1.05	1.07	1.09	1.11	1.12	1.14	1.16	1.17	1.18	1.19
n	40	42	44	46	48	50	52	54	56	58
λ_1	1.96	1.98	2.00	2.02	2.04	2.05	2.07	2.09	2.10	2.12
λ_3	1.20	1.22	1.23	1.25	1.26	1.27	1.28	1.29	1.30	13.1
n	60	62	64	66	68	70	72	74	76	78
λ_1	2.13	2.14	2.15	2.17	2.18	2.19	2.20	2.21	2.22	2.23
λ_3	1.31	1.32	1.33	1.34	1.35	1.36	1.36	1.37	1.38	1.39
n	80	82	84	86	88	90	92	94	96	98
λ_1	2.24	2.25	2.26	2.27	2.28	2.29	2.30	2.30	2.31	2.31
λ_3	1.39	1.40	1.41	1.42	1.42	1.43	1.44	1.45	1.45	1.45
n	100	105	110	115	120	125	130	140	150	160
λ_1	2.32	2.35	2.36	2.38	2.40	2.41	2.43	2.45	2.48	2.50
λ_3	1.46	1.47	1.48	1.49	1.51	1.53	1.54	1.56	1.58	1.59

2. 斜率法

为避免由于声测管的不平行而导致声时值的偏离，采用斜率法也称 PSD 判据判断，见式(8.3-10)及式(8.3-11)：

$$K=(t_i-t_{i-1})/(h_i-h_{i-1}) \tag{8.3-10}$$

$$Z=(t_i-t_{i-1})^2/(h_i-h_{i-1}) \tag{8.3-11}$$

式中：t_i-t_{i-1}、h_i-h_{i-1}——分别代表相邻两测点的声时差和深度差。

根据 $Z\sim h$(深度)曲线的突变位置，并结合波幅值的变化情况可判定存在缺陷的可疑点。

3. 声速低限值判定

当检测剖面测点的声速值普遍偏低且离散性很小时，宜采用声速低限值判定，见式(8.3-12)。

$$v_i<v_L \tag{8.3-12}$$

式中：v_i——第 i 测点声速(km/s)；

v_L——声速低限值(km/s)，由试验结果或地区经验值确定。

4. 波幅判定

用波幅平均值减 6dB 作为波幅临界值。当实测波幅低于波幅临界值时，将其作为可疑缺陷区。

波幅异常值的判定按式(8.3-13)、式(8.3-14)计算。

$$A_m=\frac{1}{n}\sum_{i=1}^{n}A_{pi} \tag{8.3-13}$$

$$A_{pi}<A_m-6 \tag{8.3-14}$$

式中：A_m——波幅平均值(dB)；

n——检测剖面测点数。

三、混凝土匀质性

计算各测点混凝土声速值(v_i)和声速的平均值(m_v)、标准差(s_v)及离差系数(c_v),根据声速的离差系数评价混凝土匀质性的优劣。

$$v_i = l_i / t_{ci} \tag{8.3-15}$$

$$m_v = (\sum v_i)/n \tag{8.3-16}$$

$$s_v = \sqrt{(\sum v_i^2 - n \times m_v^2)/(n-1)} \tag{8.3-17}$$

$$c_v = s_v / m_v \tag{8.3-18}$$

式中:v_i——第 i 点混凝土声速值(km/s)。

A 级:$0 \leqslant c_v < 0.05$;

B 级:$0.05 \leqslant c_v < 0.10$;

C 级:$0.10 \leqslant c_v < 0.15$;

D 级:$0.15 \leqslant c_v < 1$。

四、完整性综合评价

混凝土灌注桩是一种多种材料的集结体,其施工工艺复杂、难度大。混凝土的硬化环境和条件也影响混凝土桩身的质量,使混凝土的离散性增大、不确定性明显。因此在实际判断混凝土缺陷时,应结合各声学参数临界值、PSD 判据和实测波形进行综合分析判定。可按表 8.3-2 评价被测桩的完整性类别。

桩身完整性判定　　表 8.3-2

类　别	缺 陷 特 征	特　征
I	无缺陷	各检测剖面的声学参数均无异常,无声速低于低限值异常
II	局部小缺陷	某一检测剖面个别测点的声学参数出现异常;无声速低于低限值异常
III	局部严重缺陷	某一检测剖面连续多个测点的声学参数出现异常;两个或两个以上检测剖面在同一深度测点的声学参数出现异常
IV	断桩等严重缺陷	某一检测剖面连续多个测点的声学参数出现明显异常;两个或两个以上检测剖面在同一深度测点的声学参数出现明显异常; 桩身混凝土声速出现普遍低于低限值异常或无法检测首波或声波接收信号严重畸变

第八节　工 程 实 例

某工程基桩采用 ϕ1 000mm 的钻孔灌注桩,桩长 50.0m,混凝土强度为 C30。对桩号为 3-1 号的桩进行了超声检测,该桩预埋三根超声管,分别对其三个断面进行检测,实测数据如下(见图 8.3-4):平均波速为 4.188km/s,离差系数为 0.043,平均幅值为 124.76dB。判定该桩的混凝土匀质性为 A 类,桩身完整性为 I 类。后对该桩进行钻孔取芯,见图 8.3-5、图 8.3-6,压块强度平均值为31.3MPa。

混凝土灌注桩的桩身质量检测方法主要有高应变法、低应变法、钻芯法和声波透射法等。与其他几种方法比较,声波法的特点是:检测细致、全面,全桩长的各个截面都在检测范围内,检测范围广、可靠。缺点是应预埋声测管,成本较高些。

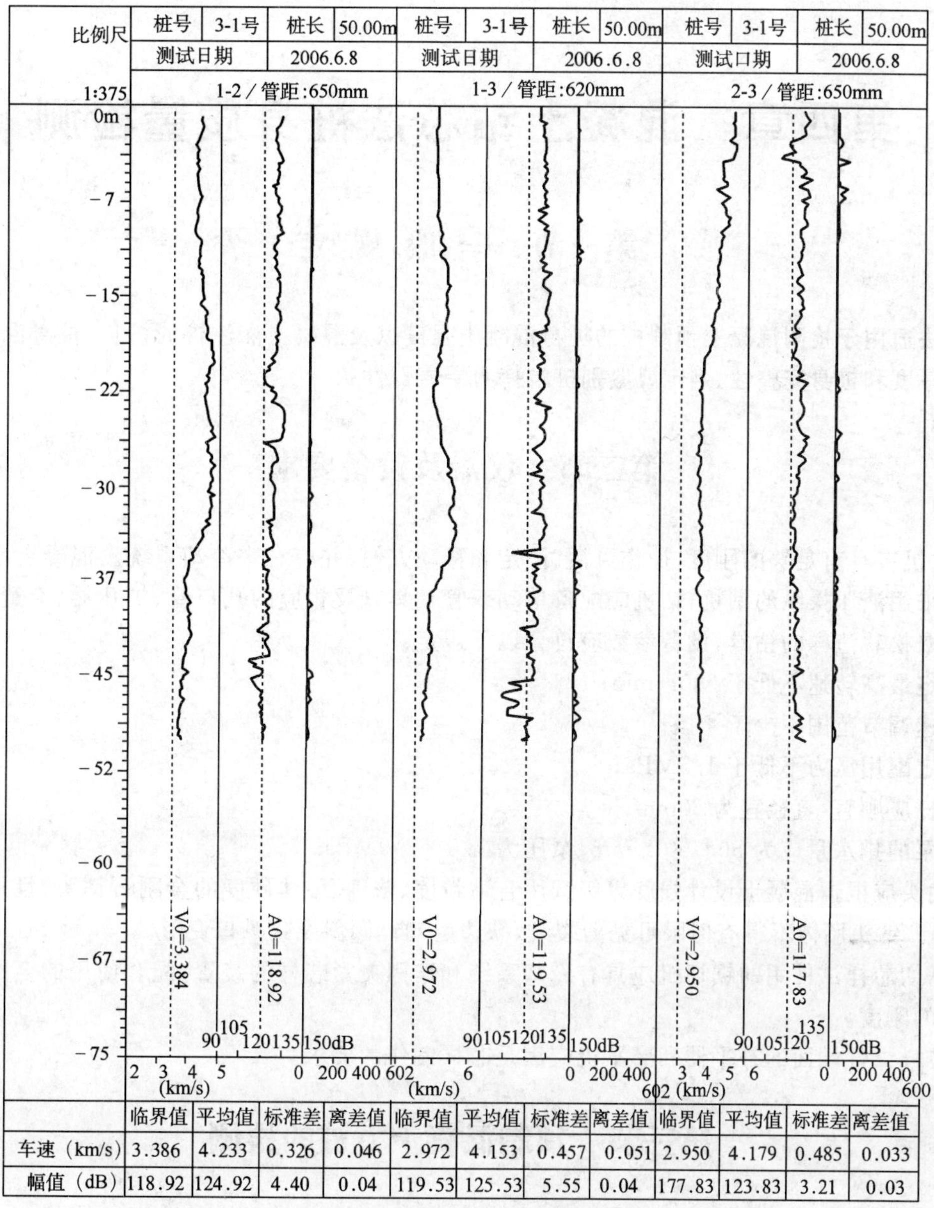

	临界值	平均值	标准差	离差值	临界值	平均值	标准差	离差值	临界值	平均值	标准差	离差值
车速（km/s）	3.386	4.233	0.326	0.046	2.972	4.153	0.457	0.051	2.950	4.179	0.485	0.033
幅值（dB）	118.92	124.92	4.40	0.04	119.53	125.53	5.55	0.04	177.83	123.83	3.21	0.03

图 8.3-4　3-1 号桩超声检测数据

图 8.3-5　现场所取芯样

图 8.3-6　试压后的芯样

第四章　混凝土钻芯法桩身质量检测

第一节　一般规定

本方法适用于检测混凝土预制桩的桩身混凝土强度以及混凝土灌注桩的桩长、桩身混凝土强度、桩底沉渣厚度和桩身完整性、判定或鉴别桩端持力层岩石性状。

第二节　仪器及设备要求

(1)钻机应具有足够的刚度、操作灵活、固定和移动方便,并应有水冷却系统。混凝土灌注桩芯样的钻取宜采用液压操纵的钻机,钻机应配备单动双管钻具以及相应的孔口管、扩孔器、卡簧、扶正稳定器和可捞取松软渣样的钻具,设备参数应符合以下规定:

①额定最高转速不低于 790r/min;

②转速调节范围不少于 4 挡;

③额定配用压力不低于 1.5MPa;

④钻杆应顺直,直径宜为 50mm;

⑤水泵的排水量应为 50～60L/min,泵压为 1.0～2.0MPa。

(2)钻头应根据混凝土设计强度等级选用合适粒度、浓度、胎体硬度的金刚石钻头,且外径不宜小于 100mm。钻头胎体不得有肉眼可见的裂纹、缺边、少脚、倾斜及喇叭口变形。

(3)锯切芯样试件用的锯切机应具有冷却系统和牢固夹紧芯样的装置,配套使用的金刚石圆锯片应有足够的刚度。

(4)芯样试件端面的补平器和磨平机应满足芯样制作的要求。

第三节　预制混凝土方桩的检测

预制混凝土方桩的桩身混凝土强度检测可按《钻芯法检测混凝土强度技术规程》(CECS02:88)进行。

第四节　预制混凝土管桩的检测

一、现场检测工作

(1)每个制品钻取 3 个芯样,芯样应在下列部位钻取。

①混凝土质量应具有代表性,不得在已破损的制品上钻取。对先张法预制混凝土管桩制品,不得在沉桩或沉桩后的管桩桩身上钻取。

②应在制品中部且便于钻芯机安装与操作的部位,同时离制品两端 1.5m 以外,且芯样的取样间距不宜小于 1m,应尽量避开预应力钢筋、螺旋筋密绕的部位及桩身钢模合缝处。

(2)钻取的芯样直径为 70～100mm,一般不宜小于集料最大粒径的 3 倍,在任何情况下不得小于集料最大粒径的 2 倍。

(3)钻机就位并安装平稳后，应将钻机固定，以便工作时不致产生位置偏移、跳动，钻机主轴应与被钻取芯样的制品的外表面切线相垂直。

(4)钻芯时用于冷却钻头和排除混凝土料屑的冷却水的压力不宜小于0.1MPa，流量不宜小于3L/min。

(5)钻取芯样时，钻取速度应均匀，推进行程的速度不宜大于5mm/min。

二、芯样的加工与抗压强度试验

(1)芯样抗压试件的高度和直径的比值为1.0～1.2。芯样试件内不宜含有钢筋，若不能满足此项要求，则1个试件内最多只允许含有2根钢筋，且钢筋应与芯样轴线垂直。

(2)锯切时必须将芯样内侧的浮浆、水泥净浆及砂浆层锯切掉，当锯切后的芯样试件不能满足平整度及垂直度要求时应对端面进行加工。

(3)试验前，应对芯样试件的平均直径、芯样高度、垂直度、平整度及芯样端面与钢筋轴心的距离进行测量。

(4)混凝土芯样试件的抗压强度试验按现行国家标准《普通混凝土力学性能试验方法》(GB/T 50081—2002)的有关规定执行。试验时，芯样应处于室温自然风干状态。加荷时，应控制加荷速度，使之保持在0.2～0.4MPa/s的范围内，直至破坏。

三、桩身混凝土强度推算值的计算

预制混凝土管桩桩身混凝土强度推算值的计算见式(8.4-1)：

$$f_{cu}=\frac{4P}{\pi d^2}\cdot f_1\cdot f_2 \tag{8.4-1}$$

式(8.4-1)的系数应按式(8.4-2)、式(8.4-3)和式(8.4-4)计算：

$$f_1=\frac{2.5}{1.5+\frac{1}{\alpha}} \tag{8.4-2}$$

$$f_2=1.0+\frac{1.5\sum(d_s\cdot h_s)}{d\cdot H} \tag{8.4-3}$$

$$\alpha=\frac{H}{d} \tag{8.4-4}$$

式中：f_{cu}——桩身混凝土强度推算值(MPa)，精确至0.1 MPa；

P——芯样试件抗压试验测得的破坏荷载(N)；

d——芯样试件的平均直径(mm)；

f_1——芯样高径比修正系数；

f_2——芯样内含钢筋修正系数，当芯样内不含钢筋时，取$f_2=1$；

α——芯样的高径比；

H——芯样的高度(mm)；

d_s——芯样内钢筋的直径(mm)；

h_s——芯样内含钢筋轴心与芯样端面较近一端的距离(mm)。

第五节　混凝土灌注桩的检测

一、现场检测工作

1.每根受检桩的钻芯孔数和钻机位置的规定

(1)桩径小于1.2m的桩钻1个孔，桩径为1.2～1.6m的桩钻2个孔，桩径大于1.6m的桩钻

3个孔。

(2)当钻芯孔为1个时，宜在距桩中心10～15cm的位置开孔；当钻芯孔为2个或2个以上时，开孔位置宜在距桩中心(0.15～0.25)D内均匀对称布置。

(3)对桩端持力层的钻探，每根受检桩不应少于1孔，且长度应满足设计要求。

2.钻机设备参数应符合的规定

钻取芯样宜采用液压操纵的钻机，其参数规定如下。

(1)钻头压力：钻芯法的钻头压力应根据混凝土芯样的强度与胶结好坏而定，胶结好、强度高的钻头压力可大，相反的压力应小；一般情况初压力为0.2MPa，正常压力1MPa。

(2)转速：回次初转速宜为100r/min左右；正常钻进时可以采用高转速，但芯样胶结强度低的混凝土应采用低转速。

(3)冲洗液量：钻芯法宜采用清水钻进，冲洗液量一般按钻头大小而定。钻头直径为101mm时，冲洗液流量应为60～120L/min。

3.钻机安装要求

钻机设备安装必须周正、稳固、底座水平。钻机立轴中心、天轮中心(天车前沿切点)与孔口中心必须在同一铅垂线上。应确保钻机在钻芯过程中不发生倾斜、移位，钻芯孔垂直度偏差不大于0.5%。

4.提钻要求

提钻卸取芯样时，应拧卸钻头和扩孔器，严禁敲打卸芯。

5.钻桩要求

每回次进尺宜控制在1.5m内；钻至桩底时，宜采取适宜的钻芯方法和工艺来钻取沉渣并测定沉渣厚度，并采取适宜的方法对桩端持力层岩石性状进行鉴别。

6.回灌封闭

当单桩质量评价满足设计要求时，应采用0.5～1.0MPa压力，从钻芯孔孔底往上用水泥浆回灌封闭；否则应封闭钻芯孔，留待处理。

二、芯样的加工与抗压强度试验

(1)截取混凝土抗压芯样试件的规定为：

①当桩长为10～30m时，每孔截取3组芯样；当桩长小于10m时，可取2组，当桩长大于30m时，不少于4组；

②上部芯样位置距桩顶设计高程不宜大于1倍桩径或1m，下部芯样位置距桩底不宜大于1倍桩径或1m，中间芯样宜等间距截取。

(2)当桩端持力层为中、微风化岩层且岩芯可制作成试件时，应在接近桩底部位截取1组岩石芯样；遇分层岩性时宜在各层取样。

(3)每组芯样应制作3个芯样抗压试件，芯样抗压试件的高度和直径的比值为0.95～1.05。应采用双面锯切机加工芯样试件，当锯切后的芯样试件不能满足平整度及垂直度要求时应对端面进行加工。

(4)试件有裂缝或有其他较大缺陷、芯样试件内含有钢筋时，不得用作抗压强度试验。

(5)试验前，应对芯样试件的平均直径、芯样高度、垂直度、平整度进行测量。

(6)混凝土芯样试件的抗压强度试验应按现行国家标准《普通混凝土力学性能试验方法》(GB/T 50081—2002)中的有关规定执行。

(7)桩底岩芯单轴抗压强度试验可按现行国家标准《建筑地基基础设计规范》(GB 50007—2002)中附录J执行。

三、检测结果的分析

1. 一般规定

(1)成桩质量评价应按单桩进行。

(2)钻芯孔偏出桩外时,仅对钻取芯样部分进行评价。

2. 混凝土强度代表值的确定

(1)混凝土芯样试件抗压强度的计算见式(8.4-5):

$$f_{cu} = \xi \cdot \frac{4P}{\pi d^2} \tag{8.4-5}$$

式中:f_{cu}——混凝土芯样试件抗压强度(MPa),精确至0.1 MPa;

P——芯样试件抗压试验测得的破坏荷载(N);

d——芯样试件的平均直径(mm);

ξ——混凝土芯样试件抗压强度折算系数,应考虑芯样尺寸效应、钻芯机械对芯样扰动和混凝土成型条件的影响,通过试验统计确定;当无试验统计资料时,宜取1.0。

(2)混凝土芯样试件抗压强度代表值应按1组3块试件强度值的平均值确定。同一受检桩同一深度部位有2组或2组以上混凝土芯样试件抗压强度代表值时,取其平均值为该桩该深度处混凝土芯样试件抗压强度代表值。

(3)受检桩中,不同深度位置的混凝土芯样试件抗压强度代表值中的最小值,为该桩混凝土芯样试件抗压强度代表值。

3. 施工质量评价

(1)桩端持力层性状应根据芯样特征、岩石芯样单轴抗压强度试验、动力触探或标准贯入试验结果,综合判定桩端持力层岩石性状。

(2)桩身完整性类别应结合钻芯孔数、现场混凝土芯样特征、芯样单轴抗压强度试验结果,按表8.4-1的特征进行综合判定。

桩身完整性判定　　表8.4-1

类　别	特　征
I	混凝土芯样连续、完整、表面光滑、胶结好、集料分布均匀、呈长柱状、断口吻合,芯样侧面仅见少量气孔
II	混凝土芯样连续、光滑、胶结较好、集料分布基本均匀、呈柱状、断口基本吻合,芯样侧面局部见蜂窝麻面、沟槽
III	大部分混凝土芯样胶结较好,无松散、夹泥或分层现象,但有下列情况之一: ①芯样局部破碎且破碎长度不大于10cm; ②芯样集料分布不均匀; ③芯样多呈短柱状或块状; ④芯样侧面蜂窝麻面、沟槽连续
IV	钻进困难; 芯样任一段松散、夹泥或分层; 芯样局部破碎且破碎长度大于10cm

(3)当出现下列情况之一时,应判定该受检桩不满足设计要求:

①桩身完整性类别为IV类。

受检桩混凝土芯样试件抗压强度代表值小于混凝土设计强度等级。

②桩长、桩底沉渣厚度不满足设计或规范要求。

③桩端持力层岩石性状(强度)或厚度未达到设计或规范要求。

第五章　桩基工程质量检验评定标准

第一节　质量检验评定标准的选用

桩基广泛应用于建设工程的基础工程中，不同类型的工程应执行不同的质量检验评定标准。开工前应根据工程类型选用相应的质量检验评定标准。

第二节　桩基工程常用的质量检验评定标准

(1)《港口工程质量检验评定标准》(JTJ 221—98)

(2)《干船坞工程质量检验评定标准》(JTJ 332—98)

(3)《公路工程质量检验评定标准》(第一册土建工程)(JTG F80/1—2004)

(4)《建筑地基基础工程施工质量验收规范》(GB 50202—2002)

(5)《市政桥梁工程质量检验评定标准》(CJJ 2—90)

(6)《铁路桥涵工程施工质量验收标准》(TB 10415—2003,J 286—2004)

(7)《客运专线铁路桥涵工程施工质量验收暂行标准》(铁建设[2005]160 号)

(8)《铁路路基工程施工质量验收标准》(TB 10414—2003,J 285—2004)

(9)《客运专线铁路路基工程施工质量验收暂行标准》(铁建设[2005]160 号)

第三节　沉桩分项工程或工序质量检验评定的方法

沉桩工程在单位工程中一般划分为分项工程或工序，不同类型的工程应执行不同的质量检验评定标准，其划分的方法不相同，检验评定的方法也不相同。

(1)按“主要项目”、“一般项目”、“允许偏差项目”综合评定法。如《港口工程质量检验评定标准》(JTJ 221—98)、《干船坞工程质量检验评定标准》(JTJ 332—98)。

(2)按“主控项目”、“一般项目”、“允许偏差项目”综合评定法。如《建筑地基基础施工质量验收规范》(GB 50202—2002)。

(3)按“检查项目”、“实测项目”综合评定法。如《市政桥梁工程质量检验评定标准》(CJJ 2—90)。

(4)按“基本要求”、“实测项目”、“外观鉴定”、“质量保证资料”综合评分法。如《公路工程检验评定标准》(第一册 土建工程)(JTG F80/1—2004)。

(5)按“主控项目”、“一般项目”综合评定法。如《铁路桥涵工程施工质量验收标准》(TB 10415—2003,J 286—2004)、《客运专线铁路桥涵工程施工质量验收暂行标准》(铁建设[2005]160 号)、《铁路路基工程施工质量验收标准》(TB 10414—2003,J 285—2004)、《客运专线铁路路基工程施工质量验收暂行标准》(铁建设[2005]160 号)。

第六章　桩基工程质量检验评定

第一节　港口工程沉桩质量检验评定规定

一、港口工程沉桩质量检验规定

1. 方桩和管桩沉桩工程

(1)钢筋混凝土方桩、钢管桩和预应力混凝土大直径管桩的规格和质量必须满足设计要求，并符合《港口工程质量检验评定标准》(JTJ 221—98)第10.1节和第10.2节的有关规定。

检验方法：检查出厂合格证并观察检查。

(2)沉桩贯入度或桩尖高程必须满足设计要求，并符合现行业标准《港口工程桩基规范》(JTJ 254)的有关规定。

注：沉桩贯入度根据试桩、试沉桩资料或当地实践经验，结合所用桩锤性能确定。

检验方法：检查沉桩记录。

检验数量：全数检查。

(3)钢筋混凝土方桩和预应力混凝土大直径管桩桩身完整性检测的数量和结果应满足设计要求，并应符合现行行业标准《港口工程桩基动力检测规程》(JTJ 249)的有关规定。

检验方法：检查桩基检测报告。

(4)拼接桩的接头处理应满足设计要求。

检验方法：检查施工记录，并观察检查。

(5)钢筋混凝土方桩水上沉桩的允许偏差、检查数量和方法应符合表8.6-1的规定。

钢筋混凝土方桩水上沉桩允许偏差、检验数量和方法　　表8.6-1

<table>
<tr><th rowspan="2">序号</th><th rowspan="2" colspan="2">项目</th><th colspan="2">允许偏差(mm)</th><th rowspan="2">检验单元和数量</th><th rowspan="2">单元测点</th><th rowspan="2">检验方法</th></tr>
<tr><th>直桩</th><th>斜桩</th></tr>
<tr><td rowspan="4">1</td><td rowspan="4">设计高程处桩顶平面位置</td><td>内河和有掩护近岸水域沉桩</td><td>100</td><td>150</td><td rowspan="4">每根桩(逐根检查)</td><td rowspan="4">1</td><td rowspan="4">用经纬仪和钢尺量纵横两方向，取大值</td></tr>
<tr><td>无掩护近岸水域沉桩</td><td>150</td><td>200</td></tr>
<tr><td>无掩护离岸水域沉桩</td><td>200</td><td>250</td></tr>
<tr><td>滑道桩(包括送入水下10m以内)</td><td>100</td><td>100</td></tr>
<tr><td>2</td><td colspan="2">桩身垂直度</td><td>1%</td><td>—</td><td>每根桩(抽查10%且不少于10根)</td><td>1</td><td>吊线用钢尺量或用测斜仪检查</td></tr>
<tr><td>3</td><td colspan="2">滑道水下送桩桩顶高程</td><td>+0
−100</td><td>—</td><td>每根桩(逐件检查)</td><td>1</td><td>用水准仪检查</td></tr>
</table>

注：①表列序1、2项偏差应按夹桩铺底后所测数值为准，但严禁拉桩纠偏；
②长江、闽江和掩护条件较差的河口港沉桩，桩顶偏位可按"无掩护近岸"的标准执行；
③沉桩区有柴排、木笼、抛石棱体、浅层风化岩，以及采用水冲桩或长替打送桩，其允许偏差须会同设计单位研究确定；
④墩台中间桩平面位置的允许偏差按上表放宽50mm。

(6)钢管桩和预应力混凝土大直径管桩水上沉桩的允许偏差、检查数量和方法应符合表8.6-2的规定。

钢管桩和预应力混凝土大直径管桩水上沉桩允许偏差、检验数量和方法　　表 8.6-2

<table>
<tr><th rowspan="2">序　号</th><th rowspan="2" colspan="2">项　　目</th><th colspan="2">允许偏差(mm)</th><th rowspan="2">检验单元和数量</th><th rowspan="2">单元测点</th><th rowspan="2">检验方法</th></tr>
<tr><th>直桩</th><th>斜桩</th></tr>
<tr><td rowspan="3">1</td><td rowspan="3">设计高程处桩顶平面位置</td><td>内河和有掩护近岸水域沉桩</td><td>100</td><td>150</td><td rowspan="3">每根桩
(逐根检查)</td><td rowspan="3">1</td><td rowspan="3">用经纬仪和钢尺量纵横两方向,取大值</td></tr>
<tr><td>无掩护近岸水域沉桩</td><td>150</td><td>200</td></tr>
<tr><td>无掩护离岸水域沉桩</td><td>200</td><td>300</td></tr>
<tr><td>2</td><td colspan="2">桩身垂直度</td><td>1%</td><td>—</td><td>每根桩(抽查 10%且不少于 10 根)</td><td>1</td><td>吊线用钢尺量或用测斜仪检查</td></tr>
</table>

注:①表列序 1、2 项偏差按夹桩铺底后所测数值为准,禁止拉桩纠偏;

②长江、闽江和掩护条件较差的河口港沉桩,桩顶偏位按"无掩护近岸"的标准执行;

③沉桩区有柴排、木笼、抛石棱体、浅层风化岩,以及采用水冲桩或长替打送桩,其允许偏差须会同设计单位研究决定;

④墩台中间桩平面位置的允许偏差按上表放宽 50mm。

(7)陆地沉桩的允许偏差、检查数量和方法应符合表 8.6-3 的规定。

陆地沉桩允许偏差、检验数量和方法　　表 8.6-3

<table>
<tr><th colspan="3">项　　目</th><th>允许偏差(mm)</th><th>检验单元和数量</th><th>单元测点</th><th>检验方法</th></tr>
<tr><td rowspan="3">设计高程处桩顶平面位置</td><td colspan="2">滑道梁、轨道梁基础桩</td><td>100</td><td rowspan="3">每根桩(逐件检查)</td><td rowspan="3">1</td><td rowspan="3">用经纬仪和钢尺量纵横两方向,取大值</td></tr>
<tr><td rowspan="2">板基础桩</td><td>边桩</td><td>100</td></tr>
<tr><td>中间桩</td><td>$D/2$</td></tr>
</table>

注:①D 为桩径或短边边长,单位 mm。

2.混凝土灌注桩和灌注型嵌岩桩工程

(1)桩孔和嵌岩孔的直径和深度必须满足设计要求。

检验方法:检查施工记录,嵌岩孔还应检查持力层岩性报告。

检验数量:全数检查。

(2)孔底的沉渣必须清理,清孔后的沉渣厚度必须符合现行行业标准《港口工程灌注桩设计与施工规程》(JTJ 248)《港口工程嵌岩桩设计与施工规程》(JTJ 285)的有关规定。

注:用平底锥头或冲击、冲抓锥成孔时,沉渣厚度从锥头或抓锥底部所达到的孔底平面算起;用圆锥形的笼式锥头时,沉渣厚度从锥头下端的圆锥体高度中点算起。

检验方法:检查施工记录,并在钢筋笼就位后、灌注混凝土前用测砣或沉积物测定仪检查。

检查数量:全数检查。

(3)灌注桩和灌注型嵌岩桩所用的原材料和水下混凝土配合比必须符合现行行业标准《水运工程混凝土质量施工规范》(JTJ 268)的有关规定。

检验方法:检查材质证明和试验资料。

(4)灌注桩和灌注型嵌岩桩钢筋笼所用钢筋的品种、规格和质量,主筋的数量和长度必须满足设计要求,并符合现行《港口工程质量检验评定标准》(JTJ 221—98)第 9 章的有关规定。

检验方法:按现行《港口工程质量检验评定标准》(JTJ 221—98)第 9 章的有关规定检查。

(5)混凝土的强度和耐久性指标必须满足设计要求,并符合现行《港口工程质量检验评定标准》(JTJ 221—98)第 10.1 节的有关规定。

注:每根桩留置强度试件不少于 1 组,桩长度大于 50m 时,增加 1 组。

检验方法:按《港口工程质量检验评定标准》(JTJ 221—98)第 10.1 节的有关规定检查。

(6)混凝土应连续灌注。每孔实际灌注混凝土的数量不得小于计算体积。

检验方法:检查施工记录。

检查数量：全数检查。

(7)灌注桩和灌注型嵌岩桩桩身完整性检测的数量和结果应满足设计要求，并符合国家现行标准的有关规定。

检验方法：检查桩基检测报告。

(8)桩顶部的浮浆和松散混凝土应凿除，桩顶高程应满足设计要求。

检验方法：观察检查。

检查数量：全数检查。

(9)灌注桩和灌注型嵌岩桩的允许偏差、检验数量和方法应符合表 8.6-4 的规定。

灌注桩和灌注嵌岩桩的允许偏差、检验数量和方法　　表 8.6-4

<table>
<tr><th>序号</th><th colspan="4">项　目</th><th>允许偏差（mm）</th><th>检验单元和数量</th><th>单元测点</th><th>检验方法</th></tr>
<tr><td>1</td><td colspan="4">钢筋笼顶高程</td><td>±50</td><td rowspan="7">每根桩
（逐件检查）</td><td>1</td><td>用钢尺或水准仪检查</td></tr>
<tr><td rowspan="6">2</td><td rowspan="6">桩位置</td><td rowspan="2">陆上</td><td colspan="2">单排桩、边桩</td><td>50</td><td rowspan="6">1</td><td rowspan="6">用经纬仪或拉线用钢尺量纵横两方向，取大值</td></tr>
<tr><td colspan="2">群桩的中间桩</td><td>100</td></tr>
<tr><td rowspan="4">水上</td><td rowspan="2">内河和有掩护水域</td><td>单排桩、边桩</td><td>100</td></tr>
<tr><td>群桩的中间桩</td><td>150</td></tr>
<tr><td rowspan="2">无掩护河口和水域</td><td>单排桩、边桩</td><td>200</td></tr>
<tr><td>群桩的中间桩</td><td>300</td></tr>
<tr><td>3</td><td colspan="4">垂直度</td><td>1%</td><td>每根桩
（抽查 10%且不少于 3 根）</td><td>1</td><td>吊线用钢尺量</td></tr>
</table>

3. 预制型嵌岩桩工程

(1)钢管桩和预应力混凝土大直径管桩的规格和质量必须满足设计要求，并符合现行《港口工程质量检验评定标准》(JTJ 221—98)的有关规定。

检验方法：检查出厂合格证并观察检查。

(2)预制桩沉桩的桩尖高程和贯入度应满足设计要求和试沉桩所确定的停锤标准。植入嵌岩桩预制桩复打入岩的深度必须满足设计要求。

检验方法：检查沉桩记录。

检查数量：全数检查。

(3)嵌岩桩、锚孔的直径和深度必须满足设计要求，清孔后孔底的沉渣厚度应小于 50mm。

检验方法：检查沉孔记录。

检查数量：全数检查。

(4)桩身完整性和锚杆抗拔力的检测数量的结果应满足设计要求，并符合现行行业标准《港口工程嵌岩桩设计与施工规程》(JTJ 285)的有关规定。

检验方法：检查桩基检测报告。

(5)桩芯和锚杆所用的钢筋、混凝土和灌浆材料的质量，混凝土和水泥的强度等级应符合现行行业标准《水运工程混凝土施工规范》(JTJ 268)和《港口工程质量检验评定标准》(JTJ 221—98)第 14.8.7.5 条和第 14.4.3 条的有关规定。

检验方法：按《港口工程质量检验评定标准》(JTJ 221—98)第 14.8.7.5 条和第 14.4.3 条的有关规定进行检查。

(6)水上预制型嵌岩桩的允许偏差、检查数量和方法应符合表 8.6-5 的规定。

水上预制型嵌岩桩允许偏差、检验数量和方法 表 8.6-5

序号	项目			允许偏差(mm)		检验单元和数量	单元测点	检验方法
				直桩	斜桩			
1	设计高程处桩顶平面位置	内河和有掩护近岸水域沉桩	$D \leqslant 1\,500$	150	200	每根桩 (逐根检查)	1	用经纬仪和钢尺量纵横两方向,取大值
			$D > 1\,500$	200	—			
		无掩护近岸水域沉桩	$D \leqslant 1\,500$	200	250			
			$D > 1\,500$	300	—			
		无掩护离岸水域沉桩	$D \leqslant 1\,500$	250	300			
			$D > 1\,500$	$D/4$ 且 $\not>500$	—			
2	桩身垂直度			1%	—	每根桩(抽查 10%且不少于 10 根)	1	吊线用钢尺量或用测斜仪检查

注:①表中 D 为桩的直径,单位 mm;

②表列序 1、2 项偏差应按夹桩铺底后所测数值为准,但严禁拉桩纠偏;

③长江、闽江和掩护条件较差的河口港沉桩,桩顶偏位可按"无掩护近岸"的标准执行。

二、港口工程沉桩质量评定规定

沉桩分项工程的质量等级应符合下列规定。

1. 合格标准

(1)主要项目(标准条文中采用"必须"、"严禁"表示很严格用词者均为主要项目)全部符合本标准的相应规定;

(2)一般项目(标准条文中采用"应"、"不应"或"不得"表示严格用词者均为一般项目)基本符合本标准的相应规定;

(3)允许偏差项目的测点实测值有 70%及其以上在允许偏差范围内,其余虽然超过允许范围,但不影响正常使用。

2. 优良标准

(1)主要项目和一般项目全部符合标准的相应规定;

(2)允许偏差项目的测点实测值有 90%及其以上在允许偏差范围内,其余虽然超过允许范围,但不影响正常使用。

第二节　干船坞沉桩工程质量检验评定规定

一、干船坞沉桩工程质量检验规定

1. 方桩和管桩沉桩工程

(1)方桩和管桩的规格和质量必须符合设计要求和有关标准的规定。

检验方法:观察检查并检查出厂合格证或质量检验资料。

(2)沉桩贯入度或桩尖高程必须符合设计要求和规范规定。

检验方法:检查沉桩记录。

(3)拼接桩的节点处理必须符合设计要求和规范规定。

检验方法：检查接桩记录、试验记录并观察检查。

(4)陆上沉桩允许偏差、检查数量和方法应符合表 8.6-6 的规定。

陆上沉桩允许偏差、检验数量和方法　　表 8.6-6

序号	项　目			允许偏差（mm）	检验单元和数量	单元测点	检验方法
1	设计高程处桩顶平面位置	轨道梁和坞墙基础桩		100	每根桩（逐件检查）	1	用经纬仪和钢尺量纵横两方向，取大值
		坞底板基础桩	边桩	100		1	
			中间桩	$D/2$		1	

注：①D 为桩径或短边边长，单位 mm；

② 当采用送桩时，其允许偏差可与设计单位商定。

2.灌注桩工程

(1)桩孔的直径和深度必须满足设计要求。

检验方法：检查施工记录。

(2)孔底的沉渣必须清理，清孔后的沉渣厚度，以摩擦力为主的桩，严禁大于 300mm；以端承力为主的桩，严禁大于 50mm。

（注：沉渣厚度，用平底锥头冲击（冲抓）锥时，以锥头或抓锥底部所达到的孔底平面算起；用圆锥的笼式锥头时，以锥头下端的圆锥体高度中点高程算起。）

检验方法：检查施工记录，并在钢筋笼就位后、灌注混凝土前用测深水砣检查。

(3)钻孔灌注桩泥浆的制作质量和稳定性必须符合规范要求。

检验方法：检查泥浆质量记录。

(4)灌注桩所用的原材料和水下混凝土配合比设计必须符合设计要求和规范要求。

检验方法：检查材料出厂质量证明和试验资料。

(5)灌注桩钢筋笼所用钢筋的品种及制作、安装质量必须满足设计要求和规范规定。

检验方法：检查试验资料并观察检查。

(6)水下混凝土必须连续灌注，严禁有夹层和断桩。每孔实际灌注混凝土的数量，严禁小于计算体积。

检验方法：检查施工记录，必要时进行无破损法检测或钻芯取样。

(7)混凝土的抗压强度和抗冻等级必须符合现行《干船坞工程质量检验评定标准》(JTJ 332—98)第 10 章的有关规定。

（注：每根灌注桩留置的强度试块不得小于一组。）

检验方法：按标准第 10 章有关规定进行检查。

(8)灌注桩桩顶部浮浆和松散的混凝土应凿除干净，桩顶高程应符合设计要求。

检验方法：用水准仪测量并观察检查。

(9)灌注桩允许偏差、检验数量和方法应符合表 8.6-7 的规定。

灌注桩允许偏差、检验数量和方法　　表 8.6-7

序号	项　目		允许偏差(mm)	检验单元和数量	单元测点	检验方法
1	钢筋笼顶高程		±50	每根桩（逐根检查）	1	用钢尺或水准仪检查
2	桩顶平面位置	单排桩、边桩	50			用经纬仪和钢尺量纵横两方向，取大值
		群桩的中间桩	100			
3	垂直度		1%	每根桩（抽查 10%且不少于 3 根）	1	吊线用钢尺量

3.板桩墙沉桩工程

(1) 钢筋混凝土板桩质量、规格，钢板桩的材质、规格、焊接质量和防腐处理必须满足设计要求和有关标准规定。

检验方法：检查出厂质量证明和施工记录，并观察检查。必要时做锁口通过检查。

(2)沉桩后，钢筋混凝土板桩严禁出现脱榫现象；钢板桩严禁出现不联锁现象。

检验方法：观察检查。

(3)板桩的桩尖高程应符合设计要求。

检验方法：检查沉桩记录。

(4)钢板桩锁口防渗处理应符合设计要求；钢筋混凝土板桩间的槽孔应及时进行清孔并填充；其清孔深度、填充材料和填充质量应符合设计要求。

检验方法：观察检查。

(5)板桩沉桩允许偏差、检查数量和方法应符合表 8.6-8 的规定。

板桩允许偏差、检验数量和方法 表 8.6-8

序号	项目		允许偏差(mm)	检验单元和数量	单元测点	检验方法
1	设计高程处桩顶平面位置		100	每根桩(逐根检查)	1	用经纬仪和钢尺量，取大值
2	垂直度	对墙轴线方向	1%	每根桩 (每隔 10 根查 1 根)	1	吊线用钢尺量
		沿墙轴线方向	2%			
3	钢筋混凝土板桩间缝宽		≤25	—	1	用钢尺量顶部

注：① 表列序 1、2 两项偏差应按板桩墙调整前所测数值为准；

② 板桩沿板桩墙纵轴线方向的垂直度应控制在 1.5%以内，如超出，应用楔形桩调整，楔形桩的斜度宜为 1%～2%。

二、干船坞沉桩工程质量评定规定

(1)合格标准

①主要项目(标准条文中采用“必须”、“严禁”表示很严格用词者均为主要项目)全部符合本标准的相应规定；

②一般项目(标准条文中采用“应”、“不应”或“不得”表示严格用词者均为一般项目)基本符合本标准的相应规定；

③允许偏差项目的测点实测值有 70%及其以上在允许偏差范围内，其余虽然超过允许范围，但不影响正常使用。

(2)优良标准

①主要项目和一般项目全部符合本标准的相应规定；

②允许偏差项目的测点实测值有 90%及其以上在允许偏差范围内，其余虽然超过允许范围，但不影响正常使用。

第三节 建筑地基基础工程施工质量检验验收规定

一、建筑地基基础工程施工质量检验规定

1. 一般规定

(1)桩位的放样允许偏差：群桩为 20mm；单排桩为 10mm。

(2)桩基工程的桩位验收，除设计有规定外，应按下述要求进行：

①当桩顶设计高程与施工场地高程相同时，或桩基施工结束后，有可能对桩位进行检查时，桩基工程的验收应在施工结束后进行。

②当桩顶设计高程低于施工场地高程时，送桩后无法对桩位进行检查时，对打入桩可在每根桩桩顶沉至场地高程时，进行中间验收，待全部桩施工结束，承台或底板开挖到设计高程后，再做最终验收。对灌注桩可对护筒位置做中间验收。

(3)打(压)入桩(预制混凝土方桩、先张法预应力管桩、钢桩)的桩位偏差，必须符合表8.6-9的规定。斜桩倾斜度的偏差不得大于倾斜角正切值的15%(倾斜角系桩的纵向中心线与铅垂线间夹角)。

预制桩(钢桩)桩位的允许偏差(mm) 表8.6-9

序号	项目	允许偏差(mm)
1	盖有基础梁的桩： (1)垂直基础梁的中心线； (2)沿基础梁的中心线	$100+0.01H$ $150+0.01H$
2	桩数为1～3根桩基中的桩	100
3	桩数为4～16根桩基中的桩	1/2桩径或边长
4	桩数为大于16根桩基中的桩： (1)最外边的桩； (2)中间桩	1/3桩径或边长 1/2桩径或边长

注：H为施工现场地面高程与桩顶设计高程的距离。

(4)灌注的桩位偏差，必须符合表8.6-10的规定。桩顶高程至少比设计高程高出0.5m，桩底清孔质量按不同的成桩工艺有不同的要求，应按相应的要求执行。每浇筑$50m^3$必须有1组试件，小于$50m^3$的桩，每根桩必须有1组试件。

灌注桩的平面位置和垂直度的允许偏差 表8.6-10

序号	成孔方法		桩径允许偏差(mm)	垂直度允许偏差(%)	桩位允许偏差(mm)	
					1～3根、单排桩基垂直于中心线方向和群桩基础的边桩	条形桩基沿中心线方向和群桩基础的中间桩
1	泥浆护壁灌注桩	$D\leqslant 1\,000$mm	±50	<1	$D/6$，且不大于100	$D/4$，且不大于150
		$D>1\,000$mm	±50		$100+0.01H$	$150+0.01H$
2	套管成孔灌注桩	$D\leqslant 500$mm	−20	<1	70	150
		$D>500$mm	—		100	150
3	干成孔灌注桩		−20	<1	70	150
4	人工挖孔桩	混凝土护壁	+50	<0.5	50	150
		钢套管护壁	+50	<1	100	200

注：①桩径允许偏差的负值是指个别断面；

②采用复打、反插法施工的桩，其桩径允许偏差不受上表限制；

③H为施工现场地面高程与桩顶设计高程的距离，D为设计桩径。

(5)工程桩应进行承载力检验。对于地基基础设计等级为甲级或地质条件复杂，成桩质量可靠性低的灌注桩，应采用静载荷试验的方法进行检验，检验桩数不应少于总数的1%，且不应少于3根，当总数少于50根时，不应少于2根。

(6)桩身质量应进行检验。对设计等级为甲级或地质条件复杂，成桩质量可靠性低的灌注桩，抽检数量不应少于总数的30%，且不应少于20根；其他桩基工程的抽检数量不应少于总数的20%，且不应少于10根；对混凝土预制桩及水地下水位以上且终孔后经过核验的灌注桩，检验数量不应少于总桩数的10%，且不应少于10根。每个柱子承台下不得少于1根。

(7)对砂、石子、钢材、水泥等原材料的质量、检验项目、批量和检验方法,应符合国家现行标准的规定。

(8)除《建筑地基基础工程施工质量验收规范》(GB 50202—2002)第5.1.5、5.1.6条规定的主控项目外,其他主控项目应全部检查,对一般项目,除已明确的规定外,其他可按20%抽查,但混凝土灌注桩应全部检查。

2.静力压桩

(1)静力压桩包括锚杆静压桩及其他各种非冲击力沉桩。

(2)施工前应对成品桩(锚杆静压成品桩一般均由工厂制造,运至现场堆放)做外观及强度检验,接桩用焊条或半成品硫磺胶泥应有产品合格证书,或送有关部门检验,压桩用压力表、锚杆规格及质量也应进行检查。硫磺胶泥半成品应每100kg做一组试件(3件)。

(3)压桩过程中应检查压力、桩垂直度、接桩间歇时间、桩的连接质量及压入深度,重要工程应对电焊接桩的接头做10%的探伤检查。对承受反力的结构应加强观测。

(4)施工结束后,应做桩的承载力及桩体质量检验。

(5)锚杆静压桩质量检验标准应符合表8.6-11的规定。

静力压桩质量检验标准　　表8.6-11

	序号	检查项目			允许偏差或允许值		检查方法
					单位	数值	
主控项目	1	桩体质量检验			按基桩检测技术规范		按基桩检测技术规范
	2	桩位偏差			见表8.6-9		用钢尺量
	3	承载力			按基桩检测技术规范		按基桩检测技术规范
一般项目	1	成品桩质量	外观		表面平整,颜色均匀,掉角深度<10mm,蜂窝面积小于总面积的0.5%		直观
			外形尺寸		见表5.2-7		见表5.2-7
			强度		满足设计要求		查产品合格证书或钻芯试压
	2	硫磺胶泥质量(半成品)			设计要求		查产品合格证书或抽样送检
	3	接桩	电焊接桩	焊缝质量	见第五篇第二章		见第五篇第二章
				电焊结束后停歇时间	min	>15	秒表测定
			硫磺胶泥接桩	胶泥浇筑时间	min	<2	秒表测定
				浇筑后停歇时间	min	>15	秒表测定
	4	电焊条质量			设计要求		查产品合格证书
	5	压桩压力(设计有要求时)			%	±5	查压力表读数
	6	接桩时上下节平面偏差			mm	<10	用钢尺量
		接桩时节点弯曲矢高			mm	<1L/1 000	用钢尺量,L为两节桩长
	7	桩顶高程			mm	±50	水准仪

3.先张法预应力管桩

(1)施工前应检查进入现场的成品桩,接桩用焊条等产品质量。

(2)施工过程中应检查桩的贯入情况、桩顶完整状况、电焊接桩质量、桩体垂直度、电焊后的停歇时间。重要工程应对电焊接头做10%的焊缝探伤检查。

(3)施工结束后,应做承载力检验及桩体质量检验。

(4)先张法预应力管桩的质量检验应符合表8.6-12的规定。

先张法预应力管桩的质量检验标准　表 8.6-12

	序号	检查项目		允许偏差或允许值		检查方法
				单位	数值	
主控项目	1	桩体质量检验		按基桩检测技术规范		按基桩检测技术规范
	2	桩位偏差		见表 8.6-9		用钢尺量
	3	承载力		按基桩检测技术规范		按基桩检测技术规范
一般项目	1	成品桩质量	外观	无蜂窝、露筋、裂缝、色感均匀,桩顶处无孔隙		直观
			桩径	mm	±5	用钢尺量
			管壁厚度	mm	±5	用钢尺量
			桩尖中心线	mm	<2	用钢尺量
			顶平整度	mm	10	用水平尺量
			桩体弯曲	mm	<1L/1 000	用钢尺量,L 为桩长
	2	硫磺胶泥质量(半成品)		设计要求		查产品合格证书或抽样送检
	3	接桩	焊缝质量	见第五篇第二章		见第五篇第二章
			电焊结束后停歇时间	min	>1	秒表测定
			上下节平面偏差	mm	<10	用钢尺量
			节点弯曲矢高	mm	<1L/1 000	用钢尺量,L 为两节桩长
	4	停锤标准		设计要求		现场实测或查沉桩记录
	5	桩顶高程		mm	±50	水准仪

4.混凝土预制桩

(1)桩在现场预制时,应对原材料、钢筋骨架(表 8.6-13)、混凝土强度进行检查;采用工厂生产的成品桩时,桩进场后应要进行外观及尺寸的检查。

预制桩钢筋骨架质量检验标准(mm)　表 8.6-13

	序　号	检查项目	允许偏差或允许值(mm)	检查方法
主控项目	1	主筋距桩顶距离	±5	用钢尺量
	2	多节桩锚固钢筋位置	5	用钢尺量
	3	多节桩预埋铁件	±3	用钢尺量
	4	主筋保护层厚度	±5	用钢尺量
一般项目	1	主筋间距	±5	用钢尺量
	2	桩尖中心线	10	用钢尺量
	3	箍筋间距	±20	用钢尺量
	4	桩顶钢筋网片	±10	用钢尺量
	5	多节桩锚固钢筋长度	±10	用钢尺量

(2)施工中应对桩体垂直度、沉桩情况、桩顶完整状况、接桩质量等进行检查,对电焊接桩,重要工程应做 10%的烛缝探伤检查。

(3)施工结束后,应对承载力及桩体质量做检验。

(4)对长桩或总锤击数超过 500 击的锤击桩,应符合桩体强度及 28d 龄期的两项条件才能锤击。

(5)钢筋混凝土预制桩的质量检验标准应符合表 8.6-14 的规定。

钢筋混凝土预制桩的质量检验标准　　表 8.6-14

	序号	检查项目		允许偏差或允许值		检查方法
				单位	数值	
主控项目	1	桩体质量检验		按基桩检测技术规范		按基桩检测技术规范
	2	桩位偏差		见表 8.6-9		用钢尺量
	3	承载力		按基桩检测技术规范		按基桩检测技术规范
一般项目	1	砂、石、水泥、钢材等原材料（现场预制时）		符合设计要求		查出厂质保文件并抽样送检
	2	混凝土配合比及强度（现场预制时）		符合设计要求		检查称量及查试块记录
	3	成品外形		表面平整，颜色均匀，掉角深度<10mm，蜂窝面积小于总面积的 0.5%		直观
	4	成品桩裂缝（收缩裂缝或起吊、装运、堆放引起的裂缝）		深度<20mm，宽度<0.25mm；横向裂缝不超过边长的一半		裂缝测定仪，该项在地下水有侵蚀地区及锤击数超过 500 击的长桩不适用
	5	成品桩尺寸	横截面边长	mm	±5	用钢尺量
			桩顶对角线差	mm	<10	用钢尺量
			桩尖中心线	mm	<10	用钢尺量
			桩身弯曲矢高	mm	$<1L/1\,000$	用钢尺量，L 为桩长
			桩顶平整度	mm	<2	用水平尺量
	6	电焊接桩	焊缝质量	见第五篇第 2 章		见第五篇第 2 章
			电焊结束后停歇时间	min	>1.0	秒表测定
			上下节平面偏差	mm	<10	用钢尺量
			节点弯曲矢高	mm	$<1L/1\,000$	用钢尺量，L 为桩长
	7	硫磺胶泥接桩	胶泥浇筑时间	min	<2	秒表测定
			浇筑后停歇时间	min	>7	秒表测定
	8	桩顶高程		mm	±50	水准仪
	9	停锤标准		设计要求		现场实测或查沉桩记录

5. 钢桩

(1)施工前应检查进入现场的成品钢桩，成品桩的质量应符合表 8.6-15 的规定。

成品钢桩质量检验标准　　表 8.6-15

	序号	检查项目		允许偏差或允许值		检查方法
				单位	数值	
主控项目	1	钢桩外径或断面尺寸	桩端		±0.5%D	用钢尺量，D 为外径或边长
			桩身		±1D	用钢尺量，D 为外径或边长
	2	矢高			$<1L/1\,000$	用钢尺量，L 为桩长
一般项目	1	长度		mm	±10	用钢尺量
	2	端部平整度		mm	≤2	用水平尺量
	3	H 钢桩的方正度 $h>300$ $h<300$ 		mm mm	$T+T'\leqslant 8$ $T+T'\leqslant 6$	用钢尺量，H、T、T'见图
	4	端部平面与桩中心线的倾斜值		mm	≤2	用水平尺量

(2)施工中应检查钢桩的垂直度、沉入过程、电焊连接质量、电焊后的停歇时间、桩顶锤击后的完整状况。电焊质量除常规检查外，应做10%的焊缝探伤检查。

(3)施工结束后，应做承载力检验。

(4)钢桩施工质量检验标准应符合表8.6-15及表8.6-16的规定。

钢桩施工质量检验标准　　表8.6-16

	序号	检查项目		允许偏差或允许值		检查方法
				单位	数值	
主控项目	1	桩位偏差		见表8.6-9		用钢尺量
	2	承载力		按基桩检测技术规范		按基桩检测技术规范
一般项目	1	电焊接桩焊缝	上下节端部错口(外径＞700mm)	mm	≤3	用钢尺量
			上下节端部错口(外径＜700mm)	mm	≤2	用钢尺量
			焊缝咬边深度	mm	≤0.5	焊缝检查仪
			焊缝加强层高度	mm	2	焊缝检查仪
			焊缝加强层宽度	mm	2	焊缝检查仪
			焊缝电焊质量外观	无气孔，无焊瘤，无裂缝		直观
			焊缝探伤检验	满足设计要求		按设计要求
	2	电焊结束后停歇时间		min	＞1.0	用秒表测定
	3	节点弯曲矢高			＜1L/1 000	用钢尺量，L为两节桩长
	4	桩顶高程		mm	±50	水准仪
	5	停锤标准		设计要求		现场实测或查沉桩记录

6.混凝土灌注桩

(1)施工前应对水泥、砂、石子(如现场搅拌)、钢材等原材料进行检查，对施工组织设计中制定的施工顺序、监测手段(包括仪器、方法)也进行了检查。

(2)施工中对成孔、清渣、放置钢筋笼、灌注混凝土等进行全过程检查，人工挖孔桩尚应复验孔底持力层土(岩)性，嵌岩桩必须有桩端持力层的岩性报告。

(3)施工结束后，应检查混凝土强度，并应做桩体质量及承载力检验。

(4)混凝土灌注桩的质量检验标准应符合表8.6-17及表8.6-18的规定。

混凝土灌注桩钢筋笼质量检验标准(mm)　　表8.6-17

	序　号	检查项目	允许偏差或允许值(mm)	检查方法
主控项目	1	主筋间距	±10	用钢尺量
	2	长度	±100	用钢尺量
一般项目	3	钢筋材质检验	设计要求	抽样送检
	4	箍筋间距	±20	用钢尺量
	5	直径	±10	用钢尺量

混凝土灌注桩质量检验标准　　表 8.6-18

项	序号	检 查 项 目	允许偏差或允许值		检 查 方 法
			单位	数值	
主控项目	1	桩位	见表 8.6-9		基坑开挖前量护筒，开挖后时桩中心
	2	孔深	mm	+300	只深不浅，用重锤测，或测钻杆、套管长度，嵌岩桩应确保进入设计要求的嵌岩深度
	3	桩体质量检验	按基桩检测技术规范。如钻芯取样，大直径嵌岩桩应钻至桩尖下 50cm		按基桩检测技术规范
	4	混凝土强度	设计要求		试件报告或钻芯取样送检
	5	承载力	按基桩检测技术规范		按基桩检测技术规范
一般项目	1	垂直度	见表 8.6-10		测套管或钻杆，或用超声波探测，干施工时吊垂球
	2	桩径	见表 8.6-10		井径仪或超声波探测，干施工时用钢尺量，人工挖孔桩不包括内衬厚度
	3	泥浆比重(黏土或砂性土中)	1.15～1.20		用比重计测，清孔后在距孔底 50cm 处取样
	4	泥浆面高程(高于地下水位)	m	0.5～1.0	目测
	5	沉渣厚度：端承桩 摩擦桩	mm mm	≤50 ≤150	用沉渣仪或重锤测量
	6	混凝土坍落度：水下灌注 干施工	mm mm	160～220 70～100	坍落度仪
	7	钢筋笼安装深度	mm	±100	用钢尺量
	8	混凝土充盈系数	>1		检查每根桩的实际灌注量
	9	桩顶高程	mm	+30　−50	水准仪，需扣除桩顶浮浆层及劣质桩体

(5)人工挖孔桩、嵌岩桩的质量检验应按表 8.6-18 要求执行。

二、建筑地基基础工程施工质量验收规定

(1)分项工程的质量的验收，应在施工单位自检合格的基础上进行。施工单位确认自检合格后提出工程验收申请，工程验收时应提供下列技术文件和记录：

①原材料的质量合格证和质量鉴定文件；

②半成品如预制桩、钢桩、钢筋笼等产品合格证书；

③施工记录及隐蔽工程验收文件；

④检测试验及见证取样文件；

⑤其他必须提供的文件或记录。

(2)分项工程的质量验收应分别按主控项目和一般项目验收。

(3)主控项目必须符合验收标准规定，发现问题应立即处理直至符合要求，一般项目应有 80%合格。混凝土试件强度评定不合格或对试件的代表性有怀疑时，应采用钻芯取样，检测结果符合设计要求可按合格验收。

第四节　市政桥梁工程桩基质量检验评定规定

一、市政桥梁工程桩基质量检验规定

1.沉入桩

(1)桩沉入后,桩身不得有劈裂。

(2)接桩必须牢固、直顺。

(3)钢管桩现场接桩焊接的电焊质量应通过探伤检查,并应符合设计要求或《市政桥梁工程质量检验评定标准》(CJJ 2—90)第十章第三节的有关规定。

(4)沉入板桩时应接榫整齐,不得脱榫,排列直顺。

(5)沉入桩允许偏差应符合表 8.6-19 和表 8.6-20 的规定。

沉入桩允许偏差　　表 8.6-19

<table>
<tr><th rowspan="2">序号</th><th rowspan="2" colspan="4">项　目</th><th rowspan="2">允许偏差</th><th colspan="2">检验频率</th><th rowspan="2">检查方法</th></tr>
<tr><th>范围</th><th>点数</th></tr>
<tr><td rowspan="8">1</td><td rowspan="8">桩位</td><td rowspan="2">基础桩</td><td colspan="2">中间桩</td><td>$d/2$</td><td rowspan="12">每根桩</td><td rowspan="2">1</td><td rowspan="2">用尺量</td></tr>
<tr><td colspan="2">外缘桩</td><td>$d/4$</td></tr>
<tr><td rowspan="4">排架桩</td><td rowspan="2">顺桥纵轴线方向</td><td>支架上</td><td>40mm</td><td rowspan="4">1</td><td rowspan="4">用尺量</td></tr>
<tr><td>船上</td><td>50mm</td></tr>
<tr><td rowspan="2">垂直桥纵轴线方向</td><td>支架上</td><td>50mm</td></tr>
<tr><td>船上</td><td>100mm</td></tr>
<tr><td rowspan="2">板桩</td><td colspan="2">桩间距</td><td>不脱榫</td><td rowspan="2">1</td><td>观察</td></tr>
<tr><td colspan="2">桩与基础边线或中线间距</td><td><30mm</td><td>用尺量</td></tr>
<tr><td>2</td><td colspan="4">△桩尖高程</td><td>±100mm</td><td>1</td><td>用水准仪测量桩顶高程后计算</td></tr>
<tr><td>3</td><td colspan="4">△贯入度</td><td>不低于设计标准</td><td>1</td><td>查沉桩记录</td></tr>
<tr><td>4</td><td colspan="4">斜桩倾斜度</td><td>±15%tanθ</td><td>1</td><td>用垂线测量计算</td></tr>
<tr><td>5</td><td colspan="4">垂直桩垂直度</td><td>$L/100$</td><td>1</td><td>用垂线测量计算</td></tr>
</table>

注:①承受轴向荷载的摩擦桩,其控制入土深度应以高程为主,而贯入度作参考;端承桩的控制入土深度应以贯入度为主,而以高度为参考。

② 表中 d 为桩的直径或短边尺寸(mm)。

③ 表中 θ 为斜桩设计纵轴线与铅直线间的夹角(°)。

④ 表中 L 为桩的长度(mm)。

沉入桩(钢管桩)允许偏差　　表 8.6-20

<table>
<tr><th rowspan="2">序号</th><th rowspan="2" colspan="2">项　目</th><th rowspan="2">允许偏差</th><th colspan="2">检验频率</th><th rowspan="2">检查方法</th></tr>
<tr><th>范围</th><th>点数</th></tr>
<tr><td>1</td><td colspan="2">△停打标准</td><td>应符合设计规定</td><td rowspan="7">每根桩</td><td>1</td><td>查沉桩记录</td></tr>
<tr><td rowspan="6">2</td><td rowspan="6">桩位</td><td>顺桥纵轴线方向</td><td>$d/10$</td><td rowspan="2">1</td><td rowspan="2">用经纬仪测量</td></tr>
<tr><td>垂直桩纵轴线方向</td><td>$d/5$</td></tr>
<tr><td>垂直桩垂直度</td><td>$L/100$</td><td>1</td><td rowspan="2">用垂线测量计算</td></tr>
<tr><td>斜桩倾斜度</td><td>±15%tanθ</td><td>1</td></tr>
<tr><td>切割时桩顶高程</td><td>±50mm</td><td>1</td><td>用水准仪测量</td></tr>
<tr><td>桩顶端面平整度</td><td>≤10mm</td><td>1</td><td>用水平尺测量</td></tr>
</table>

续上表

序号	项目			允许偏差	检验频率		检查方法
					范围	点数	
3	焊接	接头间隙		2mm	每根桩	2	用塞尺量，纵横向各一点
		接头上、下管错口	$d<700$(mm)	2mm		1	用尺量
			$d\geqslant700$(mm)	3mm			
		咬肉深度		0.5mm		2	
		加强层高度		2mm		2	
		加强层厚度		盖过焊口每边不大于3mm		2	

注：① 表中 d 为桩的直径(mm)；

② 表中 L 为桩的长度(mm)；

③表中 θ 为斜桩设计纵轴线与铅垂线间的夹角(°)。

2.灌注桩

(1)水下混凝土严禁有夹层和松散层。

(2)灌注桩允许偏差应符合表8.6-21的规定。

灌注桩允许偏差 表8.6-21

序号	项目			允许偏差	检验频率		检查方法
					范围	点数	
1	△混凝土抗压强度			必须符合附录三的规定	每根桩	1	必须符合附录三的规定
2	△孔径			不小于设计规定			用探孔器检验
3	△孔深			+500 mm −0		1	用测绳测量
4	桩位	基础桩		100 mm		1	用尺量
		排架桩	顺桥纵轴线方向	50 mm			
			垂直桥纵轴线方向	100 mm			
5	斜桩倾斜度			$\pm15\%\tan\theta$		1	用垂线测量计算
6	垂直桩垂直度			$L/100$		1	
7	沉淀厚度	摩擦桩		$0.5d$ 且不大于500mm		1	开始灌注混凝土前用测绳测量
		端承桩		50mm			

注：①表中 θ 为斜桩纵轴线与铅垂线间夹角(°)；

②表中 L 为桩的长度(mm)；

③表中 d 为桩的直径(mm)；

④表中"附录三"为《市政桥梁工程质量检验评定标准》(CJJ 2—90)中的附录三,《混凝土强度验收的评定标准》。

二、市政桥梁工程桩基质量评定规定

(1)市政桥梁桩基质量的检验及评定按工序部位及单位工程三级进行，其评定标准的主要依据为合格率：

$$合格率=\frac{同一检查项目中的合格点(组)数}{同一检查项目中的应检点(组)数}\times100\%$$

①合格：符合下列要求者，应评为"合格"。

a.主要检查项目(在项目栏列有△者)的合格率应达到100%。

b.非主要检查项目的合格率均应达到70%，且不符合标准要求的点其最大偏差应在允许偏差

1.5 倍之内，在特殊情况下，如最大偏差超过允许偏差 1.5 倍，但不影响下道工序施工、工程结构和使用功能，仍可评为合格。

②优良：符合下列要求者，应评为“优良”。

a. 符合合格标准的条件。

b. 全部检查项目合格率的平均值应达到 85%。

第五节　公路桥梁工程桩基质量检验评定规定

一、公路桥梁工程桩基质量检验规定

1. 沉入桩

(1)基本要求

①混凝土桩所用的水泥、砂、石、水、外掺剂及混合材料的质量和规范格必须符合有关规范的要求，按规定的配合比施工。

②混凝土预制桩必须按表 8.6-22 检查合格后，才可沉桩。

③钢管桩的材料规格、外形尺寸和防护应符合设计和施工技术规范的要求。

④用射水法沉桩，当桩尖接近设计高程时，应停止射水，用锤击或振动使桩达到设计高程。

⑤桩的接头应符合设计要求。

(2)实测项目

沉入桩实测项目见表 8.6-22 和见表 8.6-23。

预制桩实测项目及允许偏差　　表 8.6-22

<table>
<tr><th>项　次</th><th colspan="2">检 查 项 目</th><th>规定值或允许偏差</th><th>检查方法和频率</th><th>权　值</th></tr>
<tr><td>1△</td><td colspan="2">混凝土强度(MPa)</td><td>在合格标准内</td><td>按附录 D 检查</td><td>3</td></tr>
<tr><td>2</td><td colspan="2">长度(mm)</td><td>±50</td><td>尺量：每桩检查</td><td>1</td></tr>
<tr><td rowspan="3">3</td><td rowspan="3">横截面(mm)</td><td>桩的边长</td><td>±5</td><td rowspan="3">尺量：每预制构件检查 2 个断面，检查 10%</td><td rowspan="3">2</td></tr>
<tr><td>空心桩空心(管芯)直径</td><td>±5</td></tr>
<tr><td>空心中心与桩中心偏差</td><td>±5</td></tr>
<tr><td>4</td><td colspan="2">桩尖对桩的纵轴线(m)</td><td>10</td><td>尺量：抽查 10%</td><td>1</td></tr>
<tr><td>5</td><td colspan="2">桩纵轴线弯曲矢高(mm)</td><td>0.1%桩长，且不大于 20</td><td>沿桩长拉线量，取大值矢高：抽查 10%</td><td>1</td></tr>
<tr><td>6</td><td colspan="2">桩顶面与桩纵轴线倾斜偏差(mm)</td><td>1%桩径或边长，且不大于 3</td><td>角尺：抽检 10%</td><td>1</td></tr>
<tr><td>7</td><td colspan="2">接桩的接头平面与桩轴平面垂直度</td><td>0.5%</td><td>角尺：抽检 20%</td><td>1</td></tr>
</table>

沉桩实测项目及允许偏差　　表 8.6-23

<table>
<tr><th>项　次</th><th colspan="3">检 查 项 目</th><th>规定值或允许偏差</th><th>检查方法和频率</th><th>权　值</th></tr>
<tr><td rowspan="4">1</td><td rowspan="4">桩位(mm)</td><td rowspan="2">群桩</td><td>中间桩</td><td>$d/2$ 且不大于 250</td><td rowspan="4">全站仪或经纬仪：检查 20%</td><td rowspan="4">2</td></tr>
<tr><td>外缘桩</td><td>$d/4$</td></tr>
<tr><td rowspan="2">排架桩</td><td>顺桥方向</td><td>40</td></tr>
<tr><td>垂直桥轴方向</td><td>50</td></tr>
</table>

续上表

项次	检查项目		规定值或允许偏差	检查方法和频率	权值
2△	桩尖高程(mm)		不高于设计规定	水准仪测桩顶面高程后反算;每桩检查	3
	贯入度(mm)		小于设计规定	与控制贯入度比较:每桩检查	
3	倾斜度	直桩	1%	垂线法:每桩检查	2
		斜桩	15%tanθ		

注:① d 为桩径或短边长度;

②θ 为斜桩轴线与垂线间的夹角;

③深水中采用打桩船沉桩时,其允许偏差应符合设计规定;

④当贯入度符合设计规定但桩尖高程未达到设计高程,应按施工技术规范的规定进行检验,并得到设计认可时,桩尖高程为合格。

(3)外观鉴定

①预制桩的桩顶和桩尖不得有蜂窝、麻面现象。不符合要求时减1～3分。

②桩头无劈裂,如有劈裂时应进行处理,并减1～3分。

2. 钻孔灌注桩

(1)基本要求

①桩身混凝土所用的水泥、砂、石、水、外掺剂及混合物材料的质量和规格必须符合有关规范的要求,按规定的配合比施工。

②成孔后必须清孔,测量孔径、孔深、孔位和沉淀层厚度,确认满足设计或施工技术规范要求后,方可灌注水下混凝土。

③水下混凝土应连续灌注,严禁有夹层和断桩。

④嵌入承台的锚固钢筋长度不得低于设计规范规定的最小锚固长度要求。

⑤应选择有代表性的桩用无破损法进行检测,重要工程或重要部位的桩宜逐根进行检测。设计有规定或对桩的质量有怀疑时,应采取钻取芯样法对桩进行检测。

⑥凿除桩头混凝土后,桩顶应无残余的松散混凝土。

(2)实测项目

钻孔灌注桩实测项目见表8.6-24。

钻孔灌注桩实测项目　　表8.6-24

项次	检查项目			规定值或允许偏差	检查方法和频率	权值
1△	混凝土强度(MPa)			在合格标准内	按附录D检查	3
2△	桩位(mm)	群桩		100	全站仪或用经纬仪:每桩检查	2
		排架桩	允许	50		
			极值	100		
3△	孔深(m)			不小于设计	测绳量:每桩测量	3
4△	孔径(mm)			不小于设计	探孔器:每桩测量	3
5	钻孔倾斜度(mm)			1%桩长,且不大于50	用测壁(斜)仪或钻杆垂线法:每桩检查	1
6△	沉淀厚度(mm)	摩擦桩		符合设计要求,设计未规定时按施工规范要求	沉淀盒或标准测锤:每桩检查	2
		支承桩		不大于设计规定		
7	钢筋骨架底面高程(mm)			±50	水准仪:测每桩骨架顶面高程后反算	1

(3)外观鉴定

①桩的质量有缺陷,但经设计单位确认仍可用时,应减3分。

②桩顶面应平整,桩柱连接处应平顺且无局部修补。不符合要求时减1～3分。

3.挖孔桩

(1)基本要求

①桩身混凝土所用的水泥、砂、石、水、外掺剂及混合物材料的质量和规格必须符合有关规范要求,按规定的配合比施工。

②挖孔达到设计深度后,应及时进行孔底处理,必须做到无松渣、淤泥等扰动软土层,使孔底情况满足设计要求。

③嵌入承台的锚固钢筋长度不得小于设计规范规定的最小锚固长度要求。

(2)实测项目

挖孔桩实测项目见表8.6-25。

挖孔桩实测项目　表8.6-25

项次	检查项目			规定值或允许偏差	检查方法和频率	权值
1△	混凝土强度(MPa)			在合格标准内	按附录D检查	3
2△	桩位(mm)	群桩		100	用全站仪或经纬仪:每桩检查	2
		排架桩	允许	50		
			极值	100		
3△	孔深(m)			不小于设计值	测绳量:每桩测量	3
4△	孔径(mm)			不小于设计值	探孔器:每桩测量	3
5	孔的倾斜度(mm)			0.5%桩长,且不大于200	垂线法:每桩检查	1
6	钢筋骨架底面高程(mm)			±50	水准仪测骨架顶面高程后反算:每桩检查	1

(3)外观鉴定

①无破损检测桩的质量有缺陷,但经设计单位确认仍可用时,应减3分。

②桩顶面应平整,桩柱连接处应平顺且无局部修补,不符合要求时减1～3分。

二、公路桥梁工程桩基质量评定规定

1.桩基分项工程质量评分

分项工程质量检验内容包括基本要求、实测项目、外观鉴定和质量保证资料四个部分。只有在其使用的材料、半成品、成品及施工工艺符合基本要求的规定,且无严重外观缺陷和质量保证资料真实并基本齐全时,才能对分项工程质量进行检验评定。

涉及结构安全和使用功能的重要实测项目为关键项目(在文中以"△"标识),其合格率不得低于90%(属于工厂加工制造的桥梁金属构件不低于95%,机电工程为100%),且检测值不得超过规定极值,否则必须进行返工处理。

实测项目的规定极值是指任一单个检测值都不能突破的极限值,不符合要求时该实测项目为不合格。

采用附录B至附录I所列方法进行评定的关键项目,不符合要求时则该分项工程评为不合格。

分项工程的评分值满分为100分,按实测项目采用加权平均法计算。存在外观缺陷或资料不全时,应予减分。

$$分项工程得分=\frac{\sum[检查项目得分\times权值]}{\sum检查项目权值}$$

分项工程评分值＝分项工程得分－外观缺陷减分－资料不全减分

(1)基本要求检查

各分项工程所列基本要求，对施工质量优劣具有关键作用，应按基本要求对工程进行认真检查，经检查不符合基本要求规定时，不得进行工程质量的检验和评定。

(2)实测项目计分

对规定检查项目采用现场抽样方法，按规定频率和下列计分方法对分项工程的施工质量直接进行检测计分。

检查项目除按数理计分方法评定的项目以外，均应按单点(组)测定值是否符合标准要求进行评定，并按合格率计分。

$$检查项目合格率(\%)=\frac{检查合格点(组)数}{该检查项目的全部检查点(组)数}\times100\%$$

检查项目得分＝检查项目合格率×100

(3)外观缺陷扣分

对工程外表状况应逐项进行全面检查，如发现外观缺陷，应进行减分。对于较严重的外观缺陷，施工单位须采取措施进行整修处理。

(4) 资料不全减分

分项工程的施工资料和图表残缺，缺乏最基本的数据，或有伪造涂改者，不予检验和评定。资料不全者应予减分，视资料不全情况每款扣1～3分。

2.桩基分项工程质量等级评定

分项工程质量评定等级分为合格与不合格。

分项工程评分不小于75分者为合格；小于75分者为不合格。

评定为不合格的分项工程，经加固、补强或返工、调试，满足设计要求后，可以重新评定其质量等级，但计算分部工程分值时按其复评分值的90%计算。

第六节 铁路桥涵工程桩基质量检验验收规定

一、设计行车速度为160km/h的旅客列车及160km/h以下的客货列车共线运行的铁路桥涵工程桩基质量检验规定

1.沉入桩

(1)主控项目

①沉桩前必须对桩的质量进行了验收，其质量和规格必须符合设计要求。

检验数量：施工单位、监理单位全部检查；

检验方法：检查出厂合格证、验收记录和观察。

②沉入桩下沉必须符合施工工艺设计要求。桩的入土深度和最终贯入度必须符合设计要求。

检验数量：施工单位、监理单位全部检查；

检验方法：施工单位观察、测量并填写沉桩记录；监理单位对最终沉桩进行旁站并检查沉桩记录。

③桩承载力试验必须符合设计要求。

检验数量:施工单位、监理单位按设计要求数量检验;勘察设计单位现场确认;

检验方法:施工单位进行静载试验;监理单位见证试验。

④桩顶高程和桩头处理必须符合设计要求。

检验数量:施工单位、监理单位全部检查。

检验方法:测量检查和观察。

(2)一般项目

①接桩应符合设计要求,当混凝土桩用法兰盘拼接时,应连接牢固,防锈处理符合设计要求。

②沉桩桩位的允许偏差和检查方法应符合表 8.6-26 的规定。

检验数量:施工单位全部检查。

沉桩桩位的允许偏差和检验方法　　表 8.6-26

序　号	项　目			允许偏差	检验方法
1	桩位	群桩	中间桩	d/2 且不大于 250mm	测量或尺量检查
			外缘桩	d/4	
		排架桩	顺桥方向	100mm	
			横桥方向	150mm	
2	倾斜度	直桩		1%	吊线和尺量检查
		斜桩		15% $\tan\theta$	

注:①d 为桩径或短边,单位为 mm ;

②θ 为斜桩轴线与竖直线间的夹角。

2.钻孔桩和挖孔桩

(1)钻孔

①主控项目

a.钻孔达到设计深度后,必须核实地质情况。

检验数量:施工单位、监理单位全部检查;勘察设计单位现场确认;

检验方法:检查施工记录、观察。

b.孔径、孔深和孔型必须符合设计要求。

检验数量:施工单位、监理单位全部检查;

检验方法:测量检查和用检孔器或成孔检测仪器检查。

②一般项目

a.钻孔桩护筒应坚实不漏水,护筒埋深应符合施工工艺设计要求。

检验数量:施工单位全部检查。

检验方法:观察和测量检查。

b.泥浆指标应根据钻孔机具、地质条件确定。对制备的泥浆应试验全部性能指标,钻进时应随时检查泥浆比重和含砂率。

检验数量:施工单位全部检查。

检验方法:检查泥浆试验记录、进行泥浆比重和含砂率试验。

c.浇筑水下混凝土前应清底,桩底沉渣允许厚度为:摩擦桩不应大于 300mm,柱桩不应大于 100mm。

检验数量:施工单位全部检查。

检验方法:测量并填写记录。

d.钻孔桩钻孔允许偏差和检验方法应符合表 8.6-27 的规定。

检验数量:施工单位全部检查。

钻孔桩钻孔允许偏差和检验方法　表 8.6-27

序号	项目		允许偏差	检验方法
1	护筒	预埋位置	50mm	测量检查
		倾斜度	1%	
2	孔位中心	群桩	100mm	
		单排桩	50mm	
3	倾斜度		1%	

(2)挖孔

①主控项目

a.挖孔桩的开挖顺序和防护措施必须符合设计和施工技术方案要求。

检验数量:施工单位、监理单位全部检查;

检验方法:观察。

b.挖孔达到设计深度后,必须核实地质情况。

检验数量:施工单位、监理单位全部检查;勘察设计单位现场确认。

检验方法:检查施工记录、观察。

c.孔底应平整,无松渣、淤泥、沉淀或扰动过的软层。孔径、孔深和孔型必须符合设计要求。

检验数量:施工单位、监理单位全部检查。

检验方法:观察和测量。

②一般项目

挖孔桩挖孔允许偏差和检验方法应符合表 8.6-28 的规定。

检验数量:施工单位全部检查。

挖孔桩挖孔允许偏差和检验方法　表 8.6-28

序号	项目	允许偏差	检验方法
1	孔位中心	50mm	测量检查
2	倾斜度	0.5%	

3.钢筋

(1)主控项目

钢筋原材料、加工、连接和安装的检查必须符合铁道部现行《铁路混凝土与砌体工程施工质量验收标准》(TB 10424—2003)第 5.2.1 条、第 5.8.7.1 条、第 5.4.1 条、第 5.4.2 条、第 5.5.1 条的规定。

(2)一般项目

①钢筋原材料、加工、连接和安装的检查应符合铁道部现行《铁路混凝土与砌体工程施工质量验收标准》(TB 1042—2003)第 5.2.2 条、第 5.8.7.3 条和第 5.4.3 条的规定。

②钻(挖)孔桩钢筋骨架的允许偏差和检验方法应符合表 8.6-29 的规定。

检验数量:施工单位全部检查。

钻(挖)孔桩钢筋骨架的允许偏差和检验方法　表 8.6-29

序号	项目	允许偏差	检验方法
1	钢筋骨架在承台底以下长度	±10mm	尺量检查
2	钢筋骨架直径	±20mm	
3	主钢筋间距	±0.5d	尺量检查不少于 5 处
4	加强筋间距	±20mm	
5	箍筋间距或螺旋筋间距	±20mm	
6	钢筋骨架垂直度	1%	吊线尺量检查

注:d 为钢筋直径,单位为 mm。

4.混凝土

(1)主控项目

①混凝土原材料、配合比设计、施工和水下混凝土检验必须符合铁道部现行《铁路混凝土与砌体工程施工质量验收标准》(TB 10424—2003)第6.2.1条~第6.2.6条、第6.8.7.1条、第6.8.7.2条、第6.4.1条和第9.8.7.4条、第9.8.7.8条的规定。

②混凝土浇筑前必须符合施工工艺设计要求。

检验数量:施工单位、监理单位全部检查。

检验方法:观察和测量。

同时需监理单位旁站监理。

③桩的混凝土强度等级必须符合设计要求。水下混凝土标准养护试件强度必须符合设计强度等级的1.15倍。

检验数量:施工单位每根桩应在混凝土的浇筑地点随机抽样制作混凝土试件不得少于2组。每个桩基础监理单位见证取样检测或平行检验数量为施工单位检验数量的20%、10%,且不少于2组。

检验方法:施工单位进行混凝土强度试验;监理单位检查混凝土强度试验报告和进行见证取样检测和平行检验。

④桩身顶端浮浆应清理,直至露出新鲜混凝土面。桩顶高程和主筋伸入承台的长度必须符合设计要求。

检验数量:施工单位、监理单位全部检查。

检验方法:观察和测量。

⑤钻孔桩桩身混凝土应匀质、完整。其检验必须符合下列规定。

a.对钻孔桩桩身混凝土应全部进行无损检测。检测方法必须符合铁道部现行《铁路工程基桩无损检测规程》(TB 10218—1999)的规定。

b.对桩身混凝土有疑问和设计有要求的桩,应采取钻芯取样进行检测。检测方法应符合铁道部现行《铁路工程结构混凝土强度检测规程》(TB 10426—2004)的规定。

检验数量:施工单位、监理单位全部检查。

检验方法:检查检测报告。

⑥桩承载力试验必须符合设计要求。

检验数量:施工单位、监理单位按设计要求数量检验。

检验方法:施工单位进行静载试验;监理单位见证试验;勘察设计单位现场确认。

(2)一般项目

混凝土施工和水下混凝土的检验应符合铁道部现行《铁路混凝土与砌体工程施工质量验收标准》(TB 10424—2003)第6.4.4条~第6.4.6条和第9.8.7.9条的规定。

二、设计行车速度为200~350km/h的标准轨距客运专线的铁路桥涵工程桩基质量验收规定

1.沉入桩下沉

(1)主控项目

①沉桩前必须对桩的质量进行了验收,其质量和规格必须符合设计要求。

检验数量:施工单位、监理单位全部检查;

检验方法:检查出厂合格证、验收记录和观察。

②沉入桩下沉必须符合施工工艺设计要求。桩的入土深度和最终贯入度必须符合设计要求。

检验数量：施工单位、监理单位全部检查。

检验方法：施工单位观察、测量并填写沉桩记录；监理单位对最终沉桩进行旁站监理。

③桩承载力试验必须符合设计要求。

检验数量：施工单位、监理单位按设计要求数量检验；

检验方法：施工单位进行静载试验；监理单位见证试验；勘察设计单位现场确认。

④桩顶高程和桩头处理必须符合设计要求。

检验数量：施工单位、监理单位全部检查。

检验方法：测量检查和观察。

(2)一般项目

①接桩应符合设计要求，连接牢固。

检验数量：施工单位全部检查；

检验方法：观察。

②沉桩桩位的允许偏差和检查方法应符合表 8.6-30 的规定。

检验数量：施工单位全部检查。

沉桩桩位的允许偏差和检验方法　表 8.6-30

序号	项目		允许偏差	检验方法
1	桩位	中间桩	$d/2$ 且不大于 250mm	测量或尺量检查
		外缘桩	$d/4$	
2	倾斜度	直桩	1%	吊线和尺量检查
		斜桩	15% $\tan\theta$	

注：①d 为桩径或短边，单位为 mm；

②θ 为斜桩轴线与竖直线间的夹角。

2.钻孔桩和挖孔桩

(1)钻孔

①主控项目

a.钻孔达到设计深度后，必须核实地质情况。

检验数量：施工单位、监理单位全部检查；勘察设计单位对对代表性的桩进行现场确认。

检验方法：检查施工记录、观察。

b.孔径、孔深和孔型必须符合设计要求。

检验数量：施工单位、监理单位全部检查。

检验方法：测量检查和用检孔器或成孔检测仪器检查。

c.钻孔桩护筒应坚实不漏水，护筒埋深应符合施工工艺设计要求。

检验数量：施工单位、监理单位全部检查。

检验方法：观察和测量检查。

d.泥浆指标应根据钻孔机具、地质条件确定。对制备的泥浆应试验全部性能指标，钻进时应随时检查泥浆比重和含砂率。

检验数量：施工单位、监理单位全部检查。

检验方法：施工单位进行泥浆比重和含砂率试验泥浆试验；监理单位见证试验。

e.浇筑水下混凝土前应清底，孔底沉渣应清除干净，满足客运专线车铁路相关设计规范及设计文件提出的沉降要求。

检验数量：施工单位、监理单位全部检查。

检验方法：测量。

②一般项目

钻孔桩钻孔允许偏差和检验方法应符合表 8.6-31 的规定。

检验数量：施工单位全部检查。

钻孔桩钻孔允许偏差和检验方法　　表 8.6-31

序　号	项　目		允 许 偏 差	检 验 方 法
1	护筒	顶面位置	50mm	测量检查
		倾斜度	1%	
2	孔位中心		50mm	
3	倾斜度		1%	

(2)挖孔

①主控项目

a. 开挖顺序和防护措施必须符合设计和施工技术方案要求。

检验数量：施工单位、监理单位全部检查。

检验方法：观察和尺量。

b. 挖孔达到设计深度后，必须核实地质情况，孔底应平整，无松渣、淤泥、沉淀或扰动过的软层。

检验数量：施工单位、监理单位全部检查；勘察设计单位对代表性的桩进行现场确认。

检验方法：检查施工记录、观察。

c. 孔径、孔深和孔形必须符合设计要求。

检验数量：施工单位、监理单位全部检查。

检验方法：测量检查和用检孔器或成孔检测仪器检查。

②一般项目

挖孔桩挖孔允许偏差和检验方法应符合表 8.6-32 的规定。

检验数量：施工单位全部检查。

挖孔桩挖孔允许偏差和检验方法　　表 8.6-32

序　号	项　目	允 许 偏 差	检 验 方 法
1	孔位中心	50mm	测量检查
2	倾斜度	0.5%	

3. 钢筋

(1)主控项目

钢筋原材料、加工、连接和安装的检验必须符合铁道部现行《铁路混凝土工程施工质量验收补充标准》(铁建设[2005]160 号)第 5.2.1 条～5.2.3 条、第 5.8.7.1 条、第 5.4.1 条和第 5.5.1 条～第 5.5.4条的规定。

(2)一般项目

①钢筋原材料、加工、连接和安装的检验应符合铁道部现行《铁路混凝土工程施工质量验收补充标准》(铁建设[2005]160 号)第 5.2.4 条、第 5.8.7.2 条和第 5.4.3 条的规定。

② 钻(挖)孔桩钢筋骨架的允许偏差和检验方法应符合表 8.6-33 的规定。

检验数量：施工单位全部检查。

钻(挖)孔桩钢筋骨架的允许偏差和检验方法　　表 8.6-33

序　号	项　目	允许偏差	检验方法
1	钢筋骨架在承台底以下长度	±10mm	尺量检查
2	钢筋骨架直径	±20mm	
3	主钢筋间距	±0.5d	尺量检查不少于5处
4	加强筋间距	±20mm	
5	箍筋间距或螺旋筋间距	±20mm	
6	钢筋骨架垂直度	1%	吊线尺量检查

注：d 为钢筋直径，单位为 mm。

4. 混凝土

①混凝土原材料、配合比设计、施工和水下混凝土检验必须符合铁道部现行《铁路混凝土工程施工质量验收补充标准》(铁建设[2005]160号)第6.2.1条～第6.2.7条、第6.8.7.1条～第6.8.7.4条、第6.4.1条～第6.4.3条、第6.4.5条、第6.4.10条、第6.4.13条和铁道部现行《铁路混凝土与砌体工程施工质量验收标准》(TB 1024—2003)的第9.8.7.4条～第9.8.7.6条的规定。

②水下混凝土浇筑必须符合施工工艺设计要求。

检验数量：施工单位、监理单位全部检查；

检验方法：观察和测量。

同时需监理单位旁站监理。

③桩的混凝土强度等级必须符合设计要求。水下混凝土标准养护试件强度必须符合设计强度等级的1.15倍。

检验数量：施工单位每根桩应在混凝土的浇筑地点随机抽样制作混凝土试件不得少于2组。每个桩基础监理单位见证取样检测或平行检验数量为施工单位检验数量的20%、10%，且不少于2组。

检验方法：施工单位进行混凝土强度试验；监理单位检查混凝土强度试验报告和进行见证取样检测和平行检验。

④桩身顶端必须清除浮浆露出新鲜混凝土面。桩顶高程和主筋伸入承台的长度必须符合设计要求。

检验数量：施工单位、监理单位全部检查；

检验方法：观察和测量。

⑤钻孔桩桩身混凝土应匀质、完整，其检验必须符合下列规定。

a. 对钻孔桩桩身混凝土应全部进行无损检测。检测方法必须符合铁道部现行《铁路工程基桩无损检测规程》(TB 10218)的规定。

b. 对桩身混凝土有疑问和设计有要求的桩，应采取钻芯取样进行检测。检测方法应符合铁道部现行《铁路工程结构混凝土强度检测规程》(TB 10426)的规定。

检验数量：施工单位、监理单位全部检查。

检验方法：施工单位检查检测报告；监理单位见证检测并检查检测报告。

⑥桩尖注浆应符合设计要求。

检验数量：施工单位、监理单位按设计要求数量检验。

检验方法：施工单位注浆检测；监理单位见证检测。

⑦桩承载力试验必须符合设计要求。

检验数量：施工单位、监理单位按设计要求数量检验。

检验方法：施工单位进行静载试验；监理单位见证试验；勘察设计单位现场确认。

三、铁路桥涵工程沉桩质量验收规定

1. 沉入桩每个基坑划为一个验收批

2. 检验批合格质量应符合的规定

(1)主控项目的质量经抽样检验全部合格。

(2)一般项目的质量经抽样检验全部合格;当采用计数检验时,有允许偏差的抽查点,除有专门要求外,合格率点应达到80%及以上,且不合格点的最大偏差不得大于规定允许偏差的1.5倍。

(3)具有完整的施工操作依据、质量检查记录。

3. 分项工程质量验收合格应符合的规定

(1)分项工程所含的检验批均应符合合格质量的规定。

(2)分项工程所含的检验批的质量验收记录应完整。

第七章　地基处理工程质量检验评定

第一节　建筑地基部分基础工程质量检验验收规定

一、建筑地基部分基础工程质量检验规定

1.高压喷射注浆地基

(1)施工前应检查水泥、外掺剂等的质量，桩位、压力表、流量表的精度和灵敏度，高压喷射设备的性能等。

(2)施工中应检查施工参数(压力、水泥浆量、提升速度、旋转速度等)及施工程序。

(3)施工结束后，应检验桩体强度、平均直径、桩身中心位置、桩体质量及承载力等。桩体质量及承载力检验应在施工结束后28d进行。

(4)高压喷射注浆地基质量检验应符合表8.7-1的规定。

高压喷射注浆地基质量检验标准　　表8.7-1

	序　号	检查项目	允许偏差或允许值		检查方法
			单位	数值	
主控项目	1	水泥及外掺剂质量	符合出厂要求		查产品合格证书或抽样送检
	2	水泥用量	设计要求		查看流量表及水泥浆水灰比
	3	桩体强度或完整性检验	设计要求		按规定方法
	4	地基承载力	设计要求		按规定方法
一般项目	1	钻孔位置	mm	≤50	用钢尺量
	2	钻孔垂直度	%	1.5	经纬仪测钻杆或实测
	3	孔深	mm	±200	用钢尺量
	4	注浆压力	按设定参数指标		查看压力表
	5	桩体搭接	mm	>200	用钢尺量
	6	桩体直径	mm	≤50	开挖后用钢尺量
		桩身中心允许偏差		≤0.2D	开挖后桩顶下500mm处用钢尺量，D为直径

2.水泥土搅拌桩地基

(1)施工前应检查水泥及外掺剂的质量，桩位、搅拌机工作性能及各种计量设备完好程度(主要是水泥浆流量计及其他计量装置)。

(2)施工中应检查机头提升速度、水泥浆或水泥注入量、搅拌桩的长度及高程。

(3)施工结束后，应检查桩体强度、桩体直径及地基承载力。

(4)进行强度检验时，对承重水泥土搅拌桩应采取90d后的试件；对支护水泥土搅拌桩应取28d后试件。

(5)水泥土搅拌桩地基质量检验应符合表 8.7-2 的规定。

水泥土搅拌桩地基质量检验标准　　表 8.7-2

项	序　号	检 查 项 目	允许偏差或允许值		检 查 方 法
			单位	数值	
主控项目	1	水泥及外掺剂质量	设计要求		查产品合格证书或抽样送检
	2	水泥用量	参数指标		查看流量计
	3	桩体强度	设计要求		按规定方法
	4	地基承载力	设计要求		按规定方法
一般项目	1	机头提升速度	m/min	≤0.5	量机头上升距离及时间
	2	桩底高程	mm	±200	测机头深度
	3	桩顶高程	mm	+100　−50	水准仪(最上部 500mm 不计入)
	4	桩位偏差	mm	<50	用钢尺量
	5	桩径	mm	<0.04D	用钢尺量,D 为桩径
	6	垂直度	%	≤1.5	经纬仪
	7	搭接	mm	>200	用钢尺量

3. 土和灰土挤密桩复合地基

(1)施工前应对土及灰土的质量、桩孔放样位置等做检查。

(2)施工中应对桩孔直径、桩孔深度、夯击次数、填料的含水率等做检查。

(3)施工结束后,应检验成桩的质量及地基承载力。

(4)土和灰土挤密桩地基质量检验应符合表 8.7-3 的规定。

土和灰土挤密桩地基质量检验标准　　表 8.7-3

	序　号	检 查 项 目	允许偏差或允许值		检 查 方 法
			单位	数值	
主控项目	1	桩体及桩间土干密度	设计要求		现场取样检查
	2	桩长	mm	+500	测桩管长度或垂球测孔深
	3	地基承载力	设计要求		按规定方法
	4	桩径	mm	−20	用钢尺量
一般项目	1	土料有机质含量	%	≤5	试验室焙烧法
	2	石灰粒径	mm	≤5	筛分法
	3	桩位偏差	满堂布桩≤0.40D 条基布桩≤0.25D		用钢尺量,D 为桩径
	4	垂直度	%	≤1.5	经纬仪测桩管
	5	桩径	mm	−20	用钢尺量

4. 水泥粉煤灰碎石桩复合地基

(1)水泥、粉煤灰、砂及碎石等原材料应符合设计要求。

(2)施工中应检查桩身混合料的配合比、坍落度和提拔钻杆速度(或提拔套杆速度)、成孔深度、混合料灌入量等。

(3)施工结束后,应对桩顶高程、桩位、桩体质量地基承载力及褥垫层的质量做检查。

(4)水泥粉煤灰碎石桩复合地基质量检验应符合表 8.7-4 的规定。

水泥粉煤灰碎石桩复合地基质量检验标准　　表 8.7-4

	序号	检查项目	允许偏差或允许值		检查方法
			单位	数值	
主控项目	1	原材料	设计要求		查产品证书并抽样送检
	2	桩径	mm	−20	用钢尺量或计算填料量
	3	桩身强度	设计要求		查 28d 试块强度
	4	地基承载力	设计要求		按规定方法
一般项目	1	桩身完整性	按桩基检测技术规范		按桩基检测技术规范
	2	桩位偏差	满堂布桩≤0.40D 条基布桩≤0.25D		用钢尺量，D 为桩径
	3	垂直度	%	≤1.5	经纬仪测桩管
	4	桩长	mm	−20	测桩管长度或垂球测孔深
	5	褥垫层夯填度	≤0.9		用钢尺量

注：①夯填度指夯实后的褥垫层厚度与虚体厚度的比值；

②桩径允许偏差负值是指个别断面。

5. 夯实水泥土桩复合地基

(1)水泥及夯实用土料的质量应符合设计要求。

(2)施工中应检查孔位、孔深、孔径、水泥和土的配合比、混合料含水率等。

(3)施工结束后，应对桩体质量及复合地基承载力做检查，褥垫层应检查其夯填度。

(4)夯实水泥土桩复合地基质量检验应符合表 8.7-5 的规定。

(5)夯扩桩的质量检验标准可按本节执行。

夯实水泥土桩复合地基质量检验标准　　表 8.7-5

	序号	检查项目	允许偏差或允许值		检查方法
			单位	数值	
主控项目	1	桩径	mm	−20	用钢尺量
	2	桩长	mm	+500	测桩孔深度
	3	桩体干密度	设计要求		现场取样检查
	4	地基承载力	设计要求		按规定方法
一般项目	1	土料有机质含量	%	≤5	焙烧法
	2	含水率(与最优含水率比)	%	±2	烘干法
	3	土料粒径	mm	≤20	筛分法
	4	水泥质量	设计要求		查产品质量合格证或抽样送检
	5	桩位偏差	满堂布桩≤0.40D 条基布桩≤0.25D		用钢尺量，D 为桩径
	6	桩孔垂直度	%	≤1.5	经纬仪测桩管
	7	褥垫层夯填度	≤0.9		用钢尺量

注：①夯填度指夯实后的褥垫层厚度与虚体厚度的比值；

②桩径允许偏差负值是指个别断面。

6. 砂桩地基

(1)施工前应检查砂料的含泥量及有机质含量、样桩的位置等。

(2)施工中检查每根砂桩的孔位、灌砂量、高程、垂直度等。

(3)施工结束后，应检验被加固地基的强度或承载力。

(4)砂桩地基质量检验应符合表 8.7-6 的规定。

砂桩地基质量检验标准　　表 8.7-6

项	序号	检查项目	允许偏差或允许值		检查方法
			单位	数值	
主控项目	1	灌砂量	%	≥95	实际用砂量与计算体积比
	2	地基强度	设计要求		按规定方法
	3	地基承载力	设计要求		按规定方法
一般项目	1	砂料的含泥量	%	≤3	试验室测定
	2	砂料的有机质含量	%	≤5	焙烧法
	3	桩位	mm	≤50	用钢尺量
	4	砂桩高程	mm	±50	水准仪
	5	垂直度	%	≤1.5	经纬仪检查桩管垂直度

二、建筑地基基础工程质量验收规定

(1)分项工程、分部(子分部)工程质量的验收,均应在施工单位自检合格的基础上进行。施工单位确认自检合格后提出工程验收申请,工程验收时应提供下列技术文件和记录:

①原材料的质量合格证和质量鉴定文件;

②半成品如预制桩、钢桩、钢筋笼等产品合格证书;

③施工记录及隐蔽工程验收文件;

④检测试验及见证取样文件;

⑤其他必须提供的文件或记录。

(2)分项工程的质量验收应分别按主控项目和一般项目验收。

(3)主控项目必须符合验收标准规定,发现问题应立即处理直至符合要求,一般项目应有 80%合格。混凝土试件强度评定不合格或对试件的代表件有怀疑时,应采用钻芯取样,检测结果符合设计要求可按合格验收。

第二节　公路工程部分软土地基处治质量检验评定规定

一、公路工程部分软土地基处治质量检验规定

1.碎石桩

(1)基本要求

碎石材料应符合规范要求;应严格按试桩结果控制水压、电流和振冲器的留振时间;分批加入碎石,切实注意振密挤实效果,防止发生"断桩"或"颈缩桩"。

(2)实测项目

碎石桩实测项目及允许偏差见表 8.7-7。

碎石桩实测项目　　表 8.7-7

项次	检查项目	规定值或允许偏差	检查方法和频率	规定分值
1	桩距(mm)	±150	抽查 2%	15
2	桩径(mm)	不小于设计	抽查 2%	20
3	桩长(m)	不小于设计	查施工记录	25
4	竖直度(%)	1.5	查施工记录	20
5	灌石量	不小于设计	查施工记录	20

(3)外观鉴定

间距应均匀，不符合要求时，每处扣1～2分。

2.砂桩

(1)基本要求

砂料应符合设计要求；砂的含水率应根据成桩方法合理确定；桩体应确保连续、密实。

(2)实测项目

砂桩实测项目及允许偏差见表8.7-8。

砂桩实测项目 表8.7-8

项　次	检 查 项 目	规定值或允许偏差	检查方法和频率	规 定 分 值
1	桩距(mm)	±150	抽查2%	15
2	桩径(mm)	不小于设计	抽查2%	20
3	桩长(m)	不小于设计	查施工记录	25
4	竖直度(%)	1.5	查施工记录	20
5	灌砂量	不小于设计	查施工记录	20

(3)外观鉴定

间距应均匀，不符合要求时，每处扣1～2分。

3.粉喷桩

(1)基本要求

水泥强度等级应符合设计要求；根据成桩试验确定的技术参数进行施工；严格控制喷粉时间、停粉时间和水泥喷入量，确保粉喷桩长度；桩身上部(1/3桩身)范围内必须进行二次搅拌，确保桩身质量；发现喷粉量不足时，应整桩复打；喷粉中断时，复打重叠孔段应大于1m。

(2)实测项目

粉喷桩实测项目及允许偏差见表8.7-9。

粉喷桩实测项目 表8.7-9

项　次	检 查 项 目	规定值或允许偏差	检查方法和频率	规 定 分 值
1	桩距(mm)	±100	抽查2%	15
2	桩径(mm)	不小于设计	抽查2%	15
3	桩长(m)	不小于设计	查施工记录	20
4	竖直度(%)	1.5	查施工记录	10
5	单桩喷粉量	符合设计	查施工记录	20
6	强度(kPa)	不小于设计	抽查5%	20

(3)外观鉴定

间距应均匀，不符合要求时，每处扣1～2分。

二、公路工程部分软土地基处治质量评定规定

1.分项工程评定方法

分项工程质量检验内容包括基本要求、实测项目、外观鉴定和质量保证资料四个部分，只有在其使用的材料、半成品、成品及施工工艺符合基本要求的规定且无严重外观缺陷和质量保证资料真实并基本齐全时，才能对分项工程质量进行检验评定。

分项工程的实测项目分值之和为100分，外观缺陷或资料不全时须予扣分。

分项工程评分＝实测项目中各检查项目得分之和－外观缺陷扣分－资料不全扣分

(1)基本要求检查

各分项工程所列基本要求包括了有关规范的主要点，对施工质量优劣具有关键作用，应按基本要求对工程进行认真检查，经检查不符合基本要求规定时，不得进行工程质量的检验和评定。

(2)实测项目是对规定检查项目采用现场抽样的方法，按照规定频率和下列计算方法对分项工程的施工质量进行检测评分。

$$\text{检查项目合格率}(\%)=\frac{\text{检查合格点(组)数}}{\text{该检查项目的全部检查点(组)数}}\times 100\%$$

$$\text{检查项目评定分数}=\text{检查项目规定分数}\times\text{合格率}$$

(3)外观缺陷扣分

对工程外表状况进行检查评定时，如发现外观缺陷，应区分档次进行扣分。对于较严重的外观缺陷，施工单位须采取合适的措施进行整修处理。

(4)资料不全扣分

分项工程的施工资料和图表残缺，缺乏最基本的数据，或有伪造涂改资料者，不予检验评定。资料不全者应予扣分，视资料不全情况每款扣1～3分。

2.分项工程质量等级评定

分项工程评分不小于85分者为优良；小于85分而不小于70分者为合格；小于70分者为不合格。

经质量监督部门检查评定为不合格的分项工程，经加固、补强、返工或进行整修，满足设计要求后，可以重新评定其质量等级，但只可复评为合格。

第三节　铁路工程中部分地基及基础工程质量检验验收规定

一、设计行车速度为160km/h的旅客列车及160km/h以下的客货列车共线运行的标准轨距的铁路桥涵工程中部分地基及基础工程质量检验规定

1.挤密桩

(1)主控项目

①石灰质量必须符合设计要求。设计无要求时，石灰中CaO含量不低于80%，粒径不大于5mm，夹石量不大于5%。

检验数量：同厂家、同产地以连续进场数量每200t为一批，不足200t也按一批计，施工单位每批检查一次；监理单位检查数量为施工单位检查次数的20%，但至少一次；

检验方法：施工单位检查产品合格证和进行石灰材质试验；监理单位检查产品合格证、试验报告和见证取样检测。

②水泥质量必须符合铁道部现行《铁路混凝土与砌体工程施工质量验收标准》(TB 10424—2003)第6.2.1条的规定。

检验数量：施工单位、监理单位全部检查。

③桩的数量、类型和布置形式必须符合设计要求。

检验数量：施工单位、监理单位全部检查；

检验方法：观察和尺量。

④填料的配合比必须符合设计要求。

检验数量：施工单位、监理单位全部检查；

检验方法：检查配料计量。

⑤挤密桩施工必须符合设计和施工技术方案的要求。

检验数量:施工单位、监理单位全部检查;

检验方法:观察和尺量。

⑥桩的夯实密度必须符合设计要求。

检验数量:施工单位检查桩数的 2%,并不少于 5 根;监理单位见证检测不少于 1 根;

检验方法:施工单位进行深层取样或标准贯入检测;监理单位检查试验试验报告和见证检测。

⑦地基承载力必须符合设计要求。

检验数量:施工单位检查桩数的 2‰,且每基坑不少于 1 处;监理单位全部见证检测;

检验方法:平板载荷试验。

(2) 一般项目

①挤密灰土桩中的有机质含量不应大于 5%。

施工单位每一土源均检查。

检验方法:焙烧法试验。

②挤密桩施工允许偏差和检查方法应符合表 8.7-10 的规定。

检验数量:施工单位检查桩数的 2%,并不少于 5 根。

挤密桩施工允许偏差和检查方法 表 8.7-10

序号	成孔方法	允许偏差(mm)				检验方法
		孔位(mm)	垂直度(%)	桩径(mm)	深度(mm)	
1	沉管法	50	1.5	20	+100　0	尺量
2	锤击法	50	1.5	+100　50	+300　0	

2. 砂桩

(1)主控项目

①砂的质量必须符合设计要求,当设计无要求时,应为中、粗砂,含量不得大于 3%,有机质含量不得大于 5%。

检验数量:同产地、同品种、同规格以连续进场数量每 400m³ 为一批,不足 400m³ 也按一批计,施工单位和监理单位每批均检查。

检验方法:施工单位进行了筛分试验、含泥量和有机质含量试验;监理单位检查试验报告。

②砂桩的范围、数量和布置形式必须符合设计要求。

检验数量:施工单位、监理单位全部检查;

检验方法:观察和尺量。

③砂桩的施工必须符合设计和施工技术方案的要求。

检验数量:施工单位、监理单位全部检查;

检验方法:观察和尺量。

④地基承载力必须符合设计要求。

检验数量:施工单位检查桩数的 2%,且每基坑不少于 1 处;监理单位全部见证检测;

检验方法:平板载荷试验。

(2)一般项目

①桩的灌砂量不小于设计值的 95%。

检验数量:施工单位检查桩数的 2%,并不少于 5 根;

检验方法:计量检查。

②砂桩施工允许偏差和检验方法应符合表 8.7-11 的规定。

检验数量:施工单位检查桩数的 2%,并不少于 5 根。

砂桩施工允许偏差和检验方法　　表 8.7-11

项　次	检 查 项 目	规定值或允许偏差	检 验 方 法
1	桩位	50mm	尺量或测量
2	竖直度	1.5%	
3	桩径	挤密法：−20mm 锤击法：+100　−50mm	
4	桩长	+150mm　0mm	
5	桩顶高程	±150mm	

3. 碎石桩

(1)主控项目

①碎石质量必须符合设计要求，当设计无要求时，粒径不得大于 50mm，含泥量不大于 5%。

检验数量：同产地、同品种、同规格以连续进场数量每 $400m^3$ 为一批，不足 $400m^3$ 也按一批计，施工单位和监理单位每批均检查。

检验方法：施工单位进行筛分试验和含泥量试验；监理单位检查试验报告。

②碎石桩的范围、数量和布置形式必须符合设计要求。

检验数量：施工单位、监理单位全部检查。

检验方法：观察和尺量。

③碎石桩施工必须符合设计和施工技术方案要求。

检验数量：施工单位、监理单位全部检查。

检验方法：观察和尺量。

④地基承载力必须符合设计要求。

检验数量：施工单位检查桩数的的 2‰，且每基坑不少于 1 处；监理单位全部见证检测。

检验方法：平板载荷试验。

(2)一般项目

①施工中密实电流、水压和留振时间等参数应符合试桩要求。

检验数量：施工单位检查桩数的 2%，并不少于 5 根。

检验方法：观察和检查施工记录。

②填石量不应小于设计量的 95%。

检验数量：施工单位检查桩孔数的 2%，并不少于 5 根。

检验方法：计量检查。

③碎石桩施工允许偏差和检验方法应符合表 8.7-12 的规定。

检验数量：施工单位检查桩孔数的 2%，并不少于 5 根。

碎石桩施工允许偏差和检验方法　　表 8.7-12

项　次	检 查 项 目	规定值或允许偏差	检 验 方 法
1	桩位	100mm	尺量或测量检查
2	竖直度	1.5%	
3	桩径	−50mm	
4	桩长	+200mm　0mm	

4. 粉喷桩

(1)主控项目

①水泥质量必须符合铁道部现行《铁路混凝土与砌体工程施工质量验收标准》(TB 10424—2003)

第6.2.1条的规定。

②石灰粉应为细磨生石灰,粒径不大于0.2mm,CaO含量不低于80%。

检验数量:同产家、同产地以连续进场数量每200t为一批,不足200t也按一批计,施工单位每批均检查一次;监理单位检查数量为施工单位检查次数的20%,但至少一次。

检验方法:施工单位检查产品合格证,进行石灰材质试验;监理单位检查产品合格证、试验报告和见证取样检测。

③粉喷桩的范围、类型、数量和布置形式必须符合设计要求。

检验数量:施工单位、监理单位全部检查。

检验方法:观察和尺量。

④粉喷桩施工必须符合设计和施工技术方案要求。

检验数量:施工单位、监理单位全部检查。

检验方法:观察和尺量。

⑤粉喷桩桩身无侧限抗压强度必须符合设计要求。

检验数量:施工单位检查桩数的2%,并不少于5根。每根在成桩28d后取3个试样(桩顶以下0.5m、1.0m、1.5m各截取1个;也可在桩径1/4处、桩头至2/3桩长范围内垂直钻芯取3个)。监理单位见证取样检测根数为施工单位检测根数的20%,且不少于1根。

检验方法:施工单位做无侧限抗压强度试验;监理单位检查试验报告和见证取样检测。

⑥地基承载力必须符合设计要求。

检验数量:施工单位检查总桩数的2‰,且每基坑不少于1处;监理单位全部见证检测;

检验方法:平板载荷试验。

(2)一般项目

粉喷桩施工允许偏差和检验方法应符合表8.7-13的规定。

检验数量:施工单位检查桩孔数的2%,并不少于5根。

粉喷桩施工允许偏差和检验方法 表8.7-13

项　次	检查项目	规定值或允许偏差	检验方法
1	桩距	100mm	尺量
2	桩径	−20mm	
3	桩长	+200mm　0mm	测量
4	竖直度	1.5%	
5	粉喷量	8%	检查计量记录
6	桩顶高程	+150mm　−50mm	测量

5.旋喷桩

(1)主控项目

①水泥质量必须符合铁道部现行《铁路混凝土与砌体工程施工质量验收标准》(TB 10424—2003)第6.2.1条的规定。

② 旋喷桩的布置范围、数量和形式必须符合设计要求。

检验数量:施工单位、监理单位全部检查;

检验方法:观察和尺量。

③水泥浆配合比必须符合设计要求。

检验数量:施工单位、监理单位全部检查;

检验方法:计量检查。

④旋喷桩施工必须符合设计和施工技术方案要求。

检验数量：施工单位、监理单位全部检查；

检验方法：观察和尺量。

⑤桩身无侧限抗压强度必须符合设计要求。

检验数量：施工单位检查桩数的2%，并不少于5根。每根在成桩28d后取3个试样（在桩径方向1/4、桩头至桩长2/3长范围内垂直钻芯）；监理单位见证取样检测根数为施工单位检测根数的20%，且不少于1根。

检验方法：施工单位做无侧限抗压强度试验；监理单位检查试验报告和见证取样检测。

⑥地基承载力必须符合设计要求。

检验数量：施工单位检查总桩数的2‰，且每基坑不少于1处；监理单位全部见证检测；

检验方法：平板载荷试验。

(2)一般项目

旋喷桩施工允许偏差和检验方法应符合表8.7-14的规定。

检验数量：施工单位检查桩孔数的2%，并不少于5根。

旋喷桩施工允许偏差和检验方法　　表8.7-14

项　次	检查项目	规定值或允许偏差	检验方法
1	桩位中心	50mm	测量
2	桩径	－50mm	
3	桩长	＋100mm　0mm	
4	桩体竖直度	1.5%	

二、设计行车速度为200～350km/h标准轨距客运专线铁路桥涵工程中部分地基处理工程质量检验规定

1.挤密桩

(1)主控项目

①石灰质量必须符合设计要求。

检验数量：同厂家、同产地以连续进场数量每200t为一批，不足200t也按一批计，施工单位每批检查一次；监理单位检查数量为施工单位检查次数的20%，但至少一次。

检验方法：施工单位检查产品合格证和进行石灰材质试验；监理单位检查产品合格证、试验报告和见证取样检测。

②水泥质量必须符合铁道部现行《铁路混凝土工程施工质量验收补充标准》（铁建设[2005]160号）第6.2.1条的规定。

③桩的数量、类型和布置形式必须符合设计要求。

检验数量：施工单位、监理单位全部检查。

检验方法：观察和尺量。

④填料的配合比必须符合设计要求。

检验数量：施工单位、监理单位全部检查。

检验方法：施工单位计量检查；监理单位见证检查。

⑤挤密桩施工必须符合设计和施工技术方案的要求。

检验数量：施工单位、监理单位全部检查。

检验方法：观察和尺量。

⑥桩间土的密实度和挤密深度必须符合设计要求。

检验数量:施工单位检查桩数的2%,并不少于5根;监理单位见证检测不少于1根。

检验方法:在孔之间形心点附近、成孔挤密深度内,每1m取土样测定干密度、进行湿陷性试验和压缩试验,计算干密度与其最大干密度的比值(最小挤密系数)、湿陷系数及压缩模量。

⑦地基承载力必须符合设计要求。

检验数量:施工单位检查总桩数的2‰,且每基坑不少于1处;监理单位全部见证检测。

检验方法:平板载荷试验。

(2)一般项目

①挤密灰土桩中的有机质含量不应大于5%。

检验数量:施工单位每一土源均检查。

检验方法:焙烧法试验。

②挤密桩施工允许偏差和检查方法应符合表8.7-15的规定。

检验数量:施工单位检查桩孔数量的2%,并不少于5根。

挤密桩施工允许偏差和检查方法 表8.7-15

序号	检查项目	规定值或允许偏差	检验方法
1	桩位中心	50mm	尺量或测量
2	竖直度	1.5%	
3	桩径	沉管法:-20mm 锤击法:-50mm	
4	桩长	沉管法:+100mm 0mm 锤击法:+200mm 0mm	
5	桩顶高程	+100mm 0mm	

2.砂桩

(1)主控项目

①砂的质量必须符合设计要求,当设计无要求时,应为中粗砂,含量不得大于3%,有机质含量不得大于5%。

检验数量:同产地、同品种、同规格以连续进场数量每400m^{3}为一批,不足400m^{3}也按一批计,施工单位和监理单位每批均检查。

检验方法:施工单位进行了筛分试验、含泥量和有机质含量试验;监理单位检查试验报告。

②砂桩的范围、数量和布置形式必须符合设计要求。

检验数量:施工单位、监理单位全部检查。

检验方法:观察和尺量。

③砂桩的施工工艺必须符合设计和施工技术方案的要求。

检验数量:施工单位、监理单位全部检查。

检验方法:观察和尺量。

④地基承载力必须符合设计要求。

检验数量:施工单位检查总桩数的2‰,且每基坑不少于1处;监理单位全部见证检测。

检验方法:平板载荷试验。

(2)一般项目

①桩身灌砂量不小于设计值的95%。

检验数量:施工单位检查桩数的2%,并不少于5根。

检验方法:计量检查。

②砂桩施工允许偏差和检验方法应符合表8.7-16的规定。

检验数量:施工单位检查桩孔数的2%,并不少于5根。

砂桩施工允许偏差和检验方法　　表 8.7-16

项　　次	检 查 项 目	规定值或允许偏差	检 验 方 法
1	桩位中心	50mm	尺量或测量
2	垂直度	1.5%	
3	桩径	挤密法：－20mm 锤击法：－50mm	
4	桩长	＋100mm　　0mm	
5	桩顶高程	＋100mm　　0mm	

3.碎石桩

(1)主控项目

①碎石质量必须符合设计要求，当设计无要求时，粒径不得大于 50mm，含泥量不大于 5%。

检验数量：同产地、同品种、同规格以连续进场数量每 400m³ 为一批，不足 400m³ 也按一批计，施工单位和监理单位每批均检查。

检验方法：施工单位进行筛分试验和含泥量试验；监理单位检查试验报告。

②碎石桩的范围、数量和布置形式必须符合设计要求。

检验数量：施工单位、监理单位全部检查。

检验方法：观察和尺量。

③碎石桩施工工艺必须符合设计和施工技术方案要求。

检验数量：施工单位、监理单位全部检查。

检验方法：观察和尺量。

④地基承载力必须符合设计要求。

检验数量：施工单位检查桩数的 2‰，且每基坑不少于 1 处；监理单位全部见证检测。

检验方法：平板载荷试验。

(2)一般项目

①施工中密实电流、水压和留振时间等参数应符合试桩要求。

检验数量：施工单位检查桩孔数的 2%，并不少于 5 根。

检验方法：观察和检查施工记录。

②桩孔内每次填料厚度不得大于 1m。

检验数量：施工单位每一根桩检查一次。

检验方法：测量。

③填石量不应小于设计量的 95%。

检验数量：施工单位检查桩孔数的 2%，并不少于 5 根。

检验方法：计量检查。

④碎石桩施工允许偏差和检验方法应符合表 8.7-17 的规定。

检验数量：施工单位检查桩孔数的 2%，并不少于 5 根。

碎石桩施工允许偏差和检验方法　　表 8.7-17

项　　次	检 查 项 目	规定值或允许偏差	检 验 方 法
1	桩位中心	50mm	尺量或测量检查
2	竖直度	1.5%	
3	桩径	－50mm	
4	桩长	＋100mm　　0mm	
5	桩顶高程	＋100mm　　0mm	

4.粉喷桩

(1)主控项目

①水泥质量必须符合铁道部现行《铁路混凝土工程施工质量验收补充标准》(铁建设[2005]160号)第6.2.1条的规定。

②石灰粉应为细磨生石灰,粒径不大于0.2mm,CaO含量不低于80%。

检验数量:同厂家、同产地以连续进场数量每200t为一批,不足200t也按一批计,施工单位每批均检查一次;监理单位检查数量为施工单位检查次数的20%,但至少一次;

检验方法:施工单位检查产品合格证,进行石灰材质试验;监理单位检查产品合格证、试验报告和见证取样检测。

③粉喷桩的范围、类型、数量和布置形式必须符合设计要求。

检验数量:施工单位、监理单位全部检查。

检验方法:观察和尺量。

④粉喷桩施工工艺必须符合设计和施工技术方案要求。

检验数量:施工单位、监理单位全部检查。

检验方法:观察和尺量。

⑤粉喷桩的喷粉量应符合设计要求,允许偏差不大于8%。

检验数量:施工单位、监理单位全部检查。

检验方法:计量检查。

⑥粉喷桩桩身无侧限抗压强度必须符合设计要求。

检验数量:施工单位检查桩数的2%,并不少于5根。每根在成桩28d后取3个试样(桩顶以下0.5m、1.0m、1.5m各截取1个;也可在桩径方向1/4处、桩头至2/3桩长范围内垂直钻芯取3个);监理单位见证取样检测根数为施工单位检测根数的20%,且不少于1根。

检验方法:施工单位做无侧限抗压强度试验;监理单位检查试验报告和见证取样检测。

⑦地基承载力必须符合设计要求。

检验数量:施工单位检查总桩数的2‰,且每基坑不少于1处;监理单位全部见证检测。

检验方法:平板载荷试验。

(2)一般项目

粉喷桩施工允许偏差和检验方法应符合表8.7-18的规定。

检验数量:施工单位检查桩孔数的2%,并不少于5根。

粉喷桩施工允许偏差和检验方法 表8.7-18

项　次	检查项目	规定值或允许偏差	检验方法
1	桩位中心	50mm	尺量或测量
2	垂直度	1.5%	
3	桩径	−20mm	
4	桩长	+100mm　0mm	
5	桩顶高程	+100mm　0mm	

5.旋喷桩

(1)主控项目

①水泥质量必须符合铁道部现行《铁路混凝土工程施工质量验收补充标准》(铁建设[2005]160号)第6.2.1条的规定。

②旋喷桩的布置范围、数量和形式必须符合设计要求。

检验数量:施工单位、监理单位全部检查。

检验方法:观察和尺量。

③水泥浆配合比必须符合设计要求。

检验数量: 施工单位、监理单位全部检查。

检验方法:计量检查。

④旋喷桩施工工艺必须符合设计和施工技术方案要求。

检验数量:施工单位、监理单位全部检查。

检验方法:观察和尺量。

⑤桩身无侧限抗压强度必须符合设计要求。

检验数量:施工单位检查桩数的 2%,并不少于 5 根。每根在成桩 28d 后取 3 个试样(在桩径方向 1/4、桩头至桩长 2/3 长范围内垂直钻芯);监理单位见证取样检测根数为施工单位检测根数的 20%,且不少于 1 根。

检验方法:施工单位做无侧限抗压强度试验;监理单位检查试验报告和见证取样检测。

⑥地基承载力必须符合设计要求。

检验数量:施工单位检查总桩数的 2‰,且每基坑不少于 1 处;监理单位全部见证检测。

检验方法:平板载荷试验。

(2)一般项目

旋喷桩施工允许偏差和检验方法应符合表 8.7-18 的规定。

检验数量:施工单位检查桩孔数的 2%,并不少于 5 根。

三、设计行车速度为 160km/h 的客货列车共线运行的标准轨距路基工程中部分地基处理工程施工质量检验规定

1.高压旋喷桩

(1)主控项目

①施工用水泥及外加剂的品种、规格、质量应符合设计要求。

检验数量:施工单位对水泥和外加剂按《铁路混凝土工程施工质量验收补充标准》→(铁建设[2005]160 号)附录 E 的有关规定执行,其他加固料按相关规定进行进场检验;监理单位按施工单位检查数量的 20%见证检验或 10%进行平行检验。

检验方法:检查产品质量证明文件及抽样试验。

②高压旋喷桩布置形式应符合设计要求。

检验数量:施工单位、监理单位全部检查。

检验方法:观察和尺量。

③高压旋喷桩的数量应符合设计要求。

检验数量:施工单位、监理单位全部检查。

检验方法:计数。

④高压旋喷桩长度应符合设计要求。

检验数量:施工单位检查旋喷桩总数的 3%,且不少于 3 根;监理单位按施工单位检查数的 20%见证检验,且不少于 1 根。

检验方法:尺量钻杆长度刻线,必要时钻芯检查。

⑤高压旋喷桩桩体无侧限抗压强度应符合设计要求。

检验数量:施工单位检查 2%,并不少于 2 根;监理单位按施工单位检查数的 20%见证检验,且不少于 1 根。

检验方法:在桩顶 1m 以下截取设计规定龄期的试件做无侧限抗压强度试验。

⑥高压旋喷桩复合地基承载力应符合设计要求。

检验数量:施工单位检查总桩数的2‰;监理单位见证检验。

检验方法:平板载荷试验。

(2)一般项目

高压旋喷桩桩体直径、间距、垂直度允许偏差和检验标准应符合表8.7-19的规定。

检验数量:施工单位检查桩孔数的2%,并不少于2根。

高压旋喷桩桩体直径、间距、垂直度允许偏差和检验标准 表8.7-19

项次	检查项目	允许偏差	施工单位检查数量	检验方法
1	桩体直径	不小于设计值	抽查1%,且不少于2根	挖深50~100cm,钢尺丈量
2	桩体间距	±100mm	抽查1%,且不少于5根	钢尺丈量
3	垂直度	1.5%	抽查2%,且不少于2根	经纬仪测量钻杆垂直度

2.浆体喷射搅拌桩

(1)主控项目

①施工用水泥及外加剂的品种、规格、质量应符合设计要求。

检验数量:施工单位对水泥和外加剂按本标准附录E的有关规定执行,其他加固料按相关规定进行进场检验;监理单位按施工单位检查数量的20%见证检验或10%进行平行检验。

检验方法:检查产品质量证明文件及抽样试验。

②浆体喷射搅拌桩布置形式应符合设计要求。

检验数量:施工单位、监理单位全部检查。

检验方法:观察和尺量。

③浆体喷射搅拌桩的数量应符合设计要求。

检验数量:施工单位、监理单位全部检查。

检验方法:计数。

④浆体喷射搅拌桩长度应符合设计要求。其检验应符合"本节内容三、中1.高压旋喷桩(1)主控项目第④点"的规定。

⑤浆体喷射搅拌桩单桩喷浆量应符合设计要求。

检验数量:施工单位检查总桩数的2%,并不少于20根;监理单位按施工单位检查数的20%见证检验;

检验方法:查施工计量记录。

⑥浆体喷射搅拌桩桩体强度应符合设计要求。

检验数量:施工单位检查总根数2%,并不少于2根;监理单位按施工单位检查数量的20%见证检验,且不少于1根。

检验方法:在桩顶1m以下截取设计规定龄期的试件做无侧限抗压强度试验。

⑦浆体喷射搅拌桩复合地基承载力应符合设计要求。

检验数量:施工单位检查总桩数的2‰;监理单位见证检验。

检验方法:平板载荷试验。

(2)一般项目

浆体喷射搅拌桩的直径、间距、垂直度允许偏差和检验标准应符合表8.7-19的规定。

3.粉体喷射搅拌桩

(1)主控项目

①粉体喷射搅拌桩加固料的品种、规格、质量应符合设计要求。

检验数量:施工单位对水泥和外加剂按本标准附录E的有关规定执行,其他加固料按相关规定进行进场检验；监理单位按施工单位检查数量的20%见证检验或10%进行平行检验；

检验方法：检查产品质量证明文件及抽样试验。

②粉体喷射搅拌桩布置形式应符合设计要求。

检验数量：施工单位、监理单位全部检查。

检验方法：观察和尺量。

③粉体喷射搅拌桩的布置数量应符合设计要求。

检验数量：施工单位、监理单位全部检查。

检验方法：计数。

④粉体喷射搅拌桩长度应符合设计要求。

检验数量：施工单位全部检查；监理单位按施工单位检查数的20%见证检验。

检验方法：测量钻杆的长度刻线。

⑤粉体喷射搅拌桩单桩喷浆量应符合设计要求。

检验数量：施工单位检查总桩数的2%，并不少于20根；监理单位按施工单位检查数的20%见证检验。

检验方法：查施工计量记录。

⑥粉体喷射搅拌桩桩体强度应符合设计要求。其检验应符合"本节内容三、中2.浆体喷射搅拌桩(1)主控项目第(6)点"的规定。

⑦粉体喷射搅拌桩复合地基承载力应符合设计要求。

检验数量：施工单位检查总桩数的2‰；监理单位见证检验。

检验方法：平板载荷试验。

(2)一般项目

粉体喷射搅拌桩的直径、间距、垂直度允许偏差和检验标准应符合表8.7-19的规定。

4.砂桩

(1)主控项目

①砂桩所用的砂料应为渗水率较高的中粗砂、砾砂，细度模数为2.3～8.7，含泥量≤5%。

检验数量：同一产地、品种、规格且连续进场的砂料，每10 000m^3为一批，不足10 000m^3也按一批计。施工单位每批检验1组砂样；监理单位按施工单位检验数量的20%见证检验或10%进行平行检验，且不少于1组。

检验方法：检查产品质量证明文件及抽样试验。

②砂桩的布置形式应符合设计要求。

检验数量：施工单位、监理单位全部检查。

检验方法：观察和尺量。

③砂桩的布置数量应符合设计要求。

检验数量：施工单位、监理单位全部检查。

检验方法：计数。

④砂桩桩身长度应符合设计要求。

检验数量：施工单位检查总根数的5%，且不少于2根；监理单位按施工单位检查数的20%见证检验，且不少于2根。

检验方法：测量沉桩钢管深度刻线。

⑤单桩灌砂量应符合设计要求。

检验数量：施工单位检查总根数的2%，且不少于2根；监理单位按施工单位检查数的10%平行检验，且不少于2根。

检验方法：用砂料计量斗计量实际灌砂量。

⑥砂桩桩身密度应符合设计要求。

检验数量：施工单位检查总根数的 2%，且不少于 2 根；监理单位按施工单位检查数的 20%见证检验，且不少于 2 根。

检验方法：砂桩施工完毕，达到规定静置时间后，对桩身密度采用锥动力触探方法（$N_{63.5}$）检测，自桩顶以下 2.0m 开始计数。

⑦砂桩复合地基承载力应符合设计要求。

检验数量：施工单位检查总桩数的 2‰；监理单位见证检验。

检验方法：平板载荷试验。

(2)一般项目

砂桩的直径、间距、垂直度允许偏差和检验标准应符合表 8.7-20 的规定。

砂桩的直径、间距、垂直度允许偏差和检验标准 表 8.7-20

项次	检查项目	允许偏差		施工单位检查数量	检验方法
1	间距	±100mm		抽查 5%，且不少于 5 处	尺量
2	桩径	振动法	−20mm	抽查 5%，且不少于 5 根	尺量
		锤击法	+100mm −50mm		
3	垂直度	1.5%		抽查 1%，且不少于 3 根	经纬仪或吊线测桩架倾斜度

5. 碎石桩

(1)主控项目

① 碎石桩所用的碎石进场应按批进行检验，碎石粒径为 20～50mm，含泥量≤5%。

检验数量：同一产地、品种、规格且连续进场的碎石，每 3 000m^3 为一批，不足 3 000m^3 也按一批计。施工单位每批检验 1 组；监理单位按施工单位检验数量的 20%见证检验或 10%进行平行检验，且不少于 1 组。

检验方法：检查产品质量证明文件及抽样试验。

②碎石桩的布置形式应符合设计要求。

检验数量：施工单位、监理单位全部检查。

检验方法：观察和尺量。

③碎石桩的布置数量应符合设计要求。

检验数量：施工单位、监理单位全部检查。

检验方法：计数。

④碎石桩桩身长度应符合“本节内容三、4. 砂桩(1)主控项目第④点”的规定。

⑤碎石桩桩身密度应符合设计要求。

检验数量：施工单位检查总根数的 2%，且不少于 2 根；监理单位按施工单位检查数的 20%见证检验，且不少于 1 根。

检验方法：桩身密度采用圆锥动力触探方法（$N_{63.5}$）检测，自桩顶以下 2.0m 开始计数。

⑥碎石桩复合地基承载力应符合设计要求。

检验数量：施工单位检查总桩数的 2‰；监理单位见证检验。

检验方法：平板载荷试验。

(2)一般项目

碎石桩的直径、间距、垂直度允许偏差和检验标准应符合表 8.7-20 的规定。

6. 灰土挤密桩

(1)主控项目

①挤密桩所用材料的品种、规格、质量应符合设计要求。

检验数量：水泥和外加剂按本标准附录 E 的有关规定执行，其他加固料按相关规定进行进场检验；监理单位按施工单位检查数量的 20%见证检验或 10%平行检验；

检验方法：检查产品质量证明文件及抽样试验。

②挤密桩布置形式应符合设计要求。

检验数量：施工单位、监理单位全部检查。

检验方法：观察和尺量。

③挤密桩的布置数量应符合设计要求。

检验数量：施工单位、监理单位全部检查。

检验方法：计数。

④挤密桩长度应符合设计要求。

检验数量：施工单位全部检查；监理单位按施工单位检查数的 20%见证检验。

检验方法：测量钢管的长度刻线。

⑤挤密桩桩孔填夯密实应符合设计要求。

检验数量：施工单位检查挤密桩总根数的 2%，并不少于 3 根；监理单位按施工单位检查数的 20%见证检验，不少于 1 根。

检验方法：动力触探(N_{10}，$N_{63.5}$)或设计指定的方法。

⑥挤密桩复合地基承载力应符合设计要求。

检验数量：施工单位检查总桩数的 2‰；监理单位见证检验。

检验方法：平板载荷试验。

(2)一般项目

挤密桩的桩位、垂直度、直径允许偏差和检验标准应符合表 8.7-21 的规定。

挤密桩的桩位、垂直度、直径允许偏差和检验标准 表 8.7-21

项 次	检 查 项 目	允 许 偏 差	施工单位检查数量	检 验 方 法
1	桩位	桩间距×5%	3%	尺量
2	垂直度	1.5%	3%	测量
3	直径	±50mm	3%	尺量

四、设计行车速度为 200～350km/h 的标准轨距客运专线铁路路基工程中部分地基处理工程施工质量检验规定

1. 砂桩

(1)主控项目

①砂桩应采用一定级配中、粗、砾砂，其含泥量不得大于 5%，用作排水的砂桩的含泥量不得大于 3%。

检验数量：同一产地、品种、规格且连续进场的砂料，每 3 000m^3 为 1 批，不足 3 000m^3 也按 1 批计。施工单位每批抽样检验 1 组；监理单位按施工单位检验数量的 20%见证检验或 10%平行检验。

检验方法：在料场抽样检验砂子含泥量、筛分试验检验其颗粒级配。

②砂桩的数量、布桩形式应符合设计要求。

检验数量：施工单位、监理单位全部检查。

检验方法:观察和尺量。

③砂桩长度应符合设计要求。

检验数量:施工单位每根桩检验;监理单位按施工单位检查数的20%进行平生检验。

检验方法:测量桩管上深度控制线,并检查施工中是否达到此控制高程。

④砂桩实际灌砂量应符合设计要求。

检验数量:施工单位每根桩检验;监理单位按施工单位检查数的20%进行平生检验。

检验方法:用砂料计量斗计量实际灌砂量并与设计灌砂量比较。

⑤砂桩2m深度以下桩身密度必须大于中密状态($N_{63.5} \geqslant 10$)或符合设计要求。

检验数量:施工单位按砂桩数量的2%抽样检验,且每检验批不少于2根;监理单位按施工单位检查数的20%见证检验。

检验方法:在砂桩施工结束,达到规定静置时间后,进行标准贯入度或动力触探试验,自桩顶以下2.0m开始计数。

⑥砂桩处理后的可液化土地基,桩间土的加固效果应满足设计要求。

检验数量:施工单位沿线路纵向每100m抽样检验5处;监理单位按施工单位检查数的20%见证检验;勘察设计单位现场确认。

检验方法:在砂桩施工结束,达到规定静置时间后,进行标准贯入度、静力触探或动力触探试验,自探头达到地面以下1m开始计数。

⑦砂桩处理后的地基,其复合地基承载力应符合设计要求。

检验数量:施工单位检查总桩数的2‰,且每检验批不少于3根;监理单位见证检验;勘察设计单位现场确认。

检验方法:平板载荷试验。

(2)一般项目

砂桩的桩位、桩径、桩身垂直度允许偏差和检验标准应符合表8.7-22的规定。

砂桩的桩位、桩径、桩身垂直度允许偏差和检验标准 表8.7-22

<table>
<tr><th>项次</th><th>检查项目</th><th colspan="2">允许偏差</th><th>施工单位检查数量</th><th>检验方法</th></tr>
<tr><td>1</td><td>桩位(纵、横)</td><td colspan="2">50mm</td><td></td><td>经纬仪或尺量</td></tr>
<tr><td rowspan="2">2</td><td rowspan="2">桩径</td><td>振动法</td><td>−20mm</td><td rowspan="2">抽样检验成桩总数的5%,且每检验批不少于5根</td><td rowspan="2">尺量</td></tr>
<tr><td>锤击法</td><td>+100mm
−50mm</td></tr>
<tr><td>3</td><td>桩身垂直度</td><td colspan="2">1.5%</td><td>抽样检验成桩总数的2%,且每检验批不少于3根</td><td>经纬仪或吊线测桩架倾斜度</td></tr>
</table>

2.碎石桩

(1)主控项目

①碎石桩必须采用未风化的干净的碎石或砾石,粒径应满足要求,最大粒径为不宜大于50mm,含泥量不得大于5%,其检验应符合"本节内容四、1.砂桩(1)主控项目第①点"的规定。

②碎石桩的数量、布桩形式应符合设计要求,其检验应符合"本节内容四、1.砂桩(1)主控项目第②点"的规定。

③碎石桩成桩长度应满足设计要求,其检验应符合"本节内容四、1.砂桩(1)主控项目第③点"的规定。

④碎石桩实际灌碎石量应满足设计要求,其检验应符合"本节内容四、1.砂桩(1)主控项目第④点"的规定。

⑤碎石桩桩身密度应符合设计要求，其检验应符合“本节内容四、1.砂桩(1) 主控项目第⑤点”的规定。

⑥碎石桩处理的可液化土地基，桩间土的加固效果应满足设计要求，其检验应符合“本节内容四、1.砂桩(1) 主控项目第⑥点”的规定。

⑦碎石桩处理后的地基，其复合地基承载力应满足设计要求，其检验应符合“本节内容四、1.砂桩(1) 主控项目第⑦点”的规定。

(2) 一般项目

碎石桩的桩位、桩径、桩身垂直度的允许偏差、检验数量和检验方法应符合表 8.7-22 的规定。

3.粉体喷射搅拌桩

(1)主控项目

①粉体喷射搅拌桩加固用的水泥品种、规格、质量应符合设计要求，严禁使用受潮、结块、变质的加固料。

检验数量：同一产地、品种、规格且连续进场的水泥，袋装水泥 200t 为一批、散装水泥 500t 为一批，袋装水泥不足 200t 或散装水泥不足 500t 也按一批计。施工单位每批抽样检验一组材料的强度、安定性、凝结时间等；监理单位按施工单位抽样数量的 20%见证检验。

检验方法：检查产品质量证明文件及抽样试验。

②粉体喷射搅拌桩的数量、布桩形式应符合设计要求，其检验应符合“本节内容四、1.砂桩(1) 主控项目第②点”的规定。

③粉体喷射搅拌桩单桩粉喷量应符合设计要求。

检验数量：施工单位、监理单位每根桩检查。

检验方法：检查灰量自动记录仪打印记录。

④粉体喷射搅拌成桩长度及复搅长度应满足设计要求，喷粉中断时，第二次喷粉接桩的喷粉重叠长度不得小于 1m。

检验数量：施工单位全部检查；监理单位按施工单位检查数的 20%见证检验。

检验方法：测量钻杆长度，并在施工中检查是否达到设计深度标志。检查施工记录。

⑤粉体喷射搅拌桩桩身完整性、均匀性、无侧限抗压强度应满足设计要求。

检验数量：施工单位抽样检验总根数 2‰，并不少于 3 根；监理单位按施工单位抽样数量的 20%见证检验。

检验方法：粉喷完成后 28d，在每桩检测桩径方向 1/4 处、桩长范围内垂直钻孔取芯，观察其完整性、均匀性，拍摄取出芯样的照片，取不同深度的 3 个试样做无侧限抗压强度试验。钻芯后的孔洞采用水泥砂浆灌注封闭。

⑥粉体喷射搅拌桩处理后的复合地基承载力应满足设计要求，其检验应符合“本节内容四、1.砂桩(1) 主控项目第⑦点”的规定。

(2)一般项目

粉体喷射搅拌桩施工的允许偏差、检验数量和检验方法应符合表 8.7-23 的规定。

粉体喷射搅拌桩施工的允许偏差、检验数量和检验方法　表 8.7-23

项　次	检 查 项 目	允 许 偏 差	施工单位检查数量	检 验 方 法
1	桩位(纵横向)	50mm	抽样检验粉喷桩总数的 10%，且每检验批不少于 5 根	经纬仪或钢尺丈量
2	桩身垂直度	1%		经纬仪或吊线测钻杆倾斜度
3	桩体有效直径	不小于设计值		开 50～100cm 后钢尺丈量

4.浆体喷射搅拌桩

(1)主控项目

①浆体喷射搅拌桩所用固化料和外加剂的品种、规格、质量应符合设计要求。

检验数量:同一产地、品种、规格批号的固化料和外加剂,每200t为一批,不足200t也按一批计。施工单位每批抽样检验1组;监理单位按施工单位抽样数量的20%见证检验;

检验方法:检查产品质量证明文件及抽样试验。

②浆液应严格按设计配方和试验确定的配合比拌制,制备好的浆液应均匀,不得离析。

检验数量:施工单位每桩施工过程中抽样检验2次;监理单位每工班平检查2次;

检验方法:观察并用浆液比重计检测浆液密度。

③浆体喷射搅拌桩的数量、布桩形式应符合设计要求,其检验应符合"本节内容四、1.砂桩(1)主控项目第②点"的规定。

④浆体喷射搅拌桩单桩喷浆量应符合设计要求。

检验数量:施工单位、监理单位每根桩检验;

检验方法:检查自动记录仪打印记录。

⑤浆体喷射搅拌桩成桩长度及复桩长度应符合设计要求,因故停浆时,恢复供浆后的喷浆重叠长度不得小于0.5m。

检验数量:施工单位每根桩检查;监理单位按施工单位检查数的20%平行检验;

检验方法:尺量钻杆长度,并在施工中检查是否达到设计深度标志。检查施工记录。

⑥浆体喷射搅拌桩完整性、均匀性、桩身无侧限抗压强度应满足设计要求,其检验应符合"本节内容四、3.粉体喷射搅拌桩(1)主控项目第⑤点"的规定。

⑦浆体喷射搅拌桩处理后的复合地基承载力应满足设计要求,其检验应符合"本节内容四、1.砂桩(1) 主控项目第⑦点"的规定。

(2)一般项目

浆体喷射搅拌桩施工的允许偏差、检验数量和检验方法应符合表8.7-24的规定。

浆体喷射搅拌桩施工的允许偏差、检验数量和检验方法　　表8.7-24

项　次	检查项目	允许偏差	施工单位检查数量	检验方法
1	桩位(纵横向)	50mm	按成桩总数的10%抽样检验,且每检验批不少于5根	经纬仪或钢尺丈量
2	桩身垂直度	1%		经纬仪或吊线测钻杆倾斜度
3	桩体有效直径	不小于设计值		开50~100cm后钢尺丈量

5.高压旋喷桩

(1)主控项目

①高压旋喷注浆所用的水泥和外加剂品种、规格、质量应符合设计要求。

检验数量:同一产地、品种、规格、批号的水泥和外加剂,袋装水泥200t为1批、散装水泥500t为1批,当袋装水泥及外加剂不足200t或散装水泥不足500t也按1批计。施工单位每批抽样检验1组;监理单位按施工单位抽样数量的20%见证检验;

检验方法:检查产品质量证明文件及抽样试验。

②浆液的拌制质量的检验应符合"本节内容四、4.浆体喷射搅拌桩(1)主控项目第②条"的规定。

③高压旋喷桩的数量、布桩形式应符合设计要求,其检验应符合"本节内容四、1.砂桩(1) 主控项目第②点"的规定。

④高压旋喷桩的长度应满足设计要求。

检验数量:施工单位每根桩检验;监理单位按施工单位检查数的20%平行检验;

检验方法：测量钻杆长度，并在施工中检查是否达到设计深度标志。检查施工记录。

⑤高压旋喷桩的完整性、均匀性、无侧限抗压强度应满足设计要求，其检验应符合“本节内容四、3.粉体喷射搅拌桩(1)主控项目第⑤点”的规定。

⑥高压旋喷桩处理后的复合地基承载力应满足设计要求，其检验应符合“本节内容四、1.砂桩(1)主控项目第⑦点”的规定。

(2)一般项目

高压旋喷桩施工的允许偏差、检验数量和检验方法应符合表8.7-25的规定。

高压旋喷桩施工的允许偏差、检验数量和检验方法　　表8.7-25

项　次	检查项目	允许偏差	施工单位检查数量	检验方法
1	桩位(纵横向)	50mm	按成桩总数的10%抽样检验，且每检验批不少于5根	经纬仪或钢尺丈量
2	桩身垂直度	1%		经纬仪或吊线测钻杆倾斜度
3	桩体有效直径	不小于设计值		开50～100cm后钢尺丈量

6.灰土挤密桩

(1)主控项目

①灰土挤密桩所用石灰质量应符合设计要求，设计无要求时，石灰中活性CaO、MgO含量不应低于50%(按干重计)，粒径应不小于5mm，夹石量不大于5%。

检验数量：同一厂家、同一产地的石灰，每200t为1批，不足200t也按1批计。施工单位每批抽样检验1次；监理单位按施工单位抽样数量的20%见证检验或10%平行检验。

检验方法：检查石灰质量证明文件按《建筑石灰试验方法》(JC/T 478)规定的试验方法进行抽样检验。

②灰土挤密桩所用土的质量应符合设计要求，且有机质含量不应大于5%。

检验数量：同一取土地点、相同土质的土，每1 000m^3为1批，不足1 000m^3也按1批计。施工单位每批抽样检验1次；监理单位按施工单位抽样数量的20%见证检验或10%平行检验。

检验方法：按《铁路工程土工试验规程》(TB 10102)规定的试验方法进行检验。

③灰土挤密桩的数量、布桩形式应符合设计要求，其检验应符合“本节内容四、1.砂桩(1)主控项目第②点”的规定。

④填料的配合比、最优含水率应符合设计要求。

检验数量：施工单位、监理单位全部检查。

检验方法：检查配料计量，轻型标准击实试验。

⑤桩孔的直径和深度应符合设计要求。

检验数量：施工单位每根桩检验；监理单位按施工单位检查数的10%平行检验。

检验方法：孔底夯实后尺量。

⑥孔内填料应分层回填夯实，其压实系数不应小于0.97(轻型击实)。

检验数量：施工单位抽样检验总桩数的3%，且每台班不少于1根；监理单位按施工单位检验数量的20%见证检验或10%平行检验。

检验方法：在全部孔深内，每1m取土样测定干密度，检测点的位置应在距孔心2/3孔半径处，轻型击实试验应符合《铁路工程土工试验规程》(TB 10102)的规定。

⑦桩间土处理效果应符合设计要求。

检验数量：沿线路纵向每50m施工单位抽样检验3点；监理单位按施工单位检验数量的20%见证检验或10%平行检验；勘察设计单位现场确认。

检验方法：在孔之间形心附近、成孔挤密深度内，每1m取土样测定干密度、进行湿陷性试验和压缩试验，计算干密度与其最大干密度的比值(最小挤密系数)、湿陷系数和压缩模量。

⑧灰土挤密桩处理后的复合地基承载力应符合设计要求，其检验应符合“本节内容四、1.砂桩(1)主控项目第⑦点”的规定。

(2)一般项目

灰土挤密桩施工的允许偏差、检验数量和检验方法应符合表 8.7-26 的规定。

灰土挤密桩施工的允许偏差、检验数量和检验方法　　表 8.7-26

项次	检查项目	允许偏差	施工单位检查数量	检验方法
1	桩位(纵横向)	50mm	按成桩总数的 10%抽样检验，且每检验批不少于 5 根	经纬仪或钢尺丈量
2	桩身垂直度	1.5%		经纬仪或吊线测钻杆倾斜度
3	桩体有效直径	不小于设计值		开 50～100cm 后钢尺丈量

7.水泥粉煤灰碎石桩(CFG)

(1)主控项目

①所用水泥和粗细集料品种、规格的质量应符合设计要求。

检验数量：同一产地、品种、规格且连续进场的水泥，袋装水泥 200t 为一批，散装水泥 500t 不一批，当袋装水泥不足 200t 或散装水泥不足 500t 也按一批计。同一产地、品种、规格且连续进场的粗、细集料，分别每 400m³ 为一批，当不足 400m³ 也按一批计。各种原材料施工单位每批抽样检验 1 组；监理单位按施工单位抽样数量的 20%见证检验或 10%平行检验。

检验方法：检查产品质量证明文件。在水泥库抽样检验水泥强度、安全性、凝结时间，在料场抽样检验粗细集料含泥量、筛分试验检验其颗粒级配。

②CFG 桩混合料坍落度应按工艺性试验确定并经监理工程师批准的参数进行控制。

检验数量：施工单位每台班抽样检验 3 次；监理单位按施工单位抽样数量的 20%见证检验或 10%平行检验。

检验方法：现场坍落度试验。

③CFG 桩混合料强度应符合设计要求。

检验数量：施工单位每台班做 1 组；监理单位按施工单位抽样数量的 20%见证检验或 10%平行检验。

检验方法：每台班制作混合料试块，进行 28d 标准养护试件抗压强度检验。

④CFG 桩的数量、布桩形式应符合设计要求，其检验应符合“本节内容四、1.砂桩(1)主控项目第②点”的规定。

⑤每根桩的投料量不得少于设计灌注量。

检验数量：施工单位每根桩检验；监理单位按施工单位检验数量的 20%平行检验。

检验方法：料斗现场计量或混凝土泵自动记录。

⑥CFG 桩顶端浮浆应清除干净，直至露出新鲜混凝土面，清除浮浆后桩的有效长度应满足设计要求。

检验数量：施工单位每根桩检验；监理单位按施工单位检查数的 10%平行检验。

检验方法：施工前测量钻杆或沉管长度，施工中检查是否达到设计深度标志，施工后检查并清理浮浆，计算出桩的有效长度。

⑦CFG 桩的桩身质量、完整性应满足设计要求。

检验数量：施工单位检验总桩数的 10%；监理单位按施工单位检验数量的 20%见证检验。

检验方法：低应变检测。

⑧CFG 桩按复合地基设计时，处理后的复合地基承载力、变形模量应满足设计要求。

检验数量:施工单位检验总桩数的2‰,且每检验批不少于3根;监理单位见证检验;勘察设计单位现场确认;

检验方法:平板载荷试验。

(2)一般项目

CFG桩施工的允许偏差、检验数量和检验方法应符合表8.7-27的规定。

CFG桩施工的允许偏差、检验数量和检验方法　　表8.7-27

项　次	检 查 项 目	允 许 偏 差	施工单位检查数量	检 验 方 法
1	桩位(纵横向)	50mm	按成桩总数的10%抽样检验,且每检验批不少于5根	经纬仪或钢尺丈量
2	桩身垂直度	1%		经纬仪或吊线测钻杆倾斜度
3	桩体有效直径	不小于设计值		开50～100cm后钢尺丈量

8.打入桩

(1)主控项目

①桩的质量应符合设计要求和相关标准的规定。

检验数量:施工单位、监理单位全部检查。

检验方法:检查合格证或检验报告等质量证明文件。

②桩的混凝土表面质量应符合下列规定:

a.桩的棱角破损深度应在10mm以内,其总长度不大于40cm;

b.预应力混凝土桩不得有裂缝(表面收缩裂缝除外);

c.普通混凝土桩表面裂缝深度不应大于7mm,裂缝宽度不应大于0.15mm;横向裂缝长度:方桩不应大于边长1/3,管桩及多角形桩不应大于直径或对角线1/3;纵向裂缝长度:方桩不应大于边长的1.5倍,管桩及多角形桩不应大于直径或对角线1.5倍。

检验数量:施工单位、监理单位全部检查。

检验方法:观察、尺量或用刻度放大镜检查。

③打入桩的数量、布桩形式应符合设计要求,其检验应符合"本节内容四、1.砂桩(1)主控项目第②点"的规定。

④接桩应符合设计要求,当混凝土桩用法兰盘拼接时,应连接牢固,防锈处理应符合设计要求。

检验数量:施工单位、监理单位全部检查。

检验方法:观察。

⑤桩入土深度和最终贯入度应符合设计要求。

检验数量:施工单位、监理单位全部检查。

检验方法:施工单位观察、测量并填写沉桩记录;监理单位对最终沉桩进行旁站并检查沉桩记录。

⑥ 桩顶高程和桩头处理应符合设计要求。

检验数量:施工单位、监理单位全部检查。

检验方法:测量、观察。

⑦打入桩地基处理后,按设计要求检验桩的承载力并应满足设计要求。

检验数量:施工单位、监理单位按设计要求检验;勘察设计单位现场确认。

检验方法:施工单位进行静载试验;监理单位见证试验。

(2)一般项目

桩位、倾斜度的允许偏差、检验数量及检查方法应符合表8.7-28的规定。

桩位、倾斜度的允许偏差、检验数量及检查方法　　表 8.7-28

<table>
<tr><th>项　次</th><th colspan="3">检 查 项 目</th><th>允 许 偏 差</th><th>施工单位检查数量</th><th>检 验 方 法</th></tr>
<tr><td rowspan="4">1</td><td rowspan="4">桩位</td><td rowspan="2">群桩</td><td>中间桩</td><td>$d/2$ 且不大于 250mm</td><td rowspan="6">按桩总数的 5%抽样检验，且每检验批不少于 10 根</td><td rowspan="4">测量或尺量</td></tr>
<tr><td>外缘桩</td><td>$d/4$</td></tr>
<tr><td rowspan="2">排架桩</td><td>顺线路方向</td><td>100mm</td></tr>
<tr><td>横线路方向</td><td>150mm</td></tr>
<tr><td rowspan="2">2</td><td rowspan="2">倾斜度</td><td colspan="2">直桩</td><td>1%</td><td rowspan="2">吊线和尺量</td></tr>
<tr><td colspan="2">斜桩</td><td>15% $\tan\theta$</td></tr>
</table>

注：①d 为桩径或短边，单位为 mm；

②θ 为斜桩轴线与竖直线间的夹角。

9. 混凝土灌注桩

(1)一般项目

①钢筋原材料、加工、连接和安装的检查应符合铁道部现行《铁路混凝土工程施工质量验收补充标准》第 5.2.1 条～第 5.2.3、第 5.8.7.1 条、第 5.8.7.2 条、第 5.4.1、第 5.4.2 条、第 5.5.1 条和第 5.5.2 条的规定。

②混凝土原材料、配合比设计、施工的检验必须符合铁道部现行《铁路混凝土工程施工质量验收补充标准》第 6.2.1 条～第 6.2.6 条、第 6.8.7.1 条～第 6.8.7.4 条和第 6.4.1 条～第 6.4.6 条的规定。

③钻、孔桩工艺和防护措施必须符合设计和施工技术方案的要求。

检验数量：施工单位、监理单位全部检查。

检验方法：观察。

④ 钻孔或挖孔桩达到设计深度后，必须核实地质情况，地质情况应与勘察设计文件相符。

检验数量：施工单位、监理单位全部检查；勘察设计单位现场确认。

检验方法：检查施工记录、观察。

⑤孔底应平整，无松渣、淤泥、沉淀或扰动过的软层。孔径、孔深和孔型必须符合设计要求。

检验数量：施工单位、监理单位全部检查。

检验方法：观察。

⑥混凝土浇筑必须符合施工工艺设计要求。

检验数量：施工单位、监理单位全部检查。

检验方法：观察和测量。

⑦桩的混凝土强度等级必须符合设计要求。用混凝土标准条件养护试件评定的强度等级应达到设计强度的 1.15 倍。

检验数量：施工单位每根桩应在混凝土的浇筑地点随机抽样制作混凝土试件不得少于 2 组。监理单位按施工单位检验数量的 20%见证取样检测或 10%平行检验。

检验方法：施工单位进行混凝土强度试验；监理单位检查混凝土强度试验报告和见证取样检测和平行检验。

⑧桩身顶端浮浆应清理干净，直至露出新鲜混凝土面。桩顶高程应符合设计要求。

检验数量：施工单位、监理单位全部检查。

检验方法：观察和测量。

⑨桩身混凝土应均质、完整。其检验必须符合下列规定：

a. 对钻孔桩桩身混凝土应全部进行无损检测。

b. 对桩身混凝土有疑问和设计有要求的桩，应采取钻芯取样进行检测。

检验数量：专业检测单位检测；监理单位全部见证检验。

检验方法：按铁道部现行《铁路工程基桩无损检测规程》（TB 10218）的规定和《铁路工程结构混凝土强度检测规程》（TB 10426）的规定检验。

⑩单桩承载力试验必须符合设计要求。

检验数量：按设计要求数量检验。

检验方法：施工单位进行静载试验；监理单位见证试验；勘察设计单位现场确认。

（2）一般项目

①钢筋原材料、加工、连接的检验应符合铁道部现行《铁路混凝土工程施工质量验收补充标准》第5.2.4条、第5.8.7.2条和第5.4.3条的规定。

②灌注孔桩钢筋骨架的允许偏差、检验数量和检验方法应符合表8.7-29的规定。

灌注孔桩钢筋骨架的允许偏差、检验数量和检验方法　　表8.7-29

序　号	项　目	允许偏差	施工单位检查数量	检验方法
1	钢筋骨架在承台底以下长度	±10mm	全部检验	尺量检查
2	钢筋骨架直径	±20mm		
3	主钢筋间距	±0.5d		尺量检查不少于5处
4	加强筋间距	±20mm		
5	箍筋间距或螺旋筋间距	±20mm		
6	钢筋保护层厚度	不小于设计值		吊线尺量
7	钢筋骨架垂直度	1%		

注：d为钢筋直径，单位为mm。

③桩孔的允许偏差、检验数量和检验方法应符合表8.7-30的规定。

桩孔的允许偏差、检验数量和检验方法　　表8.7-30

序　号	项　目		允许偏差	施工单位检查数量	检验方法
1	孔位中心	钻孔桩	100mm	全部检验	测量
2		挖孔桩	50mm		
3	倾斜度	钻孔桩	1%		
4		挖孔桩	0.5%		

第四节　铁路工程中部分地基及基础工程质量验收规定

一、不同工程的施工质量验收标准划分验收批

二、验收批质量合格应符合下列规定

（1）主控项目的质量经抽样检验全部合格；

（2）一般项目的质量经抽样检验全部合格；当采用计数检验时，有允许偏差的抽查点，除有专门要求外，合格点率应达到80%及以上，且不合格点的最大偏差不得大于规定允许偏差的1.5倍；

（3）具有完整的施工操作依据、质量检查记录。

三、分项工程质量验收合格应符合下列规定

（1）分项工程所含的检验批均应符合合格质量的规定；

（2）分项工程所含的检验批的质量验收记录应完整。

第九篇　桩的载荷试验

第一章　概　述

桩的承载力大小是确保桩基础经济、安全承载的重要参数，在设计应用上，它的合理确定非常关键。人们虽然可以通过相关规范，利用静力学公式、静力触探、动力触探等计算桩的承载力，但是由于桩的承载力是一个涉及桩、土边界条件及其相互作用的复合响应问题，其破坏模式很多、破坏机理也很复杂，因此通过计算的桩承载力的可靠程度往往并不能令人满意。

通过桩的载荷试验是确定承载力大小的最可靠的手段。它包括静载荷试验、动载荷试验等试验方法，如轴向抗压静载荷试验、轴向抗拔静载荷试验、动载荷试验，水平静载荷试验、水平动载荷试验等。

第二章　桩的轴向抗压静载荷试验

桩的轴向抗压静载荷试验方法是确定单桩承载力及其沉降特性的最基本方法。根据反力装置的不同可分为：锚桩法、堆载法、锚桩堆载联合法、自平衡法等，其加载一般均采用油压千斤顶，自平衡法采用荷载箱。测试方法可分为慢速维持载荷法、快速维持载荷法、等贯入速率法(CRP 法)、平衡法和各种循环加载试验方法等。

第一节　常用测试方法简介

1.慢速维持载荷法

这是我国目前建筑桩基规范中首推的一种确定单桩轴向抗压承载力的方法。按一定要求将荷载分级加到试桩桩顶，每级荷载在维持过程中保持不变，按时观测桩顶沉降及其沉降速率，直到桩顶沉降或其速率达到某一规定的“稳定标准”以后，方可施加下一级荷载，以此类推，当达到规定的加载终止标准后停止加载，遂分级卸载，直到为零。该试验方法周期一般需时 2～5d。

2.快速维持载荷法

该法与慢速维持载荷法的主要区别在于前者在每一级荷载加载后不需要等待沉降的“稳定”，而以等时间间隔连续加载，定时观测桩顶沉降，直至达到荷载终止标准后，停止加荷，再分级卸载，直到为零。我国的桩基规范中规定快速维持载荷法每级荷载维持 1h。该法试验周期较短，一般每根桩仅需时 1d。快速维持载荷法在我国的港口以及部分桩基承载力验收工程中应用较多。

3.循环加卸载法

循环加卸载法是一个总称，它包括单循环、多循环加载法以及“回零法”等。该法的主要特点是：不但测出各级荷载或总荷载下的沉降量，还能测出各级荷载或总荷载下的弹性变形量(曲线)和残余变形量(曲线)。目前欧美及日本常使用这一方法，我国在港口工程及陆上一些重要工程中也有应用，可以借以区分弹性变形和塑性变形。在需测定桩的轴向压缩系数(即单位轴向力作用下的桩顶下沉量)时，也应采用循环加卸载试验。

4.等贯入速率法(CRP 法)

试验时荷载以保持桩顶按等速率贯入于土中而连续施加。试验中定时读取荷载值与桩顶下沉量，并绘制桩顶荷载——桩顶下沉量曲线，从而依此确定桩的极限荷载。

第二节　常用试验设备、测试仪器

虽然不同的试验方法有不同的试验设备，不同的测试内容又有不同的测试仪器，但是各种试验及其基本试验设备和仪器却大同小异，现分列如下：

1.加荷设备及测力仪器

加荷设备包括荷载架(或称反力架、锚桩架)及其锚碇系统、加载千斤顶(或荷载箱)及其油压系统。

测力仪器主要有各类荷载传感器：压力表、压力传感器、电子称等。

2. 桩顶、桩身、桩端的变位量测仪器

变位量测仪器主要有百分表、电测位移计及沉降杆等。

3. 桩身内力量测仪器

桩身内力量测仪器主要有应变式测力计、钢弦式测力计、测微计及相应接收仪器等。

第三节 试验桩的要求

桩的承载力试验对于桩基有着举足轻重的意义，因此试验桩应具有一定的要求。

首先，试验桩在基桩中要有其代表性。试验桩的长度、形状、材质，试验桩周围的土质、施工工艺、施工条件以及桩受力特性等都应有其代表性。

其次，试验桩在施工工艺、桩型尺寸和制作质量上应与工程桩相同，不应有“特殊性”(试验需要的除外)。

对于抗拔和抗水平力的试验桩，其桩身抗开裂的能力、主筋抗拉能力等都应满足试验要求。对用作抗压试验的钻孔(冲孔、挖孔)灌注桩，其桩顶应按试验要求另行处理。

抗压或抗拔试验桩的垂直度应满足试验要求，一般不大于1%，锚桩不大于2%。港口类工程桩要求则更高，抗水平力试验的桩其扭角偏差一般应不大于5°。

试验桩中埋设的传感器、荷载箱、导线以及相应的测试仪器、仪表等应根据不同桩型、不同成(沉)桩工艺和环境选择相应的仪器，传感器的埋设应科学、规范，传感器的数量和成活率应满足资料分析的需要。

第四节 试验及分析方法

1. 试验目的

通过现场试验确定桩的轴向抗压承载力以及与其相关的参数，如桩端阻力、桩侧摩阻力、桩顶沉降、桩端沉降、桩身轴向压缩系数k等。

2. 试验方法与试验装置

试验一般采用“锚桩反力”形式(图9.2-1)或“堆载反力”形式(图9.2-2)。当然也可采用“锚桩+堆载”的联合反力装置或地锚反力装置(图9.2-3)。在大桥基桩及一些高承载力(如高于20 000kN)混凝土灌注桩工程中，因加载条件限制，无法采用传统的桩顶加载试验方法时，近年也有采用“自平衡法”进行试验(图9.2-4)。

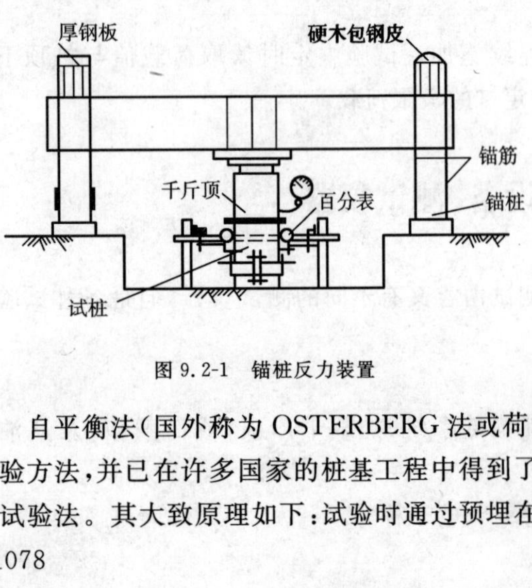

图9.2-1 锚桩反力装置

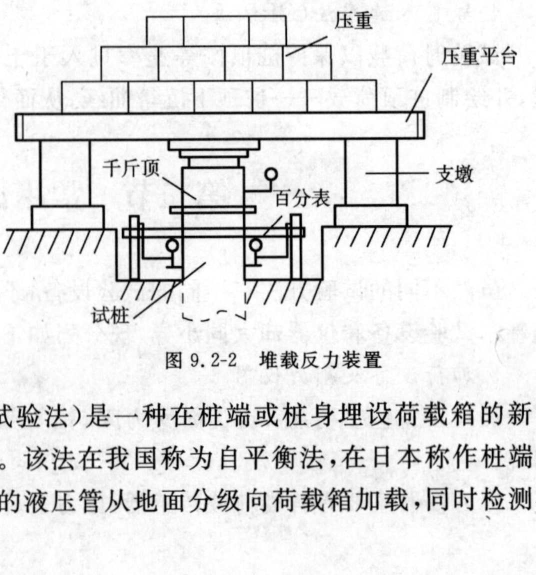

图9.2-2 堆载反力装置

自平衡法(国外称为OSTERBERG法或荷载箱试验法)是一种在桩端或桩身埋设荷载箱的新型试验方法，并已在许多国家的桩基工程中得到了应用。该法在我国称为自平衡法，在日本称作桩端载荷试验法。其大致原理如下：试验时通过预埋在桩内的液压管从地面分级向荷载箱加载，同时检测各级荷载下荷载箱上部桩身上拔量和下部的沉降量，再推算出桩的总承载力。详细内容可见本篇第5章。

3.加载与测试

加载一般采用慢速维持载荷法或快速维持载荷法。

(1)荷载分级：每级加载按预估极限承载力的1/10～1/12逐级等量施加，直至符合终止加载条件为止。进行卸载时，可按2倍于加载量的数量逐级卸载，直至到零。

(2)慢速维持载荷法试验时，顶沉降量(或其他)测读：

①每级荷载施加后按第5、10、15、30、45、60min测读，以后每隔30min读一次，直至达到稳定标准后再施加下一级荷载。

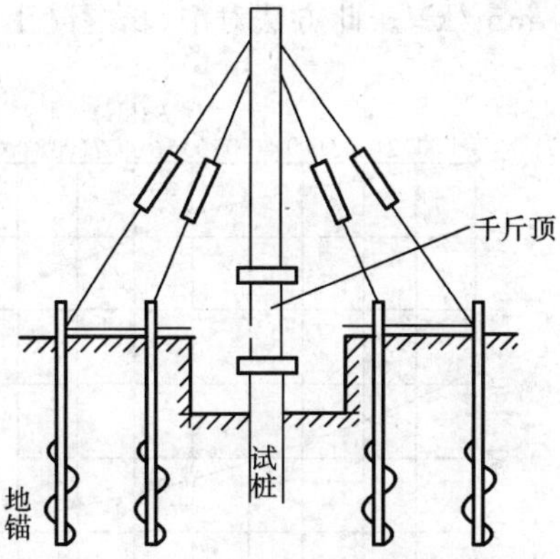

图9.2-3　地锚反力装置示意图

②稳定标准：在某级荷载下，如果桩顶1h累计沉降量小于0.1mm，并连续出现两次(也有规范只要出现一次的)，则认为该级荷载下桩的沉降稳定，可以继续施加下一级荷载。

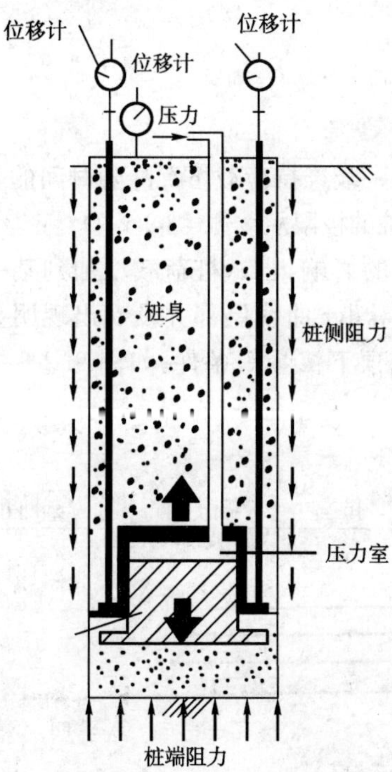

图9.2-4　自平衡法示意图

(3)快速维持载荷法试验时桩顶沉降测读：

一般每级荷载加载后测读1h，不要求沉降的稳定，测读方法与慢速维持荷载的前60min相同。国内有些规范为防止桩周土体破坏后继续加下一级荷载，还规定了在1h内若桩顶沉降不收敛，则需延长观测时间，直至收敛为止。

(4)终止加载条件：

当出现下列情况之一时，即可终止加载：

①某级荷载作用下，桩顶沉降量为前一级荷载作用下沉降量的5倍。

②某级荷载作用下，桩顶沉降量为前一级荷载作用下沉降量的2倍，且24h达不到稳定。

③已达到设计要求的最大控制荷载。

④桩顶总沉降量已达到规范规定的要求。

⑤试桩桩顶已破坏，或锚桩上拔量已达到允许值。

4.单桩轴向抗压极限承载力的确定

单桩轴向抗压极限承载力的确定是桩静载荷试验的关键问题。国内外根据桩的静载荷试验确定单桩轴向抗压极限承载力的方法很多，国内常见的如Q-s曲线法、s-lg$t$曲线法、lg$Q$-lg$s$曲线法、s-lg$Q$曲线法，以及根据各试验标准、规范、各自试验方法所派生出来的各种特殊方法。在有关曲线呈缓变形情况下也有根据桩顶沉降量来确定单桩轴向抗压极限承载力的。

现将几种常见的判别单桩轴向抗压极限承载力的方法逐一进行介绍。

(1)Q-s曲线法

以横坐标表示桩顶荷载Q、纵坐标表示桩顶沉降量s，绘制Q-s曲线。对陡变型Q-s曲线，取明显发生陡降的起始点所对应的荷载值作为该桩的轴向抗压极限承载力(图9.2-5)，图中桩的轴向极限承载力为10 000kN，与该承载力相对应的桩顶沉降量为24.5mm。也可采用下面方法确定(见图9.2-6)。

设试验时第n级的桩顶加载量为ΔQ_n，对应的桩顶沉降增量ΔS_n，第$n+1$级荷载增量ΔQ_{n+1}对应的桩顶沉降增量为ΔS_{n+1}，该曲线陡降段的起始点可根据下列方法确定：

当$\Delta S_n/\Delta Q_n \leqslant f(L)$而$\Delta S_{n+1}/\Delta Q_{n+1} > f_{(L)}$时，或$(\Delta S_{n+1}/\Delta Q_{n+1})/(\Delta S_n/\Delta Q_n) > 5$且$S_{n+1} > 40$mm时，$n$点对应的荷载为该桩的轴向极限承载力。其中$f(L)=3.3/L-0.04$，$L$为桩长(m)，$f$(L)单位

为 mm/kN。此方法对中、长混凝土预制桩较为合适。

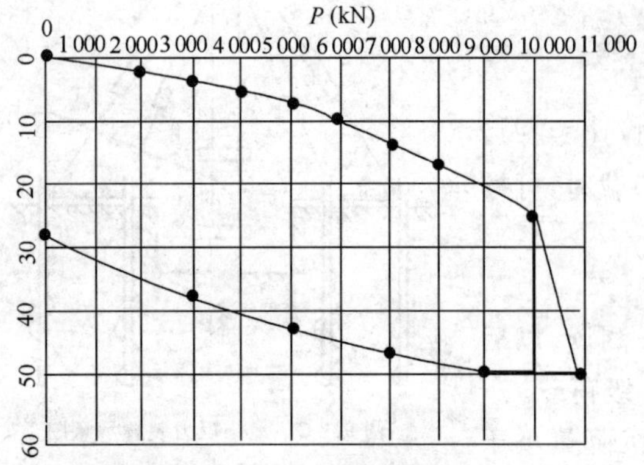

P(kN)	2 000	3 000	4 000	5 000	6 000	7 000
s(mm)	2.19	3.62	5.38	7.42	9.91	13.17
P(kN)	8 000	9 000	10 000	11 000	9 000	7 000
s(mm)	16.42	20.12	24.47	49.13	49.08	46.42
P(kN)	5 000	3 000	0			
s(mm)	47.57	37.94	28.25			

图 9.2-5　Q-s 曲线

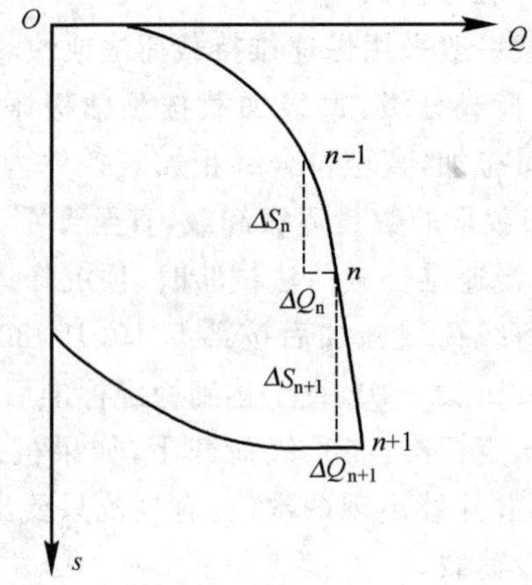

图 9.2-6　Q-s 曲线

(2)s-lg*t* 曲线法

这是判别单桩极限承载力另一常用方法，曲线能比较明显反映出每一级维持荷载下沉降随时间的变化，一般规范中均规定取 s-lg*t* 曲线尾部明显向下弯曲的前一级荷载为该桩的极限承载力(图 9.2-7)。

对超长钢管桩及钻孔灌注桩，由于桩自身变形或桩端沉渣等因素的影响，当试桩荷载增加到某一数值时桩顶沉降会突然增大，但在该级荷载维持过程中沉降增量不大，s-lg*t* 曲线尾部并没有出现明显向下弯曲的现象，为此一些文献提出了应综合考虑曲线间距变化及桩顶下沉量等条件，如图 9.2-8 中可判定该桩的极限承载力为 15 000kN。

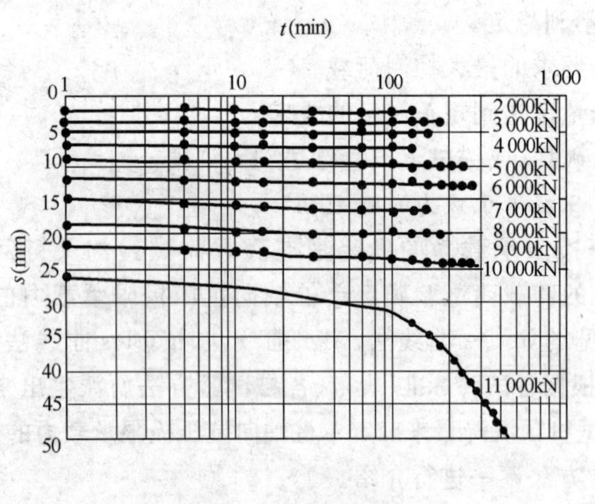

图 9.2-7　s-lg*t* 关系曲线

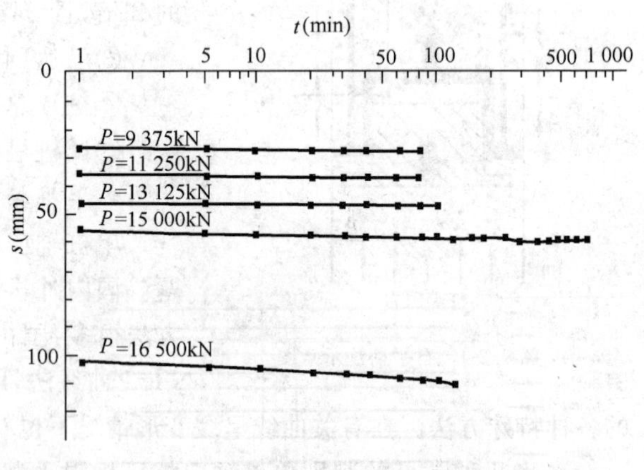

图 9.2-8　s-lg*t* 关系曲线

(3)s-lg*Q* 曲线法

当某些试验桩的 Q-s 曲线无明显陡降段时，采用 s-lg*Q* 曲线可使曲线后面的陡降变得明显(图 9.2-9)，一般取曲线尾部陡降直线段的起始对应点荷载为极限荷载。我国目前生产的几种主要静载检测仪均配置了该曲线功能。该法的难点是如何确定降陡直线段的起始点，在缺乏经验时往往会使判别的极限承载力偏低。

(4)lg*Q*-lg*s* 曲线法

与前面的 s-lg$Q$ 曲线法一样，当某些情况下的 Q-s 曲线无明显陡降段时，通过双对数曲线 lg$Q$-lg$s$ 变换后，可以容易找出其拐折点，一般认为该曲线的第二拐点即为桩的极限承载力，图 9.2-10 中的第二拐点对应的荷载 14 910kN 可以判为该桩的极限承载力，相应的第一拐点被认为是屈服荷载。

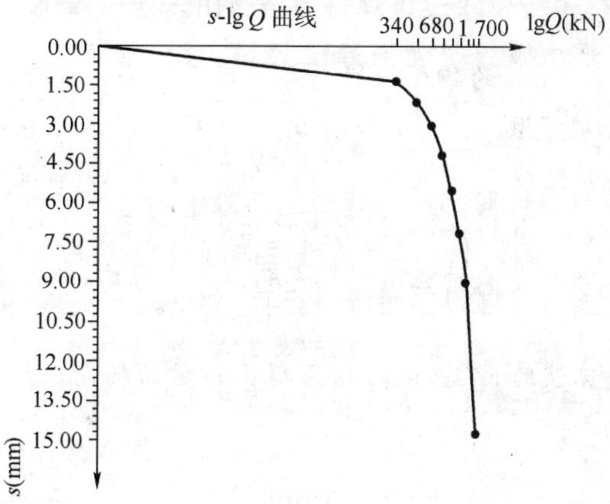

图 9.2-9　试桩 s-lg$Q$ 关系曲线

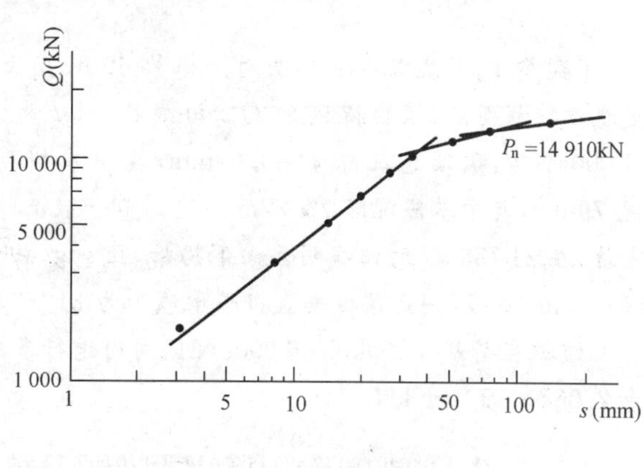

图 9.2-10　lg$Q$-lg$s$ 曲线

(5)桩顶总沉降量控制法

有部分试验桩(如超长钢管桩，嵌岩灌注桩等)的 Q-s 曲线呈缓变形，在前述几种曲线方法难以判别时，可采用桩顶总沉降量控制法，我国的一些桩基规范中也规定了沉降量控制的标准或范围，由于对建筑物的沉降要求不同，各规范对桩顶沉降要求也不相同。我国现行《建筑桩基技术规范》、《建筑基桩检测技术规范》和《港口工程桩基规范》(JTJ 254—98)等对一般工程桩取 $s=40$mm 对应的试验荷载为极限承载力，对柔性钢管桩、大直径扩底桩及超长混凝土桩等可适当增大桩顶沉降量控制值，其中超长钢管桩的桩顶沉降可控制到 60～80mm。

(6)新的判别方法

对于长径比很大的钢管桩(如 $L/D>80$)，Q-s 曲线呈缓变形，无明显拐点(图 9.2-11)，s-lg$t$ 曲线也无明显向下弯曲现象。德国工业标准 DIN 1054 及日本规范对此类桩推荐了一种新的判别方法，即在同一坐标系中先按循环荷载试验结果绘制出荷载—弹性沉降(Q-s_e)曲线和荷载—塑性沉降(Q-s_p)曲线(图 9.2-12)，其中 Q-s_e 曲线基本呈线性，反映了在荷载作用下桩身弹性变形和桩端土层弹性沉降；Q-s_p 曲线在开始阶段基本呈线性，但当桩顶达到一定荷载后曲线开始拐弯，表明桩的摩阻力已得到充分发挥，可取$s=0.05D$(D 为桩径)对应的桩顶荷载为该桩的极限承载力。(图 9.2-12)为上海某大厦的试桩结果，钢管桩直径为 914mm，取 $s=0.025\times914$mm$=22.85$mm 对应的荷载 15 500kN 为极限荷载。

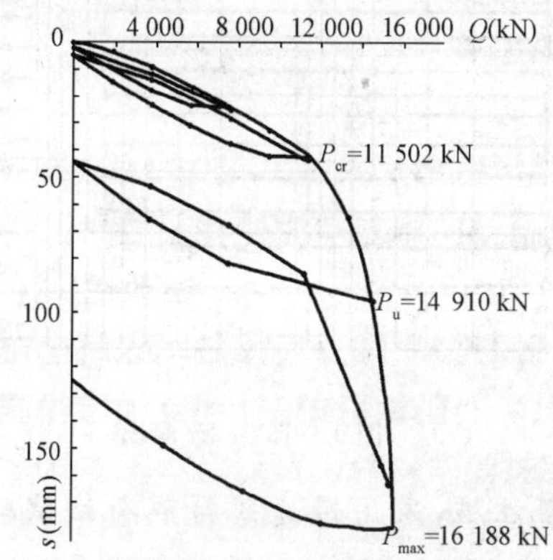

图 9.2-11　循环荷载下的 Q-s 曲线

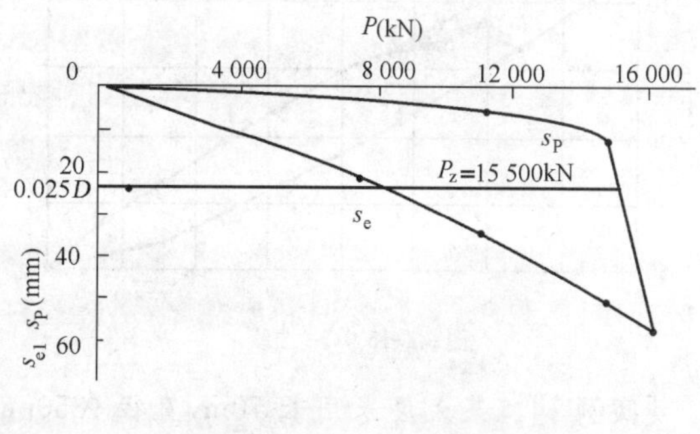

图 9.2-12　Q-s_e 及 Q-s_p 曲线

按桩的轴向抗压静载试验结果判别单桩轴向抗压极限承载力的方法很多，在我国现行规范中一般均推荐 Q-s 曲线法、s-lg$t$ 曲线法和桩顶总沉降量判别法，具体试验中由于情况复杂，在某些情况下可采用多种方法综合判别。

第五节 工程实例

［**实例 1**］ 某深水港码头对一根长 60m、直径 ϕ1 700mm 的钢管桩进行轴向抗压静载荷试验，采用慢速维持载荷法，试验得到的 *Q*-*s* 曲线及 *s*-lg*t* 曲线分别见图 9.2-13 和图 9.2-14 所示。该桩在荷载 21 000kN时，桩顶总沉降量 60.02mm，其中本级荷载下沉降 5.25mm；在 21 750kN 时桩顶总沉降量 88.79mm，其中本级沉降 28.77mm，达到前一级沉降量的 5.48 倍，满足规范中停止加载的要求。从*Q*-*s*曲线看，在 21 750kN 时曲线明显向下拐折，且 *s*-lg*t* 曲线在该级荷载时也出现尾部明显向下弯曲，综合*Q*-*s*曲线和 *s*-lg*t* 曲线，判定该桩垂直极限承载力为 21 000kN。

该桩在荷载 1 500kN～6 000kN 区间内进行多次循环试验，根据试验结果得出该桩的轴向压缩系数为 2.068×10^{-6}m/kN。

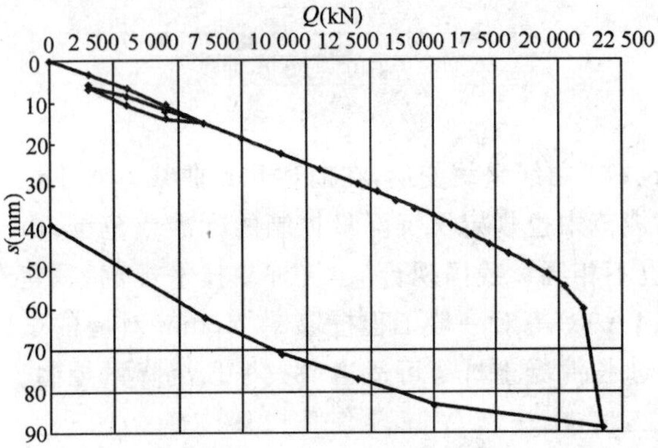

图 9.2-13 *Q*-*s* 曲线

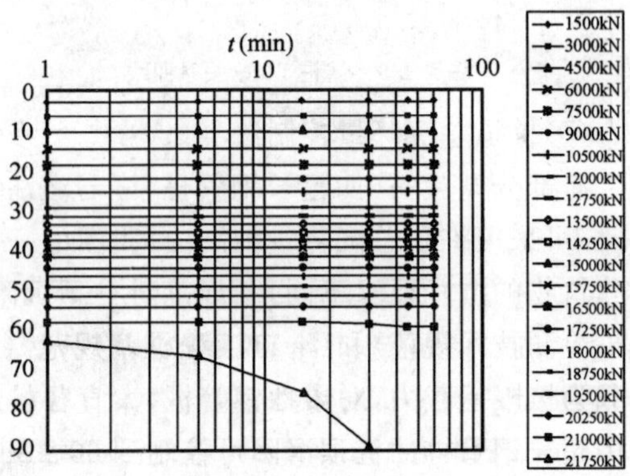

图 9.2-14 *s*-lg*t* 曲线

［**实例 2**］ 某大桥钢管桩长 89m，桩径 ϕ1 600mm，慢速维持荷载试验得出的 *Q*-*s* 曲线及 *s*-lg*t* 曲线见图 9.2-15 和图 9.2-16 所示。该桩在荷载 20 000kN 时，桩顶总沉降量为 49.78mm，卸载回零后的桩顶残余沉降量 5.18mm。从试验结果看，该桩的 *Q*-*s* 曲线在加载段接近线性，未出现拐点；各级荷载下的 *s*-lg*t* 曲线几乎平行。结合 *Q*-*s* 曲线、*s*-lg*t* 曲线、桩顶总沉降量和残余沉降量判别，该桩的垂直极限承载力不小于 20 000kN。由循环试验得出的桩的轴向压缩系数为 1.226×10^{-6}m/kN。

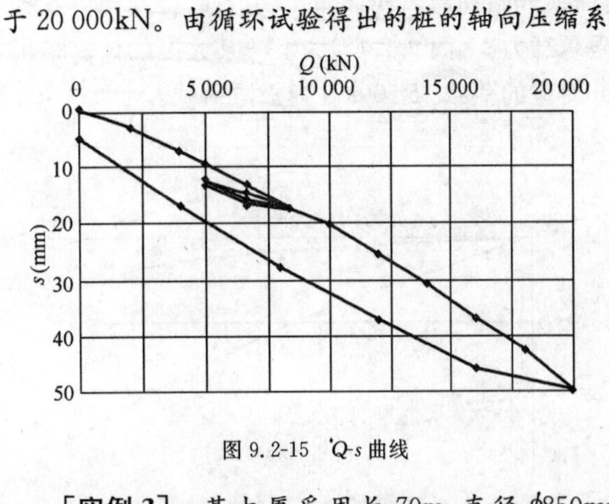

图 9.2-15 *Q*-*s* 曲线

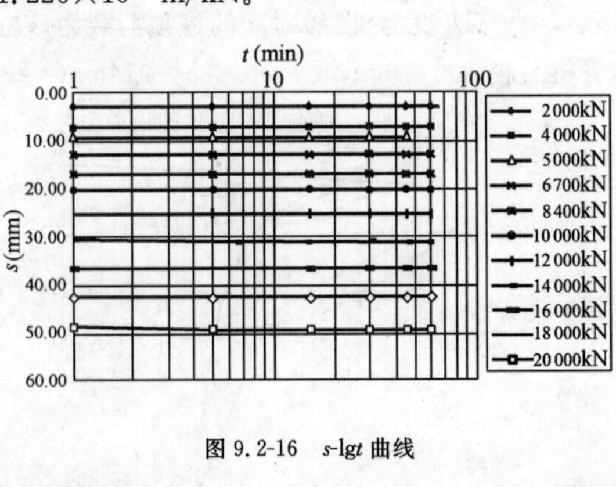

图 9.2-16 *s*-lg*t* 曲线

［**实例 3**］ 某大厦采用长 70m，直径 ϕ850mm 的钻孔灌注桩，采用慢速维持载荷法试验，得到的 *Q*-*s* 曲线和*s*-lg*t*曲线见图 9.2-17 和图 9.2-18 所示，该桩在荷载 16 500kN 时桩顶总沉降量为 28.34mm，*Q*-*s*曲线未见明显拐点，*s*-lg*t* 曲线也没有出现明显向下弯曲，总沉降量只有 28.34mm，经综合判定该桩的垂直极限承载力不小于 16 500kN。该桩由于桩身结构强度的限制，未能继续加载。

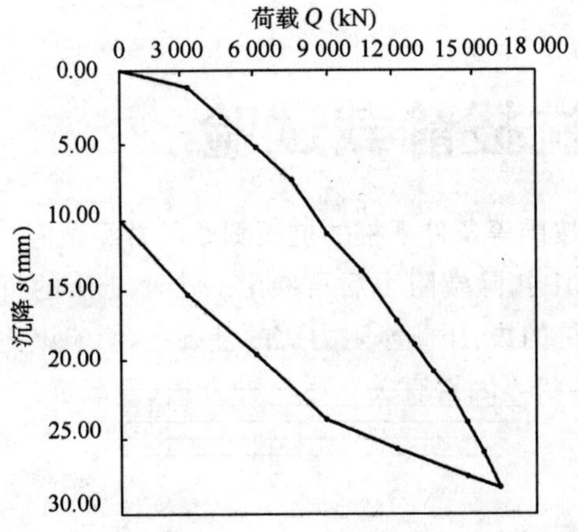

图 9.2-17 Q-s 曲线

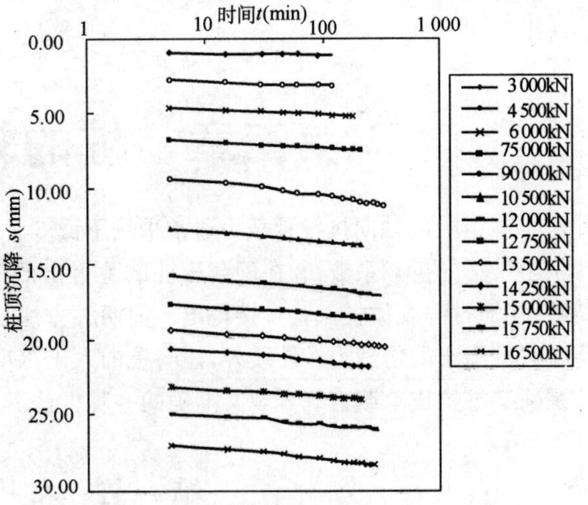

图 9.2-18 s-lgt 曲线

第三章　桩的轴向抗拔静载试验

确定桩的轴向抗拔承载力通常采用下面 3 种方法：①按同等条件下桩的抗压侧摩阻力经验值乘以一个小于 1 的折减系数；②在静载压桩试验得出的极限承载中扣除端阻力后再乘上一个小于 1 的折减系数；③通过静载拔桩试验直接得出。前两种方法是建立在桩的拔、压侧摩阻力比的基础上，影响该比值的除了桩周土的物理力学性质外，还与桩的入土深度、桩身形状等因素有关。后一种方法（静载抗拔试验）是确定桩抗拔承载力既直观又准确的一种方法。

第一节　抗拔承载力测试方法

(1)桩的静载抗拔试验一般采用慢速维持载荷法，需要时也可采用循环加卸载方式。具体的加卸载方式、分级及稳定标准等均同桩的轴向抗压静载试验。由于桩在抗拔与抗压时桩周土的受力机理不同，因此一般试桩规范中不主张用快速维持载荷法进行拔桩试验。

(2)静载拔桩试验时的反力装置宜采用反力桩作支座反力。当桩的抗拔承载力不大时，陆上拔桩试验也可采用天然地基或经适当加固后的地基作反力，但试验前必须经过地基强度验算，且在最大上拔荷载时地基承受的压应力不宜超过地基承载力特征值的 1.5 倍。

第二节　试验设备及仪器

(1)桩的轴向静载抗拔试验常见的反力装置如图 9.3-1 所示。

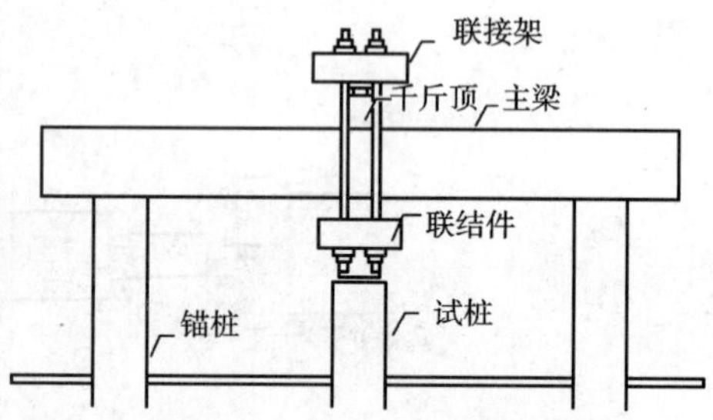

图 9.3-1　试验常见的反力装置

由于加荷设备（千斤顶、压力传感器等）置于钢梁上面，试验中应采取必要的安全措施。

(2)拔桩试验的加载设备及桩顶、桩身位移量测设备等基本类同于静载压桩试验。量测桩顶上拔量的测点应安置在桩身部位，严禁将测点放在试验桩的抗拔钢筋上，因为钢筋的受力变形远大于实际的桩顶上拔位移量。

(3)当需要检测桩的抗拔侧摩阻力时，应在制桩的同时在桩身相应部位埋设应力—应变传感器或沉降杆，其埋设要求、测试方法同压桩试验。抗拔试验时由于桩身受拉，混凝土桩的上段易出现微小的环向裂缝，这类裂缝附近的测点反映的数据不代表完整桩断面的受力状态，在资料整理分析时应注意。

第三节　试验及分析方法

桩轴向抗拔静载试验的荷载分级、测读方法、稳定标准等均与轴向抗压试验中的慢速维持荷载法相同。

抗拔试验的终止加载条件一般亦与压桩相同，但下列两种情况需注意：一是桩的最大上拔力不宜大于受拉钢筋强度标准值的 0.9 倍；二是当采用上拔量控制时应充分考虑桩身材质和桩长的影响，对长钢管桩或超长混凝土桩，由于其自身弹性变形大或混凝土桩的环向裂缝引起桩身伸长率大，桩顶上拔量的控制值应适当放宽，如建筑基桩检测技术规范中推荐的 100mm，否则很难使桩下端的抗拔摩阻力充分发挥。

轴向抗拔极限承载力可按以下几种方法确定：

1. U-Δ 曲线法

首先绘制桩顶上拔荷载 U 与桩顶上拔量 Δ 的关系曲线，如图 9.3-2 所示，对于陡伸形曲线，取陡伸段起始点对应的荷载为该桩的抗拔极限荷载。

2. Δ-lg$t$ 曲线法

绘制桩顶上拔量 Δ 与时间对数 lg$t$ 的关系曲线 Δ-lg$t$ 曲线(图 9.3-3)，取曲线陡升的前一级荷载 1 050kN为该桩的极限抗拔荷载。

工程名称：上海南站						试验桩号：A1-1		
测试日期：2003-11-15		桩长：				桩径：		
荷载（KN）	0	300	450	600	750	900	1050	1200
累计沉降（mm）	0.00	1.57	3.87	6.37	9.75	12.80	16.41	64.36

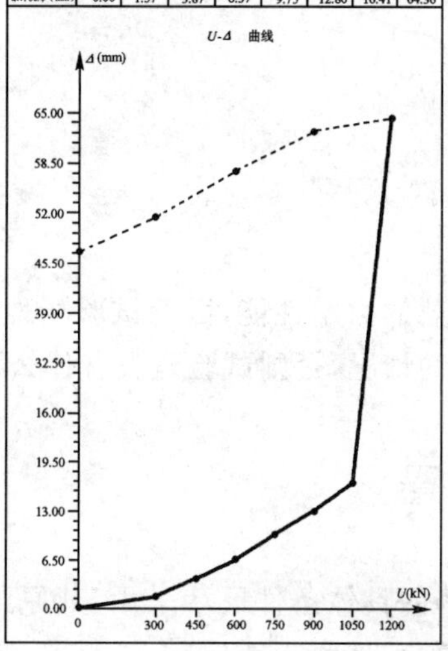

图 9.3-2　U(桩顶荷载)-Δ(桩顶上拔量)曲线

工程名称：上海南站						试验桩号：A1-1		
测试日期：2003-11-15		桩长：				桩径：		
荷载（kN）	0	300	450	600	750	900	1 050	1 200
累计沉降(mm)	0.00	1.57	3.87	6.37	9.75	12.80	16.41	64.36

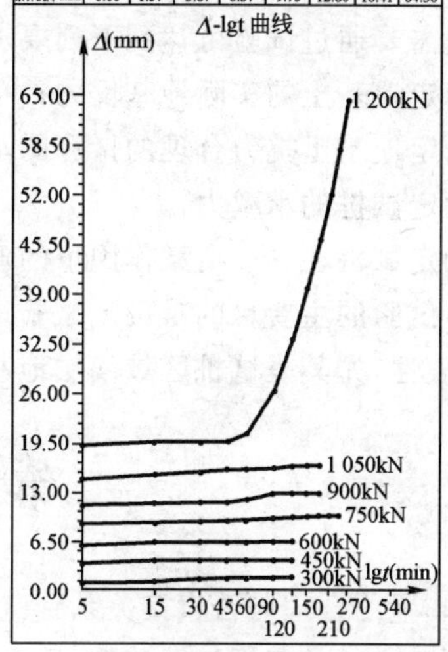

图 9.3-3　Δ-lg$t$ 曲线

3. 参照桩端上拔量综合判别

前面讲过，对钢管桩和超长混凝土桩，由于桩身变形的影响，桩顶位移可能较大，合适的方法是在桩端埋设沉降杆，试验过程中同时测出桩端 U-$\Delta(\Delta')$ 曲线(U 为桩顶上拔荷载，$\Delta(\Delta')$ 为对应的桩端上拔量)，结合桩顶与桩端曲线进行综合判别(图 9.3-4)。该桩长 50m，桩径 ϕ600mm，为一根扩底钻孔灌注桩，尽管未进行到土体破坏，但桩顶与桩端的位移差值已达到 16.8mm。

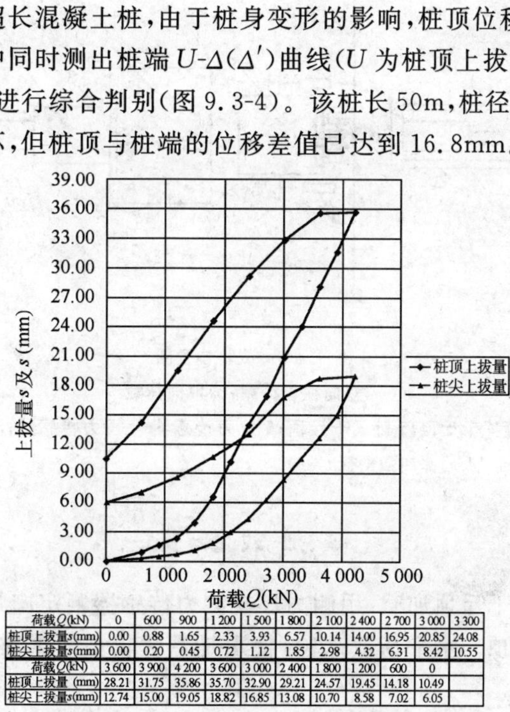

荷载Q(kN)	0	600	900	1 200	1 500	1 800	2 100	2 400	2 700	3 000	3 300
桩顶上拔量s(mm)	0.00	0.88	1.65	2.33	3.93	6.57	10.14	14.00	16.95	20.85	24.08
桩尖上拔量s(mm)	0.00	0.20	0.45	0.72	1.12	1.85	2.98	4.32	6.31	8.42	10.55
荷载Q(kN)	3 600	3 900	4 200	3 600	3 000	2 400	1 800	1 200	600	0	
桩顶上拔量 (mm)	28.21	31.75	35.86	35.70	32.90	29.21	24.57	19.45	14.18	10.49	
桩尖上拔量s(mm)	12.74	15.00	19.05	18.82	16.85	13.08	10.70	8.58	7.02	6.05	

图 9.3-4　U(荷载)-$\Delta(\Delta')$(上拔量)曲线

第四章　桩的水平载荷试验

第一节　试验目的和要求

试验目的是通过试桩求得地基土的侧向地基反力，以确定实际工程桩在水平荷载作用下的受力特性，根据需要通过试验可达到下列要求：

(1)确定地基土的实际地基反力；

(2)确定地基土抗力合理的计算图示及相应的弹性地基系数；

(3)确定试桩的承载力；

(4)确定试桩在各级荷载作用下的弯矩分布规律。

总之，试验的主要目的是确定试验地区地基土抗力水平荷载的力学性能，因此试验场地的选择必须具有代表性，尤其是试桩区域浅层地基必须能代表实际工程的情况，否则试验是没有什么意义的。

第二节　试 验 装 置

试验装置的合理与否直接关系到试验成败。它应根据现场的具体条件灵活采用，其原则是合理、安全、简便。它通常包括加载装置、反力装置和基准装置三个部分，见图 9.4-1。

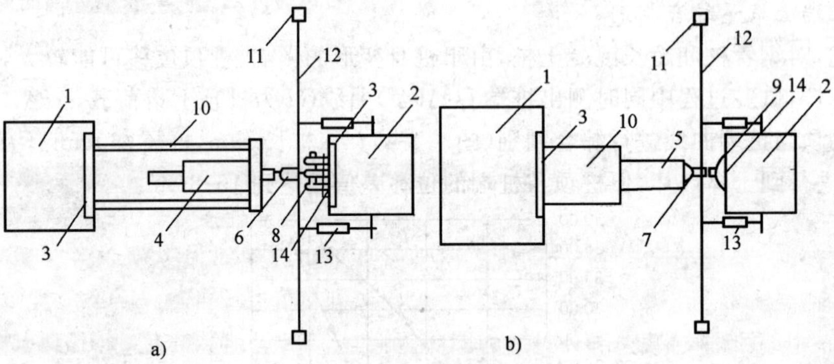

图 9.4-1　试验装置图

a)双向往复荷载；b)单向荷载

1-反力墩；2-试桩；3-预埋钢板；4-往复式千斤顶；5-卧式千斤顶；6-拉力传感器；7-压力传感器；8-铰支插销；9-铰支球座；10-反力架；11-基准点；12-基准架；13-位移传感器；14-局部加强钢板

一、加 载 装 置

试桩时一般都采用卧式千斤顶加载，用测力环或测力传感器测定施加荷载值，对往复式循环试验可采用双向往复式油压千斤顶。水平荷载试验，特别是悬臂较长的试桩，作用点位移较大，所以要求千斤顶有较大行程。

在试桩时，为防止力作用点处产生局部挤压破坏，须用钢垫块进行局部补强。

二、反 力 装 置

反力装置的选用应充分利用试桩周围的现有条件，但必须满足其承载能力应不大于最大预估荷载的 1.2～1.5 倍，其作用力方向上刚度不应小于试桩本身的刚度。

最常用的方法是利用试桩周围的工程桩或垂直承载力试验用的锚桩作为反力座。可根据需要把 2 根甚至 4 根桩连成一整体，有条件时也可利用周围现有结构物作反力座，必要时可浇筑专门的支墩来作反力座。

三、基准点的设置

设置基准点是为了量测桩在力作用点处的断面位移和转角，在陆上试桩时可用入土 1.5m 以上的钢钎或型钢作为基准点。在水上设置基准点时，因为水深较大，可采用专门设置的桩位作基准点。同组试桩的基准点一般不少于 2 个。搁置在基准点上的基准梁要有一定的刚度，以减少晃动。整个基准装置系统应保持相对独立。为减少温度对量测的影响，基准梁应采取简支形式，顶上有篷布遮阳。

无论基准装置还是反力装置应设置在试桩影响范围之外，见图 9.4-2。

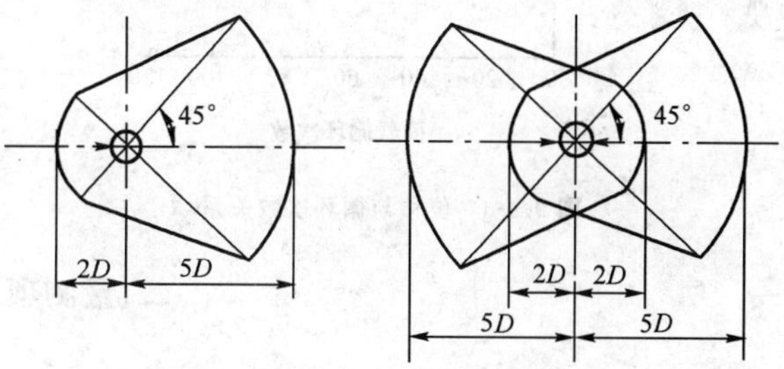

图 9.4-2　试桩影响区（D 为桩径或桩宽）

目前国内、外试桩大多采用桩顶自由的形式。为了模拟实际工程桩的受力状态，也有采用桩顶固结的形式，但这种方法安装复杂，且受到其他各方面条件限制，难使试验条件和实际情况完全保持一致。因此采用桩顶自由的形式是比较现实和合理的方法。对不同的约束形式，可由桩顶自由状态下试桩得到的地基反力系数推算求得。

第三节　加载与测试

一、加 载 方 法

试验证明，荷载稳定时间、循环形式、周期、加载速率等因素直接影响到桩的承载力。在实际结构物中，工程桩所受到的水平荷载形式十分复杂。为了模拟实际荷载的形式，在国内、外出现了众多加载方法，仅美国规范（ASTM D3966—81，1981）规定可选用的加载方法就有 8 种之多，国内各系统采用的方法也很不统一。但总的说来，可分为单循环连续加载法和多循环加载法两大类。

上海市标准《地基基础设计规范》（DBJ-08-11—1999）和中华人民共和国行业标准《港口工程桩基规范》（JTJ 254—98）规定试验采用单循环维持载荷法。每级荷载加载量为预估最大荷载的 1/10，每级卸载量为加载量的 2 倍。加载每级维持 20min，卸载每级维持 10min，都是间隔 5min 测读一次。卸到零荷载时维持 30min，间隔 10min 测读一次。此方法可参考垂直承载力试验方法。

我国国家标准《建筑桩基技术规范》（JGJ 94—94）与《建筑基桩检测技术规范》（JGJ 106—2003）还推荐了一种多循环加载方法，规定每级荷载加载量为预估最大荷载的 1/10～1/15，先加载到规定荷载，恒载 4min 后测读，再卸载到零，停 2min 后测读，此为一循环，每级荷载循环 5 次，便进入下一级荷载，一直施加到桩发生破坏，或达到预定荷载为止。

采用多循环加载方法是为了模拟实际结构物的受力形式，但由于实际荷载的情况异常复杂，很难达到预期目的。此外循环荷载的施加给位移特别是内力的测试带来许多不稳定因素，大大影响测试精度。因此目前最为大家所接受的方法是单循环连续加载法。至于循环次数多少和荷载稳定时间长短的影响,可通过专门的对比试验来推求。图 9.4-3 是日本进行的一次和多次循环对比试验成果,图 9.4-4是我国三航局科研所进行的力作用点位移随时间变化的情况。从这两试验实例中可看出位移随荷载的稳定时间及循环次数增加而增加,地基系数则随之增加而减小。由于循环次数和稳定时间对位移和地基系数的影响是非常复杂的,荷载水平及地基性质的差异都会影响到他们的关系,因此,此规律仅供我们分析研究时作参考。

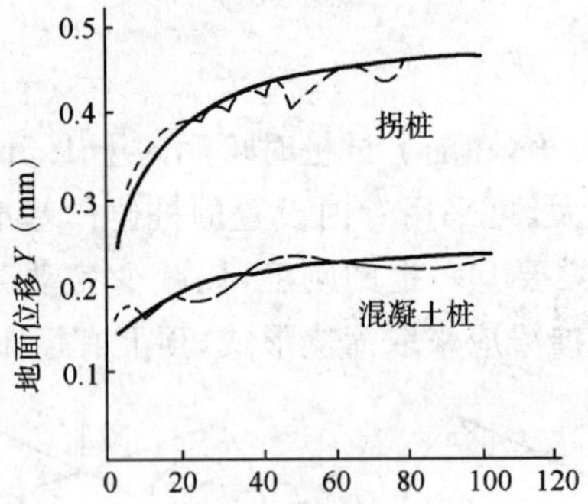

图 9.4-3　位移与循环次数关系

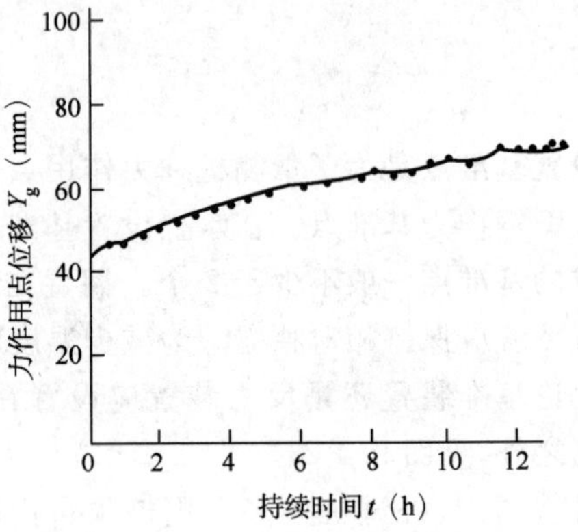

图 9.4-4　位移随时间变化关系

二、量测项目和量测方法

1. 水平位移的量测

位移量测一般使用位移计。它具有量测较大水平位移的特点,且能与数据自动采集装置连机使用,有时也可使用百分表量测位移。

量测时,将位移计用磁性表座固定在基准架上,在施力点、施力点上方 1m 及泥面附近(尽量接近地面,在水下,可取此测试端面)桩断面两侧共安装 6 只位移计,可分别取其平均值求得这 3 个断面在各水平力作用下位移。

2. 桩身截面弯矩的量测

弯矩不能直接通过量测得到,它要借助于量测得到的桩身应变来推算求得,故试验得到的弯矩实质是推算弯矩。

根据大量试验证明,钢筋表面粘贴电阻应变片制成应变计来量测预制桩和灌注桩桩身应变效果较好。有时也采用弦式钢筋计或差动式钢筋计,其稳定性较好,适合于长期观测试验,但灵敏度较差。

钢桩可直接把电阻片粘贴在桩表面,为防止打桩时引起应变片和导线的损坏,必须把它们设置在保护槽内。保护槽要尽量做到密封、不透水,应变片表面要采取严格的防潮措施。

对闭口钢管桩,把片子粘贴在内壁。此法可省去保护槽,但应变片表面仍需经过严格的防潮处理。

为量测与弯矩有关的弯曲应变,各测试断面应成对布置在远离中性轴的地方。在泥面下 10～15 倍桩宽的主要受力部分必须加密测试断面,断面间距一般不超过 1～1.5 倍桩宽。大于此深度,间距可适当加大,另外必须严格注意贴片工艺,保证各测点的质量和成活率。

由实测桩身应变推算弯矩的方法见本章的第四节“试验成果整理”部分。

3. 桩的挠曲变形量测

量测桩的挠曲变形,可在桩内预埋测斜管,用测斜仪量测不同深度处的桩截面倾角,利用桩顶实测水平位移值,即可推出桩在各级水平荷载作用下的挠曲变形。对长桩来说,在横向荷载作用下桩端的转角和位移可看作为零,即可利用该边界条件及实测各断面倾角自下而上地求得桩的挠曲线变形,而桩顶实测水平位移可供校核使用。一般情况下，由于测斜管埋设难度大，系统误差也大，因而将会引起较大的量测误差。较好的方法是利用应变片测得的各断面的弯曲应变直接来推算桩轴线的挠曲变形。由弯曲应变推算桩的挠曲线变形精度高，其方法见本章的第四节“试验成果整理”部分。

4. 桩侧土抗力的测量

土抗力的测量是决定侧向地基系数的关键。最直接的方法是在桩侧壁埋设土压力盒。由于桩侧土压力分布比较复杂，同时影响土压力量测值的因素很多，因此很难测到实际土抗力的大小和分布规律。比较有效的方法是根据桩身弯矩两次微分来推求桩周的土抗力。具体方法也可参见本章的第四节“试验成果整理”部分。

此外在试验过程中，要随时观测记录地表面变形和桩身裂缝开展情况。

第四节　试验成果整理

一、绘制水平荷载与力作用点位移关系曲线

绘制该图时，对单循环连续加载法试验，其作用点位移可取荷载稳定时间内最后一次读数；对循环荷载可取各级荷载作用下最后一次循环的位移值，有了该曲线即可判断该桩的承载力。

中、长桩在水平荷载作用下，随着荷载增加、桩前土体开始出现塑性区，并不断向前、向深扩展，一直到桩身破坏为止，因此其承载力主要取决于桩本身的材料强度。

1. 临界荷载

混凝土桩（包括预制桩和灌注桩）的最大弯矩断面受拉区出现开展到保护层的发丝裂纹的状态，称之为临界状态，所对应的荷载为临界荷载，在力和位移（H-Y_H）关系曲线上，该级荷载引起的位移增量将比上级有明显增加，如图 9.4-10 所示，如绘制在双对数表上，$\lg H$-$\lg Y_H$ 图上将出现第一折线交点，如图 9.4-11 所示。该图是上海某工程试验结果实例，其临界荷载为 96kN。

2. 极限荷载

当混凝土桩最大弯矩断面受拉区的混凝土全部退出工作，钢筋发生屈服时，或钢桩该断面最大应力达到屈服应力时，这一状态称之为极限状态。对应的水平荷载称之为极限荷载。在 H-Y_H 曲线上该荷载作用下的位移急剧增加，并出现明显转折点。在双对数图中将出现第二个折线交点，对钢桩则仅出现极限荷载的一个转折点。

国内有些部门考虑到上部建筑物不允许产生较大位移，对这类试桩可根据各部门相应规范规定的允许泥面位移来确定其承载力，并和桩身强度确定的承载力相比较，取其小值为该桩承载力。

由于试桩和实际工程桩的桩顶约束、自由长度等很难完全保持一致，所以试验得到的承载力仅代表试桩的承载力。

二、绘制在各级荷载作用下的弯矩图

从实测应变推求弯矩的方法有下列几种：

1. 整桩率定法确定桩身弯矩

制桩所引起的各断面尺寸和材料的不均匀性，应变计埋设位置偏差及应变片灵敏度的差异，都会引起试桩各断面抗弯刚度的差异和实测应变的差异。通过试桩入土前的整桩率定，建立各测试断面的仪器测定值和弯矩之间的关系，这样就能直接根据试验得到的仪器测定值求得各测试断面精度较高的弯矩值，并可推求出各对应断面的抗弯刚度值。

在高层建筑和码头上用桩一般都长达几十米，又笨又重，因此，因地制宜选择合适率定方法是非

常重要的。由于桩的下半段弯矩较小，只需率定上半段桩的测试断面。下面对该法进行详细介绍：

(1)方法介绍

此法一般宜用于自重较大的混凝土桩，首先把桩平放在地上或把测点转到中性轴的位置上，仪器调零，然后把桩横放在两个支座上和一个带有测力传感器的千斤顶上，见图 9.4-5。使各应变测点处于桩的上、下部。利用桩的自重，只要改变千斤顶 C 处力的大小，就能得到 BC 段各测试断面的理论弯矩，测量相应的弯曲变形就可求得 BC 段各率定断面的弯曲应变和弯矩的关系曲线及抗弯刚度。当然施加的力必须限制在桩本身强度所允许的范围内。

(2)原理

率定时 BC 段各测试断面 I 的弯矩 M_{ik}，它是由自重弯矩 M_{iq} 和支座反力 P_k 所引起的弯矩 M_{ip} 共同作用的结果。

$$M_{ik}=M_{ip}-M_{iq}=l_iP_k-M_{iq} \qquad (9.4\text{-}1)$$

式中：l_i——BC 段 i 率定断面到支座 C 的间距。

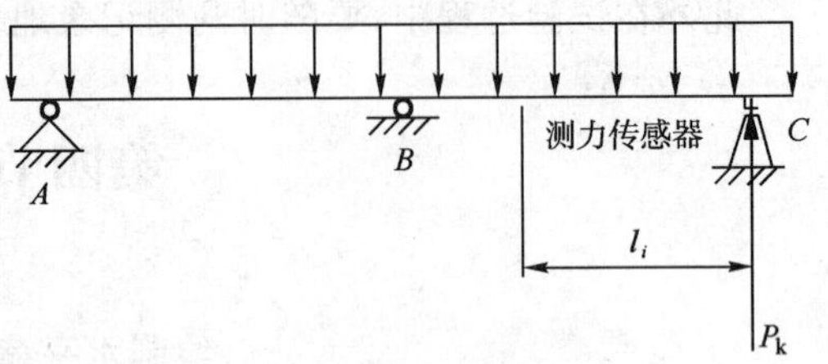

图 9.4-5　整桩布置率定图

只要求出各断面的 M_{iq}，即可得到实际弯矩 M_{ik}。分级改变支座反力 P_k，当 I 断面的测试弯曲应变为零(即和初读数值相同)，即该断面的 M_{ik} 等于零，令 $P_{i0}=P_{ki}$，由式(9.4-1)得：

$$0 = l_iP_{i0} - M_{iq}$$

$$M_{iq} = l_iP_{i0}$$

把 I 断面自重弯矩 M_{iq} 代入式(9.4-1)得：

$$M_{ik}=l_i(P_k-P_{i0}) \qquad (9.4\text{-}2)$$

在数据整理时，先求得在不同支座反力 P_k，使各率定断面弯曲应变为零时的支座反力 P_{i0}，即可根据式(9.4-2)求得各断面的理论弯矩 M_{ik}，量测各相应的弯曲应变值(即上、下断面的应变代数差)，就可得到各率定断面的弯矩和弯曲应变的非线性关系。

2.标定断面法确定桩身弯矩

标定断面法就是在试桩时利用接近泥面的测试断面建立该断面的实测弯曲应变和理论弯矩的关系。对事先无法进行整桩率定的桩(如灌注桩)，可近似把标定断面的关系看作其他所有测试断面的率定曲线，以确定试桩时泥面下桩身各截面的弯矩。对已进行整桩率定的试桩，可用此关系来检验整桩率定成果，还可利用此关系把原有率定曲线外延，以扩大使用范围。采用此法要求试桩有一定自由长度(力作用点离标定断面之间间距一般不小于 2 倍桩径)。

三、绘制桩身在各级荷载作用下的挠曲线图

桩的挠曲线图可由测斜仪量测得到，也可直接由测试得到的各断面弯曲应变推算而得；两者相比，后者系统误差小，所求得的挠曲线精度也高，其公式如下，见图 9.4-6。

$$\theta_{i+1}=\theta_i-(\Delta\varepsilon_{i+1}+\Delta\varepsilon_i)\frac{l_i}{2b_0} \qquad (9.4\text{-}3)$$

$$y_{i+1}=y_i+\theta_il_i-(\Delta\varepsilon_{i+1}+2\Delta\varepsilon_i)\frac{l_i^2}{6b_0} \qquad (9.4\text{-}4)$$

式中：b_0——测试断面二测点之间距；

$\Delta\varepsilon_i$、$\Delta\varepsilon_{i+1}$——分别为 i、$i+1$ 断面弯曲应变；

θ_i、θ_{i+1}——分别为 i、$i+1$ 断面弯曲角应变；

y_i、y_{i+1}——分别为 i、$i+1$ 断面横向位移；

l_i——i 单元的长度。

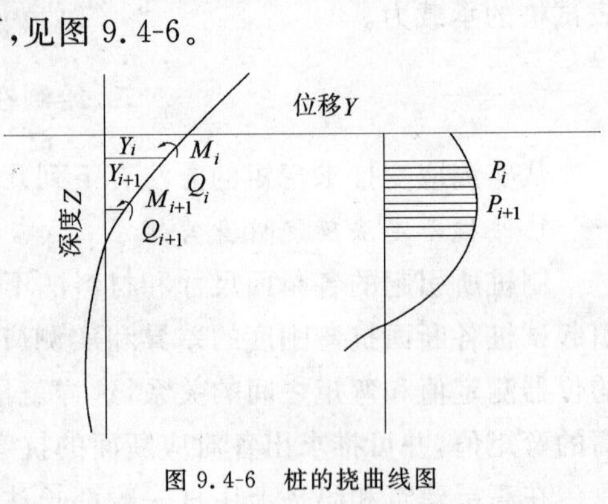

图 9.4-6　桩的挠曲线图

知道了桩顶或桩尖的位移或转角，即可由式(9.4-3)和式(9.4-4)逐点求得各断面的挠度和转角。

对中、长桩宜取桩尖为积分起点，此时，其初始位移和转角位移为零。而泥面以上各断面实测位移可作为校核使用。

求得土抗力和剪力后，也可由初参数法求出各断面的位移和转角。

四、土抗力的确定

桩在水平荷载作用下，桩侧土具有稳定性和抵抗外力的作用。地基系数就是桩在单位面积上所受到的地基反力 q 与该点横向位移 y 之比。它随水平位移及深度的不同而变化。其值可由试验得到的土抗力和相应位移求得，也可由实测泥面位移或作用点位移来近似推求。

1.实测土抗力和水平位移关系曲线(q-y)

要得到此曲线的关键是求得桩在各级荷载作用下所受到的土抗力 q 的分布图。目前行之有效的方法是通过对弯矩的二次微分来求得：

$$\frac{\mathrm{d}^2 M}{\mathrm{d}x^2}=Bq \tag{9.4-5}$$

式中：M——弯矩；

x——距离；

q——土抗力；

B——桩计算宽度。

求土抗力 q 的步骤如下：

(1)光滑处理

用这种方法求土抗力要求量测的弯矩具有较高的精度。因此提出制桩时加密测试断面，测试前进行整桩率定，测试时建立标定断面的一整套方法和措施。弯矩在土抗力作用下本应是一条光滑曲线，但由于测试误差仍会引起弯矩值的波动，为此应该事先对测试得到的弯矩沿桩身进行等距离插入，然后用五点滑移公式进行磨光处理，以对弯矩进行局部修正。

五点滑移差分计算式为：

$$\begin{pmatrix}\overline{M}(x_0-2h)\\ \overline{M}(x_0-h)\\ \overline{M}(x_0)\\ \overline{M}(x_0+h)\\ \overline{M}(x_0+2h)\end{pmatrix}=\frac{1}{70}\begin{pmatrix}69 & 4 & -6 & 4 & -1\\ 4 & 54 & 24 & -16 & 4\\ -6 & 24 & 34 & 24 & -6\\ 4 & -16 & 24 & 54 & 4\\ -1 & 4 & -6 & 4 & 69\end{pmatrix}\begin{pmatrix}M(x_0-2h)\\ M(x_0-h)\\ M(x_0)\\ M(x_0+h)\\ M(x_0+2h)\end{pmatrix} \tag{9.4-6}$$

式中：M——插入后桩身各点弯矩；

$\overline{M}$——光滑后桩身各点弯矩；

x_0——光滑断面离泥面距离；

h——差分步长。

(2)剪力计算

把进行过光滑处理过的弯矩通过一次微分后得桩身剪力 Q，公式如下：

$$\begin{pmatrix}Q(x_0-2h)\\ Q(x_0-h)\\ Q(x_0)\\ Q(x_0+h)\\ Q(x_0+2h)\end{pmatrix}=\frac{1}{20h}\begin{pmatrix}-21 & 13 & 17 & -9 & 0\\ -11 & 3 & 7 & 1 & 0\\ -4 & -2 & 0 & 2 & 4\\ 0 & -1 & -7 & -3 & 11\\ 0 & 9 & -17 & -13 & 21\end{pmatrix}\begin{pmatrix}\overline{M}(x_0-2h)\\ \overline{M}(x_0-h)\\ \overline{M}(x_0)\\ \overline{M}(x_0+h)\\ \overline{M}(x_0+2h)\end{pmatrix} \tag{9.4-7}$$

(3)土抗力计算

对剪力再微分一次除以桩宽得土抗力 q,公式如下:

$$\begin{Bmatrix} q(x_0-2h) \\ q(x_0-h) \\ q(x_0) \\ q(x_0+h) \\ q(x_0+2h) \end{Bmatrix} = \frac{1}{20hB}\begin{bmatrix} -21 & 13 & 17 & -9 & 0 \\ -11 & 3 & 7 & 1 & 0 \\ -4 & -2 & 0 & 2 & 4 \\ 0 & -1 & -7 & -3 & 11 \\ 0 & 9 & -17 & -13 & 21 \end{bmatrix}\begin{Bmatrix} Q(x_0-2h) \\ Q(x_0-h) \\ Q(x_0) \\ Q(x_0+h) \\ Q(x_0+2h) \end{Bmatrix} \tag{9.4-8}$$

使用时,计算泥面第一、第二断面时使用第一、第二行计算式,计算桩尖最后二个断面时利用第四、第五行计算式,其余用第三行计算式。

有了各级荷载作用下各断面土抗力和挠度,就可绘制出泥面下不同深度处的单位面积上土抗力和横向位移的关系曲线,即 q-y 曲线。

这些曲线基本上反映了这些地区地基固有力学性质,凭此可用有限元法或有限差分法来确定实际工程桩在水平荷载作用下的受力特性。

2. 线弹性地基系数法

根据土抗力与位移的关系可将桩在水平荷载作用下的计算分为线弹性地基反力法和非线性地基反力法两大类。土抗力可表达为以下的函数:

$$q=k_{\rm N}z^m y^n \tag{9.4-9}$$

式中:k_N、m、n——根据不同的土抗力分布假定取不同的数值。该式具有普遍意义,目前常用的线性和非线性计算方法均可表达为上式。如表 9.4-1 所示。

线弹性地基系数法系数取值表 表 9.4-1

方法类型	方法名称	计算公式	m	n
线弹性地基反力法	张氏法	$q=cy$	0	1
	C 值法	$q=cz^{0.5}y$	0.5	1
	m 法	$q=mzy$	1	1
	k 法	$q=kz^2y$	2	1
非线性弹性地基反力法	港研法 C 型地基	$q=ky^{0.5}$	0	0.5
	港研法 S 型地基	$q=kzy^{0.5}$	1	0.5
	p-y 曲线法	$q=kzy^{1/3}$	1	1/3
	NL 法	$q=k_{\rm N}z^{2/3}y^{1/3}$	2/3	1/3

这里需说明,p-y 曲线法规定位移 $Y\geqslant 8y_{50}$ 时土体将进入塑性状态,此时的位移 y 通常将超过 10~20cm,在水工建筑物中泥面下的桩基位移很少能达到这么大的数值,即使超过此值,由于泥面下位移的衰减速率很大,极大部分的土仍处于弹性状态。因此式(9.4-9)作为土抗力与位移关系的通用表达式,具有普遍意义。

3. 线弹性地基反力法

尽管非线性弹性地基反力法近年取得了不少进步,但由于计算过程相对复杂,而国内的工程设计人员已在长期使用线弹性地基反力法的过程中积累了丰富的经验,因此线弹性地基反力法仍然是国内目前应用最普遍的计算方法。由表 9.4-1 可见,常用的线弹性地基反力法有以下 4 种,它们的土抗力分布假设如图 9.4-7 所示。

①张氏法:土抗力为矩形分布,$q=c'y$;

②C 值法:土抗力为凸抛物线分布,$q=cz^{0.5}y$;

③m 法:土抗力为三角形分布,$q=mzy$;

④k 法：土抗力为凹抛物线分布，$q=kz^2y$。

以上各式中，常数 c'、c、m、k 也称为弹性地基系数。其值可根据测试得到的作用力和位移值，用无量纲法求得，见图 9.4-7，其方程为：

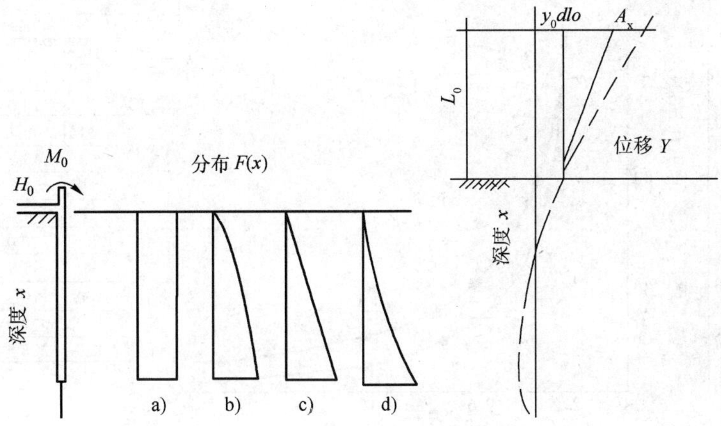

图 9.4-7 地基系数分布图与计算方法

$$\eta_0\alpha^3-\eta_1\alpha^2-\eta_2\alpha-\eta_3=0 \tag{9.4-10}$$

式中：$\eta_0=\dfrac{y-\Delta y}{H_0}EI=\dfrac{y-\dfrac{H_0L_0^3}{3EI}}{H}EI=\left(\dfrac{y_0EI}{H_0}-\dfrac{L_0^3}{3}\right)$；

$\eta_1=L_0^2B_\varphi^0$；

$\eta_2=L_0(B_y^{(0)}+A_\varphi^{(0)})$；

$\eta_3=A_y^{(0)}$；

α——桩土变形系数：C 值法时，$\alpha=\sqrt[1.0]{\dfrac{cB}{EI}}$；$m$ 法时，$\alpha=\sqrt{\dfrac{mB}{EI}}$；$k$ 法时，$\alpha=\sqrt[1]{\dfrac{kB}{EI}}$；

EI——桩的抗弯刚度；

B——桩计算宽度。

$A_y^{(0)}$、$A_\varphi^{(0)}$、$B_y^{(0)}$、$B_\varphi^{(0)}$——泥面处无量纲系数，可查表 9.4-2 得到(适用中、长桩)。

表 9.4-2

系 数	C 值 法	m 法	k 法
$A_y^{(0)}$	2.026	2.440 66	4.256 1
$A_\varphi^{(0)}$	1.365	1.621 00	1.639 2
$B_y^{(0)}$	1.365	1.621 00	1.639 2
$B_\varphi^{(0)}$	1.617	1.750 58	1.758 8

解式(9.4-10)可用图解法，也可用迭代法。求得 α 及相应计算图式的地基系数。

通过试验我们能达到下列目的：

①在桩身没有埋设应变片时，当事先根据地基性质确定了地基系数分布图式后，就可根据试验得到的作用力和力作用点位移，用上法计算地基系数，然后可用无量纲法来确定实际工程桩的受力特性。

②当桩身埋设有应变计时，用上法求得不同地基分布图式的地基系数，并用之求得试桩相应的弯矩分布图，并和实测弯矩图比较，取最接近实际情况的地基分布图式及相应的地基系数作为分析本地区工程桩受力特性的依据。

由于假设的地基系数分布图式和实际情况有一定出入，因此计算得到的地基系数不仅取决于该处地基土的力学性质，还受到试桩的刚度、自由长度、桩顶约束等因素影响。

江苏某工程试桩中计算得到的 m 法的地基系数 m，如图 9.4-8 所示，其值是一个变量，特别是在小荷载时变化较大。设计时可根据规范规定的容许泥面位移或设计荷载在该图中确定相应的 m 值。

用线弹性系数法计算桩的承载力，误差虽较大，但由于计算方便，目前还被广泛使用。

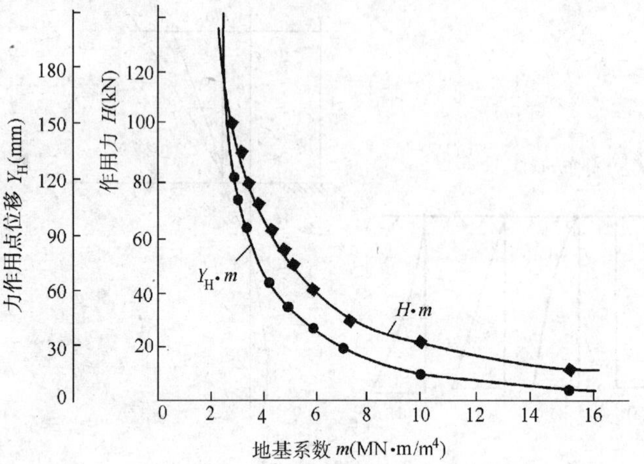

H(kN)	Y_H(mm)	m
10	6.5	15.00
20	14.5	10.00
30	24.0	6.65
40	32.7	5.60
50	43.6	4.90
60	54.3	4.15
70	64.6	3.80
80	78.9	3.45
90	95.8	3.00
100	119.5	2.68
110	155.4	2.42
120	208.5	2.34

图 9.4-8　地基系数 m 分布图

4. 非线性弹性地基反力法

线性弹性地基反力法具有概念清楚、求解方便的特点，长期以来为广大设计人员所欢迎。但实测资料证明由于桩土相互作用关系复杂，即使在较小的位移下，土对桩的作用仍处于非线性状态之下，而且位移越小非线性程度越大，因此《港口工程桩基规范》(JTJ 284—98)等标准从 20 世纪 90 年代末开始相继引入非线性弹性地基反力法。

这里介绍目前国内外最常用的三种非线性弹性地基反力法。

(1) P-Y 曲线法

P-Y 方法由美国的 Motlock 和 Reese 提出，并最早在近海石油平台上得到应用，美国石油协会、意大利船级社、中国船检局等都采用了该方法。根据规范可由当地的土质情况计算出地基不同深度处，在不同横向位移时所对应的土抗力，即 P-Y 曲线。

Motlock 建议按下列步骤计算桩在软黏土中短期荷载作用下的 P-Y 曲线，见图 9.4-9。首先，尽可能求得各深度处的不排水抗剪强度 S_u 和平均重度 $\overline{\gamma}$，同时，需求得相应主应力差一半时的应变值 ε_{50}。再以下列公式计算单位长度的极限土抗力 P_u，并取用其较小值。

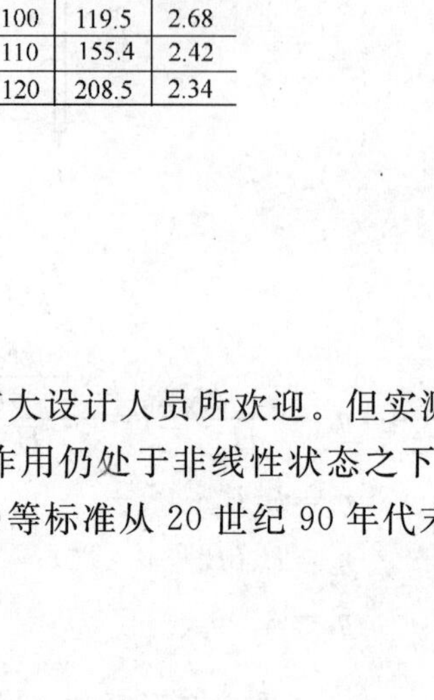

图 9.4-9　短期荷载作用下的 P-Y 曲线

$$P_u=\left(3+\frac{\overline{\gamma}}{S_u}Z+\frac{0.5}{B}Z\right)S_uB \tag{9.4-11}$$

$$P_u=9S_uB \tag{9.4-12}$$

式中：$\overline{\gamma}$——地表面到 P-Y 曲线所在深度之间的平均重度（在水下取浮容量）；

Z——地表面到 P-Y 曲线计算点的深度；

S_u——z 深度处的不排水抗剪强度；

B——桩宽（或直径）。

在每一个需要求 P-Y 曲线的深度上都要事先求得相应的 P_u 值。

按式(9.4-13)计算到极限土抗力一半时的变位 $\overline{Y}_{50}$：

$$Y_{50}=2.5B\varepsilon_{50} \tag{9.4-13}$$

最后，以下列关系式可以计算出描绘 P-Y 曲线的各点：

$$\frac{P}{P_{\mathrm{u}}}=0.5\left(\frac{Y}{Y_{50}}\right)^{\frac{1}{3}} \tag{9.4-14}$$

当$Y>8Y_{50}$时，P值等于P_{u}保持不变。

有了P-Y曲线就可用差分法或有限元法通过逐次逼近的方法求得桩在横向荷载作用下的受力特性。

(2)港研法

“港研法”是由日本港湾技术研究所的久保、林一宫岛等人根据一些模型试验和现场试验资料分析而得到的，在此法中，土抗力可表达为：

$$q=kp(z)y^{m} \tag{9.4-15}$$

式中：q——单位面积上的土抗力；

z——土抗力计算点的深度；

y——水平位移大小；

k——系数，可以根据标准贯入试验N值沿深度的变化规律确定。

“港研法”认为m值可以近似取作0.5，根据沿深度Z的变化规律不同分为两种类型，$p(z)=z$时称为S型地基；$p(z)=1$时称为C型地基，分别适用于正常固结土和超固结土。

桩在水平荷载作用下的受力特性(即非线性微分方程的求解)确定，可用“港研法”中介绍的基准桩方法求得，即：根据基准桩得出的桩受力特性结果，用相似法则推算出实际工程桩性能的方法。这方法最大特点是使用方便，可不通过有限元计算而直接能给出水平荷载作用下的变形和内力，便于推广应用。

(3)NL法

由我国中港第三航务工程局科学研究所通过近20年来现场试验和资料的结果，由叶万灵、时蓓玲等人提出了一种新的水平力非线性计算方法——NL法。该法提出的土抗力计算公式是通过大量现场试验实测桩身承受的土抗力，采用数理统计的方法得到的，具有使用方便、可靠、有效的特点，该法认为土抗力q和泥面下深度(x)及该处的水平位移(y)满足下列关系：

$$q=k_{N}x^{\frac{2}{3}}y^{\frac{1}{3}}$$

水平地基反力系数k_N可由土的压缩系数α来推算，公式为：

$$k_{N}=\frac{\xi\cdot 110}{(\alpha-0.2)^{0.5}} \tag{9.4-16}$$

式中：k_N——水平地基反力系数(kN/m^3)；

α——地基的压缩系数(1/MPa)；

ξ——桩宽修正系数；

当$B\geqslant 0.4$m，$\xi=1$；当$B<0.4$m，$\xi=0.7+0.06/B^2$。

NL法最大的特点是土抗力的函数关系建立在大量实测试桩资料的基础上，而且用于计算水平地基反力系数的土质参数α比较容易获得。在计算原理方面，NL法借鉴了“港研法”的思路，可以通过一系列相似转换用查表计算的方法获得水平荷载作用下桩的变形和内力。

第五节　码头试桩实例

1.概况

这里列举的是江苏省某地区码头试桩的实例。

(1)试验目的

通过对预应力大直径混凝土管桩的横向荷载试验，求得该地区的侧向地基系数，以确定实际工程桩在水平荷载作用下的受力特性。

(2)地质条件

地基柱状和贴片布置见图 9.4-10。

(3)试桩的测点布置

试桩有九节 4m 长，直径为 1.2m，壁厚为 13cm 的管节，用高强钢丝按后张法拼接成 36m 长桩。预压应力约为 6MPa，混凝土等级为 C60。

在整个试桩中布置了 22 个测试断面，每个断面成对埋设了 2 个应变计，它们之间净距为 110cm，在接近泥面的 13 个测试断面间距为 1m，见图 9.4-10。

力作用点高程为 7.84m，位移测量安排了 2 个测试断面，其高程分别为＋7.84m 和＋8.84m(用角钢增加桩顶高度)，泥面高程为－6.10m。由于悬臂段较长，采用量程为 40cm 的位移计。

2. 试验装置及测试

该试桩是为建港服务的，试验是在海上平台进行的。其反力装置是专门浇筑在一对叉桩上的一个钢筋混凝土墩。其基准点由专门设置的 2 根 60cm×60cm 方桩承担。用 300kN 卧式油压千斤顶加载，250kN 压力传感器测定控制施加荷载。

试验按《上海地基基础设计规范》(DBJ 08-11—1999)规定，采用单循环恒速水平加载法。每级荷载加载量为 10kN，整个试验共施加了 13 级荷载。

试验时量测了各级荷载作用下各测点的位移和应变。当荷载达到 130kN 时，位移增加较快，考虑到位移计和千斤顶行程等各方面因素而中止加载。

3. 资料分析

1)绘制 H-Y_H 曲线

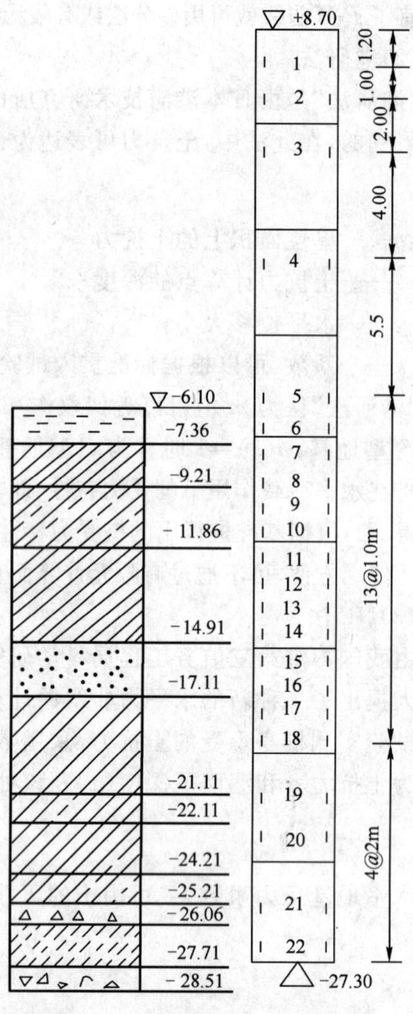

图 9.4-10　贴片布置图(尺寸单位：m)

根据量测得到的作用力和力作用点位移可绘制 H-Y_H 关系曲线和 $\lg H$-$\lg Y_H$ 曲线分别见图 9.4-11 和图 9.4-12。双对数曲线只有一个转折点。桩的临界荷载为 90kN，对应作用点位移为 95.8mm。在该图上未出现第二个转折点，所以该桩极限荷载不小于130kN。

2)绘制弯矩分布图

(1)整桩率定：在试验前对该桩进行了整桩率定，为保证在率定时不产生开裂、控制施加的力较小，此时预应力材料线性较好，因此采用通过原点的直线回归求得各断面的率定系数 k_i，其值如表 9.4-3所列。表中 6 号和 16 号断面测点在制桩时损坏。

整桩率定系数表　　　表 9.4-3

断面号	5	6	7	8	9	10	11	12	13	14	15	16	17	18
K_i(kN·m/$\mu\varepsilon$)	2.33	—	2.48	2.58	2.49	2.58	2.60	2.54	2.46	2.61	2.53	—	2.60	2.56

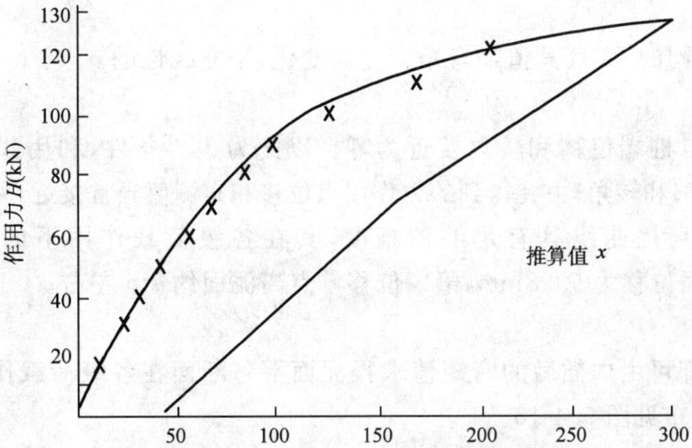

H (kN)	(1) mm	(2) mm
10	6.5	4.4
20	14.5	12.7
30	24.0	22.8
40	32.7	31.3
50	43.6	42.0
60	51.3	54.3
70	64.6	66.2
80	78.9	80.1
90	96.8	94.5
100	119.5	126.4
110	155.4	164.0
120	208.5	201.0
130	295.0	—

图 9.4-11　H-Y_H 关系曲线

(2)标定断面的建立及弯矩值的确定。试桩的悬臂较长,力作用点距泥面间距为 13.94m,取离泥面 30cm 的 5 号断面为标定断面,该断面在各级荷载作用下的理论弯矩和实测弯曲应变之间关系如图 9.4-13所示。

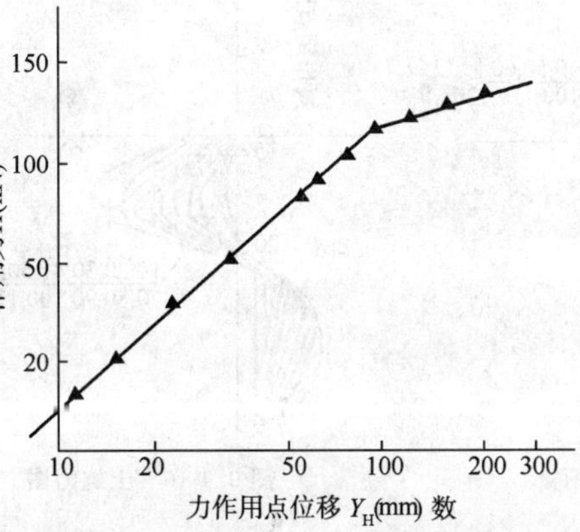

图 9.4-12　$\lg H$-$\lg Y_H$ 曲线

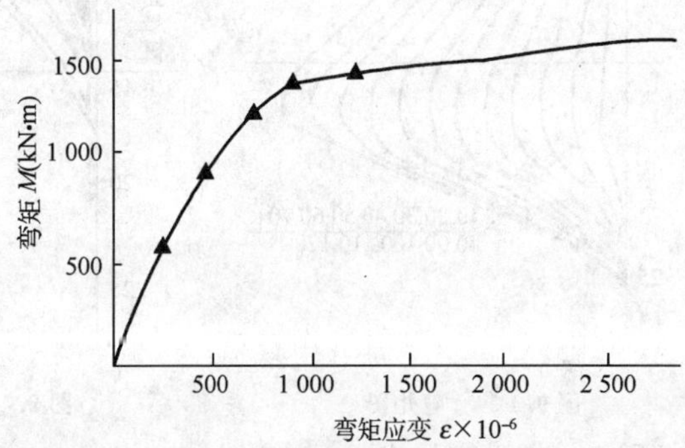

图 9.4-13　5 号断面标定曲线

利用多项式分段回归,得 5 号断面弯矩和弯曲应变的关系式:

$$M_5=\begin{cases}60.6+1.97\varepsilon+4.13\times10^{-3}\varepsilon^2-1.96\times10^{-5}\varepsilon^3 \\ +3.06\times10^{-8}\varepsilon^4-1.65\times10^{-11}\varepsilon^5 \quad \varepsilon\leqslant740 \\ 1\,322+3.63\times10^{-2}\varepsilon+2.85\times10^{-5}\varepsilon^2 \quad \varepsilon>740\end{cases} \tag{9.4-17}$$

式中:ε——微应变。

利用整桩率定求得各断面率定系数对弯矩进行修正,即可得泥面下各测试断面的关系式:

$$M_i=\frac{k_i}{k_s}M_5 \tag{9.4-18}$$

利用式(9.4-11)和式(9.4-12)就可根据各断面的实测应变求得桩身各断面的弯矩。图 9.4-14 是由测试应变经过计算得到的弯矩所绘制的弯矩图。相应于临界荷载的桩身最大弯矩为 1 338kN · m,在泥面下 2.70m。由结构试验得到该桩开裂弯矩为 1 310kN · m,两者异常接近。相应于最大荷载时最大弯矩为 1 972kN · m,小于结构试验所得破坏弯矩为 2 080kN · m,但已是非常接近了,故此极限荷载将不小于 130kN。

各断面的抗弯刚度为:

$$EI_i=\frac{M_i}{\Delta\varepsilon_i}b_0 \tag{9.4-19}$$

式中各物理量意义同前。

抗弯刚度各断面是不完全相同的，而且其值随弯矩变化而变化，是非线性的。

3）绘制挠曲线图

由于该桩入土深度超过 20m，桩端位移和转角接近为零。以此为边界条件，利用式(9.4-3)或式(9.4-4)自下而上求得桩身各点位移和转角，由此得到的力作用点位移和实测值异常接近，见图 9.4-14 的推算值。这说明推算得到的桩身挠曲线具有足够的精度，其在各级荷载作用下的挠曲线图见图 9.4-15，相应于临界荷载时泥面位移为 9.98mm，第一位移零点离泥面约 7m 左右。

4）土抗力的计算

利用式(9.4-6)～式(9.4-8)即可由内插后的弯矩值求得泥面下各断面在各级荷载作用下的单位长度的土抗力 $p(p=q\cdot B)$，其分布见图 9.4-16。

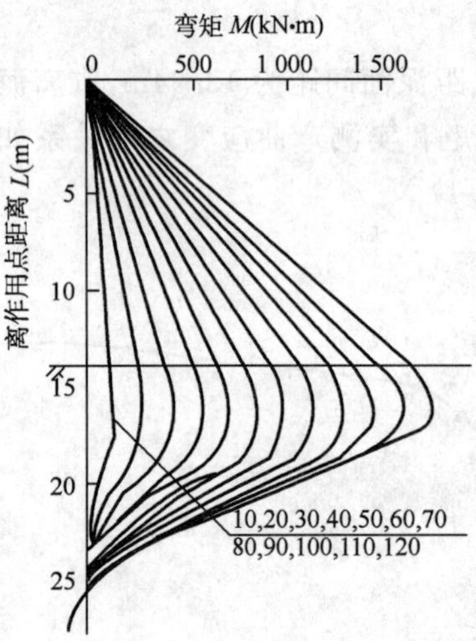

图 9.4-14　弯矩图

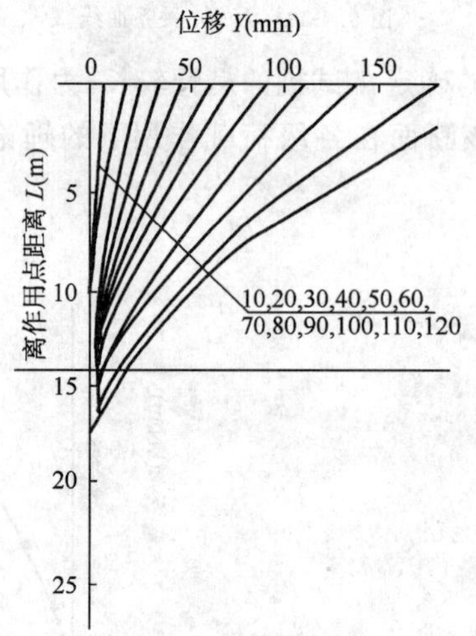

图 9.4-15　挠曲线图

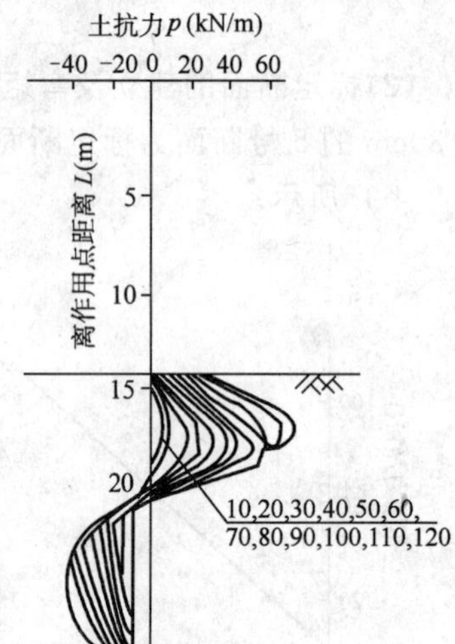

图 9.4-16　土抗力图

5）q-y 曲线的建立

把计算得到的土抗力 p 除以桩宽得到单位面积上的土抗力 q，由挠曲线图中查得相应水平位移 y，即得到不同深度处单位面积上的土抗力和水平位移的关系曲线。即 q-y 曲线，见图 9.4-17，该曲线簇可近似看作为该地区表层土固有的力学性质，用它即可确定实际工程桩的受力特性。

6）线弹性地基系数"m"值的确定

设计要求提供弹性地基系数 m，由实测作用点力及作用点水平位移，利用式 9.4-10 计算得到了不同荷载作用下的 m 法的地基系数 m，见图 9.4-8，相应于临界荷载的 m 值为 3 000kN/m^4。

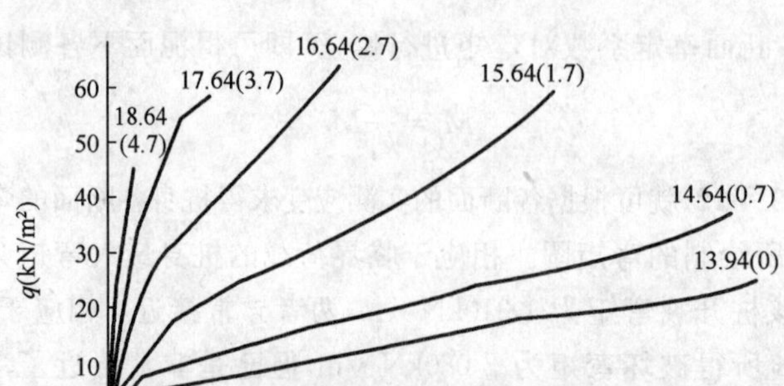

图 9.4-17　泥面下不同深度处水平位移与土抗力关系

（图中括号内数字为泥面下深度，单位为 m）

第五章　桩的自平衡荷载试验

第一节　基本情况及适用范围

1969年，日本的中山(Nakayama)和藤关(Fujiseki)提出，用桩侧阻力作为桩端阻力的反力测试桩承载力的概念。20世纪80年代中期类似的技术也为Cernac和Osterberg等人所发展，其中Osterberg将此技术用于工程实践，并推广到世界各地，所以一般称这种方法为Osterberg-Cell载荷试验或O-cell载荷试验，国内称为自平衡荷载试验(简称自平衡试桩法)。

在我国，东南大学土木工程学院在理论研究的基础上，于1996年开始对该法的关键设备荷载箱和位移量测装置、数据采集处理系统进行了研究开发。1999年6月，江苏省地方标准《桩承载力自平衡测试技术规程》(DB32/T 291—1999)发布实施，成为2002年建设部和科技部重点推广技术。国内试验单桩最大承载力高达120 000kN，最大桩径2.8m，最大桩长125m。目前该法已成功应用于钻孔灌注桩、人工挖孔桩、管桩和沉管灌注桩等房屋建筑及桥梁的桩基检测中。

自平衡静载荷试验相对于传统静载荷试验(堆载法与锚桩法)，有以下几个特点：

(1)装置较简单，不占用场地，不需运入数百吨或数千吨物料，不需构筑笨重的反力架，可多根桩同时测试，试桩准备工作省时省力。

(2)该法利用桩的侧阻与端阻互为反力，因而可以测得侧阻力与端阻力和各自的荷载—位移曲线。

(3)试验费用省。尽管荷载箱为一次性投入器件，但与传统方法相比可节省试验总费用的30%～60%。

(4)试验后试桩仍可作为工程桩使用，必要时可利用预埋管对荷载箱进行压力灌浆。

(5)方便的重复试验。可在不同的桩端深度(双荷载箱或多荷载箱技术)和同一桩。端深度的不同时间(后压浆试桩效果对比)，在同一根桩上方便地进行试验。

(6)可得到土阻力的静蠕变和恢复效果。试验荷载可保留所需的任意长时间段，因此可实测桩侧和桩端阻力的蠕变行为的数据，沉桩结束后土阻力的恢复也可在任何时候方便地得到。

(7)在下列情况下或当设置传统的堆载平台或锚桩反力架特别困难或花费巨大时，该法更显示其优势，例如，水上试桩、坡场试桩、基坑底试桩、狭窄场地试桩、斜桩、嵌岩桩和抗拔桩等。

第二节　测 试 原 理

自平衡试桩法是在桩尖附近安设荷载箱，沿垂直方向加载，即可同时测得荷载箱上、下部桩身各自的承载力，见图9.5-1。

自平衡测桩法的主要装置是一种经特别设计可用于加载的荷载箱。它主要由活塞、顶盖、底盖及箱壁四部分组成。顶、底盖的外径略小于桩的外径，在顶、底盖上布置位移棒。将荷载箱与钢筋笼焊接成一体放入桩体后，即可浇捣混凝土成桩。

试验时，在地面上通过油泵加压，随着压力增加，荷载箱将同时向上、向下发生变位，促使桩侧阻力及桩端阻力的发挥，见图 9.5-2。由于加载装置简单，多根桩可同时进行测试。此外，东南大学土木工程学院开发了测桩软件，可同时对多根桩测试数据进行处理。

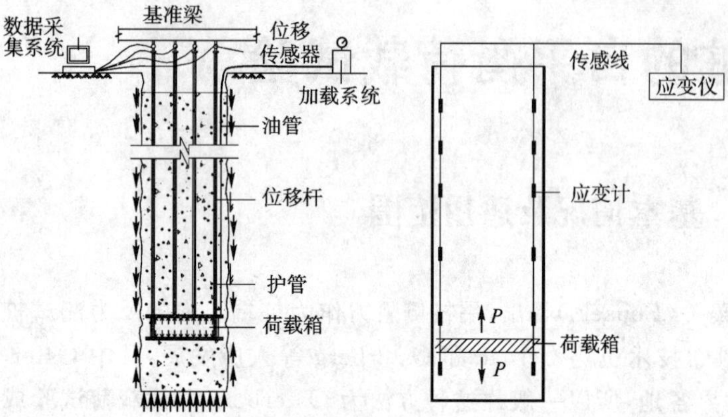

图 9.5-1　桩承载力自平衡试验示意图

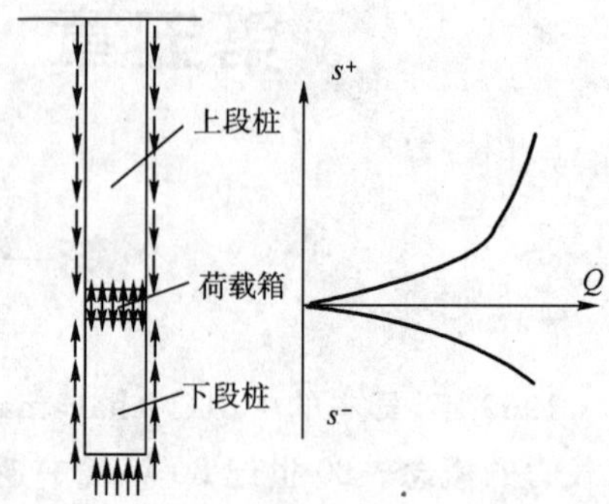

图 9.5-2　试验示意图

采用并联于荷载箱的压力表测定油压，根据荷载箱率定曲线换算荷载。试桩位移一般采用百分表或电子位移计测量。采用专用装置分别测定荷载箱向上位移和向下位移。对于直径很大及有特殊要求的桩型，可对称增加各一组位移测试仪表。固定和支承百分表的夹具和基准梁在构造上应确保不受气温、振动及其他外界因素的影响以防止发生竖向变位。因此，可根据读数绘出相应的“向上的力与位移图”及“向下的力与位移图”（图 9.5-2），根据两条 Q-s 曲线及相应的 s-$\lg t$、s-$\lg Q$ 曲线，判断桩承载力、桩沉降、桩弹性压缩和岩土塑性变形。

基桩自平衡试验开始后，荷载箱产生的荷载沿着桩身轴向往上、往下传递。假设基桩受荷后，桩身结构完好（无破损，混凝土无离析、断裂现象），则在各级荷载作用下混凝土产生的应变量等于钢筋产生的应变量，通过量测预先埋置在桩体内的钢筋应变计，可以实测到各钢筋应变计在每级荷载作用下所得的应力—应变关系，可以推出相应桩截面的应力—应变关系，那么相应桩截面微元内的应变量亦可求。由此便可求得在各级荷载作用下各桩截面的桩身轴力及轴力、摩阻力随荷载和深度变化的传递规律。

由于自平衡试桩法本身的特点，因此可以满足某些特殊的设计要求，有时需要测出桩身上段的极限侧阻力、下段的极限侧阻力以及极限端阻力，可以采用双荷载箱测试技术——该技术是采用两只荷载箱，一只放在桩下部，一只放在桩身某一部位，便可分别测出桩身上段的极限侧阻力、下段的极限侧阻力以及极限端阻力。图 9.5-3 为该方法荷载箱摆放位置示意图。采用双荷载箱也可以进行后压浆桩测试，下荷载箱可摆在桩端（或附近）。首先进行压浆前两个荷载箱测试，求得桩端承载力和桩身承载力，然后进行桩端高压注浆再进行两个荷载箱测试，这样就可求得压浆对端阻力、桩承载力的提高作用。双荷载箱测试给施工时带来不便，但只要在上荷载箱预留孔位，使得下荷载箱位移棒能垂直通过，一般容易成功。

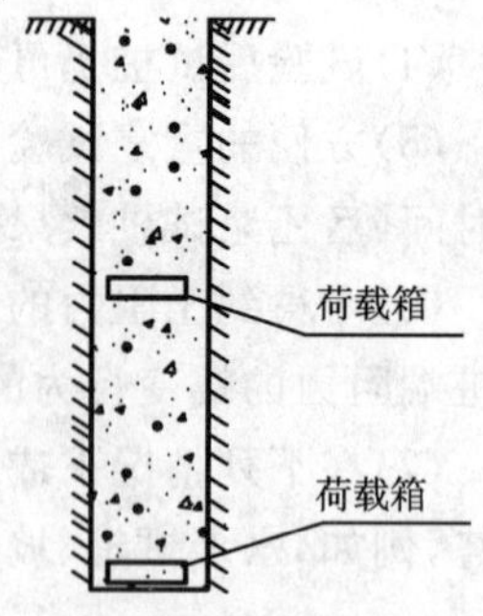

图 9.5-3　荷载箱摆放位置示意图

第三节　测 试 设 备

1. 加载设备

(1)试桩一般采用一个或两个环形荷载箱（专利产品），行程 15～20cm。

(2)高压油泵：最大加压值为 60MPa，加压精度为每小格 0.4MPa。

2.位移量测装置

(1)电子位移传感器:量程 50mm(可调),每桩 4 支或 6 支,通过磁性表座固定在基准钢梁上,2 支用于量测桩身荷载箱处的向上位移,2 支用于量测桩身荷载箱处的向下位移,2 支用于量测桩顶向上位移。

(2)在每个荷载箱上、下板之间布置 2 个长距离位移计,测上、下板相对变位。

(3)电脑及数据自动采集仪一套。

第四节 荷载箱放置技术

自平衡试桩法在国内至今已做了几百例工程。荷载箱的埋设位置是一个重要的关键技术,对此根据工程实例及试桩经验,归纳出了荷载箱在桩中合理的埋设位置。如图 9.5-4 所示。

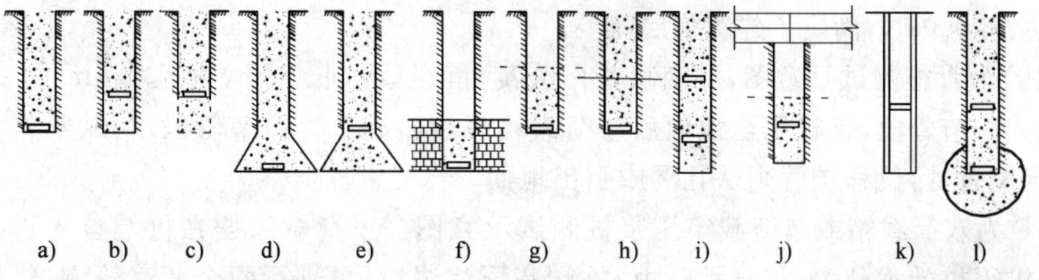

图 9.5-4 荷载箱埋设部位

图 9.5-4a)是一般常用位置,即当桩身成孔后先在孔底稍作找平,然后放置荷载箱。此法适用于桩侧阻力与桩端阻力大致相等的情况,或端阻大于侧阻而试桩目的在于测定侧阻极限值的情况。如镇江电厂锅炉基础采用钻孔灌注桩,桩预估端阻力略大于侧阻力,荷载箱摆放在桩端进行测试。

图 9.5-4b)是将荷载箱放置于桩身中某一位置,此时如位置适当,则当荷载箱以下的桩侧阻力与桩端阻力之和达到极限值时,荷载箱以上的桩侧阻力基本上达到极限值。如云南阿墨江大桥,荷载箱摆放在桩端上部 25m 处,这样上、下段桩的承载力大致相等,确保测试中顺利加载。

图 9.5-4c)为钻孔桩抗拔试验的情况。由于抗拔桩需测出整个桩身的侧阻力,故荷载箱必须摆在桩端,而桩端处无法提供需要的反力,故将该桩钻深,加大桩侧阻力。如上海吴淞口输电塔大跨度越江工程,桩长 44m,荷载箱下部再钻深 7m 提供反力。

图 9.5-4d)为挖孔扩底桩抗拔试验的情况。如江苏省电网调度中心基础工程,抗拔桩为挖孔扩底桩,荷载箱摆在扩大头底部进行抗拔试验。

图 9.5-4e)适用于大头桩或当预估桩端阻力小于桩侧阻力而要求测定桩侧阻力极限值时的情况,此时是将桩底扩大,将荷载箱置于扩大头上。如南京北京西路安居房工程。该场地地表 5m 下面软、硬岩相交替,挖孔桩侧阻力相当大,故荷载箱置于扩大头上进行测试。南京江浦农行综合楼采用夯扩桩,荷载箱摆在夯扩头上进行测试。

图 9.5-4f)适用于测定嵌岩段的侧阻力与桩端阻力。此法所测结果不至于与覆盖土层侧阻力相混。如仍需测定覆盖土层的极限侧阻力,则可在嵌岩段侧阻力与端阻力测试完毕后浇灌桩身上段混凝土,然后再进行试桩。如南京世纪塔挖孔桩工程,设计要求测出嵌岩段侧阻力与端阻力,荷载箱埋在桩端,混凝土浇灌至岩层顶部,设计部门根据测试结果进行扩大头设计。

图 9.5-4g)适用于当有效桩顶高程位于地面以下有一定距离时(如高层建筑有多层地下室情况),此时可将输压管及位移棒引至地面方便地进行测试。如南京电信局多媒体大厦,采用冲击钻孔灌注桩,三层地下室底板距地面 14m,预估该段桩承载力达 8MN,而整桩预估承载力高达 40MN。南京地铁新街口站,底板距地面 23m,有效桩长 27m。浇捣桩身混凝土至底板下部,两工程试桩分别形成

14m、23m 空头桩，测试结果消除了多余上部桩身侧阻力的影响。

图 9.5-4h)适用于需测定两个或以上土层的侧阻极限值的情况。可先将混凝土浇灌至下层土的顶面进行测试而获得下层土的数据，然后再浇灌至上一层土，进行测试，依次类堆，从而获得整个桩身全长的侧阻极限值。如江苏省电网调度中心挖孔桩工程，荷载箱摆在桩端，上部先浇 2.5m 混凝土，测出岩石极限侧阻力后，上部再浇混凝土，测桩端承载力及后浇桩段的承载力。

图 9.5-4i)采用两只荷载箱，一只放在桩下部，一只放在桩身上部，便可分别测出三段桩极限承载力。如润扬大桥世业洲高架桥钻孔桩，桩径 1.5m，桩长 75m，一只荷载箱距桩顶 63m，另一只荷载箱摆在 20m 处。由于地震液化的影响，上部 20m 的砂土层侧阻力必须扣除。故首先用下面一只荷载箱测出整个桩承载力，间隔 15d 后再用上面一只荷载箱测出上部 20m 桩侧阻力，扣除该部分侧阻力即为该桩实际应用承载力。

图 9.5-4j)适用于在地下室中进行试桩工程。如 8 层南京下关商厦，该建筑已使用多年，根据需要该楼准备扩建成 28 层，因此在二层地下室内补了多根钻孔灌注桩，并在地下室内进行了承载力测试，该桩承载力达 18 000kN，满足了建筑加层需要。

图 9.5-4k)为管桩测试示意图，如南京长阳公寓，静压管桩长 36m，直径 0.4m，由三节 12m 桩段组成，首先施工一节管段，待桩压至地面后与荷载箱焊接再施工上两节管段，荷载箱作为桩段的连接件埋入到预定位置处，位移护管则从孔洞中引出地面。

图 9.5-4l)为双荷载箱或单荷载箱压浆桩测试示意图。下荷载箱摆在桩端首先进行压浆前两个荷载箱测试，求得桩端承载力、桩身承载力，桩端高压注浆后，再进行两个荷载箱测试，这样就可求得压浆对端阻力、桩承载力提高作用。

总之，荷载箱的位置应根据土质情况、试验目的和要求等予以确定，这不仅有寻找平衡点的理论问题，还有相当重要的实践经验问题，这是一个系统工程。

第五节　加载和测试

1.测试时间

在桩身强度达到设计要求的前提下，成桩到开始试桩的时间：对于砂土不少于 10d，对于黏性土和粉土不少于 15d，对于淤泥及淤泥质土不少于 25d。

2.加载方式

一般采用慢速维持载荷法，即逐级加载，每级荷载作用下，上、下两段桩均达到相对稳定后方可加下一级荷载，直到试桩破坏，当一段桩已达破坏，而另一段桩未破坏时，应继续加至两段桩均破坏，然后分级卸载到零。当考虑实际工程桩的荷载特征，可采用多循环加、卸载法(每级荷载达到相对稳定后卸载到零)。当考虑缩短试验时间，对于工程桩作检验性试验，可采用快速维持载荷法，即一般每隔一小时加一级荷载。

3.加卸载与位移观察

加卸载分级、位移观察间隔时间及位移相对稳定标准可根据具体试桩工程，参考相应部门规范执行，如对于《公路桥涵施工技术规范》(JTJ 041—2000)，规定如下：

(1)荷载分级

每级加载为预估加载值的 1/10～1/15，第一级按两倍荷载分级加载。

(2)位移观测

每级加载后在第 1h 内分别于 5、15、30、45、60min 各测读一次，以后每隔 30min 测读一次。电子位移传感器连接到电脑，直接由电脑控制测读，在电脑屏幕上显示 q-s、s-lg$t$、s-lg$q$ 曲线。

(3)稳定标准

每级加载下沉量，在下列时间内如不大于0.1mm时即可认为稳定：

①桩端下为巨粒土、砂类土、坚硬黏质土，最后30min；

②桩端下为半坚硬和细粒土，最后1h。

(4)终止加载条件

当出现下列情况之一时，即可终止加载：

①已达到极限加载值；

②某级荷载作用下，二段桩的位移均是为前一级荷载作用下位移量的5倍。若仅一段桩发生此情况，仍需继续加载；

③某级荷载作用下，二段桩的位移量均大于前一级荷载作用下位移量的2倍，且经24h尚未达到相对稳定；

④抗拔试验时，建筑物上段桩累计上拔量超过100mm；

⑤总下沉量小于40mm，但荷载已达荷载箱加载极限，或两段桩累计位移已超过荷载箱行程，加载即可终止。

(5)卸载及测试

①卸载应分级进行，每级卸载一般可为2倍或3倍加载荷载分级。每级荷载卸载后，应观测二段桩的回弹量，观测办法与加载相同。直到回弹量稳定后，再卸下一级荷载。回弹量稳定标准与加载稳定标准相同。

②卸载到零后，至少在1.5h内每15min观测一次。

第六节　成果整理和承载力确定

1.试验概况

整个测试工作整理成表格形式(见表9.5-1和表9.5-2)，并应对成桩和试验过程出现的异常现象作补充说明。

单桩竖向静载试验概况表　　表9.5-1

<table>
<tr><td colspan="2">工程名称</td><td></td><td>地　址</td><td></td><td colspan="2">试验单位</td><td colspan="2"></td></tr>
<tr><td colspan="2">试桩编号</td><td></td><td>桩型</td><td></td><td colspan="2">试验起止时间</td><td colspan="2"></td></tr>
<tr><td colspan="2">成桩工艺</td><td></td><td>桩断面尺寸(mm)</td><td></td><td colspan="2">桩长</td><td colspan="2"></td></tr>
<tr><td rowspan="2">混凝土强度等级</td><td>设计</td><td></td><td>灌注桩沉渣厚度(m)</td><td></td><td rowspan="2">配筋</td><td>规格</td><td></td><td rowspan="2">配筋率(%)</td></tr>
<tr><td>实际</td><td></td><td>灌注充盈系数(%)</td><td></td><td>长度</td><td></td></tr>
</table>

综合地质柱状图　　表9.5-2

层　次	土层名称	描　述	地质符号	相对高程	荷载箱位置	试桩平面布置示意图
1						
2						
3						
4						
5						

2. 单桩竖向静载试验记录

单桩竖向静载试验记录见表 9.5-3 和表 9.5-4。根据需要：一般应绘制 q-$s_上$、q-$s_下$、$s_上$-lg$t$、$s_下$-lg$t$、$s_上$-lg$q$、$s_下$-lg$q$ 曲线。

单桩竖向静载试验记录表　　表 9.5-3

荷载(kN)	观测时间月日时分	间隔时间(min)	向上位移(mm)				向下位移(mm)			
			表 1	表 2	平均	累计	表 1	表 2	平均	累计

试验：　　资料整理：　　校核：

在实际工程测试时，上述表格及曲线均由计算机自动生成。

单桩竖向抗压静载试验结果汇总表　　表 9.5-4

序　号	荷载(kN)	历时(min)		向上位移(mm)		向下位移(mm)	
		本级	累计	本级	累计	本级	累计

试验：　　资料整理：　　校核：

当进行桩身应力、应变测定时，应整理出有关数据的记录表和绘制桩身轴力分布、侧阻力分布，桩端阻力—荷载、桩端阻力—沉降关系等曲线。

3. 极限承载力的确定

根据位移随荷载的变化特性确定极限承载力。陡变形 q-s 曲线取曲线发生明显陡变的起始点。对于缓变形 q-s 曲线，上段桩极限侧阻力取对应于向上位移 $s^+=40\sim60$mm 的荷载；下段桩极限承载力值取 $s^-=40\sim60$mm 的荷载，或大直径桩的 $s^-=0.03\sim0.06D$ 的对应荷载。

根据沉降随时间的变化特征确定极限承载力：取 s-lg$t$ 曲线尾部出现明显弯曲的前一级荷载值。根据上述准则，可求得桩上、下段极限承载力实测值 Q_u^+、Q_u^-。该法测试时，荷载箱上部桩身自重方向与桩侧阻力方向一致，故在判定桩侧阻力时应当扣除。

该法测出的上段桩摩阻力方向是向下的，与常规摩阻力方向相反。传统加载时，侧阻力将使土层压密，而该法加载时，上段桩侧阻力将使土层减压松散，故该法测出的摩阻力小于常规摩阻力，国内外大量的对比试验已证明了该结论。

目前国外对该法如何由测试值得出抗压桩承载力的方法也不相同。有些国家将上、下两段实测值相叠加而得抗压极限承载力，这样偏于安全、保守，因此，有些国家将上段桩摩阻力乘以大于 1 的系数再与下段桩叠加而得抗压极限承载力。

我国则将向上、向下摩阻力根据土性划分。对于黏土层，向下摩阻力为(0.6～0.8)倍向上摩阻力；对于砂土层，向下摩阻力为(0.5～0.7)倍向上摩阻力。桩抗压极限承载力 Q_u 取值为：

$$Q_u=\frac{Q_u^+-G_p}{\gamma}+Q_u^- \tag{9.5-1}$$

式中：G_p——荷载箱上部桩自重；

γ——系数，对于黏土、粉土，$\gamma=0.8$，对于砂土，$\gamma=0.7$；

Q_u^+、Q_u^-——荷载箱上、下段桩极限承载力。

上段桩抗拔极限承载力 Q_u 取值为：

$$Q_u = Q_u^+ \tag{9.5-2}$$

对于工程应用而言，这样的计算已具有足够的精度。

单桩竖向极限承载力标准值应根据试桩位置、实际地质条件、施工情况等综合确定，当各试桩条件基本相同时，单桩竖向抗压极限承载力标准值可按下面的方法确定：

(1)计算试桩结果的统计特征值，其方法是：

①确定正常条件下 n 根试桩的极限承载力实测值 Q_{ui}；

②计算 n 根试桩实测极限承载力平均值 Q_{um}；

$$Q_{um} = \frac{1}{n}\sum_{i=1}^{n} Q_{ui} \tag{9.5-3}$$

③计算每根试桩的极限承载力实测值与平均值之比 a_i：

$$a_i = Q_{ui}/Q_{um} \tag{9.5-4}$$

④按下式计算 a_i 的标准差 S_n：

$$S_n = \sqrt{\sum_{i=1}^{n} \frac{(a_i-1)^2}{(n-1)}} \tag{9.5-5}$$

(2)确定单桩竖向抗压极限承载力标准值 Q_{uk}，此时应分两种情况分别进行：

$$\text{当 } S_n \leqslant 0.15 \text{ 时，}\quad Q_{uk} = Q_{um} \tag{9.5-6}$$

$$\text{当 } S_n > 0.15 \text{ 时，}\quad Q_{uk} = \lambda Q_{um} \tag{9.5-7}$$

单桩竖向抗压极限承载力标准值折减系数 λ 可由变量 a_i 的分布，按下面的方法确定：

①当试桩数 $n=2$ 时，按表 9.5-5 确定；

②当试桩数 $n=3$ 时，按表 9.5-6 确定；

单桩竖向抗压极限承载力折减系数 $\lambda(n=2)$　　表 9.5-5

a_2-a_1	0.21	0.24	0.27	0.30	0.33	0.36	0.39	0.42	0.45	0.48	0.51
λ	1.00	0.99	0.97	0.96	0.94	0.93	0.91	0.90	0.90	0.88	0.85

单桩竖向抗压极限承载力折减系数 $\lambda(n=3)$　　表 9.5-6

a_3+a_1 / λ / a_2	0.30	0.33	0.36	0.39	0.42	0.45	0.48	0.51
0.84							0.93	0.92
0.92	0.99	0.98	0.98	0.97	0.96	0.95	0.94	0.93
1.00	1.00	0.99	0.98	0.97	0.96	0.95	0.93	0.92
1.08	0.98	0.97	0.95	0.94	0.93	0.91	0.90	0.88
1.16							0.86	0.84

③当试桩数 $n \geqslant 4$ 时，λ 按下式计算：

$$A_0 + A_1\lambda + A_2\lambda^2 + A_3\lambda^3 + A_4\lambda^4 = 0 \tag{9.5-8}$$

$$A_0 = \sum_{i=1}^{n-m} a_i^2 + \frac{1}{m}\left(\sum_{i=1}^{n-m} a_i\right)^2 \tag{9.5-9}$$

$$A_1 = -\frac{2n}{m}\sum_{i=1}^{n-m} a_i \tag{9.5-10}$$

$$A_2 = 0.127 - 1.127n + \frac{n^2}{m} \tag{9.5-11}$$

$$A_3 = 0.147(n-1) \tag{9.5-12}$$

$$A_4 = -0.042(n-1) \tag{9.5-13}$$

取 $m=1$、2、…，满足式(9.5-8)的 λ 值即为所求。

第七节　等效转换结果确定承载力

桩承载力自平衡测试法具有显著的优越性，但传统静载桩在荷载传递、桩土作用机理上与单桩的实际受荷情况基本一致，因此此法是最基本而且可靠的测试方法。自平衡法测试结果有向上、向下两个方向的荷载—位移曲线，而传统静载桩只有向下的荷载—位移曲线。因此分析自平衡法桩上、下桩段的受力特性，将自平衡法测试结果等效成传统静载荷结果（等效桩顶加载曲线），有一个转换方法的问题，这是该项技术推广应用中的一个重要问题。

由于荷载箱将试桩分为上、下两段，因而荷载传递也分上、下段桩来分析。对于下段桩，由于向上的托力通过上段桩身对周围土层产生向上的剪切应力，降低了下段桩周围土层的有效自重应力，其应力场与堆载法相应部位桩周土层的应力场是不同的。对于上段桩，由于向上的托力，上段桩承受的是负摩阻力，但上托力作用点位于桩下端，因而与抗拔桩的负摩阻力的分布不同。此外，由于上、下两段桩相互影响的情况，导致自平衡测试法的荷载传递机理较为复杂。

如图 9.5-5 所示，要将自平衡法获得的向上、向下两条 Q-s 曲线通过转换等效为相应的用堆载法获得的一条 Q-s 曲线表达，首先必须对比这两种方法桩的受力机理，从而找出两种结果的换算关系；其次是所得到的承载力和沉降值必须符合工程实际，以确保工程质量，而解决这一问题的关键只能是进行足够数量的对比试验。

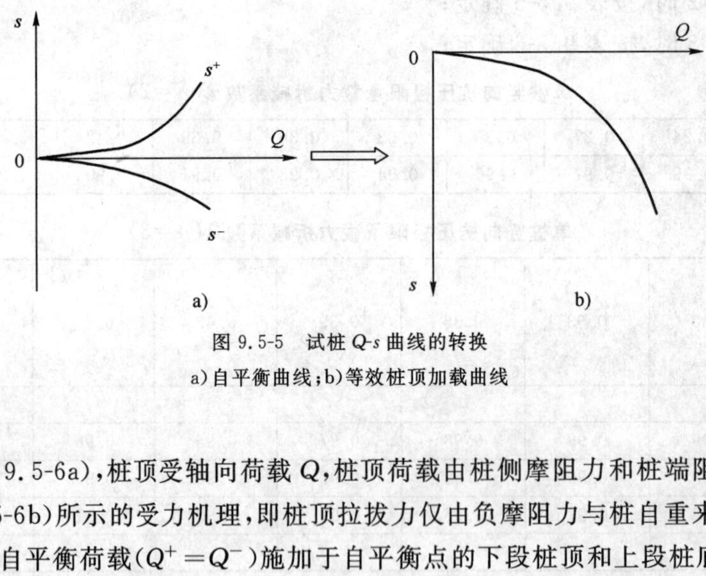

图 9.5-5　试桩 Q-s 曲线的转换

a)自平衡曲线；b)等效桩顶加载曲线

1. 简化转换法

竖向受压桩（图 9.5-6a），桩顶受轴向荷载 Q，桩顶荷载由桩侧摩阻力和桩端阻力共同承担。传统的抗拔桩则有图 9.5-6b)所示的受力机理，即桩顶拉拔力仅由负摩阻力与桩自重来平衡。而自平衡桩（图 9.5-6c)，由一对自平衡荷载（$Q^+=Q^-$）施加于自平衡点的下段桩顶和上段桩底，其荷载传递分上、下段桩分析。下段桩，由于荷载箱通常靠近桩端，桩身较短，桩顶荷载由桩端阻力和小部分的桩侧阻力提供；而上段桩桩底的托力由桩侧负摩阻力与桩自重来平衡。虽类似于抗拔桩，但应注意的是由于上托力作用点在上段桩桩底，其桩侧负摩阻力的分布是很不相同的，在极限状态下的负摩阻力要大些。

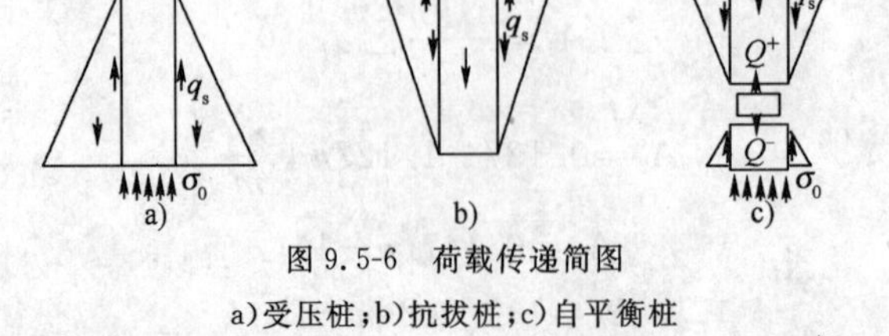

图 9.5-6　荷载传递简图

a)受压桩；b)抗拔桩；c)自平衡桩

如果以自平衡桩的平衡点作分界，将下段桩视为端承桩，则由自平衡桩承载力等效为静载受压桩(以下简称受压桩)承载力的转换问题，可简化成仅将自平衡桩的上段桩侧负摩阻力转换为相同条件下受压桩的正摩阻力的问题，对此，定义为简化转换法。

根据受压桩受力简图(图9.5-7)，经过一系列理论推导，可以将自平衡法测得的向上、向下两条Q-S曲线(图9.5-8a)转换为受压桩的一条等效桩顶Q-S曲线(图9.5-8b)。此时，受压桩桩顶等效荷载按式(9.5-14)计算，即：

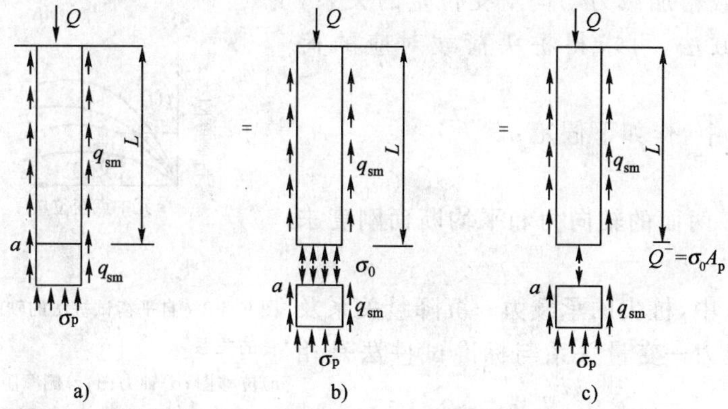

图9.5-7　受压桩受力简图

$$Q=K(Q^{+}-G_{p})+Q^{-} \tag{9.5-14}$$

与等效桩顶荷载Q对应的桩顶位移为S，则有：

$$S=S^{-}+\Delta S \tag{9.5-15}$$

$$\Delta S=\frac{[K(Q^{+}-G_{p})+2Q^{-}]L}{2E_{p}A_{p}} \tag{9.5-16}$$

式中：K——自平衡加载桩向静载受压桩的转换系数；

Q^{+}、Q^{-}——分别为平衡点处向上及向下的荷载；

G_{p}——上段桩的自重；

L——上段桩长度；

E_{p}——桩身弹性模量；

A_{p}——桩身截面面积。

根据自平衡测试的Q-S曲线的特点：每施加一级荷载，上、下段桩的位移值不同，其值与传统静载是一一对应的，根据向上与向下位移相等的原则，由式(9.5-14)和式(9.5-15)对结果进行叠加。根据$S=S^{-}+\Delta S=S^{+}+\Delta S$及算出的阻力$Q$得到传统静载试验桩的一系列数据点$(S_{i},Q_{i})$，$i=1,2,\cdots,n$，从而得到等效的桩顶荷载—位移曲线(图9.5-8)。

在式(9.5-14)和式(9.5-15)中，Q^{-}、S^{-}可直接测定，G_{p}、ΔS可通过计算求得。对自平衡法而言，每一加载等级由荷载箱产生的向上、向下的力是相等的，但所产生的位移量是不相等的。因此，Q^{+}应该是对应于自平衡法Q^{+}-S^{+}曲线中上段桩桩顶位移绝对值等于S^{-}时的上段桩荷载，亦即在自平衡法向上的Q^{+}-S^{+}曲线上使$S^{+}=S^{-}$时所对应的荷载(图9.5-8a)。

图9.5-8　Q-S曲线转换

a)自平衡曲线；b)等效桩顶加载曲线

东南大学做过几十根静载与自平衡试桩对比试验，部分对比资料见表9.5-7，由此可见，两者结果非常接近，最大误差在10%以内。在此基础上，对K的取值进行了分析统计，K值范围在0.9～1.5，建议黏性土和粉土取$K=1.25$，砂性土取$K=1.4$。

2.精确转换法

在桩承载力自平衡测试中，当在桩身埋设测试元件如应变计、应力计时，可以测定荷载箱向上、向下的变位量，桩在不同深度的应变或轴力，如图 9.5-9 所示。通过桩的应变和断面刚度，可以计算出轴向力分布，进而求出不同深度的桩侧摩阻力，利用桩侧摩阻力与变位量的关系、荷载箱加载力与向下变位量的关系，通过荷载传递解析方法，可求得桩头荷载对应的荷载—沉降关系。

在荷载传递解析中，作如下假定：

(1)桩为弹性体；

(2)可由单元上下两面的轴向力和平均断面刚度来求各单元应变；

(3)自平衡测试法中，桩尖的承载力—沉降量关系及不同深度的桩侧摩阻力—变量关系与标准试件法是相通的。

近几年来，在同一工程中，采用自平衡法试桩和堆载(锚桩)法试桩进行比较，其结果如表 9.5-7，由此可见两者的结果非常接近，最大误差在10%以内。

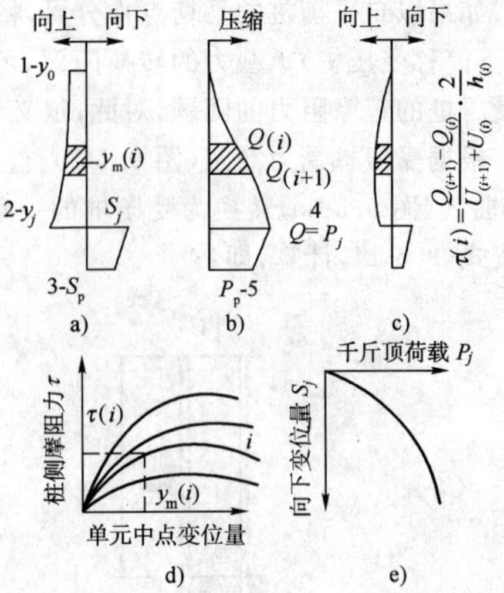

图 9.5-9　自平衡试桩法的轴向力、桩侧摩阻力与变位量的关系

a)位移图；b)轴力图；c)侧摩阻力图；d)侧摩阻力—位移图；e)载荷—荷载箱下位移图

1-桩头变位 y_0；2-荷载箱变位量 y_j；3-桩端变位量 S_p；4-荷载箱荷载 Q；5-桩端轴向力 P_p

自平衡与传统静载试验对比资料　　表 9.5-7

序号	项目名称	试验方法	试桩编号	D(m)	L(m)	混凝土等级 C	桩侧主要土层	持力层	承载力(kN)	平均误差(%)
1	南京栖霞红山山庄	自平衡	试桩 2 号	0.6	29	25	粉、黏土	粗砂、卵砾石(中密)	1 773	−2.50
			试桩 1 号	0.6	26.5				1 736	
		堆载	试桩 70 号	0.6	29.5				1 800	
			试桩 126 号	0.6	28				1 800	
2	苏州防暴大队综合楼	自平衡	试桩 1 号	0.6	24.7	30	粉、黏土	黏土(可塑)	1 500	−3.20
		堆载	试桩 1 号	0.6	25.2				1 550	
			试桩 2 号	0.6	25				1 550	
3	东方豪苑	自平衡	试桩 1 号	1.2	44.2	30	粉、黏土	中风化岩	19 366	+1.80
			试桩 2 号	1.2	45.5				19 324	
		堆载	试桩 3 号	1.2	41.5				19 000	
4	中青大厦	自平衡	试桩 3 号	0.8	59.0	35	粉、黏土	中风化岩	13 431	+1.75
		堆载	试桩 7 号	0.8	63				13 600	
			试桩 2 号	0.8	61.5				13 000	
			试桩 5 号	0.8	64				13 000	
5	下关商城	自平衡	试桩 37 号	1.2	54.5	35	粉、黏土	强中风化岩	17 421	+3.70
		堆载	试桩 3 号	1.2	63				16 800	
6	长发数码商住大厦	自平衡	试桩 1 号	0.8	38.8	30	粉、黏土	中风化岩	8 890	−6.30
			试桩 3 号	0.8	39.9				9 486	
		堆载	试桩 3 号	0.8	41.6				9 500	

续上表

序　号	项目名称	试验方法	试桩编号	D(m)	L(m)	混凝土等级 C	桩侧主要土层	持力层	承载力(kN)	平均误差(%)
7	新世纪广场	自平衡	试桩 1 号	1.2	39.0	30	粉、黏土	中风化岩	21 792	+8.90
			试桩 2 号	1.2	39.0				21 792	
		堆载	试桩 1 号	1.2	50.1				20 000	
			试桩 3 号	1.2	48.5				20 000	
8	和会街经典花园	自平衡	试桩 2 号	0.8	50	30	粉、黏土	强风化岩	8 900	+9.87
		堆载	试桩 1 号	0.8	50.5				8 100	
			试桩 2 号	0.8	50.5				8 100	
9	长阳花园（管桩）	自平衡	试桩 135 号	0.4	37.4	60	粉、黏土	强风化岩	2 215	+5.70
			试桩 2 号	0.4	36.4				2 012	
		堆载	试桩 56 号	0.4	37				2 000	
			试桩 8 号	0.4	36				2 000	
			试桩 66 号	0.4	36				2 000	
			试桩 123 号	0.4	37				2 000	
10	地税局综合楼	自平衡	试桩 64 号	0.8	25.1	60	粉、黏土	强风化岩	6 881	+8.60
			试桩 23 号	0.8	24.3				6 889	
		堆载	试桩 1 号	0.8	30				6 330	
11	南京圆通广场	自平衡	试桩 387 号	1.0	59.63	40	砂土	中风化岩	17 358	−6.60
			试桩 306 号	1.0	57.44				17 394	
			试桩 221 号	1.0	59.6				17 358	
			试桩 710 号	1.0	59.65				17 358	
		堆载	试桩 6 号	1.0	70				18 600	
12	吉利黄河桥	自平衡	试桩 S-2 号	1.5	49	30	粉、黏土	强风化岩	3 516	−2.30
		堆载	试桩 1 号	1.5	35.54				3 600	
13	苏通大桥	自平衡	N2	1.0	76.0	30	粉砂	粉砂	10 000	−4.76
		锚桩法	N1	1.0	76.0				10 500	

［实例］:润扬长江大桥试桩工程

一、润扬长江大桥试桩工程

1. 工程概况

润扬长江公路大桥(如图 9.5-10)连接镇江、扬州两市，大桥北起扬州岸运西园林场，跨世业洲北汊、世业洲下新滩、世业洲南汊，镇江岸位于龙门口附近，主桥全长 4.7km。南汊桥为主跨 1490m 悬索桥，北汊桥为主跨 406m 斜拉桥。

2. 试桩概况

润扬长江公路大桥桥址位于扬子板块，在历次挤压褶皱及岩浆活动综合作用下，区内地层支离破碎，地质情况复杂，表现为：软土具有触变性，砂土液化(20m 以浅)，构造破碎，差异风化，因此土体及下卧基岩物理力学指标变化较大。

为了验证设计时所采用地质钻探资料的正确性，项目组成立了润扬大桥特殊地质条件下大吨位钻孔灌注桩研究课题组(由江苏省长江公路大桥建设指挥部、东南大学、江苏省路桥总公司及江苏省交通设计院四家组成),对桩基础进行试桩试验以确定单桩承载力、分层岩土摩擦力、端阻力、桩基沉降、桩弹性压缩、岩土塑性变形,找出优化的桩端持力层、桩长、桩径,为设计人员优化桩基设计提供必要的依据。

图 9.5-10 润扬长江大桥

(1)南引桥布置1根ϕ1.5m试桩(地质钻孔编号Y48)。

(2)南汊桥南塔地质情况复杂,受构造块的影响,基岩裂隙发育,同时根据南汊桥南塔基础的地质情况,桩基础的弹性压缩、差异沉降的控制取值在南塔基础及塔身设计中显得尤为重要。南汊桥南塔基础采用32根ϕ2.8m大直径灌注桩,单桩承载力高达120MN,试验代价太高,采取实体试桩与模拟试桩同时进行,因此在南汊桥南塔布置1根ϕ2.8m工程试桩(地质钻孔编号ZN121)和2根ϕ1.2m模拟试桩(地质钻孔编号为ZN36与ZN131)。

(3)世业洲高架桥引桥布置1根ϕ1.5m试桩(地质钻孔编号Y34),试桩上埋设两个荷载箱,通过静载试验,确定单桩极限承载力和上部20m液化层承载力。

(4)北汊桥南塔墩下伏基岩岩性为花岗岩,处于F1夹江断层与F2断层交汇部位,具碎裂结构,岩体破碎,风化、蚀变强烈,局部具有夹层泥,为构造角砾岩。为确保北汊桥南塔基础的安全可靠,并符合经济原则,布置1根ϕ1.5m试桩(地质钻孔编号Y20)。共进行了6根试桩,试桩有关数据如表9.5-8所示。

试桩有关数据

表 9.5-8

桩号	桩型	试桩场地	桩径(m)	桩长(m)	荷载箱位置(m)	试桩承载力(kN)
Y48	钻孔灌注桩	陆地	1.8	53.79	48.79	40 000
ZN121	钻孔灌注桩	长江边	2.8	60.5	59.0	120 000
ZN36	钻孔灌注桩	长江边	1.2	60.5	58.7	30 000
ZN131	钻孔灌注桩	长江边	1.2	61.66	59.86	30 000
Y34	钻孔灌注桩	世业洲	1.5	75.45	20(上)、63.45(下)	40 000
Y20	钻孔灌注桩	长江上	1.5	89.0	79.0	40 000

注:表中括号内"上"表示上荷载箱,"下"表示下荷载箱。

润扬长江大桥桩基试验具有如下特点:

(1)润扬长江公路大桥6根试桩吨位均大于3 000t,ZN121试桩高达12 000t。

(2)试桩场地条件恶劣,Y34试桩位于世业洲上,Y20试桩位于长江水中。

(3)采用传统桩基载荷试验方法是无法实现的。

项目组采用目前国外已广泛使用的桩承载力自平衡试桩法,从2000年7月1日至2001年9月8日,进行了6根钻孔灌注桩试桩的静载荷试验,并从理论上进行了探讨,得出了一些有益的结论。

3.测试情况

1)试验目的

通过静载试验,确定单桩极限承载力、分层岩土摩擦力、端阻力、桩基沉降、桩弹性压缩、岩土塑性变形,找出优化的桩端持力层、桩长、桩径,为设计人员优化桩基设计提供必要的依据。

2)自平衡试验

加载采用慢速维持载荷法,测试按交通部标准《公路桥涵施工技术规范》(JTJ 041—2000)附录B

"试桩试验办法"和江苏省地方标准《桩承载力自平衡测试技术规程》(DB 32/T 291—1999)进行。

3)轴向应力测试

(1)钢筋应力计的布置

钢筋应力计主要依据试桩区范围内的地基土组成特点和试桩技术要求布置，每个断面上对称布置4个钢筋应力计。

(2)钢筋应力计的量测

钢筋应力计在出厂前已做了室内率定，并做了编号与记录，在焊接前后与浇筑前后均进行了量测。

钢筋应力计的观测与试桩位移同步进行，观测间隔为每级加载前10min。

(3)计算方法

①轴力计算钢筋计的应变量可由其相应的压应力 σ_g 求得，其计算公式为：

$$\varepsilon_g=\frac{\sigma_g}{E_g} \tag{9.5-17}$$

$$\sigma_g=\frac{P_{si}}{A_g} \tag{9.5-18}$$

$$P_{si}=K(f_0^2-f_i^2) \tag{9.5-19}$$

式中：ε_g——钢筋应力计在某级荷载作用下的应变量；

σ_g——钢筋应力计在某级荷载作用下压应力值(kPa)；

E_g——钢筋的弹性模量(kPa)；

P_{si}——钢筋应力计在某级荷载作用下所受的压力(kN)；

K——钢筋应力计系数(kN/Hz²)；

f_0——钢筋应力计埋设后加载前的量测值(Hz)；

f_i——钢筋应力计在某级荷载作用下的量测值(Hz)；

A_g——主筋截面积(m²)。

假设桩体受荷后，桩身结构完整，则在同级荷载作用下，试桩内混凝土所产生的应变量等于钢筋所产生的应变量，相应桩截面微单元内的应变量亦可求得，即为钢筋的应变量，其计算公式如下：

$$\varepsilon_A=\frac{\sigma_A}{E_A} \tag{9.5-20}$$

$$\sigma_A=\frac{P_z}{A} \tag{9.5-21}$$

式中：ε_A——某级荷载作用下桩身截面微单元产生的应变量；

σ_A——某级荷载作用下桩身截面微单元产生的应力值(kPa)；

A——桩截面面积(m²)；

P_z——某级荷载作用下桩身某截面的轴向力(kN)；

E_A——桩混凝土弹性模量(Pa)。

由式(9.5-17)、式(9.5-18)、式(9.5-19)、式(9.5-20)、式(9.5-21)可得：

$$P_z=\frac{P_{si}E_AA}{E_gA_g} \tag{9.5-22}$$

从公式(9.5-22)中可以看出，在每级荷载作用下，某截面桩身轴向力 P_z 与该截面钢筋应力计受力 P_{si} 存在正比关系。可建立试桩标定断面处的 $P_z \sim P_i$ 相关方程后，各量测截面的桩身轴向力 P_z 值便可由相应的相关方程求得。

②摩阻力计算如下：

各土层桩侧摩阻力 q_s 可根据下式求得：

$$q_s=\frac{\Delta P_z}{\Delta F} \tag{9.5-23}$$

式中：q_s——桩侧各土层的摩阻力(kN/m²)；

ΔP_z——桩身量测断面之间的轴向力 P_z 的差值(kN)；

ΔF——桩身量测断面之间桩段的侧表面积(m²)。

③各截面位移计算如下：

为了解桩侧土摩阻力 q_s 随桩身沉降 s 的变化规律。即求得桩侧实测的传递函数 q_s-s 关系，需确定各计算深度处桩身位移 s_i 值，方法如下：

$$s_i=s_{i+1}-\Delta_i \tag{9.5-24}$$

式中：s_i——第 i 处计算断面处的沉降量(mm)；

s_{i+1}——$i+1$ 处计算断面处的沉降量(mm)；

Δ_i——第 $i+1$ 处断面到第 i 处断面间桩身的弹性压缩量(mm)；按下式计算：

$$\Delta_i=\frac{(P_{z,i}+P_{z,i+1})\times l_i}{2AE_A} \tag{9.5-25}$$

式中：$P_{z,i}$——第 i 处断面桩身轴向力(kN)；

l_i——第 $i+1$ 处断面至第 i 处断面处桩段长度(m)；

A——桩身截面计算面积：

$$A=\frac{1}{4}\pi\times d^2\times n\times A_g\times\left(\frac{E_g}{E_A}-1\right)$$

式中：d——试桩直径(mm)；

n——主钢筋根数；

A_g——单根主筋面积。

据已往测试经验，试桩在试验开始前大部分钢筋计已处于受拉状态，拉力值的变化规律是上大下小；随着荷载的增大，桩身下部的钢筋计很快恢复到受压状态，虽然埋设在桩身上部的钢筋计拉力越来越小，却始终处于受拉状态，究其原因，可能是桩身自重或混凝土在养护期间膨胀引起的内力造成的。为了将上述初始应力对测试数据的影响计入，在桩身轴力分析时，将轴力中的拉力进行了修正，亦即在位移计算时应扣除由拉力所引起的位移量。

4.主要试验结果分析

(1)自平衡法测试曲线

整个测试过程正常。图 9.5-11 为部分试桩的自平衡法测试结果。

根据中华人民共和国交通部标准《公路桥涵施工技术规范》(JTJ 041—2000)附录B"试桩试验办法"和江苏省地方标准《桩承载力自平衡测试技术规范》(DB 32/T 291—1999)，经综合分析后各试桩主要试验结果如表 9.5-9 所示。

各试桩主要实测结果　　表 9.5-9

试桩编号	Y48	ZN121	ZN36	ZN131	Y34(下)	Y34(上)	Y20
预定加载值(kN)	34 000	120 000	23 000	23 000	40 000	14 000	40 000
最终加载值(kN)	40 000	120 000	30 000	30 000	40 000	7 000	40 000
荷载箱处向上位移(mm)	39.35	18.26	11.81	5.99	4.90	33.50	3.29
荷载箱处向下位移(mm)	13.57	7.91	6.92	5.32	2.63	1.67	15.83
极限承载力(kN)	38 700	120 000	30 000	30 000	>48 250	—	>40 180

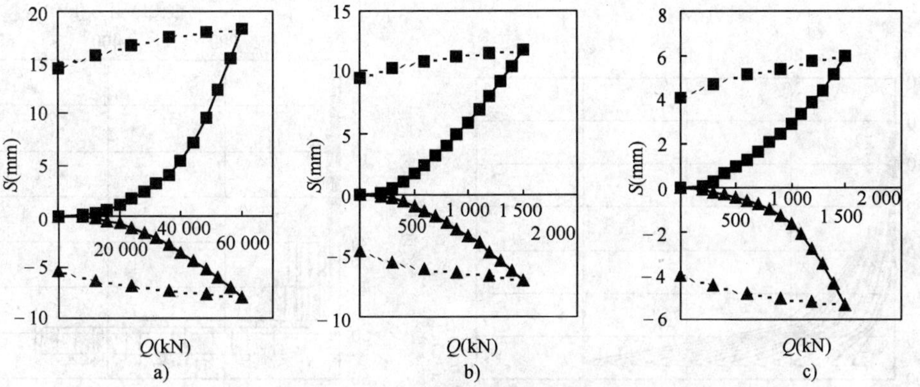

图 9.5-11　部分试桩自平衡法测试曲线

a)ZN121;b)ZN36;c)ZN131

(2)荷载传递分析

以 ZN121 试桩为例。图 9.5-12 为南汉桥南塔地质剖面及钢筋计布置图,图 9.5-13 为 12 000t 荷载箱下放时的情景。试桩 ZN121 每级加载为 1 600t、2 400t、3 200t、4 000t、4 800t、5 600t、6 400t、7 200t、8 000t、8 800t、9 600t、10 400t、11 200t、12 000t。

层号	土层名称	土层深度(m)	图例	钢筋计位置(m)	ZN121试桩
1	亚黏土	0.64			
2	淤泥质亚黏土	7.45		7.45	7.45
3	淤泥质亚黏土与粉砂互层	31.15		31.15	23.7
4	含卵砾石亚黏土	42.15		42.15	11.0
5	强风化岩	49.55		49.55	7.4
6	强风化花岗班岩	51.25		51.25	1.7
7	强风化花岗斑岩	57.25		57.25	6.0
8	荷载箱位置 微风化构造影响块段			58.5	1.25
				59.25	0.75
				59.7	0.45

图 9.5-12　工程地质柱状图及钢筋计位置

图 9.5-13　12 000t 试桩埋设荷载箱情景

ZN121 试桩整个测试情况正常。加载时桩身轴力分布曲线及桩侧摩阻力分布曲线如图 9.5-14 所示,图 9.5-15 和图 9.5-16 给出了桩侧摩阻力—变位曲线和桩端阻力变位曲线。

根据图 9.5-11a)的 Q-S 曲线,ZN121 试桩荷载箱上、下部土层在最后一级荷载下均未达到极限值。从加、卸载曲线看,荷载箱下部桩土体系弹性变形为 2.57mm,塑性变形为 5.34mm;荷载箱上部桩土体系弹性变形为 3.91mm,塑性变形为 14.35mm。考虑加载 60 000kN 情况,其荷载箱上部桩身压缩变形(即荷载箱处向上位移减去桩顶向上位移)为 5.2mm,卸载后上部桩身压缩变形为 4.7mm。

加载时桩身轴力分布曲线[图 9.5-14a)]与传统堆载轴力曲线原则上一致,即加载处轴力最大,由于土摩阻力的作用,桩身轴力随着距荷载箱距离的增大而减小。桩身两个截面轴力相减并扣除自重影响即为该段桩侧土摩阻力。卸载时桩身轴力分布曲线与传统堆载桩身轴力曲线基本相同,当荷载完全卸至零时,每个截面上仍有一定的轴力,这是由于桩土体系存在塑性变形及土摩阻力仍然存在的原因。

从桩侧摩阻力分布图[图 9.5-14b)]可知,随着外力的增加,每层土的摩阻力逐渐增加,且离加载处近的土层摩阻力首先发挥作用,然后远处的土层摩阻力才逐渐发挥。值得指出的是,每层土并未达

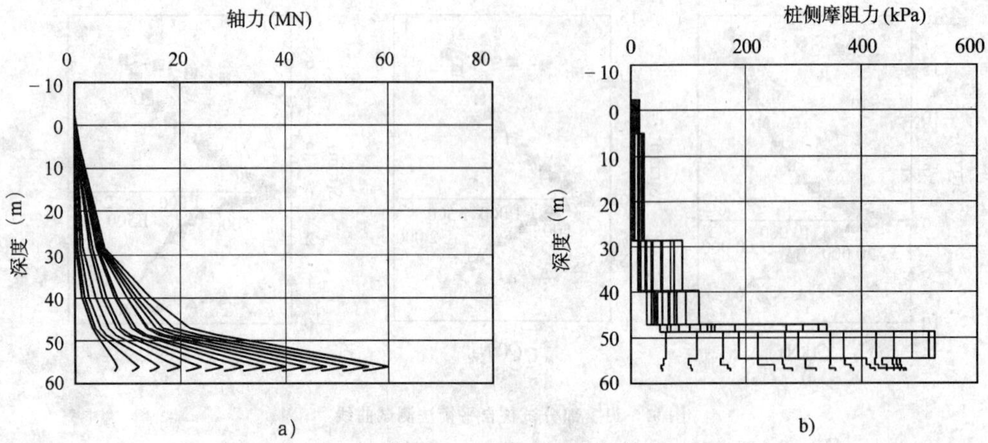

图 9.5-14　ZN121 试桩轴力分布曲线及摩阻力分布曲线

a)轴力分布曲线;b)摩阻力分布曲线

到极限值时就开始将荷载传递到邻近土层中,即摩阻力的发挥与桩土相对位移有关。

根据地质资料,荷载箱位于岩石中间,从该层侧阻力发挥情况看,荷载箱上部向下的摩阻力约等于荷载箱下部同层岩石向上的摩阻力,这表明桩在岩石中抗压、抗拔阻力发挥情况一致。

摩阻力与变位图(图 9.5-15)表明各土层的摩阻力随着桩土相对位移的增加而增大;摩阻力的发挥取决于桩土之间的相对位移;随着桩土之间相对位移量的增加,摩阻力从线性变化到非线性,最后达到一稳定极限值。从图中可见,当上部 4 层土相对位移较小时,曲线已基本上成水平线,且在最后一级荷载作用下,上部 4 层桩侧土完全达到极限值。然而对下部岩层来说,仍在弹塑性阶段。

桩端阻力变位曲线可按下述原则求得:荷载箱所施加荷载扣除下部岩石层的侧阻力即为桩端阻力,荷载箱向下的位移扣除下段桩身混凝土弹性压缩即为桩端向下位移,其位移包括沉渣压缩及岩石层变形,结果见图9.5-16所示。可见,在如此巨大的压力下,桩端变形量是相当小的。

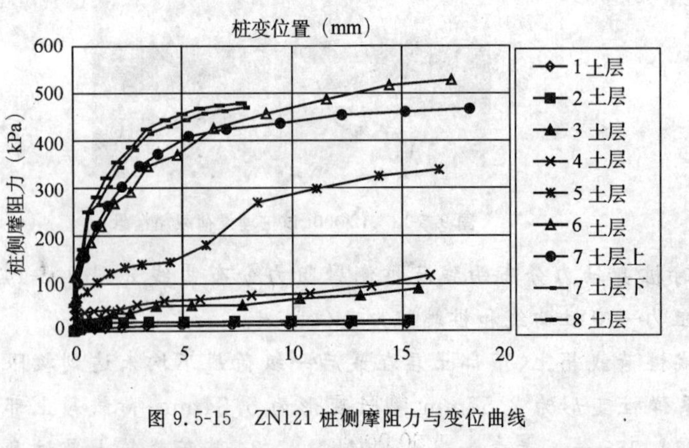

图 9.5-15　ZN121 桩侧摩阻力与变位曲线

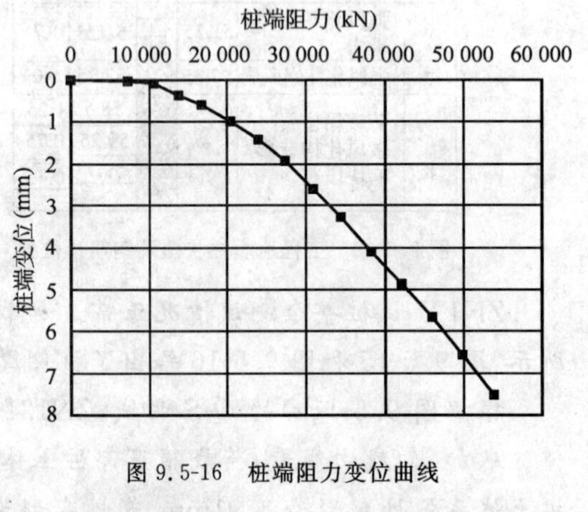

图 9.5-16　桩端阻力变位曲线

(3)转换结果

采用上述转换理论,分别用简化转换法(K 值取 1.25)和精确转换法分析得到了 6 根试桩的传统等效曲线,图 9.5-17 列出了部分试桩的转换结果。

从图 9.5-17 可以看出,简化转换法与精确转换法两者结果较为接近。

在综合分析已有桩基数值计算主要研究成果基础上,采用三维有限元软件 ANSYS 对南塔嵌岩桩单桩沉降进行了数值模拟计算,选用 3 根试桩(ZN121、ZN36、ZN131)资料进行计算。对于桩身,因为大直径,桩径尺寸与土体单元尺寸相当,故采用普通实体单元来模拟桩身,对于桩周岩土体,也采用普通单元模型。岩土体的应力应变特性采用 Drucker-Prager(简称 D-P)模型,在深度上的分界按钻孔

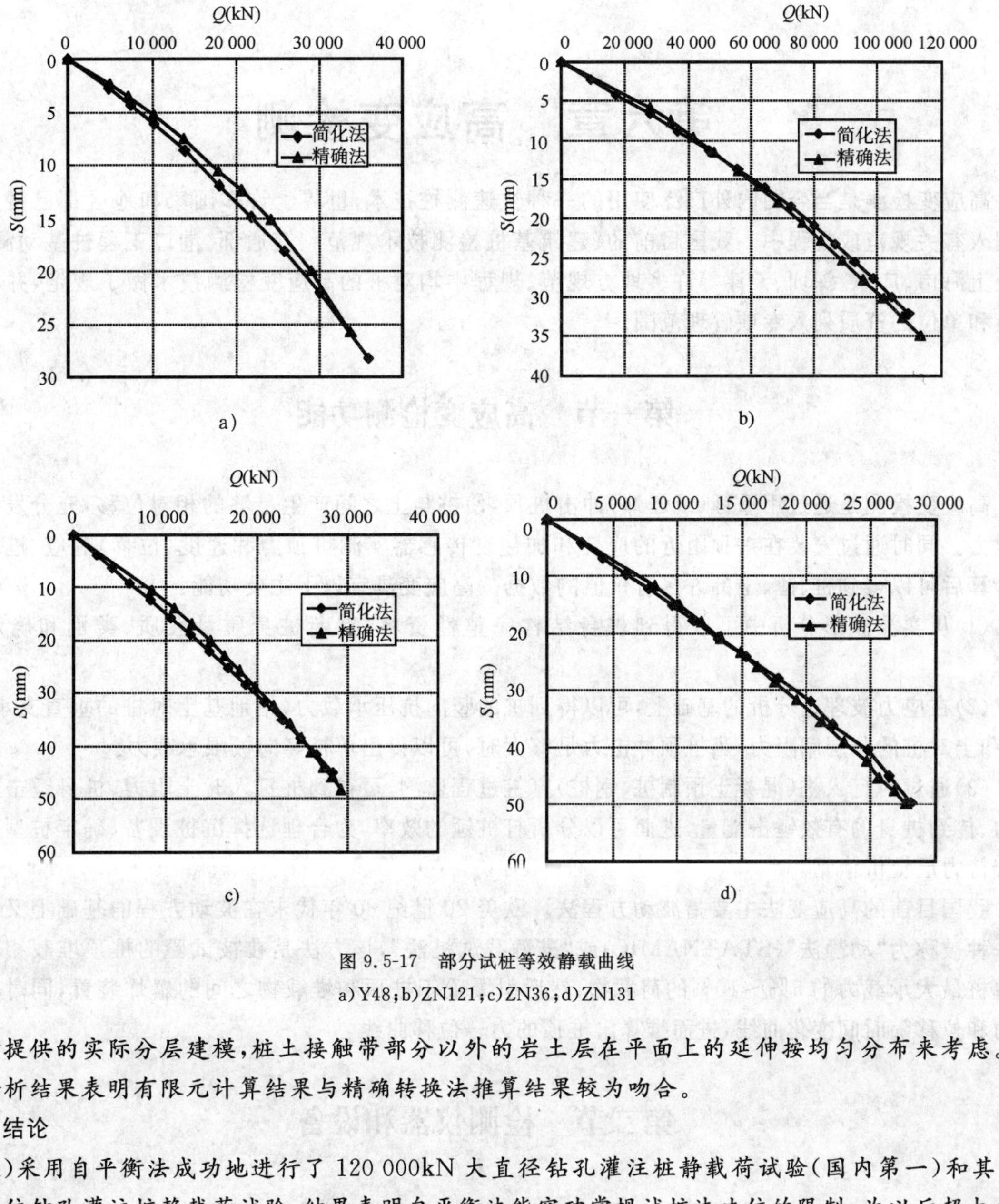

图 9.5-17　部分试桩等效静载曲线

a) Y48；b) ZN121；c) ZN36；d) ZN131

资料所提供的实际分层建模，桩土接触带部分以外的岩土层在平面上的延伸按均匀分布来考虑。有限元分析结果表明有限元计算结果与精确转换法推算结果较为吻合。

5. 结论

(1)采用自平衡法成功地进行了 120 000kN 大直径钻孔灌注桩静载荷试验(国内第一)和其他 5 根大吨位钻孔灌注桩静载荷试验，结果表明自平衡法能突破常规试桩法吨位的限制，为以后超大吨位桩基的测试提供了有效途径。

(2)通过设置钢筋计测试元件研究了大直径钻孔灌注桩的荷载传递机理及土层摩阻力分布，据此可以判定桩周与桩端土阻力分布，清楚地分出各自的荷载—位移曲线，这对桥梁工程桩基设计是很有裨益的。

(3)加载时，加载处轴力最大，由于土摩阻力的作用，桩身轴力随着距荷载箱距离增大而减小，因此采用自平衡法时，桩身轴力分布曲线与传统堆载轴力分布曲线原则上是一致的。

(4)桩侧摩阻力随着外力的增加逐渐增加，且离加载处(荷载箱)近的土层摩阻力首先发挥作用，然后远处的土层摩阻力才逐渐发挥；每层土并未达到极限值时就开始将荷载传递到邻近土层中，即摩阻力的发挥与桩土相对位移有关。各土层的摩阻力随着桩土相对位移的增大而增大，随着桩土之间相对位移量增加，摩阻力从线性变化到非线性，最后达到稳定极限值。

(5)对位于长江江中的试桩 Y20 也成功地进行了静载荷试验。

第六章 高应变检测

高应变检测是当今国内外广泛使用的一种快速测桩技术，世界上许多国家和地区都已将此项技术列入有关规范或规程中。我国目前的《建筑基桩检测技术规范》、交通部《港口工程桩基动测规范》以及上海市、广东、深圳、天津等许多地方规范、规程中均对桩的高应变检测技术做了规定，并将检测人员和单位的资质列入专项管理范围。

第一节 高应变检测功能

高应变检测是通过用重锤（或爆炸）冲击桩顶，使桩与土之间产生足够的相对位移，充分发挥桩周土阻力。同时通过安装在桩顶附近的应变和加速度传感器实测桩顶力和速度（位移）响应，进一步分析计算后可以得到桩、锤、土的许多有价值的数据。高应变具有以下主要功能：

(1)从实测波形分析中可以得到桩身结构完整性资料，判断桩身质量性质、类别和确定缺损位置。

(2)在应力波理论分析的基础上，可以得到桩的竖向抗压承载力（指地基土对桩的垂直支承力，下同）和土对桩的分层摩阻力，当桩顶冲击力足够大时，可以得出单桩竖向极限承载力。

(3)通过对打入桩（混凝土预制桩、钢桩）打桩过程监测，可得到桩打入时土阻力、桩身锤击压（拉）应力、传到桩身的有效锤击能量，进而可以分析打桩锤的效率，为合理选择沉桩设备、确定桩型和选择桩端持力层提供依据。

我国目前的高应变法主要指波动方程法。欧美 20 世纪 80 年代末在波动方程的基础上又开发出了一种被称为“动静法”（STATNAMIC）或“准静载试桩法”，该方法是在被试验的桩顶堆载相当于预估单桩最大承载力的 5％～10％的荷载物，然后引爆置于桩顶和堆载物之间的爆炸装置，同时检测桩顶力和位移随时间变化曲线，进而推算出桩顶的力—位移曲线。

第二节 检测仪器和设备

一、概　　述

在 20 世纪 80 年代初，甘肃省建筑科学研究所与上海铁道学院合作研制成功我国第一台打桩分析仪，接着交通部第三航务工程局科研所研制了 SDF-1 型打桩分析仪。自 20 世纪 80 年代后期我国的高应变检测技术进入了快速发展期。到目前为止，无论是仪器的数量、品种和检测技术人员均可称世界第一。目前我国桩基工程中应用较多的高应变检测仪有武汉岩海公司生产的 RS 系列基桩动测仪，中国建筑科学研究院地基所的 FEI 桩基动测仪，美国 PDI 公司的 PAL 型和 PAK 型打桩分析仪，中科院武汉岩土所的 RSM 基桩动测仪以及荷兰建筑材料和结构研究所的 TNO 基桩诊断系统等。上述仪器各有特点，但是其基本原理和主要功能大致相同，仪器的主要技术指标能达到我国现行行业标准《基桩动测仪》（JG/T 3055）中有关规定，且具有一定的信号存储、处理和分析功能，可以满足工程检测的需要。

二、传感器选择

传感器的优劣是高应变检测中的重要一环,应慎重选择。目前采用的传感器大多为环式应变传感器和压电晶体式(或压阻式)加速度传感器。环式应变传感器主要用于量测桩身因锤击产生的应变量,直接关系到检测结果的精度,若安装不当或保管不善,易发生扭曲变形,使实测的应变信号失真。压电晶体加速度传感器的稳定性相对应变计要好一些,但需注意其灵敏度的变化,并要选择与被测桩型相匹配的传感器,如钢桩一般宜选用 30 000～50 000m/s^2 量程范围,混凝土桩宜选用 10 000～20 000m/s^2 范围。传感器量程太小容易损坏,量程过大又会影响测试的精度。

三、冲击锤选择

冲击锤选择是否合理直接影响到测试结果。目前采用冲击试验的锤大致有两种:一是借用打桩工程中柴油锤(或液压锤、蒸汽锤),另一种是检测专用的自落锤。前一种锤有良好的导向装置和良好的垫层,锤击时不易产生大偏心,测出的波形较好。常遇到的问题是桩打入土中间隙一段时间后,原施工用的锤击力偏小,不易使桩达到高应变检测所需的贯入度,得不出桩的极限承载力,解决办法是增大落锤高度或增加锤重。

高应变检测中使用较多的是自落锤,其中有整体铸造的,有铸成 2～4 块组装起来的,也有用钢板分片串装组成的。前两种锤只要锤底平整、形状对称、有一定的质量和高宽比,一般均能得出较理想的波形。用钢板分片串装的锤,在多次使用后钢板易变形,串装后钢板之间有一定缝隙,锤击时易造成"连击",严重影响波形质量。

自落锤质量的选择应根据检测目的而定。当需要检测桩承载力时,自落锤的质量宜取预估单桩极限承载力的 1.2%以上,且落锤高度不宜低于 1.2m,也不宜高于 2.5m。落锤高度过大,会使桩身出现较大的拉应力,容易使混凝土桩产生环向裂缝甚至断裂。对于桩长超过 40m 或直径较大的灌注桩,锤重宜大于预估单桩极限承载力的 1.5%。当仅需检测桩身质量时,使用的锤重可适当减轻,但必须能出现桩底反射信号。

第三节 检　　测

一、测试前的准备

测试前应首先进行现场调查,包括测试场地的条件、成桩(或沉桩)后的间隙时间、安全问题及桩顶是否需要加固等。对混凝土预制桩和钢桩,一般不进行加固,若桩顶破损严重,则需修复或加固。混凝土灌注桩一般应进行桩顶加固:凿除顶部原有强度较低的混凝土,将桩接长至试验所需高度,接长部分的混凝土强度应高于原桩身混凝土强度 1～2 级;为防止锤击时桩顶出现纵向裂缝,宜在加固段四周设置钢套箍或顶部设置 2～3 层钢筋网片。有条件时也可用环氧砂浆加固桩顶。桩顶接长部分的形状和面积应与原桩身相同,这样可以避免界面反射波的干扰。

应详细了解桩型尺寸、桩长和有关地质资料,以便选择合适的冲击设备。

二、传感器安装

传感器安装是高应变动测工作中很重要的一环,它直接影响到测试的精度甚至关系到测试的成败。按目前的常规方法,高应变检测锤击时桩顶附近同一截面处的锤击力和质点运动速度,锤击力是由桩身实测应变换算得出的,质点运动速度是通过实测加速度积分得出(目前在中国和美国也有通过实测锤体加速度转换成桩顶冲击力，但必须使用整体铸造的且具有一定高径比的铁锤，才能视锤为一刚体）。

为减少偏心锤击对实测数据的影响，传感器应成对且对称于桩轴线安装，通常是每根桩安装应变传感器和加速度传感器各两支。四支传感器的中心应处在与桩轴线垂直的同一个平面上，且与桩顶相距不小于两倍桩径，对钢桩该距离还应大些。传感器一般应安装在桩身，传感器不能安装在桩身截面突变处的附近，尤其要注意那些外表看不出的空心混凝土方桩，检测前应准确弄清桩截面变化部位。对桩顶加固段四周设有钢套箍的灌注桩，试验前应在钢套上开孔，使传感器直接安装在混凝土桩身。

采用膨胀螺栓固定传感器时，螺母顶端应低于桩身表面，使传感器紧贴桩身。安装完毕的传感器纵轴线应与桩身纵轴线平行，且应变传感器安装后不得扭曲变形。

三、现 场 检 测

现场检测步骤如下：

(1)正式试验前应仔细检查仪器并正确设定有关参数。

(2)新购置的传感器可按厂家提供的标定参数设定，使用后重新标定过的传感器应按最近一次的标定值。

(3)仪器的采样时间间隔可按实际桩长推算后设定，但必须满足曲线拟合所需的最小时间长度和力曲线回零的条件，如桩长在 50m 以内时，采样时间段可设定在 100ms，对桩长大于 50m 的桩采样时间段宜设定为 200ms。信号采样点数不宜少于 1 024 点。

(4)桩身截面尺寸应采用传感器安装截面的实测值，桩长为传感器至桩端的距离。

(5)检测前预设的桩身弹性模量可采用经验值，但计算分析时应采用由公式 $E=\rho\cdot c^2$ 计算出的动弹性模量(式中 c 为高应变实测的桩身波速，ρ 为桩材密度)。

(6)锤击时应使锤的纵轴线与桩的纵轴线处在同一直线上，锤与桩顶之间应设置合适的垫层。

(7)在检测桩的极限承载力时，同一根桩不宜过多锤击，只要桩周土阻力能充分发挥(即每击贯入度控制在 2～6mm 左右)即可，反复多次锤击会引起桩侧土阻力(特别是桩身上段)降低。一般做法是第一锤时落锤高度较低，根据第一锤测出的波形情况，再决定下一锤的落高，这对自由落锤容易控制，而柴油锤难以控制。每一锤击贯入度应采用精密水准仪等精密仪器测定，并使贯入度与高应变记录的波形一一对应。实测贯入度是判别曲线拟合质量的主要依据之一。不宜用加速度二次积分结果去替代实测贯入度，因为一方面高应变波形采集时间较短，在桩顶回弹停止前就已停止采样；另一方面是二次积分后会带来很大的误差。

(8)检测过程中应及时对采集的波形进行监视和记录，发现波形有异常时应立即停止锤击检查，待查出原因并改正后再继续试验。

第四节 基桩承载力分析

一、一 般 规 定

高应变实测波形的优劣直接影响到承载力计算结果，为此首先要对实测波形进行筛选。好的波形应符合以下一些条件：

(1)4 个通道测试数据齐全，无高频振荡信号，且桩身两侧的力信号幅值相差不大。

(2)力和速度时程曲线最终应回零。

(3)力时程曲线(F-t 曲线)与速度 v 和阻抗 Z 乘积曲线(即 $v\times Z$-t 曲线)在第一峰值前的起始段应重合,第一峰值出现在同一时刻且幅值相差不大。由于侧摩阻力作用,第一峰值后从土阻力作用时开始至 $2L/C$ 时段内两条曲线逐渐分离,且 F-t 曲线在上,$v\times Z$-t 曲线在下,曲线形状特征与桩周土的性状相对应。摩阻力愈大,二曲线分开愈大,从二曲线拉开的距离和规律大致可以判断侧阻力的变化。

(4)波形特征应与桩、土实际情况相符,如预制混凝土桩的接桩部位、泥面部位、大直径管桩的管内泥芯部位及桩侧土层有突变的部位等均会引起波形的变化。

(5)有较明显桩端反射波,当检测桩极限承载力时,单锤贯入度宜在 2～6mm 范围,贯入度过小表明桩周土阻力未能得到充分发挥,而贯入度过大又与实际计算模型不符。好的波形如图 9.6-1 所示。

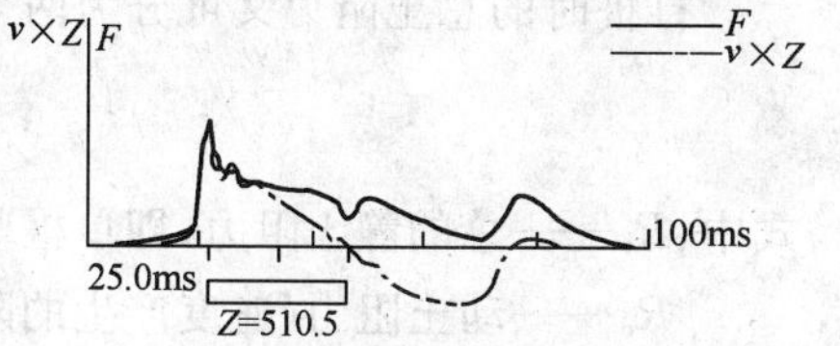

图 9.6-1　符合标准的波形

桩身平均波速对计算结果影响甚大,波速的大小直接影响到计算的力与速度值。桩身平均波速可按下列方法确定:

(1)当有明显的桩端反射波时,可采用下行波起升沿的起点到上行波下降沿的起点之间的时间差和已知桩长确定。设桩长为 L,桩顶到传感器的距离为 L_0,时间差为 t,则桩的平均波速为:

$$C=\frac{2(L-L_0)}{t} \tag{9.6-1}$$

当然也可以根据速度波起升沿的起点到桩端反射波起升沿的起点的时间差或者速度波的第一峰值到桩端反射波峰值之间的时间差确定。

(2)若桩底反射波不明显时,可采用同一工程中相同条件下(即成桩工艺、桩长、桩身材质相同)桩的实测波速代替,但不能用低应变检测得出的波速去代替。

二、CASE 法判定承载力

CASE 法是美国 Goble 等人在 20 世纪 60 年代开发的一种快速估算桩承载力、测定锤与打桩系统性能、打桩应力及桩身完整性的一种分析方法,该法是建立在牛顿第二定律基础上的一维波动方程。所谓一维波动方程,是指一自由支承的等截面杆件,在杆的一端受撞击后,杆内产生的弹性波的传递。该方程为:

$$\frac{\partial^2 u}{\partial x^2}=\frac{1}{C^2}\cdot\frac{\partial^2 u}{\partial t^2} \tag{9.6-2}$$

式中:u——杆件某点位移;

x——空间坐标;

t——时间;

C——代表杆内弹性波波速,$C=\sqrt{E/e}$;

E——杆件弹性模量;

ρ——杆的质量密度。

在公式(9.6-2)推导的基础上,得到等截面桩打桩时的总土阻力计算公式:

$$R_{\mathrm{T}}=\frac{1}{2}\left[F(t_1)+F\left(t_1+\frac{2L}{C}\right)\right]+\frac{Z}{2}\left[v(t_1)-v\left(t_1+\frac{2L}{C}\right)\right] \tag{9.6-3}$$

式中:R_{T}——总土阻力;

F——桩顶锤击力;

v——桩顶锤击时的质点运动速度；

t_1——速度第一峰值对应的时刻；

Z——桩身截面阻抗，且 $Z=EA/C$；

A——桩身截面积；

E——桩材弹性模量；

L——测点以下桩长；

C——应力波在桩内的传播速度。

打桩时的总土阻力又可分为两个部分：

$$R_T=R_s+R_d \tag{9.6-4}$$

式中：R_s——总的静土阻力，即单桩竖向承载力；

R_d——动土阻力（速度产生的阻力分量）。

CASE 法又假定动阻力集中在桩尖，且与桩尖处的运动速度 v_b 成正比例，即：

$$R_d=J_c\cdot Z\cdot v_b \tag{9.6-5}$$

在上述公式推导的基础上得到：

$$\begin{aligned}R_s=&\frac{1}{2}(1-J_c)\cdot[F(t_1)+Z\cdot v(t_1)]\\&+\frac{1}{2}(1+J_c)\cdot\left[F\left(t_1+\frac{2L}{C}\right)-Z\cdot v\left(t_1+\frac{2L}{C}\right)\right]\end{aligned} \tag{9.6-6}$$

J_c 称为CASE阻尼系数，实质上是一个与土的颗粒大小等因素有关的经验修正系数。一般地讲，土颗粒越大，J_c 值越小。J_c 值可以通过下列两种途径确定：

(1)对同一根桩或同一工程中边界条件相同（指桩型尺寸、土质完全相同）的桩进行动静对比试验，用静载试验得出的单桩极限承载力代入式(9.6-6)中的 R_s，由动测得出 $F(t)$、$v(t)$ 和 c 值后，可直接求出 J_c 值。

(2)当不具备上述动静对比试验条件时，也可通过同一工程中相同边界条件下桩的实测曲线拟合，得出一批桩的 J_c 平均值。

公式(9.6-6)适用于在 t_1+2L/C 时刻桩侧和桩端土阻力已得到充分发挥的桩。若在 t_1+2L/C 时刻后仍有土阻力发挥，则宜采用最大阻力法，即固定 $2L/C$，适当延时 t_1，求出 R_s 的最大值；若实测速度曲线在 $2L/C$ 前已出现负值，即通常讲的卸载回弹现象，则应考虑进行补偿，如H型钢桩、长径比大的钢管桩和PHC桩等均属此类。但上述两种方法毕竟是近似的，人为因素较大，遇到此类现象还是采用曲线拟合法为好。

CASE 法在推导过程中作了如下几点假定：

(1)桩身阻抗恒定，即桩身截面不变，材料均匀且无明显缺陷。

(2)假定打桩时动阻力集中在桩尖。

(3)应力波在传播工程中无能量耗散和信号畸变。

根据上述假定，CASE法适用于中小型混凝土预制桩和钢桩的承载力确定，且应有一定的地区经验，其对钻孔灌注桩和超长预制桩误差较大。在当前曲线拟合法普及的情况下，最好还是通过实测曲线拟合确定单桩承载力。

三、实测曲线拟合法判定承载力

实测曲线拟合法就是利用实测的桩顶力（或速度、上行波）曲线作为边界条件，对各桩单元和土的力学模型进行假定，再通过波动方程计算分析，反演出桩顶的速度（或力、下行波）曲线，并将计算曲线与原实测曲线比较。如果不吻合,则调整参数或修正模型,这样反复调整比较,直至最终的计算曲线与实测曲线吻合,同时计算得出的贯入度也接近实测贯入度,并由此得出一组符合实际的参数值,这些值包括桩的静土阻力(承载力)、桩周土阻力分布、土阻尼系数以及土的最大弹性变形值等。

图 9.6-2 为实测曲线和相应拟合曲线。

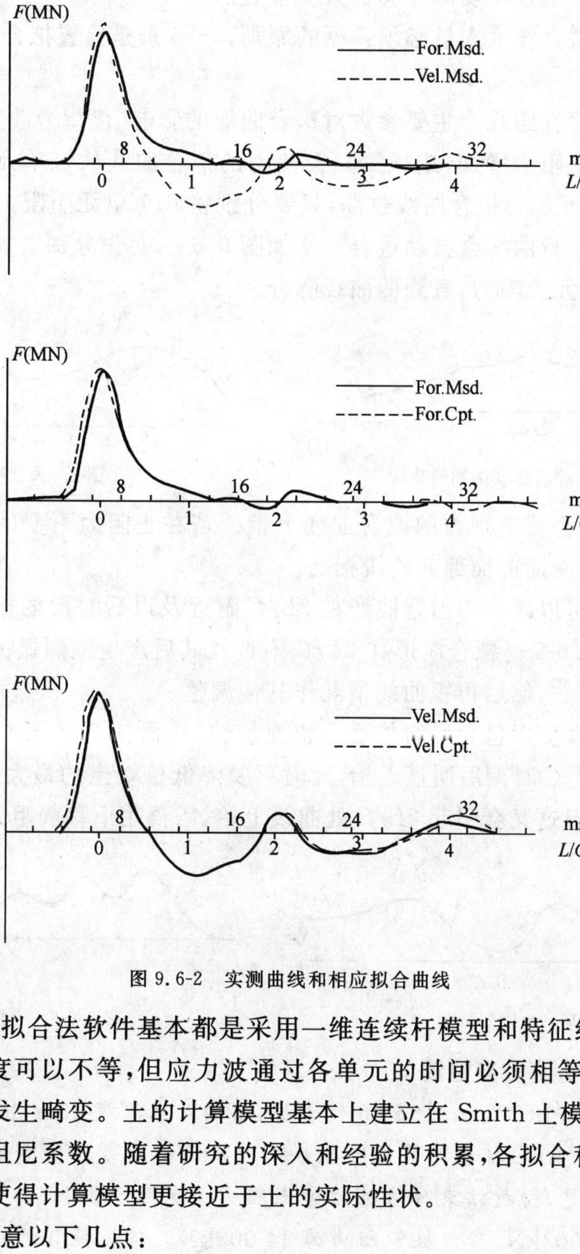

图 9.6-2　实测曲线和相应拟合曲线

目前使用的实测曲线拟合法软件基本都是采用一维连续杆模型和特征线算法。桩被划分成若干个单元;不同截面单元长度可以不等,但应力波通过各单元的时间必须相等;假定土阻力作用于各单元的底部,波在单元内不发生畸变。土的计算模型基本上建立在 Smith 土模型基础上,如保留最大静土阻力、最大弹性变形和阻尼系数。随着研究的深入和经验的积累,各拟合程序的编制者又都在上述基础上作了不同的改进,使得计算模型更接近于土的实际性状。

实测曲线拟合时应注意以下几点:

(1)当实测的力和速度曲线第一峰值比例失调时,不得强行调整,以免造成错误结果。

(2)拟合时采用的桩—土力学模型应能反应桩—土实际情况,且土参数的选用必须在合理范围之内,当桩侧土层较复杂时,应按不同土层分别输入对应的土参数,如土阻尼系数,土的最大弹性变形值等。

(3)各单元选用的土的最大弹性变形 Q 值不得大于相应桩单元的最大计算位移值,否则会导致土阻力未充分发挥的承载力外推。一般情况下,桩端土的最大弹性变形值要大于桩侧;同一土层中桩端直径大的 Q 值也大。

(4)自动拟合方法只能作为一种辅助手段，在自动拟合后一定要进行人工干预，使输入参数和输出的结果基本符合实际情况。

(5)曲线拟合时间段长度必须满足能包含整个土阻力影响区段，拟合长度内的计算曲线应与实测对应曲线基本一致。

(6)拟合得到的贯入度必须与实测对应贯入度接近。

上述1～4条是曲线拟合技术人员必须遵循的原则，5～6条是检查拟合结果是否达到要求的最基本条件。

为方便曲线拟合，下面介绍几个主要参数对拟合曲线的影响(仅指力波)：

(1)将某桩单元处的土阻力增加(或减少)，会使力的拟合曲线从该单元往后抬高(或降低)，反之亦然。如图9.6-3从6单元起力拟合曲线过高，只要分别将6、7单元土阻力适当下降，使其与实测曲线重合，则7单元后面的平行曲线会自动重合。又如图9.6-4，要先分别增加4、5、6单元土阻力，之后再适当降低7及以后各单元土阻力，直到两曲线吻合。

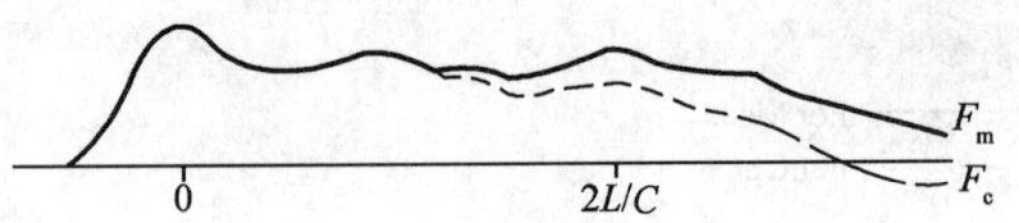

图9.6-3　参数对力拟合曲线的影响

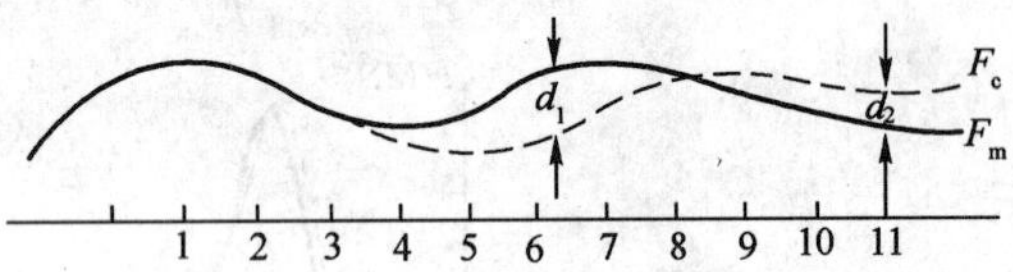

图9.6-4　调整力拟合曲线

(2)将总土阻力增加，会使整个力的拟合曲线上抬。若在土阻力不变的前提下降低桩端土阻力，会使桩端附近的力曲线下降而前面部分曲线抬高。

(3)增大土阻尼系数可以减小力拟合曲线在$2L/C$附近及以后时段的振荡，但同时也会使桩端附近的拟合曲线下降。图9.6-5是拟合波形在$2L/C$附近及其后产生剧烈振荡，遇到此情况应首先用增大土阻尼去光滑曲线的方法，然后再视曲线情况作其他调整。

(4)降低桩端最大弹性变形值会引起桩底土快速加载，从而使$2L/C$时刻以后的力曲线下降。图9.6-6力的拟合曲线在$2L/C$时刻后明显上抬，此时只要降低桩端土的最大弹性变形值，$2L/C$时刻后面的力拟合曲线会下降，但这又会引起$2L/C$处曲线上抬，需再用下移静阻力方法调整。

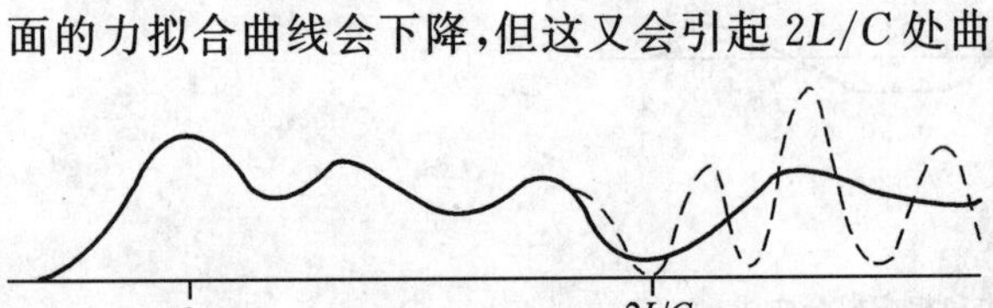

图9.6-5　拟合波形产生剧烈振荡

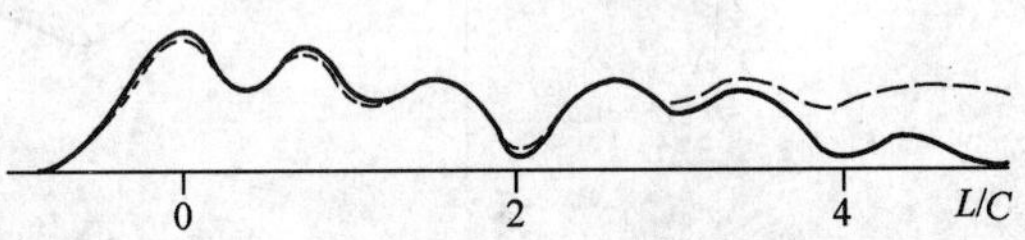

图9.6-6　力拟合曲线明显上抬

[实例1]　某码头钢桩高应变检测

某海岛码头采用直径ϕ1 500mm、长66m钢管桩，桩的入土深度46m，持力层为粉质黏土。沉桩结束时的实测波形及CAPWAPC拟合结果见图9.6-7，间歇16d后复打实测波形及CAPWAPC拟合结果见图9.6-8。由图中可见，初打结束时该桩的静土阻力值为7 568kN，其中桩侧阻力5 937kN；复打时该桩极限承载力为16 003kN，其中桩侧阻力为14 003kN。与该桩邻近且桩型尺寸、土层完全相同的一根桩静载试验得出的单桩极限承载力为15 500kN。

[实例2]　某工程PHC桩高应变检测

某工程采用ϕ1 000mmPHC桩(B型)，桩长58m，桩入土深度45.2m，持力层为灰色粉砂，采用D-100锤沉桩。沉桩结束时的高应变实测波形见图9.6-9，由CASE法得出的静土阻力值4 800kN；间歇一段时间后的复打波形及CAPWAPC分析结果见图9.6-10，复打时得出的单桩极限承载力为9 682kN，其中桩侧阻力7 530kN，端承力2 152kN。

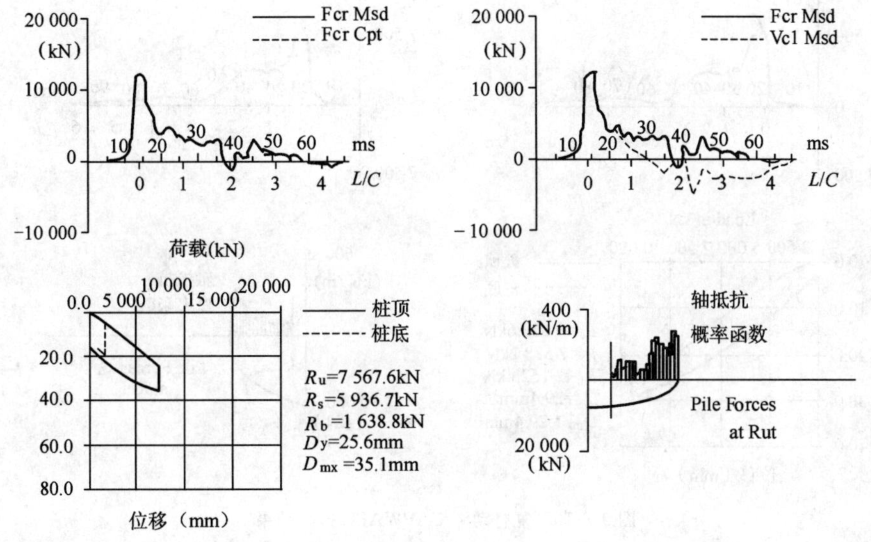

图 9.6-7　停锤前动测 CAPWAPC 拟合结果

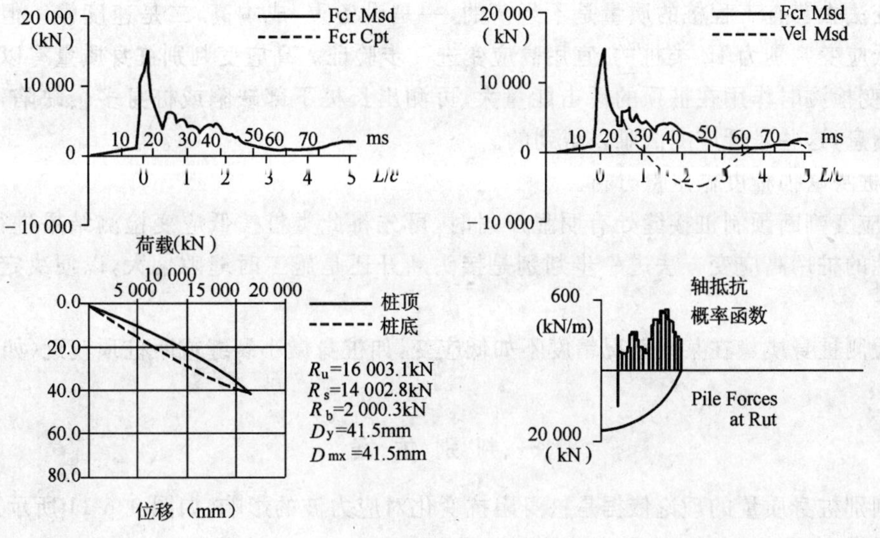

图 9.6-8　复打动测 CAPWAPC 拟合结果

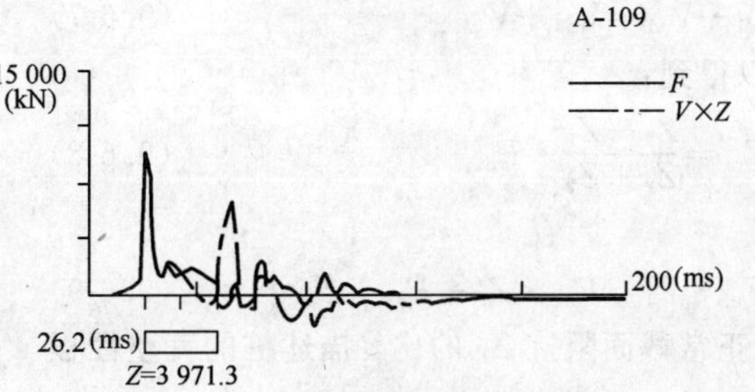

图 9.6-9　高应变初打实测曲线

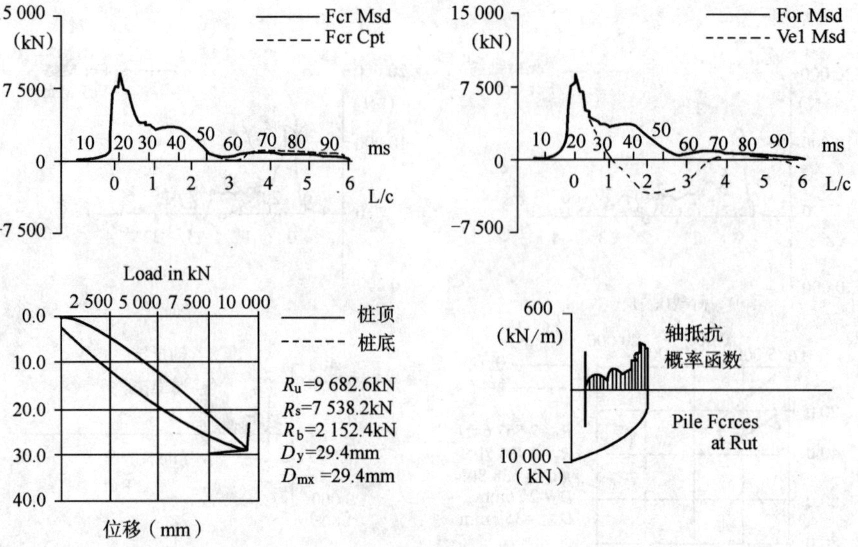

图 9.6-10　复打动测 CAPWAPC 拟合结果

第五节　桩身质量判别

用高应变法去普查工程桩的质量是不经济的，一是设备重、成本高，二是速度慢。但当低应变难以判定或对低应变判别为 III 类桩的，宜用高应变进一步验证。高应变判别桩身质量有以下优点：

(1)高应变检测时作用在桩顶的锤击能量大，可测出长桩下部缺陷或桩身多个缺陷，并可得到桩端土密实度信息，这些是低应变法难以得到的。

(2)可对桩身缺损程度做定量分析。

(3)当低应变判断预制桩接缝处有明显反射时，可先将此类桩按低应变检测结果进行分类，再选一些有代表性的桩用高应变方法进一步判别是接头断开还是施工时缝隙偏大，以便决定是否要进行处理。

高应变检测桩身质量在某些情况精度不如低应变，如桩身微小裂缝或距桩顶较近(如 4m 以内)的裂缝等。

一、判 别 依 据

高应变判别桩身质量的理论依据是桩身阻抗变化对应力波的影响，如图 9.6-11 所示。

设桩身阻抗由 Z_1 变到 Z_2，由平衡条件可以得出：

$$F_{d1}+F_{u1}=F_{d2}+F_{u2}$$
$$V_{d1}+V_{u1}=V_{d2}+V_{u2} \tag{9.6-7}$$

上述方程经转换后可以得到：

$$F_{u1}=\frac{Z_2-Z_1}{Z_2+Z_1}\cdot F_{d1} \tag{9.6-8}$$

解方程后得到：

$$F_{u1}\cdot Z_2+F_{u1}\cdot Z_1=F_{d1}\cdot Z_2-F_{d1}\cdot Z_1 \tag{9.6-9}$$

用缺损截面阻抗 Z_2 与正常截面阻抗 Z_1 的比 β 描述桩的完整性程度，称 β 为桩完整性系数：

$$\beta=\frac{Z_2}{Z_1}=\frac{F_{d1}+F_{u1}}{F_{d1}-F_{u1}} \tag{9.6-10}$$

图 9.6-11　桩身阻抗变化

通常只能测得桩顶附近力和速度信号，公式(9.6-10)经进一步推导后可得等截面桩计算β的公式：

$$\beta=\{[F(t_1)+Z\cdot V(t_1)]/2-\Delta R+[F(t_x)-Z\cdot V(t_x)]/2\}$$
$$/\{[F(t_1)+Z\cdot V(t_1)]/2-[F(t_x)-Z\cdot V(t_x)]/2\} \quad (9.6\text{-}11)$$

式中：t_x——缺陷反射波峰值对应的时刻；

ΔR——缺陷以上部位的土阻力估算值(见图9.6-12)。

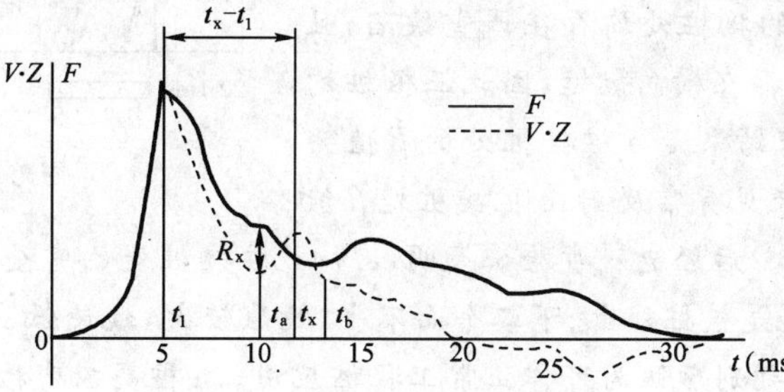

图 9.6-12 土阻力估算值

桩身结构完整性程度与β值的关系可参考表9.6-1。

桩结构完整性程度与β值关系 表 9.6-1

评 价	β 值
桩身完整	$\beta=1.0$
轻微缺陷桩	$0.8\leqslant\beta<1.0$
明显缺陷桩，对桩身结构承载力有影响	$0.6\leqslant\beta<0.8$
桩身存在严重缺陷或断桩	$\beta<0.6$

采用β值评价桩身完整性时，要注意以下几点：

(1)β值是按实测曲线计算出来的，只要桩底反射前的某一时刻力波或速度波有异常，β值就有变化，如混凝土预制桩接头处、混合型桩的接桩部位、钢桩的高频振荡波等均会出现β值小于1.0，因此分析时要根据经验并结合实际情况综合评价。图9.6-13为一根50cm×50cm混凝土预制方桩，中间一接头反射，实测β值为0.89；图9.6-14为一根80m长钢管桩，由于高频信号的影响，实测β值为0.87。但上述两根桩均为完整桩。

(2)桩侧土阻尼和桩身断裂部位夹层介质对β值均有一定影响，例如，完全断开桩的β值一般不会等于零。图9.6-15为一根50cm×50cm混凝土预制方桩，因施工质量问题，打桩过程中电焊接头处完全断开，实测β值为0.21，验证结果是上、下节桩已脱开10cm。

(3)对截面不规则的钻孔灌注桩、扩径桩，除按β值判别外，还需结合施工记录、地质情况综合判别。

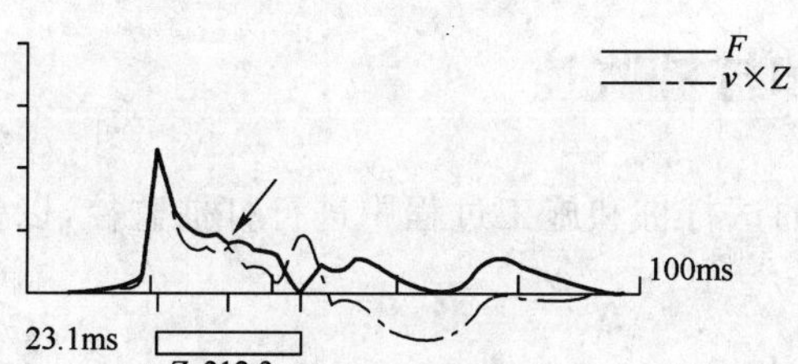

图 9.6-13 接桩处反射

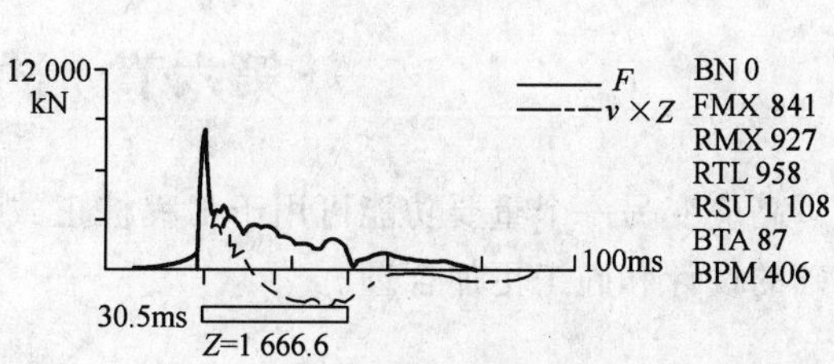

图 9.6-14 钢管桩波形

[实例 3] 预制方桩质量检测

某工程采用 500mm×500mm 混凝土预制方桩，桩长 25m，分上、下二节，各长 12.5m，采用锤击沉桩和电焊接桩，由于某种原因造成一定数量桩的焊接接头断开，为此采用低应变法进行质量普查，并抽样用高应变验证，其中大部分的高、低应变检测结果吻合，但也有少数桩的结果不同。图 9.6-16 是三根桩的低应变检测波形，9.6-17 是相对应的高应变实测波形。按低应变波形判别，这三根桩的接桩处均存在严重缺陷，且其中 a 桩在桩顶下 6m 处还存在横向裂缝，因此三根桩均可判为四类桩。高应变验证结果是 a 桩接桩处的 β 值为 0.30，且桩顶以下 6m 附近未见异常反射；c 桩接桩处 β 值为 0.32；b 桩的 β 值为 0.74。后经进一步验证表明，a 和 c 桩接桩处已完全脱开，属四类桩；b 桩接桩处虽有反射，但程度较轻，这是接桩处上、下二个面不平，缝隙较大，致使低应变检测反射明显，而高应变检测时 β 值达 0.74，综合判别后认为可作正常工程桩应用。a 桩高应变检测波形中未发现 6m 处的裂缝，这是由于高应变锤击能量大，该横向微裂缝在锤击时瞬时闭合。

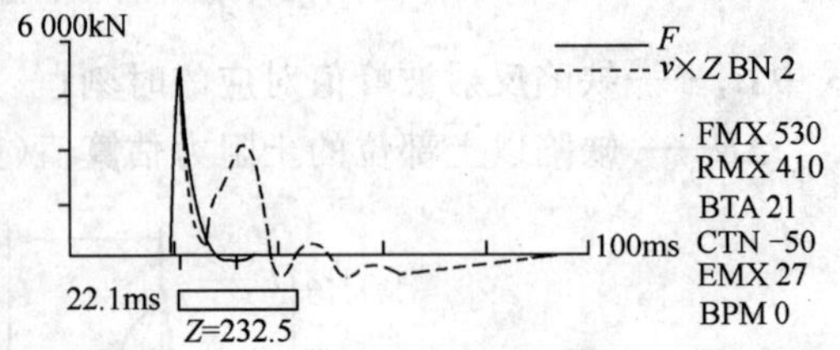

图 9.6-15 断桩波形

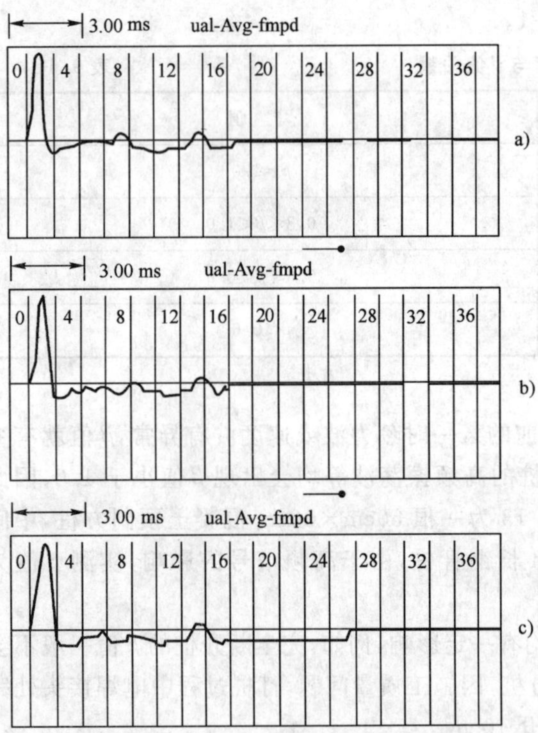

图 9.6-16 低应变检测波形

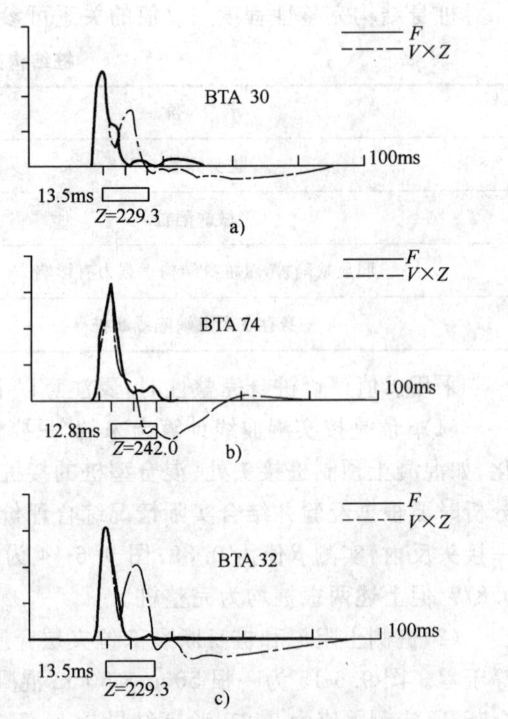

图 9.6-17 高应变检测波形

第六节 试打桩和打桩监控

高应变另一个重要功能可用于工程桩正式施工前的试打桩和施工过程中进行打桩监控，以使桩基础的设计和施工更加合理。

一、试 打 桩

一般桩基工程是先由设计人员根据结构物要求和工程地质勘察资料确定该工程使用的桩型尺

寸，施工部门再按照设计的桩型选择沉桩设备，包括锤型、垫层材料等，但这种桩型和锤型的选择往往是根据各自的经验，一旦选型不合理，将会造成施工困难、影响工期甚至影响桩的质量，为此在基桩工程正式施工前有必要进行试打桩，尤其是一些大型桩基工程以及地质条件复杂的地区。试打桩有两个作用：一是检验设计选择的桩型是否合理，二是为施工选择合理的沉桩设备和沉桩工艺。

在试打桩前应首先确定试打的位置，一般应选择在该工程有代表性的地方：如地质有软夹层、估计会出现“溜桩”的区域；有硬夹层、估计沉桩会遇到困难的区域；持力层埋深较浅、工程桩较短的位置等，按事先约定的桩型及沉桩设备进行试打桩。试打桩应进行全过程监测，内容包括贯入度、锤击数、桩身锤击压应力、桩身锤击拉应力、落锤高度、传至桩身的有效锤击能量、打桩对邻近建筑物及岸坡的影响等。上述内容可根据不同工程情况有选择地进行测试，数据的采集可以是全过程的，也可以按桩端进入不同土层和不同深度分别采样，其中对开始锤击、桩端穿透硬层进入软弱土层以及桩端进入密实土层和持力层等几种关键工况时要重点监测并详细记录。对于同一根桩，当落锤高度和垫层材料不变时，桩身最大锤击压应力一般出现在桩端进入密实土层或岩层时，最大锤击拉应力往往出现在刚开始打桩时的软土层中，或桩端穿透硬层进入软夹层的一瞬间。除了上述监测内容外，对每一根试打桩还应记录垫层材料（桩垫、锤垫）的种类、开锤前的厚度及打桩结束时的厚度和状态。根据需要也可以在同一根试打桩上采用不同的落锤高度、不同桩垫进行对比试验。

通过试打桩还可以了解特定桩型在不同入土深度时打桩遇到的总土阻力和静土阻力值，这时应尽量选择桩端进入硬土层及最终持力层进行测试，在桩端达设计高程前的50～100cm范围内要连续监测，通过现场CASE法分析，可以得出桩端进入不同深度的时总土阻力和静土阻力值。由打桩时遇到的总土阻力可以判断大致的地质情况，进而判别使用的桩锤能量是否合理。由静土阻力值可大致判别设计的桩型及桩入土深度能否满足设计承载力要求。值得注意的是打桩时测出的桩静土阻力值与土体恢复后的单桩竖向极限承载力是两个不同的概念，一般情况下前者小于后者，在灵敏度较高的黏性土中，这种差别可达2～3倍。若要确切了解试打桩的单桩竖向极限承载力，应按照有关规范要求，在桩打入土中休止一定时间后再进行复打试验，如砂中的桩休止期一周以上，黏性土中桩的休止期为2～4周。复打试验时必须有足够的锤击能量，使桩周土阻力得到充分发挥，然后再通过曲线拟合法得出桩的静土阻力。

试打桩可以得到许多有价值的资料，为设计、施工及时调整方案提供依据。

二、打 桩 监 控

在某些情况下仅有静载试桩和施工前的试打桩资料还不够，如地质条件的差异、沉桩设备性能的改变、群桩挤土影响等，都会使工程桩的施工情况发生改变，这时就需要在工程桩施工过程中进行打桩监控。打桩监控的抽样率应根据具体工程而定，检测内容可参照试打桩。

在地质条件复杂、持力层起伏很大的地区，既不能按桩端标高作为单一的停锤依据，也不能仅按贯入度作为停锤标准，而是要在桩承载力满足设计要求的前提下，结合桩的入土深度、贯入度和桩端持力层综合考虑，这在我国东南沿海的码头桩基工程中较为多见。按地质勘察资料，将一个工程的桩基划为若干区段，同一区段地质情况基本相似，在进入某区段打桩施工时，首先对若干根工程桩进行打桩监控，总结出规律性的东西，再由检测、设计、施工、监理共同定出该区段沉桩停锤控制标准，即锤击能量（在锤型不变时，按落锤高度控制）、贯入度、入土深度等综合判别。在某些地质条件复杂的工程中，打桩监控的抽样率可达工程桩总数的20％～50％，确保了每一根工程桩都能满足设计要求。

对工程桩需穿透密实砂层或有软弱夹层的地区，除了施工前试打桩外，还应有选择的抽样进行工程打桩监控，掌握桩在进入不同土层时的桩身锤击拉、压应力大小，以便及时采取有效措施，如及时调整柴油锤油门大小或液压锤行程、调整混凝土桩的桩垫厚度、溜桩时暂停锤击等，必要时甚至调换沉桩设备或改变沉桩工艺，以确保工程桩既能按设计要求沉到预定深度，又使桩身锤击应力控制在一定范围内。根据我们多年的试验成果并参照国内有关规范，提出如下的桩身锤击应力控制范围：

(1)混凝土桩的桩身最大锤击压应力不应超过桩身混凝土轴向抗压强度设计值。

(2)普通混凝土桩的桩身最大锤击拉应力值应不超过桩身混凝土轴心抗拉强度标准值的1.3～1.4倍(允许出现环向裂缝的除外)。如C40混凝土桩的最大锤击拉应力不应超过2.45×(1.3～1.4)=3.2～3.4MPa。

(3)预应力混凝土桩的桩身最大锤击拉应力不应超过桩身混凝土轴心抗拉强度标准值与有效预压应力值之和的1.3～1.4倍。如某强度为C80的预应力混凝土管桩，桩身有效预压应力为6.1MPa，该桩的最大锤击拉应力不应超过11～12MPa。

(4)钢桩的锤击压应力值不应超过钢材屈服强度。

(5)对有接头的混凝土桩，桩身最大锤击拉应力控制值除应考虑自身混凝土抗拉强度及有效预应力外，还应考虑接桩处的抗拉强度。

[实例4]　上海某大桥钢管桩高应变检测

上海某大桥基础钢管桩，桩径914mm，原设计桩端高程为−54.0m，通过正式施工前两根桩的全过程试打监测，结果发现桩端在接近−54.0m时不但贯入度增大，高应变实测在−54.0m附近的桩端速度反射波也反映出此时端阻力减小(见图9.6-18)，根据试打桩测试结果设计及时调整了桩长，保证了重大工程的质量。

[实例5]　我国南方某码头钢管桩高应变检测

我国南方某码头由于地质条件十分复杂，作为持力层的基岩层面标高起伏很大，该工程采用了ϕ1 000mm钢管桩，并抽样50%进行高应变打桩监测，由现场实测数据决定打桩停锤标准。图9.6-19中的三个波形代表三根桩实测结果，三根桩邻近，打桩锤相同，且均在−31m高程测试。从波形看出，10号桩此时已进入好的基岩，13号桩及14号桩的桩端速度波出现较强的同相反射，表明此时桩端持力层很差，为此现场决定将13号和14号桩继续打入，直至桩端出现类似10号桩的波形反射为止，使全部工程桩的桩端都进入了良好的基岩。

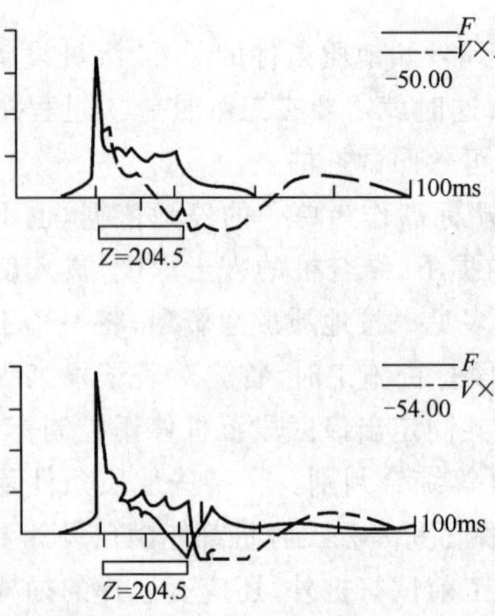

图9.6-18　某桩在不同高程时实测波形

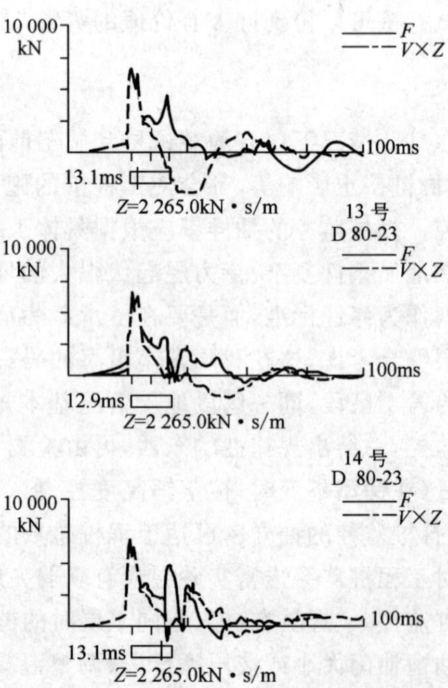

图9.6-19　10号、13号、14号、桩实测波形

第十篇　桩基防腐蚀

第一章　桩基防腐蚀的基本途径

一、概　　述

随着经济、技术的发展和人们认识水平的不断提高,我们对建筑物的使用年限提出了更高的要求。港口工程规范规定码头设计使用年限在50年以上;已建造的杭州湾大桥、苏通大桥、东海大桥设计的使用年限都在百年以上,香港的青马大桥设计的使用年限在120年以上。公路桥涵规范规定大型桥梁设计使用年限100年。工业、民用的建筑物的使用年限要求也在不断提高。

为了适应建筑物使用年限的提高,对建筑的主要构筑部分的桩基使用寿命也就提出了更高的要求。实际使用中,桩基的工作环境往往比建筑物主体的环境更差。处于海洋环境的桩基常与海水接触,又处于潮湿环境中,海水中的氯离子直接作用于钢管桩的表面,会引起严重腐蚀;海洋环境中的氯离子渗入混凝土内,会引起钢筋锈蚀,从而导致钢筋混凝土桩破坏。海水中氯离子的作用使桩的使用寿命受到严重威胁。在盐碱地、化工厂、污水处理厂等污染严重的区域,桩基大多是处于污染较严重位置。这样对桩基的防腐蚀能力要求就比建筑物主体的抗腐蚀能力要求更高。对处于有腐蚀作用的地下水或处于氯盐、硫酸盐类和海洋环境中的桩基,应针对腐蚀情况进行专业防腐设计。为达到设计使用年限的要求,必须对处于腐蚀环境的桩基采取防腐蚀措施。

二、桩基防腐蚀的基本途径

目前刚性桩的制作材料主要是混凝土、钢筋混凝土和钢材。

混凝土是人工合成材料,不完全具备石料等天然材料所具有的耐久时限,有效的使用年限较短。混凝土碳化等理论的建立为我们找到延长钢筋混凝土构件寿命的途径。延长混凝土构件寿命的主要方法有:加大钢筋混凝土构件的保护层厚度;改善混凝土的组成成分;提高混凝土的密实性;采用涂层钢筋;外加电流阴极保护和混凝土表面涂层等。钢材的锈蚀原理告诉我们,在自然环境下钢材的锈蚀是必然的。延长钢结构寿命的主要方法有:改良钢材的组成成分;依据化学、电化学的原理,改善钢结构和混凝土中钢筋的外部环境等。

近年来提高桩的使用寿命的课题在科技界、工程界得到广泛的重视。为了提高桩的防腐蚀能力,从而提高桩的使用寿命,在技术措施上产生了各种各样的新规定、新材料和新工艺。其大致可以分类如下:

(1)加大桩基的结构断面,使其适应建筑物对使用年限的要求。

(2)改善桩基材料的使用年限和对外部环境的适应性。

(3)对桩基表面进行涂装和包覆保护。

(4)采用阴极保护方法,改变外部环境,延长桩基的使用寿命。

1.桩基在海水环境中部位划分

在海洋工程中,根据环境对桩的腐蚀程度,沿桩身可划分为五个部位,见表10.1-1。

桩基在海水环境中部位划分　　表 10.1-1

掩护条件	划分类别	大气区	浪溅区	水位变动区	水下区	泥下区
有掩护条件	按港工设计水位	设计高水位加1.5m以上	大气区下界至设计高水位减1.0m之间	浪溅区下界至设计低水位减1.0m之间	水位变动区以下	泥面以下
无掩护条件	按港工设计水位	设计高水位加(η_0+1.0m)以上	大气区下界至设计高水位减η_0之间	浪溅区下界至设计低水位减1.0m之间	水位变动区以下	泥面以下
	按天文潮潮位	最高天文潮位加0.7倍百年一遇有效波高$H_{1/3}$以上	大气区下界至最高天文潮位减百年一遇有效波高$H_{1/3}$之间	浪溅区下界至最低天文潮位减0.2倍百年一遇有效波高$H_{1/3}$之间	水位变动区以下	泥面以下

注:①η_0 值为设计高水位时的重现期 50 年 $H_{1\%}$(波列累积频率为 1%的波高)波峰面高度。

②河港工程中的钢管桩可参照执行。

2.腐蚀环境钢筋混凝土桩防腐蚀规定和防腐蚀措施

在海洋环境或其他腐蚀条件下的钢筋混凝土桩防腐蚀措施主要有:

(1)增加保护层厚度。

(2)提高混凝土的耐腐蚀性能,方式如下:

①控制水胶比;

②控制最低胶凝材料用量;

③使用掺有粉煤灰、硅粉等矿物掺合料和外加剂的高耐久性混凝土;

④控制拌和物中氯离子的含量。

(3)掺加钢筋阻锈剂。

(4)使用环氧涂层钢筋。

(5)外层涂硅烷渗透剂、环氧式聚酯类等涂层。

(6)耐蚀树脂增强纤维复合层包覆。

(7)使用外加电流阴极保护。

3.腐蚀环境钢管桩防腐蚀规定和防腐蚀措施

按照《港口工程桩基规范》(JTJ 254—98)、《港口工程钢结构设计规范》(JTJ 283—99)、《海港工程钢结构防腐蚀技术规定》(JTJ 230—89)的规定,钢管桩必须进行防腐蚀处理。

防腐蚀措施有:

(1)外壁加覆防腐蚀涂层。

(2)外壁包覆覆盖层。

(3)增加管壁预留腐蚀厚度。

(4)水下采用阴极保护(外加电流阴极保护或牺牲阳极)。

(5)选用耐腐蚀钢种。

(6)电弧(热)喷锌、喷铝与涂层配套使用。

防腐蚀措施的选择,应根据建筑物的重要性、使用年限、当地腐蚀环境、结构部位、施工可能性、维护方法及防腐材料来源等,经技术经济比较确定。

对海洋工程,应根据使用年限的要求,由专业技术人员进行防腐设计,也可按表 10.1-2 综合采用,或采用其他有效措施进行保护；对河港工程，可参照海洋工程选用。

海洋工程钢管桩的防腐措施　　表 10.1-2

部位 方法	大气区	浪溅区	水位变动区	水下区	泥下区
涂层	必须	必须	必须	可用	不需
包覆层	可用	可用	可用	不需	不需
预留腐蚀厚度	可用	必须	必须	可用	可用
阴极保护	无效	无效	可用	可用	可用
耐腐蚀钢种	可用	可用	可用	可用	不需
喷锌，喷铝	可用	可用	可用	喷铝可用	不需

海洋工程中，钢管桩采用预留腐蚀厚度的防腐措施时，碳素钢的单面年平均腐蚀速度可按表 10.1-3 取值，有条件时也可根据现场实测确定。河港工程中，在平均低水位以上，年平均腐蚀速度可取0.06mm/a，平均低水位以下，可取 0.03mm/a，a 表示为年。

海洋工程碳素钢的单面年平均腐蚀速度 v　　表 10.1-3

部　位	年平均腐蚀速度 v(mm/a)	部　位	年平均腐蚀速度 v(mm/a)
大气区	0.05～0.10	水位变动区、水下区	0.12～0.20
浪溅区	0.20～0.50	泥下区	0.05

注：①表中平均腐蚀速度适用于 pH＝4～10 的环境条件，对有严重污染的环境，应适当增大；
②当采用低合金钢时，可参照表中数值取值，但大气区应适当减小；
③对水质含盐量层次分明的河口区或年平均气温高、波浪大、流速大的环境，其对应部位的平均腐蚀速度应适当增大；
④钢板桩岸侧可参照泥下区取值。

当采用涂层保护时，在涂层的设计使用年限内其保护效率可取 50％～95％；当采用阴极保护时，其保护效率 P 可按表 10.1-4 取值，当采用涂层与阴极保护联合保护措施时，其平均保护效率在平均潮位下可取 85％～95％；平均潮位以上可仅按涂层的保护效率取值。

阴极保护效率 P　　表 10.1-4

部　位	P(％)	部　位	P(％)
平均潮位以上	$0\leqslant P<40$	设计低水位以下	$P\geqslant 90$
平均潮位至设计低水位	$40\leqslant P<90$		

4. 特殊腐蚀环境下的桩基防腐设计

特殊腐蚀环境下的桩基防腐设计应针对桩基所处的腐蚀环境、腐蚀介度、桩基种类以及设计使用年限的要求进行技术、经济综合比较，择优选用。

第二章　钢筋混凝土桩防腐蚀

一、混凝土碳化的影响

1.混凝土碳化机理

混凝土碳化是介质与混凝土相互作用的结果，最典型的是大气中 CO_2 气体对混凝土的作用。在海洋环境中的 Cl^-，在工业区环境中的其他酸性气体如 SO_2、H_2S 等也会引起混凝土的碳化（即混凝土的中性化）。

由于混凝土碳化，混凝土中的凝胶孔隙和部分毛细管可能被碳化产物碳酸钙等堵塞，混凝土的密实性和强度会因此而有所提高。但由于碳化降低了混凝土孔隙液体的 pH 值（碳化后 pH 值约为 8～10），一旦碳化达到钢筋表面，钢筋就有可能因其表面的钝化膜遭到破坏而产生锈蚀。对于钢筋混凝土桩的结构，这时候也就随之开始损坏。

混凝土碳化主要包括以下三个过程：

(1)化学反应过程。化学反应过程进行较快，反应的速度主要取决于 CO_2 或其他酸性物质的浓度和混凝土中可碳化物质的含量，其中混凝土中可碳化物质的含量又受水泥品种、水泥用量及水化程度等因素的影响。

(2)CO_2 等在混凝土中的扩散。CO_2 或其他酸性物质可通过混凝土孔隙向混凝土内部扩散。扩散的速度取决于扩散物质的浓度和混凝土的孔隙结构。混凝土的孔隙结构主要受混凝土水灰比和水泥水化程度的影响。

(3)$Ca(OH)_2$ 的扩散。$Ca(OH)_2$ 可在孔隙表面的湿度层间内扩散，其速度取决于混凝土的含水率和 $Ca(OH)_2$ 浓度的梯度。

在上述三个过程中，混凝土中 $Ca(OH)_2$ 的扩散速度最慢，它决定了混凝土碳化过程的速度以及它的分层特性。

2.影响混凝土碳化的主要因素

国内外学者对混凝土碳化规律进行了大量的研究，最具代表性的是基于费克第一扩散定律导出的混凝土碳化理论模型：

$$X=\sqrt{\frac{2D_eC_ot}{M_o}} \tag{10.2-1}$$

$$X=kt^{1/2} \tag{10.2-2}$$

式中：X——碳化深度；

D_e——CO_2 在混凝土中的有效扩散系数；

C_o——环境中 CO_2 浓度；

M_o——单位体积混凝土吸收 CO_2 的量；

t——碳化时间；

k——混凝土碳化速度系数。

式(10.1-1)可简化成式(10.1-2)。

由于式(10.1-1)和式(10.1-2)中的系数较难确定，因此，实际应用较为困难，同时，其他影响混凝土碳化的因素未反应在式(10.1-1)和式(10.1-2)中。由于影响混凝土碳化程度的外部(内部)因素多，且影响是随机的，因此，建立考虑所有影响因素的混凝土碳化规律的解析表达式非常困难，加之部分影响因素的相关性，解析表达式中的相关系数的确定也很困难。但混凝土碳化规律还是可以定性的指导工程界，为如何提高混凝土和钢筋混凝土桩基防腐蚀能力指明了途径。

根据国内外的研究成果，影响混凝土碳化的因素主要有以下几方面：水泥品种及用量；水灰比；环境相对湿度；环境温度；环境中 CO_2 含量；混凝土质量；构件暴露程度；腐蚀性介质；混凝土外表面保护措施等。

二、碱—集料反应的影响及控制

1.碱—集料反应

碱—集料反应是混凝土中某些活性矿物集料与混凝土孔隙中的碱性溶液之间发生的反应。碱—集料反应发生必须具备三个条件，即在混凝土中同时存在相当数量的活性矿物集料(活性二氧化硅、白云质类石灰岩或黏土质页岩等)、一定量的碱和使用环境有足够的潮湿度(相对湿度大于80%)。

2.防止碱—集料反应的措施

根据碱—集料反应的机理及影响该反应的主要因素，防止碱—集料反应可以从以下几方面解决：

(1)采用低碱水泥

水泥中的含碱量($Na_2O+0.658K_2O$)是影响碱—集料反应的重要因素之一。因此很多国家为了防止碱—集料反应都对水泥碱含量做了规定。一般规定含碱量小于0.6%的为低碱水泥；含碱量为0.6%～0.8%的为中碱水泥；含碱量大于0.8%的为高碱水泥。

(2)控制外加剂中的碱

外加剂的使用是现代混凝土技术发展的一个重要动力，但同时带来某些外加剂引入碱的问题。最常用的萘系高效减水剂中含 Na_2SO_4 量高达10%左右，如掺量为水泥用量的1%，则外加剂引入的 Na_2SO_4 约为水泥的0.1%，折合 Na_2O 约为0.045%。掺加 Na_2SO_4 早强剂引入的碱更不容忽视，如掺量以水泥用量的2%计，则引入的 Na_2O 约为水泥的0.9%，即等于甚至大于水泥自身的含碱量。此外，防冻剂也会引入更多的碱。

(3)使用非活性集料

集料的活性及矿物成分也是混凝土产生碱—集料反应的重要因素。《水运工程混凝土试验规程》(JTJ 270—98)对集料活性试验方法作了明确地规定，主要是化学法和砂浆长度法。

(4)使用掺合料降低混凝土的碱性

掺用粉煤灰、矿渣、硅灰等掺合料都能降低混凝土的碱性，控制碱—集料反应，特别是含碱量高于允许值时更应掺加粉煤灰等掺合料。

(5)改善混凝土结构的施工和使用条件

保证混凝土结构的施工质量，防止其因振捣不密实产生的蜂窝麻面以及因养护不当引起的干缩裂缝等，能防止外界水分侵入混凝土，从而能起到制止碱—集料反应的作用。

3.混凝土中碱含量的控制

可用每立方米混凝土的含碱量来控制碱—集料反应的发生。如前联邦德国水泥协会根据调查研究，确定了避免碱—集料反应的混凝土极限碱含量的曲线。我国根据混凝土工程的环境条件规定了防治碱—集料反应的混凝土碱含量限制标准如表10.2-1所示。

混凝土碱含量的安全限制 表10.2-1

环境条件	混凝土最高碱含量(kg/m^3)		
	一般工程	重要工程	特殊工程
干燥环境	不限制	不限制	3.0
潮湿环境	3.5	3.0	2.1
含碱环境	3.0	用非活性集料	

根据《水工混凝土施工规范》(DL/T 5144—2001)，混凝土的碱含量按下式计算：

混凝土的碱含量＝水泥碱含量(%)×水泥用量(kg/m^3)＋0.2×粉煤灰碱含量(%)×粉煤灰用量(kg/m^3)＋外加剂碱含量(%)×外加剂用量(kg/m^3)

三、加大钢筋混凝土桩的保护层厚度

如上“二”所述，混凝土碳化降低了混凝土孔隙液体的pH值，一旦碳化达到钢筋混凝土桩的钢筋表面，钢筋就有可能因其表面的钝化膜遭到破坏而产生锈蚀。对于钢筋混凝土桩的结构，这时候也就随之开始损坏。为防止钢筋表面的钝化膜遭到破坏而产生锈蚀，最直接的方法就是加大钢筋混凝土桩的保护层厚度。但由于经济因素和结构要求，桩的保护层厚度只能是适度加厚。

根据各类桩型的用材和结构要求，目前国内规范规定各类桩的保护层厚度见表10.2-2所示。

各类钢筋混凝土桩的保护层厚度　　表10.2-2

桩　型	混凝土保护层(mm)	备　注
预制钢筋混凝土方桩	≥50	JTJ 275—2000
先张法预应力混凝土管桩	陆上＞25	ZG3H 007—2003
先张法预应力混凝土管桩	＞25	GB 13476—1999
先张法预应力混凝土薄壁管桩	＞20	JC 888—2001
后张法预应力混凝土大直径管桩	＞50	JTJ 261—97

《海港工程混凝土结构防腐蚀技术规定》(JTJ 230—89)对混凝土结构防腐蚀的规定如下：海水环境钢筋混凝土保护层最小厚度应符合表10.2-3规定。

海水环境钢筋的混凝土保护层最小厚度(mm)　　表10.2-3

建筑物所处地区	构件所在部位			
	大气区	浪溅区	水位变动区	水下区
北方	50	50	50	30
南方	50	65	50	30

注：①表中数值系箍筋直径为6mm时主筋的保护层厚度。当箍筋直径超过6mm时，保护层厚度按表中规定增加5mm；

②位于浪溅区的码头面板、桩等细薄构件的混凝土保护层，南、北方一律取50mm；

③南方指最冷月月平均气温大于0℃的地区。

四、改善钢筋混凝土桩的混凝土组成

提高混凝土的防腐蚀性能是提高桩基的使用年限的有效途径之一。提高混凝土的防腐蚀性能常用方法有：控制混凝土的水胶比；控制混凝土的最低胶凝材料用量；控制混凝土拌和物中氯离子的含量；使用粉煤灰，硅粉等矿物掺合料和使用优质外加剂。

1. 水灰比最大允许值

海水环境混凝土的水灰比最大允许值应符合表10.2-4的规定。

海水环境混凝土的水灰比最大允许值 表 10.2-4

环境条件			钢筋混凝土、预应力混凝土	
			北方	南方
大气区			0.55	0.50
浪溅区			0.50	0.40
水位变动区	严重受冻		0.45	—
	受冻		0.50	—
	微冻		0.55	—
	偶冻、不冻		—	0.50
水下区	不受水头作用		0.60	0.60
	受水头作用	最大作用水头与混凝土壁厚之比＜5	0.60	0.60
		最大作用水头与混凝土壁厚之比 5～10	0.55	0.55
		最大作用水头与混凝土壁厚之比＞10	0.50	0.50

注：①除全日潮型港口外，其他海港有抗冻性要求的细薄构件（最小边尺寸小于300mm者，包括沉箱工程）水灰比最大允许值应酌情减小；

②对有抗冻性要求的混凝土，浪溅区范围内的下部1m，应随同水位变动区按抗冻性要求确定其水灰比；

③南方地区，浪溅区的钢筋混凝土宜掺加高效减水剂。

参照表 10.2-4 的要求控制控制混凝土的水胶比。在有可能的情况下，尽量使用优质外加剂来降低混凝土的水胶比，提高混凝土的密实度，从而提高混凝土的防腐蚀性能，确保桩基的使用年限。

2. 最低水泥用量

海水环境混凝土的最低水泥用量应符合表 10.2-5 的规定。

海水环境混凝土的最低水泥用量（kg/m^3） 表 10.2-5

环境条件		钢筋混凝土、预应力混凝土	
		北方	南方
大气区		300	360
浪溅区		360	400
水位变动区	严重受冻	395	360
	受冻	360	360
	微冻	330	360
	偶冻、不冻	300	360
水下区		300	300

按照表 10.2-5 控制混凝土的最低胶凝材料用量是提高混凝土密实度的有效方法。提高了混凝土的密实度，也就是提高了混凝土的耐防腐蚀性能，确保了桩基的使用年限。

3. 严格控制氯离子含量

混凝土碳化是酸性介质与混凝土相互作用的结果，混凝土拌和物中氯离子的含量会引起混凝土的碳化，因此混凝土拌和物中氯离子的含量必须得到很好控制。混凝土拌和物可能带有氯离子成分，因此其选料时对材料的氯离子含量必须严格控制。混凝土拌和物中氯离子含量的总数不得超出表 10.1-6 规定的限定值。

海水环境中混凝土拌和物氯离子最高限值（按水泥质量百分比计）应符合表 10.2-6 的规定。

海水环境中混凝土拌和物氯离子最高限值

(按水泥质量百分比计)　　表 10.2-6

预应力混凝土	钢筋混凝土
0.06	0.10

预应力混凝土孔道灌浆用水泥浆中氯离子总量不应超过水泥质量的 0.06%。

公路桥涵结构混凝土耐久性规定如下：

《公路钢筋混凝土及预应力混凝土桥涵设计规范》(JTG D62—2004)规定公路桥涵应根据其所处环境条件进行耐久性设计。结构混凝土耐久性的基本要求应符合表 10.2-7 的规定。

结构混凝土耐久性的基本要求　　表 10.2-7

环境类别	环境条件	最大水灰比	最小水泥用量(kg/m³)	最大氯离子含量(%)	最大碱含量(kg/m³)
I	温暖或寒冷地区的大气环境、与无侵蚀性的水或土接触的环境	0.55	275	0.30	3.0
II	严寒地区的大气环境、使用除冰盐环境、滨海环境	0.50	300	0.15	3.0
III	海水环境	0.45	300	0.10	3.0
IV	受侵蚀性物质影响的环境	0.40	325	0.10	3.0

注：①有关现行规范对海水环境中结构混凝土的最大水灰比和最小水泥用量有更详细规定时，可参照执行；

②表中氯离子含量系指其与水泥用量的百分率；

③预应力混凝土构件中的最大氯离子含量为 0.06%，最小水泥用量为 350kg/m³。

特殊腐蚀环境下的桩基防腐设计应针对桩基所处的腐蚀环境、腐蚀介度、桩基种类以及设计使用年限的要求进行技术、经济综合比较择优选用。

4.使用粉煤灰，硅粉和磨细矿物等掺和料

由于受质量和体积的限制，提高预应力钢筋混凝土桩的耐久性不能用简单加厚保护层的方法，但可以通过采用改变胶凝材料，配制高耐久性混凝土来提高桩身混凝土抗氯离子的渗能力。

在高耐久性混凝土的配制中，掺合料作为混凝土第六组分，已成为必不可少的组分之一。矿物掺合料不仅赋予新拌混凝土优良的施工性能和力学性能，更为重要的是显著提高混凝土的抗氯盐侵蚀性能。目前用于混凝土的主要掺合料有粉煤灰、磨细矿渣粉和硅灰等。

(1)优质粉煤灰在混凝土中具有形态效应、微集料效应和活性效应。由于粉煤灰具有特殊的空心结构和复杂的比表面积，粉煤灰通过气孔与内部空腔相通，这样混凝土内部对活泼 Cl^- 吸附与反应就在粉煤灰球体表面或通过气孔在空腔内进行，增加了吸附与反应的场所。此外，粉煤灰中的未燃尽碳可能存在两种形态：一种是独立无规则的多孔碳粒，另一种是被包裹在玻璃球体内，后者对混凝土的有害作用比前者小得多。由于多孔碳粒具有较大的比表面积，对 Cl^- 的吸附起到一定作用。因此，粉煤灰的特殊形态决定了其对 Cl^- 具有较强的初始固化作用。另一方面，由于粉煤灰的二次水化反应的水化产物的物理与化学吸附固化作用，在保证一定的水胶比情况下，掺加适量优质粉煤灰可以显著提高混凝土的抗氯离子的扩散性，增强混凝土的护筋性。此外，粉煤灰还具有降低混凝土的水化热，增加混凝土抗裂性和工作性等作用。为充分发挥粉煤灰的抗氯离子渗透作用，粉煤灰占胶凝材料总量控制在 25%～50%。但掺粉煤灰混凝土早期强度增长较慢，后期强度与普通混凝土相差无几。

(2)磨细矿渣颗粒具有平滑而细致的表面，在搅拌初期吸附水量比水泥颗粒要少，因此在混凝土中掺入矿渣具有较好的流动性，并有在一定程度减少混凝土的坍落度损失的作用。磨细矿渣混凝土的温升与矿渣的掺量和磨细矿渣的细度有关。细度较大的矿渣，只有较高的掺量才能明显降低混凝土的水化热，磨细矿渣混凝土产生的水化热速率比普通混凝土慢。为减少混凝土的热量，美国混凝土学会(ACI)和美国矿渣水泥协会均推荐矿渣掺量为65%～70%。研究表明，大掺量矿渣微粉混凝土具有优异抗氯离子扩散性能，矿渣微粉的最大掺量在低水胶比的混凝土中可达胶凝材料总量的90%。其比表面积宜大于400m²/kg。桩身混凝土对强度要求较高的磨细矿渣粉占胶凝材料总量宜控制在50%～80%。但矿渣易磨性差，成本也较高。

(3)硅粉是一种比表面积极大的超细粉，一般达2 000m²/kg以上。掺加适量的硅粉可以提高混凝土强度并增加混凝土抗氯离子渗透性。硅灰掺量过大会影响混凝土拌和物的和易性，同时也会增大混凝土的收缩。硅粉占胶凝材料总量宜控制在5%～10%。但硅粉的价格较高，混凝土搅拌时间较长。

通过加掺合料改变混凝土胶凝材料的组分，配制高耐久性混凝土来提高桩身混凝土抗氯离子渗透能力，这样的工艺在目前还属于新的工艺。使用高耐久性混凝土时宜做好以下几方面：在掺合料选用时多做比对；配制混凝土配合比作多方案比较；混凝土拌和时间适当延长；混凝土振捣方法作一定调整。

在钢筋混凝土管桩生产中采用的是离心法生产，密度较小的物质易加剧混凝土的分层现象。混凝土中掺用的掺合料密度明显小于混凝土中其他材料的密度，因此对离心法生产时用的掺合料应经试验确定。

五、混凝土中掺用阻锈剂

混凝土中掺用阻锈剂也是一种提高海洋环境中钢筋混凝土桩耐久性的有效手段。一般情况下，由于混凝土孔隙中的水分通常以饱和的氢氧化钙溶液形式存在，在这样强碱性的环境中，钢筋表面形成钝化膜，阻止钢筋进一步腐蚀。当钢筋混凝土结构处于海洋环境中，环境中的氯离子会渗入混凝土。当氯离子到达钢筋表面吸附于钝化膜处时，会形成酸区破坏钝化膜。钢筋阻锈剂实际功能不是阻止环境中有害离子进入混凝土中，而是当有害离子不可避免地进入混凝土内部之后，由于钢筋阻锈剂的存在，使有害离子丧失侵害能力，抑制和延缓了钢筋腐蚀的电化学过程，从而达到延长结构物使用寿命的目的。

先张法生产的预应力钢筋混凝土桩中掺用阻锈剂，是在配制混凝土时将阻锈剂掺入混凝土中，混凝土桩的成型过程与不掺阻锈剂时相同。

采用后张法工艺的预应力钢筋混凝土桩使用阻锈剂，相对于先张法生产预应力钢筋混凝土桩更为有利，由于后张法工艺张拉后在预留孔中压注浆体，因此阻锈剂可仅在压注的浆体中掺用，并可适当提高浓度；且灌浆材料用量远少于桩身混凝土，少量的阻锈剂即可获得非常好的效果。

目前阻锈剂主要有以下几种：

(1)阳极型钢筋阻锈剂。如亚硝酸钙，典型产品有DCI等。

(2)阴极型钢筋阻锈剂。典型产品有MCI-2006NS、Sika 901等。

(3)复合型钢筋阻锈剂。典型产品有RI等。

常用的阻锈剂品种、掺量及费用见下表10.2-8。

阻锈剂主要品种、掺量及费用　　表10.2-8

品　种	参考单价(2002年)	掺　量	每方混凝土增加费用
RI	5.7元/kg	6～15kg/m³(混凝土体积计)	35～80元
DCI	7元/kg	10～30L/m³(混凝土体积计)	90～270元
MCI-2006NS	500元/kg	0.6kg/m³(混凝土体积计)	300元
Sika901	35元/kg	3%(水泥质量计)	200～400元

六、钢筋混凝土桩表面进行涂装和包覆保护

为保护钢筋混凝土桩的桩身结构材料，提高桩的使用寿命，往往在桩的外层进行保护。常用的外层保护有包覆玻璃钢保护和表面涂层保护。

1.钢筋混凝土桩的外层包覆玻璃纤维钢(FRP)

玻璃钢以合成树脂(环氧、不饱和树脂、聚氨酯等)为黏结剂，玻璃纤维及其制品(玻璃纤布、表面毡、短切毡等)作增强材料而制成的复合材料，称为玻璃纤维增强复合材料。因其强度高，可以和钢铁相比，故又称"玻璃钢"(国外称：FRP)。

玻璃钢有良好的耐蚀性及施工性能，通用型玻璃钢主要物理性能及其他特性见表10.2-9。

玻璃钢(FRP)物理特性表　　表10.2-9

项目名称	物理性能及其他特性	弹性常数(MPa×10^4)
拉伸强度	230MPa	1.3
弯曲强度	150MPa	1.3
压缩强度	65MPa	1.3
断层剪切强度	15MPa	—
层间剪切强度	15MPa	—
吸水率	0.42%	—
树脂含量	50%～60%	—

不同的合成树脂及不同的玻璃纤维铺层，其玻璃钢的特性有极大的差异。作为防腐蚀玻璃钢，合成树脂应采用耐候性、韧性好的树脂，其纤维铺层应考虑树脂含量高及满足结构力学性能。

钢筋混凝土桩包覆FRP一般自桩顶1m左右开始向下一段距离，这段距离是设计根据工程现场的水文、地质、地貌条件而定的。

预应力混凝土大管桩桩节头部位一般不需处理，有的设计希望节头包覆FRP。每个节头包覆宽度约1.5m，即上下各包覆0.75m。位置一般在设计极端低水位+1/2波高。包覆的方法有：采用五道不饱和聚酯树脂，缠绕四层玻璃纤维布组成的FRP进行包覆，厚度为大于或等于1.8mm；采用三道不饱和聚酯树脂，缠绕二层玻璃纤维布组成的FRP进行包覆，厚度为大于或等于0.9mm。颜色一般为黑色，也可以作蓝色。设计往往又会同时提出使用年限的要求。

1)钢筋混凝土桩的表面处理要求

(1)清除混凝土表面附着的水泥及油污。为确保玻璃钢与钢筋混凝土桩的附着力，在包覆玻璃钢前需清除混凝土表面的油污及其他脏物，清除方法应用湿布擦洗，如达不到要求可用清洗剂擦洗。对混凝土表面水泥浮浆及其他松散物也应清除干净。一般情况用手工钢丝刷刷除，确难清除处可用电动钢丝刷刷除。

(2)混凝土表面用不饱和聚酯树脂胶泥填满表面的气孔和凹处，然后抹平，待树脂胶泥基本固化后，开始包覆玻璃钢。

2)混凝土桩包覆材料的质量要求

包覆材料的品种和质量要求应符合设计提出的品质要求。并持有出厂合格证及质保书。不饱和聚酯树脂，其质量指标宜符合下表10.2-10要求。

不饱和聚酯树脂质量指标 表 10.2-10

酸 脂 值	黏 度	固 体 含 量	胶 凝 时 间	热 稳 定 性
mgKOH/g	25℃,Pa·s	%	25℃,min	80℃,hr
20.0～26.0	0.30～0.40	60.0～64.0	12.0～20.0	≥24

考虑打桩时的瞬间冲击强度较大，为保证玻璃钢质量，施工单位在施工前应提交玻璃钢测试报告，并满足下表 10.2-11 要求。

玻璃钢(FRP)施工质量控制表 表 10.2-11

序 号	项目	标准	备注
1	厚度(mm)	2±0.2	设计寿命 30 年
		2.5±0.3	设计寿命 40 年
2	巴氏/硬度	40±5	
3	耐击穿电位(kV)	≥5	

3)钢筋混凝土桩包覆施工注意事项

目前，钢筋混凝土桩包覆工艺有手工包覆和机械包覆两种。

为确保的包覆质量，包覆玻璃钢应由有资质的施工单位进行施工。施工中应注意；

(1)玻璃纤维布要求整条连续，相邻玻璃纤维布搭边不得少于 10cm。

(2)包覆时如发现表面发粘、气泡多、流胶、分层等缺陷，应及时处理；在刷涂每道胶液和缠绕每层玻璃纤维布前应对上一道胶液和玻璃纤维布进行检查。

(3)搬运时间：应待 FRP 树脂基本固化后方能进行搬运，一般气温在 20～25℃，固化时间不少于 72h，在搬运时或施打过程中发现玻璃钢损坏部分，应及时修补。

(4)包覆层厚度测定应在树脂固化后进行，一般在气温在 20～25℃时，包覆 3d 后进行。

(5)若在气温较低时包覆，应采取相应的防寒保温措施。根据温度变化，相应调整固化剂配比，低于 50℃时不宜包覆。

(6)为确保不饱和树脂的涂刷质量及涂刷饱和度，对玻璃纤维布涂刷不饱和树脂时，应尽量采用刷子涂刷，不宜采用滚筒涂刷。

(7)应在桩身表面干燥情况下，进行包覆；雨天不宜进行包覆。

4)混凝土桩包覆质量验收要求

(1)FRP 制作材料必须有合格证。

(2)FRP 外观检查，表面应均匀光滑，无色差、气泡等缺陷。

(3)对 FRP 厚度必须进行测定，一般为 $5m^2$ 测一点，测定厚度应不低于设计厚度。包覆之前，需做包覆工艺试验。

(4)FRP 测试数据，应满足设计要求。

2. 钢筋混凝土桩的外层表面涂层

大气区和水位变化区可采用喷涂环氧重防腐配套涂层或有机硅渗透剂。钢筋混凝土桩表面涂层保护一般自桩顶 lm 左右开始向下一段距离，这段距离是设计根据工程现场的水文、地质、地貌条件而定的。

桩所处不同环境和施工条件各异时，钢筋混凝土桩防腐涂层推荐方案如表 10.2-12、表 10.2-13 和表 10.2-14 所示。

大气区涂层系统(现场施工及预制厂施工)　　表 10.2-12

设计使用年限(a)	配套涂料名称			平均涂层厚度(μm)
15～20	方案一	底漆	H53-43 环氧混凝土封闭清漆	30
		中间层	混凝土专用环氧底漆	200
		面漆	S43-31 各色脂肪族聚氨酯可复涂面漆	80
	方案二	底漆	H53-43 环氧混凝土封闭清漆	30
		中间层	混凝土专用环氧底漆	200
		面漆	氟碳面漆	80

浪溅区、水位变动区涂层系统　　表 10.2-13

设计使用年限(a)	配套涂料名称			平均涂层厚度(μm)
15～20	方案一 现场施工	底漆	混凝土封闭聚脲清漆(JN-1 型)	30
		面漆	混凝土专用聚脲防腐面漆	300
	方案二 预制厂施工	底漆	H53-43 环氧混凝土封闭清漆	30
		中间层	混凝土专用环氧底漆	200
		面漆	S53-43 环氧混凝土封闭清漆	80

水下区涂层系统(预制厂施工)　　表 10.2-14

设计使用年限(a)	配套涂料名称			平均涂层厚度(μm)
20		底漆	H53-43 环氧混凝土封闭清漆	30
		中间层	环氧厚浆重防腐涂层涂料	125×2=250
		面漆	环氧厚浆重防腐涂层涂料	125×2=250
		底漆 JN-1	聚脲涂料	250
		面漆 JN-1	聚脲涂料	250

注:①表面处理、涂装工艺及涂装等要求应符合厂商要求;

②为了环保的需要,在大管径桩大气区和水位变动区可采用喷涂“硅烷”(如 GSY 有机硅渗透剂、SY 处理剂、WACKER 乳液硅烷等);

③“a”表示年。

1)钢筋混凝土桩的表面处理要求

涂装前应进行混凝土表面处理。用水泥砂浆或与涂层涂料相容的填充材料补蜂窝、露石等明显的缺陷,用钢铲刀清除表面碎屑及不牢的附着物;用丙酮等溶剂抹除油污;使处理后的混凝土表面无露石、蜂窝、碎屑、油污、灰尘及不牢附着物等。

2)钢筋混凝土桩涂层材料的质量要求

(1)不得随意变更设计确定的涂料品种及其生产厂牌号,当特殊情况需要变更时,应由设计部门重新设计及选定相应的涂料品种。

(2)涂层材料必须有产品出厂检验合格证书,且应在有效期内使用。

3)混凝土桩表面涂层保护的施工注意事项

(1)对各种进场涂料应取样检验及保存样品,并应按现行国家标准《涂料比重测定法》(GB 1756)和《涂料固体含量测定法》(GB 1729)的有关规定测定涂料的相对密度、固体含量和湿膜与干膜的关系。

(2)各种涂料的使用应按产品说明书的方法进行。

(3)涂装方法应根据涂料的物理性能、施工条件、涂装要求和被涂结构的情况进行选择。宜采用高压无气喷涂,当条件不允许时,可采用刷涂或滚涂。

(4)涂装前应在表干区、表湿区各找 $10m^2$ 面积的试验区,按"六、1."的要求处理表面,按涂层系统设计的配套涂料要求进行涂装试验。涂装试验应测定各层涂料耗用量(L/m^2)和湿膜的厚度,涂层经7d 自然养护后用测厚仪测定其平均干膜厚度,并随机找 3 个点用拉脱式涂层黏结力测试仪测定其涂层的黏结强度。各种测定值应归档。

(5)当按(4)款进行涂装试验的涂层黏结强度不能达到 1.3MPa 时,应按该款的要求,另找 $20m^2$ 试验区重做涂装试验。如果仍不合格,应重新做涂层配套设计和试验。

(6)涂装应在干燥环境下进行,涂装过程中应做好施工记录。

4)混凝土桩表面涂层保护的质量控制、检查与涂层验收

(1)施工过程中,应对每一道工序进行认真检查。

(2)应按设计要求的涂装道数和涂膜厚度进行施工,随时用湿膜厚度计,检查湿膜厚度,以控制涂层的最终厚度及其均匀性。

(3)涂装施工过程中应随时注意涂层湿膜的表面状况,当发现漏涂、流挂等情况时,应及时进行处理。每道涂装施工前应对上道涂层进行检查。

(4)涂装后应进行涂层外观目视检查。涂层表面应均匀、无气泡、裂缝等缺陷。

(5)涂装完成 7d 后,应进行涂层干膜厚度测定。每 $50m^2$ 面积随机检测一个点,测点总数应不少于 30。平均干膜厚度应不小于设计干膜厚度,最小干膜厚度应不小于设计干膜厚度的 75%。当不符合上述要求时,应根据情况进行局部或全面补涂,直至达到要求的厚度为止。

(6)竣工验收应在涂装完成后,验收时应提交下列资料:

①各种涂料出厂合格证或质量检验文件;

②原设计文件或原设计变更文件;

③涂装施工记录;

④自检报告。

(7)在施工期间,若损坏应及时修补。

5)混凝土桩表面涂层保护的管理及修补

(1)涂装工程在施工过程中应定期进行检查,如有损坏应及时修补。修补用的涂料应与原涂料相同或相容。

(2)当涂层达到设计使用年限时,应首先全面检查涂层的表面状态;当涂层表面无裂纹、无气泡、无严重粉化时,再检查涂层与混凝土的黏结力;当黏结力仍不小于 1MPa 时,则涂层可保留继续使用,但应在其表面喷涂两道面层材料。喷涂前,涂层应以自来水冲洗干净。

(3)当检查发现涂层有裂纹、气泡、严重粉化或黏结力低于 1MPa 时,可认为涂层的防护能力已经失效。再作涂层保护时,应将失效涂层用汽油喷灯火焰灼烧后铲除,再用自来水冲洗干净后方可涂装,涂料可使用原配套涂料,或重新设计配套涂料,按上述 2. 的 3)、4)条要求进行施涂。当涂层检查涂层包泡、脱落面积大于总涂装面积大于 30%时,需重新设计进行更新防护;否则局部修补涂装。

(4)对防腐蚀涂层系统应建立档案卡,内容包括涂装竣工资料和涂层使用过程的检查及维修记录等。

［实例 1］　某厂预应力混凝土大管桩防腐玻璃钢包覆技术要求

1. ϕ1 200 预应力混凝土大管桩包覆玻璃钢设计要求

ϕ1 200 预应力混凝土大管桩桩顶 0.9m 始向下 3.75m 以及第 2 个至第 7 个管节节头均需包覆玻璃钢，每个节头包覆宽度 1.5m，即上下各包覆 0.75m，采用五道不饱和聚酯树脂，缠绕四层玻璃纤维布组成的玻璃钢进行包覆，设计厚度不小于 1.8mm，颜色为黑色，设计使用年限不少于 15 年。

2. ϕ1 200 预应力混凝土大管桩表面处理要求

(1)清除干净混凝土表面附着的水泥和油污

为确保玻璃钢与大管桩混凝土表面的附着力，大管桩在包覆玻璃钢前需清除干净混凝土表面附着的油污和其他脏物，清除方法应用湿布清洗，如达不到要求可用清洗剂、溶剂擦洗。对混凝土表面水泥浮浆及其他松散物质也应清除干净，一般情况用手工钢丝刷刷除，确难清除处可用电动钢丝刷刷除。

(2)处理混凝土表面的水孔和凹处

混凝土表面用不饱和聚酯树脂胶泥填满表面的水孔和凹处，然后抹平，待树脂胶泥基本固化后，开始包覆玻璃钢。

3. FRP 材料要求

(1)玻璃纤维布

采用常州 253 厂生产的中碱无捻厚 0.4mm 的玻璃纤维布，并持有出厂合格证及质保书。其规格质量要求如下：

规格：CWR400B-90

质量：400±40g/m^2

断裂强力：经向≥1 226N/2.5cm

　　　　　纬向≥1 226N/2.5cm

织物密度：经向 4.0 根/cm

　　　　　纬向 2.5 根/cm

(2)不饱和聚酯树脂

采用由华东理工大学研制 FLHH2 191 高韧性耐水型不饱和聚酯树脂。其质量指标要求如下：

酸值(mgKOH/g)	20.0～27.0
黏度(25℃,Pa.s)	0.25～0.45
固体含量(%)	58～64
胶凝时间(25℃,min)	11～19
热稳定性(80℃,hr)	≥24

4. 玻璃钢测试要求

考虑大管桩施打时的瞬间冲击强度大，为保证玻璃钢质量，要求施工单位在施工前应提交有资质的单位测试玻璃钢有关性能的测试报告，满足下列质量要求的玻璃钢属于合格产品：

(1)玻璃钢包覆层厚度：	30 年寿命　D=2.0±0.2mm
	40 年寿命　D=2.5±0.3mm
(2)玻璃钢巴氏硬度：	40±5
(3)玻璃钢耐击穿电位：	≥5kV

5. 玻璃钢质量验收要求

(1)玻璃钢制作材料必须有合格证。

(2)玻璃钢应进行外观检查，表面应均匀光滑，无色差、气泡等缺陷。

(3)对玻璃钢厚度进行测定,一般每 $5m^2$ 测一点,测点厚度应不小于设计厚度。

(4)玻璃钢测试数据应满足设计要求。

6.注意事项

(1)玻璃纤维布要求整条连续,相邻玻璃纤维布搭边不得少于10mm。

(2)包覆时如发现表面发黏、气泡多、流胶、分层等缺陷,应及时处理,在涂刷每道胶液和缠绕每层玻璃纤维布前应对上一道胶液和上一层玻璃纤维布进行检查。

(3)搬运时间:应待玻璃钢树脂基本固化后方能进行搬运,一般在气温20～26℃时,固化时间不少于12h。在搬运时或施打过程中,玻璃钢损坏部分应及时修补。

(4)玻璃钢厚度测定应在树脂完全固化后进行,一般气温20～25℃时,在包覆2d后进行。

(5)若在气温较低时包覆玻璃钢,应采取相应的防寒保温措施。

(6)为确保不饱和树脂的涂刷质量及涂刷饱和度,对玻璃纤维布涂刷不饱和树脂时,应尽量采用刷子涂刷,不宜采用滚筒涂刷。

[实例2] 混凝土大管桩防腐蚀包覆层技术方案

1.概述

钢管桩或混凝土管桩采用玻璃纤维增强不饱和聚酯树脂包覆的技术方案,是一项行之有效的很好的防腐蚀技术,在我国海事工程中已有二十余年的应用历史。随着科学技术的进步和材料性能的提高,包覆层的设计也有相应的改进和提高。其一是包覆层的铺层设计采取了多种玻璃纤维制品,提高包覆层含胶量;其二是采用耐候耐海水的专用树脂作为基体树脂;其三是采用机械包覆成型技术,大大提高了包覆层的防腐蚀能力和使用寿命。

2.纤维增强复合包覆层设计方案

(1)纤维增强复合包覆层方案

管桩外壁采用纤维增强复合包覆层,包覆范围为桩顶以下1～17m(总包覆长度16m),PHC桩钢接头部位包覆长度为1.5m,包覆层总厚度2.5mm。由里至外分别为:

1CSM+1CWR+1CSM+1CWR+1SM

式中:SM——玻纤增强表面毡,规格:$30g/m^2$;

CSM——针织短切毡,规格:$380g/m^2$;

CWR——200型玻纤布,规格:$200g/m^2$。

(2)基体树脂

交通部三航局科研所和华东理工大学共同研制的UPHH8301耐候、耐海水不饱和聚酯专用树脂,它属于间苯型树脂比邻苯型树脂(189号),其耐候性优异,见表10.2-15。

玻璃钢主要特性表 表10.2-15

弯曲强度	206.3MPa	测试标准:GB/T 2570—1995
弯曲弹模	80.3GMPa	测试标准:GB/T 2570—1995
弯曲延伸率	3.58%	测试标准:GB/T 2570—1995
巴氏硬度	43	测试标准:GB/T 3854—83

(3)包覆层长度

不小于16m(钢接头部位不小于1.5m)。

(4)包覆层总厚度

2.5±0.2mm。

(5)含胶量 A_m 控制

SM 层：$A_m>90\%$；CSM 层：$A_m>70\%$；WR 层：$A_m>50\%$。

(6)施工方法

由专业施工队以机械缠绕方法成型。PHC 桩钢接头部位由于制管厂目前的场地、吊运能力以及设备等因素，144 根 PHC 桩的钢接头只能以手工包覆为主。

(7)设计寿命

大于 40 年。

3.原材料技术特性

(1)增强面毡

单位面积质量：30g/m²；纵向拉伸强度(N/50mm)：≥30；浸透时间(二层)：≤9s；含水率%：≤0.5。

(2)针织短切毡

单位面积质量(g/m²)：380±38；断裂强力(N)≥105；水分含量(%)≤0.4。

(3)玻璃纤维布

规格：CWR-200；质量：200±20g/m²；断裂强力(≥N/2.5cm)；径向 637，纬向 500；组织：平纹；织物密度(根/cm)：径向 6.0，纬向 4.1。

(4)基体树脂

UPHH8301 耐候、耐海水不饱和聚酯专用树脂。

外观：微黄色透明液体；黏度(25℃旋转黏度计)CP：210～420；酸值(mgKOH/g 树脂)：9～15；凝胶时间(25℃)：8～12；固体含量(%)：59±3.5。

4.混凝土管桩纤维增强包覆层机械性能

拉伸强度：≥100MPa；弯曲强度：≥110MPa；弯曲弹性模量：≥0.75×10^4MPa；总含胶量：>63%。

5.施工工艺

(1)以清洁剂清洗混凝土工作表面(PHC 桩钢接头表面应用电动工具进行手工除锈达 St3 级)。

(2)在混凝土管桩(PHC 桩钢接头)工作段面上淋洒树脂胶液。

(3)裹覆玻璃纤维针织毡两层。

(4)裹覆玻璃纤维针织布。

(5)裹覆玻璃纤维表面毡一层。

(6)缠绕聚酯膜。

(7)玻璃纤维复合层固化。

6.质量控制程序

1)质量控制程序

(1)由施工单位建立质量检查小组，对每批进场原材料根据原材料技术说明书及合格证逐一进行检查。确保纤维材料及基体树脂符合设计要求。

(2)由施工单位质检组对每根桩的包覆情况按技术要求逐一进行检查。

2)检查项目执行依据

(1)产品外观

包覆层表面状况：平整、光洁、无杂质混入、无纤维外露、无目测可见裂纹。

包覆层长度：不小于 16m(PHC 桩钢接头不小于 1.5m)。

(2)表面硬度：不小于 38(巴氏硬度)

(3)包覆层总厚度：(2.5±0.2)mm

(4)包覆层介电特性：击穿电压大于 5kV

3)检查方法及仪器

(1)产品外观:包覆层表面应平整、光洁、无杂质混入、无纤维外露、无目测可见裂纹。

包覆层表面状况:目测,由施工单位逐件检查。

包覆层长度:用钢卷尺,由施工单位逐件检查。

(2)包覆层表面硬度:用巴柯乐硬度计。

(3)包覆层总厚度:用 MIKROTESTR 磁性测厚仪。

根据工程监理要求在一定数量(一般每 50 根桩抽查一根)的混凝土管桩包覆层的两端均布五个待测点,在待测点的混凝土表面黏贴一块 50mm×120mm×0.2mm 的白铁皮,待包覆层固化 24h 后即可用 MIKROTEST(R)磁性测厚仪进行测量。每 $10m^2$ 取一个测点,90%检测点的包覆层干膜厚度必须达到或超过设计厚度值,其他检测点的干膜厚度也不应低于 90%的设计厚度值,当不符合上述要求时,应根据情况进行局部修补或全面修补。

(4)包覆层介电特性:用 DJ-II(B)型管道防腐层检漏仪测量。

检查方法:在上述 5-3-3 有白铁皮处,用 DJ-II(B)型管道防腐层检漏仪测量击穿电压,其击穿电压应大于 5kV。

[实例 3] 东海大桥工程混凝土管桩(PHC 桩)防腐蚀工程施工组织设计

1. 编制依据(略)

2. 工程综述

(1)工程概况

东海大桥全长 32.5km,本方案中仅包括非通航孔中混凝土管桩。该工程地处杭州湾海域,常年气温较高,湿度大,季候风强烈,海水含盐量高,大桥处于出海口,涨落潮干湿侵蚀以及海洋大气的腐蚀对大桥的使用寿命有极大的影响,为了满足大桥设计使用寿命,经多方反复论证和讨论,决定对混凝土管桩实施纤维增强复合包覆层机械包覆。

(2)工程内容

本工程先对 144 根 ϕ1 200mmPHC 管桩进行纤维增强复合包覆层机械包覆,包覆长度为 16m 以及钢接头包覆 1.5m。

3. 施工组织和管理机构

(1)甲方

中国港湾建设总公司。

(2)乙方

中港第三航务工程局上海港湾工程设计研究院。

4. 施工总体部署和主要施工程序及技术要求

1)施工总体部署

2002 年 6 月 15 日人员进场、6 月 16 日材料及设备进场、6 月 17 日、18 日设备拼装及调试、6 月 19 日开始机械缠绕包覆施工,每天计划包覆 4 根混凝土管桩,至 6 月 22 日 16 根混凝土管桩包覆结束,计划在 40d 左右时间完成 144 根管桩的包覆施工任务。

2)主要施工程序

(1)PHC 管桩机械包覆施工工艺(图 10.2-1)

(2)钢接头包覆施工工艺(图 10.2-2)

3)施工工艺

(1)以清洁剂清洗混凝土工作表面(PHC 桩钢接头表面应用电动工具进行手工除锈达 St3 级)。

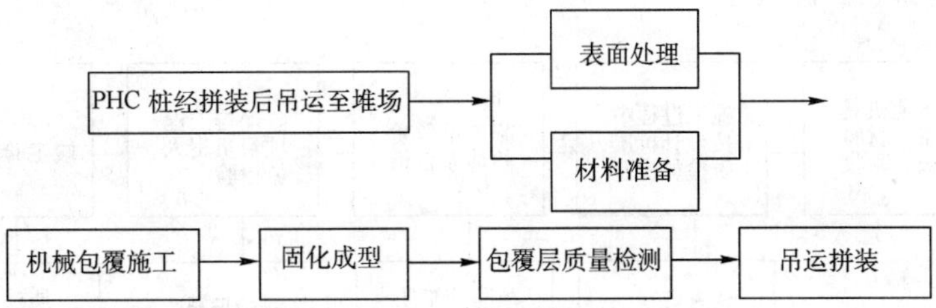

图 10.2-1　PHC 管桩机械包覆施工工艺图

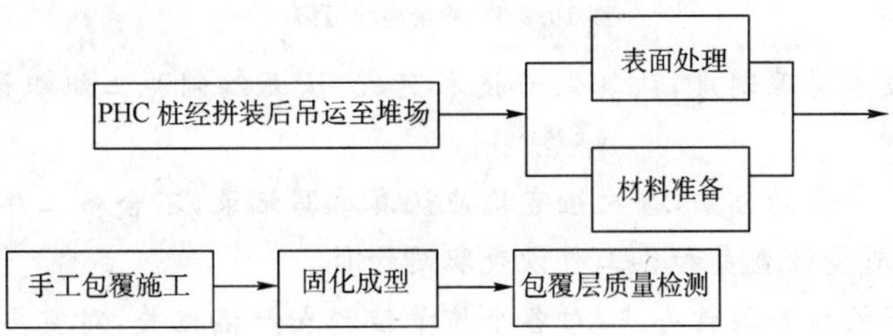

图 10.2-2　钢接头包覆施工工艺图

(2)在混凝土管桩工作段面上淋洒树脂胶液。

(3)裹覆玻璃纤维针织毡两层。

(4)裹覆玻璃纤维针织布两层。

(5)裹覆玻璃纤维表面毡一层。

(6)缠绕聚酯膜。

(7)玻璃纤维复合层固化。

4)技术要求

(1)包覆层表面状况：平整、光洁、无杂质混入、无纤维外露、无目测可见裂纹。

(2)包覆层长度：PHC 管桩不小于 16m(PHC 管桩钢接头不小于 1.5m)。

(3)表面硬度：不小于 40(巴氏硬度)。

(4)包覆层总厚度：(2.5±0.2)mm。

(5)包覆层介电特性：击穿电压大于 5kV。

5. 施工总进度计划

(1)施工进度计划(略)

(2)劳动力计划

本工程劳动力计划设想：缠绕包覆管桩施工分 1 组 3 人，每天完成 4 根；手工包覆钢接头施工分 1 组 2 人，每天完成 4 根；其他：配料组 2 人、后勤保障组 1 人。具体情况还需视现场实际情况而定。

(3)材料计划

由于本工程先包覆 144 根 PHC 管桩，其中 16 根 PHC 管桩的防腐蚀施工必须在 6 月 26 日完成，故在 6 月 19 日之前必须提供 16 根 PHC 管桩及钢接头包覆所需的材料用量，以后材料用量根据现场情况再行商定。

6. 施工技术组织措施

1)工程进度保证措施(略)

2)工程质量保证措施

严格按照业主认可的方案、工艺进行施工，并遵循中华人民共和国交通部颁布《海港工程钢结构防腐蚀技术规定》(JTJ 230—89)进行施工质量检验。

(1)质量检验网络(图 10.2-3)

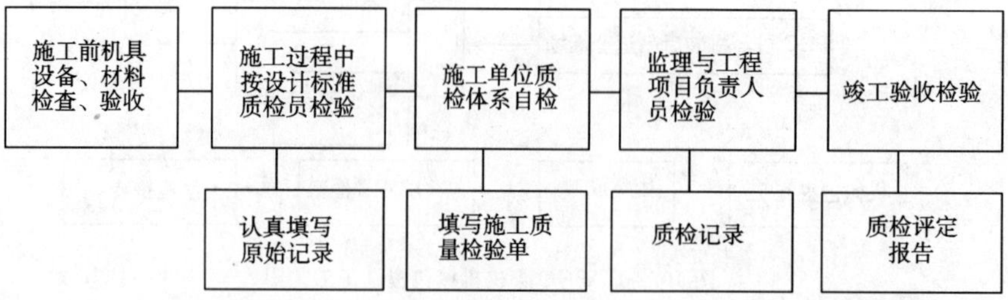

图 10.2-3　质量检验网络

(2)认真执行施工技术管理制度,认真做好技术交底,认真编制施工组织设计,严格按施工规范、标准和方案施工。

(3)实行自检、互检、专检的办法,每次检查均应认真填写记录,不合格工序不得转序,做到谁施工谁负责的原则。设专职质量检查员和各工种设兼职质检员。

(4)制订适合本工程的检查验收办法,对各个质量控制点严格把关,对重要工序、关键部位必须经过专职质检员检查,合格后方可进行下道工序施工,重点工序、隐蔽工程在乙方自检合格后,以书面形式先由项目经理签字后交监理工程师进行检验确认。

7. 施工质量检测

(1)按设计文件的要求,对外观、尺寸、表面硬度和总厚度进行检测。

(2)根据工程监理要求在一定数量(一般每 50 根桩抽查一根)的混凝土管桩包覆层的两端均布 5 个待测点,在待测点的混凝土表面黏贴一块 50mm×120mm×0.2mm 的白铁皮,待包覆层固化 24h 后即可用 MIKROTEST(R)磁性测厚仪进行测量。每 10m^2 取一个测点,90%检测点的包覆层干膜厚度必须达到或超过设计厚度值,其他检测点的干膜厚度也不应低于 90%的设计厚度值,当不符合上述要求时,应根据情况进行局部修补或全面修补。

(3)包覆层介电特性:用 DJ-II(B)型管道防腐层检漏仪测量。

检查方法:在上述(2)有白铁皮处,用 DJ-II(B)型管道防腐层检漏仪测量击穿电压,其击穿电压应大于 5kV。

[实例 4]　上海金山大金山科普码头防腐蚀工程

2006 年 10 月,上海金山大金山科普码头工程钢筋混凝土构件共 3300m^2,涂料保护 20 年。

涂料配套:采用国内上海开林造漆厂研制的"JN1-聚脲"涂料。它性能比国外"聚酯"涂料性能优越,主要体现为:

①不必采取专用喷涂设备,可采用普通喷涂设备;也可刷涂滚涂;②可在潮湿表面固化;③可一次快速成膜到达设计厚度;④成本为国外 1/4;⑤与基材附着力强。另外为美观可以作"彩色"面漆。

第三章　钢桩防腐蚀

处于腐蚀环境下工作的钢桩，必须进行防腐蚀处理，防腐蚀设计与施工均应与结构的设计与施工同步。

钢桩的防腐蚀措施，主要有以下几个方面：

(1)预留腐蚀厚度。

(2)采用防腐蚀涂层。

(3)外壁包覆盖层。

(4)选择耐腐蚀钢种。

(5)水下采用阴极保护(外加电流阴极保护或牺牲阳极阴极保护)。

(6)喷涂金属层等。

上述防腐措施在选用时应根据环境条件、设计年限、保护要求等选用一种或几种同步保护，以达到最佳的保护效果。

第一节　钢桩预留腐蚀厚度

钢管桩的设计壁厚应由有效厚度和预留腐蚀厚度两部分组成，有效厚度应根据使用期和施工期的强度和稳定性计算。钢桩的预留腐蚀厚度可参照类似环境下钢结构腐蚀的实测数据确定，无实测数据时亦可按下式计算：

$$\Delta\delta = v[(1-P)t_1 + (t-t_1)] \tag{10.3-1}$$

式中：$\Delta\delta$——在建筑物使用年限 t 内，钢管桩所需要的管壁预留单面腐蚀厚度(mm)；

v——钢材的单面平均腐蚀速度(mm/a)，可参照表 10.1-3 可根据现场实测确定；

P——采用涂层保护或阴极保护与涂层联合防腐蚀措施的保护效率(%)可按表 10.1-4 取值。

t_1——采用涂层保护或阴极保护，或阴极保护涂层联合防腐蚀措施时的设计使用年限(a)；

t——被保护的钢桩设计使用年限。

第二节　防腐蚀涂层

钢管桩防腐蚀涂层应根据设计使用年限、环境介质、施工条件、经济等因素综合分析研究，确定涂料的品种、厚度、表面处理等级。

1.涂料的选用

处于浪溅区和水位变动区的防腐蚀涂料应能适应干湿交替变化。并具有耐磨损、耐冲击、耐候等性能。处于水下区、平均潮位以下的水位变动区和泥下区防腐蚀涂料，应能与阴极保护系统配套，具有较好的耐电位性和耐碱性。处于受石油污染水域，应选用耐油性能良好的防腐蚀涂料。

由于环境条件和各部位的要求不尽相同，设计时可按《海港工程钢结构防腐蚀技术规定》(JTJ 230—89)的有关规定选用。随着科学技术的不断发展，防腐蚀涂料不论是在品种、质量、耐久性还是在环境的适应性方面都有突飞猛进的发展，为我们选用涂料提供了较大的选择空间。目前常用的钢管桩防腐蚀涂料推荐方案如表 10.3-1、10.3-2 和 10.3-3 所示。

(1)大气区涂层系统

大气区涂层系统 表 10.3-1

设计使用年限(a)	配套涂料名称			平均厚度(μm)
＞20	方案一	包覆 FRP		2 500
	方案二	NJ-1 聚脲涂料		800
	方案三	喷涂锌铝合金＋封闭涂层		设计单位确定
10～20	方案一	底漆	H06-4 环氧富锌底漆	70
		中间层	842 环氧云铁防锈漆	100
		面漆	S43-31 脂肪族聚氨酯可复涂面漆	80
	方案二	底漆	H06-4 环氧富锌底漆	70
		中间层	842 环氧云铁防锈漆	100
		面漆	F 系列氟碳面漆	80
5～10	方案一	底漆	H06-4 环氧富锌底漆	50
		中间层	842 环氧云铁防锈漆	80
		面漆	J43-32 各色氯化橡胶面漆	80
	方案二	底漆	H06-4 环氧富锌底漆	50
		中间层	842 环氧云铁防锈漆	80
		面漆	H43-31 环氧面漆	80

(2)浪溅区、水位变动区涂层系统

浪溅区、水位变动区涂层系统 表 10.3-2

设计使用年限(a)	配套涂料名称			平均厚度(μm)
＞20	方案一	底漆	H06-4 环氧富锌底漆	80
		中间层	842 环氧云铁防锈漆	100
		面漆	H43-31 环氧防锈漆(无焦油)	600
	方案二	NJ-1 聚脲涂料		800
	方案三	玻璃纤维增强复合层		2 500
10～20	方案一	底漆	H06-4 环氧富锌底漆	70
		中间层	H43-31 环氧防锈漆(无焦油)	125
		面漆	H43-31 环氧防锈漆(无焦油)	300
	方案二	底漆	H06-4 环氧富锌底漆	70
		中间层	842 环氧云铁防锈漆	100
		面漆	S43-31 脂肪族聚氨酯可复涂面漆	80
5～10	方案一	H43-31 环氧防锈漆(无焦油)		270
	方案二	底漆	H06-4 环氧富锌底漆	50
		中间层	842 环氧云铁防锈漆	80
		面漆	J43-32 氯化橡胶厚浆型面漆	140

(3)水下涂层系统

水下涂层系统　　表 10.3-3

<table>
<tr><th>设计使用年限(a)</th><th colspan="3">配套涂料名称</th><th>平均厚度(μm)</th></tr>
<tr><td rowspan="5">>20</td><td rowspan="3">方案一</td><td>底漆</td><td>H06-4 环氧富锌底漆</td><td>80</td></tr>
<tr><td>中间层</td><td>842 环氧云铁防锈漆</td><td>100</td></tr>
<tr><td>面漆</td><td>H43-31 环氧防锈漆(无焦油)</td><td>600</td></tr>
<tr><td>方案二</td><td colspan="2">JN-1 聚脲涂料</td><td>800</td></tr>
<tr><td>方案三</td><td colspan="2">玻璃纤维增强复合层</td><td>800</td></tr>
<tr><td rowspan="8">10～20</td><td rowspan="3">方案一</td><td>底漆</td><td>H06-4 环氧富锌底漆</td><td>70</td></tr>
<tr><td>中间层</td><td>842 环氧云铁防锈漆</td><td>100</td></tr>
<tr><td>面漆</td><td>H43-31 环氧防锈漆(无焦油)</td><td>250</td></tr>
<tr><td rowspan="3">方案二</td><td>底漆</td><td>H06-4 环氧富锌底漆</td><td>70</td></tr>
<tr><td>中间层</td><td>842 环氧云铁防锈漆</td><td>125</td></tr>
<tr><td>面漆</td><td>H43-31 环氧防锈漆(无焦油)</td><td>300</td></tr>
<tr><td rowspan="2">方案三</td><td>底漆</td><td>JN-1 聚脲涂料</td><td>250</td></tr>
<tr><td>面漆</td><td>JN-1 聚脲涂料</td><td>250</td></tr>
<tr><td rowspan="6">5～10</td><td rowspan="3">方案一</td><td>底漆</td><td>H06-4 环氧富锌底漆</td><td>50</td></tr>
<tr><td>中间层</td><td>842 环氧云铁防锈漆</td><td>80</td></tr>
<tr><td>面漆</td><td>H43-31 环氧防锈漆(无焦油)</td><td>100</td></tr>
<tr><td rowspan="3">方案二</td><td>底漆</td><td>H06-4 环氧富锌底漆</td><td>50</td></tr>
<tr><td>中间层</td><td>842 环氧云铁防锈漆</td><td>80</td></tr>
<tr><td>面漆</td><td>J43-32 氯化橡胶厚浆型面漆</td><td>140</td></tr>
</table>

注：防腐蚀年限设计大于 20 年以上的海工钢结构物，水下保护需涂层和阴极保护联合防护。

2. 钢材表面处理

(1)钢桩涂装前应进行表面处理，表面处理等级标准应符合表 10.3-4 要求。

表面处理等级标准　　表 10.3-4

<table>
<tr><th colspan="2">表面处理等级划分</th><th>表面处理标准</th></tr>
<tr><td rowspan="4">喷射或抛射除锈</td><td>Sa1</td><td>轻度的喷射除锈。钢材表面应无可见的油脂和污垢，没有附着不牢的氧化皮、锈和油漆涂层等附着物</td></tr>
<tr><td>Sa2</td><td>一般的喷射、抛射除锈。钢材表面应无可见的油脂和氧化皮、锈和油漆涂层等附着物，其残留物应是牢固附着的</td></tr>
<tr><td>$Sa2_{1/2}$</td><td>较彻底的喷射、抛射除锈。钢材表面应无可见的油脂、污垢、氧化皮、锈和油漆涂层等附着物，任何残留的痕迹仅是点状或条纹状的轻微色斑</td></tr>
<tr><td>Sa3</td><td>彻底的喷射、抛射除锈。钢材表面应无可见的油脂、污垢、氧化皮、锈和油漆涂层等附着物，表面应呈现出均匀的金属光泽</td></tr>
<tr><td rowspan="2">手工工具和动力除锈</td><td>St2</td><td>一般的手工和动力除锈。钢材表面应无可见的油脂和污垢，没有附着不牢的氧化皮、锈和油漆涂层等附着物</td></tr>
<tr><td>St3</td><td>彻底的手工和动力除锈。钢材表面应无可见的油脂和污垢，没有附着不牢的氧化皮、锈和油漆涂层等附着物除锈比 St2 更彻底，底材显露部分的表面应具有金属光泽</td></tr>
<tr><td>火焰除锈</td><td>F1</td><td>钢材表面应无氧化皮、锈和油漆涂层等附着物，任何残留的痕迹应仅为表面变色(不同颜色的阴影)</td></tr>
</table>

(2)不同品种涂料对表面处理质量等级要求的适应性。钢材表面处理好坏对涂层质量影响极大。不同涂料对钢材除锈质量要求是不同的，一般而言，常规油性涂料湿润性和浸透性较好，对除锈质量

要求可略低一些，而高性能涂料如富锌涂料对除锈要求较高。除锈等级与涂料的适应性可参考表 10.3-5。

除锈等级与涂料的适应性　　表 10.3-5

除锈方法	除锈等级 (GB/T 8923—1988)	涂料种类							
		洗涤底漆	有机富锌	无机富锌	油性涂料	长油醇酸涂料	环氧沥青涂料	环氧树脂涂料	氯化橡胶涂料
喷砂除锈	Sa3	0	0	0	0	0	0	0	0
	$Sa2_{1/2}$	0	0	0-△	0	0	0	0	0
	Sa2	0	0-△	×	0	0	0-△	0-△	0
动力工具除锈	St3	△	△	×	0	0-△	△	△	△
手工工具除锈	St2	×	×	×	△	△	×	×	×

注：0 为适合；△为稍不适合；×为不适合。

(3)对于重要港口设施的主要钢结构，表面处理不宜采用转化型、稳定型和渗透型的化学处理剂。

(4)涂有保养底漆但在储运过程中锈蚀的钢结构，应在涂装前进行二次除锈，其等级标准按表 10.3-2 确定。

(5)工程上常用 $Sa2_{1/2}$ 除锈等级，此等级适用于各种涂料，与 Sa3 等级相比，所需费用可大大降低。采用喷射除锈，不仅效率高，而且可比较彻底清除钢材表面铁锈、氧化皮等杂物，使钢材表面具有一定粗糙度，从而提高了涂层附着力，因此目前已广泛使用。喷射除锈，粗糙度控制在 40～80μm 范围内为宜，不要超过 100μm，否则不仅涂料消耗过多，而且有可能在漆膜下面截留气泡或未盖住钢材波峰。影响粗糙度因素较多，如磨料材质、粒度、形状和喷射速度等，磨料及其喷射工艺见表 10.3-6。

常用喷砂磨料品种、粒径及喷射工艺　　表 10.3-6

磨料名称	磨料粒径 (mm)	压缩空气压力 (MPa)	喷嘴直径 (mm)	喷射角 (°)	喷距 (mm)
石英砂	3.2～0.63 0.8 筛余量不小于 40%	0.4～0.6	6～8	35～70	100～200
硅质河砂或海砂	3.2～0.63 0.8 筛余量不小于 40%	0.4～0.6	6～8	35～70	100～200
金刚砂	2.0～0.63 0.8 筛余量不小于 40%	0.35～0.6	4～5	35～70	100～200
钢线粒	线粒直径 1.0，长度等于直径，其偏差不大于直径的 40%	0.4～0.6	4～5	35～75	100～200
铁丸或钢丸	1.6～0.63 0.8 筛余量不小于 40%	0.4～0.6	4～5	35～75	100～200

表面粗糙度可用触针式轮廓仪、标准样块比较等方法进行测量。

3.施工条件的控制

涂料施工环境要控制在相对湿度 85%以下，气温 5℃以上气候条件下进行，雨、雪、雾天均不可露天施工，以免影响涂层附着力。涂装前应测定钢板温度和相对湿度，根据表 10.3-7 查阅露点，只有当钢板表面温度高于露点 3℃以上时，才可施工。

露　点　表　　　　表 10.3-7

相对湿度＼环境温度	−5℃	0℃	5℃	10℃	15℃	20℃	25℃	30℃	35℃	40℃
90%	−6.5℃	−1.3℃	3.5℃	8.2℃	13.3℃	18.3℃	23.2℃	28℃	33℃	38.2℃
85%	−7.2℃	−2℃	2.6℃	7.3℃	12.5℃	17.4℃	22.1℃	27℃	32℃	37.1℃
80%	−7.7℃	−2.8℃	1.9℃	6.5℃	11.6℃	16.5℃	21℃	25.9℃	31℃	36.2℃
75%	−8.4℃	−3.6℃	0.9℃	5.6℃	10.4℃	15.4℃	19.9℃	24.7℃	29.6℃	35℃
70%	−9.2℃	−4.5℃	0.2℃	4.5℃	9.1℃	14.2℃	18.6℃	23.3℃	28.1℃	33.5℃
65%	−10℃	−5.4℃	−1℃	3.3℃	8℃	13℃	17.4℃	22℃	26.8℃	32℃
60%	−10.8℃	−6.5℃	−2.1℃	2.3℃	6.7℃	11.9℃	16.2℃	20.6℃	25.3℃	30.5℃
55%	−11.6℃	−7.4℃	−3.2℃	1℃	5.6℃	10.4℃	14.8℃	19.1℃	23.9℃	28.9℃
50%	−12.8℃	−8.4℃	−4.4℃	−0.3℃	4.1℃	8.6℃	13.3℃	17.5℃	22.2℃	27.1℃
45%	−14.3℃	−9.6℃	−5.7℃	−1.5℃	2.6℃	7℃	11.7℃	16℃	20.2℃	25.2℃
40%	−15.9℃	−10.8℃	−7.3℃	−3.1℃	0.9℃	5.4℃	9.5℃	14℃	18.2℃	23℃
35%	−17.5℃	−12.1℃	−8.6℃	−4.7℃	−0.8℃	3.4℃	7.4℃	12℃	16.1℃	20.6℃
30%	−19℃	−14.3℃	−10.2℃	−6.9℃	−2.9℃	1.3℃	5.2℃	9.2℃	13.7℃	18℃

4.涂装

涂装是关系到涂层质量的非常重要的施工操作，涂装前应认真检验涂料品种、型号、规格、储存期限等。涂装方法应根据涂料的物理性能、施工条件、涂装要求和被涂结构的情况进行选择。有刷涂、滚涂和高压无气喷涂等方式，亦可按厂家要求进行。

(1)刷涂

对钢板表面有良好的渗透性，涂料损耗较少，但缺点是效率低、涂层不美观。刷涂方向应先上下，后左右。漆刷蘸漆不能过多，否则易滴落和流挂。漆刷间距不要太大或太小，以控制漆膜厚度。对表面粗糙、边缘以及焊缝凸出部位应先用刷子预涂一遍，再大面积铺开施工。

(2)滚涂

适用于大面积施工，可比刷涂提高效率达 5 倍。滚涂时滚筒上所蘸涂料应均匀，滚动速度不宜太快要保持一定，切忌过分用力挤压滚筒。对于焊缝等凸出部分要小心处理，最好预涂一遍。

(3)高压无气喷涂

此法用压缩空气驱动高压泵，使涂料压力增压到 32MPa 以上后从喷嘴喷出，高压涂料液在空气中膨胀雾化，落到钢材表面形成均匀涂层。高压无气喷涂改善了劳动强度、提高了工作效率，可以满足各种涂料施工要求，特别是厚浆型高黏度涂料。此法操作时要遵守以下要点：

①喷距控制在 300～380mm 为宜；

②喷幅一般控制在 300～500mm 左右为宜；

③喷幅搭接宽度为喷幅 1/6～1/4 为宜；

④喷身角度 30°～80°；

⑤喷枪运行速度 60～100cm/s。

高压无气喷涂装置由喷涂机、喷枪、高压输送管组成，常用的无气喷涂机、喷嘴、输送管规格见表 10.3-8、表 10.3-9 和表 10.3-10 所示。

常用的气动无气喷涂机规格　　表 10.3-8

	GPQ12C 型	GPQ12CB 型	GPQ13C 型	GPQ13CB 型	GPQ14C 型	GPQ14CB 型
压力比	65∶1	65∶1	46∶1	46∶1	32∶1	32∶1
涂料喷出量（L/min）	13	13	18	18	27	27
进气压力（MPa）	0.3～0.6	0.3～0.6	0.3～0.6	0.3～0.6	0.3～0.6	0.3～0.6
最大喷嘴号	026～40	026～40	034～40	034～40	050～45	050～45
空气消耗量（L/min）	300～1 600	300～1 600	300～600	300～600	300～1 600	300～1 600
质量（kg）	28.5	33	29	33.5	30	34.5
外形尺寸（mm）	400×340×600	416×380×600	400×340×600	416×380×600	400×340×600	416×380×600

注：GPQ12C、GPQ13C 和 GPQ14C 为手提轻便型，GPQ12CB、GPQ13CB 和 GPQ14CB 为小车移动型。

喷嘴的类型及适用的涂料　　表 10.3-9

类　型	适用的涂料	型号列举	
		最小型号	最大型号
C 型喷嘴	黏度较低、外观要求较高的涂料	03C10	38C60
P 型喷嘴	外观要求一般、厚浆型涂料	002P10	050P45
W 型喷嘴	乳胶和水性涂料	03W10	38W60
Z 型喷嘴	无机和有机富锌涂料	06Z15	38Z55

注：型号表示举例：050Z45，“050”表示离喷嘴前 30cm 处喷幅宽度：45cm；“Z”表示喷嘴类型；“45”表示每分钟喷出量：5L/min。

合成树脂输送管型号　　表 10.3-10

内径（mm）	工作压力（MPa）
ϕ6	48
ϕ8	48
ϕ10	33

5. 涂层厚度控制

为了使涂料发挥最佳效果，足够的涂层厚度十分重要。必须指出，产品说明书中的涂层厚度是指无气高压喷涂，对于刷涂或滚涂方法，其涂装道数在正常情况下，至少比高压无气喷涂道数多一倍才能达到规定厚度。对于边、角和焊缝部位的涂层厚度，应采取措施多涂一道或几道。施工中应测定每道厚度以控制总厚度。如涂层未到要求厚度必须进行补涂。

6. 涂装间隔

不同类型涂料涂装间隔不同，应参照涂料使用说明书要求进行施工。对 846 环氧沥青厚浆型涂料，间隔时间不能超过说明书中规定最长间隔时间，否则会造成各层之间的附着力下降，造成脱膜现象。

7.使用量

说明书中使用量为理论值，是指理想状态下，涂层均匀一致时单位面积涂料消耗量。实际耗用量应视涂层厚度、涂装方法、被涂表面粗糙度、涂装时损失等情况确定。

8.涂料防腐质量标准

(1)涂层外观标准

涂层外观应均匀、平整和有光泽；不允许有咬底、裂纹、针孔剥落等缺陷。允许涂层有不影响性能的局部轻微流挂、刷痕、起皱和少量颗粒灰尘。

(2)涂层厚度标准

涂层厚度必须达到设计规定的标准，用漆膜测厚仪测定。对于钢管桩涂层厚度的抽查量和检测点位置，设计未作具体规定时可按以下要求执行：

①抽查量：每根钢管桩都要检测。

②检测点：轴向每隔 1～2m 测一组，每组测 4 点，径向位置分别为上、下和左右两个侧面。

③合格标准：涂层检测的总平均厚度应达到规定厚度的 90%为合格。计算平均值时，超过规定厚度 20%的测点厚度，按规定厚度的 120%计算。

第三节　包覆层防腐

包覆层防腐也是钢结构常用的防腐方法之一，它是以玻璃纤维为骨架，以油漆或树脂作填料和黏合剂组成的防腐层。这种防腐层厚度大，耐水性能好，具有良好的耐冲击性能。

一、包覆层结构

包覆层结构如图 10.3-1 所示。玻璃纤维的包覆通常 2～5 层，黏结剂常用油漆、环氧树脂或不饱和树脂(用树脂作黏结剂的包覆层俗称玻璃钢)。

此外，还有用聚乙烯热塑套管作为钢桩的包覆层。

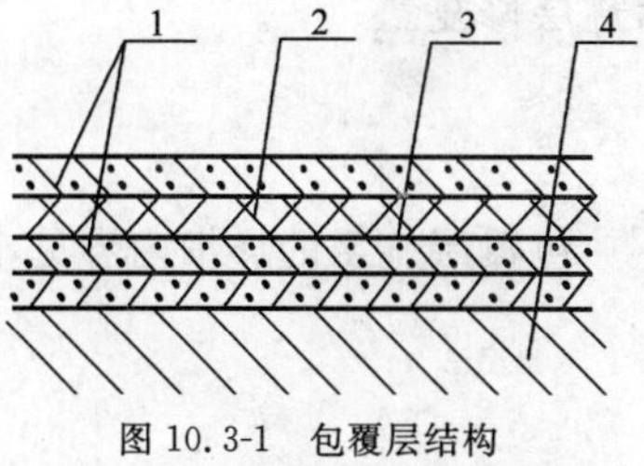

图 10.3-1　包覆层结构
1-面漆；2-玻璃纤维；3-底漆；4-基体

二、包覆层材料

底漆层是基体和包覆层的交联层，应选择高性能防锈底漆，以增强防腐效果。一般使用环氧富锌防锈漆或其他环氧类防锈底漆。

面漆层材料要求能与玻璃纤维有良好结合力和较强的耐水和耐腐蚀能力，目前常用环氧沥青类面漆，见表 10.3-11。

环氧沥青油漆性能表　　表 10.3-11

油漆型号	密度 (g/cm^3)	干(湿)厚度 (μm)	理论用量 (g/m^2)	干燥时间(20℃)		生产厂
				表干(h)	实干(h)	
HL902	1.3	80(135)	170	6	48	上海开林造漆厂
546	1.3	250(375)	488	4	24	同上

玻璃纤维常用钠钙硅酸盐玻璃丝，无碱或中碱，碱金属氧化物含量≤12%，并经脱蜡处理。玻璃纤维包覆一般有手工缠绕和机械缠绕两种方法，所用的玻璃纤维也应有所区别，前者可选用厚度为 0.1～0.4mm、经纬密度在 2～8 根/cm 的网眼玻璃丝布，后者可选用单丝直径为 10～40μm 的玻璃纤维丝。

三、钢材表面处理和施工条件控制

钢材表面处理很重要，处理不当会产生包覆层和基体脱离，从而失去防腐效果。钢材表面按 Sa2 或 St3 等级处理，现场施工条件的控制可参照本章“二”防腐涂层中所述要求进行。

四、包覆层施工

包覆层施工顺序为：基体表面处理—底漆—面漆—玻璃纤维—面漆—……—玻璃纤维—面漆—罩面漆。

具体施工方法为：认真清理除锈后的基体表面，用高压空气吹去浮尘和用丙酮擦去浮锈，涂刷底漆并按规定时间进行固化，然后进行面漆—玻璃布—面漆不间断的涂刷或缠绕，直至达到规定包覆层道数，最终待包覆层完全固化后罩上最后一道面漆。必须指出，玻璃布缠绕和黏结剂的涂刷是保证包覆层质量的最重要工序，应给予特别重视，施工时应严格遵守以下规则：

(1)采用螺旋型缠绕，每圈之间搭接宽度控制在 10～20cm，上下两层的搭接缝位置应错开。

(2)面漆应渗透玻璃纤维，并填满所有空隙。

(3)玻璃纤维布缠绕应拉挺平整，不可有皱折现象。

(4)电焊缝处凸出部位应用环氧沥青胶泥进行修补并进行光顺过渡，保证玻璃纤维布缠绕后不产生空隙现象。

(5)在缠绕过程中每绕一层应用滚子或软刮板赶净层间所有气泡。

五、包覆层修补

包覆层在运输、吊装、堆存过程和施工中可能会产生损伤，对这些损伤必须进行修补。修补的方法是：如损伤仅伤及表层，只需补涂油漆；如损伤伤及包覆层，则应彻底清除破损处污物、玻璃纤维及油漆，直至裸露出牢固、完整的包覆层，然后逐层修复；如损伤伤及底漆，则必须重新进行基体处理，然后逐层修复。

六、包覆层施工

包覆层施工的详细内容见本篇第 2 章。

七、包覆层防腐质量标准

包覆层防腐检验国内尚无标准，在设计未作具体规定时，可按以下要求进行。

(1)包覆层外观标准

包覆层外表平整光滑、无网眼和无裸露玻璃纤维。面积小于 $0.5cm^2$ 的气泡数量每平方米不得超过 3 个。罩面层漆膜涂刷均匀，无严重流挂无皱皮。

(2)包覆层厚度标准

包覆层总厚度可用磁性测厚仪测量。其检测位置和数量以及合格标准均可按设计要求确定。

(3)包覆层耐压检验(电火花检验)标准

耐压检验由专用电气设备进行。首先根据设计要求确定试验电压，然后将探头沿被测包覆层表面移动，如发生报警声音，则表明此处已发生电火花击穿，包覆层有厚度不足或有气泡和油漆未完全渗透玻璃纤维等缺陷。

检测位置和数量：沿钢管桩轴向均匀抽取 50％环表面积进行检测。

合格标准：报警点数量不超过 5 个。

[实例 1]

1. 1983 年，上海金山石化二期码头 ϕ1 200mm 钢管桩，采用 FRP 包覆防腐

(1)表面处理：喷砂除锈达 Sa2 级。

(2)FRP 铺层：0.4mm 中碱玻纤布四层。

(3)采用 191 不饱和聚酯树脂，五油四布连续包覆。设计厚度：$D=2.0\pm0.2$mm；设计使用年限：20 年以上。

(4)检查：16 年后开包检查，钢管桩表面如新。

2. 1989 年，上海高桥化工码头 ϕ1 200mm 钢管桩，采用 FRP 包覆防腐

(1)表面处理：人工除锈达 St3 级。

(2)FRP 铺层：采用表面毡一层(200g/m^2)0.4mm 中碱玻璃纤维布四层。

(3)采用 189 号不饱和聚酯树脂，五油四布连续包覆。设计厚度：$D=2.0\pm0.2$mm；设计使用年限：30 年以上。

(4)检查：至今 17 年钢管桩的 FRP 包覆层完整无缺，防腐效果好，没有进行第二次维修。

第四节　选择耐腐蚀钢种

根据腐蚀介质的不同，合理选择耐腐蚀钢材，是设计人员首先要考虑的问题。随着冶金工业的不断发展，特种用钢也在不断开发出新品种，因此，选用耐腐蚀钢材就成为可能，如海水中选用 16MnCu、10CrMoAl、10CrMoCuSi 等钢种，但使用时应进行技术经济论证并配合其他防护措施。1974 年，交通部第三航务工程局在上海陈山石油码头设计采用 16MnCu 钢制桩，同时结合预留腐蚀厚度 6mm 及外加电流阴极进行保护，经现场探测，在使用 28 年后，水下区、泥下区平均腐蚀 0.6mm，收到了良好的效果。

第五节　阴极保护

一、一般要求

(1)阴极保护适用于海港工程平均潮位以下钢桩的防腐蚀。

(2)阴极保护一般采用外加电流保护系统、牺牲阳极保护系统或上述两种系统的联合保护。

(3)采用阴极保护时，应该掌握钢桩所处的下列环境条件，必要时可进行现场测定：

①介质的化学成分(氯离子、钙离子、镁离子、硫离子等)；

②介质的电阻率；

③介质的流速、温度、波浪、潮位及其变化；

④介质的污染状况；

⑤邻近钢结构的防腐蚀状况及其与被保护钢结构相互间的腐蚀影响。

(4)阴极保护的主要参数——保护电位及达到保护电位所需的保护电流密度，应符合下列要求：

①当钢结构采用碳素钢或低合金钢时，其相对饱和甘汞电极的保护电位范围应为－1.05～－0.77V；

②设计时，保护电流密度一般取初期保护电流密度值，可参照表 10.3-12 取值。

常用的初期保护电流密度值　　表 10.3-12

环境介质	钢结构表面状况	保护电流密度(mA/m^2)
静止海水	裸钢	80～100
流动海水	裸钢	100～150
静止海水	有涂层	10～20
流动海水	有涂层(完好)	15～30
流动海水	有涂层(破损)	30～50
流动淡海水	裸钢	70～100
泥下	裸钢	10～25
海水堆石	裸钢	40～60
污染海水	裸钢	150～200

(5)阴极保护用的参比电极应具有极化小、稳定性好、不易损坏、使用年限长等特性，并适应所处的环境介质，其类型及主要技术性能可参照《船用参比电极技术条件》(GB 7378—87)和表 10.3-13 选用。

常用参比电极主要技术性能和适用的环境介质　　表 10.3-13

名　称	电极结构	电位(V)(相对于标准氢电极)	适用的环境介质
饱和甘汞电极	Hg/Hg_2Cl_2 饱和 KCl	+0.242	淡水、海水
饱和硫酸铜电极	Cu/饱和 $CuSO_4$	+0.316	海水、淡水、土壤
海水氯化银电极	Ag/AgCl 海水	+0.250	海水
锌合金电极	Zn 合金	−0.784	海水、淡水、土壤

(6)阴极保护的总保护面积一般包括平均潮位以下的钢结构表面积(包括水中及泥下)。当平均高潮位高出平均潮位较多时，也可按平均高潮位以下的表面积计算。计算保护面积时应分区段计算，然后再分别计算其保护电流量。

注：总保护面积一般不计临时性钢构件面积，但对施工后不能拆除的与主体结构相连接的临时性钢构件，则应计入其面积。

(7)总保护电流 I(A)可按式(10.3-2)计算：

$$I=K\sum I_n=K\sum i_n s_n \tag{10.3-2}$$

式中：K——安全系数，一般取 1.1～1.2；

I_n——分部位的保护电流(A)；

i_n——分部位的初期保护电流密度(A/m^2)；

s_n——分部位的保护面积(m^2)。

(8)采用阴极保护的钢结构应短路连接成一通电整体，其连接方式可用直接焊接、钢筋连接或电缆连接。连接点面积应大于连接用钢筋或电缆芯的横截面积，连接电阻不应大于 0.01Ω。

二、牺牲阳极阴极保护系统设计

(1)牺牲阳极保护适用于海水或电阻率小于 500Ω·cm 的淡海水中海港工程平均潮位以下钢结构的防腐蚀(建议在海水中采用)。

(2)牺牲阳极的材料应具有足够负的电极电位，在使用期内应能保持表面的活性，溶解均匀、腐蚀产物易于脱落，以及满足理论电容量大、电流效率高、易加工制造、材料来源充足、价廉等要求。

(3)牺牲阳极材料品种可参照表 10.3-14 选用，在海港工程中一般不采用镁合金。牺牲阳极材料的化学成分、金相组织、表面质量、电化学性能、质量检验、铁芯结构等，应符合《铝—锌—铟系合金牺牲阳极》(GB/T 4948—2002)中规定的技术要求。常用的一些牺牲阳极的化学成分见表 10.3-15、电化学成分见表 10.3-16。

牺牲阳极材料适用的环境介质　　表 10.3-14

材　料	环境介质	适用性
铝合金	海水、淡海水(电阻率小于 500Ω·cm)中 海泥中	可用 慎重用
锌合金	海水、淡海水(电阻率小于 500Ω·cm)中 海泥中	可用 可用

牺牲阳极材料的化学成分　　表 10.3-15

种　类	化学成分(%)										
	Zn	In	Cd	Sn	Mg	Si	Ti	杂质，不大于			Al
								Si	Fe	Cu	
铝—锌—铟—镉 A11	2.5～4.5	0.018～0.050	0.005～0.020	—	—	—	—	0.10	0.15	0.01	余量
铝—锌—铟—锡 A12	2.2～5.2	0.020～0.045	—	0.018～0.035	—	—	—	0.10	0.15	0.01	余量
铝—锌—铟—硅 A13	5.5～7.0	0.025～0.035	—	—	—	0.01～0.15	—	—	0.15	0.01	余量
铝—锌—铟—锡—镁 A14	2.5～4.0	0.020～0.050	—	0.025～0.075	0.50～1.00	—	—	0.10	0.15	0.01	余量
铝—锌—铟—镁—钛 A21	4.0～7.0	0.020～0.050	—	—	0.50～1.50	—	0.01～0.08	0.10	0.15	0.01	余量

牺牲阳极材料的电化学性能　　表 10.3-16

项　目	阳极材料	开路电位 (V)	工作电位 (V)	实际电容量 (A·h/kg)	电流效率 (%)	消耗率 (kg/A·a)	溶解状况
电化学性能	1型	−1.18～−1.10	−1.12～−1.05	≥2400	≥85	≤3.65	表面溶解均匀，产物容易脱落
	2型	−1.18～−1.10	−1.12～−1.05	≥2600	≥90	≤3.37	

注 ①参比电极——饱和甘汞电极；

②介质——人造海水或天然海水；

③阳极材料——本标准中 A11、A12、A13、A14 为 1 型；A21 为 2 型；

④牺牲阳极铁芯的设计应保证在整个使用期间与阳极体的电连接，并能承受阳极设计载荷所需的强度，其埋设方向应保证在温度变化时可自由伸缩；

⑤牺牲阳极(以细长型棒状阳极为例)的发生电流、接水电阻、设计使用年限、数量和理论总质量可按下列公式计算。

(1)牺牲阳极的发生电流量可按下式(10.3-3)计算：

$$I_a = \Delta E/R \tag{10.3-3}$$

式中：I_a——单块阳极发生电流量(A/块)；

ΔE——阳极驱动电压(V)，铝合金阳极 ΔE 取为 0.25～0.30V，锌合金阳极 ΔE 取为 0.20～0.25V；

R——牺牲阳极和被保护钢结构之间回路总电阻(Ω)，其值近似于牺牲阳极接水电阻 R_a。

(2)牺牲阳极的接水电阻可按下式(10.3-4)计算：

$$R_a = \frac{\rho}{2\pi L}\left(\ln\frac{4L}{r} - 1\right) \tag{10.3-4}$$

式中：ρ——海水电阻率(Ω·cm)；

L——牺牲阳极长度(cm)；

r——阳极当量半径，当截面长、宽差较大1时 $r=C/2\pi$，C 为阳极截面周长(cm)；当截面长、宽较接近时 $r=\sqrt{s/\pi}$，S 为阳极截面积(cm^2)。

将有关数据代入上述公式(10.3-3)和公式(10.3-4)即可求得牺牲阳极的发生电流量。

(3)牺牲阳极的设计使用年限可按下式(10.3-5)计算：

$$t = \frac{m\mu}{EI_n} \tag{10.3-5}$$

式中：t——牺牲阳极有效使用年限(a)；

m——单块阳极净重(kg)；

E——牺牲阳极消耗率(kg/A·a)；

μ——牺牲阳极有效利用系数，一般为 0.75～0.90；

I_n——单块阳极平均发生电流(A/块)，取 $I_n=0.5I_a$。

有关数据取值参见表 10.3-16，将数据代入公式(10.3-5)即可求得牺牲阳极的设计使用年限。

(4)牺牲阳极的数量可按式(10.3-6)计算：

$$N = I/I_a \tag{10.3-6}$$

式中：N——钢管桩所需阳极数量(块)；

I——钢管桩所需保护电流(A)；

I_a——单块阳极发生电流(A/块)。

(5)牺牲阳极的理论总质量可按下式进行校核计算：

$$m = \frac{8\,760 \times I_m \times t}{q} \times K \tag{10.3-7}$$

式中：I_m——维持保护电流，其值为 0.50～0.55I(A)；

t——设计使用年限(a)；

q——阳极材料的实际电容量(A·h/kg)；

K——安全系数(1.1～1.2)。

(6)牺牲阳极的布置应使被保护钢结构表面保护电位分布均匀，一般采用均匀布置。牺牲阳极与被保护钢结构间的距离不宜小于 10cm；当小于 10cm 时，宜在牺牲阳极与被保护钢结构之间加屏蔽层。

三、牺牲阳极保护系统的施工

(1)牺牲阳极必须牢固地安装在被保护的钢结构上,并应与被保护结构进行短路连接,其连接方式应尽量采用焊接,亦可采用配件或电缆连接。

(2)安装前应对牺牲阳极尺寸、质量、表面状况和铁芯进行检查。牺牲阳极工作表面不得沾有油漆和油污,其安装位置应符合设计要求。

(3)当采用水下焊接安装牺牲阳极时,应由取得合格证书的水下电焊工进行焊接操作。

四、牺牲阳极保护系统的质量检查

(1)牺牲阳极交货时应按设计的技术要求进行检验,生产厂应提供包括化学成分、电流效率、在海水介质中的工作电位和开路电位、溶解性能、尺寸与质量、阳极体与铁芯间的接触电阻等内容的产品合格证。

(2)施工单位应按设计要求进行施工,并及时检查安装质量,保证牺牲阳极与被保护钢结构的短路连接可靠。当采用水下焊接时,其焊缝应尽量采用水下摄影或水下电视进行检查,检查焊缝的牺牲阳极数量不得少于总数的5%～10%。当发现有不符合要求的焊缝时,应对焊缝进行全面检查并及时补修。

(3)牺牲阳极安装完毕后,施工单位应提交阴极保护竣工图,标明实际安装的阳极数量和位置,同时测量被保护钢结构表面的电位。当电位达不到设计要求时,应及时采取重焊、更换或增补牺牲阳极等补救措施。

五、牺牲阳极保护系统的管理维护

牺牲阳极保护系统投入正常使用后,使用单位至少应每半年测一次保护电位,其测点布置至少在离每个牺牲阳极最近和最远处有测点,并记录有关数据、所使用的参比电极和测量方法,当发现被保护钢结构保护电位不符合设计要求时,应及时检查牺牲阳极状况,并采取重焊、更换或增补牺牲阳极等补救措施。

六、外加电流阴极保护系统的设计

1)系统的组成

外加电保护系统一般包括辅助阳极、直流电源(恒电位仪或整流器)、参比电极、检测设备和电缆。

2)辅助阳极设计

(1)辅助阳极布置应使被保护钢结构各处的保护电位均符合设计要求,并应尽量分布均匀,其布置方式分为近阳极和远阳极两种,可根据经验和通过室内、外试验确定(海水中建议采用远阳极布置;淡水中建议采用近阳极布置)。

当采用近阳极布置时,应设置屏蔽层或屏蔽筒。屏蔽筒的尺寸可根据阳极体的形状尺寸设计。

当采用远阳极布置时,阳极与被保护钢结构的距离不大于100m。

(2)辅助阳极设计应包括阳极体材质、几何形状和电缆与阳极体接头形式的确定。

(3)辅助阳极材料应选用消耗量低、表面工作电流密度适用范围大、极化性能好、对环境介质的适应性广、不污染环境水质、来源丰富、制作方便的材质。常用的辅助阳极材料可按表10.3-17选择。

常用辅助阳极的材料性能 表 10.3-17

阳极类别	阳极材料	密度(g/cm^3)	适用工作电流密度(A/m^2)	消耗率(kg/A·a)	最高利用率(%)	最大使用电压(V)	使用环境	备注
易溶性	碳钢、铸铁	7.8	10~100	8~10	50	不加限制	海水、淡水、土壤	可采用圆钢和废钢轨
难溶性	石墨	约 1.8	10~100	0.2~0.9	66	不加限制	海水、淡水、土壤	质脆
	高硅铸铁	7.0	50~300	0.2~0.5	50	不加限制	海水、淡水、土壤	质脆,上海陈山原码头用
	磁性氧化铁		40~400	0.1	40	不加限制	海水、淡水、土壤	质脆
	铅银合金	11.3	50~250	0.03~0.2	67	不加限制	海水	不得用于水深超过 30m 处
微溶性	铅银合金微铂	11.3	50~1 000	0.002~0.006	67	不加限制	海水	不得用于水深超过 30m 处
	镀铂钛	5	250~750	6×10^{-6}~10×10^{-6}	67	8.75	海水	宜慎重采用、价贵
	镀铂钽	16.8	500~2 000	6×10^{-6}	85	200	海水、淡水、土壤	宜慎重采用、价贵,宝钢一期码头用
	镀铂铌	8.8	500~2 000	6×10^{-6}	85	50	海水	宜慎重采用、价贵
	钛基金属氧化物电极		≤600	0.006	85	80	海水、淡水、土壤	新产品、现已获得广泛采用

(4)辅助阳极的几何形状应根据阳极的设计使用年限、材料性能、环境介质、钢结构形式等进行设计。阳极体表面工作电流密度不应大于材料允许的电流密度值,阳极体应表面光滑、棱角少,便于加工和安装。辅助阳极见图 10.3-2。

(5)辅助阳极与电缆的接头应保证水密绝缘性能良好,接头在水中的绝缘电阻不应小于 100mΩ,使用年限应与阳极体设计使用年限一致。

(6)辅助阳极的接水电阻可按式(10.3-8)计算:

$$R_a = \frac{\rho}{2\pi L}\left(\ln\frac{4L}{r} - 1\right) \quad (10.3\text{-}8)$$

图 10.3-2 辅助阳极照片

(注:上层为钛基二氧化铱阳极,下层为高硅铸铁阳极)

式中:ρ——海水电阻率(Ω·cm);

L——牺牲阳极长度(cm);

R——阳极当量半径,$r=C/2\pi$ 或 $r=\sqrt{s/\pi}$,C 为阳极截面周长(cm)。S 为阳极截面积。

(7)辅助阳极的工作电流密度可按式(10.3-9)计算:

$$i=\frac{I}{S} \tag{10.3-9}$$

式中：i——阳极工作电流密度(A/m^2)；

I——单只阳极的输出电流(A)；

S——单只阳极表面积(m^2)。

(8)辅助阳极的使用年限可按下式计算：

$$t=\frac{mK}{eI} \tag{10.3-10}$$

式中：t——阳极的有效使用年限(a)；

m——阳极的净质量(kg)；

K——阳极的利用系数，一般取为 0.85。

I——阳极的输出电流(A)

e——阳极的消耗率(kg/A·a)。

3)直流电源

(1)为满足所需要的保护电流量，直流电源应有足够的输出功率，其功率可按下列公式计算：

①单台直流电源功率 W_i 可按式(10.3-11)计算：

$$W_i=VI=(\sum_{i=1}^{m}I_i)^2R \tag{10.3-11}$$

式中：V——直流电源输出电压(V)；

I——直流电源输出电流(A)；

I_i——每只阳极发生电流量(A)；

m——单台直流电源所负担的阳极数量；

R——阴极保护电路的总电阻(Ω)，包括阳极接水电阻、电缆导线电阻和介质电阻。

②直流电源总功率 W 可按下式(10.3-12)计算：

$$W=K\sum_{i=1}^{n}W_i \tag{10.3-12}$$

式中：K——安全系数，一般取 1.25；

n——直流电源台数；

W_i——单台直流电源功率。

(2)直流电源(恒电位仪或整流器)的技术性能应稳定、可靠、环境适应性强，其输出电压和电流的额定值应根据设计要求选用。恒电位仪的技术性能、技术要求及其规格可参照《船用恒电位仪技术条件》(CB 3220—84)选用，必要时可另行设计。

(3)直流电源的布置应根据电源台数、钢结构形式、维护管理、经济等因素确定。电源可集中布置在若干个控制室中，亦可分散布置在被保护钢结构工程的相应位置上。

4)电缆

(1)阴极保护用电缆一般包括阳极电缆、阴极电缆、控制用参比电极电缆和电源电缆。

(2)阳极电缆和阴极电缆宜采用多股铜芯电缆，电缆护套应具有良好的绝缘、耐老化性能，水下部分还应具有耐海水腐蚀性能。阳极电缆缆芯横截面积 S(mm^2)可按下式(10.3-13)及式(10.3-14)计算：

$$S=\frac{L\rho}{R} \tag{10.3-13}$$

式中：L——电缆长度(m)；

ρ——电缆缆芯的电阻率(Ω·cm)；

R——导线电阻(Ω)：

$$R=\frac{V}{I} \tag{10.3-14}$$

I——流经电缆的电流(A)；

V——电缆允许压降(V)。

(3)控制用参比电极电缆应选用耐海水腐蚀和耐老化的屏蔽电缆。参比电极不得靠近动力电缆，其屏蔽线(层)必须一端接地。

(4)电源电缆的护套应具有耐腐蚀和耐老化性能。

5)参比电极的设计

(1)参比电极的功能种类：

①控制用参比电极。连接在恒电位仪上，为恒电位仪提供保护电位的反馈信号，以达到自动控制的目的。

②测量用参比电极，仅提供测量的用途。

(2)参比电极材质的选用可参照表 10.3-13 进行，为确保其使用年限，并采用保护套管等防护措施。

(3)为了保证参比电极测得保护电位的准确性，避免杂散电流对测量数据的影响，参比电极尽可能不要安装在作为桥梁避雷且尽可能远离这些钢管桩。控制用参比电极的安装位置必须远离辅助阳极。

6)数据采集与监测

基于有线与无线网络技术的发展，外加电流阴极保护系统的数据采集与监控技术也有了突破性的发展，利用网络技术可以在控制中心对整个系统中各个分系统的每只辅助阳极、参比电极的输出电流、电压、保护电位进行监控，并且可以实现自我报警、实时监控等功能。

7)安全措施

(1)当钢结构处于有易燃、易爆气体的环境中时，对阴极保护系统应设置防爆装置，各种接线点应置于密闭的接线箱(盒)中，其阳极接线头不得与金属接线箱(盒)外壳接触。

(2)直流电源应置于通风、干燥的环境中，其安全措施应符合电器设备的安全技术要求。

(3)当直流电源的输出电压超过 36V 时，严禁人员下水作业。当需要进行水下作业时，必须先切断阴极保护系统电源。

(4)当采用阴极保护的钢结构靠近其他金属结构，或附近有直流杂散电流，使该钢结构或其他金属结构的电位偏正 20mV 时，应采取有效措施防止杂散电流腐蚀。

七、外加电流阴极保护系统的施工及质量检查

(1)电连接应满足本规定上述 1.之(8)的技术要求。当用焊接钢筋进行电连接时，应做好标记，在浇筑混凝土前应进行严格检查，不得漏焊。当钢筋焊接或电缆连接的接点位于大气或浪溅区时，应加密封保护。

(2)辅助阳极与其屏蔽板(筒)的安装应符合施工图的要求。辅助阳极与被保护钢结构之间不得产生金属短路。辅助阳极的水中电缆长度应留有足够的余量。

(3)参比电极安装前应经检验合格，并按施工图的要求进行施工。水中参比电极的电缆长度应留有一定的余量。参比电极接地点不得与阳极接地点共用或靠紧。

(4)直流电源应置于通风良好、除尘方便之处。当直流电源分散安装在室外时，应设通风、防滴式

的金属外壳。直流电源金属外壳应接地、其接地电阻应小于4Ω。当直流电源的正、负极与相应的阳、阴极电缆连接时，严禁接反。

(5)电缆应敷设于钢管、聚氯乙烯管、有盖的电缆沟(架)中，电缆不应遭受日光曝晒和腐蚀性较强的物质侵蚀。

(6)电缆分段连接时，其连接点应有良好的密封措施，不得暴露在外，必要时应置于接线盒(箱)中，其阳极接线头不得与金属接线箱(盒)外壳接触。电缆敷设时应尽量不损坏护套，部分损坏处应进行修补，严重损坏时应更换电缆。

(7)阴极保护系统施工结束后，应按有关规范和设计要求对施工质量进行全面检查，并做好记录。

八、外加电流保护系统的调试

(1)阴极保护系统调试前应按本规定有关技术要求，全面检查电源、设备、线路、接线、电连接、辅助阳极盒、参比电极等项目，应全面测定被保护钢结构在水中的自然腐蚀电位，并做好记录。

(2)调试时应按直流电源的操作规程开机，采用逐级极化的方式操作，直至被保护钢结构的保护电位基本达到本规定设计要求为止。

(3)调试结束后，应由设计、施工和使用单位联合进行检查。设计、施工单位应向使用单位提交下列资料：

①设计图、施工图和竣工图；

②试运转报告、各项测试记录；

③阴极保护系统维护管理操作规程。

九、外加电流阴极保护系统的维护管理

(1)为保证阴极保护系统安全、正常运行，使用部门应制订管理制度，并由专门技术人员负责日常维护管理工作，及时排除故障、调整保护参数等。

(2)阴极保护系统运行中应按时检测并记录直流电源的输出电流、输出电压、控制保护电位和辅助阳极发生电流等数据，如发现异常应及时检查并进行调整。辅助阳极和参比电极损坏或失效时应及时更换。

(3)应定期全面检测被保护钢结构表面的保护电位、腐蚀状况(包括涂层的损坏状况)和保护系统的电缆损坏状况；当设有挂片时，还应按期测定其保护效果，各项检测均应做好详细记录。当钢结构保护电位达不到设计要求时，应及时采取有效的补救措施。

第六节　喷涂金属层

金属的喷涂方法依其所使用喷枪之不同，可分为坩埚喷涂、粉末喷涂、金属丝喷涂和等离子喷涂四种。其中坩埚喷涂由于是使用坩埚熔化，压缩空气将其喷出，使用上极不方便，目前已不采用。粉末喷涂是将金属粉末用送粉器送入粉末喷枪，由可燃气体熔化，再由压缩空气喷出，由于金属粉末难以获得，故目前也很少采用。用金属丝代替金属粉末，不论用电弧熔化或者可燃气体熔化喷涂，是通常采用的方法之一，但仅限用于喷涂一般熔点不高、而且可以成丝的金属。对于难熔金属及其氧化物、碳化物、硅化物和硼化物等的喷涂，可采用能产生高温等离子焰的等离子喷涂。

一、热喷涂铝(锌)防腐

热喷涂铝(锌)防腐是一种长效防腐方法，铝(锌)加热熔化后被均匀地喷涂在钢质基体表面，形成

电化学防腐层，可大幅度提高防腐效果。加上它还具有良好的结合力，因此目前已广泛地应用于潮湿环境或条件恶劣区域钢铁结构表面，如江河海洋潮差区以及其他含氯离子较高的环境中。

1.涂层结构

热喷铝（锌）防腐涂层是一种复合结构，它是由铝（锌）和封闭涂层组成，封闭涂层通常又由中间涂层及表面涂层组成，其结构如图10.3-3所示。

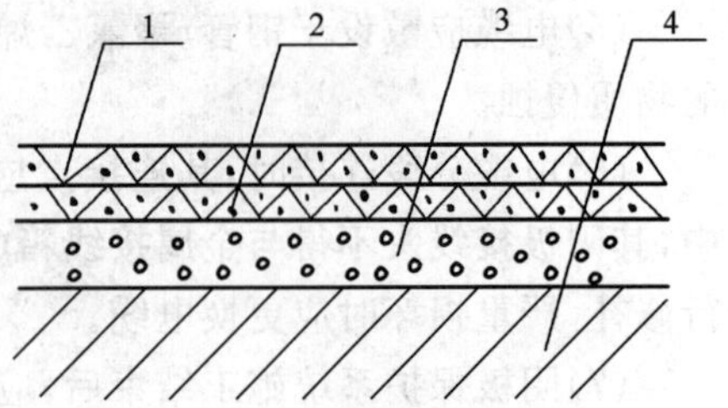

图10.3-3　涂层结构
1-表面涂层；2-中间涂层；3-铝（锌）层；4-基体

封闭涂层常采用有机涂料或无机涂料，这种复合防护层兼具电化学防护和封闭隔离保护两种功能，其使用年限不是各涂层使用年限的简单代数和，而是单一涂层使用寿命的数倍。涂层厚度与防腐效果有直接联系，通常铝（锌）涂层厚度为80～300μm，封闭涂层厚度为150μm。

2.涂层材料

热喷涂材料的要求见表10.3-18。

热喷涂材料要求　　表10.3-18

材　料	规格(mm)	纯　度	允许公差(mm)	线材表面质量
铝丝	ϕ1.0～ϕ3.0	≥99.5%	≤+0.03	光滑，表面无油污、无裂缝、无划痕和疤结
锌丝		≥99.96%		

封闭材料选择时应考虑与铝（锌）涂层有相容性，同时具有较好的耐腐蚀性能和封闭性能，中间涂层要求有较小黏度，以便使其渗入热喷涂层的微孔隙中形成致密保护层。中间涂层采用环氧云铁中间漆为好；常用的封闭材料有环氧树脂类、氯化橡胶类及乙烯树脂类涂料。

3.钢材表面处理及施工条件控制

钢材表面经处理后，其表面除锈质量至少应达到Sa$2_{1/2}$级，粗糙度应达到40～80μm。施工时对湿度、温度及露点都有严格要求，具体均可参照上述“二、”中有关要求。钢材表面处理后应尽快进行铝（锌）喷涂，间隔时间在干燥气候条件下不应大于6h，在潮湿气候条件下不应大于2h，以确保钢材表面不返锈为前提。

4.热喷涂施工

目前热喷涂方法常用方法有气喷法和电弧喷涂法两种，两者比较见表10.3-19。

气喷法和电弧喷涂法的比较　　表10.3-19

喷涂方法	喷涂温度(℃)	压缩空气消耗量(m^3/mm)	热源能耗成本(元/m^2)	喷涂效率(kg/h)		喷枪质量(kg)
				铝丝	锌丝	
气喷涂	3000	1.3	8～12	2.7	8.0	2
电弧喷涂	4000	2.5	2～4	5.6	16～20	3

气喷法以乙炔气（也可用液化石油气）和氧气作热源，以压缩空气作熔液载体和送丝动力；电弧喷涂法以电弧作热源，以压缩空气作熔液载体，以微电机作送丝动力。这两种方法都是用喷枪来实施操作的，它们的结构参见图10.3-4和图10.3-5。

5.预处理

喷涂结束后，用蚀洗涂料（通常是磷酸）作预处理。

6.有机涂料覆盖

选择适当的有机涂料覆盖在铝涂层上，通常使用低黏的有机涂料，主要是：乙烯、酚醛、改进型酚醛或聚氨酯树脂。

图 10.3-4　气喷枪结构图

1-空气帽;2-送丝轮;3-调节弹簧壳;4-阀杆扳手;5-撑开扳手;6-后寻管;7-调速旋钮

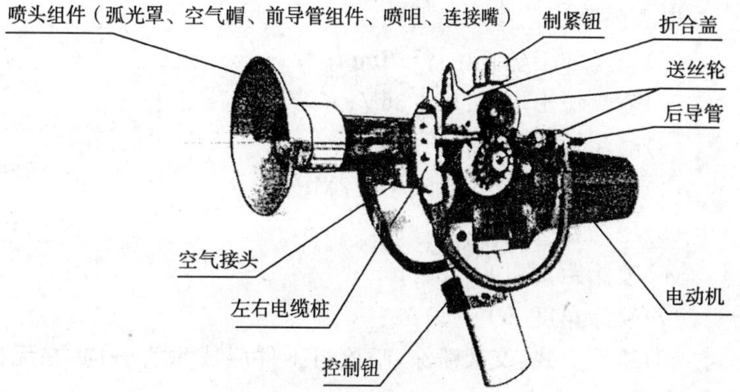

图 10.3-5　电弧喷枪结构图

7. 养护

涂层养护,养护期为 48h。

二、电弧喷涂锌铝伪合金工艺

在电弧喷涂过程中,同时使用一根锌丝和一根铝丝,可获得锌铝伪合金涂层。

1)电弧喷锌铝施工工艺

电弧喷锌铝工艺基本上包括钢构件表面处理、喷涂和喷后处理等三大步骤,电弧喷涂是将喷涂的 1.3～3mm 喷锌铝丝加热至熔化状态的微粒喷向钢构件表面,如果表面上带有水分、油脂和灰尘时,微粒与表面之间就会存在一层隔膜,不能很好地互相嵌合;如果表面光滑,微粒也会滑掉或虚浮地沉积,且随着喷涂层的逐渐增厚而脱落,只有洁净、干燥、粗糙的表面,才能使微粒在塑性尚未完全消失时与表面牢固地结合,粗糙表面的峰,形成了良好的附着条件。因此,为了提高喷涂层的结合强度,对钢构件表面进行预处理是十分重要的步骤,它往往关系到整个工艺过程的成败。

2)基体表面预处理

钢构件焊缝焊后进行喷丸除锈和打磨处理,使其光滑圆整,如有缺陷,经补焊打磨合格。热喷涂钢构件必须除去焊渣飞溅的熔滴。

3)电弧喷锌铝基本要求

(1)钢构件表面经喷砂处理后,应尽快进行电弧喷涂,其间隔时间越短越好,一般不超过 6h,阴湿天气不超过 1.5h,相对湿度 80%时停止施工。

(2)钢构件表面经喷砂处理后,由于停留时间过长或其他原因致使其表面明显变质时,应重新进行喷砂处理。

(3)喷砂时环境大气温度要高于 5℃。

4)喷涂材料

喷涂用材要求:铝材质含量为 99.5%,锌材质含量为 99.99%,且要求金属丝无油、无锈、无污、光洁、不得有死弯。

5)喷涂设备

电弧喷涂设备,采用日本生产的 AS-400 型电弧喷涂机,送丝装置能够保证喷涂过程送丝速度稳定,不致因送丝阻力的变化而导致送丝速度明显改变;喷枪能够保证丝材相交时良好对中,并使丝材交点始终位于雾化气流中心;喷涂电源具有良好的平伏安特性,以保证电弧燃烧稳定。

压缩空气供给系统能保证压缩空气足够的压力和流量,并保证无油、无水。可采用德国 SRC-15A 型空压机及 SSD10AA 空气干燥机,生产的压缩空气经脱油、脱水和冷处理后使用。

电弧喷涂工艺参数如下：

(1)锌丝和铝丝直径：ϕ1.3mm；

(2)喷涂输出电压：14～36V；

(3)喷涂输出电流：40～400A；

(4)喷涂空气压力：0.55～0.7MPa；

(5)压缩空气流量：>1.3m^3/min；

(6)喷涂距离：100～300mm；

(7)喷涂角度：60°～90°；

(8)喷涂方式：交叉喷涂，喷枪与工件应成垂直方向，在无法垂直喷涂的情况下，喷枪与工件表面的斜度不小于45°。

6)喷锌铝涂层的孔封闭处理

涂层喷完进行性能检查合格后，在2h之内进行封孔处理；如遇雨天，需对涂层进行干燥处理后，再进行封孔。涂层空隙经处理后，可提高其耐腐蚀抗氧化性能。用封闭涂料对喷涂层进行封闭处理后，形成的喷涂层+封闭料复合涂层，其防腐寿命较单一的涂料防腐层寿命的二者之和还要长。

封孔用改性环氧封闭漆，室外钢构件干膜厚度10μm，室内外交界处钢构件干膜厚度30μm，其配合比例(质量比)如下：

(1)改性环氧封闭漆：100(应加入填料：云佚或佚红)；

(2)固化剂T31：20；

(3)稀释剂：40。

用改性环氧封闭漆后，最后喷涂2道氯化橡胶面漆，干膜厚度40μm。

喷涂工艺：应先将被涂件清扫干净，清出一切杂物、脏物、灰尘等，使喷漆无流淌、无气泡、无漏涂，将空隙完全封闭的均匀涂层，改性环氧涂层的边缘与未喷锌铝的基体表面边缘相距不能小于200mm，否则影响喷锌铝层的连续。

封闭涂料的作用：渗入喷锌铝层的空隙将其堵塞，填满喷锌铝层凹坑，改善涂层外观，使其表面光滑，减小灰尘和外来污垢在喷铝层上滞留，简化维护保养，其功能是隔离腐蚀环境，对阳极性涂层起屏蔽作用，从而延长复合涂层体系的使用寿命。

7)施工设备

选用设备为大功率电弧喷涂机、空压机和空气冷干机组成整体热喷涂系统，采用锌铝金属或锌铜金属丝作为弧对工件，表面进行伪合金复合涂层喷涂。

主要设备为日本DAIHEN生产的AS-400，其特点有专利喷枪及高性能电源专利供应技术，在使用锌铝材料ϕ1.3mm的条件下，具有以下特点：

(1)高附着沉积率达到70%。

(2)高防尘性能，电源及送丝装置均使用了防尘保护系统。

(3)高速送丝熔丝技术。生产送丝速度达到20mm/min。喷镀面积达到20m^2/h。

(4)熔丝的分段交换技术。设计了遥控器送受技术及电缆端口接送系统，简化了过去使用的熔丝圈交换技术。

(5)喷枪的轻量化工艺技术。枪体质量为1.5kg，喷枪与电缆轻量化相匹配的彻底追求，减轻了长期操作的劳动强度。

(6)喷涂电源。喷涂电源采用了与施工相适应的双向电源性能，使电源控制回路技术高效耐用及实用化。

8)执行标准

(1)采用电弧锌铝合金喷涂长效防腐工艺。按《铁路钢桥保护涂装》(TB/T 1527—2004)标准，如

表10.3-20和表10.3-21。

铁路钢桥保护涂装　　表10.3-20

环　　境	年　限(a)	涂装体系
沿海污染地区		喷锌200μm＋灰铝锌醇酸面漆2道70μm 喷锌200μm＋灰云铁醇面漆2道80μm

铁路钢桥保护涂装　　表10.3-21

环　　境	年　限(a)	涂装体系
海水全浸	10～20	喷锌300μm 喷锌200μm＋封闭2道 喷铝160μm＋封闭＋油漆60～100μm 喷锌200μm＋封闭＋油漆60～100μm
海水飞溅和盐雾	≥20	喷铝160μm＋封闭2道 喷锌300μm＋封闭2道

(2)电弧喷涂伪合金防腐蚀建议方案(表10.3-22)

电弧喷涂伪合金防腐蚀建议方案　　表10.3-22

环　　境	年　限(a)	涂装体系
海水全浸	30～50	喷锌铝伪合金160μm＋封闭＋油漆60～100μm
海水飞溅和盐雾	≥50	喷锌铝伪合金160μm＋封闭2道

(3)电弧喷锌防腐蚀方案(表10.3-23)

电弧喷锌防腐蚀方案　　表10.3-23

部　位	涂装工序	道　数	厚　度	质量要求
钢结构外表面	压力式喷砂除锈			Sa2.5级，Rz45～70μm
	电弧喷锌		120μm	总厚度不低于180μm
	改性环氧封闭漆	1道	10μm	
	聚氨酯面漆	2道	2×40μm	

外表面涂装工艺流程：喷砂除锈→电弧喷锌铝伪合金→封闭漆→面漆涂装。

三、热喷涂铝(锌)防腐质量标准

(1)涂层外观标准

涂层外观应均匀、不起皮和鼓泡，无裂纹和掉块。

(2)涂层厚度标准

涂层厚度必须达到设计规定标准，用磁性测厚仪测量，探头有单杆探头和扁平探头两种。采用单杆探头时，在10m^2面积上测5点(或一根桩最少测5个点)，取算术平均值作为该位置涂层厚度；采用扁平探头时，在10m^2面积上测3～4点，取算术平均值作为该位置涂层厚度。其检测位置和数量以及合格标准按设计要求确定。

(3)涂层结合力检验标准

检验采用划格法。用快口刀具在涂层上平行划格，间距3～5mm，然后用粘胶带紧密粘结后垂直拉起，涂层未被拉起、未露基体者判为合格。每根钢管桩均匀随机抽样5～10点位置。在难以热喷涂的构件，可采用冷镀锌(加强力锌)进行涂装，也能达到满意的效果。

［实例 2］ 某码头钢管桩牺牲阳极阴极保护工程

1. 工程概况

该工程位于东海水域码头结构桩基采用：ϕ1 500mm 钢管桩 442 根；ϕ1 800mm 钢管桩 88 根；ϕ1 900mm钢管桩 239 根；ϕ2 000mm 钢管桩 68 根。共计各种类型钢管桩 837 根。

2. 工程条件

1）自然条件

（1）气温

年极端最高气温：34.9℃；年极端最低气温：−3.5℃；年平均气温：17.1℃。

（2）降水

年平均降水量：969.4mm；年平均降雨日数：138d/a。

（3）风况

常年多偏北和偏东南向风。常风向：NNW～NNE；次风向：ESE～SSE。

（4）潮位

设计高潮位：+4.51m（高潮累积频率 10％潮位）；设计低潮位：+0.53m（低潮累积频率 90％潮位）；极端高潮位：+5.71m（50a 一遇年极值高水位）；极端低潮位：−0.47m（50a 一遇年极值低水位）；平均潮位：+2.55m。

（5）潮流

涨潮平均流向：282°～316°；落潮平均流向：118°～137°；涨潮最大测点流速：1.95m/s；垂线平均最大流速：1.03～1.77m/s；落潮最大测点流速：2.64m/s；垂线平均最大流速：1.26～2.10m/s；平均涨潮流历时：5.65h；平均落潮流历时：6.85h。

（6）波浪

①大波期波要素（略）；

②施工期波要素：H=1.2m，L=1.5m，T=4.5s。施工单位也可根据自己船舶的性能自行确定，绝大多数波浪均小于 0.8m 波高，且多受 S、W 向波作用。

（7）水质

①夏秋季盐度：10.880‰～28.804‰，平均盐度：18.5‰；

②冬春季盐度：19.325‰～30.342‰，平均盐度：24.8‰；

③电阻率：约 25～70Ω·cm（本设计按 40Ω·cm 计算）。

2）设计高程

码头前沿设计泥面高程：−17.50m；承台下理论泥面高程：−6.00～−15.00m；码头面设计高程：+8.10m。

3. 施工单位

上海申航基础工程有限公司。

4. 施工内容

本工程采用铝合金阳极块，规格为：（150+170）mm×180 mm×900mm；单块阳极毛重：

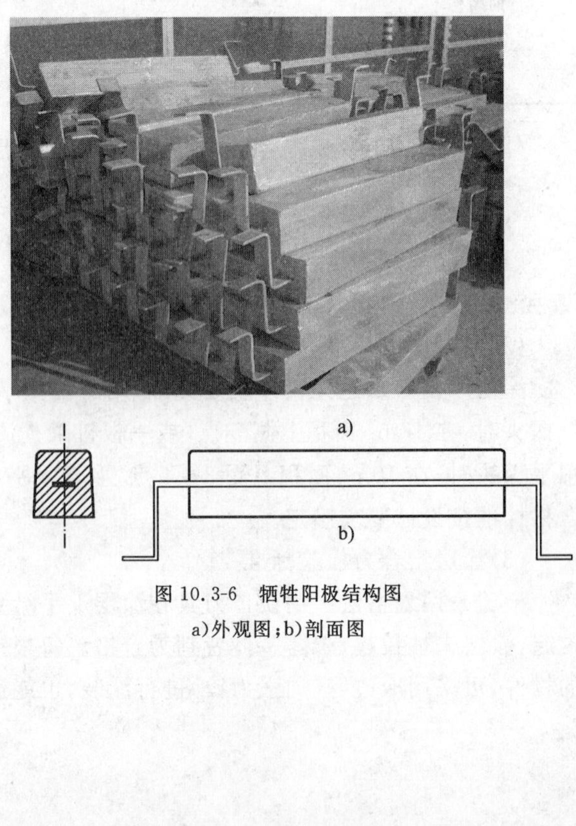

图 10.3-6 牺牲阳极结构图

a）外观图；b）剖面图

79kg。其结构参见图 10.3-6。

阳极安装采用水下电焊，其焊接要求参见图 10.3-7。

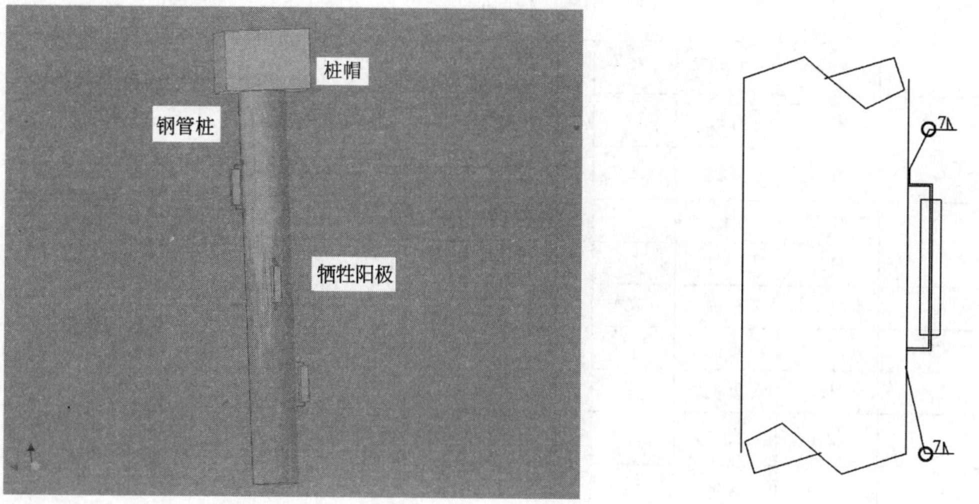

a)　　　　b)

图 10.3-7　牺牲阳极焊接图焊接要求

a)外观图；b)焊接形式

本工程共有 837 根钢管桩需进行牺牲阳极阴极保护，所需阳极块为 3 728 只，阳极设置分布见表 10.3-24 和表 10.3-25。

码头第 1～7 分段阳极设置数量表　　　　表 10.3-24

<table>
<tr><th>部　位</th><th>直径
(m)</th><th>排　号</th><th>排架数</th><th>排架
桩数</th><th colspan="2">桩数
(根)</th><th>单桩阳极
数量</th><th>排架阳极
数量</th><th>阳极
数量(只)</th></tr>
<tr><td rowspan="2">码头第 1 分段</td><td rowspan="2">φ1.8</td><td>1</td><td>1</td><td>1</td><td>1</td><td rowspan="2">65</td><td>5</td><td>5</td><td rowspan="2">325</td></tr>
<tr><td>2～9</td><td>8</td><td>8</td><td>64</td><td>5</td><td>40</td></tr>
<tr><td>码头第 2 分段</td><td>φ1.5</td><td>10～15</td><td>6</td><td>10</td><td colspan="2">60</td><td>4</td><td>40</td><td>240</td></tr>
<tr><td>码头第 3 分段</td><td>φ1.5</td><td>16～21</td><td>6</td><td>10</td><td colspan="2">60</td><td>4</td><td>40</td><td>240</td></tr>
<tr><td>码头第 4 分段</td><td>φ1.5</td><td>22～27</td><td>6</td><td>10</td><td colspan="2">60</td><td>4</td><td>40</td><td>240</td></tr>
<tr><td>码头第 5 分段</td><td>φ1.5</td><td>28～33</td><td>6</td><td>10</td><td colspan="2">60</td><td>4</td><td>40</td><td>240</td></tr>
<tr><td>码头第 6 分段</td><td>φ1.5</td><td>34～39</td><td>6</td><td>10</td><td colspan="2">60</td><td>4</td><td>40</td><td>240</td></tr>
<tr><td>码头第 7 分段</td><td>φ1.5</td><td>40～46</td><td>7</td><td>10</td><td colspan="2">70</td><td>4</td><td>40</td><td>280</td></tr>
<tr><td>Σ</td><td></td><td></td><td>46</td><td></td><td colspan="2">435</td><td></td><td></td><td>1 805</td></tr>
</table>

承台第 1～20 号，桩基阳极设置数量一览表　　　　表 10.3-25

<table>
<tr><th>部　位</th><th>行　号</th><th>直径
(m)</th><th>斜　度</th><th colspan="2">桩　　数</th><th>单桩
阳极数</th><th colspan="2">阳极总数</th><th>承台数</th><th>总桩
数(根)</th><th>总阳
数(只)</th></tr>
<tr><td rowspan="3">承台
1</td><td>J1</td><td>φ1.8</td><td>直桩</td><td>3</td><td rowspan="3">20</td><td>5</td><td>15</td><td rowspan="3">109</td><td rowspan="3">1</td><td rowspan="3">20</td><td rowspan="3">109</td></tr>
<tr><td>K1～K13</td><td>φ1.9</td><td>直桩</td><td>13</td><td>7～8</td><td>94</td></tr>
<tr><td>L1</td><td>φ1.8</td><td>直桩</td><td>4</td><td></td><td></td></tr>
<tr><td rowspan="3">承台
2、3</td><td>J1</td><td>φ1.8</td><td>直桩</td><td>4</td><td rowspan="3">19</td><td>5</td><td>20</td><td rowspan="3">100</td><td rowspan="3">2</td><td rowspan="3">38</td><td rowspan="3">200</td></tr>
<tr><td>K2</td><td>φ1.9</td><td>直桩</td><td>11</td><td>7～8</td><td>80</td></tr>
<tr><td>L1</td><td>φ1.8</td><td>直桩</td><td>4</td><td></td><td></td></tr>
</table>

续上表

部位	行号	直径(m)	斜度	桩数		单桩阳极数	阳极总数		承台数	总桩数(根)	总阳极数(只)
承台4	J	ϕ2.0	3∶1	4	20	5～6	22	94	1	20	94
	K	ϕ1.9	直桩	12		6	72				
	L	ϕ1.5	直桩	4							
承台5	J	ϕ2.0	3∶1	4	24	5～6	22	110	1	24	110
		ϕ1.5	4∶1	2		4	8				
	K	ϕ1.9	直桩	12		6～7	80				
	K1	ϕ1.5	直桩	2							
	L	ϕ1.5	直桩	4							
承台6～20	J	ϕ2.0	3∶1	4	20	5～6	22	94	15	300	1 410
	K	ϕ1.9	直桩	12		6	72				
	L	ϕ1.5	直桩	4							
Σ									20	402	1 923

码头阳极数：1 805 只；承台阳极数：1 923 只；合计阳极总数：3 728 只。

5.施工方法

1)施工程序及施工流程图

(1)施工程序

①工作船根据事先设计的位置就位，铝合金阳极下水安装前，首先检查其规格是否正确，表面有无油污、油漆，若发现有，应采用丙酮去除油漆、油污。

②检查水下电焊设备及有关船舶、潜水服、空压机等，当需用减压箱时，则对减压箱进行检查，确保安全。

③阳极下水前，先测钢管桩的自然电位，并做好记录。

④阳极焊脚检验及阳极吊装就位，铝合金阳极的安装位置严格按设计图纸安装，其焊接技术要求参见图 10.3-2。

⑤阳极捆绑按设计高程定位，潜水焊工水下焊接，阳极水下焊接后，采用 Ag/AgCl 海水参比电极，测定钢管桩保护电位，并做好记录。测量保护电位时，测点应尽量靠近被测钢管桩表面，并远离阳极位置。

(2)水下阳极电焊施工工艺

①阳极就位吊装前应进行外观检查，外观质量应符合有关标准要求。

②阳极焊脚精度的校验如下：

为保证水下焊接质量，阳极下水前，将阳极两个焊脚放在钢管弧形表面贴合，目测贴合间隙小于3mm；超过者必须进行校正，直至达到间隙要求。

安装时，阳极焊脚与钢桩的贴合间隙应小于 3mm，焊接位置两边至少取 20mm 为清理区。

③阳极水下定位工序如下：

a.捆扎导向绳

潜水员下水将 1 根棕绳——导向绳的一端捆扎在阳极顶端设计位置上方的钢管桩上，并预留导向钩的长度，另一端固定在钢管桩桩帽工作面上。

b. 绑扎阳极固定绳和吊放绳

阳极下水之前，首先在阳极 2 个焊脚上各绑扎 1 条长度为 6.5m 长的棕绳，当阳极入水到钢桩设定位置时，用这 2 条棕绳将阳极绑扎在钢管桩上，这 2 条棕绳称之为捆绑绳。另外，在阳极下水之前，还要在其中 1 个阳极焊脚上绑扎 1 根较粗的足够承担阳极重力的棕绳，用以吊放阳极，此绳称之为吊放绳。

c. 吊放阳极

采用 1 个导向钩，一端钩住阳极体，一端钩在阳极吊放架的吊钩上，借助于吊放架将阳极放到水中，此时，施工船上的辅助人员拉紧阳极吊放绳，拉住阳极体不动，潜水员将导向钩从吊钩上摘下来挂到导向绳上，然后施工船上的辅助人员按照潜水员的指示逐渐放下阳极体，直到阳极体沿导向绳滑到阳极焊接位置。

d. 固定阳极

按照设计要求，准确地调整好阳极位置和方向，确认无误后，用预先绑好在阳极焊脚上的棕绳将阳极体紧紧地捆绑在钢管桩上。一般先绑下脚，后绑上脚，使阳极焊脚板与钢管桩紧密贴合，间隙应小于 3mm。另外，为了防止阳极体意外松动落入海底丢失，待潜水员在水下将阳极体捆绑好后，施工船上的辅助人员拉紧阳极吊放绳，并固定在钢管桩上。这时，可将导向钩和导向绳解开取出水面再用。

④水下焊接工序如下：

a. 调试工艺参数

接通焊接设备，按照工艺试验结果和参照有关标准调试到合适的焊接工艺参数。

b. 检查阳极绑扎质量

用直径为 ϕ3mm 的焊条沿阳极焊脚底边划动，检查阳极焊脚与钢管桩贴合间隙，如有偏差将无法启动焊接，因此必须调整到位。

c. 清理焊接坡口

施焊前用镐对焊接区进行认真清除。然后采用钢丝刷、除锈锤子等工具，清理焊接坡口及其附近的油污和锈层等影响焊接质量的杂物，清理宽度为距坡口中心不少于 30mm。

d. 正式焊接

检查坡口间隙达到设计工艺要求后，采用立式向下焊接工艺，按照施工方案进行正焊接，尽量将坡口焊满。焊接每个阳极焊脚时，都必须先焊无点固焊缝段。焊接结束后，解开阳极吊放绳和捆绑定位绳。

e. 质量自检

每焊完 1 块阳极后，都要用钢丝刷清理掉焊缝表面焊渣等杂物，检查焊接质量发现问题及时修补，直至达到设计要求。

⑤质量复验：建设单位组织人员进行水下摄影抽检，抽检率为 3%。对存在的不合格者，应进行修补，直至达标。

⑥工程交验：施工单位负责整理填写各项检查记录，交付监理和建设单位验收。检查记录包括如下内容：

a. 潜水焊接资格证明；

b. 水下焊接工艺评定试验报告；

c. 材料合格证；

d. 水下焊接工艺参数记录；

e. 焊接质量和阳极焊接位置与数量检查报告；

f. 焊缝返修、补焊及复验报告。

(3)施工流程(图 10.3-8)

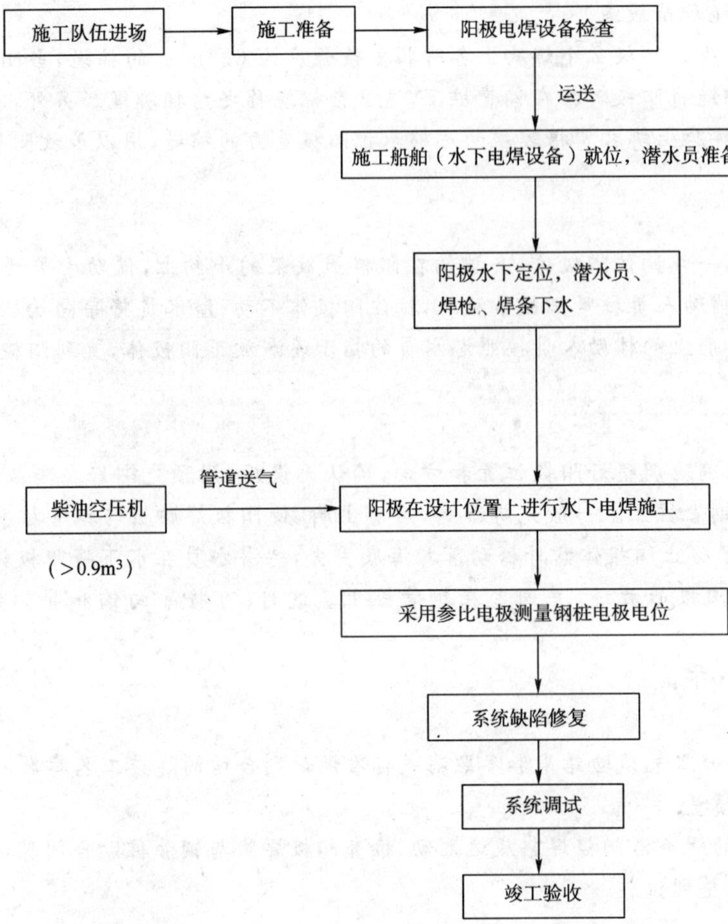

图 10.3-8 施工流程图

注:①钢桩电极电位测定记录均在船上进行。

②测量时,Ag/AgCl 海水参比电极在水中应紧靠钢桩并远离阳极。

(4)施工工艺及技术要求

铝合金阳极是牺牲阳极阴极保护系统最重要的设备,除确保其质量外,必须精心施工,严格按设计图纸设置,并由专人负责施工质量,做好安装、检查记录。工序如下:

①阳极的安装采用水下湿法电弧焊,焊机采用 Inverter ZX7-400 直流电焊机,焊机空载电压为 36V 左右,立焊位的焊接电流为 180～220A。采用直流正接法,采用特种专用水下焊条进行焊接,即负极接工件,正极接把线。

②水下电焊(湿焊),应由有经验的水下电焊工操作,并具有水下电焊上岗证。

③阳极焊接严格按图 10.3-7 要求焊接。

④开始引弧或焊接中途引弧时,引弧通常提前 10mm 左右,待电弧引燃后,立即向焊接方向的反方向接引焊接点。引弧通常采用划弧法。

⑤焊接结束时,收弧点稍停并移动焊条,使弧坑小些,避免收弧的地方出现裂纹。

⑥每焊完 1 块阳极后,都采用钢丝刷清理焊缝表面的焊渣等物,用手摸的方法进行检查,有问题马上进行修补。

2)质量保证措施

牺牲阳极材料采购、加工的质量保证措施。

3)安全保证措施(略)

6. 本工程投入的施工机械设备情况(表 10.3-26)

投入本工程的施工机械设备情况表　　表 10.3-26

名　称	型　号	功　率	数　量	性　能
发电机	HITACHI(日立)	75kW	2 组	良　好
空压机	Y132S2-2	7.5kW	2 部	良　好
电焊机	Inverter ZX7-400	400A/36V	6 台	良　好
管　供	300 型		6 套	良　好
轻　潜	MZ-300 型潜水装具		6 套	良　好
工作船	90t、长 32m、宽 7m	199kW	2 艘	良　好
交通船	50t、长 26m、宽 6m	105kW	1 艘	良　好
工程车			1 部	良　好
潜水刀、风镐			6 副	良　好
可携式供气瓶			4 瓶	良　好
数字式万用表	精度为 0.001V		6 只	良　好

7. 劳动力安排计划(表 10.3-27)。

劳动力安排计划　　表 10.3-27

日期 / 人员	2006 年				
	8 月人数	9 月人数	10 月人数	11 月人数	备　注
工程技术管理人员	5	5	5	5	
施工人员	8	8	8	8	2 人 1 组
潜水人员	12	12	12	12	3 人为 1 个台班
合计	25	25	25	25	

[实例 3]　上海金山石化总厂二期码头钢桩的防腐

1983 年，上海金山石化总厂二期工程 400 根码头钢桩的防腐，由交通部三航局科研所设计，所用涂料均采用上海开林造漆厂的产品。码头钢桩的直径为 1 200mm，具体配套如下：

1. 钢材表面处理质量要求

在喷砂前需将油脂、焊接飞溅物、药皮、飞边毛刺等除净后，采用抛丸或喷砂法进行除锈处理。除锈质量 Sa2.5 级、表面粗糙度 35～75μm，喷砂后使用漆刷或干燥冷风或吸尘器等将灰尘除尽。

2. 涂层结构

第一道：702 号环氧富锌底漆，35μm。

第二道：846-1 环氧沥青厚浆型防锈漆，125μm。

第三道：846-2 环氧沥青厚浆型防锈漆，125μm。

从使用至今 23 年的情况来看，三航局科研所设计合理，上海开林造漆厂产品具有很好的防腐性能。

[实例 4]　北仑港码头钢桩的防腐

1984 年，北仑港工程的 36 根码头钢桩的防腐由交通部三航局科研所设计，所用涂料均采用上海开林造漆厂的产品。码头钢桩的直径为 900mm，具体配套如下：

1. 钢材表面处理质量要求

在喷砂前需将油脂、焊接飞溅物、药皮、飞边毛刺等除净后，采用抛丸或喷砂法进行除锈处理。除锈质量 Sa2.5 级、表面粗糙度 35～75μm，喷砂后使用漆刷或干燥冷风或吸尘器等将灰尘除尽。

2. 涂层结构

第一道：702 号环氧富锌底漆，35μm。

第二道：846-1 环氧沥青厚浆型防锈漆，125μm。

第三道：846-2 环氧沥青厚浆型防锈漆，125μm。

从使用至今 22 年的情况来看，三航局科研所设计合理，上海开林造漆厂产品具有很好的防腐性能。

[实例 5]　某海上码头钢桩防腐涂层

1. 概况

码头位于东海海域，海水水质，夏秋季盐度：10.880‰～28.804‰；平均盐度：18.5‰，冬春季盐度：19.325‰～30.342‰；平均盐度：24.8‰。电阻率：约 25～70Ω·cm。

钢桩防腐蚀设计使用年限为 50a 以上，采用涂层＋牺牲阳极阴极保护联合方案。

本工程钢管桩在浪溅区和水位变动区涂覆芳香族聚酯 Elastuff160，700μm＋Elastuff200，100μm（干膜厚度），水下区及部分泥下区涂 Elastuff160，400μm。

2. 材料性能

(1)原装美国进口的 100％固含量芳香族聚氨酯涂料 Elastuff 160，性能如下：

①拉伸强度：17.5MPa(ASTM D 412)；

②伸长率：30％(ASTM D 412)；

③与钢附着力：16.35MPa(ASTM D 4541)；

④撕裂强度：43.9kN/m(ASTM D 624)；

⑤硬度：70～80D，24℃(ASTM D 2240)；

⑥耐磨性：泰波尔磨耗，10N 载荷，1000 转，H-10 轮，65～75mg；

⑦低温柔韧性：在 20℃，通过了 6mm 直径的轴弯曲（ASTM～D4060）；

⑧颜色：灰色或其他颜色。

(2)原装美国进口的 100％固含量脂肪族聚天冬氨酸改性聚氨酯涂料 Elastuff 200，性能如下：

①拉伸强度：14.7MPa(ASTM D 412)；

②伸长率：450％(ASTM D 412)；

③撕裂强度：87.6kN/m(ASTM D 624)；

④硬度：65D，24℃(ASTM D 2240)；

⑤吸水率：1％，7d(ASTM D 471)；

⑥低温柔韧性：在 40℃，通过了 25mm 直径的轴弯曲(ASTM D 4060)；

⑦耐磨性：泰波尔磨耗，10N 载荷，1 000 转，H-18 轮，300mg；

⑧加速老化：2 000 多'h 加速老化，光泽、颜色无变化。(ASTM G 53)；

⑨颜色：各种颜色。

3. 施工工序图(图 10.3-9)

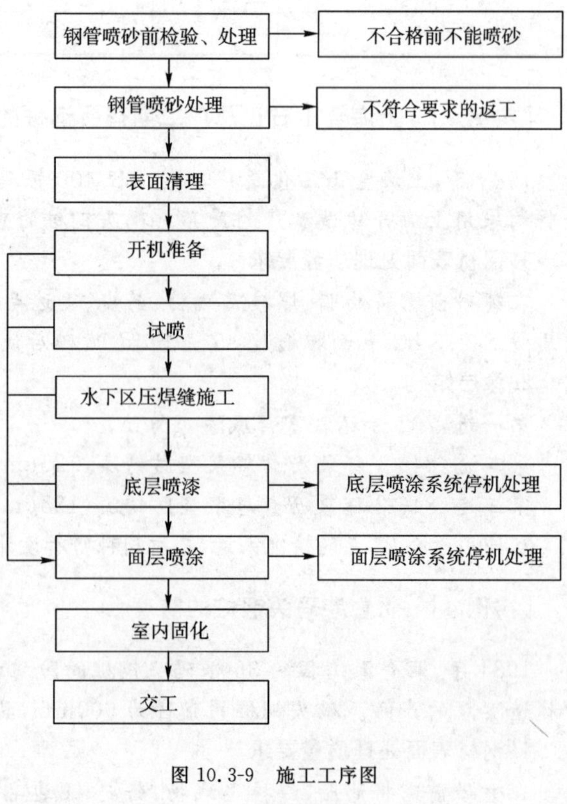

图 10.3-9　施工工序图

4. 各工序要求及说明

1)底材处理

(1)喷砂前检验、处理

该工序作为必检项，对每根钢管桩进行检测，包括喷涂前钢管表面的质量和喷砂室内的钢砂的质量。

对钢管桩的检测及处理：对每根钢管桩都必须进行检测和处理，如果有油污可以用溶剂或者洗涤剂水溶液进行清洗，若使用的是洗涤剂水溶液，那么在清洗之后，必须在清洗处干燥之后才能进行喷砂处理。

对钢砂质量的检测：每根钢管桩喷砂之前，都必须对喷砂室内的钢砂进行检测。钢砂应该无油污、棱角分明，不能含有粒径小的钢砂，钢砂中不能含有过多的铁锈、灰尘及其他污染物。不符合要求的钢砂不能继续使用，必须进行处理或者更换新的钢砂，以达到施工要求后方可继续使用。钢砂处理包括过筛、除油、除尘和干燥等工序。

进入喷砂室内的高压空气须无油、无水，要定期进行检测。钢管桩喷砂前、后带入油污的途径、现象及解决办法见表 10.3-28。

钢管桩喷砂前、后带入油污的途径、现象及解决办法　　表 10.3-28

序号	油污污染源	检测办法	解决办法
1	喷涂前钢管桩在前面工序中沾上了油污	用干净的脱脂棉在认为被油污污染的区域上擦拭，将擦拭过的脱脂棉放进 1 个盛有清水的干净、透明的杯子里，搅拌 1min 左右，看有没有油污浮起	每根钢管在喷砂之前，底材必须使用溶剂或清洁剂溶液清洗
2	所使用的钢砂长时间没有更换，积累下来的油污	取一定量的使用过的钢砂在一个盛有清水的干净、透明杯子里浸泡 1min 并不断搅拌，静置后看有没有油污浮起	定期检查钢砂质量，如果出现油污，马上更换新的干净的钢砂
3	喷砂使用的高压空气没有经过过滤装置而直接进入喷砂设备	让高压气体通过一块干净、干燥的白毛巾 2min，检查白毛巾是否变湿、变脏	增加高压空气干燥机和油水分离器装置

(2)钢管抛丸除锈

抛丸机必须正常工作，特别是钢管运转控制系统和除尘系统，保证底材的粗糙度和清洁度。不符合要求的重新返工，进行二次喷砂处理。

表面清洁度要求达到 Sa2.5 级，粗糙度达到 40～60μm 以上。

(3)喷砂后表面清理

用清洁的尼龙吊带将抛丸后符合要求的钢管吊到车间内的专用喷涂生产线上，喷涂前应对钢管进行全面的清理。

首先用高压干燥空气吹去喷砂后钢管上吸附的钢砂、铁锈以及其他的杂质。用吸尘器进一步净化。

然后检查是否有油污，如果有，用 MEK 或其他专用溶剂将之擦去，保证清洁度达到 Sa2.5 级。符合这些要求后方可喷涂，且必须在抛丸符合要求后的 8h 内进行喷涂。

按照氯离子检测方法对钢管表面的氯离子含量进行检测，对同一厂家和相同运输方式的钢材检测 1 次即可；但如果钢管生产厂家、运输途径及生产工艺等影响到钢材质量的情况出现时，就应该及时对变更后的钢材重新进行氯离子含量检测。如果有氯离子超标现象,应追查氯离子污染源,并对已经污染到的钢材在喷砂除锈前,用专用清洗剂对钢表面进行清洗。

2)底层(E160)喷涂

(1)开机准备(底层喷涂)

确定所有设备和连接正常(包括所有阀门及喷枪所有部件),确定电源连接正常后启动设备。

根据涂料使用的技术规范,在喷涂前使包括供气压力、原料温度在内的各项技术指标达到要求。

(2)试喷(底层喷涂)

试喷的目的:正式喷涂之前,首先在非工作区进行试喷。从试喷情况验证喷涂设备是否存在问题,及喷涂模式是否满意,如果有问题及时排除。

试喷:打开A、B组分输入阀门,扣扳机试喷。同时打开原料桶上的干燥器阀门,并从远离钢管表面处开始、结束喷涂。注意观察压力及温度变化,以获得满意的涂层。

试喷合格外观模式:无五指状,保证平滑无脉冲。

试喷结果验证:在试喷结束15 min后检查试喷区域,如果无湿点、起疱、颜色失常等现象,而且固化均匀、良好,则试喷合格,可以正式喷涂。

(3)底层喷涂

环境的确认:要求湿度小于90%,露点差大于3℃。

自动喷涂:在所有喷涂前的准备工作都符合要求的情况下,开动自动旋转装置使钢管匀速旋转。打开喷枪并保持喷涂扇面垂直于钢管表面,并根据涂层厚度要求设定喷涂小车运行速度。

记录:喷涂过程中,密切观察压力、温度等主要参数的变化,使之处于最佳的技术要求范围内,并做好记录(记录表见表10.3-27)。

(4)停机处理(底层喷涂)

停止喷涂,清洗喷枪。

用物料控制器卸压,并清洗喷枪。

关闭供气阀,腿形泵位于最低位置。

关闭空压机及电源。

3)面层(E200)喷涂

提前开机做好喷涂准备。并在160涂层固化20min之后,即底层表干之后,进行面层喷涂。具体操作同底层喷涂。

4)固化及吊运

(1)固化

室内固化:施工完毕后的钢管桩,在车间内达到规定固化时间后(气温高于25℃以上者,固化时间须达到2h以上;气温低于25℃但高于15℃时,车间内固化时间达到3h以上;气温低于15℃时,固化时间须达到4h以上),可以进行车间外固化。防腐施工完毕后,应在钢管的裸钢部分用石笔或者彩色粉笔进行标识,包括施工完毕时的时间、可以出车间的时间及可拼接时间。

室外固化:车间内固化完毕的钢管桩,在车间外须固化达到16h后可以进行拼接。

(2)吊运

①防腐前、后及过程中的吊运工作由钢管厂专业吊运人员进行吊运,其他非吊运人员不得私自吊运。

②吊运时吊带应尽量避开涂层部分，如果必须接触涂层部分时，应采用清洁的尼龙材质宽面吊带进行吊运，以保证涂层外观和最大限度降低吊带接触涂层的受力。

③吊运过程中吊运人员应负起保护涂层的责任，避免坚硬、尖锐物体碰撞涂层。

④存放、运输及其他任何可能引起涂层损伤的情况，涂层接触面应铺设保护涂层的缓冲物，如轮胎或包裹有橡胶类材质的专用存放台架。不得直接将涂层区域放置在没有保护措施的坚硬物体上。

⑤防腐工序应对后续工序的涂层保护情况进行监督，如有人为等主观原因破坏涂层的情况，应立即制止，并联系相关单位或者人员进行协调解决及处理。

5.涂层性能复试

(1)委托国内知名涂料检测机构对涂层性能进行复试。

(2)将检测机构的资质文件、联系方式等资料提供给工程监理机构，并提供复试检测报告复印件，以便进行监督。

(3)每批原料检测1次，耐盐雾试验第一次复测时检测。

6.喷涂前钢管表面质量控制措施

(1)抛丸所用的压缩空气须经过过滤，压缩空气不得含有水汽和油。

(2)选用带尖角的钢砂进行抛丸处理，喷砂之前确保砂料干燥、洁净、不含油。

(3)钢管桩喷砂前如果部分区域被油污污染，使用专用清洗剂清洗污染区域。

(4)喷砂时，钢表面温度要高于露点以上3℃，湿度要求低于85%。

(5)钢管表面喷砂后，使用粗糙度测试仪检测喷砂质量，保证达到65μm以上。

(6)钢管表面清洁度喷砂处理应达到Sa2.5级，按照SSPC标准样卡来检验喷砂清洁度。

(7)底材处理完毕后，根据要求进行氯离子含量检测。

(8)喷砂工序根据固化场地、施工进度和天气情况调整喷砂进度，保证喷砂后8h内完成涂装。由于以上因素引起超时、返锈的钢管桩，防腐工序必须重新喷砂处理，且责任自负。

7.喷涂环境气候条件的控制

1)冬季施工

(1)由于温度低于0℃后，涂层固化速度大大降低，从而很大程度上影响到施工进度，为保证冬季的施工进度，防腐车间应在冬季施工时加强保温措施。

(2)冬季施工中，原料温度降低，原料加热速度减慢，为保证施工进度，应提前做好施工前的准备，同时适当调高原料温度。

(3)钢管厂家应保证防腐车间在冬季施工过程中，保持车间的封闭性，特别是门窗的完好。在室外气温低于0℃时，防腐工序应联系钢管厂使用门帘等保温措施对车间大门进行封闭。

2)夏季施工

(1)气温升高后，钢结构型的防腐车间内温度可能达到40℃以上，尽管由于涂层固化速度加快，满足了施工进度要求，但对施工人员却极为不利。为保证施工人员生命安全，在高温天气下施工时，应做好防腐车间的降温工作。钢管厂家应及时提供4台以上大功率吹风机，促使车间内空气的对流。

(2)原料加热速度大大提高，应根据车间内温度调节加热系统，同时可适当降低原料温度。

(3)钢管厂家应保证防腐车间在夏季施工过程中，保持车间的良好通风，特别是门窗的通风(但必须注意雨天施工时，应及时关闭门窗，保持室内湿度满足施工要求，同时防止雨水溅在刚施工过的涂层上，造成涂层发泡)，同时在防腐区域增设4台大功率风机，增加空气的流通，尽量保持防腐车间内温度低于38℃，如果一旦出现温度高于40℃，厂家应做好施工人员的防暑降温工作，同时避免车间内施工人员连续作业，应进行户外适当休息和降温。

3)雨季施工

(1)本工程所使用的涂料全部为聚氨酯型涂料，对水和湿气极其敏感，所以特别要注意车间防雨措施，严禁出现雨水接触喷涂完成1h内的涂层，同时严防雨水进入原料桶中。

(2)湿度较大时，应协调好各工序的进度，不得出现喷砂8h后未防腐的情况。

(3)及时封闭车间内所有门窗，使喷涂的小环境有相对低的湿度，同时避免雨水溅入防腐喷涂区域，造成涂层发泡。

(4)环境湿度小于90%，露点差大于3℃。

8.喷涂质量保证措施

1)原料混合比例控制措施

(1)施工中密切监控温度、压力等操作参数，如有超标或异常现象，立即纠正或停机检修。

(2)定期检测喷涂的等体积比试验，确保等体积输出。

2)涂层漏点控制措施

(1)由于钢管桩螺旋焊缝的不规则性，水下区由于涂层设计较薄，正常喷涂1道很容易引起漏点；为避免此现象，在此区域增加1道喷涂焊缝工序。

(2)对喷涂完成后的涂层，车间内固化完成后，进行涂层漏点检测。对出现漏点的地方做标记，并及时修补。修补区域涂层固化后对修补区域的修补质量进行检测及确认，保证修补后无漏点。

(3)涂层修补面积不得超过涂层总面积的1%。

(4)对于破损涂层面积超标的情况，应按照施工工艺里的每一步骤，对钢管或有问题的钢管部分进行重涂。同时查出责任方，由责任方负责由此引发的全部损失。

3)涂层厚度控制措施

(1)涂层车间内固化完毕后即可进行干膜厚度检测。

(2)为使测试具有代表性，测试时应每隔一段检测一个圆周上3个点，水下区选择3处，浪溅区及水位变动区选择2处，并对其求平均值。

(3)对厚度不够的部位，做上标记，按照施工要求在最短的时间间隔内进行补喷。

(4)厚度应控制在设计厚度的95%以上。

4)涂层附着力控制措施

(1)指标：室温固化24h附着力值达到10MPa，为保护涂层本身，采用试板检测，每驳(约10根)钢管桩抽查1根，保证每驳桩进行1次检测。

(2)试板检测的同时，在钢管母体上增加破坏性检测，选用部位应在设计要求范围以外区域进行。

5)固化时间控制措施

车间内固化时间：根据固化温度2～4h(气温高于25℃以上者，固化时间须达到2h以上；气温低于25℃但高于15℃时，车间内固化时间达到3h以上；气温低于15℃时，固化时间须达到4h以上)。

(1)可拼接固化时间：不小于16h。

(2)车间外固化时间：不小于24h。

(3)打桩前固化时间：不小于48h。

9. 修补质量保证措施

喷涂施工完成的钢管桩交付吊运工序时，应保证涂层的完好性，吊运及其他后面工序有责任和义务保护涂层的完好性。如果由于操作不当或者责任心不强造成的涂层损坏，应追查责任方及责任人，监理单位应强制性改变施工中各种野蛮操作情况。对于情节比较严重的，监理单位应通知施工方限期整改，如果整改后仍出现类似现象，青岛新天维科技有限公司可以拒绝修补，报监理及业主进行协调解决。正常情况下修补时需要注意以下几个问题：

(1)材料：应使用 Elastuff 160 专用修补料，对涂层进行修补。

(2)表面处理：使用 40 目以上的砂纸或者钢丝刷对修补区域进行打磨处理，处理后的修补区域应清洁、干燥和有足够的粗糙度。

(3)施工：在充分混合了 A 和 B 组分后(1∶1 比例)，可用油灰刀进行刮涂施工，要注意保持溢出边缘，不要把修补料的边缘变薄。

(4)修补材料应当只在修补区域进行使用，不能在大范围内使用，修补面积应当减至最小。大面积的涂层损伤，其修补要求按照喷涂要求进行，采用手工喷涂或者自动喷涂。

(5)可接触水时间：固化受环境温度的影响，在冬季施工时，需要 2h 的固化时间。

10. 质量自检与质量评定

每根钢管桩喷涂施工后填写如下内部质量控制报告，以进行质量自检自测和质量评定。

本工程采用了进口的 100% 固含量聚氨酯涂料，此涂料由美国联合涂料公司(United Coatings Inc)生产。在国内尚无同类型产品防腐的规范及标准的情况下，为确保本工程钢管桩防腐质量，应根据《某某深水港区二期工程钢管桩防腐涂层制作的质量检验评定标准》进行检评。底材处理、涂料的品种、型号、性能必须符合厂方提供的技术要求或指标。

(1)涂料须为原装进口产品，涂料的性能与厂家提供的技术指标相符。检验方法：检查涂料出厂合格证和平行检测报告。

(2)喷涂设备在使用前经联合涂料公司监造师的调试，认可后方可投入使用。检验方法：检查调试记录。

(3)喷涂操作人员经专业培训，并取得相应的资质。检验方法：检查操作工合格证。

(4)当钢材生产厂家、生产工艺及运输途径等影响到钢管表面质量的情况发生时，应及时做氯离子含量检测，要求喷涂前的钢管桩表面氯离子含量符合标准要求。检验方法：使用氯离子测试仪测试。

(5)钢桩防腐前表面必须进行喷砂，喷砂前进行检测和处理，包括钢管表面清洁无油污，钢砂不含油污、杂质以及棱角分明。喷砂时空气湿度小于 85%。

(6)喷砂处理后的表面应当清洁、干燥无污染物。并达到 Sa2.5 级。检验方法：检查施工记录，观察和使用 SSPC SP10 剖面检测仪检查。

(7)钢管桩喷涂区域粗糙度大于或等于 65μm。检验方法：使用粗糙度检测仪器检测。

(8)喷涂时环境湿度小于 90%，露点差大于 3℃。检验方法：使用温湿检测仪器检测。

(9)涂层表面应当无明显突起，且无任何的裂纹、水泡、比例失衡的颜色不均，黏点、漏涂区、颜料分离或其他因不正确施工而引起的缺陷。涂料流挂、起波纹或幕状物应小于或等于表面面积的 3%，若大于 3% 则为不合格项，应根据施工工艺中的修补步骤进行修补或重涂。检验方法：观察和尺量。

(10)涂料固化后进行漏点检测，每 $10m^2$ 漏点不允许超过 5 点，修补后确认修补质量合格。检验方法：使用高压漏点检测仪进行漏点检测。

(11)涂层每 $10m^2$ 范围内修补超过5次,且修补面积超过涂层总面积的1%,将被认为不合格。检测方法:观察和尺量。

(12)涂层厚度不小于设计厚度的95%。检查方法:采用干膜测厚仪进行厚度测试。

(13)室温(25℃)固化24h后,涂层与底材的附着力不小于10MPa。检验方法:使用附着力检测仪在试板上检测。

11. 施工机械配备

每条生产线的设备配备见表10.3-29。

生产线施工机具配备表　　表10.3-29

设备仪表名称		规格型号	位置	数量	产地
施工设备	喷涂机	H1	台	1	美国
	喷涂机	H2	台	1	美国
	空气压缩机	TE200-500	台	1	上海
	空气干燥机	LG-2m³	台	1	上海
	自动旋转设备		套	1	青岛
	吸尘器	BF-585	台	1	上海
	储气罐	C/2	个	1	上海
检测设备	清洁度对比卡	SSPC	本	1	美国
	粗糙度检测仪	2804F-10	台	1	美国
	温湿检测仪	TQC Dew Check	台	1	美国
	红外测温仪	MT4	台	1	美国
	厚度检测仪	SSPC PA2	台	1	美国
	漏点检测仪	NACE RP0188	台	1	美国
	附着力检测仪	AT-M	台	1	美国

12. 施工安全保证

为确保工程进度和质量,采取如下措施以保证安全生产和文明施工:

(1)施工现场必须物放有序,用过的抹布等废弃易燃物或其他杂物要做到每班清扫。

(2)在易燃、易爆的原料、溶剂存放区要有明显的防火标识,并对其隔离。

(3)配备的灭火器要按规定定期作安全检查,保证其有效性,并且放在易燃、易爆区的最明显、使用时最方便的位置上。

(4)在施工现场严禁吸烟、动用明火。

(5)所有的施工人员必须注意个人及环境卫生,班组之间交接班,进行卫生、安全互检。

(6)施工人员及周围作业人员,在车间内工作1~2h后,应到户外呼吸新鲜空气,以保障自身健康。

13. 钢管桩防腐喷涂层质量检验

(1)钢管桩防腐喷涂层质量检验记录(表10.3-30)。

钢管桩防腐喷涂层质量检验记录

表10.3-30

喷涂施工日期:200 年 月

起止时间	底层	~	防腐编号:	钢管长度: m
	面层	~	钢管直径: m	防腐长度: m

原料批号
160A:＿＿＿＿;B:＿＿＿＿
200A:＿＿＿＿;B:＿＿＿＿

桶内剩余料的情况
A桶:1/4 1/2 3/4 满桶;B桶:1/4 1/2 3/4 满桶
A桶:1/4 1/2 3/4 满桶;B桶:1/4 1/2 3/4 满桶

试喷
160压力:A ＿＿＿＿ P_{si};B ＿＿＿＿ P_{si}
200压力:A ＿＿＿＿ P_{si};B ＿＿＿＿ P_{si}

喷涂情况确认:
没有五指状＿＿＿＿
没有成撮料＿＿＿＿没有脉冲＿＿＿＿

160加热器温度A:＿＿＿＿℃;B＿＿＿＿℃;表干时间＿＿＿＿min
200加热器温度A:＿＿＿＿℉;B＿＿＿＿℉;表干时间＿＿＿＿s

环境温度＿＿＿＿℃
底材温度＿＿＿＿℃

环境湿度＿＿＿＿%
露 点＿＿＿＿℃;露点差＿＿＿＿℃

喷砂的种类:＿＿＿＿;砂粒不含油:＿＿＿＿;砂粒棱角分明:＿＿＿＿

底材清洁度:
SSPC SP10(接近金属白色):＿＿＿＿
>SSPC SP10:＿＿＿＿

底材粗糙度:
65μm:＿＿＿＿
>65μm:＿＿＿＿

涂料消耗
160循环数＿＿＿＿;消耗加仑数＿＿＿＿;涂装面积＿＿＿＿m^2;每加仑涂装面积＿＿＿＿m^2/G
200循环数＿＿＿＿;消耗加仑数＿＿＿＿;涂装面积＿＿＿＿m^2;每加仑涂装面积＿＿＿＿m^2/G

干膜厚度:	1	2	3	4	5	6	7	8	9	平均值
μm										
μm										
μm										

浪溅区及水位变动区防腐长度: m

水下区防腐长度: m

附着力测试:
附着力数值:＿＿＿＿ MPa
试板编号:＿＿＿＿

涂层外观:
鼓泡几处:＿＿＿＿
湿点几处:＿＿＿＿
修补数目:＿＿＿＿

漏点检测:
测试面积:＿＿＿＿
漏点发现数目:＿＿＿＿
漏点修补数目:＿＿＿＿

施工记录工艺员(签字):
质量控制工程师(签字):
(质量检验章)

监理工程师(签字):
年 月 日

(2)钢管桩管节防腐涂层质量检验记录(表 10.3-31)。

钢管桩管节防腐涂层质量检验记录

防腐编号：　　　　规格：　　　　编号：　　　　表 10.3-31

<table>
<tr><th colspan="11">检查项目</th><th colspan="3">检查情况</th><th>检验意见</th></tr>
<tr><td rowspan="5">主要项目</td><td>1</td><td colspan="9">涂层材料的品种、型号和质量必须满足设计要求</td><td colspan="3"></td><td></td></tr>
<tr><td>2</td><td colspan="9">喷涂前钢管表面氯离子含量检测必须符合要求</td><td colspan="3"></td><td></td></tr>
<tr><td>3</td><td colspan="9">喷涂前钢管外表面必须进行喷砂处理，清洁干燥无污染，清洁度必须达到 Sa2.5 级，粗糙度大于或等于 65μm</td><td colspan="3"></td><td></td></tr>
<tr><td>4</td><td colspan="9">喷涂时钢管表面的温度(0～38℃)、环境湿度(<90%)和露点差(>3℃)必须符合要求，严禁漏涂误涂；涂层表面严禁有脱皮和返锈现象</td><td colspan="3"></td><td></td></tr>
<tr><td>5</td><td colspan="9">涂层与钢管表面的附着力不得小于 10MPa</td><td colspan="3">实测：
MPa</td><td></td></tr>
<tr><td rowspan="4">一般项目</td><td>1</td><td colspan="9">涂层表面应均匀，色泽一致，不得有皱皮、流坠、气鼓等现象</td><td colspan="3"></td><td></td></tr>
<tr><td>2</td><td colspan="9">涂层起皱纹和幕状物面积应小于总面积的 3%(缺陷面积　m^2，涂层面积　m^2)</td><td colspan="3">比例：　　%</td><td></td></tr>
<tr><td>3</td><td colspan="9">涂层不应用漏点</td><td colspan="3"></td><td></td></tr>
<tr><td>4</td><td colspan="9">涂层每 10m^2 面积修补不超过 5 次或钢管总面积的 1%(修补面积　m^2)</td><td colspan="3">修补次数：
次，比例：　%</td><td></td></tr>
<tr><td rowspan="7">允许偏差项目</td><td colspan="2" rowspan="2">项　目</td><td rowspan="2">标准值</td><td rowspan="2">允许偏差</td><td colspan="10">实测偏差值</td></tr>
<tr><td>1</td><td>2</td><td>3</td><td>4</td><td>5</td><td>6</td><td>7</td><td>8</td><td>9</td><td>10</td></tr>
<tr><td rowspan="3">涂层干膜厚度(μm)</td><td rowspan="2">底层</td><td>700μm</td><td>−35μm</td><td></td><td></td><td></td><td></td><td></td><td></td><td></td><td></td><td></td><td></td></tr>
<tr><td>400μm</td><td>−20μm</td><td></td><td></td><td></td><td></td><td></td><td></td><td></td><td></td><td></td><td></td></tr>
<tr><td>地层</td><td>700+100μm</td><td>−40μm</td><td></td><td></td><td></td><td></td><td></td><td></td><td></td><td></td><td></td><td></td></tr>
<tr><td rowspan="2">涂层范围(mm)</td><td colspan="2">浪溅区及水位变动区</td><td>+100，−0</td><td></td><td></td><td></td><td></td><td></td><td></td><td></td><td></td><td></td><td></td></tr>
<tr><td colspan="2">其他区域</td><td>+100，−0</td><td></td><td></td><td></td><td></td><td></td><td></td><td></td><td></td><td></td><td></td></tr>
<tr><td colspan="15">共测　　　点，　其中：合格　　　点，　合格率　　　%</td></tr>
<tr><td>自　评</td><td colspan="3">单位技术负责人：
年　月　日</td><td>核定：</td><td colspan="5">质量员：
年　月　日</td><td colspan="5">监理工程师：
年　月　日</td></tr>
</table>

14. 各种涂料的有关性能(表 10.3-32)

各种涂料的有关性能　　　　表 10.3-32

检测项目 \ 涂料规格	Elastuff160	修补 Elastuff160	Elastuff200	Uniflex255
拉伸强度	17.5MPa(±3)[ASTM D412]	同左	14.7MPa(±3) [ASTM D412]	22.7MPa(±3) [ASTM D412]
伸长率	30%(±10%) [ASTM D412]	同左	450%(±50%) [ASTM D412]	200%(±50%) [ASTM D412]
与钢附着力	≥16.35MPa [ASTM D4541]	同左		
撕裂强度	43.9kN/m(±15%) [ASTM D624] [ASTM D624]	同左	87.6kN/m(±15%) [ASTM D624]	67.6kN/m(±15%) [ASTM D624]
硬度	75D，24℃(±15%) [ASTM D2240]	同左	65D，24℃(±15%) [ASTM D2240]	90A，24℃(±15%) [ASTM D2240]

续上表

检测项目 \ 涂料规格	Elastuff160	修补 Elastuff160	Elastuff200	Uniflex255
耐磨性	泰泊尔磨耗,10N载荷,1000转,H-10轮,70mg	同左	泰泊尔磨耗,10N载荷,1000转,H-18轮,300mg	泰泊尔磨耗,10N载荷,1000转,H-18轮,60mg
低温柔韧性	在−20℃,通过6mm直径的轴弯曲[ASTM D4060]	同左	在−40℃,通过25mm直径的轴弯曲[ASTM D4060]	在−18℃,通过25mm直径的轴弯曲[ASTM D4060]

15.各项项目的检验方法

1)氯离子含量检测

(1)将氯离子萃取液倒入盐离子胶袖中。

(2)将胶袖上的压力敏感胶带揭掉,将里面的空气挤出来(用拇指和食指从胶袖中挤出)。

(3)将胶袖紧紧黏到钢管表面测试区上,将胶袖举起来,使萃取液与测试区表面接触约2 min;放下胶袖,使萃取液倒流回胶袖中。

(4)取下胶袖,放到测试纸盒的打孔上。

(5)取出测试用滴管(注意不要接触滴管的两端),用金属孔折断滴管的两端。将滴管插入胶袖中(数值小或有箭头方向的一端),约1.5min后或溶液已达到滴管顶部时,滴管顶部的芯棉完全饱和时会变成琥珀色。

(6)快速移出滴管并读出颜色变化界面的数值。粉色为正常,白色为氯化物标准。

当氯化物水平超过要求时,用专用的氯化物去除液去除污染物。

2)剖面检测 SSPC-SP5

(1)型号:7326FTX1,测试范围:0.001″～0.50″。

(2)检测步骤:

①将测试纸黏在已喷砂过的钢表面上,然后用试笔在测试纸上均匀摩擦挤压;

②校准检测仪;

③将测试纸从钢管表面上取下,置于检测仪的测试中心,按下检测仪把手,检测仪上显示出剖面粗糙度读数。

3)湿度计(大气温度、湿度、露点、露点差)

(1)型号:TQC Dew Check。

(2)可测试内容:大气温度、湿度、露点、露点差。

(3)测试方法:按下湿度计上的按钮,则显示下列读数:

露点温度、大气温度、表面温度、湿度及露点差(表面温度减去露点温度的差值,注该数值应>3℃)。

4)涂层湿膜厚度检测

湿膜测厚表单位可分为:mils 和 μm,检测步骤如下:

(1)在涂层喷涂完且涂层表面仍然湿润的情况下,将湿膜测厚表带有刻度的一端按入涂层中。

(2)注意观察湿膜测厚表,最先被涂层注满的凹陷处,根据其刻度即为湿膜厚度。

5)涂层干膜厚度检测:SSPC PA2

测厚仪测试步骤如下:

(1)在涂层干化后,即可检测涂层厚度。

(2)先在基准片上校准测厚仪,以减少厚度偏差。

(3)将测厚仪的测量点接触涂层,注意测量点与涂层表面垂直,然后轻按,则测量仪上显示该测试点的干膜厚度。连续取多个测量点进行取值,记录并读取平均值。

6)漏点检测仪 NACE RP0188

(1)型号:Compact Detector。

(2)偏差:±0.05kV。

(3)电压选择:见表10.3-33。

电压选择　　表10.3-33

涂层厚度(μm)	测试电压(kV)	涂层厚度(μm)	测试电压(kV)
200～300	1.5	1 010～1 390	4.0
300～380	2.0	1 420～2 000	6.0
400～500	2.5	2 060～3 180	10.0
530～1 000	3.0	3 200～4 700	15.0

(4)检测方法如下:

①根据特定的厚度要求,将检测仪设置在相应的电压上。

②手持测试杆以4m/s的速度在涂层上均匀移动。

③若涂层上发现有电火花则说明有漏点或涂层太薄。

④在有漏点处做标记,以补喷这些标记处。或根据漏点数目调整喷涂覆盖率。

7)附着力检测(检测涂层与底材的附着情况)

ASTM D4541标准。

(1)附着力检测仪。

(2)型号:AT-M。

(3)测试范围:0～2 500MPa。

(4)检测方法如下:

①选择涂层几个待测点,并用砂纸打磨粗糙。

②将测试用的金属拉开头打磨粗糙,保持清洁。

③将测试用的专用胶黏剂A和B按1∶1比例进行混合均匀,然后涂在拉开头上。

④将拉开头黏在涂层的待测点上,并去掉多余的胶黏剂。

⑤根据环境温度确定检测时间(根据现行可操作性标准,拉开头固定24h后就可进行检测)。

⑥将检测仪套在拉开头上,并加压。直到拉开头与涂层被分离后,检测仪上显示的就是该涂层检测点的最大附着力。

[实例6]　某河口区大桥钢管桩外加电流阴极保护初步设计简介

1.工程概况

大桥位于感潮河口区附近,钢桩采用增加腐蚀余量、涂层和外加电流阴极保护进行防腐。非通航孔桥梁基础共采用1 004根ϕ1 200×80 000mm钢管桩。

2.设计要求及依据

(1)设计要求:钢管桩有效防腐蚀年限:$t\geqslant$100a(本设计按35a计算,100a内须更换两次仪器设备)。

(2)设计依据:工程桩位图、断面图等有关设计图纸及其说明与本工程相关环境参数。

(3)保护范围：钢管桩保护范围：水位变动区＋水下区＋泥下区；套箱钢底板。

(4)保护电位：钢管桩在有效保护期内保护电位为：－0.80～－1.05V(相对于Ag/AgCl海水)，按防腐蚀技术规定为－0.77～－1.05V(相对于饱和甘汞电极)，＋0.25～＋0.05V(相对于Zn参比电极)。

3.设计条件

(1)潮位：平均高潮位：＋3.30m；平均低潮位：＋0.84m。

(2)高程：桩顶高程：＋1.70m；墩底高程：＋0.50m；平均设计泥面高程：－10.30m。

(3)水质：测量资料显示，平均盐度在0.5‰～12‰，基本为半咸水所控制。根据多年对该地区水质的调查、分析，选取水质电阻率为：4 636Ω·cm，以此值作为本工程阴极保护的设计参数比较科学合理。

4.外加电流阴极保护系统设计

1)保护面积计算

根据招标文件中所提供的相关图纸、数据和要求(包括设计低水位、墩底高程、平均泥面高程、桥墩基础河床冲刷深度、桩长、直径、墩台数、桩数、套箱钢底板尺寸)，以及《海港工程钢结构防腐蚀技术规定》中所规定的保护面积计算原则，提出如下保护面积计算方法：

(1)以墩台为计算单位，共有4种墩台结构。见表10.3-34。

本工程承台结构一览表　　表10.3-34

类　型	采用承台编号	承台桩数(根)	承台数	钢桩数(根)
甲型	PM29～PM46；PM77～PM80	9	22×2＝44	9×22×2＝396
乙型	PM47～PM51；PM72～PM76	10	10×2＝20	10×10×2＝20
丙型	PM52～PM54；PM69～PM71	14	6×2＝12	14×6×2＝168
丁型	PM55～PM58；PM65～PM68	15	8×2＝16	15×8×2＝240
Σ			46×2＝92	1 004

(2)由于该工程水域平均低潮位为＋0.84m，而墩台底高程为＋0.50m，所以可以认为暴露在外的钢管桩完全浸没在水中，不考虑大气区、浪溅区、水位变动区的影响。

(3)计算水下区保护面积时，按桥墩基础河床最大冲刷深度10m的影响考虑。

(4)计算水下区保护面积时，由于套箱钢底板不拆除而且与钢管桩相连，又浸没在水中，所以套箱钢底板的面积也必须计算在内。

(5)水下区保护面积包括：钢管桩在墩台底高程以下至泥面高程的外表面积；10m的桥墩基础最大冲刷深度；套箱钢底板面积。

(6)泥下区保护面积包括：经10m冲刷后的泥面高程至桩尖的钢管桩外表面积。计算结果见表10.3-35。

各类承台保护面积计算表　　表10.3-35

承台类型	桩数(根)	套箱钢底板面积(m^2)	钢管桩水下区面积(m^2)	钢管桩泥下区面积(m^2)	总保护面积(m^2)
甲型	9	76.5	715.244 8	1 951.352 0	2 743.096 7
乙型	10	76.5	798.635 0	2 138.829 8	3 013.965 0
丙型	14	166.6	1 118.089 2	3 124.483 4	4 409.172 6
丁型	15	166.6	1 196.777 1	3 360.735 7	4 724.112 8

再根据表10.3-34的承台类型数量，总保护面积计算如下：

套箱钢底板保护面积:9 560.80m^2

水下区保护面积:80 008.975 2m^2

泥下区保护面积:219 901.656 0m^2

总保护面积:309 471.430 8m^2

2)保护电流密度取值

套箱钢底板保护电流密度:55mA/m^2

水下区保护电流密度:18mA/m^2

泥下区保护电流密度:10mA/m^2

3)保护电流量计算

根据上述“1)”中计算得出的保护面积以及“2)”中选取的保护电流密度,计算得出保护电流量,计算结果见表 10.3-36。

各类承台保护电流量计算表 表 10.3-36

承台类型	桩数(根)	套箱钢底板保护电流量(A)	钢管桩水下区保护电流量(A)	泥下区保护电流量(A)	总保护电流量(A)
甲型	9	4.207 5	12.874 4	19.513 5	36.595 4
乙型	10	4.207 5	14.375 4	21.388 3	39.971 2
丙型	14	9.163 0	20.125 6	31.244 8	60.533 4
丁型	15	9.163 0	21.542 0	33.607 3	64.312 3

根据招标文件及表 10.3-23 中所述,共有 1 004 根钢管桩,总保护电流量计算如下:

套箱钢底板总保护电流量:525.844 0A

水下区总保护电流量:1 440.160 8A

泥下区总保护电流量:2 199.014 4A

总保护电流量:4 165.019 2A

平均单桩保护电流量约为:4.148 4A

4)辅助阳极的设计(按 35a 计算,100a 须更换 2 次辅助阳极)

(1)辅助阳极材料选择:钛基二氧化铱辅助阳极

(2)阳极形状设计

根据《船体外加电流阴极保护系统》(GB/T 3108—1999)设计采用钛基二氧化铱辅助阳极,阳极形状采用 ϕ18×1 600mm 细长的空心圆棒。

$$R_{接水}=\frac{\rho}{2\pi L}\left(\ln\frac{4L}{r}-1\right)\cdot\alpha$$

式中:ρ——介质电阻率,本设计取 4 636Ω·cm;

L——阳极长度(cm);

r——阳极半径(cm);

α——屏蔽系数,取 1.15。

由上式计算得出 $R_{接水}$ 约为 30Ω。

为了保护钛基二氧化铱阳极不受碰撞损坏以及起到电流屏蔽作用,在阳极外面采用 PVC 护套。阳极与电缆间的回路电阻必须小于 0.01Ω。

(3)阳极安装、数量设计

本工程采用近阳极侧壁式安装法,为了使钢管桩表面的保护电流均匀分布,每根钢管桩安装 2 只辅助阳极，上、下各均匀布置一个阳极。上阳极和下阳极应安装在同一中心线上，阳极距钢管桩不超过30cm。因此本工程共需辅助阳极2 008只。

(4)钛基二氧化铱辅助阳极的主要电化学性能指标

根据近阳极布置方案，每根钢管桩有2只钛基二氧化铱阳极，每只质量约550g，二氧化铱涂层质量为1.8g，($20g/m^2$)阳极表面积约$900cm^2$。

在淡水中工作电流密度：≤$100A/m^2$

在淡水中的消耗率约为：5mg/A·a

每只阳极理论输出电流：>3A

由上述"3)"计算可知，每根钢管桩的保护电流约为4.148 4A，1只阳极的实际输出电流量约为2.1A，则阳极工作电流密度为：

$$i = \frac{I}{S} = 2.1 \div 0.09 = 23.3(A/m^2)$$

钛基二氧化铱阳极在淡水中的消耗率约为5mg/A·a。

阳极使用寿命验算公式为：

$$t = \frac{WK}{EI}$$

式中：t——阳极的有效寿命(a)；

W——阳极的净质量(kg)；

K——阳极的利用系数，取0.85；

I——阳极的输出电流(A)；

E——阳极的消耗率(kg/A·a)；

将有关数据代入上式得到阳极的使用寿命为40a，远超过设计使用寿命。

5)电源设备的设计

(1)保护区域划分

根据桥梁分布情况，把整个桥梁钢管桩分为92个保护区，每个桥墩的左右两个承台分别作为一个单独的保护区，每个区设恒电位仪1台，采集箱1只，由于每个区保护桩数不同，保护电流量也不同，因此采用两种不同规格的恒电位仪(50A、75A)。每台恒电位仪配2只参比电极，1只用于控制、1只用于测量(同时作为备用控制参比电极)。

(2)恒电位仪主要技术指标

本阴极保护系统的核心电源设备选用ZHD-1A型智能恒电位仪。恒电位仪的输出电流为50A和75A两种规格，输出电压为80V。

主要技术性能指标：

电源：380V/50Hz；

额定输出电流：50A(64台，甲型和乙型2种墩台采用)；75A(28台，丙型和丁型2种墩台采用)；共计92台；

具有瞬间断电测量功能；具有自动/手动转换功能。

6)阴极汇流点

每台恒电位仪有2个阴极汇流点。将每个墩台的各个钢管桩进行电连接后在接线盒内引出一个不锈钢端头，用阴极电缆连接到恒电位仪的负极。

7)参比电极

在外加电流阴极保护系统中，参比电极不仅用来测量钢管桩的保护电位，还要给恒电位仪提供保护电位的反馈信号,使其达到自动控制的目的。选用锌合金参比电极作为本工程的测量控制参比电极。其电化学性能符合《船用参比电极技术条件》(GB/T 7387—1999),电极电位－1.044～－1.014V(相对于饱和甘汞电极)。参比电极结构为棒状形,其下部采用环氧玻璃酚醛树脂套管绝缘,橡皮圈及环氧树脂填料密封,保证其水密性。

每区配备2只参比电极,1只用于控制,1只用于测量(同时作为备用控制参比电极),共184只参比电极。

每个墩台安装2只参比电极,所有参比电极必须安装在2只辅助阳极的中间,并在辅助阳极的背侧。为了保证参比电极测得保护电位的准确性,避免杂散电流对测量数据的影响,参比电极尽可能不要安装在作为桥梁避雷、电气设备接地的钢管桩上,而且尽可能远离这些钢管桩。

8)电缆走向、规格设计

(1)电缆走向设计

为了降低成本使仪器设备得到比较好的保护以延长其使用寿命,建议将恒电位仪及采集箱放在桥墩箱梁内,微机监测系统放在长兴岛的大桥监控室。

所有阳极、阴极参比电极电缆进分区单元采集箱与恒电位仪连接,经采样的所有数据通过无线数据传输进监控室,经计算机处理,通过屏幕显示保护效果或打印。

在桥梁养护管理中心设置大桥阴极保护监控中心,放置终端监控系统设备,便于工作人员对保护系统进行日常管理操作。

(2)电缆规格设计

电缆选择如下:

阳极电缆:CVV1×6mm^2;CVV2×6mm^2;CVV4×6mm^2

阴极电缆:CVV 1×35mm^2

参比电极电缆:RVVP 1×4mm^2;RVVP2×2.5mm^2

9)微机无线监测系统的设计

(1)系统介绍

阴极保护测控系统利用控制器和G-MODEM组成数据监控系统,通过G网络以短消息的形式完成数据传输,即在控制器中增加支持短消息、数据通信业务的GSM模块,并为其分配1个独立的SIM卡,结合控制器系统通过串行通信接口,实现数据的远程无线传输。监控终端采用工业PC机。

(2)测控对象

每个承台采用1台数据采集箱。

①参比电极电位;

②阳极的电流。

(3)测控设备

阴极保护测控系统测控由远端(采集)设备和主站设备两部分组成。远端设备安装在远端的箱梁上,主站设备安装在控制中心或值班中心。

①主站设备:电脑,通信控制箱1台。

主站设备由一台装有主站监控软件的PC机和移动通信装置组成,移动通信装置与PC机通过串行连接。主站监控软件可以管理整个系统的所有远端设备。主站监控软件还可以查询远端的当前数据,并提供历史数据查询、打印,及曲线显示等功能。

②通信控制箱:通信控制箱内设置G-MODEM1台。

③测控设备箱:测控设备箱内设置有1套电量变送器,1套Z-WORLD公司生产的LP3500 FOX低功耗RTU及相关器件。

远端设备在每一阴极保护测控系统完成电量的检测,并以短消息的形式发送给主站,远端设备还可以接收由主站发送的命令，根据命令修改系统参数或将当前信息送回主站。

(4)测量参数

①参比电极电位；

②阳极的电流。

(5)测控技术指标

测量误差：≤±5%。

(6)测控设备箱要求

不锈钢机箱(600mm×250mm×800mm)。

(7)阴极保护微机无线监测系统工作示意图(图 10.3-10)

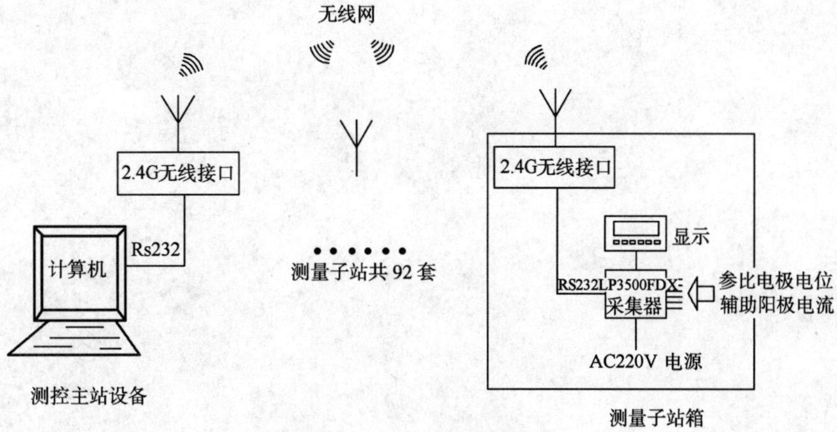

图 10.3-10　阴极保护微机无线监测系统工作示意图

10)承台钢管桩的电连接

被保护的钢结构物有无良好的电连接直接影响阴极保护的效果。本工程以单个墩台作为被保护的构筑物进行理论计算，因此必须将单个墩台中所有的钢管桩全部短路连接成一通电整体，然后引出两个端头作为阴极汇流点，用阴极电缆连接到恒电位仪的负极。电连接方式可用直接焊接、焊接钢筋连接、电缆连接或利用墩台中原有的钢筋网络使各个钢管桩纵横相连。例如，采用 ϕ22 钢筋或截面相当的钢材(如扁钢、槽钢等)作为导电通路。连接点面积应大于连接用钢筋或电缆芯的横截面面积或焊接长度不应小于 5cm，连接电阻不应大于 0.01Ω。

5. 安全措施

当恒电位仪输出电压超过 36V 时，严禁人员下水作业。当需要下水作用时，必须先切断阴极保护系统电源。

第十一篇　桩基修复加固工程和桩基工程拆除

第一章　桩基修复加固工程

第一节　概　　述

桩基常常因各种原因会发生损坏和破坏，在海洋工程中，尤以高桩结构建筑物中的桩基遭受的损坏、破坏最为突出，以致影响整个结构的正常使用。桩基受到破坏、损坏的直接原因是多方面的，如超载使用、意外事故、设计原因、施工原因以及地震灾害等。除此之外，在海洋和河流中的建筑物的桩基工程又受到潮汐、波浪、水流影响和水流中悬移泥沙的冲刷；在水位变动区的桩，受干湿交替或冻融循环的影响；桩基的表面周期性地暴露在空气和海水中，强烈的温度梯度所引起的热应力使桩的表面受损；同时，由于海水中氯离子含量高，长期对混凝土桩和钢桩的侵蚀也将严重地危害桩基的使用安全。对于损坏或破坏的桩基，必须修复加固后才能正常使用。由此可见桩基的修复加固任务，是普遍存在的，是必不可少的一项工程技术，同时又是一项施工技术较为复杂、不可预见因素较多、施工条件较为困难的工程。因此对桩基修复加固工程的施工，在考虑施工方案时，应认真细致地分析，多种方案比较，以确保工程质量。并应积极推广使用新材料和先进的施工工艺。现在高新科技的发展一日千里，一方面应努力研究开发耐久性长的混凝土及钢材，另一方面也应进一步研究桩基工程修复加固的新材料和新技术，以促进和提高桩基技术的发展。

第二节　桩基码头常出现的损坏破坏类型

基桩损坏、破坏是海港工程中高桩码头最常见、最突出的问题，其损坏和破坏的原因主要有以下几个方面。

一、由工程事故或意外事故造成

(1)软土地基上的高桩码头因差异沉降、位移而造成斜桩断裂、直桩裂缝、桩帽开裂的事故较多。如上海港、天津港、湛江港早期设计的码头多存在这类问题。

(2)海损事故因靠船操作失控或操作有误引起的事故较多，如把码头撞坏、把混凝土桩撞断或使钢管桩断裂、变形的情况时有发生。

(3)因对台风、巨浪的预防失策而引起的码头破坏虽少，但也有过教训，例如，海军某码头由于遭到12级台风袭击，当时有2艘500t级驳船来不及离开码头，造成梁板式码头的靠船桩撞断16根，使码头受到严重的损坏。按码头桩编号6～18号桩全部撞断，其中有的桩8ϕ25mm主筋全部拉断，见图11.1-1。

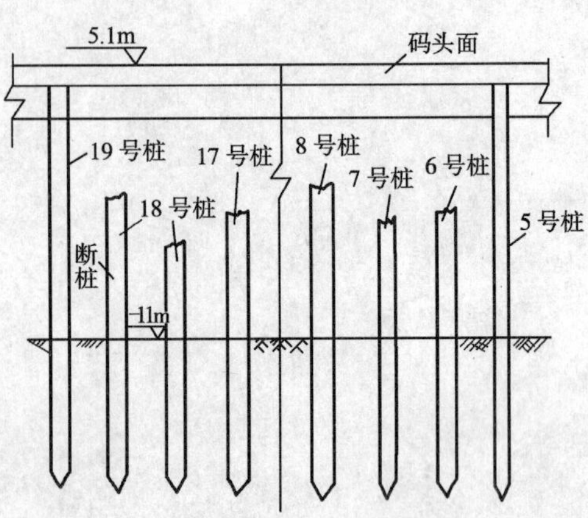

图11.1-1　海军某码头桩基损坏情况

又如1994年9月江阴地区受到狂风袭击，把停泊在扬子江船厂码头上的3艘3 000t级起重船的缆绳吹断，断缆后的吊船向江北漂去。其中 2 艘撞向靖江港 5 000t 级码头。1 艘起重船撞到浮码头 1 号引桥上，将新竣工的 1 号引桥中的 0～8 号排架撞坏，致使该引桥桩 20 根桩断裂，桥台亦损坏，对引桥造成严重破坏。

(4)其他自然灾害和人为灾害而造成的桩基结构的破坏，如地震、战争等。

唐山地震波及天津，使天津新港的高桩码头受到的震害较为严重，叉桩断裂、桩帽开裂、板桩结构斜支撑桩顶部开裂等。水平地震力是造成高桩码头破坏和叉桩断裂的主要原因。

(5)施工中沉桩过程由于沉桩设备及操作等原因，造成桩顶裂缝，以及低应变检测出现“C 类”桩情况。

二、桩设计中由于混凝土结构先天性不足而引起的混凝土破坏

在桩基结构中由于设计桩的断面偏小、混凝土强度等级偏低以及钢筋保护层偏小等造成混凝土结构的耐久性先天不足，也是引起桩基结构过早地损坏、破坏的另一类原因。

20 世纪 80 年代中期以前，由于当时尚无混凝土耐久性的规范可以遵循，所以在此时期设计的高桩码头不管是梁板式或框架式码头，大都因钢筋锈蚀产生裂缝，特别是处于浪溅区的码头上部结构更为严重。但 80 年代以后所建的码头工程已逐步得到改善，如加大钢筋保护层，提高混凝土强度等级，以及采用混凝土“双掺”和混凝土表面涂料等措施，大大减少了因钢筋锈蚀而对桩基工程的影响。

第三节　桩基修复加固工程的工程范围

桩基修复加固工程主要有以下两方面任务：

(1)桩基结构的修复加固在海港工程中以高桩码头为最多，特别是一些使用年限较长的码头，因失修或改变码头用途，而需要修复加固的工程。另外有的码头虽然使用时间不长，但因意外事故而破坏，急待修复加固的工程也是屡见不鲜的。

(2)为了提高设计荷载或提高建筑物的抗震等级而需要采用桩基进行加固的工程。

如某桥梁建成后在使用初期发现抗震性能不足，一方面拟提高桥梁的抗震性，同时也想提高桥梁的通过能力和耐久性。为此设计将中间桥墩旧基础板面以上结构，用拼装整体式结构加宽，为了提高桥台的稳定性，设计用 4 根 ϕ1 500mm 钻孔灌注桩形成的空间刚架进行加固，钻孔灌注桩打到基岩。见图 11.1-2。

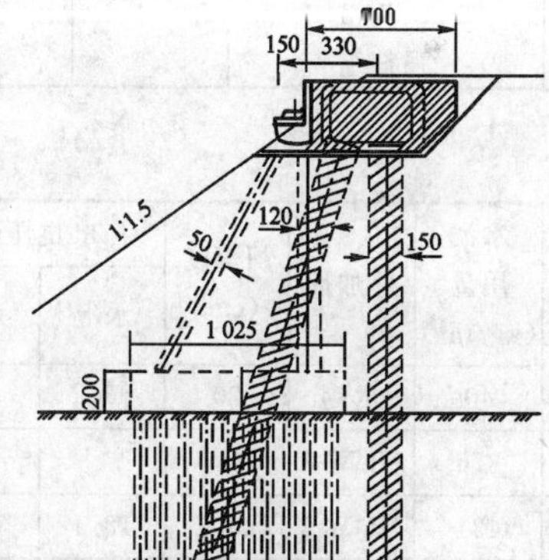

图 11.1-2　桥台加固方案(画有斜线的表示加固结构)(单位：cm)

第四节　钢筋混凝土桩修复加固的施工方案及施工工艺

桩修复是指桩身出现裂缝，或者裂缝处钢筋已出现锈迹但锈蚀较轻，而对结构受力强度尚未造成不利影响时，采取的修复处理。修复的作用只是使桩身结构能保持现状，钢筋锈蚀不再继续发展。加固则是指钢筋锈蚀程度较为严重，钢筋的截面面积损失较大，需要补焊钢筋、加大混凝土保护层，或者另外加大结构断面，以达到补强加固目的的处理。

一、桩基修复加固工程材料的选用

1.采用普通混凝土和水下不离析混凝土

(1)水泥的选用

水泥应选用普通水泥、硅酸盐水泥、快硬硅酸盐水泥、快凝快硬硅酸盐水泥、硅酸盐膨胀水泥、高铝水泥等。其中高铝水泥凝结很快,其24h极限强度相当于硅酸盐水泥28d强度,但价格较高。适用于重要的海洋工程的修复或用于喷射修补。

(2)外加剂的选用

应选用高效减水剂、促凝剂、增强剂、抗冲剂、膨胀剂和硅粉等。

(3)水下不离析混凝土

由于NDC的成本较高,可采用南京水利科学研究院开发研制的掺有NUW水下低离析性混凝土,掺入NUW后混凝土熟料的泌水性、流动度凝结时间及水中砂浆的散失量均有明显的改变。掺NUW-1能有效地改善大流动性混凝土的黏聚性和可泵性,使混凝土泌水率大大减少;掺入NUW-2后经测试从初始放置近4.5h,其泌水一直为零。

NUW-1价格较低,其性能见表11.1-1和表11.1-2。

各种混凝土流动性保持能力及凝结时间 表11.1-1

编号	组别	流动性保持能力					混凝土凝结时间			
		放置不同时间的坍落度(cm)					初凝(h:min)		终凝(h:min)	
		0	0.5h	1h	1.5h	2h	水上	水下	水上	水下
1	普通组	20	18	18	12.6	5.6	11:12	14:48	17:04	23:00
2	掺NUW-1组	20	18.9	17.7	16.7	10.5	13:36	15:48	19:18	22:54
3	掺NUW-2组	22	20	17.0	16.5	10.5	14:36	15:00	20:00	20:18
4	掺NUW-2⁺早强剂组						7:36	7:36	11:18	11:24

各种混凝土性能试验结果(水下试件) 表11.1-2

编号	水泥用量(kg/m^3)	外加剂	坍落度(cm)	2d抗压强度(MPa)			28d抗压强度(MPa)			与老混凝土黏结强度(MPa)	钢筋握裹强度(MPa)	抗冲磨强度($h/kg/m^2$)
				水上	水下	水下/水上	水上	水下	水下/水上			
1	40	木钙	20				29.8	26.1	0.88	1.5	10.3	2.76
2	376	NUW-1	20.5				31.1	29.6	0.95	1.8	11.7	3.50
3	431	NUW-2	20.5	18.1	18.0	0.99	38.5	36.1	0.94	2.3	13.8	3.64

2.裂缝灌浆材料

(1)一般来讲,裂缝灌浆材料应符合下列要求:

①浆液的黏度小,可灌性好;

②浆液固化后的收缩小,防渗性能好;

③浆液固化后其抗压、抗拉强度高,并有较好的黏结强度;

④浆液固化的时间可根据施工潮湿环境进行调节;

⑤浆液应为无毒或低毒材料;

⑥灌浆材料在施工现场配制,施工前必须做好抗压、抗拉强度的检验,确保灌浆材料有稳定的质量和良好的耐久性。

(2)裂缝灌浆材料可分为聚合物和树脂两大类。

①聚合物

a. 甲凝：适用于裂缝最小宽度 0.1mm 以上，应在干燥条件下操作；

b. K-801 胶：适用于裂缝最小宽度 0.2mm 以上，宜在干燥条件下操作；

c. 氰凝（聚氨基甲酸酯）：适用于裂缝最小宽度 0.3mm 以上，可在潮湿的条件下操作；

d. 丙凝：适用于裂缝最小宽度 0.5mm 以上，可在有水的条件下操作；

e. HW 水溶性聚酯胺脂：具有良好的亲水性，可灌性好，无毒，适用于裂缝宽度 5mm 以上的裂缝修补。

②树脂

目前工程上用于裂缝灌注的树脂类材料很多，大致可分为国产和进口两类，国产材料一般具有高强度、价格便宜等优势，而进口材料则具有产品性能稳定、超低黏度、使用时间长、综合性能优良等特点，但价格上则高于国产材料，约为国产材料的 3～4 倍。

a. 国产树脂

(a)HK-G 系列环氧灌浆材料

性能和适用范围：黏度小，具有亲水性，和混凝土的黏结强度高，可以对 0.2mm 左右微细裂缝进行灌浆处理。

技术指标见表 11.1-3。

HK-G 灌浆材料技术指标　　表 11.1-3

项　目	指　标	项　目	指　标
凝胶时间	min～h	抗剪强度(MPa)	5.4～10.0
抗压强度(MPa)	40.0～80.0	黏结强度(MPa)	2.4～6.0
抗折强度(MPa)	9.0～15.0		

(b)ET 性环氧灌浆材料

性能和适用范围：强度高、收缩小、黏结好，是种既可外强加固又可防渗堵漏的多功能灌浆材料。技术指标见表 11.1-4。

ET 性环氧灌浆材料技术指标　　表 11.1-4

项　目	指　标	项　目	指　标
抗压强度(MPa)	40.0～50.0	抗剪强度(MPa)	5.0～12.0
黏结强度(MPa)	6.0～15.0		

b. 进口材料

(a)DENEPOX40(比利时)(DP40)

该材料是一种专用于混凝土构件裂缝注浆的超低黏度、双组分注入胶，其主要特点是对潮湿不敏感，可以在潮湿环境中固化，由于黏度低，可以在超细裂缝中深入渗透，最细可渗透至 0.04mm 裂缝，并对混凝土有良好的黏结力，其技术性能参数见表 11.1-5。

DENEPOX40 技术性能参数　　表 11.1-5

性　能	数　据	执 行 标 准
干混凝土的黏结强度	6.0MPa	GB 1677—97
温混凝土的黏结强度	3.6MPa	JC/T894—01
抗压强度	90MPa	GB 2569—81
抗拉强度	60MPa	GB 2568—81
密度	1.1 kg/dm^3	ASTMD—638
黏度	75MPa・s (25°C)	
操作时间	80min (100g25°C)	
应用最低温度	>5℃	
渗入最细裂缝密度	0.04mm	

(b)WEBAC 4170 灌缝剂(德国)

该产品是一种低黏度、可与水反应、透明的特殊灌注型环氧树脂，能与 15%的水混合产生粘合作用而不产生任何乳化反应，也不会形成泡沫；同时，能与油污产生化合作用，故能确保固化后牢牢地粘在干燥、潮湿、湿润或油污的矿物质裂缝表面。其技术性能见表 11.1-6。

WEBAC 4170 灌缝剂(德国)技术性能 表 11.1-6

性 能	数 据	性 能	数 据
混合物黏度	90MPa·s	混合率比	3∶1(体积比)
可操作时间(1 L20°C)	50min	应 用	用单组分泵注入
使用温度	>8°C	混凝土黏结强度	5.8MPa
固化时间	16h～4d (30 °C ～8°C)	抗拉强度(25°C)	17MPa

(c)Sikady 752 环氧树脂注射浆(瑞士)

该产品主要用于混凝土裂缝的刚性连接，不但能填充裂缝，同时能对混凝土中钢筋作防锈保护，其主要性能见表 11.1-7。

Sikady 752 环氧树脂注射浆(瑞士)主要性能 表 11.1-7

性 能	数 据	性 能	数 据
抗压强度(30°C)	64MPa	抗拉强度(30°C)	27 MPa
抗折强度(30°C)	40 MPa		

3.裂缝封缝及封堵材料

(1) 环氧树脂浆液配方

主剂：E-44(＃6101)环氧树脂	100
固化剂：乙二胺	8
增塑剂：邻苯二甲酸二丁酯	10
稀释剂：二甲苯	20～40
环氧氯丙烷	20

(2)STH-II 混凝土结构胶

其配方为甲∶乙∶填料＝1∶1∶1；其抗压强度见表 11.1-8。

STH-II 混凝土结构胶的抗压强度 表 11.1-8

龄期	抗压强度(MPa)	龄期	抗压强度(MPa)
24h	>30	7d	>50

(3)K-801 胶

K-801 胶是一种价格较低的黏结材料，可用于混凝土潮湿面的黏结，但其黏结性能有所降低，因此采用 K-801 胶修补时应对混凝土黏结面稍加处理后再黏结，以提高其黏结效果。K-801 胶在混凝土潮湿面黏结的强度比较见表 11.1-9。

K-801 胶的黏结强度 表 11.1-9

混凝土表面状态	黏结后 1d 强度(MPa)	混凝土表面状态	黏结后 1d 强度(MPa)
干燥面	6.6	水中捞出擦干水迹	4.7
水中捞出停 0.5h	6.6	水中捞出带水黏结	1.5

(4)SHK-1 黏结剂(港工混凝土潮湿黏结剂)其性能见表 11.1-10。

SHK-1 黏结剂的性能　表 11.1-10

黏结强度(MPa)		
抗压	抗拉	
	干	潮
88.0	8.0	3.2

(5)SDW 环氧密封胶(比利时)

该材料不仅自身强度高,和混凝土的黏结强度也高,除起到封闭作用外,还能依靠其黏结强度阻止裂缝的扩展,该材料通过老化试验,经过 4 000h曝晒,试样表面无开裂,老化等级达到 4 级,有较高的耐辐射性,其技术性能见表 11.1-11。

SDW 环氧密封胶技术性能　表 11.1-11

参　数	指　标	参　数	指　标
密　度	1.8kg/dm³	抗弯强度	35MPa
干混凝土的黏合力	超过混凝土内聚力	操作时间	1.5h
湿混凝土的黏合力	超过混凝土内聚力	使用最低温度	8℃
抗压强度	90MPa	使用最高温度	60℃

(6)DPS 永凝液和 TS 密封剂(美国)

该产品是一种高科技、无毒聚碳酸酯活化二氧化硅,可渗入至混凝土内部与游离碱产生化学反应,生成稳定的晶体物质,有效地堵塞混凝土内部的毛细孔隙,使混凝土结构具有持久的抗水功能,TS 密封剂是 DPS 的附属产品,可对混凝土表面进行透气性防水密封,其性能见表 11.1-12 和表 11.1-13。

DPS 永凝液技术性能　表 11.1-12

参　数	指　标	参　数	指　标
表面透水量降低率	≤85%	14d 砂浆抗压强度	≥90%
相对动弹模比	≥100%	氯离子含量	≤0.05%
试件抗渗等级	≥S10	密　度	1.07kg/dm³±0.02kg/dm³

TS 密封材料技术性能　表 11.1-13

参　数	指　标	参　数	指　标
闪　点	500°F(260℃)	涂　覆	1 层 低压喷涂
相对密度	1g/cm³	渗透性	1～225 密耳(0.025～5.7mm)
抗污力	极佳		

(7)WEBAC 4525 胶黏剂 (德国)

专用于裂缝封闭,其主要性能见表 11.1-14。

WEBAC 4525 胶黏剂(德国)主要性能　表 11.1-14

参　数	指　标	参　数	指　标
抗压强度(25℃)	32.4 MPa	剪切强度	34.5 MPa
混凝土黏结强度	>4 MPa	可操作时间	45min (8℃)
延伸率	>4%	固化时间	12h
抗压强度	79.3 MPa		

(8)E380 多功能胶（日本）

该产品是一种潮湿固化型多功能环氧树脂黏结剂，在湿润有水的表面，甚至在水下都能硬化，作为混凝土构建物的密封材料，E380 适合在地下建筑、海岸、河川、水道等受水影响的各种工程中使用。

4. 桩身裂缝砂浆粉刷材料

(1)纤维水泥砂浆

配合比：水：水泥：调凝剂：纤维：黄砂＝0.46：1：(0.7～1.0)%：0.5：2。

凝结时间：见表 11.1-15。

强度：见表 11.1-16。

纤维水泥砂浆凝结时间　　表 11.1-15

调凝剂掺量(%)	初凝(min)	终凝(min)	调凝剂掺量(%)	初凝(min)	终凝(min)
0.7	10	30	1.0	5	5

纤维水泥砂浆强度　　表 11.1-16

龄期	抗折强度(MPa)	抗压强度(MPa)	龄期	抗折强度(MPa)	抗压强度(MPa)
1h	1.21	4.75	7d	8.55	40.50
3h	3.81	12.97	28d	8.90	65.30
24h	6.96	29.50			

(2)K-801 胶砂浆

K-801 胶配制树脂砂浆和树脂混凝土的配合比及其强度指标见表 11.1-17。

K-801 胶配制树脂砂浆和树脂混凝土的配合比及其强度　　表 11.1-17

配合比	抗压强度(MPa)	
	1h	3h
K-801：水泥：砂＝1：4：8	94.0	
K-801：水泥：砂＝1：3：6	95.3	
K-801：水泥：砂：(0.5～2)石子：(3～4)石子＝1：1.5：2.4：2.4：3.6		68.6

(3)环氧树脂砂浆

配方：

主剂：E-41(＃6101)环氧树脂	100
固化剂：乙二胺	8～12
增塑剂：邻苯二甲酸二丁酯	5～10
填料：普通水泥	50～200
砂：粒径小于 2.5mm	200
砂：粒径小于 0.6mm	100

该配方可作混凝土表面裂缝和缺陷的修补，以及混凝土的黏合，适用于干燥条件下的施工。

(4)环氧沥青砂浆

配方：

主剂：E-44(＃6101)环氧树脂	100
固化剂：乙二胺	12
＃200 聚酰胺	5
增塑剂：邻苯二甲酸二丁酯	5
填料：普通水泥	100
砂(粒径小于 0.6mm)	100
石棉	10
30°～40°煤沥青	20

该配方可用于混凝土潮湿面和水下部位混凝土缺陷的修补。

(5)环氧焦油砂浆(适用于水下修补)

配方：

主剂：E-44(＃6101)环氧树脂	100
固化剂：多乙烯多胺	12
促凝剂：二甲氨基甲基苯粉(DMP-30)	2
填料：普通水泥	100
砂(粒径小于 0.6mm)	100
煤焦油	20～30

采用环氧沥青或环氧焦油砂浆进行配制时应注意：

①烧沥青或烧焦油应加热至 170～180℃，经脱水和过滤处理后待温度下降至 80℃左右时，再与环氧树脂互溶。最后加入固化剂时的温度不得高于 40℃。

②加入固化剂后应不断搅拌，待呈现可塑状态时即可使用。

(6)环氧聚酰胺砂浆

配方：

主剂：E-44(＃6101)环氧树脂	100
固化剂：＃600 聚酰胺	10～14
促凝剂：二甲氨基甲基苯粉(DMP-30)	1～3
填料：普通水泥	100
砂(粒径小于 0.6mm)	100

5.修补质量检验

有缺陷的桩经过修复和加固后，如何判断其修补效果，也是工程技术人员和业主最关心的问题，目前一般有以下手段来检验裂缝修补的效果。

(1)外观检查

修补完工后，可目测或用放大镜对修补部位进行外观检查，修补处周边应看见挤出的修补材料，不留有缝隙。

(2)超声波检查

对桩的完好处和修补处进行超声波声速测试比较，如修补后的声速接近完好处的声速，则表示修补质量良好。

(3)钻芯取样

对修补处进行钻芯取样，观察芯样裂缝内浆液及填充料是否充满，有无漏灌、漏补现象。

二、桩身裂缝的修复

1.桩顶部位出现裂缝

沉桩过程桩顶部位出现裂缝是最常见的一种裂缝，当锤击沉桩结束后，经检查发现桩顶有纵向裂缝，当高桩截桩后，其裂缝位置仍处在现浇混凝土节点之外，对此裂缝须加修复，因桩身表面洁净，裂缝位置又都处在低潮位以上，故修复处理比较方便。

当裂缝宽度小于 0.2mm，可用环氧或聚酯封闭材料将裂缝封闭即可。

(1)当裂缝宽度小于 0.3mm，可用环氧树脂净浆玻璃丝布封堵裂缝，按二毡三油的做法处理。

(2)当裂缝宽度大于或等于 0.3mm，应采用注浆法将裂缝内注满浆液，然后再用环氧玻璃丝布按二毡三油进行包覆，注浆修补工艺流程见图 11.1-3。

(3)如果桩顶高程较低，需赶低潮施工，而桩表面仍处于潮湿状态时，可用喷灯将修补处烘干，待干燥后再进行修补。

2. 对低应变检测发现“C 类”桩的处理

沉桩期间，按规定要将一定比例的桩进行低应变检测，如经低应变检测，桩判定为“C 类”桩时，而且该桩位处已无法进行补桩，须对该桩作修复处理。

(1)方桩“C 类”桩处理

①对有明显缺陷的基桩采用钢套筒进行修补

钢套筒修补法即在桩明显缺陷的部位用钢套筒进行保护，并在内放入钢筋后浇筑混凝土，使原桩和钢套筒形成一个新的整体，图 11.1-4 为南通新大港储运码头 1 号引桥“C”类桩修补实例。

②水位变动区桩身轻微缺陷修补

在水位变动区发现桩身有轻微缺陷时可采用包覆玻璃钢方法进行，包覆范围为有缺陷处 1m 周边部位，在包玻璃钢前先用环氧腻子将缺陷处嵌平、打光，包覆厚度视缺陷面积大小决定，一般采用三油二布即可。

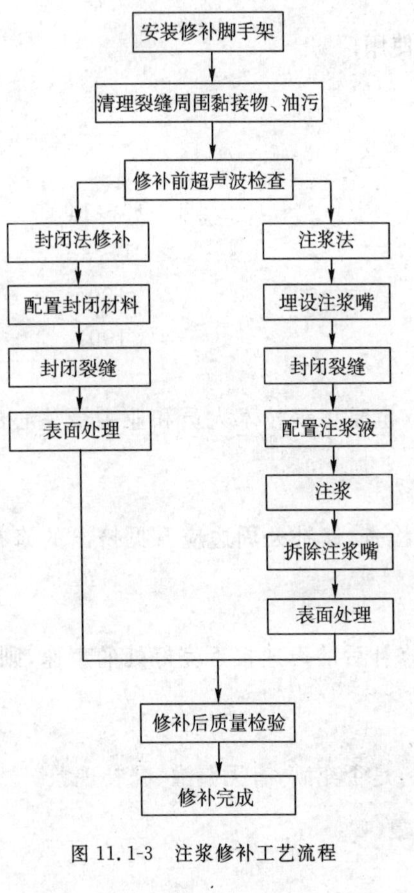

图 11.1-3 注浆修补工艺流程

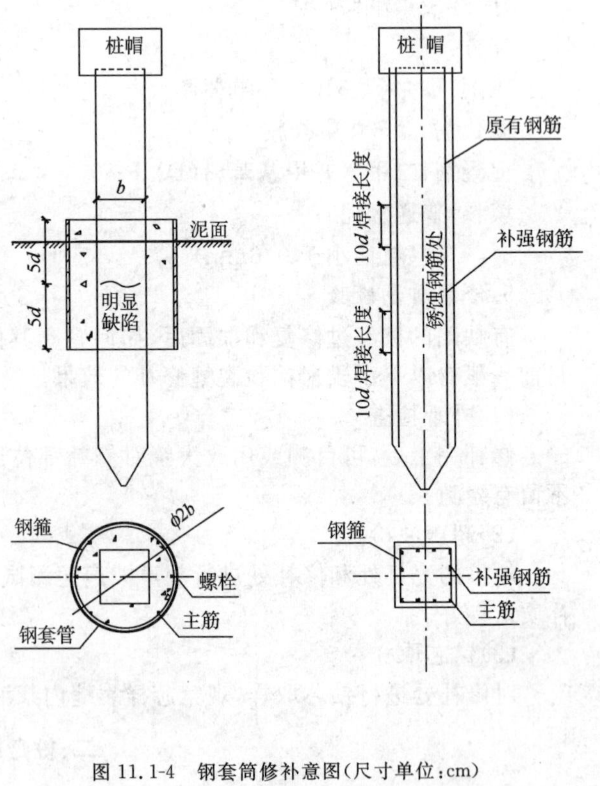

图 11.1-4 钢套筒修补意图(尺寸单位：cm)

③潮差区钢筋锈蚀引起混凝土胀裂桩的修补

在氯离子浓度较高的海水环境或大气环境恶劣的化工码头，由于表面长期受到氯化物和腐蚀介质的侵蚀，导致混凝土顺筋胀裂、层裂和剥落破坏，这类桩大多数钢筋锈蚀严重，钢筋截面减小，对这类桩一般采用换筋办法进行修补。

修补工艺：对于预应力钢筋桩，将锈蚀的钢筋除锈，用钢丝将钢筋除锈直至出现金属光泽，凿去两端满足10倍钢筋直径的搭接长度，用同等级、同截面的钢筋焊在原钢筋上，然后立模，浇筑混凝土，对于非预应力钢筋混凝土桩，则可把锈蚀部分钢筋截断，用等强度、同截面的钢筋进行置换，但必须满足规范规定的搭接长度，然后立模，浇筑混凝土。

方桩可在缺陷处上、下三倍桩宽的范围内进行钢筋混凝土包覆处理。混凝土包覆最小厚度10～20cm，用导管法灌注水下细石混凝土。

(2)混凝土大管桩“C类”桩处理

混凝土大管桩的“C类桩”采用将大管桩桩芯土取出，挖到设计规定的高程后，铺30cm砂垫层，然后放钢筋笼，浇筑C30混凝土，将一定长度的混凝土大管桩桩芯灌实。

3.由于结构沉降位移而产生的桩顶裂缝的修复

工程使用期间，由于岸坡沉降、位移导致引桥桩或码头后沿桩产生裂缝，该裂缝出现的位置和方向比较规律，修补前应观察裂缝的宽度和长度是否还在发展，必须确信结构已经稳定后方可修复。可根据裂缝位置、裂缝宽度和周边条件来确定修复方案。

(1)当裂缝的位置较高，已形成侧向贯穿性裂缝时，可按裂缝宽度选择灌浆修补法。灌浆前应对裂缝表面进行封缝，埋设灌浆嘴，并对嘴子的连通和裂缝的封闭情况进行压气试验。其施工步骤如下：

①裂缝处理；

②确定灌注点位置进行表面封缝；

③灌浆；

④拔出灌浆嘴并堵孔；

⑤剔除密封条，进行表面检查，处理。

首先清除裂缝表面松散层和缝内的污物，灌浆嘴布设的间距为30cm左右，灌浆嘴的位置应布设在裂缝最宽处。对贯穿裂缝灌浆嘴应两面交错布设，当遇到斜向或竖向裂缝时通常从最下面的一个灌浆嘴开始灌注，待注浆液从上一个灌浆嘴冒出时，再向上移，对于水平裂缝灌浆应由一端向另一端自下而上地依次进行。待临近嘴出浆后，则止浆堵嘴，然后换嘴进浆，灌浆压力随裂缝宽度和深度以及灌浆材料而定，一般为0.3～0.5MPa即可。灌注设备见图11.1-5。

目前用于工程上的灌注设备，通常有手动灌浆泵、气动灌浆泵、电动灌浆泵以及适用于低压、慢压的灌浆注射器等，也可自制简易压浆筒来进行压浆。

(2)当裂缝出现的位置较低时，根据裂缝位置的可操作条件，选择恰当的修补方案：

①用钢丝网混凝土包覆处理(赶潮施工)工序如下：

a.混凝土方桩最小外包厚度10～20cm；

b.PHC桩最小外包厚度15～20cm；

c.混凝土大管桩最小外包厚度20～25cm。

最好设计成密水模板，只在绑钢筋、支模板时赶潮水，浇筑混凝土时可不受潮水限制。将模板内水抽干，灌注混凝土。也可采用压浆作业。

②如果裂缝位置的施工条件较为困难，对混凝土包覆施工不便进行支模板和混凝土的浇筑作业，则可采用粉刷纤维水泥砂浆做防蚀包覆。

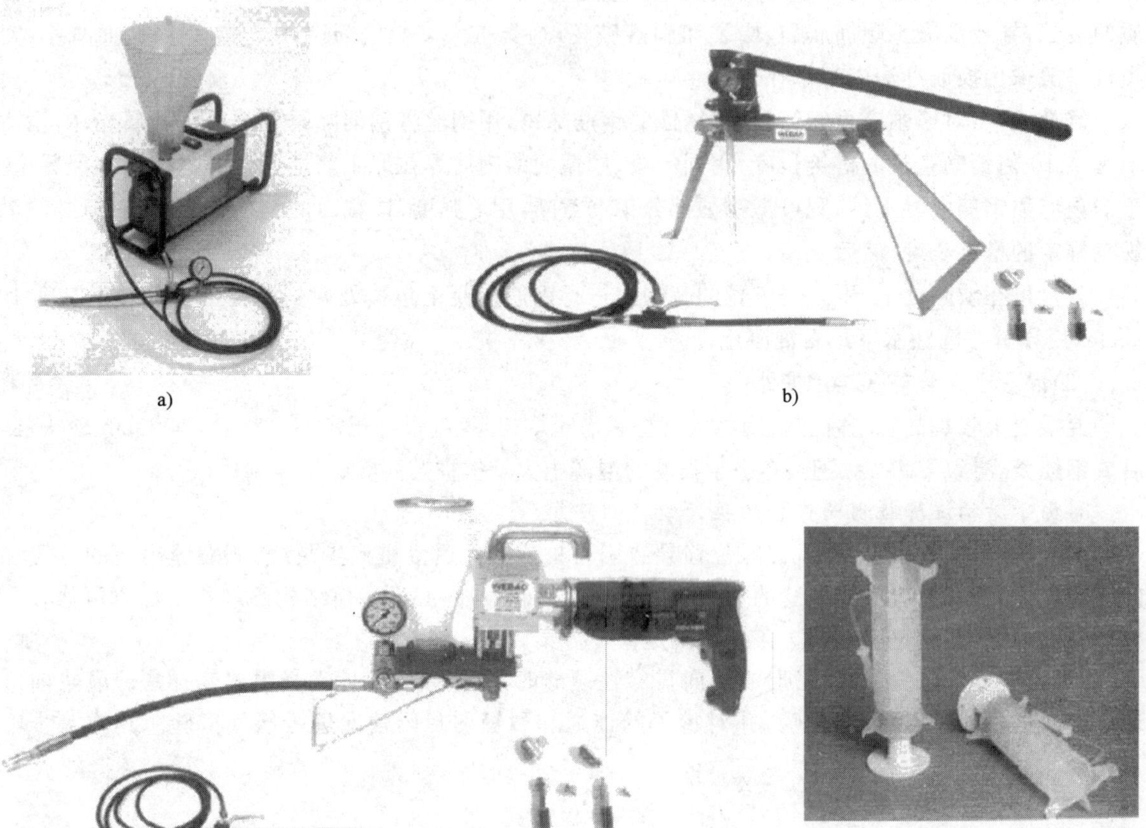

a) b) c) d)

图 11.1-5 灌注设备

a)气动灌浆泵；b)手动灌浆泵；c)电动灌浆泵；d)灌浆注射器

③纤维水泥砂浆的施工程序如下：

a.桩身表面处理；

b.刮抹 SHK-1 乳胶水泥浆作为底子，以增强纤维水泥砂浆与混凝土面的黏结力，将乳胶水泥净浆嵌入缝内，并刮满需要包覆的全部面积；

c."纤维"采用"尼龙-6 号"抗碱卡普龙纤维，将纤维与黄砂用搅拌机搅拌成纤维黄砂待用；

d.在纤维黄砂内加入调凝剂、水泥、水、搅拌成纤维水泥砂浆、粉刷在乳胶底子面上，应进行二次粉刷，粉刷厚度应达到 3cm；

e.在水泥砂浆终凝前，应用抹刀反复抹压，使其密实平整。

4.断桩的修复加固

在海水中高桩码头基桩所处的位置大都在水位变动区。经调查，在水位变动区桩因钢筋锈蚀而造成混凝土爆裂的情况较少见，多数情况为桩受伤后裂缝位置虽有锈迹存在，但一般仅有锈迹，而锈层并不向内发展。海洋生物的贝类附着在桩身混凝土表面上，可能会使混凝土表面移走少量的石灰质，但对混凝土并无危害，反而对混凝土表面起着一定的保护作用。调查发现当桩身表面的海蛎子铲掉后，在海蛎子处的混凝土表面平整如新。

我国海岸线全部处在亚热带地区，海洋生物生长很快，特别在华南沿海，2～3 年桩的水下部分外表面会被海蛎子长满；水位变动区少些。虽然这些海洋生物对混凝土不产生有害影响，但一旦碰到桩受伤出现裂缝，这些海蛎子则给基桩修复加固工程带来不少麻烦，因为清理这些海蛎子并非易事，在水位变动区低潮位以上清理尚可操作，而水下部分清理就相当困难了。凡采用混凝土包覆方案的断桩处理，对桩身表面附着的海洋生物必须认真清除，清除方法一般使用专用工具铲除，并加以高压水冲洗和钢丝刷拭刷，对水下桩表面的清除，则由潜水员操作。就高桩码头而言，引起混凝土桩断桩的原因主要是由于意外事故造成的。因断桩处的位置和修复加固工程的难易关系较大，可分为水上修复(低潮位以上)和水下修复两种情况处理。

(1)低潮位以上断桩处的修复

当桩身只在桩的上部被撞损坏，而桩的下部、水下部分完好，或发生的位移幅度较小，经探摸检查桩的水下部分并未出现裂缝，为了美观起见，可采用和原桩同截面接桩修复。首先矫正桩位并固定，将相连的钢筋割除(留出焊接钢筋的焊接长度)。凡出现裂缝部分的混凝土全部凿除，重新焊接绑扎钢筋，支模板，在老混凝土表面适当处打入膨胀螺栓，以利于新老混凝土的严密结合。修补混凝土采用大流动度微膨胀(掺入万分之一 200 目的铝粉)细石混凝土。

(2)水下断桩的修复加固

意外事故使基桩受损，多数情况是桩断裂在泥面以下和桩的嵌固点位置，但一般由于撞击速度较快，所以桩的断裂位置比设计桩的嵌固点位置略高。受撞后码头上部结构损坏，桩身断折或桩身倾斜，如仅是桩身倾斜未倒下，则表明仅混凝土断裂，而钢筋尚未受到大的损伤，因此可以将断桩扶正，对断桩包覆加固。包覆方案有以下几种：

①采用普通钢模板，用导管浇筑水下混凝土；

②采用普通钢模板，灌注水下不离析混凝土；

③设计密水钢模板，水下不离析混凝土封底并按常规混凝土施工；

④用沉井法干施工包覆、加固；

⑤用分段焊接钢管桩法进行包覆加固。

上述方案①，过去用得较多，但因其施工质量人为因素较多，难于控制，所以现在只用于加固次要部位的桩，一般外包厚度为 200mm。

方案②、③，工程质量可靠，但造价较高，多用于修复加固重要部位的桩，一般外包厚度为 100mm。

方案④是采用工具式薄壁钢板沉井，进行干地施工作业。

[实例 1]　空心方桩断桩的修复加固

长江某码头工程有 2 根并列的 500mm×500mm 空心方桩被撞断，曾用工具式薄壁钢板沉井法作接桩修复加固，取得成功。沉井尺寸为直径 2.8m，每节长 1.8m，采用 6mm 钢板卷制而成的工具式薄壁沉井。沉井下沉采用高压水泵冲洗，用吸泥泵将泥抽出。沉井下沉时，应在四周带好缆绳，均匀加载拉紧，在高压射水和吸泥泵配合下，沉井即自动下沉就位。当沉井的刃脚切入不透水层后，抽去沉井内的积水，即可在井内进行断桩复位，绑钢筋支模板及混凝土的浇筑工作。但若进行间歇性施工时，应在每次施工完毕后，立即向井内灌水护底，不要长时间保持空井，以免井底在外界水的渗透压力作用下，发生涌水漏底。

方案⑤为分段焊接钢管桩法，是采用逐节冲泥下沉再向上逐节焊接钢管桩，直至钢管桩沉至泥面以下设计规定的高程后(桩的设计嵌固点以下)封底抽水，并在钢管桩与混凝土方桩之间灌注素混凝土。该修复方案施工方便，均为水上作业。虽然现场电焊量较大，但减少了支模板绑钢筋的麻烦，实有可取之处。

[实例 2] 引桥断桩的修复加固方案

张家港靖口港区 5 000t 级浮码头 1 号引桥被撞断桩 20 根，桩为 500mm×500mm 方桩。修复方案即采用就地分段焊接钢管桩的修复加固方案。

钢管桩采用直径 ϕ1 000mm，钢板厚度 8mm，按该引桥桩的设计嵌固点高程，钢管桩分成 3～4 节制作，每节长 2.2m，先加工成两个半圆形开口钢套筒，然后套在方桩上就位焊接，焊成管节。每一节管节吊放入水，在水面上外露一定操作高度，然后焊接第二节管节，再下放，再上接，依此程序直至管节抵达泥面以后，用高压水泵冲泥及用吸泥泵吸泥使管桩下沉，而后再向上接焊管节，直至钢管桩下沉到方桩的加固深度为止。在完成钢管桩最后一节管节，经清吸后，随之在钢管桩底部垫 500mm 碎石层，接着在钢管桩内灌注 C25 素混凝土。钢管桩顶部混凝土内配有钢筋，以便和新增加的混凝土桩帽连接，并在原引桥横梁上钻孔，穿钢筋，使修复加固的钢管桩及其混凝土桩帽和引桥上部结构连接(原引桥结构为现浇横梁，没有桩帽)。见图 11.1-6。

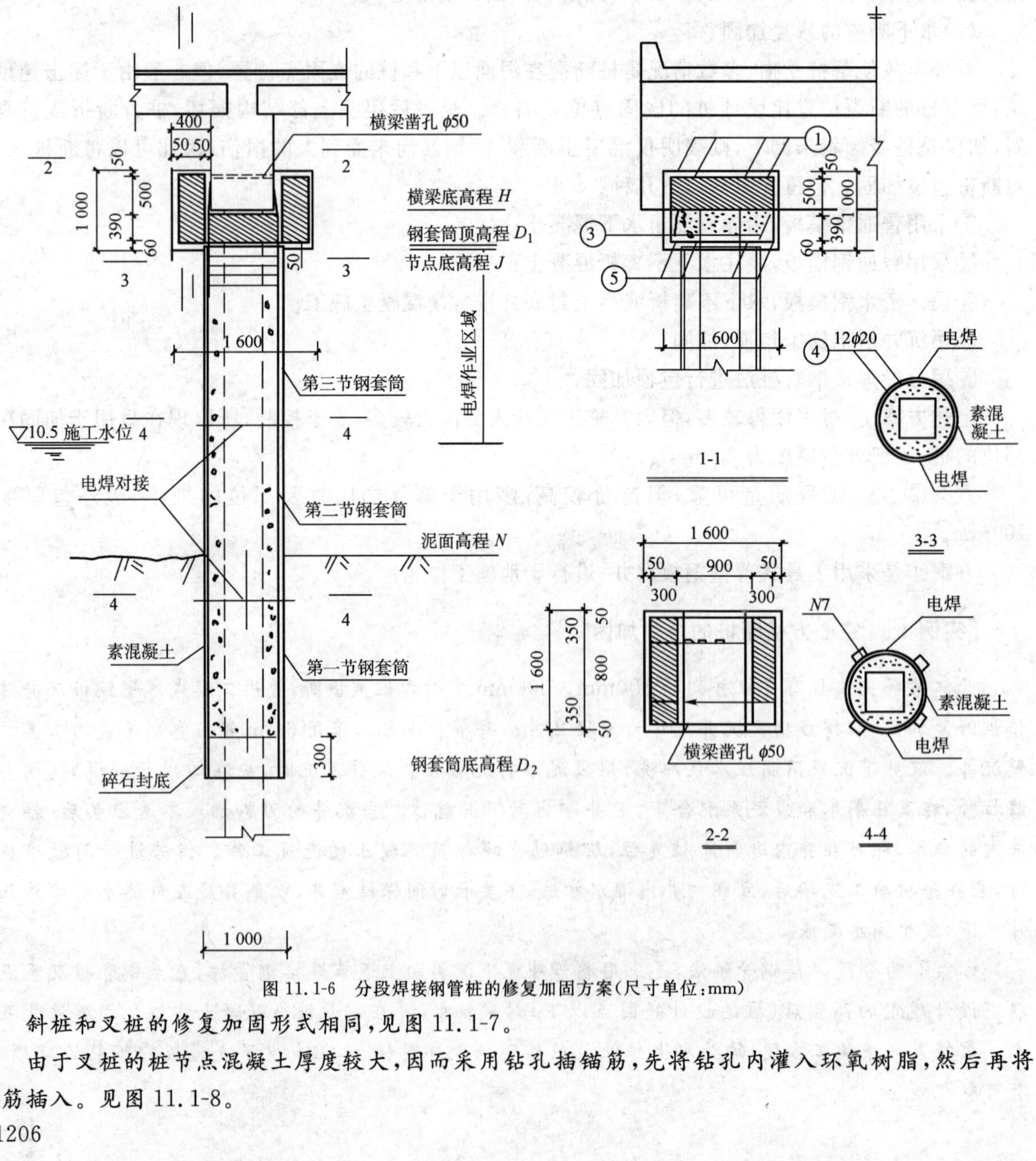

图 11.1-6 分段焊接钢管桩的修复加固方案(尺寸单位：mm)

斜桩和叉桩的修复加固形式相同，见图 11.1-7。

由于叉桩的桩节点混凝土厚度较大，因而采用钻孔插锚筋，先将钻孔内灌入环氧树脂，然后再将钢筋插入。见图 11.1-8。

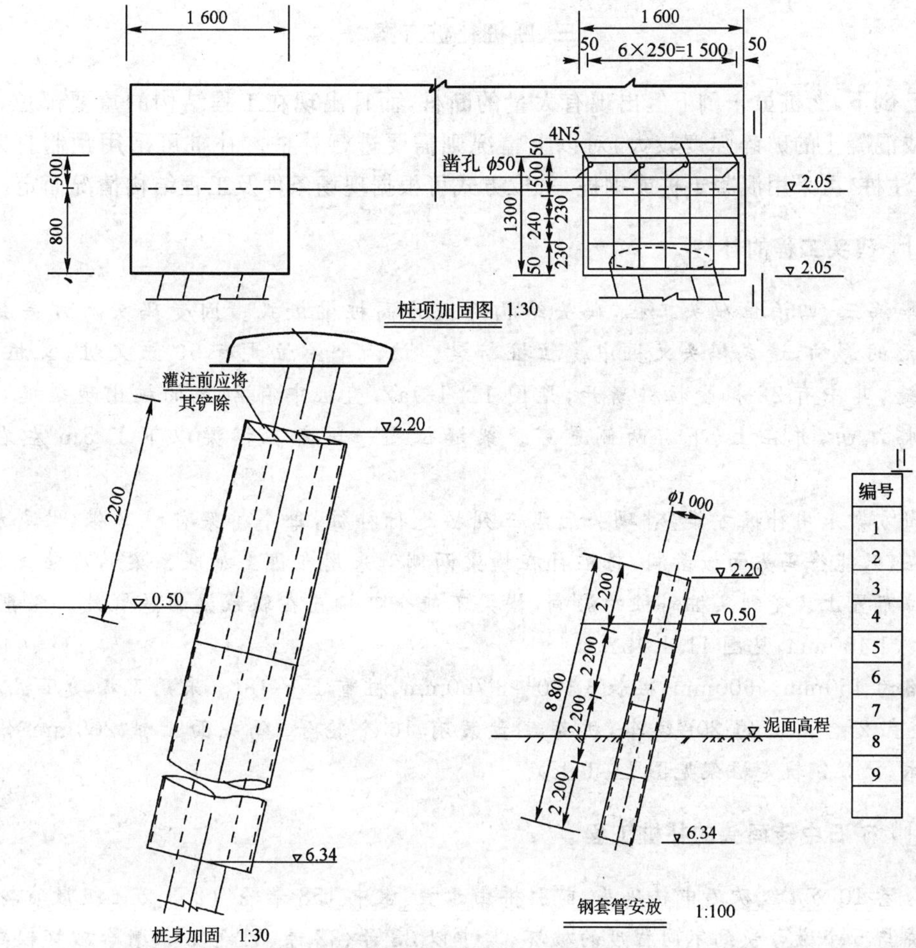

图 11.1-7　斜桩和叉桩的修复加固形式(尺寸单位:mm;高程单位:mm)

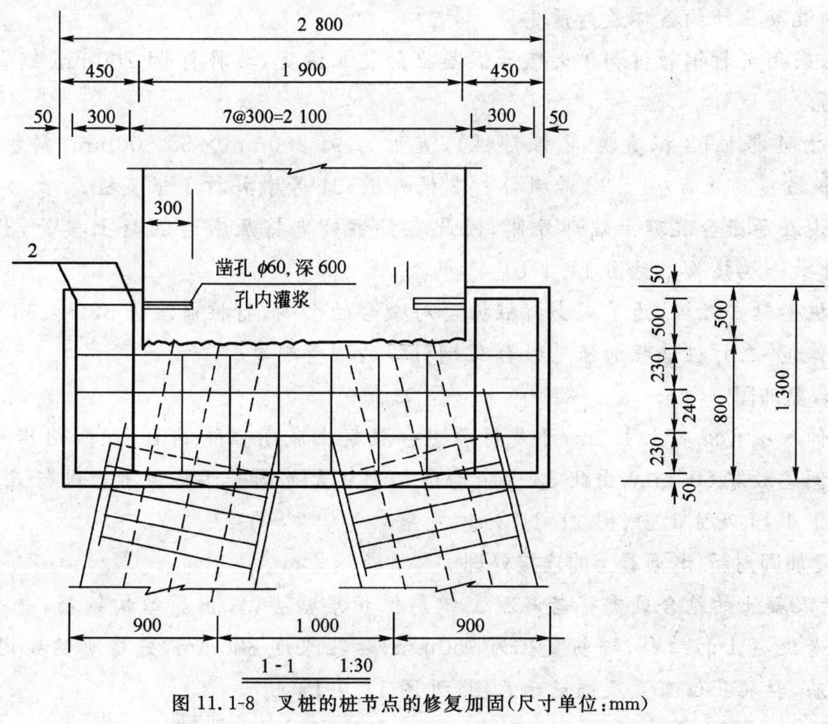

图 11.1-8　叉桩的桩节点的修复加固(尺寸单位:mm)

三、断桩补桩方案

当断桩已倒下，断桩虽未倒下但出现有大量的断桩，而且出现在工程结构的重要部位，即表明该桩钢筋已断或混凝土的破碎强度较大，对以上情况则需要进行补桩。补桩可采用预制打入桩（压入桩）或钻孔灌注桩，可采用混凝土桩或钢桩，采取方式可根据现场条件及工程结构情况而定。

［实例 3］ 码头工程的补桩

上海张华浜三、四泊位码头工程，码头结构形式为高桩梁板式。因受码头后方差异沉降，及土体侧向变形的影响，造成码头叉桩中受拉桩断裂。该两个泊位共有 50 组叉桩，叉桩中受拉桩全部出现裂缝，其中有 28 根受拉桩断开，见图 11.1-9a），直桩中有 20％的桩出现裂缝，直桩的裂缝均出现在临江面，并在上、下游两侧贯穿。裂缝位置一段都在横梁以下 1.5m 左右，非常有规律。

修复加固方案采用补桩方案，对码头后沿三列桩进行补桩，每个排架补桩 3 根，共补桩 162 根。因有横梁存在，只能将码头面板凿洞，将桩补在横梁两侧。采用在桩上加联系梁的办法支撑横梁，但在补桩的桩位布置上又受到叉桩斜桩的影响，横梁不能全部搁置在联系梁的悬臂处。联系梁断面设计为 800mm×1 400mm，见图 11.1-9b）。

补桩规格为 450mm×600mm，桩长 3 100～3 700mm，桩重 15～18t。采用无振动压桩法沉桩，桩架高 48m，设有 2 台固定的 20t 绞车，桩架底盘装有 16 个轮子，码头面上铺 200mm×250mm×2 500mm 枕木，P43 钢轨走桩架见图 11.1-9c）。

［实例 4］ 矿石中转码头的补桩工程

宁波北仑港 10 万 t 级矿石中转码头，前引桥由于被“宝中 158 号轮”（2.5 万 t 级散货轮）撞击，造成 4 跨钢引桥与 5 个墩台受到不同程度的破坏，其中以 33 号、32 号、31 号 3 只墩台破坏较重，33 号墩东侧 2 根钢管桩已断裂，32 号墩东侧 2 根钢管桩受伤变形，墩台混凝土受到不同程度的损坏，其中也以 33 号墩台的混凝土结构破坏最为严重。

修复方案，采用补打钢管桩和扩大墩台混凝土的施工方案，共补打 ϕ1 200mm 钢管桩 7 根。

1. 补桩情况

33 号墩补打 4 根桩（2 根直桩，2 根斜桩），直桩为 ϕ1 200mm×55 500mm，斜桩为 ϕ1 200mm×57 000mm，斜桩坡度为 4.5∶1。32 号墩补打 2 根斜桩，31 号墩补打 1 根直桩。

补桩桩位设在原墩台混凝土端部外侧，因此在补桩处需将原墩台混凝土接长，33 号墩需两端接长，31 号、32 号墩一端接长。见图 11.1-10。

补桩由打桩船锤击沉桩，为了减少打桩振动对墩台的影响，打桩前应将 32 号、33 号墩台的钢桩用钢围檩连成整体，并在打桩过程加强对墩台及钢引桥的测量观察。

2. 墩台的修复加固

补桩桩顶伸入墩台混凝土 1.2m，于是将原墩台混凝土底高程降低 1.2m。33 号墩因混凝土开裂故将原墩台两侧各放宽 600mm，由此 33 号墩台的加固扩大范围等于将原墩台进行五面包覆，见 33 号墩平面图（图 11.1-11 及立面图（图 11.1-12）。

3. 墩台修复加固对新、老混凝土的连接处理

墩台新、老混凝土的结合处需将老混凝土钢筋保护层凿去，露出原结构钢筋，并采用钻孔锚筋的办法，增强新、老混凝土的结合，锚筋直径为 ϕ50mm，钻孔深度 800mm，先将所钻孔内灌满环氧树脂，然后再插入锚筋，钻孔孔位布置及锚筋示意图，见图 11.1-13。

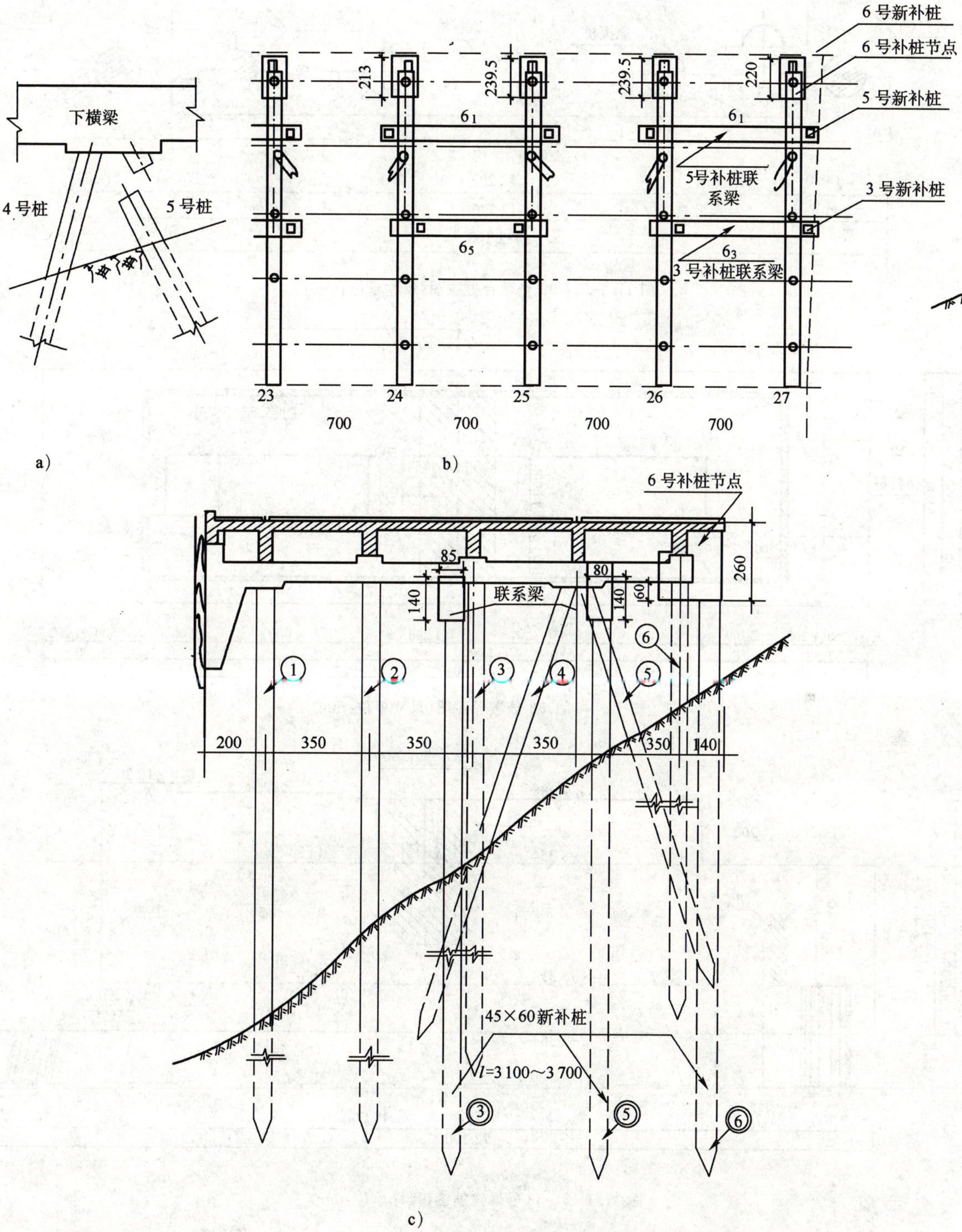

图 11.1-9　码头工程的补桩(尺寸单位:cm)

a)断开的受拉桩;b)补桩方案、平面图;c)补桩方案立面图

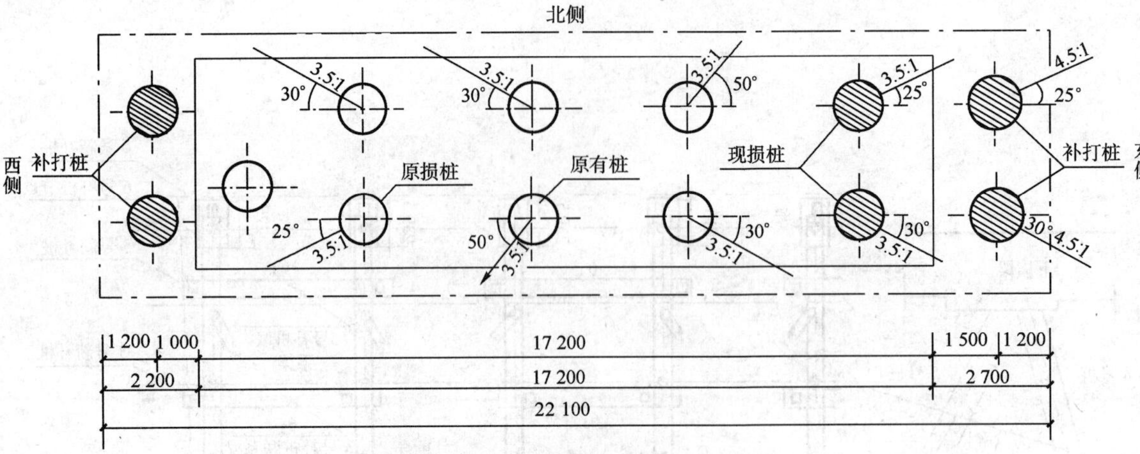

图 11.1-10　33 号墩台桩位图(尺寸单位:mm)

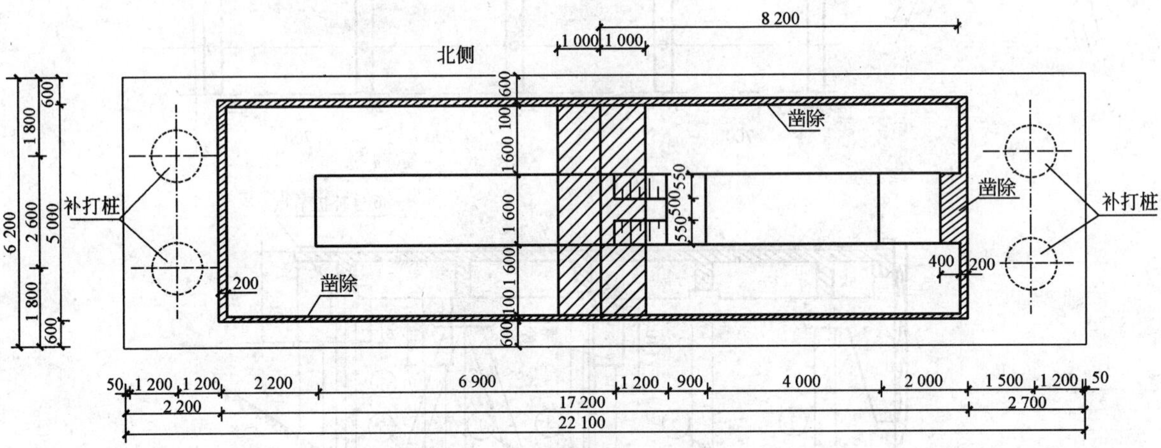

图 11.1-11　33 号墩平面图(尺寸单位:mm)

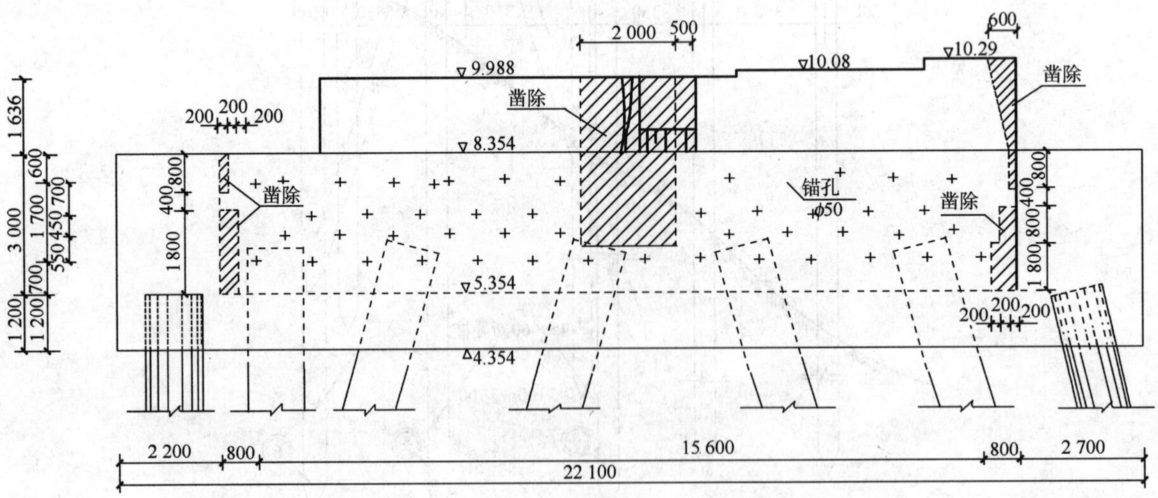

图 11.1-12　33 号墩锚筋图(尺寸单位:mm)

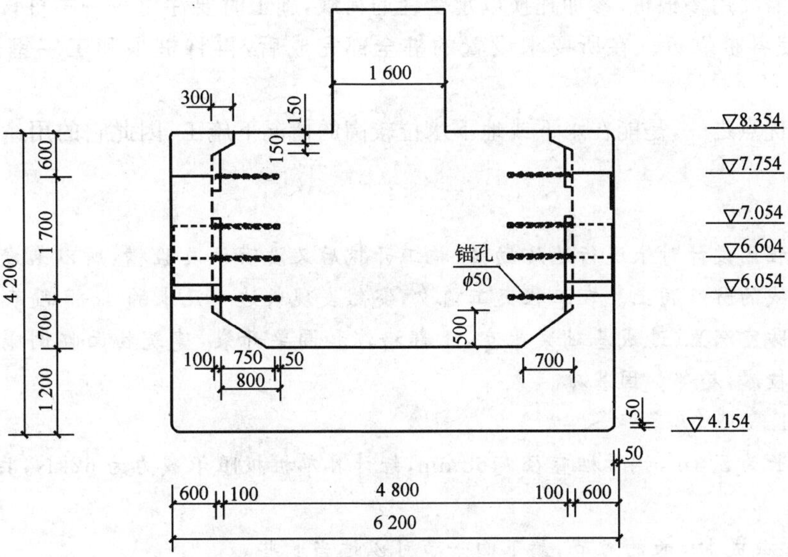

图 11.1-13　钻孔孔位布置及锚筋示意图(尺寸单位:mm)

第五节　采用桩式托换技术进行工程加固

桩式托换技术是采用桩基形式进行加固非桩基结构，用于因基础沉降而影响正常使用或危及使用安全的工程。所采用的桩型甚广，如压入预制桩、打入预制桩、混凝土灌注桩、灰土桩、树根桩、锚杆静压桩、石灰桩、石灰砂桩等所有桩型都可以用来托换。

一、压入钢管桩托换技术

(1)根据托换桩设计所承受的荷载，使用直径 ϕ300～450mm 的开口钢管，用设置在基桩底下的液压千斤顶，将钢管压入土中，而液压千斤顶的反力即为建筑物的重力，钢管可截成 1.2m 一段，分段压入。可用套筒接头，也可用电焊相接。

(2)当桩身入土后，可用适当的取土工具把土从钢管内取出，也可采用射水吸泥的办法挖清除管内泥土。但采用射水取土时应小心以避免坑围土软化，射水深度不能超过钢管桩底端，否则将破坏土层。如遇有障碍物可用冲击钻排除，切不可采用爆破法排障。

(3)钢管交替顶进、取土和接高，当桩已沉至设计要求深度后，最后清孔灌注混凝土。若管中无水可直接灌注混凝土，若管中有水，可采用细石混凝土封底，然后抽去水再灌注混凝土。

(4)基础的正式加固需在桩芯混凝土达到强度后进行，一般用 2 只并排的液压千斤顶放在基础底下钢管桩上，2 只千斤顶之间要留有足够的空档，以便安放工字钢柱。

(5)加载时，荷载应加到托换桩的设计荷载 150％为止，在荷载保持不变的情况下，1h 内沉降不再增加时才被认为已稳定，然后再根据千斤顶以上的高度，做一段组合工字钢，竖放在 2 个千斤顶之间，其缝隙用钢板垫平，并用钢楔板敲紧。此时可卸荷，将千斤顶取出，最后用混凝土把桩顶和工字钢包起来，桩式托换工程即告完成。见图 11.1-14。

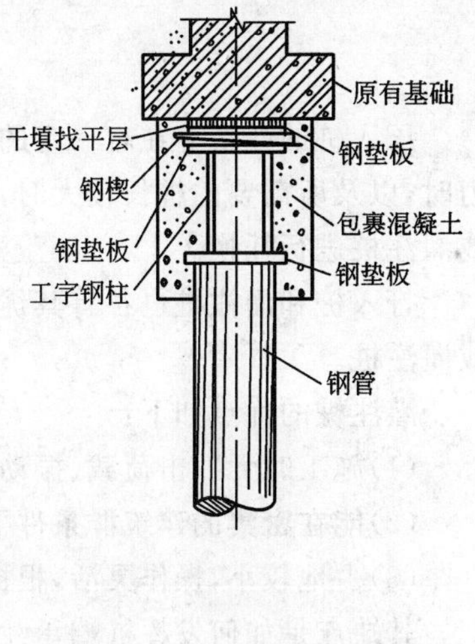

图 11.1-14　压入钢管桩托换技术

对大型柱基需要用多根桩，参加托换以承受柱的荷载，施工时要注意每一根桩设置时所挖的坑应当尽量小，以便使各桩靠近。在所要求设置的桩全部完成后，再将桩顶和工字钢全部用混凝土包覆住。

桩式托换的优点之一，是能在水下或地下水位较高的情况下施工，因此它的用途较广。

［实例 5］

某锅炉房工程因设计时未进行地质勘察，施工开挖后又没有认真验槽，所以未发现部分内纵横墙基落在过去搞备战的防空洞上。在工程交工前夕，突然发现长达十几米的4～5段基础下沉，有6m多宽的地基土陷入防空洞里，造成基础梁悬空，上部墙体和圈梁开裂，建筑物面临倒塌的危险。经研究采用压入桩托换技术，局部加固基础。

1.设计和施工

设计确定桩长为5.4m，钢管桩直径ϕ168mm，经计算单桩极限承载力为62kN，共用钢管桩13根。

2.施工步骤

(1)先将桩管截成1m长的短节，最下面一节可以适当长些。

(2)在室内开挖深1.8m的导坑，于压桩桩位处将导坑台向基础下挖开0.5～0.8m缺口，在缺口中垂直放进第一节桩管，并在桩管上放一块钢垫板，钢垫板上安置150～300kN行程尽量大的油压千斤顶，千斤顶上装压力传感器，传感器上垫钢板顶住基础梁。

(3)驱动千斤顶加载，将钢管桩压入水中，逐节压进，管节接头用电焊，并注意找正桩的垂直方向。当观察到桩的承载力达到设计单桩承载力的1.5～2.0倍时，即可停止加载。

1号桩的贯入与桩阻力记录见表11.1-18。

1号桩的贯入深度与桩阻力 表11.1-18

贯入深度(m)	2.0	3.0	3.5	4.0	4.5	5.0	停止贯入5.2
桩阻力(kN)	3.7	15.0	22.0	25.0	28.7	46.1	101.0

(4)在基础下沉、墙体开裂的部位，先后托换4根桩，完成设计要求后，交替撤出千斤顶，并向桩管内灌注C20混凝土，然后在基础梁下支模板浇混凝土，最后把桩和基础梁浇在一起。其他各根钢管桩的托换施工方法相同。托换工程完成后，建筑物使用正常。

二、打入桩和灌注桩的托换

压入桩的托换存在着一定的局限性，当托换的建筑物较轻或结构较差，不能提供合适的千斤顶反力时，以及所需要的桩长较大时，用压力桩托换则在费用上和工期上就不经济了，于是可采用打入桩或灌注桩进行托换。

打入桩和灌注桩也各有其优、缺点，应根据具体情况和周边条件等因素的可行性，来选定打入桩或灌注桩。

灌注桩的优点如下：

(1)施工时无冲击荷载、振动小，对被托换的建筑物影响小。

(2)能在密集的建筑群条件下施工。

(3)占地较小，操作灵活，根据实际需要，可变动桩位和桩长。

其缺点是如何发挥桩端承载力和改善泥浆的处理和回收工作。我国采用最多的是灌注桩的托换方式。

三、树根桩托换

树根桩实际上是一种小直径就地灌注钢筋混凝土桩。该项技术是20世纪30年代由意大利的Lizzi首创。我国于1982年开始对树根桩进行研究,并于1983年在上海对饱和软黏土地区进行了系统的试验。

1.树根桩的施工步骤

(1)在钢管桩的导向下用旋转法钻进,钻孔直径一般为ϕ75～250mm,穿过原有建筑物进入到下面地基土中去。

(2)当钻进到设计高程,清孔向下放钢筋,钢筋数量从一根到数根,视桩孔直径而定。

(3)用压力灌注水泥砂浆或细石混凝土,应边灌、边振、边拔管,最后成桩。

制桩时可竖向也可斜向,并在各个方向上可倾斜任意角度,其形状如同树根而得名。

2.树根桩的优点

(1)所需的施工场地较小,一般平面尺寸0.6 m×1.8m,净空高度2.1～2.7m即可施工。

(2)施工噪声小,机具振动小。

(3)所有施工操作,都在地面上进行,施工方便。

(4)由于施工时桩孔小,所以桩的设置在墙或地基中几乎不产生任何压力,仅仅在灌注水泥浆时,产生较小的压力。

(5)桩体为水泥砂浆或细石混凝土,水泥用量为600kg/m^3,因而能制成高强度的桩体。

(6)这种特殊的浇筑方式,使桩的外表面比较粗糙,对土具有显著的附着力。

(7)灌注水泥砂浆,桩与上部结构联成整体,不需要繁重的辅助结构,不需要对墙身进行危险切割,不干扰建筑物的工作情况。

(8)树根桩适用于任何土质(见图11.1-15)。

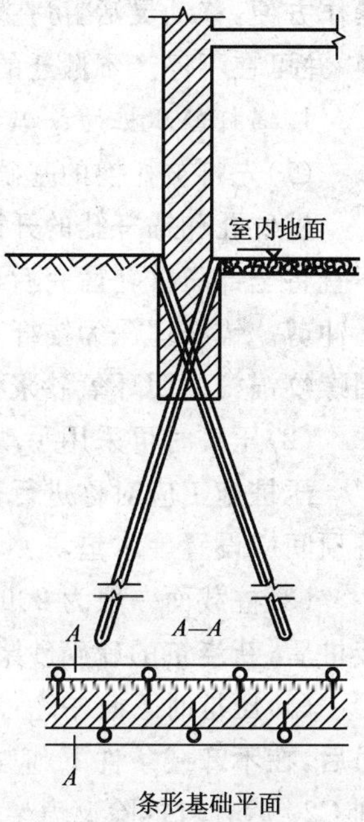

图11.1-15　树根桩

3.树根桩用于托换工程的工作机理

用树根桩进行托换时,可认为在初期不起作用,而当建筑物产生较小的沉降后,树根桩的反应是迅速的,将迅速地分担起荷载,如建筑继续下沉,则树根桩继续分担荷载,直至全部荷载由树根桩承担为止。

4.关于树根桩的设计

关于树根桩的应用。我国于1983年在上海饱和与软黏土地区作了系统的试验研究,研究的内容有:

(1)摸索在软土地基中行之有效的树根桩施工工艺和合理的构造形式。包括:竖桩和斜桩的成孔、填料、下钢筋和压浆,设置套管和不设置套管对成桩质量的影响,配置钢筋笼和单根钢筋对桩的成型和承载力的影响。

(2)研究不同施工方法和不同长度的长桩、短桩和斜桩的单桩承载力、群桩承载力及其沉降特性。研究得出的结论为:

①在软土中如采用套管的施工方法,直径ϕ150mm的树根桩质量可靠,承载性能良好,可应用于实际工程;

②若树根桩端部未达到硬土层或砂层,则按纯摩擦桩估算,桩周各层土的极限摩阻力按《地基基础设计规范》(DGJ 08—11—1999)取用;

③对于倾角不大的树根桩(不超过 6°)其竖向承载力可把它看作竖直桩同样设计;

④当树根桩承受拉力时,可参照《地基基础设计规范》的极限摩阻力的下限值来估计其极限抗拔力;

⑤若对于桩的向上位移有要求时,则应通过单桩抗拔试验,从“上拔力—上拔位移”曲线来确定其容许抗拔力;

⑥当树根桩的间距较大(超过 $6d$)时,可将单桩承载力取 0.8～0.9 的折算系数。

这一试验成果已在上海市某工程加固中使用。

四、锚杆静压桩托换

锚杆静压桩是加固软土地基的一项新的托换技术。其优点是施工时无振动,无噪声,设备简单,操作方便,移动灵活,可在场地和空间狭窄的条件下施工,可应用于新旧建筑物的地基加固和基础托换,并可在不停产不搬迁的条件下完成施工任务。

1.锚杆静压桩的施工步骤

(1)先将被托换的基础上标出压桩孔和锚杆的位置,见图 11.1-16。

桩位孔和锚杆孔的开凿可采用人工方式或电钻成孔,也可用风动工具但开凿孔不宜过大。一般不宜将全部压桩孔凿完后再进行压桩,最好采用流水作业。压桩孔最好凿成下大上小,以利于基础承受冲剪。锚杆埋深为锚杆直径的 10 倍。锚杆可采用光面直杆形式,端部镦粗或加焊钢筋箍,亦可采用螺纹锚杆。用环氧砂浆将锚杆埋设在已钻好的钢筋混凝土基础中。

(2)压桩时可采用手动或电动千斤顶,锚杆静压桩的装置见图 11.1-17。

压桩施工应对称进行,防止基础受力不平衡。压桩过程必须使千斤顶与桩轴线一致。千斤顶与桩顶间应设置硬木垫块。

(3)桩载面一般为 200mm×200mm 方桩,桩段长度为 1.5～2.0m。接桩一般采用硫磺砂浆连接。接桩后,新浇筑的硫磺砂浆应根据环境温度停歇 4～15min。

(4)压桩时不宜中途停歇,否则会因间歇而使压桩阻力增大。当压桩力达到 1.5 倍设计单桩承载力后,在不卸载条件下,应立即将桩与基础锚固。锚固混凝土用早强微膨胀混凝土,当混凝土强度达到 C20 后方可拆除反力架。

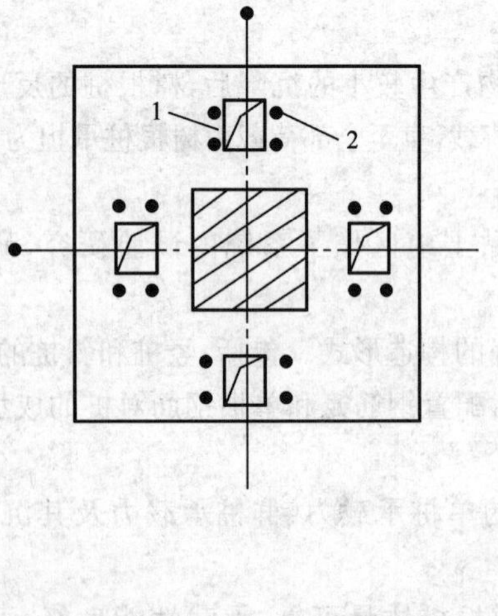

图 11.1-16 压桩孔和锚杆的位置图

1-桩;2-压桩孔

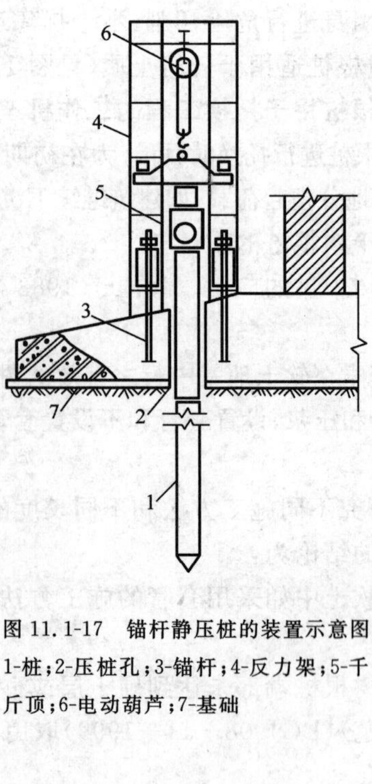

图 11.1-17 锚杆静压桩的装置示意图

1-桩;2-压桩孔;3-锚杆;4-反力架;5-千斤顶;6-电动葫芦;7-基础

2.锚杆静压桩施工工艺流程(图 11.1-18)

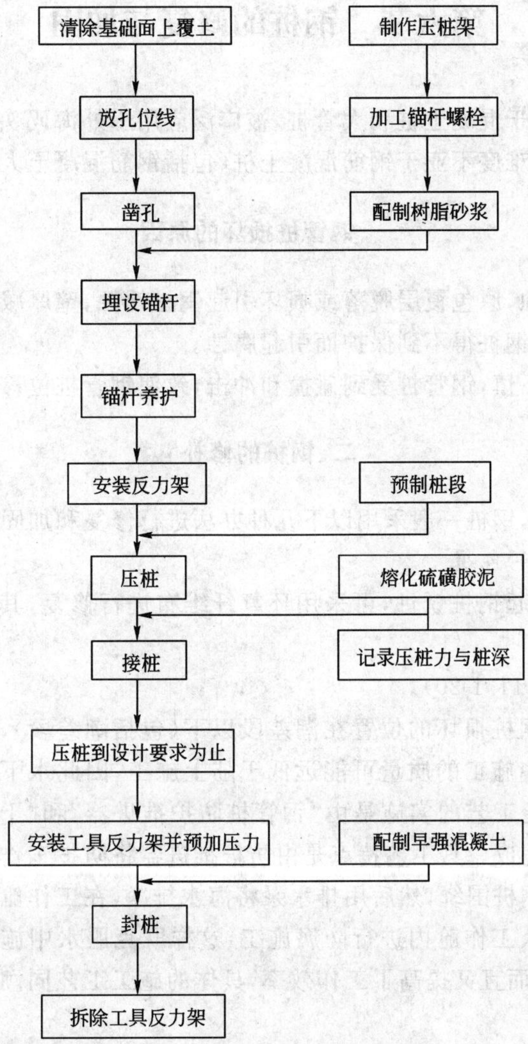

图 11.1-18　锚杆静压桩施工工艺流程示意图

[实例 6]

某少年宫建筑,地基土不均匀,基础下有一层 2.8～6.8m 厚的高压缩性填土。因不均匀沉降引起墙体开裂,最大沉降达 215mm,墙体最大裂缝宽度达 8mm,严重影响使用。经过现场调查与建筑物沉降观测资料的分析,比较几种托换技术方案后,最后选定用锚杆静压桩托换方案。

根据工程需要,共压入桩 121 根,桩长一般为 6m 左右,压入深度 6～8m,最深达 10.52m,压桩力一般控制在 1.5 倍设计单桩承载力。桩断面为 20cm×20cm,桩段长 1.5～2.0m,独立柱下和砖墙壁柱周围设置 4 根桩,桩数布置视上部荷载而定。当柱基和墙壁柱经锚杆静压桩处理后,经沉降观测,实测沉降很小,取得成功。见图 11.1-19。

该工程共压桩 121 根,仅用 2 个月时间全部完成压桩任务。如果由专业工程队施工,工期还会缩短。

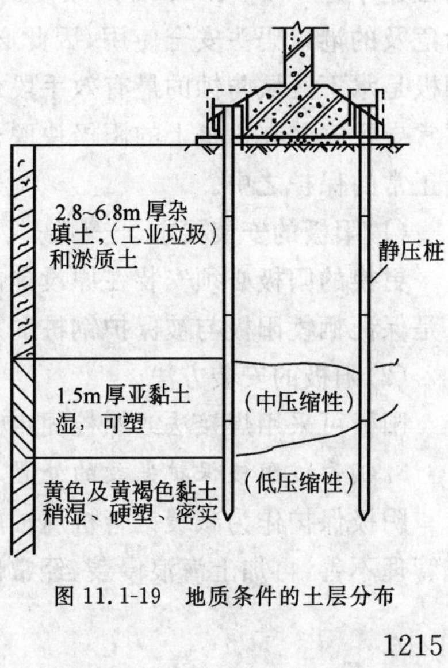

图 11.1-19　地质条件的土层分布

第六节　钢桩的修复与加固

钢桩由于其抗弯能力优于混凝土桩和大管桩，被广泛应用于外海码头和大型桥梁中，但由于其材料特性，在修补和加固中，其难度不亚于钢筋混凝土桩(包括钢筋混凝土大管桩)。

一、钢管桩损坏的原因

(1)由于长期受海水腐蚀，原包覆层脱落或损坏引起钢桩锈蚀，壁厚减薄，甚至穿孔。

(2)由于阳极块的脱落，钢桩得不到保护而引起腐蚀。

(3)由于船舶航行操作不慎，钢管桩受到碰撞和冲击，致使钢管桩位移、变形甚至断裂。

二、钢桩的修补

针对以上 3 种损坏原因，钢桩一般采用以下几种办法进行修复和加固：

1. 环氧纤维(俗称玻璃钢)包覆

原包覆层脱落或损坏引起钢桩锈蚀，可采用环氧纤维布进行修复，其修复工艺为：

(1)潮差段以上修复(图 11.1-20)。

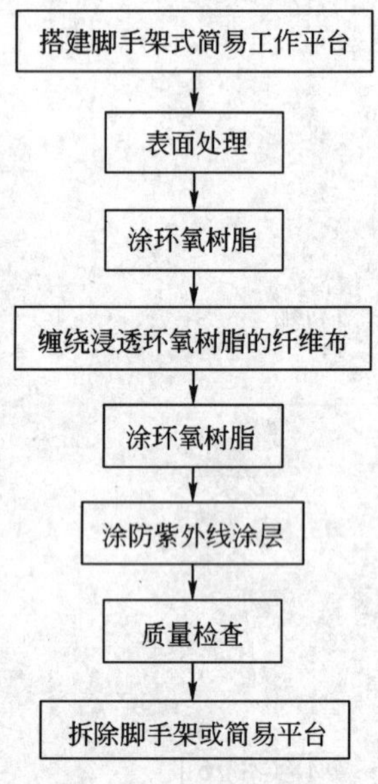

图 11.1-20　潮差段以上钢桩的修复

(2)潮差段以下修复。钢桩损坏的位置在潮差段以下(包括潮差段)，修补工作要在水中进行，而水中施工的质量可能远低于陆上施工，因此水下修复拟采用“干式”涂装工艺，此工艺的实施是由“钢管桩防护推进器”和“干式防护工作船”等施工设备来完成。其工艺特点是由防护推进器将防护工作舱推至钢桩前，防护工作舱将钢桩围绕，然后用排水泵将海水排净，在工作舱内形成干式环境，施工人员进入工作舱内进行防腐施工，这样既克服水中施工难点，又确保防腐施工质量，而且又提高了工作效率，具体的施工工艺同潮差段以上的防腐修复。

2. 更换阳极

钢桩由于遭受水介质和潮湿气的腐蚀，尤其是海洋环境的腐蚀，其平均腐蚀速率达 0.3～0.4mm/a，致使钢桩腐蚀，甚至穿孔，严重影响设计使用寿命危及的港口码头安全使用，因此必须对其施加有效的防腐措施，其中牺牲阳极是水下区域防蚀的最有效手段之一。但是由于安装原因或海浪的冲刷，常常导致安装在钢桩上的阳极块脱落，使钢桩失去保护效果，对于这类桩应及时更换阳极，使钢桩处于正常的保护之中。

(1)阳极的安装要求

更换的阳极必须安装在原设计的位置上，阳极的安装有两方面的要求：一是保证有足够的强度；二是保证牺牲阳极与被保护钢桩的接触电阻不大于 0.005Ω。

(2)阳极的安装方法

阳极可采用焊接法或螺栓固定法安装，图 11.1-21 示出了几种典型的阳极安装方法。

3. 钢管桩阴极保护失效的处置

阴极保护作为减缓钢管桩腐蚀的一种有效手段，已在海工建筑上广泛应用；但往往由于施工不当或管理不善，再加上海浪侵袭，经常出现阴极或阳极引线断裂，致使阴极保护失效或达不到设计电位。

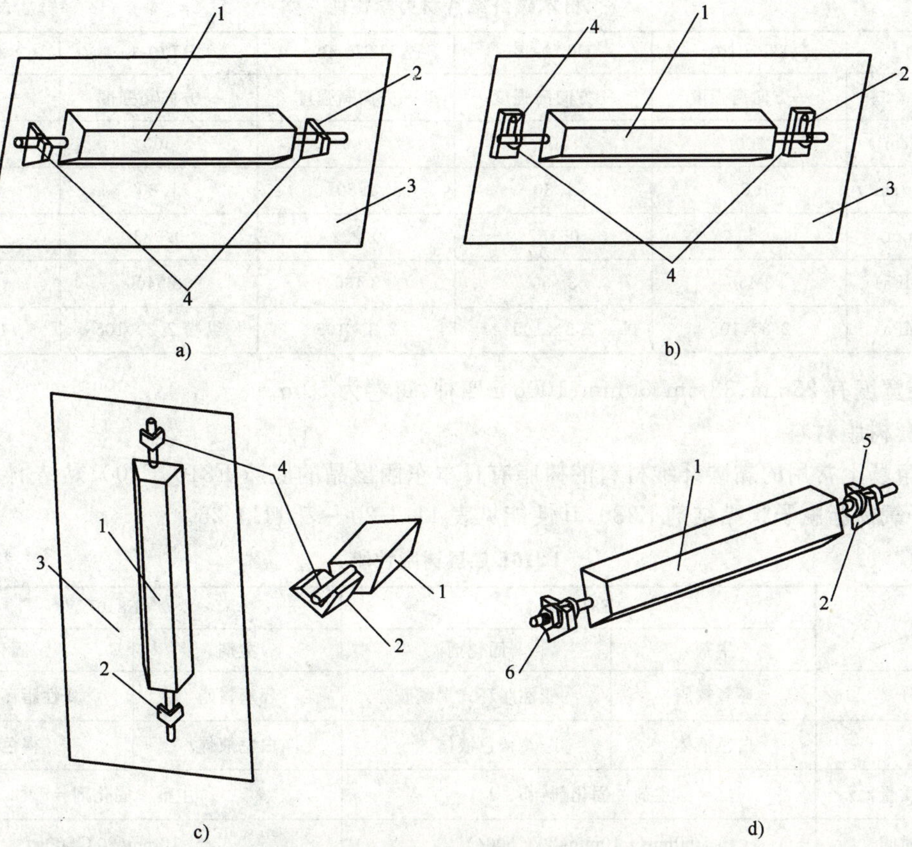

图 11.1-21　几种典型的阳极安装方法

a)挂板固定法;b)挂钩固定法;c)角钢固定法;d)螺栓固定法

1-阳极;2-钢质挂钩;3-钢桩;4-焊缝;5-垫片;6-螺母

在这种情况下,码头的管理部门应定期测量电位,观测保护电位是否满足现行规范的要求,如果发现保护电位(相对于 Ag/AgCl,海水参比电极)低于设计电位或变为自然电位,则要仔细检查其阴极或阳极间的引线连接是否牢靠,有没有断裂,然后根据其实际情况加以修复。例如,上海石油化工股份有限公司 3 号储运区码头 7 号泊位、8 号泊位是 1975 年 8 月建成投产的 2 座 2.5 万 t 级原油码头,码头投产已 30 余年,2002 年 11 月至 2003 年 1 月该公司委托检测单位对码头进行了探模,66 根钢管桩,每根桩按水面下 1.0m、泥面附近及中间深度 3 点,测量阴极保护电位。测量结果表明,有部分钢桩的阴极板保护电位达不到－800～－1 000mV(相对于 Ag/AgCl,海水参比电极)设计要求,有的靠船墩区域所属的钢桩阴极保护已经失效,电位为自然电位,主要原因为阴极或阳极引线断裂造成的,通过更换引线后,阴极保护系统恢复正常运行。

4.碳纤维布加固

对于受腐面积较大(坑点多),壁厚损失率达 30%以上,且有小面积穿孔的钢桩可采用碳纤维布进行加固。

(1)碳纤维材料

碳纤维材料具有高强、高弹性、质量轻及耐腐蚀性好等特点。在结构补强加固中,一般使用的高强度碳纤维材料,其抗拉强度是普通钢筋的 10 倍以上,弹性模量略高于钢筋。另外,碳纤维没有类似钢筋的屈服点。在达到抗拉强度之前基本上为弹性状态,目前市场用量最大的是日本东丽株式会出品的 UT70 系列产品。其性能见表 11.1-19。

日本碳纤维片材力学性能 表 11.1-19

材　料	UT70-20	UT70-30	UT70-40	BT70-30	OM46-30
种类	一方向高强度	一方向高强度	一方向高强度	一方向高强度	一方向高强度
纤维质量(g/cm^3)	200	300	400	300	300
纤维比质量(g/cm^3)	1.80	1.80	1.80	1.80	1.84
设计厚度(mm)	0.111	0.167	0.222	0.083	0.163
抗拉强度(MPa)	3 430	3 430	3 430	2 940	2 450
弹性模量(MPa)	2.3×105	2.3×105	2.3×105	纵横 2.3×105	4.36×105

其标准宽度有 25mm、33mm、50mm、100cm 四种，每卷为 50m。

(2)配套树脂材料

目前，市场上常用的黏碳纤维材料的树脂有日本东丽出品的底胶 E810、E200、黏结剂 E2500 及潮湿固化型环氧树脂腻子状黏结剂 E380，其性能见表 11.1-20～表 11.1-25。

E810L 底层树脂性能 表 11.1-20

品名 / 项目	E810LS		E810LW	
	主剂	固化剂	主剂	固化剂
主成分	环氧树脂	变性脂环式聚酰胺	环氧树脂	变性脂环式聚酰胺
外观	白色液体	褐色液体	白色液体	褐色液体
混合比例(质量比)	主剂：固化剂＝5：1		主剂：固化剂＝5：2	
可使用时间	60min±10min(20℃500g)		10min(20℃500g)	
混合黏度	500MPa·s±100MPa·s(23℃)		400MPa·s±100MPa·s(23℃)	

E810L 固化物力学性能 表 11.1-21

品名 / 试验项目	E810LS	E810LW	试 验 方 法
相对密度	1.10±0.10	1.10±0.10	JISK 7112～1980
压缩弹性率(MPa)	50 以上	50 以上	JISK 7208～1995
压缩弹性率(MPa)	1.0×10^3 以上	1.0×10^3 以上	JISK 7208～1995
弯曲强度(MPa)	40 以上	40 以上	JISK 7203～1995
拉伸强度(MPa)	20 以上	70 以上	JISK 7113～1995

固化剂 E2500 黏结/浸渍树脂力学性能 表 11.1-22

试 验 项 目	E2500S.W 标准法	E2500WW 标准法	试 验 方 法
相对密度	1.15	1.10±0.10	JISK 7112～1980
压缩强度(MPa)	70.0 以上	50.0 以上	JISK 7208～1995
压缩弹性(MPa)	1.5 以上	2.0×10^3 以上	JISK 7208～1995
弯曲强度(MPa)	40.0 以上	40.0 以上	JISK 7203～1995
拉伸强度(MPa)	30.0 以上	30.0 以上	JISK 7113～1995
拉伸剪比强度(MPa)	10.0 以上	10.0 以上	JISK 6850～1994

E2500 黏结树脂浸渍碳纤维后复合材料性能　　表 11.1-23

试验项目	标准法	试验方法
拉伸强度(MPa)	4 285(材料破坏)	I型哑铃
搭布处拉伸强度(MPa)	4 075(材料破坏)	JISK 7073～1988I 型哑铃 10cm
混凝土正拉黏结强度(MPa)	3∶5 混凝土破坏(100%)	建研或电控试验混凝土板

E380 多功能胶与钢板的黏合强度　　表 11.1-24

试验项目	常态黏合强度①	耐水黏合强度②	试验方法
拉伸断裂强度(MPa)	17.0	17.7	JLSK 6850～1994
压缩断裂强度(MPa)	22.8	22.5	JLSK 6852～1994

注:①养护:20℃±1℃7d;
②养护:20℃±1℃,7d 后水中 7d。

E380 多功能胶与耐久性　　表 11.1-25

试验条件	常态黏合强度①	耐水黏合强度②	高温湿黏合强度③	屋外暴露			试验方法
				1a	2a	3a	
弯曲黏合强度(MPa)	8.4	8.2	7.4	8.5	7.9	7.7	JISR 5201～1992

注:①养护:20℃±1℃7d;
②养护:20℃±1℃1 个月浸水;
③49℃±2.8℃,95%～100%,RH1 年。

5. 钢桩水下破裂加固

由意外事故造成钢桩水下破裂的,可通过浇筑桩芯混凝土来进行加固(见图 11.1-22),其工艺如下:

(1)潜水员用 2 个半圆钢套固定破裂处,将破口封闭,用潜水泵将桩中水抽干。

(2)下钢筋笼。

(3)浇筑水下不离析混凝土。

(4)拆除钢套。

6. 钢桩断裂加固

断裂的钢桩如果断裂位置在潮差段以上,可在低水位时将断口用氧乙炔气割平;再用相同截面的钢桩焊上。如果断口在水中,可采用"干式"施工工艺,切除断口后接上相同截面的钢桩;如断口接近泥面或泥面以下,这种情况下只好用补桩来替代原桩。

[实例 7]　香港南丫岛码头钢管桩修补

香港电灯公司南丫岛码头约有 293 根钢管桩损坏,部位在潮差段或潮差段以下,钢管桩包覆的范围是从－2.0m 至码头或墩低高程,南丫岛的水位最高潮约为＋2.5m,最低潮位约＋0.5m,也就是说这 293 根钢管桩要在水下 2.5～4.5m 中进行修补。为保证修补质量,提高工作效率,对这部位桩采用了"干式"涂装工艺,如图 11.1-23 取得了良好的效果。

工作井的下端距待修工作面以下约 1.5m 左右,并与钢桩密封,当工作井固定于桩身时即可将工作井内的水抽干,作业人员进入井内,对钢桩进行修补、喷砂以及防腐作业,如图 11.1-24 所示。

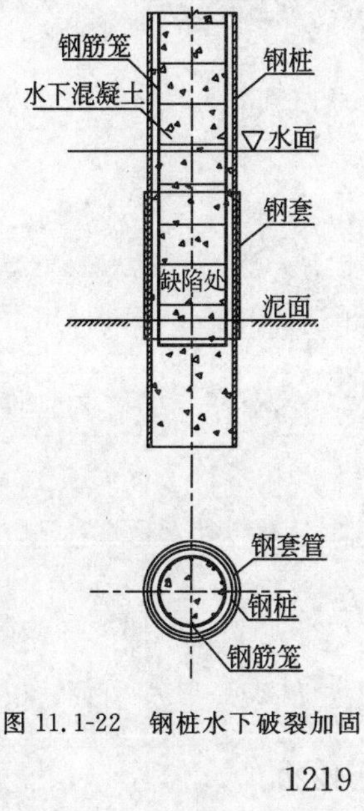

图 11.1-22　钢桩水下破裂加固

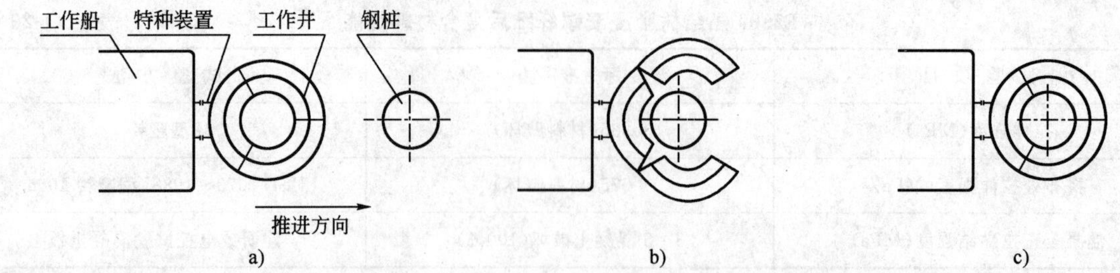

图 11.1-23 “干式”施工的特种作业井工艺流程图

a)作业船将作业井推向钢桩；b)打开作业井准备抱住钢桩；c)作业井抱住钢桩并固定于桩身

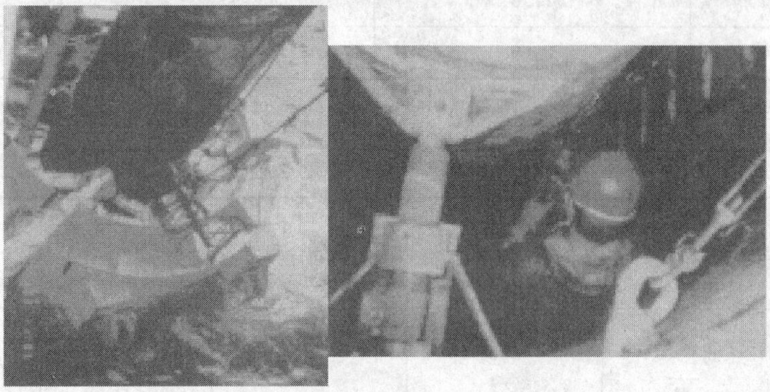

图 11.1-24 钢桩修补、喷砂和防腐

第二章　桩基工程拆除

第一节　概　　述

拆除工程是建筑技术的重要组成部分。有建筑就有拆除,建筑事业发展愈快,则拆除技术的需求就愈感迫切。老城区的改造扩建以及新建工程,都将牵涉到桩基工程的拆除问题。所谓拆除,其定义实质就是破坏,但是要实现达到理想的破坏并不容易。对一般复杂结构的拆除较为复杂,而一般简单结构的拆除也未必简单,因为所处环境及边界条件的要求都规定了拆除工程的复杂性。所以对拆除工程必须具有专门的施工技术、专用设备以及安全管理和降低公害的措施等。

一、拆 除 原 因

拆除原因不外乎有工程结构本身原因和外部原因两个方面。

(1)结构本身原因

结构本身原因是指桩基工程已损坏、破坏,不能继续使用,且已失去修复加固价值,需要加以拆除。因为桩基工程多属于钢筋混凝土结构,混凝土是有一定的耐用寿命的。一般码头工程中钢筋混凝土结构的使用寿命为30年,预应力钢筋混凝土和素混凝土结构的使用寿命为50年。所以达到或接近这一耐用年限的工程,即使工程结构的外观尚完好,但也不敢再继续使用。而多数情况是工程结构还远远没有达到结构的耐用年限,工程结构已经破坏、损坏,已不能继续使用。由于工程建成后在使用过程受到诸多不利因素的影响,常常令桩基工程过早地出现损坏、破坏,而需要拆除重建。影响桩基工程寿命短的原因有:

①材料质量、施工质量问题;

②地基沉降、位移及有关设计问题;

③使用不当,管理不善;

④受自然灾害,如地震、台风、波浪影响;

⑤海洋工程中海水对混凝土结构的侵害;

⑥海损事故;

⑦其他意外事故。

以上原因都将使桩基工程过早地失去使用价值,即因结构本身原因而需要拆除。

(2)外部原因

外部原因是指工程虽然建成不久,但因其地理位置有碍于规划而要求拆迁。如地下工程、地铁、隧道、顶管等与现有桩基相碰或有碍时需拆除,以及因改变设计用途和原设计能力不足进行改建、扩建而需要拆除的工程,都属于外部原因。

二、拆除工程分类及拆除工程的施工程序

(1)拆除分类

拆除工程可分为整体拆除、部分拆除和局部拆除。

(2)拆除工程的施工程序

拆除工程包括拆除前调查、拆除方案设计、拆除准备、拆除防护、拆除安全以及废旧构件的弃置、

桩孔的填埋等。

拆除工程施工前，应认真编制拆除工程的施工组织设计，并按拆除工程施工程序办理相关的爆破或水上、水下作业的有关手续和批准文件。为保证桩基工程拆除的顺利进行，则需对其上部结构首先予以拆除。由于旧结构物有许多未知因素，拆除工程的安全设计和组织管理就尤为重要了，特别是重大工程或技术难度很大的工程，事先应得到有关政府部门的批准。粉尘、振动、噪声等防治措施也是施工组织设计的重要内容之一。拆除工程的施工管理程序，详见图 11.2-1。

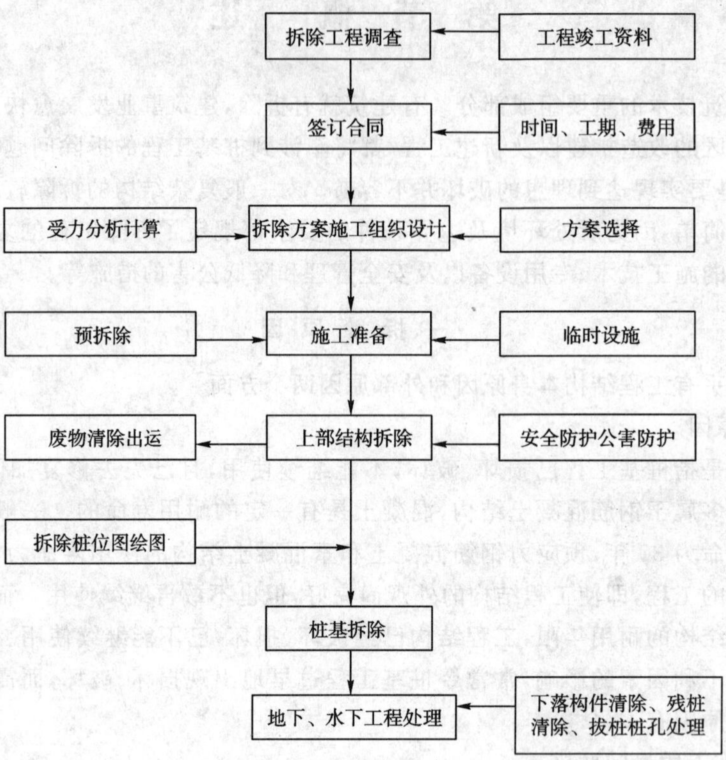

图 11.2-1　拆除工程施工管理程序图

拆除前工程调查的内容：

①结构情况调查：工程名称、设计单位、施工单位、竣工时间、结构形式、桩型、桩长；混凝土强度等级、钢材品种、规格、锈蚀情况、码头接岸形式、结构情况、边坡及后方建筑物、邻近建筑物等。

②地质、水文、气象资料。

③周边环境调查：场地情况、道路情况、给排水、地下管线、高空管线。地下建筑物如防空洞、地铁等周边建筑物结构基础形式、竣工时间及相邻单位对噪声、粉尘、振动的敏感要求等。

第二节　拆除方法分类及设计原则

一、拆除方法分类

现在世界各国通常采用的拆除方法有数十种之多，但用于桩基工程的拆除主要有 5 种，分列如下：

(1)机械拆除法。包括机械吊拆法、重锤撞击法、机械破碎法、机械拉倒法等。

(2)爆破拆除法。主要采用控制爆破,包括质控爆破、量控爆破和时控爆破(微差爆破)等。

(3)切割拆除法。指热熔切割(火焰切割、弧焰切割)和机械切割,热熔切割最适合于切割各种金属构件,但也可以用于切割钢筋混凝土的梁、板、柱等。

(4)膨胀破碎拆除法。包括使用各种膨胀剂。

(5)高压水破土拆除法。指利用高压水枪和压缩空气,将桩侧的土体破坏并用气举方式将土体带出,即可用起重机吊起桩身。

二、拆除工程的设计四原则

(1)速度原则。拆除工程尤其是部分拆除或局部拆除,为了缩短业主的停产时间,减少业主的经济损失,故要求拆除工程的施工工期应尽量缩短,尽可能采用快速施工法。

(2)低公害原则。拆除方法设计,必须注意公害问题,如粉尘、振动、噪声、污泥、污水等,对公害特别敏感的单位或相邻单位,在选择设计方案时,应选择防公害措施。

(3)经济原则。在制订拆除方案时,应因地制宜、就地取材,尽量节省劳力、能源、材料和资金,讲究经济效果。

(4)安全原则。旧桩拆除因年代久远,水下、地下损坏情况无法确切调查,特别是机械吊拔时要注意因断桩而造成机损事故和人身伤亡事故。

上述四原则虽然相互矛盾,但根据安全要求及周边环境条件应有所侧重,综合考虑,分别对待。例如,从速度考虑,可以选择控制爆破法、机械破碎法、各种切割法、高压水破土拆除法;从公害考虑可以选择膨胀破碎法、机械吊拆法;从经济角度考虑可以选择重锤撞击法、机械破碎法、控制爆破法等。应根据不同的工程选择合理的拆除方案。

第三节　拆除方案选择

一、上部结构的拆除

高桩码头的拆除可分为上部结构和桩基两部分来考虑。上部结构又可分为码头面板和纵横梁系或框架等分别考虑。

1. 码头面的拆除方案

(1)机械破碎法,如用风镐和混凝土破碎机等。风镐比较灵巧,可在任何位置、任何角度使用。混凝土破碎机装在液压反铲上使用也非常灵活。空气式破碎机的噪声一般为69～88dB(10m远)。

有关破碎机的性能资料见表11.2-1～表11.2-4。

日本空气式和油压式混凝土破碎机　　表11.2-1

规格 \ 型号 \ 分类	空气式								油压式
	B85	B60	TYB20	TYAB30	AK20	AK30	B32	SB-8	BBH-31
质量(kg)	40	30	22	29	20	29	32	36	32
全长(mm)	740	680	565	585	567	594	690	740	610
气缸直径(mm)	67	57	40	46	40	45	54	32	—
冲程(mm)	152	160	200	196	165	165	170	152	17

续上表

分类 / 型号 / 规格	空　气　式								油　压　式
	B85	B60	TYB20	TYAB30	AK20	AK30	B32	SB-8	BBH-31
打击次数(次/min)	1 200	1 260	1 000	980	900	800	1 050	650	1 000
耗气量(m^3/min)	2.2	1.3	1.4	1.6	1.2	1.4	1.4	—	油压 4.5～10MPa 油量 20L/min
使用软管(mm)	19	19	19	19	19	19	19	—	—

日本电动式混凝土破碎机　　表 11.2-2

电流(A)	输入功率(W)	旋转数(r/min)	打击次数(次/min)	全长(mm)	质量(kg)
9	800	12 000	1 900	570	10

大型空气式破碎机　　表 11.2-3

型号 / 规格	MCB 90	MCB 120	MCB 180	IPH 200	IPH 400	IPH 500	IPH 600	IPH 1 000	NPH 1 500	DCB 3 000	BL 2	BB 6
质量(kg)	100	380	1 100	218	405	500	624	1 034	136	890	160	630
全长(mm)	900	1 650	2 000	1 167	1 324	1 458	1 401	1 865	790	1 435	2 190	1 650
气缸直径(mm)	90	120	180	92	116	116	125	145	95	160	100	145
活塞冲程(mm)	200	305	420	300	350	350	350	450	140	340	250	370
耗气量(m^3/min)	5	7～10	15～17	4.5	6.5	8	9	14	4.6	—	6	10.5
打击次数(次/min)	550	450	380	380	320	330	310	240	900	30～290	1 500	400～450

大型空气式破碎机　　表 11.2-4

型号 / 规格	MPH 200L	MPH 800L	MT 10A	MT 50A	MKB 400	MKB 600	200M 100	YB 1 500	BBH 31	BRN 501	AA 074	BRH 250
质量(kg)	230	650	200	850	255	510	72	950	32	1 000	112	550
全长(mm)	1 594	1 824	765	780	990	1 272	1 110	1 570	610	2 250	—	1 700
气缸直径(mm)	—	—	148	196	—	—	140	—	—	—	—	—
活塞冲程(mm)	—	—	155	255	—	—	104	—	17	—	—	—
耗气量(L/min)	45～70	110～150	40	160	—	—	—	—	20	—	—	12～60
打击次数(次/min)	250～350	250～350	300～600	350～420	490～650	380～480	600～800	200	1 000	450	1 000	540
油压(MPa)	14	14	13	14	—	—	—	—	4.5～10	6.5～13	—	7.0～12

(2)重锤撞击法。锤重采用 0.5～3t 自落锤，用履带吊或汽车吊吊起，依靠重锤的冲击力，把板面打碎或将四周打碎，中间部分整块割下吊走，这样拆除工程更快。采用重锤撞击法，技术简单、费用低、速度快，但主要缺点是振动较大、有粉尘。

2. 码头纵横梁系和框架等的拆除方案

码头纵横梁系和框架等的拆除方案以采用控制爆破中的微差爆破为佳。微差爆破是从时间上对爆破进行控制，群炮爆破时，相邻两药包或前后排药包在以 ms 计的极短间隔时间内先后顺序起爆称微差爆破。微差爆破可以减少振害，因为微差爆破是将齐发爆破由大幅值的地震波变成一长串小幅值的地震波，从而降低和控制了地震效应。同时微差爆破各药包前后相继产生的地震波相互干扰，降低了地震的幅值，也使地震效应降低。爆破参数的设计必须请专业的有资质的爆破公司进行，下面介绍一般常用知识，供使用者参考。

微差爆破的关键在于掌握微差间隔时间。计算合理的间隔时间的公式如下：

$$\tau=(3\sim6)W \tag{11.2-1}$$

式中：τ——微差合理间隔时间；

W——最小抵抗线。

该式计算结果不够理想时，可考虑下式：

$$\tau=(1.25\sim1.8)Q^{1/3}+P(\gamma_B\times D_B/\gamma_n\times C_n-0.18)Q^{1/3}+S/V_{cp} \tag{11.2-2}$$

式中：τ——微差合理间隔时间；

Q——每孔的装药量；

P——爆破系数；

γ_B——炸药容重；

D_B——炸药在孔中的爆速；

γ_n——固体介质的重度；

C_n——固体介质传播速度；

V_{cp}——固体介质爆炸时的平均速度；

S——边距。

微差爆破的起爆顺序对改变振动强度起着重要的作用。起爆顺序有多种方式，如成排微差、成排孔间微差、对角式、波浪式、径向式、组合式等（见图11.2-2）。

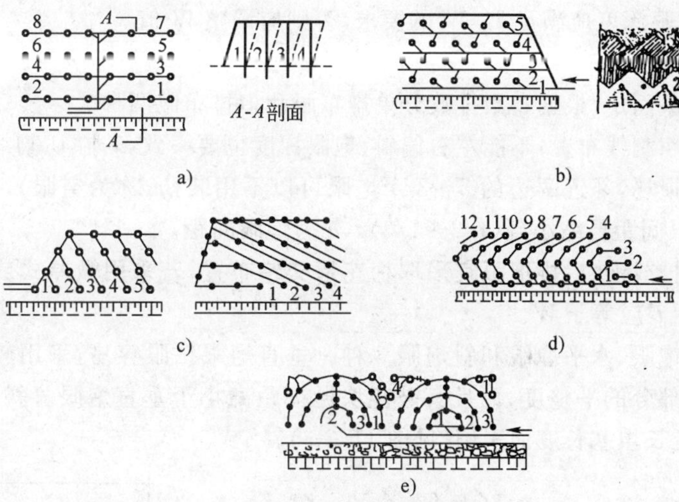

图11.2-2　微差起爆顺序

a)成排微差；b)成排孔间微差；c)对角式；d)波浪式；e)径向式

(1)布眼和钻眼

布眼是控制爆破设计工作的重要一环，钻眼则是控制爆破施工的重要一环。

①钻眼参数的确定（最小抵抗线 W 的确定）

当爆破对象是薄壁结构或小截面钢筋混凝土梁、柱时，W 应是壁厚或梁、柱截面中较小尺寸的一半。即 $W=1/2B$，B 为壁厚。

当爆破对象为大体积混凝土如墩台等，钢筋混凝土墩台 $W=(3/4\sim4/5)H$，H 为墩台厚度。

②炮眼间距 a 和炮眼排距 b 的确定

炮眼间距 a 与最小抵抗线 W 成正比，在工程实践中一般采用 $a \geqslant W$。当 W 给定以后，a/W 越大，钻孔工作量越小，故工程进展越快，费用越省。但 a/W 不能无限大，根据工程经验，a 按如下取值：

a. 素混凝土：　　　　　　　$a=(1.0\sim1.3)W$；

b. 钢筋混凝土结构：　　　　$a=(1.0\sim1.5)W$；

c. 浆砌砖墙：　　　　　$a=(1.2\sim2.0)W$（W 为墙厚的 1/2）。

上述 a 值的上、下限选取应视建筑材料质量及 W 值的大小而定。材料强度较高时，a 取较低值，反之取较高值；工程质量较差，a 取较低值；工程质量较好，a 取较高值；W 大时 a 取较低值，W 较小，a 取较高值。

当采用多排布孔一次起爆时，排距 b 的选定：$b=(0.8\sim1.0)a$，或取 $b=W$。

③钻眼深度 I 的确定

合理的炮眼深度 I，能使炸药能量得到充分利用。炮眼最大深度 I 可按下列原则确定：

a. 爆破体底部临空或有明显的断裂界面时，$I=(0.6\sim0.7)H$，H 为爆破体或爆破体断裂面以上的高度。

b. 切割面位于均质的等截面爆破体的中间部位时，$I=H-\delta$，H 为切除高度，δ 为预留保护层厚度。它与爆破体的材质和厚度有关，当爆破体 $W\leqslant0.5$m，采用 C10 混凝土，可按 $\delta=(10\sim15)r$ 来考虑，r 为炮眼半径。

c. 切割面位于突变截面时，$I=(0.8\sim1.0)H$，H 为突变截面以上的切除高度。

d. 当切割面位于断裂面、伸缩缝及施工缝等处时，$I=(0.7\sim0.8)H$，H 为设计切除部分的高度。

e. 当爆破体为板式结构，且顺炮眼方向前后或上下均有临空面时，$I=(0.6\sim0,7)B$，B 为爆破体厚度。

f. 除板式结构外，炮眼深度应满足 $I>W$ 的要求，否则应调整 W 值。

④布眼方式

布眼方式由爆破对象而定，根据布眼排数分单排布眼和多排布眼两种。

单排布眼炮眼要沿切割线布置，不能左右偏斜，炮眼深度也要一致，若在切割线上布置空眼（为了防止切割线两端爆破体损坏，邻近两边的 2～3 个炮眼可以不用装药，称为空眼），空眼深度 I 应等于要求切割的深度 H，空眼间距要缩小到$(1/2\sim1/3)a$，a 为炮眼间距。

多排布眼时，上、下排或前、后排炮眼宜采取梅花形交错布置，若采用微差式或分排起爆，因增加了附加临空面，炮眼排距 b 应等于 W。

炮眼方向分为垂直炮眼、水平炮眼和斜炮眼 3 种。垂直炮眼钻眼容易，采用较广，水平炮眼不仅有利于爆破体下部保留部分的平整度，而且其破碎块抛掷距离小于垂直炮眼。斜炮眼一般在切割较薄的板式结构时，为了延长填塞长度而采用（见图 11.2-3）。

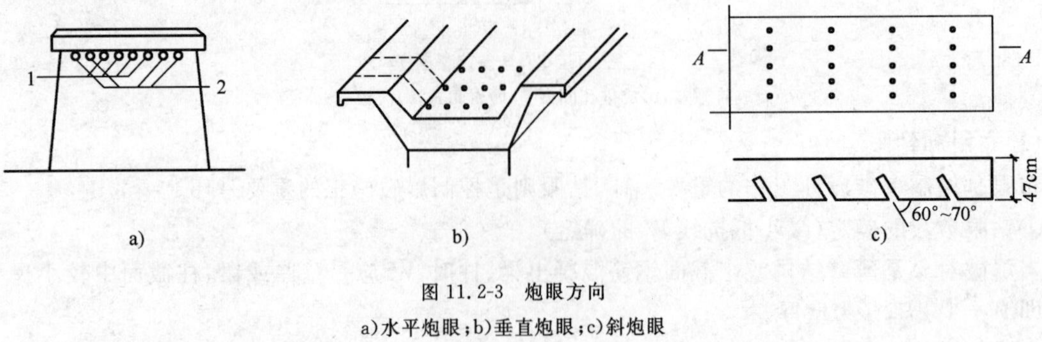

图 11.2-3　炮眼方向

a）水平炮眼；b）垂直炮眼；c）斜炮眼

1-装药；2-不装药

⑤钻眼机械和钻眼

我国风动凿岩机主要有以下几种：

a. 手持式凿岩机。这种凿岩机质量较轻，一般在 20～25kg 以下，用手持工具进行操作，可钻各种方向的较小直径和较浅的孔眼。

b. 气腿式凿岩机。气腿式凿岩机 YT30 型，凿眼直径为 34～38mm。凿眼深度 5m，耗气量 $29m^3/min$，使用气压0.5MPa，冲击次数 1 800 次/min，冲击功 60J，钎尾尺寸（直径×长度）ϕ22mm×108mm，外形尺寸（长×宽×高）为 880mm×240mm×150mm，质量为 27kg。7655 型，凿眼直径 ϕ34～38mm，凿眼深度 5m，耗气量小于 $3.6m^3/min$，使用气压 0.5MPa，冲击频率 2 100 次/min，冲击功大于 60J，钎尾尺寸内为 ϕ22.2mm×108mm，外形尺寸为 637mm×215mm×200mm，质量 24kg。YTP26 型，凿眼直径 ϕ36～42mm，凿眼深度 5m，耗气量 $3m^3/min$，使用气压 0.5MPa，冲击次数 2 650 次/min，钎尾尺寸为 ϕ25.4mm×108mm，质量为 26kg。

c. 向上式凿岩机。它的气腿与主机在同一纵向轴线上连成整体，其质量一般为 40kg 左右，可立于地面进行操作和向上钻眼。其中 YSP45 型，凿眼深度 6m，耗气量小于 $5m^3/min$，使用气压 0.5MPa，冲击次数大于2 700次/min，冲击功大于 70J，钎尾尺寸为 ϕ22×108mm，外形尺寸为 1 420mm×390mm×160mm，质量 28kg。

d. 内燃凿岩机。内燃凿岩机是利用内燃机原理，用汽油燃烧直接发动并以自身动力进行凿岩的手持凿岩机，它适合于钻凿垂直向下或倾斜向上小于 45°的各方向的炮眼。常用内燃凿岩机有 YN30 和 YN30A 等，其钻孔速度分别为 180mm/min、200mm/min，冲击次数为 2 700～3 000 次/min，冲击能量为 35J，钎尾尺寸为 ϕ25mm×108mm、ϕ25mm×108mm（冲杆），耗油率分别为 0.145L/m、0.15L/m，外形尺寸为 805mm×330mm×205mm、760mm×330mm×205mm，质量为 28kg。

此外还有电动凿岩机、液压凿岩机等。

根据工程情况和现有条件选择凿岩机械。待布眼参数、布眼形式和凿岩机械都确定后，并在爆破体上标定炮眼位置，即可进行钻眼。开始钻眼时，机具要扶稳，先开小风门，待钻头进行到能够控制方向时再加大风门。并掌握好钻眼方向、角度及深度，使之完全符合设计要求。炮眼钻好后，应将炮眼吹净，并将眼口封盖，以防杂物落入。

(2)药量计算和药卷制作

爆破作用极其复杂，即使在均匀的介质内也难以应用力学的动态方程去描述它的作用。工程实践中，一般采用经验公式或经验的计算参数去进行计算。在此介绍若干个比较有代表性的经验公式，以便于选用。这些公式有国外的、也有国内的；有关于混凝土的计算公式，也有关于钢筋混凝土的计算公式；有从高能燃烧剂的角度提出的，有从复合高能燃烧剂的角度提出的，也有从硝铵炸药的角度提出的。

①日本笠井芳夫关于混凝土和钢筋混凝土的药量计算公式如下：

$$L = e \times f \times m \times d \times b \times V \tag{11.2-3}$$

式中：L——装药量(kg)；

e——药量系数(kg/m^3)；

f——材质系数，由混凝土强度和钢筋用量多少决定；

m——约束系数；

d——形状系数；

b——破碎系数；

V——混凝土体积(m^3)。

各系数的确定可参照表 11.2-5。

施工中的经验系数 表 11.2-5

种类	混凝土体积 $V(m^3)$	药量系数 e (kg/m^3)	材质系数 f	约束系数 m	形状系数 d $(d_1 \times d_2)$	破碎系数 b	实用药量 (g/m^3)	计算药量 (g/m^3)	备注
地下素混凝土基础	23.0	0.11	1	0.4	1×1	0.94	43	41	砂土地基 d 取 0.4
地下素混凝土基础	1.44	0.11	1	1	1×1	1	104	110	
地下素混凝土基础	12.6	0.11	1	0.4	1×1.1	0.94	38	46	
地下钢筋混凝土基础	4.77	0.11	3.5	0.5	1.2×1	1	160	237	
地下钢筋混凝土基础	1.30	0.11	3	0.6+0.2	1.1×1.1	1	400	400	切割面接触土层，d 增加 0.2
素混凝土挡土墙	1.87	0.11	1	0.85	1.1×1.2	0.94	140	116	上部自由面少，取 d=0.85
素混凝土防波堤	12.0	0.11	1	0.5	1.1×1.2	1	101	72	
钢筋混凝土基础	3.7	0.11	4	0.6	1×1.2	1.1	373	350	切割面在地面，取 d=0.6
钢筋混凝土机械基础	3.00	0.11	3	0.4	1.1×1	1	160	145	
钢筋混凝土挡土墙	7.32	0.11	3	0.5	1.1×1.05	1	137	190	挖去周围大部分埋土，d 取 0.5
钢筋混凝土高架桥桁架	2.19	0.11	3	0.8	1×1.2	1.03	347	333	切断
钢筋混凝土框架梁	8.4	0.11	3.5	0.35	1×1.1	1	107	149	支撑少，发生弯曲 d 取 0.5
钢筋混凝土柱	0.752	0.11	3.5	0.8	1×1	1.1		339	剥离

②中国铁道出版社 1981 年出版的《控制爆破》一书中，提出的关于硝铵炸药的计算公式如下：

$$q = KWH \tag{11.2-4}$$

式中：q——单个炮眼的装药量(kg)；

W——最小抵抗线(m)；

H——设计爆除部分的深度或厚度(m)；

K——系数(kg/m^2)。

K 值为炮眼分布系数 K_1、材质系数 K_2、爆破体特征系数 K_3、临空系数 K_4 和炮眼封填系数 K_5 的乘积，即：

$$K = K_1 \times K_2 \times K_3 \times K_4 \times K_5$$

其中 K_1 和 K_2 可参照表 11.2-6 和表 11.2-7 确定。

炮眼分布系数 K_1　　表 11.2-6

W \ a/W	1.0～1.2	1.3～1.5	1.6～1.8	说　明
0.1	0.09	0.11	0.14	(1)炮眼间距 a 及最小抵抗线 W 均以 m 计； (2)对于薄板式结构，当 $a<W$ 时，按 $a=W$ 查取； (3)表内数值可作 10%增减； (4)进行预裂爆破的装药量计算时，可按 $a/W=1.0$ 查取
0.2	0.10	0.13	0.16	
0.3	0.10	0.13	0.16	
0.4	0.10	0.13	0.16	
0.5	0.11	0.14	0.17	
0.6	0.12	0.15	0.19	
0.7	0.13	0.17	0.20	
0.8	0.15	0.19	0.23	
0.9	0.17	0.22	0.26	
1.0	0.18	0.23	0.28	

材质系数 K_2　　表 11.2-7

混　凝　土		钢筋混凝土		片石混凝土	
材质较差(无空洞)	材质较好	布筋稀	布筋密	有空隙	较密实
0.6～0.8	0.9～1.1	1.4～1.6	1.8～2.0	1.0～1.2	0.6～0.8

K_3 为爆破体的特征系数，根据爆破体的不同形状取 0.7～1.3。

K_4 为爆破体的临空系数，1 个临空面时取 1.10～1.20，2 个临空面时取 1，3 个临空面时取0.85～0.90，4 个临空面时取 0.70～0.90，5 个临空面时取 0.70～0.90，6 个临空面时取 0.60～0.75。

K_5 为炮眼封填系数，可参照表 11.2-8 确定。

炮眼封填系数 K_5　　表 11.2-8

炮眼深度大小最小抵抗线	封填段全部用符合要求的填料充分填塞	1.0
	封填段部分填塞或虽全部填塞，但所有填料不合要求	1.0～1.2
	封填段完全未填塞	1.25
炮眼很浅，填塞段长度远小于最小抵抗线	在炮眼口处加覆盖土	1.3～1.5
	炮眼口处不加覆盖土	1.7～2.0

本书中还提出了另外一个计算方法，其特点是以混凝土为基本材质，通过换算可以求出其他各类材质的相应值。

a. 混凝土结构单个炮眼装药量 q_1 可按下式计算：

$$q_1 = K_4 \times P \times l(\mathrm{g}) \qquad (11.2\text{-}5)$$

式中：K_4——临空系数，可参照以上叙述的临空系数取值；

P——爆破系数，与最小抵抗线及材质有关，可查表 11.2-9；

l——炮眼深度(cm)。

爆破系数 P　　表 11.2-9

W(m)	0.1	0.2	0.3	0.4	0.5	0.6	0.7	0.8	0.9	1.0
P	0.3	0.3	0.4	0.4	0.6	0.7	0.9	1.2	1.5	1.8

注：表内 P 值视材质好坏作 10%左右增减。

b. 钢筋混凝土结构单个炮眼的装药量 q_2 可按以下两式计算：

布筋粗密：$q_2=(1.6\sim2.0)q_1$　　(11.2-6)

布筋稀少：$q_2=(1.2\sim1.0)q_1$　　(11.2-7)

c.片石混凝土的结构单个炮眼的 q_3 可按下式计算：

$$q_3=(0.6\sim1.0)q_1 \tag{11.2-8}$$

例如，现有一厂房需要扩建，扩建时需要清除1根钢筋混凝土梁，因在厂区爆炸，故应严格控制爆破，钢筋混凝土梁的尺寸见图11.2-4所示。

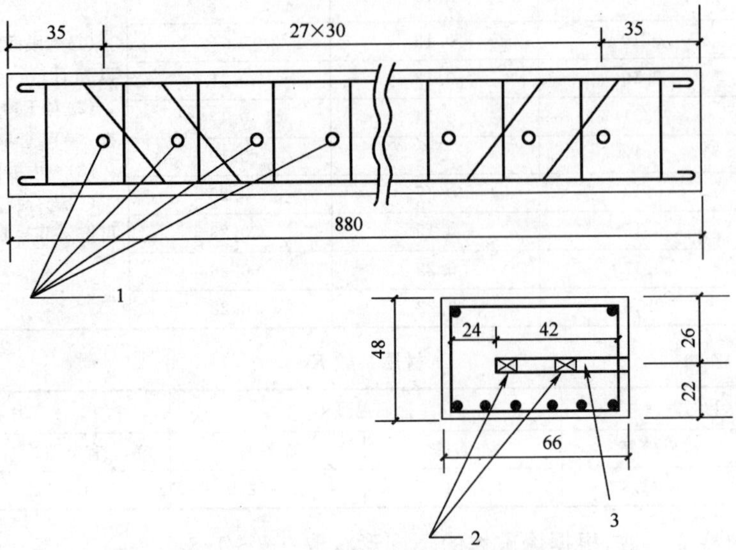

图11.2-4　需要清除的钢筋混凝土梁(尺寸单位:cm)
1-炮眼(总共28个);2-药包;3-炮眼

计算药量时，取 $W=22+26/2=24$(cm)。取 $a=1.25W=1.25\times24=30$(cm)，取 $l=(0.6\sim0.7)H=(0.6\sim0.7)\times66=39.6\sim46.2$cm。因炮眼底至临空面的距离不应小于 W，现 $W=24$(cm)，则允许的炮眼深度为66－24＝42(cm)。此值在 l 的计算值39.6～46.2(cm)范围内，所以实际取 $l=42$(cm)则 $q=KWH=(K_1\times K_2\times K_3\times K_4\times K_5)WH=(0.11\times1.9\times1\times1\times1)\times0.24\times0.66=0.033(kg)=33g$。

3.采用高能燃烧剂或复合高能燃烧剂拆除

对于高桩墩式结构和大体积混凝土，采用高能燃烧剂拆除也是可行的。高能燃烧剂有以下优点：切割混凝土时不产生或仅产生少量的音响、振动、炮烟和飞石；其组成物为非炸药成分，瞎炮易于处理，贮放及使用比较安全，爆炸时不产生有毒气体，不需用雷管起爆，能防潮、防水，在水中短时间内亦能燃烧，价格低于岩石炸药。另外由鞍钢修建公司试制成功的一种复合高能燃烧剂，它是一种技术合理，造价低廉，安全可靠的爆破剂，其性能介于高能燃烧剂和硝铵炸药之间。复合高能燃烧剂各种原材料技术指标和两者不同配方的性能比较，及其爆力试验结果见表11.2-10～表11.2-12。

复合高能燃烧剂各种原材料技术指标(鞍钢修建公司)　　表11.2-10

代号	材料名称	主要成分	纯度(%)	细度(目)	散密度(g/L)	外观	价格(元/kg)	货源	备注
A_1	铝银粉	Al	87.00		312	银灰色粉末	16.00	油化用	次优
A_2	铝粉	Al	99.00	160	768	灰白色粉末	4.70	工业用	优
A_3	铝粉	Al	71.62	100～200		灰白色粉末		试剂	劣
M_1	二氧化锰	MnO_2	85.10	80	1034	褐黑色粉末		焊条用	次优
M_2	二氧化锰	MnO_2	72.46	160		褐黑色粉末		电池1号	优
M_3	二氧化锰	MnO_2	85以上	140	861	褐黑色粉末	0.44	电池2号	次优

续上表

代号	材料名称	主要成分	纯度(%)	细度(目)	散密度(g/L)	外观	价格(元/kg)	货源	备注
M_4	二氧化锰	MnO_2	95.45	80	874	褐黑色粉末	54.50	试剂	优
C_1	氧化铜	CuO		160	2 297	黑灰色粉末		自焙	优
C_2	氧化铜	CuO		160	2 008	褐黑色粉末	7.38	外购	优
N_1	硝铵炸药	NH_4NO_3			610	黄色粉末			优
N_2	硝酸铵	NH_4NO_3				灰白色粉末			优
C	木粉	C							

复合高能燃烧剂和高能燃烧剂不同配方的性能比较　　表 11.2-11

型号	配合比(100g)	堆积点燃	导火线引燃	电引燃	填塞要求	单位用药量(g/m³)	冲炮率(%)
A_1M_2	$A_1:M_2$ 30∶70	中速燃	燃	燃	较高	700～900	52
A_1C	$A_1:C$ 20∶80	速燃	燃	燃	高	800～1 000	25
$A_1M_2N_1$	$A_1:M_2:N_1$ 21∶49∶30	缓燃	燃	燃	不高	500～700	6
$A_1M_2N_1$	$A_1:M_2:N_1$ 23∶54∶23	缓燃	燃	燃	不高	500～700	6
$A_1M_2N_1$	$A_1:M_2:N_1$ 18∶42∶40	缓燃	燃	燃	不高	500～700	6
$A_1M_2N_1$	$A_1:M_2:N_1$ 21∶49∶30	缓燃	燃	燃	不高	500～700	22
$A_1M_2C_2N_1$	$A_1:M_2:C_2:N_1$ 20∶28∶32∶20	缓燃	燃	燃	不高	550～650	1 以下
$A_1M_3C_2N_1$	$A_1:M_3:C_2:N_1$ 20∶28∶32∶20	不燃	燃	燃	不高	500～600	1 以下

复合高能燃烧剂的爆力试验结果　　表 11.2-12

试件编号	铝柱尺寸(mm×mm)	孔径(mm)	孔体积(cm³)	爆后体积(cm³)	实扩体积(cm³)
1	φ96×200	φ20	39.3	46.1	6.8
2	φ96×200	φ20	40.0	870(破漏)	829.6
3	φ96×200	φ20	38.7	45	6.3
4	φ96×200	φ20	39.8	44.2	4.4

关于高能燃烧剂的药量计算公式分两种情况：

(1)用高能燃烧剂切割混凝土，切割高度(H)不大于 1m 时，如药量和其他条件相同，抵抗线的变化对混凝土的破坏影响不大，可参照表 11.2-13 单位面积平均耗药量使用。

单位面积平均耗药量　　表 11.2-13

混凝土类型	素混凝土							钢筋混凝土			
爆破对象	基础		柱	厚块	薄板	薄构件	料石	柱子		预应力混凝土桩	
切割方式	水平	垂直	水平	垂直	垂直	垂直		垂直	水平		
眼距 a(cm)	20	20	20	20	20	20	20	40	20	15	10
眼深 l(cm)	40	42	36	36	15	17	20	51	54	20	20
单位面积耗药量 C(g/m²)	100	123	100	102	67	171	120	122	140	266	214

(2)若抵抗线变化较大,可根据具体条件通过试验,采用适当系数予以增减。

其计算公式为:

$$q=\frac{H\times B\times C}{B/a-1} \tag{11.2-9}$$

式中:q——每孔装药量(g);

H——爆破体厚度(m);

B——爆破体宽度(m);

C——单位面积耗药量(可参照表 11.2-13 确定)(g/m^2);

$B/a-1$——布眼数(a 为眼距)。

如果 B/a 不成整数,可将余量分配给一端或两端边距,边眼药量 S/a(S 为边距与所分配到的余量之差)的比例适当增减。

例如,某混凝土基础的尺寸为 1.1m×1.1m×0.55m,见图 11.2-5。基础部分埋深约 0.4m。计算药量时,取眼距 $a=20$(cm),眼深 $l=36$(cm)。炮眼总数 $n=B/a-1$,即 $n=110/20-1=4.5\approx5$(个眼)。多余量 10cm 可从两端边距 20cm 中各扣去 5cm,即 $S=15$cm。由于基础高仅 55cm,可以不考虑 W 对药量计算的影响,而选用表 11.2-13 中的 $C=100(g/m^2)$计算,即 $q_{总}=1.1\times1.1\times100=121$(g)。单个炮眼药量 $q=121/5\approx24$(g)(采用 25g)。由于 $S=15$(cm),边眼药量 S/a 的系数折减,即 $S/a\times24=15/20\times24=18$(g)(采用 20g)。

(3)鞍钢修建公司关于复合高能燃烧剂的计算公式。

鞍钢修建公司通过大量的试验,归纳出如下的公式:

$$Q=(200\sim250)K_2\cdot K_5\cdot A \tag{11.2-10}$$

式中:Q——依次爆破的总药量(g);

K_2——材质影响系数(见表 11.2-7);

K_5——炮眼封堵系数(见表 11.2-8);

A——实际爆破面积(m^2)。

公式中的 200～250 为不利系数,当切割面有附加剪切面时取上限,无剪切面时取下限,其物理意义是标准状态下的单位面积用药量(以上公式适用于 $A_2M_3CN_1$ 型复合高能燃烧剂,剂型改变时,药量要予以调整)。

例如,拆除某水压机基础(见图 11.2-5),该基础为素混凝土下部有施工缝,但没有附加剪切面。药量计算时取 $K_2=1.0$,取抵抗线 $W=450$(mm),$K_5=1.05$(插入法),$A=4.26(m^2)$。$Q=200K_1\times K_2\times A=1\,162$(g),共布 9 眼,每眼约 120g。

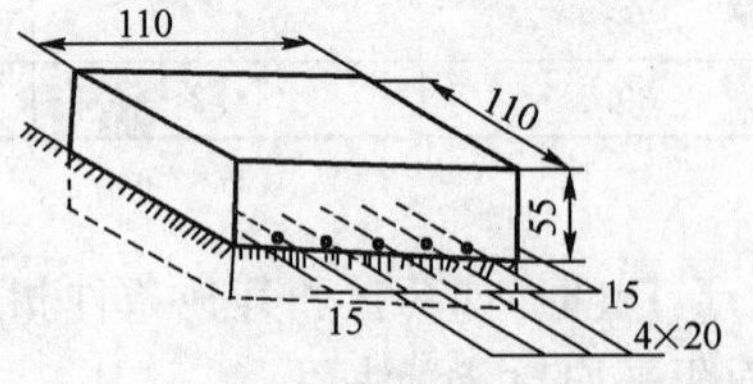

混凝土基础尺寸

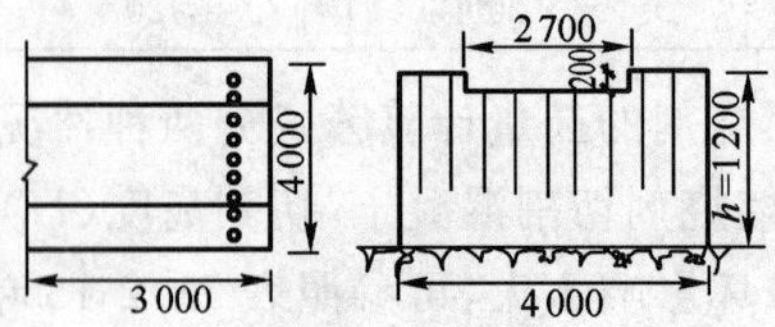

某水压机基础

图 11.2-5　某水压机基础的拆除(尺寸单位:mm)

4.硝铵炸药的药卷制作及高能燃烧剂的药卷制作

硝铵炸药和高能燃烧剂的药卷制作方法不完全一样,下面分别予以说明。

(1)硝铵炸药的药卷制作。

硝铵炸药的药卷制作分以下四步进行:

第一步:硝铵炸药的药卷质量一般为几十克,因此必须首先把成卷的 2 号岩石硝铵炸药拆散,逐个称量，重新包装。如发现炸药湿度较大，或有结块现象时，必须将硬块破碎摊开凉干。

第二步：用废水泥纸袋等较厚的纸张，按设计的药卷直径（一般为 ϕ15～25mm）做成柱状纸套，底部封住并上蜡。然后按每个炮孔的计算装药量，将炸药量慢慢倒入。

第三步：把经过测定的雷管轻轻插入，根据需要决定插入药卷的顶部、中部、还是底部。插入部位不同，爆破效果也是不一样的。插好雷管后，要稍加振动以提高炸药的密集度，然后将纸套封好，并用蜡线捆扎一、二道。

第四步：在每个药卷上注明炸药质量、炮眼编号、是否迟发雷管等。

采用导爆索起爆时，只需将导爆索的一端插入药卷，然后用麻线将导爆索与药卷扎紧绑牢即可。

(2)高能燃烧剂的药卷制作。

高能燃烧剂的药卷制作分三步进行。

第一步：电阻丝制作。电阻丝可采用 ϕ0.3～0.5mm 的铁铬铝电热合金丝，按所需电阻值截成定长；形状和尺寸应尽量一致，以减少电阻值差别；将蜡线配成对，按炮眼深度不同截取一定的长度；将脚线与电阻丝连接，注意连接牢固，并用绝缘胶布包扎后备用。

第二步：药剂制作。对有结块、潮湿的原料应烘干，研细后备用，按配合比称量二氧化锰、铝粉等，用手工或机械进行均匀拌和。

第三步：将拌和好的药剂装入药卷，并将电阻丝插入中间位置，然后轻轻振动，以增加装药密度，接着将药卷包扎严密。药卷以圆柱状为宜，直径根据炮眼孔径而定。原则是既要满足最大装药密度，又能顺利装入炮眼。例如，对 ϕ42～44mm 的炮眼，药卷可加工成 ϕ30～34mm。

5.码头上部结构为墩式结构或胸墙等少筋混凝土和素混凝土，也可采用膨胀破碎拆除法

(1)膨胀破碎剂的种类

①生石灰破碎剂

a.纯生石灰破碎剂。纯生石灰破碎剂是最早使用的破碎剂，使用生石灰时，要把它破碎并磨成粉末，其配合比为生石灰：水＝100：35。

b.加延迟剂的生石灰破碎剂。生石灰加水后，其水化速度比较快，4～5min 后即可完成，因此施工相当困难。为了解决这个问题，可在纯生石灰中加上延迟剂。延迟剂对生石灰的水化反应具有延迟作用。常用的延迟剂有乙二醇、氢氧化钠、硅酸钠、乙烯甘油、硬脂酸等。采用生石灰、水和延迟剂配成的破碎剂与纯生石灰破碎剂相比，施工效果有所改善，但也并不是十分令人满意。其配合比为100 份生石灰，35 份水，再加 10%延迟剂，延迟剂加量视延迟剂种类而定。延迟剂可以直接加入，也可以预先加入水中。

②复合膨胀破碎剂

复合膨胀破碎剂是一种以特殊硅酸盐和氧化钙为主要成分的无机化合物和特殊有机化合物相混合的粉末状的破碎剂，其主要成分及膨胀率见表 11.2-14。

复合膨胀破碎成分和膨胀率表　　表 11.2-14

成分（质量百分比）					膨胀率(%)	
					2d 后	15d 后
P.C.100	石膏 70	CaO90	—	水 120	149	161
矿渣 100	石膏 130	$Ca(OH)_2$120	—	水 160	113	149
P.C.100	CaO70	$CaCO_3$10	$CaSO_4$50	水 80	260	264
P.C.100	C.S.A20	赤泥 50	CaO80	水 100	214	217

注：P.C.为优质波特兰水泥；C.S.A 为硫铝酸钙。

作为延迟剂的有机化合物主要有乙二醇、乙醇、丙三醇、糖类、醇酸等。其加入量与品种有关。加法有两种：一种是直接加入水中；一种是加入混合物中。浓度也与品种有关，如乙二醇，其浓度一般在

30%～50%之间。

③水泥膨胀破碎剂

水泥膨胀破碎剂的制作方法与水泥制作方法相似。其原料为：石灰石 90%左右，黏土 5%左右，石膏 4%～5%，铁粉微量。制作时，把上述原料放在水泥的窑或回转窑中煅烧，煅烧温度为 1450～1500℃。煅烧后的熟料添加少量的减水剂后，放到球磨机内磨成比表面积为 2000cm^2/g 的粉末，用防风化的塑料袋包装。熟料的化学成分为：CaO81.3%，$SiO_2$8.5%，$SO_3$4.5%，$Al_2O_3$2.4%，Fe_2O_3 1.1%，MgO0.7%。在矿物组成中，CaO 占 50%，其他为 $3CaO \cdot SiO_2$ 和 $CaSO_4$、$3CaO \cdot Al_2O_3$、$4CaO \cdot Al_2O_3 \cdot Fe_2O_3$。

据日本东和产业株式会社介绍，日本产业厅研究所研制的水泥膨胀剂目前共有 4 种标号，即 100 号、150 号、200 号和 300 号，冬季在 5℃以下使用 300 号。

④TJ-1 膨胀破裂剂

由我国铁道部科学研究所研究成功的，TJ-1 型膨胀破裂剂其组成为：氧化钙和水；有机添加剂；无机添加剂。氧化钙和水是膨胀压力的来源，因而是膨胀破裂剂的主要成分；有机和无机添加剂则起控制化学反应速度和硬化作用，其品种和添加剂对膨胀破裂剂的性能有影响。

TJ-1 型膨胀破裂剂的制造工艺非常简单。其配方为：氧化钙 90%～95%，添加剂 10%～15%，外加 20%～30%的水。将氧化钙和无机添加剂在常温下混合均匀即得其干料，然后将有机添加剂加水逐步倒入干料中，用人工拌和，最好每次拌和 2kg。通常采用现场混制，尤其将干料变为湿料必须在现场进行。

(2)膨胀破碎剂的性能

① 生石灰破碎剂的性能

通过试验室试验，生石灰的膨胀压力为 300MPa，实际使用时要比此值略小一点。

图 11.2-6a)和图 11.2-6b)均表示生石灰的持续压缩应力与膨胀率的关系。在图 11.2-6a)中，充填孔眼的直径为 50mm，初期充填高度为 40mm。从图中可以看出，初期充填密度大，膨胀度也大。在图 11.2-6b)中，初期充填高度为 40mm，初期充填密度为 1.43g/cm^3。从图中可以看出，孔眼的直径大，膨胀率也大；孔眼的直径小，膨胀率也小。

生石灰的发热曲线与延迟剂浓度的关系见图 11.2-6c)。

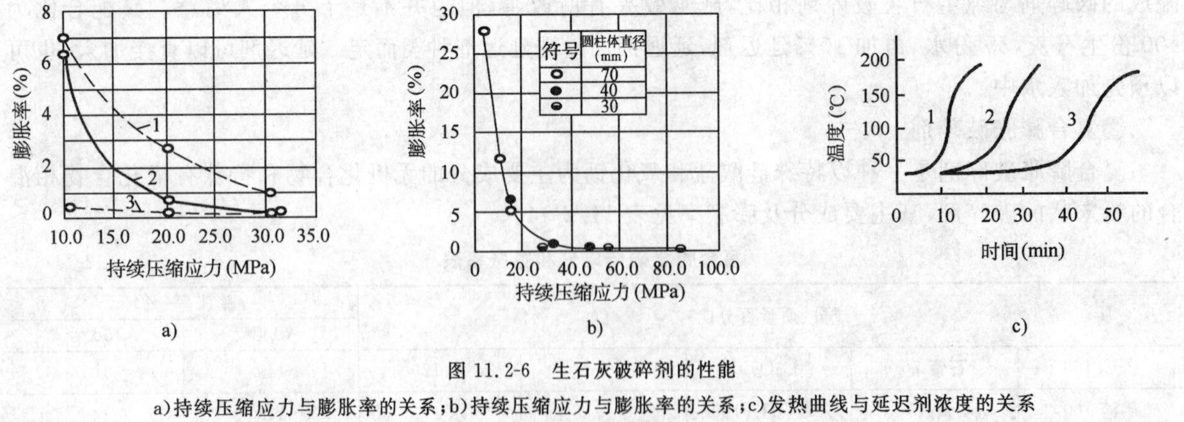

图 11.2-6　生石灰破碎剂的性能

a)持续压缩应力与膨胀率的关系；b)持续压缩应力与膨胀率的关系；c)发热曲线与延迟剂浓度的关系

1-初期充填密度为 1.63g/cm^2；2-初期充填密度为 1.43g/cm^2；3-初期充填密度为 1.22g/cm^2

②复合膨胀破碎剂的性能

复合膨胀破碎剂的膨胀率已经在上一节表 11.2-14 中指出，由表可知，2d 以后，其膨胀率分别为：149%、113%、260%、214%；15d 以后，其膨胀率分别为：161%、149%、264%、217%。

如图 11.2-7a)所示，复合膨胀破碎剂充填 24h 以后，其膨胀压力可达 300kPa 以上。又如图

11.2-7b)所示，膨胀压力随水比的增大而减少，随孔径的增加而增加。

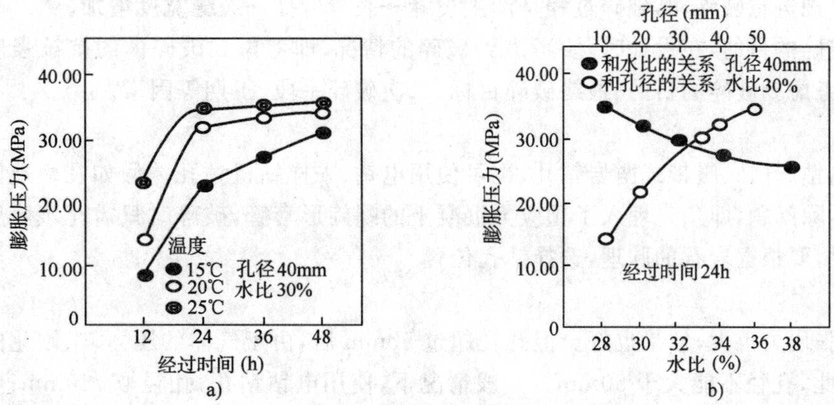

图 11.2-7 复合膨胀破碎剂的性能

a)膨胀压力—经过时间；b)膨胀压力—水比

浆状复合膨胀剂与温度的关系相当密切，所以在不同季节使用，效果是不一样的。表 11.2-15 为复合膨胀剂各季使用的温度范围。

复合膨胀剂各季使用的温度 表 11.2-15

项目 / 名称	破碎体的温度	
	使用季节	温度范围(℃)
复合膨胀剂	夏季	15～35
	春季	10～20
	冬季	0～15

③水泥膨胀破碎剂的性能

水泥膨胀破碎剂与水拌和后，慢慢进行水化反应。在施工温度为 20℃、水比(水与水泥膨胀剂之比)为 30%时，水化度、水化时间、膨胀率的相互关系，如图 11.2-8 所示。

从图中可以看出，水化率随着加水后时间的增加而增加。膨胀破碎剂中的 CaO 和 $3CaO \cdot SiO_2$ 的水化率在 4～8h 的范围内反应最快，48h 后分别达到 82.8%和 81.8%。

对水泥膨胀破碎剂，用 4cm×4cm×8cm 的试块做抗压强度试验，其结果为：龄期 8h，抗压强度为 1.7MPa；龄期 16h 为 5.4MPa；24h 为 7.9MPa；48h 为 9.2MPa。

水泥膨胀破碎剂拌和后充填到钢管中，用抗热电阻应变片测定变形，计算出它的膨胀压力。一般从 4h 后开始膨胀，48h 后最大膨胀压力可达 40MPa。影响膨胀压力的因素为施工温度、水灰比、孔径、孔距、孔深、破碎体的抗拉强度、截面尺寸等。

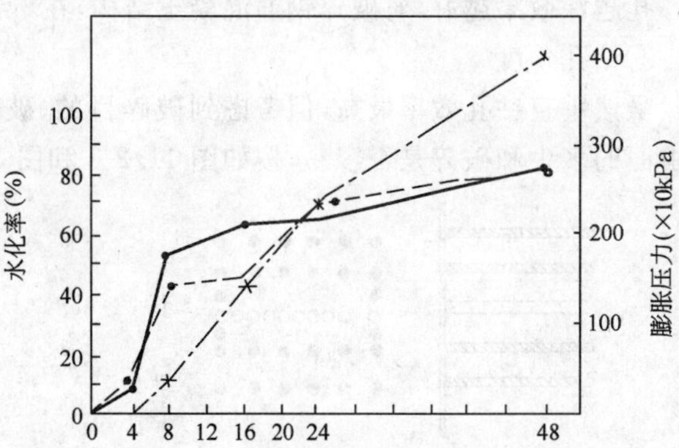

图 11.2-8 水化度、水化时间、膨胀率间的关系

④TJ-1 型膨胀破裂剂的性能

使用膨胀破裂剂后，孔眼内的压力随时间增加而增加，最终压力由配方、孔径不同而不同，通常可达 30～50MPa。膨胀破裂剂反应后体积可增加 60%～120%，由于添加剂及其加入量不同，开裂时间也不相同。有的几小时可开裂，有的则长达 3、4d 后才开裂。

(3)设计和施工

用膨胀破碎剂进行破碎，其破碎过程是产生裂缝→裂缝传播→裂缝宽度增加。

为了达到破碎的目的，在设计时，要考虑到破碎的情况，即考虑到破碎体的抗拉强度和自由面的多少，另外还要考虑到破碎的目的、最终破碎目标、二次破碎手段、工期等因素。

①钻孔

一般使用电钻、气钻、履带式凿岩钻孔，也可使用电钻、采样钻机钻孔。假如在建造混凝土结构时就已考虑到了拆除问题，即预先埋入了预应力混凝土的螺旋形套管，破碎时只需充填膨胀破碎剂就行了。破碎岩石时，要根据岩石的脉理，选择钻孔位置。

②孔径

孔径大，膨胀压力也大，效果也好。但孔径超过 50mm 后，由于气体的压力，未硬化的膨胀破碎剂有可能喷出，因此，孔径不能大于 50mm。一般情况下，使用电钻钻孔，孔径取 ϕ40mm；使用履带式凿岩机钻孔，孔径取 ϕ50mm。

③孔距

孔距小，由膨胀压力所产生的孔与孔之间的应力就大，效果也好，但花钱较多。选择孔距时，可参照表 11.2-16 确定。

破碎体的种类及孔距　　表 11.2-16

破碎体 \ 孔距(cm)		20	40	60	80
硬质岩					
软质岩、素混凝土					
硬、软质岩的计划破碎					
钢筋混凝土	基础、柱、梁墙、板				

注：孔距一般为孔径的 5～20 倍。

④孔深

孔越深效果越好，对破碎钢筋混凝土结构，在不钻透的前提下，尽量钻得深一些。

⑤钻孔角度

虽然垂直钻孔效率最高，但考虑到破碎目的、破碎的现场情况，破碎体的约束条件以及所形成的自由面的多少和破碎是否容易，按如图 11.2-9 和图 11.2-10 所示那样进行水平钻孔和斜钻孔。

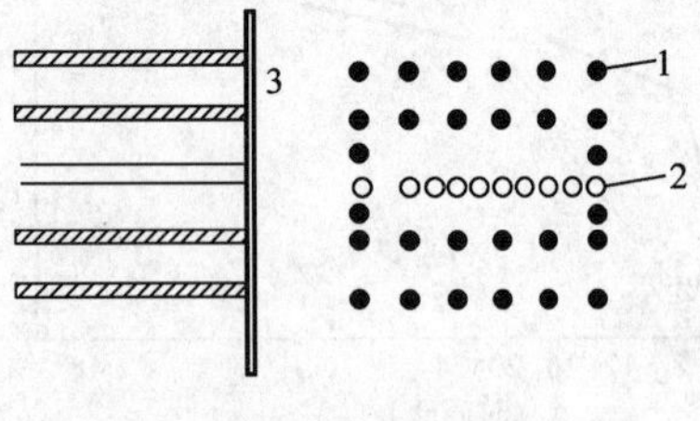

图 11.2-9　水平钻孔

1-膨胀破碎剂充填孔；2-连续孔(空孔)；3-切割面

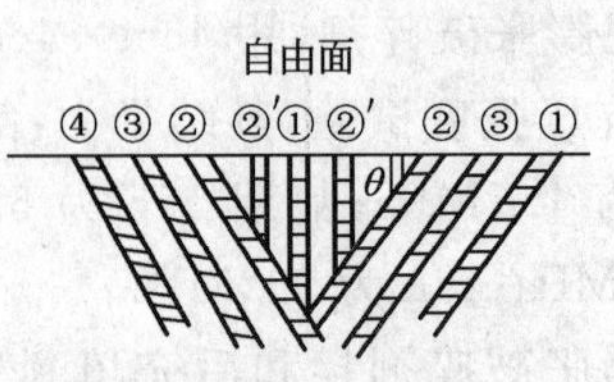

图 11.2-10　斜钻孔

θ 为 60°以下；

①、②-开始充填破碎；②′-当孔①较深时，为了使孔①、②容易破碎，要钻一至数个辅助孔；③、④-与①、②同时或晚 0.5～1d 充填

⑥膨胀破碎剂的拌和与充填

膨胀破碎剂的第一次拌和量以 5kg 或 10kg 为宜。以吊桶为容器，加入 1/3 桶(1.5L 或 3L)水，边加膨胀破碎剂，边用手或手摇搅拌机搅拌，以形成浆状的有流动性的物质，可从容器中直接流出，进行

充填。在充填水平孔和向上走向的孔时，最好使用砂浆泵、抽气机和防止稀浆倒流的阀门。另外，遇到向水下破碎体的孔中充填砂浆时，要用砂浆泵把膨胀破碎剂稀浆压入孔底，并用薄聚乙烯袋堵塞。

⑦膨胀破碎剂的特点

a. 膨胀破碎剂没有有害成分，破碎时没有危险，不受火药类爆破剂使用规则的限制，保管、运输简便。

b. 破碎时，无爆炸、撞击等噪声，无振动，无飞石，无粉尘，无烟气，因而可进行安全施工。

c. 具有 30MPa 以上的膨胀压力，要是钻孔适当，任何岩石和混凝土都能破碎。

d. 充填浆状的膨胀破碎剂时，以充填到孔口为佳，充填后无需堵塞，无需捣固，施工简单。

e. 只要孔径、孔距、孔的角度设计合理，完全可以按要求进行破碎。

f. 表 11.2-17 为此种破碎方法与其他破碎方法的情况比较表。

复合膨胀剂破碎法与其他破碎法的比较　　表 11.2-17

种类＼项目	破碎力	破碎时的情况				安全性	所需防护设备	经济性
		噪声	振动	粉尘烟气	飞石			
炸药	◎	×	×	×	×	×	×	◎
混凝土破碎机	○	△	△	×	△	△	×	△
大型油压破碎机	△	△	○	○	◎	○	◎	△
油压凿岩机	×	◎	◎	◎	◎	◎	◎	×
复合膨胀剂	○	◎	◎	◎	◎	◎	◎	○

注：◎为优（或无公害）；○为良；△为差；×为最差（或有公害）。

［实例 1］　破碎铁路桥桥墩

这项工程是拆除河流中的桥墩。拆除时，既要考虑到附近新建桥和列车的安全，又要考虑对鱼类的影响，因而采用了复合膨胀剂。

1. 工程情况

(1)碎体种类：素混凝土桥墩（6 个），每个 68m^3。

(2)形状：参见图 11.2-11。

2. 破碎设计

钻孔机：CD-3 型履带式凿岩机。

孔径：使用 ϕ50mm 钻头。

孔深：5m。

二次破碎：使用大型油压破碎机。

钻孔情况参照图 11.2-12。

复合膨胀剂用量每个桥墩 320kg，即 4.7kg/m^3。

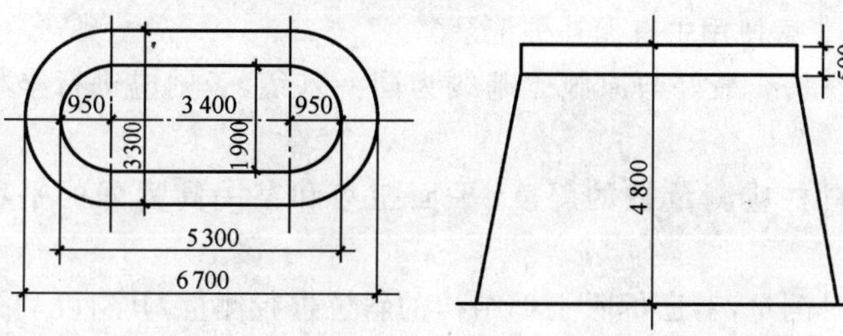

图 11.2-11　某铁路桥桥墩（尺寸单位：mm）

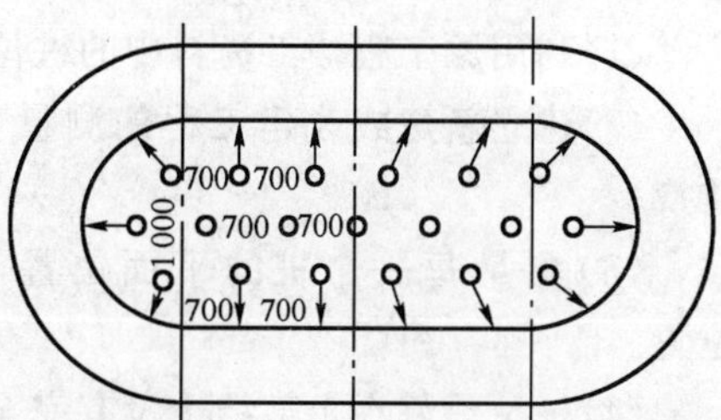

图 11.2-12　钻孔情况（尺寸单位：mm）

3.破碎结果

充填复合膨胀剂后20h内,发生龟裂;20h后,桥墩上部裂缝达3～5mm,下部达1～2mm;7d以后,纵横宽度达几十毫米;然后,用大型油压破碎机对其中2个桥墩进行二次破碎,只用4h就破碎完毕。

二、高桩码头桩基拆除

桩基拆除根据各期的使用要求不同,拆除的方法也不尽相同。桩基拆除往往与新建、改建工程的要求有关,如与隧道、地铁、顶管等地下工程相碰,则会要求全部拔除。新建、改建码头等工程则可拆除到泥面附近。

全部拔除的桩基一般使用机械拆除法拆除。对于混凝土直桩,当入土不深或桩内钢筋可承受上拔力时可直接用起重机(船)起吊。为克服静摩阻力,可先锤击松动后再上拔,根据上拔力计算选用较大的起重机(船)或液压千斤顶,开始时速度不能快,拔动后再根据荷载情况决定上拔速度。水上拔桩最好用扒杆式起重船。钢管桩、钢板桩、H形钢桩等可利用振动锤边振边拔。

对于年代久远、腐蚀严重的钢桩或配筋较少的混凝土桩,结构本身无法满足上拔力要求时,则应采用高压水破土拆除法,在桩四周或在桩内(管桩)利用高压水破坏土体,用压缩空气将土体带出,类似水冲沉桩或气举反循环方式将土体排出,以减少侧摩阻力。有时为保护岸坡,防止失稳或防止岸上建筑物沉降、位移,在拔除桩的外面套打一个钢桩管,用高压水、压缩空气将钢桩管内与桩之间的土体排出,再上拔拆除原桩基,然后在钢桩管内回填砂土,再用振动锤拔钢桩管。

对于斜桩则应搞清斜桩的斜度和平面扭角,最好利用打桩船按原平面扭角和斜度使上拔力与桩轴线成一直线,拔桩前必须用高压水、压缩空气将桩周土体破坏、排出,或用钢套管将桩周土体破坏、排出,以减少侧摩阻力。

对于截桩拆除,因可以将部分桩体留在土中,可根据截桩高程采用卷扬机拉倒法(断口在嵌固点附近)、水下机械拆除法和爆破法拆除。

水下机械主要有水下风镐和液压锤等风动或液压工具,拆除时由潜水员操作,断口一般在泥面附近。

爆破法拆除主要拆除泥面以上的桩基,一般采用水下爆破在桩身上截桩高程处绑扎炸药包,将桩炸断,然后由潜水员水下切割钢筋,将桩吊运到指定的地点。

第四节　基桩桩位图的测绘

截桩拆除大部分用于在原有的水工建筑物的位置上新建或改建新结构,泥面以下部分桩体不影响新桩基的沉桩,而整根拔除极有可能会导致桩侧摩阻力的降低。为防止新浇桩基在泥面以下碰桩,原有桩基桩位图的测绘就显得尤为重要了。

(1)利用原工程竣工资料中的桩位图,并了解使用中有无补桩记录。

(2)建立新建或改建工程的测量基线,该基线最好与原施工基线为同一基线,否则应进行坐标转换。

(3)测量每一个桩的平面位置,对于斜桩应测量桩的斜度、平面扭角和某一高程处的平面位置。

(4)桩位最好在上部结构没有完全拆除时测量,对已拆除上部结构的斜桩进行测量,其斜度和平面位置应针对桩的自重弯矩、水流力、波浪力等外力引起桩的变位予以适当修正。

(5)绘图并将此图交设计和施工单位,以计算新桩是否与旧桩相碰。

第五节　爆炸安全标准

一、爆破振动的有关参数及安全距离

为了确定爆破振动的破坏程度，国内、外学者进行了大量的试验研究工作，但由于破坏程度受到许多因素的影响，所以迄今为止仍未得到公认的解答，多是根据试验研究提出一些破坏程度。现将爆破振动速度对人和建筑物的作用关系列出，见表 11.2-18～表 11.2-25。

振动对人的作用与速度及加速度的关系　　表 11.2-18

振动对人的作用特征	加速度(mm/s^2)	速度(mm/s)	振动对人的作用特征	加速度(mm/s^2)	速度(mm/s)
无感觉	10	0.16	有害的长期简谐振动	1 000	16
轻微感觉	10～24	0.16～6.4	容许的爆破振动	1 000	16
较大的感觉	126～400	2.1～6.4			

振动速度与建、构筑物安全状况的关系　　表 11.2-19

资料来源	垂直振速(cm/s)	破坏程度
铁道部(铁路工程爆破安全规则)1975 年 9 月试行规定	≤5	可以保证建筑物安全
	12	房屋抹灰有开裂脱落
	20	斜坡陡岩上的大石脱落，地面出现小裂缝，一般房屋受损坏
	50	松动岩石表面出现裂缝，干砌片石移动，建筑物受严重破坏
	150	岩石崩裂，地形有明显变化，建筑物全部破坏
冶金部长沙矿山研究院实测值	0.294～0.56	已松动的小土块掉落
	8.1～1.1	产生松石及小块振落
	13.5～24.7	产生细裂缝或原裂缝严重扩张
	46.8～81.5	产生 4～5cm 大裂缝或原裂缝严重扩张
	234	巷道顶壁及混凝土支座严重破坏
中国科学院地球物理研究所资料	10～15	普通房屋产生轻微破坏
	＞30	一般有破坏
	60～70	建筑物严重破坏，基岩露头出现裂缝
国际《土方和爆破工程施工及验收规范》(征求意见稿)1981 年 5 月	＜0.2	仪器可以记录到
	0.2～0.4	寂静时可感受振动
	0.4～0.8	某些人或熟知爆破的人感到振动
	0.8～1.5	多数人感受到振动，玻璃窗振动
	1.5～3.0	建筑物尖顶损坏
	3.0～6.0	墙壁抹灰出现裂缝，建筑物发现变形
	6.0～12.0	建筑物中等损坏，抹灰中有裂缝，成块抹灰掉落，墙壁中有裂缝，烟囱有裂缝
	12.0～24.0	建筑物有很大损坏，承重结构和墙壁中有裂缝，抹灰大片掉落，烟囱倾倒
	24～43	建筑物破坏，墙上有大裂缝，墙壁部分下沉
	＞48	建筑物剧烈破坏和倒塌
葛洲坝	13～19.2	粉土质粉砂岩产生轻微破裂

砖式建筑物和构筑物的破坏与振速的关系 表 11.2-20

级别	砖式建筑物和构筑物的破坏情况	振速(cm/s)	
		I	II
5	抹灰中有细裂缝，掉白粉，原有裂缝有发展，掉小块抹灰	0.75～1.5	1.5～3.0
6	抹灰中有裂缝，抹灰成块掉落；墙与墙之间有裂缝	1.5～6	3～6
7	抹灰中有裂缝并有破坏现象；墙上有裂缝，墙之间联系被破坏	6～25	6～12
8	墙壁中形成大裂缝，抹灰被大量破坏，砖体分离	25～37	12～24
9	建筑物严重破坏；构件联系破坏；支承墙间有裂缝；屋檐、墙壁可能倒塌；不太好的新老建筑物被破坏	37～60	24～48

注：①I——根据A·B·萨弗诺夫等人的资料；
②II——根据C·B·米特维杰夫的资料。

地震波对建筑物的影响程度 表 11.2-21

V值(cm/s)	影响程度	V值(cm/s)	影响程度
12～14	墙出现裂缝	1.0	位于爆区附近的房屋允许限值
3～6	质量较好的房屋的允许限值	12	构建物允许限值
1.5～3	已出现变形的房屋的允许限值	10.2～12.7	砖石房屋开始破坏
0.8～1.5	陈旧房屋的允许限值	10	地基不良时砌砖房严重破坏
1.0	居住房屋的允许限值	13.2	砌筑在坚岩上的砖房无明显破坏
3.0	工业建筑物允许限值	7.3	砖砌墙门框破坏
1～6.0	粉刷裂缝、抹灰脱落	16	中等破坏
6～20	墙和其他构件出现裂缝、抹灰脱落	22.8	砖房严重破坏
2～3	远离爆区的房屋允许限值		

注：摘自《采矿设计手册》。

爆破振动对巷道围岩的破坏作用 表 11.2-22

垂直于巷道表面的振速(cm/s)	破坏特征
<20	不发生破坏
30～50	裂缝发展不大，在爆破作用削弱区有小冒落
50～100	原有裂缝和松悬岩石急剧发展并有小冒落，在构造裂缝弱充填物内出现裂缝
100～150	构造裂缝张开，在削弱区产生浮石和中等冒落
150～300	巷道壁和顶板沿构造裂缝冒落，在未破坏岩体内形成节理、裂缝和浮石
300～400	巷道壁和顶板连续冒落，形成巨大冒落，巷道坍塌物的堆积可达初始断面的一半
>400	围岩整体性完全破坏，形成巨大岩块，巷道坍塌堆积超过巷道初始断面的一半

建(构)筑物和基岩临界破坏速度 表 11.2-23

观测对象		振动速度(cm/s)	破坏现象	备注
建筑物	土窑洞	0.5	无破坏	
	固定安装的水银开关	1.5	跳闸	
	电视台建筑物	3.5	无损坏	瑞典资料
	一般建筑物	5.0	抹灰裂缝	美国矿业局资料
	工业建筑物、运输栈桥	10.0	无损坏	前苏联资料
	单层钢骨架建筑物	20	无损坏	前苏联资料
	大型砌块房屋	1.2～1.5	无损坏	

续上表

观测对象		振动速度(cm/s)	破坏现象	备注
建筑物	砖烟囱	2～5	无损坏	
	钢筋混凝土烟囱	5	无损坏	
	框架结构,砖砌墙体	7～15	无损坏	
	框架结构悬接或大型板墙	5	无损坏	
	塔式井架	10～14	无损坏	
	朱家包大爆破的民房	6～10	轻度开裂	砖房或土坯房
	铜川口采矿爆破的民房	1.0	裂缝并变宽	基地为含水褐黏土民房
	迁安铁矿附近民房	1.21	出现裂缝,倾斜	建在回填土上无梁柱土房
	山东铝厂水矿砖房	1.0	个别墙角裂缝	黄土基础
	郑州铝厂土窑房	0.4～1.0	小块松土掉落	无衬砌土窑洞
	大冶铁矿砖房	3.5	无损坏	
	金川露天矿公房	3.5	无损坏	
	官厅水库砖房	4	无损坏	
	吉山铁矿公房	1.5～3.0	无损坏	
	青龙山白云石矿民房	2.0	无损坏	
	湘乡白云石矿土坯房	0.4	无损坏	
	钢筋混凝土涵洞	50	无损坏	C20 混凝土
	水泵、空压机等设备	100	轴偏斜	
	混凝土底座上的预制金属建筑物	150	底座裂缝	
地下巷道	花岗岩巷道及素喷巷道	8～30	局部有松石,素喷掉落	
	中硬花岗岩巷道	30～50	裂缝延伸	
	井下巷道	32.0	裂缝扩张	
	水泵房	46.8	混凝土衬砌开裂	
	闪长岩巷道	25.8	浮石掉落	
	素混凝土支护隧道	28.2～37.5	出现裂缝	
	石灰岩隧道	23.4～27.3	裂缝扩张	
地表基岩	花岗岩露头	50～60	出现裂缝	
	白云岩露头	55.9	原裂缝扩张	

爆破地震对建、构筑物和岩土破坏标准　表 11.2-24

序号	资料提出者	破坏标准	建、构筑物的安全状况
1	M·A·萨道夫斯基	$v<10$	安全
2	U·兰格福尔斯 B·基尔斯特朗 H·韦斯特伯格	$v=7.1$ $v=10.9$ $v=16.0$ $v=23.1$	无危险 产生细裂缝,抹灰脱落 产生裂缝 产生严重裂缝
3	A·T·爱德华兹 T·D·诺思伍德	$v<5.1$ $v=5\sim10$ $v>10$	安全 要注意 破坏

续上表

序号	资料提出者	破坏标准	建、构筑物的安全状况
4	A·德沃夏克	$v=1\sim3$ $v=3\sim6$ $v>6$	开始出现小裂缝 抹灰脱落,出现小裂缝 抹灰脱落,出现大裂缝
5	L·L·奥里阿德	$v=5\sim10$ $v=60$	岩石边坡安全 大量岩石损坏
6	A·H·哈努卡耶夫	$v=34\sim50$ $v=17\sim24$ $v=3\sim10$	坚硬岩石中等破坏(裂缝间距大于1m) 中硬矿石强烈破坏(裂缝间距0.1~1.0m) 低强度矿石破坏(软面和岩石面接触不良)
7	美国矿务局	$a=1.2\sim12(g)$ $0.1g<a<1g$ $a<0.1g$	建筑物有不同程度的破坏 引起注意 无破坏
8	加拿大水电委员会	$a=0.7\sim1.2g$	坝基混凝土未破坏

注:v为振动速度,单位为cm/s;a为振动加速度,单位为cm/s^2;g为重力加速度,单位为cm/s^2。

建筑物所允许的土壤振动速度 表11.2-25

建筑物的用途和状态	允许的土壤振速(cm/s)		
	I	II	IV
钢筋混凝土或吊板、轻填料金属骨架抗震的工业或民用建筑物,建筑质量较好,构件或结构无残余变形	5	7	10
钢筋混凝土或金属骨架无抗震的建筑物和构筑物,构件中没有残余变形	2	5	7
砖或块石作填料,填料中有裂缝的骨架建筑物;不抗震的块石或砖式新老建筑物;建筑质量较好,没有残余变形	1.5	3	5
骨架中有裂缝,其填料严重破坏的骨架建筑物;砖或大块石砌筑的支承墙或间壁中存在个别不大裂缝的新老建筑物	1	2	3
骨架中有裂缝,各构件间联系破坏的新老骨架建筑物;支承墙为斜缝、对角缝等裂缝所严重破坏的砖式块石建筑物	0.5	1.0	2.0
填料中有大裂缝、钢架生锈、钢筋混凝土骨架破坏的建筑物,支承墙有大量的裂缝,内、外墙联系破坏的建筑物及其他未加强的大型砌体建筑物	0.3	0.5	1.0

二、噪声的安全标准

目前,世界各国均已颁布了各种噪声的安全标准,表11.2-26~表11.2-28为我国标准,表11.2-29为美国听力保护的噪声安全标准。

我国(建议)噪声标准(单位:等效声级 L_{eg},dB(A)) 表11.2-26

适用范围	理想值	极大值	适用范围	理想值	极大值
睡眠	35	50	听力保护	75	95
交谈、思考	45	60			

城市区域环境噪声标准(单位:等效声级 L_{eg},dB(A)) 表11.2-27

适用范围	昼	夜	适用范围	昼	夜
特殊住宅区	45	35	二类混合区、商业中心区	60	50
居民、文教区	50	40	工业集中区	65	55
一类混合区	55	45	交通干线道路两侧	70	55

工业企业噪声卫生标准(单位:等效声级 L_{eq},dB(A))　　表 11.2-28

每个工作日接触噪声时间(h)	8	4	2	1	1/2	1/4	1/8	1/16
新建企业允许值	85	88	91	94	97	100	103	106
现有企业允许值	90	93	96	99	102	105	108	111
最高允许值	不得超过 115							

国外听力保护的噪声允许标准(A 声级)　　表 11.2-29

每个工作日允许工作时间(h)	允许噪声级(dB)		
	国际标准化组织(ISO)(1971)	美国政府(1969)	美国工业卫生医师协会(1977)
8	90	90	90
4	93	95	95
2	96	100	95
1	99	105	100
0.5	102	110	105
0.25	115(最高限)	115	110

第六节　各种拆除方法优缺点比较

拆除是一项较为复杂的系统工程,拆除工作要根据工程结构的特点和地上、高空、地下、水上、水下等不同环境条件进行多方案比选,最终选出不同部位、结构的经济、安全、环保的一种或多种方案的优化组合,各种拆除方案的优缺点比较详见表 11.2-30。

各种拆除方法比较　　表 11.2-30

序号	方法	具体方法	拆除原理、用具及药剂	噪声	振动	粉尘、烟气、飞散物	光、电、热及火灾危险	生命危险	其他公害	工期	经济性	适用性	
												现在	将来
1	机械拆除法	重锤撞击法	重球、重锤或电锤	×	×	×	◎	○	△	○	○	◎	◎
		机械破碎法	混凝土破碎机等	△	△	×	○	△	△	○	○	◎	◎
		千斤顶顶推法	千斤顶、铲运机等	○	○	◎	◎	○	○	○	○	◎	◎
		机械吊拆法	各种吊车	◎	◎	◎	◎	○	○	○	○	◎	◎
		机械拉倒法	卷扬机、推土机等	△	△	△	○	○	○	◎	○	△	◎
2	爆破拆除法	普通爆破法	普通炸药、雷管等	×	×	×	×	×	×	◎	◎	○	○
		质控爆破法	高能燃烧剂	△	△	△	△	◎	△	◎	◎	○	◎
		量控爆破法	普通炸药、复合高能燃烧剂	△	△	△	△	○	△	◎	◎	◎	◎
		定向爆破法	普通炸药、复合高能燃烧剂	×	×	△	△	△	△	◎	◎	○	○
3	切割拆除法	氧-乙炔切割法	氧、乙炔气及割炬	○	◎	△	×	○	○	○	△	○	○
		机械切割法	混凝土切割机	○	◎	○	◎	◎	◎	◎	○	○	◎
		碳弧切割法	碳弧	○	◎	△	×	△	○	○	×	○	◎
		等离子弧切割法	等离子弧	○	◎	×	×	△	○	○	×	○	◎

续上表

序号	方法	具体方法	拆除原理、用具及药剂	噪声	振动	粉尘、烟气、飞散物	光、电、热及火灾危险	生命危险	其他公害	工期	经济性	适用性	
												现在	将来
4	膨胀破碎拆除法	生石灰法	生石灰等	◎	◎	○	◎	◎	◎	×	○	△	○
		复合膨胀破碎剂法	复合膨胀破碎剂	◎	◎	○	◎	◎	◎	×	○	△	○
		水泥膨胀剂法	水泥膨胀剂	◎	◎	○	◎	◎	◎	×	○	△	○
5	其他方法	高压水破土法	高压、水压缩空气	◎	◎	◎	◎	◎	○	◎	◎	◎	◎
		振动锤	电动、液压振动锤	○	△	◎	◎	◎	◎	◎	◎	◎	◎
符号				◎:没有 ○:小 △:中 ×:大						◎:短 ○:中 △:长 ×:极长	◎:好 ○:较好 △:中 ×:差	◎:多 ○:较多 △:少 ×:没有	

注:①高压水破土法适用于地下基础、桩基等拆除;

②振动锤适用于钢管桩、钢板桩、H型钢桩等拆除。

[实例2] 上海港六区6泊位拆除工程

上海港(以下简称上港)六区六泊位为煤码头,分两部分组成,码头总长141m,宽10～16m,框架结构,基桩采用500mm×500mm×(21 000～26 000)mm钢筋混凝土空心桩,排架间距3.45m。拆除方案采用爆破拆除,桩基在泥面附近放置药包、炸断及由潜水员水下切割钢筋后,吊运至指定地点。

1.药量计算

(1)采用的炮孔药量计算公式:

$$Q=KVP \tag{11.2-11}$$

式中:Q——药包质量(kg);

V——混凝土体积(m^3);

K——松动爆破药包单位用药量,取$K=5kg/m^3$;

P——修正系数(3面临空$P=0.3$,4面临空$P=0.2$)。

(2)码头上部框架结构药量计算:

上游框架上部梁: $Q=5.0\times(0.9\times0.35\times0.5)\times0.3=0.236$(kg)

上游框架下部梁: $Q=5.0\times(0.45\times0.45\times0.5)\times0.3=0.152$(kg)

立柱、斜撑: $Q=5.0\times(0.35\times0.35\times0.5)\times0.2=0.061$(kg)

下游框架上部梁: $Q=5.0\times(0.3\times0.55\times0.5)\times0.2=0.124$(kg)

立柱、斜撑: $Q=5.0\times(0.3\times0.3\times0.5)\times0.2=0.045$(kg)

引桥梁: $Q=5.0\times(0.5\times0.25\times0.5)0.3=0.094$(kg)

(3)陆上钢筋混凝土框架结构爆破技术指标,见表11.2-31。

陆上钢筋混凝土框架结构爆破技术指标表 表11.2-31

工程名称	爆破内容	材料	体积(m^3)	炮孔数(个)		设计消耗		实际消耗		单位设计消耗		单位实际消耗	
				设计	实际	炸药(kg)	雷管(个)	炸药(kg)	雷管(个)	炸药(kg/m^3)	雷管(个/m^3)	炸药(kg/m^3)	雷管(个/m^3)
上港六区	梁斜撑立柱	钢筋混凝土	79.52	1 027	1 049	110	1 027	253.6	1 049	1.38	12.9	3.20	13.2

分析：设计平均每个炮孔装药量0.11kg/孔，由于第一次试爆测K值，而且TNT块状炸药需加工成粉状故有些损失，另外有些炮孔因赶潮水和在水上作业，有些炸药不小心掉入水中造成炸药消耗指标过大，实际平均每孔装药量为0.24kg/孔，根据实际爆破情况分析，今后在钢筋混凝土结构中K值可取3.5～5.0较为安全可靠，可按以上计算数据参考即可。

(4)水下钢筋混凝土桩装药量计算：

$$Q=KW^3 \tag{11.2-12}$$

式中：Q——药包用量(kg)；

K——单位耗药量(kg/m^3)(根据实践取得，与炸药性能及爆破物结构的水深有关)；

W——最小抵抗线(m)。

①50cm×50cm钢筋混凝土空心桩，使用TNT块状炸药；K值为$25kg/m^3$，得：$Q=25\times0.5^3=3.12$(kg)。

②40cm×40cm钢筋混凝土实心桩，使用硝铵炸药；K值为$50kg/m^3$，得：$Q=50\times0.4^3=3.2$(kg)。

(5)水下桩基爆破工程主要技术指标见表11.2-32。

水下桩基爆破工程主要技术指标　　表11.2-32

工程名称	平均水深(m)	爆破桩数(根)	桩基结构	规格(cm)	体积(m^3)		设计用药量(kg/根)	实际消耗		单位消耗指标			
					单根	合计		药量(kg)	雷管(个)	药量(kg/m^3)	雷管(个/m^3)	药量(kg/根)	雷管(个/根)
上港六区	7	68	钢筋混凝土空心桩	50×50	0.125	8.5	3.12	240.7	177	28.3	21	3.54	2.6
高桥化工厂	2	75	钢筋混凝土实心桩	40×40	0.08	6	3.20	250.6	150	41.8	25	3.34	2.0

(6)旧码头爆破拆除工程主要技术指标见表11.2-33。

旧码头爆破拆除工程主要技术指标　　表11.2-33

工程名称	爆破内容	按拆除结构体积计算(m^3)	按实际爆破体积计算(m^3)	实际消耗		按拆除结构消耗指标		按实际爆破消耗指标		爆破	
				炸药(kg)	雷管(个/m^3)	炸药(kg)	雷管(个/m^3)	炸药(kg/m^3)	雷管(个/m^3)	施工天数(d)	测定定额
上港六区	钢筋混凝土桩	119	8.5	240.7	171	2.02	1.49	28.3	21	17	4(根/次)
高桥化工厂	钢筋混凝土桩	60	6	273	174	4.55	2.90	41.8	25	12	6(根/次)
上港六区	钢筋混凝土梁柱撑	689	79.5	277.2	1 184	0.40	1.72	3.5	15	21	58(根/次)
上港六区	面板	449		风镐凿除、气割、汽车吊或起重船吊运							
上港六区	柱	123		起重船拔吊							

2.药包制作及药包起爆方法

1)药包制作

炸药选用TNT块状炸药，每箱净重38kg，190块，每块200g。岩石硝铵炸药每箱净重24kg，全箱8大包，每包20节，每节150g。

在码头拆除爆破中，炮孔大部分受潮水影响或需进行水下爆破，因此制作药包必须采取防水措施。

(1)下药包先用废水泥袋或牛皮纸将炸药和雷管绑扎紧，再套上塑料薄膜袋，用蜡线或白纱线扎紧封口，如此重复1次，最后1层，仍是水泥纸扎紧，同时在药包外扎1根80cm长竹片，捆ϕ10mm麻绳3.5m，由潜水员将药包紧贴基桩插入泥面处并将药包外麻绳紧扎桩面，绑扎越紧爆破效果越好，如图11.2-13所示。

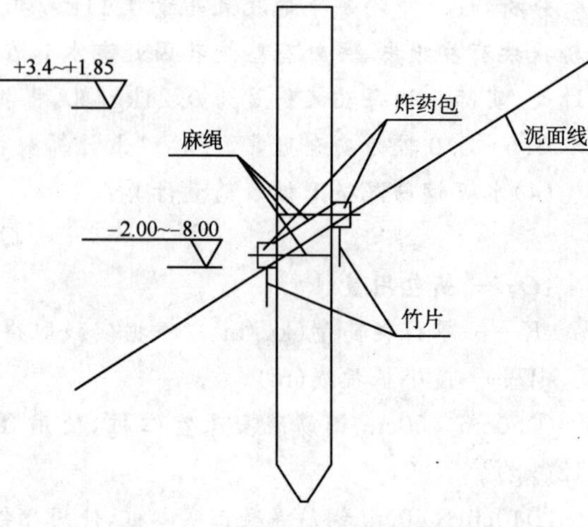

图 11.2-13 水下药包的安放

(2)炮孔内有水，则用橡胶套或定做薄膜套，将炸药与雷管套入，用橡皮筋封口，再反向同样方法套上1只，最后用1只塑料袋反方向套入，用橡皮筋封口即达到防水要求。

2)药包起爆方法

(1)雷管选用

8号铜质瞬发电雷管，电阻1.0～1.25Ω，50发1密封塑料筒；进口铝质瞬发电雷管，电阻1.7Ω，100发1根蜡线包装；8号纸质瞬发电雷管，电阻1.0～1.25Ω，100发1捆蜡纸包装，见表11.2-34。

电雷管的实用准爆电流 表 11.2-34

外用电源 / 爆破对象	直流电源(A)	交流电源(A)
单个电雷管起爆	1.38	1.47
成组电雷管起爆	2.0	2.5

国产电雷管电阻误差不超过±0.25Ω，测定电雷管仪表输出流不超过0.05A(即50mA)，测定时电雷管应放在2mm厚钢板挡板后进行。

(2)使用电源

①放炮器起爆缺点，电流很小，电雷管串联使用每次火线10、30、50或100发，电雷管串联总电阻不能大于250Ω。

②干电池与蓄电池、干电池只能放出2A电流(单个电雷管准爆电流为0.5～0.8A，成组电雷管准爆电流为1.8A以上)。

③照明电力线路优点是比较可靠，药包多，网路复杂。

在准爆电流大的条件下，电源接法可按下图接线做1只手提式爆电箱，箱外装锁，见图11.2-14。

(3)电爆网路设计

①串联电爆网路。优点：施工操作和检查导线较简易，导线消耗少，准爆电流小。缺点：线路中一个雷管发生故障，便成组拒爆。

总电阻：$R=R_{主}+\sum R+nr+R'$； (11.2-13)

准爆电流：$I=i$；

所需电压：$E=RI=(R_{主}+\sum R+nr+R')i$； (11.2-14)

如电源电压为已知，则实际通过每个电雷管电流为：$I=E/2[R_{主}+1/2(\sum R+nr)+R']\geqslant i$(A)。 (11.2-15)

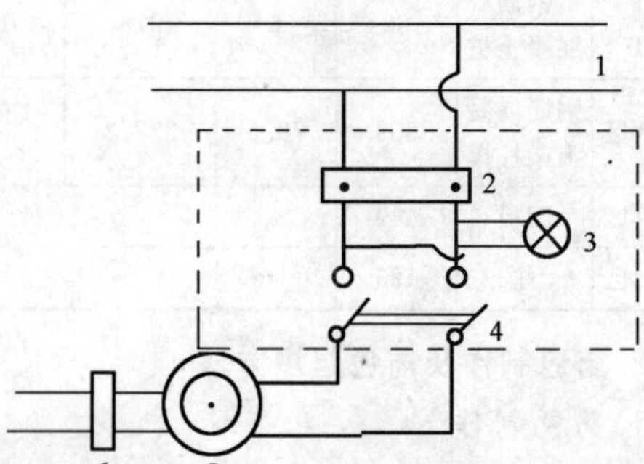

图 11.2-14 手提式爆电箱电源接法

1-交流电源；2-可熔栓；3-指示灯；4-开关；5-灯线盒；6-插头连接

式中：$R_{主}$——电爆网路总电阻(Ω)；

$\sum R$——网路区间线的总和电阻(Ω)；

r——电雷管电阻(Ω)；

n——网路中的电雷管数量(个)；

E——起爆电源的电压(V)；

I——计算网路的电流(A)；

R'——电源内电阻(Ω)。

②并联电爆网路。优点:爆破互不干涉。缺点:耗电线多,连接复杂,检查不便,易漏接,准爆电流易超出电源的发电额定电流,各支路电阻不同时,须进行电阻平衡,否则易产生拒爆。

总电阻：　$R=R_{主}+R'+1/n(\sum R+r)$；　(11.2-16)

准爆电流：　$I=ni$；　(11.2-17)

所需电压：　$E=RI=ni[R_{主}+R'+1/n(\sum R+r)]$；　(11.2-18)

电压为已知：　$I=E/n[R_{主}+R'+1/n(\sum R+r)]\geqslant i$。　(11.2-19)

式中:符号意义同上。

并联电路网路适用于起爆雷管较少情况下,同时要求选用电线和闸刀开门都必须在瞬间内通过设计所需最小准爆总电流的情况。我们只在水下炸桩时使用,陆上爆破支线为串联,最多时按42炮,设计共分为4个支路计为108炮,然后并联在主线上。

3.水下钢筋混凝土桩爆破后处理

上港六区混凝土桩基在泥面处爆破后即倒入江底,将50cm×50cm断面50m范围的混凝土全部爆破掉,裸露出4Φ22及4Φ18钢筋,拆除施工中用600kN固定式扒杆起重船起吊,8根钢筋拉应力：

$$N=\delta\times F+P \tag{11.2-20}$$

式中:δ——钢筋拉应力Φ为340MPa,Φ为240MPa；

F——钢筋截面积；

P——混凝土桩自重(50kN)。

计算得出,$N=810>[N]=600$(kN)。

因为起重船已超负荷,故需派潜水员下水,用钢锯将钢筋割断3根(1Φ22+2Φ18)后才可起吊拔除。高桥化工厂桩基配筋为8Φ18,故全部由潜水员下水用钢锯锯断,施工定额经测定为4根桩/班。然后由潜水船扒杆将断桩吊至浅滩上,再集中出运。

4.爆破施工应注意事项

(1)并联电爆网路必须严格检查有无漏接,串联网路可用电桥Ω表检查,电流不超过50mA。

(2)炮孔堵泥一律用土,潮湿炮眼用黄砂,炮孔上面用草袋黄土或用竹排覆盖在炮眼上。

(3)发给爆破工的电雷管脚线必须短路,当与母线连接时才能解开。

(4)工地现场要防止产生杂散电流的电源,如工地附近发电机、蓄电瓶、工程机械、高压电源和变压器接地线等都能造成杂散电流的电源,雷击天气时应停止施工,以免造成不安全因素。

(5)脚线与接线连接,必须用刀子将线头刮净多次,使用接线必须事先检查有否短路或铜线外露,以免造成短路拒爆。

(6)放炮给火电源开关必须装在控制的木箱内,并且要加锁,钥匙指定给火爆破工掌握。

(7)遇有哑炮要当天处理完毕,起爆器点火仍要距离50m以外安全地带。

(8)警戒范围,爆破前在码头上、下游100m处各设一面红旗作为警戒界线,爆破处用"FO"国际信号旗作为爆破标志,江面尽量选择在没有船舶通过时起爆。

(9)陆上距爆破50m或100m处设警戒人员,主要由用药量确定安全距离,禁止非爆破人员进入爆破作业区。

(10)起爆信号用3只对讲机由现场指挥人经各方面联系,确认一切正常后,给点火爆破工发布起爆命令。

(11)水下药包一定要绑扎在混凝土桩面,否则影响爆破效果。

[实例3] 救捞局码头水下截桩工程

1.工程简介

外高桥救捞局码头,因新建码头设计的前沿线后移,故使拆除后老码头的部分桩位分布在新建码头前沿线以外,处于港池范围内,设计要求该部分桩的拆除高程为−15m。如果按常规的施工方法,先将老码头拆除,然后挖泥拆除前沿线以外的桩,待泥面边坡稳定后,再进行新码头打桩。这样将影响建设工期2～3个月。为了保证救捞局码头的建设工期,决定采用水下二次截桩方案。即先将老码头泥面以上的结构全部拆除后,随即进行新码头打桩,待新码头主体工程完成后,再对老码头处于港池内的桩进行水下第2次拆除。

处在新建码头前沿线外需要第2次截除的桩共计270根,现码头前沿泥面高程为−4～−6m,由此二次截桩长度为9～11m。第2次截桩数量及长度见表11.2-35。

第二次截桩数量及长度 表11.2-35

区域	桩的数量(根)	最大倾斜比	最短截桩长度(m)
A墩	20		11
F段	21		11
B墩	28		10.3
G段	26		11.2
C墩	30	4∶1	11.3
H段	33		9.8
D墩	36		9.8
I段	37		9
E墩	39		9.4
Σ=270根			

二次截桩仍采用爆破法截除,故需先将泥挖除后,方可截桩。挖泥时为了保证泥面边坡及新建码头的稳定,采用分段分阶的挖泥措施,共挖泥方量约4×10^4 m³,见表11.2-36。

挖泥方量 表11.2-36

区域		水平面积(m^2)	平均泥面高程(m)	坡度(°)	平均冲挖深(m)	挖泥量(m^3)	
	A墩	90	−5.5		8.0	720	
	F段	140	−5.6		7.9	1 120	
	B墩	130	−5.7		7.8	1 014	
	G段	240	−5.6		7.9	1 896	
I	C墩	158	−5.7	90	7.8	1 233	Σ=14 061
	H段	330	−5.9		7.6	2 508	
	D墩	210	−6.8		6.7	1 407	
	I段	450	−7.3		6.2	2 790	
	E墩	225	−7.4		6.1	1 373	
II		2 360	−9.0	90	4.5	11 000	
III		2 560	−10.0	18.4	3.5	6 500	
IV		2 100	−6.5	18.4	7.0	4 000	
桩边吸泥		540	−13.5	60	2.0	1 000	
Σ						36 561m³	

注:其中I区为新码头前沿线外老桩分布区;II区为新码头前沿线外,I区周边10m以内区域;III区为II区外放坡区域;IV区为新码头削坡区域。

2. 水下二次截桩工程

(1)截桩顺序，水下二次截桩采用分段进行，截桩顺序为：由上游向下游，由江向岸，先易后难，先排架桩后墩子桩。

(2)截桩方法分为人工截除、桩芯内爆破和桩身外裸露爆破3种方法。

①当截桩的桩位距新码头桩大于20m，采用在桩身外侧附裸露药包截除。实践证明，只要挖泥到位，使残桩3面临空，外贴药包紧靠桩壁，采用3kg的药包即可实现外侧截桩。

②在截桩桩位距离新码头桩5～20m范围内，采用在空芯桩桩芯内吊放药包的办法截桩，经试验后证实，用0.4kg药包起爆，能使桩身混凝土的破坏长度达1m左右。因而规定距新桩5～10m的范围桩芯爆破采用0.4kg药包；距新桩10～20m的范围桩芯爆破采用0.5kg药包。

(3)为了确保新建码头的基桩安全，原拟距新码头桩5m内采用人工截除，但经爆破试验后证明采用桩芯小药量爆破也能截除，并可保证新桩安全，于是将距新桩5m范围内的二次截桩工作也改为用桩芯爆破法，规定在距新桩5m线附近采用0.3kg药包；距新桩2m线附近采用0.25kg药包，并采用在新桩附近加复合防护板，加以消波，同时可防止塌方，以保证潜水员作业安全。由于对相距5m范围的桩全部采用桩芯爆炸法截除，大大提高了工效。

3. 施工注意事项

(1)挖泥时严格控制深度，防止塌方，确保潜水员的安全。

(2)截桩桩顶高程应控制准确，以减少返工，特别对斜桩的控制，桩芯下放药包的位置应计算准确，斜放深度控制准确。应做到截1根桩，验收1根桩。残桩割除吊走后，随即验收。

(3)加强码头的位移观察。

4. 水下二次截桩工程的自我检查和工程验收

二次截桩工程每一个施工工段完成后进行自我检查，用1根长10m的槽钢放入水底，在船上控制高程，水下潜水员配合，船上2人进行操作，当发现高程有问题的桩，立刻由潜水员探摸，进行处理，直到符合要求为止。

工程竣工验收，主要检查有无残留桩和桩顶高程有无超高现象。验收方法按扫海的形式，做一只梯形架于截桩工程的范围内，在水底用船缓慢拖行。梯形架自由在泥面往返拖过，以无障碍为合格。

[实例4]　渤海石油输灰码头钢管桩拔除

1. 工程概况

本工程是将原有的墩式栈桥码头改扩建成为一个专用的顺岸式高桩梁板码头。老码头于1980年设计建成，码头岸线总长度142.4m，前沿水深－5.0m，共由7个大墩台(每个墩台下设6根钢管桩)、2个双桩墩台(下设2根钢管桩)和6个单桩墩台(下设1根钢管桩)组成，墩台钢管桩总共52根，分别由18根直径为ϕ630mm(10NiCuP)和34根直径为ϕ720mm(16Mn螺纹管)的钢桩组成。所有钢管桩均采用封闭式桩尖结构，施打完成后在空腔中灌满细砂，壁厚12mm，桩长25.7m，桩顶高程＋4.7m，桩底高程－21.00m，埋入泥面以下深度为16m。

2. 地质条件

该区土层分布较有规律，自上而下分别为：

(1)淤泥(Q_4^m)：孔隙比e平均值1.669，液性指数I_L平均值1.20，压缩系数a_{1-2}平均值1.2，标准贯入试验锤击数$N_{63.5}$平均值为0击。属流塑状高压缩性欠固结土，该层土上部呈半流动状态，工程性质极差。

(2)淤泥质黏土(Q_4^m)：e平均值1.274，I_L平均值0.95，a_{1-2}平均值0.9，$N_{63.5}$平均值为1.4击。属软—流塑状高压缩性欠固结土，工程性质很差。

(3)黏土(Q_4^m)：e平均值1.108，I_L平均值0.93，a_{1-2}平均值0.76，$N_{63.5}$平均值为3.8击。属软—流塑状高压缩性欠固结土，工程性质较差。

(4)泥炭质黏土(Q_4^h):e平均值0.871,I_L平均值0.57,a_{1-2}平均值0.47,$N_{63.5}$平均值为5.6击。属可塑状态中等偏高压缩性土,工程性质一般。

(5)粉质黏土(Q_3^{al}):e平均值0.698,I_L平均值0.48,a_{1-2}平均值0.30,$N_{63.5}$平均值为11.5击。为可塑状中等压缩性土,工程性质较好。

(6)黏土(Q_3^{al}):e平均值0.737,I_L平均值0.35,a_{1-2}平均值0.30,$N_{63.5}$平均值为11.5击。属可塑状中等压缩性土,工程性质较好。

3.钢管桩最大上拔力理论计算

(1)理论依据

根据《港口工程桩基规范》单桩抗拔极限承载力设计值计算公式:

$$T_d=\gamma_R(U\sum\xi_i q_{fi}l_i+G\cos\alpha) \tag{11.2-21}$$

式中:T_d——单桩抗拔极限承载力设计值(kN);

γ_R——单桩抗拔承载力分项系数,取1.45;当地质条件复杂时,r_R取1.55;

U——桩身截面周长(m);

ξ_i——折减系数,对黏性土取0.7~0.8,对砂土取0.5~0.6,桩的入土深度大时取大值,反之取小值;

q_{fi}——单桩第i层桩身侧摩阻力标准值(kPa);

G——桩重力(kN),水下部分按浮重力计;

l_i——桩身穿过第i层土的长度(m);

α——桩轴线与垂线夹角(°)。

(2)土层的侧摩阻力计算

计算结果见表11.2-37。

土层侧摩阻力计算结果 表11.2-37

序号	土层名称	高程(m)	层厚(m)	单位面积侧摩阻力(kPa)	侧摩阻力(kN)	
					ϕ630mm	ϕ720mm
①	淤泥	−3.09以上	1.5	8	23.76	27.12
②	淤泥质黏土	−3.09~−7.09	4.0	9	71.28	81.36
③	黏土	−7.09~−14.59	7.5	21	311.85	355.95
④	泥炭质黏土	−14.59~−17.09	2.5	36	178.20	203.40
⑤	粉质黏土	−17.09~−20.59	3.5	44	304.92	348.04
⑥	黏土	−20.59~−22.89	2.5	60	297.00	339.00
合计					1 187.01	1 354.87

(3)最大上拔力计算结果

最大上拔力计算结果见表11.2-38。

最大上拔力计算结果 表11.2-38

桩型	侧摩阻力(kN)	桩重(kN)	桩内砂重(kN)	总上拔力(kN)	安全系数	理论最大上拔力(kN)
ϕ630mm	1 187	48	144	1 379	1.3	1 793
ϕ720mm	1 355	55	188	1 597	1.3	2 077

注:①钢管桩上拔时会携带部分周围泥土,泥土重量未计算在内。

②计算中安全系数取1.3。

4.拔桩工艺

由于本次拔桩在天津港地区历史上没有现行的经验可参照,再加上此钢管桩为20世纪80年代初期施工,距今已有20余年,因此本次施工主要存在以下几个难点:一是由于新码头设计港池泥面高程比老码头有所降低,而老码头钢管桩所在部位正好在新码头港池内,因此为保证以后船舶停靠安全,钢管桩最好能全部拔除而不产生断裂,否则水下二次截桩施工起来会很麻烦;二是原钢管桩在施工时仅在泥面以上采用了简单防腐,经历了长时间的海水侵蚀,在水位变化区、浪溅区、大气区钢管桩已锈蚀非常严重,尤其是水位变化区大量的海蛎子黏结,经实测在水位变化区的钢管桩壁厚仅为6mm,且局部已锈透,有小孔出现,如果上拔力过大,则上拔过程中会很容易发生断裂,给施工安全带来隐患;三是经历了几十年的钢管桩,周围包裹土层对钢管桩桩身的侧摩阻力与理论计算得出的数值可能存在很大程度的差异,很难得到精确的上拔力数值,给施工设备的合理选用增添了难度。

1)不同施工方案的综合比较分析

根据以上施工特点,在施工准备期我们主要考虑了以下几种方案作为比较:

(1)采用美国 APE400 型液压振动锤振动上拔

采用打桩 16 号(双钩最大吊重 1 600kN)配美国进口的 APE400 型液压振动锤进行上拔。这种工艺首先需要对 APE400 型液压振动锤进行改造,使原有的夹具适应现行钢管桩的要求。主要原理是通过振动对原有土体进行扰动以破坏土体的侧摩阻力,从而减小上拔力,达到拔除的目的。拔桩时利用打桩船的一个主钩吊液压锤系统,首先将替打安放在钢管桩上;用打桩船的另一个主钩起吊预先套在钢管桩上的钢丝扣,缓慢加力,使钢丝绳逐渐处于绷紧状态;然后启动液压振动锤开始振动,破坏桩的侧摩阻力,减小上拔力,观察钢管桩的位移;当钢管桩有向下的位移时吊钢管桩的一个钩开始用力,初期保持一定大小的力,使桩匀速缓慢向上移动直至拔出。在上拔的过程中用钩头的实际吊力来控制停锤时间。此种工艺准备期长,施工较繁琐,成本也比较高。

(2)制作专用钢套筒方案

制作比待拔钢管桩直径大一级的专用钢套筒,长度控制在 25m 左右。施工时首先利用打桩船将钢套筒在原有钢管桩上沉入一定的高程,然后再进行上拔;拔除钢套筒后接着对原有钢管桩进行上拔。此种方法通过打入钢套筒用以破坏老钢管桩周围土体的侧摩阻力,最终减小上拔力,以达到利用较小的起重设备对钢管桩进行拔除的目的。该方法简单,费用较省;但施工很费时,工程进度无法保证。

(3)直接利用大型起重船进行上拔

根据理论计算的最大上拔力,考虑一定的安全系数,配以满足最大上拔力要求的大型起重船(2 000kN 以上)直接用钢丝绳(ϕ55mm)锁双扣进行上拔。这种方法需要在施工时首先选择 2～3 根桩进行试拔,通过试拔来初步确定上拔力,以及在上拔过程中起重船加力的规律。采用此方法最简单,也最经济,施工操作也较简便,最主要的是能保证工程的施工进度。但必须事先摸索出上拔桩过程中起重船的用力规律。

2)现场拔除施工

经过认真细致的分析论证,在对工期、质量、安全综合考虑对比的基础上,我们最终选择了第 3 种方案,并利用现有的 5 000kN 起重船进行施工。在整个施工过程中,主要采取了以下措施,来防止钢管桩在拔除过程中的断裂,从而保证了工程的顺利进行:

(1)桩内灌砂不清除直接用钢丝绳锁扣上拔。利用 ϕ55mm 的钢丝绳,根据待拔钢管桩的直径进行插扣,对 2 种类型的钢管桩分别制作了 2 套,每套 2 根,1 次使用 1 套,另一套留做备用。在低潮时首先利用陆上 500kN 吊机配合将绳扣套在待拔钢管桩上,人工使钢丝绳扣下到泥面以上约 1/3 处,然后将两根绳扣用铁丝绑在一起,以保证钢管桩在上拔过程中 2 个方向用力均匀。钢丝绳套好后,钩头开始缓慢上升,使钢丝绳逐渐处于绷紧状态,待一切准备工作就绪后,开始施加一定大小(约 1 000kN)的力,维持几分钟,陆上人员仔细观察钢管桩的位移情况,如果钢管桩开始产生位移,可继续保持当时的上拔力,直至钢管桩全部被拔出。

(2)采用已拔小直径钢管桩(ϕ630mm)套入大直径钢管桩(ϕ720mm)内,然后用钢丝绳锁双扣进行上拔。在进行钢管桩拔除时,考虑到钢管桩在施工水位变化区腐蚀较严重,据当时现场开始 2～3d 拔除的效率及效果看,在这个区域钢管桩断裂的可能性较大,而且由于大直径的钢管桩与小直径的钢管桩材质不同，腐蚀的程度也不尽相同。现场检查的结果，ϕ720mm 钢管桩比 ϕ630mm 钢管桩腐蚀严重。当时为增加钢管桩的桩身强度，在上拔时没有将钢管桩内的沙子掏出，但上拔时钢管桩仍然多在锁扣部位发生变形甚至断裂。为解决这一难题，我们采取了以下方法：首先对小直径的 ϕ630mm 钢管桩在不掏砂的情况下进行拔除，然后将 ϕ720mm 钢管桩中锁扣部位以上的沙子掏出，将已拔出的 ϕ630mm 钢管桩截成与待拔钢管桩中掏砂长度相同的短节，并插入待拔钢管桩中，再用钢丝绳锁扣进行上拔。从现场拔除的实际情况看，采用这种方法增加了待拔钢管桩的桩身强度，明显降低了断桩率。

(3)在钢管桩一定位置处趁低潮时用气焊掏眼，然后将一定直径的钢棒穿入钢管桩中，再用钢丝绳锁扣进行上拔。

在上拔 ϕ630mm 钢管桩时发现现场索扣工序比较繁琐，在上拔时由于钢丝绳施加于钢管桩的握裹力较大，再加上钢管桩本身的锈蚀，很难保证钢管桩不变形，导致拔桩效率较低，而且也比较容易断裂。针对这种情况，我们采用了在钢管桩距离泥面约 1/3 位置处，在低潮时用气焊掏孔，孔径约 ϕ60mm，然后在孔中插入 ϕ50mm 粗的钢棒做吊耳，再套上钢丝绳，等高潮时进行拔除，这样可减少钢管桩的轴向变形，对防止断桩也起到了一定的效果。

5. 实际上拔力与理论值比较

比较结果见表 11.2-39。

实际上拔力与理论值比较 表 11.2-39

桩型	实际上拔力(kN)	理论上拔力(kN)	断桩根数	总根数	断桩率(%)	断桩部位高程
ϕ630mm	1 700～1 903	1 793	3	18	17	0～+1.0m
ϕ720mm	2 000～2 200	2 077	9	34	26	0～+1.0m

注：①实际上拔力值通过起重船上仪器所显示的钓钩最大吊重而取得；
②从实际统计情况看，实际值与理论值基本吻合。

6. 断桩处理

在本次拔除的 52 根钢管桩中，共计断桩 12 根，所有断桩几乎都发生在锈蚀比较严重的区域。对于拔断的钢管桩，我们采用长臂挖掘机上方驳，在低潮时对钢管桩周围土方挖至－4.0m 高程，然后潜水员进行水下截桩。经过潜水员 1～2 次气焊切割后，已全部达到了船舶停靠水深的要求。

7. 结束语

本次拔桩由于对预想的方案进行了充分的论证对比，因此从施工的效果看，选择大型起重船直接上拔方案既取得了很好的经济效果，同时也大大地缩短了工期，为后续工序的早日开工创造了条件，也为整个码头的提前投产提供了保证。在拔桩过程中所采取的一系列措施被实践证明也是十分有效的。通过 52 根桩在上拔过程中的上拔力统计情况看，实际的上拔力与理论计算的上拔力存在一定的差异，这主要与各土层的物理力学指标的取值有关，但这种差异并不是特别明显，因此，可以说理论计算为合理选择船机设备起到了很好的指导作用。通过这次拔桩所掌握的数据，对以后在天津港地区同等地质条件下进行钢管桩桩基承载力验算积累了一定的原始资料。

[实例 5] 上海港三区黄浦码头拔桩工艺

1. 工程简介

上海地铁明珠线二期工程，是一条穿越黄浦江的隧道工程。该隧道将穿越上海港三区黄浦码头一、二泊位。受纵向坡度限制，隧道需在码头区域高程－13.00～－19.00m 处穿过。原有码头的部分桩基影响盾构的穿越，根据专家论证，拔除盾构穿越范围码头 C29～C37 排架的桩，必须需无损地拔除 50cm×50cm×(2 700～2 800)cm 预应力钢筋混凝土空心方桩 44 根。

本次拔桩工程主要由水上拔桩、桩孔填充两部分工作内容组成。

2. 拔桩方案

1)方案的选择

上港三区黄浦码头的桩长为27～28m，入土深度平均在25m左右，而桩尖一般位于暗绿—草黄色粉质黏土层上。本工程需拔除50cm×50cm×2 800cm钢筋混凝土空心桩，1∶4斜桩7根、直桩37根。为了无损拔除影响盾构穿越的钢筋混凝土方桩，首先对老码头的桩基，进行了抗拔力和桩侧摩阻力验算，经过验算钢筋混凝土桩每根质量17t左右、桩侧摩阻力约2 800kN左右。即钢筋混凝土桩轴向受拉承受力584.46kN小于混凝土桩自重力102.9kN(浮)＋混凝土桩周边摩阻力2 760kN，故不能直接拔桩，必须采取有效工艺措施，最大限度减少桩周摩阻力。在考虑拔桩工艺中，首先决定方桩外套钢套管减少桩周摩阻力的方法。

采用ϕ1 000mm×2 800mm钢套管沉放在方桩的外面，用高压水破坏钢套管内和方桩之间的土体达到方桩减少摩阻力，同时原有岸坡及地基土不受扰动，有利于盾构顺利推进及隧道的安全运营。

钢套管允许抗拔桩力虽高于混凝土桩，但要克服抗拔力：钢管桩自重力(浮)58.6kN＋钢管桩侧静摩阻力4 333kN，亦非常规工艺措施能够解决。同时考虑到"斜桩直拔"会受到斜桩桩身上侧土体附加阻力，这将导致桩架和斜钢桩严重变形甚至断桩。要完整无损拔除钢套管桩，钢筋混凝土直桩、斜桩，必须消除方桩侧静摩阻力后，采用打桩船仰俯桩架拔直桩、斜桩。

利用三航桩3号吊150kW振动锤将ϕ1 000mm长2 800cm钢套管套在混凝土方桩上，部分钢套管因碰到障碍物而改为ϕ1 200mm×2 800cm，将钢套管振到与原钢筋混凝土方桩桩尖高程相同处，再利用高压水泵、射水管与气管来减少桩周摩阻力。高压水将钢筋混凝土方桩与钢套管之间的土体破坏，压缩空气将泥浆带出桩外，使桩周侧摩阻力达到彻底破坏后，再拔除钢筋混凝土方桩。

2)无损拔钢筋混凝土直桩工艺

(1)先清除表面护坡抛石和桩周附近障碍物。

(2)打桩船就位。将钢管桩吊起套在混凝土方桩外侧，振沉到与方桩桩尖高程相同的位置，使钢管桩隔断钢筋混凝土桩与周围土体联系。

(3)桩周减摩。将高压射水管、气管安置在钢套管与方桩之间，边冲水边气举泥浆，直至桩尖处，使桩周土体达到完全破坏。

(4)起吊拔桩。桩周水冲取土至高程后起吊拔桩。拔桩方法采用一钩一点吊，即在方桩顶部以下6m处，用钢丝绳在方桩上围2道，并用卡环连接。起拔时大钩缓慢起升至钢丝绳受力，再起升拔桩，拔起桩后，用小钩在桩尖以上12m处作二点生扣，且起升至钢丝绳受力，随后大钩松，小钩起至桩身平后放在码头上。在拔桩过程中，潮水涨落时注意调整吊索，以维持起拔力。

(5)利用高压水泵和泥浆泵，将钢套管内的泥浆及水排除，而后把填充料灌进去，进行桩孔加固。

工艺流程见图11.2-15。

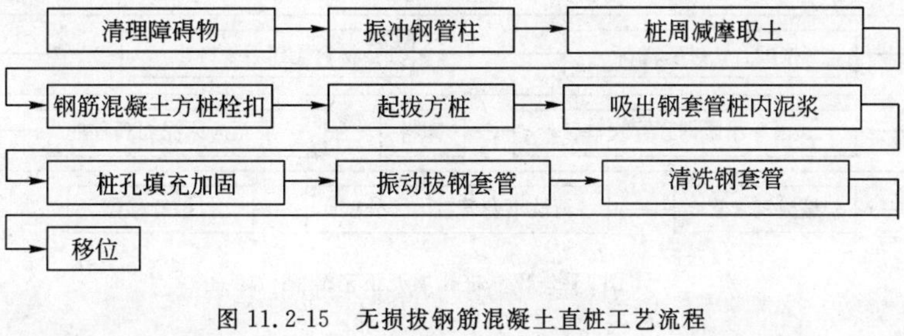

图11.2-15　无损拔钢筋混凝土直桩工艺流程

3)无损拔钢筋混凝土斜桩工艺

调正打桩船平面扭角和桩架斜度，使之与拔除方桩一致，在桩架上做一跑道，沿着跑道把钢套管桩振到位，而后减摩拔桩。

(1)清障后打桩船打设斜钢套管，平面扭角倾斜度和钢筋混凝土斜桩相同，利用振动锤将钢管桩振冲到高程。

(2)桩周减摩措施操作方法同直桩。

(3)利用打桩船俯架，倾斜将钢筋混凝土桩从钢套管内抽吊出来。

(4)清除钢套管内积淤泥浆，采用高压水泵在钢套管内冲泥时，需注意钢护套管下端土塞，再用泥浆泵抽吸泥浆。

工艺流程见图11.2-16。

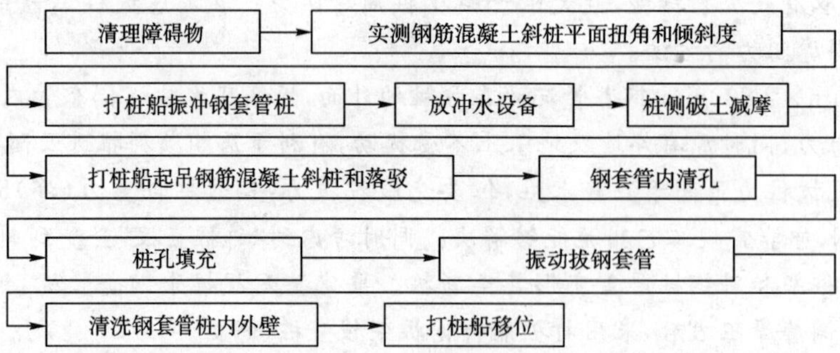

图11.2-16　无损拔钢筋混凝土斜桩工艺流程

3.桩孔填充工艺

由于盾构掘进的需要，拔桩后的桩孔区域必须进行地基加固，被加固土体需保持一定的强度，而且强度不能太高，桩孔填充是本工程质量要求最高的一个至关重要的施工环节。设计要求拔桩后地基加固28d无侧限抗压强度为0.3～0.6MPa，加固深度为－8.00～－25.00m。经过多种试验研究，我们将采用特定的砂浆土配方，即以粉细砂、水泥、粉煤灰、膨润土等综合材料搅拌而成。搅拌好的加固材料放进料斗用吊车将填充料灌入到钢套管内。

为使土体密实，防止桩孔渗水，首先将钢管桩内的泥浆和水吸出，吸到减摩高程为止。而后将陆地上搅拌均匀填充材料，装进料斗用吊车灌进钢套管桩内。为确保加固桩体的质量，测好管桩内外泥面高度，计算好填充方量。由于码头下泥面高程不同，盾构顶部覆盖土层厚度也将不同，为加强盾构顶部土体强度和防止江水渗漏，因而在同一桩孔内采取不同配比材料，上部填充料的强度高于下部强度，以保证顶部不塌方不渗漏。填充结束后，为减少钢套管周阻力，同时也有利于填充料的密实度，采用振动起拔钢套管。工艺流程见图11.2-17。

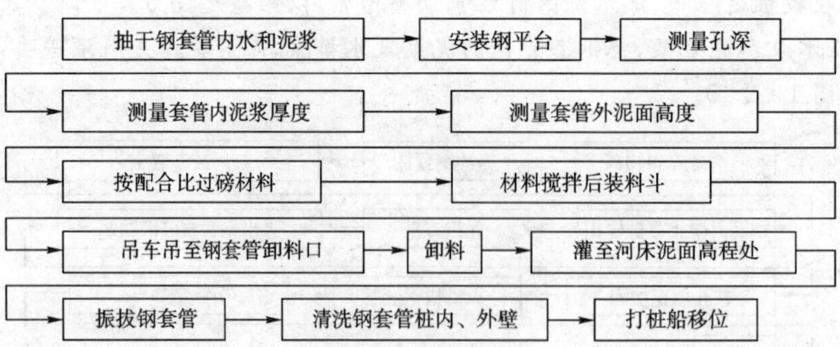

图11.2-17　桩孔填充工艺流程

4.总结

1)方案的可行性及优缺点

码头区域由于历史原因，造成的地下障碍物较多，其中有老码头留下的木桩、板桩以及不明的构筑物等，地质情况较为复杂。

整个工程共拔50cm×50cm断面方桩44根，桩长27～28m。(其中28m斜桩7根)，拔除圆木桩ϕ40～50cm，23根，桩长15～21.5m。拔除方木桩30cm×30cm×600～800cm，22根。还有部分圆木桩，不影响盾构穿越，影响船舶施工的被送入泥面－2.0m以下。

钢套管减摩的最大优点是，利用它本身的刚度方便起拔，又具有经济性可重复使用，操作简单。钢套管将混凝土方桩桩周的土体与地基土彻底隔开，完成桩侧减摩的任务。采用钢套管还有利于拔桩后桩孔填充料的灌入和地基加固，保证了填充料的质量，确保岸坡稳定。

但是，钢套管也有局限性，在上港三区内，经常碰到木桩或不明障碍物而损坏钢套管，使得冲水管无法冲下。同时因为桩周木桩的影响，钢套管下沉时一侧紧贴方桩，冲取土后拔桩扣无法栓。如果是桩周取土可能这些问题就不存在了。但本工程因盾构施工和隧道运营安全对复土强度要求甚严，其他方案就很难达到。

2)桩周减摩是拔桩的关键

在该工程的施工过程中还遇到了另外一个难题，那就是桩底部的暗绿色亚黏土。该土层黏性很大，靠冲水管的冲力很难将该土层破坏，虽然只剩桩头部分的3m多土，最大起拔力竟达1 200kN，为此决定制作1根ϕ780mm的钢套管，当冲水取土至该土层无法冲下去后，改用ϕ780mm的钢套管紧贴混凝土方桩上下振动数次，将桩体与周围土体暂时分离，达到减摩效果。

3)桩孔加固材料的选择

该工程的另一个关键环节就是桩孔填充，填充质量的好坏是整个工程的重中之重。填充料的强度过高，为盾构推进增加了新的障碍。填充料的强度过低，将形成盾构顶部土体强度的降低，引起江水渗漏，将会造成盾构机毁人亡的重大恶性安全事故和隧道运营期的安全事故。为此在施工前，参照水泥土加固地基的原理，在室内反复作了不同材料和掺加量的试验，确保达到隧道设计要求的0.3～0.6MPa。并在同一桩孔内采取不同配比材料，上部填充料的强度高于下部强度，以保证顶部不塌方不渗漏。从盾构公司提供的资料来看，填充料强度略高于土体强度，有效地起到了防止江水渗漏和稳定土体的作用。

［实例6］　上海苏州河河口水闸工程原钢筋混凝土方桩、板桩拔除工程

上海苏州河水闸沉井区域内原有老结构底板上钢筋混凝土方桩50cm×50cm×2 000cm51根，因离岸(岸上有重要敏感建筑物)较近，为尽量保护岸坡稳定，采用下述拔桩工艺。

采用一根ϕ800mm的钢桩，长16m，内焊4根冲水(气)管(见图11.2-18(方案2)，用振动锤套入桩外，边冲水(气)边下沉，直至钢管顶比混凝土桩顶稍低后，起重船生扣夹紧混凝土桩顶拔出混凝土桩体。然后在钢桩内灌砂，边振动钢管，边加砂；并上拔完成拔桩和回填桩孔，保证岸坡在沉井施工期的稳定。

施工所用设备：

(1)扒杆起重机2艘

最大起重力：	500kN	120kN
受力吃水：	2.0m	2.0m
长×宽：	30m×7.5m	33m×9.0m
扒杆外伸：	2.5m	8m
扒杆吊点离水面：	8m	28m

(2)振动锤(45kW)

(3)高压水泵(15kW)

(4)冲水切土装置(图11.2-18)

ϕ80cm×1 600cm钢管内焊4根冲水管。

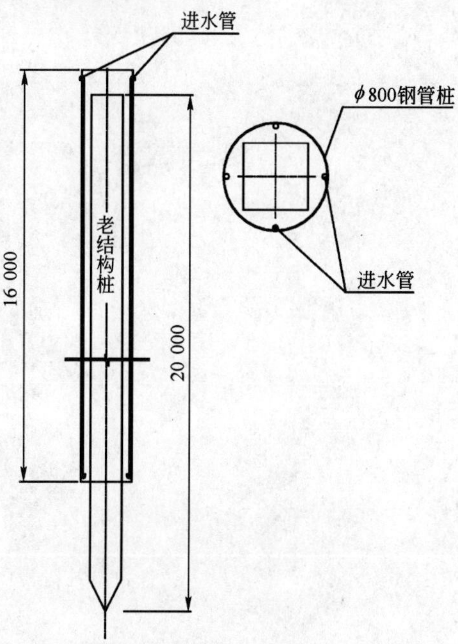

图11.2-18　拔桩方案2施工示意图(尺寸单位：mm)

第十二篇　工程常用数据和常用符号

第一章　常用符号和代号

1.常用字母(表12.1-1,表12.1-2)

常 用 字 母　　表12.1-1

大写	小写	读音	大写	小写	读音	大写	小写	读音	大写	小写	读音
汉语拼音字母											
A	*a*	啊	*H*	*h*	喝	*O*	*o*	喔	*U*	*u*	乌
B	*b*	玻	*I*	*i*	衣	*P*	*p*	坡	*V*	*v*	万
C	*c*	雌	*J*	*j*	基	*Q*	*q*	欺	*W*	*w*	乌
D	*d*	得	*K*	*k*	科	*R*	*r*	日	*X*	*x*	希
E	*e*	鹅	*L*	*l*	勒	*S*	*s*	思	*Y*	*y*	衣
F	*f*	佛	*M*	*m*	摸	*T*	*t*	特	*Z*	*z*	资
G	*g*	哥	*N*	*n*	讷						
拉丁(英文)字母											
A	*a*	欸	*H*	*h*	欸曲	*O*	*o*	欧	*U*	*u*	由
B	*b*	比	*I*	*i*	阿哀	*P*	*p*	批	*V*	*v*	维衣
C	*c*	西	*J*	*j*	街	*Q*	*q*	克由	*W*	*w*	达不留
D	*d*	地	*K*	*k*	凯	*R*	*r*	阿尔	*X*	*x*	欸克斯
E	*e*	衣	*L*	*l*	欸耳	*S*	*s*	欸斯	*Y*	*y*	外
F	*f*	欸夫	*M*	*m*	欸姆	*T*	*t*	梯	*Z*	*z*	齐
G	*g*	基	*N*	*n*	欸恩						
希 腊 字 母											
A	α	阿尔法	*H*	η	艾塔	*N*	ν	纽	*T*	τ	陶
B	β	贝塔	Θ	θ	西塔	Ξ	ξ	克西	Υ	υ	宇普西隆
Γ	γ	伽马	*I*	ι	约塔	*O*	o	奥密克戎	Φ	φ	斐
Δ	δ	德耳塔	*K*	κ	卡帕	Π	π	派	*X*	χ	喜
E	ε	艾普西隆	Λ	λ	兰姆达	*P*	ρ	洛	Ψ	ψ	普西
Z	ζ	截塔	*M*	μ	米尤	Σ	σ	西格马	Ω	ω	欧美伽

注:读音均系近似读音。

罗 马 字 母　　表12.1-2

罗马字母	I	II	III	IV	V	VI	VII	VIII	IX	X
对应数字	1	2	3	4	5	6	7	8	9	10
罗马字母	XI	XII	XIII	XIV	XV	XVI	XVII	XVIII	XIX	XX
对应数字	11	12	13	14	15	16	17	18	19	20

2. 数学符号(表 12.1-3)

数 学 符 号 表 12.1-3

中文意义	符号	中文意义	符号	中文意义	符号	中文意义	符号
加、正	+	小括弧	()	余割	cosec 或 csc	笛卡儿坐标系中矢量 a 的坐标分量	a_x, a_y, a_z
减、负	−	中括弧	[]	常数	const	(无向量场的)梯度	grad
乘	×或·	大括弧	{}	数字范围(自……至……)	~	(向量场的)旋度	rot
除	÷	阶乘	!	相等中距	@	(向量场的)散度	div
比	:	因为	∵	百分比	%	属于	∈
小数点	.	所以	∴	极限	lim	不属于	∉
等于	=	垂直于	⊥	趋于	→	包含	⊂
全等于	≌	平行于	∥	无穷大	∞	不包含	⊄
不等于	≠	相似于	∽	求和	Σ	成正比	∞
约等于	≈	加或减,正或负	±	i 从 1 到 n 的和	$\sum_{i=1}^{n}$	相当于	≙
小于	<	减或加,负或正	∓	函数	$f(), \varphi()$	按定义	$\overset{\text{def}}{=}$
大于	>	三角形	△	增量	Δ	上极限	$\overline{\lim}$
小于或等于	⩽	直角	∟	微分	d	下极限	$\underline{\lim}$
大于或等于	⩾	圆形	⊙	单变量的函数的各级微商	$f'(x), f''(x), f'''(x)$	上确界	sup
远小于	≪	正方形	□	偏微商	$\frac{\partial}{\partial x}, \frac{\partial^2}{\partial x^2}, \frac{\partial^3}{\partial x^3}$	下确界	inf
远大于	≫	矩形	▭	积分	$\int$	事件的概率	P(·)
最大	max	平行四边形	▱	自下限 a 到上限 b 的定积分	$\int_a^b$	概率值	p
最小	min	[平面]角	∠	二重积分	$\iint$	总体容量	N
a 的绝对值	$\|a\|$	圆周率	π	三重积分	$\iiint$	样本容量	n
x 的平方	x^2	弧 AB	$\overset{\frown}{AB}$	虚数单位	i 或 j	总体方差	σ^2
x 的立方	x^3	度	°	a 的实数部分	$R(a)$	样本方差	s^2
x 的 n 次方	x^n	[角]分	′	a 的虚数部分	$I(a)$	总体标准差	σ
平方根	$\sqrt{\ }$	[角]秒	″	a 的共轭数	$\bar{a}$	样本标准差	s
立方根	$\sqrt[3]{\ }$	正弦	sin	矢量	a,b,c 或 $\vec{a}, \vec{b}, \vec{c}$	序数	i 或 j
n 次方根	$\sqrt[n]{\ }$	余弦	cos	直角坐标系的单位矢量	i, j, k	相关系数	r
以 b 为底的对数	$\log_b$	正切	tan 或 tg	矢量的长	$\|a\|$ 或 a	抽样平均误差	μ
常用对数(以 10 为底数的)	lg	余切	cot 或 ctg	矢量的标积	$a \cdot b$ 或 $\vec{a} \cdot \vec{b}$	抽样允许误差	Δ
自然对数(以 e 为底数的)	ln	正割	sec	矢量的矢积	$a \times b$ 或 $\vec{a} \times \vec{b}$		

3. 构成十进倍数和分数单位的词头(表 12.1-4)

构成十进倍数和分数单位的词头　　表 12.1-4

所表示的因数	词头名称	词头符号	所表示的因数	词头名称	词头符号
10^{18}	艾[可萨]	E	10^{-1}	分	d
10^{15}	拍[它]	P	10^{-2}	厘	c
10^{12}	太[拉]	T	10^{-3}	毫	m
10^{9}	吉[咖]	G	10^{-6}	微	μ
10^{6}	兆	M	10^{-9}	纳[诺]	n
10^{3}	千	k	10^{-12}	皮[可]	p
10^{2}	百	h	10^{-15}	飞[母托]	f
10	十	da	10^{-18}	阿[托]	a

注:10^4 称为万,10^8 称为亿,10^{12}称为万亿,这类数词的使用不受词头名称的影响,但不应与词头混淆。

4. 化学元素符号(表 12.1-5)

化学元素符号　　表 12.1-5

名称	符号	名称	符号	名称	符号	名称	符号	名称	符号	名称	符号	名称	符号
氢	H	硫	S	镓	Ga	钯	Pd	钷	Pm	锇	Os	镤	Pa
氦	He	氯	Cl	锗	Ge	银	Ag	钐	Sm	铱	Ir	铀	U
锂	Li	氩	Ar	砷	As	镉	Cd	铕	Eu	铂	Pt	镎	Np
铍	Be	钾	K	硒	Se	铟	In	钆	Gd	金	Au	钚	Pu
硼	B	钙	Ca	溴	Br	锡	Sn	铽	Tb	汞	Hg	镅	Am
碳	C	钪	Sc	氪	Kr	锑	Sb	镝	Dy	铊	Tl	锔	Cm
氮	N	钛	Ti	铷	Rb	碲	Te	钬	Ho	铅	Pb	锫	Bk
氧	O	钒	V	锶	Sr	碘	I	铒	Er	铋	Bi	锎	Cf
氟	F	铬	Cr	钇	Y	氙	Xe	铥	Tm	钋	Po	锿	Es
氖	Ne	锰	Mn	锆	Zr	铯	Cs	镱	Yb	砹	At	镄	Fm
钠	Na	铁	Fe	铌	Nb	钡	Ba	镥	Lu	氡	Rn	钔	Md
镁	Mg	钴	Co	钼	Mo	镧	La	铪	Hf	钫	Fr	锘	No
铝	Al	镍	Ni	锝	Tc	铈	Ce	钽	Ta	镭	Ra	铹	Lr
硅	Si	铜	Cu	钌	Ru	镨	Pr	钨	W	锕	Ac		
磷	P	锌	Zn	铑	Rh	钕	Nd	铼	Re	钍	Th		

第二章　法定计量单位及常用计量单位

1. 中华人民共和国法定计量单位(表 12.2-1～表 12.2-4)

国际单位制的基本单位　　表 12.2-1

量的名称	单位名称	单位符号	量的名称	单位名称	单位符号
长度	米	m	热力学温度	开〔尔文〕	K
质量	千克(公斤)	kg	物质的量	摩〔尔〕	mol
时间	秒	s	发光强度	坎〔德拉〕	cd
电流	安〔培〕	A			

国际单位制的辅助单位　　表 12.2-2

量的名称	单位名称	单位符号	量的名称	单位名称	单位符号
〔平面〕角	弧度	rad	立体角	球面度	sr

国际单位制中具有专门名称的导出单位　　表 12.2-3

量的名称	单位名称	单位符号	其他表示式制
频率	赫〔兹〕	Hz	s^{-1}
力	牛〔顿〕	N	$kg \cdot m/s^2$
压力;压强;应力	帕〔斯卡〕	Pa	N/m^2
能;功;热	焦〔耳〕	J	$N \cdot m$
功率;辐射通量	瓦〔特〕	W	J/s
电荷量	库〔仑〕	C	$A \cdot s$
电位;电压;电动势	伏〔特〕	V	W/A
电容	法〔拉〕	F	C/V
电阻	欧〔姆〕	Ω	V/A
电导	西〔门子〕	S	A/V
磁通量	韦〔伯〕	wb	$V \cdot s$
磁通量密度,磁感应强度	特〔斯拉〕	T	Wb/m^2
电感	亨〔利〕	H	Wb/A
摄氏温度	摄氏度	℃	
光通量	流〔明〕	lm	$cd \cdot sr$
光照度	勒〔克斯〕	lx	lm/m^2
放射性活度	贝尔〔勒尔〕	Bq	s^{-1}
吸收剂量	戈〔瑞〕	Gy	J/kg
剂量当值	希〔沃特〕	Sv	J/kg

国家选定的非国际单位制单位　　表 12.2-4

量的名称	单位名称	单位符号	换算关系和说明
时间	分	min	1min＝60s
	〔小〕时	h	1h＝60min＝3 600s
	日(天)	d	1d＝24h＝86 400s
平面角	〔角〕秒	(″)	1″＝(π/648 000)rad(π为圆周度)
	〔角〕分	(′)	1′＝60″＝(π/10 800)rad
	度	(°)	1°＝60′＝(π/180)rad
旋转速度	转每分	r/min	lr/min＝(1/60)s^{-1}
长度	海里	n mile	1n mile＝1 852m(只用于航行)
速度	节	kn	1kn＝1n mile/h＝(1 852/3 600)m/s(只用于航行)
质量	吨	t	1t＝10^3kg
	原子质量单位	u	1u≈1.660 565 5×10^{-27}kg
体积	升	L	1L＝1dm^3＝$10^{-3}m^3$
能	电子伏	eV	1eV≈1.602 189 2×10^{-19}J
级差	分贝	dB	
线密度	特〔克斯〕	tex	1tex＝1g/km

2.物理量的名称和符号(表 12.2-5)

常用法定计量单位量的名称和符号　　表 12.2-5

量的名称	量的符号	单位名称	单位符号	备注
长度	l,(L)	米	m	SI基本单位
		海里	n mile	1n mile＝1 852m
质量	m	千克(公斤)	kg	SI基本单位
		吨	t	1t＝10^3kg
		原子质量单位	u	1u≈1.66×10^{-27}kg
时间	t	秒	s	SI基本单位
		分	min	1min＝60s
		〔小〕时	h	1h＝3 600s
		日〔天〕	d	1d＝86 400s
电流	I	安〔培〕	A	SI基本单位
热力学温度	T	开〔尔文〕	K	SI基本单位
物质的量	n	摩〔尔〕	mol	SI基本单位
发光强度	I,(Iv)	坎〔德拉〕	cd	SI基本单位
平面角	$\alpha,\beta,\gamma,\theta,\varphi$等	弧度	rad	SI辅助单位
		〔角〕秒	(″)	1″＝(π/648 000)rad
		〔角〕分	(′)	1′＝(π/10 800)rad
		度	(°)	1°＝(π/180)rad
立体角	Ω	球面度	ar	SI辅助单位
面积	A,(S)	平方米	m^2	SI导出单位

续上表

量的名称	量的符号	单位名称	单位符号	备注
体积	V	立方米	m^3	SI导出单位
		升	L,(l)	$1L=1dm^3=10^{-3}m^3$
速度	U,C,W,C	米每秒	m/s	SI导出单位
		节	kn	1kn＝1n mile/h ＝0.51444m/s
加速度	a	米每二次方秒	m/s^2	SI导出单位
力 重力	F W, (P,G)	牛〔顿〕	N	SI导出单位
压力 压强 应力	p	帕〔斯卡〕	Pa	SI导出单位
物质B的浓度	C_B	摩〔尔〕每立方米	mol/m^3	SI导出单位
密度	ρ	千克每立方米	kg/m^3	SI导出单位
〔动力〕黏度	$\eta,(\mu)$	帕〔斯卡〕秒	Pa·s	SI导出单位
运动黏度	v	二次方米每秒	m^2/s	SI导出单位
频率	$f,(v)$	赫〔兹〕	Hz	SI导出单位
转速 旋转速度	u	每秒	s^{-1}	SI导出单位
		转每分	r/min	$1r=/min=(1/60)s^{-1}$
功,热力学能能〔量〕热	$W,V(A)E,(W)Q$	焦〔耳〕	J	SI导出单位
		电子伏	eV	$1eV\approx1.062\ 189\ 2\times10^{-19}J$
		千瓦小时	kW·h	$1kW\cdot h=3.6\times10^6J$
光照度	$E,(Ev)$	勒〔克斯〕	lx	SI导出单位
摄氏温度	t,θ	摄氏度	℃	SI导出单位
功率	P	瓦〔特〕	W	SI导出单位
电荷量	Q	库〔仑〕	C	SI导出单位
电位 电压 电动势	W、φ U E	伏〔特〕	V	SI导出单位
电容	C	法〔拉〕	F	SI导出单位
电阻	R	欧〔姆〕	Ω	SI导出单位
电导	G	西〔门子〕	S	SI导出单位
磁通量	Φ	韦〔伯〕	Wb	SI导出单位
磁通量密度 磁感应强度	B	特〔斯拉〕	T	SI导出单位
电感	L,M	享〔利〕	H	SI导出单位
磁场强度	H	安〔培〕每米	A/m	SI导出单位
放射性活度	H	贝可〔勒尔〕	Bq	SI导出单位
吸收剂量	D	戈〔瑞〕	Gy	SI导出单位

续上表

量的名称	量的符号	单位名称	单位符号	备注
光通量	Φ,(Φy)	流〔明〕	lm	SI导出单位
剂量当量	H	希〔沃特〕	Sv	SI导出单位
照射量	X	库〔仑〕每千克	C/kg	SI导出单位
级差	L	分贝	dB	无量纲量
光亮度	L,(Lv)	坎〔德拉〕每平方米	cd/m^2	SI导出单位

3.常见的已经废除不许再使用的单位(表12.2-6)

常见应废除的单位 表12.2-6

量的名称	单位名称	单位符号	与SI单位的关系	注
长度	埃	Å	1Å=0.1nm=10^{-10}m	*
		μ	1μ=10^{-6}m	
		mμ	1mμ=10^{-15}m	
	费密	fm	1fm=10^{-15}m	
面积	公亩	a	1a=1dam^2=10^2m^2	*
	公顷	ha	1ha=1hm^2=10^4m^2	*
截面	靶恩	b	1b=10^{-28}m^2	*
体积、容积		st	1st=1m^3	stere
		λ	1λ=1μl=10^{-6}1=10^{-9}m^3	
质量	米制克拉		1米制克拉=200mg=2×20^{-4}kg	
力	达因	dyn	1dyn=10^{-5}N	
	千克力(公斤力)	kgf	1kgf=9.806 65N	
	吨力	tf	1tf=9.806 65×10^8N	
加速度	伽	Cal	1Cal=1cm/s^2=10^{-2}m/s^2	*
力矩	千克力米	kgf·m	1kgf·m=9.806 65N·m	
压力 压强	千克力每平方厘米(工程大气压)	kgf/cm^2 (at)	1kgf/cm^2=9.806 65×10^4Pa	
压力 压强	巴	bar	1bar=0.1MPa=10^5Pa	
	标准大气压	atm	1atm=10325Pa	
	托	Torr	1Torr=133.322Pa	

续上表

量 的 名 称	单 位 名 称	单 位 符 号	与 SI 单位的关系	注
压 力 压 强	毫米汞柱	mmHg	1mmHg=133.322Pa	
	毫米水柱	mmH_2O	$1mmH_2O$=9.806 375Pa	
[动力] 黏 度	泊	P	$1P=1dyn \cdot s/cm^2=0.1Pa \cdot s$	
	泊肃叶	PI	$1PI=1Pa \cdot s$	
运动黏度	斯 [托克斯]	St	$1St=1cm^2/s=10^{-4}m^2/s$	
能，功	千克力米	kgf·m	1kgf·m=9.806 65J	
	尔格	erg	$1erg=10^{-7}J$	
功率	马力		1 马力=75kgf·m/s=735.498 75W	
热量	卡	cal	1cal=4.186 8J	
	热化学卡	calth	1calth=4.184 0J	
	列氏度	°R	1°R=(519)K	
热容，熵	卡若	Carnot	1Carnot=1J/K	
磁通量密度	高斯	Gs	$1Gs \triangleq 10^{-4}T$	
磁场强度	奥斯特	Oe	$1Oe \triangleq (1\,000/4\pi)A/m$	
	楞次	Lenz	1Lenz=1A/m	
磁通量	麦克斯韦	Mx	$1Mx \triangleq 10^{-8}Wb$	
曲光度		δ	$\delta=1m^{-1}$	
照射量	伦琴	R	$1R=2.58\times10^{-4}C/kg$	
照射率	伦琴每秒	R/s	$1R/s=2.85\times10^{4}C/((kg \cdot s)$	
光亮度	熙提	sb	$1sb=1cd/cm^2=10^4cd/m^2$	
	尼特	nt	$1nt=1cd/m^2$	
光照度	辐透	ph	$1ph=10^4lx$	
放射性活度	居里	Ci	$1Ci=3.7\times10^{10}Bq$	
吸收剂量	拉德	rad，rd	$1rad=1cGy=10^{-2}Gv$	
剂量当量	雷姆	rem	$1rem=1cSv=10^{-2}Sv$	
浓度		M	$1M=1mol/L=10^3mol/m^3$	

注：带有 * 的单位，国际上暂只用于某些特定领域。

4. 计量单位换算(表 12.2-7～表 12.2-26)

表 12.2-7

长度单位的换算

单　位	m	in	ft	chain	mile	UK nautical mile	n mile
米(m)	1	39.370 1	3.280 84	0.049 709 7	$6.213\ 71\times10^{-4}$	$5.396\ 12\times10^{-4}$	$5.399\ 57\times10^{-4}$
英寸(in)	0.025 4	1	0.083 333 3	$1.262\ 63\times10^{-3}$	$1.578\ 28\times10^{-5}$	$1.370\ 61\times10^{-5}$	$1.371\ 49\times10^{-5}$
英尺(ft)	0.304 8	12	1	0.015 151 5	$1.893\ 94\times10^{-4}$	$1.644\ 74\times10^{-4}$	$1.645\ 79\times10^{-4}$
码(yd)	0.914 4	36	3	0.045 454 5	$5.681\ 82\times10^{-4}$	$4.934\ 21\times10^{-4}$	$4.937\ 37\times10^{-4}$
链(chain)	20.116 8	792	66	1	0.012 5	$1.085\ 53\times10^{-2}$	$1.086\ 22\times10^{-2}$
英里(mile)	1 609.344	63 360	5 280	80	1	0.868 421	0.868 976
英海里(UK nautical mile)	1 853.18	72 960	6 080	92.121 2	1.151 52	1	1.000 64
国际海里 (n mile)	1 852	72 913.4	6 076.12	92.062 4	1.150 78	0.999 361	1

表 12.2-8

面积单位的换算

单　位	m^2	ha	in^2	yd^2	rood	acre	$mile^2$
平方米(m^2)	1	1×10^{-4}	1 550.00	1.195 99	$9.884\ 22\times10^{-4}$	$2.471\ 05\times10^{-4}$	$3.861\ 02\times10^{-7}$
公顷(ha)	10 000	1	$1\ 550.00\times10^{4}$	1.195 99	9.884 22	2.471 05	$3.861\ 02\times10^{-3}$
平方英寸(in^2)	$6.451\ 6\times10^{-4}$	$6.451\ 6\times10^{-8}$	1	$7.716\ 05\times10^{-4}$	$6.376\ 90\times10^{-7}$	$1.594\ 23\times10^{-7}$	$2.490\ 98\times10^{-10}$
平方英尺(ft^2)	0.092 903 0	$9.290\ 30\times10^{-6}$	144	0.111 111	$9.182\ 74\times10^{-5}$	$2.295\ 68\times10^{-5}$	$3.587\ 01\times10^{-8}$
平方码(yd^2)	0.836 127	$8.361\ 27\times10^{-5}$	1 296	1	$8.264\ 46\times10^{-4}$	$2.066\ 12\times10^{-4}$	$3.228\ 31\times10^{-7}$
路得(rood)	1 011.71	0.101 171	1 568 160	1 210	1	0.25	$3.906\ 25\times10^{-4}$
英里(acre)	4 046.86	0.404 686	6 272 640	4 840	4	1	$1.562\ 5\times10^{-3}$
平方英里 ($mile^2$)	$2.589\ 99\times10^{6}$	258.999	$4.014\ 49\times10^{9}$	$3.097\ 6\times10^{6}$	2 560	640	1

体积(容积)、截面积抵抗单位换算

表 12.2-9

单　位	m^3	dm^3,1	L(1901)	in^3	ft^3	yd^3
立方米(m^3)	1	1 000	999.972	61 023.7	35.314 7	1.307 95
立方分米(dm^3) 升(L)	0.001	1	0.999 972	61.023 7	0.035 314 7	$1.307\ 95\times10^{-3}$
升(1901)	$1.000\ 028\times10^{-3}$	1.000 028	1	61.025 5	0.035 315 7	$1.307\ 99\times10^{-3}$
立方英寸(in^3)	$1.638\ 71\times10^{-5}$	$1.638\ 71\times10^{-2}$	0.016 386 6	1	5.78704×10^{-4}	$2.143\ 35\times10^{-5}$
立方英尺(ft^3)	0.028 316 8	28.316 8	28.316 1	1 728	1	0.037 037 0
立方码(yd^3)	0.764 555	764.555	764.533	46 656	27	1

单　位	m^3	dm^3,1	L(1901)	in^3	ft^3	UKgal	USgal
立方米(m^3)	1	1 000	999.972	6 1023.7	35.314 7	219.969	264.172
立方分米(dm^3) 升(L)	0.001	1	0.999 972	61.023 7	0.035 331 47	0.219 969	0.264 172
升(1901)	$1.000\ 028\times10^{-3}$	1.000 028	1	61.025 5	0.035 315 7	0.219 975	0.264 179
立方英寸(in^3)	$1.638\ 71\times10^{-5}$	0.0163 871	0.016 386 6	1	$5.787\ 04\times10^{-4}$	$3.604\ 65\times10^{-3}$	$4.329\ 00\times10^{-3}$
立方英尺(ft^3)	0.028 316 8	28.316 8	28.316 1	1 728	1	6.228 83	7.480 52
英加伦 (UK-gal)	$4.546\ 09\times10^{-3}$	4.546 09	4.545 96	277.420	0.160 544	1	1.200 95
美加仑 (US-gal)	$3.785\ 41\times10^{-3}$	3.785 41	3.785 31	231	0.133 681	0.832 674	1

单位	cm^3,ml	mL(1901)	in^3
立方厘米(cm^3) 毫升(ml)	1	0.999 972	0.061 023 7
毫升(1901)	1.000 028	1	0.061 025 5
立方英寸(in^3)	16.387 1	16.386 6	1

表 12.2-10

速度单位的换算

单　　位	m/s	km/h	ft/s	ft/mis	in/s	mile/h
米每秒(m/s)	1	3.6	3.280 84	196.850	39.370 1	2.236 94
千米每小时(km/h)	0.277 778	1	0.911 344	54.680 7	10.936 1	0.621 371
英尺每秒(ft/s)	0.304 8	1.097 28	1	60	12	0.681 818
英尺每分(ft/min)	0.005 08	0.018 288	0.016 666 7	1	0.2	0.011 363 6
英寸每秒(in/s)	0.025 4	0.091 44	0.083 333 3	5	1	0.056 818 2
英里每小时(mile/h)	0.447 04	1.609 344	1.466 67	88	17.6	1

表 12.2-11

角速度单位的换算

单　　位	rad/s	rad/min	r/s	r/min	(°)/s	(°)/min
弧度每秒(rad/s)	1	60	0.159 155	9.549 30	57.295 8	3 437.75
弧度每分(rad/min)	0.016 666 7	1	0.002 652 58	0.159 155	0.954 930	57.295 8
转每秒(r/s)	6.283 19	376.991	1	60	360	21 600
转每分(r/min)	0.104 720	6.283 19	0.016 666 7	1	6	360
度每秒[(°)/s]	0.017 453 3	1.047 20	0.002 777 78	0.166 667	1	60
度每分[(°)/min]	$2.908\ 88\times10^{-4}$	0.017 453 3	4.62963×10^{-5}	$2.777\ 78\times10^{-3}$	0.016 666 7	1

表 12.2-12

质量单位的换算

单　位	kg	g	t	UKton	USton	cwt	lb
千克(kg)	1	1 000	1×10^{-3}	$9.842\,04\times10^{-4}$	$1.102\,31\times10^{-3}$	$1.968\,41\times10^{-2}$	2.204 62
克(g)	1×10^{-3}	1	1×10^{-6}	$9.842\,04\times10^{-7}$	$1.102\,31\times10^{-6}$	$1.968\,41\times10^{-5}$	$2.204\,62\times10^{-3}$
吨(t)	1 000	1×10^{6}	1	0.984 204	1.102 31	19.684 1	2 204.62
英吨(UKton)	$1.016\,05\times10^{3}$	$1.016\,05\times10^{6}$	1.016 05	1	1.12	20	2 240
美吨(USton)	$9.071\,85\times10^{2}$	$9.071\,85\times10^{5}$	0.907 185	0.892 857	1	17.857 1	2 000
英担(cwt)	50.802 3	$5.080\,23\times10^{4}$	$5.080\,23\times10^{-2}$	0.05	0.056	1	112
磅(lb)	0.453 592	$4.535\,92\times10^{2}$	$4.535\,92\times10^{-4}$	$4.464\,29\times10^{-4}$	5×10^{-4}	$8.928\,57\times10^{-3}$	1

注：1kg=35.274 0 盎司(OZ)；1OZ=$2.834\,95\times10^{-2}$。

表 12.2-13

质量流量单位的换算

单　位	kg/s	kg/h	g/s	t/h	lb/s	lb/h	UKton/h
千克每秒(kg/s)	1	3 600	1×10^{3}	3.6	2.204 62	7 936.64	3.543 14
千克每小时(kg/h)	$2.777\,78\times10^{-4}$	1	0.277 778	1×10^{-3}	$6.123\,95\times10^{-4}$	2.204 62	$9.842\,07\times10^{-4}$
克每秒(g/s)	1×10^{-3}	3.6	1	3.6×10^{-3}	$2.204\,62\times10^{-3}$	7.936 64	$3.543\,14\times10^{-3}$
吨每小时(t/h)	0.277 778	1 000	277.778	1	0.612 394	2 204.62	0.984 207
磅每秒(lb/s)	0.453 592	1 632.93	453.592	1.632 94	1	3 600	1.607 14
磅每小时(lb/h)	$1.259\,98\times10^{-4}$	0.453 592	0.125 998	$0.453\,59\times10^{-3}$	$2.777\,78\times10^{-4}$	1	$4.464\,29\times10^{-4}$
英吨每小时(UKton/h)	0.282 235	1 016.05	282.235	1.016 05	0.622 222	2 240	1

表 12.2-14

体积流量单位的换算

单位	m^3/s	m^3/h	L/s	L/min	L/h	ft^3/s	ft^3/h	UKgal/s	UKgal/min	UKgal/h
立方米每秒 (m^3/s)	1	3 600	1 000	60 000	3.6×10^6	35.314 7	127 133	219.969	13 198.1	791.889
立方米每小时 (m^3/h)	$2.777\,78\times10^{-4}$	1	$2.777\,78\times10^{-1}$	16.666 7	1 000	$9.809\,63\times10^{-3}$	35.314 7	0.061 102 5	3.666 15	219.969
升每秒(L/s)	0.001	3.6	1	60	3 600	0.035 314 7	127.133	0.219 969	13.198 1	781.889
升每分 (L/min)	$1.666\,67\times10^{-5}$	0.06	0.016 667	1	60	$5.885\,78\times10^{-4}$	2.118 88	$3.666\,15\times10^{-3}$	0.219 969	13.198 1
升每小时 (L/h)	$0.277\,778\times10^{-6}$	0.001	$0.277\,778\times10^{-3}$	0.016 666 7	1	$9.809\,63\times10^{-6}$	0.035 314 7	$6.110\,25\times10^{-5}$	$3.666\,15\times10^{-3}$	0.219 969
立方英尺每秒 (ft^3/s)	0.028 316 8	101.941	28.316 8	1 699.01	101 941	1	3 600	6.228 83	373.730	$2.242\,38\times10^4$
立方英尺每小时 (ft^3/h)	$7.865\,79\times10^{-6}$	0.028 316 8	$7.865\,79\times10^{-3}$	0.471 947	28.316 8	$0.277\,778\times10^{-3}$	1	$1.730\,23\times10^{-3}$	0.103 814	6.228 83
英加仑每秒 (UKgal/s)	$4.546\,09\times10^{-3}$	16.365 9	4.546 09	272.766	16 365.9	0.160 544	577.957	1	60	3 600
英加仑每分 (UKgal/min)	$7.576\,82\times10^{-5}$	0.272 766	$7.576\,82\times10^{-2}$	4.546 09	272.766	$2.675\,73\times10^{-3}$	9.632 62	0.016 666 7	1	60
英加仑每小时 (UKgal/h)	$1.262\,80\times10^{-6}$	$4.546\,09\times10^{-3}$	$1.262\,80\times10^{-3}$	0.075 768 2	4.546 09	$4.459\,55\times10^{-5}$	0.160 544	$0.277\,778\times10^{-3}$	0.016 666 7	1

线密度单位的换算

表 12.2-15

单　位	kg/m	lb/in	lb/ft	lb/yd	lb/mile	ton/1 000yd	ton/mile
千克每米(kg/m)	1	0.0 559 974	0.671 969	2.015 91	3 548.00	0.899 958	1.583 93
磅每英寸(lb/in)	17.858 0	1	12	36	63 360	16.071 4	28.285 7
磅每英尺(lb/ft)	1.488 16	0.083 333 3	1	3	5 280	1.339 29	2.357 14
磅每码(lb/yd)	0.496 055	0.027 777 8	0.333 333	1	176 0	0.446 429	0.785 714
磅每英里(lb/mile)	$2.818\ 49\times10^{-4}$	$1.578\ 28\times10^{-5}$	$1.893\ 94\times10^{-4}$	$5.681\ 82\times10^{-4}$	1	$2.536\ 53\times10^{-4}$	$4.464\ 29\times10^{-4}$
英吨每千码(ton/1000yd)	1.111 16	0.0 622 222	0.746 667	2.24	3 942.4	1	1.76
英吨每英里(ton/mile)	0.631 342	0.035 353 5	0.424 242	1.272 73	2 240	0.568 182	1

面密度单位的换算

表 12.2-16

单　位	kg/m²	lb/100ft²	oz/yd²	oz/ft²	lb/acre	ton/mile²	kg/ha
千克每平方米(kg/m²)	1	204.816	29.493 5	3 277 06	8 921.79	254 9.08	1×10^{4}
磅每千平方英尺(lb/1000ft²)	$4.882\ 43\times10^{-3}$	1	0.144	0.016	43.56	12.445 7	48.824 3
盎司每平方码(oz/yd²)	0.033 905 7	6.944 44	1	0.111 111	302.5	86.428 6	339.057
盎司每平方英尺(oz/ft²)	0.305 152	62.5	9	1	2 722.5	777.857	3 051.52
磅每英亩(lb/acre)	$1.120\ 85\times10^{-4}$	0.022 956 8	$3.305\ 79\times10^{-3}$	$3.673\ 09\times10^{-4}$	1	0.285 714	1.120 85
英吨每平方英里(ton/mile)	$3.922\ 98\times10^{-4}$	0.080 348 9	0.011 570 2	$1.285\ 58\times10^{-3}$	3.5	1	3.922 98
千克每公顷(kg/ha)	1×10^{-4}	0.020 481 6	$2.949\ 35\times10^{-3}$	$3.277\ 06\times10^{-4}$	0.892 179	0.254 908	1

表 12.2-17

力矩、功单位的换算

单　位	N·m*	kgf·m	pdl·ft	lbf·ft	lbf·in	tonf·ft	ozf·in
牛顿米(N·m)	1	0.101 972	23.730 4	0.737 562	8.850 75	3.292 69×10⁻⁴	141.612
千克力米(kgf·m)	9.806 65	1	232.715	7.233 01	86.796 2	3.229 02×10⁻³	1 388.74
磅达英尺(pdl·ft)	0.042 140 1	4.297 10×10⁻³	1	0.031 081 0	0.372 971	1.387 54×10⁻⁵	5.967 54
磅力英尺(lbf·ft)	1.355 82	0.138 255	32.174 0	1	12	4.464 29×10⁻⁴	192
磅力英寸(lbf·in)	0.112 985	0.011 521 2	2.681 17	0.083 333 3	1	3.720 24×10⁻⁵	16
英吨力英尺(tonf·ft)	3 037.03	309.691	72 069.9	2 240	26 880	1	430 080
盎司力英寸(ozf·in)	7.061 55×10⁻³	7.200 78×10⁻⁴	0.167 573	5.208 33×10⁻³	0.062 5	2.325 15×10⁻⁶	1

表 12.2-18

压力、应力单位的换算(1)

单　位	Pa**	N/mm²	hbar	kgf/cm²	pdl/ft²	lbf/in²	lbf/ft²	tonf/in²	tonf/ft²
帕斯卡(Pa)	1	1×10⁻⁶	1×10⁻⁷	1.019 72×10⁻⁵	0.671 969	1.450 38×10⁻⁴	0.020 885 4	6.474 90×10⁻⁸	9.323 85×10⁻⁶
牛顿每平方毫米(N/mm²)	1×10⁶	1	0.1	10.197 2	671 969	145.038	20 885.4	6.474 90×10⁻²	9.323 85
百巴(hbar)	1×10⁷	10	1	101.972	6 719 690	1 450.38	208 854	0.647 490	93.238 5
千克力每平方厘米(kgf/cm²)	9.806 65×10⁴	9.806 65×10⁻²	9.806 65×10⁻³	1	65 897.6	14.223 3	2 048.16	6.349 71×10⁻³	0.914 358
磅达每平方英尺(pdl/ft²)	1.488 16	1.488 16×10⁻⁶	1.488 16×10⁻⁷	1.517 50×10⁻⁵	1	2.158 40×10⁻⁴	0.031 081 0	9.635 71×10⁻⁸	1.387 54×10⁻⁵
磅力每平方英寸(lbf/in²)	6.894 76×10³	6.894 76×10⁻³	6.894 76×10⁻⁴	0.070 307 0	4 633.06	1	144	4.464 29×10⁻⁴	0.064 285 7
磅力每平方英尺(lbf/ft²)	47.880 3	4.788 03×10⁻⁵	4.788 03×10⁻⁶	4.882 43×10⁻⁴	32.174 0	6.944 44×10⁻³	1	3.100 20×10⁻⁶	4.464 29×10⁻⁴
英吨力每平方英寸(tonf/in²)	1.544 43×10⁷	15.444 3	1.544 43	157.488	1.037 81×10⁷	2 240	322 560	1	144
英吨力每平方英尺(tonf/ft²)	1.072 52×10⁵	0.107 252	1.072 52×10⁻²	1.093 66	72 069.9	15.555 6	2 240	6.944 44×10⁻³	1

注：*表示功时，1N·m=1J；**1Pa=1N/m²。

表 12.2-19

压力、应力单位的换算(2)

单 位	Pa	bar	mbar	atm	kgf/cm²	lbf/in²	Torr	inHg
帕斯卡(Pa)	1	1×10^{-5}	0.01	$9.869\,23\times10^{-6}$	$1.019\,72\times10^{-5}$	$1.450\,38\times10^{-4}$	$0.750\,062\times10^{-2}$	$2.953\,00\times10^{-4}$
巴(bar)	1×10^{5}	1	1 000	0.986 923	1.019 72	14.503 8	750.062	29.530 0
毫巴(mbar)	100	0.001	1	$9.869\,23\times10^{-4}$	$1.019\,72\times10^{-3}$	0.014 503 8	0.750 062	0.029 530 0
标准大气压(atm)	101 325.0	1.013 25	1 013.250	1	1.033 23	14.695 9	760	29.921 3
千克力每平方厘米(kgf/cm^2)	98 066.5	0.980 665	980.665	0.967 841	1	14.223 3	735.559	28.959 0
磅力每平方英寸(lbf/in^2)	6 894.76	0.068 947 6	68.947 6	0.068 046	0.070 307	1	51.714 9	2.036 02
托(Torr)	133.322	0.001 333 22	1.333 22	$1.315\,79\times10^{-3}$	$1.359\,51\times10^{-3}$	0.019 336 8	1	0.039 370 1
英寸汞柱(inHg)	3 386.39	0.033 863 9	33.863 9	0.033 421 1	0.034 531 6	0.491 154	25.400 0	1
单位	Pa	mbar	kgf/m²	lbf/ft²	inH_2O	ftH_2O	mmHg	inHg
帕斯卡(Pa)	1	0.01	0.101 972	$2.08\,854\times10^{-2}$	$4.014\,63\times10^{-3}$	$3.345\,53\times10^{-4}$	$7.500\,62\times10^{-3}$	$2.953\,00\times10^{-4}$
毫巴(mbar)	100	1	10.197 2	2.088 54	0.401 463	0.033 455 3	0.750 062	0.029 530 0
千克力每平方米(kgf/m^2)	9.806 65	0.098 066 5	1	0.204 816	0.039 370 1	$3.280\,84\times10^{-3}$	0.073 555 9	$2.895\,90\times10^{-3}$
磅力每平方英尺(lbf/ft^2)	47.880 3	0.478 803	4.882 43	1	0.192 222	0.016 018 5	0.359 131	0.014 139 0
英寸水柱(inH_2O)	249.089	2.490 89	25.4	5.202 33	1	0.083 333 3	1.868 32	0.073 555 9
英尺水柱(ftH_2O)	2 989.07	29.890 7	304.8	62.428 0	12	1	22.419 8	0.882 671
毫米汞柱(mmHg)	133.322	1.333 22	13.595 1	2.784 50	0.535 240	0.044 603 3	1	0.039 370 1
英寸汞柱(inHg)	3 386.39	33.863 9	345.316	70.726 2	13.595 1	1.132 92	25.4	1

表 12.2-20

功、热、能单位的换算

单　位	J	kW·h	kgf·m	L·atm	ft·pdl	ft·lbf	hp·h
焦耳(J)	1	2.77778×10^{-7}	0.101 972	0.986923×10^{-2}	23.730 4	0.737 562	3.72506×10^{-7}
千瓦小时(kW·h)	3.6×10^{6}	1	3.67098×10^{5}	3.55292×10^{4}	8.54293×10^{7}	2.65522×10^{6}	1.341 02
千克力米(kgf·m)	9.806 65	2.72407×10^{-6}	1	0.096 784 1	232.715	7.233 01	3.65304×10^{-6}
升大气压(L·atm)	101.325	2.81458×10^{-5}	10.332 3	1	2 404·48	74.733 5	3.77442×10^{-5}
英尺磅达(ft·pdl)	0.042 140 1	1.17056×10^{-8}	0.004 297 10	4.15891×10^{-4}	1	0.0310 810	1.56974×10^{-8}
英尺磅力(ft·lbf)	1.355 82	3.76616×10^{-7}	0.138 255	1.33809×10^{-2}	32.174 0	1	5.05051×10^{-7}
英马力小时(hp·h)	2.68452×10^{6}	0.745 700	2.73745×10^{5}	2.64941×10^{4}	6.37046×10^{7}	1.98×10^{6}	1

单位	J	kW·h	ft·lbf	hp·h	cal(cal_{IT})	cal_{th}	cal_{15}	Btu
焦耳(J)	1	2.77778×10^{-7}	0.737 562	3.72506×10^{-7}	0.238 846	0.239 006	0.238 920	9.47817×10^{-4}
千瓦小时(kW·h)	3.6×10^{5}	1	2.65522×10^{6}	1.341 02	859 845	860 421	860 112	3 412.14
英尺磅力(ft·lbf)	1.355 82	3.76616×10^{-7}	1	5.05051×10^{-7}	0.323 832	0.324 048	0.323 932	1.28507×10^{-3}
英马力小时(hp·h)	2.68452×10^{6}	0.745 700	1.98×10^{6}	1	641 186	641 616	641 386	2 544.43
国际蒸汽表卡(cal_{IT})	4.186 8	1.163×10^{-6}	3.088 03	1.55961×10^{-6}	1	1.000 67	1.000 31	3.96832×10^{-3}
热化学卡(cal_{th})	4.184	1.16222×10^{-6}	3.085 96	1.55857×10^{-6}	0.999 331	1	0.999 642	3.96567×10^{-3}
15℃卡(cal_{15})	4.185 5	1.16264×10^{-6}	3.087 07	1.55912×10^{-6}	0.999 690	1.000 36	1	3.96709×10^{-3}
英热单位(Btu)	1 055.06	2.93071×10^{-4}	778.169	3.93015×10^{-4}	251.996	252.164	252.074	1

功率单位的换算

表 12.2-21

单　位	W	kgf・m/s	马力	ft・lbf/s	hp	cal/s	kcal/h	Btu/h
瓦特(W)	1	0.101 972	$1.359\,62\times10^{-}$[illegible]	0.737 562	$1.341\,02\times10^{-3}$	0.238 846	0.859 845	3.412 14
千克力米每秒(kgf・m/s)	9.806 65	1	0.013 333 3	7.233 01	0.013 150 9	2.342 28	8.432 20	33.461 7
马力(马力)*	735.499	75	1	542.476	0.986 320	175.671	632.415	2 509.63
英尺磅力每秒(ft・lbf/s)	1.355 82	0.138 255	$1.843\,40\times10^{-}$[illegible]	1	$1.818\,18\times10^{-3}$	0.323 832	1.165 79	4.626 24
英马力(hp)	745 700	76.040 2	1.013 87	550	1	178.107	641.186	2 544.43
卡每秒(cal/s)	4.186 8	0.426 935	$5.692\,46\times10^{-}$[illegible]	3.088 03	$5.614\,59\times10^{-3}$	1	3.6	14.286 0
千卡每小时(kcal/h)	1.163	0.118 593	$1.581\,24\times10^{-}$[illegible]	0.857 785	$1.559\,61\times10^{-3}$	0.277 778	1	3.968 32
英热单位每小时(Btu/h)	0.293 071	$2.988\,49\times10^{-2}$	$3.984\,66\times10^{-}$[illegible]	0.216 158	$3.930\,15\times10^{-4}$	0.069 998 8	0.251 996	1

注：* 马力无国际符号，用汉字。

热导率(热系数)单位的换算

表 12.2-22

单　位	W/(m・K)	cal_{IT}/(cm・s・K)	$kcal_{IT}$/(m・h・K)	Btu/(ft・h・℉)	Btu・in/(ft²・h・℉)
瓦特每米开尔文[W/(m・K)]	1	$2.388\,46\times10^{-3}$	0.859 845	0.577 89	6.933 47
卡每厘米秒开尔文[car_{IT}/(cm・s・K)]	418.68	1	360	241.909	2 902.91
千卡每米小时开尔文[$kcal_{IT}$/(m・h・K)]	1.163	$2.777\,8\times10^{-3}$	1	0.671 969	8.063 63
英热单位每英尺小时华氏度[Btu/(ft・h・℉)]	1.730 73	$4.133\,79\times10^{-3}$	1.488 16	1	12
英热单位英寸每平方英尺小时华氏度[Btu・in/(ft²・h・℉)]	0.144 228	$3.444\,82\times10^{-4}$	0.124 014	$8.333\,33\times10^{-2}$	1

传热系数单位的换算

表 12.2-23

单　位	W/(m²・K)	$kcal_{IT}$/(cm²・s・K)	$kcal_{IT}$/(m²・h・K)	Btu/(ft²・h・℉)
瓦特每平方米开尔文[W/(m²・K)]	1	$2.388\,46\times10^{-5}$	0.859 845	0.176 110
千卡每平方厘米秒开尔文[$kcal_{IT}$/(cm²・s・K)]	41 868	1	36 000	7 373.38
千卡每平方米小时开尔文[$kcal_{IT}$/(m²・h・K)]	1.163	$2.777\,78\times10^{-5}$	1	0.204 816
英热单位每平方英尺小时华氏度[Btu/(ft²・h・℉)]	5.678 26	$1.356\,23\times10^{-4}$	4.882 43	1

温 度 换 算 表 12.2-24

温度换算公式	
华氏度(℉)	℉$=\frac{9}{5}$℃$+32=\frac{9}{4}$°R$+32$
摄氏度(℃)	℃$=\frac{5}{4}$°R$=\frac{5}{9}$(℉-32)
兰氏度(°R)	°R$=\frac{4}{5}$℃$=\frac{4}{9}$(℉-32)

℃	℉	°R	℃	℉	°R
−10	14.0	8.0	−4	24.8	3.2
−9	15.8	7.2	−3	26.6	2.4
−8	17.6	6.4	−2	28.4	1.6
−7	19.4	5.6	−1	30.2	0.8
−6	21.2	4.8	0	32.0	0.0
−5	23.0	4.0			
1	33.8	0.8	37	98.6	29.6
2	35.6	1.6	38	100.4	30.4
3	37.4	2.4	39	102.2	31.2
4	39.2	3.2	40	104.0	32.0
5	41.0	4.0	41	105.8	32.8
6	42.8	4.8	42	107.6	33.6
7	44.6	5.6	43	109.4	34.4
8	46.4	6.4	44	111.2	35.2
9	48.2	7.2	45	113.0	36.0
10	50.0	8.0	46	114.8	38.6
11	51.8	8.8	47	116.6	37.6
12	53.6	9.6	48	118.4	38.4
13	55.4	10.4	49	120.2	39.2
14	57.2	11.2	50	122.0	40.0
15	59.0	12.0	51	123.8	40.8
16	60.8	12.8	52	125.6	41.6
17	62.8	13.6	53	127.4	42.4
18	64.4	14.4	54	129.2	43.2
19	66.2	15.2	55	131.0	44.0
20	68.0	16.0	56	132.8	44.8
21	69.8	16.8	57	134.6	45.6
22	71.6	17.6	58	136.4	46.4
23	73.4	18.4	59	138.2	47.2
24	75.2	19.2	60	140.0	48.0
25	77.0	20.0	61	141.8	48.8
26	78.8	20.8	62	143.6	49.6
27	80.6	21.6	63	145.4	50.4
28	82.4	22.4	64	147.2	51.2
29	84.2	23.2	65	149.0	52.0
30	86.0	24.0	66	150.8	52.8
31	37.8	24.8	67	152.6	53.6
32	89.6	25.6	68	154.4	54.4
33	91.4	26.4	69	156.2	55.2
34	93.2	27.2	70	158.0	56.0
35	95.0	28.0	71	159.8	56.8
36	96.8	28.8	72	161.6	57.6

工程大气压 at(kgf/cm^2)换算为兆帕(MPa)　　表 12.2-25

1at(kgf/cm^2)＝0.098 066 5MPa

kgf/cm^2 十数	个数 0	1	2	3	4
0	……	0.098 066 5	0.196 133 0	0.294 199 5	0.392 266 0
1	0.980 665	1.078 731 5	1.176 798 0	1.274 864 5	1.372 931 0
2	1.961 330	2.059 396 5	2.157 463 0	2.255 529 5	2.353 596 0
3	2.941 995	3.040 061 5	3.138 128 0	3.236 194 5	3.334 261 0
4	3.922 660	4.020 726 5	4.118 793 0	4.216 859 5	4.314 926 0
5	4.903 325	5.001 391 5	5.099 458 0	5.197 524 5	5.295 591 0
6	5.883 990	5.982 056 5	6.080 123 0	6.178 189 5	6.276 256 0
7	6.864 655	6.962 721 5	7.060 788 0	7.158 854 5	7.256 921 0
8	7.845 320	7.943 386 5	8.041 453 0	8.139 519 5	8.237 586 0
9	8.825 985	8.924 051 5	9.022 118 0	9.120 184 5	9.218 250

kgf/cm^2 十数	个数 5	6	7	8	9
0	0.490 332 5	0.588 399 0	0.686 465 5	0.784 532 0	0.882 598 5
1	1.470 997 5	1.569 064 0	1.667 130 5	1.765 197 0	1.863 263 5
2	2.451 662 5	2.549 729 0	2.647 795 5	2.745 862 0	2.843 928 5
3	3.432 327 5	3.530 394 0	3.628 460 5	3.726 527 0	3.824 593 5
4	4.412 992 5	4.511 059 0	4.609 125 5	4.707 192 0	4.805 258 5
5	5.393 657 5	5.491 724 0	5.589 790 5	5.687 857 0	5.785 923 5
6	6.374 322 5	6.472 389 0	6.570 455 5	6.668 522 0	6.766 588 5
7	7.354 987 5	7.453 054 0	7.551 120 5	7.649 187 0	7.747 253 5
8	8.335 652 5	8.433 719 0	8.531 785 5	8.629 952 0	8.727 918 5
9	9.316 317 5	9.414 384 0	9.512 450 5	9.610 517 0	9.908 583 5

标准大气压(atm)换算为兆帕(MPa)　　表 12.2-26

1atm＝0.101 325MPa

atm 十数	个数 0	1	2	3	4
0	…	0.101 325	0.202 650	0.303 975	0.405 300
1	1.013 250	1.114 575	1.215 900	1.317 225	1.418 550
2	2.026 500	2.127 825	2.229 150	2.330 475	2.431 800
3	3.039 750	3.141 075	3.242 400	3.343 725	3.445 050
4	4.053 000	4.154 325	4.255 650	4.356 975	4.458 300
5	5.066 250	5.167 575	5.268 900	5.370 900	5.471 550
6	6.079 500	6.180 825	6.282 150	6.383 475	6.484 800
7	7.092 750	7.194 075	7.295 400	7.396 725	7.498 050
8	8.106 000	8.207 325	8.308 650	8.409 975	8.511 300
9	9.119 250	9.220 575	9.321 900	9.423 225	9.524 550

续上表

atm	个数				
十数	5	6	7	8	9
0	0.506 625	0.607 950	0.707 275	0.810 600	0.911 925
1	1.519 875	1.621 200	1.722 525	1.823 850	1.925 175
2	2.533 125	2.634 450	2.735 775	2.837 100	2.938 425
3	3.546 375	3.647 700	3.749 025	3.850 350	3.951 675
4	4.559 625	4.660 950	4.762 275	4.863 600	4.961 925
5	5.572 875	5.674 200	5.775 525	5.876 850	5.978 175
6	6.586 125	6.687 450	6.788 775	6.890 100	6.991 425
7	7.599 375	7.700 700	7.802 025	7.903 350	8.004 675
8	8.612 625	8.713 950	8.815 275	8.916 600	9.017 925
9	9.625 875	9.727 200	9.828 525	9.929 850	10.031 175

第三章　常用求面积、体积、截面力学特性公式

平面图形计算公式表　　表 12.3-1

A—面积；R—半径、外接圆半径；r—内切圆半径；S—边长；
n—边数；a—角度；l—弧长、圆周长；p-椭圆周长；l_b—摆线长

图形	公式	图形	公式
直角三角形 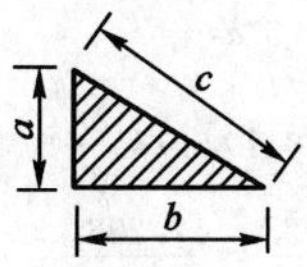	$A=\frac{ab}{2}$ $c=\sqrt{a^2+b^2}$ $a=\sqrt{c^2-b^2}$ $b=\sqrt{c^2-a^2}$	等边三角形 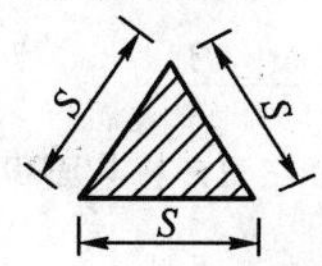	$A=\frac{\sqrt{3}}{4}S^2=0.433S^2$
锐角三角形 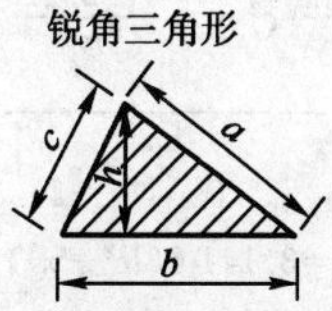	$A=\frac{bh}{2}=\frac{b}{2}\sqrt{a^2-\left(\frac{a^2+b^2-c^2}{2b}\right)^2}$ 设 $S=\frac{1}{2}(a+b+c)$，则 $A=\sqrt{S(S-a)(S-b)(S-c)}$	正方形 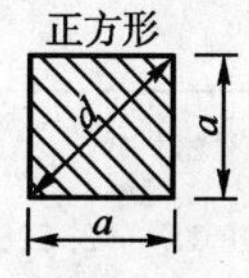	$A=\frac{1}{2}d^2$ $a=0.707\,1d$ $d=1.414a$
钝角三角形 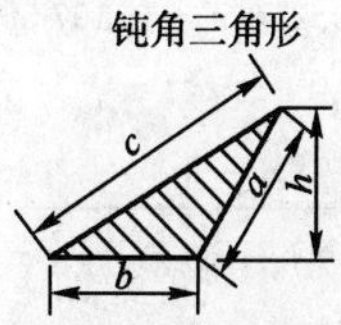	$A=\frac{bh}{2}=\frac{b}{2}\sqrt{a^2-(\frac{c^2-a^2-b^2}{2b})^2}$ 设 $S=\frac{1}{2}(a+b+c)$，则 $A=\sqrt{S(S-a)(S-b)(S-c)}$	矩形 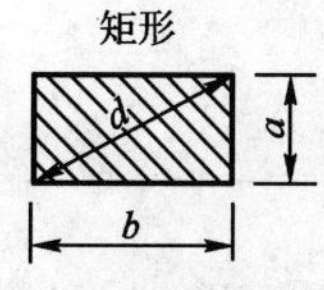	$A=ab$ $A=a\sqrt{d^2-a^2}=b\sqrt{d^2-b^2}$ $d=\sqrt{a^2+b^2}$ $a=\sqrt{d^2-b^2}=A\div b$ $b=\sqrt{d^2-a^2}=A\div a$

续上表

图 形	公 式	图 形	公 式
平行四边形 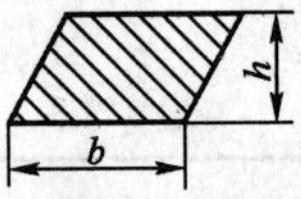	$A=bh$	正多边形 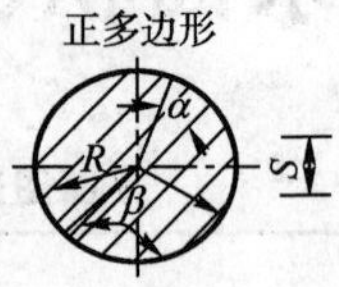	$a=360°\div n,\beta=180°-\alpha$ $A=\frac{nsr}{2}=\frac{ns}{2}\sqrt{R^2-\frac{S^2}{4}}$ $R=\sqrt{r^2+\frac{S^2}{4}},r=\sqrt{R^2-\frac{S^2}{4}}$ $S=2\sqrt{R^2-r^2}$
梯形 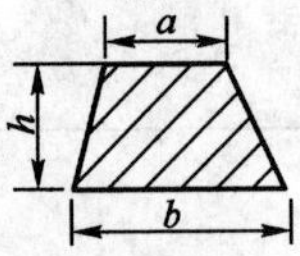	$A\frac{(a+b)h}{2},h=\frac{2A}{a+b}$ $a=\frac{2A}{h}-b,b=\frac{2A}{h}-a$	圆形 	$A=\pi r^2=3.1416r^2=0.7854d^2$ $C=2\pi r=6.2832r=3.1416d$ $r=C\div 6.2832=\sqrt{A\div 3.1416}$ $=0.564\sqrt{A}$ $d=C\div 3.1416=\sqrt{A\div 0.7854}$ $=1.128\sqrt{A}$
任意四边形 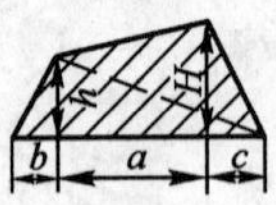	$A=\frac{(H+h)a+bh+cH}{2}$ 亦可分割成二个三角形将其面积相加求得	分圆 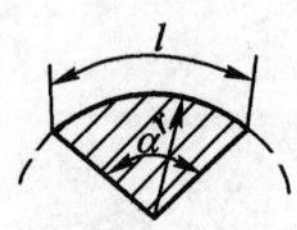	$A=\frac{rl}{2}=0.008727\alpha^{\circ}r^2$ $l=\frac{r\times\alpha\times\pi}{180}=0.01745r\alpha=\frac{2A}{r}$ $\alpha^{\circ}=\frac{57.296}{r},r=\frac{2A}{l}=\frac{57.296l}{r}$
正五边形 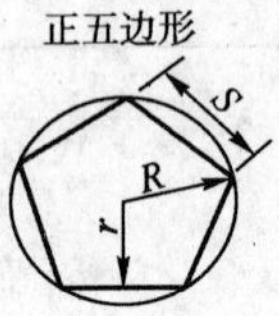	$A=2.3777R^2=3.6327r^2$ $S=1.1756R$	割圆（弓形） 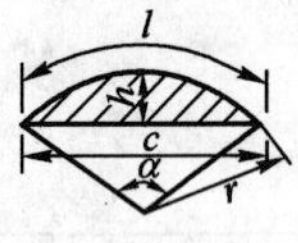	$A=\frac{1}{2}[rl-c(r-h)]$ $C=2\sqrt{h(2r-h)}$ $r=\frac{c^2+4h^2}{8h},l=0.01745\alpha$ $h=r-\frac{1}{2}\sqrt{4r^2-c^2},\alpha=\frac{57.296l}{r}$
正六边形 	$A=\frac{3\sqrt{3}}{2}S^2=2.5981S^2=2.5981R^2$ $=2\sqrt{3}r^2=3.4641r^2$ $R=S=1.155r$ $r=0.866S=0.886R$	圆环 	$A=r(R^2-r^2)=3.1416(R^2-r^2)$ $=3.1416(R+r)(R-r)$ $=0.7854(D^2-d^2)$ $=0.7854(D+d)(D-d)$
正七边形 	$A=2.7365R^2=3.3714r^2$ $=0.8678R$	直角角缘面积 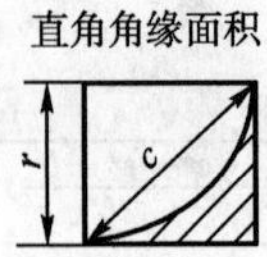	$A=r^2-\frac{\pi r^2}{4}=0.2146r^2=0.1075c^2$
正八边形 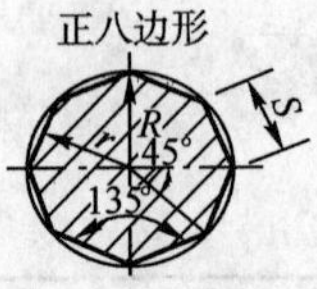	$A=4.828S^2=2.828R^2=3.314r^2$ $R=1.307S=1.082r$ $r=1.207S=0.924R$ $S=0.765R=0.828r$	不定角角缘面积 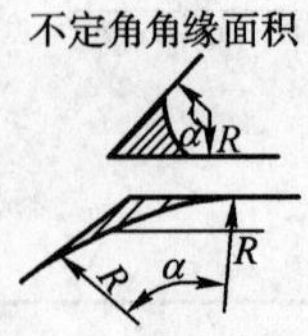	$A=R^2(\tan\frac{\alpha}{2}-0.00873\alpha)$

续上表

图　形	公　式	图　形	公　式
扇形 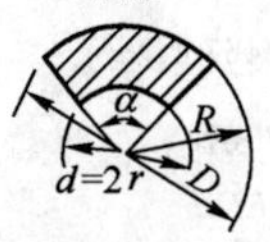	$A=\frac{\alpha\pi}{360}(R^2-r^2)$ $=0.008\,73\alpha(R^2-r^2)$ $=\frac{\alpha\pi}{4\times360}(D^2-d^2)$ $=0.002\,18\alpha(D^2-d^2)$	抛物线 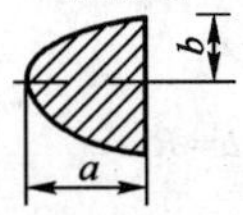	$A=\frac{4}{3}ab$
椭圆 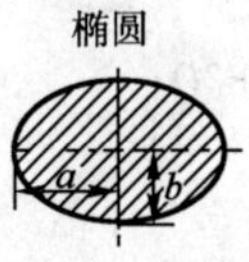	p—椭圆周长 $A=\pi ab=3.1416ab$ p 的近似值：$p=\pi\sqrt{2(a^2+b^2)}$ $p=\pi\sqrt{2(a^2+b^2)-\frac{(a-b)^2}{22}}$	抛物线 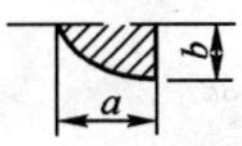	$A=\frac{2}{3}ab$
中空椭圆 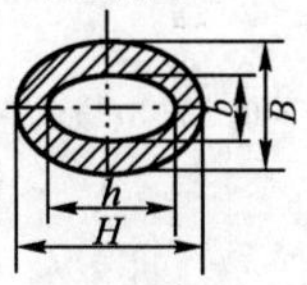	$A=\frac{\pi}{4}(HB-hb)$ $=0.785\,4(HB-hb)$	抛物线 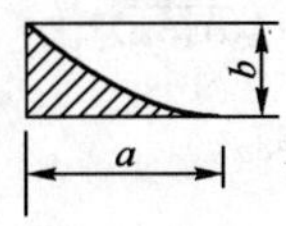	$A=\frac{1}{3}ab$
椭圆角缘面积 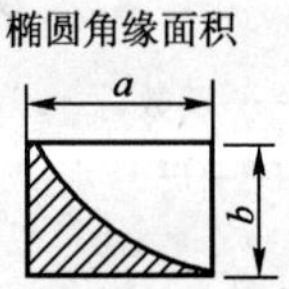	$A=ab(1-\frac{\pi}{4})$	摆线 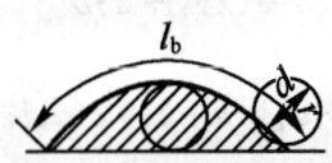	l_b—摆线长 $A=3\pi r^2$ $=9.424\,8r^2$ $=2.356\,2d^2$ $=$(转动圆的面积)$\times3$ $l_b=8r=4d$

立体图形计算公式表　　表 12.3-2

V—容积；S—表面积；A_s—侧面积；A_b—底面积

图　形	公　式	图　形	公　式
正方体 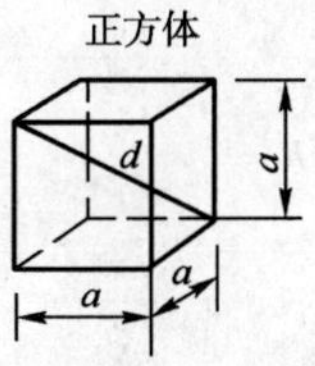	$V=a^3, S=6a^2$ $A_s=4a^2$ $d=a\sqrt{3}=1.7321a$	正六角柱 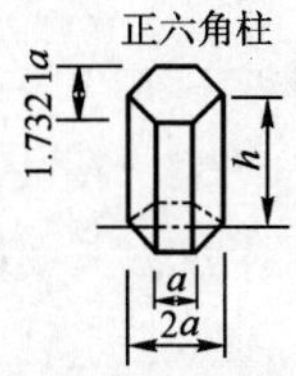	$V=2.598a^2h$ $S=5.1963a^2+6ah$ $A_s=6ah$ $d=\sqrt{h^2+4a^2}$
长方体 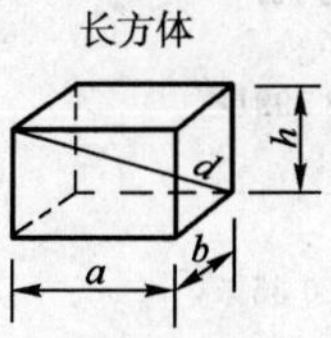	$V=abh$ $S=2(ab+ah+bh)$ $A_s=2h(a+b)$ $d=\sqrt{a^2+b^2+h^2}$	圆锥 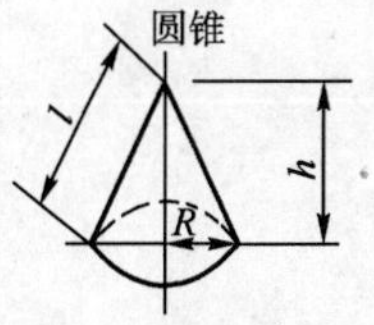	$V=\frac{\pi R^2h}{3}$ $A_s=\pi Rl$ $l=\sqrt{R^2+h^2}$

续上表

图形	公式	图形	公式
截头圆锥 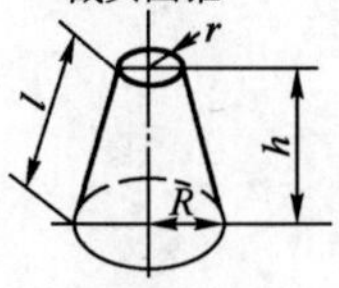	$V=\frac{\pi h}{3}(R^2+Rr+r^2)$ $=\frac{h}{4}[\pi a^2+\frac{1}{3}\pi b^2]$ $A_s=\pi la, a=R+r, b=R-r$ $l=\sqrt{b^2+h^2}$	圆环 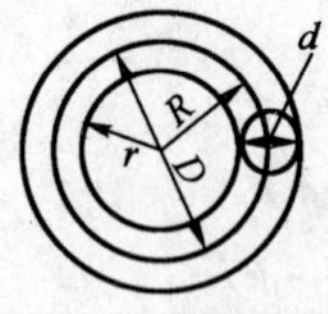	$V=2\pi^2Rr^2=1.9739Rr^2$ $=\frac{1}{4}\pi^2Dd^2=2.4674Dd^2$ $S=4\pi^2Dr=3.9478Rr$ $=\pi^2Dd=9.8696Dd$
角锥 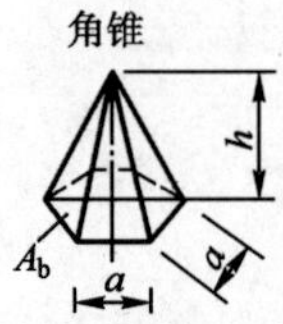	$V=\frac{A_bh}{3}$ $A_b=\frac{3\sqrt{3}}{2}a^2=2.598a^2$	椭圆环 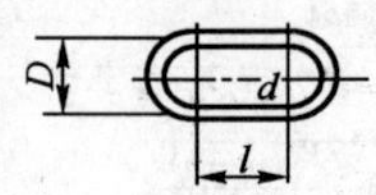	$V=0.7854d^2(\pi D+2l)$ $S=9.87Dd+6.28Dd$
截头角锥 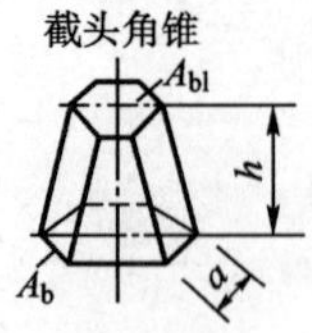	$V=\frac{\pi}{6}(A_b+A_{bl}+\sqrt{A_bA_{bl}})$ $A_b=\frac{3\sqrt{3}}{2}a^2=2.598a^2$	交叉圆柱部分 	$V=r^3(\frac{\pi}{2}-\frac{4}{3})=0.2375r^3)$
平截方锥 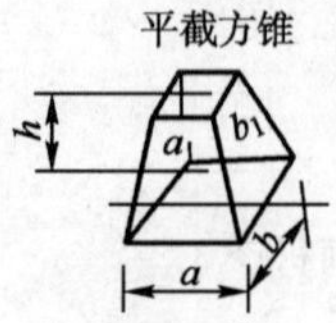	$V=\frac{h}{6}[(2a+b_1)b+(2a_1+a)b_1]$ $=\frac{1}{6}[ab+(a+a_1)(b+b_1)+a_1b_1]$	弹簧 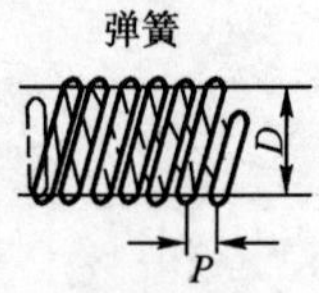	A——截面积；X——圈数 $V=AX\sqrt{9.86965D^2+P^2}$
圆柱 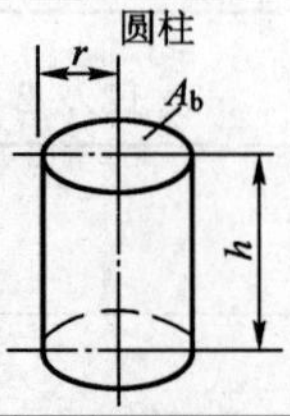	$V=\pi r^2h=A_bh$ $S=2\pi r(r+h)$ $A_s=2\pi rh$	圆台 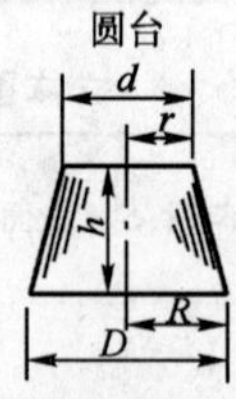	$V=\frac{\pi h}{3}(r^2+R^2+rR)$ 或 $V=0.262(d^2+D^2+Dd)$
中空圆柱 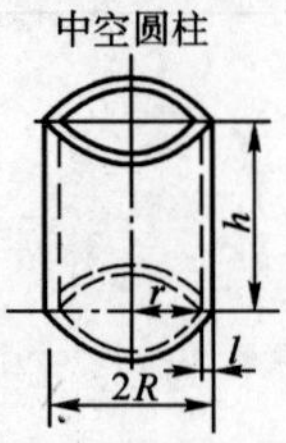	$V=\pi h(R^2-r^2)$ $=\pi th(2R-t)$ $=\pi th(2r+t)$	弓形体 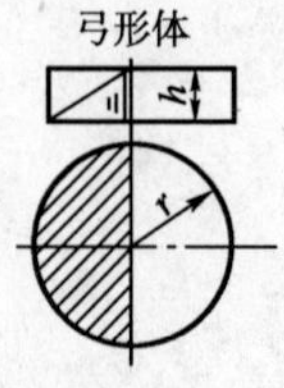	$V=0.90413r^2h$
截头圆柱 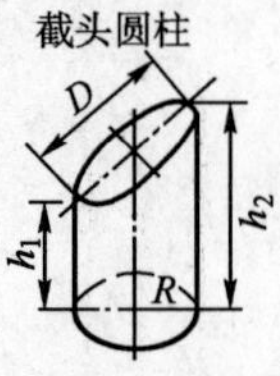	$V=R^2\pi\frac{h_1h_2}{2}$ $=\frac{\pi D}{2}(h_1+h_2)$	球 	$V=\frac{4\pi r^3}{3}=4.18879r^3$ $=\frac{\pi D^3}{6}=0.523599D^3$ $S=4\pi r^2=\pi D^2$ $r=\sqrt[3]{\frac{3V}{4\pi}}=0.62035\sqrt[3]{V}$

续上表

图　形	公　式	图　形	公　式
中空球 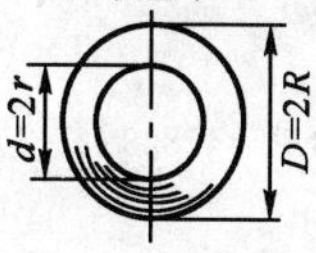	$V=\frac{4\pi}{3}(R^3-r^3)$ $=4.18879(R^3-r^3)$ $=\frac{\pi}{6}(D^3-d^3)$ $=0.523599(D^3-d^3)$	棱柱体 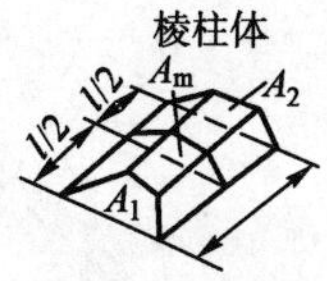	$V=\frac{l}{2}(A_1+4A_m+A_2)$ $A_m\neq\frac{A_1+A_2}{2}$
半球 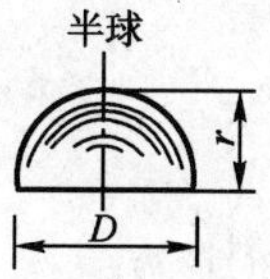	$V=\frac{2}{3}\pi r^3=2.0944r^3$ $=\frac{\pi}{12}D^2=0.2618D^2$ $A_s=2\pi r^2=\frac{\pi D^2}{2}$	棱柱体 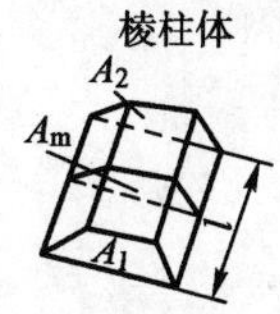	$V=\frac{A_1+A_2}{2}l$ $A_m=\frac{A_1+A_2}{2}$
球状楔形 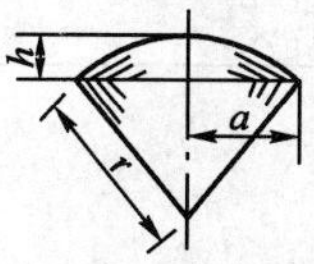	$V=\frac{2\pi r^2h}{3}=2.094395r^2h$ $S=\pi r(2h+a)$	坡道（路基） 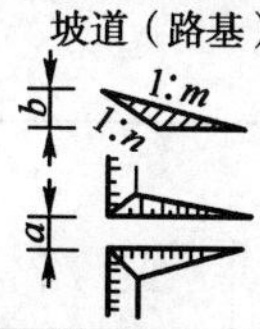	$V=\frac{h^2}{6}[3a+2hn(1-\frac{n}{m})]$ $\times(m-n)$
割球 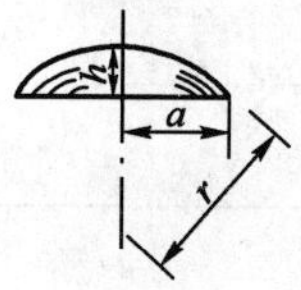	$V=\frac{\pi h}{6}(3a^2+b^2)=\frac{\pi h^2}{3}(3r-h)$ $A_s=2\pi rh=\pi(a^2+h^2)$ $a^2=h(2r-h)$	工形柱体 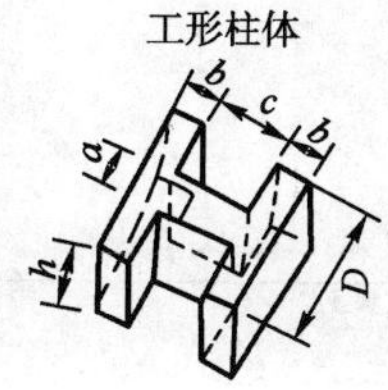	$V=h(2bD+ac)$ $A_s=2h(2b+c+2D-a)$
扁球 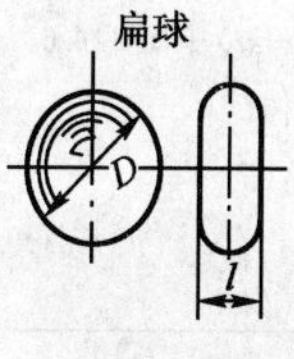	$V=\frac{\pi}{6}D^2l$ $S=rD\sqrt{\frac{l^2+D^2}{2}}$	T形柱体 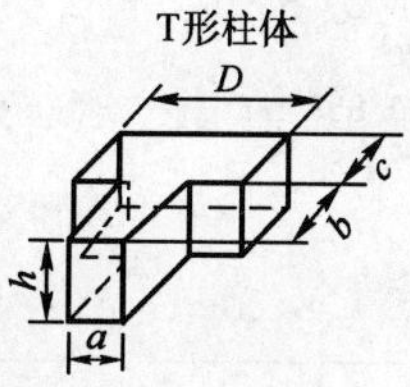	$V=h(ab+cD)$ $A_s=2h(b+c+D)$
楔形体 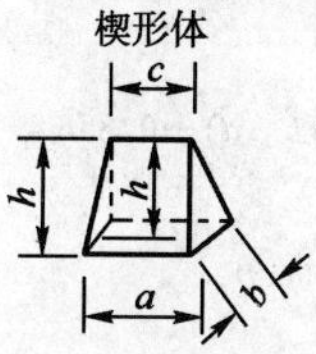	$V=\frac{(2a+c)bh}{6}$	U形柱体 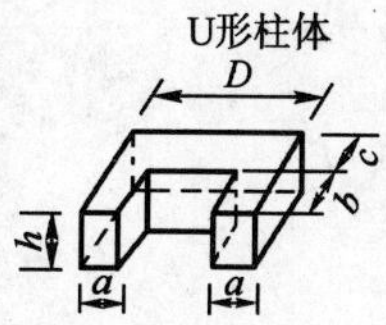	$V=h(DC+2ab)$ $A_s=2h(b+c+D)$
楔形体 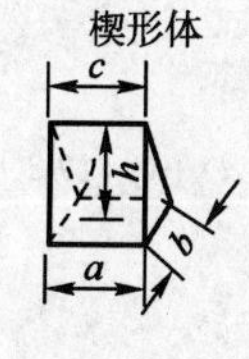	$V=\frac{1}{2}abh$	矩形柱体 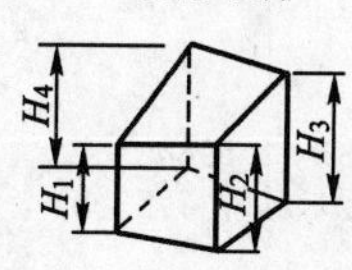	$V=A_b\frac{H_1+H_2+H_3+H_4}{4}$ A_b——柱体底面积 $A_s=\frac{1}{2}[a(H_1+H_2)+b(H_2+H_3)$ $+c(H_3+H_4)+D(H_4+H_1)]$ a、b、c、D——底面积各边长度

型材截面积计算公式表 表 12.3-3

图 形	公 式	图 形	公 式
1. 方型材 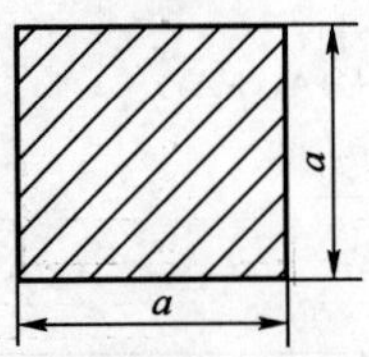	$A=a^2$	7. 八角型材 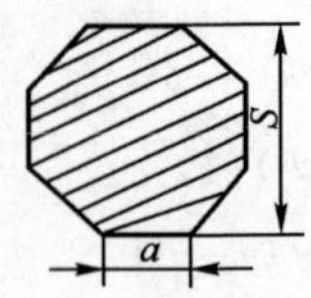	$A=0.8284S^2=4.8284a^2$
2. 圆角方型材 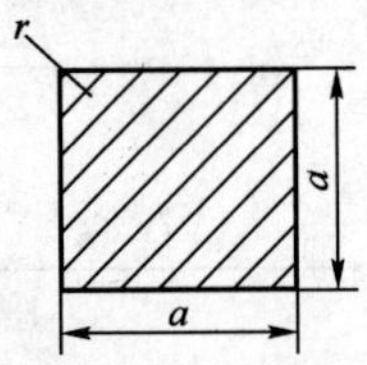	$A=a^2-0.8584r^2$	8. 管材 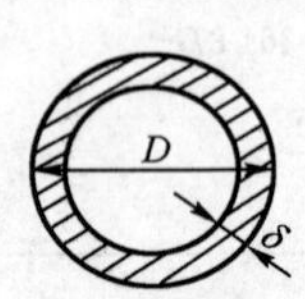	$A=3.14168(D-\delta)$
3. 板材、带材 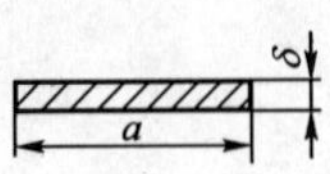	$A=a\delta$	9. 等边角钢 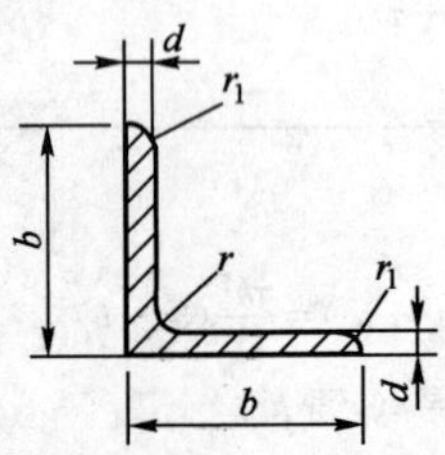	$A=d(2b-d)+0.2146(r^2-2r_1^2)$
4. 圆角带材 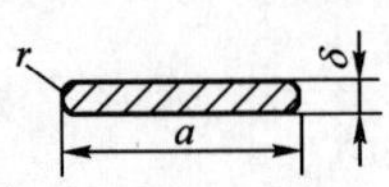	$A=a\delta-0.8584r^2$	10. 不等边角钢 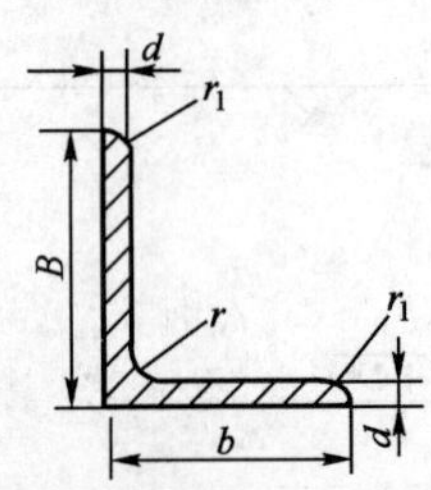	$A=d(B+b-d)+0.2146(r^2-2r_1^2)$
5. 圆材、丝材 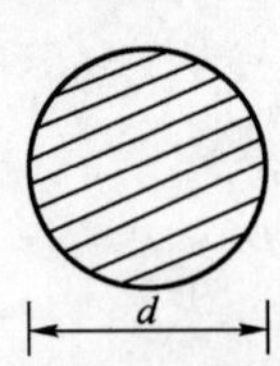	$A=0.7854d^2$	11. 工字钢 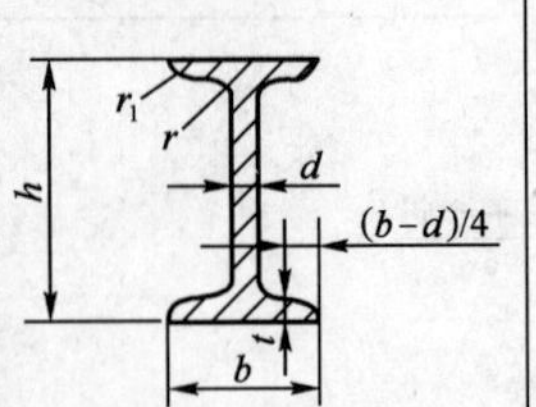	$A=hd+2t(b-d)+0.8584(r^2-r_1^2)$
6. 六角型材 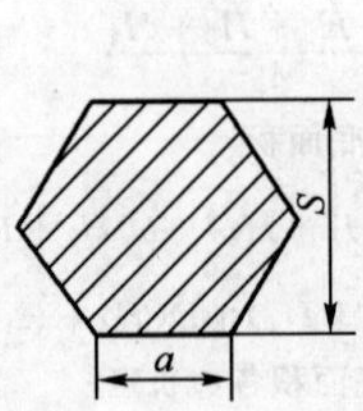	$A=0.866S^2=2.598a^2$	12. 槽钢 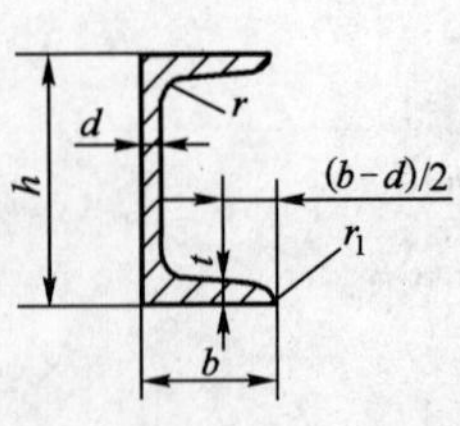	$A=hd+t(b-d)+0.4292(r^2-r_1^2)$

各种截面力学特性公式表

表 12.3-4

截面简图	面积 F	惯性矩 J	截面模量 $W=\frac{J}{e}$	重心 S 至相应边的距离 e	回转半径 $i=\sqrt{\frac{J}{F}}$
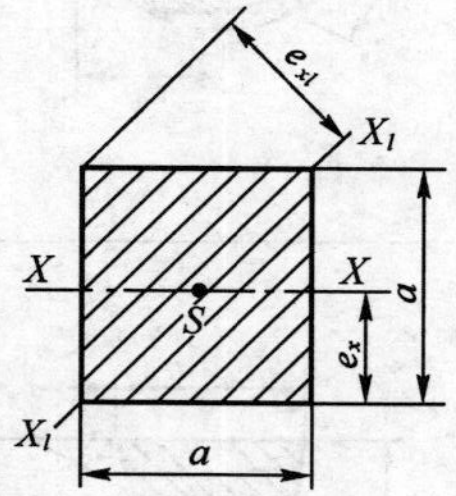	$F=a^2$	$J=\frac{a^4}{12}$	$W_x=\frac{a^3}{6}$ $W_{x1}=0.117\,9a^3$	$e_x=\frac{a}{2}$ $e_{x1}=0.707\,1a$	$i=\frac{a}{\sqrt{12}}=0.289a$
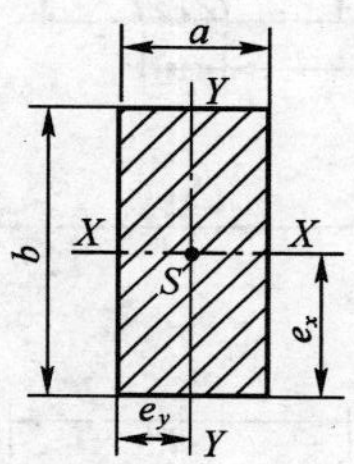	$F=ab$	$J_x=\frac{ab^3}{12}$ $J_y=\frac{a^3b}{12}$	$W_x=\frac{ab^2}{6}$ $W_y=\frac{a^2b}{6}$	$e_x=\frac{b}{2}$ $e_y=\frac{a}{2}$	$i_x=0.289b$ $i_y=0.289a$
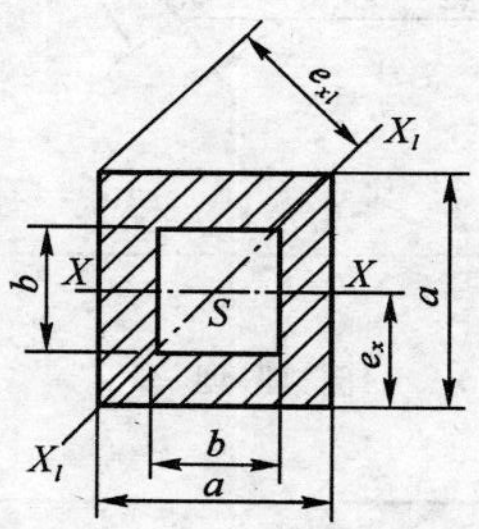	$F=a^2-b^2$	$J=\frac{a^4-b^4}{12}$	$W_x=\frac{a^4-b^4}{6a}$ $W_{x1}=0.117\,9\frac{a^4-b^4}{a}$	$e_x=\frac{a}{2}$ $e_{x1}=0.707\,1a$	$i=0.289\sqrt{a^2+b^2}$

续上表

截面简图	面积 F	惯性矩 J	截面模量 $W=\frac{J}{e}$	重心 S 至相应边的距离 e	回转半径 $i=\sqrt{\frac{J}{F}}$
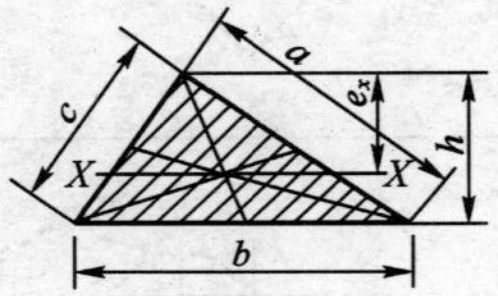	$F=\frac{bh}{2}$ $=\sqrt{p(p-a)(p-b)(p-c)}$ 式中：$p=\frac{1}{2}(a+b+c)$	$J_x=\frac{bh^3}{36}$	$W_x=\frac{bh^2}{24}$	$e_x=\frac{2h}{3}$	$i=0.236h$
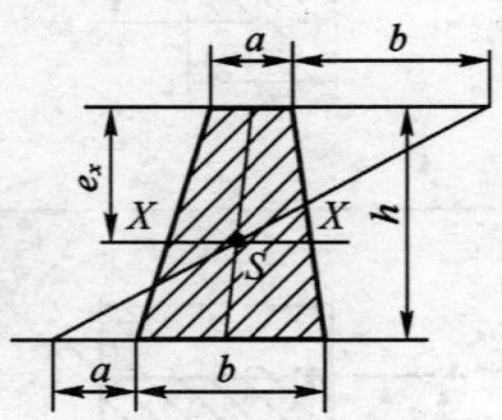	$F=\frac{h(a+b)}{2}$	$J_x=\frac{h^3(a^2+4ab+b^2)}{36(a+b)}$	$W_{xa}=\frac{h^2(a^2+4ab+b^2)}{12(a+2b)}$ $W_{xb}=\frac{h^2(a^2+4ab+b^2)}{12(2a+b)}$	$e_x=\frac{h(a+2b)}{3(a+b)}$	$i_x=\frac{h}{3(a+b)}$ $=\sqrt{\frac{a^2+4ab+b^2}{2}}$
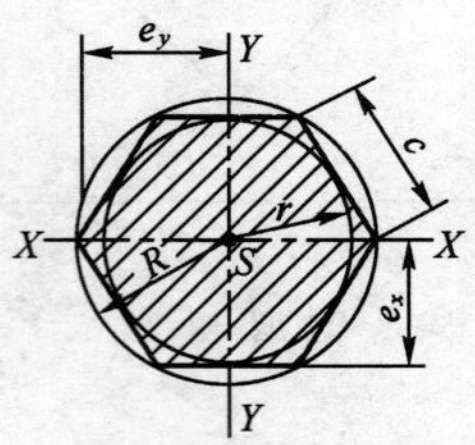	$F=2.598c^2=3.464r^2$ $c=R$ $r=0.866R$	$J_x=0.5413R^4$	$W_x=0.625R^3$ $W_y=0.5413R^3$	$e_x=0.866R$ $e_y=R$	$i=0.4566R$

续上表

截面简图	面积 F	惯性矩 J	截面模量 $W=\frac{J}{e}$	重心 S 至相应边的距离 e	回转半径 $i=\sqrt{\frac{J}{F}}$
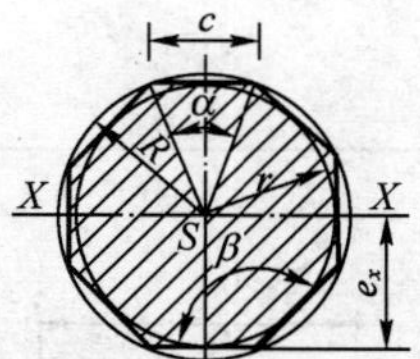 n——多角形边数	$F=\frac{ncr}{2}$ $=\frac{nc}{2}\sqrt{R^2-\frac{c^2}{4}}$ $c=2\sqrt{R^2-r^2}$ $\alpha=\frac{360^\circ}{n}$　$\beta=180^\circ-\alpha$ 对八角形 $F=2.828R^2=4.828c^2$ $r=0.924Rc=0.765R$	对八角形 $J=0.638R^4=0.875\,2r^4$	对八角形 $W_x=0.691R^3=0.876r^3$	$e_x=r=\sqrt{R^2-\frac{c^2}{4}}$	对八角形 $i=0.474\,9R$
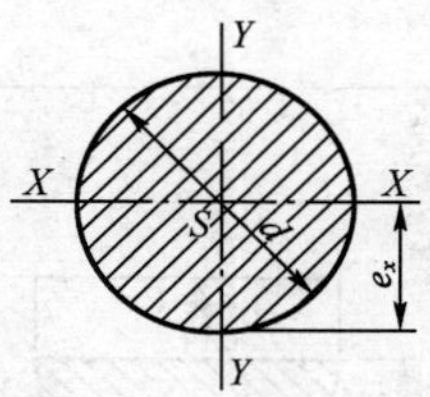	$F=\frac{\pi}{4}d^2$	$J=\frac{\pi}{64}d^4$	$W=\frac{\pi}{32}d^3$	$e_x=\frac{d}{2}$	$i=\frac{d}{4}$
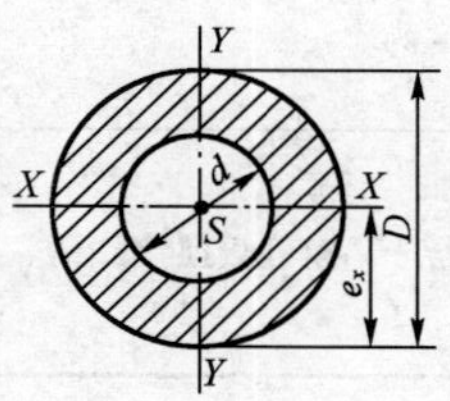	$F=\frac{\pi}{4}(D^2-d^2)$	$J=\frac{\pi}{64}(D^4-d^4)$	$W=\frac{\pi(D^4-d^4)}{32D}$	$e_x=\frac{D}{2}$	$i=\frac{1}{4}\sqrt{D^2+d^2}$

续上表

截面简图	面　积 F	惯　性　矩 J	截面模量 $W=\frac{J}{e}$	重心 S 至相应边的距离 e	回转半径 $i=\sqrt{\frac{J}{F}}$
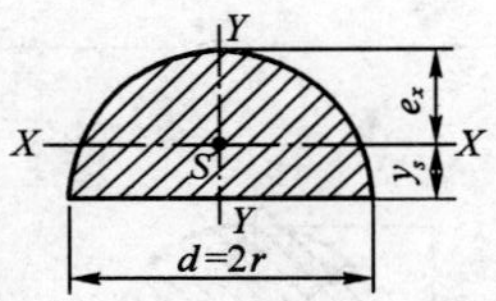	$F=\frac{\pi}{8}d^2$	$J_x=0.006\,86d^4$ $J_y=\frac{\pi}{128}d^4\approx0.002\,5d^4$	$W_x=0.023\,9d^2$ $W_y=\frac{\pi}{64}d^3\approx0.05d^3$	$e_x=0.287\,8d$ $Y_s=0.212\,2d$	$i_x=0.131\,9d$ $i_y=\frac{d}{4}$
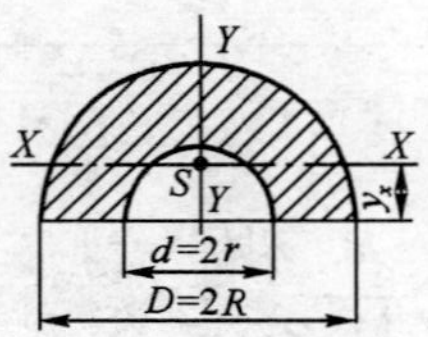	$F=\frac{\pi(D^2-d^2)}{8}$	$J_x=0.006\,86(D^4-d^4)$ $-\frac{0.017\,7D^2-d^2(D-d)}{D+d}$ $J_y=\frac{\pi(D^4-d^4)}{128}$	$W_y=\frac{\pi d^3}{64}\left(1-\frac{d^4}{D^4}\right)$	$Y_s=\frac{2(D^2+Dd+d^2)}{3\pi(D+d)}$	$i_x=\sqrt{\frac{J_x}{F}}$ $i_y=\sqrt{\frac{J_y}{F}}$
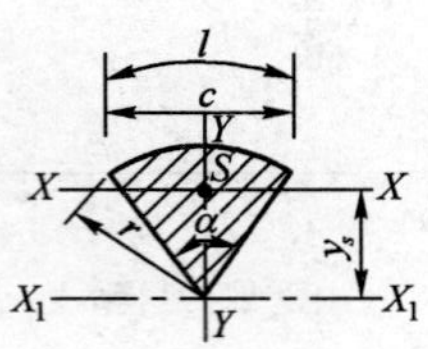	$F=\frac{\pi r^2\alpha}{360}=0.008\,73r^2\alpha$ $l=\frac{\pi r\alpha}{180}=0.017\,45r\alpha$ $c=2r\sin\frac{\alpha}{2}$	$J_{xl}=\frac{r^4}{8}(\pi\frac{\alpha}{180}+\sin\alpha)$ $J_x=\frac{r^4}{8}\left(\pi\frac{\alpha}{180}+\sin\alpha-\frac{64}{9}\sin^2\frac{\alpha}{2}\cdot\frac{180}{\pi\alpha}\right)$ $J_x=\frac{r^4}{8}\left(\pi\frac{\alpha}{180}-\sin\alpha\right)$		$Y_s=\frac{2rc}{3l}$	$i_x=\frac{r}{2}\sqrt{1+\frac{\sin\alpha}{\alpha}\cdot\frac{180}{\pi}}$ $-\frac{64}{9}\cdot\frac{\sin^2\frac{\alpha}{2}}{(\alpha\frac{\pi}{180})^2}$ $i_y=\frac{r}{2}\sqrt{1-\frac{\sin\alpha}{\alpha}\cdot\frac{180}{\pi}}$

续上表

截面简图	面　积 F	惯　性　矩 J	截 面 模 量 $W=\frac{J}{e}$	重心 S 至相应边的距离 e	回转半径 $i=\sqrt{\frac{J}{F}}$
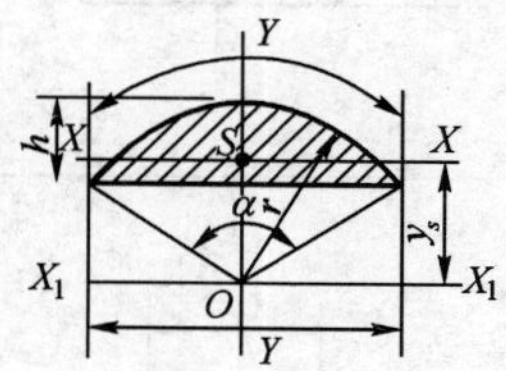	$F=\frac{1}{2}[rl-c(r-h)]$ $c=2\sqrt{h(2r-h)}$ $r=\frac{c^2+4h^2}{8h}$ $h=r-\frac{1}{2}\sqrt{4r^2-c^2}$ $l=0.01745r\alpha$ $a=\frac{57.296\,l}{r}$	$J_{xl}=\frac{lr^3}{8}-\frac{r^4}{4}\sin\alpha\cos^3\alpha$ $J_x=J_{xl}-Fy_s^2$ $J_y=\frac{r^4}{8}(\frac{\alpha\pi}{180}-\sin\alpha-\frac{2}{3}\sin\alpha\sin^2\frac{\alpha}{2})$ $W_x=\frac{J_x}{r-y_s}$		$y_s=\frac{c^3}{12F}$	$i_x=\sqrt{\frac{J_x}{F}}$
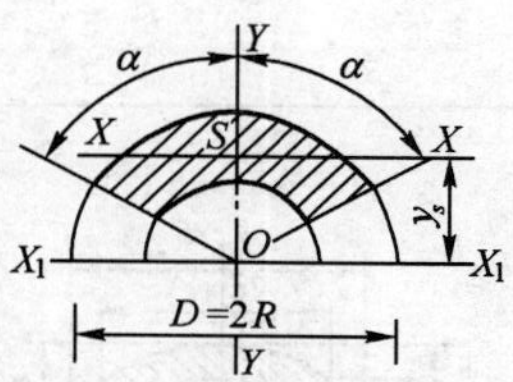	$F=\frac{\pi\alpha}{180}(R^2-r^2)$	$J_{xl}=\frac{R^4-r^4}{8}(\frac{\pi\alpha}{180}+\sin\alpha)$ $J_x=J_{xl}-FY_s^2$ $J_y=\frac{R^4-r^4}{8}(\frac{\pi\alpha}{180}-\sin\alpha)$		$y_s=38.197\frac{(R^3-r^3)\sin\alpha}{(R^2-r^2)\alpha}$	$i_x=\sqrt{\frac{J_x}{F}}$ $i=\sqrt{\frac{J_y}{F}}$
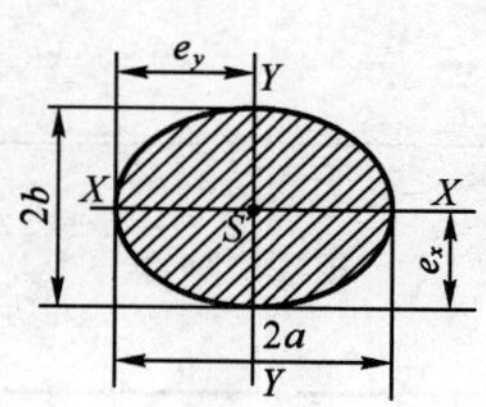	$F=\pi ab$	$J_x=\frac{\pi ab^3}{4}$ $J_y\ \frac{\pi a^3 b}{4}$	$W_x=\frac{\pi ab^2}{4}$ $W_y=\frac{\pi^2 ab}{4}$	$w_x=b$ $w_y=a$	$i_x=\frac{b}{2}$ $i_y=\frac{a}{2}$

续上表

截面简图	面积 F	惯性矩 J	截面模量 $W=\frac{J}{e}$	重心 S 至相应边的距离 e	回转半径 $i=\sqrt{\frac{J}{F}}$
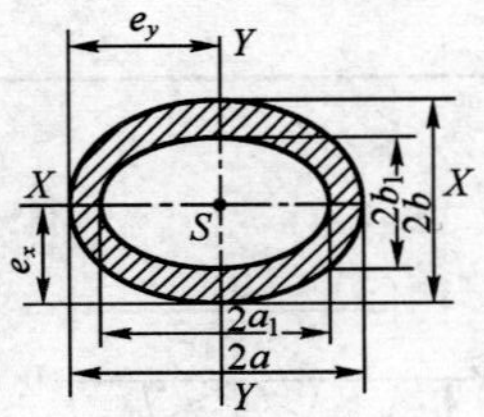	$F=\pi(ab-a_1b_1)$	$J_x=\frac{\pi}{4}(ab^3-a_1b_1^3)$ $J_y=\frac{\pi}{4}(a^3b-a_1^3b_1)$	$W_x=\frac{\pi(ab^3-a_1b_1^3)}{4b}$ $W_y=\frac{\pi(a^3b-a_1^3b_1)}{4a}$	$e_x=b$ $e_y=a$	$i_x=\sqrt{\frac{J_x}{F}}$ $i_y=\sqrt{\frac{J_y}{F}}$
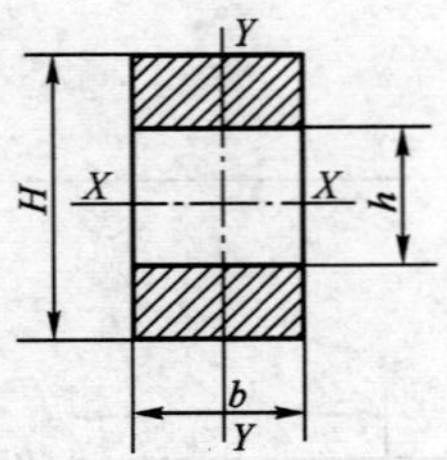	$F=b(H-h)$	$J_x=\frac{b(H^3-h^3)}{12}$ $J_y=\frac{b^3(H-h)}{12}$	$W_x=\frac{b(H^3-h^3)}{6H}$ $W_y=\frac{b^2(H-h)}{6}$	$e_x=\frac{H}{2}$ $e_y=\frac{b}{2}$	$i_x=\sqrt{\frac{H^2+Hh+h^2}{12}}$ $i_y=0.2896$
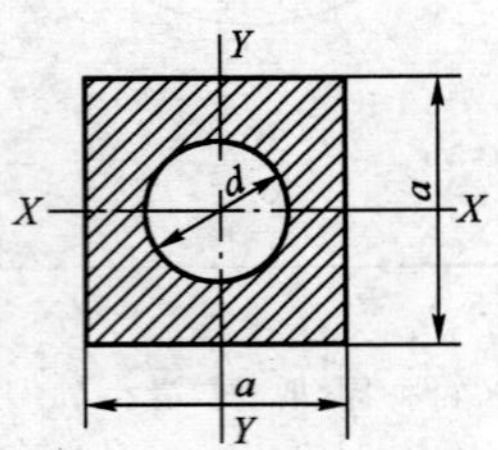	$F=a^2-\frac{\pi d^2}{4}$	$J=\frac{1}{12}(a^4-\frac{3\pi d^4}{16})$	$W=\frac{1}{6a}(a^4-\frac{3\pi d^4}{16})$	$e_x=\frac{a}{2}$	$i=\sqrt{\frac{16a^4-3\pi d^4}{48(4a^2-\pi d^2)}}$

续上表

截面简图	面积 F	惯性矩 J	截面模量 $W=\frac{J}{e}$	重心 S 至相应边的距离 e	回转半径 $i=\sqrt{\frac{J}{F}}$
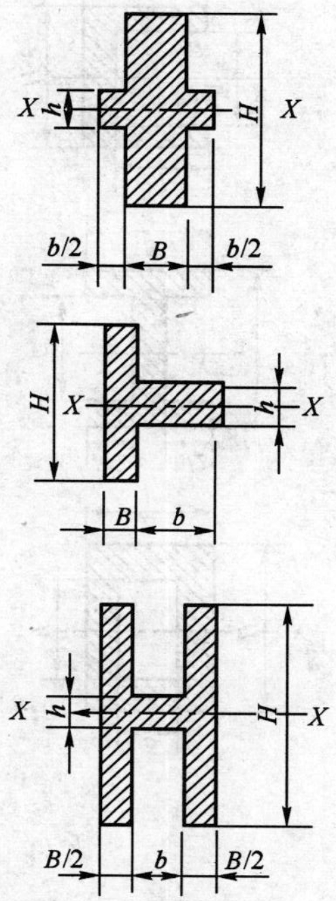	$F=BH+bh$	$J_x=\frac{BH^3+bh^3}{12}$	$W_x=\frac{BH^3+bh^3}{6H}$	$e_x=\frac{H}{2}$	$i_x=\sqrt{\frac{J_x}{F}}$

续上表

截面简图	面积 F	惯性矩 J	截面模量 $W=\frac{J}{e}$	重心 S 至相应边的距离 e	回转半径 $i=\sqrt{\frac{J}{F}}$
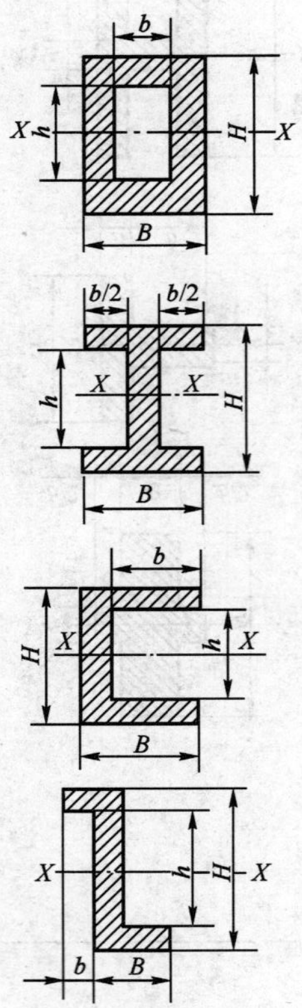	$F=BH-bh$	$J_x=\frac{BH^3-bh^3}{12}$	$W_x=\frac{BH^3-bh^3}{6h}$	$e_x=\frac{H}{2}$	$i_x=\sqrt{\frac{J_x}{F}}$

续上表

截面简图	面积 F	惯性矩 J	截面模量 $W=\frac{J}{e}$	重心 S 至相应边的距离 e	回转半径 $i=\sqrt{\frac{J}{F}}$
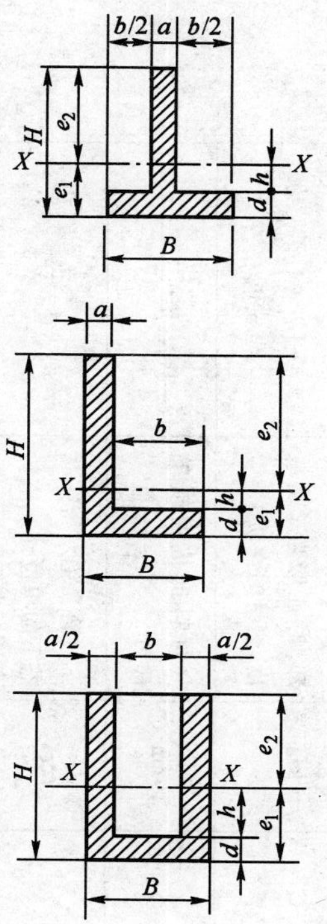	$F=BH-b(e_2+h)$	$J_x=\frac{1}{3}(Be_1^3-bh^3+ae_2^3)$	$W_{x1}=\frac{J_x}{e_1}$ $W_{x2}=\frac{J_x}{e_2}$	$e_1=\frac{aH^2+bd^2}{2(aH+bd)}$ $e_2=H-e_1$	$i_x=\sqrt{\frac{J_x}{F}}$

第四章　工程材料规格、性质，常用数据及工具相关资料

1. 常用材料基本性质（表 12.4-1～表 12.4-8）

常用材料基本性质、名称和计算公式　　表 12.4-1

名　称	符　号	单　位	物 理 意 义	基 本 公 式	符 号 意 义
含水率	$\omega_{含}$	%	材料吸收水分的质量占材料干燥质量的百分率	$\omega=\frac{m_{含}-m}{m}\times100\%$	$m_{含}$——材料含水时的质量(g)； m——材料干燥时的质量(g)； m_1——材料吸水饱和后的质量(g)； V_1——材料在自然状态下的体积(cm^3)； ρ_0——材料的质量密度 $f_{饱}$——材料在含水饱和状态下的抗压强度(Pa)； $f_{干}$——材料在干燥状态下的抗压强度(Pa)； Q——单位时间内渗过试件的水量(cm^3/s 或 cm^3/d)； A——试件的截面积(cm^2)； I——水力梯度； v——渗透速度(cm/s 或 cm/d)； F——材料在－15℃以下冻结，反复冻融后质量损失≤5%，强度损失≤25%的冻融次数； Q_1——通过材料传导的热量(J)； a——材料的厚度(m)； A_1——材料导热面积(m^2)； Z——导热时间(h)
质量吸水率	$B_{重}$	%	材料吸水达到饱和状态时所占质量百分率	$B_{重}=\frac{m_1-m}{m}\times100\%$	
体积吸水率	$B_{体}$	%	材料在水中吸收水分所占体积的百分率	$B_{体}=\frac{m_1-m}{V_1}\times100\%$ $=B_{重}\cdot\rho_0$	
软化系数	K_p		材料长期在饱和水作用下强度不降低或不严重降低的性质	$K_p=\frac{f_{饱}}{f_{干}}$	
渗透系数	K	cm/s 或 cm/d	材料抵抗压力水渗透的能力	$K=\frac{Q}{AI}$ $=\frac{v}{I}$	
抗冻强度等级	F		材料在吸水饱和状态下经反复冻融而不破坏的强度		
抗渗等级	P		材料能承受的最大水压力值		(t_1-t_2)——材料两侧温度差；或材料受热(或冷却)前后的温度差(℃)； Q_2——材料吸收(或放出)的热量(kJ)； m_{01}——材料磨损前的质量(g)； m_{02}——材料磨损后的质量(g)； F——材料磨损面积(cm^2) m——材料的质量(g)； V——材料在绝对密实状态下的体积(cm^3)； V_0——材料在自然状态下的体积(cm^3)； ρ——材料的密度(g/cm^3)； ρ_0——材料的质量密度(g/cm^3)；
导热系数	λ	W(m·K)	材料厚 1m、两表面温差 1℃时，1h 通过 $1m^2$ 围护结构表面的热量	$\lambda=\frac{Q_1 a}{A_1 Z(t_1-t_2)}$	
比热	c	kJ(kg·K)	1kg 材料温度升高或降低 1℃所吸收或放出的热量	$c=\frac{Q_2}{m(t_1-t_2)}$	
热容量	Q	kJ	材料在受热(或冷却)时能吸收(或放出)热量的性质	$Q=c\cdot m$	
磨损率	N	g/cm^2	材料抵抗磨损的能力	$N=\frac{m_{01}-m_{02}}{F}$	
密度	ρ	g/cm^3	材料在绝对密实状态下的单位体积质量	$\rho=\frac{m}{V}$	

续上表

名　称	符　号	单　位	物理意义	基本公式	符号意义
质量密度	ρ_0	g/cm³	材料在自然状态下的单位体积质量	$\rho_0=\frac{m}{V_0}$	D——材料的密实度(%)； P——孔隙率(%)，计算松散状态的颗粒之间的 P 时，V 为颗粒体积，V_0 为松散体积； L——试件原标距长度(mm)； L_1——试件拉断后原标距间的长度(mm)
密实度	D	%	材料体积内固体物积所充实的程度	$D=\frac{\rho_0}{\rho}\times100\%$ $=\frac{V}{V_0}\times100\%$	
孔隙率	P	%	材料内部孔隙体积所占的百分率	$P=\frac{V_0-V}{V_0}\times100\%$ $=\left(1-\frac{\rho_0}{\rho}\right)\times100\%$ $=(1-D)\times100\%$	
伸长率	δ	%	材料在一定标距下的极限伸长百分率	$\delta=\frac{L_1-L}{L}\times100\%$	

常用建筑材料密度及导热系数　　表 12.4-2

名　称	密　度 (kg/m³)	导热系数 [W/(m·K)]	名　称	密　度 (kg/m³)	导热系数 [W/(m·K)]
杉木	400～500		矿渣	1 000～1 400	0.29～0.31
松木	500～600	0.15～0.35	水渣	500～900	0.16～0.26
硬杂木	600～700		水泥	1 250～1 450	
锯末	200～250	0.07～0.09	水泥砂浆	2 000	0.93
木纤维板	200～1 000	0.07～0.34	石灰砂浆、混合砂浆	1 700	0.87
刨花板	300～600	0.14～0.23	水泥蛭石砂浆	500～800	
胶合三夹板	1.9～2.8*		膨胀珍球岩砂浆	700～1 500	
胶合五夹板	3.0～3.9*		纸筋石灰泥	1 600	
胶合七夹板	5.8*		素混凝土	2 200～2 400	1.28～1.51
软木板	250	0.07	钢筋混凝土	2 400～2 500	1.51～1.63
铸铁	7 250		无砂混凝土	1 600～1 900	0.70～0.99
钢	7 850	50～58	沥青混凝土	2 000	1.05
铜	8 500～8 900		泡沫混凝土	400～600	0.14～0.21
铝	2 700		加气混凝土	550～750	0.21～0.29
铝合金	2 800		陶粒混凝土	400～1 800	0.17～0.81
石棉	400～1 000	0.22	矿渣混凝土	2 000	
石膏粉	900		水泥蛭石板	400～500	0.1～0.4
石膏块	1 300～1 450		普通玻璃	2 550	
炉渣	700～1 000	0.22～0.29	玻璃棉	50～100	0.04～0.05

续上表

名称	密度 (kg/m³)	导热系数 [W/(m·K)]	名称	密度 (kg/m³)	导热系数 [W/(m·K)]
砂子	1 400～1 700	0.58	矿渣棉	120～150	0.03～0.04
卵石	1 600～1 800		沥青矿渣棉毡	120～160	0.04～0.05
碎石	1 400～1 500		膨胀珍珠岩粉	80～200	0.04～0.05
砂夹卵石	1 500～1 700		膨胀蛭石	80～200	0.05～0.07
大理石	2 800		棉絮	100	0.05
石灰石	2 640		稻草	120～250	0.05～0.21
毛石	1 700		聚氯乙烯板(管)	1 350～1 600	
普通砖	1 800～1 900	0.81	聚氯乙烯泡沫塑料	190	0.06
耐火砖	1 900～2 200		聚苯乙烯泡沫塑料	30～50	0.03～0.05
灰砂砖	1 800		石棉板	1 300	0.35
土坯砖	1 200～1 500	0.7～0.8	石膏板	1 100	0.41
黏土空心砖	1 100～1 450	0.47	石油沥青	1 000～1 100	
瓷面砖	1 780		煤沥青	1 340	
陶瓷锦砖	12		煤焦油	1 000	
黏土瓦**	3		乳化沥青	980～1 050	
生石灰块	1 100		汽油	640～670	0.73
生石灰粉	1 200		柴油	870～920	
熟石灰膏	1 350		水(4℃时)	1 000	0.58
玻璃钢	1 400～2 200		冰	896	2.33

注:表中"*"单位为 kg/m^2;"**"单位为 kg/块。

常用材料弹性模量和泊松比 表 12.4-3

材料名称	纵向弹性模量 E(MPa)	剪切模量 G(MPa)	泊松比 μ
铅	1.7×10^4	7×10^3	0.42
铸铁	$(7.5\sim16.0)\times10^4$	45×10^3	0.23～0.27
铁(软的)	19.0×10^4		
铸钢	17.5×10^4		
碳钢	$(20.0\sim21.0)\times10^4$	81×10^3	0.24～0.28
合金钢	$(21.0\sim22.0)\times10^4$	81×10^3	0.25～0.30
焊接钢	$(16.0\sim20.0)\times10^4$	77×10^3	0.28
石灰石	4.2×10^4		
砂岩	1.8×10^4		
花岗岩	4.9×10^4		
大理石	5.6×10^4		
玻璃	5.6×10^4	22×10^3	0.25
橡胶	0.0008×10^4		0.47
电木	$(0.2\sim0.6)\times10^4$	$(0.7\sim2.1)\times10^3$	0.35～0.18
皮带	$(0.02\sim0.06)\times10^4$		
麻绳	$(0.06\sim0.15)\times10^4$		
砖砌体	$(0.27\sim0.3)\times10^4$		
石灰石砌体	0.6×10^4		
花岗岩砌体	$(0.9\sim1.0)\times10^4$		
混凝土(强度等级 10～20)	$(1.5\sim2.3)\times10^4$		0.06～0.18
顺纹木材	$(1.0\sim1.2)\times10^4$	$(0.45\sim0.65)\times10^3$ *	
横纹木材	$(0.05\sim0.1)\times10^4$	$(0.45\sim0.65)\times10^3$ *	
胶合板	$(0.15\sim1.2)\times10^4$	$(0.3\sim4.0)\times10^3$	
层压板(纤维性)	$(0.6\sim1.0)\times10^4$		

注:①对于各向同性的材料,在 E 和 G 之间存在着下列关系式:

$$G=\frac{E}{2(1+\mu)}$$

②*指当扭转时。

常用材料线胀系数(α)　　表 12.4-4

$$\bar{\alpha}_1=\Delta L/(\Delta T L_0)$$

式中：$\bar{\alpha}_1$——平均线胀系数；

ΔL——试件长度变化(cm)；

ΔT——温度变化范围(℃)；

L_0——起始温度下长度(cm)

材料名称	线胀系数(K^{-1})	材料名称	线胀系数(K^{-1})
钢筋	1.2×10^{-5}	钢筋混凝土	1.6×10^{-5}
钢结构	1.2×10^{-5}	砂岩	5.4×10^{-5}
混凝土	1.0×10^{-5}	花岗岩	3.9×10^{-5}
石砌体	0.8×10^{-5}	玄武岩	3.9×10^{-5}
砖砌体	0.7×10^{-5}	石灰岩	3.6×10^{-5}
混凝土预制块砌体	0.9×10^{-5}	石英岩	5.3×10^{-5}
片岩	4.4×10^{-5}	钢	1.1×10^{-5}
矿渣	0.6×10^{-5}	铁	1.2×10^{-5}
白云石	5.1×10^{-5}	钴	1.27×10^{-5}
木(顺纤维方向)	0.6×10^{-5}	镍	1.28×10^{-5}
木(垂直纤维方向)	5×10^{-5}	铋	1.34×10^{-5}
硬橡胶	6×10^{-5}	金	1.42×10^{-5}
石膏	2.5×10^{-5}	铜	1.7×10^{-5}
石墨	0.8×10^{-5}	青铜	1.75×10^{-5}
水泥	1.4×10^{-5}	黄铜	1.9×10^{-5}
水晶(结晶的)	1.0×10^{-5}	银	1.97×10^{-5}
硅	2.5×10^{-5}	铝	2.38×10^{-5}
金刚石	1.3×10^{-5}	镁	2.59×10^{-5}
瓷	3×10^{-5}	锡	2.67×10^{-5}
钨	3.5×10^{-5}	镉	2.86×10^{-5}
钼	5.2×10^{-5}	锌	2.86×10^{-5}
铱	6.5×10^{-5}	铅	2.92×10^{-5}
铬	8.4×10^{-5}	钠	7.2×10^{-5}
铂	9×10^{-5}	钾	8.3×10^{-5}

材料的滚动摩擦系数　　表 12.4-5

序号	摩擦材料		系数
1	机械中钢与钢之间		0.005
2	生铁制轮或钢制轮与钢轨之间		0.05
3	钢板间的滚子(搭梁的活动支座)按表面情况		0.02～0.07
4	小轮间与钢轨之间	1.有滚珠轴承	0.009
		2.无滚珠轴承	0.021
5	带铁轮箍的大车与普通道路之间	1.坏路(无路面)	0.15
		2.干实土路	0.04
		3.坏路面	0.04
		4.沥青路面	0.01

注：启动时的摩擦力应增加 2.5～5 倍。

材料的滑动摩擦系数 表 12.4-6

序号	摩擦材料		起动			运动中		
			表面			表面		
			干燥的	水湿的	润油的	干燥的	水湿的	润油的
1	硬木顺纹		0.62	—	0.11	0.48	—	0.08
2	硬木垂纹		0.54	0.71	—	0.34	0.25	—
3	硬木端部		0.43	—	—	0.19	—	—
4	硬木与钢		0.60	0.65	0.11	0.40	0.24	0.10
5	硬木与花岗石		—	0.50	—	0.30	0.10	0.06
6	硬木与贝壳石灰石		0.63	—	—	0.38	—	—
7	硬木与卵石		0.6～0.46	—	—	—	—	—
8	压力小时钢与钢		0.15	—	0.11	0.11*	—	0.1～0.08
9	压力大时(在 100MPa 以上)钢与钢		0.25～0.15	—	0.12～0.11	0.09～0.07*	—	—
10	钢与生铁或青铜		0.19	—	—	0.18～0.17	—	0.08～0.07
11	钢与砂岩		—	—	—	0.45～0.40	—	—
12	钢与贝壳石灰石		0.49～0.42	—	—	0.29～0.24	—	—
13	钢与卵石		0.49～0.42	—	—	—	—	—
14	钢与软木		—	—	—	0.65～0.50	—	—
15	钢与冰		0.027	—	—	0.014	—	—
16	麻绳与木料	1.粗面木料	0.8～0.5	—	—	0.5	—	—
		2.光面木料	0.33	—	—	—	—	—
17	木料与土壤		0.50	—	—	—	—	—
18	木料与土料		0.40	—	—	—	—	—

注:表内"水湿的"是指用水润湿而言;表内附＊符号的,是当速度在 25m/s 以内时的滑动摩擦系数。

港工规范摩擦系数 表 12.4-7

材料		摩擦系数	材料		摩擦系数
混凝土面与混凝土面		0.55	抛石基床底面与地基上顶面	地基为细砂、粗砂	0.50～0.60
浆砌石面与浆砌石面		0.65		地基为粉砂	0.40
墙底与抛石基床顶面	墙身为预制混凝土结构	0.60		地基为砂质粉土	0.35～0.50
	墙身为预制浆砌石方块结构	0.65		地基为黏土、粉质黏土	0.30～0.45

注:①混凝土或浆砌石的胸墙与有预埋露头块石的卸荷板之间、混凝土胸墙与有伸出露头钢筋的预制件之间摩擦系数可采用 1.0。

②墙身为预制混凝土结构,其与抛石基床间摩擦系数,对重力墩式码头,当作用于基床面平均压强大于 300kPa 时,或回淤影响明显的港区,基床面难以避免落淤时,可适当降低。

常用保温材料性能 表 12.4-8

类别	序号	材料名称	热导率 λ[W/(m·K)]	比热容 C[kJ/(kg·K)]
一、土壤	1	黏土	0.698	0.837
	2	湿土	0.663	2.009
	3	干砂	0.349	0.837
	4	湿砂(天然湿度)	0.872	1.256
	5	干卵石	2.326	0.837
	6	含沙或炉渣的黏土	0.523～0.698	0.795
	7	土坯墙	0.698	1.047

续上表

类别	序号	材料名称	热导率λ[W/(m·K)]	比热容C[kJ/(kg·K)]
二、草类及其制品	1	稻草及其制品	0.047	1.507
	2	稻草板	0.105	1.465
	3	麦秸	0.070	1.884
	4	麦秸板、稻草板	0.093	1.884
	5	干芦苇碎段	0.058	1.507
	6	芦苇板	0.105	1.507
	7	芦苇及芦苇芭(湿)	0.140	1.465
	8	苇席	0.105	1.507
三、卷材	1	建筑用毛毡	0.047	1.884
	2	油毛毡、油纸、油毡纸	0.175	1.465
	3	麻袋布	0.070	—
	4	水泥纸袋	0.175	1.465
	5	油布	0.186	—
	6	石棉纸	0.256	0.837
四、木材	1	红白松材(模板)	0.175	2.721
	2	胶合板	0.175	2.512
	3	硬杂木	0.233～0.349	2.512
	4	锯末刨花	0.093	2.512
	5	刨花板	0.128	2.302
五、其他	1	水	0.582	4.186
	2	雪(新下的、结实的)	0.105、0.349	2.093
	3	马粪纸板	0.116～0.151	1.465
	4	石棉纤维	0.151	0.837
	5	压实干青苔	0.058	1.674
	6	煤渣	0.221～0.291	0.753
	7	板条墙(双面抹灰)	0.291	1.047
	8	草泥墙或板	0.465	1.047
	9	玻璃、砖砌体	0.756	0.837
	10	水泥	0.337	1.130
	11	干混凝土	1.280	0.837
	12	湿混凝土	1.745	1.047
	13	钢	5.815	0.628
	14	铸铁	5.001	0.481

热导率λ用以表示材料导热性的大小。而导热性系指材料将热量从一侧表面传递到另一侧表面的性质。一般建筑材料的热导率在0.029～3.489[W/(m·k)]之间。热导率小于0.29[W/(m·k)]的材料,具有较好的隔热保温性质,故被称为保温材料。

比热容亦称热容量,系指材料在受热(或冷却)时能吸收(或放出)热量的性质,采用热容量较大的材料,能减少室内温度的波动值。

注:[W/(m·k)]—[瓦特/(米·开尔文)];[kJ/(kg·K)]—[千焦/(千克·开尔文)],开尔文系热力学温度的国际单位。当表示温度差和温度间隔时,1℃=1K。

2.常用材料、混凝土、钢材的力学性质(表12.4-9～表12.4-20)

材料力学性质计算公式　　表12.4-9

名　称	符　号	单　位	基本公式	符号意义
抗压强度	f_c	N/mm^2	$f_c=\frac{F}{A}$	F——材料受压、拉、弯、剪破坏时的荷载(N)； A——材料受压、拉、剪面积(mm^2)； M——弯矩(N·mm)； W——构件截面抵抗矩(mm^3)； L——构件两支点间距(mm)； b——构件截面宽度(mm)； h——构件截面高度(mm)
抗拉强度	f_t	N/mm^2	$f_t=\frac{F}{A}$	
抗弯强度	f_m	N/mm^2	$f_m=\frac{M}{W}$(一般情况) $f_m=2\frac{3FL}{bh^2}$(矩形截面梁)	
抗剪强度	f_v	N/mm^2	$f_v=\frac{F}{A}$	

注:材料在外力作用下,达到破坏时,单位面积所受的力称为强度,亦即在外力作用下,抵抗破坏的能力。

钢筋混凝土轴心受压构件稳定系数　　表12.4-10

l_0/b	≤8	10	12	14	16	18	20	22	24	26	28
l_0/d	≤7	8.5	10.5	12	14	15.5	17	19	21	22.5	24
l_0/i	≤28	35	42	48	55	62	69	76	83	90	97
φ	1.0	0.98	0.95	0.92	0.87	0.81	0.75	0.70	0.65	0.60	0.56
l_0/b	30	32	34	36	38	40	42	44	46	48	50
l_0/d	26	28	29.5	31	33	34.5	36.6	38	40	41.5	43
l_0/i	104	111	118	125	132	139	146	153	160	167	174
φ	0.52	0.48	0.44	0.40	0.36	0.32	0.29	0.26	0.23	0.21	0.19

注:l_0-构件计算长度;b-矩形截面的短边尺寸;d-圆形截面的直径;i-截面最小回转半径。

港工专业混凝土强度设计值、强度标准值和弹性模量　　表12.4-11

混凝土强度等级	强度设计值(MPa)		强度标准值(MPa)		弹性模量(MPa)
	轴心抗压 f_c	轴心抗拉 F_t	轴心抗压 f_{ck}	轴心抗拉 F_{tk}	
C10	5.0	0.65	6.7	0.90	1.75×10^4
C15	7.5	0.90	10.0	1.20	2.20×10^4
C20	10.0	1.10	13.5	1.50	2.55×10^4
C25	12.5	1.30	17.0	1.75	2.80×10^4
C30	15.0	1.50	20.0	2.00	3.00×10^4
C35	17.5	1.65	23.5	2.25	3.15×10^4
C40	19.5	1.80	27.0	2.45	3.25×10^4
C45	21.5	1.90	29.5	2.60	3.35×10^4
C50	23.5	2.00	32.0	2.75	3.45×10^4
C55	26.0	2.10	35.0	2.85	3.55×10^4
C60	28.0	2.20	38.0	2.95	3.60×10^4
C65	30.5	2.30	41.0	3.10	3.65×10^4
C70	33.0	2.40	44.5	3.25	3.75×10^4
C75	35.0	2.45	47.5	3.35	3.80×10^4
C80	37.5	2.55	50.5	3.45	3.90×10^4

建筑行业混凝土强度设计值、强度标准值和弹性模量　　表 12.4-12

混凝土强度等级	强度设计值(N/mm²)			强度标准值(N/mm²)			弹性模量(N/mm²)
	轴心抗压	弯曲抗压	抗　拉	轴心抗压	弯曲抗压	抗　拉	
	f_c	f_{cm}	f_t	f_{ck}	$f_{cm,k}$	f_{tk}	
C7.5	3.7	4.1	0.55	5.0	5.5	0.75	1.45×10^4
C10	5.0	5.5	0.65	6.7	7.5	0.9	1.75×10^4
C15	7.5	8.5	0.90	10.0	11.0	1.2	2.20×10^4
C20	10.0	11.0	1.1	13.5	15.0	1.5	2.55×10^4
C25	12.5	13.5	1.3	17.0	18.5	1.75	2.80×10^4
C30	15.0	16.5	1.5	20.0	22.0	2.0	3.00×10^4
C35	17.5	19.0	1.65	23.5	26.0	2.25	3.15×10^4
C40	19.5	21.5	1.8	27.0	29.5	2.45	3.25×10^4
C45	21.5	23.5	1.9	29.5	32.5	2.6	3.35×10^4
C50	23.5	26.0	2.0	32.0	35.0	2.75	3.45×10^4
C55	25.0	27.5	2.1	34.0	37.5	2.85	3.55×10^4
C60	26.5	29.0	2.2	36.0	39.5	2.95	3.60×10^4

路桥行业混凝土强度设计值、强度标准值和弹性模量　　表 12.4-13

混凝土强度等级	强度设计值(MPa)		强度标准值(MPa)		弹性模量(MPa)
	轴心抗压	抗　拉	轴心抗压	抗　拉	
	f_a	f_l	f_a^b	f_l^b	
C15	8.5	1.05	10.5	1.30	2.30×10^4
C20	11.0	1.30	14.0	1.60	2.6×10^4
C25	14.5	1.55	17.5	1.90	2.85×10^4
C30	17.5	1.75	21.0	2.10	3.00×10^4
C40	23.0	2.15	28.0	2.60	3.30×10^4
C50	28.5	2.45	35.0	3.00	3.50×10^4
C60	32.5	2.65	42.0	3.40	3.65×10^4

混凝土抗冻等级与强度的参考值(MPa)　　表 12.4-14

混凝土抗冻等级	F150 F200	F200 F250	F250 F300	F300 F350	F350
混凝土强度	C20	C25	C30	C35	C40

注：①表中参考值的技术条件：

加气混凝土的含气量：3%～5%；

所用材料：碎石、425 号普通水泥。

②本表不代替抗冻性检验，仅供设计参考。

③本表仅供设计时强度取值用，不作其他用。

港工专业钢筋强度设计值、强度标准值和弹性模量 表 12.4-15

种类			符号	强度设计值 抗拉 f_y 或 f_{py}	强度设计值 抗压 f'_y 或 f'_{py}	强度标准值 f_{yk} 或 f_{pyk} f_{stk} 或 f_{prk}		弹性模量 MPa
热轧钢筋	Ⅰ级(Q235)		ϕ	210	210	235		2.1×10^5
	Ⅱ级(20MnSi、20MnNb(b))		Φ	310	310	335		2.0×10^5
	Ⅲ 级(20MnSiV、20MnTi、K20MnSi)			360	360	400		
	Ⅳ 级(40Si2MnV、45SiMnV、45 Si2MnTi)			500	500	540		
冷拉钢筋	Ⅰ级($d\leqslant12$)		ϕ	250	210	280		2.1×10^5
	Ⅱ级	$d\leqslant25$	Φ	380	310	450		1.8×10^5
		$D=28\sim40$		360	310	430		
	Ⅲ级			420	360	500		
	Ⅳ级			580	400	700		
冷轧带肋钢筋	LL550($d=4\sim12$)			360	360	550		1.9×10^5
	LL650($d=4$、5、6)			430	380	650		
	LL800($d=5$)			530	380	800		
热处理钢筋	40Si2Mn($d=6$)			1 000	400	1 470		2.0×10^5
	48Si2Mn($d=8.2$)							
	45Si2Cr($d=10$)							
碳素钢丝	Φ4～Φ9	$F_{ptk}=1\,770$	ϕ	1 200	400	$\phi4$、$\phi5$	1 770、1 670 1 570、1 470	2.0×10^5
		$F_{ptk}=1\,670$		1 130				
		$F_{ptk}=1\,570$		1 070		$\phi6$	1 670、1 570	
		$F_{ptk}=1\,470$		1 000		$\phi7$、$\phi8$、$\phi9$	1 570、1 470	
钢绞线	2 股	$F_{ptk}=1\,720$	ϕ	1 170	360	$d=10.0$、$d=10.0$	1 720	1.8×10^5
	3 股	$F_{ptk}=1\,720$		1 170	360	$d=10.8$、$d=12.9$	1 720	
	7 股	$F_{ptk}=1\,860$	ϕ	1 260	360	$d=9.5$、$d=11.1$	1 860	
		$F_{ptk}=1\,820$		1 240		$d=12.7$	1 860	
		$F_{ptk}=1\,720$		1 170		$d=15.2$	1 860、1 820 1 720	

建筑行业钢筋强度设计值、强度标准值和弹性模量 表 12.4-16

种类		标记	强度设计值 抗拉 f_y 或 f_{py}	强度设计值 抗压 f'_y 或 f'_{py}	强度标准值 f_{yk} 或 f_{pyk} f_{stk} 或 f_{prk}	弹性模量 MPa
热轧钢筋	Ⅰ级(Q235)	ϕ	210	210	235	2.1×10^5
	Ⅱ级(20MnSi、20MnNb(b)) $d\leqslant25$ $d=28\sim40$	Φ	310 290	310 290	335 315	2.0×10^5
	Ⅲ级(25MnSi)		340	340	370	
	Ⅳ级(40Si2MnV、45SiMnV、45 Si2MnTi)		500	400	540	

续上表

种类			标记	强度设计值 抗拉 f_y 或 f_{py}	强度设计值 抗压 f'_y 或 f'_{py}	强度标准值 f_{yk}或 f_{pyk} f_{stk}或 f_{prk}	弹性模量 MPa
冷拉钢筋	I级($d\leqslant 12$)		ϕ	250	210	280	2.1×10^5
	II级	$d\leqslant 25$	Φ	380	310	450	1.8×10^5
		$d=28\sim40$		360	290	430	
	III级			420	340	500	1.8×10^5
	IV级			580	400	700	1.8×10^5
热处理钢筋	40SiMn ($d=6$)			1 000	400	1 470	2.0×10^5
	48SiMn ($d=8.2$)						
	45SiCr ($d=10$)						
碳素钢丝	Φ4		ϕ^s	1 130	400	1 670	2.0×10^5
	Φ5			1 070		1 570	
刻痕钢丝	Φ5		ϕ^k	1 000	360	1 470	1.8×10^5
钢绞线	$d=9.0(7\phi3)$		ϕ^j	1 130	360	1 670	1.8×10^5
	$d=12.0(7\phi4)$			1 070		1 570	
	$d=15.0(7\phi5)$			1 000		1 470	
冷拔低碳钢丝	甲级：		ϕ^b	I组 / II组	400	I组 / II组	2.0×10^5
		Φ4		460 / 430		700 / 650	
		Φ5		430 / 440		650 / 600	
	乙级：$\Phi3\sim\Phi5$						
	用于焊接骨架和焊接网时			320	320	550	
	用于绑扎骨架和绑扎网时			250	250		

路桥行业钢筋强度设计值、强度标准值和弹性模量　　表 12.4-17

种类			标记	强度设计值 抗拉 R_g 或 R_y	强度设计值 抗压 f'_y 或 f'_{py}	强度标准值 f_{yk}或 f_{pyk} f_{stk}或 f_{prk}	弹性模量 MPa
热轧钢筋	I级钢筋		ϕ	240	240	240	2.1×10^5
	II级钢筋		Φ	340	340	340	2.0×10^5
	$d\geqslant28$ 时			320	320	320	
	III级钢筋			380	380	380	
	IV级钢筋			550	400	550	
	5号钢钢筋			280	280	280	
冷拉钢筋	II级	双控	Φ	450	340	450	2.0×10^5
		单控		420			
	III级	双控		530	380	530	
		单控		500			
	IV级	双控		750	400	750	
		单控		700			
	5号钢筋	双控		450	280	450	
		单控		400			

续上表

<table>
<tr><th colspan="2" rowspan="3">种　类</th><th rowspan="3">标记</th><th colspan="3">强度设计值</th><th colspan="2" rowspan="2">强度标准值
f_{yk}或f_{pyk}
f_{stk}或f_{prk}</th><th rowspan="3">弹性模量
MPa</th></tr>
<tr><th colspan="2">抗拉
R_g 或 R_y</th><th rowspan="2">抗压
f'_y 或 f'_{py}</th></tr>
<tr><th>Ⅰ组</th><th>Ⅱ组</th><th>Ⅰ组</th><th>Ⅱ组</th></tr>
<tr><td>热处理钢筋</td><td>Ⅴ级钢筋</td><td></td><td colspan="2">1 200</td><td>400</td><td colspan="2">1 500</td><td>2.0×10⁵</td></tr>
<tr><td rowspan="3">冷拉低碳钢丝</td><td>ϕ^b3.0</td><td rowspan="3">ϕ^b</td><td>600</td><td>560</td><td rowspan="3">360</td><td>750</td><td>700</td><td rowspan="3">1.8×10⁵</td></tr>
<tr><td>ϕ^b4.0</td><td>560</td><td>520</td><td>700</td><td>650</td></tr>
<tr><td>ϕ^b5.0</td><td>520</td><td>480</td><td>650</td><td>600</td></tr>
<tr><td>碳素钢丝</td><td>ϕ^s2.5</td><td>ϕ^s</td><td colspan="2">1 520
1 440
1 360
1 280</td><td>400</td><td colspan="2">1 900
1 800
1 700
1 600</td><td>2.0×10⁵</td></tr>
<tr><td rowspan="4">钢绞线</td><td>ϕ^j7.5（7ϕ^s2.5）</td><td rowspan="4">ϕ^j</td><td colspan="2">1 440</td><td rowspan="4">380</td><td colspan="2">1 800</td><td rowspan="4">1.9×10⁵</td></tr>
<tr><td>ϕ^j9.0（7ϕ^s3.0）</td><td colspan="2">1 360</td><td colspan="2">1 700</td></tr>
<tr><td>ϕ^j12.0（7ϕ^s4.0）</td><td colspan="2">1 280</td><td colspan="2">1 600</td></tr>
<tr><td>ϕ^j15.0（7ϕ^s5.0）</td><td colspan="2">1 200</td><td colspan="2">1 500</td></tr>
</table>

港口工程钢结构规范钢材强度设计值(MPa)　　表 12.4-18

钢材 牌号	钢材 厚度或直径(mm)	抗拉、抗压和抗弯 f	抗剪 f_r	端面承压(刨平顶紧) f_{ce}
Q235	≤16	215	125	325
Q235	16～40	205	120	325
Q235	40～60	200	115	325
Q235	60～100	190	110	325
Q345	≤16	310	180	400
Q345	16～35	295	170	400
Q345	35～50	265	155	400
Q345	50～100	250	145	400
Q390	≤16	350	205	415
Q390	16～35	335	190	415
Q390	35～50	315	180	415
Q390	50～100	295	170	415

注：表中厚度指计算点的厚度。

港口工程桩基规范钢材强度设计值(MPa)　　表 12.4-19

钢材 钢号	钢材 组别	钢材 厚度或直径(mm)	抗拉、抗压和抗弯 f	抗剪 f_v	端面承压(刨平顶紧) f_{ce}
Q235	第1组	—	215	125	320
Q235	第2组	—	200	115	320
16MnV $16MnV_q$	—	≤16	315	185	445
16MnV $16MnV_q$	—	17～25	300	175	425
16MnV $16MnV_q$	—	26～36	290	170	410
15MnV 15MnVq	—	≤16	350	205	450
15MnV 15MnVq		17～25	335	195	435
15MnV 15MnVq		26～36	320	185	415

注：Q235 镇静钢钢材的抗压、抗弯和抗剪强度设计值，可按表中的数值增加 5%。

钢棒的公称直径、横截面积、质量及性能　　表 12.4-20

<table>
<tr><th rowspan="2">表面形状类型</th><th rowspan="2">公称直径 D_n(mm)</th><th rowspan="2">公称横截面积 S_n(mm^2)</th><th colspan="2">横截面积 S (mm^2)</th><th rowspan="2">每米参考质量 (g/m)</th><th rowspan="2">抗拉强度不小于 R_m (MPa)</th><th rowspan="2">规定非比例延伸强度 $R_{p0.2}$ 不小于 (MPa)</th><th colspan="2">弯曲性能</th></tr>
<tr><th>最小</th><th>最大</th><th>性能要求</th><th>弯曲半径(mm)</th></tr>
<tr><td rowspan="9">光圆</td><td>6</td><td>28.3</td><td>26.8</td><td>29.0</td><td>222</td><td rowspan="25">对所有规格钢棒
1 080
1 230
1 420
1 570</td><td rowspan="25">对所有规格钢棒
930
1 080
1 280
1 420</td><td rowspan="4">反复弯曲不小于4次/180°</td><td>15</td></tr>
<tr><td>7</td><td>38.5</td><td>36.3</td><td>39.5</td><td>302</td><td>20</td></tr>
<tr><td>8</td><td>50.3</td><td>47.5</td><td>51.5</td><td>394</td><td>20</td></tr>
<tr><td>10</td><td>78.5</td><td>74.1</td><td>80.4</td><td>616</td><td>25</td></tr>
<tr><td>11</td><td>95.0</td><td>93.1</td><td>97.4</td><td>746</td><td rowspan="5">弯曲160°～180°后弯曲处无裂纹</td><td rowspan="5">弯芯直径为钢棒公称直径的10倍</td></tr>
<tr><td>12</td><td>113</td><td>106.8</td><td>115.8</td><td>887</td></tr>
<tr><td>13</td><td>133</td><td>130.3</td><td>136.3</td><td>1 044</td></tr>
<tr><td>14</td><td>154</td><td>145.6</td><td>157.8</td><td>1 209</td></tr>
<tr><td>16</td><td>201</td><td>190.2</td><td>206.0</td><td>1 578</td></tr>
<tr><td rowspan="4">螺旋槽</td><td>7.1</td><td>40</td><td>39.0</td><td>41.7</td><td>314</td><td rowspan="4" colspan="2">—</td></tr>
<tr><td>9</td><td>64</td><td>62.4</td><td>66.5</td><td>502</td></tr>
<tr><td>10.7</td><td>90</td><td>87.5</td><td>93.6</td><td>707</td></tr>
<tr><td>12.6</td><td>125</td><td>121.5</td><td>129.9</td><td>981</td></tr>
<tr><td rowspan="6">螺旋肋</td><td>6</td><td>28.3</td><td>26.8</td><td>29.0</td><td>222</td><td rowspan="4">反复弯曲不小于4次/180°</td><td>15</td></tr>
<tr><td>7</td><td>38.5</td><td>36.3</td><td>39.5</td><td>302</td><td>20</td></tr>
<tr><td>8</td><td>50.3</td><td>47.5</td><td>51.5</td><td>394</td><td>20</td></tr>
<tr><td>10</td><td>78.5</td><td>74.1</td><td>80.4</td><td>616</td><td>25</td></tr>
<tr><td>12</td><td>113</td><td>100.0</td><td>115.0</td><td>000</td><td rowspan="2">弯曲160°～180°后弯曲处无裂纹</td><td rowspan="2">弯芯直径为钢棒公称直径的10倍</td></tr>
<tr><td>14</td><td>154</td><td>145.6</td><td>157.8</td><td>1 209</td></tr>
<tr><td rowspan="6">带肋</td><td>6</td><td>28.3</td><td>26.8</td><td>29.0</td><td>222</td><td rowspan="6" colspan="2"></td></tr>
<tr><td>8</td><td>50.3</td><td>17.5</td><td>51.5</td><td>394</td></tr>
<tr><td>10</td><td>78.5</td><td>71.1</td><td>80.4</td><td>616</td></tr>
<tr><td>12</td><td>113</td><td>106.8</td><td>115.8</td><td>887</td></tr>
<tr><td>14</td><td>154</td><td>145.6</td><td>157.8</td><td>1 209</td></tr>
<tr><td>16</td><td>201</td><td>190.2</td><td>206.0</td><td>1 578</td></tr>
</table>

3. 常用型材尺寸、截面面积、理论质量(表 12.4-21～表 12.4-50)

钢材理论质量的计算公式　　表 12.4-21

<table>
<tr><th>项目</th><th>序号</th><th>型　材</th><th>计 算 公 式</th><th>公式中代号</th></tr>
<tr><td rowspan="5">钢材断面积计算公式</td><td>1</td><td>方钢</td><td>$F=a^2$</td><td>a——边宽</td></tr>
<tr><td>2</td><td>圆角方钢</td><td>$F=a^2-0.858\,4r^2$</td><td>a——边宽；r——圆角半径</td></tr>
<tr><td>3</td><td>钢板、扁钢、带钢</td><td>$F=a\times\delta$</td><td>a——边宽；δ——厚度</td></tr>
<tr><td>4</td><td>圆角扁钢</td><td>$F=a\delta-0.858\,4r^2$</td><td>a——边宽；δ——厚度；
r——圆角半径</td></tr>
<tr><td>5</td><td>圆钢、圆盘条、钢丝</td><td>$F=0.785\,4d^2$</td><td>d——外径</td></tr>
</table>

续上表

项目	序号	型　材	计算公式	公式中代号
钢材断面积计算公式	6	六角钢	$F=0.866a^2=2.598s^2$	a——外边距离；s——边宽
	7	八角钢	$F=0.8284a^2=4.8284s^2$	
	8	钢管	$F=3.1416\delta(D-\delta)$	D——外径；δ——壁厚
	9	等边角钢	$F=d(2b-d)+0.2146(r^2-2r_1^2)$	d——边厚；b——边宽；r——内面圆角半径；r_1——端边圆角半径
	10	不等边角钢	$F=d(B+b-d)+0.2146(r^2-2r_1^2)$	d——边厚；B——长边宽；b——短边宽；r——内面圆角半径；r_1——边端圆角半径
	11	工字钢	$F=hd+2t(b-d)+0.8584(r^2-r_1^2)$	h——高度；b——腿宽；d——腰厚；t——平均腿厚；r——内面圆角半径；r_1——边端圆角半径
	12	槽钢	$F=hd+2t(b-d)+0.4292(r^2-r_1^2)$	
质量基本计算公式	$W(kg)=F(mm^2)\times L$(长度,m)$\times G$(密度,8/cm^3)$\times 1/1\,000$ 式中：W——质量；F——断面积。钢的密度一般按 7.85g/cm^3 计算。其他型材如铜材、铝材等，亦可引用上式查照其不同的密度计算			

热轧普通工字钢　　表 12.4-22

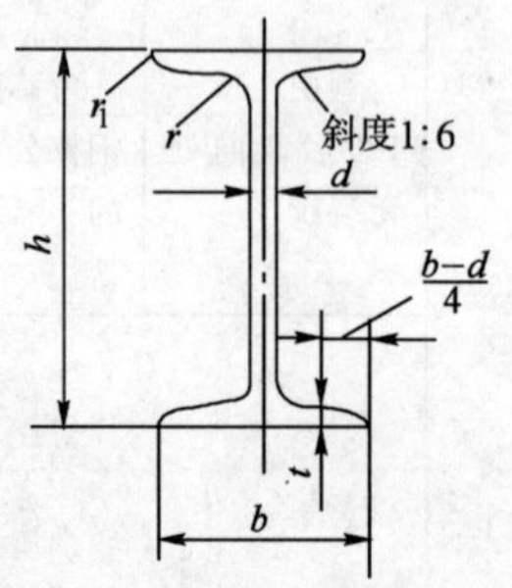

h—高度；b—腿宽；d—腰厚；t—平均腿厚；r—内圆弧半径；r_1—腿端圆弧半径

型号	尺寸 (mm)						截面面积 (cm^2)	理论质量 (kg/m)
	h	b	d	t	r	r_1		
10	100	68	4.5	7.6	6.5	3.3	14.3	11.2
12.6	126	74	5	8.4	7	3.5	18.1	14.2
14	140	80	5.5	9.1	7.5	3.8	21.5	16.9
16	160	88	6.0	9.9	8.0	4.0	26.1	20.5
18	180	94	6.5	10.7	8.5	4.3	30.6	24.1
20a	200	100	7.0	11.4	9.0	4.5	35.5	27.9
20b	200	102	9.0	11.4	9.0	4.5	39.5	31.1
22a	220	110	7.5	12.3	9.5	4.8	42.0	33.0
22b	220	112	9.5	12.3	9.5	4.8	46.4	36.4
25a	250	116	8	13	10	5	48.5	38.1

续上表

型号	尺寸 (mm)						截面面积 (cm²)	理论质量 (kg/m)
	h	b	d	t	r	r_1		
25b	250	118	10	13	10	5	53.5	42.0
28a	280	122	8.5	13.7	10.5	5.3	55.45	43.4
28b	280	124	10.5	13.7	10.5	5.3	61.05	47.9
32a	320	130	9.5	15	11.5	5.8	67.05	52.7
32b	320	132	11.5	15	11.5	5.8	73.45	57.7
32c	320	134	13.5	15	11.5	5.8	79.95	62.8
36a	360	136	10.0	15.8	12.0	6.0	76.3	59.9
36b	360	138	12.0	15.8	12.0	6.0	83.5	65.6
36c	360	140	14.0	15.8	12.0	6.0	90.7	71.2
40a	400	142	10.5	16.5	12.5	6.3	86.1	67.6
40b	400	144	12.5	16.5	12.5	6.3	94.1	73.8
40c	400	146	14.5	16.5	12.5	6.3	102	80.1
45a	450	150	11.5	18.0	13.5	6.8	102	80.4
45b	450	152	13.5	18.0	13.5	6.8	111	87.4
45c	450	154	15.5	18.0	13.5	6.8	120	94.5
50a	500	158	12.0	20.0	14.0	7.0	119	93.6
50b	500	160	14.0	20.0	14.0	7.0	129	101
50c	500	162	16.0	20.0	14.0	7.0	139	109
56a	560	166	12.5	21	14.5	7.3	135.25	106.2
56b	560	168	14.5	21	14.5	7.3	146.45	115.0
56c	560	170	16.5	21	14.5	7.3	157.85	123.9
63a	630	176	13.0	22	15	7.5	154.9	121.6
63b	630	178	15.0	22	15	7.5	167.5	131.5
63c	630	180	17.0	22	15	7.5	180.1	141.0

注：工字钢通常长度：10号～18号工字钢长5～19m；20号～63号工字钢长6～19m。

热轧普通槽钢　　表12.4-23

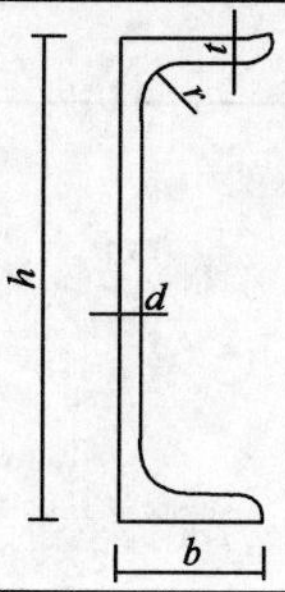

h—高度；b—腿宽；d—腰厚；t—平均腿厚；r—内圆弧半径；r_1—腿端圆弧半径

型号	尺寸 (mm)						截面面积 (cm²)	理论质量 (kg/m)
	h	b	d	t	r	r_1		
5	50	37	4.5	7.0	7.0	3.50	6.93	5.44
6.3	63	40	4.8	7.5	7.5	3.75	8.45	6.63
8	80	43	5.0	8.0	8.0	4.0	10.24	8.04
10	100	48	5.3	8.5	8.5	4.25	12.74	10.00
12.6	126	53	5.5	9.0	9.0	4.5	15.69	12.32

续上表

型号	尺　　寸　　(mm)						截面面积 (cm²)	理论质量 (kg/m)
	h	*b*	*d*	*t*	*r*	r_1		
14a	140	58	6.0	9.5	9.5	4.75	18.51	14.53
14b	140	60	8.0	9.5	9.5	4.8	21.31	16.73
16a	160	63	6.5	10.0	10.0	5.0	21.95	17.23
16	160	65	8.5	10.0	10.0	5.0	25.15	19.74
18a	180	68	7.0	10.5	10.5	5.2	25.69	20.17
18	180	70	9.0	10.5	10.5	5.2	29.29	22.99
20a	200	73	7.0	11.0	11.0	5.3	28.83	22.63
20	200	75	9.0	11.0	11.0	5.5	32.83	25.77
22a	220	77	7.0	11.5	11.5	5.8	31.84	24.99
22	220	79	9.0	11.5	11.5	5.8	36.24	28.45
25a	250	78	7	12	12	6	34.91	27.47
25b	250	80	9	12	12	6	34.91	31.39
25c	250	82	11	12	12	6	44.91	35.26
28a	280	82	7.5	12.5	12.5	6.2	40.03	31.42
28b	280	84	9.5	12.5	12.5	6.2	45.63	35.81
28c	280	86	11.5	12.5	12.5	6.2	51.23	40.21
32a	320	88	8	14	14	7	48.51	38.08
32b	320	90	10	14	14	7	54.91	43.11
32c	320	92	12	14	14	7	61.3	48.13
36a	360	96	9.0	16.0	16.0	8.0	60.91	47.80
36b	360	98	11.0	16.0	16.0	8.0	68.11	53.47
36c	360	100	13.0	16.0	16.0	8.0	75.31	59.10
40a	400	100	10.5	18.0	18.0	9.0	75.07	58.91
40b	400	102	12.5	18.0	18.0	9.0	83.07	65.21
40c	400	104	14.5	18.0	18.0	9.0	91.07	71.48

注：普通槽钢通常长度：5 号～8 号长 5～12m；10 号～18 号长 5～19m；20 号～40 号长 6～19m。

热轧等边角钢　　表 12.4-24

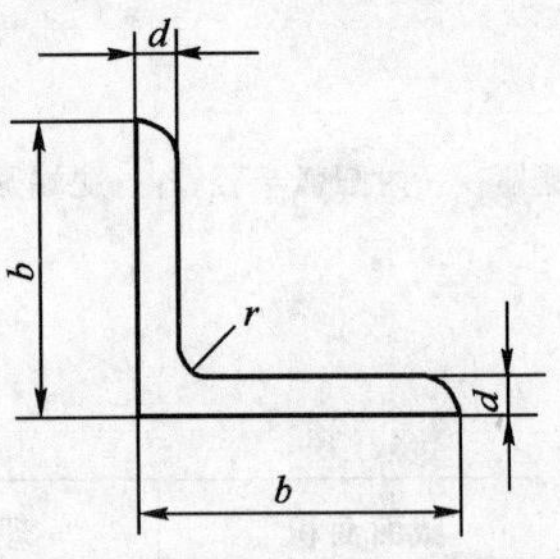

b-边宽；*d*-边厚；*r*-内圆弧半径

型　号	尺　寸　(mm)			截面面积 (cm²)	理论质量(kg/m)	外表面积(m²/m)
	b	*d*	*r*			
2	20	3	3.5	1.132	0.889	0.078
		4		1.459	1.145	0.077
2.5	25	3		1.432	1.124	0.098
		4		1.859	1.459	0.097

续上表

型　号	尺　寸　(mm)			截面面积 (cm²)	理论质量(kg/m)	外表面积(m²/m)
	b	d	r			
3.0	30	3	4.5	1.749	1.373	0.117
		4		2.276	1.786	0.117
3.6	36	3		2.109	1.656	0.141
		4		2.756	2.163	0.141
		5		3.382	2.654	0.141
4	40	3	5	2.359	1.852	0.157
		4		3.086	2.422	0.157
		5		3.791	2.976	0.156
4.5	45	3	5	2.659	2.088	0.177
		4		3.486	2.736	0.177
		5		4.292	3.369	0.176
		6		5.076	3.985	0.176
5	50	3	5.5	2.971	2.332	0.197
		4		3.897	3.059	0.197
		5		4.803	3.770	0.196
		6		5.688	4.465	0.196
5.6	56	3	6	3.343	2.624	0.221
		4		4.390	3.446	0.220
		5		5.415	4.251	0.220
		8		8.367	6.568	0.219
6.3	63	4	7	4.978	3.907	0.248
		5		6.143	4.822	0.248
		6		7.288	5.721	0.247
		8		9.515	7.469	0.247
		10		11.657	9.151	0.246
7	70	4	8	5.570	4.372	0.275
		5		6.875	5.397	0.275
		6		8.160	6.406	0.275
		7		9.424	7.398	0.275
		8		10.667	8.373	0.274
(7.5)	75	5	9	7.412	5.818	0.295
		6		8.797	6.905	0.294
		7		10.160	7.976	0.294
		8		11.503	9.030	0.294
		10		14.126	11.089	0.293
8	80	5		7.912	6.211	0.315
		6		9.397	7.376	0.314
		7		10.860	8.525	0.314
		8		12.303	9.658	0.314
		10		15.126	11.874	0.313

续上表

型　号	尺　寸　(mm)			截面面积 (cm^2)	理论质量(kg/m)	外表面积(m^2/m)
	b	d	r			
9	90	6	10	10.637	8.350	0.354
		7		12.301	9.656	0.354
		8		13.944	10.946	0.353
		10		17.167	13.476	0.353
		12		20.306	15.940	0.352
10	100	6	12	11.932	9.366	0.393
		7		13.796	10.830	0.393
		8		15.638	12.276	0.393
		10		19.261	15.120	0.392
		12		22.800	17.898	0.391
		14		26.256	20.611	0.391
		16		29.627	23.257	0.390
11	110	7	12	15.196	11.928	0.433
		8		17.238	13.532	0.433
		10		21.261	16.690	0.432
		12		25.200	19.782	0.431
		14		29.056	22.809	0.431
12.5	125	8	14	19.750	15.504	0.492
		10		24.373	19.133	0.491
		12		28.912	22.696	0.491
		14		33.367	26.193	0.490
14	140	10		27.373	21.488	0.551
		12		32.512	25.522	0.551
		14		37.567	29.490	0.550
		16		42.539	33.393	0.549
16	160	10	16	31.502	24.729	0.630
		12		37.441	29.391	0.630
		14		43.296	33.987	0.629
		16		49.067	38.518	0.629
18	180	12		42.241	33.159	0.710
		14		48.896	38.383	0.709
		16		55.467	43.542	0.709
		18		61.955	48.634	0.708
20	200	14	18	54.642	42.894	0.788
		16		62.013	48.680	0.788
		18		69.301	54.401	0.787
		20		76.505	60.056	0.787
		24		90.661	71.168	0.785

注：等边角钢的通常长度：2 号～9 号长 4～12m；10 号～14 号长 4～19m；16 号～20 号长 6～9m。

热轧不等边角钢　　　　表 12.4-25

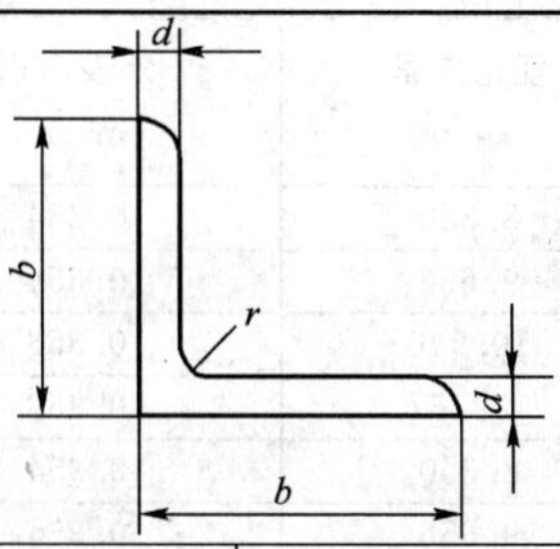

B-长边宽度；b-短边宽度；d-边厚；r-内圆弧半径

型　号	尺　寸(mm)				截面面积 (cm²)	理论质量 (kg/m)	外表面积 (m²/m)
	B	b	d	r			
2.5/1.6	25	16	3	3.5	1.162	0.912	0.080
			4		1.499	1.176	0.079
3.2/2	32	20	3		1.492	1.171	0.102
			4		1.939	1.522	0.101
4/2.5	40	25	3	4	1.890	1.484	0.127
			4		2.467	1.936	0.127
4.5/2.8	45	28	3	5	2.149	1.687	0.143
			4		2.806	2.203	0.143
5/3.2	50	32	3	5.5	2.431	1.908	0.161
			4		3.177	2.494	0.160
5.6/3.6	56	36	3	6	2.743	2.153	0.181
			4		3.590	2.818	0.180
			5		4.415	3.466	0.180
6.3/4	63	40	4	7	4.058	3.185	0.202
			5		4.993	3.920	0.202
			6		5.908	4.638	0.201
			7		6.802	5.339	0.201
7/4.5	70	45	4	7.5	4.547	3.570	0.226
			5		5.609	4.403	0.225
			6		6.647	5.218	0.225
			7		7.657	6.011	0.225
(7.5/5)	75	50	5	8	6.125	4.808	0.245
			6		7.260	5.699	0.245
			8		9.467	7.431	0.244
			10		11.590	9.098	0.244
8/5	80	50	5		6.375	5.005	0.255
			6		7.560	5.935	0.255
			7		8.724	6.848	0.255
			8		9.867	7.745	0.254
9/5.6	90	56	5	9	7.212	5.661	0.287
			6		8.557	6.717	0.286
			7		9.880	7.756	0.286
			8		11.183	8.779	0.286
10/6.3	100	63	6	10	9.617	7.550	0.320
			7		11.111	8.722	0.320
			8		12.584	9.878	0.319
			10		15.467	12.142	0.319

续上表

型号	尺寸(mm) B	尺寸(mm) b	尺寸(mm) d	尺寸(mm) r	截面面积 (cm²)	理论质量 (kg/m)	外表面积 (m²/m)
10/8	100	80	6	10	10.637	8.350	0.354
			7		12.301	9.656	0.354
			8		13.944	10.946	0.353
			10		17.167	13.467	0.353
11/7	110	70	6		10.637	8.350	0.354
			7		12.301	9.656	0.354
			8		13.944	10.946	0.353
			10		17.167	13.476	0.353
12.5/8	125	80	7	11	14.096	11.066	0.403
			8		15.989	12.551	0.403
			10		19.712	15.474	0.402
			12		23.351	18.330	0.402
14/9	140	90	8	12	18.038	14.160	0.453
			10		22.261	17.475	0.452
			12		26.400	20.724	0.451
			14		30.456	23.908	0.451
16/10	160	100	10	13	25.315	19.872	0.512
			12		30.054	23.592	0.511
			14		34.709	27.247	0.510
			16		39.281	30.835	0.510
18/11	180	110	10	14	28.373	22.273	0.571
			12		33.712	26.464	0.571
			14		38.967	30.589	0.570
			16		44.139	34.649	0.569
20/12.5	200	125	12		37.912	29.761	0.641
			14		43.867	34.436	0.640
			16		49.739	39.045	0.639
			18		55.526	43.588	0.639

注:不等边角钢通常长度:2.5/1.6～9/5.6 长 4～12m;10/6.3～14/9 长 4～19m;16/10～20/12.5 长 6～9m。

热轧扁钢质量 表 12.4-26

宽度 (mm)	厚度 (mm) 3	4	5	6	7	8	9	10	11	12	14	16	18	20
	理论质量(kg/m)													
14	0.33	0.44	0.55	0.66	0.77	0.88	—	—	—	—	—	—	—	—
16	0.38	0.50	0.63	0.75	0.88	1.00	1.15	1.26	—	—	—	—	—	—
18	0.42	0.57	0.71	0.85	0.99	1.13	1.27	1.41	—	—	—	—	—	—
20	0.47	0.63	0.79	0.94	1.10	1.26	1.41	1.57	1.73	1.88	—	—	—	—
22	0.52	0.69	0.86	1.04	1.21	1.38	1.55	1.73	1.90	2.07	—	—	—	—
25	0.59	0.79	0.98	1.18	1.37	1.57	1.77	1.96	2.16	2.36	2.75	3.14	—	—
28	0.66	0.88	1.10	1.32	1.54	1.76	1.98	2.20	2.42	2.64	3.08	3.53	—	—
30	0.71	0.94	1.18	1.41	1.65	1.88	2.12	2.36	2.59	2.83	3.36	3.77	4.24	4.71

续上表

宽度(mm)	厚度 (mm)													
	3	4	5	6	7	8	9	10	11	12	14	16	18	20
	理论质量 (kg/m)													
32	0.75	1.01	1.25	1.50	1.76	2.01	2.26	2.54	2.76	3.01	3.51	4.02	4.52	5.02
36	0.85	1.13	1.41	1.69	1.97	2.26	2.51	2.82	3.11	3.39	3.95	4.52	5.09	5.65
40	0.94	1.26	1.57	1.88	2.20	2.51	2.83	3.14	3.45	3.77	4.40	5.02	5.65	6.28
45	1.06	1.41	1.77	2.12	2.47	2.83	3.18	3.53	3.89	4.24	4.95	5.65	6.36	7.07
50	1.18	1.57	1.96	2.36	2.75	3.14	3.53	3.93	4.32	4.71	5.50	6.28	7.07	7.85
56	1.32	1.76	2.20	2.64	3.08	3.52	3.95	4.39	4.83	5.27	6.15	7.03	7.91	8.79
60	1.41	1.88	2.36	2.83	3.30	3.77	4.24	4.71	5.18	5.65	6.59	7.54	8.48	9.42
63	1.48	1.98	2.47	2.97	3.46	3.95	4.45	4.94	5.44	5.93	6.92	7.91	8.90	9.69
65	1.53	2.04	2.55	3.06	3.57	4.08	4.59	5.10	5.61	6.12	7.14	8.16	9.19	10.21
70	1.65	2.20	2.75	3.30	3.85	4.40	4.95	5.50	6.04	6.59	7.69	8.79	9.89	10.99
75	1.77	2.36	2.94	3.53	4.12	4.71	5.30	5.89	6.48	7.07	8.24	9.42	10.60	11.78
80	1.88	2.51	3.14	3.77	4.40	5.02	5.65	6.28	6.91	7.54	8.79	10.05	11.30	12.56
85	2.00	2.67	3.34	4.00	4.67	5.34	6.01	6.67	7.34	8.01	9.34	10.68	12.01	13.35
90	2.12	2.83	3.53	4.24	4.95	5.65	6.36	7.07	7.77	8.48	9.89	11.30	12.72	14.13
95	2.24	2.98	3.73	4.47	5.22	5.97	6.71	7.46	8.20	8.95	10.44	11.93	13.42	14.92
100	2.36	3.14	3.93	4.71	5.50	6.28	7.07	7.85	8.64	9.42	10.99	12.56	14.13	15.70
105	2.47	3.30	4.12	4.95	5.77	6.59	7.42	8.24	9.07	9.89	11.54	13.19	14.84	16.49
110	2.59	3.45	4.32	5.18	6.04	6.91	7.77	8.64	9.50	10.36	12.09	13.82	15.54	17.27
120	2.83	3.77	4.71	5.65	6.59	7.54	8.48	9.42	10.36	11.30	13.19	15.07	16.96	18.84

注：①本表系摘录常用部分规格的尺寸及理论质量(kg/m)；

②当理论质量≤19kg/m(即本表范围内)，长度 3～9m。

钢板理论质量　　表 12.4-27

厚度(mm)	理论质量(kg)	厚度(mm)	理论质量(kg)	厚度(mm)	理论质量(kg)
0.20	1.570	2.8	21.98	22	172.70
0.25	1.963	3.0	23.55	23	180.60
0.27	2.120	3.2	25.12	24	188.40
0.30	2.355	3.5	27.48	25	196.30
0.35	2.748	3.8	29.83	26	204.10
0.40	3.140	4.0	31.40	27	212.00
0.45	3.533	4.5	35.33	28	219.80
0.50	3.925	5.0	39.25	29	227.70
0.55	4.318	5.5	43.18	30	235.50
0.60	4.710	6.0	47.10	32	251.20
0.70	5.495	7.0	54.95	34	266.90
0.75	5.888	8.0	62.80	36	282.60
0.80	6.280	9.0	70.65	38	298.30
0.90	7.065	10.0	78.50	40	314.00
1.00	7.850	11	86.35	42	329.70
1.10	8.635	12	94.20	44	345.40
1.20	9.420	13	102.10	46	361.10
1.25	9.813	14	109.90	48	376.80
1.40	10.99	15	117.80	50	392.50
1.50	11.78	16	125.60	52	408.20
1.60	12.56	17	133.50	54	423.90
1.80	14.13	18	141.30	56	439.60
2.00	15.70	19	149.20	58	455.30
2.20	17.27	20	157.00	60	471.00
2.50	19.63	21	164.90		

常用镀锌钢板规格质量　　表 12.4-28

号数	厚度 (mm)	宽×长 (mm)					质量 (kg/m²)
		180×1 440	710×1 420	750×1 500	900×2 000	1 000×2 000	
		每块(张)质量(kg)					
26	0.44		3.5	3.88	6.21	6.9	3.45
24	0.57		4.5	5.04	8.06	8.96	4.48
22	0.7	3.8	5.5	6.19	9.9	11	5.5
20	0.88		7	7.8	12.4	13.8	6.91
18	1.25		10	11	17.7	19.6	9.81

冷拉圆钢、方钢及六角钢质量　　表 12.4-29

d(a) (mm)	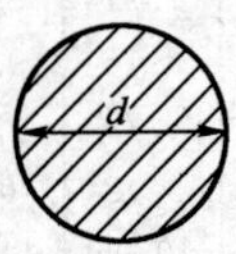	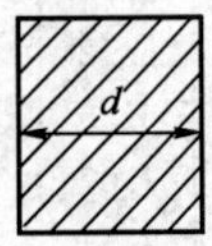	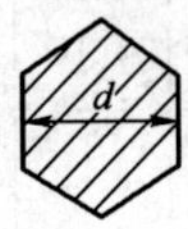	d(a) (mm)	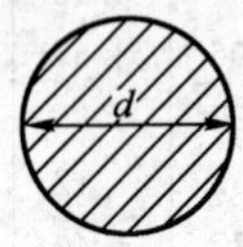	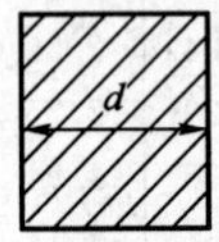	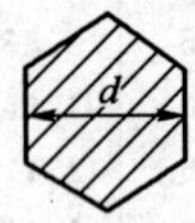
	理论质量(kg/m)				理论质量(kg/m)		
3.0	0.056	0.071	0.061	17.0	1.78	2.27	1.96
3.2	0.063	0.080		18.0	2.00	2.54	2.20
3.4	0.071	0.091		19.0	2.23	2.82	2.45
3.5	0.076	0.096		20.0	2.47	3.14	2.72
3.8	0.089	0.112		21.0	2.72	3.46	3.00
4.0	0.099	0.126	0.109	22.0	2.98	3.80	3.29
4.2	0.109	0139		24.0	3.55	4.52	3.92
4.5	0.125	0.159	0.138	25.0	3.85	4.91	4.25
4.8	0.142	0.181		26.0	4.17	5.30	4.59
5.0	0.154	0.196	0.170	28.0	4.83	6.15	5.33
5.3	0.173	0.221		30.0	5.55	7.06	6.12
5.5			0.206	32.0	6.31	8.04	6.96
5.6	0.193	0.246		34.0	7.13	9.07	7.86
6.0	0.222	0.283	0.245	35.0	7.55	9.62	
6.3	0.245	0.312		36.0			8.81
6.7	0.277	0.352		38.0	8.90	11.24	9.82
7.0	0.302	0.385	0.333	40.0	9.87	12.56	10.88
7.5	0.347	0.442		42.0	10.87	13.85	11.92
8.0	0.395	0.502	0.435	45.0	12.48	15.90	13.77
8.5	0.446	0.567		48.0	14.21	18.09	15.66
9.0	0.499	0.636	0.551	50.0	15.42	19.63	16.99
9.5	0.556	0.709		53.0	17.32	22.05	19.10
10.0	0.617	0.785	0.680	55.0			20.59
10.5	0.680	0.865		56.0	19.33	24.61	
11.0	0.746	0.950	0.823	60.0	22.19	28.26	24.50
11.5	0.815	1.04		63.0	24.47	31.16	
12.0	0.888	1.13	0.979	65.0			28.70
13.0	1.04	1.33	1.15	67.0	27.67	35.24	
14.0	1.21	1.54	1.33	70.0	30.21	38.47	33.30
15.0	1.39	1.77	1.53	75.0	34.68		38.24
16.0	1.58	2.01	1.74	80.0	39.46		

注:冷拉圆钢长度 5、6、7 级为 2～6m,4 级为 2～4m,冷拉方钢及六角钢长度为 2～6m。

热轧圆钢、方钢及六角钢质量　　表 12.4-30

d(a) (mm)	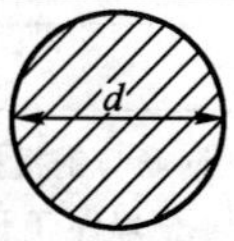	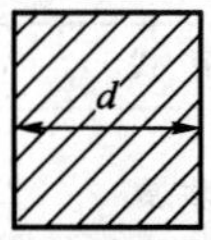	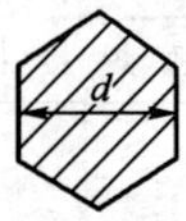	d(a) (mm)	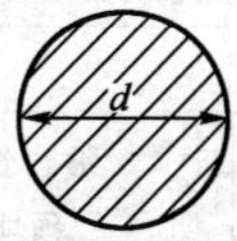	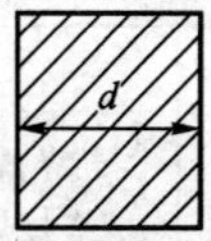	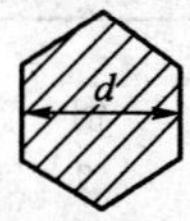
	理论质量(kg/m)				理论质量(kg/m)		
5.5	0.187	0.236		42	10.87	13.80	11.99
6.0	0.222	0.283		45	12.48	15.90	13.77
6.5	0.260	0.332		48	14.21	18.09	15.66
7.0	0.302	0.385		50	15.42	19.60	16.99
8.0	0.395	0.502	0.435	53	17.30	22.00	19.10
9.0	0.499	0.636	0.551	55	18.60	23.70	—
10.0	0.617	0.785	0.680	56	19.30	24.61	21.32
11.0	0.746	0.950	0.823	58	20.70	26.41	22.87
12.0	0.888	1.13	0.979	60	22.19	28.26	24.50
13.0	1.04	1.33	1.15	63	24.50	31.16	26.98
14.0	1.21	1.54	1.33	65	26.00	33.17	28.70
15.0	1.39	1.77	1.53	68	28.51	36.30	31.43
16.0	1.58	2.01	1.74	70	30.21	38.50	33.30
17.0	1.78	2.27	1.96	75	34.70	44.20	—
18.0	2.00	2.54	2.20	80	39.50	50.20	
19.0	2.23	2.82	2.45	85	44.50	56.72	
20.0	2.47	3.14	2.72	90	49.90	63.59	
21.0	2.72	3.46	3.00	95	55.60	70.80	
22.0	2.98	3.80	3.29	100	61.70	78.50	
23.0	3.26	4.15	3.59	105	68.00	86.50	
24.0	3.55	4.52	3.92	110	74.60	95.00	
25.0	3.85	4.91	4.25	115	81.50	104	
26.0	4.17	5.30	4.59	120	88.78	113	
27.0	4.49	5.72	4.96	125	96.33	123	
28.0	4.83	6.15	5.33	130	104.20	133	
29.0	5.18	6.60	—	140	120.84	154	
30.0	5.55	7.06	6.12	150	138.72	177	
31.0	5.92	7.54	—	160	157.83	201	
32.0	6.31	8.04	6.96	170	178.18	227	
33.0	6.71	8.55	—	180	199.76	254	
34.0	7.13	9.07	7.86	190	222.57	283	
35.0	7.55	9.62	—	200	246.62	314	
36.0	7.99	10.17	8.81	220	298.00	—	
38.0	8.90	11.24	9.82	250	385.00	—	
40.0	9.87	12.56	10.88				

注：热轧圆钢、方钢的长度，当 $d(a)\leqslant 25$mm 为 4～10m；$d(a)>25$mm 为 3～9m；六角钢的长度，$d(a)$ 为 8～70mm，长 3～8m，均指普通钢。

钢筋电弧焊焊条型号 表 12.4-31

钢筋级别	电弧焊接接头型式			
	帮条焊、搭接焊	坡口焊、熔槽帮条焊预埋件穿孔塞焊	窄间隙焊	钢筋与钢板搭接焊、预埋件T形角焊
I	E4303	E4303	E4316 E4315	E4303
HRB335	E4303	E5003	E5016 E5015	E4303
HRB400	E5003	E5503	E6016 E6015	—

注：窄间隙焊不适用于余热处理 III 级钢筋。

重轨断面图形、尺寸及理论质量 表 12.4-32

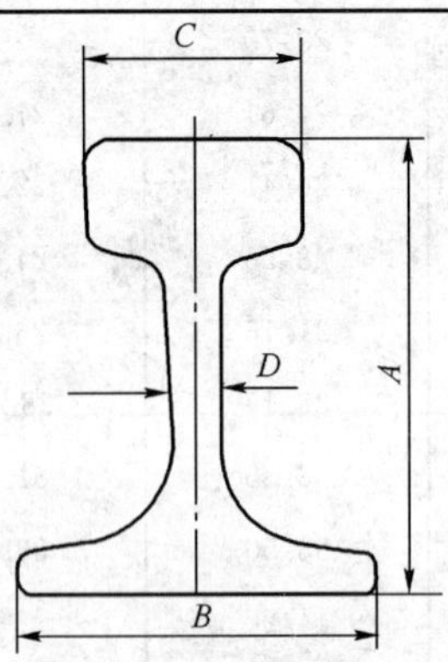

(GB181～183－63、YB350－63)
A-轨高；B-底宽；C-头宽；D-腰厚

钢轨类型	断面尺寸(mm)				横截面面积(cm^2)	理论质量(kg)					
						kg/m	12.5m长的质量		25.0m长的质量		每根钢轨螺栓孔部分质量
	A	B	C	D			未扣除螺栓孔	每端扣除三个螺栓孔	未扣除螺栓孔	每端扣除三个螺栓孔	
50kg/m	152	132	70	15.5	65.8	51.514	643.925	643.429	1 287.850	1 287.354	0.496
43kg/m	140	114	70	14.5	57.0	44.653	558.162	557.690	1 116.325	1 115.853	0.472
38kg/m	134	114	68	13.0	49.5	38.733	484.162	483.739	968.325	967.902	0.423
33kg/m	120	110	60	12.5	42.5	33.286	416.075	415.804	—	—	0.271

轻轨断面图形、尺寸及理论质量* 表 12.4-33

轻轨断面	轻轨类型	断面尺寸(mm)				通常长度(m)	截面面积(cm^2)	理论质量(kg/m)
		A	B	C	D			
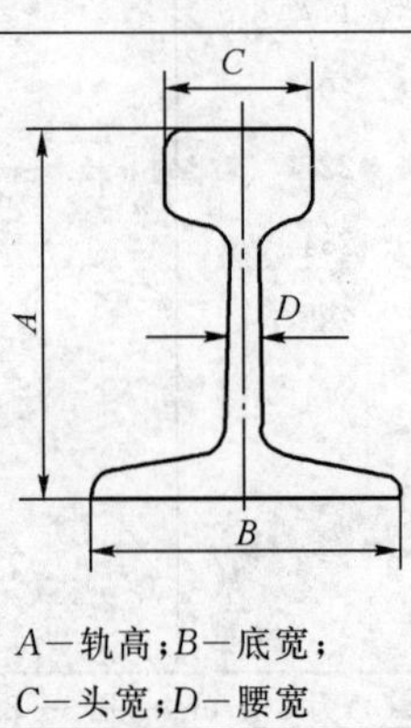 A—轨高；B—底宽；C—头宽；D—腰宽	5kg/m	50	44	22	4.5	5～10	6.41	5.03
	8kg/m	65	54	25	7.0	5～10	10.76	8.42
	11kg/m	80.5	66	32	7.0	6～10	14.31	11.20
	15kg/m	91	76	37	7.0	6～12	18.80	14.72
	18kg/m	90	80	40	10.0	7～12	23.07	18.06
	24kg/m	107	92	51	10.9	7～12	31.24	24.46

*：(YB222－63)

起重机钢轨断面图形、尺寸及理论质量　　表 12.4-34

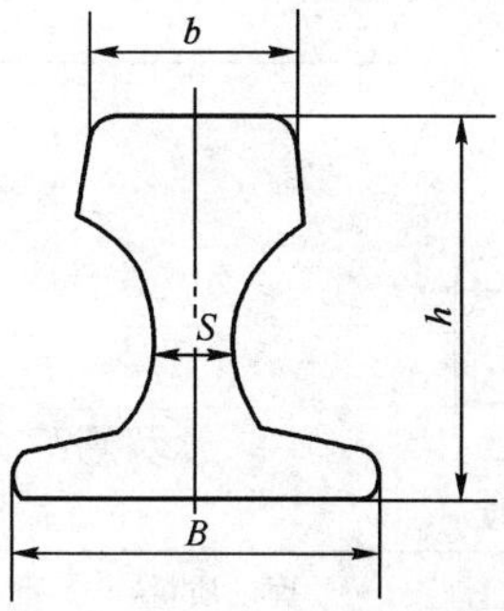

h-轨高；*B*-底宽；*b*-头宽；*S*-腰厚

型　号	断面尺寸(mm)				标准长度(m)	截面面积(cm^2)	理论质量(kg/m)
	h	*B*	*b*	*S*			
QU70	120	120	70	28	9、9.5、10、10.5、11、11.5、12、12.5	67.30	52.80
QU80	130	130	80	32		81.13	63.69
QU100	150	150	100	38		113.32	88.96
QU120	170	170	120	44		150.44	118.10

钢　轨　配　件　　表 12.4-35

1. 重轨用鱼尾板规格尺寸、质量*

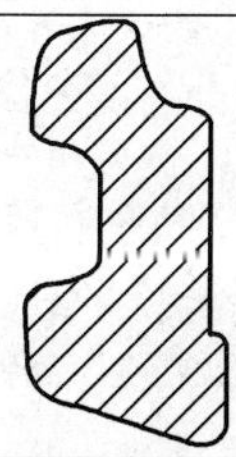

鱼尾板断面图形	钢轨类型	鱼尾板长度(mm)	截面面积(cm^2)	理论质量(kg)		
				每米长度的质量	每块质量	
					未扣除螺栓孔	扣除螺栓孔
	50kg/m	820	30.05	23.53	19.29	18.72
	38 及 43kg/m	790	26.01	20.37	16.09	15.57
	33kg/m	590	21.12	16.54	9.76	9.41

*：(GB184～185－63、YB351－63)

2. 轻轨用鱼尾板规格尺寸、质量*

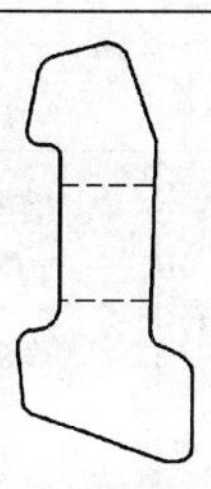

24kg/m 轻轨用鱼尾板

15kg/m 轻轨用鱼尾板

鱼尾板断面图形	钢轨类型	鱼尾板长度(mm)	截面面积(cm^2)	理论质量(kg)		
				每米长度的质量	每块质量	
					未扣除螺栓孔	扣除螺栓孔
	24kg/m	426	14.86	—	4.96	4.73
	18kg/m	372	8.5 10.9	— —	— —	2.33 (扁平式) 3.03 (角式)
	15kg/m	372	10.12	—	—	2.78
	11kg/m	358	7.11	—	—	1.91
	8kg/m	270	3.49	—	—	0.687
	5kg/m	212	1.76	—	0.293	0.269

*：(YB225～229－63、YB14－63)

续上表

3.重轨用垫板规格尺寸、质量**

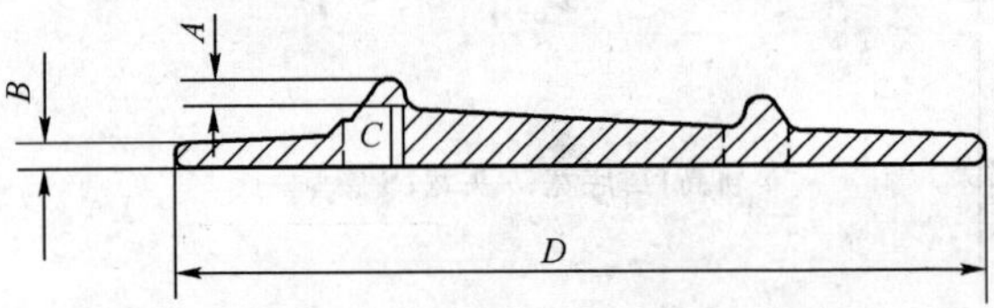

A-肩高;B-厚度(边缘部分);C-厚度(最大厚度部分);D-宽度

钢轨类别	主要尺寸(mm)					截面面积(cm²)	理论质量		
	肩高	厚度		长度	宽度		垫板质量(kg/m)	每块垫板的质量(kg)	
	A	B	C		D			未扣除道钉孔	扣除道钉孔
50kg/m	9	8	22.2	160	310	48.04	37.71	6.03	5.80
38及43kg/m	9	8	21.3	160	290	43.63	34.25	5.48	5.25
33kg/m	5	8	17.4	150	223	30.89	24.25	3.64	3.56

**:(GB186~187-63、YB352-63)

4.轻轨用垫板规格尺寸、质量(YB223-63)

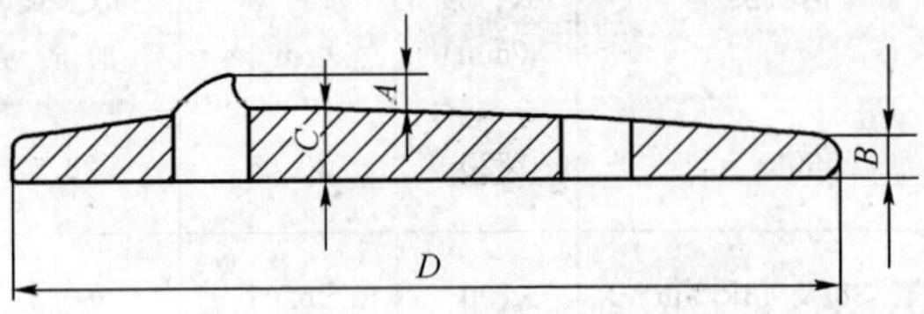

18~24kg/m轻轨用垫板图形

A-肩高;B-厚度(边缘部分);C-厚度(最大厚度部分);D-宽度

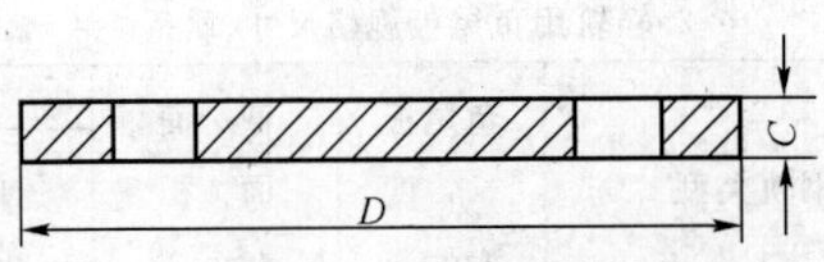

8~15kg/m轻轨用垫板图形

垫板号	轻轨型号	主要尺寸(mm)					截面面积(cm²)	有孔垫板理论质量(kg/块)
		肩高	厚度		长度	宽度		
		A	B	C		D		
24	24kg/m	5	8	17.5	100	200	27.06	2.03
18	18kg/m	5	8	17.5	100	200	27.06	2.03
15	15kg/m	—	—	9	100	132	—	0.905
11	11kg/m	—	—	8	100	118	—	0.721
8	8kg/m	—	—	8	75	102	—	0.463

钢丝绳产品一览表

表 12.4-36

类别		典型结构 钢丝绳	典型结构 股绳	钢丝绳直径范围(mm)
圆股钢丝绳	单股钢丝绳	1×7	(6+1)	1.8～10.5
		1×19	(12+6+1)	3.0～16
		1×37	(18+12+6+1)	4.2～22.5
		1×61	(24+18+12+6+1)	18～32
		1×91	(30+24+18+12+6+1)	22～40
	6×7	6×7	(6+1)	6～32
	6×19(a)	6×19S	(9+9+1)	12～42
		6×19W	(6/6+6+1)	12～42
		6×25Fi	(12+6F+6+1)	22～42
		6×26SW	(10+5/5+5+1)	22～42
		6×31SW	(12+6/6+6+1)	22～42
	6×19(b)	6×19	(12+6+1)	9～46
	6×37(a)	6×29Fi	(14+7F+7+1)	22～64
		6×36SW	(14+7/7+7+1)	22～64
		6×41SW	(16+8/8+8+1)	38～64
		6×49SWS	(16+8/8+8+8+1)	38～54
		6×55SWS	(18+9/9+9+9+1)	28～64
		6×37S	(15+15+6+1)	22～64
	6×37(b)	6×37	(18+12+6+1)	13～66
	6×61	6×61	(24+18+12+6+1)	40～90
	6×91	6×91	(30+24+18+12+6+1)	72～100
	8×19	8×19S	(9+9+1)	18～50
		8×19W	(6/6+6+1)	18～50
		8×25Fi	(12+6F+6+1)	26～58
		8×26SW	(10+5/5+5+1)	26～58
		8×31SW	(12+6/6+6+1)	26～58
	8×37(a)	8×29Fi	(14+7F+7+1)	28～66
		8×36SW	(14+7/7+7+1)	28～66
		8×41SW	(16+8/8+8+1)	28～66
		8×49SWS	(16+8/8+8+8+1)	40～84
		8×55SWS	(18+9/9+9+9+1)	40～84
	8×37(b)	8×37	(18+12+6+1)	16～86
	8×61	8×61	(24+18+12+6+1)	28～120
	8×91	8×91	(30+24+18+12+6+1)	100～120
	17×7	17×7	(6+1)	10～44
		18×7	(6+1)	10～44
		18×19S	(9+9+1)	20～44
		18×19W	(6/6+6+1)	20～44
		18×19	(12+6+1)	20～44

续上表

类别		典型结构		钢丝绳直径范围(mm)
		钢丝绳	股绳	
圆股钢丝绳	34×7	34×7	(6+1)	14~50
		36×7	(6+1)	16~40
	35×7	35×7	(6+1)	14~54
	面接触类	6T×7	(6+1)	16~32
		6T×19S	(9+9+1)	16~36
		6T×25Fi	(12+6F+6+1)	24~36
		6T×26SW	(10+5/5+5+1)	24~36
		6T×31SW	(12+6/6+6+1)	24~36
	6×24	6×24	(15+9+FC)	12~46
		6×24S	(12+12+FC)	14~44
异型股钢丝绳	4 V×39	6×24W	(8/8+8+FC)	14~44
		4V×39S	(15+15+9+FC)	20~50
	6Q×19+6V×21	4V×48S	(18+18+9+FC)	20~50
		6Q×19+6V×8	外(14+5)内(12+9+FC)	17~41
	6V×19	6Q×33+6V×21	外(15+13+5)内(12+9+FC)	36~58
		6V×21	(12+9+FC)	15~36
		6V×24	(12+12+FC)	15~36
		6V×30	(12+12+6)	22~38
	6V×37	6V×34	(12+12+/1×7+3/)	22~42
		6V×37	(15+12+/1×7+3/)	30~52
		6V×37S	(15+12+/1×7+3/)	28~52
		6V×43	(18+15+/1×7+3/)	36~58

常用钢丝绳规格

1. 6×19+1 钢丝绳强度 表 12.4-37

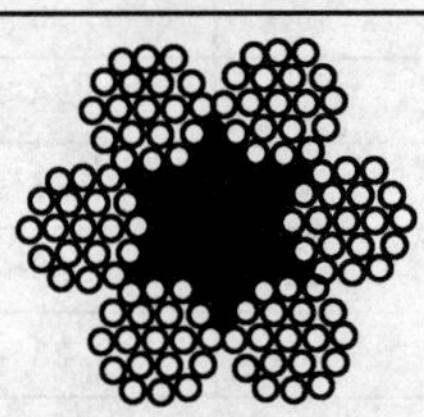

名　　称:钢丝绳

规　　格:6×19+1 股绳纤维芯(1+6+12)

主要用途:各种起重、提升和牵引设备

直径(mm) 钢丝绳	直径(mm) 钢丝	钢丝总断面积(mm^2)	参考质量(kg/100m)	钢丝绳公称抗拉强度(MPa) 1 400	1 550	1 700	1 850	2 000
				钢丝破断拉力总和(kN),不小于				
6.2	0.4	14.32	13.53	20.00	22.10	24.30	26.40	28.60
7.7	0.5	22.37	21.14	31.30	34.60	38.00	41.30	44.70
9.3	0.6	32.22	30.45	45.10	49.90	54.70	59.60	64.40
11.0	0.7	43.85	41.44	61.30	67.90	74.50	81.10	87.70
12.5	0.8	57.27	54.12	80.10	88.70	97.30	105.50	114.50

续上表

直径		钢丝总断面积(mm²)	参考质量(kg/100m)	钢丝绳公称抗拉强度(MPa)				
钢丝绳	钢丝			1 400	1 550	1 700	1 850	2 000
(mm)				钢丝破断拉力总和(kN)，不小于				
14.0	0.9	72.49	68.50	101.00	112.00	123.00	134.00	144.50
15.5	1.0	89.49	84.57	125.00	138.50	152.00	165.50	178.50
17.0	1.1	108.28	102.3	151.50	167.50	184.00	200.00	216.50
18.5	1.2	128.87	121.8	180.00	199.50	219.00	238.00	257.50
20.0	1.3	151.24	142.9	211.50	234.00	257.00	279.50	302.00
21.5	1.4	175.40	165.8	245.50	271.50	298.00	324.00	350.50
23.0	1.5	201.35	190.3	281.50	312.00	342.00	372.00	402.50
24.5	1.6	229.09	216.5	320.50	355.00	389.00	423.50	458.00
26.0	1.7	258.63	244.4	362.00	400.50	439.50	478.00	517.00
28.0	1.8	289.95	274.0	405.50	449.00	492.50	536.00	579.50
31.0	2.0	357.96	338.3	501.00	554.50	608.50	662.00	715.50
34.0	2.2	433.13	409.3	606.00	671.00	736.00	801.00	
37.0	2.4	515.46	487.1	721.50	798.50	876.00	953.50	
40.0	2.6	604.95	571.7	846.50	937.50	1 025.00	1 115.00	
43.0	2.8	701.60	663.0	982.00	1 035.00	1 190.00	1 295.00	
46.0	3.0	805.41	761.1	1 125.00	1 245.00	1 365.00	1 490.00	

2.6×37+1 钢丝绳强度

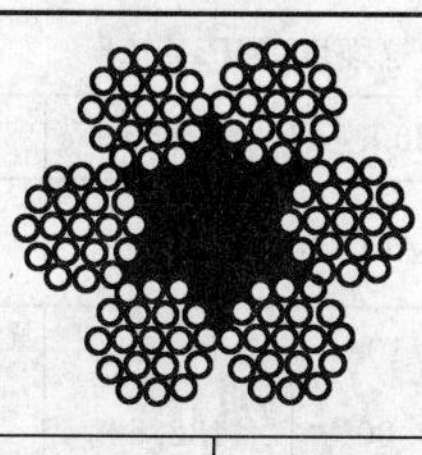

名　　称：钢丝绳

规　　格：6×37+1 股绳纤维芯(1+6+12+18)

主要用途：各种起重、提升和牵引设备

直径		钢丝总断面积(mm²)	参考质量(kg/100m)	钢丝绳公称抗拉强度(MPa)				
钢丝绳	钢丝			1 400	1 550	1 700	1 850	2 000
(mm)				钢丝破断拉力总和(kN)，不小于				
8.7	0.4	27.88	26.21	39.00	43.20	47.30	51.50	55.70
11.0	0.5	43.57	40.96	60.90	67.50	74.00	80.60	87.10
13.0	0.6	62.74	58.98	87.80	97.20	106.50	116.00	125.00
15.0	0.7	85.39	80.27	119.50	132.00	145.00	157.50	170.50
17.5	0.8	111.53	104.8	156.00	172.50	189.50	206.00	223.00
19.5	0.9	141.16	132.7	197.50	218.50	239.50	261.00	282.00
21.5	1.0	174.27	163.8	243.50	270.00	296.00	322.00	348.50
24.0	1.1	210.87	198.2	295.00	326.50	358.00	390.00	241.50
26.0	1.2	250.95	235.9	351.00	388.50	426.50	464.00	501.50
28.0	1.3	294.52	276.8	412.00	456.50	500.50	544.50	589.00

续上表

直径		钢丝总断面积 (mm^2)	参考质量 (kg/100m)	钢丝绳公称抗拉强度(MPa)				
钢丝绳	钢丝			1 400	1 550	1 700	1 850	2 000
(mm)				钢丝破断拉力总和(kN),不小于				
30.0	1.4	341.57	321.1	478.00	529.00	580.50	631.50	683.00
32.5	1.5	392.11	368.6	548.50	607.50	666.50	725.00	784.00
34.5	1.6	446.13	419.4	624.50	691.50	758.00	825.00	892.00
36.5	1.7	503.64	473.4	705.00	780.50	856.00	931.50	1 005.00
39.0	1.8	564.63	530.8	790.00	875.00	959.50	1 040.00	1 125.00
43.0	2.0	697.08	655.3	975.50	1 080.00	1185.00	1 285.00	1 390.00
47.5	2.2	843.47	792.9	1 180.00	1 305.00	1 430.00	1 560.00	
52.0	2.4	1 003.80	943.6	1 405.00	1 555.00	1 705.00	1 855.00	
56.0	2.6	1 178.07	1 107.4	1 645.00	1 825.00	2 000.00	2 175.00	
60.5	2.8	1 366.28	1 284.3	1 910.00	2 115.00	2 320.00	2 525.00	
65.0	3.0	1 568.43	1 474.3	2 195.00	2 430.00	2 665.00	2 900.00	

3.6×61+1钢丝绳强度

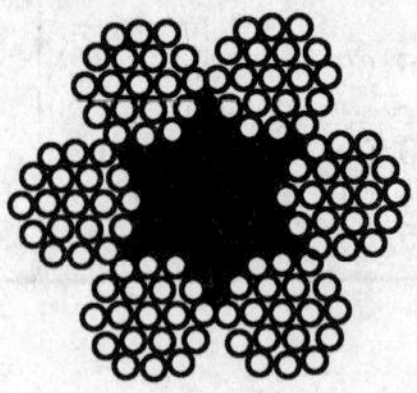

名　　称:钢丝绳

规　　格:6×61+1股绳纤维芯(1+6+12+18+24)

主要用途:各种起重、提升和牵引设备

直径		钢丝总断面积 (mm^2)	参考质量 (kg/100m)	钢丝绳公称抗拉强度(MPa)				
钢丝绳	钢丝			1 400	1 550	1 700	1 850	2 000
(mm)				钢丝破断拉力总和(kN),不小于				
11.0	0.4	45.97	43.21	64.30	71.20	78.10	85.00	91.90
14.0	0.5	71.83	67.52	100.50	110.00	122.00	132.50	143.50
16.5	0.6	103.43	97.22	144.50	160.00	175.50	191.00	206.50
19.5	0.7	140.78	132.30	197.00	218.00	239.00	260.00	281.50
22.0	0.8	183.88	172.80	257.00	285.00	312.50	340.00	367.50
25.0	0.9	232.72	218.80	325.50	360.50	395.50	430.50	465.00
27.5	1.0	287.31	270.10	402.00	445.00	488.00	531.50	574.50
30.5	1.1	347.65	326.8	486.50	538.50	591.00	643.00	695.00
33.0	1.2	413.73	388.9	579.00	641.00	703.00	765.00	827.00
36.0	1.3	485.55	456.4	679.50	752.50	825.00	898.00	971.00
38.5	1.4	563.13	529.3	788.00	872.50	957.00	1 040.00	1 125.00
41.5	1.5	646.45	607.7	905.00	1 000.00	1 095.00	1 195.00	1 290.00
44.0	1.6	735.51	691.4	1 025.00	1 140.00	1 250.00	1 360.00	1 470.00
47.0	1.7	830.33	780.5	1 160.00	1 285.00	1 410.00	1 535.00	1 660.00
50.0	1.8	930.88	875.0	1 300.00	1 440.00	1 580.00	1 720.00	1 860.00

续上表

直径 钢丝绳 (mm)	直径 钢丝 (mm)	钢丝总断面积 (mm^2)	参考质量 (kg/100m)	钢丝绳公称抗拉强度(MPa) 1 400	1 550	1 700	1 850	2 000
				钢丝破断拉力总和(kN),不小于				
55.5	2.0	1 149.24	1 080.3	1 605.00	1 780.00	1 950.00	2 125.00	2 295.00
61.0、	2.2	1 390.58	1 307.1	1 945.00	2 155.00	2 360.00	2 570.00	
66.5	2.4	1 654.91	1 555.6	2 315.00	2 565.00	2 810.00	3 060.00	
72.0	2.6	1 942.22	1 825.7	2 715.00	3 010.00	3 300.00	3 590.00	
77.5	2.8	2 252.51	2 117.4	3 150.00	3 490.00	3 825.00	4 165.00	
83.0	3.0	2 585.79	2 430.6	3 620.00	4 005.00	4 395.00	4 780.00	

钢丝绳夹形式、规格及其使用 表 12.4-38

1.骑马式绳夹规格(mm)

简图	型号	常用钢丝绳直径	A	B	c	d	H
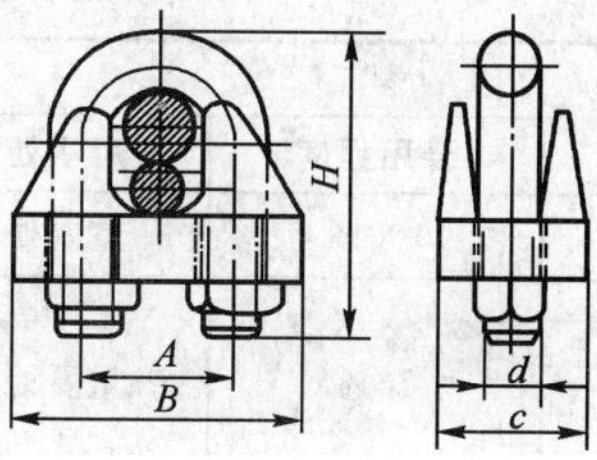	Y3-10	11	22	43	33	M10	55
	Y4-12	13	28	53	40	M12	69
	Y5-15	15、17.5	33	61	48	M14	83
	Y6-20	20	39	71	55.5	M16	96
	Y7-22	21.5、23.5	44	80	63	M18	108
	Y8-25	26	49	87	70.5	M20	122
	Y9-28	28.5、31	55	97	78.5	M22	137
	Y10-32	32.5、34.5	60	105	85.5	M24	149
	Y11-40	37、39.5	67	112	94	M24	164
	Y12-45	43.5、47.5	78	128	107	M27	188
	Y13-50	52	88	143	119	M30	210

注:①本体材料为 KT_{33-8}可锻铸铁。
②螺杆螺母为 A3 钢。
③d 为螺杆直径(米制标准螺纹)。

2.马鞍式(U型)绳夹规格(mm)

简图	钢丝绳直径 (mm)	a	b	c	d_1	l	f	k	L	n
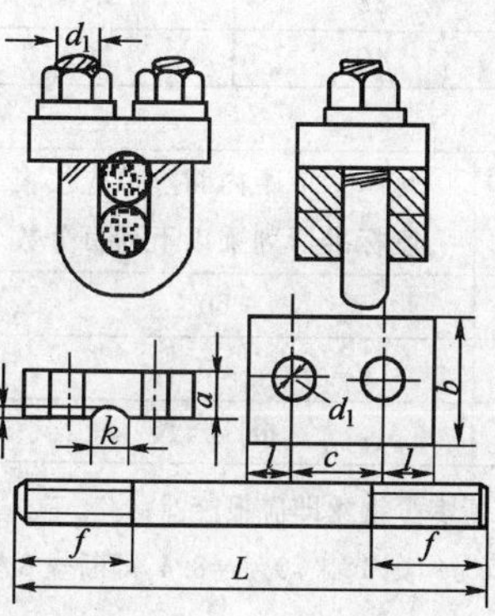	12.5	12	34	24	10	15	25	8	122	2
	15.5	14	40	31	13	17.5	30	10	157	2
	17.5	16	45	35	16	20	38	10	185	3
	19.5	16	52	37	16	21.5	38	10	198	3
	21.5	16	52	40	16	22	38	12	203	3
	24	20	60	44	20	24	42	12	229	4
	28	22	60	49	20	25.5	44	15	249	5
	34.5	24	70	58	22	26	46	20	291	6
	37	24	80	63	27	28.5	50	23	310	8

续上表

3.抱合式绳夹规格(mm)

简 图	钢丝直径(mm)	d	d_1	d_2	L	L_1	s	c	r
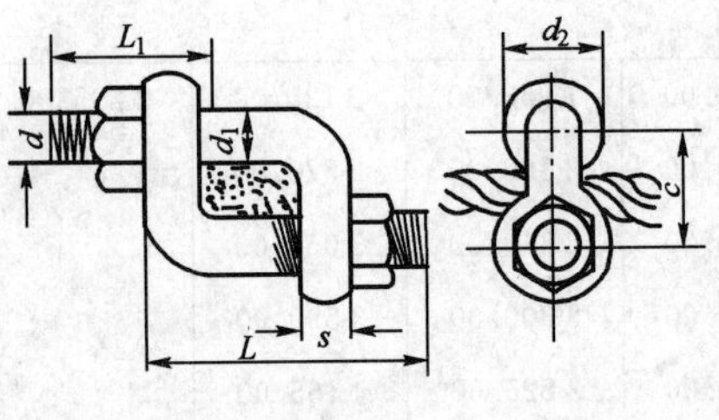	8.7～9.2	12	14	26	65	35	12	23	5
	11～12.5	12	14	26	75	35	12	27	6.5
	13～15.5	14	16	32	80	40	14	32	8
	17～18.5	20	22	45	110	55	20	42	10
	19.5～22	20	22	45	110	55	20	45	12
	23～26	22	24	50	130	55	22	51	14
	28～31	24	26	55	150	65	24	58	16
	31.5～33.5	28	30	70	170	80	28	65	18

4.绳夹一般使用数量

留有安全弯的绳夹安装法	不同直径钢丝绳应用绳夹数										
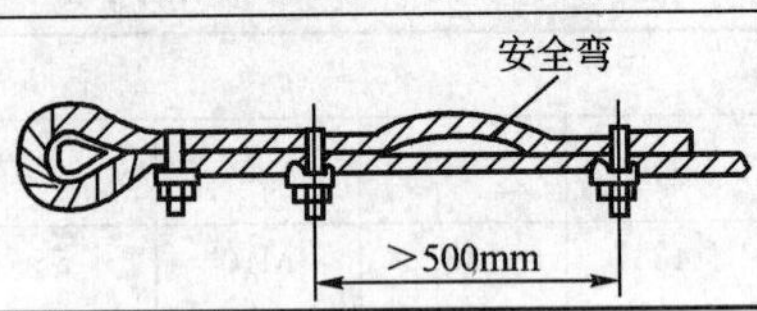	钢丝绳直径(mm)	8	13	15	17.5	19.5	21.5	24	28	34.5	37
	应用绳夹数(只)	3	3	3	3	4	4	5	5	7	8

钢丝绳合用程度和报废标准 表 12.4-39

1.钢丝绳合用程度判断表

类 别	钢丝绳表面现象的检查	合用程度	可用处所
I	新钢丝绳或已用过的钢丝绳,其各股位置未动,磨损轻微并无绳股凸起现象	100%	重要处所
II	1.各股钢丝已有变位,压偏及凸出现象,但未露出绳芯 2.钢丝绳个别部位有轻微锈痕 3.表面有断头钢丝,每1m长度内断头数目不多于钢丝总数的3%	75%	重要处所
III	4.每1m钢丝绳长度内断头数目超过钢丝绳总数的3%,但少于10% 5.有明显锈痕	50%	次要处所
IV	6.绳股有显著扭曲、凸起现象,绳股部分变位 7.钢丝绳全部均有锈痕,刮去锈痕后,钢丝上留有凹痕 8.每1m钢丝绳长度内断头数超过10%,但少于钢丝总数的25%	40%	不重要处所或辅助工作

2.钢丝绳报废标准

(一个节距内最多断丝根数)

使用钢丝绳采用的安全系数k	钢丝绳结构类型与钢丝总数					
	6×19=144丝		6×37=222丝		6×61=366丝	
	交互捻	同向捻	交互捻	同向捻	交互捻	同向捻
<6	12	6	22	11	36	18
6～7	14	7	26	13	38	19
>7	16	8	30	15	40	20

3.钢丝绳报废标准降低率

钢丝表面腐蚀或磨损程度(以每根钢丝绳的直径计)%	每一个节距内断丝数应按报废标准所列乘以下列百分数	钢丝绳表面腐蚀或磨损程度(以每根钢丝绳的直径计)%	每一个节距内断丝数应按报废标准所列乘以下列百分数
10	85	25	60
15	75	30	50
20	70	40	报 废

[例]有一根6×19=144+1交互捻钢丝绳、安全系数为5.5(<6),钢丝绳表面磨损20%,节距内断多少钢丝即应报废?

查本表2,当新钢丝绳断丝12根(在一个节距内)应予报废;再查本表3,当磨损20%时百分率为70%,则12×70%=8.4,即断丝8根就应报废。

常用吊索类型和尺寸 　　表 12.4-40

类型	简图	项目								
封闭式万能吊索	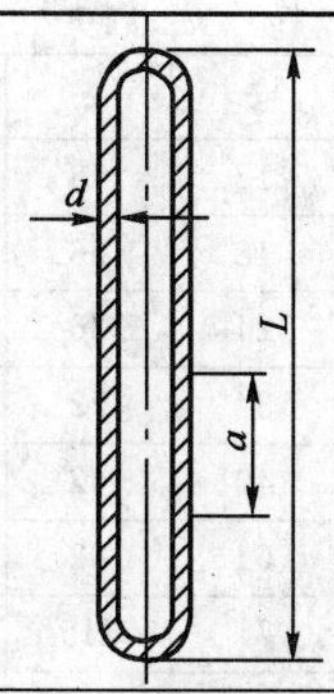	钢丝绳直径 d(mm)	19.5	19.5	22	22	25	25	30	30
		连接处长度 a(m)	0.40	0.40	0.45	0.45	0.50	0.50	0.75	0.75
		每侧长度 L(m)	8	10	8	12	8	12	10	15
		钢丝绳长度(m)	16.5	20.0	16.5	24.5	16.5	24.5	21.0	31.0

类型	简图	项目						
开口式吊索	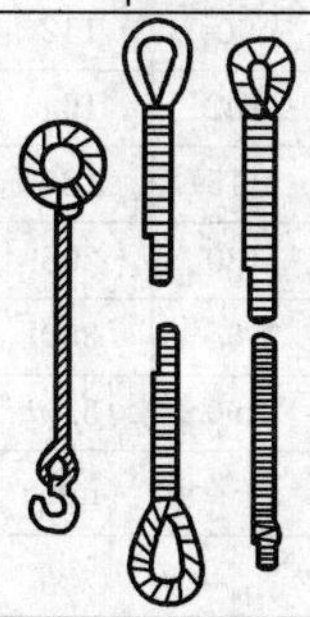	钢丝绳直径 d(mm)	12	16	19	22	25	30
		钢丝绳编织长度 a(m)	300	350	400	450	500	600～800
		绳长(按需要定) L(m)	$L+2.00$	$L+2.60$	$L+3.20$	$L+3.80$	$L+4.50$	$L+5.50$

吊索钢丝绳直径及其允许负荷 　　表 12.4-41

吊索分支简图				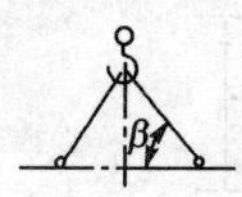			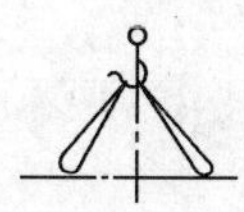		
钢丝绳直径(mm)	$\beta=90°$			$n=2$			$n=4$		
	吊索分支数 n			与水平面夹角 β			与水平面夹角 β		
	1	2	4	60°	45°	30°	60°	45°	30°
	6×19+1 钢丝绳允许负荷(kN)								
9.3	6	13	26	11	9	6	22	18	13
11.0	9	7	35	15	12	9	30	25	17
12.5	11	23	45	20	16	11	39	32	23
14.0	14	29	58	25	20	14	50	41	29
15.5	18	35	17	31	25	18	61	50	35
17.0	21	43	86	37	30	21	74	61	43
18.5	26	51	102	44	36	26	88	72	51
20.0	30	60	120	52	42	30	104	85	60
21.5	35	70	139	60	49	35	120	98	70
23.0	40	80	160	69	56	40	138	118	80
24.5	45	91	182	79	64	45	157	129	91
26.0	51	103	205	89	72	51	178	145	103
29.0	58	115	230	100	80	58	198	163	115
31.0	71	142	284	123	100	71	246	201	142
34.0	86	172	344	149	120	86	298	243	172

吊钩主要尺寸及允许负荷 表 12.4-42

形式	简图	允许负荷(kN)	主要尺寸(mm)				
			D	a	b	h	m
单吊钩	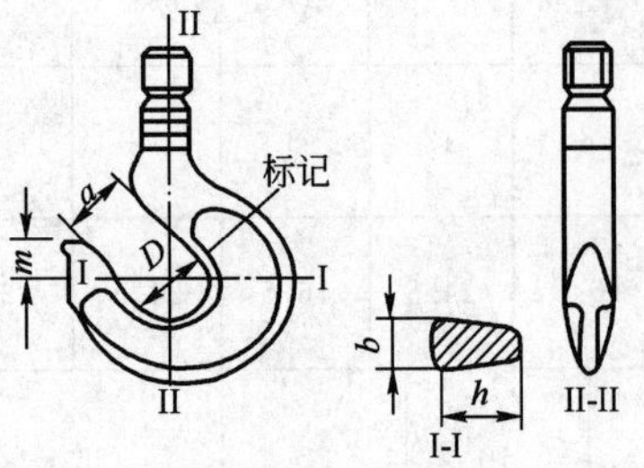	2.5	20	14	12	18	10
		5	30	22	18	26	16
		10	40	30	24	36	20
		20	55	40	34	52	30
		30	65	50	40	62	33
		50	85	65	54	82	42
		100	120	90	71	115	60
		150	150	115	90	142	76
		200	170	130	102	164	80
		250	190	145	115	184	95
		300	200	160	130	205	100
		500	270	205	165	260	135
		750	320	250	200	320	160

形式	简图	允许负荷(kN)	主要尺寸(mm)					
			a	b	h	d	d_0	l
双吊钩	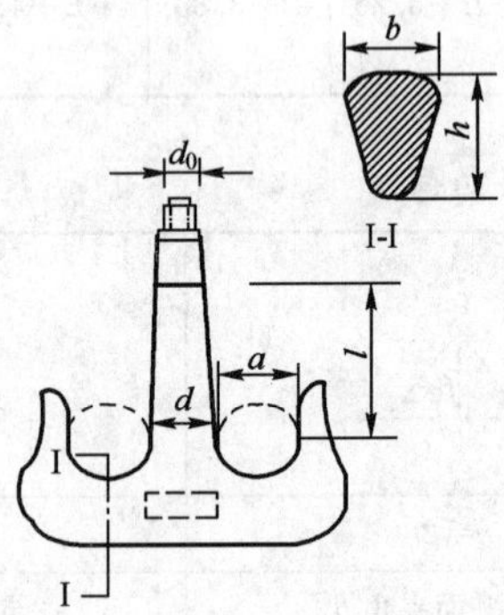	50	70	40	66	55	48	120
		100	100	60	90	75	64	170
		150	115	65	110	90	80	200
		200	125	75	120	105	90	220
		250	145	85	140	120	100	260
		300	160	95	150	135	110	290
		500	200	115	180	165	140	365
		750	240	140	225	195	170	440

常用卸扣主要尺寸及允许负荷 表 12.4-43

形式	简图	号码	允许负荷(kN)	最大钢丝绳直径(mm)	D	H	H_1	L	B	d	d_1	h
					(mm)							
通用直形卡环	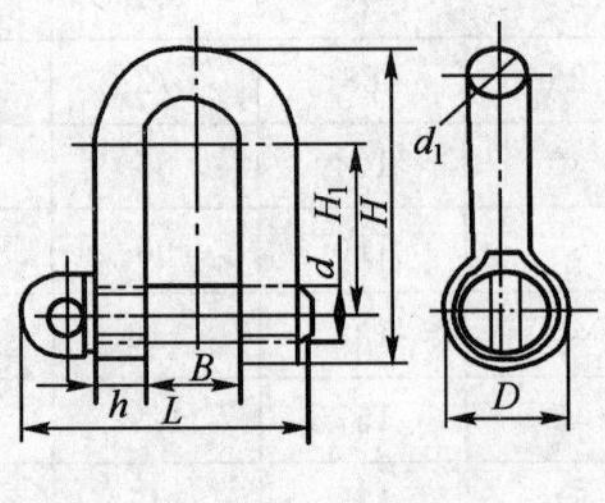	0.2	2.0	4.7	15	49	35	35	12	M8	6	3
		0.3	3.3	6.5	19	63	45	44	6	M10	8	3
		0.5	5.0	8.5	23	72	50	55	20	M12	10	3
		0.9	9.3	9.5	29	87	60	65	24	M16	12	4
		1.4	14.5	13	38	115	80	86	32	M20	16	4
		2.1	21.0	15	46	133	90	101	36	M24	20	5
		2.7	27.0	17.5	48	146	100	111	40	M27	22	5
		3.3	33.0	19.5	58	163	110	123	45	M30	24	8
		4.1	41.0	22	66	180	120	137	50	M33	27	8
		4.9	49.0	26	72	196	130	153	58	M36	30	10
		6.8	68.0	28	77	225	150	176	64	M42	36	10
		9.0	90.0	31	87	256	170	197	70	M48	42	13
		10.7	107.0	34	97	284	190	218	80	M52	45	13
		16.0	160.0	43.5	117	346	235	262	100	M64	52	16

续上表

形式	简图	起重力(kN)	试验荷载(kN)	W	S	d	D	c
				(mm)				
大吨位D型索具卡环*	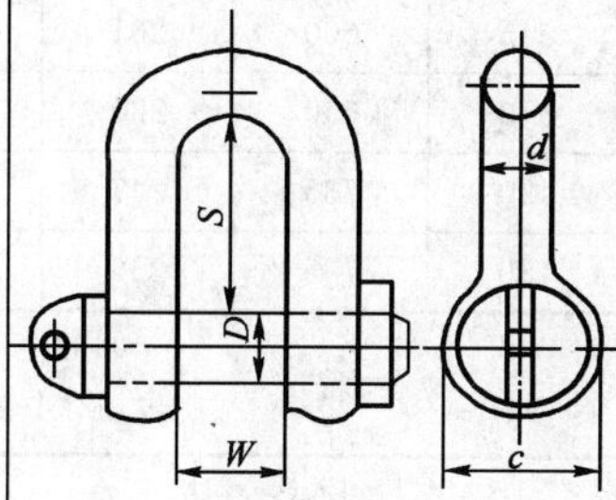	200	400	89	195	54	62	124
		250	500	99	218	60	69	138
		320	640	112	247	68	78	156
		400	800	125	275	76	87	174
		500	1 000	140	308	85	98	196
		630	1 250	157	346	96	110	220
		800	1 600	177	390	100	124	248
		1 000	1 850	190	418	120	138	276
		1 250	2 300	212	466	134	154	308
		1 600	2 960	240	530	152	175	350
		2 000	3 700	269	592	170	196	392
		2 500	4 375	292	644	190	218	436
		3 200	5 600	330	729	215	248	496

* 江苏省常熟市碧溪机械厂企业标准，按国际 ISO2731 标准 M 级强度设计制造，起质量规格按优先系数排列与国产新型 HQ 型通用滑车起质量配套。

吊装用滑车规格及负荷　　表 12.4-44

形式	简图	起重力(kN)	滑轮直径(mm)	钢丝绳直径(mm)	滑车尺寸(mm)				质量(kg)
					h	B	C	E	
单轮钢滑车	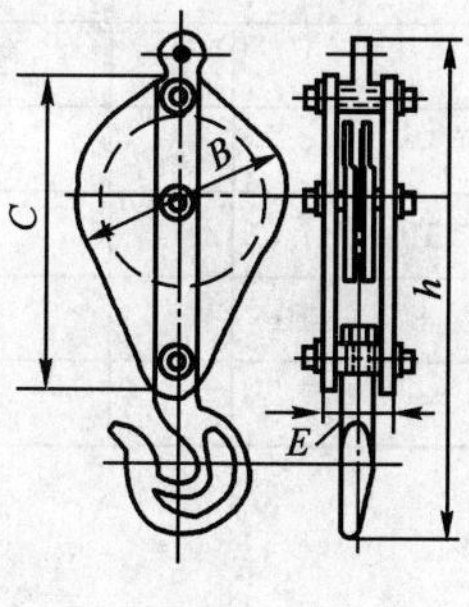	10	150	12	450	170	295	80	8
		20	200	15	480	220	365	85	22
		30	225	17	680	245	425	100	23
		50	275	20	825	295	515	115	35
		80	325	24	965	345	610	135	61
		100	350	26	1 060	370	665	150	77
		150	400	30	1 195	420	755	198	112

形式	简图	起重力(kN)	滑轮直径(mm)	钢丝绳直径(mm)	滑车尺寸(mm)				质量(kg)
					h	B	C	E	
双轮钢滑车	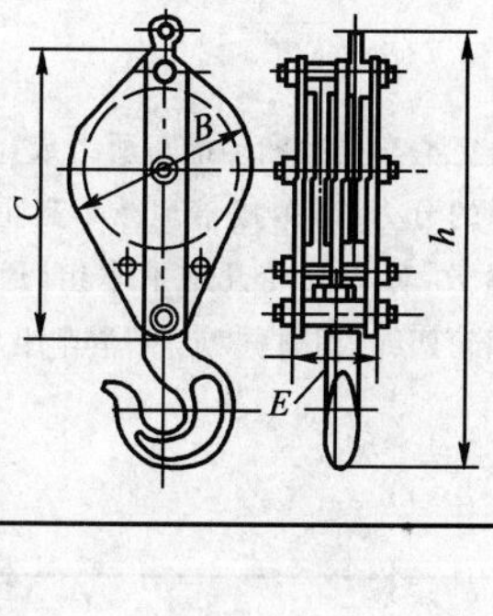	10	150	11	460	170	290	76	13
		20	200	13	580	220	355	88	22
		30	225	15	680	245	420	108	35
		50	275	19.5	830	295	510	118	56
		80	325	21.5	965	345	605	145	88
		100	350	24	1 060	370	660	160	120
		150	400	26	1 190	420	740	180	172

续上表

形式	简图	起重力(kN)	滑轮直径(mm)	钢丝绳直径(mm)	滑车尺寸(mm) h	B	C	E	质量(kg)
三轮钢滑车	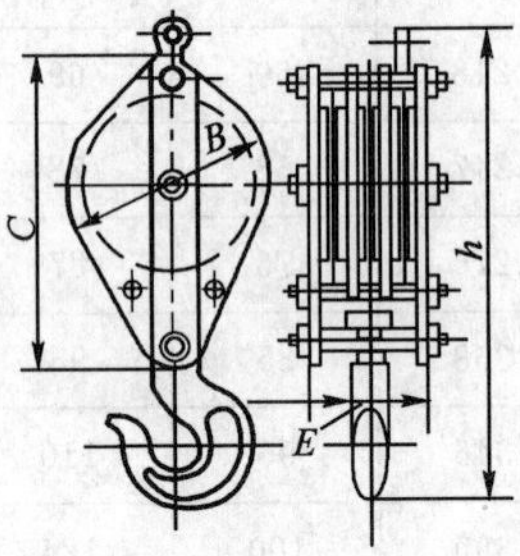	10	150	11	463	170	290	106	17
		20	200	14	574	220	355	123	31
		30	225	16	682	245	416	149	46
		50	275	18	830	295	505	163	77
		80	325	22	967	345	600	201	114
		100	350	24	1 050	370	650	220	162
		150	400	26	1 190	420	735	247	232
		200	450	32	1285	480	795	266	330

HQ系列起重滑车主要参数 表12.4-45

滑轮直径(mm)	额定起重力(kN) 3.2	5	10	20	32	50	80	100	160	200	320	500	800	1 000	1 600	2 000	2 500	3 200	使用钢丝绳直径(mm)
	滑轮数目																		
63	1																		6.2
71		1	2																6.2～7.7
85			1	2	3														7.7～11
112				1	2	3	4												11～14
132					1	2	3	4											12.5～15.5
160						1	2	3	4										15.5～18.5
180								2	3	4	6								17～20
210							1			3	5								20～23
240								1	2		4	6							23～24.5
280										2	3	5	8						26～28
315									1			4	6	8					28～31
355										1	2	3	5	6	8	10			31～35
400																8	10		34～38
450																		10	40～43

注：HQ系列是我国JB/T 9007.1—1999通用滑车的各型规格。

滑车组常用穿绕方法及简易计算 表12.4-46

项目	钢绳穿绕方法示意图	说明
一般常用滑车组	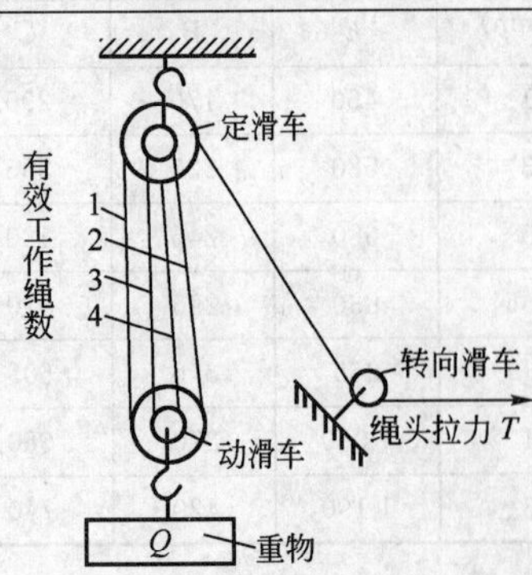	滑车组是由定滑车(轮)和动滑车所组成，其作用是利用多轮多绳的分力作用，成倍地减小起重拉力，按滑轮和工作绳数，称为几轮几绳滑车组，通称为"走几"，左图为四轮四绳，即通称"走四"滑车组

续上表

项　目	钢绳穿绕方法示意图	说　明
双头组成的滑车组	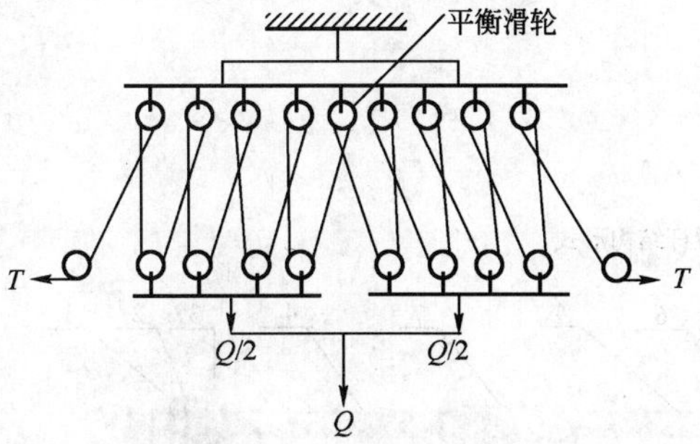	吊质量过大的起重滑车组，常采用双头穿绕钢丝绳的方法，由两个牵引绞车分担绳头拉力，同时牵引并控制二绞车卷扬速度同步升降

项目	通向绞车上滑车组绳头拉力 T	说　明
滑车组拉力计算	$T=QS=\frac{f-1}{f-1}fQ$	S——滑车组倍率系数，见下列； Q——起吊物重(kN)； f——滑轮的阻力系数； n——滑车组有效工作绳数； m——滑车组穿绕钢绳通过滑轮数(包括转向滑轮)

滑轮轴套	有轴套	无轴套	轴承滑轮
f 值	1.04	1.06	1.02

查表简易算例	实际计算时，可简化直接从下列滑车组倍率系数 S 乘以吊重力 Q，即得绳头拉力 T。 [例]有一走四滑车组(即四轮四绳)吊重 35kN，并通过一个转向滑轮，滑车组为有轴套滑车，则 $T=QS=35\times0.29=10.15\text{kN}$

滑车组倍率系数 S 值表

滑车组的绳数	有无轴套	转向滑车轮数(导向轮) 0	1	2	3	4	5
		钢丝绳滑车组倍率系数 S					
一绳一轮	有	1.04	1.08	1.12	1.17	1.22	1.27
	无	1.06	1.12	1.19	1.26	1.34	1.45
二绳二轮	有	0.54	0.56	0.58	0.61	0.63	0.66
	无	0.55	0.59	0.63	0.67	0.71	0.75
三绳三轮	有	0.37	0.39	0.41	0.42	0.44	0.45
	无	0.38	0.40	0.42	0.45	0.47	0.50
四绳四轮	有	0.28	0.29	0.30	0.31	0.32	0.33
	无	0.29	0.31	0.33	0.35	0.37	0.39
五绳五轮	有	0.22	0.23	0.24	0.25	0.26	0.27
	无	0.24	0.25	0.27	0.28	0.29	0.32
六绳六轮	有	0.19	0.20	0.20	0.21	0.22	0.23
	无	0.20	0.21	0.23	0.24	0.26	0.27
七绳七轮	有	0.17	0.18	0.18	0.19	0.19	0.20
	无	0.18	0.19	0.20	0.21	0.23	0.24
八绳八轮	有	0.15	0.16	0.16	0.17	0.18	0.18
	无	0.16	0.17	0.18	0.19	0.20	0.22
九绳九轮	有	0.14	0.15	0.15	0.15	0.16	0.17
	无	0.15	0.16	0.17	0.18	0.19	0.20
十绳十轮	有	0.13	0.14	0.14	0.15	0.15	0.16
	无	0.14	0.15	0.15	0.16	0.17	0.18

算例	[例]有一走八滑车组(双头牵引)，轮轴有轴套，吊起重力为 500kN，求双头各需拉力若干？ 解：$T_1=T_2=\frac{500}{2}\times0.16=40\text{kN}$。

船坞钢拉杆结构形式 表 12.4-47

钢拉杆按其铰接形式和数量分为：

D_1 型——一个单向铰钢拉杆；D_2 型—二个单向铰钢拉杆

S_1 型——一个双向铰钢拉杆；S_2 型—二个双向铰钢拉杆

D_1型　长度L小于10 000mm的D_1型钢拉杆结构形式

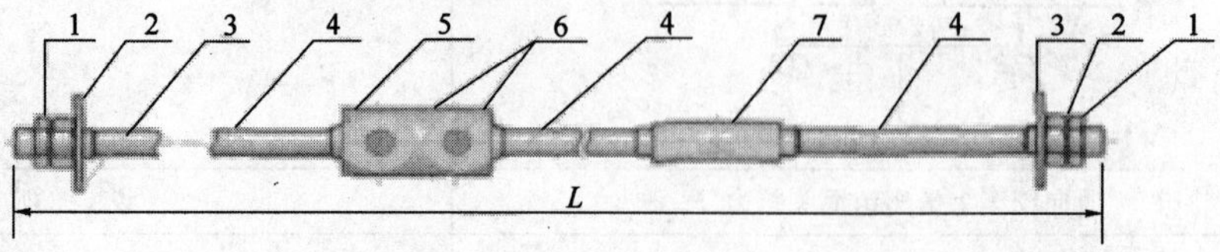

1-薄螺母；2-螺母；3-垫板；4-圆拉杆；5-铰接板；6-销轴；7-紧张器

D_2型　长度L小于10 000mm的D_1型钢拉杆结构形式

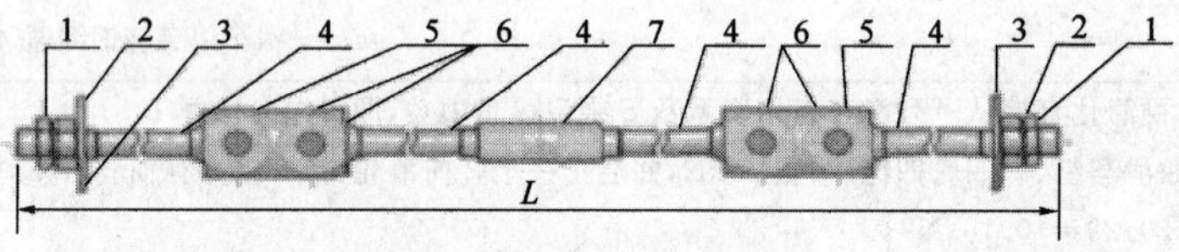

1-薄螺母；2-螺母；3-垫板；4-圆拉杆；5-铰接板；6-销轴；7-紧张器

S_1型　长度L小于10 000mm的S_1型钢拉杆结构形式

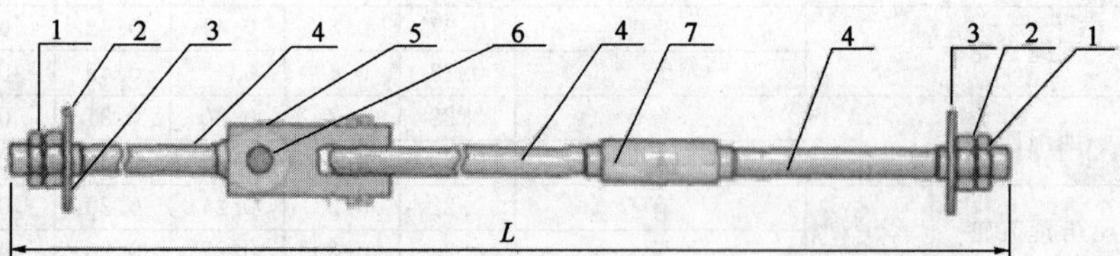

1-薄螺母；2-螺母；3-垫板；4-圆拉杆；5-铰接板；6 销轴；7-紧张器

S_2型　长度L小于10 000mm的S_2型钢拉杆结构形式

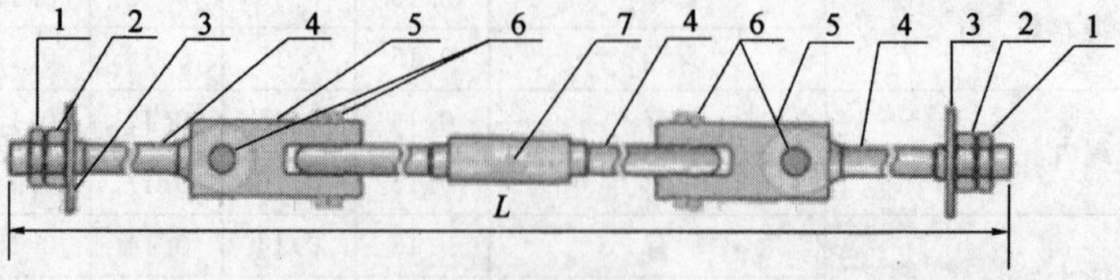

1-薄螺母；2-螺母；3-垫板 4-圆拉杆；5-铰接板；6-销轴；7-紧张器

建筑钢拉杆结构形式　　表 12.4-48

UU 型

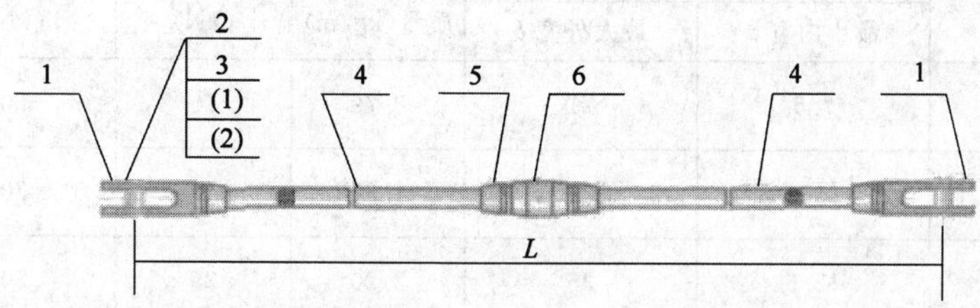

1-U 型头；2-销轴；3-销轴锁盖；4-圆拉杆；5-护套；6-调节套筒；(1)-弹簧垫圈；(2)-六角头螺栓

OO 型

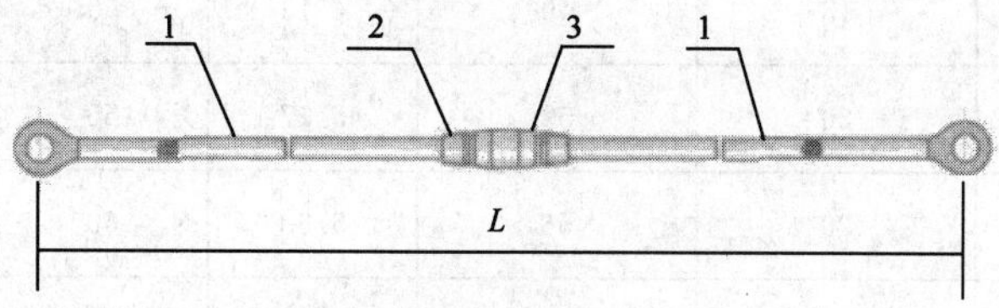

1-圆拉杆；2-护套；3-调节套筒

OU 型

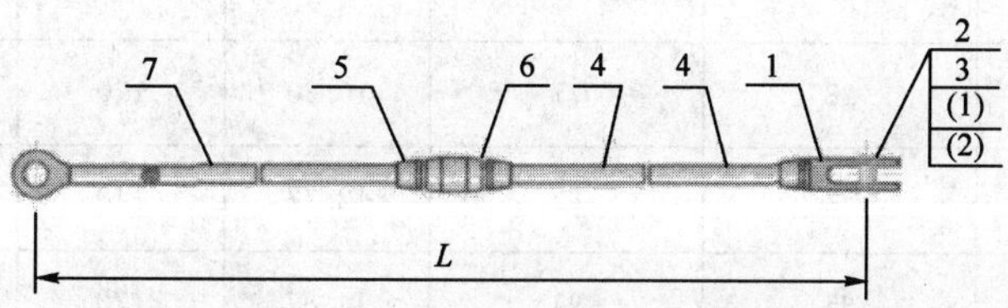

1-U 型头；2-销轴；3-销轴锁盖；4-圆拉杆；5-护套；6-调节套筒；7-圆拉杆；(1)-弹簧垫圈；(2)-六角头螺栓

链条技术参数　　表 12.4-49

高强度链条 CHAIN (HIGH INTENSITY)。

T8 级高强度链条，破断强度≥800MPa。

表中提供的链条参数符合 GB5802—86 起重用标准短环链条。

链条采用合金钢制作，并经热处理。

破断时的延伸率≥17％。

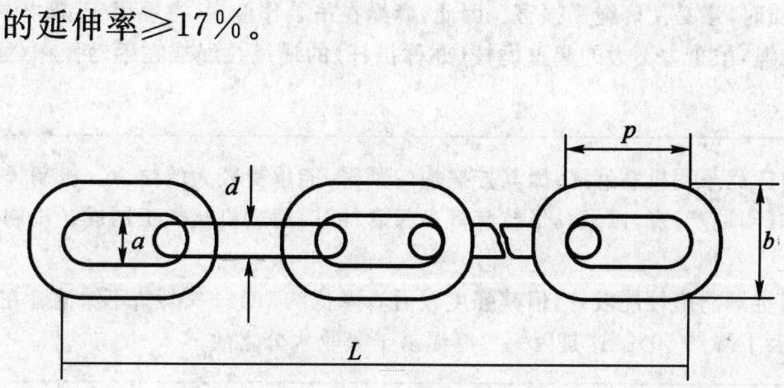

续上表

规格 $d\times p$(mm)	链环直径 d (in)	宽度(mm)		单位长度质量(kg/m)	工作载荷(kN)	试验负荷(kN)	最小破断负荷(kN)
		最小内宽 a	最大外宽 b				
6×18	7/32	7.5	21	0.79	10	20	45.2
8×24	5/16	10	28	1.38	15	30	80.4
10×30	3/8	12.5	35	2.20	25	50	125
12×36	7/16	15	42	3.10	35	70	181
13×39	1/2	16.3	46	3.80	40	80	214
14×42	1/2	18	49	4.13	50	100	250
15×46	3/5	20	52	5.17	55	110	280
16×48	3/5	20	56	5.63	60	120	320
18×54	23/32	23	63	6.85	80	160	410
19×57	3/4	23.7	63.2	7.70	90	180	450
20×60	23/32	25	70	8.60	100	200	500
22×66	7/8	28	77	10.20	120	240	610
24×72	15/16	32	82	12.78	140	280	720
26×78	1	35	91	14.87	170	340	850
30×90	13/16	38	105	19.60	220	440	1 130
32×96	11/4	40	106	22.29	250	500	1 286
34×126	111/32	38	109	22.70	363	870	1 450

麻绳技术性能及参数 表 12.4-50

项　目	规 格 性 能 及 其 使 用
特点和用途	麻绳具有质地柔软、携带轻便和易于绑扎等优点，但其强度较低，一般仅为同直径钢绳拉力的10%左右，且易受磨损，并在潮湿环境或遇酸、碱类物质时，最易使麻绳受损害。因此，麻绳在吊装作业中，主要用于：绑扎构件，起吊构件，作为吊起构件时稳定位置的拉绳，吊重力不大的起重桅杆(亦称扒杆)的缆风拉绳或在手动操作(通过滑轮)拉起不大的载荷
麻绳类别和特性	有机制和手工制两种，吊装工作中广泛采用机制麻绳，因其拧搓均匀紧密，能承受较大的拉力。机制绳是以抗拉耐磨、不易腐烂的龙舌兰麻或西沙尔(印尼产)麻，以及马尼拉麻等高级麻纤维，通过机械加工制成。机制麻绳亦称白麻绳，亦即白棕绳。 白棕绳分涂油与不涂油二种，前者抗潮防腐性能较好，但其强度较后者降低约10%～20%；不涂油者在干燥状态下，强度和弹性都好，而受潮后强度会下降约50%，这是因为白麻绳易于吸收水分之故
麻绳的构造	麻绳有3股、4股及9股捻成的，当有特殊用途时，亦有12股的制品，而常用者多为3股所制成

续上表

项　目	规格性能及其使用							
	国产旗鱼牌白棕绳规格（k为安全系数）							
	麻绳直径 d		每卷(220m)质量(kg)	破断拉力(kN)	容许拉力(kN)			应用滑车最小直径 $D>10d$ (mm)
	(mm)	(in)			$k=3$	$k=5$	$k=6$	
常用麻绳规格及应用滑轮最小直径	6	1/4	6.5	2.00	0.67	0.40	0.33	100
	8	5/16	10.5	3.25	1.03	0.65	0.54	100
	11	7/16	17.0	5.75	1.91	1.15	0.96	150
	13	1/2	23.5	8.00	2.66	1.60	1.33	150
	14	9/16	32.0	9.50	3.17	1.90	1.58	150
	16	5/8	41.0	11.50	3.83	2.30	1.92	200
	19	3/4	52.5	13.00	4.33	2.60	2.17	200
	20	13/16	60.0	16.00	5.33	3.20	2.67	200
	22	7/8	70.0	18.50	6.17	3.70	3.03	220
	25	1	90.0	24.00	8.00	4.50	4.00	250
	29	9/8	120.0	26.00	8.67	5.20	4.33	290
	33	21/16	165.0	29.00	9.67	5.80	4.83	330
	38	3/2	200.0	35.00	11.67	7.00	5.83	380
	41	13/8	250.0	37.50	12.50	7.50	6.25	410
	44	7/4	290.0	45.00	15.00	9.00	7.50	440
	51	2	330.0	60.00	20.00	12.00	10.00	510
	57	9/4	450.0	65.00	21.67	13.00	10.33	570
	63	5/2	500.0	70.00	23.33	14.00	11.66	600

项　目	容许拉力(T)的计算公式	计算示例
麻绳受力计算	$T=\frac{P}{h}$(kN) P——麻绳破断拉力(kN)，可由产品规格或试验求得； k——安全系数，见下列	用直径 d 为 19mm 旗鱼牌白棕绳起吊重力为 1.2kN 的物件，取 $k=10$ 查表(上列)得 $P=13$kN，其容许拉力： $T=\frac{P}{k}=\frac{13}{10}=1.3(>1.2\text{kN})$

项　目	麻绳使用情况		安全系数 k 值
麻绳的安全系数 k	一般吊装用	新　绳	≥3
		旧　绳	≥6
	作捆绑吊索或重要的起重吊装用		10
	吊索及缆风绳用	新　绳	≥6
		旧　绳	12

麻绳使用注意要点

1. 麻绳不得使用机动(动力)起重。当使用于手动机构时，滑轮或卷筒的直径(D)不应小于麻绳直径(d)的 10 倍。

2. 在手动起重而荷载小于麻绳容许拉力 25%时，滑轮或卷筒的直径应不小于麻绳直径的 7 倍。

3. 旧麻绳的起重能力按其破旧程度，可为新麻绳的 20%～40%，断丝的麻绳禁止使用，必要时应做超载试验以确保安全。

4. 麻绳应防止在尖锐的铁件或沿粗糙地面拖毛、耗损。

5. 麻绳应存放于干燥处所，储放地点须与腐蚀性物品隔开，酸类、碱类及易生烟等化学品，最易使麻绳受损害，干燥油(如亚麻仁油等)也会损坏麻绳。

第五章 施工组织有关常用数据

1.气象(表12.5-1～表12.5-4)

风力、等级划分表 表12.5-1

等级	名称	象征		相当风速	风力
		陆地	海面	m/s	Pa
0	无风	静、烟直上	静	0～0.2	0～0.04
1	软风	烟能表示风向,但风向标不能转动	普通渔船略感摇动	0.3～1.5	0.09～2.25
2	轻风	人面感觉有风,树叶微响,风向标转动	渔船张帆时可顺风移动,每小时移动2～3km	1.6～3.3	2.56～10.89
3	微风	树叶及细枝摇动不止,旌旗展开	渔船略有簸动,顺风每小时行5～6km	3.4～5.4	11.56～29.16
4	和风	地面灰尘和纸片吹起,小树枝动摇	渔船满帆时倾侧于一方	5.5～7.9	30.25～62.41
5	清风	有叶的小树摇动,内河水面小浪	渔船收去张帆一部分	8.0～10.7	64～114.49
6	强风	大树枝摇动,电线呼呼有声,举伞困难	渔船加倍收帆,捕鱼有风险	10.8～13.8	116.64～190.44
7	疾风	全树摇动,迎风步行感不便	渔船停泊港中或下锚于海面	13.9～17.1	113.21～292.41
8	大风	树枝折毁,人向前行感觉阻力甚大	近港渔船,停留不出	17.2～20.7	295.8～428.5
9	烈风	烟囱顶部及压瓦被吹掉,小房有损坏	汽船航行困难	20.8～24.4	432.6～595.4
10	狂风	树木拔起,建筑物摧毁,陆上少见	汽船航行危险	24.5～28.4	630.3～806.6
11	暴风	陆上很少,若有则造成重大损毁	汽船遇之极危险	28.5～32.6	802.3～1 062.8
12	飓风	陆上极少,摧毁力极大	海浪滔天	>32.6	>1 062.8

注:①表内5级清风,亦称轻动风。

②相当风速均系指离地面10m为准,随着高度的增加,风速受地面摩擦的影响就减小。因此,风速离地愈高,则速度愈大,其变化如表12.5-2所示风速与高度的关系。

③当风力达到6级时(风压大于126Pa),起重机、打桩机、船应停止工作,同时应采取相应的安全加固措施,以防事故。

风速与高度的关系表 表12.5-2

高度 (m)	0.5	1	2	16	32	100
风速 (m/s)	2.4	2.8	3.3	4.7	5.5	8.2

风向方位及风玫瑰图　　表 12.5-3

项　目	图　　标	说　　明
风　向 方位图	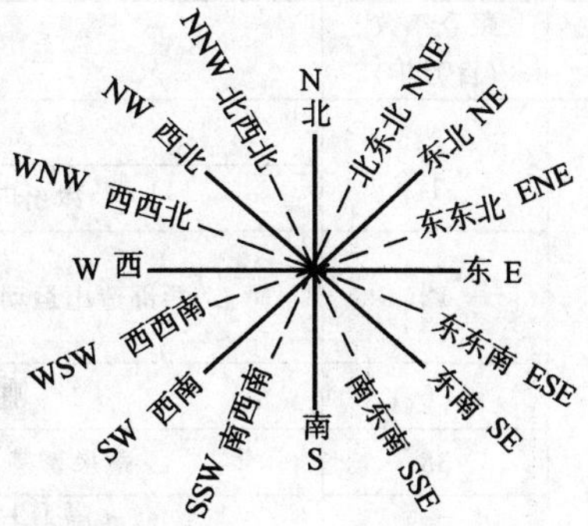	风向一般用 8 个或 16 个罗盘方位表示，见左图所示
部分城 市风玫 瑰示例	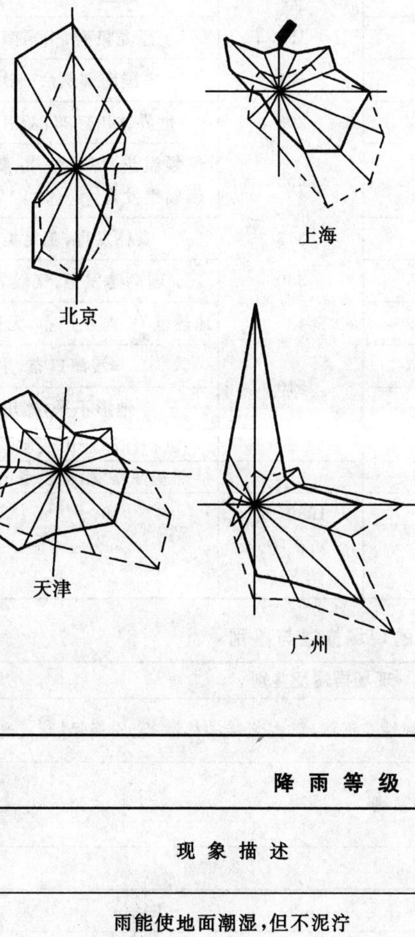	风向玫瑰图，按其风向资料的内容来分：有风向玫瑰图、风向频率玫瑰图和平均风速玫瑰图等。如按其气象观测记载的期限，又可分为月平均、季平均、年平均等玫瑰图。 风玫瑰制作步骤： (1)确定方向坐标； (2)根据多年平均统计资料的风频百分数值，按一定比例（如 1cm 间距代表 10%）定出各点位置； (3)将方向线上各点连成封闭图形。其他玫瑰同上所述

降 雨 等 级　　表 12.5-4

降 雨 等 级	现 象 描 述	降雨量范围(mm)	
		1 天内总量	半天内总量
小　雨	雨能使地面潮湿，但不泥泞	1～10	0.2～5
中　雨	雨降到屋顶上有淅沥沥声，凹地积水	10～25	5.1～15
大　雨	降雨如倾盆落地，水花四溅，平地积水	25～50	15.1～30
暴　雨	降雨比大雨还猛，能造成山洪暴发	50～100	30.1～70
大暴雨	降雨比暴雨还大，或时间长，造成洪涝灾害	100～200	70.1～140
特大暴雨	降雨比大暴雨还大，能造成洪涝灾害	＞200	＞140

2. 地质(表 12.5-5～表 12.5-22)

地质年代表 表 12.5-5

年代单位			年代符号	各纪年数(百万年)	距今年数(百万年)	主要现象
新生代(哺乳类动物时代)	第四纪	全新世	Q_h	1	0.025	
		更新世	Q_p		1	冰川广布，黄土生成
	晚第三纪	上新世	N_2	62	12	西部造山运动，东部低平，湖泊广布
		中新世	N_1			
	早第三纪	渐新世	E_3		26	哺乳类分化
		始新世	E_2		38	蔬果繁盛，哺乳类急速发展
		古新世	E_1		58	(我国尚无古新世地层发现)
中生代(爬行动物时代)	白垩纪		K	43	127	造山作用强烈，火成岩活动矿产生成
	侏罗纪		J	45	152	恐龙极盛，中国南山俱成，大陆煤田生成
	三叠纪		T	36	182	中国南部最后一次海侵，恐龙哺乳类发育
上古生代(两栖动物与造煤植物时代)	二叠纪		P	38	203	世界冰川广布，新南最大海侵，造山作用强烈
	石炭纪		C	52	255	气候温热，煤田生成，爬行类昆虫发生，地形低平，珊瑚礁发育
中古生代(鱼类时代)	泥盆纪		D	36	313	森林发育，腕足类鱼类极盛，两栖类发育
	志留纪		S	50	350	珊瑚礁发育，气候局部干燥，造山运动强烈
下古生代(无脊椎动物时代)	奥陶记		O	34	430	地热低平，海水广布，无脊椎动物极繁，末期华北升起
	寒武纪		∈	88	510	浅海广布，生物开始大量发展
隐生代	上元古代	震旦纪	S_n			地形不平，冰川广布，晚期海侵加广
	下元古代	前震旦纪 滹沱				沉积深厚造山变质强烈，火成岩活动矿产生成
		五台				早期基性喷发，继以造山作用，变质强烈，花岗岩侵入
	太古代	泰山			1980(最古矿物)约 3350	
地壳局部变动，大陆开始形成						

土的现场描述与鉴别 表 12.5-6

岩土类别	土名	现场描述及鉴别				说明
有机质土及泥炭	有机质土及泥炭	黑色或褐色、有臭味、手摸有弹性及海绵感，泥炭结构松散、土质极轻、暗无光泽				
淤泥土类	浮泥	似粥状或糊状、呈流动性、手感黏糊				
	流泥					
	淤泥	土质柔软、手感细腻				
	淤泥质土	土质呈流塑至软塑状				
黏性土类		1. 刀切反映	2. 手感	3. 摇振反映	4. 韧性	
	黏土	刀切面细腻光滑	有滑腻感、黏附性大	摇晃无水分出现	有韧性、可二次搓条	粉土、黏性土须描写颜色、状态、湿度、包含物等
	粉质黏土	刀切面平滑、光泽差	稍有滑腻感、黏性中等	摇晃出水、消失较慢	搓条有黏性、易捏碎	
粉土类	黏质粉土	刀切面较粗糙、无光泽	有粗糙感、弱黏附性	摇晃出水、消失较快	搓条黏性差、易裂散	
	砂质粉土	刀切面粗糙、无光泽	有粗糙感、无黏滞感	稍晃出水、消失很快	搓条较难、易裂散	

续上表

岩土类别	土名	现场描述及鉴别				说明
		1.颗粒目测	2.干散状态	3.湿土拍打	4.湿土黏性	
砂土类	粉　砂	用手捻摸时，有类似玉米面或灰尘的感觉	大部结块、捻压即散	表面出水变形	有轻微黏性	砂土尚须描述颜色、湿度、密实度、包含物、颗粒形状、其他特征等
	细　砂	其颗粒用目力仅能辨别	部分结块、稍压即散	表面水印明显	略有黏性感	
	中　砂	大部分颗粒类似砂糖或白菜仔粒	少量结块、一碰即散	表面略有水印	无黏着感觉	
	粗砂	绝大部分颗粒似小米粒	基本分散	表面无变化	无黏着感觉	
	砾　砂	大部分颗粒类似高粱粒	完全分散	表面无变化	无黏着感觉	

岩土类别	土名	1.颗粒组成	2.颗粒形状	3.结构组成	说明
碎石土类	角　砾 圆　砾	量取各石块三个互相垂直的最大尺度，长径 A、宽径 B、厚度 C，以长径为主确定土类	漂石、卵石、圆砾以圆形和亚圆形为主。块石、碎石、角砾以棱角形为主	①天然或人工爆破 ②沉积期长短 ③分层分布及骨架内充填物情况 ④级配均匀情况 ⑤表面粗糙或光滑	碎石土尚需描述颗粒的坚硬程度、风化程度、胶结现象及岩石成分等
	碎　石 卵　石				
	块　石 漂　石				

土的工程分类　　表 12.5-7

土的分类	土的级别	土(岩)的名称	压实系数 f	密度 (kg/m³)	开挖方法及工具
一类土 （松散土）	I	略有黏性的砂土；粉土腐殖土及疏松的种植土；泥炭（淤泥）	0.5～0.6	600～1 500	用锹，少许用脚蹬或用板锄挖掘
二类土 （普通土）	II	潮湿的黏性土和黄土；软的盐土和碱土；含有建筑材料碎屑，碎石、卵石的堆积土和种植土	0.6～0.8	1 100～1 600	用锹、条锄挖掘，需用脚蹬，少许用镐
三类土 （坚土）	III	中等密实的黏性土或黄土；含有碎石、卵石或建筑材料碎屑的潮湿的黏性土或黄土	0.8～1.0	1 800～1 900	主要用镐、条锄、少许用锹
四类土 （砂砾坚土）	IV	坚硬密实的黏性土或黄土；含有碎石、砾石（体积在 10%～30%，质量在 25kg 以下石块）的中等密实黏性土或黄土；硬化的重盐土；软泥灰岩	1～1.5	1 900	全部用镐、条锄挖掘、少许用撬棍挖掘
五类土 （软石）	V～VI	硬的石炭纪黏土；胶结不紧的砾岩；软的、节理多的石灰岩及贝壳石灰岩；坚实的白垩；中等坚实的页岩、泥灰岩	1.5～4.0	1 200～2 700	用镐或撬棍、大锤挖掘，部分使用爆破方法

续上表

土的分类	土的级别	土(岩)的名称	压实系数 f	密度 (kg/m^3)	开挖方法及工具
六类土 (次坚石)	VII～IX	坚硬的泥质页岩；坚实的泥灰岩；角砾状花岗岩；泥灰质古灰岩；黏土质砂岩；云母页岩及砂质页岩；风化的花岗岩、片麻岩及正常岩；滑石质的蛇纹岩；密实的石灰岩；硅质胶结的砾岩；砂岩；砂质石灰质页岩	4～10	2 200～2 900	用爆破方法开挖，部分用风镐
七类土 (坚　石)	X～XIII	白云岩；大理石；坚实的石灰岩、石灰质及石英质的砂岩；坚硬的砂质页岩；蛇纹岩；粗粒正长岩；有风化痕迹的安山岩及玄武岩；片麻岩、粗面岩；中粗花岗岩；坚实的片麻岩，粗面岩；辉绿岩；玢岩；中粗正常岩	10～18	2 500～2 900	用爆破方法开挖
八类土 (特坚石)	XIV～XVI	坚实的细粒花岗岩；花岗片麻岩；闪长岩；坚实的玢岩、角闪岩、辉长岩、石英岩；安山岩、玄武岩；最坚实的辉绿岩、石灰岩及闪长岩；橄榄石质玄武岩；特别坚实的辉长岩、石英岩及玢岩	18～25 以上	2 700～3 300	用爆破方法开挖

注：①土的级别为相当于一般 16 级土石分类级别。

②坚实系数 f 为相当于普氏岩石强度系数。

黏性土的分类 表 12.5-8

土的名称	塑性指数 I_p	土的名称	塑性指数 I_p
黏土	$I_p>17$	粉质黏土	$10<I_p\leqslant17$

注：塑性指数的液限值应用 76g 圆锥仪沉入土中 10mm 测定。

黏性土的状态 表 12.5-9

状　态	坚　硬	硬塑	可　塑	软　塑	流　塑
液性指数 I_L	$I_L\leqslant0$	$0<I_L\leqslant0.25$	$0.25<I_L\leqslant0.75$	$0.75<I_L\leqslant1$	$I_L>1$

黏性土的天然状态 表 12.5-10

击数 N	天然状态	击数 N	天然状态
<2	很软	8～15	硬
2～4	软	15～30	坚硬
4～8	中等		

黏性土的无侧限抗压强度 表 12.5-11

击数 N	估算无侧限抗压强度 q_u(kPa)	击　数　N	估算无侧限抗压强度 q_u(kPa)
<2	<25	8～15	100～200
2～4	25～50	15～30	200～400
4～8	50～100		

淤泥性土的分类　　表 12.5-12

名称＼指标	孔隙比 e	含水率 w(%)	名称＼指标	孔隙比 e	含水率 w(%)
淤泥质土 淤泥	$1.0<e<1.5$ $1.5\leqslant e<2.4$	$36<w<55$ $55\leqslant w<85$	流泥 浮泥		$85\leqslant w<150$ $w\geqslant 150$

粉土的分类　　表 12.5-13

土的名称	黏粒含量 M_c(%)	土的名称	黏粒含量 M_c(%)
黏质粉土	$10\leqslant M_c<15$	砂质粉土	$3\leqslant M_c<10$

注：黏粒，系指粒径小于 0.005mm 的颗粒。

碎石土分类　　表 12.5-14

土的名称	颗粒形状	颗粒级配
漂石 块石	圆形、亚圆形为主 棱角形为主	粒径大于 200mm 的颗粒超过总质量 50%
卵石 碎石	圆形、亚圆形为主 棱角形为主	粒径大于 20mm 的颗粒超过总质量 50%
圆砾 角砾	圆形、亚圆形为主 棱角形为主	粒径大于 2mm 的颗粒超过总质量 50%

注：定名时应根据粒径分组由大到小以最先符合者确定。

砂土分类　　表 12.5-15

土的名称	粒组含量	土的名称	粒组含量
砾砂	粒径大于 2mm 的颗粒占总质量 25%～50%	细砂	粒径大于 0.075mm 的颗粒超过总质量 85%
粗砂	粒径大于 0.5mm 的颗粒超过总质量 50%	粉砂	粒径大于 0.075mm 的颗粒超过总质量 50%
中砂	粒径大于 0.25mm 的颗粒超过总质量 50%		

注：定名时根据粒径分组由大到小以最先符合者确定。

砂土的密实度　　表 12.5-16

击数 N	密实度	击数 N	密实度
$N\leqslant 4$	极松	$15<N\leqslant 30$	中密
$4<N\leqslant 10$	松散	$30<N\leqslant 50$	密实
$10<N\leqslant 15$	稍密	$N>50$	极密实

岩体按岩石质量指标(RQD)分类　　表 12.5-17

岩体分类	RQD(%)	岩体分类	RQD(%)
很好	>90	差	25～50
好	75～90	很差	<25
中等	50～75		

注：RQD 指用 N 型(75mm)双层单动金刚石钻头钻进获取的等于和大于 10cm 的岩芯段长度之和与岩芯总长度之比，以百分数表示。

岩石坚硬程度等级的定性分类 表 12.5-18

坚硬程度等级		定性鉴定	代表性岩石
硬质岩	坚硬岩	锤击声清脆，有回弹，震手，难击碎，基本无吸水反应	未风化～微风化的花岗岩、闪长岩、辉绿岩、玄武岩、安山岩、片麻岩、石英岩、石英砂岩、硅质砾岩、硅质石灰岩等
	较硬岩	锤击声较清脆，有轻微回弹，稍震手，较难击碎，有轻微吸水反应	1.微风化的坚硬岩； 2.未风化～微风化的大理岩、板岩、石灰岩、白云岩、钙质砂岩等
软质岩	较软岩	锤击声不清脆，无回弹，较易击碎，浸水后指甲可刻出印痕	1.中等风化～强风化的坚硬岩或较硬岩； 2.未风化～微风化的凝灰岩、千枚岩、泥灰岩、砂质泥岩等
	软岩	锤击声哑，无回弹，有凹痕，易击碎，浸水后手可掰开	1.强风化的坚硬岩或较硬岩； 2.中等风化～强风化的较软岩； 3.未风化～微风化的页岩、泥岩、泥质砂岩等
极软岩		锤击声哑，无回弹，有较深凹痕，手可捏碎，浸水后可捏成团	1.全风化的各种岩石； 2.各种半成岩

岩体完整程度的定性分类 表 12.5-19

名称	结构面发育程度		主要结构面的结合程度	主要结构面类型	相应结构类型
	组数	平均间距(m)			
完整	1～2	>1.0	结合好或结合一般	裂隙、层面	整体状或巨厚层状结构
较完整	1～2	>1.0	结合差	裂隙、层面	块状或厚层状结构
	2～3	1.0～0.4	结合好或结合一般		块状结构
较破碎	2～3	1.0～0.4	结合差	裂隙、层面、小断层	裂隙块状或中厚层状结构
	≥3	0.4～0.2	结合好		镶嵌碎裂结构
			结合一般		中、薄层状结构
破碎	≥3	0.4～0.2	结合差	各种类型结构面	裂隙块状结构
		≤0.2	结合一般或结合差		碎裂状结构
极破碎	无序		结合很差		散体状结构

注：平均间距指主要结构图(1～2组)间距的平均值。

岩石按风化程度分类 表 12.5-20

风化程度	野外特征	风化程度参数指标	
		波速比 K_Y	风化系数 K_L
未风化	岩质新鲜，偶见风化痕迹	0.9～1.0	0.9～1.0
微风化	结构基本未变，仅节理面有渲染或略有变色，有少量风化裂隙	0.8～0.9	0.8～0.9
中等风化	结构部分破坏，沿节理面有次生矿物，风化裂隙发育，岩体被切割成岩块。用镐难挖，岩芯钻方可钻进	0.6～0.8	0.4～0.8
强风化	结构大部分破坏，矿物成分显著变化，风化裂隙很发育，岩体破碎，用镐可挖，干钻不易钻进	0.4～0.6	<0.4

硬质岩石岩体特征描述及风化程度划分　　表 12.5-21

风化程度	特征描述	点荷载强度指数 $I_{s(50)}$(MPa)	风化折减系数 K	标贯试验 N	说明
新鲜	岩石新鲜，未受风化	＞8.0	0.9～1.0		
微风化	岩石的断面保持未风化状态，仅沿节理面有铁锰质渲染或易风化矿物略有风化迹象，岩体完整性好	5.0～8.0	8.0～0.9		
中等风化	岩石的颜色变浅，矿物风化变质较轻，光泽变暗，暗色矿物周边及裂隙附近常有褐色浸染现象，并可出现少量次生矿物。岩体保持原来的结构构造状态，风化裂隙发育，沿裂隙面风化较明显，岩体完整性较差，可被切割成20～50cm 的块体。手锤不易击碎，开挖需爆破，岩心钻方可钻进	3.0～5.0	0.4～0.8		
强风化	岩石的颜色一般变浅，常有暗褐色铁锰质渲染。大部分矿物严重风化变质，失去光泽。有的已变为黏土矿物。原岩结构构造清晰，岩块可用手折断。 岩体风化程度常不均一，有风化强度不同的岩块夹杂其中，风化裂隙发育，可将岩体切割成 2～20cm 的块体，呈干砌块石状或球状，沿裂隙面风化严重，块球体核心风化轻微，具明显的不均一性。原岩结构面对岩体稳定有明显影响，敲击或开挖常沿节理面破裂成岩块、镐、撬棍可挖，坚硬部分需爆破	0.5～3.0	＜0.4	＞50	$I_{s(50)}$——岩石点荷载强度指数。 K——风化折减系数，风化岩石 $I_{s(50)}$ 与新鲜岩石 $I_{s(50)}$ 之比。 N——标准贯入试验锤击数
全风化	岩石中除石英等耐蚀矿物外，均风化成次生矿物。原岩结构形态仍保存，原矿物位置排列不变，并可具有微弱的联结力。块体可用手捏碎，碎后呈松散土夹砂砾状或黏性土状，浸水易崩解。 岩体一般风化较均一，可含少量风化较轻的岩块，已具土的特性，可残存有原岩体中的结构面，并可影响岩体的稳定性。扰动后强度降低。锹镐可挖，干钻可钻进	＜0.5	—	＜50	
残积土	岩石强烈风化后残留在原地的碎屑堆积，呈土或砂砾状、质地疏松。除石英等耐蚀矿物外，大多风化为次生矿物。原岩结构已扰动破坏，未搬运分选，无层理。锹镐易挖，干钻可钻进			＜30	

软质岩石岩体特征描述及风化程度划分 表 12.5-22

风化程度	特征描述	风化折减系数 K	标贯试验 N	说明
新鲜	岩石新鲜,未受风化	0.9～1.0		符号 K、N 意义与表 12.5-21 同
微风化	基本上保持新鲜岩体状态,仅沿裂隙面稍有风化迹象,常有铁锰质渲染或矿物略有风化,颜色变浅,有少量风化裂隙,岩体完整性好	0.8～0.9		
中等风化	矿物风化变质较轻、组织结构部分破坏、岩体保持原来的结构构造状态,风化裂隙较发育,将岩体切割成 20～50cm 的岩块,沿裂隙面风化严重,常成土状。锤击易碎,用镐难挖掘,岩心钻方可钻进	0.3～0.8	>50	
强风化	少量石英等耐蚀矿物保持不变,其他矿物大部分显著风化变异,含大量黏土矿物,组织结构已大部分破坏。岩体风化裂隙发育,完整性极差,被切割成碎块,干时可用手折断或捏碎,浸水可软化崩解。用镐、锹可挖掘,干钻可钻进	<0.3	−30～50	
全风化	少量石英等耐蚀矿物保持不变,其他矿物均风化变异,大量黏土矿物均残存,组织结构已基本破坏,但层理,片理仍何辨认,并有微弱的残余结构强度,岩体呈泥土状,用手可捏碎,锹镐易挖掘,干钻可钻进	—	15～30	
残积土	岩石强烈风化后,残留在原地的堆积,呈土状或碎屑状。原岩结构构造已扰动破坏。锹镐易挖掘,干钻易钻进	—	<15	

3. 地震

地震震级是表示地震本身强度大小的等级,它是衡量地震震源释放出总能量大小的一种量度。震级与放出总能量的大小近似地如下式关系:

$$\lg E = 11.8 + 1.5M$$

式中:E——能量(erg),1erg=10^{-7}J;

M——地震震级。

地震烈度就是受震地区地面及房屋建筑遭受地震破坏的程度。烈度的大小不仅取决于每次地震发生时本身放出的能量大小,同时还受到震源深度、受震区距震中的距离、震波传播的介质性质和受震区的表土性质及其他地质条件等的影响。

在一般震源深度(约 15～20km)情况下,震级与震中烈度的关系大致如表 12.5-23,地震烈度见表 12.5-24 和表 12.5-25。

震级和震中烈度大致对应关系 表 12.5-23

震级 M(级)	2	3	4	5	6	7	8	8 以上
震中烈度 I(度)	1～2	3	4～5	6～7	7～8	9～10	11	12

地震烈度表　　表 12.5-24

烈度	加速度 (cm/s^2)	地震系数	房屋	结构物	地表现象	其他现象
1度	<0.25	$<\frac{1}{4\,000}$	无损坏	无损坏	无	无感觉，仅仪器才能记录到
2度	0.26～0.5	$\frac{1}{4\,000}\sim\frac{1}{2\,000}$	无损坏	无损坏	无	个别非常敏感的，且在完全静止中的人感觉到
3度	0.6～1.0	$\frac{1}{2\,000}\sim\frac{1}{1\,000}$	无损坏	无损坏	无	室内少数在完全静止的人感觉到振动，如同载重车辆很快地从旁驰过。细心的观察者注意到悬挂物轻微摇动
4度	1.1～2.5	$\frac{1}{1\,000}\sim\frac{1}{400}$	门窗和纸糊的顶棚有时轻微作响	无损坏	无	室内大多数人有感觉，室外少数人有感觉，少数梦中人惊醒； 悬挂物摇动，器皿中的液体轻微振荡，紧靠在一起的，不稳定的器皿作响
5度	2.6～5.0	$\frac{1}{400}\sim\frac{1}{200}$	门窗、地板、顶棚和屋架木料轻微作响，开着的门窗摇动，尘土落下，粉饰的灰粉散落，抹灰层上可能有细小裂缝	无损坏	不流通的水池里起不大的波浪	室内差不多所有人和室外大多数人有感觉，大多数人都从梦中惊醒，家畜不宁； 悬挂物明显摇摆，挂钟停摆，少量液体从装满的器皿中溢出，架上放置的不稳的器物翻倒或落下
6度	5.1～10.0	$\frac{1}{200}\sim\frac{1}{100}$	Ⅰ类房屋许多损坏、少数破坏(非常坏的房、棚可能倾倒)； Ⅱ、Ⅲ类房屋许多轻微损坏，Ⅱ类房屋少数损坏	砖、石砌的塔和院墙轻微损坏，个别情况下，道路上湿土中或新填土中有细小裂缝	特殊情况下，潮湿、疏松的土里有细小裂缝； 个别情况下，山区中偶有不大的滑坡、土石散落的陷穴	很多人从室内跑出，行动不稳，家畜从厩中跑出，器皿中液体剧烈动荡，有时溅出； 架上的书籍和器皿等有时翻倒或坠落，轻的家具可能移动
7度	10.1～25.0	$\frac{1}{100}\sim\frac{1}{40}$	Ⅰ类房屋大多数损坏，许多破坏，少数倾倒； Ⅱ类房屋大多数损坏，少数破坏； Ⅲ类房屋大多数轻微损坏，许多损坏(可能有破坏的)	不很坚固的院墙少数破坏，可能有些倒塌，较坚固的院墙损坏； 不很坚固的城墙很多地方损坏，有些地方破坏，女儿墙少数倒塌，较坚固的城墙有些地方损坏； 砖石砌的塔和工厂烟囱可能破坏； 碑石和纪念物很多轻微损坏； 由于黄土崩滑，土窑洞的洞口遭到破坏； 个别情况下，道路上有小裂缝； 路基陡坡和新筑道路、土堤的斜坡上偶有塌方	干土中有时产生细小裂缝，潮湿或疏松的土中裂缝较多，较大；少数情况下冒出夹泥沙的水； 个别情况下，陡坎滑坡，山区中有不大的滑坡和土石散落，土质松散的地区，可能发生崩滑，水泉的流量和地下水位可能发生变化	人从室内仓皇逃出； 驾驶汽车的人也能感觉悬挂物强烈摇摆，有时损坏或坠落。轻的家具移动，书籍、器皿和用具坠落

续上表

烈度	加速度（cm/s²）	地震系数	房屋	结构物	地表现象	其他现象
8度	25.1～50.0	$\frac{1}{40}$～$\frac{1}{20}$	I类房屋大多数破坏，许多倾倒； II类房屋许多破坏，少数倾倒； III类房屋大多数损坏，少数破坏（可能有倾倒的）	不很坚固的院墙破坏，并有局部倒塌，较坚固的院墙局部破坏； 不很坚固的城墙很多地方破坏，有些地方崩塌，女儿墙许多倒塌，较坚固的城墙有些地方破坏，砖、石砌墙少数倒塌； 砖石的塔和工厂烟囱遭受损坏，甚至崩塌； 不很稳定的碑石和纪念物移动或翻倒，较稳定的碑石和纪念物很多损坏，有些翻倒； 路堤和路堑的陡坡上有不大的塌方； 个别情况下，地下管道接头处遭受破坏	地下裂缝宽达几厘米，土质疏松的山坡和潮湿的河滩上，裂缝宽度可达10cm以上，在地下水位较高的地区里，常有夹泥砂的水从裂缝和喷口冒出； 在岩石破碎、土质疏松的地区里，常发生相当大的土石散落、滑坡和山崩，有时河流受阻，形成新的水塘； 有时井水干涸或发生新泉	人很难站得住； 由于房屋破坏，人畜有伤亡； 家具移动，并有部分翻倒
9度	50.1～100.0	$\frac{1}{20}$～$\frac{1}{10}$	I类房屋大多数倾倒； II类房屋许多倾倒； III类房屋许多损坏，少数倾倒	不很坚固的院墙大部分倒塌。较坚固的院墙大部分破坏，局部倒塌； 较坚固的城墙很多地方破坏，女儿墙许多倒塌； 砖、石砌的塔和工厂烟囱很多破坏、甚至倾倒； 较稳定的碑石和纪念物很多翻倒； 道路上有裂缝，有时路基毁坏，个别情况下铁轨局部弯曲； 有些地方地下管道破裂或损伤	地上裂缝很多，宽达10cm，斜坡上或河岸边疏松的堆积层中，有时裂缝纵横，宽度可达几十厘米绵延很长； 很多滑坡和土石散落，山崩； 常有井泉干涸或新泉产生	家具翻倒并损坏
10度	100.1～250.0	$\frac{1}{10}$～$\frac{1}{4}$	III类房屋许多倾倒	砖、石砌的塔和工厂烟囱大都倒塌； 较稳定的碑石和纪念物大都翻倒； 路基和土堤毁坏，道路变形，并有很多裂缝，铁轨局部弯曲； 地下管道破裂	地下裂缝宽达几十厘米，个别情况下，达1m以上； 堆积层中的裂缝有时组成宽大的裂缝带，继续绵延可达几公里以上。个别情况下，岩石中有裂缝； 山区和岸边的悬崖崩塌。疏松的土大量崩溃，形成相当规模的新湖泊； 河、池中发生击岸的大浪	家具和室内用品大量损坏

续上表

烈度	加速度(cm/s^2)	地震系数	房屋	结构物	地表现象	其他现象
11度	250.1～500	$\frac{1}{4}$～$\frac{1}{2}$	房屋普遍毁坏	路基和土堤等大段毁坏,大段铁路弯曲; 地下管道完全不能使用	地面形成许多宽大裂缝,有时从裂缝冒出大量疏松的,浸透水的沉积物; 大规模的滑坡、崩滑和山崩,地表产生相当大的垂直和水平断裂; 地表水情况和地下水位剧烈变化	由于房屋倒塌,压死大量人畜,埋没许多财物
12度	500.1～1 000	>$\frac{1}{2}$	广大地区房屋普遍毁坏	建筑物普遍毁坏	广大地区内,地形有剧烈的变化; 广大地区内,地表水和地下水情况剧烈变化	由于浪潮及山区内崩塌和土石散落的影响,动、植物遭到毁灭

几种地震烈度表的换算表　　表 12.5-25

名　称	新的中国地震烈度表	美国修订的烈度表(MM表)	前苏联地球物理研究所烈度表	MSK—1964烈度表(注)	欧洲烈度表(MCS表)	欧洲Rossi-Fo-rel烈度表	日本烈度表(JMA)
制定年份	1957	1931	1952		1917	1873	1952
烈度	1	1	1	1	1	1	0
	2	2	2	2	2	2	1
	3	3	3	3	3	3	2
	4	4	4	4	4	4	2～3
	5	5	5	5	5	5～6	3
	6	6	6	6	6	7	4
	7	7	7	7	7	8	4～5
	8	8	8	8	8	9	5
	9	9	9	9	9	10	6
	10	10	10	10	10	10	6
	11	11	11	11	11	10	7
	12	12	12	12	12	10	7

注:此表为国际地震和地质工程方面的有关组织于1962～1964年在已有烈度表基础上测定的一种烈度表,意图逐渐统一烈度标准。

4. 环保(表 12.5-26～12.5-30)

标准大气的成分 表 12.5-26

成　分	相对分子质量	体积百分比	质量百分比	分　压 (×133.322 4Pa)
氮 N_2	28.013 4	73.084	75.520	593.44
氧 O_2	31.998 8	20.948	23.142	159.20
氩 Ar	39.948	0.934	1.288	7.10
二氧化碳 CO_2	44.009 95	3.14×10^{-2}	4.8×10^{-2}	2.4×10^{-1}
氖 Ne	20.183	1.82×10^{-3}	1.3×10^{-3}	1.4×10^{-2}
氦 He	4.002 6	5.24×10^{-4}	6.9×10^{-5}	4.0×10^{-3}
氪 Kr	83.80	1.14×10^{-4}	3.3×10^{-4}	8.7×10^{-4}
氙 Xe	131.30	8.7×10^{-6}	3.9×10^{-5}	6.6×10^{-5}
氢 H_2	2.015 94	5×10^{-5}	3.5×10^{-6}	4×10^{-4}
甲烷 CH_4	16.043 03	2×10^{-4}	1×10^{-4}	1.5×10^{-3}
一氧化二氮 N_2O	44.012 8	5×10^{-5}	8×10^{-4}	4×10^{-3}
臭氧 O_3	47.998 2	夏:$0\sim7\times10^{-6}$	$0\sim1\times10^{-5}$	$0\sim5\times10^{-5}$
		冬:$0\sim2\times10^{-6}$	$0\sim0.3\times10^{-5}$	$0\sim1.5\times10^{-5}$
二氧化硫 SO_2	64.062 8	$0\sim1\times10^{-4}$	$0\sim2\times10^{-4}$	$0\sim8\times10^{-4}$
二氧化氮 NO_2	46.005 5	$0\sim2\times10^{-6}$	$0\sim3\times10^{-6}$	$0\sim1.5\times10^{-5}$
氨 NH_3	17.030 61	0～微量	0～微量	0～微量
一氧化碳 CO	28.010 55	0～微量	0～微量	0～微量
碘 I_2	253.808 8	$0\sim1\times10^{-6}$	$0\sim9\times10^{-6}$	$0\sim8\times10^{-6}$

注:本表摘自《法定计量单位与科技常数》。

空气污染物三级标准浓度限值 表 12.5-27

污染物名称	浓度限值(mg/标准 m^3)			
	取值时间	一级标准	二级标准	三级标准
总悬浮微粒	日平均①	0.12	0.30	0.50
	年平均②	0.08	0.20	0.30
污染物名称	浓度限值(mg/标准 m^3)			
	取值时间	一级标准	二级标准	三级标准
二氧化碳	年平均②	0.02	0.06	0.10
	日平均	0.05	0.15	0.25
	1 小时平均	0.15	0.50	0.70
氮氧化物	年平均	0.05	0.05	0.10
	日平均	0.10	0.10	0.15
	1 小时平均	0.15	0.15	0.30
一氧化碳	日平均	4.00	4.00	6.00
	1 小时平均	10.00	10.00	20.00
臭氧(O_3)	1 小时平均	0.16	0.20	0.20

注:本表摘自《环境空气质量标准》(GB 3095—1996)。

①日平均:指任何一日的平均速度;

②年平均:指任何一年的日平均浓度的算术均值。

生活饮用水水质标准　　表 12.5-28

项次	项　目	指标(不得大于)	项次	项　目	指标(不得大于)
1	色	15 度	19	硒	0.01mg/L
2	混浊度	3 度	20	汞	0.001mg/L
3	嗅和味	无异嗅味	21	镉	0.01mg/L
4	肉眼可见物	不得含有	22	六价铬	0.05mg/L
5	pH	6.5～8.5	23	铅	0.05mg/L
6	总硬度(以 $CaCO_3$ 计)	450mg/L	24	银	0.05mg/L
7	铁	0.3mg/L	25	硝酸盐(以氮计)	20mg/L
8	锰	0.1mg/L	26	氯仿	60μg/L
9	铜	1.0mg/L	27	四氯化碳	3μg/L
10	锌	1.0mg/L	28	苯并(α)芘	0.01μg/L
11	挥发酚类(以苯酚计)	0.002mg/L	29	滴滴涕	1μg/L
12	阴离子合成洗涤剂	0.3mg/L	30	六六六	5μg/L
13	硫酸盐	250mg/L	31	细菌总数	100 个/mL
14	氯化物	250mg/L	32	总大肠菌群	3 个/mL
15	溶解性总固体	1000mg/L	33	游离余氯	出厂 0.3 管网 0.05 μg/L
16	氟化物	1.0mg/L	34	总 α 放射性	0.1Bq/L
17	氰化物	0.05mg/L	35	总 β 放射性	1Bq/L
18	砷	0.05mg/L			

城市区域环境噪声标准[单位:等效声级,分贝(A)①]　　表 12.5-29

适用区域	昼间	夜间	备　注
特殊住宅区	50	40	特殊住宅区是指特别需要安静的住宅区
居民、文教区	55	45	居民、文教区是指纯居民区和文教、机关区
一类混合区	60	50	一类混合区是指一般商业与居民混合区
商业中心区、二类混合区	60	50	二类混合区是指工业、商业、少量交通与居民混合区 商业中心区是指商业集中的繁华地区
工业集中区	65	55	工业集中区指在一个城市或区域内规划明确确定的工业区
交通干线道路两侧	70	55	交通干线道路两侧是指车流量每小时一百辆以上的道路两侧

注:本表摘自《城市区域环境噪声标准》(GB 3096—1993)。

① A 为声级,记作分贝(A)或 dB(A)。声级有别于声压级。声级表示经过频率计权后的声压级,配有 A、B、C 计权网络的声学仪器,它的读数称为声级,单位也是分贝。近年来,人们在噪声测量中,往往就用 A 网格测得的声压级代表噪声的响度大小叫 A 声级。

建筑现场主要施工机械噪声限值 表 12.5-30

施工阶段	主要噪声源	噪声限值(dB)	
		昼间	夜间
土石方	推土机、挖掘机、装载机等	75	55
打桩	各种打桩机等	85	禁止施工
结构	搅拌机、振捣棒、电锯等	70	55
装修	吊车、升降机等	65	55

注:摘自《建筑施工场界噪声限值》(GB 12523—90)。

5.水文

(1)基准面(见表 12.5-31)

潮位基准面 表 12.5-31

理论深度基准面	我国海港采用的理论深度基准面,即各港口或海域理论上可能达到的最低潮位。 理论深度基准面是通过潮汐的调和分析和保证率计算,然后通过与实际观测资料对照调整后,由国家颁布
	内河港口采用某一保证率的低水位作为深度基准面
海图深度基准面	海图深度基准面是计算海图所算水深的起算面,一般也是潮汐表的潮高起算面,通常也称为潮高基准面。70年代提出把实际海面低于海图理论基准面的概率为 0.14%所对应的潮位,称为近最低潮位。目前,我国规定以"理论最低潮位"为深度基准面
平均海平面	平均海平面是多年潮位观测资料中,取每小时潮位记录的平均值,也称平均潮位;平均海平面是作为计算陆地海拔高度的起算面,我国国家规定以黄海(青岛验潮站)平均海平面作为计算中国地形海拔高度的标准

沿海各地常用高程系换算关系如表 12.5-32。

沿海各地常用高程系对应 1985 国家高程基准的换算关系 表 12.5-32

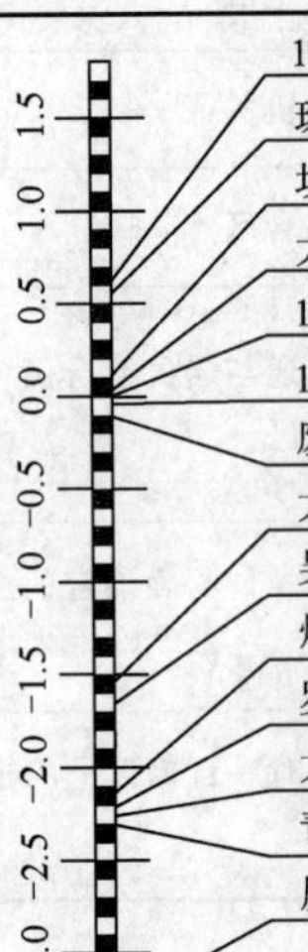

高程系	换算值
1954 年黄海平均海平面	0.6161
珠江基面高程系统	0.5574
坎门零点高程系(浙江玉环)	0.1174
大连零点高程系	0.0434
1985 国家高程基准	0.000
1956 年黄海高程系	-0.0286
废黄河零点高程系(江苏)	-0.0916
大沽零点高程系(天津)	-1.5426
吴淞零点高程系	-1.61
烟台港零点	-2.1356
罗星塔零点(福建福州)	-2.2076
大连筑港零点	-2.2510
青岛零点	-2.2926
厦门零点	-3.2696

注:①国家 85 高程基准位于中华人民共和国水准原点(青岛观象山)下 72.260 4m。
②各高程系换算关系如下:
例:$H_{珠零}=H_{国家85}-0.5574$
$H_{吴零}=H_{国家85}-(-1.61)$

①1985 国家高程基准：1985 年全国一等水准网布测协调组决定，用青岛验潮站 1952～1979 年的潮位观测资料所计算的平均海平面为我国高程基准面，并命名为 1985 国家高程基准。

②1956 年黄海高程系：1957 年利用青岛验潮站 1950～1956 年 7 年实测潮位值计算的平均海平面，称为 1956 年黄海平均海平面。我国规定采用 1956 年黄海平均海平面作为统一高程基准面，凡由该基准面起算的高程在工程和地形测量中统一称“1956 年黄海高程系”。

(2)设计潮位(见表 12.5-33)

沿海港口设计潮位　　表 12.5-33

海岸港、潮汐作用明显的河口港	设计高水位	采用高潮累积频率 10%的潮位，简称高潮 10%。如已有历时累积统计资料，可采用历时累积频率 1%的潮位
	设计低水位	采用低潮累积频率 90%的潮位，简称低潮 90%。如已有历时累积统计资料，可采用历时累积频率 98%的潮位
汛期潮汐作用不明显的河口港	设计高水位	采用多年的历时 1%的潮位
	设计低水位	采用多年的历时 98%的潮位
海港工程	极端高水位	采用重现期为 50 年的年极值高水位
	极端低水位	采用重现期为 50 年的年极值低水位

设计高水位标准见表 12.5-34。

内河港口码头，湖港、运河港码头设计高水位标准(重现期)　　表 12.5-34

河流类别 / 码头受淹损失类别	设计高水位重现期(a)		
	河网地区	平原河流	山区河流
一	100	50	50～20
二	50	20	20～10
三	20	10	10～5

注：码头受淹损失分类：

一类——码头受淹将造成生产、货物及设备重大损失的码头。

二类——码头受淹将造成生产、货物及设备一定损失的码头。

三类——码头受淹将造成生产、货物及设备较小损失的码头。

水库港码头设计高水位，宜采用水库正常蓄水位高度确定，当该值低于上表时，按上表确定。

山区河流港区采用阶梯式布置时，单级的直立式码头设计高水位和分级的直立式的高水级码头设计高水位宜按保证率确定，其标准按表 12.5-35 确定。

山区河流码头设计高水位标准(保证率)　　表 12.5-35

码头受淹损失类别	山区河流码头设计高水位标准(保证率)(%)
一类	99
二类	98
三类	95

山区河流的分级的直立式码头，枯水级码头设计高水位，宜采用水位累积频率 10%～30%的水位。

内河港口码头设计低水位按现行国家标准《内河通航标准》规定的航道设计最低通航水位确定，见表 12.5-36。

天然河流设计最低通航水位的综合历时保证率　　表 12.5-36

航道等级	I、II	III、IV	V～VII
保证率(%)	99～98	98～95	95～90

(3)流(见表 12.5-37)

流　　表 12.5-37

海流	海流是一种综合性流,即各种类型海流的合成流动,包括潮流、风海流、波流、梯度流的合成运动
潮流	潮流是由天体(日、月)的引潮力所产生的水流
风海流	风海流是由风的切应力作用于海面产生的水流
近岸海流	近岸海流一般以潮流和风海流为主。在某些情况下,其他类型的海流也相当显著,如由于波浪破碎产生的沿岸流和离岸流等
河口区水流	河口区水流一般以潮流和径流为主。在某些情况下,其他类型的水流,如盐水锲异重流等也相当显著
涨潮河段内的水流	1.在潮流界和潮区界之间,仅有水位升降的现象,而不存在指向上游的涨潮流 2.在潮流界以下,涨落潮流呈回复形式,因有径流加入,落潮流量大于涨潮流量 3.涨潮历时小于落潮历时,涨潮历时愈向上游愈短

(4) 波浪

水波的物理描述与分类,应以其表面形态和波面下的水体运动为依据。可用简单数学式描述的波浪称为简单波。例如:以正弦或余弦函数描述的正弦波或余弦波;难以用形状或运动描述的,但可由几个分波组成来描述的波浪称为复合波。一个波浪,如果波动和波剖面在等同时段内重现,则称为周期性波浪;相对于水体而运动的波形,称为前进波,其运动的方向称为波向,其传播速度称为波速或相速(c)。若仅在一个固定位置作上下运动的波浪,称为立波或驻波。前进波在传播过程中,若其自由水面的轮廓不发生任何变化,则称为定常波。

如果波动中的水质点作轨道运动,经历一个波周期,轨道是封闭的或接近封闭的,则认为此水波是振动波或接近振动波,其振幅(a)的 2 倍称为波高(H);若水体每经历一个连续的波浪,在波浪前进方向向前移动一个小的量,称此为波浪的质量输送,其速度称为传质速度(U);当波动中的水质点随波浪前进而不回到它原来的位置时,则称此波浪为移动波。常用的特征波:

①最大波:波群(波高大于某一固定值的连贯大波波列)或观测记录中出现波高最大的波浪称为最大波(H_{max}、T_{max})。

②1/10 大波:波群或观测记录的全部波浪中,按波高大小的顺序,就相应于总数的 1/10 的大波及对应其波高的周期,进行平均得到的波浪,并以 $H\frac{1}{10}$和 $T\frac{1}{10}$表示,$H_{1/10} \cong H_{4\%}$。

③有效波或 1/3 大波:波群或全部观测记录中,按波高大小的顺序,就相应于总数的 1/3 的大波及对应于其波高的周期,进行平均而得到的波浪,称为有效波,并以 $H\frac{1}{3}$或 H_s 和 $T\frac{1}{3}$ 或 T_s 表示,$H_{1/3} \cong H_{13\%}$。

④平均波:波群或观测记录中所有的波高和周期的平均,分别以 $\overline{H}$ 和 $\overline{T}$ 表示,$\overline{H}=\frac{1}{n}\sum_{i=1}^{n}H_i$。

⑤均方根波高:波群或观测记录中所有波高的平方求和,求平均值后再开方并记以 H_{rms},它反映平均波能的量值,$H_{rms}=\sqrt{\frac{1}{n}\sum_{i=1}^{1}(H_i)^2}$ 。

⑥累积概率(F)波高(H_F):累积概率波高即实际海面上不规则波列所出现的概率 F 对应的波高。例如:1 000 个波浪,按波高依次排列,其中第 10 个(累积概率为 1%)波高,则称累积概率 1%波高并记

为 $H_{1\%}$，余类推。

6.混凝土使用标准

(1)水泥：《硅酸盐水泥、普通硅酸盐水泥》(GB 175－1999)；《矿渣硅酸盐水泥、火山灰质硅酸盐水泥及粉煤灰硅酸盐水泥》(GB 1344－1999)；《抗硫酸盐硅酸盐水泥》(GB 748－2005)。

技术要求见表12.5-38～表12.5-43。

不溶物　　表12.5-38

水泥品种	不溶物含量	水泥品种	不溶物含量
Ⅰ型硅酸盐水泥	不得超过0.75%	抗硫酸盐硅酸盐水泥	应不大于1.50%
Ⅱ型硅酸盐水泥	不得超过1.50%		

烧失量　　表12.5-39

水泥品种	烧失量	水泥品种	烧失量
Ⅰ型硅酸盐水泥	不得大于3.0%	普通水泥	不得大于5.0%
Ⅱ型硅酸盐水泥	不得大于3.5%	抗硫酸盐硅酸盐水泥	应不大于3.0%

氧化镁　　表12.5-40

水泥品种	氧化镁含量	水泥品种	氧化镁含量
硅酸盐水泥、普通硅酸盐水泥	不宜超过5.0%；如果水泥经压蒸安定性试验合格，则水泥中氧化镁的含量允许放宽到6.0%	抗硫酸盐硅酸盐水泥	应不大于5.0%。如果水泥经过压蒸安定性试验合格，则水泥中氧化镁的含量允许放宽到6.0%
矿渣硅酸盐水泥、火山灰质硅酸盐水泥及粉煤灰硅酸盐水泥	不宜超过5.0%；如果水泥经压蒸安定性试验合格，则熟料中氧化镁的含量允许放宽到6.0%		

三氧化硫　　表12.5-41

水泥品种	三氧化硫含量	水泥品种	三氧化硫含量
硅酸盐水泥、普通硅酸盐水泥	不得超过3.5%	火山灰质硅酸盐水泥、粉煤灰硅酸盐水泥	不得超过3.5%
矿渣硅酸盐水泥	不得超过4.0%	抗硫酸盐硅酸盐水泥	不大于2.5%

细度　　表12.5-42

水泥品种	细度	水泥品种	细度
硅酸盐水泥	比表面积大于300m²/kg	矿渣硅酸盐水泥、火山灰质硅酸盐水泥、粉煤灰硅酸盐水泥	80μm方孔筛筛余不得超过10.0%
普通水泥	80μm方孔筛筛余不得超过10.0%	抗硫酸盐硅酸盐水泥	比表面积应不小于280m²/kg

凝结时间 表 12.5-43

水泥品种	凝结时间	水泥品种	凝结时间
硅酸盐水泥	初凝不得早于 45min；终凝不得迟于 6.5h	矿渣硅酸盐水泥、火山灰质硅酸盐水泥、粉煤灰硅酸盐水泥	初凝不得早于 45min；终凝不得迟于 10h
普通水泥	初凝不得早于 45min；终凝不得迟于 10h	抗硫酸盐硅酸盐水泥	初凝不得早于 45min；终凝不得迟于 10h

安定性：用沸煮法检验必须合格。

强度：水泥强度等级按规定龄期的抗压强度和抗折强度来划分，各强度等级水泥的各龄期强度不得低于表 12.5-44 数值。

各强度等级水泥的各龄期强度 表 12.5-44

品种	强度等级	抗压强度		抗折强度	
		3d	28d	3d	28d
硅酸盐水泥	42.5	17.0	42.5	3.5	6.5
	42.5R	22.0	42.5	4.0	6.5
	52.5	23.0	52.5	4.0	7.0
	52.5R	27.0	52.5	5.0	7.0
	62.5	28.0	62.5	5.0	8.0
	62.5R	32.0	62.5	5.5	8.0
普通水泥	32.5	11.0	32.5	2.5	5.5
	32.5R	16.0	32.5	3.5	5.5
	42.5	16.0	42.5	3.5	6.5
	42.5R	21.0	42.5	4.0	6.5
	52.5	22.0	52.5	4.0	7.0
	52.5R	26.0	52.5	5.0	7.0
矿渣硅酸盐水泥、火山灰质硅酸盐水泥、粉煤灰硅酸盐水泥	32.5	10.0	32.5	2.5	5.5
	32.5R	15.0	32.5	3.5	5.5
	42.5	15.0	42.5	3.5	6.5
	42.5R	19.0	42.5	4.0	6.5
	52.5	21.0	52.5	4.0	7.0
	52.5R	23.0	52.5	4.5	7.0
中抗硫酸盐水泥	32.5	10.0	32.5	2.5	6.0
高抗硫酸盐水泥	42.5	15.0	42.5	3.0	6.5

碱含量：水泥中碱含量按 $Na_2O+0.658K_2O$ 计算值来表示，见表 12.5-45。

碱　含　量　　表 12.5-45

水泥品种	碱含量
硅酸盐水泥、普通硅酸盐水泥	若使用活性骨料，用户要求提供低碱水泥时，水泥中碱含量不得大于 0.60%或由供需双方商定
矿渣硅酸盐水泥、火山灰质硅酸盐水泥及粉煤灰硅酸盐水泥	若使用活性骨料要限制水泥中碱的含量时，由供需双方商定
抗硫酸盐硅酸盐水泥	若使用活性骨料，用户要求提供低碱水泥时，水泥中碱含量计算值不得大于 0.60%

硫酸三钙和铝酸三钙：水泥中硫酸三钙和铝酸三钙的含量应符合表 12.5-46 规定。

硫酸三钙和铝酸三钙含量　　表 12.5-46

分　类	硫酸三钙含量(质量分数)	铝酸三钙含量(质量分数)
中抗硫酸盐水泥	≤55.0	≤5.0
高抗硫酸盐水泥	≤50.0	≤3.0

抗硫酸盐性：中抗硫酸盐水泥 14d 线胀率不大于 0.060%；高抗硫酸盐水泥 14d 线胀率不大于 0.040%。

(2)《建筑用砂》(GB/T 14685—2001)

技术要求见表 12.5-47～表 12.5-52。

颗粒级配　　表 12.5-47

公称粒径(mm)	1	2	3
9.50mm	0	0	0
4.75mm	910～0	10～0	10～0
2.36mm	35～5	25～0	15～0
1.18mm	65～35	50～10	25～0
600μm	85～71	70～41	40～16
300μm	95～80	92～70	85～55
150μm	100～90	100～90	100～90

注：①砂的实际颗粒级配与表中所列数字相比，除 4.75mm 和 600μm 筛档外，可以略有超出，但超出总量应小于 5%。

②1 区人工砂中 150μm 筛孔的累计筛余可以放宽到 100～85，2 区量人工砂中 150μm 筛孔的累计筛余可以放宽到 100～803 区人工砂中 150μm 筛孔的累计筛余可以放宽到 100～75。

含泥量和泥块含量　　表 12.5-48

项　目	指　标		
	I 类	II 类	III 类
含泥量(按质量计)(%)	<1.0	<3.0	<5.0
泥块含量(按质量计)(%)	0	<1.0	<2.0

石粉含量 表 12.5-49

项目				指标		
				I类	II类	III类
1	亚甲蓝试验	MB 值<1.40 或合格	石粉含量（按质量计）(%)	<3.0	<5.0	<7.0*
2			泥块含量（按质量计）(%)	0	<1.0	<2.0
3		MB 值≥1.40 或不合格	石粉含量（按质量计）(%)	<1.0	<3.0	<5.0
4			泥块含量（按质量计）(%)	0	<1.0	<2.0

*：根据使用地区和用途，在试验验证的基础上，可由供需双方协商确定

有害物质含量 表 12.5-50

项目		指标		
		I类	II类	III类
云母(按质量计)(%)	<	1.0	2.0	2.0
轻物质(按质量计)(%)	<	1.0	1.0	1.0
有机物(比色法)		合格	合格	合格
硫化物及硫酸盐(按 SO_3 质量计)(%)	<	0.5	0.5	0.5
氯化物(以氯离子质量计)(%)	<	0.01	0.02	0.06

坚固性指标 表 12.5-51

项目	指标		
	I类	II类	III类
质量损失(%)<	8	8	10

压碎指标 表 12.5-52

项目	指标		
	I类	II类	III类
单级最大压碎指标(%)<	20	25	30

注：砂表观密度大于 2 500kg/m^3，松散堆积密度大于 1 350 kg/m^3，空隙率小于 47%。经碱集料反应试验后，由砂制备的试件无裂缝、酥裂、胶体外溢等现象，在规定的试验龄期膨胀率应小于 0.10%。

(3)《建筑用卵石、碎石》(GB/T 14685—2001)

技术要求见表 12.5-53～表 12.5-58。

颗 粒 级 配　　表 12.5-53

公称粒径(mm)		2.36	4.75	9.50	16.0	19.0	26.5	31.5	37.5	53	63	75	90
连续粒级	5～10	95～100	80～100	0～15	0								
	5～16	95～100	85～100	30～60	0～10	0							
	5～20	95～100	90～100	40～60	—	0～10	0						
	5～25	95～100	90～100	—	30～70	—	0～5	0	0				
	5～31.5	95～100	90～100	70～90	—	15～45	—	0.05	0～5				
	50～40		95～100	70～90	—	30～65	—	—		0			
单粒粒级	10～20		95～100	85～100		0～15	0						
	16～31.5		95～100		85～100			0～10	0				
	20～40			95～100		80～100			0～10	0			
	31.5～63				95～100			75～100	45～75		0～10	0	
	40～80					95～100			70～100		30～60	0～10	0

含泥量和泥块含量　　表 12.5-54

项　目	指　标		
	I类	II类	III类
含泥量(按质量计)(%)	<0.5	<1.0	<1.5
泥块含量(按质量计)(%)	0	<0.5	<0.7

针片状颗粒含量　　表 12.5-55

项　目	指　标		
	I类	II类	III类
针片状颗粒(按质量计)(%)	<5	<15	<25

有害物质含量　　表 12.5-56

项　目	指　标		
	I类	II类	III类
有机物	合格	合格	合格
硫化物及硫酸盐(按 SO_3 质量计)(%)	<0.5	<1.0	<1.0

坚固性指标　　表 12.5-57

项　目	指　标		
	I类	II类	III类
质量损失(%)	<5	<8	<12

压 碎 指 标　　表 12.5-58

项　目	指　标		
	I类	II类	III类
碎石压碎指标	<10	<20	<30
卵石压碎指标	<12	<16	<16

注:表观密度大于 2 500kg/m³,松散堆积密度大于 1 350kg/m³,空隙率小于47%。经碱集料反应试验后,由卵石、碎石制备的试件无裂缝、酥裂、胶体外溢等现象,在规定的试验龄期的膨胀率应小于 0.10%。

(4)《混凝土拌和用水标准》(JGJ 63—1989)(表 12.5-59～表 12.5-60)

混凝土拌和用水 表 12.5-59

混凝土拌和用水的类型	按水源可分为饮用水、地表水、地下水、海水以及经适当处理或处置后的工业废水
	(1)符合国家标准的生活饮用水,可拌制各种混凝土
	(2)地表水和地下水首次使用前,应按本标准规定进行检验
	(3)海水可用于拌制素混凝土,但不得用于拌制钢筋混凝土和预应力混凝土
	(4)有饰面要求的混凝土不应用海水拌制
混凝土拌和用水的技术要求	不应产生以下有害作用
	(1)影响混凝土的和易性及凝结
	(2)有损于混凝土强度发展
	(3)降低混凝土的耐久性,加快钢筋腐蚀及导致预应力钢筋脆断
	(4)污染混凝土表面

混凝土拌和用水物质含量限值 表 12.5-60

项　目	预应力混凝土	钢筋混凝土	素 混 凝 土
pH 值	>4	>4	>4
不溶物(mg/L)	<2 000	<2 000	<5 000
可溶物(mg/L)	<2 000	<5 000	<10 000
氯化物(以 Cl^- 计)(mg/L)	<5 000	<1 200	<3 500
硫酸盐(以 SO_4^{2-} 计)(mg/L)	<600	<2 700	<2 700
硫化物(以 S^{2-} 计)(mg/L)	<100	—	—

注:使用钢丝或经热处理钢筋的预应力混凝土氯化物含量不得超过 350mg/L。

7.施工临时设施专用器材

(1)“321”装配式公路钢桥(贝雷架)(表 12.5-61～表 12.5-68)

“321”装配式公路钢桥适用于汽车－10 级、汽车－15 级、汽车－20 级的列车,500kN 履带车(履带－50)和 800kN 平板挂车;(挂车－80)等荷载。各级列车通过本桥的行车速度限制在:汽车－10 级、汽车－15 级、汽车－20 级每小时 30km 以内,履带－50、挂车－80 每跨内只准许一辆车以每小时不超过 5km 的慢速通过。

荷载与跨径组合表 表 12.5-61

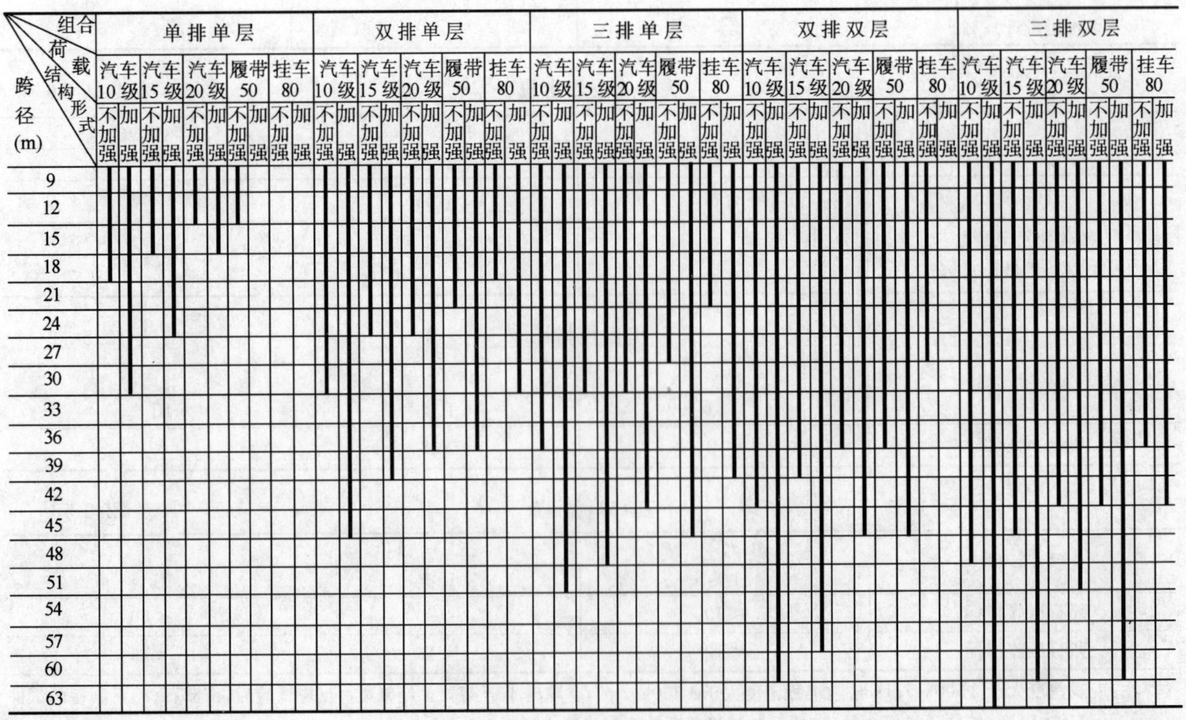

各类组合桥梁每节质量表(kN)(木桥面) 表 12.5-62

构造 装配程度	鼻梁			单排单层		单排双层		三排单层		双排双层		三排双层	
	单排双层	双排单层	三排单层	不加强	加强	不加强	加强	不加强	加强	不加强	加强	不加强	加强
全部装齐				22.7	26.3	28.7	35.7	34.4	45.0	40.2	47.3	51.7	62.3
桥面板、护轮木未装	9.0	15.0	20.7	15.7	19.3	21.7	28.7	27.4	38.0	33.2	40.3	44.7	55.3
桥面板、护轮木、纵梁未装				11.5	15.1	17.5	24.5	23.2	33.8	29.0	36.1	40.5	51.5

各类组合桥梁每节质量表(kN)(钢桥面) 表 12.5-63

构造 装配程度	鼻梁			单排单层		单排双层		三排单层		双排双层		三排双层	
	单排双层	双排单层	三排单层	不加强	加强	不加强	加强	不加强	加强	不加强	加强	不加强	加强
全部装齐				21.7	25.3	27.7	34.7	33.4	44.0	39.2	46.3	50.7	61.3
中央钢桥面板未装	9.0	15.0	20.7	20.4	24.0	26.4	33.4	32.1	42.7	37.9	45.0	49.4	60.0
标准、中央钢桥面板、路缘未装				11.5	15.1	17.5	24.5	23.2	33.8	29.0	36.1	40.5	51.5

桥梁几何特性表 表 12.5-64

几何特性 结构构造		W(cm³)	J(cm⁴)
单排双层	不加强	3 578.5	250 497.2
	加强	7 699.1	577 434.4
双排单层	不加强	7 175.1	500 994.4
	加强	15 398.3	1 154 868.8
三排单层	不加强	10 735.6	751 491.6
	加强	23 097.4	1 732 303.2
双排双层	不加强	14 817.9	2 148 588.8
	加强	30 641.7	4 596 255.2
三排双层	不加强	22 226.8	3 222 883.2
	加强	45 962.6	6 894 382.8

注:表中数值为半边桥之值,全部桥时应乘 2。

桁架容许内力表 表 12.5-65

桥型 容许内力	不加强桥梁					加强桥梁				
	单排双层	双排单层	三排单层	双排双层	三排双层	单排双层	双排单层	三排单层	双排双层	三排双层
弯矩(kN·m)	788.2	1 576.4	2 246.4	3 265.4	4 653.2	1 687.5	3 375.0	4 809.4	6 750.0	9 618.8
剪力(kN)	245.2	490.5	698.9	490.5	698.9	245.2	490.5	698.9	490.5	698.9

构件数量表 表 12.5-66

部件名称	组合	单排单层					双排单层								三排单层							双排双层							三排双层					
	跨径(m)	9	12	15	18	21	9	12	15	18	21	24	27	30	18	21	24	27	30	33	36	24	27	30	33	36	39	42	33	36	39	44	45	48
	节数	3	4	5	6	7	3	4	5	6	7	8	9	10	6	7	8	9	10	11	12	8	9	10	11	12	13	14	11	12	13	14	15	16
	单位																																	
桁架	节	6	8	10	12	14	12	16	20	24	28	32	36	40	36	42	48	54	60	66	72	64	72	80	88	96	104	112	132	144	156	168	180	192
销子	个	15	20	24	28	32	32	40	48	56	64	72	80	88	81	96	108	120	132	141	156	136	152	168	184	200	216	232	276	300	324	348	372	306
横梁	根	9	11	13	15	17	9	11	13	15	17	19	21	23	13	17	19	21	23	25	27	19	21	23	25	27	29	31	25	27	29	31	33	35
横梁夹具	个	12	16	20	24	28	24	32	40	46	46	64	72	80	72	84	96	108	120	162	114	64	72	80	88	95	104	112	132	144	156	168	180	192
有扣纵梁	组	6	8	10	12	14	6	8	10	12	14	16	18	20	12	14	16	18	20	22	24	16	18	20	22	24	26	28	22	24	26	28	30	32
无扣纵梁	组	6	8	10	12	14	6	8	10	12	14	16	18	20	12	14	16	18	20	22	24	16	18	20	22	24	26	28	22	24	26	28	30	32
阳头端柱	根	2	2	2	2	2	4	4	4	4	4	4	4	4	6	6	6	6	6	6	6	4	4	4	4	4	4	4	6	6	6	6	6	6
斜撑	根	8	10	12	14	16	8	10	12	14	16	18	20	22	14	16	18	20	22	24	26	18	20	22	24	26	28	30	24	26	28	30	32	34
支撑架	个	—	—	—	—	—	6	8	10	12	14	16	18	20	12	14	16	18	20	22	24	34	38	12	46	50	54	58	46	50	54	58	62	66
联板	块	—	—	—	—	—	—	—	—	—	—	—	—	—	14	15	18	20	22	24	26	—	—	—	—	—	—	—	24	26	28	30	32	34
拉风拉杆	根	6	8	10	12	14	6	8	10	12	14	16	18	20	12	14	16	18	20	22	24	16	18	20	22	24	26	28	22	24	26	28	30	32
桥面板	块	105	120	135	150	165	105	120	135	150	165	180	195	210	150	165	180	105	210	225	240	180	195	210	225	240	255	270	225	240	255	270	285	300
护轮木	根	14	16	18	20	22	14	16	18	20	22	24	26	28	20	22	24	26	28	30	32	24	26	28	30	32	34	36	30	32	34	36	38	40
桥座	个	4	4	4	4	4	8	8	8	8	8	8	8	8	8	8	8	8	8	8	8	8	8	8	8	8	8	8	8	8	8	8	8	8
座板	块	4	4	4	4	4	4	4	4	4	4	4	4	4	4	4	4	4	4	4	4	4	4	4	4	4	4	4	4	4	4	4	4	4
搭板支座	个	8	8	8	8	8	8	8	8	8	8	8	8	8	8	8	8	8	8	8	8	8	8	8	8	8	8	8	8	8	8	8	8	8
有扣搭板	组	8	8	8	8	8	8	8	8	8	8	8	8	8	8	8	8	8	8	8	8	8	8	8	8	8	8	8	8	8	8	8	8	8
无扣搭板	组	8	8	8	8	8	8	8	8	8	8	8	8	8	8	8	8	8	8	8	8	8	8	8	8	8	8	8	8	8	8	8	8	8
桁架螺栓	个	—	—	—	—	—	—	—	—	—	—	—	—	—	—	—	—	—	—	—	—	64	72	80	88	96	104	112	132	144	156	168	180	192
斜撑螺栓	个	16	20	24	28	32	16	20	24	28	32	36	40	44	28	32	36	40	44	48	52	36	40	44	48	52	56	60	48	52	56	60	64	68
撑架螺栓	个	—	—	—	—	—	24	32	40	48	56	64	72	80	48	56	64	72	80	88	96	136	152	168	184	200	216	232	184	200	216	232	248	264
护木螺栓	个	56	64	72	80	88	56	64	72	80	88	96	104	112	80	88	96	104	112	120	128	96	104	112	120	128	136	144	120	128	136	144	152	160

注:表列横梁、桥面板、护轮木、有扣搭板、无扣搭板、搭板支座与护木螺栓数量,包括4跨引桥用量;架桥时若引桥有所增减,上述部件数量亦相应增减,一跨引桥应增减的数量为:横梁1根,桥面板15根,有扣搭板2组,无扣搭板2组,搭板支座4个,护木螺栓8个。

续上表

部件名称 \ 组合		加强的单排单层						加强的双排单层										加强的三排单层							加强的双排双层							加强的三排双层								
跨径(m)		18	21	24	27	30	33	18	21	24	27	30	33	36	39	42	45	33	38	39	42	45	48	51	42	45	48	51	54	57	60	45	48	54	51	57	60	63	66	69
节数	单位	6	7	8	9	10	11	6	7	8	9	10	11	12	13	14	15	11	12	13	14	15	16	17	14	15	16	17	18	19	20	15	16	17	18	19	20	21	22	23
桁架	节	12	14	16	18	20	22	24	28	32	36	40	44	48	52	56	60	66	72	78	84	90	96	102	112	120	128	136	141	152	160	180	192	204	216	228	240	252	264	276
加强弦杆	根	16	20	24	28	32	35	32	40	48	56	64	72	80	88	96	104	108	120	132	144	156	168	180	96	104	112	120	128	136	144	156	168	180	192	204	216	228	240	252
销子	个	40	48	56	64	72	89	80	96	112	128	144	160	176	192	208	224	240	264	288	312	336	360	381	320	344	368	392	416	440	464	516	552	588	624	660	696	732	768	804
横梁	根	15	17	19	21	23	25	15	17	19	21	23	25	27	29	31	33	25	27	29	31	33	35	37	31	33	35	37	39	41	43	33	35	37	39	41	43	46	47	49
横梁夹具	个	24	28	32	36	40	44	48	56	64	72	80	88	96	101	112	120	132	144	156	168	180	192	204	112	120	128	136	144	152	160	180	192	204	215	228	240	252	264	276
有扣纵梁	组	12	14	16	18	20	22	12	14	16	18	20	22	24	26	28	30	22	24	26	28	30	32	34	28	30	32	34	36	38	40	30	32	34	36	38	40	42	44	46
无扣纵梁	组	12	14	16	18	20	22	12	14	16	18	20	22	24	26	28	30	22	24	26	28	30	32	34	28	30	32	34	36	38	40	30	32	34	36	38	40	42	44	46
阳头端柱	根	2	2	2	2	2	2	4	4	4	4	4	4	4	4	4	4	6	6	6	6	6	6	6	4	4	4	4	4	4	4	6	6	6	6	6	6	6	6	6
阴头端柱	根	2	2	2	2	2	2	4	4	4	4	4	4	4	4	4	4	6	6	6	6	6	6	6	4	4	4	4	4	4	4	6	6	6	6	6	6	6	6	6
斜撑	根	14	16	18	20	22	24	14	16	18	20	22	24	26	28	30	32	24	26	28	30	32	34	36	30	32	34	36	38	40	42	32	34	36	38	40	42	44	46	48
支撑架	个	—	—	—	—	—	—	12	14	16	18	20	22	24	26	28	30	22	24	26	28	30	32	34	58	62	66	70	74	78	82	62	66	70	74	78	82	86	90	94
联板	块	—	—	—	—	—	—	—	—	—	—	—	—	—	—	—	—	24	26	28	30	32	34	36	—	—	—	—	—	—	—	32	34	36	38	40	42	44	46	48
抗风拉杆	根	12	14	16	18	20	22	12	14	16	18	20	22	24	26	28	30	22	24	26	28	30	32	34	28	30	32	34	36	38	40	30	32	34	36	38	40	42	44	46
桥面板	块	150	165	180	195	210	225	150	165	180	195	210	225	240	255	270	285	225	240	255	270	285	300	315	270	285	300	315	330	345	360	285	300	315	330	345	360	375	390	405
护轮木	根	20	22	24	26	28	30	20	22	24	26	28	30	32	34	35	38	30	32	34	36	38	40	42	36	38	40	42	44	46	48	38	40	42	44	46	48	50	52	54
桥座	个	4	4	4	4	4	4	8	8	8	8	8	8	8	8	8	8	8	8	8	8	8	8	8	8	8	8	8	8	8	8	8	8	8	8	8	8	8	8	8
座板	块	4	4	4	4	4	4	4	4	4	4	4	4	4	4	4	4	4	4	4	4	4	4	4	4	4	4	4	4	4	4	4	4	4	4	4	4	4	4	4
搭板支座	个	8	8	8	8	8	8	8	8	8	8	8	8	8	8	8	8	8	8	8	8	8	8	8	8	8	8	8	8	8	8	8	8	8	8	8	8	8	8	8
有扣搭板	组	8	8	8	8	8	8	8	8	8	8	8	8	8	8	8	8	8	8	8	8	8	8	8	8	8	8	8	8	8	8	8	8	8	8	8	8	8	8	8
无扣搭板	组	8	8	8	8	8	8	8	8	8	8	8	8	8	8	8	8	8	8	8	8	8	8	8	8	8	8	8	8	8	8	8	8	8	8	8	8	8	8	8
桁架螺栓	个	—	—	—	—	—	—	—	—	—	—	—	—	—	—	—	—	—	—	—	—	—	—	—	112	120	128	136	144	152	160	180	192	204	216	228	240	252	264	270
弦杆螺栓	个	32	40	48	56	64	72	64	80	96	112	128	144	160	176	192	208	216	240	264	288	312	336	360	192	208	224	240	256	272	288	312	336	360	381	108	432	456	480	504
斜撑螺栓	个	28	32	36	40	44	48	28	32	36	40	44	48	52	56	60	64	48	52	68	60	64	68	72	60	64	68	72	76	80	84	64	68	72	76	80	84	88	92	96
撑架螺栓	个	—	—	—	—	—	—	48	56	64	72	80	88	96	104	112	120	88	96	104	112	120	128	136	232	248	264	280	296	312	328	248	264	280	296	312	328	344	360	376
护木螺栓	个	80	88	96	104	112	120	80	88	96	104	12	120	128	136	144	152	120	128	136	144	152	160	168	144	152	160	158	176	184	192	152	160	168	178	184	192	200	208	216

注:①桥梁首尾两节不设加强弦杆。

②表列横梁、桥面板、护轮木、有扣搭板、无扣搭板、搭板支座与护木螺栓数量包括 4 跨引桥用量;架桥时,若引桥有所增减,则上述部件数量亦相应增减,每增减一跨引桥应增减数量为:横梁 1 根,桥面板 15 块,护轮木 2 根,有扣搭板 2 组,无扣搭板 2 组,搭板支座 4 个,护木螺栓 8 个。

构件质量和轮廓尺寸表 表 12.5-67

序号	构件名称	构件质量		构件轮廓尺寸(mm)
		单位	N	
1	桁架	片	2 700	3 115×176×1 500
2	销子	个	30	ϕ55×200
3	加强弦杆	根	800	3 115×176×100
4	横梁	根	2 450	5 850×122×370
5	横梁夹具	个	30	238×50×354
6	有扣纵梁	片	1 070	2 990×753×138
7	无扣纵梁	片	1 050	2 990×753×100
8	阳头端柱	根	690	168×185×1 706
9	阴头端柱	根	700	281×185××1 706
10	斜撑	根	110	1 040×83×100
11	支撑架	片	210	1 270×540×80
12	联板	块	40	360×90×34
13	抗风拉杆	根	330	ϕ30×4 809
14	桥面板	块	400	3 960×190×70
15	护轮木	根	440	2 990×140×140
16	U形标准钢桥面板	块	2 100	2 996×800×104.5
17	U形中央钢板面桥	块	1 300	2 996×482×104.5
18	钢路缘	根	240	2 996×70×200
19	支座	个	380	450×450×145
20	支座板	块	1 840	1 344×900×200
21	搭板支座	块	460	645×450×300
22	有扣搭板	片	1 430	2 990×772×158
23	无扣搭板	片	1 410	2 990×772×120
24	桁架螺栓	个	30	ϕ38×270
25	弦杆螺栓	个	20	ϕ38×200
26	斜撑螺栓	个	7.4	ϕ22×128
27	撑架螺栓	个	6.9	ϕ22×118
28	护木螺栓	个	9.8	ϕ20×238
29	U形钢桥头搭板	块	2 200	2 996×800×124.5
30	挂钩螺栓	个	5.6	50×30×100
31	路缘连接螺栓	个	2.0	ϕ20×42.5
32	摇滚	个	1 020	1 020×350×255
33	平滚	个	600	650×290×190

续上表

序号	构件名称	构件质量		构件轮廓尺寸(mm)
		单位	N	
34	摇滚样盘	个	190	1 090×600×75
35	平滚样盘	个	230	1 588×450×80
36	阳头斜面弦杆	根	310	1 187×176×100
37	阴头斜面弦杆	根	270	1 185×176×100
38	弦杆接头	个	60	300×176×100
39	菱形千斤顶	个	210	510×480×120
40	座架	个	80	410×100×78
41	阴头垫铁	块	20	55×120×110
42	托梁	根	80	863×70×100

一套特种工具数量表　　表 12.5-68

序　号	代　号	名　称	单　位	数　量
1	321TG-01-00	摇滚	套	8
2	321TG-02-00	平滚	套	32
3	321TG-03-00	摇滚样盘	套	4
4	321TG-04-00	平滚样盘	套	16
5	321TG-05-00	阳头斜面弦杆	套	4
6	321TG-06-00	阴头斜面弦杆	套	4
7	321TG-07-00	弦杆接头	套	2
8	321TG-08-00	千斤顶	套	2
9	321TG-09-00	座架	套	4
10	321TG-10-00	阴头垫铁	套	2
11	321TG-11-00	托梁	套	4
12	321TG-12-00	55 呆扳手	套	4
13	321TG-13-00	46 呆扳手	套	2
14	321TG-14-00	32 呆扳手	套	8

(2)ZB-200 型装配式公路桥梁(新型装配式公路钢桥)(表 12.5-69～表 12.5-72)

ZB-200 型装配式公路桥梁使用的荷载规范，为我国现行的交通部颁标准《公路桥涵设计通用规范》(TJT 021—89)和《军用桥梁设计规范》(GJB 435—88)。

单车道桥荷载与跨径组合表　　表 12.5-69

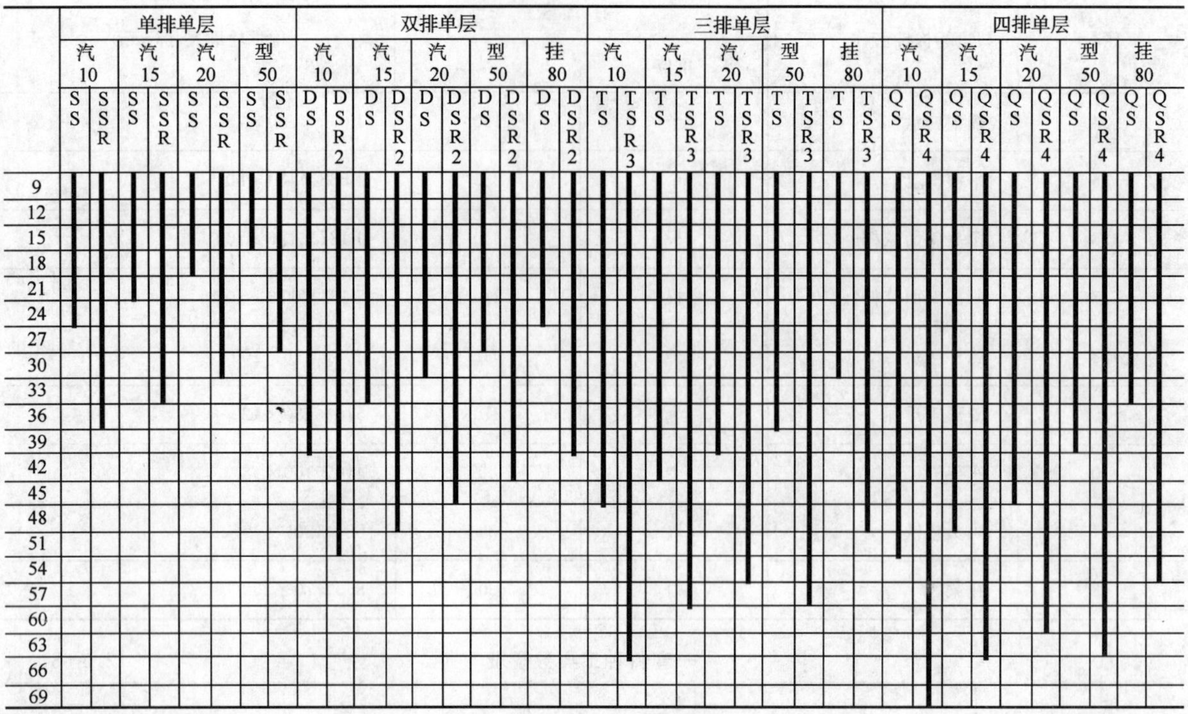

注：表中计算均按军用桥梁设计准则计算，如果用于半永久性桥梁，跨度应减力 10%～20%。

桥 梁 尺 寸 表　　表 12.5-70

代　号	名　称	尺　寸
L_0	桥梁跨度	3 048×N
L_1	桁架单元长度	3 048
L_2	桥梁加强段长度	3 048×(N−2)
B_0	车行道宽	4 200
B_1	桁架内缘宽	4 364
B_2	DS、TS 型桥桁架外缘宽	5 676
	QS 型桥桁架外缘宽	6 176
H	加强型桥桥面距桥顶高	2 134

注：表中 N 为桥梁的节间数。

ZB-200 型装配式桥每节(3.048m)质量表　　表 12.5-71

结构形式	带桥板(t)	不带桥板(t)	结构形式	带桥板(t)	不带桥板(t)
SS	2.60	1.17	TS	4.12	2.57
SSR	2.90	1.51	TSR3	5.14	3.58
DS	3.40	1.97	QS	4.76	4.22
DSR2	4.08	2.63	QSR4	6.10	5.56

紧 固 件

表 12.5-72

序号	等级	名称	代号	中间桥节数(N)				阳头桥节(J)				阴头桥节(J)				进出口部				用途
				SS	DS	TS	QS	SS	DS	TS	QS	SS	DS	TS	QS	SS	DS	TS	QS	
1	4.8级	螺栓 M12×40	GB 5780—86					2	4	6	8	2	4	6	8					端柱垫板的连接
2	5级	螺母 M12	GB 11—86					2	4	6	8	2	4	6	8					
3	8.8级	螺栓 M20×40	GB 5782—86	8	8	8	8	8	8	8	8	8	8	8	8	32	32	32	32	缘材的连接
4	8级	螺母 M20	ZB 200-200-100	8	8	8	8	8	8	8	8	8	8	8	8	32	32	32	32	
5	8.8级	螺栓 M20×40	GB 6782—86													8	8	8	8	端头板的连接
6	8级	凸缘螺母 M20	ZB 200-310-200													8	8	8	8	
7	8.8级	螺栓 M20×60	GB 6782—86													80	80	80	80	跳板的连接
8	8级	活动螺母 M20	ZB 200-201-001													80	80	80	80	
9	8.8级	螺栓 M20×80	GB 6782—86	20	20	20	20	20	20	20	20	20	20	20	20					桥板的连接
10	8级	活动螺母 M20	ZB 200-201-001	20	20	20	20	20	20	20	20	20	20	20	20					
11	8.8级	螺栓 M20×80	GB 6782—86		16	24	32													水平撑架的连接
12	8级	凸缘螺母 M20	ZB 200-310-200		16	24	32													
13	8.8级	螺栓 M20×100	GB 6782—86		8	12	16						8	12	16					竖向撑架的连接
14	8级	凸缘螺母 M20	ZB 200-310-200		8	12	16						8	12	16					

续上表

序号	等级	名称	代号	中间桥节数(N)				阳头桥节(J)				阴头桥节(J)				进出口部				用途
				SS	DS	TS	QS	SS	DS	TS	QS	SS	DS	TS	QS	SS	DS	TS	QS	
15	8.8级	螺栓 M24×50	GB 5782—86	1	1	1	1	1	1	1	1	1	1	1	1	1				抗风拉杆之间的连接
16	8级	凸缘螺母 M24	ZB 200-310-100	1	1	1	1	1	1	1	1	1	1	1	1					
17	8.8级	螺栓 M24×50	GB 5782—86					2	4	6	8	2	4	6	8					抗风拉杆之间的连接
18	8级	凸缘螺母 M24	ZB 200-310-100					2	4	6	8	2	4	6	8					
19	8.8级	螺栓 M24×50	GB 5782—86	4	4	4	4	4	4	4	4	4	4	4	4					抗风拉杆之间的连接
20	8级	凸缘螺母 M24	ZB 200-310-100	4	4	4	4	4	4	4	4	4	4	4	4					
21	8.8级	螺栓 M24×80	GB 5782—86	2				2				2								斜撑与横梁的连接
22	8级	凸缘螺母 M24	ZB 200-310-100	2				2				2								
23	8.8级	螺栓 M24×110	GB 5782—86	2				2				2								抗风拉杆之间的连接
24	8级	凸缘螺母 M24	ZB 200-310-100	2				2				2								
25	8.8级	螺栓 M24×140	GB 5782—86	2	4	6	8	2	4	6	8	2	4	6	8					横梁与竖杆的连接
26	8级	凸缘螺母 M24	ZB 200-310-100	2	4	6	8	2	4	6	8	2	4	6	8					
27	8.8级	螺栓 M24×170	GB 5782—86					2	4	6	8									横梁反装的连接
28	8级	凸缘螺母 M24	ZB 200-310-100					2	4	6	8									
29		弹簧挡圈	GB 895.2—86	20	20	20	20	20	20	20	20	20	20	20	20	80	80	80	80	活动螺母用

注：表中 N 为中间桥节数，为总节间数减去两节不加强节间，即 N=总节间−2。

(3)万能杆件

①西乙型万能杆件见表 12.5-73～表 12.5-74。

西乙型万能杆件规格、尺寸、质量表　　表 12.5-73

编　　号	名　　称	规格 (mm)	单位质量 (kg)	附　　注
①	长弦杆	└100×100×12×3 994	71.49	
②	短弦杆	└100×100×12×1 994	35.69	
③	斜杆	└100×100×12×2 350	42.07	
④	立杆	└75×75×82×1 770	15.98	
⑤	斜撑	└75×75×8×2 478	22.38	
⑥	联结角钢	└90×90×10×580	8.20	用于①或②
⑦	支承角钢	└100×100×12×494	8.48	用于①或②
⑦*A*	支承靴角钢	└100×100×12×594	10.63	用于①或②
⑧	节点板	250×280×10	9.42	①、②与④、⑤相连
(11)	节点板	860×552×10 $A=3\ 389\text{cm}^2$	35.88	①、②与③、④相连
(13)	节点板	580×552×10 $A=2\ 492\text{cm}^2$	19.56	①、②与④、(16)相连
(15)	弦杆填塞板	8×480×10	3.01	用于①或②
(16)	长立杆	75×75×8×3 770	34.04	
(17)	节点板	626×350×10 $A=2\ 005\text{cm}^2$	15.74	④、(16)与④、⑤相连
(18)	节点板	305×314×10 $A=606\text{cm}^2$	4.76	④、(16)与④、⑤水平相连
(19)	缀板	210×180×10	2.97	用于①或②
(20)	缀板	170×160×10	2.14	用于③、④、⑤、(16)
(21)*A*	支承靴		24.01	
(22)	节点板	580×392×10	17.85	①、②与④、⑤连接
(22)*A*	节点板	580×566×10	25.77	①、②与④、⑤连接
(23)	节点板	540×262×10 $A=1\ 334\text{cm}^2$	10.47	④、(16)与④、⑤相连
(24)	普通螺栓	ϕ22×(40、50、60)		
(25)	普通螺栓	ϕ22×(40、50、60、70、80)		
(28)	大节点板	▭860×886×10 $A=7\ 042\text{cm}^2$	73.84	①、②与③、④相连

西乙型构件截面面积及力学性质

表 12.5-74

构件名称	截面形式	截面组成 规　格	全截面 积 $A(cm^2)$	螺栓孔减 少面积 $A_H(cm^2)$	回转半径 $r=\sqrt{I/A}$ (cm)	自由长度 l_p(cm)	长细比 $\lambda=\frac{l_p}{r}$	纵向弯曲 系　数 φ	容许外力(10kN) 受　拉 S_p	 受　压 S_C	 联　结 S_{DP}	联结 控制 因数
弦杆 或柱	┐└	2. └100×100×12	45.6	6.72	4.56	200 400	43.9 87.7	0.857 0.549	77.8	78.2 50.0	68.7 68.7	单剪:d_{22} $n=10$
①或②	╬	4. └100×100×12	91.2	13.44	4.56	200 400	43.9 87.7	0.857 0.549	155.5	156.4 100.0	137.4 137.4	双剪:d_{22},$n=10$ $\delta=20$
斜杆 ③	╋	2. └100×100×12 4. └100×100×12	45.6 91.2	6.72 13.44	4.56	283	62.1	0.751	77.8 155.5	68.5 137.0	41.2 82.4	单剪:d_{23},$n=6$ 双剪:d_{27},$n=6$ $\delta=20$
横撑④ ⑤ ⑯	┐└	2. └75×75×8	23.0	3.68	3.49	200 400 600	57.3 114.6 171.9	0.782 0.364	38.6	36.0 16.8	36.5	单剪:d_{22},$n=8$
	╬	4. └75×75×8	46.0	7.36	3.49	200 400 600	57.3 114.6 171.9	0.782 0.364	77.3	72.0 33.6	35.2	孔壁承压:d_{23} $n=8\delta=10$
横撑 ④⑤⑯	┐└	2. └75×75×8	23.0	3.68	3.49	200 400 600	57.3 114.6 171.9	0.782 0.364	38.6	36.0 16.8	18.2	单剪 d_{22}　$n=4$
撑	└	1. └75×75×8	11.5	1.84	2.28	283 566 849	124.1 248.2 372.4	0.316 — —	19.3	7.3 — —	9.1	单剪: d_{22}　$n=2$
⑤	┘└	2. └75×75×8	23.0	3.68	2.28	283 566 849	124.1 248.2 372.4	0.316 — —	38.6	14.6 — —	8.8/13.2 8.8/13.2 8.8/13.2	孔臂承压:d_{22} $n=2$ 或 $n=3$

注:①ϕ 值根据《公路桥涵钢结构及木结构设计规范》(JTJ 025—86)表 1、2、16～2 右表插入计算;

②16Mn 钢容许受拉、受压应力为$[\sigma]=200$MPa、构件轴心受拉容许值 $S_p=2(A-A_H)$,轴心受压容许值 $S_C=2A\varphi$;

③容许外力联结 S_m 按下式计算:剪切控制 $S_m=n\times n_j$;$[\tau]=\frac{\pi d^2}{4}$,承压控制 $S_p=n[e]d\sum t$。式中 n 为螺栓个数;n_j 为螺栓受剪数目;d 为螺栓直径;t 为钢板厚度;$[\tau]$为螺栓容许剪应力,16Mn 钢板 120MPa;$[e]$为螺栓联结容许承压应力,16Mn 钢板 200MPa。

②N型万能杆件见表12.5-75～表12.5-76。

N型万能杆件规格、尺寸、质量表　　　　表12.5-75

构件号数	构件名称	构件尺寸(mm)	长度(mm)或面积(m^2)	件数	质量(kg)		
					每件	所有各件	总计
1	弦杆或柱(长)	∟100×100×12	3 994	1	71.4	71.4	71.4
2	弦杆或柱(短)	∟100×100×12	1 994	1	35.7	35.7	35.7
3	斜杆(桁架腹杆)	∟100×75×10	2 350	1	30.8	30.8	30.8
4	横撑(中至中2m)	∟75×75×8	1 770	1	16.0	16.0	16.0
5	斜撑	∟75×75×8	2 478	1	22.4	22.4	22.4
6	拼接角铁(弦或柱)	∟90×90×10	580	1	7.8	7.8	7.8
7	柱头(接1或2)	∟100×100×12	494	1	8.8	8.8	8.8
8	节点板(1、2或7)	250×10	480	1	9.6	9.6	9.6
9	连接角板(接5)	∟75×75×8	630	1	5.7	5.7	5.7
10	横撑(中至中6m)	∟75×75×8	5 770	1	52.1	52.1	52.1
11	节点板(弦或柱)	δ=10	A=0.39	1	31.2	31.2	39.2
		200×10	A=0.05	2	4.0	8.0	
12	节点板(弦或柱)	δ=10	A=0.17	1	13.6	13.6	13.6
13	节点板(弦或柱)	δ=10	A=0.75	1	20.0	20.0	20.0
14	节点板(弦或柱)	δ=10	A=0.31	1	24.8	24.8	24.8
15	填板(弦或柱)	80×10	480	1	3.1	3.1	3.1
16	横撑(中至中4m)	∟75×75×8	3 770	1	34.0	34.0	34.0
17	节点板(横撑)	δ=10	A=0.2	1	16.0	16.0	16.0
18	节点板(横撑)	δ=10	A=0.061	1	4.8	4.8	4.8
19	缀板(弦柱用)	180×10	210	1	3.0	3.0	3.0
20	缀板(横撑及斜杆用)	160×10	170	1	2.2	2.2	2.2
		220×16	220	1	6.2	6.2	25.6
		200×16	220	1	5.6	5.6	
21	柱帽	90×16	220	1	2.5	2.5	
		70×16	220	1	2.0	2.0	
		195×10	220	2	3.4	6.8	
		140×10	220	1	2.5	2.5	
22	节点板(柱)	388×10	580	1	18.0	18.0	18.0
22	节点板(柱)	566×10	580	1	26.3	26.3	26.3
23	节点板(斜杆)	δ=10	A=0.13	1	10.4	10.4	10.4
24	普通螺栓	δ=22	50	1			
			80	1			
			60	1			
			70	1			
25	普通螺栓	δ=28	80	1			
			90	1			

N型构件截面面积及力学性质

表 12.5-76

杆件名称	断面形状	断面尺寸 (mm)	全断面积 $A(cm^2)$	因螺栓孔削减面积 $A(cm^2)$	回转半径 $r(cm)$	计算屈折长度 l_p	计算屈折长度 l_{cn}	长细比 λ	折减系数 φ	承载力 单位容许应力 ($\sigma=170MPa$) 拉应力	压应力	端连应力	单位容许应力 ($\sigma=200MPa$) 拉应力	压应力	端连应力	连接螺栓数量
弦杆或柱 ①或②	┘┌	2. └100×100×12	45.6	6.96	3.89	200	200	51.5	0.765	65.7	59.2	66.8	77.3	70.0	78.3	单剪：$d=28mm, n=10$
		2. └100×100×12	45.6	6.96	3.89	400	400	103	0.464	65.7	36.8	66.8	77.3	42.4	78.3	
	╬	4. └100×100×12	91.2	13.92	4.41	200	200	45.2	0.792	131.5	122.5	135.0	154.5	144.5	158.5	孔壁压力：$d=28mm, \delta=2$ 单剪 $d=28mm, n=6$
		4. └100×100×12	91.2	13.92	4.41	400	400	90.4	0.544	131.5	84.2	135.0	154.5	99.2	166.5	
斜杆 ③	同弦杆	2. └100×75×12	33.4	6.92	3.23	283	283	88	0.648	45.0	36.8	37.9	53.0	43.5	44.5	双剪：$d=28mm, n=10$
	同弦杆	4. └100×75×12	66.8	13.92	3.72	283	283	79	0.648	90.0	77.5	75.6	106.0	91.5	89.0	
横撑 ④⑩⑯	┘┌	2. └75×75×10	23	3.7	3.04	200	200	66	0.736	32.8	28.8	33.6	38.5	24.0	39.6	单剪：$d=22mm$ $n=8$
			23	3.7	3.04	400	400	132	0.472	32.8	18.5	33.6	38.5	21.7	39.6	
			23	3.7	3.04	600	600	196	0.216	32.8	8.4	33.6	38.5	9.9	39.6	
横撑 ④⑩⑯	╬	4. └75×75×8	46	7.4	3.36	200	200	60	0.76	65.6	59.5	42.6	78.0	66.6	50.0	$d=22mm$ 孔壁压力：$\delta=10$， $n=8$
			46	7.4	3.36	400	400	120	0.52	65.5	41.5	42.6	78.0	48.9	50.0	
			46	7.4	3.36	600	600	178	0.288	65.5	22.6	42.6	78.0	26.6	50.0	
横撑 ④⑩⑯	┘┌	2. └75×75×8	23	3.7	3.04	200	200	66	0.736	32.8	28.8	16.8	38.6	33.9	19.7	单剪：$d=22mm$ $n=4$
			23	3.7	3.04	400	400	132	0.472	32.5	18.5	16.8	38.6	21.7	19.7	
			23	3.7	3.04	600	600	196	0.216	32.8	8.4	16.8	38.6	9.9	19.7	
斜撑 ⑤	└	1. └75×75×8	11.5	1.84	1.43	283	283	200	0.200	12.3	3.9	8.4	14.45	4.6	9.9	单剪：$d=22mm, n=2$
			11.5	1.84	1.43	566	368	—	—	12.3	—	8.4	14.45	—	9.9	
			11.5	1.84	1.43	849	466	—	—	12.3	—	8.4	14.45	—	9.9	
	┬┬	2. └75×75×8	23	3.7	2.28	283	283	124	0.504	32.8	19.6	10.6 16.0	38.6	24.4	12.45 18.7	单剪：$d=22mm, n=2$ $n=2, n=3$
			23	3.7	2.28	566	368	162	0.352	32.8	13.7	10.6 16.0	38.6	17.0	12.45 18.7	
			23	3.7	2.28	849	466	200	0.200	32.8	—	10.6 16.0	38.6	—	12.45 18.7	

参考文献

[1] 中华人民共和国行业标准.建筑桩基技术规范(JGJ 94—94).北京:中国建筑工业出版社,1995.
[2] 中华人民共和国行业标准.公路工程质量检验评定标准(JTG F80—2004).北京:人民交通出版社,2004.
[3] 中华人民共和国行业标准.公路桥涵施工技术规范(JTJ 041—2000).北京:人民交通出版社,2000.
[4] 中华人民共和国交通部.港口工程质量检验评定标准(JTJ 221—1998).北京:人民交通出版社,1998.
[5] 中华人民共和国交通部.港口工程桩基规范(JTJ 254—98).北京:人民交通出版社,1998.
[6] 中华人民共和国行业标准.干船坞工程质量检验评定标准(JTJ 332—98).北京:人民交通出版社,1998.
[7] 中华人民共和国行业标准.市政桥梁工程质量检验评定标准(CJJ 2—90).北京:中国建筑工业出版社,1990.
[8] 中华人民共和国行业标准.建筑地基基础工程质量验收规范(GB 50202—2002).北京:中国建筑工业出版社,2002.
[9] 中华人民共和国行业标准.铁路桥涵工程施工质量验收标准(TB 10415—2003;JZ 86—2004).北京:中国铁道出版社,2004.
[10] 中华人民共和国行业标准.铁路路基工程施工质量验收标准(TB 10414—2003;JZ 85—2004).北京:中国铁道出版社,2003.
[11] 中华人民共和国行业标准.港口工程桩式柔性靠船设施设计与施工技术规程(JTJ 279—2005).北京:人民交通出版社,2005.
[12] 中华人民共和国行业标准.港口工程预应力混凝土大直径管桩设计与施工规程(JTJ 261—97).北京:人民交通出版社,1997.
[13] 中华人民共和国行业标准.港口工程嵌岩桩设计与施工规程(JTJ 285—2000).北京:人民交通出版社,2000.
[14] 中华人民共和国行业标准.港口工程灌注桩设计与施工规程(JTJ 248—2001).北京:人民交通出版社,2001.
[15] 中华人民共和国行业标准.港口工程基桩静载荷试验规程(JTJ 255—2002).北京:人民交通出版社,2002.
[16] 中华人民共和国行业标准.港口工程桩式柔性靠船设施设计与施工技术规程(JTJ 279—2005).北京:人民交通出版社,2005.
[17] 中华人民共和国行业标准.板桩码头设计与施工规范(JTJ 292—98).北京:人民交通出版社,1998.
[18] 中华人民共和国行业标准.水下深层水泥搅拌法加固软土地基技术规程(JTJ/T 259—2004).北京:人民交通出版社,2004.
[19] 中华人民共和国行业标准.建筑基桩检测技术规范(JGJ 106—2003).北京:中国建筑工业出版社,2003.
[20] 中华人民共和国行业标准.建筑地基处理技术规范(JGJ 79—2002).北京:中国建筑工业出版社,2002.
[21] 中华人民共和国行业标准.建筑基桩检测技术规范(JGJ 106—2003).北京:中国建筑工业出版社,2003.

[22] 中华人民共和国行业标准.建筑地基基础设计规范(GB 50007—2002).北京:中国建筑工业出版社,2002.
[23] 国家建筑工业总局.工业与民用建筑灌注桩基础设计与施工规程(JGJ 4—80).
[24] 江苏省地方标准.桩承载力自平衡测试技术规程(DB 32/T291—99).
[25] 客运专线铁路桥涵工程施工质量验收暂行规定(铁建议[2005]110 号).
[26] 客运专线铁路路基工程施工质量验收暂行规定(铁建议[2005]160 号).
[27] 广东省建筑设计研究院.大直径锤击沉管混凝土灌注桩技术规程(DBJ/T 15—17—96).
[28] 上海市工程建设规范.地基基础设计规范(DGJ 08—11—1999).
[29] 港口工程后张法预应力混凝土大直径管桩设计与施工规程(ZG3H 009—2006).
[30] 刘鹏飞.D1200 预应力混凝土管桩制桩工法.港工技术与管理,1995(3).
[31] 严忠英,等.管桩拼接张拉工艺的改进.港工技术与管理,1995(5).
[32] 严忠英,等.大直径预应力混凝土管桩新品种的开发与应用.港工技术与管理,1995(5).
[33] 刘金励.桩基工程技术.北京:中国建材工业出版社,1996.
[34] 左名麒,胡人礼,毛洪渊.桩基础工程设计/施工/检测.北京:中国铁道出版社,1996.
[35] Jori Osterberg. New device for load testing driven piles and drilled shaft separates friction and end bearing piling and deep foundations, 1989,421-427.
[36] 前田良刀.第二東名東海大府高架橋工區における壁基礎原位置載荷試驗.基礎の工,1996(5):60-66.
[37] Ulrich Vollenweder. Prufung nach dem pfahfusspresserfahren,Zurich. Journey of ETH,1997.
[38] 龚维明,戴国亮,蒋永生,等.桩承载力自平衡测试理论与实践.建筑结构学报,2002,Vol. 23,No. 1:82-88.
[39] 戴国亮,吉林,龚维明,等.自平衡试桩法在桥梁大吨位桩基中的应用与研究.公路交通科技,2002,Vol. 19,No. 2:63-66.
[40] 周国钧,牛青山,译.灌注桩设计施工手册.北京:地震出版社,1994.
[41]《桩基工程手册》编写委员会.桩基工程手册.北京:中国建筑工程出版社,1995.
[42] 李世京,等.钻孔灌注桩施工技术.北京:地质出版社,1990.
[43]《工程地质手册》编写委员会.工程地质手册(第三版).北京:中国建筑工程出版社,1992.
[44] 刘金励,等.桩基工程技术.北京:中国建材工业出版社,1996.
[45] 交通部第三航务工程局.压桩.北京:人民交通出版社,1974.